图灵计算机科学丛书

计算机程序设计艺术
卷4A：组合算法（一）

[美] 高德纳（**Donald E. Knuth**）◎著

李伯民　贾洪峰 ◎译

The Art of Computer Programming

Vol 4A: Combinatorial Algorithms
Part I

人 民 邮 电 出 版 社
北 京

图书在版编目（CIP）数据

计算机程序设计艺术. 卷4. A，组合算法. 一 /
（美）高德纳著 ；李伯民，贾洪峰译. —— 北京 ：人民邮
电出版社，2019.6（2023.7重印）
　（图灵计算机科学丛书）
　ISBN 978-7-115-51287-1

Ⅰ. ①计… Ⅱ. ①高… ②李… ③贾… Ⅲ. ①程序设
计②电子计算机－算法分析 Ⅳ. ①TP311.1②TP301.6

中国版本图书馆CIP数据核字(2019)第095378号

内 容 提 要

《计算机程序设计艺术》系列被公认为计算机科学领域的权威之作，深入阐述了程序设计理论，对计算机领域的发展有着极为深远的影响。本书是该系列的第 4 卷 A，书中主要介绍了组合算法，内容涉及布尔函数、按位操作技巧、元组和排列、组合和分区以及所有的树等。

本书适合从事计算机科学、计算数学等各方面工作的人员阅读，也适合高等院校相关专业的师生作为教学参考书，对于想深入理解计算机算法的读者，是一份必不可少的珍品。

◆ 著　　　　[美] 高德纳（Donald E. Knuth）
　　译　　　　李伯民　贾洪峰
　　责任编辑　傅志红
　　责任印制　周昇亮
◆ 人民邮电出版社出版发行　　北京市丰台区成寿寺路11号
　　邮编　100164　电子邮件　315@ptpress.com.cn
　　网址　https://www.ptpress.com.cn
　　北京捷迅佳彩印刷有限公司印刷
◆ 开本：787×1092　1/16
　　印张：46.5　　　　　　　2019年6月第1版
　　字数：1371千字　　　　 2023年7月北京第6次印刷
　　著作权合同登记号　图字：01-2011-2961号

定价：228.00元
读者服务热线：(010)84084456-6009　印装质量热线：(010)81055316
反盗版热线：(010)81055315
广告经营许可证：京东市监广登字 20170147 号

版权声明

前　言

欲把一切好的内容都装进一本书中，显然
是不可能的，哪怕只是想比较全面地
涉猎主题的某些方面，多半也会导致篇幅急剧增长.
——杰拉尔德·弗兰德，"编者之角"（2005）

卷 4 的书名是组合算法，我在拟书名时特别想给它加个副标题：我最喜爱的程序设计类型. 但是，编辑决定淡化这种个人感情色彩，因此没有这么做. 不过事实上，具有组合风格的程序始终是我所偏爱的.

另一方面，我经常惊奇地发现，"组合"一词在许多人的头脑中意味着计算有难度. 其实，词典学家塞缪尔·约翰逊在其著名的英语词典（1775）中已经说明，"组合"的名词之意"现在普遍用法不当". 同事们对我讲述种种不利事件时，总会说"事态的组合使我们无功而返". 对我而言，组合唤起的是纯粹喜悦之情，它却给其他许多人带来一片惊恐，原因何在？

的确，组合问题经常同非常巨大的数字联系在一起. 约翰逊的英语词典中还引述了百科全书编撰者伊弗雷姆·钱伯斯的一段话：用 24 个字母的字母表构成长度小于等于 24 的词，其总数高达 1 391 724 288 887 252 999 425 128 493 402 200. 在钱伯斯的叙述中用 10 代替 24，相应的数量减少到 11 111 111 110；当这个参数减少到 5 时，相应的数量仅有 3905. 所以，如果问题的规模从 5 增加到 10，再增加到 24 甚至更大，就必然出现"组合爆炸".

在我这一生中，计算机一直以惊人的速度变成越来越强大的工具. 及至我写下这些字句时，我知道所用笔记本电脑的运算速度，比我当初着手编写这套书使用的 IBM Type 650 计算机快 10 万倍以上，而且现在这台电脑的存储容量也比那时的计算机大 10 万倍以上. 至于明天的计算机，运算速度还会更快，存储容量也会更大. 然而，这些惊人的进展并没有降低人们对于解答组合问题的渴望，情况恰好相反. 我们从前无法想象的如此快速的计算能力，如今提高了人们的期待，并且激起了我们更强的欲望——事实上，因为只要组合元素的数量 n 增加 1，组合问题的规模就可能增加 10 万倍以上.

可以把组合算法非正式地定义为诸如对排列或图这些对象进行组合计算的高速处理方法. 一直以来，我们都在试图寻找特定约束条件下的组合模式或排列的最佳方案. 这类问题的数量十分巨大，编写这种程序的技巧也特别重要，而且富有吸引力，因为只要有一个好主意，有时就可能节省几年乃至几百年的计算机时间.

毫无疑问，组合问题的优异算法可以带来巨大回报，这个事实引领技术水平突飞猛进. 以往认为很难处理的问题，而今可以迎刃而解；过去许多以精巧著称的算法，现在锦上添花. 大约从 1970 年开始，计算机科学家们经历了所谓的"Floyd 引理"现象：看似需用 n^3 次运算处理的问题，实际上用 $O(n^2)$ 次运算就能求解；看似需用 n^2 次运算处理的问题，实际上用 $O(n \log n)$ 次运算就能求解，而且通常 $n \log n$ 还可以减少到 $O(n)$. 至于那些难度更大的问题，求解时间则可以从 $O(2^n)$ 减少到 $O(1.5^n)$，进而减少到 $O(1.3^n)$，等等. 一般说来，剩下的问题依然是很难的，但是我们已经发现它们有一些非常简单的重要特例. 有许多组合问题，我曾经以为在我有生之年不会看到它们的答案，如今却已经得到解决，而且那些突破主要归功于算法的改进，而不是计算机处理器速度的提高.

截至 1975 年，这方面的研究工作进展神速，在主要计算机学术期刊上发表的大量论文竟然都是有关组合算法的. 同时，这些进展不仅是由计算机核心领域的研究人员取得的，而且大量成果也来自电子工程、人工智能、运筹学、数学、物理学、统计学等其他学科的研究人员．我曾想尽快完成《计算机程序设计艺术，卷 4》的写作，但是我仿佛是坐在沸腾的冒着气泡的水壶旁边，不得不面对另一类组合爆炸——层出不穷的新主意的大爆炸！

这几卷书诞生于 1962 年之初，当时我天真地拟好一共 12 章的提纲．未经深思熟虑，我便决定用简短的一章来讨论组合算法，心想："嘿，看看！大多数人在利用计算机处理数字，而我能够编写处理模式的程序！"当时，对于已知的每个组合算法都能很容易给出一个非常完备的描述．即使到了 1966 年，当我把这本已经过度膨胀的书写就约 3000 页初稿的时候，第 7 章的内容还不到 100 页．我绝对不会想到，当初预计作为"沙拉"的小菜最终竟然升格成了一道主菜．

自 1975 年兴起的组合学热潮，在越来越多人的推动下一浪高过一浪．新思想不断改善着旧思想，但是很少取而代之，或者使之过时．所以，我自然不得不抛弃昔日怀抱的希望，我已经不可能围绕这个领域撰写一部一劳永逸的书，把一切题材组织得井然有序，让它成为每个需要解决组合问题的人手中的"灵丹妙药"．而今，各种各样可用的技术如雨后春笋般层出不穷，以致对于任何的枝节问题，我几乎都不能宣称"这是最后的解决方案：故事终结了"．相反，我必须把自己严格限制在仅仅阐明一些最重要的原理上，而这些原理大体是迄今我见过的所有有效组合方法的基础．现在，我为卷 4 积累的原始资料已经超过卷 1 至卷 3 全部资料的两倍．

面对这些堆积如山的资料，不言而喻，我必须把计划编写的"卷 4"变成若干卷．现在呈现在读者面前的是卷 4A．倘若我的健康状况能够保持下去，日后陆续会有卷 4B 和卷 4C，或许还会有卷 4D、卷 4E……；（天知道？）当然肯定不会出现卷 4Z．

现在的计划是尽我所能，通过自 1962 年以来积累的文档，系统地讲述我深信仍然有待进一步讨论的组合方法．我无意追求完美，但是一定要把应有的荣誉归于所有那些提出种种关键思想的先驱们；所以关于历史情节，我不吝惜笔墨．除此之外，凡是我认为在今后 50 年内仍然具有重要性的材料，以及某些能够用一两段文字简要叙述的内容，我都不会割爱．反过来，我没有把那些需要长篇累牍证明的艰深话题收录书中，除非它们确实是基础性的．

诚然，组合算法这个领域非常广阔，我无法顾及它的所有方面．那么，我忽视了什么最重要的东西？我以为自己最大的盲点是在几何学方面，因为我所擅长的始终是表现和推演代数公式而非处理空间对象．所以，我在这几本书中不准备讨论同计算几何有关的组合问题，如球的密堆积，或者 n 维欧几里得空间中数据点的聚类，甚至也不讨论涉及平面斯泰纳树的问题．更重要的是，我力求避开多面体组合学，以及主要基于线性规划、整数规划或半定规划的各种方法．对于那些题目，在有关这个主题的很多其他书籍中已有充分论述，而且它们依赖于几何直观知识．对我而言，单纯从组合问题展开讨论更容易理解．

我还必须承认，对于仅在渐近意义下有效的那些组合算法，以及算法的优异性能在问题规模超乎想象时才开始显现的组合算法，我是不太以为然的．现在有讨论这类算法的大量出版物．有些人喜欢思考极限问题，认为它是一种智力挑战并且能够带来学术声誉，这是我能理解的，但是对于我自己在实际程序中不予考虑的任何方法，这本书一般只作轻描淡写．（这条规则的运用自然也有例外，特别是对于那些处在主题核心的基本概念，就另当别论．某些实用价值虽说不大，但是确实非常优美或者包含深刻见解的方法，令我难以割舍；另外还有一些方法，我则把它们作为反例引用．）

此外，在这套书的前几卷中，我特意几乎完全专注于顺序算法，尽管计算机的并行计算能力日益增强．关于并行计算，我无法断定哪些思想可能在今后 5 年或者 10 年内会很有用，更不用说今后 50 年内了，所以我乐于把这样的问题留给那些比我聪颖的人．来日，具有才华的程序员们究竟应该掌握怎样的顺序算法知识，单是弄清这个问题就足以检验我自身的能力了．

在安排如何陈述这些材料时，我需要做个重要决定：是按问题还是按方法组织它们．例如，卷 3 的第 5 章专门讨论了一个问题，即数据排序；对于这个问题，我从不同方面应用了二十几种方法．相比之下，组合算法涉及许多不同的问题，而解决问题的方法则少之又少．我最终决定，采用混合策略能够比任何一种单纯的方法更好地组织材料．于是，这几本书中就采纳了兼收并蓄的原则，例如，7.3 节处理求最短路径问题，7.4.1 节处理连通性问题．其他很多节则专门讨论基本方法，如布尔代数的应用（7.1 节）、回溯（7.2.2 节）、拟阵理论（7.6 节）或者动态规划（7.7 节）．至于著名的流动推销员问题，以及同覆盖、着色和填充有关的其他经典组合问题，没有单辟小节讨论，但是当用不同方法处理这些问题时，它们多次出现在书中不同的地方．

我已经提到过组合计算技术的巨大进步，但是我并非暗示人们已经解决了所有的组合问题．正值计算机程序的运行时间不断攀升之际，程序员们不能指望从本书中找到无坚不摧的"银弹"．这里描述的方法通常会比一个程序员早先尝试的方法快得多，但是，我们不得不面对这样一个现实：组合问题正在迅速演变成为巨大的问题．我们甚至可以严格证明，就连一个自然的细小问题也不存在一种现实的可行解，尽管原则上它是可解的（见 7.1.2 节的拉里·斯托克迈尔和阿尔伯特·迈耶定理）．在另外一些情况下，我们甚至不能证明一个给定问题不存在适合的算法，知道的只是可能没有这样的算法，因为任何有效的算法将产生一种令人满意的方法，足以解决一大堆难倒世上无数杰出专家的问题（见 7.9 节关于 NP 完全性的讨论）．

经验表明，新的组合算法将会不断涌现，用以解决组合学中新出现的问题以及处理老问题的变形或特例；同时，人们对于这种算法的期望也会与日俱增．当程序员们面对这样一些挑战时，计算机程序设计艺术将会达到一个又一个新高度，不过，今天的方法多半仍旧是不可或缺的．

本书中大部分内容是相对独立的，但是时常同卷 1 至卷 3 讨论的主题关联．在前面几卷中，对机器语言程序设计的底层细节作过广泛深入的讨论，所以本卷介绍的算法通常是在抽象级别上说明，与任何具体机器无关．然而，组合程序设计的某些方面的确同过去从未出现过的底层指令有着密切联系．在出现这种情况的地方，书中相应的例子都是基于 MMIX 计算机的，这款计算机取代了卷 1 前几版中定义的 MIX 计算机．关于 MMIX 的详细材料在《计算机程序设计艺术：MMIX 的增补》（*The Art of Computer Programming*, Volume 1, Fascicle 1）中介绍，其中包含 1.3.1 节，1.3.2 节，等等．此外，这些材料也可以从互联网上获取，配套的汇编程序和模拟程序同样可以从网上下载．

另外一种可以从网上下载的资源是称为《斯坦福图库》（Stanford GraphBase）的一套程序和数据，它在本书的例子中经常被引用．我鼓励读者多利用它，对于学习组合算法，我以为这不失为一种非常有效和愉快的途径．

顺便说一句，我很高兴在写这篇前言时能说明一下，书中自然提到了我的博士论文导师小马歇尔·霍尔（1910—1990）的一些成果，以及霍尔的论文导师奥斯丁·欧尔（1899—1968）的一些成果，还有欧尔的论文导师托拉尔夫·斯科伦（1887—1963）的一些成果．至于斯科伦的论文导师阿克塞尔·图厄（1863—1922）的一些成果，我在第 6 章已经介绍过了．

有几百位读者帮助我查出这卷书几份初稿（它们原先公布在互联网上，后来又印成几册平装书）中遗留的大量错误，谨对他们表示衷心的感谢．特别是索斯藤·达尔海姆尔、马库斯·范莱文和乌多·维尔穆特三人提出的大量建议，对本书具有特殊的影响．但是在汇集成书后的字里行间，我担心仍然隐藏着其他错误，而且希望能够尽快予以更正．因此，我很乐意向首先发现任一处技术性错误、印刷错误或历史知识错误的人支付 2.56 美元．下面的网页上列出了所有已反馈给我的最新勘误：https://www-cs-faculty.stanford.edu/~knuth/taocp.html.

高德纳，加利福尼亚州斯坦福市，2010 年 10 月

> 在第 1 版的前言中，我曾经请求读者不要专门注意辞典中的错误.
> 如今，我反倒希望自己未曾这样说过，而且还要感谢对我的请求置之不理的那些读者.
> ——诺尔曼·萨瑟兰，《国际心理学辞典》（1996）

> 诚然，我应该对遗留的错误负责. 不过
> 在我看来，我的朋友们理应发现更多一些错误.
> ——赫里斯托斯·帕帕季米特里乌，《计算复杂性》（1994）

> 我愿意从事种种不同领域的工作，以便使我的错误更稀疏地分散开来.
> ——小维克多·克利（1999）

关于参考文献的注释. 经常引用的若干学术期刊和会议刊物有特别的代码名称，它们出现在书后的索引中. 但是，在各种 IEEE 会刊的引用中包含一个代表会刊类别的字母代码，置于卷号前面，用粗体表示. 例如 "*IEEE Trans.* **C-35**" 是指 *IEEE Transactions on Computer*, Volume 35（《IEEE 计算机会刊》，第 35 卷）. IEEE 现在不再使用原来那些简便的字母代码，其实它们并不难辨认："**EC**" 曾经代表 "电子计算机"，"**IT**" 代表 "信息论"，"**SE**" 代表 "软件工程"，"**SP**" 代表 "信号处理"，等等；"**CAD**" 是指 "集成电路和系统的计算机辅助设计".

如 "习题 7.10-00" 这样的写法，表示 7.10 节中一道还不知道题号的习题.

关于记号的注释. 对于数学概念的代数表示，简单而直观的约定始终有利于促进科学的发展，尤其是当世界上多数研究人员都使用一种共同符号语言的时候. 可惜在这方面，组合数学当前的事态多少有些混乱，因为同样一些符号在不同的人群中有时代表完全不同的意义；在比较狭窄的分支领域从事研究工作的某些专家，他们也会在无意中引入彼此冲突的符号表示. 计算机科学——它与数学中的许多主题相互影响——应当尽可能地采用内部一致的记号来避开这种危险. 所以，我经常不得不在若干对立的方案中做出选择，虽然明知结果不会令人人满意. 凭借多年的经验以及与同事之间的讨论，以及经常在不同方案之间反复试验，我尽力找出适用的记号，我相信这些将是未来最好的记号. 在其他人尚未认同对立方案时，通常有可能找到可以接受的共同约定.

附录 B 给出了本书使用的所有主要记号，其中不可避免地会包含一些还不够标准的记号. 读者如果偶然遇见一个有些奇怪或者不好理解的公式，通过附录 B 大体可以找到说明我的意图的章节和段落. 不过，我仍然应该在这里举出几个例子，以期引起初次阅读本书的读者的注意.

- 十六进制常数前面冠有一个 $\#$ 符号. 例如，$\#123$ 是指 $(123)_{16}$.

- "非亏减" 运算 $x \doteq y$ 有时称为点减或饱和减，结果是 $\max(0, x - y)$.

- 三个数 $\{x, y, z\}$ 的中位数用 $\langle xyz \rangle$ 表示.

- 像 $\{x\}$ 这样含单个元素的集合，在书中通常简单地用 x 表示，例如 $X \cup x$ 或 $X \setminus x$.

- 如果 n 是一个非负整数，在 n 的二进制表示中，取 1 的位数记为 νn. 此外，如果 $n > 0$，n 最左边的 1 和最右边的 1 分别用 $2^{\lambda n}$ 和 $2^{\rho n}$ 表示. 例如，$\nu 10 = 2$，$\lambda 10 = 3$，$\rho 10 = 1$.

- 图 G 和图 H 的笛卡儿积用 $G \square H$ 表示. 例如，$C_m \square C_n$ 表示一个 $m \times n$ 环面，因为 C_n 表示 n 个顶点的一个环.

习题说明

这套书的习题既可用于自学，也可用于课堂练习．任何人单凭阅读而不运用获得的知识解决具体问题，进而激励自己思考所阅读的内容，就想学会一门学科，即便可能，也很困难．再者，人们大凡对亲身发现的事物才有透彻的了解．因此，习题是这套书的一个重要组成部分．我力求习题的信息尽可能丰富，并且兼具趣味性和启发性．

很多书会把容易的题和很难的题随意混杂在一起．这样做有些不合适，因为读者在做题前想知道需要花多少时间，不然他们可能会跳过所有习题．理查德·贝尔曼的《动态规划》（*Dynamic Programming*）一书就是个典型的例子．这是一本很重要的开创性著作，在书中某些章后"习题和研究题"的标题下，极为平常的问题与深奥的未解难题掺杂在一起．据说有人问过贝尔曼博士，如何区分习题和研究题，他回答说："若你能求解，它就是一道习题；否则，它就是一道研究题．"

在我们这种类型的书中，有足够理由同时收录研究题和非常容易的习题．因此，为了避免读者陷入区分的困境，我用等级编号来说明习题的难易程度．这些编号的意义如下所示．

等级　说明

00 极为容易的习题，只要理解了文中内容就能立即解答．这样的习题差不多都可以"在脑子中"形成答案．

10 简单问题，它让你思考刚阅读的材料，决非难题．你至多花一分钟就能做完，可考虑借助笔和纸求解．

20 普通问题，检验你对正文内容的基本理解，完全解答可能需要 15 到 20 分钟．也许 25 分钟．

30 具有中等难度的较复杂问题．为了找到满意的答案，可能需要两小时以上．要是开着电视机，时间甚至更长．

40 非常困难或者耗时很长的问题，适合作为课堂教学中一个学期的设计项目．学生应当有能力在一段相当长的时间内解决这个问题，但解答不简单．

50 研究题，尽管有许多人尝试，但直到我写书时尚未有满意的解答．你若找到这类问题的答案，应该写文章发表．而且，我乐于尽快获知这个问题的解答（只要它是正确的）．

依据上述尺度，其他等级的意义便清楚了．例如，一道等级为 *17* 的习题就比普通问题略微简单点．等级为 *50* 的问题，若是将来被某个读者解决了，可能会在本书以后的版本中标记为 *40*，并发布在互联网上的本书勘误表（网址见第 vi 页）中．

等级编号除以 5 得到的余数，表示完成这道习题的具体工作量．因此，等级为 *24* 的习题，比等级为 *25* 的习题可能花更长的时间，不过做后一种习题需要更多的创造性．等级为 *46* 及以上的习题是开放式问题，有待进一步研究，其难度等级由尝试解决该问题的人数而定．

我力求为习题指定精确的等级编号，但这很困难，因为出题人无法确切知道别人在求解时会有多大难度；同时，每个人都会更擅长解决某些类型的问题．希望等级编号能合理地反映习题的难度，读者应把它们看成一般的指导而非绝对的指标．

本书的读者具有不同程度数学功底和素养，因此某些习题仅供喜欢数学的读者使用．如果习题涉及的数学背景大大超过了仅对算法编程感兴趣的读者的接受能力，那么等级编号前会有

一个字母 M. 如果习题的求解必须用到本书中没有详细讨论的微积分等高等数学知识, 那么用两个字母 HM 标记. HM 记号并不一定意味着习题很难.

　　某些习题前有个箭头 ▶, 这表示问题极具启示性, 特别向读者推荐. 当然, 不能期待读者或者学生做全部习题, 所以我挑选出了看起来最有价值的习题.（这并非要贬低其他习题!）读者至少应该试着解答等级 10 以下的所有习题, 再去优先考虑箭头标出的那些较高等级的习题.

　　书后给出了多数习题的答案. 请读者慎用答案, 还未认真求解之前不要求助于答案, 除非你确实没有时间做某道习题. 在你得出自己的答案或者做了应有的尝试之后, 再看习题答案是有教益和帮助的. 书中给出的解答通常非常简短, 因为我假定你已经用自己的方法做了认真的尝试, 所以只概述其细节. 有时解答给出的信息比较少, 不过通常会给较多信息. 很可能你得出的答案比书后答案更好, 你也可能发现书中答案的错误, 对此, 我愿闻其详. 本书的后续版本会给出改进后的答案, 在适当情况下也会列出解答者的姓名.

　　你做一道习题时, 可以利用前面习题的答案, 除非明确禁止这样做. 我在标注习题等级时已经考虑到了这一点, 因此, 习题 $n+1$ 的等级可能低于习题 n 的等级, 尽管习题 n 的结果只是它的特例.

编号摘要:		00	立即回答
		10	简单（一分钟）
		20	普通（一刻钟）
▶	推荐的	30	中等难度
M	面向数学的	40	学期设计
HM	需要"高等数学"	50	研究题

习题

▶ **1.** [00] 等级"M15"的含义是什么?

　2. [10] 教科书中的习题对于读者具有什么价值?

　3. [H45] 证明每个简单联通的闭合三维流形都拓扑等价于一个三维球体.

> 相当一部分有益的艺术尝试
> 来自于天马行空的想象.
> ——亨利 · 詹姆斯,"小说的艺术"（1884）

我要感谢我所有的朋友，此时此刻尤其对那些朋友深表谢忱，
他们在经年累月之后终于不再问我："这本书的进展如何？"
——彼得·戈梅斯，《拜读圣经》（1996）

我终于向世人交付了一直以来许诺要写的一本书.
关于此书，我担心读者寄予的期望太高.
它的推迟出版，在很大程度上不得不归咎于那些对它表现出
异乎寻常热忱的杰出人士，他们从四面八方向我提供补充资料.
——詹姆斯·鲍斯威尔，《约翰逊博士传》（1791）

作者特别感谢 Addison-Wesley 出版公司的忍耐，
从约稿合同签订之日算起，公司对这份手稿等待了整整十年.
——弗兰克·哈拉里，《图论》（1969）

厌恶平方根或者代数的普通孩子
从包含相似数学原理的智力游戏中寻找乐趣，
这也许可以成为一个研究课题，即开发出
足以让家族骨相学家多少感到惊奇的数学天赋和创造能力.
——萨姆·劳埃德，《谜题的世界》（1896）

来一杯"碧特伯格"！
——碧特伯格啤酒的广告语（1951）

目　　录

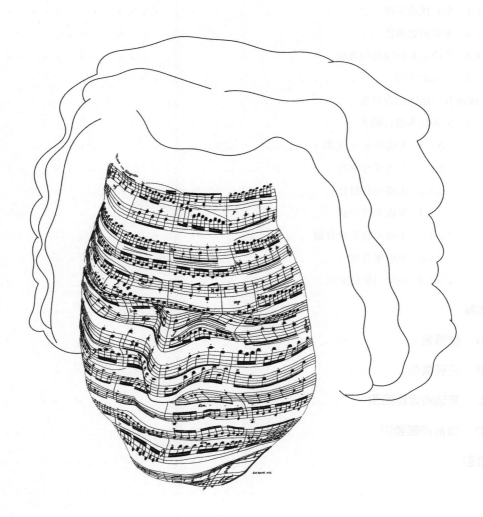

Hommage à Bach.

第 7 章　组合查找

组合学研究的是可以把离散对象排列成种种不同模式的方法. 例如，讨论的对象可能是 $2n$ 个数 $\{1, 1, 2, 2, \ldots, n, n\}$，而我们想把它们排成一行，使得在每个数 k 的两次出现之间恰好存在 k 个数. 当 $n = 3$ 时，实际上仅有这样一种排成"兰福德配对"的方法，即 231213（及其左右反转）. 同样，当 $n = 4$ 时也只有唯一解. 许多其他类型的组合模式将在下面讨论.

研究组合问题时，一般有五类基本问题，其中一些难度更大.

(i) 存在问题：是否存在遵循模式的排列 X？

(ii) 构造问题：倘若存在，能否快速找到这样的 X？

(iii) 计数问题：存在多少不同的排列 X？

(iv) 生成问题：能否依序访问所有的排列 $X_1, X_2, \ldots$？

(v) 优化问题：给出目标函数 f，何种排列使 $f(X)$ 达到最大值或最小值？

就兰福德配对而言，这里的每一个问题都很有趣.

例如，考虑存在问题. 通过反复试验很快发现，当 $n = 5$ 时，我们无法把 $\{1, 1, 2, 2, \ldots, 5, 5\}$ 恰当地置放在 10 个位置上. 两个 1 必须同时放在两个偶数号位置或者两个奇数号位置；同样，两个 3 和两个 5 必须选择两个偶数号或者两个奇数号的位置；但是，两个 2 和两个 4 使用两种编号的一个位置. 因此，我们不能恰好填满每对奇偶数间的 5 个位置. 这个推理同样证明，当 $n = 6$，或者一般地，当 $\{1, 2, \ldots, n\}$ 中有奇数个奇数值时，这个问题没有解.

换句话说，对于某个整数 m，兰福德配对只能在 $n = 4m - 1$ 或者 $n = 4m$ 时存在. 反过来，当 n 是具有这种形式的值时，罗伊·戴维斯找到了构造符合要求的排列位置的简练方法（见习题 1）.

那么，究竟有多少本质上不同的兰福德配对 L_n？当 n 增加时，存在很多这样的配对：

$$
\begin{aligned}
L_3 &= 1; & L_4 &= 1; \\
L_7 &= 26; & L_8 &= 150; \\
L_{11} &= 17\,792; & L_{12} &= 108\,144; \\
L_{15} &= 39\,809\,640; & L_{16} &= 326\,721\,800; \\
L_{19} &= 256\,814\,891\,280; & L_{20} &= 2\,636\,337\,861\,200; \\
L_{23} &= 3\,799\,455\,942\,515\,488; & L_{24} &= 46\,845\,158\,056\,515\,936.
\end{aligned}
$$

(1)

〔L_{23} 和 L_{24} 的值是米卡埃尔·卡捷基、克里斯托夫·雅耶和阿兰·布伊在 2004 年和 2005 年确定的，见 *Studia Informatica Universalis* **4** (2005), 151–190.〕一种直觉上的计算显示，当 L_n 不是 0 时，它的数量级粗略为 $(4n/e^3)^{n+1/2}$（见习题 5）. 而且事实上，在所有已知情形下这个预测基本是正确的. 但是，显然不存在简单公式.

兰福德排列问题是一类称为恰当覆盖问题的组合难题的简单特例. 在 7.2.2.1 节，我们将要研究一种算法（称为"舞蹈链"），它是产生这类问题所有解的一种便捷方法. 例如，当 $n = 16$ 时，该方法对于它找到的每个兰福德配对排列大约仅需 3500 次内存访问. 因此，简单地生成全部配对并计数，便能在合理的时间内计算 L_{16} 的值.

但需注意，L_{24} 是一个天文数字——大约是 5×10^{16}，约为 1500 MIP 年.（回忆一下，一"MIP 年"是每秒执行 100 万条指令的计算机每年执行的指令数量，即 31 556 952 000 000.）所以，L_{24} 的确切值显然是由不涉及生成所有排列的某种方法确定的. 实际上有一种非常快的方法，利用多项式代数计算 L_n. 习题 6 中描述的启发性方法需要进行 $O(4^n n)$ 次运算，其效率看似不高. 但是，它以一个巨大的数量级因子 $\Theta((n/e^3)^{n-1/2})$ 胜过生成所有配对排列并且计数它们的方法，甚至当 $n = 16$ 时它的执行速度大约还要快 20 倍. 另一方面，我们或许永远无法知道 L_{100} 的确切值，即便计算机的速度变得越来越快.

我们还可以从各种不同途径考虑那些最优的兰福德配对排列. 例如，可以这样安排砝码 $\{1, 1, 2, 2, \dots, 16, 16\}$ 的 16 个配对排列，它们满足兰福德条件，并且在将它们按相应次序置于一根平衡杆上时不会使杆倾斜，在这个意义下它们是"完全平衡"的：

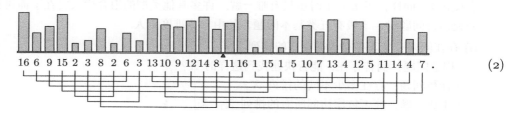

$$\text{16 6 9 15 2 3 8 2 6 3 13 10 12 14 8 11 16 1 15 1 5 10 7 13 4 12 5 11 14 4 7 .} \tag{2}$$

换句话说，我们有 $15.5 \cdot 16 + 14.5 \cdot 6 + \dots + 0.5 \cdot 8 = 0.5 \cdot 11 + \dots + 14.5 \cdot 4 + 15.5 \cdot 7$. 同时，其中还有另一种平衡 $16 + 6 + \dots + 8 = 11 + 16 + \dots + 7$，因此还有 $16 \cdot 16 + 15 \cdot 6 + \dots + 1 \cdot 8 = 1 \cdot 11 + \dots + 15 \cdot 4 + 16 \cdot 7$.

此外，(2) 中的排列在全部 16 阶兰福德配对排列中具有最小宽度：图中底部的连线显示，按照从左到右的顺序，在任何点没有 7 个以上的未完成配对. 我们可以证明，宽度 6 是不够的.（见习题 7.）

在 $\{1, 1, \dots, 16, 16\}$ 的排列 $a_1 a_2 \dots a_{32}$ 中，什么排列在 $\sum_{k=1}^{32} k a_k$ 达到最大值的意义下是最小平衡的? 可以证明，这个最大的可能值是 5258. 这种配对排列共有 12 016 个，其中一个是

$$\text{2 3 4 2 1 3 1 4 16 13 15 5 14 7 9 6 11 5 12 10 8 7 6 13 9 16 15 14 11 8 10 12.} \tag{3}$$

一个更有趣的问题是求按照字典序的最小和最大兰福德配对排列. 对于 $n = 24$，如果我们用字母 a, b, ..., w, x 代替数 $1, 2, \dots, 23, 24$，答案是

$$\begin{gathered} \{\texttt{abacbdecfgdoersfpgqtuwxvjklonhmirpsjqkhltiunmwvx,}\\ \texttt{xvwsquntkigrdapaodgiknqsvxwutmrpohljcfbecbhmfejl}\} \end{gathered} \tag{4}$$

在这一章的后面几小节，我们将要讨论许多关于组合最优化的方法. 当然，我们的目标是在检查范围不超出全部可能排列空间的很小一部分的情况下求解这类问题.

正交拉丁方. 我们稍事回顾早期的组合学. 在作者雅克·奥扎拉姆去世后才出版的 *Recreations mathematiques et physiques* (Paris: 1723) 第 4 卷第 434 页有一道有趣的迷题:"取出一副普通纸牌中的所有 A, K, Q, J, 把它们排列成一个方阵, 使得每行和每列包含全部四种面值和四种花色." 你能做到吗? 下页的图 1 显示了奥扎拉姆给出的解, 他的解还展现一个结果: 四种面值和四种花色的牌也出现在两条主对角线上.(在你试着解这道题之前请不要翻看下一页.)

到了 1779 年, 圣彼得堡流传着一道类似的迷题, 并引起大数学家莱昂哈德·欧拉的注意. "来自 6 个不同军团、6 种不同军衔的 36 名军官, 要排成 6×6 的行军方阵, 每一行和每一列要每个军团每种军衔的军官各有一名. 他们怎样才能做到?" 没有人能够找出一种令人满意的行军方阵. 欧拉决定揭开这个谜团, 尽管他在 1771 年已经几乎失明, 依靠助手口授他的所有工作. 他就这个题目写了一篇重要论文 [最后发表在 *Verhandelingen uitgegeven door het Zeeuwsch Genootschap der Wetenschappen te Vlissingen* **9** (1782), 85–239], 文中对于 n 种军衔和 n 个军团在 $n = 1, 3, 4, 5, 7, 8, 9, 11, 12, 13, 15, 16, \ldots$ 时的类似任务构造了符合要求的排列, 只有 $n \bmod 4 = 2$ 的情况难住了他.

当 $n = 2$ 时, 问题显然无解. 但是, 当 $n = 6$ 时, 欧拉在检验了"数量非常可观的"不符合要求的方阵排列后遇到了困难. 他证明任何实际解都将导致另外一些显得不同的解, 而且他不认为自己忽视了所有这样的解. 因此他宣称:"我毫不犹豫地得出结论, 不可能生成一个完全的 36 格方阵, 而且这种不可能性会延伸到 $n = 10$, $n = 14 \ldots$ 以及所有剩余的 $n \bmod 4 = 2$."

按照 36 名军官的军团和军衔, 欧拉给他们起名为 $a\alpha$, $a\beta$, $a\gamma$, $a\delta$, $a\epsilon$, $a\zeta$, $b\alpha$, $b\beta$, $b\gamma$, $b\delta$, $b\epsilon$, $b\zeta$, $c\alpha$, $c\beta$, $c\gamma$, $c\delta$, $c\epsilon$, $c\zeta$, $d\alpha$, $d\beta$, $d\gamma$, $d\delta$, $d\epsilon$, $d\zeta$, $e\alpha$, $e\beta$, $e\gamma$, $e\delta$, $e\epsilon$, $e\zeta$, $f\alpha$, $f\beta$, $f\gamma$, $f\delta$, $f\epsilon$, $f\zeta$. 他注意到, 任何解都会有两个独立的方阵, 一个是拉丁字母方阵, 另一个是希腊字母方阵. 假定每个方阵在各行和各列有不同的项. 欧拉从 $\{a, b, c, d, e, f\}$ 的可能构造 (称为拉丁方) 着手研究. 拉丁方可以同希腊方配对构成"希腊-拉丁方", 只要这两个方阵是彼此正交的, 也就是说, 如果重叠两个方阵, 同样的 (拉丁, 希腊) 配对不会出现在一处以上的地方. 例如, 如果我们令 $a = \mathtt{A}$, $b = \mathtt{K}$, $c = \mathtt{Q}$, $d = \mathtt{J}$, $\alpha = \clubsuit$, $\beta = \spadesuit$, $\gamma = \diamondsuit$, $\delta = \heartsuit$, 那么, 图 1 等价于以下拉丁方、希腊方和希腊-拉丁方:

$$\begin{pmatrix} d & a & b & c \\ c & b & a & d \\ a & d & c & b \\ b & c & d & a \end{pmatrix}, \quad \begin{pmatrix} \gamma & \delta & \beta & \alpha \\ \beta & \alpha & \gamma & \delta \\ \alpha & \beta & \delta & \gamma \\ \delta & \gamma & \alpha & \beta \end{pmatrix}, \quad \begin{pmatrix} d\gamma & a\delta & b\beta & c\alpha \\ c\beta & b\alpha & a\gamma & d\delta \\ a\alpha & d\beta & c\delta & b\gamma \\ b\delta & c\gamma & d\alpha & a\beta \end{pmatrix}. \tag{5}$$

当然, 我们可以在 $n \times n$ 拉丁方中使用任意 n 个不同的符号, 关键在于没有一个符号在任何一行或任何一列上出现两次. 所以, 我们也可以用数值 $\{0, 1, \ldots, n-1\}$ 表示这些项. 此外, 我们仅提及"拉丁方"(用小写字母"l"表示), 而不把一个方阵分类为拉丁方或者希腊方, 因为正交性是一种对称关系.

欧拉关于两个 6×6 拉丁方不可能是正交的断言被托马斯·克劳森证实. 根据 1842 年 8 月 10 日海因里希·舒马赫致卡尔·高斯的信中指出的方法, 克劳森把问题简化成检验互不相同的 17 种基本情形. 但是, 克劳森没有发表他的分析. 第一次刊印的证明是加斯顿·塔里 [*Comptes rendus, Association française pour l'avancement des sciences* **29**, part 2 (1901), 170–203] 给出的, 他用自己的独特方法揭示, 可以把 6×6 拉丁方分成 17 种不同的类别.(在 7.2.3 节, 我们将研究如何从组合上把一个问题分解成排列的不等价类.)

欧拉关于剩余情形 $n = 10$, $n = 14, \ldots$ 的猜测分三次得到"证明", 分别由朱利叶斯·佩特森 [*Annuaire des mathématiciens* (Paris: 1902), 413–427]、奥古斯特·韦尼克 [*Jahresbericht*

图 1 混杂排列的纸牌：任何一条线上的四张牌都不一样（这种布局是求解 18 世纪流行问题的诸多方法之一）

der Deutschen Math.-Vereinigung **19** (1910), 264–267] 和哈里斯·麦克尼什 [Annals of Math. (2) **23** (1922), 221–227] 给出. 然而，这三种论证中的错误是众所周知的. 即使计算机使用了多年之后，这个问题仍旧没有获得解决. 因此，真正要由计算机优先处理的组合问题之一是 10×10 希腊-拉丁方之谜：它们是否存在？

1957 年，洛厄尔·佩奇和查尔斯·汤普金斯编写了寻找欧拉猜测反例的 SWAC 计算机程序. 他们"几乎随机"地选择一个特定的 10×10 拉丁方，该程序试图发现另外一个将与它正交的拉丁方. 但结果令人沮丧，5 个小时后他们决定关闭计算机. 这个程序产生了足够的数据，使他们能够做出下述预测：完成程序运行至少需要 4.8×10^{11} 小时的计算机时间.

不久以后，一家世界大报报道了三位数学家对拉丁方取得的重大进展：拉杰·博斯、萨拉德钱德拉·施里克汉德和欧内斯特·帕克找到一个著名的构造序列，对于大于 6 的所有 n，它能产生 $n \times n$ 正交拉丁方 [Proc. Nat. Acad. Sci. **45** (1959), 734–737, 859–862；Canadian J. Math. **12** (1960), 189–203]. 这样，欧拉的猜测在受到 180 年的非难后，终于被证实几乎全错了.

他们的发现不是借助计算机完成的. 但是，帕克使用了 UNIVAC，并很快把程序设计技巧引入图像处理，用一台 UNIVAC 1206 军用计算机在一小时内解决了佩奇和汤普金斯求欧拉猜测反例的问题. [见 Proc. Symp. Applied Math. **10** (1960), 71–83；**15** (1963), 73–81.]

我们来仔细看看早期程序员们是怎样做的，了解一下帕克如何戏剧性地超越他们的方法. 佩奇和汤普金斯从下面的 10×10 方阵 L 及其未知的正交配偶方阵 M 开始：

$$L = \begin{pmatrix} 0 & 1 & 2 & 3 & 4 & 5 & 6 & 7 & 8 & 9 \\ 1 & 8 & 3 & 2 & 5 & 4 & 7 & 6 & 9 & 0 \\ 2 & 9 & 5 & 6 & 3 & 0 & 8 & 4 & 7 & 1 \\ 3 & 7 & 0 & 9 & 6 & 8 & 1 & 5 & 2 & 4 \\ 4 & 6 & 7 & 5 & 2 & 9 & 0 & 8 & 1 & 3 \\ 5 & 0 & 9 & 4 & 7 & 8 & 3 & 1 & 6 & 2 \\ 6 & 5 & 4 & 7 & 1 & 3 & 2 & 9 & 0 & 8 \\ 7 & 4 & 1 & 8 & 0 & 2 & 9 & 3 & 5 & 6 \\ 8 & 3 & 6 & 0 & 9 & 1 & 5 & 2 & 4 & 7 \\ 9 & 2 & 8 & 1 & 6 & 7 & 4 & 0 & 3 & 5 \end{pmatrix}, \quad M = \begin{pmatrix} 0 & \sqcup & \sqcup & \sqcup & \sqcup & \sqcup & \sqcup & \sqcup & \sqcup & \sqcup \\ 1 & \sqcup & \sqcup & \sqcup & \sqcup & \sqcup & \sqcup & \sqcup & \sqcup & \sqcup \\ 2 & \sqcup & \sqcup & \sqcup & \sqcup & \sqcup & \sqcup & \sqcup & \sqcup & \sqcup \\ 3 & \sqcup & \sqcup & \sqcup & \sqcup & \sqcup & \sqcup & \sqcup & \sqcup & \sqcup \\ 4 & \sqcup & \sqcup & \sqcup & \sqcup & \sqcup & \sqcup & \sqcup & \sqcup & \sqcup \\ 5 & \sqcup & \sqcup & \sqcup & \sqcup & \sqcup & \sqcup & \sqcup & \sqcup & \sqcup \\ 6 & \sqcup & \sqcup & \sqcup & \sqcup & \sqcup & \sqcup & \sqcup & \sqcup & \sqcup \\ 7 & \sqcup & \sqcup & \sqcup & \sqcup & \sqcup & \sqcup & \sqcup & \sqcup & \sqcup \\ 8 & \sqcup & \sqcup & \sqcup & \sqcup & \sqcup & \sqcup & \sqcup & \sqcup & \sqcup \\ 9 & \sqcup & \sqcup & \sqcup & \sqcup & \sqcup & \sqcup & \sqcup & \sqcup & \sqcup \end{pmatrix}. \tag{6}$$

不失一般性, 可以假定 M 的各行如上所示以 0, 1, ..., 9 开始. 这个问题是填充其余 90 个空位, 原先的 SWAC 计算机程序从上到下从左到右进行处理. 左上方的 ⊔ 不能用 0 填入, 因为 0 已经出现在 M 的顶行. 那个位置也不能用 1 填入, 因为数偶 (1,1) 已经出现在 (L, M) 中下一行的左边. 我们可以暂时填入一个 2. 数 1 置于下一个位置. 很快, 我们找到能够适合 M 的按照字典序的最小顶行, 即 0214365897. 类似地, 在 0214365897 下面合适的最小行是 1023456789 和 2108537946, 它们下面的最小合法行是 3540619278. 可惜, 现在难以为继了: 无法找出不与前面的选择冲突的另一行. 所以, 我们把 3540619278 这一行改为 3540629178 (但也不合适), 再改为 3540698172, 如此进行若干步, 直至我们再度遇到困难, 最终能够把 4397028651 作为 3546109278 的下面一行.

在 7.2.2 节, 我们将研究在不实际执行查找的情况下估计这种查找行为的方法. 这个例子中的这种估计告诉我们, 佩奇-汤普金斯方法其实遍历了一棵大约包含 2.5×10^{18} 个结点的隐式查找树, 其中的大部分结点仅属于树的少量层. 在 90 个空位中的大约 50 个被填充后, 半数以上的结点会在 M 的第 6 行的右半边进行选择. 为了检验合法性, 处理查找树的一个结点可能需要 75 次内存访问. 所以, 在一台现代计算机上运行的总时间, 大约是执行 2×10^{20} 次内存访问所需的时间.

另一方面, 帕克追溯到欧拉在 1779 年最初用于查找方阵正交配偶的方法. 首先, 他找出了 L 所有的横截, 也就是一种选择其某些元素的所有方式, 使得恰好在每行有一个元素, 每列有一个元素, 每个值有一个元素. 例如用欧拉的记号, 一个横截是 0859734216, 表示我们在 0 列选择 0, 在 1 列选择 8, ..., 在 9 列选择 6. 包含 L 最左列中 k 的每个横截, 表示一种把 10 个 k 放进方阵 M 的合法方式. 实际上, 求横截相对容易, 这个矩阵 L 正好有 808 个横截, 对于 $k = (0, 1, \ldots, 9)$, 分别有 $(79, 96, 76, 87, 70, 84, 83, 75, 95, 63)$ 个横截.

一旦知道横截, 余下的是 10 阶的恰当覆盖问题, 它比 (6) 中的 90 阶问题简单得多. 我们需要做的就是用 10 个不相交的横截覆盖方阵, 因为每一个这样的 10 个横截的集合等价于与 L 正交的一个拉丁方 M.

事实上, (6) 中的拉丁方 L 恰好有一个正交配偶:

$$
\begin{pmatrix}
0 & 1 & 2 & 3 & 4 & 5 & 6 & 7 & 8 & 9 \\
1 & 8 & 3 & 2 & 5 & 4 & 7 & 6 & 9 & 0 \\
2 & 9 & 5 & 6 & 3 & 0 & 8 & 4 & 7 & 1 \\
3 & 7 & 0 & 9 & 8 & 6 & 1 & 5 & 2 & 4 \\
4 & 6 & 7 & 5 & 2 & 9 & 0 & 8 & 1 & 3 \\
5 & 0 & 9 & 4 & 7 & 8 & 3 & 1 & 6 & 2 \\
6 & 5 & 4 & 7 & 1 & 3 & 2 & 9 & 0 & 8 \\
7 & 4 & 1 & 8 & 0 & 2 & 9 & 3 & 5 & 6 \\
8 & 3 & 6 & 0 & 9 & 1 & 5 & 2 & 4 & 7 \\
9 & 2 & 8 & 1 & 6 & 7 & 4 & 0 & 3 & 5
\end{pmatrix}
\perp
\begin{pmatrix}
0 & 2 & 8 & 5 & 9 & 4 & 7 & 3 & 6 & 1 \\
1 & 7 & 4 & 9 & 3 & 6 & 5 & 0 & 2 & 8 \\
2 & 5 & 6 & 4 & 8 & 7 & 0 & 1 & 9 & 3 \\
3 & 6 & 9 & 0 & 4 & 5 & 8 & 2 & 1 & 7 \\
4 & 8 & 1 & 7 & 5 & 3 & 6 & 9 & 0 & 2 \\
5 & 1 & 7 & 8 & 0 & 2 & 9 & 4 & 3 & 6 \\
6 & 9 & 0 & 2 & 7 & 1 & 3 & 8 & 4 & 5 \\
7 & 3 & 5 & 1 & 2 & 0 & 4 & 6 & 8 & 9 \\
8 & 0 & 2 & 3 & 6 & 9 & 1 & 7 & 5 & 4 \\
9 & 4 & 3 & 6 & 1 & 8 & 2 & 5 & 7 & 0
\end{pmatrix}. \tag{7}
$$

给定 808 个横截, 舞蹈链算法在仅进行大约 1.7×10^8 次内存访问后求出这个配偶, 并且证明它的唯一性. 此外, 求横截阶段的开销约为 500 万次内存访问, 比较而言是微不足道的. 因此, 原先 2×10^{20} 次内存访问的运行时间——对于求解一个存在 10^{90} 种方式填充空格的问题, 这个时间一度被认为是必不可少的开销——进一步减少了 10^{12} 以上.

后面我们会看到, 对于求解 (6) 这样的 90 阶问题的方法已经取得若干进展. 实际上, (6) 可以直接表示成一个恰当覆盖问题 (见习题 17), 用 7.2.2.1 节的舞蹈链方法在仅花费 1.3×10^{11} 次内存访问后得以求解. 即便如此, 欧拉-帕克方法仍然比佩奇-汤普金斯方法快大约 1000 倍. 通过把问题 "分解" 为两个独立阶段, 一个阶段求横截而另一个阶段进行横截组合, 欧拉和帕克实际上使计算开销从积 $T_1 T_2$ 降低到和 $T_1 + T_2$.

这段陈述的寓意很清楚：组合问题可能使我们面对一个充满巨大可能性的领域，然而我们不应轻易放弃. 一个好主意能使计算量减少很多数量级.

谜题与现实世界. 在这一章我们要研究许多组合问题，如兰福德的配对排列问题，或者奥扎拉姆的 16 张纸牌问题，这类问题来自游戏谜题或"智力难题". 某些读者可能反感于这种娱乐主题的问题，认为这是在无意义地浪费时间. 计算机不该实实在在地做些有用的工作吗？难道计算机教科书不该主要关注对各领域或世界进步有重要意义的应用吗？

这样说吧，我，你手拿的这本教科书的作者，绝对无意反对有用的工作和人类的进步. 但我坚信这样的一本书应该强调问题求解的方法，以及有助于解决许多不同问题的数学思想和数学模型，而不是把注意力集中到方法和模型可能有用的原因上. 我们将要学习很多攻克组合问题的精彩并且强有力的方法，而这些方法所具有的精炼、优雅将是我们研究它们的主要动机. 组合难题不断出现，而且每天都在产生运用本章讨论的技术的新方法. 所以，我们不要预设这些思想适合哪类问题而局限了我们的眼界.

例如，正交拉丁方非常有用，尤其是在试验设计中. 早在 1788 年，弗朗索瓦·帕吕埃尔就已经使用 4×4 拉丁方研究对 16 只羊——每 4 只羊来自 4 个不同品种——用 4 种不同饲料喂养并在 4 个不同时间出栏的结果. [*Mémoires d'Agriculture* (Paris: Société Royale d'Agriculture, trimestre d'été, 1788), 17–23.] 借助拉丁方，他能够用 16 只羊代替 64 只羊做这项研究. 使用希腊-拉丁方，他还可以尝试改变其他参数，比如用 4 种不同数量的饲料或者 4 种不同的放牧方式.

但是，如果把讨论集中到他的家畜饲养上，我们可能会陷入关于如何饲养的细节上，如用块根植物饲养还是谷物饲养以及饲养成本，等等. 因此，不是农场主的读者可能会跳过这个主题，尽管拉丁方设计适用于广泛的研究领域. （思考一下关于对病人试验 5 种药丸，他们处于某种疾病的 5 个阶段，属于 5 个不同年龄段，具有 5 组不同体重. ）再者，专注于试验设计可能导致读者看不到拉丁方对离散几何编码及纠错编码也有重要应用的事实（见习题 18–24）.

甚至连兰福德配对排列这种初看起来纯属娱乐的主题，其结果也有重要的实用价值. 托拉尔夫·斯科伦利用兰福德序列构造了施泰纳三元系，我们在 6.5 节已经把这种结构用于数据库查询 [见 *Math. Scandinavica* **6** (1958), 273–280]. 在 20 世纪 60 年代，摩托罗拉公司的小爱德华·格罗思把兰福德配对排列应用到了乘法电路设计上. 此外，寻找兰福德配对排列和拉丁方横截的一些有效算法，如舞蹈链方法，适用于通常的恰当覆盖问题. 这种恰当覆盖问题同一些重大问题有很大关联，如对基层选区选举人辖区人数的公平分配，等等.

应用并不是最重要的事情，也不是最困难的事情. 我们的主要目标应当是在头脑中建立基本概念，如拉丁方和恰当覆盖的概念. 这样一些概念将为我们解决以后出现的问题提供所需的构件、词汇和见解.

但是，讨论求解那些不能实际解决任何问题的问题是愚蠢的. 我们需要有很好的问题来促进我们的创造活力，多少以一种官能形式激发我们大脑皮层的灰质细胞，并且形成熟悉的基本概念. 偏重智力的谜题经常是达到这个目标的理想工具，因为它们可以用三言两语表达出来，不需要复杂的背景知识.

剧作家和政治家瓦茨拉夫·哈韦尔曾经提到，生活的复杂性是无边无际的："需要认识的事物数不胜数……我们必须抛弃自负的信念，别以为世界只是一道待解的谜题，一台等候发现的指令机器，一堆将馈入计算机的资料." 他呼吁要不断增强正义感和责任感，要有体验、勇气和同情心. 他的话中充满大智慧. 谢天谢地，我们还有待解的谜题！在美好的生活乐趣中，谜题值得考虑，像所有其他趣事一样，谜题理应得到人们正当的喜爱.

当然，兰福德和奥扎拉姆是对人而不是计算机提出他们的谜题的．如果我们仅把这样的问题推给机器，依靠计算机的强力而非理性思考来求解，岂不是不得要领吗？1963 年，乔治·布鲁斯特在写给马丁·加德纳的一封信中表达了人们普遍持有的下述见解："把一道娱乐谜题送进计算机，与炸毁一条鳟鱼河道的灾难仅仅一步之遥．要听从时下的娱乐."

是的，但是这种看法没有顾及另一要点：简单的谜题往往具有超越人类能力的一般规律，唤起我们的好奇心．对于一般规律的研究，经常能给出带有启示作用并能适用于其他许多问题的方法，并获得惊人的结果．其实，我们将要研究的许多关键方法都脱胎于人们求解各种各样谜题的尝试．我在写这一章时，不时地体会到随着计算机的速度越来越快，当今的谜题比以往任何时候都更加有趣，因为我们在不断获得强大的游戏攻坚工具．[进一步的评述见我在 1976 年写的短文 "玩具问题有用处吗？"，见 Selected Papers on Computer Science (1996), 169–183.]

谜题存在过于精巧的危险．理想谜题倾向于在数学上是简洁的，在结构上是完备的，但是，我们仍然需要学习如何有条理地处理每天包围着我们的零乱、混沌、不可分割的材料．其实，某些计算方面的技巧之所以显得重要，主要是因为它们提供了处理这类复杂性的强有力的方法．举例来说，这就是为什么在第 5 章开头提出了图书馆卡片排序的神秘规则，在 2.2.5 节为解释模拟技术详细讨论了一种实际的电梯系统．

一个称为斯坦福图库（Stanford GraphBase，SGB）的程序与数据集合已经筹备完成，使用组合算法的试验能够很快地在各式各样的实际例子上执行．例如，SGB 包括美国公路网的数据、美国经济的投入产出模型；记录了荷马史诗《伊利亚特》、托尔斯泰的《安娜·卡列尼娜》等若干文学作品塑造的人物；概括了彼得·罗杰 1879 年编辑的《词典》条目；记载了几百场大学橄榄球赛事；详尽载明了列奥纳多·达·芬奇画作《焦孔达夫人》（《蒙娜丽莎》，Mona Lisa）的像素灰度值．或许最重要的是，SGB 包含一个五字母单词的汇集，我们将在下面讨论．

英文的五字母单词. 这一章的许多例子都基于以下五字母词表：

aargh, abaca, abaci, aback, abaft, abase, abash, ..., zooms, zowie.　　(8)

（共有 5757 个单词——太多了，无法全部显示在这里，但是可以很容易想到那些未列出的单词．）这是一张个人列表，在 1972 年到 1992 年间汇集而成．我意识到这样的单词将成为检验很多类组合算法的 ideal（理想）①数据，从而开始这项工作．

这张表特意限制在我实际使用过的那些单词，它们是英语语言中的 truly（真实）词汇．在未删节的字典中，包含数以千计难以理解的词条，如 aalii, abamp, ..., zymin, zyxst，这样的单词对玩拼字游戏 Scrabble® 的人特别有用．但是，对于不知道它们的人而言，陌生的单词往往会 spoil（败坏）他们的兴致．所以，我用了 20 年，分门别类地记录所有这样的 words（单词），看来它们对于阐释《计算机程序设计艺术》的 goals（目标）是 right（恰当）的．

最后，为了有个可重复试验的 fixed（固定）point（点），必须冻结单词集合．英语这门语言总是在演变，但 5757 个 SGB 单词将始终保持不变——虽然我多次受到诱惑，试图添加少量在 1992 年还不知道的单词，如 chads, stent, blogs, ditzy, phish, bling，可能还有 tetch．不，不行，noway（此路不通）．对 SGB 做出任何改变的时机早已 ended（终止）：finis（结束了）．

> 下述词汇表旨在包含所有众所周知的英文单词
> ……这些单词可在社会中普遍使用，也可用作 "链环"．
> ……接纳那些生僻词必须有所约束.
> ——刘易斯·卡罗尔，Doublets: A Word-Puzzle（1879）

---

① 作者在讲述五字母单词的行文中，使用了若干相映成趣的单词．为保持原书风格，保留英文原词．——译者注

如果有个动词是指激怒，那么利利韦特先生就被激怒了.
——罗伯特·巴纳德, *Corpse in a Gilded Cage*（1984）

不能把我的姓氏 Knuth 这样的专有名称看成是合法单词. 但是 gauss（高斯）和 hardy（哈代）例外，它们是 valid（有效的），因为 "gauss" 是磁感应强度单位，而 "hardy" 是形容词（强壮的）. 实际上，SGB 词汇全部由小写字母组成，这个单词表不包括带连字符的单词、缩写词、或者像 blasé 这种带变音符号的单词. 因此，也可以把每个单词当作一个向量，它具有属于值域 $[0 . . 26)$ 的 5 个分量. 在这种向量意义下，yucca 和 abuzz 是相隔最远的两个单词：它们的欧几里得距离是

$$\|(24, 20, 2, 2, 0) - (0, 1, 20, 25, 25)\|_2 = \sqrt{24^2 + 19^2 + 18^2 + 23^2 + 25^2} = \sqrt{2415}.$$

整个斯坦福图库，包括它的全部程序和数据集，可以直接从我的网站 https://www-cs-faculty.stanford.edu/~knuth/sgb.html 下载. SGB 的全部单词表更容易获取，它保存在同一地点的 sgb-words.txt 文件中. 该文件有 5757 行，每行一个单词，从 which 开始，以 pupal 结束，单词按其使用频度排序. 例如，排列在 1000, 2000, 3000, 4000, 5000 位的单词分别是 ditch, galls, visas, faker, pismo. 本章将用记号 WORDS(n) 代表与这一顺序对应的 n 个最常见单词.

顺便说一下，五字母单词包括很多四字母单词的复数形式，也没有做过维多利亚式的考究审查. 可能的唐突词汇已从 *The Official Scrabble® Players Dictionary* 中删除，但没有从 SGB 中删除. 为了保证在以 SGB 词汇表为基础的专业论文中不出现语义上不恰当的术语，一种方法是仅限制 WORDS(n)，比如说 $n = 3000$.

习题 26–37 可以用作初步利用 SGB 词汇的预备练习，其中可以见到这一整章中的许多不同组合状态. 例如，在关注覆盖问题时，我们注意到 third flock began jumps 这四个单词包含字母表前 21 个字母中的 20 个字母. 例如在 {becks, fjord, glitz, nymph, squaw} 中，五个单词最多可以包含 24 个不同的字母——除非我们利用一个罕见的非 SGB 单词，如 waqfs（伊斯兰宗教捐赠），它同 {gyved, bronx, chimp, klutz} 组合可以包含 25 个字母.

仅用取自 WORDS(400) 的单词就足以构成一个词方（word square）：

$$
\begin{matrix}
\texttt{class} \\
\texttt{light} \\
\texttt{agree} \\
\texttt{sheep} \\
\texttt{steps}
\end{matrix}
\tag{9}
$$

而为了得到一个词立方（word cube）

$$
\begin{matrix}
\texttt{types} & \texttt{yeast} & \texttt{pasta} & \texttt{ester} & \texttt{start} \\
\texttt{yeast} & \texttt{earth} & \texttt{armor} & \texttt{stove} & \texttt{three} \\
\texttt{pasta} & \texttt{armor} & \texttt{smoke} & \texttt{token} & \texttt{arena} \\
\texttt{ester} & \texttt{stove} & \texttt{token} & \texttt{event} & \texttt{rents} \\
\texttt{start} & \texttt{three} & \texttt{arena} & \texttt{rents} & \texttt{tease}
\end{matrix}
,
\tag{10}
$$

我们几乎要用到 WORDS(3000)，其中每个 5×5 "词片" 是一个词方. 运用基本舞蹈链算法（见 7.2.2.1 节）的一种简单扩充，在大约 3900 亿次内存访问的计算后，我们可以证明，WORDS(3000) 仅仅支持 3 个像 (10) 那样的对称词立方，习题 36 展示了另外两个词立方. 出人意料的是，从单词全集 WORDS(5757) 中可以构成 $83\,567$ 个对称词立方.

由单词构成的图. 把一些对象排列成行、正方形、立方体以及其他图案是有趣的、重要的. 但在实际应用中，另一种组合结构甚至更加有趣、更为重要，那就是图（graph）. 回忆一下

2.3.4.1 节，图是一个称为顶点的点集合加上一个称为边的线段集合，其中的边连接某些顶点对. 图无处不在，而且我们已经发现了很多优美的图算法，所以图自然成为本章多个小节的主要焦点. 事实上，斯坦福图库正如其名称所暗示的那样，主要涉及图. 而且，收集 SGB 单词的主因是它们可以用于定义有趣和有益的图.

刘易斯·卡罗尔在 1877 年底发明了一种游戏从而开创了新路，他称那个游戏为"单词链"或"双同源词". [见马丁·加德纳，*The Universe in a Handkerchief* (1996)，第 6 章.] 卡罗尔的这一方法很快流行起来，其思想是通过一次改变一个字母，把一个单词转变成另一个单词：

$$\text{tears} - \text{sears} - \text{stars} - \text{stare} - \text{stale} - \text{stile} - \text{smile}. \tag{11}$$

最短的这种变换是一个图中的最短路径，其中图的顶点是英文单词，而边连接具有"汉明距离 1"的单词对（意味着它们只有一处不同）.

当限制在 SGB 单词时，卡罗尔规则就产生了斯坦福图库的一个图，其正式名称是 $words(5757, 0, 0, 0)$. 由 SGB 定义的每个图都有唯一的标识符，称为它的 id，而按照卡罗尔方式从 SGB 导出的图用 $words(n, l, t, s)$ 标识. 在这个标识中，n 是顶点数量；l 或者是 0，或者是一个权值表，用以强调词汇的不同类型；t 是表示不允许低权值单词的阈值；s 是可能需要切断等权值单词之间联系的任何伪随机数的初值. 我们无须关注全部细节，少数几个例子将给出一般概念：

- 对于 $1 \le n \le 5757$，$words(n, 0, 0, 0)$ 是把卡罗尔的思想应用到 WORDS(n) 时产生的图.
- $words(1000, \{0,0,0,0,0,0,0,0,0,0\}, 0, s)$ 包含 1000 个随机选择的 SGB 单词，通常情况下，对于不同的 s，它们是不同的.
- $words(766, \{0,0,0,0,0,0,0,0,1,0\}, 1, 0)$ 包含出现在我关于 TEX 和 METAFONT 的书中的所有五字母单词.

在最后这个图中仅有 766 个单词，所以我们无法构成非常多的像 (11) 那样的长路径，尽管

$$\text{basic} - \text{basis} - \text{bases} - \text{based} - \text{baked} - \text{naked} - \text{named} - \text{names} - \text{games} \tag{12}$$

是一个值得注意的例子.

当然，当顶点代表五字母单词时，存在多种方式定义图的边. 例如，我们可以要求欧几里得距离（而非汉明距离）是最短的. 或者，我们可以声明两个单词是邻接的，只要它们拥有相同的长度为四的子单词. 这种策略将使图大为充实，即便把顶点单词限制在与 TEX 有关的 766 个单词中，同样可以从 chaos 产生 peace：

$$\text{chaos} - \text{chose} - \text{chore} - \text{score} - \text{store} - \text{stare} - \text{spare} - \text{space} - \text{peace}. \tag{13}$$

（在这个规则中，我们删除一个字母，然后插入另一个字母，可能在不同的位置.）或者，我们可以选择一种完全不同的策略，例如，在单词矢量 $a_1 a_2 a_3 a_4 a_5$ 与 $b_1 b_2 b_3 b_4 b_5$ 之间设置一条边，当且仅当它们的点积 $a_1 b_1 + a_2 b_2 + a_3 b_3 + a_4 b_4 + a_5 b_5$ 是某个参数 m 的倍数. 图算法在不同数据类型的基础上兴盛起来.

当多重集 $\{a_2, a_3, a_4, a_5\} \subseteq \{b_1, b_2, b_3, b_4, b_5\}$ 时，记为 $a_1 a_2 a_3 a_4 a_5 \to b_1 b_2 b_3 b_4 b_5$，那么，SGB 词汇表还可以产生一个有趣的有向图族.（删除第一个字母，插入另一个字母，再重新排列.）例如，使用这条规则，经由一条长度为六的最短定向路径可以把 words 变成 graph：

$$\text{words} \to \text{dross} \to \text{soars} \to \text{orcas} \to \text{crash} \to \text{sharp} \to \text{graph}. \tag{14}$$

理论是实际泰勒级数中的首项.
——托马斯·科弗（1992）

粗略估计，图论中当前使用的术语体系的数量等于图论学家的人数.
——理查德·斯坦利（1986）

图论: 基本概念. 图 G 由顶点集合 V 和边集合 E 组成，其中边是不同顶点的配对. 我们假定 V 和 E 都是有限集，除非另作说明. 如果 u 和 v 是满足 $\{u,v\} \in E$ 的顶点，记为 $u\!-\!v$；如果 u 和 v 是满足 $\{u,v\} \notin E$ 的顶点，记为 $u\!\not\!-\!v$. 满足 $u\!-\!v$ 的顶点称为"邻近"顶点，也可以说它们在 G 中是"邻接"的. 这个定义的一个推论是: 我们有 $u\!-\!v$，当且仅当 $v\!-\!u$. 另一个推论是，对于所有 $v \in V$ 有 $v\!\not\!-\!v$；就是说，没有任何顶点是同它自身邻接的.（但是，在我们下面将要讨论的多重图中，从一个顶点到它自身的环是允许的.）

如果 $V' \subseteq V$，$E' \subseteq E$，则说图 $G' = (V', E')$ 是 $G = (V, E)$ 的子图. 如果有 $V' = V$，则说 G' 是 G 的生成子图. 假定 V' 是 V 的给定子集，如果 E' 含有尽可能多的边，则说 G' 是 G 的诱导子图. 换句话说，当 $V' \subseteq V$ 时，由 V' 诱导的 $G = (V, E)$ 的子图是 $G' = (V', E')$，其中

$$E' = \{\, \{u,v\} \mid u \in V', v \in V', \{u,v\} \in E \,\}. \tag{15}$$

这个子图 G' 用 $G \mid V'$ 表示，通常称作"G 局限于 V'". 在 $V' = V \setminus \{v\}$ 的常见情形，对于 $G \mid (V \setminus \{v\})$，我们简记为 $G \setminus v$（"G 减去顶点 v"）. 当 $e \in E$ 时，用同样的记号 $G \setminus e$ 表示通过删除一条边而非一个顶点得到的子图 $G' = (V, E \setminus \{e\})$. 请注意，前面描述的称为 $words(n, l, t, s)$ 的所有 SGB 图是主图 $words(5757, 0, 0, 0)$ 的诱导子图；在那些图中，仅仅改变词汇表而不改变邻接规则.

一个包含 n 个顶点和 e 条边的图，我们说它有 n 阶和 e 大小. 最简单和最重要的 n 阶图是完全图 K_n、路径 P_n 和圈 C_n. 假定顶点集为 $V = \{1, 2, \ldots, n\}$，那么

- 对于 $1 \le u < v \le n$，K_n 有 $\binom{n}{2} = \frac{1}{2} n(n-1)$ 条边 $u\!-\!v$；每个 n 顶点图是 K_n 的生成子图.

- 当 $n \ge 1$ 时，对于 $1 \le v < n$，P_n 有 $n-1$ 条边 $v\!-\!(v+1)$；它是一条长度为 $n-1$ 的从 1 到 n 的路径.

- 当 $n \ge 1$ 时，对于 $1 \le v \le n$，C_n 有 n 条边 $v\!-\!((v \bmod n)+1)$；仅当 $n \ge 3$ 时它是一个图（但是 C_1 和 C_2 是多重图）.

实际上，我们可以在顶点 $\{0, 1, \ldots, n-1\}$ 上或者任何 n 元素集合 V 上（代替在 $\{1, 2, \ldots, n\}$ 上）定义 K_n、P_n 和 C_n，因为如果两个图的差别仅在于它们的顶点名称而不是边的结构，那么它们在组合上是等价的.

从形式上我们可以说，图 $G = (V, E)$ 和 $G' = (V', E')$ 是同构的，如果存在从 V 到 V' 的一一对应 φ，使得 $u\!-\!v$ 在 G 中当且仅当 $\varphi(u)\!-\!\varphi(v)$ 在 G' 中. 记号 $G \cong G'$ 通常用于表示 G 与 G' 同构. 不过，我们不会那么拘泥，往往把同构的图看成是相等的，有时也写成 $G = G'$，即使 G 和 G' 的顶点集不严格等同.

简单地画出示意图就可以定义小型图，示意图中的小圆圈是顶点，连接它们的线段是边. 图 2 给出图的几个重要例子，它们的性质随后讨论. 图 2(e) 中的佩特森图以一位早期图论学家佩特森的名字命名，他曾用这个图否定了一个看似合理的猜测 [L'Intermédiaire des Mathématiciens **5** (1898), 225–227]. 事实上，这是一个重要的结构，通常作为许多关于图的乐观预言可能为真的反例. 图 2(f) 中的赫瓦塔尔图是瓦茨拉夫·赫瓦塔尔提出的 [J. Combinatorial Theory **9** (1970), 93–94].

在图的示意图中，允许线段在非顶点处彼此相交. 例如在图 2(f) 中，中心点不是赫瓦塔尔图的顶点. 如果存在一种使图没有任何边线段交叉的画法，则称这个图是平面的. 显而易见，

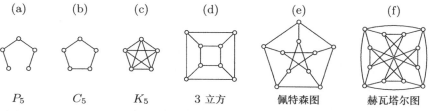

图 2 6 个图，它们分别有 $(5, 5, 5, 8, 10, 12)$ 个顶点和 $(4, 5, 10, 12, 15, 24)$ 条边

P_n 和 C_n 总是平面的．图 2(d) 说明，3 立方也是平面的．但是，K_5 由于边过多而不是平面的（见习题 46）．

图顶点的度是指包含的邻近顶点的数量．如果一个图的所有顶点具有相同的度，则称这个图是正则的．例如，图 2 中的 P_5 是非正则图，因为它有两个 1 度顶点和三个 2 度顶点．但是，其他五个图分别是 $(2, 4, 3, 3, 4)$ 度的正则图．3 度正则图通常称为是"立方"的或"3 价"的．

绘制一个图有多种方法，其中某些方法在表示上更为清晰．例如，下面六个示意图

$$(16)$$

的每一个与图 2(d) 的 3 立方都是同构的．图 2(f) 中赫瓦塔尔图的形式是约翰·邦迪在赫瓦塔尔的文章发表多年之后发现的，由此揭示了意外的对称性．

图的对称图形，也称为它的自同构，是图的顶点保持邻接性的置换．换句话说，如果每当 $u \!-\! v$ 在 G 中时有 $\varphi(u) \!-\! \varphi(v)$，则置换 φ 是 G 的一个自同构．采用如图 2(f) 所示的恰当画法，可以揭示图的基本对称图形．但是，一个单独的图形并不总能显示存在的全部对称图形．例如，3 立方有 48 个自同构，佩特森图有 120 个自同构．我们将在 7.2.3 节研究处理同构与自同构的算法．当对有 k 个自同构的图执行算法时，我们经常能够利用对称图形避免不必要的计算，使算法执行几乎快 k 倍．

客观世界中形成的图，多半与图 2 的几种数学上简洁的图有很大差别．例如下面这个熟悉的图，尽管它具备平面图的优点，却没有任何对称性可言：

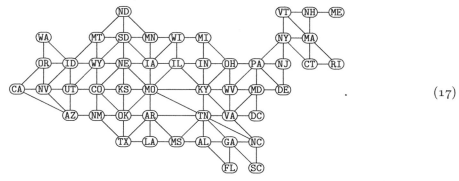

$$(17)$$

它表示的是美国本土各州（含 DC），在后面的若干例子中我们将会用到它．为方便起见，这个示意图的 49 个顶点没有用空心圆圈，而是用两字母邮政编码作了标记．

路径与圈．一个图的生成路径 P_n 被称为哈密顿路径，生成圈 C_n 被称为哈密顿圈，因为威廉·哈密顿在 1856 年创建了一个谜题，其目标是在十二面体的边上寻找这样的路径和圈．托马斯·柯克曼在 *Philosophical Transactions* **146** (1856), 413–418; **148** (1858), 145–161 中对多面

体的一般问题进行了独立研究.［见诺曼·比格斯、爱德华·劳埃德和罗宾·威尔逊,*Graph Theory 1736–1936* (1998), 第 2 章.］然而, 寻找生成路径或生成圈是非常古老的任务——实际上, 我们可以合乎逻辑地认定它是图论中最古老的问题, 因为国际象棋盘上马的路径和游程有一段可以追溯到九世纪印度的历史（见 7.2.2.4 节）. 如果一个图有一个哈密顿圈, 则称为哈密顿图.（顺便指出, 佩特森图是最小的 3 正则图, 它既不是平面图, 也不是哈密顿图. 见卡米耶·波利尼亚克, *Bull. Soc. Math. de France* **27** (1899), 142–145.）

图的围长是它的最短圈的长度. 如果图是无圈的, 它的围长定义为无穷大. 例如, 图 2 中六个图的围长分别是 $(\infty, 5, 3, 4, 5, 4)$. 不难证明, 一个最小度为 k、围长为 5 的图至少有 k^2+1 个顶点. 事实上, 进一步分析表明, 仅当 $k=2$（C_5 圈）、$k=3$（佩特森图）、$k=7$ 时, 或许加上 $k=57$, 这个最小值是可以达到的.（见习题 63 和 65.）

图中两个顶点 u 和 v 之间的距离 $d(u,v)$ 是从 u 到 v 的最短路径长度. 如果不存在这样的路径, 那么距离为无穷大. 显然, $d(v,v)=0$, $d(u,v)=d(v,u)$. 我们还有三角不等式

$$d(u,v) + d(v,w) \ \geq\ d(u,w). \tag{18}$$

因为如果 $d(u,v)=p$, $d(v,w)=q$ 且 $p<\infty$, $q<\infty$, 那么存在路径

$$u = u_0 \relbar u_1 \relbar \cdots \relbar u_p = v \quad 和 \quad v = v_0 \relbar v_1 \relbar \cdots \relbar v_q = w, \tag{19}$$

而我们可以对于某个 s 求出使 $u_r = v_s$ 的最小下标 r. 于是

$$u_0 \relbar u_1 \relbar \cdots \relbar u_{r-1} \relbar v_s \relbar v_{s+1} \relbar \cdots \relbar v_q \tag{20}$$

是一条从 u 到 w 且长度 $\leq p+q$ 的路径.

图的直径是遍及其全部顶点 u 和 v 的距离 $d(u,v)$ 的最大值. 如果图的直径是有限的, 那么图是连通的. 图的顶点总是可以划分成连通的分图, 两个顶点 u 和 v 属于同一个分图当且仅当 $d(u,v) < \infty$.

例如, 在图 $words(5757,0,0,0)$ 中, 我们有 $d(\mathtt{tears}, \mathtt{smile}) = 6$, 因为 (11) 是一条从 tears 到 smile 的最短路径. 此外, $d(\mathtt{tears}, \mathtt{happy}) = 6$, $d(\mathtt{smile}, \mathtt{happy}) = 10$, $d(\mathtt{world}, \mathtt{court}) = 6$. 但是, $d(\mathtt{world}, \mathtt{happy}) = \infty$, 因此该图不是连通的. 事实上, 它包含 671 个像 aloof 的单词, 这类单词没有邻近, 独自构成所有的 1 阶连通分图. 像 alpha — aloha、droid — druid 和 opium — odium 这样的单词对, 构成 103 个 2 阶分图. 某些 3 阶分图是路径, 如 chain — chair — choir; 另一些 3 阶分图是圈, 如 $\{\mathtt{getup}, \mathtt{letup}, \mathtt{setup}\}$. 还有几个小的分图, 如奇特的路径

$$\mathtt{login} \relbar \mathtt{logic} \relbar \mathtt{yogic} \relbar \mathtt{yogis} \relbar \mathtt{yogas} \relbar \mathtt{togas}, \tag{21}$$

它的单词没有别的邻近. 但是, 绝大部分五字母单词属于一个 4493 阶的巨大分图. 如果你能够从一个给定单词走出两步, 改变两个不同的字母, 那么, 你的单词能够连接到这个巨大分图的每个顶点的可能性大于 $\frac{1}{15}$.

同样, 当 $n = (5000, 4000, 3000, 2000, 1000)$ 时, 图 $words(n,0,0,0)$ 分别具有阶数为 $(3825, 2986, 2056, 1186, 224)$ 的巨大分图. 但是, 如果 n 是一个小的数, 那么图中就没有足够多的边提供大量的连通性. 例如, $words(500, 0, 0, 0)$ 具有 327 个不同的分图, 其中没有 15 阶或更高阶的分图.

对于任意 k 值，可以把距离的概念推广到 $d(v_1, v_2, \ldots, v_k)$，表示包含顶点 $\{v_1, v_2, \ldots, v_k\}$ 的连通子图中边数的最小值. 例如，$d(\text{blood}, \text{sweat}, \text{tears})$ 结果为 15，因为子图

$$
\begin{array}{l}
\text{blood} \!-\!\! \text{brood} \!-\!\! \text{broad} \!-\!\! \text{bread} \!-\!\! \text{tread} \!-\!\! \text{treed} \!-\!\! \text{tweed} \\
\qquad\qquad\qquad\qquad\qquad\qquad\qquad\quad\;\; | \qquad\qquad | \\
\text{tears} \!-\!\! \text{teams} \!-\!\! \text{trams} \!-\!\! \text{trims} \!-\!\! \text{tries} \!-\!\! \text{trees} \quad \text{tweet} \\
\qquad\qquad\qquad\qquad\qquad\qquad\qquad\qquad\qquad | \\
\qquad\qquad\qquad\qquad\qquad\qquad\qquad\quad \text{sweat} \!-\!\! \text{sweet}
\end{array} \tag{22}
$$

有 15 条边，并且没有合适的 14 条边子图.

我们曾在 2.3.4.1 节指出，一个边数最少的连通图是一棵自由树. 对应于广义距离 $d(v_1, \ldots, v_k)$ 的子图始终是自由树. 称它为斯坦纳树会使人误解，因为雅各布·斯坦纳只不过是在欧几里得平面内对于顶点 $\{v_1, v_2, v_3\}$ 这种 $k = 3$ 的情形提到过它 [*Crelle* **13** (1835), 362–363]. 然而，约瑟夫·热尔戈纳已经提出并解决了平面内任意 k 点的这一问题 [*Annales de mathématiques pures et appliquées* **1** (1811), 292, 375–384 and planche 6].

着色. 说一个图是 k 部的或 k 可着色的，是指能够把它的顶点划分成 k (或更少) 部分，使得每条边的两个端点属于不同的部分；或者等价地，有一种方法把它的顶点涂成最多 k 种不同颜色，使得两个邻接顶点不会涂上同样颜色. 著名的四色定理说明，每个平面图是 4 可着色的. 这个定理原来是弗朗西斯·格思里在 1852 年的猜测，最后由肯尼思·阿佩尔、沃夫冈·哈肯和约翰·科克 [*Illinois J. Math.* **21** (1977), 429–567] 借助于大型计算机作出证明. 没有已知的简单证明，但是像 (17) 那样的特例一看就是可着色的 (见习题 45). 通常用 $O(n^2)$ 步足以对平面图着四色 [乔治·罗伯孙、丹尼尔·桑德斯、保罗·西摩和罗宾·托马斯，*STOC* **28** (1996), 571–575].

2 可着色图的情况在实践中特别重要. 一个 2 部的图通常称为二部图，或简称"偶图"，它的每条边在每部分有一个端点.

定理 B. 一个图是二部图当且仅当它不包含长度为奇数的圈.

证明. [见德奈什·柯尼希，*Math. Annalen* **77** (1916), 453–454.] 一个 k 部图的每个子图都是 k 部图. 所以，仅当圈 C_n 本身是偶图时，C_n 才可能是二部图的子图，这种情况下 n 必须是偶数.

反过来，如果一个图不包含长度为奇数的圈，我们通过执行下述过程可以用两种颜色 $\{0, 1\}$ 对它的顶点着色：从所有未着色的顶点开始. 如果已着色顶点的所有邻近顶点已经着色，选择一个未着色顶点 w，把它着色成 0. 否则，选择这样一个已经着色的顶点 u，它有一个未着色的邻近顶点 v，对 v 着相反的颜色. 习题 48 证明最终获得一个正确的 2 着色图. ∎

完全二部图 $K_{m,n}$ 是最大的二部图，它分为两部分，分别有 m 和 n 个顶点. 通过指明当 $1 \le u \le m < v \le m+n$ 时就有 $u \!-\! v$，我们可以在顶点集 $\{1, 2, \ldots, m+n\}$ 上定义完全二部图. 换句话说，$K_{m,n}$ 具有 mn 条边，对于在第一部分选择一个顶点以及在第二部分选择另一个顶点的每一种方式各有一条边. 同样，完全 k 部图 $K_{n_1, \ldots, n_k}$ 具有 $N = n_1 + \cdots + n_k$ 个顶点，它们被划分成大小为 $\{n_1, \ldots, n_k\}$ 的部分，而且它在不属于同一部分的任何两个顶点之间存在边. 下面是 $N = 6$ 时的几个例子：

$$
\begin{array}{ccc}
\underset{\displaystyle K_{1,5}}{\vcenter{\hbox{⬡}}} \; ; & \underset{\displaystyle K_{3,3}}{\vcenter{\hbox{⬡}}} \cong \underset{}{\vcenter{\hbox{⬡}}} \; ; & \underset{\displaystyle K_{2,2,2}}{\vcenter{\hbox{⬡}}} \cong \underset{}{\vcenter{\hbox{⬡}}} \; .
\end{array} \tag{23}
$$

注意, $K_{1,n}$ 是一棵自由树, 通俗地称为 $n+1$ 阶的星形图.

> 从现在起, 我们不用 "directed graph" 了, 而用 "digraph" 指代有向图.
> 这个词简单明了, 而且将会变成流行术语.
>
> ——乔治·波利亚, 致弗兰克·哈拉里的信 (约 1954)

有向图. 在 2.3.4.2 节中, 我们定义了有向图 (directed graph 或 digraph), 它们同一般的图 (graph) 非常相像, 只不过用弧替代了边. 一条弧 $u \longrightarrow v$ 从一个顶点延伸到另一个顶点, 而一条边 $u \text{---} v$ 不加区别地连接两个顶点. 此外, 有向图允许从一个顶点到它自身的自环 $v \longrightarrow v$, 而且, 在同样的顶点对 u 和 v 之间出现的弧 $u \longrightarrow v$ 可以超过一条.

在形式上, 大小为 m 的 n 阶有向图 $D = (V, A)$ 是 n 顶点集合 V 加上 m 个序偶 (u, v) 组成的多重集 A, 其中 $u \in V$ 且 $v \in V$. 序偶 (u, v) 称为弧, 当 $(u, v) \in A$ 时我们记为 $u \longrightarrow v$. 如果 A 实际上是一个普通集合而不是多重集, 也就是说, 如果对于所有 u 和 v 最多有一条弧 $u \longrightarrow v$, 则有向图称为简单有向图. 每条弧 $u \longrightarrow v$ 有一个起始顶点 u 和一个终结顶点 v (终结顶点也称为弧的 "末端"). 每个顶点 v 有一个出度 $d^+(v)$, 它是以 v 为起始顶点的弧的数量; 还有一个入度 $d^-(v)$, 它是以 v 为终结顶点的弧的数量. 入度为 0 的顶点称为 "源点"; 出度为 0 的顶点称为 "汇点". 注意, 我们有 $\sum_{v \in V} d^+(v) = \sum_{v \in V} d^-(v)$, 因为这两个和都等于弧的总数 m.

已经对于图定义的大多数概念都可以自然地转移到有向图上, 只须区分边与弧, 在定义中插入单词 "有向" (directed) 或者 "定向" (oriented) [在英文术语中, 也可能是插入表示 "方向" 的音节 "di"]. 例如, 有向图有子有向图, 它们可能是生成的或者诱导的, 也可能是既非生成的也非诱导的. 有向图 $D = (V, A)$ 和 $D' = (V', A')$ 之间的一个同构是从 V 到 V' 的一一对应 φ, 就它而言, 对于所有 $u, v \in V$, D 中弧 $u \longrightarrow v$ 的数量等于 D' 中弧 $\varphi(u) \longrightarrow \varphi(v)$ 的数量.

有向图的示意图在顶点之间使用箭头而不是不加装饰的线段. 最简单和最重要的 n 阶有向图是图 K_n、P_n 和 C_n 的有向变形, 也就是可迁竞赛图 $\vec{K_n}$、定向路径 $\vec{P_n}$ 和定向圈 $\vec{C_n}$. 在 $n = 5$ 的情形, 它们可以用下面示意图说明:

$$\vec{K_5} \quad ; \quad \vec{P_5} \quad ; \quad \vec{C_5} \quad . \tag{24}$$

我们同样有完全有向图 J_n, 它是 n 个顶点上最大的简单有向图. 它包含 n^2 条弧 $u \longrightarrow v$, 对于 u 和 v 的每一种选择各有一条弧.

图 3 展示了一个精心制作的示意图, 可以称为 "东方快车的" 17 阶有向图: 它是由阿加莎·克里斯蒂的小说《东方快车上的谋杀案》(Murder on the Orient Express, 1934) 中的侦探赫尔克里·波洛描述的有向图. 顶点对应于故事中从伊斯坦布尔开往加来的车厢铺位, 弧 $u \longrightarrow v$ 表示铺位 u 的乘客已经证实铺位 v 的乘客不在案发现场. 这个例子有 6 个连通分图, 即 $\{0, 1, 3, 6, 8, 12, 13, 14, 15, 16\}$, $\{2\}$, $\{4, 5\}$, $\{7\}$, $\{9\}$, $\{10, 11\}$. 在有向图中, 连通性是通过把弧当作边来确定的.

如果第一条弧的末端是第二条弧的起点, 则说两条弧是相邻的. 相邻弧的序列 $(a_1, a_2, \ldots, a_k)$ 称为长度为 k 的通道, 它可以通过标明顶点和弧的方式表示如下:

$$v_0 \xrightarrow{a_1} v_1 \xrightarrow{a_2} v_2 \cdots v_{k-1} \xrightarrow{a_k} v_k. \tag{25}$$

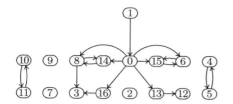

3: Caroline Martha Hubbard，美国主妇
4: Edward Henry Masterman，英国随从
5: Antonio Foscarelli，意大利汽车推销员
6: Hector Willard MacQueen，美国部长
7: Harvey Harris，没有露面的英国人
8: Hildegarde Schmidt，德国贵妇人的女仆
9: （空铺位）
10: Greta Ohlsson，瑞典护士
11: Mary Hermione Debenham，英国家庭女教师
12: Helena Maria Andrenyi，漂亮的伯爵夫人
13: Rudolph Andrenyi，匈牙利伯爵/外交官
14: Natalia Dragomiroff，孀居的俄国公主
15: Colonel Arbuthnot，印裔英国军官
16: Cyrus Bethman Hardman，美国侦探

图注
0: Pierre Michel，法国导演
1: Hercule Poirot，比利时侦探
2: Samuel Edward Ratchett，死去的美国人

图 3 阿加莎·克里斯蒂设计的大小为 18 的 17 阶有向图

在简单有向图中，只列举顶点就足够了. 例如，$1 \rightarrow 0 \rightarrow 8 \rightarrow 14 \rightarrow 8 \rightarrow 3$ 是图 3 中的一条通道. 如果顶点 $\{v_0, v_1, \ldots, v_k\}$ 互不相同，则(25) 中的通道是一条定向路径；如果除 $v_k = v_0$ 之外的顶点互不相同，则它是一个定向圈.

在有向图中，有向距离 $d(u, v)$ 是从 u 到 v 的最短定向路径中弧的条数，它也是从 u 到 v 的最短通道的长度. $d(u, v)$ 可能不等于 $d(v, u)$，但三角不等式 (18) 依然成立.

每个图都可以看成是有向图，因为一条边 $u \text{---} v$ 实质上等价于一对弧 $u \rightarrow v$ 和 $v \rightarrow u$. 用这种方式获得的有向图保留了原图的全部性质. 例如，图中每个顶点的度变成了其在有向图中的出度，同时也是其在有向图中的入度. 此外，距离保持不变.

多重图 (V, E) 就像普通的图，只不过它的边集 E 可以是顶点对 $\{u, v\}$ 的任意多重集. 而且，它也允许边 $v \text{---} v$（也就是从一个顶点到它自身的环），这种边对应于"多重顶点对" $\{v, v\}$. 例如

$$\text{①} \text{---} \text{②} \text{---} \text{③} \tag{26}$$

是一个 3 阶多重图，有 6 条边$\{1,1\}$, $\{1,2\}$, $\{2,3\}$, $\{2,3\}$, $\{3,3\}$, $\{3,3\}$. 在这个例子中，顶点的度是 $d(1) = d(2) = 3$ 和 $d(3) = 6$，因为顶点的每个环对其度的贡献为 2. 如果我们把多重图看成有向图，那么一个边环 $v \text{---} v$ 就变成了两个弧环 $v \rightarrow v$.

图和有向图的表示. 任何有向图完全是由它的邻接矩阵 $A = (a_{uv})$ 描述的，任何图或多重图也是如此，当有 n 个顶点时邻接矩阵有 n 行和 n 列. 这个矩阵的每个元素 a_{uv} 给出从 u 到 v 的弧的数量. 例如，$\vec{K_3}$, $\vec{P_3}$, $\vec{C_3}$, J_3, (26) 的邻接矩阵分别是

$$\vec{K_3} = \begin{pmatrix} 0 & 1 & 1 \\ 0 & 0 & 1 \\ 0 & 0 & 0 \end{pmatrix}, \quad \vec{P_3} = \begin{pmatrix} 0 & 1 & 0 \\ 0 & 0 & 1 \\ 0 & 0 & 0 \end{pmatrix}, \quad \vec{C_3} = \begin{pmatrix} 0 & 1 & 0 \\ 0 & 0 & 1 \\ 1 & 0 & 0 \end{pmatrix}, \quad J_3 = \begin{pmatrix} 1 & 1 & 1 \\ 1 & 1 & 1 \\ 1 & 1 & 1 \end{pmatrix}, \quad A = \begin{pmatrix} 2 & 1 & 0 \\ 1 & 0 & 2 \\ 0 & 2 & 4 \end{pmatrix}. \tag{27}$$

借助矩阵论的强有力的数学工具，通过研究图的邻接矩阵可以证明图的很多重要结果，习题 65 给出了一个特别显著的例子，说明能做什么. 一个主要原因在于，矩阵乘法在有向图的情形下有一种简单的解释. 考虑邻接矩阵 A 的乘方，根据定义，它在 u 行 v 列的元素是

$$(A^2)_{uv} = \sum_{w \in V} a_{uw} a_{wv}. \tag{28}$$

由于 a_{uw} 是从 u 到 w 的弧的数量，所以可以看出，$a_{uw} a_{wv}$ 是形式为 $u \rightarrow w \rightarrow v$ 的通道数量. 因此，$(A^2)_{uv}$ 是从 u 到 v 的长度为 2 的通道总数. 同样，对于所有 $k \geq 0$，A^k 的元素告诉了我们任何顶点序偶之间长度为 k 的通道总数. 例如，(27) 中的矩阵 A 满足

$$A = \begin{pmatrix} 2 & 1 & 0 \\ 1 & 0 & 2 \\ 0 & 2 & 4 \end{pmatrix}, \qquad A^2 = \begin{pmatrix} 5 & 2 & 2 \\ 2 & 5 & 8 \\ 2 & 8 & 20 \end{pmatrix}, \qquad A^3 = \begin{pmatrix} 12 & 9 & 12 \\ 9 & 18 & 42 \\ 12 & 42 & 96 \end{pmatrix}. \tag{29}$$

因此，多重图 (26) 从顶点 1 到顶点 3 有 12 条长度为 3 的通道，从顶点 2 到它自身有 18 条这样的通道.

顶点的重新排列使邻接矩阵 A 变成 P^-AP，其中 P 是置换矩阵（在每行和每列都恰好有一个 1 的 0–1 矩阵），$P^- = P^T$ 是逆置换的矩阵. 这样一来，

$$\begin{pmatrix} 2 & 1 & 0 \\ 1 & 0 & 2 \\ 0 & 2 & 4 \end{pmatrix}, \quad \begin{pmatrix} 2 & 0 & 1 \\ 0 & 4 & 2 \\ 1 & 2 & 0 \end{pmatrix}, \quad \begin{pmatrix} 0 & 1 & 2 \\ 1 & 2 & 0 \\ 2 & 0 & 4 \end{pmatrix}, \quad \begin{pmatrix} 0 & 2 & 1 \\ 2 & 4 & 0 \\ 1 & 0 & 2 \end{pmatrix}, \quad \begin{pmatrix} 4 & 0 & 2 \\ 0 & 2 & 1 \\ 2 & 1 & 0 \end{pmatrix}, \quad \begin{pmatrix} 4 & 2 & 0 \\ 2 & 0 & 1 \\ 0 & 1 & 2 \end{pmatrix} \tag{30}$$

是图 (26) 的全部邻接矩阵，没有其他的了.

当 $n > 1$ 时，n 阶图的数量超过 $2^{n(n-1)/2}/n!$ 个，即使是最经济的编码，也几乎全都需要 $\Omega(n^2)$ 位数据. 因此，从内存使用的角度来看，在计算机内部表示几乎全部可能的图的最佳方式，实际上是邻接矩阵.

但是，出现在现实问题中的图所具备的特征，完全不同于从全部可能图集中随机选择的图. 现实问题中的图往往是"稀疏的"，比如具有 $O(n \log n)$ 而不是 $\Omega(n^2)$ 条边，除非 n 是比较小的数，因为 $\Omega(n^2)$ 位数据是很难发生的. 例如，假定顶点对应于人，边对应于友谊. 如果考察 50 亿人，他们中很少有人有 10000 位以上的朋友. 但是，即使平均每人有 10000 位朋友，这个图仍然仅有 2.5×10^{13} 条边，而所有 50 亿阶的图几乎都近似有 6.25×10^{18} 条边.

因此，图在计算机内部的最佳表示方式，与记录邻接矩阵元素的 n^2 个值 a_{uv} 很不一样. 换一种方式，斯坦福图库的算法是用同 2.2.6 节讨论的稀疏矩阵的链接表示相近的一种数据结构建立的，不过做了某些简化. 业已证实这种方法不仅通用而有效，而且也容易使用.

有向图的 SGB 表示是顺序地址分配和链式地址分配的结合，使用了两种基本类型的结点. 某些结点表示顶点，另一些结点表示弧.（对于一次处理几个图的算法，还有表示整个图的第三种类型的结点. 但是每个图只需一个图结点，所以顶点结点和弧结点占据优势.）

SGB 有向图的处理如下：对每个大小为 m 的 n 阶 SGB 有向图建立一个 n 顶点结点的顺序数组，使得对于 $0 \le k < n$ 容易访问顶点 k. 相比之下，m 个弧结点实际上被链接在一块非结构化的通用存储区内. 每个顶点结点通常占用 32 字节，每个弧结点占用 20 字节（图结点则占用 220 字节）；而且，改变结点大小并不难. 在所有情形，每个结点的少数字段具有固定不变的确定含义，其余字段在不同算法或者一个算法的不同阶段用于不同的目的. 结点具有固定用途的部分称为它的"标准字段"，具有多种用途的部分称为它的"应用字段".

每个顶点结点包含称为 NAME 和 ARCS 的两个标准字段. 如果 v 是指向顶点结点的变量，我们称它为顶点变量. 于是，NAME(v) 指向一个字符串，用于标识对应顶点中面向人类的输出. 例如，图 (17) 的 49 个顶点具有 CA, WA, OR, ..., RI 这样的名称. 另外一个标准字段 ARCS(v) 在算法中更重要：它指向一个弧结点，这个弧结点是长度为 $d^+(v)$ 的单链表中的第一项，从顶点 v 出发的每条弧都有这样一个结点.

每个弧结点包含称为 TIP 和 NEXT 的两个标准字段. 我们把指向弧结点的变量 a 称为弧变量. TIP(a) 指向表示弧 a 末端的顶点结点，NEXT(a) 指向表示起始顶点与弧 a 相同的下一条弧的弧结点.

出度为 0 的顶点 v 用 ARCS(v) = Λ（空指针）表示. 在其他情形，比如出度为 3，其数据结构包含具有 ARCS(v) = a_1, NEXT(a_1) = a_2, NEXT(a_2) = a_3, NEXT(a_3) = Λ 的三个弧结点，而这三条弧由 v 引向 TIP(a_1), TIP(a_2), TIP(a_3).

例如, 设想我们需要计算顶点 v 的出度, 并把它存入称为 ODEG 的应用字段中. 这很容易实现:

$$\text{置 } a \leftarrow \text{ARCS}(v), \ d \leftarrow 0.$$
$$\text{当 } a \neq \Lambda \text{ 时循环执行 } d \leftarrow d+1, \ a \leftarrow \text{NEXT}(a). \tag{31}$$
$$\text{置 } \text{ODEG}(v) \leftarrow d.$$

当把一个图或多重图看成有向图时, 如前所述, 它的每条边 $u \!-\! v$ 等价于两条弧 $u \!\rightarrow\! v$ 和 $v \!\rightarrow\! u$. 这两条弧称为 "配对", 它们占据两个弧结点, 比如 a 和 a', 其中 a 出现在来自 u 的弧表中, a' 出现在来自 v 的弧表中. 于是, $\text{TIP}(a) = v$, $\text{TIP}(a') = u$. 在需要从一个表快速转向另一个表的算法中, 我们将另记为

$$\text{MATE}(a) = a' \qquad \text{和} \qquad \text{MATE}(a') = a. \tag{32}$$

然而, 通常无须存储从一条弧到其配对的显式指针, 也不需要在每个弧结点内设置一个称为 MATE 的应用字段, 因为在妥善设计数据结构后, 所需连接可以隐式推导.

隐式配对技巧处理如下: 当创建无向图或多重图的每条边 $u \!-\! v$ 时, 我们对于 $u \!\rightarrow\! v$ 和 $v \!\rightarrow\! u$ 引入两个连续的弧结点. 例如, 如果每个弧结点有 20 字节, 那么, 我们对于每个新的弧对保留 40 个连续字节. 我们还要保证第一个字节的存储地址是 8 的倍数. 这样, 如果弧结点 a 存储在单元 α, 那么, 它的配对存储在单元

$$\begin{cases} \alpha + 20, & \text{如果 } \alpha \bmod 8 = 0 \\ \alpha - 20, & \text{如果 } \alpha \bmod 8 = 4 \end{cases} = \alpha - 20 + \big(40 \ \& \ ((\alpha \ \& \ 4) - 1)\big). \tag{33}$$

当运算可能执行万亿次时, 组合问题中的这种处理技巧是很有用的, 因为每次运算节省 3.6 纳秒的每一种方法都将使这样的计算节省一小时的时间. 但是, (33) 从一个实现到另一个实现不是直接 "可移植的". 例如, 如果一个弧结点的大小从 20 改变为 24, 那么, 我们必须把 (33) 中的数 40, 20, 8, 4 改变为 48, 24, 16, 8.

本书中的算法对结点的大小不作假定. 我们将采用 C 语言及其派生语言的约定: 如果 a 指向弧结点, 那么 $a+1$ 表示存储器中跟随它的弧结点的指针. 在通常情况下, 如果每个弧结点有 c 字节, 那么

$$\text{LOC}(\text{NODE}(a+k)) = \text{LOC}(\text{NODE}(a)) + kc. \tag{34}$$

同样, 如果 v 是顶点变量, 那么, $v + k$ 将代表跟随结点 v 的第 k 个顶点结点, 它的实际存储地址将是结点 v 的存储地址加上 k 乘以顶点结点的大小.

一个图结点 g 的标准字段包含: $\text{M}(g)$, 弧的总数; $\text{N}(g)$, 顶点的总数; $\text{VERTICES}(g)$, 指向所有顶点结点序列表中第一个顶点结点的指针; $\text{ID}(g)$, 图的标识, 是一个像 words(5757,0,0,0) 这样的字符串; 所需的其他字段, 用于当图增长或收缩时分配或回收存储单元, 或者用于当与其他用户或其他图管理系统连接时把图转换成外部格式. 但是, 我们基本不需要访问任何这样的图结点字段, 也不需要在这里给出 SGB 格式的完整描述, 因为这一章我们将在完全抽象的级别上坚持用自然语言描述几乎所有的图算法, 而不会把这种描述降低到计算机程序的二进制位级别.

简单的图算法. 为了说明后面将要出现的一个适中层次的算法类型, 我们把定理 B 的证明转变成用两种颜色对给定图的顶点进行分步着色的过程, 只要给定的图是二部图.

算法 B (二部性检验). 给定一个用 SGB 格式表示的图, 算法或者在每个顶点 v 求出用 $\text{COLOR}(v) \in \{0,1\}$ 的 2 着色, 或者当不可能存在正确的 2 着色时以失败终止. 这里, COLOR 是每个顶点结点的一个应用字段. 顶点结点的另一个应用字段 $\text{LINK}(v)$ 是一个顶点指针, 用于维持一个栈, 其中的所有顶点均已着色, 但是尚未检查它们的邻接顶点. 一个辅助的顶点变

量 s 指向这个栈的顶端. 算法用变量 u, v, w 表示顶点, 用变量 a 表示弧. 顶点结点是 $v_0 + k$ $(0 \le k < n)$.

B1. [初始化.] 对于 $0 \le k < n$ 置 $\text{COLOR}(v_0 + k) \leftarrow -1$. (现在所有顶点都是未着色的.) 然后置 $w \leftarrow v_0 + n$.

B2. [完成?] (此刻所有 $\ge w$ 的顶点均已着色, 且所有已着色顶点的邻近顶点也是如此.) 如果 $w = v_0$, 算法以成功终止. 否则置 $w \leftarrow w - 1$, 这是低一层的顶点结点.

B3. [当需要时对 w 着色.] 如果 $\text{COLOR}(w) \ge 0$, 返回 B2. 否则, 置 $\text{COLOR}(w) \leftarrow 0$, $\text{LINK}(w) \leftarrow \Lambda$, $s \leftarrow w$.

B4. [栈 $\Rightarrow u$.] 置 $u \leftarrow s$, $s \leftarrow \text{LINK}(s)$, $a \leftarrow \text{ARCS}(u)$. (我们将检验已着色顶点 u 的所有邻近顶点.)

B5. [u 处理完了吗?] 如果 $a = \Lambda$, 转到 B8. 否则, 置 $v \leftarrow \text{TIP}(a)$.

B6. [处理 v.] 如果 $\text{COLOR}(v) < 0$, 置 $\text{COLOR}(v) \leftarrow 1 - \text{COLOR}(u)$, $\text{LINK}(v) \leftarrow s$, $s \leftarrow v$. 否则, 如果 $\text{COLOR}(v) = \text{COLOR}(u)$, 算法以失败终止.

B7. [对 a 循环.] 置 $a \leftarrow \text{NEXT}(a)$, 返回 B5.

B8. [栈非空?] 如果 $s \ne \Lambda$, 返回 B4. 否则返回 B2. ▌

这是一个称为 "深度优先搜索" 的通用算法的图遍历过程的变形, 我们将在 7.4.1 节详细讨论它. 当存在 m 条弧和 n 个顶点时, 它的运行时间是 $O(m + n)$ (见习题 70). 所以它很适合于稀疏图的常见情况. 通过少量修改, 我们可以使它在以失败终止时输出一个奇数长度的圈, 从而证明 2 着色是不可能的 (见习题 72).

　　图的例子. 斯坦福图库包含一个三打以上的生成器程序库, 可以产生多种多样在试验中使用的图和有向图. 我们已经讨论过 *words*, 现在来考察一些其他的图, 以便获得对某些可能性的感性认识.

　　● *roget*(1022, 0, 0, 0) 是一个有 1022 个顶点和 5075 条弧的有向图. 顶点代表彼得·罗杰和约翰·罗杰合编的 19 世纪著名的《词典》(*Thesaurus*, London: Longmans, Green, 1879) 一书中包含的各种单词或概念. 弧是在那本书中找到的词类之间的相互参照. 例如, 典型的弧有 water —→ moisture, discovery —→ truth, preparation —→ learning, vulgarity —→ ugliness, wit —→ amusement.

　　● *book*("jean", 80, 0, 1, 356, 0, 0, 0) 是一个有 80 个顶点和 254 条边的图. 顶点代表法国作家维克多·雨果的《悲惨世界》(*Les Misérables*) 中的人物, 边连接小说中彼此相遇的人物. 典型的边有 Fantine —— Javert, Cosette —— Thénardier.

　　● *bi_book*("jean", 80, 0, 1, 356, 0, 0, 0) 是一个有 $80 + 356$ 个顶点和 727 条边的二部图. 顶点代表《悲惨世界》中的人物或章节, 边连接人物及其出现的章节 (例如 Napoleon —— 2.1.8, Marius —— 4.14.4).

　　● *plane_miles*(128, 0, 0, 0, 1, 0, 0) 是一个有 129 个顶点和 381 条边的平面图. 顶点代表美国和加拿大的 128 座城市, 还有一个特殊顶点 INF (代表 "无穷远点"). 边定义这些城市之间的德劳奈三角剖分, 这个剖分基于平面上的经纬度, 其含义是: 存在边 $u — v$ 当且仅当存在一个通过 u 和 v 的圆, 没有任何其他顶点被这个圆包围. 图中的边也在 INF 与处于所有城市位置的凸包上的顶点之间穿越. 典型的边有 Seattle, WA —— Vancouver, BC —— INF; Toronto, ON —— Rochester, NY.

• *plane_lisa*(360, 250, 15, 0, 360, 0, 250, 0, 22 950 000) 是一个有 3027 个顶点和 5967 条边的平面图. 它是从列奥纳多·达·芬奇的《蒙娜丽莎》(*Mona Lisa*) 数字化图像得到的, 该图像有 360 行 250 列像素, 像素的明暗度归入 16 个等级, 灰度从 0 (黑) 到 15 (白). 这样产生的 3027 个恒定亮度的车连通区域, 当它们具有共同的像素边界时被当作邻近区域 (见图 4).

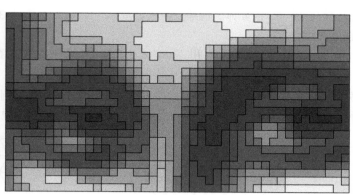

图 4　《蒙娜丽莎》的数字再现图和局部特写图 (最好从远处看)

• *bi_lisa*(360, 250, 0, 360, 0, 250, 8192, 0) 是一个有 360 + 250 = 610 个顶点和 40 923 条边的二部图. 它是另一个摹仿达·芬奇名画的平面图. 这次摹仿连接亮度级别至少是 1/8 的行和列. 例如, 边 r102 —— c113 出现在丽莎的"微笑"的正中.

• *raman*(31, 23, 3, 1) 是一个具有与前面那些例子中的 SGB 图完全不同性质的图. 它是基于严格数学原理的"拉马努金扩展图", 未与语言、文字或者人类文明的其他产物连接. 它的 $(23^3 - 23)/2 = 6072$ 个顶点中的每个顶点的度为 32, 因此它有 97 152 条边. 图的顶点对应于那些具有非奇异模 23 的 2 × 2 矩阵的等价类, 一条典型的边是 (2,7;1,1) —— (4,6;1,3). 拉马努金图之所以重要, 主要在于就它们的大小和度而言, 它们具有异常高的围长和异常低的直径. 这个图的围长为 4, 直径为 4.

• *raman*(5, 37, 4, 1), 类似地, 它是一个度为 6 的正则图, 有 50 616 个顶点和 151 848 条边. 它的围长为 10, 直径为 10, 恰好也是二部图.

• *random_graph*(1000, 5000, 0, 0, 0, 0, 0, 0, 0, *s*) 是一个有 1000 个顶点和 5000 条边而且以 *s* 为伪随机数初始值的图. 它是"逐步形成"的, 从没有边开始, 然后通过重复选择伪随机数的顶点 $0 \leq u, v < 1000$ 并添加边 u —— v, 除非 $u = v$ 或者图中已有这条边. 当 $s = 0$ 时, 除孤立顶点 908 之外的所有顶点属于一个 999 阶的巨大分图.

• *random_graph*(1000, 5000, 0, 0, 1, 0, 0, 0, 0, 0) 是一个有 1000 个顶点和 5000 条弧的有向图, 它通过类似的演变过程获得. (事实上, 它的每条弧恰好也是 *random_graph*(1000, 5000, 0, 0, 0, 0, 0, 0, 0, 0) 的组成部分.)

• *subsets*(5, 1, −10, 0, 0, 0, #1, 0) 是一个有 $\binom{11}{5} = 462$ 个顶点的图, {0, 1, . . . , 10} 的每个 5 元素子集代表一个顶点. 每当对应的子集不相交时, 两个顶点是邻接的. 因此, 这个图是度为 6 的正则图, 有 1386 条边. 我们可以把它看成是佩特森图的推广, 佩特森图以 *subsets*(2, 1, −4, 0, 0, 0, #1, 0) 作为它的 SGB 名称之一.

• *subsets*(5, 1, −10, 0, 0, 0, #10, 0) 有同样的 462 个顶点, 但是, 在这个图中, 每当对应的子集有 4 个共同元素时顶点才是邻接的. 这个图是度为 30 的正则图, 有 6930 条边.

• $parts(30, 10, 30, 0)$ 是另一个建立在数学基础上的 SGB 图. 它有 3590 个顶点, 每个顶点代表把 30 划分成最多 10 部分的一个分划. 当一个分划是通过再次划分另一个分划的某个部分获得时, 两个分划是邻接的. 这条规则定义了 31 377 条边. 有向图 $parts(30, 10, 30, 1)$ 是类似的, 但它的 31 377 条弧是从较短的分划指向较长的分划 (例如 13+7+7+3 $\longrightarrow$ 7+7+7+6+3).

• $simplex(10, 10, 10, 10, 10, 0, 0)$ 是一个有 286 个顶点和 1320 条边的图. 它的顶点是方程 $x_1 + x_2 + x_3 + x_4 = 10$ 满足 $x_i \geq 0$ 的整数解, 即 "10 划分成 4 个非负整数部分的组合". 也可以把它们看成一个四面体的内部点的重心坐标. 像 3.1.4.2 — 3.0.4.3 这样的边连接那些尽可能接近的组合.

• $board(8, 8, 0, 0, 5, 0, 0)$ 和 $board(8, 8, 0, 0, -2, 0, 0)$ 是建立在 64 个顶点上的两个图, 它们的 168 条边或 280 条边分别对应于国际象棋中马或象的移动.

此外, 通过改变 SGB 图生成器的参数可以获得无数多的例子. 例如, 图 5 显示 $board$ 和 $simplex$ 的两个简单变形. 图 $board$ 多少有点神秘的规则在习题 75 中说明.

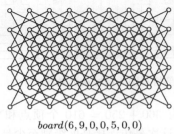

$board(6, 9, 0, 0, 5, 0, 0)$
(马在 6 × 9 棋盘上的移动)

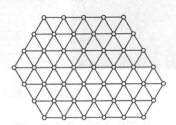

$simplex(10, 8, 7, 6, 0, 0, 0)$
(截断的三角形网格)

图 5   与棋盘游戏有关的 SGB 图的实例

图代数. 通过对已有的图进行运算, 我们可以获得新的图. 例如, 如果 $G = (V, E)$ 是任意的图, 通过令

$$\text{在 } \overline{G} \text{ 中 } u\text{—}v \quad \Longleftrightarrow \quad \text{在 } G \text{ 中 } u \neq v \text{ 且 } u \,/\!\!\!\!-\, v \tag{35}$$

可以获得它的补图 $\overline{G} = (V, \overline{E})$. 因此, 在原先没有边的顶点之间出现了边, 反之亦然. 注意 $\overline{\overline{G}} = G$, 并且 $\overline{K_n}$ 没有边. 对应的邻接矩阵 A 和 $\overline{A}$ 满足

$$A + \overline{A} = J - I, \tag{36}$$

其中 J 是全体元素为 1 的矩阵, I 是单位矩阵, 所以, 当 G 的阶为 n 时, J 和 $J - I$ 分别是 J_n 和 K_n 的邻接矩阵.

此外, 每个图 $G = (V, E)$ 导出一个线图 $L(G)$, 它的顶点集是图 G 的边集 E. 如果两条边在 G 中有共同的顶点, 则它们在 $L(G)$ 中是邻接的. 举例来说, 线图 $L(K_n)$ 有 $\binom{n}{2}$ 个顶点, 而且当 $n \geq 2$ 时它是度为 $2n - 4$ 的正则图 (见习题 82). 如果一个图的线图是 k 可着色的, 则称这个图为 k 边可着色的.

给定两个图 $G = (U, E)$ 和 $H = (V, F)$, 它们的并图 $G \cup H$ 是通过组合它们的顶点和边得到的图 $(U \cup V, E \cup F)$. 例如, 假定 G 和 H 分别是国际象棋中车和象的移步图, 那么 $G \cup H$ 是后的移步图, 它在 SGB 中的正式名称是

$$gunion(board(8, 8, 0, 0, -1, 0, 0), board(8, 8, 0, 0, -2, 0, 0), 0, 0). \tag{37}$$

在顶点集 U 和 V 不相交的特殊情形下, 并图 $G \cup H$ 不需要对相互关联的顶点用任何兼容的方式标识. 通过直接在 H 的示意图旁边画出 G 的示意图, 我们就可得到 $G \cup H$ 的示意图.

这种特殊情形称为 G 和 H 的"并置"或直和，用 $G \oplus H$ 表示. 例如，容易看出

$$K_m \oplus K_n \cong \overline{K_{m,n}} \; ; \tag{38}$$

每个图是它的连通分图的直和.

式 (38) 是一般公式

$$K_{n_1} \oplus K_{n_2} \oplus \cdots \oplus K_{n_k} \cong \overline{K_{n_1, n_2, \ldots, n_k}} \tag{39}$$

的特例，当 $k \geq 2$ 时这个公式对于完全 k 部图成立. 但是，当 $k = 1$ 时式 (39) 不成立，这是由于一个令人震惊的事实: 标准的图论记号对于完全图是不兼容的! 事实上，$K_{m,n}$ 表示一个完全二部图，但 K_n 却不是表示一个完全一部图. 某些图论学家不知什么缘故竟然同这种反常现象共处几十年而心安理得.

另一种组合不相交的图 G 和 H 的重要方法是建立它们的联合图 $G — H$，它由 $G \oplus H$ 以及所有 $u \in U$ 和 $v \in V$ 的边 $u — v$ 组成. [见亚历山大·济科夫，*Mat. Sbornik* **24** (1949)，163–188，§I.3.] 同时，如果 G 和 H 是不相交的有向图，它们的有向联合图 $G \rightarrow H$ 是类似的，但是它仅通过添加从 U 到 V 的单向弧 $u \rightarrow v$ 补充 $G \oplus H$.

两个矩阵 A 和 B 的直和是把 B 置于 A 的对角线右下方得到的:

$$A \oplus B = \begin{pmatrix} A & O \\ O & B \end{pmatrix}, \tag{40}$$

这个例子中的两个 O 是全体元素为 0 的矩阵，它们具有形成正确直和的相应行数与列数. 图的直和记号 $G \oplus H$ 很容易记住，因为 $G \oplus H$ 的邻接矩阵恰好是对于 G 和 H 的邻接矩阵 A 和 B 的直和. 同样，对于 $G — H$、$G \rightarrow H$ 和 $G \leftarrow H$，邻接矩阵分别是

$$A — B = \begin{pmatrix} A & J \\ J & B \end{pmatrix}, \qquad A \rightarrow B = \begin{pmatrix} A & J \\ O & B \end{pmatrix}, \qquad A \leftarrow B = \begin{pmatrix} A & O \\ J & B \end{pmatrix}, \tag{41}$$

其中 J 是式 (36) 中的全体元素为 1 的矩阵. 这些运算是可结合的，并且通过补运算关联:

$$A \oplus (B \oplus C) = (A \oplus B) \oplus C, \qquad A — (B — C) = (A — B) — C; \tag{42}$$

$$A \rightarrow (B \rightarrow C) = (A \rightarrow B) \rightarrow C, \qquad A \leftarrow (B \leftarrow C) = (A \leftarrow B) \leftarrow C; \tag{43}$$

$$\overline{A \oplus B} = \overline{A} — \overline{B}, \qquad \overline{A — B} = \overline{A} \oplus \overline{B}; \tag{44}$$

$$\overline{A \rightarrow B} = \overline{A} \leftarrow \overline{B}, \qquad \overline{A \leftarrow B} = \overline{A} \rightarrow \overline{B}; \tag{45}$$

$$(A \oplus B) + (A — B) = (A \rightarrow B) + (A \leftarrow B). \tag{46}$$

请注意，结合 (39) 与 (42) 和 (44)，当 $k \geq 2$ 时我们有

$$K_{n_1, n_2, \ldots, n_k} = \overline{K_{n_1}} — \overline{K_{n_2}} — \cdots — \overline{K_{n_k}}. \tag{47}$$

此外

$$K_n = K_1 — K_1 — \cdots — K_1 \quad \text{和} \quad \vec{K_n} = K_1 \rightarrow K_1 \rightarrow \cdots \rightarrow K_1, \tag{48}$$

由于 K_1 的 n 个副本，说明 $K_n = K_{1,1,\ldots,1}$ 是一个完全 n 部图.

直和与联合运算同加法运算相似，因为有 $\overline{K_m} \oplus \overline{K_n} = \overline{K_{m+n}}$ 和 $K_m — K_n = K_{m+n}$. 我们同样可以用类似乘法的运算来组合图. 例如，笛卡儿积运算用一个 m 阶的图 $G = (U, E)$ 和一个 n 阶的图 $H = (V, F)$ 构成一个 mn 阶的图 $G \square H$. $G \square H$ 的顶点是序偶 (u, v)，其中 $u \in U$ 和 $v \in V$；当 $u — u'$ 在 G 中时，边是 $(u, v) — (u', v)$，同时当 $v — v'$ 在 H 中时，边

是 (u,v) —— (u,v'). 换句话说，$G \square H$ 是这样构成的：用 H 的一个副本代替 G 的每个顶点，并且用相应副本的对应顶点之间的边代替 G 的每条边：

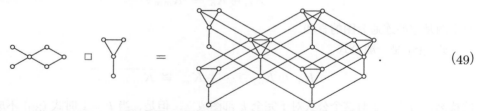

$$\tag{49}$$

照例，这种一般结构的最简单的特殊情形在实践中是特别重要的. 当 G 和 H 是路径或圈时，我们得到"图-纸图"，即 $m \times n$ 网格 $P_m \square P_n$、$m \times n$ 柱面 $P_m \square C_n$ 和 $m \times n$ 环面 $C_m \square C_n$. 下面是对应于 $m=3$ 和 $n=4$ 的这三种图：

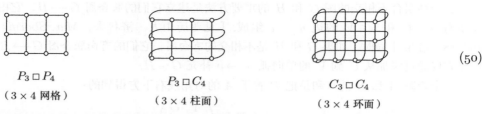

$$\tag{50}$$

$P_3 \square P_4$ $P_3 \square C_4$ $C_3 \square C_4$

（3×4 网格）   （3×4 柱面）   （3×4 环面）

其他四种值得注意的定义图积的方法被证实是有用的. 在以下每一种情形，乘积图的顶点是序偶 (u,v).

* 直积 $G \otimes H$，也称为 G 和 H 的"并合"或"分类积"，当在 G 中有 u —— u' 和在 H 中有 v —— v' 时，我们有 (u,v) —— (u',v').

* 强积 $G \boxtimes H$，它组合了 $G \square H$ 的边与 $G \otimes H$ 的边.

* 奇积 $G \triangle H$，如果要么在 G 中有 u —— u'，要么在 H 中有 v —— v'，则我们有 (u,v) —— (u',v').

* 字典积 $G \circ H$，也称 G 和 H 的"合成"，当在 G 中有 u —— u' 时我们有 (u,v) —— (u',v)，当在 H 中有 v —— v' 时我们有 (u,v) —— (u,v').

以上五种运算可以自然地扩展到 $k \geq 2$ 的图 $G_1 = (V_1, E_1), \ldots, G_k = (V_k, E_k)$ 的乘积，乘积图的顶点是有序 k 元组 $(v_1, \ldots, v_k)$，其中，对于 $1 \leq j \leq k$ 有 $v_j \in V_j$. 例如，当 $k = 3$ 时，如果把复合顶点 $(v_1, (v_2, v_3))$ 和 $((v_1, v_2), v_3)$ 看成与 (v_1, v_2, v_3) 是相同的，那么，笛卡儿积 $G_1 \square (G_2 \square G_3)$ 和 $(G_1 \square G_2) \square G_3$ 是同构的. 所以，我们可以把这个笛卡儿积写成不带括号的形式 $G_1 \square G_2 \square G_3$. 具有 k 个因子的笛卡儿积的最重要例子是 k 立方

$$P_2 \square P_2 \square \cdots \square P_2, \tag{51}$$

当它的 2^k 个顶点 $(v_1, \ldots, v_k)$ 之间的汉明距离为 1 时，这些顶点是邻接的.

通常，假定 $v = (v_1, \ldots, v_k)$ 和 $v' = (v_1', \ldots, v_k')$ 是顶点的 k 元组，其中恰好对于下标 j 中的 a，在 G_j 中有 v_j —— v_j'，并且恰好对于下标 j 中的 b 有 $v_j = v_j'$. 那么我们有

* v —— v' 在 $G_1 \square \cdots \square G_k$ 中，当且仅当 $a=1$ 且 $b=k-1$；

* v —— v' 在 $G_1 \otimes \cdots \otimes G_k$ 中，当且仅当 $a=k$ 且 $b=0$；

* v —— v' 在 $G_1 \boxtimes \cdots \boxtimes G_k$ 中，当且仅当 $a+b=k$ 且 $a>0$；

* v —— v' 在 $G_1 \triangle \cdots \triangle G_k$ 中，当且仅当 a 是奇数.

字典积有所不同，因为它不是可交换的. 在 $G_1 \circ \cdots \circ G_k$ 中，对于 $v \neq v'$ 我们有 v —— v'，当且仅当 v_j —— v_j'，其中 j 是 $v_j \neq v_j'$ 的最小下标.

习题 91–102 考察图积的一些基本性质. 也见威尔弗里德·伊姆里奇和桑迪·克拉夫扎的著作 *Product Graphs* (2000)，该书是对一般理论的全面介绍，其中包含用于把给定图分解成"基本"子图的算法.

*图的度序列. 如果在顶点 $\{1, 2, \ldots, n\}$ 上至少有这样一个图，其顶点 k 的度为 d_k，则非负整数序列 $d_1 d_2 \ldots d_n$ 称为图的度序列. 我们可以假定 $d_1 \geq d_2 \geq \cdots \geq d_n$. 显然，在任何这样的图中，$d_1 < n$. 并且，任何图的度序列的和 $m = d_1 + d_2 + \cdots + d_n$ 总为偶数，因为这个和是它边数的两倍. 此外，容易看出序列 3311 不是图的度序列，因为一个（普通的）图的两个顶点之间不能多于一条边. 因此，图的度序列必须满足某些附加条件. 那么，会是什么条件呢?

数学家瓦茨拉夫·哈韦尔 [*Časopis pro Pěstování Matematiky* **80** (1955), 477–479] 发现一种简单方法，判定给定序列 $d_1 d_2 \ldots d_n$ 是不是图的度序列，而且它若是图的度序列，还能构造它的图. 我们从一张空的图表开始，这张图表在 k 行有 d_k 个小格. 这些小格代表一些"位置"，我们把所构造图的顶点 k 的邻居放入其中. 令 c_j 是 j 列的小格数量. 因此 $c_1 \geq c_2 \geq \cdots$，而且，当 $1 \leq k \leq n$ 时 $c_j \geq k$ 当且仅当 $d_k \geq j$. 例如，假定 $n = 8, d_1 \ldots d_8 = 55544322$，那么

$$(52)$$

是初始图表，我们有 $c_1 \ldots c_5 = 88653$. 哈韦尔的思想是把顶点 n 与具有最高度数 d_n 的顶点配对. 在这个例子中，我们建立两条边 8——3 和 8——2，图表呈现如下形式：

$$(53)$$

（我们不要边 8——1，因为图表中的空位置应该继续形成一个图表的形状，每一列的小格必须自底向上填入顶点.）接着我们置 $n \leftarrow 7$，进一步建立两条边 7——1 和 7——5. 然后，再建立另外三条边 6——4, 6——3, 6——2，使图表几乎填满一半：

$$(54)$$

我们已经把问题简化成寻找度序列 $d_1 \ldots d_5 = 43333$ 的图，这时，我们有 $c_1 \ldots c_4 = 5551$. 我们鼓励读者在查阅习题 103 的答案之前填充表中剩余空格.

算法 H（对于指定度序列的图生成器）. 给定 $d_1 \geq \cdots \geq d_n \geq d_{n+1} = 0$，算法以这样一种方式建立顶点 $\{1, \ldots, n\}$ 之间的边：对于 $1 \leq k \leq n$，恰好有 d_k 条边接触顶点 k，除非序列 $d_1 \ldots d_n$ 不是图的度序列. 数组 $c_1 \ldots c_{d_1}$ 用作辅助存储.

H1. ［设置数组 c.］从 $k \leftarrow d_1$ 和 $j \leftarrow 0$ 开始. 然后, 当 $k > 0$ 时循环执行下列操作:
置 $j \leftarrow j+1$; 当 $k > d_{j+1}$ 时循环执行 $c_k \leftarrow j$, $k \leftarrow k-1$. 如果 $j = 0$（所有 d 为 0）,
算法以成功终止.

H2. ［求 n.］置 $n \leftarrow c_1$. 如果 $n = 0$, 算法以成功终止；如果 $d_1 \geq n > 0$, 算法以失败终止.

H3. ［开始对 j 循环.］置 $i \leftarrow 1$, $t \leftarrow d_1$, $r \leftarrow c_t$, $j \leftarrow d_n$.

H4. ［生成新的边.］置 $c_j \leftarrow c_j - 1$, $m \leftarrow c_t$. 建立边 n—m, 置 $d_m \leftarrow d_m - 1$, $c_t \leftarrow m-1$,
$j \leftarrow j-1$. 如果 $j = 0$, 返回 H2. 否则, 如果 $m = i$, 置 $i \leftarrow r+1$, $t \leftarrow d_i$, $r \leftarrow c_t$（见
习题 104）. 重复 H4. ∎

当算法 H 取得成功时, 它定然构建出一个带有所求度序列的图. 但是当它失败时,
我们如何能够确定它的任务是无法完成的? 基本论据以所谓"优超"的重要概念为基础:
如果 $d_1 \ldots d_n$ 和 $d'_1 \ldots d'_n$ 是同一整数的两个分划（即假定 $d_1 \geq \cdots \geq d_n$, $d'_1 \geq \cdots \geq d'_n$,
$d_1 + \cdots + d_n = d'_1 + \cdots + d'_n$）, 那么, 如果对于 $1 \leq k \leq n$ 有 $d_1 + \cdots + d_k \geq d'_1 + \cdots + d'_k$,
我们就说 $d_1 \ldots d_n$ **优超** $d'_1 \ldots d'_n$.

引理 M. 如果 $d_1 \ldots d_n$ 是图的度序列, 且 $d_1 \ldots d_n$ 优超 $d'_1 \ldots d'_n$, 那么 $d'_1 \ldots d'_n$ 也是图的度序列.

证明. 考察 $d_1 \ldots d_n$ 与 $d'_1 \ldots d'_n$ 仅在两个不同位置的情形, 即

$$d'_k = d_k - [k=i] + [k=j] \qquad 其中 i < j, \tag{55}$$

就足以证明引理的断言, 因为由 $d_1 \ldots d_n$ 优超的任何序列可以通过重复执行这样的最小优超获
得.（习题 7.2.1.4–55 详细讨论了优超.）

条件 (55) 蕴涵 $d_i > d'_i \geq d'_{i+1} \geq d'_j > d_j$. 所以, 任何具有度序列 $d_1 \ldots d_n$ 的图包含使
得 v—i 和 $v \nrightarrow j$ 的顶点 v. 删去边 v—i 并添加边 v—j, 就像所求的那样产生一个具有度
序列 $d'_1 \ldots d'_n$ 的图. ∎

推论 H. 当 $d_1 \ldots d_n$ 是图的度序列时算法 H 能取得成功.

证明. 我们可以设 $n > 1$. 假定 G 是顶点 $\{1, \ldots, n\}$ 上具有度序列 $d_1 \ldots d_n$ 的任意图, G' 是
由 $\{1, \ldots, n-1\}$ 导出的子图. 换句话说, G' 是通过消除顶点 n 以及和它接触的 d_n 条边得
到的. G' 的度序列 $d'_1 \ldots d'_{n-1}$ 是从 $d_1 \ldots d_{n-1}$ 中通过对某个度序列项的 d_n 减 1 并且把它
们按非增顺序排序得到的. 按照定义, $d'_1 \ldots d'_{n-1}$ 是图的度序列. 用步骤 H3 和 H4 的策略
产生的新的度序列 $d''_1 \ldots d''_{n-1}$, 预定用每个这样的 $d'_1 \ldots d'_{n-1}$ 优超, 因为它使那些可能的
最大项 d_n 减 1. 因此, 新的 $d''_1 \ldots d''_{n-1}$ 是图的度序列. 所以, 根据对 n 的归纳法, 算法 H
（置 $d_1 \ldots d_{n-1} \leftarrow d''_1 \ldots d''_{n-1}$）将取得成功. ∎

算法 H 的执行时间大致同生成的边数成正比, 它可能是 n^2 量级的. 习题 105 提出一种更
快的算法, 它用 $O(n)$ 步判定一个已知序列 $d_1 \ldots d_n$ 是不是图的度序列（不实际构造图）.

超越图的结构. 当图或者有向图的顶点和（或）弧有修饰的附加数据时, 我们称它为网络.
例如, $words(5757, 0, 0, 0)$ 的每个顶点有一个连带的秩, 它对应于相应的五字母单词的流行程
度. $plane\_lisa(360, 250, 15, 0, 360, 0, 250, 0, 22950000)$ 的每个顶点有一个相关的在 0 与 15 之间
的像素灰度. $board(8, 8, 0, 0, -2, 0, 0)$ 的每条弧有一个附加的长度, 它反映国际象棋的一个棋子
在棋盘上能移动的距离: 象从角到角的距离为 7. 斯坦福图库包含若干前面没有提及的生成器,
因为它们是主要用于生成有趣的网络而不是生成含有趣结构的图.

- $miles(128, 0, 0, 0, 0, 127, 0)$ 是一个具有 128 个顶点的网络, 那些顶点对应于早先描述的 $plane\_miles$ 图中的北美城市. 与 $plane\_miles$ 不同的是, $miles$ 是具有 $\binom{128}{2}$ 条边的完全图. 每条边有一个整数值长度, 表示一辆轿车或者卡车在 1949 年从一座城市开往另一座城市需要行驶的距离. 例如, 在 $miles$ 网络中, "Vancouver, BC" 距 "West Palm Beach, FL" 3496 英里.

- $econ(81, 0, 0, 0)$ 是一个具有 81 个顶点和 4902 条弧的网络. 它的顶点代表美国的经济部门, 它的弧代表 1985 年度从一个部门流向另一个部门以百万美元为单位的资金流量. 例如, 从 Apparel 到 Household furniture 的量为 44, 表示那一年家具行业向服装业支付了 44 000 000 美元. 流入每个顶点的资金总和等于流出这个顶点的资金总和. 在顶点之间, 仅当资金流量不是 0 时才出现弧. 有一个称为 Users 的特殊顶点, 它接收代表一种产品总需求的资金流量. 鉴于政府经济学家处理进口货物的方式, 这些流向最终用户的流量中有少数取负值.

- $games(120, 0, 0, 0, 0, 0, 128, 0)$ 是一个具有 120 个顶点和 1276 条弧的网络. 它的顶点代表美国的学院和大学的橄榄球队, 弧连接激动人心的 1990 年赛季相互竞技的球队, 弧上标明得分. 例如, 弧 Stanford $\longrightarrow$ California 上的值为 27, 弧 California $\longrightarrow$ Stanford 上的值为 25, 因为在 1990 年 11 月 17 日斯坦福大学深红队以 27–25 的比分战胜加州伯克利大学金熊队.

- $risc(16)$ 是一种完全不同的网络. 它有 3240 个顶点和 7878 条弧, 定义一个有向无圈图 (directed acyclic graph, 简称 dag), 即不包含定向圈的有向图. 顶点代表取布尔值的逻辑门. 例如, Z45 $\longrightarrow$ R0:7~ 这条弧意味着 R0:7~ 门的值是 Z45 门的一个输入. 每个逻辑门有类型代码 (AND、OR、XOR、NOT、锁存器或外部输入). 每条弧有长度, 表示延迟量. 这个网络包含一块小型 RISC (精简指令集计算机) 芯片的完全逻辑电路, 能够执行控制 16 个 16 位寄存器的简单指令.

关于全部 SGB 生成器的完整细节, 可以从我的著作 *The Stanford GraphBase* (New York: ACM Press, 1994) 中找到, 其中包含数十个简短的实例程序, 说明如何处理由这些生成器产生的图和网络. 例如, 名为 LADDERS 的程序说明如何寻找一个五字母单词与另一个五字母单词之间的最短路径. 名为 TAKE_RISC 的程序显示通过模拟用 $risc(8)$ 逻辑门建立的网络的操作, 如何检验一台超微级计算机的性能.

超图. 图与网络非常令人着迷, 然而, 从任何意义上说它们并不是问题的终点. 大量重要的组合算法是为处理超图设计的, 超图具有比图更为一般的结构, 因为它们的边允许是顶点的任意子集.

例如, 我们可以建立有 7 个顶点和 7 条边的超图, 它的顶点由非零的二进制串 $v = a_1 a_2 a_3$ 标识, 边由带方括号的非零二进制串 $e = [b_1 b_2 b_3]$ 标识, 其中 $v \in e$ 当且仅当 $(a_1 b_1 + a_2 b_2 + a_3 b_3) \bmod 2 = 0$. 每条这样的边恰好包含 3 个顶点:

$$
\begin{aligned}
&[001] = \{010, 100, 110\}; \quad && [010] = \{001, 100, 101\}; \quad && [011] = \{011, 100, 111\}; \\
&[100] = \{001, 010, 011\}; \quad && [101] = \{010, 101, 111\}; \\
&[110] = \{001, 110, 111\}; \quad && [111] = \{011, 101, 110\}.
\end{aligned} \tag{56}
$$

此外, 由于对称性, 每个顶点恰好属于 3 条边. (为了区别超图的边与普通图的边, 包含三个或者更多个顶点的边有时称为 "超边". 但完全可以称它们为 "边".)

如果一个超图的每条边恰好包含 r 个顶点, 就说它是 r 一致的. 因此, (56) 是 3 一致超图, 而 2 一致超图则是普通的图. 完全 r 一致的超图 $K_n^{(r)}$ 具有 n 个顶点和 $\binom{n}{r}$ 条边.

图论的大部分基本概念可以以一种自然的方式扩展到超图中. 例如, 如果 $H = (V, E)$ 是一个超图, 并且 $U \subseteq V$, 那么, 由 U 导出的子超图 $H \mid U$ 具有边 $\{e \mid e \in E \text{ 且 } e \subseteq U\}$. r 一致

超图 H 的补图 $\bar{H}$ 的边是那些在 $K_n^{(r)}$ 中但不在 H 中的边. 超图的 k 着色是指用至多 k 种颜色对顶点着色, 使得没有边是单色的. 依此类推.

超图有过许多其他名称, 因为其同样性质可以用多种不同的方式表述. 例如, 每个超图 $H = (V, E)$ 实际上是一个集族, 因为每条边是 V 的一个子集. 3 一致超图又称为三元系. 超图也与元素是 0 和 1 的矩阵 B 等价, 它的每个顶点 v 在 B 中占有一行, 每条边 e 在 B 中占有一列, 这个矩阵 v 行 e 列元素的值是 $b_{ve} = [v \in e]$. 矩阵 B 称为 H 的关联矩阵, 当 $v \in e$ 时, 我们说 "v 和 e 是关联的". 此外, 一个超图等价于一个具有顶点集 $V \cup E$ 和边 v—e 的二部图, 其中 v—e 遍及所有关联的 v 和 e. 我们说超图是连通的, 当且仅当对应的二部图是连通的. 超图中长度为 k 的圈定义为对应的二部图中长度为 $2k$ 的圈.

例如, 超图 (56) 可以用等价的关联矩阵或者等价的二部图定义如下:

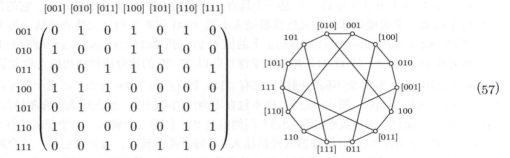

$$\tag{57}$$

它包含 28 个长度为 3 的圈, 例如

$$[101] \text{---} 101 \text{---} [010] \text{---} 001 \text{---} [100] \text{---} 010 \text{---} [101]. \tag{58}$$

超图 H 的对偶 H^T 是通过交换 H 中顶点与边的角色但保留关联关系获得的. 换句话说, 它对应于转置关联矩阵. 请注意, r 正则图的对偶是 r 一致超图.

关联矩阵和二部图可以对应于某些边出现一次以上的超图, 因为矩阵的不同列可能是相等的. 当超图 $H = (V, E)$ 不包含任何重复的边时, 它还对应于另一个组合对象, 也就是一个布尔函数. 这是因为, 如果顶点集 V 是 $\{1, 2, \ldots, n\}$, 那么, 函数

$$h(x_1, x_2, \ldots, x_n) = \big[\{j \mid x_j = 1\} \in E\big] \tag{59}$$

刻画 H 的边的特征. 例如, 布尔公式

$$(x_1 \oplus x_2 \oplus x_3) \wedge (x_2 \oplus x_4 \oplus x_6) \wedge (x_3 \oplus x_4 \oplus x_7) \wedge (x_3 \oplus x_5 \oplus x_6) \wedge (\bar{x}_1 \vee \bar{x}_2 \vee \bar{x}_4) \tag{60}$$

是描述超图 (56) 和 (57) 的另一种方式.

可以用如此多的方法观察组合对象, 这个事实也许令人惊奇. 但是, 这也是极为有用的, 因为它提出了求解等价问题的不同方法. 当我们从不同角度考察一个问题时, 在头脑中自然会思考不同的解决方法. 有时, 我们通过考虑如何处理一个矩阵中的行和列获得最佳见解; 有时, 凭借想象顶点和路径, 或者依据观察空间中点的聚合取得进展; 有时, 布尔代数正是我们需要的. 如果我们在一个领域受挫, 也可能从另一个领域获救.

覆盖与独立性. 假定 $H = (V, E)$ 是一个图或者超图, 如果它的每条边至少包含顶点集 U 的一个元素, 就说 U 覆盖 H. 如果 H 中没有边完全包含在顶点集 W 中, 就说 W 在 H 中是独立的 (或者是 "稳定" 的).

按照关联矩阵的观点，覆盖是关联矩阵的一些行的集合，它们的每一列元素之和不为零．在 H 是图的特殊情形，关联矩阵每一列恰好包含两个 1．因此，图中的一个独立集对应于相互正交的行的集合，也就是任何不同两行的点积为零的行的集合．

这两个概念恰如同一枚硬币的两面，它们是密不可分的．如果 U 覆盖 H，那么 $W = V \setminus U$ 在 H 中是独立的；反过来，如果 W 在 H 中是独立的，那么 $U = V \setminus W$ 覆盖 H．这两个命题都与"诱导超图 $H \mid W$ 没有边"的断言是等价的．

覆盖与独立性之间的这种双重关系，可能是由克劳德·贝尔热 [*Proc. National Acad. Sci.* **43** (1957), 842–844] 首先指出的，这个关系看似矛盾而实际上是正确的．虽然它在逻辑上显而易见且容易证实，但直观上还是令人惊奇．当我们考察一个图并试图寻找一个大的独立集时，在思路上多半与考察同一个图并试图寻找一个小的顶点覆盖有很大差别．然而，两者的目标是一致的．

如果对于所有 $u \in U$，$U \setminus u$ 不是一个覆盖，则覆盖集 U 是极小覆盖集．同样，如果对于所有 $w \notin W$，$W \cup w$ 不是一个独立集，则独立集 W 是极大独立集．例如，下面是美国本土各州（含 DC）的 49 顶点图 (17) 的极小覆盖集，以及对应的极大独立集：

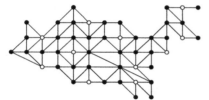
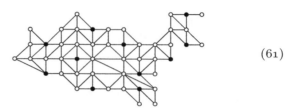

(61)

极小覆盖集，有 38 个顶点   极大独立集，有 11 个顶点

如果一个覆盖具有可能的最小大小，则称它为最小覆盖集．如果一个独立集具有可能的最大大小，则称它为最大独立集．例如，我们用图 (17) 可以做出比 (61) 更好的结果：

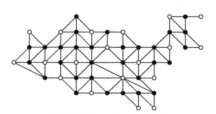
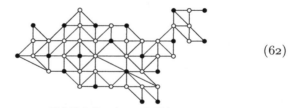

(62)

最小覆盖集，有 30 个顶点   最大独立集，有 19 个顶点

注意这里"极小"（minimal）与"最小"（minimum）之间的细微差别：一般来说（但与多数英语字典不同），研究组合算法的人使用"minimal"（极小的）或"optimal"（极优的）这种带"-al"的词，是指少许改变不会改进组合结构的意义下是局部最佳的；而把"minimum"（最小的）或"optimum"（最优的）这种带"-um"的词留作指组合结构在全部可能性的意义下是全局最佳的．对于仅仅在局部的弱意义下极优的任何最优化问题，很容易通过重复爬坡直到山顶的方法求解．但是，寻找真正的最优解通常困难得多．例如，在 7.9 节我们将看到，求给定图的最大独立集问题属于一类称为 NP 完全的困难问题．

即使一个问题是 NP 完全问题，我们也不要丧失信心．在这一章的若干节我们将讨论求最小覆盖的方法，这些方法适用于求解较小的问题．在仅仅检验 2^{49} 种可能性的一小部分后，我们就能在一秒之内求出 (62) 中的最优解．此外，NP 完全问题的某些特例经常比一般情形的问题更简单．在 7.5.1 节和 7.5.5 节我们将看到，在任何二部图中，或者在作为一个图的对偶的任何超图中，可以很快找到最小顶点覆盖．此外，我们将研究寻找最大匹配的有效方法，这种匹配是某个给定图的线图的最大独立集．

由于频繁出现求独立集大小的最大值问题，它获得了一个特殊记号：如果 H 是任意超图，数

$$\alpha(H) = \max\{|W| \mid W \text{ 是 } H \text{ 中顶点的独立集}\} \tag{63}$$

称为 H 的独立数（或稳定数）. 同样，数

$$\chi(H) = \min\{k \mid H \text{ 是 } k \text{ 可着色的}\} \tag{64}$$

称为 H 的色数. 注意，$\chi(H)$ 是 H 依据独立集的最小覆盖的大小，因为按照我们的定义，获得任何特定颜色的顶点集必定是独立的.

当 H 是普通图时，$\alpha(H)$ 和 $\chi(H)$ 这两个定义也适用，但是，在这种情形下我们通常写成 $\alpha(G)$ 和 $\chi(G)$. 图还有一个重要的数，称为团数：

$$\omega(G) = \max\{|X| \mid X \text{ 是 } G \text{ 中的团}\}, \tag{65}$$

其中"团"是相互邻接的顶点的集合. 显然

$$\omega(G) = \alpha(\overline{G}), \tag{66}$$

因为 G 中的团是补图中的独立集. 同样，我们可以看出，$\chi(\overline{G})$ 是"团覆盖"的最小大小，它是恰好覆盖所有顶点的团的集合.

这一节前面提到"恰当覆盖问题"的若干实例时，我们没有确切说明这样的问题为什么确实是重要的. 现在能够给出解释：给定超图 H 的关联矩阵，H 的恰当覆盖是那些和为 $(11\ldots1)$ 的行的集合. 换句话说，恰当覆盖是接触每条超边恰好一次的顶点的集合，而普通覆盖仅需要顶点接触每条超边至少一次.

习题

1. [25] 假定 $n = 4m - 1$. 构造数列 $\{1, 1, \ldots, n, n\}$ 的兰福德配对排列，它们具备以下性质：通过将第一个 $2m-1$ 改变为 $4m$ 并在右边添加 $2m-1\ 4m$，我们同样获得对于 $n = 4m$ 的解. 提示：把 $m - 1$ 个偶数 $4m-4, 4m-6, \ldots, 2m$ 放在左边.

2. [20] 哪些 n 能让 $\{0, 0, 1, 1, \ldots, n-1, n-1\}$ 排列成兰福德配对排列？

3. [22] 假定我们在一个圈上而不是一条直线上排列数字 $\{0, 0, 1, 1, \ldots, n-1, n-1\}$，使得在两个 k 之间的距离为 k. 我们能获得实际上不同于习题 2 的那些解吗？

4. [M20] （斯科伦，1957）假定我们仅仅独立地用 0, 1, 2 等从左到右代替习题 1.2.8–36 的斐波那契串 $S_\infty = babbabababbabba\ldots$ 中的 a 和 b，证明：S_∞ 对于所有非负整数的集合直接导致一个兰福德配对的无穷序列 0012132453674....

▶ **5.** [HM22] 如果 $\{1, 1, 2, 2, \ldots, n, n\}$ 的排列是随机选择的，那么对于给定的 k，排列中的两个 k 恰好相隔 k 个位置的概率是多少？利用这个公式推测式 (1) 中的兰福德数 L_n 的大小.

▶ **6.** [M28] （迈克尔·戈弗雷，2002）令 $f(x_1, \ldots, x_{2n}) = \prod_{k=1}^{n}(x_k x_{n+k} \sum_{j=1}^{2n-k-1} x_j x_{j+k+1})$.
(a) 证明 $\sum_{x_1, \ldots, x_{2n} \in \{-1, +1\}} f(x_1, \ldots, x_{2n}) = 2^{2n+1} L_n$.
(b) 说明如何用 $O(4^n n)$ 步求这个和的值. 对于算术运算需要取多少二进制位精度？
(c) 利用恒等式

$$f(x_1, \ldots, x_{2n}) = f(-x_1, \ldots, -x_{2n}) = f(x_{2n}, \ldots, x_1) = f(x_1, -x_2, \ldots, x_{2n-1}, -x_{2n}),$$

取得 n 为 8 的倍数时的求和.

7. [M22] 证明：当从左到右读出 $\{1, 1, \ldots, 16, 16\}$ 的每个兰福德配对排列时，必定在某个点有 7 个未完成配对.

8. *[23]* 最简单的兰福德序列不仅是完全平衡的，还是平面的，即其配对的连线不像 (2) 中那样交叉：

$$2\ 3\ 1\ 2\ 1\ 3.$$

对于 $n \leq 8$，求所有平面的兰福德配对排列.

9. *[24]* （兰福德三重数排列）有多少种可能的排列方式把 $\{1,1,1,2,2,2,\ldots,9,9,9\}$ 排成一行，使得对于 $1 \leq k \leq 9$，在相继的 k 之间的距离为 k？

10. *[M20]* 说明如何直接从图 1 构造幻方.（用某种方法把每张牌转换成 1 至 16 之间的一个数，使得所有的行、列以及对角线上的数值之和为 34.）

11. *[20]* 通过给每个分隔的两字母串附加字母 $\{\aleph, \beth, \gimel, \daleth\}$ 之一，把 (5) 中的"希腊-拉丁"方扩展为"希伯来-希腊-拉丁"方. 字母配对（拉丁，希腊）、（拉丁，希伯来）或（希腊，希伯来）不应出现在一处以上的地方.

▶ **12.** *[M21]* （莱昂哈德·欧拉）对于 $0 \leq i,j < n$，令 $L_{ij} = (i+j) \bmod n$ 是对整数模 n 的加法表. 证明：存在同 L 正交的拉丁方当且仅当 n 是奇数.

13. *[M25]* 10×10 的正方形可以分成大小为 5×5 的 4 个四等分. 对于一个由数字 $\{0,1,\ldots,9\}$ 构成的 10×10 拉丁方，如果它的左上方的四等分恰好有 k 个元素 ≥ 5，则它有 k 个"闯入者".（见习题 14(e) 中 $k = 3$ 的例子.）证明：这个正方形没有正交配对，除非至少有 3 个闯入者.

14. *[29]* 求下列拉丁方的所有正交配对：

(a)	(b)	(c)	(d)	(e)
3145926870	2718459036	0572164938	1680397425	7823456019
2819763504	0287135649	6051298473	8346512097	8234067195
9452307168	7524093168	4867039215	9805761342	2340178956
6208451793	1435962780	1439807652	2754689130	3401289567
8364095217	6390718425	8324756091	0538976214	4012395678
5981274036	4069271853	7203941586	4963820571	5678912340
4627530981	3102684597	5610473829	7192034658	6789523401
0576148329	9871546302	9148625307	6219405783	0195634782
1730689245	8956307214	2795380164	3471258906	1956740823
7093812645	5643820971	3986512740	5027143869	9567801234

15. *[50]* 求三个相互正交的 10×10 拉丁方.

16. *[48]* （赫伯特·赖瑟，1967）一个有 n 行 n 列和 n 个符号的拉丁方称为"n 阶"拉丁方. 每个奇数阶的拉丁方都有一个横截吗？

17. *[25]* 对于 $0 \leq i,j < n$，令 L 是以 L_{ij} 为元素的拉丁方. 试说明：以下问题是一般恰当覆盖问题的特例：(a) 求 L 的所有横截；(b) 求 L 的所有正交配对.

18. *[M26]* 如果数字串 $x_1 x_2 \ldots x_N$ 的每个元素 x_j 都属于 n 进制数字集 $\{0,1,\ldots,n-1\}$，则称它为 "n 进制" 串. 对于 $1 \leq j \leq N$，如果两个串 $x_1 x_2 \ldots x_N$ 和 $y_1 y_2 \ldots y_N$ 的 N 个配对 (x_j, y_j) 是不同的，就称它们是正交的.（因此，如果两个 n 进制串的长度 N 超过 n^2，则它们不可能是正交的.）一个 m 行 n^2 列的 n 进制矩阵，如果它的行是相互正交的，则称它是深度 m 的 n 阶正交阵列.

求深度 m 的正交阵列与 $m - 2$ 个相互正交的拉丁方的列表之间的对应. 与习题 11 对应的正交阵列是什么？

▶ **19.** *[M25]* 续习题 18，证明：仅当 $m \leq n + 1$ 时，可能存在深度 m 的 $n > 1$ 阶正交阵列. 说明这个上限当 n 是素数 p 时是可以达到的. 写出 $p = 5$ 时的例子.

20. *[HM20]* 证明：如果在一个正交阵列中用 $e^{2\pi k i/n}$ 代替每个元素 k，阵列的行就变成通常意义下的正交向量（它们的点积为零）.

▶ **21.** *[M21]* 几何网格是由遵守下述三条公理的点和直线构成的系统：

(i) 每条直线是点的集合.

(ii) 不同的直线最多有一个公共点.

(iii) 如果 p 是一个点而 L 是一条直线，$p \notin L$，那么，恰有一条直线 M 使得 $p \in M$ 且 $L \cap M = \emptyset$. 如果 $L \cap M = \emptyset$，我们说 L 同 M 是平行的，记为 $L \parallel M$.

(a) 证明：可以把一个几何网格的直线划分成等价类，其中两条直线属于同一类，当且仅当它们是等同或平行的.

(b) 证明：如果至少有平行直线的两个类，那么每条直线包含的点数与它所在类中的其他直线相同.

(c) 此外，如果至少有三个类，那么存在这样两个数 m 和 n，使得所有点恰好属于 m 条直线，且所有直线恰好包含 n 个点.

▶ **22.** [M22] 证明可以把每个正交阵列当成一个几何网格. 反过来也为真吗？

23. [M23] （纠错码）两个数字串 $x = x_1 \ldots x_N$ 和 $y = y_1 \ldots y_N$ 之间的"汉明距离" $d(x, y)$ 是其中 $x_j \ne y_j$ 的位置 j 的数量. 一个"带 n 个信息数字和 r 个检验数字的 b 进制码"是 b^n 个数字串 $x = x_1 \ldots x_{n+r}$ 的集合 $C(b, n, r)$，其中 $0 \le x_j < b\,(1 \le j \le n + r)$. 如果我们在一端传输码字 x，并在另一端接收到消息 y，那么 $d(x, y)$ 表示传输差错的数量. 当消息 y 以 $d(x, y) \le t$ 接收时，如果我们能够重构 x 的值，就称码 x 是 t 纠错的. 码的距离是 $d(x, x')$ 在所有 $x \ne x'$ 的码字配对上所取的最小值.

(a) 证明：一个码是 t 纠错的，当且仅当它的距离超过 $2t$.

(b) 证明：一个带 2 个信息数字和 2 个检验数字的单纠错 b 进制码，等价于一对 b 阶的正交拉丁方.

(c) 此外，一个距离为 $r + 1$ 的码 $C(b, 2, r)$ 等价于一组 r 个相互正交的 b 阶拉丁方.

▶ **24.** [M30] 一个带有 N 个点和 R 条直线的几何网格，自然地导致带有由奇偶检验位

$$x_{N+k} = f_k(x_1, \ldots, x_N) = \left(\sum \{x_j \mid \text{点 } j \text{ 位于直线 } k \text{ 上}\}\right) \bmod 2$$

定义的码字 $x_1 \ldots x_N x_{N+1} \ldots x_{N+R}$ 的二进制码 $C(2, N, R)$.

(a) 如果网格有平行线的 m 个类，证明这个码的距离为 $m + 1$.

(b) 寻找用这种码纠正 t 个差错的一种有效方法，假定 $m = 2t$. 说明在 $N = 25$, $R = 30$, $t = 3$ 情形下的解码过程.

25. [27] 寻找一个行和列都为五字母单词的拉丁方. （做这道题需要查阅大型字典.）

▶ **26.** [25] 造一个有意义的英语句子，其中只包含五字母单词.

27. [20] 对于 $1 \le k \le 5$，有多少个 SGB 单词恰好包含 k 个不同的字母？

28. [20] 在 SGB 的单词向量中存在每个分量相差 ± 1 的任何配对吗？

29. [20] 在 SGB 单词中寻找构成回文（等于自身的镜像）或者构成镜像配对（如 `regal lager`）的所有单词.

▶ **30.** [20] 在单词 `first` 中，它从左到右的各个字母是按字母顺序排列的. 按字典序，第一个这样的五字母单词是什么？最后一个这样的五字母单词是什么？

31. [21] （克里斯托弗·麦克马纳斯）寻找 SGB 的所有这样的三单词集合，这些单词的各个分量构成等差数列，但在任何固定位置上没有共同字母. （一个这样的例子是 {power, slugs, visit}.）

32. [23] 英语中是否包含 $a_0 a_1 \ldots a_9$ 这样的十字母单词，使得 $a_0 a_2 a_4 a_6 a_8$ 和 $a_1 a_3 a_5 a_7 a_9$ 都是 SGB 单词？

33. [20] （斯科特·莫里斯）完成由 26 个有趣的 SGB 单词构成的单词表的填写：

about, bacon, faced, under, chief, ..., pizza.

▶ **34.** [21] 对于每个不含字母 y 的 SGB 单词，通过把元音 {a, e, i, o, u} 改为 1，其他字母改为 0，得到一个 5 位二进制数. 对于 32 种二进制数结果的每一种，最常见的单词是什么？

▶ **35.** [*26*] 从 WORDS(1000) 中精选的 16 个单词构成分支模式

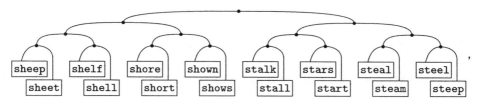

这是以字母 s 开头的单词的完全二叉检索树. 但是, 即使我们考察整个 WORDS(5757) 集合, 也不存在以字母 a 开头的单词的这种模式.

给定 n, 字母表中哪些字母可以作为 WORDS(n) 中 16 个单词的开始字母, 以此构成完全二叉检索树?

36. [*M17*] 解释呈现在词立方 (10) 中的对称性. 此外, 说明仅改变两个单词 {stove, event} 就可以获得其他两个这样的词立方.

37. [*20*] 图 *words*(5757, 0, 0, 0) 的哪些顶点具有最大的度数?

38. [*22*] 利用 (14) 中的有向图规则, 恰好用三步把 tears（眼泪）改变为 smile（微笑）, 不用计算机帮助.

39. [*M00*] $G \setminus e$ 是 G 的诱导子图吗? 它是生成子图吗?

40. [*M15*] 当 $|V| = n$ 且 $|E| = e$ 时, (a) 图 $G = (V, E)$ 有多少生成子图? (b) 它有多少诱导子图?

41. [*M10*] 对于哪些整数 n 我们有 (a) $K_n = P_n$? (b) $K_n = C_n$?

42. [*15*] （德里克·莱默）令 G 是有 13 个顶点的图, 其中每个顶点的度为 5. 提出关于 G 的一个非平凡命题.

43. [*23*] 以下图中有什么图和佩特森图是一样的吗?

44. [*M23*] 赫瓦塔尔图具备多少对称性?（见图 2(f).）

45. [*20*] 寻找对平面图 (17) 着 4 色的一种简便方法. 用 3 种颜色足以着色吗?

46. [*M25*] 令 G 是由一个平面示意图定义的具有 $n \geq 3$ 个顶点的图, 在非邻接顶点之间不能画出与现存边不交叉连线的意义下, 它是 "极大的".

(a) 证明这个示意图把平面划分成若干区域, 每个区域在它们的边界上恰好有三个顶点.（这些区域之一是位于示意图外部的所有点的集合.）

(b) 因此 G 恰好有 $3n - 6$ 条边.

47. [*M22*] 证明: 完全二部图 $K_{3,3}$ 不是平面图.

48. [*M25*] 通过证明定理 B 所述证明过程不会对两个邻接顶点给出相同的颜色, 完成该定理的证明.

49. [*18*] 画出至多具有 6 个顶点的所有立方图的示意图.

50. [*M24*] 寻找恰好用 24 种方式着 3 色的所有二部图.

▶ **51.** [*M22*] 给定如习题 21 中描述的几何网格, 构造以网格的点 p 和线 L 为顶点的二部图, 其中有 p—L 当且仅当 $p \in L$. 这个图的围长是多少?

52. [*M16*] 求一个简单的不等式, 表示图的直径与其围长的关系.（如果围长很大, 直径可能有多小?）

53. [*15*] 单词 world 和 happy 中的哪一个属于图 *words*(5757, 0, 0, 0) 的巨大分图?

▶ **54.** [*21*] 按字母顺序, 图 (17) 中的 49 个邮政编码是 AL, AR, AZ, CA, CO, CT, DC, DE, FL, GA, IA, ID, IL, IN, KS, KY, LA, MA, MD, ME, MI, MN, MO, MS, MT, NC, ND, NE, NH, NJ, NM, NV, NY, OH, OK, OR, PA, RI, SC, SD, TN, TX, UT, VA, VT, WA, WI, WV, WY.

(a) 我们假定, 如果两个邮政编码中有一个字母相同 (即 AL — AR — OR — OH, 等等), 就认为两州是邻接的. 这个图有什么分图?

(b) 现在建立带 XY → YZ 的有向图 (例如 AL → LA → AR 等). 这个图有什么强连通分图? (见 2.3.4.2 节.)

(c) 除 (17) 的那些邮政编码之外, 美国还有其他邮政编码: AA, AE, AK, AP, AS, FM, GU, HI, MH, MP, PW, PR, VI. 使用全部 62 个邮政编码, 重新考虑问题 (b).

55. [*M20*] 在完全 k 部图 $K_{n_1,\ldots,n_k}$ 中有多少条边?

▶ **56.** [*M10*] 判别真假: 多重图是图, 当且仅当对应的有向图是简单图.

57. [*M10*] 判别真假: 顶点 u 和 v 在有向图的同一连通分图中, 当且仅当 $d(u,v) < \infty$ 或 $d(v,u) < \infty$.

58. [*M17*] 描述作为 2 度正则图的 (a) 全部图; (b) 全部多重图.

▶ **59.** [*M23*] 一个 n 阶竞赛图是 n 个顶点上的有向图, 对于每对不同的顶点 $\{u,v\}$, 它恰好有 $\binom{n}{2}$ 条或者是 $u \to v$ 或者是 $v \to u$ 的弧.

(a) 证明每个竞赛图包含一条有向生成路径 $v_1 \to \cdots \to v_n$.

(b) 考虑顶点集 $\{0,1,2,3,4\}$ 上的竞赛图, 对它有 $u \to v$, 当且仅当 $(u-v) \bmod 5 \geq 3$. 它有多少条有向生成路径?

(c) $\vec{K_n}$ 是仅有的具有唯一一条有向生成路径的 n 阶竞赛图吗?

▶ **60.** [*M22*] 令 u 是竞赛图中最大出度的顶点, v 是其他任意一个顶点. 证明 $d(u,v) \leq 2$.

61. [*M16*] 构造一个有向图, 它有 k 条从顶点 1 到顶点 2 的长度为 k 的通道.

62. [*M21*] 置换有向图是图中每个顶点有出度 1 和入度 1 的有向图. 因此, 它的分图是定向圈. 如果它有 n 个顶点和 k 个分图, 当 $n-k$ 为偶数时称它为偶的, 当 $n-k$ 为奇数时称它为奇的.

(a) 令 G 是带邻接矩阵 A 的有向图. 证明: G 的生成置换有向图的数量是矩阵 A 的积和式 per A.

(b) 用生成置换有向图的术语解释行列式 det A.

63. [*M23*] 令 G 是一个围长 g 的图, 它的每个顶点至少有 d 个邻近. 证明: G 至少有 N 个顶点, 其中

$$N = \begin{cases} 1 + \sum_{0 \leq k < t} d(d-1)^k, & \text{如果 } g = 2t+1; \\ 1 + (d-1)^t + \sum_{0 \leq k < t} d(d-1)^k, & \text{如果 } g = 2t+2. \end{cases}$$

▶ **64.** [*M21*] 续习题 63, 证明: 对于每个 $d \geq 2$, 存在唯一一个围长 4 最小度数 d 的 $2d$ 阶的图.

▶ **65.** [*HM31*] 假定图 G 的围长为 5, 最小度数为 d, 有 $N = d^2 + 1$ 个顶点.

(a) 证明: G 的邻接矩阵 A 满足等式 $A^2 + A = (d-1)I + J$.

(b) 由于 A 是对称矩阵, 它具有 N 个正交的与特征值 λ_j 对应的特征向量 x_j, 使得 $Ax_j = \lambda_j x_j$, 其中 $1 \leq j \leq N$. 证明: 每个 λ_j 或者是 d 或者是 $(-1 \pm \sqrt{4d-3})/2$.

(c) 证明: 如果 $\sqrt{4d-3}$ 是无理数, 那么 $d = 2$. 提示: $\lambda_1 + \cdots + \lambda_N = \text{trace}(A) = 0$.

(d) 此外, 如果 $\sqrt{4d-3}$ 是有理数, 那么 $d \in \{3, 7, 57\}$.

66. [*M30*] 续习题 65, 构造 $d = 7$ 时这样的图.

67. [*M48*] 存在围长 5 度数 57 的 3250 阶正则图吗?

68. [*M20*] n 个顶点的图 G 有多少不同的邻接矩阵?

▶ **69.** [*20*] 扩充 (31), 说明: 在一个用 SGB 格式表示的图中, 如何对所有顶点 v 同时计算出度 ODEG(v) 和入度 IDEG(v)?

▶ **70.** [*M20*] 当用算法 B 成功对带 m 条弧和 n 个顶点的图进行 2 着色时, 它的每一步通常执行多少次?

71. [*26*] 使用 MMIXAL 汇编语言在 MMIX 计算机上实现算法 B. 假定在程序开始时，寄存器 v0 指向第一个顶点结点，寄存器 n 包含顶点的个数.

▶ **72.** [*M22*] 当 COLOR(v) 在步骤 B6 设置时，称 u 为 v 的母体；但当 COLOR(w) 在步骤 B3 设置时，称 w 无母体. 把顶点 v 的（包容）先辈递归地定义为 v 以及 v 的母体的先辈（如果存在的话）.

(a) 证明：在算法 B 的栈中，如果 v 在 u 之下，那么 v 的母体是 u 的先辈.

(b) 此外，在步骤 B6 中，如果 COLOR(v) = COLOR(u)，那么 v 当前在栈中.

(c) 利用这些论据扩充算法 B：当给出的图不是二部图时，在一个奇数长度圈中的顶点名称是算法的输出.

73. [*15*] *random_graph*(10, 45, 0, 0, 0, 0, 0, 0, 0, 0) 的另一名称是什么？

74. [*21*] *roget*(1022, 0, 0, 0) 的哪些顶点具有最大的出度？

75. [*22*] SGB图生成器 *board*($n_1, n_2, n_3, n_4, p, w, o$) 创建一个图，其顶点是 t 维整数向量 $(x_1, \ldots, x_t)$（$0 \le x_i < b_i$），该图由前 4 个参数 (n_1, n_2, n_3, n_4) 确定如下：置 $n_5 \leftarrow 0$，令 $j \ge 0$ 是 $n_{j+1} \le 0$ 的最小值. 如果 $j = 0$，置 $b_1 \leftarrow b_2 \leftarrow 8$ 和 $t \leftarrow 2$；这是默认的 8×8 棋盘. 否则如果 $n_{j+1} = 0$，对于 $1 \le i \le j$ 置 $b_i \leftarrow n_i$，并且置 $t \leftarrow j$. 最后，如果 $n_{j+1} < 0$，置 $t \leftarrow |n_{j+1}|$，并且置 b_i 为周期序列 $(n_1, \ldots, n_j, n_1, \ldots, n_j, n_1, \ldots)$ 的第 i 个元素. （例如，指定参数 $(n_1, n_2, n_3, n_4) = (2, 3, 5, -7)$ 大约是你能获得的技巧. 它产生一块具备 $(b_1, \ldots, b_7) = (2, 3, 5, 2, 3, 5, 2)$ 的 7 维棋盘，因此是有 $2 \cdot 3 \cdot 5 \cdot 2 \cdot 3 \cdot 5 \cdot 2 = 1800$ 个顶点的图.)

关于"棋子、回卷和方向"的其余参数 (p, w, o) 决定图中的弧. 首先假定 $w = o = 0$. 如果 $p > 0$，我们对于 $1 \le i \le t$ 有 $(x_1, \ldots, x_t) \longrightarrow (y_1, \ldots, y_t)$，当且仅当 $y_i = x_i + \delta_i$，其中 $(\delta_1, \ldots, \delta_t)$ 是方程 $\delta_1^2 + \cdots + \delta_t^2 = |p|$ 的一个整数解. 同时如果 $p < 0$，我们对于 $k \ge 1$ 也允许 $y_i = x_i + k\delta_i$，对应于在同一方向的 k 步移动.

如果 $w \ne 0$，令 $w = (w_t \ldots w_1)_2$（用二进制表示）. 另外我们允许"绕回"，即对于 $w_i = 1$ 的每个坐标 i，$y_i = (x_i + \delta_i) \bmod b_i$ 或者 $y_i = (x_i + k\delta_i) \bmod b_i$.

如果 $o \ne 0$，图是有向的；位移 $(\delta_1, \ldots, \delta_t)$ 仅当它们按字典序大于 $(0, \ldots, 0)$ 时产生弧. 但是如果 $o = 0$，图是无向的.

求 $(n_1, n_2, n_3, n_4, p, w, o)$ 的设置值，对于它们，*board* 将产生下列基本图：(a) 完全图 K_n；(b) 路径 P_n；(c) 圈 C_n；(d) 可迁竞赛图 $\overrightarrow{K_n}$；(e) 定向路径 $\overrightarrow{P_n}$；(f) 定向圈 $\overrightarrow{C_n}$；(g) $m \times n$ 网格 $P_m \square P_n$；(h) $m \times n$ 柱面 $P_m \square C_n$；(i) $m \times n$ 环面 $C_m \square C_n$；(j) $m \times n$ 车子图 $K_m \square K_n$；(k) $m \times n$ 有向环面 $\overrightarrow{C_m} \square \overrightarrow{C_n}$；(l) 零图 $\overline{K_n}$；(m) 带有 2^n 个顶点的 n 立方 $P_2 \square \cdots \square P_2$.

76. [*20*] *board*($n_1, n_2, n_3, n_4, p, w, o$) 能够产生环或者平行边（即重复的边）吗？

77. [*M20*] 如果图 G 的直径 ≥ 3，证明：$\overline{G}$ 的直径 ≤ 3.

78. [*M27*] 令 $G = (V, E)$ 是 $|V| = n$ 和 $G \cong \overline{G}$ 的图. （换句话说，G 是自补的：存在 V 的一个置换 φ，使得 $u \text{---} v$ 当且仅当 $\varphi(u) \not\!\text{---} \varphi(v)$ 且 $u \ne v$. 我们可以想象 K_n 的边已经涂上黑色或白色；白色边定义的图与黑色边定义的图同构.)

(a) 证明：$n \bmod 4 = 0$ 或 1. 画出 $n < 8$ 的所有这种图的示意图.

(b) 证明：如果 $n \bmod 4 = 0$，置换 φ 的每个圈的长度都是 4 的倍数.

(c) 反之，具有这样圈的每个置换 φ 会出现在某个这样的图 G 中.

(d) 把这些结果扩展到 $n \bmod 4 = 1$ 的情形.

▶ **79.** [*M22*] 给定 $k \ge 0$，构造顶点集 $\{0, 1, \ldots, 4k\}$ 上的一个既正则又自补的图.

▶ **80.** [*M22*] 根据习题 77，自补图的直径必定是 2 或 3. 给定 $k \ge 2$，构造当 (a) $V = \{1, 2, \ldots, 4k\}$ 和 (b) $V = \{0, 1, 2, \ldots, 4k\}$ 时两种可能直径的自补图.

81. [*20*] 不带环的简单有向图的补图是通过扩充 (35) 和 (36) 定义的，使得我们在 $\overline{D}$ 中有 $u \to v$ 当且仅当在 D 中有 $u \ne v$ 且 $u \not\to v$. 何种图是 3 阶自补有向图？

82. [*M21*] 关于线图的下列命题是真还是假？

(a) 如果 G 包含在 G' 中，那么 $L(G)$ 是 $L(G')$ 的诱导子图.

(b) 如果 G 是正则图，$L(G)$ 也是正则图.

(c) 对于所有 $m, n > 0$，$L(K_{m,n})$ 是正则图.

(d) 对于所有 $m, n, r > 0$，$L(K_{m,n,r})$ 是正则图.

(e) $L(K_{m,n}) \cong K_m \square K_n$.

(f) $L(K_4) \cong K_{2,2,2}$.

(g) $L(P_{n+1}) \cong P_n$.

(h) 图 G 与 $L(G)$ 具有同样的分图数量.

83. [*16*] 画出图 $\overline{L(K_5)}$.

▶ **84.** [*M21*] $L(K_{3,3})$ 是自补图吗？

85. [*M22*] （奥斯丁·欧尔，1962）对于哪种图 G，我们有 $G \cong L(G)$？

86. [*M20*] （威尔逊）求一个 6 阶图 G，对它而言 $\overline{G} \cong L(G)$.

87. [*20*] 佩特森图是 (a) 3 可着色的吗？ (b) 3 可边着色的吗？

88. [*M20*] 当 $n \geq 3$ 时，图 $W_n = K_1 \!-\!\!\!-\, C_n$ 称为 n 辐条车轮图. 它包含多少作为子图的圈？

W_7

89. [*M20*] 证明结合律 (42) 和 (43).

▶ **90.** [*M24*] 如果一个图能够用补运算和（或）直和运算通过代数方式从 1 元素图构造出来，则称它为余图. 例如，存在 4 个 3 阶非同构图，它们全部是余图：$\overline{K_3} = K_1 \oplus K_1 \oplus K_1$ 及其补图 K_3；$\overline{K_{1,2}} = K_1 \oplus K_2$ 及其补图 $K_{1,2}$，其中 $K_2 = \overline{K_1 \oplus K_1}$.

穷举计数表明存在 11 个 4 阶非同构图. 给出证明它们中的 10 个是余图的代数公式. 哪一个不是余图？

▶ **91.** [*20*] 画出下面 4 顶点图的示意图：(a) $K_2 \square K_2$；(b) $K_2 \otimes K_2$；(c) $K_2 \boxtimes K_2$；(d) $K_2 \triangle K_2$；(e) $K_2 \circ K_2$；(f) $\overline{K_2} \circ K_2$；(g) $K_2 \circ \overline{K_2}$.

92. [*21*] 正文中定义的 5 种图积，既适用于简单的有向图，也适用于普通的图. 画出下面 4 顶点有向图的示意图：(a) $\vec{K_2} \square \vec{K_2}$；(b) $\vec{K_2} \otimes \vec{K_2}$；(c) $\vec{K_2} \boxtimes \vec{K_2}$；(d) $\vec{K_2} \triangle \vec{K_2}$；(e) $\vec{K_2} \circ \vec{K_2}$.

93. [*15*] 五种图积中的哪一种使得 K_m 和 K_n 之积成为 K_{mn}？

94. [*10*] SGB 的各种 *words* 图是 $P_{26} \square P_{26} \square P_{26} \square P_{26} \square P_{26}$ 的诱导子图吗？

95. [*M20*] 如果 G 的顶点 u 有 d_u 度，H 的顶点 v 有 d_v 度，在 (a) $G \square H$，(b) $G \otimes H$，(c) $G \boxtimes H$，(d) $G \triangle H$，(e) $G \circ H$ 中顶点 (u, v) 分别是多少度？

▶ **96.** [*M22*] 令 A 是 $m \times m'$ 矩阵，u 行 u' 列的元素为 $a_{uu'}$. 令 B 是 $n \times n'$ 矩阵，v 行 v' 列的元素为 $b_{vv'}$. 直积 $A \otimes B$ 是 $mn \times m'n'$ 矩阵，(u, v) 行 (u', v') 列的元素为 $a_{uu'} b_{vv'}$. 这样一来，如果 A 和 B 分别是 G 和 H 的邻接矩阵，那么，$A \otimes B$ 是 $G \otimes H$ 的邻接矩阵.

对于下面的图求类似的邻接矩阵公式：(a) $G \square H$；(b) $G \boxtimes H$；(c) $G \triangle H$；(d) $G \circ H$.

97. [*M25*] 求出图和与图积之间尽可能多的有趣的代数关系.（例如，矩阵的直和与直积的分配律 $(A \oplus B) \otimes C = (A \otimes C) \oplus (B \otimes C)$ 蕴涵 $(G \oplus G') \otimes H = (G \otimes H) \oplus (G' \otimes H)$. 我们还有 H 的 m 个拷贝公式 $\overline{K_m} \square H = H \oplus \cdots \oplus H$，等等.）

98. [*M20*] 如果图 G 有 k 个分图，图 H 有 l 个分图，那么，图 $G \square H$ 和 $G \boxtimes H$ 有多少分图？

99. [*M20*] 令 $d_G(u, u')$ 是图 G 中从顶点 u 到 u' 的距离. 证明：$d_{G \square H}((u, v), (u', v')) = d_G(u, u') + d_H(v, v')$，并对于 $d_{G \boxtimes H}((u, v), (u', v'))$ 求一个类似的公式.

100. [*M21*] 对于哪些连通图，$G \otimes H$ 是连通的？

▶ **101.** [*M25*] 求所有使得 $G \square H \cong G \otimes H$ 的连通图 G 和 H.

102. [M20] 王在 $m \times n$ 棋盘上的移动图（在横向、纵向或对角线方向走一步的图）的简单代数公式是什么？

103. [20] 完成表 (54) 的填写. 另外, 对序列 866444444 应用算法 H.

104. [18] 说明算法 H 的步骤 H3 和 H4 中变量 i, t, r 的操作.

105. [M38] 假定 $d_1 \geq \cdots \geq d_n \geq 0$, 并且像在算法 H 中那样令 $c_1 \geq \cdots \geq c_{d_1}$ 是它的共轭. 证明: $d_1 \ldots d_n$ 是图的度序列, 当且仅当 $d_1 + \cdots + d_n$ 是偶数, 且 $d_1 + \cdots + d_k \leq c_1 + \cdots + c_k - k \, (1 \leq k \leq s)$, 其中 s 是满足 $d_s \geq s$ 的最大值.

106. [20] 判别真假: 如果 $d_1 = \cdots = d_n = d < n$ 且 nd 是偶数, 则算法 H 构建了一个连通图.

107. [M21] 证明: 自补图的度序列 $d_1 \ldots d_n$ 满足 $d_j + d_{n+1-j} = n-1$, $d_j = d_{j-(-1)^j}$, 其中 $1 \leq j \leq n/2$.

▶ **108.** [M23] 设计一个同算法 H 类似的算法, 它在顶点集 $\{1, \ldots, n\}$ 上构造一个简单有向图, 图中每个顶点 k 的入度和出度分别具有指定的值 d_k^- 和 d_k^+, 只要至少存在一个这样的图.

109. [M20] 设计一个同算法 H 类似的算法, 它在顶点集 $\{1, \ldots, m+n\}$ 上构造一个二部图, 图中每个可能的顶点 k 具有指定的度数 d_k, 对所有的边 j — k 有 $j \leq m$ 且 $k > m$.

110. [M22] 不用算法 H, 通过直接构造证明, 当 $n > d_1 \geq \cdots \geq d_n \geq d_1 - 1$ 且 $d_1 + \cdots + d_n$ 为偶数时, 序列 $d_1 \ldots d_n$ 是图的度序列.

▶ **111.** [25] 令 G 是顶点集 $V = \{1, \ldots, n\}$ 上的图, 顶点 k 的度是 d_k 而且 $\max(d_1, \ldots, d_n) = d$. 证明: 存在这样的整数 N ($n \leq N \leq 2n$) 和顶点集 $\{1, \ldots, N\}$ 上的图 H, 使得 H 是度数为 d 的正则图, 而且 $H \mid V = G$. 说明怎样构造这样的让 N 尽可能小的正则图.

▶ **112.** [20] 网络 $miles(128, 0, 0, 0, 0, 127, 0)$ 有三个等距离的城市吗？如果没有, 那么哪三个城市最接近于一个等边三角形？

113. [05] 当 H 是带有 m 条边和 n 个顶点的超图时, 它的关联矩阵有多少行和列？

114. [M20] 假定把多重图 (26) 看成一个超图. 对应的关联矩阵是什么？对应的二部多重图是什么？

▶ **115.** [M20] 当 B 是图 G 的关联矩阵时, 解释对称矩阵 $B^T B$ 和 $B B^T$ 的含义.

116. [M17] 描述完全二部 r 一致超图 $K_{m,n}^{(r)}$ 的边.

117. [M22] 有多少非同构的 1 一致超图具有 m 条边和 n 个顶点？（边可以重复.）列出当 $m = 4$ 且 $n = 3$ 时所有这样的超图.

118. [M20] "超林"是一种不包含圈的超图. 如果一个超林有 m 条边、n 个顶点和 p 个分图, 那么它的顶点的度数之和是多少？

119. [M18] 什么超图对应于没有最后项 $(\bar{x}_1 \vee \bar{x}_2 \vee \bar{x}_4)$ 的 (60)？

120. [M20] 通过推广有向图的概念定义有向超图.

121. [M19] 给定超图 $H = (V, E)$, 令 $I(H) = (V, F)$, 其中 F 是 H 的所有极大独立集的集族. 试用 $|V|, |F|, \alpha(I(H)^T)$ 表示 $\chi(H)$.

▶ **122.** [M24] 分别求下列三元系的最大独立集和最小着色: (a) 超图 (56); (b) 佩特森图的对偶图.

123. [17] 说明 $K_n \square K_n$ 的最优着色等价于一个著名组合问题的解.

124. [M22] 图 2(f) 的赫瓦塔尔图的色数是多少？

125. [M48] 围长为 g 的四正则 4 着色图的 g 值是多少？

▶ **126.** [M22] 当 $m, n \geq 3$ 时, 求"王连通环面" $C_m \boxtimes C_n$ 的最优着色.

127. [M22] 证明: 当 G 是 n 阶图时, (a) $\chi(G) + \chi(\overline{G}) \leq n+1$, (b) $\chi(G)\chi(\overline{G}) \geq n$. 并且寻找使上面等式成立的图.

128. [M18] 当 G 和 H 是图时, 用 $\chi(G)$ 和 $\chi(H)$ 表示 $\chi(G \square H)$.

129. [23] 描述 8×8 后移步图 (37) 的极大团.

130. [*M20*] 在一个完全 k 部图中有多少极大团?

131. [*M30*] 令 $N(n)$ 是一个 n 顶点图可能拥有的极大团的最大数量. 证明: $3^{\lfloor n/3 \rfloor} \le N(n) \le 3^{\lceil n/3 \rceil}$.

▶ **132.** [*M20*] 如果 $\chi(G) = \omega(G)$, 我们称 G 是可紧密着色的. 证明: 如果 G 和 H 是可紧密着色的, 则我们有 $\chi(G \boxtimes H) = \chi(G)\chi(H)$.

133. [*21*] 右图所示的"音乐图"为重温这一节给出的许多定义提供了一种适宜的方式, 因为它的性质很容易分析. 请给出它的下列属性: (a) 阶; (b) 大小; (c) 围长; (d) 直径; (e) 独立数 $\alpha(G)$; (f) 色数 $\chi(G)$; (g) 边色数 $\chi(L(G))$; (h) 团数 $\omega(G)$; (i) 众所周知的较小的图积的代数公式. (j) 最小顶点覆盖的大小是多少? (k) 最大匹配的大小是多少? (l) G 是正则图吗? (m) G 是平面图吗? (n) G 是连通图吗? (o) G 是有向图吗? (p) G 是自由树吗? (q) G 是哈密顿图吗?

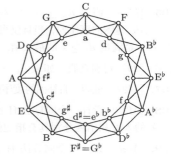

134. [*M22*] 音乐图有多少自同构?

▶ **135.** [*HM26*] 假定一位作曲家在音乐图中随机游动, 从顶点 C 出发, 然后在每一步做 5 种等可能的选择. 证明: 经过偶数步游动之后, 更可能在顶点 C 而不是任何其他顶点停止. 从 C 开始用 12 步游动回到 C 的确切概率是多少?

136. [*HM23*] 凯莱有向图的顶点集 V 是一个群的元素, 它的弧是 $v \longrightarrow v\alpha_j$ (对于 $1 \le j \le d$ 和所有顶点 v), 其中 $(\alpha_1, \ldots, \alpha_d)$ 是群的固定元素. 凯莱图同时也是凯莱有向图 (它也是图). 佩特森图是凯莱图吗?

▶ **137.** [*M25*] (广义环面.) 一个 $m \times n$ 环面可以看成平面的一个覆盖. 例如, 我们可以想象, 把 (50) 的无穷个 3×4 环面的拷贝像网格那样铺放在一起, 如下面左图所示; 我们从环面每个顶点可以向北、向南、向东或者向西移到另外一个顶点. 顶点这样编号: 从 v 向北移动一步到达 $(v+4) \bmod 12$, 向东移动一步到达 $(v+3) \bmod 12$, 等等. 右图显示同样的环面, 但是有不同的覆盖形状. 用任何方式选择编号为 $\{0, 1, \ldots, 11\}$ 的 12 个小方格将恰好以同样编号方案覆盖平面.

单个环面形状变动后的拷贝也将覆盖平面, 如果它们构成一个广义环面, 环面中的单元 (x, y) 对应于单元 $(x+a, y+b)$ 和 $(x+c, y+d)$ 的同样顶点, 这里 (a, b) 和 (c, d) 是整数向量, 且 $n = ad - bc > 0$. 于是, 广义环面将有 n 个点. 在上面的 3×4 例子中, 这两个向量 (a, b) 和 (c, d) 是 $(4, 0)$ 和 $(0, 3)$. 当它们分别是 $(5, 2)$ 和 $(1, 3)$ 时, 我们得到

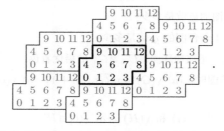

这里 $n = 13$, 并且从 v 向北移动到达 $(v+4) \bmod 13$, 向东移动到达 $(v+1) \bmod 13$.

证明: 如果 $\gcd(a,b,c,d)=1$, 这种广义环面的顶点总是可以被指定整数标记 $\{0,1,\dots,n-1\}$, 使得对于某些整数 p 和 q, v 的邻近是 $(v \pm p) \bmod n$ 和 $(v \pm q) \bmod n$.

138. [HM27] 续题 137, 如果采用使每个向量 x 等价于 $x+\alpha_j$ 的方式给出整数向量 α_j ($1 \le j \le k$), 那么标记 k 维顶点 $x=(x_1,\dots,x_k)$ 的有效方法是什么? 就 $k=3$, $\alpha_1=(3,1,1)$, $\alpha_2=(1,3,1)$, $\alpha_3=(1,1,3)$ 的例子说明你的方法.

▶ **139.** [M22] 假定 H 是给定的 h 阶图, $\#(H{:}G)$ 是 H 作为给定图 G 的诱导子图出现的次数. 如果 G 是从顶点集 $V=\{1,2,\dots,n\}$ 上的所有 $2^{n(n-1)/2}$ 个图集中随机选取的, 当 H 分别是以下各图时, $\#(H{:}G)$ 的平均值是多少: (a) K_h; (b) P_h ($h>1$); (c) C_h ($h>2$); (d) 任意图?

140. [M30] 如果图 G 的诱导子图的计数 $\#(K_3{:}G)$、$\#(\overline{K_3}{:}G)$ 和 $\#(P_3{:}G)$ 中的每一个都同习题 139 中推出的期望值一致, 则称它为比例图.

(a) 说明习题 88 的车轮图 W_7 在这种意义下是比例图.

(b) 证明: G 是比例图, 当且仅当 $\#(K_3{:}G)=\frac{1}{8}\binom{n}{3}$, 且它的顶点的度序列 $d_1\dots d_n$ 满足恒等式

$$d_1+\cdots+d_n=\binom{n}{2}, \qquad\qquad d_1^2+\cdots+d_n^2=\frac{n}{2}\binom{n}{2}. \qquad (*)$$

141. [26] 仅当 $n \bmod 16 \in \{0,1,8\}$ 时, 习题 140(b) 的条件才能成立. 编写一个程序, 找出 $n=8$ 个顶点的所有比例图.

142. [M30] (卡尔·斯万特·詹森和扬·克拉托赫维尔, 1991) 证明: 不可能存在四个或更多个顶点上的图 G 在下述意义是 "超比例的": 对于习题 90 中的 11 个 4 阶非同构图 H 的每个图, 它的子图计数 $\#(H{:}G)$ 同习题 139 中的期望值相符. 提示: 注意 $(n-3)\#(K_3{:}G)=4\#(K_4{:}G)+2\#(K_{1,1,2}{:}G)+\#(\overline{K_{1,3}}{:}G)+\#(\overline{K_1 \oplus K_{1,2}}{:}G)$.

▶ **143.** [M25] 假定 A 是 $m>1$ 行 $n \ge m$ 列的矩阵, 这个矩阵的行各不相同. 证明: 至少可以删除 A 的一列而不会使任何两行相同.

▶ **144.** [21] 假定 X 是一个 $m \times n$ 矩阵, 它的元素 x_{ij} 或者是 0, 1, 或者是 $*$. X 的完备化是指矩阵 X^*, 其中 X 的每个 $*$ 元素已经用 0 或 1 代替. 证明: 求具有最少不同行的一个完备化的问题, 等价于求一个图的色数问题.

▶ **145.** [25] (罗伯特·博伊尔和 J. 斯特罗瑟·穆尔, 1980) 假定数组 $a_1\dots a_n$ 包含一个过半数元素, 也就是出现 $n/2$ 次以上的一个数值. 设计一个求过半数元素的算法, 在做 n 次以下比较后得出结果. 提示: 如果 $n \ge 3$ 且 $a_{n-1} \ne a_n$, 那么, $a_1\dots a_n$ 的过半数元素也是 $a_1\dots a_{n-2}$ 的过半数元素.

然而有时，你那些机警的男仆们，也会屈就一点.
——乔纳森·斯威夫特，《卡德摩斯与凡妮莎》（1713）

如果以 2 为基，那么可以把得到的整数称为二进制数，
或者依照约翰·图基建议的用语，简称位.
——克劳德·香农，《贝尔系统技术杂志》（1948）

bit（名词）... [A] 镗刀...
——《蓝登书屋英语词典》（1987）

7.1   0 与 1

组合算法经常需要特别关注执行效率，而数据的恰当表示乃是获得必要速度的重要途径.
因此，在我们着手详细讨论组合算法之前，最好是先增进我们对数据基本表示方法的了解.

当今的大多数计算机都基于二进制数系，而不是直接采用人类习惯的十进制数系，因为计
算机特别擅长处理我们通常用数字 0 和 1 表示的二态开关量. 不过在第 1 至 6 章，我们很少利
用这一事实，即二进制计算机能够快速处理十进制计算机无法完成的若干任务. 二进制计算机
通常能够轻而易举地执行"逻辑"运算或"按位"运算，正如它能够轻易做加法和减法一样；
至今我们很少利用这种能力. 对于很多用途，我们发现二进制计算机同十进制计算机并无显著
差异，但是在某种意义下，我们对二进制计算机的要求并未发挥出它的特长.

0 与 1 在信息编码、数据间的逻辑关系编码，乃至编写处理信息的算法中的惊人能力，极
大丰富了对二进制数字的研究. 事实上，我们不仅利用按位运算加强组合算法，而且发现二进
制逻辑的性质自然地引出一些本身就非常有趣的新的组合问题.

计算机科学家们越来越善于驾驭这个领域杂乱无章的 0 和 1，使它们成为有用的技术. 但
是，当比特（bit）现身世界舞台时，在研究二进制量的高层概念和技术之前，我们最好能透彻
了解它们的基本性质. 因此，我们将从研究组合单独的二进制位组和位组序列的基本方法开始.

7.1.1   布尔代数基础

存在 16 种可能的函数 $f(x,y)$，它们把两个给定的二进制位 x 和 y 变换成第三个二进
制位 $z = f(x,y)$，因为对于每个 $f(0,0)$，$f(0,1)$，$f(1,0)$，$f(1,1)$ 有两种选择. 表 1 简要说明
了传统上这些函数在形式逻辑研究中的名称和记号，假定 1 对应于"真"，0 对应于"假".
$f(0,0)f(0,1)f(1,0)f(1,1)$ 的四值序列习惯上称为函数 f 的真值表.

为纪念乔治·布尔，通常把这样的函数称为"布尔运算"，布尔最先发现可以把 0 和 1 的
代数运算用来构造逻辑推理的演算 [*The Mathematical Analysis of Logic* (Cambridge: 1847);
An Investigation of the Laws of Thought (London: 1854)]. 但是，布尔其实从未讨论过"逻辑
或"这个运算 ∨，他把范围严格限定于处理 0 和 1 的普通算术运算. 因此，他用 $x+y$ 的写法
代表析取，但是力求不用这个记号，除非 x 和 y 是互斥的（不同时为 1）. 如果需要，他会把
$x+y$ 写成 $x+(1-x)y$，确保析取的结果不会等于 2.

当用英语表达 + 运算时，布尔有时把它称为"and"（与），有时称为"or"（或）. 在现代
数学家看来这种用法似乎有些奇怪，后来人们才认识到，他其实是对不相交的集合使用普通英
语. 例如，我们说"boys and girls are children"（男孩和女孩都是孩子），而不是说"children
are boys or girls"（孩子是男孩或女孩）.

威廉·杰文斯 [*Pure Logic* (London: Edward Stanford, 1864), §69] 扩充了布尔的演算，
把非传统的规则 $x+x=x$ 包括在内. 他指出，利用他的新 + 运算，$(x+y)z$ 等于 $xz+yz$.

表 1 两个变量的 16 种逻辑运算

真值表	新记号与旧记号	运算符符号 。	名称
0000	0	$\bot$	永假式；假值；自相矛盾；常数 0
0001	$xy,\ x \wedge y,\ x\ \&\ y$	$\wedge$	合取；与
0010	$x \wedge \bar{y},\ x \not\supset y,\ [x>y],\ x \dot{-} y$	$\supset\!\!\!\!\!-$	非蕴涵；差；与非；但非
0011	x	$\llcorner$	左投影；第一指示符
0100	$\bar{x} \wedge y,\ x \not\subset y,\ [x<y],\ y \dot{-} x$	$\lrcorner$	逆非蕴涵；非……但
0101	y	R	右投影；第二指示符
0110	$x \oplus y,\ x \not\equiv y,\ x\,\hat{}\,y$	$\oplus$	互斥析取；非等价；"xor"
0111	$x \vee y,\ x \mid y$	$\vee$	（可兼）析取；或；与/或
1000	$\bar{x} \wedge \bar{y},\ \overline{x \vee y},\ x \,\overline{\vee}\, y,\ x \downarrow y$	$\overline{\vee}$	非析取；联合否定；既非……也非
1001	$x \equiv y,\ x \leftrightarrow y,\ x \Leftrightarrow y$	$\equiv$	等价；当且仅当；"iff"
1010	$\bar{y},\ \neg y,\ !y,\ \sim y$	$\bar{\mathsf{R}}$	右补
1011	$x \vee \bar{y},\ x \subset y,\ x \Leftarrow y,\ [x \geq y],\ x^{y}$	$\subset$	逆蕴涵；若
1100	$\bar{x},\ \neg x,\ !x,\ \sim x$	$\llcorner\!\!-$	左补
1101	$\bar{x} \vee y,\ x \supset y,\ x \Rightarrow y,\ [x \leq y],\ y^{x}$	$\supset$	蕴涵；仅当；若……则
1110	$\bar{x} \vee \bar{y},\ \overline{x \wedge y},\ x \,\overline{\wedge}\, y,\ x \mid y$	$\overline{\wedge}$	非合取；非两者……与；"nand"
1111	1	$\top$	肯定式；永真式；重言式；常数 1

但是杰文斯不知道另外一个分配律 $xy + z = (x+z)(y+z)$. 大概由于他采用的记号，因而没有看出这一点，因为在算术运算中没有类似第二个分配律的对等定律. 表 1 中更加对称的记号 $x \wedge y$ 和 $x \vee y$，使得我们更容易记住这两个分配律：

$$(x \vee y) \wedge z = (x \wedge z) \vee (y \wedge z); \tag{1}$$

$$(x \wedge y) \vee z = (x \vee z) \wedge (y \vee z). \tag{2}$$

定律 (2) 是由查尔斯·皮尔斯引入的，他曾独立发现如何推广布尔演算 [*Proc. Amer. Acad. Arts and Sciences* **7** (1867), 250–261]. 顺便指出，当皮尔斯若干年后讨论这些早期研究工作时 [*Amer. J. Math.* **3** (1880), 32]，提到 "使用杰文斯加法的布尔（Boolian）代数"；他的这种对现今 "Boolean" 而言的陌生拼写使用了很多年，直到 1963 年，"Boolean" 一词才出现在艾萨克·芬克和亚当·瓦格纳利斯所编的非节略本字典中.

真假值组合的概念远比布尔代数古老. 事实上，早在公元前四世纪，希腊的哲学家们已经发展了命题逻辑. 在那时，当 x 和 y 均为命题时，他们就命题 "若 x 则 y" 如何赋予恰当的真或假值进行了大量的讨论. 大约在公元前 300 年，希腊古城墨伽拉的菲洛用表 1 中所示的真值表定义了它的值，其中特别说明当 x 和 y 都是假时这个蕴涵命题为真. 这本早期的著作大部分已经遗失，但是在克劳迪厄斯·盖伦（公元 2 世纪）的著作中有一些涉及命题的合取和析取的段落. [见因诺琴蒂·博亨斯基的 *Formale Logik* (1956)，该书对于从古代直到 20 世纪的逻辑学发展作了精彩评述，1961 年伊沃·托马斯把它译成英文.]

使用某种专用运算符 。，两个变量的函数通常写成 $x \circ y$ 而不是 $f(x,y)$. 表 1 给出了我们对于两个变量的布尔函数将要采用的 16 种运算符符号. 例如，$\bot$ 是真值表为 0000 的函数的符号，$\wedge$ 是真值表为 0001 的函数的符号，$\supset\!\!\!-$ 是真值表为 0010 的函数的符号，等等. 我们有 $x \bot y = 0,\ x \wedge y = xy,\ x \supset\!\!\!- y = x \dot{-} y,\ x \llcorner y = x, \ldots, x \,\overline{\wedge}\, y = \bar{x} \vee \bar{y},\ x \top y = 1.$

于是，让我们想象一种代数，
其中允许符号 $x, y, z, \&c.$ 无差异地
取值 0 和 1，而且只允许取这两种值.

——乔治·布尔，《思维法则研究》（1854）

"正相反，"特维德地接着说，"如果它曾是真的，它就是真的过；
如果它是真的，它就可能是真的；
既然现在它不是真的，那么它就不是的.
这是逻辑."

——刘易斯·卡罗尔，《爱丽丝镜中奇遇记》（1871）

当然，表 1 中那些运算的重要性是不同的. 例如，第一个运算和最后一个运算就无足轻重，因为它们取与 x 和 y 无关的常数值. 表 1 中有四个运算仅仅是 x 或 y 的函数. 我们把 $1 - x$ 写成 $\bar{x}$ 这种 x 的补的形式.

真值表仅包含一个 1 的四种运算很容易用 AND 运算符 $\wedge$ 表示，即 $x \wedge y, x \wedge \bar{y}, \bar{x} \wedge y, \bar{x} \wedge \bar{y}$. 真值表包含三个 1 的四种运算很容易用 OR 运算符 $\vee$ 表示，即 $x \vee y, x \vee \bar{y}, \bar{x} \vee y, \bar{x} \vee \bar{y}$. 实践证明，基本函数 $x \wedge y$ 和 $x \vee y$ 比它们带补的或一半带补的同类函数更为有用，尽管 NOR 运算 $x \bar{\vee} y = \bar{x} \wedge \bar{y}$ 和 NAND 运算 $x \bar{\wedge} y = \bar{x} \vee \bar{y}$ 也很重要，因为这两个函数很容易用晶体管电路实现.

亨利·谢佛在 1913 年证明，从把 $\bar{\vee}$ 或 $\bar{\wedge}$ 作为已知运算符开始，这 16 种函数全部可以仅用 $\bar{\vee}$ 或 $\bar{\wedge}$ 中的一个来表示（见习题 4）. 其实，查尔斯·皮尔斯大约在 1880 年就发现了同一结果，但是，关于这个题目的著作在他去世之后才发表 [*Collected Papers of Charles Sanders Peirce* 4 (1933), §§12–20, 264]. 表 1 表明，偶尔会把 NAND 和 NOR 写成 $x \,|\, y$ 和 $x \downarrow y$，有时把 | 和 ↓ 称为"谢佛竖杠"和"皮尔斯箭头". 现在最好不要用谢佛竖杠表示 NAND，因为在 C 这样的程序设计语言中，$x \,|\, y$ 表示按位或 $x \vee y$.

至此，我们讨论了表 1 中的大多数函数，余下的两种函数是 $x \equiv y$ 和 $x \oplus y$，即"等价"和"异或"，它们之间的关系由下面的恒等式表示：

$$x \equiv y = \bar{x} \oplus y = x \oplus \bar{y} = 1 \oplus x \oplus y; \tag{3}$$

$$x \oplus y = \bar{x} \equiv y = x \equiv \bar{y} = 0 \equiv x \equiv y. \tag{4}$$

这两种运算都是可结合的（见习题 6）. 在命题逻辑中，等价的概念比异或的概念更为重要，异或意味着不等价. 但是，当我们考虑对计算机整字的按位运算时，在 7.1.3 节将会看到相反的情形：在典型的程序中，异或比等价更为有用. $x \oplus y$ 之所以具有重要应用价值（即使是在 1 个二进制位的情形），主要原因在于

$$x \oplus y = (x + y) \bmod 2. \tag{5}$$

因此，在两个元素的领域，$x \oplus y$ 和 $x \wedge y$ 表示加法和乘法（见 4.6 节），而且，$x \oplus y$ 自然地继承了许多"纯粹的"数学性质.

基本恒等式. 现在，我们来考查一下运算符 $\wedge, \vee, \oplus, {}^{-}$ 之间的相互作用，因为其他运算符很容易通过这四种运算符表示. 运算符 $\wedge, \vee, \oplus$ 中的每一个都是可结合和可交换的. 除了分配律 (1) 和 (2)，我们还有分配律

$$(x \oplus y) \wedge z = (x \wedge z) \oplus (y \wedge z), \tag{6}$$

以及吸收律

$$(x \wedge y) \vee x = (x \vee y) \wedge x = x. \tag{7}$$

一个最简单也最有用的恒等式是

$$x \oplus x = 0, \qquad (8)$$

因为它特别蕴涵

$$(x \oplus y) \oplus x = y, \qquad (x \oplus y) \oplus y = x. \qquad (9)$$

只要利用 $x \oplus 0 = x$ 这个明显的事实，即可看出上述推导成立．换句话说，如果已知 $x \oplus y$ 以及 x 和 y 二者之一，那么很容易确定另外一个．同时，我们不要忽略简单的补定律

$$\bar{x} = x \oplus 1. \qquad (10)$$

另外一对重要的恒等式称为德摩根定律，起这个名字是为了纪念奥古斯塔斯·德摩根，他阐明了 "一个聚合命题的反命题是其成员反命题的复合；一个复合命题的反命题是其成员反命题的聚合．因此，(A, B) 和 AB 具有对于反命题的 ab 和 (a, b)."［*Trans. Cambridge Philos. Soc.* **10** (1858), 208.］利用更现代的记号，这就是我们联系表 1 中的运算 NAND 和 NOR 的真值表隐式导出的规则，即

$$\overline{x \wedge y} = \bar{x} \vee \bar{y}; \qquad (11)$$

$$\overline{x \vee y} = \bar{x} \wedge \bar{y}. \qquad (12)$$

附带说明，威廉·杰文斯知道式 (12)，但不知道式 (11)，他一直把 AB 的补写成 $\bar{A}B + \bar{B}A + \bar{A}\bar{B}$ 而不是 $\bar{A} + \bar{B}$．然而，德摩根并非阐明上述法则的第一位英国人．式 (11) 和 (12) 可以从 14 世纪早期两位经院哲学家的著作中找到，他们是奥卡姆的威廉［*Summa Logicæ* **2** (1323)］和沃尔特·伯利［*De Puritate Artis Logicæ* (c. 1330)］．

德摩根定律以及其他几个恒等式可以用 $\wedge, \vee, \oplus$ 互相表示：

$$x \wedge y = \overline{\bar{x} \vee \bar{y}} = x \oplus y \oplus (x \vee y); \qquad (13)$$

$$x \vee y = \overline{\bar{x} \wedge \bar{y}} = x \oplus y \oplus (x \wedge y); \qquad (14)$$

$$x \oplus y = (x \vee y) \wedge \overline{x \wedge y} = (x \wedge \bar{y}) \vee (\bar{x} \wedge y). \qquad (15)$$

按照习题 7.1.2–77，仅使用 $\wedge, \vee, ^-$ 计算 $x_1 \oplus x_2 \oplus \cdots \oplus x_n$ 至少需要 $4(n-1)$ 步．因此，用这三种运算代替 $\oplus$ 运算不是特别有效．

n 变量函数． 3 个布尔变量 x, y, z 的布尔函数 $f(x, y, z)$ 可以用它的 8 位真值表 $f(0,0,0)f(0,0,1)\ldots f(1,1,1)$ 定义．一般来说，每个 n 元布尔函数 $f(x_1, \ldots, x_n)$ 对应于依次取值 $f(0, \ldots, 0, 0)$, $f(0, \ldots, 0, 1)$, $f(0, \ldots, 1, 0)$, $\ldots$, $f(1, \ldots, 1, 1)$ 的 2^n 位真值表．

对于所有这些函数，我们不需要设计特殊的名称和记号，因为它们全都可以用我们学习过的二元函数表示．例如，正如伊万·热加尔金［*Matematicheskiĭ Sbornik* **35** (1928), 311–369］观察到的那样，当 $n > 0$ 时，我们总是可以写出

$$f(x_1, \ldots, x_n) = g(x_1, \ldots, x_{n-1}) \oplus h(x_1, \ldots, x_{n-1}) \wedge x_n, \qquad (16)$$

其中，相应的函数 g 和 h 定义如下：

$$\begin{aligned} g(x_1, \ldots, x_{n-1}) &= f(x_1, \ldots, x_{n-1}, 0); \\ h(x_1, \ldots, x_{n-1}) &= f(x_1, \ldots, x_{n-1}, 0) \oplus f(x_1, \ldots, x_{n-1}, 1). \end{aligned} \qquad (17)$$

（按照惯例，运算 $\wedge$ 优先于 $\oplus$，所以我们无须对式 (16) 右端的子式 $h(x_1, \ldots, x_{n-1}) \wedge x_n$ 加括号．）对于 g 和 h 递归地重复这个过程，直到降至 0 元函数，给我们留下仅包含变量 $\{x_1, \ldots, x_n\}$

和运算符 $\oplus$ 和 $\wedge$ 以及一串 2^n 个常数的表达式. 而且, 那些常数时常可以简化掉, 因为我们有

$$x \wedge 0 = 0 \qquad \text{和} \qquad x \wedge 1 = x \oplus 0 = x. \tag{18}$$

应用结合律和分配律后, 最终, 仅当 $f(x_1, \ldots, x_n)$ 恒等于 0 时需要常数 0, 仅当 $f(0, \ldots, 0) = 1$ 时需要常数 1.

例如, 我们可能有

$$f(x, y, z) = \big((1 \oplus 0 \wedge x) \oplus (0 \oplus 1 \wedge x) \wedge y\big) \oplus \big((0 \oplus 1 \wedge x) \oplus (1 \oplus 1 \wedge x) \wedge y\big) \wedge z$$
$$= (1 \oplus x \wedge y) \oplus (x \oplus y \oplus x \wedge y) \wedge z$$
$$= 1 \oplus x \wedge y \oplus x \wedge z \oplus y \wedge z \oplus x \wedge y \wedge z.$$

此外, 因为 $x \wedge y = xy$, 根据规则 (5), 我们只剩下多项式

$$f(x, y, z) = (1 + xy + xz + yz + xyz) \bmod 2. \tag{19}$$

请注意, 在这个多项式中, 它的每个变量是线性的 (次数 ≤ 1). 一般情况下, 一种类似的计算表明, 任何布尔函数 $f(x_1, \ldots, x_n)$ 都有唯一一个这样的表达式, 称为多重线性表达式或互斥范式, 它是 0 或其他 2^n 个可能的项 $1, x_1, x_2, x_1 x_2, x_3, x_1 x_3, x_2 x_3, x_1 x_2 x_3, \ldots, x_1 x_2 \ldots x_n$ 的模 2 之和.

乔治·布尔采用一种不同的方式分解布尔函数, 对于实际应用中出现的各种函数, 用这种方式分解通常更加简单. 实际上, 他不用式 (16), 而是把函数写成

$$f(x_1, \ldots, x_n) = \big(g(x_1, \ldots, x_{n-1}) \wedge \bar{x}_n\big) \vee \big(h(x_1, \ldots, x_{n-1}) \wedge x_n\big), \tag{20}$$

并把它称为 "展开定律". 现在, 我们用更为简单的

$$g(x_1, \ldots, x_{n-1}) = f(x_1, \ldots, x_{n-1}, 0),$$
$$h(x_1, \ldots, x_{n-1}) = f(x_1, \ldots, x_{n-1}, 1) \tag{21}$$

代替式 (17). 重复迭代布尔的过程, 利用分配律 (1), 并消除常数, 留给我们一个 0 或小项的析取公式, 其中每个小项是 $x_1 \wedge \bar{x}_2 \wedge \bar{x}_3 \wedge x_4 \wedge x_5$ 这样的合取, 每个变量或它的补都在小项中出现. 注意, 一个小项是恰好在一点为真的布尔函数.

例如, 让我们考虑或多或少是随机的函数 $f(w, x, y, z)$, 它的真值表是

$$1100\,1001\,0000\,1111. \tag{22}$$

当重复应用布尔定律 (20) 展开这个函数时, 我们获得 8 个小项的析取, 真值表中的每个 1 都有一个对应的小项:

$$f(w, x, y, z) = (\bar{w} \wedge \bar{x} \wedge \bar{y} \wedge \bar{z}) \vee (\bar{w} \wedge \bar{x} \wedge \bar{y} \wedge z) \vee (\bar{w} \wedge x \wedge \bar{y} \wedge \bar{z}) \vee (\bar{w} \wedge x \wedge y \wedge z)$$
$$\vee (w \wedge x \wedge \bar{y} \wedge \bar{z}) \vee (w \wedge x \wedge \bar{y} \wedge z) \vee (w \wedge x \wedge y \wedge \bar{z}) \vee (w \wedge x \wedge y \wedge z). \tag{23}$$

小项的析取通常称为全析取范式. 每个布尔函数都可以用这种方式表示, 而且结果是唯一的——当然, 不计小项的顺序. 细节问题: 当 $f(x_1, \ldots, x_n)$ 恒等于 0 时会出现一种特殊情况. 由于 1.2.3 节中定义 $\sum_{k=1}^{0} a_k = 0$ 和 $\prod_{k=1}^{0} a_k = 1$ 的同样原因, 我们把 "0" 看成不包含项的空析取, 把 "1" 看成不包含项的空合取.

查尔斯·皮尔斯 [*Amer. J. Math.* **3** (1880), 37–39] 注意到, 每个布尔函数还有一个全合取范式, 它是类似 $\bar{x}_1 \vee x_2 \vee \bar{x}_3 \vee \bar{x}_4 \vee x_5$ 的 "最小子句" 的合取. 最小子句仅在一点为 0, 所

以在这样的合取中，每个子句在真值表为 0 的地方占有一个位置．例如，式 (22) 和 (23) 中的函数的全合取范式是

$$f(w,x,y,z) = (w \vee x \vee \bar{y} \vee z) \wedge (w \vee x \vee \bar{y} \vee \bar{z}) \wedge (w \vee \bar{x} \vee y \vee \bar{z}) \wedge (w \vee \bar{x} \vee \bar{y} \vee z)$$
$$\wedge (\bar{w} \vee x \vee y \vee z) \wedge (\bar{w} \vee x \vee y \vee \bar{z}) \wedge (\bar{w} \vee x \vee \bar{y} \vee z) \wedge (\bar{w} \vee x \vee \bar{y} \vee \bar{z}). \tag{24}$$

然而毫不奇怪，我们经常需要处理未必包含全部小项或全部最小子句的析取或合取．所以，保罗·伯奈斯在他的 *Habilitationsschrift* (1918) 中引入了下面的命名规则，我们一般说的析取范式（disjunctive normal form，简称 DNF）是指合取的任意析取

$$\bigvee_{j=1}^{m} \bigwedge_{k=1}^{s_j} u_{jk} = (u_{11} \wedge \cdots \wedge u_{1s_1}) \vee \cdots \vee (u_{m1} \wedge \cdots \wedge u_{ms_m}), \tag{25}$$

其中每个 u_{jk} 是字面值，也就是变量 x_i 或它的补．同样，合取范式（conjunctive normal form，简称 CNF）是指字面值的析取的任意合取

$$\bigwedge_{j=1}^{m} \bigvee_{k=1}^{s_j} u_{jk} = (u_{11} \vee \cdots \vee u_{1s_1}) \wedge \cdots \wedge (u_{m1} \vee \cdots \vee u_{ms_m}). \tag{26}$$

当今计算机芯片内的大量内嵌电路是由"可编程逻辑阵列"（PLA）构成的，它们是对可能互补的输入信号取 AND（与）再取 OR（或）．换句话说，PLA 基本上计算一个或多个析取范式．这样的构件是快速和通用的，也是相对廉价的．而且，自 20 世纪 50 年代以来，DNF 事实上在电气工程中扮演了显著的角色，那个时期开关电路是用像继电器或真空管这些相对老式的器件实现的．所以，人们对于寻找一些类型的布尔函数的最简单 DNF 有着持久的兴趣．同时，我们可以预期，随着技术的继续进步，理解析取范式依然是重要的．

通常把 DNF 中的项称为蕴涵元，因为析取的任何小项的真值蕴涵整个公式的真值．例如，在像

$$f(x,y,z) = (x \wedge \bar{y} \wedge z) \vee (y \wedge z) \vee (\bar{x} \wedge y \wedge \bar{z})$$

这样的公式中，我们知道当 $x \wedge \bar{y} \wedge z$ 为真时 f 为真，就是说当 $(x,y,z) = (1,0,1)$ 时 f 为真．但请注意，在这个例子中更短的小项 $x \wedge z$ 也是 f 的蕴涵元（尽管它没有显式写出），因为每当 $x = z = 1$ 时，不管 y 取何值，第一项和 $y \wedge z$ 共同使函数为真．同样，$\bar{x} \wedge y$ 也是这个特定函数的蕴涵元．所以，我们可以用更简单的公式

$$f(x,y,z) = (x \wedge z) \vee (y \wedge z) \vee (\bar{x} \wedge y) \tag{27}$$

进行演算．至此，在这几个蕴涵元中不可能再做其他删除了，因为在 $x, y, z, \bar{x}$ 中，无论哪一个都不是蕴涵 f 的真值的足够强的条件．

对于一个蕴涵元，如果通过消除它的字面值作进一步分解时导致其弱化到不再是蕴涵元，那么，遵循威拉德·奎因在 *AMM* **59** (1952), 521–531 中的说法，称其为素蕴涵元．

如果我们简化记号并采纳一种更具几何学的观点，那么这些基本概念或许是非常容易理解的．我们可以把 $f(x_1, \ldots, x_n)$ 直接写成 $f(x)$，把 x 看成向量，或者长度为 n 的二进制串 $x_1 \ldots x_n$．例如，使式 (22) 的函数为真的二进制串 $wxyz$ 是

$$\{0000, 0001, 0100, 0111, 1100, 1101, 1110, 1111\}, \tag{28}$$

而且可以把它们想象成四维超立方 $2 \times 2 \times 2 \times 2$ 中的 8 个点．式 (28) 中的这 8 个点对应于全析取范式 (23) 中显式表示的小项蕴涵元，但那些蕴涵元中实际上没有一个是素蕴涵元．例如，如果

我们像在 6.5 节讨论数据库查询时那样用星号表示通配符, 那么, 式 (28) 的前两个点构成子立方 000*, 后四个点构成子立方 11**. 所以, $\bar{w} \wedge \bar{x} \wedge \bar{y}$ 是 f 的蕴涵元, $w \wedge x$ 也是 f 的蕴涵元. 同样可以看出, 式 (28) 中的第一个点和第三个点构成子立方 0*00, 使 $\bar{w} \wedge \bar{y} \wedge \bar{z}$ 成为蕴涵元.

一般说来, 每个素蕴涵元以这种方式对应于一个最大子立方, 这个子立方停留在使 f 为真的点集内. (这个子立方在下述意义下是最大的: 它不包含在具有同样性质的任何更大的子立方内, 它的任何显式二进制位都无法用星号代替. 最大子立方有最大数量的星号, 因此有最小数量的约束坐标, 因此在对应蕴涵元中有最小数量的变量.) 在式 (28) 的 8 个点中, 最大子立方是

$$000*, \ 0*00, \ *100, \ *111, \ 11**, \tag{29}$$

所以, 式 (23) 中的函数 $f(w, x, y, z)$ 的全部素蕴涵元的析取是

$$(\bar{w} \wedge \bar{x} \wedge \bar{y}) \vee (\bar{w} \wedge \bar{y} \wedge \bar{z}) \vee (x \wedge \bar{y} \wedge \bar{z}) \vee (x \wedge y \wedge z) \vee (w \wedge x). \tag{30}$$

布尔函数的析取素式是它的全部素蕴涵元的析取. 习题 30 包含求给定函数的所有素蕴涵元的算法, 该算法基于使函数值为真的那些点.

我们可以用完全类似的方法定义素子句: 它是由 f 蕴涵的析取子句, 其中不包含具有同样性质的子子句. f 的合取素式是它的全部素子句的合取. (习题 19 是一个例子.)

在许多简单示例中, 析取素式是函数所能具有的析取范式中的最短可能范式. 但是, 通常可以获得更好的结果, 因为我们有可能仅用少数几个最大子立方覆盖全部所需的点. 例如, 式 (27) 中不需要素蕴涵元 $(y \wedge z)$. 此外, 在表达式 (30) 中, 我们不同时需要 $(\bar{w} \wedge \bar{y} \wedge \bar{z})$ 和 $(x \wedge \bar{y} \wedge \bar{z})$, 在出现其他项的情况下, 只要其中一项就够了.

在 7.9 节我们将不无遗憾地看到, 寻求最短析取范式的任务是一个 NP 难题, 因此通常是极端困难的. 不过对于规模足够小的问题, 已经建立了许多有用的简便方法, 在小爱德华·麦克拉斯基的 *Introduction to the Theory of Switching Circuits* (New York: McGraw–Hill, 1965) 中, 对这些方法做了很好的阐述. 关于求最短析取范式方法的研究, 见彼得·菲泽和扬·赫拉维奇卡的 *Computing and Informatics* **22** (2003), 19–51.

然而, 有一个重要的析取范式特例, 它的最短 DNF 的特征很容易表述. 如果一个布尔函数在任何一个变量由 0 变成 1 时函数值不会由 1 变成 0, 那就说它是单调函数或正函数. 换句话说, f 是单调的充分必要条件是每当 $x \subseteq y$ 时有 $f(x) \leq f(y)$, 其中, 二进制位串 $x = x_1 \ldots x_n$ 被视为包含于二进制位串 $y = y_1 \ldots y_n$ 或等于二进制位串 y, 当且仅当对于所有 j 有 $x_j \leq y_j$. 一个等价的条件 (见习题 21) 是, 函数 f 为常数, 或者可以完全通过 $\wedge$ 和 $\vee$ 不用补运算表示.

定理 Q.   单调布尔函数的最短析取范式是它的析取素式.

证明.   [威拉德·奎因, *Boletín de la Sociedad Matemática Mexicana* **10** (1953), 64–70.] 令 $f(x_1, \ldots, x_n)$ 是单调函数, $u_1 \wedge \cdots \wedge u_s$ 是它的一个素蕴涵元. 举例来说, 我们不可能有 $u_1 = \bar{x}_i$, 因为在那种情形下, 由于单调性, 更短的小项 $u_2 \wedge \cdots \wedge u_s$ 也将是一个蕴涵元. 所以, 不存在具有带补的字面值的素蕴涵元.

现在, 如果置 $u_1 \leftarrow \cdots \leftarrow u_s \leftarrow 1$, 而且对所有其他变量置 0, 那么 f 的值将是 1, 但是 f 的所有其他素蕴涵元将变为 0. 因此, $u_1 \wedge \cdots \wedge u_s$ 必定在每个最短析取范式中, 因为最短析取范式的每个蕴涵元显然是素蕴涵元. ▮

推论 Q.   单调布尔函数的析取范式是析取素式, 当且仅当它没有带补的字面值, 而且它的蕴涵元没有一个包含在另外一个中. ▮

可满足性. 如果布尔函数不恒等于 0, 即至少有一个蕴涵元, 就说它是可满足的. 在计算机科学的所有不可解问题中, 最著名的问题就是寻求有效的方法来判定某个布尔函数是可满足的还是不可满足的. 更确切地说, 我们提问: 对于输入的长度为 N 的布尔函数, 是否存在检验这个布尔函数可满足性的算法, 在至多执行 $N^{O(1)}$ 步后总是给出正确答案?

当你第一次听到这个问题的陈述时, 或许禁不住接着对自己提出这样一个问题: "有这种事吗? 你们真的以为计算机科学家们仍然没有找到解决这样一个简单问题的方法吗?"

很好, 假如你认为可满足性的检验是很平常的, 那么请把你的方法告诉我们. 我们赞同, 这个问题并非总是难解的. 例如, 如果给出的布尔公式仅包含 30 个布尔变量, 那么, 进行 2^{30} (约等于 10 亿) 个事例的强行检验无疑会解决问题. 但是, 可以表示成 (比如说 100 个变量的) 布尔函数的大量实际问题仍然有待求解, 因为数理逻辑是表示各种概念的非常有力的手段. 于是, 这些问题的解对应于满足 $f(x) = 1$ 的向量 $x = x_1 \ldots x_{100}$. 所以, 对于可满足性问题, 找到确实有效的解法将是令人惊叹的成就.

可满足性检验至少在一种意义下是简单的: 如果函数 $f(x_1, \ldots, x_n)$ 是随机选择的, 因此所有 2^n 位真值表是等可能的, 于是 f 几乎注定是可满足的, 平均来说, 做少于 2 次的试验可以求出一个满足 $f(x) = 1$ 的 x. 这就如同掷一枚硬币直到它的正面朝上, 我们很少需要长时间等待. 但是, 难点当然是实际问题不具有随机的真值表.

好啦, 我们姑且承认可满足性检验通常是很棘手的. 事实上, 可满足性问题确实不容易, 即使我们试图把布尔函数表示成 "3CNF 范式", 也就是表示成每个子句中仅有 3 个字面值的合取范式, 以此来简化它:

$$f(x_1, \ldots, x_n) = (t_1 \vee u_1 \vee v_1) \wedge (t_2 \vee u_2 \vee v_2) \wedge \cdots \wedge (t_m \vee u_m \vee v_m). \tag{31}$$

此处每个 t_j, u_j, v_j 是对于某个 k 的 x_k 或 $\bar{x}_k$. 判定 3CNF 范式的可满足性问题称为 3SAT 问题, 习题 39 说明为什么 3SAT 问题不会比一般情形的可满足性问题更容易.

我们将会见到很多难以解开的 3SAT 问题, 例如在 7.2.2.2 节, 我们将非常仔细地讨论 3SAT 问题. 不过, 情况有点特殊, 因为在我们需要重新考察其可满足性之前, 公式必定是相当长的. 例如, 用 3CNF 表示的不可满足的最短公式是 $(x \vee x \vee x) \wedge (\bar{x} \vee \bar{x} \vee \bar{x})$, 显然, 这不足以挑战我们的智力. 我们不会贸然陷入困境, 除非一个子句的 3 个字面值 t_j, u_j, v_j 对应于 3 个不同的变量. 此时, 每个子句恰好消除 1/8 的可能性, 因为 (t_j, u_j, v_j) 的 7 种不同取值将使它为真. 因此, 每个这样的至多具有 7 个子句的 3CNF 是自动可满足的, 而且其变量的一组随机值将以 $\geq 1 - 7/8 = 1/8$ 的概率取得成功.

因此, 在 3CNF 中最短的有趣公式至少有 8 个子句. 事实上, 根据我们在 6.5-(13) 中考察的由罗纳德·李维斯特提出的结合区组设计, 的确存在一个有趣的八子句公式:

$$(x_1 \vee x_2 \vee \bar{x}_3) \wedge (x_2 \vee x_3 \vee \bar{x}_4) \wedge (x_3 \vee x_4 \vee x_1) \wedge (x_4 \vee \bar{x}_1 \vee x_2)$$
$$\wedge (\bar{x}_1 \vee \bar{x}_2 \vee x_3) \wedge (\bar{x}_2 \vee \bar{x}_3 \vee x_4) \wedge (\bar{x}_3 \vee \bar{x}_4 \vee \bar{x}_1) \wedge (\bar{x}_4 \vee x_1 \vee \bar{x}_2). \tag{32}$$

这 8 个子句中的任何 7 个子句恰好以两种方式可满足, 而且它们强行决定了 3 个变量的值. 例如, 最后七子句意味着我们有 $x_1 x_2 x_3 = 001$. 但是, 八子句的完整集合不可能同时可满足.

简单特例. 有两类重要的布尔公式, 它们的可满足性问题已被证明是很容易判定的. 这些特例出现在被检验的合取范式完全由 "霍恩子句" (Horn clause) 或者完全由 "克罗姆子句" (Krom clause) 组成的时候. 霍恩子句是包含一些字面值的 OR, 其中全部字面值或者几乎

全部字面值是带补的变量——至多它的一个字面值是纯粹不带横杠的变量. 克罗姆子句是恰好两个字面值的 OR. 因此，例如，

$$\bar{x} \vee \bar{y}, \qquad w \vee \bar{y} \vee \bar{z}, \qquad \bar{u} \vee \bar{v} \vee \bar{w} \vee \bar{x} \vee \bar{y} \vee z, \qquad x$$

是霍恩子句的例子，而

$$x \vee x, \qquad \bar{x} \vee \bar{x}, \qquad \bar{x} \vee \bar{y}, \qquad x \vee \bar{y}, \qquad \bar{x} \vee y, \qquad x \vee y$$

是克罗姆子句的例子，其中只有最后的子句不同时为霍恩子句.（克罗姆子句的第一个例子也属于霍恩子句，因为 $x \vee x = x$.）请注意，霍恩子句允许包含任意数量的字面值，但是，当局限于克罗姆子句时，我们其实是在考虑 2SAT 问题. 在这两种情形下我们都将看到，可以在线性时间内判定可满足性问题；也就是说，给定长度为 N 的公式能够在 $O(N)$ 个简单步骤内求解.

我们首先考察霍恩子句. 为什么它们如此容易处理？主要原因在于，像 $\bar{u} \vee \bar{v} \vee \bar{w} \vee \bar{x} \vee \bar{y} \vee z$ 这样的子句，我们可以把它转换成 $\neg(u \wedge v \wedge w \wedge x \wedge y) \vee z$ 的形式，这同

$$u \wedge v \wedge w \wedge x \wedge y \Rightarrow z$$

是一样的. 换句话说，如果 u, v, w, x, y 全部为真，那么 z 也必定为真. 由于这个原因，在名为 Prolog 的逻辑程序设计语言中，选用了参数化的霍恩子句作为它的基本结构. 此外，还有一种确切表征哪些布尔函数完全可以用霍恩子句表示的简单方法：

定理 H. 布尔函数 $f(x_1, \ldots, x_n)$ 可以表示成若干霍恩子句的合取，当仅且当对于所有布尔值 x_j 和 y_j 有

$$f(x_1, \ldots, x_n) = f(y_1, \ldots, y_n) = 1 \quad \textbf{蕴涵} \quad f(x_1 \wedge y_1, \ldots, x_n \wedge y_n) = 1. \tag{33}$$

证明. ［艾尔弗雷德·霍恩，*J. Symbolic Logic* **16** (1951), 14–21, 引理 7.］如果我们有 $x_0 \vee \bar{x}_1 \vee \cdots \vee \bar{x}_k = 1$ 和 $y_0 \vee \bar{y}_1 \vee \cdots \vee \bar{y}_k = 1$，那么

$$(x_0 \wedge y_0) \vee \overline{x_1 \wedge y_1} \vee \cdots \vee \overline{x_k \wedge y_k}$$

$$= (x_0 \vee \bar{x}_1 \vee \bar{y}_1 \vee \cdots \vee \bar{x}_k \vee \bar{y}_k) \wedge (y_0 \vee \bar{x}_1 \vee \bar{y}_1 \vee \cdots \vee \bar{x}_k \vee \bar{y}_k)$$

$$\geq (x_0 \vee \bar{x}_1 \vee \cdots \vee \bar{x}_k) \wedge (y_0 \vee \bar{y}_1 \vee \cdots \vee \bar{y}_k) = 1;$$

并且，如果不带横杠的字面值 x_0 和 y_0 不出现，有一个类似（但更简单）的计算公式适用. 因此，霍恩子句的每个合取满足条件 (33).

反过来，条件 (33) 蕴涵 f 的每个素子句都是霍恩子句（见习题 44）.   ∎

我们不妨说，*霍恩函数*是满足条件 (33) 的函数，而且，如果霍恩函满足进一步的条件 $f(1, \ldots, 1) = 1$，就称它为*确定的*. 容易看出，若干霍恩子句的合取是确定的，当且仅当每子句恰好有一个不带横杠的字面值，因为如果所有的变量为真，那么仅有一个像 $\bar{x} \vee \bar{y}$ 这样完全由否定字面值构成的子句不为真. 处理确定的霍恩函数比处理一般霍恩函数简单一些，因为它们显然总是可满足的. 因此，根据定理 H，它们有唯一一个使 $f(x) = 1$ 的最小向量 x，就是满足所有子句的全部向量的按位 AND. 确定的霍恩函数的*核心*是在这个最小向量 x 中为真的所有变量 x_j 的集合. 请注意，每当 f 是真时核心中的变量必定为真，所以，实质上我们可以不把它们作为考虑的因素.

确定的霍恩函数出现在许多地方, 例如在对策分析中 (见习题 51 和 52). 另一个有趣的例子来自编译器技术. 对于程序设计语言中的代数表达式, 考虑下述典型的 (但是简化的) 语法:

$$
\begin{aligned}
&\langle 表达式\rangle \to \langle 项\rangle \mid \langle 表达式\rangle + \langle 项\rangle \mid \langle 表达式\rangle - \langle 项\rangle \\
&\langle 项\rangle \to \langle 因式\rangle \mid -\langle 因式\rangle \mid \langle 项\rangle * \langle 因式\rangle \mid \langle 项\rangle / \langle 因式\rangle \\
&\langle 因式\rangle \to \langle 变量\rangle \mid \langle 常数\rangle \mid (\langle 表达式\rangle) \\
&\langle 变量\rangle \to \langle 字母\rangle \mid \langle 变量\rangle\langle 字母\rangle \mid \langle 变量\rangle\langle 数字\rangle \\
&\langle 字母\rangle \to a \mid b \mid c \\
&\langle 常数\rangle \to \langle 数字\rangle \mid \langle 常数\rangle\langle 数字\rangle \\
&\langle 数字\rangle \to 0 \mid 1
\end{aligned}
\tag{34}
$$

例如, 字符串 a/(-b0-10)+cc*cc 符合 〈表达式〉 的语法, 而且每条语法规则至少用到一次.

假定我们想知道什么字符配对可能彼此相继出现在这样的表达式中. 确定的霍恩子句提供了答案, 因为我们可以把问题表述如下: 假设 Xx, xX, xy 表示布尔 "命题", 其中 X 是符号 $\{E, T, F, V, L, C, D\}$ 之一, 分别代表 〈表达式〉, 〈项〉, ..., 〈数字〉, 而 x 和 y 是集合 $\{+, -, *, /, (,), a, b, c, 0, 1\}$ 中的符号. 命题 Xx 表示 "X 可以以 x 结束"; 同样, xX 表示 "X 可以以 x 开始"; 同时, xy 表示 "在表达式中字符 x 之后可以直接跟着字符 y". (总共有 $7 \times 11 + 11 \times 7 + 11 \times 11 = 275$ 个命题.) 于是, 我们可以写出

$$
\begin{array}{lllll}
xT \Rightarrow xE & & xC \Rightarrow xF & Vx \wedge yL \Rightarrow xy & \Rightarrow Lc \\
Tx \Rightarrow Ex & xF \Rightarrow -x & Cx \Rightarrow Fx & Vx \wedge yD \Rightarrow xy & xD \Rightarrow xC \\
Ex \Rightarrow x+ & Tx \Rightarrow x* & \Rightarrow (F & Dx \Rightarrow Vx & Dx \Rightarrow Cx \\
xT \Rightarrow +x & xF \Rightarrow *x & xE \Rightarrow (x & \Rightarrow aL & Cx \wedge yD \Rightarrow xy \\
Ex \Rightarrow x- & Tx \Rightarrow x/ & Ex \Rightarrow x) & \Rightarrow La & \Rightarrow 0D \\
xT \Rightarrow -x & xF \Rightarrow /x & \Rightarrow F) & \Rightarrow bL & \Rightarrow D0 \\
xF \Rightarrow xT & xV \Rightarrow xF & xL \Rightarrow xV & \Rightarrow Lb & \Rightarrow 1D \\
Fx \Rightarrow Tx & Vx \Rightarrow Fx & Lx \Rightarrow Vx & \Rightarrow cL & \Rightarrow D1
\end{array}
\tag{35}
$$

其中 x 和 y 取遍 11 个终结符号 $\{+, -, *, /, (,), a, b, c, 0, 1\}$. 这个图解式的说明给予我们总共 $24 \times 11 + 3 \times 11 \times 11 + 13 \times 1 = 640$ 个确定的霍恩子句, 如果喜欢布尔代数的神秘记号而不用 (35) 中的惯用符号 $\Rightarrow$, 可以从形式上把它们写成

$$
(\overline{+T} \vee +E) \wedge (\overline{-T} \vee -E) \wedge \cdots \wedge (\overline{V+} \vee \overline{0L} \vee +0) \wedge \cdots \wedge (D1).
$$

我们为什么要进行这种处理? 因为所有这些子句的核心是这个特定语法中为真的全部命题的集合. 例如, 我们可以证实 -E 为真, 因此, 在表达式中符号 (- 可以彼此相继出现. 但是 ++ 和 *- 这两对符号不能这样 (见习题 46).

此外, 对于一组任意给定的霍恩子句, 找出它们的核心并不是难事. 当 $\Rightarrow$ 的左端为空时, 我们就从 $\Rightarrow$ 右端单独出现的命题开始, 式 (35) 中出现了 13 个这种类型的子句. 同时, 一旦确定这些命题的真值, 就可以找到一个或多个左端已知为真的子句. 因此, 它们的右端也属于核心, 而且可以用同样的方法继续进行. 整个过程就如同水流向低处直到流至其固有水平面一样. 实际上, 当我们选择恰当的数据结构时, 这个下坡过程是很快的, 如果用 N 表示子句的总长度, n 表示命题变元的数量, 那么, 仅仅需要 $O(N + n)$ 步即可完成. (在此, 我们假定所有的子句都已经展开, 而不是像上面那样用参数 x 和 y 表示的缩简形式. 更复杂的定理证明方法可以处理带参数的子句, 不过那些内容超出了我们当前讨论的范围.)

算法 C（计算确定霍恩子句的核心）. 给定命题变元的集合 P 和子句的集合 C，每个命题的形式为

$$u_1 \wedge \cdots \wedge u_k \Rightarrow v, \qquad \text{其中 } k \geq 0 \text{ 且 } \{u_1, \ldots, u_k, v\} \subseteq P, \tag{36}$$

算法求出每当全部子句为真时必定为真的所有命题变元的集合 $Q \subseteq P$.

对于子句 c 和命题 p，我们使用以下数据结构：

CONCLUSION(c) 是子句 c 右端的命题；

COUNT(c) 是尚未断定的 c 的假设数量；

TRUTH(p) 当 p 已知为真时是 1，否则是 0；

LAST(p) 是其中 p 有待推断的最后一个子句；

PREV(c) 是等待同 c 一样的假设的前一个子句；

START(c) 指出 c 的假设出现在 MEM 的什么位置.

（"假设"是在子句左端出现的命题.）数组 MEM 保存所有子句的左端. 如果 START(c) = l 且 COUNT(c) = k，子句 c 的尚未断定的假设是 MEM[$l+1$], ..., MEM[$l+k$]. 我们还要维持一个栈 $S_0, S_1, \ldots, S_{s-1}$，保存已知是真但尚未推断的所有命题.

C1. [初始化.] 对于每个命题 p，置 LAST(p) ← Λ，TRUTH(p) ← 0. 置 $l \leftarrow s \leftarrow 0$，使得 MEM 和栈初始化为空. 然后，对于具有形式 (36) 的每个子句 c，置 CONCLUSION(c) ← v. 如果 $k = 0$ 且 TRUTH(v) = 0，仅置 TRUTH(v) ← 1，S_s ← v，$s \leftarrow s+1$. 但是，如果 $k > 0$，对于 $1 \leq j \leq k$ 置 MEM[$l+j$] ← u_j，置 COUNT(c) ← k，$l \leftarrow l+k$，PREV(c) ← LAST(u_k)，LAST(u_k) ← c.

C2. [准备循环.] 如果 $s = 0$，算法终止. 现在，所求的核心由那些 TRUTH 已经设置为 1 的所有命题组成. 否则，置 $s \leftarrow s-1$，$p \leftarrow S_s$，$c \leftarrow$ LAST(p). （我们将更新等待 p 的子句.）

C3. [循环结束?] 如果 $c = $ Λ，返回 C2. 否则，置 $k \leftarrow$ COUNT(c) -1，$l \leftarrow$ START(c)，$c' \leftarrow$ PREV(c).

C4. [处理完 c?] 如果 $k = 0$，转到 C5. 否则置 $p \leftarrow$ MEM[$l+k$]. 如果 TRUTH(p) = 1，置 $k \leftarrow k-1$，重复本步骤. 否则，置 COUNT(c) ← k，PREV(c) ← LAST(p)，LAST(p) ← c，转到 C6.

C5. [推断 CONCLUSION(c).] 置 $p \leftarrow$ CONCLUSION(c). 如果 TRUTH(p) = 0，置 TRUTH(p) ← 1，S_s ← p，$s \leftarrow s+1$.

C6. [对 c 循环.] 置 $c \leftarrow c'$，返回 C3. ∎

要注意如何流畅地处理这些序列和链接的数据结构，避免在计算中出现寻找位置的任何需求. 我们正在做绝对最少的工作！算法 C 在许多方面同算法 2.2.3T（拓扑排序）相似，那个算法是很早以前我们在第 2 章讨论多重链接数据结构的第一个例子. 实际上，可以把算法 2.2.3T 看成算法 C 的特例，其中每个命题恰好出现在一个子句的右端（见习题 47）.

习题 48 表明，算法 C 稍作修改，可以求解一般情形的霍恩子句的可满足性问题. 进一步的讨论见于威廉·道林和让·加利尔的论文 [*J. Logic Programming* **1** (1984), 267–284]，以及玛丽亚·斯库泰拉的论文 [*J. Logic Programming* **8** (1990), 265–273].

现在我们转到克罗姆函数和 2SAT 问题. 又有一个线性时间的算法. 但是，如果我们首先考察一个简化而实际的应用，或许可以把它视为最佳算法. 假定有七位喜剧演员，他们每个人

都同意在三天节日期间到五家宾馆中的两家做一夜独白诙谐表演：

> Tomlin 应于第 1 天和第 2 天在 Aladdin 和 Caesars 表演；
> Unwin 应于第 1 天和第 2 天在 Bellagio 和 Excalibur 表演；
> Vegas 应于第 2 天和第 3 天在 Desert 和 Excalibur 表演；
> Williams 应于第 1 天和第 3 天在 Aladdin 和 Desert 表演；　　　　　(37)
> Xie 应于第 1 天和第 3 天在 Caesars 和 Excalibur 表演；
> Yankovic 应于第 2 天和第 3 天在 Bellagio 和 Desert 表演；
> Zany 应于第 1 天和第 2 天在 Bellagio 和 Caesars 表演.

但是由于其他承诺，他们每个人在那三天中只有两天可以参演. 有可能安排全部无冲突的表演日程吗？

为了求解这个问题，我们可以引入 7 个布尔变量 $\{t, u, v, w, x, y, z\}$，例如，t 表示 Tomlin 第 1 天在 Aladdin 表演第 2 天在 Caesars 表演，而 $\bar{t}$ 表示那两家宾馆这两天的预约出现相反次序. 我们可以设置约束条件，以保证不出现两位演员在同一天接到同一家宾馆的预约：

$$
\begin{array}{llll}
\neg(t \wedge w) \ [\text{A1}] & \neg(y \wedge \bar{z}) \ [\text{B2}] & \neg(t \wedge z) \ [\text{C2}] & \neg(w \wedge y) \ [\text{D3}] \\
\neg(u \wedge z) \ [\text{B1}] & \neg(\bar{t} \wedge x) \ [\text{C1}] & \neg(v \wedge \bar{y}) \ [\text{D2}] & \neg(\bar{u} \wedge \bar{x}) \ [\text{E1}] \\
\neg(\bar{u} \wedge y) \ [\text{B2}] & \neg(\bar{t} \wedge \bar{z}) \ [\text{C1}] & \neg(\bar{v} \wedge w) \ [\text{D3}] & \neg(u \wedge \bar{v}) \ [\text{E2}] \\
\neg(\bar{u} \wedge \bar{z}) \ [\text{B2}] & \neg(x \wedge \bar{z}) \ [\text{C1}] & \neg(\bar{v} \wedge y) \ [\text{D3}] & \neg(v \wedge x) \ [\text{E3}]
\end{array}
\tag{38}
$$

当然，这些约束条件中的每一个都是克罗姆子句. 我们必须满足

$$
(\bar{t} \vee \bar{w}) \wedge (\bar{u} \vee \bar{z}) \wedge (u \vee \bar{y}) \wedge (u \vee z) \wedge (\bar{y} \vee z) \wedge (t \vee \bar{x}) \wedge (t \vee z) \wedge (\bar{x} \vee z)
$$
$$
\wedge \ (\bar{t} \vee \bar{z}) \wedge (\bar{v} \vee y) \wedge (v \vee \bar{w}) \wedge (v \vee \bar{y}) \wedge (\bar{w} \vee \bar{y}) \wedge (u \vee x) \wedge (\bar{u} \vee v) \wedge (\bar{v} \vee \bar{x}).
\tag{39}
$$

此外，可以把这些克罗姆子句（像霍恩子句那样）表示成蕴涵：

$$
t \Rightarrow \bar{w}, \ u \Rightarrow \bar{z}, \ \bar{u} \Rightarrow \bar{y}, \ \bar{u} \Rightarrow z, \ y \Rightarrow z, \ \bar{t} \Rightarrow \bar{x}, \ \bar{t} \Rightarrow z, \ x \Rightarrow z,
$$
$$
t \Rightarrow \bar{z}, \ v \Rightarrow y, \ \bar{v} \Rightarrow \bar{w}, \ \bar{v} \Rightarrow \bar{y}, \ w \Rightarrow \bar{y}, \ \bar{u} \Rightarrow x, \ u \Rightarrow v, \ v \Rightarrow \bar{x}.
\tag{40}
$$

同时，每个蕴涵还有一种可供选择的"对置"形式：

$$
w \Rightarrow \bar{t}, \ z \Rightarrow \bar{u}, \ y \Rightarrow u, \ \bar{z} \Rightarrow u, \ \bar{z} \Rightarrow \bar{y}, \ x \Rightarrow t, \ \bar{z} \Rightarrow t, \ \bar{z} \Rightarrow \bar{x},
$$
$$
z \Rightarrow \bar{t}, \ \bar{y} \Rightarrow \bar{v}, \ w \Rightarrow v, \ y \Rightarrow v, \ y \Rightarrow \bar{w}, \ \bar{x} \Rightarrow u, \ \bar{v} \Rightarrow \bar{u}, \ x \Rightarrow \bar{v}.
\tag{41}
$$

但是，很遗憾，存在无法满足的圈：

$$
\underset{[\text{B1}]}{u} \Rightarrow \underset{[\text{B2}]}{\bar{z}} \Rightarrow \underset{[\text{D2}]}{\bar{y}} \Rightarrow \underset{[\text{E2}]}{\bar{v}} \Rightarrow \underset{[\text{B2}]}{\bar{u}} \Rightarrow \underset{[\text{C2}]}{z} \Rightarrow \underset{[\text{C1}]}{\bar{t}} \Rightarrow \underset{[\text{E1}]}{\bar{x}} \Rightarrow u.
\tag{42}
$$

这个圈表明 u 和 $\bar{u}$ 必定具有相同的值，所以无法使式 (37) 中的所有条件相容. 为了达成可行的日程安排，节日活动的组织者必须同六位喜剧演员 $\{t, u, v, x, y, z\}$ 中的至少一位重新商讨他们的协议. （见习题 53.）

例如，组织者可以尝试暂时把 v 排除在表演场次之外. 这时，式 (38) 中的 16 个约束条件就有 5 个随之消除，在 (40) 和 (41) 中仅有 22 个蕴涵保留下来，最后剩下图 6 中的有向图. 这个有向图包含像 $z \Rightarrow \bar{u} \Rightarrow x \Rightarrow z$ 和 $t \Rightarrow \bar{z} \Rightarrow t$ 这样的圈，但不存在同时含有一个变量和它的补的圈. 其实，从图 6 可以看出，值 $tuwxyz = 110000$ 满足式 (39) 中不包含 v 或 $\bar{v}$ 的每个子

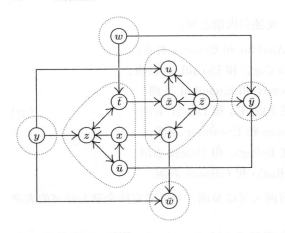

图 6　对应于既不包含 v 也不包含 $\bar{v}$ 的 (40) 和 (41) 的全部蕴涵的有向图. 为每个强分图中的字面值赋予适当的值, 将求解二元日程安排问题, 这个问题是 2SAT 问题的一个实例

句. 这些值给我们提供一个日程安排, 满足式 (37) 中从 (Tomlin, Unwin, Zany, Williams, Xie) 第 1 天在 (Aladdin, Bellagio, Caesars, Desert, Excalibur) 表演开始的原有七项协议中的六项.

一般说来, 给定包含 n 个布尔变量的 m 个克罗姆子句的任何 2SAT 问题, 我们可以采用同样的方法构建一个有向图. 图中有 $2n$ 个顶点 $\{x_1, \bar{x}_1, \ldots, x_n, \bar{x}_n\}$, 对于每个可能的字面值存在一个顶点. 同时, 存在形如 $\bar{u} \to v$ 和 $\bar{v} \to u$ 的 $2m$ 段弧, 对于每个子句 $u \vee v$ 有两段弧. 两个字面值 u 和 v 属于这个有向图的同一个强分图, 当且仅当存在从 u 到 v 以及从 v 到 u 的定向路径. 例如, 在图 6 的有向图中, 6 个强分图由虚轮廓线标示. 在对应 2SAT 问题的任何解中, 强分图内的所有字面值必须具有相同的布尔值.

定理 K.　每个子句带有两个字面值的合取范式是可满足的, 当且仅当相关联的有向图的强分图不会同时包含一个变量和它的补.

证明.　[梅尔文·克罗姆, *Zeitschrift für mathematische Logik und Grundlagen der Mathematik* **13** (1967), 15–20, 推论 2.2.] 如果存在从 x 到 $\bar{x}$ 以及从 $\bar{x}$ 到 x 的路径, 公式肯定是不可满足的.

反之, 假定不存在这样的路径. 任何有向图至少有一个强分图 S, 它是不包含来自其他任何强分图顶点的引入弧的 "源点". 而且, 我们的有向图总是具有图 6 中那种富有吸引力的反对称性: 存在 $u \to v$ 当且仅当存在 $\bar{v} \to \bar{u}$. 所以, S 中的字面值的补构成另一个强分图 $\overline{S} \neq S$, 它是不包含到达其他强分图的引出弧的 "汇点". 因此, 我们可以对 S 中的所有字面值赋予 0 值, 对 $\overline{S}$ 中的所有字面值赋予 1 值, 然后从有向图中消除它们, 再用同样方式处理, 直到所有的字面值都得到赋值. 当有向图中存在 $u \to v$ 时, 所得到的值满足 $u \le v$. 因此, 只要 $\bar{u} \vee v$ 是公式中的子句, 它们就满足 $\bar{u} \vee v$. ∎

罗伯特·塔扬建立了以线性时间寻找强分图的算法, 从而由定理 K 立即得出 2SAT 问题的一个有效解. [见 *SICOMP* **1** (1972), 146–160; 高德纳, *The Stanford GraphBase* (1994), 512–519.] 我们将在 7.4.1 节详细讨论塔扬的算法. 习题 54 表明, 当用这个算法寻找一个新的强分图时, 容易检验定理 K 的条件. 而且, 算法首先寻找 "汇点", 因此, 作为塔扬过程的一个简单附带结果, 对于强分图中出现在补之前的每个字面值, 我们可以通过选择赋值 1 证实可满足性.

中位数.　我们重点讨论了 $x \vee y$ 和 $x \oplus y$ 这样的二元布尔运算. 还有一种重要的三元运算 $\langle xyz \rangle$, 称为 x, y, z 的中位数:

$$\langle xyz \rangle = (x \wedge y) \vee (y \wedge z) \vee (x \wedge z) = (x \vee y) \wedge (y \vee z) \wedge (x \vee z). \tag{43}$$

事实上, $\langle xyz \rangle$ 或许是这整个领域中最重要的三元运算, 因为它存在正在不断发现和重新发现的惊人性质.

首先, 容易看出, 关于 $\langle xyz \rangle$ 的这个公式描述了任何三个布尔量 x, y, z 的过半数: $\langle 000 \rangle = \langle 001 \rangle = 0$, $\langle 011 \rangle = \langle 111 \rangle = 1$, 我们称 $\langle xyz \rangle$ 为 "中位数" 而不说 "过半数", 原因在于, 如果 x, y, z 是任意实数, 而且式 (43) 中的运算 $\wedge$ 和 $\vee$ 分别表示 min (最小) 和 max (最大), 那么

$$\langle xyz \rangle = y, \qquad \text{如果 } x \le y \le z. \tag{44}$$

其次, 基本二元运算 $\wedge$ 和 $\vee$ 是中位数的特例:

$$x \wedge y = \langle x0y \rangle; \qquad\qquad x \vee y = \langle x1y \rangle. \tag{45}$$

因此, 任何单调布尔函数完全可以用三元中位数运算符以及常数 0 和 1 表示. 事实上, 如果我们仅限于中位数的范围, 那么可以用 $\wedge$ 代表假, 而用 $\vee$ 代表真. 于是, $x \wedge y = \langle x \wedge y \rangle$ 和 $x \vee y = \langle x \vee y \rangle$ 完全是自然的表达式. 而且, 如果我们愿意的话, 甚至可以采用波兰表示法[①], 如 $\langle \wedge xy \rangle$ 和 $\langle \vee xy \rangle$. 如果我们取关于常数 $\wedge = -\infty$ 和 $\vee = +\infty$ 的中位数, 那么, 同样的思想在 $\wedge$ 和 $\vee$ 的 min-max 解释下适用于广义实数[②].

如果布尔函数 $f(x_1, x_2, \ldots, x_n)$ 满足

$$\overline{f(x_1, x_2, \ldots, x_n)} = f(\bar{x}_1, \bar{x}_2, \ldots, \bar{x}_n), \tag{46}$$

那么称它为自对偶的. 我们已经指出, 布尔函数是单调的, 当且仅当它可以用 $\wedge$ 和 $\vee$ 表示. 根据德摩根定律 (11) 和 (12), 单调公式是自对偶的, 当且仅当可以交换符号 $\wedge$ 和 $\vee$ 而不改变公式的值. 因此, 式 (43) 中定义的中位数运算不仅是单调的而且是自对偶的. 实际上, 它是该类型的最简单非平凡函数, 因为除投影运算 L 和 R 外, 在表 1 中没有其他二元运算既是单调的又是自对偶的.

此外, 完全用中位数运算符构成并且不带常数的任何表达式, 不仅是单调的, 而且是自对偶的. 例如, 函数 $\langle w \langle xyz \rangle \langle w \langle uvw \rangle x \rangle \rangle$ 是自对偶的, 因为

$$\overline{\langle w \langle xyz \rangle \langle w \langle uvw \rangle x \rangle \rangle} = \langle \bar{w} \, \overline{\langle xyz \rangle} \, \overline{\langle w \langle uvw \rangle x \rangle} \rangle = \langle \bar{w} \langle \bar{x}\bar{y}\bar{z} \rangle \, \overline{\langle w \langle uvw \rangle x \rangle} \rangle = \langle \bar{w} \langle \bar{x}\bar{y}\bar{z} \rangle \langle \bar{w} \langle \bar{u}\bar{v}\bar{w} \rangle \bar{x} \rangle \rangle.$$

埃米尔·波斯特在其博士论文 (哥伦比亚大学, 1920) 中证明了逆命题也成立.

定理 P. 每个单调自对偶布尔函数 $f(x_1, \ldots, x_n)$ 完全可以用中位数运算 $\langle xyz \rangle$ 表示.

证明. [*Annals of Mathematics Studies* **5** (1941), 74–75.] 首先注意到

$$\langle x_1 y \langle x_2 y \ldots y \langle x_{s-1} y x_s \rangle \ldots \rangle \rangle$$
$$= ((x_1 \vee x_2 \vee \cdots \vee x_{s-1} \vee x_s) \wedge y) \vee (x_1 \wedge x_2 \wedge \cdots \wedge x_{s-1} \wedge x_s); \tag{47}$$

通过对 s 的归纳法, 容易证实这个重复取中位数的公式.

现在假定 $f(x_1, \ldots, x_n)$ 是单调自对偶函数, 并且具有析取范式

$$f(x_1, \ldots, x_n) = t_1 \vee \cdots \vee t_m, \qquad t_j = x_{j1} \wedge \cdots \wedge x_{js_j},$$

---

① 波兰表示法是一种逻辑、算术和代数表示法, 其特点是运算符置于操作数的前面, 因此也称为前缀表示法. 如果每种运算都有各自固定的操作数数量, 则语法上不需要括号仍能被无歧义地解析. 波兰逻辑学家扬·武卡谢维奇 1924 年发明了这种表示法, 用于简化命题逻辑. 参见式 2.3.2–(8) 以及第 10 章的讨论. ——编者注

② 广义实数是指含 $-\infty$ 和 $+\infty$ 的实数. ——编者注

其中没有素蕴涵元 t_j 包含在另一个素蕴涵元中（推论 Q）. 任何两个素蕴涵元必定至少有一个公共变量. 因为，比如说，如果我们有 $t_1 = x \wedge y$ 和 $t_2 = u \wedge v \wedge w$，那么，当 $x = y = 1$ 且 $u = v = w = 0$ 时，或者，当 $x = y = 0$ 且 $u = v = w = 1$ 时，f 的值将是 1，同函数的自对偶性矛盾. 因此，如果任何 t_j 包含单个变量 x，它必定是唯一的素蕴涵元——此时 f 是平凡函数 $f(x_1, \ldots, x_n) = x = \langle xxx \rangle$.

通过构建中位数，定义函数 $g_0, g_1, \ldots, g_m$ 如下：

$$g_0(x_1, \ldots, x_n) = x_1;$$
$$g_j(x_1, \ldots, x_n) = h(x_{j1}, \ldots, x_{js_j}; g_{j-1}(x_1, \ldots, x_n)), \quad 1 \le j \le m; \tag{48}$$

其中 $h(x_1, \ldots, x_s; y)$ 是 (47) 第一行的函数. 根据对 j 的归纳法，从 (47) 和 (48) 可以证明，每当 $t_1 \vee \cdots \vee t_j = 1$ 时有 $g_j(x_1, \ldots, x_n) = 1$，因为当 $k < j$ 时有 $(x_{j1} \vee \cdots \vee x_{js_j}) \wedge t_k = t_k$.

最后，$f(x_1, \ldots, x_n)$ 必定等于 $g_m(x_1, \ldots, x_n)$，因为这两个函数都是单调自对偶函数，而且我们已经证明，对于 0 和 1 的所有组合有 $f(x_1, \ldots, x_n) \le g_m(x_1, \ldots, x_n)$. 这个不等式足以证明等式成立，因为自对偶函数在 2^n 种可能的情形中恰好有半数等于 1. ∎

定理 P 的一个推论是，我们可以通过三元素中位数表示五元素中位数，因为任何奇数数量的布尔变量的中位数显然是单调自对偶函数. 我们把这样的一个中位数记为 $\langle x_1 \ldots x_{2k-1} \rangle$，于是 $\langle vwxyz \rangle$ 的析取素式是

$$(v \wedge w \wedge x) \vee (v \wedge w \wedge y) \vee (v \wedge w \wedge z) \vee (v \wedge x \wedge y) \vee (v \wedge x \wedge z)$$
$$\vee (v \wedge y \wedge z) \vee (w \wedge x \wedge y) \vee (w \wedge x \wedge z) \vee (w \wedge y \wedge z) \vee (x \wedge y \wedge z);$$

所以，定理 P 的证明中把 $\langle vwxyz \rangle$ 构造成一个包含 2046 个三元素中位数运算的很长的公式 $g_{10}(v, w, x, y, z)$. 当然，这个表达式不是可能的公式中最短的一个. 实际上我们有

$$\langle vwxyz \rangle = \langle v \langle xyz \rangle \langle wx \langle wyz \rangle \rangle \rangle. \tag{49}$$

[见亨利·米勒和罗伯特·温德，*IRE Transactions* **EC-11** (1962), 89–90.]

*中位数代数与中位数图. 前面我们曾指出，如果把 $\wedge$ 和 $\vee$ 看成 min（最小）和 max（最大）运算符，那么，当 x, y, z 属于实数集之类的任何有序集时，三元运算 $\langle xyz \rangle$ 是很有用的. 实际上，运算 $\langle xyz \rangle$ 在更为普遍的环境中也起着有益的作用. 中位数代数是指任意的集合 M，在其上定义了三元运算 $\langle xyz \rangle$，把 M 的元素变成 M 的元素，并且遵守下面三条公理：

$$\langle xxy \rangle = x \quad (\text{过半数定律}); \tag{50}$$
$$\langle xyz \rangle = \langle xzy \rangle = \langle yxz \rangle = \langle yzx \rangle = \langle zxy \rangle = \langle zyx \rangle \quad (\text{交换律}); \tag{51}$$
$$\langle xw \langle ywz \rangle \rangle = \langle \langle xwy \rangle wz \rangle \quad (\text{结合律}). \tag{52}$$

在布尔代数的情形，例如，结合律 (52) 对于 $w = 0$ 和 $w = 1$ 成立，因为 $\wedge$ 和 $\vee$ 是结合的. 习题 75 和 76 证明，这 3 条公理还蕴涵中位数的分配律，它具有短形式

$$\langle \langle xyz \rangle uv \rangle = \langle x \langle yuv \rangle \langle zuv \rangle \rangle \tag{53}$$

和更对称的长形式

$$\langle \langle xyz \rangle uv \rangle = \langle \langle xuv \rangle \langle yuv \rangle \langle zuv \rangle \rangle. \tag{54}$$

这个事实没有已知的简单证明，但我们至少可以证实 (53) 和 (54) 当 $y = u$ 且 $z = v$ 时的特例：我们有

$$\langle \langle xyz \rangle yz \rangle = \langle xyz \rangle, \tag{55}$$

因为两端都等于 $\langle xy\langle zyz\rangle\rangle$. 事实上，结合律 (52) 恰好是 (53) $y = u$ 时的特例. 同时，我们还可以用 (55) 和 (52) 证实 $x = u$ 时的特例：$\langle\langle uyz\rangle uv\rangle = \langle vu\langle yuz\rangle\rangle = \langle\langle vuy\rangle uz\rangle = \langle\langle yuv\rangle uz\rangle = \langle\langle\langle yuv\rangle uv\rangle uz\rangle = \langle\langle yuv\rangle u\langle vuz\rangle\rangle = \langle u\langle yuv\rangle\langle zuv\rangle\rangle$.

中位数代数 M 的理想是集合 $C \subseteq M$, 满足

$$\langle xyz\rangle \in C, \qquad \text{当 } x \in C,\ y \in C,\ z \in M. \tag{56}$$

如果 u 和 v 是 M 的任意元素，则区间 $[u..v]$ 定义为

$$[u..v] = \{\langle xuv\rangle \mid x \in M\}. \tag{57}$$

我们说 "x 在 u 和 v 之间" 当且仅当 $x \in [u..v]$. 按照这些定义，u 和 v 本身总是属于区间 $[u..v]$.

引理 M.   每个区间 $[u..v]$ 都是一个理想，而且 $x \in [u..v] \Longleftrightarrow x = \langle uxv\rangle$.

证明.   令 $\langle xuv\rangle$ 和 $\langle yuv\rangle$ 是 $[u..v]$ 的任意元素. 那么，根据 (51) 和 (53), 对于所有 $z \in M$ 有

$$\langle\langle xuv\rangle\langle yuv\rangle z\rangle = \langle\langle xyz\rangle uv\rangle \in [u..v],$$

所以 $[u..v]$ 是一个理想. 此外，根据 (51) 和 (55), 每个元素 $\langle xuv\rangle \in [u..v]$ 满足 $\langle xuv\rangle = \langle u\langle xuv\rangle v\rangle$. ∎

根据前述中位数定律，区间 $[u..v]$ 具备良好的性质：

$$v \in [u..u] \implies u = v; \tag{58}$$

$$x \in [u..v] \text{ 且 } y \in [u..x] \implies y \in [u..v]; \tag{59}$$

$$x \in [u..v] \text{ 且 } y \in [u..z] \text{ 且 } y \in [v..z] \implies y \in [x..z]. \tag{60}$$

这些性质相当于：$[u..u] = \{u\}$; 如果 $x \in [u..v]$, 那么 $[u..x] \subseteq [u..v]$; 对于所有的 z, $x \in [u..v]$ 蕴涵 $[u..z] \cap [v..z] \subseteq [x..z]$.（见习题 72.）

现在，让我们在顶点集 M 上定义一个具有下述边的图：

$$u \text{—} v \quad \Longleftrightarrow \quad u \neq v \text{ 且对于所有 } x \in M \text{ 有 } \langle xuv\rangle \in \{u, v\}. \tag{61}$$

换句话说，顶点 u 和 v 是邻接的，当且仅当区间 $[u..v]$ 恰好仅由 u 和 v 这两个点组成.

定理 G.   如果 M 是任意有限的中位数代数，那么由 (61) 定义的图是连通的. 此外，顶点 x 属于区间 $[u..v]$, 当且仅当 x 位于从 u 到 v 的最短路径上.

证明.   如果 M 不是连通的，那么选择 u 和 v, 使得不存在从 u 到 v 的路径，且区间 $[u..v]$ 具有尽可能少的元素. 令 $x \in [u..v]$ 是不同于 u 和 v 的元素. 那么 $\langle xuv\rangle = x \neq v$, 所以 $v \notin [u..x]$; 同理，$u \notin [x..v]$. 但是由 (59) 可知，$[u..x]$ 和 $[x..v]$ 是包含在 $[u..v]$ 内的区间，所以它们是更小的区间，因此必定有一条从 u 到 x 以及从 x 到 v 的路径. 导致矛盾.

定理另一半的证明见习题 73. ∎

我们对区间的定义蕴涵 $\langle xyz\rangle \in [x..y] \cap [x..z] \cap [y..z]$, 因为根据 (55) 我们有 $\langle xyz\rangle = \langle\langle xyz\rangle xy\rangle = \langle\langle xyz\rangle xz\rangle = \langle\langle xyz\rangle yz\rangle$. 反过来，如果 $w \in [x..y] \cap [x..z] \cap [y..z]$, 习题 74 证明了 $w = \langle xyz\rangle$. 换句话说，当 x, y, z 是 M 的点时，交集 $[x..y] \cap [x..z] \cap [y..z]$ 总是恰好包含一个点.

图 7 说明了在 $4 \times 4 \times 4$ 立方体中的这个原理，其中每个点 x 的坐标 (x_1, x_2, x_3) 满足 $0 \le x_1, x_2, x_3 < 4$. 立方体的顶点构成中位数代数，因为 $\langle xyz\rangle = (\langle x_1 y_1 z_1\rangle, \langle x_2 y_2 z_2\rangle, \langle x_3 y_3 z_3\rangle)$.

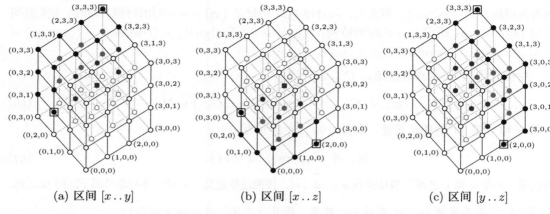

(a) 区间 $[x .. y]$ (b) 区间 $[x .. z]$ (c) 区间 $[y .. z]$

图 7 $4 \times 4 \times 4$ 立方体中，顶点 $x = (0,2,1)$, $y = (3,3,3)$, $z = (2,0,0)$ 之间的区间

此外，图 7 中的边是在 (61) 中定义的，它们穿越在一些顶点之间，除了其中某个分量有 ± 1 的改变之外，这些顶点的坐标是相同的. 图中显示三个典型的区间 $[x .. y]$, $[x .. z]$, $[y .. z]$，所有三个区间仅有的公共点是顶点 $\langle xyz \rangle = (2,2,1)$.

目前，我们从中位数代数开始，利用它定义带有某些性质的图. 然而，我们也可以从具备这些性质的图开始，利用它定义中位数代数. 如果 u 和 v 是任意图的顶点，那么，我们把区间 $[u .. v]$ 定义为 u 和 v 之间那些最短路径上的所有点的集合. 如果一个有限图只有一个顶点位于连接任何三个给定顶点 x, y, z 的三个区间的交集 $[x .. y] \cap [x .. z] \cap [y .. z]$ 上，那么，这个有限图称为中位数图，而且，我们用 $\langle xyz \rangle$ 表示这个顶点. 习题 75 表明，所产生的三元运算满足中位数代数公理.

按照这个定义，很多重要的图是中位数图. 例如，容易看出，任何自由树都是中位数图. 另一个简单例子是像 $n_1 \times n_2 \times \cdots \times n_m$ 这样的超矩形图. 任意中位数图的笛卡儿积也满足所需条件.

*中位数标记. 如果 u 和 v 是中位数代数的任意元素，取 $x \mapsto \langle xuv \rangle$ 的映射 $f(x)$ 是一个同态. 根据长分配律 (54)，它满足

$$f(\langle xyz \rangle) = \langle f(x) f(y) f(z) \rangle. \tag{62}$$

根据 (57)，这个函数 $\langle xuv \rangle$ 把任何给定的点 x "投影" 到区间 $[u .. v]$ 上. 当 u —— v 是相应图的一条边时它特别有趣，因为此时 $f(x)$ 是二值函数，实质上是一个布尔映射.

例如，考虑如下所示的具有 8 个顶点和 7 条边的典型自由树. 通过判定 x 是更接近 u 还是更接近 v，我们可以把每个顶点 x 投影到每个边区间 $[u .. v]$ 上：

	ac	bc	cd	de	ef	eg	dh	
$a \mapsto$	a	c	c	d	e	e	d	0000000
$b \mapsto$	c	b	c	d	e	e	d	1100000
$c \mapsto$	c	c	c	d	e	e	d	1000000
$d \mapsto$	c	c	d	d	e	e	d	1010000
$e \mapsto$	c	c	d	e	e	e	d	1011000
$f \mapsto$	c	c	d	e	f	e	d	1011100
$g \mapsto$	c	c	d	e	e	g	d	1011010
$h \mapsto$	c	c	d	d	e	e	h	1010001

(63)

在其右端，我们随意选定 $a \mapsto 0000000$，把这个函数转换成到 0 和 1 的投影. 所得的二进制位串称为顶点的标记，例如，我们把结果写成 $l(b) = 1100000$. 由于每个投影是一个同态，因而只需要在它们标记的每个分量中取布尔中位数，就可以计算任意三点的中位数. 例如，为了计算 $\langle bgh \rangle$，我们计算 $l(b) = 1100000, l(g) = 1011010, l(h) = 1010001$ 的按位中位数，即 $1010000 = l(d)$.

当对一个中位数图的所有边进行投影时，我们可能发现二进制标记的两列是完全相同的. 对于自由树不会出现这种情形，不过我们可以考虑一下，在 (63) 的树中增加一条边 g — h 会发生什么：获得的图依然是中位数图，但是，列 eg 和列 dh 会变成完全相同（除非交换 $e \leftrightarrow d$ 以及交换 $g \leftrightarrow h$）. 此外，新列 gh 将与列 de 相等. 对于这种情形，应从标记中删除多余的分量. 因此，扩展图的顶点标记不是 8 个二进制位，而是 6 个二进制位，如 $l(g) = 101101$ 和 $l(h) = 101001$.

任何中位数代数的元素总是可以用标记通过这种方法表示. 所以，在布尔代数中成立的任何恒等式在所有中位数代数中也是正确的. 有了这个 "0–1 原则"，就能检验任意两个由三元运算 $\langle xyz \rangle$ 构造的表达式可以被证明是与公理 (50)(51)(52) 的结果相等的——尽管我们用这个方法检验 n 变量表达式时需要检验 $2^{n-1} - 1$ 种情形.

例如，结合律 $\langle xw\langle ywz\rangle\rangle = \langle\langle xwy\rangle wz\rangle$ 表明，应该有一种两端不包含嵌套尖括号的对称解释. 而且，确实有这样的公式：

$$\langle xw\langle ywz\rangle\rangle = \langle\langle xwy\rangle wz\rangle = \langle xwywz\rangle, \tag{64}$$

其中 $\langle xwywz \rangle$ 表示五元素多重集 $\{x, w, y, w, z\} = \{w, w, x, y, z\}$ 的中位数. 我们可以用 0–1 原则证明这个公式，请注意，在布尔代数的情形，中位数与过半数是一样的. 用类似的方法可以证明 (49)，同时能够证明，埃米尔·波斯特在 (47) 中使用的函数可以简化为

$$\langle x_1 y\langle x_2 y \ldots y\langle x_{s-1} y x_s\rangle \ldots\rangle\rangle = \langle x_1 y x_2 y \ldots y x_{s-1} y x_s\rangle; \tag{65}$$

这是 $2s - 1$ 个量的中位数，它们中近半数的量等于 y.

如果当 $u \in C$ 且 $v \in C$ 时有 $[u..v] \subseteq C$，则图中的顶点集合 C 称为凸集. 换句话说，当一条最短路径的两个端点属于 C 时，这条路径上的所有顶点必定也出现在 C 中.（因此，凸集同我们前面所说的 "理想" 是相同的. 现在，我们使用几何语言而不是代数语言.）我们把 $\{v_1, \ldots, v_m\}$ 的凸包定义为包含每一个顶点 $v_1, \ldots, v_m$ 的最小凸集. 前述理论结果已经证明，每个区间 $[u..v]$ 都是凸集. 因此，$[u..v]$ 是两点集合 $\{u, v\}$ 的凸包. 不过，事实上存在更为普遍的结论：

定理 C. 中位数图中 $\{v_1, v_2, \ldots, v_m\}$ 的凸包是所有点的集合

$$C = \left\{ \langle v_1 x v_2 x \ldots x v_m \rangle \;\middle|\; x \in M \right\}. \tag{66}$$

此外，$x \in C$ 当且仅当 $x = \langle v_1 x v_2 x \ldots x v_m \rangle$.

证明. 显然，对于 $1 \le j \le m$ 有 $v_j \in C$. 因为点 $x' = \langle v_2 x \ldots x v_m \rangle$ 在凸包中（根据对 m 归纳法），而且 $\langle v_1 x \ldots x v_m \rangle \in [v_1 .. x']$，所以 C 的每个点必定属于凸包. 0–1 原则证明

$$\langle x\langle v_1 y v_2 y \ldots y v_m\rangle\langle v_1 z v_2 z \ldots z v_m\rangle\rangle = \langle v_1\langle xyz\rangle v_2\langle xyz\rangle \ldots \langle xyz\rangle v_m\rangle, \tag{67}$$

因此 C 是凸集. 在这个公式中设 $y = x$，证明 $\langle v_1 x v_2 x \ldots x v_m \rangle$ 是 C 中离 x 最近的点，而且对于所有 $z \in C$ 有 $\langle v_1 x v_2 x \ldots x v_m \rangle \in [x .. z]$. ∎

推论 C. 对于 $1 \le j \le m$，令 v_j 的标记是 $v_{j1}\ldots v_{jt}$. 那么，$\{v_1,\ldots,v_m\}$ 的凸包是所有这样的 $x \in M$ 的集合，当 $v_{1j} = v_{2j} = \cdots = v_{mj} = c_j$ 时 x 的标记 $x_1\ldots x_t$ 满足 $x_j = c_j$. ∎

例如，(6_3) 中 $\{c,g,h\}$ 的凸包包含所有其标记与模式 $10**0**$ 匹配的元素，即 $\{c,d,e,g,h\}$.

如果中位数图包含一个 4 圈 u—x—v—y—u，那么，边 u—x 和 v—y 在下述意义下是等价的：投影到 $[u..x]$ 上与投影到 $[v..y]$ 上均产生相同的标记坐标. 原因在于，对于任何满足 $\langle zux \rangle = u$ 的 z，我们有

$$ y = \langle uvy \rangle = \langle \langle zux \rangle vy \rangle = \langle \langle zvy \rangle \langle uvy \rangle \langle xvy \rangle \rangle = \langle \langle zvy \rangle yv \rangle, $$

因此 $\langle zvy \rangle = y$；同样，$\langle zux \rangle = x$ 蕴涵 $\langle zvy \rangle = v$. 由于同样理由，边 x—v 和 y—u 是等价的. 习题 77 表明，两条边产生等价的投影，当且仅当可以用这个方法从 4 圈得到一条等价的链. 因此，每个顶点标记的二进制位的数量，是由 4 圈导出的边的等价类的数量. 该题还表明，一旦我们指定某个顶点的标记为 $00\ldots0$，就能唯一确定其他各个顶点的标记.

普拉纳瓦·杰哈和焦拉·斯卢茨基 [*Ars Combin.* **34** (1992), 75–92] 发现一个求解任意中位数图顶点标记的出色方法，约翰·哈高尔、威尔弗里德·伊姆里奇和桑迪·克拉夫扎 [*Theor. Comp. Sci.* **215** (1999), 123–136] 改进了该方法：

算法 H （中位数标记）. 给定中位数图 G 和源顶点 a，算法确定由 G 的 4 圈定义的等价类，计算每个顶点的标记 $l(v) = v_1 \ldots v_t$，其中 t 是等价类的数量，而且 $l(a) = 0\ldots0$.

H1. [初始化.] 对 G 作预处理，依照从 a 到所有顶点的距离的顺序访问它们. 对于每条边 u—v，如果 a 离 u 比 v 更近，我们就说 u 是 v 的先邻近，否则 u 是 v 的后邻近. 换句话说，当遇到 v 时 v 的先邻近已经被访问过了，而 v 的后邻近仍在等待对它们的访问. 预处理重新排列全部邻接表，使得先邻近排列在前面. 从把每条边置于自己的等价类开始，当算法认识到那些边类是等价类时，就用算法 2.3.3E 那样的"求并算法"合并它们.

H2. [调用子程序.] 置 $j \leftarrow 0$，用参数 a 调用子程序 I. （子程序 I 见下. 它将用全局变量 j 建立边 r_j—s_j 的一个主表，其中 $1 \le j < n$，n 是顶点的总数. 对于每个顶点 $v \ne a$，表中有一个 $s_j = v$ 的项. ）

H3. [计算标记.] 从 1 到 t 对等价类编号. 然后，置 $l(a)$ 为 t 位二进制位串 $0\ldots0$. 对于 $j = 1, 2, \ldots, n-1$（按照这个顺序），把 $l(s_j)$ 置为第 k 个二进制位从 0 改变成 1 的 $l(r_j)$，其中 k 是边 r_j—s_j 的等价类. ∎

子程序 I （处理 r 的子孙顶点）. 这是一个带参数 r 和全局变量 j 的递归子程序，它执行算法 H 的主要工作，对当前从顶点 r 可达的所有顶点的图进行处理. 在处理过程中，把 r 自身之外的所有这种顶点记录到主表上，并从当前图中删除它们之间的边. 每个顶点有四个字段 LINK, MARK, RANK, MATE, 初始化为空（Λ）.

I1. [对 s 循环.] 选择一个具有边 r—s 的顶点 s. 如果不存在这样的顶点，从子程序返回.

I2. [记录该边.] 置 $j \leftarrow j+1$，$r_j \leftarrow r$，$s_j \leftarrow s$.

I3. [开始广度优先搜索.] （现在我们要寻找并删除当前图中同 r—s 等价的所有边. ）置 MARK$(s) \leftarrow s$，RANK$(s) \leftarrow 1$，LINK$(s) \leftarrow \Lambda$，$v \leftarrow q \leftarrow s$.

I4. [求 v 的配对.] 求 v 的先邻近 u，对它而言，MARK$(u) \ne s$ 或 RANK$(u) \ne 1$. （恰好有这样一个顶点 u. 回忆在算法 H 的步骤 H1 中已经把先邻近放在前面. ）置 MATE$(v) \leftarrow u$.

I5. [删除 u—v.] 合并边 u—v 和 r—s 的等价类，使它们等价. 从其他每个邻接表中删除 u 和 v.

I6. [对 v 的邻近分类.] 对于 v 的每个先邻近 u, 执行 I7; 对于 v 的每个后邻近 u, 执行 I8. 转到 I9.

I7. [记录一个可能的等价.] 如果 $\text{MARK}(u) = s$ 且 $\text{RANK}(u) = 1$, 使边 u —— v 与边 $\text{MATE}(u)$ —— $\text{MATE}(v)$ 等价. 返回 I6.

I8. [确定 u 的秩.] 如果 $\text{MARK}(u) = s$ 且 $\text{RANK}(u) = 1$, 返回 I6. 否则, 置 $\text{MARK}(u) \leftarrow s$, $\text{RANK}(u) \leftarrow 2$. 置 w 为 u 的第一个邻近 (它将是先邻近). 如果 $w = v$, 重置 w 为 u 的第二个先邻近; 但是, 如果 u 仅有一个先邻近, 返回 I6. 如果 $\text{MARK}(w) \neq s$ 或 $\text{RANK}(w) \neq 2$, 置 $\text{RANK}(u) \leftarrow 1$, $\text{LINK}(u) \leftarrow \Lambda$, $\text{LINK}(q) \leftarrow u$, $q \leftarrow u$. 返回 I6.

I9. [继续广度优先搜索.] 置 $v \leftarrow \text{LINK}(v)$. 如果 $v \neq \Lambda$, 返回 I4.

I10. [处理子图 s.] 用参数 s 递归调用子程序 I. 返回 I1. ∎

算法 H 和子程序 I 用了相对高层的数据结构描述, 进一步的细节留待读者补充. 例如, 邻接表应是双向链接的, 这样在步骤 I5 中就能便捷地删除边, 也可以采用任何方便的方法合并等价类.

习题 77 阐明了这个算法行之有效的原理, 习题 78 证明每个顶点在步骤 I4 最多遇到 $\lg n$ 次. 此外, 习题 79 证明一个中位数图最多有 $O(n \log n)$ 条边. 所以, 算法 H 的总运行时间为 $O(n(\log n)^2)$, 其中不计步骤 H3 中设置标记位串的时间.

读者或许想对表 2 中的中位数图动手演示一遍算法 H, 它的顶点代表 4 个变量 $\{w, x, y, z\}$ 的 12 个单调自对偶布尔函数. 所有这样实际包含全部 4 个变量的函数, 可以像式 (64) 那样表示成 5 个对象的中位数. 算法从顶点 $a = w$ 开始, 计算边 r_j —— s_j 的主表以及表 2 中所示的二进制位标记. (实际处理顺序取决于顶点在邻接表中出现的顺序. 但是, 在任意排序下标记最终将是相同的, 只要不计列的排列.)

表 2   4 个生成元的自由中位数代数的标记

j	r_j	s_j	$l(s_j)$
		w	0000000
1	w	$\langle wwxyz \rangle$	0000001
2	$\langle wwxyz \rangle$	$\langle wyz \rangle$	0010001
3	$\langle wyz \rangle$	$\langle wxyzz \rangle$	0010101
4	$\langle wxyzz \rangle$	$\langle xyz \rangle$	0010111
5	$\langle wxyzz \rangle$	z	1010101
6	$\langle wyz \rangle$	$\langle wxyyz \rangle$	0010011
7	$\langle wxyyz \rangle$	y	0110011
8	$\langle wwxyz \rangle$	$\langle wxz \rangle$	0000101
9	$\langle wxz \rangle$	$\langle wxxyz \rangle$	0000111
10	$\langle wxxyz \rangle$	x	0001111
11	$\langle wwxyz \rangle$	$\langle wxy \rangle$	0000011

请注意, 在每个标记 $l(v)$ 中, 二进制位 1 的数量是从起始顶点 a 到 v 的距离. 事实上, 标记的唯一性表明, 任意两个顶点之间的距离是在它们的标记中存在差别的二进制位位置的数量, 因为我们可以从任意特定的顶点开始.

对于表 2 中的特殊中位数图, 实际上可以用一种截然不同的方法处理, 完全不用算法 H, 因为这种情形的标记与对应函数的真值表本质上是相同的. 原因在于: 我们可以假定简单的函数 w, x, y, z 有各自的真值表 $t(w) = 0000000011111111$, $t(x) = 0000111100001111$,

$t(y) = 0011001100110011$, $t(z) = 0101010101010101$. 于是，$\langle wwxyz \rangle$ 的真值表是按位运算的过半数函数 $\langle t(w)t(w)t(x)t(y)t(z) \rangle$，亦即二进制位串 0000000101111111. 同样，类似的计算给出所有其他顶点的真值表.

任何自对偶函数的真值表的后半部分与前半部分相同，不过是互补和反向的，所以我们可以消去它. 此外，每个真值表的最左边一位总是 0. 我们保留 7 位标记显示在表 2 中. 如果把这个特殊的图作为输入，算法 H 将产生相同的结果，只是列的排列可能不同.

这个推理过程告诉我们，表 2 中图的边对应于真值表几乎相同的函数对. 仅仅交换真值表的两个互补二进制位就可在邻近顶点之间移动. 事实上，每个顶点的度恰好是那个顶点代表的单调自对偶函数的析取素式中素蕴涵元的数量（见习题 70 和 84）.

*中位数集合. 中位数集合是具有下述特性的二进制向量的集合 X：每当 $x \in X$，$y \in X$，$z \in X$ 时有 $\langle xyz \rangle \in X$，其中中位数是像我们处理中位数标记那样按分量计算的. 托马斯·舍费尔在 1978 年注意到，对于定理 H 中的霍恩函数的表征，中位数集合提供了富有吸引力的对照.

定理 S. 布尔函数 $f(x_1, \ldots, x_n)$ 可以表示成克罗姆子句的合取，当且仅当对于所有的布尔值 x_j, y_j, z_j 有

$$f(x_1, \ldots, x_n) = f(y_1, \ldots, y_n) = f(z_1, \ldots, z_n) = 1 \quad \text{蕴涵} \quad f(\langle x_1 y_1 z_1 \rangle, \ldots, \langle x_n y_n z_n \rangle) = 1. \quad (68)$$

证明. [*STOC* **10** (1978), 216–226, 引理 3.1B.] 如果我们有 $x_1 \vee x_2 = y_1 \vee y_2 = z_1 \vee z_2 = 1$，同时 $x_1 \le y_1 \le z_1$，那么 $\langle x_1 y_1 z_1 \rangle \vee \langle x_2 y_2 z_2 \rangle = y_1 \vee \langle x_2 y_2 z_2 \rangle = 1$，因为 $y_1 = 0$ 蕴涵 $x_2 = y_2 = 1$. 因此 (68) 是必要条件.

反之，如果 (68) 成立，假定 $u_1 \vee \cdots \vee u_k$ 是 f 的素子句，其中每个 u_j 都是字面值. 那么，对于 $1 \le j \le k$，子句 $u_1 \vee \cdots \vee u_{j-1} \vee u_{j+1} \vee \cdots \vee u_k$ 不是 f 的子句. 所以，存在一个向量 $x^{(j)}$ 满足 $f(x^{(j)}) = 1$，但对于所有 $i \ne j$ 有 $u_i^{(j)} = 0$. 如果 $k \ge 3$，则中位数 $\langle x^{(1)} x^{(2)} x^{(3)} \rangle$ 对于 $1 \le i \le k$ 有 $u_i = 0$. 但这是不可能的，因为已假定 $u_1 \vee \cdots \vee u_k$ 是子句. 因此 $k \le 2$. ∎

这样，中位数集合与"2SAT 范例"相同，是满足用 2CNF 表示的某个公式 f 的点的集合.

如果中位数集合的向量 $x = x_1 \ldots x_t$ 不包含冗余分量，就说它是缩减的. 换句话说，对于每个坐标位置 k，缩减的中位数集合至少有两个向量 $x^{(k)}$ 和 $y^{(k)}$ 满足以下条件：$x_k^{(k)} = 0$ 且 $y_k^{(k)} = 1$，但对于所有 $i \ne k$ 有 $x_i^{(k)} = y_i^{(k)}$. 我们已经看到中位数图的标记满足这个条件. 事实上，如果坐标 k 对应于图中的边 u — v，则可以让 $x^{(k)}$ 和 $y^{(k)}$ 作为 u 和 v 的标记. 反过来，任何缩减的中位数集合 X 定义一个中位数图，这个图带有对于 X 的每个元素的一个顶点，并且带有由除一个分量外的全部相等坐标确定的邻近. 这些顶点的中位数标记必定与 X 中原来的向量完全相同，因为我们知道中位数标记实际上是唯一的.

我们还可以用另一种指导性方式来描述中位数标记以及缩减的中位数集合的特征，就是回到 5.3.4 节讨论的比较器模块的网络. 我们在 5.3.4 节指出，这种网络对于数的"齐性的排序"是有用的，定理 5.3.4?? 表明，比较器网络能够排序全部 $n!$ 种可能的输入排列，当且仅当它能正确排序 0 和 1 的全部 2^n 种组合. 如果我们把一个比较器模块连接到两条横向直线，从左边输入 x 和 y，它将在右边输出同样的两个值，只是在上方直线输出 $\min(x, y) = x \wedge y$，在下方直线输出 $\max(x, y) = x \vee y$. 现在我们对这个概念略加延伸，也允许使用把 0 变为 1 和把 1 变为 0 的反相器模块. 例如，下面是一个比较器-反相器网络（简称 CI 网络），它把二进

制值 0010 变为 0111:

$$\text{(69)}$$

（一个点表示一个反相器.）实际上，这个网络产生下列变换:

$$
\begin{array}{llll}
0000 \mapsto 0110; & 0100 \mapsto 0111; & 1000 \mapsto 0111; & 1100 \mapsto 0110; \\
0001 \mapsto 0111; & 0101 \mapsto 1111; & 1001 \mapsto 0101; & 1101 \mapsto 0111; \\
0010 \mapsto 0111; & 0110 \mapsto 1111; & 1010 \mapsto 0101; & 1110 \mapsto 0111; \\
0011 \mapsto 0110; & 0111 \mapsto 0111; & 1011 \mapsto 0111; & 1111 \mapsto 0110.
\end{array}
\tag{70}
$$

假定一个 CI 网络把位串 $x = x_1 \ldots x_t$ 变换成位串 $x'_1 \ldots x'_t = f(x)$. 这个把 t 立方映射到自身的函数 f 实际是一个图同态. 换句话说，每当 t 立方中有 x —— y 时，我们就有 $f(x)$ —— $f(y)$: 改变 x 的一个二进制位总是引起 $f(x)$ 恰好改变一个二进制位，因为网络中的每个模块都具有这种特性. 此外，CI 网络同中位数标记有着引人注目的联系:

定理 F. 每个 t 个二进制位的中位数标记的集合 X 都可以用 CI 网络表示，这个网络计算具有如下性质的布尔函数 $f(x)$: 对于所有二进制位向量 $x = x_1 \ldots x_t$ 有 $f(x) \in X$, 而且对于所有 $x \in X$ 有 $f(x) = x$.

证明. [托马斯·费德尔, *Memoirs Amer. Math. Soc.* **555** (1995), 1–223, 引理 3.37; 也见道格拉斯·威德曼的博士论文（滑铁卢大学, 1986）.] 考虑中位数标记的第 i 列和第 j 列，其中 $1 \leq i < j \leq t$. 如果我们浏览整个标记的集合，会发现任何这样成对的列至少包含 4 四种可能性 $\{00, 01, 10, 11\}$ 中的 3 种，因为中位数标记没有冗余的列. 如果第 i 列和第 j 列不出现值 $(00, 01, 10, 11)$ 之一，我们就分别书写为 $(\bar{j} \to i, j \to i, i \to j, i \to \bar{j})$. 还可以记下相应的等价关系 $(\bar{i} \to j, \bar{i} \to \bar{j}, \bar{j} \to \bar{i}, j \to \bar{i})$, 其中包含 $\bar{i}$ 而没有 i. 例如，表 2 中的标记给出关系

$$
\begin{array}{ll}
1 \to \bar{2}, 3, \bar{4}, 5, \bar{6}, 7 & 2, \bar{3}, 4, \bar{5}, 6, \bar{7} \to \bar{1}; \\
2 \to 3, \bar{4}, \bar{5}, 6, 7 & \bar{3}, 4, 5, \bar{6}, \bar{7} \to \bar{2}; \\
3 \to \bar{4}, 7 & 4, \bar{7} \to \bar{3}; \\
4 \to 5, 6, 7 & \bar{5}, \bar{6}, \bar{7} \to \bar{4}; \\
5 \to 7 & \bar{7} \to \bar{5}; \\
6 \to 7 & \bar{7} \to \bar{6}.
\end{array}
\tag{71}
$$

（不存在第 3 列与第 5 列之间的关系，因为那两列中出现了所有 4 种可能性. 但我们有 $3 \to \bar{4}$, 因为第 3 列和第 4 列不出现 11. 在表 2 中，第 3 列的标记带有一个 1 的那些顶点，是离 $\langle wyz \rangle$ 比离 $\langle wwxyz \rangle$ 更近的顶点，它们构成一个凸集，其中标记的第 4 列总是 0，因为它们也是离 $\langle wxxyz \rangle$ 比离 x 更近的顶点.)

字面值 $\{1, \bar{1}, 2, \bar{2}, \ldots, t, \bar{t}\}$ 之间的关系不包含圈，所以总是可以把它们拓扑排序成一个反对称序列 $u_1 u_2 \ldots u_{2t}$, 其中 u_j 是 u_{2t+1-j} 的补. 例如

$$
1 \; \bar{7} \; 4 \; 2 \; \bar{3} \; \bar{5} \; \bar{6} \; 6 \; 5 \; 3 \; \bar{2} \; \bar{4} \; 7 \; \bar{1}
\tag{72}
$$

是对 (71) 中的关系进行拓扑排序的一种方式.

现在着手构建网络，从 t 条空横线开始，对于 $d = 2t-2, 2t-3, \ldots, 1$（按照这个顺序），以及对于 $k = 1, 2, \ldots, t - \lceil d/2 \rceil$, 依次检查拓扑序列中的元素 u_k 和 u_{k+d}. 如果 $u_k \to u_{k+d}$

是第 i 列和第 j 列（$i < j$）之间的关系，我们就在网络的横线 i 和 j 上增加新的模块如下：

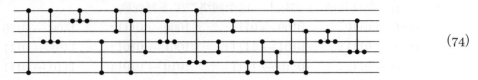

$$\tag{73}$$

例如，我们首先从式 (71) 和 (72) 实施 $1 \to 7$，然后 $1 \to \overline{4}$，再后 $1 \to \overline{2}$，再后 $\overline{7} \to \overline{4}$（即 $4 \to 7$），等等，得到下面的网络：

$$\tag{74}$$

（回到图上，比如说，没有对应 $u_k = \overline{7}$ 且 $u_{k+d} = 3$ 的模块，因为 (71) 中没有关系 $\overline{3} \to 7$.）

习题 89 表明，每个新的模块簇 (73) 都保留了过去的所有关系，并且实施一个新的关系. 因此，如果 x 是任意一个输入向量，$f(x)$ 就满足所有关系. 所以，根据定理 S，我们有 $f(x) \in X$. 反之，如果 $x \in X$，网络中的每个模块簇使 x 保持不变. ∎

推论 F. 假设定理 F 中的中位数标记在按位 AND 和按位 OR 运算下是封闭的，使得每当 $x \in X$ 且 $y \in X$ 时有 $x \,\&\, y \in X$ 且 $x \mid y \in X$. 那么，存在坐标的一个排列，在这个排列下，标记可以仅通过比较器模块的网络表示.

证明.   所有标记的按位 AND 是 $0\ldots0$，按位 OR 是 $1\ldots1$，所以列之间可能的关系只有 $i \to j$ 和 $j \to i$. 通过拓扑排序和重新命名这些列，可以保证当 $i < j$ 时只出现 $i \to j$. 在这种情形，证明中的结构没有使用反相器. ∎

一般说来，假定 G 是任意图，f 是把 G 的顶点映上这些顶点的子集 X 的一个同态，如果对于所有 $x \in X$ 有 $f(x) = x$，则称 f 为收缩. 当存在这样的 f 时，称 X 为 G 的收缩核. 帕沃尔·赫尔最早注意到这个概念在图论中的重要性 [见 *Lecture Notes in Math.* **406** (1974), 291–301]. 例如，一个推论是，X 中顶点之间的距离（最短路径上的边数）是相同的，即使我们限于考虑完全位于 X 内的路径.（见习题 93.）

定理 F 表明，中位数标记的每个 t 维集合都是 t 维超立方的收缩核. 反之，习题 94 证明，超立方收缩核总是中位数图.

门限函数. 一类特别有吸引力的重要布尔函数 $f(x_1, x_2, \ldots, x_n)$ 出现在 f 可以用公式

$$f(x_1, x_2, \ldots, x_n) \;=\; [w_1 x_1 + w_2 x_2 + \cdots + w_n x_n \geq t] \tag{75}$$

定义的时候，其中常数 $w_1, w_2, \ldots, w_n$ 是整数"权值"，t 是整数"门限". 甚至当所有权值都是 1 时，门限函数也很重要：我们有

$$x_1 \wedge x_2 \wedge \cdots \wedge x_n = [x_1 + x_2 + \cdots + x_n \geq n]; \tag{76}$$

$$x_1 \vee x_2 \vee \cdots \vee x_n = [x_1 + x_2 + \cdots + x_n \geq 1]; \tag{77}$$

$$\langle x_1 x_2 \ldots x_{2t-1} \rangle = [x_1 + x_2 + \cdots + x_{2t-1} \geq t], \tag{78}$$

其中 $\langle x_1 x_2 \ldots x_{2t-1} \rangle$ 代表由任意奇数布尔值 $\{x_1, x_2, \ldots, x_{2t-1}\}$ 组成的多重集的中位数（或过半数）值. 特别是，基本映射 $x \wedge y$, $x \vee y$, $\langle xyz \rangle$ 全都是门限函数，所以

$$\bar{x} \;=\; [-x \geq 0] \tag{79}$$

也是门限函数.

使用更一般的权值，我们得到许多其他有趣的函数，如

$$[2^{n-1}x_1 + 2^{n-2}x_2 + \cdots + x_n \geq (t_1 t_2 \ldots t_n)_2],\tag{80}$$

这个门限函数为真，当且仅当二进制串 $x_1 x_2 \ldots x_n$ 按字典序大于等于给定的二进制串 $t_1 t_2 \ldots t_n$. 给定大小分别为 $w_1, w_2, \ldots, w_n$ 的 n 个对象的集合，这些对象的一个子集能够装进大小为 $t-1$ 的背包，当且仅当 $f(x_1, x_2, \ldots, x_n) = 0$，其中 $x_j = 1$ 表示对象 j 出现在子集中. 沃伦·麦卡洛克和小沃尔特·皮茨在 *Bull. Math. Biophysics* **5** (1943), 115–133 中最初提出的简单神经元模型，已经引出数以千计研究有关从门限函数构建"神经网络"的论文.

通过置 $x_j \leftarrow \bar{x}_j$，$w_j \leftarrow -w_j$，$t \leftarrow t + |w_j|$，我们可以消除任何负权值 w_j. 这样，一般的门限函数可以约化成正门限函数，其中所有权值都是非负的. 此外，可以把任何正门限函数 (75) 表示成奇数个变量的中位数/过半数的函数，因为我们有

$$\langle 0^a 1^b x_1^{w_1} x_2^{w_2} \ldots x_n^{w_n}\rangle = [b + w_1 x_1 + w_2 x_2 + \cdots + w_n x_n \geq b + t],\tag{81}$$

其中 x^m 代表 x 的 m 个副本，而 a 和 b 是由规则

$$a = \max(0, 2t-1-w), \quad b = \max(0, w+1-2t), \quad w = w_1 + w_2 + \cdots + w_n\tag{82}$$

定义的. 例如，当所有权值都是 1 时，我们有

$$\langle 0^{n-1} x_1 \ldots x_n\rangle = x_1 \wedge \cdots \wedge x_n \quad \text{和} \quad \langle 1^{n-1} x_1 \ldots x_n\rangle = x_1 \vee \cdots \vee x_n.\tag{83}$$

当 $n = 2$ 时，我们已经在式 (45) 中见过这两个公式. 一般情况下，不是 a 为 0 就是 b 为 0，式 (81) 的左端代表 $2T - 1$ 个元素的中位数，其中

$$T = b + t = \max(t, w_1 + w_2 + \cdots + w_n + 1 - t).\tag{84}$$

令 a 和 b 都大于 0 毫无意义，因为过半数函数显然满足消去律

$$\langle 01 x_1 x_2 \ldots x_{2t-1}\rangle = \langle x_1 x_2 \ldots x_{2t-1}\rangle.\tag{85}$$

式 (81) 有一个重要推论：通过置 $x_0 = 0$ 或 $x_0 = 1$，每一个正门限函数来源于纯过半数函数

$$g(x_0, x_1, x_2, \ldots, x_n) = \langle x_0^{a+b} x_1^{w_1} x_2^{w_2} \ldots x_n^{w_n}\rangle.\tag{86}$$

换句话说，我们知道 n 个变量的所有门限函数，当且仅当我们知道 $n+1$ 个或者更少变量（不包含常数）的所有不同的奇数个变量的中位数函数. 每个纯过半数函数都是单调自对偶函数. 我们在第 57 页表 2 的 s_j 列已经遇见 4 个变量 $\{w, x, y, z\}$ 的纯过半数函数，即 $\langle w\rangle$，$\langle wwxyz\rangle$，$\langle wyz\rangle$，$\langle wxyzz\rangle$，$\langle xyz\rangle$，$\langle z\rangle$，$\langle wxyyz\rangle$，$\langle y\rangle$，$\langle wxz\rangle$，$\langle wxxyz\rangle$，$\langle x\rangle$，$\langle wxy\rangle$. 通过置 $w = 0$ 或 $w = 1$，我们获得 3 个变量的所有正门限函数 $f(x, y, z)$:

$$\langle 0\rangle, \langle 1\rangle, \langle 00xyz\rangle, \langle 11xyz\rangle, \langle 0yz\rangle, \langle 1yz\rangle, \langle 0xyzz\rangle, \langle 1xyzz\rangle, \langle xyz\rangle, \langle z\rangle,$$
$$\langle 0xyyz\rangle, \langle 1xyyz\rangle, \langle y\rangle, \langle 0xz\rangle, \langle 1xz\rangle, \langle 0xxyz\rangle, \langle 1xxyz\rangle, \langle x\rangle, \langle 0xy\rangle, \langle 1xy\rangle.\tag{87}$$

至于 4 个变量的所有 150 个正门限函数，可以用同样方式从习题 84 答案中的自对偶过半数函数获得.

存在权值 $(w_1, w_2, \ldots, w_n)$ 的无限数量的序列，但是，对于任意给定的 n 值，仅有为数有限的门限函数. 所以，许多不同的权值序列显然是等价的. 例如，考虑纯过半数函数

$$\langle x_1^2 x_2^3 x_3^5 x_4^7 x_5^{11} x_6^{13}\rangle,$$

其中用素数作为权值. 暴力检验 2^6 种情形, 我们可以证明

$$\langle x_1^2 x_2^3 x_3^5 x_4^7 x_5^{11} x_6^{13} \rangle = \langle x_1 x_2^2 x_3^2 x_4^3 x_5^4 x_6^5 \rangle. \tag{88}$$

因此, 我们可以用数量少得多的权值表示同一个函数. 同样, 作为式 (80) 的一个特例, 门限函数

$$[(x_1 x_2 \dots x_{20})_2 \geq (01100100100001111110)_2] = \langle 1^{225028} x_1^{524288} x_2^{262144} \dots x_{20} \rangle$$

可以简化为

$$\langle 1^{323} x_1^{764} x_2^{323} x_3^{323} x_4^{118} x_5^{118} x_6^{87} x_7^{31} x_8^{31} x_9^{25} x_{10}^6 x_{11}^6 x_{12}^6 x_{13}^6 x_{14} x_{15} x_{16} x_{17} x_{18} x_{19} \rangle. \tag{89}$$

习题 103 说明如何利用线性规划不借助巨量的暴力搜索求权值的最小集合.

周绍康 [*FOCS* **2** (1961), 34–38] 发现标识门限函数的一个好方案, 可以把唯一的标识符赋予任何一个门限函数. 给定任意布尔函数 $f(x_1, \dots, x_n)$, 令 $N(f)$ 是使 $f(x) = 1$ 的向量 $x = (x_1, \dots, x_n)$ 的数量, $\Sigma(f)$ 是所有这些向量的和. 例如, 如果 $f(x_1, x_2) = x_1 \vee x_2$, 我们有 $N(f) = 3$ 以及 $\Sigma(f) = (0,1) + (1,0) + (1,1) = (2,2)$.

定理 T. *令 $f(x_1, \dots, x_n)$ 和 $g(x_1, \dots, x_n)$ 是满足条件 $N(f) = N(g)$ 和 $\Sigma(f) = \Sigma(g)$ 的布尔函数, 其中 f 为门限函数. 那么 $f = g$.*

证明. 假定恰有 k 个向量 $x^{(1)}, \dots, x^{(k)}$ 使得 $f(x^{(j)}) = 1$ 且 $g(x^{(j)}) = 0$. 由于 $N(f) = N(g)$, 必定恰有 k 个向量 $y^{(1)}, \dots, y^{(k)}$ 使得 $f(y^{(j)}) = 0$ 且 $g(y^{(j)}) = 1$. 同时, 由于 $\Sigma(f) = \Sigma(g)$, 必定还有 $x^{(1)} + \dots + x^{(k)} = y^{(1)} + \dots + y^{(k)}$.

现在假定 f 是门限函数 (75). 那么, 对于 $1 \leq j \leq k$ 我们有 $w \cdot x^{(j)} \geq t$ 且 $w \cdot y^{(j)} < t$. 但是, 如果 $f \neq g$, 我们有 $k > 0$, 而且 $w \cdot (x^{(1)} + \dots + x^{(k)}) \geq kt > w \cdot (y^{(1)} + \dots + y^{(k)})$, 出现矛盾. ∎

门限函数有不少奇特性质, 其中的一些性质会在下面的习题中探讨. 室贺三郎在 *Threshold Logic and its Applications* (Wiley, 1971) 一书中对门限函数的经典理论做了全面总结.

对称布尔函数. 如果对于 $\{1, \dots, n\}$ 的所有排列 $p(1) \dots p(n)$, 函数 $f(x_1, \dots, x_n)$ 等于 $f(x_{p(1)}, \dots, x_{p(n)})$, 就称 $f(x_1, \dots, x_n)$ 是对称的. 当所有的 x_j 为 0 或 1 时, 这个条件意味着 f 仅依赖于自变量中出现的 1 的数量, 也就是 "位叠加和" $\nu x = \nu(x_1, \dots, x_n) = x_1 + \dots + x_n$. 记号 $S_{k_1, k_2, \dots, k_r}(x_1, \dots, x_n)$ 常用于表示这样的布尔函数: 它为真, 当且仅当 νx 或者是 k_1, 或者是 k_2, ……, 或者是 k_r. 例如, $S_{1,3,5}(v, w, x, y, z) = v \oplus w \oplus x \oplus y \oplus z$, $S_{3,4,5}(v, w, x, y, z) = \langle vwxyz \rangle$, $S_{4,5}(v, w, x, y, z) = \langle 00vwxyz \rangle$.

对称性的许多应用同仅当 $\nu x = k$ 时为真的基本函数 $S_k(x_1, \dots, x_n)$ 有关. 例如, $S_3(x_1, x_2, x_3, x_4, x_5, x_6)$ 为真, 当且仅当变量 $\{x_1, \dots, x_6\}$ 恰有一半为真, 另一半为假. 此时我们显然有

$$S_k(x_1, \dots, x_n) = S_{\geq k}(x_1, \dots, x_n) \wedge \overline{S_{\geq k+1}(x_1, \dots, x_n)}, \tag{90}$$

其中 $S_{\geq k}(x_1, \dots, x_n)$ 是 $S_{k, k+1, \dots, n}(x_1, \dots, x_n)$ 的缩写. 当然, 函数 $S_{\geq k}(x_1, \dots, x_n)$ 是我们探讨过的门限函数 $[x_1 + \dots + x_n \geq k]$.

更复杂的情形可以作为门限函数的门限函数处理. 例如, 我们有

$$S_{2,3,6,8,9}(x_1, \dots, x_{12}) = [\nu x \geq 2 + 4[\nu x \geq 4] + 2[\nu x \geq 7] + 5[\nu x \geq 10]]$$

$$= \langle 00 x_1 \dots x_{12} \langle 0^5 \bar{x}_1 \dots \bar{x}_{12} \rangle^4 \langle 1 \bar{x}_1 \dots \bar{x}_{12} \rangle^2 \langle 1^7 \bar{x}_1 \dots \bar{x}_{12} \rangle^5 \rangle, \tag{91}$$

因为当 $x_1 + \dots + x_{12} = (0, 1, \dots, 12)$ 时, 在最外层的 25 的过半数中, 二进制位 1 的数量分别为 $(11, 12, 13, 14, 11, 12, 13, 12, 13, 14, 10, 11, 12)$. 一种类似的两层结构在一般情形是适用的 [罗

伯特·明尼克, *IRE Trans.* **EC-10** (1961), 6–16]. 对三层或更多层逻辑, 我们甚至可以进一步减少门限运算的数量. (见习题 113.)

业已发现各种各样的巧妙方法用于计算对称布尔函数. 例如, 室贺三郎把下面著名的算式序列归功于佐佐木不可止:

$$x_0 \oplus x_1 \oplus \cdots \oplus x_{2m} = \langle \bar{x}_0 s_1 s_2 \ldots s_{2m} \rangle,$$
$$\text{其中} \quad s_j = \langle x_0 x_j x_{j+1} \ldots x_{j+m-1} \bar{x}_{j+m} \bar{x}_{j+m+1} \ldots \bar{x}_{j+2m-1} \rangle, \tag{92}$$

条件是 $m > 0$, 而且, 当 $k \geq 1$ 时我们把 x_{2m+k} 和 x_k 看成是相同的. 特别地, 当 $m = 1$ 和 $m = 2$ 时, 我们有恒等式

$$x_0 \oplus x_1 \oplus x_2 = \langle \bar{x}_0 \langle x_0 x_1 \bar{x}_2 \rangle \langle x_0 x_2 \bar{x}_1 \rangle \rangle; \tag{93}$$
$$x_0 \oplus \cdots \oplus x_4 = \langle \bar{x}_0 \langle x_0 x_1 x_2 \bar{x}_3 \bar{x}_4 \rangle \langle x_0 x_2 x_3 \bar{x}_4 \bar{x}_1 \rangle \langle x_0 x_3 x_4 \bar{x}_1 \bar{x}_2 \rangle \langle x_0 x_4 x_1 \bar{x}_2 \bar{x}_3 \rangle \rangle. \tag{94}$$

两式右端完全是对称的, 不过不那么明显! (见习题 115.)

定向函数. 如果通过检查布尔函数 $f(x_1, \ldots, x_n)$ 的至多一个变量就能推断出它的值, 就称它为定向函数或者 "强制函数". 更确切地说, 如果 $n = 0$, 或者存在一个下标 j, 使得 $f(x)$ 要么当置 $x_j = 0$ 时取常数值, 要么当置 $x_j = 1$ 时取常数值, 那么 f 是定向函数. 例如, $f(x, y, z) = (x \oplus z) \vee \bar{y}$ 是定向函数, 因为当 $y = 0$ 时它恒等于 1. ($y = 1$ 时, 要是不检查 x 和 z, 我们无法知道 f 的值; 但是知道一个值总比什么都不知道好.) 斯图亚特·考夫曼 [*Lectures on Mathematics in the Life Sciences* **3** (1972), 63–116; *J. Theoretical Biology* **44** (1974), 167–190] 引入的这类函数, 在许多应用 (特别是化学和生物学) 中已被证实是很重要的. 习题 125–129 会考察它们的某些性质.

数量考虑因素. 我们已探讨过许多不同类型的布尔函数, 于是自然要问: 每种类型的 n 变量函数实际有多少个? 表 3、表 4 和表 5 给出了对于小的 n 值的答案.

表 3 对所有函数计数. 对于每个 n 有 2^{2^n} 种可能性, 因为存在 2^{2^n} 个可能的真值表. 在这些函数中, 有些是自对偶函数; 有些是单调函数; 有些既是自对偶函数又是单调函数, 如定理 P 所示; 有些是霍恩函数, 如定理 H 所示; 有些是克罗姆函数, 如定理 S 所示; 诸如此类.

但是, 在表 4 中, 如果两个函数的差别仅仅在于变量名称有所改变, 那么它们被视为相同的. 因此, 当 $n = 2$ 时只有 12 种不同情形, 因为 (例如) $x \vee \bar{y}$ 和 $\bar{x} \vee y$ 实际上是相同的.

表 5 更进一步, 它允许我们对单独的变量取补, 甚至对整个函数取补, 这实际上没有改变它. 按照这种观点, (x, y, z) 的 256 个布尔函数仅分成 14 个不同的等价类:

表示式	类大小	表示式	类大小
0	2	$x \wedge (y \oplus z)$	24
x	6	$x \oplus (y \wedge z)$	24
$x \wedge y$	24	$(x \wedge y) \vee (\bar{x} \wedge z)$	24
$x \oplus y$	6	$(x \vee y) \wedge (x \oplus z)$	48
$x \wedge y \wedge z$	16	$(x \oplus y) \vee (x \oplus z)$	8
$x \oplus y \oplus z$	2	$\langle xyz \rangle$	8
$x \wedge (y \vee z)$	48	$S_1(x, y, z)$	16

$$\tag{95}$$

我们将在 7.2.3 节探讨计数和列举不等价的组合对象的方法.

表 3 n 变量布尔函数

	$n=0$	$n=1$	$n=2$	$n=3$	$n=4$	$n=5$	$n=6$
任意函数	2	4	16	256	65 536	4 294 967 296	18 446 744 073 709 551 616
自对偶函数	0	2	4	16	256	65 536	4 294 967 296
单调函数	2	3	6	20	168	7 581	7 828 354
单调自对偶函数	0	1	2	4	12	81	2 646
霍恩函数	2	4	14	122	4 960	2 771 104	151 947 502 948
克罗姆函数	2	4	16	166	4 170	224 716	24 445 368
门限函数	2	4	14	104	1 882	94 572	15 028 134
对称函数	2	4	8	16	32	64	128
定向函数	2	4	14	120	3 514	1 292 276	103 071 426 294

表 4   变量置换下的不同布尔函数

	$n=0$	$n=1$	$n=2$	$n=3$	$n=4$	$n=5$	$n=6$
任意函数	2	4	12	80	3 984	37 333 248	25 626 412 338 274 304
自对偶函数	0	2	2	8	32	1 088	6 385 408
单调函数	2	3	5	10	30	210	16 353
单调自对偶函数	0	1	1	2	3	7	30
霍恩函数	2	4	10	38	368	29 328	216 591 692
克罗姆函数	2	4	12	48	308	3 028	49 490
门限函数	2	4	10	34	178	1 720	590 440
定向函数	2	4	10	38	294	15 774	149 325 022

表 5   变量取补或置换下的不同布尔函数

	$n=0$	$n=1$	$n=2$	$n=3$	$n=4$	$n=5$	$n=6$
任意函数	1	2	4	14	222	616 126	200 253 952 527 184
自对偶函数	0	1	1	3	7	83	109 950
门限函数	1	2	3	6	15	63	567
自对偶门限函数	0	1	1	2	3	7	21
定向函数	1	2	3	6	22	402	1 228 158

习题

1. [15]   （刘易斯·卡罗尔）说明本节开头引述的特维德地的话是合乎情理的.［提示：见表 1.］

2. [17]   设想遥远的平卡斯行星上的逻辑学家们用符号 1 代表"假"而用 0 代表"真". 于是，例如他们有了一个称为"or"的二进制运算，它的性质是

$$1 \text{ or } 1 = 1, \qquad 1 \text{ or } 0 = 0, \qquad 0 \text{ or } 1 = 0, \qquad 0 \text{ or } 0 = 0.$$

我们用 ∧ 与"or"关联. 那么，平卡斯星球人分别称为"falsehood"（假值），"and"（与），……，"nand"（非合取），"validity"（永真）的 16 种逻辑运算（见表 1），我们用什么运算与它们关联呢？

▶ **3.** [13]   假定"假"与"真"的逻辑值分别为 -1 与 $+1$ 而不是 0 与 1. 表 1 中对应于 (a) $\max(x, y)$, (b) $\min(x, y)$, (c) $-x$ 和 (d) $x \cdot y$ 的运算符 $\circ$ 是什么？

4. [24]   （谢佛）本题的目的是证明表 1 中的所有运算都可以通过 NAND 表示. (a) 对于表中 16 种运算符 $\circ$ 的每一种，求与 $x \circ y$ 等价的公式，其中仅用 $\barwedge$ 作为运算符. 你的公式应尽可能地短. 例如，运算 $\sqsubset$ 的答案就是简单的 "x"，而运算 $\bar\sqsubset$ 的答案是 "$x \barwedge x$". 在你的公式中不允许使用常数 0 和 1. (b) 如果允许使用常数 0 和 1，求这 16 个短公式. 例如，此时也可以把 $x \bar\sqsubset y$ 表示成 $x \barwedge 1$.

5. [*24*] 考虑习题 4，用 $\subset$ 代替 $\wedge$ 作为基本运算.

6. [*21*] （恩斯特·施罗德）(a) 表 1 的 16 种运算中哪些是可结合的？换句话说，它们中的哪些运算满足 $x \circ (y \circ z) = (x \circ y) \circ z$？(b) 它们中的哪些运算满足恒等式 $(x \circ y) \circ (y \circ z) = x \circ z$？

7. [*20*] 表 1 中的哪些运算具有以下性质：$x \circ y = z$ 当且仅当 $y \circ z = x$？

8. [*24*] 16^2 种配对运算 $(\circ, \square)$ 中，哪些满足左分配律 $x \circ (y \square z) = (x \circ y) \square (x \circ z)$？

9. [*16*] 判别真假：(a) $(x \oplus y) \vee z = (x \vee z) \oplus (y \vee z)$；(b) $(w \oplus x \oplus y) \vee z = (w \vee z) \oplus (x \vee z) \oplus (y \vee z)$；(c) $(x \oplus y) \vee (y \oplus z) = (x \oplus z) \vee (y \oplus z)$.

10. [*17*] "随机"函数 (22) 的多重线性表示是什么？

11. [*M25*] 当 $f(x_1, \ldots, x_n)$ 的多重线性表示包含（比如说）项 $x_2 x_3 x_6 x_8$ 时，是否存在一种能确切理解它的直观方法？（见式 (19).）

▶ **12.** [*M23*] 布尔函数的整数多重线性表示把式 (19) 那样的表示扩充到整系数多项式 $f(x_1, \ldots, x_n)$，其中 $f(x_1, \ldots, x_n)$ 对于全部 2^n 个可能的 0–1 向量 $(x_1, \ldots, x_n)$ 具有不取模 2 余数的正确值（0 或 1）. 例如，对应于式 (19) 的整数多重线性表示是 $1 - xy - xz - yz + 3xyz$.

    (a) "随机"函数 (22) 的整数多重线性表示是什么？

    (b) 这样一种表示 $f(x_1, \ldots, x_n)$ 的系数可能取多大的值？

    (c) 证明：在每一种整数多重线性表示中，当 $x_1, \ldots, x_n$ 是满足条件 $0 \leq x_1, \ldots, x_n \leq 1$ 的实数时，我们有 $0 \leq f(x_1, \ldots, x_n) \leq 1$.

    (d) 同样，请证明：如果当 $\{x_1, \ldots, x_n\} \subseteq \{0, 1\}$ 时有 $f(x_1, \ldots, x_n) \leq g(x_1, \ldots, x_n)$，那么，当 $\{x_1, \ldots, x_n\} \subseteq [0..1]$ 时有 $f(x_1, \ldots, x_n) \leq g(x_1, \ldots, x_n)$.

    (e) 如果 f 是单调函数，而且对于 $1 \leq j \leq n$ 有 $0 \leq x_j \leq y_j \leq 1$，证明：$f(x) \leq f(y)$.

▶ **13.** [*20*] 考虑一个由 n 个部件构成的系统，其中的每个部件可能是"运转"的，也可能是"失灵"的. 如果 x_j 表示"部件 j 是在运转"状态，那么像 $x_1 \wedge (\bar{x}_2 \vee \bar{x}_3)$ 的布尔函数表示"部件 1 是运转的，但是部件 2 或部件 3 是失灵的". 同时，$S_3(x_1, \ldots, x_n)$ 意味着"恰好 3 个部件是运转的".

    假定每个部件 j 处在运转状态的概率是 p_j，而与其他部件无关. 证明：布尔函数 $f(x_1, \ldots, x_n)$ 为真的概率是 $F(p_1, \ldots, p_n)$，其中 F 是变量 $p_1, \ldots, p_n$ 的一个多项式.

14. [*20*] 习题 13 中的概率函数 $F(p_1, \ldots, p_n)$ 通常称为系统的可用性. 当概率 (p_1, p_2, p_3) 分别取下列值时，求最大可用性的自对偶函数 $f(x_1, x_2, x_3)$：(a) $(.9, .8, .7)$；(b) $(.8, .6, .4)$；(c) $(.8, .6, .1)$.

▶ **15.** [*M20*] 假定 $f(x_1, \ldots, x_n)$ 是任意布尔函数. 证明存在一个具有如下性质的多项式 $F(x)$：当 x 是整数时，$F(x)$ 取整数值，并且 $f(x_1, \ldots, x_n) = F((x_n \ldots x_1)_2) \bmod 2$. 提示：考虑 $\binom{x}{k} \bmod 2$.

16. [*13*] 在全析取范式中，我们能用 $\oplus$ 替代每个 $\vee$ 吗？

17. [*10*] 由德摩根定律，像式 (25) 那样的一般析取范式不仅是对若干 AND 取 OR，也是对若干 NAND 取 NAND：

$$\overline{(u_{11} \wedge \cdots \wedge u_{1s_1})} \wedge \cdots \wedge \overline{(u_{m1} \wedge \cdots \wedge u_{ms_m})}.$$

因此可以把逻辑式的两层求补看成恒等运算.

    一位名叫乔纳森·奎克的学生把这个表达式重写为

$$(u_{11} \,\overline{\wedge}\, \cdots \,\overline{\wedge}\, u_{1s_1}) \,\overline{\wedge}\, \cdots \,\overline{\wedge}\, (u_{m1} \,\overline{\wedge}\, \cdots \,\overline{\wedge}\, u_{ms_m}).$$

这样做是个好主意吗？

▶ **18.** [*20*] 令 $u_1 \wedge \cdots \wedge u_s$ 是布尔函数 f 的析取范式中的一个蕴涵元，$v_1 \vee \cdots \vee v_t$ 是同一函数的合取范式中的一个子句. 证明：对于某些 i 和 j 有 $u_i = v_j$.

19. [*20*] 真值 (22) 表中的"随机"函数的合取素式是什么？

20. [*M21*] 判别真假：$f \wedge g$ 的每个素蕴涵元可以写成 $f' \wedge g'$，其中 f' 是 f 的素蕴涵元，g' 是 g 的素蕴涵元.

21. [*M20*] 证明：一个非常数的布尔函数是单调的，当且仅当它可以完全通过 ∧ 和 ∨ 运算表示.

22. [*20*] 像在式 (16) 中那样假定 $f(x_1,\ldots,x_n) = g(x_1,\ldots,x_{n-1}) \oplus h(x_1,\ldots,x_{n-1}) \land x_n$. 关于函数 g 和 h 的什么条件是 f 为单调函数的充分必要条件？

23. [*15*] $(v \land w \land x) \lor (v \land x \land z) \lor (x \land y \land z)$ 的合取素式是什么？

24. [*M20*] 考虑具有 2^k 个叶结点的完全二叉树，右图是 $k=3$ 时的例子. 在根结点使用 ∧ 运算，在各层结点上交替使用 ∧ 和 ∨ 运算. 在此例中，我们得到 $((x_0 \land x_1) \lor (x_2 \land x_3)) \land ((x_4 \land x_5) \lor (x_6 \land x_7))$. 所得函数包含多少素蕴涵元？

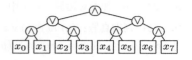

25. [*M21*] $(x_1 \lor x_2) \land (x_2 \lor x_3) \land \cdots \land (x_{n-1} \lor x_n)$ 具有多少素蕴涵元？

26. [*M23*] 令 $\mathcal{F}$ 和 $\mathcal{G}$ 分别是一个单调 CNF 和一个单调 DNF 的素子句和素蕴涵元的指标集族：

$$f(x) = \bigwedge_{I \in \mathcal{F}} \bigvee_{i \in I} x_i; \qquad g(x) = \bigvee_{J \in \mathcal{G}} \bigwedge_{j \in J} x_j.$$

如果下列任何条件成立，有效展现一个满足 $f(x) \neq g(x)$ 的 x：

(a) 存在一个 $I \in \mathcal{F}$ 和一个 $J \in \mathcal{G}$ 满足 $I \cap J = \emptyset$.

(b) $\bigcup_{I \in \mathcal{F}} I \neq \bigcup_{J \in \mathcal{G}} J$.

(c) 存在一个 $I \in \mathcal{F}$ 满足 $|I| > |\mathcal{G}|$，或者一个 $J \in \mathcal{G}$ 满足 $|J| > |\mathcal{F}|$.

(d) $\sum_{I \in \mathcal{F}} 2^{n-|I|} + \sum_{J \in \mathcal{G}} 2^{n-|J|} < 2^n$，其中 $n = |\bigcup_{I \in \mathcal{F}} I|$.

27. [*M31*] 续上题，考虑下面的算法 $\mathrm{X}(\mathcal{F}, \mathcal{G})$，它或者返回一个满足 $f(x) \neq g(x)$ 的向量 x，或者当 $f = g$ 时返回 Λ：

X1. [检查必要条件.] 如果习题 26 中的条件 (a), (b), (c) 或 (d) 成立，返回一个相应的 x 值.

X2. [终结？] 如果 $|\mathcal{F}||\mathcal{G}| \leq 1$，返回 Λ.

X3. [循环.] 对于一个"最佳"的指标 k，计算下列约化族：

$$\mathcal{F}_1 = \{I \mid I \in \mathcal{F}, k \notin I\}, \qquad \mathcal{F}_0 = \mathcal{F}_1 \cup \{I \mid k \notin I, I \cup \{k\} \in \mathcal{F}\};$$
$$\mathcal{G}_0 = \{J \mid J \in \mathcal{G}, k \notin J\}, \qquad \mathcal{G}_1 = \mathcal{G}_0 \cup \{J \mid k \notin J, J \cup \{k\} \in \mathcal{G}\}.$$

当族 $\mathcal{F}_0$ 或 $\mathcal{G}_1$ 包含同族中的另一个成员时，删除它们中的任何成员. 应选择指标 k 使比值 $\rho = \min(|\mathcal{F}_1|/|\mathcal{F}|, |\mathcal{G}_0|/|\mathcal{G}|)$ 尽可能地小. 如果 $\mathrm{X}(\mathcal{F}_0, \mathcal{G}_0)$ 返回一个向量 x，那么返回扩充到 $x_k = 0$ 的同一向量. 否则，如果 $\mathrm{X}(\mathcal{F}_1, \mathcal{G}_1)$ 返回一个向量 x，那么返回扩充到 $x_k = 1$ 的同一个向量. 否则，返回 Λ. ∎

如果 $N = |\mathcal{F}| + |\mathcal{G}|$，证明：步骤 X1 最多执行 $N^{O(\log N)^2}$ 次. 提示：证明我们在步骤 X3 总是有 $\rho \leq 1 - 1/\lg N$.

28. [*21*] （威拉德·奎因，1952）如果 $f(x_1, \ldots, x_n)$ 是带有素蕴涵元 $p_1, \ldots, p_q$ 的布尔函数，令 $g(y_1, \ldots, y_q) = \bigwedge_{f(x)=1} \bigvee\{y_j \mid p_j(x) = 1\}$. 例如，"随机"函数 (22) 在式 (28) 的 8 个点为真，而且它有由式 (29) 和 (30) 给出的 5 个素蕴涵元. 所以，在这种情况 $g(y_1, \ldots, y_5)$ 是

$(y_1 \lor y_2) \land (y_1) \land (y_2 \lor y_3) \land (y_4) \land (y_3 \lor y_5) \land (y_5) \land (y_5) \land (y_4 \lor y_5) = (y_1 \land y_2 \land y_4 \land y_5) \lor (y_1 \land y_3 \land y_4 \land y_5)$.

证明：f 的每个最短析取范式表达式对应于单调函数 g 的一个素蕴涵元.

29. [*22*] （下面几道习题专门讨论处理布尔函数的蕴涵元的算法，它们把 n 立方的点表示成 n 位二进制数 $(b_{n-1}\ldots b_1 b_0)_2$ 而不是二进制位串 $x_1 \ldots x_n$.）给定一个二进制位的位置 j，并给定 n 位二进制值 $v_0 < v_1 < \cdots < v_{m-1}$，说明如何求出按 k 的增序的所有数对 (k, k')，它们满足 $0 \leq k < k' < m$ 和 $v_{k'} = v_k \oplus 2^j$. 如果对 n 位二进制字的按位运算需要常数时间，你的算法的运行时间应是 $O(m)$.

▶ **30.** [*27*] 正文指出，可以把布尔函数的蕴涵元看成 01*0* 这样的包含在使函数为真的所有点集 V 内的子立方. 每个子立方可以表示成一对二进制数 $a = (a_{n-1}\ldots a_0)_2$ 和 $b = (b_{n-1}\ldots b_0)_2$，其中 a 记载星号的位

置，b 记载非星号的二进制位 1 的位置．例如，数 $a = (00101)_2$ 和 $b = (01000)_2$ 代表子立方 $c = 01*0*$．我们总有 $a \& b = 0$．

一个子立方的"j-伙伴"定义如下：当 $a_j = 0$ 时，把 b 改成 $b \oplus 2^j$．例如，$01*0*$ 有三个伙伴，即它的 4-伙伴 $11*0*$、3-伙伴 $00*0*$ 和 1-伙伴 $01*1*$．对于每个子立方 $c \subseteq V$，可以赋予一个标记值 $(t_{n-1} \ldots t_0)_2$，其中，$t_j = 1$ 当且仅当 c 的 j-伙伴是确定的并且包含在 V 内．按照这个定义，c 代表一个最大子立方（因此是一个素蕴涵元），当且仅当它的标记为 0．

利用这些概念设计一个算法，求给定集合 V 的全部最大子立方 (a, b)，其中 V 是用 m 个 n 位二进制数 $v_0 < v_1 < \cdots < v_{m-1}$ 表示的．

▶ **31.** [28] 习题 30 中的算法需要一个布尔函数为真的所有点的完整表，而且那张表可能相当长．所以，我们宁愿直接处理子立方而不降至显式 n 元组的层次，除非确实需要．这种高层处理方法的核心是子立方 c 和 c' 之间的合意方的概念，合意方用 $c \sqcup c'$ 表示，定义为满足

$$c'' \subseteq c \cup c', \qquad c'' \not\subseteq c, \qquad c'' \not\subseteq c'$$

的最大子立方 c''．这样的 c'' 不是始终存在的．例如，如果 $c = 000*$ 且 $c' = *111$，那么包含在 $c \cup c'$ 中的每个子立方不是包含在 c 中就是包含在 c' 中．

(a) 证明：当存在合意方时，可以在每个坐标位置用下述公式逐个分量计算它：

$$x \sqcup x = x \sqcup * = * \sqcup x = x \quad \text{和} \quad x \sqcup \bar{x} = * \sqcup * = *, \qquad \text{对于 } x = 0 \text{ 和 } x = 1.$$

此外，存在 $c \sqcup c'$，当且仅当刚好在一个分量的计算中使用了规则 $x \sqcup \bar{x} = *$．

(b) 一个带 k 个星号的子立方称为 k 立方．证明：如果 c 是 k 立方，c' 是 k' 立方，而且存在合意方 $c'' = c \sqcup c'$，那么 c'' 是 k'' 立方，其中 $1 \leq k'' \leq \min(k, k') + 1$．

(c) 如果 C 和 C' 是子立方族，令

$$C \sqcup C' = \{c \sqcup c' \mid c \in C, \ c' \in C', \ \text{而且存在 } c \sqcup c'\}.$$

说明下面的算法是行之有效的．

算法 E（求最大子立方）．给定 n 立方的子立方族 C，算法输出 $V = \bigcup_{c \in C} c$ 的最大子立方，而不实际计算集合 V 本身．

E1. [初始化．] 置 $j \leftarrow 0$．删除 C 中任何一个包含在另一个子立方中的子立方 c．

E2. [终结？]（此时，每个 $\subseteq V$ 的 j 立方包含在 C 的某个元素中，而且 C 不包含满足 $k < j$ 的 k 立方．）如果 C 是空族，终止算法．

E3. [取合意方．] 置 $C' \leftarrow C \sqcup C$，并且从 C' 中删除那些 $k \leq j$ 的 k 立方的所有子立方．当执行这项计算时，还要输出任何这样的 j 立方 $c \in C$：对它而言 $c \sqcup C$ 不产生 C' 的 $(j+1)$ 立方．

E4. [前进．] 置 $C \leftarrow C \cup C'$，但从这个并族删除全部 j 立方．然后删除任何一个包含在另一个子立方中的子立方 $c \in C$．置 $j \leftarrow j + 1$，转到 E2． ∎

（执行这些计算的有效方法见习题 7.1.3–142．）

▶ **32.** [M29] 令 $c_1, \ldots, c_m$ 是 n 立方的子立方．

(a) 证明：$c_1 \cup \cdots \cup c_m$ 最多包含一个最大子立方 c，对于任何的 $j \in \{1, \ldots, m\}$，它不包含在 $c_1 \cup \cdots \cup c_{j-1} \cup c_{j+1} \cup \cdots \cup c_m$ 中．（如果 c 存在，我们称它为 $c_1, \ldots, c_m$ 的广义合意方，因为在习题 31 的记号中当 $m = 2$ 时有 $c = c_1 \sqcup c_2$．）

(b) 求一组 m 个子立方，对它们而言，$\{c_1, \ldots, c_m\}$ 的 $2^m - 1$ 个非空子集的每一个都有广义合意方．

(c) 证明：具有 m 个蕴涵元的析取范式最多有 $2^m - 1$ 个素蕴涵元．

(d) 求具有 m 个蕴涵元和 $2^m - 1$ 个素蕴涵元的析取范式．

33. [M21] 假定 $f(x_1, \ldots, x_n)$ 恰好是在 m 个点为真的 $\binom{2^n}{m}$ 个布尔函数之一．如果 f 是随机选择的，那么，(a) 小项 $x_1 \wedge \cdots \wedge x_k$ 是 f 的蕴涵元的概率有多大？(b) 它也是 f 的素蕴涵元的概率有多大？［用和的形式给出 (b) 的答案，但是当 $k = n$ 时用闭合式计算它．］

▶ **34.** [HM37] 续习题 33，令 $c(m, n)$ 是蕴涵元的平均总数，令 $p(m, n)$ 是素蕴涵元的平均总数.

(a) 如果 $0 \le m \le 2^n/n$，证明：$m \le c(m, n) \le \frac{3}{2}m + O(m/n)$，$p(m, n) \ge me^{-1} + O(m/n)$. 因此，在这个值域内 $p(m, n) = \Theta(c(m, n))$.

(b) 现在令 $2^n/n \le m \le (1 - \epsilon)2^n$，其中 ϵ 是一个固定的正常数. 数 t 和 α_{mn} 由关系式

$$n^{-4/3} \le \left(\frac{m}{2^n}\right)^{2^t} = \alpha_{mn} < n^{-2/3}, \qquad t \text{ 为整数}$$

定义. 用 n, t, α_{mn} 表示 $c(m, n)$ 和 $p(m, n)$ 的渐近值. [提示：证明几乎所有蕴涵元恰好带有 $n-t$ 或 $n-t-1$ 个字面值.]

(c) 估计当 $m = 2^{n-1}$，$n = \lfloor(\ln t - \ln \ln t)2^{2^t}\rfloor$（$t$ 为整数）时 $c(m, n)/p(m, n)$ 的值.

(d) 证明：当 $m \le (1 - \epsilon)2^n$ 时，$c(m, n)/p(m, n) = O(\log\log n/\log\log\log n)$.

▶ **35.** [M25] 如果析取范式的蕴涵元对应于不相交的子立方，就称它是正交的. 当对习题 13 的可靠性多项式进行计算或者估值时，正交析取范式特别有用.

每个函数的全析取范式显然是正交的，因为它的子立方是单个点的子立方. 但我们经常能够找到具有很少蕴涵元的正交析取范式，尤其当布尔函数是单调函数时. 例如，函数 $(x_1 \wedge x_2) \vee (x_2 \wedge x_3) \vee (x_3 \wedge x_4)$ 在 8 个点为真，而且它有正交析取范式

$$(x_1 \wedge x_2) \vee (\bar{x}_1 \wedge x_2 \wedge x_3) \vee (\bar{x}_2 \wedge x_3 \wedge x_4).$$

换句话说，交叠子立方 11**, *11*, **11 可以用不相交的子立方 11**, 011*, *011 代替. 用习题 30 中子立方的二进制记号，这几个子立方具有星号码 0011, 0001, 1000 和位码 1100, 0110, 0011.

当星号码分别是 $\bar{B}_1, \ldots, \bar{B}_p$ 时，每个单调函数可以用一个位码表 $B_1, \ldots, B_p$ 定义. 给定这样一个表，对于位叠加和 $\nu(B_j \& \bar{B}_k) = 1$ 的所有 $1 \le j < k$，令 B_k 的"影子" S_k 是 $B_j \& \bar{B}_k$ 的按位 OR：

$$S_k = \beta_{1k} \mid \cdots \mid \beta_{(k-1)k}, \quad \beta_{jk} = ((B_j \& \bar{B}_k) \oplus ((B_j \& \bar{B}_k) - 1)) \doteq ((B_j \& \bar{B}_k) - 1).$$

例如，当位码为 $(B_1, B_2, B_3) = (1100, 0110, 0011)$ 时，按照这个顺序，我们得到影子码 $(S_1, S_2, S_3) = (0000, 1000, 0100)$.

(a) 证明：星号码 $A'_j = \bar{B}_j - S_j$ 和位码 B_j 定义的子立方，覆盖带星号码 $A_j = \bar{B}_j$ 的子立方的同样点集.

(b) 如果对于所有的 $1 \le j < k \le p$，$B_j \& S_k$ 是非零的，则称位码表 $B_1, \ldots, B_p$ 为一个剥壳. 例如，$(1100, 0110, 0011)$ 是一个剥壳；但是如果按照 $(1100, 0011, 0110)$ 的顺序排列这三个位码，那么当 $j = 1$ 和 $k = 2$ 时丧失剥壳条件，尽管我们的确有 $S_3 = 1001$. 证明：当且仅当位码表是一个剥壳时，(a) 中定义的子立方是不相交的.

(c) 按照定理 Q，当我们用这种方式表示一个单调布尔函数时，每个素蕴涵元必定出现在这些位码 B 中间. 但是，如果我们想要子立方是不相交的，那么有时需要添加额外的蕴涵元. 例如，不存在位码 1100 和 0011 的剥壳. 然而，请证明：通过添加一个或多个位码，我们可以得到 $(x_1 \wedge x_2) \vee (x_3 \wedge x_4)$ 这个函数的剥壳. 得到的正交析取范式是什么？

(d) 排列位码 $\{11000, 01100, 00110, 00011, 11010\}$，获得一个剥壳.

(e) 对位码集 $\{110000, 011000, 001100, 000110, 000011\}$ 添加两个位码，使之成为可剥壳的位码表.

36. [M21] 续习题 35，令 f 为任意不恒等于 1 的单调布尔函数. 证明：当按递减的字典序排列时，位向量的集合

$$B = \{x \mid f(x) = 1 \text{ 且 } f(x') = 0\}, \qquad x' = x \& (x-1)$$

是可剥壳的.（向量 x' 是从 x 中把最右边的 1 改成 0 得到的. ）例如，对于函数 $(x_1 \wedge x_2) \vee (x_3 \wedge x_4)$，这个方法从位码表 $(1100, 1011, 0111, 0011)$ 产生一个正交析取范式.

▶ **37.** [M31] 对于具有 $2^n - 1$ 个蕴涵元的布尔函数 $(x_1 \wedge x_2) \vee (x_3 \wedge x_4) \vee \cdots \vee (x_{2n-1} \wedge x_{2n})$，求一个可剥壳的析取范式，并证明这个函数不存在更少蕴涵元的正交析取范式.

38. [05] 检验析取范式表示的函数的可满足性困难吗？

▶ **39.** [25] 假定 $f(x_1, \ldots, x_n)$ 是一棵表示成具有 N 个内部结点和 $N+1$ 个叶结点的扩展二叉树的布尔公式，其中 $N > 0$. 每个叶结点用一个变量 x_k 标记，每个内部结点用表 1 中的 16 个二元运算符之一标记. 运用从底到顶的算符产生作为根的值的 $f(x_1, \ldots, x_n)$.

说明如何构造用 3CNF 表示的恰好有 $4N+1$ 个子句的公式 $F(x_1, \ldots, x_n, y_1, \ldots, y_N)$，它满足 $f(x_1, \ldots, x_n) = \exists y_1 \ldots \exists y_N F(x_1, \ldots, x_n, y_1, \ldots, y_N)$.（因此，$f$ 是可满足的当且仅当 F 是可满足的.）

40. [23] 给定一个无向图 G，构造关于布尔变量 $\{p_{uv} \mid u \neq v\} \cup \{q_{uvw} \mid u \neq v, u \neq w, v \neq w, u \not\!\!- w\}$ 的下列子句，其中 u, v, w 表示 G 的顶点：

$$A = \bigwedge \{(p_{uv} \vee p_{vu}) \wedge (\bar{p}_{uv} \vee \bar{p}_{vu}) \mid u \neq v\};$$
$$B = \bigwedge \{(\bar{p}_{uv} \vee \bar{p}_{vw} \vee p_{uw}) \mid u \neq v, u \neq w, v \neq w\};$$
$$C = \bigwedge \{(\bar{q}_{uvw} \vee p_{uv}) \wedge (\bar{q}_{uvw} \vee p_{vw}) \wedge (q_{uvw} \vee \bar{p}_{uv} \vee \bar{p}_{vw}) \mid u \neq v, u \neq w, v \neq w, u \not\!\!- w\};$$
$$D = \bigwedge \{(\bigvee_{v \notin \{u,w\}} (q_{uvw} \vee q_{wvu})) \mid u \neq w, u \not\!\!- w\}.$$

证明：公式 $A \wedge B \wedge C \wedge D$ 是可满足的，当且仅当 G 有一条哈密顿路径. 提示：把 p_{uv} 看作命题 $u < v$.

41. [20] （鸽巢原理）设想圣塞里夫岛[①]上栖息着 m 只鸽子，并有 n 个鸽巢. 求一个合取范式：它是可满足的，当且仅当每只鸽子能独占至少一个鸽巢.

42. [20] 求一个不可满足的短合取范式，它不完全是平凡的，全部由也是克罗姆子句的霍恩子句组成.

43. [20] 对于一个全部由霍恩子句或克罗姆子句或两者混合组成的合取范式，是否存在判定可满足性的有效方法？

44. [M23] 仔细观察式 (33) 中的蕴涵元，完成定理 H 的证明.

45. [M20] (a) 证明 n 变量霍恩函数恰好有半数是确定的. (b) 证明 n 变量霍恩函数多于 n 变量单调函数（除非 $n = 0$）.

46. [20] 在上下文无关文法 (34) 的 11×11 个字符配对 **xy** 中，哪些配对可能彼此紧挨着出现？

47. [20] 像在算法 2.2.3T（拓扑排序）中那样给出满足 $1 \leq j, k \leq n$ 的关系序列 $j \prec k$，考虑子句

$$x_{j_1} \wedge \cdots \wedge x_{j_t} \Rightarrow x_k, \qquad 1 \leq k \leq n,$$

其中 $\{j_1, \ldots, j_t\}$ 是满足 $j_i \prec k$ 的元素的集合. 比较算法 C 与算法 2.2.3T 关于这些子句的特性.

▶ **48.** [21] 检验一组霍恩子句可满足性的理想方法是什么？

49. [22] 如果 $f(x_1, \ldots, x_n)$ 和 $g(x_1, \ldots, x_n)$ 这两个函数都是用合取范式的霍恩子句定义的，证明：对于所有的 $x_1, \ldots, x_n$ 存在一种检验 $f(x_1, \ldots, x_n) \leq g(x_1, \ldots, x_n)$ 是否成立的简易方法.

50. [HM42] 可能的 n 变量霍恩子句有 $(n+2)2^{n-1}$ 个. 用允许重复的方式随机选择它们中的 $c \cdot 2^n$ 个，其中 $c > 0$. 令 $P_n(c)$ 为选出的所有霍恩子句都是可满足的概率. 证明

$$\lim_{n \to \infty} P_n(c) = 1 - (1 - e^{-c})(1 - e^{-2c})(1 - e^{-4c})(1 - e^{-8c}) \ldots.$$

▶ **51.** [22] 大量的双人竞技游戏可以通过设定一个有向图来定义，其中每个顶点表示一个游戏状态. 游戏的两位参赛者是 Alice 和 Bob. 他们从某个特定顶点开始并且轮流一次画一段弧延伸路径，用这种方式构造一条定向路径. 在游戏开始前，已经把每个顶点标记为 A（指 Alice 获胜），或者标记为 B（指 Bob 获胜），或者标记为 C（指 Cat 获胜，即平局[②]），或者未加标记.

当路径延伸到带标记 A 或标记 B 的顶点 v 时，那位参赛者获胜. 同一位参赛者如果已经在先前的移动中造访过顶点 v，则终止游戏而不分胜负. 如果顶点 v 标记为 C，当前参赛者可以选择接受平局；否则，他或她必须选择一段引出弧延伸路径，同时另一位参赛者成为当前参赛者.（如果 v 是一个未加标记的出度为 0 的顶点，那么当前参赛者告输.）

---

① 1977 年 4 月 1 日愚人节，英国《卫报》发行了一份长达 7 页的增刊，描述了一个名为圣塞里夫（San Serriffe）的虚拟岛国. 参见：https://en.wikipedia.org/wiki/San_Serriffe. ——编者注

② 在九宫游戏中，Cat 获胜意为不分胜负，见 7.1.2 节. ——译者注

把 4 个命题变元 $A^+(v)$, $A^-(v)$, $B^+(v)$, $B^-(v)$ 同图的每个顶点 v 联系起来，说明如何构造这样一组确定的霍恩子句，使得：$A^+(v)$ 处于核心内，当且仅当路径从 v 开始而且由 Alice 首先移动时她能获胜；$A^-(v)$ 处于核心内，当且仅当在上述条件下 Bob 能获胜；$B^+(v)$ 和 $B^-(v)$ 类似于 $A^+(v)$ 和 $A^-(v)$，但角色互换.

52. [25]（布尔游戏）任何一个布尔函数 $f(x_1, \ldots, x_n)$ 以如下规则生成一种所谓的"进两步或退一步"的游戏：有两位参赛者 0 和 1，他们重复对变量 x_j 赋值，参赛者 y 试图使 $f(x_1, \ldots, x_n)$ 等于 y. 最初，所有变量都是未赋值的，变量的位置标记 m 为 0. 参赛者轮流上阵，当前参赛者或者置 $m \leftarrow m+2$（如果 $m+2 \leq n$），或者置 $m \leftarrow m-1$（如果 $m-1 \geq 1$），然后置

$$\begin{cases} x_m \leftarrow 0 \text{ 或 } 1, & \text{如果 } x_m \text{ 先前未赋值;} \\ x_m \leftarrow \bar{x}_m, & \text{如果 } x_m \text{ 先前已赋值.} \end{cases}$$

一旦全部变量都赋值了，游戏即告结束，这时 $f(x_1, \ldots, x_n)$ 为获胜者. 如果两次达到同样状态（包括 m 的值），宣告平局. 请注意，在任何时刻最多只有 4 种可能的移动.

按照下面 4 种情况考察该游戏在 $2 \leq n \leq 9$ 时的例子：

(a) $f(x_1, \ldots, x_n) = [x_1 \ldots x_n < x_n \ldots x_1]$（按字典序）;

(b) $f(x_1, \ldots, x_n) = x_1 \oplus \cdots \oplus x_n$;

(c) $f(x_1, \ldots, x_n) = [x_1 \ldots x_n$ 不含连续的 1];

(d) $f(x_1, \ldots, x_n) = [(x_1 \ldots x_n)_2$ 是素数$]$.

53. [23] 说明唯有对 (a) Tomlin; (b) Unwin; (c) Vegas; (d) Xie; (e) Yankovic; (f) Zany 的要求做某种改变，才能对式 (37) 中无法实现的喜剧节日程做出安排.

54. [20] 假定 $S = \{u_1, u_2, \ldots, u_k\}$ 是有向图的某个强分图的字面值集合，该有向图对应于图 6 的一个 2CNF 公式. 证明：S 既包含一个变量又包含它的补，当且仅当对于某个 j（$2 \leq j \leq k$）有 $u_j = \bar{u}_1$.

▶ **55.** [30] 如果存在布尔常数 $y_1, \ldots, y_n$ 使得 $f(x_1 \oplus y_1, \ldots, x_n \oplus y_n)$ 是霍恩函数，则称 $f(x_1, \ldots, x_n)$ 为重新命名的霍恩函数.

(a) 给定用 CNF 表示的 $f(x_1, \ldots, x_n)$，说明如何构造用 2CNF 表示的 $g(y_1, \ldots, y_n)$，使得 $f(x_1 \oplus y_1, \ldots, x_n \oplus y_n)$ 的子句是霍恩子句当且仅当 $g(y_1, \ldots, y_n) = 1$.

(b) 设计一个算法，对于给定的长度为 m 的 CNF，用 $O(m)$ 步判定是否可以通过对变量的某个子集取补来把所有子句改变成霍恩子句.

▶ **56.** [20] 布尔函数 $f(x_1, x_2, \ldots, x_n)$ 的可满足性问题，从形式上可以表述为量化公式

$$\exists x_1 \exists x_2 \ldots \exists x_n f(x_1, x_2, \ldots, x_n)$$

是否为真的问题，这里的 $\exists x_j \alpha$ 是指"存在布尔值 x_j 使得 α 成立".

当我们用全称量词 $\forall x_j$ 代替一个或者多个存在量词 $\exists x_j$ 时，会出现更多的一般估值问题，其中 $\forall x_j \alpha$ 是指"对于所有的布尔值 x_j, α 成立".

当 $f(x, y, z) = (x \vee y) \wedge (\bar{x} \vee z) \wedge (y \vee \bar{z})$ 时，8 个量化公式 $\exists x \exists y \exists z f(x, y, z)$, $\exists x \exists y \forall z f(x, y, z)$, $\ldots$, $\forall x \forall y \forall z f(x, y, z)$ 中的哪些公式为真？

▶ **57.** [30]（本特·阿斯普瓦尔、迈克尔·普拉斯和塔扬）续习题 56，设计一个算法，当 f 是用 2CNF 表示的任何公式（克罗姆子句的任何合取）时，用线性时间判定一个给定的全量化公式 $f(x_1, \ldots, x_n)$ 是否为真.

▶ **58.** [37] 续习题 57，设计一个有效算法，判定给定的霍恩子句的全量化合取是否为真.

▶ **59.** [M20]（优素福·佩胡舍克和拉南·弗拉尔，1997）如果 $f(x_1, x_2, \ldots, x_n)$ 的真值表恰好在 k 处为 1，证明：全量化公式 $Qx_1 Qx_2 \ldots Qx_n f(x_1, x_2, \ldots, x_n)$ 恰好有 k 个公式当每个 Q 是 $\exists$ 或 $\forall$ 时为真.

60. [12] 下列表达式中哪些产生式 (43) 定义的中位数 $\langle xyz \rangle$？

(a) $(x \wedge y) \oplus (y \wedge z) \oplus (x \wedge z)$.　(b) $(x \vee y) \oplus (y \vee z) \oplus (x \vee z)$.　(c) $(x \oplus y) \wedge (y \oplus z) \wedge (x \oplus z)$.

(d) $(x \equiv y) \oplus (y \equiv z) \oplus (x \equiv z)$.　(e) $(x \bar{\wedge} y) \wedge (y \bar{\wedge} z) \wedge (x \bar{\wedge} z)$.　(f) $(x \bar{\wedge} y) \vee (y \bar{\wedge} z) \vee (x \bar{\wedge} z)$.

61. [*13*] 判别真假: 如果 ∘ 是表 1 中的二元运算符, 那么我们有分配律 $w \circ \langle xyz \rangle = \langle (w \circ x)(w \circ y)(w \circ z) \rangle$.

62. [*25*] (克雷奇·申斯特德) 如果 $f(x_1, \ldots, x_n)$ 是单调布尔函数且 $n \geq 3$, 证明中位数展开公式

$$f(x_1, \ldots, x_n) = \langle f(x_1, x_1, x_3, x_4, \ldots, x_n) f(x_1, x_2, x_2, x_4, \ldots, x_n) f(x_3, x_2, x_3, x_4, \ldots, x_n) \rangle.$$

63. [*20*] 等式 (49) 说明如何通过三元素中位数计算五元素中位数. 反过来, 我们能够用计算五元素中位数的子程序计算 $\langle xyz \rangle$ 吗?

64. [*23*] (小谢尔登·埃克斯)(a) 证明: 布尔函数 $f(x_1, \ldots, x_n)$ 是单调的自对偶函数, 当且仅当它满足下列条件:

对于所有 $x = x_1 \ldots x_n$ 和 $y = y_1 \ldots y_n$, 存在满足 $f(x) = x_k$ 且 $f(y) = y_k$ 的 k.

(b) 假定 f 对于某些值是未定的, 但是, 当 $f(x)$ 和 $f(y)$ 都有定义时所述条件成立. 证明: 存在一个单调的自对偶布尔函数 g, 对它而言, 当 $f(x)$ 有定义时 $g(x) = f(x)$.

▶ **65.** [*M21*] $\{1, 2, \ldots, n\}$ 的任何子集 X 通过规则 $x_j = [j \in X]$ 对应于一个二进制向量 $x = x_1 x_2 \ldots x_n$. 同时, 这种子集的任何族 $\mathcal{F}$ 通过规则 $f(x) = [X \in \mathcal{F}]$ 对应于一个 n 变量布尔函数 $f(x) = f(x_1, x_2, \ldots, x_n)$. 所以, 关于子集族的每个命题对应于关于布尔函数的命题, 反之亦然.

如果每当 $X, Y \in \mathcal{F}$ 时有 $X \cap Y \neq \emptyset$, 那么, 子集族 $\mathcal{F}$ 称为交汇的. 如果试图添加另一个子集时交汇族将丧失这种性质, 就说这个交汇族是极大的. 证明: $\mathcal{F}$ 是极大交汇族, 当且仅当对应的布尔函数 f 是单调自对偶函数.

▶ **66.** [*M25*] $\{1, \ldots, n\}$ 的一个小族团是称为法定子集的子集族 $\mathcal{C}$, 它具有如下性质: 当 $Q \in \mathcal{C}$ 且 $Q' \in \mathcal{C}$ 时有 (i) $Q \cap Q' \neq \emptyset$; (ii) $Q \subseteq Q'$ 蕴涵 $Q = Q'$. 小族团 $\mathcal{C}$ 支配小族团 $\mathcal{C}'$ 是指 $\mathcal{C} \neq \mathcal{C}'$, 而且对于每个 $Q' \in \mathcal{C}'$, 存在一个 $Q \in \mathcal{C}$ 且 $Q \subseteq Q'$. 例如, 小族团 $\{\{1,2\}, \{2,3\}\}$ 受 $\{\{1,2\}, \{1,3\}, \{2,3\}\}$ 支配, 也受 $\{\{2\}\}$ 支配. [小族团是在以下两篇经典论文中引入的: 莱斯利·兰伯特, *CACM* **21** (1978), 558–565; 埃克托尔·加西亚-莫利纳和米利亚·芭芭拉, *JACM* **32** (1985), 841–860. 它们在包括互斥、数据复制和名字服务器等的分布式系统协议中有着许多应用. 在这些应用中, 小族团多半是支配性的.]

证明: $\mathcal{C}$ 是非支配性的小族团, 当且仅当它的法定子集是单调自对偶布尔函数 $f(x_1, \ldots, x_n)$ 的素蕴涵元中变量的下标集. (因此表 2 说明 $\{1, 2, 3, 4\}$ 上的非支配性小族团.)

▶ **67.** [*M30*] (约翰·米尔诺和克雷奇·申斯特德) 一个 n 阶三角形网格包含带有非负 "重心坐标" xyz 的 $(n+2)(n+1)/2$ 个格点, 其中 $x + y + z = n$ (右图表示 $n = 3$ 的网格). 如果两个点刚好在两个坐标位置相差 ± 1, 那么它们是邻接的. 如果一个点的 x 坐标为 0, 说它落在 x 边上; 如果 y 坐标为 0, 说它落在 y 边上; 如果 z 坐标为 0, 说它落在 z 边上. 因此, 每条边包含 $n+1$ 个点. 如果 $n > 0$, 一个点落在不同的两边上当且仅当它占据三个角点位置之一.

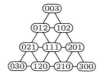

一个 "Y" 形点集是在每一边上至少有一点的连通集. 假定在三角形网格的每个顶点上用一枚白石子或黑石子覆盖. 例如, 在右图的 52 枚黑石子中含有一个 (略微扭曲的) Y 形点集; 但是, 如果把它们中的黑石子换成白石子, 反而出现一个白色的 Y 形点集. 稍加思索从直观上就会明白, 在任何布局中, 黑石子包含一个 Y 形点集当且仅当白石子不包含 Y 形点集.

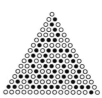

我们可以用布尔变量代表石子的颜色, 例如用 0 表示白色和用 1 表示黑色. 假定 $Y(t) = 1$ 当且仅当存在一个黑 Y, 其中 t 是由全部布尔变量构成的一个三角形网格. 这个函数 Y 显然是单调函数; 同时, 上一段提到的直观断言等价于 Y 也是自对偶的说法. 本习题的目的在于利用中位数代数对断言做严格证明.

给定 $a, b, c \geq 0$, 令 t_{abc} 是包含坐标 xyz 满足 $x \geq a$, $y \geq b$, $z \geq c$ 的全部点的三角形子网格. 例如, t_{001} 表示除 z 边 (底行) 上的点外的所有点. 注意, 如果 $a + b + c = n$, 则 t_{abc} 是坐标为 abc 的单个点. 一般情况下, t_{abc} 是 $n - a - b - c$ 阶的三角形网格.

(a) 如果 $n > 0$, 令 t^* 是由对于 $x + y + z = n - 1$ 的规则

$$t^*_{xyz} = \langle t_{(x+1)yz} t_{x(y+1)z} t_{xy(z+1)} \rangle$$

定义的 $n-1$ 阶的三角形网格. 证明 $Y(t) = Y(t^*)$. [换句话说, t^* 通过对每个石子小三角形取其颜色的中位数聚合它们. 重复此过程定义一座顶端为黑石子的金字塔, 当且仅当底部网格有一个黑 Y. 对上面扭曲的 Y 应用这个凝聚原理是很有趣的.]

(b) 证明: 如果 $n > 0$, 则我们有 $Y(t) = \langle Y(t_{100})Y(t_{010})Y(t_{001})\rangle$.

68. [*46*] 上题所示的非常罕见的 Y 形构图有 52 枚黑石子. 在这种构图中, 黑石子可以达到的最大数量是多少? (即函数 $Y(t)$ 的一个素蕴涵元中可能有多少变量?)

▶ **69.** [*M26*] (克雷奇·申斯特德) 习题 67 通过三角形网格的顶点颜色的中位数表示函数 Y. 反之, 假定 $f(x_1, \ldots, x_n)$ 是具有 $m+1$ 个素蕴涵元 $p_0, p_1, \ldots, p_m$ 的任意单调自对偶布尔函数. 证明: $f(x_1, \ldots, x_n) = Y(T)$, 其中 T 是任意 $m-1$ 阶的三角形网格, 网格的 T_{abc} 是对于 $a + b + c = m - 1$ 的 p_a 和 p_{a+b+1} 的公共变量. 例如, 当 $f(w, x, y, z) = \langle xwywz\rangle$ 时, 我们有 $m = 3$ 以及

$$f(w, x, y, z) = (w \wedge x) \vee (w \wedge y) \vee (w \wedge z) \vee (x \wedge y \wedge z) = Y\begin{pmatrix} & w & \\ & w & \\ x & y & z \end{pmatrix}.$$

▶ **70.** [*M20*] (阿龙·迈耶罗维茨, 1989) 给定任意的单调自对偶布尔函数 $f(x) = f(x_1, \ldots, x_n)$, 选择任意的素蕴涵元 $x_{j_1} \wedge \cdots \wedge x_{j_s}$, 令

$$g(x) = (f(x) \wedge [x \neq t]) \vee [x = \bar{t}],$$

其中 $t = t_1 \ldots t_n$ 是在位置 $\{j_1, \ldots, j_s\}$ 有 1 的位向量. 证明: $g(x)$ 也是单调自对偶函数. (请注意: 除了在 t 和 $\bar{t}$ 这两点, $g(x)$ 与 $f(x)$ 是相等的.)

▶ **71.** [*M21*] 给定中位数代数公理 (50)–(52), 证明: 长分配律 (54) 是短分配律 (53) 的推论.

72. [*M22*] 由中位数定律 (50)–(53) 推导中位数定律 (58)–(60).

73. [*M32*] (舍温·阿万) 给定中位数代数 M, 它的区间由式 (57) 定义, 它对应的中位数图由式 (61) 定义, 令 $d(u, v)$ 表示从 u 到 v 的距离. 此外, 令 $[uxv]$ 代表命题 "x 位于从 u 到 v 的一条最短的路径上".

(a) 证明: $[uxv]$ 成立, 当且仅当 $d(u, v) = d(u, x) + d(x, v)$.

(b) 假定 $x \in [u..v], u \in [x..y]$, 其中 $x \neq u$ 且 $y \text{ --- } v$ 是中位数图的边. 证明: $x \text{ --- } u$ 也是一条边.

(c) 如果 $x \in [u..v]$, 通过对 $d(u, v)$ 用归纳法证明 $[uxv]$.

(d) 反之, 证明: $[uxv]$ 蕴涵 $x \in [u..v]$.

74. [*M21*] 证明: 在中位数代数中, 按照定义 (57), 如果 $w \in [x..y]$ 且 $w \in [x..z]$ 且 $w \in [y..z]$, 则我们有 $w = \langle xyz\rangle$.

▶ **75.** [*M36*] (马洛·肖兰德, 1954) 假定 M 是一个点集, 具有 "x 在 u 和 v 之间" 的居间关系 (记为 $[uxv]$), 这种关系满足以下三条公理:

(i) 如果 $[uvu]$, 那么 $u = v$.

(ii) 如果 $[uxv]$ 且 $[xyu]$, 那么 $[vyu]$.

(iii) 给定 x, y, z, 恰好有一点 $w = \langle xyz\rangle$ 满足 $[xwy], [xwz], [ywz]$.

本题的目的在于证明 M 是中位数代数.

(a) 证明过半数定律 (50): $\langle xxy\rangle = x$.

(b) 证明交换律 (51): $\langle xyz\rangle = \langle xzy\rangle = \cdots = \langle zyx\rangle$.

(c) 证明: $[uxv]$ 当且仅当 $x = \langle uxv\rangle$.

(d) 证明: 如果 $[uxy]$ 且 $[uyv]$, 则我们有 $[xyv]$.

(e) 证明: 如果 $[uxv]$ 且 $[uyz]$ 且 $[vyz]$, 则我们有 $[xyz]$. 提示: 建立点 $w = \langle yuv\rangle$, $p = \langle wux\rangle$, $q = \langle wvx\rangle$, $r = \langle pxz\rangle$, $s = \langle qxz\rangle$, $t = \langle rsz\rangle$.

(f) 最后, 推导短分配律 (53): $\langle\langle xyz\rangle uv\rangle = \langle x\langle yuv\rangle\langle zuv\rangle\rangle$.

76. [*M33*] 令 $[uxv]$ 是 $x = \langle uxv\rangle$ 的缩写, 从中位数代数公理 (50)–(52) 开始, 不使用分配律 (53), 推导习题 75 的居间公理 (i)(ii)(iii). 提示: 见习题 74.

77. [*M28*] 令 G 为包含边 $r \rule[0.5ex]{1em}{0.4pt} s$ 的中位数图. 对于每条边 $u \rule[0.5ex]{1em}{0.4pt} v$,称 u 为 v 的先邻近,当且仅当 r 离 u 比离 v 更近. 把顶点分拆成"左"部和"右"部,其中左部的顶点离 r 比 s 更近,右部的顶点离 s 比 r 更近. 每个右部顶点 v 有一个秩,它是从 v 到一个左部顶点的最短距离. 同样,每个左部顶点 u 有一个秩 $1-d$,其中 d 是从 u 到一个右部顶点的最短距离. 这样 u 有一个 0 秩,如果它同一个右部顶点是邻接的,否则它的秩是负值. 显然,顶点 r 的秩为 0,而 s 的秩为 1.

    (a) 证明每个秩为 1 的顶点恰好同一个秩为 0 的顶点邻接.

    (b) 证明全体右部顶点的集合是凸集.

    (c) 证明全体秩为 1 的顶点的集合是凸集.

    (d) 证明子程序 I 的步骤 I3–I9 正确标记秩为 1 和 2 的全部顶点.

    (e) 证明算法 H 是正确的.

▶ **78.** [*M26*] 如果在算法 H 执行过程中顶点 v 在步骤 I4 被检验 k 次,证明:图至少有 2^k 个顶点. 提示:存在 k 种方式引出从 v 到 a 的最短路径;因此,在 $l(v)$ 中至少出现 k 个 1.

▶ **79.** [*M27*] (葛立恒)超立方的诱导子图是其顶点 v 可以用二进制位串 $l(v)$ 以这样一种方式标记的图:存在边 $u \rule[0.5ex]{1em}{0.4pt} v$ 当且仅当 $l(u)$ 和 $l(v)$ 恰好有一个二进制位不同. (每个标记有相同的长度.)

    (a) 定义超立方的 n 顶点子图的一种方法是,对于 $0 \le v < n$,令 $l(v)$ 是 v 的二进制表示. 证明:这个子图恰好有 $f(n) = \sum_{k=0}^{n-1} \nu(k)$ 条边,其中 $\nu(k)$ 是位叠加函数.

    (b) 证明:$f(n) \le n\lceil \lg n \rceil / 2$.

    (c) 证明:一个超立方不存在边数超过 $f(n)$ 的 n 顶点子图.

80. [*27*] 部分立方是超立方的一个"等距"子图,就是其中顶点之间的距离同它们在全图中一样的子图. 所以,部分立方中的顶点可以用这样一种方式标记:从 u 到 v 的距离是 $l(u)$ 与 $l(v)$ 之间的"汉明距离",即 $\nu(l(u) \oplus l(v))$. 算法 H 表明每个中位数图是一个部分立方.

    (a) 找出一个不是部分立方的 4 立方诱导子图.

    (b) 给出一个不是中位数图的部分立方的例子.

81. [*16*] 每个中位数图都是二部图吗?

82. [*25*] (服务中的递增改变)给定图 G 的一个顶点序列 $(v_0, v_1, \ldots, v_t)$,考虑求另一个顶点序列 $(u_0, u_1, \ldots, u_t)$ 的问题,对于这个序列我们有 $u_0 = v_0$,而且

$$(d(u_0,u_1) + d(u_1,u_2) + \cdots + d(u_{t-1},u_t)) + (d(u_1,v_1) + d(u_2,v_2) + \cdots + d(u_t,v_t))$$

达到最小值,其中 $d(u,v)$ 表示从 u 到 v 的距离. (可以把每个 v_k 看成在那个顶点对所需资源的请求;当那些请求依次被处理时,服务器移动到 u_k.)证明:如果 G 是中位数图,我们可以通过选择 $u_k = \langle u_{k-1} v_k v_{k+1} \rangle$($0 < k < t$)和 $u_t = v_t$ 获得一个最优解.

▶ **83.** [*38*] 推广习题 82,给定任意一个正的比率 ρ,在中位数图中寻找使得

$$(d(u_0,u_1) + d(u_1,u_2) + \cdots + d(u_{t-1},u_t)) + \rho(d(u_1,v_1) + d(u_2,v_2) + \cdots + d(u_t,v_t))$$

取最小值的有效方法.

84. [*30*] 编写一个程序求 5 变量的全部单调自对偶布尔函数. 对应的中位数图的边是什么? (表 2 说明 4 变量的情形.)

▶ **85.** [*M22*] 定理 S 表明,以 2CNF 表示的每个公式对应于一个中位数集合. 因此,如图 6 所示的每个反对称有向图也对应于一个中位数集合. 这些有向图中哪些正好对应于缩减的中位数集合?

86. [*15*] 如果 v, w, x, y, z 属于中位数集合 X,它们按分量计算的五元素中位数 $\langle vwxyz \rangle$ 总是属于 X 吗?

87. [*24*] 定理 F 的证明构建对于自由树 (63) 的何种 CI 网络?

88. [*M21*] 通过让网络 (74) 的每个模块在最早可能的时间投入运行，我们可以利用并行计算把它压缩成

证明：尽管在定理 F 的证明中建立的网络可以包含 $\Omega(t^2)$ 个模块，但它始终需要最多 $O(t \log t)$ 级延迟.

89. [*24*] 当网络结构 (73) 增添一簇新模块以求对某些字面值 u 和 v 强加条件 $u \to v$ 时，证明它保留过去强加的所有条件 $u' \to v'$.

▶ **90.** [*21*] 构建一个带有输入位 $x_1 \ldots x_t$ 和输出位 $y_1 \ldots y_t$ 的 CI 网络，其中 $y_1 = \cdots = y_{t-1} = 0$ 且 $y_t = x_1 \oplus \cdots \oplus x_t$. 试着达到仅有 $O(\log t)$ 级延迟.

91. [*46*] 对于维数 t 的每个中位数图的标记，收缩映射可以通过仅有 $O(\log t)$ 级延迟的 CI 网络计算吗？[这个问题是由于排序的类似问题存在渐近最优网络引起的，见米克洛什·奥伊陶伊、亚诺什·科姆洛什和安德烈·塞迈雷迪，*Combinatorica* **3** (1983), 1–19.]

92. [*46*] 模块数量比不带反向器的"纯"排序网络少的 CI 网络能够排序 n 个布尔量输入吗？

93. [*M20*] 证明：图 G 的每个收缩核 X 是 G 的一个等距子图.（换句话说，X 中的距离与 G 中的距离是相同的，见习题 80.）

94. [*M21*] 证明：如果我们消除对于所有 $x \in X$ 为常数的坐标，那么超立方的每个收缩核 X 是一个中位数标记的集合.

95. [*M25*] 判别真假：当一个比较器-反向器网络的输入涉及所有可能的二进制位串时，它所产生的全部输出的集合总是一个中位数集合.

96. [*HM25*] 在式 (75) 中，我们不坚持 $w_1, w_2, \ldots, w_n$ 和 t 必须是整数，允许它们取任意实数. 门限函数的数量会增加吗？

97. [*10*] 在不等式 (81) 中，当 $n = 2$，$w_1 = w_2 = 1$，$t = -1, 0, 1, 2, 3, 4$ 时出现什么中位数函数或过半数函数？

98. [*M23*] 证明：任何自对偶门限函数可以表示成

$$f(x_1, x_2, \ldots, x_n) = [v_1 y_1 + \cdots + v_n y_n > 0],$$

其中每个 y_j 是 x_j 或者 $\bar{x}_j$. 例如，$2x_1 + 3x_2 + 5x_3 + 7x_4 + 11x_5 + 13x_6 \geq 21$ 当且仅当 $2x_1 + 3x_2 + 5x_3 - 7\bar{x}_4 + 11x_5 - 13\bar{x}_6 > 0$.

▶ **99.** [*20*] （哲尔吉·迈泽伊，1961）证明 $\langle\langle x_1 \ldots x_{2s-1} \rangle y_1 \ldots y_{2t-2}\rangle = \langle x_1 \ldots x_{2s-1} y_1^s \ldots y_{2t-2}^s \rangle$.

100. [*20*] 判别真假：如果 $f(x_1, \ldots, x_n)$ 是门限函数，那么 $f(x_1, \ldots, x_n) \wedge x_{n+1}$ 和 $f(x_1, \ldots, x_n) \vee x_{n+1}$ 也是门限函数.

101. [*M23*] 当 $n \geq 3$ 时，斐波那契门限函数 $F_n(x_1, \ldots, x_n)$ 由公式 $\langle x_1^{F_1} x_2^{F_2} \ldots x_{n-1}^{F_{n-1}} x_n^{F_{n-2}} \rangle$ 定义. 例如，$F_7(x_1, \ldots, x_7) = \langle x_1 x_2 x_3^2 x_4^3 x_5^5 x_6^8 x_7^5 \rangle$.

    (a) $F_n(x_1, \ldots, x_n)$ 的素蕴涵元是什么？

    (b) 求 $F_n(x_1, \ldots, x_n)$ 的正交析取范式（见习题 35）.

    (c) 通过 Y 函数表示 $F_n(x_1, \ldots, x_n)$（见习题 67 和 69）.

102. [*M21*] 公式

$$\hat{f}(x_0, x_1, \ldots, x_n) = (x_0 \wedge f(x_1, \ldots, x_n)) \vee (\bar{x}_0 \wedge \overline{f(\bar{x}_1, \ldots, \bar{x}_n)})$$
$$= (\bar{x}_0 \vee f(x_1, \ldots, x_n)) \wedge (x_0 \vee \overline{f(\bar{x}_1, \ldots, \bar{x}_n)})$$

定义了布尔函数的自对偶化.

    (a) 如果 $f(x_1, \ldots, x_n)$ 是任意布尔函数，证明 $\hat{f}$ 是自对偶函数.

    (b) 证明：$\hat{f}$ 是门限函数，当且仅当 f 是门限函数.

103. [*HM25*] 给定一个单调自对偶布尔函数的一连串素蕴涵元, 说明如何使用线性规划方法检验它是不是门限函数. 此外, 如果它是门限函数, 说明怎样使它作为一个过半数函数 $\langle x_1^{w_1} \ldots x_n^{w_n} \rangle$ 表示的长度达到最小.

104. [*25*] 应用习题 103 的方法, 求下列门限函数作为过半数函数的最短表示: (a) $\langle x_1^2 x_2^3 x_3^5 x_4^7 x_5^{11} x_6^{13} x_7^{17} x_8^{19} \rangle$; (b) $[(x_1 x_2 x_3 x_4)_2 \geq t]$, $0 \leq t \leq 16$ (17 个实例); (c) $\langle x_1^{29} x_2^{25} x_3^{19} x_4^{15} x_5^{12} x_6^8 x_7^8 x_8^3 x_9^3 x_{10} \rangle$.

105. [*M25*] 证明: 习题 101 中的斐波那契门限函数作为一个过半数函数的表示, 没有比用于定义它的过半数函数更短的表示.

▶ **106.** [*M25*] 3 变量中位数运算 $\langle x \bar{y} \bar{z} \rangle$ 为真, 当且仅当 $x \geq y + z$.

(a) 推而广之, 证明: 我们可以通过执行 $2^{n+1} - 1$ 个布尔变量的中位数运算检验条件 $(x_1 x_2 \ldots x_n)_2 \geq (y_1 y_2 \ldots y_n)_2 + z$.

(b) 证明: 少于 $2^{n+1} - 1$ 个变量的中位数运算不满足这个问题的条件.

107. [*17*] 对表 1 中的 16 个函数计算 $N(f)$ 和 $\Sigma(f)$. (见定理 T.)

108. [*M21*] 令 $g(x_0, x_1, \ldots, x_n)$ 是自对偶函数. 因此, 按定理 T 的记号, $N(g) = 2^n$. 当 $f(x_1, \ldots, x_n)$ 是以下函数时, 用 $\Sigma(g)$ 表示 $N(f)$ 和 $\Sigma(f)$: (a) $g(0, x_1, \ldots, x_n)$; (b) $g(1, x_1, \ldots, x_n)$.

109. [*M25*] 对于 $0 \leq k \leq n$, 如果 $a_1 + \cdots + a_k \geq b_1 + \cdots + b_k$, 就说二进制串 $\alpha = a_1 \ldots a_n$ 优超二进制串 $\beta = b_1 \ldots b_n$, 记为 $\alpha \succeq \beta$ 或 $\beta \preceq \alpha$.

(a) 令 $\bar{\alpha} = \bar{a}_1 \ldots \bar{a}_n$. 证明: $\alpha \succeq \beta$ 当且仅当 $\bar{\beta} \succeq \bar{\alpha}$.

(b) 证明: 长度为 n 的任意两个二进制串具有最大下界 $\alpha \wedge \beta$, 其性质是: $\alpha \succeq \gamma$ 且 $\beta \succeq \gamma$, 当且仅当 $\alpha \wedge \beta \succeq \gamma$. 给定 α 和 β, 说明如何计算 $\alpha \wedge \beta$.

(c) 同样, 说明如何计算最小上界 $\alpha \vee \beta$, 其性质是: $\gamma \succeq \alpha$ 且 $\gamma \succeq \beta$, 当且仅当 $\gamma \succeq \alpha \vee \beta$.

(d) 判别真假: $\alpha \wedge (\beta \vee \gamma) = (\alpha \wedge \beta) \vee (\alpha \wedge \gamma)$; $\alpha \vee (\beta \wedge \gamma) = (\alpha \vee \beta) \wedge (\alpha \vee \gamma)$.

(e) 如果 $\alpha \succeq \beta$ 且 $\alpha \neq \beta$ 且 $\alpha \succeq \gamma \succeq \beta$ 蕴涵 "$\gamma = \alpha$ 或 $\gamma = \beta$", 则称 α 覆盖 β. 例如, 图 8 说明长度为 5 的二进制串之间的覆盖关系. 寻找描述由一个给定二进制串覆盖的串的简单方法.

(f) 证明: 从一个给定二进制串 α 到 $0 \ldots 0$ 的每一条路径 $\alpha = \alpha_0, \alpha_1, \ldots, \alpha_r = 0 \ldots 0$ 具有相同的长度 $r = r(\alpha)$, 其中 α_{j-1} 覆盖 α_j ($1 \leq j \leq r$).

(g) 令 $m(\alpha)$ 是满足 $\beta \succeq \alpha$ 的二进制串 β 的数量. 证明: $m(1\alpha) = m(\alpha)$ 且 $m(0\alpha) = m(\alpha) + m(\alpha')$, 其中 α' 是把 α 最左边的 1 (如果存在的话) 改变为 0 得到的二进制串.

(h) 有多少长度为 n 的二进制串 α 满足 $\bar{\alpha} \succeq \alpha$?

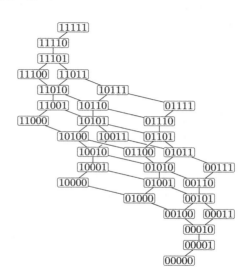

图 8 长度为 5 的二进制优超网格 (见习题 109)

110. [*M23*] 如果对于所有向量 x 和 y，$x \preceq y$ 蕴涵 $f(x) \le f(y)$，其中 $\preceq$ 是习题 109 中的优超关系，就称布尔函数 f 为正则函数. 证明或者推翻以下命题：

(a) 每个正则函数都是单调函数.

(b) 如果 f 是满足 $w_1 \ge w_2 \ge \cdots \ge w_n$ 的门限函数 (75)，那么 f 是正则函数.

(c) 如果 f 是 (b) 中的函数，且 $\Sigma(f) = (s_1, \ldots, s_n)$，那么 $s_1 \ge s_2 \ge \cdots \ge s_n$.

(d) 假定 f 是一个纯过半数函数，即 $a = b = 0$ 时式 (86) 的门限函数. 那么，$s_1 \ge s_2 \ge \cdots \ge s_n$ 蕴涵 $w_1 \ge w_2 \ge \cdots \ge w_n$.

111. [*M36*] 运作概率为 $(p_1, \ldots, p_n)$ 的系统的最优小族团，是同所有 n 变量单调自对偶函数中具有最大可用性的那个函数对应的小族团.（见习题 14 和 66.）

(a) 证明：如果 $1 \ge p_1 \ge \cdots \ge p_n \ge \frac{1}{2}$，至少有一个具有最大可用性的自对偶函数是正则函数. 描述这样一个函数.

(b) 此外，这个函数足以检验一个正则自对偶函数 f 在二进制优超网格中的一些 y 点的最优性，对于那些 y 点 $f(y) = 1$，但对于被 y 覆盖的所有 x 点 $f(x) = 0$.

(c) 当某些概率 $< \frac{1}{2}$ 时，什么小族团是最优的？

▶ **112.** [*M37*] （约翰·哈斯塔）如果 $f(x_1, x_2, \ldots, x_m)$ 是布尔函数，令 $M(f)$ 是它作为带整系数的多重线性多项式的表示（见习题 12）. 用蔡斯序列 $\alpha_0 = 00\ldots0$, $\alpha_1 = 10\ldots0$, $\ldots$, $\alpha_{2^m-1} = 11\ldots1$ 确定指数顺序排列这个多项式中的项. 通过连接 7.2.1.3–(35) 的序列 A_{m0}, $A_{(m-1)1}$, $\ldots$, A_{0m} 得到的蔡斯序列具有有趣的性质：如果在 α_j 和 α_{j+1} 中不计 $0 \to 1$ 或 $01 \to 10$ 或 $001 \to 100$ 或 $10 \to 01$ 或 $100 \to 001$ 这样的细小变化，它们是完全相同的. 例如，当 $m = 4$ 时蔡斯序列是

$$0000, 1000, 0010, 0001, 0100, 1100, 1010, 1001, 0011, 0101, 0110, 1110, 1101, 1011, 0111, 1111,$$

分别同项 $1, x_1, x_3, x_4, x_2, x_1 x_2, \ldots, x_2 x_3 x_4, x_1 x_2 x_3 x_4$ 对应. 所以，如果已经按这个顺序排列各项，那么 $((x_1 \oplus \bar{x}_2) \wedge x_3) \vee (x_1 \wedge \bar{x}_3 \wedge x_4)$ 的相关表示是

$$x_3 - x_1 x_3 + x_1 x_4 - x_2 x_3 + 2 x_1 x_2 x_3 - x_1 x_3 x_4.$$

现在令

$$F(f) = [M(f) \text{ 的最高项系数是正数}].$$

例如，在蔡斯的排序中，$((x_1 \oplus \bar{x}_2) \wedge x_3) \vee (x_1 \wedge \bar{x}_3 \wedge x_4)$ 的最高（最后）非零项是 $-x_1 x_3 x_4$，所以在这个实例中 $F(f) = 0$.

(a) 对表 1 的 16 个函数中的每一个确定 $F(f)$.

(b) 证明：$F(f)$ 是关于 f 的真值表的 $n = 2^m$ 个条目 $\{f_{0\ldots00}, f_{0\ldots01}, \ldots, f_{1\ldots11}\}$ 的门限函数. 当 $m = 2$ 时，写出这个函数的显式形式.

(c) 证明：当 m 取很大的值时，在 F 的任何门限表示中所有权值必定是非常大的值：它们的绝对值必定全都超过

$$\frac{3^{\binom{m}{3}} 7^{\binom{m}{4}} 15^{\binom{m}{5}} \ldots (2^{m-1}-1)^{\binom{m}{m}}}{n} (1 - O(n^{-1})) = 2^{mn/2 - n - 2(3/2)^m / \ln 2 + O((5/4)^m)}.$$

提示：考虑真值表条目中的离散傅里叶变换.

113. [*24*] 说明以下三个门限运算足以计算 (91) 中的函数 $S_{2,3,6,8,9}(x_1, \ldots, x_{12})$：

$$g_1(x_1, \ldots, x_{12}) = [\nu x \ge 6] = \langle 1 x_1 \ldots x_{12} \rangle;$$

$$g_2(x_1, \ldots, x_{12}) = [\nu x - 6 g_1 \ge 2] = \langle 1^3 x_1 \ldots x_{12} \bar{g}_1^6 \rangle;$$

$$g_3(x_1, \ldots, x_{12}) = [-2\nu x + 13 g_1 + 7 g_2 \ge 1] = \langle 0^5 \bar{x}_1^2 \ldots \bar{x}_{12}^2 g_1^{13} g_2^7 \rangle.$$

另外，寻找一个四门限运算方案计算 $S_{1,3,5,8}(x_1, \ldots, x_{12})$.

114. [*20*] （戴维·哈夫曼）$S_{3,6}(x, x, x, x, y, y, z)$ 是什么函数？

115. [*M22*] 说明式 (92) 能正确计算奇偶性函数 $x_0 \oplus x_1 \oplus \cdots \oplus x_{2m}$ 的理由.

▶ **116.** [*HM28*] （布拉德福德·邓纳姆和理查德·弗里德沙尔，1957）通过考察对称函数，我们可以证明 n 变量布尔函数可能有许多素蕴涵元.

    (a) 假定 $0 \le j \le k \le n$. 对于哪些对称函数 $f(x_1, \ldots, x_n)$，小项 $x_1 \wedge \cdots \wedge x_j \wedge \bar{x}_{j+1} \wedge \cdots \wedge \bar{x}_k$ 是素蕴涵元？

    (b) 函数 $S_{3,4,5,6}(x_1, \ldots, x_9)$ 有多少素蕴涵元？

    (c) 令 $\hat{b}(n)$ 是遍及 n 个变量的各个对称布尔函数的素蕴涵元的最大数量. 求关于 $\hat{b}(n)$ 的递推公式，并计算 $\hat{b}(9)$.

    (d) 证明 $\hat{b}(n) = \Theta(3^n/n)$.

    (e) 进一步证明：存在对称函数 $f(x_1, \ldots, x_n)$，使得 f 和 $\bar{f}$ 都有 $\Theta(2^{3n/2}/n)$ 个素蕴涵元.

117. [*M26*] 如果在一个析取范式的蕴涵元中没有一个蕴涵另一个，则称该析取范式为无赘析取范式. 令 $b^*(n)$ 是遍及所有 n 变量布尔函数的无赘析取范式中蕴涵元的最大数量. 求关于 $b^*(n)$ 的简单公式，并确定它的渐近值.

118. [*29*] 对于 $m = 0, 1, \ldots$，恰好有 m 个素蕴涵元的布尔函数 $f(x_1, x_2, x_3, x_4)$ 的数量是多少？

119. [*M48*] 续上题，令 $b(n)$ 是一个 n 变量布尔函数的素蕴涵元的最大数量. 显然 $\hat{b}(n) \le b(n) < b^*(n)$. $b(n)$ 的渐近值是什么？

120. [*23*] 对于对称函数 (a) $x_1 \oplus x_2 \oplus \cdots \oplus x_n$ 和 (b) $S_{0,1,3,4,6,7}(x_1, \ldots, x_7)$，它们的最短析取范式分别是什么？(c) 证明：每个 n 变量布尔函数可以表示成最多含 2^{n-1} 个素蕴涵元的析取范式.

▶ **121.** [*M23*] 函数 $\langle 1(x_1 \oplus x_2) y_1 y_2 y_3 \rangle$ 是部分对称的，因为它按照 $\{x_1, x_2\}$ 和 $\{y_1, y_2, y_3\}$ 是对称的，但是按照全部 5 个变量 $\{x_1, x_2, y_1, y_2, y_3\}$ 不是对称的.

    (a) 有多少布尔函数 $f(x_1, \ldots, x_m, y_1, \ldots, y_n)$ 按照 $\{x_1, \ldots, x_m\}$ 和 $\{y_1, \ldots, y_n\}$ 是对称的？

    (b) 这些函数中多少是单调函数？

    (c) 这些函数中多少是自对偶函数？

    (d) 这些函数中多少是单调自对偶函数？

122. [*M25*] 续习题 110 和 121，求出所有这样的布尔函数 $f(x_1, x_2, x_3, y_1, y_2, y_3, y_4, y_5, y_6)$，它们是按照 $\{x_1, x_2, x_3\}$ 和 $\{y_1, y_2, \ldots, y_6\}$ 对称，同时还是自对偶正则函数. 它们中的哪些是门限函数？

123. [*46*] 有多少 10 变量自对偶布尔函数是门限函数？

124. [*20*] 求一个 4 变量布尔函数，它按表 5 的基本规则同其他 767 个函数是等价的.

125. [*18*] (95) 中的哪些函数类是定向的？

126. [*23*] (a) 证明：一个布尔函数是定向函数，当且仅当它的素蕴涵元的集合和素子句的集合具有某种简单性质. (b) 一个布尔函数是定向函数，当且仅当它的周绍康参数 $N(f)$ 和 $\Sigma(f)$ 具有某种简单性质（见定理 T）. (c) 用类似整数向量 $\Sigma(f)$ 的方式定义布尔向量

$$\vee(f) = \bigvee \{x \mid f(x) = 1\} \qquad \text{和} \qquad \wedge(f) = \bigwedge \{x \mid f(x) = 1\}.$$

证明：仅给定 4 个向量 $\vee(f)$, $\vee(\bar{f})$, $\wedge(f)$, $\wedge(\bar{f})$ 就能判定 f 是不是定向函数.

127. [*M25*] 在定向函数中，(a) 哪些是自对偶函数？(b) 哪些是确定的霍恩函数？

▶ **128.** [*20*] 求一个恰好在两点为真的非定向函数 $f(x_1, \ldots, x_n)$.

129. [*M25*] 存在多少不同的 n 变量定向函数？

130. [*M21*] 根据表 3，存在 168 个 4 变量单调布尔函数. 但是，它们中的某些函数，如 $x \wedge y$，仅依赖于 3 个变量或者更少的变量.

    (a) 有多少 4 变量单调布尔函数实际上同每个变量直接有关？

    (b) 这些函数中有多少像表 4 中那样在置换下是不同的？

131. [*HM42*] 表 3 清楚表明，霍恩函数比克罗姆函数多得多. 当变量数 $n \to \infty$ 时，这两类函数的渐近数量是多少？

▶ **132.** [*HM30*] 布尔函数 $g(x) = g(x_1, \ldots, x_n)$ 称为仿射函数, 如果对于某些布尔常数 $y_0, y_1, \ldots, y_n$, 它能写成 $y_0 \oplus (x_1 \wedge y_1) \oplus \cdots \oplus (x_n \wedge y_n) = (y_0 + x \cdot y) \bmod 2$ 的形式.

(a) 给定任意布尔函数 $f(x)$, 证明: 某个仿射函数在 $2^{n-1} + 2^{n/2-1}$ 个或更多的点 x 上与 $f(x)$ 一致. 提示: 令 $s(y) = \sum_x (-1)^{f(x)+x \cdot y}$, 并证明 $\sum_y s(y)s(y \oplus z) = 2^{2n}[z = 0 \ldots 0]$ 对所有 n 位二进制向量 z 成立.

(b) 布尔函数 $f(x)$ 称为弯曲函数, 如果没有仿射函数在多于 $2^{n-1} + 2^{n/2-1}$ 个点上与它一致. 证明: 当 n 是偶数且 $h(y_1, y_2, \ldots, y_{n/2})$ 为任意函数时,

$$(x_1 \wedge x_2) \oplus (x_3 \wedge x_4) \oplus \cdots \oplus (x_{n-1} \wedge x_n) \oplus h(x_2, x_4, \ldots, x_n)$$

是弯曲函数.

(c) 证明: $f(x)$ 是弯曲函数, 当且仅当对于所有 $y \neq 0 \ldots 0$ 有

$$\sum_x (f(x) \oplus f(x \oplus y)) = 2^{n-1}.$$

(d) 如果弯曲函数 $f(x_1, \ldots, x_n)$ 像在式 (19) 中那样是用一个多重线性多项式模 2 表示的, 证明: 当 $r > n/2 > 1$ 时它不包含项 $x_1 \ldots x_r$.

▶ **133.** [*20*] (马克·史密斯, 1990) 假定我们抛掷 n 枚独立的硬币获得 n 个随机二进制位, 其中第 k 枚硬币产生二进制位 1 的概率为 p_k. 寻找一种选择 $(p_1, \ldots, p_n)$ 的方法, 使得 $f(x_1, \ldots, x_n) = 1$ 的概率为 $(t_0 t_1 \ldots t_{2^n-1})_2 / (2^{2^n} - 1)$, 其中 $t_0 t_1 \ldots t_{2^n-1}$ 是布尔函数 f 的真值表. (因此, n 枚符合要求的随机硬币可能产生一个具有 2^n 位精度的概率.)

> 一般说来, 在设计实用的逻辑电路时,
> 用尽可能少的开关元件要强过所有其他的工程考量.
> ——赫伯特·柯蒂斯, *A New Approach to the Design of Switching Circuits* (1962)

> 获得成功, 他必须是一位卓越的计算者.
> 简化, 再简化.
> ——亨利·梭罗, *Walden; or, Life in the Woods* (1854)

7.1.2 布尔函数求值

我们的下一个目标是探讨布尔函数求值的有效方法, 这同我们在 4.6.4 节讨论的多项式求值方法非常相似. 研究这个主题的一种自然途径是考虑函数的基本运算链, 这种链类似于前面讨论的多项式链.

对于 n 变量函数 $(x_1, \ldots, x_n)$, 布尔链就是每一步组合了先前两步的序列 $(x_{n+1}, \ldots, x_{n+r})$:

$$x_i = x_{j(i)} \circ_i x_{k(i)}, \qquad n+1 \le i \le n+r, \tag{1}$$

其中 $1 \le j(i) < i$, $1 \le k(i) < i$, $\circ_i$ 是表 7.1.1-1 中的 16 种二元运算符之一. 例如, 当 $n = 3$ 时, 两条链

$$
\begin{array}{lcl}
x_4 = x_1 \wedge x_2 & & x_4 = x_2 \oplus x_3 \\
x_5 = \bar{x}_1 \wedge x_3 \quad \text{和} \quad & & x_5 = x_1 \wedge x_4 \\
x_6 = x_4 \vee x_5 & & x_6 = x_3 \oplus x_5
\end{array} \tag{2}
$$

都是计算"多路复用器"函数或"若-则-否则"函数 $x_6 = (x_1? \; x_2 : x_3)$, 它取 x_2 或 x_3 的值取决于 x_1 是 1 (真) 或者 x_1 是 0 (假).

(注意, 式 (2) 中左端的例子使用简化记号 $x_5 = \bar{x}_1 \wedge x_3$ 指定 NOTBUT 运算, 而没有采用表 7.1.1-1 中出现的形式 $x_5 = x_1 \subset x_3$. 关键在于, 无论采用哪种记号, 一条布尔链的每一步是先前两个结果的布尔组合.)

布尔链自然地对应于电子线路, 链中的每一步对应于有两个输入和一个输出的 "门" 电路. 传统上, 电器工程师用

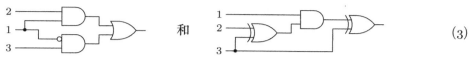

这样的电路图表示式 (2) 中的布尔链. 他们需要设计受各种技术条件约束的实用电路. 例如, 某些门电路可能更昂贵, 某些重用门的输出可能需要放大, 线路布局可能需要是平面或接近平面的, 某些路径可能要求是短程的. 但是在本书中, 我们主要关心的是软件而非硬件, 所以我们无须担忧这样的事情. 就我们的目的而言, 所有门电路的成本相同, 而且所有输出如通常要求的那样是可重用的. (按专业术语, 我们的布尔链归结为所有门带扇入 2 而不限制扇出的电路.)

此外, 我们将把布尔链画成

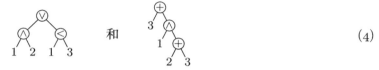

这样的二叉树, 而不是 (3) 那样的电路图. 当布尔链的中间步骤被多次使用时, 这种二叉树会有交叠的子树. 每个内部结点用二元运算符标记, 外部结点用代表变量 x_k 的整数 k 标记. 由于 $\bar{x} \wedge y = [x < y]$, (4) 的左树中的标记 $\ominus$ 代表 NOTBUT 运算符. 类似地, BUTNOT 运算符 $x \wedge \bar{y}$ 可以用结点标记 $\oslash$ 表示.

若干不同的布尔链可能有同样的树形图. 例如, (4) 中的左树也代表链

$$x_4 = \bar{x}_1 \wedge x_3, \qquad x_5 = x_1 \wedge x_2, \qquad x_6 = x_5 \vee x_4.$$

树结点的任何拓扑排序都会产生了一条等价的链.

给定一个 n 变量的函数 f, 我们经常需要求一条使得 $x_{n+r} = f(x_1, \ldots, x_n)$ 的布尔链, 其中 r 尽可能地小. 函数 f 的组合复杂性 $C(f)$ 是计算它的最短布尔链的长度. 为了避免过多的措辞, 我们将 $C(f)$ 简称为 "f 的代价". 在前面的例子中, 多路复用器函数的代价为 3, 因为通过穷举试验可以证明, 它不可能由任何长度为 2 的布尔链产生.

我们在 7.1.1 节讨论的 f 的 DNF 和 CNF 表示, 没有提供多少关于 $C(f)$ 的信息, 因为通常可能存在更有效的计算方案. 例如在 7.1.1–(30) 后面的讨论中, 我们发现近乎随机的 4 变量函数 (它的真值表是 1100 1001 0000 1111) 没有比

$$(\bar{x}_1 \wedge \bar{x}_2 \wedge \bar{x}_3) \vee (\bar{x}_1 \wedge \bar{x}_3 \wedge \bar{x}_4) \vee (x_2 \wedge x_3 \wedge x_4) \vee (x_1 \wedge x_2) \tag{5}$$

更短的 DNF 表示式. 这个公式对应于一条 10 步的布尔链. 但是, 那个函数也可以更巧妙地表示成

$$(((x_2 \wedge \bar{x}_4) \oplus \bar{x}_3) \wedge \bar{x}_1) \oplus x_2, \tag{6}$$

所以它的复杂性最多是 4.

如何能够发现式 (6) 那样并非显而易见的公式呢? 我们将会看到, 对于 4 个变量的函数, 计算机无须进行大量计算就可以求出最佳链. 不仅如此, 即使是对布尔函数已经很有经验的人, 其结果也可能令其非常吃惊. 这种现象的典型例子可以从图 9 中看出, 其中列举的或许是最具一般性的 4 变量函数, 就是那些在变量的所有排列下对称的函数.

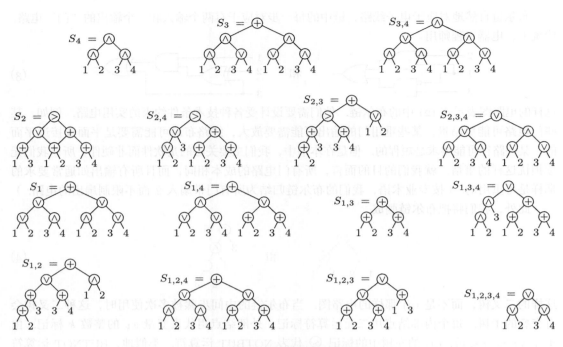

图 9 4 变量对称函数的最优布尔链

如图 9 所示，考虑函数 $S_2(x_1, x_2, x_3, x_4)$，我们有

$$
\begin{array}{ll}
x_1 & \text{0000 0000 1111 1111} \\
x_2 & \text{0000 1111 0000 1111} \\
x_3 & \text{0011 0011 0011 0011} \\
x_4 & \text{0101 0101 0101 0101} \\
x_5 = x_1 \oplus x_3 & \text{0011 0011 1100 1100} \\
x_6 = x_1 \oplus x_2 & \text{0000 1111 1111 0000} \\
x_7 = x_3 \oplus x_4 & \text{0110 0110 0110 0110} \\
x_8 = x_5 \vee x_6 & \text{0011 1111 1111 1100} \\
x_9 = x_6 \oplus x_7 & \text{0110 1001 1001 0110} \\
x_{10} = x_8 \wedge \bar{x}_9 & \text{0001 0110 0110 1000}
\end{array}
\tag{7}
$$

这里的真值表使我们很容易证实计算的每一步. x_8 步产生一个当 $x_1 \neq x_2$ 或 $x_1 \neq x_3$ 时为真的函数；同时，$x_9 = x_1 \oplus x_2 \oplus x_3 \oplus x_4$ 是奇偶性函数 $(x_1 + x_2 + x_3 + x_4) \bmod 2$. 所以，最后的结果 x_{10} 恰好当 $\{x_1, x_2, x_3, x_4\}$ 的两个是 1 时为真；这就是满足 x_8 并且具有偶检验的两种情况.

图 9 的其他几种计算方案从直觉上也可证实是正确的. 但是有些链，比如 $S_{1,4}$ 的链，非常令人惊叹.

注意 (7) 的中间结果 x_6 被使用了两次. 实际上，对于函数 $S_2(x_1, x_2, x_3, x_4)$ 不可能有不重复使用某个中间子表达式的 6 步链；S_2 的最短代数公式，包括

$$
((x_1 \wedge x_2) \vee (x_3 \wedge x_4)) \oplus ((x_1 \vee x_2) \wedge (x_3 \vee x_4))
\tag{8}
$$

这样非常对称的公式，它们的代价都是 7. 但是图 9 显示出，4 变量的其他对称函数全部可以通过 "纯粹的" 二叉树以最优方式求值，这种二叉树除了在外部结点（代表变量的结点）没有交叠子树.

一般说来，如果 $f(x_1,\ldots,x_n)$ 是任意布尔函数，我们说它的长度 $L(f)$ 是 f 的最短公式中二元运算符的数目．显而易见，$L(f) \geq C(f)$；同时，通过考察 7.1.1-(95) 中 3 变量的函数的 14 种基本类型，我们很容易证实，当 $n \leq 3$ 时 $L(f) = C(f)$．但是我们刚好见到，当 $n = 4$ 时 $L(S_2) = 7$ 超过 $C(S_2) = 6$，而且实际当 n 很大时，$L(f)$ 几乎总是大大超过 $C(f)$（见习题 49）．

布尔函数 f 的深度 $D(f)$ 是其固有复杂性的另一个重要度量：我们说一条布尔链的深度是它的树形图中最长下行路径的长度，当考虑 f 的所有布尔链时，$D(f)$ 是最小可达的深度．图 9 中的所有链不仅具有最小代价，而且具有最小深度——除了 $S_{2,3}$ 和 $S_{1,2}$，其中我们不能同时达到代价 6 和深度 3．公式

$$S_{2,3}(x_1,x_2,x_3,x_4) = ((x_1 \wedge x_2) \oplus (x_3 \wedge x_4)) \vee ((x_1 \vee x_2) \wedge (x_3 \oplus x_4)) \tag{9}$$

说明 $D(S_{2,3}) = 3$，对于 $S_{1,2}$ 也有类似的公式．

对于 $n = 4$ 的最优链. 对于 4 变量函数，穷举计算是可行的，因为这样的函数只有 $2^{16} = 65\,536$ 个真值表．事实上，我们只须考虑真值表的一半，因为任何函数 f 的补 $\bar{f}$ 具有同 f 本身一样的代价、长度和深度．

如果 $f(0,\ldots,0) = 0$，我们不妨说 $f(x_1,\ldots,x_n)$ 是正规的，而且一般说来，

$$f(x_1,\ldots,x_n) \oplus f(0,\ldots,0) \tag{10}$$

是 f 的"正规化"．任何布尔链的正规化，可以通过对它每一步做正规化并对运算符做相应改变来实现；因为如果 $(\hat{x}_1,\ldots,\hat{x}_{i-1})$ 是 $(x_1,\ldots,x_{i-1})$ 的正规化，且像式 (1) 那样 $x_i = x_{j(i)} \circ_i x_{k(i)}$，那么 $\hat{x}_i$ 显然是 $\hat{x}_{j(i)}$ 和 $\hat{x}_{k(i)}$ 的二进制函数．（习题 7 给出了一个例子．）因此，不失一般性，我们可以只考虑正规布尔链，其中每一步 x_i 都是正规的．

注意，一条布尔链是正规的，当且仅当它的每个二元运算符 $\circ_i$ 都是正规的．同时，只有 8 个正规二元运算符，其中 3 个运算符 $\bot, \mathsf{L}, \mathsf{R}$ 是平凡的．所以我们可以认为，所有值得注意的布尔链是由 5 个运算符 $\wedge, \subset, \supset, \vee, \oplus$ 构成的，它们分别用图 9 中的 $\wedge\hspace{-6pt}\bigcirc, \subset\hspace{-6pt}\bigcirc, \supset\hspace{-6pt}\bigcirc, \vee\hspace{-6pt}\bigcirc, \oplus\hspace{-6pt}\bigcirc$ 表示．此外，我们可以假定在每一步中 $j(i) < k(i)$．

4 变量的正规函数共有 $2^{15} = 32\,768$ 个，通过依次列举长度为 $0, 1, 2, \ldots$ 的所有函数，我们可以容易计算出它们的长度．实际上，$L(f) = r$ 蕴涵对于某个 g 和 h 有 $f = g \circ h$，其中 $L(g) + L(h) = r-1$，$\circ$ 是 5 个非平凡正规运算符之一．所以，我们可以计算如下：

算法 L（求正规函数的长度）．对于 $r \geq 0$，通过建立长度为 r 的所有非零正规函数的列表，这个算法确定对于所有正规真值表 $0 \leq f < 2^{2^n-1}$ 的 $L(f)$．

L1.［初始化.］置 $L(0) \leftarrow 0$，$L(f) \leftarrow \infty$（$1 \leq f < 2^{2^n-1}$）．然后，对于 $1 \leq k \leq n$，置 $L(x_k) \leftarrow 0$ 并把 x_k 放进表 0，其中

$$x_k = (2^{2^n} - 1)/(2^{2^{n-k}} + 1) \tag{11}$$

是 x_k 的真值表．（见习题 8.）最后，置 $c \leftarrow 2^{2^n-1} - n - 1$，$c$ 是 $L(f) = \infty$ 的位置的数目．

L2.［对 r 循环.］对于 $r = 1, 2, \ldots$ 执行 L3；当 c 变成 0 时，算法终止．

L3.［对 j 和 k 循环.］当 $j \leq k$ 时，对于 $j = 0, 1, \ldots$ 和 $k = r-1-j$ 执行 L4．

L4.［对 g 和 h 循环.］对于表 j 中的所有 g 和表 k 中的所有 h 执行 L5．（如果 $j = k$，就足以把 h 限制于表 k 中跟随 g 的那些函数）．

L5. [对 f 循环.] 对于 $f = g \& h$, $f = \bar{g} \& h$, $f = g \& \bar{h}$, $f = g \mid h$, $f = g \oplus h$ 执行 L6. (此处, $g \& h$ 表示整数 g 和 h 的按位 AND; 我们用二进制计数法的整数表示真值表.)

L6. [f 是新项吗?] 如果 $L(f) = \infty$, 置 $L(f) \leftarrow r$, $c \leftarrow c - 1$, 并且把 f 放进表 r 中. 如果 $c = 0$, 算法终止. ∎

习题 10 用了一个类似的过程计算所有深度 $D(f)$.

事实上, 再加少量工作, 可以通过计算一个称为 f 的"足迹"的试探二进制位向量 $\phi(f)$ 来修改算法 L, 用它求 $C(f)$ 的更好上界. 一条正规布尔链能够仅以 $5\binom{n}{2}$ 种不同的方式开始, 因为第一步 x_{n+1} 必须或是 $x_1 \wedge x_2$, 或是 $\bar{x}_1 \wedge x_2$ 或是 $x_1 \wedge \bar{x}_2$ 或是 $x_1 \vee x_2$ 或是 $x_1 \oplus x_2$ 或是 $x_1 \wedge x_3$ 或是……或是 $x_{n-1} \oplus x_n$. 假定 $\phi(f)$ 是长度为 $5\binom{n}{2}$ 的二进制位向量, $U(f)$ 是 $C(f)$ 的上界, 它们具有下述性质: $\phi(f)$ 中的每个二进制位 1 对应以 $U(f)$ 步计算 f 的某条布尔链的第一步.

这样的上界-足迹对 $(U(f), \phi(f))$ 可以通过扩充算法 L 的基本策略计算. 最初, 我们置 $U(f) \leftarrow 1$, 并且对于代价为 1 的所有函数 f 置 $\phi(f)$ 为相应的向量 $0\ldots010\ldots0$. 然后, 对于 $r = 2, 3, \ldots$, 像以前那样继续求函数 $f = g \circ h$, 其中 $U(g) + U(h) = r - 1$, 但是有两点改变: (1) 如果 g 和 h 的足迹至少有一个公共元素, 即若 $\phi(g) \& \phi(h) \neq 0$, 那么我们可知 $C(f) \leq r - 1$, 所以若它大于等于 r, 则可以降低 $U(f)$; (2) 如果 $g \circ h$ 的代价等于 (但不小于) 当前 $U(f)$ 的上界, 那么若 $U(f) = r$, 置 $\phi(f) \leftarrow \phi(f) \mid (\phi(g) \mid \phi(h))$; 若 $U(f) = r - 1$, 置 $\phi(f) \leftarrow \phi(f) \mid (\phi(g) \& \phi(h))$. 习题 11 会给出详细说明.

结果表明, 当 $n = 4$ 时, 这种足迹试探强到足以对所有函数 f 求最优代价 $U(f) = C(f)$ 的布尔链. 此外, 我们在后面将会看到, 足迹也有助于求解更为复杂的求值问题.

根据表 7.1.1–5, 如果我们忽略由于变量置换以及/或者布尔量取补引起的次要差别, 4 变量的 $2^{16} = 65\,536$ 个函数仅属于 222 个不同的类. 算法 L 及其变形产生了表 1 所示的全部统计.

表 1   具有给定复杂性的 4 变量函数的数目

$C(f)$	类	函 数	$L(f)$	类	函数	$D(f)$	类	函数
0	2	10	0	2	10	0	2	10
1	2	60	1	2	60	1	2	60
2	5	456	2	5	456	2	17	1 458
3	20	2 474	3	20	2 474	3	179	56 456
4	34	10 624	4	34	10 624	4	22	7 552
5	75	24 184	5	75	24 184	5	0	0
6	72	25 008	6	68	24 640	6	0	0
7	12	2 720	7	16	3 088	7	0	0

*用最小存储求值. 假定布尔值 $x_1, \ldots, x_n$ 出现在 n 个寄存器中, 我们希望通过执行形如

$$x_{j(i)} \leftarrow x_{j(i)} \circ_i x_{k(i)}, \qquad 1 \leq i \leq r \tag{12}$$

的一系列运算来求函数的值, 其中 $1 \leq j(i) \leq n$, $1 \leq k(i) \leq n$, 且 $\circ_i$ 是二元运算符. 在计算结束时, 所求的函数值应出现在寄存器中. 例如当 $n = 3$ 时, 4 步运算序列

$$x_1 \leftarrow x_1 \oplus x_2 \qquad (x_1 = 00001111 \quad x_2 = 00110011 \quad x_3 = 01010101)$$
$$x_3 \leftarrow x_3 \wedge x_1 \qquad (x_1 = 00111100 \quad x_2 = 00110011 \quad x_3 = 01010101)$$
$$x_2 \leftarrow x_2 \wedge \bar{x}_1 \qquad (x_1 = 00111100 \quad x_2 = 00110011 \quad x_3 = 00010100) \qquad (13)$$
$$x_3 \leftarrow x_3 \vee x_2 \qquad (x_1 = 00111100 \quad x_2 = 00000011 \quad x_3 = 00010100)$$
$$(x_1 = 00111100 \quad x_2 = 00000011 \quad x_3 = 00010111)$$

计算中位数 $\langle x_1 x_2 x_3 \rangle$, 并把它存放到 x_3 的原有位置. (在执行每步运算的前后, 寄存器内容的全部 8 种可能性作为真值表显示如上.

事实上, 如果倒过来分析, 那么我们可以通过一次只处理一个真值表来查对计算, 而不用记录全部三个真值表. 令 $f_l(x_1, \ldots, x_n)$ 表示经 $l, l+1, \ldots, r$ 步运算的函数, 其中省略了前 $l-1$ 步; 这样在我们的例子中, $f_2(x_1, x_2, x_3)$ 将是在三步运算 $x_3 \leftarrow x_3 \wedge x_1$, $x_2 \leftarrow x_2 \wedge \bar{x}_1$, $x_3 \leftarrow x_3 \vee x_2$ 之后 x_3 中的结果. 于是, 通过全部四步运算, 寄存器 x_3 中计算的函数是

$$f_1(x_1, x_2, x_3) = f_2(x_1 \oplus x_2, x_2, x_3). \qquad (14)$$

同样, $f_2(x_1, x_2, x_3) = f_3(x_1, x_2, x_3 \wedge x_1)$, $f_3(x_1, x_2, x_3) = f_4(x_1, x_2 \wedge \bar{x}_1, x_3)$, $f_4(x_1, x_2, x_3) = f_5(x_1, x_2, x_3 \vee x_2)$, $f_5(x_1, x_2, x_3) = x_3$. 所以, 通过一种适合的方式对各真值表进行操作, 可以从 f_5 回到 f_4 回到……回到 f_1.

例如, 假定 $f(x_1, x_2, x_3)$ 是真值表为 $t = a_0 a_1 a_2 a_3 a_4 a_5 a_6 a_7$ 的函数; 那么 $g(x_1, x_2, x_3) = f(x_1 \oplus x_2, x_2, x_3)$ 的真值表为 $u = a_0 a_1 a_6 a_7 a_4 a_5 a_2 a_3$, 它是通过以 $a_{x'}$ 替代 a_x 获得的, 其中

$$x = (x_1 x_2 x_3)_2 \qquad 蕴涵 \qquad x' = ((x_1 \oplus x_2) x_2 x_3)_2.$$

同样, $h(x_1, x_2, x_3) = f(x_1, x_2, x_3 \wedge x_1)$ 的真值表为

$$v = a_0 a_0 a_2 a_2 a_4 a_5 a_6 a_7.$$

同时, 我们可以用按位运算从 t 计算 u 和 v (见 7.1.3-(83)):

$$u = t \oplus ((t \oplus (t \gg 4) \oplus (t \ll 4)) \,\&\, (00110011)_2); \qquad (15)$$
$$v = t \oplus ((t \oplus (t \gg 1)) \,\&\, (01010000)_2). \qquad (16)$$

令 $C_m(f)$ 为对 f 的最短、最小存储计算的长度. 反向计算原则表明, 如果我们知道满足 $C_m(f) < r$ 的所有函数 f 的真值表, 就可以很容易求出满足 $C_m(f) = r$ 的所有函数 f 的真值表. 就是说, 我们可以像前面那样只考虑正规函数. 于是, 对于满足 $C_m(g) = r-1$ 的所有正规函数 g, 我们可以构造对于

$$g(x_1, \ldots, x_{j-1}, x_j \circ x_k, x_{j+1}, \ldots, x_n) \qquad (17)$$

的 $5n(n-1)$ 个真值表, 并且如果它们以前未被标记, 那么用代价 r 标记它们. 习题 14 说明那些真值表全部可以通过对 g 的真值表执行简单的按位运算进行计算.

当 $n = 4$ 时, 除了 13 个以外的全部 222 个基本函数类型都有 $C_m(f) = C(f)$, 所以它们可以用最小存储求值而不增加代价. 特别是, 所有的对称函数具有这种性质, 虽然这在图 9 中不是完全明显的. 5 类函数具有 $C(f) = 5$, 然而 $C_m(f) = 6$; 8 类函数具有 $C(f) = 6$, 然而 $C_m(f) = 7$. 后面这种函数类型最令人感兴趣的例子或许是函数 $(x_1 \vee x_2) \oplus (x_3 \vee x_4) \oplus (x_1 \wedge x_2 \wedge x_3 \wedge x_4)$, 它的代价为 6, 因为它有计算式

$$x_1 \oplus (x_3 \vee x_4) \oplus (x_2 \wedge (\bar{x}_1 \vee (x_3 \wedge x_4))), \qquad (18)$$

但是它没有长度小于 7 的最小存储链. (见习题 15.)

*确定最小代价. 函数 f 的全部最优布尔链 $(x_{n+1}, \ldots, x_{n+r})$ 显然至少满足下面三个条件之一，由此可以求出 $C(f)$ 的准确值：

    (i) $x_{n+r} = x_j \circ x_k$，其中 x_j 和 x_k 不使用共同的中间结果；

    (ii) $x_{n+1} = x_j \circ x_k$，其中在 $x_{n+2}, \ldots, x_{n+r}$ 步或者不用 x_j 或者不用 x_k；

    (iii) 上面两个条件都不满足，即使对中间步骤重新编号.

在情况 (i)，有 $f = g \circ h$，其中 $C(g) + C(h) = r - 1$，我们把这种结构称为"自顶向下"结构. 在情况 (ii)，有 $f(x_1, \ldots, x_n) = g(x_1, \ldots, x_{j-1}, x_j \circ x_k, x_{j+1}, \ldots, x_n)$，其中 $C(g) = r - 1$，我们把这种结构称为"自底向上"结构.

仅仅递归使用自顶向下结构的最佳链，对应于最小公式长度 $L(f)$. 仅仅递归使用自底向上结构的最佳链，对应于长度为 $C_m(f)$ 的最小存储计算. 通过混合自顶向下结构和自底向上结构，我们可以获得更好的结果；但是我们仍然无法知道是否已经求出 $C(f)$，因为属于情况 (iii) 的一条特殊的布尔链可能是更短的.

幸好这种特殊链是罕见的，因为它们必须满足相当强的条件，而且当 n 和 r 不是过分大时可以用穷举方式列出它们. 例如习题 19 证明，当 $r < n + 2$ 时不存在这样的特殊链；当 $n = 4$ 且 $r = 6$ 时，实际上只有下面 25 种不能以明显的方式缩短的特殊链：

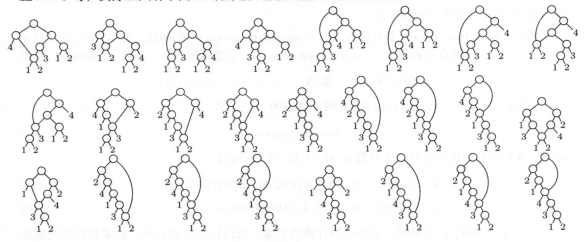

通过在每一种特殊链中有条理地尝试 5^r 种可能的方式，每一种方式为树的内部结点指定一个正规运算符，我们将在每个等价类中至少找到一个函数 f，对它而言，最小代价 $C(f)$ 仅在情况 (iii) 是可以达到的.

事实上，当 $n = 4$ 且 $r = 6$ 时，这 $25 \cdot 5^6 = 390625$ 种试验仅仅产生一类函数，此类函数不能通过任何自顶向下加自底向上的链用 6 步计算. 这个以不完全对称函数 $(\langle x_1 x_2 x_3 \rangle \lor x_4) \oplus (x_1 \land x_2 \land x_3)$ 为代表的缺少 $C(f)$ 的函数类，通过恰当地指定上面所述的前 5 种链中的任何一种链，可以用 6 步达到. 例如，对应于第一种特别链的一个方式是

$$x_5 = x_1 \land x_2, \quad x_6 = x_1 \lor x_2, \quad x_7 = x_3 \oplus x_5,$$
$$x_8 = x_4 \land \bar{x}_5, \quad x_9 = x_6 \land x_7, \quad x_{10} = x_8 \lor x_9. \tag{19}$$

由于所有其他函数有 $L(f) \le 7$，因而这些试验计算确定了所有情况的真实最小代价.

    历史注记：对首次联合尝试以最优方式求值所有布尔函数 $f(w, x, y, z)$ 的报道，见于 *Annals of the Computation Laboratory of Harvard University* **27** (1951)，其中霍华德·艾肯的研究人员提出了他们所能构造的最佳开关电路的一些试探方法和大量的数据表. 他们的代价量度 $V(f)$

不同于我们考虑的代价 $C(f)$，因为它是建立在真空管的"控制栅极"基础上的. 他们有 4 种类型的门电路: $\text{NOT}(f)$、$\text{NAND}(f,g)$、$\text{OR}(f_1,\ldots,f_k)$ 和 $\text{AND}(f_1,\ldots,f_k)$，其代价分别为 1、2、$k$ 和 0. NOT、NAND 或 OR 的每个输入可能是一个变量，可能是一个变量的补，或者是前面门的输出; AND 的每个输入必须或者是 NOT 或者是尚未在别处使用的 NAND 的输出.

使用代价准则，一个函数可能不具有如其补一样的代价. 例如，可以把 $x \wedge y$ 作为 $\text{AND}(\text{NOT}(\bar{x}), \text{NOT}(\bar{y}))$ 以代价 2 求值; 但是，$\bar{x} \vee (\bar{y} \wedge \bar{z}) = \text{NAND}(x, \text{OR}(y,z))$ 的代价是 4，而它的补 $x \wedge (y \vee z) = \text{AND}(\text{NOT}(\bar{x}), \text{NAND}(\bar{y}, \bar{z}))$ 的代价仅为 3. 所以，哈佛大学的研究人员需要考虑 402 种而不是 222 种实际上不同的 4 变量函数类（见习题 7.1.1–125 的答案）. 在那个年代，他们自然主要用手工计算. 除了与 $S_{0,1}(w,x,y,z) \vee (S_2(w,x,y) \wedge z)$ 等价的 64 个函数，他们求出了在所有情况下 $V(f) < 20$，其时他们用 20 个控制栅极求值如下:

$$g_1 = \text{AND}(\text{NOT}(\bar{w}), \text{NOT}(\bar{x})), \quad g_2 = \text{NAND}(\bar{y}, z),$$
$$g_3 = \text{AND}(\text{NOT}(w), \text{NOT}(x));$$
$$f = \text{AND}\big(\text{NAND}(g_1, g_2), \text{NAND}(g_3, \text{AND}(\text{NOT}(\bar{y}), \text{NOT}(\bar{z}))),$$
$$\text{NOT}(\text{AND}(\text{NOT}(g_3), \text{NOT}(\bar{y}), \text{NOT}(z))),$$
$$\text{NOT}(\text{AND}(\text{NOT}(g_1), \text{NOT}(g_2), \text{NOT}(g_3)))\big). \tag{20}$$

求可验证的最优电路的第一个计算机程序由利奥·赫勒曼编写 [*IEEE Transactions* **EC-12** (1963), 198–223]，他对任何给定函数 $f(x,y,z)$ 的求值确定了所需的最少 NOR 门. 他要求每个门的每个输入或者是不带补的变量，或者是前一个门的输出; 限制了扇入和扇出最多为 3. 当两个电路具有同等数量的门时，他宁愿采用具有最小输入和的电路. 例如，他计算出 $\bar{x} = \text{NOR}(x)$ 的代价是 1; $x \vee y \vee z = \text{NOR}(\text{NOR}(x,y,z))$ 的代价是 2; $\langle xyz \rangle = \text{NOR}(\text{NOR}(x,y), \text{NOR}(x,z), \text{NOR}(y,z))$ 的代价是 4; $S_1(x,y,z) = \text{NOR}(\text{NOR}(x,y,z), \langle xyz \rangle)$ 的代价是 6; 等等. 由于限制了扇出为 3，因而他发现每个 3 变量的函数可以用 7 或者更小的代价求值，只有奇偶性函数 $x \oplus y \oplus z = (x \equiv y) \equiv z$，其中 $x \equiv y$ 的代价是 4，因为它是 $\text{NOR}(\text{NOR}(x, \text{NOR}(x,y)), \text{NOR}(y, \text{NOR}(x,y)))$.

电气工程师们对于其他代价标准进行了不断的探索. 但是，直到富兰克林·梁在 1977 年建立表 1 中所示的 $C(f)$ 值之前，4 变量函数看来没有取得进展. 富兰克林·梁没有发表的推导，建立在不能用自底向上结构简化的所有链的研究基础之上.

$n = 5$ 的情况. 根据表 7.1.1–5，有 616 126 类实质不同的函数 $f(x_1, x_2, x_3, x_4, x_5)$. 如今计算机的速度已经快到足以使这个数字不再令人生畏，所以在我写这一节时，决定考察 5 个变量的全部布尔函数的 $C(f)$. 幸亏运气好，获得了完整的结果，得出表 2 所示的统计数字.

对于这个计算，算法 L 及其变形不再是处理 2^{31} 个正规真值表的集合，而是改为处理类的表示. 给定一类函数中的任意一个函数，使用习题 7.2.1.2–20 的方法很容易产生那个类的全部函数，从而得到 1000 倍加速. 自底向上的方法略有提高，例如，如果 $C(f) = r - 2$，它可以推出 $f(x_1 \wedge x_2, x_1 \vee x_2, x_3, x_4, x_5)$ 的代价小于等于 r. 在求出代价为 10 的所有类之后，自顶向下和自底向上方法能够求得除 7 个类函数以外的所有函数的长度小于等于 11 的链. 然后开始费时的计算部分，其间大约产生 5300 万条 $n = 5$ 和 $r = 11$ 的特殊链; 每条这样的链都产生 $5^{11} = 48\,828\,125$ 个函数，其中某些函数可望归入剩余的 7 种神秘的类. 但是，在那些类中仅有 6 类具有 11 步解. 单独残存的类是唯一的 $C(f) = 12$ 的类，它的真值表的十六进制表示为 169ae443，而且它也有 $L(f) = 12$.

图 10 显示了所产生的对称函数结构，其中某些函数出奇地精彩，某些函数简单地精彩，某些函数则单纯地出奇.（例如，看看 $S_{2,3}(x_1, x_2, x_3, x_4, x_5)$ 的 8 步计算，或者 $S_{2,3,4}$ 的简练公

表 2 具有给定复杂性的 5 变量函数的数目

$C(f)$	类	函数	$L(f)$	类	函数	$D(f)$	类	函数
0	2	12	0	2	12	0	2	12
1	2	100	1	2	100	1	2	100
2	5	1 140	2	5	1 140	2	17	5 350
3	20	11 570	3	20	11 570	3	1 789	6 702 242
4	93	109 826	4	93	109 826	4	614 316	4 288 259 592
5	389	99 5240	5	366	936 440	5	0	0
6	1 988	8 430 800	6	1 730	7 236 880	6	0	0
7	11 382	63 401 728	7	8 782	47 739 088	7	0	0
8	60 713	383 877 392	8	40 297	250 674 320	8	0	0
9	221 541	1 519 125 536	9	141 422	955 812 256	9	0	0
10	293 455	2 123 645 248	10	273 277	1 945 383 936	10	0	0
11	26 535	195 366 784	11	145 707	1 055 912 608	11	0	0
12	1	1 920	12	4 423	31 149 120	12	0	0

式，或者 $S_{4,5}$ 和 $S_{3,4,5}$ 的非单调链.）顺便指出，表 2 显示了所有深度小于等于 4 的 5 变量函数，但未试图使在图 10 中已经构成的深度达到最小.

最终，所有这些对称函数能够在不增加代价的情况下用最小存储求值. 没有熟知的简单理由.

多路输出. 我们时常需要对同样的输入值 $x_1, \ldots, x_n$ 求多个不同布尔函数 $f_1(x_1, \ldots, x_n), \ldots,$ $f_m(x_1, \ldots, x_n)$ 的值；换句话说，我们时常需要求一个多位函数 $y = f(x)$ 的值，其中 $y = f_1 \ldots f_m$ 是长度为 m 的二进制向量，$x = x_1 \ldots x_n$ 是长度为 n 的二进制向量. 所幸，计算分量值 $f_j(x_1, \ldots, x_n)$ 时涉及的大量工作同求其他分量值 $f_k(x_1, \ldots, x_n)$ 所需的运算可能是共同的.

令 $C(f) = C(f_1 \ldots f_m)$ 是计算所有非平凡函数 f_j 的最短布尔链的长度. 更确切地说，布尔链 $(x_{n+1}, \ldots, x_{n+r})$ 应具有这样的性质：对于 $1 \le j \le m$，以及对于满足 $0 \le l(j) \le n + r$ 的某些 $l(j)$，或者有 $f_j(x_1, \ldots, x_n) = x_{l(j)}$，或者有 $f_j(x_1, \ldots, x_n) = \bar{x}_{l(j)}$，其中 $x_0 = 0$. 显然 $C(f) \le C(f_1) + \cdots + C(f_m)$，但是我们可以做得更好.

例如，假定我们需要计算由

$$(z_1 z_0)_2 = x_1 + x_2 + x_3 \tag{21}$$

定义的函数 z_1 和 z_0，即 3 个布尔变量的两位二进制数和. 我们有

$$z_1 = \langle x_1 x_2 x_3 \rangle \quad \text{和} \quad z_0 = x_1 \oplus x_2 \oplus x_3, \tag{22}$$

所以它们各自的代价是 $C(z_1) = 4$ 和 $C(z_0) = 2$. 但是容易看出，组合的代价 $C(z_1 z_0)$ 最多是 5，因为在每一位 z_j 的求值中 $x_1 \oplus x_2$ 是合适的第一步：

$$x_4 = x_1 \oplus x_2, \quad z_0 = x_5 = x_3 \oplus x_4;$$
$$x_6 = x_3 \wedge x_4, \quad x_7 = x_1 \wedge x_2, \quad z_1 = x_8 = x_6 \vee x_7. \tag{23}$$

此外，穷举计算证实 $C(z_1 z_0) > 4$，因此 $C(z_1 z_0) = 5$.

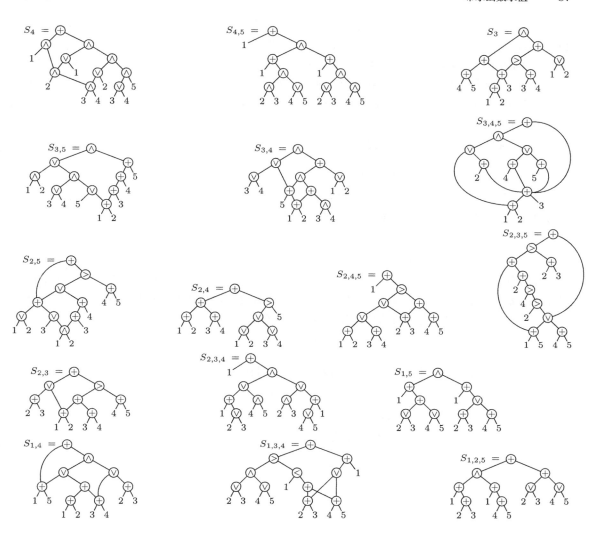

图 10　5 变量对称函数的最小代价布尔链

电气工程师们在传统上把式 (21) 那类电路称为全加器, 因为可以把 n 个这样的构件组合起来实现两个 n 位二进制数的加法. (22) 的特例（其中 $x_3 = 0$）同样重要, 虽然它只不过归结为

$$z_1 = x_1 \wedge x_2 \quad \text{和} \quad z_0 = x_1 \oplus x_2 \tag{24}$$

且具有复杂性 2; 工程师们称它为"半加器", 尽管事实上一个全加器的代价超过两个半加器的代价.

二进制数加法

$$\begin{array}{r} (x_{n-1} \ldots x_1 x_0)_2 \\ (y_{n-1} \ldots y_1 y_0)_2 \\ \hline (z_n z_{n-1} \ldots z_1 z_0)_2 \end{array} \tag{25}$$

的一般问题是从 $2n$ 个布尔量输入 $x_{n-1} \ldots x_1 x_0 y_{n-1} \ldots y_1 y_0$ 计算 $n+1$ 个布尔量输出 $z_n \ldots z_1 z_0$; 同时, 这个问题容易通过公式

$$c_{j+1} = \langle x_j y_j c_j \rangle, \qquad z_j = x_j \oplus y_j \oplus c_j, \qquad 0 \le j < n \tag{26}$$

求解，其中 c_j 是"进位位"，而且有 $c_0 = 0$，$z_n = c_n$. 所以，我们可以用一个半加器计算 c_1 和 z_0，接着用 $n - 1$ 个全加器计算其余的 c 和 z，累积成 $5n - 3$ 的总代价. 事实上，尼古拉·雷德金 [*Problemy Kibernetiki* **38** (1981), 181–216] 通过构造一个复杂的 35 页归纳法证明，证实 $5n - 3$ 步实际上是必须的，其中以实例 2.2.2.3.1.2.3.2.4.3 结束 (!). 但是这个电路的深度 $2n - 1$ 对于实际的并行计算太大了，所以大量研究工作投入到了设计具有深度 $O(\log n)$ 以及合理代价的加法电路的任务上.（见习题 41–44.）

现在，我们来扩充式 (21) 并尝试计算一般的"数位叠加和"

$$(z_{\lfloor \lg n \rfloor} \ldots z_1 z_0)_2 \ = \ x_1 + x_2 + \cdots + x_n. \tag{27}$$

如果 $n = 2k + 1$，我们可以用 k 个全加器把和简化为 $(x_1 + \cdots + x_n) \bmod 2$ 加上权 2 的 k 位，因为每个全加器把权 -1 的位数减少 2. 例如，如果 $n = 9$ 且 $k = 4$，计算步骤是

$$x_{10} = x_1 \oplus x_2 \oplus x_3, \qquad x_{11} = x_4 \oplus x_5 \oplus x_6, \qquad x_{12} = x_7 \oplus x_8 \oplus x_9, \qquad x_{13} = x_{10} \oplus x_{11} \oplus x_{12},$$
$$y_1 = \langle x_1 x_2 x_3 \rangle, \qquad y_2 = \langle x_4 x_5 x_6 \rangle, \qquad y_3 = \langle x_7 x_8 x_9 \rangle, \qquad y_4 = \langle x_{10} x_{11} x_{12} \rangle,$$

而且我们有 $x_1 + \cdots + x_9 = x_{13} + 2(y_1 + y_2 + y_3 + y_4)$. 如果 $n = 2k$ 为偶数，适用同样的简化，但在最后要用一个半加器. 然后，可以用同样的方式对权 2 的位求和；这样一来，对于将要计算的 $z_{\lfloor \lg n \rfloor} \ldots z_1 z_0$ 的门电路的总数，我们得到递推公式

$$s(n) \ = \ 5\lfloor n/2 \rfloor - 3[n \text{ 是偶数}] + s(\lfloor n/2 \rfloor), \qquad s(0) = 0. \tag{28}$$

（在习题 30 中出现一个适用于 $s(n)$ 的闭公式.）我们有 $s(n) < 5n$，且前面的一些值

$$n \ = \ 1 \ \ 2 \ \ 3 \ \ 4 \ \ 5 \ \ \ 6 \ \ \ 7 \ \ \ 8 \ \ \ 9 \ \ 10 \ \ 11 \ \ 12 \ \ 13 \ \ 14 \ \ 15 \ \ 16 \ \ 17 \ \ 18 \ \ 19 \ \ 20$$
$$s(n) = 0 \ \ 2 \ \ 5 \ \ 9 \ \ 12 \ \ 17 \ \ 20 \ \ 26 \ \ 29 \ \ 34 \ \ 37 \ \ 44 \ \ 47 \ \ 52 \ \ 55 \ \ 63 \ \ 66 \ \ 71 \ \ 74 \ \ 81$$

表明，这个方法即使对于小的 n 也是很有效的. 例如当 $n = 5$ 时，它产生

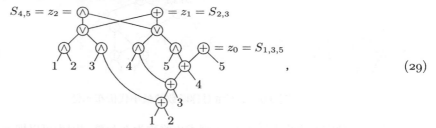

$$\tag{29}$$

这条链刚好用 12 步计算 3 个不同的对称函数 $z_2 = S_{4,5}(x_1, \ldots, x_5)$，$z_1 = S_{2,3}(x_1, \ldots, x_5)$，$z_0 = S_{1,3,5}(x_1, \ldots, x_5)$. 按照图 10，$S_{4,5}$ 的 10 步计算是最优的；当然，其中 $S_{1,3,5}$ 的 4 步计算也是最优的. 此外，虽然 $C(S_{2,3}) = 8$，但是函数 $S_{2,3}$ 在这里是用一种巧妙的 10 步方法计算的，这个方法同 $S_{4,5}$ 共用了除一个门之外的所有门.

请注意，现在我们可以有效地计算任何对称函数了，因为 $\{x_1, \ldots, x_n\}$ 的每个对称函数是 $z_{\lfloor \lg n \rfloor} \ldots z_1 z_0$ 的一个布尔函数. 我们知道，每个 4 变量的任何布尔函数都有小于等于 7 的复杂性，所以任何对称函数 $S_{k_1, \ldots, k_t}(x_1, \ldots, x_{15})$ 的代价最高到 $s(15) + 7 = 62$. 出乎意料的是：当 n 比较小时，n 变量的所有对称函数处于最难求值的函数之列，但是当 $n \geq 10$ 时，它们则是最容易求值的.

我们还可以有效地计算对称函数的集合. 比方说，如果需要用单一的布尔链对于 $0 \leq k \leq n$ 求所有 $n + 1$ 个对称函数 $S_k(x_1, \ldots, x_n)$ 的值，我们只需计算 $z_0, z_1, \ldots, z_{\lfloor \lg n \rfloor}$ 的前面 $n + 1$ 个小项. 例如当 $n = 5$ 时，所有函数 S_k 的小项分别是 $S_0 = \bar{z}_0 \wedge \bar{z}_1 \wedge \bar{z}_2$，$S_1 = z_0 \wedge \bar{z}_1 \wedge \bar{z}_2$，…，$S_5 = z_0 \wedge \bar{z}_1 \wedge z_2$.

计算 n 个变量的所有 2^n 个小项有多大的困难？电气工程师们把这个函数称为 n 到 2^n 的二进制译码器，因为它把 n 个二进制位 $x_1 \ldots x_n$ 转换成一串 2^n 位 $d_0 d_1 \ldots d_{2^n-1}$，其中恰好有一位是 1. "分而治之"的原则提示我们，第一步是计算前 $\lceil n/2 \rceil$ 个变量的所有小项，以及后 $\lfloor n/2 \rfloor$ 个变量的所有小项；然后用 2^n 个 AND 门就能完成计算任务. 这个方法的代价是 $t(n)$，其中

$$t(0) = t(1) = 0; \qquad t(n) = 2^n + t(\lceil n/2 \rceil) + t(\lfloor n/2 \rfloor), \quad n \geq 2. \tag{30}$$

所以 $t(n) = 2^n + O(2^{n/2})$，每个小项大体有一个门.（见习题 32.）

具有多输出的函数时常有助于我们构建具有单输出的更大的函数. 例如我们已经见过，数位叠加加法器 (27) 使我们能够计算对称函数；同时，一个 n 到 2^n 的译码器也有多种应用，尽管存在当 n 很大时 2^n 可能是非常大的事实. 一个恰当的实例是 2^m 路复用器 $M_m(x_1, \ldots, x_m; y_0, y_1, \ldots, y_{2^m-1})$，也称为 m 位存储访问函数，它带有 $n = m + 2^m$ 个输入，并且当 $(x_1 \ldots x_m)_2 = k$ 时取 y_k 值. 按定义，我们有

$$M_m(x_1, \ldots, x_m; y_0, y_1, \ldots, y_{2^m-1}) = \bigvee_{k=0}^{2^m-1} (d_k \wedge y_k), \tag{31}$$

其中 d_k 是一个 m 到 2^m 的二进制译码器的第 k 个输入；因此，由式 (30) 我们可以用 $2^m + (2^m-1) + t(m) = 3n + O(\sqrt{n})$ 个门求 M_m 的值. 但是习题 39 证明，实际上我们可以把代价减少到仅有 $2n + O(\sqrt{n})$（也见习题 78）.

渐近的真相. 当变量的数目很小时，我们的穷举搜索方法显现大量实例，其中可以很高效地对布尔函数求值. 所以我们自然期望，当呈现更多变量时会出现更多各种巧妙的求值方法. 但是事实正好相反，至少从统计观点来看是这样的.

定理 S. 几乎每一个布尔函数 $f(x_1, \ldots, x_n)$ 的代价都超过 $2^n/n$. 更确切地说，如果 $c(n,r)$ 个布尔函数具有小于等于 r 的复杂性，我们有

$$(r-1)! \, c(n,r) \leq 2^{2r+1}(n+r-1)^{2r}. \tag{32}$$

证明. 如果一个函数可以用 $r-1$ 步计算，那么它也可以用 r 步布尔链计算.（当 $r=1$ 时，这个断言是显然的；不然，我们可以令 $x_{n+r} = x_{n+r-1} \wedge x_{n+r-1}$.）我们将要证明不会有很多的 r 步布尔链，因此不能用小于等于 r 的代价计算许多不同的函数.

令 π 是 $\{1, \ldots, n+r\}$ 取 $1 \mapsto 1, \ldots, n \mapsto n$ 以及 $n+r \mapsto n+r$ 的一个置换；存在 $(r-1)!$ 个这样的置换. 假定 $(x_{n+1}, \ldots, x_{n+r})$ 是一条布尔链，其中每个中间步 $x_{n+1}, \ldots, x_{n+r-1}$ 至少要在后面的一步中使用. 于是由规则

$$x_i = x_{j'(i)} \circ'_i x_{k'(i)} = x_{j(i\pi)\pi^-} \circ_{i\pi} x_{k(i\pi)\pi^-}, \qquad n < i \leq n+r \tag{33}$$

定义的置换链，对于不同的 π 是不一样的.（如果 π 取 $a \mapsto b$，我们写成 $b = a\pi$ 和 $a = b\pi^-$.）例如，如果 π 取 $5 \mapsto 6 \mapsto 7 \mapsto 8 \mapsto 9 \mapsto 5$，布尔链 (7) 变成

原来的	置换后的
$x_5 = x_1 \oplus x_3,$	$x_5 = x_1 \oplus x_2,$
$x_6 = x_1 \oplus x_2,$	$x_6 = x_3 \oplus x_4,$
$x_7 = x_3 \oplus x_4,$	$x_7 = x_9 \vee x_5,$
$x_8 = x_5 \vee x_6,$	$x_8 = x_5 \oplus x_6,$
$x_9 = x_6 \oplus x_7,$	$x_9 = x_1 \oplus x_3,$
$x_{10} = x_8 \wedge \bar{x}_9;$	$x_{10} = x_7 \wedge \bar{x}_8.$

(34)

请注意，我们可能有 $j'(i) \geq k'(i)$ 或 $j'(i) > i$ 或 $k'(i) > i$，同我们通常的规则矛盾. 但是，置换链像前面那样计算同样的函数 x_{n+r}，而且它不带有任何循环，凭借它的项由本身间接地定义，因为置换后的 x_i 是原来的 $x_{i\pi}$.

我们可以像早先指出的那样只限于考虑正规布尔链. 所以代价小于等于 r 的 $c(n,r)/2$ 个正规布尔函数，导致 $(r-1)!\,c(n,r)/2$ 条不同的置换链，其中每一步的算符 $\circ_i$ 是 $\wedge$、$\vee$、$\bar{\supset}$ 或 $\oplus$. 同时，最多有 $4^r(n+r-1)^{2r}$ 条这样的链，因为当 $n < i \leq n+r$ 时，对于 $\circ_i$ 有 4 种选择，对于 $j(i)$ 和 $k(i)$ 中的每一个有 $n+r-1$ 种选择. 式 (32) 成为等式；同时，通过设置 $r = \lfloor 2^n/n \rfloor$，我们得到定理开头的表述. （见习题 46.） ∎

另一方面，对于关注无穷的人来说也有好消息：使用由香农设计并由奥列格·卢帕诺夫改进的方法，即使避开 $\oplus$ 和 $\equiv$，我们实际上仅用略超过 $2^n/n$ 的计算步骤就能求每个 n 变量布尔函数的值 [*Bell System Tech. J.* **28** (1949), 59–98, Theorem 6; *Izvestiĭa VUZov, Radiofizika* **1** (1958), 120–140].

事实上，香农-卢帕诺夫的方法即使当 n 很小时也能得出有用的结果，所以让我们通过考察一个小例子来了解它. 考虑

$$f(x_1, x_2, x_3, x_4, x_5, x_6) = [(x_1 x_2 x_3 x_4 x_5 x_6)_2 \text{ 是素数}], \tag{35}$$

这是一个识别所有具有 6 个二进制位的素数的函数. 它的真值表有 $2^6 = 64$ 个二进制位，我们可以很方便地处理它，即用一个 4×16 数组考察那些二进制位，而不限制在一维上：

$$
\begin{array}{l}
x_3 = 0\,0\,0\,0\,0\,0\,0\,0\,1\,1\,1\,1\,1\,1\,1\,1 \\
x_4 = 0\,0\,0\,0\,1\,1\,1\,1\,0\,0\,0\,0\,1\,1\,1\,1 \\
x_5 = 0\,0\,1\,1\,0\,0\,1\,1\,0\,0\,1\,1\,0\,0\,1\,1 \\
x_6 = 0\,1\,0\,1\,0\,1\,0\,1\,0\,1\,0\,1\,0\,1\,0\,1
\end{array}
$$

$$
\begin{array}{ll}
x_1 x_2 = 00 & \boxed{\begin{array}{l} 0\,0\,1\,1\,0\,1\,0\,1\,0\,0\,0\,1\,0\,1\,0\,0 \\ 0\,1\,0\,1\,0\,0\,0\,1\,0\,0\,0\,0\,0\,1\,0\,1 \\ 0\,0\,0\,0\,1\,0\,0\,0\,1\,0\,1\,0\,0\,0\,1 \\ 0\,0\,0\,0\,1\,0\,0\,0\,0\,0\,1\,0\,1\,0\,0 \end{array}} \\
x_1 x_2 = 01 & \\
x_1 x_2 = 10 & \\
x_1 x_2 = 11 &
\end{array}
$$

（第一行对应于组 1，类型 $\begin{smallmatrix}1\\0\end{smallmatrix}$，然后是组 1，类型 $\begin{smallmatrix}0\\1\end{smallmatrix}$，等等；最后一行对应于组 2 和类型 $\begin{smallmatrix}1\\1\end{smallmatrix}$）. $[x_3 x_4 x_5 x_6 \in \{0010, 0101, 1011\}]$ 这样的函数是 $\{x_3, x_4, x_5, x_6\}$ 的 3 个小项的 OR.

数组的行分成了两组，每组两行；行的每组有 16 列，它们属于 4 个基本类型，即 $\begin{smallmatrix}0\\0\end{smallmatrix}$、$\begin{smallmatrix}0\\1\end{smallmatrix}$、$\begin{smallmatrix}1\\0\end{smallmatrix}$ 或 $\begin{smallmatrix}1\\1\end{smallmatrix}$. 因此我们看出，函数可以表示成

$$
\begin{aligned}
f(x_1, \ldots, x_6) = \quad & ([x_1 x_2 \in \{00\}] & \wedge\, & [x_3 x_4 x_5 x_6 \in \{0010, 0101, 1011\}]) \\
\vee\, & ([x_1 x_2 \in \{01\}] & \wedge\, & [x_3 x_4 x_5 x_6 \in \{0001, 1111\}]) \\
\vee\, & ([x_1 x_2 \in \{00, 01\}] & \wedge\, & [x_3 x_4 x_5 x_6 \in \{0011, 0111, 1101\}]) \\
\vee\, & ([x_1 x_2 \in \{10\}] & \wedge\, & [x_3 x_4 x_5 x_6 \in \{1001, 1111\}]) \\
\vee\, & ([x_1 x_2 \in \{11\}] & \wedge\, & [x_3 x_4 x_5 x_6 \in \{1101\}]) \\
\vee\, & ([x_1 x_2 \in \{10, 11\}] & \wedge\, & [x_3 x_4 x_5 x_6 \in \{0101, 1011\}]).
\end{aligned} \tag{37}
$$

通常我们可以把真值表看成一个 $2^k \times 2^{n-k}$ 数组，它的行分成 l 组，每组有 $\lfloor 2^k/l \rfloor$ 行或者 $\lceil 2^k/l \rceil$ 行. 大小为 m 的组将有 2^m 种基本类型的列. 对于每个组 i 和每种非零的基本类型 t，我们建立合取 $(g_{it}(x_1, \ldots, x_k) \wedge h_{it}(x_{k+1}, \ldots, x_n))$，其中对于 t 有一个 1 的组中的行，g_{it} 是 $\{x_1, \ldots, x_k\}$ 的所有小项的 OR，而对于组 i 中具有类型 t 的列，h_{it} 是 $\{x_{k+1}, \ldots, x_n\}$ 的所有小项的 OR. 所有这些合取 $(g_{it} \wedge h_{it})$ 的 OR 给出 $f(x_1, \ldots, x_n)$.

一旦选定了满足 $1 \leq k \leq n-2$ 和 $1 \leq l \leq 2^k$ 的参数 k 和 l，计算过程便以 $t(k) + t(n-k)$ 步通过计算 $\{x_1, \ldots, x_k\}$ 的所有小项和 $\{x_{k+1}, \ldots, x_n\}$ 的所有小项开始（见式 (30)）. 然后对

于 $1 \le i \le l$，我们令组 i 由使得 $(x_1, \ldots, x_k)$ 的值满足 $(i-1)2^k/l \le (x_1 \ldots x_k)_2 < i2^k/l$ 的行组成，它包含 $m_i = \lceil i2^k/l \rceil - \lceil (i-1)2^k/l \rceil$ 行. 我们建立对于 $t \in S_i$ 的全部函数 g_{it}，即那些行的 $2^{m_i}-1$ 个非空子集的子集族；前面计算小项的 $2^{m_i}-m_i-1$ 个 OR 将完成这个任务. 我们还要建立表示非零类型 t 的列的全部函数 h_{it}；为此需要在每组 i 中最多用 2^{n-k} 个 OR 运算，因为我们可以把每个小项 OR 成为相应类型 t 的 h 函数. 最后我们计算 $f = \bigvee_{i=1}^{l} \bigvee_{t \in S_i} (g_{it} \wedge h_{it})$，每个 AND 运算由不必要的第一个 OR 成为 h_{it} 抵消. 所以总代价最多是

$$t(k) + t(n-k) + (l-1) + \sum_{i=1}^{l} \left((2^{m_i}-m_i-1) + 2^{n-k} + (2^{m_i}-2)\right); \tag{38}$$

我们需要选择使这个上界最小的 k 和 l. 习题 52 讨论了当 n 是小的数时的最佳选择. 至于当 n 是大的数时，好的选择至少对于多数函数会产生一条可以检验接近最优的布尔链:

定理 L. 令 $C(n)$ 表示 n 变量布尔函数最昂贵的代价. 那么，当 $n \to \infty$ 时我们有

$$C(n) \ge \frac{2^n}{n}\left(1 + \frac{\lg n}{n} + O\left(\frac{1}{n}\right)\right); \tag{39}$$

$$C(n) \le \frac{2^n}{n}\left(1 + 3\frac{\lg n}{n} + O\left(\frac{1}{n}\right)\right). \tag{40}$$

证明. 习题 48 证明下界 (39) 是定理 S 的一个推论. 对于上界 (40)，我们在奥列格·卢帕诺夫的方法中置 $k = \lfloor 2 \lg n \rfloor$ 和 $l = \lceil 2^k/(n - 3 \lg n) \rceil$；见习题 53. ∎

合成优质的布尔链. 式 (37) 不是实现 6 个二进制位的素数检测器的最佳方案，但是它提出了一种适宜的策略. 例如，我们无须让变量 x_1 和 x_2 支配行：习题 51 证明，一条更好的链来自于行以 $x_5 x_6$ 为基础建立，而列来自 $x_1 x_2 x_3 x_4$，而且一般说来，对于真值表存在通过让 k 个变量与其他 $n - k$ 个变量相对的多种分拆方式.

此外，利用对于所有 4 变量函数的全部知识，我们可以改进式 (37)；如果我们对于每个 $[x_3 x_4 x_5 x_6 \in \{0010, 0101, 1011\}]$ 这样的函数一开始就知道求值的最佳方式，那么就无须通过首先计算 $\{x_3, x_4, x_5, x_6\}$ 的小项求值了. 另一方面，我们的确需要同时求多个 4 变量函数的值，所以通过小项求值的方法终究可能不是一个坏主意. 我们确实能够改进它吗?

让我们尽力寻求一种好方法来合成一条计算给定 4 变量函数集合的布尔链. 式 (37) 中 $x_3 x_4 x_5 x_6$ 的 6 个函数是比较容易处理的（见习题 54），所以我们将考察一个来自日常生活的更有趣的例子，来学习更多东西.

7 段显示是当今无处不在的一种显示方式，通过 7 个巧妙地定位可见或不可见的显示段来表示 4 位二进制数 $(x_1 x_2 x_3 x_4)_2$. 习惯上，把这些显示段命名为如右图所示的 (a, b, c, d, e, f, g). 打开 (a, b, c, d, e, f) 段，我们获得 "0" 的显示；而仅用 (b, c) 段则可显示 "1". （顺便说一下，这种显示思想是弗兰克·伍德首创的，见美国专利第 974943 号（1910），不过伍德原来的设计使用了 8 个段，因为他认为显示 "4" 需要用一个对角线的划.）7 段显示方式通常仅支持十进制数字 $0, 1, \ldots, 9$；然而，计算机科学家们的数字监视自然也应显示十六进制数字. 所以我们将要设计 7 段逻辑电路，当给出输入 $x_1 x_2 x_3 x_4 = 0000$, $0001, 0010, \ldots, 1111$ 时分别显示十六进制数字

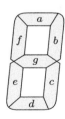

$$\mathbf{0123456789AbcdEF} . \tag{41}$$

换句话说, 我们要对 7 个布尔函数求值, 它们的真值表分别是

$$
\begin{aligned}
a &= 1011\ 0111\ 1110\ 0011,\\
b &= 1111\ 1001\ 1110\ 0100,\\
c &= 1101\ 1111\ 1111\ 0100,\\
d &= 1011\ 0110\ 1101\ 1110,\\
e &= 1010\ 0010\ 1011\ 1111,\\
f &= 1000\ 1111\ 1111\ 0011,\\
g &= 0011\ 1110\ 1111\ 1111.
\end{aligned} \tag{42}
$$

如果我们仅需单独求每个函数的值, 已经讨论过的几种方法会告诉我们如何以最小代价 $C(a) = 5$, $C(b) = C(c) = C(d) = 6$, $C(e) = C(f) = 5$, $C(g) = 4$ 实现; 那时全部 7 个函数的总代价将是 37. 但是我们要寻找把它们全部包含在内的单独一条布尔链, 而且这种最短的布尔链可能更加有效. 我们怎样发现它呢?

是的, 要针对 $\{a, b, c, d, e, f, g\}$ 寻找一条真正最优的布尔链, 从计算的观点证明是不可行的. 但是, 借助于先前讲解的 "足迹" 概念, 能够找到一个出奇好的解. 就是说, 我们不仅知道如何计算函数的最小代价, 同时也知道所有第一步的集合与一条正规布尔链中的代价是一致的. 例如, 函数 e 的代价为 5, 但是只有当我们从指令

$$
x_5 = x_1 \oplus x_4 \qquad 或 \qquad x_5 = x_2 \wedge \bar{x}_3 \qquad 或 \qquad x_5 = x_2 \vee x_3
$$

之一开始求它的值时才是这样.

幸好, 希望的第一步之一属于 7 种足迹中的 4 种: 函数 c, d, f, g 全部可以通过从 $x_5 = x_2 \oplus x_3$ 开始以最优方式求值. 所以, 那是一种自然的选择, 实际上为我们节省了 3 步; 因为我们知道, 原来 37 步中的 33 步将是必须完成的.

现在我们可以重新计算全部 2^{16} 个函数的代价和足迹, 像从前那样进行, 但是还要把新函数 x_5 的代价初始化为零. 函数 c, d, f, g 的代价的结果减少 1, 而且足迹也改变了. 例如函数 a 的代价依然是 5, 但是当函数 $x_5 = x_2 \oplus x_3$ 可以无代价地使用时, 它的足迹已经由 $\{x_1 \oplus x_3, x_2 \wedge x_3\}$ 增至 $\{x_1 \oplus x_3, x_1 \wedge x_4, \bar{x}_1 \wedge x_4, x_2 \vee x_3, \bar{x}_2 \wedge x_4, x_2 \oplus x_4, x_4 \wedge x_5, x_4 \oplus x_5\}$.

事实上, $x_6 = \bar{x}_1 \wedge x_4$ 对于新足迹中的 4 种足迹是共同的, 所以我们再次获得一种自然的处理方法. 此外, 当同时给定 x_5 和 x_6 的代价为零再重新计算一切时, 后面一步 $x_7 = x_3 \wedge \bar{x}_6$ 的结果是在最新足迹的 5 个中. 继续用这种 "贪婪的" 方式, 我们不是总有这样的运气, 但是一条 22 步的布尔链一定会出现; 并且, 戴维·史蒂文森已经证明, 如果我们不以贪婪方式选择 x_{10}, 那么实际仅需 21 步:

$$
\begin{array}{lll}
x_5 = x_2 \oplus x_3, & x_{12} = x_1 \wedge x_2, & \bar{a} = x_{19} = x_{15} \oplus x_{18},\\
x_6 = \bar{x}_1 \wedge x_4, & x_{13} = x_9 \wedge \bar{x}_{12}, & \bar{b} = x_{20} = x_{11} \wedge \bar{x}_{13},\\
x_7 = x_3 \wedge \bar{x}_6, & x_{14} = \bar{x}_3 \wedge x_{13}, & \bar{c} = x_{21} = \bar{x}_8 \wedge x_{11},\\
x_8 = x_1 \oplus x_2, & x_{15} = x_5 \oplus x_{14}, & \bar{d} = x_{22} = x_9 \wedge \bar{x}_{16},\\
x_9 = x_4 \oplus x_5, & x_{16} = x_1 \oplus x_7, & \bar{e} = x_{23} = x_6 \vee x_{14},\\
x_{10} = x_3 \vee x_9, & x_{17} = x_1 \vee x_5, & \bar{f} = x_{24} = \bar{x}_8 \wedge x_{15},\\
x_{11} = x_6 \oplus x_{10}, & x_{18} = x_6 \oplus x_{13}, & g = x_{25} = x_7 \vee x_{17}.
\end{array} \tag{43}
$$

(这是一条正规布尔链, 所以它包含正规函数 $\{\bar{a}, \bar{b}, \bar{c}, \bar{d}, \bar{e}, \bar{f}, g\}$, 而不是 $\{a, b, c, d, e, f, g\}$. 经过简单修改可以产生非正规函数而不改变代价.)

部分函数. 在实际应用中,布尔函数的输出值往往仅对某些输入 $x_1 \ldots x_n$ 是确定的,而在其他情况下输出值其实无关紧要. 例如,我们知道某些输入组合将不会出现. 在这种情况,我们在真值表的相应位置放一个星号(*),而不是在每处具体指定 0 或 1.

7 段显示提供一个恰当的实例,因为在它的多数应用中仅涉及 10 个二进制编码的十进制数输入,对于这些输入我们有 $(x_1x_2x_3x_4)_2 \le 9$. 我们并不关心在其他 6 种情况下哪些段是可显示的. 所以,(42) 的真值表实际变成了

$$
\begin{aligned}
a &= 1011\ 0111\ 11**\ ****, \\
b &= 1111\ 1001\ 11**\ ****, \\
c &= 1101\ 1111\ 11**\ ****, \\
d &= 1011\ 0110\ 11**\ ****, \\
e &= 1010\ 0010\ 10**\ ****, \\
f &= 1000\ 111*\ 11**\ ****, \\
g &= 0011\ 1110\ 11**\ ****.
\end{aligned}
\tag{44}
$$

(函数 f 在位置 $x_1x_2x_3x_4 = 0111$ 也有一个星号,因为 "7" 可以显示为 7 或 7. 在写这一小节时,我见到的这两种显示方式在常用的显示装置中大体是等量齐观的. 往昔有时可见到 6 和 9 的截除尾段的变形,好在它们已经不再出现了.)

通常把真值表中的星号称为 "不在意值" ——一个唯独能由电器工程师创造出来的奇趣词汇. 表 3 显示,自由选择随意的输出是有利的. 例如,有 $\binom{16}{3}2^{13} = 4\,587\,520$ 个真值表带有 3 个不在意值;它们中 69% 的代价是 4 或者更小,然而不带星号的真值表仅有 21% 容许这样的节省. 另一方面,不在意值不可能使我们的节省达到希望的程度;习题 63 证明,比如说一个在其真值表中具有 30% 不在意值的随机函数,往往仅节省一个完全指明的函数的 30% 的代价.

表 3 带有 d 个不在意值和代价 c 的 4 变量函数的数目

	$c=0$	$c=1$	$c=2$	$c=3$	$c=4$	$c=5$	$c=6$	$c=7$
$d=0$	10	60	456	2474	10624	24184	25008	2720
$d=1$	160	960	7296	35040	131904	227296	119072	2560
$d=2$	1200	7200	52736	221840	700512	816448	166144	
$d=3$	5600	33600	228992	831232	2045952	1381952	60192	
$d=4$	18200	108816	666528	2034408	3505344	1118128	3296	
$d=5$	43680	257472	1367776	3351488	3491648	433568	32	
$d=6$	80080	455616	2015072	3648608	1914800	86016		
$d=7$	114400	606944	2115648	2474688	533568	12032		
$d=8$	128660	604756	1528808	960080	71520	896		
$d=9$	114080	440960	707488	197632	4160			
$d=10$	78960	224144	189248	20160				
$d=11$	41440	72064	25472	800				
$d=12$	15480	12360	1280					
$d=13$	3680	800						
$d=14$	480							
$d=15$	32							
$d=16$	1							

求 (44) 中 7 个部分指明的函数之值的最短布尔链是什么? 我们的贪婪足迹方法本身很容易适应出现不在意值的情况, 因为我们可以把与一个带 d 个星号的模式匹配的所有 2^d 个函数的足迹通过 OR 运算组合起来. 目前, 求每个函数值的初始代价分别降到 $C(a) = 3$, $C(b) = C(c) = 2$, $C(d) = 5$, $C(e) = 2$, $C(f) = 3$, $C(g) = 4$, 总代价仅有 21 而不是 37. 函数 g 没有取得更低的代价, 但是它有一个更大的足迹. 现在利用不在意值像前面那样处理, 我们可以求出一条符合要求的长度仅为 11 的链——一条每个输出少于 1.6 个运算的链:

$$
\begin{aligned}
&x_5 = x_1 \vee x_2, && \bar{d} = x_9 = x_6 \oplus x_8, && \bar{c} = x_{13} = \bar{x}_4 \wedge x_{10}, \\
&x_6 = x_3 \oplus x_5, && \bar{f} = x_{10} = \bar{x}_5 \wedge x_8, && \bar{e} = x_{14} = x_4 \vee x_9, \\
&x_7 = \bar{x}_2 \wedge x_6, && \bar{b} = x_{11} = x_2 \wedge \bar{x}_9, && g = x_{15} = x_6 \vee x_{11}. \\
&x_8 = x_4 \vee x_7, && \bar{a} = x_{12} = \bar{x}_3 \wedge x_9,
\end{aligned}
\tag{45}
$$

这条令人惊讶的由科里·普洛韦尔在 2011 年发现的链, 用非贪婪方法选择 x_7.

> 我开始体验一项称为 "九宫连线" 的游戏……
> 对于所有可能的各种移动和状态, 确定需要多大数量的组合.
> 我发现这是比较有意义的. ……然而, 出现了异乎寻常的困难.
> 当自动机必须移动时, 可能发生这样的情况:
> 存在两种不同的移动, 每一种移动都能使它获胜.
> ……还有, 除非已经做出某种规定,
> 否则机器会尝试两种有冲突的移动.
> ——查尔斯·巴贝奇, *Passages from the Life of a Philosopher* (1864)

九宫游戏. 现在我们转到一个略大一点的问题, 它建立在一种流行的儿童游戏的基础上. 两位游戏者在 3×3 网格的格子中轮流做记号, 一位画叉 (×), 另一位画圈 (○), 游戏持续到在一条直线上出现 3 个 × 或者 3 个 ○ (在此情况下那位游戏者获胜), 或者 9 个格子全部填满而无一位胜出者 (此情况是一局 "猫的游戏①" 或者平局). 例如, 游戏可能进行如下:

$$
\text{井}\quad\text{井}\quad\text{井}\quad\text{井}\quad\text{井}\quad\text{井}\quad\text{井}\quad\text{井} ;
\tag{46}
$$

画 × 的游戏者取得胜利. 我们的目标是设计一台以最优方式玩九宫游戏的机器——从每个可能夺取胜利的位置做一次获胜的移动, 不要从一个可能避免失败的位置做一次失败的移动.

更确切地说, 我们进行这样安排: 用 18 个布尔变量 $x_1, \ldots, x_9, o_1, \ldots, o_9$ 控制照亮当前格子的灯光. 像电话拨号盘那样把格子编号为 $\begin{smallmatrix}1&2&3\\4&5&6\\7&8&9\end{smallmatrix}$. 如果 $x_j = 1$, 格子 j 显示 ×; 如果 $o_j = 1$, 格子显示 ○; 或者如果 $x_j = o_j = 0$, 则保留空白. ② 我们不会有 $x_j = o_j = 1$, 因为那样就会显示 "⊗". 我们假定已经把变量 $x_1 \ldots x_9 o_1 \ldots o_9$ 设置成指示一个合法位置的值, 在这个位置无任何一方必胜; 令计算机画 ×, 且轮到计算机填写. 为此, 我们需要定义 9 个函数 $y_1, \ldots, y_9$, 其中 y_j 表示 "x_j 由 0 改变为 1". 如果当前位置是一局猫的游戏, 我们应使 $y_1 = \cdots = y_9 = 0$; 否则, 恰好应有一个 y_j 等于 1, 而且自然仅当 $x_j = o_j = 0$ 时才应出现输出值 $y_j = 1$.

用 18 个变量, 9 个函数 y_j 的每一个将有一个大小达 $2^{18} = 262144$ 的真值表. 最终只可能有 4520 个合法的输入 $x_1 \ldots x_9 o_1 \ldots o_9$, 所以那些真值表中 98.3% 的位置是填不在意值. 如果

---

① 采用这个名称的一种解释是, 当游戏未决出胜负时, 九宫格上的 × 或 ○ 往往显现为一种 "C" 形图案, 即 Cat (猫) 的首字母, 也像猫卷曲的尾巴.——译者注

② 这种结构以 20 世纪 50 年代初芝加哥科学与工业博物馆的一个展品为基础, 我在那里第一次感受到了开关电路的奇妙. 芝加哥的那台机器是贝尔实验室的威廉·基斯特大约在 1940 年设计的. 比赛由我开局, 很快我发现无法战胜它. 所以我决定尽可能以笨拙的方式移动, 希望设计者未曾料到这样一种异乎寻常的举动. 事实上, 我让机器到达一个位置, 在那里它有两个获胜的移动步骤. 它居然抓住了这两次机会! 移动两次自然是明目张胆的违规, 所以我赢得了道义上的胜利, 尽管机器声称我已经失败.

我们希望设计并了解一条直观上有意义的布尔链, 4520 这么大的输入量仍然是令人不自在的. 7.1.4 节将讨论表示布尔链的替代方法, 用它通常可以处理数以百计的变量, 尽管有关的真值表不可能那样大.

18 个变量的大多数函数需要的门电路多于 $2^{18}/18$ 个, 但是我们希望能够取得更好的结果. 实际上, 为了在九宫游戏中做出恰当的移动, 一种看似合理的策略给出了几个不难识别的条件:

w_j, 格子 j 中的 $\times$ 将获胜, 填完 $\times$ 的一条连线;
b_j, 格子 j 中的 $\bigcirc$ 将失败, 填完 $\bigcirc$ 的一条连线;
f_j, 格子 j 中的 $\times$ 将给与 $\times$ 两种取胜方式;
d_j, 格子 j 中的 $\bigcirc$ 将给与 $\bigcirc$ 两种取胜方式.

例如为了阻挡 $\bigcirc$, $\times$ 需要移动到 (46) 的中心, 所以它是 b_5 类型; 幸运的是, 它也是 f_5 类型, 下一步移动就能夺取胜利.

令 $L = \{\{1,2,3\},\{4,5,6\},\{7,8,9\},\{1,4,7\},\{2,5,8\},\{3,6,9\},\{1,5,9\},\{3,5,7\}\}$ 是获胜连线的集合. 那么我们有

$$m_j = \bar{x}_j \wedge \bar{o}_j; \qquad\qquad\qquad\qquad\quad [\text{移进格子 } j \text{ 是合法的}] \qquad (47)$$

$$w_j = m_j \wedge \bigvee_{\{i,j,k\}\in L}(x_i \wedge x_k); \qquad\qquad [\text{移进格子 } j \text{ 获胜}] \qquad (48)$$

$$b_j = m_j \wedge \bigvee_{\{i,j,k\}\in L}(o_i \wedge o_k); \qquad\qquad [\text{移进格子 } j \text{ 阻挡}] \qquad (49)$$

$$f_j = m_j \wedge S_2(\{\alpha_{ik} \mid \{i,j,k\} \in L\}); \qquad\quad [\text{移进格子 } j \text{ 分叉}] \qquad (50)$$

$$d_j = m_j \wedge S_2(\{\beta_{ik} \mid \{i,j,k\} \in L\}); \qquad\quad [\text{移进格子 } j \text{ 防守}] \qquad (51)$$

此处, α_{ik} 和 β_{ik} 表示单独一个 $\times$ 或 $\bigcirc$ 连同一个空格, 即

$$\alpha_{ik} = (x_i \wedge m_k) \vee (m_i \wedge x_k), \qquad \beta_{ik} = (o_i \wedge m_k) \vee (m_i \wedge o_k). \qquad (52)$$

例如, $b_1 = m_1 \wedge ((o_2 \wedge o_3) \vee (o_4 \wedge o_7) \vee (o_5 \wedge o_9))$, $f_2 = m_2 \wedge S_2(\alpha_{13}, \alpha_{58}) = m_2 \wedge \alpha_{13} \wedge \alpha_{58}$, $d_5 = m_5 \wedge S_2(\beta_{19}, \beta_{28}, \beta_{37}, \beta_{46})$.

用这些定义, 可以尝试这样排序我们的移动队列:

$$\{w_1,\ldots,w_9\} > \{b_1,\ldots,b_9\} > \{f_1,\ldots,f_9\} > \{d_1,\ldots,d_9\} > \{m_1,\ldots,m_9\}. \qquad (53)$$

"如果可能你就取胜; 不然, 如果可能你就阻挡; 不然, 如果可能你就分叉; 不然, 如果可能你就防守; 不然就做一次合法移动." 此外, 当在合法移动之间进行选择时, 采用顺序

$$m_5 > m_1 > m_3 > m_9 > m_7 > m_2 > m_6 > m_8 > m_4 \qquad (54)$$

看来是合理的, 因为中心格子 5 出现在 4 条获胜连线上, 而角格子 1, 3, 9 或者 7 出现在 3 条获胜连线上, 边格子 2, 6, 8 或者 4 只出现在 2 条获胜连线上. 我们也可以在 (53) 的所有 5 组移动 $\{w_j\}, \{b_j\}, \{f_j\}, \{d_j\}, \{m_j\}$ 中采用这种下标顺序.

为了保证最多选择一次移动, 我们定义 $w_j', b_j', f_j', d_j', m_j'$ 表示"一个早先的选择是更好的". 因此, $w_5' = 0$, $w_1' = w_5$, $w_3' = w_1 \vee w_1'$, ..., $w_4' = w_8 \vee w_8'$, $b_5' = w_4 \vee w_4'$, $b_1' = b_5 \vee b_5'$, ..., $m_4' = m_8 \vee m_8'$. 然后, 通过令

$$y_j = (w_j \wedge \overline{w}_j') \vee (b_j \wedge \overline{b}_j') \vee (f_j \wedge \overline{f}_j') \vee (d_j \wedge \overline{d}_j') \vee (m_j \wedge \overline{m}_j'), \quad 1 \le j \le 9. \qquad (55)$$

可以完成对九宫连线游戏自动机的定义. 这样, 我们构造了对 m 的 9 个门, 对 w 的 48 个门, 对 b 的 48 个门, 对 α 和 β 的 144 个门, 对 f 的 35 个门 (借助于图 9), 对 d 的 35 个门, 对

带撇号的变量的 43 个门, 对 y 的 80 个门. 我们可以进一步利用关于 4 变量函数的知识把 (52) 中的 6 个运算减少到只剩 4 个,

$$\alpha_{ik} = (x_i \oplus x_k) \wedge \overline{(o_i \oplus o_k)}, \qquad \beta_{ik} = \overline{(x_i \oplus x_k)} \wedge (o_i \oplus o_k). \tag{56}$$

这种技巧节省了 48 个门, 所以我们的设计共有 394 个门的代价.

(47)–(56) 中九宫游戏的策略在大多数情况下工作得非常好, 但是也存在某些明显的缺陷. 例如, 它在赛局

$$\tag{57}$$

中不体面地失败了. 第二个 × 的移动是 d_3, 是为了防止 ○ 分叉, 而实际上它迫使 ○ 在对角上分叉! 另一次失败出现在位置 之后, 当移动 m_5 时出现猫的游戏 (平局) , , , , , , , 而不是 (46) 中 × 的胜利. 习题 65 弥补了 (47)–(56) 中的缺陷, 获得一个仅需 445 个门的完全正确的布尔九宫游戏者.

*函数分解. 如果可以把函数 $f(x_1, \ldots, x_n)$ 写成 $g(x_1, \ldots, x_k, h(x_{k+1}, \ldots, x_n))$ 的形式, 那么求 f 的值的一个好办法通常是先求 $y = h(x_{k+1}, \ldots, x_n)$ 的值, 然后计算 $g(x_1, \ldots, x_k, y)$. 罗伯特·阿申赫斯特在 1952 年开始研究这种函数分解 [见 *Annals Computation Lab. Harvard University* **29** (1957), 74–116], 他注意到存在一种识别 f 何时具有这种特殊性质的简单方法: 如果我们像在 (36) 中那样把 f 的真值表写成一个 $2^k \times 2^{n-k}$ 数组, 以 $x_1 \ldots x_k$ 的每个取值为行, 以 $x_{k+1} \ldots x_n$ 的每个取值为列, 那么存在欲求的子函数 g 和 h, 当且仅当这个数组最多有两组不同的值. 例如, 当用这种二维形式表示时, 函数 $\langle x_1 x_2 \langle x_3 x_4 x_5 \rangle \rangle$ 的真值表是

$$
\begin{array}{cccccccc}
0 & 0 & 0 & 0 & 0 & 0 & 0 & 0 \\
0 & 0 & 0 & 1 & 0 & 1 & 1 & 1 \\
0 & 0 & 0 & 1 & 0 & 1 & 1 & 1 \\
1 & 1 & 1 & 1 & 1 & 1 & 1 & 1 \\
\end{array}
$$

列的一种类型对应于实例 $h(x_{k+1}, \ldots, x_n) = 0$, 另一种类型对应于实例 $h(x_{k+1}, \ldots, x_n) = 1$.

一般说来, 可以把变量 $X = \{x_1, \ldots, x_n\}$ 划分成任意两个不相交的子集 $Y = \{y_1, \ldots, y_k\}$ 和 $Z = \{z_1, \ldots, z_{n-k}\}$, 而且我们可以有 $f(x) = g(y, h(z))$. 通过考察 $2^k \times 2^{n-k}$ 个真值表的列, 我们能够检验一个 (Y, Z) 分解, 那些真值表的行对应于 y 的值. 但是, 有 2^n 种这样划分 X 的方法; 同时, 除了平凡的实例 $|Y| = 0$ 或 $|Z| \le 1$, 它们全部属于潜在的赢家. 问题在于, 我们如何能避免检验如此数量巨大的可能性?

沈运申、阿奇·麦凯勒和彼得·韦纳发现了进行这种检验的一种实用方法 [*IEEE Transactions* **C-20** (1971), 304–309], 对于识别任何可能存在的有用划分 (Y, Z) 通常只需 $O(n^2)$ 步. 其基本思想很简单: 假定 $x_i \in Z$, $x_j \in Z$, $x_m \in Y$. 对于 $l = (l_1 l_2 l_3)_2$ 定义 8 个二进制向量 δ_l, 其中 δ_l 在分量 (i, j, m) 分别有 (l_1, l_2, l_3) 个, 而在其余分量为 0. 考虑任意随机选择的向量 $x = x_1 \ldots x_n$, 并且求 $f_l = f(x \oplus \delta_l)$ ($0 \le l \le 7$) 的值. 那么, 四对子矩阵

$$\begin{pmatrix} f_0 \\ f_1 \end{pmatrix} \qquad \begin{pmatrix} f_2 \\ f_3 \end{pmatrix} \qquad \begin{pmatrix} f_4 \\ f_5 \end{pmatrix} \qquad \begin{pmatrix} f_6 \\ f_7 \end{pmatrix} \tag{58}$$

将出现在 $2^k \times 2^{n-k}$ 真值表的一个 2×4 子矩阵中. 所以如果这些子矩阵对是不同的, 或者如果它们包含 3 个不同的值, 那么不可能有分解.

如果这些子矩阵对全部是相等的, 或者如果它们仅有两种不同的值, 我们就姑且称它们是 "优良的"; 不然, 称它们是 "低劣的". 如果 f 实际上带有随机性质, 当我们用若干随机选择的不同向量 x 做这个试验时将很快发现低劣对, 因为在 $f_0 f_1 \ldots f_7$ 的 256 种可能性中仅

有 88 对值对应于一组优良对；在一行中求出优良对 10 次的概率仅有 $(\frac{88}{256})^{10} \approx 0.00002$. 同时，当我们的确发现低劣对时，可以推断

$$x_i \in Z \quad \text{且} \quad x_j \in Z \implies x_m \in Z, \tag{59}$$

因为不可能有另外的选择 $x_m \in Y$.

假定 $n = 9$，f 为真值表是由二进制表示的 π 的 512 个最高有效位 11001001000011...00101 组成的函数.（这是前面我们在 (5) 和 (6) 中对于 $n = 4$ 考察过的"近乎随机的函数".）对于这个 π 函数，低劣对可以很快从对 $m \neq i < j \neq m$ 的每个实例 (i, j, m) 中找到. 其实，以我的经验，252 种实例中有 170 种是直接判定的，每个实例随机的 x 向量的平均数仅为 1.52；同时，只有一个实例在低劣对出现之前需要试验多达 8 个 x 向量. 因此，条件 (59) 对于所有相关的 (i, j, m) 成立，而且函数显然是不可分的. 实际上，习题 73 指出，为证实这个 π 函数的不可分性，我们无须进行 252 次检验，仅做它们中的 $\binom{n}{2} = 36$ 次检验就足够了.

我们转到随机性更少的一个函数，令 $f(x_1, \ldots, x_9) = (\det X) \bmod 2$，其中

$$X = \begin{pmatrix} x_1 & x_2 & x_3 \\ x_4 & x_5 & x_6 \\ x_7 & x_8 & x_9 \end{pmatrix}. \tag{60}$$

这个函数当 $i = 1$，$j = 2$，$m = 3$ 时不满足条件 (59)，因为在那个实例中没有低劣对. 但是，当 $\{i, j\} = \{1, 2\}$ 时对于 $4 \leq m \leq 9$ 它肯定满足条件 (59). 我们可以用简便的缩写记号 12⇒456789 表示这种蕴涵性质；对于所有 $\{i, j\}$ 对，蕴涵的全部集合是

12⇒456789	18⇒34569	27⇒34569	37⇒24568	48⇒12369	67⇒12358
13⇒456789	19⇒24568	28⇒134679	38⇒14567	49⇒12358	68⇒12347
14⇒235689	23⇒456789	29⇒14567	39⇒124578	56⇒123789	69⇒124578
15⇒36789	24⇒36789	34⇒25789	45⇒123789	57⇒12369	78⇒123456
16⇒25789	25⇒134679	35⇒14789	46⇒123789	58⇒134679	79⇒123456
17⇒235689	26⇒14789	36⇒124578	47⇒235689	59⇒12347	89⇒123456

（见习题 69）. 当我们随机检查这个函数时，寻找低劣对的难度略大一些：以我的经验，当确实存在函数的低劣对时，需要的 x 向量的平均数大约上升到 3.6. 当然，我们需要限制这个检验，办法是选择一个容许阈值 t，当连续 t 次没有找到函数任何低劣对时停止检验. 选择 $t = 10$，我们将找到上面列出的 198 个中除 8 个之外的所有蕴涵.

像 (59) 那样的蕴涵是霍恩子句，而且我们从 7.1.1 节知道，从霍恩子句可以很容易做进一步的推导. 实际上，用习题 74 的方法将在考察不到 50 个 (i, j, m) 实例后推出，仅可能的带有 $|Z| > 1$ 的划分是平凡的（$Y = \emptyset$，$Z = \{x_1, \ldots, x_9\}$）.

当 $f(x_1, \ldots, x_9) = [\operatorname{per} X > 0]$ 时出现类似的结果，其中 per 表示积和式函数.（在这个实例中，f 说明，如果在 $K_{3,3}$ 的二部子图中存在完全匹配，那么它的边是由变量 $x_1 \ldots x_9$ 指定的.）现在刚好有 180 个蕴涵，

12⇒456789	18⇒3459	27⇒3459	37⇒2468	48⇒1269	67⇒1358
13⇒456789	19⇒2468	28⇒134679	38⇒1567	49⇒1358	68⇒2347
14⇒235689	23⇒456789	29⇒1567	39⇒124578	56⇒123789	69⇒124578
15⇒3678	24⇒3678	34⇒2579	45⇒123789	57⇒1269	78⇒123456
16⇒2579	25⇒134679	35⇒1489	46⇒123789	58⇒134679	79⇒123456
17⇒235689	26⇒1489	36⇒124578	47⇒235689	59⇒2347	89⇒123456,

它们中仅有 122 个会被发现以 $t = 10$ 作为截止阈值.（不清楚 t 的最佳选择是什么，它或许应当是动态改变的.）对于证实不可分性，这 122 个霍恩子句绰绰有余.

关于可分函数的情况如何呢？有了 $f = \langle x_2 x_3 x_6 x_9 \langle x_1 x_4 x_5 x_7 x_8 \rangle \rangle$，对于除 $\{i, j\} \subseteq \{1, 4, 5, 7, 8\}$ 外的所有 $m \notin \{i, j\}$，我们得到 $i \wedge j \Rightarrow m$；在后面这个实例中，m 也必定属于 $\{1, 4, 5, 7, 8\}$. 虽然使用容许阈值 $t = 10$ 仅发现这 212 个蕴涵中的 185 个，但是划分 $Y = \{x_2, x_3, x_6, x_9\}$ 和 $Z = \{x_1, x_4, x_5, x_7, x_8\}$ 极有可能很快就显现出来.

当有证据支持一个潜在的分解时，需要检验对应的 $2^k \times 2^{n-k}$ 真值表确实仅有一个或两个不同的列. 但是，我们乐于对那种检验花费 2^n 个时间单元，因为它大大地简化了 f 的求值.

比较函数 $f = \left[(x_1 x_2 x_3 x_4)_2 \geq (x_5 x_6 x_7 x_8)_2 + x_9 \right]$ 是另一种有趣的实例. 它潜在的 184 个可推断的蕴涵是

$12 \Rightarrow 3456789$	$18 \Rightarrow 2345679$	$27 \Rightarrow 34689$	$37 \Rightarrow 489$	$48 \Rightarrow 9$	$67 \Rightarrow 23489$
$13 \Rightarrow 2456789$	$19 \Rightarrow 2345678$	$28 \Rightarrow 34679$	$38 \Rightarrow 479$	$49 \Rightarrow 8$	$68 \Rightarrow 23479$
$14 \Rightarrow 2356789$	$23 \Rightarrow 46789$	$29 \Rightarrow 34678$	$39 \Rightarrow 478$	$56 \Rightarrow 1234789$	$69 \Rightarrow 23478$
$15 \Rightarrow 2346789$	$24 \Rightarrow 36789$	$34 \Rightarrow 789$	$45 \Rightarrow 1236789$	$57 \Rightarrow 1234689$	$78 \Rightarrow 349$
$16 \Rightarrow 2345789$	$25 \Rightarrow 1346789$	$35 \Rightarrow 1246789$	$46 \Rightarrow 23789$	$58 \Rightarrow 1234679$	$79 \Rightarrow 348$
$17 \Rightarrow 2345689$	$26 \Rightarrow 34789$	$36 \Rightarrow 24789$	$47 \Rightarrow 389$	$59 \Rightarrow 1234678$	$89 \Rightarrow 4,$

而且当 $t = 10$ 时发现了其中的 145 个. 在这个实例中，3 个分解分别揭示了 $Z = \{x_4, x_8, x_9\}$，$Z = \{x_3, x_4, x_7, x_8, x_9\}$，$Z = \{x_2, x_3, x_4, x_6, x_7, x_8, x_9\}$. 罗伯特·阿申赫斯特证明了只要找到一个非平凡的分解立即就能简化 f；后面当我们试图简化更简单的函数 g 和 h 时，将显现其他的分解.

*部分函数的分解. 当函数 f 仅仅是部分确定时，一个带划分 (Y, Z) 的分解取决于能否对不在意值赋值，使得对应的 $2^k \times 2^{n-k}$ 真值表中最多出现两个不同的列.

如果对于某个 j，或者有 $u_j = 0$ 且 $v_j = 1$，或者有 $u_j = 1$ 且 $v_j = 0$；等价地说，如果由 u 和 v 说明的 m 立方的子立方没有公共点，那么两个由 0、1 和 * 组成的向量 $u_1 \ldots u_m$ 和 $v_1 \ldots v_m$ 被称为是不兼容的. 考虑这样一个图，它的顶点是带有不在意值的真值表的列，其中有边 u — v 当且仅当 u 和 v 是不兼容的. 我们可以对 * 赋值达到最多两个不同的列，当且仅当这个图是二部图. 因为如果 $u_1, \ldots, u_l$ 是相互兼容的，那么它们在 7.1.1-32 中定义的广义共存体 $u_1 \sqcup \cdots \sqcup u_l$ 同它们全部是相互兼容的. [见斯图尔特·海特，*IEEE Trans.* **C-22** (1973)，103–110；安德烈·博罗什、弗拉基米尔·古尔维奇、彼得·阿梅、茨木俊秀和亚历山大·科甘，*Discrete Applied Math.* **62** (1995)，51–75.] 由于一个图为二部图的充分必要条件是它不包含奇数个圈，因而我们很容易用深度优先搜索检验这个条件（见 7.4.1 节）.

因此当真值表出现不在意值时，沈运申、麦凯勒和韦纳的方法也是适用的：(58) 中的四对被认为是低劣的，当且仅当其中的三对是互不兼容的. 我们几乎可以像从前那样处置，尽管当存在许多 * 时低劣对自然更难寻找（见习题 72）. 但是，阿申赫斯特的定理不再适用了. 当函数存在多个分解时，应该对它们全部进行进一步的考察，因为它们可能使用不在意值的不同设置值，一些值可能比另外一些值更好.

虽然大多数函数 $f(x)$ 没有简单的分解 $g(y, h(z))$，但我们不必急于放弃希望，因为其他像 $g(y, h_1(z), h_2(z))$ 的形式也可能得到一条有效的链. 例如，如果 f 对它的 3 个变量 $\{z_1, z_2, z_3\}$ 是对称的，那么我们总可以把它写成 $f(x) = g(y, S_{1,2}(z_1, z_2, z_3), S_{1,3}(z_1, z_2, z_3))$，因为 $S_{1,2}(z_1, z_2, z_3)$ 和 $S_{1,3}(z_1, z_2, z_3)$ 表示 $z_1 + z_2 + z_3$ 之值的特征.（注意，仅用 4 步运算就足以同时计算 $S_{1,2}$ 和 $S_{1,3}$.）

一般地，正如赫伯特·柯蒂斯指出的那样，可以把 $f(x)$ 表示成 $g(y, h_1(z), \ldots, h_r(z))$，当且仅当对应于 Y 和 Z 的 $2^k \times 2^{n-k}$ 真值表最多有 2^r 个不同的列 [$JACM$ **8** (1961), 484–496]. 同时，当出现不在意值时存在同样的结果，当且仅当对于 Y 和 Z 的不兼容性图最多可以用 2^r 种颜色着色.

例如上面的函数 $f(x) = (\det X) \bmod 2$，当 $Z = \{x_4, x_5, x_6, x_7, x_8, x_9\}$ 时它有 8 个不同的列；真值表有 8 行和 64 列，这是一个相当小的数. 如果不知道这样的规则，那么从这个事实我们可以发现如何通过行列式第一列的余子式展开一个行列式：

$$f(x) = x_1 \wedge h_1(x_4, \ldots, x_9) \oplus x_2 \wedge h_2(x_4, \ldots, x_9) \oplus x_3 \wedge h_3(x_4, \ldots, x_9).$$

当存在 $d \le 2^r$ 个不同的列时，我们可以把 $f(x)$ 想象成一个 y 和 $h(z)$ 的函数，其中 h 把每个二进制向量 $z_1 \ldots z_{n-k}$ 变成 $\{0, 1, \ldots, d-1\}$ 中的一个值. 因此，$(h_1, \ldots, h_r)$ 实际上是不同列类型的一种编码，而且我们希望找出提供这种编码的每一个非常简单的函数 $h_1, \ldots, h_r$. 此外，如果 d 严格小于 2^r，则函数 $g(y, h_1, \ldots, h_r)$ 将有许多能降低其代价的不在意值.

不同的列也可能暗示函数 g，对它而言，h 带有不在意值. 例如，当所有的列是 $(0,0,0,0)^T$ 或 $(0,0,1,1)^T$ 或 $(0,1,1,0)^T$ 时，我们可以使用 $g(y_1, y_2, h_1, h_2) = (y_1 \oplus (h_1 \wedge y_2)) \wedge h_2$；于是当 z 对应于一个全部为零的列时，$h_1(z)$ 的值是随意的. 赫伯特·柯蒂斯解释了当 $|Y| = 1$ 且 $|Z| = n - 1$ 时如何利用这个思想 [见 $IEEE$ $Transactions$ **C-25** (1976), 1033–1044].

关于分解技术的全面讨论，见理查德·卡普，$J.$ $Society$ for $Industrial$ and $Applied$ $Math.$ **11** (1963), 291–335.

更大的 n 值. 我们只考虑了布尔函数相当小的例子. 定理 S 说明，大的随机例子的计算存在固有的困难，但是实际的例子也可能是高度非随机的. 所以，使用启发式方法寻求简化是有意义的.

当 n 增长时，当前处理布尔函数的最佳方法一般是从一条布尔链开始——不使用庞大的真值表——而且它们力求通过"局部改变"改进布尔链. 布尔链可以用一组方程指定. 然后，如果中间结果是在比较少的后续步骤中使用，我们可以尝试删除它，临时把后续的步骤变成 3 个变量的函数，在可能时重新用公式表示那些函数，以便产生一条更好的链.

例如，假定门 $x_i = x_j \circ x_k$ 仅在门 $x_l = x_i \square x_m$ 中被使用一次，使得 $x_l = (x_j \circ x_k) \square x_m$. 其他的门可能已经存在，通过它们我们已经计算了 x_j, x_k, x_m 的其他函数，且 x_j, x_k, x_m 的定义也许意味着不可能出现 (x_j, x_k, x_m) 的某些联合值. 因此，我们就有可能仅从其他门再做一次运算计算 x_l. 例如，如果 $x_i = x_j \wedge x_k$ 且 $x_l = x_i \vee x_m$，而且值 $x_j \vee x_m$ 和 $x_k \vee x_m$ 出现在链中的其他地方，那么我们可以置 $x_l = (x_j \vee x_m) \wedge (x_k \vee x_m)$；这样消除了 x_i 并且对代价减少 1. 或者，如果 $x_j \wedge (x_k \oplus x_m)$ 出现在别的地方，而且知道 $x_j x_k x_m \ne 101$，那么可以置 $x_l = x_m \oplus (x_j \wedge (x_k \oplus x_m))$.

如果 x_i 仅在 x_l 中使用，x_l 仅在 x_p 中使用，那么门 x_p 依赖于 4 个变量，我们可能利用关于 4 变量函数的全部知识，用更好的方法获得 x_p，同时消除 x_i 和 x_l 来降低代价. 与之类似，如果 x_i 仅出现在 x_l 和 x_p 中，我们若能寻求一种更好的方法对两个不同的 4 变量函数求值，可能会用不在意值和无代价地用那 4 个变量的其他函数，就可以消除 x_i. 我们又一次知道如何利用前面讨论的足迹方法来解决这样的问题.

当不能用局部改变降低代价时，我们还可以尝试那些维持代价甚至增加代价的局部改变，以便发现可以用其他方法简化的不同类型的布尔链. 我们将在 7.10 节广泛讨论这样的局部搜索方法.

电气工程师们把布尔链的最优化问题称为"多级逻辑综合"，关于解决这个问题的方法的精彩综述发表在罗伯特·布雷顿、加里·哈克特尔和阿尔贝托·圣乔瓦尼-温琴泰利的论文 [*Proceedings of the IEEE* **78** (1990), 264–300] 和乔瓦尼·德米凯利的著作 [*Synthesis and Optimization of Digital Circuits*, McGraw–Hill, 1994] 中.

下界. 定理 S 表明，变量数目 $n \geq 12$ 的几乎每个布尔函数都是很难求值的，需要长度超过 $2^n/n$ 的布尔链. 然而，现代计算机可以每微秒轻快地求出不计其数的布尔函数的值，这些机器由逻辑电路组成，包含代表成千上万个布尔变量的电信号. 很明显，尽管存在定理 S，但是大量重要的函数可以快速求值. 其实，那个定理的证明是间接的，仅考虑了低代价的实例，所以我们毫不了解实际应用中可能出现的任何特殊例子. 当需要计算一个给定的函数，而且只能设计完成任务的一条困难途径时，怎样才能确定存在没有技巧的捷径呢？

这个问题的答案几乎令人震惊：在集中研究几十年之后，计算机科学家们未能找到 $f(x_1, \ldots, x_n)$ 的任何显函数族，当 n 增加时，它们的代价是固有非线性的. 真实的情况是 $2^n/n$，但是已经证明不存在像 $n \log \log \log n$ 那样强的下界！当然，我们可以人为拼揍例子，如像"字典式的长度为 2^n 的最小真值表，并不能由长度为 $\lfloor 2^n/n \rfloor - 1$ 的任何布尔链达到的"；但是，这样的函数定然不是显函数. 显函数 $f(x_1, \ldots, x_n)$ 的真值表，应该对于某个常数 c 最多是在（比如）2^{cn} 个时间单位内可以计算的；就是说，确定全部函数值需用的时间应是真值表长度的多项式. 在这些基本原则下，没有单输出函数族当前已知当 $n \to \infty$ 时具有超过 $3n + O(1)$ 的组合复杂性. [见诺伯特·布卢姆，*Theoretical Computer Science* **28** (1984), 337–345.]

这一情况也并不是全然暗淡的，因为对于实际重要函数的若干有趣的线性下界已经得到证明. 获得这样结果的一个基本方法是由尼古拉·雷德金在 1970 年提出的：假定我们对于 $f(x_1, \ldots, x_n)$ 有一条代价为 r 的最优链. 通过置 $x_n \leftarrow 0$ 或 $x_n \leftarrow 1$，我们得到对于函数 $g(x_1, \ldots, x_{n-1}) = f(x_1, \ldots, x_{n-1}, 0)$ 和 $h(x_1, \ldots, x_{n-1}) = f(x_1, \ldots, x_{n-1}, 1)$ 的简化链，如果 x_n 用来作为对 u 个不同门的输入，则它有代价 $r - u$. 此外，如果 x_n 使用在"定向"门 $x_i = x_n \circ x_k$ 中，其中运算符 $\circ$ 既非 $\oplus$ 也非 $\equiv$，那么 x_n 的某个设置值将强制 x_i 为常数，由此进一步简化对于 g 或 h 的链. 所以，关于 g 和（或）h 的下界导出了关于 f 的下界. （见习题 77–81. ）

但是非线性下界的证明在哪里？几乎每一个带有是与否答案的问题，都可以用公式表示成布尔函数，所以不存在显函数的缺陷，即不知道怎样用线性时间甚至多项式时间求值. 例如，具有顶点 $\{v_1, \ldots, v_m\}$ 的任何有向图 G 都可以用它的邻接矩阵 X 表示，其中 $x_{ij} = [v_i \to v_j]$；于是

$$f(x_{12}, \ldots, x_{1m}, \ldots, x_{m1}, \ldots, x_{m(m-1)}) = [G \text{ 有一条哈密顿路径}] \tag{61}$$

是一个 $n = m(m-1)$ 个变量的布尔函数. 我们多么希望可以说，能够用（比如）n^4 步求这个函数的值. 我们的确知道怎样以 $O(m! 2^n) = 2^{n+O(\sqrt{n} \log n)}$ 步计算 f 的真值表，因为只有 $m!$ 条潜在的哈密顿路径；因此 f 真正是"显函数". 但是无人知道如何以多项式时间求 f 的值，或者如何证明不存在一条 $4n$ 步链.

我们所知道的全部就是，对于每个 n 可能存在 f 的短布尔链. 毕竟，图 9 和图 10 揭示了，即使在 4 变量和 5 变量的情况下也存在极为精巧的链. 对于所有那些不断需要求解的更大问题，高效的布尔链也可能"摆在那里"——但是完全超出了我们的控制，因为我们没有时间寻找它们. 即便有一位无所不知的智者向我们揭示出简单的布尔链，我们也可能会发现它们是不可理解的，因为证明其正确的最短证明的长度可能远超过我们脑细胞的数目.

对于大多数布尔函数，定理 S 排除了这样一种场景. 但是在整个函数关系中，数量不到 2^{100} 的布尔函数将永远具有实用价值，而且定理 S 告诉我们，它们毫无价值.

然而，拉里·斯托克迈尔和艾伯特·迈耶在 1974 年终于构造出了一个布尔函数 f，可以证实它的复杂性是巨大的. 他们建立的 f 在上面叙述的确切含义下不是"显函数"，也不是人为的函数，它自然出现在数理逻辑中. 考虑如下符号命题：

$$048+1015\neq1063\,;\tag{62}$$

$$\forall m\exists n(m<n+1)\,;\tag{63}$$

$$\forall n\exists m(m+1<n)\,;\tag{64}$$

$$\forall a\forall b(b\geq a+2\Rightarrow\exists ab(a<ab\wedge ab<b))\,;\tag{65}$$

$$\forall A\forall B(A\equiv B\Leftrightarrow\neg\exists n(n\in A\wedge n\notin B\vee n\in B\wedge n\notin A))\,;\tag{66}$$

$$\forall A(\exists n(n\in A)\Rightarrow\exists m(m\in A\wedge\forall n(n\in A\Rightarrow m\leq n)))\,;\tag{67}$$

$$\forall A(\exists n(n\in A)\Rightarrow\exists m(m\in A\wedge\forall n(n\in A\Rightarrow m\geq n)))\,;\tag{68}$$

$$\exists P\forall a((a\in P\Leftrightarrow a+3\notin P)\Leftrightarrow a<1000)\,;\tag{69}$$

$$\forall A\forall B(\forall C\forall c(C\equiv A\wedge c=1\vee C\equiv B\wedge c=0\Rightarrow(\forall n(n\in C\Leftrightarrow n+1\in C)\Leftrightarrow c=1))\Rightarrow\neg A\equiv B)\,.\tag{70}$$

斯托克迈尔和迈耶利用 63 个字符的表

$$\forall\exists()\equiv\in\notin+\wedge\vee\Rightarrow\Leftrightarrow<\leq=\neq\geq>\text{abcdefghijklmnopqABCDEFGHIJKLMNOPQ0123456789}$$

定义了一种 L 语言，并且对这些符号给出常规含义. 在 L 语言的语句中，小写字母字符串表示数字变量，如 (65) 中的 ab，限于取非负整数；大写字母字符串表示集合变量，限于取这样数字的有限集合. 例如，(66) 的含义是："对于所有有限集合 A 和 B，我们有 $A=B$，当且仅当不存在这样一个数字 n，它在 A 中但不在 B 中，或者在 B 中但不在 A 中." 这些命题有一些是真命题，另外一些是假命题. （见习题 82.）

字符串 (62)–(70) 全部属于 L，但是该语言实际上是很受限制的：允许数字进行的唯一代数运算是加一个常数；我们可以写出 a+13 但是不能出现 a+b. 在数字与集合之间允许存在的唯一关系是成员关系（$\in$ 或 $\notin$）. 在集合之间允许存在的唯一关系是全等关系（$\equiv$）. 此外，所有的变量必须用 $\exists$（存在量词）或 $\forall$（全称量词）量化. [1]

L 的每个长度为 $k\leq n$ 的语句，可以用长度为 $6n$、最后 $6(n-k)$ 位为零的二进制向量表示. 令 $f(x)$ 是 $6n$ 个变量的布尔函数，当 x 代表 L 的一个为真的语句时，$f(x)=1$；当 x 代表 L 的一个为假的语句时，$f(x)=0$；当 x 不代表 $f(x)$ 的一个有意义的语句时，$f(x)$ 的值是不确定的. 按照尤利乌斯·比希和卡尔文·埃尔戈的定理 [*Zeitschrift für math. Logik und Grundlagen der Mh.* **6** (1960), 66–92; *Transactions of the Amer. Math. Soc.* **98** (1961), 21–51]，这样的函数的真值表可以用有限的步骤构造. 但是"有限的"不意味着"可行的"：拉里·斯托克迈尔和艾伯特·迈耶证明了

$$\text{当 } n\geq 460+0.302r+5.08\ln r \text{ 且 } r>36 \text{ 时} \qquad C(f)>2^{r-5}.\tag{71}$$

特别是当 $n=621$ 时，我们有 $C(f)>2^{426}>10^{128}$. 有许多门的布尔链是永远不能建立的，因为 10^{128} 是宇宙中的质子数目的一个宽宏的上界. 所以，这是无法求解的一个非常小的有限问题.

斯托克迈尔和迈耶的证明细节见 *JACM* **49** (2002), 753–784. 其基本思想是，尽管 L 语言受到严格限制，但是它的表达能力很丰富，足以用非常短的语句描述布尔链的真值表和复杂性；因此，函数 f 必须处理实质上关于自身的输入.

---

[1] 按照传统的说法，L 的语句属于"带一个后继的弱二阶一元逻辑". 弱二阶逻辑允许对有限集的量化；带 k 个后继的一元逻辑是无标记 k 叉树的理论.

*进一步阅读. 关于布尔门的网络的研究已经发表了数以千计的重要论文, 因为这样的网络为众多理论与实践领域奠定了基础. 在这一节, 我们集中讨论了与串行计算机程序设计相关的主题, 但是也广泛考察了主要涉及并行计算的其他主题, 如浅深度电路的研究, 其中的门可以包含任意数量的输入 ("无限制的扇入"). 英戈·韦格纳的著作 *The Complexity of Boolean Functions* (Teubner and Wiley, 1987) 对整个主题提供了很好的导论.

在我们所考虑的绝大多数布尔链中, 所有二元运算符具有同样的重要性. 就我们的目的而言, ⊕ 或 ⊏ 这样的门与 ∧ 或 ∨ 这样的门恰好是我们想要的. 但是我们自然会想到, 当计算一个单调函数时, 是否仅用单调运算符 ∧ 和 ∨ 就可以获得. 亚历山大·雷博罗夫建立的引人注目的证明方法显示, 单调运算符本身的处理能力含固有的局限性. 例如他证明, 对于 0 和 1 的 $n \times n$ 矩阵, 判定积和式是零或非零的所有 AND-OR 链必定具有代价 $n^{\Omega(\log n)}$. [见 *Doklady Akademii Nauk SSSR* **281** (1985), 798–801; *Matematicheskie Zametki* **37** (1985), 887–900.] 相对而言, 我们将在 7.5.1 节见到, 这个等价于 "二部图匹配" 的问题仅用 $O(n^{2.5})$ 步就可以求解. 此外, 当除了 ∧ 和 ∨ 还允许非运算或其他布尔运算时, 那节中的有效方法可以像代价仅稍微大一些的布尔链那样执行. [沃恩·普拉特把这种情况称为 "非思维的力量".] 对雷博罗夫方法的介绍见习题 85 和 86.

习题

1. [*24*] 式 (6) 中的 "随机" 函数对应于一条代价为 4、深度为 4 的布尔链. 求具有同样代价、深度为 3 的公式.

2. [*21*] 说明如何用深度为 3、代价为 5 的公式计算 (a) $w \oplus \langle xyz \rangle$; (b) $w \wedge \langle xyz \rangle$.

3. [*M23*] (鲍里斯·菲尼科夫, 1957) 如果布尔函数 $f(x_1, \ldots, x_n)$ 恰好在 k 个点为真, 证明 $L(f) < 2n + (k-2)2^{k-1}$. 提示: 思考 $k = 3$ 且 $n = 10^6$.

4. [*M28*] 证明: 当 $L(f) > 1$ 时, 布尔函数最小的深度和公式长度满足 $\lg L(f) < D(f) < \alpha \lg L(f)$, 其中 $\alpha = 1/\lg \chi \approx 2.464965$ 与 7.1.4-(90) 的 "塑性常数" χ 有关. 提示: 如果 f 包含子公式 g, 对于适当的 f_1 和 f_0, 我们有 $f = (g? \, f_1 : f_0)$.

▶ **5.** [*21*] 当 $n \geq 3$ 时, 斐波那契门限函数 $F_n(x_1, \ldots, x_n) = \langle x_1^{F_1} x_2^{F_2} \ldots x_{n-1}^{F_{n-1}} x_n^{F_{n-2}} \rangle$ 是习题 7.1.1-101 中分析的函数. 对它存在有效的求值方法吗?

6. [*20*] 判别真假: 布尔函数 $f(x_1, \ldots, x_n)$ 是正规的, 当且仅当它满足广义分配律 $f(x_1, \ldots, x_n) \wedge y = f(x_1 \wedge y, \ldots, x_n \wedge y)$.

7. [*20*] 把布尔链 $x_5 = x_1 \,\bar\vee\, x_4$, $x_6 = \bar{x}_2 \vee x_5$, $x_7 = \bar{x}_1 \wedge \bar{x}_3$, $x_8 = x_6 \equiv x_7$ 转换成等价的布尔链 $(\hat{x}_5, \hat{x}_6, \hat{x}_7, \hat{x}_8)$, 其中每一步都是正规的.

▶ **8.** [*20*] 说明式 (11) 为什么是变量 x_k 的真值表.

9. [*20*] 算法 L 对于所有函数 f 确定最短公式的长度, 但是它不能给出进一步的信息. 扩展这个算法, 使它也能提供像式 (6) 那样的实际的最小长度公式.

▶ **10.** [*20*] 修改算法 L 使它计算 $D(f)$ 而不是 $L(f)$.

▶ **11.** [*22*] 修改算法 L 使它计算如正文所述的上界 $U(f)$ 和足迹 $\phi(f)$, 而不是长度 $L(f)$.

12. [*15*] 什么布尔链等价于最小存储方案 (13)?

13. [*16*] 在例子 (13) 中, f_1, f_2, f_3, f_4, f_5 的真值表是什么?

14. [*22*] 给定函数 g 的真值表, 计算式 (17) 的 $5n(n-1)$ 个真值表的简便方法是什么? (利用式 (15) 和式 (16) 中的按位运算.)

15. [*28*] 寻找使用最小存储求值下列布尔函数的尽可能短的方法: (a) $S_1(x_1, x_2, x_3)$; (b) $S_2(x_1, x_2, x_3, x_4)$; (c) $S_1(x_1, x_2, x_3, x_4)$; (d) 式 (18) 中的函数.

16. [*HM33*] 证明: 在 2^{128} 个布尔函数 $f(x_1,\ldots,x_7)$ 中, 可以用最小存储计算的少于 2^{118} 个.

▶ **17.** [*25*] (迈克尔·佩特森, 1977) 布尔函数 $f(x_1,\ldots,x_n)$ 不能始终在 n 个寄存器中求值, 证明用 $n+1$ 个寄存器求值总是足够的. 换句话说, 证明如果允许 $0 \le j(i), k(i) \le n$, 总是存在像式 (13) 的一个计算 $f(x_1,\ldots,x_n)$ 的运算序列.

▶ **18.** [*35*] 考察对 $f(x_1, x_2, x_3, x_4, x_5)$ 最优的最小存储计算: 对于 $r = 0, 1, 2, \ldots$ 有多少个 5 变量函数具有 $C_m(f) = r$?

19. [*M22*] 如果一条布尔链使用 n 个变量并且其长度 $r < n+2$, 证明它必定要么是 "自顶向下" 的结构, 要么是 "自底向上" 的结构.

▶ **20.** [*40*] (理查德·施罗皮尔, 2004) 如果一条布尔链不使用运算符 $\oplus$ 或 $\equiv$, 那么它是定向的. 求在这种限制下, 所有 4 变量函数的最优代价、长度和深度. 足迹试探方法依然能给出最优的结果吗?

21. [*46*] 1951 年, 哈佛大学的研究人员对于多少个 4 变量函数发现了一种最优的真空管电路?

22. [*21*] 解释图 10 中对于 S_3 的链, 注意它合并图 9 中对于 $S_{2,3}$ 的链. 对于 $S_2(x_1, x_2, x_3, x_4, x_5)$, 寻找一条类似的链.

▶ **23.** [*23*] 图 10 仅说明 64 个 5 变量对称函数中的 16 个. 对于其余函数, 解释如何写下它们的最优链.

24. [*47*] 每个对称函数 f 都有 $C_m(f) = C(f)$ 吗?

▶ **25.** [*17*] 假定我们想在一条布尔链中包含所有 n 变量的函数: 对于 $0 \le k < m = 2^{2^n}$, 令 $f_k(x_1,\ldots,x_n)$ 是真值表为 k 的二进制表示的函数. $C(f_0 f_1 \ldots f_{m-1})$ 是什么?

26. [*25*] 判别真假: 如果 $f(x_0,\ldots,x_n) = (x_0 \wedge g(x_1,\ldots,x_n)) \oplus h(x_1,\ldots,x_n)$, 其中 g 和 h 是非平凡的布尔函数, 它们的联合代价为 $C(gh)$, 那么 $C(f) = 2 + C(gh)$.

▶ **27.** [*23*] 全加器 (22) 能够只使用最小存储 (即完全在 3 个 1 比特寄存器内) 在 5 步内实现吗?

28. [*26*] 证明 $C(u'v') = C(u''v'') = 5$, 其中两输出函数定义为

$$(u'v')_2 = (x + y - (uv)_2) \bmod 4, \qquad (u''v'')_2 = (-x - y - (uv)_2) \bmod 4$$

使用这些函数以少于 $2.5n$ 步求 $[(x_1 + \cdots + x_n) \bmod 4 = 0]$ 的值.

29. [*M28*] 证明, 正文中用于位叠加加法 (27) 的电路具有深度 $O(\log n)$.

30. [*M25*] 对于位叠加代价函数 $s(n)$, 求解二元递推公式 (28).

31. [*21*] 如果 $f(x_1,\ldots,x_n)$ 是对称的, 证明 $C(f) \le 5n + O(n/\log n)$.

32. [*HM16*] 为什么式 (30) 的解满足 $t(n) = 2^n + O(2^{n/2})$?

33. [*HM22*] 判别真假: 如果 $1 \le N \le 2^n$, 当 $n \to \infty$ 和 $N \to \infty$ 时, $\{x_1,\ldots,x_n\}$ 的前 N 个小项全部可以用 $N + O(\sqrt{N})$ 步求值.

▶ **34.** [*22*] 优先编码器有 $n = 2^m - 1$ 个输入 $x_1 \ldots x_n$ 和 m 个输出 $y_1 \ldots y_m$, 其中 $(y_1 \ldots y_m)_2 = k$ 当且仅当 $k = \max\{j \mid j = 0 \text{ 或 } x_j = 1\}$. 设计一个代价为 $O(n)$ 深度为 $O(m)$ 的优先编码器.

35. [*23*] 如果 $n > 1$, 说明合取 $x_1 \wedge \cdots \wedge x_{k-1} \wedge x_{k+1} \wedge \cdots \wedge x_n$ ($1 \le k \le n$) 都可以用总代价小于等于 $3n - 6$ 从 $(x_1,\ldots,x_n)$ 计算.

▶ **36.** [*M28*] (理查德·拉德纳和迈克尔·费希尔, 1980) 令 y_k 是合取 $x_1 \wedge \cdots \wedge x_k$ ($1 \le k \le n$) 的 "前缀". 显然, $C(y_1 \ldots y_n) = n - 1$ 且 $D(y_1 \ldots y_n) = \lceil \lg n \rceil$, 但是我们不能同时使代价和深度达到最小. 寻找一条最优深度 $\lceil \lg n \rceil$ 的代价小于 $4n$ 的链.

37. [*M28*] (马克·史尼亚, 1986) 给定 $n \ge m \ge 1$, 考虑下述算法:

S1. [向上循环.] 对于 $t \leftarrow 1, 2, \ldots, \lceil \lg m \rceil$, 置 $x_{\min(m, 2^t k)} \leftarrow x_{2^t(k-1/2)} \wedge x_{\min(m, 2^t k)}$, 其中 $k \ge 1$, $2^t(k - 1/2) < m$.

S2. [向下循环.] 对于 $t \leftarrow \lceil \lg m \rceil - 1, \lceil \lg m \rceil - 2, \ldots, 1$, 置 $x_{2^t(k+1/2)} \leftarrow x_{2^t k} \wedge x_{2^t(k+1/2)}$, 其中 $k \ge 1$, $2^t(k + 1/2) < m$.

S3. [扩展.] 对于 $k \leftarrow m+1, m+2, \ldots, n$, 置 $x_k \leftarrow x_{k-1} \wedge x_k$. ∎

(a) 证明这个算法求解习题 36 的前缀问题: 它把 $(x_1, x_2, \ldots, x_n)$ 转换成 $(x_1, x_1 \wedge x_2, \ldots, x_1 \wedge x_2 \wedge \cdots \wedge x_n)$.

(b) 令 $c(m, n)$ 和 $d(m, n)$ 是对应布尔链的代价和深度. 证明对于固定的 m, 如果 n 足够大, 那么 $c(m, n) + d(m, n) = 2n - 2$.

(c) 给定 $n > 1$, $d(n) = \min_{1 \leq m \leq n} d(m, n)$ 是什么? 证明 $d(n) < 2\lg n$.

(d) 证明: 当 $d(n) \leq d < n$ 时, 对于前缀问题存在一条代价为 $2n - 2 - d$ 且深度为 d 的布尔链. (由习题 81, 这个代价是最优的.)

38. [25] 我们在 5.3.4 节考察了排序网络, 通过其中 $\hat{S}(n)$ 个比较器部件可以按升序排列 n 个数 $(x_1, x_2, \ldots, x_n)$. 如果输入 x_j 是 0 和 1, 则每个比较器部件等价于两个门 $(x \wedge y, x \vee y)$, 所以一个排序网络对应于一条确定的布尔链, 它求 $(x_1, x_2, \ldots, x_n)$ 的 n 个特定函数的值.

(a) 排序网络计算的 n 个函数 $f_1 f_2 \ldots f_n$ 是什么?

(b) 证明那些函数 $\{f_1, f_2, \ldots, f_n\}$ 可以用一条深度为 $O(\log n)$ 的链以 $O(n)$ 步求值. (因此, 排序网络不是渐近最优的布尔式网络.)

▶ **39.** [M21] (迈克尔·佩特森和彼得·克莱因, 1980) 用一条同时建立上界 $C(M_m) \leq 2n + O(\sqrt{n})$ 和 $D(M_m) \leq m + O(\log m)$ 的有效链, 实现式 (31) 的 2^m 路复用器 $M_m(x_1, \ldots, x_m; y_0, y_1, \ldots, y_{2^m-1})$.

40. [25] 如果 $n \geq k \geq 1$, 令 $f_{nk}(x_1, \ldots, x_n)$ 为 "一行内的 k" 函数

$$(x_1 \wedge \cdots \wedge x_k) \vee (x_2 \wedge \cdots \wedge x_{k+1}) \vee \cdots \vee (x_{n+1-k} \wedge \cdots \wedge x_n).$$

证明这个函数的代价 $C(f_{nk})$ 小于 $4n - 3k$.

41. [M23] (条件和加法器) 一种完成深度为 $O(\log n)$ 的二进制加法 (25) 的途径建立在习题 4 的复用器技巧的基础上: 如果 $(xx')_2 + (yy')_2 = (zz')_2$, 其中 $|x'| = |y'| = |z'|$, 我们要么有 $(x)_2 + (y)_2 = (z)_2$ 和 $(x')_2 + (y')_2 = (z')_2$, 要么有 $(x)_2 + (y)_2 + 1 = (z)_2$ 和 $(x')_2 + (y')_2 = (1z')_2$. 为了节省时间, 计算 $(x')_2 + (y')_2$ 的同时可以计算 $(x)_2 + (y)_2$ 和 $(x)_2 + (y)_2 + 1$. 以后, 在知道低有效部分 $(x')_2 + (y')_2$ 是否产生进位后, 我们可以利用复用器最高有效部分选择正确的二进制位.

如果把这个方法递归地用于由 n 位二进制加法器建立 $2n$ 位二进制加法器, 那么当 $n = 2^m$ 时需要多少个门? 对应的深度是什么?

42. [30] 在二进制加法 (25) 中, 令 $u_k = x_k \wedge y_k$ 且 $v_k = x_k \oplus y_k$, 其中 $0 \leq k < n$.

(a) 证明 $z_k = v_k \oplus c_k$, 其中进位位 c_k 满足

$$c_k = u_{k-1} \vee (v_{k-1} \wedge (u_{k-2} \vee (v_{k-2} \wedge (\cdots (v_1 \wedge u_0) \cdots)))).$$

(b) 令 $U_k^k = 0$, $V_k^k = 1$, 以及 $U_j^{k+1} = u_k \vee (v_k \wedge U_j^k)$, $V_j^{k+1} = v_k \wedge V_j^k$ ($k \geq j$). 证明 $c_k = U_0^k$, 以及 $U_i^k = U_j^k \vee (V_j^k \wedge U_i^j)$, $V_i^k = V_j^k \wedge V_i^j$ ($i \leq j \leq k$).

(c) 令 $h(m) = 2^{m(m-1)/2}$. 证明: 当 $n = h(m)$ 时, 进位位 $c_1, \ldots, c_n$ 全部可以用深度 $(m+1)m/2 \approx \lg n + \sqrt{2\lg n}$ 和总代价 $O(2^m n)$ 求值.

▶ **43.** [28] 有限状态转换器是一台抽象机器, 它带有一个有限输入字母表 A, 一个有限输出字母表 B, 以及一个有限内部状态集 Q. q_0 称为 "初始状态". 给定字符串 $\alpha = a_1 \ldots a_n$, 其中每个 $a_j \in A$, 机器计算字符串 $\beta = b_1 \ldots b_n$, 其中每个 $b_j \in B$, 计算过程如下:

T1. [初始化.] 置 $j \leftarrow 1$, $q \leftarrow q_0$.

T2. [终结?] 如果 $j > n$, 算法终止.

T3. [输出 b_j.] 置 $b_j \leftarrow c(q, a_j)$.

T4. [推进 j.] 置 $q \leftarrow d(q, a_j)$, $j \leftarrow j + 1$, 并且返回 T2. ∎

对于每个状态 $q \in Q$ 和每个字符 $a \in A$,机器有指明 $c(q,a) \in B$ 和 $d(q,a) \in Q$ 的内部指令. 本题的目的在于证明,如果任何有限状态转换器的字母表 A 和 B 是用二进制编码的,那么字符串 β 可以用大小为 $O(n)$ 且深度为 $O(\log n)$ 的一条布尔链从 α 计算.

(a) 考虑通过置

$$b_j \leftarrow a_j \oplus [a_j = a_{j-1} = \cdots = a_{j-k} = 1 \text{ 且 } a_{j-k-1} = 0, \text{ 其中 } k \geq 1 \text{ 是奇数}]$$

把二进制向量 $a_1 \dots a_n$ 变成 $b_1 \dots b_n$ 的问题,这里假定 $a_0 = 0$. 例如,$\alpha = 11001001000111111101101010 \mapsto \beta = 10001001000010101001001010$. 证明:这个变换可以用一个具有 $|A| = |B| = |Q| = 2$ 的有限状态转换器来执行.

(b) 假定一个具有 $|Q| = 2$ 的有限状态转换器在读入 $a_1 \dots a_{j-1}$ 后处于状态 q_j,说明如何用一条代价为 $O(n)$ 且深度为 $O(\log n)$ 的布尔链计算序列 $q_1 \dots q_n$,请使用习题 36 中理查德·拉德纳和迈克尔·费希尔的结构. (从这个序列 $q_1 \dots q_n$ 容易计算 $b_1 \dots b_n$,因为 $b_j = c(q_j, a_j)$.)

(c) 应用 (b) 的方法解决 (a) 中的问题.

▶ **44.** [26] (理查德·拉德纳和迈克尔·费希尔,1980)说明可以把二进制加法运算 (25) 的问题视为一种有限状态转换. 描述当 $n = 2^m$ 时由习题 43 的结构所产生的布尔链,并且把它同习题 41 的条件和加法器进行比较.

45. [HM20] 为什么定理 S 的证明过程不简单地认为:选取 $j(i)$ 和 $k(i)$ 使得 $1 \leq j(i), k(i) < i$ 的方法数是 $n^2(n+1)^2 \dots (n+r-1)^2$?

▶ **46.** [HM21] 令 $\alpha(n) = c(n, \lfloor 2^n/n \rfloor)/2^{2^n}$ 是 n 个变量布尔函数 $f(x_1, \dots, x_n)$ 中的小部分,对于它们 $C(f) \leq 2^n/n$. 证明:当 $n \to \infty$ 时,$\alpha(n)$ 快速地趋近于 0.

47. [M23] 把定理 S 扩展到具有 n 个输入和 m 个输出的函数.

48. [HM23] 寻找满足 $(r-1)! \, 2^{2^n} \leq 2^{2r+1}(n+r-1)^{2r}$ 的最小整数 $r = r(n)$: (a) 正好当 $1 \leq n \leq 16$ 时; (b) 渐近地当 $n \to \infty$ 时.

49. [HM25] 证明:当 $n \to \infty$ 时,几乎所有布尔函数 $f(x_1, \dots, x_n)$ 都具有最小的公式长度 $L(f) > 2^n/\lg n - 2^{n+2}/(\lg n)^2$.

50. [24] 素数函数 (35) 的素蕴涵元和素子句是什么?用最小长度的 (a) DNF (b) CNF 表示那个函数.

51. [20] 如果真值表的行基于 $x_5 x_6$ 而不是 $x_1 x_2$,那么代替 (37) 的素数检验器的表示是什么?

52. [23] 当 $5 \leq n \leq 16$ 时,k 和 l 的何种选择将使得上界 (38) 达到最小?

53. [HM22] 当 $k = \lfloor 2 \lg n \rfloor$,$l = \lceil 2^k/(n - 3 \lg n) \rceil$,$n \to \infty$ 时,估计总代价 (38).

54. [29] 寻找一条短布尔链,求所有 6 个函数 $f_j(x) = [x_1 x_2 x_3 x_4 \in A_j]$ 的值,其中 $A_1 = \{0010, 0101, 1011\}$,$A_2 = \{0001, 1111\}$,$A_3 = \{0011, 0111, 1101\}$,$A_4 = \{1001, 1111\}$,$A_5 = \{1101\}$,$A_6 = \{0101, 1011\}$. (这 6 个函数出现在素数检验器 (37) 中.)将你的链与奥列格·卢帕诺夫的小项优先求值方案的一般方法进行比较.

55. [34] 证明 6 个二进制位的素数检验函数的代价最多为 14.

▶ **56.** [16] 说明为什么表 3 中带有 14 个或者更多不在意值的所有函数的代价为 0?

57. [19] 当式 (45) 中 $(x_1 x_2 x_3 x_4)_2 > 9$ 时显示哪些 7 段"数字"?

▶ **58.** [30] 4×4 二进制位 S 盒是 4 位的二进制向量 $\{0000, 0001, \dots, 1111\}$ 的一个置换;这样的置换在苏联全联盟标准 GOST 28147 (1989) 等著名密码系统中作为部件使用. 每个 4×4 二进制位 S 盒对应于 4 函数 $f_1(x_1, x_2, x_3, x_4), \dots, f_4(x_1, x_2, x_3, x_4)$ 的序列,它们取变换 $x_1 x_2 x_3 x_4 \mapsto f_1 f_2 f_3 f_4$.

求所有的 4×4 二进制位 S 盒,其中 $C(f_1) = C(f_2) = C(f_3) = C(f_4) = 7$.

59. [29] 对满足习题 58 的条件的 S 盒,取变换 $(0, \dots, f) \mapsto (0, 6, 5, b, 3, 9, f, e, c, 4, 7, 8, d, 2, a, 1)$;换句话说,$(f_1, f_2, f_3, f_4)$ 的真值表分别是 (179a, 63e8, 5b26, 3e29). 寻找一条布尔链在 20 步内求这 4 个"极大困难的"函数的值.

60. [23] （弗兰克·拉斯基）假定 $z = (x + y) \bmod 3$，其中 $x = (x_1 x_2)_2$，$y = (y_1 y_2)_2$，$z = (z_1 z_2)_2$，并且要求每个两位二进制值是 00、01 或 10. 用 6 步布尔运算由 x_1, x_2, y_1, y_2 计算 z_1 和 z_2.

61. [34] 续习题 60，利用 3 位二进制值 000, 001, 010, 011, 100，寻找计算 $z = (x + y) \bmod 5$ 的一种有效途径.

62. [HM23] 考虑 n 变量的一个随机布尔部分函数，它有 $2^n c$ 个"在意值"和 $2^n d$ 个"不在意值"，其中 $c + d = 1$. 证明，几乎所有这样的部分函数的代价都超过 $2^n c/n$.

63. [HM35] （列夫·绍洛莫夫，1969）续习题 62，证明所有这样的函数都具有小于等于 $2^n c/n(1 + O(n^{-1} \log n))$ 的代价. 提示：存在 $2^m(1+k)$ 个向量 $x_1 \ldots x_k$ 的一个集合，它与 k 立方的每个 $(k-m)$ 维子立方相交.

64. [25] （魔幻的 15）两位游戏者轮流选择从 1 到 9 的数字，一个数字不能选择两次. 最先取得 3 个数字之和为 15 的一方为胜方（如果有获胜者）. 玩这种游戏的有效策略是什么？

▶ **65.** [35] 修改式 (47)–(56) 的九宫游戏策略，以便总是能正确地玩游戏.

66. [20] 评判习题 65 中的移动选择. 它们总是最优的吗？

▶ **67.** [40] 对于九宫游戏中的每个位置，我们不是仅仅寻找一次正确的移动，而是寻找所有正确的移动. 换句话说，给定 $x_1 \ldots x_9 o_1 \ldots o_9$，我们可以尝试计算 9 个输出 $g_1 \ldots g_9$，其中 $g_j = 1$，当且仅当到格子 j 的一次移动是合法的，而且 × 的最坏情况结果最小. 例如，在下面的典型位置中，惊叹号指示了 × 的所有正确移动：

玩游戏时，一台可随机选择可能性的机器比仅用一种固定策略的机器更加有趣. 对于求解全部合适的移动问题，一种富有吸引力的方法是利用九宫格具有 8 种对称性的事实. 对于"角格""边格"和"中央格"，设想一块有 18 个输入 $x_1 \ldots x_9 o_1 \ldots o_9$ 和 3 个输出 (c, s, m) 的芯片，它具备的性质是：所求函数 g_j 可以通过把 8 块相应的芯片连接起来计算：

$$g_1 = c(x_1 x_2 x_3 x_4 x_5 x_6 x_7 x_8 x_9 o_1 o_2 o_3 o_4 o_5 o_6 o_7 o_8 o_9) \vee c(x_1 x_4 x_7 x_2 x_5 x_8 x_3 x_6 x_9 o_1 o_4 o_7 o_2 o_5 o_8 o_3 o_6 o_9),$$

$$g_2 = s(x_1 x_2 x_3 x_4 x_5 x_6 x_7 x_8 x_9 o_1 o_2 o_3 o_4 o_5 o_6 o_7 o_8 o_9) \vee s(x_3 x_2 x_1 x_6 x_5 x_4 x_9 x_8 x_7 o_3 o_2 o_1 o_6 o_5 o_4 o_9 o_8 o_7),$$

$$g_3 = c(x_3 x_2 x_1 x_6 x_5 x_4 x_9 x_8 x_7 o_3 o_2 o_1 o_6 o_5 o_4 o_9 o_8 o_7) \vee c(x_3 x_6 x_9 x_2 x_5 x_8 x_1 x_4 x_7 o_3 o_6 o_9 o_2 o_5 o_8 o_1 o_4 o_7),$$

$$g_4 = s(x_1 x_4 x_7 x_2 x_5 x_8 x_3 x_6 x_9 o_1 o_4 o_7 o_2 o_5 o_8 o_3 o_6 o_9) \vee s(x_7 x_4 x_1 x_8 x_5 x_2 x_9 x_6 x_3 o_7 o_4 o_1 o_8 o_5 o_2 o_9 o_6 o_3), \ldots$$

$$g_9 = c(x_9 x_8 x_7 x_6 x_5 x_4 x_3 x_2 x_1 o_9 o_8 o_7 o_6 o_5 o_4 o_3 o_2 o_1) \vee c(x_9 x_6 x_3 x_8 x_5 x_2 x_7 x_4 x_1 o_9 o_6 o_3 o_8 o_5 o_2 o_7 o_4 o_1),$$

而 g_5 是所有 8 块芯片的 m 个输出的 OR.

使用少于 2000 个门来设计这样的芯片.

68. [M25] 考虑 n 位 π 函数 $\pi_n(x_1 \ldots x_n)$，它的值是 π 的二进制表示中最高有效位右边的第 $(x_1 \ldots x_n)_2$ 位. 习题 4.3.1–39 描述了一种计算 π 的任意二进制位的有效方法，对于充分大的 n，它能够证明 $C(\pi_n) < 2^n/n$ 吗？

69. [M24] 令 f 的多重线性表示是

$$\alpha_{000} \oplus \alpha_{001} x_m \oplus \alpha_{010} x_j \oplus \alpha_{011} x_j x_m \oplus \alpha_{100} x_i \oplus \alpha_{101} x_i x_m \oplus \alpha_{110} x_i x_j \oplus \alpha_{111} x_i x_j x_m,$$

其中每个系数 α_l 是变量 $\{x_1, \ldots, x_n\} \setminus \{x_i, x_j, x_m\}$ 的函数.

(a) 证明函数值对 (58) 是"优良的"，当且仅当系数满足

$$\alpha_{010} \alpha_{101} = \alpha_{011} \alpha_{100}, \qquad \alpha_{101} \alpha_{110} = \alpha_{100} \alpha_{111}, \qquad \alpha_{110} \alpha_{011} = \alpha_{111} \alpha_{010}.$$

(b) 当 $f = (\det X) \bmod 2$ 时，对于哪些 (i, j, m) 值，函数值对是低劣的？（见式 (60).）

▶ **70.** [M27] 令 X 为 3×3 布尔矩阵 (60). 计算下述布尔函数的有效的链：(a) $(\det X) \bmod 2$；(b) $[\operatorname{per} X > 0]$；(c) $[\det X > 0]$.

▶ **71.** [*M26*] 假定 $f(x)$ 在每个点 $x = x_1 \ldots x_n$ 以概率 p 等于 0 而不依赖它在其他点的值.

    (a) 函数值对 (58) 是优良的概率是多少?

    (b) 函数值对 (58) 存在低劣的概率是多少?

    (c) 在最多 t 次随机试验中,发现低劣的函数值对 (58) 的概率是多少?

    (d) 作为 p, t, n 的函数,检验实例 (i, j, m) 的期望时间是多少?

72. [*M24*] 把上题扩展到部分函数的情况,其中 $f(x) = 0$ 的概率是 p, $f(x) = 1$ 的概率是 q, $f(x) = *$ 的概率是 r.

▶ **73.** [*20*] 如果对于所有满足 $m \neq i \neq j \neq m$ 的 (i, j, m) 存在低劣的函数值对 (58),证明仅仅在试检 $\binom{n}{2}$ 次精心选择的三元组 (i, j, m) 后可以推断 f 的不可分解性.

74. [*25*] 扩展上题中的思想,当使用沈运申、麦凯勒和韦纳的方法时,推荐一种策略来选择连续的三元组 (i, j, m).

75. [*20*] 当把正文中的分解过程应用于 "全等" 函数 $S_{0,n}(x_1, \ldots, x_n)$ 时会出现什么?

▶ **76.** [*M26*] (迪特马尔·乌利希,1974)本题的目的在于证明令人吃惊的事实:对于某些函数 f,求布尔函数

$$F(u_1, \ldots, u_n, v_1, \ldots, v_n) = f(u_1, \ldots, u_n) \vee f(v_1, \ldots, v_n)$$

值的最佳链的代价小于 $2C(f)$. 因此,进行函数分解并非总是一个好主意.

    我们令 $n = m + 2^m$,并记 $f(i_1, \ldots, i_m, x_0, \ldots, x_{2^m - 1}) = f_i(x)$,其中把 i 当作数 $(i_1 \ldots i_m)_2$. 于是 $(u_1, \ldots, u_n) = (i_1, \ldots, i_m, x_0, \ldots, x_{2^m - 1})$, $(v_1, \ldots, v_n) = (j_1, \ldots, j_m, y_0, \ldots, y_{2^m - 1})$, $F(u, v) = f_i(x) \vee f_j(y)$.

    (a) 证明:代价为 $O(n^2)$ 的一条布尔链足以由给定向量 i, j, x, y 求 $2^m + 1$ 个函数

$$z_l = x \oplus (([l \leq i] \oplus [l \leq j]) \wedge (x \oplus y)), \qquad 0 \leq l \leq 2^m$$

的值,每个 z_l 是长度为 2^m 的向量,并且一位二进制量 $([l \leq i] \oplus [l \leq j])$ AND 到 $x \oplus y$ 的每个分量.

    (b) 对于 $0 \leq i \leq 2^m$,令 $g_i(x) = f_i(x) \oplus f_{i-1}(x)$,其中 $f_{-1}(x) = f_{2^m}(x) = 0$. 对于 $0 \leq l \leq 2^m$,给定向量 z_l,估计计算 $2^m + 1$ 个值 $c_l = g_l(z_l)$ 的代价.

    (c) 令 $c'_l = c_l \wedge ([i \leq j] \equiv [l \leq i])$, $c''_l = c_l \wedge ([i \leq j] \equiv [j > l])$,证明

$$f_i(x) = c'_0 \oplus c'_1 \oplus \cdots \oplus c'_{2^m}, \qquad f_j(y) = c''_0 \oplus c''_1 \oplus \cdots \oplus c''_{2^m}.$$

    (d) 推断 $C(F) \leq 2^n/n + O(2^n(\log n)/n^2)$. (当 n 充分大时,这个代价必定小于 $2^{n+1}/n$,但是存在 $C(f) > 2^n/n$ 的函数 f.)

    (e) 为清晰起见,写出当 $m = 1$ 且 $f(i, x_0, x_1) = (i \wedge x_0) \vee x_1$ 时函数 F 的布尔链.

▶ **77.** [*35*] (尼古拉·雷德金,1970)假定一条布尔链仅使用 AND、OR 或 NOT 运算,因此,每一步要么是 $x_i = x_{j(i)} \wedge x_{k(i)}$,要么是 $x_i = x_{j(i)} \vee x_{k(i)}$,要么是 $x_i = \bar{x}_{j(i)}$. 证明:如果这样一条链或是计算 "奇检验" 函数 $f_n(x_1, \ldots, x_n) = x_1 \oplus \cdots \oplus x_n$,或是计算 "偶检验" 函数 $\bar{f}_n(x_1, \ldots, x_n) = 1 \oplus x_1 \oplus \cdots \oplus x_n$,其中 $n \geq 2$,那么链的长度至少是 $4(n-1)$.

78. [*26*] (沃尔夫冈·保罗,1977)令 $f(x_1, \ldots, x_m, y_0, \ldots, y_{2^m - 1})$ 是任意的布尔函数,对于某个给定的集合 $S \subseteq \{0, 1, \ldots, 2^m - 1\}$,当 $(x_1 \ldots x_m)_2 = k \in S$ 时等于 y_k;我们不在意 f 在其他点的值. 证明当 S 非空时,$C(f) \geq 2|S| - 2$. (尤其是当 $S = \{0, 1, \ldots, 2^m - 1\}$ 时,习题 39 的复用器链是渐近最优的.)

79. [*32*] (克劳斯-彼得·施诺尔,1976)如果在对应的二叉树的图示中,布尔链中的变量 u 和 v 之间恰好存在一条简单路径,那么就说 u 和 v 是 "伙伴". 仅当布尔链中每个变量只使用一次时,它们才可能是伙伴. 但是,这个必要条件并不是充分条件. 例如在图 9 中,变量 2 和 4 对于 $S_{1,2,3}$ 的链是伙伴,但对于 S_2 的链不是伙伴.

    (a) 证明,一条没有伙伴的 n 变量布尔链的代价大于等于 $2n - 2$.

    (b) 证明,当 f 是全等函数 $S_{0,n}(x_1, \ldots, x_n)$ 时,$C(f) = 2n - 3$.

▶ **80.** [*M29*] （拉里·斯托克迈尔，1977）有时使用另一种记号表示对称函数是方便的：如果 $\alpha = a_0 a_1 \ldots a_n$ 是任意的二进制串，令 $S_\alpha(x) = a_{\nu x}$。例如，用这种记号，$\langle x_1 x_2 x_3 \rangle = S_{0011}$，$x_1 \oplus x_2 \oplus x_3 = S_{0101}$。注意，$S_\alpha(0, x_2, \ldots, x_n) = S_{\alpha'}(x_2, \ldots, x_n)$ 且 $S_\alpha(1, x_2, \ldots, x_n) = S_{'\alpha}(x_2, \ldots, x_n)$，其中 α' 和 $'\alpha$ 分别代表删除最后一个元素和第一个元素后的 α。此外，当 f 是 $n-2$ 个变量的任何布尔函数时，

$$S_\alpha\big(f(x_3, \ldots, x_n), \bar{f}(x_3, \ldots, x_n), x_3, \ldots, x_n\big) = S_{'\alpha'}(x_3, \ldots, x_n).$$

(a) 奇偶性函数有 $a_0 \neq a_1 \neq a_2 \neq \cdots \neq a_n$。假定 $n \geq 2$。证明：如果 S_α 不是奇偶性函数且 $S_{'\alpha'}$ 不是常数，那么

$$C(S_\alpha) \geq \max\big(C(S_{\alpha'})+2, C(S_{'\alpha})+2, \min(C(S_{\alpha'})+3, C(S_{'\alpha})+3, C(S_{'\alpha'})+5)\big).$$

(b) 当 $0 \leq k \leq n$ 时，从这个结果推出关于 $C(S_k)$ 和 $C(S_{\geq k})$ 的什么下界？

81. [*23*] （马克·史尼亚，1986）证明：对于习题 36 的前缀问题，任何代价为 c、深度为 d 的布尔链有 $c + d \geq 2n - 2$。

▶ **82.** [*M23*] 解释逻辑语句 (62)–(70)。它们中哪些语句为真？

83. [*21*] 如果对于 $f(x_1, \ldots, x_n)$ 有一条包含 p 个定向运算符的布尔链，证明 $C(f) < (p+1)(n+p/2)$。

84. [*M20*] 单调布尔链是其中每个运算符 $\circ_i$ 都是单调的布尔链。用 $C^+(f)$ 表示函数 f 的一条最短单调布尔链的长度。如果有一条 $f(x_1, \ldots, x_n)$ 的单调布尔链包含 $\wedge$ 的 p 次出现和 $\vee$ 的 q 次出现，证明 $C^+(f) < \min((p+1)(n+p/2), (q+1)(n+q/2))$。

▶ **85.** [*M28*] 令 M_n 是 n 个变量的所有单调函数的集合。如果 L 是包含在 M_n 中的一个函数族，令

$$x \sqcup y = \bigwedge \{z \in L \mid z \supseteq x \vee y\} \qquad \text{和} \qquad x \sqcap y = \bigvee \{z \in L \mid z \subseteq x \wedge y\}.$$

如果 L 含常值函数 0 和 1，以及投影函数 x_j（$1 \leq j \leq n$），而且当 $x, y \in L$ 时 $x \sqcup y \in L$，$x \sqcap y \in L$，则我们称 L 是"合法的"。

(a) 当 $n = 3$ 时，我们可以写出 $M_3 = \{00, 01, 03, 05, 11, 07, 13, 15, 0f, 33, 55, 17, 1f, 37, 57, 3f, 5f, 77, 7f, ff\}$，用每个函数的十六进制真值表表示函数。存在 2^{15} 个函数族 L，$\{00, 0f, 33, 55, ff\} \subseteq L \subseteq M_3$，它们中有多少函数族是合法的？

(b) 如果 A 是 $\{1, \ldots, n\}$ 的一个子集，令 $\lceil A \rceil = \bigvee_{a \in A} x_a$；此外令 $\lceil \infty \rceil = 1$。假定 $\mathcal{A}$ 是 $\{1, \ldots, n\}$ 的子集的一个集族，包含所有小于等于 1 的集合，而且在交运算下是封闭的；换句话说，当 $A \in \mathcal{A}$ 和 $B \in \mathcal{A}$ 时 $A \cap B \in \mathcal{A}$。证明，族 $L = \{\lceil A \rceil \mid A \in \mathcal{A} \cup \infty\}$ 是合法的。

(c) 令 $(x_{n+1}, \ldots, x_{n+r})$ 是一条单调布尔链 (1)。假定 $(\hat{x}_{n+1}, \ldots, \hat{x}_{n+r})$ 是从某个合法族 L 的同样一条布尔链得到的，但是每个运算符 $\wedge$ 变成了 $\sqcap$，每个运算符 $\vee$ 变成了 $\sqcup$。证明，对于 $n+1 \leq l \leq n+r$，我们必定有

$$\hat{x}_l \subseteq x_l \vee \bigvee_{i=n+1}^{l} \{\hat{x}_i \oplus (\hat{x}_{j(i)} \vee \hat{x}_{k(i)}) \mid \circ_i = \vee\};$$

$$x_l \subseteq \hat{x}_l \vee \bigvee_{i=n+1}^{l} \{\hat{x}_i \oplus (\hat{x}_{j(i)} \wedge \hat{x}_{k(i)}) \mid \circ_i = \wedge\}.$$

86. [*HM37*] 顶点集 $\{1, \ldots, n\}$ 上的图 G 可以用 $N = \binom{n}{2}$ 个布尔变量 x_{uv}（$1 \leq u < v \leq n$）定义，其中 $x_{uv} = [u\text{—}v \text{ 在 } G \text{ 中}]$。令 f 是函数 $f(x) = [G \text{ 包含一个三角形}]$；例如当 $n = 4$ 时，$f(x_{12}, x_{13}, x_{14}, x_{23}, x_{24}, x_{34}) = (x_{12} \wedge x_{13} \wedge x_{23}) \vee (x_{12} \wedge x_{14} \wedge x_{24}) \vee (x_{13} \wedge x_{14} \wedge x_{34}) \vee (x_{23} \wedge x_{24} \wedge x_{34})$。本题的目的是证明单调复杂性 $C^+(f)$ 是 $\Omega(n/\log n)^3$。

(a) 如果在图 G 中有 $u_j \text{—} v_j$（$1 \leq j \leq r$），则称 $S = \{\{u_1, v_1\}, \ldots, \{u_r, v_r\}\}$ 是一个 r 族，并且令 $\Delta(S) = \bigcup_{1 \leq i < j \leq r} (\{u_i, v_i\} \cap \{u_j, v_j\})$ 是它的成对交集的元素。如果对于某个 r 族 S，当 $\Delta(S) \subseteq \{u, v\}$ 时有 $u\text{—}v$，则说 G 是 r 封闭的。此外，如果对于所有 r 族 S，我们有 $|\Delta(S)| \geq 2$，则说 G 是强 r 封闭的。证明，一个强 r 封闭的图也是强 $(r+1)$ 封闭的。

(b) 证明，当 $r > \max(m, n)$ 时，完全偶图 $K_{m,n}$ 是强 r 封闭的。

(c) 证明, 强 r 封闭的图最多有 $(r-1)^2$ 条边.

(d) 令 L 是函数族 $\{1\} \cup \{\lceil G \rceil \mid G$ 是 $\{1, \ldots, n\}$ 上强 r 封闭的图 $\}$. (见习题 85(b); 我们把 G 看成边的集合. 例如, 当边为 1 —— 3, 1 —— 4, 2 —— 3, 2 —— 4 时, 我们有 $\lceil G \rceil = x_{13} \vee x_{14} \vee x_{23} \vee x_{24}$.) L 是合法的吗?

(e) 令 $x_{N+1}, \ldots, x_{N+p+q} = f$ 是一条单调布尔链, 具有 p 个 $\wedge$ 步和 q 个 $\vee$ 步, 并且考虑基于 (d) 中函数族 L 修改的链 $\hat{x}_{N+1}, \ldots, \hat{x}_{N+p+q} = \hat{f}$. 如果 $\hat{f} \neq 1$, 证明 $2(r-1)^3 p + (r-1)^2(n-2) \geq \binom{n}{3}$. 提示: 利用习题 85(c) 中的第二个公式.

(f) 此外, 如果 $\hat{f} = 1$, 我们必定有 $r^2 q \geq 2^{r+1}$. 提示: 现在使用第一个公式.

(g) 所以 $p = \Omega(n/\log n)^3$. 提示: 令 $r \approx 6 \lg n$, 并应用习题 84.

87. [*M22*] 证明, 当允许非单调运算时, 习题 86 的三角形函数有代价 $C(f) = O(n^{\lg 7}(\log n)^2) = O(n^{2.81})$. 提示: 一个图有一个三角形, 当且仅当它的邻接矩阵的立方带有一条非零的对角线.

88. [*40*] 中位数链同布尔链相似, 但是它使用三中位数运算步 $x_i = \langle x_{j(i)} x_{k(i)} x_{l(i)} \rangle$ 而不是 (1) 中的二元运算步, 其中 $n+1 \leq i \leq n+r$.

对于 7 个变量的所有单调自对偶布尔函数, 探讨中位数链的最优长度、宽度和代价. 对于 $\langle x_1 x_2 x_3 x_4 x_5 x_6 x_7 \rangle$ 的最短布尔链是什么?

> 卡罗琳夫人: 哼! 那不过是一本平庸之作!
> 西蒙爵士: 平庸之作? 那可是富有见识的
> 绘声绘色的作品, 卡罗琳夫人.
> ——小乔治·科尔曼,《约翰牛》[①], 第三幕第一场 (1803)

7.1.3　按位运算的技巧与方法

现在进入一个有趣的部分: 我们开始在自己的程序中使用布尔运算.

比起"与""异或"等按位运算, 人们更熟悉加法、减法和乘法等算术运算, 因为算术有着悠久的历史. 但是我们将会明白, 关于二进制数的布尔运算更应为人所知. 实际上, 它们是每一位优秀程序员的重要工具之一.

早期机器设计人员在计算机中主要提供全字按位运算, 因为这样的指令几乎可以随意包含进机器的计算机指令系统中. 二进制逻辑似乎有着潜在的实用价值, 尽管当初仅能预见其少数应用. 例如, 在 1949 年制造的 EDSAC 计算机中包含一条"整理"指令, 它实际上是执行 $z \leftarrow z + (x \mathbin{\&} y)$ 操作, 其中 z 是累加器, x 是乘数寄存器, y 是存储器中指定的字, 这条指令用于解包数据. 大约在同一时期制造的 Manchester Mark I 计算机, 不仅包含按位 AND, 同时也有按位 OR 和按位 XOR. 当阿兰·图灵在 1950 年为 Mark I 编写第一本程序设计手册时, 他指出按位 NOT 可以通过将 XOR (表示为 $\not\equiv$) 与一个带 1 的行结合获得. 在设计 Mark II 计算机时, 拉尔夫·布鲁克在 1952 年扩充了图灵的手册, 进一步指出 OR 可以用于"对一个数的最低有效数字位强行置 1 进行舍入". 通过这次, Mark II 还获得了用于位叠加加法和求最高有效数字 1 的位置的新指令, Mark II 是 Ferranti Mercury 计算机的原型.

1954 年, 基思·托赫尔发表了关于 AND 和 OR 的一种非同寻常的应用, 这种应用其后被频繁地重新创造 (见习题 85). 在后来的几十年间, 程序员们逐渐发现按位运算具有惊人的用处. 按位运算的许多技巧一直广为流传, 如今是利用这些已知技巧的合适时机了.

技巧是使用一次的巧妙想法, 而技术是至少使用两次的成熟技巧. 在这一节我们将看到, 技巧往往会自然演变为技术.

---

① 英国戏剧作家小乔治·科尔曼 (1762—1836) 在喜剧《约翰牛》(又名《英国人的炉火边》) 中刻画了摄政时代典型英国人的形象. 这是剧作中两位主人公谈论亨利·菲尔丁的小说《汤姆·琼斯》的两句台词. ——译者注

丰富的算术运算. 我们从正式定义整数的按位运算开始. 如果在二进制记号中 $x = (\ldots x_2 x_1 x_0)_2$, $y = (\ldots y_2 y_1 y_0)_2$, $z = (\ldots z_2 z_1 z_0)_2$, 那么我们有

$$x \,\&\, y = z \quad\Longleftrightarrow\quad x_k \wedge y_k = z_k, \qquad k \geq 0; \tag{1}$$

$$x \mid y = z \quad\Longleftrightarrow\quad x_k \vee y_k = z_k, \qquad k \geq 0; \tag{2}$$

$$x \oplus y = z \quad\Longleftrightarrow\quad x_k \oplus y_k = z_k, \qquad k \geq 0. \tag{3}$$

（把 $x \,\&\, y$ 写成 $x \wedge y$, $x \mid y$ 写成 $x \vee y$ 更有吸引力. 但是, 当探讨最优化问题时将会发现, 最好把记号 $x \wedge y$ 和 $x \vee y$ 分别留给 $\min(x, y)$ 和 $\max(x, y)$ 使用.) 例如

$$5 \,\&\, 11 = 1, \qquad 5 \mid 11 = 15, \qquad 5 \oplus 11 = 14,$$

因为 $5 = (0101)_2$, $11 = (1011)_2$, $1 = (0001)_2$, $15 = (1111)_2$, $14 = (1110)_2$. 在这一点上, 把负整数想象成用二进制补码表示的左边带有无数个 1 的无限精度的数, 例如, $-5 = (\ldots 1111011)_2$. 这样一种无限精度的数是在 4.1 节习题 31 中讨论的 2 基整数的特例, 而且把算符 $\&$、$\mid$ 和 $\oplus$ 应用到任意 2 基数都是完全有意义的.

数学家们从未深切关注过 $\&$ 和 $\mid$ 的整数运算的性质. 但是, 第三个算符 $\oplus$ 有着久远的历史, 因为它描述了尼姆游戏（见习题 8–16）中的一种取胜策略. 由于这个原因, $x \oplus y$ 通常被称为整数 x 和 y 的"尼姆和".

所有这三种基本的按位运算都有许多有用的性质. 例如, 我们在 7.1.1 节讨论过的与 $\wedge$、$\vee$ 和 $\oplus$ 相关的每一种性质, 在对整数进行 $\&$、$\mid$ 和 $\oplus$ 运算时都自动保留了下来, 这是因为这些性质在整数的每个位的位置都成立. 我们可以把这些主要性质重述如下:

$$x \,\&\, y = y \,\&\, x, \qquad x \mid y = y \mid x, \qquad x \oplus y = y \oplus x; \tag{4}$$

$$(x \,\&\, y) \,\&\, z = x \,\&\, (y \,\&\, z), \qquad (x \mid y) \mid z = x \mid (y \mid z), \qquad (x \oplus y) \oplus z = x \oplus (y \oplus z); \tag{5}$$

$$(x \mid y) \,\&\, z = (x \,\&\, z) \mid (y \,\&\, z), \qquad (x \,\&\, y) \mid z = (x \mid z) \,\&\, (y \mid z); \tag{6}$$

$$(x \oplus y) \,\&\, z = (x \,\&\, z) \oplus (y \,\&\, z); \tag{7}$$

$$(x \,\&\, y) \mid x = x, \qquad (x \mid y) \,\&\, x = x; \tag{8}$$

$$(x \,\&\, y) \oplus (x \mid y) = x \oplus y; \tag{9}$$

$$x \,\&\, 0 = 0, \qquad x \mid 0 = x, \qquad x \oplus 0 = x; \tag{10}$$

$$x \,\&\, x = x, \qquad x \mid x = x, \qquad x \oplus x = 0; \tag{11}$$

$$x \,\&\, -1 = x, \qquad x \mid -1 = -1, \qquad x \oplus -1 = \bar{x}; \tag{12}$$

$$x \,\&\, \bar{x} = 0, \qquad x \mid \bar{x} = -1, \qquad x \oplus \bar{x} = -1; \tag{13}$$

$$\overline{x \,\&\, y} = \bar{x} \mid \bar{y}, \qquad \overline{x \mid y} = \bar{x} \,\&\, \bar{y}, \qquad \overline{x \oplus y} = \bar{x} \oplus y = x \oplus \bar{y}. \tag{14}$$

式 (12)(13)(14) 中的记号 $\bar{x}$ 代表 x 的按位补, 即 $(\ldots \bar{x}_2 \bar{x}_1 \bar{x}_0)_2$, 也可以写成 $\sim x$. 注意, 式 (12) 和 (13) 与 7.1.1–(10) 和 7.1.1–(18) 截然不同. 为了保证按位运算的公式是正确的, 我们必须用 $-1 = (\ldots 1111)_2$ 代替 $1 = (\ldots 0001)_2$.

如果 x 和 y 的各个位对于所有 $k \geq 0$ 满足 $x_k \leq y_k$, 我们就说 x 包含在 y 中, 记为 $x \subseteq y$ 或 $y \supseteq x$. 因此我们有

$$x \subseteq y \quad\Longleftrightarrow\quad x \,\&\, y = x \quad\Longleftrightarrow\quad x \mid y = y \quad\Longleftrightarrow\quad x \,\&\, \bar{y} = 0. \tag{15}$$

当然，在仅仅涉及相互关系时我们不需要用按位运算，可以用平常的四则运算组合它们. 例如，我们可以从关系 $x + \overline{x} = (\ldots 1111)_2 = -1$ 推出公式

$$-x = \overline{x} + 1, \tag{16}$$

这是极端重要的结果. 此外，用 $x - 1$ 代替 x，给出

$$-x = \overline{x - 1}, \tag{17}$$

而且，通常我们可以把减法转化成取补和加法:

$$\overline{x - y} = \overline{x} + y. \tag{18}$$

我们经常需要左移或者右移二进制数. 这两种运算等价于与 2 的乘幂做乘法或除法，然后向下取整，用特殊记号表示它们很方便:

$$x \ll k = x \ \text{左移} \ k \ \text{位} = \lfloor 2^k x \rfloor; \tag{19}$$
$$x \gg k = x \ \text{右移} \ k \ \text{位} = \lfloor 2^{-k} x \rfloor. \tag{20}$$

此处 k 可以是任意整数，可能为负整数. 特别地，对于每个具有无限精度的数 x，我们有

$$x \ll (-k) = x \gg k \qquad \text{和} \qquad x \gg (-k) = x \ll k, \tag{21}$$

此外，我们还有 $(x \mathbin{\&} y) \ll k = (x \ll k) \mathbin{\&} (y \ll k)$，等等.

当我们把按位运算与加法、减法、乘法和（或）移位运算相结合时，即便很短的算式也可能产生极其复杂的结果. 例如，图 11 给出了一种可能的结果. 此外，这样的算式不是只产生无意义、混乱的结果: 1972 年首次发表了以"高斯珀精算法"（Gosper's hack）著称的一条运算链，其可以快速计算大量有用的非平凡函数的事实开阔了人们的眼界（见习题 20）. 在这一节，我们的目标是考察可能发现多少这样的有效结构.

图 11 由按位函数 $f(x, y) = ((x \oplus \overline{y}) \mathbin{\&} ((x - 350) \gg 3))^2$ 定义的一小块拼布床单，依据 $((f(x, y) \gg 12) \mathbin{\&} 1)$ 是 0 或 1 对 x 行 y 列上的方块涂白色或黑色（由丹尼尔·斯利托在 1976 年设计. 也见习题 18）

打包与解包. 我们在 4.3.1 节讨论过多精度算术的算法，用于处理整数过大的情况，即整数大到不能存放到内存的一个字或计算机的一个寄存器中. 但是，相反的情况实际上更为常见，即整数小于计算机一个字的容量，德里克·莱默把这种情况称为"小精度". 通过把它们打包到一个字中，通常我们一次可以处理几个整数.

例如，日期 x 包含年份 y、月份 m 和日子 d，我们可以用 4 比特表示 m，5 比特表示 d：

$$x = (((y \ll 4) + m) \ll 5) + d. \qquad (22)$$

我们将看到，许多运算可以直接在这种打包形式的日期上实施。例如，当日期 x 先于日期 x' 时我们有 $x < x'$。当给定 x 时，如果需要的话，我们很容易解包出单独的 (y, m, d) 分量：

$$d = x \bmod 32, \qquad m = (x \gg 5) \bmod 16, \qquad y = x \gg 9. \qquad (23)$$

上述"mod"运算不需要做除法，因为对于任何整数 $n \geq 0$ 有重要的定律

$$x \bmod 2^n = x \mathbin{\&} (2^n - 1). \qquad (24)$$

例如，在式 (22) 和 (23) 中，我们有 $d = x \mathbin{\&} 31$。

　　这样的数据打包显然节省存储空间，也节省时间：当数据打包后，我们能够更快地把其中的数据项从一处移动或复制到另一处。不仅如此，计算机在处理适合保存在有限大小的高速缓存的数据时，运行速度要快得多。

　　当我们的数据项是 1 比特时，能达到最高的打包密度，因为这种情况下我们可以把它们中的 64 个数据项塞进一个 64 比特的字。假设我们需要一张保存了小于 1024 的所有奇素数的表，以便可以很快判定一个小整数的素性。毫无疑问，这时我们仅需要 8 个 64 位二进制数：

$P_0 = 0111011011010011001011010010011001011001010010001011011010000001,$
$P_1 = 0100110000110010010100100110000110110000010000101101001100000100,$
$P_2 = 1001001100101100010000001011010000001001000011010010001001000101,$
$P_3 = 0010001010001000011000011001010010001011010000010001010001010010,$
$P_4 = 0000110000100000010000010010001100100101100000110110000010000,$
$P_5 = 1101001011000010010001001000110010010010010010010100100101000,$
$P_6 = 1010000010000100000110000110110000100000010110100000010110100000,$
$P_7 = 0000010100010001000101000000010100101000100100100000010100110.$

为了检验 $2k + 1$（$0 \leq k < 512$）是不是素数，我们只需要在一个 64 位寄存器中计算

$$P_{\lfloor k/64 \rfloor} \ll (k \mathbin{\&} 63), \qquad (25)$$

检查最左位是不是 1。例如，如果寄存器 pbase 保存 P_0 的地址，那么下述 MMIX 指令执行这项任务：

```
SRU   $0,k,3        $0 ← ⌊k/8⌋（即 k ≫ 3）.
LDOU  $1,pbase,$0   $1 ← P_⌊$0/8⌋（即 P_⌊k/64⌋）.
AND   $0,k,#3f      $0 ← k mod 64（即 k & #3f）.        (26)
SLU   $1,$1,$0      $1 ← ($1 ≪ $0) mod 2⁶⁴.
BN    $1,PRIME      若 s($1) < 0 则转到 PRIME.
```

请注意，寄存器的最左位是 1，当且仅当它保存的是负数。

　　同样地，我们可以把各个比特从右到左打包到每个字中：

$Q_0 = 1000000101101101000100101001101001100100101101001100101101101110,$
$Q_1 = 0010000110010110100000100000110110000110010010100100100000110010,$
$Q_2 = 1010010010001001011000010010000010110100000001000011010011001001,$
$Q_3 = 0100101000010100010000010110100010010100110000110000100010100100,$

$Q_4 = 00001000001101001001100100100001001100100100001001000000000110000,$

$Q_5 = 00010100010001010010010010000100010000100010010100000110010001011,$

$Q_6 = 00001011010000001011010000001000011011000011000001000010000000101,$

$Q_7 = 01100101000001001001001001010000000100100101000100001000100101000000;$

此处 $Q_j = P_j^R$. 不像在式 (25) 中那样向左移位, 现在我们向右移位,

$$Q_{\lfloor k/64 \rfloor} \gg (k \mathbin{\&} 63), \tag{27}$$

检查结果的最右位. 程序 (26) 的最后两行变成了

$$
\begin{array}{lll}
\texttt{SRU} & \texttt{\$1,\$1,\$0} & \text{\$1} \leftarrow \text{\$1} \gg \text{\$0.} \\
\texttt{BOD} & \texttt{\$1,PRIME} & \text{若 \$1 是奇数则转至 PRIME.} \quad\blacksquare
\end{array} \tag{28}
$$

(当然, 我们用 qbase 代替 pbase.) 无论哪种情况, 用经典的埃拉托色尼筛法能很快建立基本的表项 P_j 或 Q_j (见习题 24).

大端约定与小端约定. 每当我们把比特或字节打包成字时, 必须决定从左到右还是从右到左放置它们. 从左到右的约定称为"大端约定", 因为初始项置于最高有效数字的位置, 当比较数字时, 它们比后继项具有更大的权值. 从右到左的约定称为"小端约定", 这种约定把前面的项置于小数值的位置.

在很多情况下, 大端方式看起来更为自然, 因为我们习惯于从左到右阅读和书写. 但是, 小端方式也有优点. 例如, 我们再次考虑素数问题, 令 $a_k = [2k+1\ \text{是素数}]$. 我们的表项 $\{P_0, P_1, \ldots, P_7\}$ 使用大端约定, 可以把它们看成长度为 512 比特的单个多精度整数的表示:

$$(P_0 P_1 \ldots P_7)_{2^{64}} = (a_0 a_1 \ldots a_{511})_2. \tag{29}$$

同样, 小端约定表项表示多精度整数

$$(Q_7 \ldots Q_1 Q_0)_{2^{64}} = (a_{511} \ldots a_1 a_0)_2. \tag{30}$$

后面这个整数从数学上看比前者更合适, 因为它是

$$\sum_{k=0}^{511} 2^k a_k = \sum_{k=0}^{511} 2^k [2k+1\ \text{是素数}] = \left(\sum_{k=0}^{\infty} 2^k [2k+1\ \text{是素数}] \right) \bmod 2^{512}. \tag{31}$$

但请注意, 为了得到这个简单公式, 我们用了 $(Q_7 \ldots Q_1 Q_0)_{2^{64}}$ 而不是 $(Q_0 Q_1 \ldots Q_7)_{2^{64}}$. 实际上, 后面那个数

$$(Q_0 Q_1 \ldots Q_7)_{2^{64}} = (a_{63} \ldots a_1 a_0 a_{127} \ldots a_{65} a_{64} a_{191} \ldots a_{385} a_{384} a_{511} \ldots a_{449} a_{448})_2$$

非常奇特, 它没有真正合适的简单公式. (见习题 25.)

区分大小端具有重要意义, 因为多数计算机不仅能对寄存器大小的单元寻址, 也允许对存储器的单独字节寻址. MMIX 采用大端约定结构, 所以, 如果寄存器 x 中包含 64 位二进制数 #0123456789abcdef, 我们用指令 STOU x,0; LDBU y,1 把 x 存入地址 0 的全字, 再读出地址 1 的字节, 则寄存器 y 中的结果将是 #23. 在采用小端约定结构的计算机上, 上述指令的结果将是 y ← #cd, 而 #23 是在地址 6 的字节中.

表 1 和表 2 列举了大端爱好者和小端爱好者对立的"全视图". 大端方法基本上是自顶向下, 位 0 和字节 0 在左上端; 小端方法基本上是自底向上, 位 0 和字节 0 在右下端. 由于这种差异, 当把数据从一种类型的计算机输送到另一类型的计算机时, 或者当编写预定在两种情况下给出同等结果的程序时, 需要特别注意. 另一方面, 关于素数 Q 表的例子表明, 我们完全可

表 1 32 字节存储的大端视图

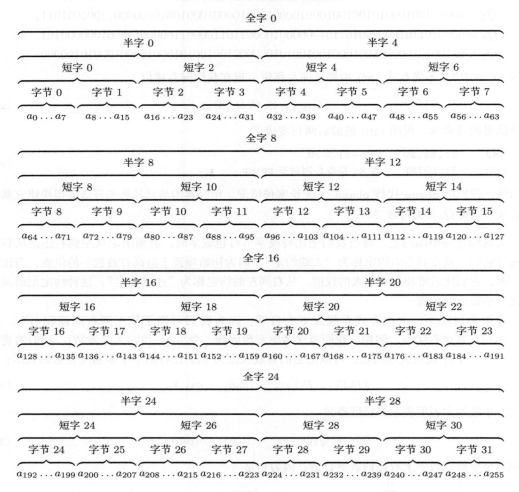

以在一台像 MMIX 这种大端约定的计算机上采用小端打包约定，反之亦然．仅当在不同大小的存储区加载和存储数据或者在计算机之间传送数据时，差别才是显著的．

处理最右位． 大端方法和小端方法通常不容易互换，因为算术法则从"最低有效"数字位向左传送符号．某些最重要的按位运算方法就基于这个事实．

如果 x 是任何几乎非零的 2 基整数，那么我们可以把它的位写成

$$x = (\alpha\, 01^a 10^b)_2 \tag{32}$$

的形式．换句话说，x 包含某个任意的（但是无穷的）二进制串 α，后接一个 0，再接 $a+1$ 个 1（$a \geq 0$），再接 b 个 0（$b \geq 0$）．（当 $x = -2^b$ 时出现异常情况，这时 $a = \infty$．）因此

$$\bar{x} = (\bar{\alpha}\, 10^a 01^b)_2, \tag{33}$$

$$x - 1 = (\alpha\, 01^a 01^b)_2, \tag{34}$$

$$-x = (\bar{\alpha}\, 10^a 10^b)_2; \tag{35}$$

表 2 32 字节存储的小端视图

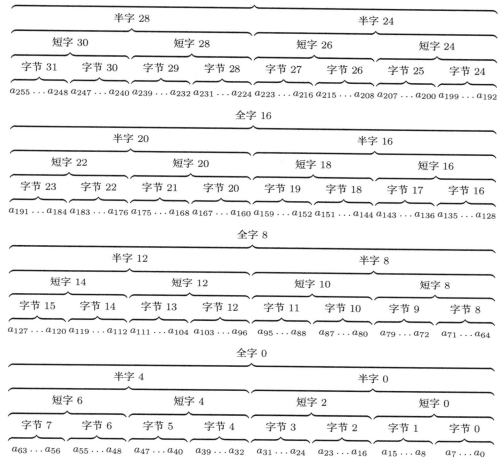

我们能看出，$\bar{x} + 1 = -x = \overline{x-1}$，这与式 (16) 和 (17) 相符. 所以，我们能够用两种运算以多种有用的方法计算 x 的关系式：

$$x \mathbin{\&} (x-1) = (\ \alpha\ 01^a00^b)_2 \quad [\text{消除最右边的 1}]; \tag{36}$$

$$x \mathbin{\&} -x = (0^\infty 00^a10^b)_2 \quad [\text{提取最右边的 1}]; \tag{37}$$

$$x \mathbin{|} -x = (1^\infty 11^a10^b)_2 \quad [\text{把最右边的 1 涂写到左边}]; \tag{38}$$

$$x \oplus -x = (1^\infty 11^a00^b)_2 \quad [\text{消除最右边的 1 并把它涂写到左边}]; \tag{39}$$

$$x \mathbin{|} (x-1) = (\ \alpha\ 01^a11^b)_2 \quad [\text{把最右边的 1 涂写到右边}]; \tag{40}$$

$$x \oplus (x-1) = (0^\infty 00^a11^b)_2 \quad [\text{提取最右边的 1 并把它涂写到右边}]; \tag{41}$$

$$\bar{x} \mathbin{\&} (x-1) = (0^\infty 00^a01^b)_2 \quad [\text{提取最右边的 1，消除它，再把它涂写到右边}]. \tag{42}$$

再多用两种运算可产生另外的变式：

$$((x\mathbin{|}(x-1))+1) \mathbin{\&} x = (\ \alpha\ 00^a00^b)_2 \quad [\text{消除最右边的一串 1}]. \tag{43}$$

当 $x = 0$ 时，上述公式中的 5 个公式的结果为 0，另外 3 个公式的结果为 -1. [式 (36) 是由彼得·韦格纳建立的，见 *CACM* **3** (1960), 322；式 (43) 是由哈蒙·格拉德温建立的，见 *CACM* **14** (1971), 407–408. 也见小亨利·沃伦，*CACM* **20** (1977), 439–441.]

上述公式中的量 b 表明 x 中尾零的个数，称为 x 的直尺函数，写作 ρx，因为它与通常用于指示直尺上一英寸的刻度记号的长度有关：⌐⌐⌐⌐⌐⌐⌐⌐⌐⌐⌐⌐⌐⌐. 一般说来，当 $x \neq 0$ 时，ρx 是使得 2^k 整除 x 的最大整数 k. 我们定义 $\rho 0 = \infty$. 递推关系

$$\rho(2y+1) = 0, \qquad \rho(2y) = \rho(y) + 1 \tag{44}$$

也用来定义非零 x 的 ρx. 值得注意的是，还有一个便于使用的关系

$$\rho(x - y) = \rho(x \oplus y). \tag{45}$$

式 (37) 中简练的算式 $x \,\&\, -x$ 使我们能够非常满意地提取最右边的 1，但是我们通常需要明确是哪一位. 直尺函数可以用多种方式计算，最好的方法常与使用的计算机密切相关. 例如，约瑟夫·达洛斯用两条 MMIX 指令轻而易举地快速完成了计算任务（见式 (42)）：

$$\texttt{SUBU t,x,1; \quad SADD rho,t,x.} \tag{46}$$

（$x = 0$ 的情况见习题 30. ）在此，我们将讨论两种不依赖于 SADD 这种特殊指令的方法；随后，在了解几种其他方法后我们将讨论第三种方法.

第一种通用方法利用在许多其他应用中被证明是有效的"幻掩码"常数 μ_k，即

$$\begin{aligned}
\mu_0 &= (\ldots 10101010101010101010101010101010101)_2 = -1/3, \\
\mu_1 &= (\ldots 1001100110011001100110011001100110011)_2 = -1/5, \\
\mu_2 &= (\ldots 1000011110000111100001111000011110000)_2 = -1/17,
\end{aligned} \tag{47}$$

等等. 一般情况下，μ_k 是无穷的 2 基分数 $-1/(2^{2^k}+1)$，因为 $(2^{2^k}+1)\mu_k = (\mu_k \ll 2^k) + \mu_k = (\ldots 11111)_2 = -1$. 自然，在具有 2^d 位寄存器的计算机上不需要无限精度，所以我们使用舍入的常数

$$\mu_{d,k} = (2^{2^d} - 1)/(2^{2^k} + 1), \qquad 0 \leq k < d. \tag{48}$$

我们在讨论布尔函数求值时已经很熟悉这些常数了，因为它们是投影函数 x_{d-k} 的真值表（例如，见 7.1.2–(7)）.

当 x 是 2 的幂时，我们可以用这些掩码计算

$$\rho x = [x \,\&\, \mu_0 = 0] + 2[x \,\&\, \mu_1 = 0] + 4[x \,\&\, \mu_2 = 0] + 8[x \,\&\, \mu_3 = 0] + \cdots, \tag{49}$$

因为当 $j = (\ldots j_3 j_2 j_1 j_0)_2$ 时 $[2^j \,\&\, \mu_k = 0] = j_k$. 因此，在 2^d 位的计算机上，我们可以从 $\rho \leftarrow 0$ 和 $y \leftarrow x \,\&\, -x$ 开始，然后，对于 $0 \leq k < d$，如果 $y \,\&\, \mu_{d,k} = 0$，则置 $\rho \leftarrow \rho + 2^k$. 当 $x \neq 0$ 时，这个过程给出 $\rho = \rho x$. （它也给出 $\rho 0 = 2^d - 1$，这是一个可能需要修正的异常值，见习题 30. ）

例如，对应的 MMIX 程序看起来可能像下面这样：

```
m0 GREG #5555555555555555  ;m1 GREG #3333333333333333;
m2 GREG #0f0f0f0f0f0f0f0f  ;m3 GREG #00ff00ff00ff00ff;
m4 GREG #0000ffff0000ffff  ;m5 GREG #00000000ffffffff;
 NEGU y,x;  AND y,x,y;  AND q,y,m5; ZSZ rho,q,32;
 AND q,y,m4;  ADD t,rho,16;  CSZ rho,q,t;
 AND q,y,m3;  ADD t,rho,8;  CSZ rho,q,t;
```
$$\tag{50}$$

```
AND q,y,m2;  ADD t,rho,4;  CSZ rho,q,t;
AND q,y,m1;  ADD t,rho,2;  CSZ rho,q,t;
AND q,y,m0;  ADD t,rho,1;  CSZ rho,q,t;
```

总时间 $= 19v$. 或者我们可以用

$$\text{SRU y,y,rho; \quad LDB t,rhotab,y; \quad ADD rho,rho,t} \tag{51}$$

代替最后三行, 其中 rhotab 指向相应的 129 字节表的起始地址 (实际上仅使用它的 8 项).
这样一来, 总时间将是 $\mu + 13v$.

计算 ρx 的第二种通用方法是完全不同的. 在 64 位的计算机上, 像前面那样从 $y \leftarrow x \,\&\, -x$
开始. 但是, 接着只简单地置

$$\rho \;\leftarrow\; decode\big[((a \cdot y) \bmod 2^{64}) \gg 58\big], \tag{52}$$

其中 a 是合适的乘数, $decode$ 是相应的 64 字节的表. 常数 $a = (a_{63} \ldots a_1 a_0)_2$ 必须具备的性质
是, 它的 64 个子串

$$a_{63}a_{62}\ldots a_{58}, \; a_{62}a_{61}\ldots a_{57}, \; \ldots, \; a_5 a_4 \ldots a_0, \; a_4 a_3 a_2 a_1 a_0 0, \; \ldots, \; a_0 00000$$

是各不相同的. 习题 2.3.4.2–23 表明存在许多这样的 "德布鲁因圈". 例如, 我们可以
使用马丁常数 #03f79d71b4ca8b09, 这个常数在习题 3.2.2-17 中讨论过. 于是译码表
$decode[0], \ldots, decode[63]$ 是

$$\begin{aligned}
&00, 01, 56, 02, 57, 49, 28, 03, 61, 58, 42, 50, 38, 29, 17, 04,\\
&62, 47, 59, 36, 45, 43, 51, 22, 53, 39, 33, 30, 24, 18, 12, 05,\\
&63, 55, 48, 27, 60, 41, 37, 16, 46, 35, 44, 21, 52, 32, 23, 11,\\
&54, 26, 40, 15, 34, 20, 31, 10, 25, 14, 19, 09, 13, 08, 07, 06.
\end{aligned} \tag{53}$$

[这个方法是由 IBM 系统开发部的卢瑟 · 伍德拉姆在 1967 年提出的 (未发表), 其他许多程
序员后来又独立地发现了它.]

处理最左位. 式 4.6.3–(6) 中引入的函数 $\lambda x = \lfloor \lg x \rfloor$ 是 ρx 的对偶函数, 因为当 $x > 0$ 时
它确定最左边 1 的位置. 这个函数满足递推公式

$$\lambda 1 = 0; \qquad \lambda(2x) = \lambda(2x+1) = \lambda(x) + 1, \quad x > 0; \tag{54}$$

它在 x 不是正整数时没有定义. 计算它的有效方法是什么? MMIX 再次提供了一个快速而又漂亮
的解法:

$$\text{FLOTU y,ROUND\_DOWN,x; \quad SUB y,y,fone; \quad SR lam,y,52} \tag{55}$$

其中 fone $= $ #3ff0000000000000 是 1.0 的浮点表示. (总时间 $= 6v$.) 这段代码计算 x 的浮
点值, 然后提取指数.

如果浮点变换不是很容易做到, 那么, 我们完全可以在 2^d 位计算机上采用二进制变换策
略. 我们可以从 $\lambda \leftarrow 0$ 和 $y \leftarrow x$ 开始. 然后, 对于 $k = d-1, \ldots, 1, 0$ (或者, 让 k 减少到
可以用短表完成变换的那一点), 如果 $y \gg 2^k \neq 0$, 置 $\lambda \leftarrow \lambda + 2^k$ 和 $y \leftarrow y \gg 2^k$. 现在, 与
(50) 和 (51) 相似的 MMIX 代码是

```
SRU y,x,32;  ZSNZ lam,y,32;
ADD t,lam,16;  SRU y,x,t;  CSNZ lam,y,t;
ADD t,lam,8;   SRU y,x,t;  CSNZ lam,y,t;
```
$$\tag{56}$$

```
SRU y,x,lam; LDB t,lamtab,y; ADD lam,lam,t;
```

总时间 $= \mu + 11v$. 在这种情况下, 表 lamtab 有 256 项, 即 λx, 其中 $0 \le x < 256$. 注意, 在上述代码以及代码 (50) 中, 我们使用了 "条件置 1" 指令 (CS) 和 "置 0 或置 1" 指令 (ZS) 来代替转移指令.

看来没有简单的方法提取寄存器中最左边的 1, 就像我们在 (37) 中提取最右边的 1 的技巧. 为此, 如果 $x \ne 0$, 我们可以计算 $y \leftarrow \lambda x$, 然后计算 $1 \ll y$. 但是, 更短、更快的方法是二进制 "涂写右边" 算法:

$$\text{置 } y \leftarrow x. \text{ 然后, 对 } 0 \le k < d \text{ 置 } y \leftarrow y \mid (y \gg 2^k). \tag{57}$$
$$\text{则 } x \text{ 最左边的 1 是 } y - (y \gg 1).$$

[这些非浮点的方法已由小亨利·沃伦提出.]

在寄存器左边的其他运算更难, 如消除最左边的一串 1, 见习题 39. 但是, 给定无符号整数 x 和 y, 有一个相当简单且与机器无关的方法来确定 $\lambda x = \lambda y$ 是否成立, 尽管我们实际上并不能快速计算 λx 或 λy:

$$\lambda x = \lambda y \qquad \text{当且仅当} \qquad x \oplus y \le x \, \& \, y. \tag{58}$$

[见习题 40. 这个优雅的关系是威廉·林奇在 2006 年发现的.] 下面我们利用 (58) 来设计计算 λx 的另一个方法.

位叠加加法. n 位二进制数 $x = (x_{n-1} \ldots x_1 x_0)_2$ 通常用于表示 n 元素全域 $\{0, 1, \ldots, n-1\}$ 中的子集 X: $k \in X$, 当且仅当 $2^k \subseteq x$. 这时, 函数 λx 和 ρx 分别代表 X 的最大元素和最小元素. 函数

$$\nu x = x_{n-1} + \cdots + x_1 + x_0 \tag{59}$$

称为 x 的 "位叠加和" 或 "总体计数", 在这一点上也有明显的重要性, 因为它表示基数 $|X|$, 即 X 中的元素个数. 这个我们在 4.6.3-(7) 中考虑过的函数满足递推公式

$$\nu 0 = 0; \qquad \nu(2x) = \nu(x), \qquad \nu(2x+1) = \nu(x) + 1, \qquad x \ge 0. \tag{60}$$

它与直尺函数 (习题 1.2.5-11) 有个有趣的联系:

$$\rho x = 1 + \nu(x-1) - \nu x \qquad \text{或等价的} \qquad \sum_{k=1}^{n} \rho k = n - \nu n. \tag{61}$$

第一本程序设计教科书 [威尔克斯、惠勒和吉尔, *The Preparation of Programs for an Electronic Digital Computer*, second edition (Reading, Mass.: Addison–Wesley, 1957), 155, 191–193] 给出了一个由唐纳德·吉利斯和杰弗里·米勒编写的有趣的位叠加加法子程序. 他们的方法是为 35 位字长的 EDSAC 计算机设计的, 但是, 当 $x = (x_{63} \ldots x_1 x_0)_2$ 时, 很容易把它变换成求 νx 的 64 位字长的代码:

置 $y \leftarrow x - ((x \gg 1) \, \& \, \mu_0)$. (此时 $y = (u_{31} \ldots u_1 u_0)_4$, 其中 $u_j = x_{2j+1} + x_{2j}$.)

置 $y \leftarrow (y \, \& \, \mu_1) + ((y \gg 2) \, \& \, \mu_1)$. (此时 $y = (v_{15} \ldots v_1 v_0)_{16}$, 其中 $v_j = u_{2j+1} + u_{2j}$.)

置 $y \leftarrow (y + (y \gg 4)) \, \& \, \mu_2$. (此时 $y = (w_7 \ldots w_1 w_0)_{256}$, 其中 $w_j = v_{2j+1} + v_{2j}$.)

最终 $\nu \leftarrow ((a \cdot y) \bmod 2^{64}) \gg 56$, 其中 $a = (11111111)_{256}$. $\tag{62}$

最后一步巧妙地通过乘法计算 $y \bmod 255 = w_7 + \cdots + w_1 + w_0$, 其中利用了位叠加和在 8 个二进制位时自然适用的事实. [戴维·马勒在 1954 年为 ILLIAC I 计算机编写了一个类似的程序.]

如果 x 预期是"稀疏的"，最多包含少数几个 1，那么我们可以用一个更快的方法 [彼得·韦格纳，*CACM* **3** (1960), 322]：

置 $\nu \leftarrow 0$，$y \leftarrow x$. 然后，当 $y \neq 0$ 时循环执行 $\nu \leftarrow \nu + 1$，$y \leftarrow y \,\&\, (y - 1)$. $\quad$ (63)

如果 x 预期是"稠密的"，一个类似的使用 $y \leftarrow y \,|\, (y + 1)$ 的方法行之有效.

位颠倒. 为了讨论下面的技巧，我们把 $x = (x_{63} \ldots x_1 x_0)_2$ 变成其镜像 $x^R = (x_0 x_1 \ldots x_{63})_2$. 一直跟随我们到这里的读者见到像 (50)(56)(57)(62) 那样的方法，或许会认为："啊哈……我们可以再次使用分治法！如果已经知道如何颠倒 32 位二进制数，那么我们几乎能够立即颠倒 64 位二进制数，因为 $(xy)^R = y^R x^R$. 我们所要做的就是对寄存器的左右两半同时应用 32 位方法，然后交换左半与右半."

的确！例如，我们能用简单的 3 步颠倒 8 比特的串：

$$
\begin{array}{ll}
\text{给定输入} & x_7 x_6 x_5 x_4 x_3 x_2 x_1 x_0 \\
\text{交换比特} & x_6 x_7 x_4 x_5 x_2 x_3 x_0 x_1 \\
\text{交换双比特} & x_4 x_5 x_6 x_7 x_0 x_1 x_2 x_3 \\
\text{交换四比特} & x_0 x_1 x_2 x_3 x_4 x_5 x_6 x_7
\end{array}
\qquad (64)
$$

同样，用以下如此简单的 6 步可以颠倒 64 比特的串. 幸好，借助幻掩码 μ_k，每一步交换操作都很简单：

$$
\begin{array}{lll}
y \leftarrow (x \gg 1) \,\&\, \mu_0, & z \leftarrow (x \,\&\, \mu_0) \ll 1, & x \leftarrow y \,|\, z; \\
y \leftarrow (x \gg 2) \,\&\, \mu_1, & z \leftarrow (x \,\&\, \mu_1) \ll 2, & x \leftarrow y \,|\, z; \\
y \leftarrow (x \gg 4) \,\&\, \mu_2, & z \leftarrow (x \,\&\, \mu_2) \ll 4, & x \leftarrow y \,|\, z; \\
y \leftarrow (x \gg 8) \,\&\, \mu_3, & z \leftarrow (x \,\&\, \mu_3) \ll 8, & x \leftarrow y \,|\, z; \\
y \leftarrow (x \gg 16) \,\&\, \mu_4, & z \leftarrow (x \,\&\, \mu_4) \ll 16, & x \leftarrow y \,|\, z; \\
\multicolumn{3}{l}{x \leftarrow (x \gg 32) \,|\, ((x \ll 32) \bmod 2^{64}).}
\end{array}
\qquad (65)
$$

[在 *CACM* **4** (1961), 146 中，克里斯托弗·斯特雷奇曾经预见这种结构的某些方面，布鲁斯·鲍姆加特在 1973 年提出一种类似的三进制方法（见习题 49）. 在 *Hacker's Delight* (Addison–Wesley, 2002), 102 中，小亨利·沃伦提出了成熟的算法 (65).]

但是，MMIX 能够再次胜过这个通用方法，用更少的传统指令、以快得多的速度完成这个任务. 考虑

```
rev GREG #0102040810204080;  MOR x,x,rev;  MOR x,rev,x;
```
$\qquad$ (66)

第一条 MOR 指令从大端到小端（或反过来，从小端到大端）颠倒 x 的字节，第二条 MOR 指令颠倒各字节内部的二进制位.

位交换. 假定我们只想交换寄存器的两位，即 $x_i \leftrightarrow x_j$，其中 $i > j$. 进行这种交换的好方法是什么？（亲爱的读者，请稍停片刻，不看下面的答案，用头脑或铅笔和纸解答这个问题.）

令 $\delta = i - j$. 下面是一个解（做好准备前请不要偷看）：

$$
y \leftarrow (x \gg \delta) \,\&\, 2^j, \quad z \leftarrow (x \,\&\, 2^j) \ll \delta, \quad x \leftarrow (x \,\&\, m) \,|\, y \,|\, z, \quad \text{其中 } \overline{m} = 2^i | 2^j. \qquad (67)
$$

它用了 2 个移位运算和 5 个按位布尔运算，假定 i 和 j 是给定常数. 这个解法像 (65) 前几行中的每一行，只是需要一个新掩码 m，因为 y 和 z 不涉及 x 的所有位.

然而，我们可以做得更好，节省一个运算和一个常数：

$$
y \leftarrow (x \oplus (x \gg \delta)) \,\&\, 2^j, \qquad x \leftarrow x \oplus y \oplus (y \ll \delta). \qquad (68)
$$

现在，第一个赋值把 $x_i \oplus x_j$ 置于位置 j；第二个赋值把 x_i 改变为 $x_i \oplus (x_i \oplus x_j)$，把 x_j 改变为 $x_j \oplus (x_i \oplus x_j)$，如我们所愿. 一般情况下，明智的做法是把一个形如 "改变 x 为 $f(x)$" 的问题变换成形如 "改变 x 为 $x \oplus g(x)$" 的问题，因为位差 $g(x)$ 可能很容易计算.

另一方面，在某种意义下 (67) 可能胜过 (68)，因为 (67) 中对 y 和 z 的赋值有时是同时进行的. 当表示为一个电路时，(67) 的深度为 4，而 (68) 的深度为 5.

如果使用比 2^j 更一般的掩码 θ，运算 (68) 可以用于同时交换几组比特对：

$$y \leftarrow (x \oplus (x \gg \delta)) \mathbin{\&} \theta, \qquad x \leftarrow x \oplus y \oplus (y \ll \delta). \tag{69}$$

这个运算称为 "δ 交换"，因为它允许我们交换任何不重叠的相距 δ 位的几组比特对. 在将要被交换的每组比特对的最右边位置，掩码 θ 的值为 1. 例如，如果我们令 $\delta = 39$ 和 $\theta = 2^{25} - 1 = {}^\#\mathtt{1ffffff}$，那么，运算 (69) 将把一个 64 位字的最左边 25 位与最右边 25 位交换，而中间 14 位保持不变.

其实，存在一种用 "δ 交换" 颠倒 64 位的惊人方法：

$$
\begin{aligned}
&y \leftarrow (x \gg 1) \mathbin{\&} \mu_0, \quad z \leftarrow (x \mathbin{\&} \mu_0) \ll 1, \quad x \leftarrow y \mid z, \\
&y \leftarrow (x \oplus (x \gg 4)) \mathbin{\&} {}^\#\mathtt{0300c0303030c303}, \quad x \leftarrow x \oplus y \oplus (y \ll 4), \\
&y \leftarrow (x \oplus (x \gg 8)) \mathbin{\&} {}^\#\mathtt{00c0300c03f0003f}, \quad x \leftarrow x \oplus y \oplus (y \ll 8), \\
&y \leftarrow (x \oplus (x \gg 20)) \mathbin{\&} {}^\#\mathtt{00000ffc00003fff}, \quad x \leftarrow x \oplus y \oplus (y \ll 20), \\
&x \leftarrow (x \gg 34) \mid ((x \ll 30) \bmod 2^{64}),
\end{aligned}
\tag{70}
$$

节省了 (65) 中的两个按位运算，虽然 (65) 看起来是 "最优的".

*一般的位排列. 我们可以把刚才提到的方法推广到寄存器的位组的任意排列. 事实上，总是存在掩码 $\theta_0, \ldots, \theta_5, \hat{\theta}_4, \ldots, \hat{\theta}_0$，使得下面的运算把 $x = (x_{63} \ldots x_1 x_0)_2$ 变换成我们想要的任何位组重排 $x^\pi = (x_{63\pi} \ldots x_{1\pi} x_{0\pi})_2$：

$$
\begin{aligned}
&x \leftarrow \text{用掩码 } \theta_k \text{ 做 } x \text{ 的 } 2^k \text{ 交换}, \quad k = 0, 1, 2, 3, 4, 5; \\
&x \leftarrow \text{用掩码 } \hat{\theta}_k \text{ 做 } x \text{ 的 } 2^k \text{ 交换}, \quad k = 4, 3, 2, 1, 0.
\end{aligned}
\tag{71}
$$

一般说来，可以用合适的掩码 θ_k 和 $\hat{\theta}_k$ 以 $2d - 1$ 步达成一个 2^d 位的排列，其中，交换距离分别为 $2^0, 2^1, \ldots, 2^{d-1}, \ldots, 2^1, 2^0$.

我们可以用排列网络的一个特例来证明这一事实，它基于戴维·斯莱皮恩的早期工作，安德鲁·杜吉德和让·勒科尔在 1959 年独立发现了这种网络 [见瓦茨拉夫·贝内斯，*Mathematical Theory of Connecting Networks and Telephone Traffic* (New York: Academic Press, 1965), 3.3 节]. 图 12 给出了当 $n = 4$ 时有 $2n$ 个元件的排列网络 $P(2n)$，它是从两个有 n 个元件的排列网络构造的. 两条网线之间的每个联结 ⸦ 代表一个交叉模块，当数据从左向右流动时，这种模块或者保持网线的内容不变或者交换内容. 为了在 $n = 1$ 时启动递归过程，我们令 $P(2)$ 包含一个单独的交叉模块. 显然，单独的交叉模块的每一种设置都引起 $P(2n)$ 对其输入产生置换. 反过来，我们将要证明，如果足够巧妙地设置交叉模块，可以达成对 $2n$ 个输入的任意排列.

最好通过一个例子来理解图 12 的结构. 假定我们需要把输入 $(0,1,2,3,4,5,6,7)$ 经由网线传送到 $(3,2,4,1,6,0,5,7)$. 第一个任务是确定正好在交叉模块第一列之后和最后一列之前的网

线上的传输内容, 因为我们可以用同样方法在 $P(4)$ 的内部设置交叉模块. 因此, 在网络

$$
\begin{array}{ccccc}
0 & a & & A & 3 \\
1 & b & & B & 2 \\
2 & c & & C & 4 \\
3 & d & & D & 1 \\
4 & e & & E & 6 \\
5 & f & & F & 0 \\
6 & g & & G & 5 \\
7 & h & & H & 7 \\
\end{array} \tag{72}
$$

中, 我们需要寻找排列 abcdefgh 和 ABCDEFGH, 使得 $\{a,b\} = \{0,1\}$, $\{c,d\} = \{2,3\}$, $\ldots$, $\{g,h\} = \{6,7\}$, $\{a,c,e,g\} = \{A,C,E,G\}$, $\{b,d,f,h\} = \{B,D,F,H\}$, $\{A,B\} = \{3,2\}$, $\{C,D\} = \{4,1\}$, $\ldots$, $\{G,H\} = \{5,7\}$. 从底部开始, 我们选择 $h = 7$, 因为, 如非必须, 我们不希望干扰那条网线上传输的信息. 然后, 以下选择是强制性的:

$$
H = 7;\ G = 5;\ e = 5;\ f = 4;\ D = 4;\ C = 1;\ a = 1;\ b = 0;\ F = 0;\ E = 6;\ g = 6. \tag{73}
$$

如果我们选择了 $h = 6$, 强制选择模式将是类似的, 但顺序相反:

$$
F = 6;\ E = 0;\ a = 0;\ b = 1;\ D = 1;\ C = 4;\ e = 4;\ f = 5;\ H = 5;\ G = 7;\ g = 7. \tag{74}
$$

选择 $d = 3$ (因此 $B = 3$, $A = 2$, $c = 2$) 或者 $d = 2$ (因此 $B = 2$, $A = 3$, $c = 3$) 都能完成模式 (73) 和 (74).

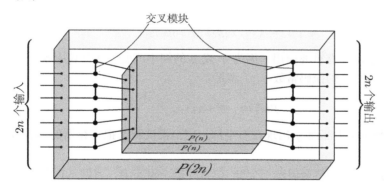

图 12 当 $n > 1$ 时以所有可能方式排列 $2n$ 个元件的黑箱 $P(2n)$ 的内部结构 ($n = 4$ 的图解)

一般情况下, 无论我们从什么排列开始, 强制模式都将以圈的形式出现. 为了了解这一点, 考虑 8 个顶点 $\{ab, cd, ef, gh, AB, CD, EF, GH\}$ 的图, 每当连接到 uv 的一对输入与连接到 UV 的一对输出有一个公共元素时, 图中就有一条从 uv 到 UV 的边. 因此, 我们这个例子中的边是 ab —— EF, ab —— CD, cd —— AB, cd —— AB, ef —— CD, ef —— GH, gh —— EF, gh —— GH. 在 cd 与 AB 之间有一条 "双键", 因为连接到 c 和 d 的输入正好是连接到 A 和 B 的输出. 在这种稍微偏离图的严格定义的条件下, 我们看到每个顶点恰好同其他两个顶点邻接, 而且小写字母的顶点总是同大写字母的顶点邻接. 因此, 这种图总是由一些偶数长度的不相交的圈组成. 在我们的例子中, 这些圈是

$$
ab {\genfrac{}{}{0pt}{}{\textrm{EF} - \textrm{gh}}{\textrm{CD} - \textrm{ef}}} \textrm{GH} \qquad cd = AB, \tag{75}
$$

其中较长的圈对应于 (73) 和 (74). 如果存在 k 个不同的圈, 则存在具体说明交叉模块第一列和最后一列特性的 2^k 种不同方式.

为了完成这个网络，我们可以用同样方式处理内部的 4 元素排列. 任何 2^d 个元素的排列都可以用同样的递归形式达成. 这些交叉模块的设置确定了 (71) 的掩码 θ_j 和 $\hat{\theta}_j$. 交叉模块的某种选择可能导致一个全零的掩码，这时我们可以取消相应的计算过程.

如果网络底端网线上的输入和输出完全相同，那么，我们的结构说明如何保证没有交叉模块连接到那些现用网线. 例如，也可以把 (71) 中的 64 位算法用于 60 位寄存器，任何中间结果都不需要额外的 4 位.

当然，在特殊情况下我们经常能够超越 (71) 的一般过程. 例如，习题 52 说明为了转置一个 8×8 矩阵，方法 (71) 需要 9 步交换，但是实际上用 3 步交换就够了：

给定输入	7 交换	14 交换	28 交换
00 01 02 03 04 05 06 07	00 **10** 02 **12** 04 **14** 06 **16**	00 10 **20 30** 04 14 **24 34**	00 10 20 30 **40 50 60 70**
10 11 12 13 14 15 16 17	**01** 11 **03** 13 **05** 15 **07** 17	01 11 **21 31** 05 15 **25 35**	01 11 21 31 **41 51 61 71**
20 21 22 23 24 25 26 27	20 **30** 22 **32** 24 **34** 26 **36**	**02 12** 22 32 **06 16** 26 36	02 12 22 32 **42 52 62 72**
30 31 32 33 34 35 36 37	**21** 31 **23** 33 **25** 35 **27** 37	**03 13** 23 33 **07 17** 27 37	03 13 23 33 **43 53 63 73**
40 41 42 43 44 45 46 47	40 **50** 42 **52** 44 **54** 46 **56**	40 50 **60 70** 44 54 **64 74**	**04 14 24 34** 44 54 64 74
50 51 52 53 54 55 56 57	**41** 51 **43** 53 **45** 55 **47** 57	41 51 **61 71** 45 55 **65 75**	**05 15 25 35** 45 55 65 75
60 61 62 63 64 65 66 67	60 **70** 62 **72** 64 **74** 66 **76**	**42 52** 62 72 **46 56** 66 76	**06 16 26 36** 46 56 66 76
70 71 72 73 74 75 76 77	**61** 71 **63** 73 **65** 75 **67** 77	**43 53** 63 73 **47 57** 67 77	**07 17 27 37** 47 57 67 77

实际应用中经常出现的另一种位排列是"全混洗". 如果 $x = (\ldots x_2 x_1 x_0)_2$ 和 $y = (\ldots y_2 y_1 y_0)_2$ 是任意的 2 基整数，那么，我们通过交错它们的位来定义 $x \ddagger y$（"x zip y"，关于 x 和 y 的拉链函数）：

$$x \ddagger y = (\ldots x_2 y_2 x_1 y_1 x_0 y_0)_2. \tag{76}$$

这个运算在二维数据表示中有重要应用，因为 x 或 y 的细小改变，通常仅引起 $x \ddagger y$ 的细小改变（见习题 86）. 请注意，幻掩码常数 (47) 满足

$$\mu_k \ddagger \mu_k = \mu_{k+1}. \tag{77}$$

如果 x 出现在寄存器的左半部而 y 出现在右半部，则全混洗就是把寄存器的内容改变成 $x \ddagger y$ 的排列.

一个 $d - 1$ 步的交换序列将全混洗一个 2^d 位寄存器. 事实上，习题 53 说明了完成这个任务有多种途径. 因此，我们能够再次改进 (71) 和图 12 中的 $(2d - 1)$ 步方法.

反过来，假定我们在一个 2^d 位寄存器中给出混合值 $z = x \ddagger y$，那么，存在提取 y 的原始值的有效方法吗？当然存在：如果按相反顺序执行实现全混洗的 $d - 1$ 步交换，那么它们将还原那个混合并恢复 x 和 y 的原始值. 但是，如果我们只需要 y 的原始值，则可以节省一半工作：从 $y \leftarrow z \& \mu_0$ 开始，然后，对于 $k = 1, \ldots, d - 1$ 置 $y \leftarrow (y + (y \gg 2^{k-1})) \& \mu_k$. 例如，当 $d = 3$ 时，这个过程就是 $(0y_3 0 y_2 0 y_1 0 y_0)_2 \mapsto (00 y_3 y_2 00 y_1 y_0)_2 \mapsto (0000 y_3 y_2 y_1 y_0)_2$. "分治法"再次获胜.

现在考虑更一般的问题，我们需要提取并压缩寄存器中所有位的一个任意子集. 假定输入是 2^d 位的字 $z = (z_{2^d-1} \ldots z_1 z_0)_2$ 以及有 s 个 1 的掩码 $\chi = (\chi_{2^d-1} \ldots \chi_1 \chi_0)_2$，从而 $\nu\chi = s$. 问题是如何汇集压缩子字

$$y = (y_{s-1} \ldots y_1 y_0)_2 = (z_{j_{s-1}} \ldots z_{j_1} z_{j_0})_2, \tag{78}$$

其中 $j_{s-1} > \cdots > j_1 > j_0$ 是 $\chi_j = 1$ 处的下标. 例如，如果 $d = 3$ 且 $\chi = (10110010)_2$，我们需要把 $z = (y_3 x_3 y_2 y_1 x_2 x_1 y_0 x_0)_2$ 变换成 $y = (y_3 y_2 y_1 y_0)_2$.（前面考虑的把 $x \ddagger y$ 变换为 y 的问题，

是 $\chi = \mu_0$ 时的特例.）从 (71) 可以知道, 通过最多 $2d-1$ 次 δ 交换可以求出 y. 在这个问题中总是要把相关数据移到右端, 所以, 我们可以通过移位而不是交换来加快变换速度.

我们说, x 用掩码 θ 的 δ 移位是运算

$$x \leftarrow x \oplus ((x \oplus (x \gg \delta)) \,\&\, \theta), \tag{79}$$

如果掩码 θ 在位置 j 处有一个 1, 上述运算把 x_j 改变为 $x_{j+\delta}$, 否则 x_j 保持不变. 小盖伊·斯蒂尔发现, 总是存在掩码 $\theta_0, \theta_1, \ldots, \theta_{d-1}$, 使得从寄存器提取子字的一般问题 (78) 能够用少量 δ 移位解决:

从 $x \leftarrow z$ 开始; 然后, 对于 $k = 0, 1, \ldots, d-1$ 进行 x 用掩码 θ_k 的 2^k 移位; 最后置 $y \leftarrow x$. $\qquad(80)$

实际上, 寻找恰当掩码的思路异常简单. 如果需要把 $l = (l_{d-1} \ldots l_1 l_0)_2$ 个位置移动到右边, 对应于 $l_k = 1$ 的每一位应该用 2^k 移位传送.

例如, 假定 $d = 3$ 以及 $\chi = (10110010)_2$.（必须假定 $\chi \neq 0$.）记住, 移位时左边需要补 0. 我们可以置 $\theta_0 = (00011001)_2$, $\theta_1 = (00000110)_2$, $\theta_2 = (11111000)_2$, 于是 (80) 变换出

$$(y_3 x_3 y_2 y_1 x_2 x_1 y_0 x_0)_2 \mapsto (y_3 x_3 y_2 y_2 y_1 x_1 y_0 y_0)_2 \mapsto (y_3 x_3 y_2 y_2 y_1 y_2 y_1 y_0)_2 \mapsto (0000 y_3 y_2 y_1 y_0)_2$$

习题 69 证明, 被提取的位在提取它们的过程中互不干扰. 此外, 有一种巧妙方法, 能用 $O(d^2)$ 步从 χ 动态计算合适的掩码 θ_k（见习题 70）.

对于计算机硬件, 提出了一种"归类"运算, 扩充 (78) 产生一般的解除混洗的字

$$(x_{r-1} \ldots x_1 x_0 y_{s-1} \ldots y_1 y_0)_2 = (z_{i_{r-1}} \ldots z_{i_1} z_{i_0} z_{j_{s-1}} \ldots z_{j_1} z_{j_0})_2, \tag{81}$$

其中 $i_{r-1} > \cdots > i_1 > i_0$ 是 $\chi_i = 0$ 处的下标. 此外, 称为"集中-翻转"的另一种运算会颠倒非掩码位的顺序, 给出

$$(x_0 x_1 \ldots x_{r-1} y_{s-1} \ldots y_1 y_0)_2 = (z_{i_0} z_{i_1} \ldots z_{i_{r-1}} z_{j_{s-1}} \ldots z_{j_1} z_{j_0})_2, \tag{81$'$}$$

现已证明, 它更有用, 也更容易实现. 使用以上两种运算中的任何一种, 最多用 d 次运算就可以获得 2^d 位的任意排列（见习题 72 和 73）.

有了移位, 我们可以超越排列, 实现寄存器内任意的位变换. 假定我们需要做变换

$$x = (x_{2^d-1} \ldots x_1 x_0)_2 \quad \mapsto \quad x^\varphi = (x_{(2^d-1)\varphi} \ldots x_{1\varphi} x_{0\varphi})_2, \tag{82}$$

其中 φ 是从集合 $\{0, 1, \ldots, 2^d - 1\}$ 变换到自身的 $(2^d)^{2^d}$ 个函数中的任意一个. 钟建民和黄泽权 [*IEEE Transactions* **C-29** (1980), 1029–1032] 引进一种富有吸引力的方法, 通过循环 δ 移位用 $O(d)$ 步实现了这个变换, 这个方法像 (79) 一样, 不同的是置

$$x \leftarrow x \oplus ((x \oplus (x \gg \delta) \oplus (x \ll (2^d - \delta))) \,\&\, \theta). \tag{83}$$

他们的想法是, 对于 $0 \leq l < 2^d$, 令 c_l 为满足 $j\varphi = l$ 的下标 j 的数目. 然后, 求掩码 θ_0, $\theta_1, \ldots, \theta_{d-1}$, 它们具备的性质是: 对于 $0 \leq k < d$, 用掩码 θ_k 依次对 x 进行循环 2^k 移位, 把数 x 变换成数 x', 对每个 l 下标, 它刚好包含位 x_l 的 c_l 个副本. 最后, 可以把一般的排列过程 (71) 用于变换 $x' \mapsto x^\varphi$.

例如, 假定 $d = 3$ 且 $x^\varphi = (x_3 x_1 x_1 x_0 x_3 x_7 x_5 x_5)_2$, 则我们有 $(c_0, c_1, c_2, c_3, c_4, c_5, c_6, c_7) = (1, 2, 0, 2, 0, 2, 0, 1)$. 用掩码 $\theta_0 = (00011100)_2$, $\theta_1 = (00001000)_2$, $\theta_2 = (01100000)_2$ 进行 3 次循环 2^k 移位 $x = (x_7 x_6 x_5 x_4 x_3 x_2 x_1 x_0)_2 \mapsto (x_7 x_6 x_5 x_5 x_4 x_3 x_1 x_0)_2 \mapsto (x_7 x_6 x_5 x_5 x_5 x_3 x_1 x_0)_2 \mapsto (x_7 x_3 x_1 x_5 x_5 x_3 x_1 x_0)_2 = x'$. 然后, 我们可以进行以下 δ 交换: $x' \mapsto (x_3 x_7 x_5 x_1 x_3 x_5 x_1 x_0)_2 \mapsto$

$(x_3x_1x_5x_7x_3x_5x_1x_0)_2 \mapsto (x_3x_1x_1x_0x_3x_5x_5x_7)_2 \mapsto (x_3x_1x_1x_0x_3x_7x_5x_5)_2 = x^\varphi.$ 这就完成了变换！当然，通过一次变换一位的蛮力方式可以更快达到任意的 8 位变换．在 256 位寄存器的情况下，钟建民和黄泽权的方法更引人注目．即使是用 MMIX 的 64 位寄存器，它也非常出色，在最坏情况下最多需要 96 次循环．

利用 $\sum c_l = 2^d$ 这一结果，同时注意到 $\Sigma_{\text{even}} = \sum c_{2l}$ 和 $\Sigma_{\text{odd}} = \sum c_{2l+1}$，我们就可以求出 θ_0．如果 $\Sigma_{\text{even}} = \Sigma_{\text{odd}} = 2^{d-1}$，就可以置 $\theta_0 = 0$ 并省略循环 1 移位．但是，比如说，如果 $\Sigma_{\text{even}} < \Sigma_{\text{odd}}$，则我们要找到一个使得 $c_l = 0$ 的偶数 l．对于某个 t，循环移位为 $l, l+1,$ $\dots, l+t \pmod{2^d}$ 位，将产生新计数 $(c_0', \dots, c_{2^d-1}')$ 使得 $\Sigma_{\text{even}}' = \Sigma_{\text{odd}}' = 2^{d-1}$，从而我们有 $\theta_0 = 2^l + \dots + 2^{(l+t) \bmod 2^d}$．然后，我们可以用同样方法分别处理在偶数位置和奇数位置的位，直到获得降至 1 位的子字．习题 74 给出处理细节．

处理分片位段． 我们通常在一个字内的原来位置直接处理位段，而不是从字的不同部分提取二进制位然后把它们集中在一起．

例如，假定我们需要遍历给定集合 U 的所有子集，其中集合（照例）是由使得 $[k \in U] = (\chi \gg k) \,\&\, 1$ 的掩码 χ 指定的．如果 $x \subseteq \chi$ 且 $x \neq \chi$，我们就有一个便捷的方法按字典序计算 U 的下一个最大子集，亦即满足 $x' \subseteq \chi$ 的最小整数 $x' > x$：

$$x' = (x - \chi) \,\&\, \chi. \tag{84}$$

在 $x = 0$ 且 $\chi \neq 0$ 的特殊情形，我们已经在 (37) 中看到这个公式产生 χ 的最右位，它对应于字典序下 U 的最小非空子集．

式 (84) 为什么行之有效？设想一下，我们试着把 $x \,|\, \bar{\chi}$ 加 1，当 $\chi = 0$ 时它的某些位是 1．进位将通过那些 1 传播，直至达到最右边位的位置，在那个位置 x 中是 0，χ 中是 1．而且，那个位置右边的所有位都会变为 0．所以 $x' = ((x \,|\, \bar{\chi}) + 1) \,\&\, \chi$．然而，当 $x \subseteq \chi$ 时我们有 $(x \,|\, \bar{\chi}) + 1 = (x + \bar{\chi}) + 1 = x + (\bar{\chi} + 1) = x - \chi$．这就是答案．

另请注意，$x' = 0$ 当且仅当 $x = \chi$．所以，我们知道何时求出了最大子集．习题 79 说明，如果给定 x' 怎样反求 x．

我们可能还需要遍历子立方的所有元素——例如，寻找匹配像 *10*1*01 这样包含 0、1 和 *（不在意值）的说明的所有位模式．像在习题 7.1.1–30 中那样，这样的说明可以用星号代码 $a = (a_{n-1} \dots a_0)_2$ 和位代码 $b = (b_{n-1} \dots b_0)_2$ 表示，我们的例子对应于 $a = (10010100)_2$，$b = (01001001)_2$．枚举一个集合的全部子集的问题是其中 $a = \chi$，$b = 0$ 的特例．在更一般的子立方问题中，给定位模式 x 的后继是

$$x' = ((x - (a+b)) \,\&\, a) + b. \tag{85}$$

假定 $z = (z_{n-1} \dots z_0)_2$ 的位已经从两个子字 $x = (x_{r-1} \dots x_0)_2$ 和 $y = (y_{s-1} \dots y_0)_2$ 拼缀在了一起，其中 $r + s = n$，用任意一个满足 $\nu\chi = s$ 的掩码 χ 控制拼缀．例如，当 $n = 8$，$\chi = (10010100)_2$ 时，$z = (y_2x_4x_3y_1x_2y_0x_1x_0)_2$．我们可以把 z 想象成一个"散列累加器"，在其中外来位 x_i 友好地潜藏在位 y_j 中间．按照这种观点，求子立方后继元素的问题，实质上就是在不改变 x 值的条件下在散列累加器 z 中计算 $y+1$ 的问题．归类运算 (81) 能解开 x 和 y，但它的开销很大，而 (85) 表明，不用 (81) 也能解决问题．事实上，如果 y 和 y' 同时出现在由 χ 指定的位置，当 $y' = (y_{s-1}' \dots y_0')_2$ 是散列累加器 z' 内部的任意值时，我们能计算 $y+y'$：考虑 $t = z \,\&\, \chi$ 和 $t' = z' \,\&\, \chi$．如果我们建立和 $(t \,|\, \bar{\chi}) + t'$，则出现在常规加法 $y + y'$ 中的所有进位将通过 $\bar{\chi}$ 中 1 的位组传播，恰似散列位是邻接的．因此，

$$((z \,\&\, \chi) + (z' \,|\, \bar{\chi})) \,\&\, \chi \tag{86}$$

是 y 与 y' 按掩码 χ 散列的和，对 2^s 取模.

一次捏合多个字节. 我们经常需要同时处理两个或者更多的子字，对它们中的每个子字进行并行计算，而不是专注于字内一个位段中的数据. 例如，许多应用需要处理长的字节序列，我们可以通过一次处理 8 个字节来提高速度，也可以利用计算机提供的全部 64 位. 一般的多字节方法是莱斯利·兰伯特 [*CACM* **18** (1975), 471–475] 提出的，后来由许多程序员扩展.

首先，假定有两个字节序列，我们只想简单地求它们的和，把它们看成向量的坐标，在每个字节内按模 256 进行算术运算. 用代数方式表达，给定 8 字节向量 $x = (x_7\dots x_1 x_0)_{256}$ 和 $y = (y_7\dots y_1 y_0)_{256}$，我们需要计算 $z = (z_7\dots z_1 z_0)_{256}$，其中 $z_j = (x_j + y_j) \bmod 256$（$0 \le j < 8$）. 对 x 和 y 的普通加法完全不适用，因为我们必须防止进位在字节之间传播. 所以，我们提取高阶的二进制位，单独处理它们：

$$z \leftarrow (x \oplus y) \,\&\, h, \qquad \text{其中 } h = {}^\#8080808080808080\,;$$
$$z \leftarrow ((x \,\&\, \bar h) + (y \,\&\, \bar h)) \oplus z. \tag{87}$$

用 MMIX 执行这个计算的总时间为 6υ，如果还要算上加载 x、加载 y 以及存储 z 的时间，就再加 $3\mu + 3\upsilon$. 相比之下，8 个单字节加法（LDBU, LDBU, ADDU, STBU，重复 8 次）花费的时间是 $8 \times (3\mu + 4\upsilon) = 24\mu + 32\upsilon$. 字节的并行减法同并行加法一样容易（见习题 88）.

我们还可以对每个 j 用 $z_j = \lfloor (x_j + y_j)/2 \rfloor$ 逐字节计算平均值：

$$z \leftarrow ((x \oplus y) \,\&\, \bar l) \gg 1, \qquad \text{其中 } l = {}^\#0101010101010101\,;$$
$$z \leftarrow (x \,\&\, y) + z. \tag{88}$$

亨利·迪茨提出的这个简练技巧建立在著名的二进制加法公式

$$x + y = (x \oplus y) + ((x \,\&\, y) \ll 1) \tag{89}$$

上.（我们可以用 4 条而非 5 条 MMIX 指令实现 (88) 的计算，因为单个 MOR 运算将把 $x \oplus y$ 变换为 $((x \oplus y) \,\&\, \bar l) \gg 1$.）

习题 88–93 和习题 100–104 进一步拓展了这些思想，说明如何进行混合进制的算术运算，以及如何进行向量的加法和减法，它们的分量按模 m 处理，其中 m 不必是 2 的乘幂.

本质上，我们可以这样看待寄存器的位、字节或其他子位段，好像它们是独立微处理器阵列的元素，独自处理它们自身的子问题，但是通过移位指令和进位位紧密同步和相互通信. 计算机设计者对于采用所谓的 SIMD（即"单指令流与多数据流"）体系结构开发并行处理器已关注多年，例如，见斯蒂芬·昂格尔，*Proc. IRE* **46** (1958), 1744–1750. 64 位寄存器可用性的日益增加，意味着普通串行计算机的程序员如今能够体验 SIMD 处理. 甚至，(87)(88)(89) 那样的计算被称为SWAR 方法——"寄存器内的 SIMD"，这是兰德尔·费希尔和亨利·迪茨杜撰的一个名称 [见 *Lecture Notes in Computer Science* **1656** (1999), 290–305]，也见李佩露，*IEEE Micro* **16**, 4 (August 1996), 51–59.

当然，字节经常包含字母数据和数字，而且最常见的程序设计任务之一是从头至尾搜索一长串字符，以便找到某个特定字节值的首次出现. 例如，我们经常把字符串表示成以 0 终结的非零字节的序列. 为了快速定位一个字符串的末端，对于给定的字 x，我们需要一个确定它的全部 8 个字节是否为非零的快速方法（因为它们通常非零）. 兰伯特和其他人找到了这个问题的几

种非常出色的解法. 但是, 艾伦·米克罗夫特在 1987 年发现实际上用 3 条指令就足够了:

$$t \leftarrow h \,\&\, (x - l) \,\&\, \bar{x}, \tag{90}$$

其中的 h 和 l 见 (87) 和 (88). 如果每个字节 x_j 非零, t 将是零. 对于 $(x_j - 1) \,\&\, \bar{x}_j$, 它将是 $2^{\rho x_j} - 1$, 始终小于 #80 = 2^7. 但是, 如果 $x_j = 0$, 那么这时它的右邻近字节 $x_{j-1}, \ldots, x_0$ (如果有的话) 全都非零, 减法 $x - l$ 将在字节 j 产生 #ff, 从而 t 非零. 事实上, ρt 是 $8j + 7$.

注意: 虽然 (90) 中的计算精确定位 x 最右的零字节, 但是我们无法单独从 t 的值推断最左的零字节位置. (见习题 94.) 在这一点上, 小端约定胜过对应的大端约定的特性. 要确定最左的零字节位置, 可以用 (90) 快速跳过那些非零字节, 但是, 当搜索范围缩小到最后的 8 个字节时, 必须求助于一种较慢的方法. 下面包含 4 种运算的公式会产生一个完全精确的测试值 $t = (t_7 \ldots t_1 t_0)_{256}$, 其中对于每个 j, $t_j = 128[x_j = 0]$:

$$t \leftarrow h \,\&\, \sim(x \,|\, ((x \,|\, h) - l)). \tag{91}$$

现在 x 最左的零字节是 x_j, 其中 $\lambda t = 8j + 7$.

顺便指出, 因为 $1 \dot{-} x = [x = 0]$, 单条 MMIX 指令 BDIF t,l,x 可以通过把 t 的每个字节 t_j 置为 $[x_j = 0]$ 立即解决零字节问题. 但在这里, 我们的主要兴趣在于寻找不依赖特殊硬件的通用方法, MMIX 的特性将在后面讨论.

现在知道了一种求第一个 0 字节的快速方法, 我们可以用同样的思想搜索任何想要的字节值. 例如, 为了检验 x 的任何字节是否为换行字符 (#a), 我们只需寻找 $x \oplus$ #0a0a0a0a0a0a0a0a 中的一个零字节.

同时, 这些方法也可以求解许多其他问题. 例如, 假定我们需要从 x 和 y 计算 $z = (z_7 \ldots z_1 z_0)_{256}$, 其中当 $x_j = y_j$ 时 $z_j = x_j$, 而当 $x_j \neq y_j$ 时 $z_j = $ '*'. (因此, 如果 $x = $ "beaching" 和 $y = $ "belching", 则我们置 $z \leftarrow$ "be*ching".) 这很容易实现:

$$\begin{aligned} t &\leftarrow h \,\&\, ((x \oplus y) \,|\, (((x \oplus y) \,|\, h) - l)); \\ m &\leftarrow (t \ll 1) - (t \gg 7); \\ z &\leftarrow x \oplus ((x \oplus \text{"********"}) \,\&\, m). \end{aligned} \tag{92}$$

第一步使用 (91) 的一种变形在 $x_j \neq y_j$ 的每个字节中的高阶二进制位作标记. 下一步建立突出那些字节的掩码: 如果 $x_j = y_j$, 以 #00 为掩码, 否则以 #ff 为掩码. 最后一步置 $z_j \leftarrow x_j$ 或者 $z_j \leftarrow$ '*', 随掩码而定, 这一步也可以写成 $z \leftarrow (x \,\&\, \bar{m}) \,|\, (\text{"********"} \,\&\, m)$.

运算 (90) 和 (91) 原本是为检验那些是 0 的字节设计的, 但仔细观察发现, 我们可以更合理地把它们看成是检验小于 1 的字节. 实际上, 如果无论在哪个公式中用 $c \cdot l = (cccccccc)_{256}$ 代替 l, 其中 $c \leq 128$ 为任意正常数, 我们都可以用 (90) 或 (91) 判断 x 是否包含小于 c 的字节. 此外, 在每个字节位置, 比较值 c 不必是相同的. 而且, 如果能多用一个二进制位, 我们还可以在 $c > 128$ 的情况下进行按字节比较. 下面是一个 6 步公式, 对测试字 t 中的每个字节位置 j 置 $t_j \leftarrow 128[x_j < y_j]$:

$$t \leftarrow ((\bar{x} \,\&\, y) + (((\bar{x} \oplus y) \gg 1) \,\&\, \bar{h})) \,\&\, h. \tag{93}$$

(见习题 96. 诺伯特·朱法在 2013 年发现这个技巧.) 请注意, $((\bar{x} \oplus y) \gg 1) \,\&\, \bar{h}$ 和我们在 (88) 中见到过的量 $((\bar{x} \oplus y) \,\&\, \bar{l}) \gg 1$ 相同.

一旦我们在 (90) 或 (91) 或 (93) 中找到一个非零 t, 就可能需要计算 ρt 或 λt, 以便找到已经作过标记的最右字节或最左字节的下标 j. 计算 ρ 或 λ 的问题比以往更简单, 因为 t 仅可

能接受 256 个不同的值. 其实, 给出一个适当的 256 字节的表, 运算

$$j \leftarrow table[((a \cdot t) \bmod 2^{64}) \gg 56], \qquad 其中 a = \frac{2^{56} - 1}{2^7 - 1} \tag{94}$$

现在足以计算 j. 而且, 这里的乘法运算通常可以执行得更快, 如果代之以 3 次 "移位和加法" 运算: $t \leftarrow t + (t \ll 7)$, $t \leftarrow t + (t \ll 14)$, $t \leftarrow t + (t \ll 28)$.

广义字计算. 如今, 我们已经见过十几种方法, 计算机的按位运算能产生令人惊讶的高速结果, 后面的习题还会包含这样出人意料的许多其他方法.

埃尔·伯利坎普曾经指出, 用包含 N 个触发元件的计算机芯片持续构造具有越来越大 N 值的芯片, 实际上在任意给定时刻仅有 $O(\log N)$ 个元件处于触发状态. 按位运算的惊人效率暗示, 未来的计算机可以利用这种尚未开发的潜力, 通过增强存储器部件, 使之能够对非常大的 n 值进行有效的 n 位计算. 为了迎接这一天的到来, 我们应该就运用 "宽幅字" 的概念给出一个恰当的名称. 莱尔·拉姆肖提出了广义字这个有趣的术语, 因此我们可以把 n 位的量说成宽度为 n 的广义字.

我们讨论过的很多方法, 都能正确处理具有任意 (甚至无限) 精度的二进制数, 在这个意义下它们是 2 基的. 例如, 运算 $x \& -x$ 总是提取 $2^{\rho x}$, 即任意非零 2 基整数 x 的最低有效位 1. 然而, 其他一些方法具备固有的广义字性质, 诸如用 $O(d)$ 步执行 2^d 位字的位叠加加法或者位排列这类方法. 当参数 n 不是极端小的时候, 广义字计算是一种处理 n 位字的艺术.

某些广义字算法只具有理论上的价值, 因为它们仅当 n 超越宇宙尺度时在渐近意义下是有效的. 但是, 另外一些算法即使在 $n = 64$ 时也是极为实用的. 一般来说, 广义字思维方式通常会给出有益的方法.

关于广义字运算, 迈克尔·弗雷德曼和丹·威拉德发现了一个迷人但不能实现的事实: 对于任何非零的 n 位二进制数 x, 无论 n 多么大, 用 $O(1)$ 步广义字处理足以计算函数 $\lambda x = \lfloor \lg x \rfloor$. 下面是当 $n = g^2$ 且 g 是 2 的乘幂时, 他们给出的著名方案:

$$\begin{aligned}
&t_1 \leftarrow h \& (x \mid ((x \mid h) - l)), \qquad 其中 h = 2^{g-1}l, \ l = (2^n - 1)/(2^g - 1);\\
&y \leftarrow (((a \cdot t_1) \bmod 2^n) \gg (n - g)) \cdot l, \qquad 其中 a = (2^{n-g} - 1)/(2^{g-1} - 1);\\
&t_2 \leftarrow h \& (y \mid ((y \mid h) - b)), \qquad 其中 b = (2^{n+g} - 1)/(2^{g+1} - 1);\\
&m \leftarrow (t_2 \ll 1) - (t_2 \gg (g-1)), \quad m \leftarrow m \oplus (m \gg g);\\
&z \leftarrow (((l \cdot (x \& m)) \bmod 2^n) \gg (n - g)) \cdot l;\\
&t_3 \leftarrow h \& (z \mid ((z \mid h) - b));\\
&\lambda \leftarrow ((l \cdot ((t_2 \gg (2g - \lg g - 1)) + (t_3 \gg (2g - 1)))) \bmod 2^n) \gg (n - g).
\end{aligned} \tag{95}$$

(见习题 106.) 这个方法没有实际意义, 因为在它的 29 步运算中有 5 步是乘法, 所以它的计算步骤不是真正的 "按位" 运算. 事实上, 后面我们将证明, 乘以一个常量至少需要 $\Omega(\log n)$ 步按位运算.

耶特·布罗达尔在 1977 年发现了一种不用乘法求 λx 的方法, 仅用 $O(\log \log n)$ 步按位广义字运算, 他的方法甚至比 (95) 更出色. 它基于一个与式 (49) 类似的公式

$$\lambda x = [\lambda x = \lambda(x \& \bar{\mu}_0)] + 2[\lambda x = \lambda(x \& \bar{\mu}_1)] + 4[\lambda x = \lambda(x \& \bar{\mu}_2)] + \cdots, \tag{96}$$

以及我们很容易测试关系 $\lambda x = \lambda y$ 是否成立这一事实 (见 (58)):

算法 B (以 2 为底的对数). 本算法用 n 位运算计算 $\lambda x = \lfloor \lg x \rfloor$, 假定 $0 < x < 2^n$, $n = d \cdot 2^d$.

B1. [递减.] 置 $\lambda \leftarrow 0$. 然后, 对于 $k = \lceil \lg n \rceil - 1, \lceil \lg n \rceil - 2, \ldots, d$, 如果 $x \geq 2^{2^k}$ 则置 $\lambda \leftarrow \lambda + 2^k$, $x \leftarrow x \gg 2^k$.

B2. [重复.]（这时, $0 < x < 2^{2^d}$. 剩下的任务是将 λ 增加 $\lfloor \lg x \rfloor$. 我们将在 2^d 位的字段中用 x 自身的 d 个副本代替 x.）对于 $0 \leq k < \lceil \lg d \rceil$, 置 $x \leftarrow x \mid (x \ll 2^{d+k})$.

B3. [改变前导位.] 置 $y \leftarrow x \& \sim (\mu_{d,d-1} \ldots \mu_{d,1} \mu_{d,0})_{2^{2^d}}$. （见 (48).）

B4. [比较所有字段.] 置 $t \leftarrow h \& (y \mid ((y \mid h) - (x \oplus y)))$, 其中 $h = (2^{2^d-1} \ldots 2^{2^d-1} 2^{2^d-1})_{2^{2^d}}$.

B5. [压缩位.] 对于 $0 \leq k < \lceil \lg d \rceil$, 置 $t \leftarrow (t + (t \ll (2^{d+k} - 2^k))) \bmod 2^n$.

B6. [完成.] 最后, 置 $\lambda \leftarrow \lambda + (t \gg (n-d))$. ∎

当 $n = 64$ 时这个算法几乎能与 MMIX 代码 (56) 匹敌（见习题 107）.

　　另一个相当有效的广义字算法是迈克尔·佩特森和我在 2006 年发现的, 它涉及的是识别给定的 n 位二进制数中模式 01^r 的全部出现的问题. 这个问题与寻找 r 个相邻自由存储块的存储分配策略有关, 当给定 $x = (x_{n-1} \ldots x_1 x_0)_2$ 时与计算

$$q = \bar{x} \& (x \ll 1) \& (x \ll 2) \& (x \ll 3) \& \cdots \& (x \ll r) \tag{97}$$

等价. 例如当 $n = 16$, $r = 3$, $x = (1110111101100111)_2$ 时, 我们有 $q = (0001000000001000)_2$. 人们凭直觉可能认为这个计算需要 $\Omega(\log r)$ 步按位运算. 但实际上, 对于所有 $n > r > 0$, 以下 20 步计算就能完成此项任务: 令 $s = \lceil r/2 \rceil$, $l = \sum_{k \geq 0} 2^{ks} \bmod 2^n$, $h = (2^{s-1} l) \bmod 2^n$, $a = (\sum_{k \geq 0} (-1)^{k+1} 2^{2ks}) \bmod 2^n$.

$$
\begin{aligned}
&y \leftarrow h \& x \& ((x \& \bar{h}) + l); \\
&t \leftarrow (x + y) \& \bar{x} \& -2^r; \\
&u \leftarrow t \& a, \quad v \leftarrow t \& \bar{a}; \\
&m \leftarrow (u - (u \gg r)) \mid (v - (v \gg r)); \\
&q \leftarrow t \& ((x \& m) + ((t \gg r) \& \sim (m \ll 1))).
\end{aligned}
\tag{98}
$$

习题 111 说明了这些运算步骤为什么有效. 这个方法的实用价值很小, 甚至毫无价值. 有一种方法能用 $2\lceil \lg r \rceil + 2$ 步轻松计算 (97), 所以 (98) 在 $r \leq 512$ 时不占优势. 但是, (98) 是广义字方法意想不到的能力的另一种表示.

　　*下界. 的确, 存在如此之多的技巧与方法自然使人怀疑, 我们是否仅仅触及皮毛. 难道还有许多其他难以置信的快速方法有待我们去发现吗? 我们已经知道少数理论上的结果, 从中可以推知某些限度, 尽管这样的研究尚处在褓襁期.

　　我们说一条 2 基链是 2 基整数的一个序列 $(x_0, x_1, \ldots, x_r)$, 其中, 当 $i > 0$ 时, 每个元素 x_i 是从它的前导元素通过按位运算得到的. 更确切地说, 我们用二进制运算

$$x_i = x_{j(i)} \circ_i x_{k(i)} \quad 或 \quad c_i \circ_i x_{k(i)} \quad 或 \quad x_{j(i)} \circ_i c_i \tag{99}$$

定义链的步骤, 其中每个 $\circ_i$ 是运算符 $\{+, -, \&, \mid, \oplus, \equiv, \subset, \supset, \bar{\subset}, \bar{\supset}, \bar{\wedge}, \bar{\vee}, \ll, \gg\}$ 之一, 每个 c_i 是常数. 此外, 当运算符 $\circ_i$ 是左移位运算或右移位运算时, 移位量必须是正整数常数, 不允许使用 $x_{j(i)} \ll x_{k(i)}$ 或 $c_i \gg x_{k(i)}$ 这样的运算.（没有后面这条限制, 我们不可能导出有意义的下界, 因为非负整数 x 的每个 0-1 值函数都可以用 "$(c \gg x) \& 1$" 两步计算, c 是某个常数.）

　　同样, 宽度为 n 的广义字链（也称作 n 位广义字链）实质上是有着同样限制的 n 位二进制数的序列 $(x_0, x_1, \ldots, x_r)$, 其中 n 是参数, 所有运算是模 2^n 执行的. 广义字链在许多方面类似 2 基链, 但是, 由于出现在 n 位计算左边的数据丢失, 可能产生细微差别（见习题 113）.

当我们从一个给定值 $x = x_0$ 开始的时候，两种类型的链都计算函数 $f(x) = x_r$. 习题 114 说明，给定可以用 n 位链计算的任何函数，一条 mn 位广义字链能够对这个函数执行 m 次同时求值. 我们的目标是探索能计算给定函数 f 的最短链.

任何 2 基链或广义字链 $(x_0, x_1, \ldots, x_r)$ 有如下定义的 "移位集合" 序列 $(S_0, S_1, \ldots, S_r)$ 和 "下界" 序列 $(B_0, B_1, \ldots, B_r)$: 从 $S_0 = \{0\}$, $B_0 = 1$ 开始；然后，对于 $i \geq 1$, 令

$$S_i = \begin{cases} S_{j(i)} \cup S_{k(i)}, \\ S_{k(i)}, \\ S_{j(i)}, \\ S_{j(i)} + c_i, \\ S_{j(i)} - c_i, \end{cases} \quad \text{和} \quad B_i = \begin{cases} M_i B_{j(i)} B_{k(i)}, & \text{若 } x_i = x_{j(i)} \circ_i x_{k(i)}, \\ M_i B_{k(i)}, & \text{若 } x_i = c_i \circ_i x_{k(i)}, \\ M_i B_{j(i)}, & \text{若 } x_i = x_{j(i)} \circ_i c_i, \\ B_{j(i)}, & \text{若 } x_i = x_{j(i)} \gg c_i, \\ B_{j(i)}, & \text{若 } x_i = x_{j(i)} \ll c_i, \end{cases} \quad (100)$$

其中，如果 $\circ_i \in \{+, -\}$ 则 $M_i = 2$, 否则 $M_i = 1$, 这里假定 $\circ_i \notin \{\ll, \gg\}$. 例如，考虑以下 7 步链：

$$\begin{array}{lcc} & x_i & S_i & B_i \\ x_0 = x & & \{0\} & 1 \\ x_1 = x_0 \,\&\, -2 & & \{0\} & 1 \\ x_2 = x_1 + 2 & & \{0\} & 2 \\ x_3 = x_2 \gg 1 & & \{1\} & 2 \\ x_4 = x_2 + x_3 & & \{0, 1\} & 8 \\ x_5 = x_4 \gg 4 & & \{4, 5\} & 8 \\ x_6 = x_4 + x_5 & & \{0, 1, 4, 5\} & 128 \\ x_7 = x_6 \gg 4 & & \{4, 5, 8, 9\} & 128 \end{array} \qquad (101)$$

（我们在习题 4.4–9 中见过这条链，它证实当用 8 位算术执行这些运算时，对于 $0 \leq x < 160$ 将得到 $x_7 = \lfloor x/10 \rfloor$.）

为开始讨论下界的理论，我们首先指出 $x = x_0$ 的高阶位不影响任何低阶位，除非我们把它们移到右边.

引理 A. 给定一条 2 基链或广义字链，令 x_i 的二进制表示是 $(\ldots x_{i2} x_{i1} x_{i0})_2$. 那么，仅当 $q \leq p + \max S_i$ 时位 x_{ip} 可能依赖于位 x_{0q}.

证明. 对 i 归纳，我们可以证明，如果 $B_i = 1$, 仅当 $q - p \in S_i$ 时位 x_{ip} 可能依赖于位 x_{0q}. 加法和减法（它们迫使 $B_i > 1$），允许操作数的任何特定位影响和或差中位于左边的所有位，但是不影响那些位于右边的位. ∎

推论 I. 不能用 2 基链计算函数 $x \dotminus 1$, 也不能用它计算任何这样的函数 $f(x)$, 该函数至少有一位依赖于无界的 x 的位数. ∎

推论 W. n 位函数 $f(x)$ 可以用不含移位的 n 位广义字链计算，当且仅当对于 $0 \leq p < n$ 有 $x \equiv y \pmod{2^p}$ 蕴涵 $f(x) \equiv f(y) \pmod{2^p}$.

证明. 如果没有移位，对于所有 i 我们有 $S_i = \{0\}$. 因此，位 x_{rp} 不依赖于位 x_{0q}, 除非 $q \leq p$. 换句话说，当 $x_0 \equiv y_0 \pmod{2^p}$ 时我们必定有 $x_r \equiv y_r \pmod{2^p}$.

反过来，所有这样的函数都可以通过一条足够长的链得到. 习题 119 对于函数

$$f_{py}(x) = 2^p [x \bmod 2^{p+1} = y], \qquad \text{其中 } 0 \leq p < n, \ 0 \leq y < 2^{p+1} \qquad (102)$$

给出了不含移位的 n 位链, 通过加法, 这些函数产生了所有相关函数. [小亨利·沃伦在 *CACM* **20** (1977), 439–441 把这个结果推广到 m 个变量的函数.] ∎

下面的基本引理是我们证明下界的主要工具, 移位集合 S_i 和下界 B_i 尤其重要:

引理 B. 在 n 位广义字链中令 $X_{pqr} = \{x_r \,\&\, \lfloor 2^p - 2^q \rfloor \mid x_0 \in V_{pqr}\}$, 其中

$$V_{pqr} = \{x \mid \text{对于所有的 } s \in S_r \text{ 有 } x \,\&\, \lfloor 2^{p+s} - 2^{q+s} \rfloor = 0\} \tag{103}$$

且 $p > q$. 则 $|X_{pqr}| \leq B_r$. (这里 p 和 q 是整数, 可能为负数.)

引理 B 表明, 当 x 的位的某些区间被限制为零时, $f(x)$ 中最多可能出现 B_r 个不同的位模式 $x_{r(p-1)} \ldots x_{rq}$.

证明. 当 $r = 0$ 时结论肯定成立. 否则, 如果 $x_r = x_j + x_k$, 由归纳法我们有 $|X_{pqj}| \leq B_j$, $|X_{pqk}| \leq B_k$. 此外, 因为 $S_r = S_j \cup S_k$, 我们有 $V_{pqr} = V_{pqj} \cap V_{pqk}$. 因此, 当没有进位到位置 q 时, 对于 $(x_j + x_k) \,\&\, \lfloor 2^p - 2^q \rfloor$ 最多出现 $B_j B_k$ 种可能性; 而当有进位到位置 q 时, 最多出现 $B_j B_k$ 种可能性, 共计构成最多 $B_r = 2 B_j B_k$ 种可能性. 习题 122 考虑了其他情形. ∎

现在我们可以证明, 直尺函数需要 $\Omega(\log \log n)$ 步.

定理 R. 如果 $n = d \cdot 2^d$, 对于 $0 < x < 2^n$, 计算 ρx 的每条 n 位广义字链中非移位运算超过 $\lg d$ 步.

证明. 如果有 l 步非移位运算, 我们有 $|S_r| \leq 2^l$, $B_r \leq 2^{2^l - 1}$. 在引理 B 中令 $p = d$, $q = 0$, 并假定 $|X_{d0r}| = 2^d - t$, 那么, 存在 t 个 $k < 2^d$ 的值, 使得

$$\{2^k, 2^{k+2^d}, 2^{k+2 \cdot 2^d}, \ldots, 2^{k+(d-1)2^d}\} \cap V_{d0r} = \emptyset.$$

但是, 在 n 个可能的 2 的乘幂中, V_{d0r} 最多排除 $2^l d$ 个, 所以 $t \leq 2^l$.

如果 $l \leq \lg d$, 引理 B 告诉我们 $2^d - t \leq B_r \leq 2^{d-1}$, 因此 $2^{d-1} \leq t \leq 2^l \leq d$. 但这是不可能的, 除非 $d \leq 2$, 此时定理显然成立. ∎

同样的证明也适合以 2 为底的对数函数:

推论 L. 如果 $n = d \cdot 2^d > 2$, 对于 $0 < x < 2^n$, 计算 λx 的每条 n 位广义字链中非移位运算超过 $\lg d$ 步. ∎

对于位颠倒, 进而对于一般的位排列, 在引理 B 中令 $q > 0$, 我们可以推导出更强的下界 $\Omega(\log n)$.

定理 P. 如果 $2 \leq g \leq n$, 对于 $0 \leq x < 2^g$, 计算 g 位颠倒 x^R 的每条 n 位广义字链, 至少有 $\lfloor \frac{1}{3} \lg g \rfloor$ 步非移位运算.

证明. 像上面那样, 假设有 l 步非移位运算. 令 $h = \lfloor \sqrt[3]{g} \rfloor$, 并假定 $l < \lfloor \lg(h+1) \rfloor$. 那么, S_r 是最多 $2^l \leq \frac{1}{2}(h+1)$ 个移位量 s 的集合. 在引理 B 中令 $p = q + h$, 其中 $p \leq g, q \geq 0$, 因此总共有不超过 $g - h + 1$ 种情况. 关键在于, 当不存在使得 $0 \leq j, k < h$, $g - 1 - q - j = q + s + k$ 的下标 j 和 k 时, $x^R \,\&\, \lfloor 2^p - 2^q \rfloor$ 与 $x \,\&\, \lfloor 2^{p+s} - 2^{q+s} \rfloor$ 无关. 存在这样下标的 "坏" 选择 q 的个数最多是 $\frac{1}{2}(h+1)h^2 \leq g - h$, 所以, 至少有一种 "好" 选择 q 导出 $|X_{pqr}| = 2^h$. 但是, 此时引理 B 导致矛盾, 因为我们显然不能有 $2^h \leq B_r \leq 2^{(h-1)/2}$. ∎

推论 M. 在 n 位广义字链中, 用某些常数做模 2^n 的乘法需要 $\Omega(\log n)$ 步.

证明.   在著名科学研究文摘 HAKMEM（麻省理工学院人工智能实验室，1972）的 Hack 167 中，理查德·施罗皮尔注意到，当 $n = g^2$，$0 \le x < 2^g$ 时，运算步骤

$$t \leftarrow ((ax) \bmod 2^n) \,\&\, b, \qquad y \leftarrow ((ct) \bmod 2^n) \gg (n-g) \tag{104}$$

计算出 $y = x^R$，其中常数 $a = (2^{n+g} - 1)/(2^{g+1} - 1)$，$b = 2^{g-1}(2^n - 1)/(2^g - 1)$，$c = (2^{n-g} - 1)/(2^{g-1} - 1)$.（见习题 123.）∎

此时，读者也许会认为："不错，我同意广义字链有时必定是渐近冗长的，但是程序员们无须受这种链的束缚，我们可以用其他方法摆脱这些限制，如条件转移或访问预计算表."

对的. 我们是幸运的，因为广义字理论还可以扩展到更一般的计算模型. 例如，考虑下述称为基本随机存储器的理想化的抽象精简指令集计算机：这种机器具有 n 位寄存器 $r_1, \ldots, r_l$ 以及 n 位存储字 $\{M[0], \ldots, M[2^m - 1]\}$. 它能够执行指令

$$\begin{aligned} r_i \leftarrow r_j \pm r_k, \quad r_i \leftarrow r_j \circ r_k, \quad r_i \leftarrow r_j \gg r_k, \quad r_i \leftarrow c, \\ r_i \leftarrow M[r_j \bmod 2^m], \qquad M[r_j \bmod 2^m] \leftarrow r_i, \end{aligned} \tag{105}$$

其中 $\circ$ 是任意的按位布尔算符，移位指令中的 r_k 被当成用二进制补码表示的带符号整数. 该计算机也能执行 $r_i \le r_j$ 条件下的转移指令，把 r_i 和 r_j 作为无符号整数. 它的状态是全部寄存器和存储器以及指向当前指令的"程序计数器"的整个内容. 它的程序从一个指定的状态开始，其中可能包含存储器中的一些预计算表，以及寄存器 r_1 中的一个 n 位输入值 x. 这个初始状态称为 $Q(x, 0)$，而 $Q(x, t)$ 表示执行了 t 条指令后的状态. 当计算机停机时，r_1 将包含某个 n 位值 $f(x)$. 给定函数 $f(x)$，我们需要对最小的 t 求这样的下界，使得 r_1 等于状态 $Q(x, t)$ 下的 $f(x)$，其中 $0 \le x < 2^n$.

定理 R′.   令 $\epsilon = 2^{-e}$. 当 $n \to \infty$ 时，一个带存储参数 $m \le n^{1-\epsilon}$ 的 n 位基本 RAM 需要至少 $\lg\lg n - e$ 步求得直尺函数 ρx 的值.

证明.   令 $n = 2^{2^{e+f}}$，所以 $m \le 2^{2^{e+f}-2^f}$. 习题 124 说明了全能观察员如何能够从 x 的某一类输入构建一条广义字链，其方法是：每个 x 引起 RAM 执行同样的转移指令，使用相同的移位量，访问同样的存储单元. 然后，可以用早先的方法证明这条链的长度 $\ge f$. ∎

持怀疑态度的读者或许仍然把缺乏实用价值作为反对定理 R′ 的理由，因为在现实世界中 $\lg\lg n$ 不会超过 6. 这个论据是无法反驳的. 但是，下面的结果更贴切一些：

定理 P′.   如果 $g \le n$，并且

$$\max(m, 1 + \lg n) < \frac{h+1}{2\lfloor \lg(h+1) \rfloor - 2}, \qquad h = \lfloor \sqrt[3]{g} \rfloor, \tag{106}$$

那么，对于 $0 \le x < 2^g$，一个 n 位基本 RAM 需要至少 $\frac{1}{3}\lg g$ 步计算 g 位颠倒的 x^R.

证明.   习题 125 给出了一种论证，类似定理 R′ 的证明. ∎

引理 B 和定理 R, P, R′, P′ 以及它们的推论归功于安德烈·布罗德尼克、彼得·米尔滕森和詹姆斯·芒罗 [*Lecture Notes in Comp. Sci.* **1272** (1997), 426–439]，他们的结果基于米尔滕森的早期工作 [*Lecture Notes in Comp. Sci.* **1099** (1996), 442–453].

还有很多未解决的问题（见习题 126–130）. 例如，位叠加加法在一条 n 位广义字链中需要 $\Omega(\log n)$ 步吗？用广义字方式计算奇偶性函数 $(\nu x) \bmod 2$ 或者过半数函数 $[\nu x > n/2]$，实质上比计算 νx 本身更快吗？

有向图的应用. 现在, 我们通过实现一个简单的算法来运用学到的知识. 给定一个顶点集合 V 上的有向图, 当图中存在从 u 到 v 的弧时, 我们记为 $u \longrightarrow v$. 可达性问题是寻找始于指定顶点集合 $Q \subseteq V$ 的定向路径上的全部顶点. 换句话说, 我们寻找集合

$$R = \{v \mid \text{存在 } u \in Q \text{ 使得 } u \longrightarrow^* v\}, \tag{107}$$

其中 $u \longrightarrow^* v$ 是一个 t 段弧的序列

$$u = u_0 \longrightarrow u_1 \longrightarrow \cdots \longrightarrow u_t = v, \qquad t \geq 0. \tag{108}$$

在实践中这个问题经常出现. 例如, 我们在 2.3.5 节标记表中所有不是 "（无用单元）" 的元素时遇见过. 垃圾回收

如果顶点数目不大, 比如说 $|V| \leq 64$, 那么我们可以通过直接处理顶点的子集, 用完全不同于以往的方式处理可达性问题. 对于所有 $u \in V$, 令

$$S[u] = \{v \mid u \longrightarrow v\} \tag{109}$$

是 u 的后继顶点的集合. 下面的算法与算法 2.3.5E 几乎完全不同, 但是求解了同样的抽象问题:

算法 R （可达性）. 给定一个由 (109) 中的后继集合 $S[u]$ 表示的简单有向图, 本算法计算从给定集合 Q 可达的元素的集合 R.

R1. [初始化.] 置 $R \leftarrow Q$, $X \leftarrow \emptyset$. （在下面的算法步骤中, X 是集合 R 的子集, 我们从顶点 $u \in R$ 生成 $S[u]$.）

R2. [完成?] 如果 $X = R$, 算法终结.

R3. [检查另一个顶点.] 令 u 是 $R \setminus X$ 的一个元素. 置 $X \leftarrow X \cup u$, $R \leftarrow R \cup S[u]$, 然后返回 R2. ∎

算法是正确的, 因为 (i) 放进 R 的每个元素是可达的; (ii) 根据对 j 的归纳法, (108) 中的每个可达元素 u_j 必定会出现在 R 中; (iii) 由于步骤 R3 总是增加 $|X|$, 所以算法最终能完成.

为实现算法 R, 我们假定 $V = \{0, 1, \ldots, n-1\}$（$n \leq 64$）. 用整数 $\sigma(X) = \sum \{2^u \mid u \in X\}$ 表示集合 X 很方便, 同样的约定也可以很好地适用于集合 Q、R 和 $S[u]$. 请注意, $S[0]$, $S[1]$, $\ldots$, $S[n-1]$ 的位实际上是给定有向图的邻接矩阵, 如第 7 节中解释的, 不过是按小端顺序: "对角线" 元素从右到左向我们说明 u 是否属于 $S[u]$. 例如, 如果 $n = 3$ 且弧为 $\{0 \rightarrow 0, 0 \rightarrow 1, 1 \rightarrow 0, 2 \rightarrow 0\}$, 则我们有 $S[0] = (011)_2$, $S[1] = S[2] = (001)_2$, 邻接矩阵是 $\left(\begin{smallmatrix} 110 \\ 100 \\ 100 \end{smallmatrix}\right)$.

步骤 R3 允许我们任意选择 $R \setminus X$ 的元素, 所以我们用直尺函数 $u \leftarrow \rho(\sigma(R) - \sigma(X))$ 选择最小值. 当我们用 MMIX 为算法 R 编写程序时, 不需要额外的按位运算技巧.

程序 R （可达性）. 输入集合 Q 在寄存器 q 中给出, 每个后继集合 $S[u]$ 出现在全字 $M_8[\text{suc} + 8u]$ 中. 寄存器 r 保存输出集合 R, 寄存器 s, t, tt, u, x 保存中间结果.

01	1H SET	r,q	1	*R1. 初始化.* r $\leftarrow \sigma(Q)$.
02	SET	x,0	1	x $\leftarrow \sigma(\emptyset)$.
03	JMP	2F	1	转到 R2.
04	3H SUBU	tt,t,1	$\lvert R \rvert$	*R3. 检查另一个顶点.* tt $\leftarrow$ t -1.
05	SADD	u,tt,t	$\lvert R \rvert$	u $\leftarrow \rho(\text{t})$ [见 (46)].
06	SLU	s,u,3	$\lvert R \rvert$	s $\leftarrow 8u$.
07	LDOU	s,suc,s	$\lvert R \rvert$	s $\leftarrow \sigma(S[u])$.
08	ANDN	tt,t,tt	$\lvert R \rvert$	tt $\leftarrow$ t $\&$ ~tt $= 2^u$.
09	OR	x,x,tt	$\lvert R \rvert$	$X \leftarrow X \cup u$; 也就是 x $\leftarrow$ x $\mid 2^u$, 因为 x $= \sigma(X)$.

10		OR	r,r,s	$\lvert R\rvert$	$R \leftarrow R \cup S[u]$; 也就是 $\mathbf{r} \leftarrow \mathbf{r} \mid \mathbf{s}$, 因为 $\mathbf{r} = \sigma(R)$.
11	2H	SUBU	t,r,x	$\lvert R\rvert + 1$	<u>R2. 完成?</u> $\mathbf{t} \leftarrow \mathbf{r} - \mathbf{x} = \sigma(R \setminus X)$, 因为 $X \subseteq R$.
12		PBNZ	t,3B	$\lvert R\rvert + 1$	如果 $R \neq X$ 转到 R3. ∎

程序总运行时间为 $(\mu + 9\upsilon)\lvert R\rvert + 7\upsilon$. 对比之下，习题 131 使用链表实现算法 R，程序总运行时间增加到 $(3S + 4\lvert R\rvert - 2\lvert Q\rvert + 1)\mu + (5S + 12\lvert R\rvert - 5\lvert Q\rvert + 4)\upsilon$，其中 $S = \sum_{u \in R} \lvert S[u]\rvert$.（当然，那个程序也能处理有几百万个顶点的图.）

习题 132 提出另一种指导性算法，其中按位运算能很好地适用于不是过分大的图.

数据表示的应用. 计算机是二进制的，但现实世界不是二进制的.（惊讶吗？）我们经常需要寻找一种方法来把非二进制数据编码成 0 和 1 的形式. 这类问题中最常见的问题之一是，为恰好有三种不同状态的对象选择一种有效的表示.

假设我们知道 $x \in \{a, b, c\}$，并且想用两个二进制位 $x_l x_r$ 来表示 x. 例如，我们采用变换 $a \mapsto 00$, $b \mapsto 01$, $c \mapsto 10$. 然而，还存在其他多种可能性——事实上，a 有 4 种选择，b 有 3 种选择，而 c 有 2 种选择，一共有 24 种选择. 在这些变换中，某些变换可能更容易处理，这取决于我们打算怎样处置 x.

给定两个元素 $x, y \in \{a, b, c\}$，我们经常需要用某种二进制运算 $\circ$ 来计算 $z = x \circ y$. 如果 $x = x_l x_r$, $y = y_l y_r$，那么 $z = z_l z_r$，其中

$$z_l = f_l(x_l, x_r, y_l, y_r), \qquad z_r = f_r(x_l, x_r, y_l, y_r); \tag{110}$$

这两个 4 变量布尔函数 f_l, f_r 依赖于算符 $\circ$ 以及所选择的表示. 我们寻求一种能使 f_l 和 f_r 容易计算的表示.

例如，假定 $\{a, b, c\} = \{-1, 0, +1\}$，而 $\circ$ 是乘法运算符. 如果我们决定采用自然变换 $x \mapsto x \bmod 3$，即

$$0 \mapsto 00, \qquad +1 \mapsto 01, \qquad -1 \mapsto 10, \tag{111}$$

此时 $x = x_r - x_l$，从而 f_l 和 f_r 的真值表分别是

$$f_l \leftrightarrow 000\!*\!001\!*\!010\!*\!*\!*\!*\!* \qquad \text{和} \qquad f_r \leftrightarrow 000\!*\!010\!*\!001\!*\!*\!*\!*\!*. \tag{112}$$

（对应于 $x_l x_r = 11$ 和（或）$y_l y_r = 11$ 的情况，存在 7 个"不在意值".）7.1.2 节的方法告诉我们怎样以最优方式计算 z_l 和 z_r，即

$$z_l = (x_l \oplus y_l) \wedge (x_r \oplus y_r), \qquad z_r = (x_l \oplus y_r) \wedge (x_r \oplus y_l). \tag{113}$$

遗憾的是，(112) 中的两个函数 f_l 和 f_r 是独立的，我们无法用少于 $C(f_l) + C(f_r) = 6$ 个运算步骤同时求出它们.

另一方面，稍显不自然的变换模式

$$+1 \mapsto 00, \qquad 0 \mapsto 01, \qquad -1 \mapsto 10 \tag{114}$$

推导出变换函数

$$f_l \leftrightarrow 001\!*\!000\!*\!100\!*\!*\!*\!*\!* \qquad \text{和} \qquad f_r \leftrightarrow 010\!*\!111\!*\!010\!*\!*\!*\!*\!*, \tag{115}$$

现在，3 个运算步骤足以完成所要求的计算：

$$z_r = x_r \vee y_r, \qquad z_l = (x_l \oplus y_l) \wedge \bar{z}_r. \tag{116}$$

要发现这种改进, 有容易的方法吗? 幸好我们不需要试验全部 24 种可能性, 因为它们中的很多变换基本上是相同的. 例如, 变换 $x \mapsto x_r x_l$ 同变换 $x \mapsto x_l x_r$ 是等价的, 因为新的表示 $x'_l x'_r = x_r x_l$ 是通过交换坐标获得的, 从而

$$f'_l(x'_l, x'_r, y'_l, y'_r) = z'_l = z_r = f_r(x_l, x_r, y_l, y_r).$$

由

$$f'_l(x_l, x_r, y_l, y_r) = f_r(x_r, x_l, y_r, y_l), \qquad f'_r(x_l, x_r, y_l, y_r) = f_l(x_r, x_l, y_r, y_l) \tag{117}$$

定义的新变换函数 f'_l, f'_r 与 f_l, f_r 具有相同的复杂性. 同样, 我们可以对一个坐标取补, 令 $x'_l x'_r = \bar{x}_l x_r$. 此时, 变换函数是

$$f'_l(x_l, x_r, y_l, y_r) = \bar{f}_l(\bar{x}_l, x_r, \bar{y}_l, y_r), \qquad f'_r(x_l, x_r, y_l, y_r) = f_r(\bar{x}_l, x_r, \bar{y}_l, y_r), \tag{118}$$

复杂性仍然没有改变.

重复利用坐标交换和 (或) 者坐标取补, 可得出与任何给定变换等价的 8 个变换. 所以, 24 种可能性减少到仅剩 3 种, 我们称为 I 类、II 类和 III 类:

	I 类	II 类	III 类
$a \mapsto$	00 01 10 11 00 10 01 11	00 01 10 11 00 10 01 11	00 01 10 11 00 10 01 11;
$b \mapsto$	01 00 11 10 01 00 11 10	01 00 11 10 01 00 11 10	11 10 01 00 11 01 10 00;
$c \mapsto$	10 11 00 01 01 11 00 10	10 11 01 00 11 01 10 00	01 00 11 10 10 00 11 01.

(119)

为了选择一种表示, 我们只需考虑每一类的一种表示. 例如, 如果 $a = +1$, $b = 0$, $c = -1$, 则表示 (111) 属于 II 类, 表示 (114) 属于 I 类. 和 I 类一样, III 类的代价为 3. 所以, 对于我们讨论的三进制乘法问题, 表示 (114) 与任何用 (116) 计算 z 的表示一样出色.

然而, 表面现象可能是骗人的, 因为我们不必把 $\{a, b, c\}$ 变换为唯一的两比特编码. 考虑一对多变换

$$+1 \mapsto 00, \qquad 0 \mapsto 01 \text{ 或 } 11, \qquad -1 \mapsto 10, \tag{120}$$

其中 01 和 11 都表示 0. 现在, f_l 和 f_r 的真值表与 (112) 和 (115) 截然不同, 因为所有输入都合法, 但某些输出可以是任意值:

$$f_l \leftrightarrow 0*1****1*0***** \qquad \text{和} \qquad f_r \leftrightarrow 0101111101011111. \tag{121}$$

事实上, 这个方法仅需 2 个运算步骤, 而不是 (116) 中的 3 个:

$$z_l = x_l \oplus y_l, \qquad z_r = x_r \vee y_r. \tag{122}$$

想想确实如此, 如果像 (120) 那样表示 3 个元素 $\{+1, 0, -1\}$, 这些运算显然产生乘积 $z = x \cdot y$.

对于已有的 24 种变换, 这些非唯一变换增添了另外 36 种可能性. 但是, 它们仍然可以在 "2 立方等价" 的名义下缩减为少量的等价类. 首先, 取决于哪个元素具有不确定的表示, 存在 IV_a, IV_b, IV_c 这 3 个类:

	IV_a 类	IV_b 类	IV_c 类
$a \mapsto$	0* 0* 1* 1* *0 *0 *1 *1	11 10 01 00 11 01 10 00	10 11 00 01 01 11 00 10;
$b \mapsto$	10 11 00 01 01 11 00 10	0* 0* 1* 1* *0 *0 *1 *1	11 10 01 00 11 01 10 00;
$c \mapsto$	11 10 01 00 11 01 10 00	11 10 01 00 01 11 00 10	0* 0* 1* 1* *0 *0 *1 *1.

(123)

（表示 (120) 属于 IV_b 类. 对于运算 $z = x \cdot y$, IV_a 类和 IV_c 类性能不佳.) 另外还有 3 个类，每个类仅有 4 种变换:

		V_a 类				V_b 类				V_c 类			
$a \mapsto$	tt	$t\bar{t}$	$t\bar{t}$	tt	10	11	00	01	01	00	11	10;	
$b \mapsto$	01	00	11	10	tt	$t\bar{t}$	$t\bar{t}$	tt	10	11	00	01;	(124)
$c \mapsto$	10	11	00	01	01	00	11	10	tt	$t\bar{t}$	$t\bar{t}$	tt.	

这 3 个类有点麻烦，因为我们不能像在 (121) 中那样，简单地用不在意值表示它们真值表中的不确定值. 例如，如果我们尝试用 V_a 类中的第一个变换

$$+1 \mapsto 00 \text{ 或 } 11, \qquad 0 \mapsto 01, \qquad -1 \mapsto 10, \tag{125}$$

那么，存在二进制变量 $pqrst$ 使得

$$f_l \leftrightarrow p01q000010r1s01t \qquad \text{和} \qquad f_r \leftrightarrow p10q111101r0s10t. \tag{126}$$

此外，V_a、V_b 和 V_c 这 3 个类的变换几乎不可能产生比其他 6 个类更好的变换（见习题 138 ）. 尽管如此，在我们确定找到最优变换之前，必须检验所有 9 个类的表示.

在实践中，我们经常需要对三值变量执行几种不同的运算，而不只是像乘法那样的单一运算. 例如，我们可能需要计算 $\max(x, y)$ 以及 $x \cdot y$. 使用表示 (120)，我们可以执行得最好的运算是 $z_l = x_l \wedge y_l$, $z_r = (x_l \wedge y_r) \vee (x_r \wedge (y_l \vee y_r))$. 但是，执行运算 $z_l = x_l \wedge y_l$, $z_r = x_r \vee y_r$ 的"自然"变换 (111) 表现更为突出. 可以证明，III 类的代价是 4，其他类还不如 III 类. 在这种情况下，为了在 II 类、III 类和 IV_b 类之间进行选择，我们需要知道 $x \cdot y$ 和 $\max(x, y)$ 的相对频度. 如果我们把 $\min(x, y)$ 加到混合运算，那么，II 类、III 类和 IV_b 类的计算代价分别是 2、5 和 5. 因此，表示 (111) 看起来仍然是更好的选择.

三值的最大值（max）和最小值（min）运算也出现在其他环境中，诸如扬·武卡谢维奇于 1917 年建立的三值逻辑. [见他的《选集》($Selected\ Works$)，卢德维克·博尔科夫斯基编辑 (1970), 84–88, 153–178.] 考虑逻辑值"真""假""可能"，它们分别用 1, 0, * 表示. 武卡谢维奇对这 3 种值定义了合取（$\wedge$）、析取（$\vee$）和蕴涵（$\Rightarrow$）3 个基本运算，它们的值由真值表

$$x \begin{cases} 0 \\ * \\ 1 \end{cases} \begin{array}{|ccc|} \hline 0 & 0 & 0 \\ 0 & * & * \\ 0 & * & 1 \\ \hline \end{array} \overset{\displaystyle y}{} , \qquad x \begin{cases} 0 \\ * \\ 1 \end{cases} \begin{array}{|ccc|} \hline 0 & * & 1 \\ * & * & 1 \\ 1 & 1 & 1 \\ \hline \end{array} , \qquad x \begin{cases} 0 \\ * \\ 1 \end{cases} \begin{array}{|ccc|} \hline 1 & 1 & 1 \\ * & 1 & 1 \\ 0 & * & 1 \\ \hline \end{array} \tag{127}$$

$$x \wedge y \qquad\qquad\qquad x \vee y \qquad\qquad\qquad x \Rightarrow y$$

指定. 对于这些运算，上面的方法表明二进制表示

$$0 \mapsto 00, \qquad * \mapsto 01, \qquad 1 \mapsto 11 \tag{128}$$

同样适合，因为我们可以用

$$\begin{aligned} x_l x_r \wedge y_l y_r &= (x_l \wedge y_l)(x_r \wedge y_r), & x_l x_r \vee y_l y_r &= (x_l \vee y_l)(x_r \vee y_r), \\ x_l x_r \Rightarrow y_l y_r &= ((\bar{x}_l \vee y_l) \wedge (\bar{x}_r \vee y_r))\,(\bar{x}_l \vee y_l) \end{aligned} \tag{129}$$

计算这些逻辑运算.

当然，在这个讨论中，x 不必是孤立的三态值．我们经常要处理三值向量 $x = x_1 x_2 \ldots x_n$，其中每个 x_j 是 a, b, c 之一．这样的三值向量可以很方便地用两个二进制向量

$$x_l = x_{1l} x_{2l} \ldots x_{nl} \qquad \text{和} \qquad x_r = x_{1r} x_{2r} \ldots x_{nr} \tag{130}$$

表示，其中 $x_j \mapsto x_{jl} x_{jr}$ 同上．我们也可以把这些三态值打包成单一向量的两比特位段，即

$$x = x_{1l} x_{1r} x_{2l} x_{2r} \ldots x_{nl} x_{nr}. \tag{131}$$

如果我们仅用运算 $\wedge$ 和 $\vee$ 而不用 $\Rightarrow$ 实现武卡谢维奇的三值逻辑，也是完全适合的．然而，(130) 的两向量方法通常更好，因为它使得我们在进行按位计算时不需要移位和掩蔽．

数据结构的应用． 按位运算为表示数据元素及其之间的关系提供了很多有效的方式．例如，国际象棋博弈程序常用"位棋盘"来表示棋子的位置（见习题 143）．

在第 8 章，我们将讨论由彼得·范昂德博厄斯建立的一种重要数据结构，适合表示整数 0 到 N 之间的动态变化子集．使用他的方法，插入、删除以及诸如"求小于 x 的最大元素"这样的运算可以用 $O(\log \log N)$ 步完成．总的思想是，对于大小为 $\sqrt{N}$ 的区间子集，递归地建立有 $\sqrt{N}$ 个子结构的完整结构，还有一个说明哪些区间被占用的辅助结构．［见 *Information Processing Letters* **6** (1977), 80–82；也见彼得·范昂德博厄斯、罗伯特·卡斯和埃里克·泽尔斯特拉，*Math. Systems Theory* **10** (1977), 99–127.］使用按位运算，这些计算会很快．

层次结构数据有时可以反映出数据元素间的隐式（而非显式）链接．例如，我们在 5.2.3 节讨论过的"堆"结构，其中顺序数组的 n 个元素隐含了一个二叉树结构，比如 $n = 10$ 时为

$$\tag{132}$$

（结点号同时用十进制数和二进制数显示）．在堆中，我们不需要存储指针来指示结点 j 同它的父结点（即结点 $j \gg 1$，如果 $j \neq 1$）或者兄弟结点（即结点 $j \oplus 1$，如果 $j \neq 1$）或者子结点（即结点 $j \ll 1$ 和 $(j \ll 1) + 1$，如果它们不超过 n）之间的关系，因为通过简单计算就可以从结点 j 直接引向任何想要到达的邻近结点．

同样，横向堆提供了另一种有用的 n 结点二叉树结构的隐式链接，$n = 10$ 时为

$$\tag{133}$$

（当从一个结点移动到它的父结点时，有时需要超越 n，如上面所示从结点 10 到 12 再到 8 的路径）．堆和横向堆都可视为无限二叉树结构中从 1 到 n 的结点：$n = \infty$ 时，堆以结点 1 为根，没有叶结点；相比之下，$n = \infty$ 时，横向堆有无穷多个叶结点 $1, 3, 5, \ldots$，但没有根！

横向堆的叶结点号是奇数，它们的父结点号是 2 的奇倍数；类似地，叶结点的祖父结点号是 4 的奇倍数；依此类推．因此，直尺函数 ρj 指出结点 j 处在比叶结点层高多少的层次．

容易看出，在无限横向堆中，结点 j 的父结点是

$$(j - k) \mid (k \ll 1), \qquad \text{其中 } k = j \,\&\, {-j}; \tag{134}$$

这个公式计算出离 j 最近的 $2^{1+\rho j}$ 的奇数倍．当 j 为偶数时，结点 j 的子结点是

$$j - (k \gg 1) \qquad \text{和} \qquad j + (k \gg 1). \tag{135}$$

一般说来，结点 j 及其子孙结点构成一个闭区间

$$[j - 2^{\rho j} + 1 .. j + 2^{\rho j} - 1], \tag{136}$$

排成一棵 $2^{1+\rho j} - 1$ 个结点的完全二叉树.（这些结点是包含 j 自身的"兼容"子孙.）当 $h \geq \rho j$ 时，结点 j 的高度为 h 的先辈结点是

$$(j \mid (1 \ll h)) \,\&\, -(1 \ll h) = ((j \gg h) \mid 1) \ll h. \tag{137}$$

请注意，结点的对称序（也称为中缀序）正好是自然序 $1, 2, 3, \ldots$.

多夫·哈雷尔在他的博士论文（加利福尼亚大学欧文分校, 1980 年）中指出了这些性质，并注意到，横向堆的任意两个结点的最近共同先辈也很容易计算. 实际上，如果结点 l 是结点 i 和 j（$i \leq j$）的最近共同先辈，那么存在一个引人注目的恒等式

$$\rho l = \max\{\rho x \mid i \leq x \leq j\} = \lambda(j \,\&\, -i), \tag{138}$$

它把函数 ρ 和 λ 联系在了一起.（见习题 146.）所以，我们可以利用式 (137) 和 $h = \lambda(j \,\&\, -i)$ 计算 l.

巧妙扩充这个方法可以得出一个渐近有效的算法，即在弧数动态增加的任何有向森林中求最近共同先辈 [多夫·哈雷尔和罗伯特·塔扬, *SICOMP* **13** (1984), 338–355]. 其后，巴鲁赫·席贝尔和乌齐·维什金 [*SICOMP* **17** (1988), 1253–1262] 发现了一种简单得多的在任意（但是固定的）定向森林中计算最近共同先辈的方法，利用一种具有吸引力和指导性的技术，融合了按位运算及下面将要讨论的算法.

回忆一下，具有 m 棵树和 n 个顶点的定向森林是包含 $n - m$ 段弧的有向无圈图. 出自每个顶点最多有一段弧，出度为零的那些顶点是树的根. 如果 $u \longrightarrow v$，则称 v 是 u 的父结点；如果 $u \longrightarrow^* v$，则称 v 是 u 的（包含自身的）先辈. 两个顶点有一个共同先辈，当且仅当它们属于同一棵树. 如果

$$u \longrightarrow^* z \text{ 和 } v \longrightarrow^* z \quad \text{当且仅当} \quad w \longrightarrow^* z, \tag{139}$$

则称顶点 w 为顶点 u 和 v 的最近共同先辈.

席贝尔和维什金对给定的森林进行预处理，把它的顶点变换成大小为 n 的横向堆 S，做法是对每个顶点 v 计算下面 3 个量：

$$\pi v, \quad \text{前序中 } v \text{ 的秩}（1 \leq \pi v \leq n）;$$
$$\beta v, \quad \text{横向堆 } S \text{ 的一个结点}（1 \leq \beta v \leq n）;$$
$$\alpha v, \quad (1 + \lambda n) \text{ 比特的路径码}（1 \leq \alpha v < 2^{1+\lambda n}）.$$

如果 $u \longrightarrow v$，依据前序的定义我们有 $\pi u > \pi v$. 结点 βv 定义为横向堆中所有结点 πu 的最近共同先辈，其中 v 是顶点 u 的先辈（总是指包含自身的先辈）. 我们定义

$$\alpha v = \sum \{2^{\rho \beta w} \mid v \longrightarrow^* w\}. \tag{140}$$

例如，下面是具有 10 个顶点和 2 棵树的定向森林：

$$\tag{141}$$

每个顶点以其前序秩标记，我们可以据此计算 β 和 α 码：

$$v = \quad A \quad B \quad C \quad D \quad E \quad F \quad G \quad H \quad I \quad J$$

$$\pi v = 0001 \quad 1000 \quad 0010 \quad 0100 \quad 1001 \quad 0011 \quad 0101 \quad 0111 \quad 1010 \quad 0110$$

$$\beta v = 0100 \quad 1000 \quad 0010 \quad 0100 \quad 1010 \quad 0011 \quad 0110 \quad 0111 \quad 1010 \quad 0110$$

$$\alpha v = 0100 \quad 1000 \quad 0110 \quad 0100 \quad 1010 \quad 0111 \quad 0110 \quad 0101 \quad 1010 \quad 0110$$

例如，因为 A 的子孙结点的前序秩是 $\{1, 2, 3, 4, 5, 6, 7\}$，所以 $\beta A = 4 = 0100$. 同样，因为 H 的先辈结点具有 β 码 $\{\beta H, \beta D, \beta A\} = \{0111, 0100\}$，所以 $\alpha H = 0101$. 容易证明变换 $v \mapsto \beta v$ 满足下面两条基本性质：

　　(i) 如果在森林中 $u \longrightarrow v$，那么在 S 中 βu 是 βv 的子孙.

　　(ii) 具有相同 βv 值的顶点构成森林中的一条路径.

我们知道，当 $\beta v \neq \pi v$ 时，结点 v 恰有一个子结点 u 使得 $\beta u = \beta v$，因此性质 (ii) 成立.

　　现在让我们想象，置放森林中的每个顶点 v 到 S 中的结点 βv：

$$(142)$$

如果 k 个顶点变换到结点 j，那么它们可以排成一条路径

$$v_0 \longrightarrow v_1 \longrightarrow \cdots \longrightarrow v_{k-1} \longrightarrow v_k, \qquad \text{其中 } \beta v_0 = \beta v_1 = \cdots = \beta v_{k-1} = j. \qquad (143)$$

图 (142) 描绘了这些路径：例如，$J \longrightarrow G \longrightarrow D$ 是 (141) 中的的一条路径，而 "$J \to G \to D$" 表现为结点 $0110 = \beta J = \beta G$.

　　预处理算法还对 S 的所有结点 j 计算一个表 τj，包含指向 (143) 尾端顶点 v_k 的指针：

$$j = 0001 \quad 0010 \quad 0011 \quad 0100 \quad 0101 \quad 0110 \quad 0111 \quad 1000 \quad 1001 \quad 1010$$

$$\tau j = \quad \Lambda \quad\quad A \quad\quad C \quad\quad \Lambda \quad\quad \Lambda \quad\quad D \quad\quad D \quad\quad \Lambda \quad\quad \Lambda \quad\quad B$$

习题 149 表明，我们可以用 $O(n)$ 步准备好 πv, βv, αv, τj 这 4 个表. 这些表一旦准备就绪，它们包含正好够快速确定任意两个给定顶点的最近共同先辈的资料：

算法 V（求最近共同先辈）. 假定对于定向森林的所有 n 个顶点 v 以及对于 $1 \leq j \leq n$，πv, βv, αv, τj 是已知的. 另外假定存在一个虚顶点 Λ，满足 $\pi \Lambda = \beta \Lambda = \alpha \Lambda = 0$. 算法计算任何给定顶点 x 和 y 的最近共同先辈 z，如果 x 和 y 属于不同的树，返回 $z = \Lambda$. 假定已经预先计算 $\lambda j = \lfloor \lg j \rfloor$（$1 \leq j \leq n$），并假定 $\lambda 0 = \lambda n$.

V1. ［求公共高度.］如果 $\beta x \leq \beta y$，置 $h \leftarrow \lambda(\beta y \,\&\, -\beta x)$；否则，置 $h \leftarrow \lambda(\beta x \,\&\, -\beta y)$.（见 (138).）

V2. ［求真实高度.］置 $k \leftarrow \alpha x \,\&\, \alpha y \,\&\, -(1 \ll h)$，置 $h \leftarrow \lambda(k \,\&\, -k)$.

V3. ［求 βz.］置 $j \leftarrow ((\beta x \gg h) \mid 1) \ll h$.（现在 $j = \beta z$，如果 $z \neq \Lambda$.）

V4. ［求 $\hat{x}$ 和 $\hat{y}$.］（现在在结点 j 找 x 和 y 的最低先辈.）如果 $j = \beta x$，置 $\hat{x} \leftarrow x$；否则，置 $l \leftarrow \lambda(\alpha x \,\&\, ((1 \ll h) - 1))$，$\hat{x} \leftarrow \tau(((\beta x \gg l) \mid 1) \ll l)$. 同样，如果 $j = \beta y$，置 $\hat{y} \leftarrow y$；否则，置 $l \leftarrow \lambda(\alpha y \,\&\, ((1 \ll h) - 1))$，$\hat{y} \leftarrow \tau(((\beta y \gg l) \mid 1) \ll l)$.

V5. ［求 z.］如果 $\pi \hat{x} \leq \pi \hat{y}$，置 $z \leftarrow \hat{x}$；否则，置 $z \leftarrow \hat{y}$. ∎

这些巧妙的算法步骤明显利用了 (137)，习题 152 说明它们为什么是可行的.

横向堆还可以用于实现一类有趣的优先队列，于尔基·卡塔亚伊宁和法比奥·维塔莱把这种队列称为"导航堆"，下图说明 $n = 10$ 时的情形：

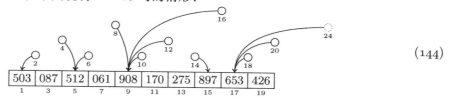

(144)

数据元素进入横向堆的叶结点位置 $1, 3, \ldots, 2n - 1$，它们可能有很多位的宽度，可以按任意顺序出现. 与之相对，每个分叉位置 $2, 4, 6, \ldots$ 包含一个指向它的最大子孙的指针. 同时，奇特之处在于这些指针几乎不占用额外空间（每项数据平均少于两位）因为对于指针 $2, 6, 10, \ldots$ 仅需一位，对于指针 $4, 12, 20, \ldots$ 仅需两位，对于一般指针 j 仅需 ρj 位（见习题 153）. 因此，导航堆仅需要非常少的存储空间，它在典型计算机高速缓存上执行时具有良好性能.

*双曲平面中的胞腔. 双曲几何学提出一种颇具不同风格的指导性的隐式数据结构. 双曲平面是非欧几何学的一个迷人范例，把它的点投影到一个圆的内部来考察是方便的. 这样一来，它的直线变成圆弧，它们以直角与圆的边缘相遇. 例如，图 13 中的直线 PP', QQ', RR' 在点 O, A, B 相交，这三点构成一个三角形. 直线 SQ' 同 QQ' 是平行的：它们永远不会相遇，但是它们的点会越来越接近. 直线 QT 同 QQ' 也是平行的.

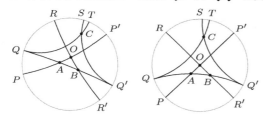

图 13　双曲平面内五条直线的两幅视图

通过对不同的中心点聚焦，可以得到不同的视图. 例如，图 13 中的第二幅视图把 O 点置于正中央. 注意，如果一条直线通过正中心，它在投影后依然是直线，这种跨越直径的弦是半径为无穷大的"圆弧".

在双曲平面中，平面几何学的欧几里得公理大多仍旧成立. 例如，恰好有一条直线通过任意两个不同的点；以及，如果点 A 位于直线 PP' 上，恰好存在这样一条直线 QQ'，使得夹角 PAQ 具有任何给定的值 θ，其中 $0 < \theta < 180°$. 但是，著名的欧几里得第五公设不再成立：如果点 C 不在直线 QQ' 上，恰好总有两条经过 C 的直线同 QQ' 平行. 此外，存在许多成对直线，像图 13 中的 RR' 和 SQ'，在它们的点永远不会变得任意接近的意义下，它们总是不相交的或者说是超平行的. ［双曲平面的这些性质是乔瓦尼·萨凯里在 18 世纪初叶发现的，一个世纪后，尼古拉·罗巴切夫斯基、亚诺什·鲍耶和卡尔·高斯给出了严格论证. ］

确切地说，当把点投影到单位圆盘 $|z| < 1$ 时，在 $e^{i\theta}$ 和 $e^{-i\theta}$ 处与圆周相遇的弧，具有圆心 $\sec\theta$ 和半径 $\tan\theta$. 投影为 z 和 z' 的两个点之间的实际距离是 $d(z, z') = \ln(|1 - \bar{z}z'| + |z - z'|) - \ln(|1 - \bar{z}z'| - |z - z'|)$. 因此，当我们在接近圆周处看到那些远离中心的对象时，它们显现出急剧收缩.

双曲三角形的内角和总是小于 180°. 例如，在图 13 的 O, A, B 处的角分别是 90°，45°，36°. 10 个 36°-45°-90° 三角形拼在一起可以构成一个正五边形，它的每个内角都是 90°. 4 个这样的直角正五边形正好顶角紧密靠拢，因此我们可以用直角正五边形平铺整个双曲平面（见图 14）. 这些正五边形的边构成一个有趣的直线族，其中的每两条直线要么是超平行的，要么

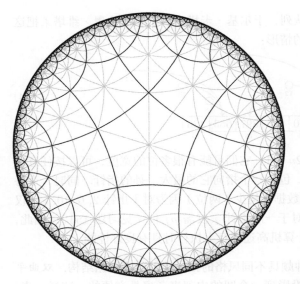

图 14　五边形网格，在其中，无数同样的五边形平铺整个双曲平面 [见赫尔曼·施瓦茨，*Crelle* **75** (1873)，第 318 页以及第 348 页后面的 Tafel II]

> 圆形规则平铺，无限细小图案围绕圆周，确实奇妙.
> ——毛里茨·科内利斯·埃舍尔，《致乔治·阿纳尔多·埃舍尔的信》(1958 年 11 月 9 日)

是垂直的. 所以，我们得到一个网格结构，类似于普通平面中的单位正方形. 每个胞腔现在有 5 个邻居而不是 4 个，我们称它为五边形网格.

在五边形网格中，有一种有意思的利用斐波那契数导航的方式，建立在莫里斯·马根斯特恩的思想基础上 [见弗朗辛·埃尔曼和莫里斯·马根斯特恩，*Theoretical Comp. Sci.* **296** (2003)，345–351]. 但是，我们将用负斐波那契序列 $\langle F_{-n}\rangle$

$$F_{-1}=1,\ F_{-2}=-1,\ F_{-3}=2,\ F_{-4}=-3,\ F_{-5}=5,\ \dots,\ F_{-n}=(-1)^{n-1}F_n \qquad (145)$$

代替通常的斐波那契序列 $\langle F_n\rangle$. 习题 1.2.8-34 介绍了斐波那契数系，其中每个非负整数 x 都可以唯一表示成

$$x=F_{k_1}+F_{k_2}+\cdots+F_{k_r},\qquad 其中\ k_1\gg k_2\gg\cdots\gg k_r\gg 0. \qquad (146)$$

这里 $j\gg k$ 表示 $j\ge k+2$. 但是，还有一种负斐波那契数系，它更适合我们的需要：每个整数 x，无论它是正数、负数还是零，都可以唯一表示成

$$x=F_{k_1}+F_{k_2}+\cdots+F_{k_r},\qquad 其中\ k_1\ll k_2\ll\cdots\ll k_r\ll 1. \qquad (147)$$

例如，$4=5-1=F_{-5}+F_{-2}$，$-2=-3+1=F_{-4}+F_{-1}$. 这种表示法可以方便地表达成二进制码 $\alpha=\dots a_3a_2a_1$，意思是 $N(\alpha)=\sum_k a_kF_{-k}$，其中不存在两个相邻的 1. 例如，下面是 -14 至 $+15$ 的全部整数的负斐波那契数表示码：

$-14=10010100$	$-8=100000$	$-2=1001$	$4=10010$	$10=1001000$
$-13=10010101$	$-7=100001$	$-1=10$	$5=10000$	$11=1001001$
$-12=101010$	$-6=100100$	$0=0$	$6=10001$	$12=1000010$
$-11=101000$	$-5=100101$	$1=1$	$7=10100$	$13=1000000$
$-10=101001$	$-4=1010$	$2=100$	$8=10101$	$14=1000001$
$-9=100010$	$-3=1000$	$3=101$	$9=1001010$	$15=1000100$

如在负十进制数系中那样（见 4.1–(6)(7)），通过查看 x 的负斐波那契数表示码的位数是偶数还是奇数，我们可以得知它是不是负数.

任何负斐波那契二进制码 α 的前导 $\alpha-$ 和后继 $\alpha+$ 都可以用规则

$$(\alpha 01)- = \alpha 00, \quad (\alpha 000)- = \alpha 010, \quad (\alpha 100)- = \alpha 001,$$
$$(\alpha 10)- = (\alpha-)01, \quad (\alpha 10)+ = \alpha 00, \quad (\alpha 00)+ = \alpha 01, \quad (\alpha 1)+ = (\alpha-)0 \qquad (148)$$

递归计算.（见习题 157．）然而，也可以用简练的 10 步 2 基运算直接计算：

$$y \leftarrow x \oplus \bar{\mu}_0, \ z \leftarrow y \oplus (y \pm 1), \quad \text{其中 } x = (\alpha)_2;$$
$$z \leftarrow z \mid (x \& (z \ll 1)); \qquad (149)$$
$$w \leftarrow x \oplus z \oplus ((z+1) \gg 2); \quad \text{此时 } w = (\alpha\pm)_2.$$

在第一行中使用 $y+1$ 获得后继，使用 $y-1$ 获得前导.

现在，要点是：把负斐波那契码赋予五边形网格的每个胞腔，在这种方式中，容易计算它的 5 个邻近码. 我们称 "北" "南" "东" "西" "其他" 邻近为 n, s, e, w, o 邻近. 如果 α 是赋予一个给定胞腔的二进制码，我们定义

$$\alpha_n = \alpha \gg 2, \quad \alpha_s = \alpha \ll 2, \quad \alpha_e = \alpha_s +, \quad \alpha_w = \alpha_s -; \qquad (150)$$

因此 $\alpha_{sn} = \alpha$, $\alpha_{en} = (\alpha 01)_n = \alpha$. "其他" 方向的定义更有技巧：

$$\alpha_o = \begin{cases} \alpha_n +, & \text{若 } \alpha \& 1 = 1; \\ \alpha_w -, & \text{若 } \alpha \& 1 = 0. \end{cases} \qquad (151)$$

例如，$1000_o = 101001$, $101001_o = 1000$. 当 α 以 1 结束时，这个神秘的闯入者 α_o 位于北与东之间；当 α 以 0 结束时，α_o 位于北与西之间.

如果我们任意选择一个胞腔，用二进制码 0 标记它，并选择一个方向，它的顺时针顺序的邻近是 n, e, s, w, o，规则 (150) 和 (151) 将对五边形网格的每个胞腔赋予一致的标记.（见习题 160．）例如，标记为 1000 的胞腔的邻近看似如下：

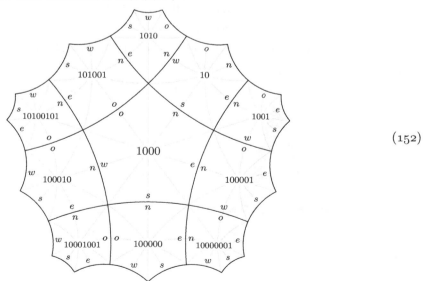

$$(152)$$

然而，二进制码标记不能唯一地确定胞腔，因为有无限多的胞腔获得相同标记.（实际上，显然有 $0_n = 0_s = 0$, $1_w = 1_o = 1$. ）为了获得唯一标识符，我们附加第二个坐标，使得每个胞腔的全名具有 (α, y) 的形式，其中 y 是整数. 当 y 为常数而 α 跑遍全部负斐波那契码时，此等胞腔 (α, y) 构成一条宛如钩形的条带，它的边以 $90°$ 转向下一个胞腔 $(0, y)$. 通常，胞腔 (α, y)

的 5 个邻近是 $(\alpha,y)_n = (\alpha_n, y+\delta_n(\alpha))$, $(\alpha,y)_s = (\alpha_s, y+\delta_s(\alpha))$, $(\alpha,y)_e = (\alpha_e, y+\delta_e(\alpha))$, $(\alpha,y)_w = (\alpha_w, y+\delta_w(\alpha))$, $(\alpha,y)_o = (\alpha_o, y+\delta_o(\alpha))$, 其中

$$\delta_n(\alpha) = [\alpha = 0], \quad \delta_s(\alpha) = -[\alpha = 0], \quad \delta_e(\alpha) = 0, \quad \delta_w(\alpha) = -[\alpha = 1];$$

$$\delta_o(\alpha) = \begin{cases} \mathrm{sign}(\alpha_o - \alpha_n)[\alpha_o \,\&\, \alpha_n = 0], & \text{若 } \alpha \,\&\, 1 = 1; \\ \mathrm{sign}(\alpha_o - \alpha_w)[\alpha_o \,\&\, \alpha_w = 0], & \text{若 } \alpha \,\&\, 1 = 0. \end{cases} \tag{153}$$

（见下图．）现在，按位运算让我们轻松地在整个双曲平面上冲浪．另一方面，我们还可以忽略 y 坐标而移动，由此回绕成一个五边形的"双曲柱面"，α 坐标在全体负斐波那契码的集合上定义了一个有趣的多重图，其中每个顶点为 5 度．

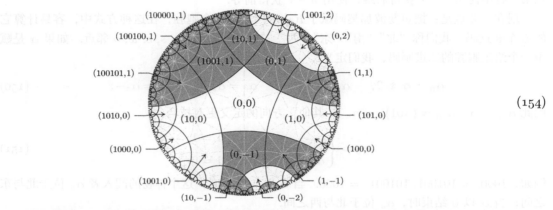

$$\tag{154}$$

位图图形． 编写处理图像与图形的程序很有趣，因为做这件事情需要同时使用我们的左半脑和右半脑．当涉及图像数据时，即便我们的代码中存在错误，结果可能也是引人入胜的．

你现在阅读的这本书是用软件排版的，它把每个页面看作以 0 和 1 为元素的一个巨大矩阵，这个称为"光栅"或"位图"的矩阵包含几百万个称为"像素"的方块图像元素．在光栅传输到印刷机时，凡是矩阵中出现 1 的地方引起小墨点输出．墨和纸的物理特性使得那些细小的点簇看起来像光滑曲线．但是，如果我们把图像放大十倍，每个像素的基本方块形状就变得明显，就像在图 15(a) 中显示的字母'A'那样．

利用按位运算我们可以达到"镂空"的效果，其中，四周受包围的黑色像素消失（图 15(b)）．

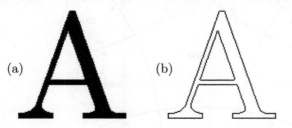

图 15 镂空前后的字母 A

这种由罗素·基尔希、伦纳德·卡恩、路易斯·雷和吉纳维·厄本 [*Proc. Eastern Joint Computer Conf.* **12** (1957), 221–229] 引进的运算可以表示成

$$\mathrm{custer}(X) = X \,\&\, {\sim}\big((X \Downarrow 1) \,\&\, (X \gg 1) \,\&\, (X \ll 1) \,\&\, (X \Uparrow 1)\big), \tag{155}$$

其中 $X \Downarrow 1$ 和 $X \Uparrow 1$ 分别表示位图 X 向下或向上移动一行的结果．让我们把位图 X 的 4 种 1 像素移动写成

$$X_{\mathrm{N}} = X \Downarrow 1, \quad X_{\mathrm{W}} = X \gg 1, \quad X_{\mathrm{E}} = X \ll 1, \quad X_{\mathrm{S}} = X \Uparrow 1. \tag{156}$$

那么, 例如, 符号表达式 $X_N \& (X_S \mid \overline{X_E})$ 在满足以下条件的像素位置计算出值 1: 它的北面邻近为黑色, 同时, 南面邻近为黑色或者东面邻近为白色. 利用这些缩写, 表达式 (155) 可以表示成

$$\mathrm{custer}(X) = X \& \sim (X_N \& X_W \& X_E \& X_S). \tag{157}$$

也可以把它写成 $X \& (\overline{X_N} \mid \overline{X_W} \mid \overline{X_E} \mid \overline{X_S})$.

每个像素有 4 个 "车邻近"[①], 它同上、下、左、右共享一条边. 它还有 8 个 "王邻近", 它同它们至少共享一个点. 例如, 位于位图 X 所有像素东北面的王邻近可以用 X_{NE} 表示, 它在像素代数中等价于 $(X_N)_E$. 注意, 我们也有 $X_{NE} = (X_E)_N$.

3×3 细胞自动机是通过局部变换序列而动态变换的像素阵列, 像素的变换全部同时进行: 每个像素在时刻 $t+1$ 的状态完全取决于它在时刻 t 的状态以及那时它的王邻近的状态. 这样, 自动机定义了一个从任意给定的初始状态 $X^{(0)}$ 开始的位图序列 $X^{(0)}, X^{(1)}, X^{(2)}, \ldots$, 其中

$$X^{(t+1)} = f(X^{(t)}_{NW}, X^{(t)}_N, X^{(t)}_{NE}, X^{(t)}_W, X^{(t)}, X^{(t)}_E, X^{(t)}_{SW}, X^{(t)}_S, X^{(t)}_{SE}), \tag{158}$$

这里 f 是任意九变量按位布尔函数. 一些富有吸引力的计算模型往往以这种形式出现. 例如, 马丁·加德纳于 1970 年对世人介绍了约翰·康威的 "生命游戏"[②], 其后他花费在致力于研究它的应用的计算机时间, 或许比研究任何其他计算任务的时间更多——虽然人们很少谈到支付的计算机账单! (见习题 167.)

有 2^{512} 个九变量的布尔函数, 所以存在 2^{512} 种不同的 3×3 细胞自动机. 许多细胞自动机的价值不大, 然而, 它们中的大多数可能具有如此复杂的特性以致人们是无法理解的. 幸好在实践中还存在很多有用的实例——而且非常容易说明游戏模拟更经济的理由.

例如, 对于识别字母字符、指纹或者类似模式的算法, 经常使用一种 "细化" 过程, 这个过程消除多余的黑色像素, 并把图像的每个成分简化为分析起来比较简单的基本构架. 对于这个问题, 若干作者提出了细胞自动机的概念, 从丹尼斯·鲁托维茨 [*J. Royal Stat. Society* **A129** (1966), 512–513] 开始, 他建议一种 4×4 方案. 然而, 并行算法很难捉摸, 虽然发表了各种各样的方法, 但错误时有发生. 例如, 在一个类似 ▓ 的结构中, 应该消除 1 个、2 个或 3 个黑色像素, 一种对称方案却错误地抹掉全部 4 个黑色像素.

对于细化问题, 郭自成和理查德·霍尔 [*CACM* **32** (1989), 359–373, 759] 最终找到一种令人满意的解决方案, 使用一种 3×3 自动机, 执行对奇数步骤与偶数步骤的交替规则. 考虑函数

$$f(x_{NW}, x_N, x_{NE}, x_W, x, x_E, x_{SW}, x_S, x_{SE}) = x \wedge \neg g(x_{NW}, x_N, x_{NE}, x_W, x_E, x_{SW}, x_S, x_{SE}), \tag{159}$$

其中仅在下面 37 种包围正中心的一个黑色像素的结构中 $g = 1$:

然后, 我们使用 (158), 但是对于偶数操作步骤, $f(x_{NW}, x_N, x_{NE}, x_W, x, x_E, x_{SW}, x_S, x_{SE})$ 用它的 $180°$ 旋转 $f(x_{SE}, x_S, x_{SW}, x_E, x, x_W, x_{NE}, x_N, x_{NW})$ 代替. 当连续两次循环不产生改变时算法终止.

郭自成和霍尔用这种规则证明, 在下面我们将要讨论的一种强意义下, 这个 3×3 自动机保持图像的连通性结构. 此外, 如果图像已经细到不包含 3 个彼此 "王邻近" 的像素, 他们的算

---

① 此处的 "车" (rook) 及后文的 "王" (king) 都是国际象棋中的棋子. 在国际象棋中, "车" 能向上、下、左、右 4 个方向移动, "王" 能向上、下、左、右、左上、左下、右上、右下 8 个方向移动. ——编者注

② 约翰·康威 (John Horton Conway, 1937—) 是英国当代著名数学家, 他发明的细胞自动机是模拟生命体的一种数学游戏. 这种人为生命体是胞腔的集合, 存在于二维世界: 每个胞腔可以容纳一个细胞, 它们遵循一组简单的数学规则, 随着时间的流逝而世代交替. 细胞的生存、死亡或繁衍, 取决于胞腔集合的形态及其初始条件. ——译者注

法显然保持图像原封不动. 另一方面, 它在每个黑色分图"从骨头去肉"的过程中通常取得成功, 如图 16 所示. 在某些情况下, 如果我们把另外 4 种结构

$$\blacksquare\ \blacksquare\ \blacksquare\ \blacksquare \tag{160}$$

添加到上面列出的 37 种结构中, 就会获得更细一些的细化. 无论那种情况, 函数 g 都可以用一条长度为 25 的布尔链求值.（见习题 170–172.）

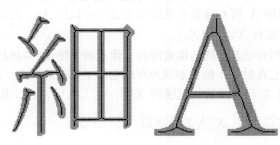

图 16 出自郭自成和霍尔细化位图成分的 3×3 自动机的例子（"空洞"像素原为黑色）

一般情况下, 可以把一个图像的黑色像素分组成若干片段或分图, 它们在以下意义下是王连通的: 任何黑色像素可以从它的分图的任何其他像素, 通过一系列经由黑色像素的王移动达到. 白色像素可以构成车连通的分图: 分图的任何两个白色胞腔经由完全不接触黑色像素的车移动是相互可达的. 对白色胞腔与黑色胞腔, 最好采用不同类型的连通性, 以便保持来自连续几何的熟知的"内部"和"外部"的拓扑概念 [见阿兹列尔 · 罗森菲尔德, *JACM* **17** (1970), 146–160]. 如果我们把光栅的角点想象成黑色, 一条无限细的黑色曲线能够在角的像素之间穿过, 但是一条白色曲线不能穿过.（我们也可以想象白色的角点, 它们将导致黑色像素的车连通性和白色像素的王连通性.）

斯特凡诺 · 莱维亚尔迪 [*CACM* **15** (1972), 7–10] 提出一个有趣的算法, 它在收缩一幅图像时保持连通性, 不过孤立的黑色像素或白色像素消失. 温德尔 · 拜尔的博士论文（麻省理工学院, 1969 年）中出现了一个等价的算法, 但是黑色与白色颠倒过来. 算法思想是在每一步使用具有简单变换函数

$$f(x_{\mathrm{NW}}, x_{\mathrm{N}}, x_{\mathrm{NE}}, x_{\mathrm{W}}, x, x_{\mathrm{E}}, x_{\mathrm{SW}}, x_{\mathrm{S}}, x_{\mathrm{SE}}) = (x \wedge (x_{\mathrm{W}} \vee x_{\mathrm{SW}} \vee x_{\mathrm{S}})) \vee (x_{\mathrm{W}} \wedge x_{\mathrm{S}}) \tag{161}$$

的细胞自动机. 这个公式实际上是一条 2×2 规则, 但是, 如果需要记住一个单像素分图消失的事例, 我们还需要一个 3×3 窗口.

例如, 图 17(a) 是一只柴郡猫[①]的 25 × 30 图像, 它具有 7 个王连通黑色分图: 头部轮廓、两个耳孔、两只眼睛、鼻子以及笑容. 应用一次转换函数 (161) 后的结果显示在图 17(b) 中: 7 个分图保留了下来, 但一个耳孔变成了孤立点, 在下一步后另一个耳孔也将变成孤立点. 因此, 图 17(c) 只有 5 个分图. 在 6 步后猫丢掉它的鼻子, 在 14 步时甚至猫的笑容也将消失. 待到 46 步时, 猫的最后一点踪影也将黯然湮灭.

最多经过 $M + N - 1$ 次变换, 就能清除任何 $M \times N$ 图像, 因为最低可见的从西北到东南的对角线每次不停地的向上移动. 习题 176 和 177 证明, 不同的分图不会合并在一起而互相干扰.

当然, 这种三次胞腔方法不是计算或者识别一个图像的分图的最快方法. 实际上, 如果我们每次一行考察一幅大图像, 则能"在线"处理这个作业. 如果不需要再次考察过去见过的行, 就不必费心把它们全部保存在内存中.

---

① 柴郡猫是英国作家刘易斯 · 卡罗尔创作的童话《爱丽丝漫游奇境》中的虚构角色, 形象是一只咧着嘴笑的猫, 拥有能凭空出现或消失的能力, 甚至在它消失以后, 笑容还挂在半空中. ——编者注

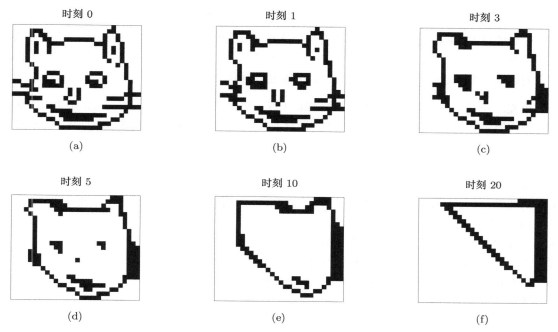

图 17 一只英国柴郡猫图像的退缩，重复应用莱维亚尔迪变换

当我们分析分图时，同样也可以记录它们之间的关系. 不妨假定仅出现有限多的黑色像素. 这种情况下，存在一个称为背景的白色像素的无限分图. 同背景邻接的黑色分图构成图像的主体对象. 这些主体可能带有一些空穴，它们可以作为另一层次对象的背景，依此类推. 这样一来，任何有限图像的连通分图构成一个层次结构——一棵根在背景的定向树. 黑色分图出现在这棵树的奇数编号层，白色分图出现在偶数编号层，王连通与车连通交替出现. 除背景之外的每个分图被它的父结点包围. 无子结点的分图称为简单连通分图.

例如，下面是用数字标记白色像素、用字母标记黑色像素的柴郡猫的分图，以及对应的定向树：

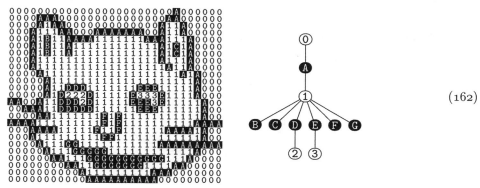

(162)

在图 17 的退缩过程中，分图依照 ⓒ, {Ⓑ,②,③}（都在时刻 3），Ⓕ, Ⓔ, Ⓓ, Ⓖ, ①, Ⓐ 的顺序消失.

假定我们需要通过每次读出一行来分析一幅图像的分图. 在我们看见 4 行后，那时的结果是

(163)

此时我们准备扫描第 5 行. 第 4 行与第 5 行的比较表明, **B** 和 **C** 应当合并到 **A** 中, 此外, 应创建新的分图 **B** 和 ③. 习题 179 包含一个指导性算法的全部细节, 当输入新行时那个算法正确更新当前树. 此外, 该算法还能够随时计算附带数据: 例如, 我们可以确定每个分图的面积、它的第一个和最后一个像素的位置、最小的包围矩形, 以及它的重心.

*填充. 现在, 我们考察如何填充以直线和（或）简单曲线为边界的区域, 以此结束对光栅图形的快速浏览. 对于由经典几何学中的"圆锥曲线"——圆、椭圆、抛物线或双曲线——构成的曲线, 我们有特别有效的算法.

与几何学的传统一致, 在下面的讨论中, 我们将采用笛卡儿坐标 (x, y) 而不谈及关于像素的行和列: x 值的增加是指一次向右移动, y 值的增加是指一次向上移动. 我们更为关注方块像素边之间的关系, 而不是像素本身. 当 $|x - x'| + |y - y'| = 1$ 时, 方块像素的边位于平面整数坐标点 (x, y) 和 (x', y') 之间. 每个像素以四条边 (x, y) —— $(x-1, y)$ —— $(x-1, y-1)$ —— $(x, y-1)$ —— (x, y) 为界. 经验表明, 如果我们专注于白色像素与黑色像素的边转移, 而不是在镂空边界内的黑色像素之间转移, 填充轮廓线的算法将变得更加简单和更为捷快.（例如, 见布赖恩·阿克兰和尼尔·韦斯特在 *IEEE Trans.* **C-30** (1981), 41–48 所做的讨论.）

考虑当变量 t 由 0 变到 1 时画出的一条连续曲线 $z(t) = (x(t), y(t))$. 假定对于 $0 \le t < 1$ 曲线不自相交, 而且 $z(0) = z(1)$. 著名的若尔当曲线定理 [卡米耶·若尔当, *Cours d'analyse* **3** (1887), 587–594; 奥斯瓦尔德·维布伦, *Trans. Amer. Math. Soc.* **6** (1905), 83–98] 说明, 每一条这样的曲线把平面分成两个区域, 称为平面的内部和外部. 强制 $z(t)$ 沿着像素之间的边通过, 可以对它"数字化". 这样我们获得一个逼近, 在图像中内部像素是黑色的而外部像素是白色的. 实际上, 这个数字化过程是用整数坐标点序列

$$\mathrm{round}(z(t)) = \left(\lfloor x(t) + \tfrac{1}{2} \rfloor, \lfloor y(t) + \tfrac{1}{2} \rfloor\right), \qquad \text{其中 } 0 \le t \le 1 \tag{164}$$

代替原来的曲线. 在需要的情况下可以对曲线轻微干扰, 使 $z(t)$ 不致恰好通过一个像素的中心. 这样, 当 t 增加时, 数字化曲线沿像素的边离散描绘. 一个像素落在数字化曲线的内部, 当且仅当它的中心处在原来连续曲线 $\{z(t) \mid 0 \le t \le 1\}$ 的内部.

例如, 方程 $x(t) = 20\cos 2\pi t$ 和 $y(t) = 10\sin 2\pi t$ 定义一个椭圆. 它的数字化, $\mathrm{round}(z(t))$, 当 $t = 0$ 时从 $(20, 0)$ 开始, 然后, 当 $t \approx .008$ 时跳到 $(20, 1)$, 此时 $10\sin 2\pi t = 0.5$. 接下来, 当 t 依次取值 $.024, .036, .040, .057, .062, \dots, .976, .992$ 时, 它继续行进到点 $(20, 2), (19, 2),$ $(19, 3), (19, 4), (18, 4), \dots, (20, -1), (20, 0)$:

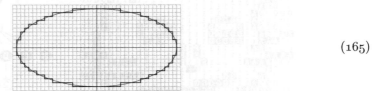

$$\tag{165}$$

对于这样一条边界, 我们可以用位向量 $H(y)$（对于每个 y）方便地表示它的横向边. 例如, 在 (165) 中,

$$H(10) = \dots 0000001111111111111000000\dots,$$

$$H(9) = \dots 011111000000000000111110\dots.$$

如果用黑色像素填充椭圆以获得一个位图 B, 向量 H 标记黑色像素与白色像素之间的转移, 则我们有符号关系

$$H = B \oplus (B \gg 1). \tag{166}$$

反过来，当给定向量 H 时，容易得到位图 B：

$$B(y) = H(y_{\max}) \oplus H(y_{\max-1}) \oplus \cdots \oplus H(y+1)$$
$$= H(y_{\min}) \oplus H(y_{\min+1}) \oplus \cdots \oplus H(y). \tag{167}$$

注意 $H(y_{\min}) \oplus H(y_{\min+1}) \oplus \cdots \oplus H(y_{\max})$ 是零向量，因为每个位图的顶部和底部都是白色像素. 另请注意，类似的纵向边向量 $V(x)$ 是多余的：它们满足公式 $V = B \oplus (B \ll 1)$ 和 $B = V^{\oplus}$（见习题 36），但我们无须费心记住它们.

圆锥曲线比大多数其他曲线更容易处理，因为我们可以轻而易举地消去参数 t. 例如，可以用方程 $(x/20)^2 + (y/10)^2 = 1$ 定义 (165) 的椭圆，而无须使用正弦和余弦函数. 所以，像素 (x, y) 是黑色，当且仅当它的中心点 $(x - \frac{1}{2}, y - \frac{1}{2})$ 位于椭圆内部，当且仅当 $(x - \frac{1}{2})^2/400 + (y - \frac{1}{2})^2/100 - 1 < 0$.

一般说来，每条圆锥曲线是这样一些点的集合，对它们而言，当 F 是某个适当的二次型时 $F(x, y) = 0$. 所以，存在二次型

$$Q(x, y) = F(x - \tfrac{1}{2}, y - \tfrac{1}{2}) = ax^2 + bxy + cy^2 + dx + ey + f, \tag{168}$$

它在整数点 (x, y) 取负值，当且仅当像素 (x, y) 位于数字化曲线的给定边.

出于实用上的需要，我们可以假定 Q 的系数 $(a, b, \ldots, f)$ 是不太大的整数. 这样，我们将容易计算 $Q(x, y)$ 的准确值. 事实上，正如迈克尔·皮特威 [*Comp. J.* **10** (1967), 282–289] 指出的那样，存在一个令人满意的"三寄存器算法"，我们可以依靠它快速跟踪边界点：令 x, y 为整数，并假定我们已经在 3 个寄存器 (Q, Q_x, Q_y) 中获得 $Q(x, y), Q_x(x, y), Q_y(x, y)$ 的值，其中

$$Q_x(x, y) = 2ax + by + d \qquad 和 \qquad Q_y(x, y) = bx + 2cy + e \tag{169}$$

是偏导数 $\frac{\partial}{\partial x} Q$ 和 $\frac{\partial}{\partial y} Q$. 那么，我们可以移动到任何邻近的整数点，因为

$$\begin{aligned}
&Q\,(x \pm 1, y) = Q(x, y) \pm Q_x(x, y) + a, &\qquad &Q\,(x, y \pm 1) = Q(x, y) \pm Q_y(x, y) + c, \\
&Q_x(x \pm 1, y) = Q_x(x, y) \pm 2a, &\qquad &Q_x(x, y \pm 1) = Q_x(x, y) \pm b, \\
&Q_y(x \pm 1, y) = Q_y(x, y) \pm b; &\qquad &Q_y(x, y \pm 1) = Q_y(x, y) \pm 2c.
\end{aligned} \tag{170}$$

此外，我们可以把轮廓线分割成若干分离的片段，在每个片段中，$x(t)$ 和 $y(t)$ 都是单调的. 例如，在椭圆 (165) 中，从 $(20, 0)$ 移动到 $(0, 10)$ 时，x 的值减少而 y 的值增加. 因此，我们仅需从 (x, y) 移动到 $(x-1, y)$，或者移动到 $(x, y+1)$. 如果寄存器 (Q, R, S) 中分别保存着 $(Q, Q_x - a, Q_y + c)$，那么，进行一次到 $(x-1, y)$ 的移动仅需简单地置 $Q \leftarrow Q - R$，$R \leftarrow R - 2a$，$S \leftarrow S - b$；到 $(x, y+1)$ 的移动也是一样快的. 请注意，这种思想导致一种极为快速的方法，它能发现绝大多数圆锥曲线的正确数字化边界.

例如，当我们对椭圆 (165) 的系数实现整数化时，它的二次型 $Q(x, y)$ 是 $4x^2 + 16y^2 - (4x + 16y + 1595)$. 我们有 $Q(20, 0) = F(19.5, -0.5) = -75$，$Q(21, 0) = +85$，所以，中心在

$(19.5, -0.5)$ 的像素 $(20, 0)$ 位于椭圆内部，但像素 $(21, 0)$ 不在椭圆内部. 我们把图像放大一些：

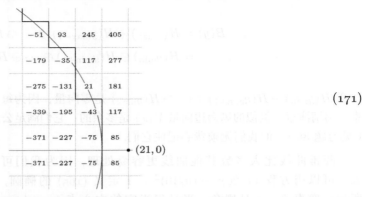

$$(171)$$

我们可以在不检查大量点的 Q 值的情况下推断边界. 事实上，不必考察 $Q(21, 0)$，因为我们知道所有在 $(20, 0)$ 与 $(0, 10)$ 之间的边必定是向上或向左伸延的. 首先检查 $Q(20, 1)$，发现它是负值 (-75)，所以向上移动. $Q(20, 2)$ 也是负值 (-43)，所以再次向上移动. 然后，我们检查 $Q(20, 3)$，发现它是正值 (21)，所以向左移动. 依此类推. 实际上，如果已经适当建立三寄存器方法，则仅需检查以下 Q 值：$-75, -43, 21, -131, -35, 93, -51, \ldots$.

算法 T （对于圆锥曲线的三寄存器算法）. 给定两个整数点 (x, y) 和 (x', y')，以及一个像 (168) 那样的整二次型 Q，算法确定如何数字化 $F(x, y) = 0$ 定义的圆锥曲线的一部分，其中 $F(x, y) = Q(x + \frac{1}{2}, y + \frac{1}{2})$. 它建立 $|x' - x|$ 条横向边和 $|y' - y|$ 条纵向边，这些边构成一条从 (x, y) 到 (x', y') 的路径. 我们假定：

(i) 存在满足 $F(\xi, \eta) = F(\xi', \eta') = 0$ 的实数值坐标点 (ξ, η) 和 (ξ', η').

(ii) 从 (ξ, η) 移动到 (ξ', η') 时，曲线的两个坐标都是单调变化的.

(iii) $x = \lfloor \xi + \frac{1}{2} \rfloor$, $y = \lfloor \eta + \frac{1}{2} \rfloor$, $x' = \lfloor \xi' + \frac{1}{2} \rfloor$, $y' = \lfloor \eta' + \frac{1}{2} \rfloor$.

(iv) 如果从 (ξ, η) 穿越曲线到达 (ξ', η')，在我们的左边有 $F < 0$.

(v) Q 的两个根不在整数网格的任何一条边上（见习题 183）.

T1. [初始化.] 如果 $x = x'$，转到 T11；如果 $y = y'$，转到 T10. 如果 $x < x'$ 且 $y < y'$，置 $Q \leftarrow Q(x+1, y+1)$，$R \leftarrow Q_x(x+1, y+1) + a$，$S \leftarrow Q_y(x+1, y+1) + c$，转到 T2. 如果 $x < x'$ 且 $y > y'$，置 $Q \leftarrow Q(x+1, y)$，$R \leftarrow Q_x(x+1, y) + a$，$S \leftarrow Q_y(x+1, y) - c$，转到 T3. 如果 $x > x'$ 且 $y < y'$，置 $Q \leftarrow Q(x, y+1)$，$R \leftarrow Q_x(x, y+1) - a$，$S \leftarrow Q_y(x, y+1) + c$，转到 T4. 如果 $x > x'$ 且 $y > y'$，置 $Q \leftarrow Q(x, y)$，$R \leftarrow Q_x(x, y) - a$，$S \leftarrow Q_y(x, y) - c$，转到 T5.

T2. [右移或上移.] 如果 $Q < 0$，执行 T9；否则执行 T6. 重复执行直到中断.

T3. [下移或右移.] 如果 $Q < 0$，执行 T7；否则执行 T9. 重复执行直到中断.

T4. [上移或左移.] 如果 $Q < 0$，执行 T6；否则执行 T8. 重复执行直到中断.

T5. [左移或下移.] 如果 $Q < 0$，执行 T8；否则执行 T7. 重复执行直到中断.

T6. [上移.] 建立边 (x, y) —— $(x, y+1)$，然后置 $y \leftarrow y + 1$. 如果 $y = y'$，中断到 T10；否则，置 $Q \leftarrow Q + S$，$R \leftarrow R + b$，$S \leftarrow S + 2c$.

T7. [下移.] 建立边 (x, y) —— $(x, y-1)$，然后置 $y \leftarrow y - 1$. 如果 $y = y'$，中断到 T10；否则，置 $Q \leftarrow Q - S$，$R \leftarrow R - b$，$S \leftarrow S - 2c$.

T8. ［左移.］建立边 (x,y) —— $(x-1,y)$，然后置 $x \leftarrow x-1$. 如果 $x=x'$，中断到 T11；否则，置 $Q \leftarrow Q-R$，$R \leftarrow R-2a$，$S \leftarrow S-b$.

T9. ［右移.］建立边 (x,y) —— $(x+1,y)$，然后置 $x \leftarrow x+1$. 如果 $x=x'$，中断到 T11；否则，置 $Q \leftarrow Q+R$，$R \leftarrow R+2a$，$S \leftarrow S+b$.

T10. ［完成横向移动.］当 $x<x'$ 时循环执行：建立边 (x,y) —— $(x+1,y)$，置 $x \leftarrow x+1$. 当 $x>x'$ 时循环执行：建立边 (x,y) —— $(x-1,y)$，置 $x \leftarrow x-1$. 终结算法.

T11. ［完成纵向移动.］当 $y<y'$ 时循环执行：建立边 (x,y) —— $(x,y+1)$，置 $y \leftarrow y+1$. 当 $y>y'$ 时循环执行：建立边 (x,y) —— $(x,y-1)$，置 $y \leftarrow y-1$. 终结算法. ∎

例如，当用 $(x,y)=(20,0)$，$(x',y')=(0,10)$，$Q(x,y)=4x^2+16y^2-4x-16y-1595$ 调用这个算法时，它将建立边 $(20,0)$ —— $(20,1)$ —— $(20,2)$ —— $(19,2)$ —— $(19,3)$ —— $(19,4)$ —— $(18,4)$ —— $(18,5)$ —— $(17,5)$ —— $(17,6)$ —— $\cdots$ —— $(6,9)$ —— $(6,10)$，然后画一条到 $(0,10)$ 的直线.（见 (165) 和 (171).）习题 182 说明这个算法为什么有效.

在步骤 T8 中，利用 (166) 和 (167) 中的 H 向量，通过置 $H(y) \leftarrow H(y) \oplus (1 \ll (x_{\max}-x))$ 实现左移是很方便的. 用类似的方法实现右移，但首先要置 $x \leftarrow x+1$. 我们可以通过置

$$H(y) \leftarrow H(y) \oplus ((1 \ll (x_{\max}-\min(x,x'))) - (1 \ll (x_{\max}-\max(x,x')))) \qquad (172)$$

实现步骤 T10. 因为 $|x'-x|$ 通常很小，所以每次移动一步可能同样有效. 因为纵向边是多余的，所以无须上移或下移操作.

注意，在 $b=0$ 的特殊情况下，算法会执行得快一些，圆周就是属于这种情况. 在更特殊的 $a=b=c=0$ 的直线情况，算法的执行速度当然更快，这时我们有一个单寄存器算法（见习题 185）.

如果我们用向量 H 填充同一幅图像中的多条轮廓线，每当越过奇数数目的边时，像素值在黑色与白色之间改变. 图 18 说明如何用 $45°\text{-}45°\text{-}45°$ 等边三角形平铺双曲平面，它是通过叠加几百次应用算法 T 的结果获得的.

图 18　在数字化圆的边界，像素由白变黑又由黑变白

算法 T 仅适用于圆锥曲线. 但是，实践中这不是真正的限制，因为我们经常需要绘制的几乎每一种形状，都可以用称为二次贝塞尔样条或 S 形样条的"分段圆锥曲线"逼近. 例如，图 19 显示一段典型的具有 40 个点 $(z_0,z_1,\ldots,z_{39},z_{40})$（其中 $z_{40}=z_0$）的 S 形样条曲线. 偶数编号的点 $(z_0,z_2,\ldots,z_{40})$ 落在曲线上. 其他的点 $(z_1,z_3,\ldots,z_{39})$ 称为"控制点"，因为它们调节曲线局部的弯曲和拐折. 每段曲线 $S(z_{2j},z_{2j+1},z_{2j+2})$ 从点 z_{2j} 开始，沿 $z_{2j+1}-z_{2j}$ 方向移动，然后沿 $z_{2j+2}-z_{2j+1}$ 方向移动，在点 z_{2j+2} 终止. 因此，如果 z_{2j} 位于从 z_{2j-1} 到 z_{2j+1} 的直线上，S 形样条平滑地通过点 z_{2j} 而不改变方向.

习题 186 确切定义 $S(z_{2j},z_{2j+1},z_{2j+2})$，习题 187 说明如何用算法 T 数字化任何 S 形样条曲线. 接下来，我们可以用黑色像素填充数字化边界的内部区域.

顺便指出，在位图上绘制直线和曲线，比填充数字化轮廓线困难得多，因为我们要求斜线笔画与纵横向笔画具有同样厚度. 约翰·霍比 [*JACM* **36** (1989), 209–229] 找到了画线问题的卓越解决方案.

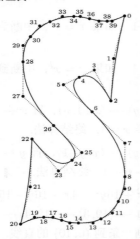

图 19   定义 **S** 轮廓线的 S 形样条曲线

*无转移计算. 当程序包含条件转移指令时, 现代计算机的运行速度多半会下降, 因为不确定的控制流可能干扰预测先行电路. 所以, 在像 (56) 那样的程序中, 我们使用了像 CSNZ 这样的 MMIX 条件置 1 指令. 实际上, 当在高度流水线计算机上测量实际运行时间时, 像 ADD z,y,1; SR t,u,2; CSNZ x,q,z; CSNZ v,q,t 这样的 4 条指令可能比对等的 3 条指令

$$\text{BZ q,@+12; ADD x,y,1; SR v,u,2} \tag{173}$$

更快, 虽然按照表 $1.3.1'–1$[①], 凭经验估计, (173) 的代价仅有 3υ.

按位运算有助于减少对代价很高的转移指令的需求. 例如, 如果 MMIX 没有 CSNZ 指令, 我们可以写出

$$\begin{aligned}
&\text{NEGU m,q;\quad OR m,m,q;\quad SR m,m,63;} \\
&\text{ADD t,y,1;\quad XOR t,t,x;\quad AND t,t,m;\quad XOR x,x,t;} \\
&\text{SR t,u,2;\quad XOR t,t,v;\quad AND t,t,m;\quad XOR v,v,t;}
\end{aligned} \tag{174}$$

上面第一行建立掩码 $\text{m} = -[q \neq 0]$. 在某些计算机上, 执行这 11 条转移指令仍然要比 (173) 的 3 条指令快.

合并排序算法的内循环提供一个指导性例子. 假定我们需要重复进行下列运算:

如果 $x_i < y_j$ 置 $z_k \leftarrow x_i$, $i \leftarrow i+1$, 如果 $i = i_{\max}$ 转到 x_done.

否则置 $z_k \leftarrow y_j$, $j \leftarrow j+1$, 如果 $j = j_{\max}$ 转到 y_done.

然后置 $k \leftarrow k+1$, 如果 $k = k_{\max}$ 转到 z_done.

如果我们以 "明显" 的方式执行它们, 则包含 4 个条件转移指令, 在循环的每条路径上, 它们中的 3 个处于活动状态:

1H CMP	t,xi,yj; BNN t,2F	如果 $x_i \geq y_j$ 则转移.
STO	xi,zbase,kk	$z_k \leftarrow x_i$.
ADD	ii,ii,8	$i \leftarrow i+1$.
BZ	ii,X_Done	如果 $i = i_{\max}$ 则转到 x_done.
LDO	xi,xbase,ii	将 x_i 装入寄存器 xi.
JMP	3F	连接其他分支.
2H STO	yj,zbase,kk	$z_k \leftarrow y_j$.
ADD	jj,jj,8	$j \leftarrow j+1$.
BZ	jj,Y_Done	如果 $j = j_{\max}$ 则转到 y_done.
LDO	yj,ybase,jj	将 y_j 装入寄存器 yj.

---

① $1.3.1'$ 节位于本套书第 1 卷第 1 分册, 其中的表 1 用 MMIX 指令集代替旧版的 MIX 指令集. ——译者注

```
3H  ADD   kk,kk,8      k ← k + 1.
    PBNZ  kk,1B         如果 k ≠ k_max 则重复.
    JMP   Z_Done        转到 z_done.  ∎
```

[其中 $\mathtt{ii} = 8(i - i_{\max})$，$\mathtt{jj} = 8(j - j_{\max})$，$\mathtt{kk} = 8(k - k_{\max})$. 因为 x_i, y_j, z_k 是全字（8 个字节），所以因数 8 是必须的.] 4 个转移指令可以减少到只剩一个:

```
1H  CMP   t,xi,yj              t ← sign(x_i − y_j).
    CSN   yj,t,xi              yj ← min(x_i, y_j).
    STO   yj,zbase,kk          z_k ← yj.
    AND   t,t,8                t ← 8[x_i < y_j].
    ADD   ii,ii,t              i ← i + [x_i < y_j].
    LDO   xi,xbase,ii          将 x_i 装入寄存器 xi.
    XOR   t,t,8                t ← t ⊕ 8.
    ADD   jj,jj,t              j ← j + [x_i ≥ y_j].
    LDO   yj,ybase,jj          将 y_j 装入寄存器 yj.
    ADD   kk,kk,8              k ← k + 1.
    AND   u,ii,jj; AND u,u,kk  u ← ii & jj & kk.
    PBN   u,1B                 如果 i < i_max, j < j_max, k < k_max 则重复.  ∎
```

当这个版本的循环停止时，我们很容易决定是否在 x_done, y_done, z_done 处继续执行. 这些指令每次从内存加载 x_i 和 y_j，但冗余值将会出现在高速缓存中.

*MOR 和 MXOR 的其他应用. 在结束对按位运算的讨论时，让我们看一下特别为 64 位操作设计的两种运算. MMIX 的 MOR 和 MXOR 指令实际执行 8×8 布尔矩阵的乘法，它们单独使用以及同其他按位运算结合起来使用，都是极其灵活和强有力的.

如果 $x = (x_7 \dots x_1 x_0)_{256}$ 是一个全字，则 $a = (a_7 \dots a_1 a_0)_2$ 是一个字节，指令 MOR t,x,a 置 $t \leftarrow a_7 x_7 \mid \dots \mid a_1 x_1 \mid a_0 x_0$，而指令 MXOR t,x,a 置 $t \leftarrow a_7 x_7 \oplus \dots \oplus a_1 x_1 \oplus a_0 x_0$. 例如，MOR t,x,2 和 MXOR t,x,2 这两条指令都是置 $t \leftarrow x_1$；指令 MOR t,x,3 置 $t \leftarrow x_1 \mid x_0$；指令 MXOR t,x,3 置 $t \leftarrow x_1 \oplus x_0$.

当然，一般说来，MOR 和 MXOR 是全字函数. 当 $y = (y_7 \dots y_1 y_0)_{256}$ 是一般的全字时，指令 MOR t,x,y 的结果是全字 t，它的第 j 个字节 t_j 是对 x 和 y_j 应用 MOR 的结果.

假定 $x = -1 = \mathtt{\#ffffffffffffffff}$. 这时指令 MOR t,x,y 计算掩码 t，其中当 $y_j \neq 0$ 时字节 t_j 是 $\mathtt{\#ff}$，而当 $y_j = 0$ 时 t_j 是 0. 这个简单的特例很有用，因为像 (92) 这种情况，它仅用一条指令就完成了过去我们需用 7 次运算实现的任务.

我们注意到，在 (66) 中两条 MOR 指令足够颠倒任何 64 位字中的位，如果计算机指令系统中包含 MOR，许多重要的位排列会变得容易. 假定 π 是 $\{0, 1, \dots, 7\}$ 的一个排列，它执行 $0 \mapsto 0\pi$, $1 \mapsto 1\pi, \dots, 7 \mapsto 7\pi$. 那么，全字 $p = (2^{7\pi} \dots 2^{1\pi} 2^{0\pi})_{256}$ 对应于一个置换矩阵，它使 MOR 实现有趣的运算技巧: MOR t,x,p 将排列 x 的字节，置 $t_j \leftarrow x_{j\pi}$. 此外，MOR u,p,y 将按照逆排列对 y 的每个字节进行位排列，当 $y_j = (a_7 \dots a_{1\pi} a_{0\pi})_2$ 时它置 $u_j \leftarrow (a_7 \dots a_1 a_0)_2$.

用一点小技巧，我们还能更快地处理像全混洗 (76) 那样的排列，那个排列把一个给定的全字 $z = 2^{32} x + y = (x_{31} \dots x_1 x_0 y_{31} \dots y_1 y_0)_2$ 变换成 "拉链式" 的全字

$$w = x \ddagger y = (x_{31} y_{31} \dots x_1 y_1 x_0 y_0)_2, \tag{175}$$

使用相应的置换矩阵 p, q, r，中间结果

$$t = (x_{31} x_{27} x_{30} x_{26} x_{29} x_{25} x_{28} x_{24} y_{31} y_{27} y_{30} y_{26} y_{29} y_{25} y_{28} y_{24} \dots$$
$$x_7 x_3 x_6 x_2 x_5 x_1 x_4 x_0 y_7 y_3 y_6 y_2 y_5 y_1 y_4 y_0)_2, \tag{176}$$

$$u = (y_{27}y_{31}y_{26}y_{30}y_{25}y_{29}y_{24}y_{28}x_{27}x_{31}x_{26}x_{30}x_{25}x_{29}x_{24}x_{28}\cdots$$

$$y_3y_7y_2y_6y_1y_5y_0y_4x_3x_7x_2x_6x_1x_5x_0x_4)_2 \qquad (177)$$

可以通过 4 条指令

$$\texttt{MOR t,z,p; MOR t,q,t; MOR u,t,r; MOR u,r,u} \qquad (178)$$

快速计算, 见习题 204. 所以, 存在掩码 m, 使得 $\texttt{PUT rM,m; MUX w,t,u}$ 总共仅需 6 次循环就能实现全混洗. 对比之下, 习题 53 中的传统方法需要 30 次循环（5 次 δ 交换）.

当涉及二进制线性代数时, 指令 MXOR 特别有用. 例如, 习题 1.3.1′-37[①]表明, 对于 $k \le 8$, 在 2^k 个元素的有限域中, MOR 和 MXOR 直接实现加法和乘法.

循环冗余检验问题提供一个启示性的实例, 其中 MXOR 显现突出作用. 为了检测常见的传输错误, 数据流通常伴随 "CRC（循环冗余检验）字节"［见威廉·彼得森和戴维·布朗, *Proc. IRE* **49** (1961), 228–235］. 例如, 作为在 MP3 音频文件中使用的例子, 一种流行的方法是把每个字节 $\alpha = (a_7 \ldots a_1 a_0)_2$ 当成多项式

$$\alpha(x) = (a_7 \ldots a_1 a_0)_x = a_7 x^7 + \cdots + a_1 x + a_0. \qquad (179)$$

当传输 n 个字节 $\alpha_{n-1} \ldots \alpha_1 \alpha_0$ 时, 我们就用多项式的模 2 运算计算余项

$$\beta = \big(\alpha_{n-1}(x)x^{8(n-1)} + \cdots + \alpha_1(x)x^8 + \alpha_0(x)\big)x^{16} \bmod p(x), \qquad (180)$$

其中 $p(x) = x^{16} + x^{15} + x^2 + 1$, 然后附加 β 的系数作为 16 位冗余码校验.

按照类似算法 4.6.1D 的经典方法, 计算 β 的常用方法是一次处理一个字节. 基本思想是定义部分结果 $\beta_m = \big(\alpha_{n-1}(x)x^{8(n-1-m)} + \cdots + \alpha_{m+1}(x)x^8 + \alpha_m(x)\big)x^{16} \bmod p(x)$ 得到 $\beta_n = 0$. 然后用递推公式

$$\beta_m = \big((\beta_{m+1} \ll 8) \mathbin{\&} {}^\#\texttt{ff00}\big) \oplus crc\_table[(\beta_{m+1} \gg 8) \oplus \alpha_m] \qquad (181)$$

不断将 m 减 1 直到 $m = 0$. 这里, $crc\_table[\alpha]$ 是对于 $0 \le \alpha < 256$ 的 16 位表项, 它保存着 $\alpha(x)x^{16} \bmod p(x)$ 以及 $\bmod 2$ 的余项. ［见阿拉姆·佩雷斯, *IEEE Micro* **3**, 3 (June 1983), 40–50.］

当然, 我们宁愿一次处理 64 位而不是 8 位. 解决方案是寻找这样的 8×8 矩阵 A 和 B, 使得对于任意的字节 α,

$$\alpha(x)x^{64} \equiv (\alpha A)(x) + (\alpha B)(x)x^{-8} \pmod{p(x) \text{ 和 } 2}, \qquad (182)$$

视 α 为 1×8 的位向量. 然后, 我们可以用前导 0 填充给定的数据字节 $\alpha_{n-1} \ldots \alpha_1 \alpha_0$, 使 n 成为 8 的倍数, 并利用下面的有效简化方法:

$$c \leftarrow 0, \ n \leftarrow n - 8, \ t \leftarrow (\alpha_{n+7} \ldots \alpha_n)_{256}.$$
$$\text{当 } n > 0 \text{ 时循环执行 } u \leftarrow t \cdot A, \ v \leftarrow t \cdot B, \ n \leftarrow n - 8, \qquad (183)$$
$$t \leftarrow (\alpha_{n+7} \ldots \alpha_n)_{256} \oplus u \oplus (v \gg 8) \oplus (c \ll 56), \ c \leftarrow v \mathbin{\&} {}^\#\texttt{ff}.$$

其中 $t \cdot A$ 和 $t \cdot B$ 表示通过 MXOR 进行的矩阵乘法. 然后, 容易从 64 位值 t 和 8 位值 c 获得欲求的 CRC 字节 $(tx^{16} + cx^8) \bmod p(x)$. 习题 213 包含计算的全部细节, 对于 n 个字节的总运行时间仅为 $(\mu + 10\upsilon)n/8 + O(1)$.

下面的习题包含许多实例, 其中 MOR 和 MXOR 能带来大量节约. 新的技巧无疑仍然有待发现.

[①] 1.3.1′ 节位于本套书第 1 卷第 1 分册. ——译者注

进一步阅读资料. 小亨利·沃伦所著 *Hacker's Delight*（Addison–Wesley, 2002）一书深入讨论按位运算，重点是在不如 MMIX 理想的现实计算机上可用的形形色色的选择.

习题

▶ **1.** [*15*] 置 $x \leftarrow x \oplus y$，$y \leftarrow y \oplus (x \,\&\, m)$，$x \leftarrow x \oplus y$，最后的结果是什么？

2. [*16*] （小亨利·沃伦）以下关系式对所有整数 x 和 y 都成立吗？ (i) $x \oplus y \le x \,|\, y$； (ii) $x \,\&\, y \le x \,|\, y$； (iii) $|x - y| \le x \oplus y$.

3. [*M20*] 假定 $x = (x_{n-1} \ldots x_1 x_0)_2$，其中 $x_{n-1} = 1$，令 $x^M = (\bar{x}_{n-1} \ldots \bar{x}_1 \bar{x}_0)_2$. 如果令 $0^M = -1$，则我们有 $0^M, 1^M, 2^M, 3^M, \ldots = -1, 0, 1, 0, 3, 2, 1, 0, 7, 6, \ldots$. 证明：对所有 $x, y \ge 0$ 有 $(x \oplus y)^M < |x - y| \le x \oplus y$.

▶ **4.** [*M16*] 假设 $x^C = \bar{x}$，$x^N = -x$，$x^S = x+1$，$x^P = x-1$ 分别表示无限精度整数 x 的补数、相反数、后继和前导. 则我们有 $x^{CC} = x^{NN} = x^{SP} = x^{PS} = x$. x^{CN} 和 x^{NC} 分别是什么？

5. [*M21*] 证明或证伪下列关于二进制移位的猜想：
(a) $(x \ll j) \ll k = x \ll (j+k)$；
(b) $(x \gg j) \,\&\, (y \ll k) = ((x \gg (j+k)) \,\&\, y) \ll k = (x \,\&\, (y \ll (j+k))) \gg j$.

6. [*M22*] 分别求满足以下条件的所有整数 x 和 y. (a) $x \gg y = y \gg x$； (b) $x \ll y = y \ll x$.

7. [*M22*] 寻找一种快速方法，把二进制数 $x = (\ldots x_2 x_1 x_0)_2$ 转换成负二进制数 $x = (\ldots x_2' x_1' x_0')_{-2}$，以及反向转换. 提示：仅需两种按位运算.

▶ **8.** [*M22*] 给定非负整数的有限集合 S，它的"最小排斥元素"定义为

$$\mathrm{mex}(S) = \min\{k \mid k \ge 0 \text{ 且 } k \notin S\}.$$

令 $x \oplus S$ 表示集合 $\{x \oplus y \mid y \in S\}$，$S \oplus y$ 表示集合 $\{x \oplus y \mid x \in S\}$. 证明：如果 $x = \mathrm{mex}(S)$，$y = \mathrm{mex}(T)$，则 $x \oplus y = \mathrm{mex}((S \oplus y) \cup (x \oplus T))$.

9. [*M26*] （尼姆游戏）两人用 k 堆小棍玩游戏，其中第 j 堆有 a_j 根小棍. 如果轮到一位玩家时 $a_1 = \cdots = a_k = 0$，他便告负. 否则，他可以从任意一堆中扔掉任意数量的小棍以缩小堆，然后轮到另一位玩家. 证明：先动手的玩家能获胜，当且仅当 $a_1 \oplus \cdots \oplus a_k \ne 0$. [提示：利用习题 8.]

10. [*HM40*] （尼姆域，也称康威域）续习题 8，用公式

$$x \otimes y = \mathrm{mex}\{(x \otimes j) \oplus (i \otimes y) \oplus (i \otimes j) \mid 0 \le i < x, 0 \le j < y\}$$

递归地定义"尼姆乘法"运算 $x \otimes y$. 证明：$\oplus$ 和 $\otimes$ 在非负整数集上定义了一个域. 另外证明：如果 $0 \le x, y < 2^{2^n}$，则 $x \otimes y < 2^{2^n}$，$2^{2^n} \otimes y = 2^{2^n} y$.（特别地，对于所有 $n \ge 0$，这个域包含大小为 2^{2^n} 的子域.）说明如何有效计算 $x \otimes y$.

▶ **11.** [*M26*] （小伦斯特拉, 1978）寻找一种简单方法，用于表征康威域中所有这样的正整数对 (m, n)，对它们而言 $m \otimes n = mn$.

12. [*M26*] 设计一个用于尼姆除法的算法. 提示：如果 $x < 2^{2^{n+1}}$，则我们有 $x \otimes (x \oplus (x \gg 2^n)) < 2^{2^n}$.

13. [*M32*] （二阶尼姆游戏）扩充习题 9 的游戏，允许两种玩法：或者像过去那样，对于某个 j，减少第 j 堆的数量 a_j；或者，对于 $i < j$，减少第 j 堆的数量 a_j，并用任意的非负整数代替 a_i. 证明：先动手的玩家能获胜，当且仅当堆的大小或者满足 $a_2 \ne a_3 \oplus \cdots \oplus a_k$，或者满足 $a_1 \ne a_3 \oplus (2 \otimes a_4) \oplus \cdots \oplus ((k-2) \otimes a_k)$. 例如，当 $k = 4$ 且 $(a_1, a_2, a_3, a_4) = (7, 5, 0, 5)$ 时，唯一取胜的玩法是把堆变成 $(7, 5, 6, 3)$.

14. [*M30*] 假定一棵无穷完全二叉树的每个结点已用 0 或 1 标记. 这样一种标记适于表示成序列 $T = (t, t_0, t_1, t_{00}, t_{01}, t_{10}, t_{11}, t_{000}, \ldots)$，每个二进制串 α 用一个二进制位 t_α 代表. 根标记为 t，左子树标记为 $T_0 = (t_0, t_{00}, t_{01}, t_{000}, \ldots)$，右子树标记为 $T_1 = (t_1, t_{10}, t_{11}, t_{100}, \ldots)$. 任何一个这样的标记可以用于把 2 基整数 $x = (\ldots x_2 x_1 x_0)_2$ 变换成 2 基整数 $y = (\ldots y_2 y_1 y_0)_2 = T(x)$，通过置 $y_0 = t$，$y_1 = t_{x_0}$，

$y_2 = t_{x_0 x_1}$，等等，使得 $T(x) = 2T_{x_0}(\lfloor x/2 \rfloor) + t$．（换句话说，当我们从树的顶端到底部行进时，位串从右到左，x 定义了二叉树的无穷路径，y 对应于路径中的标记．）

分支函数是由这样一个标记定义的变换 $x^T = x \oplus T(x)$．例如，如果 $t_{01} = 1$，而所有其余的 t_α 是 0，则我们有 $x^T = x \oplus 4[x \bmod 4 = 2]$．

(a) 证明每个分支函数是 2 基整数的一个排列．

(b) 对于哪些整数 k，$x \oplus (x \ll k)$ 是分支函数？

(c) 假定 $x \mapsto x^T$ 是从 2 基整数到 2 基整数的变换．证明：x^T 是分支函数，当且仅当 $\rho(x \oplus y) = \rho(x^T \oplus y^T)$ 对于所有 2 基整数 x 和 y 成立．

(d) 证明：分支函数的复合函数与反函数是分支函数．（因此全体分支函数的集合 $\mathcal{B}$ 是一个置换群．）

(e) 如果分支函数的标记对所有 α 满足 $t_\alpha = t_{\alpha 0} \oplus t_{\alpha 1}$，则称这个分支函数是平衡的．证明：全体平衡分支函数的集合是 $\mathcal{B}$ 的子群．

▶ **15.** [*M26*] 乔纳森·奎克注意到，$((x + 2) \oplus 3) - 2 = ((x - 2) \oplus 3) + 2$ 对所有 x 成立．求使 $((x + a) \oplus b) - a = ((x - a) \oplus b) + a$ 成为恒等式的所有常数 a 和 b．

16. [*M31*] 如果对于某些整常数 $a_1, b_1, a_2, b_2, \ldots, a_m, b_m$（$m > 0$），$x$ 的函数可以写成

$$((\ldots((((x + a_1) \oplus b_1) + a_2) \oplus b_2) + \cdots) + a_m) \oplus b_m$$

的形式，则称该函数为活跃的．

(a) 证明：每个活跃函数是分支函数（见习题 14）．

(b) 此外，证明它是平衡的，当且仅当 $b_1 \oplus b_2 \oplus \cdots \oplus b_m = 0$．提示：什么二叉树标记对应于活跃函数 $((x \oplus c) - 1) \oplus c$？

(c) 令 $\lfloor x \rfloor = x \oplus (x - 1) = 2^{\rho(x)+1} - 1$．证明：对于某些整数 $\{p_1, p_2, \ldots, p_l\}$（$l \geq 0$），可以把每个平衡的活跃函数写成

$$x \oplus \lfloor x \oplus p_1 \rfloor \oplus \lfloor x \oplus p_2 \rfloor \oplus \cdots \oplus \lfloor x \oplus p_l \rfloor, \quad p_1 < p_2 < \cdots < p_l$$

的形式，而且这种表示是唯一的．

(d) 反过来，证明每个这样的表达式定义一个平衡的活跃函数．

17. [*HM36*] 习题 16 的结果使我们可能判定任意两个给定的活跃函数是否相等．如果那个表达式是仅用二元运算 + 和 $\oplus$ 从有限数目的整变量和常数构造的，那么存在判定任意给定的表达式是否恒等于 0 的算法吗？如果还允许用运算 &，结果是什么？

18. [*M25*] 右图所示的奇妙像素图案在 x 行 y 列（$1 \leq x, y \leq 256$）是 $(x^2 y \gg 11) \& 1$．存在说明它的某些主要数学特征的简单方法吗？

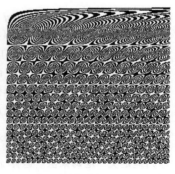

▶ **19.** [*M37*]（佩利重排定理）给定非负数的三个向量 $A = (a_0, \ldots, a_{2^n-1})$，$B = (b_0, \ldots, b_{2^n-1})$，$C = (c_0, \ldots, c_{2^n-1})$，令

$$f(A, B, C) = \sum_{j \oplus k \oplus l = 0} a_j b_k c_l.$$

例如，如果 $n = 2$，我们有 $f(A, B, C) = a_0 b_0 c_0 + a_0 b_1 c_1 + a_0 b_2 c_2 + a_0 b_3 c_3 + a_1 b_0 c_1 + a_1 b_1 c_0 + a_1 b_2 c_3 + \cdots + a_3 b_3 c_0$．一般说来有 2^{2n} 项，对于 j 和 k 的每种选择各有一项．我们的目标是证明 $f(A, B, C) \leq f(A^*, B^*, C^*)$，其中 A^* 是把向量 A 排序成非增序的结果：$a_0^* \geq a_1^* \geq \cdots \geq a_{2^n-1}^*$．

(a) 当 A, B, C 的所有元素都是 0 和 1 时，证明以上结论．

(b) 证明一般情况下的结论．

(c) 证明：$f(A, B, C, D) = \sum_{j \oplus k \oplus l \oplus m = 0} a_j b_k c_l d_m \leq f(A^*, B^*, C^*, D^*)$．

▶ **20.** [*21*]（高斯珀精算法）当 x 为正整数时，下列 7 步运算生成 x 的有用的函数 y：

$$u \leftarrow x \, \& \, {-x}; \qquad v \leftarrow x + u; \qquad y \leftarrow v + (((v \oplus x)/u) \gg 2).$$

说明这是什么函数以及为什么它是有用的．

21. [*22*] 构造高斯珀算法的*逆算法*, 说明如何从 y 计算 x.

22. [*21*] 用 MMIX 代码有效实现高斯珀算法, 假定 $x < 2^{64}$, 不使用除法.

▶ **23.** [*27*] 通过在每个左括号位置置 0, 在每个右括号位置置 1, 嵌套括号序列可以表示成一个二进制数. 例如, 按照这种方式, (())() 对应于 $(001101)_2$, 即十进制数 13. 这样一个数称为*括号迹*.

    (a) 恰有 m 个 1 的最小和最大括号迹是什么?

    (b) 假定 x 是一个括号迹, y 是有同样多 1 的次大括号迹. 说明可以用类似高斯珀算法的短运算链由 x 计算 y.

    (c) 用 MMIX 实现你的方法, 假定 $\nu x \le 32$.

▶ **24.** [*M30*] 程序 1.3.2′P 用 MMIX 指令生成前 500 个素数的表, 其中利用试除法确定数的素性. 写一个 MMIX 程序, 利用 "埃拉托色尼筛法" (习题 4.5.4–8) 建立小于 N 的全部奇素数的表, 像在 (27) 中那样打包为全字序列 $Q_0, Q_1, \ldots, Q_{N/128-1}$. 假定 $N \le 2^{32}$ 是 128 的倍数. 当 $N = 3584$ 时运行时间是多少?

▶ **25.** [*15*] 四卷书并排摆在书架上. 每一卷恰好包含 500 页, 印制在 250 张 0.1 毫米厚的纸上. 每卷书还各有一页封面和一页封底, 厚度都是 1 毫米. 一条蠹虫以如下方式蛀书, 从第 1 卷第 1 页到第 4 卷第 500 页. 它在这个过程中移动了多远?

26. [*22*] 假定我们需要随机存取含有 12 000 000 项 5 位数据的表. 我们可以把 12 个这样的数据项打包成一个 64 位的字, 从而把数据表放进 8 兆字节的存储器. 但随之而来的随机存取看来需要用到除以 12 的运算, 这是比较慢的. 所以我们宁愿让每个数据项占用一个完整的字节, 总共使用 12 兆字节.

    然而, 存在一种避免除法的有效方法, 试加以说明.

27. [*21*] 用式 (32)–(43) 的表示法, 如何计算以下各数? (a) $(\alpha 10^a 01^b)_2$; (b) $(\alpha 10^a 11^b)_2$; (c) $(\alpha 00^a 01^b)_2$; (d) $(0^\infty 11^a 00^b)_2$; (e) $(0^\infty 01^a 00^b)_2$; (f) $(0^\infty 11^a 11^b)_2$.

28. [*16*] 运算 $(x+1) \& \bar{x}$ 产生什么结果?

29. [*20*] (沃恩·普拉特) 用 μ_{k+1} 表示 (47) 中的幻掩码 μ_k.

30. [*20*] 如果 $x = 0$, (46) 的两条 MMIX 指令将置 $\rho \leftarrow 64$ (这是对 $\rho 0 = \infty$ 的充分近似). 如何修改 (50) 和 (51) 中的指令产生同样结果?

▶ **31.** [*20*] 数学家利文斯通·普雷苏米博士决定用一个简单循环计算直尺函数, 做法如下: "置 $\rho \leftarrow 0$; 然后, 当 $x \& 1 = 0$ 时循环执行 $\rho \leftarrow \rho+1$, $x \leftarrow x \gg 1$." 他推断, 当 x 是一个随机整数时, 平均右移次数是 ρ 的均值, 这个值为 1. 同时, 标准差仅为 $\sqrt{2}$, 所以该循环几乎总是很快终止. 请评价他的推断.

32. [*20*] 当用 MMIX 为 (52) 编程时, 计算 ρx 的执行时间是多少?

▶ **33.** [*26*] (莱瑟森、普罗科普和兰德尔, 1998) 如果在 (52) 中用 49 代替 58, 当 $64 > j > k \ge 0$ 时, 用那种方法, 我们可以快速确定 $y = 2^j + 2^k$ 的两个二进制位, 试加以说明. (虽然我们需要辨别 $\binom{64}{2} = 2016$ 种情形.)

34. [*M23*] 假定 x 和 y 是 2 基整数. 判别真假: (a) $\rho(x \& y) = \max(\rho x, \rho y)$; (b) $\rho(x \,|\, y) = \min(\rho x, \rho y)$; (c) $\rho x = \rho y$ 当且仅当 $x \oplus y = (x-1) \oplus (y-1)$.

▶ **35.** [*M26*] 按照赖特维斯纳定理 (习题 4.1–34), 每个整数 n 有唯一的表示 $n = n^+ - n^-$, 这种表示满足 $n^+ \& n^- = (n^+ \,|\, n^-) \& ((n^+ \,|\, n^-) \gg 1) = 0$. 证明: n^+ 和 n^- 可以用按位运算快速计算. 提示: 证明恒等式 $(x \oplus 3x) \& ((x \oplus 3x) \gg 1) = 0$.

36. [*20*] 给定 $x = (x_{63} \ldots x_1 x_0)_2$, 请给出计算下列值的有效方法:

    (i) $x^\oplus = (x_{63}^\oplus \ldots x_1^\oplus x_0^\oplus)_2$, 其中 $x_k^\oplus = x_k \oplus \cdots \oplus x_1 \oplus x_0$, $0 \le k < 64$;

    (ii) $x^\& = (x_{63}^\& \ldots x_1^\& x_0^\&)_2$, 其中 $x_k^\& = x_k \wedge \cdots \wedge x_1 \wedge x_0$, $0 \le k < 64$.

37. [*16*] 对 (55) 和 (56) 做什么改变将使 $\lambda 0$ 显为 -1?

38. [*17*] 提取最左边 1 的过程 (57), 用 MMIX 实现将花费多长时间?

▶ **39.** [*20*] 式 (43) 说明如何消除给定数 x 最右边的一串 1. 你将如何消除最左边的一串 1?

▶ **40.** [*21*] 证明 (58). 给定 $x, y \geq 0$, 寻找判定 $\lambda x < \lambda y$ 是否成立的简单方法.

41. [*M22*] 以下整数序列的生成函数是什么? (a) ρn, (b) λn, (c) νn.

42. [*M21*] 设 $n = 2^{e_1} + \cdots + 2^{e_r}$, 其中 $e_1 > \cdots > e_r \geq 0$, 用指数 $e_1, \ldots, e_r$ 表达和 $\sum_{k=0}^{n-1} \nu k$.

▶ **43.** [*20*] 为使 (63) 在 MMIX 上比 (62) 更快执行, x 应稀疏到何种程度?

▶ **44.** [*23*] (埃德温·弗里德, 1983) 对加权位和 $\sum j x_j$ 求值的快速方法是什么?

▶ **45.** [*20*] (托马斯·罗基奇, 1999) 如何在不颠倒 x 和 y 的情况下检验 $x^R < y^R$ 是否成立?

46. [*22*] (68) 中的方法用 6 次运算交换寄存器中的两个二进制位 $x_i \leftrightarrow x_j$. 实际上, 仅用 3 条 MMIX 指令就能完成这种交换, 试加以说明.

47. [*10*] 能用一种类似 (67) 的方法完成一般的 δ 交换 (69) 吗?

48. [*M21*] 在 n 位寄存器中可能有多少不同的 δ 交换? (当 $n = 4$ 时, 一次 δ 交换可以把 1234 变换成 1234, 1243, 1324, 1432, 2134, 2143, 3214, 3412, 4231.)

▶ **49.** [*M30*] 设 $s(n)$ 表示足够颠倒一个 n 位二进制数的最少的 δ 交换次数.

(a) 证明: 当 n 为奇数时 $s(n) \geq \lceil \log_3 n \rceil$, 当 n 为偶数时 $s(n) \geq \lceil \log_3 3n/2 \rceil$.

(b) 当 $n = 3^m, 2 \cdot 3^m, (3^m + 1)/2, (3^m - 1)/2$ 时, 计算 $s(n)$ 的值.

(c) $s(32)$ 和 $s(64)$ 的值是什么? 提示: 证明 $s(5n + 2) \leq s(n) + 2$.

50. [*M37*] 续习题 49, 证明: $s(n) = \log_3 n + O(\log \log n)$.

51. [*23*] 令 c 为常数, $0 \leq c < 2^d$. 求所有这样的掩码序列 $(\theta_0, \theta_1, \ldots, \theta_{d-1}, \hat{\theta}_{d-2}, \ldots, \hat{\theta}_1, \hat{\theta}_0)$, 使得一般排列方案 (71) 取 $x \mapsto x^\pi$, 其中位排列 π 由 (a) $j\pi = j \oplus c$ 或 (b) $j\pi = (j + c) \bmod 2^d$ 定义. [这些掩码应满足 $\theta_k \subseteq \mu_{d,k}$ 和 $\hat{\theta}_k \subseteq \mu_{d,k}$, 所以 (71) 对应于图 12; 见 (48). 注意: 逆排列 $x^\pi = x^R$ 是当 $c = 2^d - 1$ 时 (a) 的特例, 而 (b) 对应于循环右移 $x^\pi = (x \gg c) + (x \ll (2^d - c))$.]

52. [*22*] 求十六进制常数 $(\theta_0, \theta_1, \theta_2, \theta_3, \theta_4, \theta_5, \hat{\theta}_4, \hat{\theta}_3, \hat{\theta}_2, \hat{\theta}_1, \hat{\theta}_0)$, 它们使 (71) 产生下述基于二进制表示 $j = (j_5 j_4 j_3 j_2 j_1 j_0)_2$ 的重要 64 位排列: (a) $j\pi = (j_0 j_5 j_4 j_3 j_2 j_1)_2$; (b) $j\pi = (j_2 j_1 j_0 j_5 j_4 j_3)_2$; (c) $j\pi = (j_1 j_0 j_5 j_4 j_3 j_2)_2$; (d) $j\pi = (j_0 j_1 j_2 j_3 j_4 j_5)_2$. [事例 (a) 是把 $(x_{63} \ldots x_{33} x_{32} x_{31} \ldots x_1 x_0)_2$ 变换成 $(x_{63} x_{31} \ldots x_{33} x_1 x_{32} x_0)_2$ 的 "全混洗" (175); 事例 (b) 转置一个 8×8 的位矩阵; 事例 (c) 转置一个 4×16 的位矩阵; 事例 (d) 的出现与 "快速傅里叶变换" 有关, 见习题 4.6.4–14.]

▶ **53.** [*M25*] 习题 52 中的排列被称作 "由下标数字排列导出的", 因为我们通过排列二进制数字 j 获得 $j\pi$. 假定 $j\pi = (j_{(d-1)\psi} \ldots j_{1\psi} j_{0\psi})_2$, 其中 ψ 是 $\{0, 1, \ldots, d-1\}$ 的一个排列. 证明: 如果 ψ 有 t 个循环, 仅用 $d - t$ 次交换即可获得 2^d 位排列 $x \mapsto x^\pi$. 特别地, 这个结果加快了习题 52 所有 4 种事例的排列速度, 试加以说明.

54. [*22*] (小高斯珀, 1985) 如果 $m \times m$ 的位矩阵存储在一个寄存器最右边的 m^2 位, 证明: 它可以通过 $(2^k(m - 1))$ 次交换被转置, 其中 $0 \leq k < \lceil \lg m \rceil$. 写出 $m = 7$ 时方法的细节.

▶ **55.** [*26*] 假定 $n \times n$ 的位矩阵存储在一个 n^3 位的寄存器最右边的 n^2 位. 证明: 当 $n = 2^d$ 时, $18d + 2$ 个按位运算足够将两个这样矩阵相乘, 矩阵乘法可以是布尔乘 (像 MOR), 也可以是模 2 乘 (像 MXOR).

56. [*24*] 对于存储在 64 位寄存器的 7×9 的位矩阵, 提出一种转置方法.

57. [*22*] 图 12 的网络 $P(2^d)$ 总共有 $(2d - 1)2^{d-1}$ 个交叉模块. 证明: 可以通过某种设置实现 2^d 个元素的任何排列, 该设置中顶多有 $d2^{d-1}$ 个交叉模块工作.

▶ **58.** [*M32*] 如右图所示 (对应于 $d = 3$ 的情形), 在排列网络 $P(2^d)$ 中, 网络线伸展为横向直线, 交叉模块的前 d 列首先执行一次 1 交换, 然后执行一次 2 交换, ……, 最后执行一次 2^{d-1} 交换. 令 $N = 2^d$. 这 N 条网络线同 $Nd/2$ 个交叉模块一起构成所谓 "欧米加路由器" 或 "倒蝶形器". 本题的目的是研究所有满足以下条件的排列 φ 的集合 Ω: 当路由器左端的输入为 $(0, 1, \ldots, N-1)$ 时, 我们可以在其右端获得输出 $(0\varphi, 1\varphi, \ldots, (N-1)\varphi)$.

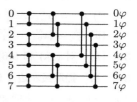

(a) 证明：$|\Omega| = 2^{Nd/2}$. （因此 $\lg|\Omega| = Nd/2 \sim \frac{1}{2}\lg N!$. ）

(b) 证明：$\{0,1,\ldots,N-1\}$ 的排列 φ 属于 Ω, 当且仅当对于所有 $0 \le i, j < N$ 和所有 $0 \le k \le d$ 有

$$i \bmod 2^k = j \bmod 2^k \quad \text{且} \quad i\varphi \gg k = j\varphi \gg k \qquad \text{蕴涵} \qquad i\varphi = j\varphi \qquad (*)$$

(c) 把条件 $(*)$ 简化成：对于所有 $0 \le i, j < N$ 有

$$\lambda(i\varphi \oplus j\varphi) < \rho(i \oplus j) \qquad \text{蕴涵} \qquad i = j.$$

(d) 令 T 是 $\{0,1,\ldots,N-1\}$ 的所有满足以下条件的排列 τ 的集合：$\rho(i \oplus j) = \rho(i\tau \oplus j\tau)$ 对所有 i, j 成立. （这是习题 14 中考虑的模 2^d 的分支函数的集合. 所以, 它有 2^{N-1} 个成员, 其中 $2^{N/2+d-1}$ 个是模 2^d 的活跃函数. ）证明：$\varphi \in \Omega$ 成立当且仅当 $\tau\varphi \in \Omega$ 对所有 $\tau \in T$ 成立.

(e) 假定 φ 和 ψ 是运行在不同元素上的 Ω 的排列, 也就是说, 对于 $0 \le j < N$, $j\varphi \ne j$ 蕴涵 $j\psi = j$. 证明：$\varphi\psi \in \Omega$.

(f) 证明：排列 $0\varphi\ldots(N-1)\varphi$ 是可欧米加路由的, 当且仅当它按巴彻尔的 N 阶双调排序网络是有序的. （见 5.3.4 节. ）

59. [M30] 给定 $0 \le a < b < N = 2^d$, 有多少仅运行在区间 $[a..b]$ 的可欧米加路由的排列? （因此, 我们需要计算满足以下条件的 $\varphi \in \Omega$ 的数目：$j\varphi \ne j$ 蕴涵 $a \le j \le b$. 习题 58(a) 是 $a = 0$, $b = N-1$ 时的特例. ）

60. [HM28] 给定 $\{0,1,\ldots,2n-1\}$ 的一个随机排列, 令 p_{nk} 是实现这个排列时排列网络 $P(2n)$ 在第一列和最后一列以 2^k 种方法设置交叉模块的概率. 换句话说, p_{nk} 是相关图具有 k 个圈的概率（见 (75)）. 生成函数 $\sum_{k \ge 0} p_{nk} z^k$ 是什么? 2^k 的均值和方差是多少?

61. [46] 利用像 (71) 中执行的图 12 的递归方法, 判定给定排列用至少一个掩码 $\theta_j = 0$ 是否是可实现的, 这是 NP 难题吗?

▶ **62.** [22] 令 $N = 2^d$. 显然, 我们可以用一张表存储 N 个 d 位二进制数, 从而表示 $\{0,1,\ldots,N-1\}$ 的一个排列 π. 给定 x, 我们用这种表示可以直接存取 $y = x\pi$. 但是, 当给定 y 时, 它用 $\Omega(N)$ 步求 $x = y\pi^-$.

证明：以同样的存储量, 我们能够用某种方法表示任意排列, 在这种方法中, $x\pi$ 和 $y\pi^-$ 都是 $O(d)$ 步可计算的.

63. [19] 关于拉链函数, 分别求满足以下条件的所有整数 w, x, y, z. (i) $x \ddagger y = y \ddagger x$; (ii) $(x \ddagger y) \gg z = (x \gg \lceil z/2 \rceil) \ddagger (y \gg \lfloor z/2 \rfloor)$; (iii) $(w \ddagger x) \mathbin{\&} (y \ddagger z) = (w \mathbin{\&} y) \ddagger (x \mathbin{\&} z)$.

64. [22] 对于和的拉链函数 $(x + x') \ddagger (y + y')$, 求一个“简单”表达式, 它是 $z = x \ddagger y$ 与 $z' = x' \ddagger y'$ 的函数.

65. [M16] 二进制多项式 $u(x) = u_0 + u_1 x + \cdots + u_{n-1} x^{n-1} \pmod 2$ 可以用整数 $u = (u_{n-1}\ldots u_1 u_0)_2$ 表示. 如果多项式 $u(x)$ 和 $v(x)$ 以这种方式对应于整数 u 和 v, 那么, 什么多项式对应于整数 $u \ddagger v$?

▶ **66.** [M26] 假定多项式 $u(x)$ 已经像习题 65 中那样表示成 n 位二进制整数 u, 对某个整数 δ, 令 $v = u \oplus (u \ll \delta) \oplus (u \ll 2\delta) \oplus (u \ll 3\delta) \oplus \cdots$.

(a) 请找出描述多项式 $v(x)$ 的一种简单方法.

(b) 假定 n 很大, u 的二进制位已经打包成 64 位字. 你将如何利用 64 位寄存器的按位运算计算 $\delta = 1$ 时的 v?

(c) 考虑 $\delta = 64$ 时的问题 (b).

(d) 考虑 $\delta = 3$ 时的问题 (b).

(e) 考虑 $\delta = 67$ 时的问题 (b).

67. [M31] 假定 $u(x)$ 是习题 65 中那样表示的次数小于 n 的多项式, m 和 n 都是奇数, $0 < m < n$, 如何计算 $v(x) = u(x)^2 \bmod (x^n + x^m + 1)$? 提示：这个问题与全混洗存在一种有趣的联系.

68. [20] 哪 3 条 MMIX 指令实现 δ 移位运算 (79)?

69. [25] 证明：当正确建立掩码 θ_k 时，方法 (80) 总是提取适当的二进制位. 也就是说，我们不会弄错任何一个关键位 y_j.

▶ **70.** [31] （小盖伊·斯蒂尔，1994）给定 $\chi \neq 0$，计算一般压缩过程 (80) 所需掩码 $\theta_0, \theta_1, \ldots, \theta_{d-1}$ 的有效方法是什么？

71. [20] 说明如何颠倒 (80) 的过程，从压缩值 $y = (y_{r-1} \ldots y_1 y_0)_2$ 得到数 $z = (z_{63} \ldots z_1 z_0)_2$，其中 $z_{j_i} = y_i$（$0 \le i < r$）.

72. [25] （耶迪迪亚·希尔维茨和李佩露）证明：集中-翻转运算 (81') 在习题 58 的意义下是可欧米加路由的.

73. [22] 证明：(a) 归类运算 (81) 或 (b) 集中-翻转运算 (81') 的 d 步精选操作，将实现任何想要的 2^d 位排列.

74. [22] 给定对于"钟建民-黄泽权过程"的计数 $(c_0, c_1, \ldots, c_{2^d-1})$，说明为什么恰当的循环 1 移位总是可以产生新的计数 $(c'_0, c'_1, \ldots, c'_{2^d-1})$，对它们而言 $\sum c'_{2l} = \sum c'_{2l+1}$，因此允许递归处理.

▶ **75.** [32] 钟建民和黄泽权的方法恰好 c_l 次复制一个寄存器的位 l，但它以凌乱的次序产生结果. 例如，正文中的事例 $(c_0, \ldots, c_7) = (1, 2, 0, 2, 0, 2, 0, 1)$ 产生 $(x_7 x_3 x_1 x_5 x_5 x_3 x_1 x_0)_2$. 在某些应用中这可能是一个缺点：我们或许宁愿让二进制位保留它们原有的次序，在那个例子中就是 $(x_7 x_5 x_5 x_3 x_3 x_1 x_1 x_0)_2$.

  证明：我们可以修改图 12 的排列网络 $P(2^d)$ 达到这个目的，给定任意的计数序列 $(c_0, c_1, \ldots, c_{2^d-1})$，用一般的 2×2 变换模块代替右半部分的 $d \cdot 2^{d-1}$ 个交叉模块.（一个输入为 (a, b) 的交叉模块产生输出 (a, b) 或 (b, a)，一个变换模块还可以产生 (a, a) 或 (b, b).）

76. [47] 变换网络类似于排序网络或者排列网络，但它使用 2×2 变换模块代替比较器或交叉模块，而且可以输出它的 n 个输入的所有 n^n 个可能的变换. 习题 75 连同图 12 显示，对于 $n = 2^d$ 的变换网络仅存在 $4d - 2$ 级延迟，每一级包含 $n/2$ 个模块. 此外，这个结构在那些延迟级中仅有 d 级需要一般的 2×2 变换模块（不是简单的交叉模块）.

  在 $O(n)$ 步内足以实现一个一般 n 元件变换网络的最少模块数 $G(n)$ 是多少？

77. [26] （罗伯特·弗洛伊德和沃恩·普拉特）设计一个算法，检验给定的标准 n 网络是不是排序网络，如在 5.3.4 节习题中定义的那样. 当给定的网络带有 r 个比较器模块时，你的算法应该对长度为 2^n 的字使用 $O(r)$ 个按位运算.

78. [M27] （检验集合不相交性）假定二进制数 $x_1, x_2, \ldots, x_m$ 中的每一个代表 $n - k$ 个元素的全集的一个子集，所以，每个 x_j 都小于 2^{n-k}. 乔纳森·奎克（一位学生）决定通过考查条件

$$x_1 \mid x_2 \mid \cdots \mid x_m = (x_1 + x_2 + \cdots + x_m) \bmod 2^n$$

检验这些集合是否不相交. 证明或证伪：奎克的检验有效，当且仅当 $k \ge \lg(m-1)$.

▶ **79.** [20] 如果 $x \neq 0$ 且 $x \subseteq \chi$，确定满足 $x_l \subseteq \chi$ 的最大整数 $x_l < x$ 的简便方法是什么？（联系到 (84)，我们有 $(x_l)' = (x')_l = x$.）

80. [20] 提出一种快速方法，找出一个集合的所有最大真子集. 确切地说，给定满足 $\nu \chi = m$ 的 χ，我们要找出满足 $\nu x = m - 1$ 的所有 $x \subseteq \chi$.

81. [21] 求相对于"散列和"公式 (86) 的"散列差"的公式.

82. [21] 把散列累加器左移一位，例如，把 $(y_2 x_4 x_3 y_1 x_2 y_0 x_1 x_0)_2$ 变成 $(y_1 x_4 x_3 y_0 x_2 0 x_1 x_0)_2$，容易做得到吗？

▶ **83.** [33] 续习题 82，给定 z 和 χ，求用 $O(d)$ 步把 2^d 位散列累加器右移一位的方法.

84. [25] 给定 n 位二进制数 $z = (z_{n-1} \ldots z_1 z_0)_2$ 和 $\chi = (\chi_{n-1} \ldots \chi_1 \chi_0)_2$，说明如何计算"展宽的"值 $z \leftarrow \chi = (z_{(n-1) \leftarrow \chi} \ldots z_{1 \leftarrow \chi} z_{0 \leftarrow \chi})_2$ 和 $z \rightarrow \chi = (z_{(n-1) \rightarrow \chi} \ldots z_{1 \rightarrow \chi} z_{0 \rightarrow \chi})_2$，其中

$$j \leftarrow \chi = \max\{k \mid k \le j \text{ 且 } \chi_k = 1\}, \qquad j \rightarrow \chi = \min\{k \mid k \ge j \text{ 且 } \chi_k = 1\};$$

如果对于 $0 \le k \le j$ 有 $\chi_k = 0$, 令 $z_{j \leftarrow \chi} = 0$; 如果对于 $n > k \ge j$ 有 $\chi_k = 0$, 令 $z_{j \rightarrow \chi} = 0$. 例如, 如果 $n = 11$, $\chi = (01101110010)_2$, 则我们有 $z \leftarrow \chi = (z_9 z_9 z_8 z_6 z_6 z_5 z_4 z_1 z_1 z_1 0)_2$, $z \rightarrow \chi = (0 z_9 z_8 z_8 z_6 z_5 z_4 z_4 z_4 z_1 z_1)_2$.

85. [22] (基思·托赫尔, 1954) 设想你有一台 20 世纪 50 年代用磁鼓存储数据的老式计算机, 你需要用一个 $32 \times 32 \times 32$ 的数组 $a[i, j, k]$ 做某些计算, 数组的下标是 5 位二进制整数, 区间为 $0 \le i, j, k < 32$. 遗憾的是, 你的机器仅有非常小的高速内存: 在任何时刻只能存取在高速内存中的 128 个连续数组元素. 由于应用时常从 $a[i, j, k]$ 移动到邻近位置 $a[i', j', k']$, 其中 $|i - i'| + |j - j'| + |k - k'| = 1$, 因此你决定这样分配数组元素: 假定 $i = (i_4 i_3 i_2 i_1 i_0)_2$, $j = (j_4 j_3 j_2 j_1 j_0)_2$, $k = (k_4 k_3 k_2 k_1 k_0)_2$, 则把数组元素 $a[i, j, k]$ 存储在磁鼓单元 $(k_4 j_4 i_4 k_3 j_3 i_3 k_2 j_2 i_2 k_1 j_1 i_1 k_0 j_0 i_0)_2$. 通过这种方式交错二进制位, 对 i, j, k 的微小改变将只引起地址的微小改变.

讨论这个寻址函数的实现: (a) 当 i, j, k 改变 ± 1 时, 它如何变化? (b) 给定 i, j, k, 你将如何处理对 $a[i, j, k]$ 的随机存取? (c) 你将如何检测 "缺页" (即必须把 128 个元素的一段新数据从磁鼓换进高速内存的条件是什么)?

86. [M27] 对于 $2^p \times 2^q \times 2^r$ 个元素的数组, 通过把 $a[i, j, k]$ 置于这样一个存储单元来分配地址: 它的二进制位是 (i, j, k) 的 $p + q + r$ 位, 以某种方式排列. 此外, 把这个数组存储到页面大小为 2^s 的外部存储器. (习题 85 考虑了 $p = q = r = 5$, $s = 7$ 的情形.) 当 $a[i, j, k]$ 和 $a[i', j', k']$ 处于不同页面时, 这类分配使用什么策略, 使得满足 $|i - i'| + |j - j'| + |k - k'| = 1$ 的遍历所有 i, j, k, i', j', k' 的和的计数次数达到最小?

▶ **87.** [20] 假定 64 位字 x 的每个字节包含一个 ASCII 码, 代表一个字母、数字或空格. 哪 3 个按位运算可以把所有小写字母转换为大写字母?

88. [20] 给定 $x = (x_7 \ldots x_0)_{256}$ 和 $y = (y_7 \ldots y_0)_{256}$, 计算 $z = (z_7 \ldots z_0)_{256}$, 其中 $z_j = (x_j - y_j) \bmod 256$ ($0 \le j < 8$). (见 (87) 中的加法运算.)

89. [23] 给定 $x = (x_{31} \ldots x_1 x_0)_4$ 和 $y = (y_{31} \ldots y_1 y_0)_4$, 计算 $z = (z_{31} \ldots z_1 z_0)_4$, 其中 $z_j = \lfloor x_j / y_j \rfloor$ ($0 \le j < 32$), 假定诸 y_j 都不为零.

90. [20] 按字节平均法则 (88) 当 $x_j + y_j$ 为奇数时总是向下舍入. 在这种情况下, 通过舍入到最接近的奇数使它的偏倚较小.

▶ **91.** [26] (阿尔法通道) (88) 的方法是计算按位平均值的有效途径, 但是, 在计算机图形学的应用中经常需要更一般的 8 位值的混合. 给定 3 个全字 $x = (x_7 \ldots x_0)_{256}$, $y = (y_7 \ldots y_0)_{256}$, $\alpha = (a_7 \ldots a_0)_{256}$, 说明不用任何乘法, 按位运算可计算 $z = (z_7 \ldots z_0)_{256}$, 其中每个字节 z_j 是对 $((255 - a_j) x_j + a_j y_j)/255$ 的充分逼近. 用 MMIX 指令实现你的方法.

▶ **92.** [21] 如果把 (88) 的第二行改成 $z \leftarrow (x \mid y) - z$, 会发生什么?

93. [18] 关于减法, 什么基本公式与关于加法的公式 (89) 类似?

94. [21] 在式 (90) 中令 $x = (x_7 \ldots x_1 x_0)_{256}$, $t = (t_7 \ldots t_1 t_0)_{256}$. 当 x_j 非零时 t_j 可能是非零吗? 当 x_j 为零时 t_j 可能是零吗?

95. [22] 如果 $x = (x_7 \ldots x_1 x_0)_{256}$ 的所有字节各不相同, 按位运算方法说明了什么?

96. [21] 解释 (93), 并寻找设置检验标志 $t_j \leftarrow 128[x_j \le y_j]$ 的类似公式.

97. [23] 莱斯利·兰伯特在 1975 年发表的论文中提出下述 "来自实际编译程序优化算法的问题": 给定全字 $x = (x_7 \ldots x_0)_{256}$ 和 $y = (y_7 \ldots y_0)_{256}$, 计算满足以下条件的 $t = (t_7 \ldots t_0)_{256}$ 和 $z = (z_7 \ldots z_0)_{256}$: $t_j \ne 0$ 当且仅当 $x_j \ne 0$, $x_j \ne$ '*', $x_j \ne y_j$; 同时 $z_j = (x_j = 0?\ y_j : (x_j \ne$ '*' $\wedge x_j \ne y_j?$ '*' $: x_j))$.

98. [20] 给定 $x = (x_7 \ldots x_0)_{256}$ 和 $y = (y_7 \ldots y_0)_{256}$, 计算 $z = (z_7 \ldots z_0)_{256}$ 和 $w = (w_7 \ldots w_0)_{256}$, 其中 $z_j = \max(x_j, y_j)$, $w_j = \min(x_j, y_j)$ ($0 \le j < 8$).

▶ **99.** [28] 求十六进制常数 a, b, c, d, e, 使得以下 6 个按位运算

$$y \leftarrow x \oplus a, \qquad t \leftarrow ((((y \mathbin{\&} b) + c) \mid y) \oplus d) \mathbin{\&} e$$

能从任意字节序列 $x = (x_7 \ldots x_1 x_0)_{256}$ 计算标志 $t = (f_7 \ldots f_1 f_0)_{256} \ll 7$，其中

$$f_0 = [x_0 = \text{'!'}], \quad f_1 = [x_1 \ne \text{'*'}], \quad f_2 = [x_2 < \text{'A'}], \quad f_3 = [x_3 > \text{'z'}], \quad f_4 = [x_4 \ge \text{'a'}],$$

$$f_5 = [x_5 \in \{\text{'0'}, \text{'1'}, \ldots, \text{'9'}\}], \quad f_6 = [x_6 \le 168], \quad f_7 = [x_7 \in \{\text{'<'}, \text{'='}, \text{'>'}, \text{'?'}\}].$$

100. [25] 假定 $x = (x_{15} \ldots x_1 x_0)_{16}$ 和 $y = (y_{15} \ldots y_1 y_0)_{16}$ 是二进制编码的十进制数，其中对每个 j 有 $0 \le x_j, y_j < 10$. 在不进行进制转换的情况下，如何计算它们的和 $u = (u_{15} \ldots u_1 u_0)_{16}$ 与差 $v = (v_{15} \ldots v_1 v_0)_{16}$，其中对每个 j 有 $0 \le u_j, v_j < 10$ 且

$$(u_{15} \ldots u_1 u_0)_{10} = ((x_{15} \ldots x_1 x_0)_{10} + (y_{15} \ldots y_1 y_0)_{10}) \bmod 10^{16},$$

$$(v_{15} \ldots v_1 v_0)_{10} = ((x_{15} \ldots x_1 x_0)_{10} - (y_{15} \ldots y_1 y_0)_{10}) \bmod 10^{16}.$$

试加以说明.

▶ **101.** [22] 两个全字 x 和 y 包含时间值，用 5 个字段分别表示日（3 字节）、时（1 字节）、分（1 字节）、秒（1 字节）和毫秒（2 字节）. 不把这种混合进制表示转换成二进制表示然后再转换回来，你能对它们做快速加减法吗？

102. [25] 当多项式的 (a) 16 个 4 位系数或 (b) 21 个 3 位系数打包到一个 64 位字时，讨论多项式的模 5 加减法例程.

▶ **103.** [22] 有时用一元记号表示小的数值是很方便的，从而 $0, 1, 2, 3, \ldots, k$ 在计算机内部分别表示为 $(0)_2, (1)_2, (11)_2, (111)_2, \ldots, 2^k - 1$. 于是，max 和 min 函数很容易用 | 和 & 实现.

假定字节序列 $x = (x_7 \ldots x_0)_{256}$ 是这样的一元数值，而字节序列 $y = (y_7 \ldots y_0)_{256}$ 全都是 0 或 1. 给定 $u = (u_7 \ldots u_0)_{256}$ 和 $v = (v_7 \ldots v_0)_{256}$，其中

$$u_j = 2^{\min(8, \lg(x_j+1)+y_j)} - 1, \qquad v_j = 2^{\max(0, \lg(x_j+1)-y_j)} - 1,$$

试说明如何把 y "加到" x，或如何从 x "减去" y.

104. [22] 用按位运算检验像 (22) 中那样以 "年-月-日" 表示的日期数据的有效性. 你应当计算数值 t，它为零的充分必要条件是 $1900 < y < 2100$，$1 \le m \le 12$，$1 \le d \le max\_day(m)$，其中月份 m 最多有 $max\_day(m)$ 天. 这项工作能用少于 20 次运算完成吗？

105. [30] 给定 $x = (x_7 \ldots x_0)_{256}$ 和 $y = (y_7 \ldots y_0)_{256}$，讨论使得 $x_0 \le y_0 \le \cdots \le x_7 \le y_7$ 的字节排序按位运算.

106. [27] 解释弗雷德曼-威拉德过程 (95). 另外说明，对他们的方法做简单修改可用于计算 $2^{\lambda x}$ 而无须向左移位.

▶ **107.** [22] 用 MMIX 实现 $d = 4$ 时的算法 B，并把它同 (56) 比较.

108. [26] 修改算法 B 使之适用于 n 不具有形式 $d \cdot 2^d$ 的情形.

109. [20] 用 $O(\log \log n)$ 步广义字操作对 n 位二进制数 x 求 ρx 的值.

▶ **110.** [30] 假定 $n = 2^{2^e}$，$0 \le x < n$. 仅用按常量移动的移位指令，如何用 $O(e)$ 步广义字操作计算 $1 \ll x$？（因此，同算法 B 一起，我们可以用 $O(\log \log n)$ 步这样的操作提取一个 n 位二进制数的最高有效位. ）

111. [23] 解释 01^r 模式识别器 (98).

112. [46] 用 $O(1)$ 步广义字操作能够识别模式 $1^r 0$ 的全部出现吗？

113. [23] 强广义字链是具有特定宽度 n 的广义字链，对于所有 x_0 的 n 位的选择，它也是 2 基链. 例如，$x_1 = x_0 + 1$ 的 2 位广义字链 (x_0, x_1) 不是强广义字链，因为 $x_0 = (11)_2$ 致使 $x_1 = (00)_2$. 但是，如果我们置 $x_1 = x_0 \oplus 1$，$x_2 = x_0 \& 1$，$x_3 = x_2 \ll 1$，$x_4 = x_1 \oplus x_3$，那么 $(x_0, x_1, \ldots, x_4)$ 是强广义字链，它对所有 $0 \le x_0 < 4$ 计算 $(x_0 + 1) \bmod 4$.

给定宽度为 n 的广义字链 $(x_0, x_1, \ldots, x_r)$，构造一条同样宽度的强广义字链 $(x_0', x_1', \ldots, x_{r'}')$，满足 $r' = O(r)$，且 $(x_0, x_1, \ldots, x_r)$ 是 $(x_0', x_1', \ldots, x_{r'}')$ 的子序列.

114. [*16*] 假定 $(x_0, x_1, \ldots, x_r)$ 是宽度为 n 的强广义字链, 对任意给定 n 位二进制数 $x = x_0$, 它 计算 $f(x) = x_r$. 构造一条宽度为 mn 的广义字链 $(X_0, X_1, \ldots, X_r)$, 对任意给定的 mn 位二进制数 $X_0 = (\xi_1 \ldots \xi_m)_{2^n}$, 它计算 $X_r = (f(\xi_1) \ldots f(\xi_m))_{2^n}$, 其中 $0 \le \xi_1, \ldots, \xi_m < 2^n$.

▶ **115.** [*24*] 给定 2 基整数 $x = (\ldots x_2 x_1 x_0)_2$, 通过把以下各种情况的所有连续的 1 清零: (a) 它们后面 没有紧接着两个 0; (b) 在下一个 1 位段开始之前, 它们后面紧接着奇数个 0; (c) 它们包含奇数个 1, 我们从 x 计算 $y = (\ldots y_2 y_1 y_0)_2 = f(x)$. 例如, 如果 x 是 $(\ldots 01110111001101000110)_2$, 那么 y 是 (a) $(\ldots 00000111000001000110)_2$; (b) $(\ldots 00000111000000000110)_2$; (c) $(\ldots 00000000001100000110)_2$. (假定 x_0 的右边有无限多的 0. 因此, 在情况 (a) 对所有的 j 我们有

$$y_j = x_j \wedge ((\bar{x}_{j-1} \wedge \bar{x}_{j-2}) \vee (x_{j-1} \wedge \bar{x}_{j-2} \wedge \bar{x}_{j-3}) \vee (x_{j-1} \wedge x_{j-2} \wedge \bar{x}_{j-3} \wedge \bar{x}_{j-4}) \vee \cdots),$$

假设对 $k < 0$ 有 $x_k = 0$.) 在每种情况下, 求 y 的 2 基链.

116. [*HM30*] 假定 $x = (\ldots x_2 x_1 x_0)_2$, $y = (\ldots y_2 y_1 y_0)_2 = f(x)$, 其中 y 是通过不含移位操作的 2 基 链可计算的. 令 L 是满足 $y_j = [x_j \ldots x_1 x_0 \in L]$ 的所有二进制串的集合, 假设链中使用的所有常数都是 2 基有理数. 证明: L 是一种正则语言. 哪些语言 L 对应于习题 115(a) 和 115(b) 中的函数?

117. [*HM46*] 续习题 116, 对于刻画出现在无移位 2 基链的正则语言 L, 存在简单方法吗? (语 言 $L = 0^*(10^*10^*)^*$ 似乎不对应于任何这样的链.)

118. [*30*] 根据引理 A, 仅用加法、减法和 (不带移位或分支的) 按位布尔运算, 我们无法对所有 n 位二 进制数 x 计算函数 $x \gg 1$. 然而, 如果我们还能使用 "点减" 运算 $y \dot- z$, 证明: $O(n)$ 步这样的运算是必 要的和充分的.

119. [*20*] 用四步广义字操作计算 (102) 中函数 $f_{py}(x)$ 的值.

▶ **120.** [*M25*] 存在 $2^{n 2^{mn}}$ 个函数把 n 位二进数 $(x_1, \ldots, x_m)$ 变换成 n 位二进数 $f(x_1, \ldots, x_m)$. 它们中 的多少个函数可以用加法、减法、乘法和无移位按位布尔运算 (模 2^n) 实现?

▶ **121.** [*M25*] 由习题 3.1–6, 一个从 $[0 .. 2^n)$ 变换到自身的函数最终是周期函数.
    (a) 证明: 如果 f 是任意可以不用移位指令实现的 n 位广义字函数, 它的周期长度总是 2 的乘幂.
    (b) 然而, 对于 1 与 n 之间的每个 p, 存在长度为 3 的 n 位广义字链, 它有长度为 p 的周期.

122. [*M22*] 完成引理 B 的证明.

123. [*M23*] 令 a_q 是常数 $1 + 2^q + 2^{2q} + \cdots + 2^{(q-1)q} = (2^{q^2} - 1)/(2^q - 1)$. 利用 (104), 证明: 存在无 限多这样的 q, 模 2^{q^2} 乘以 a_q 的乘法运算, 在 $n \ge q^2$ 的任何 n 位广义字链中需要 $\Omega(\log q)$ 步.

124. [*M38*] 完成定理 R$'$ 的证明, 通过定义 n 位广义字链 $(x_0, x_1, \ldots, x_f)$ 和集合 $(U_0, U_1, \ldots, U_f)$, 对 于 $0 \le t \le f$, 所有输入 $x \in U_t$ 导致下述意义下一个实际相似的状态 $Q(x, t)$: (i) $Q(x, t)$ 中的当前指令 不依赖于 x; (ii) 如果寄存器 r_j 中有 $Q(x, t)$ 的一个已知值, 它保存对于某个确定下标 $j' \le t$ 的 $x_{j'}$; (iii) 如果存储单元 $M[z]$ 被改变, 它保存对于某个确定下标 $z'' \le t$ 的 $x_{z''}$. (j' 和 z'' 的值依赖于 j, z, t, 但是不依赖于 x.) 此外, 我们有 $|U_t| \ge n/2^{2^t - 1}$, 且当 $t < f$ 时程序不能保证 $r_1 = \rho x$. 提示: 引理 B 意味着 t 很小时需考虑有限的移位量和存储地址.

125. [*M33*] 证明定理 P$'$. 提示: 对于任意 α_s 值, 如果我们在 (103) 中用 $= \alpha_s$ 代替 $= 0$, 引理 B 依然 成立.

126. [*M46*] 在 n 位的基本随机存储器中提取最高有效位 $2^{\lambda x}$ 的运算, 需要 $\Omega(\log \log n)$ 步吗? (见习 题 110.)

127. [*HM40*] 证明: 利用电路复杂性理论计算奇偶性函数 $(\nu x) \bmod 2$ 至少需要 $\Omega(\log n / \log \log n)$ 步广 义字操作. [提示: 每个广义字运算属于复杂性类 AC_0.]

128. [*M46*] $(\nu x) \bmod 2$ 可以用 $O(\log n / \log \log n)$ 步广义字操作计算吗?

129. [*M46*] 位叠加加法需要 $\Omega(\log n)$ 步广义字操作吗?

130. [*M46*] 存在 n 位常数 a 使得函数 $(a \ll x) \bmod 2^n$ 需要 $\Omega(\log n)$ 步 n 位广义字操作吗?

▶ **131.** [*23*] 当图是由弧的列表表示时，编写算法 R 的 MMIX 程序. 顶点结点至少有两个字段，称为 LINK 和 ARCS，而弧结点有 TIP 和 NEXT 字段，如第 7 节中说明的那样. 最初所有 LINK 字段都为零，除非在给定的顶点集 Q 中，它表示为循环表. 你的程序应当改变那个循环表，使其表示所有可达顶点的集合 R.

▶ **132.** [*M27*] 团是图中相互邻接的顶点的集合. 如果一个团不包含在任何其他团内，我们称它为极大团. 本题的目的在于讨论约翰·穆迪和杰弗里·霍利斯提出的一个算法，该算法提供一种方便的方法，利用按位运算对不是太大的图求出每一个极大团.

假定 G 是有 n 个顶点 $V = \{0, 1, \ldots, n-1\}$ 的图. 令 $\rho_v = \sum \{2^u \mid u \text{---} v \text{ 或 } u = v\}$ 是 G 的自反邻接矩阵的第 v 行，令 $\delta_v = \sum \{2^u \mid u \neq v\} = 2^n - 1 - 2^v$. 每个子集 $U \subseteq V$ 都可以表示成 n 位二进制整数 $\sigma(U) = \sum_{u \in U} 2^u$. 例如，$\delta_v = \sigma(V \setminus v)$. 此外，我们定义按位交

$$\tau(U) = \underset{0 \leq u < n}{\&} (u \in U \, ? \, \rho_u \colon \delta_u).$$

例如，当 $n = 5$ 时我们有 $\tau(\{0, 2\}) = \rho_0 \,\&\, \delta_1 \,\&\, \rho_2 \,\&\, \delta_3 \,\&\, \delta_4$.

(a) 证明：U 是一个团当且仅当 $\tau(U) = \sigma(U)$.

(b) 证明：如果 $\tau(U) = \sigma(T)$，那么 T 是一个团.

(c) 对于 $1 \leq k \leq n$，考虑 2^k 个按位交

$$C_k = \left\{ \underset{0 \leq u < k}{\&} (u \in U \, ? \, \rho_u \colon \delta_u) \,\middle|\, U \subseteq \{0, 1, \ldots, k-1\} \right\},$$

令 C_k^+ 是 C_k 的极大元素. 证明：U 是极大团当且仅当 $\sigma(U) \in C_n^+$.

(d) 说明如何从 $C_0^+ = \{2^n - 1\}$ 开始由 C_{k-1}^+ 计算 C_k^+.

▶ **133.** [*20*] 给定图 G，如何能把习题 132 的算法用于计算 (a) 顶点的所有极大独立集？(b) 所有极小顶点覆盖（覆盖每条边的顶点的集合）？

134. [*15*] (119)(123)(124) 给出了三态值的 9 类变换. 如果 $a = 0$，$b = *$，$c = 1$，二进制表示 (128) 属于哪个类？

135. [*22*] 武卡谢维奇的三值逻辑包含了 (127) 之外的一些运算：$\neg x$（否定）交换 0 与 1，但是保留 $*$ 不变；$\diamond x$（可能性）定义为 $\neg x \Rightarrow x$；$\Box x$（必要性）定义为 $\neg \diamond \neg x$；$x \Leftrightarrow y$（等价）定义为 $(x \Rightarrow y) \wedge (y \Rightarrow x)$. 说明如何利用二进制表示 (128) 执行这些运算.

136. [*29*] 对于集合 $\{a, b, c\}$ 上由下列"乘法表"定义的二进制运算提出两位编码：

$$\text{(a)} \begin{pmatrix} a & b & c \\ b & c & c \\ c & c & c \end{pmatrix}; \qquad \text{(b)} \begin{pmatrix} a & c & b \\ c & b & a \\ b & a & c \end{pmatrix}; \qquad \text{(c)} \begin{pmatrix} a & b & a \\ a & a & c \\ a & b & c \end{pmatrix}.$$

137. [*21*] 证明：习题 136(c) 中的运算用像 (131) 的打包向量比用 (130) 的解包形式更简单.

138. [*24*] 找出 V_a 类最佳的"三态值到两位编码"的例子.

139. [*25*] 如果 x 和 y 是带符号的二进制位组 0，+1，−1，找出适合计算它们的和 $(z_1 z_2)_3 = x + y$（其中 z_1 和 z_2 也要求是带符号的二进制位组）的两位编码.（这是对平衡三进制数的"半加器".）

140. [*27*] 对平衡三进制数设计一种经济的全加器：说明如何计算带符号的二进制位组 u 和 v，使得当 $x, y, z \in \{0, +1, -1\}$ 时有 $3u + v = x + y + z$.

▶ **141.** [*30*] 乌拉姆数 $\langle U_1, U_2, \ldots \rangle = \langle 1, 2, 3, 4, 6, 8, 11, 13, 16, 18, 26, \ldots \rangle$ 定义为：对于 $n \geq 3$，令 U_n 是大于 U_{n-1} 的最小整数，它必须满足：对于 $0 < j < k < n$ 具有唯一表示 $U_n = U_j + U_k$. 证明：借助按位运算可以快速计算前一百万个乌拉姆数.

▶ **142.** [*33*] 像在 (85) 中那样，子立方 *10*1*01 可以用星号代码 10010100 和位代码 01001001 表示. 但也可能采用其他很多编码. 为了通过习题 7.1.1–31 的基于子立方共存体的算法寻找素蕴涵元，什么子立方表示方案是最适合的？

143. [*20*] 令 x 是表示 8×8 棋盘的 64 位二进制数，在马出现的每个位置置 1. 找出 64 位二进制数公式 $f(x)$，它在马一步可达的每个位置置 1. 例如，一局比赛开始时白马对应于 $x = {}^\#42$，则 $f(x) = {}^\#\text{a51800}$.

144. [*16*] 横向堆中结点 j 的兄弟结点是什么?(见 (134).)

145. [*17*] 解释当 h 小于结点 j 的高度时的公式 (137).

▶ **146.** [*M20*] 证明恒等式 (138),它表示函数 ρ 与 λ 之间的关系.

▶ **147.** [*M20*] 如果森林是

(a) 有顶点 $\{v_1, \ldots, v_n\}$ 但没有弧的空有向图;

(b) 定向路径 $v_n \longrightarrow \cdots \longrightarrow v_2 \longrightarrow v_1$,

算法 V 中的 πv,βv,αv,τj 的值分别是什么?

148. [*M21*] 在对算法 V 进行预处理时,如果在森林中有 $x_3 \longrightarrow x_2 \longrightarrow x_1 \longrightarrow \Lambda$ 和 $y_2 \longrightarrow y_1 \longrightarrow \Lambda$,在 S 中可能有 $\beta x_3 \longrightarrow^* \beta y_2 \longrightarrow^* \beta x_2 \longrightarrow^* \beta y_1 \longrightarrow^* \beta x_1$ 吗?(这种情况下,两棵不同的树在 S 中是"缠绕"的.)

▶ **149.** [*23*] 为算法 V 设计一个预处理程序.

▶ **150.** [*25*] 给定数组 $A_1, \ldots, A_n$,区域最小值查询问题确定 $k(i,j)$,使得对于任意给定的下标 i 和 j($1 \le i \le j \le n$)有 $A_{k(i,j)} = \min(A_i, \ldots, A_j)$. 证明:算法 V 经过 $O(n)$ 步预处理对数组 A 准备好所需的表 $(\pi, \beta, \alpha, \tau)$ 后能解决这个问题. 提示:考虑从键序列 $(p(1), p(2), \ldots, p(n))$ 构造的二叉查找树,其中 p 是 $\{1, 2, \ldots, n\}$ 的排列,使得 $A_{p(1)} \le A_{p(2)} \le \cdots \le A_{p(n)}$.

151. [*22*] 反之,证明:用于求解区域最小值查询问题的任何算法能以实际相同的效率用于求解最近共同先辈问题.

152. [*M21*] 证明算法 V 的正确性.

▶ **153.** [*M20*] 像 (144) 的导航堆中的指针可以打包成类似

0	1	0	0	1	0	0	0	0	1	0	1	0	0	0	0	0	0	0	0
2		4		6		8		10		12	14		16			18	20	22	24

的二进制串. 结点 j 的指针在哪个二进制位(从左算起)的位置结束?

154. [*20*] 图 14 中的灰色线说明每个五边形怎样由 10 个三角形构成. 双曲平面的何种分解是单独由那些灰色线(不包括五边形的黑色边)确定?

▶ **155.** [*M21*] 设 α 是 x 的负斐波那契码,证明:$(x\phi) \bmod 1 = (\alpha 0)_{1/\phi}$.

156. [*21*] 设计算法:(a) 把给定的整数 x 转换成它的负斐波那契码 α;(b) 把给定的负斐波那契码 α 转换成 $x = N(\alpha)$.

157. [*M21*] 解释负斐波那契二进制码的前导与后继的递推公式 (148).

158. [*M26*] 令 $\alpha = a_n \ldots a_1$ 是标准斐波那契数系 (146) 中 $F(\alpha 0) = a_n F_{n+1} + \cdots + a_1 F_2$ 的二进制码. 推导用于递增与递减这样码字的类似于 (148) 和 (149) 的方法.

159. [*M34*] 习题 7 表明,很容易在负二进制数系与二进制数系之间进行转换. 讨论负斐波那契码字与习题 158 中的普通斐波那契码字之间的转换问题.

160. [*M29*] 证明:(150) 和 (151) 产生一致的五边形网格的代码标记.

161. [*20*] 可以对国际象棋棋盘的方格着黑色和白色,使得邻接方格带有不同的颜色. 五边形网格也具有这种性质吗?

▶ **162.** [*HM37*] 说明如何绘制五边形网格图 14. 现存的圆是什么?

163. [*HM41*] 设计穿越图 18 的平铺三角形的一条路线.

164. [*23*] 在 1957 年,蚀刻的原初定义不是 (157),而是

$$\text{custer}'(X) = X \mathbin{\&} {\sim}(X_{\text{NW}} \mathbin{\&} X_{\text{N}} \mathbin{\&} X_{\text{NE}} \mathbin{\&} X_{\text{W}} \mathbin{\&} X_{\text{E}} \mathbin{\&} X_{\text{SW}} \mathbin{\&} X_{\text{S}} \mathbin{\&} X_{\text{SE}}).$$

为什么 (157) 是更可取的?

165. [*21*] （罗素·基尔希）讨论采用

$$X^{(t+1)} = \text{custer}(\overline{X}^{(t)}) = \sim X^{(t)} \, \& \, (X_{\text{N}}^{(t)} \mid X_{\text{W}}^{(t)} \mid X_{\text{E}}^{(t)} \mid X_{\text{S}}^{(t)})$$

的 3×3 细胞自动机的计算.

166. [*M23*] 令 $f(M, N)$ 是满足 $X = \text{custer}(X)$ 的 $M \times N$ 位图 X 中黑色像素的最大数目. 证明: $f(M, N) = \frac{4}{5}MN + O(M + N)$.

167. [*24*] （生命游戏）如果位图 X 代表细胞的一个阵列, 这些细胞要么是死（0）要么是活（1）, 当布尔函数

$$f(x_{\text{NW}}, \ldots, x, \ldots, x_{\text{SE}}) = [2 < x_{\text{NW}} + x_{\text{N}} + x_{\text{NE}} + x_{\text{W}} + \tfrac{1}{2}x + x_{\text{E}} + x_{\text{SW}} + x_{\text{S}} + x_{\text{SE}} < 4]$$

控制一台像 (158) 中那样的细胞自动机时, 可能诱发惊人的生命演化.

(a) 找出用 26 步或者更少操作步骤的布尔链计算 f 的方法.

(b) 令 $X_j^{(t)}$ 表示 X 在时刻 t 的第 j 行. 证明: 把 $X_j^{(t+1)}$ 作为 $X_{j-1}^{(t)}$, $X_j^{(t)}$, $X_{j+1}^{(t)}$ 的函数, 计算 $X_j^{(t+1)}$ 的值最多需要 23 步广义字运算.

▶ **168.** [*23*] 为了保持图像有限, 我们可以坚持 3×3 细胞自动机把一个 $M \times N$ 位图当作顶部与底部之间以及左端与右端之间无缝回绕的环面处理. 用按位运算高效模拟它的动作需要一定技巧: 要求对存储器访问最少, 然而每个像素的新值依赖于四周所有像素的旧值. 此外, 邻接字之间的移位超出一个寄存器的容量, 势必难以处理.

这些困难可以通过维持 n 位二进制字 A_{jk} 的数组克服, 其中 $0 \le j \le M$, $0 \le k \le N' = \lceil N/(n-2) \rceil$. 当 $j \ne M$ 且 $k \ne 0$ 时, 字 A_{jk} 包括第 j 行从第 $(k-1)(n-2)$ 列到第 $k(n-2)+1$ 列（含这两列）的像素; 字 A_{Mk} 和 A_{j0} 提供辅助缓存空间.（注意光栅的某些位出现两次.）试加以说明.

169. [*22*] 继续前面两题, 当图 17(a) 的柴郡猫在 26×31 环面中经历生命演化时出现什么景象?

▶ **170.** [*21*] 给定 M 行 N 列的纯黑色矩形, 郭自成-霍尔细化自动机产生什么结果? 它花费多少时间?

171. [*24*] 求计算 (159) 的局部细化函数 $g(x_{\text{NW}}, x_{\text{N}}, x_{\text{NE}}, x_{\text{W}}, x_{\text{E}}, x_{\text{SW}}, x_{\text{S}}, x_{\text{SE}})$ 的长度小于等于 25 的布尔链, 包含或者不含 (160) 中的额外事例.

172. [*M29*] 证明或证伪: 如果一个图形包含三个互为王邻近的黑色像素, 由 (160) 扩充的郭自成-霍尔算法程序将削减它, 除非不消除连通性就不能移除那些像素.

▶ **173.** [*M30*] 光栅图像如果包含噪声数据, 需要经常清除. 例如, 当把细化算法用于光学字符识别时, 意外的黑色斑点或白色斑点完全可能损坏结果.

说一个位图是封闭的, 如果它的每个白色像素是 2×2 白色像素方块的组成部分; 说它是开放的, 如果它的每个黑色像素是 2×2 黑色像素方块的组成部分. 令

$$X^D = \bigcap \{Y \mid Y \supseteq X \text{ 且 } Y \text{ 是封闭的}\}; \qquad X^L = \bigcup \{Y \mid Y \subseteq X \text{ 且 } Y \text{ 是开放的}\}.$$

一个位图称为清洁的, 如果对于某个 X 它等于 X^{DL}. 例如, 我们可能有

$$X = \blacksquare ; \qquad X^D = \blacksquare ; \qquad X^{DL} = \blacksquare .$$

一般说来, X^D 比 X "更黑", 而 X^L 比 X "更亮": $X^D \supseteq X \supseteq X^L$.

(a) 证明: $(X^{DL})^{DL} = X^{DL}$. 提示: $X \subseteq Y$ 蕴涵 $X^D \subseteq Y^D$ 和 $X^L \subseteq Y^L$.

(b) 说明: 可以用 3×3 细胞自动机一步计算 X^D.

174. [*M46*] （马文·闵斯基和西摩·佩珀特）存在类似 (161) 的保持连通性的三维收缩算法吗?

175. [*15*] 柴郡猫有多少车连通黑色分图?

176. [*M24*] 图 G 的顶点是给定位图 X 的黑色像素, 当 u 和 v 相距一步王移动时, G 具有边 $u \,\text{—}\, v$. 令 G' 是应用收缩变换 (161) 后对应的图. 本题的目的在于证明: G' 的连通分图数目等于 G 的分图数目减去 G 的孤立顶点数目.

令 $N_{(i,j)} = \{(i,j),(i-1,j),(i-1,j+1),(i,j+1)\}$ 是像素 (i,j) 以及它的北面邻近和（或）者东面邻近. 对于每个 $v \in G$ 令 $S(v) = \{v' \in G' \mid v' \in N_v\}$.

　　(a) 证明: $S(v)$ 是空集当且仅当 v 是 G 的孤立顶点.

　　(b) 如果 u — v 在 G 中, $u' \in S(u)$ 且 $v' \in S(v)$, 证明: u' —* v' 在 G' 中（也就是说，它们在同一个分图中）.

　　(c) 对于每个 $v' \in G'$, 令 $S'(v') = \{v \in G \mid v' \in N_v\}$. $S'(v')$ 总是非空吗?

　　(d) 如果 u' — v' 在 G' 中, $u \in S'(u')$ 且 $v \in S'(v')$, 证明: u —* v 在 G 中.

　　(e) 因此, 在 G 的非平凡分图与 G' 的分图之间存在一一对应.

177. [*M22*] 续习题 176, 对白色像素证明类似的结果.

178. [*20*] 如果 X 是 $M \times N$ 位图, 令 X^* 是 $M \times (2N+1)$ 位图 $X \ddagger (X \mid (X \ll 1))$. 证明: X^* 的王连通分图也是车连通的, 位图 X^* 具有与 X 相同的"环绕树" (162).

▶ **179.** [*34*] 设计一个算法, 构造给定 $M \times N$ 位图的环绕树, 如正文中讨论的那样, 一次扫描一行图像.（见 (162) 和 (163).）

▶ **180.** [*M24*] 对于 $0 < y \le 7$, 手工数字化双曲线 $y^2 = x^2 + 13$.

181. [*HM20*] 说明怎样把有理系数的一般圆锥曲线 (168) 细分为适用算法 T 的单调区段.

182. [*M31*] 为什么三寄存器算法（算法 T）的数字化过程是正确的?

▶ **183.** [*M29*]（金特·罗特）说明为什么当条件 (v) 不成立时算法 T 可能失败.

▶ **184.** [*M22*] 求二次型 $Q'(x,y)$, 如果把算法 T 应用于 (x',y'), (x,y), Q', 它产生与算法 T 应用于 (x,y), (x',y'), Q 完全相同的那些边, 但顺序相反. 提示: 答案很简单.

▶ **185.** [*23*] 通过简化算法 T 设计一个算法, 当 ξ, η, ξ', η' 是有理数时, 该算法正确数字化从 (ξ, η) 到 (ξ', η') 的直线.

186. [*HM22*] 给定 3 个复数 (z_0, z_1, z_2), 考虑由

$$B(t) = (1-t)^2 z_0 + 2(1-t)t z_1 + t^2 z_2, \qquad 0 \le t \le 1$$

画出的曲线.

　　(a) 当 t 接近 0 或 1 时, $B(t)$ 有什么近似特性?

　　(b) 令 $S(z_0, z_1, z_2) = \{B(t) \mid 0 \le t \le 1\}$. 证明: $S(z_0, z_1, z_2)$ 的所有点位于以 z_0, z_1, z_2 为顶点的三角形上或其内部.

　　(c) 判别真假: $S(w + \zeta z_0, w + \zeta z_1, w + \zeta z_2) = w + \zeta S(z_0, z_1, z_2)$.

　　(d) 证明: 当且仅当 z_0, z_1, z_2 共线, $S(z_0, z_1, z_2)$ 是一条线段; 否则, 它是抛物线的一部分.

　　(e) 证明: 如果 $0 \le \theta \le 1$, 我们有递推公式

$$S(z_0, z_1, z_2) = S(z_0, (1-\theta)z_0 + \theta z_1, B(\theta)) \cup S(B(\theta), (1-\theta)z_1 + \theta z_2, z_2).$$

187. [*M29*] 续习题 186, 说明如何用三寄存器方法（算法 T）数字化 $S(z_0, z_1, z_2)$. 为了获得最好结果, 数字化 $S(z_2, z_1, z_0)$ 和 $S(z_0, z_1, z_2)$ 应该产生相同的边, 但顺序相反.

▶ **188.** [*25*] 把位图图像视为逐渐变化的灰色像素而非单纯的黑色或白色像素通常更为方便. 这样的灰度级别通常是从 0（黑色）到 255（白色）的 8 位二进制值, 注意这样的黑/白约定同传统上注重二进制位 1 的情形相反. 分辨率为每英寸 600 点的 $m \times n$ 位图正好对应于每英寸 75 像素的 $(m/8) \times (n/8)$ 灰度级图像, 把每个 8×8 的像素（每个像素 1 比特）子阵列变换为灰度值 $\lfloor 255(1 - k/64)^{1/\gamma} + \frac{1}{2} \rfloor$ 即可获得这种灰度级图像, 其中 $\gamma = 1.3$, 而 k 是子阵列中 1 的个数.

　　编写一个 MMIX 例程, 把给定的 $m \times n$ BITMAP 阵列转换成对应的 $(m/8) \times (n/8)$ GRAYMAP 图像, 假定 $m = 8m'$, $n = 64n'$.

189. [*25*] 给定 64×64 位图，使用 64 位二进制数运算对它 (a) 转置或者 (b) 逆时针旋转 $90°$ 的有效方法是什么？

190. [*23*] m 行 n 列的奇偶模式是具有如下特性的由 0 和 1 构成的 $m \times n$ 矩阵：它的每个元素是其车邻近之和，模 2. 例如，

$$11 \qquad 0011 \qquad \qquad 100 \qquad 01110$$
$$00, \qquad 0100 \qquad 01010 \qquad 110 \qquad 10101$$
$$11 \qquad 1101, \qquad 11011, \qquad 101, \qquad 11011$$
$$\qquad 0101 \qquad 01010 \qquad 011 \qquad 10101$$
$$\qquad \qquad \qquad \qquad 001 \qquad 01110$$

分别是大小为 3×2, 4×4, 3×5, 5×3, 5×5 的奇偶模式.

　　(a) 假定二进制向量 $\alpha_1, \alpha_2, \ldots, \alpha_m$ 是奇偶模式的各行，证明：$\alpha_2, \ldots, \alpha_m$ 都可以从顶行向量 α_1 用按位运算计算. 因此，从任意给定的位向量开始，最多只有一个 $m \times n$ 奇偶模式.

　　(b) 判别真假：两个 $m \times n$ 奇偶模式之和（模 2）是奇偶模式.

　　(c) 不包含全 0 的行或列的奇偶模式，称作完全的. 例如，上面的矩阵中有 3 个是完全奇偶模式，但 3×2 和 3×5 的例子不是. 证明：每个 $m \times n$ 奇偶模式都包含完全奇偶模式作为子矩阵. 此外，所有这样的子矩阵具有同样的大小 $m' \times n'$，其中，$m' + 1$ 是 $m + 1$ 的因子，$n' + 1$ 是 $n + 1$ 的因子.

　　(d) 有以 0011 开始的完全奇偶模式，但没有以 01010 开始的完全奇偶模式. 存在判别给定二进制向量是不是完全奇偶模式顶行向量的简单方法吗？

　　(e) 证明：存在唯一的完全奇偶模式，它的顶行向量是 $1\overbrace{0\ldots0}^{n-1}$.

191. [*M30*] 回绕奇偶模式类似于习题 190 中的奇偶模式，只是每一行最左边元素和最右边元素也是邻近.

　　(a) 找出顶行向量是 α 的 n 列奇偶模式与顶行向量是 $0\alpha0\alpha^R$ 的 $2n + 2$ 列回绕奇偶模式之间的一种简单关系.

　　(b) 斐波那契多项式由递推公式

$$F_0(x) = 0, \qquad F_1(x) = 1, \qquad F_{j+1}(x) = xF_j(x) + F_{j-1}(x), \qquad j \geq 1$$

定义. 证明：在顶行向量是 $10\ldots0$（$N-1$ 个零）的回绕奇偶模式与斐波那契多项式（模 $x^N + 1$）之间存在简单关系. 提示：考虑 $F_j(x^{-1} + 1 + x)$，进行模 2 以及模 $x^N + 1$ 算术运算.

　　(c) 假定 α 是二进制串 $a_1 \ldots a_n$，令 $f_\alpha(x) = a_1 x + \cdots + a_n x^n$. 证明

$$f_{(\alpha_j 0 \alpha_j^R)}(x) = (f_\alpha(x) + f_\alpha(x^{-1}))F_j(x^{-1} + 1 + x) \bmod (x^N + 1) \text{ 和 } \bmod 2,$$

其中 $N = 2n + 2$, α_j 是顶行向量为 α 的 n 列奇偶模式的第 j 行.

　　(d) 因此，我们可以仅用 $O(n^2 \log j)$ 步从 α 计算 α_j. 提示：见习题 4.6.3-26，并利用恒等式 $F_{m+n}(x) = F_m(x)F_{n+1}(x) + F_{m-1}(x)F_n(x)$，它是等式 1.2.8-(6) 的推广.

192. [*HM38*] 从一个给定串开始的最短奇偶模式可能是非常长的. 例如，顶行向量是 $10\ldots0$ 的 120 列完全奇偶模式最终有 $36\,028\,797\,018\,963\,966$ 行！本题的目的是考察如何计算重要函数

$$c(q) = 1 + \max\{m \mid \text{存在 } m \text{ 行 } q{-}1 \text{ 列完全奇偶模式}\},$$

当 $1 \leq q \leq 9$ 时，不难手工计算开头几个值 $(1, 3, 4, 6, 5, 24, 9, 12, 28)$.

　　(a) 利用习题 191 的斐波那契多项式以代数方式描述 $c(q)$ 的特征.

　　(b) 如果我们知道整数 M（它能被 $c(q)$ 整除），还知道 M 的素因子，说明如何计算 $c(q)$.

　　(c) 证明：当 $e > 0$ 时我们有 $c(2^e) = 3 \cdot 2^{e-1}$. 提示：$F_{2^e}(y)$ 有一个简单的模 2 形式.

　　(d) 证明：当 q 是奇数且不是 3 的倍数时，$c(q)$ 是 $2^{2e} - 1$ 的因子，其中 e 是 2 模 q 的阶. 提示：$F_{2^e-1}(y)$ 有一个简单的模 2 形式.

　　(e) 当 q 是 3 的奇数倍时出现什么情况？

　　(f) 最后，说明当 q 是偶数时该如何处理.

▶ **193.** [*M21*] 假定当 m 和 n 都是奇数时存在 $m \times n$ 完全奇偶模式，那么，也存在 $(2m+1) \times (2n+1)$ 完全奇偶模式，试加以说明.（反复应用这种观察结果导致复杂分形. 例如，习题 190 中的 5×5 奇偶模式导致图 20 的模式.）

194. [*M24*] 找出满足以下条件的所有 $n \leq 383$,存在有八重对称性(如图 20 中的例子)的 $n \times n$ 完全奇偶模式. 提示:所有这种模式的对角线元素必定为零.

图 20 383×383 完全奇偶模式

▶ **195.** [*HM25*] 令 A 是行向量为 $\alpha_1, \ldots, \alpha_m$ 的 n 列二进制矩阵. 说明如何利用按位运算计算 A 在二元域 $\{0,1\}$ 上的秩 $m-r$,并求长度为 m 的线性无关二进制向量 $\theta_1, \ldots, \theta_r$,它们满足 $\theta_j A = 0 \ldots 0$($1 \leq j \leq r$). 提示:见关于零空间的"三角化"算法 4.6.2N.

196. [*21*] (肯尼思·汤普森,1992)对于区间 $0 \leq x < 2^{31}$ 内的整数,可以用下述方法编码为至多 6 字节的数值串 $\alpha(x) = \alpha_1 \ldots \alpha_l$:如果 $x < 2^7$,置 $l \leftarrow 1$,$\alpha_1 \leftarrow x$. 否则,令 $x = (x_5 \ldots x_1 x_0)_{64}$;置 $l \leftarrow \lceil (\lambda x)/5 \rceil$,$\alpha_1 \leftarrow 2^8 - 2^{8-l} + x_{l-1}$,对于 $2 \leq j \leq l$ 置 $\alpha_j \leftarrow 2^7 + x_{l-j}$. 注意,$\alpha(x)$ 包含零字节当且仅当 $x = 0$.

(a) $^\#$a,$^\#$3a3,$^\#$7b97,$^\#$1d141 的编码分别是什么?

(b) 证明:如果 $x \leq x'$,按字典序 $\alpha(x) \leq \alpha(x')$.

(c) 假定值序列 $x^{(1)} x^{(2)} \ldots x^{(n)}$ 编码为字节串 $\alpha(x^{(1)}) \alpha(x^{(2)}) \ldots \alpha(x^{(n)})$,令 α_k 是这个串中的第 k 个字节. 说明通过(在需要时)考察少数邻近字节,容易确定值 $x^{(i)}$ 来自哪个 α_k.

197. [*22*] 通用字符集(UCS)也称为统一码,是从字符到整数码点 x($0 \leq x < 2^{20} + 2^{16}$)的标准变换. UTF-16 编码用下述方法把这样的整数表示成一个短字 $\beta(x) = \beta_1$ 或两个短字 $\beta(x) = \beta_1 \beta_2$:如果 $x < 2^{16}$,那么 $\beta(x) = x$;否则

$$\beta_1 = {}^\#\text{d800} + \lfloor y/2^{10} \rfloor, \qquad \beta_2 = {}^\#\text{dc00} + (y \bmod 2^{10}), \qquad \text{其中 } y = x - 2^{16}.$$

对这种编码回答习题 196 的问题 (a), (b), (c).

▶ **198.** [*21*] 我们通常用称为 UTF-8 的模式把统一码字符表示成字节串,这种表示是习题 196 限制在区间 $0 \leq x < 2^{20} + 2^{16}$ 中的整数编码. 注意,UTF-8 有效保持了标准 ASCII 字符集($x < 2^7$ 的码点),它与 UTF-16 完全不同.

令 α_1 是 UTF-8 字节串 $\alpha(x)$ 的第一个字节. 证明:存在适当小的整常数 a, b, c,仅用 4 个按位运算

$$(a \gg ((\alpha_1 \gg b) \,\&\, c)) \,\&\, 3$$

足以确定 α_1 与 $\alpha(x)$ 的末端之间的字节数 $l-1$.

▶ **199.** [*23*] 在 UTF-8 中,有人也许试图用把 $^\#$a 编码为 $^\#$c08a 或 $^\#$e0808a 或 $^\#$f080808a,因为明显的解码算法在每一种情况产生同样结果. 然而,因为可能产生安全隐患,这些不必要的长编码形式是违规的.

假定我们有字节 α_1 和 α_2,其中 $\alpha_1 \geq {}^\#80$,$^\#80 \leq \alpha_2 < {}^\#$c0. 找出一个无转移的方法,判定 α_1 和 α_2 是否至少是一个合法的 UTF-8 字节串 $\alpha(x)$ 的前两个字节.

200. [*20*] 执行 3 条 MMIX 指令 MOR $1,$0,#94; MXOR $2,$0,#94; SUBU $3,$1,$2 后寄存器 $3 的内容是什么,说明其含义.

201. [*20*] 假定 $x = (x_{15} \ldots x_1 x_0)_{16}$ 有 16 个十六进制数字. 用一条什么 MMIX 指令能把 x 的每个非零十六进制数字变成 f 而保持其中的零不变?

202. [*20*] 两条什么指令能把全字(64 位量)中的非零短字(16 位量)变成 #ffff?

203. [*22*] (约瑟夫·达洛斯,2018)假定我们需要把半字 $x = (x_7 \ldots x_1 x_0)_{16}$ 转换成全字 $y = (y_7 \ldots y_1 y_0)_{256}$,其中 y_j 是十六进制数字 x_j 的 ASCII 码. 例如,如果 $x = {}^\#\text{1234abcd}$,那么,y 应该是字符串 "1234abcd". 如何巧妙选择 5 个常数 a, b, c, d, e,使得下面的 MMIX 指令完成此项任务?

$$\text{MOR t,x,a; SLU s,t,4; MOR t,b,s}$$

$$\text{ADD t,t,c; MOR s,d,t; ADD t,t,e; ADD y,t,s}$$

▶ **204.** [*22*] 仅用 6 条 MMIX 指令达到全混洗的神奇常数 p, q, r, m 是什么?(见 (175)–(178).)

▶ **205.** [*22*] 在 MMIX 上如何解除全混洗, 从 (175) 中的 w 回到 z?

206. [*20*] 与取变换 $z \mapsto y \ddagger x = (y_{31}x_{31} \ldots y_1x_1y_0x_0)_2$ 的 "内混洗" 比较, 有时把 "全混洗" (175) 称为 "外混洗". 外混洗保留 z 中最左边的和最右边的二进制位, 但是内混洗没有固定点. 能够像实现外混洗那样有效地实现内混洗吗?

207. [*22*] 使用 MOR 执行三路全混洗 (或者说 "三重拉链"), 把 $(x_{63} \ldots x_0)_2$ 变换成 $(x_{21}x_{42}x_{63}x_{20} \ldots x_2 x_{23}x_{44}x_1x_{22}x_{43}x_0)_2$, 以及这个混洗的逆.

▶ **208.** [*23*] MMIX 转置 8×8 布尔矩阵的快速方法是什么?

▶ **209.** [*21*] 习题 36 的后缀奇偶性运算 $x^\oplus$ 容易用 MXOR 计算吗?

210. [*22*] 智力题: 寄存器 x 包含整数 $8j + k$, 其中 $0 \le j, k < 8$. 寄存器 a 和 b 包含任意全字 $(a_7 \ldots a_1a_0)_{256}$ 和 $(b_7 \ldots b_1b_0)_{256}$. 找出把 $a_j \,\&\, b_k$ 存入寄存器 x 的 4 条 MMIX 指令序列.

▶ **211.** [*M25*] 布尔函数 $f(x_1, \ldots, x_6)$ 的真值表实际上是一个 64 位二进制数 $f = (f(0,0,0,0,0,0) \ldots f(1,1,1,1,1,0)f(1,1,1,1,1,1))_2$. 两条 MOR 指令将把 f 转换成最小单调布尔函数 $\hat{f}$ (它在每个点大于等于 f) 的真值表, 试加以说明.

212. [*M32*] 我们用 $a = (a_{63} \ldots a_1a_0)_2$ 表示多项式

$$a(x) = (a_{63} \ldots a_1a_0)_x = a_{63}x^{63} + \cdots + a_1x + a_0.$$

讨论用 MXOR 计算乘积 $c(x) = a(x)b(x)$, mod x^{64} 以及 mod 2 的方法.

▶ **213.** [*HM26*] 在 MMIX 上实现 CRC (循环冗余检验) 过程 (183).

▶ **214.** [*HM28*] (小高斯珀, 1985) 对于任意给定的以 0 和 1 为元素的 8×8 矩阵 X, 如果 $\det X$ 是奇数, 找出一组简短的无转移 MMIX 指令, 计算 X 的逆矩阵 (模 2).

▶ **215.** [*21*] 用 MMIX 检验一个 64 位二进制数是不是 3 的倍数的快速方法是什么?

▶ **216.** [*M26*] 给定 n 位二进制整数 $x_1, \ldots, x_m \ge 0$ ($n \ge \lambda m$), 如果 λx 取单位时间, 用 $O(m)$ 步计算最小的 $y > 0$, 使得 $y \notin \{a_1x_1 + \cdots + a_mx_m \mid a_1, \ldots, a_m \in \{0,1\}\}$.

217. [*40*] 探讨文本的长字符串处理, 采用把它们打包成 "转置" 或 "分片" 的方式: 把 64 个连贯的字符表示成 8 个全字 $w_0 \ldots w_7$ 的序列, 其中 w_k 包含第 k 个位组的所有 64 个二进制位.

▶ **218.** [*M30*] (汉斯 · 西拉斯基, 2009) 给定整数 a, x, y, 其中 x 是奇数, 对于固定的 $d \ge 3$, 设计一个算法, 用于计算 $a \cdot x^y$ mod 2^d, 使用 $O(d)$ 次加法和按位运算以及一次乘以 y 的乘法.

▶ **219.** [*20*] "当 $x \,\&\, (x+1) \ne 0$ 时循环执行 $x \leftarrow x - ((x \,\&\, (x+1)) \gg 1)$." 这一语句做了什么?

> BDD 一词在流行的用法中几乎总是指约化的有序二元决策图
> (即文献中的 ROBDD, 用在需要强调有序和约化两个方面的时候).
> ——维基百科, *The Free Encyclopedia* (2007 年 7 月 7 日)

7.1.4 二元决策图

现在让我们转向一族重要的数据结构, 这种结构已经迅速变成计算机内部表示与处理布尔函数选用的方法. 其基本思想是采用一种 "各个击破" 的方案, 同 6.3 节的二叉检索树有些类似, 但是带有若干新手法.

图 21 显示 3 变量简单布尔函数, 即 7.1.1-(43) 的中位数函数 $\langle x_1x_2x_3 \rangle$ 的二元决策图. 我们可以这样理解: 顶端的结点称为根. 每个内部结点 ⓙ 也称为分支结点, 用指明一个变量的名称或下标 $j = V(\text{ⓙ})$ 标记. 例如, 图 21 中的根结点 ① 指明 x_1. 分支结点有两个后继, 用下降的线段指示. 一个后继画作虚线并且称为 LO, 另一个后继画作实线并且称为 HI. 如果从根结点开始, 并且当 $x_j = 0$ 时从结点 ⓙ 取 LO 分支, 当 $x_j = 1$ 时取 HI 分支, 则这些分支结点对于布尔变量的任何值确定图中一条路径. 最终这条路径到达一个汇结点, 它要么是 $\boxed{\perp}$

图 21 过半数函数或中位数函数 $\langle x_1 x_2 x_3 \rangle$ 的二元决策图（BDD）

（表示 FALSE）要么是 $\top$（表示 TRUE）. 在图 21 中容易证实当变量 $\{x_1, x_2, x_3\}$ 中至少有两个是 0 时，这个过程产生函数值 FALSE，否则产生函数值 TRUE.

很多作者用 $\boxed{0}$ 和 $\boxed{1}$ 表示汇结点. 我们用 $\bot$ 和 $\top$ 代替，希望避免出现同分支结点 $\textcircled{0}$ 和 $\textcircled{1}$ 的任何混淆.

在计算机内部，图 21 表示为任意内存单元的一组 4 个结点，其中每个结点具有 3 个字段 $\boxed{\text{V} \mid \text{LO} \mid \text{HI}}$. V 字段保存变量的下标，而 LO 和 HI 字段各自指向另一个结点或汇结点：

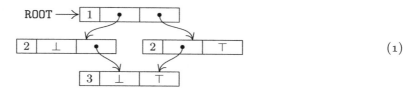

$$(1)$$

例如，可以把 64 个二进制位的字的 8 位用于 V，其后 28 位用于 LO，另外 28 位用于 HI.

这样一种结构称为"二元决策图"，或简称为 BDD. 很容易把小型 BDD 画成纸面上或计算机屏幕上的实际图形. 但实质上，每个 BDD 其实是链接结点的一个抽象集合，也许更宜于把它称作"二元决策有向无圈图"——一棵具有共享子树的二叉树，即从每个非汇结点恰好引出两段不同弧的有向无圈图.

我们假定每个 BDD 服从两条重要限制. 首先，它必须是有序的：每当有一段从分支结点 $\textcircled{i}$ 到分支结点 $\textcircled{j}$ 的弧 LO 或 HI 时，我们必定有 $i < j$. 因此，当对函数求值时肯定不会对变量 x_j 查询两次. 其次，一个 BDD 在不浪费空间的意义下必须是约化的. 这意味着分支结点的 LO 和 HI 指针一定不会相等，而且不允许两个结点具有同样的三元值 (V, LO, HI). 每个结点也应该是从根结点可达的. 例如，图

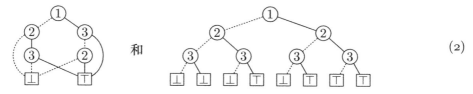

$$(2)$$

不是 BDD，因为第一个图不是有序的而另外一个图不是约化的.

已经创建了许多具备其他风格的决策图，而且当前计算机科学文献包含许多像 EVBDD, FBDD, IBDD, OBDD, OFDD, OKFDD, PBDD, ..., ZDD 这类五花八门的首字母缩略词. 本书中我们始终用不带修饰的代码名"BDD"表示上面描述的有序的和约化的二元决策图，正如我们通常用"树"这个词表示一棵有序（平面）树一样，因为这样的 BDD 和这样的树是实际应用中最常见的.

回顾 7.1.1 节，每个布尔函数 $f(x_1, \ldots, x_n)$ 对应于一个真值表，它是从函数值 $f(0, \ldots, 0)$ 开始，继之以 $f(0, \ldots, 0, 1), f(0, \ldots, 0, 1, 0), f(0, \ldots, 0, 1, 1), \ldots, f(1, \ldots, 1, 1, 1)$ 的 2^n 位二进制串. 例如，中位数函数 $\langle x_1 x_2 x_3 \rangle$ 的真值表是 00010111. 注意，如果令 $0 \mapsto \bot$ 和 $1 \mapsto \top$，则这个真值表同 (2) 中的非约化决策树的叶结点序列是一样的. 事实上，在真值表与 BDD 之间存在一种重要关系，这个最好通过一类称为"串珠"的二进制串来理解.

一个 n 阶真值表是长度为 2^n 的二进制串. 一个 n 阶串珠（bead）是不构成串方的 n 阶真值表 β. 就是说，对于任何长度为 2^{n-1} 的二进制串 α，β 不具备 $\alpha\alpha$ 这样的形式. （数学家总是说串珠是"长度为 2^n 的原始串".）存在两个 0 阶串珠，即 0 和 1. 有两个 1 阶串珠，即 01 和 10. 一般而言，当 $n > 0$ 时存在 $2^{2^n} - 2^{2^{n-1}}$ 个 n 阶串珠，因为有 2^{2^n} 个长度为 2^n 的二进制串，而它们中的 $2^{2^{n-1}}$ 个是串方. $16 - 4 = 12$ 个 2 阶串珠是

$$0001, 0010, 0011, 0100, 0110, 0111, 1000, 1001, 1011, 1100, 1101, 1110. \tag{3}$$

这些串珠在 $f(0, x_2)$ 与 $f(1, x_2)$ 不是相同函数的意义下也是依赖于 x_1 的所有函数 $f(x_1, x_2)$ 的真值表.

每个真值表 τ 都是一个唯一串珠的乘方，这个串珠称为它的根. 因为如果 τ 的长度是 2^n，而且不是既有的串珠，那么它是另外一个真值表 τ' 的乘方. 同时按照对 τ 的长度的归纳法，对于某个根 β 有 $\tau' = \beta^k$. 因此 $\tau = \beta^{2k}$，并且 β 是 τ 的根，也是 τ' 的根. （k 当然是 2 的一个乘方.）

阶为 $n > 0$ 的真值表 τ 总具有形式 $\tau_0\tau_1$，其中 τ_0 和 τ_1 是 $n-1$ 阶真值表. 显然，τ 代表函数 $f(x_1, x_2, \ldots, x_n)$ 当且仅当 τ_0 代表 $f(0, x_2, \ldots, x_n)$ 且 τ_1 代表 $f(1, x_2, \ldots, x_n)$. $f(0, x_2, \ldots, x_n)$ 和 $f(1, x_2, \ldots, x_n)$ 这两个函数称为 f 的子函数，它们的真值表 τ_0 和 τ_1 称为 τ 的子表.

子表的子表也被当作子表，而且一个表也是它自身的子表. 因此一般说来，对于 $0 \le k \le n$，一个 n 阶真值表有 2^k 个 $n-k$ 阶子表，对应于前 k 个变量 $(x_1, \ldots, x_k)$ 的 2^k 个可能的取值. 这些子表中有许多经常是相同的，这种情况下我们可以用一种压缩形式来表示 τ.

布尔函数的串珠是它的真值表的子表，这些子表也必须恰好是串珠. 例如，让我们再次考察中位数函数 $\langle x_1 x_2 x_3 \rangle$，以及它的真值表 00010111. 这个真值表的不同子表是 $\{00010111, 0001, 0111, 00, 01, 11, 0, 1\}$，同时它们除了 00 和 11 之外全部是串珠. 所以，$\langle x_1 x_2 x_3 \rangle$ 的串珠是

$$\{00010111, 0001, 0111, 01, 0, 1\}. \tag{4}$$

至此我们触及关键问题：布尔函数的 BDD 的结点同它的串珠是一一对应的. 例如，我们通过在图 21 的每个结点内放置相应的串珠可以重画如下：

$$(5)$$

一般说来，一个函数的 $n+1-k$ 阶真值表对应于它的同阶子函数 $f(c_1, \ldots, c_{k-1}, x_k, \ldots, x_n)$. 所以它的 $n+1-k$ 阶的串珠对应于依赖它的第一个变量 x_k 的那些子函数. 所以，每个这样的串珠对应于 BDD 中的一个分支结点 $\textcircled{k}$. 如果 $\textcircled{k}$ 对应于真值表 $\tau' = \tau'_0\tau'_1$ 的一个分支结点，那么它的 LO 和 HI 分支分别指向对应于 τ'_0 和 τ'_1 的根的结点.

这种串珠与结点之间的对应，证明每个布尔函数有且仅有一个 BDD 表示. 当然，BDD 的各个结点可以放置在计算机内的不同位置.

如果 f 是任意布尔函数，令 $B(f)$ 表示它拥有的串珠数目. 这是它的 BDD 的大小——包括汇结点在内的结点总数. 例如，当 f 是 3 变量中位数函数时 $B(f) = 6$，因为 (5) 的大小是 6.

为了记住这些概念，让我们讨论另外一个例子：7.1.1-(22) 和 7.1.2-(6) 的"近乎随机的"函数. 它的真值表 1100100100001111 是一个串珠，而且两个子表 11001001 和 00001111 也是串珠. 因此，我们知道它的 BDD 的根是分支结点 $\textcircled{1}$，并且在根之下的 LO 和 HI 结点都是 $\textcircled{2}$.

长度为 4 的子表是 $\{1100, 1001, 0000, 1111\}$，前两个子表是串珠，但是其余子表是串方. 为了获得下面一层结点，我们把这两个串珠拆成两半，并且移除非串珠的串方根，鉴别重复性，这给我们留下 $\{11, 00, 10, 01\}$. 再次有两个串珠 10 和 01，并且最后一步产生所求的 BDD:

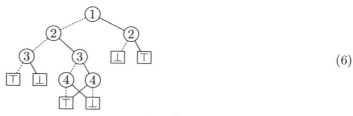

(6)

（在这个决策图以及下面的其他决策图中，为了避免过分长的连线，复制汇结点 $\boxed{\perp}$ 和 $\boxed{\top}$ 是方便的. 实际上仅存在一个 $\boxed{\perp}$ 和一个 $\boxed{\top}$，所以 (6) 的大小是 9 而不是 13.）

机警的读者此刻可能会想到："很好，但是当 BDD 很庞大时会怎样呢？"的确，对于那些容易构造的函数，它们的 BDD 不可能是很大的. 后面我们将讨论这样的事例. 但是奇妙的事情是，大量实际重要的布尔函数具有适度小的 $B(f)$ 值. 所以，我们首先关注这条好消息，把坏消息推迟到证实 BDD 为何如此受欢迎之后.

BDD 的优势. 如果 $f(x) = f(x_1, \ldots, x_n)$ 是其 BDD 适度小的一个布尔函数，则我们可以快速且轻而易举地做很多事情. 例如：

• 给定任意输入向量 $x = x_1 \ldots x_n$，只需从根开始沿着分支到达汇结点，最多用 n 步就可以求出 $f(x)$ 的值.

• 按照以下步骤，我们可以找出满足 $f(x) = 1$ 的字典序下最小的 x：从根开始，只要没有直接到达 $\boxed{\perp}$，就一直选取结点的 LO 分支. 仅当必须选取 $\boxed{j}$ 的 HI 分支时，解具有 $x_j = 1$. 例如，在图 21 的 BDD 中，这个求解过程给出 $x_1 x_2 x_3 = 011$，并且在 (6) 中 $x_1 x_2 x_3 x_4 = 0000$. （它确定与 f 的真值表中最左边的 1 对应的 x 的值.）因为每个分支结点对应于一个非零串珠，求解仅需 n 步. 我们总是可以找出一条下行到 $\boxed{\top}$ 而不带回行的路径. 当根本身就是 $\boxed{\perp}$ 时这个方法自然失效. 但是，仅当 f 恒等于零时才会出现这种情况.

• 利用下面的算法 C，可以计算方程 $f(x) = 1$ 的解的个数. 算法对 n 位二进制数做 $B(f)$ 次运算，所以在最坏情况下的运行时间是 $O(nB(f))$.

• 在算法 C 执行后，用每个解是等可能的这样一种方式，可以快速生成方程 $f(x) = 1$ 的随机解.

• 我们还可以生成方程 $f(x) = 1$ 的全部解 x. 当存在 N 个解时，习题 16 中的算法用 $O(nN)$ 步完成这个任务.

• 我们可以求解线性布尔规划问题：给定常数 $(w_1, \ldots, w_n)$，寻找 x 使得

$$\text{在 } f(x_1, \ldots, x_n) = 1 \text{ 的条件下，} \quad w_1 x_1 + \cdots + w_n x_n \text{ 取最大值.} \tag{7}$$

算法 B（见下面）用 $O(n + B(f))$ 步完成这个任务.

• 我们可以计算生成函数 $a_0 + a_1 z + \cdots + a_n z^n$，其中 a_j 是方程 $f(x_1, \ldots, x_n) = 1$ 满足 $x_1 + \cdots + x_n = j$ 的解. （见习题 25.）

• 我们可以计算可靠性多项式 $F(p_1, \ldots, p_n)$，它是当每个 x_j 独立地以给定的概率 p_j 为 1 时 $f(x_1, \ldots, x_n) = 1$ 的概率. 习题 26 用 $O(B(f))$ 步完成这个任务.

此外我们将会见到，对 BDD 可以进行有效地组合和修改. 例如，不难从 f 和 g 的 BDD 构造 $f(x_1, \ldots, x_n) \wedge g(x_1, \ldots, x_n)$ 和 $f(x_1, \ldots, x_{j-1}, g(x_1, \ldots, x_n), x_{j+1}, \ldots, x_n)$ 的 BDD.

求解含有 BDD 的基本问题的算法通常是非常容易描述的, 只要我们假定 BDD 是用一序列分支指令表 $I_{s-1}, I_{s-2}, \ldots, I_1, I_0$ 给出的, 其中每个 I_k 具有 $(\bar{v}_k? l_k : h_k)$ 的形式. 例如, 可以把 (6) 表示成 $s = 9$ 的指令的表

$$
\begin{array}{lll}
I_8 = (\bar{1}? 7{:}6), & I_5 = (\bar{3}? 1{:}0), & I_2 = (\bar{4}? 0{:}1), \\
I_7 = (\bar{2}? 5{:}4), & I_4 = (\bar{3}? 3{:}2), & I_1 = (\bar{5}? 1{:}1), \\
I_6 = (\bar{2}? 0{:}1), & I_3 = (\bar{4}? 1{:}0), & I_0 = (\bar{5}? 0{:}0),
\end{array} \tag{8}
$$

其中 $v_8 = 1$, $l_8 = 7$, $h_8 = 6$, $v_7 = 2$, $l_7 = 5$, $h_7 = 4$, ..., $v_0 = 5$, $l_0 = h_0 = 0$. 除了最后的特殊指令 I_1 和 I_0, 通常指令 $(\bar{v}? l : h)$ 意味着, "如果 $x_v = 0$, 转移到 I_l, 否则转移到 I_h". 对于 $s > k \geq 2$, 我们要求 LO 和 HI 分支 l_k 和 h_k 满足

$$
l_k < k, \qquad h_k < k, \qquad v_{l_k} > v_k, \qquad v_{h_k} > v_k. \tag{9}
$$

换句话说, 所有分支指令向下移动到更大下标的变量. 但是, 汇结点 $\boxed{\top}$ 和 $\boxed{\bot}$ 由空操作指令 I_1 和 I_0 表示, 其中 $l_k = h_k = k$, 而且 "可变下标" v_k 具有不可能的值 $n+1$.

这些指令可以用遵守 BDD 的拓扑顺序的任何方式编号, 像条件 (9) 要求的那样. 根结点必须对应于 I_{s-1}, 汇结点必须对应于 I_1 和 I_0, 但是其他下标的编号没有如此严格的规定. 例如, (6) 也可以表示成

$$
\begin{array}{lll}
I_8' = (\bar{1}? 7{:}2), & I_5' = (\bar{4}? 0{:}1), & I_2' = (\bar{2}? 0{:}1), \\
I_7' = (\bar{2}? 4{:}6), & I_4' = (\bar{3}? 1{:}0), & I_1' = (\bar{5}? 1{:}1), \\
I_6' = (\bar{3}? 3{:}5), & I_3' = (\bar{4}? 1{:}0), & I_0' = (\bar{5}? 0{:}0),
\end{array} \tag{10}
$$

以及其他 46 种同构的方法. 在计算机内部, BDD 实际上无须出现在相继的单元. 当结点像在 (1) 中那样链接时, 可以按拓扑顺序快捷地遍历任何有向无圈图的结点. 但是我们将把它们想象成是顺序排列的, 像在 (8) 中那样, 因此各种各样算法是较为容易理解的.

一个技术性细节值得注意: 如果 $f(x) = 1$ 对于所有 x 成立, 以致 BDD 仅仅是一个汇结点 $\boxed{\top}$, 则在这个序列表示中我们令 $s = 2$. 否则, s 是 BDD 的大小, 根结点总是用 I_{s-1} 表示.

算法 C (*计算解的数目*). 给出布尔函数 $f(x) = f(x_1, \ldots, x_n)$ 的 BDD, 像上面描述的那样表示成序列 $I_{s-1}, \ldots, I_0$, 这个算法确定满足 $f(x) = 1$ 的二进制向量 $x = x_1 \ldots x_n$ 的数目 $|f|$. 它同时计算 $c_0, c_1, \ldots, c_{s-1}$ 这个表, 其中 c_k 是对应于 I_k 的串珠中的 1 的数目.

C1. [对 k 循环.] 置 $c_0 \leftarrow 0$, $c_1 \leftarrow 1$, 并且对 $k = 2, 3, \ldots, s-1$ 执行 C2. 然后返回答案 $2^{v_{s-1}-1} c_{s-1}$.

C2. [计算 c_k.] 置 $l \leftarrow l_k$, $h \leftarrow h_k$, $c_k \leftarrow 2^{v_l - v_k - 1} c_l + 2^{v_h - v_k - 1} c_h$. ∎

例如, 当用 (8) 的指令表示时, 这个算法计算

$$
c_2 \leftarrow 1, \quad c_3 \leftarrow 1, \quad c_4 \leftarrow 2, \quad c_5 \leftarrow 2, \quad c_6 \leftarrow 4, \quad c_7 \leftarrow 4, \quad c_8 \leftarrow 8.
$$

因此 $f(x_1, x_2, x_3, x_4) = 1$ 的解的总数是 8.

对于 $2 \leq k < s$, 算法 C 中的整数 c_k 满足

$$
0 \leq c_k < 2^{n+1-v_k}, \tag{11}
$$

而且这个上界可能是最好的. 所以当 n 很大时可能需要多精度算术. 如果用于高精度运算的额外存储空间存在困难, 那么我们可以用模算术代替, 分几次执行算法并且对不同的单精度素数 p 计算 $c_k \bmod p$. 然后, 最终答案可用中国剩余算法 4.3.2–(24) 推断. 另一方面, 浮点算术在实际应用中通常是足够的.

我们来考察比 (6) 更有趣的一些例子. BDD

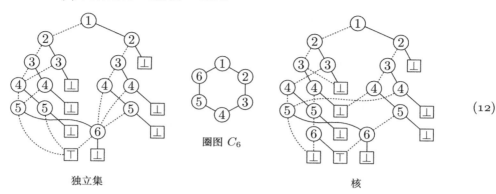

圈图 C_6

独立集   核   (12)

表示对应于圈图 C_6 的顶点子集的 6 个变量的函数. 在这个结构中, 向量 $x_1 \ldots x_6 = 100110$ 代表子集 $\{1, 4, 5\}$, 向量 000000 代表空子集, 等等. 左边是这样一个 BDD, 对它而言, 当 x 是 C_6 的独立子集时我们有 $f(x) = 1$. 右边是极大独立子集的 BDD (也称为 C_6 的核) (见习题 12). 一般说来, C_6 的独立子集对应于长度为 n 的圈图中 0 和 1 的排列, 一行内不含两个 1. 核对应于这样的排列, 其中也没有三个连续的 0.

算法 C 用计数 c_k 装饰 BDD, 自底向上处理, 如果 l 是结点 k 的标记, c_k 是通过选择 $x_l \ldots x_n$ 的不同值从结点 k 到 $\boxed{\top}$ 的不同途径的数目. 当我们把该算法应用到 (12) 中的 BDD 时得到

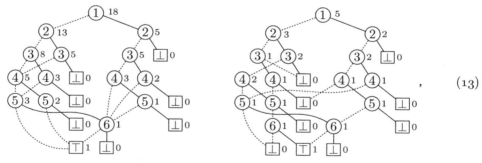

,   (13)

因此 C_6 有 18 个独立集和 5 个核.

利用这些计数很容易生成均匀分布的随机解. 例如, 为了获得随机独立集向量 $x_1 \ldots x_6$, 我们知道左边 BDD 的 13 个解有 $x_1 = 0$, 而其他的 5 个解有 $x_1 = 1$. 所以我们以 13/18 的概率置 $x_1 \leftarrow 0$, 选取 LO 分支; 否则, 置 $x_1 \leftarrow 1$, 选取 HI 分支. 在后一种情况下, $x_1 = 1$ 迫使 $x_2 \leftarrow 0$, 但是随后 x_3 可以选取两种方式中的任何一种.

假定我们已经选择置 $x_1 \leftarrow 1, x_2 \leftarrow 0, x_3 \leftarrow 0, x_4 \leftarrow 0$, 这种情况以 $\frac{5}{18} \cdot \frac{5}{5} \cdot \frac{3}{5} \cdot \frac{2}{3} = \frac{2}{18}$ 的概率出现. 那么有一个从 ④ 到 ⑥ 的分支, 所以我们抛掷一枚硬币并且置 x_5 为完全随机的值. 一般说来, 因为 0 或 1 具有同等概率, 一个从 ⓘ 到 ⓙ 的分支意味着中间的 $j - i - 1$ 个二进制位 $x_{i+1} \ldots x_{j-1}$ 应当是独立的. 同样, 一个从 ⓘ 到 $\boxed{\top}$ 的分支应当对 $x_{i+1} \ldots x_n$ 赋予随机值.

要在一个组合问题的 18 个解之间做出随机选择, 当然存在更简单的方法. 此外, (13) 右边的 BDD 是表示 C_6 的 5 个核的令人尴尬的复杂方法, 我们可以把它们直接列举出来: 001001, 010010, 010101, 100100, 101010! 但是关键在于这个方法在当 n 非常大时将产生 C_n 的独立集和核. 例如, 100 圈图 C_{100} 有 1 630 580 875 002 个核, 然而描述它们的 BDD 仅有 855 个结点. 所以 100 个简单的步骤将从这个庞大集合中生成一个完全随机的核.

布尔规划及其他. 类似于算法 C 的自底向上的算法,也能找出布尔方程 $f(x) = 1$ 的最优加权解 (7). 基本思想是,对于 f 的任何串珠,一旦知道直接位于它下面的 LO 和 HI 串珠的最优解,就很容易推导出一个最优解.

算法 B (最大加权解). 如算法 C 中那样,令 $I_{s-1}, \ldots, I_0$ 是表示布尔函数 f 的 BDD 的分支指令序列,并且令 $(w_1, \ldots, w_n)$ 是整数权值的任意序列. 本算法寻找二进制向量 $x = x_1 \ldots x_n$,使得对于满足 $f(x) = 1$ 的所有 x,$w_1 x_1 + \cdots + w_n x_n$ 取最大值. 我们假定 $s > 1$,否则 $f(x)$ 恒等于 0. 在计算中使用辅助整数向量 $m_1 \ldots m_{s-1}$ 和 $W_1 \ldots W_{n+1}$ 以及辅助二进制位向量 $t_2 \ldots t_{s-1}$.

B1. [初始化.] 对于 $n \geq j \geq 1$,置 $W_{n+1} \leftarrow 0$,$W_j \leftarrow W_{j+1} + \max(w_j, 0)$.

B2. [对 k 循环.] 置 $m_1 \leftarrow 0$,并且对 $2 \leq k < s$ 执行 B3. 然后执行 B4.

B3. [处理 I_k.] 置 $v \leftarrow v_k$,$l \leftarrow l_k$,$h \leftarrow h_k$,$t_k \leftarrow 0$. 如果 $l \neq 0$,置 $m_k \leftarrow m_l + W_{v+1} - W_{v_l}$. 如果 $h \neq 0$,执行下列操作:计算 $m \leftarrow m_h + W_{v+1} - W_{v_h} + w_v$. 如果 $l = 0$ 或 $m > m_k$,置 $m_k \leftarrow m$,$t_k \leftarrow 1$.

B4. [计算 x.] 置 $j \leftarrow 0$,$k \leftarrow s-1$,执行下列操作直到 $j = n$:当 $j < v_k - 1$ 时,循环执行 $j \leftarrow j+1$,$x_j \leftarrow [w_j > 0]$. 如果 $k > 1$,置 $j \leftarrow j+1$,$x_j \leftarrow t_k$,$k \leftarrow (t_k = 0? \ l_k : h_k)$. ∎

这个算法的一个简单实例呈现在习题 18 中. 步骤 B3 采用的技术手段可能显得有些吓人,但是它们单纯的作用不过是计算

$$m_k \leftarrow \max(m_l + W_{v+1} - W_{v_l}, m_h + W_{v+1} - W_{v_h} + w_v), \tag{14}$$

并且在 t_k 中记录是 l 还是 h 更好. 事实上,v_l 和 v_h 通常都等于 $v + 1$. 于是计算只是置 $m_k \leftarrow \max(m_l, m_h + w_v)$,与 $x_v = 0$ 和 $x_v = 1$ 的情形对应. 出现技术细节仅仅由于我们想要避免达到 m_0 (它是 $-\infty$),同时由于 v_l 或 v_h 可能超过 $v + 1$.

例如,利用这个算法我们可以使用基于"图厄-摩尔斯"序列的权值

$$w_j = (-1)^{\nu j}, \tag{15}$$

快速找出 n 圈图 C_n 中最优的核顶点集. 这里 νj 表示公式 7.1.3-(59) 的位叠加加法. 换句话说,w_j 是 -1 或 $+1$,取决于当把 j 表示成二进制数时带有奇检验还是偶检验. 当出现在核中的偶检验顶点 3, 5, 6, 9, 10, 12, 15, ... 在数量上大大超过奇检验顶点 1, 2, 4, 7, 8, 11, 13, ... 时,$w_1 x_1 + \cdots + w_n x_n$ 出现最大值. 结果,当 $n = 100$ 时,

$$\{1, 3, 6, 9, 12, 15, 18, 20, 23, 25, 27, 30, 33, 36, 39, 41, 43, 46, 48,$$
$$51, 54, 57, 60, 63, 66, 68, 71, 73, 75, 78, 80, 83, 86, 89, 92, 95, 97, 99\} \tag{16}$$

在这个意义下是一个最优核. 为了满足核条件,仅有 5 个奇检验的顶点,即 $\{1, 25, 41, 73, 97\}$,需要包含在这个 38 元素的集合中,因此 $\max(w_1 x_1 + \cdots + w_{100} x_{100}) = 28$. 多亏了算法 B,几千条计算机指令就足以从超过一万亿个可能的核中选择 (16),因为所有那些核的 BDD 恰好是很小的.

与圈核等组合对象有关的数学上的古老问题,也可以用基于递推和归纳的更传统的技术有效地解决. 但是 BDD 方法的美妙之处在于,它们还适用于那些不具有任何简洁结构的现实问题. 例如,让我们考虑出现在 7-(17) 和 7-(61) 中的美国 49 个"联邦州"的图. 表示那个图

（所有核）的所有极大独立集的布尔函数有一个大小为 780 的 BDD，它的开始如下：

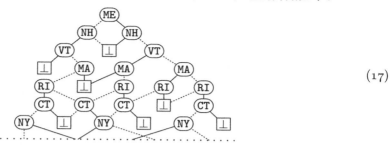

$$(17)$$

当图中每个州的顶点仅仅以其邮政编码中的字母之和（$w_{CA} = 3 + 1$，$w_{DC} = 4 + 3$，...，$w_{WY} = 23 + 25$）加权时，算法 B 快速找到下面最小权值的核和最大权值的核：

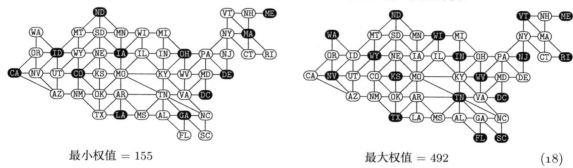

最小权值 = 155   最大权值 = 492 (18)

这个图有 266 137 个核，但是利用算法 B，我们无须产生全部. 事实上，(18) 右边的例子也可以用大小为 428 的一个更小的 BDD 获得，它说明独立集的特征，因为所有权值都是正数.（在这种情况下，最大权值的核与最大权值的独立集是一回事. ）这个图中有 211 954 906 个独立集，远大于核的数目. 比起求最大权值的核来，我们还可以更快地求最大权值的独立集，因为 BDD 更小.

图 22 网格 $P_3 \square P_3$ 及其连通子图的 BDD

一种完全不同类型的 BDD 相关图显示在图 22 中. 这是一个基于 3×3 网格的图，它表示把网格所有顶点连接在一起的边集的特征. 因此，它是 12 条边 1——2, 1——3, ..., 8——9 而不是 9 个顶点 $\{1, \ldots, 9\}$ 的函数 $f(x_{12}, x_{13}, \ldots, x_{89})$. 习题 55 描述构造它的一种方法. 当把算法 C 应用于这个 BDD 时，它告诉我们 $P_3 \square P_3$ 的 $2^{12} = 4096$ 个生成子图中恰好有 431 个是连通的.

算法 C 的一个简单的扩充（见习题 25）将细分这个总数，并且计算这些解的生成函数，即

$$G(z) = \sum_x z^{\nu x} f(x) = 192z^8 + 164z^9 + 62z^{10} + 12z^{11} + z^{12}. \tag{19}$$

因此 $P_3 \square P_3$ 有 192 棵生成树，再加上 164 个有 9 条边的连通生成子图，等等. 习题 7.2.1.6–106(a) 对一般的 m 和 n 给出 $P_m \square P_n$ 中生成树数目的公式，但是完全生成函数 $G(z)$ 包含多得多的信息，而且它可能没有简单的公式，除非 $\min(m, n)$ 很小.

假定每条边 $u — v$ 以 p_{uv} 的概率出现而与 $P_3 \square P_3$ 的所有其他边无关. 导出子图是连通的概率有多大? 这就是可靠性多项式, 它还有各种各样的别称, 因为它出现在许多不同的应用中. 一般情况下, 如在习题 7.1.1–12 中讨论的那样, 每个布尔函数 $f(x_1, \ldots, x_n)$ 有唯一的表示, 即具备以下性质的多项式 $F(x_1, \ldots, x_n)$:

(i) 每当 x_j 取 0 或 1 时, $F(x_1, \ldots, x_n) = f(x_1, \ldots, x_n)$;

(ii) $F(x_1, \ldots, x_n)$ 是多重线性多项式: 对所有的 j, x_j 的次数 ≤ 1.

多项式 F 具有整系数并且满足基本递推公式

$$F(x_1, \ldots, x_n) = (1 - x_1)F_0(x_2, \ldots, x_n) + x_1 F_1(x_2, \ldots, x_n), \tag{20}$$

其中 F_0 和 F_1 是 $f(0, x_2, \ldots, x_n)$ 和 $f(1, x_2, \ldots, x_n)$ 的整数多重线性表示. 实际上, 式 (20) 是乔治·布尔的"展开定律".

递推式 (20) 导致两个重要的结果. 首先, F 正好是前面提到的可靠性多项式 $F(p_1, \ldots, p_n)$, 因为可靠性多项式显然满足同样的递推关系. 其次, 容易从 f 的 BDD 计算 F, 只需通过自底向上处理并且用 (20) 计算每个串珠的可靠性. (见习题 26.)

当然, 8×8 网格 $P_8 \square P_8$ 的连通性函数比网格 $P_3 \square P_3$ 的复杂得多, 它是 112 个变量的布尔函数, 其 BDD 有 43 790 个结点, 而图 22 中的 BDD 只有 37 个结点. 然而, 用这个 BDD 计算是完全可行的, 而且在一两秒钟内我们可以算出

$$G(z) = 126\,231\,322\,912\,498\,539\,682\,594\,816\,z^{63}$$
$$+ 1\,006\,611\,140\,035\,411\,062\,600\,761\,344\,z^{64}$$
$$+ \cdots + 6212 z^{110} + 112 z^{111} + z^{112},$$

以及当每条边以概率 p 出现时连通性的概率 $F(p)$ 和它的导数 $F'(p)$ (见习题 29): $\tag{21}$

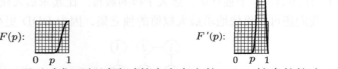

一种全面推广. 算法 B 和算法 C 以及我们已经讨论过的自底向上的 BDD 搜索的算法, 其实是可以在许多其他方面利用的更一般方案的特例. 考虑一个抽象代数, 它有两个可结合的二元运算符 $\circ$ 和 $\bullet$, 并且满足分配律

$$\alpha \bullet (\beta \circ \gamma) = (\alpha \bullet \beta) \circ (\alpha \bullet \gamma), \qquad (\beta \circ \gamma) \bullet \alpha = (\beta \bullet \alpha) \circ (\gamma \bullet \alpha). \tag{22}$$

每个布尔函数 $f(x_1, \ldots, x_n)$ 对应于一个包含符号 $\circ$, $\bullet$, $\bot$, $\top$, 以及 $\bar{x}_j$ 和 x_j ($1 \leq j \leq n$) 的完全详尽的真值表. 了解这种真值表的最好方式是考察一个小例子: 当 $n = 2$ 并且当 f 的普通真值表是 0010 时, 完全详尽的真值表是

$$(\bar{x}_1 \bullet \bar{x}_2 \bullet \bot) \circ (\bar{x}_1 \bullet x_2 \bullet \bot) \circ (x_1 \bullet \bar{x}_2 \bullet \top) \circ (x_1 \bullet x_2 \bullet \bot). \tag{23}$$

这样一个表达式的解释取决于我们对符号 $\circ$, $\bullet$, $\bot$, $\top$, 以及字面量 $\bar{x}_j$ 和 x_j 赋予的含义. 但是不管怎样, 该表达式意味着我们可以直接从 f 的 BDD 计算它. 例如, 让我们回到图 21, 即函数 $\langle x_1 x_2 x_3 \rangle$ 的 BDD. 结点 $\boxed{\bot}$ 和 $\boxed{\top}$ 的完全详尽的真值表分别是 $\alpha_\bot = \bot$ 和 $\alpha_\top = \top$. 于是结点 ③ 的完全详尽的真值表是 $\alpha_3 = (\bar{x}_3 \bullet \alpha_\bot) \circ (x_3 \bullet \alpha_\top)$, 左边的结点 ② 的完全详尽的真值表是 $\alpha_2^l = (\bar{x}_2 \bullet (\bar{x}_3 \circ x_3) \bullet \alpha_\bot) \circ (x_2 \bullet \alpha_3)$, 右边的结点 ② 的完全详尽的真值表是 $\alpha_2^r = (\bar{x}_2 \bullet \alpha_3) \circ (x_2 \bullet (\bar{x}_3 \circ x_3) \bullet \alpha_\top)$, 结点 ① 的完全详尽的真值表是 $\alpha_1 = (\bar{x}_1 \bullet \alpha_2^l) \circ (x_1 \bullet \alpha_2^r)$.

（习题 31 讨论计算完全详尽的真值表的一般过程.）通过分配律 (22) 展开这些公式导致带有 $2^n = 8$ "项"的一个完全详尽的真值表:

$$\alpha_1 = (\bar{x}_1 \bullet \bar{x}_2 \bullet \bar{x}_3 \bullet \bot) \circ (\bar{x}_1 \bullet \bar{x}_2 \bullet x_3 \bullet \bot) \circ (\bar{x}_1 \bullet x_2 \bullet \bar{x}_3 \bullet \bot) \circ (\bar{x}_1 \bullet x_2 \bullet x_3 \bullet \top)$$
$$\circ (x_1 \bullet \bar{x}_2 \bullet \bar{x}_3 \bullet \bot) \circ (x_1 \bullet \bar{x}_2 \bullet x_3 \bullet \top) \circ (x_1 \bullet x_2 \bullet \bar{x}_3 \bullet \top) \circ (x_1 \bullet x_2 \bullet x_3 \bullet \top). \quad (24)$$

算法 C 是个特例, 其中 $\circ$ 是加法, $\bullet$ 是乘法, $\bot$ 是 0, $\top$ 是 1, $\bar{x}_j$ 是 1, x_j 也是 1. 算法 B 对应于 $\circ$ 是最大值运算符且 $\bullet$ 是加法. 分配律

$$\alpha + \max(\beta, \gamma) = \max(\alpha+\beta, \alpha+\gamma), \qquad \max(\beta, \gamma) + \alpha = \max(\beta+\alpha, \gamma+\alpha) \quad (25)$$

是容易检验的. 我们把 $\bot$ 解释为 $-\infty$, $\top$ 解释为 0, $\bar{x}_j$ 解释为 0, x_j 解释为 w_j. 这时, 例如 (24) 变成

$$\max(-\infty, -\infty, -\infty, w_2 + w_3, -\infty, w_1 + w_3, w_1 + w_2, w_1 + w_2 + w_3).$$

而且一般说来, 完全详尽的真值表在这种解释下等价于表达式 $\max\{w_1 x_1 + \cdots + w_n x_n \mid f(x_1, \ldots, x_n) = 1\}$.

平和的函数. 许多函数族以其拥有适度大小的 BDD 而著称. 例如, 如果 f 是 n 个变量的对称函数, 容易看出 $B(f) = O(n^2)$. 的确, 当 $n = 5$ 时我们可以从三角图形

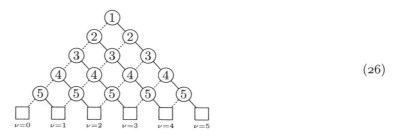

$$(26)$$

开始, 并且依据 f 在 $\nu x = x_1 + \cdots + x_5$ 等于 0, 1, 2, 3, 4 或 5 时的相应值, 分别置叶结点为 $\boxed{\bot}$ 或 $\boxed{\top}$. 然后我们可以消除冗余的或者相等的结点, 总是获得大小是 $\binom{n+1}{2} + 2$ 或者更小的 BDD.

假定我们取任意函数 $f(x_1, \ldots, x_n)$ 并且让两个相邻的变量相等:

$$g(x_1, \ldots, x_n) = f(x_1, \ldots, x_{k-1}, x_k, x_k, x_{k+2}, \ldots, x_n). \quad (27)$$

习题 40 证明了 $B(g) \leq B(f)$. 同时通过重复这个缩合过程, 我们发现像 $f(x_1, x_1, x_3, x_3, x_3, x_6)$ 这样一个函数每当 $B(f)$ 较小时有一个小的 BDD. 特别是门限函数 $[2x_1 + 3x_3 + x_6 \geq t]$ 对于任何 t 值必定有一个小的 BDD, 因为它是对称函数 $f(x_1, \ldots, x_6) = [x_1 + \cdots + x_6 \geq t]$ 的一种缩合形式. 这个论据说明, 带非负整数权值的任何门限函数

$$f(x_1, x_2, \ldots, x_n) = [w_1 x_1 + w_2 x_2 + \cdots + w_n x_n \geq t], \quad (28)$$

可以通过缩合 $w_1 + w_2 + \cdots + w_n$ 个变量的对称函数获得, 所以它的 BDD 的大小是 $O(w_1 + w_2 + \cdots + w_n)^2$.

即使权值呈指数增长, 门限函数通常也是很容易使用的. 例如, 假定 $t = (t_1 t_2 \ldots t_n)_2$, 并且考虑

$$f_t(x_1, x_2, \ldots, x_n) = [2^{n-1} x_1 + 2^{n-2} x_2 + \cdots + x_n \geq t]. \quad (29)$$

当且仅当二进制串 $x_1 x_2 \ldots x_n$ 在字典序下大于或等于 $t_1 t_2 \ldots t_n$ 时，这个函数为真. 而且它的 BDD 当 $t_n = 1$ 时总是恰好有 $n+2$ 个结点.（见习题 170.）

　　另外一类具有小的 BDD 的函数是等式 7.1.2–(31) 中的 2^m 路复用器，它是含 $n = m + 2^m$ 个变量的函数：

$$M_m(x_1, \ldots, x_m; x_{m+1}, \ldots, x_n) = x_{m+1+(x_1 \ldots x_m)_2}. \tag{30}$$

对于 $1 \le k \le m$，它的 BDD 以 2^{k-1} 个分支结点 ⓚ 开始. 但是在完全二叉树下，对于 $m < k \le n$ 的变量主区组中的每个 x_k 恰好有一个 ⓚ. 因此 $B(M_m) = 1 + 2 + \cdots + 2^{m-1} + 2^m + 2 = 2^{m+1} + 1 < 2n$.

　　图 23 说明一个线性网络计算模型，有助于阐明 BDD 特别有效的情形. 考虑计算模块 $M_1, M_2, \ldots, M_n$ 的一个排列，其中布尔变量 x_k 是模块 M_k 的输入. 在相邻模块之间还有线路，每条线路传输一个布尔信号. 对于 $1 \le k \le n$，从 M_k 到 M_{k+1} 有 a_k 条线路，从 M_{k+1} 到 M_k 有 b_k 条线路. 出自 M_n 的一条特殊线路包含函数 $f(x_1, \ldots, x_n)$ 的输出. 我们定义 $a_0 = b_0 = b_n = 0$，$a_n = 1$，所以每个模块 M_k 恰好有 $c_k = 1 + a_{k-1} + b_k$ 个输入端口和 $d_k = a_k + b_{k-1}$ 个输出端口. 模块 M_k 计算它的 c_k 个输入的 d_k 个布尔函数.

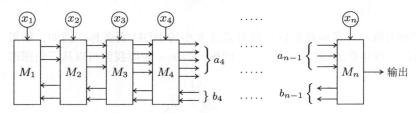

图 23　定理 M 有效的布尔模块的通用网络

　　每个模块计算的单独函数可以任意复杂，但是在它们的联合值完全是由 x 确定的意义下，它们必须是确切定义的：$(x_1, \ldots, x_n)$ 的每一种选择，必须恰好在所有线路上导致建立与所有给定函数一致的信号的方式. 肯尼思·麦克米伦发现了一个有趣的上限，只要我们能够使用这种通用设施来规划计算，就可以保持上限.

定理 M.　　如果函数 f 可以通过这样一个网络计算，那么 $B(f) \le \sum_{k=0}^{n} 2^{a_k 2^{b_k}}$.

证明.　　我们将要证明，对于 $1 \le k \le n$，f 的 BDD 最多有 $2^{a_{k-1} 2^{b_{k-1}}}$ 个分支结点 ⓚ. 如果 $b_{k-1} = 0$，这是显而易见的，因为当 x_1 至 x_{k-1} 任意给定时，最多可能有 $2^{a_{k-1}}$ 个子函数. 于是我们将证明，在 M_{k-1} 与 M_k 之间有 a_{k-1} 条正向线路和 b_{k-1} 条反向线路的任何网络，都可以用具有 $a_{k-1} 2^{b_{k-1}}$ 条正向线路而无反向传输的等价网络代替.

　　为方便起见，考虑图 23 中 $k = 4$ 的情形，且 $a_3 = 4$，$b_3 = 2$. 我们要用的 16 条正向线路代替现有的 6 条线路. 假定艾丽斯主管 M_3，鲍勃[①]主管 M_4. 艾丽斯发送 4 比特的信号 a 给鲍勃，同时鲍勃发送 2 比特的信号 b 给艾丽斯. 更确切地说，对于 $(x_1, \ldots, x_n)$ 的任何固定值，艾丽斯计算一个确定的函数 A，鲍勃计算函数 B，其中

$$A(b) = a \qquad 且 \qquad B(a) = b. \tag{31}$$

艾丽斯的函数 A 依赖于 (x_1, x_2, x_3)，所以鲍勃不知道它是什么. 同样，艾丽斯也不知道鲍勃的函数 B，因为它依赖于 $(x_4, \ldots, x_n)$. 但是，这两个彼此不知的函数具有这样的关键特性：对于 $(x_1, \ldots, x_n)$ 的每一种选择，方程 (31) 恰好有一个解 (a, b).

---

　　① 艾丽斯（Alice）与鲍勃（Bob）是广泛代入密码学、对策论和物理学领域的通用角色. 这些名称是为了方便说明议题，有时也稍有幽默之感. ——编者注

于是艾丽斯改变模块 M_3 的特性：她向鲍勃发送 4 个 4 比特的值 $A(00)$, $A(01)$, $A(10)$, $A(11)$，从而透露她的函数 A. 同时鲍勃改变模块 M_4 的特性：他不发送任何反馈信息，只考查那 4 个值以及其他输入（即 x_4 以及从 M_5 接收的 b_4 比特的信号），并且发现 (31) 的唯一解 a 和 b. 他的新模块用 a 的值计算输出到 M_5 的 a_4 比特的值. ∎

定理 M 表明，如果我们可以用很小的 a_k 和 b_k 的值构造这样一个网络，BDD 的大小也是相当小的. 实际上，如果 a 和 b 是有界的，$B(f)$ 将是 $O(n)$ 阶的，尽管比例常数可能非常大. 我们来看一个例子：考虑三合一函数

$$f(x_1,\ldots,x_n) = x_1x_2x_3 \vee x_2x_3x_4 \vee \cdots \vee x_{n-2}x_{n-1}x_n \vee x_{n-1}x_nx_1 \vee x_nx_1x_2, \tag{32}$$

当且仅当用 $x_1,\ldots,x_n$ 标记的环形链有 3 个连续的 1 时函数值为真. 用布尔模块实现它的一种方式是，从 M_{k-1} 给 M_k 三个输入 (u_k, v_k, w_k)，从 M_{k+1} 给 M_k 两个输入 (y_k, z_k)，其中

$$u_k = x_{k-1}, \quad v_k = x_{k-2}x_{k-1}, \quad w_k = x_{n-1}x_nx_1 \vee \cdots \vee x_{k-3}x_{k-2}x_{k-1};$$
$$y_k = x_n, \quad z_k = x_{n-1}x_n. \tag{33}$$

此处下标是按模 n 计算的，而且当 $k=1$ 或 $k \geq n-1$ 时在左端或右端做相应改变. 然后对 k 的几乎所有值，M_k 计算以下函数：

$$u_{k+1} = x_k, \quad v_{k+1} = u_kx_k, \quad w_{k+1} = w_k \vee v_kx_k, \quad y_{k-1} = y_k, \quad z_{k-1} = z_k. \tag{34}$$

习题 45 有计算的细节. 采用这种结构，对于所有 k 有 $a_k \leq 3$ 和 $b_k \leq 2$，因此定理 M 告诉我们 $B(f) \leq 2^{12}n = 4096n$. 事实上，结果是非常令人满意的：$B(f)$ 实际上小于 $9n$（见习题 46）.

共享 BDD. 我们时常需要一次处理多个布尔函数，而且相关函数往往具有公共子函数. 在这种情况下可以用关于 $\{f_1(x_1,\ldots,x_n),\ldots,f_m(x_1,\ldots,x_n)\}$ 的"BDD 基"进行处理，它是一个有向无圈图，对于出现在任何函数的真值表内的每个串珠包含一个结点. 对应于每个函数 f_j，BDD 基还有 m 个"根指针"F_j. 于是 f_j 的 BDD 是从结点 F_j 可达的所有结点的集合. 注意，当且仅当 f_j 是 f_i 的子函数时结点 F_j 自身是从 F_i 可达的.

例如，考虑计算两个 n 位二进制数的 $n+1$ 位和的问题：

$$(f_{n+1}f_nf_{n-1}\ldots f_1)_2 = (x_1x_3\ldots x_{2n-1})_2 + (x_2x_4\ldots x_{2n})_2. \tag{35}$$

当 $n=4$ 时 $n+1$ 个二进制位的 BDD 基看起来像：

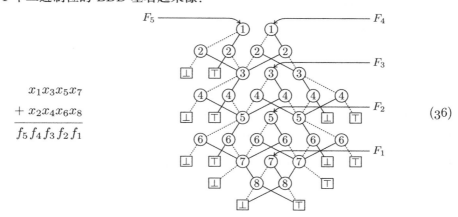

$$\begin{array}{c} x_1x_3x_5x_7 \\ + \ x_2x_4x_6x_8 \\ \hline f_5f_4f_3f_2f_1 \end{array}$$

$$\tag{36}$$

我们在 (35) 中对 x 编号的方式在这里是重要的（见习题 51）. 当 $n > 1$ 时，通常恰好有 $B(f_1,\ldots,f_{n+1}) = 9n - 5$ 个结点. 对于 $1 \leq j \leq n$，正好在 F_j 左边的结点表示从右边算起

第 j 个二进制位的进位 c_j 的子函数. 正好在 F_j 右边的结点表示进位的补 $\bar{c}_j$. 结点 F_{n+1} 表示最后的进位 c_n.

对 BDD 的运算. 我们已经谈论许多有关当给定 BDD 时可做的事情. 但是, 如何首先在计算机中建立 BDD 呢?

一个途径是从 (26) 或 (2) 右边例子那样的有序二元决策图开始, 并且把它约化为真正的 BDD. 下面的算法基于德特勒夫·西林和英戈·韦格纳的思想 [*Information Processing Letters* **48** (1993), 139–144], 任意分支正常有序的 N 结点二元决策图, 当存在 n 个变量时, 可以用 $O(N+n)$ 步约化为 BDD.

当然, 在进行这种约化时需要一些额外内存空间, 以便判定两个结点是否相等. 像在 (1) 中那样, 假定每个结点只有 3 个字段 (V, LO, HI), 将没有操作空间留给我们. 所幸仅需 1 个称为 AUX 的指针大小的附加字段以及另外 2 个二进制状态位. 为方便起见, 假定这 2 个状态位隐含在 LO 和 AUX 字段的符号中, 因此算法只需处理 4 个字段: (V, LO, HI, AUX). 符号被抢占的事实意味着, 一个 28 比特的 LO 字段最多只能容纳 2^{27} (约 1.34 亿) 个结点而不是 2^{28} 个. (在类似 MMIX 的计算机上, 我们也许宁愿假定所有结点的地址都是偶数, 并且对字段的值加 1 而不是像这里这样对它取补.)

算法 R (约化为 BDD). 给定一个有序的二元决策图, 但不必是约化的, 本算法通过消除不必要的结点并且相应地重定位所有指针, 把它转换为有效的 BDD. 如上所述, 假定每个结点有 4 个字段 (V, LO, HI, AUX), 并且 ROOT 指向二元决策图的顶端结点. 我们不关心 AUX 字段的初值, 除了它们必须是非负的. 在处理结束时它们将重新变为非负的. 所有被删除的结点被推送到由 AVAIL 寻址的栈上, 通过其结点的 HI 字段链接在一起. (这些结点的 LO 字段是负值, 它们的补指向那些尚未删除的等价结点.)

在给定的有向无圈图中, 假定分支结点的 V 字段是按自顶向下的递增次序从 V(ROOT) 上行至 v_{max}. 假定汇结点 $\boxed{\bot}$ 和 $\boxed{\top}$ 分别是结点 0 和 1, 具有非负的 LO 和 HI 字段. 它们绝不会被删除. 事实上, 不会修改 AUX 以外的字段. 辅助指针数组 HEAD$[v]$ (V(ROOT) $\leq v \leq v_{max}$), 用来建立具有给定 V 值的所有结点的临时表.

R1. [初始化.] 如果 ROOT ≤ 1, 立即终止. 否则, 置 AUX(0) ← AUX(1) ← AUX(ROOT) ← −1, 并且对于 V(ROOT) $\leq v \leq v_{max}$ 置 HEAD$[v]$ ← −1. (我们利用 −1 = ~0 是 0 的按位补这个事实.) 然后置 s ← ROOT, 并且当 $s \neq 0$ 时重复进行下列运算:

置 $p \leftarrow s$, $s \leftarrow$ ~AUX(p), AUX(p) ← HEAD[V(p)], HEAD[V(p)] ← ~p.
如果 AUX(LO(p)) ≥ 0, 置 AUX(LO(p)) ← ~s, s ← LO(p).
如果 AUX(HI(p)) ≥ 0, 置 AUX(HI(p)) ← ~s, s ← HI(p).

(实际上我们已经执行了一次有向无圈图的深度优先搜索, 通过使它们的 AUX 字段成为负值临时标记所有结点为从 ROOT 可达的.)

R2. [对 v 循环.] 置 AUX(0) ← AUX(1) ← 0, $v \leftarrow v_{max}$.

R3. [桶排序.] (此时, V 字段超过 v 的所有剩余结点都已经正确约化, 而且它们的 AUX 字段是非负的.) 置 $p \leftarrow$ ~HEAD$[v]$, $s \leftarrow 0$, 并且当 $p \neq 0$ 时重复执行以下步骤:

置 $p' \leftarrow$ ~AUX(p).
置 $q \leftarrow$ HI(p); 如果 LO$(q) < 0$, 置 HI(p) ← ~LO(q).
置 $q \leftarrow$ LO(p); 如果 LO$(q) < 0$, 置 LO(p) ← ~LO(q), $q \leftarrow$ LO(p).

如果 $q = \text{HI}(p)$，置 $\text{LO}(p) \leftarrow \sim q$，$\text{HI}(p) \leftarrow \text{AVAIL}$，$\text{AUX}(p) \leftarrow 0$，$\text{AVAIL} \leftarrow p$；

否则，如果 $\text{AUX}(q) \geq 0$，置 $\text{AUX}(p) \leftarrow s$，$s \leftarrow \sim q$，$\text{AUX}(q) \leftarrow \sim p$；

否则，置 $\text{AUX}(p) \leftarrow \text{AUX}(\sim\text{AUX}(q))$，$\text{AUX}(\sim\text{AUX}(q)) \leftarrow p$.

然后置 $p \leftarrow p'$.

R4. ［清除.］（现在具有 $\text{LO} = x \neq \text{HI}$ 的结点已经通过它们从 $\sim\text{AUX}(x)$ 开始的 AUX 字段链接在一起.）置 $r \leftarrow \sim s$，$s \leftarrow 0$，并且当 $r \geq 0$ 时重复执行以下步骤：

置 $q \leftarrow \sim\text{AUX}(r)$，$\text{AUX}(r) \leftarrow 0$.

如果 $s = 0$ 置 $s \leftarrow q$；否则，置 $\text{AUX}(p) \leftarrow q$.

置 $p \leftarrow q$；然后，当 $\text{AUX}(p) > 0$ 时，置 $p \leftarrow \text{AUX}(p)$.

置 $r \leftarrow \sim\text{AUX}(p)$.

R5. ［对 p 循环.］置 $p \leftarrow s$. 如果 $p = 0$，转到 R9. 否则，置 $q \leftarrow p$.

R6. ［检查桶.］置 $s \leftarrow \text{LO}(p)$.（这时 $p = q$.）

R7. ［消除重复.］置 $r \leftarrow \text{HI}(q)$. 如果 $\text{AUX}(r) \geq 0$，置 $\text{AUX}(r) \leftarrow \sim q$；否则，置 $\text{LO}(q) \leftarrow \text{AUX}(r)$，$\text{HI}(q) \leftarrow \text{AVAIL}$，$\text{AVAIL} \leftarrow q$. 然后，置 $q \leftarrow \text{AUX}(q)$. 如果 $q \neq 0$ 且 $\text{LO}(q) = s$，重复 R7.

R8. ［再次清除.］如果 $\text{LO}(p) \geq 0$，置 $\text{AUX}(\text{HI}(p)) \leftarrow 0$. 然后，置 $p \leftarrow \text{AUX}(p)$，并且重复 R8 直到 $p = q$.

R9. ［完成了吗？］如果 $p \neq 0$，返回 R6. 否则，如果 $v > \text{V}(\text{ROOT})$，置 $v \leftarrow v - 1$ 并且返回 R3. 否则，如果 $\text{LO}(\text{ROOT}) < 0$，置 $\text{ROOT} \leftarrow \sim\text{LO}(\text{ROOT})$. ∎

对于算法 R 错综复杂的链接操作，编程比解释容易，但它们非常具有启发性，并不是很难. 我们极力推荐读者从头到尾处理一遍习题 53 中的示例.

对给定函数的任何限制，也就是通过"硬连接"一个或多个变量为常量获得的任何函数，也可以用算法 R 计算 BDD. 其想法是在步骤 R1 和 R2 之间执行少量额外操作. 如果变量 $\text{V}(p)$ 固定为 0，置 $\text{HI}(p) \leftarrow \text{LO}(p)$；如果变量 $\text{V}(p)$ 固定为 1，置 $\text{LO}(p) \leftarrow \text{HI}(p)$. 我们还需要重新处理在限制后变成不可达的所有结点. 习题 57 充实细节.

BDD 的综合. 现在我们准备讨论关于二元决策图的最重要的算法，该算法取一个函数 f 的 BDD，并且把它同另外一个函数 g 的 BDD 组合，以便进一步获得像 $f \wedge g$ 或 $f \oplus g$ 这样一些函数的 BDD. 这类综合运算是对复合函数构建 BDD 的主要方式，而它们可以有效构建这个事实是 BDD 这种数据结构流行的主要原因. 我们将要讨论处理 BDD 综合问题的若干途径，从一种简单的方法开始，然后用不同方法加快它的处理速度.

综合的基本概念，是关于 BDD 结构的乘积运算，我们称之为合并. 假定 $\alpha = (v, l, h)$ 和 $\alpha' = (v', l', h')$ 是 BDD 结点，每个结点包含变量的下标以及 LO 和 HI 指针. α 和 α' 的"合并"记为 $\alpha \diamond \alpha'$，当 α 和 α' 都不是汇结点时定义如下：

$$\alpha \diamond \alpha' = \begin{cases} (v, l \diamond l', h \diamond h'), & \text{如果 } v = v'; \\ (v, l \diamond \alpha', h \diamond \alpha'), & \text{如果 } v < v'; \\ (v', \alpha \diamond l', \alpha \diamond h'), & \text{如果 } v > v'. \end{cases} \tag{37}$$

例如，图 24 显示了两个小而典型的 BDD 是怎样合并的. 左边的 BDD 含有分支结点 $(\alpha, \beta, \gamma, \delta)$，表示 $f(x_1, x_2, x_3, x_4) = (x_1 \vee x_2) \wedge (x_3 \vee x_4)$；中间的 BDD 含有分支结点 $(\omega, \psi, \chi, \varphi, \upsilon, \tau)$，表示 $g(x_1, x_2, x_3, x_4) = (x_1 \oplus x_2) \vee (x_3 \oplus x_4)$. 结点 δ 和 τ 实际上是相同的，所以如果 f 和 g 是

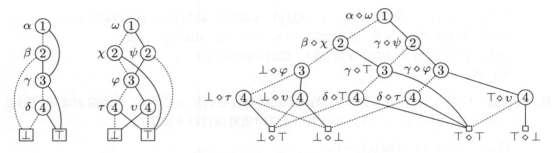

图 24 可以用 ◇ 运算 (37) 合并在一起的两个 BDD

单个 BDD 基的一部分, 我们有 $\delta = \tau$. 但是也可以把合并用于没有公共结点的 BDD. 在图 24 的右边, $\alpha \diamond \omega$ 是有 11 个分支结点的决策图的根, 它实际上表示序偶 (f, g).

可以把两个布尔函数的序偶看成将一个函数的真值表置于另一个函数的真值表之上. 利用这种解释, $\alpha \diamond \omega$ 表示序偶 $\begin{smallmatrix}0000011101110111\\0110111111110110\end{smallmatrix}$, 而 $\beta \diamond \chi$ 表示 $\begin{smallmatrix}00000111\\01101111\end{smallmatrix}$, 等等. 图 24 中合并后的 BDD 对应于决策图

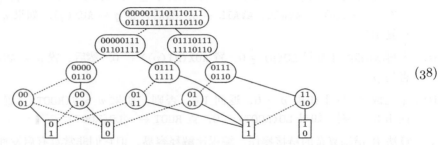

$$(38)$$

它与 (5) 类似, 不同之处是每个结点表示函数的序偶而非单个函数. 在序偶上定义的串珠和子表同过去完全一样. 但是现在有 4 种可能的汇结点而不是 2 种, 即

$$\perp \diamond \perp, \quad \perp \diamond \top, \quad \top \diamond \perp, \quad \top \diamond \top, \tag{39}$$

分别对应序偶 $\begin{smallmatrix}0,&0,&1,&1\\0,&1,&0,&1\end{smallmatrix}$.

为了计算合取 $f \wedge g$, 我们把 f 和 g 的真值表 AND 在一起. 这个运算对应于分别用 0, 0, 0, 1 替换 $\begin{smallmatrix}0,&0,&1,&1\\0,&1,&0,&1\end{smallmatrix}$. 所以通过用 $\boxed{\perp}, \boxed{\perp}, \boxed{\perp}, \boxed{\top}$ 替换 (39) 的各个汇结点, 然后约化所得结果, 我们就能从 $f \diamond g$ 获得 $f \wedge g$ 的 BDD. 同样, 如果用 $\boxed{\perp}, \boxed{\top}, \boxed{\top}, \boxed{\perp}$ 替换汇结点 (39), 我们就获得 $f \oplus g$ 的 BDD. (在这种特殊情况下, $f \oplus g$ 原来是对称函数 $S_{1,4}(x_1, x_2, x_3, x_4)$, 正如 7.1.2 节图 9 中计算的那样.) 合并后的图 $f \diamond g$ 包含计算 f 和 g 的任何布尔组合所需的全部信息. 对于每个这样组合的 BDD, 最多有 $B(f \diamond g)$ 个结点.

显然 $B(f \diamond g) \leq B(f)B(g)$, 因为 $f \diamond g$ 的每个结点对应于 f 的一个结点和 g 的一个结点. 所以小的 BDD 合并后不可能变成非常大的 BDD. 事实上, 合并通常产生比这种最坏情况的上界小很多的结果, 大约包含 $B(f) + B(g)$ 个而不是 $B(f)B(g)$ 个结点. 习题 60 讨论一个更精确的上界, 多少说明合并的结果为什么通常是很小的. 但是习题 59(b) 和习题 63 给出二次增长的有趣例子.

合并暗示用于综合的一个简单算法: 我们可以构造 $B(f)B(g)$ 个结点的阵列, 对于 f 的 BDD 的每个 α 和 g 的 BDD 的每个 α', 在 α 行和 α' 列具有结点 $\alpha \diamond \alpha'$. 然后我们可以按需把 (39) 的 4 个汇结点转换成 $\boxed{\perp}$ 或 $\boxed{\top}$, 再对根结点 $f \diamond g$ 应用算法 R. 请看! 我们获得了 $f \wedge g$ 或者 $f \oplus g$ 或者 $f \vee g$ 的 BDD.

这个算法的运行时间显然是 $B(f)B(g)$ 阶. 我们可以把它降低到 $B(f \diamond g)$ 阶, 因为不需要填满全部矩阵项 $\alpha \diamond \alpha'$. 我们只需考虑从 $f \diamond g$ 可达的那些结点, 而且可以需要时再生成它们. 但是, 即使运行时间有这样的提高, 这个简单算法还是不令人满意, 因为它需要在内存中存放 $B(f)B(g)$ 个结点. 当我们处理 BDD 时, 时间是廉价的而空间是昂贵的: 试图求解大型问题往往因"空间耗尽"而不是"时间耗尽"而失败. 这就是为什么算法 R 很小心地设计为每个结点仅用一个辅助链接字段.

下面的算法用 $B(f \diamond g)$ 阶工作空间求解 BDD 综合问题. 事实上, 对于 $f \diamond g$ 的 BDD 的每个元素, 它只需大约 16 字节. 算法被设计为用作"布尔函数计算器"的主引擎, 它在顺序栈上以压缩形式把函数表示为 BDD. 栈保持在称为池的一个大阵列的低地址端. 栈上的每个 BDD 是一个结点序列, 每个结点有 3 个字段 (V, LO, HI). 池的其余部分可以用于保存称为模板的临时结果, 每个单元有 4 个字段 (L, H, LEFT, RIGHT). 一个结点通常在内存中占用一个全字, 而一个模板占用两个全字.

算法 S 检查栈顶的两个布尔函数 f 和 g, 并且替换为布尔组合 $f \diamond g$, 其中 $\diamond$ 是 16 种可能的二元运算符之一. 这些运算符是用 4 比特真值表 op 标识的. 例如, 当 op 是 $(0110)_2 = 6$ 时, 算法 S 生成 $f \oplus g$ 的 BDD, 当 $op = 1$ 时生成 $f \wedge g$.

算法开始时, 操作对象 f 出现在池的 $[f_0 .. g_0)$ 单元, 操作对象 g 出现在 $[g_0 .. \text{NTOP})$ 单元. 所有高端单元 $[\text{NTOP} .. \text{POOLSIZE})$ 可以用于存储算法所需的模板, 这些模板将出现在池的高端单元 $[\text{TBOT} .. \text{POOLSIZE})$. 算法执行时会动态修改边界标志 NTOP 和 TBOT. 从 $f \diamond g$ 得到的 BDD 最终将被置于单元 $[f_0 .. \text{NTOP})$, 取代以前被 f 和 g 占据的空间. 我们假定一个模板占用两个结点的空间. 因此, 赋值操作 "$t \leftarrow \text{TBOT} - 2, \text{TBOT} \leftarrow t$" 对一个新模板分配由 t 指向的空间, 赋值操作 "$p \leftarrow \text{NTOP}, \text{NTOP} \leftarrow p + 1$" 分配一个新结点 p. 为了说明简洁, 算法 S 不检查在整个处理过程中保持不变的条件 $\text{NTOP} \le \text{TBOT}$. 当然, 这种检查在实践中是必不可少的. 习题 69 弥补这种疏漏.

像前面的算法 B 和 C 那样, 算法 S 的输入函数 f 和 g 是由指令序列 $(I_{s-1}, \ldots, I_1, I_0)$ 和 $(I'_{s'-1}, \ldots, I'_1, I'_0)$ 指定的. 这两个指令序列的长度是 $s = B^+(f)$ 和 $s' = B^+(g)$, 其中

$$B^+(f) = B(f) + [f \text{ 恒等于 } 1] \tag{40}$$

是当强制出现汇结点 $\boxed{\perp}$ 时 BDD 结点的数目. 例如, 图 24 左边的两个 BDD 可以由指令

$$
\begin{array}{llll}
I_5 = (\bar{1}?\ 4\!:\!3), & I_3 = (\bar{3}?\ 2\!:\!1), & I'_7 = (\bar{1}?\ 5\!:\!6), & I'_4 = (\bar{3}?\ 2\!:\!3), \\
& & I'_6 = (\bar{2}?\ 1\!:\!4), & I'_3 = (\bar{4}?\ 1\!:\!0), \\
I_4 = (\bar{2}?\ 0\!:\!3), & I_2 = (\bar{4}?\ 0\!:\!1); & I'_5 = (\bar{2}?\ 4\!:\!1), & I'_2 = (\bar{4}?\ 0\!:\!1);
\end{array}
\tag{41}
$$

指定. 像往常那样, I_1, I_0, I'_1, I'_0 是汇结点. 这些指令被并入结点中, 所以当算法 S 开始时, 对于 $2 \le k < s$, 如果 $I_k = (\bar{v}_k?\ l_k\!:\!h_k)$, 我们有 $\text{V}(f_0 + k) = v_k$, $\text{LO}(f_0 + k) = l_k$, $\text{HI}(f_0 + k) = h_k$. 同样的约定也适用于指定函数 g 的那些指令 I'_k. 此外

$$\text{V}(f_0) = \text{V}(f_0 + 1) = \text{V}(g_0) = \text{V}(g_0 + 1) = v_{\max} + 1, \tag{42}$$

假定 f 和 g 仅依赖于变量 x_v ($1 \le v \le v_{\max}$).

像早先描述的简单然而渴求存储空间的算法, 算法 S 进行两遍处理: 第一遍对 $f \diamond g$ 建立构造模板的 BDD, 把每个重要的合并 $\alpha \diamond \alpha'$ 表示为模板 t, 即

$$\text{LEFT}(t) = \alpha, \quad \text{RIGHT}(t) = \alpha', \quad \text{L}(t) = \text{LO}(\alpha \diamond \alpha'), \quad \text{H}(t) = \text{HI}(\alpha \diamond \alpha'). \tag{43}$$

（L 和 H 字段指向模板而非结点.）然后第二遍使用类似于算法 R 的过程来约化这些模板. 它把来自 (43) 的模板 t 变成

$$\text{LEFT}(t) = {\sim}\kappa(t), \quad \text{RIGHT}(t) = \tau(t),$$
$$\text{L}(t) = \tau(\text{LO}(\alpha \diamond \alpha')), \quad \text{H}(t) = \tau(\text{HI}(\alpha \diamond \alpha')), \tag{44}$$

其中 $\tau(t)$ 是 t 约化后的唯一模板，$\kappa(t)$ 是当 $\tau(t) = t$ 时 t 的 "克隆". 每个约化的模板 t 对应于 $f \circ g$ 的 BDD 中的一个指令结点，$\kappa(t)$ 是这个结点相对于栈中 f_0 位置的指针.（把 LEFT(t) 设置为 ${\sim}\kappa(t)$ 而非 $\kappa(t)$，是使步骤 S7–S10 执行得更快的一种小技巧.）特殊的交叠模板将永久保留在池底部的汇结点中，所以我们总是有

$$\text{LEFT}(0) = {\sim}0, \quad \text{RIGHT}(0) = 0, \quad \text{LEFT}(1) = {\sim}1, \quad \text{RIGHT}(1) = 1, \tag{45}$$

与 (42) 和 (44) 的约定一致.

当 $\alpha \circ \alpha'$ 的值是明显的常数时，我们无须建立 $\alpha \diamond \alpha'$ 的模板. 例如，我们想计算 $f \wedge g$，如果 $\alpha = 0$ 或者 $\alpha' = 0$，我们知道 $\alpha \diamond \alpha'$ 最终将约化为 $\boxed{\bot}$. 这样的简化是由一个称为 $find\_level(f, g)$ 的子程序找到的，如果 $f \circ g$ 的根从分支结点 $\textcircled{j}$ 开始，这个子程序返回正整数 j，除非 $f \circ g$ 显然具有常数值. 在后面这种情况，$find\_level(f, g)$ 的返回值是 $-(f \circ g)$，等于 0 或 -1. 这个过程略有技术性，但是使用全局真值表 op 就很简单.

子程序 $find\_level(f, g)$，使用局部变量 t：

如果 $f \leq 1$ 且 $g \leq 1$，返回 $-((op \gg (3 - 2f - g)) \mathbin{\&} 1)$，它是 $-(f \circ g)$.

如果 $f \leq 1$ 且 $g > 1$，置 $t \leftarrow (f?\ op \mathbin{\&} 3\text{: } op \gg 2)$；如果 $t = 0$ 返回 0，如果 $t = 3$ 返回 -1.

如果 $f > 1$ 且 $g \leq 1$，置 $t \leftarrow (g?\ op\text{: } op \gg 1) \mathbin{\&} 5$；如果 $t = 0$ 返回 0，如果 $t = 5$ 返回 -1.

否则，返回 $\min(\text{V}(f_0 + f), \text{V}(g_0 + g))$. $\tag{46}$

当生成与 (37) 对应的 $\alpha \diamond \alpha'$ 的子孙结点的模板时，我们面对的主要困难在于判定是否已经存在这样一个模板——而且当其存在时就链接它. 解决这种问题的最佳途径通常是使用散列表. 但是，随后我们必须确定把这样一个表放在何处，以及提供多少额外存储空间给它. 像二叉查找树这样的选择更容易适应我们的需要，但是它们将对运行时间增加一个不必要的因子 $\log B(f \diamond g)$. 实际上，综合问题可以用类似算法 R 的一种桶排序方法，以最坏情况的时间与空间 $O(B(f \diamond g))$ 求解（见习题 72）. 但是这个解决方案很复杂而且有点笨拙.

幸好有一种摆脱这种困境的好方法：如果我们一次生成一层模板，几乎不需要额外存储空间而且仅用不太复杂的代码. 生成第 l 层模板之前，我们会知道那一层需要的模板数量 N_l. 所以可以在当前自由区域的顶端临时为 2^b 个模板分配空间，其中 $b = \lceil \lg N_l \rceil$，而且当散列到同一区域时把新的模板单元存放到那里. 做法是像 6.4 节图 38 中那样使用分离的拉链. 我们的模板和潜在模板的 H 和 L 字段对应着该图中的列表头和链接，键码出现在 $(\text{LEFT}, \text{RIGHT})$ 中. 详细的逻辑如下：

子程序 $make\_template(f, g)$，使用局部变量 t：

置 $h \leftarrow \text{HBASE} + 2(((314159257f + 271828171g) \bmod 2^d) \gg (d - b))$，其中 d 是指针大小的恰当上界（通常 $d = 32$）. 然后置 $t \leftarrow \text{H}(h)$. 当 $t \neq \Lambda$ 且 $\text{LEFT}(t) \neq f$ 或 $\text{RIGHT}(t) \neq g$ 时，置 $t \leftarrow \text{L}(t)$. 如果 $t = \Lambda$，置 $t \leftarrow \text{TBOT} - 2$，$\text{TBOT} \leftarrow t$，$\text{LEFT}(t) \leftarrow f$，$\text{RIGHT}(t) \leftarrow g$，$\text{L}(t) \leftarrow \text{H}(h)$，$\text{H}(h) \leftarrow t$. 最终，返回 t. $\tag{47}$

在步骤 S4 和 S5 中调用这个子程序可以保证 $\text{NTOP} \leq \text{HBASE} \leq \text{TBOT}$.

构造模板的这种广度优先、一次一层的策略，获得了附加的补偿，因为它促进了 "引用的局部性"：内存访问通常局限于最近访问过的单元附近，因此，以这种方式进行控制，缓存未命

中和缺页错误显著减少. 此外, 存放在栈上的最终的 BDD 结点也是依次出现的, 所以同一变量的所有分支结点连续出现.

算法 S (BDD 的广度优先综合). 本算法如上所述利用子程序 (46) 和 (47) 计算 $f \circ g$ 的 BDD. 计算过程中使用辅助数组 LSTART[l], LCOUNT[l], LLIST[l], HLIST[l] ($0 \leq l \leq v_{\max}$).

S1. [初始化.] 置 $f \leftarrow g_0 - 1 - f_0$, $g \leftarrow$ NTOP $- 1 - g_0$, $l \leftarrow find\_level(f, g)$. 如果 $l \leq 0$, 见习题 66. 否则, 对于 $l < k \leq v_{\max}$, 置 LSTART[$l - 1$] $\leftarrow$ POOLSIZE, LLIST[k] $\leftarrow$ HLIST[k] $\leftarrow \Lambda$, LCOUNT[k] $\leftarrow 0$. 置 TBOT $\leftarrow$ POOLSIZE $- 2$, LEFT(TBOT) $\leftarrow f$, RIGHT(TBOT) $\leftarrow g$.

S2. [扫描第 l 层模板.] 置 LSTART[l] $\leftarrow$ TBOT, $t \leftarrow$ LSTART[$l - 1$]. 当 $t >$ TBOT 时, 通过重复执行下列操作来调度对未来各层模板的请求:

置 $t \leftarrow t - 2$, $f \leftarrow$ LEFT(t), $g \leftarrow$ RIGHT(t), $vf \leftarrow$ V($f_0 + f$), $vg \leftarrow$ V($g_0 + g$),

$ll \leftarrow find\_level((vf \leq vg?$ LO($f_0 + f$): f), $(vf \geq vg?$ LO($g_0 + g$): g)),

$lh \leftarrow find\_level((vf \leq vg?$ HI($f_0 + f$): f), $(vf \geq vg?$ HI($g_0 + g$): g)).

如果 $ll \leq 0$, 置 L(t) $\leftarrow -ll$; 否则, 置 L(t) $\leftarrow$ LLIST[ll], LLIST[ll] $\leftarrow t$, LCOUNT[ll] $\leftarrow$ LCOUNT[ll] $+ 1$. 如果 $lh \leq 0$, 置 H(t) $\leftarrow -lh$; 否则, 置 H(t) $\leftarrow$ HLIST[lh], HLIST[lh] $\leftarrow t$, LCOUNT[lh] $\leftarrow$ LCOUNT[lh] $+ 1$.

S3. [第一遍结束?] 如果 $l = v_{\max}$, 转到 S6. 否则, 置 $l \leftarrow l + 1$. 如果 LCOUNT[l] $= 0$, 返回到 S2.

S4. [初始化散列表.] 置 $b \leftarrow \lceil \lg$ LCOUNT[l] $\rceil$, HBASE $\leftarrow$ TBOT $- 2^{b+1}$. 对于 $0 \leq k < 2^b$, 置 H(HBASE $+ 2k$) $\leftarrow \Lambda$.

S5. [构造第 l 层模板.] 置 $t \leftarrow$ LLIST[l]. 当 $t \neq \Lambda$ 时, 置 $s \leftarrow$ L(t), $f \leftarrow$ LEFT(t), $g \leftarrow$ RIGHT(t), $vf \leftarrow$ V($f_0 + f$), $vg \leftarrow$ V($g_0 + g$), L(t) $\leftarrow make\_template((vf \leq vg?$ LO($f_0 + f$): f), $(vf \geq vg?$ LO($g_0 + g$): g)), $t \leftarrow s$. (完成一半了.) 然后置 $t \leftarrow$ HLIST[l]. 当 $t \neq \Lambda$ 时, 置 $s \leftarrow$ H(t), $f \leftarrow$ LEFT(t), $g \leftarrow$ RIGHT(t), $vf \leftarrow$ V($f_0 + f$), $vg \leftarrow$ V($g_0 + g$), H(t) $\leftarrow make\_template((vf \leq vg?$ HI($f_0 + f$): f), $(vf \geq vg?$ HI($g_0 + g$): g)), $t \leftarrow s$. (现在另一半也完成了). 返回到 S2.

S6. [为第二遍做准备.] (这时消除 f 和 g 的结点是妥当的, 因为我们已经建立了全部模板 (43). 现在我们要把它们转换为 (44) 的形式. 注意 V(f_0) $=$ V($f_0 + 1$) $= v_{\max} + 1$.) 置 NTOP $\leftarrow f_0 + 2$.

S7. [桶排序.] 置 $t \leftarrow$ LSTART[$l - 1$]. 当 $t >$ LSTART[l] 时重复执行以下操作:

置 $t \leftarrow t - 2$, L(t) $\leftarrow$ RIGHT(L(t)), H(t) $\leftarrow$ RIGHT(H(t)).

如果 L(t) $=$ H(t), 置 RIGHT(t) $\leftarrow$ L(t). (这个分支结点是多余的.)

否则, 置 RIGHT(t) $\leftarrow -1$, LEFT(t) $\leftarrow$ LEFT(L(t)), LEFT(L(t)) $\leftarrow t$.

S8. [恢复克隆地址.] 如果 $t =$ LSTART[$l - 1$], 置 $t \leftarrow$ LSTART[l] $- 2$ 并且转到 S9. 否则, 如果 LEFT(t) < 0, 置 LEFT(L(t)) $\leftarrow$ LEFT(t). 置 $t \leftarrow t + 2$ 并且重复 S8.

S9. [层处理结束了吗?] 置 $t \leftarrow t + 2$. 如果 $t =$ LSTART[$l - 1$], 转到 S12. 否则, 如果 RIGHT(t) ≥ 0 重复 S9.

S10. [检查桶.] (假设 L(t_1) $=$ L(t_2) $=$ L(t_3), 其中 $t_1 > t_2 > t_3 = t$ 且第 l 层没有其他模板单元具有这个 L 值. 这时我们有 LEFT(t_3) $= t_2$, LEFT(t_2) $= t_1$, LEFT(t_1) < 0,

$\text{RIGHT}(t_1) = \text{RIGHT}(t_2) = \text{RIGHT}(t_3) = -1.$) 置 $s \leftarrow t$. 当 $s > 0$ 时，执行以下操作：置 $r \leftarrow \text{H}(s)$, $\text{RIGHT}(s) \leftarrow \text{LEFT}(r)$；如果 $\text{LEFT}(r) < 0$ 置 $\text{LEFT}(r) \leftarrow s$；然后置 $s \leftarrow \text{LEFT}(s)$. 最后，再次置 $s \leftarrow t$.

S11. [克隆.] 如果 $s < 0$, 返回到 S9. 否则，如果 $\text{RIGHT}(s) \geq 0$, 置 $s \leftarrow \text{LEFT}(s)$. 否则，置 $r \leftarrow \text{LEFT}(s)$, $\text{LEFT}(\text{H}(s)) \leftarrow \text{RIGHT}(s)$, $\text{RIGHT}(s) \leftarrow s$, $q \leftarrow \text{NTOP}$, $\text{NTOP} \leftarrow q+1$, $\text{LEFT}(s) \leftarrow \sim(q - f_0)$, $\text{LO}(q) \leftarrow \sim\text{LEFT}(\text{L}(s))$, $\text{HI}(q) \leftarrow \sim\text{LEFT}(\text{H}(s))$, $\text{V}(q) \leftarrow l$, $s \leftarrow r$. 重复 S11.

S12. [对 l 循环.] 置 $l \leftarrow l - 1$. 如果 $\text{LSTART}[l] < \text{POOLSIZE}$, 返回到 S7. 否则，如果 $\text{RIGHT}(\text{POOLSIZE} - 2) = 0$, 置 $\text{NTOP} \leftarrow \text{NTOP} - 1$（因为 $f \circ g$ 恒等于 0）. ∎

像往常一样，理解这样一个算法的最好方法是跟踪一个例子. 给出 (41) 中的 BDD，习题 67 讨论算法 S 如何计算 $f \wedge g$.

例如，可以把算法 S 用于对一些有趣的函数构造 BDD，比如像"单调函项函数" $\mu_n(x_1, \ldots, x_{2^n})$，它当且仅当 $x_1 \ldots x_{2^n}$ 是单调函数的真值表时为真：

$$\mu_n(x_1, \ldots, x_{2^n}) = \bigwedge_{0 \leq i \subseteq j < 2^n} [x_{i+1} \leq x_{j+1}]. \tag{48}$$

这个函数从 $\mu_0(x_1) = 1$ 开始，满足递归关系

$$\mu_n(x_1, \ldots, x_{2^n}) = $$
$$\mu_{n-1}(x_1, x_3, \ldots, x_{2^n-1}) \wedge \mu_{n-1}(x_2, x_4, \ldots, x_{2^n}) \wedge G_{2^n}(x_1, \ldots, x_{2^n}), \tag{49}$$

其中 $G_{2^n}(x_1, \ldots, x_{2^n}) = [x_1 \leq x_2] \wedge [x_3 \leq x_4] \wedge \cdots \wedge [x_{2^n-1} \leq x_{2^n}]$. 所以它的 BDD 容易用像算法 S 的 BDD 计算器获得：$\mu_{n-1}(x_1, x_3, \ldots, x_{2^n-1})$ 和 $\mu_{n-1}(x_2, x_4, \ldots, x_{2^n})$ 的 BDD 是 $\mu_{n-1}(x_1, x_2, \ldots, x_{2^n-1})$ 的简单变形，而 G_{2^n} 具有非常简单的 BDD（见图 25）.

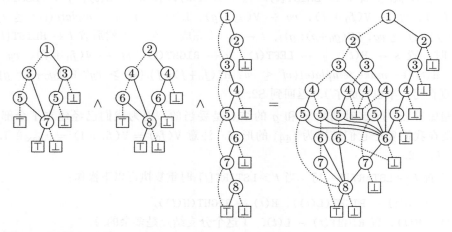

图 25 用算法 S 计算 $\mu_2(x_1, x_3, x_5, x_7) \wedge \mu_2(x_2, x_4, x_6, x_8) \wedge G_8(x_1, \ldots, x_8) = \mu_3(x_1, \ldots, x_8)$

重复这个过程 6 次将产生 μ_6 的 BDD，它有 $103\,924$ 个结点. 6 个变量的单调布尔函数恰好有 $7\,828\,354$ 个（见习题 5.3.4-31）. 这个 BDD 精确地描述它们全体的特性，用算法 S 计算它仅需大约 480 万次内存访问. 此外，67 亿次内存访问足以计算 μ_7 的 BDD，它有 $155\,207\,320$ 个结点，描述了 $2\,414\,682\,040\,998$ 个单调函数的特征.

然而，我们必须在此止步. 下一情形的大小 $B(\mu_8)$ 是惊人的 $69\,258\,301\,585\,604$（见习题 77）.

BDD 基的综合. 当我们一次处理很多函数而不是匆匆地计算单个 BDD 时需要另外一种方法. 像在 (36) 中那样, BDD 基的函数通常共享公共子函数. 算法 S 设计为取不相交的 BDD 并对它们进行有效的组合, 然后清除原来的 BDD. 但是在很多情况下, 我们宁愿建立 BDD 交叠的函数组合. 此外, 比如在建立新函数 $f \wedge g$ 之后, 我们可能要求就近保存 f 和 g 以备将来使用. 实际上, 新函数也可能与 f 或 g 或者这两者共享结点.

因此, 我们考虑设计一个通用工具箱来处理布尔函数的集合. BDD 基对此目的特别有吸引力, 因为大部分必要的操作都有简单的递推公式. 我们知道每个非常量布尔函数都可以表示成

$$f(x_1, x_2, \ldots, x_n) = (\bar{x}_v? \ f_l: f_h),\tag{50}$$

其中 $v = f_o$ 指向 f 所依赖的第一个变量, 而且我们有

$$f_l = f(0, \ldots, 0, x_{v+1}, \ldots, x_n), \qquad f_h = f(1, \ldots, 1, x_{v+1}, \ldots, x_n).\tag{51}$$

这条规则对应于 f 的 BDD 顶端的分支结点 ⟨v⟩, 然后通过递归地使用 (50) 和 (51) 得到 BDD 的其余结点, 直至达到对应于 ⊥ 或 ⊤ 的常量函数. 一个类似的递归公式定义两个函数的任何组合 $f \circ g$: 因为如果 f 和 g 不都是常量, 我们有

$$f(x_1, \ldots, x_n) = (\bar{x}_v? \ f_l: f_h) \quad \text{且} \quad g(x_1, \ldots, x_n) = (\bar{x}_v? \ g_l: g_h),\tag{52}$$

其中 $v = \min(f_o, g_o)$, 这里的 f_l, f_h, g_l, g_h 是由 (51)给出的. 于是, 立即得到

$$f \circ g = (\bar{x}_v? \ f_l \circ g_l: f_h \circ g_h).\tag{53}$$

这个重要的公式是陈述规则的另一种方式, 凭借规则我们定义合并公式 (37).

警告: 对上述记号的理解务必要小心, 因为 (50) 中的子函数 f_l 和 f_h 可能不同于 (52) 中的 f_l 和 f_h. 例如, 假定 $f = x_2 \vee x_3$, $g = x_1 \oplus x_3$. 那么等式 (50) 在 $f_o = 2$ 和 $f = (\bar{x}_2? \ f_l: f_h)$ 时成立, 其中 $f_l = x_3$, $f_h = 1$. 我们还有 $g_o = 1$, $g = (\bar{x}_1? \ x_3: \bar{x}_3)$. 但是在 (52) 中我们使用对于两个函数的同一个分支变量 x_v, 而且在我们的例子中 $v = \min(f_o, g_o) = 1$, 所以等式 (52) 在 $f = (\bar{x}_1? \ f_l: f_h)$, $f_l = f_h = x_2 \vee x_3$ 时成立.

BDD 基的每个结点代表一个布尔函数. 此外, BDD 基是约化的. 所以它的两个函数或子函数是相等的, 当且仅当它们恰好对应于同样的结点. (算法 S 没有这种方便的独特性质.)

公式 (51)–(53) 立即给出了计算 $f \wedge g$ 的递归方法:

$$\text{AND}(f, g) = \begin{cases} \text{如果 } f \wedge g \text{ 有明显的值, 返回它.} \\ \text{否则, 把 } f \text{ 和 } g \text{ 表示为 (52) 的形式,} \\ \text{计算 } r_l \leftarrow \text{AND}(f_l, g_l) \text{ 和 } r_h \leftarrow \text{AND}(f_h, g_h), \\ \text{返回函数 } (\bar{x}_v? \ r_l: r_h). \end{cases}\tag{54}$$

(递归公式总是终止于足够简单的情形. 第一行中的 "明显" 值对应于终止情形 $f \wedge 1 = f$, $1 \wedge g = g$, $f \wedge 0 = 0 \wedge g = 0$, 以及当 $f = g$ 时 $f \wedge g = f$.) 当 f 和 g 是我们上面例子中的函数时, (54) 把 $f \wedge g$ 约化为计算 $(x_2 \vee x_3) \wedge x_3$ 和 $(x_2 \vee x_3) \wedge \bar{x}_3$. 然后把 $(x_2 \vee x_3) \wedge x_3$ 约化为 $x_3 \wedge x_3$ 和 $1 \wedge x_3$, 等等.

但是, 如果我们按照陈述简单地实现它, 则 (54) 是有问题的, 因为每个非终结步骤都会启动另外两个递归实例. 当我们达到第 k 层的深度时, 计算量会激增到 AND 的 2^k 个实例!

幸运的是, 有一个很好的方法可以避免这种指数爆炸. 由于 f 只有 $B(f)$ 个不同的子函数, 最多可能出现 $B(f)B(g)$ 次明显不同的 AND 调用. 为了限制计算次数, 只需要记住我们之前做过的事情, 具体做法是, 刚好在返回计算结果 r 之前, 把 $f \wedge g = r$ 的事实记入备忘录. 于是当

随后出现同样的子问题时, 我们可以检索备忘录并且声明: "嘿, 我们已经做过那件事情了."
因此, 以前解决的情形成为最终结果. 只有不同子问题可能生成新的情形. (第 8 章将详细讨论
这种记忆技术.)

　　算法 (54) 还掩盖着另外一个问题: "返回函数 $(\bar{x}_v? \ r_l\!: r_h)$" 不是那么容易的, 因为我们必
须保持约化的 BDD 基. 如果 $r_l = r_h$, 我们应该返回结点 r_l. 如果 $r_l \neq r_h$, 在创建新结点之
前必须判断是否已经存在分支结点 $(\bar{x}_v? \ r_l\!: r_h)$.

　　因此, 我们需要保持 BDD 结点自身之外的额外信息, 还需要保持已经解决的问题的备忘
录. 我们也要有能力通过结点的内容而非地址寻找结点. 第 6 章的查找算法现在可以帮助我们,
告诉我们如何做这两件事情, 例如通过散列方法. 为了记录 $f \wedge g = r$ 的一条备忘录, 我们可以
散列键码 $(f, \wedge, g)$ 并且把它与 r 值联系在一起. 为了记录一个现存结点 (V, LO, HI), 可以散列
键码 (V, LO, HI) 并且把它与该结点的内存地址联系在一起.

　　习惯上, 把 BDD 基中的全部现存结点 (V, LO, HI) 的字典称为唯一表, 因为我们用它来强
制执行禁止重复的非常重要的唯一性标准. 然而, 更好的做法不是把全部信息放进一个庞大的
字典中, 而是对每个变量 V 保留一张表, 维持较小的唯一表的一个集合. 用这样分离的表, 我
们可以有效地找出通过特定变量分支的全部结点.

　　备忘录是方便的, 但是它们不像唯一表那样至关重要. 如果碰巧忘记了 $f \wedge g = r$ 的孤立事
实, 我们以后总是可以重新计算它. 如果一直以高概率记住子问题 $f_l \wedge g_l$ 和 $f_h \wedge g_h$ 的答案,
指数爆炸是不足为虑的. 因此我们可以用一种代价较小的的方法存储备忘录, 旨在执行相当出
色但是并不完美的检索任务: 在键码 $(f, \wedge, g)$ 散列到散列表的位置 p 之后, 我们只需在那个位
置寻找一条备忘录, 不必费心考虑与其他键码的冲突. 如果若干个键码具有相同的散列地址,
位置 p 将仅记录最近一条相关备忘录. 在实际应用中, 只要散列表足够大, 这种简化方案始终
是适用的. 我们把这种近乎完美的散列表称为备忘录缓存, 因为它类似于硬件缓存, 通过缓存
计算机力求记住那些在相对较慢的存储单元上已经处理过的重要数值.

　　好, 现在让我们来充实算法 (54), 详细说明它如何同唯一表与备忘录缓存交互.

$$
\mathrm{AND}(f, g) = \begin{cases} \text{如果 } f \wedge g \text{ 有明显的值, 返回它.} \\ \text{否则, 如果 } f \wedge g = r \text{ 在备忘录缓存中, 返回 } r. \\ \text{否则, 把 } f \text{ 和 } g \text{ 表示为 (52) 的形式,} \\ \text{计算 } r_l \leftarrow \mathrm{AND}(f_l, g_l) \text{ 和 } r_h \leftarrow \mathrm{AND}(f_h, g_h), \\ \text{使用算法 U, 置 } r \leftarrow \mathrm{UNIQUE}(v, r_l, r_h), \\ \text{把 } f \wedge g = r \text{ 存入备忘录缓存, 然后返回 } r. \end{cases} \tag{55}
$$

算法 U (唯一表查询).　给定 (v, p, q), 其中 v 是整数, p 和 q 指向变量秩大于 v 的 BDD 基
的结点, 本算法返回指向表示函数 $(\bar{x}_v? \ p\!: q)$ 的结点 $\mathrm{UNIQUE}(v, p, q)$ 的指针. 如果该函数没有
出现过, 添加一个新结点到 BDD 基.

U1. [是简单的情形吗?] 如果 $p = q$, 返回 p.

U2. [查表.] 用键码 (p, q) 搜索变量 x_v 的唯一表. 如果成功找到 r 值, 返回 r.

U3. [创建结点.] 分配一个新结点 r, 然后置 V$(r) \leftarrow v$, LO$(r) \leftarrow p$, HI$(r) \leftarrow q$. 用键
　　码 (p, q) 把 r 存入 x_v 的唯一表中. 返回 r.　∎

注意, $\mathrm{AND}(f, g)$ 的顶层计算结束之后, 不必清空备忘录缓存. 我们所建立的每条备忘录都说明
了结构结点之间的关系. 那些事实仍然存在, 而且以后需要对新函数 f 和 g 计算 $\mathrm{AND}(f, g)$ 时
可能会用到它们.

算法 (55) 的一种改进将进一步增强该方法, 就是说, 当 $f \wedge g$ 不明显时, 如果我们发现 $f > g$, 则交换 $f \leftrightarrow g$. 那么在已经计算过 $g \wedge f$ 的情况下就不必浪费时间计算 $f \wedge g$ 了.

对 (55) 做简单修改, 其他二元运算符 $\mathrm{OR}(f, g)$, $\mathrm{XOR}(f, g)$, $\mathrm{BUTNOT}(f, g)$, $\mathrm{NOR}(f, g)$, ... 也可以很容易地计算出来. 见习题 81.

看起来 (55) 与算法 U 的组合比算法 S 简单得多. 因此, 人们可能会问, 为什么有人要费心去学习另一种方法呢? 同 (55) 的递归结构中计算的 "深度优先" 顺序比较, 算法 S 的广度优先方法似乎十分复杂. 此外, 算法 S 只能处理不相交的 BDD, 而算法 U 以及类似 (55) 的递归方法适用于任何 BDD 基.

然而, 表面现象可能具有欺骗性: 算法 S 是在低层次描述的, 对其数据结构中每个元素的每一个变化都进行了明确的阐述. 相比之下, (55) 和算法 U 中的高层次描述假定在幕后存在着大量的基础结构. 必须建立备忘录缓存和唯一表, 并且当 BDD 基增大或者缩小时需要精心调整它们的大小. 在一切做出说明和实现后, "从头开始" 正确实现算法 (55) 和算法 U 的程序, 其总长度大约是算法 S 的类似程序的十倍.

实际上, BDD 基的维护涉及有趣的动态存储分配问题, 因为当结点不再使用时我们需要释放内存空间. 算法 S 采用一种后进先出的方式解决这个问题, 仅仅在顺序栈上保留它的结点和模板, 并且用一个可以容易与其他数据结合的小散列表进行处理. 然而, 通用的 BDD 基需要更加复杂的系统.

像在 2.3.5 节中讨论的那样, 维持一个动态 BDD 基的最好方式或许是使用引用计数器, 因为按照定义 BDD 是无圈的. 所以, 我们不妨假定每个 BDD 结点除了 V, LO 和 HI 字段之外还有一个 REF 字段. REF 字段告诉我们这个结点有多少引用, 这些引用来自其他结点中的 LO 或 HI 指针, 或者像 (36) 中那样来自外部根指针 F_j. 例如, (36) 中标记为 ③ 的结点的 REF 字段分别是 4, 1 和 2, 标记为 ② ④ 或 ⑥ 的所有结点[①]有 REF = 1. 习题 82 讨论在递归计算中如何正确地增加或者减少 REF 计数这个多少有些棘手的问题.

当引用计数变为零时, 结点就成为死结点. 发生这种情况时, 我们应该减少它下面两个结点的 REF 字段. 然后它们也可能以同样的方式变成死结点, 递归地传播这种干扰.

但是无须立即从内存中清除死结点. 它仍然代表一个潜在有用的布尔函数, 我们可能会发现, 随着计算的进行, 我们还需要这个函数. 例如, 因为来自唯一表的指针不会被视为引用, 我们可能会在步骤 U2 中找到一个死结点. 同样, 在 (55) 中, 当 r 是当前的死结点时, 可能偶然发现一条缓存的备忘录告诉我们 $f \wedge g = r$. 在这种情况下, 结点 r 就恢复成活结点. (同时我们必须对它的 LO 和 HI 子孙结点的 REF 计数加 1, 可能还要以同样的方式递归地复活它们.)

然而, 我们要定期通过消除闲置结点回收内存空间. 于是我们必须做两件事: 必须从缓存中清除 f, g 或 r 是死结点的全部备忘, 同时必须从内存和它们的唯一表中去掉所有死结点. 关于自动系统借以动态确定何时实施清除以及何时改变唯一表大小的典型试探策略见习题 84.

由于需要支持 BDD 基的额外手段, 对于算法 U 和像 (55) 那样自顶向下的递归计算, 不能期待在效率上同算法 S 在像 (49) 中那样的单调函项函数的一次处理例子相比. 当把更一般的方法应用到这个例子时, 需要大约 4 倍的运行时间, 内存需求增长到大约 2.4 倍.

但是 BDD 基其实是在许多其他应用中崭露头角的. 例如, 假定我们想要得到一个公式, 来计算两个二进制数乘积

$$(z_1 \ldots z_{m+n})_2 = (x_1 \ldots x_m)_2 \times (y_1 \ldots y_n)_2 \tag{56}$$

[①] 标记为 ③ 的结点有 3 个, 标记为 ② ④ 或 ⑥ 的结点有 16 个. ——编者注

的每一位. 显而易见, 当 $n = 0$ 时 $z_1 \ldots z_m = 0 \ldots 0$, 而且简单的递推公式

$$(x_1 \ldots x_m)_2 \times (y_1 \ldots y_n y_{n+1})_2 = (z_1 \ldots z_{m+n} 0)_2 + (x_1 \ldots x_m)_2 y_{n+1} \tag{57}$$

允许我们将 n 增加 1. 这个递推公式很容易用 BDD 基进行编码. 下面是 $m = n = 3$ 时得到的结果, 下标与 (36) 中二进制加法的类似的 BDD 基一致:

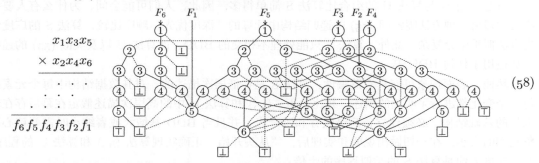

$$\tag{58}$$

显然, 按位乘法比按位加法复杂得多. (实际上, 如果不是这样, 因式分解就不会那么困难.) 当 $m = n = 16$ 时, 二进制乘法对应的 BDD 基是很庞大的, 具有 $B(f_1, \ldots, f_{32}) = 136\,398\,751$ 个结点. 用算法 U 计算大约要做 560 亿次内存访问且使用 6.3 吉字节内存后才可能求出——包括近 19 亿次递归子程序调用, 几百次动态改变唯一表和备忘录缓存的大小, 再上加数十次实时的垃圾回收. 如果用算法 S 进行类似的计算几乎是不可想象的, 虽然在这个特定的例子中各个函数不共享许多公共子函数: 最后结果是 $B(f_1) + \cdots + B(f_{32}) = 168\,640\,131$, 最大值出现在 "中间二进制位", $B(f_{16}) = 38\,174\,143$.

*三元运算. 给出不全部为常数的 3 个布尔函数 $f = f(x_1, \ldots, x_n)$, $g = g(x_1, \ldots, x_n)$ 和 $h = h(x_1, \ldots, x_n)$, 通过取 $v = \min(f_o, g_o, h_o)$ 可以把 (52) 推广为

$$f = (\bar{x}_v?\ f_l\colon f_h) \quad \text{且} \quad g = (\bar{x}_v?\ g_l\colon g_h) \quad \text{且} \quad h = (\bar{x}_v?\ h_l\colon h_h), \tag{59}$$

然后, 例如把 (53) 推广为

$$\langle fgh \rangle = (\bar{x}_v?\ \langle f_l g_l h_l \rangle\colon \langle f_h g_h h_h \rangle); \tag{60}$$

类似的公式对于有关 f, g 和 h 的任何三元运算成立, 包括

$$(\bar{f}?\ g\colon h) = (\bar{x}_v?\ (\bar{f}_l?\ g_l\colon h_l)\colon (\bar{f}_h?\ g_h\colon h_h)). \tag{61}$$

(但愿这些公式的读者忘记 h_h 中 h 的两种含义.)

现在, 很容易把 (55) 推广到类似多路复用的三元组合:

$$\mathrm{MUX}(f, g, h) = \begin{cases} \text{如果 } (\bar{f}?\ g\colon h) \text{ 有明显的值, 返回它.} \\ \text{否则, 如果 } (\bar{f}?\ g\colon h) = r \text{ 在备忘录缓存中, 返回 } r. \\ \text{否则, 把 } f, g \text{ 和 } h \text{ 表示为 (59) 的形式,} \\ \text{计算 } r_l \leftarrow \mathrm{MUX}(f_l, g_l, h_l) \text{ 和 } r_h \leftarrow \mathrm{MUX}(f_h, g_h, h_h), \\ \text{使用算法 U, 置 } r \leftarrow \mathrm{UNIQUE}(v, r_l, r_h), \\ \text{把 } (\bar{f}?\ g\colon h) = r \text{ 存入备忘录缓存, 然后返回 } r. \end{cases} \tag{62}$$

(见习题 86 和 87.) 运行时间为 $O(B(f)B(g)B(h))$. 现在备忘录缓存必须用一个比前面更加复杂的键码查询, 其中包括 3 个指针 (f, g, h) 而不是 2 个, 以及相关运算的代码. 但是, 如果不同指针地址的数目最多是 2^{31}, 则每条备忘录 (op, f, g, h, r) 仍然可以用 (比如说) 两个全字方便地表示.

三元运算 $f \wedge g \wedge h$ 是一个有趣的特例. 我们可以调用 (55) 两次来计算它, 不论是 $\mathrm{AND}(f, \mathrm{AND}(g, h))$ 或者是 $\mathrm{AND}(g, \mathrm{AND}(h, f))$ 还是 $\mathrm{AND}(h, \mathrm{AND}(f, g))$. 也可以使用与 (62) 类似的三元子程序 $\mathrm{ANDAND}(f, g, h)$. 这个三元例程首先对操作数排序, 使得指针满足 $f \leq g \leq h$. 然后如果 $f = 0$ 则返回 0, 如果 $f = 1$ 或 $f = g$ 则返回 $\mathrm{AND}(g, h)$, 如果 $g = h$ 则返回 $\mathrm{AND}(f, g)$, 否则 $1 < f < g < h$ 且在递归的当前层的运算仍然是三元的.

例如, 像公式 (49) 中那样, 假定 $f = \mu_5(x_1, x_3, \ldots, x_{63})$, $g = \mu_5(x_2, x_4, \ldots, x_{64})$, $h = G_{64}(x_1, \ldots, x_{64})$. 在我的试验性执行中, 计算 $\mathrm{AND}(f, \mathrm{AND}(g, h))$ 需要 $20 + 680 = 700$ 万次内存访问, $\mathrm{AND}(g, \mathrm{AND}(h, f))$ 需要 $10 + 700 = 710$ 万次, $\mathrm{AND}(h, \mathrm{AND}(f, g))$ 需要 $2440 + 560 = 3000 (!)$ 万次, 而 $\mathrm{ANDAND}(f, g, h)$ 需要 750 万次. 因此, 在这个例子中, 如果我们不选择错误的计算顺序, 二元方法就会胜出. 但是有时三元 ANDAND 会胜过它的所有二元计算对手 (见习题 88).

*量词. 如果 $f = f(x_1, \ldots, x_n)$ 是布尔函数并且 $1 \leq j \leq n$, 逻辑学家传统上用公式

$$\exists x_j \, f(x_1, \ldots, x_n) = f_0 \vee f_1 \quad \text{和} \quad \forall x_j \, f(x_1, \ldots, x_n) = f_0 \wedge f_1 \tag{63}$$

定义存在量词化和全称量词化, 其中 $f_c = f(x_1, \ldots, x_{j-1}, c, x_{j+1}, \ldots, x_n)$. 因此量词 $\exists x_j$ (读作 "存在 x_j") 把 f 变成其余变量 $(x_1, \ldots, x_{j-1}, x_{j+1}, \ldots, x_n)$ 的函数, 它为真当且仅当 x_j 的至少一个值满足 $f(x_1, \ldots, x_n)$; 量词 $\forall x_j$ (读作 "对于所有 x_j") 把 f 变成当且仅当 x_j 的两个值都满足 f 时为真的函数.

经常需要同时应用多个量词. 例如, 算式 $\exists x_2 \exists x_3 \exists x_6 \, f(x_1, \ldots, x_n)$ 代表 8 个项的 OR, 表示当我们把 0 或 1 以所有可能的方式赋予变量 x_2, x_3 和 x_6 时得到的 $(x_1, x_4, x_5, x_7, \ldots, x_n)$ 的 8 个函数. 类似地, $\forall x_2 \forall x_3 \forall x_6 \, f(x_1, \ldots, x_n)$ 代表同样 8 个项的 AND.

一种常见的应用出现在函数 $f(i_1, \ldots, i_l; j_1, \ldots, j_m)$ 表示 $2^l \times 2^m$ 布尔矩阵 F 的第 $(i_1 \ldots i_l)_2$ 行第 $(j_1 \ldots j_m)_2$ 列的值的时候. 那时由

$$\exists j_1 \ldots \exists j_m \big(f(i_1, \ldots, i_l; j_1, \ldots, j_m) \wedge g(j_1, \ldots, j_m; k_1, \ldots, k_n) \big) \tag{64}$$

给出的函数 $h(i_1, \ldots, i_l; k_1, \ldots, k_n)$, 表示布尔乘积 FG 的矩阵 H.

已由里卡德·鲁德尔提出一种在 BDD 基中实现多重量词化的便捷方法: 令 $g = x_{j_1} \wedge \cdots \wedge x_{j_m}$ 是一些正数的合取. 那么我们可以把 $\exists x_{j_1} \ldots \exists x_{j_m} f$ 看作由算法 (55) 的下述变形实现的二元运算 $f \, \mathrm{E} \, g$:

$$\mathrm{EXISTS}(f, g) = \begin{cases} \text{如果 } f \, \mathrm{E} \, g \text{ 有明显的值, 返回它.} \\ \text{否则, 把 } f \text{ 和 } g \text{ 表示为 (52) 的形式,} \\ \text{如果 } v \neq f_o, \text{ 返回 } \mathrm{EXISTS}(f, g_h). \\ \text{否则, 如果 } f \, \mathrm{E} \, g = r \text{ 在备忘录缓存中, 返回 } r. \\ \text{否则, 置 } r_l \leftarrow \mathrm{EXISTS}(f_l, g_h),\ r_h \leftarrow \mathrm{EXISTS}(f_h, g_h), \\ \text{如果 } v \neq g_o, \text{ 使用算法 U, 置 } r \leftarrow \mathrm{UNIQUE}(v, r_l, r_h), \\ \text{否则, 计算 } r \leftarrow \mathrm{OR}(r_l, r_h), \\ \text{把 } f \, \mathrm{E} \, g = r \text{ 存入备忘录缓存, 然后返回 } r. \end{cases} \tag{65}$$

(见习题 94.) 当 g 不具备所述形式时, E 运算是未定义的. 注意备忘录缓存如何很好地记住以前已经计算过的值.

算法 (65) 的运行时间是高度可变的——不像算法 (55) 我们知道可能的最坏情况是 $O(B(f) B(g))$ ——因为当 g 指定 m 重量词化时执行 m 个 OR 运算. 如果所有量词化出现

在 f 的 BDD 的根结点附近，最坏情况可能会糟糕到 $B(f)2^m$ 阶. 如果 $m = 1$, 运行时间仅仅是 $O(B(f)^2)$, 但是随着 m 的增长它可能变大到难以容忍的地步. 另一方面, 如果所有量词化出现在汇结点附近, 无论 m 的大小如何运行时间仅仅是 $O(B(f))$. （见习题 97.）

其他几种量词是值得注意的, 而且同样是容易的, 虽然它们不如 $\exists$ 和 $\forall$ 那么著名. 布尔差和是/否量词由类似 (63) 的公式定义:

$$\Box x_j f = f_0 \oplus f_1; \qquad \text{人} x_j f = \bar{f}_0 \wedge f_1; \qquad N x_j f = f_0 \wedge \bar{f}_1. \tag{66}$$

布尔差 $\Box$ 是这些量词中最重要的: $\Box x_j f$ 对使得 f 依赖于 x_j 的 $\{x_1, \ldots, x_{j-1}, x_{j+1}, \ldots, x_n\}$ 的所有值为真. 如果 f 的多重线性表示是 $f = (x_j g + h) \bmod 2$, 那么 $\Box x_j f = g \bmod 2$, 其中 g 和 h 是 $\{x_1, \ldots, x_{j-1}, x_{j+1}, \ldots, x_n\}$ 的多重线性多项式. （见 7.1.1-(19).）因此, $\Box$ 在有限域上扮演类似微积分中导数的角色.

布尔函数 $f(x_1, \ldots, x_n)$ 是单调的（非递减的）, 当且仅当 $\bigvee_{j=1}^n N x_j f = 0$, 这无异于说对于所有 j 有 $N x_j f = 0$. 然而, 习题 105 给出了一种检验 BDD 单调性的更快的方法.

我们现在考虑存在量词化的一个特别有指导性的具体例子. 如果 G 是任意的图, 对于它的独立集和核, 我们可以建立布尔函数 $\mathrm{IND}(x)$ 和 $\mathrm{KER}(x)$ 如下:

$$\mathrm{IND}(x) = \neg \bigvee_{u \text{—} v} (x_u \wedge x_v); \tag{67}$$

$$\mathrm{KER}(x) = \mathrm{IND}(x) \wedge \bigwedge_v \Big(x_v \vee \bigvee_{u \text{—} v} x_u\Big). \tag{68}$$

其中 x 是对 G 的每个顶点 v 有分量 x_v 的位向量. 我们可以建立一个新图 $\mathcal{G}$, 它的顶点是 G 的核, 也就是使得 $\mathrm{KER}(x) = 1$ 的向量 x. 我们说两个核 x 和 y 在 $\mathcal{G}$ 中是邻接的, 如果它们恰好在 u 和 v 的两个分量是不同的, 其中 $(x_u, x_v) = (1, 0)$ 和 $(y_u, y_v) = (0, 1)$, 在这种情况我们也有 $u \text{—} v$. 可以把核看作是对 G 的顶点设置标记的某种方式, 从一个顶点移动标记到邻近顶点产生一个邻接的核. 我们在形式上定义

$$\mathrm{ADJ}(x, y) = [\nu(x \oplus y) = 2] \wedge \mathrm{KER}(x) \wedge \mathrm{KER}(y). \tag{69}$$

于是 $x \text{—} y$ 在 $\mathcal{G}$ 中, 当且仅当 $\mathrm{ADJ}(x, y) = 1$.

注意, 如果 $x = x_1 \ldots x_n$, 函数 $[\nu(x) = 2]$ 是对称函数 $S_2(x_1, \ldots, x_n)$. 此外如果我们用拉链方式交错变量以致分支次序是 $(x_1, y_1, \ldots, x_n, y_n)$, 那么 $f(x \oplus y)$ 最多拥有 $f(x)$ 三倍数量的结点. 因此, 除非 $B(\mathrm{KER})$ 是很大的, $B(\mathrm{ADJ})$ 不会非常大.

量词化使得表示条件 x 是 $\mathcal{G}$ 的孤立顶点（0 度顶点, 无邻近顶点的核）变得很容易:

$$\mathrm{ISO}(x) = \mathrm{KER}(x) \wedge \neg \exists y\, \mathrm{ADJ}(x, y). \tag{70}$$

例如, 像在 (18) 中那样, 假定 G 是美国 49 个接壤州的图. 那么对于 $v \in \{\mathtt{ME}, \mathtt{NH}, \ldots, \mathtt{CA}\}$, 每个核向量 x 有 49 个分量 x_v. 图 $\mathcal{G}$ 有 266 137 个顶点, 我们先前已经观察到 $\mathrm{IND}(x)$ 和 $\mathrm{KER}(x)$ 的 BDD 的大小分别是 428 和 780（见 (17)）. 在这种情况下, (69) 中的 $\mathrm{ADJ}(x, y)$ 的 BDD 只有 7260 个结点, 尽管它是 98 个布尔变量的函数. $\exists y\, \mathrm{ADJ}(x, y)$ 的 BDD, 它描述 G 的至少有一个邻近顶点的所有核 x, 最终有 842 个结点. $\mathrm{ISO}(x)$ 的 BDD 只有 77 个结点. 我们发现 $\mathcal{G}$

恰好有 3 个孤立的核, 就是

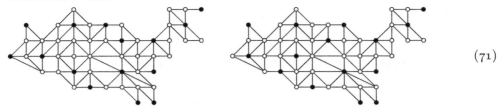

$$(71)$$

以及由这两个核混合而成的另外一个核. 利用上面的算法, 从 G (不是 $\mathcal{G}$) 的顶点和边的列表开始的整个计算过程, 可以用大约 1.6 兆字节内存以大约 400 万次内存访问的总代价执行. 就是说, 计算 G 的每个核只需大约 15 次内存访问.

我们可以按照同样方式用 BDD 处理其他"隐式图", 如果把图中的顶点表示为布尔函数的解向量, 那么它的顶点数可能会多到不能全部放入内存中. 当函数不太复杂时, 我们可以回答关于那些图的查询, 它们是不能通过显式表示顶点与弧的方式回答的.

*函数复合. 递归 BDD 算法的主要部分是一个计算 $f(g_1, g_2, \ldots, g_n)$ 的通用过程, 其中 f 是 $\{x_1, x_2, \ldots, x_n\}$ 的一个给定函数, 而且每个变元 g_j 也是这样的函数. 假定我们知道一个数 $m \geq 0$, 使得对于 $m < j \leq n$ 有 $g_j = x_j$, 那么这个过程可以表示如下:

$$\mathrm{COMPOSE}(f, g_1, \ldots, g_n) = \begin{cases} \text{如果 } f = 0 \text{ 或者 } f = 1, \text{ 返回 } f. \\ \text{否则, 如同 (50), 假定 } f = (\bar{x}_v?\ f_l\colon f_h), \\ \text{如果 } v > m, \text{ 返回 } f; \text{ 否则,} \\ \quad \text{如果 } f(g_1, \ldots, g_n) = r \text{ 在备忘录缓存中, 返回 } r. \\ \text{计算 } r_l \leftarrow \mathrm{COMPOSE}(f_l, g_1, \ldots, g_n) \\ \quad \text{和 } r_h \leftarrow \mathrm{COMPOSE}(f_h, g_1, \ldots, g_n); \\ \text{使用 (62), 置 } r \leftarrow \mathrm{MUX}(g_v, r_l, r_h); \\ \text{把 } f(g_1, \ldots, g_n) = r \text{ 存入备忘录缓存, 然后返回 } r. \end{cases} \quad (72)$$

这个算法中像 $f(g_1, \ldots, g_n) = r$ 的缓存备忘录的表示带有一些技巧, 我们马上会讨论这一点.

虽然这里的计算看起来与前面我们看到的递归算法基本相同, 但实际上存在巨大差别: 算法 (72) 中的函数 r_l 和 r_h 现在可能会涉及所有变量 $\{x_1, \ldots, x_n\}$, 而不只限于 BDD 底部附近的 x. 所以 (72) 的运行时间其实可能是很大的. 但是也有许多实例, 它们的一切处理是彼此协调和高效的. 例如 (69) 中 $[\nu(x \oplus y) = 2]$ 的计算不存在问题.

像 $f(g_1, \ldots, g_n) = r$ 这样的备忘录的键码不应该是 $(f, g_1, \ldots, g_n)$ 的完全详细说明, 因为我们想要高效地散列它. 所以我们仅存储 $f[G] = r$, 其中 G 是对于函数 $(g_1, \ldots, g_n)$ 序列的识别号. 每当序列改变时, 我们可以用一个新识别号 G. 只要各个函数 g_j 没有消失, 我们可以记住在特定计算中反复出现的特殊函数序列的 G. (也见习题 102 中的替代方案.)

让我们回到美国接壤州的图, 再举一个例子. 这是一个平面图, 假定我们想用 4 种颜色对它着色. 由于 4 种颜色可以用 2 位二进制代码 $\{00, 01, 10, 11\}$ 给出, 很容易把有效的着色方式表示成 98 个变量的布尔函数, 它为真当且仅当每一对相邻州的颜色代码 ab 是不同的:

$$\mathrm{COLOR}(a_{\mathrm{ME}}, b_{\mathrm{ME}}, \ldots, a_{\mathrm{CA}}, b_{\mathrm{CA}}) =$$
$$\mathrm{IND}(a_{\mathrm{ME}} \wedge b_{\mathrm{ME}}, \ldots, a_{\mathrm{CA}} \wedge b_{\mathrm{CA}}) \wedge \mathrm{IND}(a_{\mathrm{ME}} \wedge \bar{b}_{\mathrm{ME}}, \ldots, a_{\mathrm{CA}} \wedge \bar{b}_{\mathrm{CA}}) \quad (73)$$
$$\wedge \mathrm{IND}(\bar{a}_{\mathrm{ME}} \wedge b_{\mathrm{ME}}, \ldots, \bar{a}_{\mathrm{CA}} \wedge b_{\mathrm{CA}}) \wedge \mathrm{IND}(\bar{a}_{\mathrm{ME}} \wedge \bar{b}_{\mathrm{ME}}, \ldots, \bar{a}_{\mathrm{CA}} \wedge \bar{b}_{\mathrm{CA}}).$$

四个 IND 中的每个都有 854 个结点的 BDD, 可以用算法 (72) 以大约 7 万次内存访问的代价计算. COLOR 函数最终只有 25 579 个 BDD 结点. 算法 C 现在快速确定这个图的 4 着色方案总数恰好是 25 623 183 458 304——或者除以 4! 以消除对称性,大约是 1.1 万亿. 这个计算从图的描述开始,需要 2.2 兆字节内存,所需的总时间少于 350 万次内存访问的时间. (我们还可以寻找随机的 4 着色方案,等等.)

难于处理的函数. 当然还存在 98 个变量的一些函数,它们不如 COLOR 函数那样近乎完美. 实际上,98 个变量的函数总数达到 $2^{2^{98}}$. 习题 108 证明,它们当中最多 $2^{2^{46}}$ 个具有大小小于 1 万亿的 BDD,而且实际上几乎所有 98 个变量的布尔函数都有 $B(f) \approx 2^{98}/98 \approx 3.2 \times 10^{27}$. 没有办法把 2^{98} 比特的数据压缩到一小块空间中,除非数据恰好是高度冗余的.

最糟糕的情况是什么? 如果 f 是 n 个变量的布尔函数,$B(f)$ 可能有多大? 答案是不难找到的,如果我们考虑给定 BDD 的分布图,它是当存在变量 x_{k+1} 上 b_k 个分支结点和 b_n 个汇结点时的序列 $(b_0, \ldots, b_{n-1}, b_n)$. 显然

$$B(f) = b_0 + \cdots + b_{n-1} + b_n. \tag{74}$$

我们也有 $b_0 \le 1$,$b_1 \le 2$,$b_2 \le 4$,$b_3 \le 8$,一般情况下

$$b_k \le 2^k, \tag{75}$$

因为每个结点只有两个分支. 此外,每当 f 不是常数时 $b_n = 2$. 并且 $b_{n-1} \le 2$,因为对于 $\boxed{n}$ 的 LO 和 HI 分支只有两种合法的选择. 实际上,我们知道 b_k 是 f 的真值表中 $n-k$ 阶串珠的数目,即给定 $(x_1, \ldots, x_k)$ 后依赖于 x_{k+1} 的 $(x_{k+1}, \ldots, x_n)$ 的不同子函数的数目. 只可能有 $2^{2^m} - 2^{2^{m-1}}$ 个 m 阶串珠,因此必定有

$$b_k \le 2^{2^{n-k}} - 2^{2^{n-k-1}}, \qquad 0 \le k < n. \tag{76}$$

例如,当 $n = 11$ 时,(75) 和 (76) 告诉我们,$(b_0, \ldots, b_{11})$ 最多是

$$(1, 2, 4, 8, 16, 32, 64, 128, 240, 12, 2, 2). \tag{77}$$

因此当 $n = 11$ 时 $B(f) \le 1 + 2 + \cdots + 128 + 240 + \cdots + 2 = 255 + 256 = 511$.

实际上,这个上界是用真值表

$$00000000\ 00000001\ 00000010\ \ldots\ 11111110\ 11111111 \tag{78}$$

获得的,或者是用任何长度为 2^{11} 的作为 256 种可能的 8 比特字节的排列的位串获得的,因为所有 8 比特的串珠显然都会出现,而且长度为 $16, 32, \ldots, 2^{11}$ 的子表显然都是串珠. 对于所有 n 可以构造类似的例子(见习题 110). 所以,最坏情况是已知的:

定理 U. 每个布尔函数 $f(x_1, \ldots, x_n)$ 有 $B(f) \le U_n$,其中

$$U_n = 2 + \sum_{k=0}^{n-1} \min(2^k, 2^{2^{n-k}} - 2^{2^{n-k-1}}) = 2^{n-\lambda(n-\lambda n)} + 2^{2^{\lambda(n-\lambda n)}} - 1. \tag{79}$$

此外,对于所有 n 存在 $B(f_n) = U_n$ 的显函数 f_n. ∎

如果用 lg 替换 λ,(79) 的右端变成 $2^n/(n - \lg n) + 2^n/n - 1$. 一般情况下,$U_n$ 是 $2^n/n$ 的 u_n 倍,其中因子 u_n 介于 1 和 $2 + O(\frac{\log n}{n})$ 之间. 一个约有 $2^{n+1}/n$ 个结点的 BDD,每个结点的两个指针中的每一个约需 $n + 1 - \lg n$ 比特,另加指示分支变量的 $\lg n$ 比特. 所以对于任何函数 $f(x_1, \ldots, x_n)$,BDD 占用内存空间的总量不会超过约 2^{n+2} 比特,这是其真值表的比特数的 4 倍,即使按照 BDD 表示的观点,f 可能恰好是最坏的函数之一.

如果我们从所有 2^{2^n} 种可能性中随机选择 f 的真值表，平均情况与最坏情况几乎一样. 计算也很简单: $\boxed{k+1}$ 结点的平均数恰好是

$$\hat{b}_k = \left(2^{2^{n-k}} - 2^{2^{n-k-1}}\right)\left(2^{2^n} - (2^{2^{n-k}} - 1)^{2^k}\right)/2^{2^n}, \tag{80}$$

因为存在 $2^{2^{n-k}} - 2^{2^{n-k-1}}$ 个 $n-k$ 阶串珠和 $(2^{2^{n-k}} - 1)^{2^k}$ 个其中不出现任何特定串珠的真值表. 习题 112 表明，除了两个 k 值以外，这个看似复杂的量 $\hat{b}_k$ 总是非常接近最坏情况的估值 $\min(2^k, 2^{2^{n-k}} - 2^{2^{n-k-1}})$. 异常层次出现在 $k \approx 2^{n-k}$ 且 min 具有很小作用时. 例如当 $n = 11$ 时，舍入到一位小数的平均分布 $(\hat{b}_0, \ldots, \hat{b}_{n-1}, \hat{b}_n)$ 近似为

$$(1.0, 2.0, 4.0, 8.0, 16.0, 32.0, 64.0, 127.4, 151.9, 12.0, 2.0, 2.0), \tag{81}$$

而且除了 $k = 7$ 或 8 之外，实际上这些值同最坏情况 (77) 是没有区别的.

称为伪 BDD 或 QDD 的相关概念也是很重要的. 每个函数都有类似于 BDD 的唯一的 QDD，它的根结点总是 $\boxed{1}$，对于 $k < n$ 的每个 $\boxed{k}$ 结点分支为两个 $\boxed{k+1}$ 结点. 因此从根结点到汇结点的每一条路径的长度为 n. 为了使这种情况成为可能，我们允许 QDD 结点的 LO 指针和 HI 指针相同. 但是，QDD 在不同结点不能有两个相同指针 (LO, HI) 的意义下必须依然是约化的. 例如，函数 $\langle x_1 x_2 x_3 \rangle$ 的 QDD 是

$$\tag{82}$$

它比图 21 中对应的 BDD 多两个结点. 注意在 QDD 中 V 字段是多余的，因此无须出现在内存中.

函数的伪分布是 $(q_0, \ldots, q_{n-1}, q_n)$，其中 q_{k-1} 是 QDD 中 $\boxed{k}$ 结点的数目. 容易看出 q_k 也是真值表中不同的 $n-k$ 阶子表的数目，正如 b_k 是不同串珠的数目一样. 每个串珠是一个子表，因此我们有

$$q_k \geq b_k, \qquad 0 \leq k \leq n. \tag{83}$$

此外，习题 115 证明

$$q_k \leq 1 + b_0 + \cdots + b_{k-1} \text{ 且 } q_k \leq b_k + \cdots + b_n, \quad 0 \leq k \leq n. \tag{84}$$

因此，伪分布的每个元素是 BDD 大小的下界:

$$B(f) \geq 2q_k - 1, \qquad 0 \leq k \leq n. \tag{85}$$

令 $Q(f) = q_0 + \cdots + q_{n-1} + q_n$ 是 f 的 QDD 的总大小. 由 (83) 我们显然有 $Q(f) \geq B(f)$. 另一方面 $Q(f)$ 不能比 $B(f)$ 大很多，因为 (85) 蕴涵

$$Q(f) \leq \frac{n+1}{2}\big(B(f) + 1\big). \tag{86}$$

习题 116 和 117 揭示伪分布的其他基本性质.

最坏情况的真值表 (78) 实际上对应于 8 路复用器

$$M_3(x_9, x_{10}, x_{11}; x_1, \ldots, x_8) = x_{1+(x_9 x_{10} x_{11})_2}, \tag{87}$$

这是我们已经见过的熟悉函数. 但是我们反常地对变量重新编号，以致现在对最后三个变量 (x_9, x_{10}, x_{11}) 出现多路复用，而不是像等式 (30) 中那样出现在前面三个变量. 变量顺序的这

种简单的改变使得 M_3 的 BDD 的大小从 17 提升到 511. 而且，当 $n = 2^m + m$ 时的类似改变，将引起 $B(M_m)$ 从 $2n - 2m + 1$ 到 $2^{n-m+1} - 1$ 的巨大跃变.

兰德尔·布赖恩特引进了一种称为隐加权位函数的有趣的"中心-注视"多路复用器，定义如下：

$$h_n(x_1, \ldots, x_n) = x_{x_1 + \cdots + x_n} = x_{\nu x}, \tag{88}$$

其条件是 $x_0 = 0$. 例如，$h_4(x_1, x_2, x_3, x_4)$ 具有真值表 0000 0111 1001 1011. 他证明了 h_n 有很大的 BDD，无论我们如何尝试将其变量重新编号 [*IEEE Trans.* **C-40** (1991), 208–210].

按照变量的标准顺序，h_{11} 的分布 $(b_0, \ldots, b_{11})$ 是

$$(1, 2, 4, 8, 15, 27, 46, 40, 18, 7, 2, 2); \tag{89}$$

因此 $B(h_{11}) = 172$. 这个分布的前半部分实际上是略加修饰的斐波那契序列，具有 $b_k = F_{k+4} - k - 2$. 通常，对于 $k < n/2$，h_n 总是具有这个 b_k 值. 因此，它的初始分布数目按 ϕ^k 阶而不以 2^k 的最坏速率增长. 这个增长速率在 k 超过 $n/2$ 后变慢，以致例如 $B(h_{32})$ 仅取适度的 86 636. 但是指数增长最终占据优势，而且 $B(h_{100})$ 达到极点：17 530 618 296 680. （当 $n = 100$ 时，最大分布元素是 $b_{59} = 2\,947\,635\,944\,748$，它使 $b_0 + \cdots + b_{49} = 139\,583\,861\,115$ 相形见绌.）习题 125 证明，$B(h_n)$ 渐近等于 $c\chi^n + O(n^2)$，其中

$$\chi = \frac{\sqrt[3]{27 - \sqrt{621}} + \sqrt[3]{27 + \sqrt{621}}}{\sqrt[3]{54}}$$
$$= 1.32471\,79572\,44746\,02596\,09088\,54478\,09734\,07344+ \tag{90}$$

是所谓的"塑性常数"，即 $\chi^3 = \chi + 1$ 的正根，而且系数 c 是 $7\chi - 1 + 14/(3 + 2\chi) \approx 10.75115$.

另一方面，如果改变 BDD 中检验变量的顺序，我们可以做得更好. 如果 $f(x_1, \ldots, x_n)$ 是任意布尔函数，π 是 $\{1, \ldots, n\}$ 的任意排列，我们记

$$f^\pi(x_1, \ldots, x_n) = f(x_{1\pi}, \ldots, x_{n\pi}). \tag{91}$$

例如，如果 $f(x_1, x_2, x_3, x_4) = (x_3 \vee (x_1 \wedge x_4)) \wedge (\bar{x}_2 \vee \bar{x}_4)$ 且 $(1\pi, 2\pi, 3\pi, 4\pi) = (3, 2, 4, 1)$，那么 $f^\pi(x_1, x_2, x_3, x_4) = (x_4 \vee (x_3 \wedge x_1)) \wedge (\bar{x}_2 \vee \bar{x}_1)$. 我们有 $B(f) = 10$, $B(f^\pi) = 6$，因为这两个 BDD 是

$$\tag{92}$$

f^π 的 BDD 对应于 f 的带有非标准顺序的 BDD，仅当 $i\pi < j\pi$ 时允许从 (i) 分支到 (j)：

$$\tag{93}$$

它的根是 ⓘ，其中 $i = 1\pi^-$ 是对于 $i\pi = 1$ 的标记. 当自顶向下列出分支变量时，我们有 $(4\pi, 2\pi, 1\pi, 3\pi) = (1, 2, 3, 4)$.

对隐加权位函数应用这些思想，我们有

$$h_n^\pi(x_1, \ldots, x_n) = x_{(x_1 + \cdots + x_n)\pi}, \tag{94}$$

其条件是 $0\pi = 0$ 和 $x_0 = 0$. 例如，如果 $(1\pi, 2\pi, 3\pi) = (3, 1, 2)$，那么 $h_3^\pi(0, 0, 1) = 1$，因为 $x_{(x_1 + x_2 + x_3)\pi} = x_3 = 1$.（见习题 120.）

伪分布的元素 q_k 计数当已知 x_1 到 x_k 的值时出现的不同子函数. 利用 (94)，我们可以通过选择项记录 $[r_0, \ldots, r_{n-k}]$ 来表示所有这些子函数，其中 r_j 是当 $x_{k+1} + \cdots + x_n = j$ 时子函数的结果. 假定 $x_1 = c_1, \ldots, x_k = c_k$，并且令 $s = c_1 + \cdots + c_k$. 那么，如果 $(s + j)\pi \le k$ 则 $r_j = c_{(s+j)\pi}$，否则 $r_j = x_{(s+j)\pi}$. 然而，如果 $s\pi > k$ 置 $r_0 \leftarrow 0$，如果 $(s + n - k)\pi > k$ 置 $r_{n-k} \leftarrow 1$，以致每个选择项记录的第一个选择和最后一个选择都是常数.

例如，计算表明下列排列 $1\pi \ldots 100\pi$ 把 h_{100} 的 BDD 的大小从 17.5 万亿降低到 $B(h_{100}^\pi) = 1\,124\,432\,105$:

$$
\begin{array}{llllllllllllllllllll}
2 & 4 & 6 & 8 & 10 & 12 & 14 & 16 & 18 & 20 & 97 & 57 & 77 & 37 & 87 & 47 & 67 & 27 & 92 & 52 \\
72 & 32 & 82 & 42 & 62 & 22 & 100 & 60 & 80 & 40 & 90 & 50 & 70 & 30 & 95 & 55 & 75 & 35 & 85 & 45 \\
65 & 25 & 98 & 58 & 78 & 38 & 88 & 48 & 68 & 28 & 93 & 53 & 73 & 33 & 83 & 43 & 63 & 23 & 99 & 59 \\
79 & 39 & 89 & 49 & 69 & 29 & 94 & 54 & 74 & 34 & 84 & 44 & 64 & 24 & 96 & 56 & 76 & 36 & 86 & 46 \\
66 & 26 & 91 & 51 & 71 & 31 & 81 & 41 & 61 & 21 & 19 & 17 & 15 & 13 & 11 & 9 & 7 & 5 & 3 & 1
\end{array} \tag{95}
$$

对于 $0 \le s \le k \le n$，这样的计算可以基于可能出现的所有选择项记录的枚举. 假定我们已经检验 $x_1, \ldots, x_{83}$，而且比方说对于 $1 \le j \le 83$ 求出 $x_j = [j \le 42]$. 于是 $s = 42$，其余 17 个变量 $(x_{84}, \ldots, x_{100})$ 的子函数由选择项记录 $[r_0, \ldots, r_{17}] = [c_{25}, x_{98}, c_{58}, c_{78}, c_{38}, x_{88}, c_{48}, c_{68}, c_{28}, x_{93}, c_{53}, c_{73}, c_{33}, c_{83}, c_{43}, c_{63}, c_{23}, x_{99}]$ 给出，这个记录约化为

$$[1, x_{98}, 0, 0, 1, x_{88}, 0, 0, 1, x_{93}, 0, 0, 1, 0, 0, 0, 1, 1]. \tag{96}$$

这是当 $s = 42$ 时由 q_{83} 计数的 2^{14} 个子函数之一. 习题 124 说明如何对 k 和 s 的其他值进行类似的处理.

我们现在准备证明布赖恩特定理.

定理 B.　对于所有排列 π，h_n^π 的 BDD 的大小超过 $2^{\lfloor n/5 \rfloor}$.

证明.　首先注意 h_n^π 的两个子函数当且仅当它们具有相同的选择项记录时相等. 如果 $[r_0, \ldots, r_{n-k}] \ne [r_0', \ldots, r_{n-k}']$，假定 $r_j \ne r_j'$. 如果 r_j 和 r_j' 都是常数，两个子函数当 $x_{k+1} + \cdots + x_n = j$ 时是不同的. 如果 r_j 是常数但是 $r_j' = x_i$，我们有 $0 < j < n - k$. 两个子函数不同，因为 $x_{k+1} + \cdots + x_n$ 可能等于 j（$x_i \ne r_j$）. 同时如果 $r_j = x_i$，但是 $r_j' = x_{i'}$（$i \ne i'$），我们可能有 $x_{k+1} + \cdots + x_n = j$（$x_i \ne x_{i'}$）.（后面这种情况仅出现在选择项记录对应于不同偏移量 s 和 s' 的时候.）

所以 q_k 是不同选择项记录 $[r_0, \ldots, r_{n-k}]$ 的数目. 习题 123 证明，对于像上面描述的任意给定的 k, n 和 s，这个数目恰好是

$$\binom{w}{w-s} + \binom{w}{w-s+1} + \cdots + \binom{w}{k-s} = \binom{w}{s+w-k} + \cdots + \binom{w}{s-1} + \binom{w}{s}, \tag{97}$$

其中 w 是满足 $s \le j \le s + n - k$ 且 $j\pi \le k$ 的下标 j 的数目.

现在考虑 $k = \lfloor 3n/5 \rfloor + 1$ 的情形，并且令 $s = k - \lceil n/2 \rceil$，$s' = \lfloor n/2 \rfloor + 1$.（设想 $n = 100$，$k = 61$，$s = 11$，$s' = 51$. 我们可以假定 $n \ge 10$.）于是 $w + w' = k - w''$，其中 w'' 是满足

$j\pi \le k$ 以及 $j < s$ 或 $j > s' + n - k$ 的下标计数. 由于 $w'' \le (s-1) + (k-s') = 2k - 2 - n$, 我们必定有 $w + w' \ge n + 2 - k = \lceil 2n/5 \rceil + 1$. 因此有 $w > \lfloor n/5 \rfloor$ 或 $w' > \lfloor n/5 \rfloor$, 于是 (97) 在两种情况都超过 $2^{\lfloor n/5 \rfloor - 1}$. 由 (85) 推出定理. ∎

反过来, 始终存在一个使得 $B(h_n^\pi) = O(2^{0.2029n})$ 的排列 π, 虽然由大 O 记号隐含的常数是非常大的. 这个结果由贝亚特·博利希、马丁·罗宾、马丁·索尔霍夫和英戈·韦格纳 [*Theoretical Informatics and Applications* **33** (1999), 103–115] 给出证明, 利用类似于 (95) 的排列: 前面满足 $j\pi \le n/5$ 的下标出自 $j > 9n/10$ 和 $j \le n/10$, 其余下标是从右到左依序(反向字典序) 读出的 $9n/10 - j$ 的二进制表示.

我们也简略地看一个更简单的例子: 排列函数 $P_m(x_1, \ldots, x_{m^2})$, 它等于 1 当且仅当在第 i 行第 j 列为 $x_{(i-1)m+j}$ 的二进制矩阵是一个置换矩阵:

$$P_m(x_1, \ldots, x_{m^2}) = \bigwedge_{i=1}^{m} S_1(x_{(i-1)m+1}, x_{(i-1)m+2}, \ldots, x_{(i-1)m+m})$$
$$\wedge \bigwedge_{j=1}^{m} S_1(x_j, x_{m+j}, \ldots, x_{m^2-m+j}). \qquad (98)$$

尽管这个函数很简单, 但在变量的任何重新排序下, 它都不能用小 BDD 表示:

定理 K.   对于所有排列 π, P_m^π 的 BDD 的大小超过 $m2^{m-1}$.

证明.   [见英戈·韦格纳, *Branching Programs and Binary Decision Diagrams* (SIAM, 2000), 定理 4.12.3.] 给定 P_m^π 的 BDD, 注意, 满足 $P_m^\pi(x) = 1$ 的 $m!$ 个向量 x 的每一个向量描绘一条从根结点到 $\boxed{\top}$ 的长度为 $n = m^2$ 的路径, 它的每个变量必定是已经检验过的. 设 $v_k(x)$ 是 x 的路径取其第 k 个 HI 分支的结点. 对于某个 $(i,j) = (i_k(x), j_k(x))$, 这个结点在给定矩阵的第 i 行第 j 列的值上分支.

假定 $v_k(x) = v_{k'}(x')$, 其中 $x \ne x'$. 构造 x'': 通过令它与 x 直到 $v_k(x)$ 一致因此与 x' 一致. 于是 $P_m^\pi(x'') = 1$, 因此我们必定有 $k = k'$. 事实上, 这个论据说明我们必定还有

$$\{i_1(x), i_2(x), \ldots, i_{k-1}(x)\} = \{i_1(x'), i_2(x'), \ldots, i_{k-1}(x')\}$$
$$和 \ \{j_1(x), j_2(x), \ldots, j_{k-1}(x)\} = \{j_1(x'), j_2(x'), \ldots, j_{k-1}(x')\}. \qquad (99)$$

设想标签的 m 种颜色, 每种颜色有 $m!$ 张标签. 对于所有的 k 和 x, 在结点 $v_k(x)$ 上贴一张颜色为 k 的标签. 那么, 没有一个结点获得不同颜色的标签. 由 (99), 没有颜色为 k 的结点获得总数超出过 $(k-1)!(m-k)!$ 的标签. 所以至少有 $m!/((k-1)!(m-k)!) = k\binom{m}{k}$ 个不同结点必定接受颜色为 k 的标签. 对 k 求和给出 $m2^{m-1}$ 个非汇结点. ∎

习题 184 证明了 $B(P_m) < m2^{m+1}$, 所以定理 K 中的下界除了一个因子 4 之外是近似最优的. 尽管 BDD 的大小按指数增长, 但是情况并未恶化到不可救药的地步, 因为 $m = \sqrt{n}$. 例如, $B(P_{20})$ 只有 $38\,797\,317$, 纵然 P_{20} 是 400 个变量的函数.

*优化次序.   让我们用 $B_{\min}(f)$ 和 $B_{\max}(f)$ 表示 $B(f^\pi)$ 在能够规定变量次序的所有排列 π 上所取的最小值和最大值. 我们已经见过 $B_{\min}$ 与 $B_{\max}$ 存在显著差异的几种情况. 例如, 当 $n = 2^m + m$ 时, 2^m 路复用器有 $B_{\min}(M_m) \approx 2n$ 和 $B_{\max}(M_m) \approx 2^n/n$. 其实, 变量的良好顺序是至关重要的简单函数并不罕见. 例如, 考虑

$$f(x_1, x_2, \ldots, x_n) = (\bar{x}_1 \vee x_2) \wedge (\bar{x}_3 \vee x_4) \wedge \cdots \wedge (\bar{x}_{n-1} \vee x_n), \qquad n \text{ 是偶数.} \qquad (100)$$

这是重要的子集函数 $[x_1x_3 \ldots x_{n-1} \subseteq x_2x_4 \ldots x_n]$，而且我们有 $B(f) = B_{\min}(f) = n + 2$. 但是当 π 是"风琴管顺序"时，即

$$f^\pi(x_1, x_2, \ldots, x_n) = (\bar{x}_1 \vee x_n) \wedge (\bar{x}_2 \vee x_{n-1}) \wedge \cdots \wedge (\bar{x}_{n/2} \vee x_{n/2+1}) \tag{101}$$

时，BDD 的大小激增至 $B(f^\pi) = B_{\max}(f) = 2^{n/2+1}$. 对于顺序 $[x_1 \ldots x_{n/2} \subseteq x_{n/2+1} \ldots x_n]$ 也出现同样糟糕的性质. 在这些顺序中，BDD 必须"记住" $n/2$ 个变量的状态，而原来的公式 (100) 只需要非常小的内存空间.

每个布尔函数 f 都有一个主分布图，它封装了所有可能的 $B(f^\pi)$ 的集合. 如果 f 有 n 个变量，这个图有 2^n 个顶点，每个顶点对应于变量的一个子集. 这个图有 $n2^{n-1}$ 条边，每条边对应于只有一个元素不同的一对子集. 例如，(92) 和 (93) 中的函数的主分布图是

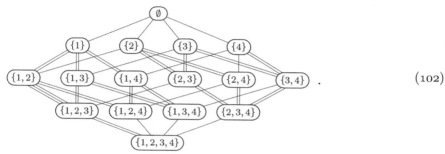

$$\tag{102}$$

每条边带有一个权值，在上图中由连线数目表示. 例如，$\{1,2\}$ 与 $\{1,2,3\}$ 之间的权值是 3. 该图具有如下解释：如果 X 是 k 个变量的子集且 $x \notin X$，那么 X 与 $X \cup x$ 之间的权值是，当 X 的变量以所有 2^k 种可能的方式由常数替换时，f 的依赖于 x 的子函数的数目. 例如，如果 $X = \{1,2\}$，我们有 $f(0,0,x_3,x_4) = x_3$, $f(0,1,x_3,x_4) = f(1,1,x_3,x_4) = x_3 \wedge \bar{x}_4$, $f(1,0,x_3,x_4) = x_3 \vee x_4$. 所有这三个子函数都依赖于 x_3，但是它们之中只有两个子函数依赖于 x_4，如 $\{1,2\}$ 下面的权值所示.

有 $n!$ 条从 $\emptyset$ 到 $\{1, \ldots, n\}$ 的长度为 n 的路径，如果 $a_1\pi = 1, a_2\pi = 2, \ldots, a_n\pi = n$，我们可以让路径 $\emptyset \to \{a_1\} \to \{a_1, a_2\} \to \cdots \to \{a_1, \ldots, a_n\}$ 对应于排列 π. 于是，如果我们对于汇结点加 2，那么路径 π 上的权值之和是 $B(f^\pi)$. 例如，路径 $\emptyset \to \{4\} \to \{2,4\} \to \{1,2,4\} \to \{1,2,3,4\}$ 产生实现 $B(f^\pi) = 6$ 的唯一途径，如在 (93) 中那样.

注意，主分布图是一种常见的 n 立方图，它的边带有修饰数字，计算子函数的不同集合中串珠的数目. 这种图具有指数大小 $n2^{n-1}$，然而这比排列的总数 $n!$ 小得多. 比如说当 n 是 25 或者更小时，习题 138 说明整个图的计算不会遇到很大困难，而且对于任意给定的函数都能够找到最优排列. 例如，隐加权位函数最终有 $B_{\min}(h_{25}) = 2090$ 和 $B_{\max}(h_{25}) = 35\,441$. 最小值在 $(1\pi, \ldots, 25\pi) = (3, 5, 7, 9, 11, 13, 15, 17, 25, 24, 23, 22, 21, 20, 19, 18, 16, 14, 12, 10, 8, 6, 4, 2, 1)$ 时达到，而最大值产生于首先检验许多"中间"变量的奇特排列 $(22, 19, 17, 25, 15, 13, 11, 10, 9, 8, 7, 24, 6, 5, 4, 3, 2, 12, 1, 14, 23, 16, 18, 20, 21)$.

通过学习足够的关于确定最小权值路径的知识，而不是计算整个主分布图，有时可以节省时间. （见习题 140.）但是当 n 增加以及函数变得更加奇特时，我们未必能够完全确定 $B_{\min}(f)$，因为找到最佳顺序的问题是 NP 完全的（见习题 137）.

我们已经定义了单个布尔函数 f 的分布和伪分布，同样思想也适用于包含 m 个函数 $\{f_1, \ldots, f_m\}$ 的任意 BDD 基. 就是说，当在第 k 层有 b_k 个结点时，分布是 $(b_0, \ldots, b_n)$，而当对应的 QDD 基的第 k 层有 q_k 个结点时，伪分布是 $(q_0, \ldots, q_n)$. 这两个函数的真值表有 b_k 个不同的 $n-k$ 阶串珠以及 q_k 个不同的子表. 例如，(36) 中的 $(4+4)$ 位二进制

加法函数 $\{f_1, f_2, f_3, f_4, f_5\}$ 的分布是 $(2,4,3,6,3,6,3,2,2)$, 而伪分布在习题 144 中求出. 同样, 主分布图的概念也适用于其变量同时被重新排序的 m 个函数, 并且我们可以用它来求解 $B_{\min}(f_1, \ldots, f_m)$ 和 $B_{\max}(f_1, \ldots, f_m)$, 这是对所有分布所取的 $b_0 + \cdots + b_n$ 的最小值和最大值.

*局部重新排序. 对于 BDD 基, 当我们决定首先在 x_2 上分支, 然后在 $x_1, x_3, \ldots, x_n$ 上分支时, 会发生什么? 图 26 显示顶部两层的结构可能剧烈改变, 但是其余各层保持原有结构.

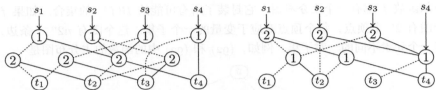

图 26　交换 BDD 基的顶端两层. 这里 (s_1, s_2, s_3, s_4) 是源函数, (t_1, t_2, t_3, t_4) 是目标结点, 表示更低层的子函数

事实上, 一种更严密的分析揭示了这种层交换过程是不难理解或者不难实现的. 在交换前 ① 结点可分为 "纠缠的" 和 "孤立的" 两种类型, 取决于它们是否以 ② 结点作为子孙结点. 例如, 图 26 的左图中有 3 个分别由 s_1, s_2 和 s_3 指向的纠缠结点, 而 s_4 指向一个孤立结点. 同样, ② 结点在交换前是 "可见的" 或 "隐藏的", 取决于它们是独立的源函数还是从 ① 结点可达的函数. 在图 26 的左图中, 4 个 ② 结点全部是隐藏的.

在交换后, 孤立的 ① 结点简单地向下移动一层, 但是, 根据我们将要解释的过程, 纠缠的结点变形为 ② 结点. 隐藏的 ② 结点 (如果存在的话) 消失, 可见的 ② 结点直接向上移动到顶层. 在变形过程中还可能出现另外的结点, 这样的结点标记为 ①, 称为 "新生结点". 例如, 在图 26 的右图中, 2 个新生结点出现在 t_2 的上方. 当且仅当隐藏结点的数量超过新生结点的数量时, 这个过程减少结点的总数.

当然, 交换的逆同样是交换, 但是互换了 ① 和 ② 的角色. 从图 26 的右图开始, 我们看出它有 3 个纠缠结点 (标记为 ②) 和一个可见结点 (标记为 ①). 它有 2 个隐藏结点, 没有孤立结点. 交换过程通常分别使 (纠缠的、孤立的、可见的、隐藏的) 结点变成 (纠缠的、可见的、孤立的、新生的) 结点——此后新生的结点将在逆交换中变成隐藏的结点, 而原来隐藏的结点将重现为新生的结点.

变形是非常容易理解的, 只要我们把处在顶端两层之下的所有结点看成具有常数值的汇结点. 这样, 每个源函数 $f(x_1, x_2)$ 只依赖于 x_1 和 x_2, 因此它呈现 4 个值 $a = f(0,0)$, $b = f(0,1)$, $c = f(1,0)$ 和 $d = f(1,1)$, 其中 a, b, c 和 d 代表汇结点. 我们可以假定有 q 个汇结点 $\boxed{1}, \boxed{2}, \ldots, \boxed{q}$, 并且 $1 \le a, b, c, d \le q$. 于是 $f(x_1, x_2)$ 完全由它的扩充真值表 $f(0,0)f(0,1)f(1,0)f(1,1) = abcd$ 描述. 于是我们在交换后留下 $f(x_2, x_1)$, 它具有扩充真值表 $acbd$. 例如, 可以把图 26 重画如下, 用扩充真值表标记它的结点.

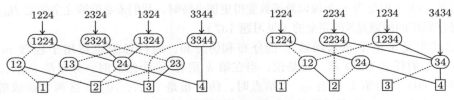

图 27　表示图 26 中变换的另一种方式

在这些术语中，源函数 $abcd$ 当 $a = b \neq c = d$ 时指向孤立结点，当 $a = c \neq b = d$ 时指向可见结点．否则它指向纠缠结点（除非当 $a = b = c = d$ 时它直接指向汇结点）．纠缠结点 $abcd$ 通常有 LO $= ab$ 和 HI $= cd$，除非 $a = b$ 或 $c = d$．在异常情况下，LO 或 HI 是汇结点．在变形后它将以同样方式有 LO $= ac$ 和 HI $= bd$，其中后面的结点将是新生结点或可见结点或汇结点（但是不会两个都是汇结点）．一个有趣的情形是 1224，它在左图中的子女 12 和 24 是隐藏结点，而在右图中的子女 12 和 24 是新生结点．

习题 147 讨论了这个变换的一种有效实现，那是由里卡德·鲁德尔在 *IEEE/ACM International Conf. Computer-Aided Design* **CAD-93** (1993), 42–47 中提出的．它具有无须改变指针的重要性质，除非在顶部两层的结点内：所有源结点 s_j 仍然指向计算机内存的同一个地方，所有汇结点保持它们原来的标识．我们已经描述了 ① 和 ② 之间的交换，但事实上每当 x_j 和 x_k 对应于邻接层上的分支时，同样的变换将交换 ⓙ 和 ⓚ．原因在于任何 BDD 基的上层基本上定义了下层的源函数，它们本身就构成 BDD 基．

我们从排序的研究中知道，BDD 基的变量的任何重新排序都可以通过邻接层之间的一系列交换产生．尤其我们可以利用邻接的交换进行"向上移动"变换，它把给定变量 x_k 带到顶层而不干扰其他变量的相对顺序．例如，很容易使 x_4 向上移动到顶层：我们简单地交换 ④ $\leftrightarrow$ ③，然后 ④ $\leftrightarrow$ ②，再 ④ $\leftrightarrow$ ①，因为 x_4 在跳过 x_2 后将与 x_1 邻接．

重复交换可以产生任何顺序，它们有时能够使 BDD 基增长，直到它太大而无法处理．那么单个交换可能糟糕到何等程度？如果恰好分别有 (s, t, v, h, ν) 个孤立的、纠缠的、可见的、隐藏的和新生的结点，那么顶端两层终止于 $s + t + v + \nu$ 个结点．当有 m 个源函数时，这最多是 $m + \nu \leq m + 2t$，因为 $m \geq s + t + v$．因此，那两层结点的新数目不可能超过原来数目的两倍加上源函数的数目．

如果单个交换能够使 BDD 的大小翻倍，x_k 的一次向上移动预示结点数目出现指数增长的危险，因为它进行 $k - 1$ 次交换．不过，所幸在这方面向上移动不会比单个交换更坏．

定理 J⁺. 在一次向上移动操作之后，$B(f_1^\pi, \ldots, f_m^\pi) < m + 2B(f_1, \ldots, f_m)$．

证明．令 $a_1 a_2 \ldots a_{2^{k-1}} a_{2^k}$ 是把低层结点作为汇结点的源函数 $f(x_1, \ldots, x_k)$ 的扩充真值表．在向上移动后，$f^\pi(x_1, \ldots, x_k) = f(x_{1\pi}, \ldots, x_{k\pi}) = f(x_2, \ldots, x_k, x_1)$ 的扩充真值表是 $a_1 a_3 \ldots a_{2^k-1} a_2 a_4 \ldots a_{2^k}$．由此可见，对于 $1 \leq j < k$，f^π 的第 j 层上的每个串珠都是从 f 的第 $j-1$ 层的某个串珠导出的．但是在 f^π 中，f 的第 $j-1$ 层上的每个串珠最多交换一半大小的两个串珠．因此，如果 $\{f_1, \ldots, f_m\}$ 和 $\{f_1^\pi, \ldots, f_m^\pi\}$ 的分布分别是 $(b_0, \ldots, b_n)$ 和 $(b_0', \ldots, b_n')$，那么，我们必有 $b_0' \leq m$，$b_1' \leq 2b_0, \ldots, b_{k-1}' \leq 2b_{k-2}$，$b_k' = b_k, \ldots, b_n' = b_n$．所以结点总数小于等于 $m + B(f_1, \ldots, f_m) + b_0 + \cdots + b_{k-2} - b_{k-1}$．∎

向上移动的对立面是"向下移动"，它把最顶端的变量降低 $k-1$ 层．像前面那样，这个操作可以用 $k-1$ 次交换实现．但是，对于最终结果的大小，我们必须接受一个弱得多的上限．

定理 J⁻. 在一次向下移动操作之后，$B(f_1^\pi, \ldots, f_m^\pi) < B(f_1, \ldots, f_m)^2$．

证明．在前面证明中的扩充真值表现在由 $a_1 \ldots a_{2^k}$ 改变为 $a_1 \ldots a_{2^{k-1}} \ddagger a_{2^{k-1}+1} \ldots a_{2^k} = a_1 a_{2^{k-1}+1} \ldots a_{2^{k-1}} a_{2^k}$，即 7.1.3–(76) 的"拉链函数"．在这种情况下，我们可以用原来子函数的一个序偶确定向下移动后的每个串珠，像在合并运算 (37) 和 (38) 中那样．例如当 $k = 3$ 时，真值表 12345678 变成 15263748，可以把它的串珠 1526 看作合并 12 ⋄ 56．∎

这个证明揭示了为什么会出现二次增长．例如，如果

$$f(x_1, \ldots, x_n) = x_1 ? M_m(x_2, \ldots, x_{m+1}; x_{2m+2}, \ldots, x_n):$$

$$M_m(x_{m+2}, \ldots, x_{2m+1}; \bar{x}_{2m+2}, \ldots, \bar{x}_n), \qquad (103)$$

其中 $n = 1 + 2m + 2^m$，$2m$ 层的一次向下移动把 $B(f) = 4n - 8m - 3$ 改变为 $B(f^\pi) = 2n^2 - 8m(n-m) - 2(n-2m) + 1 \approx B(f)^2/8$.

由于向上移动与向下移动是相反的操作，因此我们也可以用相反的方式使用定理 J⁺ 和定理 J⁻：可以想象一次向上移动操作把 BDD 的大小减少到接近它的平方根，但是一次向下移动操作不能把这个大小降低到大约一半以下. 对于迷恋向下移动的人而言这是坏消息，虽然他们可能从以下知识得到安慰：向下移动有时是从给定顺序获得最优顺序的唯一可取方式.

定理 J⁺ 和 J⁻ 归功于贝亚特·博利希、马丁·罗宾和英戈·韦格纳，*Inf. Processing Letters* **59** (1996), 233–239. （也见习题 149.）

*动态重新排序. 在实际应用中，经常浮现一种排序变量的自然方式，这种排序基于图 23 的排成一行的模块图景和定理 M. 但是，没有合适的顺序有时是显而易见的，我们只能靠运气. 也许计算机会拯救我们，找到一种排序方式. 此外，即使我们确实知道一个好的开始计算的方法，在工作的第一阶段适合变量排序的最佳方法到后面阶段最终可能也是不令人满意的. 因此，如果我们不坚持用一种固定的排序方法，可能会获得更好的结果. 换一种作法，每当 BDD 基变得难以操纵时我们可以尝试调整分支的当前顺序.

例如，对于 $1 < j \le n$，可以尝试依次交换 $x_{j-1} \leftrightarrow x_j$，如果结点的总数增加了就取消交换，否则就让它照旧进行. 我们可以保持这种做法，直到这样的交换不再做出改进. 这种方法是容易实现的，不过遗憾的是效率太低. 它不能使 BDD 一次减小很多. 里卡德·鲁德尔在引进习题 147 中的就地交换算法的同时，提出一种好得多的重新排序方法. 他的方法称为"移动"，已证实是非常成功的. 其想法是简单地取变量 x_k，尝试让它向上移动或向下移动到所有其他层——实质就是把 x_k 从排序中删除，然后再选择保持 BDD 尽可能小的位置插入它. 所需的全部工作可以用一串基本交换完成.

算法 J（*移动变量*）. 本算法把给定 BDD 基中的变量 x_k 移动到相对于其他变量 $\{x_1, \ldots, x_{k-1}, x_{k+1}, \ldots, x_n\}$ 当前顺序的最佳位置. 它通过重复调用习题 147 的处理过程交换邻接的变量 $x_{j-1} \leftrightarrow x_j$. 在整个算法中，$S$ 表示 BDD 基的当前大小（结点总数）. 交换操作通常会改变 S.

J1. [初始化.] 置 $p \leftarrow 0$, $j \leftarrow k$, $s \leftarrow S$. 如果 $k > n/2$，转到 J5.

J2. [向上移动.] 当 $j > 1$ 时循环执行：交换 $x_{j-1} \leftrightarrow x_j$ 并且置 $j \leftarrow j - 1$, $s \leftarrow \min(S, s)$.

J3. [终止移动.] 如果 $p = 1$，转到 J4. 否则，当 $j \ne k$ 时循环执行 $j \leftarrow j + 1$ 并且交换 $x_{j-1} \leftrightarrow x_j$. 然后置 $p \leftarrow 1$ 并且转到 J5.

J4. [结束向下移动.] 当 $s \ne S$ 时循环执行 $j \leftarrow j + 1$ 并且交换 $x_{j-1} \leftrightarrow x_j$. 停止.

J5. [向下移动.] 当 $j < n$ 时循环执行：$j \leftarrow j + 1$, 交换 $x_{j-1} \leftrightarrow x_j$ 并且置 $s \leftarrow \min(S, s)$.

J6. [终止移动.] 如果 $p = 1$，转到 J7. 否则，当 $j \ne k$ 时循环执行交换 $x_{j-1} \leftrightarrow x_j$ 并且置 $j \leftarrow j - 1$. 然后置 $p \leftarrow 1$ 并且转到 J2.

J7. [结束向上移动.] 当 $s \ne S$ 时循环执行交换 $x_{j-1} \leftrightarrow x_j$ 并且置 $j \leftarrow j - 1$. 停止. ∎

每当算法 J 交换 $x_{j-1} \leftrightarrow x_j$ 时，原来的变量 x_k 现在称为 x_{j-1} 或 x_j. 交换的总次数从大约 n 变化到大约 $2.5n$，取决于 k 以及 x_k 的最佳的最终位置. 但是，每当 S 变得比如说大于 $1.2s$ 或者 $1.1s$ 或者 $1.05s$ 时，如果分别把步骤 J2 和 J5 改成直接执行步骤 J3 和 J6，我们可以大大改善运行时间而对结果没有严重影响. 在这样的情况下, 在同一方向进一步移动变量不大可能减少 s.

里卡德·鲁德尔的过程应用算法 J 恰好 n 次, 对于出现的每个变量应用一次. 见习题 151. 我们可以一次又一次地继续移动, 直到不再有改进. 但是, 额外费力地获取这个附加收益通常是不值得的.

为了使这些思想具体化, 让我们考察一个详细的例子. 我们已经注意到, 当美国接壤各州像 (17) 中那样按照

$$
\begin{array}{l}
\text{ME NH VT MA RI CT NY NJ PA DE MD DC VA NC SC GA FL AL TN KY WV OH MI IN} \\
\text{IL WI MN IA MO AR MS LA TX OK KS NE SD ND MT WY CO NM AZ UT ID WA OR NV CA}
\end{array} \tag{104}
$$

的顺序排列时, 导致对于独立的集函数

$$
\neg((x_{\text{AL}} \wedge x_{\text{FL}}) \vee (x_{\text{AL}} \wedge x_{\text{GA}}) \vee (x_{\text{AL}} \wedge x_{\text{MS}}) \vee \cdots \vee (x_{\text{UT}} \wedge x_{\text{WY}}) \vee (x_{\text{VA}} \wedge x_{\text{WV}})) \tag{105}
$$

的大小为 428 的 BDD. 我选择手工排序 (104), 从在小时候学到的历史或地理的州列表开始, 然后力求使已经列出和将要列出的各州之间的边界达到最小, 以致对于 (105) 的 BDD 不须在任何一层 "记忆" 太多的部分结果. 对于 49 个变量的函数而言, 所得大小为 428 的结果是相当好的. 但是移动变量能使它更好. 例如, 考虑 WV: 采用不同的大小 S, 改变它的位置的某些可能是

$$
\begin{array}{c}
|\text{RI}|\text{CT}|\text{NY}|\text{NJ}|\text{PA}|\text{DE}|\text{MD}|\text{DC}|\text{VA}|\text{NC}|\text{SC}|\text{GA}|\text{FL}|\text{AL}|\text{TN}|\text{KY}|\text{OH}|\text{MI}|\text{IN}|\text{IL}| \\
424\;422\;417\;415\;414\;412\;411\;410\;412\;412\;415\;420\;421\;426\;425\;427\;428\;428\;436\;442\;453
\end{array}
$$

所以通过把 WV 向上移动到 MD 与 DC 之间的位置可以节省 $428 - 410 = 18$ 个结点. 用算法 J 移动所有变量——首先是 ME, 然后是 NH, 然后……, 最后是 CA——我们以

$$
\begin{array}{l}
\text{VT MA ME NH CT RI NY NJ DE PA MD WV VA DC KY OH NC GA SC AL FL MS TN IN} \\
\text{IL MI AR TX LA OK MO IA WI MN CO NE KS MT ND WY SD UT AZ NM ID CA OR WA NV}
\end{array} \tag{106}
$$

的顺序结束, 并且 BDD 的大小已经减少到 345. 这个移动过程共包含 4663 次交换, 所有的计算需要少于 400 万次内存访问.

代替精心选择的顺序, 让我们考虑一种比较懒散的选择. 我们可以从按字母顺序排列的州

$$
\begin{array}{l}
\text{AL AR AZ CA CO CT DC DE FL GA IA ID IL IN KS KY LA MA MD ME MI MN MO MS} \\
\text{MT NC ND NE NH NJ NM NV NY OH OK OR PA RI SC SD TN TX UT VA VT WA WI WV WY}
\end{array} \tag{107}
$$

开始. 此时 (105) 的 BDD 最终有 306214 个结点. 它可以用算法 S 计算得到 (需要大约 3.8 亿次内存访问的机器时间), 或者用 (55) 和算法 U 得到 (需要大约 5.65 亿次内存访问的机器时间). 这种情况下移动产生巨大的差别: 306214 个结点变成仅有 2871 个结点, 以额外的 4.3 亿次内存访问为代价. 此外, 如果算法 J 的循环当 $S > 1.1s$ 时终止, 移动的代价从 $430\,\text{M}\mu$ 下降到 $210\,\text{M}\mu$. (更激进的选择, 当 $S > 1.05s$ 时终止, 移动的代价减少到 $155\,\text{M}\mu$, 而 BDD 的大小仅减少到 2946.)

实际上, 我们可以做得非常好, 如果在对 (105) 求值时就移动变量, 而不是等到整个一长串析取全部计算后. 例如, 假定每当 BDD 的大小超过前次移动后出现的结点数两倍时自动进行移动. 然后从按字母顺序的排列 (105) 开始对 (107) 求值, 进展会非常快速: 仅进行大约 6000 万次内存访问的计算后, 它机械地自动产生仅有 419 个结点的 BDD! 发现顺序

$$
\begin{array}{l}
\text{NV OR ID WA AZ CA UT NM WY CO MT OK TX NE MO KS LA AR MS TN IA ND MN SD} \\
\text{GA FL AL NC SC KY WI MI IL OH IN WV MD VA DC PA NJ DE NY CT RI NH ME VT MA}
\end{array} \tag{108}
$$

既不需要人的创造性也不需要 "几何识别", 它胜过 (104). 对于这个顺序, 计算机只是决定在较小的 BDD 上调用 39 次自动移动.

对应于函数 (105) 的州列表的最佳顺序是什么? 这个问题的答案可能永远都不会确实知道,
但我们可以做出很好的猜测. 首先, (108) 的更多移动将产生更好的顺序

$$\text{OR ID NV WA AZ CA UT NM WY CO MT SD MN ND IA NE OK KS TX MO LA AR MS TN} \tag{109}$$
$$\text{GA FL AL NC SC KY WI MI IL OH IN WV MD DC VA PA NJ DE NY CT RI NH ME VT MA}$$

它的 BDD 的大小为 354. 移动不会进一步改进 (109). 移动仅具备有限的能力, 因为它只探索
了 $n!$ 种可能性中的 $(n-1)^2$ 种备选的顺序. (实际上, 习题 134 展示了一个仅有 4 个变量的
函数, 它的 BDD 不能通过移动改进, 虽然它的变量顺序不是最优的.) 然而, 在我们的箭囊中
还有另外一支箭: 我们可以利用主分布图优化每个窗口, 这些窗口, 比如说, 位于 BDD 中的
16 个连续层. 存在 34 个这样的窗口. 习题 139 的算法相当快地优化它们之中的每一个窗口.
在进行约 96 亿次内存访问的计算后, 这个算法发现一个新的优胜者

$$\text{OR ID NV WA AZ CA UT NM WY CO MT SD MN ND IA NE OK KS TX MO LA AR MS WI} \tag{110}$$
$$\text{KY MI IN IL AL TN FL NC SC GA WV OH MD DC VA PA NJ DE NY CT RI NH ME VT MA}$$

这是通过巧妙地重新排列 (109) 中的 16 个州而发现的. 这个 BDD 的大小仅为 339 的顺序可能
也是最优的, 因为它不能通过移动或者优化任何宽度为 25 的窗口改进. 然而, 这样的猜想依赖
于不稳固的基础: 顺序

$$\text{AL GA FL TN NC SC VA MS AR TX LA OK KY MO NM WV MD DC PA NJ DE OH IL MI} \tag{111}$$
$$\text{IN IA NE KS WI SD WY ND MN MT UT CO ID CA AZ OR WA NV NY CT RI NH ME VT MA}$$

恰好也是不能通过移动和通过优化宽度为 25 的窗口改进的, 可是它的 BDD 有 606 个结点, 而
且是远未优化的.

用改进的顺序 (110), (73) 的 98 个变量的 COLOR 函数仅需 22 037 个 BDD 结点, 而不是
25 579 个. 移动把它减少到 16 098 个结点.

*单次读取函数. 像 $(x_1 \supset x_2) \oplus ((x_3 \equiv x_4) \wedge x_5)$ 这样的布尔函数, 可以用每个变
量恰好出现一次的公式来表示, 构成一类重要的函数, 即对它们说来很容易计算变
量的最优顺序. 从形式上说, 我们称 $f(x_1, \ldots, x_n)$ 为单次读取函数, 如果 (i) $n = 1$ 且
$f(x_1) = x_1$, 或者 (ii) $f(x_1, \ldots, x_n) = g(x_1, \ldots, x_k) \circ h(x_{k+1}, \ldots, x_n)$, 其中 $\circ$ 是二元运算符
$\{\wedge, \vee, \overline{\wedge}, \overline{\vee}, \supset, \subset, \overline{\supset}, \overline{\subset}, \oplus, \equiv\}$ 之一, 且 g 和 h 都是单次读取函数. 对于情形 (i), 显然有 $B(f) = 3$.
至于情形 (ii), 习题 163 证明

$$B(f) = \begin{cases} B(g) + B(h) - 2, & \text{如果 } \circ \in \{\wedge, \vee, \overline{\wedge}, \overline{\vee}, \supset, \subset, \overline{\supset}, \overline{\subset}\}; \\ B(g) + B(h, \overline{h}) - 2, & \text{如果 } \circ \in \{\oplus, \equiv\}. \end{cases} \tag{112}$$

为了得到递推公式, 我们还需要类似的公式

$$B(f, \overline{f}) = \begin{cases} 4, & \text{如果 } n = 1; \\ 2B(g) + B(h, \overline{h}) - 4, & \text{如果 } \circ \in \{\wedge, \vee, \overline{\wedge}, \overline{\vee}, \supset, \subset, \overline{\supset}, \overline{\subset}\}; \\ B(g, \overline{g}) + B(h, \overline{h}) - 2, & \text{如果 } \circ \in \{\oplus, \equiv\}. \end{cases} \tag{113}$$

当我们定义

$$\begin{aligned} u_{m+1}(x_1, \ldots, x_{2^{m+1}}) &= v_m(x_1, \ldots, x_{2^m}) \wedge v_m(x_{2^m+1}, \ldots, x_{2^{m+1}}), \\ v_{m+1}(x_1, \ldots, x_{2^{m+1}}) &= u_m(x_1, \ldots, x_{2^m}) \oplus u_m(x_{2^m+1}, \ldots, x_{2^{m+1}}), \end{aligned} \tag{114}$$

以及 $u_0(x_1) = v_0(x_1) = x_1$ 时, 出现特别有趣的单次读取函数族. 例如, $u_3(x_1, \ldots, x_8) =$
$((x_1 \wedge x_2) \oplus (x_3 \wedge x_4)) \wedge ((x_5 \wedge x_6) \oplus (x_7 \wedge x_8))$. 习题 165 说明, 通过 (112) 和 (113) 计算的
这些函数的 BDD 的大小包含斐波那契数:

$$\begin{aligned} B(u_{2m}) &= 2^m F_{2m+2} + 2, & B(u_{2m+1}) &= 2^{m+1} F_{2m+2} + 2; \\ B(v_{2m}) &= 2^m F_{2m+2} + 2, & B(v_{2m+1}) &= 2^m F_{2m+4} + 2. \end{aligned} \tag{115}$$

因此, u_m 和 v_m 是 $n = 2^m$ 个变量的函数, 它们的 BDD 的大小增长情况如下:

$$\Theta(2^{m/2}\phi^m) = \Theta(n^\beta), \qquad \text{其中 } \beta = 1/2 + \lg\phi \approx 1.19424. \qquad (116)$$

事实上, 由于马丁·索尔霍夫、英戈·韦格纳和拉尔夫·韦希纳的一个基本结果, 对于函数 u 和 v, (115) 中的 BDD 的大小在变量的所有排列下是最优的.

定理 W. 如果 $f(x_1, \ldots, x_n) = g(x_1, \ldots, x_k) \circ h(x_{k+1}, \ldots, x_n)$ 是单次读取函数, 则存在使 $B(f^\pi)$ 和 $B(f^\pi, \bar{f}^\pi)$ 同时达到最小值的排列 π, 且变量 $\{x_1, \ldots, x_k\}$ 或者首先出现或者最后出现.

证明. 任何排列 $(1\pi, \ldots, n\pi)$ 自然导致一个"非混合的"排列 $(1\sigma, \ldots, n\sigma)$, 其中前 k 个元素是 $\{1, \ldots, k\}$, 后 $n - k$ 个元素是 $\{k+1, \ldots, n\}$, 在每一组内保留 π 顺序. 例如, 如果 $k = 7$, $n = 9$ 且 $(1\pi, \ldots, 9\pi) = (3, 1, 4, 5, 9, 2, 6, 8, 7)$, 我们有 $(1\sigma, \ldots, 9\sigma) = (3, 1, 4, 5, 2, 6, 7, 9, 8)$. 习题 166 证明, 在适当的情况下我们有 $B(f^\sigma) \leq B(f^\pi)$ 和 $B(f^\sigma, \bar{f}^\sigma) \leq B(f^\pi, \bar{f}^\pi)$. ∎

利用这个定理以及 (112) 和 (113), 我们能够轻而易举地优化任何给定的单次读取函数的 BDD 的变量顺序. 例如, 考虑 $(x_1 \vee x_2) \oplus (x_3 \wedge x_4 \wedge x_5) = g(x_1, x_2) \oplus h(x_3, x_4, x_5)$. 我们有 $B(g) = 4$ 和 $B(g, \bar{g}) = 6$, $B(h) = 5$ 和 $B(h, \bar{h}) = 8$. 就总的公式 $f = g \circ h$ 而言, 定理 W 说明对于最佳顺序 $(1\pi, \ldots, 5\pi)$ 存在两个候选排列, 即 $(1, 2, 3, 4, 5)$ 和 $(4, 5, 1, 2, 3)$. 这两个排列中的第一个给出 $B(f^\pi) = B(g) + B(h, \bar{h}) - 2 = 10$, 另外一个更胜一筹, 给出 $B(f^\pi) = B(h) + B(g, \bar{g}) - 2 = 9$.

习题 167 中的算法用 $O(n)$ 步求出任何单次读取函数 $f(x_1, \ldots, x_n)$ 的最优 π. 此外, 细致分析证明, 在最佳顺序中 $B(f^\pi) = O(n^\beta)$, 其中 β 是 (116) 中的常数. (见习题 168.)

*乘法. 从数学角度来看, 一些最有趣的布尔函数是当 m 位二进制数乘以 n 位二进制数时出现的 $m + n$ 位二进制数:

$$(x_m \ldots x_2 x_1)_2 \times (y_n \ldots y_2 y_1)_2 = (z_{m+n} \ldots z_2 z_1)_2. \qquad (117)$$

尤其"前导二进制位"z_{m+n} 和 $m = n$ 时的"中间二进制位"z_n 是特别值得注意的. 为了消除这种记号对 m 和 n 的依赖, 对于所有 $i > m$ 和 $j > n$, 令 $x_i = y_j = 0$, 我们可以设想 $m = n = \infty$. 于是每个 z_k 是 $2k$ 个变量的函数, 即 $z_k = Z_k(x_1, \ldots, x_k; y_1, \ldots, y_k)$, 也就是乘积 $(x_k \ldots x_1)_2 \times (y_k \ldots y_1)_2$ 的中间二进制位.

即使 y 是常数, 中间二进制位也难以表示成 BDD 形式. 令 $Z_{n,a}(x_1, \ldots, x_n) = Z_n(x_1, \ldots, x_n; a_1, \ldots, a_n)$, 其中 $a = (a_n \ldots a_1)_2$.

定理 X. 存在常数 a 使得 $B_{\min}(Z_{n,a}) > \frac{5}{288} \cdot 2^{\lfloor n/2 \rfloor} - 2$.

证明. [彼得·韦尔费尔, *J. Computer and System Sci.* **71** (2005), 520–534.] 因为 $Z_{2t+1,2a} = Z_{2t,a}$, 我们可以假定 $n = 2t$ 是偶数. 令 $x = (x_n \ldots x_1)_2$, $m = ([n\pi \leq t] \ldots [1\pi \leq t])_2$. 于是 $x = p + q$, 其中 $q = x \,\&\, m$ 表示在 $Z_{n,a}$ 的顺序为 π 的 BDD 中选取 t 个分支后 x 的"已知的"二进制位, 而 $p = x \,\&\, \bar{m}$ 表示仍然未知的二进制位. 令

$$P = \{x \,\&\, \bar{m} \mid 0 \leq x < 2^n\} \quad \text{且} \quad Q = \{x \,\&\, m \mid 0 \leq x < 2^n\}. \qquad (118)$$

对于任何固定的 a, 函数 $Z_{n,a}$ 有 2^t 个子函数

$$f_q(p) = ((pa + qa) \gg (n - 1)) \,\&\, 1, \qquad q \in Q. \qquad (119)$$

我们需要证明，某个 n 位二进制数 a 会使这些子函数中的许多不同。换言之，我们要寻找大子集 $Q^* \subseteq Q$，使得

$$q \in Q^* \text{ 且 } q' \in Q^* \text{ 且 } q \neq q' \quad \text{蕴涵} \quad \text{对于某些 } p \in P, \ f_q(p) \neq f_{q'}(p). \tag{120}$$

习题 176 详细说明了如何做到这一点. ∎

当乘数和被乘数都不是常数时，天野一幸和丸冈章 [*Discrete Applied Math.* **155** (2007), 1224–1232] 已经找到中间二进制位函数的 BDD 的大小的一个令人满意的上界：

定理 A. 令 $f(x_1, \ldots, x_{2n}) = Z_n(x_1, x_3, \ldots, x_{2n-1}; x_2, x_4, \ldots, x_{2n})$，则

$$B(f) \leq Q(f) < \tfrac{19}{7} 2^{\lceil 6n/5 \rceil}. \tag{121}$$

证明. 考虑两个 n 位二进制数 $x = 2^k x_h + x_l$ 和 $y = 2^k y_h + y_l$，它们的高位部分 (x_h, y_h) 各自有 $n-k$ 个未知的二进制位，而它们的 k 个低位部分 (x_l, y_l) 都是已知的. 于是，当 $k \geq n/2$ 时，xy 的中间二进制位是由 3 个 $n-k$ 位二进制数 $x_h y_l \bmod 2^{n-k}$，$x_l y_h \bmod 2^{n-k}$ 和 $(x_l y_l \gg k) \bmod 2^{n-k}$ 加起来确定的. 因此 QDD 的第 $2k$ 层只需"记住"先前的二进制数 x_l, y_l 和 $x_l y_l \gg k$ 中每一个的最低 $n-k$ 位，总共 $3n-3k$ 位，而且在 f 的伪分布中我们有 $q_{2k} \leq 2^{3n-3k}$. 习题 177 完成这个证明. ∎

天野一幸和丸冈章还发现另外一个重要的上界. 令 $Z_{m,n}^{(p)}(x_1, \ldots, x_m; y_1, \ldots, y_n)$ 表示乘积 (117) 的第 p 个二进制位 z_p.

定理 Y. 对于所有常数 $(a_m \ldots a_1)_2$ 以及所有 p，函数 $Z_{m,n}^{(p)}(a_1, \ldots, a_m; x_1, \ldots, x_n)$ 的 BDD 和 QDD 的结点少于 $3 \cdot 2^{(n+1)/2}$ 个.

证明. 习题 180 证明，对于这个函数，$q_k \leq 2^{n+1-k}$. 我们把这个结果同显然的上界 $q_k \leq 2^k$ 结合起来就能推出定理. ∎

定理 Y 表明，除了一个常数因子，定理 X 的下界是最好的. 它还表明，对于所有 $m+n$ 个积函数 $Z_{m,n}^{(p)}(x_1, \ldots, x_m; x_{m+1}, \ldots, x_{m+n})$，BDD 基远非 $\Theta(2^{m+n})$ 那么大，我们可以获得 $m+n$ 个变量的 $m+n$ 个函数的几乎所有实例.

推论 Y. 如果 $m \leq n$，则 $B(Z_{m,n}^{(1)}, \ldots, Z_{m,n}^{(m+n)}) < 3(m+n)2^{m+(n+1)/2}$. ∎

对于中间二进制位函数 Z_n 和完全的 BDD 基，变量的最佳顺序仍然是高深莫测的. 但是从小的 m 和 n 的经验结果有理由猜测，定理 A 和推论 Y 的上界同真正值相差不远，见表 1 和表 2. 例如，当 $n \leq 12$ 时，Z_n 的最优结果如下：

$n =$	1	2	3	4	5	6	7	8	9	10	11	12
$B_{\min}(Z_n) =$	4	8	14	31	63	136	315	756	1717	4026	9654	21931
$2^{6n/5} \approx$	2	5	12	28	64	147	338	776	1783	4096	9410	21619

在表 2 中，关于完全 BDD 基 $\{Z_{m,n}^{(1)}, \ldots, Z_{m,n}^{(m+n)}\}$ 的比 $B_{\max}/B_{\min}$ 惊人地小. 因此，对于该问题的所有顺序，最终可能是大致等价的.

消零 BDD：一种组合选择. 当把 BDD 应用到组合问题时，粗略看一下内存中的数据，通常会揭示出大部分 HI 字段直接指向 ⊥. 在这种情况下，我们最好使用称为消零二元决策图的变体数据结构，或者简称为 ZDD，它是由凑真一引入的 [*ACM/IEEE Design Automation Conf.* **30** (1993), 272–277]. ZDD 具有像 BDD 的结点，但是它的结点用不同方式解释：对于 $j > i+1$，当 ⓘ 结点分支到 ⓙ 结点时，意味着布尔函数为假，除非 $x_{i+1} = \cdots = x_{j-1} = 0$.

表 1 乘法的中间二进制位 z_n 的最佳顺序和最差顺序

$$x_{11}x_{10}x_9x_7x_8x_6x_{13}x_{15}$$
$$\times\ x_{16}x_{14}x_{12}x_5x_4x_3x_2x_1$$

$$B_{\min}(Z_8) = 756$$

$$x_{10}x_{11}x_9x_8x_7x_{16}x_6x_{15}$$
$$\times\ x_5x_4x_3x_{12}x_{13}x_2x_1x_{14}$$

$$B_{\max}(Z_8) = 6791$$

$$x_{24}x_{20}x_{18}x_{16}x_9x_8x_{10}x_{11}x_7x_{12}x_{14}x_{21}$$
$$\times\ x_{22}x_{19}x_{17}x_{15}x_6x_5x_4x_3x_2x_1x_{13}x_{23}$$

$$B_{\min}(Z_{12}) = 21\,931$$

$$x_{16}x_{17}x_{15}x_{14}x_{24}x_{13}x_{12}x_{11}x_{20}x_{10}x_9x_{23}$$
$$\times\ x_8x_7x_6x_5x_{18}x_4x_{22}x_3x_2x_{19}x_1x_{21}$$

$$B_{\max}(Z_{12}) = 866\,283$$

表 2 乘法的所有位 $\{z_1,\dots,z_{m+n}\}$ 的最佳顺序和最差顺序

$$x_{11}x_{16}x_{15}x_{14}x_{13}x_{12}x_{10}x_9$$
$$\times\ x_8x_7x_6x_5x_4x_3x_2x_1$$

$$B_{\min}(Z_{8,8}^{(1)},\dots,Z_{8,8}^{(16)}) = 9700$$

$$x_{10}x_8x_9x_{13}x_2x_1x_{11}x_7$$
$$\times\ x_{16}x_5x_{15}x_6x_4x_{14}x_3x_{12}$$

$$B_{\max}(Z_{8,8}^{(1)},\dots,Z_{8,8}^{(16)}) = 28\,678$$

$$x_{15}x_{17}x_{24}x_{23}x_{22}x_{21}x_{20}x_{19}x_{18}x_{16}x_{14}x_{13}$$
$$\times\ x_1x_2x_3x_4x_5x_6x_7x_8x_9x_{10}x_{11}x_{12}$$

$$B_{\min}(Z_{12,12}^{(1)},\dots,Z_{12,12}^{(24)}) = 648\,957$$

$$x_{17}x_{22}x_{14}x_{13}x_{16}x_{10}x_{20}x_3x_2x_1x_{19}x_{12}$$
$$\times\ x_{24}x_{15}x_9x_8x_{21}x_7x_6x_{11}x_{23}x_5x_4x_{18}$$

$$B_{\max}(Z_{12,12}^{(1)},\dots,Z_{12,12}^{(24)}) = 4\,224\,195$$

$$x_{17}x_{16}x_{10}x_9x_{11}x_{12}\dots x_{15}x_{18}x_{19}x_{24}x_{23}\dots x_{20}$$
$$\times\ x_1x_2x_3x_4x_5x_6x_7x_8$$

$$B_{\min}(Z_{16,8}^{(1)},\dots,Z_{16,8}^{(24)}) = 157\,061$$

$$x_{13}x_{14}x_{12}x_{15}x_{16}x_{17}x_{22}x_{10}x_8x_7x_{18}x_9x_2x_1x_{19}x_6$$
$$\times\ x_{24}x_{11}x_{21}x_5x_4x_{23}x_3x_{20}$$

$$B_{\max}(Z_{16,8}^{(1)},\dots,Z_{16,8}^{(24)}) = 1\,236\,251$$

例如，对于 (12) 中的独立集和核，BDD 有许多 HI $= \boxed{\bot}$ 的结点. 那些结点在对应的 ZDD 中消失，虽然还必须添加少量新结点：

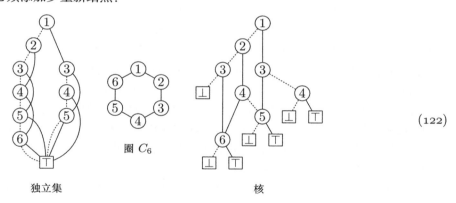

图 C_6

独立集 核

注意，由于这些新约定，在 ZDD 中可能有 LO $=$ HI. 此外，上图左边的例子显示 ZDD 根本不需要包含 $\boxed{\bot}$ ！(12) 中大约 40% 的结点已经从每个图中消除.

了解 ZDD 的可靠途径是把它看成集族的一种压缩表示. 实际上，(122) 中的两个 ZDD 分别表示 C_6 的全部独立集和全部核的集族. ZDD 的根结点给出至少在一个集合中出现的最小元素的名字，它的 HI 和 LO 分支表示包含和不包含那个元素的剩余子族，以此类推. 在底部，$\boxed{\bot}$ 表示空族 $\varnothing$，而 $\boxed{\top}$ 表示 $\{\varnothing\}$. 例如，(122) 中最右边的 ZDD 表示集族 $\{\{1,3,5\},\{1,4\},\{2,4,6\},\{2,5\},\{3,6\}\}$，因为根的 HI 分支表示 $\{\{3,5\},\{4\}\}$，LO 分支表示 $\{\{2,4,6\},\{2,5\},\{3,6\}\}$.

当然，每个布尔函数 $f(x_1,\dots,x_n)$ 等价于 $\{1,\dots,n\}$ 的子集的族，反之亦然. 但是族概念给予我们一种不同于函数概念的视角. 例如，对于所有 $n \geq 5$，集族 $\{\{1,3\},\{2\},\{2,5\}\}$ 具有

相同的 ZDD. 但是, 如果说 $n = 7$, 则定义这个族的函数 $f(x_1, \ldots, x_7)$ 的 BDD 需要额外的结点, 以保证当 $f(x) = 1$ 时 $x_4 = x_6 = x_7 = 0$.

几乎每一个我们讨论过的 BDD 概念, 在 ZDD 的理论中都有对应的概念, 虽然实际的数据结构通常是截然不同的. 例如, 我们可以取任何给定函数 $f(x_1, \ldots, x_n)$ 的真值表, 并且用一种简单方式构造它的唯一的 ZDD, 类似于 (5) 中它的 BDD 结构. 我们知道, f 的 BDD 结点对应于真值表的 "串珠". 同样, ZDD 结点对应消零串珠, 它们是 $\alpha\beta$ 形式的二进制串, 满足 $|\alpha| = |\beta|$ 且 $\beta \neq 0 \ldots 0$, 或者 $|\alpha| = |\beta| - 1$. 任何二进制串对应于一个唯一的消零串珠, 它是在需要的情况下通过反复剪除右半部分, 直到串的长度变成奇数或者它的右半串为非零得到的.

亲爱的读者, 请花点时间去做习题 187. (真正去做.)

$f(x_1, \ldots, x_n)$ 的 z 分布是 $(z_0, \ldots, z_n)$, 其中 z_k ($0 \leq k < n$) 是 f 的真值表中 $n - k$ 阶消零串珠的数目, 也就是 ZDD 中 $\boxed{k+1}$ 结点的数目. z_n 还是汇结点的数目. 我们记结点总数为 $Z(f) = z_0 + \cdots + z_n$. 例如, (122) 中的函数的 z 分布分别是 $(1, 1, 2, 2, 2, 1, 1)$ 和 $(1, 1, 2, 2, 1, 1, 2)$. 因此在每一种情况下都有 $Z(f) = 10$.

分布与伪分布之间的基本关系 (83)–(85) 对于 z 分布也是正确的, 但是计数 q_k' 仅使用非零的 $n - k$ 阶子表:

$$q_k' \geq z_k, \qquad 0 \leq k < n; \tag{123}$$

$$q_k' \leq 1 + z_0 + \cdots + z_{k-1} \text{ 且 } q_k' \leq z_k + \cdots + z_n, \quad 0 \leq k \leq n; \tag{124}$$

$$Z(f) \geq 2q_k' - 1, \qquad 0 \leq k \leq n. \tag{125}$$

所以 BDD 的大小和 ZDD 的大小绝不会有不同寻常的差别:

$$Z(f) \leq \frac{n}{2}\big(B(f) + 1\big) + 1 \qquad \text{且} \qquad B(f) \leq \frac{n}{2}\big(Z(f) + 1\big) + 2. \tag{126}$$

另一方面, 当 $n = 100$ 时 50 倍的因子是不能忽视的.

当把 ZDD 用于寻找美国接壤各州的独立集和核时, 如果用 (17) 原来的顺序, ZDD 的大小从 BDD 的 428 和 780 分别下降到 177 和 385. 移动能把这两个 ZDD 的大小下降到 160 和 335. 能忽视吗? 对于 49 个变量的复杂函数, 这是令人高兴的好事.

当知道 f 和 g 的 ZDD 时, 可以使用非常类似于我们用于 BDD 的方法的算法, 综合它们以获得 $f \wedge g$, $f \vee g$, $f \oplus g$ 等的 ZDD. 此外, 我们可以使用类似于算法 C 和算法 B 的算法, 计数和 (或) 优化 f 的解. 事实上, 基于 ZDD 的计数和优化技术比相应的基于 BDD 的算法要容易一些. 用稍加修改的 BDD 方法, 我们还可以通过移动进行动态变量重新排序. 习题 197–209 讨论所有基本 ZDD 过程的具体细节.

一般说来, 在当 $f(x) = 1$ 时 νx 趋向于小的意义上, 如果我们处理的函数的解是稀疏的, 那么 ZDD 往往比 BDD 更好. 如果就其相对较少的解而言, $f(x)$ 本身恰好也是稀疏的, 那么 ZDD 比 BDD 好得多.

例如, ZDD 完全适用于由 $m \times n$ 0–1 矩阵定义的恰当覆盖问题: 我们想找到选择总和为 $(1, 1, \ldots, 1)$ 的行的所有方法. 比如说, 我们的目标可能是用 32 张多米诺骨牌覆盖国际象棋棋盘, 例如:

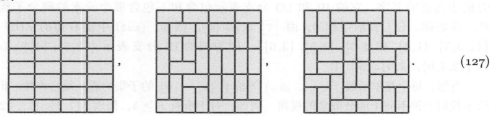

$$\tag{127}$$

这是一个恰当覆盖问题，这个矩阵有 $8 \times 8 = 64$ 列，每列代表国际象棋棋盘的一格，有 $2 \times 7 \times 8 = 112$ 行，每行代表一对邻接的格子：

$$\begin{pmatrix} 110000000000\ldots00000000000 \\ 100000001000\ldots00000000000 \\ 011000000000\ldots00000000000 \\ 010000000100\ldots00000000000 \\ \vdots \qquad\qquad \vdots \\ 000000000000\ldots00000001100 \\ 000000000000\ldots00000000110 \\ 000000000000\ldots00000000011 \end{pmatrix}. \qquad (128)$$

令变量 x_j 表示选择（或不选择）第 j 行. 因此 (127) 中的 3 个解分别为 $(x_1, x_2, x_3, x_4, \ldots, x_{110}, x_{111}, x_{112}) = (1,0,0,0,\ldots,1,0,1)$, $(1,0,0,0,\ldots,1,0,1)$ 和 $(0,1,0,1,\ldots,1,0,0)$. 一般说来，恰当覆盖问题的解是由函数

$$f(x_1, \ldots, x_m) = \bigwedge_{j=1}^{n} S_1(X_j) = \bigwedge_{j=1}^{n} [\nu X_j = 1] \qquad (129)$$

表示的，其中 $X_j = \{x_i \mid a_{ij} = 1\}$ 和 (a_{ij}) 是给定的矩阵.

国际象棋棋盘上多米诺骨牌的 ZDD 最终只有 $Z(f) = 2300$ 个结点，虽然在这种情况下 f 有 $m = 112$ 个变量. 我们可以用它证明，恰好存在 $12\,988\,816$ 种像 (127) 那样的覆盖.

同样，我们可以考察更奇特的覆盖类型. 例如，在

$$(130)$$

中，国际象棋棋盘已经用单米诺骨牌、多米诺骨牌和（或）三米诺骨牌，就是说用纵横连通的每片有一个格子、两个格子或三个格子的骨牌覆盖. 恰好有 $92\,109\,458\,286\,284\,989\,468\,604$ 种方式可以做到这一点！通过对 468 个变量建立大小为 $512\,227$ 的 ZDD，仅进行约 7500 万次内存访问的计算，我们就几乎可以立即计算出这个数字.

可以设计一种特殊的算法来针对任何给定的恰当覆盖问题找到 ZDD，或者我们可以综合利用 (129) 的结果. 见习题 212.

附带说明，像 (127) 那样的多米诺骨牌覆盖问题，等价于寻找网格图 $P_8 \square P_8$ 的完全匹配，该网格图是二部图. 我们在 7.5.1 节将见到可用的有效算法，在对用 BDD/ZDD 技术处理来说实在太大的图上，凭借它们可以研究完全匹配问题. 实际上，$m \times n$ 网格的多米诺骨牌覆盖数目甚至有一个显式公式. 相反，像 (130) 那样的一般覆盖属于一类更广的超图问题，当 $m, n \to \infty$ 时，多项式时间的方法不太可能有帮助.

马克斯 · 布莱克在他的 *Critical Thinking* (1946) 一书的第 142 页和第 394 页，考虑了一种称为"残缺棋盘"的多米诺骨牌覆盖的有趣变形：假定我们去掉国际象棋棋盘的两个对角，并且试图用 31 张多米诺骨牌覆盖其余的格子. 很容易置放其中的 30 块，例如右图所示. 但是接着我们就陷入了困境. 实际上，如果考虑对应的 108×62 恰当覆盖问题，而忽略 (129) 的最后两个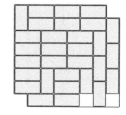

约束条件，我们会获得 1224 个结点的 ZDD，从中可以推断出存在选择行的 324 480 种方式，使总和达到 $(1, 1, \ldots, 1, 1, *, *)$. 但是每个解在第 61 列至少有两个 1，因此，当我们在约束条件 $[\nu X_{61} = 1]$ 下 AND 后，ZDD 约化到 $\boxed{\bot}$. ["批判性思维" (Critical thinking) 解释了理由，见习题 213.] 这个例子提醒我们：(i) 计算中的最终 ZDD 或 BDD 的大小可能比计算它所需的时间小得多；(ii) 用我们的智力可以省省大量计算机周期.

作为字典的 ZDD. 现在让我们改变下话题，说明 ZDD 在一些带有完全不同特点的应用中也具有优势. 例如，我们可以用它们表示英文中的五字母单词，即本章开始讨论的斯坦福图库中的单词集 WORDS(5757). 做这件事情的一种方法是考虑这样定义的函数 $f(x_1, \ldots, x_{25})$：$f = 1$ 当且仅当 5 个数 $(x_1 \ldots x_5)_2, (x_6 \ldots x_{10})_2, \ldots, (x_{21} \ldots x_{25})_2$ 是一个英文单词的字母编码，其中 a = $(00001)_2, \ldots,$ z = $(11010)_2$. 例如，$f(0, 0, 1, 1, 1, 0, 1, 1, 1, 1, 0, 1, 1, 1, 1, 0, 0, 1, 1, 0, 1, 1, 0, 0, x_{25}) = x_{25}$. 这一 25 个变量的函数有 $Z(f) = 6233$ 个结点——它不是糟糕的函数，因为它表示 5757 个英文单词.

当然在第 6 章我们已经探讨过表示 5757 个单词的很多其他方法. 当只需进行简单的搜索时，ZDD 方法是不能同二叉树、检索树或散列表抗衡的. 但是，用 ZDD 也可以检索仅被部分指定的数据，或者假定只同键码近似匹配的数据，很多复杂的查询可能容易处理.

此外，在使用 ZDD 时我们无须过多担心有很多变量. 我们也可以把五字母单词表示成具有 $26 \times 5 = 130$ 个变量的稀疏函数 $F(a_1, \ldots, z_1, a_2, \ldots, z_2, \ldots, a_5, \ldots, z_5)$，比如说，其中变量 a_2 控制第二个字母是否为 "a"，而不是考虑处理上面提到的 25 个变量 x_j. 为了表明 crazy 是一个单词，我们让 F 当 $c_1 = r_2 = a_3 = z_4 = y_5 = 1$ 且所有其他变量是 0 时为真. 相应地考虑 F 是由 $\{w_1, h_2, i_3, c_4, h_5\}, \{t_1, h_2, e_3, r_4, e_5\}$ 等 5757 个子集组成的集族. 用这 130 个变量，ZDD 的大小 $Z(F)$ 结果仅有 5020 而不是 6233.

附带说明，$B(F)$ 是 46 189——是 $Z(F)$ 的 9 倍多. 但是 $B(f)/Z(f)$ 在 25 个变量的情况下仅是 $8870/6233 \approx 1.4$. ZDD 世界与 BDD 世界在许多方面是不同的，尽管它们具有相似的算法和相似的理论.

这种差异的结果就是需要一些新的原始运算，由此可以容易地从基本的子集族构造复杂的子集族. 注意，简单子集 $\{f_1, u_2, n_3, n_4, y_5\}$ 实际上是极其冗长的布尔函数：

$$\bar{a}_1 \wedge \cdots \wedge \bar{e}_1 \wedge f_1 \wedge \bar{g}_1 \wedge \cdots \wedge \bar{t}_2 \wedge u_2 \wedge \bar{v}_2 \wedge \cdots \wedge \bar{x}_5 \wedge y_5 \wedge \bar{z}_5, \tag{131}$$

一个带有 130 个布尔变量的小项. 习题 203 讨论重要的族代数，子集更自然地表示成 $f_1 \sqcup u_2 \sqcup n_3 \sqcup n_4 \sqcup y_5$. 用族代数我们可以很容易地描述和计算许多有趣的单词和单词片段的集合（见习题 222）.

表示简单路径的 ZDD. 图 28 说明了任意有向无圈图（dag）与一类特殊的 ZDD 之间的重要联系. 当 dag 的每个源顶点的出度为 1 且每个汇顶点的入度为 1 时，从源顶点到汇顶点的全部定向路径的 ZDD，实质上与原来的 dag 具有同样的 "形状". 这个 ZDD 中的变量是 dag 的弧. 以适当的拓扑顺序排列. （见习题 224.）

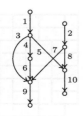 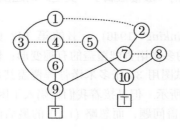

图 28 一个有向无圈图，以及它的从源顶点到汇顶点的路径的 ZDD. dag 的弧对应于 ZDD 的顶点. 为了更清晰地显示结构相似性，到 $\boxed{\bot}$ 的所有分支已从这个 ZDD 图中删除

我们还可以用 ZDD 表示无向图中的简单路径. 例如, 右边的 3×3 网格存
在 12 条从左上角到右下角且不经过任何结点两次的路径:

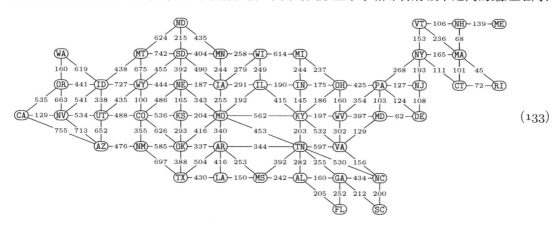

$$\tag{132}$$

这些路径可以用右图所示的 ZDD 表示, 它描述所有符合要求的边的集合.
例如, 我们通过取 ZDD 的 ⑬ ㊱ ㊽ 和 ㊙ 的 HI 分支得到第一条路径.
(如在图 28 中那样, 右图已经通过删除我们不感兴趣的仅到达 $\boxed{\perp}$ 的所有
LO 分支予以简化.) 当然, 这个 ZDD 不是表示 (132) 的真正完美方式, 因
为 (132) 的路径族只有 12 个成员. 但是在更大的网格 $P_8 \square P_8$ 上, 从角到
角的简单路径的数量是 789 360 053 252. 它们都可以用最多具有 33 580 个
结点的 ZDD 表示. 习题 255 说明如何快速地构造这样一个 ZDD.

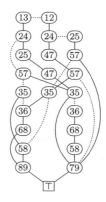

在习题 226 中讨论的类似算法构造了表示给定图的所有圈的 ZDD. 利用
大小为 22 275 的 ZDD, 我们可以推断出 $P_8 \square P_8$ 恰好有 603 841 648 931 个
简单的圈. 这个 ZDD 同样可以提供在计算机内表示全部圈的最佳方法, 以
及在需要时有步骤地生成它们的最佳方法.

同样的思想也适用于那些来自 "现实世界" 的没有简洁数学结构的图. 例如, 我们可以用它
们回答兰德尔·布赖恩特在 2008 年向我提出的一个问题: "假设我打算驱车周游美国大陆, 参
观所有的州议会大厦, 并且每个州只通过一次. 为了使总里程达到最小, 我应该选择什么路线?"
当把局部线路限制为每次仅穿越一州边界时, 下面的图形显示了相邻首府城市之间的最短距离:

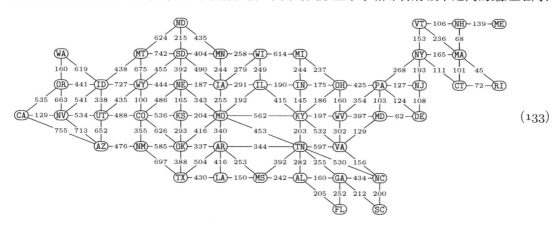

$$\tag{133}$$

问题就是选择这些边的一个子集, 构成一条总长度最小的哈密顿路径.

这个图中的每条哈密顿路径显然必须以缅因州 (ME) 的首府奥古斯塔为起点或终点. 假定
我们从加利福尼亚州 (CA) 的首府萨克拉门托出发. 如上所述, 我们可以找到一个 ZDD, 它描
述从 CA 到 ME 的所有路径. 这个 ZDD 只有 7850 个结点, 而且它快速告诉我们从 CA 到 ME 恰
好有 437 525 772 584 条可能的简单路径. 事实上, 由边数产生的生成函数是

$$4z^{11} + 124z^{12} + 1539z^{13} + \cdots + 33\,385\,461\,z^{46} + 2\,707\,075\,z^{47}. \tag{134}$$

所以最长的这样的路径是哈密顿路径, 并且恰好有 2 707 075 条. 此外, 习题 227 说明如何构造
大小为 4726 的一个更小的 ZDD, 它正好描述了那些从 CA 到 ME 的哈密顿路径.

我们可以用每个州代替加利福尼亚州来重复这个实验. （好吧，如果我们要经过纽约，它是这个图的一个关节点，那么起点最好是在新英格兰[①]之外.）例如，从 NJ 到 ME 有 483 194 条哈密顿路径. 但是习题 228 说明，对于从 ME 到任何其他终点州的所有哈密顿路径的路径族——它们有 68 656 026 条路径，如何构造仅仅一个大小为 28 808 的 ZDD. 布赖恩特问题的答案现在通过算法 B 直接产生. （读者在转到习题 230 并且找出绝对最优答案之前，也许愿意尝试手工寻找一条最短路径.）

*ZDD 与素蕴涵元. 最后，让我们来考察一个指导性的应用，它同时使用 BDD 和 ZDD.

根据定理 7.1.1Q，每个单调布尔函数 f 具有唯一的最短的作为对若干 AND 取 OR 的两级表示，称为它的"析取素式"——它的所有素蕴涵元的析取. 素蕴涵元对应于 $f(x) = 1$ 的极小点，即那些二进制向量 x，对于它们我们有 $f(x') = 1$ 和 $x' \subseteq x$，当且仅当 $x' = x$. 例如，如果

$$f(x_1, x_2, x_3) = x_1 \vee (x_2 \wedge x_3), \tag{135}$$

f 的素蕴涵元是 x_1 和 $x_2 \wedge x_3$，极小解是 $x_1 x_2 x_3 = 100$ 和 011. 利用族代数，这两个极小解还可以方便地表示成 e_1 和 $e_2 \sqcup e_3$ （见习题 203）.

一般说来，$x_{i_1} \wedge \cdots \wedge x_{i_s}$ 是单调函数 f 的素蕴涵元，当且仅当 $e_{i_1} \sqcup \cdots \sqcup e_{i_s}$ 是 f 的极小解. 因此我们可以把 f 的素蕴涵元 PI(f) 看作它的极小解族. 然而，注意 $x_{i_1} \wedge \cdots \wedge x_{i_s} \subseteq x_{j_1} \wedge \cdots \wedge x_{j_t}$，当且仅当 $e_{i_1} \sqcup \cdots \sqcup e_{i_s} \supseteq e_{j_1} \sqcup \cdots \sqcup e_{j_t}$. 所以，说一个素蕴涵元"包含"另一个素蕴涵元是令人困惑的. 换一种说法，我们说较短的素蕴涵元"吸收"较长的素蕴涵元.

示例 (135) 显现了一种奇特现象：图 不仅是 f 的 BDD，也是 PI(f) 的 ZDD！同样，本节开头的图 21 不仅说明 $\langle x_1 x_2 x_3 \rangle$ 的 BDD，同时也说明 PI($\langle x_1 x_2 x_3 \rangle$) 的 ZDD. 另一方面，令 $g = (x_1 \wedge x_3) \vee x_2$. 那么 g 的 BDD 是 ，而 PI(g) 的 ZDD 是 . 这里发生了什么？

解开这个谜团的关键在于 BDD 和 ZDD 所依赖的递归结构. 每个布尔函数都可以表示成

$$f(x_1, \ldots, x_n) = (\bar{x}_1?\, f_0\!: f_1) = (\bar{x}_1 \wedge f_0) \vee (x_1 \wedge f_1), \tag{136}$$

其中 f_c 是 f 当 x_1 用 c 替换时的值. 当 f 是单调函数时我们还有 $f = f_0 \vee (x_1 \wedge f_1)$，因为 $f_0 \subseteq f_1$. 如果 $f_0 \neq f_1$，f 的 BDD 是通过建立结点 ① 获得的，它的 LO 和 HI 分支指向 f_0 和 f_1 的 BDD. 同样，不难看出 f 的素蕴涵元是

$$\text{PI}(f) = \text{PI}(f_0) \cup (e_1 \sqcup (\text{PI}(f_1) \setminus \text{PI}(f_0))). \tag{137}$$

（见习题 253.）如果我们对两个常量函数加上终结条件：PI(0) 和 PI(1) 的 ZDD 是 $\boxed{\perp}$ 和 $\boxed{\top}$，这就是对于 PI(f) 定义 ZDD 的递归公式.

如果布尔函数 f 是单调的并且 PI(f) 的 ZDD 与 f 的 BDD 完全相同，则我们说它是纯净的. 常量函数显然是纯净的. 至于非常量函数的纯净性是很容易表示的：

定理 S. 依赖于 x_1 的布尔函数是纯净的，当且仅当它的素蕴涵元是 $P \cup (e_1 \sqcup Q)$，其中 P 和 Q 都是纯净的且不依赖 x_1，并且 P 的每个成员都被 Q 的某个成员吸收.

证明. 见习题 246. （说"P 和 Q 都是纯净的"意味着它们每个都定义了纯净布尔函数的素蕴涵元族.） ∎

[①] 新英格兰（New England）位于美国大陆东北角，包括 6 个州：缅因州（ME）、佛蒙特州（VT）、新罕布什尔州（NH）、马萨诸塞州（MA）、罗得岛州（RI）、康涅狄格州（CT）.——编者注

推论 S. 任何图的连通性函数都是纯净的.

证明. 连通性函数 f 的素蕴涵元是图的生成树. 每棵不包含弧 x_1 的生成树至少有这样一棵子树, 它添加弧 x_1 后就成为生成树. 此外, f 的所有子函数都是更小的图的连通性函数. ∎

因此, 例如图 22 中的 BDD, 它定义了 $P_3 \square P_3$ 的所有 431 个连通子图, 也是定义它的所有 192 棵生成树的 ZDD.

无论 f 是不是纯净的, 每当 f 是单调函数时, 我们都可以用 (137) 计算 PI(f) 的 ZDD. 我们做这件事情实际上可以让 BDD 结点和 ZDD 结点共存于同一个大数据基中: 两个带有全同 (V, LO, HI) 字段的结点在内存中也可能仅出现一次, 即使它们在不同场合可能具有完全不同的含义. 当 f 和 g 指向 BDD 时, 我们用一个例程综合处理 $f \wedge g$, 而当 f 和 g 指向 ZDD 时, 我们用另外一个例程建立 $f \setminus g$. 如果两个例程恰好使用共同的结点, 只要不对变量重新排序就不会出现麻烦. (当然, 当我们这样做时, 缓存备忘录必须区分 BDD 数据与 ZDD 数据.)

例如, 习题 7.1.1–67 定义了一类有趣的称为 Y 函数的自对偶函数, Y_{12} (它是 91 个变量的函数) 的 BDD 有 748 416 个结点. 这个函数有 2 178 889 774 个素蕴涵元. 然而 $Z(\mathrm{PI}(Y_{12}))$ 只有 217 388 个素蕴涵元. (我们可以用大约 130 亿次内存访问和 660 兆字节的计算代价找出这个 ZDD.)

简要的历史回顾. 二元决策图的种子是克劳德·香农在他的继电器触点网络的说明里暗中播下的 [*Trans. Amer. Inst. Electrical Engineers* **57** (1938), 713–723]. 这篇论文的第 4 节证明, 任何 n 变量对称布尔函数有最多带 $\binom{n+1}{2}$ 个分支结点的 BDD. 香农更喜欢用布尔代数处理. 但是李始元在 *Bell System Tech. J.* **38** (1959), 985–999 中, 指出他称之为 "二元决策程序" 的若干优点, 因为任何 n 变量函数都可以在这样一个程序中通过执行最多 n 条分支指令求值.

小谢尔登·埃克斯创造了 "二元决策图" 这个名称, 并且在 *IEEE Trans.* **C-27** (1978), 509–516 中进一步使人接受这个概念. 他说明了如何通过自底向上处理从真值表或者通过自顶向下处理从代数子函数获得 BDD. 他对如何计数从根到 ⊤ 或 ⊥ 的路径做出解释, 并且注意到这些路径把 n 立方分拆成不相交的子立方.

与此同时, 在自动机的理论研究中出现了一种非常相似的计算模型. 例如, 艾伦·科巴姆 [*FOCS* **7** (1966), 78–87] 把函数序列 $f_n(x_1, \ldots, x_n)$ 的分支程序的最小规模与计算该序列的非均匀图灵机的空间复杂度相关联. 更重要的是, 史蒂文·福琼、约翰·霍普克罗夫特和埃里克·施密特 [*Lecture Notes in Comp. Sci.* **62** (1978), 227–240] 考察了如今称为 FBDD 的 "自由 B 图式", 在其中没有任何路径上的布尔变量被检验两次 (见习题 35). 在其他结果方面, 他们给出一个多项式时间的算法, 对于给定的 f 和 g 的 FBDD 检验 $f = g$ 是否成立, 假定在那些 FBBD 中至少有一个的顺序同 BDD 中的顺序是一致的. 同 BDD 结构有着密切联系的有限自动机的理论也随之建立起来. 从而一些研究人员着手解决那些同分析各种函数 f 的 BDD 的大小 $B(f)$ 等价的问题. (见习题 261.)

这方面工作全部是概念性的, 没有用计算机程序实现, 虽然对于二叉检索树和 Patrician 树 (它们除了是树而不是有向无圈图外同 BDD 相似), 程序员已经找到合适的用途 (见 6.3 节). 但是后来兰德尔·布赖恩特发现, 当要求二元决策图同时是约化的和有序的图时, 它们在实际应用中是非常重要的. 他对这个主题的导论 [*IEEE Trans.* **C-35** (1986), 677–691] 成为在计算机科学各个领域多年来被引用最多的论文, 因为它导致用于表示布尔函数的数据结构的革命.

布赖恩特在他的论文中指出, 任何函数的 BDD 在他的约定下实际上是唯一的, 而且实践中遇到的多数函数具有大小适中的 BDD. 他对从 f 和 g 的 BDD 综合处理 $f \wedge g$ 和 $f \oplus g$ 等的 BDD 提出了有效的算法. 他还展示了如何计算在字典序下满足 $f(x) = 1$ 的最小 x, 等等.

李始元、小埃克斯和布赖恩特都指出许多函数可以有益地共存于一个BDD 基中，共享它们的公共子函数. 卡尔·布雷斯、里卡德·鲁德尔和兰德尔·布赖恩特［*ACM/IEEE Design Automation Conf.* **27** (1990), 40–45］开发出对 BDD 基进行运算的高性能"软件包"，对所有后来的 BDD 工具箱的实现有重大影响. 布赖恩特在 *Computing Surveys* **24** (1992), 293–318 中总结了 BDD 的早期用法.

正如前面指出的那样，凑真一在 1953 年引入了 ZDD，以求提高组合处理的性能. 他在 *Software Tools for Technology Transfer* **3** (2001), 156–170 中对早期的 ZDD 应用做了回顾.

图论中的布尔方法是由哈立德·玛格胡特［*Comptes Rendus Acad. Sci.* **248** (Paris, 1959), 3522–3523］开创的，他阐明了如何表示任何图或有向图作为单调函数素蕴涵元的极大独立集和极小控制集. 随后，罗贝尔·福尔泰［*Cahiers du Centre d'Etudes Recherche Operationelle* **1**, 4 (1959), 5–36］考察了解决各种各样其他问题的布尔方法. 例如，他通过对每个顶点赋值两个布尔变量引入图的 4 着色思想，正如我们在 (73) 中所做的那样. 保罗·卡米翁在同一份杂志［**2** (1960), 234–289］中把整数规划问题转换成布尔代数中的等价问题，希望通过用符号逻辑的方法求解它们. 这项工作被其他人推广，最著名的是彼得·阿梅 和塞尔久·鲁代亚努，他们合著的书 *Boolean Methods in Operations Research* (Springer, 1968) 总结了用符号逻辑求解的思想. 然而遗憾的是他们的方法沉沦了，因为那时对于布尔计算没有可供使用的有效方法. 在一般布尔规划问题 (7) 能够解决之前，布尔方法的支持者不得不等到 BDD 的出现，多亏了算法 B. 林志华和法比奥·索门齐［*International Conf. Computer-Aided Design* **CAD-90** (IEEE, 1990), 88–91］引入了算法 B 的一个特例，其中所有权值是非负的. 凑真一［*Formal Methods in System Design* **10** (1997), 221–242］开发出把整数变量之间的线性不等式自动转换成可以方便处置的 BDD 的软件，像 20 世纪 60 年代的研究人员曾经希望的某些结果或将成为可能.

当 BDD 方法得到理解时，对于给定函数求最小析取范式 DNF 的经典问题变得惊人地简单. 这个问题的最新技术超出本书范围，可参阅奥利维耶·库代尔在 *Integration* **17** (1994), 97–140 中给出的精彩综述.

英戈·韦格纳写了 *Branching Programs and Binary Decision Diagrams* (SIAM, 2000) 这本优秀的著作，考察了这个主题的大量文献，精心建立它的数学基础，并且讨论了很多基本思想已被推广和扩充的方法.

告诫. 我们已经见到许多例子，其中由于使用 BDD 和（或）ZDD，使得可能以惊人的效率求解种类繁多的组合问题，而且下面的习题包含许多另外的例子，它们放射出这些方法的光芒. 但是 BDD 和 ZDD 结构不是灵丹妙药，它们仅仅是我们武库中的两件武器. BDD 和 ZDD 主要适用于那些解法超出可能易于逐一求考察的问题，适用于那些解法具有允许算法每次限于处理较少子问题的局部结构的问题. 在《计算机程序设计艺术》的后面章节，我们将讨论另外一些方法，我们可以用那些方法制服其他类型的组合问题.

习题

▶ **1.** [*20*] 画出所有 16 个布尔函数 $f(x_1, x_2)$ 的 BDD. 它们的大小是多少？

▶ **2.** [*21*] 画出具有 16 个顶点的平面有向无圈图，每个顶点是习题 1 中 16 个 BDD 之一的根.

3. [*16*] BDD 的大小不超过 3 的布尔函数 $f(x_1, \ldots, x_n)$ 有多少个？

4. [*21*] 假定 3 个字段 | V | LO | HI | 已经填入到一个 64 位二进制字 x 中，其中 V 字段占据 8 位，其余两个字段各占据 28 位. 证明 5 条按位运算指令将变换 $x \mapsto x'$，其中 x' 和 x 相等，不过 0 的 LO

和 HI 值变成 1 的, 反过来也如此. (对 f 的 BDD 的每个分支结点 x 重复这个操作, 将产生补函数 $\bar{f}$ 的 BDD.)

5. [20] 如果取函数 $f(x_1, \ldots, x_n)$ 的 BDD 并交换每个结点的 LO 和 HI 指针, 同时还交换两个汇结点 $\boxed{\perp} \leftrightarrow \boxed{\top}$, 将会得到什么?

6. [10] 令 $g(x_1, x_2, x_3, x_4) = f(x_4, x_3, x_2, x_1)$, 其中 f 具有 (6) 中的 BDD. g 的真值表是什么? 它的串珠是什么?

7. [21] 给定布尔函数 $f(x_1, \ldots, x_n)$, 令

$$g_k(x_0, x_1, \ldots, x_n) = f(x_0, \ldots, x_{k-2}, x_{k-1} \lor x_k, x_{k+1}, \ldots, x_n), \qquad 1 \le k \le n.$$

找出 (a) f 和 g_k 的真值表之间以及 (b) 它们的 BDD 之间的简单关系.

8. [22] 用 $x_{k-1} \oplus x_k$ 代替 $x_{k-1} \lor x_k$ 再解答习题 7.

9. [16] 对于函数 $f(x) = f(x_1, \ldots, x_n)$ 给出 (8) 中那样顺序表示的 BDD, 说明如何确定在字典序下满足 $f(x) = 0$ 的最大 x?

▶ **10.** [21] 给出 (8) 和 (10) 中那样顺序表示的定义布尔函数 f 和 f' 的两个 BDD, 设计一个检验 $f = f'$ 的算法.

11. [20] 如果把算法 C 用于 (a) 有序的但不是约化的二元决策图 (b) 约化的但不是有序的二元决策图, 能够给出正确的答案吗?

▶ **12.** [M21] 有向图的核是这样一个顶点集 K:

$$v \in K \quad \text{蕴涵} \quad v \not\rightarrow u \quad (\text{对所有 } u \in K);$$
$$v \notin K \quad \text{蕴涵} \quad v \longrightarrow u \quad (\text{对某些 } u \in K).$$

(a) 证明: 当有向图是一个普通图 (就是说, $u \longrightarrow v$ 当且仅当 $v \longrightarrow u$ 时), 核与极大独立集是相同的.
(b) 描述定向圈 $C_n^{\rightarrow}$ 的核.
(c) 证明有向无圈图具有唯一的核.

13. [M15] 图的核的概念同以下概念有何联系? (a) 极大团 (b) 极小顶点覆盖.

14. [M24] 当 $n \ge 3$ 时, 以下对象的 BDD 确切有多大? (a) 圈图 C_n 的所有独立集, (b) C_n 的所有核. (按照 (12) 对顶点进行编号.)

15. [M23] 当 $n \ge 3$ 时, C_n 具有 (a) 多少独立集 (b) 多少核?

▶ **16.** [22] 当给定 f 的 BDD 时, 设计相继生成满足 $f(x_1, \ldots, x_n) = 1$ 的所有向量 $x_1 \ldots x_n$ 的算法.

17. [32] 如果可能, 改进习题 16 的算法, 使其当有 N 个解时的运行时间为 $O(B(f)) + O(N)$.

18. [13] 用 BDD (8) 和 $(w_1, \ldots, w_4) = (1, -2, -3, 4)$ 从头至尾演示算法 B 的步骤.

19. [20] 算法 B 中变量 m_k 的最大和最小可能值是什么? 假设它仅基于权值 $(w_1, \ldots, w_n)$ 而非函数 f 的任何细节.

20. [15] 对于 $1 \le j \le n$ 设计一种计算图厄-摩尔斯权值序列 (15) 的快速方法.

21. [05] 算法 B 能使 $w_1 x_1 + \cdots + w_n x_n$ 达到最小值而不是最大值吗?

▶ **22.** [M21] 假定步骤 B3 已经简化, 以致 $W_{v+1} - W_{v_l}$ 和 $W_{v+1} - W_{v_h}$ 从公式中消除. 证明当把算法应用于表示图的核的 BDD 时仍然有效.

▶ **23.** [M20] 图 22 中从 BDD 的根到 $\boxed{\top}$ 的每条路径恰好有 8 段实线弧. 为什么这不是一种巧合?

24. [M22] 假定已经把 12 个权值 $(w_{12}, w_{13}, \ldots, w_{89})$ 赋予图 22 中网格的边. 说明如何通过对那里所示的 BDD 应用算法 B 在图中找出一棵最小生成树 (即其边具有最小总权值的生成树).

25. [*M20*] 修改算法 C 使其计算 $f(x_1, \ldots, x_n) = 1$ 的解的生成函数，即

$$G(z) = \sum_{x_1=0}^{1} \cdots \sum_{x_n=0}^{1} z^{x_1 + \cdots + x_n} f(x_1, \ldots, x_n).$$

26. [*M20*] 修改算法 C 使其计算对于给定概率的可靠性多项式，即

$$F(p_1, \ldots, p_n) = \sum_{x_1=0}^{1} \cdots \sum_{x_n=0}^{1} (1-p_1)^{1-x_1} p_1^{x_1} \ldots (1-p_n)^{1-x_n} p_n^{x_n} f(x_1, \ldots, x_n).$$

▶ **27.** [*M26*] 假设 $F(p_1, \ldots, p_n)$ 和 $G(p_1, \ldots, p_n)$ 是布尔函数 $f(x_1, \ldots, x_n)$ 和 $g(x_1, \ldots, x_n)$ 的可靠性多项式，其中 $f \neq g$. 令 q 是素数，并且选择区间 $0 \leq q_k < q$ 内均匀分布的独立随机整数 $q_1, \ldots, q_n$. 证明 $F(q_1, \ldots, q_n) \bmod q \neq G(q_1, \ldots, q_n) \bmod q$ 的概率 $\geq (1 - 1/q)^n$. （特别是，如果 $n = 1000$ 且 $q = 2^{31} - 1$，不同函数在这个方案下导致不同"散列值"的概率至少是 $0.999\,999\,5$.）

28. [*M16*] 令 $F(p)$ 是可靠性多项式 $F(p_1, \ldots, p_n)$ 当 $p_1 = \cdots = p_n = p$ 时的值. 说明从生成函数 $G(z)$ 计算 $F(p)$ 是很容易的.

29. [*HM20*] 修改算法 C，使其当给定 p 且给定 f 的 BDD 时，计算习题 28 的可靠性多项式 $F(p)$，同时也计算它的导数 $F'(p)$.

▶ **30.** [*M21*] 可靠性多项式是从所有"小项" $(1-p_1)^{1-x_1} p_1^{x_1} \ldots (1-p_n)^{1-x_n} p_n^{x_n}$ 贡献的遍及 $f(x_1, \ldots, x_n) = 1$ 的所有解的和. 给定 f 的 BDD 和概率序列 $(p_1, \ldots, p_n)$，说明如何找出对总可靠性贡献最大的解 $x_1 \ldots x_n$.

31. [*M21*] 修改算法 C 使其计算 f 的完全详尽的真值表，把从图 21 获得 (24) 的过程形式化.

▶ **32.** [*M20*] "$\circ$" "$\bullet$" "$\perp$" "$\top$" "$\bar{x}_j$" 和 "x_j" 的何种解释使习题 31 的通用算法成为习题 25, 26, 29 和 30 的专门算法？

▶ **33.** [*M22*] 具体说明习题 31，使它能够从布尔函数 $f(x) = f(x_1, \ldots, x_n)$ 的 BDD 有效计算

$$\sum_{f(x)=1} (w_1 x_1 + \cdots + w_n x_n) \qquad \text{和} \qquad \sum_{f(x)=1} (w_1 x_1 + \cdots + w_n x_n)^2.$$

34. [*M25*] 给定 $3n$ 个任意的权值 $(w_1, \ldots, w_n, w'_1, \ldots, w'_n, w''_1, \ldots, w''_n)$，具体说明习题 31，使它能够从 f 的 BDD 有效计算

$$\max\{\max_{1 \leq k \leq n} (w_1 x_1 + \cdots + w_{k-1} x_{k-1} + w'_k x_k + w_{k+1} x_{k+1} + \cdots + w_n x_n + w''_k) \mid f(x) = 1\}.$$

▶ **35.** [*22*] 自由二元决策图（FBDD）是类似

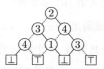

的二元决策图，其中分支变量无须按任何特定顺序出现，但是不允许变量在任何自根向下的路径上出现一次以上. （FBDD 在有向无圈图中每条路径都是可能的意义下是"自由的"：没有分支限制另一个分支.）

(a) 设计一个算法证实假定的 FBDD 是真正自由的.

(b) 给定 $(p_1, \ldots, p_n)$ 和定义布尔函数 $f(x_1, \ldots, x_n)$ 的 FBDD，说明计算 f 的可靠性多项式 $F(p_1, \ldots, p_n)$ 以及计算 $f(x_1, \ldots, x_n) = 1$ 的解的数目是容易的.

36. [*25*] 如果抽象的运算符 $\circ$ 和 $\bullet$ 是可交换的并且满足分配律和结合律，通过扩充习题 31，说明对于任意给定的 FBDD 如何计算详尽的真值表. （因此我们可以像在算法 B 那样求最优解，或者用 FBDD 代替 BDD 求解习题 30 和 33 中那样的问题.）

37. [*M20*] （罗纳德·李维斯特和让·维耶曼，1976）布尔函数 $f(x_1, \ldots, x_n)$ 称为规避的，如果 f 的每个 FBDD 都包含一条长度为 n 的向下路径. 像在习题 25 中那样，令 $G(z)$ 是 f 的生成函数. 证明如果 $G(-1) \neq 0$ 则 f 是规避的.

▶ **38.** [*27*] 像 (8) 和 (10) 中那样，令 $I_{s-1}, \ldots, I_0$ 是定义不是常值的布尔函数 $f(x_1, \ldots, x_n)$ 的分支指令. 设计计算状态变量 $t_1 \ldots t_n$ 的算法，其中

$$t_j = \begin{cases} +1, & \text{如果当 } x_j = 1 \text{ 时 } f(x_1, \ldots, x_n) = 1; \\ -1, & \text{如果当 } x_j = 0 \text{ 时 } f(x_1, \ldots, x_n) = 1; \\ 0, & \text{其他}. \end{cases}$$

（如果 $t_1 \ldots t_n \neq 0 \ldots 0$，函数 f 因此是像在 7.1.1 节那样定义的定向函数.）你的算法的运行时间应该是 $O(n+s)$.

39. [*M20*] 门限函数 $[x_1 + \cdots + x_n \geq k]$ 的 BDD 的大小是多少？

▶ **40.** [*22*] 令 g 是像 (27) 中那样通过设置 $x_{k+1} \leftarrow x_k$ 得到的 f 的"缩合"
(a) 证明 $B(g) \leq B(f)$. [提示：考虑子表和串珠.]
(b) 假设 h 是从 f 通过设置 $x_{k+2} \leftarrow x_k$ 得到的函数. $B(h) \leq B(f)$ 成立吗？

41. [*M25*] 假设 $n \geq 4$，求以下斐波那契门限函数的 BDD 的大小: (a) $\langle x_1^{F_1} x_2^{F_2} \ldots x_{n-2}^{F_{n-2}} x_{n-1}^{F_{n-1}} x_n^{F_{n-2}} \rangle$;
(b) $\langle x_n^{F_1} x_{n-1}^{F_2} \ldots x_3^{F_{n-2}} x_2^{F_{n-1}} x_1^{F_{n-2}} \rangle$.

42. [*22*] 画出 3 个变量的所有对称布尔函数的 BDD 基.

▶ **43.** [*22*] 以下函数的 $B(f)$ 是什么？
(a) $f(x_1, \ldots, x_{2n}) = [x_1 + \cdots + x_n = x_{n+1} + \cdots + x_{2n}]$;
(b) $f(x_1, \ldots, x_{2n}) = [x_1 + x_3 + \cdots + x_{2n-1} = x_2 + x_4 + \cdots + x_{2n}]$.

▶ **44.** [*M32*] 当 f 是 n 个变量的对称布尔函数时，确定 $B(f)$ 最大的可能大小 Σ_n.

45. [*22*] 对于计算像 (33) 和 (34) 的三合一函数的布尔模块给出精确说明，并且证明网络是严格定义的.

46. [*M23*] 三合一函数的真实的 BDD 的大小是什么？

47. [*M21*] 设计并证明定理 M 的逆定理: 具有小型 BDD 的每个布尔函数 f 都可以由一个有效的模块网络实现.

48. [*M22*] 用图 23 的模块网络实现隐加权位函数，对于 $1 \leq k < n$，利用 $a_k = 2 + \lambda k$ 和 $b_k = 1 + \lambda(n-k)$ 连接线路. 从定理 B 推断，对于任何多项式 p 不能把定理 M 中的上界提高到 $\sum_{k=0}^{n} 2^{p(a_k, b_k)}$.

49. [*20*] 画出以下对称布尔函数集的BDD 基:
(a) $\{S_{\geq k}(x_1, x_2, x_3, x_4) \mid 1 \leq k \leq 4\}$; (b) $\{S_k(x_1, x_2, x_3, x_4) \mid 0 \leq k \leq 4\}$.

50. [*22*] 画出 $\mathbf{7}$ 段显示函数 (7.1.2–(42)) 的 BDD 基.

51. [*22*] 当输入的二进制位不是像 (35) 和 (36) 中那样从左到右编号，而是从右到左编号，即 $(f_{n+1} f_n f_{n-1} \ldots f_1)_2 = (x_{2n-1} \ldots x_3 x_1)_2 + (x_{2n} \ldots x_4 x_2)_2$ 时，描述二进制加法的 BDD 基.

52. [*20*] 有一种观念认为，m 个函数 $\{f_1, \ldots, f_m\}$ 的BDD 基与只有一个根的 BDD 其实不是非常不同的: 考虑联结函数 $J(u_1, \ldots, u_n; v_1, \ldots, v_n) = (u_1? v_1 : u_2? v_2 : \cdots u_n? v_n : 0)$，并且令

$$f(t_1, \ldots, t_{m+1}, x_1, \ldots, x_n) = J(t_1, \ldots, t_{m+1}; f_1(x_1, \ldots, x_n), \ldots, f_m(x_1, \ldots, x_n), 1),$$

其中 $(t_1, \ldots, t_{m+1})$ 是新的"虚"变量，在排序中置于 $(x_1, \ldots, x_n)$ 前面. 证明: $B(f)$ 与 $\{f_1, \ldots, f_m\}$ 的 BDD 基的大小几乎是相同的.

▶ **53.** [*23*] 从头至尾演示对 (2) 中带 7 个分支结点的二元决策图应用算法 R 时的步骤.

54. [*17*] 用 $O(2^n)$ 步从 $f(x_1, \ldots, x_n)$ 的真值表构造 f 的 BDD.

55. [*M30*] 说明如何构造图的"连通性 BDD"（如图 22）.

▶ **56.** [*20*] 修改算法 R，建立崭新的 BDD 而不是把不需要的任何结点推入 AVAIL 栈，这个 BDD 由连续的指令 $I_{s-1}, \ldots, I_1, I_0$ 组成，具有在算法 B 和 C 中采用的紧凑形式 $(\bar{v}_k? l_k : h_k)$. （输入到算法的原始结点全部都可以被循环利用.）

57. [25] 当把算法 R 扩充到计算函数的限制时，说明在步骤 R1 与 R2 之间要采取的附加操作．如果对变量 v 给予固定的 t 值，假定 $\mathrm{FIX}[v] = t \in \{0, 1\}$；否则，假定 $\mathrm{FIX}[v] < 0$．

58. [20] 证明，通过递归地使用 (37) 而定义的"合并"的图是约化的．

▶ **59.** [M28] 令 $h(x_1, \ldots, x_n)$ 是布尔函数．当 (a) $f(x_1, \ldots, x_{2n}) = h(x_1, \ldots, x_n)$ 且 $g(x_1, \ldots, x_{2n}) = h(x_{n+1}, \ldots, x_{2n})$ (b) $f(x_1, x_2, \ldots, x_{2n}) = h(x_1, x_3, \ldots, x_{2n-1})$ 且 $g(x_1, x_2, \ldots, x_{2n}) = h(x_2, x_4, \ldots, x_{2n})$ 时，用 h 的 BDD 描述合并 $f \diamond g$ 的 BDD．[在两种情况下显然都有 $B(f) = B(g) = B(h)$．]

60. [M22] 假设 $f(x_1, \ldots, x_n)$ 和 $g(x_1, \ldots, x_n)$ 分别有分布 $(b_0, \ldots, b_n)$ 和 $(b'_0, \ldots, b'_n)$，并且它们的伪分布分别是 $(q_0, \ldots, q_n)$ 和 $(q'_0, \ldots, q'_n)$．证明它们的合并 $f \diamond g$ 有 $B(f \diamond g) \le \sum_{j=0}^{n} (q_j b'_j + b_j q'_j - b_j b'_j)$ 个结点．

▶ **61.** [M27] 如果 α 和 β 分别是 f 和 g 的 BDD 的结点，证明在合并 $f \diamond g$ 的 BDD 中，$\mathrm{in\text{-}degree}(\alpha \diamond \beta) \le \mathrm{in\text{-}degree}(\alpha) \cdot \mathrm{in\text{-}degree}(\beta)$．（设想 BDD 的根有入度 1．）

▶ **62.** [M21] 如果 $f(x) = \bigvee_{j=1}^{\lfloor n/2 \rfloor} (x_{2j-1} \wedge x_{2j})$ 且 $g(x) = (x_1 \wedge x_n) \vee \bigvee_{j=1}^{\lceil n/2 \rceil - 1} (x_{2j} \wedge x_{2j+1})$，当 $n \to \infty$ 时，$B(f)$, $B(g)$, $B(f \diamond g)$ 和 $B(f \vee g)$ 的渐近值是什么？

63. [M27] 令 $f(x_1, \ldots, x_n) = M_m(x_1 \oplus x_2, x_3 \oplus x_4, \ldots, x_{2m-1} \oplus x_{2m}; x_{2m+1}, \ldots, x_n)$ 且 $g(x_1, \ldots, x_n) = M_m(x_2 \oplus x_3, \ldots, x_{2m-2} \oplus x_{2m-1}, x_{2m}; \bar{x}_{2m+1}, \ldots, \bar{x}_n)$，其中 $n = 2m + 2^m$．$B(f)$, $B(g)$ 和 $B(f \wedge g)$ 是什么？

64. [M21] 通过建立 $f_4 = f_1 \vee f_2$, $f_5 = f_1 \wedge f_2$, $f_6 = f_3 \wedge f_4$, $f_7 = f_5 \vee f_6$，我们可以计算 3 个布尔函数的中位数 $\langle f_1 f_2 f_3 \rangle$．于是 $B(f_4) = O(B(f_1)B(f_2))$, $B(f_5) = O(B(f_1)B(f_2))$, $B(f_6) = O(B(f_3)B(f_4)) = O(B(f_1)B(f_2)B(f_3))$．因此 $B(f_7) = O(B(f_5)B(f_6)) = O(B(f_1)^2 B(f_2)^2 B(f_3))$．然而，证明 $B(f_7)$ 实际上只是 $O(B(f_1)B(f_2)B(f_3))$，而且从 f_5 和 f_6 计算它的运行时间也是 $O(B(f_1)B(f_2)B(f_3))$．

▶ **65.** [M25] 若 $h(x_1, \ldots, x_n) = f(x_1, \ldots, x_{j-1}, g(x_1, \ldots, x_n), x_{j+1}, \ldots, x_n)$，证明

$$B(h) = O(B(f)^2 B(g)).$$

一般说来，能够把这个上界改进为 $O(B(f)B(g))$ 吗？

66. [20] 如果 $f \circ g$ 是平凡的常数，说明在步骤 S1 要进行什么操作以完成算法 S．

67. [24] 当 (41) 定义 f 和 g 且 $op = 1$ 时，概述算法 S 的操作步骤．

68. [20] 通过合理使用 $\mathrm{LEFT}(t) < 0$ 时的公共步骤加快步骤 S10 的速度．

69. [21] 算法 S 在耗尽存储空间的情况下应该有一条或多条预防性指令，类似于"如果 $\mathrm{NTOP} > \mathrm{TBOT}$，以失败终止算法"．插入这种指令的最佳位置在哪里？

70. [21] 讨论在步骤 S4 设置 b 为 $\lfloor \lg \mathrm{LCOUNT}[l] \rfloor$ 而不是 $\lceil \lg \mathrm{LCOUNT}[l] \rceil$．

71. [20] 讨论如何把算法 S 扩展到三元运算符．

72. [25] 说明如何从算法 S 中消除散列．

▶ **73.** [25] 讨论用"虚拟地址"代替实际地址作为 BDD 的链接：每个指针 p 具有 $\pi(p) 2^e + \sigma(p)$ 的形式，其中 $\pi(p) = p \gg e$ 是 p 的"页"，$\sigma(p) = p \bmod 2^e$ 是 p 的"槽"．可以为了方便而选择参数 e．说明用这种方法在 BDD 的结点中只需要两个字段 $(\mathrm{LO}, \mathrm{HI})$，因为变量标识符 $V(p)$ 可以从虚拟地址 p 本身推出．

▶ **74.** [M23] 通过修改 (49) 解释如何对 n 变量的自对偶单调布尔函数计数．

75. [M20] 令 $\rho_n(x_1, \ldots, x_{2^n})$ 是布尔函数，它为真当且仅当 $x_1 \ldots x_{2^n}$ 是正则函数的真值表（见习题 7.1.1–110）．说明可以用类似于 (49) 中 μ_n 的过程计算 ρ_n 的 BDD．

▶ **76.** [M22] "簇"是互不可比集的一个集族 $\mathcal{S}$．换句话说，只要 S 和 S' 是 $\mathcal{S}$ 的不同成员，就有 $S \not\subseteq S'$．每个集合 $S \subseteq \{0, 1, \ldots, n-1\}$ 都可以表示为 n 位二进制整数 $s = \sum \{2^e \mid e \in S\}$．因此，当且仅当 s 代表这个集族中的一个集合，每个 $\{0, 1, \ldots, n-1\}$ 的子集的族对应一个带有 $x_s = 1$ 的二进制向量 $x_0 x_1 \ldots x_{2^n-1}$．

证明，函数"$[x_0 x_1 \ldots x_{2^n-1}$ 对应于一个簇$]$"的 BDD 与单调函项函数 $\mu_n(x_1, \ldots, x_{2^n})$ 的 BDD 之间有一个简单的关系.

▶ **77.** [*M35*] 证明，存在无穷序列 $(b_0, b_1, b_2, \ldots) = (1, 2, 3, 5, 6, \ldots)$ 使得 μ_n 的 BDD 的分布是 $(b_0, b_1, \ldots, b_{2^{n-1}-1}, b_{2^{n-1}-1}, \ldots, b_1, b_0, 2)$. （见图 25.）这个 BDD 的多少分支结点具有 LO $= \boxed{\perp}$?

▶ **78.** [*25*] 用 BDD 确定具有 12 个带标记的顶点的图的数目，其中顶点的度最多的是 d ($0 \le d \le 11$).

79. [*20*] 对于 $0 \le d \le 11$，如果图的每条边以 1/3 的概率出现，计算顶点集 $\{1, \ldots, 12\}$ 上的图具有最大度 d 的概率.

80. [*23*] 递归算法 (55) 用深度优先的方式计算 $f \wedge g$，而算法 S 使用广度优先进行计算. 两个算法在它们执行时会遇到同样的子问题 $f' \wedge g'$（但是按不同的顺序）吗？或者说一个算法比另一个算法考虑更少的事例？

▶ **81.** [*20*] 通过修改 (55) 解释如何计算 BDD 基的 $f \oplus g$.

▶ **82.** [*25*] 当 BDD 基的结点已经具有 REF 字段时，说明在 (55) 和算法 U 中应该如何调整那些字段.

83. [*M20*] 证明，如果 f 和 g 都具有引用计数 1，当我们用 (55) 计算 $\text{AND}(f, g)$ 时不需要查询备忘录缓存.

84. [*24*] 当实施有关 BDD 基的算法时，提出选择备忘录缓存大小以及唯一表大小的策略. 安排定期垃圾回收的好方法是什么？

85. [*16*] 比较 16×16 位二进制乘法的 32 个函数的 BDD 基与恰好保存全部可能乘积的完全表的大小.

▶ **86.** [*21*] (62) 中的例程 MUX 涉及"明显的"值. 它们是什么值？

87. [*20*] 如果中位数运算符 $\langle fgh \rangle$ 是用类似于 (62) 的递归子程序实现的，它的"明显的"值是什么？

▶ **88.** [*M25*] 寻找函数 f, g 和 h，对于它们而言递归的三元计算 $f \wedge g \wedge h$ 胜过任何二元计算 $(f \wedge g) \wedge h$, $(g \wedge h) \wedge f$, $(h \wedge f) \wedge g$.

89. [*15*] 下列量词公式是真还是假？

(a) $\exists x_1 \exists x_2 f = \exists x_2 \exists x_1 f$. (b) $\forall x_1 \forall x_2 f = \forall x_2 \forall x_1 f$. (c) $\forall x_1 \exists x_2 f \le \exists x_2 \forall x_1 f$. (d) $\forall x_1 \exists x_2 f \ge \exists x_2 \forall x_1 f$.

90. [*M20*] 当 $l = m = n = 3$ 时，公式 (64) 对应于 MMIX 的 MOR 运算. 存在对应于 XMOR（矩阵乘法 mod 2）的类似公式吗？

▶ **91.** [*26*] 在实际应用中，我们经常需要简化涉及"关心集" g 的布尔函数 f，通过寻找具有很小 $B(\hat{f})$ 的函数 $\hat{f}$，使得对于所有 x 有

$$f(x) \wedge g(x) \ \le \ \hat{f}(x) \ \le \ f(x) \vee \bar{g}(x).$$

换句话说，每当 x 满足 $g(x) = 1$ 时，$\hat{f}(x)$ 必须与 $f(x)$ 一致，但是我们不在意当 $g(x) = 0$ 时 $\hat{f}(x)$ 取什么值. 对于这样一个 $\hat{f}$，一个有吸引力的候选者由"受 g 约束的 f"函数 $f \downarrow g$ 提供，定义如下：如果 $g(x)$ 恒等于 0，$f \downarrow g = 0$. 否则，$(f \downarrow g)(x) = f(y)$，其中 y 是序列 $x, x \oplus 1, x \oplus 2, \ldots$ 中使得 $g(y) = 1$ 的第一个元素. （这里我们把 x 和 y 想象成 n 位二进制数 $(x_1 \ldots x_n)_2$ 和 $(y_1 \ldots y_n)_2$. 因此 $x \oplus 1 = x \oplus 0 \ldots 01 = x_1 \ldots x_{n-1} \bar{x}_n$, $x \oplus 2 = x \oplus 0 \ldots 010 = x_1 \ldots x_{n-2} \bar{x}_{n-1} x_n$, 等等）

(a) 什么是 $f \downarrow 1$, $f \downarrow x_j$ 和 $f \downarrow \bar{x}_j$？
(b) 证明 $(f \wedge f') \downarrow g = (f \downarrow g) \wedge (f' \downarrow g)$.
(c) 判别真假：$\bar{f} \downarrow g = \overline{f \downarrow g}$.
(d) 简化公式 $f(x_1, \ldots, x_n) \downarrow (x_2 \wedge \bar{x}_3 \wedge \bar{x}_5 \wedge x_6)$.
(e) 简化公式 $f(x_1, \ldots, x_n) \downarrow (x_1 \oplus x_2 \oplus \cdots \oplus x_n)$.
(f) 简化公式 $f(x_1, \ldots, x_n) \downarrow ((x_1 \wedge \cdots \wedge x_n) \vee (\bar{x}_1 \wedge \cdots \wedge \bar{x}_n))$.
(g) 简化公式 $f(x_1, \ldots, x_n) \downarrow (x_1 \wedge g(x_2, \ldots, x_n))$.
(h) 寻找函数 $f(x_1, x_2)$ 和 $g(x_1, x_2)$ 使得 $B(f \downarrow g) > B(f)$.
(i) 设计一个类似于 (55) 的计算 $f \downarrow g$ 的递归方法.

92. [*M27*] 习题 91 中的 $f \downarrow g$ 运算有时依赖于变量的顺序. 给出 $g = g(x_1, \ldots, x_n)$, 证明对于 $\{1, \ldots, n\}$ 的所有排列 π 及所有函数 $f = f(x_1, \ldots, x_n)$, $(f^\pi \downarrow g^\pi) = (f \downarrow g)^\pi$ 成立, 当且仅当 $g = 0$ 或者 g 是子立方 (字面值的合取).

93. [*36*] 给出顶点集 $\{1, \ldots, n\}$ 上的图 G, 构造具有下述性质的布尔函数 f 和 g: 存在习题 91 中的逼近函数 $\hat{f}$ 并且具有小的 $B(\hat{f})$, 当且仅当 G 是 3 可着色的. (因此, 最小化 $B(\hat{f})$ 的任务是NP 完全的.)

94. [*21*] 说明 (6_5) 为什么能够正确地执行存在量词化.

▶ **95.** [*20*] 通过在计算 r_h 前检验 $r_l = 1$ 成立与否来改进 (6_5).

96. [*20*] 说明通过修改 (6_5) 如何达成 (a) 全称量词化 $\forall x_{j_1} \ldots \forall x_{j_m} f = f \mathbin{\text{A}} g$ 和 (b) 差分量词化 $\square x_{j_1} \ldots \square x_{j_m} f = f \mathbin{\text{D}} g$.

97. [*M20*] 证明可以用 $O(B(f))$ 步计算像 $\exists x_{n-5} \forall x_{n-4} \square x_{n-3} \exists x_{n-2} \curlywedge x_{n-1} \forall x_n f(x_1, \ldots, x_n)$ 这样任意的 BDD 底部量词化.

▶ **98.** [*22*] 除 (7_0) 之外, 说明如何定义 $\mathcal{G}$ 的具有度小于等于 1 的顶点 ENDPT(x). 此外, 描述大小为 2 的分图 PAIR(x, y) 的特征.

99. [*20*] (兰德尔 · 布赖恩特, 1984) 正文中考虑的美国地图的每一种 4 着色对应于 COLOR 函数 (7_3) 在颜色排列下的 24 种解. 消除这种冗余度的有效途径是什么?

▶ **100.** [*24*] 有多少 4 着色美国接壤各州的可能方式, 使每种颜色恰好有 12 个州? (从图中删除哥伦比亚特区 DC.)

101. [*20*] 继续习题 100, 对于颜色 $\{1, 2, 3, 4\}$, 寻找一种着色方案使得 $\sum$ (州权值) $\times$ (州颜色) 达到最大值, 其中像在 (1_8) 中那样对州加权.

102. [*23*] 用下述约定设计一种在缓存中存储函数复合的结果的方法: 系统全程维持函数 $[g_1, \ldots, g_n]$ 的数组, 每个变量 x_j 一个. 对于 $1 \le j \le n$, 最初的 g_j 仅仅是投影函数 x_j. 这个数组只能由子程序 NEWG(j, g) 改变, 它用 g 替换 g_j. 子程序 COMPOSE(f) 总是执行关于替换函数的当前数组的函数复合.

▶ **103.** [*20*] 阿呆先生想要就某些函数 $f_1, \ldots, f_m$ 和 g 对公式

$$\exists y_1 \ldots \exists y_m ((y_1 = f_1(x_1, \ldots, x_n)) \wedge \cdots \wedge (y_m = f_m(x_1, \ldots, x_n)) \wedge g(y_1, \ldots, y_m))$$

求值. 但是他的研究生乔纳森 · 奎克发现一个简单得多的解决同样问题的公式. 奎克的思想是什么?

▶ **104.** [*21*] 给出 f 和 g 的 BDD, 设计判别 $f \le g$ 或 $f \ge g$ 或 $f \parallel g$ 的有效方法, 其中 $f \parallel g$ 表示 f 和 g 是不可比较的.

105. [*25*] 布尔函数 $f(x_1, \ldots, x_n)$ 就配极 $(y_1, \ldots, y_n)$ 而言被称为单边的, 如果函数 $h(x_1, \ldots, x_n) = f(x_1 \oplus y_1, \ldots, x_n \oplus y_n)$ 是单调的.

　　(a) 证明, 用量词 $\curlywedge$ 和 N 可以检验 f 的单边性.

　　(b) 给出 f 的 BDD, 设计一个最多用 $O(B(f)^2)$ 步检验单边性的递归算法. 如果 f 是单边的, 你的算法也要找出相应的配极.

106. [*25*] 令 $f\$g\$h$ 表示关系 "对于所有 x 和 y, $f(x) = g(y) = 1$ 蕴涵 $h(x \wedge y) = 1$". 证明这个关系可以用最多 $O(B(f)B(g)B(h))$ 步求值. [诱因: 定理 7.1.1H 表明 f 是霍恩函数, 当且仅当 $f\$f\$f$. 因此我们可以用 $O(B(f)^3)$ 步检验霍恩性.]

107. [*26*] 继续习题 106, 证明用 $O(B(f)^4)$ 步可以确定 f 是不是克罗姆函数. [提示: 见定理 7.1.1S.]

108. [*HM24*] 令 $b(n, s)$ 是满足 $B(f) \le s$ 的 n 变量布尔函数的数目. 证明当 $s \ge 3$ 时, $(s-3)! \, b(n, s) \le (n(s-1)^2)^{s-2}$, 并且考察当 $s = \lfloor 2^n/(n+1/\ln 2) \rfloor$ 时这个不等式的派生结果. 提示: 见定理 7.1.2S 的证明.

▶ **109.** [*HM17*] 继续习题 108, 证明当 $n \to \infty$ 时, 对于 $\{1, \ldots, n\}$ 的所有排列 π, 几乎所有 n 变量的布尔函数都有 $B(f^\pi) > 2^n/(n+1/\ln 2)$.

110. [*25*] 构造定理 U 中满足 $B(f_n) = U_n$ 的最坏情况的显函数 f_n.

111. [*M22*] 证实定理 U 中的求和公式 (79).

112. [*HM23*] 证明：除非 $n - \lg n - 1 < k < n - \lg n + 1$, $\min(2^k, 2^{2^{n-k}} - 2^{2^{n-k-1}}) - \hat{b}_k$ 是很小的，其中 $\hat{b}_k$ 是 (80) 中定义的数.

113. [*20*] 代替使用两个汇结点——每个布尔常数一个，我们可以使用 2^{16} 个汇结点——每 4 变量布尔函数一个. 那么 BDD 在 x_{n-4} 分支后可能停止在早先的四层. 这是一个好主意吗？

114. [*20*] 存在具有分布 $(1,1,1,1,1,2)$ 和伪分布 $(1,2,3,4,3,2)$ 的函数吗？

▶ **115.** [*M22*] 证明伪分布不等式 (84) 和 (124).

116. [*M21*] 随机伪分布的 (a) 最坏情况和 (b) 平均情况是什么？

117. [*M20*] 当 $f = M_m(x_1, \ldots, x_m; x_{m+1}, \ldots, x_{m+2^m})$ 时比较 $Q(f)$ 与 $B(f)$.

118. [*M23*] 从 7.1.2 节的角度证明隐加权位函数求值的代价 $C(h_n) = O(n)$. $C(h_4)$ 的确切值是什么？

119. [*20*] 判别真假：每个 n 变量对称布尔函数都是 h_{2n+1} 的特例.（例如，$x_1 \oplus x_2 = h_5(0, 1, 0, x_1, x_2)$.）

120. [*18*] 解释隐排列加权位公式 (94).

▶ **121.** [*M22*] 如果 $f(x_1, \ldots, x_n)$ 是任意布尔函数，它的对偶 f^D 是 $\bar{f}(\bar{x}_1, \ldots, \bar{x}_n)$，它的反射 f^R 是 $f(x_n \ldots, x_1)$. 注意 $f^{DD} = f^{RR} = f$ 且 $f^{DR} = f^{RD}$.

(a) 证明 $h_n^{DR}(x_1, \ldots, x_n) = h_n(x_2, \ldots, x_n, x_1)$.

(b) 此外，隐加权位函数满足递推公式

$$h_1(x_1) = x_1, \quad h_{n+1}(x_1, \ldots, x_{n+1}) = (x_{n+1}?\, h_n(x_2, \ldots, x_n, x_1): h_n(x_1, \ldots, x_n)).$$

(c) 用递归规则

$$\epsilon\psi = \epsilon, \quad (x_1 \ldots x_n 0)\psi = (x_1 \ldots x_n \psi)0, \quad (x_1 \ldots x_n 1)\psi = (x_2 \ldots x_n x_1)\psi 1$$

定义所有二进制串 x 的集合上的排列 $x\psi$. 例如，$1101\psi = (101\psi)1 = (01\psi)11 = (0\psi)111 = (\psi)0111 = 0111$，我们还有 $0111\psi = 1101$. ψ 是对合吗？

(d) 证明 $h_n(x) = \hat{h}_n(x\psi)$，其中函数 $\hat{h}_n$ 有非常小的 BDD.

122. [*27*] 当 $n > 1$ 时，构造结点数少于 n^2 的 h_n 的 FBDD.

123. [*M20*] 证明公式 (97)，它枚举偏移为 s 的所有选择项记录.

▶ **124.** [*27*] 给定排列 π，设计计算 h_n^π 的分布和伪分布的有效算法. 提示：选择项记录 $[r_0, \ldots, r_{n-k}]$ 什么时候对应于串珠？

▶ **125.** [*HM34*] 证明：$B(h_n)$ 可以用以下序列确切表示

$$A_n = \sum_{k=0}^{n} \binom{n-k}{2k}, \qquad B_n = \sum_{k=0}^{n} \binom{n-k}{2k+1}.$$

126. [*HM42*] 分析风琴管排列 $\pi = (2, 4, \ldots, n, \ldots, 3, 1)$ 的 $B(h_n^\pi)$.

127. [*46*] 找出使 $B(h_{100}^\pi)$ 达到最小值的排列 π.

▶ **128.** [*25*] 给出 $\{1, \ldots, m + 2^m\}$ 的排列 π，说明如何计算排列 2^m 路复用器

$$M_m^\pi(x_1, \ldots, x_m; x_{m+1}, \ldots, x_{m+2^m}) = M_m(x_{1\pi}, \ldots, x_{m\pi}; x_{(m+1)\pi}, \ldots, x_{(m+2^m)\pi})$$

的分布和伪分布.

129. [*M25*] 定义 $Q_m(x_1, \ldots, x_{m^2})$ 为 1，当且仅当 0-1 矩阵 $(x_{(i-1)m+j})$ 没有全零行和全零列. 证明 $B(Q_m^\pi) = \Omega(2^m/m^2)$ 对于所有 π 成立.

130. [*HM31*] 顶点集 $\{1, \ldots, m\}$ 上的无向图 G 的邻接矩阵包含 $\binom{m}{2}$ 个变量元素 $x_{uv} = [u \!-\!\!- v$ 在 G 中]（$1 \leq u < v \leq m$）. 对于这 $\binom{m}{2}$ 个变量的某种顺序，令 $C_{m,k}$ 是布尔函数 $[G$ 具有 k-团].

(a) 如果 $1 < k \leq \sqrt{m}$，证明 $B(C_{m,k}) \geq \binom{s+t}{s}$，其中 $s = \binom{k}{2} - 1$ 且 $t = m + 2 - k^2$.

(b) 因此 $B(C_{m,\lceil m/2 \rceil}) = \Omega(2^{m/3 - O(\sqrt{m})})$，与变量的顺序无关.

131. [*M28*] （覆盖函数.）布尔函数

$$C(x_1, x_2, \ldots, x_p; y_{11}, y_{12}, \ldots, y_{1q}, y_{21}, \ldots, y_{2q}, \ldots, y_{p1}, y_{p2}, \ldots, y_{pq})$$

$$= ((x_1 \wedge y_{11}) \vee (x_2 \wedge y_{21}) \vee \cdots \vee (x_p \wedge y_{p1})) \wedge \cdots \wedge ((x_1 \wedge y_{1q}) \vee (x_2 \wedge y_{2q}) \vee \cdots \vee (x_p \wedge y_{pq}))$$

为真，当且仅当矩阵积

$$x \cdot Y = (x_1 x_2 \ldots x_p) \begin{pmatrix} y_{11} & y_{12} & \cdots & y_{1q} \\ y_{21} & y_{22} & \cdots & y_{2q} \\ \vdots & \vdots & \ddots & \vdots \\ y_{p1} & y_{p2} & \cdots & y_{pq} \end{pmatrix}$$

的所有列是正的. 换句话说，由 x 选择的 Y 的行"覆盖"矩阵的每一列. 在容错系统的分析中，覆盖函数 C 的可靠性多项式是很重要的.

(a) 当对 C 的 BDD 按顺序

$$x_1, y_{11}, y_{12}, \ldots, y_{1q}, x_2, y_{21}, y_{22}, \ldots, y_{2q}, \ldots, x_p, y_{p1}, y_{p2}, \ldots, y_{pq}$$

检验变量时，证明结点数目对于固定的 q 当 $p \to \infty$ 时渐近等于 $pq2^{q-1}$.

(b) 找出一个顺序，使得结点数目对于固定的 p 当 $q \to \infty$ 时渐近等于 $pq2^{p-1}$.

(c) 证明在一般情况下 $B_{\min}(C) = \Omega(2^{\min(p,q)/2})$.

132. [*32*] 什么布尔函数 $f(x_1, x_2, x_3, x_4, x_5)$ 具有最大的 $B_{\min}(f)$?

133. [*20*] 说明如何从 f 的主分布图计算 $B_{\min}(f)$ 和 $B_{\max}(f)$?

134. [*24*] 对于布尔函数 $x_1 \oplus ((x_2 \oplus (x_1 \vee (\bar{x}_2 \wedge x_3))) \wedge (x_3 \oplus x_4))$，构造类似于 (102) 的主分布图. $B_{\min}(f)$ 和 $B_{\max}(f)$ 是什么? 提示: 恒等式 $f(x_1, x_2, x_3, x_4) = f(x_1, x_2, \bar{x}_4, \bar{x}_3)$ 节省约半数的工作.

135. [*M27*] 对于所有 $n \geq 4$，寻找一个布尔函数 $\theta_n(x_1, \ldots, x_n)$，它在 $B(\theta_n^\pi) = n + 2$ 恰好对某个排列 π 成立的意义下是唯一的瘦函数. （见 (93) 和 (102).）

▶ **136.** [*M34*] 当 m 和 n 是奇数时，中位数的中位数函数

$$\langle\langle x_{11} x_{12} \ldots x_{1n} \rangle \langle x_{21} x_{22} \ldots x_{2n} \rangle \ldots \langle x_{m1} x_{m2} \ldots x_{mn} \rangle\rangle$$

的主分布图是什么? 最佳顺序是什么? （有 mn 个变量.）

137. [*M38*] 给出一个图，最优线性排列问题要求顶点集的一个排列 π 使得 $\sum_{u-v} |u\pi - v\pi|$ 取最小值. 构造一个布尔函数 f，它的这个最小值由最优的 BDD 的大小 $B_{\min}(f)$ 表示.

▶ **138.** [*M36*] 本题的目的在于建立一个富有吸引力的算法: 给定函数 f 的 QDD（不是 BDD），计算它的主分布图.

(a) 说明如何仅仅从一个 QDD 求主分布图的 $\binom{n+1}{2}$ 个权值.

(b) 说明向上移动运算在 QDD 中可能是容易执行的，而不需要垃圾回收或散列. 提示: 见算法 R 中的"桶排序".

(c) 考虑变量的 2^{n-1} 个顺序，它们中的第 $i+1$ 个顺序是从第 i 个顺序通过从深度 $\rho i + \nu i$ 到深度 $\nu i - 1$ 的一次向上移动得到的. 例如，当 $n = 5$ 时我们得到

12345 21345 32145 31245 43125 41325 42135 42315 54231 52431 53241 53421 51342 51432 51243 51234.

证明 $\{1, \ldots, n\}$ 的每个 k 元素子集出现在这些顺序之一的顶部 k 层.

(d) 结合这些思想设计所需的图构造算法.

(e) 分析你的算法的时间与空间需求.

139. [*22*] 推广习题 138 的算法，使得 (i) 它计算 BDD 基的所有函数的公共分布图，而不是单个函数的分布图; (ii) 它对变量 $\{x_a, x_{a+1}, \ldots, x_b\}$ 限定分布图，在顶部保存 $\{x_1, \ldots, x_{a-1}\}$ 和在底部保存 $\{x_{b+1}, \ldots, x_n\}$.

140. [*27*] 说明在不知道 f 的所有主分布图的情况下如何求 $B_{\min}(f)$.

141. [30] 判别真假：如果 $X_1, X_2, \ldots, X_m$ 是变量的不相交集合，那么对于 $g(h_1(X_1), h_2(X_2), \ldots, h_m(X_m))$ 的变量的最优 BDD 顺序，可以通过限定考虑每个 X_j 的变量是连续的情况求出.

▶ **142.** [HM32] 用 BDD 表示的门限函数意外地难以理解. 考虑自对偶函数 $f(x) = \langle x_1^{w_1} \ldots x_n^{w_n} \rangle$，其中每个 w_j 都是正整数且 $w_1 + \cdots + w_n$ 是奇数. 在 (28) 中我们注意到 $B(f) = O(w_1 + \cdots + w_n)^2$. 同时 $B(f)$ 经常为 $O(n)$，即使当权值像 (29) 或习题 41 中那样按指数增长时.

    (a) 证明：如果 $w_1 = 1$，$w_k = 2^{k-2}$ $(1 < k \leq m)$，$w_k = 2^m - 2^{n-k}$ $(m < k \leq 2m = n)$，则当 $n \to \infty$ 时 $B(f)$ 按指数增长，但是 $B_{\min}(f) = O(n^2)$.

    (b) 求权值 $\{w_1, \ldots, w_n\}$，对于它们 $B_{\min}(f) = \Omega(2^{\sqrt{n}/2})$.

143. [24] 继续习题 142(a)，寻找以下函数的变量的最优顺序：
$\langle x_1 x_2 x_3^2 x_4^4 x_5^8 x_6^{16} x_7^{32} x_8^{64} x_9^{128} x_{10}^{256} x_{11}^{512} x_{12}^{768} x_{13}^{896} x_{14}^{960} x_{15}^{992} x_{16}^{1008} x_{17}^{1016} x_{18}^{1020} x_{19}^{1022} x_{20}^{1023} \rangle$.

144. [16] (36) 中的加法函数 $\{f_1, f_2, f_3, f_4, f_5\}$ 的伪分布是什么？

145. [24] 求这些函数的 $B_{\min}(f_1, f_2, f_3, f_4, f_5)$ 和 $B_{\max}(f_1, f_2, f_3, f_4, f_5)$.

▶ **146.** [M22] 令 $(b_0, \ldots, b_n)$ 和 $(q_0, \ldots, q_n)$ 是 BDD 基的分布和伪分布.

    (a) 证明 $b_0 \leq \min(q_0, (b_1 + q_2)(b_1 + q_2 - 1))$，$b_1 \leq \min(b_0 + q_0, q_2(q_2 - 1))$ 且 $b_0 + b_1 \geq q_0 - q_2$.

    (b) 反之，如果 b_0, b_1, q_0 和 q_2 是满足这些不等式的非负整数，则存在具有这样的分布和伪分布的 BDD 基.

▶ **147.** [27] 补充鲁德尔的就地交换算法的细节，使用算法 U 的约定和习题 82 的引用计数器.

148. [M21] 判别真假：在交换 ① ↔ ② 后，$B(f_1^\pi, \ldots, f_m^\pi) \leq 2B(f_1, \ldots, f_m)$.

149. [M20] （博利希、罗宾和韦格纳）证明：当 $(b_0, \ldots, b_n)$ 是 $\{f_1, \ldots, f_m\}$ 的分布时，在第 $k-1$ 层的一个向下移动之后，除定理 J− 之外，我们还有 $B(f_1^\pi, \ldots, f_m^\pi) \leq (2^k - 2)b_0 + B(f_1, \ldots, f_m)$.

150. [30] 当把重复交换用于实现向上移动或向下移动时，中间结果可能比最初的或最后的 BDD 大得多. 证明变量的转移运算实际上可以用一种更直接的方法执行，其最坏情况运行时间为 $O(B(f_1, \ldots, f_m) + B(f_1^\pi, \ldots, f_m^\pi))$.

151. [20] 提出一种调用算法 J 的方法，使得每个变量仅被移动一次.

152. [25] 隐加权位函数 h_{100} 的 BDD 的结点数超过 17.5 万亿. 通过多少次移动减少这个数？提示：利用习题 124 而不是实际构造二元决策图.

153. [30] 把习题 7.1.2-65 的九宫函数 $\{y_1, \ldots, y_9\}$ 放进 BDD 基中，当按顺序 $x_1, x_2, \ldots, x_9$，$o_1, o_2, \ldots, o_9$ 从顶至底检验变量时，出现多少个结点？$B_{\min}(y_1, \ldots, y_9)$ 是什么？

154. [20] 通过比较 (104) 和 (106)，当每个州被移动时你能断定它移动了多远吗？

▶ **155.** [25] 令 f_1 是美国接壤各州的独立集函数 (105)，f_2 是对应的核函数（见 (68)）. 寻找各州的顺序 π，使得 (a) $B(f_2^\pi)$ 和 (b) $B(f_1^\pi, f_2^\pi)$ 小到你能够使它们达到的程度.（注意顺序 (110) 给出 $B(f_1^\pi) = 339$，$B(f_2^\pi) = 795$，$B(f_1^\pi, f_2^\pi) = 1129$.）

156. [30] 定理 J+ 和 J− 暗示，当我们移动变量时仅通过向上移动可以节省排序时间，不必操心向下移动. 这样我们可以取消算法 J 的步骤 J3, J5, J6 和 J7. 这是明智之举吗？

157. [M24] 证明：如果 2^m 路复用器 M_m 的 $m + 2^m$ 个变量是以 $B(M_m^\pi) > 2^{m+1} + 1$ 的任意顺序排列的，那么移动将减少 BDD 的大小.

158. [M24] 如果布尔函数 $f(x_1, \ldots, x_n)$ 对于变量 $\{x_1, \ldots, x_p\}$ 是对称的，自然希望这些变量至少依序出现在使 $B(f^\pi)$ 达到最小值的重新排序 $f^\pi(x_1, \ldots, x_n)$ 之一中. 然而，证明：如果

$$f(x_1, \ldots, x_n) = [x_1 + \cdots + x_p = \lfloor p/3 \rfloor] + [x_1 + \cdots + x_p = \lceil 2p/3 \rceil] g(x_{p+1}, \ldots, x_{p+m}),$$

其中 $p = n - m$ 且 $g(y_1, \ldots, y_m)$ 是任意非常量布尔函数，那么如果 $\{x_1, \ldots, x_p\}$ 在 π 中连续，当 $n \to \infty$ 时 $B(f^\pi) = \frac{1}{3}n^2 + O(n)$，但是如果 π 把这些变量的大约半数置于开头半数置于尾端，则 $B(f^\pi) = \frac{1}{4}n^2 + O(n)$.

159. [*20*] 约翰·康威关于生命游戏的基本规则（习题 7.1.3–167）是布尔函数 $L(x_{\mathrm{NW}}, x_{\mathrm{N}}, x_{\mathrm{NE}}, x_{\mathrm{W}}, x, x_{\mathrm{E}},$ $x_{\mathrm{SW}}, x_{\mathrm{S}}, x_{\mathrm{SE}})$. 这 9 个变量的什么顺序将使 BDD 尽可能地小？

▶ **160.** [*24*] （国际象棋生命游戏）考虑以 0 和 1 为元素的 8×8 矩阵 $X = (x_{ij})$，四周以无数的 0 镶边. 令
$L_{ij}(X) = L(x_{(i-1)(j-1)}, \ldots, x_{(i-1)j}, x_{(i-1)(j+1)}, x_{i(j-1)}, x_{ij}, \ldots, x_{i(j+1)}, x_{(i+1)(j-1)}, x_{(i+1)j}, x_{(i+1)(j+1)})$
是在位置 (i, j) 的康威基本规则. 如果每当 $i \notin [1..8]$ 或 $j \notin [1..8]$ 时 $L_{ij}(X) = 0$，称 X 是"驯化的"；否则，称 X 是"野性的"，因为它激活矩阵外面的细胞.

    (a) 在生命游戏的一个步骤中有多少驯化的形态 X 消失，使得全部 $L_{ij}(X) = 0$？

    (b) 在所有这样的解中最大权值 $\sum_{i=1}^{8} \sum_{j=1}^{8} x_{ij}$ 是什么？

    (c) 在生命游戏的一个步骤之后矩阵内部有多少野性的形态消失？

    (d) 在所有这样的解中间最小权值和最大权值是什么？

    (e) 对于 $1 \le i, j \le 8$ 有多少形态 X 使得 $L_{ij}(X) = 1$？

    (f) 考察下述模式的驯化的 8×8 前导：

(1)   (2)   (3)   (4)   (5)

（此处像在 7.1.3 节那样，黑色方格表示矩阵中的 1.）

161. [*28*] 继续习题 160，如果 X 是驯化的矩阵，满足 $L_{ij}(X) = y_{ij}$（$1 \le i, j \le 8$），记 $L(X) = Y = (y_{ij})$.

    (a) 有多少 X 满足 $L(X) = X$（"静止的生命游戏"）？

    (b) 寻找一个具有权值 35 的 8×8 的静止的生命游戏.

    (c) "触发器"是一对不同的具有 $L(X) = Y$ 且 $L(Y) = X$ 的矩阵. 计数它们.

    (d) 寻找一个 X 和 Y 都具有权值 28 的"触发器".

▶ **162.** [*30*] （笼子中的生命游戏.）如果 X 和 $L(X)$ 是驯化的但是 $L(L(X))$ 是野性的，我们说 X 在 3 步后"逃出"它的笼子. 对于 $k = 1, 2, \ldots$ 有多少 6×6 矩阵恰好在 k 步后逃出它们的 6×6 笼子？

163. [*23*] 证明单次读取函数的 BDD 的大小的公式 (112) 和 (113).

▶ **164.** [*M27*] 所有单次读取函数 $f(x_1, \ldots, x_n)$ 的 $B(f)$ 的最大值是什么？

165. [*M21*] 对 $B(u_m)$ 和 $B(v_m)$ 证实基于斐波那契的公式 (115).

166. [*M29*] 完成定理 W 的证明.

▶ **167.** [*21*] 给定任意单次读取函数 $f(x_1, \ldots, x_n)$，设计计算排列 π 的有效算法，使得 $B(f^{\pi})$ 和 $B(f^{\pi}, \bar{f}^{\pi})$ 都是最小的.

▶ **168.** [*HM40*] 考虑下述作用于序偶 $z = (x, y)$ 的二元运算：
$$z \circ z' = (x, y) \circ (x', y') = (x + x', \min(x + y', x' + y));$$
$$z \bullet z' = (x, y) \bullet (x', y') = (x + x' + \min(y, y'), \max(y, y')).$$
（这些运算是可结合的和可交换的.）令 $S_1 = \{(1, 0)\}$ 以及对于 $n > 1$
$$S_n = \bigcup_{k=1}^{n-1} \{z \circ z' \mid z \in S_k, \ z' \in S_{n-k}\} \cup \bigcup_{k=1}^{n-1} \{z \bullet z' \mid z \in S_k, \ z' \in S_{n-k}\}.$$
因此 $S_2 = \{(2, 0), (2, 1)\}$，$S_3 = \{(3, 0), (3, 1), (3, 2)\}$，$S_4 = \{(4, 0), \ldots, (4, 3), (5, 1)\}$，等等.

    (a) 证明：存在单次读取函数 $f(x_1, \ldots, x_n)$，对于它我们有 $\min_{\pi} B(f^{\pi}) = c$ 且 $\min_{\pi} B(f^{\pi}, \bar{f}^{\pi}) = c'$ 当且仅当 $(\frac{1}{2}c' - 1, c - \frac{1}{2}c' - 1) \in S_n$.

    (b) 判别真假：$0 \le y < x$ 对所有 $(x, y) \in S_n$ 成立.

    (c) 如果 $z^T = (x + y, x - y)/\sqrt{2}$，证明 $z^T \circ z'^T = (z \bullet z')^T$ 且 $z^T \bullet z'^T = (z \circ z')^T$.

    (d) 如果 β 是 (116) 中的常数，证明 $x^2 + y^2 \le n^{2\beta}$ 对于所有 $(x, y) \in S_n$ 成立. 提示：令 $|z|^2 = x^2 + y^2$，它足以证明每当 $0 \le y \le x$, $0 \le y' \le x'$, $|z| = r = (1-\delta)^{\beta}$, $|z'| = r' = (1+\delta)^{\beta}$, $0 \le \delta \le 1$ 时

$|z \bullet z'| \leq 2^\beta = \sqrt{2}\phi$. 如果再有 $y = y'$, 则 $z \bullet z'$ 处于椭圆 $(a\cos\theta + b\sin\theta, b\sin\theta)$ 内, 其中 $a = r + r'$ 且 $b = \sqrt{rr'}$.

169. [*M46*] 对于 2^{2m+1} 个变量的每个单次读取函数 f, $\min_\pi B(f^\pi) \leq B(v_{2m+1})$ 成立吗?

▶ **170.** [*M25*] 我们说一个布尔函数是"瘦的", 如果它的 BDD 以最简单的可能方式包含全部变量: 一个瘦的 BDD 对于每个变量 x_j 恰好有一个分支结点 (j), 而且对于每个分支无论 LO 还是 HI 都是汇结点.

    (a) 有多少布尔函数 $f(x_1, \ldots, x_n)$ 在这种意义下是瘦的?

    (b) 它们中有多少是单调函数?

    (c) 证明: 当 $0 < t < 2^n$ 且 t 为奇数时 $f_t(x_1, \ldots, x_n) = [(x_1 \ldots x_n)_2 \geq t]$ 是瘦的.

    (d) 在 (c) 小题中函数 f_t 的对偶是什么?

    (e) 给定 t, 说明如何求 f_t 的最短的 CNF 和 DNF 公式.

171. [*M26*] 继续习题 170, 证明一个函数是单次读取且正则的, 当且仅当它是瘦且单调的.

172. [*M28*] 有多少瘦函数 $f(x_1, \ldots, x_n)$ 也是霍恩函数? 它们中有多少具有 f 和 $\bar{f}$ 都满足霍恩条件的属性?

▶ **173.** [*HM33*] 恰好有多少布尔函数 $f(x_1, \ldots, x_n)$ 在变量的某种重新排序后的 $f(x_{1\pi}, \ldots, x_{n\pi})$ 是瘦的?

▶ **174.** [*M39*] 令 S_n 是这样的布尔函数 $f(x_1, \ldots, x_n)$ 的数目, 对于 $1 \leq j \leq n$ 它们的 BDD 在恰好一个结点标记为 (j) 的意义下是"瘦的". 证明 S_n 也是以下类型的组合对象的数目:

    (a) $2n$ 阶德拉克排列 (即: 对于 $1 \leq k \leq 2n$, 满足 $\lceil k/2 \rceil \leq p_k \leq n + \lceil k/2 \rceil$ 的排列 $p_1 p_2 \ldots p_{2n}$).

    (b) $2n + 2$ 阶杰诺其错位排列 (即这样一种排列 $q_1 q_2 \ldots q_{2n+2}$: 对于 $1 \leq k \leq 2n+2$, $q_k > k$ 当且仅当 k 是奇数, 在错位排列中还有 $q_k \neq k$).

    (c) $2n + 2$ 阶不可约迪蒙信号枪序列 (即: 对于 $1 \leq k \leq 2n+2$, 满足 $k \leq r_k \leq 2n + 2$ 的序列 $r_1 r_2 \ldots r_{2n+2}$, 并且 $\{r_1, r_2, \ldots, r_{2n+2}\} = \{2, 4, 6, \ldots, 2n, 2n + 2\}$, 对于 $1 \leq k \leq n$, 带有 $2k \in \{r_1, \ldots, r_{2k-1}\}$ 的特殊性质).

    (d) 有向图

$$
\begin{array}{cccccccccc}
 & & & & & & (7,3) & \to & (8,3) & \to \cdots \\
 & & & & & & \uparrow & & \downarrow & \\
 & & & (5,2) & \to & (6,2) & \to (7,2) & \to & (8,2) & \to \cdots \\
 & & & \uparrow & & \downarrow & \uparrow & & \downarrow & \\
(3,1) & \to & (4,1) & \to (5,1) & \to & (6,1) & \to (7,1) & \to & (8,1) & \to \cdots \\
\uparrow & & \downarrow & \uparrow & & \downarrow & \uparrow & & \downarrow & \\
(1,0) & \to & (2,0) & \to (3,0) & \to & (4,0) & \to (5,0) & \to (6,0) & \to (7,0) & \to (8,0) \to \cdots
\end{array}
$$

中从 $(1,0)$ 到 $(2n+2, 0)$ 的路径. (注意类型 (d) 的对象是很容易计数的.)

175. [*M30*] 继续习题 174, 给定分布 $(b_0, \ldots, b_{n-1}, b_n)$, 寻找一种方法枚举布尔函数, 它们的 BDD 恰好包含 b_{j-1} 个标记为 (j) 的结点.

176. [*M35*] 为了完成定理 X 的证明, 我们利用习题 6.4–78, 那道题说明当 $h_{a,b}(x) = ((ax + b) \gg (n - l)) \bmod 2^l$, $A = \{a \mid 0 < a < 2^n,\ a \text{ 是奇数} \}$, $B = \{b \mid 0 \leq b < 2^{n-l}\}$, $0 \leq l \leq n$ 时, $\{h_{a,b} \mid a \in A$ 且 $b \in B\}$ 是从 n 个二进制位的键到 l 个二进制位的键的通用散列函数族. 令 $I = \{h_{a,b}(p) \mid p \in P\}$, $J = \{h_{a,b}(q) \mid q \in Q\}$.

    (a) 证明: 如果 $2^l - 1 \leq 2^{t-1}\epsilon/(1 - \epsilon)$, 存在常数 $a \in A$ 和 $b \in B$ 满足 $|I| \geq (1 - \epsilon)2^l$ 且 $|J| \geq (1 - \epsilon)2^l$.

    (b) 给定这样的 a, 令 $J = \{j_1, \ldots, j_{|J|}\}$, 其中 $0 = j_1 < \cdots < j_{|J|}$, 并且选择 $Q' = \{q_1, \ldots, q_{|J|}\} \subseteq Q$ 使得对于 $1 \leq k \leq |J|$ 有 $h_{a,b}(q_k) = j_k$. 令 $g(q)$ 表示 aq 的中间 $l - 1$ 个二进制位, 即 $(aq \gg (n - l + 1)) \bmod 2^{l-1}$. 证明: 当 q 和 q' 是集合 $Q'' = \{q_1, q_3, \ldots, q_{2\lceil |J|/2 \rceil - 1}\}$ 的不同元素时 $g(q) \neq g(q')$.

    (c) 证明: 当 $l \geq 3$, $y = a$ 时, 以下集合 Q^* 满足条件 (120):

$$Q^* = \{q \mid q \in Q'',\ g(q) \text{ 是偶数且对某个 } p \in P \text{ 有 } g(p) + g(q) = 2^{l-1}\}.$$

    (d) 最后, 说明 $|Q^*|$ 对于证明定理 X 是足够大的.

177. [*M22*] 通过限制整个伪分布完成定理 A 的证明.

178. [*M24*] （天野一幸和丸岡章）通过利用更好的变量顺序 $Z_n(x_{2n-1}, x_1, x_3, \ldots, x_{2n-3}; x_{2n}, x_2, x_4, \ldots, x_{2n-2})$ 改进 (121) 中的常数.

179. [*M47*] 乘法的中间二进制位满足 $B_{\min}(Z_n) = \Theta(2^{6n/5})$ 吗?

180. [*M27*] 利用正文中给出的提示证明定理 Y.

181. [*M21*] 令 $L_{m,n}$ 是前导二进制位函数 $Z_{m,n}^{(m+n)}(x_1, \ldots, x_m; y_1, \ldots, y_n)$. 证明: 当 $m \le n$ 时, $B_{\min}(L_{m,n}) = O(2^m n)$.

182. [*M38*] （英戈·韦格纳）当 $n \to \infty$ 时 $B_{\min}(L_{n,n})$ 按指数增长吗?

▶ **183.** [*M25*] 对于具有无穷多布尔变量的“限制前导二进制位函数”

$$\left[(.x_1 x_3 x_5 \ldots)_2 \cdot (.x_2 x_4 x_6 \ldots)_2 \ge \tfrac{1}{2} \right],$$

画出 BDD 的前面几层. 在第 k 层有多少结点 b_k? （我们不允许 $(.x_1 x_3 x_5 \ldots)_2$ 或 $(.x_2 x_4 x_6 \ldots)_2$ 以无穷多个 1 结束. ）

184. [*M23*] 排列函数 P_m 的 BDD 和 ZDD 分布是什么?

185. [*M25*] 当 f 是 n 变量对称布尔函数时, $Z(f)$ 可能有多大? （见习题 44 . ）

186. [*10*] 什么布尔函数 $\{x_1, x_2, x_3, x_4, x_5, x_6\}$ 具有 ZDD ③ ？

▶ **187.** [*20*] 画出两个变量的所有 16 个布尔函数 $f(x_1, x_2)$ 的 ZDD.

188. [*16*] 把 16 个布尔函数 $f(x_1, x_2)$ 表示成 $\{1, 2\}$ 的子集族.

189. [*18*] 什么函数 $f(x_1, \ldots, x_n)$ 有一个 ZDD 等于它们的 BDD?

190. [*20*] 描述满足以下条件的所有函数 f: (a) $Q(f) = B(f)$; (b) $Q(f) = Z(f)$.

▶ **191.** [*HM25*] 有多少函数 $f(x_1, \ldots, x_n)$ 的 ZDD 不含 ⊥ ?

192. [*M20*] 定义二进制串的 Z 变换如下: $\epsilon^Z = \epsilon$, $0^Z = 0$, $1^Z = 1$,
$$(\alpha\beta)^Z = \begin{cases} \alpha^Z \alpha^Z, & \text{如果 } |\alpha| = n \text{ 且 } \beta = 0^n; \\ \alpha^Z 0^n, & \text{如果 } |\alpha| = n \text{ 且 } \beta = \alpha; \\ \alpha^Z \beta^Z, & \text{如果 } |\alpha| = |\beta| - 1, \text{ 或者如果 } |\alpha| = |\beta| = n \text{ 且 } \alpha \ne \beta \ne 0^n. \end{cases}$$

　　(a) 11001001000011111^Z 是什么?

　　(b) 判别真假: 对所有二进制串 τ 有 $(\tau^Z)^Z = \tau$.

　　(c) 如果 $f(x_1, \ldots, x_n)$ 是具有真值表 τ 的布尔函数, 令 $f^Z(x_1, \ldots, x_n)$ 是真值表为 τ^Z 的布尔函数. 证明 f 的分布与 f^Z 的 z 分布几乎相同, 反之亦然. （因此定理 U 适用于 BDD, 也适用于 ZDD. 而且像 (80) 那样的统计数据对于 z 分布也是正确的. ）

193. [*M21*] 继续习题 192, 当 $0 \le k \le n$ 时 $S_k^Z(x_1, \ldots, x_n)$ 是什么?

194. [*M25*] 有多少函数 $f(x_1, \ldots, x_n)$ 具有 z 分布 $(1, \ldots, 1)$? （见习题 174 . ）

195. [*24*] 找出 $Z(M_2), Z_{\min}(M_2), Z_{\max}(M_2)$, 其中 M_2 是 4 路复用器.

196. [*M21*] 寻找满足 $Z(f) = O(n)$ 且 $Z(\bar{f}) = \Omega(n^2)$ 的函数 $f(x_1, \ldots, x_n)$.

197. [*25*] 修改习题 138 的算法, 使它计算 f 的“主 z 分布图”. （然后可以像习题 133 中那样计算 $Z_{\min}(f)$ 和 $Z_{\max}(f)$. ）

▶ **198.** [*23*] 说明如何用 ZDD 而不是 BDD 计算 AND(f, g) （见 (55) ）.

199. [*21*] 类似地计算 (a) OR(f, g), (b) XOR(f, g), (c) BUTNOT(f, g).

200. [*21*] 类似地计算 ZDD 的 MUX(f, g, h) （见 (62) ）.

201. [*22*] 投影函数 x_j 各有简单的 3 结点 BDD, 但是它们的 ZDD 表示更复杂. 在通用 ZDD 工具箱中实现这些函的有效方法是什么?

202. [*24*] 当层 $u \leftrightarrow v$ 是在 ZDD 基而不是 BDD 基内进行交换时，习题 147 的就地交换算法需要做什么改变？

▶ **203.** [*M24*] （族代数）下述代数约定对于处理正整数的有限子集的有限族以及它们作为 ZDD 的表示是很有用的. 最简单的族是空族，标志为 $\emptyset$ 且表示为 $\boxed{\bot}$. 单元族 $\{\emptyset\}$ 标志为 ϵ 且表示为 $\boxed{\top}$. 对于 $j \geq 1$ 的基本族 $\{\{j\}\}$，标志为 e_j，表示为带 LO $= \boxed{\bot}$ 和 HI $= \boxed{\top}$ 的分支结点 $\boxed{j}$. （习题 186 图示 e_3 的 ZDD. ）

两个族 f 和 g 可以用通常的集合运算组合:

- 并 $f \cup g = \{\alpha \mid \alpha \in f \text{ 或 } \alpha \in g\}$ 用 $\text{OR}(f,g)$ 实现;
- 交 $f \cap g = \{\alpha \mid \alpha \in f \text{ 且 } \alpha \in g\}$ 用 $\text{AND}(f,g)$ 实现;
- 差 $f \setminus g = \{\alpha \mid \alpha \in f \text{ 且 } \alpha \notin g\}$ 用 $\text{BUTNOT}(f,g)$ 实现;
- 对称差 $f \oplus g = (f \setminus g) \cup (g \setminus f)$ 用 $\text{XOR}(f,g)$ 实现.

我们还定义 3 种新方法构造子集族:

- 联合 $f \sqcup g = \{\alpha \cup \beta \mid \alpha \in f \text{ 且 } \beta \in g\}$，有时直接写成 fg;
- 交叉 $f \sqcap g = \{\alpha \cap \beta \mid \alpha \in f \text{ 且 } \beta \in g\}$;
- 异或 $f \boxplus g = \{\alpha \oplus \beta \mid \alpha \in f \text{ 且 } \beta \in g\}$.

这 3 种运算都是可交换的和可结合的: $f \sqcup g = g \sqcup f$, $f \sqcup (g \sqcup h) = (f \sqcup g) \sqcup h$, 等等.

(a) 假定 $f = \{\emptyset, \{1,2\}, \{1,3\}\} = \epsilon \cup (e_1 \sqcup (e_2 \cup e_3))$ 且 $g = \{\{1,2\}, \{3\}\} = (e_1 \sqcup e_2) \cup e_3$. $f \sqcup g$ 和 $(f \sqcap g) \setminus (f \boxplus e_1)$ 是什么？

(b) 还可以把任何族 f 看成布尔函数 $f(x_1, x_2, \dots)$, 其中 $\alpha \in f \iff f([1 \in \alpha], [2 \in \alpha], \dots) = 1$. 用布尔逻辑公式描述 $\sqcup, \sqcap, \boxplus$ 运算.

(c) 以下哪些公式对于所有族 f, g, h 成立？ (i) $f \sqcup (g \cup h) = (f \sqcup g) \cup (f \sqcup h)$; (ii) $f \sqcap (g \cup h) = (f \sqcap g) \cup (f \sqcap h)$; (iii) $f \sqcup (g \sqcap h) = (f \sqcup g) \sqcap (f \sqcup h)$; (iv) $f \cup (g \sqcup h) = (f \cup g) \sqcup (f \cup h)$; (v) $f \boxplus \emptyset = \emptyset \sqcap g = h \sqcup \emptyset$; (vi) $f \sqcap \epsilon = \epsilon$.

(d) 如果 $\alpha \cap \beta = \emptyset$ 对于所有 $\alpha \in f$ 和 $\beta \in g$ 成立，我们说 f 和 g 是正交的，记为 $f \perp g$. 以下哪些命题对于所有族 f 和 g 为真？ (i) $f \perp g \iff f \sqcap g = \epsilon$; (ii) $f \perp g \implies |f \sqcup g| = |f||g|$; (iii) $|f \sqcup g| = |f||g| \implies f \perp g$; (iv) $f \perp g \iff f \sqcup g = f \boxplus g$.

(e) 描述对于以下命题成立的所有族 f: (i) $f \cup g = g$ 对于所有 g; (ii) $f \sqcup g = g$ 对于所有 g; (iii) $f \sqcap g = g$ 对于所有 g; (iv) $f \sqcup (e_1 e_2) = f$; (v) $f \sqcup (e_1 \cup e_2) = f$; (vi) $f \boxplus ((e_1 \sqcup e_2) \cup e_3) = f$; (vii) $f \boxplus f = \epsilon$; (viii) $f \sqcap f = f$.

▶ **204.** [*M25*] 继续习题 203，两个进一步的运算也是重要的:

- 商 $f/g = \{\alpha \mid \alpha \cup \beta \in f \text{ 且 } \alpha \cap \beta = \emptyset$, 对于所有 $\beta \in g\}$.
- 余数 $f \bmod g = f \setminus (g \sqcup (f/g))$.

商有时也称为 f 关于 g 的 "余子式".

(a) 证明 $f/(g \cup h) = (f/g) \cap (f/h)$.

(b) 假定 $f = \{\{1,2\}, \{1,3\}, \{2\}, \{3\}, \{4\}\}$. f/e_2 和 $f/(f/e_2)$ 是什么？

(c) 对于任意 f 和 g, 简化表达式 $f/\emptyset, f/\epsilon, f/f, (f \bmod g)/g$.

(d) 证明 $f/g = f/(f/(f/g))$. 提示: 从关系 $g \subseteq f/(f/g)$ 开始.

(e) 证明也可以把 f/g 定义为 $\bigcup \{h \mid g \sqcup h \subseteq f \text{ 且 } g \perp h\}$.

(f) 给定 f 和 j, 证明 f 具有满足 $e_j \perp (g \cup h)$ 的唯一的表达式 $(e_j \sqcup g) \cup h$.

(g) 判别真假: $(f \sqcup g) \bmod e_j = (f \bmod e_j) \sqcup (g \bmod e_j)$; $(f \sqcap g)/e_j = (f/e_j) \sqcap (g/e_j)$.

205. [*M25*] 利用习题 198 的约定，实现族代数的五种基本运算，即 (a) $f \sqcup g$, (b) $f \sqcap g$, (c) $f \boxplus g$, (d) f/g, (e) $f \bmod g$.

206. [*M46*] 习题 205 中的算法在最坏情况下的运行时间是什么？

▶ **207.** [*M25*] 像习题 201 那样，当应用中需要一个或多个投影函数 x_j 时，下述"对称化"运算是很方便的：

$$(e_{i_1} \cup e_{i_2} \cup \cdots \cup e_{i_l}) \S k = S_k(x_{i_1}, x_{i_2}, \ldots, x_{i_l}), \qquad 整数\ k \geq 0.$$

例如，$e_j \S 1 = x_j$；$e_j \S 0 = \bar{x}_j$；$(e_i \cup e_j) \S 1 = x_i \oplus x_j$；$(e_2 \cup e_3 \cup e_5) \S 2 = (x_2 \wedge x_3 \wedge \bar{x}_5) \vee (x_2 \wedge \bar{x}_3 \wedge x_5) \vee (\bar{x}_2 \wedge x_3 \wedge x_5)$. 说明这个运算是容易实现的. （注意：当 $l > 0$ 时，$e_{i_1} \cup \cdots \cup e_{i_l}$ 有一个大小为 $l+2$ 的非常简单的 ZDD.）

▶ **208.** [*16*] 通过修改算法 C，说明当给出布尔函数的 ZDD 而不是 BDD 时，它的所有解可能是容易计数的.

209. [*M21*] 说明如何从布尔函数的 ZDD 表示计算它的完全详尽的真值表. （见习题 31.）

▶ **210.** [*23*] 给出 f 的 ZDD，说明如何构造以下函数的 ZDD：

$$g(x) = [f(x) = 1\ 且\ \nu x = \max\{\nu y \mid f(y) = 1\}].$$

211. [*M20*] 当 f 描述恰当覆盖问题的解时 $Z(f) \leq B(f)$ 成立吗？

▶ **212.** [*25*] 计算恰当覆盖问题的 ZDD 的有效途径是什么？

213. [*16*] 残缺棋盘为什么不能用多米诺骨牌完全覆盖？

▶ **214.** [*21*] 用多米诺骨牌覆盖某个图形时，如果通过图形内部的每条直线也通过某块骨牌的内部，我们说覆盖是无故障的. 例如，(127) 中右端的覆盖是无故障的，但是中间的覆盖不是，左端的覆盖带有许多故障. 国际象棋棋盘上有多少多米诺骨牌覆盖是无故障的？

215. [*21*] 日本的榻榻米草垫是 1×2 的矩形垫席，传统上用于覆盖长方形的地板，采用不致出现四块垫席在任何一个角相遇的方式. 例如，图 29(a) 显示了一幅 6×5 的图案，它出自 Mitsuyoshi Yoshida's *Jinkōki* 一书[①]的 1641 年版，该书于 1627 年首次出版.

寻找国际象棋棋盘的所有这样的多米诺骨牌覆盖，它们同时也是榻榻米平铺.

图 29 两个好例子：
(a) 17 世纪的榻榻米平铺
(b) 三色多米诺骨牌覆盖

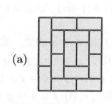
(a)

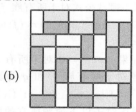
(b)

▶ **216.** [*30*] 图 29(b) 显示用三色多米诺骨牌覆盖的国际象棋棋盘，其中没有两张相同颜色的骨牌是彼此相邻的.

(a) 有多少方式可以实现这种覆盖？

(b) 在 12 988 816 种多米诺骨牌覆盖中有多少是 3 可着色的？

217. [*29*] 在 (130) 中说明的单米诺骨牌、多米诺骨牌和三米诺骨牌覆盖中增加一个附加的约束条件：没有两个全black块是相邻的. 在正文提到的 92×10^{21} 个覆盖中有多少在这个意义下是"分离的"？

▶ **218.** [*24*] 应用 BDD 和 ZDD 技术解决本章开头讨论的兰福德配对排列问题.

219. [*20*] 当 F 是以下族时，$Z(F)$ 是什么？(a) WORDS(1000)；...；(e) WORDS(5000).

▶ **220.** [*21*] 正如在 (131) 中所讨论的那样，用 130 个变量 $a_1 .. z_5$ 表示的 5757 个 SGB 单词的 z 分布是 $(1, 1, 1, \ldots, 1, 1, 1, 23, 3, \ldots, 6, 2, 0, 3, 2, 1, 1, 2)$.

(a) 解释对应于变量 a_2 和 b_2 的条目 23 和 3.

(b) 解释对应于变量 v_5, w_5, x_5 等的最后的条目 0, 3, 2, 1, 1, 2.

▶ **221.** [*M27*] 由于特殊的语言特性，用 130 个变量表示英文中最常用的 5757 个五字母单词仅需 5020 个结点. 但是，存在 $26^5 = 11\,881\,376$ 个可能的五字母单词. 假定我们随机选择它们中的 5757 个，ZDD 平均会有多大？

---

① 这是日本江户时代的一本算术教科书. ——译者注

▶ **222.** [*27*] 当把族代数像 (131) 中那样应用到五字母单词时，把 130 个变量称为 $a_1, b_1, \ldots, z_5$ 而不是 x_1, $x_2, \ldots, x_{130}$. 同时对应的基本族用符号 $\mathbf{a}_1, \mathbf{b}_1, \ldots, \mathbf{z}_5$ 而不是 $e_1, e_2, \ldots, e_{130}$ 表示. 因此通过综合公式

$$F = (\mathbf{w}_1 \sqcup \mathbf{h}_2 \sqcup \mathbf{i}_3 \sqcup \mathbf{c}_4 \sqcup \mathbf{h}_5) \cup \cdots \cup (\mathbf{f}_1 \sqcup \mathbf{u}_2 \sqcup \mathbf{n}_3 \sqcup \mathbf{n}_4 \sqcup \mathbf{y}_5) \cup \cdots \cup (\mathbf{p}_1 \sqcup \mathbf{u}_2 \sqcup \mathbf{p}_3 \sqcup \mathbf{a}_4 \sqcup \mathbf{l}_5)$$

可以构造族 $F = \mathtt{WORDS}(5757)$.

　　(a) 令 $\wp$ 表示 $\{a_1, \ldots, z_5\}$ 的全部子集的全域族，也称为 "幂集". 公式 $F \sqcap \wp$ 意味着什么？

　　(b) 令 $X = X_1 \sqcup \cdots \sqcup X_5$, 其中 $X_j = \{\mathbf{a}_j, \mathbf{b}_j, \ldots, \mathbf{z}_j\}$. 解释公式 $F \sqcap X$.

　　(c) 对于与模式 t*u*h 匹配的所有 F 的单词求一个简单公式.

　　(d) 对于恰好包含 k ($0 \le k \le 5$) 个元音的所有 SGB 单词求一个简单公式 (仅把 a, e, i, o, u 当作元音). 令 $V_j = \mathbf{a}_j \cup \mathbf{e}_j \cup \mathbf{i}_j \cup \mathbf{o}_j \cup \mathbf{u}_j$.

　　(e) 在恰好指定 3 个字母的模式中，多少模式至少是与一个 SGB 单词匹配的？（例如，m*tc* 是这样一个模式.）给出一个公式.

　　(f) 在这些模式中，多少模式至少是匹配两次的（例如，*atc*）？

　　(g) 当把 b 改成 o 时，表示所有剩下的单词.

　　(h) 公式 F/V_2 的意义是什么？

　　(i) 比较 $(X_1 \sqcup V_2 \sqcup V_3 \sqcup V_4 \sqcup X_5) \cap F$ 与 $(X_1 \sqcup X_5) \setminus ((\wp \setminus F)/(V_2 \sqcup V_3 \sqcup V_4))$.

223. [*28*] "中位数单词" 是五字母单词 $\mu = \mu_1 \ldots \mu_5$, 它可以从 3 个单词 $\alpha = \alpha_1 \ldots \alpha_5$, $\beta = \beta_1 \ldots \beta_5$, $\gamma = \gamma_1 \ldots \gamma_5$ 通过规则 $[\alpha_i = \mu_i] + [\beta_i = \mu_i] + [\gamma_i = \mu_i] = 2$ ($1 \le i \le 5$) 获得. 例如, mixed 是单词集 {fixed, mixer, mound} 的中位数, 也是 {mated, mixup, nixed} 的中位数. 但是 noted 不是 {notes, voted, naked} 的中位数, 因为这些单词的位置 4 都是 e.

　　(a) 证明: 当 μ 是 $\{\alpha, \beta, \gamma\}$ 的中位数时, $\{d(\alpha, \mu), d(\beta, \mu), d(\gamma, \mu)\}$ 或者是 $\{1, 1, 3\}$ 或者是 $\{1, 2, 2\}$. (此处 d 表示汉明距离.)

　　(b) 当 $n = 100$ 或 1000 或 5757 时, 从 $\mathtt{WORDS}(n)$ 可以获得多少中位数单词？

　　(c) 当 $m = 100$ 或 1000 或 5757 时, 这些中位数单词中多少属于 $\mathtt{WORDS}(m)$？

▶ **224.** [*20*] 像图 28 中那样, 假定当 dag (有向无圈图) 恰好是一片森林时, 我们建立 dag 中从源顶点到汇顶点的所有路径的 ZDD. 就是说, 假定 dag 的每个非源顶点有入度 1. 证明对应的 ZDD 实际上与按 "森林与二叉树之间的自然对应" 表示森林的二叉树是相同的, 相当于从 2.3.2-(1) 到 2.3.2-(3).

▶ **225.** [*30*] 给定一个图和图的两个不同顶点 $\{s, t\}$, 对于构成从 s 到 t 的一条简单路径的所有边集, 设计产生 ZDD 的算法 SIMPATH.

▶ **226.** [*20*] 修改习题 225 的算法, 使之对于给定图中的所有简单圈产生 ZDD.

227. [*20*] 类似地修改该算法, 使之仅考虑从 s 到 t 的哈密顿路径.

228. [*21*] 再次修改该算法, 针对从 s 到其他任何顶点的哈密顿路径.

229. [*15*] 在图 (18) 中有 587 218 421 488 条从 CA 到 ME 的路径, 但是在图 (133) 中只有 437 525 772 584 条这样的路径. 说明差异.

230. [*25*] 寻找 (123) 的具有最小和最大总长度的哈密顿路径. 如果所有哈密顿路径是等可能的, 平均长度是多少？

231. [*23*] 王从国际象棋棋盘的一角到对角的移动可能有多少条不占据同一格子两次的路径？（这些路径是图 $P_8 \boxtimes P_8$ 的角到角的简单路径.）

▶ **232.** [*23*] 继续习题 231, 国际象棋棋盘的王的漫游是 $P_8 \boxtimes P_8$ 的有向哈密顿圈. 确定王的漫游的确切数目. 王按照欧几里得距离移动的可能的最长漫游是什么？

▶ **233.** [*25*] 设计一个算法, 对于给定有向图的所有定向圈的族建立 ZDD. (见习题 226.)

234. [*22*] 把习题 233 的算法应用到 (18) 的 49 个邮政编码 AL, AR, ..., WY 上具有如习题 7-54(b) 的 $\mathtt{XY} \to \mathtt{YZ}$ 的有向图. 例如, 一个这样的定向圈是 NC → CT → TN → NC. 有多少可能的定向圈？最小圈和最大圈的长度是什么？

235. [*22*] 通过下述方式建立英文 5 单词集上的有向图: 当 x 的后 3 个字母同 y 的头 3 个字母一致 (例如 crown → owner) 时就说 x → y. 这个有向图有多少个定向圈? 最长的和最短的定向圈是什么?

▶ **236.** [*M25*] 当把 ZDD 应用到组合问题时, 对习题 203 的族代数的很多扩充就浮现出来, 包括以下 5 种集族上的运算:

- 极大元素集 $f^\uparrow = \{\alpha \in f \mid \beta \in f \text{ 且 } \alpha \subseteq \beta \text{ 蕴涵 } \alpha = \beta\}$;
- 极小元素集 $f^\downarrow = \{\alpha \in f \mid \beta \in f \text{ 且 } \alpha \supseteq \beta \text{ 蕴涵 } \alpha = \beta\}$;
- 非子集 $f \nearrow g = \{\alpha \in f \mid \beta \in g \text{ 蕴涵 } \alpha \nsubseteq \beta\}$;
- 非超集 $f \searrow g = \{\alpha \in f \mid \beta \in g \text{ 蕴涵 } \alpha \nsupseteq \beta\}$;
- 极小命中集 $f^\# = \{\alpha \mid \beta \in f \text{ 蕴涵 } \alpha \cap \beta \neq \emptyset\}^\downarrow$.

例如, 当 f 和 g 是习题 203(a) 中的集族时, 我们有 $f^\uparrow = e_1 \sqcup (e_2 \cup e_3)$, $f^\downarrow = \epsilon$, $f^\# = \emptyset$, $g^\uparrow = g^\downarrow = g$, $g^\# = (e_1 \cup e_2) \sqcup e_3$, $f \nearrow g = e_1 \sqcup e_3$, $f \searrow g = \epsilon$, $g \nearrow f = g \searrow f = \emptyset$.

(a) 证明 $f \nearrow g = f \setminus (f \sqcap g)$, 并且对 $f \searrow g$ 给出类似的公式.

(b) 令 $f^C = \{\overline{\alpha} \mid \alpha \in f\} = f \boxplus U$, 其中 $U = e_1 \sqcup e_2 \sqcup \cdots$ 是 "全集". 显然 $f^{CC} = f$, $(f \cup g)^C = f^C \cup g^C$, $(f \cap g)^C = f^C \cap g^C$, $(f \setminus g)^C = f^C \setminus g^C$. 证明我们还有对偶定律 $f^{\uparrow C} = f^{C\downarrow}$, $f^{\downarrow C} = f^{C\uparrow}$; $(f \sqcup g)^C = f^C \sqcap g^C$, $(f \sqcap g)^C = f^C \sqcup g^C$; $(f \nearrow g)^C = f^C \searrow g^C$, $(f \searrow g)^C = f^C \nearrow g^C$; $f^\# = (\wp \nearrow f^C)^\downarrow$.

(c) 判别真假: (i) $x_1^\downarrow = e_1$; (ii) $x_1^\uparrow = e_1$; (iii) $x_1^\# = e_1$; (iv) $(x_1 \vee x_2)^\downarrow = e_1 \cup e_2$; (v) $(x_1 \wedge x_2)^\downarrow = e_1 \sqcup e_2$.

(d) 以下哪些公式对于所有集族 f, g, h 成立? (i) $f^{\uparrow\uparrow} = f^\uparrow$; (ii) $f^{\uparrow\downarrow} = f^\downarrow$; (iii) $f^{\uparrow\downarrow} = f^\uparrow$; (iv) $f^{\downarrow\uparrow} = f^\downarrow$; (v) $f^{\#\downarrow} = f^\#$; (vi) $f^{\#\uparrow} = f^\#$; (vii) $f^{\downarrow\#} = f^\#$; (viii) $f^{\uparrow\#} = f^\#$; (ix) $f^{\#\#} = f^\#$; (x) $f \nearrow (g \cup h) = (f \nearrow g) \cap (f \nearrow h)$; (xi) $f \searrow (g \cup h) = (f \searrow g) \cap (f \searrow h)$; (xii) $f \searrow (g \cup h) = (f \searrow g) \searrow h$; (xiii) $f \nearrow g^\uparrow = f \nearrow g$; (xiv) $f \searrow g^\uparrow = f \searrow g$; (xv) $(f \sqcup g)^\# = (f^\# \cup g^\#)^\downarrow$; (xvi) $(f \cup g)^\# = (f^\# \sqcup g^\#)^\downarrow$.

(e) 假定 $g = \bigcup_{u \text{—} v} (e_u \sqcup e_v)$ 是图中所有边的族, 并且令 f 是所有独立集的族. 利用扩充的族代数的运算求两个简单公式: (i) 用 g 表示 f; (ii) 用 f 表示 g.

237. [*25*] 按习题 205 的方式实现习题 236 的 5 种运算.

▶ **238.** [*22*] 利用 ZDD 计算 (18) 中美国接壤各州的图 G 的极大诱导二部图, 即使得 $G \mid U$ 没有奇数长度的圈的极大子集 U. 存在多少个这样的集合 U? 给出最小和最大集合的例子. 此外考虑极大诱导三部 (3 可着色的) 子图.

▶ **239.** [*21*] 当图 G 是像习题 236(e) 中那样用它的边集 g 指定时, 说明如何利用族代数计算 G 的极大团. 当 G 是图 (18) 时, 对于 $k = 1, 2, \ldots$, 找出可以被 k 个团覆盖的极大顶点集.

▶ **240.** [*22*] 顶点的一个集合 U 称为图的控制集, 如果每个顶点最多离开 U 一步.

(a) 证明图的每个核都是极小控制集.

(b) 美国接壤各州的图 (18) 有多少个极小控制集?

(c) 寻找图 (18) 的 7 个顶点, 它们控制其他 36 个顶点.

▶ **241.** [*28*] 国际象棋棋盘的皇后图 Q_8 包含 64 个方格, 以及当方格 u 和 v 位于同一行、同一列或同一条对角线时的边 u — v. 它的以下 ZDD 有多大? (a) 核; (b) 极大团; (c) 极小控制集; (d) 同时是团的极小控制集; (e) 极大诱导二部子图.

通过展示最小的和最大的例子说明这 5 类结构中的每一种结构.

242. [*24*] 找出在 8×8 网格上选择点的所有最大方法, 使得没有任何三点位于任意斜率的直线上.

243. [*M23*] 集族 f 的闭包 $f^\cap$ 是所有可以通过 f 的一个或多个成员相交得到的所有集合的族.

(a) 证明 $f^\cap = \{\alpha \mid \alpha = \bigcap\{\beta \mid \beta \in f \text{ 且 } \beta \supseteq \alpha\}\}$.

(b) 给定 f 的 ZDD, 计算 $f^\cap$ 的有效方法是什么?

(c) 当像习题 222 中那样 $F = \text{WORDS}(5757)$ 时求 $F^\cap$ 的生成函数.

244. [25] 对于 $P_3 \square P_3$（图 22）的连通性函数，ZDD 是什么？对于同一个图的生成树函数，它的 BDD 是什么？（见推论 S.）

▶ **245.** [M22] 证明单调函数 f 的素子句是 $\text{PI}(f)^{\sharp}$.

246. [M21] 假定 (137) 为真，证明定理 S.

▶ **247.** [M27] 对于 $n \leq 7$ 确定 n 个变量的纯净布尔函数的数目.

248. [M22] 判别真假：如果 f 和 g 是纯净的，则 $f(x_1, \ldots, x_n) \wedge g(x_1, \ldots, x_n)$ 也是纯净的.

249. [HM31] 图的连通性函数在其变量的所有排列都是纯净的意义下是"超纯净的". 存在某种描述超纯净布尔函数的好方法吗？

250. [28] 有 7581 个单调布尔函数 $f(x_1, x_2, x_3, x_4, x_5)$. 当随机选择它们中的一个时，$B(f)$ 和 $Z(\text{PI}(f))$ 的平均值是什么？$Z(\text{PI}(f)) > B(f)$ 的概率是什么？$Z(\text{PI}(f))/B(f)$ 的最大值是什么？

251. [M46] $Z(\text{PI}(f)) = O(B(f))$ 对于所有单调布尔函数 f 成立吗？

252. [M30] 当布尔函数不是单调的时，它的素蕴涵元包含负的字面值. 例如，$(x_1? \ x_2: x_3)$ 的素蕴涵元是 $x_1 \wedge x_2$, $\bar{x}_1 \wedge x_3$, $x_2 \wedge x_3$. 在这种情况下，如果把它们看成 $2n$ 个字母的字母表 $\{e_1, e_1', \ldots, e_n, e_n'\}$ 的单词，就可以用 ZDD 方便地表示它们. 于是像 01*0* 这样的"子立方"是族代数中的 $e_1' \sqcup e_2 \sqcup e_4'$（见 7.1.1–(29)）. 并且 $\text{PI}(x_1? \ x_2: x_3) = (e_1 \sqcup e_2) \cup (e_1' \sqcup e_3) \cup (e_2 \sqcup e_3)$.

习题 7.1.1–116 证明 n 变量对称函数可能有 $\Omega(3^n/n)$ 个素蕴涵元. 当 f 是对称函数时 $Z(\text{PI}(f))$ 可能有多大？

▶ **253.** [M26] 继续习题 252，证明：如果 $f = (\bar{x}_1 \wedge f_0) \vee (x_1 \wedge f_1)$ 我们有 $\text{PI}(f) = A \cup (e_1' \sqcup B) \cup (e_1 \sqcup C)$，其中 $A = \text{PI}(f_0 \wedge f_1)$, $B = \text{PI}(f_0) \setminus A$, $C = \text{PI}(f_1) \setminus A$. （等式 (137) 是当 f 为单调函数时的特例.）

▶ **254.** [M23] 令 (52) 中的函数 f 和 g 是单调函数，并且 $f \subseteq g$. 证明

$$\text{PI}(g) \setminus \text{PI}(f) = (\text{PI}(g_l) \setminus \text{PI}(f_l)) \cup (\text{PI}(g_h) \setminus \text{PI}(f_h \cup g_l)).$$

▶ **255.** [25] 集合的多重族（其中 f 的成员允许出现一次以上）可以表示成 $(f_0, f_1, f_2, \ldots)$ 的 ZDD 的序列，序列中的 f_k 是在 f 中出现 $(\ldots a_2 a_1 a_0)_2$ 次的集合族，它们出现在其中 $a_k = 1$ 的地方. 例如，如果 α 在多重族中刚好出现 $9 = (1001)_2$ 次，那么 α 在 f_3 和 f_0 中.

(a) 说明怎样从多重族的这种表示中插入和删除项目.

(b) 对于多重族实现多重并运算 $h = f \uplus g$.

256. [M32] 任何非负整数 x 可以用下述方式表示成二进制幂集 $U = \{2^{2^k} \mid k \geq 0\} = \{2^1, 2^2, 2^4, 2^8, \ldots\}$ 的子集族：如果 $x = 2^{e_1} + \cdots + 2^{e_t}$，其中 $e_1 > \cdots > e_t \geq 0$ 且 $t \geq 0$，则对应的族具有 t 个集合 $E_j \subseteq U$，其中 $2^{e_j} = \prod\{u \mid u \in E_j\}$. 反之，$U$ 的有限子集的每个有限族按这种方式对应于一个非负整数 x. 例如，数 $41 = 2^5 + 2^3 + 1$ 对应于族 $\{\{2^1, 2^4\}, \{2^1, 2^2\}, \emptyset\}$.

(a) 在 x 的二进制表示与同 x 的族对应的布尔函数的真值表之间，寻找一种简单的联系.

(b) 当按逆序 $\ldots, 2^4, 2^2, 2^1$ 检验 U 的元素（最高指数离根最近）时，令 $Z(x)$ 是表示 x 的族的 ZDD 的大小. 例如 $Z(41) = 5$. 证明 $Z(x) = O(\log x / \log \log x)$.

(c) 如果 $Z(x)$ 远远小于 (b) 中的上界，则称整数 x 是"稀疏的". 证明稀疏整数的和在 $Z(x+y) = O(Z(x)Z(y))$ 的意义下是稀疏的.

(d) 稀疏整数的饱和差 $x \mathbin{\dot-} y$ 总是稀疏的吗？

(e) 稀疏整数的积总是稀疏的吗？

257. [40] （凑真一）考察使用 ZDD 表示非负整系数的多项式. 提示：可以把这种 x, y, z 的任意多项式看成 $\{2, 2^2, 2^4, \ldots, x, x^2, x^4, \ldots, y, y^2, y^4, \ldots, z, z^2, z^4, \ldots\}$ 的子集的族. 例如，$x^3 + 3xy + 2z$ 自然对应于族 $\{\{x, x^2\}, \{x, y\}, \{2, x, y\}, \{2, z\}\}$.

▶ **258.** [25] 给定正整数 n，恰好具有 n 个解的 BDD 的最小大小是什么？也对 ZDD 的最小大小回答这个问题.

▶ **259.** [25] 括号序列可以通过用 0 表示 "（"用 1 表示 "）"编码成二进制串. 例如，()()(()的编码是 011001.

每片 n 个结点的森林对应于 $2n$ 个括号的序列，它们在左括号与右括号按正常方式匹配的意义下是完全嵌套的.（例如，见 2.3.3–(1) 或 7.2.1.6–(1).）令

$$N_n(x_1,\ldots,x_{2n}) = [x_1\ldots x_{2n} \text{ 表示完全嵌套的括号}].$$

例如，$N_3(0,1,1,0,0,1) = 0$ 且 $N_3(0,0,1,0,1,1) = 1$. 一般说来，N_n 有 $C_n \approx 4^n/(\sqrt{\pi}\, n^{3/2})$ 个解，其中 C_n 是卡塔兰数. $B(N_n)$ 和 $Z(N_n)$ 是什么？

▶ **260.** [M27] 我们将在 7.2.1.5 节看到，$\{1,\ldots,n\}$ 分成不相交子集的分拆对应于 "限制增长的串" $a_1\ldots a_n$，它是以下非负整数的序列

$$a_1 = 0, \quad \text{对于 } 1 \le j < n \text{ 有 } \quad a_{j+1} \le 1 + \max(a_1,\ldots,a_j).$$

分拆的元素 j 和 k 属于同一个子集，当且仅当 $a_j = a_k$.

(a) 令 $x_{j,k} = [a_j = k]$（$0 \le k < j \le n$），并且令 R_n 是这 $\binom{n+1}{2}$ 个变量的函数，它为真当且仅当 $a_1\ldots a_n$ 是限制增长的串.（通过研究这个布尔函数，我们可以研究所有的集合分拆族，并且通过对 R_n 设置进一步的限制，可以研究带有特殊性质的集合分拆. 当 $n = 100$ 时存在 $\varpi_{100} \approx 5 \times 10^{115}$ 个集合分拆.）计算 $B(R_{100})$ 和 $Z(R_{100})$. 当 $n \to \infty$ 时 $B(R_n)$ 和 $Z(R_n)$ 近似有多大？

(b) 证明：对于变量 $x_{j,k}$ 适当的顺序，$\{R_1,\ldots,R_n\}$ 的 BDD 基与单独 R_n 的 BDD 有同样的结点数目.

(c) 如果把每个 a_k 表示成 $\lceil \lg k \rceil$ 位的二进制整数，我们还可以用近似为 $n \lg n$ 而不是 $\binom{n+1}{2}$ 的更少变量. 在集合分拆的这种表示下 BDD 基和 ZDD 基有多大？

261. [HM21] "接受任何给定正则语言的具有最少状态的确定性有限状态自动机是唯一的." 自动机理论的这个著名定理与二元决策图理论之间的联系是什么？

262. [M26] 通过限制考虑在 $f(0,\ldots,0) = 0$ 的意义下是正规的布尔函数，7.1.2 节中最优布尔链的确定得到非常大的加速.（见 7.1.2–(10).）同样我们也可以限制 BDD，使它们的每个结点表示正规函数.

(a) 说明怎样通过引进 "补链" 做这件事，补链指向子函数的补而不是子函数本身.

(b) 证明每个布尔函数具有唯一的正规化 BDD.

(c) 画出习题 1 中的 16 个函数的正规化 BDD.

(d) 令 $B^0(f)$ 是 f 的正规化 BDD 的大小. 找出 $B^0(f)$ 的平均情况和最坏情况，并且比较 $B^0(f)$ 和 $B(f)$.（见 (80) 和定理 U.）

(e) (58) 中的 3×3 乘法的 BDD 基有 $B(F_1,\ldots,F_6) = 52$ 个结点. $B^0(F_1,\ldots,F_6)$ 是什么？

(f) 当用补链实现 AND 时，如何修改 (54) 和 (55)？

263. [HM25] 线性分组码是使得 $Hx = 0$ 的二进制列向量 $x = (x_1,\ldots,x_n)^T$ 的集合，其中 H 是给定的 $m \times n$ "奇偶检验矩阵".

(a) $n = 2^m - 1$ 的线性分组码称为汉明码，如果它的列是从 $(0,\ldots,0,1)^T$ 到 $(1,\ldots,1,1)^T$ 的非零二进制 m 元组. 证明汉明码在习题 7–23 的意义下是 1-纠错码.

(b) 令 $f(x) = [Hx = 0]$，其中 H 是不含全零列的 $m \times n$ 矩阵. 证明 f 的 BDD 分布与 $H \bmod 2$ 的子矩阵的秩之间存在一种简单关系，并且计算汉明码的 $B(f)$.

(c) 通常我们可以令 $f(x) = [x$ 是一个码字] 定义任意的分组码. 假定某个码字 $x = x_1\ldots x_n$ 已经通过可能有噪声的信道传输，而且我们已经接收到位组 $y = y_1\ldots y_n$，其中信道对于每个 k 以概率 p_k 独立地传送 $y_k = x_k$. 当给出 $y, p_1,\ldots,p_n$ 时，说明如何确定最可能的码字 x 以及 f 的 BDD.

264. [M46] 正文中算法 B 和算法 C 基于 (22) 的 "全面推广" 包含很多重要的应用. 但是看来没有包括像

$$\max_{f(x)=1}\left(\sum_{k=1}^{n} w_k x_k + \sum_{k=1}^{n-1} w'_k x_k x_{k+1}\right) \quad \text{或} \quad \max_{f(x)=1}\sum_{j=0}^{n-1}\left(w_j \sum_{k=1}^{n-j} x_k\ldots x_{k+j}\right)$$

的量，它们也可以从 f 的 BDD 或 ZDD 有效地计算.

　　拓展一个甚至更为全面的推广.

▶ **265.** [*21*] 给定 m 以及 n 变量布尔函数 f 的 BDD，设计一个算法，求 $f(x) = 1$ 在字典序下的第 m 小的解 $x_1 \ldots x_n$. 你的算法应执行 $O(nB(f) + n^2)$ 步.

▶ **266.** [*20*] 每一片结点按前序编号为 $\{1, \ldots, n\}$ 的森林 F 定义两个集合族

$$a(F) = \{\text{anc}(1), \ldots, \text{anc}(n)\} \quad \text{和} \quad d(F) = \{\text{dec}(1), \ldots, \text{dec}(n)\},$$

其中 anc(k) 和 dec(k) 是结点 k 的包含自身的先辈和子孙. 例如，如果 F 是

那么 $a(F) = \{\{1\}, \{1,2\}, \{3\}, \{3,4\}, \{3,5\}\}$ 且 $d(F) = \{\{1,2\}, \{2\}, \{3,4,5\}, \{4\}, \{5\}\}$. 反之，可以从 $a(F)$ 或 $d(F)$ 重新构造 F.

　　证明：族 $a(F)$ 的 ZDD 恰好有 $n + 2$ 个结点.

267. [*HM32*] 继续习题 266，当 F 涉及 n 个结点上的所有森林时，寻找族 $d(F)$ 的 ZDD 的大小的最小值、最大值和平均值.

> 我们未敢把这本书写得非常长，
> 以免它超出应有的篇幅，
> 而被那些以厚薄取书的人拒之门外.
> ——阿尔弗里克，《天主教的布道 II》（c. 1000）

> 有一千人在砍伐祸害的枝蔓，
> 而一人在铲除罪恶的根基.
> ——亨利·梭罗，《瓦尔登湖》（1854）

7.2　生成所有可能的组合对象

长官，如数到齐．（All present or accounted for, sir.）

——美国传统军事用语

长官，如数到齐．（All present and correct, sir.）

——英国传统军事用语

7.2.1　生成基本组合模式

在这一节中，我们的目标是探讨遍历某些组合世界内所有可能性的方法，因为我们经常面对这样的问题，其中必须或者希望彻底考察所有事例．例如，我们可能需要考察某个给定集合的所有排列．

某些作者把这种要求称为枚举所有可能性的任务．不过这不是十分恰当的词语，因为"枚举"最常指的是我们只要求计算总事例数，而不是真正要求考察全部事例．如果有人要你枚举 $\{1, 2, 3\}$ 的排列，你完全有理由以答案 $3! = 6$ 作答，无须给出更完备的答案 $\{123, 132, 213, 231, 312, 321\}$．

另外一些作者说这是列出所有可能性，这同样不是非常贴切的词语．不明白的人会理解为列出 $\{0, 1, 2, 3, 4, 5, 6, 7, 8, 9\}$ 的 $10! = 3\,628\,800$ 种排列，把它们打印在数以千计的纸面上，而不是把它们全部写入一个计算机文件．其实我们真正需要的是暂时把它们存入某种数据结构，这样可以用一个程序逐一检查每个排列．

所以我们将谈及生成我们需要的所有组合对象，并且依次访问每个对象．正如我们在2.3.1 节讨论关于树遍历的算法，那时的目标是访问一棵树的每个结点，现在我们转向系统地遍历可能性的一个组合空间的算法．

他已把他们写入名册——

他已把他们写入名册，

因此他们中不会有人被忘却——

他们中不会有人被忘却．

——威廉·吉尔伯特，《日本天皇》[1]（1885）

7.2.1.1　生成所有 n 元组． 让我们从小的事例开始，考虑如何遍历包含 n 个二进制数字的所有 2^n 个位串．相当于我们要访问所有 n 元组 $(a_1, \ldots, a_n)$，其中每个 a_j 是 0 或 1．这个任务实质上同考察给定集合 $\{x_1, \ldots, x_n\}$ 的所有子集也是等价的，因为我们可以断言，x_j 在子集中当且仅当 $a_j = 1$．

自然，这样的问题有一个极其简单解．所有需要做的是从二进制数 $(0\ldots00)_2 = 0$ 开始并且重复加 1，直到 $(1\ldots11)_2 = 2^n - 1$．然而我们将会见到，当进行更深入的考察时，即便这个极其平凡的问题也带有惊人的兴趣点，而且当以后转向生成更困难的模式类型时，我们对 n 元组的研究将是有益的．

首先我们可以考察二进制表示方法对其他 n 元组类型的扩展．例如，如果我们需要生成所有 $(a_1, \ldots, a_n)$，其中每个 a_j 是十进制数字 $\{0, 1, 2, 3, 4, 5, 6, 7, 8, 9\}$ 之一，则可以在十进制数系中简单地从 $(0\ldots00)_{10} = 0$ 到 $(9\ldots99)_{10} = 10^n - 1$ 计数．如果我们需要遍历满足

$$0 \le a_j < m_j, \qquad 1 \le j \le n \tag{1}$$

的所有事例，其中上限 m_j 可能在向量 $(a_1, \ldots, a_n)$ 的不同分量中是不同的，这个任务实际上与混合进制数系中对数

$$\begin{bmatrix} a_1, & a_2, & \ldots, & a_n \\ m_1, & m_2, & \ldots, & m_n \end{bmatrix} \tag{2}$$

---

[1] 威廉·吉尔伯特（1836—1917），英国剧作家和诗人．《日本天皇》是以日本皇室为题材的一出歌剧．——译者注

重复加 1 相同. 见式 4.1–(9) 和习题 4.3.1–9.

我们最好暂时停下来描述更形式化的处理过程.

算法 M（生成混合进制数）. 这个算法通过对 (2) 中的混合进制数重复加 1 直到出现溢出, 访问满足 (1) 的所有 n 元组. 为处理方便引入了辅助变量 a_0 和 m_0.

M1.［初始化.］对于 $0 \leq j \leq n$ 置 $a_j \leftarrow 0$, 并且置 $m_0 \leftarrow 2$.

M2.［访问.］访问 n 元组 $(a_1, \ldots, a_n)$.（要检查所有 n 元组的程序现在执行它的操作.）

M3.［准备加 1.］置 $j \leftarrow n$.

M4.［在需要时进位.］如果 $a_j = m_j - 1$ 置 $a_j \leftarrow 0$, $j \leftarrow j - 1$, 并且重复这个步骤.

M5.［加 1, 直到结束.］如果 $j = 0$ 终止算法. 否则置 $a_j \leftarrow a_j + 1$ 并且返回 M2.   ▮

算法 M 简单明了, 但是我们不应忘记, 当 n 为相当小的常数时嵌套循环甚至更简单. 例如 当 $n = 4$ 时, 我们可以写成下列指令:

$$\begin{aligned}
&\text{对于 } a_1 = 0, 1, \ldots, m_1 - 1 \text{（按此顺序）执行以下操作:}\\
&\quad \text{对于 } a_2 = 0, 1, \ldots, m_2 - 1 \text{（按此顺序）执行以下操作:}\\
&\quad\quad \text{对于 } a_3 = 0, 1, \ldots, m_3 - 1 \text{（按此顺序）执行以下操作:}\\
&\quad\quad\quad \text{对于 } a_4 = 0, 1, \ldots, m_4 - 1 \text{（按此顺序）执行以下操作:}\\
&\quad\quad\quad\quad \text{访问 } (a_1, a_2, a_3, a_4).
\end{aligned} \qquad (3)$$

这些指令等价于算法 M, 并且在任何程序设计语言中都很容易表示.

格雷二进制码. 像在字典中那样, 算法 M 按字典序遍历所有 $(a_1, \ldots, a_n)$. 但是在很多情况下, 我们更喜欢按某种别的顺序访问那些 n 元组. 可供选择的最著名的排列是所谓的格雷二进制码, 它用每次只改变一位的简单且规则的方法列出所有 2^n 个 n 位二进制串. 例如, 对于 $n = 4$, 格雷二进制码是

$$0000, 0001, 0011, 0010, 0110, 0111, 0101, 0100,$$

$$1100, 1101, 1111, 1110, 1010, 1011, 1001, 1000. \qquad (4)$$

在把模拟信息转换成数字信息或者做相反转换的应用中, 这样的编码特别重要. 例如, 假定在 一块划分为 16 个扇区的旋转机械盘上, 我们想用区别黑与白的 4 个固定的光学传感器来确定当 前位置. 像图 30(a) 中那样, 如果我们用字典序标记从 0000 到 1111 的磁道, 在扇区之间的边 界上就会出现难以控制的不精确的度量. 但是图 30(b) 中的编码绝不会给出错误的读数.

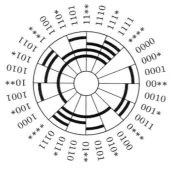 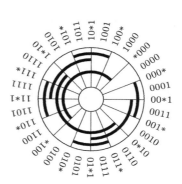

图 30   (a) 字典序二进制码   (b) 格雷二进制码

格雷二进制码可以用很多等价的方法定义. 例如, 如果 Γ_n 代表 n 位二进制串的格雷二进制序列, 则可以用下面两条规则递归地定义 Γ_n:

$$\Gamma_0 = \epsilon;$$
$$\Gamma_{n+1} = 0\Gamma_n, 1\Gamma_n^R.$$

$$(5)$$

此处 ϵ 表示空串, $0\Gamma_n$ 表示把 0 作为前缀加到每个 Γ_n 串的序列, $1\Gamma_n^R$ 表示把 1 作为前缀加到逆序的每个 Γ_n 串的序列. 由于 Γ_n 的最后一个串等于 Γ_n^R 的第一个串, 因此从 (5) 显然可知, 如果 Γ_n 带有同样性质, 那么在 Γ_{n+1} 的每一步恰好改变一位.

定义序列 $\Gamma_n = g(0), g(1), \ldots, g(2^n - 1)$ 的另一种方法是对它的每个元素 $g(k)$ 给出显式公式. 实际上, 由于 Γ_{n+1} 是以 $0\Gamma_n$ 开始的, 因此如果我们把 0 和 1 的每个位串看成具有可选前导 0 的二进制整数, 则无穷序列

$$\Gamma_\infty = g(0), g(1), g(2), g(3), g(4), \ldots$$
$$= (0)_2, (1)_2, (11)_2, (10)_2, (110)_2, \ldots$$

$$(6)$$

是全体非负整数的一个排列. 于是 Γ_n 包含 (6) 的前 2^n 个元素, 在需要时通过在左边插入若干 0 转换成的 n 位二进制串.

当 $k = 2^n + r$ ($0 \le r < 2^n$) 时, 关系 (5) 告诉我们 $g(k)$ 等于 $2^n + g(2^n - 1 - r)$. 因此, 通过对 n 的归纳法可以证明, 表示为 $(\ldots b_2 b_1 b_0)_2$ 的二进制整数 k 有一个等价的用 $(\ldots a_2 a_1 a_0)_2$ 表示的格雷二进制 $g(k)$, 其中

$$a_j = b_j \oplus b_{j+1}, \qquad j \ge 0.$$

$$(7)$$

(见习题 6.) 例如, $g((111001000011)_2) = (100101100010)_2$. 反之, 如果给定 $g(k) = (\ldots a_2 a_1 a_0)_2$, 通过逆转方程组 (7) 的系统, 我们可以求出 $k = (\ldots b_2 b_1 b_0)_2$, 得到

$$b_j = a_j \oplus a_{j+1} \oplus a_{j+2} \oplus \cdots, \qquad j \ge 0.$$

$$(8)$$

这个无限和实际上是有限的, 因为对于所有很大的 t, $a_{j+t} = 0$.

式 (7) 的许多有趣的结果之一是 $g(k)$ 可以很容易用按位运算计算:

$$g(k) = k \oplus \lfloor k/2 \rfloor.$$

$$(9)$$

同样, (8) 中的反函数满足

$$g^{[-1]}(l) = l \oplus \lfloor l/2 \rfloor \oplus \lfloor l/4 \rfloor \oplus \cdots.$$

$$(10)$$

然而这个函数需要更多的计算 (见习题 7.1.3–117). 如果 k 和 k' 是任意非负整数, 我们还可以从 (7) 推出

$$g(k \oplus k') = g(k) \oplus g(k').$$

$$(11)$$

还有一个结果是 $n + 1$ 位格雷二进制码可以写成

$$\Gamma_{n+1} = 0\Gamma_n, (0\Gamma_n) \oplus 110\ldots0.$$

例如在 (4) 中, 这个模式是显然的. 同 (5) 比较, 我们看出反转格雷二进制码的顺序等价于对第 1 位取补:

$$\Gamma_n^R = \Gamma_n \oplus \overbrace{10\ldots0}^{n-1}, \text{ 也写作 } \Gamma_n \oplus 10^{n-1}.$$

$$(12)$$

后面的习题说明，在 (7) 中定义的函数 $g(k)$ 以及在 (8) 中定义的其反函数 $g^{[-1]}$，具有许多其他性质和有趣的应用. 有些时候，我们把这两个函数想象为从二进制串到二进制串的函数. 另外一些时候，我们把它们视为从整数到整数的函数，经由二进制表示，与前导 0 无关.

格雷二进制码的名称来自弗兰克·格雷，他是一位物理学家，由于帮助设计长久使用的兼容彩色电视广播方法 [*Bell System Tech. J.* **13** (1934), 464–515] 而闻名. 他为脉冲码调制的应用首创了 Γ_n，脉冲码调制是一种用于数字信号模拟传输的方法 [见 *Bell System Tech. J.* **30** (1951), 38–40；*U.S. Patent 2632058* (17 March 1953)；威廉·本内特，*Introduction to Signal Transmission* (1971), 238–240]. 但是，"格雷二进制码"的思想早在格雷研究它之前已为人所知. 例如，它出现在乔治·斯蒂比兹申请的专利 [*U.S. Patent 2307868*] 中. 更重要的是，伊梅尔·博多 (Émile Baudot) 在 1878 年已把 Γ_5 用于展示的电报机中，由于他的缘故后来有了"波特"（baud）这个术语的命名. 大致在同一时期，特奥多尔·舍夫勒独立设计了一种类似的但是条理性差一些的电报码 [见 *Journal Télégraphique* **4** (1878), 252–253；*Annales Télégraphiques* **6** (1879), 361, 382–383]. [1]

事实上，格雷二进制码隐现在一个古典玩具中，那个使人们着迷了几个世纪的玩具如今在英语中通称为 "Chinese ring puzzle"（中国环谜题）[2]，尽管英国人通常称它为 "tiring irons"（令人厌倦的铁环）. 图 31 是一个七环样品. 挑战是从杆上把环取下来，而这些环是用这样一种方式互锁的，即只有两种基本类型的移动是可能的（尽管在图示中也许并不一目了然）：

(a) 最右边的环可以在任何时候取下或者放回原处；

(b) 任何其他的环可以取下或者放回原处，当且仅当它右边的环在杆上并且那个环右边的所有环都不在杆上.

我们可以用二进制记号表示谜题的当前状态，环在杆上记为 1，环不在杆上记为 0. 这样，图 31 表示环处于 1011000 状态.（左边第二个环编码为 0，因为它完全处于杆的上方.）

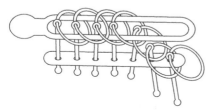

图 31 中国环谜题

一位名叫路易·格罗的法兰西法官，在一本匿名出版的名为 *Théorie du Baguenodier* [sic] (Lyon: Aimé Vingtrinier, 1872) 的小册子中说明了中国环与二进制数之间的直接联系. 如果环处于 $a_{n-1}\ldots a_0$ 状态，并且如果用式 (8) 定义二进制数 $k = (b_{n-1}\ldots b_0)_2$，他证明了解这个谜题恰好再需要 k 步是必要且足够的. 因此格罗是格雷二进制码的真正发明者.

> 当然，没有哪个家庭应该缺少
> 这种令人着迷的、有历史意义的和有教益的谜题.
> ——亨利·迪德尼（1901）

当环处于不同于 $00\ldots0$ 或 $10\ldots0$ 的任何状态时，恰好有两种移动是可能的，一种是 (a) 类移动，一种是 (b) 类移动. 这两种移动中只有一种是向希望的目标前进，另外一种是需要撤销

---

[1] 某些作者断言格雷码是伊莱莎·格雷发明的，他在博多和舍夫勒的同一时期建立了一种印刷电报机. 这种断言是不正确的，尽管伊莱莎在发明电话方面的优先权受到了不公平的对待. [见劳埃德·泰勒，*Amer. Physics Teacher* **5** (1937), 243–251].

[2] 即"九连环". ——编者注

的倒退. (a) 类移动把 k 变成 $k \oplus 1$. 因此当 k 是奇数时需要进行这种移动, 因为这将减少 k.
终止于位置 $(10^{j-1})_2$ $(1 \le j < n)$ 的 (b) 类移动把 k 变成 $k \oplus (1^{j+1})_2 = k \oplus (2^{j+1} - 1)$. [在
这个公式中, 1^{j+1} 表示 1 重复 $j+1$ 次, 但是 2^{j+1} 表示 2 的乘方.] 当 k 是偶数时, 我们要求
$k \oplus (2^{j+1} - 1)$ 等于 $k - 1$, 这意味着 k 必须是 2^j 的倍数但不是 2^{j+1} 的倍数. 换句话说

$$j = \rho(k),\tag{13}$$

其中 ρ 是式 7.1.3–(44) 的 "直尺函数". 所以当谜题得到正确求解时, 这些环遵循一个很好的模
式: 如果我们从自由端开始对它们编号 $0, 1, \ldots, n-1$, 那么环移动到杆上或者从杆脱离的序列
是以 $\ldots, \rho(4), \rho(3), \rho(2), \rho(1)$ 结尾的号码序列.

　　朝相反方向进行, 从 $00\ldots0$ 开始依次把环置于杆上或从杆脱离直到达到最终状态 $10\ldots0$
(正如约翰 · 沃利斯在 1963 年指出的那样, 这比设想中的较难状态 $11\ldots1$ 更难达到), 产生计
算格雷二进制码的算法.

算法 G (生成格雷二进制码). 这个算法访问所有二进制 n 元组 $(a_{n-1}, \ldots, a_1, a_0)$, 从
$(0, \ldots, 0, 0)$ 开始且每次只改变一个二进制位, 并且还维持一个奇检验位 a_{-1} 使得

$$a_{-1} = 1 \oplus a_{n-1} \oplus \cdots \oplus a_1 \oplus a_0.\tag{14}$$

它依次对 $\rho(1), \rho(2), \rho(3), \ldots, \rho(2^n - 1)$ 的各个二进制位取补, 然后终止.

G1. [初始化.] 对于 $0 \le j < n$ 置 $a_j \leftarrow 0$, 也置 $a_{-1} \leftarrow 0$.

G2. [访问.] 访问 n 元组 $(a_{n-1}, \ldots, a_1, a_0)$.

G3. [改变奇偶检验位.] 置 $a_{-1} \leftarrow 1 - a_{-1}$.

G4. [选择 j.] 令 $j \ge 0$ 是使得 $a_{j-1} = 1$ 的最小值. (在我们第 k 次执行这一步骤后,
$j = \rho(k)$.)

G5. [对坐标 j 取补.] 如果 $j = n$, 终止. 否则置 $a_j \leftarrow 1 - a_j$ 并且返回 G2.　　▮

如果我们计算像

$$X_{000} - X_{001} - X_{010} + X_{011} - X_{100} + X_{101} + X_{110} - X_{111}$$

或

$$X_\emptyset - X_a - X_b + X_{ab} - X_c + X_{ac} + X_{bc} - X_{abc}$$

的和, 其中符号依赖于二进制串的奇偶性或者子集中的元素数目, 则奇偶检验位 a_{-1} 随手可得.
这样的求和频繁出现在如等式 1.3.3–(29) 那样的 "容斥" 公式中. 为了提高效率, 奇偶检验位
也是必须的: 缺少它我们就难以在决定 j 的两种方法之间做出选择, 这两种方法对应于在中国
环谜题中进行 (a) 类还是 (b) 类移动. 但是算法 G 最重要的特征是步骤 G5 只改变一个坐标.
所以对于我们正在求的项 X, 或者当我们访问每个 n 元组时关心的无论什么其他结构, 通常
仅需一个简单的改变.

> 自然, 不可能在最低层的数字上消除歧义,
> 除非采用据说是在爱尔兰铁路部门用过的
> 取消每趟列车最后一节车厢的方案,
> 因为那节车厢最容易被撞坏.
> ——乔治 · 斯蒂比兹和朱尔斯 · 拉里维, *Mathematics and Computers* (1957)

　　约瑟夫 · 沃尔什发现了格雷二进制码的另外一个基本特性, 与现在称为沃尔什函数的重要
的函数序列有关 [见 *Amer. J. Math.* **45** (1923), 5–24]. 对于所有实数 x, 令 $w_0(x) = 1$, 以及

$$w_k(x) = (-1)^{\lfloor 2x \rfloor \lceil k/2 \rceil} w_{\lfloor k/2 \rfloor}(2x), \qquad k > 0.\tag{15}$$

例如，每当 x 是一个整数或一个整数加 $\frac{1}{2}$ 时，$w_1(x) = (-1)^{\lfloor 2x \rfloor}$ 改变符号. 由此推出: 对于所有 k，$w_k(x) = w_k(x+1)$，而且对于所有 x，$w_k(x) = \pm 1$. 更重要的是，$w_k(0) = 1$ 且在区间 $(0..1)$ 内 $w_k(x)$ 恰好改变符号 k 次，所以当 x 从左边逼近 1 时它趋近于 $(-1)^k$. 因此，$w_k(x)$ 的特性有点像三角函数 $\cos k\pi x$ 或 $\sin k\pi x$，并且我们可以把其他函数表示成沃尔什函数的线性组合，采用的方式同传统上把它们表示成傅里叶级数非常相似. 这个事实加上 $w_k(x)$ 的简单离散性质，使得沃尔什函数在与信息传输、图像处理以及许多其他应用有关的计算机计算中极为有用.

图 32 显示前 8 个沃尔什函数及其三角函数近亲. 同 $\cos k\pi x$ 和 $\sin k\pi x$ 具有频率 $k/2$ 的事实类比，工程师们通常把 $w_k(x)$ 称为频率 k 的沃尔什函数. [例如，见亨宁·哈穆特，*Sequency Theory: Foundations and Applications* (New York: Academic Press, 1977) 一书].

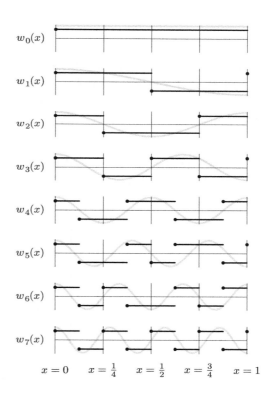

图 32 对于 $0 \le k < 8$，沃尔什函数 $w_k(x)$ 与类似的灰色的三角函数 $\sqrt{2} \cos k\pi x$ 的比较

虽然等式 (15) 看起来可能令人生畏，但实际上它提供了一种简单的方法，以归纳方式了解 $w_k(x)$ 何以如断言的那样恰好有 k 次符号改变. 如果 k 是偶数，比如 $k = 2l$，对于 $0 \le x < \frac{1}{2}$ 我们有 $w_{2l}(x) = w_l(2x)$. 其作用是简单地把函数 $w_l(x)$ 压缩到一半空间，所以 $w_{2l}(x)$ 至此累积了 l 次符号改变. 于是在区间 $\frac{1}{2} \le x < 1$ 内，$w_{2l}(x) = (-1)^l w_l(2x) = (-1)^l w_l(2x-1)$. 这样连接 $w_l(2x)$ 的另一个拷贝，当必须在 $x = \frac{1}{2}$ 避免一次符号改变时，反转符号. 函数 $w_{2l+1}(x)$ 是类似的，但是当 $x = \frac{1}{2}$ 时，它强加一次符号改变.

这同格雷二进制码有什么关系? 沃尔什发现他的函数可以都纯粹用更简单的所谓拉德马赫函数 [汉斯·拉德马赫，*Math. Annalen* **87** (1922), 112–138]

$$r_k(x) = (-1)^{\lfloor 2^k x \rfloor} \tag{16}$$

表示, 当 $(\ldots c_2 c_1 c_0 . c_{-1} c_{-2} \ldots)_2$ 是 x 的二进制表示时, 它们取值 $(-1)^{c_{-k}}$. 实际上, 我们有 $w_1(x) = r_1(x)$, $w_2(x) = r_1(x) r_2(x)$, $w_3(x) = r_2(x)$, 一般而言

$$\text{当 } k = (\ldots b_2 b_1 b_0)_2 \text{ 时} \qquad w_k(x) = \prod_{j \geq 0} r_{j+1}(x)^{b_j \oplus b_{j+1}}. \tag{17}$$

(见习题 33.) 因此根据 (7), $w_k(x)$ 中 $r_{j+1}(x)$ 的指数是格雷二进制数 $g(k)$ 的第 j 个二进制位, 并且我们有

$$w_k(x) = r_{\rho(k)+1}(x) w_{k-1}(x), \qquad k > 0. \tag{18}$$

等式 (17) 蕴涵简便的公式

$$w_k(x) w_{k'}(x) = w_{k \oplus k'}(x), \tag{19}$$

它比对应的正弦函数与余弦函数的乘积公式简单得多. 这个恒等式是很容易推出的, 因为对于所有 j 和 x 有 $r_j(x)^2 = 1$, 因此 $r_j(x)^{a \oplus b} = r_j(x)^{a+b}$. 当 $k \neq k'$ 时, 在 $w_k(x) w_{k'}(x)$ 的平均值为零的意义下, 它特别蕴涵 $w_k(x)$ 与 $w_{k'}(x)$ 正交. 对于 k 的像 $1/2$ 或 $13/8$ 之类的分数值, 我们也可以用 (17) 定义 $w_k(x)$.

2^n 个数 $(X_0, \ldots, X_{2^n-1})$ 的沃尔什变换是由等式 $(x_0, \ldots, x_{2^n-1})^T = W_n(X_0, \ldots, X_{2^n-1})^T$ 定义的向量 $(x_0, \ldots, x_{2^n-1})$, 其中 W_n 是 $2^n \times 2^n$ 矩阵, 它的第 j 行第 k 列的元素是 $w_j(k/2^n)$ ($0 \leq j, k < 2^n$). 例如, 图 32 告诉我们, 当 $n = 3$ 时沃尔什变换是

$$\begin{pmatrix} x_{000} \\ x_{001} \\ x_{010} \\ x_{011} \\ x_{100} \\ x_{101} \\ x_{110} \\ x_{111} \end{pmatrix} = \begin{pmatrix} 1 & 1 & 1 & 1 & 1 & 1 & 1 & 1 \\ 1 & 1 & 1 & 1 & \bar{1} & \bar{1} & \bar{1} & \bar{1} \\ 1 & 1 & \bar{1} & \bar{1} & \bar{1} & \bar{1} & 1 & 1 \\ 1 & 1 & \bar{1} & \bar{1} & 1 & 1 & \bar{1} & \bar{1} \\ 1 & \bar{1} & \bar{1} & 1 & 1 & \bar{1} & \bar{1} & 1 \\ 1 & \bar{1} & \bar{1} & 1 & \bar{1} & 1 & 1 & \bar{1} \\ 1 & \bar{1} & 1 & \bar{1} & \bar{1} & 1 & \bar{1} & 1 \\ 1 & \bar{1} & 1 & \bar{1} & 1 & \bar{1} & 1 & \bar{1} \end{pmatrix} \begin{pmatrix} X_{000} \\ X_{001} \\ X_{010} \\ X_{011} \\ X_{100} \\ X_{101} \\ X_{110} \\ X_{111} \end{pmatrix}. \tag{20}$$

(其中 $\bar{1}$ 代表 -1, 并且宜于把下标看成二进制串 000–111 而不是整数 0–7.) 阿达马变换以类似的方式定义, 但是用矩阵 H_n 代替 W_n, 其中 H_n 的第 j 行第 k 列的元素是 $(-1)^{j \cdot k}$. 这里 $j \cdot k$ 是指二进制表示的 $j = (a_{n-1} \ldots a_0)_2$ 和 $k = (b_{n-1} \ldots b_0)_2$ 的点积 $a_{n-1} b_{n-1} + \cdots + a_0 b_0$. 例如, 对于 $n = 3$ 的阿达马变换是

$$\begin{pmatrix} x'_{000} \\ x'_{001} \\ x'_{010} \\ x'_{011} \\ x'_{100} \\ x'_{101} \\ x'_{110} \\ x'_{111} \end{pmatrix} = \begin{pmatrix} 1 & 1 & 1 & 1 & 1 & 1 & 1 & 1 \\ 1 & \bar{1} & 1 & \bar{1} & 1 & \bar{1} & 1 & \bar{1} \\ 1 & 1 & \bar{1} & \bar{1} & 1 & 1 & \bar{1} & \bar{1} \\ 1 & \bar{1} & \bar{1} & 1 & 1 & \bar{1} & \bar{1} & 1 \\ 1 & 1 & 1 & 1 & \bar{1} & \bar{1} & \bar{1} & \bar{1} \\ 1 & \bar{1} & 1 & \bar{1} & \bar{1} & 1 & \bar{1} & 1 \\ 1 & 1 & \bar{1} & \bar{1} & \bar{1} & \bar{1} & 1 & 1 \\ 1 & \bar{1} & \bar{1} & 1 & \bar{1} & 1 & 1 & \bar{1} \end{pmatrix} \begin{pmatrix} X_{000} \\ X_{001} \\ X_{010} \\ X_{011} \\ X_{100} \\ X_{101} \\ X_{110} \\ X_{111} \end{pmatrix}. \tag{21}$$

这与 n 维立方上的离散傅里叶变换公式 4.6.4-(38) 相同，并且我们可以通过修改耶茨在 4.6.4 节讨论的方法对它"就地"快速求值：

给定值	第一步	第二步	第三步
X_{000}	$X_{000}+X_{001}$	$X_{000}+X_{001}+X_{010}+X_{011}$	$X_{000}+X_{001}+X_{010}+X_{011}+X_{100}+X_{101}+X_{110}+X_{111}$
X_{001}	$X_{000}-X_{001}$	$X_{000}-X_{001}+X_{010}-X_{011}$	$X_{000}-X_{001}+X_{010}-X_{011}+X_{100}-X_{101}+X_{110}-X_{111}$
X_{010}	$X_{010}+X_{011}$	$X_{000}+X_{001}-X_{010}-X_{011}$	$X_{000}+X_{001}-X_{010}-X_{011}+X_{100}+X_{101}-X_{110}-X_{111}$
X_{011}	$X_{010}-X_{011}$	$X_{000}-X_{001}-X_{010}+X_{011}$	$X_{000}-X_{001}-X_{010}+X_{011}+X_{100}-X_{101}-X_{110}+X_{111}$
X_{100}	$X_{100}+X_{101}$	$X_{100}+X_{101}+X_{110}+X_{111}$	$X_{000}+X_{001}+X_{010}+X_{011}-X_{100}-X_{101}-X_{110}-X_{111}$
X_{101}	$X_{100}-X_{101}$	$X_{100}-X_{101}+X_{110}-X_{111}$	$X_{000}-X_{001}+X_{010}-X_{011}-X_{100}+X_{101}-X_{110}+X_{111}$
X_{110}	$X_{110}+X_{111}$	$X_{100}+X_{101}-X_{110}-X_{111}$	$X_{000}+X_{001}-X_{010}-X_{011}-X_{100}-X_{101}+X_{110}+X_{111}$
X_{111}	$X_{110}-X_{111}$	$X_{100}-X_{101}-X_{110}+X_{111}$	$X_{000}-X_{001}-X_{010}+X_{011}-X_{100}+X_{101}+X_{110}-X_{111}$

注意 H_3 的行是 W_3 的行的排列. 在一般情况下这也是对的, 所以我们可以通过排列阿达马变换的元素获得沃尔什变换. 习题 36 讨论具体细节.

进行更快的处理. 当遍历 2^n 种可能性时, 我们通常想尽可能地减少计算时间. 算法 G 每次访问 $(a_{n-1}, \ldots, a_0)$ 时只需对一个二进制位 a_j 取补, 但是当它选择相应的 j 值时在步骤 G4 进入循环. 吉德翁 · 埃尔利希 [*JACM* **20** (1973), 500–513] 提出了另外一种方法, 他引入无循环组合生成的概念: 采用一种无循环算法, 要求事先限定相继访问之间执行的操作的次数, 所以在一个新模式产生之前绝不会有长时间等待.

我们在 7.1.3 节中学习了一些技巧, 来快速确定二进制数的前导 0 和尾随 0 数目. 假定 n 不是过分地大, 可以把那些方法用于步骤 G4 使得算法 G 不带循环. 但是埃尔利希的方法是截然不同的, 而且更通用, 所以它为我们提供了一种用于高效计算技术的新武器. 下面是如何使用他的方法来生成二进制 n 元组 [见詹姆斯 · 比特纳、吉德翁 · 埃尔利希和爱德华 · 莱因戈尔德, *CACM* **19** (1976), 517–521].

算法 L （无循环生成格雷码）. 这个算法类似于算法 G, 按格雷二进制码的顺序访问所有二进制 n 元组 $(a_{n-1}, \ldots, a_0)$. 但是它不保持奇偶检验位, 改用"中心点指针"数组 $(f_n, \ldots, f_0)$, 其意义在下面讨论.

L1. [初始化.] 对于 $0 \le j < n$ 置 $a_j \leftarrow 0$, $f_j \leftarrow j$. 也置 $f_n \leftarrow n$. （只要初始设置合理有效, 无循环算法在初始化步骤中就允许循环. 毕竟每个程序是需要加载和初始化的. ）

L2. [访问.] 访问 n 元组 $(a_{n-1}, \ldots, a_1, a_0)$.

L3. [选择 j.] 置 $j \leftarrow f_0$, $f_0 \leftarrow 0$. （如果这是我们第 k 次执行这一步骤, 现在 j 等于 $\rho(k)$. ）如果 $j = n$, 终止. 否则, 置 $f_j \leftarrow f_{j+1}$, $f_{j+1} \leftarrow j+1$.

L4. [对坐标 j 取补.] 置 $a_j \leftarrow 1 - a_j$ 并且返回 L2. ∎

例如, 当 $n = 4$ 时计算进行如下. 在满足 $a_3 a_2 a_1 a_0 = g(b_3 b_2 b_1 b_0)$ 的二进制串 $b_3 b_2 b_1 b_0$ 中, 如果对应的二进制位 b_j 是 1, 下表内的元素 a_j 已经加了下划线:

a_3	0	0	0	0	0	0	0	0	1	1	1	1	1	1	1	1
a_2	0	0	0	0	1	1	1	1	1	1	1	1	0	0	0	0
a_1	0	0	1	1	1	1	0	0	0	0	1	1	1	1	0	0
a_0	0	1	1	0	0	1	1	0	0	1	1	0	0	1	1	0
f_3	3	3	3	3	3	3	3	3	4	4	4	3	3	3	3	3
f_2	2	2	2	2	3	2	2	2	2	2	2	2	4	4	2	2
f_1	1	1	2	1	1	1	3	1	1	1	2	1	1	1	4	1
f_0	0	1	0	2	0	1	0	3	0	1	0	2	0	1	0	4

虽然在算法 L 中没有显式出现二进制数 $k = (b_{n-1} \ldots b_0)_2$，但中心点指针 f_j 用一种巧妙的方法隐式表示了它，所以当需要时我们可以通过对二进制位 $a_{\rho(k)}$ 取补重复地建立 $g(k) = (a_{n-1} \ldots a_0)_2$. 当 a_j 带下划线时我们说它是被动的，否则说它是主动的. 于是中心点指针满足下面的不变关系：

(1) 如果 a_j 是被动的而 a_{j-1} 是主动的，那么 f_j 是使得 $a_{j'}$ 是主动的最小下标 $j' > j$.（为了满足这条规则，二进制位 a_n 和 a_{-1} 被认为是主动的，尽管实际上它们不出现在算法中.）

(2) 否则 $f_j = j$.

因此，带递减下标的一组被动元素 $a_{i-1} \ldots a_{j+1} a_j$ 的最右边元素 a_j，恰好有一个指向那组元素左边的元素 a_i 的中心点指针 f_j. 所有其他元素 a_j 带有指向它们自身的 f_j.

使用这些术语，步骤 L3 的前两个操作"$j \leftarrow f_0$，$f_0 \leftarrow 0$"等价于说"置 j 为最右边主动元素的下标，并且使 a_j 右边的所有元素变成主动的". 注意，如果 $f_0 = 0$，操作 $f_0 \leftarrow 0$ 是多余的，但是它不产生任何危害. 步骤 L3 的另外两个操作"$f_j \leftarrow f_{j+1}$，$f_{j+1} \leftarrow j+1$"等价于说"让 a_j 变成被动的"，因为我们知道，在计算中此时 a_j 和 a_{j-1} 都是主动的.（操作 $f_{j+1} \leftarrow j+1$ 可能再次成为多余而无害.）因此，像在算法 M 中那样，主动化和被动化的单纯作用等价于在二进制表示法的计算中用二进制位 1 表示被动元素且用二进制位 0 表示主动元素.

算法 L 快得几乎令人炫目，因为在对生成 n 元组的每次访问之间，它仅做 5 次赋值操作和 1 次终止检验. 但是我们可以做得更好. 为了明白何以如此，让我们考虑娱乐语言学中的一个应用：鲁道夫·卡斯特敦在 *Word Ways 1* (1968), 165–169 页指出，将 sins 的字母与 fate 的对应字母混合在一起的所有 16 种方式产生能够在足够大的英语字典中找到的单词：sine, sits, site, 等等. 而且这些单词中除了 3 个（即 fane, fite, sats）之外全部是很常见的，它们无疑是标准英语的一部分. 所以，自然要对五字母单词提出类似的问题：当对应位置的字母用所有 32 种可能的方式交换时，哪两个 5 字母串将产生斯坦福图库中数量最大的单词？

回答这个问题，我们无须考察全部 $\binom{26}{2}^5 = 3\,625\,908\,203\,125$ 个实际上不同的串对. 检查斯坦福图库中所有 $\binom{5757}{2} = 16\,568\,646$ 个单词对就足够了，只要其中至少一个词对产生至少 17 个单词，因为从两个 5 字母串可能获得的每组 17 个或更多的五字母单词，必定包含两个"对映"单词（没有公共的对应字母）. 对于每个对映单词对，我们需要尽可能快速地确定可能的 32 种子集交换是否产生数量可观的英文单词.

每个五字母单词可以表示成 25 位的二进制数，每个字母用 5 位，从 "a" $= 00000$ 到 "z" $= 11001$. 然后一个 2^{25} 比特或字节的表将快速判定一个给定的 5 字母串是不是一个单词. 所以问题简化成生成 32 个潜在单词的位模式，这些单词可以通过混合两个给定单词的字母并且从表中找到那些模式获得. 对于每对 25 比特单词对 w 和 w'，我们可以进行如下处理.

W1. [检查差别.] 置 $z \leftarrow w \oplus w'$. 如果 $m' \,\&\, (z-m) \,\&\, \bar{z} \neq 0$，其中 $m = 2^{20}+2^{15}+2^{10}+2^5+1$ 且 $m' = 2^4 m$，排除单词对 (w, w'). 这个检查消除 w 和 w' 在某个位置有公共字母的情形.（见 7.1.3–(90). 结果 $16\,568\,646$ 个单词对中的 $10\,614\,085$ 个没有这样的公共字母.）

W2. [建立单独的掩码.] 置 $m_0 \leftarrow z \,\&\, (2^5-1)$，$m_1 \leftarrow z \,\&\, (2^{10}-2^5)$，$m_2 \leftarrow z \,\&\, (2^{15}-2^{10})$，$m_3 \leftarrow z \,\&\, (2^{20}-2^{15})$，$m_4 \leftarrow z \,\&\, (2^{25}-2^{20})$，为下一步骤做准备.

W3. [对单词计数.] 置 $l \leftarrow 1$，$A_0 \leftarrow w$. 变量 l 计数迄今找到了多少个从 w 开始的单词. 然后执行在下面定义的交换操作 $swap(4)$.

W4. [输出记录所获单词的解.] 如果 l 超过或等于当前最大值，对于 $0 \leq j < l$ 输出 A_j. ▮

这个高速方法的核心是交换操作序列 $swap(4)$，它应当内联展开（例如用宏处理程序）以便消除不必要的开销．它是用下面的基本操作定义的：

$sw(j)$: 置 $w \leftarrow w \oplus m_j$．然后如果 w 是单词，置 $A_l \leftarrow w$，$l \leftarrow l+1$．

给定 $sw(j)$，它交换位置 j 的字母，我们定义

$$swap(0) = sw(0);$$
$$swap(1) = swap(0), sw(1), swap(0);$$
$$swap(2) = swap(1), sw(2), swap(1);$$
$$swap(3) = swap(2), sw(3), swap(2);$$
$$swap(4) = swap(3), sw(4), swap(3).$$

(22)

因此，$swap(4)$ 展开为 31 步的序列 $sw(0)$，$sw(1)$，$sw(0)$，$sw(2)$，$\ldots$，$sw(0) = sw(\rho(1))$，$sw(\rho(2)), \ldots, sw(\rho(31))$．这些操作步骤将被使用 1000 万次，通过把直尺函数的值 $\rho(k)$ 直接嵌入我们的程序，而不是对每个单词对经由算法 M、G 或 L 重复计算它们，显然提高了速度．

获胜的单词对产生 21 个单词的集合，即

$$\begin{array}{ccccccc} \text{ducks}, & \text{ducky}, & \text{duces}, & \text{dunes}, & \text{dunks}, & \text{dinks}, & \text{dinky}, \\ \text{dines}, & \text{dices}, & \text{dicey}, & \text{dicky}, & \text{dicks}, & \text{picks}, & \text{picky}, \\ \text{pines}, & \text{piney}, & \text{pinky}, & \text{pinks}, & \text{punks}, & \text{punky}, & \text{pucks}. \end{array}$$

(23)

例如，如果 $w = \text{ducks}$ 且 $w' = \text{piney}$，那么 $m_0 = \text{s} \oplus \text{y}$，所以第一个操作 $sw(0)$ 把 ducks 变为 ducky，这是一个单词．下一个操作 $sw(1)$ 应用于 m_1，它在倒数第二个字母位置是 k $\oplus$ e，所以它产生不是单词的 ducey．$sw(0)$ 的另一次应用把 ducey 变为 duces（这是一个法律术语，后面通常跟着单词 tecum）．如此等等．用这个方法最多在几秒钟内可以处理所有单词对．

进一步简化也是可能的．例如，一旦找到产生 k 个单词的单词对，只要它们生成 $33 - k$ 个非单词，我们就可以抛弃后面的单词对．但是我们讨论的方法已经相当快了，并且它说明一个事实，即使无循环算法 L 也是可以超越的．

自然，算法 L 的迷恋者可能抱怨我们仅在 $n = 5$ 的很小特例上提高了处理速度，而算法 L 是对一般的 n 解决格雷二进制码的生成问题．然而，一种类似的思想也适合 $n > 5$ 的一般值：我们可以展开成这样一个程序，它像上面那样快速生成最右边 5 个二进制位 $a_4 a_3 a_2 a_1 a_0$ 的全部 32 个取值．然后我们可以在每 32 步之后应用算法 L，用它对其他二进制位 $a_{n-1} \ldots a_5$ 生成相继的改变值．这种方法把由算法 L 执行的运算量降低到将近原来的 $1/32$．

其他二进制格雷码． 格雷二进制码 $g(0)$，$g(1)$，$\ldots$，$g(2^n - 1)$ 只是遍历所有可能的 n 位二进制串的许多方法之一，其中每步只变动一个二进制位．一般情况下，我们说二进制 n 元组的"格雷圈"是任意序列 $(v_0, v_1, \ldots, v_{2^n-1})$，它包含每一个 n 元组，而且具有 v_k 与 $v_{(k+1) \bmod 2^n}$ 只在一个二进制位的位置上不同的性质．因此，按照图论的术语，格雷圈是 n 立方上的有向哈密顿圈．我们可以假定已经这样选择下标，使得 $v_0 = 0 \ldots 0$．

如果我们把 v 想象为二进制数，那么存在整数 $\delta_0 \ldots \delta_{2^n-1}$，使得

$$v_{(k+1) \bmod 2^n} = v_k \oplus 2^{\delta_k}, \qquad 0 \le k < 2^n. \qquad (24)$$

这个所谓的"δ 序列"是描述格雷圈的另一种方法．例如，当 $n = 3$ 时，标准的格雷二进制码的 δ 序列是 01020102．实质上它是 (13) 的直尺函数 $\delta_k = \rho(k+1)$，不过最后值 δ_{2^n-1} 是 $n-1$ 而不是 n，所以圈是闭合的．δ_k 的各个元素总是位于 $0 \le \delta_k < n$ 内，并且称它们为"坐标"．

令 $d(n)$ 是定义 n 比特格雷圈的不同 δ 序列的数目，并且令 $c(n)$ 是"规范的" δ 序列的数目，其中每个坐标 k 出现在 $k+1$ 的首次露面之前．于是 $d(n) = n!\,c(n)$，因为一个 δ 序列中坐标数的每个排列显然产生另外一个 δ 序列．容易看出，对于 $n \leq 3$，仅可能的规范 δ 序列是

$$00; \qquad 0101; \qquad 01020102 \quad 和 \quad 01210121. \tag{25}$$

因此 $c(1) = c(2) = 1$，$c(3) = 2$；$d(1) = 1$，$d(2) = 2$，$d(3) = 12$．用我们将要在后面研究的哈密顿圈的枚举技术，进行简单的计算机计算确定随后的几个值，

$$
\begin{aligned}
c(4) &= 112; & d(4) &= 2688; \\
c(5) &= 15\,109\,096; & d(5) &= 1\,813\,091\,520.
\end{aligned}
\tag{26}
$$

显而易见不存在简单模式，而且这些数增长非常迅速（见习题 47）．所以完全可以肯定，不会有人知道 $c(8)$ 和 $d(8)$ 的确切值．

由于可能性数目如此之大，因而激起了人们去寻找带有其他有用性质的格雷圈．例如，图 33(a) 显示一个 4 比特格雷圈，其中每个串 $a_3a_2a_1a_0$ 同它的补串 $\bar{a}_3\bar{a}_2\bar{a}_1\bar{a}_0$ 在直径上相对．只要比特数是偶数，这样的编码方案就是可以实现的（见习题 49）．

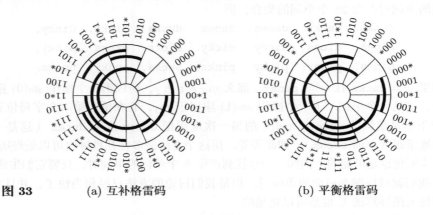

图 33   (a) 互补格雷码   (b) 平衡格雷码

由杰弗里·图蒂尔 [*Proc. IEE* **103**, Part B Supplement (1956), 435] 发现的一个更有趣的格雷圈显示在图 33(b) 中．这个圈在四条坐标径迹的每条径迹中有相同的改变次数．因此所有坐标带有同样的变动特性．通过使用下面把一个圈从 n 比特扩大到 $n+2$ 比特的通用方法，实际上对于所有更大的 n 值可以用同样方式构造平衡的格雷圈．

定理 D.   令 $\alpha_1 j_1 \alpha_2 j_2 \ldots \alpha_l j_l$ 是 n 比特格雷圈的 δ 序列，其中每个 j_k 是单独的坐标，每个 α_k 是可能为空的坐标序列，并且 l 是奇数．那么

$$
\begin{aligned}
&\alpha_1(n+1)\alpha_1^R n\alpha_1 \\
&j_1\alpha_2 n\alpha_2^R(n+1)\alpha_2\, j_2\alpha_3(n+1)\alpha_3^R n\alpha_3 \ldots j_{l-1}\alpha_l(n+1)\alpha_l^R n\alpha_l \\
&(n+1)\alpha_l^R j_{l-1}\alpha_{l-1}^R \ldots \alpha_2^R j_1\alpha_1^R n
\end{aligned}
\tag{27}
$$

是 $n+2$ 比特格雷圈的 δ 序列．

例如，对于 $n = 3$，如果我们从序列 $010\underline{2}010\underline{2}$ 开始，并且令 3 个带下划线的元素是 j_1, j_2, j_3，那么 5 比特圈的新序列 (27) 是

$$0141030102013102420104340 1020103. \tag{28}$$

证明. 令 α_k 的长度为 m_k，令 v_{kt} 是我们从 $0\ldots0$ 开始并且应用坐标改变 $\alpha_1 j_1 \ldots \alpha_{k-1} j_{k-1}$ 以及 α_k 的第一个 t 时可达的顶点. 我们需要证明，对于 $1 \le k \le l$ 且 $0 \le t \le m_k$，当使用 (27) 时会出现所有顶点 $00v_{kt}$，$01v_{kt}$，$10v_{kt}$ 和 $11v_{kt}$. （最左边的坐标是 $n+1$.）

从 $000\ldots0 = 00v_{10}$ 开始，我们着手获取顶点

$$00v_{11}, \ldots, 00v_{1m_1}, 10v_{1m_1}, \ldots, 10v_{10}, 11v_{10}, \ldots, 11v_{1m_1};$$

然后 j_1 产生 $11v_{20}$，在它的后面跟随

$$11v_{21}, \ldots, 11v_{2m_2}, 10v_{2m_2}, \ldots, 10v_{20}, 00v_{20}, \ldots, 00v_{2m_2};$$

然后出现 $00v_{30}$，等等，而我们最终达到 $11v_{lm_l}$. 这个非常好结果再用 (27) 的第三行生成所有未出现的顶点 $01v_{lm_l}, \ldots, 01v_{10}$，并且使我们回到 $000\ldots0$. ∎

δ 序列的转变计数 $(c_0, \ldots, c_{n-1})$ 是通过令 c_j 为 $\delta_k = j$ 的次数定义的. 例如，(28) 具有转变计数 $(12, 8, 4, 4, 4)$，它是由转变计数为 $(4, 2, 2)$ 的序列产生的. 如果仔细选择初始 δ 序列，并且对适当的元素 j_k 画下划线，我们可以获得尽可能相等的转变计数.

推论 B. 对于所有 $n \ge 1$，存在满足以下条件的转变计数为 $(c_0, c_1, \ldots, c_{n-1})$ 的 n 比特格雷圈：

$$|c_j - c_k| \le 2, \qquad 0 \le j < k < n. \tag{29}$$

（这是可能出现的最佳平衡条件，因为每个 c_j 必定是偶数，并且必然有 $c_0 + c_1 + \cdots + c_{n-1} = 2^n$. 实际上，条件 (29) 成立的充分必要条件是 $n - r$ 个计数等于 $2q$ 且 r 个计数等于 $2q + 2$，其中 $q = \lfloor 2^{n-1}/n \rfloor$ 且 $r = 2^{n-1} \bmod n$.）

证明. 对于转变计数为 $(c_0, \ldots, c_{n-1})$ 的 n 比特格雷圈，给定一个 δ 序列，用以下方法获得圈 (27) 的计数：从值 $(c_0', \ldots, c_{n-1}', c_n', c_{n+1}') = (4c_0, \ldots, 4c_{n-1}, l+1, l+1)$ 开始，然后对于 $1 \le k < l$，从 c_{j_k}' 中减去 2，从 c_{j_l}' 中减去 4. 例如，当 $n = 3$ 时，如果对 δ 序列 $\underline{0}1\underline{2}10121$ 应用定理 D，我们可以获得一个平衡的转变计数为 $(8 - 2, 16 - 10, 8, 6, 6) = (6, 6, 8, 6, 6)$ 的 5 比特格雷圈. 习题 51 给出对于其他 n 值的证明细节. ∎

当我们考虑游程[①] 长度（即同一 δ 值相继出现之间的距离）时，出现了另外一类重要的 n 比特格雷圈，它们中的每条坐标径迹具有同等责任. 标准格雷二进制码在最低有效位的位置具有长度为 2 的游程，当需要精确的量度时这可能导致精度的丧失 [例如，见乔治·劳伦斯和威廉·麦克林托克在 *Proc. SPIE* **2831** (1996), 104–111 中所做的讨论]. 但是在 δ 序列为

$$(0123042103210423)^2 \tag{30}$$

的值得注意的 5 比特格雷圈中，所有游程具有 4 或更大的长度.

令 $r(n)$ 是这样的最大的 r 值，使得可以找到一个 n 比特格雷圈，其中所有游程具有大于等于 r 的长度. 显然 $r(1) = 1$，$r(2) = r(3) = r(4) = 2$. 并且容易看出，当 $n > 2$ 时 $r(n)$ 必定小于 n，因此 (30) 证明了 $r(5) = 4$. 彻底的计算机搜索证实了 $r(6) = 4$ 且 $r(7) = 5$. 实际上，对于 $n = 7$ 的情形，一种相当简单的回溯计算需要用一棵大约仅有 6000 万个结点的树确定 $r(7) < 6$，而习题 61(a) 构造了一个游程均不短于 5 的 7 比特圈. 对于 $n \ge 8$，$r(n)$ 的确切值是未知的. 但是 $r(10)$ 的值几乎肯定是 8，并且已知一些有趣的结构，通过它们可以证明当 $n \to \infty$ 时 $r(n) = n - O(\log n)$. （见习题 60–64.）

[①] 游程的定义见 5.1.3 节：如果在一个排列 $a_1 a_2 \ldots a_n$ 的两端各放置一条竖线，并在所有满足 $a_j > a_{j+1}$ 的 a_j 和 a_{j+1} 之间放置一条竖线，一对竖线之间的片段就称为游程. 也见 3.3.2 节 "G. 游程检验". ——编者注

*二进制格雷路径. 我们已经把 n 比特格雷圈定义为一种排列方式，把所有二进制 n 元组排列成具备这样性质的序列 $(v_0, v_1, \ldots, v_{2^n-1})$，对于 $0 \le k < 2^n - 1$，在 n 立方中 v_k 与 v_{k+1} 邻接，v_{2^n-1} 也与 v_0 邻接。这种圈的性质是令人满意的，但是并非总是必须的。有时我们不用它可能做得更好。我们来说一条 n 比特格雷路径（通常也称为格雷码），它是满足格雷圈条件但是最后一个元素不是必须与第一个元素邻接的任何序列。换句话说，格雷圈是 n 立方的顶点上的哈密顿圈，但是格雷码只是那种图上的哈密顿路径。

不是格雷圈的最重要的二进制格雷路径是这样的 n 比特序列 $(v_0, v_1, \ldots, v_{2^n-1})$，它们在

$$\nu(v_k) \le \nu(v_{k+2}), \qquad 0 \le k < 2^n - 2 \tag{31}$$

的意义下是单调的。（同别处一样，这里我们用 ν 表示二进制串的"权值"或者"位叠加和"，即它含 1 的个数。）反复试验显示，对于每个 $n \le 4$，实际上只有两个单调的 n 比特格雷码，一个以 0^n 开始而另外一个以 $0^{n-1}1$ 开始。$n = 3$ 的两个格雷码是

$$000, 001, 011, 010, 110, 100, 101, 111; \tag{32}$$
$$001, 000, 010, 110, 100, 101, 111, 011. \tag{33}$$

$n = 4$ 的两个格雷码不是那么明显，但是其实不难发现。

由于每当 v_k 与 v_{k+1} 邻接时 $\nu(v_{k+1}) = \nu(v_k) \pm 1$，我们显然不能加强条件 (31) 要求所有 n 元组严格按权值排序。但是，对于给定的 k 以及给定的 v_0 的权值，关系式 (31) 对于确定每个 v_k 的权值是足够强的条件，因为我们知道恰好有 $\binom{n}{j}$ 个 n 元组具有权值 j。

图 34 通过在所有 256 种可能的 8 比特字节中进行盛大的遍历，展示了庞大数量的格雷码中的 7 个，总结了我们迄今为止的讨论情况。黑色方块表示 1，白色方块表示 0。图 34(a) 是标准格雷二进制码。图 34(b) 是平衡格雷码，在每个坐标位置恰好有 $256/8 = 32$ 个转变。图 34(c) 是与图 34(a) 相似的格雷码，其中底部 128 个码是顶部 128 个码的补。在图 34(d) 中，每个坐标位置中出现的转变相距不会少于 5 步。换句话说，所有游程长度至少是 5。图 34(e) 的圈在习题 59 的意义下是非局部的。图 34(f) 给出 $n = 8$ 的一条单调路径，注意靠近底部时它变黑到何种程度。最后，图 34(g) 展现一个总体上非单调的格雷码，黑色方块的重心恰好落在每列的中点。标准格雷二进制码在坐标位置的 7 个位置具有这种性质，但是图 34(g) 在全部 8 个坐标位置达到黑白权值的完全平衡。这样的码称为无趋势码，它们在农业设计和其他实验中是很重要的（见习题 75 和习题 76）。

卡拉 · 萨维奇和彼得 · 温克勒［ *J. Combinatorial Theory* **A70** (1995), 230–248 ］找到一种优雅的方法来构造所有 $n > 0$ 的单调二进制格雷码。这样的路径需要从子路径 P_{nj} 构建，P_{nj} 的所有转变是在权值 j 和 $j + 1$ 的 n 元组之间。萨维奇和温克勒通过以下方式递归定义符合要求的子路径：令 $P_{10} = 0, 1$，对于所有 $n > 0$ 令

$$P_{(n+1)j} = 1P^{\pi_n}_{n(j-1)}, 0P_{nj}; \tag{34}$$
$$P_{nj} = \emptyset \quad \text{如果 } j < 0 \text{ 或 } j \ge n. \tag{35}$$

这里的 π_n 是我们稍后将要说明的坐标的一个排列，记号 P^π 是指序列 P 的每个元素 $a_{n-1} \ldots a_1 a_0$ 用 $b_{n-1} \ldots b_1 b_0$ 代替，其中 $b_{j\pi} = a_j$。（因为要求 $(2^j)^\pi$ 等于 $2^{j\pi}$，所以我们不通过令 $b_j = a_{j\pi}$ 来定义 P^π。）例如，因为 $P_{1(-1)}$ 是空的，由此推出

$$P_{20} = 0P_{10} = 00, 01. \tag{36}$$

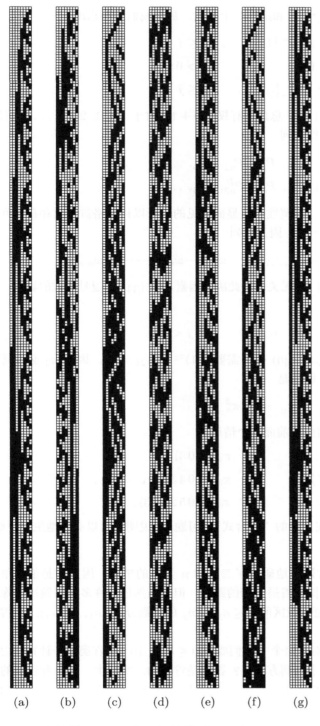

图 34 8 比特
格雷码的例子：

(a) 标准；

(b) 平衡；

(c) 互补；

(d) 长游程；

(e) 非局部；

(f) 单调；

(g) 无趋势

因为 P_{11} 是空的并且 π_1 必定是恒等排列，还有

$$P_{21} = 1P_{10}^{\pi_1} = 10,\ 11. \tag{37}$$

一般情况下，P_{nj} 是恰好包含权值 j 的 $\binom{n-1}{j}$ 个串与权值 $j+1$ 的 $\binom{n-1}{j}$ 个串交织的长度为 n 的二进制位串的一个序列.

令 α_{nj} 和 ω_{nj} 是 P_{nj} 的第一个元素和最后一个元素. 那么我们容易求出

$$\omega_{nj} = 0^{n-j-1}1^{j+1}, \qquad 0 \le j < n; \tag{38}$$

$$\alpha_{n0} = 0^n, \qquad n > 0; \tag{39}$$

$$\alpha_{nj} = 1\alpha_{(n-1)(j-1)}^{\pi_{n-1}}, \qquad 1 \le j < n. \tag{40}$$

特别是, α_{nj} 总是具有权值 j, 并且 ω_{nj} 总是具有权值 $j+1$. 对于 $n = 1, 2, 3, \ldots$, 我们将定义 $\{0, 1, \ldots, n-1\}$ 的排列 π_n, 使得序列

$$P_{n0}, \ P_{n1}^R, \ P_{n2}, \ P_{n3}^R, \ \ldots \tag{41}$$

$$和 \ P_{n0}^R, \ P_{n1}, \ P_{n2}^R, \ P_{n3}, \ \ldots \tag{42}$$

都是单调二进制格雷路径. 事实上, 单调性质是显而易见的, 所以只是格雷性质存在疑问. 可是序列 (41) 和 (42) 完美地结合在一起, 因为序列

$$\alpha_{n0} \longrightarrow \alpha_{n1} \longrightarrow \cdots \longrightarrow \alpha_{n(n-1)}, \qquad \omega_{n0} \longrightarrow \omega_{n1} \longrightarrow \cdots \longrightarrow \omega_{n(n-1)} \tag{43}$$

的邻接性立即由 (34) 推出而与排列 π_n 无关. 因此决定因素是式 (34) 在逗号位置的转变, 它使 $P_{(n+1)j}$ 成为格雷子路径当且仅当

$$\omega_{n(j-1)}^{\pi_n} = \alpha_{nj}, \qquad 0 < j < n. \tag{44}$$

例如, 当 $n = 2$ 且 $j = 1$ 时, 由 (38)–(40) 我们需要 $(01)^{\pi_2} = \alpha_{21} = 10$. 因此 π_2 必定转置坐标 0 与 1. 一般公式 (见习题 71) 结果是

$$\pi_n = \sigma_n \pi_{n-1}^2, \tag{45}$$

其中 σ_n 是 n 圈 $(n-1 \ \ldots \ 1 \ 0)$. 因此, 前面几个情形是

$$\begin{aligned} &\pi_1 = (0), & &\pi_4 = (0\,3), \\ &\pi_2 = (0\,1), & &\pi_5 = (0\,4\,3\,2\,1), \\ &\pi_3 = (0\,2\,1), & &\pi_6 = (0\,5\,2\,4\,1\,3); \end{aligned}$$

显而易见, 对于幻排列 π_n, 不存在简单的 "闭合式". 习题 73 说明, 可以有效地生成萨维奇-温克勒码.

非二进制格雷码. 我们已非常详细地研究了二进制 n 元组的情况, 因为它是最简单、最典型和最实用的, 也是这一课题中探索得最透彻的部分. 但是当然还有许多应用领域, 像在算法 M 中那样, 我们需要生成属于更一般区间 $0 \le a_j < m_j$ 的整数分量 $(a_1, \ldots, a_n)$. 格雷码正好也适用于这种情况.

例如, 考虑十进制数字, 其中对于每个 j 我们要求 $0 \le a_j < 10$. 存在类似于计算格雷二进制码 (即一次只改变一个数字) 的十进制方法吗? 答案是肯定的. 实际上, 有两种自然的方案可以使用. 第一种方案, 称为反射格雷十进制码, 使用可以计数到一千的 3 位数字串序列, 其形式为

$$000, 001, \ldots, 009, 019, 018, \ldots, 011, 010, 020, 021, \ldots, 091, 090, 190, 191, \ldots, 900,$$

每个分量交替地由 0 变到 9 再由 9 变回 0. 第二种方案, 称为取模格雷十进制码, 数字总是按 $1 \bmod 10$ 增加, 所以它们从 9 到 0 "绕回":

$$000, 001, \ldots, 009, 019, 010, \ldots, 017, 018, 028, 029, \ldots, 099, 090, 190, 191, \ldots, 900.$$

在这两种情况下，数字在第 k 步的改变由十进制直尺函数 $\rho_{10}(k)$（即整除 k 的 10 的最大乘幂）确定. 因此数字的每个 n 元组恰好出现一次：对于 $1 \le j \le n$，在改变任何其他数字之前，我们生成最右边 j 个数字的 10^j 个不同值.

一般说来，可以把任何混合进制数系中的反射格雷码看成非负整数的一个排列，即把一个平常的混合进制数

$$k = \begin{bmatrix} b_{n-1}, & \ldots, & b_1, & b_0 \\ m_{n-1}, & \ldots, & m_1, & m_0 \end{bmatrix} = b_{n-1}m_{n-2}\ldots m_1 m_0 + \cdots + b_1 m_0 + b_0 \tag{46}$$

映射为等价的反射格雷码

$$\hat{g}(k) = \begin{bmatrix} a_{n-1}, & \ldots, & a_1, & a_0 \\ m_{n-1}, & \ldots, & m_1, & m_0 \end{bmatrix} = a_{n-1}m_{n-2}\ldots m_1 m_0 + \cdots + a_1 m_0 + a_0, \tag{47}$$

正如在二进制数的特殊情况下公式 (7) 所做的映射. 令

$$A_j = \begin{bmatrix} a_{n-1}, & \ldots, & a_j \\ m_{n-1}, & \ldots, & m_j \end{bmatrix}, \qquad B_j = \begin{bmatrix} b_{n-1}, & \ldots, & b_j \\ m_{n-1}, & \ldots, & m_j \end{bmatrix}, \tag{48}$$

取 $A_n = B_n = 0$，所以当 $0 \le j < n$ 时我们有

$$A_j = m_j A_{j+1} + a_j \qquad 且 \qquad B_j = m_j B_{j+1} + b_j. \tag{49}$$

通过对 $n - j$ 的归纳法，不难导出 a 与 b 的联系规则：

$$a_j = \begin{cases} b_j, & \text{如果 } B_{j+1} \text{ 是偶数}; \\ m_j - 1 - b_j, & \text{如果 } B_{j+1} \text{ 是奇数}. \end{cases} \tag{50}$$

（这里 n 元组 $(a_{n-1}, \ldots, a_1, a_0)$ 和 $(b_{n-1}, \ldots, b_1, b_0)$ 的坐标是从右到左编号，以便同 (7) 以及等式 4.1–(9) 的混合进制表示法一致. 喜欢像 $(a_1, \ldots, a_n)$ 记号的读者，如果愿意的话可以在所有公式中把 j 改成 $n - j$.）从相反的方向我们有

$$b_j = \begin{cases} a_j, & \text{如果 } a_{j+1} + a_{j+2} + \cdots \text{ 是偶数}; \\ m_j - 1 - a_j, & \text{如果 } a_{j+1} + a_{j+2} + \cdots \text{ 是奇数}. \end{cases} \tag{51}$$

奇妙的是，当所有基数 m_j 都是奇数时，规则 (50) 及其逆规则 (51) 是完全相同的. 例如，在格雷三元码中，当 $m_0 = m_1 = \cdots = 3$ 时，我们有 $\hat{g}((10010211012)_3) = (12210211010)_3$，并且还有 $\hat{g}((12210211010)_3) = (10010211012)_3$. 习题 78 证明 (50) 和 (51)，并且讨论在取模格雷码情况下成立的类似公式.

实际上，我们可以推广算法 M 和算法 L 无循环生成这样的格雷序列.

算法 H（无循环生成反射混合进制格雷码）. 这个算法访问满足 $0 \le a_j < m_j$（$0 \le j < n$）的所有 n 元组 $(a_{n-1}, \ldots, a_0)$，在每一步只有一个分量改变 ± 1. 它像在算法 L 那样维持控制操作的一个中心点指针数组 $(f_n, \ldots, f_0)$，连同一个方向数组 $(o_{n-1}, \ldots, o_0)$. 我们假定每个基数 $m_j \ge 2$.

H1.［初始化.］对于 $0 \le j < n$，置 $a_j \leftarrow 0$, $f_j \leftarrow j$, $o_j \leftarrow 1$. 也置 $f_n \leftarrow n$.

H2.［访问.］访问 n 元组 $(a_{n-1}, \ldots, a_1, a_0)$.

H3.［选择 j.］置 $j \leftarrow f_0$, $f_0 \leftarrow 0$. （像算法 L 那样，j 是最右边的活动坐标. 在它右边的所有元素现在已经重新成为活动的.）

H4.［改变坐标 j.］如果 $j = n$ 终止. 否则，置 $a_j \leftarrow a_j + o_j$.

H5. [反射?] 如果 $a_j = 0$ 或 $a_j = m_j - 1$, 置 $o_j \leftarrow -o_j$, $f_j \leftarrow f_{j+1}$, $f_{j+1} \leftarrow j+1$. （坐标 j 因此成为不活动的.）返回 H2. ∎

一个类似的算法生成变形的取模格雷码（见习题 77）.

*子森林. 黄田保宪和弗兰克·拉斯基 [*J. Algorithms* **15** (1993), 324–340] 发现了算法 H 的一种有趣和指导性的推广, 进一步阐述了格雷码和无循环生成这个主题. 假定我们有 n 个结点的一片森林, 并且要访问它的所有 "主子森林", 即结点集 S 所有这样的子集, 如果 x 在 S 中且不是根结点, 则 x 的父结点也在 S 中. 例如, 7 结点森林 有 33 个这样的子集, 对应于下面 33 个图示中的黑色结点:

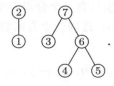

(52)

注意, 如果我们从左到右看顶行, 然后从右到左看中间行, 接着再从左到右看底行, 每一步恰好有一个结点改变状态.

如果给出的森林由退化的无分支树组成, 主子森林等价于混合进制数. 例如, 像

这样的森林有 $3 \times 2 \times 4 \times 2$ 片主子森林, 对应于使得 $0 \leq x_1 < 3$, $0 \leq x_2 < 2$, $0 \leq x_3 < 4$, $0 \leq x_4 < 2$ 的 4 元组 (x_1, x_2, x_3, x_4). x_j 的值是在第 j 棵树选择的结点的数目. 当把黄田保宪和拉斯基的算法应用到这样的一片森林时, 它将用同 $(3,2,4,2)$ 进制反射格雷码一样的顺序访问子森林.

算法 K （无循环生成反射子森林）. 给定一片森林, 当它的结点按后序排列是 $(1, \ldots, n)$ 时, 这个算法访问所有这样的二进制 n 元组 $(a_1, \ldots, a_n)$, 每当 p 是 q 的父结点时有 $a_p \geq a_q$. （因此 $a_p = 1$ 意味着 p 是当前子森林中的一个结点.）在一次访问与下一次访问之间恰好有一个二进制位 a_j 改变. 与算法 L 中类似的中心点指针 $(f_0, f_1, \ldots, f_n)$ 是同另外两个指针数组 $(l_0, l_1, \ldots, l_n)$ 和 $(r_0, r_1, \ldots, r_n)$ 一起使用的, 它们表示一个称为 "当前边缘" 的双向链表. 当前边缘包含当前子森林的全部结点以及它们的子结点, r_0 指向它最左边的结点而 l_0 指向它最右边的结点.

辅助数组 $(c_0, c_1, \ldots, c_n)$ 定义森林如下: 如果 p 没有子结点则 $c_p = 0$, 否则 c_p 是 p 最左边的（最小的）子结点. c_0 也是森林本身最左边的根. 当算法开始时, 每当 p 和 q 是同族的相继子结点时, 我们假定 $r_p = q$ 且 $l_q = p$. 于是, 例如 (52) 中的森林具有后序编号

因此, 在这种情况下步骤 K1 的开始应有 $(c_0, \ldots, c_7) = (2,0,1,0,0,0,4,3)$ 且 $r_2 = 7$, $l_7 = 2$, $r_3 = 6$, $l_6 = 3$, $r_4 = 5$, $l_5 = 4$.

K1. [初始化.] 对于 $1 \leq j \leq n$ 置 $a_j \leftarrow 0$, $f_j \leftarrow j$, 因此初始子森林为空并且所有结点是活动的. 置 $f_0 \leftarrow 0$, $l_0 \leftarrow n$, $r_n \leftarrow 0$, $r_0 \leftarrow c_0$, $l_{c_0} \leftarrow 0$, 由此把所有根置于当前边缘中.

K2. ［访问.］访问由 $(a_1, \ldots, a_n)$ 定义的子森林.

K3. ［选择 p.］置 $q \leftarrow l_0$, $p \leftarrow f_q$. （现在 p 是边缘最右边的活动结点.）也置 $f_q \leftarrow q$（从而 p 右边的所有结点成为活动结点）.

K4. ［检查 a_p.］如果 $p = 0$ 算法终止. 否则, 如果 $a_p = 1$ 转到 K6.

K5. ［插入 p 的子结点.］置 $a_p \leftarrow 1$. 然后, 如果 $c_p \neq 0$, 置 $q \leftarrow r_p$, $l_q \leftarrow p-1$, $r_{p-1} \leftarrow q$, $r_p \leftarrow c_p$, $l_{c_p} \leftarrow p$（从而把 p 的子结点置于边缘内 p 的右边）. 转到 K7.

K6. ［删除 p 的子结点.］置 $a_p \leftarrow 0$. 然后, 如果 $c_p \neq 0$, 置 $q \leftarrow r_{p-1}$, $r_p \leftarrow q$, $l_q \leftarrow p$（从而从边缘中删除 p 的子结点）.

K7. ［使 p 成为不活动的结点.］（这时我们知道 p 是活动结点.）置 $f_p \leftarrow f_{l_p}$, $f_{l_p} \leftarrow l_p$. 返回 K2. ∎

鼓励读者对于像 (52) 的例子演算一遍这个算法, 以便了解其中边缘赖以适时增长和收缩的完美机制.

*移位寄存器序列. 用一种完全不同的方式生成 m 进制数字的全部 n 元组也是可能的: 我们可以一次生成一个数字, 并且重复处理 n 个最新生成的数字, 由此通过在右边移入一个适当的新数字从一个 n 元组 $(x_0, x_1, \ldots, x_{n-1})$ 转到另一个 n 元组 $(x_1, \ldots, x_{n-1}, x_n)$. 例如, 图 35 说明在长度为 32 的特定循环模式中, 如何获得作为 5 个相继的二进制位数据块的所有 5 个二进制位的数. 我们在 2.3.4.2 节和 3.2.2 节的一些习题中已经讨论过这个一般概念, 现在准备对它做进一步考察.

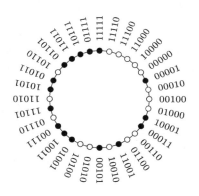

图 35 5 个二进制位的数的德布鲁因圈

算法 S（生成通用移位寄存器）. 如果在步骤 S3 使用适当的函数 f, 则这个算法访问满足条件 $0 \leq a_j < m$ $(1 \leq j \leq n)$ 的所有 n 元组 $(a_1, \ldots, a_n)$.

S1. ［初始化.］对于 $-n < j \leq 0$ 置 $a_j \leftarrow 0$, 并且置 $k \leftarrow 1$.

S2. ［访问.］访问 n 元组 $(a_{k-n}, \ldots, a_{k-1})$. 如果 $k = m^n$, 终止.

S3. ［推进.］置 $a_k \leftarrow f(a_{k-n}, \ldots, a_{k-1})$, $k \leftarrow k+1$, 并且返回 S2. ∎

使算法 S 生效的每个函数 f 以这样一种方式对应于 m 进制的 m^n 个数字的一个圈, 即 n 个数字的每种组合顺序出现在圈中. 例如, 图 35 所示的情况 $m = 2$ 和 $n = 3$, 对应于二进制圈

$$00000100011001010011101011011111;$$ (53)

并且无穷序列

$$0011021220313233041424344\ldots \tag{54}$$

的前 m^2 个数字产生 $n=2$ 和任意 m 的相应的圈. 这样的圈通常称为 m 进制德布鲁因圈, 因为尼古拉斯·德布鲁因在 *Indagationes Mathematicæ* **8** (1946), 461–467 讨论过对于任意 n 的二进制事例.

习题 2.3.4.2–23 证明恰好有 $m!^{m^{n-1}}/m^n$ 个函数 f 具有所需的性质. 这是一个巨大的数目, 但是这些函数中只有很少一部分已知是可以有效计算的. 我们将讨论看来最有用的三类函数 f.

第一类重要的实例以 m 为素数的形式出现, 而且 f 是殆线性递推的

$$f(x_1,\ldots,x_n) = \begin{cases} c_1, & \text{如果 } (x_1, x_2, \ldots, x_n) = (0, 0, \ldots, 0); \\ 0, & \text{如果 } (x_1, x_2, \ldots, x_n) = (1, 0, \ldots, 0); \\ (c_1 x_1 + c_2 x_2 + \cdots + c_n x_n) \bmod m, & \text{其他.} \end{cases} \tag{55}$$

这里的系数 $(c_1,\ldots,c_n)$ 按照等式 3.2.2–(9) 后面讨论的意义必然使得

$$x^n - c_n x^{n-1} - \cdots - c_2 x - c_1 \tag{56}$$

是模 2 本原多项式. 这种多项式的数目高达 $\varphi(m^n-1)/n$, 大到足以使我们找到一个只有少数系数 c 是非零的多项式. [这种结构追溯到威廉·曼特尔的一篇开创性论文, *Nieuw Archief voor Wiskunde* (2) **1** (1897), 172–184.]

例如, 假定 $m=2$. 我们可以用一个非常简单的无循环过程生成二进制 n 元组.

算法 A (生成殆线性二进制位移位). 这个算法用如同在表 1 中找到的一个特别位移量 s [情形 1] 或两个特别位移量 s 和 t [情形 2], 访问所有 n 比特向量.

表 1   算法 A 的参数

3 : 1	8 : 1, 5	13 : 1, 3	18 : 7	23 : 5	28 : 3
4 : 1	9 : 4	14 : 1, 11	19 : 1, 5	24 : 1, 3	29 : 2
5 : 2	10 : 3	15 : 1	20 : 3	25 : 3	30 : 1, 15
6 : 1	11 : 2	16 : 2, 3	21 : 2	26 : 1, 7	31 : 3
7 : 1	12 : 3, 4	17 : 3	22 : 1	27 : 1, 7	32 : 1, 27

条目 $n : s$ 或 $n : s, t$ 是指 $x^n + x^s + 1$ 或 $x^n + (x^s+1)(x^t+1)$ 是模 2 本原多项式. 韦恩·斯坦克 [*Math. Comp.* **27** (1973), 977–980] 已经把直到 $n=168$ 的其他参数值编制成表.

A1. [初始化.] 置 $(x_0, x_1, \ldots, x_{n-1}) \leftarrow (1, 0, \ldots, 0)$, $k \leftarrow 0$, $j \leftarrow s$. 对于情形 2, 也置 $i \leftarrow t$, $h \leftarrow s + t$.

A2. [访问.] 访问 n 元组 $(x_{k-1}, \ldots, x_0, x_{n-1}, \ldots, x_{k+1}, x_k)$.

A3. [做终结检验.] 如果 $x_k \neq 0$, 置 $r \leftarrow 0$. 否则, 置 $r \leftarrow r+1$, 并且如果 $r = n-1$ 转到 A6. (我们正好看见了 r 个连续的 0.)

A4. [移位.] 置 $k \leftarrow (k-1) \bmod n$, $j \leftarrow (j-1) \bmod n$. 对于情形 2, 也置 $i \leftarrow (i-1) \bmod n$, $h \leftarrow (h-1) \bmod n$.

A5. [计算新的二进制位.] 置 $x_k \leftarrow x_k \oplus x_j$ [情形 1] 或 $x_k \leftarrow x_k \oplus x_j \oplus x_i \oplus x_h$ [情形 2]. 返回 A2.

A6. [终结.] 访问 $(0, \ldots, 0)$ 并且终止. ∎

对于所有的 n 几乎肯定存在相应的位移量参数 s 和可能的 t, 因为本原多项式是如此之多. 例如, 当 $n = 32$ 时 (s, t) 的 8 种不同选择将是适合的, 表 1 只列出最小的. 然而, 参数存在性在所有情况下的严格证明完全超出目前的数学知识水平.

我们在 (55) 中的德布鲁因圈的第一种结构是代数性质的, 它的有效性依赖于有限域理论. 在 n 不是素数时适用的一种类似方法出现在习题 3.2.2–21 中. 相反, 我们的下一种结构将是纯属组合性质的. 实际上, 它同取模格雷 m 进制码的概念强烈相关.

算法 R (生成递归德布鲁因圈).   假定 $f()$ 是一个协同程序, 当重复调用它时, 将输出长度为 m^n 的 m 进制德布鲁因圈的连续数字, 由 n 个 0 开始. 如果 $n \geq 2$, 这个算法是一个类似的输出长度为 m^{n+1} 的圈的协同程序. 它维持 3 个专用变量 x, y, t, 变量 x 应初始化为 0.

R1. [输出.] 输出 x. 如果 $x \neq 0$ 且 $t \geq n$, 转到 R3.

R2. [调用 f.] 置 $y \leftarrow f()$.

R3. [对 1 计数.] 如果 $y = 1$, 置 $t \leftarrow t + 1$. 否则, 置 $t \leftarrow 0$.

R4. [跳过 1?] 如果 $t = n$ 且 $x \neq 0$, 返回 R2.

R5. [调整 x.] 置 $x \leftarrow (x + y) \bmod m$, 并且返回 R1.   ∎

例如, 令 $m = 3$ 且 $n = 2$. 如果 $f()$ 产生无限的 9 圈

$$001102122\ 001102122\ 0\ldots, \tag{57}$$

那么算法 R 将在步骤 R1 产生下列无限的 27 圈:

$$\begin{aligned}
y &= \quad 001021220011110212200102122\ 001\ldots \\
t &= \quad 001001000012340010000100100\ 001\ldots \\
x &= 000110102220120020211122121\ 0001\ldots
\end{aligned}$$

算法 R 正确执行的证明是有趣且具启示性的 (见习题 93). 下面接着的算法的证明更是如此, 该算法使窗口尺寸 n 加倍 (见习题 95).

算法 D (生成加倍的递归德布鲁因圈).   假定 $f()$ 和 $f'()$ 是两个协同程序, 当重复调用时每个程序将输出长度为 m^n 的 m 进制德布鲁因圈的连续数字, 由 $n \geq 2$ 个 0 开始. (两个圈必定是完全相同的, 但是它们由独立的协同程序产生, 因为我们将按不同速率使用它们的值.) 这个算法类似于输出长度为 m^{2n} 的德布鲁因圈的协同程序. 它维持 6 个专用变量 x, y, t, x', y', t', 变量 x 和 x' 应初始化为 m.

特殊参数 r 必须设置为这样一个常数值, 使得

$$1 \leq r \leq m \qquad \text{且} \qquad \gcd(m^n - r,\ m^n + r) = 2. \tag{58}$$

最佳选择通常是: 当 m 为奇数时 $r = 1$, 当 m 为偶数时 $r = 2$.

D1. [可能调用 f.] 如果 $t \neq n$ 或 $x \geq r$, 置 $y \leftarrow f()$.

D2. [重复计数.] 如果 $x \neq y$, 置 $x \leftarrow y$, $t \leftarrow 1$. 否则, 置 $t \leftarrow t + 1$.

D3. [从 f 输出.] 输出 x 的当前值.

D4. [调用 f'.] 置 $y' \leftarrow f'()$.

D5. [重复计数.] 如果 $x' \neq y'$, 置 $x' \leftarrow y'$, $t' \leftarrow 1$. 否则, 置 $t' \leftarrow t' + 1$.

D6. ［可能舍弃 f'．］如果 $t' = n$ 且 $x' < r$，而且如果 $t < n$ 或 $x' < x$，转到 D4．如果 $t' = n$ 且 $x' < r$ 且 $x' = x$，转到 D3．

D7. ［从 f' 输出．］输出 x' 的当前值．如果 $t' = n$ 且 $x' < r$，返回 D3．否则，返回 D1．   ∎

算法 D 的基本思想是轮流从 $f()$ 和 $f'()$ 输出，当两个序列的任何一个生成对于 $x < r$ 的连续 n 个 x 时进行特别的调整．例如，当 $f()$ 和 $f'()$ 产生 9 圈 (57) 时，我们取 $r = 1$ 并且获得

t 在步骤 D2: 12 31211112 12312111 12123121 11121231 21111212 …

x 在步骤 D3: 00001102122 00011021 22000110 21220001 102122000 …

t' 在步骤 D5: 12121111212121111212121111212121111212121111112121 …

x' 在步骤 D7: 0 11021220 11021220 11021220 11021220 11021220 1 ….

所以在步骤 D3 和 D7 产生的 81 圈是 00001011012…2222 00001….

算法 R 的 $m = 2$ 情形是由亚伯拉罕·伦佩尔［*IEEE Trans.* **C-19** (1970), 1204–1209］发现的．直到超出 25 年之后才发现算法 D［克里斯托弗·米切尔、图维·埃齐奥尼和肯尼思·佩特森，*IEEE Trans.* **IT-42** (1996), 1472–1478］．通过一起使用它们，从基于 (54) 的 $n = 2$ 的简单协同程序开始，我们可以建立一组有趣的合作协同程序，它们对于任何期望的 $m \geq 2$ 和 $n \geq 2$ 将生成长度为 m^n 的德布鲁因圈，对于输出的每个数字只使用 $O(\log n)$ 次简单计算．（见习题 96．）此外，在最简单的 $m = 2$ 的情况，这个组合 "R&D 方法" 具有这样的性质，它的第 k 次输出可以作为 k 的函数直接计算，通过对 n 个二进制位的数字执行 $O(n \log n)$ 次简单操作．反过来，给出任意 n 个二进制位形式的 β，β 在圈中的位置同样可以用 $O(n \log n)$ 步计算．（见习题 97–99．）目前还没有其他二进制德布鲁因圈族具有后者的性质．

德布鲁因圈的第三种结构建立在素串理论基础上，这种结构当我们在第 9 章研究模式匹配时将是非常重要的．假定 $\gamma = \alpha\beta$ 是两个串的串联．我们说 α 是 γ 的前缀，β 是后缀．如果 γ 的前缀或后缀的长度是正数但是小于 γ 的长度，则称为真前缀或真后缀．因此 β 是 $\alpha\beta$ 的真后缀，当且仅当 $\alpha \neq \epsilon$ 且 $\beta \neq \epsilon$．

定义 P.   如果一个串是非空的且（按字典序）小于它的所有真后缀，则它是素串．   ∎

例如，01101 不是素串，因为它大于 01．但是 01102 是素串，因为它小于 1102, 102, 02, 2．（我们假定串是由线性有序的字母表的字母、数字或其他符号组成的．字典序或字典顺序是比较串的通常方法，所以当 α 按字典序小于 β 时，我们写成 $\alpha < \beta$ 并且说 α 小于 β．特别是我们总有 $\alpha \leq \alpha\beta$，可是 $\alpha < \alpha\beta$ 当且仅当 $\beta \neq \epsilon$．）

素串经常被称为林登单词，因为它们是由罗杰·林登［*Trans. Amer. Math. Soc.* **77** (1954), 202–215］引入的．林登称它们为 "标准序列"．由于习题 101 中的基本分解定理，我们有理由用 "素串" 这个更简单的术语．然而，我们将通过经常使用字母 λ 表示素串来继续默默地对林登表示敬意．

素串一些最重要的性质是由陈国才、拉尔夫·福克斯和林登在一篇关于群论的重要论文［*Annals of Math.* (2) **68** (1958), 81–95］中导出的，其中包含下面简单而基本的结果．

定理 P.   小于它的所有循环移位的非空串是素串．

（$a_1 \ldots a_n$ 的循环移位是 $a_2 \ldots a_n a_1, a_3 \ldots a_n a_1 a_2, \ldots, a_n a_1 \ldots a_{n-1}$．）

证明．   假定 $\gamma = \alpha\beta$ 不是素串，因为 $\alpha \neq \epsilon$ 且 $\gamma \geq \beta \neq \epsilon$．但是也假定 γ 小于它的循环移位 $\beta\alpha$．那么条件 $\beta \leq \gamma < \beta\alpha$ 蕴涵对于某个串 $\theta < \alpha$ 有 $\gamma = \beta\theta$．因此，如果 γ 也小于它的循环移位 $\theta\beta$，则我们有 $\theta < \alpha < \alpha\beta < \theta\beta$．然而这是不可能的，因为 α 和 θ 具有相同的长度．   ∎

令 $L_m(n)$ 是长度为 n 的 m 进制素串的数目. 每个串 $a_1\ldots a_n$ 以及它的循环移位, 对于 n 的某个因数 d 产生 d 个不同的串, 恰好对应于长度为 d 的一个素串. 例如, 我们从 010010 通过循环移位也得到 100100 和 001001, 并且循环部分 $\{010, 100, 001\}$ 中最小的是素串 001. 因此我们必定有

$$\text{对于所有 } m, n \geq 1, \qquad \sum_{d\backslash n} dL_m(d) = m^n. \tag{59}$$

可以利用莫比乌斯函数和习题 4.5.3–28(a) 对 $L_m(n)$ 求解这个方程组, 并且我们获得

$$L_m(n) = \frac{1}{n} \sum_{d\backslash n} \mu(d) m^{n/d}. \tag{60}$$

在 20 世纪 70 年代, 哈罗德·弗雷德里克森和詹姆斯·马约拉纳发现了以递增顺序生成长度不超过 n 的所有 m 进制素串的漂亮而简单的方法 [*Discrete Math.* **23** (1978), 207–210]. 在准备好来理解他们的算法之前, 我们需要考虑一个非空串 λ 的 n 扩张, 也就是无穷串 $\lambda\lambda\lambda\ldots$ 的前面 n 个字符. 例如, 123 的 10 扩张是 1231231231. 一般说来, 如果 $|\lambda| = k$, 它的 n 扩张是 $\lambda^{\lfloor n/k \rfloor}\lambda'$, 其中 λ' 是 λ 的长度为 $n \bmod k$ 的前缀.

定义 Q. 如果一个串是某个字母表上的素串的非空前缀, 则它是前素的. ▮

定理 Q. 一个长度为 $n > 0$ 的串是前素的, 当且仅当它是长度为 $k \leq n$ 的素串 λ 的 n 扩张. 这个素串是唯一确定的.

证明. 见习题 105. ▮

定理 Q 说明, 在长度小于等于 n 的素串与长度为 n 的前素串之间实质上存在一一对应关系. 下面的算法以递增顺序生成所有 m 进制实例.

算法 F (生成素串和前素串). 这个算法访问所有 m 进制 n 元组 $(a_1, \ldots, a_n)$, 使得串 $a_1 \ldots a_n$ 是前素串. 它还确定下标 j, 使得 $a_1 \ldots a_n$ 是素串 $a_1 \ldots a_j$ 的 n 扩张.

F1. [初始化.] 置 $a_1 \leftarrow \cdots \leftarrow a_n \leftarrow 0$, $j \leftarrow 1$. 也置 $a_0 \leftarrow -1$.

F2. [访问.] 以下标 j 访问 $(a_1, \ldots, a_n)$.

F3. [准备增加.] 置 $j \leftarrow n$. 然后, 如果 $a_j = m - 1$, 则减小 j 直到 $a_j < m - 1$.

F4. [加 1.] 如果 $j = 0$ 则终止. 否则置 $a_j \leftarrow a_j + 1$. (由习题 105(a), 现在 $a_1 \ldots a_j$ 是素串.)

F5. [作 n 扩张.] 对于 $k \leftarrow j + 1, \ldots, n$ (按此顺序), 置 $a_k \leftarrow a_{k-j}$. 返回 F2. ▮

例如, 当 $m = 3$ 且 $n = 4$ 时, 算法 F 访问 32 个 3 进制前素串:

$$
\begin{array}{llllllll}
0000 & 0011 & 0022 & 0111 & 0122 & 0212 & 1111 & 1212 \\
0001 & 0012 & 0101 & 0112 & 0202 & 0220 & 1112 & 1221 \\
0002 & 0020 & 0102 & 0120 & 0210 & 0221 & 1121 & 1222 \\
0010 & 0021 & 0110 & 0121 & 0211 & 0222 & 1122 & 2222
\end{array} \tag{61}
$$

(位于 " $\vee$ " 前面的数字是素串 0, 0001, 0002, 001, 0011, $\ldots$, 2.)

定理 Q 说明了这个算法为什么是正确的, 因为步骤 F3 和 F4 显然找出超过以前的前素串 $a_1 \ldots a_n$ 的长度小于等于 n 的最小 m 进制素串. 注意在 a_1 从 0 增加到 1 后, 算法继续访问按 $1\ldots 1$ 递增的所有 $m - 1$ 进制素串和前素串.

算法 F 是非常优美的，但是当它处理德布鲁因圈时是什么情况？下面来看绝妙的例子：如果当 j 是 n 的因数时我们在步骤 F2 输出数字 $a_1, \ldots, a_j$，那么所有这样数字的序列构成一个德布鲁因圈！例如，在 $m = 3$ 且 $n = 4$ 的情形，输出是下面的 81 个数字：

0 0001 0002 0011 0012 0021 0022 01 0102 0111 0112

$$0121\ 0122\ 02\ 0211\ 0212\ 0221\ 0222\ 1\ 1112\ 1122\ 12\ 1222\ 2. \tag{62}$$

（我们省略 (61) 中的素串 001, 002, 011, $\ldots$, 122，因为它们的长度不整除 4.）构成这种近乎神秘性质的原因在习题 108 中考察. 注意，由 (59)，这个圈具有正确的长度.

在一定的意义上，这个过程的输出实际上等价于对所有 m 和 n 都有效的全部德布鲁因圈结构的"老祖宗"，也就是门罗·马丁首次发表在 *Bull. Amer. Math. Soc.* **40** (1934), 859–864 的结构：对于 $m = 3$ 且 $n = 4$，马丁的原始圈是 2222122202211 $\ldots$ 10000，即 (62) 的二进制补码. 事实上，哈罗德·弗雷德里克森和詹姆斯·马约拉纳在寻找生成马丁序列的一种简单方法时，几乎无意中发现了算法 F. 他们的算法同前素串之间的明显联系，直到多年后在弗兰克·拉斯基、卡拉·萨维奇和王珉懿对运行时间进行仔细分析时才引起人们的注意 [*J. Algorithms* **13** (1992), 414–430]. 这个分析的主要结果出现在习题 107 中，就是

(i) 在步骤 F3 和 F5 中，$n - j$ 的平均值近似为 $1/(m - 1)$.

(ii) 产生像 (62) 那样的德布鲁因圈的总运行时间是 $O(m^n)$.

习题

1. [*10*] 给定每个分量的下界 l_j 和上界 u_j（假定 $l_j \le u_j$），说明如何生成满足条件 $l_j \le a_j \le u_j$ 的所有 n 元组 $(a_1, \ldots, a_n)$.

2. [*15*] 如果 $n = 10$ 且 $m_j = j$ $(1 \le j \le n)$，算法 M 访问的第 $1\,000\,000$ 个 n 元组是什么？提示：$\begin{bmatrix} 0, & 0, & 1, & 2, & 3, & 0, & 2, & 7, & 1, & 0 \\ 1, & 2, & 3, & 4, & 5, & 6, & 7, & 8, & 9, & 10 \end{bmatrix} = 1\,000\,000$.

▶ **3.** [*M20*] 算法 M 执行步骤 M4 多少次？

▶ **4.** [*18*] 在多数计算机上向下计数到 0 比向上计数到 m 更快. 修改算法 M，使得它从 $(m_1 - 1, \ldots, m_n - 1)$ 开始，到 $(0, \ldots, 0)$ 结束，按相反的顺序访问所有 n 元组.

▶ **5.** [*22*] 像"快速傅里叶变换"（习题 4.6.4–14）这样的算法，经常以二进制位反射顺序的一组答案结束，在希望 $A[(b_{n-1} \ldots b_0)_2]$ 的位置有 $A[(b_0 \ldots b_{n-1})_2]$. 把答案重新排列成适当顺序的好方法是什么？ [提示：反射算法 M.]

6. [*M17*] 证明格雷二进制码的基本公式 (7).

7. [*20*] 图 30(b) 显示分成 16 个扇区的一个盘上的格雷二进制码. 如果扇区数目是 12 或 60（表示时钟上的小时数或分钟数）或 360（表示圆周的度数），适于使用的类格雷码是什么？

8. [*15*] 用每步仅改变 2 个二进制位的方式遍历所有偶检验的长度为 n 的二进制位串的简单方法是什么？

9. [*16*] 当求解中国环谜题时，图 31 的下一步是什么？

▶ **10.** [*M21*] 在移去 n 个中国环的最短过程中，对 (a) 取下一个环的总步数 A_n 或 (b) 把环放回原处的总步数 B_n，求一个简单公式. 例如，$A_3 = 4$ 且 $B_3 = 1$.

11. [*M22*] （亨利·普尔基斯，1865）中国环谜题的两个最小环实际上可以同时放到杆上或者从杆上取下. 当允许这样的加速移动时，求解此谜题需要多少步？

▶ **12.** [*25*] 整数 n 的组分是和为 n 的正整数的序列. 例如，4 的组分是 1111, 112, 121, 13, 211, 22, 31, 4. 整数 n 恰好有 2^{n-1} 个组分，对应于点集 $\{1, \ldots, n-1\}$ 的所有子集，这些点可以用来把区间 $(0..n)$ 分割成整数大小的子区间.

(a) 设计一个无循环算法生成 n 的所有组分，每个组分表示成整数的顺序数组 $s_1 s_2 \ldots s_t$.

(b) 类似地，设计一个无循环算法，以指针数组 $q_0 q_1 \ldots q_t$ 隐式地表示组分，其中组分的元素是 $(q_0 - q_1)(q_1 - q_2) \ldots (q_{t-1} - q_t)$，并且我们有 $q_0 = n$，$q_t = 0$. 例如，组分 211 在这种方案下将用指针 $q_0 = 4$，$q_1 = 2$，$q_2 = 1$，$q_3 = 0$ 表示，并且 $t = 3$.

13. [21] 续前题，也计算在访问组分 $s_1 \ldots s_t$ 时使用的多项式系数 $C = \binom{n}{s_1, \ldots, s_t}$.

14. [20] 设计一个算法按字典序生成所有的串 $a_1 \ldots a_j$，其中 $0 \le j \le n$ 并且 $0 \le a_i < m_i$ $(1 \le i \le j)$. 例如，如果 $m_1 = m_2 = n = 2$，你的算法应该依次访问 ϵ, 0, 00, 01, 1, 10, 11.

▶ **15.** [25] 设计一个无循环算法生成上题中的串. 对于相同长度的所有串应该像以前那样按字典序访问，但是对于不同长度的串可以按任何方便的混杂顺序访问. 例如当 $m_1 = m_2 = n = 2$ 时，0, 00, 01, ϵ, 10, 11, 1 是一种可以接受的顺序.

16. [23] 无循环算法显然不能按字典序生成所有二进制向量 $(a_1, \ldots, a_n)$，因为在相继的访问之间需要改变的分量 a_j 的数目是不受限制的. 然而，如果用链接表示代替顺序表示，说明无循环字典序生成就成为可能的：假设有 $2n + 1$ 个结点 $\{0, 1, \ldots, 2n\}$，每个结点包含一个 LINK 字段. 二进制 n 元组 $(a_1, \ldots, a_n)$ 通过令

$$\texttt{LINK}(0) = 1 + na_1;$$
$$\texttt{LINK}(j - 1 + na_{j-1}) = j + na_j, \qquad 1 < j \le n;$$
$$\texttt{LINK}(n + na_n) = 0;$$

表示，其余 n 个 LINK 字段可以具有任何方便的值.

17. [20] 一个称为卡诺图的著名结构 [莫里斯·卡诺，*Amer. Inst. Elect. Eng. Trans.* **72**, part I (1953), 593–599] 使用二维格雷二进制码显示 4×4 环面内的所有 4 位二进制数：

```
0000 0001 0011 0010
0100 0101 0111 0110
1100 1101 1111 1110
1000 1001 1011 1010
```

（一个环面的条目在左侧与右侧并且在顶端与底端"绕回"——仿佛它们是在平面上无限复制的瓦片.）说明可以用同样方式把所有 6 位二进制数排列在 8×8 环面内，使得我们从任何点向东南西北移动时只有一个坐标位置改变.

▶ **18.** [20] 每个分量满足 $0 \le u_j < m_j$ 的向量 $u = (u_1, \ldots, u_n)$ 的李权定义为

$$\nu_L(u) = \sum_{j=1}^{n} \min(u_j, m_j - u_j).$$

两个这样的向量 u 和 v 之间的李距离是

$$d_L(u, v) = \nu_L(u - v), \qquad \text{其中 } u - v = ((u_1 - v_1) \bmod m_1, \ldots, (u_n - v_n) \bmod m_n).$$

（如果我们在每一步按 $\pm 1 \pmod{m_j}$ 调整某个分量 u_j，这是把 u 改变成 v 所需的最小步数.）

四进制向量有 $m_j = 4$ $(1 \le j \le n)$，而二进制向量全部为 $m_j = 2$. 在四进制向量 $u = (u_1, \ldots, u_n)$ 与二进制向量 $u' = (u_1', \ldots, u_{2n}')$ 之间，寻找具有 $\nu_L(u) = \nu(u')$ 且 $d_L(u, v) = \nu(u' \oplus v')$ 性质的简单一一对应.

19. [23] （八字节码）令 $g(x) = x^3 + 2x^2 + x - 1$.

(a) 利用本节的算法之一计算 $\sum z_{u_0} z_{u_1} z_{u_2} z_{u_3} z_{u_4} z_{u_5} z_{u_6} z_{u_\infty}$，这是一个以 z_0, z_1, z_2, z_3 为变量的多项式，在对于 $0 \le v_0, v_1, v_2, v_3 < 4$ 的所有 256 个多项式

$$(v_0 + v_1 x + v_2 x^2 + v_3 x^3) g(x) \bmod 4 = u_0 + u_1 x + u_2 x^2 + u_3 x^3 + u_4 x^4 + u_5 x^5 + u_6 x^6$$

上求和，其中选择 u_∞ 使得 $0 \le u_\infty < 4$ 且 $(u_0 + u_1 + u_2 + u_3 + u_4 + u_5 + u_6 + u_\infty) \bmod 4 = 0$.

(b) 构造 256 个 16 位二进制数的一个集合，这些数至少在 6 个不同的位置上彼此不同.（这样一个集合是艾伦·诺德斯特罗姆和约翰·保罗·鲁宾逊首先发现的 [*Information and Control* **11** (1967), 613–616]，它实质上是唯一的.）

20. [*M36*] 上题中的 16 位二进制码字可以用于传输 8 位二进制信息，使得任何 1 位或 2 位的传输错误能够得到改正. 此外，如果收到的任何 3 位是不正确的，将检测出错误（但是不一定可以改正）. 设计一个算法，或者找出给定的 16 位二进制数 u' 的最接近的码字，或者确定 u' 至少有 3 位是错误的. 你的算法如何解码 $(1100100100001111)_2$？[提示：利用以下事实：$x^7 \equiv 1 \pmod{g(x)}$ 和 4，以及对于某些 $j, k \in \{0, 1, 2, 3, 4, 5, 6, \infty\}$，次数小于 3 的每个四进制多项式同余于多项式 $x^j + 2x^k \pmod{g(x)}$ 和 4），其中 $x^\infty = 0$.]

21. [*M30*] n 立方的 t 子立方可以用像 **10**0* 这样包含 t 个星号和 $n-t$ 个确定的二进制位的串表示. 如果按字典序写出所有 2^n 个二进制 n 元组，那么属于这样一个子立方的元素出现在 $2^{t'}$ 个连续项的簇中，其中 t' 是位于最右边的确定的二进制位左边的星号数目.（在给出的例子中，$n = 8$，$t = 5$，$t' = 4$.）但是如果 n 元组是按格雷二进制码顺序写出的，簇的数目可能减少. 例如当采用格雷二进制码顺序时，$(n-1)$ 子立方 *...*0 和 *...*1 仅分别出现在它们的 $2^{n-2}+1$ 和 2^{n-2} 个簇中而不是 2^{n-1} 个簇中.

    (a) 对于由若干星号以及 0 和 1 组成的给定的串 α 定义的子立方，说明如何计算它的格雷二进制簇的数目 $C(\alpha)$. $C(**10**0*)$ 的值是什么？

    (b) 证明 $C(\alpha)$ 总是位于 $2^{t'-1}$ 和 $2^{t'}$ 之间（包含两个端点）.

    (c) 在所有可能的 $2^{n-t}\binom{n}{t}$ 个 t 子立方中，$C(\alpha)$ 的平均值是什么？

▶ **22.** [*22*] "右子立方"是像 0110** 这样的子立方，其中全部星号出现在所有确定的数字之后. 如图 36(a) 中那样，可以把任何二叉检索树（6.3 节）作为将一个立方体划分成不相交的右子立方的一种手段. 如果交换每棵右子检索树的左右子检索树，并且从根开始向下进行，如图 36(b) 中那样，我们将获得一棵格雷二叉检索树.

    证明：如果从左到右遍历格雷二叉检索树的"叶图"，连续的叶图对应于邻接的子立方.（如果子立方包含邻接的顶点，则它们是邻接的. 例如 00** 同 011* 邻接，因为第一个子立方包含 0010 而第二个子立方包含 0110. 但是 011* 与 10** 是不邻接的.）

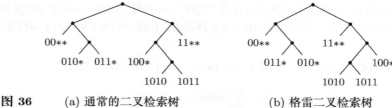

图 36   (a) 通常的二叉检索树   (b) 格雷二叉检索树

23. [*20*] 假定 $g(k) \oplus 2^j = g(l)$. 给定 j 和 k，求 l 的简单方法是什么？

24. [*M21*] 考虑把格雷二进制函数 g 扩展到所有 2 基整数（见 7.1.3 节）. 对应的反函数 $g^{[-1]}$ 是什么？

▶ **25.** [*M25*] 证明：如果 $g(k)$ 和 $g(l)$ 在 $t > 0$ 个二进制位上不同，并且如果 $0 \le k, l < 2^n$，那么 $\lceil 2^t/3 \rceil \le |k-l| \le 2^n - \lceil 2^t/3 \rceil$.

26. [*25*] （弗兰克·拉斯基）对于哪些整数 N，可以用这样一种方法生成小于 N 的所有非负整数，即对于它们的二进制表示，在每一步中只有一个二进制位发生改变？

▶ **27.** [*20*] 令 $S_0 = \{1\}$，$S_{n+1} = 1/(2+S_n) \cup 1/(2-S_n)$. 因此，例如

$$S_2 = \left\{ \frac{1}{2+\dfrac{1}{2+1}}, \frac{1}{2+\dfrac{1}{2-1}}, \frac{1}{2-\dfrac{1}{2+1}}, \frac{1}{2-\dfrac{1}{2-1}} \right\} = \left\{ \frac{3}{7}, \frac{1}{3}, \frac{3}{5}, 1 \right\},$$

并且 S_n 具有位于 $\frac{1}{3}$ 和 1 之间的 2^n 个元素. 计算 S_{100} 的第 10^{10} 个最小元素.

28. [*M27*] n 位二进制串序列 $\{\alpha_1,\ldots,\alpha_t\}$（其中 α_k 具有二进制表示 $\alpha_k = a_{k(n-1)}\ldots a_{k0}$）的中位数是串 $\hat\alpha = a_{n-1}\ldots a_0$，它的二进制位 a_j（$0 \le j < n$）与二进制位 a_{kj}（$1 \le k \le t$）的大多数一致.（如果 t 是偶数，并且二进制位 a_{kj} 有一半是 0 一半是 1，则中位数的二进制位 a_j 既可以是 0 也可以是 1.）例如，串序列 $\{0010, 0100, 0101, 1110\}$ 有两个中位数 0100 和 0110，我们可以用 01*0 表示.

(a) 寻找一个简单方法，描述当 $0 < t \le 2^n$ 时，$G_t = \{g(0),\ldots,g(t-1)\}$（即前 t 个格雷二进制串）的中位数.

(b) 证明：如果 $\alpha = a_{n-1}\ldots a_0$ 是这样的中位数，并且如果 $2^{n-1} < t < 2^n$，那么通过从 α 对任何二进制位 a_j 求补获得的串 β 也是 G_t 的元素.

29. [*M24*] 如果整数值 k 作为 n 位格雷二进制码 $g(k)$ 传输，并且以位模式 $p = (p_{n-1}\ldots p_0)_2$ 描述的误差接收. 假定 k 的所有值是等可能的，则平均数值误差是

$$\frac{1}{2^n} \sum_{k=0}^{2^n-1} \left| g^{[-1]}(g(k) \oplus p) - k \right|.$$

证明这个和等于 $\sum_{k=0}^{2^n-1} |(k \oplus p) - k|/2^n$，正如没有使用格雷二进制码一样，并且求它的显式值.

▶ **30.** [*M27*]（格雷排列）设计一个一遍扫描算法，只使用固定数量的辅助存储，把数组元素 $(X_0, X_1, X_2, \ldots, X_{2^n-1})$ 替换为 $(X_{g(0)}, X_{g(1)}, X_{g(2)}, \ldots, X_{g(2^n-1)})$. 提示：把函数 $g(n)$ 看成所有非负整数的一个排列，证明集合

$$L = \{0, 1, (10)_2, (100)_2, (100*)_2, (100*0)_2, (100*0*)_2, \ldots\}$$

是圈前导（圈的最小元素）的集合.

31. [*HM35*]（格雷域）令 $f_n(x) = g(r_n(x))$ 表示像习题 5 中那样反射一个 n 位二进制串，然后转换为格雷二进制码的操作. 例如，$f_3(x)$ 操作使得 $(001)_2 \mapsto (110)_2 \mapsto (010)_2 \mapsto (011)_2 \mapsto (101)_2 \mapsto (111)_2 \mapsto (100)_2 \mapsto (001)_2$，因此所有非零的可能性出现在单个圈中. 所以我们可以用 f_3 定义一个 8 元素的域，用 $\oplus$ 作加法运算符，用规则

$$f_3^{[j]}(1) \times f_3^{[k]}(1) = f_3^{[j+k]}(1) = f_3^{[j]}(f_3^{[k]}(1))$$

定义乘法. 函数 f_2, f_5, f_6 有同样美妙的性质. 但 f_4 则不然，因为 $f_4((1011)_2) = (1011)_2$.
寻找所有 $n \le 100$，使得 f_n 定义一个 2^n 元素的域.

32. [*M20*] 判别真假：沃尔什函数满足 $w_k(-x) = (-1)^k w_k(x)$.

▶ **33.** [*M20*] 证明拉德马赫-沃尔什定律 (17).

34. [*M21*] 佩利函数 $p_k(x)$ 是由

$$p_0(x) = 1 \qquad 且 \qquad p_k(x) = (-1)^{\lfloor 2x \rfloor k} p_{\lfloor k/2 \rfloor}(2x)$$

定义的. 证明，$p_k(x)$ 有一个类似于 (17) 的用拉德马赫函数表示的简单表达式，并将佩利函数与沃尔什函数联系起来.

35. [*HM23*] $2^n \times 2^n$ 佩利矩阵 P_n 是从佩利函数获得的，正如沃尔什矩阵 W_n 是从沃尔什函数获得的一样.（见 (20).）寻找 P_n、W_n 和阿达马矩阵 H_n 之间的有趣关系. 证明这三种矩阵都是对称的.

36. [*21*] 详细说明计算给定向量 $(X_0,\ldots,X_{2^n-1})$ 的沃尔什变换 $(x_0,\ldots,x_{2^n-1})$ 的有效算法的细节.

37. [*HM23*] 令 z_{kl} 是 $w_k(x)$ 中第 l 个符号改变的位置，其中 $1 \le l \le k$，$0 < z_{kl} < 1$. 证明 $|z_{kl} - l/(k+1)| = O((\log k)/k)$.

▶ **38.** [*M25*] 设计沃尔什函数的三进制的推广.

▶ **39.** [*HM30*] （詹姆斯·西尔维斯特）矩阵 $\left(\begin{smallmatrix} a & b \\ b & -a \end{smallmatrix}\right)$ 的行是相互正交的并且具有同样的大小，因此矩阵恒等式

$$(A\ B)\begin{pmatrix} a^2+b^2 & 0 \\ 0 & a^2+b^2 \end{pmatrix}\begin{pmatrix} A \\ B \end{pmatrix} = (A\ B)\begin{pmatrix} a & b \\ b & -a \end{pmatrix}\begin{pmatrix} a & b \\ b & -a \end{pmatrix}\begin{pmatrix} A \\ B \end{pmatrix}$$
$$= (Aa+Bb\ \ Ab-Ba)\begin{pmatrix} aA+bB \\ bA-aB \end{pmatrix}$$

蕴涵两平方和恒等式 $(a^2+b^2)(A^2+B^2)=(aA+bB)^2+(bA-aB)^2$. 类似地，矩阵

$$\begin{pmatrix} a & b & c & d \\ b & -a & d & -c \\ d & c & -b & -a \\ c & -d & -a & b \end{pmatrix}$$

导致四平方和恒等式

$$(a^2+b^2+c^2+d^2)(A^2+B^2+C^2+D^2) = (aA+bB+cC+dD)^2+(bA-aB+dC-cD)^2$$
$$+ (dA+cB-bC-aD)^2+(cA-dB-aC+bD)^2.$$

(a) 把 (21) 中的矩阵 H_3 的符号附加到记号 $\{a,b,c,d,e,f,g,h\}$ 上，获得一个具有正交的行的矩阵以及八平方和恒等式.

(b) 推广到 H_4 和更高阶矩阵.

▶ **40.** [*21*] 如果步骤 W2 中的掩码是按照 $m_j = z\ \&\ (2^{5j+5}-1)$（$0 \le j < 5$）计算的，正文中的 5 字母单词计算方案也会产生正确的答案吗?

41. [*25*] 如果我们仅使用 3000 个最常用的 5 字母单词——由此从 (23) 中删除 ducky, duces, dunks, dinks, dinky, dices, dicey, dicky, dicks, picky, pinky, punky, pucks ——从单一的一对单词还能产生多少正确的单词?

42. [*35*] （迈克尔·弗雷德曼）算法 L 在选择格雷二进制位 a_j 作为下一个求补位时，使用 $\Theta(n \log n)$ 个二进制位的辅助内存作为中心点指针. 步骤 L3 检验 $\Theta(\log n)$ 个辅助二进制位，并且它偶尔改变它们中的 $\Omega(\log n)$ 个二进制位.

从理论的角度来看，我们可以做得更好：通过改变两次访问之间的最多 2 个辅助二进制位可以生成 n 位格雷二进制码.（我们仍然允许自己在每一步检验 $O(\log n)$ 个辅助二进制位，所以我们知道应该改变它们中的哪些二进制位.）

43. [*41*] 确定 6 比特格雷圈的数目 $d(6)$.（见 (26).）

44. [*M20*] 如果 n 立方具有 $M(n)$ 个完全匹配，证明 $d(n) \le \binom{M(n)}{2}$.

45. [*M40*] （托马斯·费德尔和卡洛斯·萨比，2009）本题构造 $(4r+2)$ 立方 $G = G_4 \square G_3 \square G_2 \square G_1 \square G_0 \square G_{-1}$ 中的大量格雷圈，其中 G_i（$i>0$）是的 r 立方，并且 $G_0 = G_{-1} = P_2$. 顶点 v 是 $(4r+2)$ 位二进制串 $v_4 \ldots v_0 v_{-1}$，其中 v_i 对于 $i>0$ 的有 r 个二进制位，对于 $i \le 0$ 有 1 个二进制位. v 的"签名"是 4 位二进制串 $\sigma(v) = s_4 s_3 s_2 (s_1 \oplus v_0)$，其中 s_i 是 v_i 的奇偶检验位. 我们把二进制串作为二进制数处理.

对于 $1 \le l \le 4$，令 $\mathcal{M}_l(v)$ 是 G 满足 $v \rightharpoonup v' = v_4' \ldots v_0' v_{-1}'$ 且 $v_i' = v_i$（$i \ne l$）的完全匹配.（注意 $\mathcal{M}_l(v') = v$.）还定义 $\mathcal{M}_0(v) = v \oplus 2$. 考虑由边 $v \rightharpoonup \mathcal{M}_{l(v)}(v)$ 构成的圈，其中 $l(v)$ 依赖于 v 的签名:

$$\sigma(v) = 0000\ 0001\ 0011\ 0010\ 0110\ 0111\ 0101\ 0100\ 1100\ 1101\ 1111\ 1110\ 1010\ 1011\ 1001\ 1000$$
$$l(v) = \ \ \ 0\ \ \ \ \ 2\ \ \ \ \ 0\ \ \ \ \ 3\ \ \ \ \ 1\ \ \ \ \ 2\ \ \ \ \ 0\ \ \ \ \ 4\ \ \ \ \ 1\ \ \ \ \ 2\ \ \ \ \ 1\ \ \ \ \ 3\ \ \ \ \ 1\ \ \ \ \ 2\ \ \ \ \ 0\ \ \ \ \ 4$$

(a) 假定 $r=2$ 且 $\mathcal{M}_l(v) = v \oplus 2^{2l+s_l-1}$（$l>1$）以及 $\mathcal{M}_1(v) = v \oplus 2^{2+(v_0 \oplus v_{-1})}$. 在这种情况下，什么圈包含顶点 $0 \ldots 0$?

(b) 签名为 2 的乘方的顶点称为"基本顶点". 具有同样 $v_4 \ldots v_1$ 的 4 个顶点称为"兄弟". 如果 u 和 v 在同一个圈内，或者 u 和 v 是兄弟基本顶点，或者这样的等价链导致从 u 到 v，则定义 $u \equiv v$. 说明对于每个等价类如何构造 G 中的圈?

    (c) 此外，如果 u 和 v 是兄弟基本顶点，那么存在这样一个圈，它保留那些起始圈的边 $\{u\oplus 2 \text{—} u, v\oplus 2 \text{—} v\}$.

    (d) 最后，说明如何把 (b) 和 (c) 的圈转变成一个单独的圈.

    (e) 当 $\mathcal{M}_1, \ldots, \mathcal{M}_4$ 变化时，我们获得多少个不同的哈密顿圈？

46. [*M23*] 当 k 为偶数时，把习题 45 扩展到 $(kr+2)$ 立方.

47. [*HM24*] 对于 $d(n)^{1/2^n}$，习题 44 和习题 46 给出什么渐近估值？

48. [*HM48*] 当 $n\to\infty$ 时，确定 $d(n)^{1/2^n}$ 的渐近特性.

49. [*20*] 证明对于所有 $n\geq 1$ 存在 $2n$ 比特格雷圈，对于所有 $k\geq 0$，$v_{k+2^{2n-1}}$ 是 v_k 的补.

▶ **50.** [*21*] 寻找一个类似定理 D 的但是 l 为偶数的结构.

51. [*M24*] （平衡格雷圈）完成定理 D 的推论 B 的证明.

52. [*M20*] 证明：如果 n 比特格雷圈的转变计数满足 $c_0 \leq c_1 \leq \cdots \leq c_{n-1}$，我们必定有 $c_0+\cdots+c_{j-1} \geq 2^j$，当 $j=n$ 时取等号.

53. [*M46*] 如果数 $(c_0,\ldots,c_{n-1})$ 全部是偶数并且满足上题的条件，那么总是存在具有这些转变计数的 n 比特格雷圈吗？

54. [*M20*] （哈罗德·夏皮罗，1953）证明：如果整数序列 $(a_1,\ldots,a_{2^n})$ 仅包含 n 个不同的值，那么对于某些 $0\leq k<l\leq 2^n$ 存在一个子序列，其乘积 $a_{k+1}a_{k+2}\ldots a_l$ 是完全平方. 然而，如果我们不允许 $l=2^n$ 的情形，这个结论可能不成立.

▶ **55.** [*35*] （弗兰克·拉斯基和卡拉·萨维奇，1993）如果 $(v_0,\ldots,v_{2^n-1})$ 是一个 n 比特格雷圈，则顶点对 $\big\{\{v_{2k},v_{2k+1}\} \mid 0\leq k<2^{n-1}\big\}$ 构成 n 立方中偶检验的顶点与奇检验的顶点之间的一个完全匹配. 反过来，每个这样的完全匹配都作为某个 n 比特格雷圈的"一半"出现吗？

56. [*M30*] （埃德加·吉尔伯特，1958）如果通过排列坐标名称，或者通过倒转圈并且（或者）以一个不同位置作为圈的起点，可以使它们的 δ 序列成为相等的，就说这两个格雷圈是等价的. 证明 2688 个不同的 4 比特格雷圈恰好分成 8 个等价类.

57. [*32*] 考虑一个图，它的顶点是 2668 个可能的 4 比特格雷圈，其中两个这样的圈是邻接的，如果它们通过下面简单的转换之一后是相关的：

转换前　　类型 1 转换后　类型 2 转换后　类型 3 转换后　类型 4 转换后

（类型 1 出现在可以把圈分成两部分并且倒转其中一部分后重新组合的时候. 类型 2、3、4 出现在可以把圈分成三部分并且倒转其中 0、1 或 2 个部分后重新组合的时候. 分开的几部分不必具有同样长度. 哈密顿圈的这种转换通常是可能的. ）

    编写一个程序，通过求图的连通分量找出 4 比特格雷圈中哪些是可以相互转换的. 限定一次只考虑四种类型之一.

▶ **58.** [*21*] 令 α 是 n 比特格雷圈的 δ 序列，并且通过把 0 的 q 次出现改为 n 次从 α 获得 β，其中 q 是奇数. 证明 $\beta\beta$ 是 $(n+1)$ 比特格雷圈的 δ 序列.

59. [*22*] 对于 $1<t<n$，没有 2^t 个连续的元素属于单独一个 t 子立方，在这个意义下，(30) 的 5 比特格雷圈是非局部的. 证明对于所有 $n\geq 5$ 存在非局部的 n 比特格雷圈. ［提示：见上题. ］

60. [*20*] 证明游程长度限界函数满足 $r(n+1)\geq r(n)$.

61. [*M30*] 证明：如果 (a) $m=2$ 且 $2<r(n)<8$ 或者 (b) $m\leq n$ 且 $r(n)\leq 2^{m-3}$，则 $r(m+n)\geq r(m)+r(n)-1$.

62. [*46*] $r(8)=6$ 吗？

63. [*30*] （路易斯·戈德丁）证明 $r(10)\geq 8$.

▶ **64.** [HM35] （路易斯·戈德丁和帕沃尔·格沃兹德贾克）一个 n 比特格雷流是排列 $(\sigma_0, \sigma_1, \ldots, \sigma_{l-1})$ 的一个序列，其中每个 σ_k 是 n 立方的顶点的一个排列，把每个顶点换成它的邻近顶点之一.

    (a) 假设 $(u_0, \ldots, u_{2^m-1})$ 是 m 比特格雷圈，并且 $(\sigma_0, \sigma_1, \ldots, \sigma_{2^m-1})$ 是 n 比特格雷流. 令 $v_0 = 0 \ldots 0$ 且 $v_{k+1} = v_k \sigma_k$，其中如果 $k \geq 2^m$ 则 $\sigma_k = \sigma_{k \bmod 2^m}$. 在什么条件下，序列

$$W = (u_0 v_0, \ u_0 v_1, \ u_1 v_1, \ u_1 v_2, \ \ldots, \ u_{2^{m+n-1}-1} v_{2^{m+n-1}-1}, \ u_{2^{m+n-1}-1} v_{2^{m+n-1}})$$

是 $(m+n)$ 比特格雷圈?

    (b) 证明: 如果 m 充分大，存在满足条件 (a) 的 n 比特格雷流，对它而言序列 $(v_0, v_1, \ldots)$ 的所有游程长度 $\geq n - 2$.

    (c) 应用这些结果证明 $r(n) \geq n - O(\log n)$.

65. [30] （布雷特·史蒂文斯）在塞缪尔·贝克特的戏剧 *Quad* 中，舞台在开始和结束时都是空的. n 位演员一个一个地入场和出场，历经所有 2^n 种可能的占位，而且下台的演员总是上次最早上台的一位. 当 $n = 4$ 时，像实际演出那样某些占位必定是重复的. 然而，证明当 $n = 5$ 时存在一个恰好有 2^n 种入场与出场的完美模式.

66. [40] 对于 8 位演员，存在完美的贝克特-格雷模式吗?

67. [20] 在遍历所有 n 位二进制串时，有时希望从一步到下一步改变尽可能多的二进制位，例如测试最坏情况下物理电路的可靠性. 说明如何以每步交替改变 n 位和 $n - 1$ 位的方式遍历所有二进制 n 元组.

68. [21] 鲁弗斯·佩尔韦斯决定构造一种反格雷三进制码，其中每个 n 位三进制数与其相邻的数在每个数字位置是不同的. 对于所有 n，可能存在这样一种编码吗?

▶ **69.** [M25] 当 $k = (\ldots b_5 b_4 b_3 b_2 b_1 b_0)_2$ 时，通过令

$$h(k) = (\ldots (b_6 \oplus b_5)(b_5 \oplus b_4)(b_4 \oplus b_3 \oplus b_2 \oplus b_0)(b_3 \oplus b_0)(b_2 \oplus b_1 \oplus b_0) b_1)_2$$

修改格雷二进制码 (7) 的定义.

    (a) 证明，当 $n > 3$ 时序列 $h(0), h(1), \ldots, h(2^n - 1)$ 以每次恰好改变 3 个二进制位的方式遍历所有 n 位二进制数.

    (b) 推广获取序列的这种规则，当 t 为奇数且 $n > t$ 时每步恰好改变 t 个二进制位.

70. [21] 对于 $n = 5$ 和 $n = 6$，存在多少个单调的 n 比特格雷码?

71. [M22] 推导定义萨维奇-温克勒排列的递推公式 (45).

72. [20] 从 00000 到 11111 的萨维奇-温克勒码是什么?

▶ **73.** [32] 设计一个有效算法构造 n 比特单调格雷码的 δ 序列.

74. [HM25] （萨维奇和温克勒）证明在单调格雷码中 n 立方的邻接顶点相距不会超过 $O(2^n/\sqrt{n})$ 个位置.

75. [32] 找出所有 5 比特格雷路径 $v_0, \ldots, v_{31}$，每个坐标位置 j 在 $\sum_{k=0}^{31} k(-1)^{v_{kj}} = 0$ 的意义下是无趋势的.

76. [M25] 证明对于所有 $n \geq 5$ 存在无趋势的 n 比特格雷码.

77. [21] 修改算法 H，以便按取模格雷顺序访问混合进制 n 元组.

78. [M26] 证明反射混合进制格雷码的转换公式 (50) 和 (51)，并且推导取模情形的类似公式.

▶ **79.** [M22] 何时 (a) 反射 (b) 取模混合进制格雷码的最后一个 n 元组与第一个邻接?

80. [M20] 给出一个数的素因数分解 $p_1^{e_1} \ldots p_t^{e_t}$，说明如何在每步重复地乘上或除以一个素数遍历它的所有因数.

81. [M21] 令 $(a_0, b_0), (a_1, b_1), \ldots, (a_{m^2-1}, b_{m^2-1})$ 是 2 位数字的 m 进制取模格雷码. 证明，如果 $m > 2$，每条边 $(x, y) \—\ (x, (y+1) \bmod m)$ 和 $(x, y) \—\ ((x+1) \bmod m, y)$ 出现于以下两个圈之一:

$$(a_0, b_0) \— (a_1, b_1) \— \cdots \— (a_{m^2-1}, b_{m^2-1}) \— (a_0, b_0),$$

$$(b_0, a_0) \— (b_1, a_1) \— \cdots \— (b_{m^2-1}, a_{m^2-1}) \— (b_0, a_0).$$

▶ **82.** [*M25*] （格哈德·林格尔，1956）利用上题推导，存在 4 个 8 比特格雷圈，它们一起覆盖 8 立方的所有边.

83. [*41*] 4 个平衡的 8 比特格雷圈能够覆盖 8 立方的所有边吗？

▶ **84.** [*25*] （霍华德·迪克曼）图 37 显示一个引人入胜的称为怪异环或戈尔迪结的迷题，其目标是把一条柔软的带子从环绕它的那些刚环取下. 说明这道谜题的解与反射格雷三进制码有着内在联系.

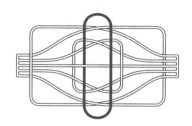

图 37 怪异环迷题

▶ **85.** [*M25*] （达纳·理查兹）如果 $\Gamma = (\alpha_0, \ldots, \alpha_{t-1})$ 是 t 个串的任意序列，并且 $\Gamma' = (\alpha'_0, \ldots, \alpha'_{t'-1})$ 是 t' 个串的任意序列，右行左行交互书写的乘积 $\Gamma \wr \Gamma'$ 是 tt' 个串的序列，它从

$$(\alpha_0\alpha'_0, \ldots, \alpha_0\alpha'_{t'-1}, \alpha_1\alpha'_{t'-1}, \ldots, \alpha_1\alpha'_0, \alpha_2\alpha'_0, \ldots, \alpha_2\alpha'_{t'-1}, \alpha_3\alpha'_{t'-1}, \ldots)$$

开始，并且当 t 是偶数时以 $\alpha_{t-1}\alpha'_0$ 结束，当 t 是奇数时以 $\alpha_{t-1}\alpha'_{t'-1}$ 结束. 例如，当 $n > 0$ 时可以用这个记号把 (5) 中的格雷二进制码的基本定义表示成 $\Gamma_n = (0,1) \wr \Gamma_{n-1}$. 证明操作 $\wr$ 是可结合的，因此 $\Gamma_{m+n} = \Gamma_m \wr \Gamma_n$.

▶ **86.** [*26*] 定义一种无限格雷码，它以这样一种方式遍历所有可能的非负整数的 n 元组 $(a_1, \ldots, a_n)$，当 $(a_1, \ldots, a_n)$ 后面是 $(a'_1, \ldots, a'_n)$ 时 $\max(a_1, \ldots, a_n) \le \max(a'_1, \ldots, a'_n)$.

87. [*27*] 续上题，定义一种无限格雷码，它以这样一种方式遍历所有整数的 n 元组 $(a_1, \ldots, a_n)$，当 $(a_1, \ldots, a_n)$ 后面是 $(a'_1, \ldots, a'_n)$ 时 $\max(|a_1|, \ldots, |a_n|) \le \max(|a'_1|, \ldots, |a'_n|)$.

▶ **88.** [*25*] 算法 K 在步骤 K4 终止后，如果我们立即在步骤 K2 重新启动它，将会发生什么？

▶ **89.** [*25*] （用于摩尔斯码的格雷码.）长度为 n 的摩尔斯码字（习题 4.5.3–32）是点和划的串，其中 n 是点数加两倍划数.

    (a) 证明，通过依次把一划变成两点或者反过来，可以生成所有长度为 n 的摩尔斯码字. 例如，对于 $n = 3$ 的路径必定是 •—，•••，—• 或者它的逆.

    (b) 对于 $n = 15$ 的序列，接在 •—•—•—• 后面的是什么串？

90. [*26*] 依据习题 89 的基本规则，对于什么 n 值可以把摩尔斯码字排列在一个圈内？［提示：码字的数目是 F_{n+1}.］

▶ **91.** [*34*] 设计一个无循环算法，以 $a_1 \le a_2 \ge a_3 \le a_4 \ge \cdots$ 的方式访问所有二进制 n 元组 $(a_1, \ldots, a_n)$. ［这种 n 元组的数目是 F_{n+2}.］

92. [*M30*] 对于所有 m，是否存在一个无穷序列 Φ_n，它的前 m^n 个元素构成 m 进制德布鲁因圈？［$n = 2$ 的情形在 (54) 中解决了. ］

▶ **93.** [*M28*] 证明算法 R 如宣称的那样输出一个德布鲁因圈.

94. [*22*] 如果协同程序 $f()$ 和 $f'()$ 生成平凡的圈 01234 01234 01...，当 $m = 5$，$n = 1$，$r = 3$ 时，算法 D 的输出是什么？

▶ **95.** [*M24*] 假定一个周期为 p 的无穷序列 $a_0a_1a_2\ldots$ 与一个周期为 q 的无穷序列 $b_0b_1b_2\ldots$ 交织，构成一个无穷的循环序列

$$c_0c_1c_2c_3c_4c_5\ldots = a_0b_0a_1b_1a_2b_2\ldots.$$

    (a) 在什么条件下 $c_0c_1c_2\ldots$ 具有周期 pq？（就本题的目的而言，一个序列 $a_0a_1a_2\ldots$ 的"周期"是对于所有 $k \ge 0$ 使得 $a_k = a_{k+p}$ 的最小整数 $p > 0$. ）

(b) 如果把步骤 D6 简单地改为"如果 $t' = n$ 且 $x' < r$,转到 D4",将出现哪些 $2n$ 元组作为算法 D 的连续输出?

(c) 证明算法 D 如宣称的那样输出一个德布鲁因圈.

▶ **96.** [*M28*] 假定已经建立生成长度为 m^n 的德布鲁因圈的一族协同程序,对于基本情况 $n = 2$ 递归地基于像算法 S 的简单协同程序使用算法 R 和算法 D,而当 $n > 2$ 为偶数时使用算法 D.

(a) 每种类型的协同程序 (R_n, D_n, S_n) 将是多少?

(b) 为了获得输出的一个顶层数字,需要启用协同程序的最大数目是多少?

97. [*M29*] 本题的目的是分析在 $m = 2$ 的重要特例中由算法 R 和算法 D 构造的德布鲁因圈. 令 $f_n(k)$ 是 2^n 圈的第 $k+1$ 个二进制位,所以对于 $0 \le k < n$ 有 $f_n(k) = 0$. 此外,令 j_n 是满足 $0 \le j_n < 2^n$ 和 $f_n(k) = 1$($j_n \le k < j_n + n$)的下标.

(a) 写出对于 $n = 2, 3, 4, 5$ 的圈 $(f_n(0) \ldots f_n(2^n - 1))$.

(b) 证明,对于 n 的所有偶数值存在这样一个数 $\delta_n = \pm 1$,以致我们有

$$f_{n+1}(k) \equiv \begin{cases} \Sigma f_n(k), & \text{如果 } 0 < k \le j_n \text{ 或 } 2^n + j_n < k \le 2^{n+1}, \\ 1 + \Sigma f_n(k + \delta_n), & \text{如果 } j_n < k \le 2^n + j_n, \end{cases}$$

其中同余是按 mod 2. (在这个公式中,Σf 代表求和函数 $\Sigma f(k) = \sum_{j=0}^{k-1} f(j)$.)因此,当 n 为偶数时 $j_{n+1} = 2^n - \delta_n$.

(c) 令 $(c_n(0) c_n(1) \ldots c_n(2^{2n} - 5))$ 是当习题 95(b) 中算法 D 的简化形式用于 $f_n()$ 时产生的圈. 在这个圈内 $2n - 1$ 元组 1^{2n-1} 和 $(01)^{n-1}0$ 出现在什么位置?

(d) 利用 (c) 的结果以 $f_n()$ 表示 $f_{2n}(k)$.

(e) 对于 j_n 作为 n 的函数求一个(稍微)简单的公式.

98. [*M34*] 续上题,给定 $n \ge 2$ 且 $k \ge 0$,设计一个计算 $f_n(k)$ 的有效算法.

▶ **99.** [*M23*] 利用上题的技术,设计一个有效算法,确定任何给定的 n 位二进制串在圈 $(f_n(0) f_n(1) \ldots f_n(2^n - 1))$ 中的位置.

100. [*40*] 当 n 很大时,习题 97 的德布鲁因圈提供伪随机二进制位的有用来源吗?

▶ **101.** [*M30*] (串的唯一非递增素因子分解)

(a) 证明:如果 λ 和 λ' 是素串,那么 $\lambda\lambda'$ 在 $\lambda < \lambda'$ 时是素串.

(b) 因此每个串 α 可以写成以下形式:

$$\alpha = \lambda_1 \lambda_2 \ldots \lambda_t, \qquad \lambda_1 \ge \lambda_2 \ge \cdots \ge \lambda_t, \qquad \text{其中每个 } \lambda_j \text{ 是素串.}$$

(c) 事实上,只可能有一种这样的因子分解. *提示*:证明 λ_t 必定是 α 按字典序的最小非空后缀.

(d) 判别真假:λ_1 是 α 的最长素前缀.

(e) 31415926535897932384626433832795028841971 的素因子是什么?

102. [*HM28*] 从上题的唯一因子分解定理推导长度为 n 的 m 进制素串的数目.

103. [*M20*] 利用等式 (59) 证明费马定理:$m^p \equiv m$ (modulo p).

104. [*17*] 依据公式 (60),全部 n 字母单词大约有 $1/n$ 是素串. 在 5757 个 5 字母斯坦福单词中有多少是素串?它们中哪个是最小的非素串?哪个是最大的素串?

105. [*M31*] 令 α 是一个无穷字母表上长度为 n 的前素串.

(a) 证明:如果 α 的最后一个字母是递增的,则得到的串是素串.

(b) 如果 α 已经像习题 101 那样分解,证明它是 λ_1 的 n 扩张.

(c) 此外 α 不能是两个不同素串的 n 扩张.

▶ **106.** [*M30*] 通过逆向工程算法 F,设计一个算法按递减顺序访问所有 m 进制素串和前素串.

107. [*HM30*] 对于固定的 m,分析当 $n \to \infty$ 时算法 F 的运行时间.

108. [M35] 令 $\lambda_1 < \cdots < \lambda_t$ 是长度整除 n 的 m 进制素串,并且令 $a_1 \ldots a_n$ 是任意 m 进制串. 本题的目的在于证明 $a_1 \ldots a_n$ 出现在 $\lambda_1 \ldots \lambda_t \lambda_1 \lambda_2$ 中. 因此 $\lambda_1 \ldots \lambda_t$ 是德布鲁因圈(因为它的长度是 m^n). 为方便起见,我们可以假定 $m = 10$,而且这些串对应于十进制数. 同样的论证也适用于任意 $m \geq 2$.

(a) 证明:如果 $a_1 \ldots a_n = \alpha\beta$ 不同于它的所有循环移位,而且如果 $\beta\alpha = \lambda_k$ 是素串,那么 $\alpha\beta$ 是 $\lambda_k \lambda_{k+1}$ 的子串,除非对于某个 $j \geq 1$ 有 $\alpha = 9^j$.

(b) 如果 $\beta\alpha$ 是素串并且 α 全部由 9 组成,$\alpha\beta$ 出现在 $\lambda_1 \ldots \lambda_t$ 的什么位置? 提示:证明如果对于某个 $l > 0$ 在步骤 F2 有 $a_{n+1-l} \ldots a_n = 9^l$,并且如果 j 不是 n 的一个因子,则以前的步骤 F2 已经有 $a_{n-l} \ldots a_n = 9^{l+1}$.

(c) 现在考察形如 $(\alpha\beta)^d$ 的 n 元组,其中 $d > 1$ 是 n 的一个因子并且 $\beta\alpha = \lambda_k$ 是素串.

(d) 当 $n = 6$ 时,899135, 997879, 913131, 090909, 909090, 911911 出现在什么位置?

(e) $\lambda_1 \ldots \lambda_t$ 是长度为 m^n 的按字典序最小的 m 进制德布鲁因圈吗?

109. [M22] 对于 2×2 窗口,大小为 $m^2 \times m^2$ 的 m 进制德布鲁因环面是 m 进制数字 d_{ij} 的矩阵,它的 m^4 个子矩阵

$$\begin{pmatrix} d_{ij} & d_{i(j+1)} \\ d_{(i+1)j} & d_{(i+1)(j+1)} \end{pmatrix}, \qquad 0 \leq i, j < m^2$$

的每一个是不同的,其中的下标按模 m^2 绕回. 因此每个可能的 m 进制 2×2 子矩阵恰好出现一次. 伊恩 · 斯图尔特 [*Game, Set, and Math* (Oxford: Blackwell, 1989),第 4 章] 因此称它为 m 进制外环面. 例如,

$$\begin{pmatrix} 0 & 0 & 1 & 0 \\ 0 & 0 & 0 & 1 \\ 0 & 1 & 1 & 1 \\ 1 & 0 & 1 & 1 \end{pmatrix}$$

是二进制外环面. 其实,当 $m = 2$ 时,如果不计移位和(或)转置,它实质上是仅有的这样的矩阵.

考虑无限矩阵 D,它在第 $i = (\ldots a_2 a_1 a_0)_2$ 行第 $j = (\ldots b_2 b_1 b_0)_2$ 列的元素是 $d_{ij} = (\ldots c_2 c_1 c_0)_2$,其中

$$c_0 = (a_0 \oplus b_0)(a_1 \oplus b_1) \oplus b_1;$$

$$c_k = (a_{2k} a_0 \oplus b_{2k}) b_0 \oplus (a_{2k+1} a_0 \oplus b_{2k+1})(b_0 \oplus 1), \quad k > 0.$$

证明:对于所有 $n \geq 0$,D 的左上方 $2^{2n} \times 2^{2n}$ 子矩阵是 2^n 进制外环面.

110. [M25] 续上题,对于所有 m 构造 m 进制外环面.

111. [20] 通过插入 $+$ 号和 $-$ 号到序列 123456789,我们可以 12 种方式获得数 100. 例如,$100 = 1 + 23 - 4 + 5 + 6 + 78 - 9 = 123 - 45 - 67 + 89 = -1 + 2 - 3 + 4 + 5 + 6 + 78 + 9$.

(a) 不能用这样一种方式表示的最小正整数是什么?

(b) 也考虑插入正负号到 10 个数字的序列 9876543210.

▸ **112.** [25] 续上题,通过插入正负号到序列 12345678987654321,我们可以到达什么地步? 例如,$100 = -1234 - 5 - 6 + 7898 - 7 - 6543 - 2 - 1$.

7.2.1.2 生成所有排列.

在 n 元组之后,几乎人人都想举出的下一个最重要的组合生成任务是访问某个给定集合或者多重集的所有排列. 已经找到解决这个问题的许多不同方法. 在公诸于世的不同算法中,不排序的算法同排序的算法实际上几乎一样多! 我们将在这一节讨论一些最重要的排列生成器,从一个既简单又灵活的经典方法开始.

算法 L (字典序排列生成). 给定 n 个元素 $a_1 a_2 \ldots a_n$ 的一个序列,其初始顺序为

$$a_1 \leq a_2 \leq \cdots \leq a_n, \tag{1}$$

这个算法生成 $\{a_1, a_2, \ldots, a_n\}$ 按字典序访问的所有排列. (例如,$\{1, 2, 2, 3\}$ 的排列

1223, 1232, 1322, 2123, 2132, 2213, 2231, 2312, 2321, 3122, 3212, 3221

是字典序排列.）为方便起见，假定引入一个辅助元素 a_0，a_0 必须严格小于最大的元素 a_n.

L1. ［访问.］访问排列 $a_1 a_2 \ldots a_n$.

L2. ［寻找 j.］置 $j \leftarrow n-1$. 如果 $a_j \geq a_{j+1}$，对 j 重复减 1 直到 $a_j < a_{j+1}$. 如果 $j = 0$ 则终止算法.（此时，j 是我们已经访问过的以 $a_1 \ldots a_j$ 开始的所有排列的最小下标. 所以，按字典序的下一个排列将使 a_j 更大.）

L3. ［推进 a_j.］置 $l \leftarrow n$. 如果 $a_j \geq a_l$，对 l 重复减 1 直到 $a_j < a_l$. 然后交换 $a_j \leftrightarrow a_l$.（由于 $a_{j+1} \geq \cdots \geq a_n$，元素 a_l 是排列中大于能够合法尾随 $a_1 \ldots a_{j-1}$ 的 a_j 的最小元素. 交换前我们有 $a_{j+1} \geq \cdots \geq a_{l-1} \geq a_l > a_j \geq a_{l+1} \geq \cdots \geq a_n$，交换后我们有 $a_{j+1} \geq \cdots \geq a_{l-1} \geq a_j > a_l \geq a_{l+1} \geq \cdots \geq a_n$.）

L4. ［颠倒 $a_{j+1} \ldots a_n$.］置 $k \leftarrow j+1$，$l \leftarrow n$. 然后，当 $k < l$ 时循环执行：交换 $a_k \leftrightarrow a_l$，并且置 $k \leftarrow k+1$，$l \leftarrow l-1$. 返回到 L1. ∎

这个算法追溯到 14 世纪印度的纳拉亚纳·潘季塔（见 7.2.1.7 节）. 它也出现在卡尔·兴登堡为克里斯蒂安·吕迪格的 *Specimen Analyticum de Lineis Curvis Secundi Ordinis* (Leipzig: 1784) 一书所写的序言（第 xlvi–xlvii 页）中，而且自那时以来它不断地被重新发现. 步骤 L2 和 L3 的括号内的注解说明了这个算法何以是可行的.

> *Tin tan din dan bim bam bom bo —*
> *tan tin din dan bam bim bo bom —*
> *tin tan dan din bim bam bom bo —*
> *tan tin din dan bam bim bo bom —*
> *tan dan tin bam din bo bim bom —*
> *.... Tin tan din dan bim bam bom bo.*
>
> ——多萝西·塞耶斯，*The Nine Tailors*（1934）

> 十进制数字的一个排列，无非是一个 10 位十进制数，其中所有数字是不同的. 因此，我们需要做的全部工作就是产生所有 10 位数，并且仅选择其中数字不同的那些.
> 让我们摆脱思考之苦的高速计算岂不是很奇妙！我们只需编写 $k+1 \rightarrow k$ 的程序，并且检查 k 中那些不希望相等的数字. 这也给出了字典序的排列！
> 再认真想想……我们的确需要思考一些别的问题.
>
> ——德里克·莱默（1957）

一般说来，任何组合模式 $a_1 \ldots a_n$ 的字典序后继可以通过以下 3 步过程获得：

(1) 寻找能使 a_j 增加的最大下标 j；

(2) 对 a_j 增加最小可能的量；

(3) 寻找把新的 $a_1 \ldots a_j$ 扩展成按字典序的最小完整模式的途径.

正如算法 7.2.1.1M 在 n 元组生成中遵循其一般过程那样，算法 L 也遵循排列生成情况中的这个一般过程. 当考察其他类型的组合模式时，我们在后面还会见到很多进一步的实例. 注意在步骤 L4 开始时有 $a_{j+1} \geq \cdots \geq a_n$. 因此，以当前前缀 $a_1 \ldots a_j$ 开始的第一个排列是 $a_1 \ldots a_j a_n \ldots a_{j+1}$，并且步骤 L4 通过执行 $\lfloor (n-j)/2 \rfloor$ 次交换产生它.

在实践中，当元素都不相同时，步骤 L2 在一半时间里找出 $j = n-1$，因为 $n!$ 个排列中恰好有 $n!/2$ 个满足 $a_{n-1} < a_n$. 因此，通过识别这种特殊情况，算法 L 能够加速而不会变得非常复杂.（见习题 1.）类似地，当各个 a 都不相同时，$j \leq n-t$ 的概率仅为 $1/t!$，因此步骤 L2–L4 的循环通常是非常快的. 习题 6 分析了一般情况下的运行时间，显示即使当存在相同

元素时, 算法 L 也是相当有效的, 除非在多重集 $\{a_1, a_2, \ldots, a_n\}$ 中某些值的出现次数比其他值多得多.

邻接交换. 在 7.2.1.1 节我们已经看到, 对于生成 n 元组来说格雷码是有利的, 当我们打算生成排列时, 类似的考虑也适用. 对一个排列可做的最简单的改变是交换邻接元素, 而我们从第 5 章知道, 只要建立这种交换的一个合适的序列, 则任何排列都可排序到有序. (例如, 算法 5.2.2B 采用这种处理方式.) 因此我们可以从所有有序的元素开始, 然后交换适当的邻接元素对, 可以回溯并获得任何期望的排列.

现在出现一个自然的问题: 用每步仅仅改变两个邻接元素位置的方式, 是否可以遍历给定多重集的所有排列? 如果是可能的, 考察所有排列的整个程序通常会更简单且更快, 因为它将只需计算一个交换的效果, 而不是每次都重新处理一个全新的数组 $a_1 \ldots a_n$.

遗憾的是, 当多重集有重复元素时, 我们不是总能找到这样一个类似格雷码的序列. 例如, $\{1, 1, 2, 2\}$ 的 6 个排列是以下述方式通过邻接交换彼此连接的:

$$1122 \text{——} 1212 \begin{smallmatrix} \diagup & 2112 & \diagdown \\ \diagdown & 1221 & \diagup \end{smallmatrix} 2121 \text{——} 2211, \tag{2}$$

这个图没有哈密顿路径.

但是多数应用涉及不同元素的排列, 而对于这种情况的好消息是: 一个简单的算法使得有可能仅通过 $n! - 1$ 次邻接元素交换生成全部 $n!$ 个排列. 此外, 另外一次这样的交换返回到起点, 因此我们得到一个类似于格雷二进制码的哈密顿圈.

想法是对 $\{1, \ldots, n-1\}$ 来构造这样的序列, 并且用所有方式把数 n 插入到每个排列. 例如, 如果 $n = 4$, 当把 4 插入到序列 $(123, 132, 312, 321, 231, 213)$ 的所有 4 种可能位置时, 会得到以下阵列的各列

$$\begin{array}{cccccc}
1234 & 1324 & 3124 & 3214 & 2314 & 2134 \\
1243 & 1342 & 3142 & 3241 & 2341 & 2143 \\
1423 & 1432 & 3412 & 3421 & 2431 & 2413 \\
4123 & 4132 & 4312 & 4321 & 4231 & 4213.
\end{array} \tag{3}$$

现在通过在第一列向下读数, 在第二列向上读数, 在第三列向下读数, $\cdots\cdots$ 在最后一列向上读数, 我们就可获得期望的序列 $(1234, 1243, 1423, 4123, 4132, 1432, 1342, 1324, 3124, 3142, \ldots, 2143, 2134)$.

在 5.1.1 节, 我们研究了排列的反序, 即次序颠倒的元素 (不必邻接) 对. 邻接元素的每一次交换使得反序的总数 ± 1. 事实上, 当我们考虑习题 5.1.1–7 的所谓反序表 $c_1 \ldots c_n$ 时, 其中 c_j 是比 j 小的处在 j 右边的元素数目, 我们发现 (3) 中的排列具有下述反序表:

$$\begin{array}{cccccc}
0000 & 0010 & 0020 & 0120 & 0110 & 0100 \\
0001 & 0011 & 0021 & 0121 & 0111 & 0101 \\
0002 & 0012 & 0022 & 0122 & 0112 & 0102 \\
0003 & 0013 & 0023 & 0123 & 0113 & 0103
\end{array} \tag{4}$$

并且如果像前面那样向上和向下交替地读数, 我们恰好获得混合进制 $(1, 2, 3, 4)$ 的反射格雷码, 就像 7.2.1.1 节的等式 (46)–(51) 那样. 如艾兹赫尔·戴克斯特拉 [*Acta Informatica* **6** (1976), 357–359] 指出的那样, 同样性质对于所有 n 成立, 而这导致了下面的算法.

算法 P (平滑改变). 给定 n 个不同元素的序列 $a_1 a_2 \ldots a_n$, 通过重复交换邻接元素对, 本算法生成它们的所有排列. 它使用如上所述表示反序的辅助数组 $c_1 c_2 \ldots c_n$ 遍历所有满足以下条件的整数 c_j 的序列

$$0 \le c_j < j, \qquad 1 \le j \le n. \tag{5}$$

另一个数组 $o_1 o_2 \ldots o_n$ 控制条目 c_j 的改变方向.

P1. [初始化.] 对于 $1 \leq j \leq n$ 置 $c_j \leftarrow 0$, $o_j \leftarrow 1$.

P2. [访问.] 访问排列 $a_1 a_2 \ldots a_n$.

P3. [准备改变.] 置 $j \leftarrow n$, $s \leftarrow 0$. （对于即将改变的 c_j, 下列步骤确定坐标 j, 并且保持条件 (5) 成立. 变量 s 是使得 $c_k = k - 1$ 的下标 $k > j$ 的数目. ）

P4. [准备好改变了吗?] 置 $q \leftarrow c_j + o_j$. 如果 $q < 0$ 转到 P7, 如果 $q = j$ 转到 P6.

P5. [改变.] 交换 $a_{j-c_j+s} \leftrightarrow a_{j-q+s}$. 然后置 $c_j \leftarrow q$ 并且返回 P2.

P6. [推进 s.] 如果 $j = 1$ 则终止, 否则置 $s \leftarrow s + 1$.

P7. [切换方向.] 置 $o_j \leftarrow -o_j$, $j \leftarrow j - 1$, 并且返回 P4. ∎

这个显然适用于所有 $n \geq 1$ 的过程源自 17 世纪的英国, 那时钟乐师开创了以所有可能的排列方式敲奏令人愉悦的编钟的风俗. 他们把算法 P 称为平滑改变的敲奏法. 图 38(a) 示出 "剑桥 48 响", 这是在 17 世纪初期, 当平滑改变的原则展现如何达到所有 $5! = 120$ 种可能性之前, 使用过的对于 5 口编钟的一种不规则的和特殊的 48 个排列. 算法 P 的悠久历史可追溯到现藏于博德利图书馆（牛津大学图书馆）的彼得·芒迪的一份手稿, 这份手稿大约写于 1653 年, 并由欧内斯特·莫里斯转录到 *The History and Art of Change Ringing* (1931), 29–30. 不久之后, 一本称为 *Tintinnalogia* 的著名的书, 匿名出版于 1668 年, 不过现在已经知道它是由理查德·达克沃思和法比安·斯特德曼编写的. 这本书的前 60 页致力于详细描述平滑改变, 汇集了从 $n = 3$ 到任意大的 n 的情形.

> 多年来, 剑桥 48 响
> 曾经是敲奏, 或是创造出的最美妙的钟乐. 而今,
> 无论 48 或 100 的钟乐, 也无论 720 或任何数字的钟乐,
> 都不能限制我们, 因为我们能够无止境地敲奏变化的钟乐.
> ……4 口钟上有 24 种不同的变化,
> 在敲奏中, 一口钟称为搜寻钟, 其余三口是奏鸣钟.
> 搜寻钟移动, 并且不断地来回搜寻……
> 奏鸣钟中的两口在搜寻钟
> 每次到达它们之前或之后产生一次变化.
> ——理查德·达克沃思和法比安·斯特德曼, *Tintinnalogia*（1668）

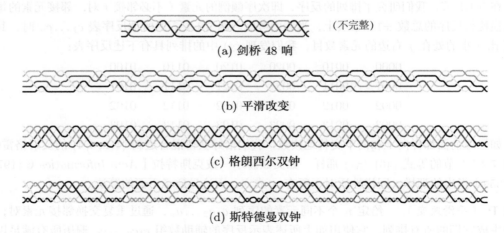

（不完整）

(a) 剑桥 48 响

(b) 平滑改变

(c) 格朗西尔双钟

(d) 斯特德曼双钟

图 38 17 世纪英国使用的 5 口不同教堂编钟的 4 种敲奏排列模式.
模式 (b) 对应于算法 P

英国钟乐敲奏的热衷者们很快建立了更复杂的模式，其中两对或者更多对双钟同时变化位置. 例如，他们设计了在图 38(c) 中称为格朗西尔双钟的模式，那是"在 5 口钟上敲奏的从未有过的最优美和最奇妙的钟乐"[*Tintinnalogia*, 第 95 页]. 这种更富想象力的方法从音乐的观点看比算法 P 更有趣，但是它们在计算机应用中的用处不大，所以我们不在这里详细讨论它们. 有兴趣的读者可以从阅读威尔弗里德·威尔逊的 *Change Ringing* (1965) 中学习更多东西. 也见阿瑟·怀特，*AMM* **103** (1996), 771–778.

黑尔·特罗特在 *CACM* **5** (1962), 434–435 发表了平滑改变的第一个计算机程序. 该算法在像习题 16 那样改进后非常有效，因为每生成 n 个排列中的 $n-1$ 个是无须步骤 P6 和 P7 的. 对比之下，算法 L 仅约一半时间处于它的最佳状态.

算法 P 每次访问恰好做一次交换的事实，意味着它交替地生成偶排列和奇排列（见习题 5.1.1–13）. 所以我们只需简单地绕过奇数访问就可以生成所有偶排列. 事实上，当我们进行处理时，c 表和 o 表使得记录当前反序的总数 $c_1 + \cdots + c_n$ 很容易.

许多程序需要重复生成同样的排列，在这种情况下我们不必每次执行一遍算法 P 的操作. 使用下面的方法，我们可以简单地准备一张合适的转换表.

算法 T（平滑改变的转换表）. 这个算法计算一张表 $t[1], t[2], \ldots, t[n!-1]$，使得算法 P 的操作等价于连续的交换 $a_{t[k]} \leftrightarrow a_{t[k]+1}$（$1 \le k < n!$）. 我们假定 $n \ge 2$.

T1. [初始化.] 置 $N \leftarrow n!$, $d \leftarrow N/2$, $t[d] \leftarrow 1$, $m \leftarrow 2$.

T2. [对 m 循环.] 如果 $m = n$ 则终止. 否则置 $m \leftarrow m+1$, $d \leftarrow d/m$, $k \leftarrow 0$.（保持条件 $d = n!/m!$.）

T3. [向下搜寻.] 置 $k \leftarrow k+d$, $j \leftarrow m-1$. 然后，当 $j > 0$ 时循环执行 $t[k] \leftarrow j$, $k \leftarrow k+d$, $j \leftarrow j-1$.

T4. [偏移.] 置 $t[k] \leftarrow t[k]+1$.

T5. [向上搜寻.] 置 $k \leftarrow k+d$, $j \leftarrow 1$. 当 $j < m$ 时循环执行 $t[k] \leftarrow j$, $k \leftarrow k+d$, $j \leftarrow j+1$. 然后，如果 $k < N$ 则返回 T3，否则返回 T2. ∎

例如，如果 $n = 4$，我们得到表 $(t[1], t[2], \ldots, t[23]) = (3, 2, 1, 3, 1, 2, 3, 1, 3, 2, 1, 3, 1, 2, 3, 1, 3, 2, 1, 3, 1, 2, 3)$.

字母算术. 我们现在来考察一类简单的谜题，其中排列是有用的：如果模式

$$
\begin{array}{r}
\text{SEND} \\
+ \text{MORE} \\
\hline
\text{MONEY}
\end{array}
\tag{6}
$$

的每个字母代表不同的十进制数字，那么它怎么能够表示正确的和？[亨利·迪德尼，*Strand* **68** (1924), 97, 214.] 这样的谜题通常称为"字母算术"，这是詹姆斯·亨特 [*Globe and Mail* (Toronto: 27 October 1955), 27] 杜撰的一个单词. 西蒙·瓦特里康 [*Sphinx* **1** (May 1931), 50] 还提议了另外一个术语"密码算术".

经典的字母算术 (6) 可以用手工方式求解（见习题 21）. 但是我们不妨假定需要处理一大堆复杂的字母算术问题，它们中的某些问题可能是不可解的，而另外一些问题可能有几十种解法. 在这种情况下，我们通过计算机编程彻底检验同给定模式匹配的数字的所有排列，查看哪些排列产生正确的和，这可以节省时间. [早期的求解字母算术问题的计算机程序发表在罗德尼·伯斯塔尔，*Comp. J.* **12** (1969), 48–51；约翰·贝德勒，*Creative Computing* **4**,6 (November–December 1978), 110–113.]

我们还可以稍微扩大视野，考虑一般情况下的加法字母算术，不仅处理 (6) 这样的简单和，而且也处理

$$\text{VIOLIN} + \text{VIOLIN} + \text{VIOLA} = \text{TRIO} + \text{SONATA}$$

这样的例子. 等价于我们需要求解

$$2(\text{VIOLIN}) + \text{VIOLA} - \text{TRIO} - \text{SONATA} = 0 \tag{7}$$

之类的谜题，其中给定了带有整系数的项之和，而目标是通过用不同的十进制数字替换不同字母来获得 0. 这种问题中的每个字母都有通过用 1 替换该字母而用 0 替换其他字母获得的"签名". 例如在 (7) 中字母 I 的签名是

$$2(010010) + 01000 - 0010 - 000000,$$

即 21010. 如果我们对字母 (V, I, O, L, N, A, T, R, S, X) 随意地赋予代码 $(1, 2, \ldots, 10)$，与 (7) 对应的签名分别是

$$\begin{aligned}
&s_1 = 210000, \quad s_2 = 21010, \quad s_3 = -7901, \quad s_4 = 210, \quad s_5 = -998, \\
&s_6 = -100, \quad s_7 = -1010, \quad s_8 = -100, \quad s_9 = -100000, \quad s_{10} = 0.
\end{aligned} \tag{8}$$

（已经添加一个额外的字母 X，因为我们需要 10 个字母[①].）现在问题是找出 $\{0, 1, \ldots, 9\}$ 所有排列 $a_1 \ldots a_{10}$，使得

$$a \cdot s = \sum_{j=1}^{10} a_j s_j = 0. \tag{9}$$

还有一个附带条件，因为在字母算术中不应以 0 作为前导数字. 例如，不能把

$$\begin{array}{cccc}
7316 & 5731 & 6524 & 2817 \\
+0823 & +0647 & +0735 & +0368 \\
\hline
08139 & 06378 & 07259 & 03185
\end{array}$$

$\quad$ 和 $\quad$ 和 $\quad$ 和

以及许多其他和式当成 (6) 的有效解. 一般说来存在一个首字母集合 F，使得我们必定有

$$a_j \neq 0, \qquad \text{对于所有 } j \in F. \tag{10}$$

对应于 (7) 和 (8) 的集合 F 是 $\{1, 7, 9\}$.

$\quad$ 处理一类加法字母算术的一种方法是从使用算法 T 开始，准备 $10! - 1$ 个转换 $t[k]$ 的一张表. 然后，对于由签名序列 $(s_1, \ldots, s_{10})$ 和首字母集合 F 定义的每个问题，我们可以穷举求解如下.

A1. ［初始化.］置 $a_1 a_2 \ldots a_{10} \leftarrow 01 \ldots 9$, $v \leftarrow \sum_{j=1}^{10}(j-1)s_j$, $k \leftarrow 1$, $\delta_j \leftarrow s_{j+1} - s_j$ $(1 \leq j < 10)$.

A2. ［测试.］如果 $v = 0$ 并且 (10) 成立，输出解 $a_1 \ldots a_{10}$.

A3. ［交换.］如果 $k = 10!$ 则停止. 否则，置 $j \leftarrow t[k]$, $v \leftarrow v - (a_{j+1} - a_j)\delta_j$, $a_{j+1} \leftrightarrow a_j$, $k \leftarrow k + 1$，并且返回 A2. $\blacksquare$

交换 a_j 与 a_{j+1} 只不过使 $a \cdot s$ 减少 $(a_{j+1} - a_j)(s_{j+1} - s_j)$，这个事实证明步骤 A3 是正确的. 尽管 $10! = 3\,628\,800$ 是一个相当大的数，但是步骤 A3 中的操作是如此简单，因而整个作业在一台现代计算机上仅需几分之一秒的时间.

$\quad$ ① 这 10 个字母的一个排列对应于 10 个十进制数字的排列 0123456789.——编者注

如果一个字母算术有唯一解，则称它为纯的. 不幸的是，(7) 不是纯的. 排列 1764802539 和 3546281970 都是 (9) 和 (10) 的解，因此我们有

$$176478 + 176478 + 17640 = 2576 + 368020$$

和

$$354652 + 354652 + 35468 = 1954 + 742818.$$

此外在 (8) 中 $s_6 = s_8$，因此通过交换赋予 A 和 R 的数字可以获得另外两个解.

另一方面，(6) 是纯的，我们已经描述的方法还将找到求解它的两个不同排列. 原因在于 (6) 仅涉及 8 个不同字母，因此我们将用两个虚签名 $s_9 = s_{10} = 0$ 产生它的解. 一般情况下，具有 m 个不同字母的字母算术将有 $10 - m$ 个虚签名 $s_{m+1} = \cdots = s_{10} = 0$，并且除非我们坚持比如说 $a_{m+1} < \cdots < a_{10}$，否则它的每个解将被找到 $(10 - m)!$ 次.

通用框架. 对于生成不同对象的排列，已经提出了大量的算法，而理解它们的最佳途径是应用我们在 1.3.3 节研究过的排列的乘法性质. 为此，我们稍微改变记号，使用以 0 为起点的下标，并且用 $a_0 a_1 \ldots a_{n-1}$ 表示 $\{0, 1, \ldots, n-1\}$ 的排列，代替用 $a_1 a_2 \ldots a_n$ 表示 $\{1, 2, \ldots, n\}$ 的排列. 更重要的是，我们将考虑这样的排列生成方案，其中大部分操作出现在左边，使得对于 $1 \le k \le n$，$\{0, 1, \ldots, k-1\}$ 的所有排列将在前 $k!$ 步生成. 例如对于 $n = 4$，一种这样的方案是

$$\begin{gathered} 0123, 1023, 0213, 2013, 1203, 2103, 0132, 1032, 0312, 3012, 1302, 3102, \\ 0231, 2031, 0321, 3021, 2301, 3201, 1230, 2130, 1320, 3120, 2310, 3210. \end{gathered} \tag{11}$$

这是所谓的"逆序反向字典序"，因为如果从右到左反射这些串，我们得到 3210, 3201, 3120, ..., 0123，这是字典序的逆序. 思考 (11) 的另外一种方法是把这些项看成 $(n-a_n) \ldots (n-a_2)(n-a_1)$，其中 $a_1 a_2 \ldots a_n$ 按字典序遍历 $\{1, 2, \ldots, n\}$ 的所有排列.

回忆一下 1.3.3 节，像 $\alpha = 250143$ 这样的排列可以写成两行形式

$$\alpha = \begin{pmatrix} 012345 \\ 250143 \end{pmatrix}$$

或者更紧凑的循环形式

$$\alpha = (0\ 2)(1\ 5\ 3),$$

含义是 α 取 $0 \mapsto 2, 1 \mapsto 5, 2 \mapsto 0, 3 \mapsto 1, 4 \mapsto 4, 5 \mapsto 3$. 像 (4) 的 1 循环不必指出. 由于 4 是这个排列的一个不动点，因此我们说"α 固定 4". 我们还可以写成 $0\alpha = 2$，$1\alpha = 5$，等等，说"$j\alpha$ 是 j 在 α 下的像". 排列的乘法是容易实现的，例如像 α 乘以 β，其中 $\beta = 543210$，无论是在两行形式下

$$\alpha\beta = \begin{pmatrix} 012345 \\ 250143 \end{pmatrix}\begin{pmatrix} 012345 \\ 543210 \end{pmatrix} = \begin{pmatrix} 012345 \\ 250143 \end{pmatrix}\begin{pmatrix} 250143 \\ 305412 \end{pmatrix} = \begin{pmatrix} 012345 \\ 305412 \end{pmatrix}$$

还是在循环形式下

$$\alpha\beta = (0\ 2)(1\ 5\ 3) \cdot (0\ 5)(1\ 4)(2\ 3) = (0\ 3\ 4\ 1)(2\ 5).$$

注意，1 在 $\alpha\beta$ 下的像是 $1(\alpha\beta) = (1\alpha)\beta = 5\beta = 0$，等等. 警告: 讨论排列的图书中大约半数从另一个方向（从右到左）乘以它们，想象 $\alpha\beta$ 为在应用 α 之前先应用 β. 原因是在传统的函数记号中人们书写 $\alpha(1) = 5$，自然会想 $\alpha\beta(1)$ 应当意味着 $\alpha(\beta(1)) = \alpha(4) = 4$. 然而，本书赞成另一种哲学，我们总是从左到右对排列做乘法.

当用数字阵列表示排列时，需要仔细理解乘法的顺序. 例如，如果我们对排列 $\alpha = 250143$ "应用"反射 $\beta = 543210$，其结果 341052 不是 $\alpha\beta$ 而是 $\beta\alpha$. 一般说来，通过某个重排

$a_{0\beta}a_{1\beta}\ldots a_{(n-1)\beta}$ 来替换一个排列 $\alpha = a_0a_1\ldots a_{n-1}$ 的操作取 $k \mapsto a_{k\beta} = k\beta\alpha$. 通过 β 来排列位置对应于用 β 左乘, 把 α 变成 $\beta\alpha$; 通过 β 来排列值对应于用 β 右乘, 把 α 变成 $\alpha\beta$. 因此, 例如交换 $a_1 \leftrightarrow a_2$ 的排列生成器是: 用 (1 2) 左乘当前排列, 用 $(a_1\ a_2)$ 右乘它.

　　按照伽罗瓦 1830 年提出的建议, 如果排列的一个非空集合 G 在乘法下是封闭的, 也就是说, 只要 α 和 β 是 G 的元素, 则乘积 $\alpha\beta$ 在 G 中, 就说 G 构成一个群 [见 *Écrits et Mémoires Mathématiques d'Évariste Galois* (Paris: 1962), 47]. 例如, 考虑像习题 7.2.1.1–17 中那样被表示成 4×4 环面

$$
\begin{array}{cccc}
0 & 1 & 3 & 2 \\
4 & 5 & 7 & 6 \\
c & d & f & e \\
8 & 9 & b & a
\end{array}
\tag{12}
$$

的 4 立方, 并且令 G 是保持邻接的顶点 $\{0,1,\ldots,\mathtt{f}\}$ 的所有排列的集合: 一个排列 α 在 G 中, 当且仅当 $u - v$ 意味着 $u\alpha - v\alpha$ 在 4 立方中. (此处我们用十六进制数字 $(0,1,\ldots,\mathtt{f})$ 代表整数 $(0,1,\ldots,15)$. 这样选择 (12) 中的标号, 使得 $u - v$ 当且仅当 u 和 v 仅在一个二进制位的位置上不同.) 这个集合 G 显然是一个群, 而且它的元素称为 4 立方的对称或 "自同构".

　　借助查尔斯 · 西姆斯在 *Computational Problems in Abstract Algebra* (Oxford: Pergamon, 1970), 169–183 中引入的西姆斯表, 可以很方便地在计算机内部表示排列 G 的群. 西姆斯表是 G 的一个子集族 $S_1, S_2, \ldots$, 具有下述性质: S_k 恰好包含一个排列 σ_{kj}, 每当 G 包含这样的一个排列时, 它取 $k \mapsto j$ 并且固定大于 k 的所有元素的值. 我们令 σ_{kk} 是恒等排列, 它总是出现在 G 中. 但是, 当 $0 \le j < k$ 时, 可以选择任何符合要求的排列充当 σ_{kj} 的角色. 西姆斯表的主要优点是它提供了整个群的一种方便的表示.

引理 S.　令 $S_1, S_2, \ldots, S_{n-1}$ 是 $\{0,1,\ldots,n-1\}$ 上的排列的一个群 G 的西姆斯表. 那么 G 的每个元素 α 具有唯一的表示

$$
\alpha = \sigma_1\sigma_2\ldots\sigma_{n-1}, \qquad \text{其中对于 } 1 \le k < n \text{ 有 } \sigma_k \in S_k. \tag{13}
$$

证明.　如果 α 具有这样一个表示, 并且如果 σ_{n-1} 是排列 $\sigma_{(n-1)j} \in S_{n-1}$, 那么 α 取 $n-1 \mapsto j$, 因为 $S_1 \cup \cdots \cup S_{n-2}$ 的所有元素都固定 $n-1$ 的值. 反之, 如果 α 取 $n-1 \mapsto j$, 我们有 $\alpha = \alpha'\sigma_{(n-1)j}$, 其中

$$
\alpha' = \alpha\sigma_{(n-1)j}^-
$$

是固定 $n-1$ 的 G 的一个排列. (如 1.3.3 节, σ^- 表示 σ 的逆排列.) 所有这种排列的集合 G' 是一个群, 并且 $S_1, \ldots, S_{n-2}$ 是 G' 的西姆斯表. 因此, 由对 n 的归纳法推出结果. ∎

　　例如, 少量的计算显示, 对于 4 立方的自同构群, 一个可能的西姆斯表是

$$
\begin{aligned}
S_{\mathtt{f}} = \{&(), (01)(23)(45)(67)(89)(\mathtt{ab})(\mathtt{cd})(\mathtt{ef}), \ldots, \\
&(0\mathtt{f})(1\mathtt{e})(2\mathtt{d})(3\mathtt{c})(4\mathtt{b})(5\mathtt{a})(69)(78)\};
\end{aligned}
$$

$$
S_{\mathtt{e}} = \{(), (12)(56)(9\mathtt{a})(\mathtt{de}), (14)(36)(9\mathtt{c})(\mathtt{be}), (18)(3\mathtt{a})(5\mathtt{c})(7\mathtt{e})\};
$$

$$
S_{\mathtt{d}} = \{(), (24)(35)(\mathtt{ac})(\mathtt{bd}), (28)(39)(6\mathtt{c})(7\mathtt{d})\};
$$

$$
S_{\mathtt{c}} = \{()\}; \tag{14}
$$

$$
S_{\mathtt{b}} = \{(), (48)(59)(6\mathtt{a})(7\mathtt{b})\};
$$

$$
S_{\mathtt{a}} = S_9 = \cdots = S_1 = \{()\};
$$

此处 $S_{\mathtt{f}}$ 包含对于 $0 \le j \le 15$ 的 16 个排列 $\sigma_{\mathtt{f}j}$, 它们对于 $0 \le i \le 15$ 分别取 $i \mapsto i \oplus (15 - j)$. 集合 $S_{\mathtt{e}}$ 仅包含 4 个排列, 因为固定 $\mathtt{f}$ 的自同构必须把 $\mathtt{e}$ 变成 $\mathtt{f}$ 的一个邻居. 因此 $\mathtt{e}$ 的像必定是 $\mathtt{e}$ 或 $\mathtt{d}$ 或 $\mathtt{b}$ 或 7. 集合 $S_{\mathtt{c}}$ 仅包含恒等排列, 因为固定 $\mathtt{f}, \mathtt{e}$ 和 $\mathtt{d}$ 的自同构也必须固定 $\mathtt{c}$. 像在这个例子中一样, 对于所有小的 k 值, 大多数群有 $S_k = \{()\}$. 因此西姆斯表通常只需要包含数量非常小的排列, 尽管群本身可能是非常大的.

西姆斯表示 (13) 使得它很容易检验一个给定的排列 α 是否在 G 中: 首先我们确定 $\sigma_{n-1} = \sigma_{(n-1)j}$, 其中 α 取 $n - 1 \mapsto j$, 并且令 $\alpha' = \alpha\sigma_{n-1}^{-}$; 然后我们确定 $\sigma_{n-2} = \sigma_{(n-2)j'}$, 其中 α' 取 $n - 2 \mapsto j'$, 并且令 $\alpha'' = \alpha'\sigma_{n-2}^{-}$; 等等. 如果在任何阶段 S_k 中不存在所需的 σ_{kj}, 则原来的排列 α 不属于 G. 在 (14) 的情形, 这个过程在求出 $\sigma_{\mathtt{f}}, \sigma_{\mathtt{e}}, \sigma_{\mathtt{d}}, \sigma_{\mathtt{c}}, \sigma_{\mathtt{b}}$ 后, 必定把 α 简化为恒等排列.

例如, 令 α 是排列 $(14)(28)(3\mathtt{c})(69)(7\mathtt{d})(\mathtt{be})$, 对应于 (12) 关于它的主对角线 $\{0, 5, \mathtt{f}, \mathtt{a}\}$ 的转置. 由于 α 固定 $\mathtt{f}$, $\sigma_{\mathtt{f}}$ 是恒等排列 $()$, 并且 $\alpha' = \alpha$. 于是 $\sigma_{\mathtt{e}}$ 是取 $\mathtt{e} \mapsto \mathtt{b}$ 的 $S_{\mathtt{e}}$ 的成员, 即 $(14)(36)(9\mathtt{c})(\mathtt{be})$, 并且我们求出 $\alpha'' = (28)(39)(6\mathtt{c})(7\mathtt{d})$. 这个排列属于 $S_{\mathtt{d}}$, 因此 α 确实是 4 立方的一个自同构.

反过来, (13) 也使得它容易生成对应群的所有元素. 我们简单地遍历形式为

$$\sigma(1, c_1)\sigma(2, c_2)\ldots\sigma(n-1, c_{n-1})$$

的所有排列, 其中对于 $0 \le c_k < s_k = |S_k|$ 和 $1 \le k < n$, $\sigma(k, c_k)$ 是 S_k 第 $(c_k + 1)$ 个元素, 使用 7.2.1.1 节的遍历 $(s_1, \ldots, s_{n-1})$ 进制的所有 $(n-1)$ 元组 $(c_1, \ldots, c_{n-1})$ 的任何算法.

使用通用框架. 我们主要关心的是 $\{0, 1, \ldots, n-1\}$ 上的所有排列的群, 并且在这种情况下西姆斯表的每个集合 S_k 包含 $k + 1$ 个元素 $\{\sigma(k, 0), \sigma(k, 1), \ldots, \sigma(k, k)\}$, 其中 $\sigma(k, 0)$ 是恒等排列, 而其他的则是把 k 换成 $\{0, \ldots, k-1\}$ 在某种次序下的值. (排列 $\sigma(k, j)$ 不需与 σ_{kj} 相同, 并且通常是不同的.) 每个这样的西姆斯表按照下述要点产生一个排列生成器.

算法 G (通用排列生成器). 给定一个西姆斯表 $(S_1, S_2, \ldots, S_{n-1})$, 其中每个 S_k 正如所述有 $k + 1$ 个元素 $\sigma(k, j)$, 这个算法利用辅助控制表 $c_n \ldots c_2 c_1$ 生成 $\{0, 1, \ldots, n-1\}$ 的所有排列 $a_0 a_1 \ldots a_{n-1}$.

G1. [初始化.] 对于 $0 \le j < n$ 置 $a_j \leftarrow j$, $c_{j+1} \leftarrow 0$.

G2. [访问.] (此时, 混合进制数 $\begin{bmatrix} c_{n-1}, & \ldots, & c_2, & c_1 \\ n, & \ldots, & 3, & 2 \end{bmatrix}$ 是迄今为止访问的排列的数目.) 访问排列 $a_0 a_1 \ldots a_{n-1}$.

G3. [对 $c_n \ldots c_2 c_1$ 加 1.] 置 $k \leftarrow 1$. 当 $c_k = k$ 时循环执行 $c_k \leftarrow 0$, $k \leftarrow k + 1$. 如果 $k = n$ 则终止算法, 否则置 $c_k \leftarrow c_k + 1$.

G4. [排列.] 如下所述, 对 $a_0 a_1 \ldots a_{n-1}$ 应用排列 $\tau(k, c_k)\omega(k-1)^{-}$, 并且返回 G2. ▮

对 $a_0 a_1 \ldots a_{n-1}$ 应用排列 π 意味着对于 $0 \le j < n$ 用 $a_{j\pi}$ 替换 a_j. 正如前面所解释的, 这对应于用 π 左乘. 让我们定义

$$\tau(k, j) = \sigma(k, j)\sigma(k, j-1)^{-}, \qquad 1 \le j \le k; \tag{15}$$

$$\omega(k) = \sigma(1, 1)\ldots\sigma(k, k). \tag{16}$$

那么步骤 G3 和 G4 保持

$$a_0 a_1 \ldots a_{n-1} \text{ 是排列 } \sigma(1, c_1)\sigma(2, c_2)\ldots\sigma(n-1, c_{n-1}) \tag{17}$$

的性质, 并且引理 S 证明每个排列恰好被访问一次.

图 39 中的树说明了在 $n = 4$ 情况下的算法 G. 根据 (17)，$\{0,1,2,3\}$ 的每个排列 $a_0 a_1 a_2 a_3$ 对应于一个 3 位数字的控制串 $c_3 c_2 c_1$，其中 $0 \le c_3 \le 3$，$0 \le c_2 \le 2$，$0 \le c_1 \le 1$. 树的某些结点用 1 位数字 c_3 标记，对应于所用的西姆斯表的排列 $\sigma(3, c_3)$. 其他结点用 2 位数字 $c_3 c_2$ 标记，对应于排列 $\sigma(2, c_2)\sigma(3, c_3)$. 一条粗线连接结点 c_3 和结点 $c_3 0$ 以及结点 $c_3 c_2$ 和结点 $c_3 c_2 0$，因为 $\sigma(2,0)$ 和 $\sigma(1,0)$ 是恒等排列，并且这些结点实质上是相同的. 在步骤 C3 对混合进制数 $c_3 c_2 c_1$ 加 1，对应于从图 39 的一个结点移到它的按前序的后继，并且步骤 G4 中的变换相应地改变排列. 例如，当 $c_3 c_2 c_1$ 从 121 变为 200 时，步骤 G4 用

$$\tau(3,2)\omega(2)^- = \tau(3,2)\sigma(2,2)^-\sigma(1,1)^-$$

左乘当前排列，用 $\sigma(1,1)^-$ 左乘使我们从结点 121 移到结点 12，用 $\sigma(2,2)^-$ 左乘使我们从结点 12 移到结点 1，并且用 $\tau(3,2) = \sigma(3,2)\sigma(3,1)^-$ 左乘使我们从结点 1 移到结点 $2 \equiv 200$，它是结点 121 的按前序的后继. 用 $\tau(3,2)\omega(2)^-$ 左乘，恰好是把 $\sigma(1,1)\sigma(2,2)\sigma(3,1)$ 变为 $\sigma(1,0)\sigma(2,0)\sigma(3,2)$ 所需的，说明这个不同的方法保持了 (17) 的性质.

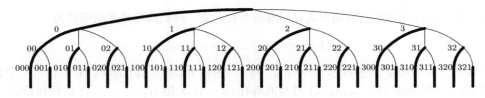

图 39 当 $n = 4$ 时算法 G 隐式遍历这棵树

算法 G 定义了大量的排列生成器（见习题 37），所以它的许多特例出现在文献中是不奇怪的. 当然，它的某些变形比另外一些更为有效，并且我们需要寻找其中的操作特别适合于我们正使用的计算机的范例.

举例来说，通过令 $\sigma(k, j)$ 为 $(j+1)$ 循环

$$\sigma(k, j) = (k{-}j \;\; k{-}j{+}1 \;\; \ldots \;\; k), \tag{18}$$

我们可以获得逆序反向字典序的排列作为算法 G 的一个特例（见 (11)）. 理由是当 $c_k = j$ 且 $c_i = 0 (i \ne k)$ 时，$\sigma(k, j)$ 应该是按逆序反向字典序对应于 $c_n \ldots c_1$ 的排列，并且这个排列 $a_0 a_1 \ldots a_{n-1}$ 是 $01\ldots(k{-}j{-}1)(k{-}j{+}1)\ldots(k)(k{-}j)(k{+}1)\ldots(n{-}1)$. 例如，当 $n = 8$ 且 $c_n \ldots c_1 = 00030000$ 时，对应的逆序反向字典序的排列是 01345267，它的循环形式是 $(2\,3\,4\,5)$. 当 $\sigma(k, j)$ 由 (18) 给出时，等式 (15) 和 (16) 导致公式

$$\tau(k, j) = (k{-}j \;\; k); \tag{19}$$

$$\omega(k) = (0\,1)(0\,1\,2)\ldots(0\,1\ldots k) = (0\,k)(1\,k{-}1)(2\,k{-}2)\ldots = \phi(k); \tag{20}$$

此处 $\phi(k)$ 是把 $a_0 \ldots a_k$ 变为 $a_k \ldots a_0$ 的 "$(k+1)$ 翻转". 在这种情况下 $\omega(k)$ 结果与 $\omega(k)^-$ 是相同的，因为 $\phi(k)^2 = ()$.

等式 (19) 和 (20) 暗中出现在算法 L 及其逆序反向字典序的等价算法（习题 2）背后，其中步骤 L3 实际上应用一次对换而步骤 L4 做一次翻转. 步骤 G4 实际先作翻转. 但是恒等式

$$(k{-}j \;\; k)\phi(k{-}1) = \phi(k{-}1)(j{-}1 \;\; k) \tag{21}$$

说明，一次翻转后接一次对换与一次（不同的）对换后接翻转是相同的.

事实上，等式 (21) 是重要恒等式

$$\pi^-(j_1\ j_2\ \ldots\ j_t)\pi = (j_1\pi\ j_2\pi\ \ldots\ j_t\pi) \tag{22}$$

的特例，它对任何排列 π 和任何 t 循环 $(j_1\ j_2\ \ldots\ j_t)$ 都成立. 例如，在 (22) 的左端我们有 $j_1\pi \mapsto j_1 \mapsto j_2 \mapsto j_2\pi$，与右端的循环一致. 所以如果 α 和 π 无论是任何排列，排列 $\pi^-\alpha\pi$（称为 α 按 π 的共轭）恰好有与 α 相同的循环结构. 我们简单地在每个循环中用 $j\pi$ 替换每个元素 j.

理查德·奥德-史密斯 [*CACM* **10** (1967), 452；**12** (1969), 638；也见 *Comp. J.* **14** (1971), 136-139] 提出了算法 G 的另外一个重要特例，它通过设置

$$\sigma(k,j) = (k\ \ldots\ 1\ 0)^j \tag{23}$$

获得. 现在由 (15) 显然有

$$\tau(k,j) = (k\ \ldots\ 1\ 0); \tag{24}$$

并且我们再次得到

$$\omega(k) = (0\ k)(1\ k-1)(2\ k-2)\ldots = \phi(k), \tag{25}$$

因为 $\sigma(k,k) = (0\ 1\ \ldots\ k)$ 和以前一样. 这个方法的妙处在于步骤 G4 所需的排列（即 $\tau(k,c_k)\omega(k-1)^-$）不依赖于 c_k：

$$\tau(k,j)\omega(k-1)^- = (k\ \ldots\ 1\ 0)\phi(k-1)^- = \phi(k). \tag{26}$$

因此，奥德-史密斯的算法是算法 G 的特例，其中步骤 G4 简单交换 $a_0 \leftrightarrow a_k$, $a_1 \leftrightarrow a_{k-1}$, ... 由于 k 值很小，这个操作通常是很快的，并且它省去算法 L 的某些工作. （见习题 38 以及 7.2.1.7 节耶奥里·克吕格尔的参考文献.）

通过控制操作过程使得步骤 G4 每次只需做一次对换，有些像算法 P 中的做法但是不必针对邻接元素，我们甚至可以做得更好. 可能有许多这样的方案. 正如布赖恩·希普 [*Comp. J.* **6** (1963), 293–294] 指出的那样，最佳方案或许是令

$$\tau(k,j)\omega(k-1)^- = \begin{cases} (k\ 0), & \text{如果 } k \text{ 是偶数}, \\ (k\ j-1), & \text{如果 } k \text{ 是奇数}. \end{cases} \tag{27}$$

注意希普的方法总是转置 $a_k \leftrightarrow a_0$，除非 $k = 3, 5, \ldots$. 并且 k 的值在每 6 步中有 5 步是 1 或 2. 习题 40 证明希普的方法的确生成所有排列.

绕过不需要的区段. 算法 G 的一个显著优点在于它触及 a_k 之前遍历 $a_0 \ldots a_{k-1}$ 的所有排列，然后在再次改变 a_k 之前执行另一个 $k!$ 循环，等等. 因此，如果在任意时刻到达对于处理问题无关紧要的最后一组元素 $a_k \ldots a_{n-1}$，我们可以快速跳过以不合需要的后缀结束的所有排列. 确切地说，我们可以用下面的子步骤代替步骤 G2.

G2.0. [可接受吗?] 如果 $a_k \ldots a_{n-1}$ 不是可接受的后缀，转到 G2.1. 否则，置 $k \leftarrow k-1$. 然后，如果 $k > 0$，重复这一步骤. 如果 $k = 0$，前进到 G2.2.

G2.1. [跳过这个后缀.] 当 $c_k = k$ 时循环执行：对 $a_0 \ldots a_{n-1}$ 应用 $\sigma(k,k)^-$，并且置 $c_k \leftarrow 0$, $k \leftarrow k+1$. 如果 $k = n$ 则终止，否则置 $c_k \leftarrow c_k + 1$，对 $a_0 \ldots a_{n-1}$ 应用 $\tau(k,c_k)$，并且返回 G2.0.

G2.2. [访问.] 访问排列 $a_0 \ldots a_{n-1}$. ∎

步骤 G1 也应置 $k \leftarrow n-1$. 注意，新步骤小心地保持了条件 (17). 算法变得更为复杂，因为除了出现在 G4 中的排列 $\tau(k,j)\omega(k-1)^-$ 之外，我们还需要知道排列 $\tau(k,j)$ 和 $\sigma(k,k)$. 但是这种额外复杂性经常是值得为之付出的，因为得到的程序的运行速度可能大大加快.

例如，图 40 说明，当对应于结点 00, 11, 121, 2 的 $a_0a_1a_2a_3$ 的后缀不可接受时，图 39 的树会产生什么结果. （排列 $a_0 \ldots a_{n-1}$ 的每个后缀 $a_k \ldots a_{n-1}$ 对应于控制串 $c_n \ldots c_1$ 的前缀 $c_n \ldots c_k$，因为排列 $\sigma(1, c_1) \ldots \sigma(k-1, c_{k-1})$ 不影响 $a_k \ldots a_{n-1}$.）步骤 G2.1 用 $\tau(k,j)$ 左乘，从结点 $c_{n-1} \ldots c_{k+1}(j-1)$ 移动到它的右兄弟结点 $c_{n-1} \ldots c_{k+1}j$，并且用 $\sigma(k,k)^-$ 左乘，从结点 $c_{n-1} \ldots c_{k+1}k$ 向上移动到它的父结点 $c_{n-1} \ldots c_{k+1}$. 因此，为了从舍弃的前缀 121 获得它的按前序的后继，算法用 $\sigma(1,1)^-, \sigma(2,2)^-, \tau(3,2)$ 左乘，从而由结点 121 移动到 12 到 1 到 2. （这是一种不常见的情况，因为一个具有 $k=1$ 的前缀仅当我们不需访问后缀为 $a_1 \ldots a_{n-1}$ 的唯一排列 $a_0a_1 \ldots a_{n-1}$ 时才被舍弃.）在舍弃结点 2 后，$\tau(3,3)$ 使我们到达结点 3，等等.

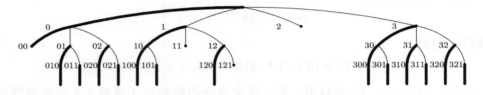

图 40   如果适当扩充算法 G，可以从图 39 的树中剪除不需要的分支

顺便说一下，如果我们回到生成 $\{1, \ldots, n\}$ 的排列 $a_1 \ldots a_n$ 并且完成右端大部分工作的思想，在算法 G 的这个扩充中绕过后缀 $a_k \ldots a_{n-1}$，实际上与我们在原来记号中绕过前缀 $a_1 \ldots a_j$ 是相同的. 我们原来的记号对应于首先选择 a_1，然后 a_2，……然后 a_n；算法 G 的记号实质上首先选择 a_{n-1}，然后 a_{n-2}，……然后 a_0. 算法 G 的约定可能显得落后，但是它们使得对西姆斯表操作的公式简单得多. 一个优秀的程序员很快就会学会毫不费力地从一个观点切换到另一个观点.

我们可以把这些思想应用到字母算术，因为显然例如对于字母 D, E, Y 的值的大多数选择，将不可能使 SEND + MORE = MONEY：在这个问题中，我们需要有 $(D + E - Y) \bmod 10 = 0$. 因此，可以不考虑许多排列.

一般说来，如果 r_k 是整除签名值 s_k 的 10 的最大乘幂，我们可以对字母排序并且指定代码 $\{0, 1, \ldots, 9\}$，使得 $r_0 \geq r_1 \geq \cdots \geq r_9$. 例如，为了求解三重奏鸣曲问题 (7)，我们可以分别用 $(0, 1, \ldots, 9)$ 表示 $(\text{X}, \text{S}, \text{V}, \text{A}, \text{R}, \text{I}, \text{L}, \text{T}, \text{O}, \text{N})$，得到签名

$$s_0 = 0, \quad s_1 = -100000, \quad s_2 = 210000, \quad s_3 = -100, \quad s_4 = -100,$$
$$s_5 = 21010, \quad s_6 = 210, \quad s_7 = -1010, \quad s_8 = -7901, \quad s_9 = -998;$$

因此 $(r_0, \ldots, r_9) = (\infty, 5, 4, 2, 2, 1, 1, 1, 0, 0)$. 如果现在用满足 $r_{k-1} \neq r_k$ 的一个 k 值进入步骤 G2.0，我们可以说后缀 $a_k \ldots a_9$ 是不可接受的，除非 $a_k s_k + \cdots + a_9 s_9$ 是 $10^{r_{k-1}}$ 的某个倍数. 此外，(10) 告诉我们，如果 $a_k = 0$ 且 $k \in F$，则 $a_k \ldots a_9$ 是不可接受的. 首字母集合 F 现在是 $\{1, 2, 7\}$.

我们以前对字母算术使用上述步骤 A1–A3 的方法以蛮力遍历 10! 种可能性. 在这种情况下它的运算是相当快的，因为邻接对换方法使它能够达到每个排列仅用 6 次内存访问. 尽管如此，但是 10! = 3 628 800，所以整个过程耗费 2200 万次内存访问，几乎与求解的字母算术无关. 对比之下，用布赖恩·希普的方法扩充的算法 G 以及刚描述的捷径，使用不到 12.8 万次内存访问

找到 (7) 的所有 4 个解! 因此跳过后缀的方法的运行速度比前面的方法快 170 倍, 真可谓风驰
电掣的速度.

新方法的 12.8 万次内存访问大部分花费在步骤 G2.1 应用 $\tau(k,c_k)$ 上. 其余的内存引用主
要来自那一步中 $\sigma(k,k)^-$ 的应用, 但是 τ 需要 7812 次而 σ^- 只需要 2162 次. 其理由从图 40
是容易理解的, 因为步骤 G4 中的 "快捷移动" $\tau(k,c_k)\omega(k-1)^-$ 从来是很难实现的, 在这种
情况下它只用 4 次, 每个解一次. 因此, 树的前序遍历几乎完全是用 τ 步向右移动和 σ^- 步向
上移动完成的. 在类似这样的问题中, τ 步起主导作用, 其中实际很少访问完整的排列, 因为每
一步 $\sigma(k,k)^-$ 是以 k 步 $\tau(k,1)$, $\tau(k,2)$,..., $\tau(k,k)$ 为前导的.

这个分析揭示, 希普的方法——它用最大长度优化排列 $\tau(k,j)\omega(k-1)^-$ 使得步骤 G4 中
的每个转换是简单的对换——不是特别适用于扩充的算法 G, 除非在步骤 G2.0 中被舍弃的后
缀比较少. 更简单的逆序反向字典序——$\tau(k,j)$ 本身总是简单的对换——现在更具有吸引力
(见 (19)). 实际上, 使用逆序反向字典序的算法 G 求解字母算术 (7) 仅用 9.7 万次内存访问.

其他字母算术问题存在类似结果. 例如, 如果我们对习题 24 从 (a) 到 (h) 的字母算术问题
应用扩充的算法 G, 计算分别涉及

$$(55.1, 11.0, 1.4, 0.8, 35.0, 8.4, 15.3, 159.8)\ \text{万次内存访问 (希普方法)};$$
$$(42.9,\ \ 8.4, 1.0, 0.5, 25.6, 6.3, 11.7, 118.9)\ \text{万次内存访问 (逆序反向字典序)}. \tag{28}$$

在这些例子中, 逆序反向字典序与算法 T 的蛮力方法相比, 加速因子的范围从 (h) 小题的 18
到 (d) 小题的 4200, 平均值约为 80. 希普的方法给出约为 60 的平均加速.

然而, 我们从算法 L 知道字典序是容易处理的, 无须算法 G 所用的控制表 $c_n\ldots c_1$ 的复杂
结构. 更仔细地考察算法 L 表明, 当频繁跳过排列时, 通过用链表代替顺序数组可以提高它的
性能. 改进后的算法非常适合于希望生成受限类别的排列的各种算法.

算法 X (带限制前缀的字典序排列). 这个算法生成 $\{1, 2, \ldots, n\}$ 满足以下条件的所有排
列 $a_1 a_2 \ldots a_n$, 这些排列必须通过给定的检验序列

$$t_1(a_1),\quad t_2(a_1, a_2),\quad \ldots,\quad t_n(a_1, a_2, \ldots, a_n)$$

的所有测试. 这个算法以字典序访问它们. 算法使用链 $l_0, l_1, \ldots, l_n$ 的一个辅助表, 以其维持
未用元素的一个循环列表, 因此当前可用元素如果是

$$\{1, \ldots, n\} \setminus \{a_1, \ldots, a_k\} = \{b_1, \ldots, b_{n-k}\}, \qquad \text{其中 } b_1 < \cdots < b_{n-k}, \tag{29}$$

那么我们有

$$l_0 = b_1, \quad l_{b_j} = b_{j+1}\,(1 \le j < n-k), \quad \text{且} \quad l_{b_{n-k}} = 0. \tag{30}$$

它还使用辅助表 $u_1 \ldots u_n$, 以撤销对 l 数组已经执行的操作.

X1. [初始化.] 置 $l_k \leftarrow k+1$ $(0 \le k < n)$, $l_n \leftarrow 0$. 然后置 $k \leftarrow 1$.

X2. [进入第 k 层.] 置 $p \leftarrow 0$, $q \leftarrow l_0$.

X3. [测试 $a_1 \ldots a_k$.] 置 $a_k \leftarrow q$. 如果 $t_k(a_1, \ldots, a_k)$ 为假, 转到 X5. 否则, 如果 $k = n$, 访
问 $a_1 \ldots a_n$ 并且转到 X6.

X4. [推进 k.] 置 $u_k \leftarrow p$, $l_p \leftarrow l_q$, $k \leftarrow k+1$, 并且返回 X2.

X5. [推进 a_k.] 置 $p \leftarrow q$, $q \leftarrow l_p$. 如果 $q \ne 0$, 返回 X3.

X6. [减少 k.] 置 $k \leftarrow k-1$, 并且如果 $k = 0$ 则终止. 否则, 置 $p \leftarrow u_k$, $q \leftarrow a_k$, $l_p \leftarrow q$,
并且转到 X5. ∎

这个优雅算法的基本思想属于杰弗里·罗尔 [*Inf. Proc. Letters* **17** (1983), 231–234]. 通过稍为改变记号我们可以把它用于字母算术, 获得 $\{0,\ldots,9\}$ 的排列 $a_0\ldots a_9$, 并且让 l_{10} 扮演 l_0 以前的角色. 用所得算法求解三重奏鸣曲问题 (7) 只需 4.9 万次内存访问, 而且它分别以

$$(24.8, 3.8, 0.4, 0.3, 12.2, 3.0, 5.5, 55.3) \text{ 万次内存访问} \tag{31}$$

解决习题 24(a)–(h) 的字母算术问题. 因此, 它的运行速度比蛮力方法大约快 165 倍.

将算法 X 应用于字母算术的另一种方法通常更快. (见习题 49).

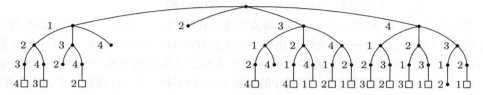

图 41   当 $n = 4$ 时, 如果访问除了以 132, 14, 2, 314, 4312 开始的所有排列, 算法 X 隐式遍历的树

*对偶方法. 如果 $S_1, \ldots, S_{n-1}$ 是一个排列的群 G 的西姆斯表, 我们从引理 S 得知, G 的每个元素可以唯一地表示成乘积 $\sigma_1 \ldots \sigma_{n-1}$, 其中 $\sigma_k \in S_k$. 见 (13). 习题 50 说明, 每个元素 α 也能唯一地表示成对偶形式

$$\alpha = \sigma_{n-1}^- \ldots \sigma_2^- \sigma_1^-, \qquad \text{其中 } \sigma_k \in S_k \, (1 \le k < n), \tag{32}$$

而这个事实导致另外一大类排列生成器. 特别是当 G 是所有 $n!$ 个排列的群时, 每个排列可以写成

$$\sigma(n-1, c_{n-1})^- \ldots \sigma(2, c_2)^- \sigma(1, c_1)^-, \tag{33}$$

其中 $0 \le c_k \le k \, (1 \le k < n)$, 并且排列 $\sigma(k, j)$ 与算法 G 中的排列相同. 但是, 我们现在需要最快地改变 c_{n-1} 且最慢地改变 c_1, 所以我们获得一类不同的算法.

算法 H (对偶排列生成器).   给定算法 G 中那样的西姆斯表, 这个算法利用辅助表 $c_0 \ldots c_{n-1}$, 生成 $\{0, \ldots, n-1\}$ 的所有排列 $a_0 \ldots a_{n-1}$.

H1. [初始化.] 对于 $0 \le j < n$ 置 $a_j \leftarrow j$, $c_j \leftarrow 0$.

H2. [访问.](此时, 混合进制数 $\begin{bmatrix} c_1, & c_2, & \ldots, & c_{n-1} \\ 2, & 3, & \ldots, & n \end{bmatrix}$ 是迄今为止访问的排列的数目.) 访问排列 $a_0 a_1 \ldots a_{n-1}$.

H3. [对 $c_0 c_1 \ldots c_{n-1}$ 加 1.] 置 $k \leftarrow n-1$. 如果 $c_k = k$, 置 $c_k \leftarrow 0$, $k \leftarrow k-1$, 并且重复直至 $k = 0$ 或者 $c_k < k$. 如果 $k = 0$ 则终止算法, 否则置 $c_k \leftarrow c_k + 1$.

H4. [排列.] 如下所述, 对 $a_0 a_1 \ldots a_{n-1}$ 应用排列 $\tau(k, c_k) \omega(k+1)^-$, 并且返回 H2.   ∎

尽管这个算法看起来几乎与算法 G 完全一样, 它在步骤 H4 需要的排列 τ 和 ω 与步骤 G4 所需的排列却是截然不同的. 代替 (15) 和 (16) 的新规则是

$$\tau(k, j) = \sigma(k, j)^- \sigma(k, j-1), \qquad 1 \le j \le k; \tag{34}$$

$$\omega(k) = \sigma(n-1, n-1)^- \sigma(n-2, n-2)^- \ldots \sigma(k, k)^-. \tag{35}$$

可能性的数量与算法 G 一样巨大, 所以我们将把注意力限制在具有特别意义的少数情况. 当然, 需要尝试的一种自然情况是使算法 G 产生逆序反向字典序的西姆斯表, 即像 (18) 中那样

$$\sigma(k, j) = (k-j \quad k-j+1 \quad \ldots \quad k). \tag{36}$$

所得排列生成器结果与用平滑改变方法得到的排列生成器近乎相同. 因此我们可以说, 实际上算法 L 与算法 P 是互为对偶的.（见习题 52）.

另外一种自然的想法, 是用类似于 (27) 的结构（那种结构在步骤 G4 达到最佳效果）建立一个西姆斯表, 对它而言, 步骤 H4 总是做一次两个元素的简单对换. 但是, 这样一个任务现在是不可能完成的: 即使当 $n = 4$ 时, 我们也不可能做到. 因为如果从恒等排列 $a_0 a_1 a_2 a_3 = 0123$ 开始, 让我们从控制表 $c_0 c_1 c_2 c_3 = 0000$ 到 0001 到 0002 到 0003 的转换必须移动 3. 所以, 如果它们是对换, 必然是对 $\{0, 1, 2\}$ 的某个排列 abc 的 $(3\,a)$, $(a\,b)$, $(b\,c)$. 对应于 $c_0 c_1 c_2 c_3 = 0003$ 的排列现在是 $\sigma(3,3)^- = (b\,c)(a\,b)(3\,a) = (3\,a\,b\,c)$, 并且下一个排列（对应于 $c_0 c_1 c_2 c_3 = 0010$）将是 $\sigma(2,1)^-$, 它必定固定元素 3. 仅有的合适对换是 $(3\,c)$, 因此 $\sigma(2,1)^-$ 必然是 $(3\,c)(3\,a\,b\,c) = (a\,b\,c)$. 同样, 我们发现 $\sigma(2,2)^-$ 必然是 $(a\,c\,b)$, 而对应于 $c_0 c_1 c_2 c_3 = 0023$ 的排列将是 $(3\,a\,b\,c)(a\,c\,b) = (3\,c)$. 现在步骤 H4 被设想为把这个排列转变成 $\sigma(1,1)^-$, 它对应于跟着 0023 的控制表 0100. 但是把 $(3\,c)$ 转变为固定 2 和 3 的排列的仅有对换是 $(3\,c)$, 而且所得排列也固定 1, 因此它不可能是 $\sigma(1,1)^-$.

前一段的证明说明, 我们不能用算法 H 生成具有最小对换数目的所有排列. 但是它也提出非常接近这个最小值的一个简单生成方案, 而且所得算法非常有吸引力, 因为它需要做的额外工作每 $n(n-1)$ 步只有一次.（见习题 53.）

最后, 像 (23) 中那样, 当

$$\sigma(k, j) = (k \ \ldots \ 1 \ 0)^j \tag{37}$$

时, 让我们考虑理查德 · 奥德-史密斯的方法的对偶. $\tau(k, j)$ 的值再次与 j 无关,

$$\tau(k, j) = (0 \ 1 \ \ldots \ k), \tag{38}$$

并且这个事实在算法 H 中是特别有利的, 因为它允许我们省去控制表 $c_0 c_1 \ldots c_{n-1}$. 理由在于, 由于 (33), 在步骤 H3 中 $c_{n-1} = 0$ 当且仅当 $a_{n-1} = n - 1$. 实际上, 在步骤 H3 中当 $c_j = 0$（$k < j < n$）时, 我们有 $c_k = 0$ 当且仅当 $a_k = k$. 因此我们可以把算法 H 的这个变形重新表述如下.

算法 C（通过循环移位的排列生成）. 这个算法访问不同元素 $\{x_1, \ldots, x_n\}$ 的所有排列 $a_1 \ldots a_n$.

C1.［初始化.］对于 $1 \leq j \leq n$ 置 $a_j \leftarrow x_j$.

C2.［访问.］访问排列 $a_1 \ldots a_n$, 并且置 $k \leftarrow n$.

C3.［移位.］用循环移位 $a_2 \ldots a_k a_1$ 替换 $a_1 a_2 \ldots a_k$, 并且如果 $a_k \neq x_k$ 则返回 C2.

C4.［减少 k.］置 $k \leftarrow k - 1$, 并且如果 $k > 1$ 则返回 C3, 否则停止. ∎

例如, 当 $n = 4$ 时, 生成的 $\{1, 2, 3, 4\}$ 的相继的排列是

$$1234, \ 2341, \ 3412, \ 4123, \ (1234),$$
$$2314, \ 3142, \ 1423, \ 4231, \ (2314),$$
$$3124, \ 1243, \ 2431, \ 4312, \ (3124), \ (1234),$$
$$2134, \ 1342, \ 3421, \ 4213, \ (2134),$$
$$1324, \ 3241, \ 2413, \ 4132, \ (1324),$$
$$3214, \ 2143, \ 1432, \ 4321, \ (3214), \ (2134), \ (1234),$$

未被访问的中间排列显示在括号中. 用程序长度最短的尺度衡量, 这个算法很有可能是所有排列生成器中最简单的. 它属于小格伦 · 兰登［*CACM* **10** (1967), 298–299; **11** (1968), 392］. 查尔斯 · 汤普金斯［*Proc. Symp. Applied Math.* **6** (1956), 202–205］此前发表过类似的方法,

并且由理查德·塞茨 [*Unternehmensforschung* **6** (1962), 2–15] 更明确地提出. 此过程特别适用于循环移位很高效的应用, 例如把相继排列保存在计算机寄存器而不是数组里的那些应用.

　　对偶方法的主要缺点在于它们通常不适用于需要跳过排列的大区段的情况, 因为具有第一个控制项 $c_0 c_1 \ldots c_{k-1}$ 的给定值的所有排列的集合通常是不重要的. 但是, 特殊情形 (36) 有时属于例外, 因为那种情况下具有 $c_0 c_1 \ldots c_{k-1} = 00 \ldots 0$ 的 $n!/k!$ 个排列, 恰好是这样一些排列 $a_0 a_1 \ldots a_{n-1}$, 它们中的 0 位于 1 前面, 1 位于 2 前面, $\cdots k-2$ 位于 $k-1$ 前面.

　　*埃尔利希的交换方法. 吉德翁·埃尔利希发现了一种完全不同的排列生成方法, 基于使用控制表 $c_1 \ldots c_{n-1}$ 的又一种方式. 他的方法通过交换最左边元素与另外一个元素从排列的前导获得每个排列.

算法 E (埃尔利希交换). 　这个算法通过使用辅助表 $b_0 \ldots b_{n-1}$ 和 $c_1 \ldots c_n$ 生成不同元素 $a_0 \ldots a_{n-1}$ 的所有排列.

E1. [初始化.] 对于 $0 \le j < n$ 置 $b_j \leftarrow j$, $c_{j+1} \leftarrow 0$.

E2. [访问.] 访问排列 $a_0 \ldots a_{n-1}$.

E3. [寻找 k.] 置 $k \leftarrow 1$. 然后, 当 $c_k = k$ 时循环执行 $c_k \leftarrow 0$, $k \leftarrow k+1$. 如果 $k = n$ 则终止, 否则置 $c_k \leftarrow c_k + 1$.

E4. [交换] 交换 $a_0 \leftrightarrow a_{b_k}$.

E5. [翻转.] 置 $j \leftarrow 1$, $k \leftarrow k-1$. 当 $j < k$ 时循环执行: 交换 $b_j \leftrightarrow b_k$ 并且置 $j \leftarrow j+1$, $k \leftarrow k-1$. 返回 E2. ∎

注意, 步骤 E2 和 E3 与算法 G 的步骤 G2 和 G3 是相同的. 关于这个算法, 最惊人的事情是它行得通, 埃尔利希在 1987 年给马丁·加德纳的信中提到了这一点. 习题 55 包含一个证明. 一个类似的方法, 其中简化了步骤 E5 的操作, 可以用同样方式证明是有效的 (见习题 56). 在步骤 E5 中执行的平均交换次数小于 0.18 (见习题 57).

　　迄今, 算法 E 并不比我们已经见过的其他方法更快, 但是具有很好的性质, 它以最小的方式改变每个排列, 只使用 $n-1$ 种不同的对换. 对于某些精心选择的下标序列 $t[1]$, $t[2]$, $\ldots$, $t[n!-1]$, 算法 P 使用邻接交换 $a_{t-1} \leftrightarrow a_t$, 而算法 E 使用首元素交换 $a_0 \leftrightarrow a_t$, 也称为星形对换. 如果我们为 n 相同的相当小的值重复生成排列, 那么可以预先计算这个序列, 就像我们在算法 T 中对算法 P 的下标序列所做的那样. 注意星形对换具有胜过邻接交换的优点, 因为我们总是从前一次交换知道 a_0 的值, 而不需要从内存中读取它.

　　令 E_n 是 $n!-1$ 个下标 t 的序列, 使得算法 E 在步骤 E4 交换 a_0 与 a_t. 由于 E_{n+1} 起始于 E_n, 我们可以把 E_n 看成无穷序列

$$E_\infty = 121213212123121213212124313132131312 \ldots \tag{39}$$

的前 $n!-1$ 个元素. 例如, 如果 $n = 4$ 且 $a_0 a_1 a_2 a_3 = 1234$, 算法 E 访问的排列是

$$
\begin{array}{l}
1234, \ 2134, \ 3124, \ 1324, \ 2314, \ 3214, \\
4213, \ 1243, \ 2143, \ 4123, \ 1423, \ 2413, \\
3412, \ 4312, \ 1342, \ 3142, \ 4132, \ 1432, \\
2431, \ 3421, \ 4321, \ 2341, \ 3241, \ 4231.
\end{array}
\tag{40}
$$

　　*使用较少的生成器. 在见过算法 P 和算法 E 之后, 我们自然可能会提出这样的问题, 所有的排列是否恰好可以使用两个基本操作获得, 而不是 $n-1$ 个. 例如, 艾伯特·奈恩黑斯

和赫伯特·维尔夫 [*Combinatorial Algorithms* (1975), 习题 6] 指出, 如果我们在每一步用 $a_2a_3\ldots a_na_1$ 或 $a_2a_1a_3\ldots a_n$ 替换 $a_1a_2a_3\ldots a_n$, 那么可以生成对于 $n=4$ 的所有排列, 并且他们想知道是否对于所有 n 存在这样一种方法.

一般说来, 如果 G 是任意排列群, 并且如果 $\alpha_1, \ldots, \alpha_k$ 是 G 的元素, 那么生成器为 $(\alpha_1,\ldots,\alpha_k)$ 的 G 的凯莱图 是这样的有向图: 它的顶点是 G 的排列 π, 它的弧从 π 到 $\alpha_1\pi, \ldots, \alpha_k\pi$. [阿瑟·凯莱, *American J. Math.* 1 (1878), 174–176.] 奈恩黑斯和维尔夫的问题等价于这样一个问题: 生成器为 σ 和 τ (其中 σ 是循环排列 (1 2 ... n) 而 τ 是对换 (1 2)) 的 $\{1,2,\ldots,n\}$ 的所有排列的凯莱图是否有一条哈密顿路径.

由罗伯特·兰金 [*Proc. Cambridge Philos. Soc.* 44 (1948), 17–25] 给出的一个基本定理让我们可以断定, 具有两个生成器的凯莱图在很多情况下没有哈密顿圈.

定理 R.   令 G 是由 g 个排列组成的群. 如果生成器为 (α,β) 的 G 的凯莱图有一个哈密顿圈, 并且如果排列 $(\alpha,\beta,\alpha\beta^-)$ 的阶分别是 (a,b,c), 那么或者 c 是偶数, 或者 g/a 和 g/b 是奇数.

(排列 α 的阶是使 α^a 成为恒等排列的最小正整数 a.)

证明.   见习题 73. ∎

特别是像上面那样, 当 $\alpha=\sigma$ 且 $\beta=\tau$ 时, 我们有 $g=n!$, $a=n$, $b=2$, $c=n-1$, 因为 $\sigma\tau^-=(2\ldots n)$. 所以我们推断, 当 $n\ge 4$ 是偶数时不可能有哈密顿圈. 然而, 当 $n=4$ 时容易构造一条哈密顿路径, 因为我们可以从 2341 开始且从 1234 跳到 2134 至 4213 结束, 连接以下两个 12 圈 [①]

$$1234 \to 2341 \to 3412 \to 4312 \to 3124 \to 1243 \to 2431$$
$$\to 4231 \to 2314 \to 3142 \to 1423 \to 4123 \to 1234,$$
$$2134 \to 1342 \to 3421 \to 4321 \to 3214 \to 2143 \to 1432$$
$$\to 4132 \to 1324 \to 3241 \to 2413 \to 4213 \to 2134. \tag{41}$$

弗兰克·拉斯基、姜明和安德鲁·韦斯顿 [*Discrete Applied Math.* 57 (1995), 75–83] 对 $n=5$ 的 σ–τ 图进行了穷举搜索, 并且发现它有 5 个本质上不同的哈密顿圈, 其中一个 ("最美丽的") 如图 42(a) 所示. 他们还发现了 $n=6$ 的一条哈密顿路径. 这是一项艰难的壮举, 因为它是一棵 720 阶段的二叉决策树的结果. 遗憾的是, 他们找到的解没有明显的逻辑结构. 习题 70 描述了一条不那么复杂的路径, 但即便那条路径也说不上是简单的. 因此, 对于较大的 n 值, σ–τ 方法或许没有实用价值, 除非找到一种新的结构. 罗伯特·康普顿和斯坦利·威廉森 [*Linear and Multilinear Algebra* 35 (1993), 237–293] 已经证明, 如果允许用 3 个生成器 σ, σ^-, τ, 而不只限于 σ 和 τ, 那么对于所有 n 存在哈密顿圈. 他们的圈有如下有趣的性质, 即每第 n 个变换是 τ, 而介于中间的 $n-1$ 个变换要么全部是 σ 要么全部是 σ^-. 但是他们的方法过于复杂, 很难用几句话说明.

习题 69 描述了一个通用的排列算法, 那个算法相当简单而且仅需 3 个 2 阶的生成器. 图 42(b) 说明这种方法在 $n=5$ 时的情况, 它受钟乐实例的启发.

快些, 更快些. 生成排列的最快速方法是什么? 这个问题经常出现在计算机出版物中, 因为检查 $n!$ 种可能性的人想要保持尽可能短的运行时间. 但是答案通常是相互矛盾的, 因为有多种提问题的不同方式. 让我们通过研究如何在 MMIX 计算机上最快速地生成排列来尝试理解相关问题.

[①] 这条哈密顿路径是: $2341 \to 3412 \to \cdots \to 4123 \to 1234 \to 2134 \to 1342 \to \cdots \to 2413 \to 4213$. ——编者注

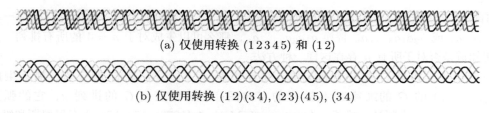

(a) 仅使用转换 (12345) 和 (12)

(b) 仅使用转换 (12)(34), (23)(45), (34)

图 42　5! 个排列的哈密顿圈

首先假定, 我们的目标是用 n 个连续内存字 (全字) 的数组生成排列. 在本节我们见过的所有方法中, 做这件事的最快方法是简化的希普的方法 (27), 正如罗伯特·塞奇威克 [*Computing Surveys* **9** (1977), 157–160] 所建议的.

关键思想是针对步骤 G2 和 G3 的最常见情况 (也就是所有操作出现在数组开头的情况) 优化代码. 如果寄存器 u, v, w 包含头 3 个字的内容, 并且如果接下来要生成的 6 个排列涉及以所有 6 种可能的方式排列这些字, 我们显然可以完成任务如下:

$$
\begin{array}{lll}
\texttt{PUSHJ 0,Visit} & & \\
\texttt{STO v,A0;} & \texttt{STO u,A1;} & \texttt{PUSHJ 0,Visit} \\
\texttt{STO w,A0;} & \texttt{STO v,A2;} & \texttt{PUSHJ 0,Visit} \\
\texttt{STO u,A0;} & \texttt{STO w,A1;} & \texttt{PUSHJ 0,Visit} \\
\texttt{STO v,A0;} & \texttt{STO u,A2;} & \texttt{PUSHJ 0,Visit} \\
\texttt{STO w,A0;} & \texttt{STO v,A1;} & \texttt{PUSHJ 0,Visit}
\end{array}
\tag{42}
$$

(此处 A0 是全字 a_0 的地址, 等等.) 一个完整的排列生成程序出现在习题 77 中, 它小心地把正确的值存入寄存器 u, v, w, 但是其他指令的重要性较低, 因为它们仅需 $\frac{1}{6}$ 的执行时间. 采用这个方法, 每个排列的总开销大约是 $2.77\mu + 5.69v$, 其中未计 PUSHJ 和 POP 每次调用 Visit 需要的时间 $4v$. 如果我们使用 4 个寄存器 u, v, w, x, 并且把 (42) 扩展为 24 次调用 Visit, 每个排列的运行时间降低到大约为 $2.19\mu + 3.07v$. 此外习题 78 显示, 使用 r 个寄存器和 $r!$ 次 Visit, 开销为 $(2 + O(1/r!))(\mu + v)$, 这与两条 STO 指令的开销非常接近.

当然, 后者是在顺序数组中生成所有排列的任何方法的最小可能时间. ⋯⋯难道不是吗? 我们已经假定访问例程需要查看连续单元的排列, 但是那个例程或许可以从不同起点读出排列. 然后可以安排使 a_{n-1} 保持固定以及在其附近保持两个副本:

$$
a_0 a_1 \ldots a_{n-2} a_{n-1} a_0 a_1 \ldots a_{n-2}.
\tag{43}
$$

现在如果我们令 $a_0 a_1 \ldots a_{n-2}$ 遍历 $(n-1)!$ 个排列, 通过执行两条 STO 指令而不是一条, 总是同时改变两个副本, 可以让每次对 Visit 的调用查看 n 个排列

$$
a_0 a_1 \ldots a_{n-1}, \quad a_1 \ldots a_{n-1} a_0, \quad \ldots, \quad a_{n-1} a_0 \ldots a_{n-2},
\tag{44}
$$

这些排列全部是连续出现的. 每个排列的开销现在降低到像 ADD, CMP, PBNZ 这样 3 条简单指令的开销, 再加上 $O(1/n)$. [见雅各布·瓦罗尔和多伦·罗特姆, *Comp. J.* **24** (1981), 173–176.]

此外, 我们可能根本不想把时间浪费在把排列存储到内存中. 例如, 假定我们的目标是生成 $\{0, 1, \ldots, n-1\}$ 的所有排列. n 值最多可能是 16, 因为 $16! = 20\,922\,789\,888\,000$ 且 $17! = 355\,687\,428\,096\,000$. 因此一个完整的排列适合于一个全字的 16 个半字节, 并且可以把它保存在一个寄存器中. 仅当访问例程不须拆开各个半字节时这是有利的, 但是我们不妨假定不是这种情况. 那么我们能以多快速度在 64 位寄存器的各个半字节中生成排列?

受艾伦·戈尔茨坦［美国专利第 3383661 号（1968 年 5 月 14 日）］的一项技术的启发而提出的一种想法, 是用算法 T 预先计算 7 个元素的平滑改变的转换表 ($t[1], \ldots, t[5039]$). 这些数 $t[k]$ 介于 1 和 6 之间, 因此我们可以把它们中的 20 个组装到一个 64 比特的字中. 对于 $0 \le j < 252$, 把数 $\sum_{k=1}^{20} 2^{3k-1} t[20j+k]$ 放进辅助表的字 j 中是很方便的, 并且使得 $t[5040] = 1$. 例如, 这个表以码字

$$00|001|010|011|100|101|110|100|110|101|100|011|010|001|110|001|010|011|100|101|11|00$$

开始. 下述程序足以读出这样的码字:

```
      Perm   ⟨ 置寄存器 a 为第一个排列 ⟩
      0H     LDA   p,T        p ← 第一个码字的地址.
             JMP   3F
      1H     ⟨ 访问寄存器 a 中排列 ⟩
             ⟨ 交换位于 a 右侧的 t 个二进制的半字节 ⟩
             SRU   c,c,3      c ← c ≫ 3.
      2H     AND   t,c,#1c    t ← c & (11100)₂.                    (45)
             PBNZ  t,1B       如果 t ≠ 0 则转移.
             ADD   p,p,8
      3H     LDO   c,p,0      c ← 下一个码字.
             PBNZ  c,2B       （最后一个码字后边跟着 0.）
             ⟨ 如果未完成, 向前推进前导的 n − 7 个半字节并且返回 0B ⟩
```

习题 79 说明利用多数计算机上存在的位操作运算, 如何用 7 条指令 ⟨交换半字节……⟩. 因此, 每个排列的开销仅仅略大于 $10v$. （取新码字指令的开销只有 $(\mu + 5v)/20$, 此外, 向前推进前导的 $n - 7$ 个半字节的指令更是可以忽略不计, 因为它们的开销要除以 5040.）注意, 现在不需要像在 (42) 那样调用 PUSHJ 和 POP 指令, 以前我们忽略那些指令, 但是它们有 $4v$ 的开销.

然而, 采用小格伦·兰登的循环移位方法（算法 C）, 我们甚至可以做得更好. 假设我们从字典序下的最大排列开始并且进行如下操作:

```
             GREG  @
      0H     OCTA  #fedcba9876543210&(1<<(4*N)-1)
      Perm   LDOU  a,0B                        置 a ← #...3210.
             JMP   2F
      1H     SRU   a,a,4*(16-N)                a ← ⌊a/16^(16-n)⌋.
             OR    a,a,t                       a ← a | t.                    (46)
      2H     ⟨ 访问寄存器 a 中的排列 ⟩
             SRU   t,a,4*(N-1)                 t ← ⌊a/16^(n-1)⌋.
             SLU   a,a,4*(17-N)                a ← 16^(17-n) a mod 16^16.
             PBNZ  t,1B                        如果 t ≠ 0 转到 1B.
             ⟨ 用小兰登的方法继续 ⟩
```

每个排列的运行时间现在仅为 $5v + O(1/n)$, 再次不需要 PUSHJ 和 POP 指令. 关于把 (46) 扩充为完整程序并且得到一个显著地短而快的例程的一个有趣方法见习题 81.

快速的排列生成器是令人高兴的, 但是在实际上, 通过改进访问例程比通过提高生成器速度通常可以节省更多时间.

拓扑排序. 我们时常要考察仅限于服从某些约束的排列, 而不是处理 $\{1, \ldots, n\}$ 的所有 $n!$ 个排列. 例如, 我们可能只对 1 位于 3 之前、2 位于 3 之前以及 2 位于 4 之前的那些排列感

兴趣，在 $\{1,2,3,4\}$ 的排列中有 5 个这样的排列，即

$$1234,\ 1243,\ 2134,\ 2143,\ 2413. \tag{47}$$

我们在 2.2.3 节作为非平凡数据结构的第一个例子研究过的拓扑排序问题，是寻找满足 m 个条件 $x_1 \prec y_1, \ldots, x_m \prec y_m$ 的排列的一般问题，其中 $x \prec y$ 意味着 x 在排列中应位于 y 之前. 这种问题经常出现在实践中，所以有许多不同名称. 例如，它经常称为线性嵌入问题，因为我们要把对象安排在一条直线上，同时保持某些顺序关系. 它也是把偏序扩展为全序的问题（见习题 2.2.3–14 ）.

我们在 2.2.3 节的目标是找出满足所有关系的单独一个排列. 但是我们现在希望找到所有这样的排列，即所有的拓扑排序. 实际上，在本节中我们将假定，要在上面定义关系的元素 x 和 y 是 1 与 n 之间的整数，并且只要 $x \prec y$ 就有 $x < y$. 因此，排列 $12 \ldots n$ 总是拓扑有序的.（如果这个简单的假定不能满足，我们可以使用算法 2.2.3T 适当地重新命名对象来预处理这些数据. ）

许多重要的排列类型是这种拓扑排序问题的特例. 例如，像 $\{1, \ldots, 8\}$ 的符合

$$1 \prec 2,\quad 2 \prec 3,\quad 3 \prec 4,\quad 6 \prec 7,\quad 7 \prec 8$$

的排列，等价于多重集 $\{1,1,1,1,2,3,3,3\}$ 的排列，因为我们可以映射 $\{1,2,3,4\} \mapsto 1, 5 \mapsto 2,$ $\{6,7,8\} \mapsto 3$. 我们知道如何使用算法 L 来生成多重集的排列，但是现在要学习另外一种方法.

注意，在一个排列 $a_1 \ldots a_n$ 中 x 位于 y 的前面，当且仅当在逆排列 $a'_1 \ldots a'_n$ 中 $a'_x < a'_y$. 因此，我们要研究的算法也将找出每当 $j \prec k$ 时 $a'_j < a'_k$ 的所有排列 $a'_1 \ldots a'_n$. 例如，我们从 5.1.4 节得知，扬氏图表是 $\{1, \ldots, n\}$ 按行和列的一种安排，其使得每一行从左到右递增且每一列从顶到底递增. 因此，生成所有 3×3 扬氏图表的问题等价于生成所有 $a'_1 \ldots a'_9$，使得

$$\begin{aligned} a'_1 < a'_2 < a'_3,\quad a'_4 < a'_5 < a'_6,\quad a'_7 < a'_8 < a'_9, \\ a'_1 < a'_4 < a'_7,\quad a'_2 < a'_5 < a'_8,\quad a'_3 < a'_6 < a'_9, \end{aligned} \tag{48}$$

并且这是一类特殊的拓扑排序.

我们可能还要寻找 $2n$ 个元素的完全匹配，就是把 $\{1, \ldots, 2n\}$ 分拆成 n 个数对的所有方式. 做这种分拆有 $(2n-1)(2n-3) \ldots (1) = (2n)!/(2^n n!)$ 种方式，并且它们对应于满足以下条件的排列

$$a'_1 < a'_2,\quad a'_3 < a'_4,\quad \ldots,\quad a'_{2n-1} < a'_{2n},\quad a'_1 < a'_3 < \cdots < a'_{2n-1}. \tag{49}$$

穷举拓扑排序的一个优雅的算法是雅各布·瓦罗尔和多伦·罗特姆 [*Comp. J.* **24** (1981), 83–84] 发现的，他们认识到可以使用类似于平滑改变（算法 P ）的方法. 假设我们已经发现拓扑地安排 $\{1, \ldots, n-1\}$ 的一个方法，使得 $a_1 \ldots a_{n-1}$ 满足所有不涉及 n 的条件. 那么我们能够轻而易举地写出插入最后元素 n 的所有允许的方法，而不改变 $a_1 \ldots a_{n-1}$ 的相对顺序：简单地从 $a_1 \ldots a_{n-1} n$ 开始，然后一次左移 n 一步，直到不能再移动. 递归地应用这个思想产生下述直接的过程.

算法 V （全拓扑排序）. 给定 $\{1, \ldots, n\}$ 上具有性质 “$x \prec y$ 蕴涵 $x < y$” 的关系 $\prec$，这个算法生成具有以下性质的所有排列 $a_1 \ldots a_n$ 和它们的逆排列 $a'_1 \ldots a'_n$：每当 $j \prec k$ 时 $a'_j < a'_k$. 为方便起见，我们假定 $a_0 = a'_0 = 0$ 且 $0 \prec k$（$1 \le k \le n$）.

V1. [初始化.] 对于 $0 \le j \le n$ 置 $a_j \leftarrow j$，$a'_j \leftarrow j$.

V2. [访问.] 访问排列 $a_1 \ldots a_n$ 以及它的逆排列 $a'_1 \ldots a'_n$. 然后置 $k \leftarrow n$.

V3. [k 可以左移吗?] 置 $j \leftarrow a'_k$, $l \leftarrow a_{j-1}$. 如果 $l \prec k$ 转到 V5.

V4. [是, 移动它.] 置 $a_{j-1} \leftarrow k$, $a_j \leftarrow l$, $a'_k \leftarrow j-1$, $a'_l \leftarrow j$. 转到 V2.

V5. [否, k 放回原处.] 当 $j < k$ 时循环执行 $l \leftarrow a_{j+1}$, $a_j \leftarrow l$, $a'_l \leftarrow j$, $j \leftarrow j+1$. 然后置 $a_k \leftarrow a'_k \leftarrow k$. 如果 $k > 0$, k 减 1 并且返回 V3. ∎

例如, 定理 5.4.1H 告诉我们, 恰好存在 42 个 3×3 的扬氏图表. 如果我们对关系 (48) 应用算法 V, 并且用阵列形式

$$\begin{matrix} a'_1\, a'_2\, a'_3 \\ a'_4\, a'_5\, a'_6 \\ a'_7\, a'_8\, a'_9 \end{matrix} \tag{50}$$

写出逆排列, 我们得到下面 42 种结果:

123	123	123	123	123	124	124	124	124	124	125	125	125	125
456	457	458	467	468	356	357	358	367	368	367	368	346	347
789	689	679	589	579	789	689	679	589	579	489	479	789	689

125	126	126	127	126	126	127	134	134	134	134	134	135	135
348	347	348	348	357	358	358	256	257	258	267	268	267	268
679	589	579	569	489	479	469	789	689	679	589	579	489	479

145	145	135	135	135	136	136	137	136	136	137	146	146	147
267	268	246	247	248	247	248	248	257	258	258	257	258	258
389	379	789	689	679	589	579	569	489	479	469	389	379	369

令 t_r 是拓扑排序的数目, 对于它们而言, 最后 $n-r$ 个元素是在这些元素的初始位置 $a_j = j$ ($r < j \le n$). 当我们不考虑涉及大于 r 的元素的关系时, 相当于说 t_r 是 $\{1, \ldots, r\}$ 的拓扑排序 $a_1 \ldots a_r$ 的数目. 于是算法 V 的基础循环结构说明, 步骤 V2 执行 N 次而步骤 V3 执行 M 次, 其中

$$M = t_n + \cdots + t_1 \qquad \text{且} \qquad N = t_n. \tag{51}$$

此外, 步骤 V4, 以及步骤 V5 的循环操作, 都是执行 $N-1$ 次, 步骤 V5 步的其余操作执行 $M - N + 1$ 次. 因此算法的总运行时间是 M, N, n 的线性组合.

如果元素标记的选择是拙劣的, M 可能比 N 大得多. 例如, 如果输入到算法 V 的约束条件是

$$2 \prec 3, \quad 3 \prec 4, \quad \ldots, \quad n-1 \prec n, \tag{52}$$

那么 $t_j = j$ ($1 \le j \le n$), 并且我们有 $M = \frac{1}{2}(n^2 + n)$, $N = n$. 但 这些约束条件在元素重新命名下又等价于

$$1 \prec 2, \quad 2 \prec 3, \quad \ldots, \quad n-2 \prec \ldots \tag{53}$$

于是 M 减少到 $2n - 1 = 2N - 1$.

习题 89 说明简单的预处理步骤将找出元素标记 以对算法 V 稍加修改即能用 $O(N+n)$ 步生成全部拓扑排序. 因此, 拓扑排序总是可以 实现的.

使用排列要三思而后行. 我们在这 见到了若干富有吸引力的排列生成算法, 但是很多算法之所以知名, 是在不遍历所有 的情况下, 可以用它们找出那些对特殊目的而言是最优的排列. 例如, 定理 6.1S 说 我们可以找到在顺序存储器上安排记录的最佳方法, 只需根据某个成本标准对它们进行 , 并且这个过程只用 $O(n \log n)$ 步. 我们将在 7.5.2 节讨论指派问题, 问的是如何排 方阵的各列使对角线元素之和达到最大值. 这个问题可以用最多

$O(n^3)$ 步操作求解，所以使用 $n!$ 阶的方法是愚蠢的，除非 n 是极其小的值．即使在流动推销员问题等情况下，当不知道有效的算法时，我们通常可以找到比检验每一个可能解好得多的方法．当有充分的理由单独查看每个排列时，最好使用排列生成．

习题

▶ **1.** [20] 说明当 j 的值接近 n 时，如何改进算法 L 的操作使它执行得更快．

2. [20] 改写算法 L，使它按逆序反向字典序生成 $a_1 \ldots a_n$ 的所有排列．（换句话说，反射 $a_n \ldots a_1$ 的值是像 (11) 中那样按字典序递减的．这种算法形式通常比原来的算法更简单和更快，因为依赖于 n 的值的计算更少．）

▶ **3.** [M21] 组合排列 X 相对于生成算法的排名是算法在 X 之前访问的其他排列的数目．如果 $\{a_1, \ldots, a_n\} = \{1, \ldots, n\}$，说明如何计算给定排列 $a_1 \ldots a_n$ 相对于算法 L 的排名．314592687 的排名是多少？

4. [M23] 推广习题 3，说明：当 $\{a_1, \ldots, a_n\}$ 是多重集 $\{n_1 \cdot x_1, \ldots, n_t \cdot x_t\}$ 时，其中 $n_1 + \cdots + n_t = n$ 且 $x_1 < \cdots < x_t$，如何计算 $a_1 \ldots a_n$ 相对于算法 L 的排名．（当然，排列的总数是多项式系数

$$\binom{n}{n_1, \ldots, n_t} = \frac{n!}{n_1! \ldots n_t!};$$

见等式 5.1.2–(3).）314159265 的排名是多少？

5. [HM25] 当 $\{a_1, \ldots, a_n\}$ 的元素各不相同时，计算算法 L 在 (a) 步骤 L2 和 (b) 步骤 L3 执行的比较次数的均值和方差．

6. [HM34] 当 $\{a_1, \ldots, a_n\}$ 是习题 4 中那样一般的多重集时，推导算法 L 在 (a) 步骤 L2 和 (b) 步骤 L3 执行的比较次数的均值的生成函数．也给出当 $\{a_1, \ldots, a_n\}$ 是二进制多重集 $\{s \cdot 0, (n-s) \cdot 1\}$ 时的闭合式．

7. [HM35] 当对以下多重集应用算法 L 时，在步骤 L2 中每个排列执行的平均比较次数当 $t \to \infty$ 时的极限是什么？(a) $\{2 \cdot 1, 2 \cdot 2, \ldots, 2 \cdot t\}$，(b) $\{1 \cdot 1, 2 \cdot 2, \ldots, t \cdot t\}$，(c) $\{2 \cdot 1, 4 \cdot 2, \ldots, 2^t \cdot t\}$．

▶ **8.** [21] 多重集的变差是它的所有子多重集的排列．例如，$\{1, 2, 2, 3\}$ 的变差是

$\epsilon, 1, 12, 122, 1223, 123, 1232, 13, 132, 1322,$

$2, 21, 212, 2123, 213, 2132, 22, 221, 2213, 223, 2231, 23, 231, 2312, 232, 2321,$

$3, 31, 312, 3122, 32, 321, 3212, 322, 3221.$

说明对算法 L 做简单修改将生成给定多重集 $\{a_1, a_2, \ldots, a_n\}$ 的所有变差．

9. [22] 续上题，设计一个算法生成给定多重集 $\{a_1, a_2, \ldots, a_n\}$ 的所有 r 变差，也称为它的 r 排列，即它的 r 元素子多重集的所有排列．（例如，有 r 个不同字母的字母算术的解是 $\{0, 1, \ldots, 9\}$ 的一个 r 变差．）

10. [20] 如果算法 P 开始时 $a_1 a_2 \ldots a_n = 12 \ldots n$，那么算法结束时，$a_1 a_2 \ldots a_n$，$c_1 c_2 \ldots c_n$，$o_1 o_2 \ldots o_n$ 的值是什么？

11. [M22] 算法 P 的每个步骤执行多少次？（假设 $n \geq 2$．）

▶ **12.** [M23] 如果 $\{a_1, \ldots, a_n\} = \{0, \ldots, 9\}$，(a) 算法 L (b) 算法 P (c) 算法 C 访问的第 $1\,000\,000$ 个排列是什么？提示：使用混合进制表示法有 $1\,000\,000 = \begin{bmatrix} 2, & 6, & 6, & 2, & 5, & 1, & 2, & 2, & 0, & 0 \\ 10, & 9, & 8, & 7, & 6, & 5, & 4, & 3, & 2, & 1 \end{bmatrix} = \begin{bmatrix} 0, & 0, & 1, & 2, & 3, & 0, & 2, & 7, & 1, & 0 \\ 1, & 2, & 3, & 4, & 5, & 6, & 7, & 8, & 9, & 10 \end{bmatrix}$．

13. [M21] （马丁·加德纳，1974）判别真假：如果 $a_1 a_2 \ldots a_n$ 的初始值是 $12 \ldots n$，算法 P 先访问 1 处于 2 前面的所有 $n!/2$ 个排列，然后下一个排列是 $n \ldots 21$．

14. [M22] 判别真假：如果在算法 P 中 $a_1 a_2 \ldots a_n$ 的初始值是 $x_1 x_2 \ldots x_n$，我们在步骤 P5 开始时总是有 $a_{j-c_j+s} = x_j$．

15. [M23] （塞尔默·约翰逊，1963）证明算法 P 中的偏移变量 s 绝不会超过 2．

16. [*21*] 说明当 j 的值接近 n 时，如何改进算法 P 的操作使它执行得更快．（这个问题类似于习题 1．）

▶ **17.** [*20*] 扩充算法 P，使其在步骤 P2 访问 $a_1 \ldots a_n$ 时可以用来处理逆排列 $a'_1 \ldots a'_n$．（逆排列满足 $a'_k = j$ 当且仅当 $a_j = k$．）

18. [*21*] （念珠排列）设计一个有效方法生成这样 $(n-1)!/2$ 个排列：它们表示顶点 $\{1, \ldots, n\}$ 上所有可能的无向圈．就是说，如果生成了 $a_1 \ldots a_n$，将不会生成 $a_1 \ldots a_n$ 或 $a_n \ldots a_1$ 的循环移位．例如，当 $n = 4$ 时排列 (1234, 1324, 3124) 是可用的．

19. [*25*] 本着算法 7.2.1.1L 的思路，构造一个算法无循环生成 n 个不同元素的所有排列．

▶ **20.** [*20*] n 立方具有 $2^n n!$ 种对称性，对应于排列和（或）取补坐标的每一种方法．这样的对称性可以方便地表示成带符号排列，即元素带有附加的可选符号的排列．例如，$23\bar{1}$ 是带符号排列，它通过变 $x_1 x_2 x_3$ 为 $x_2 x_3 \bar{x}_1$ 转换 3 立方的顶点，使得 $000 \mapsto 001, 001 \mapsto 011, \ldots, 111 \mapsto 110$．设计一个简单算法生成 $\{1, 2, \ldots, n\}$ 的所有带符号排列，其中每一步或者交换两个邻接元素，或者取第一个元素的相反数．

21. [*M21*] （埃德温·麦克拉维，1971）字母算术 (6) 在 b 进制中有多少个解？

22. [*M15*] 判别真假：如果字母算术在 b 进制中有解，那么它在 $b+1$ 进制中有解．

23. [*M20*] 判别真假：当 $j \neq k$ 时，纯字母算术不可能有两个相同的签名 $s_j = s_k \neq 0$．

24. [*25*] 用手工或者通过计算机求解下列字母算术问题：

    (a)　SEND + A + TAD + MORE = MONEY.

    (b)　ZEROES + ONES = BINARY.　　　　　　　　　　　　　（彼得·麦克唐纳，1977 年）

    (c)　DCLIX + DLXVI = MCCXXV.　　　　　　　　　　　　（威利·恩格伦，1972 年）

    (d)　COUPLE + COUPLE = QUARTET.　　　　　　　　　　（迈克尔·巴克利，1977 年）

    (e)　FISH + N + CHIPS = SUPPER.　　　　　　　　　　　（罗伯特·文尼科姆，1978 年）

    (f)　SATURN + URANUS + NEPTUNE + PLUTO = PLANETS.　（威利·恩格伦，1968 年）

    (g)　EARTH + AIR + FIRE + WATER = NATURE.　　　　　（赫尔曼·尼翁，1977 年）

    (h)　AN＋ACCELERATING＋INFERENTIAL＋ENGINEERING＋TALE＋ELITE＋GRANT＋FEE＋ET＋CETERA ＝ ARTIFICIAL ＋ INTELLIGENCE.

    (i)　HARDY + NESTS = NASTY + HERDS.

▶ **25.** [*M21*] 给定字母算术问题的签名向量 $s = (s_1, \ldots, s_{10})$ 和首字母集合 F，设计一个在 $\{0, \ldots, 9\}$ 的所有有效排列 $a_1 \ldots a_{10}$ 上计算 $\min(a \cdot s)$ 和 $\max(a \cdot s)$ 的快速方法．（当考虑大量的字母算术问题时，这样的过程可以快速排除许多情况，如在下面的几道习题中那样，因为仅当 $\min(a \cdot s) \leq 0 \leq \max(a \cdot s)$ 时才会有解．）

26. [*25*] 以下字母算术问题的唯一解是什么？

$$\text{NIIHAU} \pm \text{KAUAI} \pm \text{OAHU} \pm \text{MOLOKAI} \pm \text{LANAI} \pm \text{MAUI} \pm \text{HAWAII} = 0.$$

27. [*30*] 构建所有单词都是 5 个字母的纯加法字母算术．

28. [*M25*] 整数 n 的分划是满足 $n_1 \geq \cdots \geq n_t > 0$ 的形如 $n = n_1 + \cdots + n_t$ 的表达式．这样的分划称为双真的，如果 $\alpha(n) = \alpha(n_1) + \cdots + \alpha(n_t)$ 也是一个纯字母算术，其中 $\alpha(n)$ 是 n 在某种语言中的"名字"．双真分划是艾伦·韦恩在 *AMM* **54** (1947), 38, 412–414 中引入的，他在其中提出求解 TWENTY = SEVEN + SEVEN + SIX 以及其他少数几个问题．

    (a) 当 $1 \leq n \leq 20$ 时，找出英语中的所有双真分划．

    (b) 韦恩还给出了示例 EIGHTY = FIFTY + TWENTY + NINE + ONE. 对于 $1 \leq n \leq 100$，利用名字 ONE, TWO, ..., NINETYNINE, ONEHUNDRED，找出其中各个部分不同的所有双真分划．

▶ **29.** [*M25*] 续上题，当 $\{n_1, \ldots, n_t, n'_1, \ldots, n'_{t'}\}$ 是小于 20 的不同正整数时，寻找形如 $n_1 + \cdots + n_t = n'_1 + \cdots + n'_{t'}$ 的在数学上和英语的字母算术上同时为真的所有等式．例如，

$$\text{TWELVE} + \text{NINE} + \text{TWO} = \text{ELEVEN} + \text{SEVEN} + \text{FIVE}.$$

字母算术必须都是纯的．

30. [*25*] 用手工或者通过计算机求解下列乘法字母算术问题:

    (a) `TWO × TWO = SQUARE`.   （亨利·迪德尼, 1929 年）

    (b) `HIP × HIP = HURRAY`.   （威利·恩格伦, 1970 年）

    (c) `PI × R × R = AREA`.   （布赖恩·巴韦尔, 1981 年）

    (d) `NORTH/SOUTH = EAST/WEST`.   （芦原伸之, 1995 年）

    (e) `NAUGHT × NAUGHT = ZERO × ZERO × ZERO`.   （艾伦·韦恩, 2003 年）

31. [*M22*] （芦原伸之）(a) 当 $\{A, \ldots, I\} = \{1, \ldots, 9\}$ 时, $A/BC + D/EF + G/HI = 1$ 的唯一解是什么? (b) 类似地, 寻找使得 $AB \bmod 2 = 0$, $ABC \bmod 3 = 0$, $\ldots$ 的唯一解.

32. [*M25*] （亨利·迪德尼, 1901）寻找通过在数字 $\{1, \ldots, 9\}$ 的排列中插入一个加号和一个斜线表示 100 的所有方式. 例如, $100 = 91 + 5742/638$. 加号应处于斜线前面.

33. [*25*] 续上题, 寻找小于 150 的所有正整数, 使得 (a) 不能用那种方式表示; (b) 具有唯一的表示.

34. [*M26*] 求解等式 `EVEN + ODD + PRIME` $= x$ 为双真的: (a) x 是完全 5 次幂; (b) x 是完全 7 次幂.

▶ **35.** [*M20*] 4 立方的自同构有许多不同的西姆斯表, 其中一个显示在 (14) 中. 当顶点像 (12) 中那样编号时, 那个群可能有多少个不同的西姆斯表?

36. [*M23*] 找出以下 4×4 九宫版的所有自同构的群的一个西姆斯表

$$\begin{array}{|cccc|}\hline 0 & 1 & 2 & 3 \\ 4 & 5 & 6 & 7 \\ 8 & 9 & a & b \\ c & d & e & f \\ \hline \end{array},$$

即从线到线的所有排列, 其中的 "线" 是属于一行、一列或一条对角线的 4 个元素的集合.

▶ **37.** [*HM22*] 算法 G 或 H 可能使用多少个西姆斯表? 当 $n \to \infty$ 时, 估计这个数的对数值.

38. [*HM21*] 证明: 当使用奥德-史密斯的算法 (26) 时, 每个排列的平均对换次数近似为 $\sinh 1 \approx 1.175$.

39. [*16*] 对于 $n = 4$, 写出用下述方法生成的 24 个排列: (a) 奥德-史密斯的方法 (26); (b) 希普的方法 (27).

40. [*M23*] 证明: 希普的方法 (27) 对应于一个有效的西姆斯表.

▶ **41.** [*M33*] 设计一个生成 $\{0, 1, \ldots, n-1\}$ 的所有 r 变差的算法, 从一个变差到下一个变差时, 该算法只交换两个元素. （见习题 9.）提示: 推广希普的方法 (27), 在数组 $a_0 \ldots a_{n-1}$ 的位置 $a_{n-r} \ldots a_{n-1}$ 获得结果. 例如, 当 $n = 5$ 且 $r = 2$ 时, 一个解使用各个排列 01234, 31204, 30214, 30124, 40123, 20143, 24103, 24013, 34012, 14032, 13042, 13402, 23401, 03421, 02431, 02341, 12340, 42310, 41320, 41230 的最后两个元素.

42. [*M20*] 构建满足以下条件的所有排列的西姆斯表: 对于 $1 \le j \le k$, 每个 $\sigma(k, j)$ 和 $\tau(k, j)$ 是长度小于等于 3 的圈.

43. [*M24*] 构建满足以下条件的所有排列的西姆斯表: 对于 $1 \le j \le k$, 每个 $\sigma(k, k), \omega(k), \tau(k, j)\, \omega(k-1)^{-}$ 是长度小于等于 3 的圈.

44. [*20*] 当通过扩充的算法 G 跳过那些不需要的排列的区段时, 奥德-史密斯的方法 (23) 的西姆斯表比逆序反向字典序方法 (18) 的西姆斯表更优越吗?

45. [*20*] (a) 当算法 X 访问排列 314592687 时, 下标 $u_1 \ldots u_9$ 是什么? (b) 当 $u_1 \ldots u_9 = 161800000$ 时, 算法 X 访问什么排列?

46. [*20*] 判别真假: 当算法 X 访问 $a_1 \ldots a_n$ 时, 对于 $1 \le k < n$, 我们有 $u_k > u_{k+1}$ 当且仅当 $a_k > a_{k+1}$.

▶ **47.** [*M21*] 通过数 N_0, N_1, $\ldots$, N_n 表示算法 X 每一步执行的次数, 其中 N_k 是满足 $t_j(a_1, \ldots, a_j)$ ($1 \le j \le k$) 的前缀 $a_1 \ldots a_k$ 的数目.

▶ **48.** [*M25*] 在检验序列 $t_1(a_1)$, $t_2(a_1, a_2)$, ..., $t_n(a_1, a_2, \ldots, a_n)$ 总是为真的情况下, 比较算法 X 和算法 L 的执行时间.

▶ **49.** [*28*] 正文中提出的用算法 X 求解加法字母算术的方法, 实质上是从右到左选择数字. 换句话说, 它在考虑对应于 10 的更高次幂的数字之前, 对低位数字赋予试探值.

探索从左到右选择数字的替代方法. 例如, 当 SEND + MORE = MONEY 时, 这样的方法将直接推断 M = 1. 提示: 见习题 25.

50. [*M15*] 解释为什么可以从 (13) 推出对偶公式 (32).

51. [*M16*] 判别真假: 如果集合 $S_k = \{\sigma(k, 0), \ldots, \sigma(k, k)\}$ 构成所有排列的群的西姆斯表, 那么集合 $S_k^- = \{\sigma(k, 0)^-, \ldots, \sigma(k, k)^-\}$ 也是如此.

▶ **52.** [*M22*] 当以西姆斯表 (36) 使用算法 H 时出现什么排列 $\tau(k, j)$ 和 $\omega(k)$? 与算法 P 得到的生成器相比较.

▶ **53.** [*M26*] (弗雷德里克·艾夫斯) 构建一个西姆斯表, 使得算法 H 仅通过 $n! + O((n-2)!)$ 次对换生成所有排列.

54. [*20*] 如果在步骤 C3 做循环右移而不是循环左移, 置 $a_1 \ldots a_{k-1} a_k \leftarrow a_k a_1 \ldots a_{k-1}$, 算法 C 会正确执行吗?

55. [*M27*] 考虑阶乘直尺函数

$$\rho_!(m) = \max\{k \mid m \bmod k! = 0\}.$$

令 σ_k 和 τ_k 是非负整数的排列, 使得每当 $j \le k$ 时 $\sigma_j \tau_k = \tau_k \sigma_j$. 令 α_0 和 β_0 是恒等排列, 并且对于 $m > 0$ 定义 $\alpha_m = \beta_{m-1}^- \tau_{\rho_!(m)} \beta_{m-1} \alpha_{m-1}, \beta_m = \sigma_{\rho_!(m)} \beta_{m-1}$. 例如, 如果 σ_k 是翻转操作 $(1\ k{-}1)(2\ k{-}2) \ldots = (0\ k) \phi(k)$, 且 $\tau_k = (0\ k)$, 并且如果算法 E 对 $0 \le j < n$ 是从 $a_j = j$ 开始, 那么 α_m 和 β_m 是 $a_0 \ldots a_{n-1}$ 和 $b_0 \ldots b_{n-1}$ 在步骤 E5 执行 m 次后的内容.

(a) 证明 $\beta_{(n+1)!} \alpha_{(n+1)!} = \sigma_{n+1} \sigma_n^- \tau_{n+1} \tau_n^- (\beta_{n!} \alpha_{n!})^{n+1}$.

(b) 使用 (a) 的结果确立算法 E 的有效性.

56. [*M22*] 证明, 如果用以下步骤替换 E5, 算法 E 仍然是正确的.

E5′. [对换元素对.] 如果 $k > 2$, 对于 $j = k-2, k-4, \ldots, (2$ 或 $1)$ 交换 $b_{j+1} \leftrightarrow b_j$. 返回 E2. ∎

57. [*HM22*] 在步骤 E5 执行的平均交换次数是多少?

58. [*M21*] 判别真假: 如果算法 E 从 $a_0 \ldots a_{n-1} = x_1 \ldots x_n$ 开始, 那么最后访问的排列从 $a_0 = x_n$ 开始.

59. [*M20*] 有些作者把凯莱图的弧定义为从 π 到 $\pi \alpha_j$ 而不是从 π 到 $\alpha_j \pi$. 这两种定义实质上是不同的吗?

▶ **60.** [*21*] 排列的格雷圈是一个这样的圈 $(\pi_0, \pi_1, \ldots, \pi_{n!-1})$, 它包含 $\{1, 2, \ldots, n\}$ 的每个排列且具有通过邻接对换的 π_k 不同于 $\pi_{(k+1) \bmod n!}$ 的性质. 对于 $\{1, 2, \ldots, n\}$ 上的所有排列的群, 也可以把这个圈描述成该群的凯莱图上带有 $n-1$ 个生成器 $((1\ 2), (2\ 3), \ldots, (n-1\ n))$ 的哈密顿圈. 这样一个格雷圈的 δ 序列是满足

$$\pi_{(k+1) \bmod n!} = (\delta_k\ \delta_k{+}1) \pi_k$$

的整数序列 $\delta_0 \delta_1 \ldots \delta_{n!-1}$. (见 7.2.1.1-(24), 它描述对于二进制 n 元组的类似情况.) 例如, 图 43 示出了当 $n = 4$ 时由平滑改变定义的格雷圈, 它的 δ 序列是 $(32131231)^3$.

(a) 找出 $\{1, 2, 3, 4\}$ 的排列的所有格雷圈.

(b) 两个格雷圈被看成是等价的, 如果它们的 δ 序列彼此可以通过循环移位 $(\delta_k \ldots \delta_{n!-1} \delta_0 \ldots \delta_{k-1})$ 和 (或) 反转 $(\delta_{n!-1} \ldots \delta_1 \delta_0)$ 和 (或) 取补 $((n-\delta_0)(n-\delta_1) \ldots (n-\delta_{n!-1}))$ 获得. 在 (a) 中哪些格雷圈是等价的?

61. [*21*] 续上题, 排列的格雷码像一个格雷圈, 不过最后的排列 $\pi_{n!-1}$ 无须与起始排列 π_0 邻接. 对于 $n = 4$, 研究从 1234 开始的所有格雷码的集合.

▶ **62.** [*M23*] 从 $12 \ldots n$ 开始的格雷码的最后元素可以达到哪些排列?

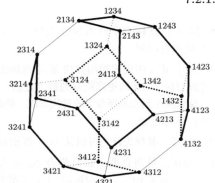

图 43   算法 P 在图 5-1 的截八面体上描出这个哈密顿圈

63. [*M25*] 估计 $\{1,2,3,4,5\}$ 的排列的格雷圈总数.

64. [*23*] 排列的"双重格雷"码是附带这样性质的格雷圈:对于所有 k 它的 $\delta_{k+1} = \delta_k \pm 1$. 罗伯特·康普顿和斯坦利·威廉森证明了对于所有 $n \geq 3$ 存在这种码. 对于 $n = 5$,存在多少个双重格雷码?

65. [*M25*] 对于哪些整数 N 存在一条经过 $\{1,\ldots,n\}$ 的按字典序的 N 个最小排列的格雷路径?(习题 7.2.1.1–26 求解二进制 n 元组的类似问题.)

66. [*22*] 吉德翁·埃尔利希的交换方法提出了排列的格雷圈的另外一种类型,其中 $n-1$ 个生成器是星形对换 $(1\ 2), (1\ 3), \ldots, (1\ n)$. 例如,图 44 示出了当 $n=4$ 时的相应图. 分析这个图的哈密顿圈.

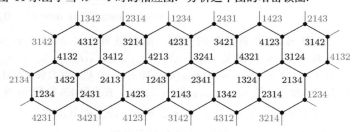

图 44 $\{1,2,3,4\}$ 的排列的凯莱图,由星形对换 $(1\,2), (1\,3), (1\,4)$ 生成,画成一个扭曲环面

67. [*26*] 续上题,找出 $n=5$ 的一个首元素交换格雷圈,其中对于 $2 \leq j \leq 5$ 的每个星形对换 $(1\ j)$ 出现 30 次.

68. [*M30*] (弗拉基米尔·孔佩尔马赫尔和瓦列里·利斯科维茨,1975)令 G 是 $\{1,\ldots,n\}$ 的所有排列的生成器为 $(\alpha_1,\ldots,\alpha_k)$ 的凯莱图,其中每个 α_j 是对换 $(u_j\ v_j)$. 也令 A 是具有顶点 $\{1,\ldots,n\}$ 和边 $u_j - v_j$ $(1 \leq j \leq k)$ 的图. 证明,G 有哈密顿圈当且仅当 A 是连通的. (图 43 是当 A 为一条路径时的特例,图 44 是当 A 为一颗"星"时的特例.)

▶ **69.** [*28*] 如果 $n \geq 4$,下述算法仅用三个变换

$$\rho = (1\,2)(3\,4)(5\,6)\ldots, \qquad \sigma = (2\,3)(4\,5)(6\,7)\ldots, \qquad \tau = (3\,4)(5\,6)(7\,8)\ldots,$$

而不是相继用 ρ 和 τ,生成 $\{1,2,3,\ldots,n\}$ 的全部排列 $A_1 A_2 A_3 \ldots A_n$. 解释为什么它是行得通的.

Z1. [初始化.] 对于 $1 \leq j \leq n$ 置 $A_j \leftarrow j$. 也对于 $1 \leq j \leq n/2$ 置 $a_j \leftarrow 2j$,对于 $1 \leq j < n/2$ 置 $a_{n-j} \leftarrow 2j+1$. 然后调用算法 P,但是用参数 $n-1$ 替换 n. 我们将算法视为协同程序,每当在步骤 P2"访问"$a_1 \ldots a_{n-1}$ 时,它应该把控制权交还给我们. 我们也共享它的变量(除了 n).

Z2. [置 x 和 y.] 再次调用算法 P,获得新排列 $a_1 \ldots a_{n-1}$ 和 j 的新值. 如果 $j = 2$,交换 $a_{1+s} \leftrightarrow a_{2+s}$(从而撤销步骤 P5 的效果)并且重复这一步. 在这种情况下,我们是处在算法 P 的中点. 如果 $j=1$(因此算法 P 已经终止),置 $x \leftarrow y \leftarrow 0$ 并且转到 Z3. 否则,置

$$x \leftarrow a_{j-c_j+s+[o_j=+1]}, \qquad y \leftarrow a_{j-c_j+s-[o_j=-1]},$$

这是最近在步骤 P5 中交换的两个元素.

Z3. [访问.] 访问排列 $A_1 \ldots A_n$. 然后，如果 $A_1 = x$ 且 $A_2 = y$, 转到 Z5.

Z4. [应用 ρ, 然后应用 σ.] 交换 $A_1 \leftrightarrow A_2$, $A_3 \leftrightarrow A_4$, $A_5 \leftrightarrow A_6$, ... 访问 $A_1 \ldots A_n$. 然后交换 $A_2 \leftrightarrow A_3$, $A_4 \leftrightarrow A_5$, $A_6 \leftrightarrow A_7$, ... 如果 $A_1 \ldots A_n = 1 \ldots n$ 则终止，否则返回 Z3.

Z5. [应用 τ, 然后应用 σ.] 交换 $A_3 \leftrightarrow A_4$, $A_5 \leftrightarrow A_6$, $A_7 \leftrightarrow A_8$, ... 访问 $A_1 \ldots A_n$. 然后交换 $A_2 \leftrightarrow A_3$, $A_4 \leftrightarrow A_5$, $A_6 \leftrightarrow A_7$, ..., 并且返回 Z2. ∎

提示：首先证明，如果做如下修改：在步骤 Z1 置 $A_j \leftarrow n + 1 - j$, $a_j \leftarrow j$, 并且在步骤 Z4 和 Z5 用"翻转"排列

$$\rho' = (1 \ n)(2 \ n{-}1)\ldots, \qquad \sigma' = (2 \ n)(3 \ n{-}1)\ldots, \qquad \tau' = (2 \ n{-}1)(3 \ n{-}2)\ldots$$

代替 ρ, σ, τ, 算法是可行的. 在这种修改中，如果 $A_1 = x$ 且 $A_n = y$, 步骤 Z3 应该转到 Z5, 当 $A_1 \ldots A_n = n \ldots 1$ 时，步骤 Z4 应该终止.

▶ **70.** [*M33*] 可以把 (41) 的两个 12 圈当作 $\{1, 1, 3, 4\}$ 的 12 个排列的 σ–τ 圈:

$$1134 \to 1341 \to 3411 \to 4311 \to 3114 \to 1143 \to 1431$$
$$\to 4131 \to 1314 \to 3141 \to 1413 \to 4113 \to 1134.$$

用 $\{1, 2\}$ 替换 $\{1, 1\}$ 产生不相交的圈，并且我们通过从一个排列跳到其他排列获得一条哈密顿路径. 对于 6 个元素的所有排列可以用同样方法基于 $\{1, 1, 3, 4, 5, 6\}$ 的排列的一个 360 圈建立一条 σ–τ 路径吗？

71. [*48*] 每当 $n \geq 3$ 为奇数时，生成器为 $\sigma = (1\,2\ldots n)$ 和 $\tau = (1\,2)$ 的凯莱图有哈密顿圈吗？

72. [*M21*] 给定生成器为 $(\alpha_1, \ldots, \alpha_k)$ 的凯莱图，假定每个 α_j 取 $x \mapsto y$. （例如，习题 71 中的 σ 和 τ 都取 $1 \mapsto 2$.）证明 G 中从 $12 \ldots n$ 开始的任何哈密顿路径必定结束于取 $y \mapsto x$ 的排列.

▶ **73.** [*M30*] 令 α, β, σ 是集合 X 的排列，其中 $X = A \cup B$. 假设当 $x \in A$ 时 $x\sigma = x\alpha$ 且当 $x \in B$ 时 $x\sigma = x\beta$, 并且 $\alpha\beta^-$ 的阶是奇数.

(a) 证明：所有 3 个排列 α, β, σ 具有相同的符号. 就是说，它们都是偶排列或者都是奇排列. 提示：一个排列具有奇数的阶，当且仅当它的圈全部为奇数长度.

(b) 从 (a) 推导定理 R.

74. [*M30*] （罗伯特·兰金）假设在定理 R 中 $\alpha\beta = \beta\alpha$, 证明在 G 的凯莱图中存在哈密顿圈，当且仅当存在满足 $0 \leq k \leq g/c$ 且 $t + k \perp c$ 的数 k, 其中 $\beta^{g/c} = \gamma^t$, $\gamma = \alpha\beta^-$. 提示：用 $\beta^j\gamma^k$ 的形式表示群的元素.

75. [*M26*] 有向环面 $C_m^\to \times C_n^\to$ 具有 mn 个顶点 (x, y) ($0 \leq x < m$, $0 \leq y < n$), 以及弧 $(x, y) \longrightarrow (x, y)\alpha = ((x + 1) \bmod m, y)$, $(x, y) \longrightarrow (x, y)\beta = (x, (y + 1) \bmod n)$. 证明：如果 $m > 1$ 且 $n > 1$, 这个有向图的哈密顿圈的数目是

$$\sum_{k=1}^{d-1} \binom{d}{k} [\gcd((d - k)m, kn) = d], \qquad d = \gcd(m, n).$$

76. [*M31*] 图 45 中编号为 0, 1, ..., 63 的方格说明 8×8 环面上的东北方向的马的漫游：如果 k 出现在方格 (x_k, y_k) 中，那么 $(x_{k+1}, y_{k+1}) \equiv (x_k + 2, y_k + 1)$ 或 $(x_k + 1, y_k + 2)$, modulo 8, 并且 $(x_{64}, y_{64}) = (x_0, y_0)$. 当 $m, n \geq 3$ 时，在 $m \times n$ 环面上可能有多少这样的漫游？

29	24	19	14	49	44	39	34
58	53	48	43	38	9	4	63
23	18	13	8	3	62	33	28
52	47	42	37	32	27	22	57
17	12	7	2	61	56	51	46
6	41	36	31	26	21	16	11
35	30	1	60	55	50	45	40
0	59	54	25	20	15	10	5

图 45　东北方向的马的漫游

▶ **77.** *[22]* 使用希普的方法 (27) 完成内循环出现在 (42) 中的 MMIX 程序.

78. *[M23]* 分析习题 77 中的程序运行时间, 把它推广到内循环做 $r!$ 次访问 (用全局寄存器中的 $a_0 \ldots a_{r-1}$).

79. *[20]* 像 (45) 所希望的那样用 7 条什么 MMIX 指令将 〈 交换半字节…… 〉? 例如, 如果寄存器 t 包含值 4, 寄存器 a 包含半字节 #12345678, 则寄存器 a 将变为 #12345687.

80. *[21]* 只用 5 条 MMIX 指令求解上题. 提示: 用 MXOR 指令.

▶ **81.** *[22]* 通过详细说明如何 〈 用小兰登的方法继续 〉 完成 MMIX 程序 (46).

82. *[M21]* 分析习题 81 中的程序的运行时间.

83. *[22]* 用习题 70 的 σ-τ 路径设计一个与 (42) 类似的 MMIX 例程, 在寄存器 a 中生成 #123456 的所有排列.

84. *[20]* 提出在并行运行的 p 个处理器上生成 $\{1, \ldots, n\}$ 的所有 $n!$ 个排列的好方法.

▶ **85.** *[25]* 假设 n 是很小的数, 足以使 $n!$ 存放到一个计算机字内. 把 $\{1, \ldots, n\}$ 的一个给定排列 $\alpha = a_1 \ldots a_n$ 转变为区间 $0 \le k < n!$ 内的整数 $k = r(\alpha)$ 的好方法是什么? 函数 $k = r(\alpha)$ 和 $\alpha = r^{[-1]}(k)$ 必须都是可以只用 $O(n)$ 步计算的.

86. *[20]* 偏序关系假定是传递的, 就是说, $x \prec y$ 且 $y \prec z$ 应该蕴涵 $x \prec z$. 但是算法 V 不要求它的输入关系满足这个条件.

证明: 如果 $x \prec y$ 且 $y \prec z$, 算法 V 将产生完全相同的结果, 无论是否有 $x \prec z$.

87. *[20]* (弗兰克·拉斯基) 考虑由算法 V 访问的排列的反序表 $c_1 \ldots c_n$. 它们有什么值得注意的性质? (与算法 P 的反序表 (4) 比较.)

88. *[21]* 说明算法 V 可以用来生成把数字 $\{0, 1, \ldots, 9\}$ 划分成两个 3 元素集合和两个 2 元素集合的所有方式.

▶ **89.** *[M30]* 考虑在 (51) 前面定义的数 $t_0, t_1, \ldots, t_n$. 显然 $t_0 = t_1 = 1$.

(a) 如果 $t_j = t_{j-1}$, 我们说下标 j 是 "平凡的". 例如, 下标 9 关于扬氏图表关系 (48) 是平凡的. 说明如何修改算法 V 使得变量 k 仅取非平凡值.

(b) 分析修改后的算法的运行时间. 代替 (51) 的公式是什么?

(c) 如果存在满足 $j \le l < k$ 且没有 $l \prec l+1$ 的下标 l, 我们说区间 $[j .. k]$ 不是一条链. 证明在这种情况下 $t_k \ge 2t_{j-1}$.

(d) 每个逆拓扑排序 $a'_1 \ldots a'_n$ 定义对应于关系 $a'_{j_1} \prec a'_{k_1}, \ldots, a'_{j_m} \prec a'_{k_m}$ 的一个标记, 这些关系等价于原始关系 $j_1 \prec k_1, \ldots, j_m \prec k_m$. 说明如何寻找一个这样的标记, 当 j 和 k 是连续的不平凡的下标时, $[j .. k]$ 不是一条链.

(e) 证明: 对于这样一个标记, 在 (b) 的公式中有 $M < 4N$.

90. *[M21]* 算法 V 可以用于产生所有这样的排列, 它们对于给定集合中的所有 h 是 h 有序的, 即所有的 $a'_1 \ldots a'_n$, 它们对于 $1 \le j \le n-h$ 满足 $a'_j < a'_{j+h}$ (见 5.2.1 节). 当算法 V 生成同时是 2 有序和 3 有序的所有排列时, 分析它的运行时间.

91. *[HM21]* 当算法 V 在关系 (49) 的情况下用于寻找完全匹配时, 分析它的运行时间.

92. *[M18]* 算法 V 在 "随机" 的情况下可能访问多少排列? 令 P_n 是 $\{1, \ldots, n\}$ 上偏序的数目, 即自反的、反对称的和传递的关系的数目. 令 Q_n 是带有以下附加性质的关系的数目: 每当 $j \prec k$ 时 $j < k$. 通过对所有偏序求平均, 用 P_n 和 Q_n 表示拓扑排序 n 个元素的方式的期望数.

93. *[35]* 证明可以用这样一种方法生成所有拓扑排序, 即在每一步只做一次或两次邻接对换. (例子 $1 \prec 2, 3 \prec 4$ 表明, 即使我们允许非邻接的交换, 单个对换也不是在每一步始终可以达到的, 因为 6 个相关的排列中只有两个是奇排列.)

▶ **94.** *[25]* 证明: 在完全匹配的情况下, 使用 (49) 的关系, 每步仅用一次对换可以生成所有拓扑排序.

95. *[21]* 讨论如何生成 $\{1, \ldots, n\}$ 的所有上下排列, 即满足 $a_1 < a_2 > a_3 < a_4 > \cdots$ 的那些 $a_1 \ldots a_n$.

96. [*21*] 讨论如何生成 $\{1,\ldots,n\}$ 的所有循环排列，即循环表示仅由一个 n 圈组成的那些 $a_1\ldots a_n$.

97. [*21*] 讨论如何生成 $\{1,\ldots,n\}$ 的所有错位排列，即满足 $a_1\neq 1$, $a_2\neq 2$, $a_3\neq 3$, $\ldots$ 的那些 $a_1\ldots a_n$.

98. [*HM23*] 分析上题的方法的渐近运行时间.

99. [*M30*] 给定 $n\geq 3$，证明通过在访问之间最多进行两次对换可以生成 $\{1,\ldots,n\}$ 的所有错位排列.

100. [*21*] 讨论如何生成 $\{1,\ldots,n\}$ 的所有不可分解的排列，即满足 $\{a_1,\ldots,a_j\}\neq\{1,\ldots,j\}$（$1\leq j<n$）的那些 $a_1\ldots a_n$.

101. [*28*] 讨论如何生成 $\{1,\ldots,n\}$ 的所有对合，即满足 $a_{a_1}\ldots a_{a_n}=1\ldots n$ 的那些排列 $a_1\ldots a_n$.

102. [*M30*] 证明在访问之间最多进行两次对换可以生成 $\{1,\ldots,n\}$ 的所有对合.

103. [*M32*] 证明通过三个连续元素的相继轮换可以生成 $\{1,\ldots,n\}$ 的所有偶排列.

▶ **104.** [*M22*] $\{1,\ldots,n\}$ 的排列 $a_1\ldots a_n$ 是完全平衡的，如果

$$\sum_{k=1}^{n} k a_k = \sum_{k=1}^{n}(n+1-k)a_k.$$

例如，当 $n=4$ 时 3142 是完全平衡的.

    (a) 证明当 $n\bmod 4=2$ 时没有完全平衡的排列.

    (b) 证明：如果 $a_1\ldots a_n$ 是完全平衡的，它的反转 $a_n\ldots a_1$、它的补 $(n+1-a_1)\ldots(n+1-a_n)$ 和它的逆 $a_1'\ldots a_n'$ 也是完全平衡的.

    (c) 确定对于小的 n 值的完全平衡的排列的数目.

▶ **105.** [*26*] 弱序是一种关系 $\preceq$，它是传递的（$x\preceq y$ 且 $y\preceq z$ 蕴涵 $x\preceq z$）和完备的（$x\preceq y$ 或 $y\preceq x$ 总是成立）. 如果 $x\preceq y$ 且 $y\preceq x$，我们可以写成 $x\equiv y$. 如果 $x\preceq y$ 且 $y\not\preceq x$，可以写成 $x\prec y$. 在三个元素 $\{1,2,3\}$ 上存在 13 个弱序，即

$$1\equiv 2\equiv 3,\quad 1\equiv 2\prec 3,\quad 1\prec 2\equiv 3,\quad 1\prec 2\prec 3,\quad 1\equiv 3\prec 2,\quad 1\prec 3\prec 2,$$
$$2\prec 1\equiv 3,\quad 2\prec 1\prec 3,\quad 2\equiv 3\prec 1,\quad 2\prec 3\prec 1,\quad 3\prec 1\equiv 2,\quad 3\prec 1\prec 2,\quad 3\prec 2\prec 1.$$

    (a) 说明如何系统地生成 $\{1,\ldots,n\}$ 的所有弱序，作为由符号 $\equiv$ 或 $\prec$ 分隔的数字的序列.

    (b) 也可以把弱序表示成序列 $a_1\ldots a_n$，其中当 j 的前面是符号 $k\prec$ 时 $a_j=k$. 例如，在 $\{1,2,3\}$ 上 13 个这种形式的弱序分别是 000, 001, 011, 012, 010, 021, 101, 102, 100, 201, 110, 120, 210. 寻找一种简单方法生成所有这种长度为 n 的序列.

106. [*M40*] 习题 105(b) 可以用类格雷码求解吗?

▶ **107.** [*30*] （约翰·康威，1973）为了玩"顶端翻牌"单人纸牌游戏，从洗一副标记为 $\{1,\ldots,n\}$ 的 n 张牌开始，并且把它们面朝上放成一堆. 然后，如果顶端的牌是 $k>1$，把顶端 k 张牌拿出来并且把它们面向下放回牌堆顶端，排列由此从 $a_1\ldots a_n$ 变为 $a_k\ldots a_1 a_{k+1}\ldots a_n$. 继续进行直到顶端的牌是 1. 例如，当 $n=5$ 时可能出现 7 步序列

$$31452 \to 41352 \to 53142 \to 24135 \to 42135 \to 31245 \to 21345 \to 12345.$$

当 $n=13$ 时，可能的最长序列是什么?

108. [*M27*] 对于 n 张牌，如果顶端翻牌游戏的最大长度为 $f(n)$，证明 $f(n)\leq F_{n+1}-1$.

109. [*M47*] 寻找顶端翻牌函数 $f(n)$ 的好的上界和下界.

▶ **110.** [*25*] 寻找 $\{0,\ldots,9\}$ 的所有排列 $a_0\ldots a_9$，使得

$$\{a_0,a_2,a_3,a_7\}=\{2,5,7,8\}, \qquad \{a_1,a_4,a_5\}=\{0,3,6\},$$
$$\{a_1,a_3,a_7,a_8\}=\{3,4,5,7\}, \qquad \{a_0,a_3,a_4\}=\{0,7,8\}.$$

并且提出解决这类大问题的算法.

▶ **111.** [*M25*] 已经提出了几种德布鲁因圈的面向排列的类似物，其中最简单和最有趣的是由布拉德利·杰克逊在 *Discrete Math.* **117** (1993), 141–150 中引入的通用排列圈，即 $n!$ 个数字的圈，在这个圈中 $\{1, \ldots, n\}$ 的每个排列恰好出现一次，每次作为一组连续的 $n-1$ 个数字（删除它的最后多余元素）. 例如，对于 $n = 3$, (121323) 是通用排列圈，并且它本质上是唯一的.

证明：对于所有 $n \geq 2$ 都存在通用排列圈. 当 $n = 4$ 时，按字典序的最小的圈是什么？

▶ **112.** [*M30*] （阿龙·威廉斯，2007）继续习题 111，构造下面的显式圈：

(a) 说明通用排列圈等价于具有两个生成器 $\rho = (1\ 2\ \ldots\ n{-}1)$ 和 $\sigma = (1\ 2\ \ldots\ n)$ 的凯莱图上的哈密顿圈.

(b) 证明那种图中的任何哈密顿路径实际上是哈密顿圈.

(c) 对于 $n \geq 3$, 找出形如 $\sigma^2 \rho^{n-3} \alpha_1 \ldots \sigma^2 \rho^{n-3} \alpha_{(n-1)!}$, $\alpha_j \in \{\rho, \sigma\}$ 的一条路径.

113. [*HM43*] 对于小于等于 9 个对象的排列，确切存在多少个通用排列圈？

7.2.1.3 生成所有组合.

组合数学经常被描述成"研究排列、组合，等等"，所以，我们现在把注意力转到组合. 从 n 件物体中一次取 t 件的组合，通常简称为"n 件物体的 t 组合"，是从大小为 n 的集合中选择大小为 t 的子集的方式. 从式 1.2.6–(2) 可知，做这件事恰有 $\binom{n}{t}$ 种方式. 在 3.4.2 节我们学习过如何随机选择 t 组合.

从 n 个对象中选择 t 个元素等价于选择原先没被选中的那 $n-t$ 个元素. 在我们的全部讨论中，通过令

$$n = s + t \tag{1}$$

强调这种对称性，我们经常把 n 个对象的 t 组合称为"(s,t) 组合". 因此，(s,t) 组合是把 $s+t$ 个对象细分为大小为 s 和 t 的两个集合的一种方式.

> 如果我问多少个 *21* 的组合可能取自 *25*,
> 我实际是问可以取多少个 *4* 的组合.
> 因为取 *21* 的方法同留下 *4* 的方法恰好是一样多.
> ——奥古斯塔斯·德摩根，《关于概率的一篇论文》(1838)

有两种主要方式表示 (s,t) 组合：可以列举已经选择的元素 $c_t \ldots c_2 c_1$，或者表示为二进制串 $a_{n-1} \ldots a_1 a_0$，其中

$$a_{n-1} + \cdots + a_1 + a_0 = t. \tag{2}$$

具有 s 个 0 和 t 个 1 的二进制串表示对应于未选中的元素和已选中的元素. 如果我们令元素是集合 $\{0, 1, \ldots, n-1\}$ 的成员，并按降序

$$n > c_t > \cdots > c_2 > c_1 \geq 0 \tag{3}$$

列出它们，列表表示 $c_t \ldots c_2 c_1$ 往往是最适合的. 二进制记号把这两种表示完美联系在一起，因为元素列表 $c_t \ldots c_2 c_1$ 对应于和式

$$2^{c_t} + \cdots + 2^{c_2} + 2^{c_1} = \sum_{k=0}^{n-1} a_k 2^k = (a_{n-1} \ldots a_1 a_0)_2. \tag{4}$$

当然，我们也可以列出 0 在 $a_{n-1} \ldots a_1 a_0$ 中的位置 $b_s \ldots b_2 b_1$，其中

$$n > b_s > \cdots > b_2 > b_1 \geq 0. \tag{5}$$

组合之所以重要，不仅由于在数学中子集无所不在，而且还因为它们同许多其他结构等价. 例如，每个 (s,t) 组合对应于从 $s+1$ 件物体一次取 t 件的组合，其中允许重复，也称为

$s+1$ 件物体的多重组合, 即满足

$$s \geq d_t \geq \cdots \geq d_2 \geq d_1 \geq 0 \tag{6}$$

的整数的序列 $d_t \ldots d_2 d_1$. 理由是 $d_t \ldots d_2 d_1$ 满足 (6) 当且仅当 $c_t \ldots c_2 c_1$ 满足 (3), 其中

$$c_t = d_t + t - 1, \quad \ldots, \quad c_2 = d_2 + 1, \quad c_1 = d_1 \tag{7}$$

(见习题 1.2.6–60). 此外, 所罗门·戈洛姆 [*AMM* **75** (1968), 530–531] 提出另一种有用方法, 把允许重复的组合与平常的组合联系在一起, 也就是定义

$$e_j = \begin{cases} c_j, & \text{如果 } c_j \leq s; \\ e_{c_j-s}, & \text{如果 } c_j > s. \end{cases} \tag{8}$$

在这种形式中, 数 $e_t \ldots e_1$ 无须以降序出现, 但多重集 $\{e_1, e_2, \ldots, e_t\}$ 同 $\{c_1, c_2, \ldots, c_t\}$ 相等当且仅当 $\{e_1, e_2, \ldots, e_t\}$ 是一个 (不含重复元素的普通) 集合. (见表 1 和习题 1.)

一个 (s, t) 组合也等价于把 $n+1$ 划分成一个 $t+1$ 个部分的组分, 也就是有序和

$$n + 1 = p_t + \cdots + p_1 + p_0, \qquad \text{其中 } p_t, \ldots, p_1, p_0 \geq 1. \tag{9}$$

现在与 (3) 的联系是

$$p_t = n - c_t, \quad p_{t-1} = c_t - c_{t-1}, \quad \ldots, \quad p_1 = c_2 - c_1, \quad p_0 = c_1 + 1. \tag{10}$$

令 $q_j = p_j - 1$, 它等价于

$$s = q_t + \cdots + q_1 + q_0, \qquad \text{其中 } q_t, \ldots, q_1, q_0 \geq 0, \tag{11}$$

这是把 s 划分成 $t+1$ 个非负部分的组分, 通过置

$$q_t = s - d_t, \quad q_{t-1} = d_t - d_{t-1}, \quad \ldots, \quad q_1 = d_2 - d_1, \quad q_0 = d_1 \tag{12}$$

与 (6) 相关.

此外容易看出, 一个 (s, t) 组合等价于一个 $s \times t$ 网格从角点到角点的一条长 $s+t$ 的路径, 因为这样一条路径包含 s 个纵向步和 t 个横向步.

因此, 至少可以用 8 种不同的形态研究组合. 表 1 说明在 $s = t = 3$ 的情况下的全部 $\binom{6}{3} = 20$ 种可能性.

初看之下, 组合的这些形态也许有些令人迷惑, 但它们中的多数可以直接用二进制表示 $a_{n-1} \ldots a_1 a_0$ 来理解. 例如, 考虑"随机"二进制位串

$$a_{23} \ldots a_1 a_0 = 011001001000011111101101, \tag{13}$$

它有 $s = 11$ 个 0 以及 $t = 13$ 个 1, 因此 $n = 24$. 对偶组合 $b_s \ldots b_1$ 列出 0 的位置 (下标), 即

$$23 \ 20 \ 19 \ 17 \ 16 \ 14 \ 13 \ 12 \ 11 \ 4 \ 1,$$

注意, 在 (13) 中最左边的位置是 $n-1$, 最右边的位置是 0. 原始组合 $c_t \ldots c_1$ 列出 1 的位置, 即

$$22 \ 21 \ 18 \ 15 \ 10 \ 9 \ 8 \ 7 \ 6 \ 5 \ 3 \ 2 \ 0.$$

对应的多重组合 $d_t \ldots d_1$ 列出每个 1 右边的 0 的数目:

$$10 \ 10 \ 8 \ 6 \ 2 \ 2 \ 2 \ 2 \ 2 \ 2 \ 1 \ 1 \ 0.$$

表 1　(3,3) 组合和它们的等价形式

$a_5a_4a_3a_2a_1a_0$	$b_3b_2b_1$	$c_3c_2c_1$	$d_3d_2d_1$	$e_3e_2e_1$	$p_3p_2p_1p_0$	$q_3q_2q_1q_0$	路径
000111	543	210	000	210	4111	3000	
001011	542	310	100	310	3211	2100	
001101	541	320	110	320	3121	2010	
001110	540	321	111	321	3112	2001	
010011	532	410	200	010	2311	1200	
010101	531	420	210	020	2221	1110	
010110	530	421	211	121	2212	1101	
011001	521	430	220	030	2131	1020	
011010	520	431	221	131	2122	1011	
011100	510	432	222	232	2113	1002	
100011	432	510	300	110	1411	0300	
100101	431	520	310	220	1321	0210	
100110	430	521	311	221	1312	0201	
101001	421	530	320	330	1231	0120	
101010	420	531	321	331	1222	0111	
101100	410	532	322	332	1213	0102	
110001	321	540	330	000	1141	0030	
110010	320	541	331	111	1132	0021	
110100	310	542	332	222	1123	0012	
111000	210	543	333	333	1114	0003	

如果我们想象在左边和右边有附加的 1, 组分 $p_t \ldots p_0$ 从左到右列出各个 1 之间的距离:

$$2\,1\,3\,3\,5\,1\,1\,1\,1\,1\,2\,1\,2\,1.$$

非负组分 $q_t \ldots q_0$ 计算有多少个 0 出现在那些由 1 表示的 "栅栏位置" 之间:

$$1\,0\,2\,2\,4\,0\,0\,0\,0\,0\,1\,0\,1\,0;$$

因此, 我们有

$$a_{n-1} \ldots a_1 a_0 = 0^{q_t} 1 0^{q_{t-1}} 1 \ldots 1 0^{q_1} 1 0^{q_0}. \tag{14}$$

表 1 中的路径也有一种简单解释 (见习题 2).

字典式生成. 表 1 以字典序显示组合 $a_{n-1} \ldots a_1 a_0$ 和 $c_t \ldots c_1$, 这也是 $d_t \ldots d_1$ 的字典序. 注意, 对偶组合 $b_s \ldots b_1$ 和对应的组分 $p_t \ldots p_0$, $q_t \ldots q_0$ 则以逆字典序出现.

　　生成组合结构的最便捷方法通常是使用字典序. 其实, 算法 7.2.1.2L 已经解决了 $a_{n-1} \ldots a_1 a_0$ 形式的组合问题, 因为二进制位串形式的 (s,t) 组合与多重集 $\{s \cdot 0, t \cdot 1\}$ 的排列是一样的. 那个通用算法应用到这种特殊情况时, 能以显而易见的方式改进. (也见习题 7.1.3-20, 那里提出引人注目的 7 条按位运算指令的序列, 假定 n 不超出计算机字的长度, 它将把任何给定的二进制数 $(a_{n-1} \ldots a_1 a_0)_2$ 转换成按字典序的下一个 t 组合.)

　　现在我们把注意力集中到生成另一种主要组合形式 $c_t \ldots c_2 c_1$ 上, 这种形式与经常需要的组合方法直接相关, 当 t 比 n 小的时候, 它比二进制位串形式更紧凑. 首先, 我们应当记住, 当 t 非常小的时候, 简单的嵌套循环序列能出色地执行任务. 例如, 当 $t = 3$ 时, 下列指令序列足

以满足需求:

$$对于 c_3 = 2, 3, \ldots, n-1（依此顺序）执行下列指令:$$
$$对于 c_2 = 1, 2, \ldots, c_3-1（依此顺序）执行下列指令:$$
$$对于 c_1 = 0, 1, \ldots, c_2-1（依此顺序）执行下列指令:$$
$$访问组合 c_3 c_2 c_1. \tag{15}$$

（见 7.2.1.1–(3) 中的类似情形.）

另一方面，当 t 是变量或者并非如此之小的时候，通过在算法 7.2.1.2L 后面讨论的一般方案，我们可以生成按字典序的组合；也就是说，找出可以增加的最右边的元素 c_j，然后，把随后的元素 $c_{j-1} \ldots c_1$ 置为它们的最小可能值.

算法 L（字典序组合）. 给定 $n \geq t \geq 0$，算法访问 n 个数 $\{0, 1, \ldots, n-1\}$ 的全部 t 组合 $c_t \ldots c_2 c_1$. 附加变量 c_{t+1} 和 c_{t+2} 用作哨兵.

L1.［初始化.］对于 $1 \leq j \leq t$ 置 $c_j \leftarrow j-1$；另外，置 $c_{t+1} \leftarrow n$, $c_{t+2} \leftarrow 0$.

L2.［访问.］访问组合 $c_t \ldots c_2 c_1$.

L3.［寻找 j.］置 $j \leftarrow 1$. 然后，当 $c_j + 1 = c_{j+1}$ 时循环执行 $c_j \leftarrow j-1$, $j \leftarrow j+1$；最终将出现条件 $c_j + 1 \neq c_{j+1}$.

L4.［完成?］如果 $j > t$ 则终止算法.

L5.［推进 c_j.］置 $c_j \leftarrow c_j + 1$, 返回 L2. ▌

不难分析算法的运行时间: 刚好在访问满足 $c_{j+1} = c_1 + j$ 的组合后，步骤 L3 置 $c_j \leftarrow j-1$, 这种组合的数目是不等式

$$n > c_t > \cdots > c_{j+1} \geq j \tag{16}$$

的解的数目. 但是，这个公式等价于 $n-j$ 个对象 $\{n-1, \ldots, j\}$ 的一个 $(t-j)$ 组合，所以赋值 $c_j \leftarrow j-1$ 恰好出现 $\binom{n-j}{t-j}$ 次. 针对 $1 \leq j \leq t$ 求和告诉我们，在步骤 L3 循环共执行

$$\binom{n-1}{t-1} + \binom{n-2}{t-2} + \cdots + \binom{n-t}{0} = \binom{n-1}{s} + \binom{n-2}{s} + \cdots + \binom{s}{s} = \binom{n}{s+1} \tag{17}$$

次，或者每次访问平均执行

$$\binom{n}{s+1} \Big/ \binom{n}{t} = \frac{n!}{(s+1)!\,(t-1)!} \Big/ \frac{n!}{s!\,t!} = \frac{t}{s+1} \tag{18}$$

次. 当 $t \leq s$ 时这个比值小于 1，所以，在这种情况下算法 L 是非常有效的.

但是，如果 t 接近于 n 而 s 比较小，$t/(s+1)$ 这个量可能大到使问题复杂化的程度. 实际上，偶尔发生 c_j 已经等于 $j-1$ 的情况，算法 L 无须置 $c_j \leftarrow j-1$. 进一步检查发现，我们无须总是搜索步骤 L4 和 L5 所需的下标 j，因为经常可以从刚执行的操作预知 j 的正确值. 例如，在我们增加 c_4 并把 $c_3 c_2 c_1$ 重置为它们的初值 210 后，下一个组合将不可避免地增加 c_3. 这些观察导致算法的一个改进版本.

算法 T（字典序组合）. 本算法类似于算法 L，但执行速度更快. 为方便起见，我们还假定 $0 < t < n$.

T1.［初始化.］对于 $1 \leq j \leq t$ 置 $c_j \leftarrow j-1$；然后，置 $c_{t+1} \leftarrow n$, $c_{t+2} \leftarrow 0$, $j \leftarrow t$.

T2.［访问.］（这时 j 是满足 $c_{j+1} > j$ 的最小下标.）访问组合 $c_t \ldots c_2 c_1$. 然后，如果 $j > 0$, 置 $x \leftarrow j$, 转到 T6.

T3.［简单情形?］如果 $c_1 + 1 < c_2$, 置 $c_1 \leftarrow c_1 + 1$, 返回 T2. 否则，置 $j \leftarrow 2$.

T4. ［寻找 j．］置 $c_{j-1} \leftarrow j-2$，$x \leftarrow c_j+1$．如果 $x = c_{j+1}$，置 $j \leftarrow j+1$，重复 T4．

T5. ［完成？］如果 $j > t$ 则终止算法．

T6. ［推进 c_j．］置 $c_j \leftarrow x$，$j \leftarrow j-1$，返回 T2．∎

现在，在步骤 T2，$j = 0$ 当且仅当 $c_1 > 0$，所以，在步骤 T4 的赋值绝不是多余的．算法 T 的完整分析见习题 6．

注意，在算法 L 和算法 T 中，参数 n 仅出现在它们的初始化步骤 L1 和 T1，而不出现在它们的主要部分．因此，我们可以考虑像生成一个无穷表的前 $\binom{n}{t}$ 个组合那样的过程，它仅依赖于 t．这种简化的出现，是因为在我们的约定下，对于 $n+1$ 件物体的 t 组合的列表是从对于 n 件物体的列表开始的．由于这个特别的理由，我们使用关于递减序列 $c_t \ldots c_1$ 的字典序，而不是处理递增序列 $c_1 \ldots c_t$．

德里克·莱默指出算法 L 和算法 T 的另一个有趣性质［见埃德温·贝肯巴赫编辑的 *Applied Combinatorial Mathematics* (1964)，27–30］．

定理 L. 访问组合 $c_t \ldots c_2 c_1$ 恰好是在访问

$$\binom{c_t}{t} + \cdots + \binom{c_2}{2} + \binom{c_1}{1} \tag{19}$$

个其他组合之后．

证明. 对于 $t \geq j > k$ 有 $c_j' = c_j$ 且 $c_k' < c_k$，存在 $\binom{c_k}{k}$ 个组合 $c_t' \ldots c_2' c_1'$．这些组合是 $c_t \ldots c_{k+1}$ 后接 $\{0, \ldots, c_k - 1\}$ 的 k 组合．∎

例如，当 $t = 3$ 时，对应于表 1 的组合 $c_3 c_2 c_1$ 的数

$$\binom{2}{3} + \binom{1}{2} + \binom{0}{1}, \; \binom{3}{3} + \binom{1}{2} + \binom{0}{1}, \; \binom{3}{3} + \binom{2}{2} + \binom{0}{1}, \; \ldots, \; \binom{5}{3} + \binom{4}{2} + \binom{3}{1}$$

径直遍历序列 0, 1, 2, …, 19．定理 L 提供了一种好方法，有助于我们理解 t 阶组合数系，它把每个非负整数 N 唯一地表示成

$$N = \binom{n_t}{t} + \cdots + \binom{n_2}{2} + \binom{n_1}{1}, \qquad n_t > \cdots > n_2 > n_1 \geq 0 \tag{20}$$

的形式．［见埃内斯托·帕斯卡尔，*Giornale di Matematiche* **25** (1887)，45–49．］

二项式树. 由

$$T_0 = \bullet \; , \qquad T_n = \quad \begin{matrix} 0 & 1 & & n-1 \\ T_0 & T_1 & \cdots & T_{n-1} \end{matrix} \qquad 对于 \; n > 0 \tag{21}$$

定义的树族 T_n 出现在几处重要的上下文中，进一步阐明了组合生成．例如，T_4 是

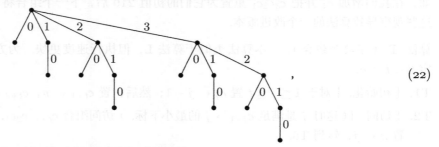

$$\tag{22}$$

而更具艺术色彩的 T_5 出现在本书第 1 卷的首页插图中．

注意, 除了多一个 T_{n-1} 副本外, T_n 类似于 T_{n-1}, 所以 T_n 总共有 2^n 个结点. 此外, 第 t 层上的结点数是二项式系数 $\binom{n}{t}$, 这个事实是 "二项式树" 名称的由来. 实际上, 在从根结点到第 t 层的每个结点的路径上遇到的标号序列定义了一个组合 $c_t \ldots c_1$, 所有组合按字典序从左到右出现. 因此, 可以把算法 L 和算法 T 看成遍历二项式树 T_n 的第 t 层结点的过程.

在 (21) 中令 $n \to \infty$ 可以获得无穷二项式树 T_∞. 这棵树的根结点具有无穷多的分支, 但是, 除了在 0 层的总根外, 每个结点是一棵有限二项式子树的根. 所有可能的 t 组合以字典序出现在 T_∞ 的第 t 层上.

为了进一步熟悉二项式树, 考虑填充一个背包的所有可能方法. 更确切地说, 假定有 n 件物体, 分别占有 $w_{n-1}, \ldots, w_1, w_0$ 个容积单位, 其中

$$w_{n-1} \geq \cdots \geq w_1 \geq w_0 \geq 0. \tag{23}$$

我们要生成所有这样的二进制向量 $a_{n-1} \ldots a_1 a_0$, 满足

$$a \cdot w = a_{n-1} w_{n-1} + \cdots + a_1 w_1 + a_0 w_0 \leq N, \tag{24}$$

其中 N 是背包的总容积. 换句话说, 我们要找出 $\{0, 1, \ldots, n-1\}$ 的所有子集 C, 它们满足 $w(C) = \sum_{c \in C} w_c \leq N$, 这样的子集称为可行的. 我们把可行的子集写成 $c_1 \ldots c_t$, 其中 $c_1 > \cdots > c_t \geq 0$, 下标编号不同于前面 (3) 式的约定, 因为 t 是这个问题中的变量.

每个可行的子集对应于 T_n 的一个结点, 我们的目标是访问每个可行的结点. 显然, 每个可行的结点的父结点是可行的, 左兄弟结点也是可行的 (如果有的话). 所以, 我们能够探查一棵简单的树.

算法 F (填充背包).   给定 $w_{n-1}, \ldots, w_1, w_0, N$, 算法访问填充一个背包的所有可行的方法. 对于 $1 \leq j < n$, 令 $\delta_j = w_j - w_{j-1}$.

F1. [初始化.] 置 $t \leftarrow 0$, $c_0 \leftarrow n$, $r \leftarrow N$.

F2. [访问.] 使用 $N - r$ 个容积单位访问组合 $c_1 \ldots c_t$.

F3. [试着装入 w_0.] 如果 $c_t > 0$ 且 $r \geq w_0$, 置 $t \leftarrow t+1$, $c_t \leftarrow 0$, $r \leftarrow r - w_0$, 返回 F2.

F4. [试着增加 c_t.] 如果 $t = 0$, 则终止算法. 否则, 如果 $c_{t-1} > c_t + 1$ 且 $r \geq \delta_{c_t+1}$, 置 $c_t \leftarrow c_t + 1$, $r \leftarrow r - \delta_{c_t}$, 返回 F2.

F5. [移除 c_t.] 置 $r \leftarrow r + w_{c_t}$, $t \leftarrow t - 1$, 返回 F4.   ∎

注意, 算法隐含地跳过非可行的子树, 按前序访问 T_n 的结点. 算法用元素 $c - 1$ 考察所有可能性后, 把元素 $c > 0$ 放进背包 (只要能放得进). 算法运行时间与访问可行组合的数量成正比 (见习题 20).

顺便指出, 上述 "填充背包问题" 与运筹学的经典 "背包问题" 不同, 后者求使得 $v(C) = \sum_{c \in C} v(c)$ 达到最大值的可行子集 C, 其中每一个 c 被赋予值 $v(c)$. 因为经常考虑可能要被排除的情况, 算法 F 不是解决这个问题的特别好的方法. 例如, 如果 C 和 C' 是 $\{1, \ldots, n-1\}$ 的子集, 满足 $w(C) \leq w(C') \leq N - w_0$ 且 $v(C) \geq v(C')$, 算法 F 会检查 $C \cup 0$ 和 $C' \cup 0$, 尽管后面这个子集不会改进最大值. 随后我们将考虑经典背包问题的求解方法. 算法 F 预期仅用于可行的全部可能性是潜在相关的情况.

用于组合的格雷码. 相较于仅仅是生成全部组合, 我们通常更愿意用这样一种方式访问所有组合, 即每个组合是通过对它的前导做少量改变获得的.

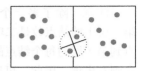

例如，我们可能要求使用奈恩黑斯和维尔夫所谓的"旋转门算法"：想象有两间屋子，分别可以容纳 s 人和 t 人，它们之间有一扇旋转门. 每当一人进入对面的屋子时，另外的某人就走出来. 我们能否设计一个移动序列，使得每个 (s,t) 组合恰好出现一次？

答案是肯定的，事实上存在大量这样的模式. 例如，如果我们按众所周知的格雷二进制码顺序（7.2.1.1 节）检查所有的 n 位二进制串 $a_{n-1}\ldots a_1 a_0$，但仅选择那些恰好有 s 个 0 和 t 个 1 的串，所得的串构成一个旋转门代码.

下面给出证明：格雷二进制码是由 7.2.1.1-(5) 的递推公式 $\Gamma_n = 0\Gamma_{n-1}, 1\Gamma_{n-1}^R$ 定义的，所以，当 $st > 0$ 时它的 (s,t) 子序列满足递推公式

$$\Gamma_{st} = 0\Gamma_{(s-1)t}, 1\Gamma_{s(t-1)}^R. \tag{25}$$

另外，我们还有 $\Gamma_{s0} = 0^s$ 和 $\Gamma_{0t} = 1^t$. 所以，根据归纳法，当 $st > 0$ 时，Γ_{st} 显然以 $0^s 1^t$ 开始以 $10^s 1^{t-1}$ 结束. 在 (25) 中逗号处的过渡是从 $0\Gamma_{(s-1)t}$ 的最后一个元素到 $1\Gamma_{s(t-1)}$ 的最后一个元素，当 $t \geq 2$ 时也就是从 $010^{s-1}1^{t-1} = 010^{s-1}11^{t-2}$ 到 $110^s 1^{t-2} = 110^{s-1}01^{t-2}$，这满足旋转门约束条件. $t = 1$ 的情形也符合条件. 例如，

$$
\begin{array}{llll}
000111 & 011010 & 110001 & 101010 \\
001101 & 011100 & 110010 & 101100 \\
001110 & 010101 & 110100 & 100101 \\
001011 & 010110 & 111000 & 100110 \\
011001 & 010011 & 101001 & 100011
\end{array}
\tag{26}
$$

的各列给出了 Γ_{33}. 在上述阵列的前两列中可以找到 Γ_{23}. 旋转门再一次把最后一个元素变成第一个元素. ［琼·米勒在她的博士论文（哥伦比亚大学，1971 年）中发现了 Γ_{st} 的这些性质，后来，唐道南和刘兆宁在 *IEEE Trans.* **C-22** (1973), 176–180 中又独立发现了这些性质. 詹姆斯·比特纳、吉德翁·埃尔利希和爱德华·莱因戈尔德在 *CACM* **19** (1976), 517–521 中提出了旋转门的无循环实现. ］

把 (26) 中的二进制位串 $a_5 a_4 a_3 a_2 a_1 a_0$ 转换为对应的下标表形式 $c_3 c_2 c_1$，我们能看到一个明显的惊人模式：

$$
\begin{array}{llll}
210 & 431 & 540 & 531 \\
320 & 432 & 541 & 532 \\
321 & 420 & 542 & 520 \\
310 & 421 & 543 & 521 \\
430 & 410 & 530 & 510
\end{array}
\tag{27}
$$

第一个分量 c_3 以非减的顺序出现；然而，对于 c_3 的每个固定值，c_2 的值以非增的顺序出现；对于 $c_3 c_2$ 的每个固定值，c_1 的值又是非减的. 在一般情形我们同样有：在旋转门格雷码 Γ_{st} 中，所有组合 $c_t \ldots c_2 c_1$ 按

$$(c_t, -c_{t-1}, c_{t-2}, \ldots, (-1)^{t-1}c_1) \tag{28}$$

的字典序出现. 根据归纳法可以推出这个性质，因为当我们用下标表记号代替二进制位串记号时，对于 $st > 0$，(25) 变成

$$\Gamma_{st} = \Gamma_{(s-1)t}, (s+t-1)\Gamma_{s(t-1)}^R. \tag{29}$$

威廉·佩恩提出的下述算法［见 *ACM Trans. Math. Software* **5** (1979), 163–172］可以有效生成旋转门序列：

算法 R（旋转门组合）. 假定 $n \geq t > 1$，算法按交错序列 (28) 的字典序生成 $\{0, 1, \ldots, n-1\}$ 的全部 t 组合 $c_t \ldots c_2 c_1$. 使用一个辅助变量 c_{t+1}. 取决于 t 是偶数还是奇数，步骤 R3 有两种情形.

R1.［初始化.］对于 $t \geq j \geq 1$ 置 $c_j \leftarrow j-1$，然后置 $c_{t+1} \leftarrow n$.

R2.［访问.］访问组合 $c_t \ldots c_2 c_1$.

R3.［简单情形?］如果 t 是奇数：如果 $c_1 + 1 < c_2$，则 c_1 增 1，返回 R2；否则，置 $j \leftarrow 2$，转到 R4. 如果 t 是偶数：如果 $c_1 > 0$，则 c_1 减 1，返回 R2；否则，置 $j \leftarrow 2$，转到 R5.

R4.［试着减少 c_j.］（这时 $c_j = c_{j-1} + 1$.）如果 $c_j \geq j$，置 $c_j \leftarrow c_{j-1}$，$c_{j-1} \leftarrow j-2$，返回 R2. 否则，j 增 1.

R5.［试着增加 c_j.］（这时 $c_{j-1} = j-2$.）如果 $c_j + 1 < c_{j+1}$，置 $c_{j-1} \leftarrow c_j$，$c_j \leftarrow c_j + 1$，返回 R2. 否则，j 增 1，如果 $j \leq t$ 则转到 R4. 否则，终止算法. ∎

习题 21–25 进一步考察这个有趣序列的性质. 其中之一是定理 L 的一个精致的伴随定理：算法 R 访问组合 $c_t c_{t-1} \ldots c_2 c_1$ 恰好是在访问

$$N = \binom{c_t+1}{t} - \binom{c_{t-1}+1}{t-1} + \cdots + (-1)^t \binom{c_2+1}{2} - (-1)^t \binom{c_1+1}{1} - [t \text{ 是奇数}] \tag{30}$$

个其他组合后之后. N 的这个表示称为 t 阶"交错组合数系". 例如，我们可以得出，每个正整数具有唯一的表示形式 $N = \binom{a}{3} - \binom{b}{2} + \binom{c}{1}$，其中 $a > b > c > 0$. 算法 R 告诉我们，在这个数系中如何对 N 加 1.

尽管 (26) 和 (27) 中的数串不按字典序，它们却是一个称为通用字典序的更一般概念的例子，这是蒂莫西·沃尔什杜撰的名称. 在串 $\alpha_1, \ldots, \alpha_N$ 的一个序列中，如果带有公共前缀的所有串都连续出现，就说这个序列是按通用字典序的. 例如，以 53 开始的所有 3 组合全都出现在 (27) 中.

通用字典序意味着序列中的串可以按检索树（trie）结构排列，如 6.3 节图 31 那样，但每个结点的子结点带有任意顺序. 不管我们以何种顺序遍历一棵检索树，但保证访问每个结点恰好是在访问它的子结点之前或之后，那么，带有一个公共前缀的所有结点，即一个子检索树的所有结点相继出现. 这个原则对应于递归生成方案，它使得通用字典序方便实用. 我们见过的生成 n 元组的许多算法都有某种通用字典序版本，并得到应用. 类似地，"平滑改变"的方法（算法 7.2.1.2P）按对应反序表的一种通用字典序访问排列.

算法 R 的旋转门方法是一个通用字典序例程，它在每一步仅改变组合的一个元素. 但它在总体上不令人满意，因为为了维持条件 $c_t > \cdots > c_2 > c_1$，它必须频繁地同时改动两个 c_j 的下标. 例如，算法 R 把 210 改变为 320，而 (27) 包含 9 个这样的"交叉"变动.

这个缺陷的根源可以追溯到我们对 (25) 满足旋转门性质的证明：我们注意到，当 $t \geq 2$ 时，数串 $010^{s-1}11^{t-2}$ 后面紧接着 $110^{s-1}01^{t-2}$. 因此，当一个像 11000 的子串改变为 01001 或者反过来的时候，递归结构 Γ_{st} 包含 $110^a 0 \leftrightarrow 010^a 1$ 形式的转变；两个 1 是彼此交叉的.

对于组合的一条格雷路径，如果每一步仅改变 c_j 的一个下标，就说它是齐次的. 以二进制位串形式表示的齐次模式的特征在于：对于 $a \geq 1$，当我们从一个位串转到下一个位串时，位串内仅有 $10^a \leftrightarrow 0^a 1$ 形式的改变. 举例来说，用齐次模式我们能够在一个 n 音符键盘的乐器上，通过一次只移动一个手指演奏所有 t 音调和弦.

对（25）稍加修改，就能生成 (s,t) 组合的有趣的通用字典序齐次模式. 基本思想是构造一个以 0^s1^t 开始以 1^t0^s 结束的序列，下面的递归序列立即浮现：令 $K_{s0}=0^s$，$K_{0t}=1^t$，$K_{s(-1)}=\emptyset$，以及

$$K_{st} = 0K_{(s-1)t},\ 10K^R_{(s-1)(t-1)},\ 11K_{s(t-2)},\quad st>0. \tag{31}$$

在这个序列的逗号位置我们有：01^t0^{s-1} 之后紧接着 $101^{t-1}0^{s-1}$，然后是 10^s1^{t-1} 之后紧接着 110^s1^{t-2}. 这两种转变都是齐次的，尽管第二种转变要求 1 跳过 s 个 0. 对于 $s=t=3$，组合 K_{33} 的二进制位串形式是

$$
\begin{array}{cccc}
000111 & 010101 & 101100 & 100011 \\
001011 & 010011 & 101001 & 110001 \\
001101 & 011001 & 101010 & 110010 \\
001110 & 011010 & 100110 & 110100 \\
010110 & 011100 & 100101 & 111000, \\
\end{array}
\tag{32}
$$

对应的"下标表形式"是

$$
\begin{array}{cccc}
210 & 420 & 532 & 510 \\
310 & 410 & 530 & 540 \\
320 & 430 & 531 & 541 \\
321 & 431 & 521 & 542 \\
421 & 432 & 520 & 543. \\
\end{array}
\tag{33}
$$

当普通组合 $c_t\ldots c_1$ 的齐次模式转变为允许重复的组合 $d_t\ldots d_1$ 的对应模式 (6) 时，它保留每一步仅改变 d_j 的一个下标这一性质. 当它转变为组分 $p_t\ldots p_0$ 或 $q_t\ldots q_0$ 的对应模式 (9) 或 (11) 时，当 c_j 改变时只有两个（邻接的）部分改变.

接近完备的模式. 但我们可以做得更好！通过一个或是 $01\leftrightarrow10$ 或是 $001\leftrightarrow100$ 的强齐次转变序列可以生成所有的 (s,t) 组合. 换句话说，我们可以坚持每一步仅改变 c_j 的一个下标，改变量至多为 2. 不妨把这样的生成模式称为接近完备的.

施加这样强的条件，使得我们非常容易发现接近完备的模式，因为可用的选择比较少. 实际上，如果我们只局限于那些对 n 位二进制串是接近完备的通用字典序方法，托马斯·詹金斯和戴维·麦卡锡注意到，所有这样的方法很容易描绘如下 [*Ars Combinatoria* **40** (1995), 153–159].

定理 N. 如果 $st>0$，恰好存在 $2s$ 种以通用字典序列举所有 (s,t) 组合的接近完备的方法. 事实上，当 $1\le a\le s$ 时，恰好有一个这样的列表 N_{sta}，它以 1^t0^s 开始以 $0^a1^t0^{s-a}$ 结束. 其他 s 种可能性是逆列表 N^R_{sta}.

证明. 当 $s=t=1$ 时结论自然成立. 在其他情形，我们用对 $s+t$ 的归纳法证明. 列表 N_{sta}（如果存在的话）必定具有 $1X_{s(t-1)}$，$0Y_{(s-1)t}$ 的形式，其中 $X_{s(t-1)}$ 和 $Y_{(s-1)t}$ 是接近完备的通用字典序列表. 如果 $t=1$，则 $X_{s(t-1)}$ 是单个二进制位串 0^s. 因此，当 $a>1$ 时 $Y_{(s-1)t}$ 必定是 $N_{(s-1)1(a-1)}$，当 $a=1$ 时 $Y_{(s-1)t}$ 必定是 $N^R_{(s-1)11}$. 另一方面，如果 $t>1$，接近完备的条件蕴涵 $X_{s(t-1)}$ 的最后串不能以 1 开始，因此，对于某个 b 有 $X_{s(t-1)}=N_{s(t-1)b}$. 如果 $a>1$，则 $Y_{(s-1)t}$ 必定是 $N_{(s-1)t(a-1)}$，因此 b 必定是 1；同样，如果 $s=1$，则 b 必定是 1. 否则我们有 $a=1<s$，这对于某个 c 迫使 $Y_{(s-1)t}=N^R_{(s-1)tc}$. 从 $10^b1^{t-1}0^{s-b}$ 到 $0^{c+1}1^t0^{s-1-c}$ 的转变仅当 $c=1$ 且 $b=2$ 时是接近完备的. ∎

定理 N 的证明得出下列递归公式: 当 $st > 0$ 时我们有

$$N_{sta} = \begin{cases} 1N_{s(t-1)1}, \ 0N_{(s-1)t(a-1)}, & \text{如果 } 1 < a \le s; \\ 1N_{s(t-1)2}, \ 0N_{(s-1)t1}^{R}, & \text{如果 } 1 = a < s; \\ 1N_{1(t-1)1}, \ 01^{t}, & \text{如果 } 1 = a = s. \end{cases} \tag{34}$$

当然, 我们还有 $N_{s0a} = 0^s$.

让我们置 $A_{st} = N_{st1}$, $B_{st} = N_{st2}$. 1976 年, 菲利普·蔡斯发现了这些接近完备的列表, 它们具有单纯的移位作用, 把最左边的 1 的位段分别右移一个或两个位置. 它们满足下述互递归公式:

$$A_{st} = 1B_{s(t-1)}, \ 0A_{(s-1)t}^{R}; \qquad B_{st} = 1A_{s(t-1)}, \ 0A_{(s-1)t}. \tag{35}$$

"前进一步, 前进两步, 然后后退一步; 前进两步, 前进一步, 然后再前进一步." 当 s 或 t 是负整数时, 我们定义 A_{st} 和 B_{st} 是 $\emptyset$, 则 (35) 对于所有整数 s 和 t 成立, $s = t = 0$ 除外: $A_{00} = B_{00} = \epsilon$ (空串). 因此, A_{st} 实际上前进 $\min(s,1)$ 步, B_{st} 实际上前进 $\min(s,2)$ 步. 例如, 表 2 展示当 $s = t = 3$ 时的相关列表, 采用等价的下标表形式 $c_3c_2c_1$ 代替二进制位串 $a_5a_4a_3a_2a_1a_0$.

表 2 (3,3) 组合的蔡斯序列

$A_{33} = \widehat{C}_{33}^{R}$					$B_{33} = C_{33}$			
543	531	321	420		543	520	432	410
541	530	320	421		542	510	430	210
540	510	310	431		540	530	431	310
542	520	210	430		541	531	421	320
532	521	410	432		521	532	420	321

菲利普·蔡斯指出, 如果我们定义

$$C_{st} = \begin{cases} A_{st}, & \text{如果 } s+t \text{ 是奇数}; \\ B_{st}, & \text{如果 } s+t \text{ 是偶数}; \end{cases} \qquad \widehat{C}_{st} = \begin{cases} A_{st}^{R}, & \text{如果 } s+t \text{ 是偶数}; \\ B_{st}^{R}, & \text{如果 } s+t \text{ 是奇数}, \end{cases} \tag{36}$$

这些序列的计算机实现变得更简单. [见 *Congressus Numerantium* **69** (1989), 215–242.] 此时我们有

$$C_{st} = \begin{cases} 1C_{s(t-1)}, \ 0\widehat{C}_{(s-1)t}, & \text{如果 } s+t \text{ 是奇数}; \\ 1C_{s(t-1)}, \ 0C_{(s-1)t}, & \text{如果 } s+t \text{ 是偶数}; \end{cases} \tag{37}$$

$$\widehat{C}_{st} = \begin{cases} 0C_{(s-1)t}, \ 1C_{s(t-1)}, & \text{如果 } s+t \text{ 是偶数}; \\ 0\widehat{C}_{(s-1)t}, \ 1\widehat{C}_{s(t-1)}, & \text{如果 } s+t \text{ 是奇数}. \end{cases} \tag{38}$$

当准备改变二进制位 a_j 时, 可以通过检查 j 是偶数或奇数确定我们在递归公式中的位置.

实际上, 序列 C_{st} 可以通过一个异常简单的基于应用任何通用字典序方案的一般思想的算法生成. 让我们这样说, 二进制位 a_j 在一个通用字典序算法中是活动的, 如果它的改变是在变更它左边的任何二进制位之前. (换句话说, 在对应的检索树中, 活动的二进制位所对应的结点不是它的父结点的最右子结点.) 假定我们有一个辅助表 $w_n \ldots w_1 w_0$, 其中 $w_j = 1$ 的充分必要条件是: 或者 a_j 是活动的, 或者 $j < r$, 这里 r 是满足 $a_r \ne a_0$ 的最小下标; 另外, 我们

令 $w_n = 1$. 那么，下面的方法将找出 $a_{n-1} \dots a_1 a_0$ 的后继:

> 置 $j \leftarrow r$. 如果 $w_j = 0$, 重复执行 $w_j \leftarrow 1$, $j \leftarrow j + 1$ 直到 $w_j = 1$. 如
> 果 $j = n$ 则终止; 否则, 置 $w_j \leftarrow 0$. 把 a_j 改变为 $1 - a_j$, 对 $a_{j-1} \dots a_0$ ⁣　(39)
> 和 r 做适合利用这个特定通用字典序方案的任何其他改变.

这个方法的妙处源于循环确定是有效的这个事实: 我们可以证明, 在每个生成步骤中操作 $j \leftarrow j + 1$ 平均执行不到一次 (见习题 36).

　　通过分析 (37) 和 (38) 中的位组改变时出现的转变, 我们能够很快补充剩余的细节:

算法 C (*蔡斯序列*). 算法按蔡斯序列 C_{st} 的接近完备的顺序访问所有的 (s, t) 组合 $a_{n-1} \dots a_1 a_0$, 其中 $n = s + t$.

C1. [*初始化.*] 对于 $0 \leq j < s$ 置 $a_j \leftarrow 0$, 对于 $s \leq j < n$ 置 $a_j \leftarrow 1$, 对于 $0 \leq j \leq n$ 置 $w_j \leftarrow 1$. 如果 $s > 0$, 置 $r \leftarrow s$; 否则, 置 $r \leftarrow t$.

C2. [*访问.*] 访问组合 $a_{n-1} \dots a_1 a_0$.

C3. [*寻找 j 并转移.*] 置 $j \leftarrow r$. 当 $w_j = 0$ 时循环执行 $w_j \leftarrow 1$, $j \leftarrow j + 1$. 如果 $j = n$, 终止算法; 否则, 置 $w_j \leftarrow 0$, 建立四路转移: 如果 j 是奇数且 $a_j \neq 0$, 转到 C4; 如果 j 是偶数且 $a_j \neq 0$, 转到 C5; 如果 j 是偶数且 $a_j = 0$, 转到 C6; 如果 j 是奇数且 $a_j = 0$, 转到 C7.

C4. [*右移一位.*] 置 $a_{j-1} \leftarrow 1$, $a_j \leftarrow 0$. 如果 $r = j$ 且 $j > 1$, 置 $r \leftarrow j - 1$; 否则, 如果 $r = j - 1$, 置 $r \leftarrow j$. 返回 C2.

C5. [*右移两位.*] 如果 $a_{j-2} \neq 0$, 转到 C4. 否则, 置 $a_{j-2} \leftarrow 1$, $a_j \leftarrow 0$. 如果 $r = j$, 置 $r \leftarrow \max(j - 2, 1)$; 否则, 如果 $r = j - 2$, 置 $r \leftarrow j - 1$. 返回 C2.

C6. [*左移一位.*] 置 $a_j \leftarrow 1$, $a_{j-1} \leftarrow 0$. 如果 $r = j$ 且 $j > 1$, 置 $r \leftarrow j - 1$; 否则, 如果 $r = j - 1$, 置 $r \leftarrow j$. 返回 C2.

C7. [*左移两位.*] 如果 $a_{j-1} \neq 0$, 转移到 C6. 否则, 置 $a_j \leftarrow 1$, $a_{j-2} \leftarrow 0$. 如果 $r = j - 2$, 置 $r \leftarrow j$; 否则, 如果 $r = j - 1$, 置 $r \leftarrow j - 2$. 返回 C2. ∎

　　*蔡斯序列的分析. 算法 C 的奇妙性质需做进一步探讨, 更仔细的考察是很有启示的. 给定二进制位串 $a_{n-1} \dots a_1 a_0$, 我们定义 $a_n = 1$, $u_n = n \bmod 2$, 以及

$$u_j = (1 - u_{j+1}) a_{j+1}, \quad v_j = (u_j + j) \bmod 2, \quad w_j = (v_j + a_j) \bmod 2, \qquad (40)$$

其中 $n > j \geq 0$. 例如, 我们可以有 $n = 26$ 以及

$$\begin{aligned} a_{25} \dots a_1 a_0 &= 11001001000011111101101010, \\ u_{25} \dots u_1 u_0 &= 10100100100001010100100101, \\ v_{25} \dots v_1 v_0 &= 00001110001011111110001111, \\ w_{25} \dots w_1 w_0 &= 11000111001000000011100101. \end{aligned} \qquad (41)$$

根据这些定义, 我们能够用归纳法证明, $v_j = 0$ 成立的充分必要条件是: 在生成 $a_{n-1} \dots a_1 a_0$ 的递推公式 (37)–(38) 中, 二进制位 a_j 是由 C 而不是 $\hat{C}$ "控制" 的, 除非 a_j 是右端最后的 0 或 1 游程的组成部分. 所以, 对于 $r \leq j < n$, w_j 与算法 C 在访问 $a_{n-1} \dots a_1 a_0$ 时计算的值一致. 这些公式可以用来确定给定组合在蔡斯序列中出现的确切位置 (见习题 39).

如果我们需要处理下标表形式 $c_t \ldots c_2 c_1$ 而不是二进制位串 $a_{n-1} \ldots a_1 a_0$，那么稍微改变一下记号是方便的，当 $s + t = n$ 时，把 C_{st} 写成 $C_t(n)$，把 $\widehat{C}_{st}$ 写成 $\widehat{C}_t(n)$. 那么，$C_0(n) = \widehat{C}_0(n) = \epsilon$，对于 $t \geq 0$，递归公式是

$$C_{t+1}(n+1) = \begin{cases} nC_t(n), \ \widehat{C}_{t+1}(n), & \text{如果 } n \text{ 是偶数}; \\ nC_t(n), \ C_{t+1}(n), & \text{如果 } n \text{ 是奇数}; \end{cases} \tag{42}$$

$$\widehat{C}_{t+1}(n+1) = \begin{cases} C_{t+1}(n), \ n\widehat{C}_t(n), & \text{如果 } n \text{ 是奇数}; \\ \widehat{C}_{t+1}(n), \ n\widehat{C}_t(n), & \text{如果 } n \text{ 是偶数}. \end{cases} \tag{43}$$

我们可以把上述递归公式展开，例如:

$$\begin{aligned}
C_{t+1}(9) &= 8C_t(8), \ 6C_t(6), \ 4C_t(4), \ \ldots, \ 3\widehat{C}_t(3), \ 5\widehat{C}_t(5), \ 7\widehat{C}_t(7); \\
C_{t+1}(8) &= 7C_t(7), \ 6C_t(6), \ 4C_t(4), \ \ldots, \ 3\widehat{C}_t(3), \ 5\widehat{C}_t(5); \\
\widehat{C}_{t+1}(9) &= \qquad\quad 6C_t(6), \ 4C_t(4), \ \ldots, \ 3\widehat{C}_t(3), \ 5\widehat{C}_t(5), \ 7\widehat{C}_t(7), \ 8\widehat{C}_t(8); \\
\widehat{C}_{t+1}(8) &= \qquad\quad 6C_t(6), \ 4C_t(4), \ \ldots, \ 3\widehat{C}_t(3), \ 5\widehat{C}_t(5), \ 7\widehat{C}_t(7);
\end{aligned} \tag{44}$$

注意，同一模式凸显在所有四个序列中. 中间的 "$\ldots$" 是指依赖于 t 的值: 我们简单地省略所有 $n < t$ 的项 $nC_t(n)$ 和 $n\widehat{C}_t(n)$.

除了在很前面和很后面的边缘效应外，(44) 中的所有展开都是以无穷数列

$$\ldots, \ 10, \ 8, \ 6, \ 4, \ 2, \ 0, \ 1, \ 3, \ 5, \ 7, \ 9, \ \ldots, \tag{45}$$

为基础的，这个数列是把非负整数排列成双无穷序列的一种自然方式. 给定任意整数 $t \geq 0$，如果我们省略 (45) 中所有小于 t 的项，则剩余的项保持相邻元素相差 1 或 2 的性质. 理查德·斯坦利建议将这个序列命名为内在顺序序列，因为我们可以通过想象 "偶数递减，奇数递增" 记住它. (注意，如果我们仅保留小于 N 以及对 N 取补的项，内在顺序则变成风琴管顺序; 见习题 6.1–18.)

我们可以直接对 (42) 和 (43) 的递归公式编程，但用 (44) 展开它们更有趣，由此获得一个类似算法 C 的迭代算法. 结果仅需 $O(t)$ 个存储单元，它在 t 比 n 相对小的时候非常有效. 习题 45 包含其中的细节.

*接近完备的多重集的排列. 蔡斯序列引入一种自然的方法，使算法以接近完备的方式生成任何想要的多重集 $\{s_0 \cdot 0, s_1 \cdot 1, \ldots, s_d \cdot d\}$ 的排列，也就是指

(i) 每个转变或者是 $a_{j+1}a_j \leftrightarrow a_j a_{j+1}$，或者是 $a_{j+1}a_j a_{j-1} \leftrightarrow a_{j-1}a_j a_{j+1}$;

(ii) 对第二种转变有 $a_j = \min(a_{j-1}, a_{j+1})$.

算法 C 告诉我们当 $d = 1$ 时如何做到这一点，而我们可以通过下面的递归结构把它扩展到更大的 d 值 [*CACM* **13** (1970), 368–369, 376]: 假定

$$\alpha_0, \ \alpha_1, \ \ldots, \ \alpha_{N-1}$$

是 $\{s_1 \cdot 1, \ldots, s_d \cdot d\}$ 的排列的任何接近完备的列表. 置 $s = s_0$，$t = s_1 + \cdots + s_d$，算法 C 告诉我们如何生成列表

$$\Lambda_j = \alpha_j 0^s, \ \ldots, \ 0^a \alpha_j 0^{s-a}, \tag{46}$$

其中所有的转变都是 $0x \leftrightarrow x0$ 或 $00x \leftrightarrow x00$. 依赖于 s 和 t，最后一项带有 $a = 1$ 或 2 个前导 0. 所以序列

$$\Lambda_0, \ \Lambda_1^R, \ \Lambda_2, \ \ldots, \ (\Lambda_{N-1} \text{ 或 } \Lambda_{N-1}^R) \tag{47}$$

的所有转变是接近完备的. 此外, 这个列表显然包含所有排列.

例如, 用这种方法生成的 $\{0,0,0,1,1,2\}$ 的排列是

211000, 210100, 210001, 210010, 200110, 200101, 200011, 201001, 201010, 201100,
021100, 021001, 021010, 020110, 020101, 020011, 000211, 002011, 002101, 002110,
001120, 001102, 001012, 000112, 010012, 010102, 010120, 011020, 011002, 011200,
101200, 101020, 101002, 100012, 100102, 100120, 110020, 110002, 110200, 112000,
121000, 120100, 120001, 120010, 100210, 100201, 100021, 102001, 102010, 102100,
012100, 012001, 012010, 010210, 010201, 010021, 000121, 001021, 001201, 001210.

*完备模式. 我们为什么满足于选择一个像 C_{st} 这样的接近完备的生成器, 而不是坚持所有的排列拥有尽可能简单的形式 $01 \leftrightarrow 10$?

原因之一是完备模式不是总存在的. 例如, 我们在 7.2.1.2–(2) 中观察到, 用邻接交换无法生成 $\{1,1,2,2\}$ 的全部 6 种排列; 因此, 不存在对于 $(2,2)$ 组合的完备模式. 事实上, 我们获得完备结果的机会仅有大约 $1/4$.

定理 P. 当且仅当 $s \le 1$ 或 $t \le 1$ 或 st 是奇数时, 通过邻接交换 $01 \leftrightarrow 10$ 生成所有 (s,t) 组合 $a_{s+t-1} \ldots a_1 a_0$ 是可能的.

证明. 考虑多重集 $\{s \cdot 0, t \cdot 1\}$ 的全部排列. 我们在习题 5.1.2–16 中获知, 具有 k 个反序的这种排列的数目 m_k 是 z 多项式系数

$$\binom{s+t}{t}_z = \prod_{k=s+1}^{s+t} (1 + z + \cdots + z^{k-1}) \Big/ \prod_{k=1}^{t} (1 + z + \cdots + z^{k-1}) \tag{48}$$

中 z^k 的系数. 每个邻接交换改变反序数目 ± 1, 所以, 一个完备的生成模式是可能的, 当且仅当全部排列中接近半数具有奇数个反序. 更确切地说, $\binom{s+t}{t}_{-1} = m_0 - m_1 + m_2 - \cdots$ 的值必须是 0 或者 ± 1. 但习题 49 证明

$$\binom{s+t}{t}_{-1} = \binom{\lfloor (s+t)/2 \rfloor}{\lfloor t/2 \rfloor} [st \text{ 是偶数}], \tag{49}$$

而这个值大于 1, 除非 $s \le 1$ 或 $t \le 1$ 或 st 是奇数.

反过来, 容易建立具备 $s \le 1$ 或 $t \le 1$ 的完备模式, 而且, 当 st 是奇数时它们同样可能存在. 第一种非平凡情形出现在 $s = t = 3$ 时, 此时存在 4 个本质上不同的解. 这些解中最对称的一个是

$$210 — 310 — 410 — 510 — 520 — 521 — 531 — 532 — 432 — 431 —$$
$$421 — 321 — 320 — 420 — 430 — 530 — 540 — 541 — 542 — 543 \tag{50}$$

(见习题 51). 有几位作者在对应于任意奇数 s 和 t 的相关图中构建了哈密顿路径. 例如, 彼得·伊兹、迈克尔·希基和罗纳德·里德的方法 [*JACM* **31** (1984), 19–29] 在设计递归协同程序时是一个有趣的习题. 但遗憾的是, 已知的结构没有一个简单到足以用少量篇幅描述, 或者以说得过去的效率实现. 所以, 尚未证实完备组合生成器具有实用价值. ∎

总而言之, 我们已经看到 (s,t) 组合的研究导致很多迷人的模式, 它们中有的具有巨大的实用价值, 有的只不过是简洁和 (或) 优美而已. 图 46 说明在 $s = t = 5$ 的情形可用的主要选择, 其中出现 $\binom{10}{5} = 252$ 种组合. 字典序 (算法 L)、旋转门格雷码 (算法 R)、齐次模式 (31) 的 K_{55}、蔡斯的接近完备的模式 (算法 C) 展示在图 46 的 (a), (b), (c), (d) 部分. (e) 部分展示接近完备的模式, 当它仍然用 c 阵列的通用字典序时是尽可能完备的 (见

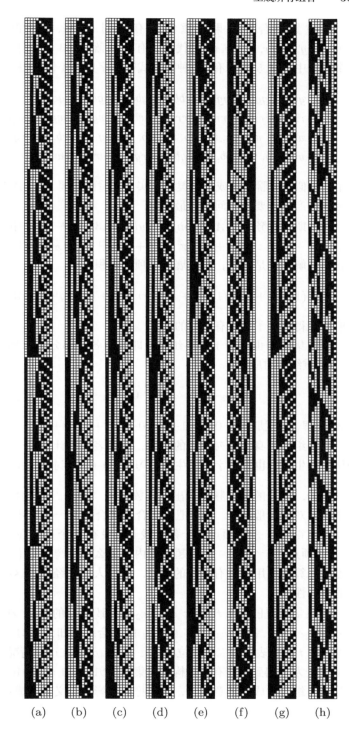

图 46   (5,5) 组合的例子:
(a) 字典序;
(b) 旋转门;
(c) 齐次;
(d) 接近完备;
(e) 更接近完备;
(f) 完备;
(g) 后级旋转;
(h) 右交换

(a)   (b)   (c)   (d)   (e)   (f)   (g)   (h)

习题 34), (f) 部分是伊兹、希基和里德的完备模式. 最后, 图 46(g) 和 46(h) 分别是通过旋转 $a_j a_{j-1} \ldots a_0 \leftarrow a_{j-1} \ldots a_0 a_j$ 和交换 $a_j \leftrightarrow a_0$ 获得的列表, 类似于算法 7.2.1.2C 和 7.2.1.2E (见习题 55 和 56).

*多重集组合. 如果多重集能有排列，那么它们也能有组合. 例如，考虑多重集 $\{b,b,b,b,g,g,g,r,r,r,w,w\}$，代表装有 4 个蓝球、3 个绿球、3 个红球和 2 个白球的袋子. 从这个袋子中选取 5 个球有 37 种的方式，按字典序（但在每个组合中按降序）它们是

$$gbbbb,\ ggbbb,\ gggbb,\ rbbbb,\ rgbbb,\ rggbb,\ rgggb,\ rrbbb,\ rrgbb,\ rrggb,$$
$$rrggg,\ rrrbb,\ rrrgb,\ rrrgg,\ wbbbb,\ wgbbb,\ wggbb,\ wgggb,\ wrbbb,\ wrgbb,$$
$$wrggb,\ wrggg,\ wrrbb,\ wrrgb,\ wrrgg,\ wrrrb,\ wrrrg,\ wwbbb,\ wwgbb,\ wwggb,$$
$$wwggg,\ wwrbb,\ wwrgb,\ wwrgg,\ wwrrb,\ wwrrg,\ wwrrr. \tag{51}$$

这个看来似乎无聊和（或）深奥的事实，在后面定理 W 中还会见到，在那里多重集组合的字典式生成将产生重要组合问题的最优解.

詹姆斯·伯努利在 *Ars Conjectandi* (1713), 119–123 中指出，通过考察多项式乘积 $(1+z+z^2)(1+z+z^2+z^3)^2(1+z+z^2+z^3+z^4)$ 中 z^5 的系数可以枚举这样的组合. 确实，他的说明很容易理解，这是因为，如果展开多项式乘积

$$(1+w+ww)(1+r+rr+rrr)(1+g+gg+ggg)(1+b+bb+bbb+bbbb),$$

我们就能得到袋子中所有可能的选择.

多重集组合也等价于有界组分，即其中各个部分是有界的组分. 例如，在 (51) 中列出的 37 个多重组合对应于

$$5 = r_3 + r_2 + r_1 + r_0, \qquad 0 \le r_3 \le 2, \qquad 0 \le r_2, r_1 \le 3, \qquad 0 \le r_0 \le 4$$

的 37 个解，也就是 $5 = 0+0+1+4 = 0+0+2+3 = 0+0+3+2 = 0+1+0+4 = \cdots = 2+3+0+0.$

有界组分本身又是列联表的特例，列联表在统计学中非常重要. 所有这些组合结构能够用类格雷码生成，也能按字典序生成. 习题 60–63 探讨了这里涉及的一些基本概念.

*影子. 组合的集合频繁地出现在数学中. 例如，2 组合的集合（即数对的集合）本质上是一个图，对于一般的 t，我们把 t 组合的集合称为一致超图. 如果对一个凸多面体的顶点略加扰动，使得没有 3 个顶点在一条直线上，没有 4 个顶点在一个平面内，在一般情况下，没有 $t+1$ 个顶点在一个 $(t-1)$ 维超平面内，那么，所产生的 $(t-1)$ 维的面是"单纯形"，它们的顶点在计算机应用中具有重要的意义. 研究人员已经知道这种组合的集合有着与字典式生成相关的重要性质.

如果 α 是任意的 t 组合 $c_t \ldots c_2 c_1$，那么它的影子 $\partial \alpha$ 是它的所有 $(t-1)$ 元素子集 $c_{t-1} \ldots c_2 c_1, \ldots, c_t \ldots c_3 c_1, c_t \ldots c_3 c_2$ 的集合. 例如，$\partial 5310 = \{310, 510, 530, 531\}$. 另外，我们可以把 t 组合表示成二进制位串 $a_{n-1} \ldots a_1 a_0$，在这种情况下，$\partial \alpha$ 是通过把 α 的一个二进制位 1 改变为 0 得到的所有位串构成的集合：$\partial 101011 = \{001011, 100011, 101001, 101010\}$. 如果 A 是由 t 组合构成的任意集合，我们把它的影子定义为其成员的影子（$(t-1)$ 组合）构成的集合：

$$\partial A = \bigcup \{\partial \alpha \mid \alpha \in A\}. \tag{52}$$

例如，$\partial \partial 5310 = \{10, 30, 31, 50, 51, 53\}$.

这些定义也适用于允许重复的组合，即多重组合：$\partial 5330 = \{330, 530, 533\}$，$\partial \partial 5330 = \{30, 33, 50, 53\}$. 一般说来，当 A 是由 t 元素多重集构成的集合时，∂A 是由 $(t-1)$ 元素多重集构成的集合. 但是请注意，∂A 自身肯定不会有重复的元素.

我们可以在全域 U 上类似定义上影子 $\varrho\alpha$, 不过它是从 t 组合转到 $(t+1)$ 组合:

$$\varrho\alpha = \{\beta \subseteq U \mid \alpha \in \partial\beta\}, \qquad \alpha \in U; \tag{53}$$

$$\varrho A = \bigcup\{\varrho\alpha \mid \alpha \in A\}, \qquad A \subseteq U. \tag{54}$$

例如, 如果 $U = \{0,1,2,3,4,5,6\}$, 我们有 $\varrho5310 = \{53210, 54310, 65310\}$. 另一方面, 如果 $U = \{\infty\cdot 0, \infty\cdot 1, \ldots, \infty\cdot 6\}$, 我们有 $\varrho5310 = \{53100, 53110, 53210, 53310, 54310, 55310, 65310\}$.

下面的基本定理——它在数学和计算机科学的不同分支中有着很多应用——告诉我们, 一个集合的影子可能有多么小.

定理 K. 假定 $U = \{0,1,\ldots,n-1\}$, 如果 A 是由 N 个 t 组合构成的集合, 那么

$$|\partial A| \geq |\partial P_{Nt}| \qquad \text{且} \qquad |\varrho A| \geq |\varrho Q_{Nnt}|, \tag{55}$$

其中 P_{Nt} 表示由算法 L 生成的前 N 个组合, 即满足 (3) 的按字典序最小的 N 个组合 $c_t\ldots c_2 c_1$, 而 Q_{Nnt} 表示按字典序最大的 N 个组合. ∎

定理 M. 假定 $U = \{\infty\cdot 0, \infty\cdot 1, \ldots, \infty\cdot s\}$, 如果 A 是由 N 个 t 重组合构成的集合, 那么

$$|\partial A| \geq |\partial \widehat{P}_{Nt}| \qquad \text{且} \qquad |\varrho A| \geq |\varrho \widehat{Q}_{Nst}|, \tag{56}$$

其中 $\widehat{P}_{Nt}$ 表示满足 (6) 的按字典序最小的 N 个多重组合 $d_t\ldots d_2 d_1$, 而 $\widehat{Q}_{Nst}$ 表示按字典序最大的 N 个多重组合. ∎

这两个定理都是后面我们将要证明的一个更强结果的推论. 定理 K 通常称为克鲁斯卡尔-考托瑙定理, 因为它是小约瑟夫·克鲁斯卡尔 [*Math. Optimization Techniques*, 理查德·贝尔曼编辑 (1963), 251–278] 发现, 久洛·考托瑙 [*Theory of Graphs*, Tihany 1966, 保罗·爱尔特希和久洛·考托瑙编辑 (Academic Press, 1968), 187–207] 再次发现的; 马塞尔-保罗·舒岑贝热曾经在一本不大为人所知的出版物 [*RLE Quarterly Progress Report* **55** (1959), 117–118] 中以不完全的证明提到过它. 定理 M 要追溯到多年以前 [弗朗西斯·麦考利, *Proc. London Math. Soc.* (2) **26** (1927), 531–555].

在证明 (55) 和 (56) 之前, 让我们更仔细地考察这些公式的含义. 从定理 L 我们知道, 由算法 L 访问的所有 t 组合的前面 N 个是那些位于 $n_t\ldots n_2 n_1$ 之前的组合, 其中

$$N = \binom{n_t}{t} + \cdots + \binom{n_2}{2} + \binom{n_1}{1}, \qquad n_t > \cdots > n_2 > n_1 \geq 0$$

是 N 的 t 阶组合表示. 有时, 这种表示的非零项数目少于 t, 因为 n_j 可能等于 $j-1$. 我们消除那些零项, 写成

$$N = \binom{n_t}{t} + \binom{n_{t-1}}{t-1} + \cdots + \binom{n_v}{v}, \qquad n_t > n_{t-1} > \cdots > n_v \geq v \geq 1. \tag{57}$$

现在, 最前面的 $\binom{n_t}{t}$ 个组合 $c_t\ldots c_1$ 是 $\{0,\ldots,n_t-1\}$ 的 t 组合; 其后的 $\binom{n_{t-1}}{t-1}$ 个组合是这样一些组合, 其中 $c_t = n_t$, 而 $c_{t-1}\ldots c_1$ 是 $\{0,\ldots,n_{t-1}-1\}$ 的 $(t-1)$ 组合; 依此类推. 例如, 如果 $t = 5$ 且 $N = \binom{9}{5} + \binom{7}{4} + \binom{4}{3}$, 则前面 N 个组合是

$$P_{N5} = \{43210,\ldots,87654\} \cup \{93210,\ldots,96543\} \cup \{97210,\ldots,97321\}. \tag{58}$$

幸运的是, P_{N5} 这个集合的影子很容易理解, 它是

$$\partial P_{N5} = \{3210,\ldots,8765\} \cup \{9210,\ldots,9654\} \cup \{9710,\ldots,9732\}, \tag{59}$$

也就是, 当 $t = 4$ 时按字典序的前面 $\binom{9}{4} + \binom{7}{3} + \binom{4}{2}$ 个组合.

换句话说，当 N 具有唯一表示 (57) 时，如果我们用公式

$$\kappa_t N = \binom{n_t}{t-1} + \binom{n_{t-1}}{t-2} + \cdots + \binom{n_v}{v-1} \tag{60}$$

定义克鲁斯卡尔函数 κ_t，并定义 $\kappa_t 0 = 0$，则我们有

$$\partial P_{Nt} = P_{(\kappa_t N)(t-1)}. \tag{61}$$

举例来说，定理 K 告诉我们，一个有 $1\,000\,000$ 条边的图最多可以包含

$$\binom{1414}{3} + \binom{1009}{2} = 470\,700\,300$$

个三角形，也就是说，构成 $u - v - w - u$ 的顶点 $\{u, v, w\}$ 的集合最多有 $470\,700\,300$ 个．原因在于，根据习题 17，我们有 $1\,000\,000 = \binom{1414}{2} + \binom{1009}{1}$，而其边数 $P_{(1000000)2}$ 的确支撑 $\binom{1414}{3} + \binom{1009}{2}$ 个三角形；另一方面，如果有更多的三角形，那么，在它们的影子中，这个图必定至少有 $\kappa_3 470\,700\,301 = \binom{1414}{2} + \binom{1009}{1} + \binom{1}{0} = 1\,000\,001$ 条边．

为了处理这类问题，小克鲁斯卡尔定义伴随函数

$$\lambda_t N = \binom{n_t}{t+1} + \binom{n_{t-1}}{t} + \cdots + \binom{n_v}{v+1}. \tag{62}$$

根据习题 72 证明的有趣定律，κ 函数和 λ 函数有如下关联：

$$M + N = \binom{s+t}{t} \quad \text{蕴涵} \quad \kappa_s M + \lambda_t N = \binom{s+t}{t+1}, \quad \text{其中 } st > 0. \tag{63}$$

回到定理 M，$\partial \widehat{P}_{Nt}$ 和 $\varrho \widehat{Q}_{Nst}$ 的大小分别是

$$|\partial \widehat{P}_{Nt}| = \mu_t N \quad \text{和} \quad |\varrho \widehat{Q}_{Nst}| = N + \kappa_s N \tag{64}$$

（见习题 81），其中，当 N 具有组合表示 (57) 时，函数 μ_t 满足

$$\mu_t N = \binom{n_t - 1}{t-1} + \binom{n_{t-1}-1}{t-2} + \cdots + \binom{n_v - 1}{v-1}. \tag{65}$$

当 t 和 N 比较小的时候，表 3 展示了 $\kappa_t N$，$\lambda_t N$，$\mu_t N$ 这几个函数是如何取值的．当 t 和 N 很大的时候，它们可以由高木贞治在 1903 年引入的著名函数 $\tau(x)$ 很好逼近；见图 47 和习题 82-85．

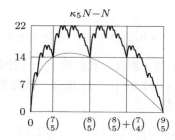
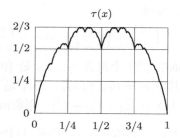

图 47 用高木贞治函数逼近克鲁斯卡尔函数（左图中的平滑曲线是习题 80 的下界 $\underline{\kappa}_5 N - N$）

定理 K 和定理 M 是王大伦和王平 [*SIAM J. Applied Math.* **33** (1977), 55-59] 发现的一个更加普遍的离散几何学定理的推论，下面我们就来考察这个定理．考虑离散的

表 3　克鲁斯卡尔-麦考利函数 κ, λ, μ 的例子

$N=$	0	1	2	3	4	5	6	7	8	9	10	11	12	13	14	15	16	17	18	19	20
$\kappa_1 N =$	0	1	1	1	1	1	1	1	1	1	1	1	1	1	1	1	1	1	1	1	1
$\kappa_2 N =$	0	2	3	3	4	4	4	5	5	5	5	6	6	6	6	6	7	7	7	7	7
$\kappa_3 N =$	0	3	5	6	6	8	9	9	10	10	10	12	13	13	14	14	14	15	15	15	15
$\kappa_4 N =$	0	4	7	9	10	10	13	15	16	16	18	19	19	20	20	20	23	25	26	26	28
$\kappa_5 N =$	0	5	9	12	14	15	15	19	22	24	25	25	28	30	31	31	33	34	34	35	35
$\lambda_1 N =$	0	0	1	3	6	10	15	21	28	36	45	55	66	78	91	105	120	136	153	171	190
$\lambda_2 N =$	0	0	0	1	1	2	4	4	5	7	10	10	11	13	16	20	20	21	23	26	30
$\lambda_3 N =$	0	0	0	0	1	1	1	2	2	3	5	5	5	6	6	7	9	9	10	12	15
$\lambda_4 N =$	0	0	0	0	0	1	1	1	1	2	2	2	3	3	4	6	6	6	6	7	7
$\lambda_5 N =$	0	0	0	0	0	0	1	1	1	1	1	2	2	2	2	3	3	3	4	4	5
$\mu_1 N =$	0	1	1	1	1	1	1	1	1	1	1	1	1	1	1	1	1	1	1	1	1
$\mu_2 N =$	0	1	2	2	3	3	3	4	4	4	4	5	5	5	5	5	6	6	6	6	6
$\mu_3 N =$	0	1	2	3	3	4	5	5	6	6	6	7	8	8	9	9	9	10	10	10	10
$\mu_4 N =$	0	1	2	3	4	4	5	6	7	7	8	9	9	10	10	10	11	12	13	13	14
$\mu_5 N =$	0	1	2	3	4	5	5	6	7	8	9	9	10	11	12	12	13	14	14	15	15

n 维环面 $T(m_1,\ldots,m_n)$，它的元素是整数向量 $x=(x_1,\ldots,x_n)$，其中 $0 \le x_1 < m_1, \ldots,$ $0 \le x_n < m_n$. 我们像在 4.3.2–(2) 和 4.3.2–(3) 中那样定义两个向量 x, y 的和与差：

$$x + y = \big((x_1+y_1) \bmod m_1, \ldots, (x_n+y_n) \bmod m_n\big), \qquad (66)$$

$$x - y = \big((x_1-y_1) \bmod m_1, \ldots, (x_n-y_n) \bmod m_n\big). \qquad (67)$$

我们定义这种向量的交叉序如下：称 $x \preceq y$ 当且仅当

$$\nu x < \nu y \quad \text{或} \quad (\nu x = \nu y \text{ 且按字典序 } x \ge y); \qquad (68)$$

和往常一样，这里 $\nu(x_1,\ldots,x_n) = x_1 + \cdots + x_n$. 例如，当 $m_1 = m_2 = 2$，$m_3 = 3$ 时，按递增交叉序排列的 12 个向量 $x_1 x_2 x_3$ 是

$$000, 100, 010, 001, 110, 101, 011, 002, 111, 102, 012, 112, \qquad (69)$$

为方便起见，(69) 中省略了括号和逗号. 环面 $T(m_1,\ldots,m_n)$ 中向量的补是

$$\overline{x} = (m_1-1-x_1, \ldots, m_n-1-x_n). \qquad (70)$$

注意，$x \preceq y$ 成立当且仅当 $\overline{x} \succeq \overline{y}$. 所以，如果 $\mathrm{rank}(x)$ 表示在交叉序中位于 x 前面的向量的数目，我们有

$$\mathrm{rank}(x) + \mathrm{rank}(\overline{x}) = T - 1, \qquad \text{其中 } T = m_1 \ldots m_n. \qquad (71)$$

把这种向量称为"点"然后按递增的交叉序命名点 $e_0, e_1, \ldots, e_{T-1}$ 是方便的. 这样我们在 (69) 中有 $e_7 = 002$，而在一般情况下有 $\overline{e}_r = e_{T-1-r}$. 注意到

$$e_1 = 100\ldots00, \quad e_2 = 010\ldots00, \quad \ldots, \quad e_n = 000\ldots01 \qquad (72)$$

是单位向量. 包含最小的 N 个点的集合

$$S_N = \{e_0, e_1, \ldots, e_{N-1}\} \qquad (73)$$

称为标准集，我们把 $N = n + 1$ 的特例写成

$$E = \{e_0, e_1, \ldots, e_n\} = \{000\ldots00, 100\ldots00, 010\ldots00, \ldots, 000\ldots01\}. \tag{74}$$

任何点集 X 都具有扩展集 X^+、核心集 X° 和对偶集 $X^\sim$，它们由规则

$$X^+ = \{x \in S_T \mid x \in X \text{ 或 } x - e_1 \in X \text{ 或 } \cdots \text{ 或 } x - e_n \in X\}; \tag{75}$$

$$X^\circ = \{x \in S_T \mid x \in X \text{ 且 } x + e_1 \in X \text{ 且 } \cdots \text{ 且 } x + e_n \in X\}; \tag{76}$$

$$X^\sim = \{x \in S_T \mid \overline{x} \notin X\} \tag{77}$$

定义. 另外，我们可以用代数方式定义 X 的扩展集，写成

$$X^+ = X + E, \tag{78}$$

其中 $X + Y$ 表示 $\{x + y \mid x \in X \text{ 且 } y \in Y\}$. 显然

$$X^+ \subseteq Y \qquad \text{等价于} \qquad X \subseteq Y^\circ. \tag{79}$$

举例来说，我们可以用二维情形 $m_1 = 4$, $m_2 = 6$ 通过近乎随机的环形排列 $X = \{00, 12, 13, 14, 15, 21, 22, 25\}$ 说明这些概念. 对于这种排列，在图形上我们有

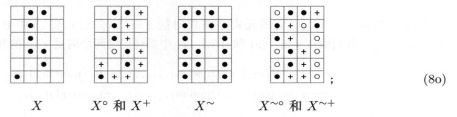

$$\qquad X \qquad\qquad X^\circ \text{ 和 } X^+ \qquad\qquad X^\sim \qquad\qquad X^{\sim\circ} \text{ 和 } X^{\sim+} \tag{80}$$

在前面两幅图中，X 由标记为 • 或 ○ 的点构成，X° 只包含标记为 ○ 的点，而 X^+ 由标记为 + 或 • 或 ○ 的点构成. 注意，如果对 $X^{\sim\circ}$ 和 $X^{\sim+}$ 的图旋转 180°，我们得到 X° 和 X^+ 的图，但 (•, ○, +,) 分别改为 (+, , •, ○). 实际上，恒等式

$$X^\circ = X^{\sim+\sim}, \qquad X^+ = X^{\sim\circ\sim} \tag{81}$$

通常是成立的（见习题 86）.

现在，我们来讨论王大伦和王平的定理.

定理 W.   令 X 是离散环面 $T(m_1, \ldots, m_n)$ 中任意 N 个点的集合，其中 $m_1 \leq \cdots \leq m_n$. 则 $|X^+| \geq |S_N^+|$ 且 $|X^\circ| \leq |S_N^\circ|$.

证明.   换句话说，在所有 N 个点的集合中，标准集 S_N 具有最小的扩展集和最大的核心集. 我们将用下面的一般方法证明上述结论，弗朗西斯·惠普尔在证明定理 M 时首次使用了这个方法 [*Proc. London Math. Soc.* (2) **28** (1928), 431–437]. 第一步是证明标准集的扩展集和核心集是标准集.

引理 S.   存在函数 α 和 β，使得 $S_N^+ = S_{\alpha N}$ 和 $S_N^\circ = S_{\beta N}$.

证明.   我们可以假定 $N > 0$. 令 r 是满足 $e_r \in S_N^+$ 的最大值，令 $\alpha N = r + 1$. 我们必须证明，对于 $0 \leq q < r$ 有 $e_q \in S_N^+$. 假定 $e_q = x = (x_1, \ldots, x_n)$, $e_r = y = (y_1, \ldots, y_n)$, 令 k 是满足 $x_k > 0$ 的最大下标. 由于 $y \in S_N^+$，存在下标 j 使得 $y - e_j \in S_N$. 这足以证明 $x - e_k \preceq y - e_j$，习题 88 完成了这个证明.

引理 S 的第二部分从 (81) 用 $\beta N = T - \alpha(T - N)$ 推出, 因为 $S_{\tilde{N}} = S_{T-N}$. ▮

当 $n = 1$ 时定理 W 显然成立. 根据归纳假设, 我们假定它在 $n - 1$ 维已经被证明. 下一步是在第 k 个坐标位置压缩给定的集合 X, 方法是对于 $0 \le a < m_k$ 把它拆分为不相交的集合

$$X_k(a) = \{ x \in X \mid x_k = a \}, \tag{82}$$

并用具有同等数量元素的集合

$$X_k'(a) = \{ (s_1, \ldots, s_{k-1}, a, s_k, \ldots, s_{n-1}) \mid (s_1, \ldots, s_{n-1}) \in S_{|X_k(a)|} \} \tag{83}$$

代替每个 $X_k(a)$. 在 (83) 中所用的集合 S 是 $(n-1)$ 维环面 $T(m_1, \ldots, m_{k-1}, m_{k+1}, \ldots, m_n)$ 中的标准集. 注意, $(x_1, \ldots, x_{k-1}, a, x_{k+1}, \ldots, x_n) \preceq (y_1, \ldots, y_{k-1}, a, y_{k+1}, \ldots, y_n)$ 等价于 $(x_1, \ldots, x_{k-1}, x_{k+1}, \ldots, x_n) \preceq (y_1, \ldots, y_{k-1}, y_{k+1}, \ldots, y_n)$. 所以, $X_k'(a) = X_k(a)$ 等价于满足 $(x_1, \ldots, x_{k-1}, a, x_{k+1}, \ldots, x_n) \in X$ 的 $(n-1)$ 维点 $(x_1, \ldots, x_{k-1}, x_{k+1}, \ldots, x_n)$ 在投影到 $(n-1)$ 维环面时是尽可能小的. 令

$$C_k X = X_k'(0) \cup X_k'(1) \cup \cdots \cup X_k'(m_k - 1) \tag{84}$$

是 X 在位置 k 的压缩. 习题 90 证明了这样一个基本事实, 压缩不增加扩展集大小的:

$$|X^+| \ge |(C_k X)^+|, \qquad 1 \le k \le n. \tag{85}$$

此外, 如果压缩改变 X, 它用较低等级的其他元素代替某些元素. 所以, 我们仅需对完全压缩的集合 X 证明定理 W. 完全压缩的集合 X 具有以下性质: 对于所有 k 都有 $X = C_k X$.

例如, 考虑 $n = 2$ 的情形. 一个两维的完全压缩的集合带有移动到它们的行的左边和它们的列的底部的所有点, 就像在包含 11 个点的集合

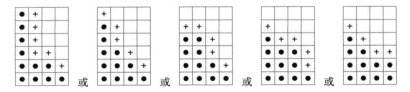

中一样, 这些集合的最右边是标准集, 而且具有最小的扩展集. 习题 91 完成了定理 W 在两维情形的证明.

当 $n > 2$ 时, 假定 $x = (x_1, \ldots, x_n) \in X$ 且 $x_j > 0$. 条件 $C_k X = X$ 蕴涵: 如果 $0 \le i < j$ 且 $i \ne k \ne j$, 则我们有 $x + e_i - e_j \in X$. 对于 k 的 3 个值应用这个事实可以得出: 当 $0 \le i < j$ 时我们有 $x + e_i - e_j \in X$. 因此

$$X_n(a) + E_n(0) \subseteq X_n(a - 1) + e_n, \quad 0 < a < m, \tag{86}$$

其中 $m = m_n$, 而 $E_n(0)$ 是对集合 $\{e_0, \ldots, e_{n-1}\}$ 的巧妙缩写.

令 $X_n(a)$ 有 N_a 个元素, 使得 $N = |X| = N_0 + N_1 + \cdots + N_{m-1}$, 令 $Y = X^+$. 那么

$$Y_n(a) = \big(X_n((a-1) \bmod m) + e_n \big) \cup \big(X_n(a) + E_n(0) \big)$$

在 $n - 1$ 维中是标准集, 而 (86) 告诉我们

$$N_{m-1} \le \beta N_{m-2} \le N_{m-2} \le \cdots \le N_1 \le \beta N_0 \le N_0 \le \alpha N_0,$$

其中 α 和 β 指的是从 1 到 $n-1$ 的坐标. 所以

$$|Y| = |Y_n(0)| + |Y_n(1)| + |Y_n(2)| + \cdots + |Y_n(m-1)|$$
$$= \alpha N_0 + N_0 + N_1 + \cdots + N_{m-2} = \alpha N_0 + N - N_{m-1}.$$

定理 W 的证明现在有了一个优美的推论. 令 $Z = S_N$, 并假定 $|Z_n(a)| = M_a$. 我们需要证明 $|X^+| \geq |Z^+|$, 即

$$\alpha N_0 + N - N_{m-1} \geq \alpha M_0 + N - M_{m-1}, \tag{87}$$

因为前一段的论证既适用于 Z, 也适用于 X. 我们将通过证明 $N_{m-1} \leq M_{m-1}$ 和 $N_0 \geq M_0$ 证明 (87).

利用 $(n-1)$ 维的函数 α 和 β, 我们定义

$$N'_{m-1} = N_{m-1}, \ N'_{m-2} = \alpha N'_{m-1}, \ \ldots, \ N'_1 = \alpha N'_2, \ N'_0 = \alpha N'_1; \tag{88}$$
$$N''_0 = N_0, \ N''_1 = \beta N''_0, \ N''_2 = \beta N''_1, \ \ldots, \ N''_{m-1} = \beta N''_{m-2}. \tag{89}$$

那么, 对于 $0 \leq a < m$ 我们有 $N'_a \leq N_a \leq N''_a$, 由此推出

$$N' = N'_0 + N'_1 + \cdots + N'_{m-1} \leq N \leq N'' = N''_0 + N''_1 + \cdots + N''_{m-1}. \tag{90}$$

习题 92 证明, 对于每个 a, 标准集 $Z' = S_{N'}$ 恰好有第 n 个坐标等于 a 的 N'_a 个元素. 于是, 由 α 和 β 之间的对偶性, 标准集 $Z'' = S_{N''}$ 恰好也有第 n 个坐标等于 a 的 N''_a 个元素. 因此, 最终我们有

$$M_{m-1} = |Z_n(m-1)| \geq |Z'_n(m-1)| = N_{m-1},$$
$$M_0 = |Z_n(0)| \leq |Z''_n(0)| = N_0,$$

因为由 (90) 可知 $Z' \subseteq Z \subseteq Z''$. 由 (81) 我们还有 $|X^\circ| \leq |Z^\circ|$. ∎

现在我们已经准备好, 能够证明定理 K 和定理 M. 实际上, 这两个定理是乔治·克莱门茨和伯恩特·林德斯特伦的适用于任意多重集的极为普遍的定理 [*J. Combinatorial Theory* **7** (1969), 230–238] 的特例.

推论 C. 如果 A 是包含在多重集 $U = \{s_0 \cdot 0, s_1 \cdot 1, \ldots, s_d \cdot d\}$ 内的 N 个 t 重组合的集合, 其中 $s_0 \geq s_1 \geq \cdots \geq s_d$, 那么

$$|\partial A| \geq |\partial P_{Nt}| \quad \text{且} \quad |\varrho A| \geq |\varrho Q_{Nt}|, \tag{91}$$

其中 P_{Nt} 表示 U 的按字典序最小 N 个多重组合 $d_t \ldots d_2 d_1$, 而 Q_{Nt} 表示按字典序最大的 N 个多重组合.

证明. U 的多重组合可以表示成环面 $T(m_1, \ldots, m_n)$ 的点 $x_1 \ldots x_n$, 其中 $n = d+1$, $m_j = s_{n-j} + 1$. 令 x_j 是 $n-j$ 出现的次数. 这个对应保持字典序. 例如, 如果 $U = \{0, 0, 0, 1, 1, 2, 3\}$, 它按字典序的 3 重组合是

$$000, \ 100, \ 110, \ 200, \ 210, \ 211, \ 300, \ 310, \ 311, \ 320, \ 321, \tag{92}$$

而对应的点 $x_1 x_2 x_3 x_4$ 是

$$0003, 0012, 0021, 0102, 0111, 0120, 1002, 1011, 1020, 1101, 1110. \tag{93}$$

令 T_w 是具有权 $x_1 + \cdots + x_n = w$ 的环面的点集. 那么, t 重组合的每个允许的集合 A 是 T_t 的子集. 此外——这是要点——$T_0 \cup T_1 \cup \cdots \cup T_{t-1} \cup A$ 的扩展集是

$$
\begin{aligned}
(T_0 \cup T_1 \cup \cdots \cup T_{t-1} \cup A)^+ &= T_0^+ \cup T_1^+ \cup \cdots \cup T_{t-1}^+ \cup A^+ \\
&= T_0 \cup T_1 \cup \cdots \cup T_t \cup \varrho A. \tag{94}
\end{aligned}
$$

因此, 上影子 ϱA 就是 $(T_0 \cup T_1 \cup \cdots \cup T_{t-1} \cup A)^+ \cap T_{t+1}$, 定理 W 告诉我们, $|A| = N$ 本质上蕴涵 $|\varrho A| \geq |\varrho(S_{M+N} \cap T_t)|$, 其中 $M = |T_0 \cup \cdots \cup T_{t-1}|$. 所以, 根据交叉序的定义, $S_{M+N} \cap T_t$ 包含按字典序最大的 N 个 t 重组合, 也就是 Q_{Nt}.

现在, $|\partial A| \geq |\partial P_{Nt}|$ 的证明由取补得到 (见习题 94). ∎

习题

1. [*M23*] 说明戈洛姆规则 (8) 何以使所有集合 $\{c_1, \ldots, c_t\} \subseteq \{0, \ldots, n-1\}$ 唯一地对应于多重集 $\{e_1, \ldots, e_t\} \subseteq \{\infty \cdot 0, \ldots, \infty \cdot n - t\}$.

2. [*16*] 11×13 网格中的什么路径对应于二进制位串 (13)?

▶ **3.** [*21*] (罗伯特·费尼切尔) 证明: 分拆 s 为 $t+1$ 个非负部分的组分 $q_t + \cdots + q_1 + q_0$ 可以通过一个简单的无循环算法按字典序产生.

4. [*16*] 证明: 分拆 s 为 $t+1$ 个非负部分的每个组分 $q_t \ldots q_0$ 都对应于分拆 t 为 $s+1$ 个非负部分的一个组分 $r_s \ldots r_0$. 在这种对应关系下, 什么组分对应于 10224000001010?

▶ **5.** [*20*] 计算下列不等式方程组的全部整数解的有效方法是什么?

(a) $n > x_t \geq x_{t-1} > x_{t-2} \geq x_{t-3} > \cdots > x_1 \geq 0$, 其 t 是奇数.

(b) $n \gg x_t \gg x_{t-1} \gg \cdots \gg x_2 \gg x_1 \gg 0$, 其中 $a \gg b$ 是指 $a \geq b + 2$.

6. [*M22*] 算法 T 的每个步骤各执行多少次?

7. [*22*] 设计一个算法按递减的字典序遍历 "对偶" 组合 $b_s \ldots b_2 b_1$ (见 (5) 和表 1). 像算法 T 那样, 你的算法应当避免过多的赋值和不必要的搜索.

8. [*M23*] 设计一个算法, 以二进制位串形式生成按字典序的所有 (s, t) 组合 $a_{n-1} \ldots a_1 a_0$. 假定 $st > 0$, 总运行时间应为 $O(\binom{n}{t})$.

9. [*M26*] 当全部 (s, t) 组合 $a_{n-1} \ldots a_1 a_0$ 按字典序列出时, 令 $2A_{st}$ 是邻接串之间的二进制位改变的总数. 例如, $A_{33} = 25$, 因为在表 1 的 20 个串之间分别有

$$2+2+2+4+2+2+4+2+2+6+2+2+4+2+2+4+2+2+2 = 50$$

个二进制位改变.

(a) 证明: 当 $st > 0$ 时 $A_{st} = \min(s, t) + A_{(s-1)t} + A_{s(t-1)}$; 当 $st = 0$ 时 $A_{st} = 0$.

(b) 证明: $A_{st} < 2\binom{s+t}{t}$.

▶ **10.** [*21*] 传统的 "世界篮球联赛" 是美国联盟冠军队 (A) 与国家联盟冠军队 (N) 之间的比赛, 直到它们中的一方打败另一方 4 次为止. 列出全部可能的比赛场次 AAAA, AAANA, AAANNA, ..., NNNN 的有效方法是什么? 对那些比赛场次赋予连续整数的简单方法是什么?

11. [*19*] 习题 10 中哪些比赛场次在 20 世纪 00 年代是最常出现的? 它们中的哪些比赛场次从未出现过? [提示: 世界篮球联赛的成绩很容易从互联网上查到.]

12. [*HM32*] 在模 2 加法下封闭的 n 位二进制向量的集合 V 称为二进制向量空间.

(a) 证明: 对于某个整数 t, 每个这样的 V 包含 2^t 个元素, 而且可以表示成集合 $\{x_1 \alpha_1 \oplus \cdots \oplus x_t \alpha_t \mid 0 \leq x_1, \ldots, x_t \leq 1\}$, 其中向量 $\alpha_1, \ldots, \alpha_t$ 构成一个具有以下性质的 "典范基": 存在 $\{0, 1, \ldots, n-1\}$ 的 t 组合 $c_t \ldots c_2 c_1$, 使得如果 α_k 是二进制向量 $a_{k(n-1)} \ldots a_{k1} a_{k0}$, 则我们有

$$a_{kc_j} = [j = k], \quad 1 \leq j, k \leq t; \qquad a_{kl} = 0, \quad 0 \leq l < c_k, 1 \leq k \leq t.$$

例如, $n = 9$, $t = 4$, $c_4 c_3 c_2 c_1 = 7641$ 的典范基具有一般形式

$$\alpha_1 = *00*0**10,$$
$$\alpha_2 = *00*10000,$$
$$\alpha_3 = *01000000,$$
$$\alpha_4 = *10000000;$$

用 0 和（或）1 代替 8 个星号, 共有 2^8 种方法, 每种方法都定义了一个典范基. 我们称 t 为 V 的维.

(b) n 位二进制向量的 t 维空间有多少?

(c) 设计一个算法, 生成全部 t 维典范基 $(\alpha_1, \ldots, \alpha_t)$. 提示: 令关联组合 $c_t \ldots c_1$ 是像算法 L 中那样按字典序递增的.

(d) 在 $n = 9$, $t = 4$ 时, 你的算法访问的第 1 000 000 个典范基是什么?

13. [25] 长度为 n、重量为 t、能量为 r 的一维伊辛构形是这样一个二进制串 $a_{n-1} \ldots a_0$, 它满足 $\sum_{j=0}^{n-1} a_j = t$, $\sum_{j=1}^{n-1} b_j = r$, 其中 $b_j = a_j \oplus a_{j-1}$. 例如, $a_{12} \ldots a_0 = 1100100100011$ 的重量和能量均为 6, 因为 $b_{12} \ldots b_1 = 010110110010$.

给定 n, t, r, 设计一个算法用以生成全部这样的构形.

14. [26] 当 (s, t) 组合的二进制串 $a_{n-1} \ldots a_1 a_0$ 是按字典序生成时, 为了从一个组合到下一个组合, 我们有时需要改变 $2 \min(s, t)$ 个二进制位. 例如, 在表 1 中 011100 后面接着 100011. 所以, 看来我们不能希望用无循环算法生成全部组合, 除非按某种其他顺序访问它们.

证明: 实际上存在一种方法, 可以在 $O(1)$ 步计算给定组合的字典序后继项, 如果每个组合用双向链表间接表示如下: 存在数组 $l[0], \ldots, l[n]$ 和 $r[0], \ldots, r[n]$, 使得对于 $0 \le j \le n$ 有 $l[r[j]] = j$. 如果 $x_0 = l[0]$ 且对于 $0 < j < n$ 有 $x_j = l[x_{j-1}]$, 那么, 对于 $0 \le j < n$ 有 $a_j = [x_j > s]$.

15. [M22] 利用对偶组合 $b_s \ldots b_2 b_1$ 按逆字典序出现这一事实, 证明和 $\binom{b_s}{s} + \cdots + \binom{b_2}{2} + \binom{b_1}{1}$ 与和 $\binom{c_t}{t} + \cdots + \binom{c_2}{2} + \binom{c_1}{1}$ 之间存在简单关系.

16. [M21] 当 t 取以下值时, 由算法 L 生成的第 1 000 000 个组合分别是什么: (a) 2; (b) 3; (c) 4; (d) 5; (e) 1 000 000?

17. [HM25] 给定 N 和 t, 计算组合表示 (20) 的有效方法是什么?

▶ **18.** [20] 像在习题 2.3.2–5 那样, 用 "右子结点" 和 "左兄弟结点" 的指针表示二项式树, 我们能得到什么样的二叉树?

19. [21] 替代像 (22) 那样标记二项式树 T_4 的分支, 我们可以用各个结点对应的组合的二进制位串来标记这些结点:

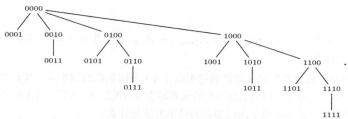

如果我们已经用这种方法标记 T_∞, 消除前导 0, 前序与普通二进制表示法的增序相同. 所以, 第 1 000 000 个结点是 11110100001000111111. 但是, 在后序中 T_∞ 的第 1 000 000 个结点是什么?

20. [M20] 设计生成函数 g 和 h, 使得算法 F 恰好计算 $[z^N] g(z)$ 个可行的组合, 以及恰好置 $t \leftarrow t + 1$ 达 $[z^N] h(z)$ 次.

21. [M22] （琼·米勒, 1971）证明交错组合律 (30).

22. [M23] 当 t 取以下值时, 由算法 R 访问的第 1 000 000 个旋转门组合分别是什么: (a) 2; (b) 3; (c) 4; (d) 5; (e) 1 000 000?

23. [*M24*] 假定我们通过以下方法扩展算法 R：在步骤 R1 置 $j \leftarrow t+1$，并且，如果步骤 R3 直接转移到步骤 R2，置 $j \leftarrow 1$. 计算 j 的概率分布和均值. 这个做法对算法的运行时间意味着什么？

▶ **24.** [*M25*]（威廉·佩恩，1974）续前题，令 j_k 是算法 R 第 k 次访问 j 的值. 证明：$|j_{k+1} - j_k| \leq 2$，并说明如何利用这个性质使算法是无循环的.

25. [*M35*] 令 $c_t \ldots c_2 c_1$ 和 $c'_t \ldots c'_2 c'_1$ 是由算法 R 的旋转门方法生成的第 N 个和第 N' 个组合. 如果集合 $C = \{c_t, \ldots, c_2, c_1\}$ 有 $m > 0$ 个元素不在集合 $C' = \{c'_t, \ldots, c'_2, c'_1\}$ 内，证明 $|N - N'| > \sum_{k=1}^{m-1} \binom{2k}{k-1}$.

26. [*26*] 如果我们仅抽取满足 (a) $a_{n-1} + \cdots + a_1 + a_0 = t$ 或 (b) $\{a_{n-1}, \ldots, a_1, a_0\} = \{r \cdot 0, s \cdot 1, t \cdot 2\}$ 的 n 元组 $a_{n-1} \ldots a_1 a_0$，三元反射格雷码的元素与旋转门格雷码 Γ_{st} 的元素具有同样的性质吗？

▶ **27.** [*25*] 证明：存在一种简单的方法，仅利用类格雷码变换 $0 \leftrightarrow 1$ 和 $01 \leftrightarrow 10$ 生成 $\{0, 1, \ldots, n-1\}$ 的最多 t 个元素的全部组合.（换句话说，每一步应当或者插入一个新元素并删除一个旧元素，或者移动一个元素 ± 1 位.）例如，当 $n = 4$, $t = 2$ 时，

$$0000, 0001, 0011, 0010, 0110, 0101, 0100, 1100, 1010, 1001, 1000$$

是这样一个序列. 提示：思考中国环.

28. [*M21*] 判别真假：(s, t) 组合的二进制位串形式列表 $a_{n-1} \ldots a_1 a_0$ 是通用字典序的，当且仅当对应的下标表形式 $b_s \ldots b_2 b_1$（对于二进制位 0）和 $c_t \ldots c_2 c_1$（对于二进制位 1）都是用通用字典序的.

▶ **29.** [*M28*]（菲利普·蔡斯）给定由符号 +, -, 0 构成的串：一个 R 块是 $-^{k+1}$ 形式的子串，它的前面是 0 而后面不跟 -；一个 L 块是 $+-^k$ 形式的子串，它的后面跟 0；在以上两种情况都规定 $k \geq 0$. 例如，串 ⊞00++-++⊟-000⊟ 中有两个 L 块和一个 R 块，用灰框标出. 注意，块不可能重叠.

给定一个串，如果其中至少有一个块，我们构造这个串的后继如下：如果最右边的块是 R 块，用 $-+^k0$ 代替最右边的 $0-^{k+1}$；否则，用 $0+^{k+1}$ 代替最右边的 $+-^k0$. 此外，把出现在被改变的块的右边的第一个正号或负号（如果存在的话）更换成相反的符号. 例如，

$$-⊞00++- \rightarrow -0⊞0⊟+- \rightarrow -0⊟-0⊟-- \rightarrow -0+--⊞0 \rightarrow -0⊞--0+ \rightarrow -00+++-,$$

其中，记号 $\alpha \rightarrow \beta$ 是指 β 是 α 的后继.

(a) 什么串不包含块（从而没有后继）？

(b) 可能存在 $\alpha_0 \rightarrow \alpha_1 \rightarrow \cdots \rightarrow \alpha_{k-1} \rightarrow \alpha_0$ 这种循环吗？

(c) 证明：如果 $\alpha \rightarrow \beta$，那么 $-\beta \rightarrow -\alpha$，其中 "$-$" 是指 "把所有的正号或负号更换为相反的符号".（因此每个串最多有一个前导.）

(d) 证明：如果 $\alpha_0 \rightarrow \alpha_1 \rightarrow \cdots \rightarrow \alpha_k$ 且 $k > 0$，那么，串 α_0 和 α_k 的 0 都不在相同位置.（所以，如果 α_0 有 s 个正负号和 t 个 0，那么，k 必定小于 $\binom{s+t}{t}$.）

(e) 证明：每个带有 s 个正负号和 t 个 0 的串 α 属于链 $\alpha_0 \rightarrow \alpha_1 \rightarrow \cdots \rightarrow \alpha_{\binom{s+t}{t}-1}$.

30. [*M32*] 经由映射 $+ \mapsto 0$, $- \mapsto 0$, $0 \mapsto 1$，上题定义了生成 s 个 0 和 t 个 1 的所有组合的 2^s 种方法. 证明：这些方法中的每一个都是通用字典序的齐次序列，可以由适当的递推公式定义. 蔡斯序列 (37) 是这种一般结构的特例吗？

31. [*M23*] (a) 按二进制位串形式 $a_{n-1} \ldots a_1 a_0$ 和 (b) 按下标表形式 $c_t \ldots c_2 c_1$，(s, t) 组合分别有多少可能的通用字典序列表？

▶ **32.** [*M32*] (a) 满足旋转门性质的和 (b) 齐次的 (s, t) 组合串 $a_{n-1} \ldots a_1 a_0$ 分别有多少通用字典序列表？

33. [*HM33*] 在习题 31(b) 中，有多少通用字典序列表是接近完备的？

34. [*M32*] 续上题，当 s 和 t 不是太大时，说明如何找出这样的模式，在 "非完备的" 变换 $c_j \leftarrow c_j \pm 2$ 的数目为最小的意义下，它们是尽可能接近完备的.

35. [*M26*] 蔡斯序列 C_{st} 中有多少步使用非完备变换？

▶ **36.** [*M21*] 给定对于二进制位串形式组合的任意通用字典序模式，证明：在生成所有 (s, t) 组合 $a_{n-1} \ldots a_1 a_0$ 时，方法 (39) 总共恰好执行 $\binom{s+t}{t} - 1$ 次 $j \leftarrow j+1$ 操作.

▶ **37.** [27] 当用以下顺序的通用字典序方法 (39) 生成 (s,t) 组合 $a_{n-1}\ldots a_1 a_0$ 时，应当使用什么算法：(a) 字典序；(b) 算法 R 的旋转门序；(c) (31) 的齐次序？

38. [26] 对于逆序列 C_{st}^R，设计一个类似算法 C 的通用字典序算法.

39. [M21] 当 $s=12$，$t=14$ 时，蔡斯序列 C_{st} 中居于二进制位串 110010010000011111101101010 之前的组合有多少？（见 (41).）

40. [M22] 当 $s=12$，$t=14$ 时，蔡斯序列 C_{st} 中第 1 000 000 个组合是什么？

41. [M27] 证明：存在非负整数的一个排列 $c(0), c(1), c(2), \ldots$ 使得蔡斯序列 C_{st} 的元素是通过以下方法获得的：对于 $0 \le k < 2^{s+t}$，对具有权值 $\nu(c(k)) = s$ 的元素 $c(k)$ 的最低 $s+t$ 个二进制位求补. （因此，序列 $\bar{c}(0), \ldots, \bar{c}(2^n-1)$ 包含 C_{st} 的所有那些满足 $s+t=n$ 的元素作为子序列，正如格雷二进制码 $g(0), \ldots, g(2^n-1)$ 包含全部旋转门序列 Γ_{st} 一样.）试说明如何从二进制表示 $k = (\ldots b_2 b_1 b_0)_2$ 计算二进制表示 $c(k) = (\ldots a_2 a_1 a_0)_2$.

42. [HM34] 利用 $\sum_{s,t} g_{st} w^s z^t$ 形式的生成函数分析算法 C 的每一步.

43. [20] 证明或证伪：如果 $s(x)$ 和 $p(x)$ 分别表示 x 按内在顺序的后继和前导，则 $s(x+1) = p(x) + 1$.

▶ **44.** [M21] 令 $C_t(n) - 1$ 表示这样的序列：从 $C_t(n)$ 删去满足 $c_1 = 0$ 的所有组合，然后在剩余的组合中用 $(c_t - 1)\ldots(c_1 - 1)$ 代替 $c_t \ldots c_1$. 证明：$C_t(n) - 1$ 是接近完备的.

45. [32] 利用 (44) 中描绘的内在顺序和展开式，用非递归过程生成蔡斯序列 $C_t(n)$ 的组合 $c_t \ldots c_2 c_1$.

▶ **46.** [33] 对于蔡斯序列 C_{st} 的对偶组合 $b_s \ldots b_2 b_1$，即对于 $a_{n-1} \ldots a_1 a_0$ 的零位位置，构造一个非递归的算法.

47. [26] 实现 (46) 和 (47) 的接近完备的多重集的排列方法.

48. [M21] 假定 $\alpha_0, \alpha_1, \ldots, \alpha_{N-1}$ 是多重集 $\{s_1 \cdot 1, \ldots, s_d \cdot d\}$ 的排列的任意列表，其中 α_k 与 α_{k+1} 的差异在于两个元素的交换. 令 $\beta_0, \ldots, \beta_{M-1}$ 是 (s,t) 组合的任意旋转门列表，其中 $s = s_0$，$t = s_1 + \cdots + s_d$，$M = \binom{s+t}{t}$. 令 Λ_j 是从 $\alpha_j \uparrow \beta_0$ 开始并且应用旋转门交换得到的 M 个元素的列表，其中 $\alpha \uparrow \beta$ 表示保持从左到右的顺序以 α 的元素代替 β 中的二进制位 1 得到的串. 例如，如果 $\beta_0, \ldots, \beta_{M-1}$ 是 0110, 0101, 1100, 1001, 0011, 1010，$\alpha_j = 12$，那么，Λ_j 是 0120, 0102, 1200, 1002, 0012, 1020. （旋转门列表不需要是齐次的.）

证明：列表 (47) 包含 $\{s_0 \cdot 0, s_1 \cdot 1, \ldots, s_d \cdot d\}$ 的所有排列，而且，邻接置换间的差异在于两个元素的交换.

49. [HM23] 如果 q 是像 $e^{2\pi i/m}$ 这样的第 m 个单位原根，证明

$$\binom{n}{k}_q = \binom{\lfloor n/m \rfloor}{\lfloor k/m \rfloor}\binom{n \bmod m}{k \bmod m}_q.$$

▶ **50.** [HM25] 把上题的公式扩展到 q 项式系数

$$\binom{n_1 + \cdots + n_t}{n_1, \ldots, n_t}_q.$$

51. [25] 在顶点是由邻接对换联系的 $\{0,0,0,1,1,1\}$ 的排列的图中，求所有的哈密顿路径. 在这些路径中，哪些路径在 "0-1 交换" 和（或）"左右反射" 的操作下是等价的？

52. [M37] 推广定理 P，求多重集 $\{s_0 \cdot 0, \ldots, s_d \cdot d\}$ 的所有排列能够由邻接对换 $a_j a_{j-1} \leftrightarrow a_{j-1} a_j$ 生成的充分必要条件.

53. [M46] （德里克·莱默，1965）假定 $\{s_0 \cdot 0, \ldots, s_d \cdot d\}$ 的 N 个排列不能由一个完备模式生成，因为它们中的 $(N+x)/2$ 个具有偶数个反序，其中 $x \ge 2$. 是否可能用 $N+x-2$ 个邻接交换 $a_{\delta_k} \leftrightarrow a_{\delta_k - 1}$（其中 $1 \le k < N+x-1$）序列生成它们的全部，其中具有 $\delta_k = \delta_{k-1}$ 的 $x-1$ 种 "支线" 情形使得我们回到刚见过的排列？例如，如果我们从 $a_5 a_4 a_3 a_2 a_1 a_0 = 221100$ 开始，对于 $\{0,0,1,1,2,2\}$ 的 90 个排列，其中 $x = \binom{2+2+2}{2,2,2}_{-1} = 6$，一个合适的序列 $\delta_1 \ldots \delta_{94}$ 是 234535432523451α42α^R51α42α^R51α4，其中 $\alpha = 45352542345355$.

54. [*M40*] 除了邻接交换 $a_j \leftrightarrow a_{j-1}$，如果还允许末尾回绕交换 $a_{n-1} \leftrightarrow a_0$，对于 s 和 t 的什么值能够生成全部 (s, t) 组合？

▶ **55.** [*33*]（弗兰克·拉斯基，2004）(a) 证明：可以通过做相继的旋转 $a_j a_{j-1} \ldots a_0 \leftarrow a_{j-1} \ldots a_0 a_j$ 高效生成所有 (s, t) 组合 $a_{s+t-1} \ldots a_1 a_0$. (b) 当 $s + t < 64$ 时，什么 MMIX 程序将使 $(a_{s+t-1} \ldots a_1 a_0)_2$ 取得它的后继？

56. [*M41*]（马歇尔·巴克和道格拉斯·威德曼，1984）可能通过重复交换 a_0 与其他元素生成所有 (t, t) 组合 $a_{2t-1} \ldots a_1 a_0$ 吗？

▶ **57.** [*22*]（弗兰克·拉斯基）如果一次仅改变一个手指，钢琴演奏家能够弹遍最多跨越一个八度音阶的所有可能的 4 音调和弦？这个问题是说，生成所有组合 $c_t \ldots c_1$ 使得 $n > c_t > \cdots > c_1 \geq 0$，$c_t - c_1 < m$，其中 $t = 4$，而且 (a) 如果仅考虑钢琴键盘的白色琴键，$m = 8$，$n = 52$；(b) 如果还要考虑黑色琴键，$m = 13$，$n = 88$.

58. [*20*] 考虑习题 57 中钢琴演奏家的问题，加上和弦不包含邻接琴键的附加条件.（换句话说，对于 $t > j \geq 1$ 有 $c_{j+1} > c_j + 1$. 这样的和弦会更悦耳吗？）

59. [*M25*] 在 4 音调钢琴演奏家问题中，如果每次移动一个手指到一个邻接琴键，存在完备解吗？

60. [*23*] 设计一个算法生成所有有界组分

$$t = r_s + \cdots + r_1 + r_0, \qquad 对于 s \geq j \geq 0 有 0 \leq r_j \leq m_j.$$

61. [*32*] 证明：可以通过每次仅改变两个部分生成所有有界组分.

▶ **62.** [*M27*] 列联表是由非负整数 (a_{ij}) 构成的 $m \times n$ 矩阵，它具有给定的行和 $r_i = \sum_{j=1}^{n} a_{ij}$ 与列和 $c_j = \sum_{i=1}^{m} a_{ij}$，其中 $r_1 + \cdots + r_m = c_1 + \cdots + c_n$.

    (a) 证明：$2 \times n$ 列联表等价于有界组分.

    (b) 给定 $(r_1, \ldots, r_m; c_1, \ldots, c_n)$，如果从左到右从上到下按行读取矩阵元素，也就是按 $(a_{11}, a_{12}, \ldots, a_{1n}, a_{21}, a_{22}, \ldots, a_{2n}, \ldots, a_{m1}, a_{m2}, \ldots, a_{mn})$ 的顺序读取矩阵元素，按字典序最大的列联表是什么？

    (c) 给定 $(r_1, \ldots, r_m; c_1, \ldots, c_n)$，如果从上到下从左到右按列读取矩阵元素，也就是按 $(a_{11}, a_{21}, \ldots, a_{m1}, a_{12}, a_{22}, \ldots, a_{m2}, \ldots, a_{1n}, a_{2n}, \ldots, a_{mn})$ 的顺序读取矩阵元素，按字典序最大的列联表是什么？

    (d) 给定 $(r_1, \ldots, r_m; c_1, \ldots, c_n)$，在按行读取和按列读取的情形，按字典序最小的列联表分别是什么？

    (e) 给定 $(r_1, \ldots, r_m; c_1, \ldots, c_n)$，试说明如何生成按字典序的所有列联表.

63. [*M41*] 证明：给定 $(r_1, \ldots, r_m; c_1, \ldots, c_n)$，我们能够通过每次恰好改变矩阵的 4 个元素生成所有列联表.

▶ **64.** [*M30*] 对于具有 s 个数字和 t 个星号的所有 $2^s \binom{s+t}{t}$ 个子立方构造一个通用字典序的格雷圈，仅利用变换 $*0 \leftrightarrow 0*$，$*1 \leftrightarrow 1*$，$0 \leftrightarrow 1$. 例如，当 $s = t = 2$ 时，一个这样的圈是

$$(00**, 01**, 0*1*, 0**1, 0**0, 0*0*, *00*, *01*, *0*1, *0*0, **00, **01,$$
$$**11, **10, *1*0, *1*1, *11*, *10*, 1**0, 1**1, 1*1*, 11**, 10**).$$

65. [*M40*] 在仅使用习题 64 中允许的变换的子立方上，列举通用字典序格雷路径的总数. 在这些路径中有多少是圈？

▶ **66.** [*22*] 给定 $n \geq t \geq 0$，证明：存在一条通过习题 12 的所有典范基 $(\alpha_1, \ldots, \alpha_t)$ 的格雷路径，在每一步恰好改变一个二进制位. 例如，当 $n = 3$，$t = 2$ 时，一条这样的路径是

$$\begin{array}{ccccccc} 001 & 101 & 101 & 001 & 001 & 011 & 010 \\ 010 & 010 & 110 & 110 & 100 & 100 & 100 \end{array}.$$

67. [*46*] 考虑习题 13 的伊辛构形，对于它们而言 $a_0 = 0$. 给定 n, t, r，对于具有 $0^k 1 \leftrightarrow 10^k$ 或 $01^k \leftrightarrow 1^k 0$ 形式的所有变换，这些构形存在格雷圈吗？例如，在 $n = 9$，$t = 5$，$r = 6$ 的情形，存在唯一一个圈

$$(010101110, 010110110, 011010110, 011011010, 011101010, 010111010).$$

68. [*M01*] 如果 α 是 t 组合，(a) $\partial^t \alpha$ 和 (b) $\partial^{t+1} \alpha$ 分别是什么？

▶ **69.** [*M22*] 对于满足 $|\partial A| < |A|$ 的那些 t 组合, 最小集 A 有多大?

70. [*M25*] 对于 $N \geq 0$, $\kappa_t N - N$ 的最大值是什么?

71. [*M20*] 一个 $1\,000\,000$ 条边的图可能有多少个 t 团?

▶ **72.** [*M22*] 证明: 如果 N 具有度数 t 的组合表示 (57), 那么, 每当 $N < \binom{s+t}{t}$ 时, 存在一种求补数 $M = \binom{s+t}{t} - N$ 的度数 s 的组合表示的简单方法. 作为一个推论, 推导 (63).

73. [*M23*] (安东尼·希尔顿, 1976) 令 A 是 s 组合的一个集合, B 是 t 组合的一个集合, 它们都包含于集合 $U = \{0, \ldots, n-1\}$, 其中 $n \geq s + t$. 证明: 如果在对于所有 $\alpha \in A$ 和 $\beta \in B$ 有 $\alpha \cap \beta \neq \emptyset$ 的意义下, 集合 A 和 B 是交叉相交的, 那么, 定理 K 中定义的集合 Q_{Mns} 和 Q_{Nnt} 也是交叉相交的, 其中 $M = |A|$, $N = |B|$.

74. [*M21*] 定理 K 中的 $|\varrho P_{Nt}|$ 和 $|\varrho Q_{Nnt}|$ 是什么?

75. [*M20*] (60) 的右端并非始终是 $\kappa_t N$ 的度数 $(t-1)$ 的组合表示, 因为 $v - 1$ 可能是 0. 然而, 请证明: 如果我们允许 (57) 中的 $v = 0$, 那么, 正整数 N 最多有两种表示, 而且它们都按 (60) 产生同样的 $\kappa_t N$ 值. 因此

$$\kappa_k \kappa_{k+1} \ldots \kappa_t N = \binom{n_t}{k-1} + \binom{n_{t-1}}{k-2} + \cdots + \binom{n_v}{k-1+v-t}, \qquad 1 \leq k \leq t.$$

76. [*M20*] 对于 $\kappa_t(N+1) - \kappa_t N$, 求一个简单公式.

▶ **77.** [*M26*] 在不用定理 K 的情况下, 通过处理二项式系数证明 κ 函数的下述性质:

(a) $\kappa_t(M + N) \leq \kappa_t M + \kappa_t N$.

(b) $\kappa_t(M + N) \leq \max(\kappa_t M, N) + \kappa_{t-1} N$.

提示: $\binom{m_t}{t} + \cdots + \binom{m_1}{1} + \binom{n_t}{t} + \cdots + \binom{n_1}{1}$ 等价于 $\binom{m_t \vee n_t}{t} + \cdots + \binom{m_1 \vee n_1}{1} + \binom{m_t \wedge n_t}{t} + \cdots + \binom{m_1 \wedge n_1}{1}$, 其中 $\vee$ 和 $\wedge$ 分别表示最大和最小.

78. [*M22*] 证明: 从上题的不等式 (b) 很容易导出定理 K. 反之, 上题的两个不等式是定理 K 的简单推论. 提示: 任何 t 组合的集合 A 可以写成 $A = A_1 + A_0 0$, 其中 $A_1 = \{\alpha \in A \mid 0 \notin \alpha\}$.

79. [*M23*] 证明: 如果 $t \geq 2$, 我们有 $M \geq \mu_t N$ 当且仅当 $M + \lambda_{t-1} M \geq N$.

80. [*HM26*] (拉斯洛·洛瓦斯, 1979) 当 x 从 $t-1$ 增加到 ∞ 时, 函数 $\binom{x}{t}$ 从 0 单调增加到 ∞. 因此, 我们可以定义

$$\underline{\kappa}_t N = \binom{x}{t-1}, \qquad \text{如果 } N = \binom{x}{t} \text{ 且 } x \geq t-1.$$

证明: $\kappa_t N \geq \underline{\kappa}_t N$ 对所有整数 $t \geq 1$ 和 $N \geq 0$ 成立. 提示: 当 x 是整数时等号成立.

▶ **81.** [*M27*] 证明: (64) 给出了定理 M 中最小影子的大小.

82. [*HM31*] 图 47 的高木贞治函数是由公式

$$\tau(x) = \sum_{k=1}^{\infty} \int_0^x r_k(t)\, dt$$

定义的, 其中 $0 \leq x \leq 1$, 而 $r_k(t) = (-1)^{\lfloor 2^k t \rfloor}$ 是拉德马赫函数 7.2.1.1–(16).

(a) 证明: $\tau(x)$ 在区间 $[0 .. 1]$ 上是连续的, 但在任何点都不存在导数.

(b) 证明: $\tau(x)$ 是满足

$$\tau(\tfrac{1}{2}x) = \tau(1 - \tfrac{1}{2}x) = \tfrac{1}{2}x + \tfrac{1}{2}\tau(x), \qquad 0 \leq x \leq 1$$

的仅有的连续函数.

(c) 当 ϵ 很小时, $\tau(\epsilon)$ 的渐近值是什么?

(d) 证明: 如果 x 是有理数, 则 $\tau(x)$ 也是有理数.

(e) 求方程 $\tau(x) = 1/2$ 的所有根.

(f) 求方程 $\tau(x) = \max_{0 \leq x \leq 1} \tau(x)$ 的所有根.

83. [*HM46*] 确定使得方程 $\tau(x) = r$ 的解集是不可数集的全部有理数 r 的集合 R. 如果 $\tau(x)$ 是有理数而 x 是无理数，$\tau(x) \in R$ 是真的吗? (警告：这个问题可能使人入迷.)

84. [*HM27*] 如果 $T = \binom{2t-1}{t}$, 证明渐近公式

$$\kappa_t N - N = \frac{T}{t}\left(\tau\left(\frac{N}{T}\right) + O\left(\frac{(\log t)^3}{t}\right)\right), \qquad 0 \le N \le T.$$

85. [*HM21*] 说明函数 $\lambda_t N$ 和 $\mu_t N$ 与高木贞治函数 $\tau(x)$ 的关系.

86. [*M20*] 证明扩展集/核心集对偶性定律：$X^{\sim +} = X^{\circ \sim}$.

87. [*M21*] 判别真假：(a) $X \subseteq Y^\circ$ 当且仅当 $Y^\sim \subseteq X^{\sim \circ}$; (b) $X^{\circ + \circ} = X^\circ$; (c) $\alpha M \le N$ 当且仅当 $M \le \beta N$.

88. [*M20*] 完成引理 S 的证明, 说明交叉序为什么是有用的.

89. [*16*] 计算关于 $2 \times 2 \times 3$ 环面 (6_9) 的 α 和 β 函数.

90. [*M22*] 证明基本压缩引理 (8_5).

91. [*M24*] 假定 $l \le m$, 对二维环面 $T(l, m)$ 证明定理 W.

92. [*M28*] 令 $x = x_1 \ldots x_{n-1}$ 是环面 $T(m_1, \ldots, m_{n-1})$ 的第 N 个元素, 再令 S 是 $T(m_1, \ldots, m_{n-1}, m)$ 按交叉序 $\preceq x_1 \ldots x_{n-1}(m-1)$ 的所有元素的集合. 对于 $0 \le a < m$, 如果 S 的 N_a 个元素具有最后分量 a, 证明：对于 $1 \le a < m$, 我们有 $N_{m-1} = N$, $N_{a-1} = \alpha N_a$, 其中, 对于 $T(m_1, \ldots, m_{n-1})$ 中的标准集, α 是扩展函数.

93. [*M25*] (a) 求一个 N, 对它而言, 当参数 $m_1, m_2, \ldots, m_n$ 不是非减序时, 定理 W 的结论不成立. (b) 定理 W 的证明何处用到假设 $m_1 \le m_2 \le \cdots \le m_n$?

94. [*M20*] 证明：推论 C 的 ∂ 部分由 ϱ 部分推出. 提示：多重组合 (92) 关于 U 的补是 3211, 3210, 3200, 3110, 3100, 3000, 2110, 2100, 2000, 1100, 1000.

95. [*17*] 说明如何从推论 C 推出定理 K 和定理 M.

▶ **96.** [*M22*] 如果 S 是正整数的无穷序列 $(s_0, s_1, s_2, \ldots)$, 令

$$\binom{S(n)}{k} = [z^k] \prod_{j=0}^{n-1} (1 + z + \cdots + z^{s_j}).$$

如果 $s_0 = s_1 = s_2 = \cdots = 1$, 则 $\binom{S(n)}{k}$ 是普通的二项式系数.

推广组合数系, 证明：每个非负整数 N 都有唯一表示

$$N = \binom{S(n_t)}{t} + \binom{S(n_{t-1})}{t-1} + \cdots + \binom{S(n_1)}{1},$$

其中 $n_t \ge n_{t-1} \ge \cdots \ge n_1 \ge 0$, $\{n_t, n_{t-1}, \ldots, n_1\} \subseteq \{s_0 \cdot 0, s_1 \cdot 1, s_2 \cdot 2, \ldots\}$. 利用这个表示对推论 C 中的数 $|\partial P_{Nt}|$ 给出一个简单公式.

▶ **97.** [*M26*] 正文中指出, 对一个凸多面体的顶点可以略加扰动, 使得它的所有面都是单纯形. 一般来说, 组合的任何集合, 如果包含自身所有元素的影子, 则称为单纯复形. 因此, C 是一个单纯复形, 当且仅当 $\alpha \subseteq \beta$ 且 $\beta \in C$ 蕴涵 $\alpha \in C$, 当且仅当 C 是关于集合包含的阶理想.

当 C 包含大小为 t 的正好 N_t 个组合时, n 个顶点上的一个单纯复形 C 的大小向量是 $(N_0, N_1, \ldots, N_n)$.

(a) 当略微扰动五个正多面体 (四面体、立方体、八面体、十二面体和二十面体) 的顶点时, 它们的大小向量是什么?

(b) 构造一个具有大小向量 $(1, 4, 5, 2, 0)$ 的单纯复形.

(c) 寻找给定的大小向量 $(N_0, N_1, \ldots, N_n)$ 是适宜的充分必要条件.

(d) 证明：$(N_0, \ldots, N_n)$ 是适宜的, 当且仅当它的 "对偶" 向量 $(\overline{N}_0, \ldots, \overline{N}_n)$ 是适宜的, 这里我们定义 $\overline{N}_t = \binom{n}{t} - N_{n-t}$.

(e) 列举所有适宜的大小向量 $(N_0, N_1, N_2, N_3, N_4)$ 以及它们的对偶. 它们中哪些是自对偶的?

98. [*30*] 续上题, 当 $n \leq 100$ 时, 寻找计算适宜的大小向量 $(N_0, N_1, \ldots, N_n)$ 的有效方法.

99. [*M25*] 簇是组合的集合 C, 那些组合在 $\alpha \subseteq \beta$ 且 $\alpha, \beta \in C$ 蕴涵 $\alpha = \beta$ 的意义下是不可比较的. 簇的大小向量像在习题 97 中那样定义.

(a) 簇的大小向量是 $(M_0, M_1, \ldots, M_n)$ 的充分必要条件是什么?

(b) 列出 $n = 4$ 情形的所有这种大小向量.

▶ **100.** [*M30*] (乔治·克莱门茨和伯恩特·林德斯特伦) 令 A 是"单纯多重复形", 即推论 C 中具有性质 $\partial A \subseteq A$ 的多重集 U 的子多重集的一个集合. 当 $|A| = N$ 时, 总权值 $\nu A = \sum\{|\alpha| \mid \alpha \in A\}$ 可能有多大?

101. [*M25*] 如果 $f(x_1, \ldots, x_n)$ 是一个布尔公式, 当每个变量 x_j 独立地以概率 p 取 1 时, 令 $F(p)$ 是 $f(x_1, \ldots, x_n) = 1$ 的概率.

(a) 对于布尔公式 $g(w, x, y, z) = wxz \lor wyz \lor xy\bar{z}$, $h(w, x, y, z) = \bar{w}yz \lor xyz$, 计算 $G(p)$ 和 $H(p)$.

(b) 证明: 存在满足 $F(p) = G(p)$ 的单调布尔函数 $f(w, x, y, z)$, 但不存在满足 $F(p) = H(p)$ 的单调布尔函数. 说明在一般情况下如何检验这个条件.

102. [*HM35*] (弗朗西斯·麦考利, 1927) 对于变量 $\{x_1 \ldots, x_s\}$, 多项式理想 I 是多项式的一个集合, 其中的多项式在加法、乘以常数以及乘以任何变量下是封闭的. 一个多项式理想称为齐次的, 如果它包含齐次多项式集合的所有线性组合, 齐次多项式是像 $xy + z^2$ 这样所有项都具有相同次数的多项式. 令 N_t 是 I 中 t 次线性无关元素的最大数目. 例如, 如果 $s = 2$, 所有 $\alpha(x_0, x_1, x_2)(x_0 x_1^2 - 2 x_1 x_2^2) + \beta(x_0, x_1, x_2) x_0 x_1 x_2^2$ 构成的集合是满足 $N_0 = N_1 = N_2 = 0$, $N_3 = 1$, $N_4 = 4$, $N_5 = 9$, $N_6 = 15, \ldots$ 的齐次多项式理想, 其中 α 和 β 遍历变量 $\{x_0, x_1, x_2\}$ 的所有可能的多项式.

(a) 证明: 对于任何这样的理想 I, 存在另外一个理想 I', 在理想 I' 中的所有 t 次齐次多项式是 N_t 个独立单项式的线性组合. (单项式是变量的乘积, 像 $x_1^3 x_2 x_5^4$.)

(b) 利用定理 M 和 (64) 证明: 对于所有 $t \geq 0$ 有 $N_{t+1} \geq N_t + \kappa_s N_t$.

(c) 证明: 仅对于有限多的 t 出现 $N_{t+1} > N_t + \kappa_s N_t$. (这个命题等价于"希尔伯特基本定理", 后者由戴维·希尔伯特证明, 发表在 *Göttinger Nachrichten* (1888), 450–457; *Math. Annalen* **36** (1890), 473–534.)

▶ **103.** [*M38*] 子立方 $a_1 \ldots a_n$ 的每个 a_j 是 0、1 或 $*$, 它的影子是通过用 0 或 1 代替某个 $*$ 得到的. 例如,

$$\partial 0*11*0 = \{0011*0, 0111*0, 0*1100, 0*1110\}.$$

求一个这样的集合 P_{Nst}, 如果 A 是 N 个具有 s 个数字和 t 个 $*$ 的子立方 $a_1 \ldots a_n$ 的任意集合, 那么 $|\partial A| \geq |P_{Nst}|$.

104. [*M41*] 二进制串 $a_1 \ldots a_n$ 的影子是通过删除它的二进制位之中的一位得到的. 例如,

$$\partial 110010010 = \{10010010, 11010010, 11000010, 11001000, 11001010, 11001001\}.$$

求一个这样的集合 P_{Nn}, 如果 A 是任意 N 个二进制串 $a_1 \ldots a_n$ 的集合, 那么 $|\partial A| \geq |P_{Nn}|$.

105. [*M20*] 关于 $\{0, 1, \ldots, n-1\}$ 的 t 组合的通用圈是 $\binom{n}{t}$ 个数的一个圈, 它的 t 个相继元素组成的块遍历每个 t 组合 $\{c_1, \ldots, c_t\}$. 例如, 当 $t = 3$, $n = 7$ 时,

$$(0214506132051624315263042536410354 6)$$

是一个通用圈.

证明: 不可能存在这样的圈, 除非 $\binom{n}{t}$ 是 n 的倍数.

106. [*M21*] (路易·普安索, 1809) 求关于 $\{0, 1, \ldots, 2m\}$ 的 2 组合的一个"简洁"的通用圈. 提示: 考虑模 $(2m+1)$ 的相继元素之差.

107. [*22*]（奥尔里・泰尔康，1849）普安索定理蕴涵以下事实：可以把一套 28 张传统"双六"多米诺骨牌排列成这样一个圈，使得邻接骨牌的点数相互匹配：

这样的圈有多少个？

108. [*M31*] 当 $n \bmod 3 \neq 0$ 时，求关于集合 $\{0, \ldots, n-1\}$ 的 3 组合通用圈.

109. [*M31*] 当 $n \bmod 3 \neq 0$ 时，求关于 $\{0, 1, \ldots, n-1\}$ 的 3 重组合（即允许重复的组合 $d_1 d_2 d_3$）的通用圈. 例如，当 $n = 5$ 时，

$$(0001224111233022234413334002444011 3)$$

是一个这样的圈.

▶ **110.** [*26*] 克里比奇纸牌游戏（cribbage）[①]是用 52 张牌玩的一种游戏，每张牌都有各自的花色（♣, ◇, ♡, ♠）和面值（A, 2, 3, 4, 5, 6, 7, 8, 9, 10, J, Q, K）. 玩家必须擅于计算 5 张牌组合 $C = \{c_1, c_2, c_3, c_4, c_5\}$ 的分值，其中一张牌 c_k 称为起始牌. 对于 C 的每一个子集 S 以及 k 的每一种选择，分值是如下计算的点数之和：令 $|S| = s$.

　　(i) 十五点（fifteen）：如果 $\sum\{v(c) \mid c \in S\} = 15$，其中 $(v(\mathtt{A}), v(2), v(3), \ldots, v(9), v(10), v(\mathtt{J}), v(\mathtt{Q}), v(\mathtt{K})) = (1, 2, 3, \ldots, 9, 10, 10, 10, 10)$，记 2 分.

　　(ii) 对子（pair）：如果 $s = 2$，而且两张牌具有同样面值，记 2 分.

　　(iii) 顺子（run）：如果 $s \geq 3$，而且面值是连续的，但 C 中不包含 $s+1$ 张面值连续的牌，记 s 分.

　　(iv) 同花（flush）：如果 $s = 4$，而且 S 的所有牌花色相同，并且 $c_k \notin S$，记 $4 + [c_k$ 的花色与这四张牌相同] 分.

　　(v) 头牌（nobs）：如果 $s = 1$ 且 $c_k \notin S$，而且这张牌是与 c_k 花色相同的 J，记 1 分.

例如，如果你持有 $\{\mathtt{J}\clubsuit, 5\clubsuit, 5\diamond, 6\heartsuit\}$，$4\clubsuit$ 是起始牌，得分如下：十五点得 4×2 分，对子得 2 分，顺子得 2×3 分，头牌得 1 分，总共得 17 分.

　　对于 $x = 0, 1, 2, \ldots$，有多少组合及起始牌的选择恰好得 x 分？

▶ **111.** [*M26*]（爱尔特希、柯召和理查德・劳多）假定 A 是 n 元素集合的 r 组合的一个集合，每当 $\alpha, \beta \in A$ 时有 $\alpha \cap \beta \neq \emptyset$. 证明：如果 $r \leq n/2$，则我们有 $|A| \leq \binom{n-1}{r-1}$. 提示：考虑 $\partial^{n-2r} B$，其中 B 是 A 的补集.

　　7.2.1.4 生成所有分划. 理查德・斯坦利在其杰作 *Enumerative Combinatorics* (1986) 的开头，首先基于吉安-卡洛・罗塔的一系列讲座，讨论了"十二类方式"（Twelvefold Way），它是一张 $2 \times 2 \times 3$ 表格，其中给出了一些在实践中经常遇到的基本组合问题（见表 1）. 要将给定数量的球放在给定数量的桶中，会有不同数量的放置方式，所有上述 12 类基本问题都可以用这些放置方式来描述. 例如，如果球和桶均有标号，则将 2 个球放到 3 个桶中的方式共有 9 种：

（桶内部的球序忽略不计.）但如果这些球没有标号，那其中一些放置方式是无差别的，于是只存在 6 种不同方式：

　　　　　　　　　　　　　　　　　　　　　(1)

如果这些桶不带标号, 那么像 和 这样的放置方式实际是相同的, 于是, 原来的 9 种放置方式中仅有 2 种是有区别的. 如果要将 3 个带标号的球放入 3 个不带标号的桶中, 那么仅有的放置方式如下:

$$(2)$$

最后, 如果球和桶都没有标号, 那么这 5 种可能性就减少到仅有 3 种:

$$(3)$$

"十二类方式" 表中考虑了在球和桶有标记、无标记, 对桶中球数没有要求、要求至少有一个球、要求最多有一个球等组合情况下的所有可能放置方式.

表 1　十二类方式

每个桶中的球数	无限制	≤ 1	≥ 1
n 个有标记球 m 个有标记桶	m 个事物的 n 元组	m 个事物的 n 排列	$\{1,\dots,n\}$ 的分划 分为 m 个有序部分
n 个无标记球 m 个有标记桶	m 个事物的 n 多重组合	m 个事物的 n 组合	n 的组分 分为 m 个部分
n 个有标记球 m 个无标记桶	$\{1,\dots,n\}$ 的分划 分为 $\le m$ 个部分	n 只鸽子 放入 m 个笼中	$\{1,\dots,n\}$ 的分划 分为 m 个部分
n 个无标记球 m 个无标记桶	n 的分划 分为 $\le m$ 个部分	n 只鸽子 放入 m 个笼中	n 的分划 分为 m 个部分

我们已经在本章前面几节学习了 n 元组、排列、组合和组分. 在表 1 的十二项中, 有两项的价值不高 (也就是与 "鸽子" 有关的那两项), 所以在学习表中其余五项之后, 就能完成对经典组合数学的学习了, 这五项均与分划有关.

> 我们首先要承认, "分划" 一词在数学上有许多含义.
> 只要将某个对象划分为一些子对象, 这个词就会蹦出来.
> ——乔治·安德鲁斯, *The Theory of Partitions* (1976)

两个有着很大区别的概念却共用着同一个名字: 集合分划是指将一个集合划分为不相交的非空子集的方式. 因此, (2) 就是以图形方式给出了 $\{1,2,3\}$ 的 5 种分划, 即

$$\{1,2,3\}, \qquad \{1,2\}\{3\}, \qquad \{1,3\}\{2\}, \qquad \{1\}\{2,3\}, \qquad \{1\}\{2\}\{3\}. \tag{4}$$

整数分划是指将一个整数写为一组正整数之和的方式 (不考虑这些正整数的顺序) 因此, (3) 以图形方式给出了 3 的 3 个分划, 即

$$3, \qquad 2+1, \qquad 1+1+1. \tag{5}$$

为了更清晰地区分这两个概念, 我们将遵循如下约定: 整数分划就称为 "分划", 不加限定形容词; 而另一分划概念将称为 "集合分划". 这两种分划都非常重要, 下面逐一进行研究.

生成整数的所有分划. n 的分划可正式定义为: 一个非负整数序列 $a_1 \ge a_2 \ge \cdots$, 满足 $n = a_1 + a_2 + \cdots$. 例如, 7 的一个分划为 $a_1 = a_2 = 3$, $a_3 = 1$, 而 $a_4 = a_5 = \cdots = 0$. 非

零项的个数称为部分的个数, 而等于零的各项通常被隐去. 因此, 为节省空间, 当上下文非常清晰时, 可以写为 $7 = 3 + 3 + 1$, 甚至写为 331.

要生成一个整数的所有分划, 最简单的方法, 也是最快速的方法之一是: 从 n 开始, 按照逆字典序给出这些分划, 直到最后以 $11\ldots1$ 结束. 例如, 如果按照这种顺序排列的话, 8 的分划为

$$8, 71, 62, 611, 53, 521, 5111, 44, 431, 422, 4211, 41111, 332, 3311,$$

$$3221, 32111, 311111, 2222, 22211, 221111, 2111111, 11111111. \tag{6}$$

如果一个分划不全为 1, 那么它的末尾就是在 $(x+1)$ 之后跟有 0 个或多个 1 (其中 x 为某一不小于 1 的整数). 那么, 要得到根据字典序排在第二小的分划, 只需将后缀 $(x+1)1\ldots1$ 用 $x\ldots xr$ 代替即可, 其中 r 是某一不大于 x 的适当差值. 如果我们一直跟踪满足 $a_q \neq 1$ 的最大下标 q (此方法由约翰·麦凯提出 [*CACM* **13** (1970), 52]), 并在数串的最后补上若干个 1 (由安托万·佐格比和伊万·斯托伊梅诺维奇提出 [*International Journal of Computer Math.* **70** (1998), 319–332]), 那么上述方法是非常高效的.

算法 P (按照逆字典序的分划). 给定整数 $n \geq 1$, 本算法生成所有分划 $a_1 \geq a_2 \geq \cdots \geq a_m \geq 1$, 其中 $a_1 + a_2 + \cdots + a_m = n$, $1 \leq m \leq n$. a_0 的值也被置为 0.

P1. [初始化.] 对于 $n \geq m > 1$, 置 $a_m \leftarrow 1$, 然后置 $m \leftarrow 1$, $a_0 \leftarrow 0$.

P2. [存储最终部分.] 置 $a_m \leftarrow n$, $q \leftarrow m - [n = 1]$.

P3. [访问.] 访问分划 $a_1 a_2 \ldots a_m$. 如果 $a_q \neq 2$, 则转到 P5.

P4. [将 2 改为 1+1.] 置 $a_q \leftarrow 1$, $q \leftarrow q - 1$, $m \leftarrow m + 1$, 然后返回 P3. (此时, 对于 $q < k \leq n$, 有 $a_k = 1$.)

P5. [a_q 减 1.] 如果 $q = 0$, 则终止本算法. 否则, 置 $x \leftarrow a_q - 1$, $a_q \leftarrow x$, $n \leftarrow m - q + 1$, $m \leftarrow q + 1$.

P6. [必要时复制 x.] 如果 $n \leq x$, 则返回 P2. 否则, 置 $a_m \leftarrow x$, $m \leftarrow m + 1$, $n \leftarrow n - x$, 然后重复本步骤. ∎

注意, 当一个分划包含 2 时, 可以很轻松地从此分划转入下一分划. 步骤 P4 只是将最右侧的 2 改为 1, 并在右侧另外追加一个 1. 非常幸运, 这种让人开心的情景是最常见的情况. 例如, 当 $n = 100$ 时, 将近 79% 的分划是包含 2 的.

如果要将整数 n 划分为固定数目的组成部分, 那还有另外一种简单算法可以给出所有这些分划. 以下方法在卡尔·兴登堡 18 世纪的论文 [*Infinitinomii Dignitatum Exponentis Indeterminati* (Göttingen, 1779), 73–91] 中给出, 它按照反向字典序访问这些分划, 也就是按照反转序列 $a_m \ldots a_2 a_1$ 的字典序.

算法 H (分划为 m 个部分). 给定整数 $n \geq m \geq 2$, 本算法生成所有满足 $a_1 \geq \cdots \geq a_m \geq 1$ 且 $a_1 + \cdots + a_m = n$ 的整数 m 元组 $a_1 \ldots a_m$. a_{m+1} 中存有一个旗标值.

H1. [初始化.] 对于 $1 < j \leq m$, 置 $a_1 \leftarrow n - m + 1$, $a_j \leftarrow 1$. 并置 $a_{m+1} \leftarrow -1$.

H2. [访问.] 访问分划 $a_1 \ldots a_m$. 如果 $a_2 \geq a_1 - 1$, 则转到 H4.

H3. [调整 a_1 和 a_2.] 置 $a_1 \leftarrow a_1 - 1$, $a_2 \leftarrow a_2 + 1$, 然后返回 H2.

H4. [求 j.] 置 $j \leftarrow 3$ 及 $s \leftarrow a_1 + a_2 - 1$. 然后, 当 $a_j \geq a_1 - 1$ 时循环执行 $s \leftarrow s + a_j$ 及 $j \leftarrow j + 1$. (现在, $s = a_1 + \cdots + a_{j-1} - 1$, $a_j < a_1 - 1$.)

H5. [a_j 加 1.] 如果 $j > m$ 则结束. 否则, 置 $x \leftarrow a_j + 1$, $a_j \leftarrow x$, $j \leftarrow j - 1$.

H6. [调整 $a_1 \ldots a_j$.] 当 $j > 1$ 时循环执行 $a_j \leftarrow x$, $s \leftarrow s - x$, $j \leftarrow j - 1$. 最后，置 $a_1 \leftarrow s$ 并返回 H2. ▮

例如，当 $n = 11$ 和 $m = 4$ 时，所访问的连续分划为

$$8111,\ 7211,\ 6311,\ 5411,\ 6221,\ 5321,\ 4421,\ 4331,\ 5222,\ 4322,\ 3332. \tag{7}$$

此算法的基本思想是，给定一个分划 $a_1 \ldots a_m$，找出符合以下条件的最小 j，即在将 a_j 加 1 时不会改变 $a_{j+1} \ldots a_m$，这样可转入根据反向字典序排列的下一分划. 在新的分划 $a'_1 \ldots a'_m$ 中，有 $a'_1 \geq \cdots \geq a'_j = a_j + 1$, $a'_1 + \cdots + a'_j = a_1 + \cdots + a_j$，当且仅当 $a_j < a_1 - 1$ 时可实现这些条件. 此外，根据反向字典序，在最小的此种分划中，有 $a'_2 = \cdots = a'_j = a_j + 1$.

步骤 H3 处理了简单情景 $j = 2$，它是目前最常见的情景. 实际上，j 值几乎总是非常小的；后面将会证明：算法 H 的总运行时间最多等于所访问分划的数目乘以一个小常数，再加上 $O(m)$.

分划的其他表示方式. 我们已经将分划定义为一个由非负整数组成的序列 $a_1 a_2 \ldots$，其中 $a_1 \geq a_2 \geq \cdots$, $a_1 + a_2 + \cdots = n$，不过，还可以将它表示为一个由非负整数 $c_1 c_2 \ldots c_n$ 组成的 n 元组，这些非负整数满足

$$c_1 + 2c_2 + \cdots + nc_n = n. \tag{8}$$

其中，c_j 是整数 j 在序列 $a_1 a_2 \ldots$ 中的出现次数. 例如，分划 331 对应于如下各出现次数：$c_1 = 1$, $c_2 = 0$, $c_3 = 2$, $c_4 = c_5 = c_6 = c_7 = 0$. 于是，此分划共有 $c_1 + c_2 + \cdots + c_n$ 个部分. 可以很轻松地设计一个与算法 P 类似的过程，用来生成采用"部分计数"形式的分划；见习题 5.

我们已经在诸如式 1.2.9–(38) 中看到过隐含的"部分计数"表示法，该式将对称函数

$$h_n = \sum_{N \geq d_n \geq \cdots \geq d_2 \geq d_1 \geq 1} x_{d_1} x_{d_2} \ldots x_{d_n} \tag{9}$$

表示为

$$\sum_{\substack{c_1, c_2, \ldots, c_n \geq 0 \\ c_1 + 2c_2 + \cdots + nc_n = n}} \frac{S_1^{c_1}}{1^{c_1} c_1!}\, \frac{S_2^{c_2}}{2^{c_2} c_2!} \cdots \frac{S_n^{c_n}}{n^{c_n} c_n!}, \tag{10}$$

式中，S_j 是对称函数 $x_1^j + x_2^j + \cdots + x_N^j$. (9) 是针对 N 件事物的所有 n 多重组合进行求和，而 (10) 则是针对 n 的所有分划求和. 例如，$h_3 = \frac{1}{6} S_1^3 + \frac{1}{2} S_1 S_2 + \frac{1}{3} S_3$，当 $N = 2$ 时，有

$$x^3 + x^2 y + xy^2 + y^3 = \tfrac{1}{6}(x+y)^3 + \tfrac{1}{2}(x+y)(x^2+y^2) + \tfrac{1}{3}(x^3+y^3).$$

在 1.2.5–21, 1.2.9–10, 1.2.9–11, 1.2.10–12 等习题中给出了针对分划进行的其他求和. 由于这一原因，分划在对称函数的研究中处于重要的核心地位，而对称函数是数学中非常普遍的一类函数. [在理查德·斯坦利所著的 *Enumerative Combinatorics* **2** (1999) 一书中，其第 7 章对对称函数理论的高阶内容进行了非常出色的介绍.]

我们可以采用一种颇具吸引力的方式，以可视形式来展示分划：考虑一个由 n 个点组成的阵列，最上面的一行有 a_1 个点，第二行有 a_2 个点，以此类推. 这种点阵排列形式称为分划的费勒斯图，它以诺曼·费勒斯命名 [见 *Philosophical Mag.* **5** (1853), 199–202]. 图中最大的方形子点阵称为德菲方块，以威廉·德菲命名 [见 *Johns Hopkins Univ. Circular* **2** (1882 年 12 月), 23]. 例如，图 48(a) 中给出了 8887211 的费勒斯图，其中有它的 4×4 德菲方块. 这个

(a) 8887211   (b) 75444443

图 48　两个共轭分划的费勒斯图和德菲方块

德菲方块中包含 k^2 个点，其中的 k 是满足 $a_k \geq k$ 的最大下标；我们可以将 k 称为这个分划的*迹*.

如果 α 是任意分划 $a_1 a_2 \ldots$，可以通过转置它的费勒斯图（即，沿主对角线反转该图），得到其共轭 $\alpha^T = b_1 b_2 \ldots$. 例如，图 48(b) 显示 $(8887211)^T = 75444443$. 当 $\beta = \alpha^T$ 时，显然有 $\alpha = \beta^T$；分划 β 有 a_1 个部分，而 α 有 b_1 个部分. 实际上，α 的"部分计数"表示 $c_1 \ldots c_n$ 与共轭分划 $b_1 b_2 \ldots$ 之间存在一种非常简单的关系，即

$$对于所有 j \geq 1, \qquad b_j - b_{j+1} = c_j. \tag{11}$$

利用这一关系，很容易计算出一个给定分划的共轭，或者仅通过观察即可写出它（见习题 6）.

共轭的概念经常可以用来解释分划的一些性质，如果没有共轭概念，这些性质可能显得非常神秘. 例如，既然我们已经知道了 α^T 的定义，很容易就能看出，在算法 H 的步骤 H5 中，如果 $m < n$，$j - 1$ 的值就是共轭分划 $(a_1 \ldots a_m)^T$ 的第二小部分. 因此，对于一个最大部分为 m 的随机分划，在步骤 H4 和 H6 中完成的平均工作量大体与此分划第二小部分的平均大小成正比. 下面将会看到，这个第二小的部分几乎总是非常小的.

此外，算法 H 是按照共轭分划的字典序来生成各分划的. 例如，(7) 的各个共轭是

$$41111111, \ 4211111, \ 422111, \ 42221, \ 431111,$$

$$43211, \ 4322, \ 4331, \ 44111, \ 4421, \ 443; \tag{12}$$

它们是 $n = 11$ 的一些分划，最大部分为 4. 要生成 n 的所有分划，一种方法是从平凡分划 n 入手，然后对于 $m = 2, 3, \ldots, n$ 依次运行算法 H；这一过程将按照 α^T 的字典序生成所有 α（见习题 7）. 因此，算法 H 可看作是算法 P 的对偶.

至少还有另外一种非常有用的分划表示方法，称为边缘表示［见斯蒂格·科梅，*Numer. Math.* **1** (1959), 90–109］. 假设我们将费勒斯图中的点用方格代替，于是得到一个表格形状，与 5.1.4 节中一样. 例如，图 48(a) 中的分划 8887211 变为

$$\tag{13}$$

这一形状的右侧边界可以看作一条长度为 $2n$ 的路径，始于 $n \times n$ 方块的左下角，终于该方块的右上角，由表 7.2.1.3–1 可知，这样一条路径对应于一个 (n, n) 组合.

例如，(13) 对应于共有 70 位的二进制串

$$0\ldots0100101111101000 1\ldots1 = 0^{28} 1^1 0^2 1^1 0^1 1^5 0^1 1^1 0^3 1^{27}, \tag{14}$$

式中，我们在开头放置了足够多的 0，在末尾放了足够多的 1，以确保 0 和 1 的个数都恰好为 n. 0 表示路径中的向上台阶，1 表示向右的台阶. 容易看出，以这种方式定义的二进制串恰

好有 n 个反序；反之，在多重集 $\{n\cdot 0,\ n\cdot 1\}$ 的排列中，每个恰有 n 个反序的排列都对应于 n 的一个分划. 当一个分划中不同部分的个数等于 t 时，它的二进制串可以写为

$$0^{n-q_1-q_2-\cdots-q_t}1^{p_1}0^{q_1}1^{p_2}0^{q_2}\ldots 1^{p_t}0^{q_t}1^{n-p_1-p_2-\cdots-p_t}, \tag{15}$$

式中的指数 p_j 和 q_j 为正整数. 于是，该分划的标准表示就是

$$a_1 a_2\ldots = (p_1+\cdots+p_t)^{q_t}(p_1+\cdots+p_{t-1})^{q_{t-1}}\ldots(p_1)^{q_1}, \tag{16}$$

在我们的例子中，就是 $(1+1+5+1)^3(1+1+5)^1(1+1)^1(1)^2 = 8887211$.

分划的个数. 菲利普·诺代于 1740 年曾经向欧拉提出过一个问题，欧拉受这一问题的启发，撰写了两篇具有奠基意义的论文. 在这两篇论文中，他通过研究分划的生成函数，计算了各种分划的数目 [*Commentarii Academiæ Scientiarum Petropolitanæ* **13** (1741), 64–93; *Novi Comment. Acad. Sci. Pet.* **3** (1750), 125–169]. 他观察到，在无穷乘积

$$(1+z+z^2+\cdots+z^j+\cdots)(1+z^2+z^4+\cdots+z^{2k}+\cdots)(1+z^3+z^6+\cdots+z^{3l}+\cdots)\ldots$$

中，z^n 的系数就是方程 $j+2k+3l+\cdots=n$ 的非负整数解的个数；而 $1+z^m+z^{2m}+\cdots$ 等于 $1/(1-z^m)$. 因此，如果记为

$$P(z) = \prod_{m=1}^{\infty}\frac{1}{1-z^m} = \sum_{n=0}^{\infty}p(n)z^n, \tag{17}$$

n 的分划个数就是 $p(n)$. 后来发现，这个函数 $P(z)$ 有许多非常精妙的数学性质.

例如，欧拉发现，在将 $P(z)$ 分母中的乘式展开后，会消去很多项：

$$
\begin{aligned}
(1-z)(1-z^2)(1-z^3)\ldots &= 1-z-z^2+z^5+z^7-z^{12}-z^{15}+z^{22}+z^{26}-\cdots\\
&= \sum_{-\infty<n<\infty}(-1)^n z^{(3n^2+n)/2}.
\end{aligned}
\tag{18}
$$

对于这个著名的恒等式，在习题 5.1.1–14 中给出了一种基于费勒斯图的组合证明. 雅可比在 1829 年发表了一个可能更为著名的恒等式：

$$\prod_{k=1}^{\infty}(1-u^k v^{k-1})(1-u^{k-1}v^k)(1-u^k v^k) = \sum_{n=-\infty}^{\infty}(-1)^n u^{\binom{n}{2}}v^{\binom{-n}{2}}, \tag{19}$$

其中设定 $u=z$ 和 $v=z^2$ 即可证明欧拉的恒等式，这是因为雅可比恒等式的左侧变为了 $\prod_{k=1}^{\infty}(1-z^{3k-2})(1-z^{3k-1})(1-z^{3k})$；见习题 5.1.1–20. 欧拉指出，根据式 (18)，$n>0$ 的分划数满足这个不同寻常的递推关系

$$p(n) = p(n-1)+p(n-2)-p(n-5)-p(n-7)+p(n-12)+p(n-15)-\cdots, \tag{20}$$

其中，当 $k<0$ 时 $p(k)=0$. 利用这一递推式计算它们的数值时，速度要快于在 (17) 中计算幂级数：

$n=$	0	1	2	3	4	5	6	7	8	9	10	11	12	13	14	15
$p(n)=$	1	1	2	3	5	7	11	15	22	30	42	56	77	101	135	176

由 1.2.8 节知道，雅可比递推式 $f(n)=f(n-1)+f(n-2)$ 的解是呈指数增长的，当 $f(0)$ 和 $f(1)$ 为正数时，$f(n)=\Theta(\phi^n)$. 但是，(20) 中增加的两项 $-p(n-5)-p(n-7)$ 对分划数目有阻尼效果. 事实上，如果我们在该处停止递推，所得到的序列将会在正值和负值之间振荡. 而之后再增加的两项 $+p(n-12)+p(n-15)$ 又重新启动了指数增长.

$p(n)$ 的实际增长速率是 $A^{\sqrt{n}}/n$ 阶的，其中 A 是一特定常数. 例如，习题 33 直接证明了 $p(n)$ 的增长速度至少与 $e^{2\sqrt{n}}/n$ 一样快. 有一个相当容易的方法可以获得一个很合适的上界，那就是在 (17) 中取对数，

$$\ln P(z) = \sum_{m=1}^{\infty} \ln \frac{1}{1-z^m} = \sum_{m=1}^{\infty} \sum_{n=1}^{\infty} \frac{z^{mn}}{n}, \tag{21}$$

然后置 $z = e^{-t}$（$t > 0$），以研究它在 $z = 1$ 附近的特性：

$$\ln P(e^{-t}) = \sum_{m,n \geq 1} \frac{e^{-mnt}}{n} = \sum_{n \geq 1} \frac{1}{n} \frac{1}{e^{tn}-1} < \sum_{n \geq 1} \frac{1}{n^2 t} = \frac{\zeta(2)}{t}. \tag{22}$$

于是，由于 $p(n) \leq p(n+1) < p(n+2) < \cdots$，$e^t > 1$，所以对于所有 $t > 0$，有

$$\frac{p(n)}{1-e^{-t}} = \sum_{k=n}^{\infty} p(n)e^{(n-k)t} < \sum_{k=0}^{\infty} p(k)e^{(n-k)t} = e^{nt}P(e^{-t}) < e^{nt+\zeta(2)/t}. \tag{23}$$

置 $t = \sqrt{\zeta(2)/n}$ 将得出

$$p(n) < Ce^{2C\sqrt{n}}/\sqrt{n}, \qquad \text{式中 } C = \sqrt{\zeta(2)} = \pi/\sqrt{6}. \tag{24}$$

利用欧拉求和公式（1.2.11.2 节）或梅林变换（5.2.2 节），可以得到关于 $\ln P(e^{-t})$ 的大小的更准确信息（见习题 25）. 但我们之前已经看过的方法都还不够强大，不足以推导 $P(e^{-t})$ 的准确特性，因此，现在应该向我们的技能武器库里添加一件新武器了.

欧拉的生成函数 $P(z)$ 非常适合泊松求和公式 [J. École Royale Polytechnique **12** (1823), 404–509, §63]. 根据该公式，只要 f 是一个 "特性良好" 的函数，即有

$$\sum_{n=-\infty}^{\infty} f(n+\theta) = \lim_{M \to \infty} \sum_{m=-M}^{M} e^{2\pi m i \theta} \int_{-\infty}^{\infty} e^{-2\pi m i y} f(y)\, dy, \tag{25}$$

此公式基于如下事实：左侧是 θ 的一个周期函数，右侧是将该函数展开为傅里叶级数. 比如，如果函数 f 满足 $\int_{-\infty}^{\infty} |f(y)|\, dy < \infty$，并满足以下条件之一，就说它是足够 "良好" 的：

(i) 对于某一 $\epsilon > 0$ 和 $0 \leq \Re\theta \leq 1$ 以及每个 n，$f(n+\theta)$ 在区域 $|\Im\theta| \leq \epsilon$ 中是复变量 θ 的一个解析函数，而且 (25) 的左侧对于 $|\Im\theta| \leq \epsilon$ 是一致收敛的；或者

(ii) 对于所有实数 θ，$f(\theta) = \frac{1}{2}\lim_{\epsilon \to 0}\big(f(\theta-\epsilon)+f(\theta+\epsilon)\big) = g(\theta)-h(\theta)$，其中 g 和 h 单调递增，而且 $g(\pm\infty)$ 和 $h(\pm\infty)$ 是有限的.

[见彼得 · 亨里齐，*Applied and Computational Complex Analysis* **2** (New York: Wiley, 1977), 定理 10.6e.] 泊松公式不是万能钥匙，并不适用于所有求和问题；但当它确实适用时，其结果可能是非常漂亮的，后面将会看到这一点.

将欧拉公式 (18) 乘以 $z^{1/24}$，使其右侧指数变为完全平方式

$$\frac{z^{1/24}}{P(z)} = \sum_{n=-\infty}^{\infty} (-1)^n z^{\frac{3}{2}(n+\frac{1}{6})^2}. \tag{26}$$

于是，对于所有 $t > 0$，有 $e^{-t/24}/P(e^{-t}) = \sum_{n=-\infty}^{\infty} f(n)$，其中

$$f(y) = e^{-\frac{3}{2}t(y+\frac{1}{6})^2+\pi i y}; \tag{27}$$

而且，根据上述准则 (i) 和 (ii)，这个函数 f 均满足泊松求和公式的条件. 因此，我们尝试对 $e^{-2\pi m i y} f(y)$ 积分，事实上，这个积分对于所有 m 都是非常容易的（见习题 27）：

$$\int_{-\infty}^{\infty} e^{-a(y+b)^2 + 2ciy} \, dy = \sqrt{\frac{\pi}{a}} e^{-c^2/a - 2bci}, \qquad a > 0. \tag{28}$$

插入 (25) 中，取 $\theta = 0$，$a = \frac{3}{2}t$，$b = \frac{1}{6}$，$c = (\frac{1}{2} - m)\pi$，将得到

$$\sum_{n=-\infty}^{\infty} f(n) = \sum_{m=-\infty}^{\infty} g(m), \qquad g(m) = \sqrt{\frac{2\pi}{3t}} e^{-2(m-\frac{1}{2})^2 \pi^2/(3t) + \frac{1-2m}{6}\pi i}. \tag{29}$$

这些项将会非常优美地合并、抵消，如习题 27 所示，最终得出

$$\frac{e^{-t/24}}{P(e^{-t})} = \sqrt{\frac{2\pi}{t}} \sum_{n=-\infty}^{\infty} (-1)^n e^{-6\pi^2 (n+\frac{1}{6})^2/t} = \sqrt{\frac{2\pi}{t}} \frac{e^{-\zeta(2)/t}}{P(e^{-4\pi^2/t})}. \tag{30}$$

太令人惊讶了！我们已经证明了关于 $P(z)$ 的另一个著名事实.

定理 D. 当 $\Re t > 0$ 时，分划的生成函数 (17) 满足函数关系

$$\ln P(e^{-t}) = \frac{\zeta(2)}{t} + \frac{1}{2} \ln \frac{t}{2\pi} - \frac{t}{24} + \ln P(e^{-4\pi^2/t}). \tag{31}$$

∎

这个定理是理查德·戴德金 [*Crelle* **83** (1877), 265–292, §6] 发现的，当 $z = e^{2\pi i \tau}$ 时，他把函数 $z^{1/24}/P(z)$ 记为 $\eta(\tau)$. 他的证明是以关于椭圆函数的理论为基础的，这个理论要复杂得多. 注意到，当 t 是一个小正数时，$\ln P(e^{-4\pi^2/t})$ 是非常非常小的. 例如，当 $t = 0.1$ 时，可计算得出 $\exp(-4\pi^2/t) \approx 3.5 \times 10^{-172}$. 因此，当 z 接近 1 时，有关 $P(z)$ 值的所有信息，几乎都可以由定理 D 获得.

哈代和拉马努金利用这一知识来推导 $p(n)$ 在 n 很大时的渐近特性，许多年之后，汉斯·拉德马赫对他们的工作进行了扩展，发现了一个不仅渐近而且收敛的级数 [*Proc. London Math. Soc.* (2) **17** (1918), 75–115; **43** (1937), 241–254]. 关于 $p(n)$ 的哈代-拉马努金-拉德马赫公式无疑是人们迄今所发现的最令人惊讶的恒等式之一. 该公式如下：

$$p(n) = \frac{\pi}{2^{5/4} 3^{3/4} (n - 1/24)^{3/4}} \sum_{k=1}^{\infty} \frac{A_k(n)}{k} I_{3/2}\left(\sqrt{\frac{2}{3}} \frac{\pi}{k} \sqrt{n - 1/24} \right). \tag{32}$$

这里的 $I_{3/2}$ 表示修改后的球面贝塞尔函数

$$I_{3/2}(z) = \left(\frac{z}{2} \right)^{3/2} \sum_{k=0}^{\infty} \frac{1}{\Gamma(k + 5/2)} \frac{(z^2/4)^k}{k!} = \sqrt{\frac{2z}{\pi}} \left(\frac{\cosh z}{z} - \frac{\sinh z}{z^2} \right); \tag{33}$$

系数 $A_k(n)$ 为

$$A_k(n) = \sum_{h=0}^{k-1} [h \perp k] \exp\left(2\pi i \left(\frac{\sigma(h,k,0)}{24} - \frac{nh}{k} \right) \right), \tag{34}$$

式中，$\sigma(h,k,0)$ 是在式 3.3.3–(16) 中定义的戴德金和. 我们有

$$A_1(n) = 1, \qquad A_2(n) = (-1)^n, \qquad A_3(n) = 2\cos \frac{(24n+1)\pi}{18}, \tag{35}$$

一般情况下，$A_k(n)$ 介于 $-k$ 与 k 之间.

如果讨论 (32) 的证明那就偏题太远了，但其基本思想是使用 7.2.1.5 节讨论的"鞍点方法". $k = 1$ 的项可以由 $P(z)$ 在 z 接近 1 处的特性推导得出；下一项由其在 z 接近 -1 的特性推导

得出，其中可以应用一个类似于 (31) 的转换．一般情况下，(32) 的第 k 项考虑了 $P(z)$ 在 z 趋近于 $e^{2\pi i h/k}$ 时的特性，其中 h/k 是分母为 k 的不可约分数；每个 k 次单位根都是 $P(z)$ 的无穷乘积中每个因式 $1/(1-z^k)$, $1/(1-z^{2k})$, $1/(1-z^{3k})$, ... 的一个极点．

如果只需要一个粗略的近似结果，可以大幅简化 (32) 中的第一项：

$$p(n) = \frac{e^{\pi\sqrt{2n/3}}}{4n\sqrt{3}}\big(1 + O(n^{-1/2})\big). \tag{36}$$

当然，也可以选择保留更多细节，

$$p(n) = \frac{e^{\pi\sqrt{2n'/3}}}{4n'\sqrt{3}}\left(1 - \frac{1}{\pi}\sqrt{\frac{3}{2n'}}\right)\big(1 + O(e^{-\pi\sqrt{n/6}})\big), \qquad n' = n - \frac{1}{24}. \tag{37}$$

例如，$p(100)$ 的精确值为 $190\,569\,292$．式 (36) 告诉我们，$p(100) \approx 1.993 \times 10^8$，而 (37) 则给出一个好得多的估计值 $190\,568\,944.783$．

安德鲁·奥德里兹科已经观察到，当 n 很大时，哈代-拉马努金-拉德马赫公式实际上给出了一种计算 $p(n)$ 准确值的次优方法，因为这些算术运算可以在大约 $O(\log p(n)) = O(n^{1/2})$ 个步骤中完成．［见 *Handbook of Combinatorics* **2** (MIT Press, 1995), 1068–1069.］(32) 的前面少数几项起决定作用；级数的随后各项稳定在 $k^{-3/2}$ 阶，通常为 k^{-2} 阶．之后，系数 $A_k(n)$ 中大约有一半变为零（见习题 28）．例如，当 $n = 10^6$ 时，$k = 1, 2, 3$ 的各项分别约等于 1.47×10^{1107}, 1.23×10^{550}, -1.23×10^{364}．前 250 项之和 $\approx 1471684986\ldots73818.01$，而准确值为 $1471684986\ldots73818$；这 250 项中有 123 项为零．

部分的个数．一种方便的做法是引入记号

$$\begin{vmatrix} n \\ m \end{vmatrix} \tag{38}$$

来表示 n 有多少个分划恰有 m 个部分．于是，递推式

$$\begin{vmatrix} n \\ m \end{vmatrix} = \begin{vmatrix} n-1 \\ m-1 \end{vmatrix} + \begin{vmatrix} n-m \\ m \end{vmatrix} \tag{39}$$

对于所有整数 m 和 n 都是成立的，因为 $\left|\begin{smallmatrix}n-1\\m-1\end{smallmatrix}\right|$ 计算了最小部分为 1 的分划个数，而 $\left|\begin{smallmatrix}n-m\\m\end{smallmatrix}\right|$ 计算其他分划的个数．（如果最小的部分是 2 或更大，则可以从每个部分减去 1，得到将 $n-m$ 分解为 m 个部分的一个分划．）通过类似推理可得出结论：$\left|\begin{smallmatrix}m+n\\m\end{smallmatrix}\right|$ 是将 n 分解为最多 m 个部分的分划个数，也就是说，将 n 分解为 m 个非负的被加数之和．通过转置费勒斯图，还可以知道 $\left|\begin{smallmatrix}n\\m\end{smallmatrix}\right|$ 是 n 的分划中最大部分为 m 的分划数目．因此，$\left|\begin{smallmatrix}n\\m\end{smallmatrix}\right|$ 是一个应当知道的好数字．利用边界条件

$$\begin{vmatrix} n \\ 0 \end{vmatrix} = \delta_{n0} \qquad \text{和} \qquad \text{对于 } m < 0 \text{ 或 } n < 0 \text{ 有} \quad \begin{vmatrix} n \\ m \end{vmatrix} = 0, \tag{40}$$

可以轻松制作一个表格，列出当 n 和 m 较小时的 $\left|\begin{smallmatrix}n\\m\end{smallmatrix}\right|$ 值，于是，我们得到一个数组，它类似于之前看到的 $\binom{n}{m}$, $\left[\begin{smallmatrix}n\\m\end{smallmatrix}\right]$, $\left\{\begin{smallmatrix}n\\m\end{smallmatrix}\right\}$, $\left\langle\begin{smallmatrix}n\\m\end{smallmatrix}\right\rangle$ 数组，都呈三角形，见表 2．生成函数为

$$\sum_n \begin{vmatrix} n \\ m \end{vmatrix} z^n = \frac{z^m}{(1-z)(1-z^2)\ldots(1-z^m)}. \tag{41}$$

n 的几乎所有分划都具有 $\Theta(\sqrt{n}\log n)$ 个部分．这一事实是由爱尔特希和约瑟夫·莱纳 [*Duke Math. J.* **8** (1941), 335–345] 发现的，它有一个非常直观的证明方法．

定理 E. 令 $C = \pi/\sqrt{6}$, $m = \frac{1}{2C}\sqrt{n}\ln n + x\sqrt{n} + O(1)$．则对于所有 $\epsilon > 0$ 和所有固定的 x，当 $n \to \infty$ 时，

$$\frac{1}{p(n)}\begin{vmatrix} m+n \\ m \end{vmatrix} = F(x)\big(1 + O(n^{-1/2+\epsilon})\big), \tag{42}$$

表 2   分划数目

n	$\left\|\begin{smallmatrix} n \\ 0 \end{smallmatrix}\right\|$	$\left\|\begin{smallmatrix} n \\ 1 \end{smallmatrix}\right\|$	$\left\|\begin{smallmatrix} n \\ 2 \end{smallmatrix}\right\|$	$\left\|\begin{smallmatrix} n \\ 3 \end{smallmatrix}\right\|$	$\left\|\begin{smallmatrix} n \\ 4 \end{smallmatrix}\right\|$	$\left\|\begin{smallmatrix} n \\ 5 \end{smallmatrix}\right\|$	$\left\|\begin{smallmatrix} n \\ 6 \end{smallmatrix}\right\|$	$\left\|\begin{smallmatrix} n \\ 7 \end{smallmatrix}\right\|$	$\left\|\begin{smallmatrix} n \\ 8 \end{smallmatrix}\right\|$	$\left\|\begin{smallmatrix} n \\ 9 \end{smallmatrix}\right\|$	$\left\|\begin{smallmatrix} n \\ 10 \end{smallmatrix}\right\|$	$\left\|\begin{smallmatrix} n \\ 11 \end{smallmatrix}\right\|$
0	1	0	0	0	0	0	0	0	0	0	0	0
1	0	1	0	0	0	0	0	0	0	0	0	0
2	0	1	1	0	0	0	0	0	0	0	0	0
3	0	1	1	1	0	0	0	0	0	0	0	0
4	0	1	2	1	1	0	0	0	0	0	0	0
5	0	1	2	2	1	1	0	0	0	0	0	0
6	0	1	3	3	2	1	1	0	0	0	0	0
7	0	1	3	4	3	2	1	1	0	0	0	0
8	0	1	4	5	5	3	2	1	1	0	0	0
9	0	1	4	7	6	5	3	2	1	1	0	0
10	0	1	5	8	9	7	5	3	2	1	1	0
11	0	1	5	10	11	10	7	5	3	2	1	1

其中

$$F(x) = e^{-e^{-Cx}/C}. \tag{43}$$

当 $x \to -\infty$ 时, 式 (43) 中的函数 $F(x)$ 非常快速地趋近于 0; 当 $x \to +\infty$ 时, 非常快速地增加到 1. 因此, 它是一个概率分布函数. 图 49(b) 表明, 相应的密度函数 $f(x) = F'(x)$ 主要集中在区域 $-2 \le x \le 4$. (见习题 35.)

图 49(a) 给出了当 $n = 100$ 时的 $\left|\begin{smallmatrix} n \\ m \end{smallmatrix}\right| = \left|\begin{smallmatrix} m+n \\ m \end{smallmatrix}\right| - \left|\begin{smallmatrix} m-1+n \\ m-1 \end{smallmatrix}\right|$ 值, 此时 $\frac{1}{2C}\sqrt{n}\ln n \approx 18$.

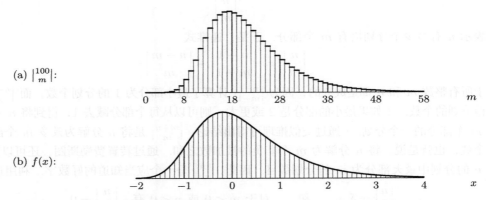

图 49 具有 m 个部分的 n 的分划, (a) $n = 100$; (b) $n \to \infty$ (见定理 E)

证明. 证明中将用到以下事实: $\left|\begin{smallmatrix} m+n \\ m \end{smallmatrix}\right|$ 是 n 的分划中最大部分 $\le m$ 的分划数. 于是, 根据容斥原理, 式 1.3.3–(29), 得

$$\left|\begin{matrix} m+n \\ m \end{matrix}\right| = p(n) - \sum_{j>m} p(n-j) + \sum_{j_2 > j_1 > m} p(n-j_1-j_2) - \sum_{j_3 > j_2 > j_1 > m} p(n-j_1-j_2-j_3) + \cdots,$$

这是因为, $p(n-j_1-\cdots-j_r)$ 表示在 n 的分划中, 有多少个分划将 $\{j_1,\ldots,j_r\}$ 等部分都至少使用了一次. 将其记为

$$\frac{1}{p(n)}\left|\begin{matrix} m+n \\ m \end{matrix}\right| = 1 - \Sigma_1 + \Sigma_2 - \Sigma_3 + \cdots, \qquad \Sigma_r = \sum_{j_r > \cdots > j_1 > m} \frac{p(n-j_1-\cdots-j_r)}{p(n)}. \tag{44}$$

为计算 Σ_r，需要获得比值 $p(n-t)/p(n)$ 的一个准确估计值. 我们很幸运，因为由式 (36) 可以得出

$$\frac{p(n-t)}{p(n)} = \exp\big(2C\sqrt{n-t} - \ln(n-t) + O\big((n-t)^{-1/2}\big) - 2C\sqrt{n} + \ln n\big)$$

$$= \exp\big(-Ctn^{-1/2} + O(n^{-1/2+2\epsilon})\big), \qquad 0 \le t \le n^{1/2+\epsilon}. \tag{45}$$

另外，如果 $t \ge n^{1/2+\epsilon}$，则有 $p(n-t)/p(n) \le p(n-n^{1/2+\epsilon})/p(n) \approx \exp(-Cn^\epsilon)$，这个值渐近小于 n 任何次幂. 因此，对于 $t \ge 0$ 的所有值，我们可以放心地使用近似值

$$\frac{p(n-t)}{p(n)} \approx \alpha^t, \qquad \alpha = \exp(-Cn^{-1/2}), \tag{46}$$

例如，可以得出

$$\Sigma_1 = \sum_{j>m} \frac{p(n-j)}{p(n)} = \frac{\alpha^{m+1}}{1-\alpha}\big(1 + O(n^{-1/2+2\epsilon})\big) + \sum_{n \ge j > n^{1/2+\epsilon}} \frac{p(n-j)}{p(n)}$$

$$= \frac{e^{-Cx}}{C}\big(1 + O(n^{-1/2+2\epsilon})\big) + O(ne^{-Cn^\epsilon}),$$

因为 $\alpha/(1-\alpha) = n^{1/2}/C + O(1)$，$\alpha^m = n^{-1/2}e^{-Cx} + O(n^{-1})$. 同理可证（见习题 36），如果 $r = O(\log n)$，则

$$\Sigma_r = \frac{e^{-Crx}}{C^r r!}\big(1 + O(n^{-1/2+2\epsilon})\big) + O(e^{-n^{\epsilon/2}}). \tag{47}$$

最后（这也是容斥原理普遍具有的一个极佳性质），(44) 的部分和总是将真实值 "括在其中"，也就是说，对于所有 r，

$$1 - \Sigma_1 + \Sigma_2 - \cdots - \Sigma_{2r-1} \le \frac{1}{p(n)}\left|\begin{matrix} m+n \\ m \end{matrix}\right| \le 1 - \Sigma_1 + \Sigma_2 - \cdots - \Sigma_{2r-1} + \Sigma_{2r}. \tag{48}$$

（见习题 37.）当 $2r$ 接近 $\ln n$，并且 n 很大时，Σ_{2r} 项是非常小的；于是得到式 (42)，只是用 2ϵ 代替了 ϵ. ∎

定理 E 告诉我们，一个随机分划的最大部分几乎总是 $\frac{1}{2C}\sqrt{n}\ln n + O(\sqrt{n}\log\log\log n)$，当 n 适当大时，其他部分也趋向于可预测的. 例如，假设我们取得 25 的所有分划，将它们的费勒斯图叠加在一起，和边缘表示中一样，将点改为方格. 哪些方格被占用的频率最高呢？图 50 给出了结果：一个随机分划倾向于某一典型形状，该形状渐近于 $n \to \infty$ 时的极限曲线.

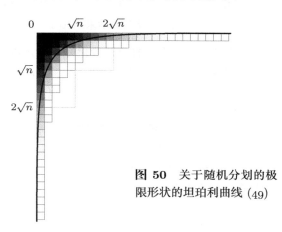

图 50 关于随机分划的极限形状的坦珀利曲线 (49)

哈罗德·坦珀利 [*Proc. Cambridge Philos. Soc.* **48** (1952), 683–697] 给出了一些试探性的理由，相信一个大型随机分划 $a_1 \ldots a_m$ 的大多数部分 a_k 将满足近似定律

$$e^{-Ck/\sqrt{n}} + e^{-Ca_k/\sqrt{n}} \approx 1, \tag{49}$$

他的公式后来得到了一种有力的验证. 例如，鲍里斯·皮特尔 [*Advances in Applied Math.* **18** (1997), 432–488] 的定理可以让我们得出结论：一个随机分划的迹几乎总是 $\frac{\ln 2}{C}\sqrt{n} \approx 0.54\sqrt{n}$，根据 (49)，误差最多为 $O(\sqrt{n} \ln n)^{1/2}$；因此，在所有的费勒斯点中，大约有 29% 位于德菲方块中.

　　另一方面，如果我们仅研究 n 的那些具有 m 个部分的分划（这里的 m 是固定的），那么极限形状会有显著的不同：如果 m 和 n 是适当大的，那么几乎所有此类分划都有

$$a_k \approx \frac{n}{m} \ln \frac{m}{k}, \tag{50}$$

图 51 显示了 $n = 50$, $m = 5$ 的情景. 事实上，当 m 随 n 增大时，同一极限仍然成立，但其速率要慢于 $\sqrt{n}$ [见阿纳托利·韦尔申斯科和尤里·雅库博维奇，*Moscow Math. J.* **1** (2001)，457–468].

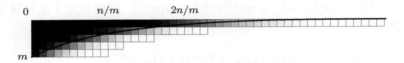

图 51　存在 m 个部分时的极限形状 (50)

　　分划的边缘表示法为我们提供了有关双重有界分划的更多信息；也就是说，我们不仅限制部分的个数，还限制每个部分的大小. 一个最多有 m 个部分、每个部分最大为 l 的分划，可以放在一个 $m \times l$ 的方格中. 所有这些分划都对应于多重集 $\{m \cdot 0, l \cdot 1\}$ 的一些排列，这些排列恰有 n 个反序，我们已经在习题 5.1.2–16 中研究了多重集的排列的反序. 具体来说，这道习题推导了一个不是那么显而易见的公式，说明 n 个反序可能有多少种出现方式.

定理 C.　在 n 的分划中，最多有 m 个部分、每个部分不大于 l 的分划个数是

$$[z^n] \binom{l+m}{m}_z = [z^n] \frac{(1 - z^{l+1})}{(1-z)} \frac{(1 - z^{l+2})}{(1 - z^2)} \cdots \frac{(1 - z^{l+m})}{(1 - z^m)}. \tag{51}$$

此结果由柯西给出，见 *Comptes Rendus Acad. Sci.* **17** (Paris, 1843), 523–531. 注意，当 $l \to \infty$ 时，分子就是 1 了. 在习题 40 中，对于更具一般性的结果给出了一种很有意义的组合证明.　∎

　　算法分析.　现在，我们已经掌握了足够多的分划量化知识，足以非常精确地推导算法 P 的特性了. 假设算法的 P1, ..., P6 等步骤分别执行 $T_1(n), \ldots, T_6(n)$ 次. 显然有 $T_1(n) = 1$，$T_3(n) = p(n)$. 此外，基尔霍夫定律告诉我们，$T_2(n) = T_5(n)$，$T_4(n) + T_5(n) = T_3(n)$. 对于每个包含 2 的分划，都会到达步骤 P4 一次，这显然是 $p(n-2)$.

　　因此，关于算法 P 的运行时间，唯一可能不太清楚的地方就是步骤 P6 必须执行多少次，它会循环执行自己. 不过，稍加思考就会发现，只有在步骤 P2 中，或者当我们马上就要在 P6 中检测是否有 $n \leq x$ 时，此算法才会将一个大于等于 2 的值存储在数组 $a_1 a_2 \ldots$ 中. 所有这样的值最终都会减小到 1，或是在步骤 P2 中，或是在步骤 P5 中. 于是，

$$T_2''(n) + T_6(n) = p(n) - 1, \tag{52}$$

式中，$T_2''(n)$ 表示步骤 P2 有多少次将 a_m 设定为一个大于等于 2 的值. 令 $T_2(n) = T_2'(n) + T_2''(n)$，于是 $T_2'(n)$ 就是步骤 P2 置 $a_m \leftarrow 1$ 的次数. 于是，$T_2'(n) + T_4(n)$ 就是以 1 结尾的分划个数，因此，

$$T_2'(n) + T_4(n) = p(n-1). \tag{53}$$

啊哈！我们已经找到足够多的方程了，可以确定所需的所有量了：

$$\begin{aligned}
\big(T_1(n), \ldots, T_6(n)\big) = \\
\big(1, \; p(n) - p(n-2), \; p(n), \; p(n-2), \; p(n) - p(n-2), \; p(n-1) - 1\big).
\end{aligned} \tag{54}$$

由 $p(n)$ 的渐近特性还可以知道，每个分划的平均计算量为

$$\left(\frac{T_1(n)}{p(n)}, \ldots, \frac{T_6(n)}{p(n)}\right) = \left(0, \; \frac{2C}{\sqrt{n}}, \; 1, \; 1 - \frac{2C}{\sqrt{n}}, \; \frac{2C}{\sqrt{n}}, \; 1 - \frac{C}{\sqrt{n}}\right) + O\left(\frac{1}{n}\right), \tag{55}$$

式中，$C = \pi/\sqrt{6} \approx 1.283$.（见习题 45.）于是，每个分划的总内存访问次数变为仅有 $3 + C/\sqrt{n} + O(1/n)$.

> 无论是谁要生成所有分划，
> 都要投入繁苦的劳作，
> 还要忍受痛苦，保持全神贯注，
> 以免遭受严重误导.
>
> ——莱昂哈德·欧拉，*De Partitione Numerorum*（1750）

算法 H 的分析要更难一些，但我们至少可以证明，它的运行时间有一个相当不错的上限. 起关键作用的量是 j 的值，它是满足 $a_j < a_1 - 1$ 的最小下标. 当 $m = 4$ 且 $n = 11$ 时，j 的连续值为 $(2, 2, 2, 3, 2, 2, 3, 4, 2, 3, 5)$，我们已经观察到，当 $b_1 \ldots b_l$ 是共轭分划 $(a_1 \ldots a_m)^T$ 且 $m < n$ 时，$j = b_{l-1} + 1$.（见 (7) 和 (12).）步骤 H3 单独挑选出 $j = 2$ 的情景，因为这种情景不仅是最常见的，它的处理还特别容易.

设 $c_m(n)$ 是 $j - 1$ 的累积总值，是对算法 H 生成的 $\left|{n \atop m}\right|$ 个分划进行求和所得到的. 例如，$c_4(11) = 1 + 1 + 1 + 2 + 1 + 1 + 2 + 3 + 1 + 2 + 4 = 19$. 可以将 $c_m(n)/\left|{n \atop m}\right|$ 看作每个分划的运行时间的良好指标，这是因为，步骤 H4 和 H6 的执行成本最高，而它们的运行时间大致与 $j - 2$ 成正比. 这个比值 $c_m(n)/\left|{n \atop m}\right|$ 是无界的，因为当 $\left|{m \atop m}\right| = 1$ 时，有 $c_m(m) = m$. 但下面的定理表明，算法 H 是高效的.

定理 H. 算法 H 的 $c_m(n)$ 成本度量最多为 $3\left|{n \atop m}\right| + m$.

证明. 容易验证，如果人为地定义 $1 \leq n < m$ 时有 $c_m(n) = 1$，则 $c_m(n)$ 与 $\left|{n \atop m}\right|$ 满足同一递推式，即

$$c_m(n) = c_{m-1}(n-1) + c_m(n-m), \qquad m, n \geq 1, \tag{56}$$

见式 (39). 但现在的边界条件不一样了：

$$c_m(0) = [m > 0]; \qquad c_0(n) = 0. \tag{57}$$

表 3 显示了 $c_m(n)$ 在 m 和 n 很小时的表现特性.

为了证明这个定理，我们实际上将要证明一个更严格的结果，

$$c_m(n) \leq 3\left|{n \atop m}\right| + 2m - n - 1, \qquad n \geq m \geq 2. \tag{58}$$

表 3 算法 H 的成本

n	$c_0(n)$	$c_1(n)$	$c_2(n)$	$c_3(n)$	$c_4(n)$	$c_5(n)$	$c_6(n)$	$c_7(n)$	$c_8(n)$	$c_9(n)$	$c_{10}(n)$	$c_{11}(n)$
0	0	1	1	1	1	1	1	1	1	1	1	1
1	0	1	1	1	1	1	1	1	1	1	1	1
2	0	1	2	1	1	1	1	1	1	1	1	1
3	0	1	2	3	1	1	1	1	1	1	1	1
4	0	1	3	3	4	1	1	1	1	1	1	1
5	0	1	3	4	4	5	1	1	1	1	1	1
6	0	1	4	6	5	5	6	1	1	1	1	1
7	0	1	4	7	7	6	6	7	1	1	1	1
8	0	1	5	8	11	8	7	7	8	1	1	1
9	0	1	5	11	12	12	9	8	8	9	1	1
10	0	1	6	12	16	17	13	10	9	9	10	1
11	0	1	6	14	19	21	18	14	11	10	10	11

习题 50 表明, 这个不等式在 $m \le n \le 2m$ 时成立, 因此, 如果可以证明它在 $n > 2m$ 时也成立, 即可完成证明. 在后一情况下, 根据归纳法可得

$$c_m(n) = c_1(n-m) + c_2(n-m) + c_3(n-m) + \cdots + c_m(n-m)$$
$$\le 1 + \left(3\left|{}^{n-m}_{\;2}\right| + 3-n+m\right) + \left(3\left|{}^{n-m}_{\;3}\right| + 5-n+m\right) + \cdots$$
$$+ \left(3\left|{}^{n-m}_{\;m}\right| + 2m-1-n+m\right)$$
$$= 3\left|{}^{n-m}_{\;1}\right| + 3\left|{}^{n-m}_{\;2}\right| + \cdots + 3\left|{}^{n-m}_{\;m}\right| - 3 + m^2 - (m-1)(n-m)$$
$$= 3\left|{}^{n}_{m}\right| + 2m^2 - m - (m-1)n - 3,$$

而且因为 $n \ge 2m+1$, 所以有 $2m^2 - m - (m-1)n - 3 \le 2m - n - 1$. ∎

*分划的格雷码. 如果是像习题 5 中一样, 以 "部分计数" $c_1 \ldots c_n$ 的形式生成分划, 那么在每个步骤中最多有 4 个 c_j 值会发生改变. 但我们可能更希望尽量减少对各个部分的修改, 通过合适的方式来生成分划, 对于某些 j 和 k 的值, 只需置 $a_j \leftarrow a_j + 1$, $a_k \leftarrow a_k - 1$, 就能得到 $a_1 a_2 \ldots$ 的后继, 就像 7.2.1.3 节中的 "旋转门" 算法一样. 事实表明, 这一愿望总是可以实现的. 事实上, 当 $n = 6$ 时, 有一种独特的方式来完成它:

$$111111,\ 21111,\ 3111,\ 2211,\ 222,\ 321,\ 33,\ 42,\ 411,\ 51,\ 6. \tag{59}$$

一般地, 将 n 分解为最多 m 个部分的 $\left|{}^{m+n}_{\;m}\right|$ 个分划, 总是可以由一个合适的格雷路径生成.

注意, 对于 α 的费勒斯图, 如果仅移动其中的一个点就能得到 β 的费勒斯图, 当且仅当在这种情况下, 说 $\alpha \to \beta$ 是从一个分划到另一分划的许可变换. 于是, $\alpha^T \to \beta^T$ 也是一个许可变换. 由此可以推出, 对于任一格雷码, 如果它对应的分划中最多有 m 个部分, 那么就能为其找到一个对应格雷码, 而这个对应格雷码的相应分划中没有超过 m 的部分. 我们后面的工作将遵守这一约束条件.

分划的格雷码总数是非常庞大的: 当 $n = 7$ 时有 52 个, 当 $n = 8$ 时有 652 个, 当 $n = 9$ 时有 298 896 个, 当 $n = 10$ 时有 2 291 100 484 个. 但人们并不知道一种真正简单的构造方式. 其原因大概是因为一些分划只有两个邻居, 也就是分划 $d^{n/d}$ (其中 $1 < d < n$, d 是 n 的一个因数). 这些分划的前后都必须是 $\{(d+1)d^{n/d-2}(d-1), d^{n/d-1}(d-1)1\}$, 似乎正是因为这一要求, 才无法采用任何简单的递归构造方法.

卡拉·萨维奇 [*J. Algorithms* **10** (1989), 577–595] 找到了一种方法，仅以适当的复杂程度就克服了这些困难. 令

$$\mu(m,n) = \overbrace{m\ m\ \ldots\ m}^{\lfloor n/m \rfloor}\ (n \bmod m) \tag{60}$$

表示在 n 的分划中，其所有部分小于等于 m 且根据字典序的最大分划. 我们的目的是构造从分划 1^n 到 $\mu(m,n)$ 的递归格雷路径 $L(m,n)$ 和 $M(m,n)$，其中 $L(m,n)$ 遍历其部分不大于 m 的所有分划，而 $M(m,n)$ 则遍历这些分划和另外一些分划: $M(m,n)$ 还包含了最大部分为 $m+1$ 的一些分划，前提是这些分划中的其他部分都严格小于 m. 例如，$L(3,8)$ 是 11111111, 2111111, 311111, 221111, 22211, 2222, 3221, 32111, 3311, 332，而 $M(3,8)$ 是

$$11111111,\ 2111111,\ 221111,\ 22211,\ 2222,\ 3221,$$
$$3311,\ 32111,\ 311111,\ 41111,\ 4211,\ 422,\ 332; \tag{61}$$

其中增加了一些以 4 开头的分划，在递归的其他部分中，这些分划可以为我们提供一些"腾挪空间". 我们将针对所有 $n \ge 0$ 定义 $L(m,n)$，但仅对于 $n > 2m$ 定义 $M(m,n)$.

以下构造过程几乎要成功了（为简化符号表示，仅给出了 $m=5$ 的情景）:

$$L(5) = \left\{\begin{array}{l} L(3) \\ 4L(\infty)^R \\ 5L(\infty) \end{array}\right\} \text{如果 } n \le 7;\quad \left\{\begin{array}{l} L(3) \\ 4L(2)^R \\ 5L(2) \\ 431 \\ 44 \\ 53 \end{array}\right\} \text{如果 } n = 8;\quad \left\{\begin{array}{l} M(4) \\ 54L(4)^R \\ 55L(5) \end{array}\right\} \text{如果 } n \ge 9; \tag{62}$$

$$M(5) = \left\{\begin{array}{l} L(4) \\ 5L(4)^R \\ 6L(3) \\ 64L(\infty)^R \\ 55L(\infty) \end{array}\right\} \text{如果 } 11 \le n \le 13;\quad \left\{\begin{array}{l} L(4) \\ 5M(4)^R \\ 6L(4) \\ 554L(4)^R \\ 555L(5) \end{array}\right\} \text{如果 } n \ge 14. \tag{63}$$

这里省略了 $L(m,n)$ 和 $M(m,n)$ 中的参数 n，因为它可以由上下文中推断出来. 在减去之前的部分之后，无论剩余多少个分划，每个 L 或 M 都应当能够生成. 例如，(63) 指出

$$M(5,14)\ =\ L(4,14),\ 5M(4,9)^R,\ 6L(4,8),\ 554L(4,0)^R,\ 555L(5,-1);$$

序列 $L(5,-1)$ 实际上是空的，并且 $L(4,0)$ 是空字符串，所以 $M(5,14)$ 的最终分划应当是 $554 = \mu(5,14)$. 符号 $L(\infty)$ 表示 $L(\infty,n) = L(n,n)$，也就是 n 的所有分划的格雷路径，以 1^n 开头，以 n^1 结尾.

一般地，如果将 (62) 和 (63) 中的数字 2, 3, 4, 5, 6 分别用 $m-3$, $m-2$, $m-1$, m, $m+1$ 代替，则对于所有 $m \ge 3$，均可由相同规则定义出 $L(m)$ 和 $M(m)$. 范围 $n \le 7$, $n = 8$, $n \ge 9$ 变为 $n \le 2m-3$, $n = 2m-2$, $n \ge 2m-1$；范围 $11 \le n \le 13$ 和 $n \ge 14$ 变为 $2m+1 \le n \le 3m-2$ 和 $n \ge 3m-1$. $L(0)$, $L(1)$, $L(2)$ 等序列的定义非常明确，因为这些路径在 $m \le 2$ 时是互不相同的. 当 $n \ge 5$ 时，序列 $M(2)$ 为 1^n, 21^{n-2}, 31^{n-3}, 221^{n-4}, 2221^{n-6},…,$\mu(2,n)$.

定理 S. 对于所有具备上述特性的分划，当 $m,n \ge 0$ 时存在格雷路径 $L'(m,n)$，当 $n \ge 2m+1 \ge 5$ 时存在格雷路径 $M'(m,n)$，但 $L'(4,6)$ 的情景例外. 此外，除少数情景之外，L' 和 M' 遵从相互递归式 (62) 和 (63).

证明. 我们在上面注意到, (62) 和 (63) 几乎总是有效的. 读者可以验证仅在 $L(4,6)$ 情景下出现的唯一例外, 在此情况下, 由 (62) 得出

$$L(4,6) = L(2,6), \ 3L(1,3)^R, \ 4L(1,2), \ 321, \ 33, \ 42$$
$$= 111111, \ 21111, \ 2211, \ 222, \ 3111, \ 411, \ 321, \ 33, \ 42. \tag{64}$$

如果 $m > 4$, 那是没问题的, 因为由 $L(m-2, 2m-2)$ 的末尾向 $(m-1)L(m-3, m-1)^R$ 开头的变换就是由 $(m-2)(m-2)2$ 到 $(m-1)(m-3)2$. 因为遍历这 9 个分划的所有格雷码的结尾都必然是 411, 33, 3111, 222, 2211 之一, 因此, 不存在一个让人满意的路径 $L(4,6)$.

为消除这些异常的不利影响, 我们需要在 8 个地方补充 $L(m,n)$ 和 $M(m,n)$ 的定义, 因为在这 8 个地方都调用了 "有缺陷的子程序" $L(4,6)$. 一种简单的做法是定义

$$L'(4,6) = 111111, 21111, 3111, 411, 321, 33, 42;$$
$$L'(3,5) = 11111, 2111, 221, 311, 32. \tag{65}$$

于是, 我们从 $L(4,6)$ 中省略了 222 和 2211. 我们还重新排列 $L(3,5)$, 使 2111 与 221 相邻. 习题 60 表明, 总是可以很轻松地 "插入" $L(4,6)$ 中缺失的两个分划. ∎

习题

▶ **1.** [*M21*] 对于十二类方式中的每个问题, 给出其中各种可能性的总数. 例如, m 个事物的 n 元组的数目为 m^n. (在适当时候使用 (38) 中的记号, 并多加小心, 保证你的公式即使在 $m = 0$ 或 $n = 0$ 时也总是正确的.)

▶ **2.** [*20*] 证明: 对步骤 H1 稍作修改, 即可得到一种算法, 可以生成将 n 分解为最多 m 个部分时的所有分划.

3. [*M17*] 设 $a_1 + \cdots + a_m$ 是将 n 分解为 m 个部分 $a_1 \geq \cdots \geq a_m$ 的一个分划, 如果对于 $1 \leq i, j \leq m$ 有 $|a_i - a_j| \leq 1$, 就说这个分划是最佳平衡的. 证明: 只要 $n \geq m \geq 1$, 就恰有一个这样的分划, 并给出一个公式, 将第 j 部分 a_j 表示为 j, m 和 n 的函数.

4. [*M22*] (吉德翁·埃尔利希, 1974) 如果规定所有部分都大于等于 r, 则根据字典序, n 的最小分划是哪个? 例如, 当 $n = 19$, $r = 5$ 时, 答案为 766.

▶ **5.** [*23*] 设计一个算法, 以 (8) 的部分计数形式 $c_1 \ldots c_n$ 生成 n 的所有分划. 以反向字典序生成它们, 即以 $c_n \ldots c_1$ 的字典序生成, 该顺序等价于相应分划 $a_1 a_2 \ldots$ 的字典序. 为了提高效率, 还要维护一张表格, 其中给出链接 $l_0 l_1 \ldots l_n$, 如果满足 $c_k > 0$ 的各个不同 k 值为 $k_1 < \cdots < k_t$, 则有

$$l_0 = k_1, \quad l_{k_1} = k_2, \quad \ldots, \quad l_{k_{t-1}} = k_t, \quad l_{k_t} = 0.$$

(于是, 分划 331 将表示为 $c_1 \ldots c_7 = 1020000$, $l_0 = 1$, $l_1 = 3$, $l_3 = 0$; 而其他链接 l_2, l_4, l_5, l_6, l_7 则可以设定为任意方便的值.)

6. [*20*] 设计一个算法, 在给定 $a_1 a_2 \ldots$ 时, 计算 $b_1 b_2 \ldots = (a_1 a_2 \ldots)^T$.

7. [*M20*] 设 $a_1 \ldots a_n$ 和 $a'_1 \ldots a'_n$ 是 n 的分划, 其中 $a_1 \geq \cdots \geq a_n \geq 0$, $a'_1 \geq \cdots \geq a'_n \geq 0$, 设它们各自的共轭分别是 $b_1 \ldots b_n = (a_1 \ldots a_n)^T$, $b'_1 \ldots b'_n = (a'_1 \ldots a'_n)^T$. 证明: 当且仅当 $a_n \ldots a_1 < a'_n \ldots a'_1$ 时, $b_1 \ldots b_n < b'_1 \ldots b'_n$.

8. [*15*] 当 $(p_1 \ldots p_t, q_1 \ldots q_t)$ 是像 (15) 和 (16) 中那样产生分划 $a_1 a_2 \ldots$ 的边缘表示时, 共轭分划 $(a_1 a_2 \ldots)^T$ 的边缘表示是什么?

9. [*22*] 如果 $a_1 a_2 \ldots a_m$ 和 $b_1 b_2 \ldots b_m = (a_1 a_2 \ldots a_m)^T$ 是共轭分划, 证明多重集 $\{a_1 + 1, a_2 + 2, \ldots, a_m + m\}$ 和 $\{b_1 + 1, b_2 + 2, \ldots, b_m + m\}$ 是相等的.

10. [*21*] 有两种简单的二叉树，有时会在进行有关分划的推理提供一些帮助：(a) 包含了所有整数的所有分划的树，(b) 包含了一个给定整数 n 的所有分划的树. 下面右边的图给出当 $n = 8$ 时的情景.

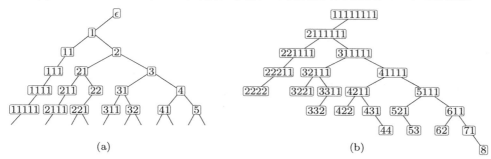

(a)　　　　　　　　　　　　　　　　　　　(b)

推导出这些结构背后的一般规则. 哪种树的遍历顺序对应于这些分划的字典序？

11. [*M22*] 用面值为 1、2、5、10、20、50 和（或）100 分的硬币，可以有多少种方式来支付 1 欧元？ 如果每种硬币最多允许使用两个，又有多少种支付方式呢？

▶ **12.** [*M21*] （欧拉，1750）利用生成函数证明，将 n 分划为不同部分的方法数等于将 n 分划为奇数部分的方法数. 例如，$5 = 4 + 1 = 3 + 2$；$5 = 3 + 1 + 1 = 1 + 1 + 1 + 1 + 1$.

　　　　[注意：下面两道习题使用组合技巧证明了这个著名定理的扩展.]

▶ **13.** [*M23*] （法比亚·富兰克林，1882）在 n 的两种分划之间找出一种一一对应关系 $\alpha \leftrightarrow \beta$，使得：当且仅当 β 恰好有 k 个偶数部分时，α 恰好有 k 个部分会重复出现一次以上.（例如，分划 64421111 有两个重复部分 $\{4, 1\}$，以及三个偶数部分 $\{6, 4, 2\}$. $k = 0$ 的情形对应于欧拉的结果.）

▶ **14.** [*M28*] （詹姆斯·西尔维斯特，1882）在 n 的两种分划之间找出一种一一对应关系，一种分划是将 n 划分为不同部分 $a_1 > a_2 > \cdots > a_m$，恰好有 k 个"间隙"，也就是 $a_j > a_{j+1} + 1$；另一种分划是将 n 划分为奇数部分，恰好有 $k + 1$ 个不同的值.（例如，当 $k = 0$ 时，这一构造方法证明了，把 n 写成连续整数之和的方法数等于 n 的奇因数的个数.）

15. [*M20*] （詹姆斯·西尔维斯特）找出计算自共轭分划（即满足 $\alpha = \alpha^T$ 的分划）的个数的生成函数.

16. [*M21*] 找出 $\sum_{m,n} p(k, m, n) w^m z^n$ 的一个公式，其中 $p(k, m, n)$ 是 n 的分划中拥有 m 个部分且迹为 k 的分划个数. 对 k 求和，将得到一个非平凡的恒等式.

17. [*M26*] n 的联合分划是由正整数组成的序列对 $(a_1, \ldots, a_r; b_1, \ldots, b_s)$，对于此序列对，有

$$a_1 \geq \cdots \geq a_r, \quad b_1 > \cdots > b_s, \quad \text{且} \quad a_1 + \cdots + a_r + b_1 + \cdots + b_s = n.$$

因此，如果 $s = 0$，它就是一个普通的分划，如果 $r = 0$，它就是一个各部分互不相同的分划.

　　(a) 找出生成函数 $\sum u^{r+s} v^s z^n$ 的一个简单公式，求和是对所有具有 r 个普通部分 a_i 以及 s 个不同部分 b_j 的 n 的联合分划进行的.

　　(b) 类似地，找出 $\sum v^s z^n$ 的一个简单公式，求和是对所有恰好总共有 $r + s = t$ 个部分的所有联合分划进行的，其中的 t 已经给定. 例如，当 $t = 2$ 时，答案为 $(1 + v)(1 + vz) z^2 / ((1 - z)(1 - z^2))$.

　　(c) 你推导出什么恒等式？

▶ **18.** [*M23*] （多伦·泽尔伯格）整数序列对 $(a_1, a_2, \ldots, a_r; b_1, b_2, \ldots, b_s)$，满足

$$a_1 \geq a_2 \geq \cdots \geq a_r, \qquad b_1 > b_2 > \cdots > b_s,$$

以及整数序列对 $(c_1, c_2, \ldots, c_{r+s}; d_1, d_2, \ldots, d_{r+s})$，满足

$$c_1 \geq c_2 \geq \cdots \geq c_{r+s}, \qquad \text{对于 } 1 \leq j \leq r + s \text{ 有 } d_j \in \{0, 1\},$$

两者之间的关系为多重集等式

$$\{a_1, a_2, \ldots, a_r\} = \{c_j \mid d_j = 0\} \quad \text{且} \quad \{b_1, b_2, \ldots, b_s\} = \{c_j + r + s - j \mid d_j = 1\}.$$

证明, 这两个整数序列对之间存在一一对应关系. 于是得到重要的恒等式

$$\sum_{\substack{a_1\geq\cdots\geq a_r>0,\,r\geq 0\\ b_1>\cdots>b_s>0,\,s\geq 0}} u^{r+s}v^s z^{a_1+\cdots+a_r+b_1+\cdots+b_s} \;=\; \sum_{\substack{c_1\geq\cdots\geq c_t>0,\,t\geq 0\\ d_1,\ldots,d_t\in\{0,1\}}} u^t v^{d_1+\cdots+d_t} z^{c_1+\cdots+c_t+(t-1)d_1+\cdots+d_{t-1}}.$$

19. [*M22*] （海因里希·海因, 1847）证明四参数恒等式

$$\prod_{m=1}^{\infty}\frac{(1-wxz^m)(1-wyz^m)}{(1-wz^m)(1-wxyz^m)}=\sum_{k=0}^{\infty}\frac{w^k(x-1)(x-z)\ldots(x-z^{k-1})(y-1)(y-z)\ldots(y-z^{k-1})z^k}{(1-z)(1-z^2)\ldots(1-z^k)(1-wz)(1-wz^2)\ldots(1-wz^k)}.$$

提示：对以下公式中的 k 或 l 求和

$$\sum_{k,l\geq 0} u^k v^l z^{kl}\frac{(z-az)(z-az^2)\ldots(z-az^k)}{(1-z)(1-z^2)\ldots(1-z^k)}\frac{(z-bz)(z-bz^2)\ldots(z-bz^l)}{(1-z)(1-z^2)\ldots(1-z^l)},$$

并考虑当 $b=auz$ 时出现的简化情况.

▶ **20.** [*M21*] 利用欧拉递推式 (20), 当 $1\leq n\leq N$ 时, 计算一张列出分划数目 $p(n)$ 的表格大约需要多长时间?

21. [*M21*] （欧拉）设 $q(n)$ 是将 n 分解为不同部分的分划数目. 如果已经知道 $p(1),\ldots,p(n)$, 有什么好方法来计算 $q(n)$?

22. [*HM21*] （欧拉）设 $\sigma(n)$ 是正整数 n 的所有正因数之和. 因此, 当 n 为素数时, $\sigma(n)=n+1$, 当 n 有很多因数时, $\sigma(n)$ 可能远大于 n. 证明：尽管具有这一相当混乱的特性, 但当 $n\geq 1$ 时, $\sigma(n)$ 还是几乎满足与分划数目相同的递推式 (20)：

$$\sigma(n)=\sigma(n-1)+\sigma(n-2)-\sigma(n-5)-\sigma(n-7)+\sigma(n-12)+\sigma(n-15)-\cdots,$$

只是当右侧一项为 $\sigma(0)$ 时, 使用数值 n. 例如, $\sigma(11)=1+11=\sigma(10)+\sigma(9)-\sigma(6)-\sigma(4)=18+13-12-7$; $\sigma(12)=1+2+3+4+6+12=\sigma(11)+\sigma(10)-\sigma(7)-\sigma(5)+12=12+18-8-6+12$.

23. [*HM25*] 利用雅可比的三重积恒等式 (19), 证明他发现的另一个公式

$$\prod_{k=1}^{\infty}(1-z^k)^3=1-3z+5z^3-7z^6+9z^{10}-\cdots=\sum_{n=0}^{\infty}(-1)^n(2n+1)z^{\binom{n+1}{2}}.$$

24. [*M26*] （拉马努金, 1919）令 $A(z)=\prod_{k=1}^{\infty}(1-z^k)^4$.

(a) 证明：当 $n\bmod 5=4$ 时, $[z^n]A(z)$ 是 5 的倍数.

(b) 证明：如果 B 是任意整系数幂级数, 则 $[z^n]A(z)B(z)^5$ 具有相同性质.

(c) 因此, 当 $n\bmod 5=4$ 时, $p(n)$ 是 5 的倍数.

25. [*HM27*] 利用 (a) 欧拉求和公式和 (b) 梅林变换来估计 $\ln P(e^{-t})$, 以改进 (22). 提示：双对数函数 $\mathrm{Li}_2(x)=x/1^2+x^2/2^2+x^3/3^2+\cdots$ 满足 $\mathrm{Li}_2(x)+\mathrm{Li}_2(1-x)=\zeta(2)-(\ln x)\ln(1-x)$.

26. [*HM22*] 在习题 5.2.2–44 和 5.2.2–51 中, 我们研究了两种证明以下等式的方法：

$$\text{对于所有 } M>0, \qquad \sum_{k=1}^{\infty}e^{-k^2/n}=\frac{1}{2}(\sqrt{\pi n}-1)+O(n^{-M}).$$

证明：泊松求和公式给出了一个更严格的结果.

27. [*HM21*] 证明 (28), 并完成推导出定理 D 的计算.

28. [*HM42*] （德里克·莱默）证明：(34) 中定义的哈代-拉马努金-拉德马赫系数 $A_k(n)$ 具有如下不同寻常的特性.

(a) 如果 k 为奇数, 则 $A_{2k}(km+4n+(k^2-1)/8)=A_2(m)A_k(n)$.

(b) 如果 p 为素数, $p^e>2$ 且 $k\perp 2p$, 则

$$A_{p^e k}(k^2 m+p^{2e}n-(k^2-1)(k^2+p^{2e}-1)/24)=(-1)^{[p^e=4]}A_{p^e}(m)A_k(n).$$

在这个公式中，如果 p 或 k 可被 2 或 3 整除，则 $k^2 + p^{2e} - 1$ 是 24 的倍数；否则，除以 24 的运算应当以对 $p^e k$ 取模来完成.

(c) 如果 p 为素数，$|A_{p^e}(n)| < 2^{[p>2]} p^{e/2}$.

(d) 如果 p 为素数，$A_{p^e}(n) \neq 0$ 等价于 $1 - 24n$ 是对 p 取模的二次剩余，并且或有 $e = 1$，或有 $24n \bmod p \neq 1$.

(e) 当 k 恰好可被 t 个 ≥ 5 的素数整除，且 n 是一个随机整数时，$A_k(n) = 0$ 的概率大约为 $1 - 2^{-t}$.

▶ **29.** [*M16*] 推广 (41)，计算和式 $\sum_{a_1 \geq a_2 \geq \cdots \geq a_m \geq 1} z_1^{a_1} z_2^{a_2} \ldots z_m^{a_m}$.

30. [*M17*] 求和式

$$\text{(a)} \quad \sum_{k \geq 0} \left| \begin{matrix} n - km \\ m - 1 \end{matrix} \right| \qquad \text{和} \qquad \text{(b)} \quad \sum_{k \geq 0} \left| \begin{matrix} n \\ m - k \end{matrix} \right|$$

的闭合式（这些和式是有限的，因为当 k 很大时，被求和的各项为零）.

31. [*M24*]（奥古斯塔斯·德摩根，1843）证明：$\left| \begin{matrix} n \\ 2 \end{matrix} \right| = \lfloor n/2 \rfloor$ 和 $\left| \begin{matrix} n \\ 3 \end{matrix} \right| = \lfloor (n^2 + 6)/12 \rfloor$；为 $\left| \begin{matrix} n \\ 4 \end{matrix} \right|$ 找出类似公式.

32. [*M15*] 证明：对于所有 $m, n \geq 0$，有 $\left| \begin{matrix} n \\ m \end{matrix} \right| \leq p(n - m)$. 等号何时成立？

33. [*HM20*] 将 n 分解为 m 个部分，恰有 $\binom{n-1}{m-1}$ 个组分，式 7.2.1.3–(9)，利用这一事实证明 $\left| \begin{matrix} n \\ m \end{matrix} \right|$ 的一个下界. 然后置 $m = \lfloor \sqrt{n} \rfloor$，得到 $p(n)$ 的一个基本下界.

▶ **34.** [*HM21*] 证明：将 n 分解为 m 个不同部分的分划数为 $\left| \begin{matrix} n - m(m-1)/2 \\ m \end{matrix} \right|$. 因此，

$$\text{当 } m \leq n^{1/3} \text{ 时，} \qquad \left| \begin{matrix} n \\ m \end{matrix} \right| = \frac{n^{m-1}}{m!\,(m-1)!} \left(1 + O\left(\frac{m^3}{n} \right) \right).$$

35. [*HM21*] 在爱尔特希-莱纳概率分布 (43) 中，哪个 x 值 (a) 概率最大？(b) 为中值？(c) 为均值？(d) 标准差是多少？

36. [*HM24*] 证明定理 E 中所需的关键估计式 (47).

37. [*M22*] 一个分划恰有 q 个不同部分超过 m，通过分析这一分划在计算第 r 个部分和时被统计的次数，证明：容斥"括号"引理 (48).

38. [*M20*] 给定正整数 l 和 m，枚举了恰有 m 个部分且最大部分为 l 的分划的生成函数是什么？（见式 (51).）

39. [*M20*]（柯西）继续习题 38，一类分划是分解为 m 个互不相同且小于 l 的部分，计算此类分划的个数的生成函数是什么？

▶ **40.** [*M25*]（法比亚·富兰克林，1882）分划 $a_1 a_2 \ldots$ 把 n 分解为不超过 m 个部分，且对于 $0 \leq k \leq m$，具有性质 $a_1 \leq a_{k+1} + l$. 推广定理 C，证明：此类分划的个数是

$$[z^n] \frac{(1 - z^{l+1}) \ldots (1 - z^{l+k})}{(1 - z)(1 - z^2) \ldots (1 - z^m)}.$$

41. [*HM42*] 扩展哈代-拉马努金-拉德马赫公式 (32)，以获得表示将 n 分解为最多 m 个部分且所有部分都不超过 l 的分划的收敛级数.

42. [*HM42*] 假设 $\theta \varphi > 1$，将 n 分解为最多 $\theta \sqrt{n}$ 个部分，且所有部分均不超过 $\varphi \sqrt{n}$，试为这样的随机分划找出一种类似于 (49) 的极限形状.

43. [*M18*] 给定 n 和 k，n 的多少个分划满足 $a_1 > a_2 > \cdots > a_k$？

▶ **44.** [*M22*] n 的分划中，两个最小部分相等的分划有多少个？

45. [*HM21*] 计算 $p(n-1)/p(n)$ 的渐近值，相对误差为 $O(n^{-2})$.

46. [*M20*] 在正文对算法 P 的分析中，$T_2'(n)$ 和 $T_2''(n)$ 中的哪个更大？

▶ **47.** [*HM22*] （艾伯特·奈恩黑斯和赫伯特·维尔夫，1975）以下简单算法基于分划数 $p(0), p(1), \ldots, p(n)$ 的表格，使用 (8) 的部分计数 $c_1 \ldots c_n$ 生成 n 的一个随机分划. 证明：该算法以相同概率生成每个分划.

N1. ［初始化. ］置 $m \leftarrow n$ 及 $c_1 \ldots c_n \leftarrow 0 \ldots 0$.

N2. ［完成？］如果 $m = 0$ 则结束.

N3. ［生成. ］生成一个处于 $0 \leq M < mp(m)$ 范围内的随机整数 M.

N4. ［选择部分. ］置 $s \leftarrow 0$. 然后对于 $j = 1, 2, \ldots,$ 以及对于 $k = 1, 2, \ldots, \lfloor m/j \rfloor$，重复置 $s \leftarrow s + kp(m - jk)$ 直到 $s > M$.

N5. ［更新. ］置 $c_k \leftarrow c_k + j$，$m \leftarrow m - jk$，然后返回 N2. ∎

提示：步骤 N4 以恒等式

$$\sum_{j=1}^{\infty} \sum_{k=1}^{\lfloor m/j \rfloor} kp(m - jk) = mp(m)$$

为基础，以概率 $kp(m - jk)/(mp(m))$ 选择每个特定的值对 (j, k).

48. [*HM40*] 分析上题中算法的运行时间.

▶ **49.** [*HM26*] (a) 对 n 的所有分划的最小部求和，其生成函数 $F(z)$ 是什么？（此级数的开头部分为 $z + 3z^2 + 5z^3 + 9z^4 + 12z^5 + \cdots$.）

(b) 求 $[z^n] F(z)$ 的渐近值，相对误差为 $O(n^{-1})$.

50. [*HM33*] 在递推式 (56), (57) 中，令 $c(m) = c_m(2m)$.

(a) 证明：对于 $0 \leq k \leq m$，有 $c_m(m + k) = m - k + c(k)$.

(b) 因此，如果对于所有 $m \geq 0$ 有 $c(m) < 3p(m)$，则式 (58) 对于 $m \leq n \leq 2m$ 成立.

(c) 证明：m 的所有分划的第二小部分之和为 $c(m) - m$.

(d) 在两类分划之间找出一种一一对应关系，一类是 n 的分划中，第二小部分为 k 的所有分划，另一类是小于等于 n 的数的分划中最小部分为 $k + 1$ 的所有分划.

(e) 描述生成函数 $\sum_{m \geq 0} c(m) z^m$.

(f) 得出结论：对于所有 $m \geq 0$ 有 $c(m) < 3p(m)$.

51. [*M46*] 详细分析算法 H.

▶ **52.** [*M21*] 当 $n = 64$ 时，算法 P 生成的第 100 万个分划是什么？提示：$p(64) = 1\,741\,630 = 1\,000\,000 + \left|^{77}_{13}\right| + \left|^{60}_{10}\right| + \left|^{47}_{8}\right| + \left|^{35}_{5}\right| + \left|^{27}_{3}\right| + \left|^{22}_{2}\right| + \left|^{18}_{1}\right| + \left|^{15}_{0}\right|$.

▶ **53.** [*M21*] 当 $m = 32$ 且 $n = 100$ 时，算法 H 生成的第 100 万个分划是什么？提示：$999\,999 = \left|^{80}_{12}\right| + \left|^{66}_{11}\right| + \left|^{50}_{7}\right| + \left|^{41}_{6}\right| + \left|^{33}_{5}\right| + \left|^{26}_{4}\right| + \left|^{21}_{4}\right|$.

▶ **54.** [*M30*] 令 $\alpha = a_1 a_2 \ldots$ 和 $\beta = b_1 b_2 \ldots$ 是 n 的分划. 如果对于所有 $k \geq 0$，均有 $a_1 + \cdots + a_k \geq b_1 + \cdots + b_k$，就说 α 优超 β，记作 $\alpha \succeq \beta$ 或 $\beta \preceq \alpha$.

(a) 判别真假：$\alpha \succeq \beta$ 蕴含 $\alpha \geq \beta$（字典序）.

(b) 判别真假：$\alpha \succeq \beta$ 蕴含 $\beta^T \succeq \alpha^T$.

(c) 证明：n 的任意两个分划具有一个最大下限 $\alpha \wedge \beta$，使得当且仅当 $\alpha \wedge \beta \succeq \gamma$ 时 $\alpha \succeq \gamma$ 及 $\beta \succeq \gamma$. 试解释如何计算 $\alpha \wedge \beta$.

(d) 同理，解释如何计算一个最小上限 $\alpha \vee \beta$，使得当且仅当 $\gamma \succeq \alpha \vee \beta$ 时，$\gamma \succeq \alpha$ 及 $\gamma \succeq \beta$.

(e) 如果 α 有 l 个部分，且 β 有 m 个部分，那么 $\alpha \wedge \beta$ 和 $\alpha \vee \beta$ 有多少个部分？

(f) 判别真假：如果 α 的各部分互不相同，β 的各部分互不相同，则 $\alpha \wedge \beta$ 和 $\alpha \vee \beta$ 的各部分也互不相同.

▶ **55.** [*M37*] 继续上题，如果 $\alpha \succeq \beta$ 且 $\alpha \neq \beta$，并且 $\alpha \succeq \gamma \succeq \beta$ 蕴涵 $\gamma = \alpha$ 或 $\gamma = \beta$，就说 α 覆盖 β. 例如，图 52 展示了 12 的分划之间的覆盖关系.

(a) 如果对于所有 $k \geq 1$ 及某个 $l \geq 1$，分划 $\alpha = a_1 a_2 \ldots$ 和 $\beta = b_1 b_2 \ldots$ 满足 $b_k = a_k - [k = l] + [k = l + 1]$，则记作 $\alpha \vdash \beta$. 证明：当且仅当 $\alpha \vdash \beta$ 或 $\beta^T \vdash \alpha^T$ 时，α 覆盖 β.

(b) 证明存在一种简单的方法,通过查看 α 和 β 的边缘表示,即可判断 α 是否覆盖 β.

(c) 令 $n = \binom{n_2}{2} + \binom{n_1}{1}$,其中 $n_2 > n_1 \geq 0$,$n_2 > 2$. 证明:n 的任何分划都不会覆盖超过 $n_2 - 2$ 个分划.

(d) 如果没有分划 λ 满足 $\mu \rhd \lambda$,就说分划 μ 是最小的. 证明:当且仅当 μ^T 的各个部分互不相同时,μ 是最小的.

(e) 假设 $\alpha = \alpha_0 \rhd \alpha_1 \rhd \cdots \rhd \alpha_k$ 及 $\alpha = \alpha'_0 \rhd \alpha'_1 \rhd \cdots \rhd \alpha'_{k'}$,其中 α_k 和 $\alpha'_{k'}$ 是最小分划. 证明:$k = k'$ 及 $\alpha_k = \alpha'_{k'}$.

(f) 试解释如何计算一个分划,它的各部分互不相同,并且根据字典序,是优超于给定分划 α 的最小分划.

(g) 试描述 n 的一个分划 λ_n,它将 n 分解为互不相同的部分,且该分划根据字典序为最小分划. 所有路径 $n^1 = \alpha_0 \rhd \alpha_1 \rhd \cdots \rhd \lambda_n^T$ 的长度为多少?

(h) $n^1 = \alpha_0, \alpha_1, \ldots, \alpha_l = 1^n$ 的最长、最短路径的长度为多少?其中对于 $0 \leq j < l$,α_j 覆盖 α_{j+1}.

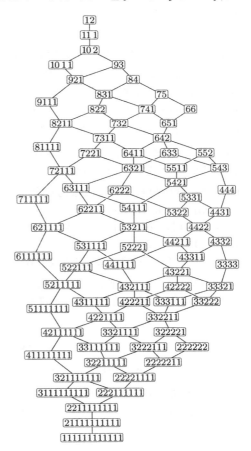

图 52 12 的分划的优超栅格
（见习题 54–58）

▶ **56.** [*M32*] 给定分划 λ 与 μ,它们满足 $\lambda \preceq \mu$,设计一种算法,生成所有满足 $\lambda \preceq \alpha \preceq \mu$ 的分划 α.

注意:这种算法有无数种应用. 例如,要生成所有拥有 m 个部分,且所有部分都不超过 l 的分划,可以令 λ 表示最小的此种分划,也就是像习题 3 中一样,$\lceil n/m \rceil \ldots \lfloor n/m \rfloor$,再令 μ 是最大的,即 $((n-m+1)1^{m-1}) \wedge (l^{\lfloor n/l \rfloor}(n \bmod l))$. 同理,根据海曼·兰多 [*Bull. Math. Biophysics* **15** (1953),143–148] 的著名定理,$\binom{m}{2}$ 的分划中,满足条件

$$\left\lfloor \frac{m}{2} \right\rfloor^{\lfloor m/2 \rfloor} \left\lceil \frac{m-1}{2} \right\rceil^{\lceil m/2 \rceil} \preceq \alpha \preceq (m-1)(m-2)\ldots 21$$

的分划是一场循环锦标赛可能出现的“成绩向量”,即使得第 j 强选手赢得 a_j 场比赛的分划 $a_1 \ldots a_m$.

57. [*M22*] 设一个由 0 和 1 组成的矩阵 (a_{ij})，它的行和为 $r_i = \sum_j a_{ij}$，列和为 $c_j = \sum_i a_{ij}$. 通过交换行列顺序，可以假设 $r_1 \geq r_2 \geq \cdots$ 及 $c_1 \geq c_2 \geq \cdots$. 于是，$\lambda = r_1 r_2 \ldots$ 和 $\mu = c_1 c_2 \ldots$ 是 $n = \sum_{i,j} a_{ij}$ 的分划. 证明：当且仅当 $\lambda \preceq \mu^T$ 时存在这样一个矩阵.

58. [*M23*] （对称平均值）设 $\alpha = a_1 \ldots a_m$ 和 $\beta = b_1 \ldots b_m$ 是 n 的分划. 证明：当且仅当 $\alpha \succeq \beta$ 时，不等式

$$\frac{1}{m!} \sum x_{p_1}^{a_1} \ldots x_{p_m}^{a_m} \geq \frac{1}{m!} \sum x_{p_1}^{b_1} \ldots x_{p_m}^{b_m}$$

对于变量 $(x_1, \ldots, x_m)$ 的所有非负值都成立，其中，求和是对 $\{1, \ldots, m\}$ 的所有 $m!$ 个排列进行的.（例如，在特例 $m = n$，$\alpha = n0\ldots0$，$\beta = 11\ldots1$，$x_j = y_j^{1/n}$ 中，"算术平均支配几何平均"，此不等式简化为 $(y_1 + \cdots + y_n)/n \geq (y_1 \ldots y_n)^{1/n}$.）

59. [*M22*] 我们说格雷路径 (59) 在以下意义上是对称的，即其反转序列 6, 51, ..., 111111 与共轭序列 $(111111)^T$, $(21111)^T$, ..., $(6)^T$ 相同. 找出所有在这种意义下对称的格雷序列 $\alpha_1, \ldots, \alpha_{p(n)}$.

60. [*23*] 完成对定理 S 的证明：在 (6_2) 和 (6_3) 中所有调用 $L(4,6)$ 的位置，修改 $L(m,n)$ 和 $M(m,n)$ 的定义.

61. [*26*] 实现定理 S 给出的分划生成机制，总是指明在前后两次访问之间发生变化的两个部分.

62. [*46*] 证明或证伪：设 n 和 m 是足够大的整数，且满足 $n \bmod m \neq 0$，$3 \leq m < n$，对于 n 的分划中所有满足 $a_1 \leq m$ 的分划 α，如果分划中的部分均小于等于 m，除非 $\alpha = 1^n$ 或 $\alpha = 21^{n-2}$，否则所有此类分划必存在一条格雷路径，以 1^n 开头，以 α 结尾.

63. [*47*] 对于哪两个分划 λ 和 μ 存在一种格雷码，可以遍历所有满足 $\lambda \preceq \alpha \preceq \mu$ 的分划 α？

▶ **64.** [*32*] （二进制分划）设计一种无循环算法，用来访问所有将 n 分解为 2 的幂的分划，其中在每一步都是用 2^{k+1} 代替 $2^k + 2^k$，或反之.

65. [*23*] 众所周知，m 个元素的每个交换群都可以采用 7.2.1.3–(66) 的加法运算表示为一个离散环面 $T(m_1, \ldots, m_n)$，其中 $m = m_1 \ldots m_n$，m_j 是 m_{j+1}（$1 \leq j < n$）的倍数. 例如，当 $m = 360 = 2^3 \cdot 3^2 \cdot 5^1$ 时，存在 6 个这样的群，对应于如下分解方式：$(m_1, m_2, m_3) = (30, 6, 2)$，$(60, 6, 1)$，$(90, 2, 2)$，$(120, 3, 1)$，$(180, 2, 1)$，$(360, 1, 1)$.

说明如何用一种算法系统地生成所有这些分解方式，在每个步骤中恰好改变因数 m_j 中的两个.

▶ **66.** [*M25*] （P 分划）假设我们不再坚持 $a_1 \geq a_2 \geq \cdots$，而是希望考虑 n 的所有组分中满足某一给定偏序的非负组分. 例如，珀西·麦克马洪发现，"上下"不等式 $a_4 \leq a_2 \geq a_3 \leq a_1$ 可以分为 5 个没有重叠的类型：

$$a_1 \geq a_2 \geq a_3 \geq a_4; \quad a_1 \geq a_2 \geq a_4 > a_3;$$

$$a_2 > a_1 \geq a_3 \geq a_4; \quad a_2 > a_1 \geq a_4 > a_3; \quad a_2 \geq a_4 > a_1 \geq a_3.$$

上述每一种类型都很容易枚举，比如 $a_2 > a_1 \geq a_4 > a_3$ 等价于 $a_2 - 2 \geq a_1 - 1 \geq a_4 - 1 \geq a_3$；有多少个满足 $a_3 \geq 0$ 及 $a_1 + a_2 + a_3 + a_4 = n$ 的解，就可以找出多少种方式，将 $n - 1 - 2 - 0 - 1$ 分解为最多四个部分.

试解释，如何解决这种类型的一般问题：给定 m 个元素的任意偏序关系 $\prec$，考虑所有当 $j \prec k$ 时 $a_j \geq a_k$ 的 m 元组 $a_1 \ldots a_m$. 假设通过合理选择下标，使得 $j \prec k$ 蕴涵 $j \leq k$，请证明所有满足条件的 m 元组分属恰好 N 个类别，拓扑排序算法 7.2.1.2V 的每个输出分别对应其一类. 可以生成所有这些总和为 n 的非负 $a_1 \ldots a_m$ 的生成函数是什么？怎样才能生成所有这些 m 元组？

67. [*M25*] （珀西·麦克马洪，1886）n 的完美分划是一个多重集，它恰有 $n+1$ 个子多重集，且这些多重集是整数 $0, 1, \ldots, n$ 的分划. 例如，多重集 $\{1,1,1,1,1\}$，$\{2,2,1\}$，$\{3,1,1\}$ 是 5 的完美分划.

试解释如何构造 n 的完美分划中元素数目最少的分划.

68. [*M23*] 如果 (a) m 为给定值，(b) m 为任意值，在将 n 分解为 m 个部分的分划中，哪个分划的乘积 $a_1 \ldots a_m$ 最大？

69. [*M30*] 找出所有小于 10^9 的 n, 使得方程 $x_1 + x_2 + \cdots + x_n = x_1 x_2 \ldots x_n$ 在正整数范围内只有一个解, 其中 $x_1 \geq x_2 \geq \cdots \geq x_n$. (例如, 当 $n = 2, 3$ 或 4 时, 该方程只有一个解, 但是, $5 + 2 + 1 + 1 + 1 = 5 \cdot 2 \cdot 1 \cdot 1 \cdot 1$, $3 + 3 + 1 + 1 + 1 = 3 \cdot 3 \cdot 1 \cdot 1 \cdot 1$, $2 + 2 + 2 + 1 + 1 = 2 \cdot 2 \cdot 2 \cdot 1 \cdot 1$.)

70. [*M30*] ("保加利亚单人纸牌游戏") 取 n 张卡片, 将它们任意分成一沓或多沓. 然后反复从每一沓取出一张卡片, 并放在新的一沓中.

证明: 如果 $n = 1 + 2 + \cdots + m$, 则这一过程总会达到一种自重复状态, 其中各沓的大小为 $\{m, m - 1, \ldots, 1\}$. 例如, 如果 $n = 10$, 并且开始时各沓的大小为 $\{3, 3, 2, 2\}$, 将会得到分划序列

$$3322 \to 42211 \to 5311 \to 442 \to 3331 \to 4222 \to 43111 \to 532 \to 4321 \to 4321 \to \cdots.$$

对于其他 n 值, 可能出现哪些循环状态?

71. [*M46*] 续上题, 在有 n 张纸牌的保加利亚单人纸牌游戏中, 最多经过多少步之后进入循环状态?

72. [*M30*] 在保加利亚单人纸牌游戏中, n 的多少个分划没有前导?

73. [*M25*] 假设我们写出了 n 的所有分划, 比如当 $n = 6$ 时, 为

$$6, \ 51, \ 42, \ 411, \ 33, \ 321, \ 3111, \ 222, \ 2211, \ 21111, \ 111111,$$

将每个分划中第 j 次出现的 k 改为 j:

$$1, \ 11, \ 11, \ 112, \ 12, \ 111, \ 1123, \ 123, \ 1212, \ 11234, \ 123456.$$

(a) 证明: 这一操作将生成各不同元素的一个排列.
(b) 元素 k 共出现多少次?

7.2.1.5 生成所有集合分划.

现在让我们换个话题, 关注稍微不同类型的分划. 集合分划是指采用不同方式将这个集合看作其非空不相交子集的并集, 这些子集称为块. 例如, 我们在上节开始部分的 7.2.1.4–(2) 和 7.2.1.4–(4) 中列出了 $\{1, 2, 3\}$ 的 5 个不同分划. 这 5 个分划也可以用一条竖线将各个块分隔开来, 更紧凑地记为

$$123, \quad 12|3, \quad 13|2, \quad 1|23, \quad 1|2|3. \tag{1}$$

在这个列表中, 每个块的元素可以按任意顺序写出, 每个块本身也是如此, 这是因为 $13|2$、$31|2$、$2|13$、$2|31$ 都表示同一分划. 但我们可以约定一种标准化的表示方式, 比如将每个块中的元素按递增顺序列出, 而各个块按其最小元素的递增顺序列出. 根据这一约定, $\{1, 2, 3, 4\}$ 的分划为

$$1234, \ 123|4, \ 124|3, \ 12|34, \ 12|3|4, \ 134|2, \ 13|24, \ 13|2|4,$$
$$14|23, \ 1|234, \ 1|23|4, \ 14|2|3, \ 1|24|3, \ 1|2|34, \ 1|2|3|4, \tag{2}$$

这是以所有可能的方式把 4 放在 (1) 中的各块之间得到的.

集合分划出现在许多种不同语境中. 比如, 政治学家和经济学家经常将它们看作是"联盟"; 计算机系统设计师可以将它们看作是用于内存访问的"高速缓存命中模式"; 诗人则认为它们是"押韵格式"(见习题 34–37). 我们在 2.3.3 节曾经看到, 对象之间的任一等价关系, 即具有自反性、对称性、传递性的任意二元关系, 都为这些对象定义了一种分划, 也就是将其划分为所谓的"等价类". 反之, 每个集合分划都定义了一种等价关系: 如果 Π 是 $\{1, 2, \ldots, n\}$ 的一个分划, 只要 j 和 k 属于 Π 的同一个块, 都可以记作

$$j \equiv k \pmod{\Pi}. \tag{3}$$

在计算机中, 表示集合分划的最方便方法之一就是将其编码表示为一个限制增长的串, 也就是表示为一个非负整数串 $a_1 a_2 \ldots a_n$, 其中有

$$a_1 = 0 \quad \text{且} \quad \text{对于 } 1 \leq j < n \text{ 有 } a_{j+1} \leq 1 + \max(a_1, \ldots, a_j). \tag{4}$$

其思路是当且仅当 $j \equiv k$ 时置 $a_j = a_k$，而且只要 j 是其所在块中的最小值，则为 a_j 选择最小的可选数值. 例如，(2) 中 15 个分划的限制增长的串分别为:

$$0000,\ 0001,\ 0010,\ 0011,\ 0012,\ 0100,\ 0101,\ 0102,$$
$$0110,\ 0111,\ 0112,\ 0120,\ 0121,\ 0122,\ 0123. \tag{5}$$

这一约定引出了下面由乔治·哈钦森在 *CACM* **6** (1963), 613–614 中提出的简单生成方案.

算法 H （字典序下的限制增长的串）. 给定 $n \geq 2$，这一算法访问所有满足限制增长条件 (4) 的串 $a_1 a_2 \ldots a_n$，从而生成 $\{1, 2, \ldots, n\}$ 的所有分划. 我们维护一个辅助数组 $b_1 b_2 \ldots b_n$，其中 $b_{j+1} = 1 + \max(a_1, \ldots, a_j)$；为提高效率，$b_n$ 的值实际上保存在一个独立变量 m 中.

H1. ［初始化.］置 $a_1 \ldots a_n \leftarrow 0 \ldots 0$, $b_1 \ldots b_{n-1} \leftarrow 1 \ldots 1$, $m \leftarrow 1$.

H2. ［访问.］访问限制增长的串 $a_1 \ldots a_n$，这个串表示一个划分为 $m + [a_n = m]$ 个块的分划. 如果 $a_n = m$，则转至 H4.

H3. ［推进 a_n.］置 $a_n \leftarrow a_n + 1$，并返回 H2.

H4. ［寻找 j.］置 $j \leftarrow n - 1$；然后，当 $a_j = b_j$ 时循环执行 $j \leftarrow j - 1$.

H5. ［推进 a_j.］如果 $j = 1$ 则结束. 否则，置 $a_j \leftarrow a_j + 1$.

H6. ［将 $a_{j+1} \ldots a_n$ 清零.］置 $m \leftarrow b_j + [a_j = b_j]$ 及 $j \leftarrow j + 1$. 然后，当 $j < n$ 时循环执行 $a_j \leftarrow 0$, $b_j \leftarrow m$, $j \leftarrow j + 1$. 最后，置 $a_n \leftarrow 0$ 并返回 H2. ∎

习题 47 证明了步骤 H4–H6 很少会被用到，因此，H4 和 H6 中的循环几乎总是很短. 这一算法的链表形式见习题 2.

集合分划的格雷码. 快速遍历所有集合分划的一种方法是，在每一步中仅改变限制增长的串 $a_1 \ldots a_n$ 中的一个数字，因为对 a_j 的改变只不过就是将元素 j 由一个块移动到另一个块中. 吉德翁·埃尔利希 [*JACM* **20** (1973), 507–508] 提出了一种方法，可以将这种列表排列得非常优雅: 对于包含 $n - 1$ 个元素的分划，可以连续向每个串 $a_1 \ldots a_{n-1}$ 中追加数字

$$0,\ m,\ m-1,\ \ldots,\ 1 \qquad 或 \qquad 1,\ \ldots,\ m-1,\ m,\ 0, \tag{6}$$

其中 $m = 1 + \max(a_1, \ldots, a_{n-1})$，在上述两种情况之间交替选择. 因此，$n = 2$ 时的列表 "00, 01" 就变成了 $n = 3$ 时的 "000, 001, 011, 012, 010"；如果再将它扩展为 $n = 4$ 的情景，列表就变成了

$$0000,\ 0001,\ 0011,\ 0012,\ 0010,\ 0110,\ 0112,\ 0111,$$
$$0121,\ 0122,\ 0123,\ 0120,\ 0100,\ 0102,\ 0101. \tag{7}$$

习题 14 表明，埃尔利希的方案可以导出一种实现这一格雷码顺序的简单方法，其工作量并不比算法 H 更大.

但是，假设我们并不是对所有分划都感兴趣，我们可能只需要那些恰有 m 个块的分划. 我们能否仍然通过每次仅改变一个数字的方式来遍历这种规模较小的限制增长的串的集合呢? 答案是肯定的. 弗兰克·拉斯基 [*Lecture Notes in Comp. Sci.* **762** (1993), 205–206] 已经找到了一种非常优美的方法来生成这种列表. 他定义了两个这种序列 A_{mn} 和 A'_{mn}，其起始串都是由 m 个块组成，且根据字典序排在最前面，即 $0^{n-m} 01 \ldots (m-1)$. 它们的区别是，如果 $n > m + 1$，A_{mn} 以 $01 \ldots (m-1) 0^{n-m}$ 结尾，而 A'_{mn} 以 $0^{n-m-1} 01 \ldots (m-1) 0$ 结尾. 下面是拉斯基的递归

规则, 当 $1 < m < n$ 时:

$$A_{m(n+1)} = \begin{cases} A_{(m-1)n}(m-1), A_{mn}^R(m-1), \ldots, A_{mn}^R 1, A_{mn}0, & m \text{ 为偶数}; \\ A'_{(m-1)n}(m-1), A_{mn}(m-1), \ldots, A_{mn}^R 1, A_{mn}0, & m \text{ 为奇数}; \end{cases} \tag{8}$$

$$A'_{m(n+1)} = \begin{cases} A'_{(m-1)n}(m-1), A_{mn}(m-1), \ldots, A_{mn}1, A_{mn}^R 0, & m \text{ 为偶数}; \\ A_{(m-1)n}(m-1), A_{mn}^R(m-1), \ldots, A_{mn}1, A_{mn}^R 0, & m \text{ 为奇数}. \end{cases} \tag{9}$$

（换言之, 我们首先以 $A_{(m-1)n}(m-1)$ 或 $A'_{(m-1)n}(m-1)$ 开头, 然后当 j 由 $m-1$ 递减至 0 时, 交替使用 $A_{mn}^R j$ 或 $A_{mn}j$. ）当然, 最基本的情景就是只有一个元素的列表

$$A_{1n} = A'_{1n} = \{0^n\} \qquad \text{和} \qquad A_{nn} = \{01\ldots(n-1)\}. \tag{10}$$

根据这些定义, 将 $\{1,2,3,4,5\}$ 划分三个块的 $\{{5 \atop 3}\} = 25$ 个分划为

$$00012, 00112, 01112, 01012, 01002, 01102, 00102,$$
$$00122, 01122, 01022, 01222, 01212, 01202,$$
$$01201, 01211, 01221, 01021, 01121, 00121, \tag{11}$$
$$00120, 01120, 01020, 01220, 01210, 01200.$$

（见习题 17, 其中给出了一种更高效的实现. ）

在吉德翁·埃尔利希的方案 (7) 中, $a_1 \ldots a_n$ 最右端的数字变化最快, 但在弗兰克·拉斯基的方案中, 大多数变化发生在左端附近. 但在这两种情况下, 每一步都仅影响一个数字 a_j, 这些变化非常简单: 要么是 a_j 变化 ± 1, 要么是在两个极值 0 和 $1 + \max(a_1, \ldots, a_{j-1})$ 之间跳变. 在同样的约束条件下, 序列 $A'_{1n}, A'_{2n}, \ldots, A'_{nn}$ 按照块数的递增顺序遍历了所有分划.

集合分划的数目. 我们已经看到, $\{1,2,3\}$ 有 5 个分划, $\{1,2,3,4\}$ 有 15 个分划. 查尔斯·皮尔斯发现了计算这些数目的一种快速方法, 他在 *American Journal of Mathematics* **3** (1880), 第 48 页给出了以下数的三角形:

$$\begin{array}{cccccc} 1 \\ 2 & 1 \\ 5 & 3 & 2 \\ 15 & 10 & 7 & 5 \\ 52 & 37 & 27 & 20 & 15 \\ 203 & 151 & 114 & 87 & 67 & 52 \end{array} \tag{12}$$

式中, 第 n 行的各项 $\varpi_{n1}, \varpi_{n2}, \ldots, \varpi_{nn}$ 服从简单的递推关系

$$\varpi_{nk} = \varpi_{(n-1)k} + \varpi_{n(k+1)}, \ 1 \le k < n; \qquad \varpi_{nn} = \varpi_{(n-1)1}, \ n > 1; \tag{13}$$

且 $\varpi_{11} = 1$. 皮尔斯三角有许多非常值得注意的性质, 在习题 26–31 和 33 中研究了其中一些性质. 比如, ϖ_{nk} 是 $\{1,2,\ldots,n\}$ 的分划数目, 其中 k 是它的块中的最小值.

皮尔斯三角的对角线和第一列中的各项告诉了我们集合分划的总数, 它们一般称为贝尔数, 这是因为埃里克·贝尔写了几篇有关它们的深具影响力的论文 [*AMM* **41** (1934), 411–419; *Annals of Math.* (2) **35** (1934), 258–277; **39** (1938), 539–557]. 我们将沿循路易·孔泰首创的做法, 用 ϖ_n 来表示贝尔数, 目的是避免同伯努利数 B_n 相混淆. 最前面的几项是

$n = 0$	1	2	3	4	5	6	7	8	9	10	11	12
$\varpi_n = 1$	1	2	5	15	52	203	877	4140	21147	115975	678570	4213597

注意，这个序列的增长速度很快，但不及 $n!$. 我们下面将证明 $\varpi_n = \big(\Theta(n/\ln n)\big)^n$.

当 $n \geq 0$ 时，贝尔数 $\varpi_n = \varpi_{n1}$ 必须满足递推公式

$$\varpi_{n+1} = \varpi_n + \binom{n}{1}\varpi_{n-1} + \binom{n}{2}\varpi_{n-2} + \cdots = \sum_k \binom{n}{k}\varpi_{n-k}, \tag{14}$$

这是因为 $\{1, \ldots, n+1\}$ 的每个分划都是通过以下方式得到的：对于某个 k 值，选择 $\{1, \ldots, n\}$ 的 k 个元素，将它们放到包含 $n+1$ 的块中，然后以 ϖ_{n-k} 种方式划分剩下的元素. 这个递推公式是由松永良弼在 18 世纪发现的（见 7.2.1.7 节），它引出了一个非常漂亮的生成函数

$$\Pi(z) = \sum_{n=0}^{\infty} \varpi_n \frac{z^n}{n!} = e^{e^z - 1}, \tag{15}$$

它是威廉·惠特沃思 [*Choice and Chance*, 3rd edition (1878), 3.XXIV] 发现的. 例如，如果我们在 (14) 的两边同乘以 $z^n/n!$，并针对 n 求和，将得到

$$\Pi'(z) = \sum_{n=0}^{\infty} \varpi_{n+1} \frac{z^n}{n!} = \Big(\sum_{k=0}^{\infty} \frac{z^k}{k!}\Big)\Big(\sum_{m=0}^{\infty} \varpi_m \frac{z^m}{m!}\Big) = e^z \Pi(z),$$

(15) 是这个微分方程在 $\Pi(0) = 1$ 条件下的一个解.

由于数 ϖ_n 具有一些与此公式相关的奇特性质，所以早在惠特沃思指出它们与集合分划的组合联系之前，人们就已经对它们研究了许多年. 例如，我们有

$$\varpi_n = \frac{n!}{e}[z^n]\,e^{e^z} = \frac{n!}{e}[z^n]\sum_{k=0}^{\infty}\frac{e^{kz}}{k!} = \frac{1}{e}\sum_{k=0}^{\infty}\frac{k^n}{k!}. \tag{16}$$

[*Mat. Sbornik* **3** (1868), 62; **4** (1869), 39; 古斯塔夫·多宾斯基，*Archiv der Math. und Physik* **61** (1877), 333–336; **63** (1879), 108–110]. 基斯顿·卡曼在卡尔·兴登堡主编的 *Der polynomische Lehrsatz* (Leipzig: 1796), 112–113 中讨论了 e^{e^z} 的展开. 他提到两种计算这些系数的方法：一种是利用 (14)；一种是对 $p(n)$ 项进行求和，每一项分别对应于 n 的一个普通分划.（见阿博加斯特公式，习题 1.2.5–21. 卡曼也几乎发现了这一公式，但是他似乎更喜欢自己基于分划的方法，而没有意识到随着 n 变得越来越大，它将超出多项式时间复杂度，而且他为 z^{10} 计算出的系数是 116 015，而不是 115 975.）

*渐近估计. 利用复留数理论中的最基本原理之一，我们可以知道 ϖ_n 的增长速度有多快：如果 $\sum_{k=0}^{\infty} a_k z^k$ 在 $|z| < r$ 时收敛，则

$$a_{n-1} = \frac{1}{2\pi i}\oint \frac{a_0 + a_1 z + a_2 z^2 + \cdots}{z^n}\,dz, \tag{17}$$

其中，该积分在绕原点逆时针旋转的简单闭合路径上进行，该路径始终位于圆 $|z| = r$ 的内部. 令 $f(z) = \sum_{k=0}^{\infty} a_k z^{k-n}$ 为被积函数. 我们可以任意选择一条这样的路径，但当积分路径通过点 z_0，而该点处的微分值 $f'(z_0)$ 为零时，通常适用一些特殊的技巧，这是因为，在这样一个点的附近，我们有

$$f(z_0 + \epsilon e^{i\theta}) = f(z_0) + \frac{f''(z_0)}{2}\epsilon^2 e^{2i\theta} + O(\epsilon^3). \tag{18}$$

例如，如果 $f(z_0)$ 和 $f''(z_0)$ 为正实数，设 $f(z_0) = u$，$f''(z_0) = 2v$，则此公式表明，$f(z_0 \pm \epsilon)$ 的值近似为 $u + v\epsilon^2$，而 $f(z_0 \pm i\epsilon)$ 近似为 $u - v\epsilon^2$. 如果 z 由 $z_0 - i\epsilon$ 移动到 $z_0 + i\epsilon$，则 $f(z)$ 的值上升到极大值 u，然后再次下降，但更大的值 $u + v\epsilon^2$ 出现在这条路径的左边和右边. 换言之，假设有一位在复平面上徒步旅行的登山者，当点 z 处的海拔高度为 $\Re f(z)$ 时，他会在 z_0 处遇到一个"关口"，该点处的地形看起来像是一个马鞍. $f(z)$ 的整个积分对于任意积分路径都是

相同的，但当路径没有通过这个关口时，就不是那么理想，因为它必须消去一些较大的 $f(z)$ 值，而这本是可以避免的. 因此，我们倾向于选择一条通过 z_0 的路径，而其方向应当使其虚部增大，希望冀此获得最佳结果，这一重要方法是由彼得 · 德拜［*Math. Annalen* **67** (1909), 535–558］提出的，称为"鞍点方法".（见图 53.）

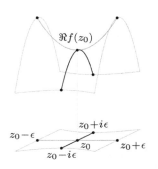

图 53 一个解析函数在鞍点附近的特性

让我们从一个已经知道答案的例子入手，来熟悉一下鞍点方法：

$$\frac{1}{(n-1)!} = \frac{1}{2\pi i} \oint \frac{e^z}{z^n}\, dz. \tag{19}$$

我们的目的是，求上式右边积分在 n 很大时的一个良好近似值. 为处理 $f(z) = e^z/z^n$，将其记为 $e^{g(z)}$ 是比较方便的，其中 $g(z) = z - n\ln z$. 于是，鞍点出现在 $g'(z_0) = 1 - n/z_0$ 为零时，也就是在 $z_0 = n$ 处. 如果 $z = n + it$，则有

$$g(z) = g(n) + \sum_{k=2}^{\infty} \frac{g^{(k)}(n)}{k!}(it)^k$$
$$= n - n\ln n - \frac{t^2}{2n} + \frac{it^3}{3n^2} + \frac{t^4}{4n^3} - \frac{it^5}{5n^4} + \cdots,$$

这是因为，当 $k \geq 2$ 时，$g^{(k)}(z) = (-1)^k (k-1)!\, n/z^k$. 让我们沿一条矩形路径来对 $f(z)$ 进行积分，这条矩形路径是由 $n - im$ 到 $n + im$，再到 $-n + im$，再到 $-n - im$，再到 $n - im$：

$$\frac{1}{2\pi i}\oint \frac{e^z}{z^n}\, dz = \frac{1}{2\pi}\int_{-m}^{m} f(n+it)\, dt + \frac{1}{2\pi i}\int_{n}^{-n} f(t+im)\, dt$$
$$+ \frac{1}{2\pi}\int_{m}^{-m} f(-n+it)\, dt + \frac{1}{2\pi i}\int_{-n}^{n} f(t-im)\, dt.$$

显然，如果我们选择 $m = 2n$，则在这一路径的后三条边上有 $|f(z)| \leq 2^{-n} f(n)$，这是因为 $|e^z| = e^{\Re z}$，$|z| \geq \max(|\Re z|, |\Im z|)$. 于是，留下的是

$$\frac{1}{2\pi i}\oint \frac{e^z}{z^n}\, dz = \frac{1}{2\pi}\int_{-m}^{m} e^{g(n+it)}\, dt + O\!\left(\frac{ne^n}{2^n n^n}\right).$$

现在，我们又回到以前已经用过几次（比如用于推导式 5.1.4-(53)）的一种方法：如果 $\hat{f}(t)$ 是 $f(t)$ 在 $t \in A$ 时的一个良好近似，并且如果两个和值 $\sum_{t \in B} |f(t)|$ 和 $\sum_{t \in C} |\hat{f}(t)|$ 都很小，那么 $\sum_{t \in A \cup C} \hat{f}(t)$ 就是 $\sum_{t \in A \cup B} f(t)$ 的一个良好近似. 同样的思路也适用于积分.［这种一般方

法由拉普拉斯在 1782 年提出，常被称为"弃尾法"，见 *CMath* §9.4.] 如果 $|t| \le n^{1/2+\epsilon}$，则有

$$
\begin{aligned}
e^{g(n+it)} &= \exp\Big(g(n) - \frac{t^2}{2n} + \frac{it^3}{3n^2} + \cdots\Big) \\
&= \frac{e^n}{n^n} \exp\Big(-\frac{t^2}{2n} + \frac{it^3}{3n^2} + \frac{t^4}{4n^3} + O(n^{5\epsilon-3/2})\Big) \\
&= \frac{e^n}{n^n} e^{-t^2/(2n)}\Big(1 + \frac{it^3}{3n^2} + \frac{t^4}{4n^3} - \frac{t^6}{18n^4} + O(n^{9\epsilon-3/2})\Big).
\end{aligned}
$$

而当 $|t| > n^{1/2+\epsilon}$ 时，则有

$$
|e^{g(n+it)}| < |f(n + in^{1/2+\epsilon})| = \frac{e^n}{n^n} \exp\Big(-\frac{n}{2}\ln(1 + n^{2\epsilon-1})\Big) = O\Big(\frac{e^{n-n^{2\epsilon}/2}}{n^n}\Big).
$$

此外，不完全 Γ 函数

$$
\int_{n^{1/2+\epsilon}}^{\infty} e^{-t^2/(2n)} t^k \, dt = 2^{(k-1)/2} n^{(k+1)/2} \Gamma\Big(\frac{k+1}{2}, \frac{n^{2\epsilon}}{2}\Big) = O(n^{O(1)} e^{-n^{2\epsilon}/2})
$$

是可以忽略的. 因此，我们可以放弃尾部，得到近似式

$$
\begin{aligned}
\frac{1}{2\pi i} \oint \frac{e^z}{z^n} \, dz &= \frac{e^n}{2\pi n^n} \int_{-\infty}^{\infty} e^{-t^2/(2n)}\Big(1 + \frac{it^3}{3n^2} + \frac{t^4}{4n^3} - \frac{t^6}{18n^4} + O(n^{9\epsilon-3/2})\Big) dt \\
&= \frac{e^n}{2\pi n^n}\Big(I_0 + \frac{i}{3n^2}I_3 + \frac{1}{4n^3}I_4 - \frac{1}{18n^4}I_6 + O(n^{9\epsilon-3/2})\Big),
\end{aligned}
$$

其中，$I_k = \int_{-\infty}^{\infty} e^{-t^2/(2n)} t^k \, dt$. 当然，当 k 为奇数时，$I_k = 0$. 而在其他情况下，我们可以使用下面的著名事实来计算 I_k：当 $a > 0$ 时，

$$
\int_{-\infty}^{\infty} e^{-at^2} t^{2l} \, dt = \frac{\Gamma((2l+1)/2)}{a^{(2l+1)/2}} = \frac{\sqrt{2\pi}}{(2a)^{(2l+1)/2}} \prod_{j=1}^{l}(2j-1), \tag{20}
$$

见习题 39. 将所有这些结合在一起，就可以得出，对于所有 $\epsilon > 0$，渐近估计值为

$$
\frac{1}{(n-1)!} = \frac{e^n}{\sqrt{2\pi}\, n^{n-1/2}}\Big(1 + 0 + \frac{3}{4n} - \frac{15}{18n} + O(n^{9\epsilon-2})\Big). \tag{21}
$$

这一结果与我们在 1.2.11.2–(19) 中推导得到的斯特林近似完全一致，而当时的推导方法与此处的方法完全不同. 如果再多使用 $g(n + t)$ 展开式中的一些项，可以证明 (21) 中的真误差只有 $O(n^{-2})$，这是因为利用同一过程，对于所有 m 可以得出一般形式的渐近级数：$e^n/(\sqrt{2\pi}\,n^{n-1/2})(1 + c_1/n + c_2/n^2 + \cdots + c_m/n^m + O(n^{-m-1}))$.

　　我们对这一结果的推导过程掩饰了一个重要的技术细节：函数 $\ln z$ 在积分路径上并不是单值函数，这是因为当我们围绕原点转圈时，它会以 $2\pi i$ 的速度增大. 实际上，留数定理之所以有效，其基本机理的基础正是这一事实. 但我们的推理过程是正确的，因为当 n 为整数时，该对数函数的这一不确定性并不会影响到被积函数 $f(z) = e^z/z^n$. 此外，如果 n 不是整数，我们可以对论证过程进行修正，使其严格成立：在进行积分 (19) 时，为其选择一条始于 $-\infty$、围绕原点逆时针旋转并返回 $-\infty$ 的路径. 这一积分路径会得出 Γ 函数的汉克尔积分式 1.2.5–(17)；由此可以推出，对于任意实数 x，当 $x \to \infty$ 时，渐近公式

$$
\frac{1}{\Gamma(x)} = \frac{1}{2\pi i} \oint \frac{e^z}{z^x} \, dz = \frac{e^x}{\sqrt{2\pi}\, x^{x-1/2}}\Big(1 - \frac{1}{12x} + O(x^{-2})\Big) \tag{22}
$$

是有效的.

因此, 鞍点方法看来是有效的——尽管它并不是获得这一特定结果的最简单方法. 下面让我们应用这一方法来推导贝尔数的近似大小:

$$\frac{\varpi_{n-1}}{(n-1)!} = \frac{1}{2\pi i e} \oint e^{g(z)} \, dz, \qquad g(z) = e^z - n \ln z. \tag{23}$$

现在, 有一个鞍点出现在点 $z_0 = \xi > 0$ 处, 其中

$$\xi e^\xi = n. \tag{24}$$

(实际上, 我们应当用 $\xi(n)$ 来表示 ξ 是随 n 变化的, 但这样会使下面的公式变得杂乱.) 暂时假定有一只小鸟已经将 ξ 的取值告诉了我们. 接下来, 我们希望在一条满足 $z = \xi + it$ 的路径上进行积分, 有

$$g(\xi + it) = e^\xi - n\Big(\ln\xi - \frac{(it)^2}{2!}\frac{\xi+1}{\xi^2} - \frac{(it)^3}{3!}\frac{\xi^2-2!}{\xi^3} - \frac{(it)^4}{4!}\frac{\xi^3+3!}{\xi^4} + \cdots\Big).$$

通过在一条适当的矩形路径上进行积分, 我们可以像前面一样加以证明, (23) 中的积分可以由

$$\int_{-n^{\epsilon-1/2}}^{n^{\epsilon-1/2}} e^{g(\xi)-na_2 t^2 - nia_3 t^3 + na_4 t^4 + \cdots} \, dt, \qquad a_k = \frac{\xi^{k-1}+(-1)^k(k-1)!}{k!\,\xi^k} \tag{25}$$

很好地近似, 见习题 43. 注意到 $a_k t^k$ 在这个积分中是 $O(n^{k\epsilon-k/2})$, 于是可以得到一个形如

$$\varpi_{n-1} = \frac{e^{e^\xi - 1}(n-1)!}{\xi^{n-1}\sqrt{2\pi n(\xi+1)}}\Big(1 + \frac{b_1}{n} + \frac{b_2}{n^2} + \cdots + \frac{b_m}{n^m} + O\Big(\frac{\log n}{n}\Big)^{m+1}\Big) \tag{26}$$

的渐近展开式, 其中 $(\xi+1)^{3k}b_k$ 是关于 ξ 的一个 $4k$ 阶多项式. (见习题 44.) 例如,

$$b_1 = -\frac{2\xi^4 - 3\xi^3 - 20\xi^2 - 18\xi + 2}{24(\xi+1)^3}; \tag{27}$$

$$b_2 = \frac{4\xi^8 - 156\xi^7 - 695\xi^6 - 696\xi^5 + 1092\xi^4 + 2916\xi^3 + 1972\xi^2 - 72\xi + 4}{1152(\xi+1)^6}. \tag{28}$$

在 (26) 中使用斯特林近似式 (21) 可以证明

$$\varpi_{n-1} = \exp\Big(n\Big(\xi - 1 + \frac{1}{\xi}\Big) - \xi - \frac{1}{2}\ln(\xi+1) - 1 - \frac{\xi}{12n} + O\Big(\frac{\log n}{n}\Big)^2\Big); \tag{29}$$

习题 45 证明了一个类似的公式

$$\varpi_n = \exp\Big(n\Big(\xi - 1 + \frac{1}{\xi}\Big) - \frac{1}{2}\ln(\xi+1) - 1 - \frac{\xi}{12n} + O\Big(\frac{\log n}{n}\Big)^2\Big). \tag{30}$$

于是, 得到 $\varpi_n/\varpi_{n-1} \approx e^\xi = n/\xi$. 更准确地,

$$\frac{\varpi_{n-1}}{\varpi_n} = \frac{\xi}{n}\Big(1 + O\Big(\frac{1}{n}\Big)\Big). \tag{31}$$

但 ξ 的渐近值是多少呢? 定义 (24) 意味着

$$\xi = \ln n - \ln\xi = \ln n - \ln(\ln n - \ln\xi)$$

$$= \ln n - \ln\ln n + O\Big(\frac{\log\log n}{\log n}\Big); \tag{32}$$

我们可以沿着这一脉络走下去, 如习题 49 所示. 但是当 m 越来越大时, 通过这一方法为 ξ 推导得出的渐近级数在精确度上绝对不会优于 $O(1/(\log n)^m)$. 所以, 当在关于 ϖ_{n-1} 的 (29) 和关于 ϖ_n 的 (30) 中乘以 n 时, 它是非常不精确的.

因此，如果我们希望利用 (29) 或 (30) 为贝尔数计算出很好的数值近似，最佳策略应当是首先为 ξ 计算一个好的数值，而不是使用一个缓慢收敛的级数. 在算法 4.7N 之前的评述中曾经讨论过牛顿求根法，利用这一方法可以得到一种高效的迭代方案

$$\xi_0 = \ln n, \qquad \xi_{k+1} = \frac{\xi_k}{\xi_k + 1}(1 + \xi_0 - \ln \xi_k), \tag{33}$$

它会快速地收敛到正确的值. 例如，当 $n = 100$ 时，第 5 次迭代

$$\xi_5 \;=\; 3.38563\,01402\,90050\,18488\,82443\,64529\,72686\,74917- \tag{34}$$

已经准确到小数点后 40 位了. 当我们将直到 $1, b_1/n, b_2/n^2, b_3/n^3$ 的各项考虑在内时，在 (26) 中使用这个数值可以得到连续近似值

$$(1.6176088053\ldots, 1.6187421339\ldots, 1.6187065391\ldots, 1.6187060254\ldots) \times 10^{114}.$$

ϖ_{99} 的真实值是一个 115 位的整数：$16187060274460\ldots20741$.

既然我们已经知道了集合分划的数目 ϖ_n，下面就来尝试求出它们中有多少个恰有 m 个块. 结果是：$\{1, \ldots, n\}$ 的几乎所有分划都有大约 $n/\xi = e^\xi$ 个块，每个块大约有 ξ 个元素. 例如，图 54 给出了当 $n = 100$ 时，斯特林数 $\left\{\begin{smallmatrix} n \\ m \end{smallmatrix}\right\}$ 的直方图，在此情况下 $e^\xi \approx 29.54$.

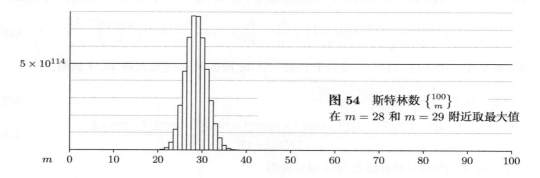

图 54　斯特林数 $\left\{\begin{smallmatrix} 100 \\ m \end{smallmatrix}\right\}$
在 $m = 28$ 和 $m = 29$ 附近取最大值

我们可以向式 1.2.9–(23) 应用鞍点方法，以此来研究 $\left\{\begin{smallmatrix} n \\ m \end{smallmatrix}\right\}$ 的大小，该式指出

$$\left\{\begin{matrix} n \\ m \end{matrix}\right\} \;=\; \frac{n!}{m!}\,[z^n]\,(e^z - 1)^m \;=\; \frac{n!}{m!}\,\frac{1}{2\pi i}\oint e^{m\ln(e^z-1)-(n+1)\ln z}\,dz. \tag{35}$$

令 $\alpha = (n+1)/m$. 当

$$\frac{\sigma}{1 - e^{-\sigma}} \;=\; \alpha \tag{36}$$

时，函数 $g(z) = \alpha^{-1}\ln(e^z - 1) - \ln z$ 在 $\sigma > 0$ 处有一个鞍点. 注意，当 $1 \le m \le n$ 时，$\alpha > 1$. 这个特殊值 σ 由

$$\sigma = \alpha - \beta, \qquad \beta = T(\alpha e^{-\alpha}) \tag{37}$$

给出，其中 T 是式 2.3.4.4–(30) 的树函数. 其实，β 是介于 0 到 1 之间的数值，对于该值有

$$\beta e^{-\beta} = \alpha e^{-\alpha}; \tag{38}$$

当 x 由 0 增大到 1 时，函数 xe^{-x} 由 0 增大到 e^{-1}，然后再次下降到 0. 因此，β 是唯一确定的，并且有

$$e^\sigma = \frac{\alpha}{\beta}. \tag{39}$$

所有这种数对 α 和 β 都可以利用反演公式

$$\alpha = \frac{\sigma e^{\sigma}}{e^{\sigma} - 1}, \qquad \beta = \frac{\sigma}{e^{\sigma} - 1} \tag{40}$$

求得. 例如, $\alpha = \ln 4$ 和 $\beta = \ln 2$ 对应于 $\sigma = \ln 2$.

我们可以像上面一样证明: (35) 中的积分渐近等价于 $e^{(n+1)g(z)}\,dz$ 在路径 $z = \sigma + it$ 上的一个积分 (见习题 58). 习题 56 证明了关于 $z = \sigma$ 的泰勒级数

$$g(\sigma + it) = g(\sigma) - \frac{t^2(1-\beta)}{2\sigma^2} - \sum_{k=3}^{\infty} \frac{(it)^k}{k!}\, g^{(k)}(\sigma) \tag{41}$$

具有如下性质:

$$\text{对于所有 } k > 0, \text{ 有 } |g^{(k)}(\sigma)| < 2(k-1)!\,(1-\beta)/\sigma^k. \tag{42}$$

于是, 我们可以很方便地从幂级数 $(n+1)g(z)$ 中移去 $N = (n+1)(1-\beta)$ 的一个因式, 且由鞍点方法得出在 $N \to \infty$ 时

$$\left\{ {n \atop m} \right\} = \frac{n!}{m!} \frac{1}{(\alpha-\beta)^{n-m}\beta^m \sqrt{2\pi N}} \left(1 + \frac{b_1}{N} + \frac{b_2}{N^2} + \cdots + \frac{b_l}{N^l} + O\left(\frac{1}{N^{l+1}}\right) \right), \tag{43}$$

其中 $(1-\beta)^{2k}b_k$ 是关于 α 和 β 的多项式. (分母中的量 $(\alpha-\beta)^{n-m}\beta^m$ 源于根据 (37) 和 (39) 推得的事实: $(e^{\sigma}-1)^m/\sigma^n = (\alpha/\beta - 1)^m/(\alpha-\beta)^n$.) 例如,

$$b_1 = \frac{6 - \beta^3 - 4\alpha\beta^2 - \alpha^2\beta}{8(1-\beta)} - \frac{5(2 - \beta^2 - \alpha\beta)^2}{24(1-\beta)^2}. \tag{44}$$

习题 57 证明了当且仅当 $n - m \to \infty$ 时有 $N \to \infty$. 利奥·莫泽和马克斯·怀曼首先给出了一个与 (43) 类似的 $\left\{ {n \atop m} \right\}$ 展式, 只是稍微复杂一些, 见 *Duke Math. J.* **25** (1957), 29–43.

式 (43) 看起来有点吓人, 因为它的目标是能够适用于块数 m 的整个取值范围. 当 m 较小或较大时, 该式有可能大幅简化 (见习题 60 和 61); 但是, 简化后的公式在 $\left\{ {n \atop m} \right\}$ 取最大值这一重要情景中无法给出精确结果. 现在让我们更仔细地研究一下这些关键情景, 从而可以对图 54 中所示的尖峰做出解释.

像在 (24) 中一样, 令 $\xi e^{\xi} = n$, 并且假设 $m = \exp(\xi + r/\sqrt{n}) = n e^{r/\sqrt{n}}/\xi$. 我们将假定 $|r| \le n^{\epsilon}$, 使得 m 接近于 e^{ξ}. (43) 的前导项可以改写为

$$\frac{n!}{m!} \frac{1}{(\alpha-\beta)^{n-m}\beta^m \sqrt{2\pi(n+1)(1-\beta)}} =$$

$$\frac{m^n}{m!} \frac{(n+1)!}{(n+1)^{n+1}} \frac{e^{n+1}}{\sqrt{2\pi(n+1)}} \left(1 - \frac{\beta}{\alpha} \right)^{m-n} \frac{e^{-\beta m}}{\sqrt{1-\beta}}, \tag{45}$$

利用 $(n+1)!$ 的斯特林近似式足以消去上式中的中间项了. 在计算机代数的帮助下, 可以求得

$$\frac{m^n}{m!} = \frac{1}{\sqrt{2\pi}} \exp\left(n\left(\xi - 1 + \frac{1}{\xi}\right) - \frac{1}{2}\left(\xi + r^2 + \frac{r^2}{\xi}\right) - \left(\frac{r}{2} + \frac{r^3}{6} + \frac{r^3}{3\xi}\right)\frac{1}{\sqrt{n}} + O(n^{4\epsilon-1}) \right);$$

与 α 和 β 有关的相应项为

$$\frac{\beta}{\alpha} = \frac{\xi}{n} + \frac{r\xi^2}{n\sqrt{n}} + O(\xi^3 n^{2\epsilon-2});$$

$$e^{-\beta m} = \exp\left(-\xi - \frac{r\xi^2}{\sqrt{n}} + O(\xi^3 n^{2\epsilon-1}) \right);$$

$$\left(1 - \frac{\beta}{\alpha} \right)^{m-n} = \exp\left(\xi - 1 + \frac{r(\xi^2 - \xi - 1)}{\sqrt{n}} + O(\xi^3 n^{2\epsilon-1}) \right).$$

因此，总体结果为

$$\left\{\begin{matrix} n \\ e^{\xi+r/\sqrt{n}} \end{matrix}\right\} = \frac{1}{\sqrt{2\pi}}\exp\Bigl(n\Bigl(\xi-1+\frac{1}{\xi}\Bigr)-\frac{\xi}{2}-1$$
$$-\frac{\xi+1}{2\xi}\Bigl(r+\frac{3\xi(2\xi+3)+(\xi+2)r^2}{6(\xi+1)\sqrt{n}}\Bigr)^2+O(\xi^3 n^{4\epsilon-1})\Bigr). \qquad (46)$$

当

$$r = -\frac{\xi(2\xi+3)}{2(\xi+1)\sqrt{n}}+O(\xi^2 n^{-3/2})$$

时，式 (46) 的最后一行中的平方表达式为零，因此，当块数为

$$m = \frac{n}{\xi}-\frac{3+2\xi}{2+2\xi}+O\Bigl(\frac{\xi}{n}\Bigr) \qquad (47)$$

时出现最大值. 通过对比 (46) 和 (30) 可以看出，对于给定的 n 值，最大的斯特林数 $\left\{\begin{matrix} n \\ m \end{matrix}\right\}$ 近似等于 $\xi\varpi_n/\sqrt{2\pi n}$.

鞍点方法适用于一些比这里考虑的问题还要困难得多的问题. 在多本书中可以找到关于一些高级方法的精彩阐述，如尼古拉斯·德布鲁因，*Asymptotic Methods in Analysis* (1958)，第 5 章和第 6 章；弗兰克·奥尔弗，*Asymptotics and Special Functions* (1974)，第 4 章；王世全，*Asymptotic Approximations of Integrals* (2001)，第 2 章和第 7 章.

*随机集合分划. 对于 $\{1,\ldots,n\}$ 的一个分划，其中块的大小本身就构成了数 n 的一个普通分划. 因此，我们可能希望搞清楚，它们会是哪种类型的分划呢？7.2.1.4 节的图 50 给出了将 25 的所有 $p(25) = 1958$ 个分划的费勒斯图叠加在一起时得到的结果. 这些分划趋向于遵循式 7.2.1.4–(49) 中的对称曲线. 与之相对的是，图 55 显示了把集合 $\{1,\ldots,25\}$ 的所有 $\varpi_{25} \approx 4.6386 \times 10^{18}$ 个分划的对应图叠加在一起时的情况. 显然，一个随机集合分划的"形状"明显不同于一个随机整数分划的形状.

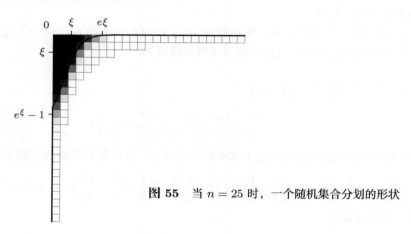

图 55 当 $n = 25$ 时，一个随机集合分划的形状

这一变化源于如下事实：某些整数分划很少作为集合分划的块大小出现，而其他一些整数分划则经常作为集合分划的块大小出现. 比如，分划 $n = 1+1+\cdots+1$ 的出现方式只有一种，但如果 n 为偶数，则分划 $n = 2+2+\cdots+2$ 的出现方式有 $(n-1)(n-3)\ldots(1)$ 种. 当 $n = 25$ 时，整数分划

$$25 = 4+4+3+3+3+2+2+2+1+1$$

的实际出现方式在所有可能出现的集合分划中占 2% 以上.（实际上,上面这个分划是 $n = 25$ 时的最常见分划. 习题 1.2.5–21 的答案解释了,恰有

$$\frac{n!}{c_1!\,1!^{c_1}\,c_2!\,2!^{c_2}\ldots c_n!\,n!^{c_n}} \tag{48}$$

个集合分划与整数分划 $n = c_1 \cdot 1 + c_2 \cdot 2 + \cdots + c_n \cdot n$ 相对应.）

我们很容易就能确定在 $\{1, \ldots, n\}$ 的一个随机分划中,平均有多少个 k 块. 如果写出所有可能性的 ϖ_n,每个特定的 k 元素块恰好出现 ϖ_{n-k} 次. 因此,上述平均数目为

$$\binom{n}{k}\frac{\varpi_{n-k}}{\varpi_n}. \tag{49}$$

习题 64 中证明了前述式 (31) 的一个扩展,该扩展进一步表明

$$\text{如果 } k \le n^{2/3}, \text{ 则} \frac{\varpi_{n-k}}{\varpi_n} = \left(\frac{\xi}{n}\right)^k\left(1 + \frac{k\xi(k\xi + k + 1)}{2(\xi + 1)^2 n} + O\left(\frac{k^3}{n^2}\right)\right), \tag{50}$$

其中 ξ 的定义见 (24). 因此,如果假定 $k \le n^\epsilon$,则式 (49) 简化为

$$\frac{n^k}{k!}\left(\frac{\xi}{n}\right)^k\left(1 + O\left(\frac{1}{n}\right)\right) = \frac{\xi^k}{k!}\left(1 + O(n^{2\epsilon - 1})\right). \tag{51}$$

平均来说,大约有 ξ 个大小为 1 的块, $\xi^2/2!$ 个大小为 2 的块,以此类推.

这些量的方差很小（见习题 65）,事实上,从随机分划的表现特性来看,就好像 k 块的数目是一个均值为 $\xi^k/k!$ 的泊松偏离. 图 55 中所示的光滑曲线穿过类费勒斯坐标中的点 $(f(k), k)$,其中

$$f(k) = \xi^{k+1}/(k+1)! + \xi^{k+2}/(k+2)! + \xi^{k+3}/(k+3)! + \cdots \tag{52}$$

是到对应于块大小 $k \ge 0$ 的顶部直线的近似距离.（当 n 变大时,这条曲线变得更接近垂直.）

最大的块趋向于包含大约 $e\xi$ 个元素. 此外,包含元素 1 的块,其大小小于 $\xi + a\sqrt{\xi}$ 的概率接近于一个正态偏离小于 a 的概率.[见约翰·黑格, *J. Combinatorial Theory* **A13** (1972), 287–295; 弗拉基米尔·萨奇科夫, *Probabilistic Methods in Combinatorial Analysis* (1997), 第 4 章, 由 1978 年出版的一本俄文图书翻译而来; 尤里·雅库博维奇, *J. Mathematical Sciences* **87** (1997), 4124–4137, 由 1995 年发表的一份俄文论文翻译而来; 鲍里斯·皮特尔, *J. Combinatorial Theory* **A79** (1997), 326–359.]

阿尔特·斯塔姆在 *Journal of Combinatorial Theory* **A35** (1983), 231–240 中介绍了一种很好的方法,用于生成 $\{1, 2, \ldots, n\}$ 的随机分划: 令 M 是一个随机整数,其取值为 m 的概率为

$$p_m = \frac{m^n}{e\,m!\,\varpi_n}; \tag{53}$$

由 (16) 可知,这些概率的总和为 1. 一旦选定 M 后,生成一个随机 n 元组 $X_1 X_2 \ldots X_n$,其中,每个 X_j 独立、均匀地分布于 0 和 $M - 1$ 之间. 然后,当且仅当 $X_i = X_j$ 时,令该分划中的 $i \equiv j$. 这一过程是有效的,因为对于每个拥有 k 个块的集合分划,获得该分划的概率为 $\sum_{m \ge 0} (m^k/m^n)p_m = 1/\varpi_n$.

例如,如果 $n = 25$,我们有

$p_4 \approx 0.000\,003\,72$	$p_9 \approx 0.156\,898\,65$	$p_{14} \approx 0.040\,936\,63$	$p_{19} \approx 0.000\,060\,68$
$p_5 \approx 0.000\,196\,96$	$p_{10} \approx 0.218\,552\,85$	$p_{15} \approx 0.015\,314\,45$	$p_{20} \approx 0.000\,010\,94$
$p_6 \approx 0.003\,131\,61$	$p_{11} \approx 0.215\,268\,71$	$p_{16} \approx 0.004\,805\,07$	$p_{21} \approx 0.000\,001\,76$
$p_7 \approx 0.021\,102\,79$	$p_{12} \approx 0.157\,947\,84$	$p_{17} \approx 0.001\,286\,69$	$p_{22} \approx 0.000\,000\,26$
$p_8 \approx 0.074\,310\,24$	$p_{13} \approx 0.089\,871\,71$	$p_{18} \approx 0.000\,298\,39$	$p_{23} \approx 0.000\,000\,03$

其他概率可以忽略不计. 因此, 通常可以通过研究一个 9、10、11 或 12 进制 25 位随机整数, 得到一个包含 25 个元素的随机分划. 数 M 可以利用式 3.4.1-(3) 生成, 它趋向于近似值 $n/\xi = e^\xi$ (见习题 67.)

*多重集的分划. 整数分划和集合分划其实只是一种更一般的问题——多重集的分划——的极端情况. 实际上, n 的分划基本上与 $\{1, 1, \ldots, 1\}$ (共有 n 个 1) 的分划相同.

由这一角度来看, 拥有 n 个元素的多重集基本有 $p(n)$ 种类型. 例如, 当 $n = 4$ 时, 出现 5 种不同的多重集分划情景:

$$1234,\ 123|4,\ 124|3,\ 12|34,\ 12|3|4,\ 134|2,\ 13|24,\ 13|2|4,$$
$$14|23,\ 14|2|3,\ 1|234,\ 1|23|4,\ 1|24|3,\ 1|2|34,\ 1|2|3|4;$$
$$1123,\ 112|3,\ 113|2,\ 11|23,\ 11|2|3,\ 123|1,\ 12|13,\ 12|1|3,\ 13|1|2,\ 1|1|23,\ 1|1|2|3;$$
$$1122,\ 112|2,\ 11|22,\ 11|2|2,\ 122|1,\ 12|12,\ 12|1|2,\ 1|1|22,\ 1|1|2|2;$$
$$1112,\ 111|2,\ 112|1,\ 11|12,\ 11|1|2,\ 12|1|1,\ 1|1|1|2;$$
$$1111,\ 111|1,\ 11|11,\ 11|1|1,\ 1|1|1|1. \tag{54}$$

当多重集中包含 m 个不同元素, 其中第 1 类有 n_1 个, 第 2 类有 n_2 个, …… 最后一类有 n_m 个, 我们将总分划数目记为 $p(n_1, n_2, \ldots, n_m)$. 因此, (54) 中的示例表明

$$p(1, 1, 1, 1) = 15,\quad p(2, 1, 1) = 11,\quad p(2, 2) = 9,\quad p(3, 1) = 7,\quad p(4) = 5. \tag{55}$$

$m = 2$ 的分划经常被称为 "二重分划", $m = 3$ 的分划称为 "三重分划", 一般地, 这些组合对象被称为多重分划. 对多重分划的研究是由珀西·麦克马洪 [*Philosophical Transactions* **181** (1890), 481–536; **217** (1917), 81–113; *Proc. Cambridge Philos. Soc.* **22** (1925), 951–963] 在很久之前开创的; 但是, 由于这一主题如此浩大, 以致于至今还有许多悬而未解的问题. 在本节的剩余部分和随后的习题部分, 我们将粗略地了解一下, 关于这一理论到目前为止已经发现的最有意义、最具启发性的内容.

首先, 重要的是要注意到, 多重分划基本上就是对分量都是非负整数的向量的分划, 也就是将这样一个向量分解为此种向量之和的方法. 例如, (54) 中列出了 $\{1, 1, 2, 2\}$ 中的 9 个分划, 它们与二部列向量 $\frac{2}{2}$ 的 9 个分划相同, 即

$$\begin{matrix} 2 \\ 2 \end{matrix},\ \begin{matrix} 20 \\ 11 \end{matrix},\ \begin{matrix} 20 \\ 02 \end{matrix},\ \begin{matrix} 200 \\ 011 \end{matrix},\ \begin{matrix} 11 \\ 20 \end{matrix},\ \begin{matrix} 11 \\ 11 \end{matrix},\ \begin{matrix} 110 \\ 101 \end{matrix},\ \begin{matrix} 110 \\ 002 \end{matrix},\ \begin{matrix} 1100 \\ 0011 \end{matrix}. \tag{56}$$

(为简便起见, 和在一维整数分划中一样, 我们删除了 + 号.) 如果按照非递增字典序列出分划的组成部分, 那么每个分划都可以写为规范形式.

一种相当简单的算法就足以生成任意给定多重集的分划. 在下面的过程中, 我们在包含元素三元组 (c, u, v) 的一个栈上表示分划, 其中 c 表示分量的编号, $u > 0$ 表示还留在分量 c 中的尚未分划的量, 而 v 表示当前部分的 c 分量, 其中 $0 \le v \le u$. 为方便起见, 三元组实际上保存在三个数组 $(c_0, c_1, \ldots)$, $(u_0, u_1, \ldots)$, $(v_0, v_1, \ldots)$ 中, 还维护有一个 "栈帧" 数组 $(f_0, f_1, \ldots)$, 该分划的第 $(l+1)$ 个向量由 c、u 和 v 数组中第 f_l 至 $f_{l+1} - 1$ 个元素组成. 例如, 下面的数组将表示二重分划 $\begin{matrix} 3221100 \\ 1201131 \end{matrix}$:

j	0	1	2	3	4	5	6	7	8	9	10	11	
c_j	1	2	1	2	1	2	1	2	1	2	2	2	(57)
u_j	9	9	6	8	4	6	2	6	1	5	4	1	
v_j	3	1	2	2	2	0	1	1	1	1	3	1	

$$f_0=0 \quad f_1=2 \quad f_2=4 \quad f_3=6 \quad f_4=8 \quad f_5=10 \quad f_6=11 \quad f_7=12$$

算法 M（递减字典序下的多重分划）. 给定一个多重集 $\{n_1 \cdot 1, \ldots, n_m \cdot m\}$，如上所述，这个算法使用数组 $f_0 f_1 \ldots f_n$，$c_0 c_1 \ldots c_{mn}$，$u_0 u_1 \ldots u_{mn}$ 和 $v_0 v_1 \ldots v_{mn}$ 访问它的所有分划，其中 $n = n_1 + \cdots + n_m$. 我们假设 $m > 0$，$n_1, \ldots, n_m > 0$.

M1. [初始化.] 对于 $0 \le j < m$，置 $c_j \leftarrow j+1$，$u_j \leftarrow v_j \leftarrow n_{j+1}$；另置 $f_0 \leftarrow a \leftarrow l \leftarrow 0$ 和 $f_1 \leftarrow b \leftarrow m$.（在以下步骤中，当前栈帧由 a 变至 $b-1$（含）.）

M2. [从 u 中减去 v.]（此时，我们希望找出当前帧中向量 u 的所有分划，将其划分为按照字典序小于等于 v 的部分，我们将首先使用 v 本身.）置 $j \leftarrow a$，$k \leftarrow b$，$x \leftarrow 0$. 然后当 $j < b$ 时循环执行以下操作：置 $u_k \leftarrow u_j - v_j$. 如果 $u_k = 0$ 则仅置 $x \leftarrow 1$ 和 $j \leftarrow j+1$. 否则，如果 $x = 0$，置 $c_k \leftarrow c_j$，$v_k \leftarrow \min(v_j, u_k)$，$c_k \leftarrow c_j$，$v_k \leftarrow u_k$，$k \leftarrow k+1$，$j \leftarrow j+1$.（注意，$x = [v$ 已经发生了变化$]$.）

M3. [如果非零则入栈.] 如果 $k > b$，则置 $a \leftarrow b$，$b \leftarrow k$，$l \leftarrow l+1$，$f_{l+1} \leftarrow b$，并返回 M2.

M4. [访问一个分划.] 访问由当前栈中第 $l+1$ 个向量表示的分划.（对于 $0 \le k \le l$，$f_k \le j < f_{k+1}$，该向量在分量 c_j 中有 v_j.）

M5. [递减 v.] 置 $j \leftarrow b-1$；当 $v_j = 0$ 时循环执行 $j \leftarrow j-1$. 然后，如果 $j = a$ 且 $v_j = 1$，转至 M6. 否则，对于 $j < k < b$，置 $v_j \leftarrow v_j - 1$ 和 $v_k \leftarrow u_k$，返回 M2.

M6. [回溯.] 如果 $l = 0$ 则终止. 否则，置 $l \leftarrow l-1$，$b \leftarrow a$，$a \leftarrow f_l$，并且返回 M5. ∎

这个算法的关键在于步骤 M2，它将当前剩余向量 u 减去所允许的最大部分 v；在必要时，这一步骤还会将 v 减小至按照字典序小于等于 v 的最大向量，这个向量要小于或等于每个分量中的新剩余量.（见习题 68.）

本节最后，让我们来讨论一下多重分划与基数排序的最低有效位优先过程（算法 5.2.5R）之间的有趣联系. 通过一个例子可以很好地理解这一思路. 见表 1，其中步骤 (0) 按照字典序给出了 9 个 4 部列向量. 各向量的底部已经添加了序号 ①-⑨，以作标识. 步骤 (1) 对这些向量进行一种稳定排序：使这些向量的第 4 项（最低有效项）变为递减顺序；类似地，步骤 (2), (3) 和 (4) 对第 3 行、第 2 行和顶行进行稳定排序. 基数排序理论告诉我们，最初的字典序将由此而得以恢复.

假设经过这些稳定排序操作之后，由这些序号组成的序列分别为 α_4，$\alpha_3 \alpha_4$，$\alpha_2 \alpha_3 \alpha_4$ 和 $\alpha_1 \alpha_2 \alpha_3 \alpha_4$，其中这些 α 就是一些排列；表 1 在括号中给出了 α_4，α_3，α_2 和 α_1 的取值. 要点到了：只要排列 α_j 中出现一次下降，经过排序之后，第 j 行中的数字也必然有一次下降.（这些下降在表中用脱字符（∧）指出.）例如，在 α_3 中，8 后面跟着 7，则在第 3 行中有 5 之后跟着 3. 因此，在经过步骤 (2) 之后，第 3 行中的各项 $a_1 \ldots a_9$，不再是其和值的任意分划，而是必须满足

$$a_1 \ge a_2 \ge a_3 \ge a_4 > a_5 \ge a_6 > a_7 \ge a_8 \ge a_9. \tag{58}$$

表 1 基数排序与多重分划

步骤 (0)：原分划	步骤 (1)：对第 4 行进行排序	步骤 (2)：对第 3 行进行排序
6 5 5 4 3 2 1 0 0	0 6 4 3 5 0 5 2 1	0 6 5 2 5 1 4 3 0
3 2 1 0 4 5 6 4 2	2 3 0 4 2 4 1 5 6	2 3 2 5 1 6 0 4 4
6 6 3 1 1 5 2 0 7	7 6 1 1 6 0 3 5 2	7 6 6 5∧3 2∧1 1 0
4 2 1 3 3 1 1 2 5	5∧4 3 3∧2 2∧1 1 1	5 4 2 1 1 1 3 3 2
①②③④⑤⑥⑦⑧⑨	⑨①④⑤②⑧③⑥⑦	⑨①②⑥③⑦④⑤⑧
	$\alpha_4 = (\,9\,_\wedge1\ 4\ 5\,_\wedge2\ 8\,_\wedge3\ 6\ 7\,)$	$\alpha_3 = (\,1\ 2\ 5\ 8\,_\wedge7\ 9\,_\wedge3\ 4\ 6\,)$

步骤 (3)：对第 2 行进行排序	步骤 (4)：对第 1 行进行排序
1 2 3 0 6 0 5 5 4	6 5 5 4∧3∧2∧1 0 0
6∧5 4 4∧3 2 2 1 0	3 2 1 0 4 5 6 4 2
2 5 1 0 6 7 6 3 1	6 6 3 1 1 5 2 0 7
1 1 3 2 4 5 2 1 3	4 2 1 3 3 1 1 2 5
⑦⑥⑤⑧①⑨②③④	①②③④⑤⑥⑦⑧⑨
$\alpha_2 = (\,6\,_\wedge4\ 8\ 9\,_\wedge2\,_\wedge1\ 3\ 5\ 7\,)$	$\alpha_1 = (\,5\ 7\ 8\ 9\,_\wedge3\,_\wedge2\,_\wedge1\ 4\ 6\,)$

但数 $(a_1-2, a_2-2, a_3-2, a_4-2, a_5-1, a_6-1, a_7, a_8, a_9)$ 又的确构成了最初的和值减去 $(4+6)$ 之后的一个几乎是任意的分划. 下降的数量 $4+6$ 就是发生下降处的下标之和，这个数就是我们在 5.1.1 节所说的 $\mathrm{ind}\,\alpha_3$，即 α_3 的 "索引".

于是我们看到，如果将一个 m 部数分为最多 r 个部分，对于任意这样一个给定分划（其中额外添补了零，使列数恰好为 r），都可以对其进行编码，表示为两个序列：一个是 $\{1,\ldots,r\}$ 的排列序列 $\alpha_1, \ldots, \alpha_m$，满足乘积 $\alpha_1\ldots\alpha_m$ 等于单位 1；另一个序列是将数 $(n_1 - \mathrm{ind}\,\alpha_1, \ldots, n_m - \mathrm{ind}\,\alpha_m)$ 分为最多 r 个部分的普通一维分划序列. 例如，表 1 中的向量表示一个分划，将 $(26, 27, 31, 22)$ 分为 9 个部分；排列 $\alpha_1, \ldots, \alpha_4$ 出现在表中，并且有 $(\mathrm{ind}\,\alpha_1, \ldots, \mathrm{ind}\,\alpha_4) = (15, 10, 10, 11)$；这些分划分别为

$$26-15 = (322111100), \qquad 27-10 = (332222210),$$
$$31-10 = (544321110), \qquad 22-11 = (221111111).$$

反过来，任何这样的排列和分划都将生成 $(n_1, \ldots, n_m)$ 的一个多重分划. 如果 r 和 m 很小，那在列出或推导多重分划时，考虑一维分划的这些 $r!^{m-1}$ 序列可能会有所帮助，特别是在二部情景中. [这一构造由巴兹尔·戈登给出，见 *J. London Math. Soc.* **38** (1963), 459–464.]

莫欣达尔·奇马和西奥多·莫茨金在论文 *Proc. Symp. Pure Math.* **19** (Amer. Math. Soc., 1971), 39–70 中很好地总结了对多重分划的早期工作，包括对分成不同部分和（或）分成严格为正部分的分划的研究.

习题

1. [20] （乔治·哈钦森）证明：给定 n 和 $r \geq 2$，只需对算法 H 进行简单修改就可以给出所有把 $\{1, \ldots, n\}$ 分为最多 r 个块的所有分划.

▶ **2.** [22] 在实践中使用集合分划时，我们经常希望将每个块的元素链接在一起. 因此，如果有一个链接数组 $l_1 \ldots l_n$ 和一个标头数组 $h_1 \ldots h_t$ 将会很方便，这两个数组满足：一个 t 块分划的第 j 个块的元素为 $i_1 > \cdots > i_k$，其中

$$i_1 = h_j, \quad i_2 = l_{i_1}, \quad \ldots, \quad i_k = l_{i_{k-1}}, \quad \text{以及} \quad l_{i_k} = 0.$$

例如，采用这种方法表示 $137|25|489|6$ 时，有 $t = 4$，$l_1 \ldots l_9 = 001020348$，$h_1 \ldots h_4 = 7596$.

设计算法 H 的一种变体，使用这一表示法来生成分划.

3. [*M23*] 由算法 H 为 $\{1,\ldots,12\}$ 生成的第 100 万个分划是什么?

▶ **4.** [*21*] 如果 $x_1\ldots x_n$ 是任意串，令 $\rho(x_1\ldots x_n)$ 是与等价关系 $j \equiv k \iff x_j = x_k$ 相对应的限制增长的串. 试应用这个 ρ 函数，对斯坦福图库中的每个包含 5 个字母的英文单词进行分类，例如 $\rho(\mathbf{tooth}) = 01102$. 在 52 个包含 5 个元素的集合分划中，有多少个可以通过这一方式用英文单词表示? 每种类型中的最常见单词是什么?

5. [*22*] 试猜测以下两个序列的下一个元素是什么? (a) 0, 1, 1, 1, 12, 12, 12, 12, 12, 12, 100, 121, 122, 123, 123, $\ldots$; (b) 0, 1, 12, 100, 112, 121, 122, 123, $\ldots$.

▶ **6.** [*25*] 试给出一种算法，用于生成 $\{1,\ldots,n\}$ 的所有符合以下条件的分划: 恰有 c_1 个大小为 1 的块，c_2 个大小为 2 的块，以此类推.

7. [*M20*] $\{1,\ldots,n\}$ 有多少个排列 $a_1\ldots a_n$ 具有性质: $a_{k-1} > a_k > a_j$ 蕴涵 $j > k$?

8. [*20*] 试给出一种方法，用于生成 $\{1,\ldots,n\}$ 的恰有 m 个自左至右的极小值的所有排列.

9. [*M20*] 给定整数 $k_0, k_1, \ldots, k_{n-1}$，有多少个限制增长的串 $a_1\ldots a_n$ 中恰好出现 k_j 次 j?

10. [*25*] 半标记树是一种定向树，其中的叶结点都标有整数 $\{1,\ldots,k\}$，但其他结点未作标记. 因此，共有 15 棵具有 5 个顶点的半标记树:

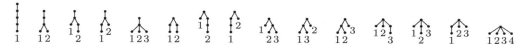

试找出 $\{1,\ldots,n\}$ 的分划与具有 $n+1$ 个顶点的半标记树之间的一一对应关系.

▶ **11.** [*28*] 我们在 7.2.1.2 节观察到，亨利·迪德尼的著名问题 $\mathbf{send} + \mathbf{more} = \mathbf{money}$ 是一个 "纯" 字母算术，即具有唯一解的字母算术. 他的谜题对应于 13 个数字位置的一个集合分划，其中限制增长的串 $\rho(\mathbf{sendmoremoney})$ 为 0123456145217; 我们可能希望知道他有多么幸运才能提出这样一个构造. 有多少个长度为 13 的限制增长的串定义了形如 $a_1a_2a_3a_4 + a_5a_6a_7a_8 = a_9a_{10}a_{11}a_{12}a_{13}$ 的纯字母算术?

12. [*M31*] （分划栅格）如果 Π 和 Π' 是同一个集合的分划，并且只要 $x \equiv y \pmod{\Pi'}$ 就有 $x \equiv y \pmod{\Pi}$，则记作 $\Pi \preceq \Pi'$. 换言之，$\Pi \preceq \Pi'$ 意味着 Π' 是 Π 的一个 "细化分划"，它是通过对后者的零个或多个块再进行分划而获得的; Π 是 Π' 的 "粗化"，或称聚合分划，它是通过将后者的零个或多个块合并在一起而得到的. 这一偏序可以很容易地看作一个栅格，$\Pi \vee \Pi'$ 是 Π 和 Π' 的最大公共细化分划，$\Pi \wedge \Pi'$ 是其最小公共聚合分划. 例如，如果我们用限制增长的串 $a_1a_2a_3a_4$ 来表示分划，则 $\{1,2,3,4\}$ 的分划栅格为

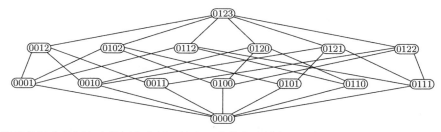

图中向上的路径将每个分划变为其细化分划. 拥有 t 个块的分划出现在自底部算起的第 t 级，它们的后代构成了 $\{1,\ldots,t\}$ 的分划栅格.

    (a) 给定 $a_1\ldots a_n$ 和 $a_1'\ldots a_n'$，说明如何计算 $\Pi \vee \Pi'$.

    (b) 给定 $a_1\ldots a_n$ 和 $a_1'\ldots a_n'$，说明如何计算 $\Pi \wedge \Pi'$.

    (c) 在这个栅格里，Π' 什么时候覆盖 Π? （见习题 7.2.1.4–55.）

    (d) 如果 Π 有 t 个大小为 $s_1,\ldots,s_t$ 的块，它覆盖了多少个分划?

    (e) 如果 Π 有 t 个大小为 $s_1,\ldots,s_t$ 的块，有多少个分划覆盖它?

(f) 判别真假：如果 $\Pi \vee \Pi'$ 覆盖 Π，则 Π' 覆盖 $\Pi \wedge \Pi'$.

(g) 判别真假：如果 Π' 覆盖 $\Pi \wedge \Pi'$，则 $\Pi \vee \Pi'$ 覆盖 Π.

(h) 令 $b(\Pi)$ 表示 Π 的块数，证明：$b(\Pi) + b(\Pi') \leq b(\Pi \vee \Pi') + b(\Pi \wedge \Pi')$.

13. [*M28*]（斯蒂芬·米尔恩，1977）如果 A 是 $\{1, \ldots, n\}$ 的一个分划集合，它的影子 ∂A 就是所有满足以下条件的分划集合 Π'：对于某一 $\Pi \in A$，都满足 Π 覆盖 Π'.（我们可以考虑 7.2.1.3–(54) 中子集栅格的类似概念。）

令 $\Pi_1, \Pi_2, \ldots$ 是将 $\{1, \ldots, n\}$ 划分为 t 个块的分划，按其限制增长的串的字典序排列；令 Π'_1, $\Pi'_2, \ldots$ 是划分为 $(t-1)$ 个块的分划，也按字典序排列. 证明：存在一个函数 $f_{nt}(N)$，使得

$$\text{对于 } 0 \leq N \leq \begin{Bmatrix} n \\ t \end{Bmatrix}, \text{ 有} \partial\{\Pi_1, \ldots, \Pi_N\} = \{\Pi'_1, \ldots, \Pi'_{f_{nt}(N)}\}.$$

提示：习题 12 中的图给出 $(f_{43}(0), \ldots, f_{43}(6)) = (0, 3, 5, 7, 7, 7, 7)$.

14. [*23*] 设计一个算法，以类似于 (7) 的格雷码顺序生成集合分划.

15. [*M21*] 习题 14 中的算法生成的最后分划是什么？

16. [*16*] 列表 (11) 是弗兰克·拉斯基的 A_{35}；A'_{35} 是什么？

17. [*26*] 对于 $\{1, \ldots, n\}$ 的所有 m 块分划，实现弗兰克·拉斯基的格雷码 (8).

18. [*M46*] 对于哪些 n 值，有可能通过在每个步骤中仅将某个 a_j 改变 ± 1 的方式就能生成所有限制增长的串 $a_1 \ldots a_n$？

19. [*28*] 试证明：当 (a) 我们希望生成所有 ϖ_n 个串 $a_1 \ldots a_n$，或者 (b) 我们希望只生成满足 $\max(a_1, \ldots, a_n) = m - 1$ 的 $\begin{Bmatrix} n \\ m \end{Bmatrix}$ 种情景时，对于限制增长的串存在一种格雷码，其中，在每一步骤，某个 a_j 改变 ± 1 或 ± 2.

20. [*17*] 如果 Π 是 $\{1, \ldots, n\}$ 的一个分划，它的共轭 Π^T 由以下规则定义：

$$j \equiv k \pmod{\Pi^T} \quad \Longleftrightarrow \quad n+1-j \equiv n+1-k \pmod{\Pi}.$$

假设 Π 有限制增长的串 001010202013；Π^T 的限制增长的串是什么？

21. [*M27*] $\{1, \ldots, n\}$ 的多少个分划是自共轭的？

22. [*M23*] 如果 X 是一个具有给定分布的随机变量，X^n 的期望值称为该分布的 n 阶矩. 求以下两种情况下的 n 阶矩：(a) 当 X 是一个均值为 1 的泊松偏离（式 3.4.1–(40)）时；(b) 当 X 是 $\{1, \ldots, m\}$ 的一个随机排列的不动点的个数（式 1.3.3–(27)）时（其中 $m \geq n$）.

23. [*HM30*] 如果 $f(x) = \sum a_k x^k$ 是一个多项式，令 $f(\varpi)$ 表示 $\sum a_k \varpi_k$.

(a) 证明符号公式 $f(\varpi+1) = \varpi f(\varpi)$.（例如，如果 $f(x)$ 是多项式 x^2，则这个公式表示 $\varpi_2 + 2\varpi_1 + \varpi_0 = \varpi_3$. ）

(b) 类似地，证明对于所有正整数 k，均有 $f(\varpi + k) = \varpi^{\underline{k}} f(\varpi)$.

(c) 如果 p 是素数，证明 $\varpi_{n+p} \equiv \varpi_n + \varpi_{n+1} \pmod{p}$. 提示：首先证明 $x^{\underline{p}} \equiv x^p - x$.

(d) 因此，当 $N = p^{p-1} + p^{p-2} + \cdots + p + 1$ 时，$\varpi_{n+N} \equiv \varpi_n \pmod{p}$.

24. [*HM35*] 继续上题，证明：如果 p 为奇素数，则贝尔数满足周期律 $\varpi_{n+p^{e-1}N} \equiv \varpi_n \pmod{p^e}$. 提示：证明 $x^{\underline{p^e}} \equiv g_e(x) + 1 \pmod{p^e, p^{e-1}g_1(x), \ldots, pg_{e-1}(x)}$，其中 $g_j(x) = (x^p - x - 1)^{p^j}$.

25. [*M27*] 证明：$\varpi_n / \varpi_{n-1} \leq \varpi_{n+1} / \varpi_n \leq \varpi_n / \varpi_{n-1} + 1$.

▶ **26.** [*M22*] 根据递推式 (13)，皮尔斯三角中的数 ϖ_{nk} 计算了如下无穷有向图中从 $\textcircled{nk}$ 到 $\textcircled{11}$ 的路径条数.

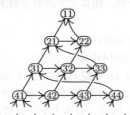

试解释，为什么每条从 ⓝ1 到 ⑪ 的路径都对应于 $\{1, \ldots, n\}$ 的一个分划.

▶ **27.** [*M35*] 一个 n 次"摇摆图表环"是一个整数分划序列 $\lambda_k = a_{k1}a_{k2}a_{k3}\ldots$（其中，对于 $0 \le k \le 2n$ 有 $a_{k1} \ge a_{k2} \ge a_{k3} \ge \cdots$），对于 $1 \le k \le 2n$ 及某个 t_k（$0 \le t_k \le n$），满足 $\lambda_0 = \lambda_{2n} = e_0$ 且 $\lambda_k = \lambda_{k-1} + (-1)^k e_{t_k}$；这里的 e_t 表示单位向量 $0^{t-1}10^{n-t}$（$0 < t \le n$），而 e_0 均为零.

    (a) 列出所有 4 次摇摆图表环.［提示：共有 15 个.］

    (b) 证明：恰有 ϖ_{nk} 个 n 阶摇摆图表循环满足 $t_{2k-1} = 0$.

▶ **28.** [*M25*]（广义车多项式）考虑把 $a_1 + \cdots + a_m$ 个方格排列为行和列的一种方式，其中第 k 行的方格排列为第 $1, \ldots, a_k$ 列. 在方格中放入零个或多个"车"，每行最多一个车，每列最多一个车. 如果一个空方格的右侧和下方都没有车，则称这个空方格是"自由的". 例如，图 56 给出了两个这样的放置方式，一种是在长度分别为 $(3,1,4,1,5,9,2,6,5)$ 的各行中放入了 4 个车，另一种是在 9×9 的方形棋盘中放入了 9 个车. 车用实心圆表示；每个车的上方和左侧置放了空心圆，所有自由方格留白.

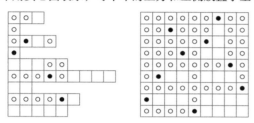

                                          图 56   车的放置与自由方格

令 $R(a_1, \ldots, a_m)$ 是一个关于 x 和 y 的多项式，它是通过针对车的所有合法放置形式对 $x^r y^f$ 求和所得到的，其中，r 是车数，f 是自由方格数. 例如，图 56 左图中的放置形式，向多项式 $R(3,1,4,1,5,9,2,6,5)$ 中贡献了 $x^4 y^{17}$.

    (a) 证明：$R(a_1, \ldots, a_m) = R(a_1, \ldots, a_{j-1}, a_{j+1}, a_j, a_{j+2}, \ldots, a_m)$；换言之，行的长度顺序无关紧要，而且可以假定 $a_1 \ge \cdots \ge a_m$，类似于 7.2.1.4-(13) 的图表形状.

    (b) 如果 $a_1 \ge \cdots \ge a_m$，并且 $b_1 \ldots b_n = (a_1 \ldots a_m)^T$ 是共轭分划，证明：$R(a_1, \ldots, a_m) = R(b_1, \ldots, b_n)$.

    (c) 试找出一种用于计算 $R(a_1, \ldots, a_m)$ 的递推式，并用它来计算 $R(3, 2, 1)$.

    (d) 推广皮尔斯三角 (12)：将加法规则 (13) 改为

$$\varpi_{nk}(x, y) = x\varpi_{(n-1)k}(x, y) + y\varpi_{n(k+1)}(x, y), \qquad 1 \le k < n.$$

于是，$\varpi_{21}(x, y) = x + y$，$\varpi_{32}(x, y) = x + xy + y^2$，$\varpi_{31}(x, y) = x^2 + 2xy + xy^2 + y^3$，等等. 证明，所得到的量 $\varpi_{nk}(x, y)$ 是车多项式 $R(a_1, \ldots, a_{n-1})$，其中 $a_j = n - j - [j < k]$.

    (e) (d) 中的多项式 $\varpi_{n1}(x, y)$ 可以看作广义贝尔数 $\varpi_n(x, y)$，表示习题 26 的有向图中从 ⓝ1 到 ⑪ 的一些路径，这些路径具有给定数目的"x 步"（向东北方向），也有给定数目的"y 步"（向东方）. 证明：

$$\varpi_n(x, y) = \sum_{a_1 \ldots a_n} x^{n-1-\max(a_1, \ldots, a_n)} y^{a_1 + \cdots + a_n},$$

其中求和是对所有长度为 n 的限制增长的串 $a_1 \ldots a_n$ 进行的.

29. [*M26*] 续上题，令 $R_r(a_1, \ldots, a_m) = [x^r] R(a_1, \ldots, a_m)$ 是关于 y 的多项式，它枚举了在放置 r 个车时的自由空格数.

    (a) 证明：如果要在一个 $n \times n$ 棋盘上放置 n 个车，并使 f 个空格为自由空格，则其放法个数等于 $\{1, \ldots, n\}$ 的排列中拥有 f 个反序的排列数. 于是，根据式 5.1.1-(8) 和习题 5.1.2-16，我们有

$$R_n(\overbrace{n, \ldots, n}^{n}) = n!_y = \prod_{k=1}^{n}(1 + y + \cdots + y^{k-1}).$$

    (b) 在 $m \times n$ 棋盘上放置 r 个车，其生成函数 $R_r(\overbrace{n, \ldots, n}^{m})$ 是什么？

(c) 如果 $a_1 \geq \cdots \geq a_m \geq 0$, t 为非负整数, 证明一般公式

$$\prod_{j=1}^{m} \frac{1 - y^{a_j + j - m + t}}{1 - y} = \sum_{k=0}^{m} \frac{t!_y}{(t-k)!_y} R_{m-k}(a_1, \ldots, a_m).$$

［注意：当 $k > t \geq 0$ 时, 量 $t!_y/(t-k)!_y = \prod_{j=0}^{k-1}((1 - y^{t-j})/(1-y))$ 为零. 于是, 例如, 在 $t = 0$ 时, 上式的右侧简化为 $R_m(a_1, \ldots, a_m)$. 我们可以通过依次置 $t = 0, 1, \ldots, m$, 以计算 $R_m, R_{m-1}, \ldots, R_0$. ］

(d) 如果 $a_1 \geq a_2 \geq \cdots \geq a_m \geq 0$, $a_1' \geq a_2' \geq \cdots \geq a_m' \geq 0$, 证明：当且仅当关联多重集 $\{a_1+1, a_2+2, \ldots, a_m+m\}$ 和 $\{a_1'+1, a_2'+2, \ldots, a_m'+m\}$ 相同时, $R(a_1, a_2, \ldots, a_m) = R(a_1', a_2', \ldots, a_m')$.

30. [*HM30*] 广义斯特林数 $\left\{ {n \atop m} \right\}_q$ 由如下递推式定义

$$\left\{ {n+1 \atop m} \right\}_q = (1 + q + \cdots + q^{m-1}) \left\{ {n \atop m} \right\}_q + \left\{ {n \atop m-1} \right\}_q; \qquad \left\{ {0 \atop m} \right\}_q = \delta_{m0}.$$

因此, $\left\{ {n \atop m} \right\}_q$ 是关于 q 的多项式；$\left\{ {n \atop m} \right\}_1$ 是普通斯特林数 $\left\{ {n \atop m} \right\}$, 因为它满足式 1.2.6–(46) 中的递推关系.

(a) 证明习题 28(e) 的广义贝尔数 $\varpi_n(x, y) = R(n-1, \ldots, 1)$ 具有显式形式

$$\varpi_n(x, y) = \sum_{m=0}^{n} x^{n-m} y^{\binom{m}{2}} \left\{ {n \atop m} \right\}_y.$$

(b) 证明广义斯特林数还服从递推关系

$$q^m \left\{ {n+1 \atop m+1} \right\}_q = q^n \left\{ {n \atop m} \right\}_q + \binom{n}{1} q^{n-1} \left\{ {n-1 \atop m} \right\}_q + \cdots = \sum_k \binom{n}{k} q^k \left\{ {k \atop m} \right\}_q.$$

(c) 通过推广 1.2.9–(23) 和 1.2.9–(28), 找出 $\left\{ {n \atop m} \right\}_q$ 的生成函数.

31. [*HM23*] 通过推广 (15), 证明：如果我们计算以下和式, 则皮尔斯三角的元素有一个简单的生成函数

$$\sum_{n,k} \varpi_{nk} \frac{w^{n-k}}{(n-k)!} \frac{z^{k-1}}{(k-1)!}.$$

32. [*M22*] 令 δ_n 表示两类限制增长的串 $a_1 \ldots a_n$ 的个数之差, 对于作为被减方的限制增长的串, 满足 $a_1 + \cdots + a_n$ 为偶数. 对于作为减方的限制增长的串, $a_1 + \cdots + a_n$ 为奇数. 证明：

$$\text{当} \quad n \bmod 6 = (1, 2, 3, 4, 5, 0) \quad \text{时} \quad \delta_n = (1, 0, -1, -1, 0, 1).$$

提示：见习题 28(e).

33. [*M21*] 有多少个 $\{1, 2, \ldots, n\}$ 的分划满足 $1 \not\equiv 2, 2 \not\equiv 3, \ldots, k-1 \not\equiv k$？

34. [*14*] 许多诗歌都涉及押韵格式, 这些押韵格式就是对一个小节中各个诗行的分划, 这些分划具有以下性质：当且仅当第 j 行与第 k 行押韵时, $j \equiv k$. 例如 "五行打油诗" 通常是一种具有特定押韵约束的五行诗, 其押韵格式由限制增长的串 00110 描述.

在以下各人所做的经典十四行诗中, 使用了什么样的押韵格式？ (a) 圭托内·达雷佐 (约 1270)；(b) 弗朗切斯科·彼特拉克 (约 1350)；(c) 埃德蒙·斯宾塞 (1595)；(d) 威廉·莎士比亚 (1609)；(e) 伊丽莎白·勃朗宁 (1850).

35. [*M21*] 令 ϖ_n' 表示一种 n 行诗歌的押韵格式数, 这类诗歌是 "完全押韵" 的, 其含义就是, 每一诗行都至少与另外一行诗押韵. 于是有 $\langle \varpi_0', \varpi_1', \varpi_2', \ldots \rangle = \langle 1, 0, 1, 1, 4, 11, 41, \ldots \rangle$. 试给出 $\varpi_n' + \varpi_{n+1}' = \varpi_n$ 这一事实的组合证明.

36. [*M22*] 继续习题 35, 生成函数 $\sum_n \varpi_n' z^n/n!$ 是什么？

37. [*M18*] 亚历山大·普希金在它的诗体小说《叶甫盖尼·奥涅金》(1833) 中采用了一种非常优雅的结构, 不仅基于 "阳性" 押韵 (最后的重音音节保持一致, 比如 pain–gain, form–warm, pun–fun, bucks–crux), 它还基于 "阴性" 押韵 (一个或两个非重音音节也参与进来, 比如 humor–tumor, tetrameter–pentameter, lecture–conjecture, iguana–piranha). 《叶甫盖尼·奥涅金》的每个诗节都是一首采用严格押韵格

式 01012233455477 的十四行诗, 在这一格式中, 根据具体数字是奇数还是偶数来决定押韵是阴性的, 还是阳性的. 普希金小说的几位现代译者已经成功地在英文和德文中保留了相同的押韵形式.

> 我该如何解释这节诗?　/　这些阴性的押韵? 我皱眉的沉思?
> 整个陈旧过时的狂欢?　/　我怎么能 (不顾时间地) 使用
> 奥涅金的积满灰尘的面包模具　/　在里根的华丽的面包店?
> 这面包肯定不会发酵　/　或者在我眼前变得不新鲜.
> 事实是, 我无法证明这一点.　/　但是没有关键时期的寿衣
> 可以拯救我的尸体免于无聊的蠕虫,　/　我也可以玩得开心并尝试一下.
> 如果有效, 那就好; 如果没有, 那么,　/　理论不会推迟它的丧钟.
> ——维克拉姆·塞特, *The Golden Gate* (1986)

　　根据习题 35, 一首 14 行诗可能有 $\varpi'_{14} = 24\,011\,157$ 个完整押韵格式中的任意一个. 但是, 如果我们允许为每个块指定其押韵是阴性的还是阳性的, 那么一共可能有多少种押韵格式呢?

▶ **38.** [*M30*] 设 σ_k 为循环排列 $(1, 2, \ldots, k)$. 本习题的目的是研究称为 σ 循环的序列 $k_1 k_2 \ldots k_n$, 对于该序列, $\sigma_{k_1} \sigma_{k_2} \ldots \sigma_{k_n}$ 为恒等排列. 例如, 当 $n = 4$ 时, 恰有 15 个 σ 循环, 即

$$1111, 1122, 1212, 1221, 1333, 2112, 2121, 2211, 2222, 2323, 3133, 3232, 3313, 3331, 4444.$$

　　(a) 找出 $\{1, 2, \ldots, n\}$ 的分划与长度为 n 的 σ 循环之间的一一对应关系.
　　(b) 给定 m 和 n, 在长度为 n 的 σ 循环中, 有多少个满足 $1 \le k_1, \ldots, k_n \le m$?
　　(c) 给定 i, j 和 n, 有多少个长度为 n 的 σ 循环满足 $k_i = j$?
　　(d) 有多少个长度为 n 的 σ 循环满足 $k_1, \ldots, k_n \ge 2$?
　　(e) 有多少个 $\{1, \ldots, n\}$ 的分划满足 $1 \not\equiv 2, 2 \not\equiv 3, \ldots, n-1 \not\equiv n$ 和 $n \not\equiv 1$?

39. [*HM16*] 当 p 和 q 为非负整数时, 计算 $\int_0^\infty e^{-t^{p+1}} t^q \, dt$. 提示: 见习题 1.2.5-20.

40. [*HM20*] 假设利用鞍点方法来计算 $[z^{n-1}] e^{cz}$. 正文中由 (19) 推导 (21) 的过程处理了 $c = 1$ 的情景; 如果 c 为任意正常数, 则应当如何修改该推导过程?

41. [*HM21*] 在 $c = -1$ 的情况下求解上题.

42. [*HM23*] 利用鞍点方法估计 $[z^{n-1}] e^{z^2}$, 要求相对误差为 $O(1/n^2)$.

43. [*HM22*] 论证将 (23) 中的积分用 (25) 替代的正确性.

44. [*HM22*] 解释如何由 (25) 中的 $a_2, a_3, \ldots$ 计算 (26) 中的 $b_1, b_2, \ldots$.

▶ **45.** [*HM23*] 证明, 除了 (26) 之外, 还有扩展式

$$\varpi_n = \frac{e^{e^\xi - 1} n!}{\xi^n \sqrt{2\pi n (\xi + 1)}} \left(1 + \frac{b'_1}{n} + \frac{b'_2}{n^2} + \cdots + \frac{b'_m}{n^m} + O\left(\frac{1}{n^{m+1}}\right)\right),$$

其中, $b'_1 = -(2\xi^4 + 9\xi^3 + 16\xi^2 + 6\xi + 2)/(24(\xi + 1)^3)$.

46. [*HM25*] 估计皮尔斯三角中的 ϖ_{nk} 在 $n \to \infty$ 时的取值.

47. [*M21*] 分析算法 H 的运行时间.

48. [*HM25*] 如果 n 不是整数, 则可以在汉克尔周线上进行 (23) 中的积分, 为所有正实数 $x > 0$ 定义一个广义贝尔数 ϖ_x. 证明, 像在式 (16) 中那样,

$$\varpi_x = \frac{1}{e} \sum_{k=0}^\infty \frac{k^x}{k!}.$$

▶ **49.** [*HM35*] 证明: 当 n 很大时, (24) 中定义的数 ξ 等于

$$\ln n - \ln \ln n + \sum_{j,k \ge 0} \begin{bmatrix} j+k \\ j+1 \end{bmatrix} \alpha^j \frac{\beta^k}{k!}, \qquad \alpha = -\frac{1}{\ln n}, \qquad \beta = \frac{\ln \ln n}{\ln n}.$$

▶ **50.** [*HM21*] 如果 $\xi(n) e^{\xi(n)} = n$, 而且 $\xi(n) > 0$, 则 $\xi(n+k)$ 与 $\xi(n)$ 有着怎样的关系?

51. [*HM27*] 使用鞍点方法估计 $t_n = n! [z^n] e^{z+z^2/2}$，它是 n 个元素上的对合数（也是把 $\{1, \ldots, n\}$ 划分为大小小于等于 2 的块的分划）.

52. [*HM22*] 概率分布的累积量在式 1.2.10–(23) 中定义. 当一个随机整数等于 k 的概率为以下各式时，其累积量是什么？(a) $e^{1-e^\xi} \varpi_k \xi^k / k!$；(b) $\sum_j \left\{ {k \atop j} \right\} e^{e^{-1}-1-j} / k!$.

▶ **53.** [*HM30*] 令 $G(z) = \sum_{k=0}^\infty p_k z^k$ 是一个离散概率分布的生成函数，在 $|z| < 1 + \delta$ 上收敛；因此，系数 p_k 是非负的，$G(1) = 1$，均值和方差分别为 $\mu = G'(1)$ 和 $\sigma^2 = G''(1) + G'(1) - G'(1)^2$. 如果 $X_1, \ldots, X_n$ 是服从此分布的独立随机变量，$X_1 + \cdots + X_n = m$ 的概率为 $[z^m] G(z)^n$，并且当 m 接近均值 μn 时，我们经常希望估计这个概率.

假设，$p_0 \neq 0$，且对于所有满足 $p_k \neq 0$ 的下标 k，不存在整数公因数 $d > 1$. 这一假设意味着当 n 很大时，m 不必满足任何特殊的同余条件 mod d. 证明：当 $\mu n + r$ 为整数时，

$$\text{当 } n \to \infty \text{ 时} \qquad [z^{\mu n+r}] G(z)^n = \frac{e^{-r^2/(2\sigma^2 n)}}{\sigma\sqrt{2\pi n}} + O\left(\frac{1}{n}\right).$$

提示：在圆 $|z| = 1$ 上对 $G(z)^n / z^{\mu n + r}$ 求积分.

54. [*HM20*] 如果 α 和 β 由 (40) 定义，证明：它们的算术平均值和几何平均值分别为 $\frac{\alpha+\beta}{2} = s \coth s$ 和 $\sqrt{\alpha\beta} = s \operatorname{csch} s$，其中 $s = \sigma/2$.

55. [*HM20*] 试给出一种用于计算 (43) 中所需数值 β 的好方法.

▶ **56.** [*HM26*] 像在 (37) 中那样，令 $g(z) = \alpha^{-1} \ln(e^z - 1) - \ln z$ 且 $\sigma = \alpha - \beta$.
(a) 证明：$(-\sigma)^{n+1} g^{(n+1)}(\sigma) = n! - \sum_{k=0}^n \left\langle {n \atop k} \right\rangle \alpha^k \beta^{n-k}$，其中，欧拉数 $\left\langle {n \atop k} \right\rangle$ 的定义见 5.1.3 节.
(b) 证明：对于所有 $\sigma > 0$，有 $\frac{\beta}{\alpha} n! < \sum_{k=0}^n \left\langle {n \atop k} \right\rangle \alpha^k \beta^{n-k} < n!$. 提示：见习题 5.1.3–25.
(c) 现在验证不等式 (42).

57. [*HM22*] 采用 (43) 的记号，证明：(a) $n+1-m < 2N$；(b) $N < 2(n+1-m)$.

58. [*HM31*] 完成 (43) 的证明如下.
(a) 证明：对于所有 $\sigma > 0$，存在一个数 $\tau \geq 2\sigma$，使得 τ 是 2π 的一个倍数，且 $|e^{\sigma+it} - 1| / |\sigma + it|$ 在 $0 \leq t \leq \tau$ 上是单调递减的.
(b) 证明：由 $\int_{-\tau}^\tau \exp((n+1)g(\sigma+it)) \, dt$ 可导出 (43).
(c) 证明：在直线路径 $z = t \pm i\tau$ $(-n \leq t \leq \sigma)$ 和 $z = -n \pm it$ $(-\tau \leq t \leq \tau)$ 上进行的相应积分是可以忽略的.

▶ **59.** [*HM23*] (43) 预测 $\left\{ {n \atop n} \right\}$ 的近似值是多少？

60. [*HM25*] (a) 证明：以下恒等式中的部分和交替地超过或小于其最终值：

$$\left\{ {n \atop m} \right\} = \frac{m^n}{m!} - \frac{(m-1)^n}{1!(m-1)!} + \frac{(m-2)^n}{2!(m-2)!} - \cdots + (-1)^m \frac{0^n}{m! \, 0!}.$$

(b) 证明结论：

$$\text{当 } m \leq n^{1-\epsilon} \text{ 时} \qquad \left\{ {n \atop m} \right\} = \frac{m^n}{m!} (1 - O(n e^{-n^\epsilon})).$$

(c) 由 (43) 推导出一个类似结果.

61. [*HM26*] 证明：如果 $m = n - r$，其中 $r \leq n^\epsilon$，$\epsilon \leq n^{1/2}$，则由式 (43) 得出

$$\left\{ {n \atop n-r} \right\} = \frac{n^{2r}}{2^r r!} \left(1 + O(n^{2\epsilon-1}) + O\left(\frac{1}{r}\right) \right).$$

62. [*HM40*] 严格证明：如果 $\xi e^\xi = n$，则 $\left\{ {n \atop m} \right\}$ 的最大值或者出现在当 $m = \lfloor e^\xi - 1 \rfloor$ 时，或者出现在当 $m = \lceil e^\xi - 1 \rceil$ 时.

▶ **63.** [*M35*] （詹姆斯·皮特曼）证明：存在一种初等方法来确定最大斯特林数以及许多类似的量的位置，如下所示：设 $0 \leq p_j \leq 1$.

(a) 令 $f(z) = (1 + p_1(z-1)) \ldots (1 + p_n(z-1))$, $a_k = [z^k] f(z)$; 于是, a_k 是分别以概率 $p_1, \ldots, p_n$ 进行 n 次独立硬币投掷之后, 出现 k 次正面向上的概率. 证明: 只要 $k \le \mu = p_1 + \cdots + p_n$, $a_k \ne 0$, 即有 $a_{k-1} < a_k$.

(b) 类似地, 证明: 只要 $k \ge \mu$ 且 $a_k \ne 0$, 即有 $a_{k+1} < a_k$.

(c) 如果 $f(x) = a_0 + a_1 x + \cdots + a_n x^n$ 是具有 n 个实根且系数非负的任意非零多项式, 证明: 当 $k \le \mu$ 时, $a_{k-1} < a_k$; 当 $k \ge \mu$ 时, $a_{k+1} < a_k$, 其中 $\mu = f'(1)/f(1)$. 于是, 如果 $a_m = \max(a_0, \ldots, a_n)$, 则必然有 $m = \lfloor \mu \rfloor$ 或 $m = \lceil \mu \rceil$.

(d) 在 (c) 的假设条件下, 且当 $j < 0$ 或 $j > n$ 时, 有 $a_j = 0$, 证明: 存在下标 $s \le t$, 使得当且仅当 $s \le k \le t$ 时, $a_{k+1} - a_k < a_k - a_{k-1}$. (因此, 序列 $(a_0, a_1, \ldots, a_n)$ 的直方图总是"钟形"的.)

(e) 这些结果告诉了我们关于斯特林数的哪些信息?

64. [HM21] 利用 (30) 和习题 50, 证明近似比 (50).

▶ **65.** [HM22] 在 $\{1, \ldots, n\}$ 的一个随机分划中, 大小为 k 的块的个数的方差为多少?

66. [M46] n 的什么分划将引出 $\{1, \ldots, n\}$ 的最多个分划?

67. [HM20] 斯塔姆方法 (53) 中的 M 的均值和方差为多少?

68. [21] 当算法 M 生成 $\{n_1 \cdot 1, \ldots, n_m \cdot m\}$ 的所有 $p(n_1, \ldots, n_m)$ 个分划时, 其中的变量 l 和 b 能够变得多大?

▶ **69.** [22] 修改算法 M, 使其仅生成划分为最多 r 个部分的分划.

▶ **70.** [M22] 分析在以下两种包括 n 个元素的多重集中, 可能出现多少种包括 r 个块的分划: (a) $\{0, \ldots, 0, 1\}$; (b) $\{1, 2, \ldots, n-1, n-1\}$. 对 r 求和后得到的总数为多少?

71. [M20] 有多少个 $\{n_1 \cdot 1, \ldots, n_m \cdot m\}$ 的分划恰有 2 个部分?

72. [M26] 能否以多项式时间复杂度计算出 $p(n, n)$?

▶ **73.** [M32] 当 $p(2, \ldots, 2)$ 中有 n 个 2 时, 能否以多项式时间复杂度计算出 $p(2, \ldots, 2)$?

74. [M46] 当 $p(n, \ldots, n)$ 中有 n 个 n 时, 能否以多项式时间复杂度计算 $p(n, \ldots, n)$?

75. [HM41] 求 $p(n, n)$ 的渐近值.

76. [HM36] 当 $p(2, \ldots, 2)$ 中有 n 个 2 时, 求其渐近值.

77. [HM46] 当 $p(n, \ldots, n)$ 中有 n 个 n 时, 求其渐近值.

78. [20] $(15, 10, 10, 11)$ 的哪个分划将得到如表 1 所示的排列 $\alpha_1, \alpha_2, \alpha_3, \alpha_4$?

79. [22] 已知一个序列 $u_1, u_2, u_3, \ldots$, 如果它的子序列 $(u_{m+1}, u_{m+2}, \ldots, u_{m+n})$ ($0 \le m < \varpi_n$) 根据约定"当且仅当 $u_{m+j} = u_{m+k}$ 时 $j \equiv k$", 可以表示所有可能出现的集合分划, 则称原序列为 $\{1, \ldots, n\}$ 的分划的通用序列. 例如, $(0, 0, 0, 1, 0, 2, 2)$ 是 $\{1, 2, 3\}$ 的分划的通用序列.

编写一个程序, 为 $\{1, 2, 3, 4\}$ 的分划找出所有具有以下性质的通用序列: (i) $u_1 = u_2 = u_3 = u_4 = 0$; (ii) 该序列为限制增长的; (iii) $0 \le u_j \le 3$; (iv) $u_{16} = u_{17} = u_{18} = 0$ (因此该序列实际上是循环的).

80. [M28] 采用上一题中的含义, 证明: 只要 $n \ge 4$, $\{1, 2, \ldots, n\}$ 的分划是存在通用序列的.

81. [29] 找出一种方法用来排列一副普通的 52 张纸牌, 使下面的戏法成为可能: 五位玩家像平常一样切牌 (应用一个循环排列操作). 然后, 每位玩家从顶部拿一张牌. 魔术师告诉玩家, 看看自己的牌, 与其他拿有相同花色的玩家合为一组, 即拿梅花的玩家组成一组; 拿方块的玩家组成另一组, 以此类推. (但是, 黑桃 J 被看作"小丑牌 (王牌)"; 如果有人拿着黑桃 J, 那他应当自己一组.)

如果最初能够恰当地排列这副纸牌, 那么魔术师只需通过观察这些分组, 不需要玩家告诉他们所拿的任何花色, 就能说出所有五张牌的名字.

82. [22] 如果我们将下面的 15 张骨牌看作分数, 可以对它们任意旋转, 问有多少种方法可以将它们分为三组, 每组各有 5 张牌, 它们表示的分数之和相同?

就像一个人的身体中有成对儿的器官,

它们的名字相同,唯以左右区分,

所以,当我的讲演断定

疯狂的想法是人性中共有的一面,

划分对立部分的讲演会反复地分解它,

使之变得越来越小.

——苏格拉底,《斐德罗篇》266A（约公元前 370 年）

7.2.1.6 生成所有树. 我们已经完成了对元组、排列、组合和分划等经典组合概念的研究. 但是,计算机科学家的传统知识库中已经增加了另一类非常基本的模式,那就是称为"树"的层级结构."树"这种结构在计算机科学的几乎每个领域中都在快速生长,我们已经在《计算机程序设计艺术》的 2.3 节和几乎所有后续章节中看到了这一点. 因此,我们现在将转而研究一些简单的算法,可借以更全面地研究各种类型的树.

首先回顾嵌套括号与森林之间的基本联系. 例如,

$$
\begin{array}{c}
\texttt{1 2\quad 3 4 5\quad 6 7 8\ 9 a\quad\ \ b\quad c d\ e f} \\
\texttt{( )) ((( )) ((( ) (( )))) (( ) (( ))))} \\
\texttt{1 2\qquad 3 4\quad 5\quad 6 7 8\ 9 a\quad b\quad c d e f}
\end{array}
\tag{1}
$$

给出一个字符串,其中包含 15 个左括号"(",标有1, 2, ..., f,还包含 15 个右括号")",也标有 1 至 f. 字符串下方的灰线表示这些括号间的匹配,构成了 15 对括号 12, 21, 3f, 44, 53, 6a, 78, 85, 97, a6, b9, ce, db, ed, fc. 这个字符串对应于下面的森林

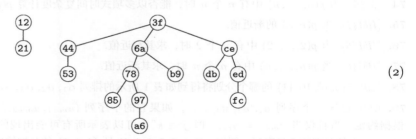

$$\tag{2}$$

其中,这些结点按照前序(根据第一个坐标排序)为 ⑫, ㉑, ③f, ..., Ⓕc,按照后序(根据第二个坐标排序)为 ㉑, ⑫, ⑤3, ..., ③f. 如果我们设想一条虫子沿着森林的外围爬行,

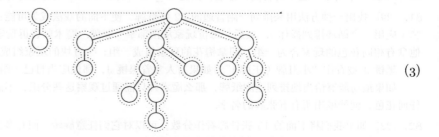

$$\tag{3}$$

每当它穿过一个结点的左边时看到一个"(",每当它穿过一个结点的右边时看到一个")",那么这条虫子将会重构出原串 (1).

通过 2.3.2 节讨论的 "自然对应" 关系, (2) 中的森林又对应于二叉树

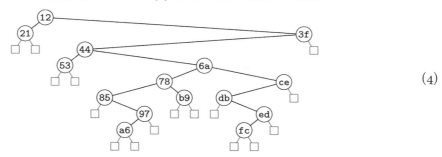

$$(4)$$

这里, 结点是采用 "对称序" (也称为 "中序") 的 ㉑, ⑫, ㉝, ..., ③f. 在这个二叉树中, 结点 Ⓧ 的左子树是该森林中 Ⓧ 的最左子结点, 如果 Ⓧ 没有子结点, 那它就是一个 "外部结点" □. 在这个二叉树中, Ⓧ 的右子树是它在森林中的右兄弟结点, 如果 Ⓧ 是其家族中的最右子结点, 则为 □. 森林中树的根结点可看作是兄弟关系, 森林的最左侧根结点是二叉树的根.

当且仅当一个括号串 $a_1 a_2 \ldots a_{2n}$ 中包含 n 个 "(" 和 n 个 ")", 并且第 k 个 "(" 位于第 k 个 ")" 之前 ($1 \le k \le n$) 时, 这串括号是正确嵌套的. 探索所有嵌套括号串的最简单方法是按字典序访问它们. 下面的算法认为按照字典序 ")" 是小于 "(" 的, 它针对仙波一郎 [*Inf. Processing Letters* **12** (1981), 188–192] 提出的方法进行了一些效率上的改进.

算法 P (采用字典序的括号嵌套). 给定整数 $n \ge 2$, 算法生成所有嵌套括号串 $a_1 a_2 \ldots a_{2n}$.

P1. [初始化.] 对于 $1 \le k \le n$ 置 $a_{2k-1} \leftarrow$ '(' 和 $a_{2k} \leftarrow$ ')'. 另置 $a_0 \leftarrow$ ')' 和 $m \leftarrow 2n-1$. (我们在 P4 中以 a_0 为哨兵.)

P2. [访问.] 访问嵌套串 $a_1 a_2 \ldots a_{2n}$. (此时, 对于 $m < k \le 2n$ 有 $a_m =$ '(' 和 $a_k =$ ')'.)

P3. [简单情形?] 置 $a_m \leftarrow$ ')'. 然后, 如果 $a_{m-1} =$ ')', 置 $a_{m-1} \leftarrow$ '(', $m \leftarrow m-1$, 返回 P2.

P4. [寻找 j.] 置 $j \leftarrow m-1$ 和 $k \leftarrow 2n-1$. 当 $a_j =$ '(' 时循环执行 $a_j \leftarrow$ ')', $a_k \leftarrow$ '(', $j \leftarrow j-1$, $k \leftarrow k-2$.

P5. [递增 a_j.] 如果 $j = 0$, 终止算法. 否则, 置 $a_j \leftarrow$ '(', $m \leftarrow 2n-1$, 返回 P2. ∎

后面将会看到, 步骤 P4 中的循环总是很短的: 平均来说, 对于每个被访问的嵌套串, 操作 $a_j \leftarrow$ ')' 仅执行大约 $\frac{1}{3}$ 次.

算法 P 为什么有效呢? 令 A_{pq} 是由所有包含 p 个左括号和 $q \ge p$ 个右括号的串 α 组成的序列, 其中 $(^{q-p} \alpha$ 是正确嵌套的, 按字典序排列. 然后, 要由算法 P 生成 A_{nn}, 其中, 容易看到 A_{pq} 服从递归规则

$$A_{pq} \;=\;) A_{p(q-1)}, \; (A_{(p-1)q}, \qquad 如果 \; 0 \le p \le q \ne 0; \qquad A_{00} = \epsilon; \qquad (5)$$

而且, 当 $p < 0$ 或 $p > q$ 时, A_{pq} 为空. A_{pq} 的第一个元素是 $)^{q-p}()\ldots()$, 其中共有 p 对 "()"; 最后一个元素是 $(^{p})^q$. 因此, 字典序的生成过程是: 从右端开始扫描, 直到找到一个 $a_j \ldots a_{2n} =)(^{p+1})^q$ 形式的尾串, 然后用 $()^{q+1-p}()\ldots()$ 代替它. 步骤 P4 和 P5 可以高效地完成这一操作, 而步骤 P3 则处理 $p = 0$ 的简单情形.

表 1 给出了算法 P 在 $n = 4$ 时的输出, 还给出了与之对应的像 (2) 和 (4) 中那样的森林和二叉树. 其他几个等价的组合对象也出现在表 1 中. 例如, 嵌套括号串可以采用游程编码为

$$()^{d_1} ()^{d_2} \ldots ()^{d_n}, \qquad (6)$$

其中，非负整数 $d_1 d_2 \ldots d_n$ 满足约束条件

$$d_1 + d_2 + \cdots + d_k \leq k, \quad 1 \leq k < n; \qquad d_1 + d_2 + \cdots + d_n = n. \tag{7}$$

我们还可以用序列 $z_1 z_2 \ldots z_n$ 表示嵌套括号，它指定了左括号的出现位置. 实际上，如果我们假设 $z_0 = 0$，则 $z_1 z_2 \ldots z_n$ 是由集合 $\{1, 2, \ldots, 2n\}$ 中取 n 个元素组成的 $\binom{2n}{n}$ 个组合之一，满足特殊的约束条件

$$z_{k-1} < z_k < 2k, \qquad 1 \leq k \leq n. \tag{8}$$

z 当然与 d 有关：

$$d_k = z_{k+1} - z_k - 1, \qquad 1 \leq k < n. \tag{9}$$

如果改写算法 P，使之生成组合 $z_1 z_2 \ldots z_n$ 而不是生成串 $a_1 a_2 \ldots a_{2n}$，那么它会变得相当简单.（见习题 2.）

括号串还可以用排列 $p_1 p_2 \ldots p_n$ 表示，其中第 k 个右括号与第 p_k 个左括号匹配. 换言之，相关的后序森林中的第 k 个结点是前序森林的第 p_k 个结点. 根据习题 2.3.2–20，如果按后序标记结点，那么，森林中的结点 j 是结点 k 的一个（适当）后代当且仅当 $j < k$ 且 $p_j > p_k$. 反序表 $c_1 c_2 \ldots c_n$ 根据下述规则描述了这一排列：在 k 右边恰有 c_k 个元素小于 k（见习题 5.1.1–7）. 允许出现的反序表中有 $c_1 = 0$，且

$$0 \leq c_{k+1} \leq c_k + 1, \qquad 1 \leq k < n. \tag{10}$$

另外，习题 3 证明了 c_k 是前序森林中第 k 个结点的级别（也就是第 k 个左括号的深度），这一事实等价于公式

$$c_k = 2k - 1 - z_k. \tag{11}$$

表 1 和习题 6 还给出了一种特殊类型的匹配，根据该匹配规则，坐在圆桌旁的 $2n$ 个人可以同时握手，互不干扰.

因此，算法 P 可以非常有用. 但是，如果我们的目标是生成所有二叉树，用左链接 $l_1 l_2 \ldots l_n$ 和右链接 $r_1 r_2 \ldots r_n$ 来表示它们，那么，表 1 中按字典序排列的序列就相当笨拙了. 我们无法轻松获得从一棵树转至其后继所需的数据. 幸运的是，还有一种非常灵巧的替代方案，可以直接生成所有的链接二叉树.

算法 B（二叉树）. 给定 $n \geq 1$，算法生成所有具有 n 个内部结点的二叉树，通过左链接 $l_1 l_2 \ldots l_n$ 和右链接 $r_1 r_2 \ldots r_n$ 表示它们，用前序标记结点.（例如，结点 1 总是根结点，l_k 要么是 $k+1$ 要么是 0. 如果 $l_1 = 0$ 且 $n > 1$，则 $r_1 = 2$.）

B1.［初始化.］对于 $1 \leq k < n$，置 $l_k \leftarrow k+1$，$r_k \leftarrow 0$. 此外，置 $l_n \leftarrow r_n \leftarrow 0$，$l_{n+1} \leftarrow 1$（为在 B3 中便捷起见）.

B2.［访问.］访问用 $l_1 l_2 \ldots l_n$ 和 $r_1 r_2 \ldots r_n$ 表示的二叉树.

B3.［寻找 j.］置 $j \leftarrow 1$. 当 $l_j = 0$ 时循环执行 $r_j \leftarrow 0$，$l_j \leftarrow j+1$，$j \leftarrow j+1$. 然后，如果 $j > n$ 则终止算法.

B4.［寻找 k 和 y.］置 $y \leftarrow l_j$ 和 $k \leftarrow 0$. 当 $r_y > 0$ 时循环执行 $k \leftarrow y$，$y \leftarrow r_y$.

B5.［提升 y.］如果 $k > 0$，置 $r_k \leftarrow 0$；否则，置 $l_j \leftarrow 0$. 然后，置 $r_y \leftarrow r_j$，$r_j \leftarrow y$，返回 B2. ∎

表 1　$n = 4$ 时的嵌套括号和相关对象

$a_1a_2\ldots a_8$	森林	二叉树	$d_1d_2d_3d_4$	$z_1z_2z_3z_4$	$p_1p_2p_3p_4$	$c_1c_2c_3c_4$	匹配
()()()()			1111	1357	1234	0000	
()()(())			1102	1356	1243	0001	
()(())()			1021	1347	1324	0010	
()(())()			1012	1346	1342	0011	
()((()))			1003	1345	1432	0012	
(())()()			0211	1257	2134	0100	
(())(())			0202	1256	2143	0101	
(())()()			0121	1247	2314	0110	
(())()()			0112	1246	2341	0111	
(())(())			0103	1245	2431	0112	
((()))()			0031	1237	3214	0120	
((())())			0022	1236	3241	0121	
((()()))			0013	1235	3421	0122	
(((())))			0004	1234	4321	0123	

［见瓦迪斯瓦夫·斯卡尔贝克，*Theoretical Computer Science* **57** (1988), 153–159；步骤 B3 使用了詹姆斯·科尔什的思路.］习题 44 表明步骤 B3 和 B4 中的循环都趋向于非常短. 事实上，要将一个链接二叉树转换为它的后继，平均来说只需要不超过 9 次内存访问.

表 2 给出了在 $n = 4$ 时所生成的 14 个二叉树，以及对应的森林，还有两个相关序列：数组 $e_1e_2\ldots e_n$ 和 $s_1s_2\ldots s_n$，它们由以下性质确定，即采用前序的结点 k 在相关森林中有 e_k 个子结点和 s_k 个后代.（因此，s_k 是二叉树中 k 个左子树的大小；另外，$s_k + 1$ 是 SCOPE 链接的长度，其含义见 2.3.3–(5).）下一列重现了表 1 中算法 P 按字典序排列的 14 个森林，但从左向右进行了镜像翻转. 最后一列给出了表示反向字典序森林的二叉树；它还碰巧表示了第 4

列中的森林，但采用的是链接到左兄弟结点和右子结点，而不是左子结点和右兄弟结点. 最后一列给出了嵌套括号和二叉树之间的一种很重要的联系，我们可以在一定程度上由它了解到算法 B 为什么是有效的（见习题 19）.

表 2　$n = 4$ 时的二叉树及相关对象

$l_1l_2l_3l_4$	$r_1r_2r_3r_4$	二叉树	森林	$e_1e_2e_3e_4$	$s_1s_2s_3s_4$	反向字典序森林	左兄弟/右子结点
2340	0000			1110	3210		
0340	2000			0110	0210		
2040	0300			2010	3010		
2040	3000			1010	1010		
0040	2300			0010	0010		
2300	0040			1200	3200		
0300	2040			0200	0200		
2300	0400			2100	3100		
2300	4000			1100	2100		
0300	2400			0100	0100		
2000	0340			3000	3000		
2000	4300			2000	2000		
2000	3040			1000	1000		
0000	2340			0000	0000		

　　*树的格雷码. 之前由其他组合模式获得的经验告诉我们，也许可以仅做一点小小的改动，由一个实例转变为另一实例，从而生成括号和树. 实际上，至少有三种很好的方法可以实现这一目标.

　　首先考虑嵌套括号的情形，我们可以用满足条件 (8) 的序列 $z_1z_2 \ldots z_n$ 来表示它们. 在 7.2.1.3 节的意义下，一种用于生成所有此类组合的"近乎完美"的方法是指，我们以这样一种方式来浏览所有这种组合：在每个步骤，某一分量 z_j 仅改变 ± 1 或 ± 2. 这意味着，只需在第 j 个左括号附近进行交换操作 "() ↔)(" 或 "()) ↔))("，就可以把每个括号串变成它的

后继. 下面给出在 $n = 4$ 时完成这个任务的一种方法:

$$1357, 1356, 1346, 1345, 1347, 1247, 1245, 1246, 1236, 1234, 1235, 1237, 1257, 1256.$$

我们可以将对于 $n-1$ 的任意一个解扩展为对于 n 的解: 取得每个模式 $z_1 z_2 \ldots z_{n-1}$, 像在 7.2.1.3-(45) 中那样, 使用内在顺序或相反顺序, 令 z_n 遍历其所有合法取值, 从 $2n-2$ 向下, 然后向上到 $2n-1$ (或反过来进行), 删除所有小于等于 z_{n-1} 的元素.

算法 N (近乎完美的嵌套括号). 算法访问 $\{1, \ldots, 2n\}$ 的所有 n 组合 $z_1 \ldots z_n$, 这些组合表示一个嵌套串中左括号的下标, 访问过程中每次仅改变一个下标. 这个过程由一个表示临时目标的辅助数组 $g_1 \ldots g_n$ 控制.

N1. [初始化.] 对于 $1 \le j \le n$, 置 $z_j \leftarrow 2j - 1$, $g_j \leftarrow 2j - 2$.

N2. [访问.] 访问 n 组合 $z_1 \ldots z_n$. 然后置 $j \leftarrow n$.

N3. [寻找 j.] 如果 $z_j = g_j$, 置 $g_j \leftarrow g_j \oplus 1$ (从而对最低有效位进行了求补操作), $j \leftarrow j - 1$, 重复本步骤.

N4. [最后冲刺?] 如果 $g_j - z_j$ 为偶数, 置 $z_j \leftarrow z_j + 2$, 返回 N2.

N5. [减小或返回.] 置 $t \leftarrow z_j - 2$. 如果 $t < 0$, 终止算法. 否则, 如果 $t \le z_{j-1}$, 置 $t \leftarrow t + 2[t < z_{j-1}] + 1$. 最后, 置 $z_j \leftarrow t$, 返回 N2. ∎

[多米尼克・鲁兰茨・范鲍罗瑠伊吉安在 *J. Algorithms* **35** (2000), 100–107 中介绍了一种多少有些类似的算法; 也见相利民、牛岛和夫和唐常杰, *Inf. Proc. Letters* **76** (2000), 169–174. 弗兰克・拉斯基和安杰伊・普罗斯库罗夫斯基之前已经在 *J. Algorithms* **11** (1990), 68–84 中证明了如何为所有表 $z_1 \ldots z_n$ ($n \ge 4$ 为偶数) 构造完美格雷码, 从而在每一步使某一 z_j 仅改变 ± 1. 但它们的构造非常复杂, 目前还没有找到一种简单到足以实用的完美方案. 习题 48 表明, 当 $n \ge 5$ 为奇数时不存在完美格雷码.]

如果我们的目标是生成链接树结构, 而不是括号串, 那么 z 下标变化的完美程度还不够好, 因为像 "()↔)(" 这样的简单交换不一定对应于简单的链接操作. 一种好得多的方法是基于"旋转"算法的, 这种"旋转"算法能够使 6.2.3 节的查找树达到平衡. 向左旋转使一棵二叉树

$$\text{从} \qquad \qquad \qquad \qquad \qquad \text{变为} \qquad \qquad \qquad \qquad \qquad ; \tag{12}$$

于是, 相应的森林

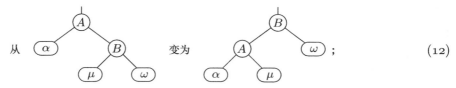

$$\text{从} \qquad \qquad \qquad \qquad \qquad \text{变为} \qquad \qquad \qquad \qquad \qquad . \tag{13}$$

"结点 Ⓐ 变为其右兄弟结点的最左子结点". 当然, 向右旋转是逆转换: "Ⓑ 的最左子结点变为它的左兄弟结点". (12) 中的竖线表示与整体环境的联系, 可以是左链接, 也可以是右链接, 或者是指向根结点的指针. 任意或全部子树 α, μ, ω 可以为空. (13) 中的 "$\cdots$" 表示其他一些兄弟结点, 它们位于包含 Ⓑ 的家族的左侧, 这些兄弟结点也可以为空.

关于旋转, 有一点非常好, 那就是只有三个链接变化: 来自 Ⓐ 的右链接, 来自 Ⓑ 的左链接, 还有来自上方的指针. 旋转操作保持二叉树的中序和森林的后序. (还要注意, 旋转操作

的二叉树形式，以一种非常自然的方式对应于代数公式中结合律

$$(\alpha\mu)\omega = \alpha(\mu\omega) \tag{14}$$

的应用.)

有一种很简单的方案，非常类似于 n 元组经典反射格雷码（算法 7.2.1.1H）和用于排列的平滑改变方法（算法 7.2.1.2P），可用于通过旋转来生成所有二叉树或森林. 考虑拥有 $n-1$ 个结点的任意森林，它拥有 k 个根结点 Ⓐ₁,..., Ⓐₖ. 于是，共有 $k+1$ 个 n 结点森林，它们拥有与前 $n-1$ 个结点相同的后序序列，只是结点 ⓝ 作为最后一个结点. 例如，当 $k=3$ 时，它们是

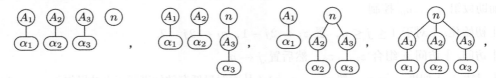

通过将 Ⓐ₃, Ⓐ₂, Ⓐ₁ 连续向左旋转得到. 此外，在 ⓝ 位于左侧或顶部的极端情况下，我们可以对其他 $n-1$ 个结点进行任何必要的旋转操作，因为结点 ⓝ 不在此路径上. 于是，如琼·卢卡斯、多米尼克·鲁兰茨·范鲍罗瑠伊吉安和弗兰克·拉斯基 [*J. Algorithms* **15** (1993)，343–366] 观察到的那样，只需让结点 ⓝ 来回漫游，就能扩展列出了包含 $(n-1)$ 个结点的树的任意一个列表，使其列出所有包含 n 个结点的树. 通过仔细观察低级别的细节，就有可能高效完成这一任务.

算法 L（通过旋转链接二叉树）. 算法生成表示 n 结点二叉树左、右链接的所有数组对 $l_0l_1...l_n$ 和 $r_1...r_n$，其中 l_0 是树的根结点，链接 (l_j, r_j) 分别指向第 j 个结点按对称序排列的左、右子树. 等价地，它生成了所有 n 结点森林，其中 l_j 和 r_j 表示第 j 个结点按后序排列的左子结点和右兄弟结点. 每棵树都可以通过单次旋转由其前导获得. 表示反向指针和方向的两个辅助数组 $k_1...k_n$ 和 $o_0o_1...o_n$ 用于控制这个过程.

L1. [初始化.] 对于 $1 \le j < n$ 置 $l_j \leftarrow 0$，$r_j \leftarrow j+1$，$k_j \leftarrow j-1$，$o_j \leftarrow -1$. 置 $l_0 \leftarrow o_0 \leftarrow 1$，$l_n \leftarrow r_n \leftarrow 0$，$k_n \leftarrow n-1$，$o_n \leftarrow -1$.

L2. [访问.] 访问由 $l_0l_1...l_n$ 和 $r_1...r_n$ 表示的二叉树或森林. 然后置 $j \leftarrow n$，$p \leftarrow 0$.

L3. [寻找 j.] 如果 $o_j > 0$，置 $m \leftarrow l_j$，在 $m \ne 0$ 时转到 L5. 如果 $o_j < 0$，置 $m \leftarrow k_j$；然后，如果 $m \ne 0$ 转到 L4，否则置 $p \leftarrow j$. 如果在两种情形都有 $m = 0$，置 $o_j \leftarrow -o_j$，$j \leftarrow j-1$，重复本步骤.

L4. [向左旋转.] 置 $r_m \leftarrow l_j$，$l_j \leftarrow m$，$x \leftarrow k_m$，$k_j \leftarrow x$. 如果 $x = 0$ 置 $l_p \leftarrow j$，否则置 $r_x \leftarrow j$. 返回 L2.

L5. [向右旋转.] 如果 $j = 0$，终止算法. 否则，置 $l_j \leftarrow r_m$，$r_m \leftarrow j$，$k_j \leftarrow m$，$x \leftarrow k_m$. 如果 $x = 0$ 置 $l_p \leftarrow m$，否则置 $r_x \leftarrow m$. 返回 L2. ∎

习题 38 表明，算法 L 每生成一棵树只需要大约 9 次内存访问，因此，它几乎跟算法 B 一样快. （事实上，如果把 3 个量 o_n, l_n, k_n 保存在寄存器中，可以在每一步节省两次内存访问. 当然，这也会提高算法 B 的速度. ）

表 3 给出了当 $n = 4$ 时算法 L 访问的二叉树和森林序列，还有一些有助于进一步理解此过程的辅助表. 排列 $q_1q_2q_3q_4$ 按照前序列出结点，这些结点已经按照森林的后序（二叉树的对称序）进行了编号，它是表 1 中排列 $p_1p_2p_3p_4$ 的反序. "共轭森林"是此森林的共轭（自右向左

表 3　$n = 4$ 时由旋转生成的二叉树和森林

$l_0l_1l_2l_3l_4$	$r_1r_2r_3r_4$	$k_1k_2k_3k_4$	二叉树	森林	$q_1q_2q_3q_4$	共轭森林	$u_1u_2u_3u_4$	对偶森林
10000	2340	0123			1234		0000	
10003	2400	0122			1243		1000	
10002	4300	0121			1423		2000	
40001	2300	0120			4123		3000	
40021	3000	0110			4132		3100	
10023	4000	0111			1432		2100	
10020	3040	0113			1324		0100	
30010	2040	0103			3124		0200	
40013	2000	0100			4312		3200	
40123	0000	0000			4321		3210	
30120	0040	0003			3214		0210	
20100	0340	0023			2134		0010	
20103	0400	0022			2143		1010	
40102	0300	0020			4213		3010	

的反射). $u_1u_2u_3u_4$ 是它的范围坐标, 类似于表 2 中的 $s_1s_2s_3s_4$. 最后一列给出所谓的"对偶森林". 习题 11, 12, 13, 19, 24, 26, 27 研究了这些相关量的意义.

算法 L 和表 3 中的链接 $l_0l_1\ldots l_n$ 和 $r_1\ldots r_n$ 不能与算法 B 和表 2 中的链接 $l_1\ldots l_n$ 和 $r_1\ldots r_n$ 相比, 因为算法 L 保持中序/后序, 而算法 B 保持前序. 算法 L 中的结点 k 是二叉树中从左向右的第 k 个结点, 所以需要用 l_0 来标识根结点. 但是, 算法 B 中的结点 k 是采用前序的第 k 个结点, 因此, 在这种情形根结点总是结点 1.

算法 L 具有我们想要的性质: 每一步骤中仅有 3 次链接变化. 然而, 如果坚持算法 B 中的前序约定, 实际上可以在这方面做得更好. 习题 25 给出了一种算法, 每个步骤仅改变两个链接, 并保持前序, 就能生成所有的链接二叉树或森林. 当一个链接变为非零时, 另一个链接就变为零. 这种"剪除-嫁接"算法就是上面所说的三种"树的完美格雷码"中的第三种, 它只有一个缺点: 其控制机制要比算法 L 复杂一些, 如果我们将每一步中判断要修改哪个链接的成本也计算在内, 那它进行计算所需要的时间要多出 40%.

树的棵数. 有一个简单公式可用于计算由算法 P, B, N, L 生成的输出总数, 即

$$C_n = \frac{1}{n+1}\binom{2n}{n} = \binom{2n}{n} - \binom{2n}{n-1}; \tag{15}$$

我们已经在式 2.3.4.4–(14) 中证明了这一事实. C_n 的前几个值为

$$n = 0\ 1\ 2\ 3\ 4\ 5\quad 6\quad 7\quad 8\quad 9\quad 10\quad 11\quad 12\quad 13$$
$$C_n = 1\ 1\ 2\ 5\ 14\ 42\ 132\ 429\ 1430\ 4862\ 16\,796\ 58\,786\ 208\,012\ 742\,900$$

它们称为卡塔兰数, 因为欧仁·卡塔兰撰写了一些富有影响力的论文 [*Journal de math.* **3** (1838), 508–516; **4** (1839), 95–99]. 由斯特林近似式可以得到渐近值

$$C_n = \frac{4^n}{\sqrt{\pi}\,n^{3/2}}\left(1 - \frac{9}{8n} + \frac{145}{128n^2} - \frac{1155}{1024n^3} + \frac{36939}{32768n^4} + O(n^{-5})\right); \tag{16}$$

特别地, 可以推导出

$$\text{当 } |k| \le \frac{n}{2} \text{ 时, 有 } \frac{C_{n-k}}{C_n} = \frac{1}{4^k}\left(1 + \frac{3k}{2n} + O\left(\frac{k^2}{n^2}\right)\right). \tag{17}$$

(当然, 根据 (15) 可知 C_{n-1}/C_n 确切等于 $(n+1)/(4n-2)$.) 在 2.3.4.4 节, 我们还导出了生成函数

$$C(z) = C_0 + C_1 z + C_2 z^2 + C_3 z^3 + \cdots = \frac{1 - \sqrt{1-4z}}{2z}, \tag{18}$$

并证明了重要公式

$$[z^n]\,C(z)^r = \frac{r}{n+r}\binom{2n+r-1}{n} = \binom{2n+r-1}{n} - \binom{2n+r-1}{n-1}; \tag{19}$$

见习题 2.3.4.4–33 的答案和《具体数学》式 (5.70).

这些事实给出的信息足以分析用于为嵌套括号生成字典序的算法 P. 显然, 步骤 P2 执行了 C_n 次; 然后, 步骤 P3 通常进行平滑改变并返回步骤 P2. 我们需要到达步骤 P4 的频率有多高呢? 很简单: 它就是步骤 P2 找到 $m = 2n-1$ 的次数. m 是最右 "(" 的位置, 所以在恰好 C_{n-1} 种情形有 $m = 2n-1$. 因此, 根据 (17), 步骤 P3 置 $m \leftarrow m-1$ 并立即返回步骤 P2 的概率为 $(C_n - C_{n-1})/C_n \approx 3/4$. 另一方面, 当我们真的到达步骤 P4 时, 假设这一步骤恰好需要将 $a_j \leftarrow$ ')' 和 $a_k \leftarrow$ '(' 这两个赋值操作执行 $h-1$ 次. $h > x$ 的情形的数量就是以 x 个平凡的 () ... () 对结尾的长度为 $2n$ 的嵌套串的数量, 即 C_{n-x}. 因此, 根据 (17), 算法在步骤 P4 中改变 a_j 和 a_k 的总数为

$$\begin{aligned}
C_{n-1} + C_{n-2} + \cdots + C_1 &= C_n\left(\frac{C_{n-1}}{C_n} + \frac{C_{n-2}}{C_n} + \cdots + \frac{C_1}{C_n}\right) \\
&= \frac{1}{3}C_n\left(1 + \frac{2}{n} + O\left(\frac{1}{n^2}\right)\right), \tag{20}
\end{aligned}$$

现在我们证明了之前关于效率的断言.

为加深理解, 研究一下作为算法 P 基础的递归结构是有帮助的, 该结果如式 (5) 所示. 该式中的序列有 C_{pq} 个元素, 其中

$$C_{pq} = C_{p(q-1)} + C_{(p-1)q}, \quad \text{如果 } 0 \le p \le q \ne 0; \qquad C_{00} = 1; \tag{21}$$

如果 $p < 0$ 或 $p > q$, 则 $C_{pq} = 0$. 于是, 我们可以得到三角阵列

$$
\begin{array}{l}
C_{00} \\
C_{01} \quad C_{11} \\
C_{02} \quad C_{12} \quad C_{22} \\
C_{03} \quad C_{13} \quad C_{23} \quad C_{33} \\
C_{04} \quad C_{14} \quad C_{24} \quad C_{34} \quad C_{44} \\
C_{05} \quad C_{15} \quad C_{25} \quad C_{35} \quad C_{45} \quad C_{55} \\
C_{06} \quad C_{16} \quad C_{26} \quad C_{36} \quad C_{46} \quad C_{56} \quad C_{66}
\end{array}
=
\begin{array}{l}
1 \\
1 \quad 1 \\
1 \quad 2 \quad 2 \\
1 \quad 3 \quad 5 \quad 5 \\
1 \quad 4 \quad 9 \quad 14 \quad 14 \\
1 \quad 5 \quad 14 \quad 28 \quad 42 \quad 42 \\
1 \quad 6 \quad 20 \quad 48 \quad 90 \quad 132 \quad 132
\end{array}
\tag{22}
$$

其中每一项都是其上方和左侧最近邻居的和, 卡塔兰数 $C_n = C_{nn}$ 出现在对角线上. 这个三角阵列的元素本身拥有一个可追溯到 1711 年棣莫弗的古老谱系, 它们称为 "选票数", 因为它们表示了由 $p + q$ 张选票组成的序列, 对于这些序列, 表决结果从来不认为获得 p 张选票的候选人战胜其获得 q 张选票的对手. 通过归纳法或各种更有趣的方法, 可以得到一般公式

$$
C_{pq} = \frac{q - p + 1}{q + 1} \binom{p + q}{p} = \binom{p + q}{p} - \binom{p + q}{p - 1}; \tag{23}
$$

见习题 39, 也见习题 2.2.1–4 的解答. 注意, 根据 (19), 我们有

$$
C_{pq} = [z^p] C(z)^{q - p + 1}. \tag{24}
$$

当 $n = 4$ 时, 算法 P 实际上描述了递归树

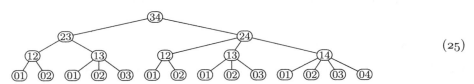

$$\tag{25}$$

因为 (5) 中的规定意味着 $A_{nn} = (A_{(n-1)n}$, 以及

$$
A_{pq} =)^{q-p}(A_{(p-1)p}, \;)^{q-p-1}(A_{(p-1)(p+1)}, \;)^{q-p-2}(A_{(p-1)(p+2)}, \; \ldots, \; (A_{(p-1)q}
$$
$$
\text{当 } 0 \le p < q \text{ 时.} \tag{26}
$$

在这一递归树中, 出现在结点 ⓟⓠ 下方的叶子总数为 C_{pq}. 在第 $n - 1 - p$ 级结点 ⓟⓠ 恰好出现 $C_{(n-q)(n-1-p)}$ 次. 因此, 我们必然有

$$
\sum_q C_{(n-q)(n-1-p)} C_{pq} = C_n, \qquad \text{对于 } 0 \le p < n. \tag{27}
$$

(25) 中自左向右的第 14 个叶子对应于表 1 中自上而下的第 14 行. 注意, 表 1 中 $c_1 c_2 c_3 c_4$ 列的各项为 (25) 中的叶子分别指定了 $0000, 0001, 0010, \ldots, 0123$, 指定规则符合树结点的 "杜威记数法"(但其起始下标是 0 而不是 1, 而且开始处额外增加了一个 0).

有一条蠕虫沿着此递归树的底部, 从一个叶子爬向另一个叶子. 当坐标 $c_1 \ldots c_n$ 中的 h 个发生变化时, 也就是算法 P 将 h 个 "(" 和 h 个 ")" 的值重置时, 这条蠕虫将上升和下降 h 个级别. 观察到这一点, 就容易理解我们前面的结论了: 在整个爬行期间, $h > x$ 的情形恰好发生 C_{n-x} 次.

考虑下面这个由递归式 (21) 引出的无限有向图，就会又有一种理解算法 P 的方式：

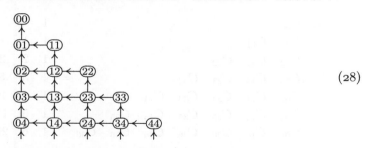

$$(28)$$

显然，根据 (21) 可知，C_{pq} 是这个有向图中由 ⑰ 到 ⑩ 的路径数量. 实际上，A_{pq} 中的每个括号串都直接对应于这样一条路径，其中 "(" 表示向左一步，")" 表示向上一步. 算法 P 在扩展一条部分路径时，首先尝试向上移动，以这种方式系统地探索所有这些路径.

因此，通过以下方式可以很容易地确定算法 P 访问的第 N 条嵌套括号串. 从结点 ⑰ 开始，在结点 ⑰ 处进行以下计算：如果 $p = q = 0$ 则停止；否则，如果 $N \le C_{p(q-1)}$，则发送 ")"，置 $q \leftarrow q - 1$，然后继续；否则，置 $N \leftarrow N - C_{p(q-1)}$，发送 "("，置 $p \leftarrow p - 1$，然后继续. 下面的算法 [弗兰克·拉斯基，博士论文（加利福尼亚大学圣地亚哥分校，1978），16–24] 不需要预先计算卡塔兰三角，而是在执行过程中随时计算 C_{pq}.

算法 U（嵌套括号串的定位操作）. 给定 n 和 N，其中 $1 \le N \le C_n$，本算法计算算法 P 的第 N 个输出 $a_1 \ldots a_{2n}$.

U1. [初始化.] 置 $q \leftarrow n$，$m \leftarrow p \leftarrow c \leftarrow 1$. 当 $p < n$ 时，置 $p \leftarrow p + 1$，$c \leftarrow ((4p - 2)c)/(p + 1)$.

U2. [完成?] 如果 $q = 0$ 则终止算法.

U3. [向上?] 置 $c' \leftarrow ((q+1)(q-p)c)/((q+p)(q-p+1))$.（此时我们有 $1 \le N \le c = C_{pq}$ 且 $c' = C_{p(q-1)}$.）如果 $N \le c'$，置 $q \leftarrow q - 1$，$c \leftarrow c'$，$a_m \leftarrow ')'$，$m \leftarrow m + 1$，返回 U2.

U4. [向左.] 置 $p \leftarrow p - 1$，$c \leftarrow c - c'$，$N \leftarrow N - c'$，$a_m \leftarrow '('$，$m \leftarrow m + 1$，返回 U3. ∎

随机树. 我们只需要将算法 U 应用于介于 1 和 C_n 之间的随机整数 N，就可以随机选择嵌套括号串 $a_1 a_2 \ldots a_{2n}$. 但当 n 大于 32 或类似大小时，因为 C_n 可能变得非常大，使得这个思路实际上并不是很好. 戴维·阿诺德和迈克尔·斯利普 [*ACM Trans. Prog. Languages and Systems* **2** (1980), 122–128] 提出了一个更简单更好的方法，就是从 (28) 中的 ⑰ 开始，以适当的概率重复选取向左或向上的分支，从而生成一条随机 "蠕虫路径". 这种算法与算法 U 几乎相同，但它仅处理小于 $n^2 + n + 1$ 的非负整数.

算法 W（均匀分布的随机嵌套括号串）. 算法生成一个正确嵌套 "(" 和 ")" 的随机串 $a_1 a_2 \ldots a_{2n}$.

W1. [初始化.] 置 $p \leftarrow q \leftarrow n$，$m \leftarrow 1$.

W2. [完成?] 如果 $q = 0$ 则终止算法.

W3. [向上?] 令 X 是 $0 \le X < (q+p)(q-p+1)$ 的一个随机整数. 如果 $X < (q+1)(q-p)$，置 $q \leftarrow q - 1$，$a_m \leftarrow ')'$，$m \leftarrow m + 1$，返回 W2.

W4. [向左.] 置 $p \leftarrow p - 1$，$a_m \leftarrow '('$，$m \leftarrow m + 1$，返回 W3. ∎

一条蠕虫路径可看作是一个序列 $w_0 w_1 \ldots w_{2n}$, 其中 w_m 是蠕虫在经过 m 步之后的当前深度. 因此, $w_0 = 0$; 当 $a_m = $ '(' 时 $w_m = w_{m-1} + 1$; 当 $a_m = $ ')' 时 $w_m = w_{m-1} - 1$; 并且有 $w_m \geq 0$, $w_{2n} = 0$. 与 (1) 和 (2) 对应的序列 $w_0 w_1 \ldots w_{30}$ 为 012101232123434543232123234321 0. 在算法 W 的步骤 W3 处有 $q + p = 2n + 1 - m$ 和 $q - p = w_{m-1}$.

森林的轮廓是一条穿过平面内 $(m, -w_m)$ 这些点的路径 ($0 \leq m \leq 2n$), 其中 $w_0 w_1 \ldots w_{2n}$ 是与嵌套括号串 $a_1 \ldots a_{2n}$ 对应的蠕虫路径. 我们为包含 50 个结点的所有森林绘制轮廓, 并根据每个点上森林的数量, 为该点涂上不同程度的黑色, 得到图 57 所示的图形. 例如, w_1 总是 1, 图 57 左上方的三角区域为实心黑色. 但 w_2 要么为 0 要么为 2, 在 $C_{49} \approx C_{50}/4$ 种情形出现 0. 所以, 相邻的菱形区域为 75% 的灰阶阴影. 图 57 给出了一个随机森林的形状, 类似于我们在 7.2.1.4 节和 7.2.1.5 节的图 50, 51, 55 看到的随机分划的形状.

图 57 50 结点随机森林的形状

当然, 因为总共有 $C_{50} = 1\,978\,261\,657\,756\,160\,653\,623\,774\,456$ 个森林, 我们无法真的画出所有这些森林的轮廓. 但在数学的帮助下, 可以假装我们都已经画出来了. $w_{2m} = 2k$ 的概率是 $C_{(m-k)(m+k)} C_{(n-m-k)(n-m+k)} / C_n$, 因为共有 $C_{(m-k)(m+k)}$ 种方式以 $m+k$ 个 "(" 和 $m-k$ 个 ")" 开头, 有 $C_{(n-m-k)(n-m+k)}$ 种方式以 $n-(m+k)$ 个 "(" 和 $n-(m-k)$ 个 ")" 结束. 对于 $0 < \theta < 1$, 当 $m = \theta n$ 且 $n \to \infty$ 时, 根据 (23) 和斯特林近似式, 这个概率是

$$
\frac{(2k+1)^2 (n+1)}{(m+k+1)(n-m+k+1)} \binom{2m}{m-k} \binom{2n-2m}{n-m+k} \bigg/ \binom{2n}{n}
$$
$$
= \frac{(2k+1)^2}{\sqrt{\pi} \, (\theta(1-\theta)n)^{3/2}} e^{-k^2/(\theta(1-\theta)n)} \left(1 + O\!\left(\frac{k+1}{n}\right) + O\!\left(\frac{k^3}{n^2}\right)\right). \tag{29}
$$

习题 57 算出了 w_{2m} 的平均值, 它等于

$$
\frac{(4m(n-m)+n)\binom{2m}{m}\binom{2n-2m}{n-m}}{n\binom{2n}{n}} - 1 = 4\sqrt{\frac{\theta(1-\theta)n}{\pi}} - 1 + O\!\left(\frac{1}{\sqrt{n}}\right), \tag{30}
$$

图 57 以曲线形式给出了 $n = 50$ 时的形状.

当 n 很大时, 蠕虫路径接近于所谓的 "布朗游程", 它是概率论中的重要概念. 例如, 见保罗·莱维, *Processus Stochastiques et Mouvement Brownien* (1948), 225–237; 居伊·卢沙尔, *J. Applied Prob.* **21** (1984), 479–499, *BIT* **26** (1986), 17–34; 戴维·奥尔德斯, *Electronic Communications in Probability* **3** (1998), 79–90; 乔恩·沃伦, *Electronic Communications in Probability* **4** (1999), 25–29; 让-弗朗索瓦·马克特, *Random Structures & Algorithms* **24** (2004), 118–132.

随机二叉树的形状是什么样的呢? 弗兰克·拉斯基在 *SIAM J. Algebraic and Discrete Methods* **1** (1980), 43–50 中研究了这个问题, 答案很有意义. 假设我们如 (4) 一样绘制一棵二叉树, 当我们以对称序为这些结点编号时, 第 m 个内部结点位于水平位置 m 处. 如果以这种方式绘制出所有包含 50 个结点的二叉树, 并将它们相互叠加在一起, 就会得到如图 58 所示的结点位置分布. 类似地, 如果按照对称序将它的外部节从 0 至 n 编号, 并将它们放在水平位置 0.5, 1.5, ..., $n + 0.5$, 那么, 所有这些 50 结点二叉树的 "边缘" 构成了如图 59 所示的分布. 注意, 根结点的编号最有可能为 1 或 n, 位于最左端或最右端. 根结点的编号最不可能是位于中间的 $\lfloor (n+1)/2 \rfloor$ 或 $\lceil (n+1)/2 \rceil$.

图 58   50 结点随机二叉树中的内部结点位置

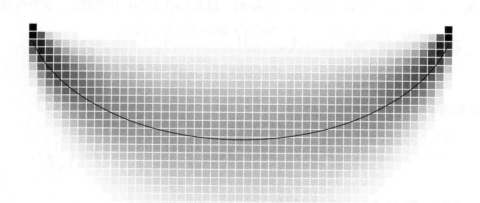

图 59   50 结点随机二叉树中的外部结点位置

和在图 57 中一样, 图 58 和 59 中的平滑曲线给出平均结点深度, 习题 58 和 59 推导了准确公式. 对于所有固定比值 θ ($0 < \theta < 1$), 外部结点 m 的平均深度渐近地为

$$8\sqrt{\frac{\theta(1-\theta)n}{\pi}} - 1 + O\left(\frac{1}{\sqrt{n}}\right), \qquad \text{当 } m = \theta n \text{ 且 } n \to \infty \text{ 时,} \tag{31}$$

非常类似于 (30). 内部结点 m 的平均深度渐近地与此相同, 只是用 -3 代替 -1. 因此, 我们可以说, 随机二叉树的平均形状近似为一个椭圆的下半部分, 宽为 n 个单位, 深为 $4\sqrt{n/\pi}$ 层.

习题 60, 61, 62 讨论了其他 3 种值得注意的方法, 用于生成森林的随机编码. 它们不像算法 W 那么直接, 但它们有非常丰富的组合意义. 第一种方法以包含 n 个 "(" 和 n 个 ")" 的任意随机串入手, 这个串不一定是嵌套的, $\binom{2n}{n}$ 种可能性的出现概率相同. 接下来, 它将每个这种串转换为一个正确嵌套的序列, 使得恰好 $n+1$ 个串映射为每一个最终输出. 第二种方法与此类似, 但它从包含 $n+1$ 个 0 和 n 个 2 的序列入手, 对它们进行映射, 使得恰好有 $2n+1$ 个原始序列生成每一种可能结果. 第三种方法是由恰好 n 个二进制位串生成每一种输出, 这些二进制位串恰好包含 $n-1$ 个 1 和 $n+1$ 个 0. 换言之, 这 3 种方法以组合方式证明了一个事实: C_n 同时等于 $\binom{2n}{n}/(n+1)$, $\binom{2n+1}{n}/(2n+1)$, $\binom{2n}{n-1}/n$. 例如, 当 $n=4$ 时, 我们有 $14 = 70/5 = 126/9 = 56/4$.

让-吕克·雷米 [*RAIRO Informatique Théorique* **19** (1985), 179-195] 提出一种优美方法, 可以直接以链接形式生成随机二叉树. 他的方法特别有指导意义, 因为它说明实际上可以怎样 "自然" 生成随机卡塔兰树. 该方法使用了一种非常简单的机制, 基础是奥林德·罗德里格斯 [*J. de Math.* **3** (1838),549] 的经典思想. 假设我们想获得的不仅是一棵普通的 n 结点二叉树, 还要是装饰过的二叉树, 也就是经过扩展的二叉树, 其中的外部结点已经按照某一顺序标记了从 0 到 n 的编号. 有 $(n+1)!$ 种方法可以用来装饰任意给定二叉树. 因此, 具有 n 个内部结点的装饰二叉树的总数为

$$D_n = (n+1)!\, C_n = \frac{(2n)!}{n!} = (4n-2)D_{n-1}. \tag{32}$$

雷米注意到, 由给定的 $n-1$ 阶装饰树生成 n 阶装饰树有 $4n-2$ 种非常容易的方法: 我们只需选择给定树的 $2n-1$ 个 (内部或外部) 结点中的任意一个, 比如 x, 并将它用

$$\tag{33}$$

代替, 从而插入了一个新的内部结点和一个新的叶结点, 而且 x 及其后代 (如果有的话) 下移了一级.

例如, 下面是构造 6 阶装饰树的一种方法:

$$\tag{34}$$

注意, 每棵装饰树都是通过这一过程以恰好一种方法获得的, 因为每棵树的前导都必定是通过删除最高编号的叶结点而得到的树. 因此, 雷米的构造方法生成了均匀分布的装饰树. 如果我们忽略外部结点, 就可以得到普通的未经装饰的随机二叉树.

有一种极富吸引力的方法可用于实现雷米的过程, 那就是维护一个链接表 $L_0 L_1 \ldots L_{2n}$, 其中, 外部结点 (叶结点) 拥有偶数编号, 内部结点 (分支结点) 拥有奇数编号. 根结点的编号是 L_0. 对于 $1 \le k \le n$, 分支结点 $2k-1$ 的左右子结点的编号分别是 L_{2k-1} 和 L_{2k}. 于是, 程序简短且可爱.

算法 R (种植一棵随机二叉树). 算法使用上文的约定, 为一棵具有 N 个内部结点的均匀分布随机二叉树生成链接表示 $L_0 L_1 \ldots L_{2N}$.

R1. [初始化.] 置 $n \leftarrow 0$, $L_0 \leftarrow 0$.

R2. [完成?]（此时，链接 $L_0 L_1 \ldots L_{2n}$ 表示一棵 n 结点随机二叉树.）如果 $n = N$ 则终止算法.

R3. [推进 n.] 令 X 是介于 0 和 $4n+1$（含两端）之间的随机整数. 置 $n \leftarrow n + 1$，$b \leftarrow X \bmod 2$，$k \leftarrow \lfloor X/2 \rfloor$，$L_{2n-b} \leftarrow 2n$，$L_{2n-1+b} \leftarrow L_k$，$L_k \leftarrow 2n-1$，返回 R2.（此处 L_k 对应于 (33) 中的 x.）∎

*子集链. 既然我们已经牢固地掌握了树和括号，现在该是讨论圣诞树模式[①]的好时机了. 这一模式是一种出色的方法，可以将长度为 n 的所有 2^n 个二进制位串的集合排列为 $\binom{n}{\lfloor n/2 \rfloor}$ 行 $n+1$ 列，它是尼古拉斯·德布鲁因、科尔内利娅·范埃本霍斯特、滕贝尔根和迪尔克·克鲁伊斯维克 [*Nieuw Archief voor Wiskunde* (2) **23** (1951), 191–193] 发现的.

　　1 阶圣诞树模式就是仅有的一行"0 1"，2 阶模式是

$$10$$
$$00 \quad 01 \quad 11 \quad . \tag{35}$$

一般来说，可以这样获得 $n+1$ 阶圣诞树模式：取得 n 阶模式中的每一行"$\sigma_1 \, \sigma_2 \, \ldots \, \sigma_s$"，然后将它用以下两行代替：

$$\sigma_2 0 \quad \ldots \quad \sigma_s 0$$
$$\sigma_1 0 \quad \sigma_1 1 \quad \ldots \quad \sigma_{s-1} 1 \quad \sigma_s 1 \quad . \tag{36}$$

（当 $s = 1$ 时，省略这些行中的第一行.）

　　按照这一方法继续下去，可以得到表 4 中的 8 阶模式. 由归纳法容易验证：

　　(i) 2^n 个二进制位串中的每一个都恰好在模式中出现一次；

　　(ii) 具有 k 个 1 的二进制位串都出现在同一列中；

　　(iii) 在每一行中，相邻二进制位串的区别在于将一个 0 变为了一个 1.

如果我们将这些二进制位串看作是表示 $\{1, \ldots, n\}$ 的子集，用二进制位 1 表示集合的成员，则性质 (iii) 表明，每一行表示一个链，其中每个子集都包含于其后继中. 用 7.1.3 节的符号表示，每一行 $\sigma_1 \, \sigma_2 \, \ldots \, \sigma_s$ 都拥有性质：对于 $1 \leq j < s$ 有 $\sigma_j \subseteq \sigma_{j+1}$ 和 $\nu(\sigma_{j+1}) = \nu(\sigma_j) + 1$.

　　性质 (i) 和 (ii) 告诉我们，如果将各列由 0 至 n 编号，则第 k 列恰有 $\binom{n}{k}$ 个元素. 根据这一发现，再结合一个事实：每一行中的各列都是居中对齐的，可以证明总行数为 $\max_{0 \leq k \leq n} \binom{n}{k} = \binom{n}{\lfloor n/2 \rfloor}$，与前面的断言一致. 我们将这个数称为 M_n.

　　一个由二进制位串组成的集合 C，如果其中的二进制位串是不可比较的，也就是说，只要 σ 和 τ 是 C 中的不同元素，就有 $\sigma \not\subseteq \tau$，就说这个集合 C 是杂乱集，或者说是"子集反链". 伊曼纽尔·施佩纳 [*Math. Zeitschrift* **27** (1928), 544–548] 的一条著名定理指出：$\{1, 2, \ldots, n\}$ 的任一杂乱集都不可能拥有超过 M_n 个元素. 圣诞树模式提供了一种简单的证明，因为没有一个杂乱集可以在每一行中包含一个以上的元素.

　　实际上，可以用圣诞树来证明的东西远不止这些. 首先注意到，对于 $0 \leq k \leq n/2$，恰好存在 $\binom{n}{k} - \binom{n}{k-1}$ 个长度为 $n+1-2k$ 的行，因为在第 k 列有 $\binom{n}{k}$ 个元素. 例如，表 4 给出了一个长度为 9 的行，也就是最后一行. 它还有 $\binom{8}{1} - \binom{8}{0} = 7$ 个长度为 7 的行，$\binom{8}{2} - \binom{8}{1} = 20$ 个长度为 5 的行，$\binom{8}{3} - \binom{8}{2} = 28$ 个长度为 3 的行，$\binom{8}{4} - \binom{8}{3} = 14$ 个长度为 1 的行. 此外，$\binom{n}{k} - \binom{n}{k-1}$ 这些数出现在卡塔兰三角 (22) 中，因为根据式 (23)，它们等于 $C_{k(n-k)}$.

　　进一步研究发现，这种卡塔兰连接并不仅仅是一种巧合. 事实上，嵌套括号是进一步深入理解圣诞树模式的关键，因为括号的理论告诉我们一个任意二进制位串会放在数组中的什么位

[①] 这个名字的选择是出于感情原因. 一方面，这种模式的一般形状与节日树有些相像；另一方面，它是 2002 年 12 月我在斯坦福大学第九年度"圣诞树讲座"的主题.

表 4　8 阶圣诞树模式

				10101010				
			10101000	10101001	10101011			
				10101100				
			10100100	10100101	10101101			
			10100010	10100110	10101110			
		10100000	10100001	10100011	10100111	10101111		
				10110010				
			10110000	10110001	10110011			
				10110100				
			10010100	10010101	10110101			
			10010010	10010110	10110110			
		10010000	10010001	10010011	10010111	10110111		
				10111000				
			10011000	10011001	10111001			
			10001010	10011010	10111010			
		10001000	10001001	10001011	10011011	10111011		
			10001100	10011100	10111100			
		10000100	10000101	10001101	10011101	10111101		
		10000010	10000110	10001110	10011110	10111110		
	10000000	10000001	10000011	10000111	10001111	10011111	10111111	
				11001010				
			11001000	11001001	11001011			
				11001100				
			11000100	11000101	11001101			
			11000010	11000110	11001110			
		11000000	11000001	11000011	11000111	11001111		
				11010010				
			11010000	11010001	11010011			
				11010100				
			01010100	01010101	11010101			
			01010010	01010110	11010110			
		01010000	01010001	01010011	01010111	11010111		
				11011000				
			01011000	01011001	11011001			
			01001010	01011010	11011010			
		01001000	01001001	01001011	01011011	11011011		
			01001100	01011100	11011100			
		01000100	01000101	01001101	01011101	11011101		
		01000010	01000110	01001110	01011110	11011110		
	01000000	01000001	01000011	01000111	01001111	01011111	11011111	
				11100010				
			11100000	11100001	11100011			
				11100100				
			01100100	01100101	11100101			
			01100010	01100110	11100110			
		01100000	01100001	01100011	01100111	11100111		
				11101000				
			01101000	01101001	11101001			
			00101010	01101010	11101010			
		00101000	00101001	00101011	01101011	11101011		
			00101100	01101100	11101100			
		00100100	00100101	00101101	01101101	11101101		
		00100010	00100110	00101110	01101110	11101110		
	00100000	00100001	00100011	00100111	00101111	01101111	11101111	
				11110000				
			01110000	01110001	11110001			
			00110010	01110010	11110010			
		00110000	00110001	00110011	01110011	11110011		
			00110100	01110100	11110100			
		00010100	00010101	00110101	01110101	11110101		
		00010010	00010110	00110110	01110110	11110110		
	00010000	00010001	00010011	00010111	00110111	01110111	11110111	
			00111000	01111000	11111000			
		00011000	00011001	00111001	01111001	11111001		
		00001010	00011010	00111010	01111010	11111010		
	00001000	00001001	00001011	00011011	00111011	01111011	11111011	
		00001100	00011100	00111100	01111100	11111100		
	00000100	00000101	00001101	00011101	00111101	01111101	11111101	
	00000010	00000110	00001110	00011110	00111110	01111110	11111110	
00000000	00000001	00000011	00000111	00001111	00011111	00111111	01111111	11111111

置. 我们用符号 "(" 和 ")" 分别代替 1 和 0. 对于满足 $0 \le p \le q$ 的 p 和 q, 任意括号串（无论嵌套与否）都可以唯一地记为

$$\alpha_0) \ldots \alpha_{p-1}) \alpha_p (\alpha_{p+1} \ldots (\alpha_q, \tag{37}$$

其中, 子字符串 $\alpha_0, \ldots, \alpha_q$ 为正确嵌套的, 且可能为空. 恰有 p 个右括号和 $q - p$ 个左括号是 "自由的", 也就是说它们没有配对. 例如, 在字符串

$$) (( )) ( )) ( )) ((((( )) ( ) ( ) ((( )) \tag{38}$$

中有 $p = 5$, $q = 12$, $\alpha_0 = \epsilon$, $\alpha_1 = (())()$, $\alpha_2 = ()$, $\alpha_3 = \epsilon, \ldots, \alpha_{12} = (())$. 一般地, 字符串 (37) 是以下长度为 $q + 1$ 的链的一部分,

$$\alpha_0) \ldots \alpha_{q-1}) \alpha_q, \quad \alpha_0) \ldots \alpha_{q-2}) \alpha_{q-1} (\alpha_q, \quad \ldots, \quad \alpha_0 (\alpha_1 \ldots (\alpha_q, \tag{39}$$

我们从 q 个自由的 ")" 入手, 将它们逐一换为自由的 "(". 圣诞树模式的每一行都可以用这种方式得到, 只是使用 1 和 0 代替 "(" 和 ")". 如果链 $\sigma_1 \ldots \sigma_s$ 对应于嵌套串 $\alpha_0, \ldots, \alpha_{s-1}$, 那么, 它在 (36) 中的后继链分别对应于 $\alpha_0, \ldots, \alpha_{s-3}, \alpha_{s-2}(\alpha_{s-1})$ 和 $\alpha_0, \ldots, \alpha_{s-3}, \alpha_{s-2}, \alpha_{s-1}, \epsilon$. [见柯蒂斯·格林和丹尼尔·克莱特曼, *J. Combinatorial Theory* **A20** (1976), 80–88.]

还要注意, 该模式中每一行的最右端元素（比如 $n = 8$ 时的 10101010, 10101011, 10101100, 10101101, ..., 11111110, 11111111）都是按字典序排列的. 例如, 表 4 中 14 个长度为 1 的行恰好对应于表 1 中 14 个嵌套括号. 有了这一发现, 就可以轻松地自下而上依次生成表 4 中的各行了. 其生成方法类似于算法 P, 见习题 77.

令 $f(x_1, \ldots, x_n)$ 是 n 个变量的任意单调布尔函数. 如果 $\sigma = a_1 \ldots a_n$ 是长度为 n 的任意二进制位串, 为方便起见可记为 $f(\sigma) = f(a_1, \ldots, a_n)$. 圣诞树模式中的任意行 $\sigma_1 \ldots \sigma_s$ 构成一个链, 所以我们有

$$0 \le f(\sigma_1) \le \cdots \le f(\sigma_s) \le 1. \tag{40}$$

换言之, 存在一个下标 t, 使得在 $j < t$ 时有 $f(\sigma_j) = 0$, 在 $j \ge t$ 时有 $f(\sigma_j) = 1$. 如果我们知道模式中每一行的下标 t, 就能知道 $f(\sigma)$ 对于所有 2^n 个二进制位串 σ 的取值.

乔治斯·汉塞尔 [*Comptes Rendus Acad. Sci.* (A) **262** (Paris, 1966), 1088–1090] 注意到圣诞树模式有另一个重要性质: 如果 $\sigma_{j-1}, \sigma_j, \sigma_{j+1}$ 是任意行中的三个连续项, 则二进制位串

$$\sigma_j' = \sigma_{j-1} \oplus \sigma_j \oplus \sigma_{j+1} \tag{41}$$

位于前一行中. 事实上, σ_j' 与 σ_j 位于同一列, 并满足

$$\sigma_{j-1} \subseteq \sigma_j' \subseteq \sigma_{j+1}. \tag{42}$$

σ_j' 称为 σ_j 在区间 $(\sigma_{j-1} . . \sigma_{j+1})$ 上的相对补码. 根据定义圣诞树模式的递归规则 (36), 容易用归纳法证明汉塞尔的这一发现. 他利用这一规则证明了, 只需在经过精心选择的较少位置实际计算 $f(\sigma)$ 的值, 就能知道该函数对于所有 σ 的值. 如果我们知道 $f(\sigma_j')$ 的值, 根据 (42), 就能知道 $f(\sigma_{j-1})$ 或 $f(\sigma_{j+1})$ 的值.

算法 H（学习单调布尔函数）. 令 $f(x_1, \ldots, x_n)$ 是布尔函数, 它对于每个布尔变量是非递减的, 但其他情况未知. 给定长度为 n 的二进制位串 σ, 令 $r(\sigma)$ 是一个行的编号, 在此行中, σ 以圣诞树模式出现, 其中 $1 \le r(\sigma) \le M_n$. 如果 $1 \le m \le M_n$, 令 $s(m)$ 是第 m 行中二进制位串的数量.

另外，令 $\chi(m,k)$ 是该行第 k 列的二进制位串，其中 $(n+1-s(m))/2 \le k \le (n-1+s(m))/2$，算法在每行中的最多两个点处计算 f，即可确定满足条件

$$f(\sigma) = 1 \quad \iff \quad \nu(\sigma) \ge t(r(\sigma)) \tag{43}$$

的门限值序列 $t(1), t(2), \ldots, t(M_n)$.

H1. [对 m 循环.] 对于 $m = 1, \ldots, M_n$ 执行 H2 至 H4，然后停止.

H2. [开始第 m 行.] 置 $a \leftarrow (n+1-s(m))/2$, $z \leftarrow (n-1+s(m))/2$.

H3. [执行二分查找.] 如果 $z \le a+1$，转到 H4. 否则，置 $k \leftarrow \lfloor (a+z)/2 \rfloor$，以及

$$\sigma \leftarrow \chi(m, k-1) \oplus \chi(m,k) \oplus \chi(m, k+1). \tag{44}$$

如果 $k \ge t(r(\sigma))$，置 $z \leftarrow k$；否则，置 $a \leftarrow k$. 重复本步骤.

H4. [求值.] 如果 $f(\chi(m,a)) = 1$，置 $t(m) \leftarrow a$；否则，如果 $a = z$，置 $t(m) \leftarrow a+1$；否则，置 $t(m) \leftarrow z + 1 - f(\chi(m,z))$. ∎

汉塞尔的算法是最优的，也就是说，在最差情况下它在尽可能少的点计算 f 的值. 例如，如果 f 恰好是门限函数

$$f(\sigma) = [\nu(\sigma) > n/2], \tag{45}$$

任意一种在圣诞树模式的前 m 行学习 f 的有效算法，都必须在每一行的 $\lfloor n/2 \rfloor$ 列计算 $f(\sigma)$，而且还必须在长度大于 1 的每一行的 $\lfloor n/2 \rfloor + 1$ 列计算 $f(\sigma)$. 否则，如果有另一个函数，它仅在某个未曾考查的点与 f 有区别，我们就无法将 f 与这个函数区分开来. [见维塔利·科罗布科夫，*Problemy Kibernetiki* **13** (1965), 5–28, 定理 5.]

定向树与森林. 现在让我们转而研究另一种树，其中的父子关系非常重要，但每个家族中的孩子顺序并不重要. 一个 n 结点定向森林可以用指针序列 $p_1 \ldots p_n$ 定义，其中 p_j 是结点 j 的父结点（或者当 j 为根结点时，$p_j = 0$）. 顶点 $\{0, 1, \ldots, n\}$ 上弧为 $\{j \to p_j \mid 1 \le j \le n\}$ 的有向图没有定向圈. 定向树是恰有一个根结点的定向森林.（见习题 2.3.4.2.）每个 n 结点定向森林都等价于一棵 $(n+1)$ 结点定向树，因为这棵树的根结点可以看作这个森林的所有根结点的父结点. 在 2.3.4.4 节曾经看到，有 A_n 棵 n 结点定向树，其中前面几个值是

$$
\begin{array}{llllllllllllllll}
n = & 1 & 2 & 3 & 4 & 5 & 6 & 7 & 8 & 9 & 10 & 11 & 12 & 13 & 14 & 15 & 16 \\
A_n = & 1 & 1 & 2 & 4 & 9 & 20 & 48 & 115 & 286 & 719 & 1842 & 4766 & 12486 & 32973 & 87811 & 235381
\end{array}; \tag{46}
$$

渐近地，$A_n = c\alpha^n n^{-3/2} + O(\alpha^n n^{-5/2})$，其中 $\alpha \approx 2.9558$, $c \approx 0.4399$. 因此，如果我们忽略水平方向上自左向右的顺序，只考虑垂直方向，那么表 1 中的 14 个森林中只有 9 个是互不相同的.

如果我们使用休伯特·斯科因斯 [*Machine Intelligence* **3** (1968), 43–60] 介绍的树排序，对每个家族的成员进行适当排序，那么每个定向森林都对应于一个唯一的有序森林：回想 (11)，定向森林可以用其层级代码 $c_1 \ldots c_n$ 来描述，其中结点 j 根据前序出现在第 c_j 级. 如果在每个家族中各子树的层级代码序列是非递增的字典序，就说这个有序森林是规范的. 例如，表 1 中的规范森林就是那些层级代码 $c_1 c_2 c_3 c_4$ 为 0000, 0100, 0101, 0110, 0111, 0120, 0121, 0122, 0123 的森林. 层级序列 0112 不是规范的，因为根结点的子树分别拥有层级代码 1 和 12；按照字典序串 1 小于 12. 根据归纳法容易验证：对于给定的定向森林，在重排序其子树的所有方法中，规范层级代码是字典序中的最大者.

温德尔·拜尔和萨拉·赫德特涅米 [$SICOMP$ **9** (1980), 706–712] 注意到, 有一种非常简单的方法来生成定向森林, 只要我们按照规范层级代码的递减字典序来访问它们. 设 $c_1 \ldots c_n$ 是规范的, 其中 $c_k > 0$ 且 $c_{k+1} = \cdots = c_n = 0$. 为得到下一个最小序列, 可以减小 c_k, 然后将 $c_{k+1} \ldots c_n$ 增大到合乎规范的最大级别; 这些级别很容易计算. 如果 $j = p_k$ 是结点 k 的父结点, 则对于 $j < l \le k$ 有 $c_j = c_k - 1 < c_l$, 因此, 级别 $c_j \ldots c_k$ 表示当前以结点 j 为根的子树. 要获得小于 $c_1 \ldots c_n$ 的最大层级序列, 我们将 $c_k \ldots c_n$ 用无穷序列 $(c_j \ldots c_{k-1})^{\infty} = c_j \ldots c_{k-1} c_j \ldots c_{k-1} c_j \ldots$ 中的前 $n+1-k$ 个元素代替 (其效果就是将 k 作为 j 的最右子结点, 从其当前位置删除, 然后通过尽可能频繁地克隆 j 及其后代, 追加那些作为 j 的兄弟结点的新子树. 这个克隆过程可能会在序列 $c_j \ldots c_{k-1}$ 的中部终止, 但不会造成什么困难, 因为一个规范层级序列的每个前缀都是规范的.) 例如, 要获得任何一个以 23443433000000000 结尾的规范代码序列的后继, 只需将 3000000000 用 2344343234 代替即可.

算法 O (定向森林). 　算法生成 n 个结点上的所有有向图, 方法是: 按照层级代码 $c_1 \ldots c_n$ 的递减字典序, 访问所有规范 n 结点森林. 但是, 层级代码不是显式计算的. 每个规范森林都直接由其父指针序列 $p_1 \ldots p_n$ 表示, 按照结点的前序排列. 为生成关于 $n+1$ 个结点的所有定向树, 我们可以将结点 0 设想为根结点. 本算法置 $p_0 \leftarrow -1$.

O1. [初始化.] 对于 $0 \le k \le n$ 置 $p_k \leftarrow k-1$. (特别地, 这一步使 p_0 不为零, 以在终止测试中使用; 见 O4.)

O2. [访问.] 访问由父指针 $p_1 \ldots p_n$ 表示的森林.

O3. [简单情形?] 如果 $p_n > 0$, 置 $p_n \leftarrow p_{p_n}$, 返回 O2.

O4. [寻找 j 和 k.] 求出满足 $p_k \ne 0$ 的最大 $k < n$. 如果 $k = 0$, 终止算法; 否则, 置 $j \leftarrow p_k$ 和 $d \leftarrow k - j$.

O5. [克隆.] 如果 $p_{k-d} = p_j$, 置 $p_k \leftarrow p_j$; 否则, 置 $p_k \leftarrow p_{k-d} + d$. 如果 $k = n$, 返回 O2; 否则, 置 $k \leftarrow k+1$, 重复本步骤. ▌

和我们之前已经看到的其他算法一样, 步骤 O4 和 O5 中的循环也趋向于很短, 见习题 88. 习题 90 表明, 对这一算法稍作修改, 即可生成构成自由树的所有边缘安排.

生成树. 我们现在考虑能够 "生成" 一个给定图的最小子图. 如果 G 是 n 个顶点上的一个连通图, 则 G 的生成树就是 $n-1$ 条边的子集, 其中不包含圈. 等价地, 生成树就是一些边的子集, 它们构成了一个连接所有顶点的自由树. 生成树在许多应用中都非常重要, 特别是在研究网络时, 因此, 许多作者都已经研究了生成所有生成树的问题. 事实上, 早在 20 世纪初, 弗里德里希·福伊斯纳 [$Annalen der Physik$ (4) **9** (1902), 1304–1329] 就开发了列出所有生成树的系统方法, 远远早于人们考虑生成其他类型的树的想法.

在下面的讨论中, 我们允许在两个顶点之间有任意条边, 但不允许存在由一个顶点到其自身的环, 因为自环不可能是树的组成部分. 福伊斯纳的基本思路非常简单, 特别适于计算: 如果 e 是 G 的任意一条边, 一棵生成树中可能包含 e, 也可能不包含 e. 假设 e 将顶点 u 连接到顶点 v, 假设它是一棵生成树的组成部分. 于是, 这棵树的其他 $n-2$ 条边生成了图 G / e, 我们将 u 和 v 看作相同时, 即可获得这个图 G / e. 换言之, 包含 e 的生成树实质上与一个收缩图 G / e 的生成树相同, 这个收缩图是我们将 e 收缩为一个单点时得到的. 另一方面, 那些不包含 e 的生成树就是缩减图 $G \setminus e$ 的生成树, 这个缩减图是我们删除边 e 时得到的. 于是, G 的所有生成树的集合 $S(G)$ 满足

$$S(G) = e S(G / e) \cup S(G \setminus e). \tag{47}$$

马尔科姆·史密斯在其维多利亚大学硕士论文（1997）中介绍了一种很好的方法，通过以"旋转门格雷码"顺序来寻找所有生成树，从而执行递归 (47). 在他的方案中，每一棵树都可以由其先辈获得，只需删除一条边，再代以另一条边即可. 这种顺序不难寻找，但技巧在于高效完成任务.

史密斯算法的基本思路是以如下方式生成 $S(G)$：第一棵生成树包含一棵给定的准树，也就是由 $n-2$ 条边组成的没有圈的集合. 当 $n=2$ 时，此任务可轻松完成，我们只需列出所有边即可. 如果 $n>2$，而且给定的准树为 $\{e_1,\ldots,e_{n-2}\}$，则操作如下：假设 G 是连通的；否则不存在生成树. 构造 G/e_1，然后向它的每棵生成树追加 e_1，首先处理的是包含 $\{e_2,\ldots,e_{n-2}\}$ 的那棵生成树. 注意，$\{e_2,\ldots,e_{n-2}\}$ 是 G/e_1 的准树，所以这一递归是有意义的. 如果以这一方式为 G/e_1 生成的最后一棵生成树是 $f_1\ldots f_{n-2}$，那么，从包含准树 $\{f_1,\ldots,f_{n-2}\}$ 的生成树入手列出 $G\setminus e_1$ 的所有生成树，即可完成任务.

例如，假设 G 是图

$$G \;=\; \underset{q}{\overset{p}{\textstyle ①}}\ \underset{③}{\overset{②}{}}\,r\ \underset{t}{\overset{s}{④}}, \tag{48}$$

它有四个顶点和五条边 $\{p,q,r,s,t\}$. 从准树 $\{p,q\}$ 入手，史密斯过程首先构造收缩图

$$G/p \;=\; q\,\underset{③}{\overset{①,②}{}}\,r\ \underset{t}{\overset{s}{④}} \tag{49}$$

并列出它的生成树，从包含 $\{q\}$ 的这棵生成树开始. 这个列表可能是 qs, qt, ts, tr, rs，因此，pqs, pqt, pts, ptr, prs 等树生成了 G. 剩下的任务就是列出

$$G\setminus p \;=\; ①\ \underset{q}{\overset{②}{}}\,r\,\underset{③}{}\ \underset{t}{\overset{s}{④}} \tag{50}$$

的生成树，最先列出的是包含 $\{r,s\}$ 的那一棵. 这些生成树是 rsq, rqt, qts.

史密斯算法的详细实施非常有指导意义. 和往常一样，我们令两条弧 $u\rightarrow v$, $v\rightarrow u$ 对应于每一条边 u——v 来表示图，并维护一个"弧结点"列表，用来表示离开每个顶点的弧. 我们需要收缩（和取消收缩）图的各边，使这些列表为双向链表. 如果 a 指向一个表示 $u\rightarrow v$ 的弧结点，则我们安排内存中的数据，使得：

> $a\oplus 1$ 指向 a 的"配偶"，它表示 $v\rightarrow u$；
> t_a 是 a 的"末梢"，即 v（因此 $t_{a\oplus 1}=u$）；
> i_a 是标识这条边的可选名字（等于 $i_{a\oplus 1}$）；
> n_a 指向 u 的弧列表的下一个元素；
> p_a 指向 u 的弧列表的前一个元素；
> l_a 是一个链接，用于撤销删除弧的操作，解释见下文.

这些顶点用整数 $\{1,\ldots,n\}$ 表示，弧的编号 $v-1$ 是顶点 v 的双向链接弧列表的头结点. 头结点 a 可通过以下事实来识别：它的末梢 t_a 为 0. 令 d_v 是顶点 v 的度数. 例如，图 (48) 可以用

$(d_1, d_2, d_3, d_4) = (2, 3, 3, 2)$ 表示，也可以用以下 14 个弧数据的结点表示：

$$
\begin{array}{lcccccccccccccc}
a = & 0 & 1 & 2 & 3 & 4 & 5 & 6 & 7 & 8 & 9 & 10 & 11 & 12 & 13 \\
t_a = & 0 & 0 & 0 & 0 & 1 & 2 & 1 & 3 & 2 & 3 & 2 & 4 & 3 & 4 \\
i_a = & & & p & p & q & q & r & r & s & s & t & t \\
n_a = & 5 & 4 & 6 & 10 & 6 & 7 & 8 & 0 & 13 & 11 & 12 & 1 & 3 & 2 \\
p_a = & 7 & 11 & 13 & 12 & 1 & 0 & 2 & 5 & 6 & 4 & 3 & 9 & 10 & 8 \\
\end{array}
$$

利用一个由弧指针 $a_1 \ldots a_{n-1}$ 组成的数组，可以方便地控制史密斯算法的隐式递归. 在此过程的第 l 级，弧 $a_1 \ldots a_{l-1}$ 表示的是已包含在当前生成树中的边；a_l 被忽略；弧 $a_{l+1} \ldots a_{n-1}$ 表示收缩图 $(\ldots (G/a_1) \ldots)/a_{l-1}$ 上一棵准树的边，这棵准树应当是下一个要访问的生成树的组成部分.

另外还有一个由弧指针 $s_1 \ldots s_{n-2}$ 组成的数组，表示从当前图中暂时删除的弧的栈. 第 l 级栈的顶元素为 s_l，每个弧 a 链向其后继 l_a（在栈底它为 0）.

如果删除一条边后，导致一个连通图变为不连通，就说这条边是一座桥. 此算法遵循的要点之一是我们希望保持当前图为连通的. 因此，当 e 是一座桥时，我们不能置 $G \leftarrow G \setminus e$.

算法 S（所有生成树）. 给定一个用上述数据结构表示的连通图，算法将访问它的所有生成树.

这里使用一种称为"舞蹈链"的技巧从双向链表中删除项目，或向双向链表恢复项目. 我们将在 7.2.2.1 节全面讨论舞蹈链. 以下步骤中提到的缩略语"删除 (a)"是指

$$n_{p_a} \leftarrow n_a, \quad p_{n_a} \leftarrow p_a; \tag{51}$$

类似地，"撤销删除 (a)"表示的是

$$p_{n_a} \leftarrow a, \quad n_{p_a} \leftarrow a. \tag{52}$$

S1. [初始化.] 将 $a_1 \ldots a_{n-1}$ 置为图的一棵生成树.（见习题 94.）置 $x \leftarrow 0$, $l \leftarrow 1$, $s_1 \leftarrow 0$. 如果 $n = 2$, 置 $v \leftarrow 1$, $e \leftarrow n_0$, 转到 S5.

S2. [进入第 l 级.] 置 $e \leftarrow a_{l+1}$, $u \leftarrow t_e$, $v \leftarrow t_{e \oplus 1}$. 如果 $d_u > d_v$, 交换 $v \leftrightarrow u$, 置 $e \leftarrow e \oplus 1$.

S3. [收缩 e.]（现在我们将 u 的邻接表插入 v 的表中，使得 u 与 v 完全相同. 我们还将删除 u 和 v 之间的所有先前边，包括 e 本身，否则这些边会变成环. 被删除的边链接在一起，以便稍后可以在 S7 中恢复它们.）置 $k \leftarrow d_u + d_v$, $f \leftarrow n_{u-1}$, $g \leftarrow 0$. 当 $t_f \neq 0$ 时循环执行以下操作：如果 $t_f = v$, 删除 (f), 删除 $(f \oplus 1)$, 置 $k \leftarrow k - 2$, $l_f \leftarrow g$, $g \leftarrow f$；否则，置 $t_{f \oplus 1} \leftarrow v$. 然后，置 $f \leftarrow n_f$, 重复这些操作，直到 $t_f = 0$. 最后，置 $l_e \leftarrow g$, $d_v \leftarrow k$, $g \leftarrow v - 1$, $n_{p_f} \leftarrow n_g$, $p_{n_g} \leftarrow p_f$, $p_{n_f} \leftarrow g$, $n_g \leftarrow n_f$, $a_l \leftarrow e$.

S4. [推进 l.] 置 $l \leftarrow l + 1$. 如果 $l < n - 1$, 置 $s_l \leftarrow 0$, 返回 S2；否则，置 $e \leftarrow n_{v-1}$.

S5. [访问.]（现在，当前图中只有两个顶点，其中一个是 v.）置 $a_{n-1} \leftarrow e$, 访问生成树 $a_1 \ldots a_{n-1}$.（如果 $x = 0$, 则这是被访问的第一棵生成树；否则，通过删除 x 和插入 e, 使之不同于它的先辈.）置 $x \leftarrow e$, $e \leftarrow n_e$. 如果 $t_e \neq 0$ 则重复本步骤.

S6. [递减 l.] 置 $l \leftarrow l - 1$. 如果 $l = 0$ 则终止算法；否则，置 $e \leftarrow a_l$, $u \leftarrow t_e$, $v \leftarrow t_{e \oplus 1}$.

S7. [撤销收缩 e.] 置 $f \leftarrow u - 1$, $g \leftarrow v - 1$, $n_g \leftarrow n_{p_f}$, $p_{n_g} \leftarrow g$, $n_{p_f} \leftarrow f$, $p_{n_f} \leftarrow f$, $f \leftarrow p_f$. 当 $t_f \neq 0$ 时循环执行 $t_{f \oplus 1} \leftarrow u$, $f \leftarrow p_f$. 然后，置 $f \leftarrow l_e$, $k \leftarrow d_v$. 当 $f \neq 0$ 时循环执行以下操作：置 $k \leftarrow k + 2$, 撤销删除 $(f \oplus 1)$, 撤销删除 (f), 置 $f \leftarrow l_f$. 最后置 $d_v \leftarrow k - d_u$.

S8. ［桥检测.］如果 e 是一座桥，转到 S9.（习题 95 给出了执行这一检测的方法.）否则，置 $x \leftarrow e$, $l_e \leftarrow s_l$, $s_l \leftarrow e$; 删除 (e), 删除 $(e \oplus 1)$. 置 $d_u \leftarrow d_u - 1$, $d_v \leftarrow d_v - 1$, 转到 S2.

S9. ［撤消层级 l 的删除操作.］置 $e \leftarrow s_l$. 当 $e \neq 0$ 时循环执行以下操作：置 $u \leftarrow t_e$, $v \leftarrow t_{e \oplus 1}$, $d_u \leftarrow d_u + 1$, $d_v \leftarrow d_v + 1$, 撤销删除 $(e \oplus 1)$, 撤销删除 (e), 置 $e \leftarrow l_e$. 返回 S6. ▌

鼓励读者在一个诸如 (48) 的小型图上推演本算法的步骤. 如果 u 的邻近列表恰好为空，注意在步骤 S3 和 S7 中出现的微妙情况. 还要注意可能存在的几种捷径，其代价是一种要复杂得多的算法，我们将在本节后面讨论此类改进.

*串行-并行图. 当给定图具有串行和（或）并行分解时，寻找所有生成树的任务就变得特别简单了. s 和 t 之间的串行-并行图是一个具有两个指定顶点 s 和 t 的图 G，这个图的边可以通过如下过程递归构建：要么，G 仅包括一条边 s—t; 要么，G 是一个串行超边，它由 s_j 和 t_j 之间的 $k \geq 2$ 条串行-并行子图 G_j 组成，与 $s = s_1$ 和 $t_j = s_{j+1}$ $(1 \leq j < k)$ 及 $t_k = t$ 串联在一起; 或者 G 是一个并行超边，它由 s 和 t 之间的 $k \geq 2$ 个串行-并行子图 G_j 组成，并联在一起. 给定 s 和 t，如果我们提出要求：用作串行超边的子图 G_j 本身不是串行超边，用作并行超边的子图 G_j 本身不是并行的，则这种分解几乎是唯一的.

任何一个串行-并行图都可以很方便地表示为一棵没有 1 度结点的树. 这棵树的叶结点表示边，分支结点表示超边，各层级在串行与并行之间交替. 例如，如果顶结点 A 取为并行的，则树

$$(53)$$

对应于串行-并行图和子图

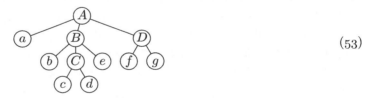

$$(54)$$

(54) 中对边进行了命名，但未对顶点命名，因为对于生成树来说，边是首要的.

我们说，s 与 t 之间一个串行-并行图的准树是由 $n-2$ 个无圈边组成的集合，这些边都没有连接 s 和 t. 串行-并行图的生成树和准树用递归方式比较容易描述，如下：(1) 一条串行超边的生成树对应于其所有主要子图 G_j 的生成树; 一棵准树对应于 G_j 中的所有生成树（但有一棵除外），而一棵准树对应于作为前面例外的生成树. (2) 一条并行超边的准树对应于其所有主子图 G_j 的准树; 一棵生成树对应于所有 G_j 中的准树（但有一棵除外），一棵生成树对应于前面作为例外的准树.

规则 (1) 和 (2) 让我们想到了下面的数据结构，用于列出串行-并行图的生成树和（或）准树. 设 p 指向像 (53) 这样一棵树中的一个结点. 然后，我们定义：

$t_p =$ 对于串行超边为 1，对于并行超边为 0（即 p 的"类型"）;

$v_p =$ 若有 p 的生成树则为 1；若有准树则为 0;

$l_p =$ 一个指针，指向 p 的最左子结点点，如果 p 为叶结点，则为 0;

$r_p =$ 一个指针，指向 p 的右侧兄弟结点，可循环回绕;

$d_p =$ 一个指针，指向 p 的一个指定子结点，如果 p 是叶结点，则为 0.

如果 q 指向 p 的最右子结点，则它的"右兄弟结点" r_q 等于 l_p. 如果 q 指向 p 的任意子结点，规则 (1) 和 (2) 表明：

$$v_q = \begin{cases} v_p, & \text{如果 } q = d_p; \\ t_p, & \text{如果 } q \neq d_p. \end{cases} \qquad (55)$$

（例如，如果 p 是一个表示串行超边的分支结点，则对于 p 的所有子结点（有一个除外）都有 $v_q = 1$；唯一的例外是指定的子结点 d_p. 因此，对于串联起来构成 p 的所有子图，必然都有一棵生成树，只有一个指定子图例外，也就是对于 p 有准图的情形.

对于指定子结点指针 d_p 给定任意设定，并为树的根结点处的 v_p 设定任意值为 0 或 1，式 (55) 告诉我们如何将这些值向下传播到它的所有叶结点. 例如，如果在树 (53) 中置 $v_A \leftarrow 1$，并且如果我们指定每个分支结点的最左子结点（使得 $d_A = a$, $d_B = b$, $d_C = c$, $d_D = f$），则依次求得

$$v_a = 1, v_B = 0, v_b = 0, v_C = 1, v_c = 1, v_d = 0, v_e = 1, v_D = 0, v_f = 0, v_g = 1. \qquad (56)$$

叶结点 q 出现在生成树中当且仅当 $v_q = 1$. 因此，(56) 指明了 (54) 中串行-并行图 A 的生成树 $aceg$.

为方便起见，当 $v_p = 1$ 时，我们说 p 的配置是它的生成树，当 $v_p = 0$ 时，是它的准树. 我们希望生成根结点的所有配置. 如果 $v_p = t_p$，则说分支结点 p 是"简单的"；也就是说，如果一个串行结点的配置是生成树，那么它就是简单的，如果一个并行结点的配置是准树，那么它就是简单的. 如果 p 是简单的，那么它的配置就是其子结点的配置的笛卡儿积，也就是其子结点的配置的 k 元组，它们是独立变化的；指定的子结点 d_p 在简单情形无关紧要. 但如果 p 是非简单的，那么它的配置就是针对 d_p 的所有可能选择对所有此类笛卡儿 k 元组求并集.

不巧的是，简单结点很少见：一个非简单结点最多有一个子结点可以是简单的（也就是指定子结点），一个简单结点的所有子结点都是非简单的，除非它们是叶结点.

尽管如此，利用串行-并行图的树表示法，可以使其所有生成树和（或）准树的递归生成变得非常简单而高效. 在处理串行-并行图时，算法 S 的操作——收缩和撤销收缩、删除和撤销删除、桥检测——都不再需要了. 此外，习题 99 给出一种令人愉快的方法，用于以旋转门格雷码顺序获得生成树或准树，它使用了我们已经在前面几个算法中用到的中心点指针.

*算法 S 的改进. 尽管算法 S 为我们提供了一种简单有效的方法来访问一般图的所有生成树，但它的作者马尔科姆·史密斯意识到，利用串行-并行图的性质可以让它变得更好. 例如，如果在一个图中，同一对顶点 u 和 v 之间有两条或多条边，那么就可以将它们合并为超边. 于是，由这些更简单的缩减图的生成树，可以轻松得到原图的生成树. 如果一个图有一个 2 度顶点 v，接触 v 的边只有 u—v 和 v—w，那么我们就可以消去 v，并将这些边用 u 和 v 之间的单条超边代替. 此外，任意 1 度顶点可以连同其相邻边一起高效删除，只需在每棵生成树中包含这条边即可.

在对一个给定图 G 应用上述缩减操作后，我们可以得到一个缩减图 $\hat{G}$，它没有平行边，也没有 1 度或 2 度顶点；我们还得到一个由 $m \geq 0$ 个串行-并行图 $S_1, \ldots, S_m$ 组成的集合，代表那些必须包含在 G 的所有生成树中的边（或超边）. 事实上，$\hat{G}$ 中剩下的每一条边 u—v 都对应于顶点 u 和 v 之间的一个串行-并行图 S_{uv}. 于是，G 的生成树可以通过以下方式得到：取遍 $\hat{G}$ 的所有生成树 T，求两个集合的并集，一个是 $S_1, \ldots, S_m$ 的所有生成树和 T 中边 u—v 的所有 S_{uv} 的生成树的笛卡儿积，另一个是那些在 $\hat{G}$ 中但不在 T 中的边 u—v 的所有 S_{uv} 的准树的笛卡儿积. 而 $\hat{G}$ 的所有生成树 T 可以采用算法 S 的策略得到.

事实上，在以这种方式扩展算法 S 时，其中用 G/e 或 $G\backslash e$ 代替当前图 G 的操作，通常可以引发更多缩减，因为新的平行边会出现，或者某个顶点的度会降到 3 以下. 结果，算法 S 中隐式递归过程的"停止状态"（即只留下两个顶点的状态，步骤 S5）从来不会真正出现：一个缩减图 $\hat{G}$ 中要么只有一个顶点且没有边，要么至少有四个顶点和六条边.

这样得到的算法仍然保留了算法 S 中很有利的旋转门性质，所以它非常灵巧（尽管长度是原算法的 4 倍），见习题 100. 史密斯证明了它拥有最佳渐近运行时间：如果 G 拥有 n 个顶点、m 条边和 N 棵生成树，则此算法可以在 $O(m+n+N)$ 个步骤中访问所有这些组成部分.

考虑算法 S 及其加速版算法 S′ 在生成一些典型图的生成树时实际进行的内存访问次数，可以得到它们性能的最佳评价，如表 5 所示. 表中最下面一行对应于斯坦福图库的图 $plane\_miles(16,0,0,1,0,0,0)$，它的用途是作为上面各行纯数学示例的"有机"解毒剂. 倒数第二行的随机多重图也来自斯坦福图库，用其官方名称可以描述得更准确一些，即 $random\_graph(16,37,1,0,0,0,0,0,0,0,0)$. 尽管 4×4 圆环面与 4 立方同构（见习题 7.2.1.1–17），但这些同构图的运行时间却稍有不同，因为算法在运行时，遇到这些顶点与边的方式不同.

表 5 生成所有生成树所需的运行时间

	m	n	N	算法 S	算法 S′	μ/树	
路径 P_{10}	9	10	1	$794\,\mu$	$473\,\mu$	794.0	473.0
路径 P_{100}	99	100	1	$9\,974\,\mu$	$5\,063\,\mu$	9974.0	5063.0
环路 C_{10}	10	10	10	$3\,480\,\mu$	$998\,\mu$	348.0	99.8
环路 C_{100}	100	100	100	$355\,605\,\mu$	$10\,538\,\mu$	3556.1	105.4
完全图 K_4	6	4	16	$1\,213\,\mu$	$1\,336\,\mu$	75.8	83.5
完全图 K_{10}	45	10	100 000 000	$3\,759.58\,\mathrm{M}\mu$	$1\,860.95\,\mathrm{M}\mu$	37.6	18.6
完全二部图 $K_{5,5}$	25	10	390 625	$23.43\,\mathrm{M}\mu$	$8.88\,\mathrm{M}\mu$	60.0	22.7
4×4 栅格 $P_4\square P_4$	24	16	100 352	$12.01\,\mathrm{M}\mu$	$1.87\,\mathrm{M}\mu$	119.7	18.7
5×5 栅格 $P_5\square P_5$	40	25	557 568 000	$54.68\,\mathrm{G}\mu$	$10.20\,\mathrm{G}\mu$	98.1	18.3
4×4 圆柱 $P_4\square C_4$	28	16	2 558 976	$230.96\,\mathrm{M}\mu$	$49.09\,\mathrm{M}\mu$	90.3	19.2
5×5 圆柱 $P_5\square C_5$	45	25	38 720 000 000	$3\,165.31\,\mathrm{G}\mu$	$711.69\,\mathrm{G}\mu$	81.7	18.4
4×4 环面 $C_4\square C_4$	32	16	42 467 328	$3\,168.15\,\mathrm{M}\mu$	$823.08\,\mathrm{M}\mu$	74.6	19.4
4 立方 $P_2\square P_2\square P_2\square P_2$	32	16	42 467 328	$3\,172.19\,\mathrm{M}\mu$	$823.38\,\mathrm{M}\mu$	74.7	19.4
随机多图	37	16	59 933 756	$3\,818.19\,\mathrm{M}\mu$	$995.91\,\mathrm{M}\mu$	63.7	16.6
16 个城市	37	16	179 678 881	$11\,772.11\,\mathrm{M}\mu$	$3\,267.43\,\mathrm{M}\mu$	65.5	18.2

一般地，我们可以说，算法 S 针对一些小的例子表现不是太差，当图太过稀疏时除外. 而当存在许多生成树时，算法 S′ 就开始大放异彩了. 一旦算法 S′ 热身完毕，它趋向于每访问 18 或 19 次内存就能生成一棵新树. 表 5 还指出，一个数学定义的图经常含有大量生成树，多得出乎意料. 例如，德拉戈什·茨韦特科维奇 [*Srpska Akademija Nauka, Matematicheski Institut* **11** (Belgrade: 1971), 135–141] 发现，n 立方恰有

$$2^{2^n-n-1}1^{\binom{n}{1}}2^{\binom{n}{2}}\ldots n^{\binom{n}{n}} \tag{57}$$

棵生成树（该文中还有其他一些发现）. 习题 104–109 探究了为什么会发生这种情况的一些原因.

一般准格雷码. 本节最后让我们讨论一个完全不同、但仍然与树相关的东西. 考虑两种遍历非空森林的标准方法的如下混合变型:

前后序遍历

访问第一棵树的根结点

按后前序遍历第一棵树的子树

按前后序遍历剩余的树

后前序遍历

按前后序遍历第一棵树的子树

访问第一棵树的根结点

按后前序遍历剩余的树

在第一种情形, 森林中的每棵树都是按前后序遍历的, 首先处理根结点; 但这些根结点的子树按后前序遍历, 最后处理根结点. 第二种变型与之类似, 但对调"前"和"后". 一般地, 前后序首先访问该森林每个偶数级别上的根结点, 最后访问奇数级别上的根结点. 例如, 当我们按前后序对结点进行标记时, (2) 中的森林变为

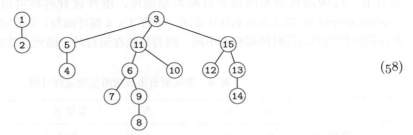

$$(58)$$

不只是出于好奇, 前后序和后前序有着实际用途. 原因在于, 无论采用这两种顺序中的哪一种, 相邻结点在森林中总是相互接近对方的. 例如, 对于 $k = 1, 4, 6, 8, 10, 13$, 结点 k 和 $k+1$ 在 (58) 中是相邻的; 当 $k = 3, 12, 14$ 时它们仅相隔一个结点; 当 $k = 2, 5, 7, 9, 11$ 时它们相隔三步 (如果我们想像森林的顶端有一个不可见的超级父结点). 稍加思考就可以通过归纳法证明: 在前后序邻居或后前序邻居之间最多只可能插入两个结点, 因为后前序 postpreorder(F) 总是从第一棵树的根结点或其最左子结点开始, 而前后序 prepostorder(F) 总是以最后一棵树的根结点或其最右子结点结束.

假设我们希望生成所有某一种组合模式, 并且希望通过一种类似于格雷码的方式访问它们, 使得连续模式总是相互"接近". 我们至少可以在概念上为所有可能模式 p 构建一张图, 所有相互接近的模式对都有对应的边 p — q. 米兰·塞卡尼纳 [*Spisy Přírodovědecké Fakulty University v Brně*, No. 412 (1960), 137–140] 给出了下面的定理, 他证明总是可能找到一种非常好的格雷码, 只需通过一系列简单步骤即可从任意模式到达其他任一模式.

定理 S. 任意连通图的顶点可以按照循环顺序列为 $(v_0, v_1, \ldots, v_{n-1})$, 使得对于 $0 \le k < n$, v_k 和 $v_{(k+1) \bmod n}$ 之间的距离最多为 3.

证明. 找到图中的一棵生成树, 按前后序遍历它. ∎

传统上, 图论专家所说的图 G 的 k 次幂, 是指一个图 G^k, 其中结点都是 G 中的结点, 边 u — v 位于 G^k 中当且仅当在图 G 中存在一条长度不大于 k 的路径. 因此, 当 $n > 2$ 时, 图论专家对定理 S 的表述要简洁得多: 连通图的立方是哈密顿图.

当我们希望以无循环方式访问一棵树的结点时, 前后序遍历也是有用的, 各次停顿之间的步骤数是有限的:

算法 Q (三重链接森林中的前后序后继). 如果 P 指向森林中的一个结点, 这个森林用链接 PARENT, CHILD, SIB 表示, 这些链接分别对应于每个结点的父结点、最左子结点、右兄弟结

点，算法按前后序计算 P 的后继结点 Q. 假设 P 出现在森林的第 L 级；L 的值被更新为 Q 的级别. 如果 P 恰好是前后序排列的最后一个结点，则算法置 Q ← Λ, L ← −1.

Q1. [前序或后序？] 如果 L 为偶数，转到 Q4.

Q2. [继续后前序.] 置 Q ← SIB(P). 如果 Q ≠ Λ，转到 Q6.

Q3. [上移.] 置 P ← PARENT(P), L ← L − 1. 转到 Q7.

Q4. [继续前后序.] 如果 CHILD(P) = Λ，转到 Q7.

Q5. [下移.] 置 Q ← CHILD(P), L ← L + 1.

Q6. [如可能则下移.] 如果 CHILD(Q) ≠ Λ，置 Q ← CHILD(Q), L ← L + 1. 终止算法.

Q7. [右移或上移.] 如果 SIB(P) ≠ Λ，置 Q ← SIB(P)；否则，置 Q ← PARENT(P), L ← L−1. 终止算法. ∎

注意，和在算法 2.4C 中一样，仅当 SIB(P) = Λ 时才会查看链接 PARENT(P). 一次完整的遍历实际上是一次围绕该森林的蠕虫爬行，类似于 (3)：这条蠕虫在左侧穿过时，"看到"偶数层级上的结点；在右侧穿过时，"看到"奇数层级上的结点.

习题

1. [15] 如果一条蠕虫围绕二叉树 (4) 爬行，它可以怎样轻松地重构 (1) 的括号？

2. [20] （什穆埃尔·扎克斯，1980）修改算法 P，使得它生成 (8) 的组合 $z_1 z_2 \ldots z_n$，而不是括号串 $a_1 a_2 \ldots a_{2n}$.

▶ **3.** [23] 证明：(11) 将 $z_1 z_2 \ldots z_n$ 转换为反序表 $c_1 c_2 \ldots c_n$.

4. [20] 判别真假：如果串 $a_1 \ldots a_{2n}$ 是按字典序生成的，那么对应串 $d_1 \ldots d_n, z_1 \ldots z_n, p_1 \ldots p_n, c_1 \ldots c_n$ 也是如此.

5. [15] 什么样的表 $d_1 \ldots d_n, z_1 \ldots z_n, p_1 \ldots p_n, c_1 \ldots c_n$ 对应于嵌套括号串 (1)？

▶ **6.** [20] 什么样的匹配对应于 (1)？（见表 1 最后一列.）

7. [16] (a) 当算法 P 终止时，串 $a_1 a_2 \ldots a_{2n}$ 是什么样的状态？(b) 当算法 B 终止时，数组 $l_1 l_2 \ldots l_n$ 和 $r_1 r_2 \ldots r_n$ 包含什么内容？

8. [15] 哪些表 $l_1 \ldots l_n, r_1 \ldots r_n, e_1 \ldots e_n, s_1 \ldots s_n$ 对应于示例森林 (2)？

9. [M20] 证明：表 $c_1 \ldots c_n$ 和 $s_1 \ldots s_n$ 遵守关系

$$c_k = [s_1 \geq k-1] + [s_2 \geq k-2] + \cdots + [s_{k-1} \geq 1].$$

10. [M20] （蠕虫爬行）给定嵌套括号串 $a_1 a_2 \ldots a_{2n}$，对于 $0 \leq j \leq 2n$，设 w_j 是 $a_1 a_2 \ldots a_j$ 中左括号超出右括号的数量. 证明：$w_0 + w_1 + \cdots + w_{2n} = 2(c_1 + \cdots + c_n) + n$.

11. [11] 如果 F 是一个森林，它的共轭 F^R 可通过左右镜像反射获得. 例如，表 1 中的 14 个森林是

它们的共轭分别是

也就是表 2 中的反向字典序森林. 如果 F 对应于嵌套括号串 $a_1 a_2 \ldots a_{2n}$，哪个括号串对应于 F^R？

12. [*15*] 如果 F 是一个森林, 将表示 F 的二叉树中的左、右链接交换, 将得到一个新的森林, 称为 F 的转置 F^T. 例如, 表 1 中 14 个森林的转置分别是

森林 (2) 的转置是什么?

13. [*20*] 续习题 11 和 12, 一个有标记森林 F 的前序和后序与以下森林的前序和后序有什么关系:
(a) F^R; (b) F^T?

▶ **14.** [*21*] 找出所有满足 $F^{RT} = F^{TR}$ 的有标记森林 F.

15. [*20*] 假设 B 是由森林 F 得到的二叉树, 具体方法是将此森林的每个结点链接到其左兄弟结点和最右子结点, 如在习题 2.3.2–5 和表 2 的最后一列. 令 F' 是通过左子结点和右兄弟结点链接以正常形式与 B 对应的森林. 证明: 采用习题 11 和 12 的表示法, $F' = F^{RT}$.

16. [*20*] 假定 F 和 G 是森林, 令 FG 是通过将 F 的树放在 G 的树的左侧而得到的森林. 令 $F \mid G = (G^T F^T)^T$. 给出运算符 $\mid$ 的直观解释, 并证明它满足结合律.

17. [*M46*] 描述所有满足 $F^{RT} = F^{TR}$ 的未标记森林 F (见习题 14).

18. [*30*] 如果通过重复取共轭和 (或) 转置操作, 可以由一个森林得到另一个森林, 就说这两个森林是同源的. 习题 11 和 12 中的示例表明, 所有 4 结点森林都属于以下三个同源类之一:

试研究所有 15 结点森林组成的集合. 它们构成了多少个同源森林等价类? 最大的类是什么? 最小的类是什么? 包含 (2) 的类的大小是多少?

19. [*28*] 令 $F_1, F_2, \ldots, F_N$ 是未标记森林序列, 对应于算法 P 生成的嵌套括号, 令 $G_1, G_2, \ldots, G_N$ 也是未标记森林序列, 对应于算法 B 生成的二叉树. 证明: 采用习题 11 和 12 的表示法, $G_k = F_k^{RTR}$. (森林 F^{RTR} 称为 F 的对偶, 在以下几道习题中用 F^D 表示.)

20. [*25*] 回顾 2.3 节, 树中结点的度数是指它拥有的子结点数, 而扩展二叉树由以下性质描述: 每个结点的度数为 0 或 2. 在扩展二叉树 (4) 中, 按照前序, 结点度数的序列为 2200222002220220002002202200000, 这个由 0 和 2 组成的串等同于 (1) 中的括号序列, 只不过每个 "(" 由 2 代替, 每个 ")" 由 0 代替, 并在最后追加了一个 0.

　　(a) 证明: 非负整数序列 $b_1 b_2 \ldots b_N$ 是一个森林的前序度数序列, 当且仅当它对于 $1 \le k \le N$ 满足

$$b_1 + b_2 + \cdots + b_k + f > k \qquad \Longleftrightarrow \qquad k < N,$$

其中 $f = N - b_1 - b_2 - \cdots - b_N$ 是森林中树的数量.

　　(b) 回想习题 2.3.4.5–6, 扩展三叉树的特性由如下性质描述: 每个结点的度数为 0 或 3. 一棵具有 n 个内部结点的扩展三叉树拥有 $2n+1$ 个外部结点, 因此, 这棵树共有 $N = 3n+1$ 个结点. 试设计一种算法, 通过按照字典序生成相关序列 $b_1 b_2 \ldots b_N$, 从而生成具有 n 个内部结点的所有三叉树.

▶ **21.** [*26*] (什穆埃尔·扎克斯和达纳·理查兹, 1979) 续习题 20, 试解释如何为所有满足以下条件的森林生成前序度数序列: 这些森林拥有 $N = n_0 + \cdots + n_t$ 个结点, 恰有 n_j 个结点的度数为 j. 例如, 当 $n_0 = 4$, $n_1 = n_2 = n_3 = 1$, $t = 3$ 时, 有效序列 $b_1 b_2 b_3 b_4 b_5 b_6 b_7$ 为

　　1203000, 1230000, 1300200, 1302000, 1320000, 2013000, 2030010, 2030100, 2031000, 2103000, 2130000, 2300010, 2300100, 2301000, 2310000, 3001200, 3002010, 3002100, 3010200, 3012000, 3020010, 3020100, 3021000, 3100200, 3102000, 3120000, 3200010, 3200100, 3201000, 3210000.

▶ **22.** [*30*] (詹姆斯·科尔什, 2004) 作为算法 B 的一种替代, 证明: 二叉树也可以直接高效地通过链接形式生成, 只要我们按照 (9) 中定义的数 $d_1 \ldots d_{n-1}$ 的反向字典序来生成它们即可. (我们不必显

式计算 $d_1 \ldots d_{n-1}$ 的实际值. 但对链接 $l_1 \ldots l_n$ 和 $r_1 \ldots r_n$ 的处理方式应使得到的二叉树依次对应于 $d_1 d_2 \ldots d_{n-1} = 000 \ldots 0, 100 \ldots 0, 010 \ldots 0, 110 \ldots 0, 020 \ldots 0, 001 \ldots 0, \ldots, 000 \ldots (n-1)$.)

▶ **23.** [25] (a) 算法 N 访问的最后一个串是什么？(b) 算法 L 访问的最后一棵二叉树或最后一个森林是什么？提示：见下面的习题 40.

24. [22] 利用表 3 中的表示法，哪些序列 $l_0 l_1 \ldots l_{15}, r_1 \ldots r_{15}, k_1 \ldots k_{15}, q_1 \ldots q_{15}, u_1 \ldots u_{15}$ 对应于二叉树 (4) 和森林 (2)？

▶ **25.** [30] （修剪与嫁接）像算法 B 中那样表示二叉树，设计一种算法，以某种方式访问所有链接表 $l_1 \ldots l_n$ 和 $r_1 \ldots r_n$，使得在两次访问之间，对于某个下标 j，恰有一个链接由 j 变为 0，另一个链接由 0 变为 j.（换言之，每个步骤从二叉树中移除某个子树 j，将它放在其他某个位置，并保留前序.）

26. [M31] （克雷韦拉斯栅格）令 F 和 F' 为 n 结点森林，其结点按照前序编号为 1 至 n. 对于 $1 \le j < k \le n$，如果只要 j 和 k 在 F' 中是兄弟关系，它们在 F 中就是兄弟关系，那就记作 $F \prec F'$（"F 联合 F'"）. 图 60 给出 $n = 4$ 时的这一偏序. 每个森林由 (10) 和 (11) 中的序列 $c_1 \ldots c_n$ 编码，该序列指定了每个结点的深度.（采用这种编码，j 和 k 是兄弟关系当且仅当 $c_j = c_k \le c_{j+1}, \ldots, c_{k-1}$.）

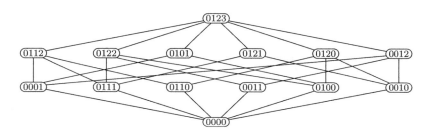

图 60 4 阶克雷韦拉斯栅格. 每个森林由按照前序的结点深度序列 $c_1 c_2 c_3 c_4$ 表示
（见习题 26-28）

(a) 设 Π 是 $\{1, \ldots, n\}$ 的一个分划. 证明：存在一个森林 F，其结点按照前序标有 $(1, \ldots, n)$，并且，当且仅当 Π 满足非交叉性质

$$i < j < k < l \text{ 且 } i \equiv k \text{ 且 } j \equiv l \pmod{\Pi} \qquad \text{蕴涵} \qquad i \equiv j \equiv k \equiv l \pmod{\Pi}$$

时，有

$$j \equiv k \pmod{\Pi} \qquad \Longleftrightarrow \qquad \text{在 } F \text{ 中 } j \text{ 与 } k \text{ 是兄弟关系.}$$

(b) 给定任意两个 n 结点森林 F 和 F'，试解释如何计算它们的最小上界，也就是满足以下条件的元素 $F \vee F'$: $F \prec G$ 且 $F' \prec G$ 当且仅当 $F \vee F' \prec G$.

(c) 什么情况下，就关系 $\prec$ 而言 F' 是覆盖 F 的？（见习题 7.2.1.4–55.）

(d) 证明：如果 F' 覆盖 F，则它恰比 F 少一个叶结点.

(e) 对于 $1 \le k \le n$，当结点 k 有 e_k 个子结点时，有多少森林覆盖 F？

(f) 按照习题 19 中关于对偶的定义，森林 (2) 的对偶是什么？

(g) 证明：$F \prec F'$ 当且仅当 $F'^D \prec F^D$.（因为这一性质，我们围绕图 60 的中心对称放置了对偶元素.）

(h) 给定任意两个 n 结点森林 F 和 F'，试解释如何计算它们的最大下界，也就是满足以下条件的元素 $F \wedge F'$: $G \prec F$ 且 $G \prec F'$ 当且仅当 $G \prec F \wedge F'$.

(i) 这个栅格是否满足类似于习题 7.2.1.5–12(f) 的半模块法则？

▶ **27.** [M33] （塔迈里栅格）续习题 26，对于所有 j，如果按照前序的第 j 个结点在 F' 中拥有的后代数量至少与它在 F 中一样多，则记作 $F \dashv F'$. 换言之，如果 F 和 F' 由它们的（如在表 2 中的）范围序列 $s_1 \ldots s_n$ 和 $s'_1 \ldots s'_n$ 描述，我们有 $F \dashv F'$ 当且仅当对于 $1 \le j \le n$ 有 $s_j \le s'_j$.（见图 61.）

(a) 证明：范围坐标 $\min(s_1,s_1')\min(s_2,s_2')\ldots\min(s_n,s_n')$ 定义了一个森林，它是 F 和 F' 的最大下界.（记作 $F \perp F'$.）提示：证明 "$s_1\ldots s_n$ 对应于一个森林" 当且仅当 "如果定义 $s_0 = n$, 对于 $0 \le j \le n$ 有 $0 \le k \le s_j$ 蕴涵 $s_{j+k} + k \le s_j$".

(b) 按照这种偏序，什么时候 F' 覆盖 F?

(c) 证明：$F \dashv F'$ 当且仅当 $F'^D \dashv F^D$.（与习题 26(g) 比较.）

(d) 在给定 F 和 F' 时如何计算最小上界 $F \top F'$?

(e) 证明：克雷韦拉斯栅格中的 $F \ll F'$ 蕴涵塔迈里栅格中的 $F \dashv F'$.

(f) 判别真假：$F \wedge F' \dashv F \perp F'$.

(g) 判别真假：$F \vee F' \ll F \top F'$.

(h) 对于塔迈里栅格中从顶端到底部的路径，如果路径中的每个森林都覆盖其后继，那么最长和最短的路径是什么?（这些路径称为栅格中的最大链，将其与习题 7.2.1.4–55(h) 比较.）

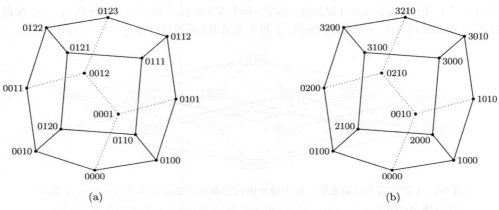

图 61 4 阶塔迈里栅格. 每个森林由按照前序的如下序列表示：(a) 结点深度 $c_1c_2c_3c_4$; (b) 后代数量 $s_1s_2s_3s_4$（见习题 26–28）

28. [*M26*]（斯坦利栅格）续习题 26 和 27, 让我们在 n 结点森林上再定义一种偏序，对于 $1 \le j \le n$, 只要深度坐标 $c_1\ldots c_n$ 和 $c_1'\ldots c_n'$ 满足 $c_j \le c_j'$, 就说 $F \subseteq F'$.（见图 62.）

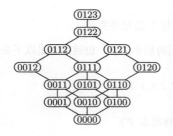

图 62 4 阶斯坦利栅格. 每个森林由按照前序的结点深度 $c_1c_2c_3c_4$ 的序列表示（见习题 26–28）

(a) 试通过解释如何计算任意两个给定森林的最大下界 $F \cap F'$ 和最小上界 $F \cup F'$, 证明这个偏序是一个栅格.

(b) 证明：斯坦利栅格满足分配律

$$F \cap (G \cup H) = (F \cap G) \cup (F \cap H), \qquad F \cup (G \cap H) = (F \cup G) \cap (F \cup H).$$

(c) 在这个栅格中，F' 什么时候覆盖 F?

(d) 判别真假：$F \subseteq G$ 当且仅当 $F^R \subseteq G^R$.

(e) 证明：只要 $F \dashv F'$ 在塔迈里栅格中，$F \subseteq F'$ 就在斯坦利栅格中.

29. [*HM31*] 塔迈里栅格中的覆盖图有时称为"结合几何体"[①]，因为它与结合律 (14) 之间的关系，我们在习题 27(b) 中已经对此进行了证明。4 阶结合几何体如图 61 所示，看起来有 3 个正方形表面和 6 个正五边形的表面。（与习题 7.2.1.2–60 中的图 43 比较，后者给出了 4 阶"排列几何体"[②]，它是一个著名的阿基米德图形。）图 61 为什么没有出现在均匀多面体的经典清单中？

30. [*M33*] 森林的足印是指由下式定义的二进制位串 $f_1 \ldots f_n$：

$$f_j = [\text{按照前序的结点 } j \text{ 不是叶结点}].$$

(a) 如果 F 拥有足印 $f_1 \ldots f_n$，那 F^D 的足印是什么？（见习题 26 和 27。）

(b) 有多少森林的足印为 10101101111110000101010001011000？

(c) 采用 (6) 中的表示法，证明：对于 $1 \le j < n$ 有 $f_j = [d_j = 0]$。

(d) 给定一个栅格的两个元素，如果它们的最大下界是底部元素，最小上界是顶端元素，就说这两个元素是互补的。证明：塔迈里栅格中的两个元素 F 和 F' 是互补的，当且仅当它们的足印互补，也就是说 $f'_1 \ldots f'_{n-1} = \bar{f}_1 \ldots \bar{f}_{n-1}$。

▶ **31.** [*M28*] 一棵拥有 n 个内部结点的二叉树，如果它的高度为 n，就称这棵树是退化的。

(a) n 结点二叉树有多少是退化的？

(b) 我们已经在表 1, 2, 3 中看到，二叉树和森林可以用各种 n 元组编码。对于以下每种编码：$c_1 \ldots c_n$，$d_1 \ldots d_n, e_1 \ldots e_n, k_1 \ldots k_n, p_1 \ldots p_n, s_1 \ldots s_n, u_1 \ldots u_n, z_1 \ldots z_n$，如何一眼看出相应的二叉树是不是退化的？

(c) 判别真假：如果 F 是退化的，则 F^D 也是退化的。

(d) 证明：如果 F 和 F' 都是退化的，那么 $F \wedge F' = F \perp F'$ 和 $F \vee F' = F \top F'$ 也都是退化的。

▶ **32.** [*M30*] 证明：如果 $F \dashv F'$，则存在一个森林 F''，使得对于所有 G 都有

$$F' \perp G = F \quad \text{当且仅当} \quad F \dashv G \dashv F''.$$

于是，在塔迈里栅格中有半分配律：

$$F \perp G = F \perp H \quad \text{蕴涵} \quad F \perp (G \top H) = F \perp G;$$
$$F \top G = F \top H \quad \text{蕴涵} \quad F \top (G \perp H) = F \top G.$$

▶ **33.** [*M27*] （二叉树的排列表示）令 σ 是圈 (1 2 … n)。

(a) 给定任意二叉树，其结点按照对称序从 1 至 n 编号，证明：存在 $\{1, \ldots, n\}$ 的唯一排列 λ，使得对于 $1 \le k \le n$ 有

$$\text{LLINK}[k] = \begin{cases} k\lambda, & \text{如果 } k\lambda < k; \\ 0, & \text{其他}; \end{cases} \qquad \text{RLINK}[k] = \begin{cases} k\sigma\lambda, & \text{如果 } k\sigma\lambda > k; \\ 0, & \text{其他}. \end{cases}$$

于是，λ 巧妙地将 $2n$ 个链接域打包到单个 n 元素数组中。

(b) 证明：当二叉树是森林 F 的左兄弟/右孩子结点表示时，以圈形式描述这一排列 λ 特别方便。当 F 是 (2) 中的森林时，$\lambda(F)$ 的圈形式是什么样的？

(c) 找出 $\lambda(F)$ 与对偶排列 $\lambda(F^D)$ 之间的简单关系。

(d) 证明：在习题 26 中，F' 覆盖 F 当且仅当 $\lambda(F') = (j\ k)\lambda(F)$，其中 j 和 k 是 F 中的兄弟结点。

(e) 于是，n 阶克雷韦拉斯栅格中的最大链的数量就是将一个 n 圈分解为 $n - 1$ 个转置的乘积的方法数。试计算这一数量。提示：见式 1.2.6–(16)。

34. [*M25*] （理查德·斯坦利）证明：n 阶斯坦利栅格中最大链的数量是 $(n(n-1)/2)!/(1^{n-1}3^{n-2}\ldots(2n-5)^2(2n-3)^1)$。

35. [*HM37*] （道格拉斯·泰勒和迪安·希克森）试解释为什么渐近公式 (16) 的分母都是 2 的幂。

[①] 结合几何体（associahedron）在《英汉数学词汇》（清华大学出版社，2010 年 5 月第 2 版）中译为"n 维五边形；斯特谢夫多胞腔"。——编者注

[②] 4 阶排列几何体（permutahedron of order 4）也称作截八面体（truncated octahedron），见图 5–1。——编者注

▶ **36.** [*M25*] 试分析习题 20(b) 的三叉树生成算法. 提示: 根据习题 2.3.4.4–11, 具有 n 个内部结点的三叉树总共有 $(2n+1)^{-1}\binom{3n}{n}$ 棵.

▶ **37.** [*M40*] 试分析扎克斯-理查兹算法, 它用于生成所有符合以下条件的树: 这些树具有给定的度数分布 $n_0, n_1, n_2, \ldots, n_t$ (习题 21). 提示: 见习题 2.3.4.4–32.

38. [*M22*] 算法 L 执行的内存访问总数是多少? 用 n 的函数表示.

39. [*22*] 通过证明 (5) 中 A_{pq} 的元素对应于两行的扬氏图表, 证明公式 (23).

40. [*M22*] (a) 证明: C_{pq} 为奇数当且仅当 $p \,\&\, (q+1) = 0$ (其含义为: p 和 $q+1$ 的二进制表示之间没有共同的二进制位). (b) 因此, C_n 为奇数当且仅当 $n+1$ 是 2 的幂.

41. [*M21*] 证明: 投票数有一个简单的生成函数 $\sum C_{pq} w^p z^q$.

▶ **42.** [*M22*] 有多少个 n 结点未标记森林是 (a) 自共轭的? (b) 自转置的? (c) 自对偶的? (见习题 11, 12, 19, 26.)

43. [*M21*] 用卡塔兰数 $\langle C_0, C_1, C_2, \ldots \rangle$ 表示 C_{pq}, 旨在得到一个当 $q-p$ 很小时的简单公式. (例如, $C_{(q-2)q} = C_q - C_{q-1}$.)

▶ **44.** [*M27*] 证明: 算法 B 每访问一棵二叉树只需要 $8\frac{2}{3} + O(n^{-1})$ 次内存访问.

45. [*M26*] 分析习题 22 中的算法所进行的内存访问. 它与算法 B 相比如何?

46. [*M30*] (广义卡塔兰数) 通过以下定义推广 (21):

$$C_{pq}(x) = C_{p(q-1)}(x) + x^{q-p} C_{(p-1)q}(x), \qquad 如果 \ 0 \le p \le q \ne 0; \qquad C_{00}(x) = 1;$$

并定义: 如果 $p < 0$ 或 $p > q$, 则 $C_{pq}(x) = 0$. 因此 $C_{pq} = C_{pq}(1)$. 另外, 令 $C_n(x) = C_{nn}(x)$, 于是

$$\langle C_0(x), C_1(x), \ldots \rangle = \langle 1, 1, 1+x, 1+2x+x^2+x^3, 1+3x+3x^2+3x^3+2x^4+x^5+x^6, \ldots \rangle.$$

(a) 证明: (28) 中从 ⑳ 到 ⑩ 面积为 k 的路径数量是 $[x^k] C_{pq}(x)$, 这里所说的一条路径的"面积", 是指它上方的矩形格个数. (因此, 一个 L 型路径拥有最大可能面积 $p(q-p) + \binom{p}{2}$.)

(b) 证明: $C_n(x) = \sum_F x^{c_1 + \cdots + c_n} = \sum_F x^{内部路径长度(F)}$, 针对所有 n 结点森林 F 求和.

(c) 如果 $C(x,z) = \sum_{n=0}^{\infty} C_n(x) z^n$, 证明: $C(x,z) = 1 + z C(x,z) C(x,xz)$.

(d) 此外, 证明: $C(x,z) C(x,xz) \ldots C(x,x^r z) = \sum_{p=0}^{\infty} C_{p(p+r)}(x) z^p$.

47. [*M27*] 续上题, 推广恒等式 (27).

48. [*M28*] (弗兰克·拉斯基和安杰伊·普罗斯库罗夫斯基) 当 $x = -1$ 时计算 $C_{pq}(x)$, 利用这一结果证明: 当 $n \ge 5$ 为奇数时嵌套括号不存在"完美"格雷码.

49. [*17*] 按照字典序, 由 15 个嵌套括号对组成的第一百万个串是什么样的?

50. [*20*] 设计算法 U 的逆算法: 给定嵌套括号串 $a_1 \ldots a_{2n}$, 确定它按照字典序的秩 $N - 1$. 嵌套括号串 (1) 的秩是多少?

51. [*M22*] 令 $\bar{z}_1 \bar{z}_2 \ldots \bar{z}_n$ 是 $z_1 z_2 \ldots z_n$ 关于 $2n$ 的补, 换言之, $\bar{z}_j = 2n - z_j$, 其中 z_j 在 (8) 中定义. 证明: 如果 $\bar{z}_1 \bar{z}_2 \ldots \bar{z}_n$ 是算法 7.2.1.3L 生成的 $\{0, 1, \ldots, 2n-1\}$ 的第 $(N+1)$ 个 n 组合, 则 $z_1 z_2 \ldots z_n$ 是由习题 2 中的算法生成的 $\{1, 2, \ldots, 2n\}$ 的第 $(N - \kappa_n N + 1)$ 个 n 组合. (这里的 κ_n 表示第 n 个克鲁斯卡尔函数, 定义见 7.2.1.3–(6o).)

52. [*M23*] 当嵌套括号串 $a_1 \ldots a_{2n}$ 为随机选定时, 求表 1 中的量 d_n 的均值和方差.

53. [*M28*] 令 X 是从扩展二叉树的根结点到最左侧外部结点的距离.

(a) 当所有 n 结点二叉树为等概率时, X 的期望值是多少?

(b) 在算法 6.2.2T 中从随机排列 $K_1 \ldots K_n$ 构造的随机二叉查找树中, X 的期望值是多少?

(c) 在随机退化二叉树中 (退化的定义见习题 31), X 的期望值是多少?

(d) 对于以上三种情形, 2^X 的期望值是多少?

54. [*HM29*] $c_1 + \cdots + c_n$ 的均值和方差分别是多少? (见习题 46.)

55. [*HM33*] 计算 $C'_{pq}(1)$, 即习题 46(a) 中所有路径的总面积.

56. [*M23*] (伦佐·斯普鲁格诺里, 1990) 证明求和公式

$$\sum_{k=0}^{m-1} C_k C_{n-1-k} = \frac{1}{2}C_n + \frac{2m-n}{2n(n+1)}\binom{2m}{m}\binom{2n-2m}{n-m}, \qquad 0 \le m \le n.$$

57. [*M28*] 对于 $p = 0, 1, 2, 3$, 以闭合式表示和式 $S_p(a,b) = \sum_{k \ge 0} \binom{2a}{a-k}\binom{2b}{b-k}k^p$, 并利用这些公式证明 (30).

58. [*HM34*] 在 n 结点二叉树中, 以对称序对外部结点从 0 到 n 编号, 设结点 m 出现在第 l 级的此种二叉树数量为 t_{lmn}. 另外, 令 $t_{mn} = \sum_{l=1}^{n} l t_{lmn}$, 从而 t_{mn}/C_n 为外部结点 m 的平均级别. 令 $t(w, z)$ 是超级生成函数

$$\sum_{m,n} t_{mn} w^m z^n = (1+w)z + (3+4w+3w^2)z^2 + (9+13w+13w^2+9w^3)z^3 + \cdots.$$

证明: $t(w,z) = (C(z) - wC(wz))/(1-w) - 1 + zC(z)t(w,z) + wzC(wz)t(w,z)$, 并推导计算数值 t_{mn} 的简单公式.

59. [*HM29*] 类似地, 令 T_{lmn} 表示内部结点 m 出现在第 l 级的所有 n 结点二叉树的数量. 求 $T_{mn} = \sum_{l=1}^{n} l T_{lmn}$ 的简单公式.

▶ **60.** [*M26*] (平衡串) 如果嵌套括号串 α 具有 (α') 的形式 (其中 α' 是嵌套的), 就说 α 是原子的. 每个嵌套括号串可以唯一表示为原子乘积 $\alpha_1 \ldots \alpha_r$. 左右括号数相等的串称为平衡的. 每个平衡串可以唯一表示为 $\beta_1 \ldots \beta_r$, 其中每个 β_j 要么是原子要么是反向原子 (原子的反转). 一个平衡串的瑕疵数是其反向原子长度的一半. 例如, 平衡串

$$(\, (\,) \,) \, (\, (\, (\,) \,) \,) \, (\, (\,) \, (\, (\,) \,) \, (\, (\,) \,) \, (\,)$$

具有因式形式 $\beta_1\beta_2\beta_3\beta_4\beta_5\beta_6\beta_7\beta_8 = \alpha_1 \alpha_2^R \alpha_3 \alpha_4^R \alpha_5^R \alpha_6 \alpha_7^R \alpha_8$, 有四个原子和四个反向原子, 它的瑕疵数为 $|\alpha_2\alpha_4\alpha_5\alpha_7|/2 = 9$.

  (a) 证明: 平衡串的瑕疵数是符合以下条件的下标 k 的数量: 第 k 个右括号出现在第 k 个左括号之前.

  (b) 如果 $\beta_1 \ldots \beta_r$ 是平衡的, 我们可以将它映射为嵌套括号串, 只需反转它的反向原子即可. 但下面的映射更有意义, 因为它从无偏 (均匀随机的) 平衡串生成无偏嵌套括号串: 假设存在 s 个反向原子 $\beta_{i_1} = \alpha_{i_1}^R, \ldots, \beta_{i_s} = \alpha_{i_s}^R$. 将每个反向原子用 "(" 代替, 然后追加 $)\alpha'_{i_s} \ldots)\alpha'_{i_1}$, 其中 $\alpha_j = (\alpha'_j)$. 例如, 上面的串被映射为 $\alpha_1(\alpha_3((\alpha_6(\alpha_8)\alpha'_7)\alpha'_5)\alpha'_4)\alpha'_2$, 它恰好等于本节开头介绍的串 (1).

  设计一种算法, 向给定平衡串 $b_1 \ldots b_{2n}$ 应用这一映射.

  (c) 为逆映射设计一种算法: 给定嵌套括号串 $\alpha = a_1 \ldots a_{2n}$ 和满足 $0 \le l \le n$ 的整数 l, 求出瑕疵数为 l 的一个平衡串 $\beta = b_1 \ldots b_{2n}$, 使得 $\beta \mapsto \alpha$. 瑕疵数为 11 的哪个平衡串映射为 (1)?

▶ **61.** [*M26*] (拉尼循环引理) 令 $b_1 b_2 \ldots b_N$ 是一个非负整数串, 满足 $f = N - b_1 - b_2 - \cdots - b_N > 0$.

  (a) 证明: 对于 $1 \le j \le N$, 恰好 f 个循环移位 $b_{j+1} \ldots b_N b_1 \ldots b_j$ 满足习题 20 的前序度数序列性质.

  (b) 给定 $b_1 b_2 \ldots b_N$, 设计一种高效的算法, 用于确定所有这种 j.

  (c) 如何生成一个随机森林, 它有 $N = n_0 + \cdots + n_t$ 个结点, 其中恰有 n_j 个结点的度数为 j. (例如, 当 $N = tn + 1$, $n_0 = (t-1)n + 1$, $n_1 = \cdots = n_{t-1} = 0$, $n_t = n$ 时, 我们得到随机 n 结点 t 叉树, 作为这个一般过程的特例.)

62. [*22*] 二叉树也可以用二进制位串 $(l_1 \ldots l_n, r_1 \ldots r_n)$ 表示, 其中 l_j 和 r_j 分别指明结点 j 的按照前序的左右子树是否非空. (见定理 2.3.1A.) 证明: 如果 $l_1 \ldots l_n$ 和 $r_1 \ldots r_n$ 是满足 $l_1 + \cdots + l_n + r_1 + \cdots + r_n = n - 1$ 的任意二进制位串, 那么, 恰有一个循环移位 $(l_{j+1} \ldots l_n l_1 \ldots l_j, r_{j+1} \ldots r_n r_1 \ldots r_j)$ 可以得出一个有效的二叉树表示, 并解释如何找到它.

63. [*16*] 如果拉尼算法的前两次迭代已经生成了 ，那么，在下一次迭代之后可能出现哪些装饰二叉树？

64. [*20*] 算法 R 中 X 值的哪个序列对应于 (34) 的装饰树？$L_0 L_1 \ldots L_{12}$ 的最终取值是多少？

65. [*38*] 将拉尼算法（算法 R）推广到 t 叉树.

66. [*21*] 施罗德树是一种二叉树，其中每个非空右链接要么涂以白色要么涂以黑色. 当 n 较小时，n 结点施罗德树的数量 S_n 为

$$n = 0 \quad 1 \quad 2 \quad 3 \quad 4 \quad 5 \quad 6 \quad 7 \quad 8 \quad 9 \quad 10 \quad 11 \quad 12 \quad 13$$

$$S_n = 1 \quad 1 \quad 3 \quad 11 \quad 45 \quad 197 \quad 903 \quad 4\,279 \quad 20\,793 \quad 103\,049 \quad 518\,859 \quad 2\,646\,723 \quad 13\,648\,869 \quad 71\,039\,373$$

例如，$S_3 = 11$，其所有可能性是

（白色链接为"中空". 外部结点也附接在上面.）

(a) 找出具有 n 个内部结点的施罗德树与具有 $n+1$ 个叶结点且没有 1 度结点的普通树之间的简单对应关系.

(b) 为施罗德树设计一种格雷码.

67. [*M22*] 施罗德数的生成函数 $S(z) = \sum_n S_n z^n$ 是什么？

68. [*10*] 0 阶圣诞树模式是什么样的？

69. [*20*] 在表 4 中能否看到 6 阶和 7 阶圣诞树模式（可能有少许变化）？

▶ **70.** [*20*] 试找出一种简单规则，为每个二进制位串 σ 定义另一个二进制位串 σ'，称为 σ 的配偶，它具有以下性质：(i) $\sigma'' = \sigma$；(ii) $|\sigma'| = |\sigma|$；(iii) $\sigma \subseteq \sigma'$ 或 $\sigma' \subseteq \sigma$；(iv) $\nu(\sigma) + \nu(\sigma') = |\sigma|$.

71. [*M21*] 令 $M_{t,n}$ 是满足以下性质的最大可能集合 S 的大小：S 是由 n 位二进制位串组成的集合，如果 σ 和 τ 都是 S 的成员，满足 $\sigma \subseteq \tau$，那么 $\nu(\tau) < \nu(\sigma) + t$.（例如，根据施佩纳定理[①]，我们有 $M_{1,n} = M_n$.）试为 $M_{t,n}$ 找出一个公式.

▶ **72.** [*M28*] 从长度为 s 的单行 $\sigma_1 \sigma_2 \ldots \sigma_s$ 开始，将增长规则 (36) 重复应用 n 次，可以得到多少行？

73. [*15*] 在 30 阶圣诞树模式中，在包含二进制位串 0110010010000111111101101011100 的行中，第一个元素和最后一个元素分别是什么？

74. [*M26*] 续上题，该行之前有多少行？

▶ **75.** [*HM23*] 设 $(r_1^{(n)}, r_2^{(n)}, \ldots, r_{n-1}^{(n)})$ 是 n 阶圣诞树模式中具有 $n-1$ 项的行数. 例如，表 4 告诉我们 $(r_1^{(8)}, \ldots, r_7^{(8)}) = (20, 40, 54, 62, 66, 68, 69)$. 试找出 $r_{j+1}^{(n)} - r_j^{(n)}$ 和 $\lim_{n \to \infty} r_j^{(n)} / M_n$ 的公式.

76. [*HM46*] 试研究当 $n \to \infty$ 时圣诞树模型的极限形状. 例如，通过适当缩放，它能否具有分形维数？

77. [*21*] 给定 n，设计一种算法，用于生成圣诞树模式中各行最右元素的序列 $a_1 \ldots a_n$. 提示：这些二进制位串由以下性质描述：对于 $0 \le k \le n$ 有 $a_1 + \cdots + a_k \ge k/2$.

78. [*20*] 判别真假：如果 $\sigma_1 \ldots \sigma_s$ 是圣诞树模式的一个行，那么 $\bar{\sigma}_s^R \ldots \bar{\sigma}_1^R$（逆补的逆序列）也是它的一个行.

79. [*M26*] 根据式 5.1.3–(12)，恰有一个"后代"的排列 $p_1 \ldots p_n$（其中 $p_k > p_{k+1}$）的数量为欧拉数 $\left\langle {n \atop 1} \right\rangle = 2^n - n - 1$. 圣诞树模式中底行上方的项的数量也等于这个数.

(a) 通过给出单后代排列与未排序二进制位串之间的一一对应关系，为上述巧合找出一种组合解释.

(b) 证明：两个未排序二进制位串属于圣诞树模式的同一行，等价于它们按照鲁宾逊-申斯特德对应关系（定理 5.1.4A）对应于定义同一 P 图表的排列.

[①] 施佩纳定理指出：$\{1, 2, \ldots, n\}$ 不可能有 $\binom{n}{\lfloor n/2 \rfloor}$ 个以上的子集，使得每个子集都不会包含于另一个中；见习题 6.5–1 答案的注记. 或者换一种说法：$\{1, 2, \ldots, n\}$ 的任一杂乱集都不可能拥有超过 $M_n = \binom{n}{\lfloor n/2 \rfloor}$ 个元素；见 7.2.1.6 节"*子集链"小节（第 380 页）. ——编者注

80. [*30*] 有两个二进制位串, 如果通过对子串进行 $010 \leftrightarrow 100$ 或 $101 \leftrightarrow 110$ 转换, 可以由一个二进制位串得到另一个二进制位串, 我们就说这两个二进制位串是和谐的. 例如, 下面的二进制位串互相之间是和谐的:

$$011100 \leftrightarrow 011010 \leftrightarrow 010110 \leftrightarrow 010101 \leftrightarrow 011001$$
$$\updownarrow \qquad\qquad \updownarrow$$
$$100110 \leftrightarrow 100101 \leftrightarrow 101001 \leftrightarrow 110001,$$

但此外再没有其他二进制位串与其中任意一个是和谐的.

证明: 二进制位串是和谐的当且仅当它们属于圣诞树模式中具有相同长度的行的同一列.

81. [*M30*] 阶数为 (n, n') 的双杂乱集是二进制位串对 (σ, σ') 的家族 S, 其中 $|\sigma| = n$, $|\sigma'| = n'$, 该家族具有以下性质: 仅当 $\sigma \neq \tau$ 且 $\sigma' \neq \tau'$ 时, S 的不同成员 (σ, σ') 和 (τ, τ') 有可能满足 $\sigma \subseteq \tau$ 和 $\sigma' \subseteq \tau'$.

使用圣诞树模式证明: S 中最多包含 $M_{n+n'}$ 个二进制位串对.

▶ **82.** [*M26*] 设 $E(f)$ 是算法 H 对函数 f 求值的次数.

(a) 证明: $M_n \leq E(f) \leq M_{n+1}$, 当 f 为常函数时等号成立.

(b) 在所有满足 $E(f) = M_n$ 的 f 中, 哪个使 $\sum_\sigma f(\sigma)$ 的取值最小?

(c) 在所有满足 $E(f) = M_n$ 的 f 中, 哪个使 $\sum_\sigma f(\sigma)$ 的取值最大?

83. [*M20*] (乔治斯·汉塞尔) 证明: 最多有 3^{M_n} 个 n 变量单调布尔函数 $f(x_1, \ldots, x_n)$.

▶ **84.** [*HM27*] (丹尼尔·克莱特曼) 假定 A 是 $m \times n$ 实数矩阵, 其中每一列 v 的长度 $\|v\| \geq 1$, 假定 b 是 m 维列向量. 证明: 最多有 M_n 个列向量 $x = (a_1, \ldots, a_n)^T$ (其成员 $a_j = 0$ 或 1) 满足 $\|Ax - b\| < \frac{1}{2}$. 提示: 采用一种类似于圣诞树模式的构造方法.

85. [*HM30*] (菲利普·戈勒) 设 V 是符合以下条件的任意向量空间: 它包含于由所有 n 维实向量组成的集合中, 但不包含任何一个单位向量 $(1, 0, \ldots, 0), (0, 1, 0, \ldots, 0), \ldots, (0, \ldots, 0, 1)$. 证明: V 中最多有 M_n 个向量其分量为全 0 或全 1. 此外, 上限 M_n 是可以达到的.

86. [*15*] 如果 (2) 被看作定向森林而不是有序森林, 则与它对应的规范森林是什么? 通过它的层级代码 $c_1 \ldots c_{15}$ 和它的父指针 $p_1 \ldots p_{15}$ 来描述它.

87. [*M20*] 设 F 是有序森林, 按照前序的第 k 个结点出现在第 c_k 级, 并且, 这个结点的父指针是 p_k, 如果这个结点是根结点, 令 $p_k = 0$.

(a) 当 $1 \leq k \leq n$ 时, 有多少森林满足条件 $c_k = p_k$?

(b) 假设 F 和 F' 的层级代码分别是 $c_1 \ldots c_n$ 和 $c'_1 \ldots c'_n$, 父链接分别是 $p_1 \ldots p_n$ 和 $p'_1 \ldots p'_n$. 证明: 按照字典序, $c_1 \ldots c_n \leq c'_1 \ldots c'_n$ 当且仅当 $p_1 \ldots p_n \leq p'_1 \ldots p'_n$.

88. [*M20*] 分析算法 O: 步骤 O4 的执行频度如何? 在步骤 O5 中 p_k 总共被改变了多少次?

89. [*M46*] 算法 O 的步骤 O5 中置 $p_k \leftarrow p_j$ 的频率如何?

▶ **90.** [*M27*] 如果 $p_1 \ldots p_n$ 是定向森林的规范的父指针序列, 则具有顶点 $\{0, 1, \ldots, n\}$ 和边 $\{k \text{---} p_k \mid 1 \leq k \leq n\}$ 的图是一棵自由树, 即无圈连通图. (见定理 2.3.4.1A.) 反之, 每棵自由树都以这种方式对应于至少一个定向森林. 但是, 父指针 011 和 000 都会得到相同的自由树 $\succ$; 类似地, 012 和 010 都会得到自由树 $\longmapsto$.

本题的目的是进一步限制序列 $p_1 \ldots p_n$, 使得每棵自由树恰好被获取一次. 我们在 2.3.4.4–(9) 中已经证明: 对于 $n + 1$ 个顶点, 通过一个相当简单的生成函数就可以计算出有多少棵结构不同的自由树. 只需证明一棵自由树总是至少有一个形心 (centroid) 即可.

(a) 证明: 一个规范的 n 结点森林对应于一棵只有一个形心的自由树, 当且仅当这个森林中任意一棵树的结点数都不超过 $\lfloor n/2 \rfloor$.

(b) 修改算法 O, 使它生成所有满足 (a) 的序列 $p_1 \ldots p_n$.

(c) 试解释如何为拥有两个形心的自由树找出所有 $p_1 \ldots p_n$.

91. [*M37*] (艾伯特·奈恩黑斯和赫伯特·维尔夫) 证明: 采用一种类似于习题 7.2.1.4–47 中随机分划算法的过程, 可以生成随机定向树.

92. [*15*] 算法 S 访问的第一个生成树和最后一个生成树是否是相邻的? 也就是说, 它们是否有 $n-2$ 条公共边?

93. [*20*] 当算法 S 终止时, 它是否将图恢复为原始状态?

94. [*22*] 算法 S 需要在步骤 S1 中通过"素数泵"找到一棵初始生成树, 以启动整个过程. 试解释如何完成这一任务.

95. [*26*] 实现算法 S 的步骤 S8 中的桥检测, 补全该算法.

▶ **96.** [*28*] 当给定图为以下情形时, 试分析算法 S 的近似运行时间: (a) 一条长度为 $n-1$ 的路径 P_n; (b) 一个长度为 n 的圈 C_n.

97. [*15*] (48) 是不是串行-并行图?

98. [*16*] 如果取 A 为串行, 与 (53) 对应的是什么样的串行-并行图?

▶ **99.** [*30*] 考虑一个如 (53) 的树表示的串行-并行图, 其结点值满足 (55). 按照根结点 p 的 v_p 值是 1 还是 0, 这些值定义了一棵生成树或准树. 证明: 以下方法将生成根结点的所有其他配置:

(i) 在开始时, 置所有非简单结点均为主动, 置其他结点为被动.

(ii) 选择按照前序的最右端主动结点 p, 如果所有结点均为被动, 则终止.

(iii) 置 $d_p \leftarrow r_{d_p}$, 更新树中的所有值, 访问新配置.

(iv) 置 p 右侧的所有非简单结点为主动.

(v) 如果自 p 上次变为主动以来 d_p 已经遍历 p 的所有子结点, 则置结点 p 为被动. 返回步骤 (ii).

请解释如何高效执行这些步骤. 提示: 为实现步骤 (v), 引入指针 z_p. 当 d_p 变得等于 z_p 时, 置结点 p 为被动, 此时还要将 z_p 重置为 d_p 的前一个值. 为实现步骤 (ii) 和 (iv), 可以使用中心点指针 f_p, 类似于算法 7.2.1.1L 和 7.2.1.1K 中的那些中心点指针.

100. [*40*] 将算法 S 和习题 99 的思路结合起来实现正文中的"算法 S′", 用于实现所有生成树的旋转门生成过程.

101. [*46*] 是否存在一种简单的旋转门方法, 可以列出完全图 K_n 的所有 n^{n-2} 棵生成树? (由算法 S 生成的顺序是非常复杂的.)

102. [*46*] n 个顶点上的有向图 D 的定向生成树也称为"生成树形图", 它是 D 的包含 $n-1$ 条弧的定向子树. 矩阵树定理 (习题 2.3.4.2–19) 告诉我们, 可以通过计算一个 $(n-1) \times (n-1)$ 行列式来计算具有给定根结点的定向子树的数量.

我们能否总是删除一条弧并将它用另一条弧代替, 从而以旋转门顺序列出这些定向子树?

▶ **103.** [*HM39*] (沙堆) 考虑顶点 $V_0, V_1, \ldots, V_n$ 上满足以下条件的任意有向图 D: 从 V_i 到 V_j 有 e_{ij} 条弧, 其中 $e_{ii} = 0$. 假设 D 至少有一棵以 V_0 为根结点的定向生成树. 这一假设意味着: 如果对顶点进行适当编号, 则对于 $1 \le i \le n$ 有 $e_{i0} + \cdots + e_{i(i-1)} > 0$. 令 $d_i = e_{i0} + \cdots + e_{in}$ 是 V_i 的总外向度数. 对于 $0 \le i \le n$, 在顶点 V_i 上放置 x_i 粒沙, 做以下游戏: 如果对于任意 $i \ge 1$ 均有 $x_i \ge d_i$, 则将 x_i 减小 d_i, 并对于所有 $j \ne i$ 置 $x_j \leftarrow x_j + e_{ij}$. (换言之, 只要有可能, 就将一粒来自 V_i 的沙穿过 V_i 的每条外向弧, $i = 0$ 时除外. 这一操作称为"倾斜" V_i, 一系列倾斜称为"崩塌". 顶点 V_0 是特殊的, 它不进行倾斜, 它收集那些实际上要离开这个系统的沙粒.) 继续此操作, 直到对于 $1 \le i \le n$ 都有 $x_i < d_i$. 这种状态 $x = (x_1, \ldots, x_n)$ 称为稳定.

(a) 证明: 每个崩塌都在有限次倾斜操作之后终止于一种稳定状态. 此外, 最终状态仅取决于其初始状态, 与执行倾斜操作的顺序无关.

(b) 令 $\sigma(x)$ 是由初始状态 x 得到的稳定状态. 一种稳定状态称为常返的, 如果对于满足 $x_i \ge d_i$ (其中 $1 \le i \le n$) 的某个 x 它是 $\sigma(x)$. (常返状态对应于演化了很长一段时间的沙堆, 之前已经反复多次随机引入了新的沙粒.) 当 $n = 4$ 且 D 仅有弧

$$V_1 \to V_0,\ V_1 \to V_2,\ V_2 \to V_0,\ V_2 \to V_1,\ V_3 \to V_0,\ V_3 \to V_4,\ V_4 \to V_0,\ V_4 \to V_3$$

时, 试找出这种特定情形的常返状态.

(c) 令 $d = (d_1, \ldots, d_n)$. 证明: x 是常返的当且仅当 $x = \sigma(x + t)$, 其中 t 是向量 $d - \sigma(d)$.

(d) 对于 $1 \leq i \leq n$, 令 a_i 是向量 $(-e_{i1}, \ldots, -e_{i(i-1)}, d_i, -e_{i(i+1)}, \ldots, -e_{in})$. 那么, 倾斜 V_i 对应于将状态向量 $x = (x_1, \ldots, x_n)$ 改为 $x - a_i$. 已知两个状态 x 和 x', 如果对于某些整数 $m_1, \ldots, m_n$ 有 $x - x' = m_1 a_1 + \cdots + m_n a_n$, 就说这两个状态是同余的, 记为 $x \equiv x'$. 证明: 同余状态的等价类数量恰好等于 D 中以 V_0 为根结点的定向生成树的数量. 提示: 见矩阵树定理, 习题 2.3.4.2–19.

(e) 如果 $x \equiv x'$ 且 x 和 x' 均为常返的, 证明: $x = x'$.

(f) 证明: 每个同余类都包含唯一的常返状态.

(g) 如果 D 是平衡的, 即每个顶点的内向度数等于外向度数, 试证明: x 是常返的当且仅当 $x = \sigma(x + a)$, 其中 $a = (e_{01}, \ldots, e_{0n})$.

(h) 当 D 是一个具有 n 根辐条的 "轮子" 时, 试解释这些概念: 假设有 $3n$ 条弧, $V_j \rightarrow V_0$ 和 $V_j \leftrightarrow V_{j+1}$ (其中 $1 \leq j \leq n$), 将 V_{n+1} 看作与 V_1 相同. 试在这个有向图的定向生成树与其沙堆的常返状态之间找出一一对应关系.

(i) 类似地, 假定 D 是 $n+1$ 个顶点上的完全图, 也就是, 对于 $0 \leq i, j \leq n$ 有 $e_{ij} = [i \neq j]$, 分析沙堆的常返状态. 提示: 见习题 6.4–31.

▶ **104.** [*HM21*] 如果 G 是 n 个顶点 $\{V_1, \ldots, V_n\}$ 上的一个图, V_i 和 V_j 之间有 e_{ij} 条边, 令 $C(G)$ 是一个矩阵, 其元素为 $c_{ij} = -e_{ij} + \delta_{ij} d_i$, 其中 $d_i = e_{i1} + \cdots + e_{in}$ 是 V_i 的度数. 我们把 $C(G)$ 的特征值称为 G 的投影 (aspect), 即方程 $\det(\alpha I - C(G)) = 0$ 的根 $\alpha_0, \ldots, \alpha_{n-1}$. 因为 $C(G)$ 是对称矩阵, 它的特征值是实数, 所以我们可以假定 $\alpha_0 \leq \alpha_1 \leq \cdots \leq \alpha_{n-1}$. [这个重要的矩阵称为 G 的拉普拉斯算子矩阵, 见习题 2.3.4.2–19 的答案.]

(a) 证明: $\alpha_0 = 0$.

(b) 证明: G 恰有 $c(G) = \alpha_1 \ldots \alpha_{n-1}/n$ 棵生成树.

(c) 完全图 K_n 的投影有哪些?

105. [*HM38*] 续习题 104, 我们希望证明: 如果 G 是通过其他已知投影的图构造出来的, 通常存在一种很简单的方法用来确定 G 的投影. 假设 G' 的投影是 $\alpha'_0, \ldots, \alpha'_{n'-1}$, G'' 的投影是 $\alpha''_0, \ldots, \alpha''_{n''-1}$. 在以下情形, G 的投影是什么?

(a) $G = \overline{G'}$ 是 G' 的补. (假设在此情形有 $e'_{ij} \leq [i \neq j]$.)

(b) $G = G' \oplus G''$ 是 G' 和 G'' 的直和 (并置).

(c) $G = G' \mathbin{\text{---}} G''$ 是 G' 和 G'' 的并集.

(d) $G = G' \square G''$ 是 G' 和 G'' 的笛卡儿积.

(e) $G = L(G')$ 是 G' 的线图, 其中 G' 是度数为 d' 的正则图 (即, G' 的所有顶点都恰有 d' 个邻居, 并且没有自环).

(f) $G = G' \otimes G''$ 是 G' 和 G'' 的直积 (合取), 其中, G' 是度数为 d' 的正则图, G'' 是度数为 d'' 的正则图.

(g) $G = G' \boxtimes G''$ 是正则图 G' 和 G'' 的强积.

(h) $G = G' \triangle G''$ 是正则图 G' 和 G'' 的奇积.

(i) $G = G' \circ G''$ 是正则图 G' 和 G'' 的字典积.

▶ **106.** [*HM37*] 试求出以下各种情形的生成树总数: (a) $m \times n$ 栅格 $P_m \square P_n$; (b) $m \times n$ 圆柱 $P_m \square C_n$; (c) $m \times n$ 环面 $C_m \square C_n$. 为什么这些数值倾向于只有一个小的素因子? 提示: 证明 P_n 和 C_n 的投影可用数 $\sigma_{kn} = 4 \sin^2 \frac{k\pi}{2n}$ 表示.

107. [*M24*] 对于有 $n \leq 5$ 个顶点且没有自环和平行边的所有连通图, 试确定其投影.

108. [*HM40*] 将习题 104–106 的结果扩展到有向图.

109. [*M46*] 为以下事实找出一种组合解释: (57) 是 n 立方中生成树的数量.

▶ **110.** [*M27*] 证明: 如果 G 是没有自环的连通多重图, 则它拥有

$$c(G) > \sqrt{(d_1 - 1) \ldots (d_n - 1)}$$

棵生成树, 其中 d_j 是顶点 j 的度数.

111. [05] 按照后前序列出树 (58) 的结点.

112. [15] 如果一个森林的结点 p 按照前后序排在结点 q 之前, 按照后前序跟在其后, 关于 p 和 q, 我们可以说些什么?

▶ **113.** [20] 森林 F 的前后序和后前序与共轭森林 F^R 的前后序和后前序有什么关系? (见习题 13.)

114. [15] 如果我们希望使用算法 Q 按照前后序遍历整个森林, 应当如何启动此过程?

115. [20] 分析算法 Q: 在完整遍历一个森林的过程中, 每个步骤的执行频度如何?

▶ **116.** [28] 假定按照前后序将森林 F 的结点标记为 1 至 n, 对于 $1 \le k \le n$, 如果结点 k 在 F 中与结点 $k+1$ 相邻, 则说结点 k 是幸运的, 如果它与结点 $k+1$ 距离三步远, 则说它是不幸运的, 在其他情形, 则说它是普通的. 在这个定义中, 结点 $n+1$ 是一个虚拟的超级根结点, 可以看作是每个根结点的父结点.

　　(a) 证明: 幸运结点仅出现在偶数编号的层级中, 不幸运结点仅出现在奇数编号的层级中.

　　(b) 证明: 幸运结点的数量恰好比不幸运结点的数量多 1, 除非 $n = 0$.

117. [21] 续习题 116, 有多少 n 结点森林不包含不幸运结点?

118. [M28] 在以下情形分别有多少个幸运结点? (a) 有 $(t^k - 1)/(t-1)$ 个内部结点的完全 t 叉树; (b) 有 $F_{k+1} - 1$ 个内部结点的 k 阶斐波那契树. (见 2.3.4.5–(6) 和图 6.2.1–8.)

119. [21] n 阶扭曲二项式树 $\tilde{T}_n$ 由以下规则递归定义:

$$\tilde{T}_0 = \bullet \; ; \qquad \text{对于 } n > 0, \quad \tilde{T}_n = \overset{\displaystyle\bullet}{\underset{\tilde{T}_0^R \quad \tilde{T}_1^R \quad \cdots \quad \tilde{T}_{n-1}^R}{\diagdown}} \overset{0 \quad 1 \qquad n-1}{} \; .$$

(与 7.2.1.3–(21) 比较, 我们颠倒了交替层级上子结点的顺序.) 证明: $\tilde{T}_n$ 的前后序遍历与格雷二进制码有一种简单的联系.

120. [22] 判别真假: 如果一个图是连通的, 并且没有桥, 则这个图的平方是哈密顿图.

121. [M34] (弗兰蒂舍克·诺伊曼, 1964) 图 G 的导数记为图 $G^{(\prime)}$, 它是通过删除 G 的所有度数为 1 的顶点以及与它们接触的边而得到的. 证明: 如果 T 是自由树, 它的平方 T^2 包含哈密顿路径当且仅当它的导数 $T^{(\prime)}$ 中不包含度数大于 4 的顶点, 并且以下两个附加条件成立:

　　(i) $T^{(\prime)}$ 中所有度数为 3 或度数为 4 的顶点都位于同一条路径上;

　　(ii) 在 $T^{(\prime)}$ 的任意两个度数为 4 的顶点中, 至少有一个是 T 中度数为 2 的顶点.

▶ **122.** [31] (迪德尼的数字世纪谜题) 在序列 123456789 中插入算术运算符, 需要时也可以加入括号, 使运算结果为 100, 有许多奇妙的方法可以完成这一点. 例如,

$$100 = 1 + 2 \times 3 + 4 \times 5 - 6 + 7 + 8 \times 9 = (1 + 2 - 3 - 4) \times (5 - 6 - 7 - 8 - 9)$$
$$= ((1/((2+3)/4 - 5 + 6)) \times 7 + 8) \times 9 .$$

　　(a) 100 有多少种这种表示? 考虑到结合律和其他代数性质, 为了让问题描述得更精确, 假设表达式必须是符合以下语法的规范形式:

$$\langle 表达式 \rangle \to \langle 数 \rangle \mid \langle 和 \rangle \mid \langle 积 \rangle \mid \langle 商 \rangle$$
$$\langle 和 \rangle \to \langle 顶 \rangle + \langle 项 \rangle \mid \langle 项 \rangle - \langle 项 \rangle \mid \langle 和 \rangle + \langle 项 \rangle \mid \langle 和 \rangle - \langle 项 \rangle$$
$$\langle 项 \rangle \to \langle 数 \rangle \mid \langle 积 \rangle \mid \langle 商 \rangle$$
$$\langle 积 \rangle \to \langle 因数 \rangle \times \langle 因数 \rangle \mid \langle 积 \rangle \times \langle 因数 \rangle \mid (\langle 商 \rangle) \times \langle 因数 \rangle$$
$$\langle 商 \rangle \to \langle 因数 \rangle / \langle 因数 \rangle \mid \langle 积 \rangle / \langle 因数 \rangle \mid (\langle 商 \rangle) / \langle 因数 \rangle$$
$$\langle 因数 \rangle \to \langle 数 \rangle \mid (\langle 和 \rangle)$$
$$\langle 数 \rangle \to \langle 数字 \rangle$$

所使用的数字必须是 1 至 9, 按顺序排列.

　　(b) 扩展问题 (a), 允许使用多位数, 语法为:

$$\langle 数 \rangle \to \langle 数字 \rangle \mid \langle 数 \rangle \langle 数字 \rangle$$

例如，$100 = (1/(2-3+4)) \times 567 - 89$. 最短的这种表示是什么？最长的呢？

(c) 扩展问题 (b)，还允许小数点：

$$\langle 数 \rangle \to \langle 数字串 \rangle \mid . \langle 数字串 \rangle$$
$$\langle 数字串 \rangle \to \langle 数字 \rangle \mid \langle 数字串 \rangle \langle 数字 \rangle$$

例如，$100 = (.1 - 2 - 34 \times .5)/(.6 - .789)$，足够有趣了.

123. [*21*] 续上题，在 (a), (b), (c) 的约定下，无法表示的最小正整数分别是多少？

▶ **124.** [*40*] 试验一些方法，用于绘制受自然界中简单模型启发而想到的扩展二叉树. 例如，我们可以为每个结点 x 分配一个值 $v(x)$，称为它的霍顿-斯特勒数，如下所示：每个外部（叶）结点的值为 $v(x) = 0$，拥有子结点 (l, r) 的内部结点具有 $v(x) = \max(v(l), v(r)) + [v(l) = v(r)]$. 从内部结点 x 到其父结点的边可以绘制为一个矩形，高为 $h(v(x))$，宽为 $w(v(x))$，对于特定的函数 h, w, θ，具有子结点 (l, r) 的边矩形可以偏移一定的角度 $\theta(v(l(x)), v(r(x))), -\theta(v(r(x)), v(l(x)))$. 图 63 中的示例给出了当我们选择 $w(k) = 3 + k$，$h(k) = 18k$，$\theta(k, k) = 30°$，$\theta(j, k) = ((k+1)/j) \times 20°$（其中 $0 \le k < j$）和 $\theta(j, k) = ((k-j)/k) \times 30°$（其中 $0 \le j < k$）时的典型结果，根结点出现在底部. 图 63 中的部分 (a) 是二叉树 (4)；部分 (b) 是由算法 R 生成的随机的 100 结点树；部分 (c) 是 11 阶斐波那契树，它有 143 个结点；部分 (d) 是随机的 100 结点二叉查找树.（部分 (b), (c), (d) 中的树显然属于不同种类.）

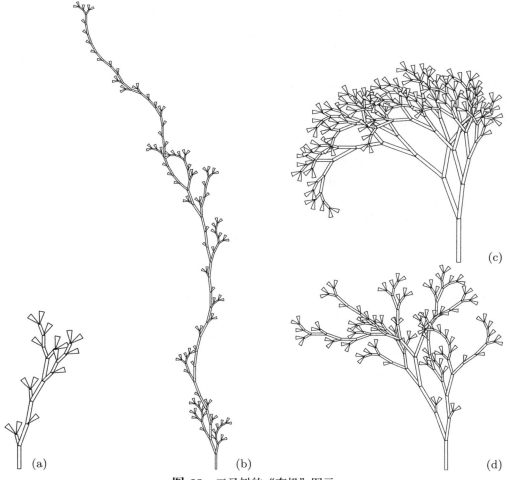

图 63 二叉树的"有机"图示

[这一主题] 与人类思想能够利用的几乎所有有用知识都有关系.
——詹姆斯·伯努利, *Ars Conjectandi* (1713)

7.2.1.7 历史与扩展文献. 在人类文明初具雏形的过程中, 关于生成组合模式的早期工作就已经开始了. 这个故事非常让人着迷, 我们将会看到, 它跨越了世界上的许多地方和许多文化, 与诗歌、音乐和宗教关联在一起. 受篇幅所限, 这里仅讨论其中一部分重要的闪光点. 但是, 随着世界变得越来越小, 全球化学术持续进步, 哪怕只是对过往的回首一瞥, 也可能会激励读者去深入挖掘这一主题的根脉.

二进制 n 元组的列表可以追溯为数千年前的古代中国、印度和希腊. 最著名的资料来源是中国的《易经》(它的现代译本仍然是一本畅销书), 书名的含义是 "关于变化的经典". 这本书是儒家智慧的五本经典之一, 大体由 $2^6 = 64$ 章组成; 每一章都由一个由六根爻组成的六爻符号表示, 其中的每根爻或者是 -- ("阴"), 或者是 — ("阳"). 例如, 六爻符号 1 是纯阳 ䷀; 六爻符号 2 是纯阴 ䷁; 六爻符号 64 是阴阳交替, 阳在顶层: ䷿. 完整的列表如下:

$$ \text{(1)} $$

64 种可能性的这一排列顺序称为周文王顺序, 因为《易经》的内容通常被认为是由周文王 (约公元前 1100 年) 撰写的, 他是传说中周朝的先祖. 但是, 要确认古代图书的可靠纪年, 其难度是众所周知的, 现代历史学家没有找到任何确凿的证据, 能够证实有任何人在公元前 3 世纪之前编制了这样一份六爻符号列表.

注意, (1) 中的六爻符号是成对出现的: 奇数编号的六爻符号后面紧跟着与其上下颠倒的符号, 除非是经过这种上下颠倒后, 符号本身没有发生任何变化 (也就是说, 这种符号是上下对称的); 八个上下对称的符号和它们的互补符号是成对出现的 ($1 = \overline{2}$, $27 = \overline{28}$, $29 = \overline{30}$, $61 = \overline{62}$). 有四种三爻符号分别表示四种基本元素: 天 (乾, ☰)、地 (坤, ☷)、火 (离, ☲) 和水 (坎, ☵), 有些六爻符号是由这四种三爻符号中的两个组成的, 此类六爻符号的排列也经过了深思熟虑. 而其他六爻符号的排列, 看起来基本上是随机的, 就好像一个没有经过数学训练的人努力列出所有不同的可能性, 直到不能再想出新的可能性为止. 在不同的六爻符号对之间, 的确存在一些很有趣的模式, 但不会超过在 π 的数字中碰巧出现的模式 (见 3.3–(1)).

阴和阳表示自然原力互补的两个方面, 它们总是保持张力, 总是处于变化之中.《易经》多少类似于一本百科全书, 其中的六爻符号相当于一种索引, 便于检索人们在一些基本思想方面积累的智慧, 比如给与 (乾, ䷀)、接受 (坤, ䷁)、谦逊 (谦, ䷓)、喜悦 (兑, ䷹)、聚众 (同人, ䷌)、退隐 (遁, ䷠)、和平 (泰, ䷊)、冲突 (讼, ䷅)、组织 (师, ䷆)、堕落 (蛊, ䷑)、蒙昧 (蒙, ䷃)、雅致 (贲, ䷕), 等等. 人们可以随机选择一对六爻符号, 通过某种方式由其中一个得到另一个, 比如, 以 1/4 的概率独立地将每个阴改为阳 (或反之); 这种做法可以给出 4096 种不同的方式, 用以思考现实经验中的神秘事物, 就好比一个马尔可夫过程, 通过变化本身, 也许就可以赋予生命以意义.

大约在公元 1060 年, 邵雍提出了一种严格的逻辑方法来排列这些六爻符号. 他的排序方法是按照字典序进行, 由 ䷁ 到 ䷖ 到 ䷇ 到 ䷓ 到 ䷏ 到……到 ䷪ 再到 ䷀ (自下而上地读每个六爻符号), 这种顺序要比周文王顺序更便于研究, 因为现在可以快速地找出某个随机模式了. 当莱布尼茨在 1702 年了解到这个六爻符号序列时，他匆匆得出一个错误的结论：中国数学家已经熟悉二进制算术了.［见弗兰克·斯韦茨，*Mathematics Magazine* **76** (2003), 276–291. 关于《易经》的更多细节，比如说，可以查阅以下书籍：李约瑟，*Science and Civilisation in China* **2** (Cambridge University Press, 1956)[①], 304–345；理查德·林恩，*The Classic of Changes* (New York: Columbia University Press, 1994).］

另一位古代中国的哲学家杨雄提出了一种体系，它的基础不再是 64 个二进制的六爻符号，而是 81 个三进制的四字符号. 他于大约公元前 2 世纪撰写的《太玄》，最近由迈克尔·尼兰译为英文［*Canon of Supreme Mystery*, (Albany, New York: 1993)］. 杨雄描述了一个完整的、分层的三叉树结构，其中共有 3 方，每方各有 3 州，每州各有 3 部，每部各有 3 家，每家各有 9 首短诗，称之为"赞"，因此共有 729 赞，这样，一年中的每一天差不多恰好有 2 赞. 他的四字符号在自上而下地读取时，是严格遵循字典序的：▆▆▆▆, ▆▆▆▆, ▆▆▆▆, ▆▆▆▆, ▆▆▆▆, ▆▆▆▆, ▆▆▆▆,..., ▆▆▆▆. 事实上，正如尼兰的书第 28 页解释的那样，杨雄给出了一种简单的方法，用于计算每个四字符号的阶，就好像采用了一种三进制数系. 因此，邵雍对二进制六爻符号进行排序的系统方法估计不会让杨雄感到惊奇或钦佩，尽管邵雍生活的时代要晚了 1000 多年.

印度的韵律学. 古代印度的学者在一种完全不同的应用场景中研究了二进制 n 元组，他们研究吠陀圣歌中的诗步. 梵语中的章节或者是短 (ı)，或者为长 (ς)，而对音节模式的研究称为"韵律学". 现代作者使用符号 ⌣ 和 — 来代替 ı 和 ς. 一个典型的吠陀诗句包括 4 行，对于某个 $n \geq 8$，每行有 n 个音节. 于是，韵律学家寻找一种方法来对所有 2^n 种可能性进行分类. 阿迦利耶·平加拉写于公元 400 年之前（可能还要早得多，确切年份尚不确定）的经典著作 *Chandaḥśāstra* 描述了一些过程，对于由 ⌣ 和 — 组成的任意给定模式，人们可以通过这些过程轻松地找出其索引，或者，在给定 k 时，轻松地找出第 k 个模式. 换言之，平加拉解释了如何对任意给定模式进行排名，以及如何根据任意给定索引进行定位操作. 因此，他超越了杨雄的工作，后者考虑了排名，但没有考虑定位. 平加拉的方法还与指数相关，我们之前已经联系算法 4.6.3A 指出了这一点.

下一个重要步骤是由一位名叫克达拉的韵律学家在其著作 *Vṛttaratnākara* 中完成的，人们认为此书是在 8 世纪完成的. 克达拉逐个步骤地给出了一个可以列出所有 n 元组的过程：从 ———...— 到 ⌣——...— 到 —⌣—...— 到 ⌣⌣—...— 到 ——⌣...— 到 ⌣—⌣...— 到 ··· 到 ⌣⌣⌣...⌣，基本上就是定理 7.2.1.1M 在基数为 2 时的情景. 他的方法可能是第一个用于生成组合序列的明确算法.［见巴伦德·范诺滕，*J. Indian Philos.* **21** (1993), 31–50.］

诗步也可以看作是韵律，每个 ⌣ 一拍，每个 — 两拍. 一个 n 音节模式可包括 n 到 $2n$ 拍，但是适于行军或舞蹈的音乐韵律，其节拍数通常都是固定的. 因此，人们很自然地就会考虑所有由 ⌣ 和 — 组成、恰好有 m 个节拍的序列的集合（m 为固定值）. 这种模式现在被称为长度为 m 的摩尔斯码，由习题 4.5.3–32 可知，它们恰好有 F_{m+1} 个. 例如，当 $m = 7$ 时，21 个序列是

$$\begin{array}{l}
⌣⌣⌣—, ———, ⌣⌣——⌣, ⌣—⌣⌣⌣, \\
⌣⌣⌣⌣—, —⌣⌣—, ⌣⌣—⌣⌣, ⌣———, \\
⌣⌣⌣⌣⌣, ——⌣—, ⌣—⌣—⌣, ⌣⌣——, \\
⌣⌣⌣——, —⌣——, ⌣——⌣⌣, —⌣⌣⌣, \\
⌣⌣⌣⌣⌣⌣, ⌣——⌣⌣—, ⌣⌣—⌣—, —⌣⌣⌣⌣.
\end{array}$$
(2)

在这种方式的指引下，印度的韵律学家发现了斐波那契序列，我们在 1.2.8 节对此已有了解.

---

① 此书的中译本《中国科学技术史》各分册分别由科学出版社和上海古籍出版社出版.——编者注

　　此外, *Prākṛta Paiṅgala*（约公元 1320 年）的佚名作者发现了针对 m 拍韵律进行排名和定位的优美算法. 为了找到第 k 个模式, 首先记下 m 个 ⌣, 然后把差值 $d = F_{m+1} - k$ 表示为斐波那契数之和 $F_{j_1} + \cdots + F_{j_t}$; 这里的 F_{j_1} 是小于等于 d 的最大斐波那契数, F_{j_2} 是小于等于 $d - F_{j_1}$ 的最大斐波那契数, 以此类推, 直到差值为零. 对于 $j = j_1, \ldots, j_t$, 节拍 $j-1$ 和 j 要由 ⌣⌣ 改为 —. 例如, 要得到 (2) 的第 5 个元素, 我们计算 $21 - 5 = 16 = 13 + 3 = F_7 + F_4$, 答案为 ⌣⌣—⌣⌣.

　　多年以后, 纳拉亚纳·潘季塔论述了一个更一般的问题: 将 m 划分为小于等于 q 的部分, 找出所有这些划分形式, 其中 q 是任意给定的正整数. 结果, 他发现了 q 阶斐波那契序列 5.4.2–(4), 这个序列注定要在 600 年后被用于多阶段排序中; 他还开发了相应的排名和定位算法. [见帕玛兰德·辛格, *Historia Mathematica* **12** (1985), 229–244, 以及习题 16.]

　　阿迦利耶·平加拉为所有三音节诗步都起了特殊的代码名:

$$
\begin{array}{ll}
\text{———} = \text{म (m),} & \text{——⌣} = \text{त (t),} \\
\text{⌣——} = \text{य (y),} & \text{⌣—⌣} = \text{ज (j),} \\
\text{—⌣—} = \text{र (r),} & \text{—⌣⌣} = \text{भ (bh),} \\
\text{⌣⌣—} = \text{स (s),} & \text{⌣⌣⌣} = \text{न (n),}
\end{array}
\tag{3}
$$

从那时起, 就要求梵文学生们记住它们. 很久之前, 有人设计了一种更聪明的方法来记住这些代码, 那就是发明了没有任何实际意义的词 *yamātārājabhānasalagām*（यमाताराजभानसलगाम्）; 重点在于, 这个词的 10 个音节可以记为

$$
\begin{array}{cccccccccc}
\text{ya} & \text{mā} & \text{tā} & \text{rā} & \text{ja} & \text{bhā} & \text{na} & \text{sa} & \text{la} & \text{gām} \\
⌣ & — & — & — & ⌣ & — & ⌣ & ⌣ & ⌣ & —
\end{array}
\tag{4}
$$

而每个三音节模式恰好出现在它的代码名之后. *yamā*…*lagām* 的出处不详, 但苏巴斯·卡克 [*Indian J. History of Science* **35** (2000), 123–127] 已经至少将它回溯到查尔斯·布朗的 *Sanskrit Prosody* (1869), 第 28 页; 因此, 它被认为是已知最早的对二进制 n 元组进行编码的 "德布鲁因圈".

欧洲同一时期的研究. 类似地, 希腊经典诗歌的基础是一组组称为 "音步" 的短音节和（或）长音节, 类似于音乐中的小节. 每种基本类型的音步都有一个希腊名称, 例如, 两个短音节 "⌣⌣" 称为一个抑抑格, 两个长音节 "——" 称为一个扬扬格, 这是因为这些韵律分别用在战歌（πυρρίχη）或者和平歌（σπονδαί）中. 音步的希腊名称很快被吸收到拉丁文中, 并逐渐吸收到包括英语在内的现代语言中:

⌣	强音部	⌣⌣⌣	三短节音步
—	强声部	⌣⌣—	抑抑扬格
		⌣—⌣	抑扬抑音步
		⌣——	巴克斯音步
⌣⌣	抑抑格	—⌣⌣	扬抑抑格
⌣—	抑扬格	—⌣—	扬抑扬音步
—⌣	扬抑格	——⌣	扬扬抑格
——	扬扬格	———	莫洛西亚音步

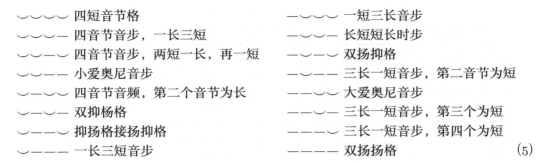

⌣⌣⌣⌣ 四短音节格　　　　　　　—⌣⌣⌣ 一短三长音步

⌣⌣⌣— 四音节音步，一长三短　　—⌣⌣— 长短短长时步

⌣⌣—⌣ 四音节音步，两短一长，再一短　　—⌣—⌣ 双扬抑格

⌣⌣—— 小爱奥尼音步　　　　　—⌣—— 三长一短音步，第二音节为短

⌣—⌣⌣ 四音节音频，第二个音节为长　　——⌣⌣ 大爱奥尼音步

⌣—⌣— 双抑杨格　　　　　　　——⌣— 三长一短音步，第三个为短

⌣——⌣ 抑扬格接扬抑格　　　　——-⌣ 三长一短音步，第四个为短

⌣——— 一长三短音步　　　　　———— 双扬扬格　　　　　　　　　(5)

其他一些名字，比如"choree"代替"trochee"（扬抑格），或者"cretic"代替"amphimacer"（扬抑扬格）也很常用. 此外，到狄俄墨得斯编写他的拉丁语法时（大约为公元前 375 年），32 个五音节音步都分别有了至少一个名字. 狄俄墨得斯还指出了互补模式之间的关系. 比如，他说 tribrach（三短音节）和 molossus（莫洛西亚音步，三长音节）是"对立的"，amphibrach（抑扬抑格）和 amphimacer（扬抑扬格）也是如此. 但他还把 dactyl（扬抑抑格）看作 anapest（抑抑杨格）的对立，把 bacchius（巴克斯音步）看作 palimbacchius（扬扬抑格）的对立，尽管 palimbacchius 的字面意思实际是"bacchius 的逆". 希腊的韵律学者没有给出一种标准顺序来列出各种可能性，而且从其名字的结构也可以看出，他们并没有考虑这些名字与二进制数系的联系. [见海因里希·凯尔，*Grammatici Latini* **1** (1857), 474–482；威廉·冯·克里斯特，*Metrik der Griechen und Römer* (1879), 78–79.]

　　亚里士多塞诺斯有一部名为 *Elements of Rhythm* 的著作（大约公元前 325 年），它的一些残片表明，同样的术语也应用到了音乐领域. 实际上，在文艺复兴之后仍然保留了同样的传统；例如，我们在阿塔纳修斯·基歇尔的 *Musurgia Universalis* **2** (Rome: 1650) 第 32 页上发现了

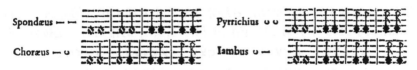

而且，基歇尔继续描述了 (5) 中所有 3 音步和 4 音步的音律.

　　早期的排列列表. 我们已经在 5.1.2 节追溯了排列数目计算公式的历史，但直到公式 $n!$ 被发现数百年之后，才有人发表了关于排列的非平凡列表. 目前已知最早的这种表格是由意大利物理学家沙贝泰·唐诺洛在他对一本书的注释 Ḥakhmoni 中编制的，这本书是写于公元 946 年的犹太神秘哲学的 *Sefer Yetzirah*. 表 1 给出了他对于 $n = 5$ 的列表，此表后来在华沙印刷（1884 年）.（表中的希伯来文是用一种通常用于注释的拉比字体排版的；注意，字母 מ 出现在一个单词的左端时，其形状改为 ם.）唐诺洛继续列出了 6 字母单词 סכמבנר 的 120 个排列，它们均以字母 (ס) 开头[①]. 然后他注意到，将其他 5 个字母之一分别放在开头，每次可以又增加 120 个排列，总共为 720 种排列. 他的列表涉及 6 种排列的分组，但其方式毫无计划，从而将他引向错误（见习题 4）. 他知道应该有多少个排列，并且草拟了一个"滚动"方法，把他的列表扩展到带有 7 个字母的 5040 项.

　　耶雷米亚斯·德雷克塞尔在 *Orbis Phaëthon*（慕尼黑：1629）第 668–671 页（也见于1631 年科隆版的第 526–531 页）给出了一份完整的列表，列出了 {a, b, c, d, e, f} 的所有 720 种排列. 他给出这份列表是为了证明：如果一个人有 6 位客人，那在一年的 360 天里，他在每天的午餐和晚餐时间都可以为客人们安排不同的座次，因为在"圣周（受难周）"期间有 5 天是禁

_____
　　① 希伯来文从右往左书写.——编者注

表 1   一份中古的排列列表

דנריס, דניזמר, דזבימר, דזבמיר, דזבמרי, דזבמרי, דזבמרי, דזבמרי, דרבמי, דרבמיר, דרבימ, דרמבי, דרמביז, דלמיב,

דינרס, דירבס, דירמב, דיזבמר, דימרב, דיזמרב, דימרב, דמברי, דמבירז, דמבזר, דמבזרי, דמריב,

דבימר, בדילס, בדלמי, בדליס, בדלמי, בדזמרי, בדזמיר, בדזלמ, בדזלם, בזמדל, בזמרד, בימדל,

במדלי, במדיר, במריד, במרדי, במדיר, במריד, בזמדיר, בדזמיר, בזדמרי, בדזמיר, בדזלים, בדזלס,

רימדב, רימנב, רידבס, רידמב, רידבס, רידמב, רידבמי, רדמבי, רדבמי, רדימב, רדביס, לדמיב,

רבמדי, רבדמי, רבדיס, רבמדס, רבימד, רבימד, רבזמיד, רבזמיד, רבזמיד, רבזמיד, למבדי, למבדי,

ימדרב, ימדבל, ימבדל, ימבדל, ימבדר, ימדבר, ימדבר, ידמבר, ידמבר, ידרבס, ידרמב, ידלמב,

ידבס, יבדמר, יבדבס, יבדמר, יבמדל, יבמדר, יבדמר, ירמבד, ירכמד, ירבדס, ירלדמב,

מבדרי, מדרבי, מדביר, מדבזר, מדביר, מדריב, מדריב, מדביר, מבדיר, מבדיר, מבירד, מבדרי,

מרדבי, מרבדי, מרדיב, מרביד, מרביד, מרביד, מרדיב, מדרלב, מדברס, מיברד, מיבדרם, מירדם

食的. 之后不久, 马兰·梅森在他的 *Traitez de la Voix et des Chants* (Volume 2 of *Harmonie Universelle*, 1636) 的第 111–115 页上给出了 6 个音调 $\{ut, re, mi, fa, sol, la\}$ 的所有 720 种排列, 随后又在第 117–128 页以音乐记号给出了相同数据:

德雷克塞尔的表格是根据字典序按列组织的; 梅森的表格是按照 $ut < re < mi < fa < sol < la$ 的顺序以字典序排列的, 开始为 "ut,re,mi,fa,sol,la", 结尾为 "la,sol,fa,mi,re,ut". 梅森还准备了一份 "宏大" 的手稿, 在 672 页对开纸上列出了八个音符的所有 40 320 种排列, 随后给出了排名和定位算法 [Bibliothèque nationale de France, Fonds Français, no. 24256].

我们在 7.2.1.2 节已经看到: 平滑改变的重要思路——算法 7.2.1.2P 是几年之后在英格兰发明的.

对于具有重复元素的多重集, 早期作者经常误解列出其所有排列的方法. 例如, 当婆什迦罗在他的 *Līlāvatī* (约 1150 年) 第 271 节给出 $\{4,5,5,5,8\}$ 的排列时, 是按以下顺序给出的:

$$\text{४५५५८ ५४५५८ ५५४५८ ५५५४८ ८५५५४}$$
$$\text{५८५५४ ५५८५४ ५५५८४ ४५५८५ ४५५५८}$$

(我无法完全确认梵文数字排列的具体值)

(6)

梅森在自己的书第 131 页上列出了拉丁名称 IESVS 的 60 个变位词, 他采用的顺序相对更合理一些, 但也不是完全系统化的. 当阿塔纳修斯·基歇尔希望在 *Musurgia Universalis* **2** (1650) 的第 10 页和第 11 页列出一个 5 音节旋律的 30 种排列时, 由于缺乏系统性而使他陷入麻烦之中 (见习题 5):

(7)

但是约翰·沃利斯了解得更好一些. 在他的 *Discourse of Combinations* (1685) 的第 117 页, 如果我们令 $m < e < s$, 那么他正确地按字典序列出了 "messes" 的 60 个变位词; 在第 126 页, 他建议遵循一定的字母顺序, "使我们更有把握一些, 而不会漏掉什么".

后面将会看到，印度专家萨尔加德瓦和纳拉亚纳 · 潘季塔在 13 世纪和 14 世纪已经建立了关于生成排列的理论，尽管他们的工作超越了自己的时代，仍然留有模糊性.

关孝和表. 关孝和（1642—1708）是一位有着超凡能力的教师和研究者，他在 17 世纪使日本的数学研究发生了革命性的变化. 他当时正在研究如何从齐次联立方程组中消去变量，得到了诸如 $a_1b_2 - a_2b_1$ 和 $a_1b_2c_3 - a_1b_3c_2 + a_2b_3c_1 - a_2b_1c_3 + a_3b_1c_2 - a_3b_2c_1$ 这样的表达式，我们现在已经知道它就是行列式. 1683 年，他出版了有关这一发现的一本小册子，介绍了一种非常巧妙的方案来列出所有排列，其中一半是"活的"（偶数），另一半是"死的"（奇数）. 从 $n = 2$ 的情形入手，当"12"是活的、"21"是死的时，他对于 $n > 2$ 的情况制定了如下规则：

(1) 取得 $n - 1$ 的每一个活排列，使其所有元素增大 1，并在前面插入 1. 这个规则生成 $\{1,\ldots,n\}$ 的 $(n-1)!/2$ 种"基本排列".

(2) 对于每一种基本排列，通过旋转和反射生成其他 $2n$ 个排列：

$$a_1a_2\ldots a_{n-1}a_n, \ a_2\ldots a_{n-1}a_na_1, \ \ldots, \ a_na_1a_2\ldots a_{n-1}; \tag{8}$$

$$a_na_{n-1}\ldots a_2a_1, \ a_1a_na_{n-1}\ldots a_2, \ \ldots, \ a_{n-1}\ldots a_2a_1a_n. \tag{9}$$

如果 n 为奇数，则第一行上的排列为活的，第二行上的排列为死的；如果 n 为偶数，则每一行上的排列都在活和死之间交替变化.

例如，当 $n = 3$ 时，唯一的基本排列为 123. 于是，123, 231, 312 是活的，而 321, 132, 213 是死的，我们已经成功地生成了 3×3 行列式中的 6 项. $n = 4$ 时的基本排列为 1234, 1342, 1423；比如从 1342 中得到一组 8 个排列，即

$$+ 1342 - 3421 + 4213 - 2134 + 2431 - 1243 + 3124 - 4312, \tag{10}$$

它们在活（ + ）和死（ − ）之间交替变化. 于是，4×4 行列式包含了项目 $a_1b_3c_4d_2 - a_3b_4c_2d_1 + \cdots - a_4b_3c_1d_2$ 以及 16 个其他项目.

关孝和用于生成排列的规则非常优美，但遗憾的是，它有一个严重问题：当 $n > 4$ 时，这个规则是无效的. 他的错误似乎在之后数百年里都没有被意识到. [见三上义夫，*The Development of Mathematics in China and Japan* (1913), 191–199; *Takakazu Seki's Collected Works* (Osaka: 1974), 18–20, 八五一 −−一四一；以及习题 7–8.]

组合的列表. 在苏鲁塔著名的梵文医学专著的最后一书中，第 63 章给出了一份关于组合的详尽列表，它经过时间的蹂躏之后仍然幸存下来，这是据目前所知最早的一份详尽组合列表，该书大约写于公元 600 年之前，可能还要早得多. 苏鲁塔注意到药物可以是甜、酸、咸、辣、苦和（或）涩的，当这些味道同时出现二、三、四、五、六和一种时，分别会出现 $(15, 20, 15, 6, 1, 6)$ 种不同组合，苏鲁塔在书中精心地列出了所有这些情景.

婆什迦罗在 *Līlāvatī* 的第 110–114 节重复了这一示例，而且发现，上述推导过程也适用于具有给定长音节数的六音节诗步. 但他只是简单地提到总数 $(6, 15, 20, 15, 6, 1)$，没有列出这些组合本身. 在第 274 和 275 节，他观察到数 $(n(n-1)\ldots(n-k+1))/(k(k-1)\ldots(1))$ 枚举了组分（即有序分划）和组合，他同样没有给出列表.

> 为避免啰嗦，以一种简单方式来处理它；
> 因为计算科学是一个无边的海洋.
>
> ——婆什迦罗（约 1150）

在著名的代数课本 *Al-Bāhir fi'l-ḥisāb*（《计算的荣耀之书》）中，出现了一个孤立但很有趣的组合列表，该书是由巴格达的阿萨马尔在他年仅 19 岁时（1144 年）撰写的. 在该书的结束部分，他给出了一个列表，其中列出了 $\binom{10}{6} = 210$ 个有 10 个未知数的联立线性方程组：

	阿萨马尔的阿拉伯文原稿		等价的现代符号	
٦٠	٦٥٤٣٢١	ا	(1) $x_1 + x_2 + x_3 + x_4 + x_5 + x_6 = 65$	
٧٠	٧٥٤٣٢١	ب	(2) $x_1 + x_2 + x_3 + x_4 + x_5 + x_7 = 70$	
٧٥	٨٥٤٣٢١	ج	(3) $x_1 + x_2 + x_3 + x_4 + x_5 + x_8 = 75$	(11)
⋮			⋮	
٩١	١٠٩٨٧٦٤	ط	(209) $x_4 + x_6 + x_7 + x_8 + x_9 + x_{10} = 91$	
١٠٠	١٠٩٨٧٦٥	ري	(210) $x_5 + x_6 + x_7 + x_8 + x_9 + x_{10} = 100$	

从 10 个未知量中一次取出 6 个的每种组合就得到他的一个方程. 他的目的显然是为了说明，超定方程组仍然可以有唯一解，在此例中是 $(x_1, x_2, \dots, x_{10}) = (1, 4, 9, 16, 25, 10, 15, 20, 25, 5)$. 〔萨拉赫·艾哈迈德和罗什迪·拉希德，*Al-Bāhir en Algèbre d'As-Samaw'al* (Damascus: 1972), 77–82, ٢٤٨–٢٣١. 〕

掷骰子. 在中世纪的欧洲，也出现了一些有关初等组合的微光，特别是与下面这个问题相联系：列出在投掷 3 个骰子时的所有可能结果. 当然，在允许重复时，可以有 $\binom{8}{3} = 56$ 种方式从 6 件东西中选出 3 件. 赌博被官方禁止，但这 56 种方式变得相当有名. 大约在公元 965 年，法国北部康布雷的韦伯尔德主教设计了一种称为 Ludus Clericalis 的游戏，以便神职人员能够在保持虔诚的同时享受掷骰子的乐趣. 他的思路是，根据以下规则表，将每一种可能出现的投掷结果与 56 种美德之一关联起来：

美德	美德	美德	美德
爱	坚持	殷勤	苦行
信仰	仁慈	节约	清白
希望	谦逊	耐心	悔悟
公正	顺从	热情	坦白
谨慎	温和	无产	成熟
节制	慷慨	温柔	关怀
勇气	智慧	贞洁	坚定
平和	自责	尊敬	聪颖
纯洁	喜悦	虔诚	叹息
怜悯	清醒	宽容	哀悼
服从	满意	祈祷	快乐
敬畏	甜蜜	慈爱	同情
先见	机灵	判断	自控
审慎	质朴	警惕	谦逊

游戏者轮流投掷，第一个投出某种美德的游戏者就得到该美德. 在所有可能出现的投掷结果都出现之后，获得美德最多的游戏者获胜. 韦伯尔德注意到"爱"（caritas）是所有结果中的最好美德. 他制定了一套复杂的记分系统，根据这一规则，如果骰子所有六面上的点数之和为 21，那就可以将两种美德合并在一起；比如，"爱" + "谦逊"或者"纯洁" + "聪颖"可以按照这种方式结对，这种组合的排名要高于任何单种美德. 他还考虑了这一游戏的更复杂变型，在这些变型中，出现在骰子上的是元音，而不是点，如果投掷出了美德的元音，就能索要这项美德.

大约在 150 年之后，当巴尔德里克在他的 *Chronicon Cameracense* 中首次描述韦伯尔德的美德表时，是按字典序给出的，如上. 〔*Patrologia Latina* **134** (Paris: 1884), 1007–1016. 〕但

另一份中世纪手稿以一种非常不同的顺序给出了可能出现的投掷结果：

$$(12)$$

在这份手稿中，作者知道如何处理重复值，只是他采用了一种非常复杂的专门方式来处理所有骰子都是不同的情景.［见戴维·贝尔豪斯，*International Statistical Review* **68** (2000)，123–136.］

约翰·利德盖特在 15 世纪早期写了一首很有趣的诗，名为 "Chaunce of the Dyse"，在聚会时使用. 它的开篇诗行邀请每个人投掷三个骰子；其余诗行按照字典序的降序索引，从 ⚅⚅⚅ 到 ⚅⚅⚄ 到……到 ⚀⚀⚀，给出 56 种性格速写，用来轻松快活地描述投掷者.［这首诗的完整文字由埃莉诺·哈蒙德在 *Englische Studien* **59** (1925) 1–16 发表，翻译为现代英文应当更合乎读者的心意. ］

> *I pray to god that euery wight may caste*
> *Vpon three dyse ryght as is in hys herte*
> *Whether he be rechelesse or stedfaste*
> *So moote he lawghen outher elles smerte*
> *He that is gilty his lyfe to converte*
> *They that in trouthe haue suffred many a throwe*
> *Moote ther chaunce fal as they moote be knowe.*
> ——*The Chaunce of the Dyse* (c. 1410)

拉蒙·柳利. 许多有关组合思想的涟漪也发源于一位名叫拉蒙·柳利（约 1232—1316）的人，他是一位精力充沛、唐吉诃德式的卡塔兰诗人、小说家、百科全书编纂者、教育家、神秘主义者和传教士. 柳利学习知识的方法基本上就是先确认基本原理，然后考虑以所有可能方式将它们组合在一起.

例如，在他的 *Ars Compendiosa Inveniendi Veritatem*（约 1274 年）的一章里，首先枚举了上帝的 16 种品质：善良、伟大、永恒、权力、智慧、爱、美德、真理、荣耀、完美、公正、慷慨、怜悯、谦逊、统治权和耐心. 然后，柳利撰写了 $\binom{16}{2} = 120$ 篇短文，每篇大约 80 个单词，在这些短文中，他认为上帝的善良与伟大有关，上帝的善良与永恒有关，如此等等，最后一条是上帝的统治权与耐心有关. 在另一章中，他考虑了 7 种美德（忠诚、希望、慈善、公正、谨慎、坚韧、自制）和 7 种罪恶（暴食、色欲、贪婪、懒惰、骄傲、嫉妒、发怒），并用 $\binom{14}{2} = 91$ 节依次讨论每一对. 其他各章也以类似方式系统地划分为 $\binom{8}{2} = 28$、$\binom{15}{2} = 105$、$\binom{4}{2} = 6$ 和 $\binom{16}{2} = 120$ 个小节.（人们会感到好奇，如果他熟悉韦伯尔德那份包含 56 种美德的列表，他是否会对所有 $\binom{56}{2} = 1540$ 对美德都加以评述？）

柳利通过绘制类似于图 64 中的圆形图表来解释他的方法. 图中左边的圆表示 Deus（上帝），列举了 16 种神授品质——基本上与前面所列的 16 种相同，只是原来的"爱"（amor，即丘比特）现在被称为"意愿"（voluntas），最后 4 个依次为纯朴、等级、怜悯和统治权. 每种品质都指定了一个代码字母，图中将它们的相互关系描述为顶点 (B, C, D, E, F, G, H, I, K, L, M, N, O, P, Q, R) 上的完全图 K_{16}. 右边的图 virtutes et vitia（美德与罪恶）交错给出了七种美德 (b, c, d, e, f, g, h)

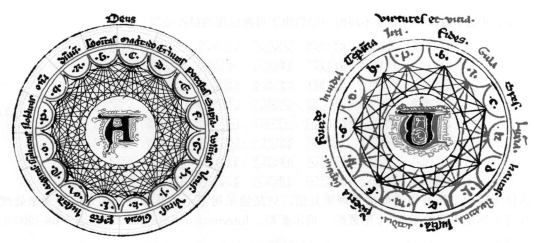

图 64   拉蒙 · 柳利于 1280 年向威尼斯总督呈现的一份手稿中的图示
[摘自他的 *Ars Demonstrativa*, Biblioteca Marciana, VI 200, folio 3^v]

与七种罪恶 (i, k, l, m, n, o, p)；在原稿中，美德以蓝色墨水写出，而罪恶则以红色写出. 注意，在这种情况下，他的图描述了两个独立的完全图 K_7，每个图一种颜色.（他没有再去自寻麻烦地将每一种美德与每一种罪恶进行比较，因为每一种美德显然都要好于每一种罪恶.）

柳利采用相同的方法来撰写医学著作：他的 *Liber Principiorum Medicinæ*（约 1275 年）不再罗列神学概念，而是考虑了病症与治疗之间的组合. 他还撰写了有关哲学、逻辑、法学、天文学、动物学、几何学、修辞学和骑士制度的著作——总共超过 200 本. 但是必须承认，这些内容中有大量都是高度重复的. 现代数据压缩技术也许可以将柳利的作品规模压缩到远小于比如亚里士多德的作品规模.

他最终决定简化自己的系统，主要处理由九种事物组成的组. 例如，见图 65，其中的圆现在仅列出了上帝的前九种品质：$(B, C, D, E, F, G, H, I, K)$. 在这个圆圈的右侧，以阶梯形图表给出了 $\binom{9}{2} = 36$ 个关联对 $(BC, BD, \ldots, IK)$. 通过另外增加两种美德（即耐心和同情心）和两种罪恶（即撒谎和自相矛盾），他可以用同一张图表来处理"美德对美德"和"罪恶对罪恶"的情景. 他还提出，在一场有 9 位候选人的选举中，用同一张图表来执行一个很有意义的投票方案 [见麦克莱恩和约翰 · 伦敦，*Studia Lulliana* **32** (1992), 21–37].

图 65 左下方带有圆圈的三角形展示了柳利方法的另一个重要方面. 三角形 (B, C, D) 表示（差别、和谐、对立）；三角形 (E, F, G) 表示（开始、中间、结束）；三角形 (H, I, K) 表示（大于、等于、小于）. 这三种相互交错出现的 K_3 表示三种三值逻辑. 柳利在更早之前已经实验了其他这样的三元组，特别是"（真、未知、假）". 我们可以通过考虑他是如何处理四种基本元素（土壤、空气、火、水）的组合，来了解关于他如何使用这些三角形的思路：所有这四种元素都是不同的；土壤生火、火生空气、空气生水、水生土壤；土壤克空气、火克水；这些考虑因素完成了关于三角形 (B, C, D) 的分析. 他转而研究三角形 (E, F, G). 他注意到，自然界的各种过程在开始时都是一种元素占据优势，强于另一元素；然后发生一种过渡或中间状态，直到达成某一目标，比如空气变得温暖. 对于三角形 (H, I, K)，他说，就各自的"范围"、各自的"速度"和各自的"高贵度"而言，一般有"火 > 空气 > 水 > 土壤"，然后，还有其他一些结论，比如，就其对生命的支持程度而言，有"空气 > 火"，而当空气和火协同发生作用时，它们具有相同的价值.

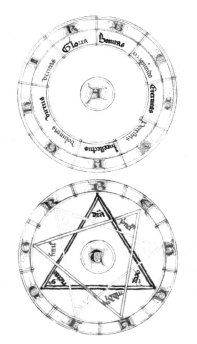

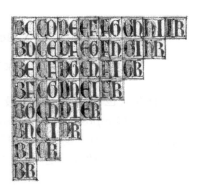

图 65　柳利的几幅图示，摘自大约 1325 年呈现给法国女王的一份手稿 [Badische Landesbibliothek Karlsruhe, Codex St. Peter perg. 92, folios 28^v 和 39^v]

柳利在图 65 的右端提供了一竖表，以提供更多帮助.（见后面的习题 11.）他还引入了可移动的同心轮，标有字母 (B, C, D, E, F, G, H, I, K) 和其他名字，从而可以同时考虑许多东西. 这样，一位忠实实践柳利方法的人可以确保已经涵盖了所有基础.［柳利可能已经见到过附近犹太社区中使用的类似轮子；见摩西·伊德尔，*J. Warburg and Courtauld Institutes* **51** (1988), 170–174 and plates 16–17.］

几个世纪以后，阿塔纳修斯·基歇尔发表了柳利系统的一个扩展，作为一本题为 *Ars Magna Sciendi sive Combinatoria* (Amsterdam: 1669) 的大部头的组成部分，在该书第 173 页有五个可移动的轮子. 基歇尔还扩展了柳利关于完全图 K_n 的知识图：提供了完全二部图 $K_{m,n}$ 的图示. 例如，图 66 即取自基歇尔的书中第 171 页，而在第 170 页还包含了 $K_{18,18}$ 的一幅美丽图片.

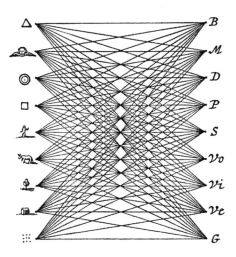

图 66　$K_{9,9}$，由阿塔纳修斯·基歇尔于 1669 年提供

当以所有可能方式将各种思想组合在一起,
新的组合形式将会启动人类思维,沿着新颖的通道前进
从而引导人们发现新的真理和论断.

——马丁·加德纳,*Logic Machines and Diagrams*(1958)

现代对于柳利之类的方法也有发展,其中最为全面的可能是约瑟夫·席林格的 *The Schillinger System of Musical Composition* (New York: Carl Fischer, 1946),这是一本卓越的两卷本著作,它从组合角度介绍了有关韵律、旋律、和弦、对位法、作曲、管弦乐等的理论. 例如,在第 56 页,席林格按照平滑改变(定理 7.2.1.2P)的格雷码顺序,列出了 $\{a,b,c,d\}$ 的 24 种排列;然后在第 57 页,他没有将这些排列用于定音,而是用来确定韵律、用于确定音符的持续时间. 在第 364 页,他给出了对称循环

$$(2, 0, 3, 4, 2, 5, 6, 4, 0, 1, 6, 2, 3, 1, 4, 5, 3, 6, 0, 5, 1), \tag{13}$$

这是对于 7 个对象 $\{0,1,2,3,4,5,6\}$ 进行 2 组合而成的一个通用圈;换言之,(13) 是 K_7 中的一个欧拉迹:所有 $\binom{7}{2} = 21$ 对数字都恰好出现一次. 这些模式对于作曲家来说都是有用的. 但我们也许应当心存感激,席林格那些更优秀的学生们(比如乔治·格什温)并没有完全致力于追求一种严格数学化的美学意义.

塔凯、范斯霍滕和伊斯基耶多. 17 世纪 50 年代,出现了与我们故事有关的另外三本书. 安德烈·塔凯撰写了一本很流行的教材,*Arithmeticæ Theoria et Praxis* (Louvain: 1656),在随后 50 年里,这本书多次重印和修订. 在接近书末的第 376 页和第 377 页,他给出了一个列举各种组合的过程,可以一次两个、一次三个,等等.

弗兰斯·范斯霍滕的 *Exercitationes Mathematicæ* (Leiden: 1657) 更为先进. 他在第 373 页以一种极具吸引力的布局方式列出了所有组合:

$$\frac{\begin{array}{c} a \\ \hline b. \ ab \\ \hline c. \ ac. \ bc. \ abc \end{array}}{d. \ ad. \ bd. \ abd. \ cd. \ acd. \ bcd. \ abcd} \tag{14}$$

在接下来的几页中,他对这一模式扩展到字母 e, f, g, h, i, k,以此类推,直至无穷. 在第 376 页,他观察到将 (14) 中的 (a,b,c,d) 用 $(2,3,5,7)$ 代替,可以得到 210 的大于单位 1 的因数:

$$\frac{\begin{array}{c} 2 \\ \hline 3 \ \ 6 \\ \hline 5 \ \ 10 \ \ 15 \ \ 30 \end{array}}{7 \ \ 14 \ \ 21 \ \ 42 \ \ 35 \ \ 70 \ \ 105 \ \ 210} \tag{15}$$

在下一页,他将这一思想推广到

$$\frac{\begin{array}{c} a \\ \hline a. \ aa \\ \hline b. \ ab. \ aab \end{array}}{c. \ ac. \ aac. \ bc. \ abc. \ aabc} \tag{16}$$

从而允许有两个 a. 不过,他并没有真正理解这个扩展;他的下一个例子

$$\frac{\begin{array}{c} a \\ \hline a. \ aa \\ \hline a. \ aaa \\ \hline b. \ ab. \ aab. \ aaab \end{array}}{b. \ bb. \ abb. \ aabb. \ aaabb} \tag{17}$$

是拙劣的,显示了他的知识在当时的局限性. (见习题 13.)

在第 411 页，范斯霍滕观察到可以在 (14) 中为各个字母赋予权重：$(a, b, c, d) = (1, 2, 4, 8)$，相加之后得到

$$
\begin{array}{c}
\dfrac{1}{\overline{2\ \ 3}} \\
\overline{4\ \ 5\ \ 6\ \ 7} \\
\overline{8\ \ 9\ \ 10\ \ 11\ \ 12\ \ 13\ \ 14\ \ 15}
\end{array}
\tag{18}
$$

但他没有看出这与二进制数之间的联系.

塞瓦斯蒂安·伊斯基耶多的两卷本著作 *Pharus Scientiarum*（《科学的灯塔》，Lyon: 1659）中，有一段内容对组合学进行了极富条理的讨论，其标题为 Disputatio 29, *De Combinatione.* 他详细地讨论了理查德·斯坦利的"十二类方式"中的四个关键部分，即 n 元组、n 变差、n 多重组合和从 m 个事物中取出 n 个的组合，在表 7.2.1.4–1 的前两行前两列给出了这些内容.

在 *De Combinatione* 的第 81–84 节，他针对 $2 \leq n \leq 5$ 且 $n \leq m \leq 9$ 的情景，列出了一次从 m 个字母取出 n 个时的所有组合（总是按字典序排列）；他还在 $n = 2$ 和 3 的情况下针对 $m = 10$ 和 20 以表格形式列出了所有组合. 但是他在列举从 m 个事物中一次取得 n 个的 $m^{\underline{n}}$ 个变差时，选择了一种更为复杂的顺序（见习题 14）.

伊斯基耶多最早发现了在不限制重复的情况下，一次从 m 个事物中取得 n 个时的组合数目公式 $\binom{m+n-1}{n}$，这一规律出现在他书中的 §48–§51 节. 但在 §105 节，当他试图在 $n = 3$ 的情况下列出所有这些组合时，并不知道有一种很简单的方法可以完成这一任务. 事实上，他在列出 $m = 6$ 时的 56 种情景时，更类似于 (12) 中那种老旧而笨拙的排序.

允许重复的组合问题，直到詹姆斯·伯努利于 1713 年出版 *Ars Conjectandi*（《猜测的艺术》）后才得到了很好的理解. 在第二部分的第 5 章中，伯努利简明地按照字典序列出了所有可能性，并采用归纳法证明了公式 $\binom{m+n-1}{n}$，将其作为一个很简单的推论.［尼科洛·塔尔塔利亚在他的 *General trattato di numeri, et misure* **2**（Venice: 1556），17ʳ 和 69ᵛ 中也很偶然地近乎发现这一公式；马格里布数学家艾哈迈德·伊本穆奈姆在其 13 世纪的著作 *Fiqh al-Ḥisāb* 中也获得了同样的成果.］

空情形. 在我们结束有关组合早期工作的讨论之前，不应忘记约翰·沃利斯采取的一个虽然很小却极为杰出的步骤：在其著作 *Discourse of Combinations* (1685) 的第 110 页，他特别考虑了一次从 m 个事物中取 0 个时的组合："很明显，如果我们一个不取，那就是留下所有；那无论一共有多少个事物，这种情景都只能有一种." 此外，第 113 页的内容表明，他知道 $\binom{0}{0} = 1$："（此时，无论是取走所有事物，还是留下所有事物，都只有一种相同的情景.）"

但是，当他在给出 $n \leq 24$ 的 $n!$ 取值表时未能更进一步，指出 $0! = 1$，或者说，空集上的排列恰有一种.

纳拉亚纳·潘季塔的工作. 因为有了帕玛兰德·辛格的英文译本［*Gaṇita Bhāratī* **20** (1998), 25–82；**21** (1999), 10–73；**22** (2000), 19–85；**23** (2001), 18–82；**24** (2002), 35–98］，印度之外的学者近来才首次得以详细地了解，纳拉亚纳·潘季塔在 1356 年写就的著名专著 *Gaṇita Kaumudī*（《计算的莲意乐趣》）；另见楠叶隆德的博士论文，Brown University (1993). 纳拉亚纳著作的第 13 章，名为 *Aṅka Pāśa*（"数的连接"）专门讨论了组合的生成. 实际上，尽管这一章的 97 段"经文"相当隐晦费解，但它们给出了一整套有关这一主题的理论，比世界其他各地在这一方面的发展早了数百年.

例如，纳拉亚纳在经文 49–55a 中讨论了排列的生成，其中给出了一些算法，有的用于根据反向字典序的降序列出一个集合的所有排列，有的用于对给定排列进行排名，或者根据给定的序列号进行定位. 早在一个世纪之前，这些算法就已经出现在萨尔加德瓦的著名作

品 *Saṅgītaratnākara*（《音乐的钻石矿》）的 §1.4.60–71 中，因此，他实际上已经发现了正整数的阶乘表示. 纳拉亚纳在经文 57–60 中扩展了萨尔加德瓦的算法，从而可以轻松地对一般多重集进行排列. 例如，他列出了 {1, 1, 2, 4} 的排列

$$1124, 1214, 2114, 1142, 1412, 4112, 1241, 2141, 1421, 4121, 2411, 4211,$$

同样是采用反向字典序的降序排列.

纳拉亚纳的经文 88–92 讨论了组合的系统化生成. 他以图示形式给出了从 {1, . . . , 8} 中每次取 3 个数字时的组合结果，即

$$(678, 578, 478, \ldots, 134, 124, 123),$$

除此之外，他还考虑了用二进制串以逆序（即递增的反向字典序）来表示这些组合，从而扩展了巴托帕拉在 10 世纪提出的一种方法：

$$(11100000, 11010000, 10110000, \ldots, 00010011, 00001011, 00000111).$$

他差一点就发现了定理 7.2.1.3L.

可排列的诗歌. 现在让我们转而讨论一个很让人好奇的问题，它在 17 世纪吸引了多位杰出数学家的注意力. 我们要讨论这个问题，是因为它在很大程度上揭示了组合知识在欧洲那个时代的发展状态. 一位名叫伯纳德·包豪斯的耶稣会牧师，以拉丁六步格创作了一首著名的一行诗，向圣母玛丽亚致敬：

$$\text{Tot tibi sunt dotes, Virgo, quot sidera cælo.} \tag{19}$$

［“哦，圣母啊，你的美德，多如天上的繁星”；见他的 *Epigrammatum Libri V* (Cologne: 1615), 49. ］他的这首诗启发了埃尔丘斯·普特亚努斯（鲁汶大学的一位教授），他写了一本名为 *Pietatis Thaumata* (Antwerp: 1617) 的书，给出了包豪斯诗中各词的 1022 种排列. 例如，普特亚努斯写道：

107	Tot dotes tibi, quot cælo sunt sidera, Virgo.
270	Dotes tot, cælo sunt sidera quot, tibi Virgo.
329	Dotes, cælo sunt quot sidera, Virgo tibi tot.
384	Sidera quot cælo, tot sunt Virgo tibi dotes.
725	Quot cælo sunt sidera, tot Virgo tibi dotes.
949	Sunt dotes Virgo, quot sidera, tot tibi cælo.
1022	Sunt cælo tot Virgo tibi, quot sidera, dotes.

$$(20)$$

他写到第 1022 种排列时停了下来，因为在托勒密的著名星位图中，可见星的数量就是 1022.

以这种方式对单词进行排列的思路，在当时为人们所熟知；这种文字游戏就是 朱利奥·斯卡利杰罗在其 *Poetices Libri Septem* (Lyon: 1561)，第 2 册，第 30 章中所称的“变形诗”. 拉丁语自身很适合像 (20) 这样的排列，因为拉丁文的词尾倾向于定义每个名字的功能，单词之间的相对顺序对于整句含义的重要性远远低于在英语中的情景. 然而，普特亚努斯指出，他特意避开了一些不适合的排列，比如

$$\text{Sidera tot cælo, Virgo, quot sunt tibi dotes,} \tag{21}$$

因为这些排列将对圣母的品德设定上限，而不是下限. ［见他的书的第 12 页和第 103 页. ］

当然，共有 $8! = 40\,320$ 种方法对 (19) 中的单词进行排列. 但这并不是重点，这些方式中的大多数都不"符合韵律". 普特亚努斯的 1022 首诗中的每一首都遵守经典六步格的严格规则，从荷马和维吉尔时代，希腊和拉丁诗人们就已经在遵循这些规则了，即

(i) 每个单词都由或长（—）或短（◡）的音节组成.

(ii) 每一行的音节属于以下 32 种模式之一：

$$\left\{\begin{matrix}-\ ◡\ ◡\\-\ \ -\end{matrix}\right\} \left\{\begin{matrix}-\ ◡\ ◡\\-\ \ -\end{matrix}\right\} \left\{\begin{matrix}-\ ◡\ ◡\\-\ \ -\end{matrix}\right\} \left\{\begin{matrix}-\ ◡\ ◡\\-\ \ -\end{matrix}\right\} -\ ◡\ ◡ \left\{\begin{matrix}-\ ◡\\-\ \ -\end{matrix}\right\}. \tag{22}$$

换言之，共有六个音步，采用 (5) 中的术语，前四种的每一个都或者是"扬抑抑格"，或者是"扬扬格"；第五个音步应当是"扬抑抑格"；最后一个或者是"扬抑格"，或者是"扬扬格".

一般来说，拉丁诗歌中关于长短音节的规则多少有些复杂，但包豪斯的诗中的八个单词可以用以下模式来描述其特征：

$$\text{tot} = -, \ \text{tibi} = \left\{\begin{matrix}◡\ ◡\\◡\ \ -\end{matrix}\right\}, \ \text{sunt} = -, \ \text{dotes} = --,$$
$$\text{Virgo} = \left\{\begin{matrix}-\ ◡\\-\ \ -\end{matrix}\right\}, \ \text{quot} = -, \ \text{sidera} = -◡◡, \ \text{cælo} = --. \tag{23}$$

注意，诗人在使用单词"tibi"或"Virgo"时有两种选择. 比如，(19) 符合六步格模式：

$$\begin{matrix}- & ◡ & ◡ & - & - & - & - & - & ◡ & ◡ & - & - \\ \text{Tot} & \text{ti-} & \text{bi} & \text{sunt} & \text{do-} & \text{tes,} & \text{Vir-} & \text{go,} & \text{quot} & \text{si-de-ra} & \text{cæ-lo.} \end{matrix} \tag{24}$$

（扬抑抑、扬扬、扬扬、扬扬、扬抑抑、扬扬："dum-diddy dum-dum dum, dum dum, dum dum-diddy dum-dum."逗号表示在读这些单词时稍微停顿，称为"cæsuras". 尽管普特亚努斯在其 1022 种排列的每一个中都非常仔细地插入了这些停顿，但我们这里不关心它们.）

现在会出现一个很自然的问题：如果我们对包豪斯的单词进行随机排列，它们恰好符合韵律的可能性有多大呢？换言之，给定 (23) 中的音节模式，有多少种排列服从规则 (i) 和 (ii)？莱布尼茨在他的 *Dissertatio de Arte Combinatoria* (1666) 中提出了这一问题（还有其他一些问题），这本书是他在申请莱比锡大学的职位时出版的. 当时，他只有 19 岁，大多数知识都是自学的，所以对组合学的理解非常有限. 例如，他认为 $\{ut, ut, re, mi, fa, sol\}$ 有 600 种排列，而 $\{ut, ut, re, re, mi, fa\}$ 有 480 种排列. 他甚至提出，(22) 表示 76 种可能，而不是 32 种.［见他的问题 6 中的 §5 和 §8.］

但莱布尼茨的确意识到，在许多排列都是"无用的"情况下，开发一些通用方法来计算所有"有用"排列的数目是很值得的. 他考虑了变形诗的几个例子，正确地枚举了较简单的一些，但当单词变得复杂时，犯了许多错误. 尽管他提到了普特亚努斯的工作，但并没有尝试枚举 (19) 中符合韵律的排列.

几年后，让·普雷斯提特在他的 *Élémens des Mathématiques* (Paris: 1675), 342–438 中介绍了一种方法，这种方法要成功得多. 普雷斯提特给出了一个非常清晰的论述，得出一条结论：包豪斯的诗歌恰好有 2196 种排列会得出一种正确的六步格. 但是，他很快认识到，自己忘了将许多种情景统计在内，包括 (20) 中的 270、384 和 725 号. 因此，当他在 1689 年出版 *Nouveaux Élémens des Mathématiques* 时，完全重写了这一材料. 普雷斯提特的新书的第 127–133 页致力于证明：符合韵律的排列的真实数目为 3276，几乎比他原来的总数多了 50%.

与此同时，约翰·沃利斯也在他的 *Discourse of Combinations* (London: 1685) 第 118–119 页中研究了这一问题，该书是作为他的 *Treatise of Algebra* 的附录出版的. 在解释了他为什么认为正确的数目是 3096 之后，沃利斯承认他可能漏掉了一些可能性，而且（或者）将某些情景统计了一次以上；"但目前，我不能判断究竟是哪一种情况."

沃利斯著作的一位匿名评阅人这样评论：合韵排列的真实数目实际上是 2580——但他没有给出证明 [*Acta Eruditorum* **5** (1686), 289]. 这位评阅人几乎可以肯定就是莱布尼茨本人，尽管在莱布尼茨从未出版的大量笔记中，没有找到有关数字 2580 背后推导过程的线索. 最后，詹姆斯·伯努利进入了视野. 在他 1682 年作为巴塞尔大学哲学院院长的就职讲演中，提到了 tot-tibi 枚举问题，并指出，需要仔细分析才能得到正确答案，他认为这个正确答案是 3312. 他的证明在他死后出现在他的 *Ars Conjectandi* 第一版中（1713 年，第 79–81 页）. [伯努利实际上并没有想在这本现在非常著名的书中发表这些页的内容；但他的校对者在他的笔记中发现了它们，并决定将全部详细都包含在书中，以 "满足人们的好奇心". 见 *Die Werke von Jakob Bernoulli* **3** (Basel: Birkhäuser, 1975), 78, 98–106, 108, 154–155.]

那谁是正确的呢？是有 2196 种合乎韵律的排列，还是 3276 种、3096 种、2580 种，或者 3312 种？威廉·惠特沃思和威廉·哈特利在 *The Mathematical Gazette* **2** (1902), 227–228 中重新考虑了这个问题，并在书中分别给出了优美的论证过程，并得出结论：事实上，上述数值都不是真实总数. 他们的共同答案是 2880，这意味着首次有两位数学家独立地就这一问题得出了相同结论.

但后面的习题 21 和 22 揭示了真像：伯努利是正确的，其他所有人都错了. 此外，在对伯努利的 3 页条理清晰、精心排版的推导过程进行研究后发现，他之所以取得成功，主要是因为踏实地遵守了一种现在被我们称为回溯方法的规则. 我们将在 7.2.2 节全面学习这种回溯方法，届时还会看到，tot-tibi 问题可以作为恰当覆盖问题的一种特例，轻松得到解决.

> 即使是最聪明、最审慎的人也经常苦于逻辑学家所说的 "情景枚举不足".
> ——詹姆斯·伯努利（1692）

集合分划. 对集合分划的研究似乎最早是在日本展开的，在大约公元 1500 年，一种称为源氏香的室内游戏在上层人群中变得流行起来. 聚会的东道主将秘密选择五包香，其中一些可能是相同的，他一次燃烧其中的一包. 客户将尝试辨别哪些香味是相同的，哪些不同；换言之，他们将尝试猜测，东道主从 $\{1,2,3,4,5\}$ 的 $\varpi_5 = 52$ 种分划中选择了哪一种.

之后不久，人们开始习惯于使用类似于图 67 中的图形表示 52 种可能结果. 例如，图中最上方的图形在从右向左读取时，表示前两种香味是相同的，后三种香味也相同；于是，它就是分划 12|345，另两个图形与此类似，以图形方式表示了各自的分划 124|35 和 1|24|35. 为了帮助记忆，52 种模式中的每一种都根据以下序列，以紫式部夫人著名的 11 世纪的 *Tale of Genji* 中的某一章命名 [*Encyclopedia Japonicæ* (Tokyo: Sanseido, 1910), 1299]：

(25)

（就像我们在其他许多示例中看到的那样，这里对各种可能性的排列仍然没有遵循任何特定的逻辑顺序.）

图 67 16 世纪的日本用于表示集合分划的图 [摘自琦玉大学矢野环的选集]

这些源氏香图案本来就很吸引人，于是，许多家族将它们当作纹章装饰. 例如，在 20 世纪早期的和服图案标准目录中，可以找到 (25) 的以下程式化变型：

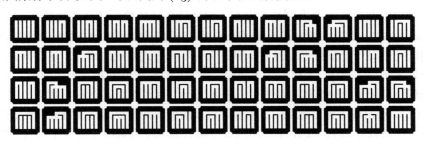

[见安达文江，*Japanese Design Motifs* (New York: Dover, 1972), 150–153.]

18 世纪初期，关孝和与他的学生们受 $\varpi_5 = 52$ 这一已知结果的启发，开始研究当 n 为任意数时，集合分划的数目 ϖ_n. 松永良弼找到了满足以下条件的集合分划数目：有 k_j 个大小为 n_j 的子集（$1 \le j \le t$），且 $k_1 n_1 + \cdots + k_t n_t = n$（见习题 1.2.5–21 的答案）. 他还发现了基本的递推关系 7.2.1.5–(14)，即

$$\varpi_{n+1} \;=\; \binom{n}{0}\varpi_n + \binom{n}{1}\varpi_{n-1} + \binom{n}{2}\varpi_{n-2} + \cdots + \binom{n}{n}\varpi_0, \tag{26}$$

利用这一公式，可以轻松地计算出 ϖ_n 的值.

在有马赖徸的 *Shūki Sanpō* 一书于 1769 年问世之前，松永良弼的发现依然没有发表. 该书的问题 56 要求读者求解关于 n 的方程 "$\varpi_n = 678570$"；而有马赖徸经过详细推出的答案为 $n = 11$（恰当地归功于松永良弼）.

之后不久，坂正永在他的著作 *Sanpō-Gakkai* (1782) 中研究了把 n 个元素的集合分为 k 个子集的方式数目 $\left\{ {n \atop k} \right\}$，他发现了递推公式

$$\left\{ {n+1 \atop k} \right\} \;=\; k \left\{ {n \atop k} \right\} + \left\{ {n \atop k-1} \right\}, \tag{27}$$

并以表格形式给出了 $n \le 11$ 的结果. 詹姆斯·斯特林在他的 *Methodus Differentialis* (1730) 中，以纯代数的方法发现了数 $\left\{ {n \atop k} \right\}$；坂正永是认识到其组合意义的第一人.

随后，本田利明设计了一种用于列出集合分划的有趣算法（见习题 24）. 有关源氏香及其与数学历史的关系的更多细节，可以在矢野环的 *Sugaku Seminar* **34**, 11 (Nov. 1995), 58–61; **34**, 12 (Dec. 1995), 56–60 中找到.

直到很晚之后，集合分划在欧洲几乎都还是不为人知的，但有三个孤立的偶然事件除外. 第一个，乔治·帕特纳姆和（或）理查德·帕特纳姆在 1589 年出版了 *The Arte of English Poesie* 一书，该书的第 70–72 页中有一些类似于源氏香的图形. 例如，下面 7 张图描述了可用于五行诗的押韵格式，

$$\text{(28)}$$

"与其他押韵格式相比，其中一些押韵格式听起来更刺耳，更让人不舒服." 但这个在视觉上很吸引人的列表是不完整的（见习题 25）.

第二个，莱布尼茨在 17 世纪晚期的一份未发表的手稿显示，他曾尝试计算有多少种方式可以将 $\{1, \ldots, n\}$ 划分为 3 个或 4 个子集，但几乎没有取得成功. 他采用一种非常麻烦的方法来枚举 $\left\{ {n \atop 2} \right\}$，这种方法不会让他很轻松地观察到 $\left\{ {n \atop 2} \right\} = 2^{n-1} - 1$. 他尝试仅针对 $n \le 5$ 的情景来

计算 $\{^n_3\}$ 和 $\{^n_4\}$，并犯了几个数值方面的错误，而导致了不正确的答案. [见埃伯哈德 · 克诺布 洛赫, *Studia Leibnitiana Supplementa* **11** (1973), 229–233; **16** (1976), 316–321.]

集合分划在欧洲的第三次出现具有完全不同的性质. 约翰 · 沃利斯将其著作 *Discourse of Combinations* (1685) 的第 3 章专门用来讨论关于 "除得尽的部分" 的问题，也就是整数的真因 数. 他特别研究了对一个整数进行因数分解的所有不同方式组成的集合. 这个问题等价于研究 多重集的分划. 例如，当 p、q 和 r 为素数时，p^3q^2r 的因数分解基本上等同于 $\{p,p,p,q,q,r\}$ 的分划. 沃利斯设计了一种卓越的算法，用于列出一个给定整数 n 的所有因数分解，实际推动 了算法 7.2.1.5M 的出现 (见习题 28). 但他并没有研究一些重要的特殊情景，比如当 n 是素数 的幂时 (等价于整数分划), 或者当 n 的因数中没有完全平方数时 (等价于集合分划). 因此， 尽管沃利斯能够解决更一般的问题，但其方法的复杂性却使他未能发现分划数、贝尔数或斯特 林子集数，也未能设计出用于生成整数分划或集合分划的简单算法.

整数分划. 整数分划的登场甚至还要更慢一些. 我们在上面已经看到，韦伯尔德主教 (约 965 年) 知道将 n 划分为恰好 3 个小于等于 6 的部分的分划方式. 伽利略也是如此，他 写了一份有关这些分划的备忘 (约 1627 年), 还研究了它们在投掷 3 个骰子时的出现频率. ["Sopra le scoperte de i dadi," in Galileo's *Opere*, Volume 8, 591–594; 他以递减的字典序列出 了分划.] 在几年之前，托马斯 · 哈里奥特在一本没有出版的书中考虑了 6 个骰子的情况 [见杰 奎琳 · 斯蒂德尔, *Historia Math.* **34** (2007), 398].

梅森在他的著作 *Traitez de la Voix et des Chants* (1636) 的第 130 页，列出了将 9 划分为任 意个部分的分划. 对于每个分划 $9 = a_1 + \cdots + a_k$，他还计算了多项式系数 $9!/(a_1! \ldots a_k!)$. 我们 前面已经看到，他对计算各种韵律的数量很感兴趣，比如，他知道 9 个音符 $\{a,a,a,b,b,b,c,c,c\}$ 可以组合出 $9!/(3!3!3!) = 1680$ 种韵律. 但他未能提到 $8 + 1$ 和 $3 + 2 + 1 + 1 + 1 + 1$ 的情景， 可能是因为他没有采用任何一种系统化的方法来列出这些可能性.

莱布尼茨在他的 *Dissertatio de Arte Combinatoria* (1666) 的问题 3 中考虑了两部分的分 划. 他未曾发表的笔记显示，他后来花费了相当多的时间，尝试枚举出具有三个或更多个加数 的分划. 他称之为 "断片" 或者 "裂片"，使用后者的频率较少，而且当然是用拉丁文，有时 也称为 "节" 或 "分散"，甚至称为 "分划". 他对这些内容感兴趣，主要是因为它们与单项式 对称函数 $\sum x_{i_1}^{a_1} x_{i_2}^{a_2} \ldots$ 的联系. 但他的许多尝试几乎全都失败了，只有三个加数的情况除外， 他几乎发现了习题 7.2.1.4–31 中的 $\lfloor^n_3\rceil$ 公式. 例如，他在统计 8 的分划时，只粗心地统计了 21 种，忘记了 $2 + 2 + 2 + 1 + 1$ 的情景；而对于 $p(9)$，则只给出了 26 种，漏掉了 $3 + 2 + 2 + 2$, $3 + 2 + 2 + 1 + 1, 2 + 2 + 2 + 1 + 1 + 1$ 和 $2 + 2 + 1 + 1 + 1 + 1 + 1$——尽管他尝试按照递减的字 典序来系统地列出这些分划. [见埃伯哈德 · 克诺布洛赫, *Studia Leibnitiana Supplementa* **11** (1973), 91–258; **16** (1976), 255–337; *Historia Mathematica* **1** (1974), 409–430.]

棣莫弗在他的论文 "A Method of Raising an infinite Multinomial to any given Power, or Extracting any given Root of the same" [*Philosophical Transactions* **19** (1697), 619–625 和图 5] 中，取得了第一个与分划有关的真正成功. 他证明了，对于 n 的每一种分划， $(az + bz^2 + cz^3 + \cdots)^m$ 中 z^{m+n} 的系数中都有一项与之相对应. 例如，z^{m+6} 的系数为

$$\binom{m}{6}a^{m-6}b^6 + 5\binom{m}{5}a^{m-5}b^4c + 4\binom{m}{4}a^{m-4}b^3d + 6\binom{m}{4}a^{m-4}b^2c^2$$
$$+ 3\binom{m}{3}a^{m-3}b^2e + 6\binom{m}{3}a^{m-3}bcd + 2\binom{m}{2}a^{m-2}bf + \binom{m}{3}a^{m-3}c^3$$
$$+ 2\binom{m}{2}a^{m-2}ce + \binom{m}{2}a^{m-2}d^2 + \binom{m}{1}a^{m-1}g. \tag{29}$$

如果设 $a = 1$，则具有指数 $b^i c^j d^k e^l \ldots$ 的项对应于具有 i 个 1、j 个 2、k 个 3、l 个 4，以此类推. 例如，当 $n = 6$ 时，他实际上按以下顺序给出了这些分划：

$$111111, \ 11112, \ 1113, \ 1122, \ 114, \ 123, \ 15, \ 222, \ 24, \ 33, \ 6. \tag{30}$$

他解释了如何以递归方式列出这些分划，如下所示（但采用了与他自己的符号系统相关的不同语言）：对于 $k = 1, 2, \ldots, n$，首先从 k 开始，然后向其追加 $n - k$ 的分划中最小部分大于等于 k 的分划（之前已经列出）.

> ［我的解］是为在学报上发表而准备的，
> 与剧本没有太多的关系，
> 但由于包含了一些一般性的思考，
> 爱好真理的人们加以考虑，也并非不足取.
> ——棣莫弗（1717）

皮埃尔·蒙莫尔在他的 *Essay d'Analyse sur les Jeux de Hazard* (1708) 中，结合骰子问题，以表格形式给出了将小于等于 9 的数字划分为小于等于 6 个部分的所有分划. 他的分划是以不同于 (30) 的顺序列出的，例如，

$$111111, \ 21111, \ 2211, \ 222, \ 3111, \ 321, \ 33, \ 411, \ 42, \ 51, \ 6. \tag{31}$$

他可能不了解棣莫弗先前的工作.

至此，在我们实际讨论过的作者中，几乎没有一位费心描述了他们生成组合模式的过程. 我们只能通过研究他们实际发表的列表来推测其方法，或者其中缺少的部分. 此外，在极少数的情况下（比如棣莫弗的论文中明确描述了一种制表方法），作者在处理阶数为 n 的情况时，会假设已经针对之前的 $1, 2, \ldots, n - 1$ 等情景列出了所有模式. 除了克达拉和纳拉亚纳·潘季塔之外，我们目前遇到的任何一位作者，都没有实际解释用于"实时"生成模式的方法，可以在不查阅辅助表的情况下，直接由一种模式给出它的后续模式. 今天的计算机程序员自然喜欢那些更为直接、需要内存较少的方法.

鲁杰尔·博斯科维奇在 *Giornale de' Letterati* (Rome, 1747) 的第 393–404 页以及第 404 页处的两个折叠插页表上，发表了第一个用于分划生成的直接算法，他的方法对于 $n = 6$ 给出的各个结果为

$$111111, \ 11112, \ 1122, \ 222, \ 1113, \ 123, \ 33, \ 114, \ 24, \ 15, \ 6, \tag{32}$$

该方法生成分划的顺序恰是算法 7.2.1.4P 中访问这些分划时的相反顺序；7.2.1.4 节本来可以介绍他的方法，但有一个事实：该节中使用的逆序要比他选择的顺序稍微容易一些、快一些.

博斯科维奇在 *Giornale de' Letterati* (Rome, 1748) 的第 12–27 页和第 84–99 页上发表了续篇，以两种方法扩展了他的算法. 首先，他考虑仅生成一类分划，这些分划的组成部分都属于给定集 S 的分划，这样，对于具有稀疏系数的符号多项式，就可以求出 m 次幂.（他说，S 的所有元素的最大公因式应当为 1；但事实上，如果 $1 \notin S$，那他的方法就会失败.）其次，他引入了一种算法，在给定 m 和 n 的情况下，生成将 n 分为 m 个部分的分划. 他的运气还是不好：人们随后找到了一种略好一点的方法，可以完成一任务，就是算法 7.2.1.4H，使他失去了成名的机会.

卡尔·兴登堡的夸大其辞. 算法 7.2.1.4H 的发明者是卡尔·兴登堡，他还重新发现了纳拉亚纳·潘季塔的算法 7.2.1.2L，这是一种用于生成多重集的排列的迷人方法. 遗憾的是，这些小的成就让他认为自己在数学上做出了革命性的进步——尽管他屈尊评价说，诸如棣莫弗、欧拉和约翰·兰伯特等其他人也接近于发现类似成果.

兴登堡是一位过于争强好胜的典型, 如果不能说极富灵感的话, 也是精力极为充沛的人. 他创立或合作创立了德国最早的专业数学杂志 (在 1786–1789 年和 1794–1800 年出版), 并向其中每一份都投送了长篇论文. 他在莱比锡大学多次担任院长, 1792 年还担任校长. 如果他是一位更优秀的数学家, 那德国数学在莱比锡的繁荣会超过柏林或哥廷根.

但他的第一本数学著作 *Beschreibung einer ganz neuen Art, nach einem bekannten Gesetze fortgehende Zahlen durch Abzählen oder Abmessen bequem und sicher zu finden* (Leipzig: 1776) 就充分预示了之后会发生什么: 在这本小册子里, 他的 "ganz neue" (全新) 思想就是为十进制数中的数字赋于组合意义. 令人难以置信的是, 他在这本专论的最后给出了大量折页, 其中包含一张列出了数字 0000 至 9999 的表格, 再后面是另外两张表, 将偶数和奇数分开列出 (!).

兴登堡发表了那些赞扬其工作的信件, 并邀请这些人向他的杂志投稿. 1796 年, 他编辑了 *Sammlung combinatorisch-analytischer Abhandlungen*, 其副标题 (用德文) 指出, 棣莫弗的多项式定理是 "所有数学分析中最重要的命题". 大约十来个人加盟, 形成了后来所说的 "兴登堡组合学派", 他们发表了数千页充满神秘符号的文章, 必然会给许多非数学家留下深刻印象.

从计算机科学的角度来看, 这个学派的工作并非一无可取. 例如, 兴登堡最优秀的学生海因里希·罗思注意到, 有一种简单的方法, 可以从一个摩尔斯码序列得到根据字典序排在它后面或前面的码序列. 另一位学生约翰·布尔克哈特观察到, 通过首先考虑没有短划的摩尔斯码序列, 然后考虑有一个短划的, 然后考虑有两个短划的, 以此类推, 可以很容易地生成长度为 n 的摩尔斯码序列. 他们的动机不是像在印度那样, 给出 n 节拍的诗步表, 而是希望列出连续多项式 $K(x_1, x_2, \ldots, x_n)$ (式 4.5.3–(4)) 的各项. [见 *Archiv der reinen und angewandten Mathematik 1* (1794), 154–195.] 此外, 前面曾经引用的兴登堡于 1796 年出版的 *Sammlung*, 在其中的第 53 页, 耶奥里·克吕格尔介绍了一种列举所有排列的方法, 后来被称为奥德-史密斯算法, 见 7.2.1.2 节的式 (23)–(26).

兴登堡认为, 他的这些方法应当在标准课程安排中获得与代数、几何和微积分一样的时间. 但他和他的追随者们是一些只列组合列表的组合学家. 他们使自己沉溺于公式和形式主义中, 很少发现任何有真正意义的新数学. 奥托·内托在莫里茨·康托尔的 *Geschichte der Mathematik 4* (1908), 201–219 中完美地总结了他们的工作: "他们曾在一段时间控制了德国的市场; 但他们挖掘出来的大多数东西很快就归于湮没, 这也不能说是他们完全应得的结局."

令人悲哀的结果是, 组合学研究作为整体得到了一个恶名. 芒努斯·米塔格-莱弗勒在兴登堡去世大约 100 年后, 建立了一个有关数学文献的宏伟图书馆, 他决定将所有这些书都放在一个标有 "颓废" 字样的特殊书架上. 今天, 尽管瑞典的米塔格-莱弗勒研究院吸引着世界一流的组合数学家, 他们的研究工作与颓废绝无任何关系, 但这家研究院的图书馆里, 仍然保留着这个类别.

看看好的方面, 我们注意到在所有这些活动中至少出现了一本好书. 安德烈亚斯·冯·厄廷格豪森的 *Die combinatorische Analysis* (Vienna: 1826) 是值得留意的, 这是第一本清晰易懂地讨论了组合生成方法的教材. 他在 §8 讨论了字典序生成的一般原理, 并将它们应用于构建一些好的方法, 用于列出所有排列 (§11)、组合 (§30) 和分划 (§41–§44).

树在哪儿呢?   我们现在已经看到, 在人类历史上相当早的时期, 一些富有好奇心的、有趣的研究人员就已经编制了元组、排列、组合和分划的列表. 所以我们已经考虑了在 7.2.1.1 节至 7.2.1.5 节所研究的各个主题的演化过程, 如果能够跟踪 7.2.1.6 节关于树的生成的起点, 那么就可以结束我们的故事了.

但在计算机出现之前, 有关这一主题的历史记录几乎是一张白纸, 只有 19 世纪阿瑟·凯莱撰写的几份论文算是例外. 凯莱对于树所做的主要工作, 最初发表于 1875 年, 后来在他的

Collected Mathematical Papers, 第 9 卷的第 427–460 页重印, 其中有一份很大的折叠插图, 给出了拥有不超过 9 个顶点的所有自由树, 这使他对树的研究工作达到顶峰. 在这份论文之前, 他还以图示方式给出了 9 棵具有 5 个顶点的定向树. 他用来生成这些列表的方法非常复杂, 完全不同于算法 7.2.1.6O 和习题 7.2.1.6–90. 许多年之后, 弗兰克·哈拉里和海尔特·普林斯列举了不超过 10 个顶点的所有自由树 [*Acta Math.* **101** (1958), 158–162], 当自由树中没有度数为 2 的结点或者不对称时, 他们还提升到了 $n = 12$.

很奇怪的是, 最受计算机科学家们喜爱的树, 包括二叉树或者等价的有序森林或嵌套括号, 都没有出现在文献里. 我们在 2.3.4.5 节看到, 18 世纪和 19 世纪的许多数学家都已经学会了如何计算二叉树的数目, 我们还知道卡塔兰数 C_n 枚举了数十种不同的组合对象. 但在 1950 年之前, 似乎没有一个人公布一份真正的列表, 列出 $C_4 = 14$ 个阶数为 4 的上述任意一种对象, 更不要说阶数为 5 时的 $C_5 = 42$ 个此类对象了. (间接情况例外: (25) 中的源氏香图中的 42 个没有交叉线的图, 就等价于 5 个结点二叉树和森林. 但这一事实直到 20 世纪才为人们所认识到.)

也存在一些孤例, 过去的一些作者的确准备了 $C_3 = 5$ 个卡塔兰相关对象的列表. 凯莱又是其中的第一位; 他在 *Philosophical Magazine* **18** (1859), 374–378 中, 以图示方式展示了具有 3 个内部结点和 4 个叶结点的二叉树

$$\text{(图示)} \tag{33}$$

(同一篇论文中还以图示形式给出了另一种树, 等价于所谓的弱序.) 然后在 1901 年, 奥托·内托列出了 5 种在表达式 "$a + b + c + d$" 中插入括号的方式:

$$(a+b)+(c+d),\ [(a+b)+c]+d,\ [a+(b+c)]+d,\ a+[(b+c)+d],\ a+[b+(c+d)]. \tag{34}$$

[*Lehrbuch der Combinatorik*, §122.] 爱尔特希和欧文·卡普兰斯基 [*Scripta Math.* **12** (1946), 73–75] 采用以下方式列出了 $\{+1, +1, +1, -1, -1, -1\}$ 的 5 个排列, 这些排列的部分和均为非负数:

$$1+1+1-1-1-1,\quad 1+1-1+1-1-1,\quad 1+1-1-1+1-1,$$
$$1-1+1+1-1-1,\quad 1-1+1-1+1-1. \tag{35}$$

尽管仅涉及 5 个对象, 但可以看出 (33) 和 (34) 中的排序基本上就是尽力而为; 只有 (35), 它与算法 7.2.1.6P 相匹配, 是系统化的、按字典序的.

我们还应当简单地指出瓦尔特·迪克的工作, 因为近来很多论文都使用 "迪克单词" 这一术语来称呼嵌套括号串. 迪克是一位教育家, 作为慕尼黑德国博物馆的创建者之一而为人们所知. 他撰写了两篇关于自由群的开创性论文 [*Math. Annalen* **20** (1882), 1–44; **22** (1883), 70–108]. 但所谓的迪克单词最多跟他下面的实际研究有一点点联系: 他研究了 $\{x_1, x_1^{-1}, \ldots, x_k, x_k^{-1}\}$ 上的单词, 在重复删除 $x_i x_i^{-1}$ 或 $x_i^{-1} x_i$ 形式的相邻字符对之后, 这些单词简化为空串; 只有当我们将删除操作仅限于第一种情况 $x_i x_i^{-1}$ 时, 才会出现与括号和树的联系.

于是, 我们可以得出结论: 尽管在 1950 年之后, 人们对二叉树及其同类对象的兴趣呈爆炸性增长, 但在我们的故事中, 这些树是唯一没有深厚历史根基的领域.

1950 年之后. 当然, 电子计算机的到来改变了一切. 在关于组合生成方面的出版物中, 第一个面向计算机的是查尔斯·汤普金斯的笔记 "Machine attacks on problems whose variables are permutations" [*Proc. Symp. Applied Math.* **6** (1956), 202–205]. 随后必然出现数以千计的相关论文.

事实表明，德里克·莱默的几篇论文，尤其是他在 *Proc. Symp. Applied Math.* **10** (1960), 179–193 上的 "Teaching combinatorial tricks to a computer" 在早期有着极其重要的影响. [另见 *Proc. 1957 Canadian Math. Congress* (1959), 160–173；*Proc. IBM Scientific Computing Symposium on Combinatorial Problems* (1964), 23–30；*Applied Combinatorial Mathematics* 的第 1 章，该书由埃德温·贝肯巴赫编辑 (Wiley, 1964), 5–31.] 莱默代表着与之前几代人的重要联系. 例如，斯坦福图书馆的记录表明，他曾经在 1932 年 1 月查阅过奥托·内托的 *Lehrbuch der Combinatorik*.

与我们所研究的特定算法相关的重要出版物都已经在前面各节加以引用，所以这里没有再加以重复的必要. 但有一些教科书和专著最早将这一主题的各个分散部分汇集到一个统一的框架之内，它们也是非常重要的. 特别地，有三本书在建立一般原理方面尤其值得一提.

● 马克·韦尔斯的 *Elements of Combinatorial Computing* (Pergamon Press, 1971)，特别是第 5 章.

● 艾伯特·奈恩黑斯和赫伯特·维尔夫的 *Combinatorial Algorithms* (Academic Press, 1975). 于 1978 年出版的第二版包含了一些补充资料，维尔夫后来又写了 *Combinatorial Algorithms: An Update* (Philadelphia: SIAM, 1989).

● 爱德华·莱因戈尔德、尼弗格尔特和纳尔辛格·德奥的 *Combinatorial Algorithms: Theory and Practice* (Prentice–Hall, 1977)，特别是第 5 章中的资料.

罗伯特·塞奇威克在 *Computing Surveys* **9** (1977), 137–164, 314 中编辑了有关排列生成方法的第一份全面调查. 卡拉·萨维奇在 *SIAM Review* **39** (1997), 605–629 中关于格雷码的调查文章是另一个里程碑.

我们前面曾经提到，用于生成卡塔兰计数对象的算法直到计算机程序员对它们感兴趣后才开发出来. 最初发表的此类算法没有在 7.2.1.6 节引用，因为它们已经被更好的方法取代了，但在这里列出它们是适当的. 首先，休伯特·斯科因斯在我们前面为生成定向树而引用的同一篇论文 [*Machine Intelligence* **3** (1968), 43–60] 中，给出了两个用于生成有序树的递归算法. 他的算法处理的是以二进制串表示的二叉树，这种表示法基本类似于波兰前缀表示法或者嵌套括号. 之后，马克·韦尔斯通过将二叉树表示为非交叉集合分划来生成了二叉树，见我们前面引用他的书中的 5.5.4 节. 加里·诺特 [*CACM* **20** (1977), 113–115] 通过表 7.2.1.6–3 的中序到前序排列 $q_1 \ldots q_n$ 来表示二叉树，给出了二叉树的排名和定位算法.

自 1950 年以来，最初受电气网络研究的激励，无数作者发表了为一个图生成所有生成树的算法. 最早期的此类论文包括：中川则幸，*IRE Trans.* **CT-5** (1958), 122–127；前田渡，*IRE Trans.* **CT-6** (1959), 136–137, 394；渡部和，*IRE Trans.* **CT-7** (1960), 296–302；塞夫拉·哈基米，*J. Franklin Institute* **272** (1961), 347–359.

最近对整个主题进行的介绍，可在唐纳德·克雷埃尔和道格拉斯·斯廷森，*Combinatorial Algorithms: Generation, Enumeration, and Search* (CRC Press, 1999) 的第 2 章和第 3 章中找到.

弗兰克·拉斯基正在准备一本名为 *Combinatorial Generation* 的书，其中将会包含详尽的讨论和内容广泛的参考文献. 他已经在互联网上发布了几章的初稿.

习题

下面的许多习题都要求读者去找出和（或）纠正过去文献中的错误. 我们的目的不是要幸灾乐祸，炫耀 21 世纪的我们是多么聪明；而是要认识到，即使是一个领域的先驱们也可能会犯错. 一组思想并非真的像今天的计算机科学家和数学家们看起来的那么简单，要认识到这一点，一种很好的方法就是去看看：在一些概念新出现时，世界上的一些顶级思想家也不得不为之苦苦挣扎奋斗.

1. [*15*] 《易经》中是否出现了"计算"的概念?

▶ **2.** [*M30*] （基因编码）DNA 分子是字母表 {T, C, A, G}（共有 4 个字母）上的"核苷酸"串, 大多数蛋白质分子是字母表 {A, C, D, E, F, G, H, I, K, L, M, N, P, Q, R, S, T, V, W, Y}（共有 20 个字母）上的"氨基酸"串. 三个连续的核苷酸 xyz 构成一个"密码子", 一个 DNA 链 $x_1y_1z_1x_2y_2z_2\ldots$ 确定了蛋白质 $f(x_1, y_1, z_1)f(x_2, y_2, z_2)\ldots$, 其中 $f(x, y, z)$ 是以下阵列中的矩阵 x 的第 z 行第 y 列的元素:

$$\begin{pmatrix} F & S & Y & C \\ F & S & Y & C \\ L & S & - & - \\ L & S & - & W \end{pmatrix} \begin{pmatrix} L & P & H & R \\ L & P & H & R \\ L & P & Q & R \\ L & P & Q & R \end{pmatrix} \begin{pmatrix} I & T & N & S \\ I & T & N & S \\ I & T & K & R \\ M & T & K & R \end{pmatrix} \begin{pmatrix} V & A & D & G \\ V & A & D & G \\ V & A & E & G \\ V & A & E & G \end{pmatrix}.$$

（这里, $(T, C, A, G) = (1, 2, 3, 4)$; 例如, $f(CAT)$ 是矩阵 2 中第 1 行第 3 列的元素, 即 H. ）编码过程将一直持续, 直到有一个密码子导致停止符 "−" 为止.

　　(a) 证明: 存在一种简单的方法, 将每个密码子映射为《易经》中的一个六爻符号, 此映射具有以下性质: 21 个可能结果 {A, C, D, . . . , W, Y, −} 对应于周文王顺序 (1) 中的 21 个连续六爻符号.

　　(b) 这是不是一个非常杰出的发现?

3. [*20*] 根据类似于 (2) 中的反向字典序, 第 100 万个具有 30 个节拍的诗步是什么?
　　　　⌣⌣⌣—⌣——————⌣⌣⌣⌣⌣⌣⌣⌣—⌣ 的排名是多少?

4. [*19*] 试分析表 1 中唐诺洛排列表的不尽完美之处.

5. [*16*] (7) 中基歇尔的五音符排列表有什么错误?

6. [*25*] 梅森在他的 *Traitez de la Voix et des Chants* (1636) 的第 108–110 页列出了一个表格, 给出了前 64 个阶乘的结果. 他为 64! 给出的结果是 $\approx 2.2 \times 10^{89}$, 但它应当是 $\approx 1.3 \times 10^{89}$. 找到他的这本书, 并尝试指出他错在哪里.

7. [*20*] 根据关孝和的规则 (8) 和 (9), {1, 2, 3, 4, 5} 的哪些排列是"活的", 哪些是"死的"?

▶ **8.** [*M27*] 对 (9) 进行修补, 使关孝和的过程变为正确.

9. [*15*] 由 (11) 推测书写阿拉伯数字 (0, 1, . . . , 9) 的阿拉伯方法.

▶ **10.** [*HM27*] 在 Ludus Clericalis 游戏中, 平均需要投掷多少次骰子才能得到所有可能的品质?

11. [*21*] 破译图 65 右侧的拉蒙·柳利的竖表. 它表示哪 20 个组合对象? 提示: 不要被印刷错误误导.

12. [*M20*] 将席林格的通用圈 (13) 与习题 7.2.1.3–106 中普安索的通用圈关联起来.

13. [*21*] 范斯霍滕应当将 (17) 写成什么? 另外由多重集 $\{a, a, a, b, b, c\}$ 的组合给出相应的表.

▶ **14.** [*20*] 由伊斯基耶多的 *De Combinatione* 的 §95, 完成以下序列:

ABC ABD ABE ACD ACE ACB ADE ADB ADC AEB . . . .

15. [*15*] 如果按字典序, 列出 $\{1, \ldots, m\}$ 的所有满足 $x_1 \le \cdots \le x_n$ 的允许重复的 n 组合 $x_1 \ldots x_n$, 其中有多少个是以数 j 开头的?

16. [*20*] （纳拉亚纳·潘季塔, 1356）设计一种算法, 生成将 n 划分为小于等于 q 的部分时的所有组分, 即给出所有有序分划 $n = a_1 + \cdots + a_t$, 其中, 对于 $1 \le j \le t$ 有 $1 \le a_j \le q$, 且 t 为任意值. 在 $n = 7$ 且 $q = 3$ 的情况下, 描述你的方法.

17. [*HM27*] 分析习题 16 中的算法.

18. [*10*] 脑筋急转弯: 莱布尼茨在 1666 年出版了他的 *Dissertatio de Arte Combinatoria*. 为什么说从排列的角度来说, 这是一个特别吉祥的年份?

19. [*17*] 在普特亚努斯诗歌 (20) 中, 哪些将 "tibi" 看作 ⌣—, 而不是 ⌣⌣?

20. [*M25*] 为纪念三位杰出的贵族在 1617 年对德累斯顿的访问，一位诗人发表了以下六步诗的 1617 种排列：

$$\text{Dant tria jam Dresdæ, ceu sol dat, lumina lucem.}$$

"三位先生现在给予德累斯顿的，犹如太阳给予的，由光芒而光明。" [格雷戈尔 · 格里高利斯，*Proteus Poeticus* (Leipzig: 1617).] 这些单词的排列中，有多少真正合乎格律？提示：这首诗在第 1 诗步和第 5 诗步中为扬抑抑格，在其他处为扬扬格.

21. [*HM30*] 令 $f(p,q,r;s,t)$ 表示通过串接串 $\{s \cdot o, t \cdot oo\}$ 而构成 (o^p, o^q, o^r) 的方式数，其中 $p+q+r = s+2t$. 例如，$f(2,3,2;3,2) = 5$，因为 5 种方式是

$$(o|o, o|oo, oo), \quad (o|o, oo|o, oo), \quad (oo, o|o|o, oo), \quad (oo, o|oo, o|o), \quad (oo, oo|o, o|o).$$

(a) 证明：$f(p,q,r;s,t) = [u^p v^q w^r z^s] \, 1/((1-zu-u^2)(1-zv-v^2)(1-zw-w^2))$.

(b) 使用函数 f 枚举 (19) 的合乎格律的排列，要满足一个附加条件，即第 5 个诗步不会始于一个单词的中间.

(c) 现在枚举剩余情景.

▶ **22.** [*M40*] 查阅让 · 普雷斯提特、约翰 · 沃利斯、威廉 · 惠特沃思和威廉 · 哈特利等人发表的对 tot-tibi 问题的原始讨论. 他们犯了什么错误？

23. [*20*] 在 52 个源氏香图中，哪一阶的图对应于算法 7.2.1.5H？

▶ **24.** [*23*] 在 19 世纪早期，本田利明给出了一种递归规则，用于生成 $\{1, \ldots, n\}$ 的所有分划. 他的算法在 $n = 4$ 时按以下顺序生成这些分划：

$$\text{||||} \quad \text{|||} \quad \text{|||} \quad \text{||} \quad \text{|||} \quad \text{|||} \quad \text{||} \quad \text{||} \quad \text{|||} \quad \text{||} \quad \text{||} \quad \text{||} \quad \text{||} \quad \text{||} \quad \text{||}$$

你能猜出当 $n = 5$ 时的对应顺序吗？提示：见 (26).

25. [*15*] *The Arte of English Poesie* 的作者（生活在 16 世纪）仅对那些"完全"的押韵格式感兴趣.（"完全"的含义见习题 7.2.1.5–35，换言之，每一行至少与一个其他诗行押韵.）此外，这种格式根据习题 7.2.1.2–100 的意义应当是"不可分解的"：像 12|345 这样的分划就可以分解为一个 2 行诗歌后面跟一个 3 行诗歌. 这种格式不应当包含那些所有诗行都互相押韵的情况. 根据这些条件，(28) 是不是 5 行押韵格式的完整列表？

▶ **26.** [*HM25*] 有多少个 n 行押韵格式满足习题 25 中的约束条件？

▶ **27.** [*HM31*] 集合分划 14|25|36 可以用诸如 的源氏香图形表示；但这一分划的每个图形都必须至少有三个位置出现线的交叉点，而这些交叉点有时被认为是不受欢迎的. $\{1, \ldots, n\}$ 的分划中，有多少个对应于最多有一个交叉点的源氏香图形.

▶ **28.** [*25*] 令 a、b 和 c 为素数. 约翰 · 沃利斯列出了 $a^3 b^2 c$ 的所有可能存在的因数分解，如下：$cbbaaa$, $cbbaa \cdot a$, $cbaaa \cdot b$, $bbaaa \cdot c$, $cbba \cdot aa$, $cbba \cdot a \cdot a$, $cbaa \cdot ba$, $cbaa \cdot b \cdot a$, $bbaa \cdot ca$, $bbaa \cdot c \cdot a$, $caaa \cdot bb$, $caaa \cdot b \cdot b$, $baaa \cdot cb$, $baaa \cdot c \cdot b$, $cbb \cdot aaa$, $cbb \cdot aa \cdot a$, $cbb \cdot a \cdot aa$, $cba \cdot baa$, $cba \cdot ba \cdot a$, $cba \cdot aa \cdot b$, $cba \cdot b \cdot a \cdot a$, $bba \cdot caa$, $bba \cdot ca \cdot a$, $bba \cdot aa \cdot c$, $bba \cdot c \cdot a \cdot a$, $caa \cdot bb \cdot a$, $caa \cdot ba \cdot b$, $caa \cdot b \cdot b \cdot a$, $baa \cdot cb \cdot a$, $baa \cdot ca \cdot b$, $baa \cdot ba \cdot c$, $baa \cdot c \cdot b \cdot a$, $aaa \cdot cb \cdot b$, $aaa \cdot bb \cdot c$, $aaa \cdot c \cdot b \cdot b$, $cb \cdot baa \cdot a$, $cb \cdot ba \cdot a \cdot a$, $cb \cdot aa \cdot a \cdot b$, $cb \cdot a \cdot a \cdot a \cdot b$, $bb \cdot ca \cdot aa$, $bb \cdot ca \cdot a \cdot a$, $bb \cdot aa \cdot c \cdot a$, $bb \cdot c \cdot a \cdot a \cdot a$, $ca \cdot baa \cdot b$, $ca \cdot ba \cdot b \cdot a$, $ca \cdot aa \cdot b \cdot b$, $ca \cdot b \cdot b \cdot a \cdot a$, $ba \cdot ba \cdot c \cdot a$, $ba \cdot aa \cdot c \cdot b$, $ba \cdot a \cdot a \cdot c \cdot b$, $aa \cdot c \cdot b \cdot b \cdot a$, $c \cdot b \cdot b \cdot a \cdot a \cdot a$. 他使用了什么算法来按照这一顺序生成它们？

▶ **29.** [*24*] 沃利斯按照什么样的顺序为数 $abcde = 5 \cdot 7 \cdot 11 \cdot 13 \cdot 17$ 生成所有因数分解？以源氏香图形序列的方式给出答案.

30. [*M20*] 在 $(a_0 z + a_1 z^2 + a_2 z^3 + \cdots)^m$ 中，$a_1^{i_1} a_2^{i_2} \ldots z^{m+n}$ 的系数是多少？（见 (29).）

31. [*20*] 将棣莫弗和皮埃尔 · 蒙莫尔的分划顺序 (30) 和 (31) 与算法 7.2.1.4P 进行对比.

32. [*21*] （鲁杰尔 · 博斯科维奇，1748）列出 20 的分划中所有部分为 1, 7 或 10 的分划. 另外设计一种算法，列出给定整数 $n > 0$ 的所有这样的分划.

习题答案

习题说明

1. 对喜欢数学的读者，这是个普通问题.

2. 倘若你首先发现习题或习题答案中的任何一处错误，就可以获得奖励（前提是你是正确的）.

3. 见亨利·庞加莱，*Rendiconti Circ. Mat. Palermo* **18** (1904), 45–110；R. H. 宾，*Annals of Math.* (2) **68** (1958), 17–37；格里戈里·佩雷尔曼，arXiv:math/0211159 [math.DG]，arXiv:math/0303109 [math.DG]，arXiv:math/0307245 [math.DG].

7 节

1. 按照提示，我们要求第二个 "$4m-4$" 之后直接跟着第一个 "$2m-1$". 想要的排列以十六进制记号从前 4 个例子导出：`231213`, `46171435623725`, `86a31b1368597a425b2479`, `ca8e531f1358ac7db9e6427f2469bd`. [戴维斯，*Math. Gazette* **43** (1959), 253–255.]

2. 当且仅当 $n \bmod 4 = 0$ 或 1 时存在这样的排列. 这个条件是必要的，因为奇数项的数量必定为偶数. 同时它也是充分的，因为我们可以把 "00" 置于上题之解的前面.

  注记：小马歇尔·霍尔在 1951 年首先提出这个问题；次年，小弗朗西斯·莱希在未发表的文献 [Armed Forces Security Agency report 343 (28 January 1952)] 中解出该问题. 另外，托拉尔夫·斯科伦和索格·班在 *Math. Scandinavica* **5** (1957), 57–58 中独立提出并求解了该问题. 对于其他数值区间，詹姆斯·辛普森在 *Discrete Math.* **44** (1983), 97–104 中取得了完全解.

3. 能. 例如，圈 (0072362435714165) 是不能分裂的.

4. b 的第 k 次出现是在左起 $\lfloor k\phi \rfloor$ 的位置，而 a 的第 k 次出现是在 $\lfloor k\phi^2 \rfloor$ 的位置. 显然 $\lfloor k\phi^2 \rfloor - \lfloor k\phi \rfloor = k$，因为 $\phi^2 = \phi + 1$. （这些整数 $\lfloor k\phi \rfloor$ 构成 ϕ 的 "谱"，见《具体数学》[①] 习题 3.13. ）

5. 在 $\binom{2n}{2}$ 个等可能的位置对中有 $2n - k - 1$ 个位置对满足所述条件. 如果这些概率是独立的（但它们不是），$2L_n$ 的值应该是

$$\binom{2n}{2,2,\ldots,2} \prod_{k=1}^{n} \left((2n-1-k)/\binom{2n}{2} \right) = \frac{(2n)!^2 n(n-1)}{n!(2n)^{n+1}(2n-1)^{n+1}}$$

$$= \exp\left(n \ln \frac{4n}{e^3} + \ln \sqrt{\frac{\pi e n}{2}} + O(n^{-1}) \right).$$

6. (a) 当展开乘积时，我们得到一个 $(2n-2)!/(n-2)!$ 项的多项式，每项的次数为 $4n$. 每个兰福德配对都有一项 $x_1^2 \ldots x_{2n}^2$，其他每项至少有一个 1 次的变量. 针对 $x_1, \ldots, x_{2n} \in \{-1, +1\}$ 求和，由此消除所有坏项，对于好项给出 2^{2n}. 产生额外的因子 2 是因为存在 $2L_n$ 个兰福德配对（包括左右颠倒）.

  (b) 令 $f_k = \sum_{j=1}^{2n-k-1} x_j x_{j+k+1}$ 是第 k 个因式的主要部分. 我们可以按格雷码次序遍历全部 4^n 种情形 $x_1, \ldots, x_{2n} \in \{-1, +1\}$（算法 7.2.1.1L），每次仅对一个 x_j 取相反数. x_j 的一次改变最多引起对每个 f_k 的两次调整，所以每个格雷码操作步骤的花费为 $O(n)$.

[①] *Concrete Mathematics: A Foundation for Computer Science*, second edition (Reading, Mass.: Addison-Wesley, 1994)，葛立恒、高德纳和奥伦·帕塔许尼克合著，中文版为《具体数学：计算机科学基础（第 2 版）》，人民邮电出版社 2013 年 4 月出版. 提到这本书时，我们会把它简称为《具体数学》. ——编者注

我们不需要精确计算这个和, 按模 2^N 处理就足够了, 其中 2^N 很容易超过 $2^{2n+1}L_n$. 当 $n=24$ 时甚至更胜一筹, 将进行按模 $2^{60}-1$ 的计算, 或者同时进行按模 $2^{30}-1$ 和 $2^{30}+1$ 计算, 因为 $2^{49} \perp 2^{60}-1$. 利用 $f_k \equiv k+1 \pmod 2$ 这个事实, 我们还可以保留 $\lceil n/2 \rceil$ 二进制位精度.

(c) 实际上, 第三个等式仅当 $n \bmod 4 = 0$ 或 3 时成立, 但我们感兴趣的就是这些 n 值. 求和可以分 n 阶段完成, 满足 $p < n$ 的阶段 p 包含 $x_{n-1}=x_{n+2}, x_{n-2}=x_{n+3}, \ldots, x_{n-p+1}=x_{n+p}$, $x_{n-p}=x_n=x_{n+1}=+1, x_{n+p+1}=-1$ 这些情形. 具体计算方法如下: 外循环以全部 2^{p-1} 种方式选择 $(x_{n-p+1}, \ldots, x_{n-1})$, 内循环以全部 $2^{2n-2p-2}$ 种方式选择 $(x_1, \ldots, x_{n-p-1}, x_{n+p+2}, \ldots, x_{2n})$. (内循环使用格雷二进制码, 更好的方法是用"风琴管顺序"优先处理下标使得 x_1 和 x_{2n} 变化最快. 外循环不需要特别高的效率.) 阶段 n 覆盖 2^{n-1} 种回文情形 $x_j = x_{2n+1-j}$ (其中 $1 \le j < n$) 和 $x_n=x_{n+1}=+1$. 如果我们用 s_p 表示阶段 p 中的和, 那么 $s_1 + \cdots + s_{n-1} + \frac{1}{2}s_n = 2^{2n-2}L_n$.

各项的大部分结果为零. 例如, 当 $n=16$ 时, 约有 76% 的结果为零 (在 $2^{29}+2^{14}$ 种情形中占 408 838 754 种). 可以利用这一事实避免内循环中的许多乘法. (仅 $f_1, f_3, \ldots$ 可能为零.)

7. 令 d_k 为读出 k 个字符后未完成配对的数量, 于是 $d_0 = d_{2n} = 0$, $d_k = d_{k-1} \pm 1$ $(1 \le k \le 2n)$. 假定 d_k 不超过 6, 最大序列是 $(d_0, d_1, \ldots, d_{2n}) = (0, 1, 2, 3, 4, 5, 6, 5, 6, \ldots, 5, 6, 5, 4, 3, 2, 1, 0)$, 它们的和 $\sum_{k=1}^{2n} d_k = 11n - 30$. 但在任何兰福德配对中 $\sum_{k=1}^{2n} d_k = \sum_{k=1}^n (k+1) = \binom{n+1}{2} + n$. 因此 $\binom{n+1}{2} + n \le 11n - 30$ 且 $n \le 15$. (事实上, 当 $n=15$ 时宽度 6 也是不够的. 一般情况下, 最大和最小的可能宽度是未知的.)

8. 当 $n=4$ 或 $n=7$ 时无解. 当 $n=8$ 时有 4 个解:

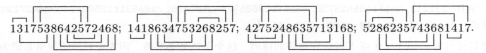

131753864 2572468; 141863475 3268257; 427524863 5713168; 528623574 3681417.

(这个问题引起一个有趣的小器件谜题, 其中第 k 个部件的宽和高分别是 $k+1$ 和 $\lceil k/2 \rceil$. 在查尔斯·兰福德的原注 [*Math. Gazette* **42** (1958), 228] 中, 他举出一些相似的部件, 展示了对于 $n=12$ 的平面解. 这个问题可以转变为恰当覆盖问题, 其中非原始项代表不允许两个部件交叉的位置, 见习题 7.2.2.1-27. 让·布雷特在习题 2 的基础上设计了一个有些相似的谜题, 其中用宽度替代平面表示. 他在 1992 年把一个副本给了戴维·辛马斯特.)

9. 只有 3 种方式: 181915267285296475384639743, 191218246279458634753968357, 191618257269258476354938743 (以及它们的逆排列). [格尔德·巴伦在 1969 年首先得出这个解, 见 *Combinatorial Theory and Its Applications* (Budapest: 1970), 81–92. 7.2.2.1 节的"舞蹈链"方法通过遍历一棵仅有 360 个结点的查找树求解这个问题, 给出具有 132 行的恰当覆盖问题.]

10. 例如, 令 A = 12, K = 8, Q = 4, J = 0, ♠ = 4, ♡ = 3, ◇ = 2, ♣ = 1, 然后把每张牌的面值和花色对应的数值各自加在一起. 举例来说, J◇ = 0 + 2 = 2, A♡ = 12 + 3 = 15.

[关于这一点, 与图 1 等价的正交拉丁方已经隐在伊本·哈吉的 *Kitab Shumus al-Anwar* (Cairo: 1322) 所列举的中世纪伊斯兰教符咒中, 他还给出一个 5×5 拉丁方的例子. 见埃德蒙·杜泰, *Magie et Religion dans l'Afrique du Nord* (Algiers: 1909), 193–194, 214, 247; 威廉·阿伦斯, *Der Islam* **7** (1917), 228–238. 也见拉斯·安德森在 *Combinatorics: Ancient and Modern* (Oxford University Press, 2013) 第 11 章阐述的拉丁方辉煌历史.]

11. $\begin{pmatrix} d\gamma\aleph & a\delta\beth & b\beta\gimel & c\alpha\daleth \\ c\beta\daleth & b\alpha\gimel & a\gamma\beth & d\delta\aleph \\ a\alpha\gimel & d\beta\daleth & c\delta\aleph & b\gamma\beth \\ b\delta\beth & c\gamma\aleph & d\alpha\daleth & a\beta\gimel \end{pmatrix}$.

[在 *Mémoires de l'Académie Royale des Sciences* (Paris, 1710), 92–138, §83 中, 约瑟夫·索弗尔提出了这种幻方最早的著名例子.]

12. 如果 n 是奇数, 我们可以令 $M_{ij} = (i-j) \bmod n$. 但如果 n 是偶数, 那么不存在横截: 因为如果 $\{(t_0+0) \bmod n, \ldots, (t_{n-1}+n-1) \bmod n\}$ 是一个横截, 我们有 $\sum_{k=0}^{n-1} t_k \equiv \sum_{k=0}^{n-1}(t_k + k) \pmod n$, 因此 $\sum_{k=0}^{n-1} k = \frac{1}{2}n(n-1)$ 是 n 的倍数.

13. 用 $\lfloor l/5 \rfloor$ 代替每个元素 l 得到以 0 和 1 为元素的矩阵. 我们用 $\left(\begin{smallmatrix} A & B \\ C & D \end{smallmatrix}\right)$ 命名 4 个四等分, 于是 A 和 D 各自恰好包含 k 个 1, 而 B 和 C 各自恰好包含 k 个 0. 假定原矩阵有 10 个不相交的横截. 如果 $k \le 2$, 其中最多 4 个横截通过 A 或 D 中的一个 1, 而且最多 4 个横截通过 B 或 C 中的一个 0. 这样, 它们中至少有两个横截仅遇到 A 和 D 中的 0 以及 B 和 C 中的 1. 但这样一个横截含有偶数个 0 (而不是 5 个 0), 因为它与 A 和 D 有同等的相交条件.

同样, 在重新命名全部元素的情况下, 一个具有正交配对的 $4m+2$ 阶拉丁方在它的每个 $(2m+1) \times (2m+1)$ 子矩阵中, 必定有多于 m 个闯入者. [见亨利 · 曼, *Bull. Amer. Math. Soc.* (2) **50** (1944), 249–257.]

14. 情形 (b) 和 (d) 不存在正交配对. 情形 (a), (c), (e) 分别有 2, 6 和 12 265 168 个正交配对, 按字典序, 它们中的第一个和最后一个为

(a)	(a)	(c)	(c)	(e)	(e)
0456987213	0691534782	0362498571	0986271435	0214365897	0987645321
1305629847	1308257964	1408327695	1354068792	1025973468	1795402638
2043798165	2169340578	2673519408	2741853960	2690587143	2506913874
3289176504	3250879416	3521970846	3572690814	3857694201	3154067289
4518263790	4587902631	4890253167	4630789251	4168730925	4231850967
5167432089	5412763890	5736841920	5218947306	5473829016	5348276190
6894015372	6945081327	6259784013	6095324178	6942158730	6820394715
7920341658	7836425109	7915602384	7869512043	7309216584	7069128543
8731504926	8723196045	8147036259	8407136529	8531402679	8412739056
9672850431	9074618253	9084165732	9123405687	9786041352	9673581402

注记: 拉丁方 (a), (b), (c), (d) 是从 π, e, γ, ϕ 的十进制数字中丢弃同完全拉丁方不相容的数字获得的. 虽然它们不是真正随机的, 但通常是典型的 10×10 拉丁方, 似乎大约半数存在正交配对. 欧内斯特 · 帕克为了获得异常大量的横截构造了拉丁方 (e), 它有 5504 个横截. (欧拉曾研究过 6 阶拉丁方的类似例子, 因此 "正好错失" 发现一个 10×10 配对.)

15. 欧内斯特 · 帕克曾经沮丧地发现拉丁方 14(e) 没有彼此正交的配对. 后来他同约翰 · 布朗和阿卜杜萨马德 · 希达亚特 [*J. Combinatorics, Inf. and System Sci.* **18** (1993), 113–115] 一起找到两个 10×10 的拉丁方, 具有 4 个 (但不是 10 个) 不相交的公共横截. [也见伯恩哈德 · 甘特尔、鲁道夫 · 马东和亚历山大 · 罗萨, *Congressus Numerantium* **20** (1978), 383–398; **22** (1979), 181–204.] 与此同时, 我追寻了路易斯 · 韦斯纳 [*Canadian Math. Bull.* **6** (1963), 61–63] 的思想, 意外发现某些拉丁方甚至更接近于彼此三重正交. 下面的拉丁方同它的转置正交, 而且它在单元 $(0, p_0)$, ..., $(9, p_9)$ 有 5 个对角对称的横截, 其中 $p_0 \ldots p_9$ 的 5 个值分别是 0132674598, 2301457689, 3210896745, 4897065312, 6528410937, 它们几乎是不相交的: 它们覆盖 49 个单元.

$$
L = \begin{pmatrix}
0234567891 \\
3192708546 \\
6528139407 \\
8753241960 \\
1689473025 \\
4970852613 \\
5047986132 \\
9416320758 \\
7361095284 \\
2805614379
\end{pmatrix}
\perp
\begin{pmatrix}
0368145972 \\
2157690438 \\
3925874160 \\
4283907615 \\
5712489306 \\
6034758291 \\
7891326054 \\
8549061723 \\
9406213587 \\
1670532849
\end{pmatrix}
= L^T.
$$

布兰登 · 麦凯、艾利森 · 迈纳特和温迪 · 墨沃尔德 [*J. Comb. Designs* **15** (2007), 98–119] 所做的广泛计算证明: 具有非平凡对称性的 10×10 拉丁方不存在两个彼此正交的配对. 我们已经知道, 对于 $n > 10$ 的所有阶, 存在 3 个相互正交的拉丁方. [见王新民和理查德 · 威尔逊, *Congressus Numerantium* **21** (1978), 688; 多布罗米尔 · 托多罗夫, *Ars Combinatoria* **20** (1985), 45–47].

16. 见理查德 · 布鲁迪和赫伯特 · 赖瑟, *Combinatorial Matrix Theory* (Cambridge University Press, 1991), §8.2.

17. (a) 假定对于 $0 \le j < n$ 有 $3n$ 个顶点 r_j, c_j, v_j 和 n^2 条超边. 超边 (i, j) 包含 3 个顶点 $\{r_i, c_j, v_l\}$, 其中 $l = L_{ij}$, $0 \le i, j < n$.

(b) 假定对于 $0 \le i, j < n$ 有 $4n^2$ 个顶点 $r_{ij}, c_{ij}, x_{ij}, y_{ij}$ 和 $n^3 - n^2 + n$ 条超边. 超边 (i, j, k) 包含 4 个顶点 $\{r_{ik}, c_{jk}, x_{ij}, y_{lk}\}$, 其中 $l = L_{ij}$, $0 \le i, j, k < n$ 且 $(i = k$ 或 $j > 0)$.

18. 给定正交阵列 A, 对于 $1 \le i \le m$, 它的各行是 A_i. 对于 $0 \le j, k < n$, 通过下列方式定义对于 $1 \le i \le m-2$ 的拉丁方 $L_i = (L_{ijk})$: 当 $A_{(m-1)q} = j$ 且 $A_{mq} = k$ 时置 $L_{ijk} = A_{iq}$. (q 的值由 j 和 k 的值唯一确定.) 置换阵列的列不会改变对应的拉丁方.

这个构造过程也可以颠倒过来, 从相互正交的 n 阶拉丁方产生 n 阶正交阵列. 例如, 在习题 11 中我们可以令 $a = \alpha = \aleph = 0$, $b = \beta = \beth = 1$, $c = \gamma = \gimel = 2$, $d = \delta = \daleth = 3$, 从而得到

$$A = \begin{pmatrix} 3012210303211230 \\ 2310102301323201 \\ 0123103223013210 \\ 0000111122223333 \\ 0123012301230123 \end{pmatrix}.$$

(在数学上, 正交阵列的概念比正交拉丁方的概念 "更彻底", 因为它更好地考虑基本对称性. 举例来说, 具有元素 $\{1, 2, \dots, n\}$ 的 $n \times n$ 矩阵 L 是拉丁方, 当且仅当它同两个特定的非拉丁方正交, 也就是说

$$L \perp \begin{pmatrix} 1 & 1 & \dots & 1 \\ 2 & 2 & \dots & 2 \\ \vdots & \vdots & \ddots & \vdots \\ n & n & \dots & n \end{pmatrix} \quad 且 \quad L \perp \begin{pmatrix} 1 & 2 & \dots & n \\ 1 & 2 & \dots & n \\ \vdots & \vdots & \ddots & \vdots \\ 1 & 2 & \dots & n \end{pmatrix}.$$

所以, 拉丁方、希腊-拉丁方和希伯来-希腊-拉丁方等矩阵与深度为 $3, 4, 5, \dots$ 的正交阵列是等价的. 此外, 这里考虑的正交阵列只是卡利安普迪·拉奥在 *Proc. Edinburgh Math. Soc.* **8** (1949), 119–125 中引入的一个更加普遍的具有 "强度 t" 和 "指标 λ" 的 n 进制 $m \times \lambda n^t$ 阵列的概念在 $t = 2$, $\lambda = 1$ 时的特例, 见阿卜杜萨马德·希达亚特、尼尔·斯隆和约翰·施图夫肯的 *Orthogonal Arrays* (Springer, 1999).)

19. 我们可以重排阵列的各列, 使得它的第一行是 $0^n 1^n \dots (n-1)^n$. 然后, 我们可以对其他行的元素重新编号, 使它们从 $01 \dots (n-1)$ 开始. 在除第一行外所有各行中, 剩余的每一列的元素必定是不同的.

为了达到在 $n = p$ 时的上界, 让每一列以两个数 x 和 y 为下标, 其中 $0 \le x, y < p$, 并且把数 y, x, $(x + y) \bmod p$, $(x + 2y) \bmod p, \dots, (x + (p-1)y) \bmod p$ 放进那一列. 例如, 当 $p = 5$ 时, 我们得到下面的正交阵列, 它等价于 4 个相互正交的拉丁方:

$$\begin{pmatrix} 0000011111222223333344444 \\ 0123401234012340123401234 \\ 0123412340234013401240123 \\ 0123423401401231234034012 \\ 0123434012123404012323401 \\ 0123440123340122340112340 \end{pmatrix}.$$

[其实, 当 n 是一个素数幂时, 利用有限域 $GF(p^e)$, 同样的思想也适用. 见伊莱基姆·穆尔, *American Journal of Mathematics* **18** (1896), 264–303, §15(l). 这些阵列等价于有限射影平面, 见小马歇尔·霍尔, *Combinatorial Theory* (Blaisdell, 1967), 第 12 章和第 13 章.]

20. 令 $\omega = e^{2\pi i/n}$, 并假定 $a_1 \dots a_{n^2}$ 和 $b_1 \dots b_{n^2}$ 是不同行中的向量. 那么 $a_1 b_1 + \dots + a_{n^2} b_{n^2} = \sum_{0 \le j, k < n} \omega^{j+k} = 0$, 因为 $\sum_{k=0}^{n-1} \omega^k = 0$.

21. (a) 为了证明 "等同或平行" 性质是一种等价关系, 我们需要证明传递律: 如果 $L \parallel M$ 且 $M \parallel N$ 且 $L \ne N$, 那么, 必定有 $L \parallel N$. 否则, 根据 (ii) 将有一点 p 使得 $L \cap N = \{p\}$, 于是, p 将属于同 M 平行的两条不同直线, 与 (iii) 矛盾.

(b) 令 $\{L_1, \dots, L_n\}$ 是平行直线的一个类, 并假定 M 是另外一个类的直线. 那么, 每条直线 L_j 在唯一的点 p_j 同 M 相交, 而且 M 的每个点都遇到这种情况, 因为几何网格上的每个点恰好位于每个类的一条直线上 (根据 (iii)). 这样, M 恰好包含 n 个点.

(c) 我们已经观察到，当存在 m 个类时每个点属于 m 条直线. 如果直线 L, M, N 属于 3 个不同的类，那么，M 和 N 的点的数量与 L 类的直线的数量相同. 所以存在一条点数为 n 的普通直线，而事实上总的点数为 n^2.（当然，n 可能是无穷大.）

22. 给定深度 m 的 n 阶正交阵列 A，把 A 的列当成点，定义一个具有 n^2 个点和 m 个平行直线类的几何网格. 类 k 的直线 j 是符号 j 出现在 A 的第 k 行的列的集合.

对于 $m \geq 3$，所有具有 m 个类的有限几何网格都以这种方式呈现. 但是，仅包含一个类的几何网格是把点分成不相交子集的一种平凡划分. 包含两个类的几何网格有 nn' 个点 (x, x')，其中在一个类有 n 条 "$x = $ 常数" 的直线，而在另一个类有 n' 条 "$x' = $ 常数" 的直线.［更多资料见理查德·布鲁克，*Canadian J. Math.* **3** (1951), 94–107; *Pacific J. Math.* **13** (1963), 421–457.］

23. (a) 如果 $d(x, y) \leq t$ 且 $d(x', y) \leq t$ 且 $x \neq x'$，那么 $d(x, x') \leq 2t$. 因此，码字之间的距离大于 $2t$ 的码允许纠正多达 t 个差错——至少在原则上是这样，尽管计算可能会很复杂. 反过来，如果 $d(x, x') \leq 2t$ 且 $x \neq x'$，那么，存在一个元素 y 满足 $d(x, y) \leq t$ 且 $d(x', y) \leq t$. 因此，当我们接收到 y 时却不能唯一地重构 x.

(b,c) 令 $m = r + 2$，并注意到，b^2 个 b 进制 m 元组构成的集合的所有元素对之间的汉明距离大于等于 $m - 1$，当且仅当它构成一个深度 m 的 b 进制正交阵列的各个列.［见所罗门·戈洛姆和爱德华·波斯纳，*IEEE Trans.* **IT-10** (1964), 196–208. 编码理论的文献通常用记号 $(n + r, b^n, d)_b$ 表示距离为 d 的码 $C(b, n, r)$. 因此，一个深度 m 的 b 进制正交阵列实质上是一个 $(m, b^2, m-1)_b$ 码.］

24. (a) 假定对于 $1 \leq j \leq l$ 有 $x_j \neq x'_j$，对于 $l < j \leq N$ 有 $x_j = x'_j$. 如果 $l = 0$，我们有 $x = x'$. 否则，考虑对应于经过点 1 的 m 条直线的奇偶校验位. 那些二进制位中最多有 $l - 1$ 位对应于触及点 $\{2, \ldots, l\}$ 的直线. 因此，x' 至少有 $m - (l-1)$ 次奇偶校验改变，从而 $d(x, x') \geq l + (m - (l-1)) = m + 1$.

(b) 令 $l_{p1}, \ldots, l_{pm}$ 是经过点 p 的那些直线的指示符的数量. 在接收到消息 $y_1 \ldots y_{N+R}$ 后，通过取 $m + 1$ 个 "证据位" $\{y_{p0}, \ldots, y_{pm}\}$ 的过半数值，对于 $1 \leq p \leq N$ 计算 x_p，其中 $y_{p0} = y_p$ 且

$$y_{pk} = (y_{N+l_{pk}} + \sum \{y_j \mid j \neq p \text{ 且点 } j \text{ 位于直线 } l_{pk} \text{ 上}\}) \bmod 2, \quad \text{对于 } 1 \leq k \leq m.$$

因为每个接收到的二进制位 y_j 影响证据位至多 1 位，所以这个方法是可行的.

例如在习题 19 的 25 点几何网格中，对于 $0 \leq i \leq 5$ 和 $0 \leq j < 5$，假定每个码字的奇偶校验位 $x_{26+5i+j}$ 对应于第 i 行的直线 j，于是 $x_{26} = x_1 \oplus x_2 \oplus x_3 \oplus x_4 \oplus x_5$，$x_{27} = x_6 \oplus x_7 \oplus x_8 \oplus x_9 \oplus x_{10}, \ldots$，$x_{55} = x_5 \oplus x_6 \oplus x_{12} \oplus x_{18} \oplus x_{24}$. 给定消息 $y_1 \ldots y_{55}$，比如说，我们通过计算 7 个二进制位 y_1，$y_{26} \oplus y_2 \oplus y_3 \oplus y_4 \oplus y_5$，$y_{31} \oplus y_6 \oplus y_{11} \oplus y_{16} \oplus y_{21}$，$y_{36} \oplus y_{10} \oplus y_{14} \oplus y_{18} \oplus y_{22}$，$y_{41} \oplus y_9 \oplus y_{12} \oplus y_{20} \oplus y_{23}$，$y_{46} \oplus y_8 \oplus y_{15} \oplus y_{17} \oplus y_{24}$，$y_{51} \oplus y_7 \oplus y_{13} \oplus y_{19} \oplus y_{25}$ 的过半数值译码二进制位 x_1.［7.1.2 节说明如何有效地计算过半数函数. 注意，如果只希望纠正至多两个差错，我们可以消除最后 10 个二进制位，如果只希望纠正一个差错，我们可以消除最后 20 个二进制位. 见萧慕岳、道格拉斯·博森和钱天闻，*IBM J. Research and Development* **14** (1970), 390–394.］

25. 考虑由字母 $\{1, e, a, s, t\}$ 组成的变位词（见习题 5-21），我们得到拉丁方

```
stela
telas
elast ,
laste
astel
```

以及它的行的循环轮换. 上面的 telas 是西班牙语构词词；elast 是一个前缀，意为 "灵活的"（flexible）；laste 是英国 14 世纪诗人乔叟所用的祈使语气的动词.（当然，几乎每一个可发音的五字母组合在历史的某个时刻都曾用于拼写或错误拼写某个单词.）

26. "every night, young video buffs catch rerun fever forty years after those great shows first aired."［罗伯特·莱顿，*GAMES* **16**, 6 (December 1992), 34, 47.］

27. 对于 $k = (1, 2, 3, 4, 5)$，单词数 $= (0, 4, 163, 1756, 3834)$. mamma 和 esses 给出 "满堂红"①.

---

① 满堂红（full house），又称葫芦，扑克术语，是指一手五张牌中有三张同面值另加一个对子. 此处指三个相同字母加上另外两个相同字母构成的五字母单词. ——编者注

28. 是的, 共有 38 种配对. "最常见的" 单词配对是 needs (排在 180 位) 和 offer (排在 384 位). 仅有 3 种情形固定相差 +1 (adder beefs, sheer tiffs, sneer toffs). 其他值得注意的例子有 ghost hints 和 strut rusts. 回顾以上情形, 配对中都有一个单词以字母 s 结束. 此外, 还有诸如 robed spade 之类配对中的单词不以字母 s 结束的例子. [见伦纳德·戈登, *Word Ways* **23** (1990), 59–61.]

29. 有 18 个回文单词, 从 level (排在 184 位) 到 dewed (排在 5688 位). 有 34 对镜像配对单词, 其中的几对是 devil lived, knits stink, smart trams, faced decaf.

30. 在 SGB 的 105 个这样的 5 字母单词中, first、below、floor、begin、cells、empty、hills 是最常见的, abbey 和 pssst 是按字典序的第一个和最后一个单词. (如果你不喜欢 pssst, 倒数第二个单词是 mossy.) 有些单词, 其从左到右的各个字母是按字母顺序逆序排列的, 它们是从 mecca 到 zoned 的仅有的 37 个单词. 当然, 它们是错误 (wrong[①]) 的答案.

31. 中间的单词是首尾两个单词的平均值, 所以首尾两个单词必定是模 2 同余的. 这个观察结果使得字典查找量减少到原来的 1/32 左右. 在 WORDS(5757) 中有 119 个这样的三单词集合, 但在 WORDS(2000) 中仅有两个这样的三单词集合: marry, photo, solve; risky, tempo, vague. [*Word Ways* **25** (1992), 13-15.]

32. 比较常见的例子似乎只有 peopleless.

33. about, bacon, faced, under, chief, fight, right, which, ouija, jokes, ankle, films, hymns, known, crops, pique, quart, first, first, study, mauve, vowel, waxes, proxy, crazy, pizza. (我们的思路是, 对于 $x = a$ (0), $x = b$ (1), ..., $x = z$ (25), 寻找字母 x 后面接着字母 $(x + 1) \bmod 26$ 的最常见单词. 在单词中, 这两个字母不一定是紧接着的, 但要求它们的相隔距离最小. 因此, 对于字母 b, c, 我们宁要单词 bacon 而不要更常见的单词 black. 对于字母 y, z, 不存在这样单词, crazy 似乎是最合理的[②]. 见 *OMNI* **16**,8 (May 1994), 94.)

34. 每一种单词的头两个 (括号里是这一种单词的总数) 是: pssst 和 pffft (2), schwa 和 schmo (2), threw 和 throw (36), three 和 spree (5), which 和 think (709), there 和 these (234), their 和 great (291), whooo 和 wheee (3), words 和 first (628), large 和 since (376), water 和 never (1313), value 和 radio (84), would 和 could (460), house 和 voice (101), quiet 和 queen (25), queue (1), ahhhh 和 ankhs (4), angle 和 extra (20), other 和 after (227), agree 和 issue (20), along 和 using (124), above 和 alone (92), about 和 again (58), adieu 和 aquae (2), earth 和 eight (16), eagle 和 ounce (8), outer 和 eaten (42), eerie 和 audio (4), (0), ouija 和 aioli (2), (0), (0). 上面省略了 868 个单词, 其中最常见的两个是 years 和 every. [为了填补上面 3 个空缺, 搜索互联网得到 ooops, ooooh, ooooo. 见菲利普·科恩, *Word Ways* **10** (1977), 221–223.]

35. 考虑对于 $n = 1, 2, \ldots, 5757$ 的单词集合 WORDS(n). 当 n 达到 978 (单词 stalk 的排位) 时, 题目中的根在 s 的检索树首先变成可能. 支持这样一个检索树的下一个根字母是 c, 当 $n = 2503$ (单词 craze 的排位) 时, 它在子孙结点中获得足够的分支. 其后惊人的突破出现在当 $n = 2730$ (bulks), 3999 (ducky), 4230 (panty), 4459 (minis), 4709 (whooo), 4782 (lardy), 4824 (herem), 4840 (firma), 4924 (ridgy), 5343 (taxol) 时.

(当顶层检索树获得霍顿-斯特勒数 4 时出现突破, 见习题 7.2.1.6–124. 另外, 当分支是从右到左而不是从左到右时, 出现一种有趣的单词集, 让人联想到新诗: black, slack, crack, track, click, slick, brick, trick, blank, plank, crank, drank, blink, clink, brink, drink. 事实上, 从右到左的分支产生一棵带有 81 个叶结点的完全三叉检索树: males, sales, tales, files, miles, piles, holes, ..., tests, costs, hosts, posts.)

---

① 此处属于作者的调侃. 一方面, wrong 是按字母顺序逆序排列的单词, 是附加问题的答案. 另一方面, 附加问题不是本题的正确答案, 因为题目问的是按字母顺序排列的单词. ——编者注

② crazy seems most rational, 此处双关, 作为形容词, rational 有 "理性的, 合理的" 等含义. 这句话的字面意思是: 疯狂的似乎是最理性的. 结合上文, 作者表达的意思是: crazy 这个单词似乎是最合理的选择. ——编者注

36. 对于 $1 \le i, j, k \le 5$，用 a_{ijk} 表示词立方的元素，对称性条件是 $a_{ijk} = a_{ikj} = a_{jik} = a_{jki} = a_{kij} = a_{kji}$. 一般情况下，一个 $n \times n \times n$ 的词立方有 $3n^2$ 个单词，通过固定两个坐标而让第三个坐标从 1 变化到 n 可以得到它们. 对称性条件意味着我们仅需 $\binom{n+1}{2}$ 个单词. 因此，当 $n = 5$ 时所需单词数量从 75 减少到 15. [杰弗里·格兰特能够从《牛津英语词典》（*Oxford English Dictionary*）找到 75 个合适的单词，见 *Word Ways* **11** (1978), 156–157.]

(stove, event) 将改变为 (store, erect) 或 (stole, elect) 给出另外两个词立方.

37. 图中最密集的部分包含名为 bares 和 cores 的度数各为 25 的顶点，我们可以把这个部分称为图的"裸心".

38. tears → raise → aisle → smile，第二个单词也可以是 reals. [像在 (11) 中那样从 tears 到达 smile 是刘易斯·卡罗尔的第一批 5 字母单词的例子之一. 他会很高兴知道，有向图规则使得更难从 smile 到达 tears，因为在这个方向需要四步而不是三步.]

39. 它始终是 G 的生成子图而不是诱导子图.

40. (a) 2^e，(b) 2^n，E 或 V 的每个子集有一个子图.

41. (a) $n = 1$ 和 $n = 2$，P_0 无定义. (b) $n = 0$ 和 $n = 3$.

42. G 有 $65/2$ 条边（因此它并不存在）.

43. 有：前面 3 个图与图 2(e) 是同构的. [事实上，最左边的图同最早所知的以印刷形式出现的佩特森图是一样的：见艾尔弗雷德·肯普，*Philosophical Transactions* **177** (1886), 1–70，特别是 §59 中的图 13.]但最右边的图确实是不同的，它是平面的哈密顿图，围长为 3.

44. 任何自同构必须把角点映射为角点，因为只可能在非角点的某些配对之间找到长度为 2 的 3 条不同路径. 所以，这种图只有 C_4 的 8 种对称性.

45. 这个图的所有边连接同一行或邻接行的顶点. 所以，我们可以在偶数编号行中交替使用颜色 0 和 2，在奇数编号行中交替使用颜色 1 和 3. NV 的邻近构成一个 5 圈，因此 4 种颜色是必需的.

46. (a) 每个顶点的度大于等于 2，而且它的那些邻近顶点具有明确定义的同入边对应的圈阶. 如果 u—v 且 u—w，其中 v 和 w 是 u 的周期性相继邻近，我们必定有 v—w. 因此，和任何顶点 u 邻近的所有点属于一个唯一的三角形区域.

(b) 当 $n = 3$ 时公式成立. 如果 $n > 3$，任何边缩为一点，这个变换消除一个顶点和三条边. （如果 u—v 收缩，假定它是三角形 x—u—v—x 和 y—u—v—y 的一部分. 我们失去顶点 v 和边 $\{x$—v, u—v, y—$v\}$，所有 w—v 形式的其他边变成 w—u. ）

47. 一个平面图把平面划分成一些区域，在每个区域的边界上有 4 个或 6 个顶点（因为 $K_{3,3}$ 没有奇数圈）. 如果每种区域的边界上有 f_4 和 f_6 个顶点，我们必定有 $4f_4 + 6f_6 = 18$，因为有 9 条边. 因此 $(f_4, f_6) = (3, 1)$ 或 $(0, 3)$. 我们还可以通过添加其他 $f_4 + 3f_6$ 条边把图划分成三角形区域，但是这样一来它至少有 15 条边，与习题 46 矛盾.

[事实上，$K_{3,3}$ 不是平面图，这可以回溯到关于把三间屋子与三种公用设施（水、气、电）连接而不出现交叉管线的谜题. 它的起源不得而知，亨利·迪德尼在 *Strand* **46** (1913), 110 中称它是"古代的"谜题.]

48. 如果 u, v, w 是顶点而且有 u—v，则我们必定有 $d(w, u) \ne d(w, v)$ (modulo 2). 否则，从 w 到 u 和从 w 到 v 的最短路径将产生一个长度为奇数的圈. 所以，这个过程在 w 着 0 色之后，对同已着色顶点 u 邻接的每个未着色的新顶点 v 指定颜色 $d(w, v) \bmod 2$，每个带有颜色 $d(w, v) < \infty$ 的顶点 v 是在选择一个新顶点 w 之前着色的.

49. 仅有 3 个：K_4，$K_{3,3}$ 和 ⬚（这是 $\overline{C}_6$ 和 $K_2 \square K_3$）.

50. 此图必定是连通的，因为当存在 r 个分图时，着三色的数量能被 3^r 整除. 同时它必须包含在某个完全二部图 $K_{m,n}$ 中，这个完全二部图可以用 $3(2^m + 2^n - 2)$ 种方式着 3 色. 从 $K_{m,n}$ 删除边不会减少着色的数量，因此 $2^m + 2^n - 2 \le 8$，从而我们有 $\{m, n\} = \{1, 1\}, \{1, 2\}, \{1, 3\}$ 或 $\{2, 2\}$. 所以，仅有的可能性是爪形图 $K_{1,3}$ 和路径 P_4.

51. 一个 4 圈 p_1 —— L_1 —— p_2 —— L_2 —— p_1 将对应于带有两个公共点 $\{p_1, p_2\}$ 的两条不同直线 $\{L_1, L_2\}$, 同公理 (ii) 矛盾. 所以图的围长至少是 6.

如果仅有一类平行线, 围长是 ∞; 如果有两类平行线, 它们的成员数量 $n \leq n'$, 那么围长是 8, 或者, 如果 $n = 1$, 则围长是 ∞. (见习题 22 的答案.) 否则, 通过从不同类的平行线中选择 3 条直线构成三角形, 我们可以找到一个 6 圈.

52. 如果直径是 d 且围长是 g, 那么 $d \geq \lfloor g/2 \rfloor$, 除非 $g = \infty$.

53. happy (它与 tears 和 sweat 连接, 但不与 world 连接).

54. (a) 它只有一个高度连通的分图. (顺便指出, 这个图是一个二部图的线图, 其中一部分对应于邮政编码首字母 $\{A, C, D, F, G, \ldots, W\}$, 另一部分对应于末端字母 $\{A, C, D, E, H, \ldots, Z\}$.)

(b) 顶点 WY 是孤立点. 其他入度为 0 的顶点 (即 FL, GA, PA, UT, WA, WI, WV) 单独构成强分图. 它们全部居于一个巨大的强分图之前, 这个巨大的强分图后面接着剩下的各个出度为 0 的单顶点强分图: AZ, DE, KY, ME, NE, NH, NJ, NY, OH, TX.

(c) 现在强分图 $\{GU\}$ 居于 $\{UT\}$ 前面; NH, OH, PA, WA, WI, WV 连接巨大的强分图; $\{FM\}$ 居于它的前面; $\{AE\}$ 和 $\{WY\}$ 跟在它后面.

[达里尔·弗朗西斯、菲利普·科恩和艾伯特·埃克勒在 *Word Ways* **19** (1976), 241; **20** (1977), 8 中首先考虑了这种有向图.]

55. $\binom{N}{2} - \binom{n_1}{2} - \cdots - \binom{n_k}{2}$, 其中 $N = n_1 + \cdots + n_k$.

56. 真. 注意: J_n 是简单有向图, 但它不对应于任何多重图.

57. 假, 在连通有向图 $u \longrightarrow w \longleftarrow v$ 中. (但是, u 和 v 在同一个强连通分图中, 当且仅当 $d(u,v) < \infty$ 且 $d(v,u) < \infty$. 见 2.3.4.2 节.)

58. 每个分图是一个圈, 它的阶在 (a) 至少是 3, 在 (b) 至少是 1.

59. (a) 根据对 n 的归纳法, 我们可以采用直接插入排序: 假定 $v_1 \longrightarrow \cdots \longrightarrow v_{n-1}$. 那么, 我们有 $v_n \longrightarrow v_1$ 或 $v_{n-1} \longrightarrow v_n$ 或 $v_{k-1} \longrightarrow v_n \longrightarrow v_k$, 其中 k 是使得 $v_n \longrightarrow v_k$ 的最小值. [拉斯洛·雷代伊, *Acta litterarum ac scientiarum* **7** (Szeged, 1934), 39–43.]

(b) 15 条: 01234, 02341, 02413, 以及它们的循环移位. [这样的定向路径的数量总是奇数. 见蒂博尔·塞莱, *Matematikai és Fizikai Lapok* **50** (1943), 223–256.]

(c) 是. (根据归纳法: 如果仅在一个位置像本题 (a) 部分中那样插入 v_n, 竞赛图是可迁有向图.)

60. 令 $A = \{x \mid u \longrightarrow x\}$, $B = \{x \mid x \longrightarrow v\}$, $C = \{x \mid v \longrightarrow x\}$. 如果 $v \notin A$ 且 $A \cap B = \emptyset$, 我们有 $|A| + |B| = |A \cup B| \leq n - 2$, 因为 $u \notin A \cup B$ 且 $v \notin A \cup B$. 但 $|B| + |C| = n - 1$, 因此 $|A| < |C|$. [海曼·兰多, *Bull. Math. Biophysics* **15** (1953), 148.]

61. $1 \longrightarrow 1$, $1 \longrightarrow 2$, $2 \longrightarrow 2$. 于是 $A = \begin{pmatrix} 1 & 1 \\ 0 & 1 \end{pmatrix}$, 对于所有整数 k 有 $A^k = \begin{pmatrix} 1 & k \\ 0 & 1 \end{pmatrix}$.

62. (a) 假定顶点是 $\{1, \ldots, n\}$. 在积和式的展开中, $n!$ 的每一项 $a_{1p_1} \ldots a_{np_n}$ 是带有弧 $j \longrightarrow p_j$ 的生成置换有向图的数量. (b) 同样的论据证明 $\det A$ 是偶生成置换有向图的数量减去奇生成置换有向图的数量. [见弗兰克·哈拉里, *SIAM Review* **4** (1962), 202–210, 其中置换有向图被称为 "线性子图".]

63. 令 v 是任意顶点. 如果 $g = 2t + 1$, 对于 $1 \leq k \leq t$ 至少有 $d(d-1)^{k-1}$ 个顶点 x 满足 $d(v, x) = k$. 如果 $g = 2t + 2$ 且 v' 是 v 的任意邻近, 至少还有 $(d-1)^t$ 个顶点 x 满足 $d(v, x) = t + 1$ 且 $d(v', x) = t$.

64. 为了达到习题 63 答案中的下界, 每个顶点 v 必须有度 d, 而且 v 的 d 个邻近必须全部同剩余的 $d - 1$ 个顶点邻接. 实际上, 这个图是 $K_{d,d}$.

65. (a) 根据习题 63 的答案, G 必定是度为 d 的正则图, 在任何两个不同的顶点之间必定恰好有一条长度小于等于 2 的路径.

(b) 我们可以取 $\lambda_1 = d$ 以及 $x_1 = (1 \ldots 1)^T$. 所有其他特征向量满足 $Jx_j = (0 \ldots 0)^T$, 因此, 对于 $1 < j \leq N$ 有 $\lambda_j^2 + \lambda_j = d - 1$.

(c) 如果 $\lambda_2 = \cdots = \lambda_m = (-1 + \sqrt{4d-3})/2$ 且 $\lambda_{m+1} = \cdots = \lambda_N = (-1 - \sqrt{4d-3})/2$, 我们必定有 $m - 1 = N - m$. 用这个值我们求出 $\lambda_1 + \cdots + \lambda_N = d - d^2/2$.

(d) 如果 $4d - 3 = s^2$，而且 m 的值像 (c) 中那样，则特征值之和是

$$\frac{s^2 + 3}{4} + (m - 1)\frac{s - 1}{2} - \left(\frac{(s^2 + 3)^2}{16} + 1 - m\right)\frac{s + 1}{2},$$

其值为 15/32 加上 s 的一个倍数. 因此 s 必定是 15 的一个因数.

[这些结果属于艾伦·霍夫曼和理查德·辛格尔顿, *IBM J. Research and Development* **4** (1960), 497–504, 他们还证明了对于 $d = 7$ 图 G 是唯一的.]

66. 对于 $0 \le a, b < 5$, 用 $[a, b]$ 和 (a, b) 表示 50 个顶点. 对于 $0 \le a, b, c < 5$, 用模 5 运算定义 3 种边:

$$[a, b] \underline{\quad} [a + 1, b]; \qquad (a, b) \underline{\quad} (a + 2, b); \qquad (a, b) \underline{\quad} [a + bc, c].$$

[见威廉·布朗, *Canadian J. Math.* **19** (1967), 644–648; *J. London Math. Soc.* **42** (1967), 514–520. 不取前两种边, 采用习题 19 答案中的正交阵列, 这个图的围长为 6, 对应于习题 51 中那样的几何网格.]

67. 米夏埃尔·阿施巴赫尔 [*Journal of Algebra* **19** (1971), 538–540] 排除了某些可能性.

68. 如果 G 有 s 个自同构, 则它有 $n!/s$ 个邻接矩阵, 因为存在 s 个满足 $P^- AP = A$ 的置换矩阵 P.

69. 首先对所有顶点 v 置 $\text{IDEG}(v) \leftarrow 0$. 然后对所有 v 执行 (31), 另外, 在那个小型算法的第二行置 $u \leftarrow \text{TIP}(a)$ 和 $\text{IDEG}(u) \leftarrow \text{IDEG}(u) + 1$.

为了用 SGB 格式执行 "对于所有 v" 的某种运算, 首先置 $v \leftarrow \text{VERTICES}(g)$, 然后当 $v < \text{VERTICES}(g) + \text{N}(g)$ 时, 循环 "执行某种运算, 置 $v \leftarrow v + 1$".

70. 步骤 B1 执行 1 次 (但花费 $O(n)$ 个单位时间). 步骤 (B2, B3, ..., B8) 分别执行 $(n + 1, n, n, m + n, m, m, n)$ 次, 每次花费 $O(1)$ 个单位时间.

71. 有多种可能的选择. 这里我们采用 32 位指针, 所有数据相对于位于 Data_Segment 的符号地址 Pool. 下面的说明提供了一种方法来建立处理基本 SGB 数据结构的约定.

```
VSIZE IS 32 ;ASIZE IS 20            以字节表示的结点大小
ARCS IS 0 ;COLOR IS 8 ;LINK IS 12   顶点字段的偏移量
TIP IS 0 ;NEXT IS 4                 弧字段的偏移量

arcs GREG Pool+ARCS ;color GREG Pool+COLOR ;link GREG Pool+LINK
tip GREG Pool+TIP ;next GREG Pool+NEXT
u GREG ;v GREG ;w GREG ;s GREG ;a GREG ;mone GREG -1
```

AlgB	BZ	n,Success	如果图为空, 则退出.
	MUL	$0,n,VSIZE	*B1. 初始化.*
	ADDU	v,v0,$0	$v \leftarrow v_0 + n$.
	SET	w,v0	$w \leftarrow v_0$.
1H	STT	mone,color,w	$\text{COLOR}(w) \leftarrow -1$.
	ADDU	w,w,VSIZE	$w \leftarrow w + 1$.
	CMP	$0,w,v	
	PBNZ	$0,1B	重复, 直到 $w = v$.
0H	SUBU	w,w,VSIZE	$w \leftarrow w - 1$.
3H	LDT	$0,color,w	*B3. 当需要时着色 w.*
	PBNN	$0,2F	如果 $\text{COLOR}(w) \ge 0$, 转到 B2.
	STCO	0,link,w	$\text{COLOR}(w) \leftarrow 0$, $\text{LINK}(w) \leftarrow \Lambda$.
	SET	s,w	$s \leftarrow w$.
4H	SET	u,s	*B4. 栈 $\Rightarrow u$.* 置 $u \leftarrow s$.
	LDTU	s,link,s	$s \leftarrow \text{LINK}(s)$.
	LDT	$1,color,u	
	NEG	$1,1,$1	$1 \leftarrow 1 - \text{COLOR}(u)$.

	LDTU	a,arcs,u	$a \leftarrow \text{ARCS}(u)$.
5H	BZ	a,8F	*B5. 处理完 u 了吗?* 如果 $a = \Lambda$, 转到 B8.
5H	LDTU	v,tip,a	$v \leftarrow \text{TIP}(a)$.
6H	LDT	$0,color,v	*B6. 处理 v.*
	CMP	$2,$0,$1	(此处程序显得有点机灵.)
	PBZ	$2,7F	如果 $\text{COLOR}(v) = 1 - \text{COLOR}(u)$, 转到 B7.
	BNN	$0,Failure	如果 $\text{COLOR}(v) = \text{COLOR}(u)$, 算法以失败终止.
	STT	$1,color,v	$\text{COLOR}(v) \leftarrow 1 - \text{COLOR}(u)$.
	STTU	s,link,v	$\text{LINK}(v) \leftarrow s$.
	SET	s,v	$s \leftarrow v$.
7H	LDTU	a,next,a	*B7. 对 a 循环.* 置 $a \leftarrow \text{NEXT}(a)$.
	PBNZ	a,5B	如果 $a \neq \Lambda$, 转到 B5.
8H	PBNZ	s,4B	*B8. 栈非空吗?* 如果 $s \neq \Lambda$, 转到 B4.
2H	CMP	$0,w,v0	*B2. 完成?*
	PBNZ	$0,0B	如果 $w \neq v_0$, 那么 w 减一, 转到 B3.
Success	LOC	@	(算法以成功终止.) ∎

72. (a) 当顶点进入或者退出栈时, 这个条件显然保持不变.

(b) 顶点 v 已着色但尚未考察, 因为每个考察过的顶点的邻近顶点有适当的颜色.

(c) 恰在步骤 B6 置 $s \leftarrow v$ 之前置 $\text{PARENT}(v) \leftarrow u$, 其中 PARENT 是一个新的应用字段. 恰在步骤 B6 以失败终止之前执行以下操作: "重复输出 $\text{NAME}(u)$ 并且置 $u \leftarrow \text{PARENT}(u)$, 直到 $u = \text{PARENT}(v)$; 然后输出 $\text{NAME}(u)$ 和 $\text{NAME}(v)$."

73. K_{10}. ($random\_graph(10,100,0,1,1,0,0,0,0,0)$ 的另一名称是 J_{10}.)

74. 顶点 badness 有出度 22. 其他顶点的出度都不大于 20.

75. 参数 $(n_1, n_2, n_3, n_4, p, w, o)$ 分别是: (a) $(n,0,0,0,-1,0,0)$; (b) $(n,0,0,0,1,0,0)$; (c) $(n,0,0,0,1,1,0)$; (d) $(n,0,0,0,-1,0,1)$; (e) $(n,0,0,0,1,0,1)$; (f) $(n,0,0,0,1,1,1)$; (g) $(m,n,0,0,1,0,0)$; (h) $(m,n,0,0,1,2,0)$; (i) $(m,n,0,0,1,3,0)$; (j) $(m,n,0,0,-1,0,0)$; (k) $(m,n,0,0,1,3,1)$; (l) $(n,0,0,0,2,0,0)$; (m) $(2,-n,0,0,1,0,0)$.

76. 可以. 例如, 从习题 75(e) 答案中的 C_1 和 C_2 产生. (但是, 当 $p < 0$ 时不可能出现自环, 因为弧 $x \longrightarrow y = x + k\delta$ 是对于 $k = 1, 2, \ldots$ 直到 y 超出范围或 $y = x$ 生成的.)

77. 假定 x 和 y 是 $d(x,y) > 2$ 的两个顶点. 因此我们有 $x \nmid\!\!\!- y$. 同时, 如果 v 是任何其他顶点, 我们必定有 $v \nmid\!\!\!- x$ 或 $v \nmid\!\!\!- y$. 这些结论在 $\overline{G}$ 的任何两个顶点 u 和 v 之间产生一条长度最多是 3 的路径.

78. (a) 边的数量 $\binom{n}{2}/2$ 必定是一个整数. 最小的例子是 K_0, K_1, P_4, C_5 和 ⅄ (称为 "公牛").

(b) 如果 q 是任意奇数, 则 $u \longrightarrow v$ 当且仅当 $\varphi^q(u) \nmid\!\!\!- \varphi^q(v)$. 所以, φ^q 不可能有两个固定点, 它也不可能包含一个 2 圈.

(c) V 的这样一个置换也定义了 K_n 的边的一个置换 $\widehat{\varphi}$, 取 $\{u,v\} \mapsto \widehat{\varphi}(\{u,v\}) = \{\varphi(u), \varphi(v)\}$, 容易看出, $\widehat{\varphi}$ 的圈长度全部都是偶数. 如果 $\widehat{\varphi}$ 有 t 个圈, 我们对每个圈的边用交替的颜色着色, 获得 2^t 个自补图.

(d) 在这种情况, φ 有唯一的固定点 v, 而且 $G' = G \setminus v$ 是自补图. 假定除 (v) 之外 φ 有 r 个圈, 那么, $\widehat{\varphi}$ 具有包含接触顶点 v 的边的 r 个圈, 并且存在 2^r 种方式把图 G' 扩展为图 G.

[参考文献: 霍斯特 · 萨克斯, *Publicationes Mathematicæ* **9** (Debrecen, 1962), 270–288; 格哈德 · 林格尔, *Archiv der Mathematik* **14** (1963), 354–358.]

79. 解法 1, 霍斯特 · 萨克斯给出的解, 假定 $\varphi = (1 2 \ldots 4k)$: 当 $u > v > 0$ 且 $u + v \bmod 4 \leq 1$ 时令 $u \!-\! v$, 此外, 当 $v \bmod 2 = 0$ 时令 $0 \!-\! v$.

解法 2，假定 $\varphi = (a_1 b_1 c_1 d_1) \ldots (a_k b_k c_k d_k)$，其中 $a_j = 4j-3$，$b_j = 4j-2$，$c_j = 4j-1$，$d_j = 4j$：对于 $1 \le j \le k$ 令 $0 - b_j - a_j - c_j - d_j - 0$，对于 $1 \le i < j \le k$ 令 $a_i - a_j - b_i - d_j - c_i - c_j - d_i - b_j - a_i$.

80. （格哈德·林格尔给出的解）令 φ 像习题 79 的解法 2 中那样定义. 令 E_0 是对于 $1 \le j \le k$ 的 $3k$ 条边 $b_j - a_j - c_j - d_j$；令 E_1 是对于 $1 \le i < j \le k$ 的 $\{a_i, b_i, c_i, d_i\}$ 和 $\{b_j, d_j\}$ 之间的 $8\binom{k}{2}$ 条边；令 E_2 是对于 $1 \le i < j \le k$ 的 $\{a_i, b_i, c_i, d_i\}$ 和 $\{a_j, c_j\}$ 之间的 $8\binom{k}{2}$ 条边. 在 (a) 小题，$E_0 \cup E_1$ 给出直径 2，$E_0 \cup E_2$ 给出直径 3. (b) 小题是类似的情形，但我们添加从 $b_j - 0 - d_j$ 到 E_1 和从 $a_j - 0 - c_j$ 到 E_2 的 $2k$ 条边.

81. $C_3^{\rightarrow}$，$K_3^{\rightarrow}$，$D = \circ\!\!\rightarrow\!\!\circ\!\!\rightarrow\!\!\circ$，$D^T = \circ\!\!\leftarrow\!\!\circ\!\!\leftarrow\!\!\circ$. （有向图 D 的反向图 D^T 是通过颠倒图中弧的方向得到的. 存在 16 个 3 阶无环非同构简单有向图，它们当中有 10 个是自反向的，其中包括 $C_3^{\rightarrow}$ 和 $K_3^{\rightarrow}$. ）

82. (a) 根据定义，命题为真. (b) 真：如果每个顶点有 d 个邻近顶点，每条边 $u - v$ 有 $d-1$ 条邻近边 $u - w$ 和 $d-1$ 条邻近边 $w - v$. (c) 真：对于 $0 \le i < m$，$0 \le j < n$，顶点 $\{a_i, b_j\}$ 有 $m+n-2$ 个邻近顶点. (d) 假：$L(K_{1,1,2})$ 有 5 个顶点和 8 条边. (e) 真. (f) 真：仅有的非邻近边是 $\{0,1\} \ne \{2,3\}$，$\{0,2\} \ne \{1,3\}$，$\{0,3\} \ne \{1,2\}$. (g) 命题对于所有 $n > 0$ 为真. (h) 假，除非 G 没有孤立顶点.

83. 它是佩特森图. [阿诺尔德·科瓦莱夫斯基，*Sitzungsberichte der Akademie der Wissenschaften in Wien*, Mathematisch-Nat. Klasse, Abteilung IIa, **126** (1917), 67–90.]

84. 是：对于 $0 \le u, v < 3$，令 $\varphi(\{a_u, b_v\}) = \{a_{(u+v) \bmod 3}, b_{(u-v) \bmod 3}\}$.

85. 令图的顶点度是 $\{d_1, \ldots, d_n\}$. 那么，G 有 $\frac{1}{2}(d_1 + \cdots + d_n)$ 条边，而 $L(G)$ 有 $\frac{1}{2}(d_1(d_1-1) + \cdots + d_n(d_n-1))$ 条边. 因此，G 和 $L(G)$ 恰好都有 n 条边当且仅当 $(d_1-2)^2 + \cdots + (d_n-2)^2 = 0$. 所以，习题 58 给出了答案. [见瓦伊雷利勒·梅农，*Canadian Math. Bull.* **8** (1965), 7–15.]

86. 如果 $G = \!\!\rightthreetimes\!\!$，则 $\overline{G} = \!\!\triangle\!\! = L(G)$.

87. (a) 容易看出，是的. [事实上，罗兰·布鲁克斯已经证明，除完全图 K_{d+1} 外，最大顶点度 $d > 2$ 的每个连通图都是 d 可着色的；见 *Proc. Cambridge Phil. Soc.* **37** (1941), 194–197.] (b) 不是. 实际上，对图 2(e) 中的外层五圈的边仅有一种方式着三色. 这必将与对内层五圈的着色产生冲突. [1898 年，朱利叶斯·佩特森证明了这个结论.]

88. 有一个不通过中央顶点的圈，另有 $n(n-1)$ 个通过中央顶点的圈（就是说，车轮图边缘上每个不同顶点的序偶都有一个圈）. 其中仅有 $n+1$ 个是诱导子图.

89. 两端分别等于 $\begin{pmatrix} A & O & O \\ O & B & O \\ O & O & C \end{pmatrix}$，$\begin{pmatrix} A & J & J \\ J & B & J \\ J & J & C \end{pmatrix}$，$\begin{pmatrix} A & J & J \\ O & B & J \\ O & O & C \end{pmatrix}$，$\begin{pmatrix} A & O & O \\ J & B & O \\ J & J & C \end{pmatrix}$.

90. K_4 和 $\overline{K_4}$；$K_{1,1,2}$ 和 $\overline{K_{1,1,2}}$；$K_{2,2} = C_4$ 和 $\overline{K_{2,2}}$；$K_{1,3}$ 和 $\overline{K_{1,3}}$；$K_1 \oplus K_{1,2}$ 及其补图；根据 (39)，所有 K_α 是余图. $P_4 = \overline{P_4}$ 不是余图. （余图的全部连通子图的直径都小于等于 2. W_4 是余图，但 W_5 不是余图. ）

91. (a) ⌑；(b) ✕；(c) ⊠；(d) ⌑；(e) ⊠；(f) ‖；(g) ⊠. （一般来说，我们有 $K_2 \triangle H = (K_2 \square H) \cup (K_2 \otimes \overline{H})$ 和 $K_2 \circ H = H - H$. 因此，$K_2 \triangle H = K_2 \square H$ 和 $K_2 \circ H = K_2 \boxtimes H$ 并存在当且仅当 H 是完全图. ）

助记方法：正如雅罗斯拉夫·内谢特日尔在 *Lecture Notes in Comp. Sci.* **118** (1981), 94–102 中提出的那样，我们的记号 $G \square H$ 和 $G \boxtimes H$ 与示意图 (a) 和 (c) 完全匹配. 类似地，他建议把 (b) 写成 $G \times H$，同样富有吸引力，但无法在这里采用，因为许许多多作者已经用 $G \times H$ 表示 $G \square H$.

92. (a) ⌑；(b) ⟋；(c) ⌗；(d) ⌗；(e) ⊠.

93. $K_m \boxtimes K_n = K_m \circ K_n \cong K_{mn}$.

94. 不是. 它们是 $K_{26} \square K_{26} \square K_{26} \square K_{26} \square K_{26}$ 的诱导子图.

95. (a) $d_u + d_v$, (b) $d_u d_v$, (c) $d_u d_v + d_u + d_v$, (d) $d_u(n - d_v) + (m - d_u)d_v$, (e) $d_u n + d_v$.

96. (a) $A \square B = A \otimes I + I \otimes B$；(b) $A \boxtimes B = A \square B + A \otimes B$；(c) $A \triangle B = A \otimes J + J \otimes B - 2A \otimes B$；(d) $A \circ B = A \otimes J + I \otimes B$．（公式 (a), (b), (d) 定义了任意有向图与多重图的图积．公式 (c) 通常对于简单有向图成立，但当 A 和 B 包含大于 1 的值时可能出现负值项．）

历史注记：矩阵的直积通常称为克罗内克积，因为库尔特·亨泽尔 [*Crelle* **105** (1889), 329–344] 说他在克罗内克的讲演中听到过它．然而，实际上克罗内克没有发表过关于矩阵直积的任何文章．矩阵的直积首次公诸于世是在约翰·泽富斯的文章 [*Zeitschrift für Math. und Physik* **3** (1858), 298–301] 中，他证明了当 $m = m'$ 且 $n = n'$ 时 $\det(A \otimes B) = (\det A)^n (\det B)^m$．基本公式 $(A \otimes B)^T = A^T \otimes B^T$，$(A \otimes B)(A' \otimes B') = AA' \otimes BB'$，$(A \otimes B)^{-1} = A^{-1} \otimes B^{-1}$ 归功于阿道夫·赫维茨 [*Math. Annalen* **45** (1894), 381–404].

97. 对邻接矩阵的运算表明 $(G \oplus G') \square H = (G \square H) \oplus (G' \square H)$；$(G \oplus G') \boxtimes H = (G \boxtimes H) \oplus (G' \boxtimes H)$；$(G \oplus G') \circ H = (G \circ H) \oplus (G' \circ H)$．因为 $G \square H \cong H \square G$，$G \otimes H \cong H \otimes G$，$G \boxtimes H \cong H \boxtimes G$，我们还有右分配律 $G \square (H \oplus H') \cong (G \square H) \oplus (G \square H')$；$G \otimes (H \oplus H') \cong (G \otimes H) \oplus (G \otimes H')$；$G \boxtimes (H \oplus H') \cong (G \boxtimes H) \oplus (G \boxtimes H')$．字典积满足 $\overline{G \circ H} = \overline{G} \circ \overline{H}$，我们还有 $K_m \circ H = H \text{---} \cdots \text{---} H$，因此 $K_m \circ \overline{K_n} = K_{n,\ldots,n}$．此外，我们有 $G \circ K_n = G \boxtimes K_n$；$K_m \square K_n = \overline{K_m \otimes K_n} = L(K_{m,n})$.

98. 有 kl 个分图（因为上题中的分配律，以及当 G 和 H 是连通图时 $G \square H$ 和 $G \boxtimes H$ 都是连通的这一事实）．

99. $G \square H$ 中每条从顶点 (u,v) 到 (u',v') 的路径必须用至少 $d_G(u,u')$ 个 "G 步" 和至少 $d_H(v,v')$ 个 "H 步"，最小值是可达的．同理可证，$d_{G \boxtimes H}((u,v),(u',v')) = \max(d_G(u,u'), d_H(v,v'))$.

100. 如果 G 和 H 是连通图，而且它们中的每个至少有两个顶点，$G \otimes H$ 不是连通图的充分必要条件是 G 和 H 都是二部图．充分性容易证明．反之，如果 G 中存在一个奇数圈，我们可以按以下步骤从 (u,v) 到达 (u',v')：首先前往 (u'',v')，其中 u'' 是 G 中任意一个恰好合适的顶点；然后，在 G 中移动偶数步从 u'' 到达 u'；同时，在 H 的顶点 v' 及其一个邻近顶点之间交替进行这样的移动．[保罗·韦克塞尔，*Proc. Amer. Math. Soc.* **13** (1962), 47–52.]

101. 选择具有最大度数的顶点 u 和 v．那么，根据习题 95，我们有 $d_u + d_v = d_u d_v$．所以，要么 $G = H = K_1$，要么 $d_u = d_v = 2$．在后一种情形，我们有 $G = P_m$ 或 C_m，$H = P_n$ 或 C_n．但 $G \square H$ 是连通图，所以，G 和 H 中必定有一个不是二部图，我们不妨假定 G 不是二部图．因此，$G \square H$ 不是二部图，从而 H 也必定不是二部图．于是，$G = C_m$，$H = C_n$，其中 m 和 n 都是奇数．在 $C_m \square C_n$ 中最短奇数圈的长度是 $\min(m,n)$，在 $C_m \otimes C_n$ 中最短奇数圈的长度是 $\max(m,n)$，因此 $m = n$．反过来，如果 $n \geq 3$ 是奇数，在对 $(u,v) \mapsto ((u+v) \bmod n, (u-v) \bmod n)$ 的同构下，我们有 $C_n \square C_n \cong C_n \otimes C_n$．[唐纳德·米勒，*Canadian J. Math.* **20** (1968), 1511–1521.]

102. $P_m \boxtimes P_n$．（仅当 $\min(m,n) \leq 2$ 或 $m = n = 3$ 时它是平面图．）

103.

1	2	3	4	5	7			
2	1	3	4	6	8			
3	1	2	5	6	8			
4	1	2	5	6				
5	3	4	1	7				
6	2	3	1	7				
7	5	1						
8	2	3						

1	2	3	4	5	6	7	8	9
2	1	3	4	6	8	9		
3	1	2	5	6	8	9		
4	1	2	5	7				
5	3	4	1	7				
6	2	3	1	7				
7	4	5	6	1				
8	2	3	1	9				
9	8	2	3	1				

104. 为了保持表的形状，必须按某种巡回顺序建立边．变量 i 和 r 限定 t 列中可用的行．例如，习题 103 的第二部分从 $i \leftarrow 1$，$t \leftarrow 8$，$r \leftarrow 1$ 开始；然后 9—1，$i \leftarrow 2$，$t \leftarrow 6$，$r \leftarrow 3$；然后 9—3，9—2，$i \leftarrow 4$，$t \leftarrow 4$，$r \leftarrow 8$；然后 9—8.

105. 注意到 $d_k \geq k$ 当且仅当 $c_k \geq k$．当 $d_k \geq k$ 时我们有

$$c_1 + \cdots + c_k = k^2 + \min(k, d_{k+1}) + \min(k, d_{k+2}) + \cdots + \min(k, d_n);$$

所以，条件 $d_1 + \cdots + d_k \le c_1 + \cdots + c_k - k$ 等价于

$$d_1 + \cdots + d_k \le f(k), \quad \text{其中 } f(k) = k(k-1) + \min(k, d_{k+1}) + \cdots + \min(k, d_n). \tag{$*$}$$

如果 $k \ge s$，我们有 $f(k+1) - f(k) = 2k - d_{k+1} \ge d_{k+1}$. 因此，$(*)$ 对于 $1 \le k \le n$ 成立当且仅当它对于 $1 \le k \le s$ 成立. 条件 $(*)$ 是彼得·爱尔特希和蒂博尔·高洛伊发现的 [*Matematikai Lapok* **11** (1960), 264–274]. 如果我们考查 $\{1, \ldots, k\}$ 和 $\{k+1, \ldots, n\}$ 之间的边，它显然是必要条件.

令 $a_k = d_1 + \cdots + d_k - c_1 - \cdots - c_k + k$，并假定对于某个 $k \le s$ 我们在步骤 H2 达到 $a_k > 0$. 令 A_j, C_j, D_j, N, S 分别是在步骤 H3 和 H4 之前对应于 a_j, c_j, d_j, n, s 的数. 于是，$N = n + 1$，$D_j = d_j + (0 \text{ 或 } 1)$，等等. 我们需要证明对于某个 $K \le S$ 有 $A_K > 0$.

步骤 H3 和 H4 对于某些 $t \ge S$ 和 $q > 0$ 消去了 N 行，以及 t 列中最底部剩余的 q 个单元，还有 1 至 p 行中最右端的单元. 如果 $p > 0$，我们有 $C_{t+1} = p$. 令 $r = D_N = p + q$，$u = C_t$. 注意到对于 $p < j \le u$ 有 $D_j = t$，对于 $1 \le j \le r$ 有 $C_j = N$，此外，对于 $1 \le j \le p$ 有 $A_j = a_j$.

如果 k 是最小的，我们有 $1 \le a_k \le d_k - c_k + 1$，因此 $c_k \le d_k$. 如果 $D_k > t$，则我们有 $k \le p$，$A_k = a_k$. 如果 $D_k < t$，我们可以推出 $A_k = a_k + r - \min(k, r) \ge a_k$，因为 $k \le D_k$. 于是，我们可以假设 $D_k = t$.

假定 $t > S$，因此 $u \le S$. 对于 $k < j \le u$，我们有 $d_j \ge D_j - 1 = t - 1 \ge d_k - 1 \ge c_k - 1 \ge c_j - 1$. 于是 $a_u \ge a_k > 0$. 但 $A_u = a_u$，因为 $r \le u \le S < t$. 所以，我们可以假设 $t = S$. 假定 $k < t$，那么 $c_k = d_k = t$，因为 $S \le c_k \le d_k \le t$. 但 $r = t$ 导致 $c_k = N - 1$，矛盾. 此外，$r < t$ 导致 $u = t$，由此推出 $A_t > A_{t-1} = a_{t-1} - 1 \ge 0$.

（深呼吸.）好，我们已经把问题简化成 $k = t = S$ 的情形. 因此 $t = s \le c_t \le d_t \le D_t = t$，而且我们有 $a_t = a_{t-1} + 1$. 所以 $a_{t-1} = 0$.

事实上，根据对 $t - j$ 的归纳法，对于 $p \le j < t$ 我们可以证明 $a_j = 0$. 如果 $a_{j+1} = 0$，那么 $0 \ge a_j = c_{j+1} - t - 1 \ge q - 1 \ge 0$，因为当 $p \le j < t - 1$ 时 $c_{j+1} \ge t + q$.

如果 $p < t - 1$，这个论证证明了 $q = 1$，$c_r = N - 1 = t + 1$. 我们推断，无论 p 取什么值，必定有 $q = 1$，$N = t + 2$，$D_j = t + 1$（对于 $1 \le j \le p$），$D_j = t$（对于 $p < j \le t + 1$），$D_N = p + 1$. 实际上，算法 H 把这个"好"序列变成了"坏"序列，但 $D_1 + \cdots + D_N = 2p + t(t+1) + 1$ 是奇数.

106. 在 $d \le 1$ 和 $n \ge d + 2$ 这种平凡情形是假. 在其他情形是真：事实上，步骤 H4 生成的前 $n - 1$ 条边不包含圈，所以它们构成一棵生成树.

107. 习题 78 的置换 φ 把度数为 d 的顶点变成度数为 $n - 1 - d$ 的顶点. φ^2 是自同构，它使度数相等的两个顶点配对，除了一个度数为 $(n-1)/2$ 的固定点（如果有的话）.

（反过来，假定当 n 是奇数时有 $d_{(n-1)/2} = (n-1)/2$，算法 H 的某个有些复杂的扩展将从满足这些条件的每个图序列中构造一个自补图. 见克里斯托弗·克拉彭和丹尼尔·克莱特曼，*J. Combinatorial Theory* **B20** (1976), 67–74. ）

108. 我们可以假定 $d_1^+ \ge \cdots \ge d_n^+$. 入度 d_k^- 不需要任何特定的顺序. 对序列 $d_1 \ldots d_n = d_1^+ \ldots d_n^+$ 应用算法 H，但作如下改变：步骤 H2 改为"[完成？] 如果 $d_1 = n = 0$，算法以成功终止；如果 $d_1 > n$，算法以失败终止."在步骤 H3，把"$j \leftarrow d_n$"改为"$j \leftarrow d_n^-$"，加上"如果 $j > c_1$，算法以失败终止."在步骤 H4，把"置 $c_j \leftarrow c_j - 1$，$m \leftarrow c_t$. 建立边 $n \text{ —— } m$"改为"如果 $j > 0$，置 $m \leftarrow c_t$. 建立弧 $m \longrightarrow n$"，在"返回 H2"之前加上"置 $n \leftarrow n - 1$". 类似引理 M 和推论 H 的论证表明这个方法是正确的.

（习题 7.2.1.4–57 表明，存在这样的有向图的充分必要条件是：$d_1^- + \cdots + d_n^- = d_1^+ + \cdots + d_n^+$ 且 $d_1^- \ldots d_n^- = \{d_1', \ldots, d_n'\}$，其中 $d_1' \ge \cdots \ge d_n'$，同时 $d_1' \ldots d_n'$ 是由共轭分划 $c_1 \ldots c_n = (d_1^+ \ldots d_n^+)^T$ 优化的. 禁止出现 $v \longrightarrow v$ 环的变形是更难的. 见德尔伯特·富尔克森，*Pacific J. Math.* **10** (1960), 831–836. ）

109. 置 $d_k^+ = d_k[k \le m]$，$d_k^- = d_k[k > m]$，其余与习题 108 的算法相同.

110. 存在度数为 $d = d_1$ 的 p 个顶点和度数为 $d - 1$ 的 q 个顶点，其中 $p + q = n$.

情形 1, $d = 2k+1$. 每当 $(u-v) \bmod n \in \{2, 3, \ldots, k+1, n-k-1, \ldots, n-3, n-2\}$ 时产生 $u \longrightarrow v$, 另外增加 $p/2$ 条边 $1 \longrightarrow 2$, $3 \longrightarrow 4$, $\ldots$, $(p-1) \longrightarrow p$.

情形 2, $d = 2k > 0$. 每当 $(u-v) \bmod n \in \{2, 3, \ldots, k, n-k, \ldots, n-3, n-2\}$ 时产生 $u \longrightarrow v$, 另外增加边 $1 \longrightarrow 2$, $\ldots$, $(q-1) \longrightarrow q$, 以及路径或圈 $(q = 0 ? n : q) \longrightarrow (q+1) \longrightarrow \cdots \longrightarrow (n-1) \longrightarrow n$. [王大伦和丹尼尔·克莱特曼在 *Networks* **3** (1973), 225–239 中证明了这样的图是高度连通的.]

111. 假定 $N = n + n'$, $V' = \{n+1, \ldots, N\}$. 我们需要构造 k 和 V' 之间的 $e_k = d - d_k$ 条边和 V' 内部附加的边, 使得 V' 的每个顶点的度为 d. 令 $s = e_1 + \cdots + e_n$. 这项任务仅在下列条件下可以完成: (i) $n' \geq \max(e_1, \ldots, e_n)$; (ii) $n'd \geq s$; (iii) $n'd \leq s + n'(n'-1)$; (iv) $(n+n')d$ 是偶数.

每当 n' 满足条件 (i)–(iv) 时存在这样的边: 首先, 根据 (i), 通过循环选择端点 $(n+1, n+2, \ldots, n+n', n+1, \ldots)$, 我们可以在 V 与 V' 之间建立 s 条符合条件的边. 这个过程对 V' 的每个顶点确定 $\lfloor s/n' \rfloor$ 或 $\lceil s/n' \rceil$ 条边. 根据条件 (ii) 我们有 $\lceil s/n' \rceil \leq d$, 根据条件 (iii) 我们有 $d - \lfloor s/n' \rfloor \leq n' - 1$. 因此, 根据习题 110 和条件 (iv), 所需的 V' 内部附加的边是可以建立的.

选择 $n' = n$ 始终是可行的. 反之, 如果 $G = K_n(V) \setminus \{1 \longrightarrow 2\}$, 当 $n \geq 4$ 时, 条件 (iii) 要求 $n' \geq n$. [保罗·爱尔特希和保罗·凯利, *AMM* **70** (1963), 1074–1075.]

112. 在网络 *miles* 的数据中, 唯一最好的三角形是

$$\text{Saint Louis, MO} \overset{748}{\longrightarrow} \text{Toronto, ON} \overset{746}{\longrightarrow} \text{Winston-Salem, NC} \overset{748}{\longrightarrow} \text{Saint Louis, MO.}$$

113. 由墨菲定律它有 n 行 m 列, 所以它是 $n \times m$ 矩阵而不是 $m \times n$ 矩阵.

114. 多重图中的环是指顶点重复的一条边 $\{a, a\}$, 而且多重图是 2 一致超图. 因此, 当一般超图的一条边包含的某个顶点超过一次时, 我们应当允许它的关联矩阵有大于 1 的元素. (学究或许会把这种图称为 "多重超图".) 考虑这些因素, 对应于 (26) 的关联矩阵和二部多重图是

$$\begin{pmatrix} 210000011100001122 \end{pmatrix};$$

115. $B^T B$ 的 e 行 f 列的元素是 $\sum_v b_{ve} b_{vf}$, 所以, $B^T B$ 是 $2I$ 加上 $L(G)$ 的邻接矩阵. 同样, BB^T 是 D 加上 G 的邻接矩阵, 其中 D 是具有 "$d_{vv} = v$ 的度" 的对角矩阵. (见习题 2.3.4.2–18, 19, 20.)

116. 对于所有 $r \geq 1$, 推广 (38), $\overline{K_{m,n}^{(r)}} = K_m^{(r)} \oplus K_n^{(r)}$.

117. 关于 $m = 4$, $V = \{0, 1, 2\}$ 的单边非同构多重集是 $\{\{0\}, \{0\}, \{0\}, \{0\}\}$, $\{\{0\}, \{0\}, \{0\}, \{1\}\}$, $\{\{0\}, \{0\}, \{1\}, \{1\}\}$, $\{\{0\}, \{0\}, \{1\}, \{2\}\}$. 答案通常是 m 最多分拆成 n 部分的数量, 用 7.2.1.4 节的记号就是 $\left|{m+n \atop n}\right|$. (当然, 没有什么理由考虑 1 一致超图的分拆, 除非解答奇怪的习题.)

118. 令顶点度数之和为 d. 对应的二部图是具有 $m + n$ 个顶点、d 条边和 p 个分图的森林. 因此, 根据定理 2.3.4.1A, 我们有 $d = m + n - p$.

119. 它有一条包含所有 7 个顶点的额外的边.

120. 我们可以说 (超) 弧是顶点的任意序列, 或者说是不同顶点的序列. 但是, 似乎多数作者把超弧定义为 $A \longrightarrow v$, 其中 A 是顶点的无序集. 如果能找到最佳定义, 它也许是具有最重要实用价值的一个定义.

121. $\chi(H) = |F| - \alpha(I(H)^T)$ 是用 F 的集合的 V 的最小覆盖的大小.

122. (a) 不难验证恰好有 7 个三元素覆盖 (即一条边的顶点), 所以有 7 个四元素独立集 (即一条边的补). 我们不能对超图着双色, 因为一种颜色需要使用 4 次而其他 3 个顶点是一条边. (超图 (56) 实际上是具有 7 个点和 7 条线的投影平面.)

(b) 由于我们是求对偶图, 不妨把佩特森图的顶点和边分别称为 "点" 和 "线". 于是, 对偶的顶点和边分别是线和顶点. 对连接外部点和内部点的 5 条线着红色. 其他 10 条线是独立的 (它们不包含接触任何点的所有 3 条线), 所以它们可以着绿色. 任何包含 11 条线的集合都不可能是独立的, 因为 4 条线不可能接触所有 10 个点. (因此佩特森对偶图是二部超图, 尽管存在它包含长度为 5 的圈这一事实.)

123. 它们对应于 $n \times n$ 的拉丁方, 其中的元素是顶点的颜色.

124. 无疑，4 种颜色足够了．如果它是可 3 着色的，每种颜色必定有 4 个顶点，因为没有 5 个顶点是独立的．于是两个对角必定有相同的颜色，立即产生矛盾．

125. 当 $g = 4$ 时，赫瓦塔尔图是最小的这种图．当 $g = 5$ 时，冈纳·布林克曼找到最小的这种图：它有 21 个顶点 a_j, b_j, c_j，其中 $0 \le j < 7$，以及下标按模 7 取值的边 $a_j \text{---} a_{j+2}$，$a_j \text{---} b_j$，$a_j \text{---} b_{j+1}$，$b_j \text{---} c_j$，$b_j \text{---} c_{j+2}$，$c_j \text{---} c_{j+3}$．马库斯·梅林格证明，如果 $g > 5$，这种图必定至少有 35 个顶点．布兰科·格兰巴姆猜测 g 可以任意大，但不知道进一步的结构．［见 *AMM* **77** (1970), 1088–1092; *Graph Theory Notes of New York* **32** (1997), 40–41.］

126. 当 m 和 n 是偶数时，C_m 和 C_n 都是二部图，容易 4 着色．其他情形都不可能 4 着色．当 $m = n = 3$ 时，根据习题 93，9 着色是最优着色．当 $m = 3$ 且 $n = 4$ 或 5 时，最多有两个顶点是独立的，容易找到最优的 6 着色或 8 着色．否则，通过对 $(a_j + 2b_k) \bmod 5$ 情形的顶点 (j, k) 着色，我们得到一个 5 着色，其中，存在周期长度分别为 m 和 n 的周期序列 $\langle a_j \rangle$ 和 $\langle b_k \rangle$，使得 $a_j - a_{j+1} \equiv \pm 1$ 和 $b_k - b_{k+1} \equiv \pm 1$ 对所有 j 和 k 成立．［卡塔林·韦斯泰尔戈姆比，*Acta Cybernetica* **4** (1979), 207–212.］

127. (a) 当 $n = 1$ 时，结果是正确的．在其他情形，令 $H = G \setminus v$，其中 v 是任意顶点．于是 $\overline{H} = \overline{G} \setminus v$，根据归纳法，我们有 $\chi(H) + \chi(\overline{H}) \le n$．显然 $\chi(G) \le \chi(H) + 1$ 且 $\chi(\overline{G}) \le \chi(\overline{H}) + 1$，所以这不成问题，除非在上述 3 个式子中等号都成立．但它不可能发生．这蕴涵 $\chi(H) \le d$ 且 $\chi(\overline{H}) \le n - 1 - d$，其中 d 是 G 中 v 的度数．［爱德华·诺德豪斯和杰里·加德姆，*AMM* **63** (1956), 175–177.］

为使等号成立，令 $G = K_a \oplus \overline{K_b}$，其中 $ab > 0$ 且 $a + b = n$．于是我们有 $\overline{G} = \overline{K_a} \text{---} K_b$，$\chi(G) = a$，$\chi(\overline{G}) = b + 1$．［汉斯-约阿希姆·芬克在 *Wiss. Zeit. der Tech. Hochschule Ilmenau* **12** (1966), 243–246 中求出了使等号成立的所有图．］

(b) G 的一个 k 着色至少对某种颜色有 $\lceil n/k \rceil$ 个顶点，这些顶点构成 $\overline{G}$ 中的团．因此 $\chi(G)\chi(\overline{G}) \ge \chi(G)\lceil n/\chi(G) \rceil \ge n$．当 $G = K_n$ 时等号成立．

（根据 (a) 和 (b)，我们推出 $\chi(G) + \chi(\overline{G}) \ge 2\sqrt{n}$ 且 $\chi(G)\chi(\overline{G}) \le \frac{1}{4}(n+1)^2$．）

128. $\chi(G \square H) = \max(\chi(G), \chi(H))$．显然需要这么多颜色．如果函数 $a(u)$ 和 $b(v)$ 用颜色 $\{0, 1, \ldots, k-1\}$ 着色 G 和 H，我们可以用 $c(u, v) = (a(u) + b(v)) \bmod k$ 着色 $G \square H$．

129. 一个完整的行或列的图形（16 格）；一个完整的长度为 4 或更大的对角线图形（18 格）；一个五格图形 $\{(x, y), (x-a, y-a), (x-a, y+a), (x+a, y-a), (x+a, y+a)\}$，其中 $a \in \{1, 2, 3\}$（$36 + 16 + 4$ 格）；一个五格图形 $\{(x, y), (x-a, y), (x+a, y), (x, y-a), (x, y+a)\}$，其中 $a \in \{1, 2, 3\}$（$36 + 16 + 4$ 格）；一个包含五格中的四格的图形，其中第五格落在棋盘外（$24 + 32 + 24$ 格）；一个四格图形 $\{(x, y), (x+a, y), (x, y+a), (x+a, y+a)\}$，其中 $a \in \{1, 3, 5, 7\}$（$49 + 25 + 9 + 1$ 格）．共有 310 个极大团，大小为 $(4, 5, 6, 7, 8)$ 的团分别有 $(168, 116, 4, 4, 18)$ 个．

130. 如果图 G 有 p 个极大团，图 H 有 q 个极大团，那么联合图 $G \text{---} H$ 有 pq 个极大团，因为 $G \text{---} H$ 的团就是 G 的团和 H 的团的并集．此外，空图 $\overline{K_n}$ 具有 n 个极大团（就是它的单顶点集）．

因此，各部大小为 $\{n_1, \ldots, n_k\}$ 的完全 k 部图作为上述大小的空图的联合图，具有 $n_1 \ldots n_k$ 个极大团．

131. 假设 $n > 1$．在一个完全 k 部图中，当各部大小为 3 时，数 $n_1 \ldots n_k$ 达到极大值，或许大小为 2 的一部或两部除外．（见习题 7.2.1.4–68(b).）所以，我们必须证明在任何图中 $N(n)$ 不会大于这个数．

令 $m(v)$ 是包含顶点 v 的极大团的数量．如果 $u \text{-̸-} v$ 且 $m(u) \le m(v)$，构造与图 G 相似的图 G'，除了 u 是邻接于 v 现在的所有邻近顶点而不是它过去的邻近顶点．每个极大团 U 在两个图的任何一个中属于以下 3 种类型之一．

(i) $u \in U$；这种团在 G 中有 $m(u)$ 个，在 G' 中有 $m(v)$ 个．

(ii) $v \in U$；这种团在 G 中有 $m(v)$ 个，在 G' 中也有 $m(v)$ 个．

(iii) $u \notin U$ 且 $v \notin U$；这种 G 中的极大团也是 G' 中的极大团．

所以，G' 拥有至少同 G 一样多的极大团．相应地重复这个过程，我们可以获得一个完全 k 部图．

［这个由保罗·爱尔特希给出的证明，曾经由约翰·穆恩和利奥·莫泽在 *Israel J. Math.* **3** (1965), 23–25 中提出．］

132. 根据习题 93，G 和 H 中团的强积是 $G \boxtimes H$ 中的团，因此 $\omega(G \boxtimes H) \geq \omega(G)\omega(H) = \chi(G)\chi(H)$. 另一方面，$G$ 和 H 的着色 $a(u)$ 和 $b(v)$ 导致 $G \boxtimes H$ 的着色 $c(u, v) = (a(u), b(v))$，因此 $\chi(G \boxtimes H) \leq \chi(G)\chi(H)$. 同时我们有 $\omega(G \boxtimes H) \leq \chi(G \boxtimes H)$.

133. (a) 24; (b) 60; (c) 3; (d) 6; (e) 6; (f) 4; (g) 5; (h) 4; (i) $K_2 \boxtimes C_{12}$; (j) 18; (k) 12. (l) 是，它是度数为 5 的正则图. (m) 不是. [事实上，马库斯·基马尼在 2009 年用分支切割方法证明，无法使用少于 12 条交叉边画出它.] (n) 是，事实上，它是四连通的（见 7.4.1 节）. (o) 是，把每条边看成两段弧，就可以把每个图看成有向图. (p) 自然不是. (q) 无疑是.

　　[音乐图表示主音调之间的简单变调. 它出现在罗宾·威尔逊和约翰·沃特金斯的 *Graphs* (1990) 的 73 页上.]

134. 通过旋转和（或）交换内部顶点与外部顶点，我们可以找到把任何顶点转变为顶点 C 的一个自同构. 如果固定 C，我们可以交换其余 11 对顶点的任何子集的内部顶点与外部顶点，和（或）做一次左右的反射. 所以，共有 $24 \times 2^{11} \times 2 = 98\,304$ 个自同构.

135. 令 $\omega = e^{2\pi i/12}$，定义矩阵 $Q = (q_{ij})$，$S = (s_{ij})$，其中 $q_{ij} = [j = (i+1) \bmod 12]$，$s_{ij} = \omega^{ij}$（$0 \leq i, j < 12$）. 根据习题 96(b)，音乐图 $K_2 \boxtimes C_{12}$ 的邻接矩阵是 $A = \binom{1\,1}{1\,1} \otimes (I + Q + Q^-) - I$. 令 T 表示矩阵 $\binom{1\ \ 1}{1\,-1} \otimes S$，那么，$T^- A T$ 是对角矩阵 D，它的前 12 个元素是 $1 + 4\cos\frac{j\pi}{6}$（$0 \leq j < 12$），其余 12 个元素是 -1. 所以 $A^{2m} = T D^{2m} T^-$，由此推出，从 C 到 (C, G, D, A, E, B, F$^\sharp$) 的 $2m$ 步游动的步数分别是

$$\mathrm{C}_m = \tfrac{1}{24}(25^m + 2(13 + 4\sqrt{3})^m + 3^{2m+1} + 2(13 - 4\sqrt{3})^m + 16);$$
$$\mathrm{G}_m = \tfrac{1}{24}(25^m + \sqrt{3}(13 + 4\sqrt{3})^m - \sqrt{3}(13 - 4\sqrt{3})^m - 1);$$
$$\mathrm{D}_m = \tfrac{1}{24}(25^m + (13 + 4\sqrt{3})^m + (13 - 4\sqrt{3})^m - 3);$$
$$\mathrm{A}_m = \tfrac{1}{24}(25^m - 3^{2m+1} + 2);$$
$$\mathrm{E}_m = \tfrac{1}{24}(25^m - (13 + 4\sqrt{3})^m - (13 - 4\sqrt{3})^m + 1);$$
$$\mathrm{B}_m = \tfrac{1}{24}(25^m - \sqrt{3}(13 + 4\sqrt{3})^m + \sqrt{3}(13 - 4\sqrt{3})^m - 1);$$
$$\mathrm{F}^\sharp_m = \tfrac{1}{24}(25^m - 2(13 + 4\sqrt{3})^m + 3^{2m+1} - 2(13 - 4\sqrt{3})^m);$$

此外，$\mathrm{a}_m = \mathrm{C}_m - 1$，$\mathrm{d}_m = \mathrm{F}_m = \mathrm{e}_m = \mathrm{G}_m$，等等. 特别地，$(\mathrm{C}_6, \mathrm{G}_6, \mathrm{D}_6, \mathrm{A}_6, \mathrm{E}_6, \mathrm{B}_6, \mathrm{F}^\sharp_6) = (15462617, 14689116, 12784356, 10106096, 7560696, 5655936, 5015296)$，因此，所求概率是 $15462617/5^{12} \approx 6.33\%$. 当 $m \to \infty$ 时，这些概率都是 $\frac{1}{24} + O(0.8^m)$.

136. 不是. 仅有两个 10 阶凯莱图是 3 次图，即 $K_2 \square C_5$（它的顶点可以写成 $\{e, \alpha, \alpha^2, \alpha^3, \alpha^4, \beta, \beta\alpha, \beta\alpha^2, \beta\alpha^3, \beta\alpha^4\}$，其中 $\alpha^5 = \beta^2 = (\alpha\beta)^2 = e$），这个图具有顶点 $\{0, 1, \ldots, 9\}$ 和弧 $v \to (v \pm 1) \bmod 10$，$v \to (v + 5) \bmod 10$. [见德里克·霍尔顿和约翰·希恩，*The Petersen Graph* (1993)，习题 9.10. 顺便指出，SGB 图 $raman(p, q, t, 0)$ 是凯莱图.]

137. 用 $[x, y]$ 表示 (x, y) 的标记，我们要求 $[x, y] = [x + a, y + b] = [x + c, y + d]$ 对于所有 x 和 y 成立. 如果 A 是矩阵 $\binom{a\ b}{c\ d}$，把 A 的底行的 t 倍加到顶行的运算把 A 变为矩阵 $A' = \binom{1\ t}{0\ 1} A = \binom{a'\ b'}{c'\ d'}$，其中 $a' = a + tc$，$b' = b + td$，$c' = c$，$d' = d$. 新条件 $[x, y] = [x + a', y + b'] = [x + c', y + d']$ 与旧条件等价，并且 $\gcd(a', b', c', d') = \gcd(a, b, c, d)$. 同样，我们可以用 $\binom{1\ 0}{t\ 1}$ 左乘 A 而不真正改变问题.

　　我们也可以对矩阵的列进行运算，把 A 变为矩阵 $A'' = A\binom{1\ t}{0\ 1} = \binom{a''\ b''}{c''\ d''}$，其中 $a'' = a$，$b'' = ta + b$，$c'' = c$，$d'' = tc + d$. 这个运算反倒改变问题，不过只是轻微改变：如果我们对所有 x 和 y 找到一种满足 $[\![x, y]\!] = [\![x + a'', y + b'']\!] = [\![x + c'', y + d'']\!]$ 的标记，那么，如果 $[x, y] = [\![x, y + tx]\!]$，则我们有 $[x, y] = [x + a, y + b] = [x + c, x + d]$. 同样，我们可以用 $\binom{1\ 0}{t\ 1}$ 右乘 A，问题几乎保持原样.

　　这种行与列的一连串运算将把 A 变成简单形式 $UAV = \binom{1\ 0}{0\ n}$，其中 U 和 V 是满足 $\det U = \det V = 1$ 的整数矩阵. 此外，如果我们有 $V = \binom{\alpha\ \beta}{\gamma\ \delta}$，并定义 $[x, y] = [\![\alpha x + \gamma y, \beta x + \delta y]\!]$，一个对于满足简单条件 $[\![x, y]\!] = [\![x + 1, y]\!] = [\![x, y + n]\!]$ 的简化问题的标记将对原来的标记问题提供一个解.

　　最后，我们不难解出简化的标记问题：令 $[\![x, y]\!] = y \bmod n$. 因此，所求的答案是置 $p = \beta$，$q = \delta$.

138. 如上题那样进行, 但使用 $k \times k$ 矩阵 A, 行与列的运算将使问题简化为对角矩阵 UAV. 对角线元素 $(d_1, \ldots, d_k)$ 具有这样的特点, $d_1 \ldots d_j$ 是 A 的所有 $j \times j$ 子矩阵的行列式的最大公因数. [这是 "史密斯范式", 见亨利 · 史密斯, *Philosophical Transactions* **151** (1861), 293–326, §14.] 如果标记 $[\![x]\!]$ 满足简化问题的条件, 那么, $[x] = [\![xV]\!]$ 满足原来问题的条件. 广义环面中的元素数量是 $n = \det A = d_1 \ldots d_k$.

如果 $d_1 = \cdots = d_{k-1} = 1$, 简化问题像上题那样有简单解. 但一般而言, 简化标记将是维数 $(d_{k-r+1}, \ldots, d_k)$ 中的 r 维普通环面, 其中 $d_{k-r+1} > d_{k-r} = 1$. (这里 $d_0 = 1$, 我们可能有 $r = k$.)

在题目所示的例子中, 我们求出 $d_1 = 1$, $d_2 = 2$, $d_3 = 10$, $n = 20$. 实际上,

$$UAV = \begin{pmatrix} 1 & -2 & 0 \\ 0 & 1 & -1 \\ -1 & -1 & 4 \end{pmatrix} \begin{pmatrix} 3 & 1 & 1 \\ 1 & 3 & 1 \\ 1 & 1 & 3 \end{pmatrix} \begin{pmatrix} 1 & 5 & 6 \\ 0 & 1 & 1 \\ 0 & 0 & 1 \end{pmatrix} = \begin{pmatrix} 1 & 0 & 0 \\ 0 & 2 & 0 \\ 0 & 0 & 10 \end{pmatrix}.$$

现在, 每个点 (x, y, z) 接收一个二维标记 $(u, v) = ((5x + y) \bmod 2, (6x + y + z) \bmod 10)$. 那么, (u, v) 的 6 个邻近是 $((u \pm 1) \bmod 2, (v \pm 6) \bmod 10)$, $((u \pm 1) \bmod 2, (v \pm 1) \bmod 10)$, $(u, (v \pm 1) \bmod 10)$. 一个推论是: 三维空间能够被 $3 \times 3 \times 3$ 立方体的有趣的 20 元素子集 "铺满".

[实际上, 广义环面是阿贝尔群的凯莱图, 见习题 136. 它们被推荐为便利的互联网络, 当给定 k 和 n 时, 它们有希望取最小直径. 见黄泽权和唐 · 科珀史密斯, *JACM* **21** (1974), 392–402; 查尔斯 · 菲杜恰、罗德尼 · 福尔卡德和珍妮弗 · 齐托, *SIAM J. Discrete Math.* **11** (1998), 157–167.]

139. (本题有助于厘清带标记图 G 与无标记图 H 之间的差别, 带标记图中的顶点有确定的名称, 而无标记图是像图 2 的那种图.) 如果 N_H 是 $\{1, 2, \ldots, h\}$ 上与 H 同构的带标记图的数量, 而且 U 是 V 的任意 h 元素子集, 那么, $G \mid U$ 与 H 同构的概率是 $N_H / 2^{h(h-1)/2}$. 所以, 答案是 $\binom{n}{h} N_H / 2^{h(h-1)/2}$. 我们只需求出 N_H 的值, 它的值是 (a) 1; (b) $h!/2$; (c) $(h-1)!/2$; (d) $h!/a$, 其中 H 有 a 个自同构.

140. (a) 对于 $n \geq 4$ 我们有 $\#(K_3 : W_n) = n$, $\#(P_3 : W_n) = \binom{n}{2}$, 此外还有 $\#(\overline{K_3} : W_7) = 7$.

(b) G 是比例图, 当且仅当 $\#(K_3 : G) = \#(\overline{K_3} : G) = \frac{1}{8}\binom{n}{3}$ 且 $\#(P_3 : G) = \#(\overline{P_3} : G) = \frac{3}{8}\binom{n}{3}$. 如果 G 有 e 条边, 我们有 $(n-2)e = 3\#(K_3 : G) + 2\#(P_3 : G) + \#(\overline{P_3} : G)$, 因为每对顶点出现在 $n-2$ 个诱导子图中. 如果 G 具有度序列 $d_1 \ldots d_n$, 我们有 $d_1 + \cdots + d_n = 2e$, $\binom{d_1}{2} + \cdots + \binom{d_n}{2} = 3\#(K_3 : G) + \#(P_3 : G)$, $d_1(n-1-d_1) + \cdots + d_n(n-1-d_n) = 2\#(P_3 : G) + 2\#(\overline{P_3} : G)$. 所以, 比例图满足 $(*)$, 除非 $n = 2$. (本题应已排除这种情形.)

反过来, 如果 G 满足 $(*)$ 且有正确的 $\#(K_3 : G)$, 那么它也有正确的 $\#(P_3 : G)$, $\#(\overline{P_3} : G)$, $\#(\overline{K_3} : G)$.

[参考文献: 卡尔 · 斯万特 · 詹森和扬 · 克拉托赫维尔, *Random Structures & Algorithms* **2** (1991), 209–224. 在 *J. Combinatorial Theory* **B47** (1989), 125–145 中, 安德鲁 · 巴伯、米哈乌 · 卡龙斯基和安杰伊 · 鲁钦斯基证明了, $\#(H : G)$ 的方差同 n^{2h-2}, n^{2h-3} 或 n^{2h-4} 成正比, 其中, 当 H 的边的数量不是 $\frac{1}{2}\binom{h}{2}$ 时出现第一种情形, 当 H 是比例图时出现第三种情形.]

141. 仅有 8 个度序列 $d_1 \ldots d_8$ 满足 $(*)$: 73333333 (1/2), 65433322 (26/64), 64444222 (2/10), 64443331 (8/22), 55543222 (8/20), 55533331 (2/10), 55444321 (26/64), 44444440 (1/2). 这里给出的每个度序列带有统计量 (N_1/N), 其中, 满足度序列的非同构图有 N 个, 它们中的 N_1 个是比例图. 后三种情形是前三种情形的补图. 不存在既是比例图又是自补图的 8 阶图. 前五种情形的极大对称图的例子是 W_8 和下列各图:

 , , ,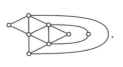

142. 提示归结为习题 140 的答案. $(n-3)\#(\overline{K_3} : G)$ 和 $(n-3)\#(P_3 : G)$ 也可以通过四顶点子图计数表示. 此外, 一个包含 e 条边的图有 $\binom{e}{2} = \#(P_3 \subseteq G) + \#(K_2 \oplus K_2 \subseteq G)$ 个子图, 因为任何两条边构成 P_3 或 $K_2 \oplus K_2$, 在上述公式中, $\#(P_3 \subseteq G)$ 计数 "非必然诱导子图".

我们有 $\#(P_3 \subseteq G) = \#(P_3{:}G) + 3\#(K_3{:}G)$，一个类似的公式通过诱导子图计数表示 $\#(K_2 \oplus K_2 \subseteq G)$. 因此，超比例图必定是比例图，而且满足 $e = \frac{1}{2}\binom{n}{2}$，$\#(P_3 \subseteq G) = \frac{3}{4}\binom{n}{3}$，$\#(K_2 \oplus K_2 \subseteq G) = \frac{3}{4}\binom{n}{4}$. 但这些值同 $\binom{e}{2}$ 的公式矛盾.

143. 考虑以 A 的行为顶点的图，而且它的边 $u\!-\!v$ 表示第 u 行与第 v 行除在某一列外是相同的，假设这一列为第 j 列. 我们把这条边标记为 j.

如果图包含一个圈，删除圈的任意一条边，重复这个过程直到不再有圈. 注意到删除的每条边上的标记出现在它的圈的别处地方，因此，删除圈的边不会影响边标记的集合. 但是，根据定理 2.3.4.1A，我们留下的边的数量少于 $m \le n$，所以存在的不同标记少于 n 个. ［见约翰・邦迪，*J. Combinatorial Theory* **B12** (1972), 201–202.］

144. 令 G 是顶点 $\{1,\dots,m\}$ 上的图，图中存在边 $i\!-\!j$ 当且仅当对于某个 l 有 $* \ne x_{il} \ne x_{jl} \ne *$. 这个图是 k 可着色的，当且仅当存在一个最多有 k 个不同行的完备化. 反过来，如果 G 是顶点 $\{1,\dots,n\}$ 上具有邻接矩阵 A 的一个图，那么，$n \times n$ 矩阵 $X = A + *(J - I - A)$ 具有以下性质：图中存在边 $i\!-\!j$ 当且仅当对于某个 l 有 $* \ne x_{il} \ne x_{jl} \ne *$. ［见马丁・索尔霍夫和英戈・韦格纳，*IEEE Trans.* **CAD-15** (1996), 1435–1437.］

145. 置 $c \leftarrow 0$，对 $1 \le j \le n$ 重复下述操作：如果 $c = 0$，置 $x \leftarrow a_j$，$c \leftarrow 1$；否则，如果 $x = a_j$，置 $c \leftarrow c+1$；否则置 $c \leftarrow c-1$. 此时，x 就是所求答案. 算法的思想是记录一个可能的过半数元素 x，它在非舍弃的元素中出现 c 次，每当发现 $x \ne a_j$ 时我们舍弃 a_j 和一个 x. ［见 *Automated Reasoning* (Kluwer, 1991), 105–117. 贾亚德瓦・米斯拉和戴维・格里斯在 *Science of Computer Programming* **2** (1982), 143–152 中讨论了以 $O(n \log k)$ 步寻找出现 n/k 次以上所有元素的扩展算法. 劳伦特・阿朗索和爱德华・莱因戈尔德在 *Information Processing Letters* **113** (2013), 495–497 中也分析了这个问题.］

7.1.1 节

1. （克里斯蒂安・萨特纳提供解法）他是描述蕴涵关系 $x \Rightarrow y$，引文中的"它"分别代表 y, x, x, y, y, x.（可能存在其他解答.）

2. 对应于平卡斯星球上的 $x \circ y$，我们用 $\overline{x \circ y}$ 与之关联. 所以，它的真值表是对于 $\circ$ 的真值表之补的逆. 因此，对应的答案是 $\top, \vee, \sqsubset, \llcorner, \supset, \mathsf{R}, \equiv, \wedge, \bar{\wedge}, \oplus, \bar{\mathsf{R}}, \bar{\supset}, \bar{\sqsubset}, \bar{\mathsf{C}}, \bar{\vee}, \bot$.（包含表 1 的 16 种运算的任何恒等式蕴涵一个对应的通过替换平卡斯星球上的等价运算获得的对偶恒等式. 例如，德摩根定律 (11) 和 (12) 的每一个是另一个的对偶，就像关联 $\equiv$ 和 $\oplus$ 的恒等式 (3) 和 (4). 在这个意义下可以认为 $\equiv$ 正如它的对偶 $\oplus$ 一样有用.）

3. (a) $\vee$; (b) $\wedge$; (c) $\bar{\sqsubset}$; (d) $\equiv$. ［如果我们用 -1 表示"真"而用 $+1$ 表示"假"（虽然这种约定似乎有点不正常），那么许多公式其实更好计算. 这种情况下 $x \cdot y$ 对应于 $\oplus$. 请注意，无论按哪种约定都有 $\langle xyz \rangle = \text{sign}(x + y + z)$.］

4. ［*Trans. Amer. Math. Soc.* **14** (1913), 481–488.］(a) 从对于 $\llcorner$ 和 R 的真值表开始，然后，从每对已知真值表 α 和 β 按位计算真值表 $\alpha \bar{\wedge} \beta$，产生按照每个公式的长度顺序的结果，写下最短公式得到每个新的 4 位表：

$\bot$: $(x \bar{\wedge} (x \bar{\wedge} x)) \bar{\wedge} (x \bar{\wedge} (x \bar{\wedge} x))$

$\wedge$: $(x \bar{\wedge} y) \bar{\wedge} (x \bar{\wedge} y)$

$\bar{\supset}$: $(x \bar{\wedge} (x \bar{\wedge} y)) \bar{\wedge} (x \bar{\wedge} (x \bar{\wedge} y))$

$\llcorner$: x

$\bar{\mathsf{C}}$: $(y \bar{\wedge} (x \bar{\wedge} x)) \bar{\wedge} (y \bar{\wedge} (x \bar{\wedge} x))$

R: y

$\oplus$: $(y \bar{\wedge} (x \bar{\wedge} y)) \bar{\wedge} (x \bar{\wedge} (x \bar{\wedge} y))$

$\vee$: $(y \bar{\wedge} y) \bar{\wedge} (x \bar{\wedge} x)$

$\bar{\vee}$: $(x \bar{\wedge} (x \bar{\wedge} x)) \bar{\wedge} ((y \bar{\wedge} y) \bar{\wedge} (x \bar{\wedge} x))$

$\equiv$: $(x \bar{\wedge} y) \bar{\wedge} ((y \bar{\wedge} y) \bar{\wedge} (x \bar{\wedge} x))$

$\bar{\mathsf{R}}$: $y \bar{\wedge} y$

$\sqsubset$: $y \bar{\wedge} (x \bar{\wedge} x)$

$\bar{\sqsubset}$: $x \bar{\wedge} x$

$\supset$: $x \bar{\wedge} (x \bar{\wedge} y)$

$\bar{\wedge}$: $x \bar{\wedge} y$

$\top$: $x \bar{\wedge} (x \bar{\wedge} x)$

(b) 对于这种情况，从 4 个表 $\bot$, $\top$, L, R 开始，如果给定长度的公式存在多种选择，则优先采用变量出现较少的公式：

$\bot$: 0	$\barwedge$̄($\overline\vee$): $1 \barwedge ((y \barwedge 1) \barwedge (x \barwedge 1))$
$\wedge$: $(x \barwedge y) \barwedge 1$	$\equiv$: $(x \barwedge y) \barwedge ((y \barwedge 1) \barwedge (x \barwedge 1))$
$\sqsupset$: $((y \barwedge 1) \barwedge x) \barwedge 1$	$\overline{\mathsf{R}}$: $y \barwedge 1$
L: x	$\subset$: $y \barwedge (x \barwedge 1)$
$\overline{\sqsubset}$: $(y \barwedge (x \barwedge 1)) \barwedge 1$	$\overline{\mathsf{L}}$: $x \barwedge 1$
R: y	$\supset$: $(y \barwedge 1) \barwedge x$
$\oplus$: $(y \barwedge (x \barwedge 1)) \barwedge ((y \barwedge 1) \barwedge x)$	$\barwedge$: $x \barwedge y$
$\vee$: $(y \barwedge 1) \barwedge (x \barwedge 1)$	$\top$: 1

5. (a) $\bot$: $x \mathbin{\overline{\subset}} x$; $\wedge$: $(x \mathbin{\overline{\subset}} y) \mathbin{\overline{\subset}} y$; $\sqsupset$: $y \mathbin{\overline{\subset}} x$; L: x; $\overline{\subset}$: $x \mathbin{\overline{\subset}} y$; R: y; 仅用 $\overline{\subset}$ 无法表示其他 10 种运算.

(b) 然而，如果允许使用常数 0 和 1，则所有 16 种运算都能表示：

$\bot$: 0	$\overline\vee$: $y \mathbin{\overline{\subset}} (x \mathbin{\overline{\subset}} 1)$
$\wedge$: $(y \mathbin{\overline{\subset}} 1) \mathbin{\overline{\subset}} x$	$\equiv$: $(y \mathbin{\overline{\subset}} x) \mathbin{\overline{\subset}} ((x \mathbin{\overline{\subset}} y) \mathbin{\overline{\subset}} 1)$
$\sqsupset$: $y \mathbin{\overline{\subset}} x$	$\overline{\mathsf{R}}$: $y \mathbin{\overline{\subset}} 1$
L: x	$\subset$: $(x \mathbin{\overline{\subset}} y) \mathbin{\overline{\subset}} 1$
$\overline{\subset}$: $x \mathbin{\overline{\subset}} y$	$\overline{\mathsf{L}}$: $x \mathbin{\overline{\subset}} 1$
R: y	$\supset$: $(y \mathbin{\overline{\subset}} x) \mathbin{\overline{\subset}} 1$
$\oplus$: $((y \mathbin{\overline{\subset}} x) \mathbin{\overline{\subset}} ((x \mathbin{\overline{\subset}} y) \mathbin{\overline{\subset}} 1)) \mathbin{\overline{\subset}} 1$	$\barwedge$: $((y \mathbin{\overline{\subset}} 1) \mathbin{\overline{\subset}} x) \mathbin{\overline{\subset}} 1$
$\vee$: $(y \mathbin{\overline{\subset}} (x \mathbin{\overline{\subset}} 1)) \mathbin{\overline{\subset}} 1$	$\top$: 1

［本杰明·伯恩斯坦, *University of California Publications in Mathematics* **1** (1914), 87–96.］

6. (a) $\bot$, $\wedge$, L, R, $\oplus$, $\vee$, $\equiv$, $\top$. (b) $\bot$, L, R, $\oplus$, $\equiv$, $\top$. ［注意这些运算都是可结合的. 事实上，所述恒等式蕴涵结合律：首先，我们有 (i) $(x \circ y) \circ ((z \circ y) \circ w) = ((x \circ z) \circ (z \circ y)) \circ ((z \circ y) \circ w) = (x \circ z) \circ w$, 同样，我们有 (ii) $(x \circ (y \circ z)) \circ (y \circ w) = x \circ (z \circ w)$. 根据 (i) 我们还有 (iii) $(x \circ y) \circ (z \circ w) = (x \circ y) \circ ((z \circ y) \circ (y \circ w)) = (x \circ z) \circ (y \circ w)$. 因此，根据 (i), (iii), (ii), 我们有 $(x \circ z) \circ w = (x \circ z) \circ ((z \circ z) \circ w) = (x \circ (z \circ z)) \circ (z \circ w) = x \circ (z \circ w)$. 由 $\{x_1, \ldots, x_n\}$ 产生的无约束系统恰好有 $n + 2^n n^2$ 个不同元素，即 $\{x_j \mid 1 \le j \le n\}$ 和 $\{x_i \circ x_{j_1} \circ \cdots x_{j_r} \circ x_k \mid r \ge 0$ 且 $1 \le i, k \le n$ 且 $1 \le j_1 < \cdots < j_r \le n\}$.］

7. 这相当于恒等式 $y \circ (x \circ y) = x$, 它仅对 $\oplus$ 和 $\equiv$ 成立. ［威廉·杰文斯在 *Pure Logic* §151 中指出 $\oplus$ 的这个性质，但他没有进一步讨论. 我们将在 7.2.3 节探讨具有这种性质的一般系统，把它称为"摸索".］

8. $(\{\bot, \wedge, \overline{\subset}\}, S_0)$, $(\{\top, \vee, \supset\}, S_1)$, $(\{\mathsf{L}, \overline{\mathsf{L}}\}, S_0 \cap S_1)$, $(\{\oplus, \equiv, \overline{\mathsf{R}}\}, S_2)$, $(\{\sqsupset, \overline\vee\}, S_0 \cap S_2)$, $(\{\subset, \barwedge\}, S_1 \cap S_2)$, $(\mathsf{R}, 任意运算)$, 其中 $S_0 = \{\square \mid 0 \square 0 = 0\}$, $S_1 = \{\square \mid 1 \square 1 = 1\}$, $S_2 = \{\square \mid \bar{x} \square \bar{y} = \overline{x \square y}\} = \{\mathsf{L}, \mathsf{R}, \overline{\mathsf{L}}, \overline{\mathsf{R}}\}$. 因此 256 种配对中的 92 种是左分配的. ［这个问题以及习题 6 的两个问题由弗里德里希·施罗德在 *Vorlesungen über die Algebra der Logik* **2**, 2 (1905) 的 §55 首次讨论，该书是在他辞世后出版的. 他是通过说明本质上 $(\circ, \square)$ 各自的真值表 $(pqrs, wxyz)$ 必须满足关系 $((pq \vee rs) \wedge \bar{z}) \vee ((\bar{p}\bar{q} \vee \bar{r}\bar{s}) \wedge w) \vee ((\bar{p}\bar{q} \vee \bar{r}\bar{s}) \wedge ((w \equiv z) \vee (x \equiv y))) = 0$ 表示答案的.］

9. (a) 假, $(x \oplus y) \vee z = (x \vee z) \oplus (y \vee z) \oplus z$. (b) 真，因为当 $z = 0$ 和 $z = 1$ 时恒等式显然成立. (c) 真，它也是 $(x \oplus y) \vee (x \oplus z) = 1 - [x = y = z]$.

10. 分解 (16) 的第一步产生具有真值表 $g = 10100011$ 和 $h = 10100011 \oplus 10010011 = 00110000$ 的函数. 同时，这个过程继续以同样方式产生 $1 + y + xz + w + wy + wx + wxz \pmod 2$.

11. 所述的项出现在 f 的多重线性表示中的充分必要条件是，在 $x_1 = x_4 = x_5 = x_7 = x_9 = x_{10} = \cdots = 0$ 时 $f(x_1, \ldots, x_n)$ 为真的次数是奇数. （当我们把除 k 个变量以外的所有变量置 0 时存在 2^k 个这样的事例.）换句话说，假定 $n = 3$, 多重线性表示可以用像

$$f(x, y, z) = (f_{000} + f_{00*}z + f_{0*0}y + f_{0**}yz + f_{*00}x + f_{*0*}xz + f_{**0}xy + f_{***}xyz) \bmod 2$$

这样的示意性记号表示，其中 $f_{**0} = f(1,1,0) \oplus f(1,0,0) \oplus f(0,1,0) \oplus f(0,0,0)$，等等.

12. (a) 在 (23) 中用 $1-w$ 替换 $\bar{w}$，其余变量替换依此类推，得到 $1-y-xz+2xyz-w+wy+wx+wxz-2wxyz$. ［某些作者称此式为"热加尔金多项式"，但伊万·热加尔金本人从来都是用模 2 处理的. 见于文献的其他名称有"可用性多项式""可靠性多项式"和"特征多项式".］

(b) 对于任意 n 元函数，对应系数的绝对值可以大到 2^{n-1}（根据归纳法可以证明，这是最大值）. 例如，$x_1 \oplus \cdots \oplus x_n$ 在整数范围的整数多重线性表示是 $e_1 - 2e_2 + 4e_3 - \cdots + (-2)^{n-1}e_n$，其中 e_k 是 $\{x_1, \ldots, x_n\}$ 的第 k 个初等对称函数. 上题答案中的公式现在变成整数范围的公式

$$f(x,y,z) = f_{000} + f_{00*}z + f_{0*0}y + f_{0**}yz + f_{*00}x + f_{*0*}xz + f_{**0}xy + f_{***}xyz,$$

其中 $f_{**0} = f(1,1,0) - f(1,0,0) - f(0,1,0) + f(0,0,0)$，等等. 带有 k 个 $*$ 作为下标的 f 是 k 变量阿达马变换公式 4.6.4–(38).

(c,d) 该多项式是它的一些像 $x_1(1-x_2)(1-x_3)x_4$ 这样的小项之和. 当 $0 \leq x_1, \ldots, x_n \leq 1$ 时每个小项是非负的，而且全部小项之和等于 1.

(e) $\partial f/\partial x_j = h(x) - g(x)$，根据 (d)，$h(x) \geq g(x)$.（见习题 21.）

13. 事实上，F 恰好是整数多重线性表示.（见习题 12.）

14. 令 $r_j = p_j/(1-p_j)$. 我们要求 $f(0,0,0) = 0$ 且 $f(1,1,1) = 1 \Leftrightarrow r_1 r_2 r_3 > 1$，$f(0,0,1) = 0$ 且 $f(1,1,0) = 1 \Leftrightarrow r_1 r_2 > r_3$，$f(0,1,0) = 0$ 且 $f(1,0,1) = 1 \Leftrightarrow r_1 r_3 > r_2$，$f(0,1,1) = 0$ 且 $f(1,0,0) = 1 \Leftrightarrow r_1 > r_2 r_3$. 所以我们得到: (a) $\langle x_1 x_2 x_3 \rangle$; (b) x_1; (c) $\bar{x}_3$.

15. 习题 1.2.6–10 告诉我们 $\binom{x}{k} \bmod 2 = [x \,\&\, k = k]$. 因此，举例来说，当 $x = (x_n \ldots x_1)_2$ 时有 $\binom{x}{11} \equiv x_4 \wedge x_2 \wedge x_1 \pmod{2}$，而且，我们可以用这种方式获得像 (19) 那样的多重线性表示中的每一项. 此外，我们无须模 2 计算，因为插值多项式 $\binom{x}{11}\binom{15-x}{4}$ 正好代表 $x_4 \wedge \bar{x}_3 \wedge x_2 \wedge x_1$.

16. 能，甚至能用 $+$ 替代 $\vee$，因为不同小项不会同时为真.（但在像 (25) 的一般析取范式中我们不能这么做. 见习题 35.）

17. 二元运算 $\barwedge$ 不是可结合的，所以必须把 $x \barwedge y \barwedge z$ 这样的表达式解释为一个三元运算. 如果把 NAND 理解为 n 元运算，并注意到单变量 x 的 NAND 运算结果是 $\bar{x}$，采用奎克的表示法是好主意.

18. 如果不是这样的结果，我们可以置 $u_1 \leftarrow \cdots \leftarrow u_s \leftarrow 1$ 和 $v_1 \leftarrow \cdots \leftarrow v_t \leftarrow 0$，使 f 同时为真和假.（如果对一个析取范式反复应用分配律 (2) 直至它变成一个合取范式，我们发现反之亦然: f 蕴涵析取式 $v_1 \vee \cdots \vee v_t$，当且仅当它同 f 的每个蕴涵元有一个共同的字面值，当且仅当它同 f 的每个素蕴涵元有一个共同的字面值，当且仅当它同 f 的某个析取范式的每个蕴涵元有一个共同的字面值.）

19. 包含在 0010, 0011, 0101, 0110, 1000, 1001, 1010, 1011 中的最大子立方是 0*10, 0101, *01*, 10**, 所以答案是 $(w \vee \bar{y} \vee z) \wedge (w \vee \bar{x} \vee y \vee \bar{z}) \wedge (x \vee \bar{y}) \wedge (\bar{w} \vee x)$.（这个合取范式也是最短的.）

20. 真. 对应的最大子立方包含在某些最大子立方 f' 和 g' 内，而且它们的交不会更大.（这个结果是爱德华·萨姆森和伯顿·米尔斯发现的，他们的文章引用在习题 31 的答案中.）

21. 根据布尔的展开定律 (20)，可以看出: n 元函数 f 是单调的，当且仅当它的 $(n-1)$ 元投影 g 和 h 是单调的而且满足 $g \leq h$. 因此

$$f = (g \wedge \bar{x}_n) \vee (h \wedge x_n) = (g \wedge \bar{x}_n) \vee (g \wedge x_n) \vee (h \wedge x_n) = g \vee (h \wedge x_n),$$

所以我们可以不用补表示. 函数表达式中不出现常数 0 和 1，除非它为常函数. 反之，用 $\wedge$ 和 $\vee$ 构建的任何表达式显然是单调的.

关于术语的注记: 严格来说，如果我们想保持经典的数学语言，那么应当用"单调非递减的"而不是简单地说"单调的"，因为实变量递减函数也可称为单调函数.（例如，见 3.3.2G 节的"游程检验".）但是，"非递减的"是很拗口的术语，所以，广泛同布尔函数打交道的研究人员几乎一致认定，在布函数的情形"单调的"自动隐含非递减. 同样，数学上"正函数"这个术语正常情况下是指其值超出 0 的函数.

但是，作者们描述关于"正布尔函数"时是指我们现在所谓的单调函数. 因为单调函数是保持顺序的, 所以有些作者采用"保序"[①]这一术语, 但这个词已经被物理学家、化学家和音乐家占有.

像 $\bar{x} \vee y$ 这样的布尔函数, 当它的变量的某个子集取补时变成单调函数, 则称它为单边函数. 定理 Q 显然适用于单边函数.

22. g 和 $g \oplus h$ 都必须是单调的, 而且 $g(x) \wedge h(x) = 0$.

23. $x \wedge (v \vee y) \wedge (v \vee z) \wedge (w \vee z)$. （推论 Q 也适用于单调函数的合取素式. 所以, 为了求解这种类型的任何问题, 我们仅需应用分配律 (2), 直到没有 $\wedge$ 出现在 $\vee$ 中, 然后消除包含所有其他变量的任何子句. ）

24. 根据对 k 的归纳法, 在根结点使用 $\vee$ 的类似的树给出一个有 $2^{2^{\lceil k/2 \rceil} - 1}$ 个素蕴涵元的长度为 $2^{\lfloor k/2 \rfloor}$ 的函数, 而使用 $\wedge$ 的树给出有 $4^{2^{\lfloor k/2 \rfloor} - 1}$ 个素蕴涵元的长度为 $2^{\lceil k/2 \rceil}$ 的函数. 例如, 当 $k = 6$ 时, 在使用 $\wedge$ 的情形, 有 $4^7 = 2^{14}$ 个素蕴涵元的函数具有形式

$$x_{(0t_0 0t_{00} 0t_{000})_2} \wedge x_{(0t_0 0t_{00} 1t_{001})_2} \wedge x_{(0t_0 1t_{01} 0t_{010})_2} \wedge x_{(0t_0 1t_{01} 1t_{011})_2}$$

$$\wedge \; x_{(1t_1 0t_{10} 0t_{100})_2} \wedge x_{(1t_1 0t_{10} 1t_{101})_2} \wedge x_{(1t_1 1t_{11} 0t_{110})_2} \wedge x_{(1t_1 1t_{11} 1t_{111})_2},$$

其中 t 的位置或者是 0 或者是 1. [关于这种布尔函数的进一步资料, 见高德纳和罗纳德·穆尔, *Artificial Intelligence* **6** (1975), 293–326; 弗拉基米尔·古尔维奇和列昂尼德·哈奇扬, *Discrete Mathematics* **169** (1997), 245–248.]

25. 令 a_n 是所求素蕴涵元数量. 那么 $a_2 = a_3 = 2$, $a_4 = 3$, 对于 $n > 4$ 有 $a_n = a_{n-2} + a_{n-3}$. 因为, 对于 k 变量情形的某个素蕴涵元 p_k, 当 $n > 4$ 时素蕴涵元或者是 $p_{n-2} \wedge x_{n-1}$ 或者是 $p_{n-3} \wedge x_{n-2} \wedge x_n$. （这些素蕴涵元对应于路径图 P_n 的极小顶点覆盖. 当按字典序列出时, 它们在习题 35 的意义下是可剥壳的. 当 P_n 为习题 7.1.4–15 的佩兰数时, 我们有 $a_n = (7P_n + 10P_{n+1} + P_{n+2})/23$. ）

26. (a) 令 $x_j = [j \in J]$, 那么 $f(x) = 0$ 且 $g(x) = 1$. （这是习题 18 的事实. ）

(b) 例如, 假定 $k \in J \in \mathcal{G}$ 且 $k \notin \bigcup_{I \in \mathcal{F}} I$, 并假定已经通过 (a) 的检验. 令 $x_j = [j \in J$ 且 $j \neq k]$. 那么 $f(x) = 1$; 而且 $g(x) = 0$, 因为满足条件 $J' \neq J$ 的每个 $J' \in \mathcal{G}$ 含有一个 $\notin J$ 的元素.

(c) 再次假定条件 (a) 已经排除. 举例来说, 如果 $|J| > |\mathcal{F}|$, 令 $x_j = [$对于某个 $I \in \mathcal{F}$, j 是 $I \cap J$ 的最小元素$]$. 那么 $f(x) = 1$, $g(x) = 0$.

(d) 现在我们假定 $\bigcup_{I \in \mathcal{F}} I = \bigcup_{J \in \mathcal{G}} J$. 每个 $I \in \mathcal{F}$ 代表满足 $f(x) = 0$ 的 $2^{n-|I|}$ 个向量; 同样, 每个 $J \in \mathcal{G}$ 代表满足 $g(x) = 1$ 的 $2^{n-|J|}$ 个向量. 如果和 s 小于 2^n, 我们可以计算 $s = s_0 + s_1$, 其中 s_0 计算当 $x_n = 0$ 时对 s 的贡献. 如果 $s_0 < 2^{n-1}$, 置 $x_n \leftarrow 0$; 否则 $s_1 < 2^{n-1}$, 所以我们置 $x_n \leftarrow 1$. 然后, 我们置 $n \leftarrow n - 1$; 最后, 我们知道所有的 x_j, 而且 $f(x) = 1$, $g(x) = 0$.

27. 令 $m = \min(\{|I| \mid I \in \mathcal{F}\} \cup \{|J| \mid J \in \mathcal{G}\})$ 是最短的素子句或素蕴涵元的长度. 那么 $N \cdot 2^{n-m} \geq \sum_{I \in \mathcal{F}} 2^{n-|I|} + \sum_{J \in \mathcal{G}} 2^{n-|J|} \geq 2^n$, 所以我们有 $m \leq \lg N$. 举例来说, 如果 $|I| = m$, 某个下标 k 必定至少出现在成员 $J \in \mathcal{G}$ 的 $1/m$ 中, 因为每个 J 同 I 相交. 这个结果证明了提示的要求.

现在, 令 $A(0) = A(1) = 1$, 对于 $v > 1$ 令 $A(v) = 1 + A(v-1) + A(\lfloor \rho v \rfloor)$. 那么 $A(|\mathcal{F}||\mathcal{G}|)$ 是递归调用次数（步骤 X1 的执行次数）的上界. 令 $B(v) = A(v) + 1$, 对于 $v > 1$ 我们有 $B(v) = B(v-1) + B(\lfloor \rho v \rfloor)$, 因此, 对于 $v > k$ 有 $B(v) \leq B(v-k) + kB(\lfloor \rho v \rfloor)$. 取 $k = v - \lfloor \rho v \rfloor$, 从而 $B(v) \leq ((1-\rho)v + 2)B(\lfloor \rho v \rfloor)$, 因此, 当 $\rho^t v \leq 1$ 时, 也就是当 $t \geq \ln v / \ln(1/\rho) = \Theta((\log v)(\log N))$ 时, 我们有 $B(v) = O(((1-\rho)v + 2)^t)$. 所以 $A(|\mathcal{F}||\mathcal{G}|) \leq A(N^2/4) = N^{O(\log N)^2}$.

实际上, 算法的执行将比刚导出的悲观上界快得多. 由于一个函数的素子句是其对偶函数的素蕴涵元, 这个问题实质上与证明一个给定的析取范式为另外一个的对偶是同一回事. 此外, 如果从 $f(x) = 0$ 开始, 重复求满足 $f(x) = g(\bar{x}) = 0$ 的最小 x, 我们可以"增长" f 直到获得 g 的对偶.

这里采纳的思想是迈克尔·弗雷德曼和列昂尼德·哈奇扬 [*J. Algorithms* **21** (1996), 618–628] 提出的, 他们还提出改进使算法执行时间降低到 $N^{O(\log N / \log \log N)}$. 还不知道多项式时间的算法. 然而, 这个问题不太可能是NP 完全问题, 因为我们可以用少于指数时间求解它.

[①] 英文为 isotone, 作为物理学名词和化学名词, 是"同中子异位素"; 作为音乐名词, 是"等音调". ——编者注

28. 一旦理解，这个结果是显而易见的，但记号和术语可能使它混乱. 所以，让我们考虑一个具体例子: 比方说，如果 $y_1 = y_4 = y_6 = 1$，而其他 y_k 都是 0，函数 g 为真当且仅当素蕴涵元 p_1, p_4, p_6 覆盖 f 为真的所有位置. 因此，我们可以看出，在 g 的每个蕴涵元与仅包含素蕴涵元 p_j 的 f 的每个析取范式之间存在一一对应关系. 在这种对应中，g 的素蕴涵元对应于"非冗余的"析取范式，其中没有可以舍去的 p_j.

　　罗伯特·卡特勒和室贺三郎 [*IEEE Transactions* **C-36** (1987), 277–292] 对这个原理的多种改进作过讨论.

29. B1. [初始化.] 置 $k \leftarrow k' \leftarrow 0$. (习题 5–19 讨论了类似的方法.)

　　　B2. [找到零值.] 增加 k 零次或者更多次，直到或者 $k = m$ (算法终止) 或者 $v_k \,\&\, 2^j = 0$.

　　　B3. [使 $k' > k$.] 如果 $k' \leq k$，置 $k' \leftarrow k+1$.

　　　B4. [推进 k'.] 增加 k' 零次或者多次，直到或者 $k' = m$ (算法终止) 或者 $v_{k'} \geq v_k + 2^j$.

　　　B5. [跳过一个大的不匹配.] 如果 $v_k \oplus v_{k'} \geq 2^{j+1}$，置 $k \leftarrow k'$ 并返回 B2.

　　　B6. [记录一个匹配.] 如果 $v_{k'} = v_k + 2^j$，输出 (k, k').

　　　B7. [推进 k.] 置 $k \leftarrow k+1$ 并返回 B2. ∎

(步骤 B3 和 B5 是可选的，但是推荐采用.)

30. 下述算法在一个大小绝不超过 $2m+n$ 的栈 S 中维持一些长度可变的有序表. 当栈顶元素是 $S_t = s$ 时，顶端的表是有序集 $S_s < S_{s+1} < \cdots < S_{t-1}$. 标记位保持在另外一个栈 T 中，在初始化步骤后，它具有和 S 同样的大小.

　　　P1. [初始化.] 对于 $0 \leq k < m$ 置 $T_k \leftarrow 0$. 然后，对于 $0 \leq j < n$ 应用习题 29 的 j-伙伴扫描算法，接着，对于求出的所有数对 (k, k') 置 $T_k \leftarrow T_k + 2^j$，$T_{k'} \leftarrow T_{k'} + 2^j$. 然后，置 $s \leftarrow t \leftarrow 0$，并重复下述运算直到 $s = m$: 如果 $T_s = 0$，输出子立方 $(0, v_s)$，置 $s \leftarrow s+1$; 否则，置 $S_t \leftarrow v_s$，$T_t \leftarrow T_s$，$t \leftarrow t+1$，$s \leftarrow s+1$. 最后，置 $A \leftarrow 0$，$S_t \leftarrow 0$.

　　　P2. [推进 A.] (此时栈 S 包含 $\nu(A)+1$ 个子立方的有序表. 也就是说，如果 $A = 2^{e_1} + \cdots + 2^{e_r}$ (其中 $e_1 > \cdots > e_r \geq 0$)，栈中包含 a 值分别为 $0, 2^{e_1}, 2^{e_1} + 2^{e_2}, \ldots, A$ 的所有子立方 $(a, b) \subseteq V$ 的 b 值，只是那些标记为 0 的子立方不出现. 所有这些表都是非空的，可能最后一个除外. 现在我们要把 A 增加到下一个相关值.) 置 $j \leftarrow 0$. 如果 $S_t = t$ (也就是说，如果顶端的表是空表)，增加 j 零次或者多次，直到 $j \geq n$ 或 $A \,\&\, 2^j \neq 0$. 然后，当 $j < n$ 且 $A \,\&\, 2^j \neq 0$ 时，置 $t \leftarrow S_t - 1$，$A \leftarrow A - 2^j$，$j \leftarrow j+1$. 如果 $j \geq n$，终止算法; 否则，置 $A \leftarrow A + 2^j$.

　　　P3. [生成表 A.] 置 $r \leftarrow t$，$s \leftarrow S_t$，对 $r - s$ 个数 $S_s < \cdots < S_{r-1}$ 应用习题 29 的 j-伙伴扫描算法. 对于求出的所有数对 (k, k') 置 $x \leftarrow (T_k \,\&\, T_{k'}) - 2^j$. 如果 $x = 0$，输出子立方 (A, S_k); 否则，置 $t \leftarrow t+1$，$S_t \leftarrow S_k$，$T_t \leftarrow x$. 最后，置 $t \leftarrow t+1$，$S_t \leftarrow r+1$，返回 P2. ∎

这个算法部分建立在欧金尼奥·莫雷亚莱 [*IEEE Trans.* **EC-16** (1967), 611–620; *Proc. ACM Nat. Conf.* **23** (1968), 355–365] 的思想基础上. 执行时间最多正比于 mn (对于步骤 P1) 加上 n 乘以 V 中包含的子立方总数. 如果 $m \leq 2^n (1 - \epsilon)$，而且 V 是随机选择的大小为 m 的集合，习题 34 表明，子立方的平均总数最多是 $O(\log\log n / \log\log\log n)$ 乘以最大子立方的平均数，因此，多数情况下平均执行时间近乎同产生的平均输出总量成正比. 另一方面，习题 32 和 116 表明输出总量可能是非常大的.

31. (a) 令 $c = c_{n-1} \ldots c_0$，$c' = c'_{n-1} \ldots c'_0$，$c'' = c''_{n-1} \ldots c''_0$. 必定存在满足 $c_j \neq *$ 和 $c_j \neq c''_j$ 的某个 j，否则我们有 $c'' \subseteq c$. 同样，必定存在满足 $c'_k \neq *$ 和 $c'_k \neq c''_k$ 的某个 k. 如果 $j \neq k$，则存在一点 $x_{n-1} \ldots x_0 \in c''$，它既不在 c 中也不在 c' 中，因为我们可以令 $x_j = \bar{c}_j$，$x_k = \bar{c'}_k$. 因此 $j = k$，而且 j 的值是唯一确定的. 此外，容易看出 $c'_j = \bar{c}_j$. 如果 $i \neq j$，我们有 $c_i = *$ 或者 $c_i = c''_i$，我们还有 $c'_i = *$ 或者 $c'_i = c''_i$.

　　(b) 这个命题是 (a) 的一个显然推论.

　　(c) 首先我们证明，每当进入步骤 E2 时括号内的陈述是真的. 当 $j = 0$ 时它显然为真. 否则，令 $c \subseteq V$ 是一个 j 立方，并假设 $c = c_0 \cup c_1$，其中 c_0 和 c_1 是 $(j-1)$ 立方. 在步骤 E2 之前的执行中我

们已经有 $c_0 \subseteq c_0' \in C$ 和 $c_1 \subseteq c_1' \in C$（对于某个 c_0' 和 c_1'），因此，或者 $c \subseteq c_0' \sqcup c_1'$ 或者 $c \subseteq c_0'$ 或者 $c \subseteq c_1'$. 在每种情形下，c 现在包含在 C 的某个元素中.

其次我们证明，步骤 E3 中的输出恰好是包含在 V 中的极大 j 立方：令 $c \subseteq V$ 是任意 k 立方. 如果 c 是极大的，那么，当我们以 $j = k$ 到达步骤 E3 时有 $c \in C$，而且它将被输出. 如果 c 不是极大的，它有一个伙伴 $c' \subseteq V$，当我们达到步骤 E3 时，c' 是包含在某个子立方 $c'' \in C$ 内的 k 立方. 因为 $c \not\subseteq c''$，合意方 $c \sqcup c''$ 将是 C' 的一个 $(j+1)$ 立方，而且 c 不会被输出.

参考文献：合意方的概念是阿奇·布莱克在他的的博士论文 *Canonical Expressions in Boolean Algebra*（芝加哥大学，1937）第 25 页首次定义的（命名为"三段论的结果"），见 *J. Symbolic Logic* **3** (1938), 93, 112–113. 爱德华·萨姆森和伯顿·米尔斯 [Air Force Cambridge Research Center Tech. Report 54-21 (Cambridge, Mass.: April 1954), 54 页] 以及威拉德·奎因 [*AMM* **62** (1955), 627–631] 独立重新发现了这个概念. 这个运算有时也称为预解式，因为约翰·艾伦·鲁宾逊在更一般的形式下（对于子句而不是蕴涵元）使用它，作为关于定理证明的"预解原理"的基础 [*JACM* **12** (1965), 23–41]. 算法 E 是安·尤因、约翰·罗思和埃里克·瓦格纳 [*AIEE Transactions*, Part 1, **80** (1961), 450–458] 建立的.

32. (a) 设 $A = \{0, 1, *, \bullet\}$，对于所有 $a \in A$ 和 $x \in \{0, 1\}$，把习题 31 中 $\sqcup$ 的定义改为关于 A 中的四个符号可结合和可交换的运算：

$$* \sqcup a = a \sqcup * = a, \qquad \bullet \sqcup a = a \sqcup \bullet = x \sqcup \bar{x} = \bullet, \qquad x \sqcup x = x.$$

此外，令 $h(0) = 0$，$h(1) = 1$，$h(*) = *$，$h(\bullet) = *$. 那么，按分量计算的 $c = h(c_1 \sqcup \cdots \sqcup c_m)$ 是仅有的可能成为广义合意方的子立方. [见皮埃尔·蒂森，*IEEE Transactions* **EC-16** (1967), 446–456.]

(b) 例如，令 $c_j = *^{j-1} 1 *^{m-j} 1^{j-1} 0 *^{m-j}$. [最后的分量是不必要的. 罗伯特·斯隆、鲍拉日·瑟雷尼和哲尔吉·图兰在 *SIAM J. Discrete Math.* **21** (2008), 987–998 中描述了全部解.]

(c) 根据 (a)，每个素蕴涵元唯一对应于它"遇到"的蕴涵元的子集. [阿肖克·钱德拉和乔治·马可夫斯基，*Discrete Math.* **24** (1978), 7–11.]

(d) 例如，像 (b) 中的 $(y_1 \wedge \bar{x}_1) \vee (y_2 \wedge x_1 \wedge \bar{x}_2) \vee \cdots \vee (y_m \wedge x_1 \wedge \cdots \wedge x_{m-1} \wedge \bar{x}_m)$. [让-玛丽·拉博德，*Discrete Math.* **32** (1980), 209–212.]

33. (a) $\binom{2^n - 2^{n-k}}{m - 2^{n-k}} / \binom{2^n}{m}$. (b) 我们必须排除当 $x_1 \wedge \cdots \wedge x_{j-1} \wedge \bar{x}_j \wedge x_{j+1} \wedge \cdots \wedge x_k$ 时也是蕴涵元的情况. 根据容斥原理，答案是

$$\sum_l \binom{k}{l} (-1)^l \binom{2^n - (l+1) 2^{n-k}}{m - (l+1) 2^{n-k}} / \binom{2^n}{m}.$$

当 $k = n$ 时简化为 $\binom{2^n - n - 1}{m - 1} / \binom{2^n}{m}$. 例如，见式 1.2.6–(24).

34. (a) 我们有 $c(m, n) = \sum c_j(m, n)$，其中 $c_j(m, n) = 2^{n-j} \binom{n}{j} \binom{2^n - 2^j}{m - 2^j} / \binom{2^n}{m}$ 是含有 $n - j$ 个字面值的蕴涵元的平均数（习题 30 的术语中的 j 维子立方的平均数）. 显然 $c_0(m, n) = m$，而且

$$c_1(m, n) = \frac{nm(m-1)}{2(2^n - 1)} \leq \frac{mn}{2}\left(\frac{m}{2^n}\right) \leq \frac{1}{2} m;$$

同样，$c_j(m, n) \leq m / (2^j j! n^{2^{j-1} - j})$. 我们还有 $p(m, n) = \sum_j p_j(m, n)$，其中

$$p_0(m, n) = 2^n \binom{2^n - n - 1}{m - 1} / \binom{2^n}{m} = m \frac{(2^n - n - 1)^{\underline{m-1}}}{(2^n - 1)^{\underline{m-1}}} \geq m \frac{(2^n - n - m)^{m-1}}{(2^n - m)^{m-1}}$$

$$\geq m\left(1 - \frac{n}{2^n - m}\right)^m \geq m\left(1 - \frac{n}{2^n - 2^n/n}\right)^{2^n/n} = m \exp\left(\frac{2^n}{n} \ln\left(1 - \frac{n^2}{2^n(n-1)}\right)\right).$$

(b) 注意 $t = \lfloor \lg \lg n - \lg \lg(2^n/m) + \lg(4/3) \rfloor \leq \lg \lg n + O(1)$ 是相当小的. 我们将重复利用 $\binom{2^n - j \cdot 2^t}{m - j \cdot 2^t} / \binom{2^n}{m} < \alpha_{mn}^j$ 这一事实，而且当 j 不是太大时

$$\binom{2^n - j \cdot 2^t}{m - j \cdot 2^t} / \binom{2^n}{m} = \alpha_{mn}^j (1 + O(j^2 2^{2t}/m))$$

是非常好的逼近. 为了证明题目中的提示, 注意到 $\sum_{j<t} c_j(m,n)/c_t(m,n) = O(tc_{t-1}(m,n)/c_t(m,n)) = O(t^2/(n\sqrt{\alpha_{mn}})) = O((\log\log n)^2/n^{1/3})$ 且 $c_{t+j}(m,n)/c_t(m,n) = O((n/(2t))^j\alpha_{mn}^{2^j-1})$. 因此我们有 $c(m,n)/c_t(m,n) \approx 1 + \frac{1}{2}(\frac{n-t}{t+1})\alpha_{mn}$, 其中, 当 α_{mn} 处于它的值域的较高区域时第二项占优. 此外

$$\sum_l \binom{n-t}{l}(-1)^l\alpha_{mn}^l\Big(1 + O\Big(\frac{l^2 2^{2t}}{m}\Big)\Big) = (1-\alpha_{mn})^{n-t} + O(n^2\alpha_{mn}(1+\alpha_{mn})^n 2^{2t}/m)$$

带有一个指数的小误差项, 因为 $(1+\alpha_{mn})^n = O(e^{n^{1/3}}) \ll m$. 因此, $p(m,n)/c_t(m,n)$ 渐近于 $e^{-n\alpha_{mn}} + \frac{1}{2}(\frac{n-t}{t+1})\alpha_{mn}e^{-n\alpha_{mn}^2}$.

(c) 这里 $\alpha_{mn} = 2^{-2^t} \approx n^{-1}\ln(t/\ln t)$, 因此 $c(m,n)/c_t(m,n) = 1+O(t^{-1}\log t)$, $p(m,n)/c_t(m,n) = t^{-1}\ln t + \frac{1}{2}t^{-1}\ln t + O(t^{-1}\log\log t)$. 在这种情形, 我们推断

$$\frac{c(m,n)}{p(m,n)} = \frac{2}{3}\frac{\lg\lg n}{\ln\lg\lg n}\Big(1 + O\Big(\frac{\log\log\log\log n}{\log\log\log n}\Big)\Big).$$

(d) 如果 $n\alpha_{mn} \le \ln t - \ln\ln t$, 我们有 $p(m,n)/c(m,n) \ge p_t(m,n)/c(m,n) \ge t^{-1}\ln t + O(t^{-1}\log t)^2$. 另一方面, 如果 $n\alpha_{mn} \ge \ln t - \ln\ln t$, 我们有 $p(m,n)/c(m,n) \ge p_{t+1}(m,n)/c(m,n) \ge \frac{1}{2}t^{-1}\ln t + O(t^{-1}\log\log t)$.

[佛朗哥·米莱托和詹弗兰科·普措卢在 *IEEE Trans.* **EC-13** (1964), 87–92; *JACM* **12** (1965), 364–375 中首先研究了均值 $c(m,n)$ 和 $p(m,n)$, 以及 $c(m,n)$ 的方差. 当每个值 $f(x_1,\ldots,x_n)$ 独立地以 $p(n)$ 的概率等于 1 时, 关于随机布尔函数的蕴涵元、素蕴涵元和非冗余析取范式的详细渐近数据已由卡尔·韦伯在 *Elektronische Informationsverarbeitung und Kybernetik* **19** (1983), 365–374, 449–458, 529–534 中得出.]

35. (a) 通过重排坐标我们可以假定第 p 个子立方是 $0^k1^u*^v$, 所以 $B_p = 0^k1^u0^v$ 且 $S_p = 1^k0^{u+v}$. 于是, 按照对 p 的归纳法, $*^k1^u*^v$ 的所有点仍然被覆盖, 因为对于 $1 \le j \le k$, $*^{j-1}1*^{k-j}1^u*^v$ 已经被覆盖.

(b) 第 j 个和第 k 个子立方在 $B_j \& S_k$ 非零的每个坐标位置不同. 另一方面, 如果 $B_j \& S_k$ 为零, 根据 (a), 子立方 k 的点 $\bar{S}_k$ 位于前面的一个子立方内, 因为我们有 $\bar{S}_k \supseteq B_j$.

(c) 从表 1100, 1$\underline{0}$11, $\underline{0}$011 (每个 S_k 的二进制位带下划线) 我们得到正交析取范式 $(x_1 \wedge x_2) \vee (x_1 \wedge \bar{x}_2 \wedge x_3 \wedge x_4) \vee (\bar{x}_1 \wedge x_3 \wedge x_4)$.

(d) 存在 8 个解. 例如 (01100, 00$\underline{1}$10, 000$\underline{1}$1, 11$\underline{0}$10, 11$\underline{0}$00).

(e) (001100, 011$\underline{0}$00, 000110, 110$\underline{0}$10, 110$\underline{0}$00, $\underline{0}$10011, $\underline{0}$00011) 是一个对称的解. 同时存在很多其他可能性. 例如, 位码 {110000, 011000, 001100, 000110, 000011, 110010, 011010} 的 42 种排列都是剥壳.

[迈克尔·鲍尔和约翰·普罗文在 *Operations Research* **36** (1988), 703–715 中引进了单调布尔函数的剥壳这一概念, 他们讨论了许多重要应用.]

36. 如果 $j < k$, 对于某些位串 α, β, γ, 有 $B_j = \alpha1\beta$, $B_k = \alpha0\gamma$. 建立序列 $x_0 = \alpha1\gamma$, $x_1 = x_0',\ldots, x_l = x_{l-1}'$, 其中 $x_l = \alpha00^{|\gamma|}$. 因为 $x_0 \supseteq B_k$, 有 $f(x_0) = 1$, 但是 $f(x_l) = 0$, 因为 $x_l \subseteq B_j'$. 所以, 满足 $f(x_i) = 1$ 且 $f(x_{i+1}) = \cdots = f(x_l) = 0$ 的位串 x_i 在 B 内. 它位于 B_k 之前, 从而有 $B_j \& S_k \supseteq 0^{|\alpha|}10^{|\beta|}$.

[这个结构以及习题 35 的部分答案是安德烈·博罗什、伊夫·克拉马、奥亚·埃金、彼得·阿梅、茨木俊秀和亚历山大·科甘在 *SIAM J. Discrete Math.* **13** (2000), 212–226 中给出的.]

37. 剥壳顺序 (000011, 001$\underline{0}$1, 00110$\underline{0}$, 110$\underline{1}$01, 110100, 110001, 110000) 推广到所有的 n. 另外, 也存在不是建立在剥壳基础上的有趣解, 就像循环对称的子立方 (110***, 1110**, **110*, **1110, 0***11, 10**11, 111111).

为了证明蕴涵数量的下界, 对每个点 x 赋予权值 $w_x = -\prod_{j=1}^n(x_{2j-1} + x_{2j} - 3x_{2j-1}x_{2j})$, 注意, 在任何子立方内 w_x 遍及所有 x 的和是 0 或者 ± 1. (当 $n = 1$ 时, 这足以对 9 种可能的每个子立方证实这一奇特的事实.) 现在, 选择分拆集合 $F = \{x \mid f(x) = 1\}$ 的一组不相交子立方, 我们有

$$\sum_{C \text{ chosen}} 1 \ge \sum_{C \text{ chosen}} \sum_{x \in C} w_x = \sum_{x \in F} w_x \sum_{C \text{ chosen}} [x \in C] = \sum_{x \in F} w_x.$$

存在恰好具有 k 对分量 $x_{2j-1}x_{2j}=1$ 且具有非零权值的 $\binom{n}{k}2^{n-k}$ 个向量 x. 它们的权值是 $(-1)^{k-1}$, 而且, 除了 $k=0$ 的情形, 它们属于集合 F. 因此 $\sum_{x\in F}w_x=\sum_{k>0}\binom{n}{k}2^{n-k}(-1)^{k-1}=2^n-(2-1)^n$.

[见迈克尔·鲍尔和乔治·内姆豪泽, *Mathematics of Operations Research* **4** (1979), 132–143.]

38. 当然没有困难. 一个析取范式为可满足的, 当且仅当它至少有一个蕴涵元. 对于一个析取范式, 难点在于判定它是是否为重言式 (恒为真).

39. 把变量 $y_1,\ldots,y_N$ 按前序与每个内部结点关联, 使得每个树结点恰好对应于 F 的一个变量. 对于用二元运算符 ∘ 标记的带有两个子结点 (l,r) 的每个内部结点 y, 构造 4 个 3CNF 子句 $c_{00}\wedge c_{01}\wedge c_{10}\wedge c_{11}$, 其中

$$c_{pq}=(y^{\overline{p\circ q}}\vee l^p\vee r^q),$$

而 x^p 表示 $[x=p]$, 所以 $x^0=\bar{x}$, $x^1=x$. 实际上, 这些子句表明 $y=l\circ r$. 例如, 如果 ∘ 是 ∧, 则 4 个子句是 $(y\vee\bar{l}\vee\bar{r})\wedge(\bar{y}\vee\bar{l}\vee r)\wedge(\bar{y}\vee l\vee\bar{r})\wedge(\bar{y}\vee l\vee r)$. 最后, 为迫使 $f=1$, 添加一个子句 $(y_1\vee y_1\vee y_1)$.

每一个高阶数可以仅由三项组成.
……举一个四元事件的实例, A 以价格 D 把 B 卖给 C.
这是两件事的复合:
第一, A 与 C 达成一项我们可以称之为 E 的明确交易;
第二, 这起交易 E 是以价格 D 卖出 B.
——查尔斯·皮尔斯,《谜题猜测》(1887)

40. 按照提示, A 表明 "$u<v\oplus v<u$", B 表明 "$u<v\wedge v<w\Rightarrow u<w$". 所以, $A\wedge B$ 表明存在顶点的线性序 $u_1<u_2<\cdots<u_n$. (有 $n!$ 种方式满足 $A\wedge B$.) 现在, C 表明 q_{uvw} 等价于 $u<v<w$. 所以, D 表明当 $u\text{—}w$ 时 u 和 w 在线性序中不是相邻的. 因此, $A\wedge B\wedge C\wedge D$ 是可满足的等价于, 存在一个线性序, 其中的所有非邻接顶点都是不相邻的 (也就是说, 其中的所有相邻顶点都是邻接的).

41. 解法 0: "$[m\le n]$" 是这样一个公式, 但它同本题的精神不符.

解法 1: 令 x_{jk} 表示鸽子 j 占据鸽巢 k. 那么, 对于 $1\le j\le m$ 的子句是 $(x_{j1}\vee\cdots\vee x_{jn})$, 而对于 $1\le i<j\le m$ 且 $1\le k\le n$ 的子句是 $(\bar{x}_{ik}\vee\bar{x}_{jk})$. [见斯蒂芬·库克和罗伯特·雷克豪, *J. Symbolic Logic* **44** (1979), 36–50; 阿明·哈肯, *Theoretical Comp. Sci.* **39** (1985), 297–308.]

解法 2: 假定 $n=2^t$, 令鸽子 j 占据鸽巢 $(x_{j1}\ldots x_{jt})_2$. 通过引进辅助子句 $(\bar{y}_{ijk}\vee x_{ik}\vee x_{jk})\wedge(y_{ijk}\vee x_{ik}\vee\bar{x}_{jk})\wedge(y_{ijk}\vee\bar{x}_{ik}\vee x_{jk})\wedge(\bar{y}_{ijk}\vee\bar{x}_{ik}\vee\bar{x}_{jk})$, 可以像在习题 39 那样把对于 $1\le i<j\le m$ 的子句 $((x_{i1}\oplus x_{j1})\vee\cdots\vee(x_{it}\oplus x_{jt}))$ 用合取范式形式 $(y_{ij1}\vee\cdots\vee y_{ijt})$ 表示. (实际上, 只需要这 4 个子句中的第一个和最后一个.) 这个合取范式的总规模是 $\Theta(m^2\log n)$, 可以把它同解法 1 的 $\Theta(m^2n)$ 比较一下. 如果 n 不是 2 的幂, 规模为 $O(\log n)$ 的额外子句附加 $O(m\log n)$, 将排除不合适的值.

42. $(\bar{x}\vee y)\wedge(\bar{z}\vee x)\wedge(\bar{y}\vee\bar{z})\wedge(z\vee z)$.

43. 可能不存在, 因为每个 3SAT 问题都能转换成这种形式. 例如, 子句 $(x_1\vee x_2\vee\bar{x}_3)$ 可以替换为 $(x_1\vee\bar{y}\vee\bar{x}_3)\wedge(\bar{y}\vee x_2)\wedge(y\vee x_2)$, 其中 y 是新变量 (实际上等价于 $\bar{x}_2$).

44. 假定 $f(x)=f(y)=1$ 蕴涵 $f(x\mathbin{\&}y)=1$, 还假定 (比如说) $c=x_1\vee x_2\vee\bar{x}_3\vee x_4$ 是 f 的素子句. 那么, $c'=\bar{x}_1\vee x_2\vee\bar{x}_3\vee x_4$ 不是一个子句; 否则, $c\wedge c'=x_2\vee\bar{x}_3\vee x_4$ 也会是一个子句, 同定理前提矛盾. 所以, 存在一个满足 $f(y)=1$ 的向量 y, 而且 $y_1=1$, $y_2=0$, $y_3=y_4=1$. 同样, 存在一个满足 $f(z)=1$ 的向量 z, 而且 $z_1=0$, $z_2=1$, $z_3=z_4=1$. 但是, 在这种情况下我们有 $f(y\mathbin{\&}z)=1$, 而且 c 不是一个子句. 对于一个具有不同字面值数量的子句 c 可以作同样论证, 只要至少有两个不是取补的字面值.

45. (a) 霍恩函数 $f(x_1,\ldots,x_n)$ 是不确定的, 当且仅当它不等于确定的霍恩函数 $g(x_1,\ldots,x_n)=f(x_1,\ldots,x_n)\vee(x_1\wedge\cdots\wedge x_n)$. 所以, $f\leftrightarrow g$ 是不确定的霍恩函数与确定的霍恩函数之间的一一对应.
(b) 如果 f 是单调的, 它的补 $\bar{f}$ 要么恒等于 1, 要么是一个不确定的霍恩函数.

46. 算法 C 把 88 个字符对 `xy` 置于核心内: 当 `x = a, b, c, 0, 1` 时, 跟随的字符 `y` 可以是除 (之外的任何字符. 当 `x = (, *, /, +, -` 时, 我们可能有 `y = (, a, b, c, 0, 1`; 当 `x = (, +, -` 时还可能有 `y = -`. 最后, 以 `x = )` 开始的合乎条件的字符对有 `)+, )-, )*, )/, ))`.

47. 算法 C 把顶点置入核心的次序是一个拓扑排序, 因为 k 的所有前导是在算法置 TRUTH$(x_k) \leftarrow 1$ 之前推断的. 但是, 算法 2.2.3T 使用队列代替栈, 所以, 它实际产生的排序通常不同于算法 C 的排序.

48. 令 $\perp$ 是一个新变量, 并把每个不确定的霍恩子句通过同这个新变量 OR 改变为确定的霍恩子句. (例如, 把 "$\bar{w} \vee \bar{y}$" 改变为 "$\bar{w} \vee \bar{y} \vee \perp$", 即 "$w \wedge y \Rightarrow \perp$". 确定的霍恩子句保持不变.) 然后应用算法 C. 最初的霍恩子句是不可满足的, 当且仅当 $\perp$ 在新霍恩子句的核心内. 所以, 只要算法准备置 TRUTH$(\perp) \leftarrow 1$, 它就能终结.

（乔纳森·奎克考虑过另一种解法: 我们可以对习题 45(a) 答案中构造的函数 g 应用算法 C, 因为 f 是不可满足的当且仅当每个变量 x_j 在 g 的核心内. 然而, 像 $\bar{w} \vee \bar{y}$ 这样的 f 的不确定子句变成 g 的许多不同子句 $(\bar{w} \vee \bar{y} \vee z) \wedge (\bar{w} \vee \bar{y} \vee x) \wedge (\bar{w} \vee \bar{y} \vee v) \wedge (\bar{w} \vee \bar{y} \vee u) \wedge \cdots$, 不在最初的霍恩子句中的每个变量都有一个相应子句. 所以, 奎克的建议可能把子句的数量增加 $\Omega(n)$ 倍, 尽管他的建议乍一看似乎非常漂亮. ）

49. 我们有 $f \leq g$ 当且仅当 $f \wedge \bar{g}$ 是不可满足的, 当且仅当 $f \wedge \bar{c}$ 对于 g 的每个子句 c 是不可满足. 但是, $\bar{c}$ 是字面值的 AND, 所以可以应用习题 48 的方法. [进一步的结果见汉斯·克莱内·比宁和特奥多尔·莱特曼, *Aussagenlogik: Deduktion und Algorithmen* (1994),[①] §5.6, 其中包括一个检验 g 是不是 f 的 "重新命名" 的有效方法, 即判定是否存在常数 $(y_1, \ldots, y_n)$ 满足 $f(x_1, \ldots, x_n) = g(x_1 \oplus y_1, \ldots, x_n \oplus y_n)$.]

50. 见加布里埃尔·伊斯特拉特, *Random Structures & Algorithms* **20** (2002), 483–506.

51. 如果顶点 v 标记为 A, 引进子句 $\Rightarrow A^+(v)$ 和 $\Rightarrow B^-(v)$; 如果顶点 v 标记为 B, 引进子句 $\Rightarrow A^-(v)$ 和 $\Rightarrow B^+(v)$. 在其他情形, 令 v 有 k 段引出弧 $v \rightarrow u_1, \ldots, v \rightarrow u_k$. 对于 $1 \leq j \leq k$, 引进子句 $A^-(u_j) \Rightarrow B^+(v)$ 和 $B^-(u_j) \Rightarrow A^+(v)$. 另外, 如果顶点 v 不是用 C 标记的, 引进子句 $A^+(u_1) \wedge \cdots \wedge A^+(u_k) \Rightarrow B^-(v)$ 和 $B^+(u_1) \wedge \cdots \wedge B^+(u_k) \Rightarrow A^-(v)$. 所有的强制策略都是这些子句的结果. 习题 2.2.3–28 及其答案提供了进一步的资料.

因此, 请注意, 原则上算法 C 可以用来判定国际象棋赛事中执白子的一方能否获得强制性胜利——如果不考虑对应的有向图规模超出物质世界范围这些烦人的细节.

52. 最佳比赛结果（参见习题 51）如下:

n	(a)	(b)	(c)	(d)
2	参赛者 0 赢	后手赢	参赛者 1 赢	后手赢
3	参赛者 0 赢	先手赢	先手赢	先手赢
4	先手赢	先手赢	先手赢	先手赢
5	后手赢	平局	平局	1 先手时输
6	后手赢	后手赢	1 先手时输	1 先手时输
7	1 先手时输	后手赢	1 先手时输	1 先手时输
8	平局	平局	平局	1 先手时输
9	平局	平局	平局	1 先手时输

（这里 "1 先手时输" 是指: 如果 0 是先手, 比赛达成平局, 否则 0 能够赢. ）评注: 在比赛 (a) 中, 参赛者 1 处于略微不利的地位, 因为当 $x_1 \ldots x_n$ 是回文时 $f(x) = 0$. 这个细微差异甚至影响到 $n = 7$ 时的结果. 尽管参赛者 1 在二进制串左半部分置 0 值似乎更占上风, 但当 $n = 4$ 时他或她的首次移动必须是 *1**, 如果替换为 *0** 则成平局. 比赛 (b) 实际上是看谁能够消除最后的 *. 在比赛 (c) 中, $x_1 \ldots x_n$ 的一种随机选择以概率 $F_{n+2}/2^n = \Theta((\phi/2)^n)$ 使得 $f(x) = 1$. 在比赛 (d) 中, 这个概率以更慢的速度趋近于零, 像 $\Theta(1/\log n)$ 那样. 然而, 当 $n = 2, 5, 8, 9$ 时, 参赛者 1 在 (c) 中的处境比在 (d) 中更好; 当 n 为其他值时, 他或她的处境也不会更差.

53. (a) 她应把第 1 天或第 2 天改成第 3 天.

(b, f) 有几种可能性. 例如, 把第 2 天改成第 3 天.

(c) 这是图 6 中说明的情况. 把 Desert 或 Excalibur 改成 Aladdin.

(d) 把 Caesars 或 Excalibur 改成 Aladdin.

---

① 英译本: *Propositional Logic: Deduction and Algorithms* (1999). ——编者注

(e) 把 Bellagio 或 Desert 改成 Aladdin.

当然, 不在圈 (42) 中出现的 Williams 不负有对日程冲突的任何责任.

54. 如果 x 和 $\bar{x}$ 都在 S 中, 则 $u \in S \implies \bar{u} \in S$, 因为存在从 x 到 u 和从 u 到 x 的路径, 蕴涵存在从 $\bar{u}$ 到 $\bar{x}$ 和从 $\bar{x}$ 到 $\bar{u}$ 的路径. 同样, $\bar{u} \in S \implies u \in S$.

55. (a) 成功重新命名一个像 $x_1 \vee \bar{x}_2 \vee x_3 \vee \bar{x}_4$ 这样的子句的充分必要条件是 $(y_1 \vee \bar{y}_2) \wedge (y_1 \vee y_3) \wedge (y_1 \vee \bar{y}_4) \wedge (\bar{y}_2 \vee y_3) \wedge (\bar{y}_2 \vee \bar{y}_4) \wedge (y_3 \vee \bar{y}_4)$. 长度为 2 的用变量 $\{y_1, \ldots, y_n\}$ 表示的 $\binom{k}{2}$ 个子句的一个类似集合, 对应于长度为 k 的用变量 $\{x_1, \ldots, x_n\}$ 表示的任意子句. [哈里·刘易斯, *JACM* **25** (1978), 134–135.]

(b) 一个给定的长度 $k > 3$ 的用变量 $\{x_1, \ldots, x_n\}$ 表示的子句, 通过引进 $k-3$ 个新变量 $\{t_2, \ldots, t_{k-2}\}$, 可以转换为长度为 2 的 $3(k-2)$ 个 (而不是上面的 $\binom{k}{2}$ 个) 子句. 下面说明的是对于子句 $x_1 \vee x_2 \vee x_3 \vee x_4 \vee x_5$ 的转换:

$$(y_1 \vee y_2) \wedge (y_1 \vee t_2) \wedge (y_2 \vee t_2) \wedge (\bar{t}_2 \vee y_3) \wedge (\bar{t}_2 \vee t_3) \wedge (y_3 \vee t_3) \wedge (\bar{t}_3 \vee y_4) \wedge (\bar{t}_3 \vee y_5) \wedge (y_4 \vee y_5).$$

一般情况下, 来自 $x_1 \vee \cdots \vee x_k$ 的子句是 $(\bar{t}_{j-1} \vee y_j) \wedge (\bar{t}_{j-1} \vee t_j) \wedge (y_j \vee t_j)$ (其中 $1 < j < k$), 但是, 要用 $\bar{y}_1$ 代替 t_1, 用 y_k 代替 t_{k-1}; 如果出现 $\bar{x}_j$ 而不是出现 x_j, 把 y_j 改为 $\bar{y}_j$. 对每个给定的子句作这种改变, 对于不同子句使用不同辅助变量 t_j. 结果是长度小于 $3m$ 的 2CNF 的公式, 它是可满足的当且仅当霍恩重新命名是可能的. 现在, 应用定理 K. (变量 t 的数量可以减少, 见习题 7.2.2.2–12.)

[见本特·阿斯普瓦尔, *J. Algorithms* **1** (1980), 97–103. 汉斯·克莱内·比宁和特奥多尔·莱特曼在 *Aussagenlogik: Deduktion und Algorithmen* (1994)[①] 定理 5.2.4 中指出, 任何一个 2CNF 的可满足公式可以重新命名为霍恩子句. 注意, 对于同一个函数的两个 CNF 可能给出不同的结果. 例如, $(x \vee y \vee z) \wedge (\bar{x} \vee \bar{y} \vee \bar{z}) \wedge (\bar{x} \vee z) \wedge (\bar{y} \vee z)$ 实际上是一个霍恩函数, 但是, 这个表示中的子句不能通过取补转变成霍恩形式.]

56. 这里的 $f(x, y, z)$ 对应于右图所示的有向图 (与图 6 相似), 而且它还可以简化为 $y \wedge (\bar{x} \vee z)$. 每个顶点都是强分图. 所以, 关于量词 $\exists\exists\exists$, $\exists\exists\forall$, $\forall\exists\exists$ 的公式为真; 关于量词 $\forall\exists\forall$, (任意)$\forall$(任意) 的公式为假. 一般情况下, 可以把 8 种可能性置于一个立方体的角点, 从 $\exists$ 到 $\forall$ 的每一种改变更有可能使公式变为假.

57. 如定理 K 那样建立有向图, 我们可以证明量化公式成立当且仅当 (i) 不存在同时包含 x 和 $\bar{x}$ 的强分图; (ii) 不存在从一个全称变量 x 到另一个全称变量 y 或它的补 $\bar{y}$ 的路径; (iii) 当 "$\exists v$" 出现在 "$\forall x$" 的左边时, 不存在既包含全称变量 x 又包含存在变量 v 或它的补 $\bar{v}$ 的强分图. 这 3 个条件显然是必要条件, 在寻找强分图时容易检验它们.

为了证明它们是充分条件, 首先注意到, 如果 S 是仅包含存在变量字面值的强分图, 条件 (i) 使我们可以像在定理 K 中那样把它们设置为全都相等. 否则, S 恰好包含一个全称变量字面值 $u_j = x_j$ 或 $u_j = \bar{x}_j$. S 中所有其他字面值是存在变量而且是在 x_j 的右边说明的, 所以可以让它们等于 u_j. 在这种情形进入 S 的所有路径纯粹来自存在变量的强分图, 它们的值可以设置为 0, 因为这种强分图的补图不能也落入 S. 如果 v 和 $\bar{v}$ 蕴涵 u_j, 则 $\bar{u}_j$ 蕴涵 $\bar{v}$ 和 v.

[*Information Proc. Letters* **8** (1979), 121–123. 另一方面, 梅尔文·克罗姆在 *J. Symbolic Logic* **35** (1970), 210–216 中证明了, 一阶谓词逻辑中一个类似问题 (其中参数化谓词取代简单布尔变量, 而且是在参数上量化) 通常是实际上不可解的.]

58. 像习题 48 那样通过引进 "$\perp$" 并把 "$\forall\perp$" 置于左边, 我们可以假定每个子句是确定的. 引入全称变量 $x_0, x_1, \ldots, x_m$ (其中 x_0 是 $\perp$), 并引入存在变量 $y_1, \ldots, y_n$. 我们用 "$u \prec v$" 表示在量词表中变量 u 出现在变量 v 的左边. 当 $y_k \prec x_j$ 时, 从非补字面值是 y_k 的任意子句中删除 $\bar{x}_j$. 然后, 对于 $0 \le j \le m$, 当附加另外的子句 $(x_0) \wedge \cdots \wedge (x_{j-1}) \wedge (x_{j+1}) \wedge \cdots \wedge (x_m) \wedge \bigwedge \{(y_k) \mid y_k \prec x_j$ 且 $y_k \in C_0\}$ 时, 令 C_j 是霍恩子句的核心. (换句话说, 当假定除 x_j 外的所有 x 为真时, C_j 告诉我们可以推导出什么结果.) 我们断定: 给定的公式为真当且仅当 $x_j \notin C_j$ (其中 $0 \le j \le m$).

---

① 英译本: *Propositional Logic: Deduction and Algorithms* (1999). ——编者注

为了证明这个断言，首先注意到，对于某个 j 如果 $x_j \in C_j$ 则公式肯定不成立.（如果 $i \neq j$，当 $y_k \in C_0$ 且 $y_k \prec x_j$ 且 $x_i = 1$ 时，我们必须置 $y_k \leftarrow 1$.）否则，我们可以如下选择每个 y_k 使公式为真：如果 $y_k \notin C_0$，置 $y_k \leftarrow 0$；否则，置 $y_k \leftarrow \bigwedge\{x_j \mid y_k \notin C_j\}$. 注意，仅当 $x_j \prec y_k$ 时 y_k 依赖于 x_j. 带非补字面值 x_j 的每个子句 c 现在为真：因为如果 $x_j = 0$，从而 $x_j \notin C_j$，某个满足 $y_k \notin C_j$ 的 $\bar{y}_k$ 出现在 c 中；因此 $y_k = 0$. 带非补字面值 y_k 的每个子句 c 也为真：如果 $y_k = 0$，我们或者有 $y_k \notin C_0$，在这种情形 c 中的某个 $\bar{y}_l \notin C_0$，因此 $y_l = 0$；或者对于某个 j 有 $y_k \in C_0 \setminus C_j$，在这种情形某个 $x_j = 0$，而且要么 $\bar{x}_j$ 出现在 c 中，要么某个 $\bar{y}_l$ 出现在满足 $y_l \notin C_j$ 的 c 中，使得 $y_l = 0$.

[这个解是索斯藤·达尔海姆尔求出的. 见马雷克·卡尔平斯基、汉斯·克莱内·比宁和彼得·施米特，*Lecture Notes in Comp. Sci.* **329** (1988)，129–137；汉斯·克莱内·比宁、克里希纳穆尔蒂·苏布拉马尼和赵希顺，*Lecture Notes in Comp. Sci.* **2919** (2004)，93–104.]

59. 对 n 应用归纳法：假定 $f(0, x_2, \ldots, x_n)$ 导致量化结果 $y_1, \ldots, y_{2^{n-1}}$，类似地，$f(1, x_2, \ldots, x_n)$ 导致 $z_1, \ldots, z_{2^{n-1}}$. 于是，$\exists x_1 f(x_1, x_2, \ldots, x_n)$ 导致 $y_1 \vee z_1, \ldots, y_{2^{n-1}} \vee z_{2^{n-1}}$，而且，$\forall x_1 f(x_1, x_2, \ldots, x_n)$ 导致 $y_1 \wedge z_1, \ldots, y_{2^{n-1}} \wedge z_{2^{n-1}}$. 现在利用 $(y \vee z) + (y \wedge z) = y + z$ 这一事实. [见 *Proc. Mini-Workshop on Quantified Boolean Formulas* **2** (QBF-02) (Cincinnati: May 2002)，1–16.]

60. (a) 和 (b) 都是. 然而，(c) 恒等于 0；(d) 恒等于 1；(e) 是 $\overline{\langle xyz \rangle}$；(f) 是 $\bar{x} \vee \bar{y} \vee \bar{z}$.

61. 真. 实际上，当 $w = 0$ 和 $w = 1$ 时显然是这样.

62. 因为 $\{x_1, x_2, x_3\} \subseteq \{0, 1\}$，根据对称性我们可以假定 $x_1 = x_2$. 于是，或者 $f(x_1, x_1, x_3, x_4, \ldots, x_n) = f(x_1, x_1, x_1, x_4, \ldots, x_n)$，或者 $f(x_1, x_1, x_3, x_4, \ldots, x_n) = f(x_3, x_1, x_3, x_4, \ldots, x_n)$，只要假定 f 按它前三个变量是单调的.

63. $\langle xyz \rangle = \langle xxyyz \rangle$. 注记：事实上，埃米尔·波斯特证明了，一个对于任何非平凡单调自对偶函数的子程序足以计算它们中的全部中位数.（根据对 n 归纳法，至少有一种调用这样 n 元子程序的适当方式将产生 $\langle xyz \rangle$.）

64. [*FOCS* **3** (1962)，149–157.] (a) 如果 f 是单调的自对偶函数，定理 P 表明 $f(x) = x_k$ 或 $f(x) = \langle f_1(x) f_2(x) f_3(x) \rangle$. 所以条件直接成立，或者根据归纳法成立. 反之，如果条件成立，那么它蕴涵 f 是单调的（当 x 和 y 恰好有一个二进制位不同时）和自对偶的（当它们在所有二进制位不同时）.

(b) 我们只需证明，可以在新的一点定义 f 而不会引入矛盾. 假定 x 是使得 $f(x)$ 无定义的按字典序的最小点. 如果 $f(\bar{x})$ 有定义，置 $f(x) = \overline{f(\bar{x})}$. 否则，如果对于某个 $x' \subseteq x$ 有 $f(x') = 1$，置 $f(x) = 1$；否则置 $f(x) = 0$. 这时条件依然成立.

65. 如果 $\mathcal{F}$ 是极大交汇族，我们有 (i) $X \in \mathcal{F} \implies \bar{X} \notin \mathcal{F}$，其中 $\bar{X}$ 是补集 $\{1, 2, \ldots, n\} \setminus X$；(ii) $X \in \mathcal{F}$ 且 $X \subseteq Y \implies Y \in \mathcal{F}$，因为 $\mathcal{F} \cup \{Y\}$ 是交汇族；(iii) $X \notin \mathcal{F} \implies \bar{X} \in \mathcal{F}$，因为 $\mathcal{F} \cup \{X\}$ 必定包含一个元素 $Y \subseteq \bar{X}$. 反之容易证明，任何满足条件 (i) 和 (ii) 的族 $\mathcal{F}$ 是交汇族，如果还满足条件 (iii)，那么它是极大交汇族.

妙语：按照布尔函数语言，所有 3 个命题都是简单命题：(i) $f(x) = 1 \implies f(\bar{x}) = 0$；(ii) $x \subseteq y \implies f(x) \leq f(y)$；(iii) $f(x) = 0 \implies f(\bar{x}) = 1$.

66. [茨木俊秀和龟田恒彦，*IEEE Transactions on Parallel and Distributed Systems* **4** (1993)，779–794.] 具有 $Q \subseteq Q' \implies Q = Q'$ 这一性质的每个族显然对应于单调布尔函数 f 的素蕴涵元. 进一步的条件 $Q \cap Q' \neq \emptyset$ 对应于进一步的关系 $f(\bar{x}) \leq \overline{f(x)}$，因为 $f(\bar{x}) = f(x) = 1$ 成立当且仅当 x 和 $\bar{x}$ 同时使素蕴涵元为真.

如果小族团 $\mathcal{C}$ 和 $\mathcal{C}'$ 以这种方式应于函数 f 和 f'，那么，$\mathcal{C}$ 支配 $\mathcal{C}'$ 当且仅当对于所有 x 有 $f \neq f'$ 且 $f'(x) \leq f(x)$. 于是 f' 不是自对偶的，因为存在一个 x 满足 $f'(\bar{x}) = 0$，$f(\bar{x}) = 1$. 同时我们有 $f(x) = 0$，因此 $f'(x) = 0$.

反过来，如果 f' 不是自对偶的，那么，存在一个 y 满足 $f'(y) = f'(\bar{y}) = 0$. 如果 $y = 0 \ldots 0$，那么小族团 $\mathcal{C}'$ 是空集，并且受每个其他小族团支配. 否则，定义 $f(x) = f'(x) \vee [x \supseteq y]$. 那么，$f$ 是单调的，而且对于所有 x 有 $f(\bar{x}) \leq \overline{f(x)}$. 所以，它对应于一个支配 $\mathcal{C}'$ 的小族团.

67. (a) t 中的一个黑 Y 促成 t^* 中的一个黑 Y，因为 t 中邻接的黑石子 a —— b —— c 产生 t^* 中两枚邻接的黑石子. 同样，t^* 中的一个黑 Y 促成 t 中的一个黑 Y.

(b) 根据 (a) 以及等式 $(t_{abc})_{def} = t_{(a+d)(b+e)(c+f)} = (t_{def})_{abc}$ 可以推出这个公式.［在 1979 年 1 月 21 日致马丁·加德纳的 28 页的信中，克雷奇·申斯特德陈述了本题以及习题 62 和 69 的结论. 约翰·米尔诺曾在 1957 年 3 月 26 日写信给加德纳，讨论一种对应的称为"三角板"的游戏. ］

68. 右图是 $n = 15$ 的三角形网格的 258 594 种解之一，它有 59 枚黑石子.（对于 $1 \le n \le 15$ 的答案分别是 2, 3, 4, 6, 8, 11, 14, 18, 23, 27, 33, 39, 45, 52, 59. 这些函数的素蕴涵元可以用非常小的 ZDD 表示，见 7.1.4 节. ）

69. 定理 P 的证明表明，我们仅需证明 $Y(T) \le f(x)$. T 中的 Y 意味着我们至少获得每个 p_j 中的一个变量. 所以，$f(\bar{x}_1, \ldots, \bar{x}_n) = 0$ 且 $f(x_1, \ldots, x_n) = 1$.

70. 当 f 是自对偶函数时，对于任意的 t，函数 g 的自对偶性是显然的：$\overline{g(\bar{x})} = \overline{(\overline{f(\bar{x})} \vee [\bar{x} = t]) \wedge [\bar{x} \ne \bar{t}]} = (f(x) \vee [x = \bar{t}]) \wedge [x \ne t] = (f(x) \wedge [x \ne t]) \vee ([x = \bar{t}] \wedge [x \ne t]) = g(x)$.

令 $x = x_1 \ldots x_{j-1} 0 x_{j+1} \ldots x_n$ 且 $y = x_1 \ldots x_{j-1} 1 x_{j+1} \ldots x_n$，对于单调性必须证明 $g(x) \le g(y)$. 如果 $x = t$ 或 $y = t$，我们有 $g(x) = 0$；如果 $x = \bar{t}$ 或 $y = \bar{t}$，我们有 $g(y) = 1$；对于其他情形，我们有 $g(x) = f(x) \le f(y) = g(y)$. ［*European J. Combinatorics* **16** (1995), 491–501；由简·比奥克和茨木俊秀独立发现，*IEEE Transactions on Parallel and Distributed Systems* **6** (1995), 905–914. ］

71. $\langle\langle xyz\rangle uv\rangle = \langle\langle\langle xyz\rangle uv\rangle uv\rangle = \langle\langle\langle yuv\rangle x\langle zuv\rangle\rangle uv\rangle = \langle\langle yuv\rangle\langle xuv\rangle\langle\langle zuv\rangle uv\rangle\rangle = \langle\langle xuv\rangle\langle yuv\rangle\langle zuv\rangle\rangle$.

72. 对于 (58)：$v = \langle uvu\rangle = u$.

对于 (59)：$\langle uyv\rangle = \langle vu\langle xuy\rangle\rangle = \langle\langle vux\rangle uy\rangle = \langle xuy\rangle = y$.

对于 (60)：$\langle xyz\rangle = \langle\langle xuv\rangle yz\rangle = \langle x\langle uyz\rangle\langle vyz\rangle\rangle = \langle xyy\rangle = y$.

73. (a) 如果 $d(u, v) = d(u, x) + d(x, v)$，显然，我们得到形为 u —— $\cdots$ —— x —— $\cdots$ —— v 的一条最短路径. 反之，如果 $[uxv]$，令 u —— $\cdots$ —— x —— $\cdots$ —— v 是一条最短路径，以 l 步从 u 到 x 再以 m 步到 v. 那么 $d(u, v) = l + m \ge d(u, x) + d(x, v) \ge d(u, v)$.

(b) 对于所有的 z，我们有 $\langle zxu\rangle = \langle z\langle vux\rangle\langle yux\rangle\rangle = \langle\langle zvy\rangle ux\rangle \in \{\langle yux\rangle, \langle vux\rangle\} = \{u, x\}$.

(c) 我们可以假定 $d(x, u) \ge d(x, v) > 0$. 令 u —— $\cdots$ —— y —— v 是一条最短路径，令 $w = \langle xuy\rangle$. 那么 $\langle vxw\rangle = \langle v\langle vux\rangle\langle wux\rangle\rangle = \langle\langle vvw\rangle ux\rangle = \langle vux\rangle = x$，所以 $x \in [w \mathinner{.\,.} v]$. 我们有 $[uwy]$，因为 $d(u, y) < d(u, v)$，$w \in [u \mathinner{.\,.} y]$. 如果 $w \ne u$，我们有 $d(w, v) < d(u, v)$；因此 $[wxv]$，从而 $[uxv]$. 如果 $w = u$，根据 (b) 我们有 x —— u. 然而 $d(x, u) \ge d(x, v)$，所以我们有 x —— v 且 $[uxv]$.

(d) 令 $y = \langle uxv\rangle$. 因为 $y \in [u \mathinner{.\,.} x]$，根据 (a) 和 (c)，我们有 $d(u, x) = d(u, y) + d(y, x)$. 同样，$d(u, v) = d(u, y) + d(y, v)$ 且 $d(x, v) = d(x, y) + d(y, v)$. 根据这 3 个等式以及 $d(u, v) = d(u, x) + d(x, v)$ 可得 $d(x, y) = 0$. ［*Proc. Amer. Math. Soc.* **12** (1961), 407–414. ］

74. $w = \langle yxw\rangle = \langle yx\langle zxw\rangle\rangle = \langle yx\langle zx\langle yzw\rangle\rangle\rangle = \langle\langle yxz\rangle x\langle yzw\rangle\rangle = \langle x\langle xyz\rangle\langle wyz\rangle\rangle = \langle\langle xxw\rangle yz\rangle = \langle xyz\rangle$，依据分别是 (55)(55)(55)(52)(51)(53)(50).

75. (a) 令 $w = \langle xxy\rangle$，根据 (iii) 有 $[xwx]$，根据 (i) 有 $w = x$.

(b) 公理 (iii) 和 (a) 的结果告诉我们，$[xxy]$ 恒为真. 在 (ii) 中令 $y = x$ 可得 $[uxv] \Longleftrightarrow [vxu]$. 所以，(iii) 中 $\langle xyz\rangle$ 的定义在 x, y, z 之间是完全对称的.

(c) 根据 (iii) 中 $\langle uxv\rangle$ 的定义，我们有 $x = \langle uxv\rangle$ 当且仅当 $[uxx]$, $[uxv]$, $[xxv]$. 然而，我们知道 $[uxx]$ 和 $[xxv]$ 恒为真.

(d) 在这一部分和随后两个部分，我们将建立 M 的一个或多个辅助点，然后用算法 C 推导我们所知的居间关系的每项结果.（这几条公理具有霍恩子句的便利形式. ）例如，定义 $z = \langle xuy\rangle$，所以我们有 $[uxy]$, $[uyv]$, $[xzy]$, $[xzv]$, $[yzv]$. 从这些假设可以推出 $[uzy]$, $[uzv]$. 所以我们有 $z = \langle uyv\rangle = y$.

(e) 根据提示建立的点蕴涵 $[utv]$, $[utz]$, $[vtz]$, $[uwv]$, $[uwz]$, $[vwz]$，因此我们有 $t = w$.（此处计算机程序是有帮助的. ）加上假设 $[rws]$, $[rwz]$, $[swz]$，得出 $[xyz]$，正如所期望的那样. 此外，我们有 $r = p$, $s = q$.

(f) 令 $r = \langle yuv \rangle$，$s = \langle zuv \rangle$，$t = \langle xyz \rangle$，$p = \langle xrs \rangle$，$q = \langle tuv \rangle$，则我们有 $[pqp]$．［*Proc. Amer. Math. Soc.* **5** (1954), 801–807. 关于居间公理的早期研究工作，见爱德华·亨廷顿和约翰·克兰，*Trans. Amer. Math. Soc.* **18** (1917), 301–325.］

76. 公理 (i) 显然成立，而公理 (ii) 由交换律和 (52) 推出．习题 74 的答案从恒等式 $\langle xyz \rangle = \langle x \langle xyz \rangle \langle wyz \rangle \rangle$ 导出公理 (iii)．所以，我们仅需证实公式 $\langle x \langle xyz \rangle \langle wyz \rangle \rangle = \langle \langle yxz \rangle x \langle wyz \rangle \rangle = \langle \langle \langle yxz \rangle xz \rangle x \langle wyz \rangle \rangle = \langle \langle yxz \rangle x \langle zx \langle wyz \rangle \rangle \rangle = \langle x \langle xyz \rangle \langle z \langle xyz \rangle w \rangle \rangle = \langle \langle x \langle xyz \rangle \langle xyz \rangle z \rangle w \rangle = \langle \langle xyz \rangle \langle xyz \rangle w \rangle$.

注记：加勒特·伯克霍夫和斯蒂芬·基斯在 *Bull. Amer. Math. Soc.* **53** (1947), 749–752 中对中位数代数的原始论述假定公理 (50)(51) 和短分配律 (53) 成立．结合律 (52) 实际蕴涵分配律的事实直到多年之后才被认识．米兰·科利比亚尔和塔玛拉·马尔奇索娃在 *Matematický Časopis* **24** (1974), 179–185 中像本题一样通过肖兰德公理证明了它．2005 年，罗伯特·韦罗夫和小威廉·麦丘恩利用奥特定理证明程序的一个扩充完成了从 (50)–(52) 到 (53) 的机械的推导．

77. (a) 在标记的坐标 $r - s$ 中，假定 $l(r)$ 有一个 0，$l(s)$ 有一个 1，于是，那个坐标中的左顶点含有 0．如果有 $u - v - u'$，其中 u 和 u' 落在左边但 v 落在右边，那么 $\langle uu'v \rangle$ 落在左边．然而 $[u..v] \cap [u'..v] = \{v\}$，除非 $u = u'$．

(b) 根据推论 C，这个断言显然成立．

(c) 假定有 $u - v$ 和 $u' - v'$，其中 u 和 u' 落在左边，v 和 v' 落在右边．令 $v = v_0 - \cdots - v_k = v'$ 是一条最短路径，令 $u_0 = u$，$u_k = u'$．根据 (b)，全部顶点 v_j 落在右边．左顶点 $u_1 = \langle u_0 v_1 u_k \rangle$ 必定是 u_0 和 v_1 的公共邻近，因为距离 $d(u_0, v_1) = 2$．（$u_1 = u_0$ 必定不成立，因为那样将蕴涵存在一条从 v 到 v' 的最短路径通过左顶点 u．）所以 v_1 具有秩 1．按同样的论据，$v_2, \ldots, v_{k-1}$ 也具有秩 1．［拉吉斯拉夫·内贝斯基，*Commentationes Mathematicæ Universitatis Carolinæ* **12** (1971), 317–325；亨利·马尔德，*Discrete Math.* **24** (1978), 197–204.］

(d) 这些步骤按照从 s 到 v 的距离 $d(v, s)$ 的顺序访问秩为 1 的所有顶点 v．如果这样一个顶点 v 有一个尚未遇见的后邻近 u，那么，u 的秩必定是 1 或 2．如果秩是 1，它至少有两个先邻近，即 v 和将来的 MATE(u)．步骤 I8 把它的判定建立在 u 的任意一个先邻近 w 的基础上，其中 $w \neq v$．根据 (c)，顶点 $x = \langle svw \rangle$ 的秩为 1．如果 $x = v$，那么 u 的秩为 2，除非 w 的秩为 0．否则 $d(x, s) < d(v, s)$，而且当 x 被访问时 w 的秩已经正确确定．如果 w 的秩为 1，u 落在从 v 到 w 的一条最短路径上；如果 w 的秩为 2，w 落在从 u 到 s 的一条最短路径上．根据 (c)，在这两种情形 u 和 w 都具有相同的秩．

(e) 根据 (a) 和 (d)，算法消除等价于 $r - s$ 的所有边．消除它们显然使图断开．根据 (b)，留下的两块图是凸的．所以，它们是连通的，实际上它们是中位数图．步骤 I7 记录这两块图之间的所有相应关系，因为消失的所有 4 圈是在那里检验的．根据对顶点数量的归纳法，每块图是正确标记的．

78. 在步骤 I4 中，顶点 v 每次出现都会失去其邻近顶点 u_j 中的一个顶点．这些边 $v - u_j$ 中的每一条都对应于标记的一个不同坐标，所以我们可以假定 $l(v)$ 对于某个二进制串 α 具有 $\alpha 1^k$ 这种形式．于是，对于 $u_1, u_2, \ldots, u_k$ 的标记是 $\alpha 01^{k-1}$，$\alpha 101^{k-2}$，$\ldots$，$\alpha 1^{k-1} 0$．通过取按分量的中位数，现在我们可以证明，对于图中的顶点出现 $\alpha \beta$ 形式的全部 2^k 个标记，因为 $\langle (\alpha \beta)(\alpha \beta')(0 \ldots 0) \rangle$ 是二进制位串 $\alpha(\beta \& \beta')$．

79. (a) 如果 $l(v) = k$，恰好有 $\nu(k)$ 个更小的顶点是 v 的邻近．

(b) 对于 $0 \leq j < \lceil \lg n \rceil$，最多 $\lfloor n/2 \rfloor$ 个 1 出现在二进制位 j 的位置．

(c) 假设恰好 k 个顶点具有从 0 开始的标记，最多 $\min(k, n-k)$ 条边对应于那个二进制位的位置，而且最多出现其他 $f(k) + f(n-k)$ 条边，但是

$$f(n) = \max_{0 \leq k \leq n} \left(\min(k, n-k) + f(k) + f(n-k) \right),$$

因为函数 $g(m, n) = f(m+n) - m - f(m) - f(n)$ 满足递推公式

$$g(2m+a, 2n+b) = ab + g(m+a, n) + g(m, n+b), \qquad 0 \leq a, b \leq 1.$$

根据归纳法，由此推出 $g(m, m) = g(m, m+1) = 0$，而且当 $m \leq n$ 时有 $g(m, n) \geq 0$．［*Annals of the New York Academy of Sciences* **175** (1970), 170–186；高德纳，*Proc. IFIP Congress 1971* (1972), 24.］

80. (a) （威尔弗里德·伊姆里奇提供解法）对具有顶点标记 0000, 0001, 0010, 0011, 0100, 0110, 0111, 1100, 1101, 1110, 1111 的图不能用任何实质上不同的方法做标记. 但是, 从 0001 到 1101 的距离是 4 而不是 2.

(b) 圈 C_{2m} 是一个部分立方, 因为对于 $0 \le k < m$ 的顶点可以用 $l(k) = 1^k 0^{m-k}$, $l(m+k) = 0^k 1^{m-k}$ 标记. 但是, $l(0)$, $l(m-1)$ 和 $l(m+1)$ 的按位中位数是 $01^{m-2}0$. 实际上, 当 $m > 2$ 时那些顶点没有中位数.

81. 是. 中位数图是超立方的诱导子图, 这种图是二部图.

82. 一般情形简化为 G 仅具有两个顶点 $\{0,1\}$ 的简单情形, 因为我们可以按分量方式对中位数标记进行运算, 还因为 $d(u,v)$ 是 $l(u)$ 和 $l(v)$ 之间的汉明距离.

在简单情形, 除非 $u_{k-1} = v_{k-1} = v_{k+1} \ne v_k$, 所述规则置 $u_k \leftarrow v_k$. 容易证明它是最优的.（然而, 存在其他最优解的可能性. 例如, 如果 $v_0 v_1 v_2 v_3 = 0110$, 我们可以置 $u_0 u_1 u_2 u_3 = 0000$.）

[自组织数据结构的研究引出了这个问题. 钟金芳蓉、葛立恒和迈克尔·萨克斯在 *Discrete Algorithms and Complexity* (Academic Press, 1987), 351–387 中证明了中位数图是仅有的这样一种图, 对它们而言, u_k 始终能够以最佳方式选择为 $(v_0, v_1, \ldots, v_{k+1})$ 的一个函数, 而与其后的值 $(v_{k+2}, \ldots, v_t)$ 无关. 在 *Combinatorica* **9** (1989), 111–131 中, 他们还描述了所有那样一些事例的特征, 对于它们, 给出有限的先行量就足够了.]

83. 我们首先考虑布尔（两顶点）序列的情形, 假定可以通过对 $1 \le j \le t$ 的递归规则 $u_0 \leftarrow v_0$ 和 $u_j \leftarrow f_{t+2-j}(u_{j-1}, v_j, \ldots, v_t)$ 获得最优解, 其中每个 f_k 是适当的 k 变量布尔函数. 第一个函数 $f_{t+1}(v_0, v_1, \ldots, v_t)$ 实际上依赖于它的"最远"变量 v_t, 因为当 $\rho = 1 - \epsilon$ 且 $k \ge 2$ 时我们必定有 $f_{2k+1}(0, 1, 1, 0, 1, 0, 1, \ldots, 0, 1, 0, x) = x$.

可以用下述方式获得符合要求的函数 f_{t+1}: 如果 $v_1 = 0$, 令 $f_{t+1}(0, v_1, \ldots, v_t) = 0$. 否则, 令输入序列的"游程"是

$$v_0 v_1 \ldots v_t = 0 1^{a_k} 0^{a_{k-1}} \ldots 1^{a_2} 0^{a_1} \quad \text{或} \quad 0 1^{a_k} 0^{a_{k-1}} \ldots 1^{a_3} 0^{a_2} 1^{a_1},$$

其中 $a_k, \ldots, a_1 \ge 1$, 并且对于 $1 \le j \le k$ 令 $\alpha_j = 2 \mathbin{\dot{-}} a_j \rho = \max(0, 2 - a_j \rho)$. 于是

$$f_{t+1}(0, v_1, \ldots, v_t) = [\alpha_k \mathbin{\dot{-}} (\alpha_{k-1} \mathbin{\dot{-}} (\cdots \mathbin{\dot{-}} (\alpha_2 \mathbin{\dot{-}} (1 \mathbin{\dot{-}} a_1 \rho)) \cdots)) = 0].$$

此外, 令 $f_{t+1}(1, v_1, \ldots, v_t) = \bar{f}_{t+1}(0, \bar{v}_1, \ldots, \bar{v}_t)$, 则 f_{t+1} 是自对偶的.

用巧妙一点的方法还可以证明 f_{t+1} 是单调的.

所以, 根据定理 P, 我们可以对任意中位数图的标记按分量应用 f_{t+1}, 始终停留在图内.

84. 这样的函数有 81 个, 它们当中的每一个都可以表示成奇数个元素的中位数. 有 7 种类型的顶点:

类型	典型顶点	数量	邻接到	度数
1	$\langle z \rangle$	5	$\langle vwxyzzz \rangle$	1
2	$\langle vwxyzzz \rangle$	5	$\langle z \rangle, \langle wxyzz \rangle$	5
3	$\langle wxyzz \rangle$	20	$\langle vwxyzzz \rangle, \langle vwxxyyzzz \rangle$	4
4	$\langle vwxxyyzzz \rangle$	30	$\langle xyz \rangle, \langle wxyzz \rangle, \langle vwxyyzz \rangle$	5
5	$\langle vwxyyzz \rangle$	10	$\langle vwxxyyzzz \rangle, \langle vwxyz \rangle$	7
6	$\langle vwxyz \rangle$	1	$\langle vwxyyzz \rangle$	10
7	$\langle xyz \rangle$	10	$\langle vwxxyyzzz \rangle$	3

[约翰·冯·诺依曼和奥斯卡·摩根斯顿在 *Theory of Games and Economic Behavior* (1944), §52.5 中列举了这 7 类函数, 同关于获胜联盟系统的一种等价问题的研究相关, 他们把这种系统称为简单对策. 6 变量函数的图出现在习题 70 引用的迈耶罗维茨的论文中, 该图有 30 种类型的 2646 个顶点. 这些顶点中仅有 21 种可以表示成简单的奇数个元素的中位数. 例如, 像 $\langle\langle abd \rangle\langle ace \rangle\langle bcf \rangle\rangle$ 这样的顶点没有此类表示. 令对应的 n 变量图有 M_n 个顶点. 爱尔特希和尼尔·欣德曼在 *Discrete Math.* **48** (1984), 61–65 中证明了 $\lg M_n$ 渐近于 $\binom{n-1}{\lfloor n/2 \rfloor}$. 丹尼尔·克莱特曼在 *J. Combin. Theory* **1** (1966), 153–155 中证明了这个图中像 x 和 y 这种不同的投影函数的顶点总是相距最远的.]

85. 每个强分图必定由单顶点组成，否则，两个坐标将始终相等或始终互补. 因此有向图必定是无圈的.
此外，必定不存在从一个顶点到它的补的路径，否则，一个坐标将是常数.

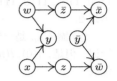

如果满足上述两个条件，对位于 x 或 $\bar x$ 前的所有顶点赋值 0，对跟随 x 或 $\bar x$ 的所有顶点赋值 1，对所有其他顶点赋适合的值，我们可以证明没有顶点 x 是冗余的.

（因此，我们得到一种完全不同的方法来表示中位数图. 例如，右边所示的有向图对应于标记为 $\{0000, 0001, 0010, 0011, 0111, 1010\}$ 的中位数图.）

86. 是. 根据定理 P，任何单调自对偶函数把 X 的元素映射到 X.

87. 在此，拓扑排序 $765432 1\bar1\bar2\bar3\bar4\bar5\bar6\bar7$ 可以代替 (72)，我们获得 CI 网络

（当然，同一行上连续的反相器是可以删除的.）

88. 一个给定的 d 值最多贡献 $6\lceil t/d\rceil$ 单位延迟（对于 $2\lceil t/d\rceil$ 个部件簇）.（奥米德·埃泰萨米注意到，如果我们重排具有相同 d 的部件簇，实际上 $O(t)$ 级延迟足够了，因为它们中的每一个都可以在小于等于 9 单位时间内完成.）

89. 首先假定新条件是 $i \to j$ 而旧条件是 $i' \to j'$，其中 $i < j$ 且 $i' < j'$，而且没有带补的字面值. 新模块把 $x_1 \ldots x_t$ 变成 $y_1 \ldots y_t$，其中 $y_i = x_i \wedge x_j$ 且 $y_j = x_i \vee x_j$，而其他的 $y_k = x_k$. 当 $\{i', j'\} \cap \{i, j\} = \emptyset$ 时，我们必定有 $y_{i'} \le y_{j'}$. 因为 $y_{i'} = y_i \le x_i = x_{i'} \le x_{j'} = y_{j'}$，所以当 $i = i'$ 时也没问题. 对于 $i = j'$ 情形的证明需要一定的技巧：此时关系 $i' \to i$ 和 $i \to j$ 也蕴涵 $i' \to j$，但这个关系已由过去的模块强加，因为已经按拓扑排序 $u_1 \ldots u_{2t}$ 的递减距离 d 的次序附加了模块. 所以我们有 $y_{i'} = x_{i'} \le x_j$，$y_{i'} \le x_{j'} = x_i$，从而 $y_{i'} \le x_i \wedge x_j = y_{i} = y_{j'}$. 当 $j = i'$ 或 $j = j'$ 时适用类似的证明方法.

最后，通过对二进制位的倒相和反倒相，网络构造巧妙地把带补字面值的一般情形转变成不带补的情形.

90. 当 $t = 2$ 时，$\begin{array}{c}\vcenter{\hbox{·—·—·—·}}\end{array}$ 可以完成任务. 从这个构件递归地把 t 降到 $\lceil t/2\rceil$ 可以建立一般情形的 CI 网络.
（厄恩斯特·迈尔和阿肖克·苏布拉马尼扬 [*J. Computer and System Sci.* **44** (1992), 302–323] 开创了 CI 网络以及更具普遍性的其他网络的研究.）

91. 即使在中位数图是一棵自由树（具有 $t+1$ 个顶点）的特殊情形，或者像推论 F 那样在它是分配网格的单调情形，答案看来还是不知道. 在后一种情形，可能不需要反相器.

93. 当 u 与 v 之间的一条最短路径完全位于 X 内时，令 $d_X(u, v)$ 是这条路径上的边数. 显然 $d_X(u, v) \ge d_G(u, v)$. 如果 $u = u_0 \!-\! u_1 \!-\! \cdots \!-\! u_k = v$ 是 G 的一条最短路径，当 f 是从 G 到 X 的一个收缩映射时，路径 $u = f(u_0) \!-\! f(u_1) \!-\! \cdots \!-\! f(u_k) = v$ 位于 X 内. 因此 $d_X(u, v) \le d_G(u, v)$.

94. 如果 f 是 t 立方到 X 上的一个收缩映射，对于所有的 $x \in X$，两个不同坐标位置不能总是相等或总是互补，除非它们是常数. 因为（比如说）假定 X 的所有元素都具有 $00*\ldots*$ 或 $11*\ldots*$ 的形式，在那两种类型的顶点之间将没有路径，同 X 是等距子图（因此是连通的）这一事实矛盾.

给定 $x, y, z \in X$，令 $w = \langle xyz \rangle$ 是它们在 t 立方中的中位数. 那么 $f(w) \in [x..y] \cap [x..z] \cap [y..z]$，因为（比如说）$f(w)$ 位于 X 内从 x 到 y 的一条最短路径上. 所以 $f(w) = w$，而我们已经证明了 $w \in X$.［汉斯-于尔根·班德尔特在 *J. Graph Theory* **8** (1984), 501–510 中给出了这个结果以及它的逆定理的非常巧妙的证明.］

95. 假（虽然我曾经期待相反的结果）. 右图的网络取 $0001 \mapsto 0000$，$0010 \mapsto 0011$，$1101 \mapsto 0110$，但没有二进制位串 $\mapsto 0010$.（即使网络不用反相器，所有可能输出的集合并没有显现易于描述的特征. 例如，左图中托马斯·费德尔构建的纯比较器网络取 $000000 \mapsto 000000$，$010101 \mapsto 010101$，$101010 \mapsto 011001$，但没有二进制位串 $\mapsto 010001$. 也见习题 5.3.4–50, 5.3.4–52.）

96. 不会. 如果 f 是基于实参数 $w = (w_1, \ldots, w_n)$ 和 t 的门限函数, 令 $\max\{w \cdot x \mid f(x) = 0\} = t - \epsilon$. 那么 $\epsilon > 0$, 而且 f 是由以下 2^n 个不等式定义的: 当 $f(x) = 1$ 时 $w \cdot x - t \geq 0$, 当 $f(x) = 0$ 时 $t - w \cdot x - \epsilon \geq 0$. 假设 A 是任意 $M \times N$ 整数矩阵, 如果线性不等式方程组 $Av \geq (0, \ldots, 0)^T$ 有实数解 $v = (v_1, \ldots, v_N)^T$ (其中 $v_N > 0$), 那么也有这样一个整数解. (用对 N 的归纳法证明.) 所以, 我们可以假定 $w_1, \ldots, w_n, t$ 和 ϵ 是整数.

[利用阿达马不等式 (见 4.6.1–(25)) 做更细致的分析表明, 事实上最多 $(n+1)^{(n+1)/2}/2^n$ 数量的整数权值是足够的. 见室贺三郎、户田岩和高须达, *J. Franklin Inst.* **271** (1961), 376–418, 定理 16. 此外, 习题 112 表明近乎那样大的权值有时是需要的.]

97. $\langle 11111x_1x_2 \rangle$, $\langle 111x_1x_2 \rangle$, $\langle 1x_1x_2 \rangle$, $\langle 0x_1x_2 \rangle$, $\langle 000x_1x_2 \rangle$, $\langle 00000x_1x_2 \rangle$.

98. 我们可以假定 $f(x_1, \ldots, x_n) = \langle y_1^{w_1} \ldots y_n^{w_n} \rangle$, 带有正整数权值 w_j, 而且 $w_1 + \cdots + w_n$ 是奇数. 令 δ 是带有 n 个独立变化的正负号的 2^n 个和式 $\pm w_1 \pm \cdots \pm w_n$ 的最小正数. 对下标重新编号使得 $w_1 + \cdots + w_k - w_{k+1} - \cdots - w_n = \delta$. 于是 $w_1 y_1 + \cdots + w_n y_n > \frac{1}{2}(w_1 + \cdots + w_n) \iff w_1(y_1 - \frac{1}{2}) + \cdots + w_n(y_n - \frac{1}{2}) > 0 \iff w_1(y_1 - \frac{1}{2}) + \cdots + w_n(y_n - \frac{1}{2}) > -\delta/2 \iff w_1 y_1 + \cdots + w_n y_n > \frac{1}{2}(w_1 + \cdots + w_n - (w_1 + \cdots + w_k - w_{k+1} - \cdots - w_n)) = w_{k+1} + \cdots + w_n \iff w_1 y_1 + \cdots + w_k y_k - w_{k+1} \bar{y}_{k+1} - \cdots - w_n \bar{y}_n > 0$.

99. 我们有 $[x_1 + \cdots + x_{2s-1} + s(y_1 + \cdots + y_{2t-2}) \geq st] = [\lfloor (x_1 + \cdots + x_{2s-1})/s \rfloor + y_1 + \cdots + y_{2t-2} \geq t]$, 以及 $\lfloor (x_1 + \cdots + x_{2s-1})/s \rfloor = [x_1 + \cdots + x_{2s-1} \geq s]$.

(例如, $\langle \langle xyz \rangle uv \rangle = \langle xyzu^2v^2 \rangle$, 根据分配律 (53) 和 (54), 我们知道它等于 $\langle x\langle yuv \rangle \langle zuv \rangle \rangle$ 和 $\langle \langle xuv \rangle \langle yuv \rangle \langle zuv \rangle \rangle$. 参考文献: 卡尔文·埃尔戈, *FOCS* **2** (1961), 238.)

100. 真, 这是因为上题以及 (45).

101. (a) 当 $n = 7$ 时 F_n 的素蕴涵元是 $x_7 \wedge x_6$, $x_6 \wedge x_5$, $x_7 \wedge x_5 \wedge x_4$, $x_6 \wedge x_4 \wedge x_3$, $x_7 \wedge x_5 \wedge x_3 \wedge x_2$, $x_6 \wedge x_4 \wedge x_2 \wedge x_1$, $x_7 \wedge x_5 \wedge x_3 \wedge x_1$. 一般情况下, F_n 具有 n 个素蕴涵元, 具有类似模式. (我们有 $x_n = x_{n-1}$ 或者 $x_n = \bar{x}_{n-1}$. 在第一种情形, $x_n \wedge x_{n-1}$ 显然是一个素蕴涵元. 在第二种情形, $F_n(x_1, \ldots, x_{n-1}, \bar{x}_{n-1}) = F_{n-1}(x_1, \ldots, x_{n-1})$, 所以我们使用后者的素蕴涵元, 并且当 x_{n-1} 不出现时插入 x_n.)

(b) $n = 7$ 时的剥壳模式 (0000011, 0000110, 0001101, 0011010, 0110101, 1101010, 1010101) 对于所有 n 都适用.

(c) $n = 7$ 时的若干可能表示形式中的下面两种形式说明了一般情形:

$$F_7(x_1, \ldots, x_7) = Y \begin{pmatrix} & & & x_6 & & & \\ & & x_7 & x_5 & & & \\ & & x_6 & x_6 & x_4 & & \\ & x_7 & x_5 & x_7 & x_3 & & \\ & x_6 & x_6 & x_4 & x_6 & x_2 & \\ x_7 & x_5 & x_7 & x_3 & x_7 & x_1 & \end{pmatrix} = Y \begin{pmatrix} & & & x_6 & & & \\ & & x_7 & x_5 & & & \\ & & x_6 & x_6 & x_4 & & \\ & x_7 & x_5 & x_5 & x_3 & & \\ & x_6 & x_6 & x_4 & x_4 & x_2 & \\ x_7 & x_5 & x_5 & x_3 & x_3 & x_1 & \end{pmatrix}.$$

[室贺三郎引入了斐波那契门限函数, 他还发现习题 105 中的最优结果, 见 *IEEE Transactions* **EC-14** (1965), 136–148.]

102. (a) 根据运算规则 (11) 和 (12), $\hat{f}(\bar{x}_0, \bar{x}_1, \ldots, \bar{x}_n)$ 是 $\hat{f}(x_0, x_1, \ldots, x_n)$ 的补.

(b) 如果 f 是由式 (75) 给出的, 则 $\hat{f}$ 是 $[(w + 1 - 2t)x_0 + w_1 x_1 + \cdots + w_n x_n \geq w + 1 - t]$, 其中 $w = w_1 + \cdots + w_n$. 反之, 如果 $\hat{f}$ 是门限函数, 则 $f(x_1, \ldots, x_n) = \hat{f}(1, x_1, \ldots, x_n)$ 也是门限函数. [后藤英一和高桥秀俊, *Proc. IFIP Congress* (1962), 747–752.]

103. [见罗伯特·明尼克, *IRE Transactions* **EC-10** (1961), 6–16.] 我们必须对于 $1 \leq j \leq n$ 的约束条件 $w_j \geq 0$ 和对于每个素蕴涵元 $x_1^{e_1} \wedge \cdots \wedge x_n^{e_n}$ 的约束条件 $(2e_1 - 1)w_1 + \cdots + (2e_n - 1)w_n \geq 1$, 使 $w_1 + \cdots + w_n$ 达到最小值. 例如, 如果 $n = 6$, 素蕴涵元 $x_2 \wedge x_5 \wedge x_6$ 将导致约束条件 $-w_1 + w_2 - w_3 - w_4 + w_5 + w_6 \geq 1$. 如果最小值是 $+\infty$, 给定的函数不是门限函数. (习题 84 的答案提供了这种情形的最简单例子之一.) 否则, 如果解 $(w_1, \ldots, w_n)$ 仅包含整数, 它使要求的长度达到最小. 当出现非整数解时, 必须增加额外的约束条件, 直到求出最优解, 像在下题的 (c) 中那样.

104. 首先我们需要一个算法，当 $w_1 \geq \cdots \geq w_n$ 且 $w_1 + \cdots + w_n$ 是奇数时生成给定的过半数函数 $\langle x_1^{w_1} \ldots x_n^{w_n} \rangle$ 的素蕴涵元 $x_1^{e_1} \wedge \cdots \wedge x_n^{e_n}$.

K1. [初始化.] 置 $t \leftarrow 0$. 然后对于 $j = n, n-1, \ldots, 1$（按此顺序）置 $a_j \leftarrow t$, $t \leftarrow t + w_j$, $e_j \leftarrow 0$. 最后，置 $t \leftarrow (t+1)/2$, $s_1 \leftarrow 0$, $l \leftarrow 0$.

K2. [进入 l 层循环.] 置 $l \leftarrow l+1$, $e_l \leftarrow 1$, $s_{l+1} \leftarrow s_l + w_l$.

K3. [低于门限?] 如果 $s_{l+1} < t$ 则返回 K2.

K4. [访问素蕴涵元.] 访问指数 $(e_1, \ldots, e_n)$.

K5. [降低层次.] 置 $e_l \leftarrow 0$. 然后，如果 $s_l + a_l \geq t$, 置 $s_{l+1} \leftarrow s_l$, 转到 K2.

K6. [回溯.] 置 $l \leftarrow l-1$. 如果 $l = 0$ 则终止算法；否则，如果 $e_l = 1$ 则转到 K5，否则重复本步骤. ∎

(a) $\langle x_1 x_2^2 x_3^3 x_4^5 x_5^6 x_6^8 x_7^{10} x_8^{12} \rangle$（21 个素蕴涵元）.

(b) 当 $0 \leq t \leq 8$ 时，关于 $\langle x_0^{16-2t} x_1^8 x_2^4 x_3^2 x_4 \rangle$ 的最优权值是 $w_0 w_1 w_2 w_3 w_4 = 10000, 31111, 21110,$ $32211, 11100, 23211, 12110, 13111, 01000$. 其他情形是对偶函数.

(c) 这里最优权值 $(w_1, \ldots, w_{10})$ 是 $(29, 25, 19, 15, 12, 8, 8, 3, 3, 0)/2$, 所以我们知道 x_{10} 是不相关的，而且必须处理分数的权值. 限定 $w_8 \geq 2$ 给出整数权值 $(15, 13, 10, 8, 6, 4, 4, 2, 1, 0)$, 这些权值必定是最优的，因为它们的和减去前一个和超过 2. （在 $175\,428$ 个九变量自对偶门限函数中，仅有两个具有使 $w_1 + \cdots + w_n$ 达到最小值的非整数权值；另一个是 $\langle x_1^{17} x_2^{15} x_3^{11} x_4^9 x_5^7 x_6^5 x_7^4 x_8^2 x_9 \rangle$. 最小表示的最大 w_1 出现在 $\langle x_1^{42} x_2^{22} x_3^{18} x_4^{15} x_5^{13} x_6^{10} x_7^5 x_8^4 x_9^3 \rangle$；最大的 $w_1 + \cdots + w_9$ 唯一地出现在 $\langle x_1^{34} x_2^{32} x_3^{28} x_4^{27} x_5^{24} x_6^{20} x_7^{18} x_8^{15} x_9^{11} \rangle$, 这也是最大的 w_9 的例子. 见室贺三郎、坪井定一和查尔斯·鲍, *IEEE Transactions* **C-19** (1970), 818–825. ）

105. 当 $n = 7$ 时，习题 103 生成的不等式是 $w_7 + w_6 - w_5 - w_4 - w_3 - w_2 - w_1 \geq 1$, $-w_7 + w_6 + w_5 - w_4 - w_3 - w_2 - w_1 \geq 1$, $w_7 - w_6 + w_5 + w_4 - w_3 - w_2 - w_1 \geq 1$, $-w_7 + w_6 - w_5 + w_4 + w_3 - w_2 - w_1 \geq 1$, $w_7 - w_6 + w_5 - w_4 + w_3 + w_2 - w_1 \geq 1$, $-w_7 + w_6 - w_5 + w_4 - w_3 + w_2 + w_1 \geq 1$, $w_7 - w_6 + w_5 - w_4 + w_3 - w_2 + w_1 \geq 1$. 它们分别乘以 $1, 1, 2, 3, 5, 8, 5$ 得到 $w_1 + \cdots + w_7 \geq 1 + 1 + 2 + 3 + 5 + 8 + 5$. 同样的做法对于所有的 $n \geq 3$ 都适用.

106. (a) $\langle x_1^{2^{n-1}} x_2^{2^{n-2}} \ldots x_n \, \bar{y}_1^{2^{n-1}} \bar{y}_2^{2^{n-2}} \ldots \bar{y}_n \bar{z} \rangle$. （根据习题 99，我们也能执行 n 个 3 变量中位数运算：$\langle \langle \ldots \langle x_n \bar{y}_n \bar{z} \rangle \ldots x_2 \bar{y}_2 \rangle x_1 \bar{y}_1 \rangle$. ）

(b) 如果 $\langle x_1^{u_1} x_2^{u_2} \ldots x_n^{u_n} \bar{y}_1^{v_1} \bar{y}_2^{v_2} \ldots \bar{y}_n^{v_n} \bar{z}^w \rangle$ 能解决问题，$2^{n+1} - 1$ 个基本不等式必须成立. 例如，当 $n = 2$ 时它们是 $u_1 + u_2 - v_1 + v_2 - w \geq 1$, $u_1 + u_2 - v_1 - v_2 + w \geq 1$, $u_1 - u_2 + v_1 - v_2 - w \geq 1$, $u_1 - u_2 - v_1 + v_2 + w \geq 1$, $-u_1 + u_2 + v_1 + v_2 - w \geq 1$, $-u_1 + u_2 + v_1 - v_2 + w \geq 1$, $-u_1 - u_2 + v_1 + v_2 + w \geq 1$. 把它们全加在一起可得 $u_1 + u_2 + \cdots + u_n + v_1 + v_2 + \cdots + v_n + w \geq 2^{n+1} - 1$.

107.

f	$N(f)$	$\Sigma(f)$	f	$N(f)$	$\Sigma(f)$	f	$N(f)$	$\Sigma(f)$	f	$N(f)$	$\Sigma(f)$
$\perp$	0	(0,0)	$\bar{\subset}$	1	(0,1)	$\bar{\triangledown}$	1	(0,0)	$\sqsubset$	2	(0,1)
$\wedge$	1	(1,1)	R	2	(1,2)	$\equiv$	2	(1,1)	$\supset$	3	(1,2)
$\bar{\supset}$	1	(1,0)	$\oplus$	2	(1,1)	$\bar{\mathsf{R}}$	2	(1,0)	$\bar{\wedge}$	3	(1,1)
$\llcorner$	2	(2,1)	$\vee$	3	(2,2)	$\subset$	3	(2,1)	$\top$	4	(2,2)

注意，$\oplus$ 和 $\equiv$ 具有相同的参数 $N(f)$ 和 $\Sigma(f)$, 它们是仅有的不是门限函数的二元布尔运算.

108. 如果 $\Sigma(g) = (s_0, s_1, \ldots, s_n)$，在 $x_0 = 1$ 的 s_0 个实例和 $x_0 = 0$ 的 $2^n - s_0$ 个实例中 g 的值是 1. 此外，我们有 $\Sigma(f_0) + \Sigma(f_1) = (s_1, \ldots, s_n)$ 以及

$$
\begin{aligned}
\Sigma(f_0) &= \sum_{x_1=0}^{1} \ldots \sum_{x_n=0}^{1} (\bar{x}_1, \ldots, \bar{x}_n) g(0, \bar{x}_1, \ldots, \bar{x}_n) \\
&= \sum_{x_1=0}^{1} \ldots \sum_{x_n=0}^{1} ((1, \ldots, 1) - (x_1, \ldots, x_n))(1 - g(1, x_1, \ldots, x_n)) \\
&= (2^{n-1} - s_0, \ldots, 2^{n-1} - s_0) + \Sigma(f_1).
\end{aligned}
$$

所以，对于 $n > 0$，答案是 (a) $N(f_0) = 2^n - s_0$，$\Sigma(f_0) = \frac{1}{2}(s_1 - s_0 + 2^{n-1}, \ldots, s_n - s_0 + 2^{n-1})$；(b) $N(f_1) = s_0$，$\Sigma(f_1) = \frac{1}{2}(s_1 + s_0 - 2^{n-1}, \ldots, s_n + s_0 - 2^{n-1})$. [1963 年，后藤英一在麻省理工学院的演讲中提出了等价的结果.]

109. (a) $a_1 + \cdots + a_k \geq b_1 + \cdots + b_k$ 当且仅当 $k - a_1 - \cdots - a_k \leq k - b_1 - \cdots - b_k$.

(b) 令 $\alpha^+ = (a_1, a_1+a_2, \ldots, a_1+\cdots+a_n)$. 那么，通过对 α^+ 和 β^+ 按分量取最小值得到的向量 $(c_1, \ldots, c_n)$ 是 $(\alpha \wedge \beta)^+$.（显然 $c_j = c_{j-1} + a_j$ 或 b_j.）

(c) 像在 (b) 中那样进行，只是按分量取最大值，即取 $\overline{\bar{\alpha} \wedge \bar{\beta}}$.

(d) 真，因为 max 和 min 满足这两个分配律.（事实上，我们用一种类似的方法从满足 $0 \leq a_j < m_j$（$1 \leq j \leq n$）的所有 n 元组 $a_1 \ldots a_n$ 的集合获得一个优化的混合进制分配网格. 理查德·斯坦利注意到，图 8 也是右图所示的三角形网格的阶理想网格.）

(e) $\alpha 1$ 覆盖 $\alpha 0$，$\alpha 10 \beta$ 覆盖 $\alpha 01 \beta$. [罗伯特·温德在 *IEEE Trans.* **EC-14** (1965), 315–325 中描述了这个事实，但他没有证明网格性质. 该网格通常称为 $M(n)$. 见伯恩特·林德斯特伦，*Nordisk Mat. Tidskrift* **17** (1969), 61–70；斯坦利，*SIAM J. Algebraic and Discrete Methods* **1** (1980), 177–179.]

(f) 根据 (e)，我们有 $r(\alpha) = na_1 + (n-1)a_2 + \cdots + a_n$.

(g) 要点在于：$0\beta \succeq 0\alpha$ 当且仅当 $\beta \succeq \alpha$，以及 $1\beta \succeq 0\alpha$ 当且仅当 $1\beta \succeq 10\ldots0 \vee 0\alpha = 1\alpha'$.

(h) 这也就是说，有多少 $a_1 \ldots a_n$ 具有以下性质：$a_1 \ldots a_k$ 包含的 1 的数量不超过它包含的 0 的数量？答案是 $\binom{n}{\lfloor n/2 \rfloor}$. 例如，见习题 2.2.1–4 或 7.2.1.6–42(a).

110. (a) 如果 $x \subseteq y$，那么 $x \preceq y$，因此 $f(x) \leq f(y)$. 证明完毕.

(b) 不成立. 门限函数无须是单调函数（见式 (79)）. 但可以证明，如果我们还要求 $w_n \geq 0$，则 f 是正则函数. 这是因为，如果 $f(x) = 1$ 且 y 覆盖 x，我们就有 $w \cdot y \geq w \cdot x$.

(c) 只要有 $f(x) = 1$ 且 $x_j < x_{j+1}$，当 y 覆盖 $x_j \leftrightarrow x_{j+1}$ 的 x 时我们就有 $f(y) = 1$，因此 $s_j \geq s_{j+1}$.（即使当 $w_n < 0$ 时这个论证也成立.）

(d) 不成立. 例如，考虑 $\langle x_1 x_2^2 x_3^2 \rangle$，它等于 $\langle x_1 x_2 x_3 \rangle$. 当权值 $w_1 + \cdots + w_n$ 达到最小时出现反例，因为习题 103 中线性规划的解不总是唯一的. 室贺三郎、坪井定一和查尔斯·鲍发现的这样一个实例是 $\langle x_1^{17} x_2^9 x_3^8 x_4^6 x_5^5 x_6^7 x_7^3 x_8^2 x_9^2 \rangle$，它实际上是关于 x_4 和 x_5 对称的函数. 然而，如果 $s_j > s_{j+1}$，根据 (c)，我们们必定有 $w_j > w_{j+1}$.

111. (a) 像在习题 14 中那样求逐点最优的自对偶函数 f. 在约束情况下，选择 $f(x_1, \ldots, x_n) = x_1$. 因此 $f(x_1, \ldots, x_n) = [r_1^{x_1} \ldots r_n^{x_n} \geq \sqrt{r_1 \ldots r_n}]$，只是当 $x_1 = 0$ 时"$\geq$"变成">". 当 $r_1 \geq \cdots \geq r_n \geq 1$ 时它是正则函数.

(b) 令 g 是 (a) 中建立的正则自对偶函数. 如果 f 是给定的正则自对偶函数，则我们需要证明对于所有向量 x 有 $f(x) \leq g(x)$. 这个结果蕴涵 $f = g$，因为两个函数都是自对偶函数.

假定 $f(x) = 1$，令 $y \preceq x$ 是满足 $f(y) = 1$ 的极小元素. 如果我们证明了 $g(y) = 1$，那么，如期望的那样，当然有 $g(x) = 1$. [见牧野和久和龟田恒彦，*SIAM Journal on Discrete Mathematics* **14** (2001), 381–407.]

例如，当 $n = 5$ 时，仅有 7 个自对偶正则布尔函数，由图 8 中的以下极小元素产生：10000; 01111, 10001; 01110, 10010; 01101, 10011, 10100; 01100; 01011, 11000; 00111. 所以，只检验少量函数值就能找到一个最优小族团.

(c) 假定 $1 > p_1 \geq \cdots \geq p_r \geq \frac{1}{2} > p_{r+1} \geq \cdots \geq p_n > 0$. 设 $f_k(x_1, \ldots, x_n)$ 是第 k 个单调自对偶函数, $F_k(x_1, \ldots, x_n)$ 是它的整数多重线性表示. 我们需要计算最优可用性 $G(p_1, \ldots, p_n) = \max_k F_k(p_1, \ldots, p_n)$. 如果 $p_1 \leq p'_1, \ldots, p_n \leq p'_n$, 根据习题 12(e), 我们有 $F_k(p_1, \ldots, p_n) \leq F_k(p'_1, \ldots, p'_n)$. 从而可以得出, $G(p_1, \ldots, p_n) \leq G(p'_1, \ldots, p'_n)$.

所以, 如果 $0 < r < n$, 我们有

$$G(p_1, \ldots, p_n) \leq G(p_1, \ldots, p_r, \tfrac{1}{2}, \ldots, \tfrac{1}{2}).$$

因此, 像在 (a) 中那样, 后者是从那些较大的概率中导出的 $F(p_1, \ldots, p_r, \tfrac{1}{2}, \ldots, \tfrac{1}{2})$. 这个函数与 $(x_{r+1}, \ldots, x_n)$ 无关, 所以它给出最优结果.

如果 $r = 0$, 问题似乎更难求解. 我们有 $G(p_1, \ldots, p_n) \leq G(p_1, \ldots, p_1)$. 所以可以推断, 这种情形的最优小族团是 $f(x_1, \ldots, x_n) = x_1$, 如果当 $p < \frac{1}{2}$ 时我们能够对于所有 k 证明 $F_k(p, \ldots, p) \leq p$. 通常 $F_k(p, \ldots, p) = \sum_m c_m p^m (1-p)^{n-m}$, 其中 c_m 是满足 $f_k(x) = 1$ 和 $\nu x = m$ 的向量 x 的数量. 因为 f_k 是自对偶函数, 所以对于所有 k 我们有 $c_m + c_{n-m} = \binom{n}{m}$. 爱尔特希-柯召-劳多定理 (习题 7.2.1.3–111) 告诉我们, 当 $m \leq n/2$ 时, 对于 m 元素集合的任何交汇族[①]有 $c_m \leq \binom{n-1}{m-1}$. 由此得出结果.

[见亚伊尔 · 阿米尔和阿维沙伊 · 伍尔, *Information Processing Letters* **65** (1998), 223–228.]

112. (a) 首项分别是 $0, +xy, -xy, +x, -xy, +y, -2xy, -xy, +xy, +2xy, -y, +xy, -x, +xy, -xy, 1$. 所以, 如果 f 是 $\wedge, \mathsf{L}, \mathsf{R}, \triangledown, \equiv, \subset, \supset, \top$, 我们有 $F(f) = 1$.

(b) 按习题 12 答案的记号, 比如说, 对应于指数 01101 的系数是 f_{0**0*}. 它是真值表条目的线性组合, 当含有 k 个星号时总是位于区间 $\lceil -2^{k-1} \rceil \leq f_{0**0*} \leq \lceil 2^{k-1} \rceil$ 内, 因此首项系数是正数当且仅当混合进制数

$$\begin{bmatrix} f_{**\ldots*}, & f_{0*\ldots*}, & \ldots, & f_{*0\ldots0}, & f_{00\ldots0} \\ 2^m+1, & 2^{m-1}+1, & \ldots, & 2^1+1, & 2^0+1 \end{bmatrix}$$

是正数, 其中各个 f 按蔡斯序列的逆序排列, 基 2^k+1 对应于带 k 个星号的 f. 例如, 当 $m = 2$ 时, $F(f) = 1$ 当且仅当 $18 f_{**} + 6 f_{0*} + 2 f_{*0} + f_{00} = 18(f_{11} - f_{01} - f_{10} + f_{00}) + 6(f_{01} - f_{00}) + 2(f_{10} - f_{00}) + f_{00} = 18 f_{11} - 12 f_{01} - 16 f_{10} + 11 f_{00}$ 是正数. 因此, 门限函数可以重写为 $\langle f_{11}^{18} \bar{f}_{01}^{12} \bar{f}_{10}^{16} f_{00}^{11} \rangle$.

(在这种特殊情形, 简单得多的表达式 $\langle f_{11} f_{11} \bar{f}_{01} \bar{f}_{10} f_{00} \rangle$ 实际上是符合条件的. (c) 将证明, 当 m 很大时不会有重大改进.)

(c) 假定 $F(f) = [\sum_\alpha v_\alpha (f_\alpha - \frac{1}{2}) > 0]$, 其中求和是针对所有 $n = 2^m$ 个长度为 m 的二进制串 α, 每个 v_α 是整数权值. 定义

$$w_\alpha = \sum_\beta (-1)^{\nu(\alpha \dot{-} \beta)} v_\beta \qquad \text{和} \qquad F_\alpha = \sum_\beta (-1)^{\nu(\alpha \dot{-} \beta)} f_\beta - 2^{m-1} [\alpha = 00 \ldots 0].$$

因此, 例如, $w_{01} = -v_{00} + v_{01} - v_{10} + v_{11}$, $F_{11} = f_{00} - f_{01} - f_{10} + f_{11}$. 如果每当 $\nu(\alpha) > k > 0$ 时有 $F_\alpha = 0$, 则我们可以证明 $F_{1^k 0^l} = 2^l f_{*^k 0^l}$. 所以, 变换的真值系数 F_α 的符号决定多重线性表示中首项系数的符号. 此外, 我们现在有 $F(f) = [\sum_\alpha w_\alpha F_\alpha > 0]$.

证明的一般思想是从那些可以导出变换权值 w_α 的性质的函数中选择检验函数 f. 例如, 如果 $k \geq 0$ 且 $f(x_1, \ldots, x_m) = x_1 \oplus \cdots \oplus x_k \oplus [k$ 是偶数$]$, 那么我们发现对所有 α 有 $F_\alpha = 0$, 只是 $F_{1^k 0^{m-k}} = 2^{m-1}$ 除外. 函数 f 的多重线性表示有首项 $\lceil 2^{k-1} \rceil x_1 \ldots x_k$. 因此, 我们可以断定 $w_{1^k 0^{m-k}} > 0$, 用同样方法对所有 α 得出 $w_\alpha > 0$. 一般情况下, 如果 m 变成 $m+1$, 但 f 不依赖于 x_{m+1}, 我们有 $F_{\alpha 0} = 2 F_\alpha$ 和 $F_{\alpha 1} = 0$.

检验函数 $x_2 \oplus \cdots \oplus x_m \oplus x_1 \bar{x}_2 \ldots \bar{x}_m$ 表明

$$w_{1^m} > (2^{m-1} - 1) w_{01^{m-1}} + \sum_{k=1}^{m-1} w_{1^k 01^{m-1-k}} + \text{更小的项},$$

[①] 交汇族的定义见习题 65. ——编者注

其中更小的项仅包含满足 $\nu(\alpha) \le m-2$ 的 w_α. 特别是, 我们有 $w_{11} > w_{01} + w_{10} + w_{00}$. 检验函数 $x_1 \oplus \cdots \oplus x_{m-1} \oplus \bar{x}_1 \ldots \bar{x}_{m-2}(x_{m-1} \oplus \bar{x}_m)$ 表明

$$w_{1^{m-2}01} > (2^{m-2}-1)w_{1^{m-2}10} + \sum_{k=0}^{m-3}(w_{1^k01^{m-3-k}10} + w_{1^k01^{m-3-k}01}) + 更小的项,$$

此次更小的项仅包含满足 $\nu(\alpha) \le m-3$ 的 w_α. 特别是, 我们有 $w_{101} > w_{110} + w_{010} + w_{001}$. 通过排列下标, 我们得到的类似不等式导致

$$w_{\alpha_j} > (2^{\nu(\alpha_j)-1}-1)w_{\alpha_{j-1}}, \qquad 0 < j < 2^m,$$

因为这些 w 开始快速增长. 另一方面, 我们有 $v_\alpha = \sum_\beta(-1)^{\nu(\beta \doteq \alpha)}w_\beta/n$, 因此 $|v_\alpha| = w_{11\ldots1}/n + O(w_{11\ldots1}/n^2)$. [*SIAM J. Discrete Math.* **7** (1994), 484–492. 诺加 · 阿隆和宇文贺在 *J. Combinatorial Theory* **A79** (1997), 133–160 中得到这个结果的若干重要推广.]

113. 所述的 g_3 就是 $S_{2,3,6,8,9}$, 因为所述的 g_2 是 $S_{2,3,4,5,8,9,10,11,12}$.

对于更难计算的函数 $S_{1,3,5,8}$, 令 $g_1 = [\nu x \ge 6]$, $g_2 = [\nu x \ge 3]$, $g_3 = [\nu x - 5g_1 - 2g_2 \ge 2] = S_{2,4,5,9,10,11,12}$, $g_4 = [2\nu x - 15g_1 - 9g_3 \ge 1] = S_{1,3,5,8}$. [见马丁 · 菲施勒和迈耶 · 坦嫩鲍姆, *IEEE Transactions* **C-17** (1968), 273–279.]

114. $[4x + 2y + z \in \{3,6\}] = (\bar{x} \wedge y \wedge z) \vee (x \wedge y \wedge \bar{z})$. 同样, 任何 n 变量布尔函数是 $2^n - 1$ 变量对称函数的特例. [见威廉 · 考茨, *IRE Transactions* **EC-10** (1961), 378.]

115. 两端都是自对偶函数, 所以我们可以假定 $x_0 = 0$. 于是

$$s_j = [x_j + \cdots + x_{j+m-1} > x_{j+m} + \cdots + x_{j+2m-1}].$$

如果 $x_1 + \cdots + x_{2m}$ 是奇数, 我们有 $s_j = \bar{s}_{j+m}$; 因此 $s_1 + \cdots + s_{2m} = m$ 而且结果是 1. 但是, 如果 $x_1 + \cdots + x_{2m}$ 是偶数, 那么, 差 $x_j + \cdots + x_{j+m-1} - x_{j+m} - \cdots - x_{j+2m-1}$ 将对于至少一个 $j \le m$ 是零值; 那个 j 使得 $s_j = s_{j+m} = 0$, 所以, 我们有 $s_1 + \cdots + s_{2m} < m$.

116. (a) 它是蕴涵元的充分必要条件是每当 $j \le \nu x \le n-k+j$ 时就有 $f(x) = 1$. 它是素蕴涵元的充分必要条件是当 $\nu x = j-1$ 或 $\nu x = n-k+j+1$ 时我们还有 $f(x) = 0$.

(b) 考虑满足 $f(x) = v_{\nu x}$ 的串 $v = v_0 v_1 \ldots v_n$. 根据 (a), 当 $v = 0^a 1^{b+1} 0^c$ 时有 $\binom{a+b+c}{a,b,c}$ 个素蕴涵元. 在所述情况, $a = b = c = 3$, 所以有 1680 个素蕴涵元.

(c) 对于一般的对称函数, 我们把对于 v 中每个连续 1 串的素蕴涵元加在一起. 当 $a < c - 1$ 时, $v = 0^{a+1}1^{b+1}0^{c-1}$ 的素蕴涵元显然多于 $v = 0^a 1^{b+1} 0^c$ 的素蕴涵元. 所以, 当达到最大数量时 v 不可能包含两个连续的 0.

对于 $m < j \le n$, 当 $v_m = 1$ 且 $v_j = 0$ 时, 令 $\hat{b}(m,n)$ 是最大可能的素蕴涵元数量. 那么, 当 $m \le \frac{1}{2}n$ 时, 我们有

$$\hat{b}(m,n) = \max_{0 \le k \le m}\left(\binom{n}{k, m-k, n-m} + \hat{b}(k-2, n)\right)$$
$$= \binom{n}{\lceil m/2 \rceil, \lfloor m/2 \rfloor, n-m} + \hat{b}(\lceil m/2 \rceil - 2, n),$$

以及 $\hat{b}(-2, n) = \hat{b}(-1, n) = 0$. 因此, 素蕴涵元的最大数量是

$$\hat{b}(n) = \binom{n}{n_0, n_1, n_2} + \hat{b}(n_1 - 2, n) + \hat{b}(n_2 - 2, n), \qquad n_j = \left\lfloor \frac{n+j}{3} \right\rfloor.$$

特别地, 我们有 $\hat{b}(9) = 1698$, 当 $v = 1101111011$ 时出现这个最大数量.

(d) 根据斯特林近似式, 我们有 $\hat{b}(n) = 3^{n+3/2}/(2\pi n) + O(3^n/n^2)$.

(e) 在这种情形, 对于 $m < \lceil n/2 \rceil$ 的相应递推公式是

$$\tilde{b}(m,n) = \max_{0 \le k \le m}\left(\binom{n}{k, m-k, n-m} + \binom{n}{k-1, 0, n-k+1} + \tilde{b}(k-2, n)\right)$$
$$= \binom{n}{\lceil m/2 \rceil, \lfloor m/2 \rfloor, n-m} + \binom{n}{\lceil m/2 \rceil - 1} + \tilde{b}(\lceil m/2 \rceil - 2, n),$$

而且 $\tilde{b}(n) = \tilde{b}(\lceil n/2\rceil - 1, n)$ 最大化 $\min($素蕴涵元(f), 素蕴涵元$(\bar{f}))$. 我们有 $(\tilde{b}(1), \tilde{b}(2), \dots) = (1, 1, 4, 5, 21, 31, 113, 177, 766, 1271, 4687, 7999, 34412, \dots)$. 例如, $\tilde{b}(9) = 766$ 对应于 $S_{0,2,3,4,8}(x_1, \dots, x_9)$. 渐近地, $\tilde{b}(n) = 2^{(3n+3+(n \bmod 2))/2}/(2\pi n) + O(2^{3n/2}/n^2)$.

参考文献: *Summaries, Summer Inst. for Symbolic Logic* (Dept. of Math., Cornell Univ., 1957), 211–212; 布拉德福德 · 邓纳姆和理查德 · 弗里德沙尔, *J. Symbolic Logic* **24** (1959), 17–19; 阿纳托利 · 维库林, *Problemy Kibernetiki* **29** (1974), 151–166, 其中报告了 1960 年开展的工作; 五十岚善英, *Transactions of the IEICE of Japan* **E62** (1979), 389–394.

117. n 立方的子立方的最大数量 (其中没有一个子立方包含在另一个子立方中), 是当我们选取所有 $\lfloor n/3\rfloor$ 维子立方时获得的. (这个数量也可以通过选取所有 $\lfloor (n+1)/3\rfloor$ 维子立方得到. 例如, 当 $n = 2$ 时, 我们可以选取 $\{0*, 1*, *0, *1\}$ 或 $\{00, 01, 10, 11\}$.) 因此 $b^*(n) = \binom{n}{\lfloor n/3\rfloor} 2^{n-\lfloor n/3\rfloor} = 3^{n+1}/\sqrt{4\pi n} + O(3^n/n^{3/2})$. [见上题答案中维库林的论文第 164–166 页; 阿肖克 · 钱德拉和乔治 · 马可夫斯基, *Discrete Math.* **24** (1978), 7–11; 尼古拉斯 · 梅特罗波利斯和吉安-卡洛 · 罗塔, *SIAM J. Applied Math.* **35** (1978), 689–694.]

118. 如果可以从一个函数通过求补变量和(或)置换变量(但不是求补函数值本身)获得另一个函数, 则我们把这两个函数看成是等价的. 这样的函数显然具有相同数量的素蕴涵元. 我们将在习题 125 的答案中进一步考虑这种等价关系. 一个基于习题 30 的计算机程序产生以下结果:

m	类型数量	函数数量	m	类型数量	函数数量	m	类型数量	函数数量
0	1	1	5	87	17 472	10	7	632
1	5	81	6	70	12 696	11	1	96
2	18	1 324	7	43	7 408	12	2	24
3	46	6 608	8	24	3 346	13	1	16
4	87	14 536	9	10	1 296	14	0	0

下面是 5 变量函数的统计数字:

m	类型数量	函数数量	m	类型数量	函数数量	m	类型数量	函数数量
0	1	1	11	186 447	666 555 696	22	338	608 240
1	6	243	12	165 460	590 192 224	23	130	197 440
2	37	14 516	13	129 381	459 299 440	24	71	75 720
3	244	318 520	14	91 026	319 496 560	25	37	28 800
4	1 527	3 319 580	15	57 612	199 792 832	26	15	10 560
5	6 997	19 627 904	16	33 590	113 183 894	27	6	2 880
6	23 434	73 795 768	17	17 948	58 653 984	28	4	1 040
7	57 048	190 814 016	18	8 880	27 429 320	29	2	640
8	105 207	362 973 410	19	3 986	11 597 760	30	2	48
9	152 763	538 238 660	20	1 795	4 548 568	31	2	64
10	183 441	652 555 480	21	720	1 633 472	32	1	16

119. 几位作者猜测 $b(n) = \hat{b}(n)$. 马哈奇 · 哈吉耶夫证明了这个等式对于 $n \le 6$ 成立 [*Diskretnyǐ Analiz* **18** (1971), 3–24].

120. (a) 每个素蕴涵元都是一个小项, 因为 n 立方不具有相同奇偶性的邻接点. 所以, 在这种情形, 全析取范式是仅有的合乎条件的析取范式.

(b) 现在, 所有的素蕴涵元包含两个邻接点. 为了覆盖满足 $\nu x = 1$ 和 $\nu x = 6$ 的点, 我们必须把对于 $0 \le j \le 6$ 的 14 个子立方 $0^j * 0^{6-j}$ 和 $1^j * 1^{6-j}$ 包含在内. 其他 $\binom{7}{3} + \binom{7}{4} = 70$ 个点可以用恰当选择的 35 个素蕴涵元覆盖(例如, 见习题 6.5–1, 或者 7.2.1.6 节中的"圣诞树模式"). 因此, 最短析取范式的长度为 49. [谢尔盖 · 亚布隆斯基在 *Problemy Kibernetiki* **7** (1962), 229–230 中提出一个似乎有理的奇思妙想证明, 说明需要 70 个素蕴涵元, 但论证是错误的.]

(c) 对于 $(x_1, \dots, x_{n-1})$ 的 2^{n-1} 种选择中的每一种, 我们最多需要一个蕴涵元说明关于 x_n 的函数特性.

[渐近地, 几乎所有 n 变量的布尔函数都有一个最短析取范式, 它含有 $\Theta(2^n/(\log n \log\log n))$ 个素蕴涵元. 见罗沙利·尼格马图林, *Diskretnyĭ Analiz* **10** (1967), 69–89; 瓦列里·格拉戈列夫, *Problemy Kibernetiki* **19** (1967), 75–94; 阿列克谢·科尔舒诺夫, *Metody Diskretnogo Analiza* **37** (1981), 9–41; 尼古拉斯·皮彭格尔, *Random Structures & Algorithms* **22** (2003), 161–186.]

121. (a) 令 $x = x_1 \ldots x_m$, $y = y_1 \ldots y_n$. 因为 f 是 $(\nu x, \nu y)$ 的函数, 所以共有 $2^{(m+1)(n+1)}$ 种可能性.

(b) 在这种情形, $\nu x \le \nu x'$ 且 $\nu y \le \nu y'$ 蕴涵 $f(x,y) \le f(x',y')$. 每个这样的函数对应于一条从 $a_0 = (-\frac{1}{2}, n+\frac{1}{2})$ 到 $a_{m+n+2} = (m+\frac{1}{2}, -\frac{1}{2})$ 的之字形路径, 其中 $a_j = a_{j-1} + (1,0)$ 或 $a_j = a_{j-1} - (0,1)$ $(1 \le j \le m+n+2)$. 我们有 $f(x,y) = 1$ 当且仅当点 $(\nu x, \nu y)$ 位于这条路径的上方. 所以, 可能性的数量是此类路径的数量, 即 $\binom{m+n+2}{m+1}$.

(c) 对 x 取补将 νx 变为 $m - \nu x$; 对 y 取补将 νy 变为 $n - \nu y$. 所以, 当 m 和 n 都是偶数时不存在这样的自对偶函数; 否则, 有 $2^{(m+1)(n+1)/2}$ 个自对偶函数.

(d) 现在, 对于 $0 \le j \le m+n+2$, (b) 中的路径必定满足 $a_j + a_{m+n+2-j} = (m,n)$. 因此, 存在 $\binom{\lceil m/2 \rceil + \lceil n/2 \rceil}{\lceil m/2 \rceil}$ [m 为奇数或 n 为奇数] 个这样的函数. 例如, 当 $m = 3$, $n = 6$ 时有以下 10 种情形:

122. x 在 y 左边这种类型的函数是正则函数, 当且仅当之字形路径不包含满足 $0 < y < n$ 的两点 (x,y) 和 $(x+2,y)$; 它是 y 在 x 左边的正则函数, 当且仅当之字形路径不同时包含满足 $0 < x < m$ 的 $(x, y+2)$ 和 (x,y). 它是门限函数, 当且仅当存在一条经过点 $(m/2, n/2)$ 的具有以下性质的直线: 对于 $0 \le s \le m$ 和 $0 \le t \le n$, 点 (s,t) 在直线的上方当且仅当 (s,t) 在路径的上方. 所以, 上题答案中图示的情形 5 和 8 不是正则函数, 情形 1, 2, 3, 7, 9, 10 是门限函数. 剩余的两个不是门限函数的正则函数可以表示如下: $((x_1 \vee x_2 \vee x_3) \wedge \langle x_1 x_2 x_3 y_1 y_2 y_3 y_4 y_5 y_6 \rangle) \vee (x_1 \wedge x_2 \wedge x_3)$ (情形 4), $\langle 00 x_1 x_2 x_3 y_1 y_2 y_3 y_4 y_5 y_6 \rangle \vee (\langle x_1 x_2 x_3 \rangle \wedge \langle 11 x_1 x_2 x_3 y_1 y_2 y_3 y_4 y_5 y_6 \rangle))$ (情形 6).

123. 对小的 n 列举自对偶正则函数比较容易, 但函数的数量增长非常快: 当 $n = 9$ 时它们有 $319\,124$ 个, 这是室贺三郎、坪井定一和查尔斯·鲍在 1967 年求出的; 然而, 当 $n = 10$ 时达到 $1\,214\,554\,343$ 个 (见习题 7.1.4–75). 表 5 给出了对应于 $n \le 6$ 的函数数量. 当 $n < 9$ 时所有这样的函数都是门限函数, 当 $n = 7$ 时有 135 个, 当 $n = 8$ 时有 2470 个.

对于任何这样的函数可以用习题 103 的改进方法快速检验门限条件, 因为仅对使得 $f(x) = 1$ 的极小向量 x (就优化而论) 需要约束条件.

已知 n 变量门限函数的数量 θ_n 满足 $\lg \theta_n = n^2 - O(n^2/\log n)$, 见尤里·祖耶夫, *Matematicheskie Voprosy Kibernetiki* **5** (1994), 5–61.

124. 表 5 中列出的 222 个等价函数类包含 24 个大小为 $2^{n+1}n! = 768$ 的类, 所以, 本题有 $24 \times 768 = 18\,432$ 个答案. 它们中的一个是函数 $(w \wedge (x \vee (y \wedge z))) \oplus z$.

125. 0; x; $x \wedge y$; $x \wedge y \wedge z$; $x \wedge (y \vee z)$; $x \wedge (y \oplus z)$ (这些函数是 $x \wedge f(y,z)$, 其中 f 遍及两变量函数的等价类, 在变量的而不是函数值的置换和 (或) 取补下. 通常, 我们用 $f \simeq g$ 表示 f 在这种较弱意义下等价于 g. 但是, 如果它们是在表 5 的意义下等价, 则写成 $f \cong g$. 假定 f 与 g 不依赖于变量 x, 那么 $x \wedge f \cong x \wedge g$ 当且仅当 $f \simeq g$. 因为容易看出 $(x \wedge f) \simeq (\bar{x} \vee \bar{g})$ 是不可能的. 如果 $(x \wedge f) \simeq (x \wedge g)$, 我们可以证明 $f \simeq g$, 只要证明当 σ 是 $\{x_0, \ldots, x_n\}$ 的带符号排列且 $x = x_1 \ldots x_n$ 时恒等式 $x_0 \wedge f(x) = (x_0 \sigma) \wedge g(x\sigma)$ 蕴涵 $f(x) = g(x\sigma\tau)$, 其中 τ 交换 $x_0 \leftrightarrow x_0\sigma$. 所以, 表 5 的最后一行列举 $\simeq$ 下的等价类, 但要使用加 1 后的 n. 例如, 有 402 个这样的 4 变量函数类.)

126. (a) 函数是定向的, 当且仅当它有一个最多带一个字面值的素蕴涵元, 或者一个最多带一个字面值的素子句.

(b) 函数是定向的, 当且仅当 $\Sigma(f)$ 的至少一个分量等于 0, 2^{n-1}, $N(f)$, $N(f) - 2^{n-1}$ 之一. [见伊利亚·什穆列维奇、哈里·莱赫德斯迈基和卡连·叶吉阿扎里安, *IEEE Signal Processing Letters* **11** (2004), 289–292, 命题 6.]

(c) 举例来说，如果 $\vee(f) = y_1\ldots y_n$ 且 $y_j = 0$，那么每当 $x_j = 1$ 时 $f(x) = 0$. 所以，f 是定向函数，当且仅当我们没有 $\vee(f) = \vee(\bar f) = 1\ldots 1$ 和 $\wedge(f) = \wedge(\bar f) = 0\ldots 0$. 用这个检验方法可以证明，当它们的值仅在少数点为已知时，许多函数不是定向函数.

127. (a) 恰好在 2^{n-1} 个点为真的自对偶函数 $f(x_1,\ldots,x_n)$ 是对于变量 x_j 的定向函数，当且仅当 $f(x_1,\ldots,x_n) = x_j$ 或 $\bar x_j$.

(b) 确定的霍恩函数显然是定向函数，如果 (i) 它包含任何带单个字面值的子句，或者 (ii) 某个字面值出现在每个子句中. 否则它不是定向函数. 这是因为，如果 (i) 为假，我们有 $f(0,\ldots,0) = f(1,\ldots,1) = 1$；如果 (ii) 为假，假设 x_j 是任意变量，则存在不含 $\bar x_j$ 的子句 C_0 和不含 x_j 的子句 C_1. 通过选择其他变量的相应值，我们可以使得当 $x_j = 0$ 时 $C_0 \wedge C_1$ 为假，而且当 $x_j = 1$ 时它也为假.

128. 例如，$(x_1 \wedge \cdots \wedge x_n) \vee (\bar x_1 \wedge \cdots \wedge \bar x_n)$.

129. $\sum_{k=1}^{n}(-1)^{k+1}\binom{n}{k}2^{2^{n-k}+k+1} - 2(n-1) - 4(n \bmod 2) = n2^{2^{n-1}+2} + O(n^2 2^{2^{n-2}})$. [见温弗里德·尤斯特、伊利亚·什穆列维奇和约翰·孔瓦利纳，*Physica* **D197** (2004), 211–221.]

130. (a) 如果存在 n 变量或更少变量的 a_n 个函数，但是有恰好 n 变量的 b_n 个函数，则我们有 $a_n = \sum_k \binom{n}{k}b_k$. 所以 $b_n = \sum_k (-1)^{n-k}\binom{n}{k}a_k$. （克劳德·香农在 *Trans. Amer. Inst. Electrical Engineers* **57** (1938), 713–723, §4 提出了这条规则，除了对称函数的情形外，适用于表 3 的所有行.）特别地，这里寻找的答案是 $168 - 4 \cdot 20 + 6 \cdot 6 - 4 \cdot 3 + 2 = 114$.

(b) 如果存在 n 变量或更少变量的 a_n' 个实质上不同的函数，但是有恰好 n 变量的 b_n' 个实质上不同的函数，我们有 $a_n' = \sum_{k=0}^{n}b_k'$. 因此 $b_n' = a_n' - a_{n-1}'$，这种情形的答案是 $30 - 10 = 20$.

131. 假定有 $h(n)$ 个霍恩函数和 $k(n)$ 个克罗姆函数. 显然 $\lg h(n) \ge \binom{n}{\lfloor n/2\rfloor}$ 和 $\lg k(n) \ge \binom{n}{2}$. 瓦列里·阿列克谢耶夫 [*Diskretnaĭa Matematika* **1** (1989), 129–136] 证明了 $\lg h(n) = \binom{n}{\lfloor n/2\rfloor}(1+O(n^{-1/4}\log n))$. 贝洛·博洛巴什、格雷厄姆·布赖特韦尔和伊姆雷·利德 [*Israel J. Math.* **133** (2003), 45–60] 证明了 $\lg k(n) \sim \frac{1}{2}n^2$.

132. (a) 因为 $\sum_y s(y)s(y \oplus z) = \sum_{w,x,y}(-1)^{f(w)+w\cdot y+f(x)+x\cdot(y+z)} = 2^n \sum_{w,x}(-1)^{f(w)+f(x)+x\cdot z}[x=w]$，所以提示是真. 现在假定对于 x 的 $2^{n-1}+k$ 个值有 $f(x) = g(x)$，那么，对于 x 的 $2^{n-1}-k$ 个值有 $f(x) = g(x)\oplus 1$. 但是，如果对于所有的仿射函数 g 有 $|k| < 2^{n/2-1}$，则对于所有的 y 有 $|s(y)| < 2^{n/2}$，同 $z = 0$ 时的提示矛盾.

(b) 给定 $y_0, y_1, \ldots, y_n$，对于 $1 \le k \le n/2$，当 $x_{2k} = y_{2k-1}$ 时，$f(x) = (y_0 + x\cdot y) \bmod 2$ 恰好有 $2^{n/2}((y_1 y_2 + y_3 y_4 + \cdots + y_{n-1}y_n + 1 + y_0 + h(y_1,y_3,\ldots,y_{n-1})) \bmod 2)$ 个解，而对于 $(x_2,x_4,\ldots,x_n)$ 的其他 $2^{n/2}-1$ 个值的每一个，$f(x)$ 有 $2^{n/2-1}$ 个解. 所以，$f(x)$ 共有 $2^{n-1}\pm 2^{n/2-1}$ 个解. （事实上，这个论据表明，每当 $g(x_1,x_3,\ldots,x_{2n-1})$ 是所有 $2^{n/2}$ 位二进制向量的一个置换时，$(g(x_1,x_3,\ldots,x_{2n-1})\cdot (x_2,x_4,\ldots,x_{2n}) + h(x_2,x_4,\ldots,x_{2n})) \bmod 2$ 是弯曲函数.）

(c) 本题 (a) 中的论据表明，$f(x)$ 是弯曲函数当且仅当对于某个布尔函数 $g(y)$ 有 $s(y) = 2^{n/2}(-1)^{g(y)}$. 作为 f 的傅里叶/阿达马变换，这个函数 g 也是弯曲函数，因为对于所有 w 有 $\sum_y (-1)^{g(y)+w\cdot y} = 2^{-n/2}\sum_{x,y}(-1)^{f(x)+x\cdot y+w\cdot y} = 2^{n/2}\sum_x(-1)^{f(x)}[x=w] = 2^{n/2}(-1)^{f(w)}$. 现在，(a) 中的提示表明，对于所有非零的 z 有 $\sum_y(-1)^{g(y)+g(y\oplus z)} = 0$，关于 f 有同样的结论.

反之，假定 $f(x)$ 满足所述条件. 那么，对于所有的 y 有

$$s(y)^2 = \sum_{x,t}(-1)^{f(x)+x\cdot y+f(x\oplus t)+(x\oplus t)\cdot y} = \sum_t(-1)^{t\cdot y}\sum_x(-1)^{f(x)+f(x\oplus t)} = 2^n.$$

(d) 根据习题 11，f 中包含项 $x_1\ldots x_r$ 当且仅当方程 $f(x_1,\ldots,x_r,0,\ldots,0) = 1$ 有奇数个解，一个等价条件是 $(\sum_{x_1,\ldots,x_r}(-1)^{f(x_1,\ldots,x_r,0,\ldots,0)}) \bmod 4 = 2$. 从 (c) 中可以看出，这个和等于

$$2^{-n}\sum_{x_1,\ldots,x_r,y}s(y)(-1)^{x_1 y_1+\cdots+x_r y_r} = 2^{r-n}\sum_{y_{r+1},\ldots,y_n}s(0,\ldots,0,y_{r+1},\ldots,y_n).$$

如果 $r = n$，等式右边那个和是 $\pm 2^{n/2}$；否则，它含有偶数个被加项，其中的每一项是 $\pm 2^{r-n/2}$. 所以结果是 4 的倍数.

　　奥斯卡·罗索斯在 1966 年引入了弯曲函数, 他私下传播的论文最终发表在 *J. Combinatorial Theory* **A20** (1976), 300–305. 约翰·狄龙 [*Congressus Numerantium* **14** (1975), 237–249] 发现了另外一些弯曲函数族, 随后找到了 $n \geq 8$ 且 n 为偶数时的其他许多例子. 当 n 为奇数时不存在弯曲函数, 然而, 当 g 和 $g \oplus h$ 都是弯曲函数时, 一个像 $g(x_1, \ldots, x_{n-1}) \oplus x_n \wedge h(x_1, \ldots, x_{n-1})$ 的函数离所有仿射函数的距离达到 $2^{n-1} - 2^{(n-1)/2}$. 对于 $n = 15$ 的情形, 尼古拉斯·帕特森和道格拉斯·威德曼 [*IEEE Transactions* **IT-29** (1983), 354–356, **IT-36** (1990), 443] 找到一个更好的函数构造, 达到距离 $2^{14} - 108$. 当 $n = 9$ 时, 塞尔丘克·卡武特和梅莱克·迪凯尔·于杰尔 [*Information and Computation* **208** (2010), 341–350] 达到距离 $2^8 - 14$.

133. 令 $p_k = 1/(2^{2^{n-k}} + 1)$, 所以 $\bar{p}_k = 2^{2^{n-k}}/(2^{2^{n-k}} + 1)$. [博士论文 (麻省理工学院, 1994).]

7.1.2 节

1. $((x_1 \vee x_4) \wedge x_2) \equiv (x_1 \vee x_3)$.

2. (a) $(w \oplus (x \wedge y)) \oplus ((x \oplus y) \wedge z)$; (b) $(w \wedge (x \vee y)) \wedge ((x \wedge y) \vee z)$.

3. [*Doklady Akademii Nauk SSSR* **115** (1957), 247–248.] 构造一个 $k \times n$ 矩阵, 它的行是满足 $f(x) = 1$ 的向量 x. 通过变量的置换和 (或) 取补, 我们可以假定矩阵的顶行是 $1 \ldots 1$ 并且列是有序的. 假定矩阵有 l 列是不同的. 那么 $f = g \wedge h$, 其中 g 是所有 $1 < j \leq n$ 的第 $j-1$ 列等于第 j 列的表达式 $(x_{j-1} \equiv x_j)$ 的 AND, 并且 h 是长度为 l 的使用每组相等列中一个变量的 k 个小项的 OR. 例如, 如果 $n = 8$ 且 f 在 $k = 3$ 个点 11111111, 00001111, 00110111 的值是 1, 那么 $l = 4$ 且 $f(x)$ 等于 $(x_1 \equiv x_2) \wedge (x_3 \equiv x_4) \wedge (x_6 \equiv x_7) \wedge (x_7 \equiv x_8) \wedge ((x_1 \wedge x_3 \wedge x_5 \wedge x_6) \vee (\bar{x}_1 \wedge \bar{x}_3 \wedge x_5 \wedge x_6) \vee (x_1 \wedge x_3 \wedge \bar{x}_5 \wedge x_6))$. 这个公式的长度通常是 $2n + (k-2)l - 1$, 并且我们有 $l \leq 2^{k-1}$.

　　注意, 如果 k 是很大的数, 我们通过把 $f(x)$ 写成析取式 $f_1(x) \vee \cdots \vee f_r(x)$ 获得更短的公式, 其中每个 f_j 最多有 $\lceil k/r \rceil$ 个 1. 因此

$$L(f) \leq \min_{r \geq 1}(r - 1 + (2n + \lceil k/r - 2 \rceil 2^{\lceil k/r - 1 \rceil})r).$$

4. 第一个不等式是显然的, 因为一棵深度为 d 的二叉树最多有 $1 + 2 + \cdots + 2^{d-1} = 2^d - 1$ 个内部结点.

　　当 f_t 是 g 被 t 替换时出现的长度为 $L(f) - L(g) - 1$ 的公式时, 必然有提示的结果. 对于 $1 \leq k < L(f)$, 令 g_k 是长度大于等于 k 的最小子公式. 然后从在第 2 层有 g_k, f_{k1}, f_{k0} 的一棵树获得 g_k? f_{k1}: f_{k0}.

　　令 $d_r = \max\{D(f) \mid L(f) = r\}$. 由于 g_k 的子结点出现在第 3 层且大小小于 k, 则对于 $r \geq 3$, 我们有 $d_r \leq \min_{k=1}^{r-1} \max(3 + d_{k-1}, 2 + d_{r-k-1})$. 当 $r \leq b_l$ 时, 由对 r 的归纳法得到 $d_r \leq l$, 其中, 对于 $0 \leq l \leq 2$ 有 $b_l = l$, 对于 $l \geq 3$ 有 $b_l = b_{l-2} + b_{l-3} + 2$. 利用习题 7.1.4–15 的佩兰数列, 我们也有 $b_l + 2 = (8P_l + 18P_{l+1} + 11P_{l+2})/23 = c\chi^l + O(0.87^l)$, 其中 $c = (2 + 4\chi + 3\chi^2)/(3 + 2\chi) \approx 2.224$. 因此, 当 $r > 1$ 时 $d_r < \alpha \lg r$. [见菲利普·斯皮拉, *Hawaii Int. Conf. Syst. Sci.* **4** (1971), 525–527; 理查德·布伦特、戴维·库克和丸山清, *IEEE* **C-22** (1973), 532–534. 在 *JACM* **23** (1976), 534–543 中, 戴维·马勒和佛朗哥·普雷帕拉塔证明了 $D(f) \leq \beta \lg L(f) + O(1)$, 其中 $\beta = 1/\lg z \approx 2.0807$, $z^4 = 2z + 1$. β 是最佳的吗?]

5. 令 $g_0 = 0$, $g_1 = x_1$, 并且对于 $j \geq 2$ 令 $g_j = x_j \wedge (x_{j-1} \vee g_{j-2})$. 那么 $F_n = g_n \vee g_{n-1}$, 带有代价 $2n - 2$ 和深度 n. [这些函数 g_i 在二进制加法中也起着重要作用. 以深度 $O(\log n)$ 计算它们的方法见习题 42 和 44.]

6. 真: 考虑 $y = 0$ 和 $y = 1$ 这两种情况.

7. $\hat{x}_5 = x_1 \vee x_4$, $\hat{x}_6 = x_2 \wedge \hat{x}_5$, $\hat{x}_7 = x_1 \vee x_3$, $\hat{x}_8 = \hat{x}_6 \oplus \hat{x}_7$. (原来的链计算 "随机" 函数 (6), 见习题 1. 新的链计算那个函数的正规化, 即它的补.)

8. 像 (7) 中那样, 欲求的真值表包含 2^{n-k} 个 0 的位段和交替出现的 2^{n-k} 个 1 的位段. 因此, 如果乘以 $2^{2^{n-k}} + 1$, 我们得到 $x_k + (x_k \ll 2^{n-k})$, 它全是 1.

9. 当在步骤 L6 找出 $L(f) = \infty$ 时, 我们可以把 g 和 h 存储在与 f 相联系的记录中. 然后一个递归过程能够从 g 和 h 各自的公式对 f 构造最小长度的公式.

10. 在步骤 L3，用 $k = r - 1$ 代替 $k = r - 1 - j$. 也把各处的 L 更改为 D.

11. 唯一的微妙之处是应当在步骤 U3 减少 j，于是当 $j = 0$ 时我们绝不会有 $\phi(g) \,\&\, \phi(h) \neq 0$，因此在我们开始检查表 $r - 1$ 之前将发现代价为 $r - 1$ 的所有事例.

> **U1.** [初始化.] 置 $U(0) \leftarrow \phi(0) \leftarrow 0$ 并且对于 $1 \leq f < 2^{2^{n-1}}$ 置 $U(f) \leftarrow \infty$. 然后置 $U(x_k) \leftarrow \phi(x_k) \leftarrow 0$，并且像在步骤 L1 中那样把 x_k 放进表 0 中. 此外，对于 $1 \leq j < k \leq n$ 和所有 5 个正规运算符 $\circ$，置 $U(x_j \circ x_k) \leftarrow 1$，固定 $\phi(x_j \circ x_k)$ 到它的唯一足迹向量（它恰好包含一个 1），并且把 $x_j \circ x_k$ 放进表 1. 最后置 $c \leftarrow 2^{2^{n-1}} - 5\binom{n}{2} - n - 1$.
>
> **U2.** [对 r 循环.] 当 $c > 0$ 时，对于 $r = 2, 3, \ldots$ 执行 U3.
>
> **U3.** [对 j 和 k 循环.] 当 $j \geq 0$ 时，对于 $j = \lfloor (r-1)/2 \rfloor, \lfloor (r-1)/2 \rfloor - 1, \ldots$，以及 $k = r - 1 - j$ 执行 U4.
>
> **U4.** [对 g 和 h 循环.] 对于表 j 中的所有 g 和表 k 中的所有 h 执行 U5. 如果 $j = k$，限制 h 为表 k 中跟随 g 的函数.
>
> **U5.** [对 f 循环.] 如果 $\phi(g) \,\&\, \phi(h) \neq 0$ 置 $u \leftarrow r - 1$，$v \leftarrow \phi(g) \,\&\, \phi(h)$，否则置 $u \leftarrow r$，$v \leftarrow \phi(g) \mid \phi(h)$. 然后对于 $f = g \,\&\, h$, $f = \bar{g} \,\&\, h$, $f = g \,\&\, \bar{h}$, $f = g \mid h$, $f = g \oplus h$ 执行 U6.
>
> **U6.** [更新 $U(f)$ 和 $\phi(f)$.] 如果 $U(f) = \infty$，置 $c \leftarrow c - 1$，$\phi(f) \leftarrow v$，$U(f) \leftarrow u$，并且把 f 放进表 u 中. 否则如果 $U(f) > u$，把 f 从表 $U(f)$ 移到表 u 并且置 $\phi(f) \leftarrow v$，$U(f) \leftarrow u$. 否则如果 $U(f) = u$，置 $\phi(f) \leftarrow \phi(f) \mid v$. ∎

12. $x_4 = x_1 \oplus x_2$, $x_5 = x_3 \wedge x_4$, $x_6 = x_2 \wedge \bar{x}_4$, $x_7 = x_5 \vee x_6$.

13. $f_5 = 01010101\ (x_3)$; $f_4 = 01110111\ (x_2 \vee x_3)$; $f_3 = 01110101\ ((\bar{x}_1 \wedge x_2) \vee x_3)$; $f_2 = 00110101$ $(x_1?\ x_3{:}x_2)$; $f_1 = 00010111\ (\langle x_1 x_2 x_3 \rangle)$.

14. 对于 $1 \leq j \leq n$，首先计算 $t \leftarrow (g \oplus (g \gg 2^{n-j})) \,\&\, x_j$, $t \leftarrow t \oplus (t \ll 2^{n-j})$，其中 x_j 是真值表 (11). 然后，对于 $1 \leq k \leq n$ 且 $k \neq j$，欲求的对应于 $x_j \leftarrow x_j \circ x_k$ 的真值表为 $g \oplus (t \,\&\, ((x_j \circ x_k) \oplus x_j))$.

（$5n(n-1)$ 个掩码 $(x_j \circ x_k) \oplus x_j$ 是独立于 g 的，并且可以预先计算. 如果我们允许更一般的计算形式 $x_{j(i)} \leftarrow x_{k(i)} \circ_i x_{l(i)}$，同样的思想适用于 $5n^2(n-1)$ 个掩码 $(x_k \circ x_l) \oplus x_j$.)

15. 计算对称函数的显着不对称方法:

(a)	(b)	(c)	(d)
$x_1 \leftarrow x_1 \oplus x_2$,	$x_1 \leftarrow x_1 \oplus x_2$,	$x_1 \leftarrow x_1 \oplus x_2$,	$x_1 \leftarrow x_1 \oplus x_2$,
$x_1 \leftarrow x_1 \oplus x_3$,	$x_3 \leftarrow x_3 \oplus x_4$,	$x_2 \leftarrow x_2 \wedge \bar{x}_1$,	$x_2 \leftarrow x_2 \oplus x_3$,
$x_2 \leftarrow x_2 \wedge x_3$,	$x_1 \leftarrow x_1 \oplus x_3$,	$x_3 \leftarrow x_3 \oplus x_4$,	$x_2 \leftarrow x_2 \vee x_1$,
$x_1 \leftarrow x_1 \wedge \bar{x}_2$.	$x_2 \leftarrow x_2 \oplus x_4$,	$x_4 \leftarrow x_4 \wedge x_1$,	$x_1 \leftarrow x_1 \oplus x_4$,
	$x_3 \leftarrow x_3 \vee x_2$,	$x_2 \leftarrow \bar{x}_2 \wedge x_3$,	$x_1 \leftarrow x_1 \wedge x_3$,
	$x_3 \leftarrow x_3 \wedge \bar{x}_1$.	$x_2 \leftarrow x_2 \oplus x_1$,	$x_2 \leftarrow x_2 \wedge \bar{x}_1$,
		$x_2 \leftarrow x_2 \wedge \bar{x}_4$.	$x_2 \leftarrow x_2 \oplus x_4$.

16. 仅用 $\oplus$ 和取补的计算只能产生仿射函数（见习题 7.1.1–132）. 假设 $f(x) = f(x_1, \ldots, x_n)$ 是可用最小存储计算的非仿射函数. 那么，对于某个以 0 和 1 为元素的非奇异的 $n \times n$ 矩阵 A，$f(x)$ 具有 $g(Ax + c)$ 的形式，其中 $g(y_1, y_2, \ldots, y_n) = g(y_1 \wedge y_2, y_2, \ldots, y_n)$，这里的 x 和 c 是列向量，并且向量运算按 mod 2 执行. 在这个公式中，矩阵 A 和向量 c 计及所有的运算 $x_i \leftarrow x_i \oplus x_j$ 和（或）最近执行的非仿射运算之后出现的坐标的置换和取补.（见 (14).）我们将利用 $g(0, 0, y_3, \ldots, y_n) = g(1, 0, y_3, \ldots, y_n)$ 的事实.

令 α 和 β 是 A 的头两行，也令 a 和 b 是 c 的头两个元素. 那么如果 $Ax + c \equiv y \pmod 2$，则我们有 $y_1 = y_2 = 0$ 当且仅当 $\alpha \cdot x \equiv a$ 且 $\beta \cdot x \equiv b$. 恰好有 2^{n-2} 个向量 x 满足这个条件，并且对于所有这样的向量我们有 $f(x) = f(x \oplus w)$，其中 $Aw \equiv (1, 0, \ldots, 0)^T$.

给定 α, β, a, b, w，满足 $\alpha \neq (0, \ldots, 0)$, $\beta \neq (0, \ldots, 0)$, $\alpha \neq \beta$, $\alpha \cdot w \equiv 1 \pmod 2$，每当 $\alpha \cdot x \bmod 2 = a$ 且 $\beta \cdot x \bmod 2 = b$ 时，有 $2^{2^n - 2^{n-2}}$ 个函数 f 具有 $f(x) = f(x \oplus w)$ 的性质. 因此可以用最小存储计算的函数的总数最多是 2^{n+1}（对于仿射函数）加上

$$(2^n - 1)(2^n - 2)2^2(2^{n-1})(2^{2^n - 2^{n-2}}) < 2^{2^n - 2^{n-2} + 3n + 1}.$$

17. 像 7.1.1–(16) 那样令 $f(x_1,\ldots,x_n) = g(x_1,\ldots,x_{n-1}) \oplus (h(x_1,\ldots,x_{n-1}) \wedge x_n)$. 用合取范式表示 h, 构成用 x_0 的逐个子句并把它们 AND 到 x_n, 获得 $h \wedge x_n$. 表示 g 为合取的（mod 2）和, 构成相继的用 x_0 的合取, 并且当就绪时把它们 XOR 到 x_n.

（如果不允许使用非定向运算符 $\oplus$ 和 $\equiv$, 看起来不可能在 $n+1$ 个寄存器内求所有函数的值. 但是 $n+2$ 个寄存器显然是足够的, 即使我们把自己限制于单个运算符 $\barwedge$.）

18. 正如习题 14 的答案提到的那样, 我们应该把正文中的最小存储计算的定义扩展到也允许像 $x_{j(i)} \leftarrow x_{k(i)} \circ_i x_{l(i)}$ 那样的操作步, 其中 $k(i) \neq j(i)$ 且 $l(i) \neq j(i)$, 因为那对于某些仅依赖 5 个变量中的 4 个的函数将给出更好的结果. 于是我们对于函数的 $(2, 2, 5, 20, 93, 389, 1960, 10\,459, 47\,604, 135\,990, 198\,092, 123\,590, 21\,540, 472, 0)$ 个类分别求出 $C_m(f) = (0, 1, \ldots, 13, 14)$ …… 剩下 75\,908 个类（以及 575\,963\,136 个函数）, 对于它们 $C_m(f) = \infty$, 因为它们完全不能用最小存储求值. 最有趣的那种类型的函数或许是

$$(x_1 \wedge x_2) \vee (x_2 \wedge x_3) \vee (x_3 \wedge x_4) \vee (x_4 \wedge x_5) \vee (x_5 \wedge x_1),$$

它的 $C(f) = 7$ 但是 $C_m(f) = \infty$. 另外一个有趣的事例是 $(((x_1 \vee x_2) \oplus x_3) \vee ((x_2 \vee \bar{x}_4) \wedge x_5)) \wedge ((x_1 \equiv x_2) \vee x_3 \vee x_4)$, 它的 $C(f) = 8$ 而 $C_m(f) = 13$. 用 8 步求这个函数值的一种方式是 $x_6 = x_1 \vee x_2$, $x_7 = x_1 \vee x_4$, $x_8 = x_2 \oplus x_7$, $x_9 = x_3 \oplus x_6$, $x_{10} = x_4 \oplus x_9$, $x_{11} = x_5 \vee x_9$, $x_{12} = x_8 \wedge x_{10}$, $x_{13} = x_{11} \wedge \bar{x}_{12}$.

19. 如果不是, 因为缺少事例 (i), 根结点的左子树与右子树必定交叠. 根据假设, 每个变量必定作为一个叶结点至少出现一次. 由于不出现事例 (ii), 至少两个变量必定作为叶结点至少出现两次. 但是, 我们不可能有带 $r \leq n+1$ 个内部结点的 $n+2$ 个叶结点, 除非子树不交叠.

20. 现在的算法 L（在步骤 L5 中删去 "$f = g \oplus h$"）说明某些公式必定具有长度 15. 因此即使习题 11 的足迹方法也做不到比 14 更好的结果. 为了获得真正的最小链, 对于正文中 $r = 6$ 的 25 条特殊链, 必须用不能再排除的其他 5 条链补充, 也就是

 ;

并且当 $r = (7, 8, 9)$ 时, 还必须分别考虑不是自顶向下和自底向上结构特例的另外 $(653, 12\,387, 225\,660)$ 条潜在的链. 为了与表 1 比较, 下面给出所得的统计数字:

$C_c(f)$	类	函数	$U_c(f)$	类	函数	$L_c(f)$	类	函数	$D_c(f)$	类	函数
0	2	10	0	2	10	0	2	10	0	2	10
1	1	48	1	1	48	1	1	48	1	1	48
2	2	256	2	2	256	2	2	256	2	7	684
3	7	940	3	7	940	3	7	940	3	59	17\,064
4	9	2\,336	4	9	2\,336	4	7	2\,048	4	151	47\,634
5	24	6\,464	5	21	6\,112	5	20	5\,248	5	2	96
6	30	10\,616	6	28	9\,664	6	23	8\,672	6	0	0
7	61	18\,984	7	45	15\,128	7	37	11\,768	7	0	0
8	45	17\,680	8	40	14\,296	8	27	10\,592	8	0	0
9	37	7\,882	9	23	8\,568	9	33	11\,536	9	0	0
10	4	320	10	28	5\,920	10	16	5\,472	10	0	0
11	0	0	11	6	1\,504	11	30	6\,304	11	0	0
12	0	0	12	5	576	12	3	960	12	0	0
13	0	0	13	3	144	13	8	1\,472	13	0	0
14	0	0	14	2	34	14	2	96	14	0	0
15	0	0	15	0	0	15	4	114	15	0	0

深度为 5 的两个函数类以 $S_{2,4}(x_1, x_2, x_3, x_4)$ 和 $x_1 \oplus S_2(x_2, x_3, x_4)$ 为代表, 并且这两个函数以及 $S_2(x_1, x_2, x_3, x_4)$ 与奇偶性函数 $S_{1,3}(x_1, x_2, x_3, x_4) = x_1 \oplus x_2 \oplus x_3 \oplus x_4$ 都具有长度 15. 此外

$U_c(S_{2,4}) = U_c(S_{1,3}) = 14$. 代价为 10 的 4 类函数以 $S_{1,4}(x_1, x_2, x_3, x_4)$, $S_{2,4}(x_1, x_2, x_3, x_4)$, $(x_4?\ x_1 \oplus x_2 \oplus x_3 : \langle x_1 x_2 x_3 \rangle)$, $[(x_1 x_2 x_3 x_4)_2 \in \{0, 1, 4, 7, 10, 13\}]$ 为代表. （附带指出，其中第三个函数等价于"哈佛的最难求值事例"(20).）

21. （哈佛的作者们指出，他们的表项"应当仅仅看成当今写作者所知的最节省的运算符".）他们最难求值的函数 (20) 的最小代价仍然是未知的，但是戴维·史蒂文森已经证明了 $V(f) \leq 17$:

$$g = \text{AND}(\text{NAND}(w, x), \text{NAND}(\bar{w}, \bar{x}));$$
$$f = \text{OR}(\text{AND}(\text{NOT}(g), \text{NAND}(w, \bar{z}), \text{NAND}(y, z)),$$
$$\text{AND}(\text{NOT}(\text{NOT}(g)), \text{NAND}(y, \bar{z}), \text{NAND}(\bar{y}, z))).$$

虽然哈佛的研究人员未能找到这种特殊结构，但是他们的工作是极其出色的，在某些情况下超越足迹试探法达 6 个网格！

22. 当且仅当 $\nu(x_1 x_2 x_3 x_4) \in \{2, 3\}$ 且 $\nu(x_1 x_2 x_3 x_4 x_5)$ 是奇数时有 $\nu(x_1 x_2 x_3 x_4 x_5) = 3$. 类似地，$S_2(x_1, x_2, x_3, x_4, x_5) = S_3(\bar{x}_1, \bar{x}_2, \bar{x}_3, \bar{x}_4, \bar{x}_5)$ 合并 $S_{1,2}(x_1, x_2, x_3, x_4)$:

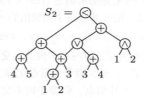

23. 因为对称函数的补也是对称的，我们只需考虑图 9 的 32 种正规函数事例. 然后可以利用像 $S_{1,2}(x) = S_{3,4}(\bar{x})$ 那样的反射以及可能像 $S_{2,3,4,5}(x) = \bar{S}_{0,1}(x) = \bar{S}_{4,5}(\bar{x})$ 那样的求补导出大多数剩余事例. 自然 S_5, $S_{1,3,5}$ 和 $S_{1,2,3,4,5}$ 通常的代价是 4. 那样就仅留下 $S_{1,2,3,4}(x_1, x_2, x_3, x_4, x_5) = (x_1 \oplus x_2) \vee (x_2 \oplus x_3) \vee (x_3 \oplus x_4) \vee (x_4 \oplus x_5)$, 对于一般的 n, 这种情况在习题 79 中讨论.

24. 如正文中指出的，这个猜测对于 $n \leq 5$ 成立.

25. 它是非平凡正规函数的数目 $2^{2^n - 1} - n - 1$. （在长度为 r 的不包含所有这些函数的任何正规链中，对于 $1 \leq j, k \leq n + r$ 范围内的某些 j 和 k 以及某个正规二元运算符 $\circ$, $x_j \circ x_k$ 将是一个新函数，因此我们可以用每个新的步骤计算一个新函数，直到获得它们全部的值.）

26. 假. 例如，如果 $g = S_{1,3}(x_1, x_2, x_3)$ 且 $h = S_{2,3}(x_1, x_2, x_3)$, 那么 $C(gh) = 5$ 是全加器的代价. 但是由图 9, $f = S_{2,3}(x_0, x_1, x_2, x_3)$ 的代价为 6.

27. 能：操作 "$x_2 \leftarrow x_2 \oplus x_1$, $x_1 \leftarrow x_1 \oplus x_3$, $x_1 \leftarrow x_1 \wedge \bar{x}_2$, $x_1 \leftarrow x_1 \oplus x_3$, $x_2 \leftarrow x_2 \oplus x_3$" 把 (x_1, x_2, x_3) 转换为 (z_1, z_0, x_3).

28. 令 $v' = v'' = v \oplus (x \oplus y)$; $u' = ((v \oplus y) \supset (x \oplus y)) \oplus u$, $u'' = ((v \oplus y) \vee (x \oplus y)) \oplus u$. 因此，如果 j 是奇数，我们可以置 $u_0 \leftarrow 0$, $v_0 \leftarrow x_1$, $u_j \leftarrow ((v_{j-1} \oplus x_{2j+1}) \vee (x_{2j} \oplus x_{2j+1})) \oplus u_{j-1}$; 如果 j 是偶数，置 $u_j \leftarrow ((v_{j-1} \oplus x_{2j+1}) \supset (x_{2j} \oplus x_{2j+1})) \oplus u_{j-1}$. 并且置 $v_j \leftarrow v_{j-1} \oplus (x_{2j} \oplus x_{2j+1})$, 得到 $(u_j v_j)_2 = (-1)^j (x_1 + \cdots + x_{2j+1}) \bmod 4$ $(0 \leq j \leq \lfloor n/2 \rfloor)$. 如果 n 是偶数置 $x_{n+1} \leftarrow 0$. 因此在 $\lfloor 5n/2 \rfloor - 2$ 步内计算出 $[(x_1 + \cdots + x_n) \bmod 4 = 0] = \bar{u}_{\lfloor n/2 \rfloor} \wedge \bar{v}_{\lfloor n/2 \rfloor}$.

这个结构归功于拉里·斯托克迈尔，他证明了这几乎是最优的. 实际上，习题 80 的结果以及图 9 和图 10 证明，对于所有 $n \geq 5$, 它比可能的最佳链最多超过一步.

顺便指出，类似的公式 $u''' = ((v \oplus y) \wedge (x \oplus y)) \oplus u$ 产生 $(u''' v')_2 = ((uv)_2 + x - y) \bmod 4$. 看起来更简单的函数 $((uv)_2 + x + y) \bmod 4$ 的代价是 6 而不是 5.

29. 为了获得一个上界，假定每个全加器或半加器将深度增加 3. 如果存在权为 2^j 且深度为 $3d$ 的 a_{jd} 个二进制位，我们最多排定权为 $\{2^j, 2^{j+1}\}$ 且深度为 $3(d+1)$ 的随后 $\lceil a_{jd}/3 \rceil$ 个二进制位. 由归纳法推出 $a_{jd} \leq \binom{d}{j} 3^{-d} n + 4$. 因此当 $d \geq l = \lceil \log_{3/2} n \rceil$ 时有 $a_{jd} \leq 4$. 由此可见 $a_{j(j+l+3)} = 0$ $(0 \leq j \leq \lg n)$, 给出总深度小于等于 $3(l + \lg n + 2)$. （实际的深度结果是，当 $n = 10^7$ 时恰好为 101, 当 $n = 10^8$ 时是 118, 当 $n = 10^9$ 时是 133.）

30. 照例让 νn 表示 n 自身二进制表示的位叠加和. 那么 $s(n) = 5n - 2\nu n - 3\lfloor \lg n \rfloor - 3$.

31. 在 $s(n) < 5n$ 步的位叠加加法之后, 由定理 L, 一个 $(z_{\lfloor \lg n \rfloor}, \ldots, z_0)$ 的任意函数可以用最多 $\sim 2n/\lg n$ 步求值. [见奥列格·卢帕诺夫, *Doklady Akademii Nauk SSSR* **140** (1961), 322–325. 习题 7.2.2.2–481 把 $5n$ 改进为 $4.5n$.]

32. 用自展方法: 首先用对 n 的归纳法证明 $t(n) \le 2^{n+1}$.

33. 假, 在一个技术性细节上有误: 比如说, 如果 $N = \sqrt{n}$, 至少需要 n 步. 但是, 如果首先注意到, 当 $N \ge 2^{n-1}$ 时正文中的方法给出 $N + O(\sqrt{N})$, 可以证明正确的渐近公式是 $N + O(\sqrt{N}) + O(n)$. 否则, 如果 $\lfloor \lg N \rfloor = n - k - 1$, 我们可以用 $O(n)$ 个操作来对量 $\bar{x}_1 \wedge \cdots \wedge \bar{x}_k$ 与其他变量 $x_{k+1}, \ldots, x_n$ 进行 AND 运算, 然后用减去 k 的 n 继续进行.

（推论: 我们可以用代价 $s(n) + n + O(\sqrt{n}) = 6n + O(\sqrt{n})$ 和深度 $O(\log n)$ 计算对称函数 $\{S_1, S_2, \ldots, S_n\}$.）

34. 我们说, 扩充的优先编码器有 $n + 1 = 2^m$ 个输入 $x_0 x_1 \ldots x_n$ 和 $m + 1$ 个输出 $y_0 y_1 \ldots y_m$, 其中 $y_0 = x_0 \vee x_1 \vee \cdots \vee x_n$. 如果 Q'_m 和 Q''_m 是 $x'_0 \ldots x'_n$ 和 $x''_0 \ldots x''_n$ 的扩充的编码器, 那么, 如果我们定义 $y_0 = y'_0 \vee y''_0$, $y_1 = y''_0$, $y_2 = y_1? y''_1 : y'_1, \ldots, y_{m+1} = y_1? y''_m : y'_m$, 则 Q_{m+1} 也对 $x'_0 \ldots x'_n x''_0 \ldots x''_n$ 起作用. 如果 P'_m 是 $x'_1 \ldots x'_n$ 的普通优先编码器, 则我们可以用类似的方法获得对于 $x'_1 \ldots x'_n x''_0 \ldots x''_n$ 的 P_{m+1}.

从 $m = 2$ 和 $y_2 = x_3 \vee (x_1 \wedge \bar{x}_2)$, $y_1 = x_2 \vee x_3$, $y_0 = x_0 \vee x_1 \vee y_1$ 开始, 这个结构产生代价为 p_m 和 q_m 的 P_m 和 Q_m, 其中 $p_2 = 3$, $q_2 = 5$, $p_{m+1} = 3m + p_m + q_m$, $q_{m+1} = 3m + 1 + 2q_m$ （$m \ge 2$）. 因此 $p_m = q_m - m$ 且 $q_m = 15 \cdot 2^{m-2} - 3m - 4 \approx 3.75n$.

35. 如果 $n = 2m$, 计算 $x_1 \wedge x_2, \ldots, x_{n-1} \wedge x_n$, 然后对于 $1 \le k \le m$ 递归地建立 $x_1 \wedge \cdots \wedge x_{2k-2} \wedge x_{2k+1} \wedge \cdots \wedge x_n$, 并且再用 n 步结束. 如果 $n = 2m - 1$, 对 $n+1$ 个元素使用这条链. 通过置 $x_{n+1} \leftarrow 1$, 可以消除 3 步. [英戈·韦格纳, *The Complexity of Boolean Functions* (1987), 习题 3.25. 同样的思想可以用在以任何可结合的且可交换的运算符代替 $\wedge$ 的情况下.]

36. 递归地构造 $P_n(x_1, \ldots, x_n)$ 和 $Q_n(x_1, \ldots, x_n)$ 如下, 其中, 对于 $1 \le j \le n$, P_n 有 $D(y_j) \le \lceil \lg n \rceil$ 且 Q_n 有 $D(y_j) \le \lceil \lg n \rceil + [j \ne n]$: $n = 1$ 是平凡的情形. 在其他情况下, P_n 是通过置 $y_j \leftarrow y'_j$ （$1 \le j \le r$）, $y_j \leftarrow y'_r \wedge y''_{j-r}$ （$r < j \le n$）, 从 $Q'_r(x_1, \ldots, x_r)$ 和 $P''_s(x_{r+1}, \ldots, x_n)$ 得到的, 其中 $r = \lceil n/2 \rceil$ 且 $s = \lfloor n/2 \rfloor$. 并且 Q_n 是通过置 $y_1 \leftarrow x_1$, $y_{2j} \leftarrow y'_j$, $y_{2j+1} \leftarrow y'_j \wedge x_{2j+1}$ （$1 \le j < s$）, $y_{2s} \leftarrow y'_s$, $y_n \leftarrow y'_r$, 从 $P'_r(x_1 \wedge x_2, \ldots, x_{n-1} \wedge x_n)$ 或 $P'_r(x_1 \wedge x_2, \ldots, x_{n-1} \wedge x_n)$ 得到的.

这些计算可以用最小存储实现, 对于某些下标 $j(i) < k(i)$ 在第 i 步置 $x_{k(i)} \leftarrow x_{j(i)} \wedge x_{k(i)}$. 因此我们可以用类似于排序网络的图形说明这个结构. 例如,

$$P_8 = \quad ; \quad Q_8 = \quad .$$

当 $n > 1$ 时, 代价 p_n 和 q_n 满足 $p_n = \lfloor n/2 \rfloor + q_{\lceil n/2 \rceil} + p_{\lfloor n/2 \rfloor}$, $q_n = 2\lfloor n/2 \rfloor - 1 + p_{\lceil n/2 \rceil}$. 例如, $(p_1, \ldots, p_7) = (q_1, \ldots, q_7) = (0, 1, 2, 4, 5, 7, 9)$. 令 $\bar{p}_n = 4n - p_n$, $\bar{q}_n = 3n - q_n$ 导致更简单的公式, 由此证明 $p_n < 4n$ 且 $q_n < 3n$: $\bar{q}_n = \bar{p}_{\lceil n/2 \rceil} + [n \text{ 是偶数}]$; $\bar{p}_{4n} = \bar{p}_{2n} + \bar{p}_n + 1$, $\bar{p}_{4n+1} = \bar{p}_{2n} + \bar{p}_{n+1} + 1$, $\bar{p}_{4n+2} = \bar{p}_{2n+1} + \bar{p}_{n+1}$, $\bar{p}_{4n+3} = \bar{p}_{4n+2} + 2$. 特别地, $1 + \bar{p}_{2^m} = F_{m+5}$ 是一个斐波那契数.

[见 *JACM* **27** (1980), 831–834. 如果当 n 是 2 的乘方时用 $(Q_{2n}$ 和 $y_{2n+1} = y_{2n} \wedge x_{2n+1})$ 替换 Q_{2n+1}, 用 Q_5 和 Q_6 替换 P_5 和 P_6, 并且用 $(Q_9, Q_{10}, Q_{11}, Q_{17})$ 替换 $(P_9, P_{10}, P_{11}, P_{17})$, 我们得到稍微好一些的链.]

注意, 如果用任何可结合的运算符代替 "$\wedge$", 这个结构通常也适用. 特别地, 对于 $1 \le k \le n$, 前缀 $x_1 \oplus \cdots \oplus x_k$ 的序列定义了从格雷二进制码到二进制整数的转换公式 7.2.1.1–(10).

37. 右图说明 $m = 15$, $n = 16$ 的情形.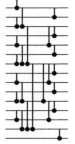

(a) 令 $x_{i..j}$ 表示 $x_i \wedge \cdots \wedge x_j$ 的原先值. 每当算法置 $x_k \leftarrow x_j \wedge x_k$ 时, 我们可以证明 x_k 的先前值是 $x_{j+1..k}$. 在步骤 S1 之后, x_k 是 $x_{f(k)+1..k}$, 其中 $f(k) = k \,\&\, (k-1)$ ($1 \leq k < m$) 且 $f(m) = 0$. 在步骤 S2 之后, x_k 是 $x_{1..k}$ ($1 \leq k \leq m$).

(b) S1 的代价是 $m-1$, S2 的代价是 $m - 1 - \lceil \lg m \rceil$, S3 的代价是 $n - m$. 对于 $1 \leq k < m$, x_k 的最终延迟是 $\lfloor \lg k \rfloor + \nu k - 1$, 对于 $m \leq k \leq n$ 是 $\lceil \lg m \rceil + k - m$. 因此, 对于 $m < 4$, $\{x_1, \ldots, x_{m-1}\}$ 的最大延迟结果是 $g(m) = m - 1$, 对于 $m \geq 4$ 是 $g(m) = \lfloor \lg m \rfloor + \lfloor \lg \frac{m}{3} \rfloor$. 我们有 $c(m,n) = m + n - 2 - \lceil \lg m \rceil$, $d(m,n) = \max(g(m), \lceil \lg m \rceil + n - m)$. 因此, 每当 $n \geq m + g(m) - \lceil \lg m \rceil$ 时 $c(m,n) + d(m,n) = 2n - 2$.

(c) 值的一个表揭示当 $n < 8$ 时 $d(n) = \lceil \lg n \rceil$, 而当 $n \geq 8$ 时 $d(n) = \lfloor \lg(n - \lfloor \lg n \rfloor + 3) \rfloor + \lfloor \lg \frac{2}{3}(n - \lfloor \lg n \rfloor + 3) \rfloor - 1$. 说明这一点的另一种方式是, 当且仅当对于某个 $k > 1$ 有 $n = 2^k + k - 3$ 或 $2^k + 2^{k-1} + k - 3$ 时, 我们有 $d(n) > d(n-1)$ 且 $n > 2$. 当 $n < 8$ 时, 对于 $m = n$ 出现用最小代价的最小 $d(n)$ 值. 在其他情况下, 对于 $m = n - \lfloor \lg \frac{2}{3}(n - \lfloor \lg n \rfloor + 3) \rfloor + 2 - [$对于某个 k 有 $n = 2^k + k - 3]$ 出现这个最小值.

(d) 置 $m \leftarrow m(n, d)$, 其中 $m(n, d(n))$ 是在前一段定义的, 并且当 $d > d(n)$ 时 $m(n, d) = m(n-1, d-1)$. ［见 *J. Algorithms* **7** (1986), 185–201.］

38. (a) 自顶向下, $f_k(x_1, \ldots, x_n)$ 是一个初等对称函数, 又称为门限函数 $S_{\geq k}(x_1, \ldots, x_n)$. （见习题 5.3.4–28 和等式 7.1.1–(90).）

(b) 像在习题 33 的答案中那样, 在用 $\approx 6n$ 步计算出 $\{S_1, \ldots, S_n\}$ 后, 我们可以用习题 37 的方法继续进行 $2n$ 步完成求值.

但是更有趣的是为计算对于 $0 \leq k \leq 2^m$ 的 $2^m + 1$ 个门限函数 $g_k(x_1, \ldots, x_m) = [(x_1 \ldots x_m)_2 \geq k]$ 设计一条特殊的布尔链. 由于 $[(x'x'')_2 \geq (y'y'')_2] = [(x')_2 \geq (y')_2 + 1] \vee ([(x')_2 \geq (y')_2] \wedge [(x'')_2 \geq (y'')_2])$, 采用类似于二进制译码器的一种分而治之的结构最多以 $2t(m)$ 的代价求解这个问题.

此外, 如果 $2^{m-1} \leq n < 2^m$, 用这种方法计算 $\{g_1, \ldots, g_n\}$ 的代价 $u(n)$ 结果是 $2n + O(\sqrt{n})$, 在 n 很小时者是非常合理的:

$$n = 1 \ 2 \ 3 \ 4 \ 5 \ 6 \ 7 \ 8 \ 9 \ 10 \ 11 \ 12 \ 13 \ 14 \ 15 \ 16 \ 17 \ 18 \ 19 \ 20$$
$$u(n) = 0 \ 1 \ 2 \ 4 \ 7 \ 7 \ 8 \ 12 \ 15 \ 17 \ 19 \ 19 \ 20 \ 21 \ 22 \ 27 \ 32 \ 34 \ 36 \ 36$$

从位叠加加法开始, 我们可以用 $s(n) + u(n) \approx 7n$ 步对 n 个布尔值排序. 当 $n = 4$ 时, 一个代价为 $2\hat{S}(n)$ 排序网络更好, 但是, 当 $n \geq 8$ 时它不再是最好的. ［见 5.3.4–(11). 戴维·马勒和佛朗哥·普雷帕拉塔, *JACM* **22** (1975), 195–201.］

39. ［*IEEE Transactions* **C-29** (1980), 737–738.］ 由恒等式

$$M_{r+s}(x_1, \ldots, x_r, x_{r+1}, \ldots, x_{r+s}; y_0, \ldots, y_{2^{r+s}-1}) = M_r(x_1, \ldots, x_r; y_0', \ldots, y_{2^r-1}'),$$

其中 $y_j' = \bigvee_{k=0}^{2^s-1}(d_k \wedge y_{2^s j + k})$ 和 d_k 是对 $(x_{r+1}, \ldots, x_{r+s})$ 应用 s 到 2^s 译码器的第 k 个输出, 证明 $C(M_{r+s}) \leq C(M_r) + 2^{r+s} + 2^r(2^s - 1) + t(s)$, 这里的 $t(s)$ 是译码器的代价 (30). 深度是 $D(M_{r+s}) = \max(D_x(M_{r+s}), D_y(M_{r+s}))$, 其中 D_x 和 D_y 表示变量 x 和 y 的最大深度. 我们有 $D_x(M_{r+s}) \leq \max(D_x(M_r), 1 + s + \lceil \lg s \rceil + D_y(M_r))$ 且 $D_y(M_{r+s}) \leq 1 + s + D_y(M_r)$.

取 $r = \lceil m/2 \rceil$ 且 $s = \lfloor m/2 \rfloor$, 得到 $C(M_m) \leq 2^{m+1} + O(2^{m/2})$, $D_y(M_m) \leq m + 1 + \lceil \lg m \rceil$, $D_x(M_m) \leq D_y(M_m) + \lceil \lg m \rceil$.

40. 例如, 我们可以令 $f_{nk}(x) = \bigvee_{j=1}^{n+1-k}(l_j(x) \wedge r_{j+k-1}(x))$, 其中

$$l_j(x) = \begin{cases} x_j, & \text{如果 } j \bmod k = 0, \\ x_j \wedge l_{j+1}(x), & \text{如果 } j \bmod k \neq 0, \end{cases} \quad \text{对于 } 1 \leq j \leq n - (n \bmod k);$$

$$r_j(x) = \begin{cases} 1, & \text{如果 } j \bmod k = 0, \\ x_j \wedge r_{j-1}(x), & \text{如果 } j \bmod k \neq 0, \end{cases} \quad \text{对于 } k \leq j \leq n.$$

代价是 $4n - 3k - 3\lfloor \frac{n}{k} \rfloor - \lfloor \frac{n-1}{k} \rfloor + 2 - (n \bmod k)$.

当 n 是小的数或 k 是小的数时, 一个递归解是更可取的: 注意

$$f_{nk}(x) = \begin{cases} x_{n-k+1} \wedge \cdots \wedge x_k \wedge \\ \quad f_{(2n-2k)(n-k)}(x_1, \ldots, x_{n-k}, x_{k+1}, \ldots, x_n), & \text{对于 } k < n < 2k; \\ f_{\lfloor (n+k)/2 \rfloor k}(x_1, \ldots, x_{\lfloor (n+k)/2 \rfloor}) \vee \\ \quad f_{\lfloor (n+k-1)/2 \rfloor k}(x_{\lfloor (n-k)/2 \rfloor + 1}, \ldots, x_n), & \text{对于 } n \geq 2k. \end{cases}$$

当 $k \leq n < 2k$ 时, 可以证明这个解的代价等于 $n - 1 + \sum_{j=1}^{n-k} \lfloor \lg j \rfloor$, 并且当 $n \to \infty$ 时它渐近位于 $(m + \alpha_k - 1)n + O(km)$ 和 $(m + 2 - 2/\alpha_k)n + O(km)$ 之间, 其中 $m = \lfloor \lg k \rfloor$ 且 $1 < \alpha_k = (k+1)/2^m \leq 2$.

把这两种方法结合起来更好, 最优代价是未知的.

41. 当 x 和 y 有 $n = 2^m$ 个二进制位时, 令 $c(m)$ 是用条件求和计算 $(x)_2 + (y)_2$ 和 $(x)_2 + (y)_2 + 1$ 的代价, 并且令 $c'(m)$ 是只计算更简单的 $(x)_2 + (y)_2$ 问题的代价. 那么 $c(m+1) = 2c(m) + 6 \cdot 2^m + 2$, $c'(m+1) = c(m) + c'(m) + 3 \cdot 2^m + 1$. (和的二进制位 z_n 的代价是 1, 但是对于 $n < k \leq 2n + 1$ 的二进制位 z_k 的代价是 3, 因为它们具有 $c?\, a_k: b_k$ 的形式, 其中 c 是进位位.) 如果我们从 $n = 1$ 和 $c(0) = 3$, $c'(0) = 2$ 开始, 解是 $c(m) = (3m + 5)2^m - 2$, $c'(m) = (3m + 2)2^m - m$. 但是对于 $n = 2$ 的情形的改进的结构使我们可以从 $c(1) = 11$ 和 $c'(1) = 7$ 开始, 于是解是 $c(m) = (3m + \frac{7}{2})2^m - 2$, $c'(m) = (3m + \frac{1}{2})2^m - m + 1$. 无论哪种情况, 深度都是 $2m + 1$. [见杰克·斯克兰斯基, *IRE Transactions* **EC-9** (1960), 226–231.]

42. (a) 由于 $\langle x_k y_k c_k \rangle = u_k \vee (v_k \wedge c_k)$, 我们可以用式 (26) 和归纳法证明.

(b) 注意 $U_k^{k+1} = u_k$ 且 $V_k^{k+1} = v_k$, 用对 $j - i$ 的归纳法证明. [见阿诺德·温伯格和约翰·史密斯, *IRE Transactions* **EC-5** (1956), 65–73; 理查德·布伦特和孔祥重, *IEEE Transactions* **C-31** (1982), 260–264.]

(c) 首先, 对于 $l = 1, 2, \ldots, m - 1$, 以及对于 $1 \leq k \leq n$, 就 $h(l)$ 在范围 $k_l \geq i \geq k_{l+1}$ 内的所有倍数 i 计算 V_i^k, 其中 $k_l = h(l)\lfloor (k-1)/h(l) \rfloor$ 表示 $h(l)$ 的比 k 小的最大倍数. 例如, 当 $l = 3$ 且 $k = 99$ 时, 我们计算 V_{96}^{99}, $V_{88}^{99} = V_{96}^{99} \wedge V_{88}^{96}$, $V_{80}^{99} = V_{88}^{99} \wedge V_{80}^{88}, \ldots, V_{64}^{99} = V_{72}^{99} \wedge V_{64}^{72}$. 这是利用当 $l = 2$ 时计算的值 V_{96}^{99}, V_{88}^{96}, $V_{80}^{88}, \ldots, V_{64}^{72}$ 的前置部分计算. 利用习题 36 的方法, 第 l 步对深度最多增加 l 级, 并且它总共需要 $(p_1 + p_2 + \cdots + p_{2^l})n/2^l = O(2^l n)$ 个门.

然后, 再次对于 $l = 1, 2, \ldots, m - 1$ 以及对于 $1 \leq k \leq n$, 利用 "展开的" 公式

$$U_{k_{l+1}}^k = U_{k_l}^k \vee \bigvee_{\substack{k_l > j \geq k_{l+1} \\ h(l) \backslash j}} (V_{j+h(l)}^k \wedge U_j^{j+h(l)}),$$

计算对于 $i = k_{l+1}$ 的 U_i^k. 例如, 当 $l = 3$ 且 $k = 99$ 时, 展开的公式是

$$U_{64}^{99} = U_{96}^{99} \vee (V_{96}^{99} \wedge U_{88}^{96}) \vee (V_{88}^{99} \wedge U_{80}^{88}) \vee (V_{80}^{99} \wedge U_{72}^{80}) \vee (V_{72}^{99} \wedge U_{64}^{72}).$$

每个这样的 U_i^k 最多是 2^l 项的或, 因此除了每一项的深度外它可以用额外的小于等于 l 的深度计算. 对于 $1 \leq k \leq n$ 这个阶段的总代价是 $(0 + 2 + 4 + \cdots + (2^l - 2))n/2^l = O(2^l n)$.

因此计算所有需要的 U 和 V 的总代价是 $\sum_{l=1}^{m-1} O(2^l n) = O(2^m n)$. (此外, V_0^k 这个量实际上是不需要的, 所以我们节省了 $\sum_{l=1}^{m-1} h(l)p_{2^l}$ 个门的代价.) 例如, 当 $m = (2, 3, 4, 5)$ 时我们分别获得 $(2, 8, 64, 1024)$ 位二进制数的加法的布尔链, 它们总的深度和代价分别是 $(3, 7, 11, 16)$ 和 $(7, 64, 1254, 48470)$.

[这个结构是瓦列里·赫拉普琴科在 *Problemy Kibernetiki* **19** (1967), 107–122 中提出的, 他还证明了如何把它同其他的方法组合, 将使总代价变为 $O(n)$, 同时仍然达到深度 $\lg n + O(\sqrt{\log n})$. 然而, 他的组合方法只有理论上的意义, 因为它在深度变成比 $2\lg n$ 小之前要求 $n > 2^{64}$. 另外一种利用 (b) 中的递推达到小深度的方法可以建立在斐波那契数列的基础上: 斐波那契方法以深度 $\log_\phi n + O(1) \approx 1.44 \lg n$

和代价 $O(n \log n)$ 计算进位. 例如, 它对二进制加法产生具有下述特征的布尔链:

$n =$	4	8	16	32	64	128	256	512	1024
深度	6	7	9	10	12	13	15	16	18
代价	24	71	186	467	1125	2648	6102	13775	30861

见高德纳,《斯坦福图库》(1994), 276–279.

查尔斯·巴贝奇对类似的十进制加法问题找到一种巧妙的机械解法, 宣称他的设计能够以常数时间相加任意精度的数. 为了使这种解法能够正常工作, 他需要严格的消除空隙的理想化部件. 见亨利·巴贝奇, *Babbage's Calculating Engines* (1889), 334–335. 颇不寻常的是, 一种等价的思想完全适用于物理晶体管, 虽然它不能用布尔链的方式表示. 见彼得·芬威克, *Comp. J.* **30** (1987), 77–79.]

43. (a) 令 $A = B = Q = \{0,1\}$, $q_0 = 0$. 定义 $c(q,a) = d(q,a) = \bar{q} \wedge a$.

(b) 关键思想是建立函数 $d_1(q) \dots d_{n-1}(q)$, 其中 $d_1(q) = d(q, a_1)$ 且 $d_j(q) = d(d_{j-1}(q), a_j)$. 换句话说, $d_1 = d^{(a_1)}$ 且 $d_j = d_{j-1} \circ d^{(a_j)}$, 其中 $d^{(a)}$ 是取 $q \mapsto d(q,a)$ 的函数, $\circ$ 表示函数复合. 每个函数 d_j 可以用二进制记数法编码, 而 $\circ$ 是对这些二进制表示的一个可结合的运算. 因此, 函数 $d_1 d_2 \dots d_{n-1}$ 是前缀 $d^{(a_1)}$, $d^{(a_1)} \circ d^{(a_2)}$, $\dots$, $d^{(a_1)} \circ \dots \circ d^{(a_{n-1})}$, 并且 $q_1 q_2 \dots q_n = q_0 d_1(q_0) \dots d_{n-1}(q_0)$.

(c) 用函数的真值表 $f_0 f_1$ 表示函数 $f(q)$. 那么函数复合 $f_0 f_1 \circ g_0 g_1$ 是 $h_0 h_1$, 其中函数 $h_0 = f_0? \, g_1 : g_0$ 和 $h_1 = f_1? \, g_1 : g_0$ 是可以用代价 3 和深度 2 计算的多路复用器函数. (组合的代价 $C(h_0 h_1)$ 只有 5, 但是我们可以尽力保持小深度.) $d^{(a)}$ 的真值表是 $a0$. 利用习题 36, 我们因此可以用代价 $\leq 6 p_{n-1} < 24n$ 和深度 $\leq 2\lceil \lg(n-1) \rceil$ 计算真值表 $d_{10} d_{11} d_{20} d_{21} \dots d_{(n-1)0} d_{(n-1)1}$. 于是 $b_1 = a_1$, 并且 $b_j = \bar{q}_j \wedge a_j = \bar{d}_{(j-1)0} \wedge a_j$ ($j > 1$). (这些代价的估值是很保守的. 由于 $d^{(a_j)}$ 的初始真值表含有 0, 以及许多中间值 d_{j1} 不被使用, 会出现大量的简化. 例如, 当 $n = 5$ 时, 实际的代价仅为 10 而不是 $6 p_{n-1} + (n-1) = 28$. 实际深度是 4 而不是 $2\lceil \lg(n-1) \rceil + 1 = 5$. 注意, 对于 $1 < j \leq n$ 的简单布尔链 $b_j = a_j \wedge \bar{b}_{j-1}$ 也求解问题 (a), 它赢得代价, 但是达到深度 $n-1$.)

44. 可以把输入看成串 $x_0 y_0 \, x_1 y_1 \dots x_{n-1} y_{n-1}$, 它的元素属于 4 字母表 $A = \{00, 01, 10, 11\}$, 表示一个可能的进位位, 存在带有初始状态 $q_0 = 0$ 的两个状态 $Q = \{0,1\}$. 输出字母表是 $B = \{0,1\}$, 并且我们有 $c(q, xy) = q \oplus x \oplus y$, $d(q, xy) = \langle qxy \rangle$. 因此, 在这种情况下, 有限状态转换器实际上是由一个全加器描述的.

当我们建立映射 $d^{(xy)}$ 时, q 的 4 个可能的函数中仅出现 3 个. 可以把它们编码为 $u \vee (q \wedge v)$. 初始函数 $d^{(xy)}$ 有 $u = x \wedge y$, $v = x \oplus y$. 并且函数复合 $(uv) \circ (u'v')$ 是 $u'' v''$, 其中 $u'' = u' \vee (v' \wedge u)$ 且 $v'' = v \wedge v'$.

例如, 当 $n = 4$ 时, 利用习题 42 的记号, 布尔链具有下述形式: $U_k^{k+1} = x_k \wedge y_k$, $V_k^{k+1} = x_k \oplus y_k$ ($0 \leq k < 4$); $U_0^2 = U_1^2 \vee (V_1^2 \wedge U_0^1)$, $U_2^4 = U_3^4 \vee (V_3^4 \wedge U_3^3)$, $V_2^4 = V_2^3 \wedge V_3^4$; $U_0^3 = U_2^3 \vee (V_2^3 \wedge U_0^2)$, $U_0^4 = U_2^4 \vee (V_2^4 \wedge U_0^2)$; $z_0 = V_0^1$, $z_1 = U_0^1 \oplus V_1^2$, $z_2 = U_0^2 \oplus V_2^3$, $z_3 = U_0^3 \oplus V_3^4$, $z_4 = U_0^4$. 总代价是 20, 最大深度 6 出现在 z_3 的计算中.

一般说来, 按习题 36 的记号, 代价将是 $2n + 3 p_n$, 因为对于初始函数 u 和 v 需要 $2n$ 个门, 然后前缀计算需要 $3 p_n$ 个门. 为了建立对于 $0 < j < n$ 的 z_j 需要的另外 $n-1$ 个门, 由我们不必计算对于 $0 < j < n$ 的 V_0^j 的事实所补偿. 因此总代价是 $14 \cdot 2^m - 3 F_{m+5} + 3$, 胜过条件求和方法 (然而它有深度 $2m + 1$ 而非 $2m + 2$):

$n =$	2	4	8	16	32	64	128	256	512	1024
条件求和链的代价	7	25	74	197	492	1179	2746	6265	14072	31223
拉德纳-费希尔链的代价	7	20	52	125	286	632	1363	2888	6040	12509

[乔治·布尔为了证明可以通过算术运算理解逻辑, 引入了他的代数. 最终逻辑变得很好理解, 形势逆转过来: 香农和康拉德·楚泽等人在 20 世纪 30 年代开始设计用逻辑运算表示算术运算的电路, 自此以后发现了许多处理并行加法问题的方法. 尤里·奥夫曼设计了代价为 $O(n)$ 且深度为 $O(\log n)$ 的第一条布尔链, 见 *Doklady Akademii Nauk SSSR* **145** (1962), 48–51. 他的链类似于上面的结构, 但其深度近似于 $4m$.]

45. 那样的论证看起来的确更简单，但是不足以证明所要求的结果.（许多扇出为 0 的步骤的链抬高了这种更简单的估计.）正文采用的置换增强的证明方法是由约翰·萨维奇在其 *The Complexity of Computing* (New York: Wiley, 1976) 一书的定理 3.4.1 中引入的.

46. 当 $r = 2^n/n + O(1)$ 时我们有 $\ln(2^{2r+1}(n+r-1)^{2r}/(r-1)!) = r\ln r + (1+\ln 4)r + O(n) = (2^n/n)(n\ln 2 - \ln n + 1 + \ln 4) + O(n)$. 因此 $\alpha(n) \le (n/(4e))^{-2^n/n+O(n/\log n)}$，当 $n > 4e$ 时它确实非常快地趋近于 0.

（实际上，(32) 给出 $\alpha(11) < 7.6 \times 10^7$，$\alpha(12) < 4.2 \times 10^{-6}$，$\alpha(13) < 1.2 \times 10^{-38}$.）

47. 限于对 $(r-m)!$ 个事例的置换，其中 $i\pi = i$（$1 \le i \le n$）和 $(n+r+1-k)\pi$ 是第 k 个输出. 于是我们得到代替 (32) 的 $(r-m)! c(m,n,r) \le 2^{2r+1}(n+r-1)^{2r}$. 因此，像在习题 46 中那样，当 $m = O(2^n/n^2)$ 时，几乎所有这样的函数都有超过 $2^n m/(n + \lg m)$ 的代价.

48. (a) 不必奇怪，关于 $C(n)$ 的这个下界当 n 很小时是比较粗略的:

$$n = 1\ 2\ 3\ 4\ 5\ 6\ 7\quad 8\quad 9\quad 10\quad 11\quad 12\quad 13\quad 14\quad 15\quad 16$$
$$r(n) = 1\ 1\ 2\ 3\ 5\ 9\ 16\ 29\ 54\ 99\ 184\ 343\ 639\ 1196\ 2246\ 4229$$

(b) 自展方法 [见《具体数学》9.4 节] 产生

$$r(n) = \frac{2^n}{n}\left(1 + \frac{\lg n - 2 - 1/\ln 2}{n} + O\left(\frac{\log n}{n^2}\right)\right).$$

49. 可以用长度小于等于 r 的公式表示的正规布尔函数最多有 $5^r n^{r+1} g_r$ 个，其中 g_r 是具有 r 个内部结点的有向二叉树的数目. 在这个公式中置 $r = 2^n/\lg n - 2^{n+2}/(\lg n)^2$，再除以 2^{2^n-1}，得到 $L(f) \le r$ 的函数的数目的上界所占的比例. 根据习题 2.3.4.4–7，这个结果迅速趋近于 0，因为它是 $O((5\alpha/16)^{2^n/\lg n})$，其中 $\alpha \approx 2.483$.

[约翰·赖尔登和香农在 *J. Math. and Physics* **21** (1942), 83–93 中获得了串行–并行开关网络的一个类似的下界. 这样的网络等价于仅限于使用定向运算符的公式. 拉斐尔·克里切夫斯基在 *Problemy Kibernetiki* **2** (1959), 123–138 中获得了更一般的结果，奥列格·卢帕诺夫在 *Prob. Kibernetiki* **3** (1960), 61–80 中给出一个渐近匹配的上界.]

50. (a) 像在习题 7.1.1–30 中那样用子立方记号，素蕴涵元是 00001*, (0001*1), 0100*1, 0111*1, 1010*1, 101*11, 00*011, 00*101, (01*111), 11*101, (0*1101), (1*0101), 1*1011, 0*0*11, *00101, (*01011), (*11101)，其中一个最短的 DNF 的括号内的子立方中被删除. (b) 类似地，素子款和一个最短的 CNF 由 00111*, 01010*, 10110*, 0110**, 00*00*, 11*00*, 11*11*, (0*100*), (1*00**), 1*0*1*, (1****0), *0000*, (*1100*), *1***0, **1**0, ***1*0, (****00) 给出.（因此，CNF 是 $(x_1 \vee x_2 \vee \bar{x}_3 \vee x_4 \vee \bar{x}_5) \wedge (x_1 \vee \bar{x}_2 \vee x_3 \vee \bar{x}_4 \vee x_5) \wedge \cdots \wedge (\bar{x}_4 \vee x_6)$.）

51. $f = ([x_5 x_6 \in \{01\}] \wedge [(x_1 x_2 x_3 x_4)_2 \in \{1,3,4,7,9,10,13,15\}]) \vee ([x_5 x_6 \in \{10,11\}] \wedge [x_1 x_2 x_3 x_4 = 0000]) \vee ([x_5 x_6 \in \{11\}] \wedge [(x_1 x_2 x_3 x_4)_2 \in \{1,2,4,5,7,10,11,14\}])$.

52. 小 n 值的上界同渐近条件下的结果，差异是相当大的:

n	k	l	(38)	n	k	l	(38)	n	k	l	(38)	n	k	l	(38)
5	2	2	39	8	3	2	175	11	4	4	803	14	5	5	4045
6	2	2	67	9	3	2	279	12	4	3	1329	15	5	5	7141
7	2	1	109	10	4	4	471	13	5	6	2355	16	5	4	12431

（当 n 很小时，这些上界非常弱. 例如，我们知道当 $n = (1,2,3,4,5)$ 时 $C(n) = (0,1,4,7,12)$，但是等式 7.1.1–(16) 给出 $C(n+1) \le 2C(n) + 2$，因此 $C(6) \le 26$，$C(7) \le 54$，等等.）

53. 首先注意到 $2^k/l \le n - 3\lg n$，因此 $m_i \le n - 3\lg n + 1$ 且 $2^{m_i} = O(2^n/n^3)$. 还有 $l = O(n)$ 和 $t(n-k) = O(2^n/n^2)$. 因此 (38) 简化为 $l \cdot 2^{n-k} + O(2^n/n^2) = 2^n/(n - 3\lg n) + O(2^n/n^2)$.

54. 足迹贪婪试探方法给出一条长度为 14 的链:

$$x_5 = x_1 \oplus x_3, \qquad x_{10} = x_4 \wedge \bar{x}_5, \qquad f_3 = x_{15} = \bar{x}_8 \wedge x_9,$$
$$x_6 = x_2 \oplus x_3, \qquad x_{11} = x_4 \oplus x_5, \qquad f_4 = x_{16} = x_4 \wedge x_8,$$
$$x_7 = x_1 \wedge x_2, \qquad x_{12} = x_6 \wedge x_{11}, \qquad f_5 = x_{17} = x_7 \wedge x_9,$$
$$x_8 = x_1 \wedge \bar{x}_6, \qquad f_1 = x_{13} = \bar{x}_7 \wedge x_{12}, \qquad f_6 = x_{19} = x_6 \wedge x_{10}.$$
$$x_9 = x_4 \wedge x_5, \qquad f_2 = x_{14} = \bar{x}_6 \wedge x_{10},$$

在我们消除不被使用的操作步骤后, 小项优先方法对应于一条长度为 22 的链:

$$x_5 = \bar{x}_1 \wedge \bar{x}_2, \qquad x_{13} = x_5 \wedge x_{10}, \qquad x_{20} = x_8 \wedge x_{11},$$
$$x_6 = \bar{x}_1 \wedge x_2, \qquad x_{14} = x_5 \wedge x_{11}, \qquad f_6 = x_{21} = x_{15} \vee x_{18},$$
$$x_7 = x_1 \wedge \bar{x}_2, \qquad x_{15} = x_6 \wedge x_9, \qquad f_1 = x_{22} = x_{13} \vee x_{21},$$
$$x_8 = x_1 \wedge x_2, \qquad x_{16} = x_6 \wedge x_{11}, \qquad f_2 = x_{23} = x_{12} \vee x_{20},$$
$$x_9 = \bar{x}_3 \wedge x_4, \qquad x_{17} = x_7 \wedge x_9, \qquad x_{24} = x_{14} \vee x_{16},$$
$$x_{10} = x_3 \wedge \bar{x}_4, \qquad x_{18} = x_7 \wedge x_{11}, \qquad f_3 = x_{25} = x_{24} \vee x_{19},$$
$$x_{11} = x_3 \wedge x_4, \qquad f_5 = x_{19} = x_8 \wedge x_9, \qquad f_4 = x_{26} = x_{17} \vee x_{20}.$$
$$x_{12} = x_5 \wedge x_9,$$

(分配律能够通过两步代替 x_{14}, x_{16}, x_{24} 的计算.)

顺便说明, 习题 51 答案中的 3 个函数可以仅用 10 步计算:

$$x_5 = x_2 \vee x_4, \qquad f_3 = x_9 = x_6 \oplus x_8, \qquad x_{12} = x_2 \oplus x_3,$$
$$x_6 = \bar{x}_1 \wedge x_5, \qquad x_{10} = x_1 \oplus x_8, \qquad x_{13} = \bar{x}_{10} \wedge x_{12},$$
$$x_7 = x_2 \wedge x_4, \qquad \bar{f}_2 = x_{11} = x_9 \vee x_{10}, \qquad f_1 = x_{14} = x_4 \oplus x_{13}.$$
$$x_8 = x_3 \wedge \bar{x}_7,$$

55. 在习题 50 的答案中, 最优的两级 DNF 和 CNF 表示的代价分别是 53 和 43. 当像习题 54 中那样优化时, 式 (37) 的代价是 29. 习题 51 中的替代函数的代价只有 17. 但是对于这个 6 变量函数, 最优的 5 变量布尔链列表现为

$$x_7 = \bar{x}_1 \wedge x_2, \qquad x_{11} = x_5 \wedge x_{10}, \qquad x_{15} = x_{13} \oplus x_{14}, \qquad x_{18} = \bar{x}_4 \wedge x_{17},$$
$$x_8 = x_3 \oplus x_7, \qquad x_{12} = x_5 \vee x_{10}, \qquad x_{16} = x_5 \wedge \bar{x}_{10}, \qquad x_{19} = x_6 \wedge x_{15},$$
$$x_9 = x_2 \wedge x_8, \qquad x_{13} = x_4 \wedge \bar{x}_{11}, \qquad x_{17} = \bar{x}_3 \wedge x_{16}, \qquad x_{20} = x_{18} \vee x_{19}.$$
$$x_{10} = x_1 \oplus x_9, \qquad x_{14} = x_8 \wedge x_{12},$$

存在更好的表示方式吗?

56. 如果我们最多考虑两个变量, 函数可能是常数, 也可能是 x_j 或 $\bar{x}_j$.

57. 使用十六进制表示, 从 x_5 到 x_{15} 的真值表分别是 0fff, 3ccc, 30c0, 75d5, 4919, 7000, 0606, 4808, 2000, 5d5d, 3ece. 因此我们得到

$$1010 \mapsto \text{◻}, \quad 1011 \mapsto \text{◥}, \quad 1100 \mapsto \text{Ч}, \quad 1101 \mapsto \text{5}, \quad 1110 \mapsto \text{6}, \quad 1111 \mapsto \text{¶}.$$

[科里 · 普洛韦尔认为找到不会把非数字假冒为数字的一个解可能更好, 他发现一条 12 步的链 (用非贪婪的 x_7)

$$x_5 = x_1 \oplus x_2, \qquad x_9 = x_2 \oplus x_3, \qquad \bar{b} = x_{13} = x_2 \wedge \bar{x}_{11},$$
$$x_6 = x_3 \wedge \bar{x}_4, \qquad g = x_{10} = x_7 \vee x_9, \qquad \bar{c} = x_{14} = x_7 \wedge x_9,$$
$$x_7 = x_1 \oplus x_6, \qquad \bar{d} = x_{11} = x_8 \oplus x_{10}, \qquad \bar{e} = x_{15} = x_4 \vee x_{12},$$
$$x_8 = x_4 \vee x_7, \qquad \bar{a} = x_{12} = \bar{x}_3 \wedge x_{11}, \qquad \bar{f} = x_{16} = \bar{x}_5 \wedge x_8,$$

对于这条链 $a, \ldots, g$ 具有真值表 b7ff, f9f0, dfe3, b6df, a2aa, 8ff2, 3efd, 并且

$$1010 \mapsto \text{A}, \quad 1011 \mapsto \text{◻}, \quad 1100 \mapsto \text{c}, \quad 1101 \mapsto \text{ᵈ}, \quad 1110 \mapsto \text{L}, \quad 1111 \mapsto \text{₅}.$$

他还证明, 真值表 (44) 的所有 11 步解把非数字映射为 $(\text{◻},\text{◥},\text{Ч},\text{5},\text{6},\text{◥})$, $(\text{◻},\text{◥},\text{6},\text{1},\text{9},\text{5})$, $(\text{◻},\text{◥},\text{6},\text{1},\text{A},\text{5})$, $(\text{2},\text{3},\text{6},\text{◥},\text{6},\text{◥})$, $(\text{2},\text{1},\text{6},\text{◥},\text{Ч},\text{5})$, $(\text{2},\text{Ч},\text{6},\text{◥},\text{Ч},\text{5})$.]

58. 所有代价为 7 的函数的真值表, 如果恰好有 8 个 1, 那么这个真值表等价于 0779, 169b 或 179a. 以所有可能方式组合这些结果得到 9656 个解, 它们在 $\{x_1, x_2, x_3, x_4\}$ 的置换和（或）取补下以及在 $\{f_1, f_2, f_3, f_4\}$ 的置换和（或）取补下是不同的.

59. 足迹贪婪试探方法产生下面的 17 步的链:

$$
\begin{array}{lll}
x_5 = x_2 \oplus x_3, & x_{11} = x_2 \vee x_7, & x_{17} = \bar{x}_6 \wedge x_8, \\
x_6 = x_1 \oplus x_4, & x_{12} = x_2 \wedge \bar{x}_6, & f_1 = x_{18} = x_{11} \oplus x_{17}, \\
x_7 = x_1 \oplus x_3, & x_{13} = x_3 \wedge x_4, & f_2 = x_{19} = x_{10} \wedge \bar{x}_{14}, \\
x_8 = x_4 \vee x_5, & x_{14} = x_4 \wedge x_5, & f_3 = x_{20} = x_9 \oplus x_{16}, \\
x_9 = x_6 \wedge x_8, & x_{15} = x_5 \wedge x_{10}, & f_4 = x_{21} = x_{12} \oplus x_{15}. \\
x_{10} = x_7 \vee x_9, & x_{16} = x_2 \wedge \bar{x}_{13}, &
\end{array}
$$

所有初始函数都具有很长的足迹, 因此我们不能达到 $C(f_1 f_2 f_3 f_4) = 28$. 但是或许确实存在更难一些的 S 盒.

60. 一种方法是 $u_1 = x_1 \oplus y_1$, $u_2 = x_2 \oplus y_2$, $v_1 = y_2 \oplus u_1$, $v_2 = y_1 \oplus u_2$, $z_1 = v_1 \wedge \bar{u}_2$, $z_2 = v_2 \wedge \bar{u}_1$.

61. 下述由戴维 · 史蒂文森提出的 17 个门的解, 把 mod $2^m + 1$ 的加法推广到了 $8m + 1$ 个门: $u_0 = x_0 \wedge y_0$, $v_0 = x_0 \oplus y_0$, $u_1 = x_1 \wedge y_1$, $v_1 = x_1 \oplus y_1$, $t_1 = v_1 \wedge u_0$, $t_2 = v_1 \oplus u_0$, $c_2 = u_1 \vee t_1$; $u_2 = x_2 \wedge y_2$, $t_3 = x_2 \vee y_2$, $t_4 = t_3 \vee c_2$; $t_5 = t_2 \vee v_0$, $t_6 = t_5 \wedge t_4$, $t_7 = t_6 \vee u_2$; $t_8 = t_7 \wedge \bar{v}_0$, $z_0 = t_7 \oplus v_0$, $z_1 = t_2 \oplus t_8$; $z_2 = t_4 \oplus t_7$. （注意 $(x_2 x_1 x_0)_2 + (y_2 y_1 y_0)_2 = (u_2 t_4 t_2 v_0)_2 - 4[x = y = 4]$. 如果输入是用 000, 001, 011, 101, 111 表示的, 李景杰找到另外一个 17 步的解. ）

62. 存在 $\binom{2^n}{2^n d} 2^{2^n c}$ 个这样的函数, 它们最多有 $\binom{2^n}{2^n d} c(n, r)$ 个具有小于等于 r 的代价. 因此我们可以像在习题 46 中那样论证, 从 (32) 断定代价小于等于 $r = \lfloor 2^n c / n \rfloor$ 的函数所占的比例最多为 $2^{2r+1-2^n c} (n + r - 1)^{2r} / (r - 1)! = 2^{-r \lg n + O(r)}$.

63. [*Problemy Kibernetiki* **21** (1969), 215–226.] 像在奥列格 · 卢帕诺夫的方法中那样把真值表置于一个 $2^k \times 2^{n-k}$ 数组中, 并且假定对于 $0 \le j < 2^{n-k}$ 在第 j 列有 c_j 个在意值. 把那些列分为 $\lfloor c_j / m \rfloor$ 个子列, 每个子列含有 m 个在意值, 加上在底端的一个可能为空的子列, 该子列包含不足 m 个在意值. 提示表明, 最多 2^{m+k} 个列向量足以与具有指定顶行 i_0 和底行 i_1 的每个子列的 0 和 1 相匹配. 因此, 我们可以从 $\{x_1, \dots, x_k\}$ 的小项用 $O(m 2^{m+3k})$ 个运算构建 $O(2^{m+3k})$ 个函数 $g_t(x_1, \dots, x_k)$, 使得每个子列与某个类型 t 相匹配. 并且对于每个类型 t, 我们可以指定与 t 相匹配的列从 $\{x_{k+1}, \dots, x_n\}$ 的小项构建函数 $h_t(x_{k+1}, \dots, x_n)$, 代价最多是 $\sum_j (\lfloor c_j / m \rfloor + 1) \le 2^n c / m + 2^{n-k}$. 最后, $f = \bigvee_t (g_t \wedge h_t)$ 需要 $O(2^{m+3k})$ 个额外的步骤. 选择 $k = \lfloor 2 \lg n \rfloor$ 且 $m = \lceil n - 9 \lg n \rceil$ 使总代价最多达到 $(2^n c / n)(1 + 9 n^{-1} \lg n + O(n^{-1}))$.

当然, 我们需要证明提示的结果, 它由爱德华 · 尼基波鲁克 [*Doklady Akad. Nauk SSSR* **163** (1965), 40–42] 给出. 事实上, $2^m (1 + \lceil k \ln 2 \rceil)$ 个向量就足够了（见舍曼 · 斯坦, *J. Combinatorial Theory* **A16** (1974), 391–397）: 如果我们随机选择 $q = 2^m \lceil k \ln 2 \rceil$ 个向量（它们不必是不同的）, 未触及的子立方的期望数是 $\binom{k}{m} 2^m (1 - 2^{-m})^q < \binom{k}{m} 2^m e^{-q 2^{-m}} < 2^m$. （一种显式结构会更令人满意. ）

对于一般化的推广——容许一定百分比的错误以及指定 1 的密度——见尼古拉斯 · 皮彭格尔, *Mathematical Systems Theory* **10** (1977), 129–167.

64. 如果我们像中国一种古老魔方中那样按 $\begin{smallmatrix} 6 & 1 & 8 \\ 7 & 5 & 3 \\ 2 & 9 & 4 \end{smallmatrix}$ 对方格编号, 它恰好是九宫游戏. [埃尔温 · 伯利坎普、约翰 · 康威和理查德 · 盖伊在他们的书 *Winning Ways* **3** (2003), 732–736 中使用这种计算策略给出了对九宫游戏的完整分析.]

65. 一种解是通过"进攻"移动 a_j 和"反击"移动 c_j 代替通过"防守"移动 d_j, 并且仅对角上的方格 $j \in \{1, 3, 9, 7\}$ 这样做. 令 $j \cdot k = (jk) \bmod 10$, 那么由于 $j \perp 10$, 当 j 是角上方格时,

$$
\begin{array}{ccc}
j \cdot 1 & j \cdot 2 & j \cdot 3 \\
j \cdot 4 & j \cdot 5 & j \cdot 6 \\
j \cdot 7 & j \cdot 8 & j \cdot 9
\end{array}
$$

给予我们另外一种考察九宫图形的途径. 于是 a_j 和 c_j 的确切定义是

$$a_j = m_j \wedge ((x_{j\cdot3} \wedge \beta_{(j\cdot8)(j\cdot9)} \wedge (o_{j\cdot4} \oplus o_{j\cdot6})) \vee (x_{j\cdot7} \wedge \beta_{(j\cdot6)(j\cdot9)} \wedge (o_{j\cdot2} \oplus o_{j\cdot8}))$$
$$\vee (m_{j\cdot9} \wedge ((m_{j\cdot8} \wedge x_{j\cdot2} \wedge \overline{(o_{j\cdot3} \oplus o_{j\cdot6})}) \vee (m_{j\cdot6} \wedge x_{j\cdot4} \wedge \overline{(o_{j\cdot7} \oplus o_{j\cdot8})}))));$$
$$c_j = d_j \wedge \overline{(x_{j\cdot6} \wedge o_{j\cdot7})} \wedge \overline{(x_{j\cdot8} \wedge o_{j\cdot3})} \wedge \bar{d}_{j\cdot9};$$

其中 $d_j = m_j \wedge \beta_{(j\cdot2)(j\cdot3)} \wedge \beta_{(j\cdot4)(j\cdot7)}$ 取代 (51). 我们还定义

$$u = (x_1 \oplus x_3) \oplus (x_7 \oplus x_9),$$
$$v = (o_1 \oplus o_3) \oplus (o_7 \oplus o_9),$$
$$t = m_2 \wedge m_6 \wedge m_8 \wedge m_4 \wedge (u \vee \bar{v}),$$

$$z_j = \begin{cases} m_j \wedge \bar{t}, & \text{如果 } j = 5, \\ m_j \wedge \bar{d}_{j\cdot9}, & \text{如果 } j \in \{1, 3, 9, 7\}, \\ m_j, & \text{如果 } j \in \{2, 6, 8, 4\}, \end{cases}$$

以便涵盖少数其他几种例外情况. 最后, 用序列 $a_1a_3a_9a_7c_1c_3c_9c_7z_5z_1z_3z_9z_7z_2z_6z_8z_4$ 代替 (53) 中的次序有序的移动序列 $d_5d_1d_3d_9d_7d_2d_6d_8d_4m_5m_1m_3m_9m_7m_2m_6m_8m_4$, 并且当 j 是角方格时, 我们用 $(a_j \wedge \bar{a}'_j) \vee (c_j \wedge \bar{c}'_j) \vee (z_j \wedge \bar{z}'_j)$ 代替 (55) 中的 $(d_j \wedge \bar{d}'_j) \vee (m_j \wedge \bar{m}'_j)$, 否则, 简单地用 $(z_j \wedge \bar{z}'_j)$ 代替.

（注意这个自动机需要正确地从所有合法位置移动, 即使是在机器已经变成 × 的早先移动后不可能出现的那些位置. 实际上我们允许人类玩游戏直到他们求助于机器帮助, 否则可以作大量简化. 例如, 如果 × 总是先移动, 它将强占中央方格, 并且消除大量未来的可能性. 可能出现的赛局少于 $8 \times 6 \times 4 \times 2 = 384$ 种. 倘若 ○ 先移动, 存在相对于一种固定策略的可能赛况少于 $9 \times 7 \times 5 \times 3 = 945$ 种. 事实上, 采用此处定义策略的不同赛局的实际数量最后是 $76 + 457$, 其中 $72 + 328$ 种是机器获胜, 其余属于不分胜负的猫局. ）

66. 上题答案中的布尔链完成它从所有 4520 个合法位置实现正确移动的任务, 其中正确性的实际界定是指最坏情况的最终结果最大化. 但是真正杰出的九宫游戏选手将取不同的位置行事方式. 例如, 机器从位置 ⊞ 占据中心 ⊞, 于是 ○ 可能通过在角方格采取行动而战成平局. 但是移动到 ⊞ 或 ⊞ 将只给 ○ 两次避免失败的机会. [见马丁·加德纳, *Hexaflexagons and Other Mathematical Diversions*, 第 4 章.]

此外, 像 ⊞ 位置的最佳移动是变成 ⊞ 而非立即取胜, 然后如果回应是 ⊞, 那么移动为 ⊞. 这种方式仍然使你获胜, 但是没有使你的对手严重丢失面子.

最后, 即使仅仅一个 "最佳移动" 的概念也是存在缺陷的, 因为优秀的选手在不同对局中会选择不同的移动步骤（正如亨利·巴贝奇指出的那样）.

> 人们也许认为, 设计玩九宫游戏的数字计算机程序
> 或者设计九宫游戏自动机的专用电路
> 是很简单的. 确实是这样, 除非你的目标是创立一个高超的机器人,
> 它在面对缺乏经验的选手时将赢得最高数量的赛局.
>
> ——马丁·加德纳, *The Scientific American Book of*
> *Mathematical Puzzles & Diversions* (1959)

67. 迄今所知的最佳解是由戴维·史蒂文森在 2010 年给出的, 共使用 818 个门 (472 个 AND, 327 个 OR, 13 个 NOR, 6 个 BUTNOT), 细节见

https://www-cs-faculty.stanford.edu/~knuth/818-gate-solution.

在关心像 w_j 和 b_j 这样的移动后, 并且巧妙地优化不在意的移动, 史蒂文森实际上用 OR 把使 $c = 1$ 的大约 200 个特殊位置（例如 ⊞）、使 $s = 1$ 的大约 200 个其他位置（例如 ⊞）以及使 $m = 1$ 的大约 50 个位置（例如 ⊞）连接在一起. 然后通过在定义特殊位置的 AND 中间寻找公共子表达式以及利用分配律等手段节省门.

[这道题是由约翰·韦克利的书 *Digital Design* (Prentice–Hall, 3rd edition, 2000), 6.2.7 节的一处讨论引起的. 顺便指出, 查尔斯·巴贝奇曾打算通过考查 $N \bmod k$ 来在 k 个可能的移动中间选择, 其中 N 是迄今赢得的局数. 他未认识到连续的移动在 N 改变之前多半是高度相关的. 令 N 是到现在为止已执行的移动步数将会好得多.]

68. 不能. 那个方法产生一条 "均匀" 布尔链, 它具有一种易于理解的结构, 但是它的代价是 $\Omega(n2^n)$. 存在一种按定理 L 构造的大约 $2^n/n$ 个门的电路, 但是很难制作. （顺便说明, $C(\pi_5) = 10$. ）

69. (a) 例如，通过尝试全部 64 种事例可以证明这个结果.

(b) 如果 x_m 处在 x_i 的同样的行或同样的列，并且还处在 x_j 的同样的行或同样的列，我们有 $\alpha_{111} = \alpha_{101} = \alpha_{011} = 0$，因此函数值对是优良的. 否则，实际上存在 3 种不同的可能性，它们都是低劣的：如果 $(i,j,m) = (1,2,4)$，那么 $\alpha_{101} = 0$，$\alpha_{100} = x_5 x_9 \oplus x_6 x_8$，$\alpha_{011} = x_9$；如果 $(i,j,m) = (1,2,6)$，那么 $\alpha_{010} = x_4 x_9$，$\alpha_{011} = x_7$，$\alpha_{100} = x_5 x_9$，$\alpha_{101} = x_8$；如果 $(i,j,m) = (1,5,9)$，那么 $\alpha_{111} = 1$，$\alpha_{110} = 0$，$\alpha_{010} = x_3 x_7$.

70. (a) $x_1 \wedge ((x_5 \wedge x_9) \oplus (x_6 \wedge x_8)) \oplus x_2 \wedge ((x_6 \wedge x_7) \oplus (x_4 \wedge x_9)) \oplus x_3 \wedge ((x_4 \wedge x_8) \oplus (x_5 \wedge x_7))$.

(b) $x_1 \wedge ((x_5 \wedge x_9) \vee (x_6 \wedge x_8)) \vee x_2 \wedge ((x_6 \wedge x_7) \vee (x_4 \wedge x_9)) \vee x_3 \wedge ((x_4 \wedge x_8) \vee (x_5 \wedge x_7))$.

(c) 令 $y_1 = x_1 \wedge x_5 \wedge x_9$，$y_2 = x_1 \wedge x_6 \wedge x_8$，$y_3 = x_2 \wedge x_6 \wedge x_7$，$y_4 = x_2 \wedge x_4 \wedge x_9$，$y_5 = x_3 \wedge x_4 \wedge x_8$，$y_6 = x_3 \wedge x_5 \wedge x_7$. 函数 $f(y_1, \ldots, y_6) = [y_1 + y_2 + y_3 > y_4 + y_5 + y_6]$ 能够用两个全加器和一个比较器以额外的 15 步求值，但是存在一个 14 步的解：令 $z_1 = (y_1 \oplus y_2) \oplus y_3$，$z_2 = (y_1 \oplus y_2) \vee (y_1 \oplus y_3)$，$z_3 = (y_4 \oplus y_5) \oplus y_6$，$z_4 = (y_4 \oplus y_5) \vee (y_4 \oplus y_6)$. 那么 $f = (z_1 \oplus (z_2 \wedge (\bar{z}_4 \oplus (z_1 \vee z_3)))) \wedge (\bar{z}_3 \vee z_4)$. 此外 $y_1 y_2 y_3 = 111 \iff y_4 y_5 y_6 = 111$. 因此存在不在意值，导致一个 11 步的解：$f = ((\bar{z}_1 \wedge z_3) \vee \bar{z}_4) \wedge z_2$. 总代价是 $12 + 11 = 23$.

（据我所知，如果仅仅给出 f 的真值表，无法用计算机以合理的时间发现这样一条有效的布尔链. 但是可能存在一条甚至更好的链.）

71. (a) $P(p) = 1 - 12p^2 + 24p^3 + 12p^4 - 96p^5 + 144p^6 - 96p^7 + 24p^8$，当 $p = \frac{1}{2} + \epsilon$ 时，它是 $\frac{11}{32} + \frac{9}{2}\epsilon^2 - 3\epsilon^4 - 24\epsilon^6 + 24\epsilon^8$.

(b) 存在 8 个值 $(f_0, \ldots, f_7)$ 的 $N = 2^{n-3}$ 种设定，它们中每一种以概率 $P(p)$ 产生优良的函数值对. 所以答案是 $1 - P(p)^N$.

(c) 恰好 r 种设定获得成功的概率是 $\binom{N}{r} P(p)^r (1 - P(p))^{N-r}$，在这种情况下 t 次试验将以概率 $(r/N)^t$ 获得优良的函数值对. 所以答案是 $1 - \sum_{r=0}^{N} \binom{N}{r} P(p)^r (1 - P(p))^{N-r} (r/N)^t = 1 - P(p)^t + O(t^2/N)$.

(d) $\sum_{r=0}^{N} \binom{N}{r} P(p)^r (1 - P(p))^{N-r} \sum_{j=0}^{t-1} (r/N)^j = (1 - P(p)^t)/(1 - P(p)) + O(t^3/N)$.

72. 习题 71(a) 中的概率变成 $P(p) + (72p^3 - 264p^4 + 432p^5 - 336p^6 + 96p^7)r + (60p^2 - 240p^3 + 456p^4 - 432p^5 + 144p^6)r^2 + (-48p^2 + 144p^3 - 216p^4 + 96p^5)r^3 + (-36p^2 + 24p^3 + 12p^4)r^4 + (48p^2 - 24p^3)r^5 - 12p^2 r^6$. 如果 $p = q = (1-r)/2$，这是 $(11 + 48r + 36r^2 - 144r^3 - 30r^4 + 336r^5 - 348r^6 + 144r^7 - 21r^8)/32$. 例如，当 $r = 1/2$ 时，它的值是 $7739/8192 \approx 0.94$.

73. 考虑霍恩子句 $1 \wedge 2 \Rightarrow 3$，$1 \wedge 3 \Rightarrow 4$，…，$1 \wedge (n-1) \Rightarrow n$，$1 \wedge n \Rightarrow 2$，$i \wedge j \Rightarrow 1$（$1 < i < j \le n$）. 假定在分解中 $|Z| > 1$，并且令 i 是满足 $x_i \in Z$ 的最小下标. 还令 j 是满足 $j \ne i$ 且 $x_j \in Z$ 的最小下标. 因为此时 $i \wedge j \Rightarrow 1$，我们不可能有 $i1$. 因此 $i = 1$，并且 $x_j \in Z$（$2 \le j \le n$）.

74. 假定我们知道没有符合 $x_1 \in Z$ 或……或 $x_{i-1} \in Z$ 的非平凡的分解，开始时 $i = 1$. 我们也希望通过巧妙选择 j 和 m 把 $x_i \in Z$ 排除在外. 当 i 确定时，霍恩子句 $i \wedge j \Rightarrow m$ 约化为克罗姆子句 $j \Rightarrow m$. 因此，我们实质上想要在可能存在也可能不存在弧 $j \Rightarrow m$ 的有向图中，对于强分图使用罗伯特·塔扬的深度优先搜索.

当从顶点 j 开始探索时，首先尝试 $m = 1, \ldots, m = i-1$. 如果任何这样的蕴涵 $i \wedge j \Rightarrow m$ 成立，我们可以从 i 的有向图中消除 j 及其所有前导. 否则，对于任何这样消除的顶点 m 检查是否有 $j \Rightarrow m$. 否则，检查未探索过的顶点 m. 否则，尝试已经遇见过的顶点 m，优先检查深度优先树的根结点附近的顶点.

在例子 $f(x) = (\det X) \bmod 2$ 中，我们将相继找出 $1 \wedge 2 \not\Rightarrow 3$，$1 \wedge 2 \Rightarrow 4$，$1 \wedge 4 \Rightarrow 3$，$1 \wedge 3 \Rightarrow 5$，$1 \wedge 5 \Rightarrow 6$，$1 \wedge 6 \Rightarrow 7$，$1 \wedge 7 \Rightarrow 8$，$1 \wedge 8 \Rightarrow 9$，$1 \wedge 9 \Rightarrow 2$（现在 $i \leftarrow 2$）；$2 \wedge 3 \not\Rightarrow 1$，$2 \wedge 3 \Rightarrow 4$，$2 \wedge 4 \not\Rightarrow 1$，$2 \wedge 4 \Rightarrow 5$，$2 \wedge 4 \Rightarrow 6$，$2 \wedge 6 \Rightarrow 1$（现在 3, 4, 6 从 2 的有向图中消除），$2 \wedge 5 \Rightarrow 1$（并且 5 被消除），$2 \wedge 7 \not\Rightarrow 1$，$2 \wedge 7 \Rightarrow 3$（7 被消除），$2 \wedge 8 \Rightarrow 1$，$2 \wedge 9 \Rightarrow 1$（现在 $i \leftarrow 3$）；$3 \wedge 4 \not\Rightarrow 1$，$3 \wedge 4 \Rightarrow 2$，$3 \wedge 5 \Rightarrow 1$，等等.

75. 这个函数仅在互补的两个点是 1. 因此它是不可分解的，当 $n > 3$ 时函数值对 (58) 绝不会是劣质的. 因此每个分划 (Y, Z) 将是分解的一个候选者.

类似地，如果 f 关于 (Y, Z) 是可分解的，则不可分解的函数 $f(x) \oplus S_{0,n}(x)$ 在检验中实际上将起到像 f 那样的作用. （在一个通用的可分解性检验器中，也许应该提供一种处理近似可分解函数的方法.）

76. (a) 对于 $0 \leq l \leq 2^m$ 令 $a_l = [i \geq l]$. 像在习题 38(b) 答案中看到的那样，代价 $\leq 2t(m)$. 并且实际上，用深度为 $\Theta(m)$ 的链可以把代价降低到 $2^{m+1} - 2m - 2$. 此外，函数 $[i \leq j] = (\bar{\imath}_1 \wedge j_1) \vee ((i_1 \equiv j_1) \wedge [i_2 \ldots i_m \leq j_2 \ldots j_m])$ 可以用 $4m - 3$ 个门求值. 在计算 $x \oplus y$ 后，每个 z_l 的代价是 $2^{m+1} + 1 = O(n)$.

(b) 因为每个 g_l 是 2^m 个输入的函数，由定理 L，这里代价最多是 $C(g_0) + \cdots + C(g_{2^m}) \leq (2^m + 1)(2^{2^m}/(2^m - O(m)))$.

(c) 如果 $i \leq j$，我们有 $z_l = x \, (l \leq i)$ 且 $z_l = y \, (l > i)$. 因此 $f_i(x) = c_0 \oplus \cdots \oplus c_i$ 且 $f_j(y) = c_{j+1} \oplus \cdots \oplus c_{2^m}$. 如果 $i > j$，我们有 $z_l = y \, (l \leq i)$ 且 $z_l = x \, (l > i)$. 因此 $f_j(y) = c_0 \oplus \cdots \oplus c_j$ 且 $f_i(x) = c_{i+1} \oplus \cdots \oplus c_{2^m}$.

(d) 正如 (a) 中那样，对于 $0 \leq l \leq 2^m$，函数 $b_l = [j < l]$ 可以用 $O(2^m)$ 步计算. 所以我们可以用 $O(2^m)$ 个额外的门从 $(c_0, \ldots, c_{2^m})$ 计算 F. 因此对于大的 m 的代价，步骤 (b) 处于支配地位.

(e) $a_0 = 1$, $a_1 = i$, $a_2 = 0$; $b_0 = 0$, $b_1 = j$, $b_2 = 1$; $d = [i \leq j] = \bar{\imath} \vee j$; $m_l = a_l \oplus d$, $z_{l0} = x_0 \oplus (m_l \wedge (x_0 \oplus y_0))$, $z_{l1} = x_1 \oplus (m_l \wedge (x_1 \oplus y_1)) \, (l = 0, 1, 2)$; $c_0 = z_{01}$; $c_1 = z_{10} \wedge \bar{z}_{11}$; $c_2 = z_{20} \vee z_{21}$; $c'_l = c_l \wedge (d \equiv a_l)$, $c''_l = c_l \wedge (d \equiv b_l) \, (l = 0, 1, 2)$. 并且，最终 $F = (c'_0 \oplus c'_1 \oplus c'_2) \vee (c''_0 \oplus c''_1 \oplus c''_2)$.

在这样一个小例子中，这个纯代价（在明显的简化后是 29）自然是令人难以忍受的. 但是人们想知道，最先进的自动优化器是否能够把这条链降低至仅用 5 个门.

[这个结果是 *Matematicheskie Zametki* **15** (1974), 937–944 和 *London Math. Soc. Lecture Note Series* **169** (1992), 165–173 中更一般定理的特例.]

77. 对于 f_n 或 $\bar{f}_n$ 给定最短的这样的链，令 $U_l = \{i \mid l = j(i)$ 或 $l = k(i)\}$ 是 x_l 的 "使用"，并且令 $u_l = |U_l|$. 如果 $x_i = x_{j(i)} \vee x_{k(i)}$ 令 $t_i = 1$，否则令 $t_i = 0$. 我们按下述思路证明存在计算 f_{n-1} 或 $\bar{f}_{n-1}$ 的长度小于等于 $r - 4$ 的链: 如果对于任意 m 设置变量 x_m 为 0 或 1，通过删除 U_m 的所有步并且相应地修改其他步，可以获得一条关于 f_{n-1} 或 $\bar{f}_{n-1}$ 的链. 此外，如果 $x_i = x_{j(i)} \circ x_{k(i)}$ 并且如果当 x_m 已经设置为 0 或 1 时知道 $x_{j(i)}$ 或 $x_{k(i)}$ 等于 t_i，那么我们还可以删去 U_i 的步. （在整个论证过程中，字母 m 代表 $1 \leq m \leq n$ 范围内的下标.）

情形 1: 对于某些 m 有 $u_m = 1$. 这种情形不可能出现在最短链中. 因为如果 x_m 的仅有使用是 $x_i = \bar{x}_m$，取消这一步将交换 $f_n \leftrightarrow \bar{f}_n$. 否则我们可以设置 $x_1, \ldots, x_{m-1}, x_{m+1}, \ldots, x_n$ 的值使得 x_i 不依赖于 x_m，同 $x_{n+r} = f_n$ 或 $\bar{f}_n$ 矛盾. 所以每个变量必定至少被使用两次.

情形 2: 对于某些 l 和 m 有 $x_l = \bar{x}_m$，其中 $u_m > 1$. 这时，对于某些 i 和 k 有 $x_i = x_l \circ x_k$，并且我们可以置 $x_m \leftarrow \bar{t}_i$ 使得 x_i 不依赖于 x_k. 取消 U_m, U_l, U_i 步后再取消至少 4 步，除非 $u_l = u_i = 1$ 且 $u_m = 2$ 且 $x_j = x_m \circ x_i$. 但是在那种情况下我们还可以取消 U_j 步.

情形 3: 对于某些 m 有 $u_m \geq 3$，并且不是情形 2. 如果 $i, j, k \in U_m$ 且 $i < j < k$，置 $x_m \leftarrow t_k$ 并且取消 i, j, k, U_k 步.

情形 4: $u_1 = u_2 = \cdots = u_n = 2$，并且不是情形 2. 我们可以假定第一步是 $x_{n+1} = x_1 \circ x_2$，并且假定对于某些 $k < l$ 有 $x_l = x_1 \circ x_k$.

情形 4.1: $k > n$. 然后 $k > n + 1$. 如果 $u_k = 1$，置 $x_1 \leftarrow t_l$ 并且取消 $n + 1, k, l, U_l$ 步. 否则，置 $x_2 \leftarrow t_{n+1}$，这迫使 $x_k = \bar{t}_l$，并且我们可以取消 $n + 1, k, l, U_k$ 步.

情形 4.2: $x_l = x_1 \circ x_m$. 此时，我们必定有 $m = 2$. 因为如果 $m > 2$，我们可以置 $x_2 \leftarrow t_{n+1}$, $x_m \leftarrow t_l$，并且使得 x_{n+r} 不依赖于 x_1. 因此我们可以假定 $x_{n+1} = x_1 \wedge x_2$, $x_{n+2} = x_1 \vee x_2$. 置 $x_1 \leftarrow 0$ 使我们可以取消 U_1 和 U_{n+1} 步，置 $x_1 \leftarrow 1$ 使我们可以取消 U_1 和 U_{n+2} 步. 这样我们就完成了证明，除非 $u_{n+1} = u_{n+2} = 1$.

如果 $x_p = \bar{x}_{n+1}$，置 $x_1 \leftarrow 0$ 并且取消 $n + 1, n + 2, p, U_p$ 步. 如果 $x_q = \bar{x}_{n+2}$，置 $x_1 \leftarrow 1$ 并且取消 $n + 1, n + 2, q, U_q$ 步. 否则 $x_p = x_{n+1} \circ x_u$ 且 $x_q = x_{n+2} \circ x_v$，其中 x_u 和 x_v 不依赖于 x_1 或 x_2. 但是这是不可能的，这将允许我们设置 $x_3, \ldots, x_n$ 使得 $x_u = t_p$，然后置 $x_2 \leftarrow 1$ 使得 x_{n+r} 不依赖于 x_1.

[*Problemy Kibernetiki* **23** (1970), 83–101; **28** (1974), 4. 尼古拉·雷德金用类似的方法证明了函数 $[x_1 \ldots x_n < y_1 \ldots y_n]$ 和 $[x_1 \ldots x_n = y_1 \ldots y_n]$ 的最短 AND-OR-NOT 链分别具有长度 $5n - 3$ 和 $5n - 1$.]

78. [*SICOMP* **6** (1977), 427–430.] 如果 $k \in S$, 就说 y_k 是活动的. 我们可以假定布尔链是正规的并且 $|S| > 1$. 证明类似于尼古拉·雷德金在习题 77 答案中所做的.

情形 1: 某些活动的 y_k 被使用一次以上. 置 $y_k \leftarrow 0$ 至少节省两步, 并且产生对于带 $|S| - 1$ 个活动值的函数的一条布尔链.

情形 2: 某些活动的 y_k 仅出现在一个 AND 门中. 置 $y_k \leftarrow 0$ 至少消除两步, 除非这个 AND 是最后一步. 但是它不可能是最后一步, 因为 $y_k = 0$ 使得结果不依赖于任何其他活动的 y_j.

情形 3: 类似于情形 2, 但是改为 OR 或 NOTBUT 或 BUTNOT 门. 对于某个相应的常数 c 置 $y_k \leftarrow c$, 获得想要的结果.

情形 4: 类似于情形 2, 但是改为 XOR 门. 这个门不可能是最后一个, 因为当 $(x_1 \ldots x_m)_2$ 确定一个不同的活动值 y_j 时结果将不依赖于 y_k. 所以通过把 y_k 设置为对 XOR 的其他输入定义的函数, 我们可以消除两步.

79. (a) 假设代价是 $r < 2n - 2$, 那么 $n > 1$. 如果每个变量恰好使用一次, 两个叶结点必定是伙伴. 因此某个变量至少使用了两次. 剪除它后产生一条涉及 $n - 1$ 个变量的代价小于等于 $r - 2$ 的链, 其中没有伙伴.

(顺便说明, 如果每个变量至少使用两次, 代价至少是 $2n - 1$, 因为布尔链中至少 $2n$ 次变量的使用必定是联接在一起的.)

(b) 注意每当边 u —— v 构成 $\{x_1, \ldots, x_n\}$ 上的一棵自由树时, $S_{0,n} = \bigwedge_{u-v}(u \equiv v)$. 因此存在许多达到代价 $2n - 3$ 的途径.

任何代价为 $r < 2n - 3$ 的链必定有 $n > 2$, 并且必然包含伙伴 u 和 v. 通过重新命名以及可能的中间结果求补, 我们可以假定 $u = 1$, $v = 2$, 以及 $f(x_1, \ldots, x_n) = g(x_1 \circ h(x_3, \ldots, x_n), x_2, \ldots, x_n)$, 其中 $\circ$ 是 $\wedge$ 或 $\oplus$.

情形 1: $\circ$ 是 AND. 我们必定有 $h(0, \ldots, 0) = h(1, \ldots, 1) = 1$, 要不然 $f(x_1, x_2, y, \ldots, y)$ 将不依赖于 x_1. 因此 $f(x_1, \ldots, x_n) = h(x_3, \ldots, x_n) \wedge g(x_1, x_2, \ldots, x_n)$ 可以通过一条同样代价的链计算, 在这个链中 1 与 2 是伙伴, 并且它们之间的路径更短.

情形 2: $\circ$ 是 XOR. 此时 $f = f_0 \vee f_1$, 其中 $f_0(x_1, \ldots, x_n) = (x_1 \equiv h(x_3, \ldots, x_n)) \wedge g(0, x_2, \ldots, x_n)$ 且 $f_1(x_1, \ldots, x_n) = (x_1 \oplus h(x_3, \ldots, x_n)) \wedge g(1, x_2, \ldots, x_n)$. 但是 $f = S_{0,n}$ 只有两个素蕴涵元. 所以仅存在下述 4 种可能:

情形 2a: $f_0 = f$. 此时为了得到一条对于函数 $g(0, x_2, \ldots, x_n) = S_{0,n-1}(x_2, \ldots, x_n)$ 的代价小于等于 $r - 2$ 的链, 我们可以用 0 代替 $x_1 \oplus h$.

情形 2b: $f_1 = f$. 类似于情形 2a.

情形 2c: $f_0(x) = x_1 \wedge \cdots \wedge x_n$ 且 $f_1(x) = \bar{x}_1 \wedge \cdots \wedge \bar{x}_n$. 在这种情形下, 我们必定有 $g(0, x_2, \ldots, x_n) = x_2 \wedge \cdots \wedge x_n$ 且 $g(1, x_2, \ldots, x_n) = \bar{x}_2 \wedge \cdots \wedge \bar{x}_n$. 因此用 1 代替 h 产生一条以小于 r 步计算 f 的链.

情形 2d: $f_0(x) = \bar{x}_1 \wedge \cdots \wedge \bar{x}_n$ 且 $f_1(x) = x_1 \wedge \cdots \wedge x_n$. 类似于情形 2c.

重复应用这些简化将导致矛盾. 类似地, 可以证明 $C(S_0 S_n) = 2n - 2$. [*Theoretical Computer Science* **1** (1976), 289–295.]

80. (a) 不失一般性, 假定 $a_0 = 0$ 且布尔链是正规的. 像在习题 77 的答案中那样定义 U_l 和 u_l. 由对称性我们可以假设 $u_1 = \max(u_1, \ldots, u_n)$.

我们必定有 $u_1 \geq 2$. 因为如果 $u_1 = 1$, 我们可以进一步假定 $x_{n+1} = x_1 \circ x_2$, 因此, 3 个函数 $S_\alpha(0, 0, x_3, \ldots, x_n) = S_{\alpha''}$, $S_\alpha(0, 1, x_3, \ldots, x_n) = S_{'\alpha'}$, $S_\alpha(1, 1, x_3, \ldots, x_n) = S_{''\alpha}$ 中的两个将是相等的. 但是在这种情况下, S_α 将是奇偶性函数, 或者 $S_{'\alpha}$ 将是常数.

因此置 $x_1 \leftarrow 0$ 使我们可以消除 U_1 的门, 对 $S_{\alpha'}$ 给出一条至少减少 2 个门的链. 由此推出 $C(S_\alpha) \geq C(S_{\alpha'}) + 2$. 同样, 置 $x_1 \leftarrow 1$ 证明 $C(S_\alpha) \geq C(S'_\alpha) + 2$.

当我们进一步考察这种情况时出现下述 3 种情形:

情形 1: $u_1 \geq 3$. 置 $x_1 \leftarrow 0$ 证明 $C(S_\alpha) \geq C(S_{\alpha'}) + 3$.

情形 2: $U_1 = \{i, j\}$ 且运算符 $\circ_j$ 是定向的（即 AND, BUTNOT, NOTBUT 或 OR）. 置 x_1 为相应的常数, 强加 x_j 的值并且允许我们消除 $U_1 \cup U_j$. 注意在一条最优链中 $i \notin U_j$. 因此 $C(S_\alpha) \geq C(S_{\alpha'}) + 3$ 或 $C(S_\alpha) \geq C(S'_\alpha) + 3$.

情形 3: $U_1 = \{i, j\}$ 且 $\circ_i = \circ_j = \oplus$. 我们可以假定 $x_i = x_1 \oplus x_2$ 且 $x_j = x_1 \oplus x_k$. 如果 $u_j = 1$ 且 $x_l = x_j \oplus x_p$, 通过令 $x_j = x_k \oplus x_p$, $x_l = x_1 \oplus x_j$ 可以重新构造这个链. 因此我们可以假定 $u_j \neq 1$, 或者对于某个定向运算符 $\circ$ 有 $x_l = x_j \circ x_p$. 如果 $U_2 = \{i, j'\}$, 我们同样可以假定 $x_{j'} = x_2 \oplus x_{k'}$, 并且假定 $u_{j'} \neq 1$, 或者对于某个定向运算符 $\circ'$ 有 $x_{l'} = x_{j'} \circ' x_{p'}$. 此外, 由对称性我们可以假定 x_j 不依赖于 $x_{j'}$.

如果 x_k 不依赖于 x_i, 令 $f(x_3, \ldots, x_n) = x_k$, 否则令 $f(x_3, \ldots, x_n)$ 是当 $x_i = 1$ 时 x_k 的值. 通过置 $x_1 \leftarrow f(x_3, \ldots, x_n)$, $x_2 \leftarrow \bar{f}(x_3, \ldots, x_n)$, 或者反过来, 我们使 x_i 和 x_j 成为常数, 同时获得对非常值函数 $S_{\alpha'}$ 的一条链. 事实上, 我们可以保证在 $u_j = 1$ 的情况下 x_l 是常数. 我们断言至少可以消除这条链的 5 个门（包括 x_i 和 x_j）. 因此 $C(S_\alpha) \geq C(S_{\alpha'}) + 5$. 如果 $|U_i \cup U_j| \geq 3$, 断言显然为真.

我们必然有 $|U_i \cup U_j| > 1$. 否则我们将有 $p = i$, 并且 x_k 不依赖 x_i, 所以, 根据我们对 x_2 的选择, S_α 将不依赖于 x_1. 因此 $|U_i \cup U_j| = 2$.

情形 3a: $U_j = \{l\}$. 此时 x_l 是常数, 我们可以消除 x_i, x_j 和 $U_i \cup U_j \cup U_l$. 如果后面这个集合仅包含两个元素, 那么 $x_q = x_i \circ x_l$ 也是常数, 而且我们消除 U_q. 由于 $S_{\alpha'}$ 不是常数, 我们将不能消除输出门.

情形 3b: $U_i \subseteq U_j$, $|U_j| = 2$. 此时对于某个 q 有 $x_q = x_i \circ x_j$. 我们可以消除 x_i, x_j 和 $U_j \cup U_q$. 断言已经得到证明.

(b) 由归纳法, 对于 $0 < k < n$ 有 $C(S_k) \geq 2n + \min(k, n-k) - 3 - [n = 2k]$, 对于 $1 < k < n$ 有 $C(S_{\geq k}) \geq 2n + \min(k, n+1-k) - 4$. 容易的情形是 $C(S_0) = C(S_n) = C(S_{\geq 1}) = C(S_{\geq n}) = n - 1$; $C(S_{\geq 0}) = 0$.

参考文献: *Mathematical Systems Theory* **10** (1977), 323–336.

（大约在 1978 年, 阿德尔曼的一个很好但未发表的想法, 证明了 $C(S_{\geq 2}) = 2n + O(\sqrt{n})$: 给定 m^2 个元素 x_{ij}, 计算 $c \vee r$, 其中 $c = S_{\geq 2}(\bigvee_{i=1}^m x_{i1}, \ldots, \bigvee_{i=1}^m x_{im})$ 和 $r = S_{\geq 2}(\bigvee_{j=1}^m x_{1j}, \ldots, \bigvee_{j=1}^m x_{mj})$ 仅使用 $\vee$ 和 $\wedge$, 且每一个的代价 $< m^2 + 3m$.）

81. 如果某个变量被使用一次以上, 我们可以把它设置为常数, 让 n 减少 1 且 c 减少大于等于 2. 否则第一个运算必定涉及 x_1, 因为 $y_1 = x_1$ 是无须计算的唯一输出. 使 x_1 为常数, 让 n 减少 1、c 减少大于等于 1 且 d 减少大于等于 1. [*J. Algorithms* **7** (1986), 185–201.]

82. (62) 是假.

(63) 读作: "对于所有数 m 存在一个数字 n, 使得 $m < n + 1$." 这是真语句, 因为我们可以取 $m = n$.

(64) 当 $n = 0$ 或 $n = 1$ 时失效, 因为这些公式中的数必须是非负整数.

(65) 说明, 如果 b 对 a 超出 2 或 2 以上, 则它们之间存在一个数 ab. 它当然是真的, 因为我们可以令 $ab = a + 1$.

(66) 已经在正文中解释, 它也是真语句. 注意, "$\wedge$" 优先于 "$\vee$" 且 "$\equiv$" 优先于 "$\Leftrightarrow$", 正如在 (65) 中 "$+$" 优先于 "$\geq$" 以及 "$<$" 优先于 "$\wedge$" 一样. 这些约定减少 L 的语句中对于括号的需求.

(67) 说明, 如果 A 至少包含一个元素 n, 它必定含有一个最小元素 m（一个小于或者等于它的所有元素的元素.）这是真语句.

(68) 是类似的语句, 但是 m 现在是一个最大元素. 这也是真语句, 因为假设所有集合都是有限集.

(69) 要求一个具有如下性质的集合 P: $[0 \in P] = [3 \notin P]$, $[1 \in P] = [4 \notin P]$, ..., $[999 \in P] = [1002 \notin P]$, $[1000 \in P] \neq [1003 \notin P]$, $[1001 \in P] \neq [1004 \notin P]$, 等等. 它是真语句的充分条件（也是必要条件）是 $P = \{x \mid x \bmod 6 \in \{1, 2, 3\}$ 且 $0 \leq x < 1000\}$.

最后, (70) 中的子公式 $\forall n (n \in C \Leftrightarrow n + 1 \in C)$ 是说明 $C = \emptyset$ 的另一种方式, 因为集合 C 是有限集. 因此 $\forall A \forall B$ 后括号内的公式是说明 $A = \emptyset$ 且 $B \neq \emptyset$ 的巧妙方式.（拉里·斯托克迈尔和艾伯特·迈耶使用这种技巧缩短 L 中包含长子公式一次以上的语句.）(70) 是真语句, 因为空集不等于非空集.

83. 我们可以假定这条链是正规的. 令定向步骤是 $y_1, \ldots, y_p$. 那么 $y_k = \alpha_k \circ \beta_k$ 且 $f = \alpha_{p+1}$, 其中 α_k 和 β_k 是 $\{x_1, \ldots, x_n, y_1, \ldots, y_{k-1}\}$ 中某些子集的 $\oplus$. 首先结合共同项, 计算它们最多需要 $n+k-2$ 个运算符 $\oplus$. 因此 $C(f) \le p + \sum_{k=1}^{p+1}(n+k-2) = (p+1)(n+p/2) - 1$.

84. 像在上题答案中那样证明, 用 $\lor$ 或 $\land$ 代替 $\oplus$. 〔诺加·阿隆和拉维·博帕纳, *Combinatorica* **7** (1987), 15–16. 〕

85. (a) 一个简单的计算机程序证明, $13\,744$ 个函数族是合法的, $19\,024$ 个是不合法的. (这种类型的不合法的函数族至少有 8 个成员, $\{00, 0f, 33, 55, ff, 15, 3f, 77\}$ 就是其中之一. 其实, 如果函数 $x_1 \lor x_2$ (3f), $x_2 \lor x_3$ (77), $(x_1 \lor x_2) \land x_3$ (15) 出现在合法的函数族 L 中, 那么 $x_2 \sqcup 15 = 33 \mid 15 = 37$ 也必定在 L 中.)

(b) 投影函数与常值函数显然是出现的. 定义 $A^* = \bigcap\{B \mid B \supseteq A \text{ 且 } B \in \mathcal{A}\}$, 或者当不存在这样的集合 B 时 $A^* = \infty$. 于是我们有 $\lceil A \rceil \sqcap \lceil B \rceil = \lceil A \cap B \rceil$ 且 $\lceil A \rceil \sqcup \lceil B \rceil = \lceil (A \cup B)^* \rceil$.

(c) 公式简化为 $\hat{x}_l \subseteq x_l \lor \bigvee_{i=n+1}^{l} \delta_i$, $x_l \subseteq \hat{x}_l \lor \bigvee_{i=n+1}^{l} \epsilon_i$, 再用归纳法证明: 如果 l 步是 AND 步, 则 $\hat{x}_l = \hat{x}_j \sqcap \hat{x}_k \subseteq \hat{x}_j \land \hat{x}_k \subseteq (x_j \lor \bigvee_{i=n+1}^{l} \delta_i) \land (x_k \lor \bigvee_{i=n+1}^{l} \delta_i) = x_l \lor \bigvee_{i=n+1}^{l} \delta_i$; $x_l = x_j \land x_k \subseteq (\hat{x}_j \lor \bigvee_{i=n+1}^{l-1} \epsilon_i) \land (\hat{x}_k \lor \bigvee_{i=n+1}^{l-1} \epsilon_i) = (\hat{x}_j \land \hat{x}_k) \lor \bigvee_{i=n+1}^{l-1} \epsilon_i$, $\hat{x}_j \land \hat{x}_k = \hat{x}_l \lor \epsilon_l$. 如果 l 步是 OR 步, 证明是类似的.

86. (a) 如果 S 是包含在 $(r+1)$ 族 S' 中的一个 r 族, 显然 $\Delta(S) \subseteq \Delta(S')$.

(b) 由鸽巢原理, 每当 S 是一个 r 族时 $\Delta(S)$ 包含每部分的元素 u 和 v. 于是如果 $\Delta(S) = \{u, v\}$, 我们肯定有 $u - v$.

(c) 当 $r = 1$ 时结果是显然的. 由 "强封闭" 性质, 最多有 $r-1$ 条包含任意给定的顶点 u 的边. 于是如果 $u - v$, 从 $\{u, v\}$ 脱离的边是强 $(r-1)$ 封闭的. 所以由归纳法, 它们中最多有 $(r-2)^2$ 条边. 因此, 最多共有 $1 + 2(r-2) + (r-2)^2$ 条边.

(d) 由习题 85(b), 如果 $r > 1$, L 是合法的, 因为强 r 封闭的图在相交下是封闭的. 当 $r > 1$ 时所有边数小于等于 1 的图是强 r 封闭的, 因为它们没有包含不同边的 r 族.

(e) 存在 $\binom{n}{3}$ 个三角形 $x_{ij} \land x_{ik} \land x_{jk}$, 它们中只有 $n-2$ 个三角形包含在 $\hat{f}$ 的任意小项 x_{uv} 中. 因此最多有 $(r-1)^2(n-2)$ 个三角形的小项包含在 $\hat{f}$ 中, 而其他小项必定包含在 p AND 步的项 $\epsilon_i = \hat{x}_i \oplus (\hat{x}_{j(i)} \land \hat{x}_{k(i)})$ 的并集中. 这样一个小项具有 $T = (\lceil G \rceil \sqcap \lceil H \rceil) \oplus (\lceil G \rceil \land \lceil H \rceil) = (\lceil G \rceil \land \lceil H \rceil) \land \overline{\lceil G \cap H \rceil}$ 的形式, 其中 G 和 H 是强 r 封闭的. 我们将要证明 T 最多包含 $2(r-1)^3$ 个三角形.

为什么? 因为 T 中的三角形 $x_{ij} \land x_{ik} \land x_{jk}$ 必定包含 $\lceil G \rceil$ 的某个变量 (比如说 x_{ij}) 和 $\lceil H \rceil$ 的某个变量 (比如说 x_{ik}), 但是不包含 $\lceil G \cap H \rceil$ 的变量. 对于 ij 最多有 $(r-1)^2$ 种选择. 对于 k 最多有 $2(r-1)$ 种选择, 因为 H 最多有 $r-1$ 条边触及 i 且最多有 $r-1$ 条边触及 j.

(f) 有 2^{n-1} 个完全偶图是这样获得的, 顶点 1 着红色, 其他顶点着红色或蓝色, 并且令 $u - v$ 当且仅当 u 和 v 带相反的颜色. 由习题 85(c) 的第一个公式, 每个这种图的小项 B 必定包含在项 $T = \delta_i = \hat{x}_i \oplus (\hat{x}_{j(i)} \lor \hat{x}_{k(i)}) = \lceil (G \cup H)^* \rceil \land \overline{\lceil G \cup H \rceil}$ 中. (例如, 如果 $n = 4$ 且顶点 $(2, 3, 4)$ 着 (红、蓝、蓝) 色, 那么 $B = \bar{x}_{12} \land x_{13} \land x_{14} \land x_{23} \land x_{24} \land \bar{x}_{34}$.) 小项 B 包含在 T 中, 当且仅当在 B 的着色中, $(G \cup H)^*$ 的某条边带有相反颜色的顶点, 但是 $G \cup H$ 的所有边都是单色的. 我们将证明 T 最多包含 $2^{n-2-r}r^2$ 个这样的 B. 因此 $2^{n-2-r}r^2 q \ge 2^{n-1}$.

我们可以用下面 (效率低下) 的算法从任何给定的图 G 计算 $G^* = G_t$: 置 $G_0 \leftarrow G$, $t \leftarrow 0$. 如果 G_t 有一个满足 $|\Delta(S)| < 2$ 的 r 族, 置 $t \leftarrow t+1$, $G_t \leftarrow \infty$, 然后停止. 否则, 如果 $\Delta(S) = \{u, v\}$ 且 $u \ne v$, 置 $t \leftarrow t+1$, $G_t \leftarrow (G_{t-1}$ 加上边 $u - v)$ 并且重复. 否则停止.

当 $|\Delta(S)| < 2$ 时, 对于 $1 \le j \le r$, 有 2^{n-1-r} 个二部图小项 B 着有单色的 $\{u_j, v_j\}$. 于是当 $\Delta(S) = \{u, v\}$ 时有 2^{n-2-r} 个着单色的 $\{u_j, v_j\}$ 和着双色的 $\{u, v\}$. 因此 $T = \lceil G^* \rceil \setminus \lceil G \rceil = (\lceil G_t \rceil \setminus \lceil G_{t-1} \rceil) \lor \cdots \lor (\lceil G_1 \rceil \setminus \lceil G_0 \rceil)$ 包含 $2^{n-2-r}(t + [G^* = \infty])$ 个小项 B. 并且算法以 $t \le (r-1)^2$ 停止.

(g) 习题 84 告诉我们 $q < \binom{p}{2} + (p+1)\binom{n}{2}$. 因此我们有 $2(r-1)^3 p \geq \binom{n}{3} - (r-1)^2(n-2)$ 或 $\binom{p}{2} + (p+1)\binom{n}{2} > 2^{r+1}/r^2$.

当 $r = \left\lceil \lg\left(\dfrac{n^6}{746\,496\,(\lg n)^4}\right)\right\rceil$ 时, p 的两个下界都大于等于 $\dfrac{1}{6}\left(\dfrac{n}{6\lg n}\right)^3\left(1 + O\left(\dfrac{\log\log n}{\log n}\right)\right)$.

[诺加·阿隆和拉维·博帕纳在 *Combinatorica* **7** (1987), 1–22 中继续用这个方法证明, 在判定 G 是否含有固定大小 $s \geq 3$ 的团的任何单调布尔链中, 除了别的之外, 运算符 $\wedge$ 个数的下界是 $\Omega(n/\log n)^s$.]

87. 当 X 是 0–1 矩阵时, X^3 最多有 n^2 个元素. 一条 $O(n^{\lg 7}(\log n)^2)$ 个门的布尔链可以实现施特拉森的关于整数 $\bmod\ 2^{\lfloor \lg n^2\rfloor + 1}$ 的矩阵乘法算法 4.6.4–(36).

88. 在有关变量置换的 716 类函数中有 $1\,442\,564$ 个这样的函数. 算法 L 以及这一节的其他方法容易扩展到三元运算, 并且对于最优的仅限中位数的计算我们得到下面的结果:

$C(f)$	类	函数	$C_m(f)$	类	函数	$L(f)$	类	函数	$D(f)$	类	函数
0	1	7	0	1	7	0	1	7	0	1	7
1	1	35	1	1	35	1	1	35	1	1	35
2	2	350	2	2	350	2	2	350	2	13	5 670
3	9	3 885	3	9	3 885	3	8	3 745	3	700	1 416 822
4	48	42 483	4	48	42 483	4	38	35 203	4	1	30
5	201	406 945	5	188	391 384	5	139	270 830	5	0	0
6	354	798 686	6	253	622 909	6	313	699 377	6	0	0
7	98	169 891	7	69	134 337	7	176	367 542	7	0	0
8	2	282	8	2	2 520	8	34	43 135	8	0	0
9	0	0	9	0	0	9	3	2 310	9	0	0
10	0	0	10	0	0	10	0	0	10	0	0
11	0	0	∞	143	224 654	11	1	30	11	0	0

($C(f)$ 的这些结果在 2019 年由 E. 特斯塔进行了修正和独立验证.) 索尔·阿马雷尔、乔治·库克和罗伯特·温德 [*IEEE Trans.* **EC-13** (1964), 4–13, 图 5b] 猜测, 9 步运算公式

$$\langle x_1 x_2 x_3 x_4 x_5 x_6 x_7\rangle = \langle x_1\langle\langle x_2 x_3 x_5\rangle\langle x_2 x_4 x_6\rangle\langle x_3 x_4 x_7\rangle\rangle\langle\langle x_2 x_5 x_6\rangle\langle x_3 x_5 x_7\rangle\langle x_4 x_6 x_7\rangle\rangle\rangle$$

是通过 3 值的中位数计算 7 值的中位数的最佳方法. 但是, "魔法" 公式

$$\langle x_1\langle x_2\langle x_3 x_4 x_5\rangle\langle x_3 x_6 x_7\rangle\rangle\langle x_4\langle x_2 x_6 x_7\rangle\langle x_3 x_5\langle x_5 x_6 x_7\rangle\rangle\rangle\rangle$$

只需 8 步运算, 并且事实上最短的链仅需 7 步运算:

$$\langle x_1 x_2 x_3 x_4 x_5 x_6 x_7\rangle = \langle x_1\langle x_2\langle x_5 x_6 x_7\rangle\langle x_3\langle x_5 x_6 x_7\rangle x_4\rangle\rangle\langle x_5\langle x_2 x_3 x_4\rangle\langle x_6\langle x_2 x_3 x_4\rangle x_7\rangle\rangle\rangle.$$

有趣的函数 $f(x_1,\ldots,x_7) = (x_1 \wedge x_2 \wedge x_4) \vee (x_2 \wedge x_3 \wedge x_5) \vee (x_3 \wedge x_4 \wedge x_6) \vee (x_4 \wedge x_5 \wedge x_7) \vee (x_5 \wedge x_6 \wedge x_1) \vee (x_6 \wedge x_7 \wedge x_2) \vee (x_7 \wedge x_1 \wedge x_3)$ 的素蕴涵元对应于包含 7 点的投影平面, 它是所有函数中最难处理的: 它的布尔链的最小长度 $L(f) = 11$ 和最小深入度 $D(f) = 4$ 是在引人注目的公式

$$\langle\langle x_1 x_4\langle x_4 x_5 x_6\rangle\rangle\langle x_3 x_6\langle x_1\langle x_2 x_3 x_7\rangle\langle x_2 x_5 x_6\rangle\rangle\rangle\langle x_2 x_7\langle x_1\langle x_5 x_2 x_4\rangle\langle x_5 x_3 x_7\rangle\rangle\rangle\rangle$$

中达到的. 下面更惊人的链是计算它的最佳链:

$$x_8 = \langle x_1 x_2 x_3\rangle, \quad x_9 = \langle x_1 x_4 x_6\rangle, \quad x_{10} = \langle x_1 x_5 x_8\rangle, \quad x_{11} = \langle x_2 x_7 x_8\rangle,$$
$$x_{12} = \langle x_3 x_9 x_{10}\rangle, \quad x_{13} = \langle x_4 x_5 x_{12}\rangle, \quad x_{14} = \langle x_6 x_{11} x_{12}\rangle, \quad x_{15} = \langle x_7 x_{13} x_{14}\rangle.$$

7.1.3 节

1. 这些运算在 m 是 1 的位置交换 x 和 y 的二进制位. (特别地, 如果 $m = -1$, 步骤 $y \leftarrow y \oplus (x\ \&\ m)$ 恰好变成 $y \leftarrow y \oplus x$, 3 个赋值操作将交换 $x \leftrightarrow y$ 而无须使用辅助寄存器. 小亨利·沃伦在 1961 年出版的 IBM 程序设计教程的注释中说明了这个技巧.

2. 当 x 和 y 非负时，或者当我们把 x 和 y 看成是 $0 < 1 < 2 < \cdots < -3 < -2 < -1$ 的"无符号 2 基整数"时，3 个关系式全部成立. 但是如果负整数是小于非负整数的，(i) 不成立当且仅当 $x < 0$ 且 $y < 0$；(ii) 和 (iii) 不成立当且仅当 $x \oplus y < 0$，也就是，当且仅当 $x < 0$ 且 $y \geq 0$，或者 $x \geq 0$ 且 $y < 0$.

3. 注意 $x - y = (x \oplus y) - 2(\bar{x} \& y)$（见习题 93）. 通过移除 x 和 y 左边的公共位，我们可假定 $x_{n-1} = 1$ 且 $y_{n-1} = 0$. 于是，$2(\bar{x} \& y) \leq 2((x \oplus y) - 2^{n-1}) = (x \oplus y) - (x \oplus y)^M - 1$.

4. 由 (16) 我们有 $x^{CN} = x + 1 = x^S$. 因此，$x^{NC} = x^{NCSP} = x^{NCCNP} = x^{NNP} = x^P$.

5. (a) 证伪：令 $x = (\dots x_2 x_1 x_0)_2$. 那么，$x \ll k$ 的二进制位 l 是 $x_{l-k}[l \geq k]$. 所以，式子左端的二进制位 l 是 $x_{l-k-j}[l \geq k][l - k \geq j]$，式子右端的二进制位 l 是 $x_{l-j-k}[l \geq j+k]$. 如果 $j \geq 0$ 或 $k \leq 0$，这两个表达式是一致的. 但是，如果 $j < 0 < k$，当 $l = \max(0, j+k)$ 且 $x_{l-j-k} = 1$ 时它们是不同的.

（然而，在所有情况我们都有 $(x \ll j) \ll k \subseteq x \ll (j + k)$.）

(b) 证明：在所有 3 个公式中二进制位 l 都是 $x_{l+j}[l \geq -j] \wedge y_{l-k}[l \geq k]$.

6. 由于 $x \ll y \geq 0$ 当且仅当 $x \geq 0$，我们必定有 $x \geq 0$ 当且仅当 $y \geq 0$. 显然 $x = y$ 始终是一个解. 满足 $x > y$ 的解是：(a) $x = -1$ 且 $y = -2$，或者 $2^y > x > y > 0$；(b) $x = 2$ 且 $y = 1$，或者 $2^{-x} \geq -y > -x > 0$.

7. 置 $x' \leftarrow (x + \bar{\mu}_0) \oplus \bar{\mu}_0$，其中 μ_0 是 (47) 中的常数. 那么 $x' = (\dots x_2' x_1' x_0')_2$，因为 $(x' \oplus \bar{\mu}_0) - \bar{\mu}_0 = (\dots \bar{x}_3' x_2' \bar{x}_1' x_0')_2 - (\dots 1010)_2 = (\dots 0 x_2' 0 x_0')_2 - (\dots x_3' 0 x_1' 0)_2 = x$.

［这是著名科学研究文摘 HAKMEM 中的 Hack 128，见后面的习题 20 的答案. 达尔马·阿格拉沃尔在 *IEEE Trans.* **C-29** (1980), 1032–1035 提出替代公式 $x' \leftarrow (\mu_0 - x) \oplus \mu_0$. 对于所有 n，两种结果模 2^n 都是正确的，但可能出现上溢或下溢. 例如，n 位寄存器中二进制补码的数值范围是从 -2^{n-1} 到 $2^{n-1} - 1$ 的闭区间，但是，当 n 是偶数时，负二进制数的数值范围是从 $-\frac{2}{3}(2^n - 1)$ 到 $\frac{1}{3}(2^n - 1)$ 的闭区间. 通常，当 $\mu = (\dots m_2 m_1 m_0)_2$ 时，公式 $x' \leftarrow (x + \mu) \oplus \mu$ 从二进制计数法转换到习题 4.1–30(c) 中讨论的二进制基底 $\langle 2^n (-1)^{m_n} \rangle$ 的一般数系. ］

8. 首先，$x \oplus y \notin (S \oplus y) \cup (x \oplus T)$. 其次，假定 $0 \leq k < x \oplus y$，并令 $x \oplus y = (\alpha 1 \alpha')_2$，$k = (\alpha 0 \alpha'')_2$，其中 $\alpha, \alpha', \alpha''$ 是满足 $|\alpha'| = |\alpha''|$ 的 0–1 串. 由对称性，假定 $x = (\beta 1 \beta')_2$，$y = (\gamma 0 \gamma')_2$，其中 $|\alpha'| = |\beta'| = |\gamma'|$. 那么，$k \oplus y = (\beta 0 \gamma'')_2$ 小于 x. 因此，$k \oplus y \in S$ 且 $k = (k \oplus y) \oplus y \in S \oplus y$. ［见罗兰·斯普拉格，*Tôhoku Math. J.* **41** (1936), 438–444；帕特里克·格伦迪，*Eureka* **2** (1939), 6–8. ］

9. 上题的斯普拉格-格伦迪定理表明，两堆 x 根火柴棍和 y 根火柴棍等价于一堆 $x \oplus y$ 根火柴棍.（存在非负整数 $k < x \oplus y$，当且仅当存在非负整数 $i < x$ 满足 $i \oplus y < x \oplus y$，或者存在非负整数 $j < y$ 满足 $x \oplus j < x \oplus y$.）所以，k 堆火柴棍等价于一堆 $a_1 \oplus \cdots \oplus a_k$ 根火柴棍. ［参见查尔斯·布顿，*Annals of Math.* (2) **3** (1901–1902), 35–39. ］

10. 为了简明扼要，我们仅在本答案 (i) 至 (iv) 中用 xy 表示 $x \otimes y$，用 $x + y$ 表示 $x \oplus y$.

(i) 显然有 $0y = 0$，$x + y = y + x$，$xy = yx$. 由对 y 的归纳法还有 $1y = y$.

(ii) 如果 $x \neq x'$ 且 $y \neq y'$，那么 $xy + xy' + x'y + x'y' \neq 0$，因为 xy 的定义表明当 $0 \leq x' < x$ 且 $0 \leq y' < y$ 时 $xy' + x'y + x'y' \neq xy$. 特别地，如果 $x \neq 0$ 且 $y \neq 0$，那么 $xy \neq 0$. 另外，如果对于任意有限集合 S 和 T 有 $x = \text{mex}(S)$ 且 $y = \text{mex}(T)$，那么我们有 $xy = \text{mex}\{xj + iy + ij \mid i \in S, j \in T\}$.

(iii) 因此，由对 x, y, z 的（普通）和的归纳法，$(x + y)z$ 等于

$$\text{mex}\{(x + y)z' + (x' + y)z + (x' + y)z', (x + y)z' + (x + y')z + (x + y')z'$$
$$\mid 0 \leq x' < x,\ 0 \leq y' < y,\ 0 \leq z' < z\},$$

也就是 $\text{mex}\{xz' + x'z + x'z' + yz, xz + yz' + y'z + y'z'\} = xz + yz$. 特别地，存在消去律：如果 $xz = yz$，那么 $(x + y)z = 0$，所以 $x = y$ 或 $z = 0$.

(iv) 由类似的归纳法，$(xy)z = \text{mex}\{(xy)z' + (xy' + x'y + x'y')(z + z')\} = \text{mex}\{(xy)z' + (xy')z + (xy')z' + \cdots\} = \text{mex}\{x(yz') + x(y'z) + x(y'z') + \cdots\} = \text{mex}\{(x + x')(yz' + y'z + y'z') + x'(yz)\} = x(yz)$.

(v) 如果 $0 \le x, y < 2^{2^n}$，我们将证明 $x \otimes y < 2^{2^n}$，$2^{2^n} \otimes y = 2^{2^n}y$，$2^{2^n} \otimes 2^{2^n} = \frac{3}{2}2^{2^n}$．由分配律 (iii)，对于 $0 \le a, b < 2^n$ 考虑 $x = 2^a$ 且 $y = 2^b$，上述结论得证．令 $a = 2^p + a'$ 且 $b = 2^q + b'$，其中 $0 \le a' < 2^p$ 且 $0 \le b' < 2^q$，那么，对 n 用归纳法，我们有 $x = 2^{2^p} \otimes 2^{a'}$ 且 $y = 2^{2^q} \otimes 2^{b'}$．

如果 $p < n-1$ 且 $q < n-1$，我们已经证明了 $x \otimes y < 2^{2^{n-1}}$．如果 $p < q = n-1$，那么 $x \otimes 2^{b'} < 2^{2^q}$，因此 $x \otimes y < 2^{2^n}$．如果 $p = q = n-1$，我们有 $x \otimes y = 2^{2^p} \otimes 2^{2^p} \otimes 2^{a'} \otimes 2^{b'} = (\frac{3}{2}2^{2^p}) \otimes z$，其中 $z < 2^{2^p}$．于是，在所有情况我们都有 $x \otimes y < 2^{2^n}$．

根据消去律，小于 2^{2^n} 的负整数构成一个子域．因此在公式

$$2^{2^n} \otimes y = \operatorname{mex}\{2^{2^n}y' \oplus x' \otimes (y \oplus y') \mid 0 \le x' < 2^{2^n}, 0 \le y' < y\}$$

中，对于每个 y'，我们可以选择 x' 以排除介于 $2^{2^n}y'$ 和 $2^{2^n}(y'+1)-1$ 之间的所有数，但绝不排除 $2^{2^n}y$．

最后，在 $2^{2^n} \otimes 2^{2^n} = \operatorname{mex}\{2^{2^n}(x' \oplus y') \oplus (x' \otimes y') \mid 0 \le x', y' < 2^{2^n}\}$ 中，选择 $x' = y'$ 将排除直到 $2^{2^n}-1$（含）的全部数值，因为 $x \otimes x = y \otimes y$ 蕴涵 $(x \oplus y) \otimes (x \oplus y) = 0$，所以 $x = y$．选择 $x' = y' \oplus 1$ 排除从 2^{2^n} 到 $\frac{3}{2}2^{2^n}-1$ 的数值，因为 $(x \otimes x) \oplus x = (y \otimes y) \oplus y$ 蕴涵 $x = y$ 或 $x = y \oplus 1$，而且 $x \otimes x$ 的最高有效位与 x 的最高有效位相同．同样的论证表明不会排除 $\frac{3}{2}2^{2^n}$．证毕．

例如，考虑子域 $\{0, 1, \ldots, 15\}$．由分配律，我们可以把 $x \otimes y$ 简化为 $x \otimes 1$，$x \otimes 2$，$x \otimes 4$ 和（或）$x \otimes 8$ 之和．我们有 $2 \otimes 2 = 3$，$2 \otimes 4 = 8$，$4 \otimes 4 = 6$．因为 $8 = 2 \otimes 4$，"用 8 乘"可以先"用 2 乘"然后再"用 4 乘"来完成，或者反过来．于是，我们有 $2 \otimes 8 = 12$，$4 \otimes 8 = 11$，$8 \otimes 8 = 13$．

一般情况下，对于 $n > 0$ 令 $n = 2^m + r$，其中 $0 \le r < 2^m$．存在 $2^{m+1} \times 2^{m+1}$ 矩阵 Q_n，用 2^n 乘等价于把 Q_n 应用到 2^{m+1} 个二进制位的位块（按模 2 运算）．例如，$Q_1 = \binom{1\ 1}{1\ 0}$，$(\ldots x_4 x_3 x_2 x_1 x_0)_2 \otimes 2^1 = (\ldots y_4 y_3 y_2 y_1 y_0)_2$，其中 $y_0 = x_1$，$y_1 = x_1 \oplus x_0$，$y_2 = x_3$，$y_3 = x_3 \oplus x_2$，$y_4 = x_5$，等等．这些矩阵以递归方式建立如下：令 $Q_0 = R_0 = (1)$，

$$Q_{2^m+r} = \begin{pmatrix} I & R_m \\ I & 0 \end{pmatrix} \begin{pmatrix} Q_r & & 0 \\ & \ddots & \\ 0 & & Q_r \end{pmatrix}, \qquad R_{m+1} = \begin{pmatrix} R_m & R_m^2 \\ R_m & 0 \end{pmatrix} = Q_{2^{m+1}-1},$$

其中，Q_r 重复足够次数以达到 2^{m+1} 行和 2^{m+1} 列．例如，

$$Q_2 = \begin{pmatrix} 1 & 0 & 1 & 1 \\ 0 & 1 & 1 & 0 \\ 1 & 0 & 0 & 0 \\ 0 & 1 & 0 & 0 \end{pmatrix}; \qquad Q_3 = Q_2 \begin{pmatrix} Q_1 & 0 \\ 0 & Q_1 \end{pmatrix} = \begin{pmatrix} 1 & 1 & 0 & 1 \\ 1 & 0 & 1 & 1 \\ 1 & 1 & 0 & 0 \\ 1 & 0 & 0 & 0 \end{pmatrix} = R_2.$$

如果寄存器 x 中保存有任意 64 位二进制数，而且 $0 \le j \le 7$，给定十六进制矩阵常数

$$q_0 = \mathtt{8040201008040201}, \qquad q_3 = \mathtt{d0b0c0800d0b0c08},$$
$$q_1 = \mathtt{c08030200c080302}, \qquad q_4 = \mathtt{8d4b2c1880402010}, \qquad q_6 = \mathtt{b9678d4bb0608040},$$
$$q_2 = \mathtt{b06080400b060804}, \qquad q_5 = \mathtt{c68d342cc0803020}, \qquad q_7 = \mathtt{deb9c68dd0b0c080},$$

MMIX 指令 MXOR y,q_j,x 将计算 $y = x \otimes 2^j$．[1976 年，约翰·康威在《论数值与博弈》（*On Numbers and Games*）第 6 章指出，这些定义实际上产生有序集上一个代数封闭域．]

11. 令 $m = 2^{a_s} + \cdots + 2^{a_1}$（其中 $a_s > \cdots > a_1 \ge 0$），$n = 2^{b_t} + \cdots + 2^{b_1}$（其中 $b_t > \cdots > b_1 \ge 0$）．那么，$m \otimes n = mn$ 当且仅当 $(a_s \mid \cdots \mid a_1)$ & $(b_t \mid \cdots \mid b_1) = 0$．

12. 假定 $x = 2^{2^n}a + b$（其中 $0 \le a, b < 2^{2^n}$），令 $x' = x \otimes (x \oplus a)$．那么

$$x' = ((2^{2^n} \otimes a) \oplus b) \otimes ((2^{2^n} \otimes a) \oplus a \oplus b) = (2^{2^{n-1}} \otimes a \otimes a) \oplus (b \otimes (a \oplus b)) < 2^{2^n}.$$

为了用尼姆除 x，我们可以用尼姆除 x'，然后乘 $x \oplus a$．[小伦斯特拉提出了这个算法，见 *Séminaire de Théorie des Nombres* (Université de Bordeaux, 1977–1978), exposé 11，习题 5．]

13. 如果 $a_2 \oplus \cdots \oplus a_k = a_1 \oplus a_3 \oplus \cdots \oplus ((k-2) \otimes a_k) = 0$，每次移动将打破这个条件．当 $x \oplus y = x' \oplus y'$ 且 $a \ne b$ 时，我们不可能有 $(a \otimes x) \oplus (b \otimes y) = (a \otimes x') \oplus (b \otimes y')$，除非 $(x, y) = (x', y')$．

　　反之，如果 $a_2 \oplus \cdots \oplus a_k \neq 0$，我们可以减少某个 a_j（$j \geq 2$）使这个和为零. 然后，可以令 a_1 为 $a_3 \oplus \cdots \oplus ((k-2) \otimes a_k)$. 如果 $a_2 \oplus \cdots \oplus a_k = 0$ 且 $a_1 \neq a_3 \oplus \cdots \oplus ((k-2) \otimes a_k)$，我们在 a_1 过大时简单地减少它. 否则，由于尼姆乘法的定义，存在 $j \geq 3$，对于某个 $2 \leq i < j$ 和 $0 \leq a_j' < a_j$，如果 $(j-2) \otimes a_j$ 用一个适当的更小值 $((j-2) \otimes a_j') \oplus ((i-2) \otimes (a_j \oplus a_j'))$ 代替，等式将出现. 因此，令 $a_j \leftarrow a_j'$，$a_i \leftarrow a_i \oplus a_j \oplus a_j'$，所求的两个等式成立. [伯利坎普、康威和盖伊在《制胜之道》（*Winning Ways*）第 14 章末尾介绍了这个游戏.]

14. (a) 由于 $x_0 = y_0 \oplus t$，$\lfloor y/2 \rfloor = \lfloor x/2 \rfloor^{T_{x_0}}$，每个 $y = (\ldots y_2 y_1 y_0)_2 = x^T$ 唯一确定 $x = (\ldots x_2 x_1 x_0)_2$.

　　(b) 当 $k > 0$ 时，它是带有标记 $t_{\alpha a \beta} = a$（$|\beta| = k-1$）和标记 $t_\alpha = 0$（$|\alpha| < k$）的分支函数. 但是，当 $k \leq 0$ 时，该变换不是排列. 事实上，当 $k < 0$ 时，它使 2^{-k} 个不同的 2 基整数变成零.

　　[$k = 1$ 的情形特别重要：这时，x^T 把非负整数变成非负偶整数，负整数变成非负奇整数，$-1/3 \mapsto -1$. 此外，$\lfloor x^T/2 \rfloor$ 是 "格雷二进制码" 7.2.1.1–(9).]

　　(c) 如果 $\rho(x \oplus y) = k$，我们有 $T(x) \equiv T(y)$，$x \equiv y + 2^k \pmod{2^{k+1}}$. 因此 $\rho(x^T \oplus y^T) = \rho(x \oplus y \oplus T(x) \oplus T(y)) = k$. 反过来，如果每当 $y = x + 2^k$ 时 $\rho(x^T \oplus y^T) = k$，当 $x = (\alpha^R)_2$ 时通过置位 $t_\alpha = (x^T \gg |\alpha|) \bmod 2$，我们就得到一个符合要求的位标记.

　　(d) 由 (a) 和 (c) 直接可得这个证明. 因为，如果我们总是有 $\rho(x \oplus y) = \rho(x^U \oplus y^U) = \rho(x^V \oplus y^V)$，那么 $\rho(x \oplus y) = \rho(x^U \oplus y^U) = \rho(x^{UV} \oplus y^{UV})$. 于是，如果对于所有 x 有 $x^{TU} = x$，$\rho(x^U \oplus y^U) = \rho(x \oplus y)$ 同 $\rho(x \oplus y) = \rho(x^T \oplus y^T)$ 是等价的.

　　我们也可以显式构造标记：如果 $W = UV$，注意到当 $a, b, c \in \{0, 1\}$ 时我们有 $W_a = U_a V_{a'}$，$W_{ab} = U_{ab} V_{a'b'}$，$W_{abc} = U_{abc} V_{a'b'c'}$，其中 $a' = a \oplus u$，$b' = b \oplus u_a$，$c' = c \oplus u_{ab}$，等等. 因此，我们有 $w = u \oplus v$，$w_a = u_a \oplus v_{a'}$，$w_{ab} = u_{ab} \oplus v_{a'b'}$，等等. 通过交换所有标记为 1 的结点的左子树和右子树，我们得到 U 的逆的标记 T. 因此，我们有 $t = u$，$t_{a'} = u_a$，$t_{a'b'} = u_{ab}$，等等.

　　(e) (d) 中的显式构造表明，平衡条件对复合和反转是保持的，因为在每一层 $\{0', 1'\} = \{0, 1\}$.

　　注记：小伦斯特拉注意到，当我们用公式 $1/2^{\rho(x \oplus y)}$ 定义 2 基整数 x 与 y 之间的 "距离" 时，把分支函数视为 2 基整数的 "等距同构"（保持距离的排列）是有利的. 此外，分支函数（模 2^d）是 $\{0, 1, \ldots, 2^d - 1\}$ 的全部排列构成的群的西洛 2-子群，即那个群的所有子群中具有最大 2 幂阶的唯一（达到同构的）子群. 它们同包含 2^d 个叶结点的完全二叉树的自同构也是等价的.

15. 等价的等式是 $(x + 2a) \oplus b = (x \oplus b) + 2a$. 所以我们也可以求所有满足 $(x \oplus b) + c = (x + c) \oplus b$ 的 b 和 c. 令 $x = 0$ 和 $x = -c$ 蕴涵 $b + c = b \oplus c$ 和 $b - c = b \oplus (-c)$，因此，由 (89) 得 $b \& c = b \& (-c) = 0$，而且我们有 $b < 2^{\rho c}$. 这个条件也是充分条件. 所以，$0 \leq b < 2^{\rho a + 1}$ 是原来问题的充分必要条件.

16. (a) 如果 $\rho(x \oplus y) = k$，我们有 $x \equiv y + 2^k \pmod{2^{k+1}}$. 因此，我们有 $x + a \equiv y + a + 2^k$，$\rho((x + a) \oplus (y + a)) = k$. 于是，$\rho((x \oplus b) \oplus (y \oplus b))$ 显然等于 k.

　　(b) 提示中的标记称为 $P(c)$，它在对应于 c 的路径上取 1，而在其他地方取 0. 因此它是平衡的. 一般的活跃函数可以写成

$$x^{P(c_0)^{\frown} a_1 P(c_1)^{\frown} a_2 \ldots P(c_{m-1})^{\frown} a_m} \oplus c_m, \qquad \text{其中 } c_j = b_1 \oplus \cdots \oplus b_j.$$

所以，它是平衡的当且仅当 $c_m = 0$.

　　[顺便指出，集合 $S = \{P(0)\} \cup \{P(k) \oplus P(k + 2^e) \mid k \geq 0 \text{ 且 } 2^e > k\}$ 对于所有可能的平衡标记提供一个重要的基：一个标记是平衡的，当且仅当对于某个 $Q \subseteq S$ 它是 $\bigoplus \{q \mid q \in Q\}$. 即便 Q 可能是无限的，这个异或运算也是明确定义的，因为在每个结点仅出现有限多的 1.]

　　(c) 因为 $x^{P(c)} = x \oplus \lfloor x \oplus c \rfloor$，所以 (b) 中的函数 $P(c)$ 具有这种形式. 它的反函数 $x^{S(c)} = ((x \oplus c) + 1) \oplus c$ 是 $x \oplus \lfloor x \oplus \bar{c} \rfloor = x^{P(\bar{c})}$. 此外，因为对于任何分支函数 x^T 有 $\lfloor x \oplus y \rfloor = \lfloor x^T \oplus y^T \rfloor$，所以我们有 $x^{P(c)P(d)} = x^{P(c)} \oplus \lfloor x^{P(c)} \oplus d \rfloor = x \oplus \lfloor x \oplus c \rfloor \oplus \lfloor x \oplus d^{S(c)} \rfloor$. 同样，$x^{P(c)P(d)P(e)} = x \oplus \lfloor x \oplus c \rfloor \oplus \lfloor x \oplus d^{S(c)} \rfloor \oplus \lfloor x \oplus e^{S(d)S(c)} \rfloor$，等等. 舍弃相等的项后，得到我们想要的形式. 结果数值 p_j 是唯一的，因为它们是函数改变符号处 x 仅有的值.

　　(d) 例如，我们有 $x \oplus \lfloor x \oplus a \rfloor \oplus \lfloor x \oplus b \rfloor \oplus \lfloor x \oplus c \rfloor = x^{P(a')P(b')P(c')}$，其中 $a' = a$，$b' = b^{P(a')}$，$c' = c^{P(a')P(b')}$.

[受到科内利斯·韦尔特过去工作 *Indagationes Math.* **14** (1952), 304–314; **16** (1954), 194–200 的启发，1976 年，在《论数值与博弈》(*On Numbers and Games*) 第 13 章，约翰·康威建立了活跃函数的理论.]

17. （马泰奥·斯拉尼纳给出的解）这样的等式是可判定的，即便我们也允许像 $x \, \& \, y$, $\bar{x}$, $x \ll 1$, $x \gg 1$, $2^{\rho x}$, $2^{\lambda x}$ 之类的运算，而且，通过把它们转换成带一个后继的二阶一元逻辑（S1S）的公式，允许关于整数变量的命题与量词化的布尔组合. 每个二进制变量 $x = (\ldots x_2 x_1 x_0)_2$ 对应一个 S1S 集合变量 X，其中 $j \in X$ 意味着 $x_j = 1$:

$$
\begin{aligned}
z = \bar{x} &\quad \text{变成} \quad \forall t (t \in Z \Leftrightarrow t \notin X); \\
z = x \, \& \, y &\quad \text{变成} \quad \forall t (t \in Z \Leftrightarrow (t \in X \wedge t \in Y)); \\
z = 2^{\rho x} &\quad \text{变成} \quad \forall t (t \in Z \Leftrightarrow (t \in X \wedge \forall s(s < t \Rightarrow s \notin X))); \\
z = x + y &\quad \text{变成} \quad \exists C \forall t (0 \notin C \ \wedge \ (t \in Z \Leftrightarrow (t \in X) \oplus (t \in Y) \oplus (t \in C)) \\
&\qquad\qquad\qquad\qquad \wedge \ (t{+}1 \in C \Leftrightarrow \langle (t \in X)(t \in Y)(t \in C) \rangle)).
\end{aligned}
$$

像 $x \, \& \, (-x) = 2^{\rho x}$ 这样的恒等式与

$$
\forall X \forall Y \forall Z ((\text{integer}(X) \ \wedge \ 0 = x + y \ \wedge \ z = x \, \& \, y) \ \Rightarrow \ z = 2^{\rho x})
$$

的转换等价，其中 $\text{integer}(X)$ 代表 $\exists t \forall s (s > t \Rightarrow (s \in X \Leftrightarrow t \in X))$. 如果它们是（比如说）整数之比，我们还可以包含二进制常数. 例如，$z = \mu_0$ 等价于公式 $0 \in Z \wedge \forall t (t \in Z \Leftrightarrow t{+}1 \notin Z)$. 当然，我们不能包含任意（不可计算的）常数.

尤利乌斯·比希 [*Logic, Methodology, and Philosophy of Science: Proceedings* (Stanford, 1960), 1–11] 证明所有的 S1S 公式都是可判定的. 如果只限于考虑等式，实际上我们可以证明指数时间是足够的.

另一方面，迈克尔·汉堡证明，如果把 ρx, λx 或 $1 \ll x$ 添加到公式中，问题无解. 乘法则是可以编码的.

顺便指出，即使仅使用 $x \oplus y$ 和 $x + 1$ 运算，也存在很多非平凡的恒等式. 例如，科内利斯·韦尔特在 1952 年就注意到

$$
((x \oplus (y + 1)) + 1) \oplus (x + 1) \ = \ ((((x + 1) \oplus y) + 1) \oplus x) + 1.
$$

18. 当 x 是 64 的倍数时，第 x 行当然完全是空的. 这幅图像的细节明显是"混乱"且复杂的. 但是，对于不太大的整数 $j, k \geq 1$，有一种非常简单的了解直线 $x = 64\sqrt{j}$ 与双曲线 $xy = 2^{11} k$ 交点附近出现什么图像的方法.

确实，当 x 和 y 是整数时，$x^2 y \gg 11$ 的值是奇数当且仅当 $x^2 y / 2^{12} \bmod 1 \geq \frac{1}{2}$. 因此，如果 $x = 64\sqrt{j} + \delta$ 且 $xy = 2^{11}(k + \epsilon)$，则我们有

$$
\frac{x^2 y}{2^{12}} \bmod 1 = \left(\frac{128 \sqrt{j} \delta + \delta^2}{4096} \right) y \bmod 1 = \left(\frac{2 \delta x - \delta^2}{4096} \right) y \bmod 1 = \left((k + \epsilon)\delta - \frac{\delta^2 y}{4096} \right) \bmod 1,
$$

而且，比如说，当 δ 接近于一个小整数时，这个等式有一个关于 $\frac{1}{2}$ 的已知关系. [见克利福德·皮科韦尔和阿赫列什·拉赫塔基亚，*J. Recreational Math.* **21** (1989), 166–169.]

19. (a) 当 $n = 1$ 时，$f(A, B, C)$ 在所有排列下具有同样的值，除了当 $a_0 \neq a_1$, $b_0 \neq b_1$, $c_0 \neq c_1$ 时的排列；这时它不超过 1. 对于更大的 n 值，我们用归纳法证明. 为了避免繁琐的记号，假定 $n = 3$. 令 $A_0 = (a_0, a_1, a_2, a_3)$, $A_1 = (a_4, a_5, a_6, a_7)$, $\ldots$, $C_1 = (c_4, c_5, c_6, c_7)$. 由归纳法，我们有 $f(A, B, C) = \sum_{j \oplus k \oplus l = 0} f(A_j, B_k, C_l) \leq \sum_{j \oplus k \oplus l = 0} f(A_j^*, B_k^*, C_l^*)$. 因此，我们可以假定 $a_0 \geq a_1 \geq a_2 \geq a_3$, $a_4 \geq a_5 \geq a_6 \geq a_7$, $\ldots$, $c_4 \geq c_5 \geq c_6 \geq c_7$. 我们还可以用同样的方法对子向量 $A_0' = (a_0, a_1, a_4, a_5)$, $A_1' = (a_2, a_3, a_6, a_7)$, $\ldots$, $C_1' = (c_2, c_3, c_6, c_7)$ 排序. 最后，我们可以对 $A_0'' = (a_0, a_1, a_6, a_7)$, $A_1'' = (a_2, a_3, a_4, a_5)$, $\ldots$, $C_1'' = (c_2, c_3, c_4, c_5)$ 排序，因为在每项 $a_j b_k c_l$ 中，具有前导位 01、10 和 11 的下标 $\{j, k, l\}$ 的数值必须满足 $s_{01} \equiv s_{10} \equiv s_{11} \pmod 2$. 由习题 5.3.4–48，这 3 个排序运算留下 A, B, C 的全排序.（对于所有 $n \geq 2$，恰好需要对长度为 2^{n-1} 的子向量的 3 个排序运算.）

(b) 假定 $A = A^*$, $B = B^*$, $C = C^*$. 那么，我们有 $a_j = \sum_{t=0}^{2^n-1} \alpha_t [j \leq t]$，其中 $\alpha_j = a_j - a_{j+1} \geq 0$ 并且置 $a_{2^n} = 0$. 对于 b_k 和 c_l 也有同样的公式. 当 p 是 $\{0, 1, \ldots, 2^n - 1\}$ 的排列时，令 $A_{(p)}$ 表示向量 $(a_{p(0)}, \ldots, a_{p(2^n-1)})$. 那么，由 (a) 我们有

$$f(A_{(p)}, B_{(q)}, C_{(r)}) = \sum_{j \oplus k \oplus l = 0} \sum_{t,u,v} \alpha_t \beta_u \gamma_v [p(j) \leq t][q(k) \leq u][r(l) \leq v]$$
$$\leq \sum_{j \oplus k \oplus l = 0} \sum_{t,u,v} \alpha_t \beta_u \gamma_v [j \leq t][k \leq u][l \leq v] = f(A, B, C).$$

[哈代、李特尔伍德和波利亚在 *Inequalities* (1934), §10.3 中给出这个证明.]

(c) 同样的证明方法扩展到任意数目的向量即可. [雷蒙德·佩利, *Proc. London Math. Soc.* (2) **34** (1932), 265–279, 定理 15.]

20. 给出的步骤计算满足 $\nu y = \nu x$ 的大于 x 最小整数 y. 如果要生成从 n 个对象中取 m 个对象的全部组合（这种组合即 n 元素集合的所有 m 元素子集，其中的元素用二进制位 1 表示），它们是有用的.

[这个珍闻是著名科学研究文摘 HAKMEM（麻省理工学院人工智能实验室研究报告 239 号，1972 年 2 月 29 日）的 Hack 175.]

21. 置 $t \leftarrow y+1$, $u \leftarrow t \oplus y$, $v \leftarrow t \,\&\, y$, $x \leftarrow v - (v \,\&\, -v)/(u+1)$. 如果 $y = 2^m - 1$ 是第一个 m 组合，这 8 个运算置 x 为零. ($x = \overline{f(\overline{y})}$ 的事实似乎不产生任何更短的计算方案.)

22. 不使用除法的位叠加加法：SUBU t,x,1; ANDN u,x,t; SADD k,t,x; ADDU v,x,u; XOR t,v,x; ADDU k,k,2; SRU t,t,k; ADDU y,v,t. 如果我们能好好利用常量 mone $= -1$，实际上可以节约一步：SUBU t,x,1; XOR u,t,x; ADDU y,x,u; SADD k,t,y; ANDN y,y,u; SLU t,mone,k; ORN y,y,t.

23. (a) $(0\ldots01\ldots1)_2 = 2^m - 1$ 和 $(0101\ldots01)_2 = (2^{2m} - 1)/3$.

(b) 这个解利用二进制常数 $\mu_0 = (\ldots010101)_2 = -1/3$：

$$t \leftarrow x \oplus \mu_0, \quad u \leftarrow (t-1) \oplus t, \quad v \leftarrow x \mid u, \quad w \leftarrow v + 1, \quad y \leftarrow w + \left\lfloor \frac{v \,\&\, \overline{w}}{\sqrt{u+1}} \right\rfloor.$$

如果 $x = (2^{2m} - 1)/3$，因为 $u = 2^{2m+1} - 1$，这些运算将产生奇怪的结果.

(c) XOR t,x,m0; SUBU u,t,1; XOR u,t,u; OR v,x,u; SADD y,u,m0; ADDU w,v,1; ANDN t,v,w; SRU y,t,y; ADDU y,w,y. [本习题受到约尔格·阿恩特的启发.]

24. 通过"素数泵"把数组初始化为筛除 $3, 5, 7, 11$ 的所有倍数后的状态是有利的. 像和田英一建议的那样，我们可以结合筛除 3 和 11 以及 5 和 7 的倍数：

```
      LOC Data_Segment
 qbase GREG @ ;N IS 3584 ;n GREG N ;one GREG 1
 Q     OCTA #816d129a64b4cb6e                    Q₀ (小端)
      LOC Q+N/16
 qtop GREG @                                      表 Q 结束
 Init OCTA #9249249249249249|#4008010020040080   [129..255] 中 3 和 11 的倍数
      OCTA #8421084210842108|#0408102040810204   [129..255] 中 5 和 7 的倍数
 t IS $255 ;x33 IS $0 ;x35 IS $1 ;j IS $4
      LOC #100
 Main LDOU x33,Init; LDOU x35,Init+8
      LDA j,qbase,8; SUB j,j,qtop              准备置 Q₁.
 1H   NOR t,x33,x33; ANDN t,t,x35; STOU t,qtop,j 初始化 64 位筛.
      SLU t,x33,2; SRU x33,x33,31; OR x33,x33,t  准备下一个 64 位值.
      SLU t,x35,6; SRU x35,x35,29; OR x35,x35,t
      ADD j,j,8; PBN j,1B                      重复，直到达到 qtop.  ∎
```

然后，对于 $p = 13, 17, \ldots$，直到 $p^2 > N$，我们可以舍去合数 $p^2, p^2 + 2p, \ldots$：

```
 p IS $0 ;pp IS $1 ;m IS $2 ;mm IS $3 ;q IS $4 ;s IS $5
```

```
       LDOU q,qbase,0; LDA pp,qbase,8
       SET p,13; NEG m,13*13,n; SRU q,q,6                从 p = 13 开始.
1H     SR m,m,1                                          m ← ⌊(p² − N)/2⌋.
2H     SR mm,m,3; LDOU s,qtop,mm; AND t,m,#3f;
       SLU t,one,t; ANDN s,s,t; STOU s,qtop,mm           将 1 个二进制位置零.
       ADD m,m,p; PBN m,2B                               前进 p 个二进制位.
       SRU q,q,1; PBNZ q,3F                              移动至下一个候选素数.
2H     LDOU q,pp,0; INCL pp,8                            读入另一批候选素数.
       OR p,p,#7f; PBNZ q,3F
       ADD p,p,2; JMP 2B                                 跳过 128 个合数.
2H     SRU q,q,1
3H     ADD p,p,2; PBEV q,2B                              置 p ← p + 2, 直到 p 是素数.
       MUL m,p,p; SUB m,m,n; PBN m,1B                    重复, 直到 p² > N.    ∎
```

运行时间是 $1172\mu + 5166\upsilon$, 当然比程序 1.3.2′P 的步骤 P1–P8 所需时间 $10037\mu + 641543\upsilon$ 小得多（在习题 1.3.2′–14 中改进为 $10096\mu + 215351\upsilon$). [保罗·普里查德在 Science of Computer Programming **9** (1987), 17–35 中给出若干富有启示性的变化. 实际上, 当筛大到计算机高速缓存无法容纳时, 这样的程序势必急剧降低运行速度. 像利昂·兰德和托马斯·帕金 [Math. Comp. **21** (1967), 483–488] 以及约翰·贝斯和理查德·赫德森 [BIT **17** (1977), 121–127] 建议的那样, 使用分块筛可以获得更好的结果, 这种筛是包含 $N_0 + k\delta$ 至 $N_0 + (k+1)\delta$ 之间数值的二进制位组. 这里 N_0 可以非常大, 但 δ 受到高速缓存容量的限制; 计算分别对 $k = 0, 1, \dots$ 进行. 分块筛已经有了高度发展, 例如, 见托马斯·奈斯利的文章 Math. Comp. **68** (1999), 1311–1315 及其引用的参考文献. 我在 2006 年利用这样的程序发现素数 418032645936712127 与下一个更大素数之间长达 1730 的非常大的间隙.]

25. $(1+1+25+1+1+25+1+1=56)$ 毫米. 蠹虫不会看见第 1 卷的第 2–500 页和第 4 卷的第 1–499 页. (除非这四卷书是按小端约定方式摆放在书架上, 这种情况的答案是 106 毫米.) 这个经典的智力题可以在萨姆·劳埃德的 Cyclopedia (New York: 1914) 第 327 页和第 383 页找到.

26. 我们可以用乘以 #aa...ab 代替用 12 除（见习题 1.3.1′–17), 但是乘法也是很慢的. 或者, 我们可以处理 $12\,000\,000 \times 5$ 个连续二进制位（= 7.5 兆字节）的"平展"序列, 忽略字之间的边界. 另一种可能是采用既非大端约定也非小端约定的转置方案: 把第 k 项放进第 $8(k \bmod 2^{20})$ 个全字, 它在那里左移 $5\lfloor k/2^{20}\rfloor$ 位. 由于 $k < 12\,000\,000$, 移位量总是小于 60. 把第 k 项放进寄存器 $\$1$ 的 MMIX 代码是:
AND $0,k,[#fffff]; SLU $0,$0,3; LDOU $1,base,$0; SRU $0,k,20; 4ADDU $0,$0,$0; SRU $1,$1,$0; AND $1,$1,#1f.

[这个解法使用了 8 个大兆字节（2^{23} 字节). 只要始终如一地使用同一方法, 把数据项的数值转换成全字地址并移动指定位数的任何适当方案都是可行的. 当然, 只有 LDBU $1,base,k 是较快的.]

27. (a) $((x-1)\oplus x)+x$. [这道题以卢瑟·伍德拉姆的思想为基础, 他注意到 $((x-1)|x)+1 = (x\&-x)+x$.]

(b) $(y+x)|y$, 其中 $y = (x-1)\oplus x$.

(c,d,e) $((z\oplus x)+x)\,\&\,z$, $((z\oplus x)+x)\oplus z$, $\overline{((z\oplus x)+x)}\,\&\,z$, 其中 $z = x-1$.

(f) $x \oplus$ (a); 也可以用 $t \oplus (t+1)$, 其中 $t = x|(x-1)$. [数 $(0^\infty 01^a 11^b)_2$ 看起来更简单, 但它明显需要 5 个运算: $((t+1)\,\&\,\bar{t}) - 1$.]

即使在 $x = -2^b$ 的特殊情况, 这些结构也全都给出合理结果.

28. 用比特 1 指示 x 中最右边的 0 的指示器（例如, $(101011)_2 \mapsto (000100)_2$); $-1 \mapsto 0$.

29. $\mu_k = \mu_{k+1}\oplus(\mu_{k+1}\ll 2^k)$ [见 STOC **6** (1974), 125]. 如果从 $\mu_{d,d} = 2^{2^d} - 1$ 开始, 当 $0 \le k < d$ 时, 对于 (48) 中的常数 $\mu_{d,k}$, 这个关系也成立. (然而, 不存在从 μ_k 到 μ_{k+1} 的便捷方法, 除非我们使用"拉链"运算; 见 (77).)

30. 对 (50) 附加 `CSZ rho,x,64`，它的执行时间因此增加 1υ. 或者，用 `SRU t,y,rho; SLU t,t,2;` `SRU t,[#300020104],t; AND t,t,#f; ADD rho,rho,t` 替换最后两行，节省 1υ 的执行时间. 对于 (51)，我们只需保证 $rhotab[0] = 8$.

31. 首先，当 $x = 0$ 时，他的代码将陷入死循环. 即使修正了这个错误，假定 x 是随机整数也站不住脚. 在很多应用中，如果需要计算非零 64 位二进制数 x 的 ρx，更合理的假设应该是结果 $\{0, 1, \ldots, 63\}$ 中的每一个都是等可能的. 因此，均值是 31.5，标准差 ≈ 18.5.

32. `NEGU y,x; AND y,x,y; MULU y,debruijn,y; SRU y,y,58; LDB rho,decode,y`，估计执行时间为 $\mu + 14\upsilon$，虽然乘以 2 的乘幂可能比典型的乘法快. 在习题 30 的答案中加 1υ 修正.

33. 事实上，穷举计算表明，恰有 94 727 个合适的常数 a 产生该问题的 "完全散列函数"，它们中的 90 970 个等同于 "2 的乘幂" $y = 2^j$ 的情形；它们中的 90 918 个不同于 $y = 0$ 的情形. 当已知 y 是有效输入时，在无须访问 $decode[32400]$ 以上表项的意义下，乘数 #208b2430c8c82129 是唯一最佳的.

34. 当 $x = 5$，$y = 6$ 时 (a) 不成立；但 (b) 为真，当 $xy = 0$ 时亦然. 利维乌·拉列斯库给出 (c) 的证明：$x \oplus y = (x-1) \oplus (y-1)$ 当且仅当 $x \oplus (x-1) = y \oplus (y-1)$，根据 (41)，我们有 $x \oplus (x-1) = 2^{1+\rho x} - 1$.

35. 令 $f(x) = x \oplus 3x$. 显然 $f(2x) = 2f(x)$，$f(4x+1) = 4f(x) + 2$. 由习题 34(c) 我们还有 $f(4x-1) = 4f(x) + 2$. 由此可得提示中的恒等式.

给定 n，置 $u \leftarrow n \gg 1$，$v \leftarrow u + n$，$t \leftarrow u \oplus v$，$n^+ \leftarrow v \,\&\, t$，$n^- \leftarrow u \,\&\, t$. 显然 $u = \lfloor n/2 \rfloor$，$v = \lfloor 3n/2 \rfloor$，所以 $n^+ - n^- = v - u = n$. 因为 $n^+ \mid n^-$ 中没有连续的 1，所以这是赖特维斯纳表示. [赫尔穆特·普罗丁格，*Integers* **0** (2000), A8:1–A8:14. 顺便说一下，我们还有 $f(-x) = f(x)$.]

36. (i) 指令 $x \leftarrow x \oplus (x \ll 1)$，$x \leftarrow x \oplus (x \ll 2)$，$x \leftarrow x \oplus (x \ll 4)$，$x \leftarrow x \oplus (x \ll 8)$，$x \leftarrow x \oplus (x \ll 16)$，$x \leftarrow x \oplus (x \ll 32)$，把 x 变成 $x^\oplus$. (ii) $x^\& = x \,\&\, {\sim}(x+1)$.

（关于 $x^\oplus$ 的应用见习题 66 和 70，另见习题 128 和 209. ）

37. 在 (55) 中的 `FLOTU` 后面插入 `CSZ y,x,half`，其中 $half = $ #3fe0000000000000. 注意：(55) 中用的是 `SR`（不是 `SRU`）. 如果 $lamtab[0] = -1$，则不需要改变 (56).

38. `SRU t,x,1; OR y,x,t; SRU t,y,2; OR y,y,t; SRU t,y,4; OR y,y,t; ...; SRU t,y,32; OR y,y,t; SRU t,y,1; SUBU y,y,t` 花费时间 14υ.

[但约瑟夫·达洛斯仅需要 5υ! 执行 `MOR y,a,x; SRU y,y,1; MOR y,a,y; MOR y,y,b; ANDN y,x,y`，其中 $a = $ #ff7f3f1f0f070301，$b = $ #80c0e0f0f8fcfeff. 我们可以用 `MOR y,c,x; ANDN y,x,y` 提取每个字节的前导二进制位，其中 $c = a \ll 8$.]

39. （小亨利·沃伦给出的解）令 $\sigma(x)$ 表示将 x 涂写到右边的结果，像 (57) 第一行那样. 计算 $x \,\&\, \sigma((x \gg 1) \,\&\, \bar{x})$.

40. 假定 $\lambda x = \lambda y = k$. 如果 $x = y = 0$，那么，无论我们怎样定义 $\lambda 0$，(58) 肯定成立. 否则，对于满足 $|\alpha| = |\beta| = k$ 的二进制串 α 和 β，我们有 $x = (1\alpha)_2$，$y = (1\beta)_2$；我们还有 $x \oplus y < 2^k \le x \,\&\, y$. 另一方面，如果 $\lambda x < \lambda y = k$，则我们有 $x \oplus y \ge 2^k > x \,\&\, y$. 此外，小亨利·沃伦指出，$\lambda x < \lambda y$ 当且仅当 $x < y \,\&\, \bar{x}$.

41. (a) $\sum_{n=1}^{\infty} (\rho n) z^n = \sum_{k=1}^{\infty} z^{2^k}/(1 - z^{2^k}) = \sum_{k=1}^{\infty} k z^{2^k}/(1 - z^{2^{k+1}}) = z/(1-z) - \sum_{k=0}^{\infty} z^{2^k}/(1 + z^{2^k})$. 狄利克雷生成函数更简单：$\sum_{n=1}^{\infty} (\rho n)/n^z = \zeta(z)/(2^z - 1)$.

(b) $\sum_{n=1}^{\infty} (\lambda n) z^n = \sum_{k=1}^{\infty} z^{2^k}/(1 - z)$.

(c) $\sum_{n=1}^{\infty} (\nu n) z^n = \sum_{k=0}^{\infty} z^{2^k}/((1-z)(1+z^{2^k})) = \sum_{k=0}^{\infty} z^{2^k} \mu_k(z)$，其中 $\mu_k(z) = (1 + z + \cdots + z^{2^k - 1})/(1 - z^{2^{k+1}})$. （$(47)$ 的幻掩码对应于 $\mu_k(2)$. ）

[关于用 ν_2 和 s_2 表示的函数 ρ 和 ν 的进一步资料，见让-保罗·阿卢什和杰弗里·沙历特 2003 年的著作《自动序列》（*Automatic Sequences*）第 3 章.]

42. 根据对 r 的归纳法，我们有 $e_1 2^{e_1 - 1} + (e_2 + 2) 2^{e_2 - 1} + \cdots + (e_r + 2r - 2) 2^{e_r - 1}$. [高德纳，*Proc. IFIP Congress* (1971), **1**, 19–27. 让-保罗·阿卢什和杰弗里·沙历特 2003 年的著作《自动序列》（*Automatic*

Sequences）的图 3.1 和 3.2 说明了这个和的分形形态.] 也可考虑 $S'_n(1)$, 其中

$$S_n(z) = \sum_{k=0}^{n-1} z^{\nu k} = (1+z)^{e_1} + z(1+z)^{e_2} + \cdots + z^{r-1}(1+z)^{e_r}.$$

43. 直接执行 (6_3) 的 MMIX 指令是 SET nu,0;　SET y,x;　BZ y,Done;　1H ADD nu,nu,1;　SUBU t,y,1;　AND y,y,t;　PBNZ y,1B, 花费 $(5+4\nu x)\upsilon$. 当 $\nu x < 4$ 时它胜过直接执行 (6_2), 当 $\nu x = 4$ 时它与 (6_2) 持平, 当 $\nu x > 4$ 时它不如 (6_2).

但是, 如果我们不是直接执行 (6_2), 而是用 "$y \leftarrow y + (y \gg 8)$, $y \leftarrow y + (y \gg 16)$, $y \leftarrow y + (y \gg 32)$, $\nu \leftarrow y \,\&\, {}^{\#}\mathtt{ff}$" 代替最后的 "乘法与移位", 则可以节省 4υ. [当然, 用单条 MMIX 指令 SADD nu,x,0 要好得多.]

44. 令这个和为 $\nu^{(2)}x$. 如果我们能够对 2^d 位二进制数计算这个和, 就可以对 2^{d+1} 位二进制数求解它, 因为 $\nu^{(2)}(2^{2^d}x + x') = \nu^{(2)}x + \nu^{(2)}x' + 2^d \nu x$. 因此, 在 64 位机器上呈现与 (6_2) 相似的一个解:

置 $z \leftarrow (x \gg 1) \,\&\, \mu_0$, $y \leftarrow x - z$.

置 $z \leftarrow ((z + (z \,\&\, 2)) \,\&\, \mu_1) + ((y \,\&\, \bar{\mu}_1) \gg 1)$,　$y \leftarrow (y \,\&\, \mu_1) + ((y \gg 2) \,\&\, \mu_1)$.

置 $z \leftarrow ((z + (z \,\&\, 4)) \,\&\, \mu_2) + ((y \,\&\, \bar{\mu}_2) \gg 2)$,　$y \leftarrow (y + (y \gg 4)) \,\&\, \mu_2$.

最终置 $\nu^{(2)} \leftarrow (((Az) \bmod 2^{64}) \gg 56) + ((((By) \bmod 2^{64}) \gg 56) \ll 3)$,

　　其中 $A = (11111111)_{256}$,　$B = (01234567)_{256}$.

但是, 在带有内嵌位叠加加法的 MMIX 机器上, 约瑟夫 · 达洛斯提出一个更好的解:

SADD nu2,x,m5	SADD t,x,m3	2ADDU nu2,nu2,t	SADD t,x,m0
SADD t,x,m4	2ADDU nu2,nu2,t	SADD t,x,m1	2ADDU nu2,nu2,t
2ADDU nu2,nu2,t	SADD t,x,m2	2ADDU nu2,nu2,t	

[一般说来, $\nu^{(2)}x = \sum_k 2^k \nu(x \,\&\, \bar{\mu}_k)$. 见 *Dr. Dobb's Journal* **8**, 4 (April 1983), 24–37.]

45. 令 $d = (x-y) \,\&\, (y-x)$, 检验 $d \,\&\, y \neq 0$ 是否成立. [罗基高提出一种称为 "反向字典序"[①] 的思想, 可以用于 "接近随机" 的二叉查找树（或称笛卡儿树）的结点寻址, 就像它们是树堆一样, 无须在每个结点附加随机 "优先关键码". 见美国专利第 6347318 号（2002 年 2 月 12 日）.]

46. SADD t,x,m;　NXOR y,x,m;　CSOD x,t,y;　掩码 m 是 ~(1<<i|1<<j). （一般说来, 如果由 $\bar{m}$ 指定的二进制位组具有奇奇偶性, 这些指令求这个二进制位组的补. ）

47. $y \leftarrow (x \gg \delta) \,\&\, \theta$, $z \leftarrow (x \,\&\, \theta) \ll \delta$, $x \leftarrow (x \,\&\, m) \mid y \mid z$, 其中 $\bar{m} = \theta \mid (\theta \ll \delta)$.

48. 给定 δ, 存在 $s_\delta = \prod_{j=0}^{\delta-1} F_{\lfloor (n+j)/\delta \rfloor + 1}$ 种不同的 δ 交换, 其中包括恒等置换. （见习题 4.5.3–32. ）针对 δ 求和总共给出 $1 + \sum_{\delta=1}^{n-1}(s_\delta - 1)$ 种交换.

49. (a) 关于位移 $\delta_1, \ldots, \delta_m$ 的集合 $S = \{a_1\delta_1 + \cdots + a_m\delta_m \mid \{a_1, \ldots, a_m\} \subseteq \{-1, 0, +1\}\}$ 必须包含 $\{n-1, n-3, \ldots, 1-n\}$, 因为, 对于 $1 \le k \le n$, 第 k 位必须同第 $(n+1-k)$ 位交换. 因此 $|S| \ge n$. 于是, S 最多包含 3^m 个数, 它们中最多有 $2 \cdot 3^{m-1}$ 个是奇数.

(b) 显然 $s(mn) \le s(m) + s(n)$, 因为我们可以颠倒 m 个 n 位字段中的每一个. 因此 $s(3^m) \le m$ 且 $s(2 \cdot 3^m) \le m + 1$. 此外, 颠倒 3^m 位仅使用 δ 取偶数值的 δ 交换. 对应的 $(\delta/2)$ 交换证明我们有 $s((3^m \pm 1)/2) \le m$. 当 $m > 1$ 时, 这些上界与 (a) 的下界配对.

(c) 用一次 $(3n+1)$ 交换接一次 $(n+1)$ 交换, 可以把满足 $|\alpha| = |\beta| = |\theta| = |\psi| = |\omega| = n$ 的串 $\alpha a \beta \theta \psi z \omega$ 变成 $\omega z \psi \theta \beta a \alpha$. 然后, 再用 $s(n)$ 次交换颠倒全部串. 因此 $s(32) \le s(6) + 2 = 4$, $s(64) \le 5$. 再次由 (a) 证明等式成立.

顺便说一下, 由于 $s(7) = s(9) = 2$, 我们有 $s(63) = 4$. 由 (a) 中的下界可得出当 $1 \le n \le 22$ 时 $s(n)$ 的确切值, 除了 $s(16) = 4$.

[①] 在从左至右拼写的语言中, 反向字典序（colexicographic order, 简称 colex order）从右至左比较各个字符, 就好像单词是反向拼写的. 例如, 字典序: and co colex color if me o odd of off only order the they to too we yet; 反向字典序: odd and the me we off if o co too to order color yet colex they only. ——编者注

50. 用平衡三进制记号表示 $n = (t_m \ldots t_1 t_0)_3$. 令 $n_j = (t_m \ldots t_j)_3$, $\delta_j = 2n_j + t_{j-1}$, 所以, 对于 $1 \le j \le m$ 有 $n_{j-1} - \delta_j = n_j$ 和 $2\delta_j - n_{j-1} = n_j + t_{j-1}$. 令 $E_0 = \{0\}$, $E_{j+1} = E_j \cup \{t_j - x \mid x \in E_j\}$ ($0 \le j < m$). (例如, $E_1 = \{0, t_0\}$, $E_2 = \{0, t_0, t_1, t_1 - t_0\}$.) 注意, $\varepsilon \in E_j$ 蕴涵 $|\varepsilon| \le j$.

根据对 j 的归纳假设, 对于 $\delta = \delta_1, \ldots, \delta_j$ 的 δ 交换把 n 位二进制字 $\alpha_1 \ldots \alpha_{3j}$ 变成 $\alpha_{3j} \ldots \alpha_1$, 其中每个子字 α_k 的长度是 $n_j + \varepsilon_k$ (对于某个 $\varepsilon_k \in E_j$). 如果 $n_{j+1} > j$, 每个子字内的 δ_{j+1} 交换将保持这个假设. 否则, 对每个子字 α_k 有 $|\alpha_k| \le n_j + j \le 3n_{j+1} + 1 + j \le 4j + 1 < 4m$. 因此, 对于 $\lfloor \lg 4m \rfloor \ge k \ge 0$ 的 2^k 交换将把它们全部颠倒过来. (注意, 在大小为 t 的子字上的 2^k 交换把它变成大小为 $t - 2^k$、$2^{k+1} - t$、$t - 2^k$ 的 3 个子字, 其中 $2^k < t \le 2^{k+1}$.)

51. (a) 如果 $c = (c_{d-1} \ldots c_0)_2$, 我们必定有 $\theta_{d-1} = c_{d-1} \mu_{d, d-1}$. 但是, 对于 $0 \le k < d - 1$, 我们可以取 $\theta_k = c_k \mu_{d,k} \oplus \hat\theta_k$, 其中 $\hat\theta_k$ 是任意掩码 $\subseteq \mu_{d,k}$.

(b) 令 $\Theta(d, c)$ 是所有这样掩码序列的集合. 显然 $\Theta(1, c) = \{c\}$. 当 $d > 1$ 时, 对于适当的 $\theta_0, \hat\theta_0, c', c''$, 通过把两个序列 $(\theta'_0, \ldots, \theta'_{d-3}, \theta'_{d-2}, \hat\theta'_{d-3}, \ldots, \hat\theta'_0) \in \Theta(d-1, c')$ 和 $(\theta''_0, \ldots, \theta''_{d-3}, \theta''_{d-2}, \hat\theta''_{d-3}, \ldots, \hat\theta''_0) \in \Theta(d-1, c'')$ "拉链在一起", 我们有递归的

$$\Theta(d, c) = \{(\theta_0, \ldots, \theta_{d-2}, \theta_{d-1}, \hat\theta_{d-2}, \ldots, \hat\theta_0) \mid \theta_k = \theta'_{k-1} \ddagger \theta''_{k-1}, \ \hat\theta_k = \hat\theta'_{k-1} \ddagger \hat\theta''_{k-1}\}.$$

当 c 是奇数时, 对应于 (75) 的偶图仅有一个圈; 所以, $(\theta_0, \hat\theta_0, c', c'')$ 是 $(\mu_{d,0}, 0, \lceil c/2 \rceil, \lfloor c/2 \rfloor)$ 或者 $(0, \mu_{d,0}, \lfloor c/2 \rfloor, \lceil c/2 \rceil)$. 但是, 当 c 是偶数时, 偶图有 2^{d-1} 个双键; 所以, $\theta_0 = \hat\theta_0$ 是 $\subseteq \mu_{d,0}$ 的任意掩码, 而且 $c' = c'' = c/2$. [顺便指出, $\lg |\Theta(d, c)| = 2^{d-1}(d-1) - \sum_{k=1}^{d-1}(2^{d-k} - 1)(2^{k-1} - |2^{k-1} - c \bmod 2^k|)$.]

因此, 在两种情况下我们都可以令 $\hat\theta_{d-2} = \cdots = \hat\theta_0 = 0$, 从而整个删去 (71) 的后半部分. 当然, 对于情况 (b), 我们可以全然不用 (71), 直接进行循环移位. 但是, 习题 58 表明, 其他许多有用的排列 (例如选择颠倒接着循环移位) 也可以用具有掩码 $\hat\theta_k = 0$ (对于所有 k) 的 (71) 处理. 那些排列的逆排列可以用具有掩码 $\theta_k = 0$ (其中 $0 \le k < d - 1$) 的 (71) 处理.

52. 每当存在下面的解就使得 $\hat\theta_j = 0$. 我们用 μ 来表示掩码 θ, 例如, 写成 $\mu_{6,5} \, \& \, \mu_0$, 而不是表示成要求的十六进制形式 #55555555. 这种 μ 形式更简短而且更有用.

(a) 对于 $0 \le k < 5$, $\theta_k = \mu_{6,k} \, \& \, \mu_5$, $\hat\theta_k = \mu_{6,k} \, \& \, (\mu_{k+1} \oplus \mu_{k-1})$; $\theta_5 = \theta_4$. (这里 $\mu_{-1} = 0$. 为了获得 "其他的" 全混洗 $(x_{31} x_{63} \ldots x_1 x_{33} x_0 x_{32})_2$, 令 $\hat\theta_0 = \mu_{6,0} \, \& \, \bar\mu_1$.)

(b) $\theta_0 = \theta_3 = \hat\theta_0 = \mu_{6,0} \& \mu_3$; $\theta_1 = \theta_4 = \hat\theta_1 = \mu_{6,1} \& \mu_4$; $\theta_2 = \theta_5 = \hat\theta_2 = \mu_{6,2} \& \mu_5$; $\hat\theta_3 = \hat\theta_4 = 0$. [关于一般理论, 见雅克·朗方, *IEEE Trans.* **C-27** (1978), 637–647.]

(c) $\theta_0 = \mu_{6,0} \, \& \, \mu_4$; $\theta_1 = \mu_{6,1} \, \& \, \mu_5$; $\theta_2 = \theta_4 = \mu_{6,2} \, \& \, \mu_4$; $\theta_3 = \theta_5 = \mu_{6,3} \, \& \, \mu_5$; $\hat\theta_0 = \mu_{6,0} \, \& \, \mu_2$; $\hat\theta_1 = \mu_{6,1} \, \& \, \mu_3$; $\hat\theta_2 = \hat\theta_0 \oplus \theta_2$; $\hat\theta_3 = \hat\theta_1 \oplus \theta_3$; $\hat\theta_4 = 0$.

(d) 对于 $0 \le k \le 5$, $\theta_k = \mu_{6,k} \, \& \, \mu_{5-k}$; 对于 $0 \le k \le 2$, $\hat\theta_k = \theta_k$; $\hat\theta_3 = \hat\theta_4 = 0$.

53. 我们可以把 ψ 写成 $d - t$ 个对换的乘积 $(u_1 v_1) \ldots (u_{d-t} v_{d-t})$ (参见习题 5.2.2–2). 当 $u < v$ 时, 由在下标数字上的单个对换 (uv) 导出的排列对应于带掩码 $\mu_{d,v} \, \& \, \bar\mu_u$ 的 $(2^v - 2^u)$ 交换. 我们应当首先对 $(u_1 v_1)$ 进行这样一个交换, ……, 最后对 $(u_{d-t} v_{d-t})$ 进行这样的交换.

特别是, 一个 2^d 位寄存器内的全混洗对应于 $\psi = (01 \ldots (d-1))$ 是一个圈的情况. 所以, 它可以通过对 $(u, v) = (0, 1), \ldots, (0, d-1)$ 进行这样的 $(2^v - 2^u)$ 交换达到. 例如, 当 $d = 3$ 时的两步过程是 $12345678 \mapsto 13245768 \mapsto 15263748$. [小盖伊·斯蒂尔提出一种可供选择的 $(d-1)$-步过程: 对于 $d - 1 > k \ge 0$, 我们可以做一次带掩码 $\mu_{d,k+1} \, \& \, \bar\mu_k$ 的 2^k 交换. 当 $d = 3$ 时, 他的方法产生 $12345678 \mapsto 12563478 \mapsto 15263748$.]

习题 52(b) 中的矩阵转置对应于 $d = 6$ 和 $(u, v) = (0, 3), (1, 4), (2, 5)$. 这些运算是在正文中说明的对于 8×8 矩阵转置的 7 交换、14 交换和 28 交换的步骤, 它们可以按任意顺序执行.

对于习题 52(c), 使用 $d = 6$ 和 $(u, v) = (0, 2), (1, 3), (0, 4), (1, 5)$. 习题 52(d) 同习题 52(b) 一样容易求解, 使用 $(u, v) = (0, 5), (1, 4), (2, 3)$.

54. 转置数量等于次对角线的颠倒位数. 那些对角线的连续元素在寄存器中相隔 $m - 1$ 位. 所有对角线元素的同时颠倒对应于大小为 $1, \ldots, m$ 的子字的同时颠倒, 可以用 2^k 交换 (其中 $0 \le k < \lceil \lg m \rceil$) 完成

（正如正文中解释的那样，当 m 为 2 的乘幂时，容易完成这样的转置）. 下面是当 $m = 7$ 时的转置过程:

给定	6 交换	12 交换	24 交换
00 01 02 03 04 05 06	00 **10** 02 **12** 04 **14** 06	00 10 **20 30** 04 14 **24**	00 10 20 30 **40 50 60**
10 11 12 13 14 15 16	**01** 11 **03** 13 **05** 15 **25**	01 11 **21 31** 05 15 25	01 11 21 31 **41 51 61**
20 21 22 23 24 25 26	20 **30** 22 **32** 24 **16** 26	**02 12** 22 32 **06** 16 26	02 12 22 32 **42 52 62**
30 31 32 33 34 35 36	**21** 31 **23** 33 **43** 35 **45**	**03 13** 23 33 43 **53 63**	03 13 23 33 43 53 63
40 41 42 43 44 45 46	40 **50** 42 **34** 44 **36** 46	40 50 **60** 34 44 **54 64**	**04 14 24** 34 44 54 64
50 51 52 53 54 55 56	**41** 51 **61** 53 **63** 55 **65**	41 51 61 **35 45** 55 65	**05 15 25** 35 45 55 65
60 61 62 63 64 65 66	60 **52** 62 **54** 64 **56** 66	**42** 52 62 **36 46** 56 66	**06 16 26** 36 46 56 66

55. 给定 x 和 y, 首先, 对于 $2d \le k < 3d$ 置 $x \leftarrow x \,|\, (x \ll 2^k)$, $y \leftarrow y \,|\, (y \ll 2^k)$. 然后, 对于 $0 \le k < d$, 置 $x \leftarrow x$ 用掩码 $\mu_{2d+k} \,\&\, \bar{\mu}_k$ 的 $(2^{2d+k} - 2^k)$ 交换, 置 $y \leftarrow y$ 用掩码 $\mu_{2d+k} \,\&\, \bar{\mu}_{d+k}$ 的 $(2^{2d+k} - 2^{d+k})$ 交换. 接着, 置 $z \leftarrow x \,\&\, y$, 然后, 对于 $2d \le k < 3d$, 或者置 $z \leftarrow z \,|\, (z \gg 2^k)$, 或者置 $z \leftarrow z \oplus (z \gg 2^k)$, 最后, 置 $z \leftarrow z \,\&\, (2^{n^2} - 1)$. [证明的思想是构造两个 $n \times n \times n$ 阵列: $x = (x_{000} \ldots x_{(n-1)(n-1)(n-1)})_2$（其中 $x_{ijk} = a_{jk}$）, $y = (y_{000} \ldots y_{(n-1)(n-1)(n-1)})_2$（其中 $y_{ijk} = b_{jk}$）, 然后, 转置坐标使得 $x_{ijk} = a_{ji}$, $y_{ijk} = b_{ik}$; 现在 $x \,\&\, y$ 进行一次所有的 n^3 个按位乘法. 这个方法属于沃恩·普拉特和拉里·斯托克迈尔, *J. Computer and System Sci.* **12** (1976), 210–213].

56. 使用 (71), 取

$$\theta_0 = \hat{\theta}_0 = 0, \qquad\qquad \theta_5 = {}^\#0000000003199c26,$$
$$\theta_1 = {}^\#0010201122113231, \qquad \hat{\theta}_4 = {}^\#00000c9f0000901a,$$
$$\theta_2 = {}^\#00080e0400080c06, \qquad \hat{\theta}_3 = {}^\#003a00b50015002b,$$
$$\theta_3 = {}^\#00000092008100a2, \qquad \hat{\theta}_2 = {}^\#000103080c0d0f0c,$$
$$\theta_4 = {}^\#0000000000000f16, \qquad \hat{\theta}_1 = {}^\#0020032033233333.$$

57. 当 $d > 1$ 时每个圈的两种选择具有互补的设置. 所以, 除了在中间的那一列, 我们可以选择一种设置, 其中至少半数交叉模块是不工作的.（关于排列网络的其他方面, 见习题 5.3.4–55.）

58. (a) 交叉模块每种不同的设置给出不同的排列, 因为对于所有的 $0 \le i, j < N$ 恰有一条从输入线 i 到输出线 j 的路径.（具有这种性质的网络称为"榕树".）在线 $l(i, j, k) = ((i \gg k) \ll k) + (j \bmod 2^k)$ 上传送输入 i 的这种唯一路径在 k 步交换之后完成.

(b) 我们有 $l(i\varphi, i, k) = l(j\varphi, j, k)$ 当且仅当 $i \bmod 2^k = j \bmod 2^k$ 且 $i\varphi \gg k = j\varphi \gg k$, 所以 $(*)$ 是必要条件. 同时它也是充分条件, 因为满足 $(*)$ 的变换 φ 总是可以用在 k 步交换后 $j\varphi$ 出现在线 $l = l(j\varphi, j, k)$ 上这样一种方式确定路径: 如果 $k > 0$, 则 $j\varphi$ 将出现在线 $l(j\varphi, j, k-1)$ 上, 它是对 l 的输入之一. 条件 $(*)$ 说明, 即使 l 是 $l(i\varphi, i, k)$, 我们也可以把它传送到 l 而不出现冲突.

[在 *IEEE Transactions* **C-24** (1975), 1145–1155 中, 邓肯·劳里证明, 对于集合 $\{0, 1, \ldots, N-1\}$ 到自身的任何变换 φ, 当像习题 75 中那样允许交叉模块是一般 2×2 变换模块时, 条件 $(*)$ 是充分必要条件. 此外, 变换 φ 可以是部分指定的, 对 j 的某些值有 $j\varphi = *$（"通配符"或"不在意值"）. 前段出现的证明实际上展示了劳里的更一般定理.]

(c) $i \bmod 2^k = j \bmod 2^k$ 当且仅当 $k \le \rho(i \oplus j)$; $i \gg k = j \gg k$ 当且仅当 $k > \lambda(i \oplus j)$; 当 φ 是排列时, $i\varphi = j\varphi$ 当且仅当 $i = j$.

(d) 对所有 $i \ne j$, $\lambda(i\varphi \oplus j\varphi) \ge \rho(i \oplus j)$ 当且仅当 $\lambda(i\tau\varphi \oplus j\tau\varphi) \ge \rho(i\tau \oplus j\tau) = \rho(i \oplus j)$, 因为 τ 是一个排列. [注意, 此处的记号可能存在混乱: 如果先应用排列 φ, 然后应用排列 τ, 二进制位 $j\tau\varphi$ 出现在位置 j. 西洛群 T 包含许多有趣和重要的排列, 例如位颠倒和循环移位. 它对应于欧米加网络的设置, 其中, 长度为 2^j 的那些交叉模块是模 2^{j+1} 同余的, 作为一个部件全部转换或全部通过.]

(e) 由于 $l(j, j, k) = j$（其中 $0 \le k \le d$）, Ω 的一个排列确定 j 当且仅当它的每个交换确定 j. 因此, 由 φ 执行的交换和由 ψ 执行的交换作用在不相交元素上. 这些交换的并给出 $\varphi\psi$.

(f) 交叉模块的任何设置对应于使得巴彻尔比较器模块执行等价转换的排列.

59. 有 $2^{M_d(a,b)}$ 个这样的排列, 其中 $M_d(a, b)$ 是两个端点都在 $[a..b]$ 中的交叉模块数目. 为了计算它们的数目, 令 $k = \lambda(a \oplus b)$, $a' = a \bmod 2^k$, $b' = b \bmod 2^k$, 注意 $b - a = 2^k + b' - a'$ 且

$M_d(a,b) = M_{k+1}(a', 2^k + b')$. 计算上半部分和下半部分的交叉模块的数目，加上在两部分之间转移的那些模块的数目，给出 $M_{k+1}(a', 2^k + b') = M_k(a', 2^k - 1) + M_k(0, b') + ((b'+1) \div a')$. 最后，我们有 $M_k(0, b') = S(b'+1)$. 因此 $M_k(a', 2^k - 1) = M_k(0, 2^k - 1 - a') = S(2^k - a') = k2^{k-1} - ka' + S(a')$，其中 $S(n)$ 的值在习题 42 中求得.

60. 长度为 $2l$ 的圈对应于模式 $u_0 \leftarrow v_0 \leftrightarrow v_1 \rightarrow u_1 \leftrightarrow u_2 \leftarrow v_2 \leftrightarrow \cdots \leftrightarrow v_{2l-1} \rightarrow u_{2l-1} \leftrightarrow u_{2l}$，其中 $u_{2l} = u_0$，而 $u \leftarrow v$ 或 $v \rightarrow u$ 是指排列把 u 变成 v，$x \leftrightarrow y$ 是指 $x = y \oplus 1$.

我们可以生成一个随机排列如下：给定 u_0，对于 v_0 存在 $2n$ 种选择，然后对于 u_1 有 $2n-1$ 种选择，其中仅有一种产生 $u_2 = u_0$，然后对于 v_2 有 $2n-2$ 种选择，然后对于 u_3 有 $2n-3$ 种选择，其中仅有一种选择合拢成圈，等等.

所以，生成函数是 $G(z) = \prod_{j=1}^n \frac{2n-2j+z}{2n-2j+1}$. 圈数 k 的期望值是 $G'(1) = H_{2n} - \frac{1}{2}H_n = \frac{1}{2}\ln n + \ln 2 + \frac{1}{2}\gamma + O(n^{-1})$. 2^k 的均值是 $G(2) = (2^n n!)^2/(2n)! = \sqrt{\pi n} + O(n^{-1/2})$，方差是 $G(4) - G(2)^2 = (n+1 - G(2))G(2) = \sqrt{\pi} n^{3/2} + O(n)$.

62. $P(2^d)$ 中的交叉模块设置可以用 $(2d-1)2^{d-1} = Nd - \frac{1}{2}N$ 个二进制位存储. 为了获得逆排列，我们从右到左进行处置. ［见保罗·赫克尔和理查德·施罗皮尔，*Electronic Design* **28**, 8 (12 April 1980), 148–152. 注意，表示一个任意排列的任何方法需要至少 $\lg N! > Nd - N/\ln 2$ 个二进制位的存储空间，所以这种表示在空间上近乎是最优的. ］

63. (i) $x = y$. (ii) 或者 z 是偶数，或者 $x \oplus y < 2^{\max(0,(z-1)/2)}$.（当 z 是奇数时，我们有 $(x \ddagger y) \gg z = (y \gg \lceil z/2 \rceil) \ddagger (x \gg \lfloor z/2 \rfloor)$，甚至当 $z < 0$ 时也成立. ） (iii) 对于所有的 w, x, y, z 这个恒等式都成立（而且还可以用任何其他按位布尔运算符代替 $\&$ ）.

64. $(((z \,\&\, \mu_0) + (z' \mid \bar\mu_0)) \,\&\, \mu_0) \mid (((z \,\&\, \bar\mu_0) + (z' \mid \mu_0)) \,\&\, \bar\mu_0)$.（见 (86). ）

65. $xu(x^2) + v(x^2) = xu(x)^2 + v(x)^2$.

66. (a) $v(x) = (u(x)/(1 + x^\delta)) \bmod x^n$，它是满足 $(1 + x^\delta)v(x) \equiv u(x) \pmod{x^n}$ 的次数低于 n 的唯一多项式.（等价地，v 是满足 $(v \oplus (v \ll \delta)) \bmod 2^n = u$ 的唯一 n 位二进制整数. ）

(b) 我们也可以假定 $n = 64m$，以及 $u = (u_{m-1} \ldots u_1 u_0)_{2^{64}}$，$v = (v_{m-1} \ldots v_1 v_0)_{2^{64}}$. 置 $c \leftarrow 0$. 然后，利用习题 36，对于 $j = 0, 1, \ldots, m-1$，置 $v_j \leftarrow u_j^\oplus \oplus (-c)$，$c \leftarrow v_j \gg 63$.

(c) 置 $c \leftarrow v_0 \leftarrow u_0$，然后，对于 $j = 1, 2, \ldots, m-1$，置 $v_j \leftarrow u_j \oplus c$，$c \leftarrow v_j$.

(d) 从 $c \leftarrow 0$ 开始. 然后，对于 $j = 0, 1, \ldots, m-1$ 执行以下操作：置 $t \leftarrow u_j$，$t \leftarrow t \oplus (t \ll 3)$，$t \leftarrow t \oplus (t \ll 6)$，$t \leftarrow t \oplus (t \ll 12)$，$t \leftarrow t \oplus (t \ll 24)$，$t \leftarrow t \oplus (t \ll 48)$，$v_j \leftarrow t \oplus c$，$c \leftarrow (t \gg 61) \times$ #9249249249249249.

(e) 从 $v \leftarrow u$ 开始. 然后，对于 $j = 1, 2, \ldots, m-1$，置 $v_j \leftarrow v_j \oplus (v_{j-1} \ll 3)$ 并且（如果 $j < m-1$）置 $v_{j+1} \leftarrow v_{j+1} \oplus (v_{j-1} \gg 61)$.

67. 令 $n = 2l - 1$，$m = n - 2d$. 如果 $\frac{1}{2}n < k < n$，则我们有 $x^{2k} \equiv x^{m+t} + x^t \pmod{x^n + x^m + 1}$，其中 $t = 2k - n$ 是奇数. 所以，如果 $v = (v_{n-1} \ldots v_1 v_0)_2$，数

$$w = u \oplus (((u \gg d) \oplus (u \gg 2d) \oplus (u \gg 3d) \oplus \cdots) \,\&\, -2^{l-d})$$

等于 $(v_{n-2} \ldots v_3 v_1 v_{n-1} \ldots v_2 v_0)_2$. 例如，当 $l = 4$ 且 $d = 2$ 时，$u_6 x^6 + \cdots + u_1 x + u_0$ 的平方 $\bmod (x^7 + x^3 + 1)$ 是 $u_6 x^5 + u_5 x^3 + (u_6 \oplus u_4)x^1 + (u_5 \oplus u_3)x^6 + (u_6 \oplus u_4 \oplus u_2)x^4 + u_1 x^2 + u_0$. 为了计算 v，我们进行一次全混洗 $v = \lfloor w/2^l \rfloor \ddagger (w \bmod 2^l)$. 数 w 可以用类似上题的那些方法计算. ［见理查德·布伦特和保罗·齐默尔曼，*Math. Comp.* **72** (2003), 1443–1452; **74** (2005), 1001–1002. ］

68. `SRU t,x,delta; PUT rM,theta; MUX x,t,x.`

69. 注意，如果我们试图首先而不是最后进行 2^{d-1} 移位，则所用方法可能失败. 证明 "小位先移" 策略行之有效的关键在于观察选择的位组之间的间隔. 我们将证明，在 2^k 移位后这些间隔的长度是 2^{k+1} 的倍数.

考虑无穷串 $\chi_k = \ldots 1^{t_4} 0^{2^k} 1^{t_3} 0^{2^k} 1^{t_2} 0^{2^k} 1^{t_1} 0^{2^k} 1^{t_0}$，这代表其中 $t_l \geq 0$ 的项需要向右移动 $2^k l$ 位的情况. 具有形式为 $\theta_k = \ldots 0^{t_4} *^{2^{k+1}} 1^{t_3} 0^{t_2} *^{2^{k+1}} 1^{t_1} 0^{t_0}$ 的任何掩码的 2^k 移位，留给我们的是由串

$\chi_{k+1} = \ldots 1^{T_2} 0^{2^{k+1}} 1^{T_1} 0^{2^{k+1}} 1^{T_0}$ 表示的情况，其中恰好有 $T_l = t_{2l} + t_{2l+1}$ 项需要右移 $2^{k+1}l$ 位. 所以由对 k 的归纳法断言成立.

70. 令 $\psi_k = \theta_k \oplus (\theta_k \ll 1)$，所以在习题 36 的表示法中 $\theta_k = \psi_k^{\oplus}$. 如果在上题答案中取 $*^{2^{k+1}} = 0^{2^k} 1^{2^k}$，我们有 $\psi_0 = \bar{\chi}$ 和 $\psi_{k+1} = (\psi_k \& \bar{\theta}_k) \gg 2^k$. 因此我们可以如下处理：

置 $\psi \leftarrow \bar{\chi}$, $k \leftarrow 0$，当 $\psi \neq 0$ 时重复下述步骤：置 $x \leftarrow \psi$，然后，对于 $0 \leq l < d$ 置 $x \leftarrow x \oplus (x \ll 2^l)$，然后，置 $\theta_k \leftarrow x$, $\psi \leftarrow (\psi \& \bar{x}) \gg 2^k$, $k \leftarrow k+1$.

计算以 $k = \lambda\nu\bar{\chi} + 1$ 结束. 如果存在遗留掩码 $\theta_k, \ldots, \theta_{d-1}$ 的话，它们是零，在 (80) 中可以省略那些掩码为零步骤. 如果用 "$\psi \leftarrow (\psi \& \bar{x}) \gg 2^k$, $\theta_k \leftarrow x \& (x + \psi)$" 代替上面循环中的运算 "$\theta_k \leftarrow x$, $\psi \leftarrow (\psi \& \bar{x}) \gg 2^k$"，那么，我们将得到习题 69 答案中的 "最小" 掩码（对于它们有 $*^{2^{k+1}} = 0^{2^{k+1}}$）.

[见小亨利·沃伦, *Hacker's Delight* (Addison–Wesley, 2002), §7–4 中的 "压缩"；也见小盖伊·斯蒂尔，美国专利第 6715066 号（2004 年 3 月 30 日）. 1965 年设计的 BESM-6 计算机以名为 «сборка»（"聚集" 或 "打包"）的指令执行压缩操作. 它的 «разборка»（"散列" 或 "解包"）指令执行相反的操作.]

71. 从 $x \leftarrow y$ 开始. 用习题 70 的掩码，对于 $k = d-1, \ldots, 1, 0$，对 x 执行具有掩码 $\theta_k \ll 2^k$ 的 (-2^k) 移位. 最后，置 $z \leftarrow x$（或者，如果我们想要一种 "干净" 的结果，置 $z \leftarrow x \& \chi$）.

72. 因为最左边的掩码位 χ_{N-1} 是无关紧要的，所以我们假定它为零. 那么，任何 "集中-翻转" 的结果 $(z_{(N-1)\varphi} \ldots z_{1\varphi} z_{0\varphi})_2$ 对应于满足 $0\varphi < \cdots < k\varphi > \cdots > (N-1)\varphi$ 的排列，其中 $k = \nu\chi$. 例如，如果 $N = 8$, $\chi = (00101100)_2$，则结果是 $(z_0 z_1 z_4 z_6 z_7 z_5 z_3 z_2)_2$. 所以，根据习题 5.3.4–11 和 58(f)，$\varphi \in \Omega$.

此外，我们可以如下计算 1 交换、2 交换、$\ldots$、2^{d-1} 交换的掩码 $\theta_0, \theta_1, \ldots, \theta_{d-1}$：排列 $\psi = \varphi^-$ 满足 $j\psi = (N-1-j)\bar{\chi}_j + s_j$，其中 $s_j = \chi_{j-1} + \cdots + \chi_1 + \chi_0$ 是掩码位 χ_j 之后 1 的计数. 令 $\psi_0 = \psi$, $\theta_k = (\lfloor \psi_k/2^k \rfloor \bmod 2) \& \mu_k$，其中 ψ_{k+1} 是 ψ_k 的用掩码 θ_k 的 2^k 交换. （在我们的例子中，$s_7 \ldots s_1 s_0 = 33221000$, $(0\bar{\chi}_7)\ldots(6\bar{\chi}_1)(7\bar{\chi}_0) = 01030067$，因此 $\psi_0 = (7\psi)\ldots(1\psi)(0\psi) = 33221000 + 01030067 = 34251067$. 于是 $\theta_0 = (10011001)_2 \& \mu_0 = (00010001)_2$；$\psi_1 = 34521076$；$\theta_1 = (10010011)_2 \& \mu_1 = (00010011)_2$；$\psi_2 = 32547610$；$\theta_2 = (00111100)_2 \& \mu_2 = (00001100)_2$. 通常 $j\psi_k \equiv j \pmod{2^k}$.）把每个排列 ψ_k 表示为 d 个位向量的集合，即 "位切片" $\psi_k \bmod 2$, $\lfloor \psi_k/2 \rfloor \bmod 2$，等等. 那么，$O(d^2)$ 个按位运算满足这个计算的需要.

"散列-翻转" 运算是经由同样但是从右到左的交叉模块网络获得的（从 2^{d-1} 交换开始，以 1 交换结束），它的作用是还原 "集中-翻转" 运算.

[见 *Journal of Signal Processing Systems* **53** (2008), 145–169.]

73. (a) 这等价于，对于 $\{0, 1, \ldots, 2^d-1\}$ 的任何排列 π，d 步归类运算必定能够把字 $x^\pi = (x_{(2^d-1)\pi} \ldots x_{1\pi} x_{0\pi})_2$ 转换成 $(x_{2^d-1} \ldots x_1 x_0)_2$. 通过基数列表排序（算法 5.2.5R）能完成这个转换：首先把奇数号码的二进制位移到左边，然后把 $\lfloor j/2 \rfloor$ 为奇数的二进制位 j 移到左边，依此类推. 例如，当 $d = 3$ 且 $x^\pi = (x_3 x_1 x_0 x_7 x_5 x_2 x_6 x_4)_2$ 时，3 个运算相继产生 $(x_3 x_1 x_7 x_5 x_0 x_2 x_6 x_4)_2$, $(x_3 x_7 x_2 x_6 x_1 x_5 x_0 x_4)_2$, $(x_7 x_6 x_5 x_4 x_3 x_2 x_1 x_0)_2$. [见史志杰和李佩露, *Proc. IEEE Conf. ASAP'00* (IEEE CS Press, 2000), 138–148.]

(b) 采用 "集中-翻转" 运算，同样的策略总是产生 $(x_{g(2^d-1)} \ldots x_{g(1)} x_{g(0)})_2$，其中 $g(k)$ 是格雷二进制码 7.2.1.1–(9). 例如，(a) 中的例子现在是 $(x_5 x_7 x_1 x_3 x_0 x_2 x_6 x_4)_2$, $(x_6 x_2 x_3 x_7 x_5 x_1 x_0 x_4)_2$, $(x_4 x_5 x_7 x_6 x_2 x_3 x_1 x_0)_2$.

74. 如果 $|\sum c_{2l} - \sum c_{2l+1}| = 2\Delta > 0$，我们必须从过多的一半移去 Δ，把它给予不足的一半. 在不足的一半有一个位置 l 满足 $c_l = 0$，否则这一半的和至少是 2^{d-1}. 改变从 l 至 $(l+t) \bmod 2^d$ 的位置的循环 1 移位，使得 $c'_{l+k} = c_{l+k+1}$ $(0 \leq k < t)$, $c'_{l+t} = c_{l+t+1} - \delta$, $c'_{l+t+1} = \delta$, $c'_{l+k} = c_{l+k}$（所有其他 k），这里 δ 可以是区间 $0 \leq \delta \leq c_{l+t+1}$ 内任何想要的值. （我们把这些公式中下标按模 2^d 处理.）所以，对于某个 $\delta \geq 0$，我们可以使用最小偶数 t，它满足 $c_{l+1} + c_{l+3} + \cdots + c_{l+t+1} = c_l + c_{l+2} + \cdots + c_{l+t} + \Delta + \delta$. （如果允许用左移代替右移，1 移位不必是循环移位. 但在后续操作步骤中可能需要循环特性. ）

75. 这等价于, 给定下标 $0 \le i_0 < i_1 < \cdots < i_{s-1} < i_s = 2^d$ 和 $0 = j_0 < j_1 < \cdots < j_{s-1} < j_s = 2^d$, 我们要变换 $(x_{2^d-1} \ldots x_1 x_0)_2 \mapsto (x_{(2^d-1)\varphi} \ldots x_{1\varphi} x_{0\varphi})_2$, 其中 $j\varphi = i_r$ ($j_r \le j < j_{r+1}$ 且 $0 \le r < s$). 如果 $d = 1$, 一个变换模块完成这个任务.

当 $d > 1$ 时, 我们可以设置左手边的交叉模块, 使得它们把输入 i_r 传送到网线 $i_r \oplus ((i_r + r) \bmod 2)$. 如果 s 是偶数, 我们需要 $P(2^d)$ 内部的网络 $P(2^{d-1})$ 之一对下标 $\lfloor\{i_0, i_2, \ldots, i_s\}/2\rfloor$ 和 $\lfloor\{j_0, j_2, \ldots, j_s\}/2\rfloor$ 递归地求解问题, 而另外一个网络对下标 $\lfloor\{i_1, i_3, \ldots, i_{s-1}, 2^d\}/2\rfloor$ 和 $\lceil\{j_0, j_2, \ldots, j_s\}/2\rceil$ 求解问题. 现在, 我们可以在 $P(2^d)$ 的右端检验, 当 $j_r \le j < j_{r+1}$ 时, 如果 $j \equiv r \pmod 2$, 对于网线 j 和 $j \oplus 1$ 的变换模块有网线 j 上的输入 i_r, 否则 i_r 是在网线 $j \oplus 1$ 上. 当 s 是奇数时, 类似的证明适用. 例如, 如果 $(i_0, \ldots, i_5) = (j_0, \ldots, j_5) = (0, 1, 3, 5, 7, 8)$, 子问题有 $i = j = (0, 1, 3, 4)$ 和 $(0, 2, 4)$; $x_7 \ldots x_0 \mapsto x_6 x_7 x_5 x_4 x_2 x_3 x_1 d x_0 \mapsto \cdots \mapsto x_5 x_7 x_5 x_3 x_1 x_3 x_1 x_0 \mapsto x_7 x_5 x_5 x_3 x_3 x_1 x_1 x_0$.

注记: 这个网络是对尤里·奥夫曼 [*Trudy Mosk. Mat. Obshchestva* **14** (1965), 186–199] 提出的网络结构的微小改进. 我们可以用 "δ 变换" 代替 "δ 交换" 实现对应的网络. 用两个掩码执行 7 个而不是 6 个运算代替 (69): $y \leftarrow x \oplus (x \gg \delta)$, $x \leftarrow x \oplus (y \,\&\, \theta) \oplus ((y \,\&\, \theta') \ll \delta)$. 因此, (71) 的这个扩充仅需 d 个额外的时间单位.

76. 当一个变换网络实现一个排列时, 它的全部模块必须充当交叉模块, 因此 $G(n) \ge \lg n!$. 尤里·奥夫曼证明了 $G(n) \le 2.5 n \lg n$, 并在脚注中指出常数 2.5 可以改进 (没有给出任何细节). 实际上, 我们已经知道 $G(n) \le 2n \lg n$. 注意 $G(3) = 3$.

77. 用 $(x_{2^n-1} \ldots x_1 x_0)_2$ 表示 n 网络, 其中对于 $0 \le k < 2^n$, $x_k = $ [当把网络应用到 0 和 1 的所有 2^n 个序列时, k 的二进制表示是 0 和 1 的一个可能的配置]. 因此, 空网络表示为 $2^{2^n} - 1$, 而 $n = 3$ 的排序网络表示为 $(10001011)_2$. 通常, x 表示 n 元素排序网络, 当且仅当 x 表示 n 网络且 $\nu x = n + 1$, 当且仅当 $x = 2^0 + 2^1 + 2^3 + 2^7 + \cdots + 2^{2^n-1}$.

如果按照这些约定 x 表示 α, 则 $\alpha[i{:}j]$ 的表示是 $(x \oplus y) | (y \gg (2^{n-i} - 2^{n-j}))$, 其中 $y = x \,\&\, \bar\mu_{n-i} \,\&\, \mu_{n-j}$.

[见沃恩·普拉特、迈克尔·拉宾和拉里·斯托克迈尔, *STOC* **6** (1974), 122–126.]

78. 如果 $k \ge \lg(m-1)$, 则检验有效, 因为我们始终有 $x_1 + x_2 + \cdots + x_m \ge x_1 \,|\, x_2 \,|\, \cdots \,|\, x_m$, 取等号的充分必要条件是集合不相交. 此外, 我们有 $(x_1 + \cdots + x_m) - (x_1 \,|\, \cdots \,|\, x_m) \le (m-1)(2^{n-k-1} + \cdots + 1) < (m-1)2^{n-k} \le 2^n$.

反之, 如果 $m \ge 2^k + 2$ 且 $n > 2k$, 则检验无效. 例如, 我们可能有 $x_1 + \cdots + x_m = (2^k + 1)(2^{n-k} - 2^{n-2k-1}) + 2^{n-k-1} = 2^n + (2^{n-k} - 2^{n-2k-1})$.

但是, 如果 $n \le 2k$, 当 $m = 2^k + 2$ 时检验依然有效, 因为上述证明表明此时我们有 $x_1 + \cdots + x_m - (x_1 \,|\, \cdots \,|\, x_m) \le (2^k + 1)(2^{n-k} - 1) < 2^n$.

79. $x_l = (x - 1) \,\&\, \chi$. (公式 $x_l = ((x - b - 1) \,\&\, a) + b$ 对应于 (85).) 关于 x' 和 x_l 的这些秘诀, 是约尔格·阿恩特 2001 年 "位技巧" 例程的一部分, 它们的由来不得而知.

80. 最好的方法或许是从 $x \leftarrow \chi - 1$ 作为一个带符号数开始, 然后当 $x \ge 0$ 时循环执行以下操作: 置 $x \leftarrow x \,\&\, \chi$, 访问 x, 置 $x \leftarrow 2x - \chi$. (实际上, 我们可以仅用一条 MMIX 指令 `2ADDU x,x,minuschi` 执行运算 $2x - \chi$.)

但是, 如果 χ 大到已经是 "负值" 的地步, 上述技巧会归于失败. 一种稍慢些但更一般的方法是: 从 $x \leftarrow \chi$ 开始, 然后当 $x \ne 0$ 时循环执行以下操作: 置 $t \leftarrow x \,\&\, -x$, 访问 $\chi - t$, 置 $x \leftarrow x - t$.

81. $((z \,\&\, \chi) - (z' \,\&\, \chi)) \,\&\, \chi$. (我们可以用 (18) 验证这个公式.)

82. 是的, 通过在 (86) 中令 $z = z' : w \,|\, (z \,\&\, \bar\chi)$, 其中 $w = ((z \,\&\, \chi) + (z \,|\, \bar\chi)) \,\&\, \chi$.

83. (下面的迭代在散列累加器 t 的间隙中把 y 中的位组传播到右边. 辅助变量 u 和 v 分别标记每个间隙的左与右, 它们在大小上加倍, 直到被 w 消除.) 置 $t \leftarrow z \,\&\, \chi$, $u' \leftarrow (\chi \gg 1) \,\&\, \bar\chi$, $v \leftarrow ((\chi \ll 1) + 1) \,\&\, \bar\chi$, $w \leftarrow 3(u' \,\&\, v)$, $u \leftarrow 3u'$, $v \leftarrow 3v$, $k \leftarrow 1$. 然后, 当 $u \ne 0$ 时循环执行以下操作: $t \leftarrow t \,|\, ((t \gg k) \,\&\, u')$, $k \leftarrow k \ll 1$, $u \leftarrow u \,\&\, \overline{w}$, $v \leftarrow v \,\&\, \overline{w}$, $w \leftarrow ((v \,\&\, (u \gg 1)) \,\&\, \bar u) \ll (k+1)) - ((u \,\&\, (v \ll 1)) \,\&\, \bar v) \gg k)$, $u' \leftarrow (u \,\&\, \bar v) \gg k$, $v \leftarrow v + ((v \,\&\, \bar u) \ll k)$, $u \leftarrow u + u'$. 最后返回答案 $((t \gg 1) \,\&\, \chi) \,|\, (z \,\&\, \bar\chi)$.

84. $z \curvearrowleft \chi = w - (z \mathbin{\&} \chi)$，其中 $w = (((z \mathbin{\&} \chi) \ll 1) + \bar{\chi}) \mathbin{\&} \chi$，它出现在习题 82 的答案中．$z \curvearrowright \chi$ 是在习题 83 的答案中（用更大难度）计算的量．

85. (a) 如果像所述那样，$x = \mathtt{LOC}(a[i,j,k])$ 是对应于交叉位组的磁鼓单元，那么，由 (84) 和习题 79 的答案，$\mathtt{LOC}(a[i+1,j,k]) = x \oplus ((x \oplus ((x \mathbin{\&} \chi) - \chi)) \mathbin{\&} \chi)$，$\mathtt{LOC}(a[i-1,j,k]) = x \oplus ((x \oplus ((x \mathbin{\&} \chi) - 1)) \mathbin{\&} \chi)$，其中 $\chi = (11111)_8$．关于 $\mathtt{LOC}(a[i,j \pm 1,k])$ 和 $\mathtt{LOC}(a[i,j,k \pm 1])$ 带掩码 2χ 和 4χ 的公式是相似的．

(b) 给定 $f[(i_4i_3i_2i_1i_0)_2] = (i_4i_3i_2i_1i_0)_8$，对于随机存取，我们期待有长度为 32 的表的存储空间．这种情况下 $\mathtt{LOC}(a[i,j,k]) = (((f[k] \ll 1) + f[j]) \ll 1) + f[i]$．（在旧式计算机上，$f$ 的按位计算比查表慢得多，因为寄存器操作常常像从存储器取数那样慢．）

(c) 令 p 是快速存储器中当前页面的位置，令 $z = -128$．当访问位置 x 时，如果 $x \mathbin{\&} z \neq p$，则需要从磁鼓位置 $x \mathbin{\&} z$ 读出 128 个字（如果当前数据在存入磁鼓位置 p 后已经改变），然后置 $p \leftarrow x \mathbin{\&} z$．[见 *J. Royal Stat. Soc.* **B-16** (1954), 53–55. 艾兹赫尔·戴克斯特拉在 1960 年前后独立设计了这种外部存储的数组分配方案，他把这种方案称为"拉链"方法．这个方法经常被重复发现，例如，1966 年盖伊·莫顿重新发现了它，随后四叉树研究人员又重新发现这个方法，见哈南·萨梅特，*Applications of Spatial Data Structures* (Addison–Wesley, 1990). 也见拉吉夫·拉曼和戴维·怀斯，*IEEE Trans.* **C57** (2008), 567–573，他们用现代的观点阐述了这个方法．格奥尔格·康托尔在 *Crelle* **84** (1878), 242–258, §7 曾经考虑交错十进制小数的数字，但他注意到，这种思想不会导致单位区间 $[0\,..\,1]$ 与单位正方形 $[0\,..\,1] \times [0\,..\,1]$ 之间的简单一一对应．]

86. 如果 (i,j,k) 的最右边位组 (p',q',r') 与其他位组 (p'',q'',r'') 是在不影响页号的地址部分，缺页总数是 $2((2^{p-p'}-1)2^{q+r} + (2^{q-q'}-1)2^{p+r} + (2^{r-r'}-1)2^{p+q})$．因此，我们要最小化 $2^{-p'} + 2^{-q'} + 2^{-r'}$，其中非负整数 (p',q',r',p'',q'',r'') 满足 $p'+p'' \leq p$，$q'+q'' \leq q$，$r'+r'' \leq r$，$p'+q'+r'+p''+q''+r'' = s$．因为当 a 和 b 是满足 $a > b+1$ 的整数时有 $2^a + 2^b > 2^{a-1} + 2^{b+1}$，针对所有 s 的最小值出现在从右到左循环选择位组（直至运行结束）时．例如，当 $(p,q,r) = (2,6,3)$ 时地址函数是 $(j_5j_4j_3k_2j_2k_1j_1i_1k_0j_0i_0)_2$．特别地，托赫尔的方案是最优的．

[但是，当页面大小不是 2 的乘幂时，这样的变换未必是最佳的．例如，考虑 16×16 矩阵，对于从 17 到 62 的所有页面大小，定址函数 $(j_3i_3i_2i_1i_0j_2j_1j_0)_2$ 比 $(j_3i_3j_2i_2j_1i_1j_0i_0)_2$ 更好．（除了页面大小 32，此时它们同样好．）]

87. 置 $x \leftarrow x \mathbin{\&} {\sim}((x \mathbin{\&} \mathtt{"@@@@@@@@"}) \gg 1)$，因此，每个字节 $(a_7 \ldots a_0)_2$ 转换为 $(a_7a_6(a_5 \wedge \bar{a}_6)a_4 \ldots a_0)_2$．这个转换也适用于 ASCII 码的 Latin-1 增补的 30 个附加字母（例如，æ $\mapsto$ Æ），但存在瑕疵：ÿ $\mapsto$ ß．

[1976 年，唐纳德·伍兹在他的《冒险》（Adventure）游戏的原始程序中使用了这个技巧，在字典中查找用户输入的单词之前把它们转换为大写字母．在 MMIX 计算机上，约瑟夫·达洛斯节约了一条指令：MOR y,m,x; ANDN x,y,x，其中 $m = 1 \ll 53$．]

88. 置 $z \leftarrow (x \oplus \bar{y}) \mathbin{\&} h$，然后后置 $z \leftarrow ((x \mid h) - (y \mathbin{\&} \bar{h})) \oplus z$．

89. $t \leftarrow x \mid \bar{y}$，$t \leftarrow t \mathbin{\&} (t \gg 1)$，$z \leftarrow (x \mathbin{\&} \bar{y} \mathbin{\&} \bar{\mu}_0) \mid (t \mathbin{\&} \mu_0)$．[出自亨利·迪茨和兰德尔·费希尔的 SWARC 编译程序的 "nasty" 测试程序，由索斯藤·达尔海姆尔优化．]

90. 在 $z \leftarrow (x \mathbin{\&} y) + z$ 的前面或后面插入 $z \leftarrow z \mid ((x \oplus y) \mathbin{\&} l)$．（插入的次序不产生差别，因为当 $x+y$ 是奇数时我们有 $x+y \equiv x \oplus y \pmod 4$．通过使用 MOR 指令，MMIX 程序可以不花费额外代价完成舍入到最接近的奇数这一任务．在有歧义的情况下舍入到最接近的偶数更为困难，使用定点算术并没有优势．）

91. 如果 $\frac{1}{2}[x,y]$ 像在 (88) 中那样表示平均值，重复以下运算 7 次：

$$z \leftarrow \frac{1}{2}[x,y], \quad t \leftarrow \alpha \mathbin{\&} h, \quad m \leftarrow (t \ll 1) - (t \gg 7),$$
$$x \leftarrow (m \mathbin{\&} z) \mid (\bar{m} \mathbin{\&} x), \quad y \leftarrow (\bar{m} \mathbin{\&} z) \mid (m \mathbin{\&} y), \quad \alpha \leftarrow \alpha \ll 1,$$

然后再执行一次 $z \leftarrow \frac{1}{2}[x,y]$，可以获得所求结果．尽管舍入误差经过 8 层积累，结果的绝对误差不会超过 $807/255$．此外，如果我们对全部 256^3 种情况取平均，误差 ≈ 1.13，而且它以 ≈ 94.2 的概率小于 2．如果我们像在习题 90 那样舍入到最接近的奇数，最大误差和平均误差分别减少到 $616/255$ 和 ≈ 0.58，误差小于 2 的概率上升到 $\approx 99.9\%$．因此，以下 MMIX 代码使用无偏舍入：

```
        x GREG ;y GREG ;z GREG              ⎧ XOR   t,x,y      MOR m,ffhi,alf
        alf GREG ;m GREG ;t IS $255         ⎪ MOR   z,rodd,t   PUT rM,m
                           重复 7 次：      ⎨ AND   t,x,y      MUX x,z,x
                                            ⎪ ADDU  z,z,t      MUX y,y,z
        rodd GREG #4020100804020101         ⎩                 SLU alf,alf,1
        ffhi GREG -1<<56
```

但删去最后的 SLU，然后重复前四条指令. 8 次 α 混合的总时间（$66v$）小于 8 次乘法的代价.

92. 对于每个 j 我们有 $z_j = \lceil (x_j + y_j)/2 \rceil$.（小亨利·沃伦指出这个事实，它由恒等式 $x + y = ((x \mid y) \ll 1) - (x \oplus y)$ 推出. 另见下题.）

93. $x - y = (x \oplus y) - ((\bar{x} \,\&\, y) \ll 1)$.（"借位"代替"进位".）

94. $(x - l)_j = (x_j - 1 - b_j) \bmod 256$，其中 b_j 是从字段向右的"借位". 所以，t_j 非零当且仅当 $(x_j \ldots x_0)_{256} < (1 \ldots 1)_{256} = (256^{j+1} - 1)/255$.（因此，所述问题的答案分别是"是"和"否".）

一般说来，如果常数 l 允许取任意值 $(l_7 \ldots l_1 l_0)_{256}$，运算 (90) 使得 $t_j \neq 0$ 当且仅当 $(x_j \ldots x_0)_{256} < (l_j \ldots l_0)_{256}$ 且 $x_j < 128$.

95. 使用 (90)：检验 $h \,\&\, \big(t(x \oplus ((x \gg 8) + (x \ll 56))) \mid t(x \oplus ((x \gg 16) + (x \ll 48))) \mid t(x \oplus ((x \gg 24) + (x \ll 40))) \mid t(x \oplus ((x \gg 32) + (x \ll 32)))\big) = 0$ 是否成立，其中 $t(x) = (x - l) \,\&\, \bar{x}$.（当循环移位可用时，这 28 步运算减少到 20 步，或者用 MXOR 和 BDIF 减少到 11 步.）

96. 如果 $0 \leq x, y < 256$，我们有 $x < y \Longleftrightarrow \bar{x} + y \geq 256 \Longleftrightarrow \lfloor (\bar{x} + y)/2 \rfloor \geq 128$. 因此，我们可以使用 (88)，只是用 $\bar{x}$ 代替 x.

对于 $[x_j \leq y_j] = 1 - [y_j < x_j]$，为了得到类似的检验函数，我们仅需交换 $x \leftrightarrow y$ 并取补. 注意到 $\bar{y} \oplus x = \overline{x \oplus y}$ 且 $\overline{u + v} = \bar{u} - v$ 且 $\overline{\bar{y} \,\&\, \bar{x}} = \bar{x} \mid y$，结果类似于 (93)：

$$t \leftarrow ((\bar{x} \mid y) - (((\bar{x} \oplus y) \gg 1) \,\&\, \bar{h})) \,\&\, h.$$

诺伯特·朱法注意到，在最后的 $\&\,h$ 前面，在每个字节中有 $\lfloor (\bar{x}_j + y_j + 1)/2 \rfloor$，当 $x_j + y_j$ 是奇数时，按字节平均是上取整而非下取整.

97. 置 $x' \leftarrow x \oplus \texttt{"********"}$，$y' \leftarrow x \oplus y$，$t \leftarrow h \,\&\, (x \mid ((x \mid h) - l)) \,\&\, (y' \mid ((y' \mid h) - l))$，$m \leftarrow (t \ll 1) - (t \gg 7)$，$t \leftarrow t \,\&\, (x' \mid ((x' \mid h) - l))$，$z \leftarrow (m \,\&\, \texttt{"********"}) \mid (\overline{m} \,\&\, y)$.（20 步.）

98. 置 $t \leftarrow ((\bar{x} \,\&\, y) + (((\bar{x} \oplus y) \gg 1) \,\&\, \bar{h})) \,\&\, h$，$t \leftarrow (t - (t \gg 1)) + t$，$v \leftarrow (x \oplus y) \,\&\, t$，$z \leftarrow x \oplus v$，$w \leftarrow y \oplus v$.［这个 13 步过程使用 (93) 寻找这样的字节，在其中我们要交换 $x_j \leftrightarrow y_y$. 当然，如果可用的话，MMIX 解法快得多：BDIF t,x,y; ADDU z,y,t; SUBU w,x,t，因为 $\min(x, y) = x - (x \dotdiv y)$.］

99. 在这道杂题中每一个全字求解一类不同问题. 重构条件使它们有共同的结构：$f_0 = [x_0 \oplus \texttt{'!'} \leq 0]$，$f_1 = [x_1 \oplus \texttt{'*'} > 0]$，$f_2 = [x_2 \leq \texttt{'A'} - 1]$，$f_3 = [x_3 > \texttt{'z'}]$，$f_4 = [x_4 > \texttt{'a'} - 1]$，$f_5 = [x_5 \oplus \texttt{'0'} \leq 9]$，$f_6 = [x_6 + 255 > 86]$，$f_7 = [x_7 \oplus \texttt{'?'} \leq 3]$. 啊哈！我们可以用类似 (91) 的公式，当需要时调整 d 可以在 $\leq$ 与 $>$ 之间切换：$a = (\texttt{'?'}(255)\texttt{'0'}000\texttt{'*'}\texttt{'!'})_{256} = {}^{\#}\texttt{3fff300000002a21}$；$b = \bar{h} = {}^{\#}\texttt{7f7f7f7f7f7f7f7f}$；$c = \bar{h} \,\&\, {\sim}(3(86)9(\texttt{'a'} - 1)\texttt{'z'}(\texttt{'A'} - 1)00)_{256} = {}^{\#}\texttt{7c29761f053f7f7f}$（这个最困难）；$d = {}^{\#}\texttt{8000800000800080}$；$e = h = {}^{\#}\texttt{8080808080808080}$.

100. 我们要计算 $u_j = x_j + y_j + c_j - 10c_{j+1}$ 和 $v_j = x_j - y_j - b_j + 10b_{j+1}$，其中 c_j 和 b_j 分别是到数位 j 的"进位"和"借位". 置 $u' \leftarrow (x + y + (6 \ldots 66)_{16}) \bmod 2^{64}$ 和 $v' \leftarrow (x - y) \bmod 2^{64}$. 然后，通过对 j 的归纳法，对于 $0 \leq j < 16$ 计算 $u'_j = x_j + y_j + c_j + 6 - 16c_{j+1}$ 和 $v'_j = x_j - y_j - b_j + 16b_{j+1}$. 因此，$u'$ 和 v' 具有像我们是在处理十进制时的同样进位和借位模式，而且我们有 $u = u' - 6(\bar{c}_{16} \ldots \bar{c}_2 \bar{c}_1)_{16}$，$v = v' - 6(b_{16} \ldots b_2 b_1)_{16}$. 所以，下面的计算方案提供我们想要的结果（对加法有 10 个运算，对减法有 9 个运算）：

$$
\begin{aligned}
&y' \leftarrow y + (6 \ldots 66)_{16}, \quad u' \leftarrow x + y', &\quad &v' \leftarrow x - y, \\
&t \leftarrow \langle \bar{x}\bar{y}'u' \rangle \,\&\, (8 \ldots 88)_{16}, &\quad &t \leftarrow \langle \bar{x}yv' \rangle \,\&\, (8 \ldots 88)_{16}, \\
&u \leftarrow u' - t + (t \gg 2); &\quad &v \leftarrow v' - t + (t \gg 2).
\end{aligned}
$$

101. 对于减法，置 $z \leftarrow x-y$；对于加法，置 $z \leftarrow x+y+{}^{\#}\text{e8c4c4fc18}$，这里的常数是由 $256-24 = {}^{\#}\text{e8}$，$256-60 = {}^{\#}\text{c4}$，$65536-1000 = {}^{\#}\text{fc18}$ 拼接而成的. 在字段之间将出现借位和进位，就像在执行混合进制的加减法一样. 剩下的任务是对出现借位或者不出现进位情况作修正，通过检查个别数字容易做到这一点，因为基数小于字段大小的一半：置 $t \leftarrow z \,\&\, {}^{\#}\text{8080808000}$，$t \leftarrow (t \ll 1) - (t \gg 7) - ((t \gg 15) \,\&\, 1)$，$z \leftarrow z - (t \,\&\, {}^{\#}\text{e8c4c4fc18})$. ［见斯蒂芬·索尔，*CACM* **18** (1975), 344–346. 所幸 fc18 中的 c 是偶数.］

102. (a) 假定 $x = (x_{15}\ldots x_0)_{16}$，$y = (y_{15}\ldots y_0)_{16}$，其中 $0 \le x_j, y_j < 5$. 例程的目标是计算 $u = (u_{15}\ldots u_0)_{16}$，$v = (v_{15}\ldots v_0)_{16}$，其中 $u_j = (x_j + y_j) \bmod 5$，$v_j = (x_j - y_j) \bmod 5$. 计算步骤如下：

$$u \leftarrow x + y, \qquad\qquad v \leftarrow x - y + 5l,$$
$$t \leftarrow (u + 3l) \,\&\, h, \qquad\qquad t \leftarrow (v + 3l) \,\&\, h,$$
$$u \leftarrow u - ((t - (t \gg 3)) \,\&\, 5l); \qquad\qquad v \leftarrow v - ((t - (t \gg 3)) \,\&\, 5l),$$

其中 $l = (1\ldots1)_{16} = (2^{64} - 1)/15$，$h = 8l$. （7 个运算用加法，8 个运算用减法.）

　　(b) 现在 $x = (x_{20}\ldots x_0)_8$，等等，我们必须更仔细限制进位：

$$t \leftarrow x + \bar{h},$$
$$z \leftarrow (t \,\&\, \bar{h}) + (y \,\&\, \bar{h}), \qquad\qquad z \leftarrow (x \mid h) - (y \,\&\, \bar{h}),$$
$$t \leftarrow (y \mid z) \,\&\, t \,\&\, h, \qquad\qquad t \leftarrow (y \mid \bar{z}) \,\&\, \bar{x} \,\&\, h,$$
$$u \leftarrow x + y - (t + (t \gg 2)); \qquad\qquad v \leftarrow x - y + t + (t \gg 2),$$

其中 $h = (4\ldots4)_8 = (2^{65} - 4)/7$. （11 个运算用加法，10 个运算用减法.）

　　当然，类似的过程也适用于其他模数. 事实上，对于通常的环面坐标可以用乘法运算，每个分量用不同的模数（见 7.2.1.3–(66)）.

103. 令 h 和 l 分别是 (8_7) 和 (88) 中的常数. 加法很容易：$u \leftarrow x \mid ((x \,\&\, \bar{h}) + y)$. 对于减法，减去 1 再加上 $x_j \,\&\, (1 - y_j)$：$t \leftarrow (x \,\&\, \bar{l}) \gg 1$，$v \leftarrow t \mid (t + (x \,\&\, (y \oplus l)))$.

104. 是的，可以用 19 次运算完成：令 $a = (((1901 \ll 4) + 1) \ll 5) + 1$，$b = (((2099 \ll 4) + 12) \ll 5) + 28$. 置 $m \leftarrow (x \gg 5) \,\&\, {}^{\#}\text{f}$（月份），$c \leftarrow {}^{\#}\text{10} \,\&\, {\sim}((x \mid (x \gg 1)) \gg 5)$（闰年修正），$u \leftarrow b + {}^{\#}\text{3} \,\&\, ({}^{\#}\text{3bbeecc} + c) \gg (m+m)$（*max_day* 调整），$t \leftarrow ((x \oplus a \oplus (x-a)) \mid (x \oplus u \oplus (u-x))) \,\&\, {}^{\#}\text{1000220}$（检验无用的进位）.

105. 习题 98 说明如何计算按字节的最小值和最大值，稍做修改可用于计算某些字节位置的最小值和其他字节位置的最大值. 因此，如果我们能够在 x 与 y 之间正确排列字节，就可以像 5.3.4 节图 57 那样"按全混洗排序". 根据习题 1，这样的排列很容易实现. ［当然，有更快更简单的 16 字节的排序方法. 此外，关于这种方法的渐近含义，见苏珊·阿伯斯和托本·哈格吕普，*Inf. and Computation* **136** (1997), 25–51，以及米克尔·托鲁普，*J. Algorithms* **42** (2002), 205–230.］

106. 把 n 个二进制位看作 g 个字段，每个字段为 g 个二进制位. 首先，检查非零的那些字段 (t_1)，建立一个字 y，在每个 g 位字段中有 $(y_{g-1}\ldots y_0)_2$，其中 $y_j = [x$ 的字段 j 非零]. 然后，把每个字段与常数 $2^{g-1},\ldots,2^0$ 比较 (t_2)，建立一个掩码 m，识别 x 的最高有效非零字段. 在把那个字段的 g 个拷贝置放进 z 之后，像检验 y 那样检验 z (t_3). 最后，t_2 和 t_3 的适当的（按 g 位的）位叠加加法产生 λ. （请试着计算 $g = 4$，$n = 16$ 的情形.）

　　为了计算 2^λ（不使用左移位），用 $t_2 + t_2$ 代替 $t_2 \ll 1$，并且用 $w \leftarrow (((a \cdot (t_3 \oplus (t_3 \gg g))) \bmod 2^n) \gg (n-g)) \cdot l$ 代替最后一行，则 $w \,\&\, m$ 是 $2^{\lambda x}$.

107.

```
 h   GREG #8000800080008000        SLU  q,t,16         OR   t,t,y
 ms  GREG #00ff0f0f33335555        ADDU t,t,q          AND  t,t,h
 1H  SRU  q,x,32                   SLU  q,t,32     5H  SLU  t,t,15
     ZSNZ lam,q,32                 ADDU t,t,q          ADDU t,t,q
     ADD  t,lam,16             3H  ANDN y,t,ms          SLU  q,t,30
     SRU  q,x,t                4H  XOR  t,t,y           ADDU t,t,q
     CSNZ lam,q,t                  OR   q,y,h       6H  SRU  q,t,60
 2H  SRU  t,x,lam                  SUBU t,q,t           ADDU lam,lam,q ∎
```

总时间是 22υ（而且不使用存储空间）. ［如果 (56) 的最后一行用 `ADD t,lam,4`; `SRU y,x,t`; `CSNZ lam,y,t`; `SRU y,x,lam`; `SLU t,y,1`; `SRU t,[#ffffaa50],t`; `AND t,t,3`; `ADD lam,lam,t` 代替，我们得到一个使用少量存储空间的版本，总时间仅为 16υ. ］

108. 例如，令 e 是满足 $n \le 2^e \cdot 2^{2^e}$ 的最小值. 如果 n 是 2^e 的倍数，我们可以用长度为 $n/2^e$ 的 2^e 个字段，在步骤 B1 完成 e 次递减；否则，我们可以用长度为 $2^{\lceil \lg n\rceil -e-1}$ 的 2^e 个字段，在步骤 B1 完成 $e+1$ 次递减. 无论哪种情况，在步骤 B2 和 B5 步都有 e 次迭代，所以，总运行时间是 $O(e) = O(\log \log n)$.

109. 从 $x \leftarrow x\,\&\, -x$ 开始，并应用算法 B.（对于这种特殊情况，步骤 B4 可以稍加简化，用常数 l 代替 $x \oplus y$.）

110. 令 $s = 2^d$，其中 $d = 2^e - e$. 我们使用 n 位字中的 s 位字段.

K1. ［伸展 $x \bmod s$］置 $y \leftarrow x\,\&\,(s-1)$. 然后对于 $e > j \ge 0$ 置 $t \leftarrow y\,\&\,\bar{\mu}_j$ 和 $y \leftarrow y \oplus t \oplus (t \ll 2^j(s-1))$. 最后置 $y \leftarrow (y \ll s) - y$. ［如果 $x = (x_{2^e-1}\dots x_0)_2$，现在我们有 $y = (y_{2^e-1}\dots y_0)_{2^s}$，其中 $y_j = (2^s-1)x_j[j<d]$. ］

K2. ［建立小项. ］置 $y \leftarrow y \oplus (a_{2^e-1}\dots a_0)_{2^s}$，其中对于 $0 \le j < d$ 有 $a_j = \mu_{d,j}$，对于 $d \le j < 2^e$ 有 $a_j = 2^s - 1$.

K3. ［压缩. ］对于 $e > j \ge 0$ 置 $y \leftarrow y\,\&\,(y \gg 2^j s)$. ［现在 $y = 1 \ll (x \bmod s)$. 这是算法有效的关键. ］

K4. ［完成. ］对于 $0 \le j < e$ 置 $y \leftarrow y\,|\,(y \ll 2^j s)$. 最后，对于 $d \le j < 2^e$ 置 $y \leftarrow y\,\&\,(\mu_{2^e,j} \oplus -((x \gg j)\,\&\,1))$. ∎

111. 把 n 个二进制位分成若干字段，每个字段包含 s 个二进制位，最左边字段可能不足位. 首先，把 y 设置为标识全 1 字段. 然后，$t = (\dots t_1 t_0)_{2^s}$ 包含 q 的候选位组，包括对特定模式 01^k（$s \le k < r$）的"虚假段". 我们总是有 $\nu t_j \le 1$，以及 $t_j \ne 0$ 蕴涵 $t_{j-1} = 0$. u 和 v 的位组把 t 分为两部分，使得我们对消除"虚假段"做最后检查之前可以可靠地计算 $m = (t \gg 1)\,|\,(t \gg 2)\,|\,\cdots\,|\,(t \gg r)$.

112. 注意，如果 $q = x\,\&\,(x \ll 1)\,\&\,\cdots\,\&\,(x \ll (r-1))\,\&\,\sim(x \ll r)$，那么我们有 $x\,\&\,\overline{x+q} = x\,\&\,(x \ll 1)\,\&\,\cdots\,\&\,(x \ll (r-1))$.

如果我们可以用 $O(1)$ 步求解所述问题，我们也能够用 $O(1)$ 步提取 r 位二进制数的最高有效位：把情形 $n = 2r$ 应用于数 $2^n - 1 - x$. 反过来，可以把提取问题的解展现为 $1^r 0$ 问题的解. 所以，习题 110 蕴涵一个 $O(\log \log r)$ 步的解.

113. 令 $0' = 0$，$x_0' = x_0$，并对于 $1 \le i \le r$ 构造 $x_{i'}' = x_i$ 如下：如果 $x_i = a \circ_i b$，$\circ_i \notin \{+, -, \ll\}$，令 $i' = (i-1)' + 1$，$x_{i'}' = a' \circ_i b'$，其中，若 $a = x_j$ 则 $a' = x_{j'}'$，若 $a = c_i$ 则 $a' = a$. 如果 $x_i = a \ll c$，令 $i' = (i-1)' + 2$，$(x_{i'-1}', x_{i'}') = (a'\,\&\,(\lceil 2^{n-c}\rceil - 1), x_{i'-1}' \ll c)$. 如果 $x_i = a + b$，令 $i' = (i-1)' + 6$ 且令 $(x_{(i-1)'+1}', \dots, x_{i'}')$ 计算 $((a'\,\&\,\bar{h}) + (b'\,\&\,\bar{h})) \oplus ((a' \oplus b')\,\&\,h)$，其中 $h = 2^{n-1}$. 如果 $x_i = a - b$，执行类似的计算 $((a'\,|\,h) - (b'\,\&\,\bar{h})) \oplus ((a' \equiv b')\,\&\,h)$. 显然 $r' \le 6r$.

114. 简单地，当 $x_i = x_{j(i)} \circ_i x_{k(i)}$ 时令 $X_i = X_{j(i)} \circ_i X_{k(i)}$，当 $x_i = c_i \circ_i x_{k(i)}$ 时令 $X_i = C_i \circ_i X_{k(i)}$，当 $x_i = x_{j(i)} \circ_i c_i$ 时令 $X_i = X_{j(i)} \circ_i C_i$，其中，当 c_i 是一个移位量时 $C_i = c_i$，否则 $C_i = (c_i \dots c_i)_{2^n} = (2^{mn} - 1)c_i/(2^n - 1)$. 由于不允许可变长度移位的事实，这种结构是合理的.

[注意，如果 $m = 2^d$，我们可以利用这种想法模拟 $f(x, y_i)$ 的 2^d 个实例. 于是，$O(d)$ 个进一步的运算允许"量词化".]

115. (a) $z \leftarrow (\bar{x} \ll 1) \& (x \ll 2)$, $y \leftarrow x \& (x + z)$. [这个问题是沃恩·普拉特在 1977 年向作者提出的.]

(b) 首先计算 $x_l \leftarrow (x \ll 1) \& \bar{x}$ 和 $x_r \leftarrow x \& (\bar{x} \ll 1)$, 这是 x 块的左端和右端, 然后置 $x'_r \leftarrow x_r \& (x_r - 1)$. 这时 $z_e \leftarrow x'_r \& (x'_r - (x_l \& \bar{\mu}_0))$ 和 $z_o \leftarrow x'_r \& (x'_r - (x_l \& \mu_0))$ 分别是在偶数和奇数位置的右端（跟随在一个左端后面）. 答案是 $y \leftarrow x \& (x + (z_e \& \bar{\mu}_0) + (z_o \& \mu_0))$, 它可以简化为 $y \leftarrow x \& (x + (z_e \oplus (x'_r \& \mu_0)))$.

(c) 由推论 I, 这种情况是不可能的.

116. 根据引理 A, 语言 L 是明确定义的（除了空串的存在或不存在是无关的）. 一种语言是正则的当且仅当它可以用有限状态自动机定义, 而一个 2 基整数是有理数当且仅当它可以用一种忽视其输入的有限状态自动机定义. 恒等函数对应于语言 $L = 1(0 \cup 1)^*$, 而一个简单结构定义一种自动机, 它对应于由作用在序列 $x_0 x_1 x_2 \ldots$ 上的任何两个给定自动机定义的数的和、差或布尔组合. 因此, L 是正则语言.

在习题 115 中, L 是 (a) $11^*(000^*1(0 \cup 1)^* \cup 0^*)$; (b) $11^*(00(00)^*1(0 \cup 1)^* \cup 0^*)$.

117. 顺便指出, 所述语言 L 对应于一种逆格雷二进制码: 它定义一个带有性质 $f(2x) = {\sim}f(2x+1)$ 和 $g(f(2x)) = g(f(2x+1)) = x$ 的函数, 其中 $g(x) = x \oplus (x \gg 1)$ (见等式 7.2.1.1–(9)).

118. 如果 $x = (x_{n-1} \ldots x_1 x_0)_2$ 且对于 $0 \le j < n$ 有 $0 \le a_j \le 2^j$, 则我们有 $\sum_{j=0}^{n-1} a_j x_j = \sum_{j=0}^{n-1} (a_j \dotminus (\bar{x} \& 2^j))$. 为了获得 $x \gg 1$, 取 $a_j = \lfloor 2^{j-1} \rfloor$.

反过来, 由迈克尔·佩特森给出的下述论证, 证明必须至少使用点减 $n-1$ 次: 考虑对于 $f(x)$ 使用加法、减法、按位布尔运算, 以及 k 次出现的"下溢"运算 $y \triangleleft z = (2^n - 1)[y < z]$ 的任意链. 如果 $k < n - 1$, 必定有两个 n 位二进制数 x' 和 x'', 使得 $x' \bmod 2 = x'' \bmod 2 = 0$, 而且 $\triangleleft$ 的所有 k 次出现对于 x' 和 x'' 都产生同样结果. 于是, 当 $j = \rho(x' \oplus x'')$ 时 $f(x') \bmod 2^j = f(x'') \bmod 2^j$. 所以, $f(x)$ 不是函数 $x \gg 1$.

119. $z \leftarrow x \oplus y$, $f \leftarrow 2^p \& \bar{z} \& (z - 1)$. (见 (90).)

120. 推广推论 W, 这些函数是这样的函数, 对于 $0 \le k \le n$ 和 $1 \le j \le m$, 每当 $x_j \equiv y_j \pmod{2^k}$ 时 $f(x_1, \ldots, x_m) \equiv f(y_1, \ldots, y_m) \pmod{2^k}$. 最低有效位是 m 个变量的二进制函数, 所以它有 2^{2^m} 种可能性; 次低有效位是 $2m$ 个变量的二进制函数, 即 $(x_1 \bmod 4, \ldots, x_m \bmod 4)$ 的二进制位数, 所以它有 $2^{2^{2m}}$ 种可能性; 依此类推. 因此答案是 $2^{2^m + 2^{2m} + \cdots + 2^{nm}}$.

121. (a) 如果 f 有长度为 pq 的周期, 其中 $q > 1$ 是奇数, 它的 p 重迭代 $f^{[p]}$ 具有长度为 q 的周期, 比如说 $y_0 \mapsto y_1 \mapsto \cdots \mapsto y_q = y_0$, 其中 $y_{j+1} = f^{[p]}(y_j)$ 且 $y_1 \ne y_0$. 然而, 根据推论 W, 我们在对应的 $(n-1)$ 位链中必定有 $y_0 \bmod 2^{n-1} \mapsto y_1 \bmod 2^{n-1} \mapsto \cdots \mapsto y_q \bmod 2^{n-1}$. 由对 n 的归纳法得出 $y_1 \equiv y_0 \pmod{2^{n-1}}$. 因此, 我们有 $y_1 = y_0 \oplus 2^{n-1}$, $y_2 = y_0$, 等等, 产生矛盾.

(b) $x_1 = x_0 + x_0$, $x_2 = x_0 \gg (p-1)$, $x_3 = x_1 \mid x_2$, 长度为 p 的周期从 $x_0 = (1 + 2^p + 2^{2p} + \cdots) \bmod 2^n$ 开始.

122. 减法同加法相似. 布尔运算甚至更简单. 至于常数仅有一种位模式. 仅留下 $x_r = x_j \gg c$ 的情形, 其中我们有 $S_r = S_j + c$, 当 $c < 0$ 时向左移位. 于是 $V_{pqr} = V_{(p+c)(q+c)j}$, 而且

$$x_r \& \lfloor 2^p - 2^q \rfloor = ((x_j \& \lfloor 2^{p+c} - 2^{q+c} \rfloor) \gg c) \& (2^n - 1).$$

因此, 根据归纳法我们有 $|X_{pqr}| \le |X_{(p+c)(q+c)j}| \le B_j = B_r$.

123. 设 $x = (x_{g-1} \ldots x_0)_2$, 首先注意到, 在 (104) 中 $t = 2^{g-1}(x_0 \ldots x_{g-1})_{2g}$. 因此, 如所宣称的那样, 我们有 $y = (x_0 \ldots x_{g-1})_2$. 定理 P 现在意味着 $\lfloor \frac{1}{3} \lg g \rfloor$ 步广义字操作需要以 a_{g+1} 和 a_{g-1} 分别相乘. 上述乘法中至少有一个必定需要 $\lfloor \frac{1}{6} \lg g \rfloor$ 步或者更多步.

124. 首先, 置 $t \leftarrow 0$, $x_0 = x$, $U_0 = \{2^0, 2^1, \ldots, 2^{n-1}\}$, $1' \leftarrow 0$. 当置 $t \leftarrow t + 1$ 时, 如果当前指令是 $r_i \leftarrow r_j \pm r_k$, 我们直接定义 $x_t = x_{j'} \pm x_{k'}$, 置 $i' \leftarrow t$. 情形 $r_i \leftarrow r_j \circ r_k$ 和 $r_i \leftarrow c$ 类似.

如果当前指令在 $r_i \le r_j$ 时执行了转移, 定义 $x_t = x_{t-1}$, 令 $V_1 = \{x \in U_{t-1} \mid x_{i'} \le x_{j'}\}$, $V_0 = U_{t-1} \backslash V_1$. 令 U_t 是 V_0 和 V_1 中的较大者, 如果 $U_t = V_1$ 则转移. 注意, 此时我们有 $|U_t| \ge |U_{t-1}|/2$.

如果当前指令是 $r_i \leftarrow r_j \gg r_k$, 令 $W = \{x \in U_{t-1} \mid$ 对于某个 $s \in S_{k'}$ 有 $x \,\&\, \lfloor 2^{\lg n + s} - 2^s \rfloor \neq 0\}$, 并注意到 $|W| \leq |S_{k'}| \lg n \leq 2^{t-1+e+f}$. 对于 $|c| < n$ 令 $V_c = \{x \in U_{t-1} \setminus W \mid x_{k'} = c\}$, 令 $V_n = U_{t-1} \setminus W \setminus \bigcup_{|c| < n} V_c$. 引理 B 告诉我们, 集合 V_c 中最多有 $B_{k'} + 1 \leq 2^{2^{t-1}-1} + 1$ 个非空. 令 U_t 是最大的集合, 如果它是 V_c, 定义 $x_t = x_{j'} \gg c$, 置 $i' \leftarrow t$. 此时我们有 $|U_t| \geq (|U_{t-1}| - 2^{t-1+e+f})/(2^{2^{t-1}-1}+1)$.

同样, 对于 $r_i \leftarrow M[r_j \bmod 2^m]$ 或 $M[r_j \bmod 2^m] \leftarrow r_i$, 令 $W = \{x \in U_{t-1} \mid$ 对于某个 $s \in S_{j'}$ 有 $x \,\&\, \lfloor 2^{m+s} - 2^s \rfloor \neq 0\}$, 对于 $0 \leq z < 2^m$ 令 $V_z = \{x \in U_{t-1} \setminus W \mid x_{j'} \bmod 2^m = z\}$. 根据引理 B, 集合 V_z 中最多有 $B_{j'} \leq 2^{2^{t-1}-1}$ 个非空. 令 $U_t = V_z$ 是最大的集合. 为了在 $M[z]$ 写入 r_i, 定义 $x_t = x_{t-1}$, 置 $z'' \leftarrow i'$; 为了从 $M[z]$ 读出 r_i, 如果 z'' 有定义, 置 $i' \leftarrow t$ 并定义 $x_t = x_{z''}$, 否则, 令 x_t 是预先计算的常数 $M[z]$. 在这两种情况 $|U_t| \geq (|U_{t-1}| - 2^{t-1}m)/2^{2^{t-1}-1}$ 都是足够大的.

如果 $t < f$, 我们不能肯定 $r_1 = \rho x$. 原因在于集合 $W = \{x \in U_t \mid$ 对于某个 $s \in S_{1'}$ 有 $x \,\&\, \lfloor 2^{\lg n + s} - 2^s \rfloor \neq 0\}$ 具有大小 $|W| \leq |S_{1'}| \lg n \leq 2^{t+e+f}$, 从而 $|U_t \setminus W| \geq 2^{2^{e+f}-2^t+1} - 2^{t+e+f} > 2^{2^{t-1}} \geq |\{x_{1'} \,\&\, \lfloor 2^{\lg n} - 1 \rfloor \mid x_0 \in U_t \setminus W\}|$. $U_t \setminus W$ 的两个元素不能有同样的值 $\rho x = x_{1'} \,\&\, \lfloor 2^{\lg n} - 1 \rfloor$.

[即使我们允许在时刻 t 在 RAM 上建立 $(r_1, \ldots, r_l)$ 基础上的任意 $2^{2^{t-1}}$ 路转移, 同样的下界也适用.]

125. 像上题答案那样开始, 但是令 $U_0 = [0 \,.\, 2^g]$. 简化消除集合 W 的那个论证将产生满足 $|U_t| \geq 2^g / \max(2^m, 2n)^t$ 的集合. 例如, 最多可能出现 $2n$ 条不同的移位指令.

假定我们能在时刻 $t < \lg(h+1)$ 停止. 定理 P 的证明产生 $x^R \,\&\, \lfloor 2^p - 2^q \rfloor$ 的 p 和 q (与 $x \,\&\, \lfloor 2^{p+s} - 2^{q+s} \rfloor$ 无关). 因此, 提示中的扩充的引理 B 说明, 对于其他位字 $\{x \,\&\, \lfloor 2^{p+s} - 2^{q+s} \rfloor \mid s \in S_t\}$ 的每个设置, x^R 最多取 $2^{2^t - 1} \leq 2^{(h-1)/2}$ 个不同的值. 所以, $r_1 = x_{1'}$ 是 x 的最多 $2^{(h-1)/2+g-h}$ 个值中 x^R 的正确值. 但是, 根据 (106), $2^{(h-1)/2+g-h}$ 小于 $|U_t|$.

126. 迈克尔·佩特森提出过一个相关 (但不同) 的猜测: 对于带 k 个加减法运算的每条 2 基链, 存在满足 $\nu x = k+1$ 的 (可能是非常大的) 整数 x, 使得这条链不是计算 $2^{\lambda x}$ 的链.

127. 约翰·哈斯塔 [*Advances in Computing Research* **5** (1989), 143–170] 证明了, 用不限制扇入的 AND 和 OR 门从输入 $\{x_1, \ldots, x_n, \bar{x}_1, \ldots, \bar{x}_n\}$ 计算奇偶性函数的每个多项式规模的电路必定有深度 $\Omega(\log n / \log\log n)$.

128. (亦请注意, 习题 36 和 66 考虑了后缀奇偶性函数 $x^\oplus$.)

130. 如果答案为 "否", 考虑使用变量 a 的类似问题.

131. 这个程序执行典型的 "广度优先搜索", 保持 $\text{LINK}(q) = r$. 寄存器 u 是当前被检验的顶点, 寄存器 v 是它的后继之一.

0H	LDOU r,q,link	1	$r \leftarrow \text{LINK}(q)$.		STOU v,q,link	$\|R\|-\|Q\|$	$\text{LINK}(q) \leftarrow v$.
	SET u,r	1	$u \leftarrow r$.		STOU r,v,link	$\|R\|-\|Q\|$	$\text{LINK}(v) \leftarrow r$.
1H	LDOU a,u,arcs	$\|R\|$	$a \leftarrow \text{ARCS}(u)$.		SET q,v	$\|R\|-\|Q\|$	$q \leftarrow v$.
	BZ a,4F	$\|R\|$	$S[u] = \emptyset$ 吗?	3H	PBNZ a,2B	S	对 a 循环.
2H	LDOU v,a,tip	S	$v \leftarrow \text{TIP}(a)$.	4H	LDOU u,u,link	$\|R\|$	$u \leftarrow \text{LINK}(u)$.
	LDOU a,a,next	S	$a \leftarrow \text{NEXT}(a)$.		CMPU t,u,r	$\|R\|$	$u \neq r$ 吗?
	LDOU t,v,link	S	$t \leftarrow \text{LINK}(v)$.		PBNZ t,1B	$\|R\|$	如果是, 继续.
	PBNZ t,3F	S	$v \in R$ 吗?				

132. (a) 我们总有 $\tau(U) \subseteq \&_{u \notin U} \delta_u = \sigma(U)$. 等式成立当且仅当对于所有的 $u \in U$ 和 $u' \in U$ 有 $2^u \subseteq \rho(u')$.

(b) 我们已经证明 $\tau(U) \subseteq \sigma(U)$, 因此 $T \subseteq U$. 如果 $t \in T$, 则对于所有的 $u \in U$ 有 $2^t \subseteq \rho_u$. 所以 $\sigma(T) \subseteq \tau(T)$.

(c) 答案 (a) 和 (b) 证明了 C_n 的元素代表团.

(d) 如果 $u \subseteq v$, 那么 $u \,\&\, \rho_k \subseteq v \,\&\, \rho_k$ 且 $u \,\&\, \delta_k \subseteq v \,\&\, \delta_k$. 所以我们完全可以用最大项操作. 下面的算法以类似于基数交换排序 (算法 5.2.2R) 的方式使用适合高速缓存的顺序分配 (而不是链接分配).

假定 $w_1 \ldots w_s$ 是 s 个无符号字的工作区, 以 $w_0 = 0$ 和 $w_{s+1} = 2^n - 1$ 为界. C_{k-1}^+ 的元素最初出现在位置 $w_1 \ldots w_m$, 我们的目标是用 C_k^+ 的元素替代它们.

M1. [初始化.] 如果 $\rho_k = 2^n - 1$, 终止算法. 否则, 置 $v \leftarrow 2^k$, $i \leftarrow 1$, $j \leftarrow m$.

M2. [划分 v.] 当 $w_i \& v = 0$ 时循环执行 $i \leftarrow i + 1$. 当 $w_j \& v \neq 0$ 时循环执行 $j \leftarrow j - 1$. 然后, 如果 $i > j$, 转到 M3; 否则, 交换 $w_i \leftrightarrow w_j$, 置 $i \leftarrow i + 1$, $j \leftarrow j - 1$, 重复执行本步骤.

M3. [分裂 $w_i \ldots w_m$.] 置 $l \leftarrow j$, $p \leftarrow s + 1$. 当 $i \leq m$ 时循环执行: 用 $u = w_i$ 调用子程序 Q, 置 $i \leftarrow i + 1$.

M4. [组合最大元素.] 置 $m \leftarrow l$. 当 $p \leq s$ 时循环执行 $m \leftarrow m + 1$, $w_m \leftarrow w_p$, $p \leftarrow p + 1$. ∎

子程序 Q 使用全局变量 j, k, l, p, v. 实际上, 它用 $u' = u \& \rho_k$ 和 $u'' = u \& \delta_k$ 代替字 u, 如果它们仍然是最大的, 就保留它们. 如果是这样, u' 进入上部工作区 $w_p \ldots w_s$, 但 u'' 停留在下部工作区.

Q1. [检验 u'.] 置 $w \leftarrow u \& \rho_k$, $q \leftarrow s$. 如果 $w = u$, 转到 Q4.

Q2. [它是可比较的吗?] 如果 $q < p$, 转到 Q3. 否则, 如果 $w \& w_q = w$, 转到 Q7. 否则, 如果 $w \& w_q = w_q$, 转到 Q4. 否则, 置 $q \leftarrow q - 1$, 重复执行 Q2.

Q3. [尝试接受 u'.] 置 $p \leftarrow p - 1$, $w_p \leftarrow w$. 如果 $p \leq m + 1$, 出现存储器溢出. 否则转到 Q7.

Q4. [准备循环.] 置 $r \leftarrow p$, $w_{p-1} \leftarrow 0$.

Q5. [移除非最大元素.] 当 $w \,|\, w_q \neq w$ 时循环执行 $q \leftarrow q - 1$. 当 $w \,|\, w_r = w$ 时循环执行 $r \leftarrow r + 1$. 然后, 如果 $q < r$, 转到 Q6; 否则, 置 $w_q \leftarrow w_r$, $w_r \leftarrow 0$, $q \leftarrow q - 1$, $r \leftarrow r + 1$, 重复执行本步骤.

Q6. [重置 p.] 置 $w_q \leftarrow w$, $p \leftarrow q$. 如果 $w = u$, 终止子程序.

Q7. [检验 u''.] 置 $w \leftarrow u \& \bar{v}$. 如果对于区间 $1 \leq q \leq j$ 内的某个 q 有 $w = w_q$, 啥也不做. 否则, 置 $l \leftarrow l + 1$, $w_l \leftarrow w$. ∎

实际上, 这个算法表现相当出色. 例如, 把它应用到 8×8 的皇后图 (习题 7–129), 它用 379 个字的工作区做 306 513 次内存访问后, 计算出 310 个极大团. 它用 15 090 个字的工作区做大约 30 959 万次内存访问后, 计算出同一图的 10 188 个极大独立集. 大小为 $(5, 6, 7, 8)$ 的这种集合分别有 $(728, 6912, 2456, 92)$ 个, 其中包括八皇后问题的 92 个著名的解.

　　参考文献: 尼古拉斯·贾丁和罗宾·西布森, *Mathematical Taxonomy* (Wiley, 1971), 附录 5. 列举极大团的其他许多算法也已经发表, 例如: 瓦尔特·克内德尔, *Computing* **3** (1968), 239–240, **4** (1969), 75; 昆拉德·布龙和约瑟夫·凯博施, *CACM* **16** (1973), 575–577; 筑山修治、井手干生、有吉弘和白川功, *SICOMP* **6** (1977), 505–517; 埃曼努埃尔·卢卡基斯, *Computers and Math. with Appl.* **9** (1983), 583–589; 戴维·约翰逊、米哈利斯·扬纳卡基斯和赫里斯托斯·帕帕季米特里乌, *Inf. Proc. Letters* **27** (1988), 119–123. 也见习题 5–23.

133. (a) 独立集是 $\overline{G}$ 的团. 所以, 对 G 取补集. (b) 顶点覆盖是独立集的补集. 所以, 对 G 取补集, 然后对输出取补集.

134. $a \mapsto 00$, $b \mapsto 01$, $c \mapsto 11$ 是 II 类第一个变换.

135. 实现这些一元算符很简单: $\neg(x_l x_r) = \bar{x}_r \bar{x}_l$; $\diamond(x_l x_r) = x_r x_r$; $\square(x_l x_r) = x_l x_l$. 此外, $x_l x_r \Leftrightarrow y_l y_r = (z_l \wedge z_r)(z_l \vee z_r)$, 其中 $z_l = (x_l \equiv y_l)$, $z_r = (x_r \equiv y_r)$.

136. (a) II 类、III 类、IV$_a$ 类和 IV$_c$ 类全都具有最优代价 4. 说来也怪, 函数 $z_l = x_l \vee y_l \vee (x_r \wedge y_r)$, $z_r = x_r \vee y_r$ 既适用于 II 类的变换 $(a, b, c) \mapsto (00, 01, 11)$, 也适用于 IV$_c$ 类的变换 $(a, b, c) \mapsto (00, 01, 1*)$. [当 $a = 0$, $b = 1$ 且 c 代表 "超过 1" 时, 这个运算等价于饱和加.]

　　(b) a, b, c 之间的对称性意味着我们仅需试验 I 类、IV$_a$ 类和 V$_a$ 类, 这些类的代价分别是 6、7、8. 具有 $(a, b, c) \mapsto (00, 01, 10)$ 的 I 类的一个获胜者是 $z_l = v_r \wedge \bar{u}_l$, $z_r = v_l \wedge \bar{u}_r$, 其中 $u_l = x_l \oplus y_l$, $u_r = x_r \oplus y_r$, $v_l = y_r \oplus u_l$, $v_r = y_l \oplus u_r$. [见习题 7.1.2–60, 它给出同样的答案, 但是有 $z_l \leftrightarrow z_r$. 原因在于, 在这个问题中我们有 $(x + y + z) \bmod 3 = 0$, 但在那个问题中是 $(x + y - z) \bmod 3 = 0$; 而且,

$z_l \leftrightarrow z_r$ 等价于否定. 这种情况的二进制运算 $z = x \circ y$ 的特征还可以通过元素 (x, y, z) 完全相同或者完全不同的事实来刻画, 玩过神奇形色牌[①]的人都熟悉它. 它是具有以下性质的 n 元素集合仅有的二进制运算: 该集合含有 $n!$ 个自同构, 并且不是平凡例子 $x \circ y = x$ 或 $x \circ y = y$.]

(c) 仅用 I 类即可达成, 代价为 3: 令 $(a, b, c) \mapsto (00, 01, 10)$, $z_l = (x_l \vee x_r) \wedge y_l$, $z_r = \bar{x}_r \wedge y_r$.

137. 事实上, 当 $(a, b, c) \mapsto (00, 01, 10)$ 时我们有 $z = (x + 1) \,\&\, y$. [这是一个人为的例子.]

138. 我所知的最简单实例, 需要用两个二进制运算进行计算, 例如

$$\begin{pmatrix} a & b & b \\ a & b & b \\ c & a & a \end{pmatrix} \quad \text{和} \quad \begin{pmatrix} a & b & a \\ a & b & a \\ c & a & c \end{pmatrix},$$

在 V_a 类中每个运算具有代价 2, 在 I 类和 II 类中, 这两个运算的代价分别是 $(3, 2)$ 和 $(2, 3)$.

139. 实际上, z_2 的计算等价于习题 136(b), 所以变换的自然表示 (111) 获胜. 幸运的是, 这个表示对于 z_1 也适用, 使用 $z_{1l} = x_l \wedge y_l$, $z_{1r} = x_r \wedge y_r$.

140. 使用自然表示 (111), 首先用二进制全加器以 $5 + 5 = 10$ 步计算 $(a_1 a_0)_2 = x_l + y_l + z_l$ 和 $(b_1 b_0)_2 = x_r + y_r + z_r$. 现在, "贪婪足迹"方法显示如何以额外 8 步计算所需的 (a_1, a_0, b_1, b_0) 的 4 个函数: $u_l = a_1 \wedge \bar{b}_0$, $u_r = a_0 \wedge \bar{b}_1$; $t_1 = a_1 \oplus b_0$, $t_2 = a_0 \oplus b_1$, $t_3 = a_1 \oplus t_2$, $t_4 = a_0 \oplus t_1$, $v_l = t_3 \wedge \bar{t}_1$, $v_r = t_4 \wedge \bar{t}_2$. [这是最优方法吗?]

141. 假定我们已经计算二进制位组 $a = a_0 a_1 \ldots a_{2m-1}$ 和 $b = b_0 b_1 \ldots b_{2m-1}$, 使得对于某个整数 $m = U_n \geq 2$ 有

$$a_s = [s=1 \text{ 或者 } s=2 \text{ 或者 } s \text{ 恰好以一种方式是 } \leq m \text{ 的不同乌拉姆数之和}],$$

$$b_s = [s \text{ 以一种以上的方式是 } \leq m \text{ 的不同乌拉姆数之和}].$$

例如, 当 $m = n = 2$ 时我们有 $a = 0111$ 和 $b = 0000$. 于是 $\{s \mid s \leq m \text{ 且 } a_s = 1\} = \{U_1, \ldots, U_n\}$, 并且 $U_{n+1} = \min\{s \mid s > m \text{ 且 } a_s = 1\}$. (注意, 当 $s = U_{n-1} + U_n$ 时 $a_s = 1$.) 下面的简单按位运算保持这些条件: $n \leftarrow n+1$, $m \leftarrow U_n$, 以及

$$(a_m \ldots a_{2m-1}, b_m \ldots b_{2m-1}) \leftarrow ((a_m \ldots a_{2m-1} \oplus a_0 \ldots a_{m-1}) \,\&\, \overline{b_m \ldots b_{2m-1}},$$
$$(a_m \ldots a_{2m-1} \,\&\, a_0 \ldots a_{m-1}) \mid b_m \ldots b_{2m-1}),$$

其中, 在赋值号右端当 $2U_{n-1} \leq s < 2U_n$ 时 $a_s = b_s = 0$.

[见马尔温・文德利希, *BIT* **11** (1971), 217–224; *Computers in Number Theory* (1971), 249–257. 由斯坦尼斯瓦夫・乌拉姆最先在 *SIAM Review* **6** (1964), 348 中定义的这些神秘数值困扰了数论工作者很多年. 比值 U_n/n 似乎收敛于 $\rho \approx 13.52$, 例如, $U_{10\,000\,000} = 135\,160\,791$, $U_{1\,000\,000\,000} = 13\,517\,631\,473$. 戴维・惠特克・威尔逊注意到这些乌拉姆数形成拟周期的"聚类", 它们的中心之间的间隔是 $\delta \approx 21.6016$ 的倍数. 然后, 斯蒂芬・斯坦纳伯格从经验中观察到 $U_n \bmod \lambda$ 几乎总是位于 $[\frac{1}{3}\lambda \,.\,.\, \frac{2}{3}\lambda]$, 其中 $\lambda \approx 2.443443$ [Report DCS/TR-1508 (耶鲁大学, 2015)]. 利用这个奇异性质, 菲利普・吉布斯 [viXra:1508.0085 (2015)] 发现, 使用大约 $O(N)$ 的时间和 $O(N)$ 的空间足以计算前 N 个乌拉姆数. 2015 年, 他和贾德森・麦克拉尼计算了超过 250 亿个乌拉姆数, 发现 $U_{23\,647\,775\,834} - U_{23\,647\,775\,833} = 319\,654\,122\,989 - 319\,654\,121\,875 = 1\,114$ 这种大间隙. 很明显, 仅当 $U_n \in \{2, 3, 4, 48\}$ 时出现最小间隙 $U_n - U_{n-1} = 1$. 我们从未观察到像 6, 11, 14, 16 这样的小间隙.]

142. 在那道习题中, 算法 E 执行对子立方的下列运算: (i) 对给定子立方 c 中的 $*$ 计数. (ii) 给定 c 和 c', 检验 $c \subseteq c'$ 是否成立. (iii) 给定 c 和 c', 计算 $c \sqcup c'$ (如果存在的话). 用位叠加加法容易计算 (i); 对于 (ii) 和 (iii), 我们检查 9 类两位二进制编码 (119), (123), (124) 中哪一类性能最佳. 假定 $a = 0$, $b = 1$, $c = *$, 0 和 1 之间的对称性意味着我们仅需检验 I 类、III 类、IV_c 类、IV_c 类、V_a 类和 V_c 类.

---

① 神奇形色牌 (SET game) 是一种益智类纸牌游戏, 共有 81 张各不相同的牌, 每张牌有 4 种特征: 形状 (菱形、椭圆形、波浪形), 纹路 (空心、条纹、实心), 数量 (1、2、3), 颜色 (红、紫、绿). 在每种特征上完全相同或者完全不同的 3 张牌称为一组 (SET), 玩家的任务是尝试以最快的速度发现 SET, 收集 SET 最多的玩家获胜. 参见: https://en.wikipedia.org/wiki/Set_(game). ——编者注

关于属于 I 类的"星号和二进制位"变换 $(0,1,*) \mapsto (00,01,10)$, 在每个分量中 $c \not\subseteq c'$ 的真值表是 $010*100*110*****$. （例如, $0 \subseteq *$ 且 $* \not\subseteq 1$. 真值表中的 $*$ 是不在意值, 对应于未使用的代码 11.）7.1.2 节的方法告诉我们, 这种最低代价函数具有代价 3. 例如, $c \subseteq c'$ 当且仅当 $((b \oplus b') \mid a) \,\&\, \bar{a}' = 0$. 此外, 子立方共存体 $c \sqcup c' = c''$ 存在当且仅当 $\nu z = 1$, 其中 $z = (b \oplus b') \,\&\, {\sim}(a \oplus a')$. 在这种情况下, $a'' = (a \oplus b \oplus b') \,\&\, {\sim}(a \oplus a')$, $b'' = (b \mid b') \,\&\, \bar{z}$. [梅尔文·布鲁尔在 *Proc. ACM Nat. Conf.* **23** (1968), 241–250 中提出了用于这种目的的"星号和二进制位"代码.]

但是, 使用 $(0,1,*) \mapsto (01,10,00)$ 的 III 类的效果更好. 于是, $c \subseteq c'$ 当且仅当 $(\bar{c}_l \,\&\, c'_l) \mid (\bar{c}_r \,\&\, c'_r) = 0$; $c \sqcup c' = c''$ 存在当且仅当 $\nu z = 1$, 其中 $z = x \,\&\, y$, $x = c_l \mid c'_l$, $y = c_r \mid c'_r$; 此外, $c''_l = x \oplus z$, $c''_r = y \oplus z$. 对于与 I 类相关的每个子立方共存体, 我们节省了两个运算, 作为对星号计数的一个额外步骤的补偿.

IV_a 类、V_a 类和 V_c 类的结果就差了许多. IV_c 类有某些优点, 但 III 类是最好的.

143. $f(x) = ((x \,\&\, m_1) \ll 17) \mid ((x \gg 17) \,\&\, m_1) \mid ((x \,\&\, m_2) \ll 15) \mid ((x \gg 15) \,\&\, m_2) \mid ((x \,\&\, m_3) \ll 10) \mid ((x \gg 10) \,\&\, m_3) \mid ((x \,\&\, m_4) \ll 6) \mid ((x \gg 6) \,\&\, m_4)$, 其中 $m_1 = {}^\#\texttt{7f7f7f7f7f7f}$, $m_2 = {}^\#\texttt{fefefefefefe}$, $m_3 = {}^\#\texttt{3f3f3f3f3f3f}$, $m_4 = {}^\#\texttt{fcfcfcfcfcfc}$. [例如, 见彼得·弗雷编辑的 *Chess Skill in Man and Machine* (1977), 第 59 页. 在 MMIX 上 5 步运算（4 个 MOR 运算和 1 个 OR 运算）足以计算 $f(x)$, 因为 $f(x) = q \cdot x \cdot q' \mid q' \cdot x \cdot q$, 其中 $q = {}^\#\texttt{40a05028140a0502}$, $q' = {}^\#\texttt{2010884422110804}$.]

144. 结点 $j \oplus (k \ll 1)$, 其中 $k = j \,\&\, {-}j$.

145. 它确定高度 h 的叶结点 $j \mid 1$ 的先辈.

146. 根据 (136), 我们需要证明当 $l - 2^{\rho l} < i \leq l \leq j < l + 2^{\rho l}$ 时 $\lambda(j \,\&\, {-}i) = \rho l$. 因为 $-l \leq -i < -l + 2^{\rho l}$, 从 (35) 推出所求结果.

147. (a) 对于 $1 \leq j \leq n$ 我们有 $\pi v_j = \beta v_j = j$, $\alpha v_j = 1 \ll \rho j$, $\tau j = \Lambda$.

(b) 假定 $n = 2^{e_1} + \cdots + 2^{e_t}$, 其中 $e_1 > \cdots > e_t \geq 0$, 对于 $0 \leq k \leq t$ 令 $n_k = 2^{e_1} + \cdots + 2^{e_k}$. 那么, 对于 $n_{k-1} < j \leq n_k$ 我们有 $\pi v_j = j$, $\beta v_j = \alpha v_j = n_k$. 此外, 对于 $1 \leq k \leq t$ 我们有 $\tau n_k = v_{n_{k-1}}$, 其中 $v_0 = \Lambda$; 所有其他 $\tau j = \Lambda$.

148. 是的, 如果 $\pi y_1 = 010000$, $\pi y_2 = 010100$, $\pi x_1 = 010101$, $\pi x_2 = 010110$, $\pi x_3 = 010111$, $\beta x_3 = 010111$, $\beta y_2 = 010100$, $\beta x_2 = 011000$, $\beta y_1 = 010000$, $\beta x_1 = 100000$.

149. 对于所有顶点 v（包括 $v = \Lambda$）, 我们假定最初 $\texttt{CHILD}(v) = \texttt{SIB}(v) = \texttt{PARENT}(v) = \Lambda$, 并且至少有一个非空顶点.

S1. [建立三重链接树.] 对于 n 段弧 $u {\longrightarrow} v$（其中 v 可能是 Λ）中的每一段, 置 $\texttt{SIB}(u) \leftarrow \texttt{CHILD}(v)$, $\texttt{CHILD}(v) \leftarrow u$, $\texttt{PARENT}(u) \leftarrow v$.（见习题 2.3.3–6.）

S2. [开始第一次遍历.] 置 $p \leftarrow \texttt{CHILD}(\Lambda)$, $n \leftarrow 0$, $\lambda 0 \leftarrow -1$.

S3. [计算容易情况的 β.] 置 $n \leftarrow n+1$, $\pi p \leftarrow n$, $\tau n \leftarrow \Lambda$, $\lambda n \leftarrow 1 + \lambda(n \gg 1)$. 如果 $\texttt{CHILD}(p) \neq \Lambda$, 置 $p \leftarrow \texttt{CHILD}(p)$ 并重复本步骤; 否则置 $\beta p \leftarrow n$.

S4. [自底向上计算 τ.] 置 $\tau \beta p \leftarrow \texttt{PARENT}(p)$. 然后, 如果 $\texttt{SIB}(p) \neq \Lambda$, 置 $p \leftarrow \texttt{SIB}(p)$ 并返回 S3; 否则置 $p \leftarrow \texttt{PARENT}(p)$.

S5. [计算困难情况的 β.] 如果 $p \neq \Lambda$, 置 $h \leftarrow \lambda(n \,\&\, {-}\pi p)$, 然后置 $\beta p \leftarrow ((n \gg h) \mid 1) \ll h$ 并返回 S4.

S6. [开始第二次遍历.] 置 $p \leftarrow \texttt{CHILD}(\Lambda)$, $\lambda 0 \leftarrow \lambda n$, $\pi \Lambda \leftarrow \beta \Lambda \leftarrow \alpha \Lambda \leftarrow 0$.

S7. [自顶向下计算 α.] 置 $\alpha p \leftarrow \alpha(\texttt{PARENT}(p)) \mid (\beta p \,\&\, {-}\beta p)$. 然后, 如果 $\texttt{CHILD}(p) \neq \Lambda$, 置 $p \leftarrow \texttt{CHILD}(p)$ 并重复本步骤.

S8. [继续遍历.] 如果 $\texttt{SIB}(p) \neq \Lambda$, 置 $p \leftarrow \texttt{SIB}(p)$ 并返回 S7. 否则, 置 $p \leftarrow \texttt{PARENT}(p)$, 如果 $p \neq \Lambda$ 则重复本步骤. ∎

150. 把元素 A_j 看作序偶 (A_j, j), 可以假定它们是不同的. 提示中的二叉查找树是让·维耶曼 [*CACM* **23** (1980), 229–239] 引入的"笛卡儿树"的特例, 具有"$k(i,j)$ 是 i 和 j 的最近共同先辈"这一性质.

其实, 任何给定结点 j 的先辈恰好是这样的结点 k, 使得 A_k 是 $A_1 \ldots A_j$ 的一个从右到左的极小值或者 A_k 是 $A_j \ldots A_n$ 的一个从左到右的极小值.

上题答案的算法完成所需要的预处理, 除了我们需要在结点 $\{0, 1, \ldots, n\}$ 上建立一棵不同的三重链接树. 对于 $0 \le v \le n$, 像前面那样从 $\text{CHILD}(v) = \text{SIB}(v) = \text{PARENT}(v) = 0$ 开始, 并且令 $\Lambda = 0$. 对于 $1 \le j \le n$, 假定 $A_0 \le A_j$. 置 $t \leftarrow 0$, 对于 $v = n, n-1, \ldots, 1$ 执行下列操作: 置 $u \leftarrow 0$, 然后, 当 $A_v < A_t$ 时循环执行 $u \leftarrow t$ 和 $t \leftarrow \text{PARENT}(t)$. 如果 $u \ne 0$, 置 $\text{SIB}(v) \leftarrow \text{SIB}(u)$, $\text{SIB}(u) \leftarrow 0$, $\text{PARENT}(u) \leftarrow v$, $\text{CHILD}(v) \leftarrow u$; 否则, 简单地置 $\text{SIB}(v) \leftarrow \text{CHILD}(t)$. 另外, 置 $\text{CHILD}(t) \leftarrow v$, $\text{PARENT}(v) \leftarrow t$, $t \leftarrow v$.

在三重链接树建立后, 从步骤 S2 开始继续执行. 运行时间是 $O(n)$, 因为对每个结点 t 运算 $t \leftarrow \text{PARENT}(t)$ 最多执行一次. [哈罗德·加保、乔恩·本特利和罗伯特·塔扬在 *STOC* **16** (1984), 137–138 中提出了这个把区域最小值查询问题简化为最近共同先辈问题的优美方法, 他们还提出了下面的习题.]

151. 对于带有 k 个子结点 $u_1, \ldots, u_k$ 的结点 v, 定义结点序列 $S(v)$ 如下: 如果 $k = 0$ 则 $S(v) = v$; 如果 $k = 1$ 则 $S(v) = vS(u_1)$; 如果 $k > 1$ 则 $S(v) = S(u_1)v \ldots vS(u_k)$. (因此, 在 $S(v)$ 中 v 恰好出现 $\max(k-1, 1)$ 次.) 如果森林中有 k 棵根在 $u_1, \ldots, u_k$ 的树, 写下结点序列 $S(u_1)\Lambda \ldots \Lambda S(u_k) = V_1 \ldots V_N$. (这个序列的长度 N 满足 $n \le N < 2n$.) 对于 $1 \le j \le N$, 令 A_j 是结点 V_j 的深度, 规定 Λ 的深度为 0. (例如, 考虑森林 (141), 但另外添加一个子结点 $K \longrightarrow D$ 和一个孤立结点 L. 那么, $V_1 \ldots V_{15} = CFAGJDHDK\Lambda BEI\Lambda L$, $A_1 \ldots A_{15} = 231342323012301$.) 于是, 当 $u = V_i$, $v = V_j$ 时, u 和 v 的最近共同先辈是区域最小值查询问题中的 $V_{k(i,j)}$. [见约翰内斯·菲舍尔和福尔克尔·霍伊恩, *Lecture Notes in Comp. Sci.* **4009** (2006), 36–48.]

152. 步骤 V1 求出高度的层次, 在它之上 αx 和 αy 具有同时适用于它们的先辈的位组. (见习题 148.) 在需要时, 步骤 V2 把 h 增加到它们有共同先辈的层次, 或者, 当它们没有共同先辈时 (即当 $k = 0$ 时), 把 h 增加到顶层 λn. 如果 $\beta x \ne \beta z$, 步骤 V4 求出 x 的先辈中的最顶层, 它能导向层次 h; 因此, 它知道最低的先辈 $\hat{x}$, 满足 $\beta \hat{x} = \beta z$ (或者 $\hat{x} = \Lambda$). 最后, 在步骤 V5, 前序告诉我们, $\hat{x}$ 和 $\hat{y}$ 中的哪一个是另外一个的先辈.

153. 那个指针有 ρj 个二进制位, 根据 (61), 它在已打包串的 $\rho 1 + \rho 2 + \cdots + \rho j = j - \nu j$ 位之后结束. [此处 j 是偶数. 导航堆是在 *Nordic Journal of Computing* **10** (2003), 238–262 中引入的.]

154. 灰色线定义了 $36°\text{-}36°\text{-}90°$ 的三角形, 每 10 个三角形组合成一个五边形, 这些五边形的每个内角都是 $72°$. 这些五边形铺满双曲平面, 每个顶点都汇聚了 5 个五边形.

155. 首先, 因为不存在连续的 1, 我们有 $0 \le (\alpha 0)_{1/\phi} < \phi^{-1} + \phi^{-3} + \phi^{-5} + \cdots = 1$. 其次, 根据习题 1.2.8–11, 我们有 $F_{-n}\phi \equiv \phi^{-n} \pmod 1$. 现在加上 $F_{k_1}\phi + \cdots + F_{k_r}\phi$. 例如, $(4\phi) \bmod 1 = \phi^{-5} + \phi^{-2}$; $(-2\phi) \bmod 1 = \phi^{-4} + \phi^{-1}$.

这个论证还证明了有趣的公式 $\lfloor N(\alpha)\phi \rfloor = -N(\alpha 0)$.

156. (a) 从 $y \leftarrow 0$ 开始, 使用足够大的 k 使得 $|x| < F_{k+1}$. 如果 $x < 0$, 置 $k \leftarrow (k-1) \mid 1$, 当 $x + F_k > 0$ 时循环执行 $k \leftarrow k - 2$; 然后, 置 $y \leftarrow y + (1 \ll k)$, $x \leftarrow x + F_{k+1}$; 重复执行本步骤. 否则, 如果 $x > 1$, 置 $k \leftarrow k \,\&\, {-2}$, 当 $x - F_k \le 0$ 时循环执行 $k \leftarrow k - 2$; 然后, 置 $y \leftarrow y + (1 \ll k)$, $x \leftarrow x - F_{k+1}$; 重复执行本步骤. 否则, 置 $y \leftarrow y + x$, 以 $y = (\alpha)_2$ 终结.

(b) 运算 $x_1 \leftarrow a_1$, $y_1 \leftarrow -a_1$, $x_k \leftarrow y_{k-1} + a_k$, $y_k \leftarrow x_{k-1} - x_k$ 计算 $x_k = N(a_1 \ldots a_k)$, $y_k = N(a_1 \ldots a_k 0)$. [对于 $N(a_1 \ldots a_n)$, 每一条广义字链需要 $\Omega(n)$ 步?]

157. 除了包含 $(\alpha-)$ 的两种情况, 两个递推公式的规则是显然的. 至于那两个例外, 因为递减不会在右边 "借位", 对于所有的 $k \ge 0$ 我们有 $N((\alpha-)0^k) = N(\alpha 0^k) + F_{-k-2}$. (但是, 类似的公式 $N((\alpha+)0^k) = N(\alpha 0^k) + F_{-k-1}$ 不成立.)

158. 递增满足规则 $(\alpha 00)+ = \alpha 01$, $(\alpha 10)+ = (\alpha+)00$, $(\alpha 1)+ = (\alpha+)0$. 通过置 $y \leftarrow x \mid (x \gg 1)$, $z \leftarrow y \,\&\, {\sim}(y+1)$, $x \leftarrow (x \mid z) + 1$, 它可以用对整数 $x = (\alpha)_2$ 的 6 个二进制运算达到.

非零码字的递减更为困难. 它满足 $(\alpha 10^{2k})- = \alpha 0(10)^k$, $(\alpha 10^{2k+1})- = \alpha(01)^{k+1}$. 因此, 根据推论 I, 它不能用一条 2 基链计算. 然而, 如果允许使用点减, 7 个运算就足够了: $y \leftarrow x-1$, $z \leftarrow y \& \bar{x}$, $w \leftarrow z \& \mu_0$, $x \leftarrow y-w + (w \div (z-w))$.

159. 除了斐波那契数系 (146) 和负斐波那契数系 (147), 还有一种奇斐波那契数系: 每个正整数可以唯一地写成

$$x = F_{l_1} + F_{l_2} + \cdots + F_{l_s}, \qquad \text{其中 } l_1 \ggg l_2 \ggg \cdots \ggg l_s > 0 \text{ 而且 } l_s \text{ 是奇数.}$$

给定负斐波那契码 α, 以下 19 步的 2 基链把 $x = (\alpha)_2$ 转换成 $y = (\beta)_2$ 再转换成 $z = (\gamma)_2$ (其中 β 是满足 $N(\alpha) = F(\beta)$ 的奇码字, γ 是满足 $F(\beta) = F(\gamma 0)$ 的标准码字): $x^+ \leftarrow x \& \mu_0$, $x^- \leftarrow x \oplus x^+$; $d \leftarrow x^+ - x^-$; $t \leftarrow d \mid x^-$, $t \leftarrow t \& \sim(t \ll 1)$; $y \leftarrow (d \& \bar{\mu}_0) \oplus t \oplus ((t \& x^-) \gg 1)$; $z \leftarrow (y+1) \gg 1$; $w \leftarrow z \oplus (4\mu_0)$; $t \leftarrow w \& \sim(w+1)$; $z \leftarrow (z \mid t) - (t \gg 1)$.

对应的负斐波那契和奇斐波那契表示服从著名的定律:

$$F_{k_1+m} + \cdots + F_{k_r+m} = (-1)^m (F_{l_1-m} + \cdots + F_{l_s-m}) \text{ 对于所有整数 } m \text{ 成立.}$$

例如, 如果 $N(\alpha) < 0$, 上述步骤把 $x = (\alpha 0)_2$ 转换为 $y = (\beta)_2$, 其中 $F((\beta \gg 2)0) = -N(\alpha)$. 此外, 当 $|\alpha| = |\beta|$ 是奇数且 $N(\alpha) > 0$ 时, β 是负斐波那契码 α 的奇码, 当且仅当 α^R 是负斐波那契码 β^R 的奇码.

由推论 I 不会有其他方式的有穷 2 基链, 因为当 k 是奇数时斐波那契码 10^k 对应于负斐波那契码 10^{k+1}, 当 k 是偶数时对应于负斐波那契码 $(10)^{k/2}1$. 但是, 如果 γ 是标准斐波那契码字, 我们可以通过置 $y \leftarrow z \ll 1$, $t \leftarrow y \& -y \& \bar{\mu}_0$, $y \leftarrow (t{=}0?\, y : y - 1 - ((t-1) \& \bar{\mu}_0))$ 从 $z = (\gamma)_2$ 计算 $y = (\beta)_2$. 于是, 上面的方法从 β^R 计算 α^R. 对于两个串颠倒, 从标准形式转换成负斐波那契形式的总运行时间是 $\log |\gamma|$ 量级.

160. 正文中的规则实际上是不完备的: 还应当定义每个邻近的方向. 我们约定 $\alpha_{sn} = \alpha$; $\alpha_{en} = \alpha$; $(\alpha 0)_{wn} = \alpha 0$, $(\alpha 1)_{wo} = \alpha 1$; $(\alpha 00)_{ns} = \alpha 00$, $(\alpha 10)_{nw} = \alpha 10$, $(\alpha 1)_{ne} = \alpha 1$; $(\alpha 0)_{oo} = \alpha 0$, $(\alpha 101)_{oo} = \alpha 101$, $(\alpha 1001)_{oo} = \alpha 1001$, $(\alpha 0001)_{ow} = \alpha 0001$. 实例分析表明, 根据对图中距离 d 的归纳法, 在起始单元 d 步内的所有单元具有一致的标记和方向. (注意到恒等式 $\alpha+ = ((\alpha 0)-) \gg 1$.) 此外, 当我们附加 y 坐标并通过 (153) 的 δ 规则 (必要时) 从一个条带移动到另一个条带时, 标记仍然是一致的.

161. 是的, 五边形网格是二部图, 因为它的所有边都是由边界线段定义的. (双曲柱面不能着双色, 但两个邻接条带 $y \bmod 2$ 可以着双色.)

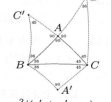

162. 通过另一面透镜观察双曲平面是方便的, 这面透镜把它的点映射到上半平面 $\Im z > 0$. 于是, "直线" 变成圆心在 x 轴的半圆和 (极限情形下的) 纵向半直线. 在这种表示中, 如果 $r^2 = \phi + \sqrt{\phi}$, 边 $|z-1| = \sqrt{2}$, $|z| = r$, $\Re z = 0$ 定义了一个 36°-45°-90° 三角形. 每个三角形 ABC 有 3 个邻近三角形 CBA', ACB', BAC', 它们是通过把三角形的两条边对第三条边 "反射" 得到的, 其中 $|z-c'| = r'$ 对 $|z-c| = r$ 的反射是 $|z - c - \frac{1}{2}(x_1 + x_2)| = \frac{1}{2}|x_1 - x_2|$, $x_j = r^2/(c \pm r' - c)$.

变换 $z \mapsto (z-z_0)/(z-\bar{z}_0)$ 把上半平面变成单位圆, 当 $z_0 = \frac{1}{2}(\sqrt{\phi} - 1/\phi)(1 + 5^{1/4}i)$ 时中央的五边形是对称的. 初始三角形的重复反射, 利用广度优先搜索直至达到那些不可见的三角形, 将生成图 14. 为了仅得到五边形 (不要那些灰色线), 可以仅从中央单元开始并实施对它的边的反射, 等等.

163. (可以把这个图画成像习题 162 中那样, 从投影到三点 ir, $ir\omega$, $ir\omega^2$ 的那些顶点开始, 其中 $r^2 = \frac{1}{2}(1 + \sqrt{2})(4 - \sqrt{2} - \sqrt{6})$, $\omega = e^{2\pi i/3}$. 使用路德维希·施拉夫利在 1852 年设计的记号, 可以把它描述成使用参数 $\{3, 8\}$ 的无穷平面, 这意味着在每个顶点有 8 个三角形相交, 见施拉夫利的 *Gesammelte Mathematische Abhandlungen* **1** (1950), 212. 同样, 习题 154 的五边形网格和平铺分别具有施拉夫利记号 $\{5, 4\}$ 和 $\{5, 5\}$.)

164. 原初定义需要更多的计算, 虽然它是可以分解因数的:

$$\text{custer}'(X) = X \& \sim(Y_N \& Y \& Y_S), \qquad Y = X_W \& X \& X_E.$$

采用 (157) 的主要原因是，它产生一条更细的王连通边界. 由 1957 年的定义生成的车连通边界的吸引力较小，因为当边界沿对角线移动时显著地比它沿横向或纵向移动更黑.（做一些尝试你就会明白.）

165. 第一幅图 $X^{(1)}$ 是原有黑色像素的"外部"边界. 指纹螺纹是此后形成的. 例如，从图 15(a) 开始，我们获得用 120×120 位图表示的图像

最终在两个奇怪的模式之间无穷交替.（每个非空 $M \times N$ 位图都会导致这种两模式循环吗?）

166. 如果 $X = \text{custer}(X)$，那么，$X + (X \wedge\!\!\!\wedge 1) + (X \ll 1) + (X \gg 1) + (X \vee\!\!\!\vee 1)$ 的元素之和最多是 $4MN + 2M + 2N$，因为它在矩形的每个胞腔内最多是 4，在邻接的胞腔内最多是 1. 这个和也是黑色像素数目的 5 倍. 因此 $f(M, N) \leq \frac{4}{5}MN + \frac{2}{5}M + \frac{2}{5}N$. 反过来，通过令 i 行 j 列的像素为黑色（除非 $(i + 2j) \bmod 5 = 2$），我们得到 $f(M, N) \geq \frac{4}{5}MN - \frac{2}{5}$.（这个问题等价于求 $M \times N$ 网格的一个最小控制集.）

167. (a) 用 17 步运算可以构造 1 个半加器和 3 个全加器（见 7.1.2–(23)），使得 $(z_1 z_2)_2 = x_{\text{NW}} + x_{\text{W}} + x_{\text{SW}}$，$(z_3 z_4)_2 = x_{\text{N}} + x_{\text{S}}$，$(z_5 z_6)_2 = x_{\text{NE}} + x_{\text{E}} + x_{\text{SE}}$，$(z_7 z_8)_2 = z_2 + z_4 + z_6$. 于是 $f = S_1(z_1, z_3, z_5, z_7) \wedge (x \vee z_8)$，其中，根据 7.1.2 节图 9，对称函数 S_1 需要 7 步运算.［这个解以威廉·曼和丹尼尔·斯利托的思想为基础.］

    (b) 给定 $x^- = X^{(t)}_{j-1}$，$x = X^{(t)}_j$，$x^+ = X^{(t)}_{j+1}$，计算 $a \leftarrow x^- \& x^+ (= z_3)$，$b \leftarrow x^- \oplus x^+ (= z_4)$，$c \leftarrow x \oplus b$，$d \leftarrow c \gg 1 (= z_6)$，$c \leftarrow c \ll 1 (= z_2)$，$e \leftarrow c \oplus d$，$c \leftarrow c \& d$，$f \leftarrow b \& e$，$f \leftarrow f \mid c (= z_7)$，$e \leftarrow b \oplus e (= z_8)$，$c \leftarrow x \& b$，$c \leftarrow c \mid a$，$b \leftarrow c \ll 1 (= z_5)$，$c \leftarrow c \gg 1 (= z_1)$，$d \leftarrow b \& c$，$c \leftarrow b \mid c$，$b \leftarrow a \& f$，$f \leftarrow a \mid f$，$f \leftarrow d \mid f$，$c \leftarrow b \mid c$，$f \leftarrow f \oplus c (= S_1(z_1, z_3, z_5, z_7))$，$e \leftarrow e \mid x$，$f \leftarrow f \& e$.

    ［关于生命游戏的乐趣与激情的卓越总结，包括可以对任何图灵机进行模拟的证明，见马丁·加德纳，*Wheels, Life and Other Mathematical Amusements* (1983)，Chapters 20–22；埃尔温·伯利坎普、约翰·康威和理查德·盖伊，《制胜之道 4》（*Winning Ways 4*）(A. K. Peters, 2004) 第 25 章.］

我终于获得了我想要的东西——一条显然无法预料的遗传法则.
……个体过多的种群同个体过少的种群一样，势必毁灭.
健康的群体既不能过于密集，也不能过于稀疏.
——约翰·康威，《致马丁·加德纳的信》（1970 年 3 月）

168. 下面使用 4 个 n 位寄存器 x^-, x, x^+, y 的算法，即使当 $M = 1$ 或 $N = 1$ 时也是完全有效的. 对于每个光栅字，它大约只需两次读出和两次写入就能把 (158) 中的 $X^{(t)}$ 转换成 $X^{(t+1)}$.

C1. ［对 k 循环.］对于 $0 \leq j < M$ 置 $A_{j0} \leftarrow 0$. 然后，对于 $k = 1, 2, \ldots, N'$ 执行 C2. 然后转到 C5.

C2. ［对 j 循环.］置 $x \leftarrow A_{(M-1)k}$，$x^+ \leftarrow A_{0k}$，$A_{Mk} \leftarrow x^+$. 然后，对于 $j = 0, 1, \ldots, M-1$ 执行 C3 和 C4.

C3. ［向下移动.］置 $x^- \leftarrow x$，$x \leftarrow x^+$，$x^+ \leftarrow A_{(j+1)k}$.（现在 $x = A_{jk}$，而且 x^- 保存了 $A_{(j-1)k}$ 的旧值.）计算按位函数值 $y \leftarrow f(x^- \gg 1, x^-, x^- \ll 1, x \gg 1, x, x \ll 1, x^+ \gg 1, x^+, x^+ \ll 1)$.

C4. ［更新 A_{jk}.］置 $x^- \leftarrow A_{j(k-1)} \& -2$，$y \leftarrow y \& (2^{n-1} - 1)$，$A_{j(k-1)} \leftarrow x^- + (y \gg (n-2))$，$A_{jk} \leftarrow y + (x^- \ll (n-2))$.

C5. ［回卷.］对于 $0 \leq j < M$ 置 $x \leftarrow A_{jN'} \& -2^{n-1-d}$，$A_{jN'} \leftarrow x + (A_{j1} \gg d)$，$A_{j1} \leftarrow A_{j1} + (x \ll d)$，其中 $d = 1 + (N-1) \bmod (n-2)$. ∎

〔在许多像 (157) 和 (159) 甚至是 (161) 的情形，一个 $M \times N$ 环面等价于一个由零围绕的 $(M-1) \times (N-1)$ 阵列. 对于习题 173，我们可以清空以两行两列的零为边界的 $(M-2) \times (N-2)$ 阵列. 但生命游戏的图像（习题 167）可以超越边界无限制增长，它们不能可靠地局限在环面内. 〕

169. 它快速变形为一只兔子，进展神速. 从时刻 278 开始，所有活动稳定到由一组交通信号灯和三个闪光灯以及三个静物（木桶、船和蜂房）构成的两模式循环.

170. 如果 $M \geq 2$ 且 $N \geq 2$，第一步清空顶行和最右列. 然后，如果 $M \geq 3$ 且 $N \geq 3$，下一步清空底行和最左列. 所以，通常在 $t = \min(M, N) - 1$ 步之后留下一行或一列黑色像素：前 $\lceil t/2 \rceil$ 行和后 $\lceil t/2 \rceil$ 列，以及后 $\lfloor t/2 \rfloor$ 行和前 $\lfloor t/2 \rfloor$ 列已经被置零. 自动机在建立另外两个（辅助）循环后停止.

171. 不含 (160) 中的额外事例：$x_1 \leftarrow x_{SE} \& \bar{x}_N$, $x_2 \leftarrow x_N \& \bar{x}_{SE}$, $x_3 \leftarrow x_E \& \bar{x}_1$, $x_4 \leftarrow x_{NE} \& \bar{x}_2$, $x_5 \leftarrow x_3 \mid x_4$, $x_6 \leftarrow x_W \& \bar{x}_5$, $x_7 \leftarrow x_1 \& \bar{x}_{NE}$, $x_8 \leftarrow x_7 \& \bar{x}_{NW}$, $x_9 \leftarrow x_E \mid x_{SW}$, $x_{10} \leftarrow x_8 \& x_9$, $x_{11} \leftarrow x_{10} \mid x_6$, $x_{12} \leftarrow x_S \& x_{11}$, $x_{13} \leftarrow x_2 \& \bar{x}_E$, $x_{14} \leftarrow x_{13} \& x_W$, $x_{15} \leftarrow x_N \& x_{NE}$, $x_{16} \leftarrow x_{SW} \& x_W$, $x_{17} \leftarrow x_{15} \mid x_{16}$, $x_{18} \leftarrow x_{NE} \& x_{SW}$, $x_{19} \leftarrow x_{17} \& \bar{x}_{18}$, $x_{20} \leftarrow x_E \mid x_{SE}$, $x_{21} \leftarrow x_{20} \mid x_S$, $x_{22} \leftarrow x_{NW} \& \bar{x}_{21}$, $x_{23} \leftarrow x_{22} \& x_{19}$, $x_{24} \leftarrow x_{12} \mid x_{14}$, $g \leftarrow x_{23} \mid x_{24}$. 包含 (160) 中的额外事例：置 $x_4 \leftarrow x_{NE} \& \bar{x}_N$，而其余一切保持不变.

172. 命题不完全为真，考虑下面的例子：

左边的 I 和 H 表明，路径交汇处的像素有时是原封不动的，但旋转 $90°$ 会产生不同的结果. 接着的两个图例说明左右反射的奇特影响. 菱形图例说明厚重图像是不可能瘦化的，在不改变空洞的数目的情况下无法消除它的黑色像素. 最后几个图例（其中一个受习题 166 的答案启发），如果不用 (160) 处理，变换对它们不起作用. 但是，如果用 (160) 处理，它们将显著瘦化.

173. (a) 容易验证提示中的命题. 注意，若 X 和 Y 是封闭的，则 $X \& Y$ 是封闭的；若 X 和 Y 是开放的，则 $X \mid Y$ 是开放的. 因此，X^D 是封闭的而 X^L 是开放的；$X^{DD} = X^D$ 且 $X^{LL} = X^L$. （事实上我们有 $X^L = {\sim}({\sim}X)^D$，因为这两个定义是对偶的，可通过交换黑色像素与白色像素得到对方. ）现在 $X^{DL} \subseteq X^D$，所以 $X^{DLD} \subseteq X^{DD} = X^D$. 根据对偶性，我们有 $X^L \subseteq X^{LDL}$. 我们得出结论，没有理由清除一幅清洁的图形：$X^{DLDL} = (X^{DLD})^L \subseteq X^{DL} \subseteq (X^D)^{LDL} = X^{DLDL}$.

(b) 我们有 $X^D = (X \mid X_W \mid X_{NW} \mid X_N) \& (X \mid X_N \mid X_{NE} \mid X_E) \& (X \mid X_E \mid X_{SE} \mid X_S) \& (X \mid X_S \mid X_{SW} \mid X_W)$. 此外，与习题 167(b) 的答案类似，这个函数可以从 x^-, x, x^+ 用 10 步广义字操作计算：$f \leftarrow x \mid (x \gg 1) \mid ((x^- \mid (x^- \gg 1)) \& (x^+ \mid (x^+ \gg 1)))$, $f \leftarrow f \& (f \ll 1)$. 〔这个答案借鉴了戴维·富克斯的思想. 〕

为了得到 X^L，只需交换 $\mid$ 与 $\&$. 〔进一步的讨论见克里斯托弗·范维克和高德纳，Report STAN-CS-79-707 (Stanford Univ., 1979), 15–36. 也见让·塞拉，*Image Analysis and Mathematical Morphology* (1982). 〕

174. 雷米·马尔圭雷斯在 *Theoretical Computer Science* **186** (1997), 1–41 中研究了三维数字拓扑.

175. 轮廓中有 25 个，眼睛中有 $2+3$ 个，耳朵中有 $1+1$ 个，鼻子中有 4 个，笑容中有 1 个，总共有 37 个. （所有白色像素都与背景王连通. ）

176. (a) 如果 v 不是孤立顶点，存在 8 种要考虑的简单情况，依赖于在 G 中有何种类型的邻近顶点 v.

(b) 顶点 $w' \in G'$ 与 $N_u \cup N_v$ 的每个顶点或相等或邻接. （四种情况. ）

(c) 是的. 事实上，根据定义 (161)，我们总是有 $|S'(v')| \geq 2$.

(d) 令 $N'_{v'} = \{v \mid v' \in N_v\}$. 如果 v' 是的 u' 东面邻近（称为 u'_E），那么我们有 $u' \in G$ 或 $u'_S \in G$；这个元素与 $N'_{u'} \cup N'_{v'}$ 的每个顶点或相等或邻接. 当 $v' = u'_N$ 时适用类似的论证. 如果 $v' = u'_{NE}$，当 $u' \in G$ 时不存在问题. 否则，我们有 $u'_W \in G$, $u'_S \in G$，并且，要么 $u'_N \in G$，要么 $u'_E \in G$. 因此，$N'_{u'} \cup N'_{v'}$ 在 G 中是连通的. 最后，如果 $v' = u'_{SE}$，当 $u'_S \in G$ 时证明是容易的；否则，我们有 $u' \in G$ 且 $v' \in G$.

(e) 给定 G 的一个非平凡分图 C, 以及 $v \in C$ 和 $v' \in S(v)$, 令 C' 是包含 v' 的 G' 的分图. 根据 (a) 和 (b), 这个分图 C' 是明确定义的. 给定 G' 的一个分图 C', 以及 $v' \in C'$ 和 $v \in S'(v')$, 令 C 是包含 v 的 G 的分图. 根据 (c) 和 (d), 这个分图 C 是非平凡且明确定义的. 最后, 对应 $C \leftrightarrow C'$ 是一一对应.

177. 现在 G 的顶点是白色像素, 当它们是车邻近时相邻接. 定义 $N_{(i,j)} = \{(i,j),(i-1,j),(i,j+1)\}$. 像在习题 176 的答案中那样进行论证 (但更简单), 在 G 的非平凡分图与 G' 的分图之间建立一一对应.

178. 注意到在 X^* 的邻接行中, 同样值的两个像素仅当它们是车连通时才是王邻近的.

179. 每一行像素 $x_1 \ldots x_N$ 可以用 "游程[①]长度" 编码为整数序列 $0 = c_0 < c_1 < \cdots < c_{2m+1} = N+2$, 使得对于 $j \in [c_0 .. c_1) \cup [c_2 .. c_3) \cup \cdots \cup [c_{2m} .. c_{2m+1}]$ 有 $x_j = 0$, 对于 $j \in [c_1 .. c_2) \cup \cdots \cup [c_{2m-1} .. c_{2m})$ 有 $x_j = 1$. (在多数图像中每一行的游程数目多半是相当小的值. 注意, 背景条件 $x_0 = x_{N+1} = 0$ 是隐式假定的.)

下面的算法使用一种修正编码, 对于 $0 \le j \le 2m+1$ 令 $a_j = 2c_j - (j \bmod 2)$. 例如, 柴郡猫的第二行有 $(c_1, c_2, c_3, c_4, c_5) = (5, 8, 23, 25, 32)$, 我们用 $(a_1, a_2, a_3, a_4, a_5) = (9, 16, 45, 50, 63)$ 代替. 原因在于, 邻接行的白色游程为车邻接的, 当且仅当对应的区间 $[a_j .. a_{j+1})$ 和 $[b_k .. b_{k+1})$ 交叠, 这个条件正好也刻画了邻接行的黑色游程为王邻接的情形. 因此, 修正编码把两种情形完美地统一了起来 (见习题 178).

我们构造当前分图的三重链接树, 每个结点有以下这些字段: CHILD, SIB, PARENT (树链); DORMANT (通过 SIB 链收集同当前行不连接的所有前面的子结点的循环表); HEIR (合并了本结点的结点); ROW 和 COL (第一个像素的位置); AREA (分图中像素总数).

算法用双指针 (P,P') 以双序 (见习题 2.3.1-18) 遍历树, 第一次遍历 P 时 P' = P, 第二次遍历 P 时 P' = PARENT(P). (P,P') 的后继是 (Q,Q') = next(P,P'), 确定如下: 如果 P = P', 如果 CHILD(P) ≠ Λ 则 Q ← Q' ← CHILD(P), 否则 Q ← P, Q' ← PARENT(Q); 如果 P ≠ P', 如果 SIB(P) ≠ Λ 则 Q ← Q' ← SIB(P), 否则 Q ← PARENT(P), Q' ← PARENT(Q).

当存在 m 个黑色游程时, 树有 $m+1$ 个结点, 不计休眠的结点或者已经被合并的结点. 此外, 双重遍历 $(P_1, P_1'), \ldots, (P_{2m+1}, P_{2m+1}')$ 的带撇号的指针 $P_1', \ldots, P_{2m+1}'$ 正是当前行按从左到右顺序的分图. 例如, 在 (163) 中有 $m = 5$, $(P_1', \ldots, P_{11}')$ 分别指向 ⓪, Ⓑ, ①, Ⓑ, ⓪, Ⓒ, ⓪, Ⓐ, ②, Ⓐ, ⓪.

I1. [初始化.] 置 $t \leftarrow 1$, ROOT ← LOC(NODE(0)), CHILD(ROOT) ← SIB(ROOT) ← PARENT(ROOT) ← DORMANT(ROOT) ← HEIR(ROOT) ← Λ. 另外, 置 ROW(ROOT) ← COL(ROOT) ← 0, AREA(ROOT) ← $N+2$, $s \leftarrow 0$, $a_0 \leftarrow b_0 \leftarrow 0$, $a_1 \leftarrow 2N+3$.

I2. [输入新行.] 如果 $s > M$, 算法终结. 否则, 对于 $k = 1, 2, \ldots$, 置 $b_k \leftarrow a_k$, 直到 $b_k = 2N+3$; 然后, 置 $b_{k+1} \leftarrow b_k$ 作为 "停止符". 置 $s \leftarrow s+1$. 如果 $s > M$, 置 $a_1 \leftarrow 2N+3$; 否则, 像上面讨论的那样, 令 $a_1, \ldots, a_{2m+1}$ 是行 s 的修正的游程长度编码. (借助 ρ 函数可以获得这种编码, 见 (43).) 置 $j \leftarrow k \leftarrow 1$, P ← P' ← ROOT.

I3. [合并短的 b.] 如果 $b_{k+1} \ge a_j$, 转到 I9. 否则, 置 (Q,Q') ← next(P,P'), (R,R') ← next(Q,Q'), 并按照 $2[Q \ne Q'] + [R \ne R'] = (0,1,2,3)$ 执行转到 (I4,I5,I6,I7) 的四路转移.

I4. [情形 0.] (现在, Q = Q' 是 P' 的子结点, R = R' 是 Q' 的第一个子结点. 将来, 结点 Q 仍是 P' 的子结点, 但它将以 R 的任何一个子结点为先导.) 把 R 合并到 P' (见下). 置 CHILD(Q) ← SIB(R), Q' ← CHILD(R). 如果 Q' ≠ Λ, 置 R ← Q', 当 R ≠ Λ 时循环执行 PARENT(R) ← P', R ← SIB(R); 然后, 置 SIB(R) ← Q, Q ← Q'. 如果 P = P', 置 CHILD(P) ← Q; 否则置 SIB(P) ← Q. 转到 I8.

I5. [情形 1.] (现在, 分图 Q = R 被 P' = R' 包围.) 如果 P = P', 置 CHILD(P) ← SIB(Q); 否则置 SIB(P) ← SIB(Q). 置 R ← DORMANT(R'). 然后, 如果 R = Λ, 置 DORMANT(R') ← SIB(Q) ← Q; 否则置 SIB(Q) ← SIB(R), SIB(R) ← Q. 转到 I8.

---

① 游程的定义见 5.1.3 节: 如果在一个排列 $a_1 a_2 \ldots a_n$ 的两端各放置一条竖线, 并在所有满足 $a_j > a_{j+1}$ 的 a_j 和 a_{j+1} 之间放置一条竖线, 一对竖线之间的片段就称为游程. 也见 3.3.2 节 "G. 游程检验". ——编者注

I6. [情形 2.]（现在，Q′ 是 P′ 和 R 的父结点. 或者 P = P′ 无子结点，或者 P 是 P′ 的最后一个子结点. ）把 R 合并到 P′（见下）. 置 SIB(P′) ← SIB(R)，R ← CHILD(R). 如果 P = P′，置 CHILD(P) ← R；否则置 SIB(P) ← R. 当 R ≠ Λ 时循环执行 PARENT(R) ← P′，R ← SIB(R). 转到 I8.

I7. [情形 3.]（结点 P′ = Q 是 Q′ = R 的最后一个子结点，Q′ 是 R′ 的子结点. ）把 P′ 合并到 R′（见下）. 如果 P = P′，置 P ← R. 否则，置 P′ ← CHILD(P′)，当 P′ ≠ Λ 时循环执行 PARENT(P′) ← R′，P′ ← SIB(P′)；另外，置 SIB(P) ← SIB(Q′)，SIB(Q′) ← CHILD(Q). 如果 Q = CHILD(R)，置 CHILD(R) ← Λ. 否则，置 R ← CHILD(R)，然后置 R ← SIB(R) 直到 SIB(R) = Q，然后置 SIB(R) ← Λ. 最后置 P′ ← R′.

I8. [推进 k.] 置 k ← k + 2，转到 I3.

I9. [更新面积.] 置 AREA(P′) ← AREA(P′) + ⌈$a_j/2$⌉ − ⌈$a_{j-1}/2$⌉. 然后，如果 $a_j = 2N + 3$ 则转到 I2.

I10. [合并短的 a.] 如果 $a_{j+1} \geq b_k$ 则转到 I11. 否则，置 Q ← LOC(NODE(t))，t ← t + 1. 置 PARENT(Q) ← P′，DORMANT(Q) ← HEIR(Q) ← Λ；另外，置 ROW(Q) ← s，COL(Q) ← ⌈$a_j/2$⌉，AREA(Q) ← ⌈$a_{j+1}/2$⌉ − ⌈$a_j/2$⌉. 如果 P = P′，置 SIB(Q) ← CHILD(P)，CHILD(P) ← Q；否则，置 SIB(Q) ← SIB(P)，SIB(P) ← Q. 最后，置 P ← Q，j ← j + 2，转到 I3.

I11. [继续.] 置 j ← j + 1，k ← k + 1，(P, P′) ← next(P, P′)，转到 I3. ∎

"把 P 合并到 Q" 是指执行下列操作：如果 (ROW(P), COL(P)) 小于 (ROW(Q), COL(Q))，置 (ROW(Q), COL(Q)) ← (ROW(P), COL(P)). 置 AREA(Q) ← AREA(P) + AREA(Q). 如果 DORMANT(Q) = Λ，置 DORMANT(Q) ← DORMANT(P)；否则，如果 DORMANT(P) ≠ Λ，交换 SIB(DORMANT(P)) ↔ SIB(DORMANT(Q)). 最后，置 HEIR(P) ← Q.（HEIR 链可以用在第二遍确定每个像素的最后分图上. 注意，休眠结点的 PARENT 链是不更新的. ）

[吕迪格·卢茨在 *Comp. J.* **23** (1980)，262–269 给出一个类似的算法.]

180. 令 $F(x, y) = x^2 - y^2 + 13$，$Q(x, y) = F(x - \frac{1}{2}, y - \frac{1}{2}) = x^2 - y^2 - x + y + 13$. 应用算法 T 数字化从 $(\xi, \eta) = (-6, 7)$ 到 $(\xi', \eta') = (0, \sqrt{13})$ 的双曲线，因此 $x = -6$，$y = 7$，$x' = 0$，$y' = 4$. 产生的边是 $(-6, 7) \text{——} (-5, 7) \text{——} (-5, 6) \text{——} (-4, 6) \text{——} (-4, 5) \text{——} (-3, 5) \text{——} (-3, 4) \text{——} \cdots \text{——} (0, 4)$. 然后再用 $\xi = 0$，$\eta = \sqrt{13}$，$\xi' = 6$，$\eta' = 7$，$x = 0$，$y = 4$，$x' = 6$，$y' = 7$ 应用算法 T，找到同样一些边（按相反的次序），但带有负值的 x 坐标.

181. 在点 (ξ, η) 处细分圆锥曲线，其中 $F_x(\xi, \eta) = 0$ 或 $F_y(\xi, \eta) = 0$. 也就是说，在 $\{Q(-(b(\eta + \frac{1}{2}) + d)/(2a), \eta + \frac{1}{2}) = 0, \xi = -(b(\eta + \frac{1}{2}) + d)/(2a) - \frac{1}{2}\}$ 或 $\{Q(\xi + \frac{1}{2}, -(b(\xi + \frac{1}{2}) + e)/(2c)) = 0, \eta = -(b(\xi + \frac{1}{2}) + e)/(2c) - \frac{1}{2}\}$ 的实根（如果它们存在的话）处细分圆锥曲线.

182. 根据对 $|x' - x| + |y' - y|$ 的归纳法可知该过程是正确的. 例如，考虑 $x > x'$，$y < y'$ 的情形. 我们从 (iii) 知道，(ξ, η) 落在 $x - \frac{1}{2} \leq \xi < x + \frac{1}{2}$，$y - \frac{1}{2} \leq \eta < y + \frac{1}{2}$ 的框体内，从 (ii) 知道，曲线从 (ξ, η) 到 (ξ', η') 是单调行进的. 所以，必定存在以 $(x - \frac{1}{2}, y - \frac{1}{2}) \text{——} (x - \frac{1}{2}, y + \frac{1}{2})$ 或 $(x - \frac{1}{2}, y + \frac{1}{2}) \text{——} (x + \frac{1}{2}, y + \frac{1}{2})$ 为边的框体. 后者成立的充分必要条件是 $F(x - \frac{1}{2}, y + \frac{1}{2}) < 0$，因为当 $x' < x$ 时曲线不会同那条边相交两次. 由于步骤 T1 的初始化，$F(x - \frac{1}{2}, y + \frac{1}{2})$ 是在步骤 T4 中检验的值 $Q(x, y+1)$.（通过在幕后对函数 F 暗地加一个小正数，我们可以假定曲线不是恰好经过 $(x - \frac{1}{2}, y + \frac{1}{2})$. ）

183. 例如，考虑由 $F(x - \frac{1}{2}, y - \frac{1}{2}) = Q(x, y) = 13x^2 + 7xy + y^2 - 2 = 0$ 定义的椭圆. 这个椭圆大致呈伸展在 $(-2, 5)$ 与 $(1, -6)$ 之间的雪茄烟形状. 假定我们要数字化它的右上方边界. 如果

$$\xi = \sqrt{\frac{8}{3}} - \frac{1}{2}, \quad \eta = -\sqrt{\frac{98}{3}} - \frac{1}{2}, \quad \xi' = -\sqrt{\frac{98}{39}} - \frac{1}{2}, \quad \eta' = \sqrt{\frac{104}{3}} - \frac{1}{2},$$

$x = 1$，$y = -6$，$x' = -2$，$y' = 5$，算法 T 的假设 (i)–(iv) 成立. 步骤 T1 置 Q ← $Q(1, -5) = 1$，它使步骤 T4 执行左移（L）；事实上，得到的路径是 $L^3 U^{11}$，然而，按照 (164)，正确的数字化表示是 $U^3 LU^4 LU^3 LU$. 出现错误是因为 $Q(x, y) = 0$ 在边 $(1, -5) \text{——} (2, -5)$ 上有两个根，即 $((35 \pm \sqrt{29})/26, -5)$，导致 $Q(1, -5)$ 与 $Q(2, -5)$ 同号.（这两个根中的一个在我们不想画出的边界上，但它就在那里. ）同样的错误出现在由 $Q(x, y) = 9x^2 + 6xy + y^2 - y = 0$，$\xi = -5/12$，$\eta = -1/4$，

$\xi' = -5/2$, $\eta' = -19/2$, $x = 0$, $y = 0$, $x' = -2$, $y' = 9$ 定义的抛物线上. 双曲线也可能出错（考虑 $6x^2 + 5xy + y^2 = 1$）.

离散几何算法的难度是出奇的, 一些异乎寻常的实例往往使它们狂野不羁. 算法 T 完全适用于任何椭圆或抛物线中最大曲率小于 2 的那些部分. 半轴 $\alpha \geq \beta$ 的椭圆的最大曲率是 α/β^2; 雪茄烟形状例子的最大曲率 ≈ 42.5. 抛物线 $y = \alpha x^2$ 的最大曲率是 $\alpha/2$; 上述异常抛物线的最大曲率 ≈ 5.27. "比较好的"圆锥曲线不会产生这样的急转弯.

在没有条件 (v) 的情况下, 为了使算法 T 正确执行, 我们把测试 "$Q < 0$" 改为 "$Q < 0$ 或 X", 使它慢一些, 其中 X 是对导数的符号测试. 也就是说, 在步骤 T2, T3, T4, T5 中, X 分别是 $S > c$, $R > a$, $R < -a$, $S < -c$.

184. 令 $Q'(x,y) = -1 - Q(x,y)$. 要点是, $Q(x,y) < 0$ 当且仅当 $Q'(x,y) \geq 0$.（令人惊奇的是, 算法在反向做出同样判定, 尽管它在不同位置检查 Q' 和 Q 的值.）

185. 求正整数 h 使得 $d = (\eta - \eta')h$ 和 $e = (\xi' - \xi)h$ 都是整数且 $d+e$ 是偶数. 然后, 用 $x = \lfloor \xi + \frac{1}{2} \rfloor$, $y = \lfloor \eta + \frac{1}{2} \rfloor$, $x' = \lfloor \xi' + \frac{1}{2} \rfloor$, $y' = \lfloor \eta' + \frac{1}{2} \rfloor$, $Q(x,y) = d(x - \frac{1}{2}) + e(y - \frac{1}{2}) + f$ 执行算法 T, 其中

$$f = \lfloor (\eta'\xi - \xi'\eta)h \rfloor - [d > 0 \text{ 且 } (\eta'\xi - \xi'\eta)h \text{ 是整数}].$$

（$d > 0$ 项保证从 (ξ', η') 到 (ξ, η) 的反向直线恰好会有同样的边, 见习题 184.）因为 $R = d$ 和 $S = e$ 是常数, 同一般情形相比, 步骤 T1 和 T6–T9 现在简单得多.

（弗雷德·斯托克顿 [*CACM* **6** (1963), 161, 450] 和杰克·布雷塞纳姆 [*IBM Systems Journal* **4** (1965), 25–30] 给出类似的算法, 但允许使用对角线的边.）

186. (a) $B(\epsilon) = z_0 + 2\epsilon(z_1 - z_0) + O(\epsilon^2)$; $B(1 - \epsilon) = z_2 - 2\epsilon(z_2 - z_1) + O(\epsilon^2)$.

(b) $S(z_0, z_1, z_2)$ 的每个点是 z_0, z_1, z_2 的凸组合.

(c) 显然为真, 因为 $(1 - t)^2 + 2(1 - t)t + t^2 = 1$.

(d) 共线条件由 (b) 推出. 否则, 根据 (c) 我们只须考虑 $z_0 = 0$ 和 $z_2 - 2z_1 = 1$ 的情况, 其中 $z_1 = x_1 + iy_1$, $y_1 \neq 0$. 此时所有点都落在抛物线 $4x = (y/y_1)^2 + 4yx_1/y_1$ 上.

(e) 注意到对于 $0 \leq u \leq 1$ 我们有 $B(u\theta) = (1 - u)^2 z_0 + 2u(1 - u)((1-\theta)z_0 + \theta z_1) + u^2 B(\theta)$.

[谢尔盖·伯恩斯坦在 *Soobshcheniĭa Khar'kovskoe matematicheskoe obshchestvo* (2)**13** (1912), 1–2 中引入了 $B_n(z_0, z_1, \ldots, z_n; t) = \sum_k \binom{n}{k}(1 - t)^{n-k}t^k z_k$.]

187. 我们可以假定 $z_0 = (x_0, y_0)$, $z_1 = (x_1, y_1)$, $z_2 = (x_2, y_2)$, 其中坐标（比如说）是表示除以 32 的 16 位二进制整数的定点数.

如果 z_0, z_1, z_2 共线, 用习题 185 的方法画一条从 z_0 到 z_2 的直线.（如果 z_1 不位于 z_0 与 z_2 之间, 其他的边将被删除, 因为那些边通过填充算法进行隐式 XOR 处理.）出现这种情况的充分必要条件是 $D = x_0y_1 + x_1y_2 + x_2y_0 - x_1y_0 - x_2y_1 - x_0y_2 = 0$.

否则, $S(z_0, z_1, z_2)$ 的点 (x, y) 满足 $F(x, y) = 0$, 其中

$$F(x, y) = \left((x - x_0)(y_2 - 2y_1 + y_0) - (y - y_0)(x_2 - 2x_1 + x_0)\right)^2 - 4D((x_1 - x_0)(y - y_0) - (y_1 - y_0)(x - x_0))$$

而 D 如上定义. 乘以 32^4 得到整系数; 然后, 如果 $D < 0$, 为了满足算法 T 的条件 (iv) 以及产生顺序相反的边这一条件, 对这个公式取负值并减 1.（见习题 184.）

单调性条件 (ii) 成立当且仅当 $(x_1 - x_0)(x_2 - x_1) \geq 0$ 且 $(y_1 - y_0)(y_2 - y_1) \geq 0$. 如有必要, 我们可以用习题 186(e) 的递推公式把 $S(z_0, z_1, z_2)$ 分割成最多 3 个单调的子 S 形样条. 例如, 令 $\theta = (x_0 - x_1)/(x_0 - 2x_1 + x_2)$ 将在坐标 x 达到单调性.（在这个定点运算中可能出现少量舍入误差, 但可以采用使得子 S 形样条一定是单调的这样一种方式执行递推公式.）

注记: 当 z_0, z_1, z_2 彼此接近时, 就大多数实用目的而言, 如果我们不关心像 "向上然后向左" 与 "向左然后向上" 这样的局部边序列之间的精确选择, 一种更简单更快速的基于习题 186(e) 带 $\theta = \frac{1}{2}$ 的方法就足够了. 在 20 世纪 80 年代后期, 桑波·卡西拉选择使用 S 样条作为全真字体（TrueType font）格式中形状说明的基本方法, 因为它们可以非常快地数字化. METAFONT 系统采用三次贝塞尔样条达到更大的灵活性 [见高德纳, *METAFONT: The Program* (Addison–Wesley, 1986)], 但以额外的处理时间为

代价. 然而, 约翰·霍比 [*ACM Trans. on Graphics* **9** (1990), 262–277] 随后建立了一种相当快的 "六寄存器算法", 用于生成三次曲线. 沃恩·普拉特在 *Computer Graphics* **19**, 3 (July 1985), 151–159 中引入了二次样条, 它们是介于 S 样条和三次贝塞尔样条之间的中间类型. 二次样条片段可以是椭圆型的或双曲线型的, 也可以是抛物线型的, 因此, 它们比 S 样条需要更少的中间点和控制点. 此外, 它们可以用算法 T 处理.

188. 下面的大端约定程序假定 $n \le 74880$.

	LOC	Data_Segment				
					LDO	k,Initk
BITMAP	LOC	@+M*N/8		0H	SET	s,N/64
base	GREG	@		1H	SET	a,h	使用技巧（见下）
GRAYMAP	LOC	@+M*N/64			SET	r,8
GTAB	BYTE	255,252,249,246,243		2H	LDOU	t,base,k
	BYTE	240,236,233,230,227			MOR	u,c1,t
	BYTE	224,221,217,214,211			SUBU	t,t,u	（按双比特求和）
	BYTE	208,204,201,198,194			MOR	u,c2,t
	BYTE	191,188,184,181,178			AND	t,t,mu1
	BYTE	174,171,167,164,160			ADDU	t,t,u	（按半字节求和）
	BYTE	157,153,150,146,142			MOR	u,c3,t
	BYTE	139,135,131,128,124			AND	t,t,mu2
	BYTE	120,116,112,108,104			ADDU	t,t,u	（按字节求和）
	BYTE	100,96,92,88,84			ADDU	a,a,t
	BYTE	79,75,70,66,61			INCL	k,N/8	移动到下行
	BYTE	56,52,46,41,36			SUB	r,r,1
	BYTE	30,24,18,10,0			PBNZ	r,2B	重复 8 次
Initk	OCTA	BITMAP-GRAYMAP		3H	SRU	t,a,56
corr	GREG	N-8			LDBU	t,gtab,t
c1	GREG	#4000100004000100			SLU	a,a,8
c2	GREG	#2010000002010000			STBU	t,z,0
c3	GREG	#0804020100000000			INCL	z,1
mu1	GREG	#3333333333333333			PBN	a,3B	（技巧）
mu2	GREG	#0f0f0f0f0f0f0f0f			SUB	k,k,corr
h	GREG	#8080808080808080			SUB	s,s,1
gtab	GREG	GTAB-#80			PBNZ	s,1B	按列循环
	LOC	#100			INCL	k,7*N/8	按 8 行一组循环
MakeGray	LDA	z,GRAYMAP			PBN	k,0B	▊

　　　　[受到尼尔·亨特的 DVIPAGE 的启发, 我于 1992–1998 年准备本书新版本时广泛使用了这样的灰度图.]

189. 如果位图的行是 $(X_0, X_1, \ldots, X_{63})$, 对 $k = 0, 1, \ldots, 5$ 执行下列运算: 对满足 $0 \le i < 64$, $i \& 2^k = 0$ 的所有 i, 令 $j = i + 2^k$ 以及 (a) 置 $t \leftarrow (X_i \oplus (X_j \gg 2^k)) \& \mu_{6,k}$, $X_i \leftarrow X_i \oplus t$, $X_j \leftarrow X_j \oplus (t \ll 2^k)$, 或者 (b) 置 $t \leftarrow X_i \& \bar{\mu}_{6,k}$, $u \leftarrow X_j \& \mu_{6,k}$, $X_i \leftarrow ((X_i \ll 2^k) \& \bar{\mu}_{6,k}) \mid u$, $X_j \leftarrow ((X_j \gg 2^k) \& \mu_{6,k}) \mid t$.

　　　　[基本思想是像在习题 5–12 中那样, 对递增的 k 变换 $2^k \times 2^k$ 个子矩阵. 用 MMIX 提高速度是可能的, 像在习题 208 中那样使用 MOR 和 MUX, 当 $k = 5$ 时使用 LDTU/STTU. 见莱昂尼达斯·吉巴斯和豪尔赫·斯托尔菲, *ACM Transactions on Graphics* **1** (1982), 204–207; 米克尔·托鲁普, *J. Algorithms* **42** (2002), 217. 顺便指出, 定理 P 和习题 54 的答案说明, 转置一个 $n \times n$ 二进制矩阵需要对 n 位二进制数执行 $\Omega(n \log n)$ 次运算. 所以, 一个需要频繁转置矩阵的应用不使用冗余表示可能更好, 而是同时保持矩阵的正常形式和转置形式.]

190. (a) 对于 $j \geq 1$ 我们必有 $\alpha_{j+1} = f(\alpha_j) \oplus \alpha_{j-1}$, 其中 $\alpha_0 = 0\ldots0$ 且 $f(\alpha) = ((\alpha \ll 1)\ \&\ 1\ldots1) \oplus \alpha \oplus (\alpha \gg 1)$. 底行的元素 α_m 满足奇偶性条件, 当且仅当这个规则使 α_{m+1} 为全零.

(b) 真. 矩阵元素 a_{ij} 的奇偶性条件是 $a_{ij} = a_{(i-1)j} \oplus a_{i(j-1)} \oplus a_{i(j+1)} \oplus a_{(i+1)j}$, 其中, 当 $i = 0$ 或 $i = m+1$ 或 $j = 0$ 或 $j = n+1$ 时 $a_{ij} = 0$. 如果两个矩阵 (a_{ij}) 和 (b_{ij}) 都满足这个条件, 当 $c_{ij} = a_{ij} \oplus b_{ij}$ 时 (c_{ij}) 也满足这个条件.

(c) 由位于第一个全零行 (如果存在的话) 前面的所有行和位于第一个全零列 (如果存在的话) 前面的所有列组成的左上角子矩阵是完全模式. 这子矩阵决定整个矩阵, 因为位于全零行或者全零列对面的模式是它的邻近的上下反射或者左右反射. 例如, 如果 $\alpha_{m'+1}$ 是零, 那么, 对于 $1 \leq j \leq m'$ 有 $\alpha_{m'+1+j} = \alpha_{m'+1-j}$.

(d) 从给定的向量 α_1 开始, 利用 (a) 中的规则, 总是导致带 $\alpha_{m+1} = 0\ldots0$ 的行. 证明: 根据鸽巢原理, 对于某些 $0 \leq j < k \leq 2^{2n}$, 我们必定有 $(\alpha_j, \alpha_{j+1}) = (\alpha_k, \alpha_{k+1})$. 如果 $j > 0$, 我们还有 $(\alpha_{j-1}, \alpha_j) = (\alpha_{k-1}, \alpha_k)$, 因为 $\alpha_{j-1} = f(\alpha_j) \oplus \alpha_{j+1} = f(\alpha_k) \oplus \alpha_{k+1} = \alpha_{k-1}$. 因此, 第一对重复向量从全零行 α_k 开始. 此外, 对于 $0 \leq i \leq k$ 我们有 $\alpha_i = \alpha_{k-i}$, 因此, 当 m 等于 $k-1$ 或 $k/2-1$ 时出现第一个全零行 α_{m+1}.

行 $\alpha_1, \ldots, \alpha_m$ 构成完全模式, 除非有一个全零列. 当 $t > 0$ 时, 存在 t 个这样的列的充分必要条件是: $t+1$ 是 $n+1$ 的因子, 而且 α_1 具有 $\alpha 0 \alpha^R 0 \ldots 0 \alpha$ (t 是偶数) 或 $\alpha 0 \alpha^R 0 \ldots 0 \alpha^R$ (t 是奇数) 的形式, 其中 $|\alpha| + 1 = (n+1)/(t+1)$.

(e) 这个起始向量不具有 (d) 中禁止的形式.

191. (a) 前者是 $\alpha_1, \alpha_2, \ldots$ 当且仅当后者是 $0\alpha_1 0\alpha_1^R, 0\alpha_2 0\alpha_2^R, \ldots$.

(b) 令二进制串 $a_0 a_1 \ldots a_{N-1}$ 对应于多项式 $a_0 + a_1 x + \cdots + a_{N-1}x^{N-1}$, 令 $y = x^{-1} + 1 + x$. 那么, $\alpha_0 = 0\ldots0$ 对应于 $F_0(y)$; $\alpha_1 = 10\ldots0$ 对应于 $F_1(y)$; 根据归纳法, α_j 对应于 $F_j(y)$ (模 $x^N + 1$ 以及模 2). 例如, 当 $N = 6$ 时我们有 $\alpha_2 = 110001 \leftrightarrow 1 + x + x^5$, 因为 $x^{-1} \bmod (x^6 + 1) = x^5$, 等等.

(c) 再次应用对 j 的归纳法.

(d) 根据对 m 的归纳法, 提示中的恒等式成立, 因为当 $m = 1$ 和 $m = 2$ 时它显然为真. 使用模 2 运算, 这个恒等式产生简单的等式

$$F_{2k}(y) = y F_k(y)^2; \qquad F_{2k-1}(y) = (F_{k-1}(y) + F_k(y))^2.$$

所以, 可以从多项式对 $P_k = (F_{k-1}(y) \bmod (x^N + 1), F_k(y) \bmod (x^N + 1))$ 用 $O(n)$ 步到达多项式对 P_{k+1}, 用 $O(n^2)$ 步达到多项式对 P_{2k}. 因此, 我们可以在 $O(\log j)$ 次迭代后计算 $F_j(y) \bmod (x^N + 1)$. 于是, 乘以 $f_\alpha(x) + f_\alpha(x^{-1})$ 并降低模 $x^N + 1$ 可以确定 α_j 的值.

顺便指出, $F_{n+1}(x)$ 是连续多项式[①]的特例 $K_n(x, x, \ldots, x)$, 见 4.5.3–(4). 我们有 $F_{n+1}(x) = \sum_{k=0}^{n} \binom{n-k}{k} x^{n-2k} = i^{-n} U_n(ix/2)$, 其中 U_n 是由 $U_n(\cos\theta) = \sin((n+1)\theta)/\sin\theta$ 定义的典型切比雪夫多项式.

192. (a) 根据习题 191(c), $c(q)$ 是最小的正整数 j, 使得 $(x + x^{-1})F_j(x^{-1} + 1 + x) \equiv 0 \pmod{x^{2q} + 1}$ (使用多项式模 2 运算). 这等价于, 它是满足以下条件的最小的正整数 j: 当 $y = x^{-1} + 1 + x$ 时, $F_j(y)$ 是 $(x^{2q} + 1)/(x^2 + 1) = (1 + x + \cdots + x^{q-1})^2$ 的倍数.

(b) 对于 M 的所有素因子 p, 令 $j = M/p$, 用习题 191(d) 的方法计算 $((x + x^{-1})F_j(y)) \bmod (x^{2q} + 1)$. 如果结果为零, 置 $M \leftarrow M/p$ 并重复这个过程. 如果结果非零, $c(q) = M$.

---

① 连续多项式 (continuant polynomial) $K_n(x_1, x_2, \ldots, x_n)$ 递归地定义为

$$K_0 = 0;$$
$$K_1(x_1) = x_1;$$
$$K_n(x_1, x_2, \ldots, x_n) = x_n K_{n-1}(x_1, x_2, \ldots, x_{n-1}) + K_{n-2}(x_1, x_2, \ldots, x_{n-2}).$$

容易证明, 它等于一个 n 阶行列式, 其主对角线元素是 $x_1, x_2, \ldots, x_n$, 紧邻主对角线右侧的元素是 1, 紧邻主对角线下方的元素是 -1, 其余元素是 0. 参见 https://en.wikipedia.org/wiki/Continuant_(mathematics). ——译者注

(c) 我们需要证明 $c(2^e)$ 是 $3 \cdot 2^{e-1}$ 的因子，但不是 $3 \cdot 2^{e-2}$ 或 2^{e-1} 的因子. 后者成立是因为 $F_{2^{e-1}}(y) = y^{2^{e-1}-1}$ 与 $x^{2^{e+1}}+1$ 互素. 前者成立是因为

$$F_{3 \cdot 2^{e-1}}(y) = y^{2^{e-1}-1} F_3(y)^{2^{e-1}} = y^{2^{e-1}-1}(1+y)^{2^e} = y^{2^{e-1}-1}(x^{-1}+x)^{2^e},$$

它 $\equiv 0$ 模 $x^{2^{e+1}}+1$，但它 $\not\equiv 0$ 模 $x^{2^{e+2}}+1$.

(d) $F_{2^e-1}(y) = \sum_{k=1}^e y^{2^e-2^k}$. 由于 $y = x^{-1}(1+x+x^2)$ 与 x^q+1 互素，对于某些系数 a_i 我们有 $y^{-1} \equiv a_0 + a_1 x + \cdots + a_{q-1} x^{q-1} \pmod{x^q+1}$. 因此，对于 $0 \le k < e$ 有

$$y^{-2^k} \equiv a_0 + a_1 x^{2^k} + \cdots + a_{q-1} x^{2^k(q-1)} \equiv a_0 + a_1 x^{2^{k+e}} + \cdots + a_{q-1} x^{2^{k+e}(q-1)} \equiv y^{-2^{k+e}} \pmod{x^q+1},$$

由此推出 $F_{2^{2e}-1}(y)$ 是 $x^{2q}+1$ 的倍数.

(e) 在这种情况 $c(q)$ 整除 $4(2^{2e}-1)$. 证明：令 $x^q+1 = f_1(x)f_2(x)\ldots f_r(x)$，其中 $f_1(x) = x+1$，$f_2(x) = x^2+x+1$，每个 $f_i(x)$ 是模 2 不可约的. 由于 q 是奇数，这些因子各不相同. 因此，像在 (d) 中那样，当 $j \ge 3$ 时，在多项式模 $f_j(x)$ 的有限域内我们有 $y^{-2^k} = y^{-2^{k+e}}$. 由此可知，$F_{2^{2e}-1}(y)$ 是 $f_3(x)\ldots f_r(x) = (x^q+1)/(x^3+1)$ 的倍数. 所以，像希望的那样，$F_{4(2^{2e}-1)}(y) = y^3 F_{2^{2e}-1}(y)^4$ 是 $(x^{2q}+1)/(x^2+1) = f_2(x)^2 f_3(x)^2 \ldots f_r(x)^2$ 的倍数.

(f) 如果 $F_{c(q)}(y)$ 是 $x^{2q}+1$ 的倍数，容易看出 $c(2q) = 2c(q)$. 否则 $F_{3c(q)}(y)$ 是 $F_3(y) = (1+y)^2 = x^{-2}(1+x)^4$ 的倍数；因此，$F_{6c(q)}(y)$ 是 $x^{4q}+1$ 的倍数，而且 $c(2q)$ 整除 $6c(q)$. 仅当 q 是奇数时后面一种情形能出现.

注记：奇偶模式与一个称为"熄灯"（Lights Out）的流行谜题有关，它是达里奥·乌里在 20 世纪 80 年代初发明的，大约在同一时期，又由拉斯洛·梅勒独立发明，称为 **XL25**. ［见戴维·辛马斯特，*Cubic Circular*, issues 7&8 (Summer 1985), 39–42; 迪特尔·格布哈特，*Cubism For Fun* **69** (March 2006), 23–25. ］克劳斯·祖特纳在 *Theoretical Computer Science* **230** (2000), 49–73 中进一步探索了这个理论.

193. 对于 $0 \le i \le m$, $0 \le j \le n$, 令 $b_{(2i)(2j)} = a_{ij}$, $b_{(2i+1)(2j)} = a_{ij} \oplus a_{(i+1)j}$, $b_{(2i)(2j+1)} = a_{ij} \oplus a_{i(j+1)}$, $b_{(2i+1)(2j+1)} = 0$，其中我们注意到当 $i=0$ 或 $i=m+1$ 或 $j=0$ 或 $j=n+1$ 时 $a_{ij} = 0$. 我们没有 $(b_{(2i)1}, b_{(2i)2}, \ldots, b_{(2i)(2n+1)}) = (0, 0, \ldots, 0)$，因为对于 $1 \le i \le m$ 有 $(a_{i1}, \ldots, a_{in}) \ne (0, \ldots, 0)$. 同样，我们没有 $(b_{(2i+1)1}, b_{(2i+1)2}, \ldots, b_{(2i+1)(2n+1)}) = (0, 0, \ldots, 0)$，因为当 m 是奇数时，对于 $0 \le i \le m$，相邻行 $(a_{i1}, \ldots, a_{in})$ 和 $(a_{(i+1)1}, \ldots, a_{(i+1)n})$ 总是不同的.

194. 对于 $1 \le i \le m$ 置 $\beta_i \leftarrow (1 \ll (n-i)) \mid (1 \ll (i-1))$，其中 $m = \lceil n/2 \rceil$. 另外，置 $\gamma_i \leftarrow (\beta_1 \& \alpha_{i1}) + (\beta_2 \& \alpha_{i2}) + \cdots + (\beta_m \& \alpha_{im})$，其中，$\alpha_{ij}$ 是由 β_i 开始的奇偶模式的第 j 行；向量 γ_i 记录这样一个矩阵的对角线元素. 然后，置 $r \leftarrow 0$, 对 $i = 1, 2, \ldots, m$ 应用习题 195 答案中的子程序 N. 所得向量 $\theta_1, \ldots, \theta_r$ 是具有八重对称性的所有 $n \times n$ 奇偶模式的基.

为了检验任何这样的模式是不是完全模式，令第 c_i 行中以 θ_i 开始的模式首先是零. 如果任何 $c_i = n+1$，则答案是肯定的. 如果 $\mathrm{lcm}(c_1, \ldots, c_r) \le n$，则答案是否定的. 如果这两个条件都无法判定结果，我们采用蛮力检查 θ 向量的 $2^r - 1$ 个非零线性组合的方法.

例如，当 $n = 9$ 时，我们求得 $\gamma_1 = 111101111$, $\gamma_2 = \gamma_3 = 010101010$, $\gamma_4 = 000000000$, $\gamma_5 = 001010100$. 于是，$r = 0$, $\theta_1 = 011000110$, $\theta_2 = 000101000$, $c_1 = c_2 = 5$. 所以没有完全模式解.

在我对 $n \le 3000$ 的试验中，仅当 $n = 1709$ 时需要"蛮力"检查. 于是 $r = 21$，而除 $c_{21} = 342$ 外的全部 c_i 值都等于 171 或 855. 我们立即求出解 $\theta_1 \oplus \theta_{21}$.

对于 $1 \le n \le 383$，答案是 4, 5, 11, 16, 23, 29, 30, 32, 47, 59, 62, 64, 65, 84, 95, 101, 119, 125, 126, 128, 131, 154, 164, 170, 185, 191, 203, 204, 239, 251, 254, 256, 257, 263, 314, 329, 340, 341, 371, 383.

［亨里克·埃里克松、基莫·埃里克松和约纳斯·舍斯特兰德在论文 *Advances in Applied Math.* **27** (2001), 365 中提出了一个与图 20 类似的分形，称为"天皇模式". 也见斯蒂芬·沃尔弗拉姆，*A New Kind of Science* (2002) 第 439 页的规则 150R. ］

195. 对于 $1 \le i \le m$ 置 $\beta_i \leftarrow 1 \ll (m-i)$, $\gamma_i \leftarrow \alpha_i$. 置 $r \leftarrow 0$. 然后, 对于 $i = 1, 2, \ldots, m$ 执行下面的子程序:

N1. [提取低位.] 置 $x \leftarrow \gamma_i \,\&\, -\gamma_i$. 如果 $x = 0$, 则转到 N4.

N2. [寻找 j.] 求满足 $\gamma_j \,\&\, x \ne 0$ 和 $\gamma_j \,\&\, (x-1) = 0$ 的最小 $j \ge 1$.

N3. [线性相关吗?] 如果 $j < i$, 置 $\gamma_i \leftarrow \gamma_i \oplus \gamma_j$, $\beta_i \leftarrow \beta_i \oplus \beta_j$, 返回 N1. (这些运算保持矩阵等式 $C = BA$.) 否则, 结束子程序 (因为 γ_i 同 $\gamma_1, \ldots, \gamma_{i-1}$ 是线性无关的).

N4. [记录解.] 置 $r \leftarrow r+1$, $\theta_r \leftarrow \beta_i$. ▌

在结束时, $m - r$ 个非零向量 γ_i 是 $\alpha_1, \ldots, \alpha_m$ 的全部线性组合的向量空间的基, 它们的特点由它们的低阶二进制位表示.

196. (a) $^\#\texttt{0a}$; $^\#\texttt{cea3}$; $^\#\texttt{e7ae97}$; $^\#\texttt{f09d8581}$.

(b) 如果 $\lambda x = \lambda x'$, 因为 $l = l'$, 所以结果是显然的. 否则, 我们有 $\alpha_1 < \alpha_1'$ 或者 ($\alpha_1 = \alpha_1'$ 且 $\alpha_2 < \alpha_2'$). 仅当 $x \ge 2^{16}$ 时后一种情况可能出现.

(c) 置 $j \leftarrow k$. 当 $\alpha_j \oplus {}^\#\texttt{80} < {}^\#\texttt{40}$ 时循环执行 $j \leftarrow j - 1$. 则 $\alpha(x^{(i)})$ 以 α_j 开始.

197. (a) $^\#\texttt{000a}$; $^\#\texttt{03a3}$; $^\#\texttt{7b97}$; $^\#\texttt{d834dd41}$.

(b) 比如说, 当 $x = {}^\#\texttt{ffff}$, $x' = {}^\#\texttt{10000}$ 时无法保持字典序.

(c) 为了正确回答这个问题, 我们需知道: 区间 $^\#\texttt{d800} \le x < {}^\#\texttt{e000}$ 内的 2048 个整数不是通用字符集 (UCS) 的法定码点; 它们称为代理. 基于这一认知, 当 $\beta_k \oplus {}^\#\texttt{dc00} \ge {}^\#\texttt{0400}$ 时 $\beta(x^{(i)})$ 从 β_k 开始, 否则它从 β_{k-1} 开始.

198. $a = {}^\#\texttt{e50000}$, $b = 3$, $c = {}^\#\texttt{16}$. (我们可以令 $b = 0$, 然而 a 将非常大, 皮埃尔·雷诺-里夏尔在 1997 年提出了这个技巧. 罗兹贝赫·普尔纳德在 2008 年提出的前述常数, 是可能的最小常数.)

199. 我们需要 $\alpha_1 > {}^\#\texttt{c1}$, $2^8 \alpha_1 + \alpha_2 < {}^\#\texttt{f490}$, 并且要求 $(\alpha_1 \,\&\, -\alpha_1) + \alpha_1 < {}^\#\texttt{100}$ 或者 $\alpha_1 + \alpha_2 > {}^\#\texttt{17f}$. 这些条件成立, 当且仅当

$$({}^\#\texttt{c1} - \alpha_1) \,\&\, (2^8 \alpha_1 + \alpha_2 - {}^\#\texttt{f490}) \,\&\, (((\alpha_1 \,\&\, -\alpha_1) + \alpha_1 - {}^\#\texttt{100}) \,|\, ({}^\#\texttt{17f} - \alpha_1 - \alpha_2)) < 0.$$

马库斯·库恩建议添加额外子句 $\&\, ({}^\#\texttt{20} - ((2^8 \alpha_1 + \alpha_2) \oplus {}^\#\texttt{eda0}))$, 以保证 $\alpha_1 \alpha_2$ 不是一个代理编码的开始.

200. 如果 $\$0 = (x_7 \ldots x_1 x_0)_{256}$, 则把 $\$3$ 设置为对称函数 $S_2(x_7, x_4, x_2)$.

201. MOR x,c,x, 其中 $c = {}^\#\texttt{f0f0f0f00f0f0f0f}$.

202. 一条指令是 MOR x,x,c, 其中 $c = {}^\#\texttt{c0c030300c0c0303}$. 另一条指令是 MOR x,mone,x. (见习题 209 的答案.)

203. 这 5 个常数是: a $= {}^\#\texttt{0008000400020001}$, b $= {}^\#\texttt{0804020108040201}$, c $= {}^\#\texttt{0606060606060606}$, d $= {}^\#\texttt{0000002700000000}$, e $= {}^\#\texttt{2a2a2a2a2a2a2a2a}$. (字符 0 的ASCII 码是 $6 + {}^\#\texttt{2a}$, 字符 a 的 ASCII 码是 $6 + {}^\#\texttt{2a} + 10 + {}^\#\texttt{27}$.)

204. 它们是 $p = {}^\#\texttt{8008400420021001}$, $q = {}^\#\texttt{8020080240100401}$ (p 的转置), $r = {}^\#\texttt{4080102004080102}$ (一个对称矩阵), $m = {}^\#\texttt{aa55aa55aa55aa55}$.

205. 执行混洗, 但交换 $p \leftrightarrow q$, 取 $r = {}^\#\texttt{0804020180402010}$, $m = {}^\#\texttt{f0f0f0f00f0f0f0f}$.

206. 只需把 p 改为 $^\#\texttt{0880044002200110}$. (顺便指出, 这两种混洗也可以用另外的方法定义为对 $z = (z_{63} \ldots z_1 z_0)_2$ 的排列: 对于 $0 \le j < 63$, 外混洗取变换 $z_j \mapsto z_{(2j) \bmod 63}$, 而内混洗取变换 $z_j \mapsto z_{(2j+1) \bmod 65}$.)

207. 执行 MOR y,p,x; MOR y,y,p; MOR t,y,q; PUT rM,m1; MUX y,y,t; MOR t,t,q; PUT rM,m2; MUX y,y,t. 其中, 对于两种情形, $p = {}^\#\texttt{2004801002400801}$; 对于三重拉链, $q = {}^\#\texttt{4020100804020180}$, $m_1 = {}^\#\texttt{4949494949494949}$, $m_2 = {}^\#\texttt{dbdbdbdbdbdbdbdb}$; 对于逆, $q = {}^\#\texttt{0402018040201008}$, $m_1 = {}^\#\texttt{0707070707070707}$, $m_2 = {}^\#\texttt{3f3f3f3f3f3f3f3f}$.

208. （小亨利·沃伦给出的解）正文中的 7 交换、14 交换、28 交换方法可以仅用以下 12 条指令实现:

$$\text{MOR t,x,c1; \quad MOR t,c1,t; \quad PUT rM,m1; \quad MUX y,x,t;}$$
$$\text{MOR t,y,c2; \quad MOR t,c2,t; \quad PUT rM,m2; \quad MUX y,y,t;}$$
$$\text{MOR t,y,c3; \quad MOR t,c3,t; \quad PUT rM,m3; \quad MUX y,y,t;}$$

其中 $c_1 = {}^{\#}\text{4080102004080102}$, $c_2 = {}^{\#}\text{2010804002010804}$, $c_3 = {}^{\#}\text{0804020180402010}$, $m_1 = {}^{\#}\text{aa55aa55aa55aa55}$, $m_2 = {}^{\#}\text{cccc3333cccc3333}$, $m_3 = {}^{\#}\text{f0f0f0f00f0f0f0f}$.

209. 四条指令就足够了: MXOR y,p,x; \quad MXOR x,mone,x; \quad MXOR x,x,q; \quad XOR x,x,y; \quad 其中 $p = {}^{\#}\text{80c0e0f0f8fcfeff} = \bar{q}$, 寄存器 mone $= -1$.

210. SLU x,one,x; \quad MOR x,b,x; \quad AND x,x,a; \quad MOR x,x,#ff; \quad 其中寄存器 one $= 1$.

211. 一般说来, 布尔矩阵积 AXB 的元素 ij 是 $\bigvee \{x_{kl} \mid a_{ik}b_{lj} = 1\}$. 对于这个问题我们选择 $a_{ik} = [i \supseteq k]$, $b_{lj} = [l \subseteq j]$. 答案是 MOR t,f,a; \quad MOR t,b,t, 其中 $a = {}^{\#}\text{80c0a0f088ccaaff}$, $b = {}^{\#}\text{ff5533110f050301} = a^T$.

（注意, 这种技巧给出单调性的一种简单检验 $[f = \hat{f}]$. 此外, 根据习题 7.1.1–11 的结论, 如果我们用 MXOR 代替 MOR, 64 位结果 $(t_{63} \ldots t_1 t_0)_2$ 给出多重线性表示

$$f(x_1, \ldots, x_6) = (t_{63} + t_{62}x_6 + \cdots + t_1 x_1 x_2 x_3 x_4 x_5 + t_0 x_1 x_2 x_3 x_4 x_5 x_6) \bmod 2$$

的系数.)

212. 如果像在 (183) 中那样, 用 · 表示通过 MXOR 进行的矩阵乘法, 而 $b = (\beta_7 \ldots \beta_1 \beta_0)_{256}$ 含有字节 β_j, 我们可以计算

$$c = (a \cdot B_0^L) \oplus ((a \ll 8) \cdot (B_1^L + B_0^U)) \oplus ((a \ll 16) \cdot (B_2^L + B_1^U)) \oplus \cdots \oplus ((a \ll 56) \cdot (B_7^L + B_6^U)),$$

其中 $B_j^U = (q\beta_j) \& m$, $B_j^L = (((q\beta_j) \ll 8) + \beta_j) \& \bar{m}$, $q = {}^{\#}\text{0080402010080402}$, $m = {}^{\#}\text{7f3f1f0f07030100}$. （这里 $q\beta_j$ 表示普通整数乘法. ）

213. 在这个大端约定计算中, 寄存器 nn 保存 $-n$, 寄存器 data 指向存储器中给定字节串 $\alpha_{n-1} \ldots \alpha_1 \alpha_0$ (α_{n-1} 优先) 之后的全字 (8 字节). 对于 $72 \le k < 80$ 计算余数 $x^k \bmod p(x)$, 我们发现常数 aa $= {}^{\#}\text{8381808080402010}$ 和 bb $= {}^{\#}\text{339bcf6530180c06}$ 对应于矩阵 A 和 B.

SET	c,0	$c \leftarrow 0$.	LDOU	t,data,nn	$t \leftarrow$ 下一个全字.
LDOU	t,data,nn	$t \leftarrow$ 下一个全字.	XOR	u,u,c	$u \leftarrow u \oplus c$.
ADD	nn,nn,8	$n \leftarrow n - 8$.	SLU	c,v,56	$c \leftarrow v \ll 56$.
BZ	nn,2F	如果 $n = 0$ 则结束.	SRU	v,v,8	$v \leftarrow v \gg 8$.
1H MXOR	u,aa,t	$u \leftarrow t \cdot A$.	XOR	u,u,v	$u \leftarrow u \oplus v$.
MXOR	v,bb,t	$v \leftarrow t \cdot B$.	XOR	t,t,u	$t \leftarrow t \oplus u$.
ADD	nn,nn,8	$n \leftarrow n - 8$.	PBN	nn,1B	如果 $n > 0$ 则重复. ∎

一个类似的方法能完成这个作业, 无需辅助表:

2H SET	nn,8	$n \leftarrow 8$.	SRU	v,v,8	$v \leftarrow v \gg 8$.
3H AND	x,t,ffooo	$x \leftarrow$ 高字节.	XOR	t,t,v	$t \leftarrow t \oplus v$.
MXOR	u,aaa,x	$u \leftarrow x \cdot A'$.	SUB	nn,nn,1	$n \leftarrow n - 1$.
MXOR	v,bbb,x	$v \leftarrow x \cdot B'$.	PBP	nn,3B	如果 $n > 0$ 则重复.
SLU	t,t,8	$t \leftarrow t \ll 8$.	XOR	t,t,c	$t \leftarrow t \oplus c$.
XOR	t,t,u	$t \leftarrow t \oplus u$.	SRU	crc,t,48	返回 $t \gg 48$. ∎

其中 aaa $= {}^{\#}\text{8381808080808080}$, bbb $= {}^{\#}\text{0383c363331b0f05}$, ffooo $= {}^{\#}\text{ff00}\ldots\text{00}$.

"大头派"[①]的图书已被长期禁止.

——莱缪尔·格列佛,《格列佛游记》(1726)

214. 通过考虑矩阵 X 的特征多项式的不可约因式,我们必定有 $X^n = I$,其中 $n = 2^3 \cdot 3^2 \cdot 5 \cdot 7 \cdot 17 \cdot 31 \cdot 127 = 168661080$. 尼尔·克利夫特证明了 $l(n-1) = 33$,而且得出计算 $Y = X^{-1} = X^{n-1}$ 的 33 条 MXOR 指令序列: MXOR t,x,x; MXOR \$1,t,x; MXOR \$2,t,\$1; MXOR \$3,\$2,\$2; MXOR t,\$3,\$3; S^6; MXOR t,t,\$2; S^3; MXOR \$1,t,\$1; MXOR t,\$1,\$3; S^{13}; MXOR t,t,\$1; S; MXOR y,t,x; 这里 S 代表 MXOR t,t,t. 为了检验 X 是否为非奇异矩阵,执行 MXOR t,y,x,并与单位矩阵 #8040201008040201 比较.

215. 执行 SADD \$0,x,0; SADD \$1,x,a; NEG \$0,32,\$0; 2ADDU \$1,\$1,\$0; SLU \$0,b,\$1; 然后执行 BN \$0,Yes; 其中 a = #aaaaaaaaaaaaaaaa, b = #2492492492492492.

216. 对于 $0 \le k < m$,从 $s_k \leftarrow 0$ 和 $t_k \leftarrow -1$ 开始. 然后,对于 $1 \le k \le m$ 执行以下操作: 如果 $x_k \ne 0$ 且 $x_k < 2^m$,置 $l \leftarrow \lambda x_k$,$s_l \leftarrow s_l + x_k$; 如果 $t_l < 0$ 或 $t_l > x_k$,同时还置 $t_l \leftarrow x_k$. 最后,置 $y \leftarrow 1$,$k \leftarrow 0$; 当 $y \ge t_k$ 且 $k < m$ 时循环执行 $y \leftarrow y + s_k$,$k \leftarrow k+1$. 对于 y 和 s_k,双精度 n 位二进制算术足够了. [戴维·爱泼斯坦在 2008 年 3 月 22 日的博客中介绍了这个有趣的算法.]

217. 见罗伯特·卡梅伦,美国专利第 7400271 号(2008 年 7 月 15 日); *Proc. ACM Symp. Principles and Practice of Parallel Programming* **13** (2008), 91–98.

218. 令 b 为满足 $b \bmod 8 = 5$ 的任意整数. 那么,每当 $0 < x < 2^d$ 且 $x \bmod 4 = 1$ 时,对于依赖于 b 的某个整数 $L(x)$,我们有 $x = b^{L(x)} \bmod 2^d$(见 3.2.1.2 节). 对于 $1 < k < d$,给定 $t_k = -4L(2^k + 1)$ 的一个表,假定当 $k \ge d/2$ 时 $t_k = 2^k$,下面的算法计算 $s = 4L(x)$: 置 $s \leftarrow 0$,$j \leftarrow 1$; 然后,当 $j < d/2 - 1$ 时循环执行以下操作: 置 $j \leftarrow j+1$,如果 $x \,\&\, (1 \ll j) \ne 0$,同时还置 $x \leftarrow (x + (x \ll j)) \bmod 2^d$,$s \leftarrow (s + t_j) \bmod 2^d$. 最后,置 $s \leftarrow (s + 1 - x) \bmod 2^d$.

现在,为计算 $a \cdot x^y$,我们可以处理如下(按模 2^d 执行所有的运算): 如果 $x \,\&\, 2 \ne 0$,置 $x \leftarrow -x$,$a \leftarrow (-1)^{y \,\&\, 1} a$. (此时 $x \bmod 4 = 1$.) 利用上面的算法,置 $s \leftarrow 4L(x) \cdot y$,并且置 $j \leftarrow 1$; 然后,当 $s \ne 0$ 时循环执行以下操作: 置 $j \leftarrow j+1$,如果 $s \,\&\, (1 \ll j) \ne 0$,同时还置 $s \leftarrow s + t_j$,$a \leftarrow a + (a \ll j)$. 所求的答案是 a. (使用另一个乘法运算,一旦 $j \ge d/2$,我们就能返回 $(1-s)a$.)

当 $d - 1 \ge k \ge d/2$ 时,置 $t_k \leftarrow 1 \ll k$,然后对剩余的 k 按递减的次序进行如下处理,可以计算符合要求的 t_k: 置 $x \leftarrow 1 + (1 \ll k)$,$x \leftarrow x + (x \ll k)$,$s \leftarrow 0$,$j \leftarrow k$; 然后,当 $j < d/2 - 1$ 时置 $j \leftarrow j+1$,且如果 $x \,\&\, (1 \ll j) \ne 0$,还置 $x \leftarrow x + (x \ll j)$,$s \leftarrow s - t_j$; 最后,置 $t_k \leftarrow (s + x - 1) \gg 1$. 例如,当 $d = 32$ 时,我们得到 $t_{15} = $ #20008000,$t_{14} = $ #18004000,$t_{13} = $ #0e002000,$t_{12} = $ #07801000,$t_{11} = $ #03e00800,$t_{10} = $ #41f80400,$t_9 = $ #18fe0200,$t_8 = $ #0b7f8100,$t_7 = $ #319fe080,$t_6 = $ #5e8bf840,$t_5 = $ #4a617e20,$t_4 = $ #17c26f90,$t_3 = $ #6119d1e8,$t_2 = $ #2c30267c. (对于某个整数 b,这个过程求出 L 而不暴露 b 自身的实际值!)

[本题的方法同亨利·布里格斯和理查德·费曼在习题 1.2.2–25 和 1.2.2–28 中求实数值的对数和指数算法有着有趣的联系. 当 $y = -1$ 时,关于 x^y 的广义字过程对于按模 2^d 计算 x 的逆也适用. 然而,对于那种计算有一个直接算法可用: 置 $z \leftarrow 1$,$j \leftarrow 0$; 当 $x \ne 1$ 时置 $j \leftarrow j+1$,且如果 $x \,\&\, (1 \ll j) \ne 0$,还置 $z \leftarrow (z + (z \ll j)) \bmod 2^d$,$x \leftarrow (x + (x \ll j)) \bmod 2^d$. 最终的 z 是原来的奇数 x 的逆.]

219. 该语句"排序"二进制位,把 x 变为 $2^{\nu x} - 1$.

7.1.4 节

1. 下面是真值表 $0000, 0001, \ldots, 1111$ 的 BDD,它们的大小显示在下端.

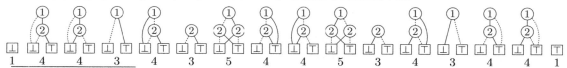

① 小人国为吃鸡蛋须先剥大头还是先剥小头陷入长期战争,这是英国著名讽刺小说《格列佛游记》中的一个荒诞故事. "大头派"(Big-Endians)坚持先剥大头,而"小头派"(Little-Endians)坚持先剥小头. 计算机数据存储中的"大端"约定和"小端"约定用了相同的两个英文单词. ——译者注

2.（顺序属性决定每段弧的方向.）

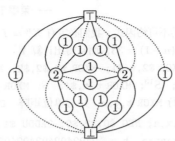

3. 有两个布尔函数的 BDD 的大小为 1（即两个常值函数）. 没有 BDD 的大小为 2 的布尔函数（因为两个汇结点不可能同时是可达的，除非另有一个分支结点）. 还有 $2n$ 个 BDD 的大小为 3 的布尔函数（即对于 $1 \le j \le n$ 的 x_j 和 $\bar{x}_j$）.

4. 置 $y \leftarrow \#0\text{fffffeffffffe} \& \bar{x} + \#20000002$，$y \leftarrow (y \gg 28) \& \#10000001$，$x' \leftarrow x \oplus y$.

5. 你得到 f 的对偶 $\overline{f(\bar{x}_1, \ldots, \bar{x}_n)} = f^D(x_1, \ldots, x_n)$（见习题 7.1.1–2）.

6. g 的真值表是 10110001100100011，它的的最大子表 10110001, 10010011, 1011, 0001, 1001, 0011 是全部不同的串珠. 平方串和重复串不会出现，直到我们考察长度为 2 的子表 $\{10, 11, 00, 01\}$. 所以 g 具有大小为 11 的 BDD.

7. (a) 如果 f 的真值表是 $\alpha_0 \alpha_1 \ldots \alpha_{2^k-1}$，其中每个 α_j 是长度为 2^{n-k} 的二进制串，那么 g_k 的真值表是 $\beta_0 \beta_2 \ldots \beta_{2^k-2}$，其中 $\beta_{2j} = \alpha_{2j} \alpha_{2j+1} \alpha_{2j+1} \alpha_{2j+1}$.

(b) 因此 f 和 g_k 的串珠是密切相关的. 通过把 $\boxed{j}$ 变成 $\boxed{j-1}$ $(1 \le j < k)$，用 $\boxed{k-1}$ 替换 $\boxed{k}$，我们从 f 的 BDD 获得 g_k 的 BDD.

8. (a) 现在 $\beta_{2j} = \alpha_{2j} \alpha_{2j+1} \alpha_{2j+1} \alpha_{2j}$. (b) 再次把 $\boxed{j}$ 变成 $\boxed{j-1}$ $(1 \le j < k)$. 如果 $\boxed{k}$ 出现在 f 中但不出现在 $\boxed{k}$ 中，那么用 $\boxed{k-1}$ 替换 $\boxed{k}$，否则用 $\boxed{k-1}$ $\boxed{k-1}$ 替换 $\boxed{k}$ $\boxed{k}$.

[叶连娜·杜布罗瓦和卢卡·马基亚鲁洛, *IEEE Trans.* **C-49** (2000), 1290–1292.]

9. 如果 $s = 1$，无答案. 否则置 $k \leftarrow s - 1$，$j \leftarrow 1$，并且重复下列操作: (i) 当 $j < v_k$ 时循环执行 $x_j \leftarrow 1$，$j \leftarrow j + 1$; (ii) 如果 $k = 0$ 则停止; (iii) 如果 $h_k \ne 1$ 置 $x_j \leftarrow 1$，$k \leftarrow h_k$，否则置 $x_j \leftarrow 0$，$k \leftarrow l_k$; (iv) 置 $j \leftarrow j + 1$.

10. 令 $I_k = (\bar{v}_k? l_k : h_k)$ $(0 \le k < s)$，$I'_k = (\bar{v}'_k? l'_k : h'_k)$ $(0 \le k < s')$. 我们可以假定 $s = s'$；否则 $f \ne f'$. 下述算法要么找到使得 I_k 对应于 I'_{t_k} 的下标 $(t_0, \ldots, t_{s-1})$，要么推断出 $f \ne f'$.

I1. [初始化和循环.] 置 $t_{s-1} \leftarrow s - 1$，$t_1 \leftarrow 1$，$t_0 \leftarrow 0$，对于 $2 \le k \le s - 2$ 置 $t_k \leftarrow -1$. 对于 $k = s - 1, s - 2, \ldots, 2$（按这个顺序）执行 I2–I4. 如果这些步骤 "停止" 在任何点，我们有 $f \ne f'$，否则 $f = f'$.

I2. [检验 v_k.] 置 $t \leftarrow t_k$.（现在 $t \ge 0$，否则 I_k 将没有前导.）如果 $v'_t \ne v_k$ 则停止.

I3. [检验 l_k.] 置 $l \leftarrow l_k$. 如果 $t_l < 0$ 置 $t_l \leftarrow l'_t$，否则如果 $l'_t \ne t_l$ 则停止.

I4. [检验 h_k.] 置 $h \leftarrow h_k$. 如果 $t_h < 0$ 置 $t_h \leftarrow h'_t$，否则如果 $h'_t \ne t_h$ 则停止. ∎

11. (a) 是，因为 c_k 正确计数导致由结点 k 到结点 1 的 $x_{v_k} \ldots x_n$ 取值的次数.（事实上，很多 BDD 算法在存在等价结点或冗余分支结点的情况下可以正确执行——不过更慢. 但是，比如说当我们需要像习题 10 那样快速检验 $f = f'$ 成立与否时，则 BDD 的约化是很重要的.）

(b) 否. 例如，假定 $I_3 = (\bar{1}? 2 : 1)$，$I_2 = (\bar{1}? 0 : 1)$，$I_1 = (\bar{2}? 1 : 1)$，$I_0 = (\bar{2}? 0 : 0)$，那么算法置 $c_2 \leftarrow 1$，$c_3 \leftarrow \frac{3}{2}$.（另外也见习题 35(b).）

12. (a) 第一个条件使 K 成为独立集，第二个条件使它也是极大独立集.

(b) 当 n 为奇数时不存在核，否则存在由交替顶点构成的两个核.

(c) 一个顶点是在核内，当且仅当它是汇顶点或者它在通过删除所有汇顶点以及它们的直接前导得到的图的核内.

[核表示类似尼姆的游戏中的取胜位置，而且它们也出现在 n 人游戏中. 见约翰·冯·诺依曼和奥斯卡·摩根斯顿，*Theory of Games and Economic Behavior* (1944)，§30.1；克劳德·伯奇，*Graphs and Hypergraphs* (1973)，Chapter 14.]

13. (a) G 的极大团是 $\overline{G}$ 的核，反之亦然. (b) 极小顶点覆盖 U 是核 W 的补 $V \setminus W$，反之亦然（见 7-(61)）.

14. (a) BDD 的大小是 $4(n-2) + 2[n=3]$. 当 $n \geq 6$ 时，这些 BDD 构成一个图形，其中有变量 $4, 5, \ldots, n-2$ 的 4 个分支结点，以及在顶部和底部的一个固定图形. 4 个分支结点实际上是

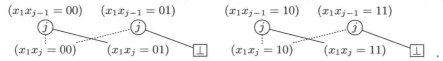

(b) 对于 $3 \leq n \leq 10$，BDD 的大小是 $(7, 9, 14, 17, 22, 30, 37, 45)$. 然后，像 (a) 中那样在顶部和底部产生一个固定图形，以及中间每个变量的 9 个分支结点，总大小达到 $9(n-5)$. 每个中间层上的 9 个结点分成 3 个结点一组的 3 个组，

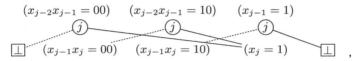

以及 $x_1 x_2 = 00$ 的一个组，$x_1 x_2 = 01$ 的一个组，$x_1 = 1$ 的一个组.

15. 这两种情况的数目由对两个著名数列的归纳法导出: (a) 卢卡斯数列 $L_n = F_{n+1} + F_{n-1} = \phi^n + \hat{\phi}^n$ [见爱德华·卢卡斯，*Théorie des Nombres* (1891)，第 18 章]. (b) 由 $P_3 = 3$，$P_4 = 2$，$P_5 = 5$，$P_n = P_{n-2} + P_{n-3} = \chi^n + \hat{\chi}^n + \overline{\chi}^n$ 定义的佩兰数列 [见爱德华·卢卡斯，*Association Française pour l'Avancement des Sciences*, Compte-rendu **5** (1876)，62；拉乌尔·佩兰，*L'Intermédiaire des Mathématiciens* **6** (1899)，76–77；佐尔坦·菲雷迪，*Journal of Graph Theory* **11** (1987)，463.]

16. 当 BDD 不是 $\perp$ 时，所有解是通过调用 $List(1, \text{root})$ 产生的，其中 $List(j, p)$ 是下述递归过程: 如果 $v(p) > j$，置 $x_j \leftarrow 0$，调用 $List(j+1, p)$；置 $x_j \leftarrow 1$，再调用 $List(j+1, p)$. 否则，如果 p 是汇结点 $\top$，访问解 $x_1 \ldots x_n$. （在 7.2.1 节开头讨论了生成所有组合对象时"访问"对象的概念.）否则，置 $x_j \leftarrow 0$，如果 $\text{LO}(p) \neq \perp$，调用 $List(j+1, \text{LO}(p))$；置 $x_j \leftarrow 1$，如果 $\text{HI}(p) \neq \perp$，再调用 $List(j+1, \text{HI}(p))$.

解是按字典序生成的. 假定存在 N 个解. 如果第 k 个解与第 $k-1$ 个解在位置 $x_1 \ldots x_{j-1}$ 一致，但是在 x_j 不一致，则令 $c(k) = n - j$；并且令 $c(1) = n$. 那么，运行时间同 $\sum_{k=1}^{N} c(k)$ 成正比，通常是 $O(nN)$. （这个界成立是因为 BDD 的每个分支结点至少导致一个解. 事实上，实际运行时间一般是 $O(N)$.）

17. 这是不可能的，因为存在 $N = 2^{2k}$ 且 $B(f) = O(2^{2k})$ 的函数，它的每两个解在超过 2^{k-1} 个二进制位的位置是不同的. 对于这样一个函数生成全部解的任何算法的运行时间必定是 $\Omega(2^{3k})$，因为在两个解之间需要 $\Omega(2^k)$ 个运算. 为了构造 f，首先令

$$g(x_1, \ldots, x_k, y_0, \ldots, y_{2^k-1}) = [y_{(t_1 \ldots t_k)_2} = x_1 t_1 \oplus \cdots \oplus x_k t_k, \quad 0 \leq t_1, \ldots, t_k \leq 1].$$

（换句话说，g 断定 $y_0 \ldots y_{2^k-1}$ 是阿达马矩阵的第 $(x_1 \ldots x_k)_2$ 行，见等式 4.6.4-(38).）现在我们令 $f(x_1, \ldots, x_k, y_0, \ldots, y_{2^k-1}, x_1', \ldots, x_k', y_0', \ldots, y_{2^k-1}') = g(x_1, \ldots, x_k, y_0, \ldots, y_{2^k-1}) \wedge g(x_1', \ldots, x_k',$

$y_0', \ldots, y_{2^k-1}'$). 当变量用这种方式排序时显然有 $B(f) = O(2^{2k})$. 实际上，索斯藤·达尔海姆尔注意到 $B(f) = 2B(g) - 2$, 其中 $B(g) = 2^k + 1 + \sum_{j=1}^{2^k} 2^{\min(k, 1+\lceil \lg j \rceil)} = \frac{5}{3} 2^{2k-1} + 2^k + \frac{5}{3}$.

18. 首先，$(W_1, \ldots, W_5) = (5, 4, 4, 4, 0)$. 然后 $m_2 = w_4 = 4$, $t_2 = 1$; $m_3 = t_3 = 0$; $m_4 = \max(m_3, m_2 + w_3) = 1$, $t_4 = 1$; $m_5 = W_4 - W_5 = 4$, $t_5 = 0$; $m_6 = w_2 + W_3 - W_5 = 2$, $t_6 = 1$; $m_7 = \max(m_5, m_4 + w_2) = 4$, $t_7 = 0$; $m_8 = \max(m_7, m_6 + w_1) = 4$, $t_8 = 0$. 解 $x_1 x_2 x_3 x_4 = 0001$.

19. $\sum_{j=1}^{n} \min(w_j, 0) \leq \sum_{j=v_k}^{n} \min(w_j, 0) \leq m_k \leq \sum_{j=v_k}^{n} \max(w_j, 0) = W_{v_k} \leq W_1$.

20. 置 $w_1 \leftarrow -1$, 然后对于 $1 \leq j \leq n/2$ 置 $w_{2j} \leftarrow w_j$, $w_{2j+1} \leftarrow -w_j$. [这个方法也可以计算 w_{n+1}. 该权值序列因图厄, *Skrifter udgivne af Videnskabs-Selskabet i Christiania*, Mathematisk-Naturvidenskabelig Klasse (1912), No. 1, §7 和摩尔斯, *Trans. Amer. Math. Soc.* **22** (1921), 84–100, §14 的工作得名.]

21. 能. 我们只是必须改变每个权值 w_j 的符号. （或者我们可以在每个顶点使 LO 和 HI 起相反的作用. ）

22. 当 f 表示图的核时，如果 $f(x) = f(x') = 1$, 那么汉明距离 $\nu(x \oplus x')$ 不是 1. 在这种情况下，当 $l \neq 0$ 时 $v_l = v + 1$, 而当 $h \neq 0$ 时 $v_h = v + 1$.

23. 对于任何连通图的连通性函数，BDD 在从根到 ⊤ 的每条路径上恰好有 $n - 1$ 段实线弧，因为很多边需要连接 n 个顶点，同时因为 BDD 没有冗余分支结点. （也见定理 S. ）

24. 应用带权值 $(w_{12}', \ldots, w_{89}') = (-w_{12} - x, \ldots, -w_{89} - x)$ 的算法 B, 其中 x 大到足以使得这些新权值 w_{uv}' 全部为负值. 于是 $\sum w_{uv}' x_{uv}$ 的最大值将呈现为 $\sum x_{uv} = 8$, 而且那些边将构成具有最小 $\sum w_{uv} x_{uv}$ 的生成树. （对于习题 2.3.4.1–11 中的最小生成树，我们已经见过一个更好的算法，至于其他方法将在 7.5.4 节讨论. 然而，本题表明 BDD 可以紧凑地表示所有生成树的集合. ）

25. 步骤 C1 中的答案变成 $(1+z)^{v_s-1-1} c_{s-1}$, 步骤 C2 中的 c_k 的值变成 $(1+z)^{v_l-v_k-1} c_l + (1+z)^{v_h-v_k-1} z c_h$.

26. 在这种情况下，步骤 C1 中的答案只是 c_{s-1}, 步骤 C2 中的 c_k 的值只是 $(1 - p_{v_k}) c_l + p_{v_k} c_h$.

27. 多重线性多项式 $H(x_1, \ldots, x_n) = F(x_1, \ldots, x_n) - G(x_1, \ldots, x_n)$ 是非零的（模 q）, 因为它对于每个 $x_k \in \{0, 1\}$ 的整数的选择是 ± 1. 如果它的次数为 $d(\mathrm{mod}\ q)$, 可以证明，满足 $0 \leq q_k < q$ 的 $(q_1, \ldots, q_n)$ 值至少存在使得 $H(q_1, \ldots, q_n) \bmod q \neq 0$ 的 $(q-1)^d q^{n-d}$ 个集合. 这个断言当 $d = 0$ 时是显然的. 至于如果 x_k 是出现在次数 $d > 0$ 的项中的变量，则 x_k 的系数是一个 $d - 1$ 次的多项式. 由对 d 的归纳法，它对于 $(q_1, \ldots, q_{k-1}, q_{k+1}, \ldots, q_n)$ 的至少 $(q-1)^{d-1} q^{n-d}$ 种选择是非零的. 对于这些选择的每一种，存在 $q - 1$ 个使得 $H(q_1, \ldots, q_n) \bmod q \neq 0$ 的 q_k 值.

因此，所述概率 $\geq (1 - 1/q)^d \geq (1 - 1/q)^n$. [见曼纽尔·布卢姆、阿肖克·钱德拉和马克·韦格曼, *Information Processing Letters* **10** (1980), 80–82.]

28. $F(p) = (1-p)^n G(p/(1-p))$. 类似地，$G(z) = (1+z)^n F(z/(1+z))$.

29. 在步骤 C1, 也置 $c_0' \leftarrow 0$, $c_1' \leftarrow 1$, 返回 c_{s-1} 和 c_{s-1}'. 在步骤 C2, 置 $c_k \leftarrow (1-p) c_l + p c_h$, $c_k' \leftarrow (1-p) c_l' - c_l + p c_h' + c_h$.

30. 使用以下类似于算法 B 的算法求解（假定使用精确的算术运算）.

A1. [初始化.] 置 $P_{n+1} \leftarrow 1$, 对 $n \geq j \geq 1$ 置 $P_j \leftarrow P_{j+1} \max(1 - p_j, p_j)$.

A2. [对 k 循环.] 置 $m_1 \leftarrow 1$, 对 $2 \leq k < s$ 执行 A3. 然后执行 A4.

A3. [处理 I_k.] 置 $v \leftarrow v_k$, $l \leftarrow l_k$, $h \leftarrow h_k$, $t_k \leftarrow 0$. 如果 $l \neq 0$ 置 $m_k \leftarrow m_l(1 - p_v) P_{v+1}/P_{v_l}$. 然后如果 $h \neq 0$ 计算 $m \leftarrow m_h p_v P_{v+1}/P_{v_h}$; 如果 $l = 0$ 或 $m > m_k$ 置 $m_k \leftarrow m$, $t_k \leftarrow 1$.

A4. [计算 x.] 置 $j \leftarrow 0$, $k \leftarrow s - 1$, 执行下列运算直至 $j = n$: 当 $j < v_k - 1$ 时置 $j \leftarrow j + 1$, $x_j \leftarrow [p_j > \frac{1}{2}]$; 如果 $k > 1$ 置 $j \leftarrow j + 1$, $x_j \leftarrow t_k$, $k \leftarrow (t_k = 0?\ l_k : h_k)$. ∎

31. **C1′.** ［对 k 循环.］置 $\alpha_0 \leftarrow \perp$, $\alpha_1 \leftarrow \top$, 对 $k = 2, 3, \ldots, s-1$ 执行 C2′. 然后转到 C3′.

C2′. ［计算 α_k.］置 $v \leftarrow v_k$, $l \leftarrow l_k$, $h \leftarrow h_k$. 置 $\beta \leftarrow \alpha_l$, $j \leftarrow v_l - 1$; 然后当 $j > v$ 时置 $\beta \leftarrow (\bar{x}_j \circ x_j) \bullet \beta$, $j \leftarrow j - 1$. 置 $\gamma \leftarrow \alpha_h$, $j \leftarrow v_h - 1$; 然后当 $j > v$ 时置 $\gamma \leftarrow (\bar{x}_j \circ x_j) \bullet \gamma$, $j \leftarrow j - 1$. 最后置 $\alpha_k \leftarrow (\bar{x}_v \bullet \beta) \circ (x_v \bullet \gamma)$.

C3′. ［完成.］置 $\alpha \leftarrow \alpha_{s-1}$, $j \leftarrow v_{s-1} - 1$; 然后当 $j > 0$ 时置 $\alpha \leftarrow (\bar{x}_j \circ x_j) \bullet \alpha$, $j \leftarrow j - 1$. 返回答案 α. ∎

这个算法执行 $\circ$ 和 $\bullet$ 运算最多 $O(nB(f))$ 次. 上界通常可能低于 $O(n) + O(B(f))$. 但是像步骤 B1 中计算 W_k 的快捷方法并非总是可用的. ［见奥利维耶·库代尔和让·马德尔, *Proc. Reliability and Maint. Conf.* (IEEE, 1993), 240–245, §4; 奥利维耶·库代尔, *Integration* **17** (1994), 126–127. ］

32. 对于习题 25, $\circ$ 是加法, $\bullet$ 是乘法, $\perp$ 是 0, $\top$ 是 1, $\bar{x}_j$ 是 1, x_j 是 z. 习题 26 是类似的, 但是 $\bar{x}_j$ 是 $1 - p_j$, x_j 是 p_j.

在习题 29 中, 代数运算的对象是数偶 (c, c'), 并且我们有 $(a, a') \circ (b, b') = (a + b, a' + b')$, $(a, a') \bullet (b, b') = (ab, ab' + a'b)$. 还有 $\perp$ 是 $(0, 0)$, $\top$ 是 $(1, 0)$, $\bar{x}_j$ 是 $(1-p, -1)$, x_j 是 $(p, 1)$.

在习题 30 中, $\circ$ 是 max, $\bullet$ 是乘法, $\perp$ 是 $-\infty$, $\top$ 是 1, $\bar{x}_j$ 是 $1 - p_j$, x_j 是 p_j. 在这种情况下乘法是对 max 的贡献, 因为乘数与被乘数是非负数或 $-\infty$. 为了满足 (22) 我们必须定义 $0 \bullet (-\infty) = -\infty$.

（存在许多另外的可能性, 因为数学中普遍存在可结合和可分配的运算符. 代数运算的对象不必是数或者多项式, 也不必是数偶; 它们可以是符号串、矩阵、函数、数的集合、符号串的集合, 以至符号串的函数的数偶的矩阵的集合或多重集, 等等, 等等. 我们将在 7.3 节见到许多进一步的例子. 取 $\circ = \min$ 和 $\bullet = +$ 的最小加法代数是特别重要的, 而且我们可以在习题 21 或 24 中使用它. 通常把这种代数称为热带代数, 隐含对巴西数学家伊姆雷·西蒙的纪念.）

33. 在三元组 (c, c', c'') 上进行运算, 使用 $(a, a', a'') \circ (b, b', b'') = (a + b, a' + b', a'' + b'')$ 且 $(a, a', a'') \bullet (b, b', b'') = (ab, a'b + b'a, a''b + 2a'b' + ab'')$. 把 $\perp$ 理解为 $(0, 0, 0)$, $\top$ 理解为 $(1, 0, 0)$, $\bar{x}_j$ 理解为 $(1, 0, 0)$, x_j 理解为 $(1, w_j, w_j^2)$.

34. 令 $x \vee y = \max(x, y)$. 在数偶 (c, c') 上进行运算, 使用 $(a, a') \circ (b, b') = (a \vee b, a' \vee b')$ 且 $(a, a') \bullet (b, b') = (a + b, (a' + b) \vee (a + b'))$. 把 $\perp$ 理解为 $(-\infty, -\infty)$, $\top$ 理解为 $(0, -\infty)$, $\bar{x}_j$ 理解为 $(0, w_j'')$, x_j 理解为 $(w_j, w_j' + w_j'')$. 结果的第一个分量同算法 B 一致, 第二个分量是欲求的最大值.

35. (a) 像在算法 C 中那样, 假定的 FBDD 可以用指令 $I_{s-1}, \ldots, I_0$ 表示. 从 $R_0 \leftarrow R_1 \leftarrow \emptyset$ 开始, 然后对 $k = 2, \ldots, s-1$ 执行下列操作: 如果 $v_k \in R_{l_k} \cup R_{h_k}$ 报告失败, 否则置 $R_k \leftarrow \{v_k\} \cup R_{l_k} \cup R_{h_k}$. （集合 R_k 确定从 I_k 可达的所有变量.）

(b) 可靠性多项式可以恰如习题 26 的答案那样计算. 为了计算解的数目, 实际上我们置 $p_1 = \cdots = p_n = \frac{1}{2}$ 再乘以 2^n: 从 $c_0 \leftarrow 0$, $c_1 \leftarrow 2^n$ 开始, 然后对 $1 < k < s$ 置 $c_k \leftarrow (c_{l_k} + c_{h_k})/2$. 答案是 c_{s-1}.

36. 像习题 35(a) 的答案那样计算集合 R_k. 像习题 31 的答案的步骤 C2′ 所述那样, 不是对 j 循环, 而是置 $\beta \leftarrow \alpha_l$, 然后对所有 $j \in R_k \setminus R_l \setminus \{v\}$ 置 $\beta \leftarrow (\bar{x}_j \circ x_j) \bullet \beta$. 用同样方式处理 γ. 类似地, 在步骤 C3 对所有 $j \notin R_{s-1}$ 置 $\alpha \leftarrow (\bar{x}_j \circ x_j) \bullet \alpha$.

37. 任意给定 f 的 FBDD, 生成函数 $G(z) = \sum_P (1+z)^{n-(P \text{ 的长度})} z^P$ 的实线弧的数目, 其中 P 是从根到 $\boxed{\top}$ 的所有路径. ［见 *Theoretical Comp. Sci.* **3** (1976), 371–384. ］

38. 主要事实在于 $x_j = 1$ 迫使 $f = 1$, 当且仅当我们有 (i) 每当 $v_k = j$ 时 $h_k = 1$; (ii) 至少在一个步骤 k, $v_k = j$; (iii) 不存在满足 $(v_k < j < v_{l_k}$ 且 $l_k \neq 1)$ 或 $(v_k < j < v_{h_k}$ 且 $h_k \neq 1)$ 的步骤.

K1. ［初始化.］置 $t_j \leftarrow 2$, 对 $1 \leq j \leq n$ 置 $p_j \leftarrow 0$.

K2. ［检查所有分支结点.］对 $2 \leq k < s$ 执行以下操作: 置 $j \leftarrow v_k$, $q \leftarrow 0$. 如果 $l_k = 1$ 置 $q \leftarrow -1$, 否则置 $p_j \leftarrow \max(p_j, v_{l_k})$. 如果 $h_k = 1$ 置 $q \leftarrow +1$, 否则置 $p_j \leftarrow \max(p_j, v_{h_k})$. 如果 $t_j = 2$ 置 $t_j \leftarrow q$, 否则如果 $t_j \neq q$ 置 $t_j \leftarrow 0$.

K3. ［完成.］置 $m \leftarrow v_{s-1}$, 对 $j = 1, 2, \ldots, n$ 执行以下操作: 如果 $j < m$ 置 $t_j \leftarrow 0$, 然后如果 $p_j > m$ 置 $m \leftarrow p_j$. ∎

［见郑世雄和法比奥·索门齐, *Logic Synthesis and Optimization* (1993), 154–156. ］

39. $k(n + 1 - k) + 2$ $(1 \le k \le n)$. （见 (26). ）

40. (a) 假定 f 和 g 的 BDD 分别有 a_j 和 b_j 个分支结点 ⓙ $(1 \le j \le n)$. f 的每个 $n + 1 - k$ 阶子表具有 $\alpha\beta\gamma\delta$ 的形式, 其中 $\alpha, \beta, \gamma, \delta$ 是 $n - 1 - k$ 阶子表. g 的对应子表是 $\alpha\alpha\delta\delta$. 因此, 它们是串珠当且仅当 $\alpha \ne \delta$, 此时 $\alpha\beta\gamma\delta$ 是串珠或者 $\alpha\beta = \gamma\delta$ 是串珠. 因此 $b_k \le a_k + a_{k+1}$, $b_{k+1} = 0$. 我们还有 $b_j \le a_j$ $(1 \le j < k)$, 因为 g 的每个阶大于 $n + 1 - k$ 的串珠是从 f 的至少一个这样串珠 "聚合的". 并且 $b_j \le a_j$ $(j > k+1)$, 因为 $(x_{k+2}, \ldots, x_n)$ 的子表是完全相同的, 尽管它们可能不出现在 g 中. (b) 不总是. 最简单的反例是 $f(x_1, x_2, x_3, x_4) = x_2 \wedge (x_3 \vee x_4)$, $h(x_1, x_2, x_1, x_4) = x_2 \wedge (x_1 \vee x_4)$, 此时 $B(f) = 5$, $B(h) = 6$. 但是, 我们总有 $B(h) < 2B(f)$.

41. (a) $3n - 3$ (b) $2n$. （这里给出 $n = 6$ 时的一般模式. 我们还可以证明, 风琴管顺序 $\langle x_n^{F_1} x_1^{F_2} x_{n-1}^{F_3} x_2^{F_4} \cdots x_{\lceil n/2 \rceil}^{F_{n-1}} + [n \text{ 是偶数}] x_{\lceil n/2 \rceil}^{F_{n-2}} \rangle$ 产生分布 $1, 2, 4, \ldots, 2\lfloor n/2 \rfloor - 2, 2\lfloor n/2 \rfloor - 1, \ldots, 5, 3, 1, 2$, 给出 BDD 的总大小是 $\binom{n}{2} + 3$. 这个顺序似乎是斐波那契权值中最差的. ）

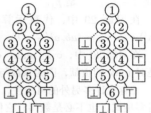

乔恩·巴特勒和笹尾勤 [*Fibonacci Quart.* **34** (1996), 413–422] 已经研究过函数 $[F_n x_1 + \cdots + F_1 x_n \ge t]$.

42. （同习题 2 比较）16 个根结点是下图中的 14 个 ① 结点和 2 个汇结点:

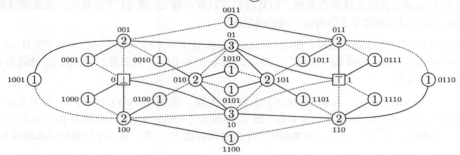

43. (a) 由于 $f(x_1, \ldots, x_{2n})$ 是对称函数 $S_n(x_1, \ldots, x_n, \bar{x}_{n+1}, \ldots, \bar{x}_{2n})$, 我们有 $B(f) = 1 + 2 + \cdots + (n+1) + \cdots + 3 + 2 + 2 = n^2 + 2n + 2$.

(b) 由对称性, $B(f)$ 等于 $[\sum\{x_i \mid i \in I\} = \sum\{x_i \mid i \notin I\}]$, $|I| = n$.

44. 对于 $1 \le k \le n$, 最多有标记为 ⓚ 的 $\min(k, 2^{n+2-k} - 2)$ 个结点, 因为存在 $2^{n+2-k} - 2$ 个不是常值的 $(x_k, \ldots, x_n)$ 的对称函数. 因此 Σ_n 最多是 $2 + \sum_{k=1}^{n} \min(k, 2^{n+2-k} - 2)$, 它可以表示成闭合式 $(n + 2 - b_n)(n + 1 - b_n)/2 + 2(2^{b_n} - b_n)$, 其中 $b_n = \lambda(n + 4 - \lambda(n+4))$, $\lambda n = \lfloor \lg n \rfloor$.

获取这种最坏情况上界的对称函数可以用下述方式构造 (同在习题 3.2.2–7 中构造的德布鲁因圈有关): 令 $p(x) = x^d + a_1 x^{d-1} + \cdots + a_d$ 是模 2 本原多项式. 对 $0 \le k < d$ 置 $t_k \leftarrow 1$, 对 $d \le k < 2^d + d - 2$ 置 $t_k \leftarrow (a_1 t_{k-1} + \cdots + a_d t_{k-d}) \bmod 2$, 对 $2^d + d - 2 \le k < 2^{d+1} + d - 3$ 置 $t_k \leftarrow (1 + a_1 t_{k-1} + \cdots + a_d t_{k-d}) \bmod 2$, 并且置 $t_{2^{d+1}+d-3} \leftarrow 1$. 例如, 当 $p(x) = x^3 + x + 1$ 时, 我们得到 $t_0 \ldots t_{16} = 11100101101000111$.

于是 (i) 序列 $t_1 \ldots t_{2^d+d-3}$ 包含除 0^d 和 1^d 之外的所有 d 元组作为子串; (ii) 序列 $t_{2^d+d-2} \ldots t_{2^{d+1}+d-4}$ 是 $\bar{t}_0 \ldots \bar{t}_{2^d-2}$ 的循环移位; (iii) 对于 $2^d - 1 \le k \le 2^d + d - 3$ 和 $2^{d+1} - 2 \le k \le 2^{d+1} + d - 3$, 我们有 $t_k = 1$. 因此序列 $t_0 \ldots t_{2^{d+1}+d-3}$ 包含除 0^{d+1} 和 1^{d+1} 之外的所有 $(d+1)$ 元组作为子串. 当 $2^d + d - 4 < n \le 2^{d+1} + d - 3$ 时置 $f(x) = t_{\nu x}$, 使 $B(f)$ 达到最大值.

渐近地, $\Sigma_n = \frac{1}{2} n^2 - n \lg n + O(n)$. ［见英戈·韦格纳, *Information and Control* **62** (1984), 129–143; 马克·希普, *J. Electronic Testing* **4** (1993), 191–195. ］

45. 模块 M_1 只有 3 个输入 (x_1, y_1, z_1)，并且只有 3 个输出 $u_2 = x_1$，$v_2 = y_1 x_1$，$w_2 = z_1 x_1$. 模块 M_{n-1} 几乎是标准的，但是它没有对于 z_{n-1} 的输入端口，而且不输出 u_n，它置 $z_{n-2} = x_{n-1} y_{n-1}$. 模块 M_n 只有 3 个输入 (v_n, w_n, x_n)，以及同主输出 $w_n \vee v_n x_n$ 一起的一个输出 $y_{n-1} = x_n$. 由于这些定义，端口之间的依赖关系构成一个有向无圈图.

（模块可能是用所有 $b_k = 0$ 和 $a_k \leq 5$ 甚至是 $a_k \leq 4$ 构造的，如同我们将在习题 47 中看到的那样. 但是 (33) 和 (34) 是为了说明一个简单例子中的返回信号，而不是显示最紧凑的可能构造.）

46. 对于 $6 \leq k \leq n-3$ 存在 9 个 Ⓚ 的分支结点，对应于 3 种 $(\bar{x}_1, x_1\bar{x}_2, x_1x_2)$ 乘以 3 种 $(\bar{x}_{k-1}, \bar{x}_{k-2}x_{k-1}, \bar{x}_{k-3}x_{k-2}x_{k-1})$ 的 9 种情况. 如果 $n \geq 6$，BDD 的总大小恰好是 $9n - 38$.

47. 假定 f 有 q_k 个 $n-k$ 阶子表，所以它的 QDD 有 q_k 个在 x_{k+1} 上分支的结点. 我们可以用 $a_k = \lceil \lg q_k \rceil$ 比特对它们编码，并且构造一个具有 $b_k = b_{k+1} = 0$ 的模块 M_{k+1}，它模拟那 q_k 个分支结点的特性. 因此由 (86)，

$$\sum_{k=0}^{n} 2^{a_k} 2^{b_k} = \sum_{k=0}^{n} 2^{\lceil \lg q_k \rceil} \leq \sum_{k=0}^{n} (2q_k - 1) = 2Q(f) - (n+1) \leq (n+1)B(f).$$

（2^m 路复用器表明附加因子 $(n+1)$ 是必须的. 其实，定理 M 实际上对 $Q(f)$ 给出了一个上界.）

48. 和式 $u_k = x_1 + \cdots + x_k$ 与 $v_k = x_{k+1} + \cdots + x_n$ 可以分别用 $1 + \lambda k$ 和 $1 + \lambda(n-k)$ 条网线表示. 令 $t_k = x_k \wedge [u_k + v_k = k]$，$w_k = t_1 \vee \cdots \vee t_k$. 我们可以构造模块 M_k，它有来自 M_{k-1} 的输入 u_{k-1} 和 w_{k-1} 以及来自 M_{k+1} 的输入 v_k. 模块 M_k 对 M_{k+1} 输出 $u_k = u_{k-1} + x_k$ 和 $w_k = w_{k-1} \vee t_k$，对 M_{k-1} 输出 $v_{k-1} = v_k + x_k$.

如果 p 是多项式，$\sum_{k=0}^{n} 2^{p(a_k, b_k)} = 2^{(\log n)^{O(1)}}$ 渐近地小于 $2^{\Omega(n)}$. ［见肯尼思·麦克米伦，*Symbolic Model Checking* (1993)，§3.5，其中引入了定理 M，扩展到非线性布局. 查尔斯·伯曼先前已经注意到特例 $b_1 = \cdots = b_n = 0$，*IEEE Trans.* **CAD-10** (1991), 1059–1066. ］

49.

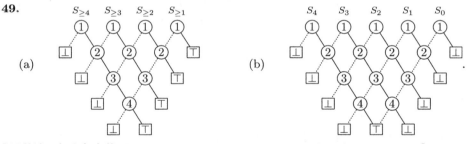

［见仙波一郎和矢岛脩三，*Trans. Inf. Proc. Soc. Japan* **35** (1994), 1663–1665. ］

50.

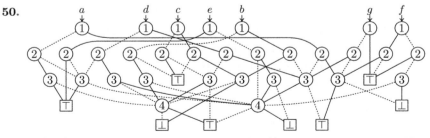

51. 在这种情况下 $B(f_j) = 3j + 2$ $(1 \leq j \leq n)$，并且 $B(f_{n+1}) = 3n+1$. 所以个别的 BDD 的大小只有它们在 (36) 的大小的 $1/3$ 左右. 但是几乎没有结点是共用的——只有汇结点和一个分支结点是共用的. 所以 BDD 的总大小达到 $(3n^2 + 9n)/2$.

52. 如果 $\{f_1, \ldots, f_m\}$ 的 BDD 基有 s 个结点，那么 $B(f) = s + m + 1 + [s=1]$.

53. 通过 ROOT $= a$ 访问分支结点 a, b, c, d, e, f, g. 在步骤 R1 之后有 HEAD[1] $= \sim a$，AUX$(a) = \sim 0$；HEAD[2] $= \sim b$，AUX$(b) = \sim c$，AUX$(c) = \sim 0$；HEAD[3] $= \sim d$，AUX$(d) = \sim e$，AUX$(e) = \sim f$，AUX$(f) = \sim g$，AUX$(g) = \sim 0$.

在步骤 R3（$v = 3$）之后有 $s = {\sim}0$, $\text{AUX}(0) = {\sim}e$, $\text{AUX}(e) = f$, $\text{AUX}(f) = 0$；也有 $\text{AVAIL} = g$, $\text{LO}(g) = {\sim}1$, $\text{HI}(g) = d$, $\text{LO}(d) = {\sim}0$, $\text{HI}(d) = \alpha$，其中 α 是 AVAIL 的初值.（结点 g 和 d 已被回收，用于 1 和 0.）然后步骤 R4 置 $s \leftarrow e$, $\text{AUX}(0) \leftarrow 0$.（通过 AUX 链接的带有 $\text{V} = v$ 的剩余结点从 s 开始.）

现在以 $p = q = e$ 和 $s = 0$ 开始步骤 R7，置 $\text{AUX}(1) \leftarrow {\sim}e$, $\text{LO}(f) \leftarrow {\sim}e$, $\text{HI}(f) \leftarrow g$, $\text{AVAIL} \leftarrow f$. 步骤 R8 重置 $\text{AUX}(1) \leftarrow 0$.

然后步骤 R3（$v = 2$）置 $\text{LO}(b) \leftarrow 0$, $\text{LO}(c) \leftarrow e$, $\text{HI}(c) \leftarrow 1$. 不再发生重要的变化，虽然某些 AUX 字段暂时变成负值. 我们以图 21 结束.

54. 对于 $1 < j \leq 2^{n-1}$，通过置 $\text{V}(j) \leftarrow \lceil \lg j \rceil$, $\text{LO}(j) \leftarrow 2j - 1$, $\text{HI}(j) \leftarrow 2j$ 建立结点 j. 此外，对于 $2^{n-1} < j \leq 2^n$，置 $\text{V}(j) \leftarrow n$, $\text{LO}(j) \leftarrow f(x_1, \ldots, x_{n-1}, 0)$，当 $j = (1x_1 \ldots x_{n-1})_2 + 1$ 时置 $\text{HI}(j) \leftarrow f(x_1, \ldots, x_{n-1}, 1)$. 然后以 $\text{ROOT}=2$ 应用算法 R.（通过首先对 $4 \leq j \leq 2^n$ 置 $\text{AUX}(j) \leftarrow -j$，然后对 $1 \leq k \leq n$ 置 $\text{HEAD}[k] \leftarrow {\sim}(2^k)$, $\text{AUX}(2^{k-1} + 1) \leftarrow -1$，我们可以跳过步骤 R1.）

55. 只需构造未约化的二元决策图即可，因为算法 R 将完成约化. 按这样一种方式对顶点 $1, \ldots, n$ 编号，除顶点 1 之外没有顶点出现在它的所有邻近顶点之前. 用弧 $a_1, \ldots, a_e$ 表示边，其中 a_k 是对于某个 $u_k < v_k$ 的 $u_k \longrightarrow v_k$，并且其中满足 $s_j \leq k < s_{j+1}$ 且 $1 = s_1 \leq \cdots \leq s_n = s_{n+1} = e + 1$ 的 $u_k = j$ 的弧是连续的. 对于 $1 \leq k \leq e$，定义"边界" $V_k = \{1, v_1, \ldots, v_k\} \cap \{u_k, \ldots, n\}$，并且令 $V_0 = \{1\}$. 未约化的决策图具有 V_{k-1} 的所有分拆的弧 a_k 上的分支结点，对应于由于之前的分支结点而出现的连通性关系.

例如，考虑 $P_3 \,\square\, P_3$，其中 $(s_1, \ldots, s_{10}) = (1, 3, 5, 7, 8, 10, 11, 12, 13, 13)$ 且 $V_0 = \{1\}$, $V_1 = \{1, 2\}$, $V_2 = \{1, 2, 3\}$, $V_3 = \{2, 3, 4\}, \ldots, V_{12} = \{8, 9\}$. 如果 $1 \not\!\!-2$, a_1 上的分支结点从 V_0 的平凡分拆 1 到 V_1 的分拆 1|2，或者如果 $1 - 2$，到分拆 12.（记号 1|2 代表集合分拆 $\{1\} \cup \{2\}$，像在 7.2.1.5 节那样.）从 1|2 出发，如果 $1 \not\!\!-3$, a_2 上的分支结点到 V_2 的分拆 1|2|3，否则到 13|2. 从 12 出发，分支结点分别到分拆 12|3 和 123. 然后，从 1|2|3 出发，a_3 上的两个分支结点到 $\boxed{\perp}$，因为顶点 1 不可能再连接到其他结点. 依此类推. 最后，$V_e = V_{12}$ 的分拆全部是用 $\boxed{\perp}$ 表示的，平凡的单元素集合分拆除外，它对应于 $\boxed{\top}$.

56. 在步骤 R1 从置 $m \leftarrow 2$ 开始，然后像在 (8) 中那样，置 $v_0 \leftarrow v_1 \leftarrow v_{\max} + 1$, $l_0 \leftarrow h_0 \leftarrow 0$, $l_1 \leftarrow h_1 \leftarrow 1$. 假定 $\text{HI}(0) = 0$ 且 $\text{HI}(1) = 1$. 在步骤 R3 和 R7 省略有关 AVAIL 的赋值. 在步骤 R8 置 $\text{AUX}(\text{HI}(p)) \leftarrow 0$ 之后，也置 $v_m \leftarrow v$, $l_m \leftarrow \text{HI}(\text{LO}(p))$, $h_m \leftarrow \text{HI}(\text{HI}(p))$, $\text{HI}(p) \leftarrow m$, $m \leftarrow m + 1$. 在步骤 R9 的最后，置 $s \leftarrow m - [\text{ROOT}=0]$.

57. 置 $\text{LO}(\text{ROOT}) \leftarrow {\sim}\text{LO}(\text{ROOT})$.（我们简单地对在限制后仍然可达的结点的 LO 字段取补.）然后对于 $v = \text{V}(\text{ROOT}), \ldots, v_{\max}$，置 $p \leftarrow {\sim}\text{HEAD}[v]$, $\text{HEAD}[v] \leftarrow {\sim}0$，当 $p \neq 0$ 时重复执行下列操作: (i) 置 $p' \leftarrow {\sim}\text{AUX}(p)$. (ii) 如果 $\text{LO}(p) \geq 0$，置 $\text{HI}(p) \leftarrow \text{AVAIL}$, $\text{AUX}(p) \leftarrow 0$, $\text{AVAIL} \leftarrow p$（结点 p 不再可达）. 否则，置 $\text{LO}(p) \leftarrow {\sim}\text{LO}(p)$. 如果 $\text{FIX}[v] = 0$ 置 $\text{HI}(p) \leftarrow \text{LO}(p)$，如果 $\text{FIX}[v] = 1$ 置 $\text{LO}(p) \leftarrow \text{HI}(p)$，如果 $\text{LO}(\text{LO}(p)) \geq 0$ 置 $\text{LO}(\text{LO}(p)) \leftarrow {\sim}\text{LO}(\text{LO}(p))$，如果 $\text{LO}(\text{HI}(p)) \geq 0$ 置 $\text{LO}(\text{HI}(p)) \leftarrow {\sim}\text{LO}(\text{HI}(p))$. 并且置 $\text{AUX}(p) \leftarrow \text{HEAD}[v]$, $\text{HEAD}[v] \leftarrow {\sim}p$. (iii) 置 $p \leftarrow p'$. 最后，在完成对 v 的循环后，恢复 $\text{LO}(0) \leftarrow 0$, $\text{LO}(1) \leftarrow 1$.

58. 由于 $l \neq h$ 且 $l' \neq h'$，我们有 $l \diamond l' \neq h \diamond h'$, $l \diamond \alpha' \neq h \diamond \alpha'$, $\alpha \diamond l' \neq \alpha \diamond h'$.

假设 $\alpha \diamond \alpha' = \beta \diamond \beta'$，其中 $\beta = (v'', l'', h'')$ 且 $\beta' = (v''', l''', h''')$. 如果 $v'' = v'''$ 我们有 $v = v''$, $l \diamond l' = l'' \diamond l'''$, $h \diamond h' = h'' \diamond h'''$. 如果 $v'' < v'''$ 我们有 $v = v''$, $l \diamond \alpha' = l'' \diamond \beta'$, $h \diamond \alpha' = h'' \diamond \beta'$. 否则，我们有 $v' = v'''$, $\alpha \diamond l' = \beta \diamond l'''$, $\alpha \diamond h' = \beta \diamond h'''$. 因此，由归纳法，在所有情况下有 $\alpha = \beta$ 且 $\alpha' = \beta'$.

59. (a) 如果 h 不是常数，我们有 $B(f \diamond g) = 3B(h) - 2$，实际上通过取 h 的 BDD 的一个拷贝并且用另外两个拷贝代替它的汇结点得到.

(b) 假定 h 的分布和伪分布是 $(b_0, \ldots, b_n)$ 和 $(q_0, \ldots, q_n)$，其中 $b_n = q_n = 2$. 那么在 $f \diamond g$ 中存在 x_{2k+1} 上的 $b_k q_k$ 个分支结点和 x_{2k} 上的 $q_k b_{k-1}$ 个分支结点，对应于 h 的串珠和子表的序偶. 如果 h 的 BDD 包含从 α 到 β 和从 α' 到 β' 的分支结点，其中 $\text{V}(\alpha) = j$, $\text{V}(\beta) = k$, $\text{V}(\alpha') = j'$, $\text{V}(\beta') = k'$,

那么 $f \diamond g$ 的 BDD 包含当 $j \le j' < k$ 时从 $\alpha \diamond \alpha'$ 到 $\beta \diamond \alpha'$ 满足 $V(\alpha \diamond \alpha') = 2j-1$ 的以及当 $j' < j \le k'$ 时从 $\alpha \diamond \alpha'$ 到 $\alpha \diamond \beta'$ 满足 $V(\alpha \diamond \alpha') = 2j'$ 的对应的分支结点.

60. 序偶 (f, g) 的每个 $n-j$ 阶串珠, 要么是 f 和 g 的串珠的 $b_j b_j'$ 个序偶之一, 要么是形式为 (串珠, 非串珠) 或 (非串珠, 串珠) 的 $b_j(q_j' - b_j') + (q_j - b_j)b_j'$ 个序偶之一. 〔习题 59(b) 和 63 中的例子达到这个上界.〕

61. 假定 $v = V(\alpha) \le V(\beta)$. 令 $\alpha_1, \dots, \alpha_k$ 是指向 α 的结点, 并且令 $\beta_1, \dots, \beta_l$ 是满足 $V(\beta_j) < v$ 的指向 β 的结点. 假定一个虚构的结点指向每个根. (因此 $k = $ in-degree(α) 且 $l \le$ in-degree(β).) 那么指向 $\alpha \diamond \beta$ 的合并的结点有 3 种类型: (i) $\alpha_i \diamond \beta_j$, 其中 $V(\alpha_i) = V(\beta_j)$, 并且或者 $\mathrm{LO}(\alpha_i) = \alpha$ 且 $\mathrm{LO}(\beta_j) = \beta$, 或者 $\mathrm{HI}(\alpha_i) = \alpha$ 且 $\mathrm{HI}(\beta_j) = \beta$; (ii) $\alpha \diamond \beta_j$, 其中对于某些 i 有 $V(\alpha_i) < V(\beta_j)$; (iii) $\alpha_i \diamond \beta$, 其中对于某些 j 有 $V(\alpha_i) > V(\beta_j)$.

62. 除顶层与底层外的每一层, f 的 BDD 有 1 个结点, g 的 BDD 有 2 个结点. 由习题 14(a), $f \vee g$ 的 BDD 几乎在每一层都有 4 个结点. 当 $5 \le j \le n-3$ 时, $f \diamond g$ 的 BDD 有 7 个结点 $\boxed{j}$, 对应于当 $(x_1, \dots, x_{j-1})$ 取固定值时依赖于 x_j 的 (f, g) 的子表的序偶. 因此 $B(f) = n + O(1)$, $B(g) = 2n + O(1)$, $B(f \diamond g) = 7n + O(1)$, $B(f \vee g) = 4n + O(1)$. (还有 $B(f \wedge g) = 7n + O(1)$, $B(f \oplus g) = 7n + O(1)$, $B(f \wedge \bar{g}) = 6n + O(1)$.) [1]

63. f 和 g 的分布分别是 $(1, 2, 2, \dots, 2^{m-1}, 2^{m-1}, 2^m, 1, 1, \dots, 1, 2)$ 和 $(0, 1, 2, 2, \dots, 2^{m-1}, 2^{m-1}, 1, 1, \dots, 1, 2)$. 于是 $B(f) = 2^{m+2} - 1 \approx 4n$ 且 $B(g) = 2^{m+1} + 2^m - 1 \approx 3n$. $f \wedge g$ 的分布起始于 $(1, 2, 4, \dots, 2^{2m-2}, 2^{2m-1} - 2^{m-1})$, 因为对于 $0 \le p, q < 2^m$ 方程组

$$((x_1 \oplus x_2)(x_3 \oplus x_4) \dots (x_{2m-1} \oplus x_{2m}))_2 = p, ((x_2 \oplus x_3) \dots (x_{2m-2} \oplus x_{2m-1})x_{2m})_2 = q$$

有唯一解 $x_1 \dots x_{2m}$, 并且 $p = q$ 当且仅当 $x_1 = x_3 = \dots = x_{2m-1} = 0$. 然后, $f \wedge g$ 的分布继之以 $(2^{m+1} - 2, 2^{m+1} - 2, 2^{m+1} - 4, 2^{m+1} - 6, \dots, 4, 2, 2)$, 子函数是 $x_{2m+j} \wedge \bar{x}_{2m+k}$ 或 $\bar{x}_{2m+j} \wedge x_{2m+k}$ ($1 \le j < k \le 2^m$), 以及 x_{2m+j} 和 $\bar{x}_{2m+j}$ ($2 \le j \le 2^m$). 总之, 我们有 $B(f \wedge g) = 2^{2m+1} + 2^{m-1} - 1 \approx 2n^2$.

64. 对于 f_1, f_2 和 f_3 的任何布尔组合, BDD 是包含在合并 $f_1 \diamond f_2 \diamond f_3$ 中, 它的大小最多是 $B(f_1)B(f_2)B(f_3)$.

65. $h = g? f_1 : f_0$, 其中 f_c 是通过置 $x_j \leftarrow c$ 获得的 f 的限制. 第一个上界基于习题 64 的答案, 因为 $B(f_c) \le B(f)$. 第二个上界不成立, 例如, 当 $n = 2^m + 3m$, $h = M_m(x; y)? M_m(x'; y) : M_m(x''; y)$ 时, 其中 $x = (x_1, \dots, x_m)$, $x' = (x_1', \dots, x_m')$, $x'' = (x_1'', \dots, x_m'')$, $y = (y_0, \dots, y_{2^m-1})$. 但是这种失败似乎是罕见的. 〔见兰德尔·布赖恩特, *IEEE Trans.* **C-35** (1986), 685; 贾瓦哈拉尔·贾殷、卡尔蒂克·莫汉拉姆、康斯坦丁诺斯·蒙达诺斯、英戈·韦格纳和吕原, *ACM/IEEE Design Automation Conf.* **37** (2000), 681–686.〕

66. 置 NTOP $\leftarrow f_0 + 1 - l$ 并且终止算法.

67. 令 t_k 表示模板位置 POOLSIZE $-2k$. 步骤 S1 置 LEFT$(t_1) \leftarrow 5$, RIGHT$(t_1) \leftarrow 7$, $l \leftarrow 1$. 步骤 S2 对 $l = 1$ 把 t_1 同时放进 LLIST[2] 和 HLIST[2] 中. 步骤 S5 对 $l = 2$ 置 LEFT$(t_2) \leftarrow 4$, RIGHT$(t_2) \leftarrow 5$, L$(t_1) \leftarrow t_2$; LEFT$(t_3) \leftarrow 3$, RIGHT$(t_3) \leftarrow 6$, H$(t_1) \leftarrow t_3$. 步骤 S2 对于 $l = 2$ 置 L$(t_2) \leftarrow 0$ 并且把 t_2 放进 HLIST[3], 然后它把 t_3 放进 LLIST[3] 和 HLIST[3]. 依此类推. 第 1 阶段结束时 $(\text{LSTART}[0], \dots, \text{LSTART}[4]) = (t_0, t_1, t_3, t_5, t_8)$, 并且

k	LEFT(t_k)	RIGHT(t_k)	L(t_k)	H(t_k)	k	LEFT(t_k)	RIGHT(t_k)	L(t_k)	H(t_k)
1	5 $[\alpha]$	7 $[\omega]$	t_2	t_3	5	3 $[\gamma]$	4 $[\varphi]$	t_6	t_8
2	4 $[\beta]$	5 $[\chi]$	0	t_4	6	2 $[\delta]$	2 $[\tau]$	0	1
3	3 $[\gamma]$	6 $[\psi]$	t_4	t_5	7	2 $[\delta]$	1 $[\top]$	0	1
4	3 $[\gamma]$	1 $[\top]$	t_7	1	8	1 $[\top]$	3 $[\upsilon]$	1	0

---

[1] 最后一项是中文版新增的, 它以注释的形式出现在本书的 TeX 源文件中: "and $B(f \wedge \bar{g}) = 6n + O(1)$, but I don't have room to mention it; these results verified by BDD1-2INROW[1234]". 其中 "BDD1-2INROW[1234]" 是高德纳教授写的用来验证这些结果的程序. ——编者注

表示图 24 中的合并 $\alpha \diamond \omega$, 但是 $\perp \diamond x = x \diamond \perp = \perp$ 且 $\top \diamond \top = \top$.

令 $f_k = f_0 + k$. 在第 2 阶段, 步骤 S7 对 $l = 4$ 置 $\text{LEFT}(t_6) \leftarrow \sim 0$, $\text{LEFT}(t_7) \leftarrow t_6$, $\text{LEFT}(t_8) \leftarrow \sim 1$, $\text{RIGHT}(t_6) \leftarrow \text{RIGHT}(t_7) \leftarrow \text{RIGHT}(t_8) \leftarrow -1$. 步骤 S8 还原对 $\text{LEFT}(0)$ 和 $\text{LEFT}(1)$ 所做的改变. 步骤 S11 以 $s = t_8$ 置 $\text{LEFT}(t_8) \leftarrow \sim 2$, $\text{RIGHT}(t_8) \leftarrow t_8$, $\text{V}(f_2) \leftarrow 4$, $\text{LO}(f_2) \leftarrow 1$, $\text{HI}(f_2) \leftarrow 0$. 该步骤以 $s = t_7$ 置 $\text{LEFT}(t_7) \leftarrow \sim 3$, $\text{RIGHT}(t_7) \leftarrow t_7$, $\text{V}(f_3) \leftarrow 4$, $\text{LO}(f_3) \leftarrow 0$, $\text{HI}(f_3) \leftarrow 1$. 同时步骤 S10 置 $\text{RIGHT}(t_6) \leftarrow t_7$. 最后, 模板转换为

k	$\text{LEFT}(t_k)$	$\text{RIGHT}(t_k)$	$\text{L}(t_k)$	$\text{H}(t_k)$	k	$\text{LEFT}(t_k)$	$\text{RIGHT}(t_k)$	$\text{L}(t_k)$	$\text{H}(t_k)$
1	~ 8	t_1	t_2	t_3	5	~ 4	t_5	t_7	t_8
2	~ 7	t_2	0	t_4	6	~ 0	t_7	0	1
3	~ 6	t_3	t_4	t_5	7	~ 3	t_7	0	1
4	~ 5	t_4	t_7	1	8	~ 2	t_8	1	0

(但是它们以后可能会被舍弃.) 作为结果的 $f \wedge g$ 的 BDD 是

k	$\text{V}(f_k)$	$\text{LO}(f_k)$	$\text{HI}(f_k)$	k	$\text{V}(f_k)$	$\text{LO}(f_k)$	$\text{HI}(f_k)$
2	4	1	0	6	2	5	4
3	4	0	5	7	2	0	5
4	3	3	2	8	1	7	6.
5	3	3	1				

68. 如果在步骤 S10 开头 $\text{LEFT}(t) < 0$, 置 $\text{RIGHT}(t) \leftarrow t$, $q \leftarrow \text{NTOP}$, $\text{NTOP} \leftarrow q + 1$, $\text{LEFT}(t) \leftarrow \sim(q - f_0)$, $\text{LO}(q) \leftarrow \sim \text{LEFT}(\text{L}(t))$, $\text{HI}(q) \leftarrow \sim \text{LEFT}(\text{H}(t))$, $\text{V}(q) \leftarrow l$, 并且返回到 S9.

69. 在步骤 S1 结束时, 以及当从步骤 S11 转到步骤 S9 时, 确保 $\text{NTOP} \le \text{TBOT}$. (在步骤 S11 的循环内不需要进行这个检验.) 另外, 恰好在步骤 S4 设置 HBASE 之后确保 $\text{NTOP} \le \text{HBASE}$.

70. 这种选择会使散列表更小一点, 因此以稍多一些的冲突为代价, 多半会使内存溢出稍少一些. 但是这样做也会降低执行速度, 因为每当 TBOT 减小时 *make_template* 必须检查 $\text{NTOP} \le \text{TBOT}$.

71. 对每个模板 t 添加一个新字段 $\text{EXTRA}(t) = \alpha''$ (见 (43)).

72. 用算法 R 的方法桶排序从 $\text{LLIST}[l]$ 和 $\text{HLIST}[l]$ 开始的链表元素, 替换步骤 S4 和 S5. 如果在指针内用额外一个提示二进制位区分 L 字段的链接与 H 字段的链接, 这是可能做到的, 因为我们接着可以确定 t 的子孙结点的 LO 参数和 HI 参数作为 t 及其 "奇偶性" 的函数.

73. 如果 BDD 的分布是 $(b_0, \ldots, b_n)$, 我们可以对 x_j 上的分支结点分配 $p_j = \lceil b_{j-1}/2^e \rceil$ 个页面. $p_1 + \cdots + p_{n+1} \le \lceil B(f)/2^e \rceil + n$ 个短整数的辅助表使得我们可以计算 $\text{V}(p) = T[\pi(p)]$, $\text{LO}(p) = \text{LO}(M[\pi(p)] + \sigma(p))$, $\text{HI}(p) = \text{HI}(M[\pi(p)] + \sigma(p))$.

例如, 如果 $e = 12$ 且 $n < 2^{16}$, 我们可以用 32 比特的虚拟的 LO 与 HI 指针表示直至 $2^{32} - 2^{28} + 2^{16} + 2^{12}$ 个结点的任意 BDD. 每个 BDD 需要其大小小于等于 2^{20} 的从它的分布构造的相应辅助表 T 和 M.

[这个方法可以显著改进缓存的性能. 它是由普拉纳夫·阿萨尔和张宙的论文 *IEEE/ACM Internat. Conf. Computer-Aided Design* **CAD-94** (1994), 622–627 所启发的, 这篇论文还介绍了类似于算法 S 的一些算法.]

74. 现在需要的条件是 $\mu_n(x_1, \ldots, x_{2^n}) \wedge [\bar{x}_1 = x_{2^n}] \wedge \cdots \wedge [\bar{x}_{2^{n-1}} = x_{2^{n-1}+1}]$. 如果我们置 $y_1 = x_1$, $y_2 = x_3, \ldots, y_{2^{n-2}} = x_{2^{n-1}-1}, y_{2^{n-2}+1} = \bar{x}_{2^{n-1}}, y_{2^{n-2}+2} = \bar{x}_{2^{n-1}-2}, \ldots, y_{2^{n-1}} = \bar{x}_2$, 则 (49) 产生等价的条件 $\mu_{n-1}(y_1, \ldots, y_{2^{n-1}}) \wedge [y_{2^{n-2}} \le \bar{y}_{2^{n-2}+1}] \wedge [y_{2^{n-2}-1} \le \bar{y}_{2^{n-2}+2}] \wedge \cdots \wedge [y_1 \le \bar{y}_{2^{n-1}}]$, 这个条件非常适合用算法 S 求值. (求值应从左至右进行, 从右至左求值将会产生许多中间结果.)

利用这个方法, 我们发现 $1, 2, \ldots, 8$ 变量的单调自对偶函数分别有 $1, 2, 4, 12, 81, 2646, 1\,422\,564$, $229\,809\,982\,112$ 个. (见表 7.1.1–3 和习题 7.1.2–88 的答案.) 8 变量函数是用 $130\,305\,082$ 个结点的 BDD 表示的, 用算法 S 计算它大约需要 2040 亿次内存访问.

75. 从 $\rho_1(x_1, x_2) = [x_1 \le x_2]$ 开始, 并在 (49) 中用函数 $H_{2^n}(x_1, \ldots, x_{2^n}) = [x_1 \le x_2 \le x_3 \le x_4] \wedge \cdots \wedge [x_{2^n-2} \le x_{2^n-2} \le x_{2^n-1} \le x_{2^n}]$ 代替 $G_{2^n}(x_1, \ldots, x_{2^n})$.

（结果是 $B(\rho_9) = 3\,683\,424$，大约 1.7 亿次内存访问足以计算这个 BDD，而 ρ_{10} 几乎是在可达范围内. 现在，对于 $1 \le n \le 9$，算法 C 快速产生 n 变量正则布尔函数的确切数目，即 3, 5, 10, 27, 119, 1173, 44315, 16175190, 284432730176. 同样，我们可以像在习题 74 中那样对自对偶正则函数计数. 对于 $1 \le n \le 10$，数目是 1, 1, 2, 3, 7, 21, 135, 2470, 319124, 1214554343，它们的早期历史在习题 7.1.1–123 的答案中讨论.）

76. 对于某个 $i \subseteq j \, (0 \le i < j)$，如果 $x_i = 1$，就说 $x_0 \ldots x_{j-1}$ 强制 x_j. 那么 $x_0 x_1 \ldots x_{2^n-1}$ 对应于一个簇，当且仅当对于 $0 \le j < 2^n$ 只要 $x_0 \ldots x_{j-1}$ 强制 x_j 就有 $x_j = 0$. 并且 $\mu_n(x_0, \ldots, x_{2^n-1}) = 1$，当且仅当对于 $0 \le j < 2^n$ 只要 $x_0 \ldots x_{j-1}$ 强制 x_j 就有 $x_j = 1$. 所以我们通过以下操作从 $\mu_n(x_1, \ldots, x_{2^n})$ 的 BDD 获得所求的 BDD：(i) 把每个分支结点 $\boxed{j}$ 改变成 $\boxed{j-1}$，(ii) 在每个具有 $\mathrm{LO} = \boxed{\perp}$ 的分支结点交换 LO 与 HI 分支.（注意，由推论 7.1.1Q，每个单调布尔函数的素蕴涵元对应于簇.）

77. 继续上题答案，对于 $0 < j < k$，如果每当 $x_0 \ldots x_{j-1}$ 强制 x_j 时我们有 $x_j = 1$，就说二进制位向量 $x_0 \ldots x_{k-1}$ 是相容的. 令 b_k 是长度为 k 的相容向量的数目. 例如，由于向量 $\{0000, 0001, 0011, 0101, 0111, 1111\}$，我们有 $b_4 = 6$. 注意，恰好 $c_k = b_{k+1} - b_k$ 个簇 $\mathcal{S}$ 具有以下性质：k 代表它们的 "最大" 集合 $\max\{s \mid s$ 代表 $\mathcal{S}$ 中的一个集合 $\}$. 我们有 $(c_0, c_1, c_2, \ldots) = (1, 1, 2, 1, 5, 3, 5, 1, 19, 14, 25, 6, 50, 14, 19, 1, 167, 148, 282, 84, 617, 215, 307, \ldots)$.

当 $1 \le k \le 2^{n-1}$ 时，$\mu_n(x_1, \ldots, x_{2^n})$ 的 BDD 有 b_{k-1} 个分支结点 $\boxed{k}$. 证明：由 $x_1, \ldots, x_{k-1}$ 定义的每个子函数或者恒同于假，或者定义一个相容向量 $x_1 \ldots x_{k-1}$. 在后一种情况下子函数是一个串珠，因为它对于 $x_{k+1}, \ldots, x_{2^n}$ 的某些设置取不同的值. 实际上，如果 $x_1 \ldots x_{k-1}$ 强制 x_k，我们置 $x_{k+1} \leftarrow \cdots \leftarrow x_{2^n} \leftarrow 1$，否则置 $x_j \leftarrow y_j \, (k < j \le 2^n)$，其中 $y_{j+1} = [$ 对某个满足 $i + 1 < k$ 的 $i \subseteq j$ 有 $x_{i+1} = 1]$，注意 $y_{2^{n-1}+k} = 0$.

另一方面，当 $k = 2^n - k'$ 且 $0 \le k' < 2^{n-1}$ 时存在 $b_{k'}$ 个分支结点 $\boxed{k}$. 此时，由 $x_1, \ldots, x_{k-1}$ 产生的非常量子函数导致上面的 y_j 值，其中向量 $\bar{y}_{0'} \bar{y}_{1'} \ldots \bar{y}_{k'}$ 是相容的.（这里 $0' = 2^n$，$1' = 2^n - 1$，等等.）反之，每个这样的相容向量描述这样一个子函数. 例如，当 $j < k - 2^{n-1}$ 或 $2^{n-1} \le j < k$ 时，我们可以置 $x_j \leftarrow 0$，否则置 $x_j \leftarrow y_{2^{n-1}+j}$. 这个子函数是串珠，当且仅当 $y_{k'} = 1$ 或 $\bar{y}_{0'} \ldots \bar{y}_{(k-1)'}$ 强制 $\bar{y}_{k'}$. 因此串珠对应于长度为 k' 的相容向量，而且不同的向量定义不同的串珠.

这个论证说明，当 $1 \le k \le 2^{n-1}$ 时存在 $b_{k-1} - c_{k-1}$ 个带有 $\mathrm{LO} = \boxed{\perp}$ 的分支结点 $\boxed{k}$，而当 $2^{n-1} < k \le 2^n$ 时有 c_{2^n-k} 个这样的分支结点. 因此 $B(\mu_n) - 2$ 个分支结点的恰好一半有 $\mathrm{LO} = \boxed{\perp}$.

78. 为了对最大度小于等于 d 的 n 个带标记的顶点上的图计数，以它的邻接矩阵构造 $\binom{n}{2}$ 变量布尔函数，即 $\bigwedge_{k=1}^{n} S_{\le d}(X_k)$，其中 X_k 是矩阵的第 k 行变量的集合. 例如，当时 $n = 5$ 时有 10 个变量，而函数是 $S_{\le d}(x_1, x_2, x_3, x_4) \wedge S_{\le d}(x_1, x_5, x_6, x_7) \wedge S_{\le d}(x_2, x_5, x_8, x_9) \wedge S_{\le d}(x_3, x_6, x_8, x_{10}) \wedge S_{\le d}(x_4, x_7, x_9, x_{10})$. 当 $n = 12$ 时，对应于 $d = (1, 2, \ldots, 10)$ 的 BDD 分别有 (5960, 137477, 1255813, 5295204, 10159484, 11885884, 9190884, 4117151, 771673, 28666) 个结点，所以它们是容易用算法 S 计算的. 为了对最大度为 d 的解计数，从度小于等于 d 的解的数目减去度小于等于 $d-1$ 的解的数目. 对于 $0 \le d \le 11$，答案是：

1	3 038 643 940 889 754	29 271 277 569 846 191 555
140 151	211 677 202 624 318 662	17 880 057 008 325 613 629
3 568 119 351	3 617 003 021 179 405 538	4 489 497 643 961 740 521
8 616 774 658 305	17 884 378 201 906 645 374	430 038 382 710 483 623

[一般说来，最大度为 1 的 n 个带标记的顶点上存在 $t_n - 1$ 个图，其中 t_n 是式 5.1.4–(40) 的对合的数目.]

当 n 很大时，对于像这样的一些计数，7.2.3 节的方法胜过这些 BDD 方法，因为带标记的图具有 $n!$ 种对称性. 但是当 n 具有适度的大小时，BDD 方法快速产生答案，并且恰好表示全部解.

79. 在从上题答案的 BDD 获得的下述计数中，每个带有 k 条边的图是用 2^{66-k} 加权的. 用 3^{66} 除下述计数获得所需的概率：

$$73\,786\,976\,294\,838\,206\,464 \qquad 11\,646\,725\,483\,430\,295\,546\,484\,263\,747\,584$$
$$553\,156\,749\,930\,805\,290\,074\,112 \qquad 7\,767\,741\,687\,870\,924\,305\,547\,518\,803\,968$$
$$598\,535\,502\,868\,315\,236\,548\,476\,928 \qquad 2\,514\,457\,534\,558\,975\,918\,608\,668\,688\,384$$
$$68\,379\,835\,220\,584\,550\,117\,167\,595\,520 \qquad 452\,733\,615\,636\,089\,939\,218\,193\,403\,904$$
$$1\,380\,358\,927\,564\,577\,683\,479\,233\,298\,432 \qquad 45\,968\,637\,738\,881\,805\,341\,545\,676\,736$$
$$7\,024\,096\,376\,298\,397\,076\,969\,081\,536\,512 \qquad 2\,093\,195\,580\,480\,313\,818\,292\,294\,985$$

80. 如果原来的函数 f 和 g 没有共同的 BDD 结点, 那么两个算法会遇到几乎完全相同的子问题: 算法 S 处理 $f \diamond g$ 的所有那些不是从 $\alpha \diamond \boxed{\perp}$ 或 $\boxed{\perp} \diamond \beta$ 形式传递下来的结点, 同时 (55) 也避开那些由 $\alpha \diamond \boxed{\top}$ 或 $\boxed{\top} \diamond \beta$ 形式传递下来的结点. 此外, 当 (55) 遇到具有 $f' = g'$ 的非平凡的子问题 $\text{AND}(f', g')$ 时采用快捷方法, 算法 S 无法识别这种很容易处理的情形. 并且, 如果 (55) 刚好偶然发现由前次计算留下的一个相关备忘录缓存, 它同样能够取胜.

81. 直接把各处的 AND 改成 XOR、$\wedge$ 改成 $\oplus$. 简单的情形现在是 $f \oplus 0 = f$, $0 \oplus g = g$, 以及当 $f = g$ 时 $f \oplus g = 0$. 如果 $f > g \neq 0$, 我们还会交换 $f \leftrightarrow g$.

注: 我凭经验进一步在底行插入备忘录缓存 $f \oplus r = g$ 和 $g \oplus r = f$, 但是, 这些附加的缓存看来弊大于利. 考虑其他二元运算符, 不需要同时实现 $\text{BUTNOT}(f, g) = f \wedge \bar{g}$ 和 $\text{NOTBUT}(f, g) = \bar{f} \wedge g$, 因为后者是 $\text{BUTNOT}(g, f)$. 另外, 实现 $\text{XOR}(1, \text{OR}(f, g))$ 可能比实现 $\text{NOR}(f, g) = \neg(f \vee g)$ 更好.

82. $F \leftarrow \text{AND}(f, g)$ 的顶层计算从计算机寄存器内的 f 和 g 开始, 但是 $\text{REF}(f)$ 和 $\text{REF}(g)$ 不包含那样的 "引用". (然而, 我们一定要假定 f 和 g 同时存在.)

如果 (55) 发现 $f \wedge g$ 显然就是 r, 对 $\text{REF}(r)$ 加 1.

如果 (55) 在备忘录缓存中找到 $f \wedge g = r$, 对 $\text{REF}(r)$ 加 1, 如果 r 是死结点, 则按同样方式递归地对 $\text{REF}(\text{LO}(r))$ 和 $\text{REF}(\text{HI}(r))$ 加 1.

如果步骤 U1 发现 $p = q$, 对 $\text{REF}(p)$ 减 1 (信不信由你), 这不会消除 p.

如果步骤 U2 找到 r, 那么有两种情况: 如果 r 依然存活, 置 $\text{REF}(r) \leftarrow \text{REF}(r) + 1$, $\text{REF}(p) \leftarrow \text{REF}(p) - 1$, $\text{REF}(q) \leftarrow \text{REF}(q) - 1$. 否则简单地置 $\text{REF}(r) \leftarrow 1$.

当步骤 U3 创建一个新结点 r 时, 置 $\text{REF}(r) \leftarrow 1$.

最后, 在顶层的 AND 后返回我们希望赋予 F 的值 r 之后, 如果 $F \neq \Lambda$, 必须首先解除对 F 的引用. 这意味着置 $\text{REF}(F) \leftarrow \text{REF}(F) - 1$, 而且如果 $\text{REF}(F)$ 已经变成 0, 递归地解除对 $\text{LO}(F)$ 和 $\text{HI}(F)$ 的引用. 然后置 $F \leftarrow r$ (不调整 $\text{REF}(r)$).

[此外, 在像 (65) 那样的量化例程或在复合例程 (72) 中, 在 OR 或 MUX 已经计算 r 后, 应该解除对 r_l 和 r_h 的引用.]

83. 习题 61 证明, 当 $\text{REF}(f) = \text{REF}(g) = 1$ 时, 子问题 $f \wedge g$ 在每个顶层调用中最多出现一次. [这个想法是法比奥·索门齐提出的, 见习题 84 的答案中引述的论文. 许多结点有引用计数 1, 因为平均计数近似为 2, 还因为汇结点通常有很大的计数. 然而, 依我的经验, 这样避免缓存的方法不能改进总体性能, 这可能同考察的例子有关, 也可能由于在其他顶层操作中 "偶然的" 缓存命中会是有用的.]

84. 存在多种可能性, 而且看来没有简单的技术是明显的优胜者. 为了便于计算散列函数, 缓存的大小和表的大小都必须是 2 的乘方. x_v 的唯一表的大小应大致同 x_v 上当前分支结点 (存活的和死的) 的数目成正比. 当缩小或者扩大表的容量时必须重新散列所有表项.

按我写这一节的经验, 每当自最近顶层命令开始以来的插入次数超过当前缓存容量的 $\ln 2$ 倍时, 缓存的大小就会加倍. (此时一个随机散列函数将会占用大约半数的位置.) 在进行垃圾回收后, 如果需要, 缩小缓存容量, 使它拥有 256 个位置, 或者至少填满 1/4.

跟踪死结点的当前数目很容易, 因此我们总是知道垃圾回收会回收多少内存. 我通过在步骤 U2 与 U3 之间插入一个新的步骤 U2$\frac{1}{2}$ 获得了满意的结果: "对 C 加 1, 其中 C 是一个全局计数器. 如果 $C \bmod 1024 = 0$ 且当前所有结点至少有 1/8 是死结点, 就进行垃圾回收. "

[有关建立在广泛经验基础上的各种进一步建议, 见索门齐, *Software Tools for Technology Transfer* **3** (2001), 171–181.]

85. 完全表有每项 32 比特的 2^{32} 项，总数达 2^{34} 字节（约 17.2 吉字节）. 在 (58) 后面讨论的 BDD 基大约有 1.36 亿个按二进制位拉链有序的结点，可以存储在大约 1.1 吉字节内. 在推论 Y 中讨论的 BDD 基首先列出所有乘数的二进制位，仅需大约 400 兆字节.

86. 如果 $f = 0$ 或 $g = h$ 返回 g. 如果 $f = 1$ 返回 h. 如果 $g = 0$ 或 $f = g$ 返回 $\mathrm{AND}(f, h)$. 如果 $h = 1$ 或 $f = h$ 返回 $\mathrm{OR}(f, g)$. 如果 $g = 1$ 返回 $\mathrm{IMPLIES}(f, h)$；如果 $h = 0$ 返回 $\mathrm{BUTNOT}(g, f)$. （如果二元的 IMPLIES 和（或）BUTNOT 不是直接实现的，可以让对应的情形以三元的形式传播.）

87. 排序给定的指针值 f, g, h, 使得 $f \leq g \leq h$. 如果 $f = 0$ 返回 $\mathrm{AND}(g, h)$. 如果 $f = 1$ 返回 $\mathrm{OR}(g, h)$. 如果 $f = g$ 或 $g = h$ 返回 g.

88. 当

$$R_a(x_1, \ldots, x_n) = [(x_n \ldots x_1)_2 \bmod 3 \neq a] = R_{(2a + x_1) \bmod 3}(x_2, \ldots, x_n)$$

时, 函数 $(f, g, h) = (R_0, R_1, R_2)$ 的三元组是一个有趣的例子. 由于备忘录缓存，三元递归公式通过仅在每层检验一种情形就找出 $f \wedge g \wedge h = 0$. 二元计算，比如说 $f \wedge g = \bar{h}$, 肯定需要更长时间.

更引人注目的是，令 $f = x_1 \wedge (x_2 ? F: G)$, $g = x_2 \wedge (x_1 ? G: F)$, $h = x_1 ? \bar{x}_2 \wedge F: x_2 \wedge G$, 其中 F 和 G 像在习题 63 中的 $B(F \wedge G) = \Theta(B(F)B(G))$ 那样是 $(x_3, \ldots, x_n)$ 的函数. 于是 $f \wedge g$, $g \wedge h$ 和 $h \wedge f$ 全部都具有很大的 BDD, 但是三元递归立即发现 $f \wedge g \wedge h = 0$.

89. (a) 真. 左端是 $(f_{00} \vee f_{01}) \vee (f_{10} \vee f_{11})$, 右端是 $(f_{00} \vee f_{10}) \vee (f_{01} \vee f_{11})$.

(b) 同样是真. （并且差分量词化 $\Cup$ 也是可交换的.）

(c) 通常是假. 见 (d) 部分.

(d) $\forall x_1 \exists x_2 f = (f_{00} \vee f_{01}) \wedge (f_{10} \vee f_{11}) = (\exists x_2 \forall x_1 f) \vee (f_{00} \wedge f_{11}) \vee (f_{01} \wedge f_{10})$.

90. 把 $\exists j_1 \ldots \exists j_m$ 修改为 $\Cup j_1 \ldots \Cup j_m$.

91. (a) 使用 (63) 的记号, $f \downarrow 1 = f$, $f \downarrow x_j = f_1$, $f \downarrow \bar{x}_j = f_0$.

(b) 由于 $\downarrow$ 的定义，这个分配律是显然的. （对于 $\vee$, $\oplus$ 等也是真的.）

(c) 当且仅当 g 不恒等于零时为真. [所以对于 $g \neq 0$, $f(x_1, \ldots, x_n) \downarrow g$ 的值是由 $x_j \downarrow g$（$1 \leq j \leq n$）的值完全确定的.]

(d) $f(x_1, 1, 0, x_4, 0, 1, x_7, \ldots, x_n)$. 这是 f 关于 $x_2 = 1$, $x_3 = 0$, $x_5 = 0$, $x_6 = 1$ 的限制（见习题 57）, 也称为 f 关于子立方 g 的余子式. （当 g 是任意字面值的乘积时存在类似的结果. ）

(e) $f(x_1, \ldots, x_{n-1}, x_1 \oplus \cdots \oplus x_{n-1} \oplus 1)$. [考虑 $f = x_j$（$1 \leq j \leq n$）的情形.]

(f) $x_1 ? f(1, \ldots, 1): f(0, \ldots, 0)$.

(g) $f(1, x_2, \ldots, x_n) \downarrow g(x_2, \ldots, x_n)$.

(h) 如果 $f = x_2$ 且 $g = x_1 \vee x_2$ 我们有 $f \downarrow g = \bar{x}_1 \vee x_2$.

(i) $\mathrm{CONSTRAIN}(f, g) = $ "如果 $f \downarrow g$ 有明显的值，返回它. 否则，如果 $f \downarrow g = r$ 在备忘录缓存中，返回 r. 否则，像 (52) 那样表示 f 和 g. 如果 $g_l = 0$, 置 $r \leftarrow \mathrm{CONSTRAIN}(f_h, g_h)$, 如果 $g_h = 0$, 置 $r \leftarrow \mathrm{CONSTRAIN}(f_l, g_l)$, 否则置 $r \leftarrow \mathrm{UNIQUE}(v, \mathrm{CONSTRAIN}(f_l, g_l), \mathrm{CONSTRAIN}(f_h, g_h))$. 把 $f \downarrow g = r$ 放入备忘录缓存，并且返回 r." 这里，明显的值是 $f \downarrow 0 = 0 \downarrow g = 0$, $f \downarrow 1 = f$, $1 \downarrow g = g \downarrow g = [g \neq 0]$.

[运算符 $f \downarrow g$ 是在 1989 年由奥利维耶·库代尔、克里斯蒂安·贝尔泰和让·马德尔引入的. 像 (h) 那样的例子促使他们还提出改进的运算符 $f \Downarrow g$, 即 "f 限制 g", 它有类似的递归公式，不过当 $f_l = f_h$ 时用 $f \Downarrow (\exists x_v g)$ 代替 $(\bar{x}_v ? f_l \Downarrow g_l: f_h \Downarrow g_h)$. 见 *Lecture Notes in Computer Science* **407** (1989), 365–373.]

92. "当" 部分见习题 91(d) 的答案. 还要注意: (i) $x_1 \downarrow g = x_1$ 当且仅当 $g_0 \neq 0$ 且 $g_1 \neq 0$, 其中 $g_c = g(c, x_2, \ldots, x_n)$; (ii) $x_n \downarrow g = x_n$ 当且仅当 $\Cup x_n g = 0$ 且 $g \neq 0$.

对于所有的 f 和 π 假定 $f^\pi \downarrow g^\pi = (f \downarrow g)^\pi$. 如果 $g \neq 0$ 不是子立方，那么存在下标 j 使得 $g_0 \neq 0$ 且 $g_1 \neq 0$ 且 $\Cup x_j g \neq 0$, 其中 $g_c = g(x_1, \ldots, x_{j-1}, c, x_{j+1}, \ldots, x_n)$. 由上面一段，我们有 (i) $x_j \downarrow g = x_j$ 且 (ii) $x_j \downarrow g \neq x_j$, 导致矛盾.

93. 令 $f = J(x_1, \ldots, x_n; f_1, \ldots, f_n)$ 且 $g = J(x_1, \ldots, x_n; g_1, \ldots, g_n)$，其中

$$f_v = x_{n+1} \vee \cdots \vee x_{5n} \vee J(x_{5n+1}, \ldots, x_{6n}; [v-1], \ldots, [v-n]),$$

$$g_v = x_{n+1} \vee \cdots \vee x_{5n} \vee J(x_{5n+1}, \ldots, x_{6n}; [v=1]+[v-1], \ldots, [v=n]+[v-n]),$$

并且 J 是习题 52 中的联结函数.

如果 G 是 3 可着色的，令 $\hat{f} = J(x_1, \ldots, x_n; \hat{f}_1, \ldots, \hat{f}_n)$，其中

$$\hat{f}_v = x_{n+1} \vee \cdots \vee x_{5n} \vee J(x_{5n+1}, \ldots, x_{6n}; \hat{f}_{v1}, \ldots, \hat{f}_{vn}),$$

并且 $\hat{f}_{vw} = [v$ 和 w 具有不同颜色$]$. 于是 $B(\hat{f}) < n + 3(5n) + 2$.

反过来，假定存在逼近函数 $\hat{f}$ 使得 $B(\hat{f}) < 16n+2$，并且令 $\hat{f}_v$ 是满足 $x_1 = [v=1], \ldots, x_n = [v=n]$ 的子函数. 这些子函数中最多有 3 个是不同的，因为每个不同的 $\hat{f}_v$ 必须在 $x_{n+1}, \ldots, x_{5n}$ 的每一个上分支. 着色顶点使得 u 和 v 获得同样颜色，当且仅当 $\hat{f}_u = \hat{f}_v$. 这种情况仅当 $u \not\!\!-\, v$ 时才会发生，所以着色是合理的.

[马丁·索尔霍夫和英戈·韦格纳，*IEEE Transactions* **CAD-15** (1996), 1435–1437.]

94. 情形 1：$v \neq g_o$. 此时我们不在 x_v 上量词化，因此 $g = g_h$ 且 $f \,\mathrm{E}\, g = \bar{x}_v? \, f_l \,\mathrm{E}\, g: f_h \,\mathrm{E}\, g$.

情形 2：$v = g_o$. 此时 $g = x_v \wedge g_h$ 且 $f \,\mathrm{E}\, g = (f_l \,\mathrm{E}\, g_h) \vee (f_h \,\mathrm{E}\, g_h) = r_l \vee r_h$. 在子情形 $v \neq f_o$，我们有 $f_l = f_h = f$. 因此 $r_l = r_h$，并且可以直接把 $f \,\mathrm{E}\, g$ 约化为 $f \,\mathrm{E}\, g_h$（"尾递归"的一个实例）.

[里卡德·鲁德尔注意到 (6_5) 中量词化的顺序对应于变量自底向上的顺序. 那种顺序是方便的，但未必总是最佳的. 有时，根据对涉及函数的了解按另外一种顺序一一消除 ∃ 是更好的.]

95. 如果 $r_l = 1$ 且 $v = g_o$，我们可以置 $r \leftarrow 1$ 而不考虑 r_h.（在我的某些经验中，这个改变导致了 100 倍加速.）

96. 对于 ∀，只需把 E 改为 A 并且把 OR 改为 AND. 对于 ⫫，把 E 改为 D 并且把 OR 改为 XOR，还有，如果 $v \neq f_o$，返回 0. [是/否量词 ⋏ 和 N 的例程类似于 ⫫. 只有当 $m = 1$ 时才可以使用是/否量词，否则没有多大意义.]

97. 自底向上进行，在最坏情况下每层的工作量同那层的结点数成正比.

98. 函数 $\mathrm{NOTEND}(x) = \exists y \exists z (\mathrm{ADJ}(x,y) \wedge \mathrm{ADJ}(x,z) \wedge [y \neq z])$ 确定度大于等于 2 的全部顶点. 因此 $\mathrm{ENDPT}(x) = \mathrm{KER}(x) \wedge \neg\mathrm{NOTEND}(x)$. 同时，$\mathrm{PAIR}(x,y) = \mathrm{ENDPT}(x) \wedge \mathrm{ENDPT}(y) \wedge \mathrm{ADJ}(x,y)$.

[例如，当 G 是像 (104) 那样排序的美国接壤各州的图时，我们有 $B(\mathrm{NOTEND}) = 992$，$B(\mathrm{ENDPT}) = 264$，$B(\mathrm{PAIR}) = 203$. 在应用 $\exists y \exists z$ 之前，BDD 的大小是 $50\,511$. 恰好有 49 个度为 1 的核. 大小为 2 的 9 个分图是通过结合下面 3 个解得到的：

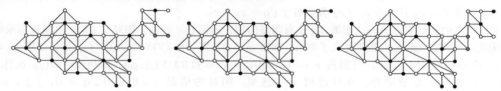

这个计算用所述算法的总代价约为 1400 万次内存访问，6.3 兆字节内存——每核仅大约 52 次内存引用.]

99. 寻找互相邻接州的三角形，并且固定它们的颜色. 如果我们在"中间"层选择顶点度高的州，BDD 的大小还会大幅度下降. 例如，通过设定 $a_{\mathrm{MO}} = b_{\mathrm{MO}} = a_{\mathrm{TN}} = \bar{b}_{\mathrm{TN}} = \bar{a}_{\mathrm{AR}} = b_{\mathrm{AR}} = 1$，我们把 $25\,579$ 个结点减少到只有 4642 个（而且总运行时间也降低到 200 万次内存访问以下）.

[兰德尔·布赖恩特原来关于 BDD 的手稿具体讨论了图的着色，但是当他的论文在 1986 年发表时他决定用其他材料代替.]

100. 用 $\mathrm{IND}(x_{\mathrm{ME}}, \ldots, x_{\mathrm{CA}}) \wedge S_{12}(x_{\mathrm{ME}}, \ldots, x_{\mathrm{CA}})$ 代替 $\mathrm{IND}(x_{\mathrm{ME}}, \ldots, x_{\mathrm{CA}})$，得到 12 个结点的独立集，这个 BDD 的大小是 1964. 然后像以前那样利用 (73) 以及习题 99 的答案的技巧，得到 $184\,260$ 个节结点和 $12\,554\,677\,864$ 个解的 COLOR 函数.（运行时间约为 2600 万次内存访问.）

101. 如果一个州的权值是 w，分别指定 $2w$ 和 w 为它的 a 变量和 b 变量的权值，并且使用算法 B. （例如变量 a_{WY} 获得权值 $2(23+25)=96.$）对于颜色代码 ①②❸❹，解是唯一的，如右图所示.

102. 主要思想是，当 g_j 改变时缓存中的所有结果对于 $f_o > j$ 的函数仍然有效. 为了利用这个原理，我们可以维持一系列"时间戳" $G_1 \geq G_2 \geq \cdots \geq G_n \geq 0$，每个变量一个. 有一个主时钟时间 $G \geq G_1$，表示完成的或准备的不同复合的数目. 另外一个变量 G' 记录自从上次调用 COMPOSE 以来 G 是否发生过变化. 最初 $G = G' = G_1 = \cdots = G_n = 0$. 子程序 NEWG$(j,g)$ 的实现如下所示.

N1. [是简单的情形吗？] 如果 $g_j = g$，退出子程序. 否则置 $g_j \leftarrow g$.

N2. [我们能够重新设置时间戳吗？] 如果 $g \neq x_j$，或者如果 $j < n$ 且 $G_{j+1} > 0$，转到 N4.

N3. [重新设置时间戳.] 当 $j > 0$ 且 $g_j = x_j$ 时循环执行 $G_j \leftarrow 0$，$j \leftarrow j-1$. 然后，如果 $j = 0$，置 $G \leftarrow G - G'$，$G' \leftarrow 0$，并且退出.

N4. [更新 G 吗？] 如果 $G' = 0$，置 $G \leftarrow G + 1$，$G' \leftarrow 1$.

N5. [新的时间戳.] 当 $j > 0$ 且 $G_j \neq G$ 时循环执行 $G_j \leftarrow G$，$j \leftarrow j-1$. 退出. ∎

（另外需要维持相应的引用计数.）在进行顶层的 COMPOSE 调用之前，置 $G' \leftarrow 0$. 修改 COMPOSE 例程 (72)：使用 $f[G_v]$ 引用缓存，其中 $v = f_o$，检验 $v > m$ 改为检验 $G_v = 0$.

103. 等价的公式 $g(f_1(x_1,\ldots,x_n),\ldots,f_m(x_1,\ldots,x_n))$ 可以用 COMPOSE 运算 (72) 实现. （然而，阿呆被证明是正确的，用他的公式进行求值比奎克快一百倍，尽管事实上它使用了两倍多的变量！在他的应用中，对于 g 的每个子函数 g_j，计算 $(y_1 = f_1(x_1,\ldots,x_n)) \wedge \cdots \wedge (y_m = f_m(x_1,\ldots,x_n)) \wedge g(y_1,\ldots,y_m)$ 比用 COMPOSE 计算 $g_j(f_1,\ldots,f_m)$ 容易得多. 例如，见习题 162.）

104. 当使用备忘录缓存时，以下递归算法 COMPARE(f,g) 最多需要 $O(B(f)B(g))$ 步：如果 $f = g$ 返回 "="$.$ 否则，如果 $f = 0$ 或 $g = 1$ 返回 "<"，如果 $f = 1$ 或 $g = 0$ 返回 ">"$.$ 否则像 (52) 那样表示 f 和 g，计算 $r_l \leftarrow$ COMPARE(f_l,g_l). 如果 r_l 是 "∥" 返回 "∥"，否则计算 $r_h \leftarrow$ COMPARE(f_h,g_h). 如果 r_h 是 "∥" 返回 "∥"$.$ 否则，如果 r_l 是 "=" 返回 r_h，如果 r_h 是 "=" 返回 r_l，如果 $r_l = r_h$ 返回 r_l. 否则返回 "∥"$.$

105. (a) 对于 $1 \leq j \leq n$，具有配极 $(y_1,\ldots,y_n)$ 的单边函数 f 当 $y_j = 1$ 时有 $\lambda x_j f = 0$，当 $y_j = 0$ 时有 $N x_j f = 0$. 反之，如果这些条件对于所有 j 成立，f 是单边函数. （注意 $\lambda x_j f = N x_j f = 0$，当且仅当 $\Box x_j f = 0$，当且仅当 f 不依赖于 x_j. 在这样两种情况下 y_j 是无关的，否则 y_j 被唯一地确定.）

(b) 下面的算法维持初始值为 0 的全局变量 $(p_1,\ldots,p_n)$，它们具有这样的性质：当 y_j 必须是 0 时 $p_j = +1$，当 y_j 必须是 1 时 $p_j = -1$；如果 f 不依赖于 x_j，p_j 将保持为 0. 在这些条件下，UNATE(f) 定义如下：如果 f 是常数，返回真；否则像 (50) 那样表示 f. 如果 UNATE(f_l) 或者 UNATE(f_h) 是假，返回假；否则利用习题 104 置 $r \leftarrow$ COMPARE(f_l,f_h). 如果 r 是 "∥" 返回假. 如果 r 是 "<"，当 $p_v < 0$ 时返回假，否则置 $p_v \leftarrow +1$ 并且返回真. 如果 r 是 ">"，当 $p_v > 0$ 时返回假，否则置 $p_v \leftarrow -1$ 并且返回真.

这个算法通常很快终结. 它依赖于以下事实：$f(x) \leq g(x)$ 对于所有 x 成立，当且仅当在 y 固定的条件下 $f(x \oplus y) \leq g(x \oplus y)$ 对于所有 x 成立. 如果我们只需检验 f 是不是单调函数，那些 p 变量应该初始化为 $+1$ 而不是 0.

106. 这样定义 HORN(f,g,h)：如果 $f > g$，交换 $f \leftrightarrow g$. 然后，如果 $f = 0$ 或 $h = 1$ 返回真. 否则如果 $g = 1$ 或 $h = 0$ 返回假. 否则像 (59) 那样表示 f，g 和 h. 如果 HORN(f_l,g_l,h_l)，HORN(f_l,g_h,h_l)，HORN(f_h,g_l,h_l)，HORN(f_h,g_h,h_h) 全部都是真返回真，否则返回假. [这个算法是由堀山贵史和茨木俊秀在 *Artificial Intelligence* **136** (2002), 189–213 中提出的，他们还介绍了一个类似于习题 105(b) 的答案的算法.]

107. 假定用 $e\$ f\$ g\$ h$ 表示 $e(x) = f(y) = g(z) = 1$ 蕴涵 $h(\langle xyz\rangle) = 1$. 那么 f 是克罗姆函数，当且仅当 $f\$ f\$ f\$ f$，并且我们有以下递归算法 KROM$(e,f,g,h)$：重新排列 $\{e,f,g\}$ 使得 $e \leq f \leq g$. 然后，

如果 $e = 0$ 或 $h = 1$ 返回真. 否则, 如果 $f = 1$ 或 $h = 0$ 返回假. 否则, 用类似于 (59) 的四元组表示 e, f, g, h. 如果 KROM(e_l, f_l, g_l, h_l), KROM(e_l, f_l, g_h, h_l), KROM(e_l, f_h, g_l, h_l), KROM(e_l, f_h, g_h, h_h), KROM(e_h, f_l, g_l, h_l), KROM(e_h, f_l, g_h, h_h), KROM(e_h, f_h, g_l, h_h), KROM(e_h, f_h, g_h, h_h) 全部都是真返回真, 否则返回假.

108. 用根结点 1 和汇结点 $\{s-1, s\}$ 标记结点 $\{1, \ldots, s\}$, 那么其他标记的 $(s-3)!$ 个排列给出同一个函数的不同的有向无圈图. 对于 $1 \le k \le s-2$, 由于每条指令 $(\bar{v}_k? \, l_k : h_k)$ 最多有 $n(s-1)^2$ 种可能性, 推出所述不等式. (事实上, 它对于任意分支程序, 也就是通常的二元决策图, 也是成立的, 不管它们是不是有序的和/或约化的.)

由于 $1/(s-3)! < (s-1)^3/s!$ 且 $s! > (s/e)^s$, 我们 (宽宏大量地) 有 $b(n, s) < (nse)^s$. 令 $s_n = 2^n/(n+\theta)$, 其中 $\theta = \lg e = 1/\ln 2$. 则 $\lg b(n, s_n) < s_n \lg(ns_n e) = 2^n(1 - (\lg(1 + \theta/n))/(n+\theta)) = 2^n - \Omega(2^n/n^2)$. 所以随机的 n 变量布尔函数具有 $B(f) \le s_n$ 的概率最多是 $1/2^{\Omega(2^n/n^2)}$. 实际上它是很小的.

109. $1/2^{\Omega(2^n/n^2)}$ 即使用 $n!$ 相乘实际上也是很小的.

110. 当 $2^{m-1} + m - 1 < n < 2^m + m$ 时, 令 $f_n = M_m(x_{n-m+1}, \ldots, x_n; 0, \ldots, 0, x_1, \ldots, x_{n-m}) \vee (\bar{x}_{n-m+1} \wedge \cdots \wedge \bar{x}_n \wedge [0 \ldots 0 x_1 \ldots x_{n-m}$ 是完全平方数$])$. 这个公式的每一项有 $2^m + m - n$ 个 0, 第二项消除所有的 2^m 个二进制位的完全平方数. [见廖贺田和林庆祥, *IEEE Transactions* **C-41** (1992), 661–664; 尤里·布赖特巴特、哈里·亨特和丹尼尔·罗森克兰茨, *Theoretical Comp. Sci.* **145** (1995), 45–69.]

111. 令 $\mu n = \lambda(n - \lambda n)$, 注意 $\mu n = m$ 当且仅当 $2^m + m \le n < 2^{m+1} + m + 1$. 对于 $0 \le k < n - \mu n$, 和是 $2^{n-\mu n} - 1$. 其他项之和为 $2^{2^{\mu n}}$.

112. 假设 $k = n - \lg n + \lg \alpha$. 则

$$\frac{(2^{2^{n-k}} - 1)^{2^k}}{2^{2^n}} = \exp\left(\frac{2^n \alpha}{n} \ln\left(1 - \frac{1}{2^{n/\alpha}}\right)\right) = \exp\left(-\frac{2^{n-n/\alpha} \alpha}{n}\left(1 + O\left(\frac{1}{2^{n/\alpha}}\right)\right)\right).$$

如果 $\alpha \le \frac{1}{2}$, 我们有 $2^{n-n/\alpha} \alpha/n \le 1/(n2^{n+1})$, 因此 $\hat{b}_k = (2^{n/\alpha} - 2^{n/(2\alpha)})(2^{n-n/\alpha} \alpha/n)(1 + O(2^{-n/\alpha})) = 2^k(1 - O(2^{-n/(2\alpha)}))$. 如果 $\alpha \ge 2$, 我们有 $2^{n-n/\alpha} \alpha/n \ge 2^{n/2+1}/n$, 因此 $\hat{b}_k = (2^{2^{n-k}} - 2^{2^{n-k-1}})(1 + O(\exp(-2^{n/2}/n)))$.

[关于 b_k 的方差, 见英戈·韦格纳, *IEEE Trans.* **C-43** (1994), 1262–1269.]

113. 这种思想初看之下是有吸引力的, 但是仔细考察后失其光泽. 根据定理 U, BDD 基的较少结点出现在低层. 至于算法 S 那样的算法, 它们花费在处理低层的时间比较少. 此外, 非常量的汇结点将使若干算法更加复杂, 尤其是那些重新排序的算法.

114. 例如, 真值表可能是 01010101 00110011 00001111 00001111.

115. 令 $N_k = b_0 + \cdots + b_{k-1}$ 是 BDD 的满足 $j \le k$ 的结点 $\textcircled{j}$ 的数目. 这些结点的入度之和至少是 N_k, 出度之和是 $2N_k$, 并且有一个指向根结点的外部指针. 因此最多有 $N_k + 1$ 个分支结点能够从上面的 k 层穿越到较低的层. 每个 $n-k$ 阶子表对应于某个这样的分支结点. 因此 $q_k \le N_k + 1$.

此外, 我们必定有 $q_k \le b_k + \cdots + b_n$, 因为每个 $n-k$ 阶子表对应于唯一的阶 $\le n-k$ 的串珠.

对于 (124), 把 BDD 改为 ZDD, b_k 改为 z_k, "串珠" 改为 "消零串珠", q_k 改为 q_k'.

116. (a) 令 $v_k = 2^{2^k} + 2^{2^{k-1}} + \cdots + 2^{2^0}$. 则 $Q(f) \le \sum_{k=1}^{n+1} \min(2^{k-1}, 2^{2^{n+1-k}}) = U_n + v_{\lambda(n-\lambda n)-1}$. 像 (78) 的例子说明这个上界是不能改进的.

(b) $\hat{q}_k/\hat{b}_k = 2^{2^{n-k}}/(2^{2^{n-k}} - 2^{2^{n-k-1}})$ ($0 \le k < n$); $\hat{q}_n = \hat{b}_n$.

117. $q_k = 2^k$ ($0 \le k \le m$), $q_{m+k} = 2^m + 2 - k$ ($1 \le k \le 2^m$). 因此 $Q(f) = 2^{2^m - 1} + 7 \cdot 2^{m-1} - 1 \approx B(f)^2/8$. (这样的 f 实际上使 QDD 变成没有吸引力的.)

118. 如果 $n = 2^m - 1$, 我们有 $h_n(x_1, \ldots, x_n) = M_m(z_{m-1}, \ldots, z_0; 0, x_1, \ldots, x_n)$, 由习题 7.1.2–30 可知 $(z_{m-1} \ldots z_0)_2 = x_1 + \cdots + x_n$ 可以用 $5n - 5m$ 步计算, 由习题 7.1.2–39 可知 M_m 可以用

另外的 $2n + O(\sqrt{n})$ 步计算. 由于 $h_n(x_1, \ldots, x_n) = h_{n+k}(x_1, \ldots, x_n, 0, \ldots, 0)$, 我们对所有的 n 有 $C(h_n) \leq 14n + O(\sqrt{n})$. （稍加努力可使上界降低到 $7n + O(\sqrt{n} \log n)$. 读者能够做得更好吗？）

h_4 的代价是 $6 = L(h_4)$, 并且 $x_2 \oplus ((x_1 \oplus (x_2 \wedge \bar{x}_4)) \wedge (\bar{x}_3 \oplus (\bar{x}_2 \wedge x_4)))$ 是长度最短的公式. （还有 $C(h_5) = 10$, $L(h_5) = 11$. ）

119. 真. 例如, $S_{2,3,5}(x_1, \ldots, x_6) = h_{13}(x_1, x_2, 0, 0, 1, 1, 0, 1, 0, x_3, x_4, x_5, x_6)$.

120. 我们有 $h_n^\pi(x_1, \ldots, x_n) = h_n(y_1, \ldots, y_n)$, 其中 $y_j = x_{j\pi}$ $(1 \leq j \leq n)$. 并且 $h_n(y_1, \ldots, y_n) = y_{y_1 + \cdots + y_n} = y_{x_1 + \cdots + x_n} = x_{(x_1 + \cdots + x_n)\pi}$.

121. (a) 如果 $y_k = \bar{x}_{n+1-k}$, 我们有 $h_n(y_1, \ldots, y_n) = y_{\nu y} = y_{n - \nu x} = \bar{x}_{n+1-(n-\nu x)} = \bar{x}_{\nu x + 1}$.

(b) 如果 $x = (x_1, \ldots, x_n)$ 且 $t \in \{0, 1\}$, 我们有 $h_{n+1}(x, t) = (t?\, x_{\nu x+1} : x_{\nu x})$.

(c) 不是. 例如 ψ 使得 $0^k 11 \mapsto 0^{k-1} 101 \mapsto 0^{k-2} 10^2 1 \mapsto \cdots \mapsto 10^k 1 \mapsto 0^k 11$. （尽管 ψ 的定义简单, 但它具有值得注意的性质, 包括像 100110100001010110001110010011 和 111011111011001011101111101111 的不动点. ）

(d) 事实上, 对递推公式 (b) 使用归纳法, 我们有 $\hat{h}_n(x_1 \ldots x_n) = x_1(!)$.

（如果 $f(x_1, \ldots, x_n)$ 是任意布尔函数, 而 τ 是二进制向量 $x_1 \ldots x_n$ 的任意排列, 我们可以写 $f(x) = \hat{f}(x\tau)$, 而且变换函数 $\hat{f}$ 也可能是很容易处理的. 由于 $f(x) \wedge g(x) = \hat{f}(x\tau) \wedge \hat{g}(x\tau)$, 因此两个函数的 AND 的变换是它们的变换的 AND, 等等. 如正文中考虑的那样, 只变化下标的向量排列 $(x_1 \ldots x_n)\pi = x_{1\pi} \ldots x_{n\pi}$ 是这个一般原则的简单特例. 但是, 这个原则在某种意义上过于一般, 因为每个函数 f 显然至少有一个 τ, 使得 $\hat{f}$ 在习题 170 的意义下是瘦的, 可以把 f 的所有复杂性转移到 τ. 即使像 ψ 之类的简单变换也有有限的实用性, 因为它们构成不当. 例如, $\psi\psi$ 不是同样类型的变换. 但是线性变换（对某些非奇异二进制矩阵 T 取 $x \mapsto xT$）已被证明对简化 BDD 是有用的方法. ［见塞缪尔·阿博伊, *IEEE Trans.* **C-37** (1988), 1461–1465; 约亨·贝恩、克里斯托夫·迈内尔和安娜·斯洛博多娃, *ACM/IEEE Design Automation Conf.* **32** (1995), 408–413; 克里斯托夫·迈内尔、法比奥·索门齐和索斯藤·西奥博尔德, *IEEE Trans.* **CAD-19** (2000), 521–533. ］）

122. 例如, 当 $n = 7$ 时, 习题 121(b) 的答案中的递推公式给出

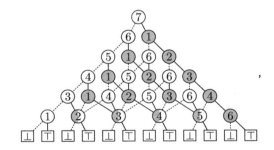

其中带阴影的结点计算尚未被检验的变量上的子函数 h^{DR}. 简化出现在底部, 因为 $h_2(x_1, x_2) = x_1$ 且 $h_2^{DR}(x_1, x_2) = x_2$. ［见德特勒夫·西林和英戈·韦格纳, *Theoretical Comp. Sci.* **141** (1995), 283–310. ］

123. 令 $t = k - s = \bar{x}_1 + \cdots + \bar{x}_k$. 对于 $s' + t' = w$, $s' \leq s$, $t' \leq t$ 的这样的 s' 个 1 与 t' 个 0 的每一种组合存在一项记录. 遍及这样的 (s', t') 的 $\binom{w}{s'} = \binom{w}{t'}$ 之和是 (97). （还要注意, 它等于 2^w 当且仅当 $w \leq \min(s, t)$. ）

124. 令 $m = n - k$. 每项记录 $[r_0, \ldots, r_m]$ 对应于 $(x_{k+1}, \ldots, x_n)$ 的一个函数, 它的真值表除了下面四种情况之外是串珠: (i) $[0, \ldots, 0] = 0$; (ii) $[1, \ldots, 1] = 1$; (iii) $[0, x_n, 1] = x_n$ （它不依赖于 x_{n-1}）; (iv) $[1, \ldots, 1, x_{k+1}, 0, \ldots, 0]$, 其中 p 个 1 使得 $x_{k+1} = r_p$, 是 $S_{<p}(x_{k+2}, \ldots, x_n)$.

下面的多项式时间算法通过计数所有的记录项计算 $q_k = q$ 和 $b_k = q - q'$. 当 $[r_0, \ldots, r_m]$ 的记录项是全 0 或全 1 时出现一种难以捉摸解的情况, 因为对于 s 的不同值可能出现这样的记录项. 我们不想对它

们计数两次. 解决方案是维持 4 个集合

$$C_{ab} = \{r_1 + \cdots + r_{m-1} \mid r_0 = a \text{ 且在某个记录项中 } r_m = b\}.$$

0π 的值应该人为设置成 $n+1$ 而不是 0. 假定 $0 \le k < n$.

H1. ［初始化.］置 $m \leftarrow n-k$, $q \leftarrow q' \leftarrow s \leftarrow 0$, $C_{00} \leftarrow C_{01} \leftarrow C_{10} \leftarrow C_{11} \leftarrow \emptyset$.

H2. ［寻找 v 和 w.］置 $v \leftarrow \sum_{j=1}^{m-1}[(s+j)\pi \le k]$, $w \leftarrow v + [s\pi \le k] + [(s+m)\pi \le k]$. 如果 $v = m-1$ 转到 H5.

H3. ［检查非串珠.］置 $p \leftarrow -1$. 如果 $v \ne m-2$ 转到 H4. 否则, 如果 $m = 2$ 且 $(s+1)\pi = n$ 置 $p \leftarrow [(s+2)\pi \le k]$. 否则, 如果 $w = m$ 且对某个 $j \in [1..m-1]$ 有 $(s+j)\pi = k+1$, 置 $p \leftarrow j$.

H4. ［加二项式.］对于所有满足 $s'+t' = w$, $0 \le s' \le s$, $0 \le t' \le k-s$ 的 s' 和 t', 置 $q \leftarrow q + \binom{w}{s'}$, $q' \leftarrow q' + [s' = p]$. 然后转到 H6.

H5. ［记录 0–1 记录项.］像在 H4 那样对所有的 s' 和 t' 执行下面的操作: 如果 $(s+m)\pi \le k$ 置 $C_{00} \leftarrow C_{00} \cup s'$, $C_{01} \leftarrow C_{01} \cup (s'-1)$, 否则置 $C_{01} \leftarrow C_{01} \cup s'$. 如果 $s\pi \le k$ 且 $(s+m)\pi \le k$ 置 $C_{10} \leftarrow C_{10} \cup (s'-1)$, $C_{11} \leftarrow C_{11} \cup (s'-2)$. 如果 $s\pi \le k$ 且 $(s+m)\pi > k$ 置 $C_{11} \leftarrow C_{11} \cup (s'-1)$.

H6. ［对 s 循环.］如果 $s < k$ 置 $s \leftarrow s+1$ 并返回 H2.

H7. ［完成.］对于 $ab = 00, 01, 10, 11$ 以及所有 $r \in C_{ab}$ 置 $q \leftarrow q + \binom{m-1}{r}$. 也置 $q' \leftarrow q' + [0 \in C_{00}] + [m-1 \in C_{11}]$. ∎

125. 令 $S(n,m) = \binom{n}{0} + \cdots + \binom{n}{m}$. 当 $0 < s \le k$ 且 $s \ge 2k-n+2$ 时有 $S(k+1-s,s)-1$ 个非常量的记录项. 当 $s = 0$ 且 $k < (n-1)/2$ 时出现其他仅有的非常量的记录项, 每个记录项一个. 常数值记录项的计数更复杂, 但是它们通常有 $S(n+1-k, 2k+1-n)$ 个, 出现在 $s = 2k-n$ 或者 $s = 2k+1-n$ 的时候. 考虑到挑剔的边界条件和非串珠, 我们对于 $0 \le k < n$ 求

$$b_k = S(n-k, 2k-n) + \sum_{s=0}^{n-k} S(n-k-s, 2k+1-n+s)$$
$$- \min(k, n-k) - [n=2k] - [3k \ge 2n-1] - 1.$$

虽然 $S(n,m)$ 没有简单的形式, 但是当 n 是偶数时可以把 $\sum_{k=0}^{n-1} b_k$ 表示成 $B_{n/2} + \sum_{0 \le m \le n-2k \le n}(n+3-m-2k)\binom{k}{m} +$ (细小改变), 而且当 n 是奇数时, 如果用 $A_{(n+1)/2}$ 代替 $B_{n/2}$, 则存在同样的表达式. 二重求和可以通过首先对 k 求和予以简化, 因为 $(k+1)\binom{k}{m} = (m+1)\binom{k+1}{m+1}$:

$$\sum_{m=0}^{n}\left((n+5-m)\binom{\lfloor (n-m+2)/2 \rfloor}{m+1} - (2m+2)\binom{\lfloor (n-m+4)/2 \rfloor}{m+2} \right).$$

至于其余的和可以分成四部分处理, 取决于 m 和 (或) n 是不是奇数. 生成函数有助于处理: 令 $A(z) = \sum_{k \le n}\binom{n-k}{2k}z^n$, $B(z) = \sum_{k \le n}\binom{n-k}{2k+1}z^n$. 则 $A(z) = 1 + \sum_{k < n}\binom{n-k-1}{2k}z^n + \sum_{k < n}\binom{n-k-1}{2k-1}z^n = 1 + \sum_{k \le n}\binom{n-k}{2k}z^{n+1} + \sum_{k \le n}\binom{n-k}{2k+1}z^{n+2} = 1 + zA(z) + z^2B(z)$. 类似的推导证明 $B(z) = zB(z) + zA(z)$. 所以

$$A(z) = \frac{1-z}{1-2z+z^2-z^3} = \frac{1-z^2}{1-z-z^2-z^4}, \qquad B(z) = \frac{z}{1-2z+z^2-z^3} = \frac{z+z^2}{1-z-z^2-z^4}.$$

因此对于 $n \ge 4$, $A_n = 2A_{n-1} - A_{n-2} + A_{n-3} = A_{n-1} + A_{n-2} + A_{n-4}$, B_n 满足同样的递推公式. 事实上, 利用习题 15 的佩兰数列, 我们有 $A_n = (3P_{2n+1} + 7P_{2n} - 2P_{2n-1})/23$, $B_n = (3P_{2n+2} + 7P_{2n+1} - 2P_{2n})/23$.

此外, 令 $A^*(z) = \sum_{k \le n} k\binom{n-k}{2k}z^n$, $B^*(z) = \sum_{k \le n} k\binom{n-k}{2k+1}z^n$, 我们发现 $A^*(z) = z^2A(z)B(z)$, $B^*(z) = z^2B(z)^2$. 合起来现在得到非常精确的公式

$$B(h_n) = \frac{56P_{n+2} + 77P_{n+1} + 47P_n}{23} - \left\lfloor \frac{n^2}{4} \right\rfloor - \left\lfloor \frac{7n+1}{3} \right\rfloor + (n \bmod 2) - 10.$$

历史注记: 序列 $\langle A_n \rangle$ 由理查德·奥斯汀和理查德·盖伊在 *Fibonacci Quarterly* **16** (1978), 84–86 中首先研究. 它对每个 1 之后接另一个 1 的二进制数 $x_1 \ldots x_{n-1}$ 计数. 卡尔·西格尔证明了塑性常数 χ 是最小的 "皮索数", 即共轭数全部位于单位圆内的大于 1 的最小代数整数. 见 *Duke Math. J.* **11** (1944), 597–602.

126. 当 $n \geq 6$ 时, 我们有 $b_k = F_{\lfloor (k+7)/2 \rfloor} + F_{\lceil (k+7)/2 \rceil} - 4$ $(1 \leq k < 2n/3)$, $b_k = 2^{n-k+2} - 6 - [k = n-2]$ $(4n/5 \leq k < n)$. 但是对 $B(h_n^\pi)$ 的主要贡献来自这两个区域之间的 $2n/15$ 个分布元素, 而且可以推广习题 125 的答案的方法处理它们. 有趣的序列

$$A_n = \sum_{k=0}^{\lfloor n/2 \rfloor} \binom{n-2k}{3k}, \qquad B_n = \sum_{k=0}^{\lfloor n/2 \rfloor} \binom{n-2k}{3k+1}, \qquad C_n = \sum_{k=0}^{\lfloor n/2 \rfloor} \binom{n-2k}{3k+2}$$

分别具有生成函数 $(1-z)^2/p(z)$, $(1-z)z/p(z)$, $z^2/p(z)$, 其中 $p(z) = (1-z)^3 - z^5$. 这些序列出现在这个问题中是因为 $\sum_{k=0}^{n} \binom{n-2k/3}{k} = A_n + B_{n-1} + C_{n-2}$. 它们像 α^n 那样增长, 其中 $\alpha \approx 1.7016$ 是 $(\alpha-1)^3 \alpha^2 = 1$ 的实根.

BDD 的大小不能表示为闭合式, 但是在 $A_{\lfloor n/3 \rfloor}$ 到 $A_{\lfloor n/3 \rfloor + 4}$ 之间有闭合式, 精确度达到 $O(2^{n/4}/\sqrt{n})$. 因此 $B(h_n^\pi) = \Theta(\alpha^{n/3})$.

127. [当 $12 < n \leq 24$ 时, 排列 $\pi = (3, 5, 7, \ldots, 2n'-1, n, n-1, n-2, \ldots, 2n', 2n'-2, \ldots, 4, 2, 1)$ (其中 $n' = \lfloor 2n/5 \rfloor$) 对于 h_n 是最优的. 但是它给出 $B(h_{100}^\pi) = 1\,366\,282\,025$. 如习题 152 的答案所示, 移动变量的方法好得多. 但是几乎肯定存在更好的排列.]

128. 例如, 考虑 $M_3(x_4, x_2, x_7; x_6, x_1, x_8, x_3, x_9, x_{11}, x_5, x_{10})$. 前面 m 个变量 $\{x_4, x_2, x_7\}$ 称为 "地址位", 其余 2^m 个变量称为 "目标位". 对应于 $x_1 = c_1, \ldots, x_k = c_k$ 的子函数可以用类似于 (96) 的选择的记录项描述. 例如, 当 $k = 2$ 时有 3 个记录项 $[x_6, 0, x_9, x_{11}]$, $[x_6, 1, x_9, x_{11}]$, $[x_8, x_3, x_5, x_{10}]$, 其中结果是用 $(x_4 x_7)_2$ 选择相应分量获得的. 这些记录项中只有第三项依赖于 x_3, 因此 $q_2 = 3$ 且 $b_2 = 1$. 当 $k = 6$ 时, 由 x_7 选择分量的记录项是 $[0, 0]$, $[0, 1]$, $[1, 0]$, $[1, 1]$, $[x_8, 0]$, $[x_8, 1]$, $[x_9, x_{11}]$, $[0, x_{10}]$, $[1, x_{10}]$. 因此 $q_6 = 9$ 且 $b_6 = 7$.

一般情况下, 如果变量 $\{x_1, \ldots, x_k\}$ 包含 a 个地址位和 t 个目标位, 记录项将有 $A = 2^{m-a}$ 个条目. 根据已知的地址位把所有 2^m 个目标位的集合分成 2^a 个子集, 并且假定这些子集的 s_j 包含 j 个已知的目标位. (因此 $s_0 + s_1 + \cdots + s_A = 2^a$ 且 $s_1 + 2s_2 + \cdots + As_A = t$. 在上面例子中, 当 $k = 2$ 且 $a = t = 1$ 时我们有 $(s_0, \ldots, s_4) = (1, 1, 0, 0, 0)$, 并且当 $k = 6$, $a = 2$, $t = 4$ 时 $(s_0, s_1, s_2) = (1, 2, 1)$.) 于是记录项的总数 q_k 是 $2^0 s_0 + 2^1 s_1 + \cdots + 2^{A-1} s_{A-1} + 2^A [s_A > 0]$. 如果 x_{k+1} 是一个地址位, 依赖于 x_{k+1} 的记录项的数目 b_k 是 $q_k - 2^{A/2}[s_A > 0]$. 否则 $b_k = 2^c$, 其中 c 是出现在包含目标位 x_{k+1} 的记录项中的常数的数目.

129. (由马丁·索尔霍夫求解, 见英戈·韦格纳, *Branching Programs* (2000), 定理 6.2.13) 由于 $P_m(x_1, \ldots, x_{m^2}) = Q_m(x_1, \ldots, x_{m^2}) \wedge S_m(x_1, \ldots, x_{m^2})$ 和 $B(S_m) = m^3 + 2$, 我们有 $B(P_m^\pi) \leq (m^3 + 2)B(Q_m^\pi)$. 应用定理 K.

(更强的下界应该是可能的, 因为 Q_m 看来比 P_m 有更大的 BDD. 例如, 当 $m = 5$ 时排列 $(1\pi, \ldots, 25\pi) = (3, 1, 5, 7, 9, 2, 4, 6, 8, 10, 11, 12, 13, 14, 15, 16, 20, 23, 17, 21, 19, 18, 22, 24, 25)$ 对于 Q_5 是最优的, 但是 $B(Q_5^\pi) = 535$, 而 $B(P_5) = 229$.)

130. (a) 从 BDD 的根开始并且取 s 个 HI 分支结点和 t 个 LO 分支结点的每条路径定义一个子函数, 它所对应的图中, s 个邻接顶点是强制的, t 个邻接顶点是禁用的. 我们将证明这 $\binom{s+t}{s}$ 个子函数是不同的.

如果子函数 g 和 h 对应于不同的路径, 我们可以找出具有下述性质的 k 个顶点 W: (i) W 包含 w—w' 在 g 中是强制的且在 h 中是禁用的顶点 w 和 w'; (ii) 在 W 的顶点之间没有在 h 中是强制的或在 g 中是禁用的邻接顶点; (iii) 如果 $u \in W$ 且 $v \notin W$ 且 u—v 在 h 中是强制的, 那么 $u = w$ 或 $u = w'$. (这些条件使得最多 $2s + t = m - k$ 个顶点不在 W 中.)

只要邻接顶点既不是强制的也不是禁用的, 我们就可以安排剩余的顶点使得当且仅当 $\{u, v\} \subseteq W$ 时 u—v. 这种安排使得 $g = 1$, $h = 0$.

（b）考虑 $C_{m,\lceil m/2\rceil}$ 的子函数，其中要求顶点 $\{1,\dots,k\}$ 是孤立的，但是每当 $k < u \le \lceil m/2\rceil < v \le m$ 时有 $u \text{---} v$. 那么 $\lceil m/2\rceil$ 个顶点 $\{\lceil m/2\rceil+1,\dots,m\}$ 上的一个 k-团等价于顶点 $\{1,\dots,m\}$ 上的一个 $\lceil m/2\rceil$-团. 换句话说，$C_{m,\lceil m/2\rceil}$ 的这个子函数是 $C_{\lfloor m/2\rfloor,k}$.

现在选择 $k \approx \sqrt{m/3}$ 并且应用 (a). ［英戈·韦格纳，*JACM* **35** (1988), 461–471. ］

131. （a）可以证明分布是 $(1,1,2,4,\dots,2^{q-1},(p-2)\times(2^q-1,q\times 2^{q-1}),2^q-1,2^{q-1},\dots,4,2,1,2)$，其中 $r\times b$ 表示 b 重复 r 次. 因此 BDD 的总大小是 $(pq+2p-2q+2)2^{q-1}-p+2$.

（b）在顺序 $x_1,x_2,\dots,x_p,y_{11},y_{21},\dots,y_{p1},\dots,y_{1q},y_{2q},\dots,y_{pq}$ 下，分布变为 $(1,2,4,\dots,2^{p-1},(q-1)p\times(2^{p-1}),2^{p-1},\dots,4,2,1,2)$，使 BDD 的总大小达到 $(pq-p+4)2^{p-1}$.

（c）假定恰好有 $m = \lfloor\min(p,q)/2\rfloor$ 个 x 以某种顺序出现在前 k 个变量中间，我们可以假定它们是 $\{x_1,\dots,x_m\}$. 在 C 的 QDD 中考虑 2^m 条这样的路径，使得 $x_j = \bar{x}_{m+j}$（$1 \le j \le p-m$）且 $y_{ij} = [i=j$ 或 $i=j+m$ 或 $j>m]$. 这些路径必须经过第 k 层上的所有不同结点. 因此 $q_k \ge 2^m$. 使用 (85). ［见玛丽亚·尼科利斯卡娅和卢德米拉·尼科利斯卡娅，*Theor. Comp. Sci.* **255** (2001), 615–625. ］

通过习题 138 的算法，$(p,q) = (4,4),(4,5),(5,4)$ 的最优顺序是：

$$x_1y_{11}x_2y_{21}x_3y_{31}x_4y_{12}y_{22}y_{32}y_{42}y_{13}y_{23}y_{33}y_{43}y_{14}y_{24}y_{34}y_{44}x_4 \quad（大小为 108）；$$

$$x_1y_{11}x_2y_{21}x_3y_{31}x_4y_{12}y_{22}y_{32}y_{42}y_{13}y_{23}y_{33}y_{43}y_{14}y_{24}y_{34}y_{44}y_{15}y_{25}y_{35}y_{45}x_4 \quad（大小为 140）；$$

$$x_1y_{11}x_2y_{21}y_{12}y_{22}y_{13}y_{23}y_{14}y_{24}x_3y_{31}y_{32}y_{33}y_{34}x_4y_{41}y_{42}y_{51}y_{52}y_{53}y_{43}y_{44}y_{54}x_5 \quad（大小为 167）.$$

132. 由表 7.1.1–5，实际上存在 616 126 个不同的 5 变量函数类. $B_{\min}(f)$ 的最大值 17 是从其中的 38 类获得的. 其中 3 类对所有排列 π 都有 $B(f^\pi) = 17$. 一个这样的例子是 $((x_2 \oplus x_4 \oplus (x_1 \wedge (x_3 \vee \bar{x}_4))) \wedge ((x_2 \oplus x_5) \vee (x_3 \oplus x_4))) \oplus (x_5 \wedge (x_3 \oplus (x_1 \vee \bar{x}_2)))$，具有有趣的对称性 $f(x_1,x_2,x_3,x_4,x_5) = f(\bar{x}_2,\bar{x}_3,\bar{x}_4,\bar{x}_1,\bar{x}_5) = f(x_2,\bar{x}_5,x_1,x_3,\bar{x}_4)$.

顺便说一下，最大差 $B_{\max}(f) - B_{\min}(f) = 10$ 仅当 $B_{\min} = 7$ 且 $B_{\max} = 17$ 时出现在"联结函数"类 $x_1? x_2: x_3? x_4: x_5$ 中.

（当 $n = 4$ 时有 222 类，其中的 25 类有 $B_{\min}(f) = 10$，包括 S_2 且 $S_{2,4}$. 以真值表 **16ad** 作为例子的类，在 $B_{\min}(f) = 10$ 和 24 个排列的大多数给出 $B(f^\pi) = 11$ 的意义下是唯一最稳定的类.）

133. 用 n 位二进制整数 $i(X) = \sum_{x \in X} 2^{x-1}$ 表示每个子集 $X \subseteq \{1,\dots,n\}$，并且令 $b_{i(X),x}$ 是 X 与 $X \cup x$ 之间的边的权值. 置 $c_0 \leftarrow 0$，并且对于 $1 \le i < 2^n$ 置 $c_i \leftarrow \min\{c_{i \oplus j} + b_{i \oplus j,x} \mid 1 \le x \le n, j = 2^{x-1}, i\,\&\,j \ne 0\}$. 此时 $B_{\min}(f) = c_{2^n-1} + 2$，而且通过记住使每个 c_i 达到最小值的 $x = x(i)$ 可以找到一个最优顺序. 对于 $B_{\max}$，在这个方法中用 max 代替 min.

134.

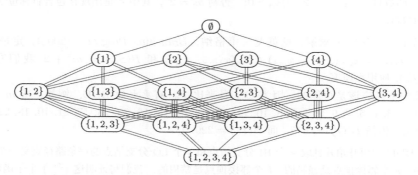

最大分布 $(1,2,4,2,2)$ 出现在像 $\emptyset \to \{2\} \to \{2,3\} \to \{2,3,4\} \to \{1,2,3,4\}$ 这样的路径上. 最小分布 $(1,2,2,1,2)$ 仅出现在路径 $\emptyset \to (\{3\}$ 或 $\{4\}) \to \{3,4\} \to \{1,3,4\} \to \{1,2,3,4\}$ 上.（24 条可能路径中的 5 条具有分布 $(1,2,3,2,2)$，而且是无法通过移动任何变量改进的.）

135. 令 $\theta_0 = 1$，$\theta_1 = x_1$，$\theta_2 = x_1 \wedge x_2$，并且对于 $n \ge 3$ 令 $\theta_n = x_n? \theta_{n-1}: \theta_{n-3}$. 可以证明当 $n \ge 4$ 时 $B(\theta_n^\pi) = n+2$，当且仅当 $(n\pi,\dots,1\pi) = (1,\dots,n)$. 主要论据是，如果 $k < n$ 且 $n \ge 5$，通过置 $x_k \leftarrow 0$ 或 $x_k \leftarrow 1$ 获得的子函数是不同的，而且除了 $x_{n-1} \leftarrow 0$ 的子函数不依赖于 x_{n-2} 之外，它们都依赖于

变量 $\{x_1,\dots,x_{k-1},x_{k+1},\dots,x_n\}$. 因此，除了 $k=n$ 或 $(k,l)=(n-1,n-2)$ 的情况外，主分布图中的权值 $\{x_k\}\to\{x_k,x_l\}$ 是 2. $\{x_{n-1},x_{n-2}\}$ 下面有 3 个子函数，即 $x_n?\ \theta_{n-4}:\theta_{n-3}$，$x_n?\ \theta_{n-5}:\theta_{n-3}$，$\theta_{n-3}$，它们全部依赖于 $\{x_1,\dots,x_{n-3}\}$，而且其中的两个依赖于 x_n.

136. 令 $n=2n'-1$, $m=2m'-1$. 输入构成一个 $m\times n$ 矩阵，并且我们是计算 m 行中位数的中位数. 令 V_i 是第 i 行的变量. 如果 X 是 mn 个变量的一个子集，令 $X_i=X\cap V_i$, $r_i=|X_i|$. $(s_1,\dots,s_m)$ 类型的子函数恰好当 X_i 的 s_i 个元素设置为 1 时出现，这些子函数是

$$\langle S_1 S_2\dots S_m\rangle,\qquad \text{其中 } S_i=S_{\geq n'-s_i}(V_i\setminus X_i) \text{ 且 } 0\leq s_i\leq r_i,\ 1\leq i\leq m.$$

当 $x\notin X$ 时，我们需要计数这些子函数有多少依赖于 x. 由对称性我们可以假定 $x=x_{mn}$. 注意，如果 $t>n$, 对称门限函数 $S_{\geq t}(x_1,\dots,x_n)$ 等于 0, 或者如果 $t\leq 0$, 它等于 1. 如果 $1\leq t\leq n$, 它依赖于所有 n 个变量. 特别是，S_m 恰好对于 s_m 的 $r_m\$n=\min(r_m+1,n-r_m)$ 种选择依赖于 x.

对于 $0\leq j\leq n$ 令 $a_j=\sum_{i=1}^{m-1}[r_i=j]$. 那么函数 $\{S_1,\dots,S_{m-1}\}$ 的 a_n 是常数，并且它们的 $a_{n-1}+\cdots+a_{n'}$ 可能是常数也可能不是常数. 选择 c_i 不是常数给出 $(r_m\$n)((a_n+a_{n-1}+\cdots+a_{n'}-c_{n-1}-\cdots-c_{n'})\$m)$ 乘以

$$\binom{a_{n-1}}{c_{n-1}}\cdots\binom{a_{n'}}{c_{n'}}1^{a_0}2^{a_1}\dots(n')^{a_{n'-1}}(n'-1)^{c_{n'}}(n'-2)^{c_{n'+1}}\dots 1^{c_{n-1}}$$

个依赖于 x 的不同子函数. 遍及 $\{c_{n-1},\dots,c_{n'}\}$ 求和给出答案.

当变量带有自然的逐行顺序时，这些公式应用 $r_m=k\bmod n$, $a_n=\lfloor k/n\rfloor$, $a_0=m-1-a_n$. 所以对于 $0\leq k<mn$ 的分布元素 b_k 是 $(\lfloor k/n\rfloor\$m)((k\bmod n)\$n)$, 而且我们有 $\sum_{k=0}^{mn}b_k=(m'n')^2+2$. 这个顺序是最优的，虽然没有简单的证明是显而易见的. 例如，某些顺序可能把 b_{n+2} 或 b_{2n-2} 从 4 减少到 3, 而对于其他 k 则增加 b_k.

主分布图的每条自顶到底的路径可以表示成 $\alpha_0\to\alpha_1\to\cdots\to\alpha_{mn}$, 其中每个 α_j 是满足 $0\leq r_{j1}\leq\cdots\leq r_{jm}\leq n$ 的串 $r_{j1}\dots r_{jm}$, $r_{j1}+\cdots+r_{jm}=j$ 是一个坐标在每一步的增量. 例如，当 $m=5$ 且 $n=3$ 时的一条路径是 $00000\to 00001\to 00011\to 00111\to 00112\to 00122\to 00123\to 01123\to 11123\to 11223\to 12223\to 12233\to 12333\to 22333\to 23333\to 33333$. 我们可以通过一系列不增加总的边权值的步骤把这条路径转换成"自然的"路径，如下：在直到第一次 $r_{jm}=n$ 的最初阶段，首先完成对最右坐标的全部转换. （于是示例路径的前几步变成 $00000\to 00001\to 00002\to 00003\to 00013\to 00113\to 00123$.）然后，在最后一次 $r_{j1}=0$ 之后的最终阶段，完成对最左坐标的全部转换. （所以最后步骤变成 $01123\to 01223\to 02223\to 02233\to 02333\to 03333\to 13333\to 23333\to 33333$.）然后，在前 n 步之后以同样方式规范倒数第二个坐标 $(00003\to 00013\to 00023\to 00033\to 00133\to 01133\to 01233\to 02233)$. 并且在后 n 步之前规范第二个坐标 $(00133\to 00233\to 00333\to 01333\to 02333\to 03333)$. 等等.

［这种向后再向前的证明技术是由下面引用的贝亚特·博利希和英戈·韦格纳的论文所启发的. 仅靠移动能够改进每个非最优的顺序吗？］

137. 如果我们添加 c 个新顶点和 $\binom{c}{2}$ 条新边的一个团，最优排列的代价增加 $\binom{c+1}{3}$. 所以我们可以假定给出的图具有 m 条边和 n 个顶点 $\{1,\dots,n\}$, 其中 m 和 n 是奇数且充分大. 对应的函数 f 是 $J(s_0,s_1,\dots,s_m;h,g_1,\dots,g_m)$, 它依赖于 $mn+m+1$ 个变量 x_{ij} 和 s_k $(1\leq i\leq m$, $1\leq j\leq n$, $0\leq k\leq m)$, 其中当第 i 条边是 u_i-v_i 时 $g_i=(x_{iu_i}\oplus x_{iv_i})\wedge\bigwedge\{x_{iw}\mid w\notin\{u_i,v_i\}\}$, 并且 $h=\langle\langle x_{11}\dots x_{m1}\rangle\dots\langle x_{1n}\dots x_{mn}\rangle\rangle$ 是习题 136 中的函数的转置.

可以证明 $B_{\min}(f)=\min_\pi\sum_{u-v}|u\pi-v\pi|+(\frac{m+1}{2})^2(\frac{n+1}{2})^2+mn+m+2$. 最优顺序使用 h 的 $(\frac{m+1}{2})^2(\frac{n+1}{2})^2$ 个结点，g_i 的 $n+|u_i\pi-v_i\pi|$ 个结点，每个 s_k 的 1 个结点，以及 2 个汇结点，减去 h 与某个 g_i 之间共享的 1 个结点. ［见贝亚特·博利希和英戈·韦格纳，*IEEE Trans.* **C-45** (1996), 993–1002.］

138. (a) 令 $X_k=\{x_1,\dots,x_k\}$. 深度为 k 的 QDD 结点表示当用常量代替 X_k 的变量时可能出现的子函数. 我们可以对每个结点添加一个 n 比特字段 DEP, 确切说明它依赖于 $X_n\setminus X_k$ 的哪些变量. 例如，

(92) 中 f 的 QDD 有下面的子函数和 DEP:

$$深度\ 0:\ 0011001001110010\ [1111];$$
$$深度\ 1:\ 00110010\ [0111],\ 01110010\ [0111];$$
$$深度\ 2:\ 0010\ [0011],\ 0011\ [0010],\ 0111\ [0011];$$
$$深度\ 3:\ 00\ [0000],\ 01\ [0001],\ 10\ [0001],\ 11\ [0000].$$

对于 $0 \le k < l \le n$, 对深度为 k 的所有 DEP 字段的检查告诉我们 X_k 与 $X_k \cup x_l$ 之间的主分布权值.

(b) 把深度为 k 的结点表示成三元组 $N_{kp} = (l_{kp}, h_{kp}, d_{kp})$ ($0 \le p < q_k$), 其中 (l_{kp}, h_{kp}) 是 (LO, HI) 指针, 而 d_{kp} 记录 DEP 位组. 如果 $k < n$, 这些结点在 x_{k+1} 上分支, 所以我们有 $0 \le l_{kp}, h_{kp} < q_{k+1}$. 但是如果 $k = n$, 我们用 $l_{n0} = h_{n0} = 0$ 和 $l_{n1} = h_{n1} = 1$ 表示 $\bot$ 和 $\top$. 我们定义

$$d_{kp} = \sum \{ 2^{t-k-1} \mid N_{kp}\ 依赖于\ x_t \}.$$

因此 $0 \le d_{kp} < 2^{n-k}$. 例如, QDD (82) 等价于 $N_{00} = (0, 1, 7)$; $N_{10} = (0, 1, 3)$, $N_{11} = (1, 2, 3)$; $N_{20} = (0, 0, 0)$, $N_{21} = (0, 1, 1)$, $N_{22} = (1, 1, 0)$; $N_{30} = (0, 0, 0)$, $N_{31} = (1, 1, 0)$.

为了从深度 b 上跳到深度 a, 实际上我们对深度为 $b-1, b-2, \ldots, a$ 的结点做了两份拷贝, 一份是 $x_{b+1} = 0$ 的情形, 一份是 $x_{b+1} = 1$ 的情形. 把两份拷贝下移到深度 $b, b-1, \ldots, a+1$, 并且约化为消除重复结点的 QDD. 然后用在 x_{b+1} 上分支的一个结点代替深度为 a 的每个原有结点, 它的 LO 字段和 HI 字段分别指向原有结点的 0-拷贝和 1-拷贝.

这个过程包含在桶排序中用于更新 DEP 的某些简单的 (但是巧妙的) 表处理: 把结点分拆到由辅助数组 r, s, t, u, v 组成的初值为零的一个工作区. 我们不使用 LO 和 HI 的 l_{kp} 和 h_{kp}, 而把 HI 存入工作区的 u_p 单元, 并且让 v_p 链接到具有同样 LO 字段的前一个结点 (如果存在的话). 此外把 s_l 指向满足 $\mathrm{LO} = l$ 的最后一个结点 (如果存在的话). 下面的算法用 $\mathrm{UNPACK}(p, l, h)$ 作为 "$u_p \leftarrow h$, $v_p \leftarrow s_l$, $s_l \leftarrow p + 1$" 的缩写.

当深度为 k 的结点已经用这个方法分拆成数组 s, u, v 时, 下面的子程序 $\mathrm{ELIM}(k)$ 把它们再组装到消除重复后的主 QDD 结构中. 它也把 r_p 设置为结点 p 的新地址.

E1. [对 l 循环.] 对于 $0 \le h < q_{k+1}$ 置 $q \leftarrow 0$, $t_h \leftarrow 0$. 对于 $0 \le l < q_{k+1}$ 执行 E2. 然后置 $q_k \leftarrow q$ 并且终止.

E2. [对 p 循环.] 置 $p \leftarrow s_l$, $s_l \leftarrow 0$. 当 $p > 0$ 时循环执行 E3 并且置 $p \leftarrow v_{p-1}$. 然后返回 E1.

E3. [组装结点 $p-1$.] 置 $h \leftarrow u_{p-1}$. (分拆的结点有 $(\mathrm{LO}, \mathrm{HI}) = (l, h)$.) 如果 $t_h \ne 0$ 且 $l_{k(t_h - 1)} = l$ 置 $r_{p-1} \leftarrow t_h - 1$, 否则置 $l_{kq} \leftarrow l$, $h_{kq} \leftarrow h$, $d_{kq} \leftarrow ((d_{(k+1)l} \mid d_{(k+1)h}) \ll 1) + [l \ne h]$, $r_{p-1} \leftarrow q$, $q \leftarrow q + 1$, $t_h \leftarrow q$. 返回 E2. ∎

我们现在可以使用 ELIM 从 b 上跳到 a. (i) 对于 $k = b-1, b-2, \ldots, a$ 执行下列操作: 对于 $0 \le p < q_k$ 置 $l \leftarrow l_{kp}$, $h \leftarrow h_{kp}$. 如果 $k = b-1$, $\mathrm{UNPACK}(2p, l_{bl}, h_{bl})$, $\mathrm{UNPACK}(2p+1, l_{bh}, h_{bh})$, 否则 $\mathrm{UNPACK}(2p, r_{2l}, r_{2h})$, $\mathrm{UNPACK}(2p+1, r_{2l+1}, r_{2h+1})$ (因此在工作区内建立 N_{kp} 的两个拷贝). 然后 $\mathrm{ELIM}(k+1)$. (ii) 对于 $0 \le p < q_a$, $\mathrm{UNPACK}(p, r_{2p}, r_{2p+1})$. 然后 $\mathrm{ELIM}(a)$. (iii) 如果 $a > 0$ 置 $l \leftarrow l_{(a-1)p}$, $h \leftarrow h_{(a-1)p}$, $l_{(a-1)p} \leftarrow r_l$, $h_{(a-1)p} \leftarrow r_h$ ($0 \le p < q_{a-1}$).

这个上跳过程改变了上面的深度为 a 的 DEP 字段, 因为变量已被重新排序. 但是仅当不再需要这些字段时我们才使用这个过程.

(c) 由归纳法, 前 2^{n-2} 步对不包含 n 的所有子集计数. 然后做一次从 $n-1$ 到 0 的上跳, 并且其余步骤对包含 n 的所有子集计数.

(d) 通过对于 $0 \le k < n$ 置 $y_k \leftarrow k$, $w_k \leftarrow 2^k - 1$ 开始. 在下面的算法中, y 数组表示当前变量的顺序, 位映射 $w_k = \sum \{ 2^{y_j} \mid 0 \le j < k \}$ 表示顶部 k 层上的变量的集合.

我们扩充子程序 $\mathrm{ELIM}(k)$, 使它也计算所需主分布的边权值: 把计数器 c_j ($0 \le j < n-k$) 初始化为 0, 在步骤 E3 设置 d_{kq} 之后, 对于满足 $2^j \subseteq d_{kq}$ 的每个 j 置 $c_j \leftarrow c_j + 1$. 最后我们采用习题 133 的答案中的记号对于 $0 \le j < n-k$ 置 $b_{w_k, y_{k+j}+1} \leftarrow c_j$. [为了加速这个过程, 我们可以用对 $0 \le j < (n-k)/8$ 的 $c_{j, (d_{kq} \gg 8j) \& \texttt{\#ff}}$ 递增 1 的方式对字节而不是二进制位计数.]

通过对 $k = n-1, n-2, \ldots, 0$ 执行下列操作初始化 DEP 字段：UNPACK(p, l_{kp}, h_{kp}) $(0 \le p < q_k)$, ELIM(k), 如果 $k > 0$ 置 $l \leftarrow l_{(k-1)p}$, $h \leftarrow h_{(k-1)p}$, $l_{(k-1)p} \leftarrow r_l$, $h_{(k-1)p} \leftarrow r_h$ $(0 \le p < q_{k-1})$.

算法的主循环现在对 $1 \le i < 2^{n-1}$ 执行下列操作：置 $a \leftarrow \nu i - 1$, $b \leftarrow \nu i + \rho i$. 置 $(y_a, \ldots, y_b) \leftarrow (y_b, y_a, \ldots, y_{b-1})$, $(w_{a+1}, \ldots, w_b) \leftarrow (2^{y_b} + w_a, \ldots, 2^{y_b} + w_{b-1})$. 用 (b) 中的过程从 b 上跳到 a. 但是对于步骤 (ii) 中的 ELIM(a) 使用原来（未扩充）的 ELIM 例程.

(e) 对于深度为 k 的结点，所需的空间最多是 $Q_k = \min(2^k, 2^{2^{n-k}})$. 我们还需要用于数组 r, u, v 中的 $2\max(Q_1, \ldots, Q_n)$ 个元素的空间，加上数组 s 和 t 的 $\max(Q_1, \ldots, Q_n)$ 个元素的空间. 所以对于输出 $b_{w,x}$ 而言，空间总量不超过 $O(2^n n)$.

对于 $0 \le k < n$, 子程序 ELIM(k) 在算法的扩充形式中被调用 $\binom{n}{k}$ 次，在非扩充形式中被调用 $\binom{n-1}{k+1}$ 次. 它的运行时间在两种情况下都是 $O(q_k(n-k))$. 因此总时间达到 $O(\sum_k \binom{n}{k} 2^k (n-k)) = O(3^n n)$, 并且当 QDD 不是很大时它是相当小的.（例如，对于函数 h_n, 它是 $O((1+\sqrt{2})^n n)$.）

[确定 BDD 中最优变量顺序的第一个精确算法，是史蒂文·弗里德曼和肯尼思·斯波维特在 *IEEE Trans.* **C-39** (1990), 710–713 中提出的. 他们使用扩充的真值表代替 QDD, 获得了需要 $\Theta(3^n/\sqrt{n})$ 的空间和 $\Theta(3^n n^2)$（可以改进为 $\Theta(3^n n)$）的时间的方法.]

139. 几乎不加修改地应用同样的算法：考虑在第 0 层的 x_a 上分支的所有 QDD 结点，以及在 x_{b+1} 上分支为汇结点的所有结点. 因此我们进行 2^{b-a} 次上跳而非 2^{n-1} 次.（除了在 (e) 的空间与时间分析中，算法不依赖 $q_0 = 1$ 和 $q_n = 2$ 的假设.）

140. 当需要时通过"不停地"产生顶点与弧，我们可以在事先不知道网络的情况下寻找网络中的最短路径. 7.3 节指出，对于任何函数 $l(X)$, 在不改变最短路径的情况下可以把每段弧 $X \to Y$ 的距离 $d(X,Y)$ 改变为 $d'(X,Y) = d(X,Y) - l(X) + l(Y)$. 如果修改后的距离 d' 是非负的，则 $l(X)$ 是从 X 到目标的距离的下界. 技巧是把注意力集中到仍然不难计算的搜索，寻找一个有效的下界.

如果 $|X| = l$, 而且如果对于 f 的带 X 的 QDD, 在它的顶部 l 层上有下一层的 q 个非常量结点，那么 $l(X) = \max(q, n-l)$ 对于 $B_{\min}$ 问题是一个合适的下界. [见罗尔夫·德雷克斯勒、妮科尔·德雷克斯勒和沃尔夫冈·金特, *ACM/IEEE Design Automation Conf.* **35** (1998), 200–205.] 然而，为了使这个方法与习题 138 的算法不相上下，需要一个更强的下界，除非 f 有一个相当短的不能从许多方法获得的 BDD.

141. 假. 考虑 $g(x_1 \vee \cdots \vee x_6, x_7 \vee \cdots \vee x_{12}, (x_{13} \vee \cdots \vee x_{16}) \oplus x_{18}, x_{17}, x_{19} \vee \cdots \vee x_{22})$, 其中 $g(y_1, \ldots, y_5) = ((((\bar{y}_1 \vee y_5) \wedge y_4) \oplus y_3) \wedge ((y_1 \wedge y_2) \oplus y_4 \oplus y_5)) \oplus y_5$. 那么 $B(g) = 40 = B_{\min}(g)$ 不能用连续的 $\{x_{13}, \ldots, x_{16}, x_{18}\}$ 达到. [马克西姆·捷斯连科、安德烈斯·马丁内利和叶连娜·杜布罗瓦, *IEEE Trans.* **C-54** (2005), 236–237.]

142. (a) 假设 m 是奇数. 已知出现在 $(x_1, \ldots, x_{m+1})$ 之后的子函数是 $[w_{m+2} x_{m+2} + \cdots + w_n x_n > 2^{m-1} m - 2^{m-2} - t]$, 其中 $0 \le t \le 2^m$. 子实例 $x_{m+2} + \cdots + x_n = (m-1)/2$ 表明这些子函数至少有 $\binom{m-1}{(m-1)/2}$ 个是不同的.

但是风琴管顺序 $\langle x_1 x_2^{2^m-1} x_3^1 x_4^{2^m-2} x_5^2 \ldots x_{n-2}^{2^m-2^{m-2}} x_{n-1}^{2^{m-2}} x_n^{2^m-1} \rangle$ 要好得多：对于 $1 \le k < m-1$ 令 $t_k = x_1 + (2^m - 1)x_2 + x_3 + \cdots + (2^m - 2^{k-1})x_{2k} + 2^{k-1}x_{2k+1}$. 其余子函数最多依赖于 $2k+2$ 个不同的值 $\lceil t_k / 2^k \rceil$.

(b) 令 $n = 1 + 4m^2$. 变量是 x_0 和 x_{ij} $(0 \le i, j < 2m)$, 权值是 $w_0 = 1$ 和 $w_{ij} = 2^i + 2^{2m+1+j}m$. 令 X_l 是某种顺序中的前 l 个变量，并且假定 X_l 包含矩阵 (x_{ij}) 的 i_l 行和 j_l 列中的元素. 如果 $\max(i_l, j_l) = m$, 我们将证明 $q_l \ge 2^m$, 因此由 (8_5), $B(f) > 2^m$.

令 I 和 J 是 $\{1, \ldots, 2m\}$ 的子集，满足条件 $|I| = |J| = m$ 和 $X_l \subseteq x_0 \cup \{x_{ij} \mid i \in I, j \in J\}$. 令 I' 和 J' 是补子集. 在不同行中（或者当 $i_l < m$ 时在不同列中），选择 m 个元素 $X' \subseteq X_l \setminus x_0$. 考虑 QDD 中定义如下的 2^m 条路径：如果 $x_{ij} \in X_l \setminus X'$, $x_0 = 0$ 且 $x_{ij} = 0$. 此外对于 $i \in I$, $j \in J$, $x_{i'j} = x_{ij'} = \bar{x}_{i'j'} = \bar{x}_{ij}$, 其中 $i \leftrightarrow i'$ 和 $j \leftrightarrow j'$ 是 $I \leftrightarrow I'$ 和 $J \leftrightarrow J'$ 之间的配对. 那么有 2^m 个不同的值 $t = \sum_{i \in I, j \in J} w_{ij} x_{ij}$, 但是在每条路径上 $\sum_{0 \le i,j < 2m} w_{ij} x_{ij} = (2^{2m}-1)(1+2^{2m+1}m)$. 路径必须通过第 l 层的不同结点. 否则，如果 $t \ne t'$, 低层子路径之一将导向 $\boxed{\bot}$, 另一子路径导向 $\boxed{\top}$.

［这些结果归功于保坂和寿、武永康彦、金田高幸和矢岛脩三, *Theoretical Comp. Sci.* **180** (1997), 47–60, 他们还证明了 $|Q(f) - Q(f^R)| < n$. 自对偶门限函数也始终满足 $|B(f) - B(f^R)| < n$ 吗? ］

143. 事实上, 习题 133 和 138 的算法证明, 风琴管顺序对于这些权值是最佳的: (1, 1023, 1, 1022, 2, 1020, 4, 1016, 8, 1008, 16, 992, 32, 960, 64, 896, 128, 768, 256, 512) 给出分布 (1, 2, 2, 4, 3, 6, 4, 8, 5, 10, 4, 8, 3, 6, 2, 4, 1, 2, 2, 1, 2) 和 $B(f) = 80$. 最差顺序 (1022, 896, 512, 64, 8, 1, 4, 32, 1008, 1020, 768, 992, 1016, 1023, 960, 256, 128, 16, 2, 1) 使得 $B(f) = 1913$.

（也许有人会认为二进制记号的性质对这个例子至关重要. 但是由习题 7.1.1–103, $\langle x_1 x_2 x_3^2 x_4^4 x_5^8 x_6^{16} x_7^{31} x_8^{60} x_9^{116} x_{10}^{224} x_{11}^{224} x_{12}^{448} x_{13}^{564} x_{14}^{620} x_{15}^{649} x_{16}^{664} x_{17}^{672} x_{18}^{676} x_{19}^{678} x_{20}^{679} \rangle$ 实际上是同一个函数. ）

144. (5, 7, 7, 10, 6, 9, 5, 4, 2). QDD（非 BDD）结点对应于 $f_1, f_2, f_3, 0, 1$.

145. 由 (36) 可得 $B_{\min} = 31$. $(x_3 x_2 x_1 x_0)_2 + (y_3 y_2 y_1 y_0)_2$ 的最差顺序是 $y_0, y_1, y_2, y_3, x_2, x_1, x_0, x_3$, 使得 $B_{\max} = 107$. 附带说明, 12 位二进制加法 $(x_{11} \ldots x_0)_2 + (y_{11} \ldots y_0)_2$ 的 24 个输入的最差顺序, 结果是 $y_0, y_1, \ldots, y_{11}, x_{10}, x_8, x_6, x_4, x_3, x_5, x_2, x_7, x_1, x_9, x_0, x_{11}$, 产生 $B_{\max} = 39\,111$.

［贝亚特·博利希、尼科·朗格和英戈·韦格纳在 *Lecture Notes in Comp. Sci.* **4910** (2008), 174–185 中证明了, 对于两个 n 位二进制数的加法, 当 $n > 1$ 时 $B_{\min} = 9n - 5$. 并且还证明了, 对于 2^m 路复用器, $B_{\min}(M_m) = 2n - 2m + 1$. ］

146. (a) 显然 $b_0 \le q_0$, 并且如果 $q_0 = b_0 + a_0$ 则 $b_1 \le 2b_0 + a_0 = b_0 + q_0$. 另外, $q_0 - b_0 = a_0 \le b_1 + q_2 \le q_2^2$ 是 q_2 个字母的字母表上长度为 2 的字符串的数目. 类似地, $b_0 + b_1 + q_2 \le (b_1 + q_2)^2$. （$q_k, q_{k+2}, b_k, b_{k+1}$ 之间存在同样关系. ）

(b) 令在第 2 层的子函数有真值表 α_j（$1 \le j \le q_2$）, 并且用它们构造第 1 层的串珠 $\beta_1, \ldots, \beta_{b_1}$. 令 $(\gamma_1, \ldots, \gamma_{q_2+b_1})$ 是真值表 $(\alpha_1 \alpha_1, \ldots, \alpha_{q_2} \alpha_{q_2}, \beta_1, \ldots, \beta_{b_1})$. 如果 $b_0 \le b_1/2$, 令第 0 层的函数有真值表 $\{\beta_{2i-1}\beta_{2i} \mid 1 \le i \le b_0\} \cup \{\beta_j \beta_j \mid 2b_0 < j \le b_1\} \cup \{\gamma_j \gamma_j \mid 1 \le j \le b_0 + q_0 - b_1\}$. 否则不难定义包括所有 β 的 b_0 个串珠, 并且在第 0 层同非串珠 $\{\gamma_j \gamma_j \mid 1 \le j \le q_0 - b_0\}$ 一起使用它们.

147. 在进行任何重新排序之前, 我们清除缓存并且进行全面垃圾回收. 下述算法在 $v = u + 1$ 时交换两层 $\boxed{u} \leftrightarrow \boxed{v}$. 它通过建立由变量 S, T, H（初始化为 Λ）指向的孤立结点、纠缠结点、隐藏结点的链表进行处理, 这些链表使用辅助的 LINK 字段, 它们可以从唯一一表在其被重建时的散列表算法临时借用.

T1. ［建立 S 和 T. ］对于每个 $\boxed{u}$-结点 p, 置 $q \leftarrow \text{LO}(p)$, $r \leftarrow \text{HI}(p)$, 并且从它的散列表中删除 p. 如果 $\text{V}(q) \ne v$ 且 $\text{V}(r) \ne v$（p 是孤立的）, 置 $\text{LINK}(p) \leftarrow S$, $S \leftarrow p$. 否则（p 是纠缠的）, 置 $\text{REF}(q) \leftarrow \text{REF}(q) - 1$, $\text{REF}(r) \leftarrow \text{REF}(r) - 1$, $\text{LINK}(p) \leftarrow T$, $T \leftarrow p$.

T2. ［建立 H 并且移动可见结点. ］对于每个 $\boxed{v}$-结点 p, 置 $q \leftarrow \text{LO}(p)$, $r \leftarrow \text{HI}(p)$, 并且从它的散列表中删除 p. 如果 $\text{REF}(p) = 0$（p 是隐藏的）, 置 $\text{REF}(q) \leftarrow \text{REF}(q) - 1$, $\text{REF}(r) \leftarrow \text{REF}(r) - 1$, $\text{LINK}(p) \leftarrow H$, $H \leftarrow p$. 否则（p 是可见的）置 $\text{V}(p) \leftarrow u$ 并且 $\text{INSERT}(u, p)$.

T3. ［移动孤立结点. ］当 $S \ne \Lambda$ 时循环执行: 置 $p \leftarrow S$, $S \leftarrow \text{LINK}(p)$, $\text{V}(p) \leftarrow v$ 并且 $\text{INSERT}(v, p)$.

T4. ［使纠缠结点变性. ］当 $T \ne \Lambda$ 时循环执行: 置 $p \leftarrow T$, $T \leftarrow \text{LINK}(p)$, 并且执行下列操作: 置 $q \leftarrow \text{LO}(p)$, $r \leftarrow \text{HI}(p)$. 如果 $\text{V}(q) > v$, 置 $q_0 \leftarrow q_1 \leftarrow q$; 否则, 置 $q_0 \leftarrow \text{LO}(q)$, $q_1 \leftarrow \text{HI}(q)$. 如果 $\text{V}(r) > v$, 置 $r_0 \leftarrow r_1 \leftarrow r$; 否则, 置 $r_0 \leftarrow \text{LO}(r)$, $r_1 \leftarrow \text{HI}(r)$. 然后, 置 $\text{LO}(p) \leftarrow \text{UNIQUE}(v, q_0, r_0)$, $\text{HI}(p) \leftarrow \text{UNIQUE}(v, q_1, r_1)$, 并且 $\text{INSERT}(u, p)$.

T5. ［消除隐藏结点. ］当 $H \ne \Lambda$ 时循环执行: 置 $p \leftarrow H$, $H \leftarrow \text{LINK}(p)$, 并且重复处理结点 p. （剩余的全部结点都是存活的. ） ∎

子程序 $\text{INSERT}(v, p)$ 用键码 $(\text{LO}(p), \text{HI}(p))$ 把结点 p 直接放入 x_v 的唯一表中, 这个键码将不再是当前的. 步骤 T4 中的子程序 UNIQUE 类似于算法 U, 但是它不用习题 82 的答案而用与步骤 U2 和 U1 完全不同的方法处理引用计数: 如果 U1 找到 $p = q$, 它对 $\text{REF}(p)$ 加 1; 如果 U2 找到 r, 它直接置 $\text{REF}(r) \leftarrow \text{REF}(r) + 1$.

在内部, 分支变量保持它们自顶到底的自然顺序 $1, 2, \ldots, n$. 映射表 ρ 和 π 用 $\rho = \pi^-$ 表示从外部用户观点的当前排列. 因此用户的变量 x_v 出现在第 $v\pi - 1$ 层, 并且第 $v - 1$ 层的结点 $\text{UNIQUE}(v, p, q)$

表示用户的函数 $(\bar{x}_{v\rho}? \; p: q)$. 为了保持这些映射, 置 $j \leftarrow u\rho$, $k \leftarrow v\rho$, $u\rho \leftarrow k$, $v\rho \leftarrow j$, $j\pi \leftarrow v$, $k\pi \leftarrow u$.

148. 假. 例如, 考虑 6 个汇结点和具有扩充真值表 1156, 2256, 3356, 4456, 5611, 5622, 5633, 5644, 5656 的 9 个源函数. 结点中 8 个是纠缠的, 1 个是可见的, 但是没有隐藏的和孤立的结点. 有 16 个新生的结点: 15, 16, 25, 26, 35, 36, 45, 46, 51, 61, 52, 62, 53, 63, 54, 64. 所以交换使 15 个结点转变成 31 个结点. (我们可以用 $B(x_3 \oplus x_4, x_3 \oplus \bar{x}_4)$ 的结点表示汇结点.)

149. 相继的分布以 $(b_0, b_1, \ldots, b_n)$, $(b_0 + b_1, 2b_0, b_2, \ldots, b_n)$, $(b_0 + b_1, 2b_0 + b_2, 4b_0, b_3, \ldots, b_n)$, $\ldots$, $(2^0 b_0 + b_1, \ldots, 2^{k-2} b_0 + b_{k-1}, 2^{k-1} b_0, b_k, \ldots, b_n)$ 为界.

同样, 除了定理 J^+ 之外, 我们还有 $B(f_1^\pi, \ldots, f_m^\pi) \le B(f_1, \ldots, f_m) + 2(b_0 + \cdots + b_{k-1})$, 因为交换最多贡献 $2b_{k-1}, 2b_{k-2}, \ldots, 2b_0$ 个新结点.

150. 像在习题 52 中那样, 我们可以假定 $m = 1$. 假设在排序中我们需要让 x_k 跳到第 j 个位置, 其中 $j \ne k$. 首先计算 f 当 $x_k = 0$ 和 $x_k = 1$ 时的限制 (见习题 57), 称它们为 g 和 h. 然后对剩余的变量重新编号: 如果 $j < k$ 把 $(x_j, \ldots, x_{k-1})$ 改为 $(x_{j+1}, \ldots, x_k)$, 否则把 $(x_{k+1}, \ldots, x_j)$ 改为 $(x_k, \ldots, x_{j-1})$. 然后用习题 72 的算法 S 的线性时间变形计算 $f \leftarrow (\bar{x}_j \wedge g) \vee (x_j \wedge h)$.

为了证明这个方法具有想要的运行时间, 证明下面的结果就足够了: 令 $g(x_1, \ldots, x_n)$, $h(x_1, \ldots, x_n)$ 是这样两个函数, $g(x) = 1$ 蕴涵 $x_j = 0$ 和 $h(x) = 1$ 蕴涵 $x_j = 1$. 那么, 合并 $g \diamond h$ 具有的结点最多达到 $g \vee h$ 的结点的两倍. 但是, 当考察真值表时这几乎是显而易见的: 例如, 如果 $n = 3$ 且 $j = 2$, g 和 h 的真值表分别具有 $ab00cd00$ 和 $00st00uv$ 的形式. $g \vee h$ 在小于 j 的层上的串珠 β 唯一地对应于那些层上的 $g \diamond h$ 的串珠 $\beta' \diamond \beta''$, 因为通过把一些 0 置于相应的位置的仅有方式可以对 $\beta = \beta' \vee \beta''$ "分解因子". 至于在大于等于 j 的层上, $g \vee h$ 的串珠 β 最多对应于 $g \diamond h$ 的两个串珠, 即 $\beta \diamond \boxed{\perp}$ 和 (或) $\boxed{\perp} \diamond \beta$.

[见彼得·萨维茨基和英戈·韦格纳, *Acta Informatica* **34** (1997), 245–256, 定理 1.]

151. 对于 $1 \le k \le n$ 置 $t_k \leftarrow 0$, 并且执行交换操作 $x_{j-1} \leftrightarrow x_j$, 也交换 $t_{j-1} \leftrightarrow t_j$. 然后置 $k \leftarrow 1$, 并且执行下列操作直至 $k > n$: 如果 $t_k = 1$ 置 $k \leftarrow k+1$, 否则置 $t_k \leftarrow 1$ 并且移动 x_k.

(这个方法重复地移动最顶层上尚未移动的变量. 研究人员已经试验了更富有想象力的策略, 例如首先移动最大的层. 但是这些方法没有一种比这里提出的纯朴的方法更具有优势.)

152. 像在习题 151 的答案中那样应用算法 J 在 17179 次交换之后产生 $B(h_{100}^\pi) = 1\,382\,685\,050$, 这同 "手工调整" 的排列 (95) 的结果几乎一样好. 再一次移动把 BDD 的大小降低到 300 451 396. 而且进一步的重复操作在总共 232 951 次交换之后收敛到只有 231 376 264 个结点.

如果当 $S > 1.05s$ 时中途停止步骤 J2 和 J5 的循环, 结果甚至更好, 虽然执行的交换次数更少: 在总共做 139 245 次交换后, 1 342 191 700 个结点最终在一次移动后下降到 208 478 228 个结点. 此外, 菲利普·斯塔普斯在 2010 年 9 月采用移动与随机交换结合的方法, 用下面 "当今最佳" 的排列 π 取得了降低到只有 198 961 868 个结点的 $B(h_{100}^\pi)$ 值:

$$
\begin{array}{ccccccccccccccccccccc}
3 & 4 & 6 & 8 & 10 & 12 & 14 & 16 & 18 & 20 & 22 & 24 & 27 & 28 & 30 & 32 & 35 & 37 & 39 & 41 \\
43 & 45 & 47 & 49 & 51 & 53 & 54 & 83 & 85 & 98 & 99 & 100 & 79 & 77 & 81 & 75 & 73 & 95 & 71 & 97 \\
69 & 96 & 57 & 91 & 67 & 59 & 65 & 60 & 63 & 62 & 64 & 61 & 66 & 87 & 58 & 68 & 56 & 94 & 93 & 70 \\
92 & 72 & 90 & 74 & 76 & 78 & 80 & 89 & 88 & 86 & 84 & 82 & 55 & 52 & 50 & 48 & 46 & 44 & 42 & 40 \\
38 & 36 & 34 & 33 & 31 & 29 & 26 & 25 & 23 & 21 & 19 & 17 & 15 & 13 & 11 & 9 & 7 & 5 & 1 & 2
\end{array}
$$

顺便说一下, 如果我们按分布大小的顺序移动 h_{100} 的变量, 使得最先移动的是 x_{60}, 然后是 x_{59}, $x_{61}, x_{58}, x_{57}, x_{62}, x_{56}$, 等等, (无论它们当前出现在哪里) 所得的 BDD 有 2 196 768 534 个结点.

代替完全移动的简单的 "下坡交换" 不使用 h_{100} 的任何表示: $\binom{100}{2}$ 次交换 $x_1 \leftrightarrow x_2, x_3 \leftrightarrow x_1$, $x_3 \leftrightarrow x_2, \ldots, x_{100} \leftrightarrow x_1, \ldots, x_{100} \leftrightarrow x_{99}$ 完全颠倒所有变量的次序而在任何一步都不改变 BDD 的大小.

153. 每个门用像 (55) 的递推公式综合是容易的. 大约用 1 兆字节内存和 350 万次内存访问的计算足以构造 8242 个结点的整个 BDD 基. 利用习题 138 我们可以得出结论, 顺序 $x_7, x_3, x_9, x_1, o_9, o_1, o_3, o_7$, $x_4, x_6, o_6, o_4, o_2, o_8, x_2, x_8, o_5, x_5$ 是最优的, 并且 $B_{\min}(y_1, \ldots, y_9) = 5308$.

对于像这样的问题对变量重新排序是不可取的, 因为只有 18 个变量. 例如, 每当 BDD 的大小翻倍时, 自动移动将需要超过 1 亿次内存访问的工作量, 只把 8242 个结点下降到 6400 个左右.

154. 是的. CA 在最后的移动步骤是在 ID 与 OR 之间移动, 而且我们自始至终可以反向处理, 推断第一次在 MA 和 RI 之间移动的 ME.

155. 我对于 (a) 的最好尝试是

> ME NH VT MA CT RI NY DE NJ MD PA DC VA OH WV KY NC SC GA FL AL IN MI IA
>
> IL MO TN AR MS TX LA CO WI KS SD ND NE OK WY MN ID MT NM AZ OR CA WA UT NV

给出 $B(f_1^\pi) = 403$, $B(f_2^\pi) = 677$, $B(f_1^\pi, f_2^\pi) = 1073$. 并且对于 (b), 顺序

> NH ME MA VT CT RI NY DE NJ MD PA VA DC OH WV KY TN NC SC GA FL AL IN MI
>
> IL IA AR MO MS TX LA CO KS OK WI SD NE ND MN WY ID MT AZ NM UT OR CA WA NV

给出 $B(f_1^\pi) = 352$, $B(f_2^\pi) = 702$, $B(f_1^\pi, f_2^\pi) = 1046$.

156. 有人可能料想两次 "向上移动" 至少同一次既向上又向下的移动过程一样好. 但是实际上, 由里卡德·鲁德尔做的基准检验表明, 单独向上移动注定是不能令人满意的. 为了补偿临时上跳的变量, 临时的下跳是需要的, 尽管它们最佳的最终位置位于下面.

157. 仔细考察习题 128 的答案表明, 当紧接一个目标位的第一个地址位向上跳过所有目标位时, 我们总是改进 BDD 的大小. [但是简单交换的作用太小. 例如, 对任何 j 在 $x_{j-1} \leftrightarrow x_j$ 的交换下, $M_2(x_1, x_6; x_2, x_3, x_4, x_5)$ 和 $M_3(x_1, x_{10}, x_{11}; x_2, x_3, \ldots, x_9)$ 是局部最优的.]

158. 首先考虑 $m = 1$ 且 $n = 3t - 1 \geq 5$ 的情形. 那么当 $n\pi = k$ 时, 如果 $j\pi < k$, 在 j 上分支的结点数是 a_j, 如果 $j\pi = k$, 结点数是 b_j, 如果 $j\pi > k$, 结点数是 a_{n+2-j}, 其中

$$a_j = j - 3\max(j - 2t, 0), \qquad b_j = \min(j, t, n + 1 - j).$$

在 $\{x_1, \ldots, x_{n-1}\}$ 连续的情况是 $k = 1$ 和 $B(f^\pi) = 3t^2 + 2$, 以及 $k = n$ 和 $B(f^\pi) = 3t^2 + 1$. 但是当 $k = \lceil n/2 \rceil$ 时我们有 $B(f^\pi) = \lfloor 3t/2 \rfloor (\lceil 3t/2 \rceil - 1) + n - \lfloor t/2 \rfloor + 2$.

类似的计算当 $m > 1$ 时适用: 当 π 使得 $\{x_1, \ldots, x_p\}$ 连续时, 我们有 $B(f^\pi) > 6\binom{p/3}{2} + B(g^\pi)$, 但是当 π 把 $\{x_{p+1}, \ldots, x_{p+m}\}$ 放入中间时

$$B(f^\pi) \approx 2\binom{p/2}{2} + \tfrac{p}{3} B(g^\pi).$$

由于 g 是固定的, 所以当 $n \to \infty$ 时 $pB(g^\pi) = O(n)$.

[如果 g 是同类型的函数, 我们就获得对称变量在 g 内是最佳分离的例子, 以此类推. 但是还不知道这样的布尔函数, 对它而言, 最优 $B(f^\pi)$ 小于在无对称变量块是分离的条件下可以获得的最佳 BDD 的 3/4. 见德特勒夫·西林, *Random Structures & Algorithms* **13** (1998), 49–70.]

159. 这个函数是殆对称的, 所以只有 9 种可能. 当中心元素 x 位于从顶部起的位置 $(1, 2, \ldots, 9)$ 时, BDD 的大小分别是 $(43, 43, 42, 39, 36, 33, 30, 28, 28)$.

160. (a) 计算 64 个变量的布尔函数 $\bigwedge_{i=0}^{9} \bigwedge_{j=0}^{9} (\neg L_{ij}(X))$, 例如, 通过对习题 159 的比较简单的 L 函数应用 COMPOSE 100 次. 用我的实验程序, 求这个 BDD 大约需要 3.2 亿次内存访问和 35 兆字节, 它具有标准顺序的 251 873 个结点. 然后算法 C 快速求出所需的答案: 21 929 490 122. (可以用同样方法求出 11×11 的解的数目: 5 530 201 631 127 973 447.)

(b) 生成函数是 $1 + 64z + 2016z^2 + 39740z^3 + \cdots + 80z^{45} + 8z^{46}$, 并且算法 B 快速求出权值为 46 的 8 个解. 它们中的 3 个在国际象棋棋盘对称下是不同的, 最对称的解如下图的 (A0) 所示.

(c) $\bigwedge_{i=1}^{8} \bigwedge_{j=1}^{8} (\neg L_{ij}(X))$ 的 BDD 有 305 507 个结点和 21 942 036 750 个解. 所以必定有 12 546 628 个是野性的.

(d) 现在生成函数是 $40z^{14} + 936z^{15} + 10500z^{16} + \cdots + 16z^{55} + z^{56}$. 权值为 14 和 56 的例子见下图的 (A1) 和 (A2).

(e) 权值 27 恰好有 28 个形态, 权值 28 有 54 个形态, 它们全部都是驯化的. 见 (A3).

(f) 分别有 (26 260, 5, 347, 0, 122 216) 个解，用大约 (228, 3, 32, 1, 283) 百万次内存访问的计算求出. (1) 的最轻权值和最重权值的解是 (A4) 和 (A5), (2) 的最有趣的解是 (A6), (A7) 和 (A9) 是 (3) 的最轻权值和 (5) 的最重权值的解. (4) 是基于 π 的二进制表示，它没有 8×8 的前导，但是它有如 (A8) 中的 9×10 的前导.

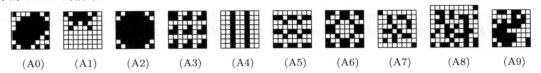

| (A0) | (A1) | (A2) | (A3) | (A4) | (A5) | (A6) | (A7) | (A8) | (A9) |

161. (a) 按照一行接一行的正常顺序 $(x_{11}, x_{12}, \ldots, x_{n(n-1)}, x_{nn})$，这个 BDD 有 380 727 个结点并且表征 4 782 725 个解. 计算的代价约为 20 亿次内存访问和 100 兆字节. （类似地，可以用 14 492 923 个结点，以不到 500 亿次内存访问的代价计算 10×10 大小的 29 305 144 137 个静止生命.）

(b) 这个解实际上是唯一的，见下图 (B1). 还有一个唯一的（也是明显的）权值为 36 的解.

(c) 现在 BDD 有 128 个变量，顺序是 $(x_{11}, y_{11}, \ldots, x_{nn}, y_{nn})$. 我们可以首先建立 $[L(X) = Y]$ 且 $[L(Y) = X]$ 的 BDD，然后让它们相交. 但事实证明这是一个坏主意，即便在 7×7 的情形也需要大约 3600 万个结点. 好得多的作法是首先一行接一行地应用约束条件 $L_{ij}(X) = y_{ij}$ 且 $L_{ij}(Y) = x_{ij}$，此外附加字典序约束条件 $X < Y$ 使得静止生命早就被排除在外. 这样大约可以用 200 亿次内存访问和 1.6 吉字节完成计算，有 978 563 个结点和 582 769 个解.

(d) 向上旋转，解也是唯一的. 见"火花塞"(B2) $\leftrightarrow$ (B3). （(B4) $\leftrightarrow$ (B5) 是常数权值 26 的唯一的 7×7 触发器. 生命是惊人的.）

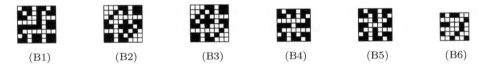

| (B1) | (B2) | (B3) | (B4) | (B5) | (B6) |

162. 令 $T(X) = [X\ 是驯化的]$ 且 $E_k(X) = [X\ 在\ k\ 步后逃出]$. 我们可以利用递推公式

$$E_1(X) = \neg T(X); \qquad E_{k+1}(X) = \exists Y (T(X) \wedge [L(X) = Y] \wedge E_k(Y))$$

计算每个 E_k 的 BDD. （这里的 $\exists Y$ 代表 $\exists y_{11} \exists y_{12} \cdots \exists y_{66}$. 正如习题 103 的答案中指出的那样，这个递推公式结果比规则 $E_{k+1} = T(X) \wedge E_k(L_{11}(X), \ldots, L_{66}(X))$ 更有效，虽然后者显得更"优雅".) 对于 $k = (1, 2, \ldots, 26)$，求出的解的数量 $|E_k|$ 是 $(806\,544 \cdot 2^{16}, 657\,527\,179 \cdot 2^4, 2\,105\,885\,159, 763\,710\,262,$ $331\,054\,880, 201\,618\,308, 126\,169\,394, 86\,820\,176, 63\,027\,572, 41\,338\,572, 30\,298\,840, 17\,474\,640, 9\,797\,472,$ $5\,258\,660, 3\,058\,696, 1\,416\,132, 523\,776, 204\,192, 176\,520, 62\,456, 13\,648, 2776, 2256, 440, 104, 0)$. 因此在 $2^{36} = 68\,719\,476\,736$ 个可能的形态中，最终有 $\sum_{k=1}^{25} |E_k| = 67\,166\,017\,379$ 个从 6×6 的笼子中逃出. （E_{25} 中的 104 个拖延的逃出者之一如上题 (B6) 所示.）

对于这个问题，当 k 很小时 BDD 技巧是极好的. 例如，$B(E_1) = 101$ 且 $B(E_2) = 14\,441$. 但是 E_k 最后变成复杂的"非局部"函数：BDD 的大小在 $B(E_6) = 28\,696\,866$ 时达到峰值，在此之后，解的数目减小到足以降低 BDD 的大小. 超过 8000 万个结点出现在量词化前的公式 $T(X) \wedge [L(X) = Y] \wedge E_5(Y)$ 中，这扩展了内存限制. 实际上，$\bigvee_{k=1}^{25} E_k(X)$ 的 BDD 占用的空间超过了它的 2^{33} 字节的真值表. 所以对于这个习题一种"向前"方法比用 BDD 更可取.

（无论用任何已知的方法，大于 6×6 的笼子看来是难以存在的.）

163. 首先假定 $\circ$ 是 $\wedge$. 通过取 g 的 BDD，并且用 h 的 BDD 的根替换它的汇结点 $\boxed{\top}$，我们得到 $f = g \wedge h$ 的 BDD. 为了同时也表示 $\bar{f}$，对 g 的 BDD 单独建立一个拷贝，并且使用 h 和 $\bar{h}$ 的 BDD 基. 在拷贝中用 $\boxed{\top}$ 代替 $\boxed{\bot}$，并且在拷贝中用 $\bar{h}$ 的 BDD 的根代替 $\boxed{\top}$. 这个决策图是约化的，因为 h 不是常数.

同样，如果 $\circ$ 是 $\oplus$，在用 h 和 $\bar{h}$ 的 BDD 的根代替 $\boxed{\bot}$ 和 $\boxed{\top}$ 后，我们从 g（和可能的 $\bar{g}$）的 BDD 得到 $f = g \oplus h$（和可能的 $\bar{f}$）的 BDD.

其他二元运算。本质上是相同的，因为 $B(f) = B(\bar{f})$. 例如，如果 $f = g \supset h = \overline{g \wedge \bar{h}}$，我们有 $B(f) = B(\bar{f}) = B(g) + B(\bar{h}) - 2 = B(g) + B(h) - 2$.

164. 令 $U_1(x_1) = V_1(x_1) = x_1$, $U_{n+1}(x_1,\ldots,x_{n+1}) = x_1 \oplus V_n(x_2,\ldots,x_{n+1})$, $V_{n+1}(x_1,\ldots,x_{n+1}) = U_n(x_1,\ldots,x_n) \wedge x_{n+1}$. 那么对于所有单次读取函数 f 可以用归纳法证明 $B(f) \le B(U_n) = 2^{\lceil (n+1)/2 \rceil} + 2^{\lfloor (n+1)/2 \rfloor} - 1$，此外，我们总是有 $B(f,\bar{f}) \le B(V_n, \overline{V_n}) = 2^{\lceil n/2 \rceil + 1} + 2^{\lfloor n/2 \rfloor + 1} - 2$. （但是最优顺序把这两个 BDD 的大小急剧降低到 $B(U_n^\pi) = \lfloor \frac{3}{2} n + 2 \rfloor$ 和 $B(V_n^\pi, \overline{V_n^\pi}) = 2n + 2$.）

165. 由归纳法，我们还证明 $B(u_{2m}, \bar{u}_{2m}) = 2^m F_{2m+3} + 2$, $B(u_{2m+1}, \bar{u}_{2m+1}) = 2^{m+1} F_{2m+3} + 2$, $B(v_{2m}, \bar{v}_{2m}) = 2^{m+1} F_{2m+1} + 2$, $B(v_{2m+1}, \bar{v}_{2m+1}) = 2^{m+1} F_{2m+3} + 2$.

166. 我们可以像在习题 163 的答案那样假定 $\circ$ 是 $\wedge$ 或 $\oplus$. 通过重新编号，我们还可以假定 $j\sigma = j$ ($1 \le j \le n$)，因此 $f^\sigma = f$. 令 $(b_0,\ldots,b_n)$ 是 f 的分布，$(b_0',\ldots,b_n')$ 是 $(f,\bar{f})$ 的分布. 令 $(c_{1\pi},\ldots,c_{(n+1)\pi})$ 和 $(c_{1\pi}',\ldots,c_{(n+1)\pi}')$ 是 f^π 和 $(f^\pi, \bar{f}^\pi)$ 的分布，其中 $(n+1)\pi = n+1$. 那么 $c_{j\pi}$ 是在变量 $\{x_{1\pi},\ldots,x_{(j-1)\pi}\}$ 设置为固定值后 $f^\pi = g^\pi \circ h^\pi$ 依赖于 $x_{j\pi}$ 的子函数的数目. 同样，$c_{j\pi}'$ 是 f^π 或 $\bar{f}^\pi$ 的这种子函数的数目. 我们将试图对于所有 j 证明 $b_{j\pi-1} \le c_{j\pi}$ 和 $b_{j\pi-1}' \le c_{j\pi}'$.

情形 1: $\circ$ 是 $\wedge$. 我们可以假定 $n\pi = n$，因为 $\wedge$ 是交换的. 情形 1a: $1 \le j\pi \le k$. 此时 $b_{j\pi-1}$ 和 $b_{j\pi-1}'$ 对其中只用 $1 \le i < j$ 和 $1 \le i\pi \le k$ 指定的变量 $x_{i\pi}$ 的子函数计数. 这些 $g \wedge h$ 或 $\bar{g} \vee \bar{h}$ 的子函数在 $c_{j\pi}$ 和 $c_{j\pi}'$ 的计数中有对等的子函数，因为当 $n\pi = n$ 时 h^π 在任何子函数中不是常量. 情形 1b: $k < j\pi \le n$. 此时 $b_{j\pi-1}$ 和 $b_{j\pi-1}'$ 对 h 或 $\bar{h}$ 的子函数计数，它们在 $c_{j\pi}$ 和 $c_{j\pi}'$ 的计数中有对等的子函数.

情况 2: $\circ$ 是 $\oplus$. 我们可以假定 $1\pi = 1$，因为 $\oplus$ 是交换的. 这时运用类似情形 1 的论证. [*Discrete Applied Math.* **103** (2000), 237–258.]

167. 令 $f = f_{1n}$. 对于每个子函数 $f_{ij}(x_i,\ldots,x_j)$，递归地计算 $c_{ij} = B_{\min}(f_{ij})$, $c_{ij}' = B_{\min}(f_{ij}, \bar{f}_{ij})$ 以及 $\{i,\ldots,j\}$ 的一个排列 π_{ij}，如下：如果 $i = j$，我们有 $f_{ij}(x_i) = x_i$. 令 $c_{ij} = 3$, $c_{ij}' = 4$, $\pi_{ij} = i$. 否则 $i < j$，并且对于某个 k 和某个运算符 $\circ$ 有 $f_{ij}(x_i,\ldots,x_j) = f_{ik}(x_i,\ldots,x_k) \circ f_{(k+1)j}(x_{k+1},\ldots,x_j)$. 如果 $\circ$ 是像 $\wedge$ 的运算符，令 $c_{ij} = c_{ik} + c_{(k+1)j} - 2$，并且 $(c_{ij}' = 2c_{ik} + c_{(k+1)j}' - 4$, $\pi_{ij} = \pi_{ik}\pi_{(k+1)j})$ 或 $(c_{ij}' = 2c_{(k+1)j} + c_{ik}' - 4$, $\pi_{ij} = \pi_{(k+1)j}\pi_{ik})$，使得 c_{ij}' 达到最小值. 如果 $\circ$ 是像 $\oplus$ 的运算符，令 $c_{ij}' = c_{ik}' + c_{(k+1)j}' - 2$，并且 $(c_{ij} = c_{ik} + c_{(k+1)j}' - 2$, $\pi_{ij} = \pi_{ik}\pi_{(k+1)j})$ 或 $(c_{ij} = c_{(k+1)j} + c_{ik}' - 2$, $\pi_{ij} = \pi_{(k+1)j}\pi_{ik})$，使得 c_{ij} 达到最小值.

（在这个描述中表示成字符串的排列 π_{ij}，在计算机内部表示成链表. 利用习题 163 的答案，我们还可以用 $O(B_{\min}(f))$ 步递归地构造 f 的最优 BDD.）

168. (a) 这个论断转换并且简化递推公式 (112) 和 (113).

(b) 由归纳法是真. 此外 $x \ge n$.

(c) 容易证明. 注意 T 是关于 $22\frac{1}{2}°$ 直线 $y = (\sqrt{2} - 1)x$ 的反射.

(d) 如果 $z \in S_k$ 且 $z' \in S_{n-k}$，由归纳法我们有 $|z| = q^\beta$ 和 $|z'| = q'^\beta$，其中 $q \le k$ 且 $q' \le n - k$. 由对称性我们可以令 $q = (1-\delta)t$, $q' = (1+\delta)t$，其中 $t = \frac{1}{2}(q+q') \le \frac{1}{2}n$. 于是如果第一个提示为真，我们有 $|z \bullet z'| \le (2t)^\beta \le n^\beta$. 并且由 (c) 我们还有 $|z \circ z'| \le n^\beta$，因为 $|z^T| = |z|$.

为了证明第一个提示，我们注意当 $y = y'$ 时 $|z \bullet z'|$ 出现最大值. 因为当 $y \ge y'$ 时我们有 $|z \bullet z'|^2 = (x + x' + y')^2 + y^2 = r^2 + 2(x' + y')x + (x' + y')^2$. 当 $y = y'$ 时给出的 z' 出现最大值. 当 $y' \ge y$ 时，运用类似的论证.

现在当 $y = y'$ 时，我们对于某个 θ 有 $y = \sqrt{rr'} \sin\theta$，并且可以证明 $x + x' \le (r + r')\cos\theta$. 因此 $z \bullet z' = (x + x' + y, y)$ 位于第二个提示的椭圆内. 对那个椭圆我们有 $(a\cos\theta + b\sin\theta)^2 + (b\sin\theta)^2 = a^2/2 + b^2 + u\sin 2\theta + v\cos 2\theta = a^2/2 + b^2 + w\sin(2\theta + \tau)$，其中 $u = ab$, $v = \frac{1}{2}a^2 - b^2$, $w^2 = u^2 + v^2$, $\cos\tau = u/w$. 因此 $|z \bullet z'|^2 \le \frac{1}{2}a^2 + b^2 + w$. 并且 $4w^2 = (r+r')^4 + 4(rr')^2 \le (r^2 + (2\sqrt{5} - 2)rr' + r'^2)^2$，于是

$$|z \bullet z'|^2 \le r^2 + (\sqrt{5} + 1)rr' + r'^2, \qquad r = (1-\delta)^\beta,\ r' = (1+\delta)^\beta.$$

剩下的任务是证明这个量最多是 $2^{2\beta} = 2\phi^2$，等价于 $f_t(2) \le f_t(2\beta)$，其中 $f_t(\alpha) = (e^{t/\alpha} + e^{-t/\alpha})^\alpha - 2^\alpha$ 且 $t = \beta \ln((1-\delta)/(1+\delta))$. 事实上可以证明，当 $\alpha \ge 2$ 时 f_t 是 α 的增函数. [见格雷厄姆·本内特，

AMM **117** (2010), 334–351. 关于 S_n 的界 $O(n^\beta)$ 看来需要进行周密的分析. 马丁·索尔霍夫、英戈·韦格纳和拉尔夫·韦希纳所做的早期分析存在缺陷. 这里的证明是由章玄和瓦连京·斯皮特科夫斯基在 2007 年给出的.]

169. 这个猜测对于 $m \le 7$ 已经得到证实. [许多其他奇异的特性尚未得到解释.]

170. (a) 2^{2n-1}. 当 $1 \le j < n$ 时存在 $\textcircled{j}$ 的 4 种选择, 即 LO $=$ $\boxed{\bot}$ 或 LO $=$ $\boxed{\top}$ 或 HI $=$ $\boxed{\bot}$ 或 HI $=$ $\boxed{\top}$. 而对于 $\textcircled{n}$ 有 2 种选择.

(b) 2^{n-1}, 因为在每个分支的半数选择是被排除的.

(c) 实际上, 如果 $t = (t_1 \ldots t_n)_2$, 当 $t_j = 1$ 时我们在 $\textcircled{j}$ 有 LO $=$ $\boxed{\bot}$, 当 $t_j = 0$ 时我们在 $\textcircled{j}$ 有 HI $=$ $\boxed{\top}$. (这个思想适用于习题 3.4.1–25 中的随机二进制位生成. 由于存在 2^{n-1} 个这样的 t 值, 我们已经证明了每个单调瘦函数是具有权值 $\{2^{n-1}, \ldots, 2, 1\}$ 的门限函数. 其他瘦函数是通过个别的变量取补得到的.)

(d) $\bar{f}_t(\bar{x}) = [(\bar{x})_2 < t] = [(x)_2 > \bar{t}] = [(x)_2 > 2^n - 1 - t] = f_{2^n - t}(x)$.

(e) 由定理 7.1.1Q, 最短的 DNF 是素蕴涵元的 OR, 而它的通用模式是通过实例 $n = 10$ 和 $t = (1100010111)_2$ 展现的: $(x_1 \wedge x_2 \wedge x_3) \vee (x_1 \wedge x_2 \wedge x_4) \vee (x_1 \wedge x_2 \wedge x_5) \vee (x_1 \wedge x_2 \wedge x_6 \wedge x_7) \vee (x_1 \wedge x_2 \wedge x_6 \wedge x_8 \wedge x_9 \wedge x_{10})$. (对于 t 中的每个 0 一项, 以及另外一项.) 最短的 CNF 是对应于 $2^n - t = (0011101001)_2$ 的对偶的最短 DNF 的对偶: $(x_1) \wedge (x_2) \wedge (x_3 \vee x_4 \vee x_5 \vee x_6) \wedge (x_3 \vee x_4 \vee x_5 \vee x_7 \vee x_8) \wedge (x_3 \vee x_4 \vee x_5 \vee x_7 \vee x_9) \wedge (x_3 \vee x_4 \vee x_5 \vee x_7 \vee x_{10})$.

171. 注意单次读取函数、正则函数、瘦函数和单调函数, 在使用对偶和限制运算下是彼此接近的. 瘦函数显然是单次读取函数, 具有 $w_1 \ge \cdots \ge w_n$ 权值的单调门限函数是正则函数, 而正则函数是单调函数. 我们必须证明正则的单次读取函数是瘦函数.

假设 $f(x_1, \ldots, x_n) = g(x_{i_1}, \ldots, x_{i_k}) \circ h(x_{j_1}, \ldots, x_{j_l})$, 其中 g 和 h 是单次读取函数和正则函数, 并且 $\circ$ 是非平凡的二元运算符. 并且我们有 $i_1 < \cdots < i_k$, $j_1 < \cdots < j_l$, $k + l = n$, $\{i_1, \ldots, i_k, j_1, \ldots, j_l\} = \{1, \ldots, n\}$. (这个条件比成为 "单次读取" 更弱.) 我们可以假定 $i_1 = 1$. 通过取限制条件和使用归纳法, g 和 h 同时是瘦函数和单调函数. 因此它们的素蕴涵元具有习题 170(e) 中的特殊形式. 运算符 $\circ$ 必定是单调的, 所以它要么是 $\vee$ 要么是 $\wedge$. 由对偶性我们可以假定 $\circ$ 是 $\vee$.

情形 1: f 有长度为 1 的素蕴涵元. 那么, 由正则性, x_1 是 f 的素蕴涵元. 因此 $f(x_1, \ldots, x_n) = x_1 \vee f(0, x_2, \ldots, x_n)$, 并且我们可以用归纳法.

情形 2: g 和 h 的所有素蕴涵元都具有大于 1 的长度. 于是对于某个 $p \ge 2$, $x_{j_1} \wedge \cdots \wedge x_{j_p}$ 是素蕴涵元, 但是 $x_{j_1 - 1} \wedge x_{j_2} \wedge \cdots \wedge x_{j_p}$ 不是素蕴涵元, 与正则性矛盾. [见托马斯·艾特、茨木俊秀和牧野和久, *Theor. Comp. Sci.* **270** (2002), 493–524.]

172. 在习题 170(e) 中通过检查 f_t 的 CNF, 我们看出当 $t = (t_1 \ldots t_n)_2$ 时通过变量取补可以获得的霍恩函数的数目, 比当 $t_1 = 0$ 时 $(t_2 \ldots t_n)_2$ 的数目多 1, 但是两倍于当 $t_1 = 1$ 时的数目. 因此, 例如 $t = (1100010111)_2$ 对应于 $2 \times (2 \times (1 + (1 + (1 + (2 \times (1 + (2 \times (2 \times 2)))))))))$ 个霍恩函数. 对所有 t 求和给出 $s_n = (2^{n-2} + s_{n-1}) + 2s_{n-1}$, 其中 $s_1 = 2$. 并且这个递推公式的解是 $3^n - 2^{n-1}$.

为使 f 和 g 同时成为霍恩函数, 假定 (由对偶性) $t \bmod 4 = 3$. 那么我们应当对 x_j 取补, 当且仅当 $t_j = 0$, 除了 t 的右边的 1 的串. 例如, 当 $t = (1100010111)_2$ 时我们应当对 x_3, x_4, x_5, x_7 取补, 然后最多对 $\{x_8, x_9, x_{10}\}$ 之一取补. 这给出与 f_t 有关的 $\rho(t+1) + 1 \ge 3$ 种选择. 对满足 $t \bmod 4 = 3$ 的所有 t 求和给出 $2^n - 1$. 所以答案是 $2^{n+1} - 2$.

173. 首先考虑单调函数. 当 $t \bmod 4 = 3$ 时, 我们可以记 $t = (0^{a_1} 1^{a_2} \ldots 0^{a_{2k-1}} 1^{a_{2k}})_2$, 其中 $a_1 + \cdots + a_{2k} = n$, $a_1 \ge 0$, $a_j \ge 1$ $(1 < j < 2k)$, $a_{2k} \ge 2$. 当 $t \bmod 4 = 1$ 时, $2^n - t$ 具有这种形式. 于是 f_t 有 $a_1! a_2! \ldots a_{2k}!$ 个自同构, 所以它等价于 $n!/(a_1! a_2! \ldots a_{2k}!) - 1$ 个其他自同构, 它们之中没有瘦函数. 当 $n \ge 2$ 时对所有 t 求和, 给出 $2(P_n - nP_{n-1})$ 个可以重新排序成瘦形式的单调布尔函数, 其中 P_n 是弱序 (习题 5.3.1–3) 的数目. [见珍妮特·贝辛格和乌里·佩莱德, *Graphs and Combinatorics* **3** (1987), 213–219.]

当变量取补时，每个这样的单调函数对应于 2^n 个不同的单边函数（它们也是瘦函数）。（这些函数具有这样的性质，它们的全部限制是定向的，也称为"单边级联""1 决策表函数"或"广义单次读取门限函数".）

174. (a) 对结点 ①, ..., ⓝ, ⊤, ⊥ 指定编号 $0, ..., n-1, n, n+1$. 并且对于 $0 \le k < n$ 令出自结点 k 的 (LO, HI) 分支到达结点 (a_{2k+1}, a_{2k+2}). 然后对于 $1 \le k \le 2n$ 定义 p_k 如下：令 $l = \lfloor (k-1)/2 \rfloor$ 且 $P_l = \{p_1, ..., p_{2l}\}$. 如果 $a_k \notin P_l$ 置 $p_k \leftarrow a_k$, 否则，如果 a_k 是 $P_l \cap \{l+1, ..., n+1\}$ 的第 m 小的元素，置 p_k 为 $\{n+2, ..., n+l+1\} \setminus P_l$ 的第 m 小的元素. （这个结构是由索斯藤·达尔海姆尔设计的.）

(b) 德拉克排列的逆 $p_1^{-1} ... p_{2n}^{-1}$ 满足 $2(k-n)-1 \le p_k^{-1} \le 2k$. 它对应于当 $q_2 = 1$, $q_{2n+1} = 2n+2$, 以及 $q_{2k+2} = 1 + p_k^{-1}$, $q_{2k-1} = 1 + p_{k+n}^{-1}$（$1 \le k \le n$）时的杰诺其错位排列 $q_1 ... q_{2n+2}$.

(c) 给出排列 $q_1 ... q_{2n+2}$, 令 r_k 是序列 $q_k^{-1}, q_{q_k-1}^{-1}, ...$ 的第 1 个大于等于 k 的元素. 这个变换使杰诺其排列变成迪蒙信号枪序列，并且具有以下性质：$q_k = k$ 当且仅当 $r_k = k \notin \{r_1, ..., r_{k-1}\}$.

(d) 每个结点 (j, k) 表示串 $r_1 ... r_j$ 的一个集合，其中 $(1, 0) = \{1\}$ 并且其他集合由下列变换规则定义：假定 $r_1 ... r_j \in (j, k)$, 并且令 $l = 2k$. 如果 $k = 0$, 那么 $(j+1, k)$ 当 j 为偶数时包含 $1 r_1^+ ... r_j^+$, 当 j 为奇数时包含 $2 r_1^+ ... r_j^+$, 其中 r^+ 表示 $r+1$. 如果 $k > 0$, 那么 $(j+1, k)$ 当 j 为偶数时包含 $r_1^+ ... r_l^+ (l+1) r_{l+1}^+ ... r_j^+$, 当 j 为奇数时包含 $r_1^\pm ... r_{l-1}^\pm (l) r_l^\pm ... r_j^\pm$, 其中 $r^\pm$ 当 $r \ge l$ 时表示 $r+1$, 当 $r < l$ 时表示 $r-1$. 在垂直方向上，如果 $l \le j-3$ 且 j 为奇数，$(j, k+1)$ 包含 $r_1 ... r_l r_{l+2} r_{l+3} (l+3) r_{l+4} ... r_j$. 另一方面如果 $k = 1$ 且 j 为偶数，$(j, 0)$ 包含 $r_2 r_1 r_3 ... r_j$. 最后，如果 $k > 1$ 且 j 为偶数，$(j, k-1)$ 包含串 $r_1' ... r_{l-3}' (l-2) r_{l-2}' r_{l-1}' r_{l+1}' ... r_j'$, 其中 r' 当 $r = l-2$ 时表示 l, 否则 $r' = r$. （可以证明，$(2j, k)$ 的元素是最大不动点是 $2k$ 的 $2j$ 阶杰诺其排列的迪蒙信号枪序列.）

这些结构全部是可逆的. 例如，路径 $(1,0) \to (2,0) \to (3,0) \to (3,1) \to (4,1) \to (5,1) \to (6,1) \to (7,1) \to (7,2) \to (7,3) \to (8,3) \to (8,2) \to (8,1) \to (8,0)$ 对应于信号枪 $1 \to 22 \to 133 \to 333 \to 4244 \to 53355 \to 624466 \to 7335577 \to 7355577 \to 7355777 \to 82448688 \to 82646888 \to 82466888 \to 28466888$. 后面这个信号枪可以用图形  表示，对应于杰诺其错位排列 $q_1 ... q_8 = 61537482$. 并且这个错位排列对应于 $p_1^{-1} ... p_6^{-1} = 231546$ 和德拉克排列 $p_1 ... p_6 = 312546$. 这个排列进而对应于 $a_1 ... a_6 = 312343$, 它代表瘦 BDD

①—②—③—⊤　⊥.

令 d_{jk} 是 (j, k) 中信号枪序列的数目，它也是从 $(1, 0)$ 到 (j, k) 的有向路径的数目. 这些数目很容易用加法求出，从

											38227	38227	···
									2073	2073	38227	76454	···
							155	155	2073	4146	36154	112608	···
					17	17	155	310	1918	6064	32008	144616	···
			3	3	17	34	138	448	1608	7672	25944	170560	···
		1	3	6	14	28	104	552	1160	8832	18272	188832	···
1	1	1	2	8	8	56	56	608	608	9440	9440	198272	···

开始，并且按列汇总 $D_j = \sum_k d_{jk}$ 是 $(D_1, D_2, ...) = (1, 1, 2, 3, 8, 17, 56, 155, 608, 2073, 9440, 38227, 198272, 929569, ...)$. 这个序列的偶数编号的元素 D_{2n} 早以杰诺其数 G_{2n+2} 著称. 奇数编号的元素 D_{2n+1} 因此被称为数"中位杰诺其数". 瘦 BDD 的数目 S_n 是 $d_{(2n+2)0} = D_{2n+1}$.

参考文献：欧拉在他的 *Institutiones Calculi Differentialis* (1755) 第 2 卷第 7 章讨论了杰诺其数，他证明了奇整数 G_{2n} 可以用伯努利数表示. 实际上，$G_{2n} = (2^{2n+1} - 2)|B_{2n}|$,[①] 并且 $z \tan \frac{z}{2} = \sum_{n=1}^{\infty} G_{2n} z^{2n}/(2n)!$. 安杰洛·杰诺其在 *Annali di Scienze Matematiche e Fisiche* **3** (1852), 395–405 进一步考察了这些数. 菲利普·塞德尔在 *Sitzungsberichte math.-phys. Classe, Akademie*

---

① 虽然 $2^{2n+1} - 2$ 是偶数，但是 G_{2n} 是奇整数：1, 1, 3, 17, 155, 2073, 38227, 929569, 28820619, ... ——编者注

Wissen. München **7** (1877), 157–187 揭示了它们可以通过数 d_{jk} 按加法计算. 它们的组合意义直到很久以后才被发现, 见多米尼克·迪蒙, *Duke Math. J.* **41** (1974), 305–318; 多米尼克·迪蒙和阿瑟·兰德里亚诺维尼, *Discrete Math.* **132** (1994), 37–49. 同时, 伊波利特·德拉克提出了一个表面上无关的问题, 等价于我们所说的德拉克排列计数, 见 L'*Intermédiaire des Math.* **7** (1900), 9–10, 328; *Annales de la Faculté sci. Marseille* **11** (1901), 141–164.

在瘦 BDD 与 (d) 的路径之间还有一种直接的联系, 是索斯藤·达尔海姆尔在 2007 年发现的. 首先注意, 无限制的 $2n+2$ 阶的迪蒙信号枪序列对应于有序的但不必是约化的瘦 BDD, 因为我们可以令 $r_1 \ldots r_{2n} r_{2n+1} r_{2n+2} = (2a_1) \ldots (2a_{2n})(2n+2)(2n+2)$. 这种 $\min\{i \mid r_{2i-1} = r_{2i}\} = l$ 的信号枪序列的数目是 $d_{(2n+2)(n+1-l)}$.

为了证明这个结果, 我们可以用新的转换规则代替答案 (d) 中的那些规则: 假设 $r_1 \ldots r_j \in (j, k)$, 并且令 $l = j - 2k$. 那么 $(j+1, k)$ 当 j 是奇数时包含 $r_1^+ \ldots r_l^+ r_l^+ \ldots r_j^+$, 当 j 是偶数时包含 $r_1^\pm \ldots r_{l-1}^\pm (l-1) r_l^\pm \ldots r_j^\pm$. 如果 j 是奇数, $(j, k+1)$ 当 $l = 3$ 时包含 $1 r_1 r_3 \ldots r_j$, 当 $l > 3$ 时包含 $r_1' \ldots r_{l-4}'(l-4) r_{l-3}' r_{l-2}' r_l' \ldots r_j'$, 其中 $r' = r + 2[r = l-4]$. 最后, 如果 j 是偶数且 $k > 0$, $(j, k-1)$ 包含 $r_1 \ldots r_{l-1} q r_{l+2} r_{l+2} \ldots r_j$, 其中如果 $r_l = r_{l+1}$ 则 $q = l$, 否则 $q = r_{l+1}$.

利用这些魔幻转换, 上面的路径对应于 $1 \rightarrow 22 \rightarrow 313 \rightarrow 133 \rightarrow 2244 \rightarrow 31355 \rightarrow 424466 \rightarrow 5153577 \rightarrow 5135577 \rightarrow 1535577 \rightarrow 22646688 \rightarrow 26446688 \rightarrow 26466688 \rightarrow 26466888$. 于是 $a_1 \ldots a_6 = 132334$.

175. 这个问题看来需要一种不同于处理 $b_0 = \cdots = b_{n-1} = 1$ 的方法. 假定我们有 N 个结点的 BDD 基, 包含两个汇结点 ($\boxed{\perp}$ 和 $\boxed{\top}$) 以及带标记 $\textcircled{2}, \ldots, \textcircled{n}$ 的不同的分支结点, 并且假定恰好有 s 个结点是源结点 (有入度 0). 令 $c(b, s, t, N)$ 是引进 b 个标记为 $\textcircled{1}$ 的附加结点的方式的数目, 这种方式恰好保留 $s + b - t$ 个源结点. (因此 $0 \leq t \leq 2b$, 恰好旧源结点中的 t 个现在是从 $\textcircled{1}$ 分支结点可达的.) 那么, 具有 BDD 分布 $(b_0, \ldots, b_n)$ 的非常量布尔函数 $f(x_1, \ldots, x_n)$ 的数目等于 $T(b_0, \ldots, b_{n-1}; 1)$, 其中

$$T(b_0; s) = 2[s = b_0 = 1] + [s = 2][b_0 = 0] + [s = 2][b_0 = 2];$$

$$T(b_0, \ldots, b_{n-1}; s) = \sum_{t=\max(0, b_0 - s)}^{2b_0} c(b_0, s+t-b_0, t, b_1 + \cdots + b_{n-1} + 2) \, T(b_1, \ldots, b_{n-1}; s+t-b_0).$$

可以证明 $c(b, s, t, N) = \sum_{r=0}^{2b} a_{rb} p_{tr}(s, N)/b!$, 其中我们有 $(N(N-1))^{\underline{b}} = \sum_{r=0}^{2b} a_{rb} N^r$ 且 $p_{tr}(s, N) = \sum_k \binom{r}{k} \genfrac\{\}{0pt}{}{k}{t} s^t (N-s)^{r-k} = \sum_k \genfrac\{\}{0pt}{}{r}{k} \binom{k}{t} s^t (N-s)^{\underline{k-t}} = r! \, [w^t z^r] \, e^{(N-s)z} (we^z - w + 1)^s$.

176. (a) 如果 $p \neq p'$, 由通用散列的定义我们有 $\sum_{a \in A, b \in B} [h_{a,b}(p) = h_{a,b}(p')] \leq |A||B|/2^l$. 令 $r_i(a, b)$ 是使得 $h_{a,b}(p) = i$ 的 $p \in P$ 的数目. 于是

$$\sum_{a \in A, b \in B} \sum_{0 \leq i < 2^l} r_i(a, b)^2 = \sum_{a \in A, b \in B} \sum_{p \in P} \sum_{p' \in P} [h_{a,b}(p) = h_{a,b}(p')]$$

$$\leq |P||A||B| + \sum_{p \in P} \sum_{p' \in P} [p \neq p'] \frac{|A||B|}{2^l} = 2^t |A||B| \left(1 + \frac{2^t - 1}{2^l}\right).$$

另一方面, 对于任何 a 和 b, $\sum_{i=0}^{2^l-1} r_i(a, b)^2 = \sum_{i=0}^{2^l-1} (r_i(a, b) - 2^t/|I|)^2 + 2^{2t}/|I| \geq 2^{2t}/|I|$. 类似的公式当 $h_{a,b}(q) = j$ 存在 $s_j(a, b)$ 个解时适用. 因此必定存在 $a \in A$ 和 $b \in B$ 使得

$$\frac{2^{2t}}{|I|} + \frac{2^{2t}}{|J|} \leq \sum_{i \in I} r_i(a, b)^2 + \sum_{j \in J} s_j(a, b)^2 \leq 2^{t+1} \left(1 + \frac{2^t - 1}{2^l}\right) \leq \frac{2^{2t}}{2^l} + \frac{2^{2t}}{(1-\epsilon) 2^l}.$$

(b) 在 $a q_k + b$ 和 $a q_{k+2} + b$ 的中间 l 个二进制位中至少有 2 个是不同的, 所以 $a q_k$ 和 $a q_{k+2}$ 的中间 $l-1$ 个二进制位必定是不同的.

(c) 令 q 和 q' 是 Q^* 的满足 $(g(q') - g(q)) \bmod 2^{l-1} \geq 2^{l-2}$ 的不同元素. (否则我们可以交换 $q \leftrightarrow q'$.) 如果 $l \geq 3$, 条件 $g(p) + g(q) = 2^{l-1}$ 蕴涵 $f_q(p) = 0$. 现在我们有 $(g(p) + g(q')) \bmod 2^{l-1} = (g(q') - g(q)) \bmod 2^{l-1}$. 此外, $g(q')$ 和 $g(p)$ 都是偶数. 因此不可能有进位传播改变中间二进制位, 从而我们有 $f_{q'}(p) = 1$.

(d) 集合 Q'' 至少有 $(1-\epsilon)2^{l-1}$ 个元素, 类似的集合 P'' 也是如此. Q'' 的元素中最多有 2^{l-2} 个使得 $g(q)$ 是奇数, 并且最多有 $2^{l-1}+1-|P''|$ 个 $g(q)$ 为偶数的元素不在 Q^* 中. 因此 $|Q^*| \geq (1-\epsilon)2^{l-1}-2^{l-2}-2^{l-1}-1+(1-\epsilon)2^{l-1} = (1-4\epsilon)2^{l-2}-1$, 并且由 (8_5) 我们有 $B_{\min}(Z_{n,a}) \geq (1-4\epsilon)2^{l-1}-2$.

最后, 选择 $l = t-4$ 和 $\epsilon = 1/9$. 定理当 $n < 14$ 时显然成立.

177. 假设 $k \geq n/2$, $x = 2^{k+1}x_h + x_l$, $y = 2^k y_h + y_l$. 那么 $(xy \gg k) \bmod 2^{n-k}$ 依赖于 $2x_h y_l$, $x_l y_h$, $x_l y_l \gg k$, modulo 2^{n-k}, 于是 $q_{2k+1} \leq 2^{n-k-1+n-k+n-k}$.

累加各项, 我们得到 $\sum_{k=0}^{2n} q_k \leq \sum_{0 \leq k \leq 6n/5} 2^k + \sum_{6n/5 < k \leq 2n} 2^{3n-2\lfloor k/2\rfloor - \lceil k/2\rceil}$. 如果 $n = 5t + (0,1,2,3,4)$, 总数恰好是 $(2^{\lceil 6n/5\rceil} \cdot (19,10,12,13,17) - 12)/7$. [马丁·索尔霍夫在 *Discrete Applied Math.* **158** (2010), 1195–1204 证明了这个顺序的下界是 $\Omega(2^{6n/5})$.]

178. 我们可以像在定理 A 的证明中那样写成 $x = 2^k x_h + x_l$, 但是现在 $x_l = \hat{x}_l + (x \bmod 2)$, 其中 $\hat{x}_l$ 是偶数而 $x \bmod 2$ 还是未知的. 同样 $y = 2^k y_h + y_l = 2^k y_h + \hat{y}_l + (y \bmod 2)$. 令 $\hat{z}_l = \hat{x}_l \hat{y}_l \bmod 2^k$. 对于 $n/2 \leq k < n$, 在 $2k-2$ 层我们只需"记住" 3 个 $n-k$ 位二进制数 $\hat{x}_l \bmod 2^{n-k}$, $\hat{y}_l \bmod 2^{n-k}$, $(\hat{x}_l \hat{y}_l \gg k) \bmod 2^{n-k}$, 以及 3 个"进位" $c_1 = (\hat{x}_l + \hat{z}_l) \gg k$, $c_2 = (\hat{y}_l + \hat{z}_l) \gg k$, $c_3 = (\hat{x}_l + \hat{y}_l + \hat{z}_l) \gg k$. 一旦知道 x_h, y_h, $x \bmod 2$, $y \bmod 2$, 这 6 个量就告诉我们中间二进制位.

进位有 6 种可能: $c_1 c_2 c_3 = 000, 001, 011, 101, 111, 112$. 因此 $q_{2k-2} \leq 6 \cdot 2^{(n-k-1)+(n-k-1)+(n-k)}$. 类似地, 当 $n/2 \leq k < n-1$ 时, 我们有 $q_{2k-1} \leq 6 \cdot 2^{(n-k-2)+(n-k-1)+(n-k)}$. 利用这些估值, 同 $q_k \leq 2^k$ 一起, 当 $n = 5t + (0,1,2,3,4)$ 时, 我们得到 $\sum_{k=0}^{2n-4} q_k \leq (2^{6t} \cdot (37, 86, 184, 464, 1024) - 268)/28$.

对于 $6 \leq n \leq 16$, 定理 A 中的函数 f 和本习题中的函数 g 的 BDD 的实际大小是 $B(f) = (169, 381, 928, 2188, 5248, 12\,373, 29\,400, 68\,777, 162\,768, 377\,359, 879\,709)$ 和 $B(g) = (165, 352, 806, 1802, 4195, 9774, 22\,454, 52\,714, 121\,198, 278\,223, 650\,188)$. 所以这种改变看来节省大约 25%. 一个略好一些的顺序是通过检验最后 4 层上的 (lo-bit(x), hi-bit(y), hi-bit(x), lo-bit(y)) 获得的, 对于 $n \geq 6$ 给出 $B(h) = B(g) - 20$. 于是对于 $6 \leq n \leq 12$, $B(h)/B_{\min}(f) \approx (1.07, 1.05, 1.04, 1.04, 1.04, 1.01, 1.02)$, 所以这个顺序当 $n \to \infty$ 时可能是接近是最优的.

180. 通过令 $a_{m+1} = a_{m+2} = \cdots = 0$, 我们可以假定 $m \geq p$. 令 $a = (a_p \ldots a_1)_2$, 并且像在定理 A 的证明中那样记 $x = 2^k x_h + x_l$. 如果 $p \leq n$, 我们有 $q_k \leq 2^{p-k}$ $(0 \leq k < p)$, 因为给出的函数 $f = Z_{m,n}^{(p)}(a; x)$ 仅依赖于 a, x_h, $(ax_l \gg k) \bmod 2^{p-k}$. 所以我们可以假定 $p > n$.

考虑多重集 $A = \{2^k x_h a \bmod 2^{p-1} \mid 0 \leq x_h < 2^{n-k}\}$. 记 $A = \{2^{p-1} - \alpha_1, \ldots, 2^{p-1} - \alpha_s\}$, 其中 $s = 2^{n-k}$ 且 $0 < \alpha_1 \leq \cdots \leq \alpha_s = 2^{p-1}$, 并且对于 $0 \leq i \leq s$ 令 $\alpha_{s+i} = \alpha_i + 2^{p-1}$. 那么 $q_k \leq 2s$, 因为 f 仅依赖于 a, x_h 以及使得 $\alpha_i \leq ax_l \bmod 2^p < \alpha_{i+1}$ 的下标 $i \in [0 .. 2s)$.

所以 $\sum_{k=0}^{n} q_k \leq \sum_{k=0}^{n} \min(2^k, 2^{n+1-k}) = 2^{\lfloor n/2\rfloor+1} + 2^{\lceil n/2\rceil+1} - 3$.

181. 由习题 170, 对于每个 $(x_1, \ldots, x_m)$ 仅需 $O(n)$ 个额外的结点.

182. 是. 贝亚特·博利希 [*Lecture Notes in Comp. Sci.* **4978** (2008), 306–317] 已经证明它是 $\Omega(2^{n/432})$. 顺便说一下, $B_{\min}(L_{12,12}) = 1158$ 是用奇怪的顺序 $L_{12,12}(x_{18}, x_{17}, x_{16}, x_{15}, x_{14}, x_{12}, x_{10}, x_8, x_6, x_4, x_2, x_1;$ $x_{19}, x_{20}, x_{21}, x_{22}, x_{23}, x_{13}, x_{11}, x_9, x_7, x_5, x_3, x_{24})$ 获得的. 并且 $B_{\max}(L_{12,12}) = 9302$ 产生于 $L_{12,12}(x_{24}, x_{23}, x_{20}, x_{19}, x_{22}, x_{11}, x_6, x_7, x_8, x_9, x_{10}, x_{13}; x_1, x_2, x_3, x_4, x_5, x_{21}, x_{18}, x_{17}, x_{16}, x_{15}, x_{14}, x_{12})$. 类似地, $B_{\min}(L_{8,16}) = 606$ 和 $B_{\max}(L_{8,16}) = 3415$ 相距并不太远. $B_{\min}(L_{m,n})$ 和 $B_{\max}(L_{m,n})$ 都可以想象为 $\Theta(2^{\min(m,n)})$ 吗?

183. 分布 $(b_0, b_1, \ldots)$ 开始于 $(1, 1, 1, 2, 3, 5, 7, 11, 15, 23, 31, 47, 63, 95, \ldots)$. 当 $k > 1$ 时, 对于满足 $2^{k-1} \leq a, b < 2^k$ 和 $ab < 2^{2k-1} < (a+1)(b+1)$ 的每一对整数 (a, b), 在第 $2k$ 层有一个结点, 这个结点代表函数 $[((a+x)/2^k)((b+y)/2^k) \geq \frac{1}{2}]$. 当给定 b 时, 在恰当的范围内存在 a 的 $\lceil 2^{2k-1}/b\rceil - \lfloor 2^{2k-1}/(b+1)\rfloor$ 种选择. 因此, $b_{2k} = \sum_{2^{k-1} \leq b < 2^k}(\lceil 2^{2k-1}/b\rceil - \lfloor 2^{2k-1}/(b+1)\rfloor)$, 这个数目缩短到 $2^k - 1$. 类似的论证证明 $b_{2k+1} = 2^k + 2^{k-1} - 1$.

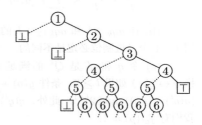

184. 两类串珠贡献 $b_{m(i-1)+j-1}$：一类是对于 i 列的每一种选择至少有一种满足小于 j，另一类是对于 $i-1$ 列的每一种选择至少失去一个大于等于 j 的元素. 因此 $b_{m(i-1)+j-1} = \left(\binom{m}{i} - \binom{m+1-j}{i}\right) + \left(\binom{m}{i-1} - \binom{j-1}{m+1-i}\right)$. 对 $1 \le i, j \le m$ 求和给出 $B(P_m) = (2m-3)2^m + 5$. （顺便说一下，对于 $2 \le k < m^2$，$q_k = b_k + 1$.）

对于 $1 \le i, j \le m$，ZDD 仅仅有 $z_{m(i-1)+j-1} = \binom{m-1}{i-1}$，对于 $\neq j$ 的 $i-1$ 列，每列选择一个，因此 $Z(P_m) = m2^{m-1} + 2 \approx \frac{1}{4}B(P_m)$. （定理 K 的下界也适用于 ZDD 的结点，因为只有这样的结点获选. 所以变量的自然顺序对于 ZDD 是最优的. 自然顺序对于 BDD 也可能是最优的，这个猜测对于 $m \le 5$ 已知是真的.）

185. 对于某个二进制向量 $t_0 \ldots t_n$，假定 $f(x) = t_{\nu x}$. 那么 $d > 0$ 阶的子函数对应于不同的子串 $t_i \ldots t_{i+d}$. 这样的子串 τ 对应于串珠，当且仅当 $\tau \neq 0^{d+1}$ 且 $\tau \neq 1^{d+1}$. 它们对应于消零串珠，当且仅当 $\tau \neq 0^{d+1}$ 且 $\tau \neq 10^d$.

因此最大的 $Z(f)$ 是习题 44 的答案的函数 S_n. 为了得到这种最差情况，我们需要一个长度为 $2^{d+1} + d - 2$ 的二进制向量，这个向量包含除了以 0^{d+1} 和 10^d 作为子串的所有 $(d+1)$ 元组. 这种向量可以表示成从 0^d1 开始的周期为 2^{d+1} 的任何德布鲁因圈的前 $2^{d+1} + d - 2$ 个元素.

186. $\bar{x}_1 \wedge \bar{x}_2 \wedge x_3 \wedge \bar{x}_4 \wedge \bar{x}_5 \wedge \bar{x}_6$.

187. （这些 ZDD 图应同习题 1 的答案比较.）

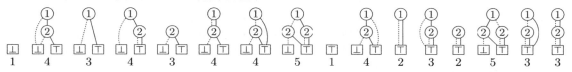

188. 为避免嵌套括号，令 ϵ，a，b，ab 代表子集 $\emptyset$，$\{1\}$，$\{2\}$，$\{1,2\}$. 于是按真值表顺序的子集族是 $\emptyset$，$\{ab\}$，$\{a\}$，$\{a, ab\}$，$\{b\}$，$\{b, ab\}$，$\{a, b\}$，$\{a, b, ab\}$，$\{\epsilon\}$，$\{\epsilon, ab\}$，$\{\epsilon, a\}$，$\{\epsilon, a, ab\}$，$\{\epsilon, b\}$，$\{\epsilon, b, ab\}$，$\{\epsilon, a, b\}$，$\{\epsilon, a, b, ab\}$.

189. 当 $n = 0$ 时，只有常值函数. 当 $n > 0$ 时，只有 0 和 $x_1 \wedge \cdots \wedge x_n$. （但是有很多带有 $(b_0, \ldots, b_n) = (z_0, \ldots, z_n)$ 的函数，例如 $x_2 \wedge (x_1 \vee \bar{x}_3)$）.

190. (a) 对于 $n \ge 0$，只有 $x_1 \oplus \cdots \oplus x_n$ 和 $1 \oplus x_1 \oplus \cdots \oplus x_n$. (b) 这个条件成立，当且仅当所有 1 阶子表是 01 或 11. 所以当 $n > 0$ 时有 $2^{2^{n-1}}$ 个解，即所有像 $f(x_1, \ldots, x_{n-1}, 1) = 1$ 这样的函数.

191. 对于所有这样的函数，真值表的语言 L_n 有上下文无关文法 $L_0 \to 1$；$L_{n+1} \to L_n L_n \mid L_n 0^{2^n}$. 所以欲求的数目 $l_n = |L_n|$ 满足 $l_0 = 1$，$l_{n+1} = l_n(l_n + 1)$. 于是 $(l_0, l_1, l_2, \ldots)$ 是序列 $(1, 2, 6, 42, 1806, 3\,263\,442, 10\,650\,056\,950\,806, \ldots)$. 渐近地，$l_n = \theta^{2^n} - \frac{1}{2} - \epsilon$，其中 $0 < \epsilon < \theta^{-2^n}/8$ 且

$$\theta = 1.59791\,02180\,31873\,17833\,80701\,18157\,45531\,23622+.$$

[见《具体数学》习题 4.37 和 4.59，其中 $l_n + 1$ 称为 e_{n+1}（一个"欧几里得数"），θ 称为 E^2. 数 $l_n + 1$ 是由詹姆斯·西尔维斯特引入的，同他对埃及分数的研究有关，见 *Amer. J. Math.* **3** (1880), 388. 注意单调递减函数，比如表示独立集的函数，总是有 $z_n = 1$.]

192. (a) 10101101000010110.

(b) 真. 由对 $|\tau|$ 的归纳法，因为 $\alpha \neq \beta \neq 0^n$ 当且仅当 $\alpha^Z \neq \beta^Z \neq 0^n$.

(c) 对于 $0 < k \le n$，f 的 k 阶串珠是 f^Z 的 k 阶消零串珠. 因此 f^Z 的串珠也是 $(f^Z)^Z = f$ 的消零串珠. 所以，如果 $(b_0, \ldots, b_n)$ 和 $(z_0, \ldots, z_n)$ 是 f 的分布和 z 分布，而 $(b'_0, \ldots, b'_n)$ 和 $(z'_0, \ldots, z'_n)$ 是 f^Z 的分布和 z 分布，对于 $0 \le k < n$ 我们有 $b_k = z'_k$ 和 $z_k = b'_k$.

（我们还有 $z_n = z'_n$，但是它们可能都是 1 而不是 2. f 和 f^Z 的伪分布可能是不同的，但是由于全 0 子表，每层最多只有 1 个不同. ）

193. 由对 n 的归纳法，答案是 $S_{\ge k}(x_1, \ldots, x_n)$. （因此我们还有 $S_{\ge k}^Z(x_1, \ldots, x_n) = S_k(x_1, \ldots, x_n)$. 习题 249 给出类似的例子. ）

194. 像在习题 174 的答案中那样定义 $a_1 \ldots a_{2n}$，但是用 ZDD 替代 BDD. 那么 $(1, \ldots, 1)$ 是 z 分布，当且仅当 $(2a_1) \ldots (2a_{2n})$ 是无限制的 $2n$ 阶迪蒙信号枪序列. 所以答案是杰诺其数 G_{2n+2}.

195. z 分布是 $(1,2,4,4,3,2,2)$. 我们从 $M_2(x_4,x_2;x_5,x_6,x_3,x_1)$ 获得最优 z 分布 $(1,2,3,2,3,2,2)$, 以及像 (78) 中那样来自 $M_2(x_5,x_6;x_1,x_2,x_3,x_4)$ 的劣性 z 分布 $(1,2,4,8,12,2,2)$. (顺便说一下, 可以用习题 197 的算法证明, $Z_{\min}(M_4) = 116$ 是用引人注目的特殊顺序 $M_4(x_8,x_5,x_{17},x_2;x_{20},x_{19},x_{18},x_{16},x_{15},x_{13},x_{14},x_{12},x_{11},x_9,x_{10},x_4,x_7,x_6,x_3,x_1)$ 获得的!)

196. 例如, $M_m(x_1,\ldots,x_m;e_{m+1},\ldots,e_n)$, 其中 $n = m + 2^m$ 且 e_j 是习题 203 中的初等函数. 在这种情况下, 我们有 $Z(f) = 2(n-m)+1$ 和 $Z(\bar f) = (n-m+7)(n-m)/2 - 2$.

197. 基本思想是改变 DEP 字段的含义, 使得 d_{kp} 现在是 $\sum\{2^{t-k-1} \mid N_{kp}$ 支持 $x_t\}$, 其中说 $g(x_1,\ldots,x_m)$ 支持 x_j 是指 $g(x_1,\ldots,x_m) = 1$ 存在满足 $x_j = 1$ 的解.

为了实现这种改变, 我们引入一个辅助数组 $(\zeta_0,\ldots,\zeta_n)$, 其中如果 N_{kq} 表示子函数 0 则 $\zeta_k = q$, 如果那个子函数不出现在第 k 层则 $\zeta_k = -1$. 最初置 $\zeta_n \leftarrow 0$, 并且我们在步骤 E1 的开始置 $\zeta_k \leftarrow -1$. 在步骤 E3, 置 d_{kq} 的操作应改变如下: "如果 $d_{(k+1)h} \neq \zeta_{k+1}$ 置 $d_{kq} \leftarrow ((d_{(k+1)l} \mid d_{(k+1)h}) \ll 1) + 1$, 否则置 $d_{kq} \leftarrow d_{(k+1)l} \ll 1$. 另外, 如果 $d_{(k+1)l} = d_{(k+1)h} = \zeta_{k+1}$ 置 $\zeta_k \leftarrow q$."

(可以像前面那样用主 z 分布图使 $z_0 + \cdots + z_{n-1}$ 达到最小值. 但是如果绝对最小值是很大的, 需要考虑到 z_n 的额外工作.)

198. 重新解释 (50), 我们把任意的集族 f 表示成 $(\bar x_v?\ f_l\colon f_h)$, 其中 $v = f_o$ 确定 f 支持的第一个变量的下标, 见习题 197 的答案. 因此 f_l 是 f 不支持 x_v 的子族, f_h 是 f 支持 x_v 的子族 (但是删除 x_v). 另外, 如果 f 没有支持的变量 (就是如果 f 是 $\emptyset$ 或 $\{\emptyset\}$, 在内部用 $\boxed{\perp}$ 或 $\boxed{\top}$ 表示, 见习题 200 的答案), 我们也令 $f_o = \infty$. 在 (52) 中, 现在 $v = \min(f_o,g_o)$ 指向由 f 或 g 支持的第一个变量, 因此如果 $f_o > g_o$ 则 $f_h = \emptyset$, 如果 $f_o < g_o$ 则 $g_h = \emptyset$.

子程序 $\text{AND}(f,g)$, 即 ZDD 结构, 现在是下面的形式而不是 (55): "像 (52) 那样表示 f 和 g. 当 $f_o \neq g_o$ 时循环执行: 如果 $f = \emptyset$ 或 $g = \emptyset$ 返回 $\emptyset$, 否则, 如果 $f_o < g_o$ 置 $f \leftarrow f_l$, 如果 $f_o > g_o$ 置 $g \leftarrow g_l$. 如果 $f > g$ 交换 $f \leftrightarrow g$. 如果 $f = g$ 或 $f = \emptyset$ 返回 f. 否则, 如果 $f \wedge g = r$ 在备忘录缓存中, 返回 r. 否则计算 $r_l \leftarrow \text{AND}(f_l,g_l)$ 和 $r_h \leftarrow \text{AND}(f_h,g_h)$. 用一个类似算法 U 的算法置 $r \leftarrow \text{ZUNIQUE}(v,r_l,r_h)$, 只是第一步当 $q = \emptyset$ 而不是 $q = p$ 时返回 p. 把 $f \wedge g = r$ 存入备忘录缓存, 并且返回 r." (另见习题 200 的答案中的建议.)

像习题 82 那样更新引用计数, 但是略有变化. 例如, 当 $q = \emptyset$ 时, 步骤 U1 现在将减少 $\boxed{\perp}$ (而且仅限于这个结点) 的引用计数. 重要的事情是编写一个 "稳健检查" 程序, 对整个 BDD/ZDD 基中的所有引用计数以及其他冗余操作进行双重检查, 以便把那些难以捉摸的错误消灭在萌芽状态. 应当频繁调用稳健检查程序, 直到彻底检验完所有子程序.

199. (a) 如果 $f = g$ 返回 f. 如果 $f > g$ 交换 $f \leftrightarrow g$. 如果 $f = \emptyset$ 返回 g. 如果 $f \vee g = r$ 在备忘录缓存中, 返回 r. 否则

$$\text{置 } v \leftarrow f_o,\ r_l \leftarrow \text{OR}(f_l,g_l),\ r_h \leftarrow \text{OR}(f_h,g_h), \qquad \text{如果 } f_o = g_o;$$
$$\text{置 } v \leftarrow f_o,\ r_l \leftarrow \text{OR}(f_l,g),\ r_h \leftarrow f_h,\ \text{将 REF}(f_h) \text{ 增加 } 1, \qquad \text{如果 } f_o < g_o;$$
$$\text{置 } v \leftarrow g_o,\ r_l \leftarrow \text{OR}(f,g_l),\ r_h \leftarrow g_h,\ \text{将 REF}(g_h) \text{ 增加 } 1, \qquad \text{如果 } f_o > g_o.$$

然后置 $r \leftarrow \text{ZUNIQUE}(v,r_l,r_h)$, 像习题 198 的答案一样, 把 r 存入备忘录缓存并且返回 r.

(b) 如果 $f = g$ 返回 $\emptyset$. 否则像 (a) 那样继续进行, 但是使用 $(\oplus, \text{XOR})$ 而不是 $(\vee, \text{OR})$.

(c) 如果 $f = \emptyset$ 或 $f = g$ 返回 $\emptyset$. 如果 $g = \emptyset$ 返回 f. 否则, 如果 $g_o < f_o$ 置 $g \leftarrow g_l$ 并且重新开始. 否则

$$\text{置 } r_l \leftarrow \text{BUTNOT}(f_l,g_l),\ r_h \leftarrow \text{BUTNOT}(f_h,g_h), \qquad \text{如果 } f_o = g_o;$$
$$\text{置 } r_l \leftarrow \text{BUTNOT}(f_l,g),\ r_h \leftarrow f_h,\ \text{将 REF}(f_h) \text{ 增加 } 1, \qquad \text{如果 } f_o < g_o.$$

然后置 $r \leftarrow \text{ZUNIQUE}(f_o,r_l,r_h)$ 并且像通常那样结束.

200. 如果 $f = \emptyset$ 返回 g. 如果 $f = h$ 返回 $\text{OR}(f,g)$. 如果 $g = h$ 返回 g. 如果 $g = \emptyset$ 或 $f = g$ 返回 $\text{AND}(f,h)$. 如果 $h = \emptyset$ 返回 $\text{BUTNOT}(g,f)$. 如果 $f_o < g_o$ 且 $f_o < h_o$ 置 $f \leftarrow f_l$ 并且从头开始. 如果 $h_o < f_o$ 且 $h_o < g_o$ 置 $h \leftarrow h_l$ 并且从头开始. 否则, 检查缓存并且像通常那样递归地进行.

201. 在允许投影函数和（或）补运算的 ZDD 的应用中，当一切处于初始化时最好在开始就固定布尔变量的集合. 否则，每当新变量进入冲突时，ZDD 基中的每个外部函数都必须改变.

所以假设我们已经确定处理 $(x_1, \ldots, x_N)$ 的函数，其中 N 是预先指定的. 在习题 198 的答案中，当 $f = \emptyset$ 或 $f = \{\emptyset\}$ 时，我们令 $f_\circ = N + 1$ 而不是 ∞. 那么重言式函数 $1 = \wp$ 有 $N + 1$ 个结点的 ZDD ①—②—⋯—Ⓝ—⊤，只要知道 N 我们就能构造它. 令 t_j 是这个结构的结点 ⓙ，包括 $t_{N+1} = \boxed{\top}$. x_j 的 ZDD 现在是 ①—⋯—ⓙ—t_{j+1}⊥. 因此，所有 x_j 的集合的 BDD 基，除了 $\emptyset$ 和 $\wp$ 的表示之外将占据 $\binom{N+1}{2}$ 个结点.

如果 N 是很小的数，所有 N 个投影函数可以预先准备. 但是在 ZDD 的很多应用中，N 是很大的数. 并且，当"族代数"用于建立像习题 203–207 中那样的结构时，很少需要投影函数. 所以，通常最好是等到实际需要建立投影函数时再建立它.

顺便说一下，可以把部分重言式函数 t_j 用于加速习题 198–199 的综合运算：如果 $v = f_\circ \leq g_\circ$ 且 $f = t_v$，我们有 $\text{AND}(f, g) = g$，$\text{OR}(f, g) = f$，而且（如果 $v \leq h_\circ$）还有 $\text{MUX}(g, h, f) = \text{OR}(g, h)$.

202. 在变形步骤 T4，改变 "$q_0 \leftarrow q_1 \leftarrow q$" 为 "$q_0 \leftarrow q$, $q_1 \leftarrow \emptyset$"，改变 "$r_0 \leftarrow r_1 \leftarrow r$" 为 "$r_0 \leftarrow r$, $r_1 \leftarrow \emptyset$". 此外用 ZUNIQUE 代替 UNIQUE. 在步骤 T4 内，如果步骤 U1 找出 $q = \emptyset$，这个子程序把 $\text{REF}(p)$ 增加 1.

为了使习题 201 的答案的部分重言式函数保持更新，需要进行更仔细的改变，因为它们带有特殊的含义. 正确做法是保持 t_u 不变并且置 $t_v \leftarrow \text{LO}(t_u)$.

203. (a) $f \sqcup g = \{\{1, 2\}, \{1, 3\}, \{1, 2, 3\}, \{3\}\} = (e_1 \sqcup ((e_2 \sqcup (e_3 \cup \epsilon)) \cup e_3)) \cup e_3$. 另一个是 $(e_1 \sqcup e_2) \cup \epsilon$，因为 $f \sqcap g = (e_1 \sqcup (e_2 \cup \epsilon)) \cup e_3 \cup \epsilon$ 且 $f \boxplus e_1 = e_1 \cup e_2 \cup e_3$.

(b) $(f \sqcup g)(z) = \exists x \exists y (f(x) \wedge g(y) \wedge (z \equiv x \vee y))$; $(f \sqcap g)(z) = \exists x \exists y (f(x) \wedge g(y) \wedge (z \equiv x \wedge y))$; $(f \boxplus g)(z) = \exists x \exists y (f(x) \wedge g(y) \wedge (z \equiv x \oplus y))$. 另一种公式是 $(f \boxplus g)(z) = \bigvee \{f(z \oplus y) \mid g(y) = 1\} = \bigvee \{g(z \oplus x) \mid f(x) = 1\}$.

(c) (i) 和 (ii) 都成立. 此外 $f \boxplus (g \cup h) = (f \boxplus g) \cup (f \boxplus h)$. 一般情况下公式 (iii) 不成立，虽然我们有 $f \sqcup (g \cap h) \subseteq (f \sqcup g) \sqcap (f \sqcup h)$. 公式 (iv) 没有什么道理，由 (i)，右端是 $(f \sqcup f) \cup (f \sqcup h) \cup (g \sqcup f) \cup (g \sqcup h)$. 公式 (v) 成立，因为三部分全部为 $\emptyset$. 至于公式 (vi)，成立的充分必要条件是 $f \neq \emptyset$.

(d) 只有 (ii) 恒为真. 对于 (i)，为真的条件应是 $f \sqcap g \subseteq \epsilon$，因为 $f \sqcap g = \emptyset$ 蕴涵 $f \perp g$. 对于 (iii)，注意每当 $|f| = |g| = 1$ 时 $|f \sqcup g| = |f \sqcap g| = |f \boxplus g| = 1$. 最后，在命题 (iv) 中我们的确有 $f \perp g \implies f \sqcup g = f \boxplus g$，但是逆命题（比方说）当 $f = g = e_1 \cup \epsilon$ 时不成立.

(e) 在 (i) 中 $f = \emptyset$，在 (ii) 中 $f = \epsilon$. 对于所有 g，还有 $\epsilon \boxplus g = g$. (iii) 没有解，因为 f 必将是 $\{\{1, 2, 3, \ldots\}\}$，而我们只考虑有限集. 但是在习题 201 的答案的有限全域内我们有 $f = \{\{1, \ldots, N\}\}$.（这个族 U 具有性质 $(f \boxplus U) \sqcup (g \boxplus U) = (f \sqcap g) \boxplus U$.）(iv) 的通解是 $f = e_1 e_2 \sqcup f'$，其中 f' 是任意族. 类似地，(v) 的通解是 $f = (e_1 \sqcup f') \cup (e_2 \sqcup f'') \cup (e_1 e_2 \sqcup (f' f'' \cup f'''))$，其中是 f', f'', f''' 是任意的. 在 (vi) 中，$f = ((((e_1 \sqcup e_2) \cup \epsilon) \sqcup f') \cup ((e_1 \cup e_2) \sqcup f'')) \sqcup (e_3 \cup \epsilon)$，其中 $f' \cup f'' \perp e_1 \cup e_2 \cup e_3$. 这个表示从习题 204(f) 推出. 在 (vii) 中，$|f| = 1$. 最后，(viii) 表示霍恩函数的特性（定理 7.1.1H）.

204. (a) 由定义这个关系是显然的.（还有 $(f \cup g)/h \supseteq (f/h) \cup (g/h)$.）

(b) $f/e_2 = \{\{1\}, \emptyset\} = e_1 \cup \epsilon$，$f/e_1 = e_2 \cup e_3$，$f/\epsilon = f$，因此 $f/(e_1 \cup \epsilon) = e_2 \cup e_3$.

(c) 除以 $\emptyset$ 陷入困境，因为所有集合 α 属于 $f/\emptyset$.（但是如果我们限于考虑 $\{1, \ldots, N\}$ 的子集族，则像在习题 201 和 207 中那样，我们有 $f/\emptyset = \wp$. 另外 $\wp/\wp = \epsilon$，并且当 $f \neq \emptyset$ 时 $f/\wp = \emptyset$.）显然 $f/\epsilon = f$. 并且当 $f \neq \emptyset$ 时 $f/f = \epsilon$. 最后，当 $g \neq \emptyset$ 时 $(f \bmod g)/g = \emptyset$，因为 $\alpha \in (f \bmod g)/g$ 且 $\beta \in g$ 蕴涵 $\alpha \cup \beta \in f$, $\alpha \in f/g$, $\alpha \cup \beta \notin (f/g) \sqcup g$——矛盾.

(d) 如果 $\beta \in g$，对于所有 $\alpha \in f/g$ 我们有 $\beta \cup \alpha \in f$ 且 $\beta \cap \alpha = \emptyset$. 这就证明了提示. 因此 $f/g \subseteq f/(f/(f/g))$. 另外由 (a)，当 $h \supseteq g$ 时 $f/h \subseteq f/g$. 令 $h = f/(f/g)$.

(e) 令 $f//g$ 是新的定义中的族. 那么 $f/g \subseteq f//g$，因为 $g \sqcup (f/g) \subseteq f$ 且 $g \perp (f/g)$. 反过来，如果 $\alpha \in f//g$ 且 $\beta \in g$，对于某个满足 $g \sqcup h \subseteq f$ 且 $g \perp h$ 的 h 我们有 $\alpha \in h$. 所以 $\alpha \cup \beta \in f$ 且 $\alpha \cap \beta = \emptyset$.

(f) 如果 f 有这种表示，我们必定有 $g = f/e_j$ 且 $h = f \bmod e_j$. 反过来，那些族满足 $e_j \perp g \cup h$. （这个法则是构成 ZDD 的基础的基本递归原理——正如带有独立于 x_j 的 g 和 h 的唯一表示 $f = (x_j?\ g\colon h)$ 构成 BDD 的基础一样.）

(g) 两者都是真.（为了证明它们，像在 (f) 中那样表示 f 和 g.）

[罗伯特·布雷顿和柯蒂斯·麦克马伦在 *Proc. Int. Symp. Circuits and Systems* (IEEE, 1982), 49–54 中引入了商运算和余数运算，但是用了一种略微不同的表述方式：他们讨论子立方的不可比集的集族的处理.]

205. 在所有情况下，我们构造基于习题 204(f) 的递归. 例如，如果 $f_o = g_o = v$，我们有 $f \sqcup g = (\bar{v}?\ f_l \sqcup g_l\colon (f_l \sqcup g_h) \cup (f_h \sqcup g_l) \cup (f_h \sqcup g_h))$; $f \sqcap g = (\bar{v}?\ (f_l \sqcap g_l) \cup (f_l \sqcap g_h) \cup (f_h \sqcap g_l)\colon f_h \sqcap g_h)$; $f \boxplus g = (\bar{v}?\ (f_l \boxplus g_l) \cup (f_h \boxplus g_h)\colon (f_h \boxplus g_l) \cup (f_l \boxplus g_h))$.

(a) 如果 $f_o < g_o$ 或（$f_o = g_o$ 且 $f > g$），交换 $f \leftrightarrow g$. 如果 $f = \emptyset$，返回 f；如果 $f = \epsilon$，返回 g. 如果 $f \sqcup g = r$ 在备忘录缓存内，返回 r. 如果 $f_o > g_o$，置 $r_l \leftarrow \mathrm{JOIN}(f, g_l)$, $r_h \leftarrow \mathrm{JOIN}(f, g_h)$；否则，置 $r_l \leftarrow \mathrm{JOIN}(f_l, g_l)$, $r_{lh} \leftarrow \mathrm{JOIN}(f_l, g_h)$, $r_{hl} \leftarrow \mathrm{JOIN}(f_h, g_l)$, $r_{hh} \leftarrow \mathrm{JOIN}(f_h, g_h)$, $r_h \leftarrow \mathrm{OROR}(r_{lh}, r_{hl}, r_{hh})$，并且解除对 r_{lh}, r_{hl}, r_{hh} 的引用. 用 $r \leftarrow \mathrm{ZUNIQUE}(g_o, r_l, r_h)$ 结束. 像习题 198 那样，把它存入缓存并且返回它.

（我们也可以通过公式 $\mathrm{OR}(r_{lh}, \mathrm{JOIN}(f_h, \mathrm{OR}(g_l, g_h)))$ 或 $\mathrm{OR}(r_{hl}, \mathrm{JOIN}(\mathrm{OR}(f_l, f_h), g_h))$ 计算 r_h. 有时一种方法比其他两种方法好得多.）

DISJOIN 运算是相似的，但是省略 r_{hh}，它产生不相交的并集的族 $\{\alpha \cup \beta \mid \alpha \in f, \beta \in g, \alpha \cap \beta = \emptyset\}$.

(b) 如果 $f_o < g_o$ 或（$f_o = g_o$ 且 $f > g$），交换 $f \leftrightarrow g$. 如果 $f \le \epsilon$，返回 f.（我们考虑 $\emptyset < \epsilon$ 且 $\epsilon <$ 所有其他值.）否则，如果 $\mathrm{MEET}(f, g)$ 不在缓存中，那么有两种情况. 如果 $f_o > g_o$，置 $r_h \leftarrow \mathrm{OR}(g_l, g_h)$, $r \leftarrow \mathrm{MEET}(f, r_h)$，并且解除对 r_h 的引用. 否则以类似于 (a) 的方式进行，但是用 $l \leftrightarrow h$. 像通常那样把 r 存入缓存并且返回它.

(c) 这个运算类似于 (a)，但是置 $r_l \leftarrow \mathrm{OR}(r_{ll}, r_{hh})$, $r_h \leftarrow \mathrm{OR}(r_{lh}, r_{hl})$.

(d) 首先我们完成重要的简单情形 f/e_v 和 $f \bmod e_v$:

$$\mathrm{EZDIV}(f, v) = \begin{cases} \text{如果 } f_o = v\text{, 返回 } f_h\text{; 如果 } f_o > v\text{, 返回 } \emptyset. \\ \text{否则在缓存中寻找 } f/e_v = r\text{, 如果不在缓存中，通过} \\ r \leftarrow \mathrm{ZUNIQUE}(f_o, \mathrm{EZDIV}(f_l, v), \mathrm{EZDIV}(f_h, v)) \text{ 计算它.} \end{cases}$$

$$\mathrm{EZMOD}(f, v) = \begin{cases} \text{如果 } f_o = v\text{, 返回 } f_l\text{; 如果 } f_o > v\text{, 返回 } f. \\ \text{否则在缓存中寻找 } f \bmod e_v = r\text{, 如果不在缓存中，通过} \\ r \leftarrow \mathrm{ZUNIQUE}(f_o, \mathrm{EZMOD}(f_l, v), \mathrm{EZMOD}(f_h, v)) \text{ 计算它.} \end{cases}$$

现在 $\mathrm{DIV}(f, g) =$ "如果 $g = \emptyset$，见下面. 如果 $g = \epsilon$，返回 f. 否则，如果 $f \le \epsilon$，返回 $\emptyset$；如果 $f = g$，返回 ϵ. 如果 $g_l = \emptyset$ 且 $g_h = \epsilon$，返回 $\mathrm{EZDIV}(f, g_o)$. 否则，如果 $f/g = r$ 在备忘录缓存内，返回 r. 否则置 $r_l \leftarrow \mathrm{EZDIV}(f, g_o)$, $r \leftarrow \mathrm{DIV}(r_l, g_h)$，并且解除对 r_l 的引用. 如果 $r \ne \emptyset$ 且 $g_l \ne \emptyset$，置 $r_h \leftarrow \mathrm{EZMOD}(f, g_o)$, $r_l \leftarrow \mathrm{DIV}(r_h, g_l)$, 解除对 r_h 的引用，置 $r_h \leftarrow r$, $r \leftarrow \mathrm{AND}(r_l, r_h)$, 解除对 r_l 和 r_h 的引用. 在备忘录缓存中插入 '$f/g = r$' 并且返回 r." 如果像习题 201 那样存在固定的全域 $\{1, \ldots, N\}$，除以 $\emptyset$ 并且返回 $\wp$. 否则它是一个错误（因为不存在全域族 $\wp$）.

(e) 如果 $g = \emptyset$，返回 f. 如果 $g = \epsilon$，返回 $\emptyset$. 如果 $(g_l, g_h) = (\emptyset, \epsilon)$，返回 $\mathrm{EZMOD}(f, g_o)$. 如果 $f \bmod g = r$ 在缓存中，返回它. 否则置 $r \leftarrow \mathrm{DIV}(f, g)$, $r_h \leftarrow \mathrm{JOIN}(r, g)$, 解除对 r 的引用，置 $r \leftarrow \mathrm{BUTNOT}(f, r_h)$，并且解除对 r_h 的引用. 把 r 存入缓存并且返回它.

[凑真一在他关于 ZDD 的原始论文中给出 $\mathrm{EZDIV}(f, v)$, $\mathrm{EZREM}(f, v)$, $\mathrm{DELTA}(f, e_v)$. 他的 $\mathrm{JOIN}(f, g)$ 和 $\mathrm{DIV}(f, g)$ 算法出现在续集中. 见 *ACM/IEEE Design Automation Conf.* **31** (1994), 420–424.]

206. 情形 (a) 和 (b) 的上界 $O(Z(f)^3 Z(g)^3)$ 是不难证明的，情形 (c) 的上界 $O(Z(f)^2 Z(g)^2)$ 也是一样. 但是存在需要这么长时间的例子吗？并且 (d) 运行时间可能是指数量级的吗？在实践中所有 5 个例程看来都是相当快的.

207. 如果 $f = e_{i_1} \cup \cdots \cup e_{i_l}$ 且 $k \geq 0$, 令 $\mathrm{SYM}(f, v, k)$ 是布尔函数, 它为真当且仅当变量 $\{x_{i_1}, \ldots, x_{i_l}\} \cap \{x_v, x_{v+1}, \ldots\}$ 中恰好有 k 个是 1 且 $x_1 = \cdots = x_{v-1} = 0$. 通过调用 $\mathrm{SYM}(f, 1, k)$ 计算 $(e_{i_1} \cup \cdots \cup e_{i_l})\S k$.

$\mathrm{SYM}(f, v, k) =$ "当 $f_o < v$ 时循环执行: 置 $f \leftarrow f_l$. 如果 $f_o = N+1$ 且 $k > 0$, 返回 $\emptyset$. 如果 $f_o = N+1$ 且 $k = 0$, 返回部分重言式函数 t_v (见习题 201 的答案). 如果 $f\S v\S k = r$ 在缓存中, 返回 r. 否则置 $r \leftarrow \mathrm{SYM}(f, f_o+1, k)$. 如果 $k > 0$, 置 $q \leftarrow \mathrm{SYM}(f_l, f_o+1, k-1)$, $r \leftarrow \mathrm{ZUNIQUE}(f_o, r, q)$. 当 $f_o > v$ 时循环执行: 置 $f_o \leftarrow f_o - 1$, $\mathrm{REF}(r)$ 增加 1, 并且置 $r \leftarrow \mathrm{ZUNIQUE}(f_o, r, r)$. 把 '$f\S v\S k = r$' 存入缓存, 并且返回 r." 运行时间是 $O((k+1)N)$. 注意 $\emptyset\S 0 = \wp$.

208. 仅从步骤 C1 和 C2 中省略因子 2^{v_s-1-1}, $2^{v_l-v_k-1}$, $2^{v_h-v_k-1}$. (并且我们通过在步骤 C2 中置 $c_k \leftarrow c_l + zc_h$ 获得生成函数, 见习题 25.) 解的数目等于 ZDD 中从根到 $\top$ 的路径的数目.

209. 首先对于 $n > j \geq 1$ 计算 $\delta_n \leftarrow \bot$ 和 $\delta_j \leftarrow (\bar{x}_{j+1} \circ x_{j+1}) \bullet \delta_{j+1}$. 然后, 把它改变成 $\alpha \leftarrow (\bar{x}_j \bullet \alpha) \circ (x_j \bullet \delta_j)$, 其中习题 31 的答案说明 $\alpha \leftarrow (\bar{x}_j \circ x_j) \bullet \alpha$. 此外, 用 β 和 γ 代替 α 做类似的改变.

210. 事实上, 当 $x = x_1 \ldots x_n$ 时我们可以在 g 的定义中用任何线性函数 $c(x) = c_1 x_1 + \cdots + c_n x_n$ 代替 νx, 以此表示由算法 B 处理的一般布尔规划问题的所有最优解的特性.

对于 ZDD 的每个具有字段 $\mathrm{V}(x)$, $\mathrm{LO}(x)$, $\mathrm{HI}(x)$ 的分支结点 x, 我们可以计算它的最优值 $\mathrm{M}(x)$ 和新的 $\mathrm{L}(x)$, $\mathrm{H}(x)$ 链, 如下: 令 $m_l = \mathrm{M}(\mathrm{LO}(x))$ 且 $m_h = c_{\mathrm{V}(x)} + \mathrm{M}(\mathrm{HI}(x))$, 其中 $\mathrm{M}(\bot) = -\infty$ 且 $\mathrm{M}(\top) = 0$. 然后, 如果 $m_l \geq m_h$, 置 $\mathrm{L}(x) \leftarrow \mathrm{LO}(x)$, 否则置 $\mathrm{L}(x) \leftarrow \boxed{\bot}$. 如果 $m_l \leq m_h$, 置 $\mathrm{H}(x) \leftarrow \mathrm{HI}(x)$, 否则置 $\mathrm{H}(x) \leftarrow \bot$. g 的 ZDD 是通过简化从根可达的 L 和 H 链获得的. 注意 $Z(g) \leq Z(f)$, 于是整个计算用 $O(Z(f))$ 步. (ZDD 这个良好性质是奥利维耶·库代尔指出的, 见习题 237 的答案.)

211. 成立, 除非矩阵有全零的行. 实际上不存在这样的行, 对于 $0 \leq k < n$, f 的分布和 z 分布满足 $b_k \geq q_k - 1 \geq z_k$, 因为只有不依赖于 x_{k+1} 的第 k 层子函数是常数 0.

212. 依我的经验, 最佳选择是利用习题 207 的算法对 (129) 的每一项 $T_j = S_1(X_j)$ 建立 ZDD, 然后把它们 AND 在一起. 例如, 在问题 (128) 中我们有 $X_1 = \{x_1, x_2\}$, $X_2 = \{x_1, x_3, x_4\}, \ldots, X_{64} = \{x_{105}, x_{112}\}$. 为了建立项 $S_1(X_2) = S_1(x_1, x_3, x_4)$ (它的 ZDD 有 115 个结点), 只需建立 $e_1 \cup (e_3 \cup e_4)$ 的 5 结点 ZDD, 并且计算 $T_2 = (e_1 \cup e_3 \cup e_4)\S 1$.

但是, 得到 (129) 的各项 $T_1, \ldots, T_n$ 后, 应该按什么顺序完成 AND 呢? 考虑问题 (128). 方法 1: $T_1 \leftarrow T_1 \wedge T_2$, $T_1 \leftarrow T_1 \wedge T_3, \ldots, T_1 \leftarrow T_1 \wedge T_{64}$. 这种 "自顶向下" 方法先填满上面几层, 需要大约 620 万次内存访问. 方法 2: $T_{64} \leftarrow T_{64} \wedge T_{63}$, $T_{64} \leftarrow T_{64} \wedge T_{62}, \ldots, T_{64} \leftarrow T_{64} \wedge T_1$. 通过先填满下面几层 ("自底向上"), 时间降低到大约 175 万次内存访问. 方法 3: $T_2 \leftarrow T_2 \wedge T_1$, $T_4 \leftarrow T_4 \wedge T_3, \ldots$, $T_{64} \leftarrow T_{64} \wedge T_{63}$; $T_4 \leftarrow T_4 \wedge T_2$, $T_8 \leftarrow T_8 \wedge T_6, \ldots, T_{64} \leftarrow T_{64} \wedge T_{62}$; $T_8 \leftarrow T_8 \wedge T_4$, $T_{16} \leftarrow T_{16} \wedge T_{12}, \ldots$, $T_{64} \leftarrow T_{64} \wedge T_{60}$; $\ldots$; $T_{64} \leftarrow T_{64} \wedge T_{32}$. 这种 "平衡的" 方法也需要大约 175 万次内存访问. 方法 4: $T_{33} \leftarrow T_{33} \wedge T_1$, $T_{34} \leftarrow T_{34} \wedge T_2, \ldots, T_{64} \leftarrow T_{64} \wedge T_{32}$; $T_{49} \leftarrow T_{49} \wedge T_{33}$, $T_{50} \leftarrow T_{50} \wedge T_{34}, \ldots$, $T_{64} \leftarrow T_{64} \wedge T_{48}$; $T_{57} \leftarrow T_{57} \wedge T_{49}$, $T_{58} \leftarrow T_{58} \wedge T_{50}, \ldots, T_{64} \leftarrow T_{64} \wedge T_{56}$; $\ldots$; $T_{64} \leftarrow T_{64} \wedge T_{63}$. 这是一种好得多的进行平衡处理的方法, 仅需大约 85 万次内存访问. 方法 5: 使用三元 ANDAND 运算的一种类似的平衡策略, 它的结果更好, 代价仅为 67.5 万次内存访问. (在所有 5 种情况中, 要加上为建立 64 个初始项 T_j 的 19 万次内存访问时间.)

顺便说一下, 通过在 (128) 和 (129) 中要求 $x_1 = 0$ 和 $x_2 = 1$, 我们可以把 ZDD 的大小从 2300 减少到 1995, 因为每个覆盖的 "转置" 是另外一个覆盖. 然而, 这种想法并不能大幅减少运行时间.

(128) 的行按递减的字典序出现, 这也许不是理想的. 但是当有如此多的变量出现时, 动态变量排序是无益的. (移动变量使 ZDD 的大小从 2300 减少到 1887, 但是花费很长时间.)

对于形形色色的恰当覆盖问题做进一步研究显然是富有吸引力的.

213. 它是一个二部图, 在图的一部有 30 个顶点, 在另一部有 32 个顶点. (把棋盘设想成一块方格图案: 每张多米诺骨牌把一个白色方格连结到一个黑色方格, 而且我们已经移除了两个黑色方格.) $(1, \ldots, 1, 1, *, *)$ 的一行的和至少在 31 个 "白色" 位置带有 1, 所以它的最后两个坐标必定是 $(2, 1)$ 或 $(3, 2)$.

214. 对覆盖条件 (128) 进一步添加约束条件, 即 $\bigwedge_{j=1}^{14} S_{\geq 1}(Y_j)$, 其中 Y_j 是穿过第 j 个潜在覆盖故障的直线的 x_i 的集合. (例如, $Y_1 = \{x_2, x_4, x_6, x_8, x_{10}, x_{12}, x_{14}, x_{15}\}$ 是把一张多米诺骨牌垂直置于棋盘顶部两行的方式的集合, 每一个 $|Y_j| = 8$.) 所得 ZDD 有 9812 个结点, 并且表示 25 506 个解的特征. 附带说明, BDD 的大小是 26 622. [存在 $m \times n$ 的无故障覆盖, 当且仅当是 mn 是偶数, $m \geq 5$, $n \geq 5$, $(m, n) \neq (6, 6)$. 见葛立恒, *The Mathematical Gardner* (Wadsworth International, 1981), 120–126. (127) 中的解是仅有的在水平与垂直反射下都对称的 8×8 例子. 对于在 90° 旋转下对称的例子见图 29(b).]

215. 这次我们添加约束条件 $\bigwedge_{j=1}^{49} S_{\geq 1}(Z_j)$, 其中 Z_j 是围绕一个内部角点的四处 x_i 的集合. (例如, $Z_1 = \{x_1, x_2, x_4, x_{16}\}$.) 这些条件使得 BDD 的大小减少到 66. 只有两个解, 一个是另外一个的转置, 而且很容易用手工方式求出它们. [见小谷善行, *Puzzlers' Tribute* (A. K. Peters, 2002), 413–420. 迪安·希克森描述了所有榻榻米覆盖集合的特征. 对应的生成函数由弗兰克·拉斯基和珍妮弗·伍德科克求出, *Electronic J. Combinatorics* **16**, 1 (2009), #R126.]

216. (a) 如果选择的是第 i 行, 对 (128) 的每一行指定 3 个变量 (a_i, b_i, c_i), 对应于多米诺骨牌的颜色. (129) 中的 f 的 ZDD 的每个分支结点现在变成 3 个分支结点. 我们可以通过用 $f \wedge x_2$ 代替 f 利用转置下的对称性, 这样使 ZDD 的大小从 2300 减少到 1995, 当每个分支结点是三重结点时, 这个大小变成 5981.

现在我们对于第 i 行和第 i' 行是邻接多米诺骨牌位置的所有 682 种情况 $\{i, i'\}$ 在邻接约束条件下进行 AND. 这样的约束条件具有 $\neg((a_i \wedge a_{i'}) \vee (b_i \wedge b_{i'}) \vee (c_i \wedge c_{i'}))$ 的形式, 并且我们像在习题 212 的答案的方法 2 中那样自底向上应用它们. 这个计算使 ZDD 膨胀直到超过 80 万个结点, 但是最终稳定下来终止于 584 205 个结点.

所求的答案结果是 13 343 246 232 (自然这是 $3! = 6$ 的倍数, 因为 3 种颜色的每种排列都产生一个不同的解).

(b) 这个问题不同于 (a), 因为许多覆盖 (包括图 29(b)) 可以是按多种方式进行 3 着色的, 我们对它们仅计数一次.

假定 $f(a_1, b_1, c_1, \ldots, a_m, b_m, c_m) = f(x_1, \ldots, x_{3m})$ 是满足 $a_i = x_{3i-2}$, $b_i = x_{3i-1}$, $c_i = x_{3i}$ 的函数, 使得对于 $1 \leq i \leq m$, $f(x_1, \ldots, x_{3m}) = 1$ 蕴涵 $a_i + b_i + c_i \leq 1$. 我们把 f 的去色 $\$f$ 定义为

$$\$f(x_1, \ldots, x_m) = \exists y_1 \cdots \exists y_{3m} (f(y_1, \ldots, y_{3m})$$

$$\wedge (x_1 = y_1 + y_2 + y_3) \wedge \cdots \wedge (x_m = y_{3m-2} + y_{3m-1} + y_{3m})).$$

一个简单的递归子程序将从 f 的 ZDD 计算 $\$f$ 的 ZDD. 这个过程把从 (a) 中得到的 584 205 个结点的 ZDD 变换成 33 731 个结点的 ZDD, 由此可以推出答案: 3 272 232.

(运行时间是, (a) 部分的 12 亿次内存访问, 加上去色的 13 亿次内存访问. 总共需要大约 44 兆字节的内存. 类似的基于 BDD 而非 ZDD 的计算以 136 + 15 亿次内存访问和占用 185 兆字节的内存为代价.)

217. 分离条件添加形式为 $\neg(x_i \wedge x_{i'})$ 的 4198 个进一步的限制条件, 其中第 i 行和第 i' 行指定全同块的邻接位置. 依我的经验, 当同时对析取 $\bigwedge_{j=1}^{468} S_1(X_j)$ 求值时, 应用这些条件是一个坏主意, 试图单独对新的限制条件建立分离的 ZDD 甚至更坏. 好得多的做法是像以前那样构建 512 227 个结点的 ZDD, 然后依次添加新的限制条件, 首先限制最底层的变量. 在进行 2860 亿次内存访问的计算后最终得到大小为 31 300 699 的 ZDD, 证明恰好存在 7 099 053 234 102 个分离的解.

我们还可以寻求更强的分离解, 其中甚至不允许全同块接触它们的角点. 这个需求添加 1948 个限制条件. 有 554 626 216 个更强的分离覆盖, 可以用大小为 4 785 236 的 ZDD 在进行 2450 亿次内存访问的计算后求出. (但是用标准回溯方法求它们更快, 而且花费的内存是微不足道的.)

218. 这是一个恰当覆盖问题. 例如, 当 $n = 3$ 时关联矩阵是

$$
\begin{array}{ll}
001001010 & (--2--2) \\
010001001 & (-3---3) \\
010010010 & (-2--2-) \\
010100100 & (-1-1--) \\
100010001 & (3---3-) \\
100100010 & (2--2--) \\
101000100 & (1-1---)
\end{array}
$$

并且通常有 $3n$ 列和 $\binom{2n-1}{2} - \binom{n}{2}$ 行. 考虑 $n = 12$ 的情形: 187 个变量的 ZDD 有 192636 个结点. 利用习题 212 的答案的方法 4 (二元平衡), 它可以用 3 亿次内存访问的代价求出. 在这种情况下, 方法 5 比方法 4 慢 25%. BDD 要大得多 (2198195 个结点), 而且它的代价超过 9 亿次内存访问.

因此, 对于这个问题 ZDD 显然比 BDD 更可取, 并且它以相当高的效率确定 $L_{12} = 108\,144$ 个解. (然而, 7.2.2 节的 "舞蹈链" 方法约快四倍, 而且它需要少得多的内存空间.)

219. (a) 1267; (b) 2174; (c) 2958; (d) 3721; (e) 4502. (为了建立 WORDS(n) 的 ZDD, 我们对 $w_1 \sqcup h_2 \sqcup i_3 \sqcup c_4 \sqcup h_5$, $t_1 \sqcup h_2 \sqcup e_3 \sqcup r_4 \sqcup e_5$ 等的 7 结点 ZDD 实施 $n - 1$ 个 OR 运算.)

220. (a) 对于在第二个位置可以后接 a 的每个首字母的后继, 有一个 a_2 结点 (aargh, babel, $\dots$, zappy). 除了 q, u, x 之外的所有 23 个字母符合条件. 并且对于可以后接 b 的每个首字母, 有一个 b_2 结点 (abbey, ebony, oboes). 然而, 实际规则不是这样简单. 例如, 由于 czars 和 tzars 之间的共享, 存在 3 个 z_2 结点而不是 4 个.

(b) 不存在 v_5 结点, 因为没有以字母 v 结尾的 5 字母单词. (SGB 单词集合不包括 arxiv 或 webtv.) 出现 w_5 的 3 个结点, 因为一个结点代表其中小于 w_5 的字母必须后接 w 的情形 (aglo 以及其他多个单词). 另外一个结点代表其中 w 或 y 必须跟随其后的情形 (stra 或 resa, 或我们已经见到的 allo 但不是 allot). 还有一个 w_5 结点代表 unse 不是后接 e 或 t 的情形, 因为它必须后接 w 或 x. 同样, 对于 x_5 的 2 个结点代表 x 是被强制的情形, 或者最后字母必须是 x 或 y (跟随 rela). 只有一个 y_5 结点, 因为没有 4 个字母后面可以同时后接 y 和 z. 当然恰好有一个 z_5 结点以及两个汇结点.

221. 我们对于每个可能的消零串珠 ζ 计算 ζ 将出现的概率, 并且对所有 ζ 求和. 为了保证确定性, 考虑与 r_3 上的分支对应的消零串珠, 并且假定它代表 10 个 3 字母后缀的子族. 恰好有 $\binom{6084}{10} - \binom{5408}{10} \approx 1.3 \times 10^{31}$ 个这样的消零串珠, 根据容斥原理, 它们每一个以概率 $\sum_{k \geq 1} \binom{676}{k} (-1)^{k+1} \binom{11881376 - 6084k}{5757 - 10k} / \binom{11881376}{5757} \approx 2.5 \times 10^{-32}$ 出现. [提示: $|\{r, s, t, u, v, w, x, y, z\}| = 9$, $676 = 26^2$, $6084 = 9 \times 26^2$.] 因此这样的消零串珠对 ZDD 的大小总体的贡献约为 0.33. 按类似分析, 对于大小为 1, 2, 3, 4, 5, $\dots$ 的子族的 r_3 消零串珠贡献近似为 11.5, 32.3, 45.1, 41.9, 29.3, $\dots$, 所以我们期望在 r_3 上平均大约共有 188.8 个分支结点. 全部结点总计

$$
\sum_{l=1}^{5} \sum_{j=1}^{26} \sum_{s=1}^{5757} \left(\binom{26^{5-l}(27-j)}{s} - \binom{26^{5-l}(26-j)}{s} \right)
$$
$$
\times \sum_{k=1}^{\infty} \binom{26^{l-1}}{k} (-1)^{k+1} \binom{26^5 - 26^{5-l}(27-j)k}{5757 - sk} / \binom{26^5}{5757},
$$

再加 2 个汇结点, 达到约 7151.986. 平均 z 分布约 $(1.00, \dots, 1.00;\ 25.99, \dots, 25.99;\ 188.86, \dots, 171.43;\ 86.31, \dots, 27.32;\ 3.53, \dots, 1.00;\ 2.00)$.

222. (a) 它是 F 的单词的所有子集的集合. (存在出自 $27^5 = 14\,348\,907$ 种可能性的 50\,569 个这样的子单词. 它们由一个大小为 18\,784 的 ZDD 描述, 这个 ZDD 是从 F 和 $\wp$ 通过习题 205(b) 的答案花费约 1500 万次内存访问构造的.)

(b) 这个公式给出与 $F \sqcap \wp$ 同样的结果, 因为 F 的每个成员恰好包含每个 X_j 的一个元素. 但是计算要慢得多——约 3.7 亿次内存访问, 尽管事实是 $Z(X) = 132$ 几乎同 $Z(\wp) = 131$ 一样小. (注意 $|\wp| = 2^{130}$ 而 $|X| = 26^5 \approx 2^{23.5}$.)

(c) $(F/P) \sqcup P$, 其中 $P = t_1 \sqcup u_3 \sqcup h_5$ 是匹配的模式. (单词是 touch, tough, truth. 这个计算用习题 205 的答案的算法花费大约 3000 次内存访问.) 简单公式的其他竞争者是 $F \cap Q$, 其中 Q 描述允

许的单词. 如果置 $Q = \mathbf{t}_1 \sqcup X_2 \sqcup \mathbf{u}_3 \sqcup X_4 \sqcup \mathbf{h}_5$, 我们有 $Z(Q) = 57$, 而且花费再次约为 3000μ. 另一方面, 用 $Q = (\mathbf{t}_1 \cup \mathbf{u}_3 \cup \mathbf{h}_5)\,\S\,3$, 我们有 $Z(Q) = 132$, 而且花费上升到大约 9000 次内存访问. (这里的 $|Q|$ 在第一种情况下是 26^2, 但是在第二种情况下是 2^{127} —— 与从 (a) 和 (b) 获得的任何直觉知识相反! 仔细想想.)

(d) $F \cap ((V_1 \cup \cdots \cup V_5)\,\S\,k)$. 对于 $k = (0, \ldots, 5)$, 这种单词的数目是 $(24, 1974, 3307, 443, 9, 0)$, 分别来自大小为 $(70, 1888, 3048, 686, 34, 1)$ 的 ZDD. ("对于单词 $F \bmod \mathbf{y}_1 \bmod \mathbf{y}_2 \bmod \cdots \bmod \mathbf{y}_5$ 见习题 7–34"道出了创建者 wryly.)

(e) 所求的模式满足 $P = (F \sqcap \wp) \cap Q$, 其中 $Q = ((X_1 \cup \cdots \cup X_5)\,\S\,3)$. 我们有 $Z(Q) = 386$, $Z(P) = 14\,221$, $|P| = 19\,907$.

(f) 这种情况的公式更富技巧性. 首先, $P_2 = F \sqcap F$ 给出 F 连同由两个不同单词满足的所有模式. 我们有 $Z(P_2) = 11\,289$, $|P_2| = 21\,234$, $|P_2 \cap Q| = 7753$. 但是 $P_2 \cap Q$ 不是答案. 例如, 它遗漏了模式 *atc*, 这个模式出现 8 次, 但是仅限于上下文 *atch 中. 正确答案由 $P_2' \cap Q$ 给出, 其中 $P_2' = (P_2 \setminus F) \sqcap \wp$. 于是 $Z(P_2') = 8947$, $Z(P_2' \cap Q) = 7525$, $|P_2' \cap Q| = 10\,472$.

(g) $G_1 \cup \cdots \cup G_5$, 其中 $G_j = (F/(\mathbf{b}_j \cup \mathbf{o}_j)) \sqcup \mathbf{b}_j$. 答案是 bared, bases, basis, baths, bobby, bring, busts, herbs, limbs, tribs.

(h) 在第二个位置允许所有元音的模式: b*lls, b*nds, m*tes, p*cks.

(i) 第一个给出中间 3 个字母是元音的全部单词. 第二个给出指定了第一个字母和最后一个字母的所有模式, 对于它们至少有一个同 3 个插入的元音匹配. 前者存在 30 个解, 但是后者只有 27 个解 (因为, 例如 louis 和 luaus 产生同一模式). 顺便说一下, 补族 $\wp \setminus F$ 有 $2^{130} - 5757$ 个成员, 而且在它的 ZDD 中有 46 316 个结点.

223. (a) $d(\alpha, \mu) + d(\beta, \mu) + d(\gamma, \mu) = 5$, 因为 $d(\alpha, \mu) = [\alpha_1 \neq \mu_1] + \cdots + [\alpha_5 \neq \mu_5]$.

(b) 给定族 f, g, h, 如果我们考虑放松不等式限制后的子集的 8 种变形, 可以把族 $\{\mu \mid \mu = \langle \alpha\beta\gamma \rangle$ 对某些 $\alpha \in f, \beta \in g, \gamma \in h$ 满足 $\alpha \neq \mu, \beta \neq \mu, \gamma \neq \mu, \alpha \cap \beta \cap \gamma = \emptyset\}$ 递归地定义为允许 ZDD 计算. 在我的实验系统中, 对于 $n = (100, 1000, 5757)$ 的 WORDS(n) 的中位数, ZDD 分别有 $(595, 14\,389, 71\,261)$ 个结点和表示 $(47, 7310, 86\,153)$ 个 5 字母解的特征. 当 $n = 5757$ 时, 86 153 个中位数中的 5 字母单词是 chads, stent, blogs, ditzy, phish, bling, tetch. 事实上, 当 $n = 1000$ 时 tetch $= \langle$fetch teach total$\rangle$ 已经出现. (运行时间分别约为 $(0.1, 20, 7000)$ 亿次内存访问, 不是特别引人注目. ZDD 对于这个问题可能不是最佳工具. 尽管如此, 编程还是有启发性的.)

(c) 当 $n = 100$ 时, 恰好分别有 $(1, 14, 47)$ 个 WORDS(n) 的中位数属于 WORDS(100), WORDS(1000), WORDS(5757). 具有最常见单词的解是 while $= \langle$white whole still$\rangle$. 当 $n = 1000$ 时, 对应的数目是 $(38, 365, 1276)$. 而当 $n = 5757$ 时, 它们是 $(78, 655, 4480)$. 不是 3 个其他英文单词的中位数的最常见英文单词是 their, first, right.

224. 有向无圈图的每段弧 $u \longrightarrow v$ 对应于森林的一个顶点 v. ZDD 对于每段弧恰好有一个分支结点. 那个结点的 LO 指针指向对应顶点 v 的右兄弟结点, 或者当 v 没有右兄弟时指向 $\boxed{\bot}$. HI 指针指向 v 的左子结点, 或者当 v 是叶结点时指向 $\boxed{\top}$. 弧可以按多种方式排序 (例如前序、后序和层序) 而不改变这个 ZDD.

225. 像习题 55 那样, 我们试图用这样一种方式对顶点编号, 使得在先前顶点与后来顶点之间保持非常小的 "边界". 那样我们无须过多地记忆对先前顶点做过什么判定. 在当前情况我们还要用 1 作为源顶点 s 的编号.

在习题 55 的答案中, 源于前面分支结点的相关状态对应于一个等价关系 (一个集合分拆), 但是我们现在用一个对于 $j \leq i \leq l$ 的表 $mate[i]$ 表示它, 其中 $j = u_k$ 是当前边 $u_k \longrightarrow v_k$ 的较小编号的顶点, 并且 $l = \max\{v_1, \ldots, v_{k-1}\}$. 如果顶点 i 是迄今尚未触动的顶点, 令 $mate[i] = i$. 如果顶点 i 是已经触及两次的顶点, 令 $mate[i] = 0$. 否则, 如果前面的边构成一条带有端点 $\{i, r\}$ 的简单路径, 那么 $mate[i] = r$ 且 $mate[r] = i$. 最初除了置 $mate[1] \leftarrow t$, $mate[t] \leftarrow 1$ 外, 我们对于 $1 \leq i \leq n$ 置 $mate[i] \leftarrow i$. [如果 $t > l$, 不需要保存 $mate[t]$ 的值, 因为它可以从 $mate[i]$ ($j \leq i \leq l$) 的值确定.]

令 $j' = u_{k+1}$ 和 $l' = \max\{v_1, \dots, v_k\}$ 是在边 k 已经考察后的 j 和 l 的值，并且假定 $u_k = j$, $v_k = m$, $mate[j] = \hat{j}$, $mate[m] = \hat{m}$. 如果 $\hat{j} = 0$ 或 $\hat{m} = 0$, 我们不能选择边 $j \text{—} m$. 否则，如果 $\hat{j} \neq m$, 新的 $mate$ 表在选择边 $j \text{—} m$ 后可以通过执行赋值 $mate[j] \leftarrow 0$, $mate[m] \leftarrow 0$, $mate[\hat{j}] \leftarrow \hat{m}$, $mate[\hat{m}] \leftarrow \hat{j}$ (按此顺序) 计算.

否则，我们有 $\hat{j} = m$ 且 $\hat{m} = j$. 我们必须考虑到最终的结果. 令 i 是这样的最小整数, $i > j$, $i \neq m$, 并且 $i > l'$ 或 $mate[i] \neq 0$ 且 $mate[i] \neq i$. 如果 $i \leq l'$, 在选择边 $j \text{—} m$ 后的新状态是 $\emptyset$, 否则是 ϵ.

无论是否选择边，对于区间 $j \leq i < j'$ 内的某个 i, 如果 $mate[i] \neq 0$ 且 $mate[i] \neq i$, 新状态将是 $\emptyset$.

例如，下面是在一个 3×3 网格中从 1 到 9 的路径的前面几步 (见 (132)):

k	j	l	m	$mate[1]\dots mate[9]$	$\hat{j}$	$\hat{m}$	$mate'[1]\dots mate'[9]$
1	1	1	2	9 2 3 4 5 6 7 8 1	9	2	0 9 3 4 5 6 7 8 2
2	1	2	3	9 2 3 4 5 6 7 8 1	9	3	0 2 9 4 5 6 7 8 3
2	1	2	3	0 9 3 4 5 6 7 8 2	0	3	—
3	2	3	4	0 2 9 4 5 6 7 8 3	2	4	0 4 9 2 5 6 7 8 3
3	2	3	4	0 9 3 4 5 6 7 8 2	9	4	0 0 3 9 5 6 7 8 4

其中如果选择边 $j \text{—} m$, $mate'$ 描述下一个状态. 状态转换 $mate_{j..l} \mapsto mate'_{j'..l'}$ 是 $9 \mapsto (\overline{12}?\ 92: 09)$; $92 \mapsto (\overline{13}?\ \emptyset: 29)$; $09 \mapsto (\overline{13}?\ 93: \emptyset)$; $29 \mapsto (\overline{24}?\ 294: 492)$; $93 \mapsto (\overline{24}?\ 934: 039)$.

在找出所有可达状态后，可以通过使用类似算法 R 的过程减少等价状态获得 ZDD. (在 3×3 网格问题中，分支结点从 57 个减少到 28 个，附加两个汇结点. 在正文中说明的 22 分支 ZDD 是随后通过习题 197 进行优化而获得的.)

226. 仅仅删除初始设置 "$mate[1] \leftarrow t$, $mate[t] \leftarrow 1$".

227. 在两处把检验 "$mate[i] \neq 0$ 且 $mate[i] \neq i$" 改为只检验 "$mate[i] \neq 0$". 还把 "$i \leq l'$" 改为 "$i \leq n$".

228. 利用上题答案进一步修改如下：添加一个虚顶点 $d = n + 1$ 以及对于所有 $v \neq s$ 的新边 $v \text{—} d$. 接受这种新边将意味着 "终止在 v". 用 $mate[1] \leftarrow d$, $mate[d] \leftarrow 1$ 初始化 $mate$ 表. 在计算 l 和 l' 时不考虑 d 的最大值. 当开始检验保存的 $mate$ 表时，从 $mate[d] \leftarrow 0$ 起步，然后如果遇到 $mate[i] = d$, 置 $mate[d] \leftarrow i$.

229. 在后者的路径中，149 692 648 904 条是从 VA 到 MD 的. 图 (133) 删去了 DC. (然而图 (18) 比图 (133) 具有更少的哈密顿路径，因为图 (133) 有 1 782 199 条从 CA 到 ME 而不是从 VA 到 MD 的哈密顿路径.)

230. 从 ME 开始的唯一的最小和最大路径都在 WA 终止：

11 698 英里, 18 040 英里.

令 $g(z) = \sum z^{\text{miles}(r)}$ 是对所有路径 r 求和. 可以像习题 29 的答案中那样快速计算平均代价 $g'(1)/g(1) = 1\,022\,014\,257\,375\,/\,68\,656\,026 \approx 14\,886.01$.

（同样，$g''(1) = 15\,243\,164\,303\,013\,274$, 所以标准差 ≈ 666.2. ）

231. 习题 225 的答案的算法给出具有 8 062 831 个分支结点的原始 ZDD，它约化成具有 3 024 214 个分支结点的 ZDD. 通过习题 208 的答案，解的数目是 50 819 542 770 311 581 606 906 543.

232. 利用习题 227 的答案，我们求出从一个角到它的横向邻近棋格的 $h = 721\,613\,446\,615\,109\,970\,767$ 条哈密顿路径，以及这些路径中到它的对角邻近棋格的 $d = 480\,257\,285\,722\,344\,701\,834$ 条哈密顿路径. 在两种情况下相关的 ZDD 有大约 130 万个结点. 有向哈密顿圈的数目是 $2h + d = 1\,923\,484\,178\,952\,564\,643\,368$.
（除以 2 得到无向哈密顿圈的数量.）

王的漫游实质上只有两路达到最大长度 $8 + 56\sqrt{2}$, 如右图所示.
[尼古拉·贝卢霍夫证明了, 当 n 是偶数时, $n \times n$ 的王的漫游的最
大长度是 $n + n(n-1)\sqrt{2}$. 见保加利亚的期刊 *Matematika Plyus* **14**, 4
(2006 年 10 至 12 月), 61–64.]

233. 当前面的选择定义了一条从 i 到 r 的定向路径时, 可以用一个类似的过程但是带有 $mate[i] = r$ 且
$mate[r] = -i$. 当 $u_k = j < v_k = m$ 时, 连续地处理所有弧 $u_k \longrightarrow v_k$ 和 $u_k \longleftarrow v_k$. 如果 $mate[j] = j$,
定义 $\hat{\jmath} = -j$, 否则定义 $\hat{\jmath} = mate[j]$. 如果 $\hat{\jmath} \geq 0$ 或 $\hat{m} \leq 0$, 选择 $j \longrightarrow m$ 是非法的. 当选择合法时, 对
于那种选择的修改规则是: $mate[j] \leftarrow 0$, $mate[m] \leftarrow 0$, $mate[-\hat{\jmath}] \leftarrow \hat{m}$, $mate[\hat{m}] \leftarrow \hat{\jmath}$.

234. 可以用约 800 个结点的 ZDD 表示 437 个定向圈. 最短的圈自然是 AL $\longrightarrow$ LA $\longrightarrow$ AL 和 MN $\longrightarrow$ NM $\longrightarrow$ MN.
有 37 个长度为 17（最大长度）的定向圈, 例如（ALARINVTNMIDCOKSC）, 即 AL $\longrightarrow$ LA $\longrightarrow \cdots \longrightarrow$ SC $\longrightarrow$
CA $\longrightarrow$ AL.

顺便说一下, 问题中的有向图是 26 个顶点 {A,B,...,Z} 上的有向图 D 的弧有向图 D^*, 它的
49 段弧是 A $\longrightarrow$ L, A $\longrightarrow$ R, ..., W $\longrightarrow$ Y. D^* 的每条有向通道是 D 的一条有向通道, 反之亦然（见习
题 2.3.4.2–21）. 但是 D^* 的有向圈不是必定单纯地在 D 中. 事实上, D 只有 37 个定向圈, 它们中最长
的圈是唯一的:（ARINMOKSDC）.

如果我们把考虑范围扩大到习题 7–54(c) 中的 62 个邮政编码, 定向圈的数目上升到 38 336, 包括
唯一的 1 圈（A）以及 192 个长度为 23 的圈图, 例如（APRIALASCTNMNVINCOKSDCA）. 在这种情况下大
约 17 000 个 ZDD 结点足以表示定向圈的整个族的特征.

235. 这个有向图有 7912 段弧, 但是, 通过删除来自 0 入度顶点的弧或到达 0 出度顶点的弧, 可以大刀
阔斧地修剪它们. 例如剪去 owner $\longrightarrow$ nerdy, 因为 nerdy 是一个失去作用的末端顶点. 事实上, owner
的所有后继顶点同样被删除, 所以 crown 也要剪去. 最后我们仅留下 85 个单词之间的 112 段弧, 而且问
题基本上可以手工完成.

恰好有 74 个定向圈. 唯一的最短定向圈 slant $\longrightarrow$ antes $\longrightarrow$ tesla $\longrightarrow$ slant, 可以像上题答案那样
缩写成（slante）. 两个最长的定向圈是 $(\alpha\omega)$ 和 $(\beta\omega)$, 其中 α = picastepsomaso, β = pointrotherema,
ω = nicadrearedidoserumoreliciteslabsitaresetuplenactoricedarerunichesto.

236. (a) 假定 $\alpha \in f$ 且 $\beta \in g$. 如果 $\alpha \subseteq \beta$, 那么 $\alpha \in f \sqcap g$. 如果 $\alpha \cap \beta \in f$, 那么 $\alpha \cap \beta \notin f \nearrow g$. 类
似的论证或者利用 (b) 部分, 证明 $f \searrow g = f \setminus (f \sqcup g)$.

注: 关于超集的补运算 "$f \searrow g = f \setminus (f \searrow g) = \{\alpha \in f \mid \alpha \supseteq \beta$ 对于某个 $\beta \in g\}$", 以及关于子
集的补运算 "$f \swarrow g = f \setminus (f \nearrow g) = \{\alpha \in f \mid \alpha \subseteq \beta$ 对于某个 $\beta \in g\}$", 在应用中也是很重要的. 这
道习题把它们排除在外, 仅仅因为 5 种运算已经颇为吓人了. 超集运算是由奥利维耶·库代尔、让·
马德尔和亨利·弗雷斯 [*ACM/IEEE Design Automation Conference* **30** (1993), 625–630] 引入的. 恒
等式 $f \searrow g = f \cap (f \sqcup g)$ 是由奥乃博、湊真一和矶崎秀树 [*Information Processing Letters* **66** (1998),
195–199] 提出的, 他们还列举了 (d) 中的几条定律.

(b) 用初等集合论足以证明.（前面 6 个不等式成对出现, 它们中的每一个与其对偶是等价的. 严
格地说, f^C 包含无限集合, 而 U 是无穷多变量的 AND. 但是这些公式在任何有限全域内成立. 请注意,
当用布尔函数的符号描述时, $f^C(x) = f(\bar{x})$ 是布尔对偶 f^D 的补. 见习题 7.1.1–2. $f^{\sharp}$ 的对偶函数, 即
$\{\alpha \mid \beta \in f$ 蕴涵 $\alpha \cup \beta \neq U\}^{\uparrow}$, 有任何用途吗? 要是有的话, 我们可以用 $f^{\flat}$ 表示它.）

(c) 除 (ii) 外全部是真, 应该说 $x_1^{\uparrow} = x_1^{C \downarrow C} = \bar{x}_1^{\downarrow C} = \epsilon^C = U$.

(d) 在这里划掉的 "恒等式" 是 (ii), (viii), (ix), (xiv), (xvi), 其余公式是值得记住的. 关于
(ii)–(vi), 注意 $f = f^{\uparrow}$ 当且仅当 $f = f^{\downarrow}$, 当且仅当 f 是一个簇. 公式 (xiv) 应为 $f \searrow g^{\downarrow} = f \searrow g$, 即
(xiii) 的对偶公式. 公式 (xvi) 几乎是正确的, 它仅当 $f = \emptyset$ 或 $g = \emptyset$ 时不成立. 公式 (ix) 或许是最有趣
的: 实际上我们有 $f^{\sharp\sharp} = f$, 当且仅当 f 是一个簇.

(e) 假定所有顶点的全域是有限的，我们有 (i) $f = \wp \searrow g$ 且 (ii) $g = (\wp \setminus f)^{\downarrow}$，其中 $\wp$ 是习题 201 和 222 中的全域族，因为 g 是极小依赖集的集族.（纯粹主义者应该在这些公式中用 $\wp_V = \bigcup_{v \in V}(\epsilon \cup e_v)$ 代替 $\wp$. 同样一些关系在任何这样的超图中成立，对于它没有边包含在另一个超图中.）

237. MAXMAL$(f) =$ "如果 $f = \emptyset$ 或 $f = \epsilon$，返回 f. 如果 $f^{\uparrow} = r$ 在缓存中，返回 r. 否则，置 $r \leftarrow$ MAXMAL(f_l)，$r_h \leftarrow$ MAXMAL(f_h)，$r_l \leftarrow$ NONSUB(r, r_h)，解除对 r 的引用，并且置 $r \leftarrow$ ZUNIQUE(f_o, r_l, r_h)，把 r 存入缓存并且返回 r."

MINMAL$(f) =$ "如果 $f = \emptyset$ 或 $f = \epsilon$，返回 f. 如果 $f^{\downarrow} = r$ 在缓存中，返回 r. 否则，置 $r_l \leftarrow$ MINMAL(f_l)，$r \leftarrow$ MINMAL(f_h)，$r_h \leftarrow$ NONSUP(r, r_l)，解除对 r 的引用，并且置 $r \leftarrow$ ZUNIQUE(f_o, r_l, r_h)，把 r 存入缓存并且返回 r."

NONSUB$(f, g) =$ "如果 $g = \emptyset$，返回 f. 如果 $f = \emptyset$ 或 $f = \epsilon$ 或 $f = g$，返回 $\emptyset$. 如果 $f \nearrow g = r$ 在缓存中，返回 r. 否则像习题 198 的答案中说明的那样表示 f 和 g. 如果 $v < g_o$，置 $r_l \leftarrow$ NONSUB(f_l, g)，$r_h \leftarrow f_h$，并且 REF(f_h) 增加 1. 否则，置 $r_h \leftarrow$ NONSUB(f_l, g_l)，$r \leftarrow$ NONSUB(f_l, g_h)，$r_l \leftarrow$ AND(r, r_h)，解除对 r 和 r_h 的引用，并且置 $r_h \leftarrow$ NONSUB(f_h, g_h). 最后，置 $r \leftarrow$ ZUNIQUE(v, r_l, r_h)，把 r 存入缓存并且返回 r."

NONSUP$(f, g) =$ "如果 $g = \emptyset$，返回 f. 如果 $f = \emptyset$ 或 $g = \epsilon$ 或 $f = g$，返回 $\emptyset$. 如果 $f_o > g_o$，返回 NONSUP(f, g_l). 如果 $f \searrow g = r$ 在缓存中，返回 r. 否则置 $v = f_o$. 如果 $v < g_o$，置 $r_l \leftarrow$ NONSUP(f_l, g)，$r_h \leftarrow$ NONSUP(f_h, g). 否则，置 $r_l \leftarrow$ NONSUP(f_h, g_h)，$r \leftarrow$ NONSUP(f_h, g_l)，$r_h \leftarrow$ AND(r, r_l)，解除对 r 和 r_l 的引用，并且置 $r_l \leftarrow$ NONSUP(f_l, g_l). 最后置 $r \leftarrow$ ZUNIQUE(v, r_l, r_h)，把 r 存入缓存并且返回 r."

MINHIT$(f) =$ "如果 $f = \emptyset$，返回 ϵ. 如果 $f = \epsilon$，返回 $\emptyset$. 如果 $f^{\sharp} = r$ 在缓存中，返回 r. 否则，置 $r \leftarrow$ OR(f_l, f_h)，$r_l \leftarrow$ MINHIT(r)，解除对 r 的引用，置 $r \leftarrow$ MINHIT(f_l)，$r_h \leftarrow$ BUTNOT(r, r_l)，解除对 r 的引用，并且置 $r \leftarrow$ ZUNIQUE(f_o, r_l, r_h)，把 r 存入缓存并且返回 r."

像习题 206 那样，这些例程的最差情况运行时间是未知的. 尽管 NONSUB 和 NONSUP 可以通过习题 236(a) 经由 JOIN 或 MEET 和 BUTNOT 计算，这种直接实现的方式趋向于更快. 更可取的作法或许是在 MINMAL 和 MINHIT 中用 $\epsilon \in f$ 代替 $f = \epsilon$，此外在 NONSUP 中用 $\epsilon \in g$ 代替 $g = \epsilon$.

[奥利维耶·库代尔在 *Proc. Europ. Design and Test Conf.* (IEEE, 1997), 224–228 中引入和实现运算符 $f^{\uparrow}$，$f \nearrow g$，$f \searrow g$. 他还对有趣的运算符 $f \odot g = (f \sqcup g)^{\uparrow}$ 给出了一种递归实现. 然而在我的试验中，不用它获得的结果好得多. 例如，如果 f 是美国接壤各州的独立集的 177 结点的 ZDD，运算 $g \leftarrow$ JOIN(f, f) 花费大约 35 万次内存访问，运算 $h \leftarrow$ MAXMAL(g) 花费大约 360 万次内存访问. 但是计算 $h \leftarrow$ MAXJOIN(f, f) 一下子就需要超过 690 亿次内存访问. 自然，改进缓存和垃圾回收策略可能会改变这种局面.]

238. 利用顺序 (104)，我们对于独立集的族 f 可以按照两种方式计算 177 个结点 ZDD：用布尔代数 (67)，$f = \neg \bigvee_{u - v}(x_u \wedge x_v)$；用习题 198–201 的答案的算法，花费约为 110 万次内存访问. 另一方面，按照族代数，由 236(e) 我们有 $f = \wp \searrow \bigcup_{u - v}(e_u \sqcup e_v)$；通过习题 237 的答案，花费小于 17.5 万次内存访问.

给出可 2 着色和可 3 着色子图的子集分别是 $g = f \sqcup f$ 和 $h = g \sqcup f$，极大子集是 $g^{\uparrow}$ 和 $h^{\uparrow}$. 我们有 $Z(g) = 1009$，$Z(g^{\uparrow}) = 3040$，$Z(h) = 179$，$Z(h^{\uparrow}) = 183$，$|g| = 9\,028\,058\,789\,780$，$|g^{\uparrow}| = 2\,949\,441$，$|h| = 543\,871\,144\,820\,736$，$|h^{\uparrow}| = 384$. 计算 g，$g^{\uparrow}$，h，$h^{\uparrow}$ 的花费依次约为 350 Kμ（千次内存访问），3.6 Mμ，1.1 Mμ，230 Kμ.（我们可以通过（比方说）$(g^{\uparrow} \sqcup f)^{\uparrow}$ 计算 $h^{\uparrow}$. 但是，那是一个坏主意.）

极大诱导二部和三部子图有各自的生成函数 $7654z^{25} + \cdots + 9040z^{33} + 689z^{34}$ 和 $128z^{43} + 84z^{44} + 112z^{45} + 36z^{46} + 24z^{47}$. 下面是最小和最大的典型例子：

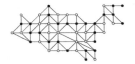 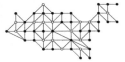 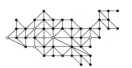 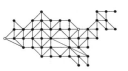

（与 7–(6_1) 和 7–(6_2) 中的最小和最大诱导"1 部子图"比较.）

注意，族 g 和 h 告诉我们恰好哪些诱导子图是可 2 着色和可 3 着色的，但是不能告诉我们如何对它们着色.

239. 由于 $h = ((e_1 \cup \cdots \cup e_{49})\,\S2) \setminus g$ 是 G 的非边的集合，团是 $f = \wp \searrow h$，而极大团是 $f^\uparrow$. 例如，对于 USA 图的 214 个团我们有 $Z(f) = 144$，而对于 60 个极大团，$Z(f^\uparrow) = 130$. 在这种情况下，极大团包含 57 个三角形（它们在 (18) 中无疑是可见的），以及不属于任何三角形的三条边 AZ — NM, WI — MI, NH — ME.

令 f_k 表示可用 k 个团覆盖的集合. 那么 $f_1 = f$，而对于 $k \geq 1$, $f_{k+1} = f_k \sqcup f$.（把 f_{16} 作为 $f_8 \sqcup f_8$ 计算不是好主意，快得多的做法是分别计算各个部分，即使中间结果不是有用的.）

对于 $1 \leq k \leq 19$, USA 图中 f_k 的最大元素具有大小 3, 6, 9, $\ldots$, 36, 39, 41, 43, 45, 47, 48, 49. 在像这样的一个小图中，这些最大值很容易用手工方式计算. 但是，极大元素的问题更加难以捉摸，因此 ZDD 或许是考察它们的最好工具. 对于 $f_1, \ldots, f_{19}$ 的 ZDD，在进行大约 3000 万次内存访问的计算后快速地求出，而且它们是不大的: $\max Z(f_k) = Z(f_{11}) = 9547$. 另外 4 亿次内存访问产生 $f_1^\uparrow, \ldots, f_{19}^\uparrow$ 的 ZDD，它们同样是很小的: $\max Z(f_k^\uparrow) = Z(f_{11}^\uparrow) = 9458$.

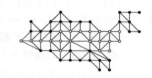

例如，我们对于 $f_{18}^\uparrow$ 求出生成函数 $12z^{47} + 13z^{48}$. 如果我们不考虑 CA, DC, FL, IL, LA, MI, MN, MT, SC, TN, UT, WA 或 WV，用 18 个团就足以覆盖除了 49 个顶点之一以外的全部顶点. 还有 12 种情况，其中我们可以极大地覆盖 47 个顶点. 例如，如果用 18 个团覆盖除了 NE 和 NM 以外的所有顶点，那么那些州没有一个被覆盖. 右图说明一个少有的极大覆盖的例子: 如果用 12 个团覆盖 29 个"黑色的"州，那么没有"白色的"州也会被覆盖.

240. (a) 事实上，(68) 的子公式 $f(x) = \bigwedge_v (x_v \vee \bigvee_{u-v} x_u)$ 确切地表示控制集 x 的特征. 同时，如果把一个核的任何元素删除，它就不能由其他元素控制. ［克劳德·伯奇, *Théorie des graphes et ses applications* (1958), 44.］

(b) (a) 部分的布尔公式在花费约 1.5 Mμ 的计算后，产生带有 $Z(f) = 888$ 的 ZZD. 然后用习题 237 的答案的 MINMAL 算法再花费 1.5 Mμ 给出具有 $Z(f^\downarrow) = 2082$ 的极小元素集.

更明智的方法是从 $h = \bigcup_v (e_v \sqcup \bigsqcup_{u-v} e_u)$ 开始，然后计算 $h^\sharp$，因为 $h^\sharp = f^\downarrow$. 然而，这种情况不值得采用明智的作法: 大约 80 Kμ 就足以计算 h，但是用 MINHIT 算法计算 $h^\sharp$ 花费约 350 Mμ.

无论用两种方法中的哪一种，我们推断恰好有 7 798 658 个极小控制集. 更确切地说，生成函数具有 $192z^{11} + 58855z^{12} + \cdots + 4170z^{18} + 40z^{19}$ 的形式（可以将它与核的生成函数 $80z^{11} + 7851z^{12} + \cdots + 441z^{18} + 18z^{19}$ 进行比较）.

(c) 像习题 239 的答案那样进行，我们可以确定那些不是由大小为 $k = 1, 2, 3, \ldots$ 的子集控制的顶点 d_k 的集合，因为 $d_{k+1} = d_k \sqcup d_1$. 这里用 $d_1 = \wp \sqcap h$ 而不是 $d_1 = h$ 开始要快得多，尽管当 $Z(h) = 213$ 时 $Z(\wp \sqcap h) = 313$，因为我们对于 d_k 的小基数集合成员的细节不感兴趣. 利用 d_7 的生成函数是 $\cdots + 61z^{42} + z^{43}$ 这个事实，我们可以证明右图所示的解是唯一的.（总花费约为 300 Mμ.）

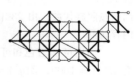

241. 令 g 是全部 728 条边的族. 那么，像前面几道习题那样，$f = \wp \searrow g$ 是独立集的族，团是 $c = \wp \searrow (((\bigcup_v e_v)\,\S2) \setminus g)$. 我们有 $Z(g) = 699$, $Z(f) = 20\,244$, $Z(c) = 1882$.

(a) 在 $|f| = 118\,969$ 个独立集中间，有 $|f^\uparrow| = 10\,188$ 个核，带有 $Z(f^\uparrow) = 8577$ 和生成函数 $728z^5 + 6912z^6 + 2456z^7 + 92z^8$. 92 个最大独立集是经典的八皇后问题的著名解，我们将在 7.2.2 节讨论它. 正如萨姆·劳埃德在 *Brooklyn Daily Eagle*（1896 年 12 月 20 日）指出的那样，示例 (C1) 是仅有的没有 3 个皇后在一条直线上的解. $728 = 91 \times 8$ 个最小核由卡尔·耶尼施首次列举在 *Traité des applications de l'analyse math. au jeu des échecs* **3** (1863), 255–259 中，他把它们归入 "M$^\mathrm{r}$" 的 R***.

(C0) 左上角的皇后可以用王、象或兵代替，依然控制着棋盘上每个空着的方格 [亨利 · 迪德尼，*The Weekly Dispatch*（1899 年 12 月 3 日）].

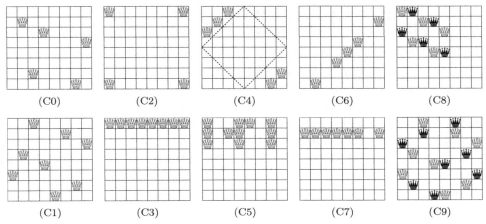

(C0) (C2) (C4) (C6) (C8)

(C1) (C3) (C5) (C7) (C9)

(b) 这里 $Z(c^\uparrow) = 866$. 310 个极大团在习题 7–129 中描述.

(c) 这些子集在计算上是更困难的: 所有控制集 d 的 ZDD 具有 $Z(d) = 12\,663\,505$, $|d| = 18\,446\,595\,708\,474\,987\,957$. 极小控制集具有 $Z(d^\downarrow) = 11\,363\,849$, $|d^\downarrow| = 28\,281\,838$, 以及生成函数 $4860z^5 + 1\,075\,580z^6 + 14\,338\,028z^7 + 11\,978\,518z^8 + 873\,200z^9 + 11\,616z^{10} + 36z^{11}$. 我们可以通过布尔代数用 1.5 $G\mu$ 计算 d 的 ZDD, 然后再用 680 $G\mu$ 计算 $d^\downarrow$ 的 ZDD. 可以选择习题 240 的答案中的 "聪明" 方法用 775 $G\mu$ 获得 $d^\downarrow$ 而不用计算 d. (C5) 中的 11 皇后排列是仅有的限制在 3 行的这种极小控制集. 亨利 · 迪德尼在 *Tit Bits* **33** (1898 年 1 月 1 日), 257 中提出 (C4) 这个仅有的避开中央菱形的 5 皇后解. 全部 4860 个最小解的集合由科洛曼 · 冯 · 西伊最先列举在 *Deutsche Schachzeitung* **57** (1902), 199 中. 他的完全表出现在威廉 · 阿伦斯, *Math. Unterhaltungen und Spiele* **1** (1910), 313–318 上.

(d) 如果我们还不知道 $d^\downarrow$, 这里只要计算 $(c \cap d)^\downarrow$ 而不是 $c \cap (d^\downarrow)$ 就足够了, 因为 $c \cap \wp = c$. 我们有 $Z(c \cap d^\downarrow) = 342$, $|c \cap d^\downarrow| = 92$, 以及生成函数 $20z^5 + 56z^6 + 16z^7$. 亨利 · 迪德尼再次首先找到全部 20 个五皇后问题的解 [*The Weekly Dispatch*（1899 年 7 月 30 日）].

(e) 我们以 24 $G\mu$ 的代价得到 $Z(f \sqcup f) = 91\,780\,989$. 然后再以 290 $G\mu$ 的代价得到 $Z((f \sqcup f)^\uparrow) = 11\,808\,436$. 存在 27\,567\,390 个极大诱导二部子图, 以及生成函数 $109\,894z^{10} + 2\,561\,492z^{11} + 13\,833\,474z^{12} + 9\,162\,232z^{13} + 1\,799\,264z^{14} + 99\,408z^{15} + 1626z^{16}$. 可以把任何 8 个独立的皇后同它们的镜像反射组合获得一个 16 皇后解, 如像 (C1) 产生 (C9) 那样. 但是最小核的不相交的并不会始终是一个最大的诱导二部子图. 例如, 考虑 (C0) 与它的反射的并:

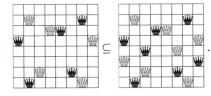

对于小题 (a)(b)(d), 可能还有 (c), 同样可以完全不用 ZDD 求解. 例如对于 (a) 和 (b) 的求解见习题 7.1.3–132. 但是, ZDD 方法对于 (e) 看来是最佳选择. 至于 Q_8 的极大三部子图的计算可能超出任何可行算法的所及范围.

[在更大的皇后图 Q_n 中, 每个最小的核和最小的控制集已知具有大小 $\lceil n/2 \rceil$ 或 $\lceil n/2 \rceil + 1$ ($12 \le n \le 120$). 见帕特里克 · 厄斯特高和威廉 · 威克利, *Electronic J. Combinatorics* **8** (2001), #R29; 德米特里 · 菲诺真克和威廉 · 威克利, *Australasian J. Combinatorics* **37** (2007), 295–300. 阿莱温 · 伯格、欧内斯特 · 科凯恩和克里斯蒂娜 · 米哈特研究过最大的极小控制集, 见 *Discrete Mathematics* **163** (1997), 47–66.]

242. 这些点是一个有趣的带有 1544 条边的 3 正则超图的核. 它的 4\,113\,975\,079 个独立子集 f（就是它的不带 3 个共线点的子集）有 $Z(f) = 52\,322\,105$, 可以像习题 236(e) 的答案那样利用族代数花费约 120 亿次内存访问计算. 计算核 $f^\uparrow$ 将另外花费 575 $G\mu$, 我们有 $Z(f^\uparrow) = 31\,438\,750$ 且 $|f^\uparrow| = 66\,509\,584$. 生成函数是 $228z^8 + 8240z^9 + 728\,956z^{10} + 9\,888\,900z^{11} + 32\,215\,908z^{12} + 20\,739\,920z^{13} + 2\,853\,164z^{14} + $

$73\,888z^{15} + 380z^{16}$.

［寻找大小为 16 的独立集的问题，最初是由亨利·迪德尼在 *The Weekly Dispatch*（1900 年 4 月 29 日和 1990 年 5 月 13 日）中提出的，他给出了上图最左边的图案. 其后，迪德尼在伦敦 *Tribune*（1906 年 11 月 7 日）邀请出迷人找出上图第二个图案，它的中心有两个点. 迈克尔·阿德南、德里克·霍尔顿和帕特里克·凯利找出了最大核的完全集合，它包括在对称下是不同的 57 个核，见 *Lecture Notes in Math.* **403** (1974)，6–17，他们还指出了 8 点核的存在. 上图中间的图案是全部点在中央 4×4 区域内的仅有的图案. 其余两个图案产生的那些核，对于 $n = (8, 9, \ldots, 14)$，在 $n \times n$ 的网络中分别具有 $(8, 8, 10, 10, 12, 12, 12)$ 个点. 它们是由斯蒂芬·安利找到的，并且描述在 1976 年 10 月 27 日致马丁·加德纳的一封信中.］

243. (a) 即使对于无限集合，这个结果也是容易证实的.（注意，依据定理 7.1.1H，作为一个布尔函数，$f^{\cap}$ 是 $\supseteq f$ 的最小霍恩函数.）

(b) 我们可以利用习题 205，构成 $f^{(2)} = f \sqcap f$，然后 $f^{(4)} = f^{(2)} \sqcap f^{(2)}, \ldots$，直到 $f^{(2^{k+1})} = f^{(2^k)}$. 但是更快的方法是设计一种迅速达到极限的递推公式. 如果 $f = f_0 \cup (e_1 \sqcup f_1)$，我们有 $f^{\cap} = f' \cup (e_1 \sqcup f_1^{\cap})$，其中 $f' = f_0^{\cap} \cup (f_0^{\cap} \sqcap f_1^{\cap})$.［另一个公式是 $f' = (f_0 \cup f_1)^{\cap} \setminus (f_1^{\cap} \nearrow f_0)$. 见凑真一和有村博纪，*Transactions of the Japanese Society for Artificial Intelligence* **22** (2007)，165–172.］

(c) 采用 (b) 的第一种建议，$F^{(2)}, F^{(4)}, F^{(8)} = F^{(4)}$ 的计算花费约 $(610 + 450 + 460)$ Mμ. 在这个例子中，结果是 $F^{(4)} = F^{(3)}$，并且恰好有 3 个模式属于 $F^{(3)} \setminus F^{(2)}$，即 c***f, *k*t*, ***sp.（与 ***sp 匹配的单词是 clasp, crisp, grasp.）利用基于 $f_0^{\cap} \sqcap f_1^{\cap}$ 的递推公式直接计算 $F^{\cap}$，仅花费 320 Mμ. 在这个例子中，基于 $(f_0 \cup f_1)^{\cap}$ 的另一个递推公式花费 470 Mμ. 生成函数是 $1 + 124z + 2782z^2 + 7753z^3 + 4820z^4 + 5757z^5$.

244. 为了把图 22 从 BDD 转变为 ZDD，我们添加 LO = HI 的相应结点，其中左右链跨接结点层，获得 z 分布 (1, 2, 2, 4, 4, 5, 5, 5, 5, 5, 2, 2, 2). 为了把它从 ZDD 转变为 BDD，我们在同样位置添加结点，但是用 HI = $\perp$，获得分布 (1, 2, 2, 4, 4, 5, 5, 5, 5, 5, 2, 2, 2).（事实上，连通性函数和生成树函数是彼此间的 Z 变换. 见习题 192.）

245. 见习题 7.1.1–26.（对于各式各样的不同函数，比较习题 7.1.1–27 中的弗雷德曼-哈奇扬算法与习题 237 的答案中基于 ZDD 的算法 MINHIT 的性能是有趣的.）

246. 如果非常量函数不依赖于 x_1，我们可以在公式中用 x_v 代替 x_1，就像在 (50) 中那样. 令 P 和 Q 是函数 p 和 q 的素蕴涵元.（例如，如果 $P = e_2 \cup (e_3 \sqcup e_4)$，那么 $p = x_2 \vee (x_3 \wedge x_4)$.）依据 (137) 和对于 $|f|$ 的归纳法，定理中描述的函数 f 是纯净的，当且仅当 p 和 q 是纯净的并且 $\mathrm{PI}(f_0) \cap \mathrm{PI}(f_1) = \emptyset$. 后面这个等式成立，当且仅当 $p \subseteq q$.

247. 我们可以像在 (49) 和习题 75 中那样用 BDD 表示它们的特征. 但是这一次

$$\sigma_n(x_1, \ldots, x_{2^n}) = \sigma_{n-1}(x_1, \ldots, x_{2^{n-1}}) \wedge$$
$$\left((\bar{x}_2 \wedge \cdots \wedge \bar{x}_{2^n}) \vee \left(\sigma_{n-1}(x_2, \ldots, x_{2^n}) \wedge \bigwedge_{j=0}^{2^{k-1}} \left(\bar{x}_{2j+1} \vee \bigvee_{i \subset j} x_{2i+2} \right) \right) \right).$$

对于 $0 \le n \le 7$，答案 $|\sigma_n|$ 是 (2, 3, 6, 18, 106, 2102, 456 774, 7 108 935 325).（这个计算建立大小为 $B(\sigma_7) = 7\,701\,683$ 的 BDD，总共使用大约 9 亿次内存访问和 725 兆字节.）

248. 假. 例如，$(x_1 \vee x_2) \wedge (x_2 \vee x_3)$ 不是纯净的.（但是，如果 f 和 g 依赖于变量的不相交集合，或者 x_1 是两个函数同时依赖的仅有变量，那么合取是纯净的.）

249.（沙丁·杜格米和伊恩·波斯特给出的解）非零的单调布尔函数是超纯净的，当且仅当它的素蕴涵元是一个拟阵的基. 见 7.6.1 节. 通过扩充习题 247 的答案，我们可以确定，对于 $0 \le n \le 7$，超纯净函数 $f(x_1, \ldots, x_n)$ 的数目是：(2, 3, 6, 17, 69, 407, 3808, 75 165).

250. 穷举分析证明，平均值 $B(f) = 76\,726\,/\,7581 \approx 10.1$；平均值 $Z(\mathrm{PI}(f)) = 71\,513\,/\,7581 \approx 9.4$；$\mathrm{Pr}(Z(\mathrm{PI}(f)) > B(f)) = 151/7581 \approx 0.02$. 并且当 f 是 $(x_1{\wedge}x_4) \vee (x_1{\wedge}x_5) \vee (x_2{\wedge}x_3{\wedge}x_4) \vee (x_2{\wedge}x_5)$ 时出现唯一的最大值 $Z(\mathrm{PI}(f))/B(f) = 8/7$.

251. 更强的命题 $\limsup Z(\mathrm{PI}(f))/B(f) = 1$ 可能成立吗？

252. ZDD 应描述 $\{e_1, e_1', \ldots, e_n, e_n'\}$ 上的所有单词，对于数对 (j, k) 的某个集合，它们恰好含有的 j 个不带撇号的字母和 $k - j$ 个带撇号的字母，而且 e_i 和 e_i' 不同时出现在同一个单词中. 例如，如果 $n = 9$ 且 $f(x) = v_{\nu x}$，其中 $v = 110111011$，数对是 $(0, 8)$, $(3, 6)$, $(8, 8)$. 与数对的集合无关，z 分布的元素将全部是 $O(n^2)$，因此 $Z(\mathrm{PI}(f)) = O(n^3)$. （我们对变量排序使得 x_i 和 x_i' 是邻接的. ）因此 $f(x) = S_{\lfloor n/3 \rfloor, \ldots, \lfloor 2n/3 \rfloor}(x)$ 有 $Z(\mathrm{PI}(f)) = \Omega(n^3)$.

253. 令 $\mathrm{I}(f)$ 是 f 的所有蕴涵元的族，那么 $\mathrm{PI}(f) = \mathrm{I}(f)^{\downarrow}$. 公式 $\mathrm{I}(f) = \mathrm{I}(f_0 \wedge f_1) \cup (e_1' \sqcup \mathrm{I}(f_0)) \cup (e_1 \sqcup \mathrm{I}(f_1))$ 是很容易证实的. 因此，如在习题 237 中那样，$\mathrm{I}(f)^{\downarrow} = A \cup (e_1' \sqcup (\mathrm{PI}(f_0) \searrow A)) \cup (e_1 \sqcup (\mathrm{PI}(f_1) \searrow A))$. 但是由于 $A \subseteq \mathrm{I}(f)$，我们有 $\mathrm{PI}(f_0) \searrow A = \mathrm{PI}(f_0) \setminus A$.

　　[素蕴涵元的这个递推公式是奥利维耶·库代尔和让·马德尔在 *ACM/IEEE Design Automation Conf.* **29** (1992), 36–39 中提出的. 部分结果此前已由贝恩德·罗伊施在 *IEEE Trans.* **C-24** (1975), 924–930 中推出.]

254. 由 (53) 和 (137)，我们须证明 $\mathrm{PI}(g_h) \setminus \mathrm{PI}(f_h \cup g_l) = (\mathrm{PI}(g_h) \backslash \mathrm{PI}(g_l)) \setminus (\mathrm{PI}(f_h) \backslash \mathrm{PI}(f_l))$. 但是等式两端都等于 $\mathrm{PI}(g_h) \setminus (\mathrm{PI}(f_h) \cup \mathrm{PI}(g_l))$，因为 $f_l \subseteq f_h \subseteq g_h$ 且 $f_l \subseteq g_l \subseteq g_h$.

　　[这个递推公式直接从 f 和 g 的 BDD 产生 ZDD，并且当 $f = 0$ 时产生 $\mathrm{PI}(g)$. 因此它比 (137) 更容易执行，后者还需 ZDD 的集合差运算符. 于是它在实际运行中有时要快得多.]

255. (a) 像 $e_2 \sqcup e_5 \sqcup e_6$ 的典型项 α 有非常简单的 ZDD. 给出 g 和 α 的 ZDD，我们可以很容易地设计例程 BUMP，它置 $g \leftarrow g \oplus \alpha$ 并且返回 $[\alpha \in g]$.

　　为了把 α 插入多重族 f，从 $k \leftarrow c \leftarrow 0$ 开始，然后当 $c = 0$ 时循环执行 $c \leftarrow \mathrm{BUMP}(f_k)$，$k \leftarrow k + 1$. 为了删除 α，假定它是现存的，从 $k \leftarrow 0$, $c \leftarrow 1$ 开始，当 $c = 1$ 时循环执行 $c \leftarrow \mathrm{BUMP}(f_k)$，$k \leftarrow k + 1$.

　　(b) 对于 $k \geq m$，假定 f_k 和 g_k 是 $\emptyset$. 置 $k \leftarrow 0$, $t \leftarrow \emptyset$（ZDD $\boxed{\bot}$ ）. 当 $k < m$ 时循环执行 $h_k \leftarrow f_k \oplus g_k \oplus t$, $t \leftarrow \langle f_k g_k t \rangle$. 最后置 $h_m \leftarrow t$.

　　[这种表示和它的插入算法是凑真一和有村博纪在 *Proc. Workshop, Web Information Retrieval and Integration* (IEEE, 2005), 4–11 中提出的.]

256. (a) 从左到右反射 x 的二进制表示，并且添加 0 直到位数达到 2^n（对于某个 n ）. 结果是对应的布尔函数 $f(x_1, \ldots, x_n)$ 的真值表，其中 x_k 对应于 $2^{2^{n-k}} \in U$. 例如，当 $x = 41$ 时，10010100 是 $(x_1 {\wedge} \bar{x}_2 {\wedge} x_3) \vee (\bar{x}_1 {\wedge} x_2 {\wedge} x_3) \vee (\bar{x}_1 {\wedge} \bar{x}_2 {\wedge} x_3)$ 的真值表.

　　(b) 如果 $x < 2^{2^n}$，由 (79) 和习题 192，我们有 $Z(x) \leq U_n = O(2^n/n)$.

　　(c) 有一个简单的递归例程 $\mathrm{ADD}(x, y, c)$，它取得“进位比特” c 以及 x 和 y 的 ZDD 的指针，并且返回 $x + y + c$ 的 ZDD 的指针. 这个例程最多调用 $4Z(x)Z(y)$ 次.

　　(d) 我们不能断言 $Z(x \dotdiv y) = O(Z(x)Z(y))$，因为当 $x = 2^{2^n}$ 且 $y = 1$ 时 $Z(x \dotdiv y) = n + 1$，$Z(x) = 3$, $Z(y) = 1$. 但是当 $y \leq x < 2^{2^n}$ 时通过计算 $x \dotdiv y = (x + 1 + ((2^{2^n} - 1) \oplus y)) - 2^{2^n}$，我们可以证明 $Z(x \dotdiv y) = O(Z(x)Z(y) \log \log x)$. （见习题 201 的答案中的 ZDD 结点 t_j. ）所以答案为“是”.

　　(e) 不是. 例如，如果 $x = (2^{2^k + k} - 1)/(2^{2^k} - 1)$，我们有 $Z(x) = 2^k + 1$，但是 $Z(x^2) = 3 \cdot (2^{2^k} - 1) = U_{2^k + k + 1} - 2$，其中对于满足 $\lg \lg x^2 < 2^k + k + 1$ 的数，$U_{2^k + k + 1}$ 是最大可能的 ZDD 的大小（见 (b) 部分 ）.

　　[这道习题受到让·维耶曼的启发，他在 1993 年前后开始试验这样的稀疏整数. 遗憾的是实际组合计算中最重要的一些数很少是稀疏的，如斐波那契数、阶乘和二项式系数，等等.]

257. 见 *Proc. Europ. Design and Test Conf.* (IEEE, 1995), 449–454. 在带符号的系数的情况下我们可以用 $\{-2, 4, -8, \ldots\}$ 代替 $\{2, 4, 8, \ldots\}$，像在负二进制算术中那样.

［在每个变量的次数最多是 1 并且按模 2 做加法的特殊情况，本习题的多项式等价于布尔函数的多重线性表示（见 7.1.1–(19)），并且 ZDD 等价于"二元矩图"（BMD）. 见兰德尔·布赖恩特和陈盈安，*ACM/IEEE Design Automation Conf.* **32** (1995), 535–541. ］

258. 如果 n 是奇数，BDD 必定依赖于它的全部变量，而且必定至少是它们中的 $\lceil \lg n \rceil$ 个. 因此当 $n > 1$ 时 $B(f) \geq \lceil \lg n \rceil + 2$，并且习题 170(c) 中的瘦函数达到这个界. 如果 n 是偶数，对 $n/2$ 的解添加一个未使用的变量.

容易看出 ZDD 问题等价于像 4.6.3 节中那样寻找一条最短的加法链. 因此，对于 $|f| = n$，最小 $Z(f)$ 是 $l(n) + 1$，包括 $\boxed{\top}$ 在内.

259. 嵌套括号理论（例如，见习题 2.2.1–3）告诉我们：$N_n(x) = 1$ 当且仅当 $\bar{x}_1 + \cdots + \bar{x}_k \geq x_1 + \cdots + x_k$（$0 \leq k \leq 2n$），当 $k = 2n$ 时取等号. 等价地，$k - n \leq x_1 + \cdots + x_k \leq k/2$（$0 \leq k \leq 2n$）. 所以 N_n 的 BDD 颇像 S_n 的 BDD，但是更简单. 事实上，对于 $0 \leq k \leq n$，分布元素是 $b_k = \lfloor k/2 \rfloor + 1$，对于 $n \leq k < 2n$ 是 $b_k = n + 1 - \lceil k/2 \rceil$. 因此 $B(N_n) = b_0 + \cdots + b_{2n-1} + 2 = \binom{n+2}{2} + 1$. 对于 $0 \leq k < 2n$，z 分布有 $z_k = b_k - [k$ 是偶数$]$，因为 HI 在偶数层分支到 $\boxed{\bot}$. 因此 $Z(N_n) = B(N_n) - n$.

［对于同 7.2.1.6–(21) 中的 $C_{nn}, C_{(n-1)(n+1)}, \ldots, C_{0(2n)}$ 对应的 $n + 1$ 个布尔函数，可以用类似于习题 49 的方法构造一个有趣的 BDD 基. ］

260. (a,b) 从顶到底排列变量 $x_{n,0}, x_{n,1}, \ldots, x_{n,n-1}, x_{n-1,0}, \ldots, x_{1,0}$. 那么出自 R_n 的 ZDD 的根的 HI 分支结点是 R_{n-1} 的 ZDD 的根. ［这种顺序对于 $n \leq 6$（也可能对于所有 n）的实际结果是使 $Z(R_n)$ 达到最小值. ］z 分布是 $1, \ldots, 1; n-2, \ldots, 2, 1, 1; n-3, \ldots, 2, 1, 1; \ldots$. 因此 $Z(R_n) = \binom{n}{3} + 2n + 1 \approx \frac{1}{6} n^3$ 且 $Z(R_{100}) = 161\,901$. 通常的分布是 $1, 2, 2, 3, 4, \ldots, n-1; n-1, 2n-4, 2n-5, \ldots, n-1; n-2, 2n-6, \ldots, n-2; \ldots$. 总之，对于 $n \geq 2$，$B(R_n) = 3\binom{n}{3} + \binom{n+1}{2} + 3$，并且 $B(R_{100}) = 490\,153$.

［见仙波一郎和矢岛脩三，*Trans. Inf. Proc. Soc. Japan* **35** (1994), 1666–1667. 顺便说一下，习题 7.2.1.5–26 的方法导致对于只有 $\binom{n}{2}$ 个变量和 $\binom{n}{2} + 1$ 个顶点的集合分拆的一个 ZDD. 但是那种表示与分拆本身之间的直接联系是较少的，因此更难用一种自然的方式限制. ］

(c) 现在，当 $n = 100$ 时有 573 个而不是 5050 个变量. 由等式 5.3.1–(3)，变量数目通常是 $nl - 2^l + 1$，其中 $l = \lceil \lg n \rceil$. 我们考察最高有效位优先的 $a_n, a_{n-1}, \ldots$ 的比特数. 那么 $B(R'_{100}) = 31\,861$，而且可以证明，对于 $n > 2$，$B(R'_n) = \binom{n}{2} l - \frac{1}{6} 4^l - \frac{1}{2} 2^l - \nu(n-1) + l + \frac{8}{3}$. ZDD 的大小更复杂，并且看起来大约要大 60%. 我们有 $Z(R'_{100}) = 50\,154$.

261. 给定布尔函数 $f(x_1, \ldots, x_n)$，使得满足 $f(x_1, \ldots, x_n) = 1$ 的所有二进制串 $x_1 \ldots x_n$ 的集合是有限语言，所以它是正则语言. 这种语言的最小状态确定性自动机 $\mathcal{A}$ 是 f 的 QDD.（一般说来，当 L 是正则语言时，在读取 $x_1 \ldots x_k$ 后 $\mathcal{A}$ 的状态接受语言 $\{\alpha \mid x_1 \ldots x_k \alpha \in L\}$. ）

［引述的定理是由戴维·哈夫曼在更一般的环境下发现的，见 *Journal of the Franklin Institute* **257** (1954), 161–190，并且由爱德华·穆尔独立发现，见 *Annals of Mathematics Studies* **34** (1956), 129–153. ］

这个理论与 BDD 理论之间的联系的一个有趣示例可以在尤里·布赖特巴特的早期工作中找到，他的这些工作综述在 *Doklady Akad. Nauk SSSR* **180** (1968), 1053–1055. 布赖特巴特的论文中的引理 7 实质上阐明了 $B_{\min}(\psi) = \Omega(2^{n/4})$，其中 ψ 是由 $\psi(x, y) = x_{\nu y} \oplus y_{\nu x}$ 定义的 $2n$ 个变量 $x = (x_1, \ldots, x_n)$ 和 $y = (y_1, \ldots, y_n)$ 的函数，满足 $x_0 = y_0 = 0$.（注意 ψ 是一类"双端"隐加权位函数. ）

262. (a) 如果 a 表示函数或子函数 f，例如我们可以令 $C(a) = a \oplus 1$ 表示 $\bar{f}$，假定每个结点占用偶数个字节. 那么 $C(C(a)) = a$，并且当且仅当 a 是奇数时 a 的链表示正规函数. $a \& -2$ 总是指向始终表示正规函数的结点.

每个结点的 LO 指针是偶数，因为正规函数在我们用 0 代替任何一个变量后仍然是正规的. 但是任何结点的 HI 指针可能是求补的，并且指向正规化基的任何函数的外部根指针也可能是求补的. 注意，现在不可能出现汇结点 $\boxed{\top}$.

(b) 由于与真值表相关，唯一性是显然的：串珠要么是正规的（即从 0 开始），要么是正规串珠的补.

(c) 在下图中，每条补链都用一个点方便地表示：

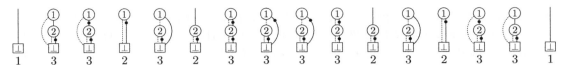

(d) 存在 $2^{2^m-1} - 2^{2^{m-1}-1}$ 条 m 阶的正规串珠. 最坏情况 $B^0(f) \le B^0(f_n) = 1 + \sum_{k=0}^{n-1} \min(2^k,$ $2^{2^{n-k}-1} - 2^{2^{n-k-1}-1}) = (U_{n+1}-1)/2$ 出现在习题 110 的答案的函数. 对于平均正规分布, 把 (80) 中的 $2^{2^{n-k}}-1$ 改为 $2^{2^{n-k}}-2$, 并且用 2 除整个公式. 平均情况也是非常接近最坏情况的. 例如, 替代 (81) 我们有

$$(1.0, 2.0, 4.0, 8.0, 16.0, 32.0, 64.0, 127.3, 103.9, 6.0, 1.0, 1.0).$$

(e) 我们省去 ⊤、一个 ⑥、两个 ⑤ 和三个 ④, 留下 45 个正规结点.

(f) 对于已知 f 和 g 是正规函数的情况, 或许最好用子程序 AND, OR, BUTNOT, 同时对于一般情况用子程序 GAND. 如果 f 和 g 都是偶函数, 例程 $\text{GAND}(f,g)$ 返回 $\text{AND}(f,g)$, 如果 f 是偶函数但 g 是奇函数, 返回 $\text{BUTNOT}(f, C(g))$, 如果 g 是偶函数但是 f 是奇函数, 返回 $\text{BUTNOT}(g, C(f))$, 如果 f 和 g 都是奇函数, 返回 $C(\text{OR}(C(f), C(g)))$. 除了 $r_h \leftarrow \text{GAND}(f_h, g_h)$, 例程 $\text{AND}(f,g)$ 与 (55) 相似. 仅对 $f=0$, $g=0$, $f=g$ 的情况需要作为 "明显的" 值检验.

注: 补链是小谢尔登·埃克斯在 1978 年提出的, 让-保罗·比永在 1987 年独立提出. 虽然这样的链被所有主要的 BDD 程序包采用, 但是难以推荐使用它们, 因为计算机程序变得非常复杂. 内存的节省通常是微不足道的, 而且不可能取得双倍功效. 此外, 作者的经验说明运行时间的改进甚小.

当用 ZDD 代替 BDD 时, 函数的 "正规族" 是不包含空集的函数族. 凑真一曾经建议在 ZDD 处理中用 $C(f)$ 而不是 $\bar{f}$ 表示族 $f \oplus \epsilon$.

263. (a) 如果 $Hx = 0$ 且 $x \ne 0$, 我们不会有 $\nu x = 1$ 或 2, 因为 H 的列是非零且不同的. [理查德·汉明, *Bell System Tech. J.* **29** (1950), 147–160.]

(b) 令 r_k 是 H 的前 k 列的秩, s_k 是后 k 列的秩. 那么 $b_k = 2^{r_k + s_{n-k} - r_n}$ ($0 \le k < n$), 因为这是由前 k 列和后 $n-k$ 列生成的向量空间的交集中元素的数目. 在汉明码中, 当 $k > 1$ 时 $r_k = 1 + \lambda k$ 且 $s_k = \min(m, 2 + \lambda(k-1))$. 因此我们求出 $B(f) = (n^2 + 5)/2$. [见小乔治·福尼, *IEEE Trans.* **IT-34** (1988), 1184–1187.]

(c) 令 $q_k = 1 - p_k$. 使 $\prod_{k=1}^{n} p_k^{[x_k=y_k]} q_k^{[x_k \ne y_k]}$ 取最大值与使 $\sum_{k=1}^{n} w_k x_k$ 取最大值是相同的, 其中 $w_k = (2y_k - 1)\log(p_k/q_k)$, 所以我们可以用算法 B.

注: 编码理论家在 1967 年从福尼未发表的成果开始, 建立了一种称为格子图的编码思想. 在二进制的情况, 格子图如同 f 的 QDD, 但是消除常值子函数 0 的全部结点. (有用的编码具有大于 1 的距离, 于是格子图也是 f 的 BDD, 但是消除了 ⊥.) 福尼的初衷是证明安德鲁·维泰尔比 [*IEEE Trans.* **IT-13** (1967), 260–269] 的解码算法对于卷积码是最优的. 几年后, 拉特·巴尔、约翰·科克、弗雷德里克·杰利内克和约瑟夫·拉维夫 [*IEEE Trans.* **IT-20** (1974), 284–287] 把格子图结构扩展到线性分组码, 并且提出进一步的优化算法. 也见以下论文: 加文·霍恩和弗兰克·克什昌 [*IEEE Trans.* **IT-42** (1996), 2042–2048]; 约翰·拉弗蒂和亚历山大·瓦迪 [*IEEE Trans.* **C-48** (1999), 971–986].

264. 把算法 B 的 "自底向上" 方法与优化一个结点的前导的 "自顶向下" 方法结合的过程, 可能比严格从一个方向处理的方法更有效.

265. 像算法 C 那样用 n 位二进制算术自底向上计算 c_j, 然后从 $k \leftarrow s-1$, $j \leftarrow 1$, $m \leftarrow m-1$ 开始自顶向下进行, 并且重复下列操作步骤 (其间我们有 $0 \le m < 2^{v_k - j} c_k$): 如果 $v_k > j$ 置 $x_j \leftarrow \lfloor m/2^{v_k-j-1} c_k \rfloor$, $m \leftarrow m \bmod 2^{v_k - j - 1} c_k$, $j \leftarrow j+1$, 否则, 如果 $k = 1$, 终止. 否则置 $l \leftarrow l_k$, $h \leftarrow h_k$, 并且如果 $m < 2^{v_l - v_k - 1} c_l$ 置 $x_j \leftarrow 0$, $k \leftarrow l$, $j \leftarrow j+1$, 否则置 $x_j \leftarrow 1$, $m \leftarrow m - 2^{v_l - v_k - 1} c_l$, $k \leftarrow h$, $j \leftarrow j+1$.

266. 事实上, 如果我们使用 HI 的左子链和 LO 的右兄弟链, ZDD 是直接从 F 的标准的 "左子/右兄弟" 二叉树 (见 7.2.1.6–(4)) 获得的. 空链被改为指向 ⊤, 除非最右树的根 (后序中的最后结点) 的 LO 链指向 ⊥.

267. $d(F)$ 的 ZDD 的大小可以用树上递归定义的辅助函数 $\zeta(T)$ 计算如下: 如果 $|T| = 1$ (即 T 只有一个结点), $\zeta(T) = 1$. 否则 T 包含根以及子树 $T_1, \ldots, T_k$ ($k \geq 1$), 并且定义 $\zeta(T) = 1 + \zeta(T_1) + \cdots + \zeta(T_k) + |T| - |T_k|$. 然后如果 F 包含树 $T_1, \ldots, T_k$ ($k \geq 1$), 我们有 $Z(d(F)) = 1 + \zeta(T_1) + \cdots + \zeta(T_k) + [|T_k| = 1]$.

最小大小 n, 显然出现在 F 包含 n 棵单结点树的时候. 最大大小 $\lfloor n^2/4 \rfloor + 2n + 1$, 其中 $n = 2m - 1$ 的情形出现在一棵树中, 它的结点 k 具有两个子结点 $k+1$ 和 $k + m$ ($1 \leq k < m$). $n = 2m$ 的情形是类似的.

对于平均大小, 考虑对所有树 T 求和的生成函数 $Z(w, z) = \sum w^{\zeta(T)} z^{|T|}$. ζ 的定义产生函数方程 $Z(w, z) = wz + w^2 z Z(w, z)/(1 - Z(w, wz))$. 对 w 和 z 微分, 然后置 $w = 1$, 告诉我们 $Z(1, z) = (1 - s)/2$, $Z_w(1, z) = z/s + z/s^2$, $Z_z(1, z) = 1/s$, 其中 $s = \sqrt{1 - 4z}$. 对所有非空森林 F 求和的生成函数 $\sum_F w^{Z(d(F))} z^{|F|}$, 是 $(wZ(w, z) + w^3 z - w^2 z)/(1 - Z(w, z))$. 对 w 微分并且置 $w \leftarrow 1$, 我们得到 $z/(1 - 4z) + 2z/\sqrt{1 - 4z}$. 因此 $Z(d(F))$ 的平均值是

$$(4^{n-1} + 2nC_{n-1})/C_n = \tfrac{1}{4}\sqrt{\pi} n^{3/2} + \tfrac{n}{2} + O(n^{1/2}),$$

其中 C_n 是卡塔兰数 7.2.1.6–$(_{15})$.

7.2.1.1 节

1. 令 $m_j = u_j - l_j + 1$, 并且在算法 M 中访问 $(a_1 + l_1, \ldots, a_n + l_n)$ 而不是 $(a_1, \ldots, a_n)$. 或者, 在这个算法中把 "$a_j \leftarrow 0$" 改为 "$a_j \leftarrow l_j$" 且把 "$a_j = m_j - 1$" 改为 "$a_j = u_j$", 并且在步骤 M1 置 $l_0 \leftarrow 0$, $u_0 \leftarrow 1$.

2. $(0, 0, 1, 2, 3, 0, 2, 7, 0, 9)$.

3. 当 $j = k$ 时执行步骤 M4 $m_1 m_2 \ldots m_k$ 次. 因此总次数是 $\sum_{k=0}^{n} \prod_{j=1}^{k} m_j = m_1 \ldots m_n (1 + 1/m_n + 1/m_n m_{n-1} + \cdots + 1/m_n \ldots m_1)$. 如果所有 m_k 是 2 或者更大的数, 这小于 $2m_1 \ldots m_n$. [因此, 我们应当考虑那些巧妙的格雷码方法, 它们在每次访问中仅改变一个数字, 实际最多减少数字改变总数的一半.]

4. **N1.** [初始化.] 对于 $0 \leq j \leq n$ 置 $a_j \leftarrow m_j - 1$, 其中 $m_0 = 2$.

N2. [访问.] 访问 n 元组 $(a_1, \ldots, a_n)$.

N3. [准备减 1.] 置 $j \leftarrow n$.

N4. [在需要时借位.] 如果 $a_j = 0$, 置 $a_j \leftarrow m_j - 1$, $j \leftarrow j - 1$, 并且重复这一步.

N5. [减 1, 直到结束.] 如果 $j = 0$, 终止算法. 否则置 $a_j \leftarrow a_j - 1$ 并且返回 N2. ∎

5. 在一台像 MMIX 的计算机上二进制位反射是容易的, 但是在其他计算机上我们可以处理如下:

Z1. [初始化.] 置 $j \leftarrow k \leftarrow 0$.

Z2. [交换.] 交换 $A[j+1] \leftrightarrow A[k + 2^{n-1}]$. 而且, 如果 $j < k$, 交换 $A[j] \leftrightarrow A[k]$, $A[j + 2^{n-1} + 1] \leftrightarrow A[k + 2^{n-1} + 1]$.

Z3. [推进 k.] 置 $k \leftarrow k + 2$, 并且当 $k \geq 2^{n-1}$ 时终止.

Z4. [推进 j.] 置 $h \leftarrow 2^{n-2}$. 如果 $j \geq h$, 重复置 $j \leftarrow j - h$, $h \leftarrow h/2$ 直到 $j < h$. 然后置 $j \leftarrow j + h$. (现在如果 $k = (b_{n-1} \ldots b_0)_2$, 则 $j = (b_0 \ldots b_{n-1})_2$.) 返回 Z2. ∎

6. 如果 $g((0 b_{n-1} \ldots b_1 b_0)_2) = (0 (b_{n-1}) \ldots (b_2 \oplus b_1)(b_1 \oplus b_0))_2$, 则 $g((1 b_{n-1} \ldots b_1 b_0)_2) = 2^n + g((0 \bar{b}_{n-1} \ldots \bar{b}_1 \bar{b}_0)_2) = (1 (\bar{b}_{n-1}) \ldots (\bar{b}_2 \oplus \bar{b}_1)(\bar{b}_1 \oplus \bar{b}_0))_2$, 其中 $\bar{b} = b \oplus 1$.

7. 为了适合 $2r$ 个扇区, 我们可以使用对于 $2^n - r \leq k < 2^n + r$ 的 $g(k)$, 其中 $n = \lceil \lg r \rceil$, 因为根据 (5), $g(2^n - r) \oplus g(2^n + r - 1) = 2^n$. [杰弗里·图蒂尔, *Proc. IEE* **103**, Part B Supplement (1956), 434.] 也见习题 26.

8. 使用算法 G, 取 $n \leftarrow n - 1$, 并且在右端加入奇偶检验位 $1 \oplus a_{-1}$. (这产生 $g(0), g(2), g(4), \ldots$.)

9. 由于 $\nu(1011000)$ 是奇数, 所以是把最右边的环放回原处.

10. $A_n + B_n = g^{[-1]}(2^n - 1) = \lfloor 2^{n+1}/3 \rfloor$, $A_n = B_n + n$. 因此 $A_n = \lfloor 2^n/3 + n/2 \rfloor$, $B_n = \lfloor 2^n/3 - n/2 \rfloor$.

历史注记：早期的日本数学家有马赖徝（1714—1783）在他的书 *Shūki Sanpō* (1769) 的问题 44 中讨论了这个问题，说明 n 环谜题在一定数量的移动步骤之后简化为 $n-1$ 环谜题. 令 $C_n = A_n - A_{n-1} = B_n - B_{n-1} + 1$ 是在这个简化过程中取下的环的数目. 有马赖徝指出 $C_n = 2C_{n-1} - [n$ 是偶数]. 因此他能够对 $n = 9$ 计算 $A_n = C_1 + C_2 + \cdots + C_n$ 而无须真正知道公式 $C_n = \lceil 2^{n-1}/3 \rceil$. 安德烈亚斯·欣茨发现德国物理学家格奥尔格·利希滕贝格在 *Göttingische Anzeigen von gemeinnützigen Sachen* **1** (1769), 637–640 中发表了类似的结果.

两个多世纪以前，吉罗拉莫·卡尔达诺在他的 *De Subtilitate Libri XXI* (Nuremberg: 1550) 第 15 卷已经提到"复杂的环". 他写到，它们是"无用的然而是极为奇妙的"，并错误地指出，取下 7 个环需要 95 次移动，而使它们复原需要移动 95 次以上. 约翰·沃利斯在他的拉丁文版的 *Algebra* **2** (Oxford: 1693) 的第 111 章用了 7 页篇幅讨论这个谜题，对于 9 环的情形提出了详尽但非最优的解法. 他包括了使一个环通过杆滑动以及把它置于杆上或者从杆上取下的操作，而且提示有捷径可寻，但是他没有尝试找出一个最短的解.

11. 当 $S_1 = S_2 = 1$ 时 $S_n = S_{n-2} + 1 + S_{n-2} + S_{n-1}$ 的解是 $S_n = 2^{n-1} - [n$ 是偶数]. ［*Math. Quest. Educational Times* **3** (1865), 66–67.］

12. (a) $n-1$ 个中国环的理论证明，格雷二进制码以方便的顺序 (4, 31, 211, 22, 112, 1111, 121, 13) 产生组分：

C1. ［初始化.］置 $t \leftarrow 1$, $s_1 \leftarrow n$.（假定 $n > 1$.）

C2. ［访问.］访问 $s_1 \ldots s_t$. 然后如果 t 是偶数转到 C4.

C3. ［奇数步.］如果 $s_t > 1$ 置 $s_t \leftarrow s_t - 1$, $s_{t+1} \leftarrow 1$, $t \leftarrow t+1$, 否则置 $t \leftarrow t-1$, $s_t \leftarrow s_t + 1$. 返回 C2.

C4. ［偶数步.］如果 $s_{t-1} > 1$ 置 $s_{t-1} \leftarrow s_{t-1} - 1$, $s_{t+1} \leftarrow s_t$, $s_t \leftarrow 1$, $t \leftarrow t+1$, 否则置 $t \leftarrow t-1$, $s_t \leftarrow s_{t+1}$, $s_{t-1} \leftarrow s_{t-1} + 1$（但是如果 t 变为 1 则终止）. 返回 C2. ∎

(b) 现在 $q_1, \ldots, q_{t-1}$ 表示杆上的环：

B1. ［初始化.］置 $t \leftarrow 1$, $q_0 \leftarrow n$.（假定 $n > 1$.）

B2. ［访问.］置 $q_t \leftarrow 0$ 并且访问 $(q_0 - q_1) \ldots (q_{t-1} - q_t)$. 如果 t 是偶数，转到 B4.

B3. ［奇数步.］如果 $q_{t-1} > 1$ 置 $q_t \leftarrow 1$, $t \leftarrow t+1$, 否则置 $t \leftarrow t-1$. 返回 B2.

B4. ［偶数步.］如果 $q_{t-2} > q_{t-1} + 1$ 置 $q_t \leftarrow q_{t-1}$, $q_{t-1} \leftarrow q_t + 1$, $t \leftarrow t+1$, 否则置 $q_{t-2} \leftarrow q_{t-1}$, $t \leftarrow t-1$（但是如果 t 变为 1 则终止）. 返回 B2. ∎

这两个算法［见贾亚德瓦·米斯拉，*ACM Trans. Math. Software* **1** (1975), 285］即使在它们的初始化步骤也是无循环的.

13. 在步骤 C1, 还要置 $C \leftarrow 1$. 在步骤 C3, 如果 $s_t > 1$ 置 $C \leftarrow s_t C$, 否则置 $C \leftarrow C/(s_{t-1} + 1)$. 在步骤 C4, 如果 $s_{t-1} > 1$ 置 $C \leftarrow s_{t-1} C$, 否则置 $C \leftarrow C/(s_{t-2} + 1)$. 类似的修改适用于步骤 B1, B3, B4. 为了容纳组分 $1 \ldots 1$ 对应的值 $C = n!$, 需要足够的精度. 通过假定算术运算花费单位时间，我们延伸了无循环算法的定义.

14. V1. ［初始化.］置 $j \leftarrow 0$.

V2. ［访问.］访问串 $a_1 \ldots a_j$.

V3. ［延长.］如果 $j < n$, 置 $j \leftarrow j + 1$, $a_j \leftarrow 0$, 并且返回 V2.

V4. ［前进.］如果 $a_j < m_j - 1$, 置 $a_j \leftarrow a_j + 1$, 并且返回 V2.

V5. ［缩短.］置 $j \leftarrow j - 1$, 并且如果 $j > 0$ 返回 V4. ∎

15. J1. ［初始化.］置 $j \leftarrow 0$.

J2. ［偶访问.］如果 j 是偶数，访问串 $a_1 \ldots a_j$.

J3. [延长.] 如果 $j < n$, 置 $j \leftarrow j+1$, $a_j \leftarrow 0$, 并且返回 J2.

J4. [奇访问.] 如果 j 是奇数, 访问串 $a_1 \ldots a_j$.

J5. [前进.] 如果 $a_j < m_j - 1$, 置 $a_j \leftarrow a_j + 1$, 并且返回 J2.

J6. [缩短.] 置 $j \leftarrow j-1$, 并且如果 $j > 0$ 返回 J4. ∎

这个算法是无循环的, 虽然乍看之下它可能带有循环. 最多 4 个步骤区分相继的访问. 基本思想与习题 2.3.1–5 以及 "前后序" 遍历 (算法 7.2.1.6Q) 有关.

16. 假定 $\mathtt{LINK}(j-1) = j + nb_j$ ($1 \leq j \leq n$), $\mathtt{LINK}(j-1+n) = j + n(1-b_j)$ ($1 < j \leq n$). 当且仅当 $g(a_1 \ldots a_n) = b_1 \ldots b_n$ 这些链表示 $(a_1, \ldots, a_n)$, 所以我们可以用无循环格雷二进制生成程序达到想要的结果.

17. 对于 $0 \leq j, k < 8$, 把两个 3 位二进制码的串联 $(g(j), g(k))$ 置于第 j 行第 k 列. [不难证明这实际上是唯一的解, 除了排列和 (或) 取补坐标位置和 (或) 旋转行, 因为当向北或向南移动时坐标的改变仅取决于行, 类似的断言也适用于列. 4 立方与 4×4 环面之间的卡诺同构可以追溯到威廉·基斯特、阿利斯泰尔·里奇和塞思·沃什伯恩所著的 *The Design of Switching Circuits* (1951) 的第 174 页. 顺便说一下, 基斯特进而设计了一个称为回旋 (SpinOut) 的中国环的精巧的变形, 以及称为十六进制谜题的一个推广, 见美国专利第 3637215–3637216 号 (1972).]

18. 使用 2 比特格雷码把数字 $u_j = (0, 1, 2, 3)$ 分别表示成二进制位偶 $u'_{2j-1} u'_{2j} = (00, 01, 11, 10)$. [李始元在 *IRE Trans.* **IT-4** (1958), 77–82 介绍了他的度量. 一种类似的 $m/2$ 位二进制码适用于 m 的偶数值. 例如, 当 $m = 8$ 时, 我们可以用 $(0000, 0001, 0011, 0111, 1111, 1110, 1100, 1000)$ 表示 $(0, 1, 2, 3, 4, 5, 6, 7)$. 但是, 当 $m > 4$ 时, 这样一种方案没有考虑某些二进制模式.]

19. (a) 一种取模格雷四进制算法需要的计算比算法 M 略少一些, 但是这无关紧要, 因为 256 是如此之小. 结果是 $z_0^8 + z_1^8 + z_2^8 + z_3^8 + 14(z_0^4 z_2^4 + z_1^4 z_3^4) + 56 z_0 z_1 z_2 z_3 (z_0^2 + z_2^2)(z_1^2 + z_3^2)$.

(b) 用 $(1, z, z^2, z)$ 代替 (z_0, z_1, z_2, z_3) 给出 $1 + 112z^6 + 30z^8 + 112z^{10} + z^{16}$. 因此所有非零的李权大于等于 6. 现在利用上题的结构把每个 $(u_0, u_1, u_2, u_3, u_4, u_5, u_6, u_\infty)$ 转换成 16 位二进制数.

20. 从 u' 恢复四进制向量 $(u_0, u_1, u_2, u_3, u_4, u_5, u_6, u_\infty)$, 并且用算法 4.6.1D 求 $u_0 + u_1 x + \cdots + u_6 x^6$ 除以 $g(x) \bmod 4$ 的余数. 因为 $g(x)$ 是首一多项式, 尽管存在系数不属于一个域的事实, 还是可以使用该算法. 把余数表示成 $x^j + 2x^k$ (mod $g(x)$ 和 4), 并且令 $d = (k-j) \bmod 7$, $s = (u_0 + \cdots + u_6 + u_\infty) \bmod 4$.

情形 1: $s = 1$. 如果 $k = \infty$, 错误是 x^j (换句话说, 正确的向量有 $u_j \leftarrow (u_j - 1) \bmod 4$). 否则存在 3 个或者更多的错误.

情形 2: $s = 3$. 如果 $j = k$, 错误是 $-x^j$. 否则, 出现大于等于 3 个错误.

情形 3: $s = 0$. 如果 $j = k = \infty$, 没有造成错误. 如果 $j = \infty$ 且 $k < \infty$, 至少产生 4 个错误. 否则错误是 $x^a - x^b$, 其中, 按照 $d = (0, 1, 2, 3, 4, 5, 6, \infty)$ 有 $a = (j + (\infty, 6, 5, 2, 3, 1, 4, 0)) \bmod 7$, 以及 $b = (j + 2d) \bmod 7$.

情形 4: $s = 2$. 如果 $j = \infty$, 错误是 $2x^k$. 否则错误是

$$x^j + x^\infty, \quad \text{如果 } k = \infty;$$
$$-x^j - x^\infty, \quad \text{如果 } d = 0;$$
$$x^a + x^b, \quad \text{如果 } d \in \{1, 2, 4\}, \quad a = (j - 3d) \bmod 7, \quad b = (j - 2d) \bmod 7;$$
$$-x^a - x^b, \quad \text{如果 } d \in \{3, 5, 6\}, \quad a = (j - 3d) \bmod 7, \quad b = (j - d) \bmod 7.$$

给定 $u' = (1100100100001111)_2$, 我们有 $u = (2, 0, 3, 1, 0, 0, 2, 2)$ 和 $2 + 3x^2 + x^3 + 2x^6 \equiv 1 + 3x + 3x^2 \equiv x^5 + 2x^6$, 也有 $s = 2$. 因此, 错误是 $x^2 + x^3$, 并且最接近的无错误的码字是 $(2, 0, 2, 0, 0, 0, 2, 2)$. 算法 4.6.1D 告诉我们 $2 + 2x^2 + 2x^6 \equiv (2 + 2x + 2x^3) g(x)$ (modulo 4), 所以 8 位二进制信息对应于 $(v_0, v_1, v_2, v_3) = (2, 2, 0, 2)$. [一个更智能的算法还会宣告: "啊哈, 这是 π 的前 16 个二进制位."]

关于基于四进制向量的其他有效编码方案的推广, 见小阿瑟·哈蒙斯、邦加纳马拉·库马拉、阿瑟·考尔德邦克、尼尔·斯隆和帕特里克·索莱的经典论文 *IEEE Trans.* **IT-40** (1994), 301–319.

21. (a) $C(\epsilon) = 1$，$C(0\alpha) = C(1\alpha) = C(\alpha)$，$C(*\alpha) = 2C(\alpha) - [10\ldots0 \in \alpha]$. 迭代这个递推公式给出 $C(\alpha) = 2^t - 2^{t-1}e_t - 2^{t-2}e_{t-1} - \cdots - 2^0 e_1$，其中 $e_j = [10\ldots0 \in \alpha_j]$ 且 α_j 是第 j 个星号之后的 α 的后缀. 在这个例子中，我们有 $\alpha_1 = *10**0*$，$\alpha_2 = 10**0*$，$\ldots$，$\alpha_5 = \epsilon$，所以 $e_1 = 0$，$e_2 = 1$，$e_3 = 1$，$e_4 = 0$，$e_5 = 1$（根据约定），因此 $C(**10**0*) = 2^5 - 2^4 - 2^2 - 2^1 = 10$.

(b) 我们可以消除尾部星号使得 $t = t'$. 那么 $e_t = 1$ 蕴涵 $e_{t-1} = \cdots = e_1 = 0$. ［当且仅当 α 以 10^j*^k 结束时出现情形 $C(\alpha) = 2^{t'-1}$.］

(c) 为了计算所有 t 子立方上 $C(\alpha)$ 的和，注意 $\binom{n}{t}$ 个簇在 n 元组 $0\ldots0$ 开始，并且 $\binom{n-1}{t}$ 个簇在每个接着的 n 元组开始（即包含该 n 元组并且确定改变的二进制位的每个 t 子立方的簇）. 因此平均值是 $(\binom{n}{t} + (2^n - 1)\binom{n-1}{t})/2^{n-t}\binom{n}{t} = 2^t(1 - t/n) + 2^{t-n}(t/n)$. ［(c) 中的公式对于任何 n 比特格雷路径成立，但是 (a) 和 (b) 中的公式是针对反射格雷二进制码的. 这些结果应归功于赫里斯托斯·法劳特索斯，*IEEE Trans.* **SE-14** (1988), 1381–1393.］

22. 令 $\alpha*^j$ 和 $\beta*^k$ 是格雷二叉检索树连续的叶，其中 α 和 β 是二进制串且 $j \le k$. 那么 α 的最后 $k - j$ 个二进制位是一个串 α'，使得 α 和 $\beta\alpha'$ 是格雷二进制码的连续的元素，因此是邻接的. ［威廉·达利所著的 *A VLSI Architecture for Concurrent Data Structures* (Kluwer, 1987) 第 3 章讨论了这一性质在立体连通的消息传递并行计算机上的有趣应用.］

23. $2^j = g(k) \oplus g(l) = g(k \oplus l)$ 蕴涵 $l = k \oplus g^{[-1]}(2^j) = k \oplus (2^{j+1} - 1)$. 换句话说，如果 $k = (b_{n-1}\ldots b_0)_2$，我们有 $l = (b_{n-1}\ldots b_{j+1}\bar{b}_j\ldots\bar{b}_0)_2$.

24. 照例定义 $g(k) = k \oplus \lfloor k/2 \rfloor$，我们发现 $g(k) = g(-1 - k)$. 因此有两个 2 基整数 k，使得 $g(k)$ 具有给定的 2 基值 l. 它们中的一个是偶数，另一个是奇数. 我们可以方便地把 $g^{[-1]}$ 定义为偶数的解，然后用 $b_j = a_{j-1} \oplus \cdots \oplus a_0$（$j \ge 0$）代替 (8). 例如，按这个定义 $g^{[-1]}(1) = -2$. 当 l 是通常的整数时，$g^{[-1]}(l)$ 的"符号"是 l 的奇偶性.

25. 令 $p = k \oplus l$. 习题 7.1.3–3 告诉我们 $2^{\lfloor\lg p\rfloor+1} - p \le |k - l| \le p$. 当且仅当存在正整数 $j_1, \ldots, j_t$ 使得 $p = (1^{j_1}0^{j_2}1^{j_3}\ldots(0\text{ 或 }1)^{j_t})_2$ 时，我们有 $\nu(g(p)) = \nu(g(k) \oplus g(l)) = t$. 当 $j_1 = n + 1 - t$ 且 $j_2 = \cdots = j_t = 1$ 时出现最可能的 $p < 2^n$，给出 $p = 2^n - \lceil2^t/3\rceil$. 当 $j_2 = \cdots = j_t = 1$ 时出现最小可能的 $q = 2^{\lfloor\lg p\rfloor+1} - p = (1^{j_2}0^{j_3}\ldots(1\text{ 或 }0)^{j_t})_2 + 1$，给出 $q = \lceil2^t/3\rceil$. ［阮宗光，*IEEE Trans.* **IT-20** (1974), 668；斯蒂芬·卡威欧，*IEEE Trans.* **IT-21** (1975), 596. 取模格雷 m 进制码的类似的界是 $\lceil m^t/(m^2 - 1)\rceil$，当 m 是偶数时，这个公式对反射 m 进制格雷码也成立. 见阿伦德·范赞滕和似·苏帕托，*IEEE Trans.* **IT-49** (2003), 485–487；*Proc. South East Asian Math. Soc. Conf.* (Yogyakarta: Gadjah Mada University, 2003), 98–105.］

26. 令 $N = 2^{n_t} + \cdots + 2^{n_1}$，其中 $n_t > \cdots > n_1 \ge 0$. 此外，令 Γ_n 是 $\{0, 1, \ldots, 2^n - 1\}$ 的以 0 开始且以 1 结束的任意格雷码，除了 Γ_0 就是 0. 使用

$$\Gamma_{n_t}^R, \; 2^{n_t} + \Gamma_{n_{t-1}}, \; \ldots, \; 2^{n_t} + \cdots + 2^{n_3} + \Gamma_{n_2}^R, \; 2^{n_t} + \cdots + 2^{n_2} + \Gamma_{n_1}, \quad \text{如果 } t \text{ 是偶数;}$$

$$\Gamma_{n_t}, \; 2^{n_t} + \Gamma_{n_{t-1}}^R, \; \ldots, \; 2^{n_t} + \cdots + 2^{n_3} + \Gamma_{n_2}^R, \; 2^{n_t} + \cdots + 2^{n_2} + \Gamma_{n_1}, \quad \text{如果 } t \text{ 是奇数.}$$

27. 一般说来，如果 $k = (b_{n-1}\ldots b_0)_2$，$S_n$ 的第 $k+1$ 个最大元素等于

$$1/(2 - (-1)^{a_{n-1}}/(2 - \cdots/(2 - (-1)^{a_1}/(2 - (-1)^{a_0}))\ldots)),$$

对应于符号模式 $g(k) = (a_{n-1}\ldots a_0)_2$. 因此，只要给出排名，我们可以用 $O(n)$ 步计算 S_n 的任何元素. 置 $k = 2^{100} - 10^{10}$ 且 $n = 100$，给出答案 $373\,065\,177\,/\,1\,113\,604\,409$. ［正如赫伯特·萨尔泽在 *CACM* **16** (1973), 180 中指出的那样，每当 $f(x)$ 是正的单调函数时，2^n 个元素 $f(\pm f(\ldots \pm f(\pm x)\ldots))$ 是按格雷二进制码排序的. 然而，在这种特殊情况下，存在另外一种获得答案的方法，因为使用 4.5.3 节的记号，我们还有 $S_n = //2, \pm2, \ldots, \pm2, \pm1//$. 这种形式的连分数是按 k 的交替的二进制位的补排序的.］

28. (a) 当 $t = 1, 2, \ldots$ 时，G_t 的中位数的二进制位 a_j 遍历在每 2^{1+j} 步出现一个星号的周期序列

$$0, \ldots, 0, *, 1, \ldots, 1, *, 0, \ldots, 0, *, \ldots$$

因此对应于 $\lfloor(t-1)/2\rfloor$ 和 $\lfloor t/2\rfloor$ 的二进制表示的两个串是中位数. 并且, 在所有中位数与 $\lfloor(t-1)/2\rfloor$ 和 $\lfloor t/2\rfloor$ 的公共二进制位相一致的意义下, 这些串实际是"极端"情况, 因此星号出现在它们不一致的地方. 例如, 当 $t = 100 = (01100100)_2$ 且 $n = 8$ 时, 我们有 G_{100} 的中位数是 001100**.

(b) 由于 $G_{2t} = 2G_t \cup (2G_t + 1)$, 我们可以假定 $t = (a_{n-2}\ldots a_1 a_0)_2$ 是奇数. 如果在格雷二进制码中 α 是 $g(p)$ 且 β 是 $g(q)$, 我们有 $p = (p_{n-1}\ldots p_0)_2$ 和 $q = (p_{n-1}\ldots p_{j+1}\overline{p}_j\ldots\overline{p}_0)_2$. 并且 $a_{n-1}a_{n-2} = 01 = p_{n-1}p_{n-2}$. 我们不可能有 $p < t \le q$, 因为这意味着 $j = n-1$ 和 $p_{n-3} = p_{n-4} = \cdots = p_0 = 1$. [见阿瑟·伯恩斯坦、肯尼思·斯泰格利茨和约翰·霍普克罗夫特, *IEEE Trans.* **IT-12** (1966), 425–430.]

29. 假定 $p \neq 0$, 令 $l = \lfloor\lg p\rfloor$ 且 $S_a = \{s \mid 2^l a \le s < 2^l(a+1)\}$ ($0 \le a < 2^{n-l}$). 于是对于所有 $k \in S_a$, $(k \oplus p) - k$ 有恒定的符号, 并且

$$\sum_{k \in S_a}\left|(k \oplus p) - k\right| = 2^l|S_a| = 2^{2l}.$$

我们还有 $g^{[-1]}(g(k) \oplus p) = k \oplus g^{[-1]}(p)$ 且 $\lfloor\lg g^{[-1]}(p)\rfloor = \lfloor\lg p\rfloor$. 因此

$$\frac{1}{2^n}\sum_{k=0}^{2^n-1}\left|g^{[-1]}(g(k) \oplus p) - k\right| = \frac{1}{2^n}\sum_{a=0}^{2^{n-l}-1}\sum_{k \in S_a}\left|(k \oplus g^{[-1]}(p)) - k\right| = \frac{1}{2^n}\sum_{a=0}^{2^{n-l}-1}2^{2l} = 2^l.$$

[见小摩根·巴克纳, *Bell System Tech. J.* **48** (1969), 3113–3130.]

30. 包含 $k > 1$ 的圈具有长度 $2^{\lfloor\lg\lg k\rfloor+1}$, 因为由等式 (7) 容易证明, 如果 $k = (b_{n-1}\ldots b_0)_2$, 我们有

$$g^{[2^l]}(k) = (c_{n-1}\ldots c_0)_2, \qquad \text{其中 } c_j = b_j \oplus b_{j+2^l}.$$

为了排列满足 $\lfloor\lg k\rfloor = t$ 的所有元素 k, 存在两种情况: 如果 t 是 2 的乘方, 包含 $2\lfloor k/2\rfloor$ 的圈也包含 $2\lfloor k/2\rfloor + 1$, 所以对于 $t-1$ 我们必须加倍圈前导; 否则, 包含 $2\lfloor k/2\rfloor$ 的圈同包含 $2\lfloor k/2\rfloor + 1$ 的圈是不相交的, 所以 $L_t = (2L_{t-1}) \cup (2L_{t-1} + 1) = (L_{t-1}*)_2$. 由约尔格·阿恩特于 2001 年发现的这个论断, 确立了习题中的提示, 并且产生下述算法.

P1. [初始化.] 置 $t \leftarrow 1$, $m \leftarrow 0$. (我们可以假定 $n \ge 2$).

P2. [通过前导循环.] 置 $r \leftarrow m$. 以 $k = 2^t + r$ 执行算法 Q. 然后, 如果 $r > 0$, 置 $r \leftarrow (r-1) \& m$ 并且重复执行到 $r = 0$. [见习题 7.1.3–79.]

P3. [推进 $\lg k$.] 置 $t \leftarrow t+1$. 如果 t 现在等于 n 则终止, 否则置 $m \leftarrow 2m + [t \& (t-1) \neq 0]$ 并且返回 P2. ∎

Q1. [开始一个圈.] 置 $s \leftarrow X_k$, $l \leftarrow k$, $j \leftarrow l \oplus \lfloor l/2\rfloor$.

Q2. [跟随这个圈.] 当 $j \neq k$ 时循环执行 $X_l \leftarrow X_j$, $l \leftarrow j$, $j \leftarrow l \oplus \lfloor l/2\rfloor$. 然后置 $X_l \leftarrow s$. ∎

31. 我们从 f_n 获得一个域当且仅当从 $f_n^{[2]}$ 获得一个域, 它把 $(a_{n-1}\ldots a_0)_2$ 变为 $((a_{n-1}\oplus a_{n-2})(a_{n-1}\oplus a_{n-3})(a_{n-2}\oplus a_{n-4})\ldots(a_2\oplus a_0)(a_1))_2$. 令 $c_n(x)$ 是定义这个变换的矩阵 A 的特征多项式 (mod 2), 那么 $c_1(x) = x+1$, $c_2(x) = x^2+x+1$, $c_{j+1}(x) = xc_j(x) + c_{j-1}(x)$. 由于 $c_n(A)$ 是零矩阵, 由凯莱-哈密顿定理, 获得一个域当且仅当 $c_n(x)$ 是本原多项式, 并且这个条件可以像在 3.2.2 节中那样检验. n 最初的这样的值是 1, 2, 3, 5, 6, 9, 11, 14, 23, 26, 29, 30, 33, 35, 39, 41, 51, 53, 65, 69, 74, 81, 83, 86, 89, 90, 95.

[逆向执行递推表明 $c_{-j-1}(x) = c_j(x)$, 因此 $c_j(x)$ 整除 $c_{(2j+1)k+j}(x)$. 例如, $c_{3k+1}(x)$ 总是 $x+1$ 的倍数. 所以当 $j > 0$ 且 $k > 0$ 时, $2jk + j + k$ 形式的所有数 n 被排除在外. 多项式 $c_{18}(x)$, $c_{50}(x)$, $c_{98}(x)$, $c_{99}(x)$ 是不可约的, 但不是本原的.]

32. 几乎为真, 但是在 $w_k(x)$ 改变符号的那些点为假. (沃尔什最初认为 $w_k(x)$ 在这样的点应是零. 但是这里采用的约定更好, 因为它使像 (15)–(19) 这样的简单公式对于所有 x 成立.)

33. 由对 k 的归纳法, 我们对于 $0 \le x < \frac{1}{2}$ 有

$$w_k(x) = w_{\lfloor k/2\rfloor}(2x) = r_1(2x)^{b_1+b_2}r_2(2x)^{b_2+b_3}\ldots = r_1(x)^{b_0+b_1}r_2(x)^{b_1+b_2}r_3(x)^{b_2+b_3}\ldots$$

因为在此区间 $r_1(x) = 1$ 并且对于所有 x 有 $r_j(2x) = r_{j+1}(x)$. 另一方面, 当 $\frac{1}{2} \le x < 1$ 时, 有

$$w_k(x) = (-1)^{\lceil k/2 \rceil} w_{\lfloor k/2 \rfloor}(2x) = (-1)^{\lceil k/2 \rceil} r_1(2x)^{b_1+b_2} r_2(2x)^{b_2+b_3} \dots$$
$$= r_1(x)^{b_0+b_1} r_2(x)^{b_1+b_2} r_3(x)^{b_2+b_3} \dots$$

因为 $\lceil k/2 \rceil \equiv b_0 + b_1 \pmod{2}$ 并且在此区间 $r_1(x) = -1$. (顺便说一下, 费利克斯·豪斯多夫在 1915 年独立地发现了拉德马赫函数, 但没有发表. 见他的 *Gesammelte Werke* **5** (2006), 757–758.)

34. $p_k(x) = \prod_{j \ge 0} r_{j+1}^{b_j}(x)$, 因此 $w_k(x) = p_k(x)p_{\lfloor k/2 \rfloor}(x) = p_{g(k)}(x)$. [雷蒙德·佩利, *Proc. London Math. Soc.* (2) **34** (1932), 241–279.]

35. 如果 $j = (a_{n-1} \dots a_0)_2$ 且 $k = (b_{n-1} \dots b_0)_2$, 第 j 行第 k 列的元素是 $(-1)^{f(j,k)}$, 其中 $f(j,k)$ 是所有这样 $a_r b_s$ 的和: $r = s$ (阿达马), $r+s = n-1$ (佩利), $r+s = n$ 或 $n-1$ (沃尔什).

令 R_n, F_n, G_n 是分别把 $j = (a_{n-1} \dots a_0)_2$ 排列为 $k = (a_0 \dots a_{n-1})_2$, $k = 2^n - 1 - j = (\bar{a}_{n-1} \dots \bar{a}_0)_2$, $k = g^{[-1]}(j) = ((a_{n-1}) \dots (a_{n-1} \oplus \dots \oplus a_0))_2$ 的置换矩阵. 然后, 利用矩阵的直积, 我们有递归公式

$$R_{n+1} = \begin{pmatrix} R_n \otimes (1\ 0) \\ R_n \otimes (0\ 1) \end{pmatrix}, \qquad F_{n+1} = F_n \otimes \begin{pmatrix} 0 & 1 \\ 1 & 0 \end{pmatrix}, \qquad G_{n+1} = \begin{pmatrix} G_n & 0 \\ 0 & G_n F_n \end{pmatrix},$$

$$H_{n+1} = H_n \otimes \begin{pmatrix} 1 & 1 \\ 1 & \bar{1} \end{pmatrix}, \qquad P_{n+1} = \begin{pmatrix} P_n \otimes (1\ 1) \\ P_n \otimes (1\ \bar{1}) \end{pmatrix}, \qquad W_{n+1} = \begin{pmatrix} W_n \otimes (1\ 1) \\ F_n W_n \otimes (1\ \bar{1}) \end{pmatrix}.$$

所以 $W_n = G_n^T P_n = P_n G_n$, $H_n = P_n R_n = R_n P_n$, $P_n = W_n G_n^T = G_n W_n = H_n R_n = R_n H_n$.

36. T1. [阿达马变换.] 对于 $k = 0, 1, \dots, n-1$, 对 $\lfloor j/2^k \rfloor$ 是偶数且 $0 \le j < 2^n$ 的所有 j 用 $(X_j + X_{j+2^k}, X_j - X_{j+2^k})$ 代替 (X_j, X_{j+2^k}). (这些操作实际上置 $X^T \leftarrow H_n X^T$.)

T2. [位颠倒.] 对向量 X 应用习题 5 的算法 (用习题 35 的记号, 这些操作实际上置 $X^T \leftarrow R_n X^T$.)

T3. [格雷二进制排列.] 对向量 X 应用习题 30 的算法. (这些操作实际上置 $X^T \leftarrow G_n^T X^T$.) ∎

如果 n 具有习题 31 的特殊值之一, 把步骤 T2 和 T3 组合成单一排列步骤可能更快.

37. 如果 $k = 2^{e_1} + \dots + 2^{e_t}$ 且 $e_1 > \dots > e_t \ge 0$, 符号改变出现在 $S_{e_1} \cup \dots \cup S_{e_t}$ 的位置, 其中

$$S_0 = \left\{ \frac{1}{2} \right\}, \quad S_1 = \left\{ \frac{1}{4}, \frac{3}{4} \right\}, \quad \dots, \quad S_e = \left\{ \frac{2j+1}{2^{e+1}} \,\middle|\, 0 \le j < 2^e \right\}.$$

因此 $(0 .. x)$ 内符号改变的次数是 $\sum_{j=1}^{t} \lfloor 2^{e_j} x + \frac{1}{2} \rfloor$. 置 $x = l/(k+1)$ 给出 $l + O(t)$ 次改变, 所以第 l 次符号改变在距离 $l/(k+1)$ 最多为 $O(\nu(k))/2^{\lfloor \lg k \rfloor}$ 的位置.

[这个论断看似可能存在无限多满足 $|z_{kl} - l/(k+1)| = \Omega((\log k)/k)$ 的数对 (k, l), 但是却没有这样的 "坏" 数对的显式结构立即显现出来.]

38. 令 $t_0(x) = 1$ 且 $t_k(x) = \omega^{\lfloor 3x \rfloor \lceil 2k/3 \rceil} t_{\lfloor k/3 \rfloor}(3x)$, 其中 $\omega = e^{2\pi i/3}$. 那么当 x 从 0 增加到 1 时, $t_k(x)$ 环绕原点 $\frac{2}{3} k$ 次. 如果 $s_k(x) = \omega^{\lfloor 3^k x \rfloor}$ 是类似于拉德马赫函数 $r_k(x)$ 的三进制函数, 像在取模格雷三进制码中那样, 当 $k = (b_{n-1} \dots b_0)_3$ 时, 我们有 $t_k(x) = \prod_{j \ge 0} s_{j+1}(x)^{b_j - b_{j+1}}$.

39. (a) 让我们把符号叫作 $\{x_0, x_1, \dots, x_7\}$ 而不是 $\{a, b, c, d, e, f, g, h\}$. 我们想要寻找 $\{0, 1, \dots, 7\}$ 的一个排列 p, 使得第 i 行第 j 列为 $(-1)^{j \cdot k} x_{p(j) \oplus k}$ 的矩阵具有正交的行, 这个条件等价于要求

$$(j \oplus j') \cdot (p(j) \oplus p(j')) \equiv 1 \pmod{2}, \qquad 0 \le j < j' < 8.$$

一个解是 $p(0)\dots p(7) = 0\,1\,7\,2\,5\,6\,3\,4$，给出恒等式 $(a^2 + b^2 + c^2 + d^2 + e^2 + f^2 + g^2 + h^2)(A^2 + B^2 + C^2 + D^2 + E^2 + F^2 + G^2 + H^2) = \mathcal{A}^2 + \mathcal{B}^2 + \mathcal{C}^2 + \mathcal{D}^2 + \mathcal{E}^2 + \mathcal{F}^2 + \mathcal{G}^2 + \mathcal{H}^2$，其中

$$\begin{pmatrix} \mathcal{A} \\ \mathcal{B} \\ \mathcal{C} \\ \mathcal{D} \\ \mathcal{E} \\ \mathcal{F} \\ \mathcal{G} \\ \mathcal{H} \end{pmatrix} = \begin{pmatrix} a & b & c & d & e & f & g & h \\ b & -a & d & -c & f & -e & h & -g \\ h & g & -f & -e & d & c & -b & -a \\ c & -d & -a & b & g & -h & -e & f \\ f & e & h & g & -b & -a & -d & -c \\ g & -h & e & -f & -c & d & -a & b \\ d & c & -b & -a & -h & -g & f & e \\ e & -f & -g & h & -a & b & c & -d \end{pmatrix} \begin{pmatrix} A \\ B \\ C \\ D \\ E \\ F \\ G \\ H \end{pmatrix}.$$

［这个恒等式是卡尔·德根发现的，见 *Mémoires de l'Acad. Sci. St. Petersbourg* (5) **8** (1818), 207–219. 相关的八元数由约翰·贝兹在一篇有趣的综述中讨论，见 *Bull. Amer. Math. Soc.* **39** (2002), 145–205; **42** (2005), 213, 229–243. 也见约翰·康威和德里克·史密斯，*On Quaternions and Octonions* (2003).］

(b) 没有 16×16 的解. 可能最接近的一个是

$$p(0) \dots p(15) = 0\ 1\ 11\ 2\ 14\ 15\ 13\ 4\ 9\ 10\ 7\ 12\ 5\ 6\ 3\ 8,$$

当且仅当 $j \oplus j' = 5$ 时它不成立.（见 *Philos. Mag.* **34** (1867), 461–475. 在这篇论文的 §9, §10, §11, §13, 詹姆斯·西尔维斯特阐述和证明了一些基本结果，这些结果不知为什么被称为阿达马变换——尽管阿达马本人将它们归功于西尔维斯特［*Bull. des Sciences Mathématiques* (2) **17** (1893), 240–246］. 此外, 西尔维斯特利用第 m 个单位根, 在 §14 中引入了 m^n 个元素的变换.)

40. 是的. 这个改变实际上将按字典式二进制码而不是格雷二进制码的顺序遍历交换的子集.（对于任何 0 和 1 的 5×5 阶非奇异矩阵（mod 2）, 当我们遍历它的行的所有线性组合时将产生全部 32 种可能性.）在像这种任意数目的 a_j 可以用同样代价同时改变的情况下, 最重要的事情在于出现直尺函数或其他某个 δ 序列, 而不是每步仅有一个 a_j 改变的事实.

41. 最多 16 个. 例如, `fired`, `fires`, `finds`, `fines`, `fined`, `fares`, `fared`, `wares`, `wards`, `wands`, `wanes`, `waned`, `wines`, `winds`, `wires`, `wired`. 我们还可以从 `paced/links` 和 `paled/mints` 获得 16 个单词. 或许还可以从一个单词与对映的非单词混合获得 16 个单词.

42. 假定 $n \le 2^{2^r} + r + 1$, 并且令 $s = 2^r$. 我们用 2^{r+s} 个二进制位的辅助表 f_{jk} ($0 \le j < 2^s$, $0 \le k < s$) 表示像算法 L 中那样的中心点指针, 以及 s 个二进制位的辅助“寄存器” $j = (j_{s-1}\dots j_0)_2$ 和 $(r+2)$ 个二进制位的“程序计数器” $p = (p_{r+1}\dots p_0)_2$. 我们在每一步检查程序计数器, 还可能检查 j 寄存器和 f 的二进制位中的一位. 然后根据所见的二进制位, 我们对格雷码的一个二进制位取补, 对程序计数器的一个二进制位取补, 并且可能改变一个 j 或 f 的二进制位, 由此对于 $n - r - 2$ 个最高有效位模拟步骤 L3.

例如, 下面是当 $r = 1$ 时的结构:

$p_2 p_1 p_0$		改变	集		$p_2 p_1 p_0$		改变	集
0 0 0	a_0, p_0	$j_0 \leftarrow f_{00}$	$\left.\right\} j \leftarrow f_0$		1 1 0	a_0, p_0	$f_{j0} \leftarrow f_{(j+1)0}$	$\left.\right\} f_j \leftarrow f_{j+1}$
0 0 1	a_1, p_1	$j_1 \leftarrow f_{01}$			1 1 1	a_1, p_1	$f_{j1} \leftarrow f_{(j+1)1}$	
0 1 1	a_0, p_0	$f_{00} \leftarrow 0$	$\left.\right\} f_0 \leftarrow 0$		1 0 1	a_0, p_0	$f_{(j+1)0} \leftarrow (j+1)_0$	$\left.\right\} f_{j+1} \leftarrow j+1$
0 1 0	a_2, p_2	$f_{01} \leftarrow 0$			1 0 0	a_{j+3}, p_2	$f_{(j+1)1} \leftarrow (j+1)_1$	

处理过程在其试图改变二进制位 a_n 时停止.

［实际上, 如果允许我们自己检查某些格雷二进制位以及辅助二进制位, 我们在每一步仅需改变一个辅助二进制位, 因为 $p_r \dots p_0 = a_r \dots a_0$, 并且当 j 不具有它最后的值 $2^s - 1$ 时, 我们可以用更灵巧的方法置 $f_0 \leftarrow 0$. 这个由迈克尔·弗雷德曼在 2001 年提出的结构, 是对他发表在 *SICOMP* **7** (1978), 134–146 的另一个结构的改进. 采用一种更周密的结构可能把辅助二进制位的数目降低到 $O(n)$.］

43. 杰里·西尔弗曼、弗吉尔·维克斯和约翰·桑普森［*IEEE Trans.* **IT-29** (1983), 894–901］估计的数目约为 7×10^{22}. 实际上, 哈里·汉佩和帕特里克·厄斯特高使用对称性和“粘合在一起”的不相交路径,

其端点 x 有 $\nu x = 3$ 且内部顶点有 $\nu x \le 3$, 2011 年发现了精确值 $d(6) = 71\,676\,427\,445\,141\,767\,741\,440$.
[*Math. Comp.* **83** (2014), 979–995.]

44. 每个 n 比特格雷圈定义一对完全匹配(见习题 55).

45. (a) 以十六进制表示的圈 $(000\ 002\ 012\ 010\ 090\ 094\ 0b4\ \ldots\ 112\ 102\ 100)$,共计 32 个元素. 注意在每个圈内的元素的签名遍历格雷码 Γ_4.

(b) 基本顶点 v 在它的圈以它的兄弟 $v \oplus 2$ 为前导. 如果 v 在不同于它的兄弟 $u = v \oplus 1$ 的圈内是基本顶点,我们可以通过删除 $\{u \oplus 2 \,\text{—}\, u,\ v \oplus 2 \,\text{—}\, v\}$ 并且插入 $\{u \,\text{—}\, v,\ u \oplus 2 \,\text{—}\, v \oplus 2\}$ 来连接这两个圈. 对于所有基本顶点 v 重复这一步骤.

(c) 考虑多重图 G',它的顶点是圈,并且对于所有偶数基本顶点 v,它的边是从 v 的圈到 $v+1$ 的圈. G' 的每个顶点都具有偶数的度,所以边是 G' 中圈的并. 因此可以删除 G' 的任何边而不改变连通子图.

(d) 不难构造一条经过 G 的顶点和 $v_0 = v_{-1} = 0$ 的路径 $P = v^{(0)} \,\text{—}\, v^{(1)} \,\text{—}\, v^{(2)} \,\text{—}\, \cdots$,这条路径穿越所有满足 $\sigma(v) \le 1$ 的 v,并且对于所有 i,满足 $\sigma(v^{(i)}) \in \{0,1,2,4,8\}$. 从 (b) 取得包含 $v^{(0)}$ 的圈,并且称它为"工作圈" W. 然后对于 $i = 1, 2, \ldots$ 执行以下步骤,直到 W 包含所有顶点:如果 $v = v^{(i)} \notin W$,假定 $u = v^{(i-1)}$ 有 $u_l \ne v_l$. 情形 1:对于 $c = 1$ 或 $c = 2$,$u \oplus c \,\text{—}\, u$ 是 W 的一条边. 对于带有边 $v \oplus c \,\text{—}\, v$ 的 v 的等价类取一个圈. 删除那些边并且插入 $\{u \,\text{—}\, v,\ u \oplus c \,\text{—}\, v \oplus c\}$. 情形 2:否则情形 1 必定适用于前一步的 $w = v^{(i-2)}$ 和 u. 如果 $c = 1$,那么 W 包含边 $u \oplus 2 \,\text{—}\, u \oplus 3$. 我们可以找出一个带 $v \oplus 2 \,\text{—}\, v \oplus 3$ 的圈,并且用 $\{u \oplus 2 \,\text{—}\, v \oplus 3,\ u \oplus 3 \,\text{—}\, v \oplus 3\}$ 代替那些边. 类似的边交换工作适用于 $c = 2$ 的情形.

(e) 最后的圈 W 使我们可以重新构造 $\mathcal{M}_{l(v)}(v)$. 当 $l(v) \ne 0$ 时,函数 $\mathcal{M}_{l(v)}$ 等价于 r 立方的 $t = 2^{3r-1}$ 个独立匹配,因为对于 $i \ne l$ 有 t 种方式选择拥有正确签名的 v_i. 所以不同圈的数目至少是 $M(r)^{12t}$(见习题 44).

46. 有 k 个二进制位的签名 $\sigma(v)$. 当 $\sigma(v) = g(j)$ 时,在格雷二进制码中,$l(v) = (\rho(j+1) + [j \ne 2^k - 1])[j+2$ 不是 2 的乘方]. 至少出现 $M(r)^{(2^k-k)t}$ 个圈,其中 $t = 2^{(k-1)(r-1)+2}$. [*Information Processing Letters* **109** (2009), 267–272.]

47. 7.5.1 节证明了界 $\left(\frac{r}{e}\right)^{2^{r-1}} < 2^{r-1}! / (2^{r-1}/r)^{2^{r-1}} \le M(r) \le r!^{2^{r-1}/r} = \left(\frac{r}{e} + O(\log r)\right)^{2^{r-1}}$. 因此,由习题 44,$d(n)^{1/2^n} \le n/e + O(\log n)$.

如果我们令 G_j 是 r_j 立方,从习题 46 得到的下界是

$$
\left(M(r_1)^{2^{n-r_1-k+1}}\right)^{2^k-1-k} \cdot \left(M(r_2)^{2^{n-r_2-k+1}}\right)^{2^{k-2}} \cdot \left(M(r_3)^{2^{n-r_3-k+1}}\right)^{2^{k-3}}
$$
$$
\cdot \ldots \cdot \left(M(r_{k-1})^{2^{n-r_{k-1}-k+1}}\right)^2 \cdot \left(M(r_k)^{2^{n-r_k-k+1}}\right)^2.
$$

并且对于 $1 \le j \le k$,更好的选择是 $r_j \approx (n-2)/2^{j-[j=k]}$ 而不是使用大致相同大小的立方. 令 $\alpha_j = r_j/e$ 是 $M(r_j)^{2^{1-r_j}}$ 的一个下界. $d(n)^{1/2^n}$ 的下界简化成

$$
\alpha_1^{1/2-k/2^k} \alpha_2^{1/4} \alpha_3^{1/8} \ldots \alpha_{k-1}^{1/2^{k-1}} \alpha_k^{1/2^{k-1}} = 2^{-2+(k-4)/2^k} \left(\frac{n-2}{e}\right)^{1-k/2^k} \left(1 + O\left(\frac{k}{n}\right)\right),
$$

当 $k = \lg n + O(1)$ 时这个值是 $n/(4e) + O(\log n)^2$.

49. 在 $(2n-1)$ 立方中取从 $0 \ldots 0$ 到 $1 \ldots 1$ 的任意哈密顿路径 P,例如像萨维奇-温克勒码,并且使用 $0P$, $1\overline{P}$.(当 $n = 1$ 或 $n = 2$ 时,所有这样的圈都是通过这个结构获得的,但是当 $n > 2$ 时存在许多其他的可能性.)

50. $\alpha_1(n+1)\alpha_1^R n \alpha_1 j_1 \alpha_2 n \alpha_2^R(n+1)\alpha_2 \ldots j_{l-1}\alpha_l n \alpha_l^R(n+1)\alpha_l n \alpha_1^R j_{l-1} \ldots j_1 \alpha_1^R n$.

51. 令 $c_j = 2\lfloor (2^{n-1}+j)/n \rfloor$, $c_j' = 2\lfloor (2^{n+1}+j)/(n+2) \rfloor$. 如果 $n \ne 3$,对于 $0 \le j < n$ 和 $0 \le k < n+2$,不难验证 $4c_j \ge 8\lfloor 2^{n-1}/n \rfloor > 2\lceil 2^{n+1}/(n+2) \rceil \ge c_k'$. 因此可以应用定理 D 到任何带有转变计数 c_j 的 n 比特格雷圈,对 j 的 b_j 个拷贝画下划线,并且把一个带下划线的数字 0 置于最后,其中 $b_j = 2c_j - \frac{1}{2}c_{(j+2+d) \bmod (n+2)}' - [j=0]$,并且选择 d 使得 $c_d' = c_{d+1}'$. 这个结构是可行的,因为 $l = b_0 + \cdots + b_{n-1} = 2(c_0 + \cdots + c_{n-1}) - \frac{1}{2}(c_0' + \cdots + c_{n+1}' - c_d' - c_{d+1}') - 1 = c_d' - 1$ 是奇数. [推论 B 是

蒂博尔·鲍科什在 20 世纪 50 年代发现的, 并且由安德拉斯·亚当在 *Truth Functions* (Budapest: 1968), 28–37 中给出详细证明. 亚当的书中还介绍了由哲尔吉·波拉克给出的一个证明, 对于所有的 n, 实际上 $c_0' = c_1'$. 因此我们可以取 $d = 0$. 也见约翰·保罗·鲁宾逊和马丁·科恩 *IEEE Trans.* **C-30** (1981), 17–23.]

52. 在最小 j 坐标位置不同代码模式的数目最多是 $c_0 + \cdots + c_{j-1}$.

53. 定理 D 对于某些 j 仅产生带有 $c_j = c_{j+1}$ 的圈, 所以它不能产生计数 $(2,4,6,8,12)$. 习题 50 中的扩张另外给出 $c_j = c_{j+1} - 2$, 但是它不能产生 $(6,10,14,18,22,26,32)$. 满足习题 52 条件的计数的集合恰好是那样一些集合, 它们是可以从 $\{2,2,4,\ldots,2^{n-1}\}$ 开始并且重复用数对 $\{c_j + 2, c_k - 2\}$ 代替某个满足 $c_j < c_k$ 的数对 $\{c_j, c_k\}$ 获得的.

54. 假定不同的值是 $\{p_1, \ldots, p_n\}$, 并且令 x_{jk} 是 p_j 在 $(a_1, \ldots, a_k)$ 中出现的次数. 对于某个 $k < l$ 我们必定有 $(x_{1k}, \ldots, x_{nk}) \equiv (x_{1l}, \ldots, x_{nl})$ (modulo 2). 但是如果那些 p 是像 n 比特格雷圈的 δ 序列那样变化的素数, 仅有的解是 $k = 0$ 且 $l = 2^n$. [*AMM* **60** (1953), 418; **83** (1976), 54.]

55. 实际上, 给出 K_{2^n} 的任何完全匹配 Q, 我们可以用 $O(2^n)$ 步找出 n 立方的这样一个完全匹配 R, 使得 $Q \cup R$ 是 K_{2^n} 的一个哈密顿圈. [见伊日·芬克, *J. Comb. Theory* **B97** (2007), 1074–1076; *Elect. Notes Disc. Math.* **29** (2007), 345–351.]

56. [*Bell System Tech. J.* **37** (1958), 815–826.] 112 个规范 δ 序列给出

类	例子	t	类	例子	t	类	例子	t
A	0102101302012023	2	D	0102013201020132	4	G	0102030201020302	8
B	0102303132101232	2	E	0102032021202302	4	H	0102101301021013	8
C	0102030130321013	2	F	0102013102010232	4	I	0102013121012132	1

其中的 B 是平衡码 (图 33(b)), G 是标准格雷二进制码 (图 30(b)), H 是互补码 (图 33(a)). 类 H 在习题 18 的对应之下还与取模 $(4,4)$ 格雷码等价. 具有 t 个自同构的类对应于 2688 个不同 δ 序列 $\delta_0 \delta_1 \ldots \delta_{15}$ 的 $32 \times 24/t$ 个序列.

类似地 (见习题 7.2.3-00), 5 比特格雷圈归入 237675 个不同的等价类.

57. 仅用类型 1, 有 480 个顶点是孤立顶点, 也就是上题答案中类 D, F, G 的那些顶点. 仅用类型 2, 图具有 384 个分图, 其中 288 个分图是类 F 和 G 的孤立顶点. 有 64 个大小为 9 的分图, 每个分图包含 3 个来自 E 和 6 个来自 A 的顶点. 有 16 个大小为 30 的分图, 每个分图包含 6 个来自 H 和 24 个来自 C 的顶点. 还有 16 个大小为 84 的分图, 每个分图包含 12 个来自 D、24 个来自 B 和 48 个来自 I 的顶点. 仅用类型 3 (或类型 4), 整个图是连通的. [同样, 如果考虑的路径 $\alpha\beta$ 与路径 $\alpha^R\beta$ 是邻接的, 所有 4 比特格雷路径的 91392 条路径是连通的. 弗吉尔·维克斯和杰里·西尔弗曼猜测, 对于所有 $n \geq 3$, 类型 3 的变换足以连通 n 比特格雷圈的图, 见 *IEEE Trans.* **C-29** (1980), 329–331.]

58. 如果 $\beta\beta$ 的某个非空子串包含每个坐标偶数次, 该子串的长度不可能是 $|\beta|$, 因此 β 的某个循环移位有具有同样均匀度性质的前缀 γ. 但那么一来 α 不定义一个格雷圈, 因为我们可以把 γ 的每个 n 改回 0.

59. 如果习题 58 中的 α 是非局部的, 那么它是 $\beta\beta$, 条件是 $q > 1$ 且 0 在 α 中出现 $q + 1$ 次以上. 所以, 从 (3o) 的 α 开始但是交换 0 与 1, 我们得到 $n \geq 5$ 的非局部的圈, 其中坐标 0 恰好改变 6 次. [马克·拉姆拉斯, *Discrete Math.* **85** (1990), 329–331.] 另一方面, 4 比特格雷圈不可能是非局部的, 因为它总是带有一个长度为 2 的游程. 如果 $\delta_k = \delta_{k+2}$, 元素 $\{v_k, v_{k+1}, v_{k+2}, v_{k+3}\}$ 构成一个 2 子立方.

60. 对 $q = 1$ 使用习题 58 的结构.

61. 其思想是通过构建串联

$$W = (u_{i_0} v_{j_0}, u_{i_1} v_{j_1}, u_{i_2} v_{j_2}, \ldots), \qquad i_k = \bar{a}_0 + \cdots + \bar{a}_{k-1}, \qquad j_k = a_0 + \cdots + a_{k-1},$$

把 m 比特圈 $U = (u_0, u_1, u_2, \ldots)$ 与 n 比特圈 $V = (v_0, v_1, v_2, \ldots)$ 交织在一起, 其中 $a_0 a_1 a_2 \ldots$ 是控制二进制位组 $\alpha\alpha\alpha \ldots$ 的周期串. 当 $a_k = 0$ 时推进到 U 的下一个元素, 否则推进到 V 的下一个元素.

如果 α 是长度为 $2^m \le 2^n$ 的任何串, 包含 s 个二进制位 0 和 $t = 2^m - s$ 个二进制位 1, 如果 s 和 t 是奇数, W 将是 $(m+n)$ 比特格雷圈. 这是由于, 既然 $i_k + j_k = k$, 仅当 l 是 2^m 的倍数时我们有 $i_{k+l} \equiv i_k \pmod{2^m}$ 且 $j_{k+l} \equiv j_k \pmod{2^n}$. 假定 $l = 2^m c$, 那么 $j_{k+l} = j_k + tc$, 所以 c 是 2^n 的倍数.

(a) 令 $\alpha = 0111$. 那么长度为 8 的游程出现在左边 2 个二进制位中, 而长度大于等于 $\lfloor \frac{4}{3} r(n) \rfloor$ 的游程出现在右边 n 个二进制位中.

(b) 令 s 是小于等于 $2^m r(m)/(r(m)+r(n))$ 的最大奇数. 也令 $t = 2^m - s$, $a_k = \lfloor (k+1)t/2^m \rfloor - \lfloor kt/2^m \rfloor$, 使得 $i_k = \lceil ks/2^m \rceil$, $j_k = \lfloor kt/2^m \rfloor$. 如果一个长度为 l 的游程出现在左边 m 个二进制位中, 我们有 $i_{k+l+1} \ge i_k + r(m) + 1$, 因此 $l+1 > 2^m r(m)/s \ge r(m) + r(n)$. 如果它出现在右边 n 个二进制位中, 我们有 $j_{k+l+1} \ge j_k + r(n) + 1$, 因此

$$l+1 > 2^m r(n)/t > 2^m r(n)/(2^m r(n)/(r(m)+r(n)) + 2)$$
$$= r(m) + r(n) - \frac{2(r(m)+r(n))^2}{2^m r(n) + 2(r(m)+r(n))} > r(m) + r(n) - 1,$$

因为 $r(m) \le r(n)$.

在限制条件较少的情况下, 这个结构经常也适用. 见介绍格雷码游程的研究论文: 路易斯·戈德丁、乔治·劳伦斯和伊夫林·内梅特, *Utilitas Math.* **34** (1988), 179–192.

63. 对于 $0 \le k < 2^{10}$, 置 $a_k \leftarrow k \bmod 4$, 除非当 $k \bmod 16 = 15$ 或 $k \bmod 64 = 42$ 或 $k \bmod 256 = 133$ 时 $a_k = 4$. 也置 $(j_0, j_1, j_2, j_3, j_4) \leftarrow (0, 2, 4, 6, 8)$. 然后对于 $k = 0, 1, \ldots, 1023$, 置 $\delta_k \leftarrow j_{a_k}$, $j_{a_k} \leftarrow 1 + 4a_k - j_{a_k}$. (这个结构推广了习题 61 的方法.)

64. (a) 每个元素 u_k 同 $\{v_k, v_{k+2^m}, \ldots, v_{k+2^m(2^{n-1}-1)}\}$ 以及 $\{v_{k+1}, v_{k+1+2^m}, \ldots, v_{k+1+2^m(2^{n-1}-1)}\}$ 一起出现. 因此排列 $\sigma_0 \ldots \sigma_{2^m-1}$ 必定是一个 2^{n-1} 圈, 包含偶检验的 n 个二进制位的顶点, 乘以其他顶点的一个任意排列. 这个条件也是充分的.

(b) 令 τ_j 是使得 $v \mapsto v \oplus 2^j$ 的排列, 并且令 $\pi_j(u,w)$ 是排列 $(uw)\tau_j$. 如果 $u \oplus w = 2^i + 2^j$, 那么 $\pi_j(u,w)$ 使得 $u \mapsto u \oplus 2^i$, $w \mapsto w \oplus 2^i$, 同时对于所有其他顶点 v 使得 $v \mapsto v \oplus 2^j$, 所以它把每个顶点换成一个邻近顶点.

如果 S 是 $\subseteq \{0, \ldots, n-1\}$ 的任意集合, 令 $\sigma(S)$ 是对于所有 $j \in \{0, \ldots, n-1\} \setminus S$ 的排列 τ_j 按 j 的增序重复两次的流. 例如, 如果 $n = 5$, 我们有 $\sigma(\{1,2\}) = \tau_0 \tau_3 \tau_4 \tau_0 \tau_3 \tau_4$. 则格雷流

$$\Sigma(i,j,u) = \sigma(\{i,j\})\pi_j(u, u \oplus 2^i \oplus 2^j)\sigma(\{i,j\})\tau_j \sigma(\{j\})$$

由乘积是转置 $(u \; u \oplus 2^i \oplus 2^j)$ 的 $6n - 8$ 个排列组成. 此外, 当把这个流应用于任意 n 个二进制位的顶点 v 时, 它的游程全部有 $n-2$ 或更大的长度.

我们可以假定 $n \ge 5$. 令 $\delta_0 \ldots \delta_{2^n-1}$ 是所有游程的长度为 3 或更大的 n 比特格雷圈 $(v_0, v_1, \ldots, v_{2^n-1})$ 的 δ 序列. 那么

$$\Sigma = \prod_{k=1}^{2^{n-1}-1} \left(\Sigma(\delta_{2k-1}, \delta_{2k}, v_{2k-1}) \Sigma(\delta_{2k}, \delta_{2k+1}, v_{2k}) \right)$$

中所有排列的乘积是 $(v_1 v_3)(v_2 v_4) \ldots (v_{2^n-3} v_{2^n-1})(v_{2^n-2} v_0) = (v_{2^n-1} \ldots v_1)(v_{2^n-2} \ldots v_0)$, 所以它满足 (a) 的圈条件.

此外, 当应用到任意顶点 v 时, 所有乘幂 $(\sigma(\emptyset)\Sigma)^t$ 产生长度大于等于 $n-2$ 的游程. 通过在 Σ 中对单独的因子 $\sigma(\{i,j\})$ 或 $\sigma(\{j\})$ 重复希望的次数, 我们可以调整 $\sigma(\emptyset)\Sigma$ 的长度, 对于任意整数 $a, b \ge 0$ 得到 $2n + (2^{n-1}-1)(12n-16) + 2(n-2)a + 2(n-1)b$. 因此由习题 5.2.1-21, 只要 $2^m \ge 2n + (2^{n-1}-1)(12n-16) + 2(n^2-5n+6)$, 我们可以把它的长度恰好增加到 2^m.

(c) 对于 $n \ge 5$ 可以证明界 $r(n) \ge n - 4\lg n + 8$ 如下. 首先, 我们注意到, 由习题 60–63 的方法它对 $5 \le n < 33$ 成立. 然后, 我们注意到, 对于某个 $m \ge 20$, 每个整数 $N \ge 33$ 可以写成 $N = m + n$ 或 $N = m + n + 1$, 其中

$$n = m - \lfloor 4 \lg m \rfloor + 10.$$

如果 $m \geq 20$, 2^m 对于 (b) 中的结构的有效性而言是足够大了, 因此

$$r(N) \geq r(m+n) \geq 2\min(r(m), n-2) \geq 2(m - \lfloor 4 \lg m \rfloor + 8)$$
$$= m + n + 1 - \lfloor 4 \lg N - 1 + \epsilon \rfloor + 8$$
$$\geq N - 4 \lg N + 8,$$

其中 $\epsilon = 4 \lg(2m/N) < 1 + [N = m+n]$. [*Electronic Journal of Combinatorics* **10** (2003), #R27, 1–10.] 实际上, 递归地使用 (b) 给出 $r(1024) \geq 1000$.

65. 一项计算机搜索揭示, 可能有 8 种实质上不同的模式 (以及它们的逆模式). 它们之一具有 δ 序列 01020314203024041234214103234103, 并且接近于其他模式中的两种.

66. (雷蒙德·库克给出的解) 一个合适的 δ 序列是 01234560701213243565760710213534626701 537412362567017314262065701342146560573102464537571020435337614073630464273703564 0 271327750541210275641502403654250136025416156043125760325720431576243217604520417 5 163547670356475706254372421326241615234175143671431643144. (对于 $n > 8$ 的解答仍然是未知的.)

67. 令 $v_{2k+1} = \bar{v}_{2k}$, $v_{2k} = 0u_k$, 其中 $(u_0, u_1, \ldots, u_{2^{n-1}-1})$ 是任何 $(n-1)$ 比特格雷圈. [见约翰·保罗·鲁宾逊和马丁·科恩, *IEEE Trans.* **C-30** (1981), 17–23.]

68. 是的. 最简单的方法或许是取 $(n-1)$ 个三进制位的取模格雷三进制码, 并且对每个串加 $0 \ldots 0$, $1 \ldots 1$, $2 \ldots 2$ (modulo 3). 例如, 当 $n = 3$ 时这个码是 000, 111, 222, 001, 112, 220, 002, 110, 221, 012, 120, 201, $\ldots$, 020, 101, 212.

69. (a) 对于 $j = 1, 2, \ldots$, 当对二进制位组 $b_{j-1} \ldots b_0$ 同时取补时, 我们只需验证在 h 中的改变. 并且这些改变分别是 $(1110)_2$, $(1101)_2$, $(0111)_2$, $(1011)_2$, $(10011)_2$, $(100011)_2$, $\ldots$. 为了证明每个 n 元组出现, 注意当 $0 \leq k < 2^n$ 且 $n > 3$ 时, $0 \leq h(k) < 2^n$. 此外 $h^{[-1]}((a_{n-1} \ldots a_0)_2) = (b_{n-1} \ldots b_0)_2$, 其中 $b_0 = a_0 \oplus a_1 \oplus a_2 \oplus \cdots$, $b_1 = a_0$, $b_2 = a_2 \oplus a_3 \oplus a_4 \oplus \cdots$, $b_3 = a_0 \oplus a_1 \oplus a_3 \oplus \cdots$, $b_j = a_j \oplus a_{j+1} \oplus \cdots$ ($j \geq 4$).

(b) 令 $h(k) = (\ldots a_2 a_1 a_0)_2$, 其中 $a_j = b_j \oplus b_{j+1} \oplus b_0[j \leq t] \oplus b_{t-1}[t-1 \leq j \leq t]$.

70. 像在 (32) 和 (33) 中那样, 通过假定权值为 1 的串依次出现, 我们可以消除一个 $n!$ 的因子. 于是对于 $n = 5$, 存在以 00000 开始的 14 个解和以 00001 开始的 21 个解. 当 $n = 6$ 时, 每个类型有 46935 个解 (通过取逆和求补相关联). 当 $n = 7$ 时这个数目要大得多, 不过与 7 比特格位雷码的总数相比仍然是很小的.

71. 对于 $0 \leq j < n-1$, 假定 $\alpha_{n(j+1)}$ 与 α_{nj} 在坐标位置 t_j 是不同的. 那么由 (44) 和 (38), $t_j = j\pi_n$. 现在等式 (34) 告诉我们 $t_0 = n-1$. 并且如果 $0 < j < n-1$, 由 (40) 我们有 $t_j = ((j-1)\pi_{n-1})\pi_{n-1}$. 因此 $t_j = j\sigma_n\pi_{n-1}^2$ ($0 \leq j < n-1$), 并且 $(n-1)\pi_n$ 的值就是剩下的无论甚么值. (排列的符号是众所周知的混淆, 所以仔细检查一些小的情况总是明智的.)

72. δ 序列是 01021324302012340123130410 21323.

73. 令 $Q_{nj} = P_{nj}^R$, 并且用 S_n 和 T_n 表示序列 (41) 和 (42). 因此, 如果省略逗号, $S_n = P_{n0}Q_{n1}P_{n2}\ldots$ 且 $T_n = Q_{n0}P_{n1}Q_{n2}\ldots$. 并且我们有

$$S_{n+1} = 0P_{n0}\, 0Q_{n1}\, 1Q_{n0}^\pi\, 1P_{n1}^\pi\, 0P_{n2}\, 0Q_{n3}\, 1Q_{n2}^\pi\, 1P_{n3}^\pi\, 0P_{n4} \ldots,$$
$$T_{n+1} = 0Q_{n0}\, 1P_{n0}^\pi\, 0P_{n1}\, 0Q_{n2}\, 1Q_{n1}^\pi\, 1P_{n2}^\pi\, 0P_{n3}\, 0Q_{n4}\, 1Q_{n3}^\pi \ldots,$$

其中 $\pi = \pi_n$, 并揭示 S_n 和 T_n 的 δ 序列 Δ_n 和 E_n 之间相当简单的联合递归. 就是说, 如果我们写

$$\Delta_n = \phi_1\, a_1\, \phi_2\, a_2 \ldots \phi_{n-1}\, a_{n-1}\, \phi_n, \qquad E_n = \psi_1\, b_1\, \psi_2\, b_2 \ldots \psi_{n-1}\, b_{n-1}\, \psi_n,$$

其中每个 ϕ_j 和 ψ_j 是长度为 $2\binom{n-1}{j-1} - 1$ 的串, 则下一个序列是

$$\Delta_{n+1} = \phi_1\, a_1\, \phi_2\, n\, \psi_1 \pi\, b_1 \pi\, \psi_2 \pi\, n\, \phi_3\, a_3\, \phi_4\, n\, \psi_3 \pi\, b_3 \pi\, \psi_4 \pi\, n \ldots,$$
$$E_{n+1} = \psi_1\, n\, \phi_1 \pi\, n\, \psi_2\, b_2\, \psi_3\, n\, \phi_2 \pi\, a_2 \pi\, \phi_3 \pi\, n\, \psi_4\, b_4\, \psi_5\, n\, \phi_4 \pi\, a_4 \pi\, \phi_5 \pi\, n \ldots.$$

例如, 如果我们对各个 a 和 b 画下划线使它们与各个 ϕ 和 ψ 区别开来, 我们有 $\Delta_3 = 01 0 2 1 0 1$ 和 $E_3 = 0 2 1 2 0 2 1$. 并且

$$\Delta_4 = 0\,1\,0\,2\,1\,3\,0\,\pi\,2\,\pi\,1\,\pi\,2\,\pi\,0\,\pi\,3\,1\,3\,1\,\pi = 0\underline{1}0\,2\,1\,3\,\underline{2}\,1\,0\,1\,2\,3\,1\,\underline{3}\,0,$$

$$E_4 = 0\,3\,0\,\pi\,3\,1\,2\,0\,2\,1\,3\,0\,\pi\,2\,\pi\,1\,\pi\,0\,\pi\,1\,\pi = 0\underline{3}\,2\,3\,1\,2\,0\,2\,1\,3\,2\,1\,0\,\underline{2}0;$$

此处 $a_3\phi_4$ 和 $b_3\psi_4$ 是空串. 对下一步的元素已经画了下划线.

因此我们可以在内存中计算 δ 序列如下. 这里 $p[j] = j\pi_n$ ($1 \le j < n$), $s_k = \delta_k$, $t_k = \varepsilon_k$, 并且 $u_k = [\delta_k$ 和 ε_k 是带下划线的] ($0 \le k < 2^n - 1$).

X1. [初始化.] 置 $n \leftarrow 1$, $p[0] \leftarrow 0$, $s_0 \leftarrow t_0 \leftarrow u_0 \leftarrow 0$.

X2. [推进 n.] 执行下面的算法 Y, 它对于 n 的下一个值计算数组 s', t', u'. 然后置 $n \leftarrow n + 1$.

X3. [准备好了吗?] 如果 n 充分大, 欲求的 δ 序列 Δ_n 在数组 s' 中, 终止. 否则继续进行.

X4. [计算 π_n.] 置 $p'[0] \leftarrow n - 1$, 并且对于 $1 \le j < n$ 置 $p'[j] \leftarrow p[p[j-1]]$.

X5. [准备推进.] 对于 $0 \le j < n$ 置 $p[j] \leftarrow p'[j]$. 对于 $0 \le k < 2^n - 1$ 置 $s_k \leftarrow s'_k$, $t_k \leftarrow t'_k$, $u_k \leftarrow u'_k$. 返回 X2. ∎

在下面的步骤中, "当 $u_j = 0$ 时传送关于 (l, j) 的操作" 是 "如果 $u_j = 0$, 重复关于 (l, j) 的操作以及 $l \leftarrow l + 1$, $j \leftarrow j + 1$ 直到 $u_j \ne 0$" 的缩写.

Y1. [准备计算 Δ_{n+1}.] 置 $j \leftarrow k \leftarrow l \leftarrow 0$, $u_{2^n-1} \leftarrow -1$.

Y2. [推进 j.] 当 $u_j = 0$ 时传送 $s'_l \leftarrow s_j$, $u'_l \leftarrow 0$. 然后如果 $u_j < 0$, 转到 Y5.

Y3. [推进 j 和 k.] 置 $s'_l \leftarrow s_j$, $u'_l \leftarrow 1$, $l \leftarrow l + 1$, $j \leftarrow j + 1$. 然后当 $u_j = 0$ 时传送 $s'_l \leftarrow s_j$, $u'_l \leftarrow 0$. 然后置 $s'_l \leftarrow n$, $u'_l \leftarrow 0$, $l \leftarrow l + 1$. 然后当 $u_k = 0$ 时传送 $s'_l \leftarrow p[t_k]$, $u'_l \leftarrow 0$. 然后, 置 $s'_l \leftarrow p[t_k]$, $u'_l \leftarrow 1$, $l \leftarrow l + 1$, $k \leftarrow k + 1$. 并且当 $u_k = 0$ 时再次传送 $s'_l \leftarrow p[t_k]$, $u'_l \leftarrow 0$.

Y4. [处理完 Δ_{n+1} 了吗?] 如果 $u_k < 0$, 转到 Y6. 否则置 $s'_l \leftarrow n$, $u'_l \leftarrow 0$, $l \leftarrow l + 1$, $j \leftarrow j + 1$, $k \leftarrow k + 1$, 并且返回 Y2.

Y5. [完成 Δ_{n+1}.] 置 $s'_l \leftarrow n$, $u'_l \leftarrow 1$, $l \leftarrow l + 1$. 然后当 $u_k = 0$ 时传送 $s'_l \leftarrow p[t[k]]$, $u'_l \leftarrow 0$.

Y6. [准备计算 E_{n+1}.] 置 $j \leftarrow k \leftarrow l \leftarrow 0$. 当 $u_k = 0$ 时传送 $t'_l \leftarrow t_k$. 然后置 $t'_l \leftarrow n$, $l \leftarrow l + 1$.

Y7. [推进 j.] 当 $u_j = 0$ 时传送 $t'_l \leftarrow p[s_j]$. 然后如果 $u_j < 0$, 终止. 否则置 $t'_l \leftarrow n$, $l \leftarrow l + 1$, $j \leftarrow j + 1$, $k \leftarrow k + 1$.

Y8. [推进 k.] 当 $u_k = 0$ 时传送 $t'_l \leftarrow t_k$. 然后如果 $u_k < 0$, 转到 Y10.

Y9. [推进 k 和 j.] 置 $t'_l \leftarrow t_k$, $l \leftarrow l + 1$, $k \leftarrow k + 1$. 然后当 $u_k = 0$ 时传送 $t'_l \leftarrow t_k$. 然后置 $t'_l \leftarrow n$, $l \leftarrow l + 1$. 然后当 $u_j = 0$ 时传送 $t'_l \leftarrow p[s_j]$. 然后置 $t'_l \leftarrow p[s_j]$, $l \leftarrow l + 1$, $j \leftarrow j + 1$. 返回 Y7.

Y10. [完成 E_{n+1}.] 置 $t'_l \leftarrow n$, $l \leftarrow l + 1$. 然后当 $u_j = 0$ 时传送 $t'_l \leftarrow p[s_j]$. ∎

为了对非常大的 n 生成单调的萨维奇-温克勒码, 我们可以首先生成 Δ_{10} 和 E_{10}, 或者甚至 Δ_{20} 和 E_{20}. 然后一个合适的递归过程将用这些表以平均每步很小的计算开销达到更高的 n 值.

74. 如果单调的路径是 $v_0, \ldots, v_{2^n-1}$, 并且如果 v_k 具有权值 j, 我们有

$$2\sum_{t>0}\binom{n}{j-2t} + ((j + \nu(v_0)) \bmod 2) \le k \le 2\sum_{t\ge0}\binom{n}{j-2t} + ((j + \nu(v_0)) \bmod 2) - 2.$$

因此权值为 j 和 $j+1$ 的顶点之间的最大距离小于等于 $2(\binom{n-1}{j-1} + \binom{n-1}{j} + \binom{n-1}{j+1}) - 1$. 当 j 接近 $n/2$ 时出现最大值, 约等于 $3 \cdot 2^{n+1}/\sqrt{2\pi n}$. [这个值仅为顶点的任何顺序中可能达到的最小值的大约 3 倍, 由习题 7.5.6–00, 最小值是 $\sum_{j=0}^{n-1}\binom{j}{\lfloor j/2\rfloor}$.]

75. 无趋势的规范 δ 序列都会产生格雷圈:

$$0123012421032101210321040123012\,(1)$$
$$0123012421032101301230141032103\,(1)$$
$$0123012421032102032103242301230\,(2)$$
$$0123012421032102123012343210321\,(2)$$
$$0123012423012302012301242301230\,(2)$$
$$0123410121030143210301410123410\,(3)$$

（其中第二个和第四个是循环等价的.）

76. 如果 $v_0, \ldots, v_{2^n-1}$ 是无趋势的, 因此是 $(n+1)$ 比特圈 $0v_0, 1v_0, 1v_1, 0v_1, 0v_2, 1v_2, \ldots, 1v_{2^n-1},$ $0v_{2^n-1}$. 图 34(g) 显示稍微更有趣的一种结构, 把习题 75 的第一个解推广到一个 $(n+2)$ 比特圈

$$00\Gamma''^R,\ 01\Gamma'^R,\ 11\Gamma',\ 10\Gamma'',\ 10\Gamma,\ 11\Gamma''',\ 01\Gamma'''^R,\ 00\Gamma^R,$$

其中 Γ 是 n 位二进制序列 $g(1), \ldots, g(2^{n-1})$, 并且 $\Gamma' = \Gamma \oplus g(1)$, $\Gamma'' = \Gamma \oplus g(2^{n-1})$, $\Gamma''' = \Gamma \oplus g(2^{n-1}+1)$. [对于所有 $n \geq 3$, 郑清水发现了一种几乎是格雷码的 n 比特无趋势设计, 它恰好有四步, 其中 $\nu(v_k \oplus v_{k+1}) = 2$, 见 *Proc. Berkeley Conf. Neyman and Kiefer* **2** (Hayward, Calif.: Inst. of Math. Statistics, 1985), 619–633.]

77. 在步骤 H1 置 $s_j \leftarrow m_j - 1$, 用哨兵值数组 $(s_{n-1}, \ldots, s_0)$ 代替数组 $(o_{n-1}, \ldots, o_0)$. 在步骤 H4 置 $a_j \leftarrow (a_j + 1) \bmod m_j$. 如果在步骤 H5 有 $a_j = s_j$, 则置 $s_j \leftarrow (s_j - 1) \bmod m_j$, $f_j \leftarrow f_{j+1}$, $f_{j+1} \leftarrow j+1$.

78. 对于 (50), 注意 B_{j+1} 是在坐标 j 中已经出现的反射次数, 因为我们在 $m_j \ldots m_0$ 的倍数的步骤越过坐标 j. 因此, 如果 $b_j < m_j - 1$, b_j 增加 1 就引起 a_j 相应地增加 1 或减少 1. 此外, 如果 $b_i = m_i - 1$ $(0 \leq i < j)$, 当增加 b_j 使所有这些 b_i 变为 0 时将使 $B_0, \ldots, B_j$ 中的每一个都增加 1, 从而 (50) 中的 $a_0, \ldots, a_{j-1}$ 的值保持不变.

　　对于 (51), 注意 $B_j = m_j B_{j+1} + b_j \equiv m_j B_{j+1} + a_j + (m_j - 1)B_{j+1} \equiv a_j + B_{j+1}$ (modulo 2). 因此 $B_j \equiv a_j + a_{j+1} + \cdots$, 从而 (51) 显然等价于 (50).

　　在一般的 $(m_{n-1}, \ldots, m_0)$ 进制取模格雷码中, 当 k 由 (46) 给出时令

$$\bar{g}(k) = \begin{bmatrix} a_{n-1}, & \ldots, & a_2, & a_1, & a_0 \\ m_{n-1}, & \ldots, & m_2, & m_1, & m_0 \end{bmatrix}.$$

那么 $a_j = (b_j - B_{j+1}) \bmod m_j$, 因为如果我们从 $(0, \ldots, 0)$ 开始, 坐标 j 恰好模 m_j 增加了 $B_j - B_{j+1}$ 次. 在每个 m_j 是 m_{j+1} 的因数的特殊情况下（例如, 如果所有 m_j 相等）, 由取模格雷码 a 分量确定 b 分量的反函数是 $b_j = (a_j + a_{j+1} + a_{j+2} + \cdots) \bmod m_j$. 但是这个反函数通常没有简单的形式. 它可以通过从 $B_n = 0$ 开始, 对于 $j = n-1, \ldots, 0$, 使用递推公式 $b_j = (a_j + B_{j+1}) \bmod m_j$, $B_j = m_j B_{j+1} + b_j$ 计算.

　　[$m > 2$ 进制的反射格雷码是伊万·弗洛里斯在 *IRE Trans.* **EC-5** (1956), 79–82 中引入的, 他在所有 m_j 都相等的情况下推导了 (50) 和 (51). 一般的混合进制取模格雷码是约瑟夫·罗森鲍姆在 *AMM* **45** (1938), 694–696 中隐式讨论的, 但是没有给出转换公式. 当所有 m_j 具有共同的 m 值时的转换公式由马丁·科恩发表在 *Information and Control* **6** (1963), 70–78 上.]

79. (a) 最后一个 n 元组总是有 $a_{n-1} = m_{n-1} - 1$, 所以仅当 $m_{n-1} = 2$ 时它距离 $(0, \ldots, 0)$ 一步. 并且这个条件足以构成最后的 n 元组 $(1, 0, \ldots, 0)$. [同样, 算法 K 输出的最后子森林同最初的子森林是邻接的, 当且仅当最左树是一个孤立顶点.]

　　(b) 最后一个 n 元组是 $(m_{n-1} - 1, 0, \ldots, 0)$, 当且仅当 $m_{n-1} \ldots m_{j+1} \bmod m_j = 0\,(0 \leq j < n-1)$, 因为 $b_j = m_j - 1$ 且 $B_j = m_{n-1} \ldots m_j - 1$.

80. 用 $m_j = e_j + 1$ 进制反射格雷码遍历 $p_1^{a_1} \ldots p_t^{a_t}$.

81. 第一个圈包含从 (x, y) 到 $(x, (y+1) \bmod m)$ 的边, 当且仅当 $(x+y) \bmod m \neq m-1$, 当且仅当第二个圈包含从 (x, y) 到 $((x+1) \bmod m, y)$ 的边.

82. 存在覆盖 4 立方的所有边的两个 4 比特格雷圈 $(u_0, \ldots, u_{15})$ 和 $(v_0, \ldots, v_{15})$. (实际上, 习题 56 中类 A, B, D, H, I 的非边构成格雷圈, 以同样的类作为它们的补.) 所以, 用十六进制取模格雷码可以构成 4 个想要的圈 $(u_0 u_0, u_0 u_1, \ldots, u_0 u_{15}, u_1 u_{15}, \ldots, u_{15} u_0)$, $(u_0 u_0, u_1 u_0, \ldots, u_{15} u_0, u_{15} u_1, \ldots, u_0 u_{15})$, $(v_0 v_0, \ldots, v_{15} v_0)$, $(v_0 v_0, \ldots, v_0 v_{15})$.

　　用类似的方法可以证明, 当 n 是 16, 32, 64, ... 时存在 $n/2$ 个边不相交的 n 比特格雷圈. [*Abhandlungen Math. Sem. Hamburg* **20** (1956), 13–16.] 雅克·奥伯特和贝尔纳黛特·施奈德 [*Discrete Math.* **38** (1982), 7–16] 证明了同样性质对于 $n \geq 4$ 的所有偶数值成立, 但是没有简单的结构是已知的.

83. 雷蒙德·库克于 2002 年 12 月找到了下面完全非对称的解:

(1) 2737465057320265612316546743610525106052042416314372145101421737
2506246064173213107351607103156205713172463452102434643207054702
4147356146737625047350745130620656415073123731427376432561240264
3016735467532402524637475217640270736065105215106073575463253105;

(2) 0616713417232175171671540460247164742473202531621673531632736052
6710141503047313570615453627632324142646527202163207536371075074 0
3157674761545652756510451024023107353424651230406545306213710537
2620501752453406703437343531502602463045627674152752406021610434;

(3) 3701063751507131236243765735103012042353747207410473621617247324
6505132565057121565024570473247421427640231034362703262764130574
0560620341745613151756314702721725205613212604053506260460173642
6717641743513401245360241730636545061563027414535676432625745051;

(4) 6706546435672147236210405432054510737405170532145431636430504673
4560621206416201320742373627204506473140171020514126107452343672
1320452752353410515426370601363567307105420163151210535061731236
4272537165617217542510760215462375452674257037346403647376271657.

(这些 δ 序列中的每一个应从立方的同一顶点开始.) 存在完成这项任务的对称方法吗?

84. 称呼初始位置为 $(2, 2)$, 图 A–1 中的 8 步解决方案显示序列如何进展到位置 $(0, 0)$. 例如, 在第一次移动中, 软带前半部分绕到右梳环的后面, 然后穿过大右环. 中间一行应当从右往左看. 与此相似, 推广到 n 对环需要 $3^n - 1$ 步.

　　[这个令人愉快的谜题的起源是模糊不清的. 杰拉尔德·斯洛克姆和雅各布斯·博特曼斯的 *The Book of Ingenious & Diabolical Puzzles* (1994) 展示了一个用角质雕成的 2 环造型 (第 101 页), 可能是 1850 年前后在中国制作的, 以及一个现代的 6 环造型 (第 93 页), 是 1988 年前后在马来西亚制作的. 斯洛克姆还拥有一个 4 环造型, 是 1884 年前后在英格兰用竹片制作的. 他发现, 它已收录到亨利·诺夫拉的 *Catalogue of Conjuring Tricks and Puzzles* (1858 或 1859) 和小威廉·克里默的 *Games, Amusements, Pastimes and Magic* (1867), 以及威廉·哈姆利的 1895 年的目录中, 命名为 "神奇的独木舟谜题". 也见美国专利 2091191 (1937), D172310 (1954), 3758114 (1973), D406866 (1999). 霍华德·迪克曼在致马丁·加德纳的一封日期为 1972 年 8 月 2 日的信中, 指出它与反射格雷三进制码之间的联系.]

85. 由 (50), 在 (t, t') 进制反射格雷码中如果 $\hat{g}\left(\left[\begin{smallmatrix} b, & b' \\ t, & t' \end{smallmatrix}\right]\right) = \left[\begin{smallmatrix} a, & a' \\ t, & t' \end{smallmatrix}\right]$, $\Gamma \wr \Gamma'$ 的元素 $\left[\begin{smallmatrix} b, & b' \\ t, & t' \end{smallmatrix}\right]$ 是 $\alpha_a \alpha_{a'}'$. 现在我们可以证明, 在 (t, t', t'') 进制反射格雷码中如果 $\hat{g}\left(\left[\begin{smallmatrix} b, & b', & b'' \\ t, & t', & t'' \end{smallmatrix}\right]\right) = \left[\begin{smallmatrix} a, & a', & a'' \\ t, & t', & t'' \end{smallmatrix}\right]$, 则 $(\Gamma \wr \Gamma') \wr \Gamma''$ 和 $\Gamma \wr (\Gamma' \wr \Gamma'')$ 两者的元素 $\left[\begin{smallmatrix} b, & b', & b'' \\ t, & t', & t'' \end{smallmatrix}\right]$ 都是 $\alpha_a \alpha_{a'}' \alpha_{a''}''$. 见习题 4.1–10, 并且也注意混合进制定律

$$m_1 \ldots m_n - 1 - \begin{bmatrix} x_1, & \ldots, & x_n \\ m_1, & \ldots, & m_n \end{bmatrix} = \begin{bmatrix} m_1 - 1 - x_1, & \ldots, & m_n - 1 - x_n \\ m_1, & \ldots, & m_n \end{bmatrix}.$$

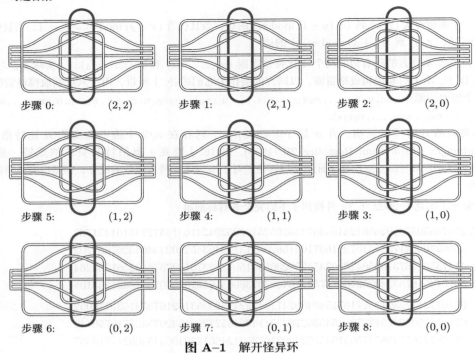

步骤 0:　　　　(2,2)　　　　步骤 1:　　　　(2,1)　　　　步骤 2:　　　　(2,0)

步骤 5:　　　　(1,2)　　　　步骤 4:　　　　(1,1)　　　　步骤 3:　　　　(1,0)

步骤 6:　　　　(0,2)　　　　步骤 7:　　　　(0,1)　　　　步骤 8:　　　　(0,0)

图 A-1　解开怪异环

一般说来，$(m_1, \ldots, m_n)$ 进制反制格雷码是 $(0, \ldots, m_1-1) \wr \cdots \wr (0, \ldots, m_n-1)$. [*Information Processing Letters* **22** (1986), 201–205.]

86. 令 Γ_{mn} 是反射 m 进制格雷码，它可以用 $\Gamma_{m0} = \epsilon$ 和

$$\Gamma_{m(n+1)} = (0, 1, \ldots, m-1) \wr \Gamma_{mn}, \qquad n \geq 0$$

定义. 当 m 是偶数时这条路径从 $(0, 0, \ldots, 0)$ 伸展到 $(m-1, 0, \ldots, 0)$. 考虑由 $\Pi_{m0} = \emptyset$ 和

$$\Pi_{m(n+1)} = \begin{cases} (0, 1, \ldots, m-1) \wr \Pi_{mn}, \, m\Gamma^R_{(m+1)n}, & \text{如果 } m \text{ 是奇数;} \\ (0, 1, \ldots, m) \wr \Pi_{mn}, \, m\Gamma^R_{mn}, & \text{如果 } m \text{ 是偶数} \end{cases}$$

定义的格雷路径 Π_{mn}. 这条路径通过从 $(0, \ldots, 0, m)$ 开始到 $(m, 0, \ldots, 0)$ 结束且 $\max(a_1, \ldots, a_n) = m$ 的所有 $(m+1)^n - m^n$ 个非负整数的 n 元组. 所求的无限格雷路径是 $\Pi_{0n}, \Pi^R_{1n}, \Pi_{2n}, \Pi^R_{3n}, \ldots$.

87. 当 n 为奇数时这是不可能的，因为满足 $\max(|a_1|, \ldots, |a_n|) = 1$ 的 n 元组包含带奇检验的 $\frac{1}{2}(3^n + 1)$ 和带偶检验的 $\frac{1}{2}(3^n - 3)$. 当 $n = 2$ 时我们可以使用一个螺旋 $\Sigma_0, \Sigma_1, \Sigma_2, \ldots$, 其中 Σ_m 当 $m > 0$ 时依逆时针方向从 $(m, 1-m)$ 绕到 $(m, -m)$. 对于 $n \geq 2$ 的偶数值，如果 T_m 是一条从 $(m, 1-m, m-1, 1-m, \ldots, m-1, 1-m)$ 到 $(m, -m, m, -m, \ldots, m, -m)$ 的 n 元组的路径，对于具有同样性质的 $(n+2)$ 元组，可以使用 $\Sigma_m \wr (T_0, \ldots, T_{m-1})^R, (\Sigma_0, \ldots, \Sigma_m)^R \bar{\wr} T_m$, 其中 $\bar{\wr}$ 是对偶操作

$$\Gamma \bar{\wr} \Gamma' = (\alpha_0\alpha'_0, \ldots, \alpha_{t-1}\alpha'_0, \alpha_{t-1}\alpha'_1, \ldots, \alpha_0\alpha'_1, \alpha_0\alpha'_2, \ldots, \alpha_{t-1}\alpha'_2, \alpha_{t-1}\alpha'_3, \ldots).$$

[没有大小限制的无限 n 维格雷码最先是由安德烈·瓦若尼构造的，见 *Acta Litterarum ac Scientiarum*, sectio Scientiarum Mathematicarum **9** (Szeged: 1938), 163–173.]

88. 它将再次访问所有子森林，但是按相反的顺序，以 $(0, \ldots, 0)$ 结束，并且返回到它在初始化步骤 K1 后具有的状态. （事实上，这个反射原理是了解算法 K 如何工作的关键.）

89. (a) 令 $M_0 = \epsilon$, $M_1 = \bullet$, $M_{n+2} = \bullet M^R_{n+1}, - M^R_n$. 这个构造是有效的，因为 M^R_{n+1} 的最后一个元素是 M_{n+1} 的第一个元素，也就是一个点后面接着 M^R_n 的第一个元素.

(b) 给定一个串 $d_1 \ldots d_l$, 其中每个 d_j 是 $\bullet$ 或 $-$, 我们可以令 $k = l - [d_l = \bullet]$ 并且进行下述处理找出它的后继: 如果 k 是奇数且 $d_k = \bullet$, 改变 $d_k d_{k+1}$ 为 $-$; 如果 k 是偶数且 $d_k = -$, 改变 d_k 为 $\bullet\bullet$; 否则 k 减 1 并且重复直到发生一个改变或者达到 $k = 0$. 给定码字的后继是 $\bullet - - \bullet \bullet \bullet - \bullet -$.

90. 仅当码字的数目为偶数时才可能存在一个圈,因为在每一步划的数目改变 ± 1. 因此我们必定有 $n \bmod 3 = 2$. 习题 89 中的格雷路径 M_n 是不合适的,它们开始于 $(\bullet-)^{\lfloor n/3 \rfloor} \bullet^{n \bmod 3}$ 且结束于 $(-\bullet)^{\lfloor n/3 \rfloor} \bullet^{[n \bmod 3=1]} -^{[n \bmod 3=2]}$. 但是,当 $n = 3k+2$ 时,$M_{3k+1}\bullet$,M_{3k}^R- 是摩尔斯码图中的一个哈密顿圈.

91. 等价地,n 元组 $a_1\bar{a}_2 a_3 \bar{a}_4 \ldots$ 没有两个相继的 1. 如果我们附加 0 然后分别用 0 和 10 表示 $\bullet$ 和 $-$,这样的 n 元组对应于长度为 $n+1$ 的摩尔斯码序列. 在这种对应下,我们可以把习题 89 中的路径 M_{n+1} 转换为类似算法 K 的一个过程,带着包含每个点或划(除了最后的点)开始处的下标的边缘.

U1. [初始化.] 置 $a_j \leftarrow \lfloor((j-1) \bmod 6)/3\rfloor$,$f_j \leftarrow j$ ($1 \le j \le n$). 也置 $f_0 \leftarrow 0$,$r_0 \leftarrow 1$,$l_1 \leftarrow 0$,$r_j \leftarrow j + (j \bmod 3)$,$l_{j+(j \bmod 3)} \leftarrow j$ ($1 \le j \le n$),除非如果 $j + (j \bmod 3) > n$ 置 $r_j \leftarrow 0$,$l_0 \leftarrow j$. ("边缘"现在包含 $1, 2, 4, 5, 7, 8, \ldots$.)

U2. [访问.] 访问 n 元组 $(a_1, \ldots, a_n)$.

U3. [选择 p.] 置 $q \leftarrow l_0$,$p \leftarrow f_q$,$f_q \leftarrow q$.

U4. [检查 a_p.] 如果 $p = 0$ 终止算法. 否则置 $a_p \leftarrow 1 - a_p$ 并且如果 $a_p + p$ 现在是偶数,转到 U6.

U5. [插入 $p+1$.] 如果 $p < n$,置 $q \leftarrow r_p$,$l_q \leftarrow p+1$,$r_{p+1} \leftarrow q$,$r_p \leftarrow p+1$,$l_{p+1} \leftarrow p$. 转到 U7.

U6. [删除 $p+1$.] 如果 $p < n$,置 $q \leftarrow r_{p+1}$,$r_p \leftarrow q$,$l_q \leftarrow p$.

U7. [使 p 成为不活动的.] 置 $f_p \leftarrow f_{l_p}$,$f_{l_p} \leftarrow l_p$,返回 U2. ∎

这个算法还可以作为李钢、弗兰克·拉斯基和高德纳提出的一个非常一般的方法的特例导出,那个方法通过允许用户对于每个 (父,子) 对 (p,q) 指定 $a_p \ge a_q$ 或 $a_p \le a_q$ 推广算法 K. [见高德纳和拉斯基, *Lecture Notes in Computer Science* **2635** (2004), 183–204.] 马修·斯夸尔发现了另一个方向的推广,产生不含特定子串的所有长度为 n 的串,见 *Electronic J. Combinatorics* **3** (1996), #R17, 1–29.

顺便说一下,有趣的是,映射 $k \mapsto g(2k)$ 是没有连续的 1 的所有二进制 n 元组和没有奇数长度游程的所有二进制 $(n+1)$ 元组之间的一一对应关系.

92. 是的,因为每当 $\max(x_1, \ldots, x_n) = m$ 时,满足 $x_1, \ldots, x_{n-1} \le m$ 且具有弧 $(x_1, \ldots, x_{n-1}) \to (x_2, \ldots, x_n)$ 的所有 $(n-1)$ 元组 $(x_1, \ldots, x_{n-1})$ 的有向图是连通且平衡的,见定理 2.3.4.2G. 实际上,我们从算法 F 获得这样一个序列,如果注意到长度整除 n 的素串的最后 k^n 个元素,当从 $m-1$ 中扣除时,对于所有 $m \ge k$ 是相同的. 例如,当 $n = 4$ 时,序列 Φ_4 的前 81 个数字是 $2 - \alpha^R = 0\,0001\,010\,011\ldots$,其中 α 是串 (62). [给定任意固定的 $m \ge 3$,对于所有 n 还存在 m 进制的无穷序列,它们的前 m^n 个元素是德布鲁因圈. 见拉里·卡明斯和道格拉斯·威德曼,*Cong. Numerantium* **53** (1986), 155–160.]

93. 由 $f()$ 生成的圈是 $\alpha 1$ 的一个循环排列,其中 α 具有长度 $m^n - 1$ 并且以 1^{n-1} 结束. 由算法 R 生成的圈是 $\gamma = c_0 \ldots c_{m^{n+1}-1}$ 的一个循环排列,其中 $c_k = (c_0 + b_0 + \cdots + b_{k-1}) \bmod m$ 且 $b_0 \ldots b_{m^{n+1}-1} = \beta = \alpha^{m} 1^m$.

如果 $x_0 \ldots x_n$ 出现在 γ 中,比如说 $x_j = c_{k+j}$ ($0 \le j \le n$),那么 $y_j = b_{k+j}$ ($0 \le j < n$),其中 $y_j = (x_{j+1} - x_j) \bmod m$. [这是同取模格雷 m 进制码的联系,见习题 78.] 现在如果 $y_0 \ldots y_{n-1} = 1^n$,我们有 $m^{n+1} - m - n < k \le m^{n+1} - n$. 否则存在下标 k' 使得 $-n < k' < m^n - n$ 并且 $y_0 \ldots y_{n-1}$ 出现在 β 中的位置 $k = (k' + r(m^n - 1)) \bmod m^{n+1}$ ($0 \le r < m$). 在两种情况下,k 的 m 种选择具有不同的 x_0 值,因为当 $n \ge 2$ 时 α 中所有元素的和是 $m - 1$ (modulo m). [如果 $m \bmod 4 \ne 2$,算法 R 对于 $n = 1$ 也是有效的,因为在那种情况下有 $m \perp \sum \alpha$.]

94. $0\underline{0}10\underline{2}0\underline{3}0\underline{4}112\underline{1}3\underline{1}4\underline{2}2324\underline{3}344$. (带下划线的数字实际上插入到 00112234 与 34 的交织中. 当 $n = 1$ 且 $r = m - 2 \ge 0$ 时,通常可以使用算法 D,但是,从 (54) 的角度来看,这样做毫无意义.)

95. (a) 令 $c_0 c_1 c_2 \ldots$ 具有周期 r. 如果 r 是奇数,我们有 $p = q = r$,所以仅在平凡的情形 $p = q = 1$ 且 $a_0 = b_0$ 有 $r = pq$. 否则,由 4.5.2–(10) 有 $r/2 = \text{lcm}(p,q) = pq/\gcd(p,q)$,因此 $\gcd(p,q) = 2$. 在

后面这种情形, 出现的 $2n$ 元组 $c_l c_{l+1} \ldots c_{l+2n-1}$ 是 $a_j b_k \ldots a_{j+n-1} b_{k+n-1}$ 其中 $0 \le j < p$, $0 \le k < q$, $j \equiv k$ (modulo 2), 以及 $b_k a_j \ldots b_{k+n-1} a_{j+n-1}$ 其中 $0 \le j < p$, $0 \le k < q$, $j \not\equiv k$ (modulo 2).

(b) 输出把周期分别是 $m^n + r$ 和 $m^n - r$ 的两个序列 $a_0 a_1 \ldots$ 和 $b_0 b_1 \ldots$ 交织在一起. 对于 $0 \le x < r$, 序列 a 是把 x^n 改变为 x^{n+1} 的 $f()$ 和 $f'()$ 的圈, 序列 b 是把 x^n 改变为 x^{n-1} 的同样的圈. 因此, 对于所有 k, 我们有 $b_k \ldots b_{k+n-1} = a_{k+\delta_k} \ldots a_{k+n-1+\delta_k}$, 其中 δ_k 是偶数. 由 (58) 和答案的 (a) 部分, 周期长度是 $m^{2n} - r^2$, 并且除了 $(xy)^n$ ($0 \le x, y < r$) 之外的每个 $2n$ 元组都出现了.

(c) 当 $t \ge n$, $t' = n$, $0 \le x' = x < r$ 时, 实际的步骤 D6 通过转到 D3 改变 (b) 的行为. 在 x^{2n-1} 恰好已经输出并且接近发送 b 时, 这个改变发送一个额外的 x, 其中 b 是圈中跟随 x^n 的数字. 在 $t \ge n$ 且 $x < x' < r$ 的情况下, 步骤 D6 还允许以 $t' = n$ 把控制转到 D7, 再转到 D3. 在 $(xx')^{n-1}x$ 恰好已经输出并且 b 将是下一个输出时, 这个行为发送一个额外的 $x'x$. 这 r^2 个额外的数字提供了 (b) 的 r^2 个缺失的 $2n$ 元组.

96. (a) 例如, 当 $n = 5$ 时, R 类型的顶层协同程序以 $n = 4$ 调用一个 D 类型的协同程序, 它以 $n = 2$ 调用两个 S 类型的协同程序. 因此 $R_5 = D_5 = 1$ 且 $S_5 = 2$. 递推公式 $R_2 = 0$, $R_{2n+1} = 1 + R_{2n}$, $R_{2n} = 2R_n$, $D_2 = 0$, $D_{2n+1} = D_{2n} = 1 + 2D_n$, $S_2 = 1$, $S_{2n+1} = S_{2n} = 2S_n$ 有解 $R_n = n - 2S_n$, $D_n = S_n - 1$, $S_n = 2^{\lfloor \lg n \rfloor - 1}$. 因此 $R_n + D_n + S_n = n - 1$.

(b) 每个顶层输出通常包含 $\lfloor \lg n \rfloor - 1$ 次 D 启动和 $\nu(n) - 1$ 次 R 启动, 加一次在底层的基本启动. 但是存在例外情况: 如果第一次启动完成序列 1^n, 算法 R 可能调用它的 $f()$ 两次, 并且算法 R 有时完全无须调用 $f()$. 如果第一次启动完成序列 $(x')^n$ ($x' < r$), 算法 D 可能调用它的 $f'()$ 两次. 但是有时算法 D 无须调用 $f()$ 或 $f'()$.

算法 R 完成序列 x^{n+1}, 当且仅当它的子协同程序 $f()$ 刚好完成序列 0^n. 算法 D 完成序列 x^{2n} ($x < r$), 当且仅当它恰好从步骤 D6 跳到 D3 而不调用任何子协同程序.

从这些观察结果可以得出结论, 当对于一个 m^n 圈的协同程序产生游程 x^n 的最后数字, 或者跟随这样一个游程的第一个数字时, 没有例外发生在任何一层. 因此, 当顶层协同程序启动一个子协同程序两次, 共产生 $2\lfloor \lg n \rfloor + 2\nu(n) - 3$ 次启动时, 出现最坏情况.

97. (a) (0011), (00011101), (0000101001111011), (0000011000101101111001110101001). 因此 $j_2 = 2$, $j_3 = 3$, $j_4 = 9$, $j_5 = 15$.

(b) 我们显然有 $f_{n+1}(k) = \Sigma f_n(k) \bmod 2$ ($0 \le k < j_n + n$). 下一个值 $f_{n+1}(j_n + n)$ 依赖于计算 $y = f_n(j_n + n - 1)$ 后是否从步骤 R4 转到 R2. 如果是 (就是说, 如果 $f_{n+1}(j_n + n - 1) \ne 0$), 我们有 $f_{n+1}(k) \equiv 1 + \Sigma f_n(k+1)$ ($j_n + n \le k < 2^n + j_n + n$). 否则, 对于 k 的这些值我们有 $f_{n+1}(k) \equiv 1 + \Sigma f_n(k-1)$. 特别是, 当 $2^n \le k + \delta_n \le 2^n + n$ 时 $f_{n+1}(k) = 1$. 因为当 $j_n < k < j_n + n$ 或 $2^n + j_n < k < 2^n + j_n + n$ 时 $1 + \Sigma f_n(k \pm 1) \equiv \Sigma f_n(k)$, 所述公式 (对于下标 k 它有更简单的值域) 成立.

(c) 交织的圈有 $c_n(2k) = f_n^+(k)$ 和 $c_n(2k+1) = f_n^-(k)$, 其中

$$
f_n^+(k) = \begin{cases} f_n(k-1), & \text{如果 } 0 < k \le j_n+1; \\ f_n(k-2), & \text{如果 } j_n+1 < k \le 2^n+2; \end{cases}
\qquad
f_n^-(k) = \begin{cases} f_n(k+1), & \text{如果 } 0 \le k < j_n; \\ f_n(k+2), & \text{如果 } j_n \le k < 2^n-2; \end{cases}
$$

$f_n^+(k) = f_n^+(k \bmod (2^n + 2))$, $f_n^-(k) = f_n^-(k \bmod (2^n - 2))$. 因此, 子序列 1^{2n-1} 在 c_n 圈中从位置 $k_n = (2^{n-1} - 2)(2^n + 2) + 2j_n + 2$ 开始, 这将使 j_{2n} 为奇数. 如果 $j_n \bmod 4 = 1$, 子序列 $(01)^{n-1}0$ 从位置 $l_n = (2^{n-1} + 1)(j_n - 1)$ 开始, 如果 $j_n \bmod 4 = 3$, 从位置 $l_n = (2^{n-1} + 1)(2^n + j_n - 3)$ 开始. 另外 $k_2 = 6$, $l_2 = 2$.

(d) 算法 D 插入 4 个元素到 c_n 圈, 因此

当 $j_n \bmod 4 < 3$ ($l_n < k_n$) 时:

当 $j_n \bmod 4 = 3$ ($k_n < l_n$) 时:

$$
f_{2n}(k) = \begin{cases} c_n(k-1), & \text{如果 } 0 < k \le l_n+2; \\ c_n(k-3), & \text{如果 } l_n+2 < k \le k_n+3; \\ c_n(k-4), & \text{如果 } k_n+3 < k \le 2^{2n}; \end{cases}
= \begin{cases} c_n(k-1), & \text{如果 } 0 < k \le k_n+1; \\ c_n(k-2), & \text{如果 } k_n+1 < k \le l_n+3; \\ c_n(k-4), & \text{如果 } l_n+3 < k \le 2^{2n}. \end{cases}
$$

(e) 因此 $j_{2n} = k_n + 1 + 2[j_n \bmod 4 < 3]$. 实际上, 位于 1^{2n} 前面的元素包含 $2^{n-2} - 1$ 个 $f_n^+()$ 的完整周期, 交织着 2^{n-2} 个 $f_n^-()$ 的完整周期, 一个插入的 0, 并且如果 $l_n < k_n$, 还有一个插入的 10, 后面跟着 $f_n(1)f_n(1)f_n(2)f_n(2)\ldots f_n(j_n-1)f_n(j_n-1)$. 所有这些元素的和是奇数, 除非 $l_n < k_n$. 因此 $\delta_{2n} = 1 - 2[j_n \bmod 4 = 3]$.

令 $n = 2^t q$, 其中 q 是奇数且 $n > 2$. 递推公式意味着, 如果 $q = 1$, 我们有 $j_n = 2^{n-1} + b_t$, 其中 $b_t = 2^t/3 - (-1)^t/3$. 并且如果 $q > 1$, 我们有 $j_n = 2^{n-1} \pm b_{t+2}$, 其中当且仅当 $\lfloor \lg q \rfloor + \lfloor 4q/2^{\lfloor \lg q \rfloor} \rfloor = 5$ 是偶数时选择 $+$ 号.

98. 如果当 k 位于某个区间时 $f(k) = g(k)$, 那么存在一个常数 C, 使得对于那个区间内的 k 有 $\Sigma f(k) = C + \Sigma g(k)$. 所以我们几乎不用思考就能继续推导附加的递推公式: 如果 $n > 1$, 我们有

$\Sigma f_{2n}(k)$, 当 $j_n \bmod 4 < 3$ $(l_n < k_n)$ 时:

当 $j_n \bmod 4 = 3$ $(k_n < l_n)$ 时:

$$\equiv \begin{cases} \Sigma c_n(k-1), & \text{如果 } 0 < k \le l_n+2; \\ 1+\Sigma c_n(k-3), & \text{如果 } l_n+2 < k \le k_n+3; \\ \Sigma c_n(k-4), & \text{如果 } k_n+3 < k \le 2^{2n}; \end{cases} \quad \equiv \begin{cases} \Sigma c_n(k-1), & \text{如果 } 0 < k \le k_n+1; \\ 1+\Sigma c_n(k-2), & \text{如果 } k_n+1 < k \le l_n+3; \\ \Sigma c_n(k-4), & \text{如果 } l_n+3 < k \le 2^{2n}. \end{cases}$$

$$\Sigma c_n(k) \equiv \Sigma f_n^+(\lceil k/2 \rceil) + \Sigma f_n^-(\lfloor k/2 \rfloor).$$

$$\Sigma f_n^+(k) \equiv \begin{cases} \Sigma f_n(k-1), & \text{如果 } 0 < k \le j_n+1; \\ 1+\Sigma f_n(k-2), & \text{如果 } j_n+1 < k \le 2^n+2; \end{cases} \qquad \Sigma f_n^-(k) \equiv \begin{cases} \Sigma f_n(k+1), & \text{如果 } 0 \le k < j_n; \\ 1+\Sigma f_n(k+2), & \text{如果 } j_n \le k < 2^n-2; \end{cases}$$

$$\Sigma f_n^\pm(k) \equiv \lfloor k/(2^n \pm 2) \rfloor + \Sigma f_n^\pm(k \bmod (2^n \pm 2)); \qquad \Sigma f_n(k) \equiv \Sigma f_n(k \bmod 2^n).$$

$$\Sigma f_{2n+1}(k) \equiv \begin{cases} \Sigma\Sigma f_{2n}(k), & \text{如果 } 0 < k \le j_{2n} \text{ 或 } 2^{2n}+j_{2n} < k \le 2^{2n+1}; \\ 1+k+\Sigma\Sigma f_{2n}(k+\delta_{2n}), & \text{如果 } j_{2n} < k \le 2^{2n}+j_{2n}. \end{cases}$$

$\Sigma\Sigma f_{2n}(k)$, 当 $j_n \bmod 4 < 3$ ($l_n < k_n$) 时:

当 $j_n \bmod 4 = 3$ ($k_n < l_n$) 时:

$$\equiv \begin{cases} \Sigma\Sigma c_n(k-1), & \text{如果 } 0 < k \le l_n+2; \\ 1+k+\Sigma\Sigma c_n(k-3), & \text{如果 } l_n+2 < k \le k_n+3; \\ \Sigma\Sigma c_n(k-4), & \text{如果 } k_n+3 < k \le 2^{2n}; \end{cases} \quad \equiv \begin{cases} \Sigma\Sigma c_n(k-1), & \text{如果 } 0 < k \le k_n+1; \\ 1+k+\Sigma\Sigma c_n(k-2), & \text{如果 } k_n+1 < k \le l_n+3; \\ 1+\Sigma\Sigma c_n(k-4), & \text{如果 } l_n+3 < k \le 2^{2n}. \end{cases}$$

$$\Sigma\Sigma f_{2n}(k) \equiv [j_n \bmod 4 < 3]\lfloor k/2^{2n} \rfloor + \Sigma\Sigma f_{2n}(k \bmod 2^{2n}).$$

而在这种情况竟然有闭包:

$$\Sigma\Sigma c_n(2k) = \Sigma f_n^+(k), \qquad \Sigma\Sigma c_n(2k+1) = \Sigma f_n^-(k).$$

如果 $n = 2^t q$, 其中 q 是奇数, 通过这组递推公式计算 $f_n(k)$ 的运行时间是 $O(t + S(q))$, 其中 $S(1) = 1$, $S(2k) = 1 + 2S(k)$, $S(2k+1) = 1 + S(k)$. 显然 $S(k) < 2k$, 所以计算最多包含对 n 位二进制数的 $O(n)$ 次简单运算. 实际上, 这个方法通常要快得多: 如果对满足 $\lfloor \lg k \rfloor = s$ 的所有 k 取 $S(k)$ 的平均值, 我们得到 $(3^{s+1} - 2^{s+1})/2^s$, 这个值小于 $3k^{\lg(3/2)} < 3k^{0.59}$. (顺便说明, 如果 $k = 2^{s+1} - 1 - (2^{s-e_1} + 2^{s-e_2} + \cdots + 2^{s-e_t})$, 其中 $0 < e_1 < \cdots < e_t$, 我们有 $S(k) = s + 1 + e_t + 2e_{t-1} + 4e_{t-2} + \cdots + 2^{t-1}e_1$.)

99. 在 $f_n()$ 中从位置 k 开始的一个串, 在 $f_n^+()$ 中从位置 $k^+ = k + 1 + [k > j_n]$ 开始, 而在 $f_n^-()$ 中从位置 $k^- = k - 1 - [k > j_n]$ 开始, 除非 0^n 和 1^n 在 $f_n^+()$ 中出现两次但是完全不出现在 $f_n^-()$ 中.

为了找出圈 $f_{2n}()$ 中的 $\gamma = a_0 b_0 \ldots a_{n-1} b_{n-1}$, 令 $\alpha = a_0 \ldots a_{n-1}$, $\beta = b_0 \ldots b_{n-1}$. 假定在 $f_n()$ 中 α 从位置 j 开始而 β 从位置 k 开始, 并且假定无论 α 或 β 都不是 0^n 或 1^n. 如果 $j^+ \equiv k^-$ (modulo 2), 令 $l/2$ 是方程 $j^+ + (2^n+2)x = k^- + (2^n-2)y$ 的一个解. 如果 $j^+ \ge k^-$, 我们可以取 $l/2 = k^- + (2^n-2)(2^{n-3}(j^+-k^-) \bmod (2^{n-1}+1))$, 否则 $l/2 = j^+ + (2^n+2)(2^{n-3}(k^--j^+) \bmod (2^{n-1}-1))$. 否则, 以类似的方式, 令 $(l+1)/2 = k^+ + (2^n+2)x = j^- + 1 + (2^n-2)y$. 那么 γ 在圈 $c_n()$ 内从位置 l 开始, 因此它在圈 $f_{2n}()$ 内从位置 $l + 1 + [l \ge k_n] + 2[l \ge l_n]$ 开始. 同样的公式当 $\alpha \in \{0^n, 1^n\}$ 或 $\beta \in \{0^n, 1^n\}$ 时 (但非同时) 成立. 最终, 0^{2n}, 1^{2n}, $(01)^n$, $(10)^n$ 分别从位置 0, j_{2n}, $l_n + 1 + [k_n < l_n]$, $l_n + 2 + [k_n < l_n]$ 开始.

当 n 为偶数时，为了找出 $f_{n+1}()$ 中的 $\beta = b_0 b_1 \ldots b_n$，假定 n 位二进制串 $(b_0 \oplus b_1) \ldots (b_{n-1} \oplus b_n)$ 在 $f_n()$ 中从位置 j 开始. 那么，如果 $f_{n+1}(k) = b_0$，β 从位置 $k = j - \delta_n[j \geq j_n] + 2^n[j = j_n][\delta_n = 1]$ 开始，否则分别从位置 $k + (2^n - \delta_n, \delta_n, 2^n + \delta_n)$ 开始，取决于 $j < j_n$，$j = j_n$，$j > j_n$.

这个递归公式的运行时间满足 $T(n) = O(n) + 2T(\lfloor n/2 \rfloor)$，因此它是 $O(n \log n)$. ［习题 97–99 基于乔纳森·图利亚尼的工作，他还研究了适用于特定的更大的 m 值的方法，见 *Discrete Math.* **226** (2001)，313–336.］

100. 显而易见没有明显的缺陷，但是在推荐任何序列之前应该进行广泛的测试. 相反，算法 F 隐式产生的德布鲁因圈是设想的随机二进制位的极差来源，即使它在定义 3.5D 的意义下是 n 分布的，因为 0 在开始时占主导地位. 实际上，当 n 是素数时，对于 $0 \leq t < (2^n - 2)/n$，那个序列的二进制位 $tn + 1$ 是 0.

101. (a) 令 β 是 $\lambda \lambda'$ 的真后缀，其中 $\beta \leq \lambda \lambda'$. 那么 β 或者是 λ' 的后缀，由此 $\lambda < \lambda' \leq \beta$，或者 $\beta = \alpha \lambda'$ 而我们有 $\lambda < \alpha < \beta$.

现在 $\lambda < \beta \leq \lambda \lambda'$ 蕴涵对于某个 $\gamma \leq \lambda'$ 有 $\beta = \lambda \gamma$. 但是 γ 是 β 的满足 $1 \leq |\gamma| = |\beta| - |\lambda| < |\lambda'|$ 的后缀，因此 γ 是 λ' 的真后缀，并且 $\lambda' < \gamma$. 矛盾.

(b) 长度为 1 的任何串是素串. 按任何顺序组合来自 (a) 的邻接素串，直到不可能进一步组合. ［更一般的结果见保罗·舒岑贝热，*Proc. Amer. Math. Soc.* **16** (1965), 21–24.］

(c) 如果 $t \neq 0$，令 λ 是 $\lambda_1 \ldots \lambda_t$ 的最小后缀. 那么 λ 按定义是素串，并且具有 $\beta \gamma$ 的形式，其中 β 是某个 λ_j 的一个非空后缀. 因此 $\lambda_t \leq \lambda_j \leq \beta \leq \beta \gamma = \lambda \leq \lambda_t$，所以我们必定有 $\lambda = \lambda_t$. 消除 λ_t 并且重复直到 $t = 0$.

(d) 真. 因为如果对于满足 $|\lambda| > |\lambda_1|$ 的某个素串 λ 有 $\alpha = \lambda \beta$，我们可以附加 β 的因子获得 α 的另外一个因子分解.

(e) $3 \cdot 1415926535897932384626433832795 \cdot 02884197$. ［一个有效的算法展现在习题 106 中. 知道 π 的更多数字将不会改变前面两个因子. 在博雷尔意义下是"正规的"任何数（见 3.5 节）的无穷十进制展式分解成有限长度的素串.］

102. 我们必定有 $1/(1 - mz) = 1/\prod_{n=1}^{\infty} (1 - z^n)^{L_m(n)}$. 这个结果像在习题 4.6.2–4 中那样蕴涵 (6o).

103. 当 $n = p$ 时是素数时，(59) 告诉我们 $L_m(1) + p L_m(p) = m^p$，并且我们还有 $L_m(1) = m$. ［这个组合证明对于定理 1.2.4F 的传统代数证明提供一个有趣的对照.］

104. 4483 个非素串是 abaca, agora, ahead, $\ldots$，1274 个素串是 $\ldots$，rusts, rusty, rutty. ［由于 prime 不是素的（prime），我们或许应该把素串称为低下的（lowly）.］

105. (a) 令 α' 是 α 连同它最后增加的字母，并且假定 $\alpha' = \beta \gamma'$，其中 $\alpha = \beta \gamma$ 且 $\beta \neq \epsilon$，$\gamma \neq \epsilon$. 令 θ 是 α 的前缀且 $|\theta| = |\gamma|$. 由假设，存在串 ω 使得 $\alpha \omega$ 是素串. 因此 $\theta \leq \alpha \omega < \gamma \omega$，因此，我们必定有 $\theta \leq \gamma$. 所以 $\theta < \gamma'$，并且我们有 $\alpha' < \gamma'$.

(b) 令 $\alpha = \lambda_1 \beta = a_1 \ldots a_n$，其中 $\lambda_1 \beta \omega$ 是素串且 $|\lambda_1| = r$. 如果对于某个 j 有 $a_j \neq a_{j+r}$，对于最小的这样的 j，我们必定有 $a_j < a_{j+r}$，因为 $\lambda_1 \beta \omega < \beta \omega$. 但那样 α 将以一个比 λ_1 长的素串开始，同习题 101(d) 矛盾.

(c) 如果 α 是 λ 和 λ' 两者的 n 扩张，其中 $|\lambda| > |\lambda'|$，我们必定有 $\lambda = (\lambda')^q \theta$，其中 θ 是 λ' 的非空前缀. 但那样 $\theta \leq \lambda' < \lambda < \theta$.

106. E1. ［初始化.］置 $a_1 \leftarrow \cdots \leftarrow a_n \leftarrow m - 1$，$a_{n+1} \leftarrow -1$，$j \leftarrow 1$.

E2. ［访问.］以下标 j 访问 $(a_1, \ldots, a_n)$.

E3. ［减 1.］如果 $a_j = 0$ 则终止. 否则置 $a_j \leftarrow a_j - 1$，$a_k \leftarrow m - 1$（$j < k \leq n$）.

E4. ［准备分解因子.］（按照习题 105(b)，现在我们需要找出 $a_1 \ldots a_n$ 的第一个素因子 λ_1.）置 $j \leftarrow 1$，$k \leftarrow 2$.

E5. ［寻找新的 j.］（现在 $a_1 \ldots a_{k-1}$ 是素串 $a_1 \ldots a_j$ 的 $(k-1)$ 扩张.）如果 $a_{k-j} > a_k$，返回 E2. 否则，如果 $a_{k-j} < a_k$，置 $j \leftarrow k$. 然后 k 加 1 并且重复这一步骤. ∎

步骤 E4 和 E5 中有效的因子分解算法是让-皮埃尔·杜瓦尔提出的, 见 *J. Algorithms* **4** (1983), 363–381. 进一步的信息, 见凯文·卡特尔、弗兰克·拉斯基、约瑟夫·泽田、米卡埃拉·塞拉和查尔斯·迈尔斯, *J. Algorithms* **37** (2000), 267–282.

107. 所访问的 n 元组的数目是 $P_m(n) = \sum_{j=1}^{n} L_m(j)$. 由于 $L_m(n) = \frac{1}{n}m^n + O(m^{n/2}/n)$, 我们有 $P_m(n) = Q(m,n) + O(Q(\sqrt{m}, n))$, 其中

$$Q(m,n) = \sum_{k=1}^{n} \frac{m^k}{k} = \frac{m^n}{n} R(m,n);$$

$$R(m,n) = \sum_{k=0}^{n-1} \frac{m^{-k}}{1-k/n} = \sum_{k=0}^{n/2} \frac{m^{-k}}{1-k/n} + O(nm^{-n/2})$$

$$= \frac{m}{m-1} \sum_{j=0}^{t-1} \frac{1}{n^j} \sum_l \begin{Bmatrix} j \\ l \end{Bmatrix} \frac{l!}{(m-1)^l} + O(n^{-t}), \quad \text{对于所有 } t.$$

因此 $P_m(n) \sim m^{n+1}/((m-1)n)$. 对运行时间的主要贡献来自步骤 F3 和 F5 步中的循环, 它们对长度为 j 的每个素串耗费 $n - j$, 因此总时间是 $nP_m(n) - \sum_{j=1}^{n} jL_m(j) = m^{n+1}(1/((m-1)^2 n) + O(1/(mn^2)))$. 这少于输出德布鲁因圈的 m^n 个单独数字所需的时间.

108. (a) 如果 $\alpha \neq 9\ldots9$, 我们有 $\beta\alpha < \lambda_{k+1} \leq \beta 9^{|\alpha|}$, 因为后者是素串.

(b) 因为 $9^j 0^{n-j}$ 是 $\lambda_{t-1}\lambda_t\lambda_1\lambda_2 = 89^n 0^n 1$ 的子串, 我们可以假定 β 不是全 0. 令 k 是满足 $\beta \leq \lambda_k$ 的最小值, 那么 $\lambda_k \leq \beta\alpha$, 因此 β 是 λ_k 的前缀. 由于 β 是前素串, 它是某个素串 $\beta' \leq \beta$ 的 $|\beta|$ 扩张. 由习题 106, 恰好在 β' 之前由算法 F 访问的前素串是 $(\beta'-1)9^{n-|\beta'|}$, 其中 $\beta'-1$ 表示比 β' 小 1 的十进制数. 因此, 如果 β' 不是 λ_{k-1}, 这个提示 (也从习题 106 得出) 意味着 λ_{k-1} 以至少 $n - |\beta'| \geq n - |\beta|$ 个 9 结束, 并且 α 是 λ_{k-1} 的后缀. 另一方面, 如果 $\beta' = \lambda_{k-1}$, 则 α 是 λ_{k-2} 的后缀, 因为 $|\beta'| \leq n/2$, 并且 β 是 $\lambda_{k-1}\lambda_k$ 的前缀.

(c) 如果 $\alpha \neq 9\ldots9$, 我们有 $\lambda_{k+1} \leq (\beta\alpha)^{d-1}\beta 9^{|\alpha|}$, 因为后者是素串. 否则 λ_{k-1} 以至少 $(d-1)|\beta\alpha|$ 个 9 结束, 并且 $\lambda_{k+1} \leq (\beta\alpha)^{d-1}9^{|\beta\alpha|}$, 所以 $(\alpha\beta)^d$ 是 $\lambda_{k-1}\lambda_k\lambda_{k+1}$ 的子串.

(d) 在素串 135899 135914, 787899 787979, 129999 13 131314, 09 090911, 089999 09 090911, 118999 119 119122 内.

(e) 是: 在所有的情形, 如果 $0 \leq a_n < 9$ (并且如果我们假定像 $9^j 0^{n-j}$ 那样的串出现在开头), 则 $a_1\ldots a_n$ 的位置是在子串 $a_1\ldots a_{n-1}(a_n+1)$ 的位置之前. 此外, $9^j 0^{n-j-1}$ 仅在 $9^{j-1}0^{n-j}a$ ($1 \leq a \leq 9$) 已经显现之后出现, 因此我们务必不要把 0 置于 $9^j 0^{n-j-1}$ 之后. [见爱德华多·莫雷诺和多米尼克·佩兰, *Advances in Applied Mathematics* **33** (2004), 413–415; **62** (2015), 184–187.]

109. 假定我们需要安置子矩阵

$$\begin{pmatrix} (w_{n-1}\ldots w_1 w_0)_2 & (x_{n-1}\ldots x_1 x_0)_2 \\ (y_{n-1}\ldots y_1 y_0)_2 & (z_{n-1}\ldots z_1 z_0)_2 \end{pmatrix}.$$

给出的例子是二进制情形 $n = 1$, 并且如果 $n > 1$, 我们由归纳法可以假定只需确定前导二进制位 a_{2n-1}, a_{2n-2}, b_{2n-1}, b_{2n-2}. 典型的情形是 $n = 3$: 我们必须求解

$$b_5 = w_2, \qquad b_4 = x_2, \qquad a_5 \oplus b_5 = y_2, \qquad a_4 \oplus b_4 = z_2, \qquad \text{如果 } a_0 = 0, b_0 = 0;$$

$$b_4 = w_2, \qquad b_5' = x_2, \qquad a_4 \oplus b_4 = y_2, \qquad a_5 \oplus b_5' = z_2, \qquad \text{如果 } a_0 = 0, b_0 = 1;$$

$$a_5 \oplus b_5 = w_2, \qquad a_4 \oplus b_4 = x_2, \qquad b_5 = y_2, \qquad b_4 = z_2, \qquad \text{如果 } a_0 = 1, b_0 = 0;$$

$$a_4 \oplus b_4 = w_2, \qquad a_5 \oplus b_5' = x_2, \qquad b_4 = y_2, \qquad b_5' = z_2, \qquad \text{如果 } a_0 = 1, b_0 = 1;$$

这里 $b_5' = b_5 \oplus b_4 b_3 b_2 b_1$, 注意当 j 变成 $j+1$ 时的进位.

110. 令 $a_0 a_1 \ldots a_{m^2-1}$ 是 m 进制德布鲁因圈, 例如 (54) 的头 m^2 个元素. 如果 m 是奇数, 当 i 是偶数时令 $d_{ij} = a_j$, 当 i 是奇数时令 $d_{ij} = a_{(j+(i+1)/2) \bmod m^2}$. [在许多发现这种结构的人中, 约翰·科克看来是第一人, 他在 *Discrete Math.* **70** (1988), 209–210 还构造了其他形状和大小的德布鲁因圆环面.]

如果 $m = m'm''$，其中 $m' \perp m''$，借助于求解对于 m' 和 m'' 的问题的矩阵，我们利用中国剩余算法来定义

$$d_{ij} \equiv d'_{ij} \ (\text{modulo } m') \qquad \text{且} \qquad d_{ij} \equiv d''_{ij} \ (\text{modulo } m'').$$

因此上题得出对于任意 m 的一个解.

安塔尔·伊万尼和佐尔坦·托特找到了 m 的偶数值的另外一个有趣的解 [*2nd Conf. Automata, Languages, and Programming Systems* (1988), 165–172; 也见格伦·赫尔伯特和加思·伊萨克, *Contemp. Math.* **178** (1994), 153–160]. 无穷序列

$$0011\ 021331203223\ 0415243553425140 5445\ 0617263746577564 \ldots 0766708 \ldots$$

的前 m^2 个元素 a_j 定义了一个具有如下性质的德布鲁因圈，即 ab 和 ba 的显现之间的距离总是偶数. 于是，如果 $i+j$ 是偶数，我们可以令 $d_{ij} = a_j$，如果 $i+j$ 是奇数，可以令 $d_{ij} = a_i$. 例如，当 $m = 4$ 时我们有

$$
\begin{pmatrix}
0010021220302232 \\
0001020320212223 \\
0111031321312333 \\
1011121330313233 \\
0010021220302232 \\
0203000122232021 \\
0111031321312333 \\
1213101132333031 \\
0010021220302232 \\
2021222300010203 \\
0111031321312333 \\
3031323310111213 \\
0010021220302232 \\
2223202102030001 \\
0111031321312333 \\
3233303112131011
\end{pmatrix}
\text{（习题 109），}
\qquad
\begin{pmatrix}
0010001030203020 \\
0001020301000203 \\
0111011131213121 \\
1011121311101213 \\
0010001030203020 \\
2021222321202223 \\
0111011131213121 \\
3031323331303233 \\
0313031333233323 \\
1011121311101213 \\
0212021232223222 \\
0001020301000203 \\
0313031333233323 \\
2021222321202223 \\
0212021232223222 \\
3031323331303233
\end{pmatrix}
\text{（托特）.}
$$

111. (a) 令 $d_j = j$ 且 $0 \le a_j < 3$ $(1 \le j \le 9,\ a_9 \ne 0)$. 通过规则 $s_1 = 0$, $t_1 = d_1$; $t_{j+1} = d_{j+1} + 10t_j[a_j = 0]$ $(1 \le j < 9)$; $s_{j+1} = s_j + (0, t_j, -t_j)$ $(a_j = (0,1,2),\ 1 \le j \le 9)$ 建立序列 s_j, t_j. 那么 s_{10} 是一个可能的结果. 我们只需记住出现的那些较小的值. 所以通过不允许当 $s_k = 0$ 时 $a_k = 2$，然后用 $|s_{10}|$ 代替 s_{10}，可以节省一半以上的工作. 由于需要检验的可能性少于 $3^8 = 6561$，所以通过算法 M 的三进制版本进行硬算是合适的. 为了推导出小于 211 的所有整数是可表示的而 211 不是可表示的，需要不到 24000 次内存访问和 1600 次乘法.

另外一种方法利用格雷码来把数字以 2^8 种可能的方式分块后改变符号，把乘法次数减少到了 255，但是花费约 500 次额外的内存访问. 所以格雷码在这个应用中没有优势.

(b) 现在（用 73000 次内存访问和 4900 次乘法）我们可以得到小于 241 的所有整数，但是不能到达 241. 表示 100 有 46 种方式，包括著名的 $9 - 87 + 6 + 5 - 43 + 210$.

[亨利·迪德尼在 *The Weekly Dispatch* (1899 年 6 月 4 日和 18 日) 中介绍了他的"世纪"问题. 也见马丁·加德纳, *The Numerology of Dr. Matrix*, 第 6 章; 史蒂文·卡亨, *J. Recreational Math.* **23** (1991), 19–25; 以及习题 7.2.1.6–122.]

112. 因为 3^{16} 比 3^8 大得多，所以习题 111 的方法现在需要超过 1.67 亿次内存访问和 1000 万次乘法. 首先，对于 $1 \le k < 9$，从前 k 个数字和后 k 个数字可以获得的可能性造成表，然后考虑用到 9 的所有数字块，我们可以做得更好（1040 万次内存访问和 1100 次乘法）. 存在 60318 种表示 100 的方式，而第一个不能达到的数是 16040.

7.2.1.2 节

1. ［约翰·菲利普斯，*Comp. J.* **10** (1967), 311.］假设 $n \geq 3$，我们可以用下列步骤代替步骤 L2–L4：

L2′. ［最容易的情况？］置 $y \leftarrow a_{n-1}$，$z \leftarrow a_n$. 如果 $y < z$，置 $a_{n-1} \leftarrow z$，$a_n \leftarrow y$，并且返回 L1.

L2.1′. ［下一个最容易的情况？］置 $x \leftarrow a_{n-2}$. 如果 $x \geq y$，转到步骤 L2.2′. 否则，如果 $x < z$ 置 $(a_{n-2}, a_{n-1}, a_n) \leftarrow (z, x, y)$，如果 $x \geq z$ 置 $(a_{n-2}, a_{n-1}, a_n) \leftarrow (y, z, x)$. 返回 L1.

L2.2′. ［寻找 j.］置 $j \leftarrow n-3$，$y \leftarrow a_j$. 当 $y \geq x$ 时循环执行 $j \leftarrow j-1$，$x \leftarrow y$，$y \leftarrow a_j$. 如果 $j = 0$ 则终止.

L3′. ［容易增加？］如果 $y < z$，置 $a_j \leftarrow z$，$a_{j+1} \leftarrow y$，$a_n \leftarrow x$，并且转到 L4.1′.

L3.1′. ［推进 a_j.］置 $l \leftarrow n-1$. 如果 $y \geq a_l$，l 重复减 1 直到 $y < a_l$. 然后置 $a_j \leftarrow a_l$，$a_l \leftarrow y$.

L4′. ［开始颠倒.］置 $a_n \leftarrow a_{j+1}$，$a_{j+1} \leftarrow z$.

L4.1′. ［颠倒 $a_{j+2} \ldots a_{n-1}$.］置 $k \leftarrow j+2$，$l \leftarrow n-1$. 然后，当 $k < l$ 时循环执行：交换 $a_k \leftrightarrow a_l$ 并且置 $k \leftarrow k+1$，$l \leftarrow l-1$. 返回 L1. ▌

如果 a_t 存放在内存单元 $\mathtt{A}[n-t]$（$0 \leq t \leq n$），或者像下题那样使用逆序反向字典序，则程序运行可能更快.

2. 再次假设，初始时 $a_1 \leq a_2 \leq \cdots \leq a_n$. 然而，从 $\{1, 2, 2, 3\}$ 生成的排列将是 1223, 2123, 2213, ..., 2321, 3221. 令 a_{n+1} 是大于 a_n 的辅助元素.

M1. ［访问.］访问排列 $a_1 a_2 \ldots a_n$.

M2. ［寻找 j.］置 $j \leftarrow 2$. 如果 $a_{j-1} \geq a_j$，j 增加 1 直到 $a_{j-1} < a_j$. 如果 $j > n$ 则终止.

M3. ［减少 a_j.］置 $l \leftarrow 1$. 如果 $a_l \geq a_j$，l 增加 1 直到 $a_l < a_j$. 然后交换 $a_l \leftrightarrow a_j$.

M4. ［颠倒 $a_1 \ldots a_{j-1}$.］置 $k \leftarrow 1$，$l \leftarrow j-1$. 然后，如果 $k < l$，交换 $a_k \leftrightarrow a_l$，置 $k \leftarrow k+1$，$l \leftarrow l-1$，并且重复直到 $k \geq l$. 返回 M1. ▌

3. 令 $C_1 \ldots C_n = c_{a_1} \ldots c_{a_n}$ 是像习题 5.1.1–7 中那样的反序表. 那么 $(a_1 \ldots a_n)$ 的排名是混合进制数 $\begin{bmatrix} C_1, & \ldots, & C_{n-1}, & C_n \\ n, & \ldots, & 2, & 1 \end{bmatrix}$. ［见海因里希·罗思，*Sammlung combinatorisch-analytischer Abhandlungen* **2** (1800), 263–264；也见 7.2.1.7 节中引用的萨尔加德瓦和纳拉亚纳·潘季塔的开创性工作.］例如，314592687 的排名是 $\begin{bmatrix} 2, & 0, & 1, & 1, & 4, & 0, & 0, & 1, & 0 \\ 9, & 8, & 7, & 6, & 5, & 4, & 3, & 2, & 1 \end{bmatrix} = 2 \cdot 8! + 6! + 5! + 4 \cdot 4! + 1! = 81\,577$. 这是等式 4.1–(10) 中的阶乘数系.

4. 使用递推公式 $\mathrm{rank}(a_1 \ldots a_n) = \frac{1}{n} \sum_{j=1}^{t} n_j [x_j < a_1] \binom{n}{n_1, \ldots, n_t} + \mathrm{rank}(a_2 \ldots a_n)$. 例如，314159265 的排名是

$$\frac{3}{9} \binom{9}{2,1,1,1,2,1,1} + 0 + \frac{2}{7} \binom{7}{1,1,1,2,1,1} + 0 + \frac{1}{5} \binom{5}{1,2,1,1} + \frac{3}{4} \binom{4}{1,1,1,1} + 0 + \frac{1}{2} \binom{2}{1,1} = 30\,991.$$

5. (a) 步骤 L2 执行 $n!$ 次. 恰好做 k 次比较的概率是 $q_k - q_{k+1}$，其中 q_t 是 $a_{n-t+1} > \cdots > a_n$ 的概率，也就是 $[t \leq n]/t!$. 因此，均值是 $\sum k(q_k - q_{k+1}) = q_1 + \cdots + q_n = \lfloor n! e \rfloor / n! - 1 \approx e - 1 \approx 1.718$，方差是

$$\sum k^2 (q_k - q_{k+1}) - \text{均值}^2 = q_1 + 3q_2 + \cdots + (2n-1)q_n - (q_1 + \cdots + q_n)^2 \approx e(3 - e) \approx 0.766.$$

［关于高阶矩，见雷纳·肯普，*Acta Informatica* **35** (1998), 17–89, 定理 4.］

顺便说一下，步骤 L4 中交换操作的平均次数因此是 $\sum \lfloor k/2 \rfloor (q_k - q_{k+1}) = q_2 + q_4 + \cdots \approx \cosh 1 - 1 = (e + e^{-1} - 2)/2 \approx 0.543$，这是属于理查德·奥德-史密斯［*Comp. J.* **13** (1970), 152–155］的一个结果.

(b) 步骤 L3 仅执行 $n! - 1$ 次，但是为方便起见我们假定它再出现一次（做 0 次比较）. 那么，恰好作 k 次比较的概率，对于 $1 \leq k < n$ 是 $\sum_{j=k+1}^{n} 1/j!$，对于 $k = 0$ 是 $1/n!$. 因此，均值是 $\frac{1}{2} \sum_{j=0}^{n-2} 1/j! \approx e/2 \approx 1.359$，习题 1 把这个数减少 $\frac{2}{3}$. 方差是 $\frac{1}{3} \sum_{j=0}^{n-3} 1/j! + \frac{1}{2} \sum_{j=0}^{n-2} 1/j! - \text{均值}^2 \approx \frac{5}{6} e - \frac{1}{4} e^2 \approx 0.418$.

6. (a) 令 $e_n(z) = \sum_{k=0}^{n} z^k/k!$, 那么不同前缀 $a_1 \ldots a_j$ 的数目是 $j!\,[z^j]\,e_{n_1}(z)\ldots e_{n_t}(z)$. 这是 $N = \binom{n}{n_1,\ldots,n_t}$ 乘以步骤 L2 中至少做 $n-k$ 次比较的概率 q_{n-j}. 因此均值是 $\frac{1}{N} w(e_{n_1}(z)\ldots e_{n_t}(z)) - 1$, 其中 $w(\sum x_k z^k/k!) = \sum x_k$. 在二进制的情形, 均值是 $M/\binom{n}{s} - 1$, 其中 $M = \sum_{l=0}^{s} \sum_{k=l}^{n-s+l} \binom{k}{l} = \sum_{l=0}^{s} \binom{n-s+l+1}{l+1} = \binom{n+2}{s+1} - 1 = \binom{n}{s}(2 + \frac{s}{n-s+1} + \frac{n-s}{s+1}) - 1$.

(b) 如果 $\{a_1, \ldots, a_j\} = \{n_1' \cdot x_1, \ldots, n_t' \cdot x_t\}$, 前缀 $a_1 \ldots a_j$ 在步骤 L3 中对比较次数总共贡献 $\sum_{1 \le k < l \le t} (n_k - n_k')[n_l > n_l']$. 因此均值是 $\frac{1}{N} \sum_{1 \le k < l \le t} w(f_{kl}(z))$, 其中

$$f_{kl}(z) = \left(\prod_{\substack{1 \le m \le t \\ m \ne k,\, m \ne l}} e_{n_m}(z) \right) \left(\sum_{r=0}^{n_k} (n_k - r) \frac{z^r}{r!} \right) e_{n_l - 1}(z)$$

$$= e_{n_1}(z)\ldots e_{n_t}(z)(n_k - z r_k(z)) r_l(z), \qquad \text{其中 } r_k(z) = \frac{e_{n_k - 1}(z)}{e_{n_k}(z)}.$$

在二值的情形, 这个公式简化为 $\frac{1}{N} w((s e_s(z) - z e_{s-1}(z)) e_{n-s-1}(z)) = \frac{s}{N}(\binom{n+1}{s+1} - 1) - \frac{1}{N}(\binom{n+1}{s+1}(s - \frac{s+1}{n-s+1}) + 1) = \frac{1}{N}(-s - 1 + \binom{n+1}{s}) = \frac{n+1}{n-s+1} - \frac{s+1}{N}$.

7. 使用上题答案中的记号, 量 $\frac{1}{N} w(e_{n_1}(z)\ldots e_{n_t}(z)) - 1$ 是

$$\frac{n_1 + \cdots + n_t}{n} + \frac{(n_1 n_2 + n_1 n_3 + \cdots + n_{t-1} n_t) + n_1(n_1 - 1) + \cdots + n_t(n_t - 1)}{n(n-1)} + \cdots.$$

利用式 1.2.9–(38) 可以证明, 极限是 $-1 + \exp \sum_{k \ge 1} r_k/k$, 其中 $r_k = \lim_{t \to \infty} (n_1^k + \cdots + n_t^k)/(n_1 + \cdots + n_t)^k$. 在情形 (a) 和 (b), 我们有 $r_k = [k=1]$, 因此极限是 $e - 1 \approx 1.71828$. 在情形 (c), 我们有 $r_k = 1/(2^k - 1)$, 因此极限是 $-1 + \exp \sum_{k \ge 1} 1/(k(2^k - 1)) \approx 2.46275$.

8. 假设 j 最初为 0, 并且把步骤 L1 修改为

L1′. [访问.] 访问变差 $a_1 \ldots a_j$. 如果 $j < n$, 置 $j \leftarrow j + 1$, 并且重复这一步. ▮

这个算法是由路德维希·菲舍尔和卡尔·克劳泽 [*Lehrbuch der Combinationslehre und der Arithmetik* (Dresden: 1812), 55–57] 提出的.

顺便说一下, 使用习题 6 答案的记号, 变差总数为 $w(e_{n_1}(z)\ldots e_{n_t}(z))$. 这个计数问题最初由詹姆斯·伯努利在 *Ars Conjectandi* (1713), 第 2 部分第 9 章[①] 讨论.

9. 假设 $r > 0$ 并且开始时有 $a_0 < a_1 \le a_2 \le \cdots \le a_n$.

R1. [访问.] 访问变差 $a_1 \ldots a_r$. (此时, $a_{r+1} \le \cdots \le a_n$.)

R2. [容易的情况?] 如果 $a_r < a_n$, 交换 $a_r \leftrightarrow a_j$, 其中 j 是使得 $j > r$ 且 $a_j > a_r$ 的最小下标, 并且返回 R1.

R3. [颠倒.] 像在步骤 L4 中那样置 $(a_{r+1}, \ldots, a_n) \leftarrow (a_n, \ldots, a_{r+1})$.

R4. [寻找 j] 置 $j \leftarrow r - 1$. 如果 $a_j \ge a_{j+1}$, 重复 j 减 1 直到 $a_j < a_{j+1}$. 如果 $j = 0$ 则终止.

R5. [推进 a_j.] 置 $l \leftarrow n$. 如果 $a_j \ge a_l$, 重复 l 减 1 直到 $a_j < a_l$. 然后交换 $a_j \leftrightarrow a_l$.

R6. [再次颠倒.] 像在步骤 L4 中那样置 $(a_{j+1}, \ldots, a_n) \leftarrow (a_n, \ldots, a_{j+1})$, 并且返回 R1. ▮

输出的数是 $r!\,[z^r]\,e_{n_1}(z)\ldots e_{n_t}(z)$. 当然, 当元素相异时这是 $n^{\underline{r}}$.

10. 如果 $n \ge 2$, 则 $a_1 a_2 \ldots a_n = 213 \ldots n$, $c_1 c_2 \ldots c_n = 010 \ldots 0$, $o_1 o_2 \ldots o_n = 1(-1)1 \ldots 1$.

11. 步骤 (P1, …, P7) 分别执行 $(1, n!, n!, n! + x_n, n! - 1, (x_n + 3)/2, x_n)$ 次, 其中 $x_n = \sum_{k=1}^{n-1} k!$, 因为当 $2 \le j \le n$ 时步骤 P7 执行 $(j-1)!$ 次.

12. 我们需要排名为 999 999 的排列. 答案是: (a) 2783915460 (由习题 3). (b) 8750426319, 因为由 7.2.1.1–(50), 对应于 $\begin{bmatrix} 0, & 0, & 1, & 2, & 3, & 0, & 2, & 7, & 0, & 9 \\ 1, & 2, & 3, & 4, & 5, & 6, & 7, & 8, & 9, & 10 \end{bmatrix}$ 的反射混合进制数是 $\begin{bmatrix} 0, & 0, & 1, & 3-2, & 3, & 5-0, & 2, & 7, & 8-0, & 9-9 \\ 1, & 2, & 3, & 4, & 5, & 6, & 7, & 8, & 9, & 10 \end{bmatrix}$. (c) 乘积 $(0\ 1\ \ldots\ 9)^9 (0\ 1\ \ldots\ 8)^0 (0\ 1\ \ldots\ 7)^7 (0\ 1\ \ldots\ 6)^2 \ldots (0\ 1\ 2)^1$, 也就是 9703156248.

---

① 这本有关概率论的著作在詹姆斯·伯努利逝世 7 年后出版.——译者注

13. 第一个命题对于所有 $n \geq 2$ 为真. 但是当 2 与 1 交叉时, 也就是当 c_2 从 0 变为 1 时, 我们有 $c_3 = 2$, $c_4 = 3$, $c_5 = \cdots = c_n = 0$, 并且当 $n \geq 5$ 时下一个排列是 $432156\ldots n$. [见 *Time Travel* (1988), 第 74 页.]

14. 在步骤 P1, P5, P6 开始时为真, 因为恰好有 $j-1-c_j+s$ 个元素位于 x_j 的左边, 即来自 $\{x_1, \ldots, x_{j-1}\}$ 的 $j-1-c_j$ 个和来自 $\{x_{j+1}, \ldots, x_n\}$ 的 s 个. (在某种意义上, 这个公式是算法 P 的主要特征.)

15. 如果 $\left[\begin{smallmatrix} b_{n-1}, & \ldots, & b_0 \\ 1, & \ldots, & n \end{smallmatrix}\right]$ 对应于反射格雷码 $\left[\begin{smallmatrix} c_1, & \ldots, & c_n \\ 1, & \ldots, & n \end{smallmatrix}\right]$, 由 7.2.1.1–(50), 我们到达步骤 P6 当且仅当 $b_{n-k} = k-1$ ($j \leq k \leq n$) 和 B_{n-j+1} 是偶数. 但是 $b_{n-k} = k-1$ ($j \leq k \leq n$) 意味着 B_{n-k} ($j < k \leq n$) 是奇数. 因此在步骤 P5 有 $s = [c_{j+1} = j] + [c_{j+2} = j+1] = [o_{j+1} < 0] + [o_{j+2} < 0]$. [见 *Math. Comp.* **17** (1963), 282–285.]

16. **P1′.** [初始化.] 对于 $1 \leq j < n$ 置 $c_j \leftarrow j$, $o_j \leftarrow -1$. 也置 $z \leftarrow a_n$.

P2′. [访问.] 访问 $a_1 \ldots a_n$. 然后, 如果 $a_1 = z$ 转到 P3.5′.

P3′. [向下搜寻.] 对于 $j \leftarrow n-1, n-2, \ldots, 1$ (按照这个顺序), 置 $a_{j+1} \leftarrow a_j$, $a_j \leftarrow z$, 并且访问 $a_1 \ldots a_n$. 然后置 $j \leftarrow n-1$, $s \leftarrow 1$, 并且转到 P4′.

P3.5′. [向上搜寻.] 对于 $j \leftarrow 1, 2, \ldots, n-1$ (按照这个顺序), 置 $a_j \leftarrow a_{j+1}$, $a_{j+1} \leftarrow z$, 并且访问 $a_1 \ldots a_n$. 然后置 $j \leftarrow n-1$, $s \leftarrow 0$.

P4′. [准备好改变了吗?] 置 $q \leftarrow c_j + o_j$. 如果 $q = 0$ 则转到 P6′, 如果 $q > j$ 则转到 P7′.

P5′. [改变.] 交换 $a_{c_j+s} \leftrightarrow a_{q+s}$. 然后置 $c_j \leftarrow q$, 并且返回 P2′.

P6′. [推进 s.] 如果 $j = 1$ 则终止, 否则置 $s \leftarrow s+1$.

P7′. [切换方向.] 置 $o_j \leftarrow -o_j$, $j \leftarrow j-1$, 并且返回 P4′. ∎

17. 初始化时, 对于 $1 \leq j \leq n$ 置 $a_j \leftarrow a'_j \leftarrow j$. 步骤 P5 现在应该置 $t \leftarrow j - c_j + s$, $u \leftarrow j - q + s$, $v \leftarrow a_u$, $a_t \leftarrow v$, $a'_v \leftarrow t$, $a_u \leftarrow j$, $a'_j \leftarrow u$, $c_j \leftarrow q$. (见习题 14.)

但是, 正如吉德翁·埃尔利希 [*JACM* **20** (1973), 505–506] 指出的那样, 实际上我们可以用需要的和可用的逆排列大大简化算法, 避免使用偏移变量 s 并且让控制表 $c_1 \ldots c_n$ 仅向下计数.

Q1. [初始化.] 对于 $1 \leq j \leq n$ 置 $a_j \leftarrow a'_j \leftarrow j$, $c_j \leftarrow j-1$, $o_j \leftarrow -1$. 也置 $c_0 \leftarrow -1$.

Q2. [访问] 访问排列 $a_1 \ldots a_n$ 及其逆排列 $a'_1 \ldots a'_n$.

Q3. [寻找 k.] 置 $k \leftarrow n$. 然后, 当 $c_k = 0$ 时循环执行 $c_k \leftarrow k-1$, $o_k \leftarrow -o_k$, $k \leftarrow k-1$. 如果 $k = 0$ 则终止.

Q4. [改变.] 置 $c_k \leftarrow c_k - 1$, $j \leftarrow a'_k$, $i \leftarrow j + o_k$. 然后置 $t \leftarrow a_i$, $a_i \leftarrow k$, $a_j \leftarrow t$, $a'_t \leftarrow j$, $a'_k \leftarrow i$, 并且返回 Q2. ∎

18. 置 $a_n \leftarrow n$, 并且使用算法 P 的 $(n-1)!/2$ 次迭代生成 $\{1, \ldots, n-1\}$ 的所有满足 1 位于 2 之前的排列. [莫希特·罗伊, *CACM* **16** (1973), 312–313; 也见习题 13.]

19. 例如, 我们可以使用算法 P 的思想, 对于基数 $(1, 2, \ldots, n)$, 像在算法 7.2.1.1H 中那样改变 n 元组 $c_1 \ldots c_n$. 那个算法正确地维持一个方向数组, 虽然它用不同的方式对下标编号. 可以像在习题 15 的答案中那样计算算法 P 所需的偏移 s, 或者可以像习题 17 那样保持逆排列. [见吉德翁·埃尔利希, *CACM* **16** (1973), 690–691.] 其他的算法, 如希普的算法, 同样可以用无循环的方式实现.

(注意: 在排列生成的大多数应用中, 我们所关注的是总运行时间达到最小, 而不在乎相继访问之间的最大时间. 按这个观点, 通常不希望使用无循环算法, 除非是在并行计算机上. 关于存在无循环算法这个事实, 在理智上多少是尽如人意的, 无论实践中是否如此.)

20. 例如当 $n = 3$ 时, 我们可以从 $123, 132, 312, \overline{3}12, 1\overline{3}2, 12\overline{3}, 21\overline{3}, \ldots, 213, \overline{2}13, \ldots$ 开始. 如果对于 n 的 δ 序列是 $(\delta_1 \delta_2 \ldots \delta_{2n!})$, 对于 $n+1$ 的对应序列是 $(\Delta_n \delta_1 \Delta_n \delta_2 \ldots \Delta_n \delta_{2n!})$, 其中 Δ_n 是 $2n+1$ 个操作 $n \ n{-}1 \ \ldots \ 1 \ -\ 1 \ \ldots \ n{-}1 \ n$ 的序列. 这里 $\delta_k = j$ 意味着 $a_j \leftrightarrow a_{j+1}$, 而 $\delta_k = -$ 意味着 $a_1 \leftarrow -a_1$.

（带符号排列在习题 5.1.4–43 和 44 中以另一种形态出现. 所有带符号排列的集合称为超八面体群 $\mathcal{B}_n$. ）

21. 显然 M = 1，因此 O 必定是 0 而 S 必定是 $b-1$. 于是 N = E + 1，R = $b-2$，D + E = b + Y. 当 Y = $k \geq 2$ 时，这对于 E 恰好留下 $\max(0, b-7-k)$ 种选择，因此当 $b \geq 8$ 时共有 $\sum_{k=2}^{b-7}(b-7-k) = \binom{b-8}{2}$ 个解. ［*Math. Mag.* **45** (1972), 48–49. 顺便说一下，戴维·爱泼斯坦证明了对于给定的进制求解字母算术的任务是NP 完全的. 见 *SIGACT News* **18**, 3 (1987), 38–40. ］

22. $(\text{X})_b + (\text{X})_b = (\text{XY})_b$ 仅当 $b = 2$ 时是可解的.

23. 几乎是真，因为解的数目将是偶数，除非 $[j \in F] \neq [k \in F]$. （考虑三进制字母算术 X + $(\text{XX})_3$ + $(\text{YY})_3$ + $(\text{XZ})_3 = (\text{XYX})_3$. ）

24. (a) $9283 + 7 + 473 + 1062 = 10825$. (b) $698392 + 3192 = 701584$. (c) $63952 + 69275 = 133227$. (d) $653924 + 653924 = 1307848$. (e) $5718 + 3 + 98741 = 104462$. (f) $127503 + 502351 + 3947539 + 46578 = 4623971$. (g) $67432 + 704 + 8046 + 97364 = 173546$. (h) $59 + 577404251698 + 69342491650 + 49869442698 + 1504 + 40614 + 82591 + 344 + 41 + 741425 = 5216367650 + 691400684974$. ［所有的解都是唯一的. (b)–(g) 的参考文献：*J. Recreational Math.* **10** (1977), 115; **5** (1972), 296; **10** (1977), 41; **10** (1978), 274; **12** (1979), 133–134; **9** (1977), 207. ］

(i) 在这种情况下，有 $\frac{8}{10}10! = 2\,903\,040$ 个解，因为除了那些指定 H 或 N 为 0 的排列，$\{0, 1, \ldots, 9\}$ 的每个排列都是合适的. （精心编写的通用加法字母算术求解程序将注意减少这种情况的输出量. ）

25. 我们可以假定 $s_1 \leq \cdots \leq s_{10}$. 令 i 是 $\notin F$ 的最小下标，并且置 $a_i \leftarrow 0$，然后按 j 递增的次序设置剩余的元素 a_j. 类似定理 6.1S 的证明显示这个过程使 $a \cdot s$ 达到最大值. 一个类似的过程产生最小值，因为 $\min(a \cdot s) = -\max(a \cdot (-s))$.

26. $400739 + 63930 - 2379 - 1252630 + 53430 - 1390 + 738300$.

27. 读者或许可以改进下面的例子：BLOOD + SWEAT + TEARS = LATER; EARTH + WATER + WRATH = HELLO + WORLD; AWAIT + ROBOT + ERROR = SOBER + WORDS; CHILD + THEME + PEACE + ETHIC = IDEAL + ALPHA + METIC. （这道习题的灵感来自 WHERE + SEDGE + GRASS + GROWS = MARSH ［小艾伦·约翰逊，*J. Recr. Math.* **15** (1982), 51 ］，除了 D 和 O 具有相同签名外，它是非常纯的. ）约瑟夫·布朗、约瑟夫·绍博和特里·特罗布里奇提出了 GREAT + GREAT = LARGE 和 GREAT + GREAT = SMALL.

28. (a) $11 = 3+3+2+2+1$, $20 = 11+3+3+3$, $20 = 11+3+3+2+1$, $20 = 11+3+3+1+1+1$, $20 = 8+8+2+1+1$, $20 = 7+7+6$, $20 = 7+7+2+2+2$, $20 = 7+7+2+1+1+1+1$, $20 = 7+5+5+2+1$, $20 = 7+5+5+2+2+1+1$, $20 = 7+5+2+2+1+1+1+1$, $20 = 7+3+3+2+2+1+1+1$, $20 = 7+3+3+1+1+1+1+1+1+1$, $20 = 5+3+3+3+3+3$. ［这 14 个解首先由罗伊·蔡尔兹在 1999 年计算. n 的下一个双真分划是 30（20 种方式），接着是 40（94 种方式）、41（67 种方式）、42（57 种方式）、50（190 种方式，包括 $50 = 2+2+\cdots+2$），等等. ］

(b) $51 = 20+15+14+2$, $51 = 15+14+10+9+3$, $61 = 19+16+11+9+6$, $65 = 17+16+15+9+7+1$, $66 = 20+19+16+6+5$, $69 = 18+17+16+10+8$, $70 = 30+20+10+7+3$, $70 = 20+16+12+9+7+6$, $70 = 20+15+12+11+7+5$, $80 = 50+20+9+1$, $90 = 50+12+11+9+5+2+1$, $91 = 45+19+11+10+5+1$. ［这两个 51 的分划是由史蒂文·卡亨给出的，见他的著作 *Have Some Sums To Solve* (Farmingdale, New York: Baywood, 1978), 36–37, 84, 112. 朱利奥·切萨雷发现了令人惊讶的有 17 个不同项的意大利数字和 58 个不同项的罗马数字的例子，见 *J. Recr. Math.* **30** (1999), 63. ］

注意：出色的例子 THREE = TWO + ONE + ZERO ［理查德·布赖施，*Recreational Math. Magazine* **12** (1962 年 12 月), 24 ］遗憾地被我们的约定排除在外. 在英语中双真分划成不同部分的总数多半是有限的，尽管随意大的整数的名称是不标准的. 存在大于 NINETYNINENONILLIONNINETYNINESEXTILLIONSIXTYONE = NINETYNINENONILLIONNINETYNINESEXTILLIONNINETEEN + SIXTEEN + ELEVEN + NINE + SIX 的例子吗？（由赫尔曼·冈萨雷斯-莫里斯提出. ）

29. $10+7+1 = 9+6+3$, $11+10 = 8+7+6$, $12+7+6+5 = 11+10+9$, ..., $19+10+3 = 14+13+4+1$
（共有 31 个例子）.

30. (a) $567^2 = 321489$, $807^2 = 651249$, $854^2 = 729316$. (b) $958^2 = 917764$. (c) $96 \times 7^2 = 4704$.
(d) $51304/61904 = 7260/8760$. (e) $328509^2 = 4761^3$. ［*Strand* **78** (1929), 91, 208; *J. Recr. Math* **3**
(1970), 43; **13** (1981), 212; **27** (1995), 137; **31** (2003), 133. (b), (c), (d), (e) 的解是唯一的. 采用基
于算法 X 的一种从右到左的方法, 分别用 (1.4, 1.3, 1.1, 342.3, 4.2) 万次内存访问找到答案. 芦原伸之还
指出 NORTH/SOUTH = WEST/EAST 有唯一解 $67104/27504 = 9320/3820$. ］

31. (a) $5/34 + 7/68 + 9/12(!)$. 利用边界条件 A < D < G 使用算法 X 以大约 26.5 万次内存访问可以
证明唯一性. ［*Quark Visual Science Magazine*, No. 136 (Tokyo: Kodansha, 1993 年 10 月). ］奇妙地,
类似的谜题也有唯一解: $1/(3 \times 6) + 5/(8 \times 9) + 7/(2 \times 4) = 1$ ［斯科特 · 莫里斯, *Omni* **17**, 4 (1995 年
1 月), 97].

　　(b) 使用算法 X 以 1 万次内存访问得到 ABCDEFGHI $= 381654729$.

32. 有 11 种方式, 其中最出人意外的是 $3+69258/714$. ［见 *The Weekly Dispatch*（1901 年 6 月 9 日
和 23 日）; *Amusements in Mathematics* (1917), 158–159. ］

33. (a) 1, 2, 3, 4, 15, 18, 118, 146. (b) 6, 9, 16, 20, 27, 126, 127, 129, 136, 145. ［*The Weekly
Dispatch*（1902 年 11 月 11 日和 30 日）; *Amusements in Math.* (1917), 159. ］

　　在这种情况下, 一个合适的策略是寻找使得 $a_k \ldots a_{l-1}/a_l \ldots a_9$ 为整数的所有变差, 然后记录
$a_1 \ldots a_{k-1}$ 的所有排列的解. 恰好有 164 959 个整数具有唯一解, 最大的是 9 876 533. 除了 2091 年, 21 世
纪的所有年份都有解. 当 $n = 12 221$ 时出现最多的解（389 个）. 可表示的 n 的最长段是 $5109 < n < 7060$.
对于小的 n, 亨利 · 迪德尼通过 "去九" 得以用手工方式获得正确的答案.

34. (a) $x = 10^5$, $7378+155+92467 = 7178+355+92467 = 1016+733+98251 = 1014+255+98731 = 100000$.

　　(b) $x = 4^7$, $3036 + 455 + 12893 = 16384$ 是唯一的. 求解这个问题的最快方法, 也许是从包含 5 个
不同数字的 2529 个素数的列表（即 10243, 10247, ..., 98731）开始, 并且排列剩下的 5 个数字.

　　顺便说一下, 不带限制的字母算术 EVEN + ODD = PRIME 有 10 个解, 它们中只有一个解的 ODD 和
PRIME 都是素数. ［见有泽诚, *J. Recr. Math.* **8** (1975), 153. ］

35. 一般说来, 如果 $s_k = |S_k|$（$1 \le k < n$）, 那么有 $s_1 \ldots s_{k-1}$ 种方法选择 S_k 的每个非恒等元素. 因
此答案是 $\prod_{k=1}^{n-1}(\prod_{j=1}^{k-1} s_j^{s_k-1})$, 在这种情况下是 $2^2 \cdot 6^3 \cdot 24^{15} = 436\,196\,692\,474\,023\,836\,123\,136$.

　　（但是, 如果对顶点重新编号, s_k 的值可能会改变. 例如, 如果 (12) 的顶点 $(0,3,5)$ 同 (e,d,c) 交
换, 我们有 $s_{14} = 1$, $s_{13} = 6$, $s_{12} = 4$, $s_{11} = 1$, 并且有 $4^5 \cdot 24^{15}$ 个西姆斯表. ）

36. 由于 $\{0,3,5,6,9,a,c,f\}$ 的每一个处在三行上, 但是其他每个元素仅处在两行上, 因此我
们显然可以令 $S_f = \{(), \sigma, \sigma^2, \sigma^3, \alpha, \alpha\sigma, \alpha\sigma^2, \alpha\sigma^3\}$, 其中 $\sigma = (03fc)(17e8)(2bd4)(56a9)$ 是 90° 旋
转, 并且 $\alpha = (05)(14)(27)(36)(8d)(9c)(af)(be)$ 是从内到外的扭转. 此外 $S_e = \{(), \beta, \gamma, \beta\gamma\}$, 其中
$\beta = (14)(28)(3c)(69)(7d)(be)$ 是对换, 并且 $\gamma = (12)(48)(5a)(69)(7b)(de)$ 是另一个扭转. $S_d = \cdots =$
$S_1 = \{()\}$. （有 $4^7 - 1$ 种可选的答案. ）

37. 集合 S_k 可以用 $k!^k$ 种方式选择（见习题 35）, 并且, 它的非恒等元素可以进一步用 $k!$ 种
方式赋予 $\sigma(k,1), \ldots, \sigma(k,k)$. 因此答案是 $A_n = \prod_{k=1}^{n-1} k!^{k+1} = n!^{\binom{n+1}{2}}/\prod_{k=1}^{n} k^{\binom{k+1}{2}}$. 例如, $A_{10} \approx$
1.148×10^{170}. 由欧拉求和公式, 我们有

$$\sum_{k=1}^{n-1} \binom{k}{2} \ln k = \frac{1}{2} \int_1^n x(x-1) \ln x \, dx + O(n^2 \log n) = \frac{1}{6} n^3 \ln n + O(n^3),$$

因此 $\ln A_n = \frac{1}{3} n^3 \ln n + O(n^3)$.

38. 对于 $1 \le k < n$, 在步骤 G4 需要 $\phi(k)$ 的概率是 $1/k! - 1/(k+1)!$, 我们完全不能到达步
骤 G4 的概率是 $1/n!$. 由于 $\phi(k)$ 完成 $\lceil k/2 \rceil$ 次对换, 平均数是 $\sum_{k=1}^{n-1}(1/k! - 1/(k+1)!)\lceil k/2 \rceil =$
$\sum_{k=1}^{n-1}(\lceil k/2 \rceil - \lceil(k-1)/2 \rceil)/k! - \lceil(n-1)/2 \rceil/n! = \sum_{k \text{ odd}} 1/k! + O(1/(n-1)!)$.

39. (a) 0123, 1023, 2013, 0213, 1203, 2103, 3012, 0312, 1302, 3102, 0132, 1032, 2301, 3201, 0231, 2031, 3021, 0321, 1230, 2130, 3120, 1320, 2310, 3210; (b) 0123, 1023, 2013, 0213, 1203, 2103, 3102, 1302, 0312, 3012, 1032, 0132, 0231, 2031, 3021, 0321, 2301, 3201, 3210, 2310, 1320, 3120, 2130, 1230.

40. 通过归纳法，我们发现 $\sigma(1,1) = (0\ 1)$, $\sigma(2,2) = (0\ 1\ 2)$,

$$\sigma(k,k) = \begin{cases} (0\ k)(k{-}1\ k{-}2\ \ldots\ 1), & \text{如果 } k \geq 3 \text{ 是奇数,} \\ (0\ k{-}1\ k{-}2\ 1\ \ldots\ k{-}3\ k), & \text{如果 } k \geq 4 \text{ 是偶数.} \end{cases}$$

此外，当 k 是偶数时 $\omega(k) = (0\ k)$，当 $k \geq 3$ 是奇数时 $\omega(k) = (0\ k{-}2\ \ldots\ 1\ k{-}1)$. 因此当 $k \geq 3$ 是奇数时，对于 $1 < j < k$, $\sigma(k,1) = (k\ k{-}1\ 0)$ 和 $\sigma(k,j)$ 取 $k \mapsto j-1$；当 $k \geq 4$ 是偶数时，对于 $1 \leq j \leq k$, $\sigma(k,j) = (0\ k\ k{-}3\ \ldots\ 1\ k{-}2\ k{-}1)^j$.

注意：使得算法 G 通过单个对换生成所有排列的第一个方案是由马克·韦尔斯 [*Math. Comp.* **15** (1961), 192–195] 设计的，但是它要复杂得多. 小维托尔德·利普斯基研究了一般情况下的这类方案，并且找到了各种各样的其他方法 [*Computing* **23** (1979), 357–365].

41. 我们可以假定 $r < n$. 如果在步骤 G3 我们简单地把 "$k \leftarrow 1$" 变为 "$k \leftarrow n - r$", 算法 G 将生成任何西姆斯表的 r 变差，条件是把 $\omega(k)$ 重新定义为 $\sigma(n-r, n-r) \ldots \sigma(k,k)$ 而不使用 (16).

如果 $n - r$ 是奇数，(27) 的方法依然有效，虽然当 $k < n - r + 2$ 时需要修改习题 40 答案中的公式. 新的公式是：当 $k = n - r$ 时 $\sigma(k,j) = (k\ j{-}1\ \ldots\ 1\ 0)$ 且 $\omega(k) = (k\ \ldots\ 1\ 0)$；当 $k = n - r + 1$ 时 $\sigma(k,j) = (k\ \ldots\ 1\ 0)^j$.

如果 $n - r$ 是偶数，并且 $r \leq 3$，我们可以使用 (27) 并且倒转偶数与奇数. 但是当 $r \geq 4$ 时需要一个更复杂的方案，因为一个像 $(k\ 0)$ 那样的固定对换，仅当 $\omega(k-1)$ 是 k 圈时才可以用于奇数 k, 那就意味着 $\omega(k-1)$ 必定是一个偶排列，但是 $\omega(k)$ 对于 $k \geq n - r + 2$ 是奇排列.

下述方案适用于 $n - r$ 是偶数的情况：令 $\tau(k,j)\omega(k-1)^- = (k\ k{-}j)$ $(1 \leq j \leq k = n - r)$, 并且当 $k > n - r$ 时使用 (27). 那么，当 $k = n - r + 1$ 时，我们有 $\omega(k-1) = (0\ 1\ \ldots\ k{-}1)$, 因此 $\sigma(k,j)$ 取 $k \mapsto (2j-1) \bmod k$ $(1 \leq j \leq k)$, 并且 $\sigma(k,k) = (k\ k{-}1\ k{-}3\ \ldots\ 0\ k{-}2\ \ldots\ 1)$, $\omega(k) = (k\ \ldots\ 1\ 0)$, $\sigma(k+1,j) = (k{+}1\ \ldots\ 0)^j$.

42. 如果 $\sigma(k,j) = (k\ j{-}1)$, 我们有 $\tau(k,1) = (k\ 0)$ 且对于 $2 \leq j \leq k$ 有 $\tau(k,j) = (k\ j{-}1)(k\ j{-}2) = (k\ j{-}1\ j{-}2)$.

43. 当然 $\omega(1) = \sigma(1,1) = \tau(1,1) = (0\ 1)$. 对于所有 $k \geq 2$, 下述结构使得 $\omega(k) = (k{-}2\ k{-}1\ k)$：令 $\alpha(k,j) = \tau(k,j)\omega(k-1)^-$, 其中 $\alpha(2,1) = (2\ 0)$, $\alpha(2,2) = (2\ 0\ 1)$, $\alpha(3,1) = \alpha(3,3) = (3\ 1)$, $\alpha(3,2) = (3\ 1\ 0)$, 这使得 $\sigma(2,2) = (0\ 2)$, $\sigma(3,3) = (0\ 3\ 1)$. 然后，对于 $k \geq 4$, 令 $\alpha(k,1) = (k\ k{-}4)$, $\alpha(k,j) = (k\ k{-}3{-}j\ k{-}2{-}j)$ $(1 < j < k - 2)$, 并且

	$k \bmod 3 = 0$	$k \bmod 3 = 1$	$k \bmod 3 = 2$
$\alpha(k,k{-}2) =$	$(k\ k{-}2\ 0)$	$(k\ k{-}3\ 0)$ 或	$(k\ k{-}1\ 0)$,
$\alpha(k,k{-}1) =$	$(k\ k{-}2\ k{-}3)$	$(k\ k{-}3)$ 或	$(k\ k{-}1\ k{-}3)$,
$\alpha(k,k) =$	$(k\ k{-}2)$	$(k\ k{-}3\ k{-}2)$ 或	$(k\ k{-}2)$;

这像要求的那样使得 $\sigma(k,k) = (k{-}3\ k\ k{-}2)$.

44. 不，因为 $\tau(k,j)$ 是 $(k+1)$ 圈而不是对换. （见 (19) 和 (24).）

45. (a) 202280070, 因为 $u_k = \max(\{0, 1, \ldots, a_k - 1\} \setminus \{a_1, \ldots, a_{k-1}\})$. （实际上 u_n 不是由算法设置的，但是我们可以假定它是 0.）(b) 273914568.

46. 真（假定 $u_n = 0$）. 如果 $u_k > u_{k+1}$ 或 $a_k > a_{k+1}$, 我们必定有 $a_k > u_k \geq a_{k+1} > u_{k+1}$.

47. 步骤 (X1, X2, ..., X6) 分别执行 $(1, A, B, A-1, B-N_n, A)$ 次，其中 $A = N_0 + \cdots + N_{n-1}$ 且 $B = nN_0 + (n-1)N_1 + \cdots + 1N_{n-1}$.

48. 步骤 $(X2, X3, X4, X5, X6)$ 分别执行 $A_n + (1, n!, 0, 0, 1)$ 次, 其中 $A_n = \sum_{k=1}^{n-1} n^k = n! \sum_{k=1}^{n-1} 1/k! \approx n!(e-1)$. 假定对于涉及 a_j, l_j, u_j 的操作, 步骤 $(X2, X3, X4, X5, X6)$ 分别花费 $(1, 1, 3, 1, 3)$ 次内存访问, 每个排列的总花费大约是 $9e - 8 \approx 16.46$ 次内存访问.

算法 L 在步骤 $(L2, L3, L4)$ 的每个排列需要大约 $(e, 2 + e/2, 2e + 2e^{-1} - 4)$ 次内存访问, 总计 $3.5e + 2e^{-1} - 2 \approx 8.25$ 次内存访问 (见习题 5).

当 k 接近 n 时, 算法 X 可以通过优化代码来改进. 但是算法 L 也能做到这一点, 如习题 1 所示.

49. 调整签名顺序使得 $|s_0| \geq \cdots \geq |s_9|$. 也可准备表 $w_0 \ldots w_9, x_0 \ldots x_9, y_0 \ldots y_9$, 使得签名 $\{s_k, \ldots, s_9\}$ 符合 $w_{x_k} \leq \cdots \leq w_{y_k}$. 例如, 当 SEND + MORE = MONEY 时, 对于各个字母 (M, S, O, E, N, R, D, Y, A, B) 有 $(s_0, \ldots, s_9) = (-9000, 1000, -900, 91, -90, 10, 1, -1, 0, 0)$. 还有 $(w_0, \ldots, w_9) = (-9000, -900, -90, -1, 0, 0, 1, 10, 91, 1000)$, 以及 $x_0 \ldots x_9 = 0112233344$, $y_0 \ldots y_9 = 9988776554$. 如果对应于 w_j 的数字不能是 0, 还需要另外一张表 $f_0 \ldots f_9$ 和 $f_j = 1$. 在这种情况下, $f_0 \ldots f_9 = 1000000001$. 这些表使得我们很容易计算 $s_k a_k + \cdots + s_9 a_9$ 的最大值和最小值, 通过使用习题 25 的方法, 遍及剩余数字 $a_k \ldots a_9$ 的所有选择, 因为链 l_j 告诉我们那些按递增顺序的数字.

这个方法在搜索树的每个结点需要相当昂贵的计算, 但是它经常成功地保持了树的小规模. 例如, 它求解习题 24 的前 8 个字母仅花费 0.7, 1.3, 0.7, 0.9, 0.5, 34.3, 4.4, 8.9 万次内存访问, 这在情况 (a), (b), (e), (h) 是重大的改进, 虽然在情况 (f) 出现了重大恶化. 另外一个糟糕情况出现于习题 27 答案的例子 CHILD, 其中从左到右需要 294.7 万次内存访问, 同从右到左方法的 58.8 万次形成对比. 然而, 从左到右的方法更适用于 BLOOD + SWEAT + TEARS (7.3 对 36.0) 和 HELLO + WORLD (34.0 对 41.0).

50. 如果 α 在一个排列群中, 那么它的所有乘幂 $\alpha^2, \alpha^3, \ldots$ 也是如此, 包括 $\alpha^{m-1} = \alpha^-$, 其中 m 是 α 的阶 (它的圈长度的最小公倍数). 因此 (32) 等价于 $\alpha^- = \sigma_1 \sigma_2 \ldots \sigma_{n-1}$.

51. 假. 例如, $\sigma(k, i)^-$ 和 $\sigma(k, j)^-$ 可能同时取 $k \mapsto 0$.

52. $\tau(k, j) = (k - j \; k - j + 1)$ 是邻接交换, 并且

$$\omega(k) = (n-1 \; \ldots \; 0)(n-2 \; \ldots \; 0) \ldots (k \; \ldots \; 0) = \phi(n-1)\phi(k-1)$$

是后面接着 n 翻转的 k 翻转. 对于 $0 \leq j < n$, 对应于算法 H 中控制表 $c_0 \ldots c_{n-1}$ 的排列在 j 的右边有 c_j 个小于 j 的元素, 因此它与算法 P 中对应于 $c_1 \ldots c_n$ 的排列相同, 只不过下标平移 1.

算法 P 同算法 H 这个版本间的本质差别仅在于, 算法 P 使用反射格雷码遍历它的控制表的所有可能性, 而算法 H 则按升序 (字典序) 遍历那些混合进制数.

实际上, 通过修改算法 G 或算法 H, 格雷码可以用于任何西姆斯表. 然后所有转换或者用 $\tau(k, j)$ 或者用 $\tau(k, j)^-$, 而排列 $\omega(k)$ 是不相关的.

53. 正文中对于 $n = 4$ 不能获得 $n! - 1$ 个对换的证明, 也表明我们可以用单个对换 $(n-1 \; n-2)$ (在那个证明的记号中称为 $(3c)$) 为代价将问题从 n 简化为 $n - 2$.

因此我们通过在步骤 H4 建立下述变换可以生成所有排列: 如果 $k = n-1$ 或 $k = n - 2$, 对换 $a_{j \bmod n} \leftrightarrow a_{(j-1) \bmod n}$, 其中 $j = c_{n-1} - 1$. 如果 $k = n - 3$ 或 $k = n - 4$, 对换 $a_{n-1} \leftrightarrow a_{n-2}$, 并且也对换 $a_{j \bmod (n-2)} \leftrightarrow a_{(j-1) \bmod (n-2)}$, 其中 $j = c_{n-3} - 1$. 至于一般情况, 如果 $k = n - 2t - 1$ 或 $k = n - 2t - 2$, 对换 $a_{n-2i+1} \leftrightarrow a_{n-2i}$ $(1 \leq i \leq t)$, 并且也对换 $a_{j \bmod (n-2t)} \leftrightarrow a_{(j-1) \bmod (n-2t)}$, 其中 $j = c_{n-2t-1} - 1$. [见 *CACM* **19** (1976), 68–72.]

对应的西姆斯表的排列可以写成下述形式, 尽管它们不显式出现在算法本身:

$$\sigma(k, j)^- = \begin{cases} (0 \; 1 \; \ldots \; j-1 \; k), & \text{如果 } n - k \text{ 是奇数}; \\ (0 \; 1 \; \ldots \; k)^j, & \text{如果 } n - k \text{ 是偶数}. \end{cases}$$

$a_{j \bmod (n-2t)}$ 的值在交换后将是 $n - 2t - 1$. 为了提高效率, 我们还可以利用 k 通常等于 $n - 1$ 这个事实. 对换的总数是 $\sum_{t=0}^{\lfloor n/2 \rfloor} (n - 2t)! - \lfloor n/2 \rfloor - 1$.

54. 会. 变换可以是位置 $\{1, \ldots, k\}$ 上的任何 k 圈.

55. (a) 由于当 $n > \rho_!(m)$ 时 $\rho_!(m) = \rho_!(m \bmod n!)$，因此对于 $0 < m < n \cdot n! = (n+1)! - n!$，我们有 $\rho_!(n! + m) = \rho_!(m)$。因此，对于 $0 \le m < n \cdot n!$ 有 $\beta_{n!+m} = \sigma_{\rho_!(n!+m)} \cdots \sigma_{\rho_!(n!+1)} \beta_{n!} = \sigma_{\rho_!(m)} \cdots \sigma_{\rho_!(1)} \beta_{n!} = \beta_m \beta_{n!}$，特别地，我们有

$$\beta_{(n+1)!} = \sigma_{n+1} \beta_{(n+1)!-1} = \sigma_{n+1} \beta_{n!-1} \beta_{n!}^n = \sigma_{n+1} \sigma_n^- \beta_{n!}^{n+1}.$$

类似地，对于 $0 \le m < n \cdot n!$ 有 $\alpha_{n!+m} = \beta_{n!}^- \alpha_m \beta_{n!} \alpha_{n!}$。

　　由于 $\beta_{n!}$ 与 τ_n 和 τ_{n+1} 交换，我们发现 $\alpha_{n!} = \tau_n \alpha_{n!-1}$，并且

$$\begin{aligned}
\alpha_{(n+1)!} = \tau_{n+1} \alpha_{(n+1)!-1} &= \tau_{n+1} \beta_{n!}^- \alpha_{(n+1)!-1-n!} \beta_{n!} \alpha_{n!} = \cdots \\
&= \tau_{n+1} \beta_{n!}^{-n} \alpha_{n!-1} (\beta_{n!} \alpha_{n!})^n \\
&= \beta_{n!}^{-n-1} \tau_{n+1} \tau_n^- (\beta_{n!} \alpha_{n!})^{n+1} \\
&= \beta_{(n+1)!}^- \sigma_{n+1} \sigma_n^- \tau_{n+1} \tau_n^- (\beta_{n!} \alpha_{n!})^{n+1}.
\end{aligned}$$

　　(b) 在这种情况下，$\sigma_{n+1} \sigma_n^- = (n\ n{-}1\ \ldots\ 1)$ 且 $\tau_{n+1} \tau_n^- = (n{+}1\ n\ 0)$，并且由归纳法有 $\beta_{(n+1)!} \alpha_{(n+1)!} = (n{+}1\ n\ \ldots\ 0)$。因此对于 $0 \le j \le n$ 和 $0 \le m < n!$ 有 $\alpha_{jn!+m} = \beta_{n!}^{-j} \alpha_m (n\ \ldots\ 0)^j$。$\{0, \ldots, n\}$ 的所有排列都是可以获得的，因为 α_m 固定 n，$\beta_{n!}$ 固定 n，并且 $(n\ \ldots\ 0)^j$ 取 $n \mapsto n - j$。

56. 如果在上题中置 $\sigma_k = (k{-}1\ k{-}2)(k{-}3\ k{-}4) \ldots$，由归纳法，我们发现 $\beta_{n!} \alpha_{n!}$ 是 $(n+1)$ 圈 $(0\ n\ n{-}1\ n{-}3\ \ldots\ (2\ \text{或}\ 1)\ (1\ \text{或}\ 2)\ \ldots\ n{-}4\ n{-}2)$。

57. 像在习题 5 的答案中那样论证，我们得到 $\sum_{k=2}^{n-1} [k\,\text{odd}]/k! - (\lfloor n/2 \rfloor - 1)/n! = \sinh 1 - 1 - O(1/(n-1)!)$。

58. 真。由习题 55 的公式我们有 $\alpha_{n!-1} = (0\ n) \beta_{n!}^- (n\ \ldots\ 0)$，并且这个结果取 $0 \mapsto n-1$，因为 $\beta_{n!}$ 固定 n。（因此算法 E 将在习题 66 的图上定义一个哈密顿圈当且仅当 $\beta_{n!} = (n{-}1\ \ldots\ 2\ 1)$，并且这个等式成立当且仅当 $\beta_{(n-1)!}$ 的每个圈的长度都是 n 的因数。后者对于 $n = 2, 3, 4, 6, 12, 20, 40$ 为真，但是对于其他的 $n \le 250\,000$ 则不然。）

59. 正文中定义的生成器为 $(\alpha_1, \ldots, \alpha_k)$ 的凯莱图，与替代定义中生成器为 $(\alpha_1^-, \ldots, \alpha_k^-)$ 的凯莱图是同构的，因为在前一种图中 $\pi \to \alpha_j \pi$，当且仅当在后一种图中 $\pi^- \to \pi^- \alpha_j^-$。

60. (a,b) 存在 88 个 δ 序列，它们归入四类：$P = (32131231)^3$（平滑改变，由 8 个不同的 δ 序列表示）；$Q = (32121232)^3$（平滑改变的双重格雷码变形，有 8 种表示形式）；$R = (121232321232)^2$（双重格雷码，有 24 种表示形式）；$S = 2\alpha 3\alpha^R$，$\alpha = 12321312121$（48 种表示形式）。类 P 和类 Q 是它们的补的循环移位；类 P, Q, S 是它们的反转的移位；类 R 是它的取补的移位反转。 [见艾尔弗雷德·西尔弗，*Math. Gazette* **48** (1964), 1–16.]

61. 分别有 $(26, 36, 20, 26, 28, 40, 40, 20, 26, 28, 28, 26)$ 条这样的路径终止于 (1243, 1324, 1432, 2134, 2341, 2413, 3142, 3214, 3421, 4123, 4231, 4312)。

62. 当 $n = 3$ 时仅有两条路径，分别终止于 132 和 213。但是当 $n \ge 4$ 时存在从 $12 \ldots n$ 导向任何奇排列 $a_1 a_2 \ldots a_n$ 的的格雷码。习题 61 证实了当 $n = 4$ 时的这个结果，并且对于 $n > 4$ 我们可以用归纳法证明如下。

　　令 $A(j)$ 是从 j 开始的所有排列的集合，并且令 $A(j, k)$ 是从 jk 开始的所有排列的集合。如果 $(\alpha_0, \alpha_1, \ldots, \alpha_n)$ 是使得 $\alpha_j \in A(x_j, x_{j+1})$ 的任意奇排列，那么 $(1\ 2)\alpha_j$ 是 $A(x_{j+1}, x_j)$ 中的偶排列。因此，如果 $x_1 x_2 \ldots x_n$ 是 $\{1, 2, \ldots, n\}$ 的一个排列，则至少存在一条形如

$$(1\,2)\alpha_0 \,\text{---}\, \cdots \,\text{---}\, \alpha_1 \,\text{---}\, (1\,2)\alpha_1 \,\text{---}\, \cdots \,\text{---}\, \alpha_2 \,\text{---}\, \cdots \,\text{---}\, (1\,2)\alpha_{n-1} \,\text{---}\, \cdots \,\text{---}\, \alpha_n$$

的哈密顿路径。从 $(1\,2)\alpha_{j-1}$ 到 α_j 的子路径包含 $A(x_j)$ 的全部元素。

　　当 $a_1 \ne 1$ 时，这个结构至少有求解这个问题的 $(n-2)!^n / 2^{n-1}$ 种不同的途径，因为我们可以取 $\alpha_0 = 21 \ldots n$ 和 $\alpha_n = a_1 a_2 \ldots a_n$。这里有 $(n-2)!$ 种选择 $x_2 \ldots x_{n-1}$ 的方式，以及 $(n-2)!/2$ 种选择 $\alpha_1, \ldots, \alpha_{n-1}$ 的每一个的方式。

最后，如果 $a_1 = 1$，取遍历 $A(1)$ 的任何路径 $12\ldots n$ ——$\cdots$—— $a_1 a_2 \ldots a_n$，并且对于某个 $j \neq j'$，选择满足 $\alpha \in A(1, j)$ 和 $\alpha' \in A(1, j')$ 的任何一步 α —— α'. 用

$$\alpha \text{——} (1\,2)\alpha_1 \text{——} \cdots \text{——} \alpha_2 \text{——} \cdots \text{——} (1\,2)\alpha_{n-1} \text{——} \cdots \text{——} \alpha_n \text{——} \alpha'$$

代替那一步，利用类似上面的哈密顿路径的一个结构，但是现在取 $\alpha_1 = \alpha$，$\alpha_n = (1\,2)\alpha'$，$x_1 = 1$，$x_2 = j$，$x_n = j'$，$x_{n+1} = 1$. （在这种情况下，排列 $\alpha_1, \ldots, \alpha_n$ 可能全部是偶排列.）

63. 使用 7.2.3 节的技巧的蒙特卡罗估计表明，等价类的总数大致是 1.2×10^{21}. 那些类的多数将包含 480 个格雷圈.

64. 恰好 $2\,005\,200$ 个 δ 序列具有双重格雷码的性质. 它们属于循环移位、反转和（或）取补下的 4206 个等价类. 9 个类是它们的反转的移位，例如码 $2\alpha 2\alpha^R$，其中

$$\alpha = 12343234321232121232321232121234343212123432123432121232321.$$

48 个类由重复的 60 圈组成. 后面这种类型中最有趣的一个是 $\alpha\alpha$，其中 $\alpha = \beta 2\beta 4\beta 4\beta 4$，$\beta = 32121232123$.

65. 对于任何给定的 $N \leq n!$ 都存在这样一条路径：令第 N 个排列是 $\alpha = a_1 \ldots a_n$，并且令 $j = a_1$. 此外令 Π_k 是满足 $b_1 = k$ 且 $\beta \leq \alpha$ 的排列 $\beta = b_1 \ldots b_n$ 的集合. 由对 N 的归纳法，存在一条 Π_j 的格雷路径 P_1. 于是对于 $2 \leq k \leq j$ 可以构建 $\Pi_j \cup \Pi_1 \cup \cdots \cup \Pi_{k-1}$ 的格雷路径 P_k，依次把 P_{k-1} 同 Π_{k-1} 格雷圈组合在一起. （见习题 62 答案的"吸收"结构. 事实上，当 N 是 6 的倍数时，P_j 将是一个格雷圈.）

66. 通过规则 $\pi_{(k+1) \bmod n!} = (1\,\delta_k)\pi_k$ 定义 δ 序列，我们恰好找到 36 个这样的序列，它们全部是像 $(xyzyzyxzyzyz)^2$ 的模式的循环移位. （下一种情形，$n = 5$，也许有大约 10^{18} 个解，对于坐标的循环移位、反转和排列是不等价的，因此有大约 6×10^{21} 个不同的 δ 序列.）顺便说一下，伊戈尔·帕克证明了由星形对换生成的凯莱图一般是 $(n - 2)$ 维的环面.

67. 如果令 π 等价于 $\pi(12345)$，我们得到 24 个顶点上含有 40768 个哈密顿圈的一个约化图，它们中的 240 个圈导致形如 α^5 的 δ 序列，α 在其中使用每个对换 6 次（例如，$\alpha = 354232534234532454352452$）. 这个问题的解的总数可能约为 10^{16}.

68. 如果 A 不是连通的，那么 G 也不是. 如果 A 是连通的，我们可以假定它是一棵自由树. 此外，在这种情况下，我们可以证明习题 62 的结果的一个推广：对于 $n \geq 4$，在 G 中有一条从恒等排列到任何奇排列的哈密顿路径. 因为不失普遍性，我们可以假定 A 包含边 1——2，其中 1 是树的一个叶结点，并且应用类似于习题 62 的证明.

[这个优雅的结构是莫里斯·楚恩特在 *Ars Combinatoria* **14** (1982)，115–122 中提出的. 弗兰克·拉斯基和卡拉·萨维奇在 *SIAM J. Discrete Math.* **6** (1993)，152–166 中讨论了广泛的推广. 也见俄罗斯原始刊物 *Kibernetika* **11**, 3 (1975)，17–21；英译版本 *Cybernetics* **11** (1975)，362–366.]

69. 按照提示，当 $n = 5$ 时，修改后的算法运作如下：

1234	1243	1423	4123	4132	1432	1342	1324	3124	3142	3412	4312
↓	↑	↓	↑	↓	↑	↓	↑	↓	↑	↓	↑
54321	24351	24153	54123	14523	14325	24315	24513	54213	14253	14352	54312
12345	15342	35142	32145	32541	52341	51342	31542	31245	35241	25341	21345
15432	12435	32415	35412←31452	51432	52431	32451←35421	31425	21435	25431
23451	53421	51423	21453→25413	23415	13425	15423→12453	52413	53412	13452
21543	51243	53241	23541	23145	25143	15243	13245	13542	53142	52143	12543
34512	34215	14235	14532	54132	34152	34251	54231	24531	24135	34125	34521
32154→35124	15324→12354	52314	32514←31524	51324	21354→25314	35214→31254
45123←42153	42351←45321	41325	41523→42513	42315	45312←41352	41253←45213
43215	43512←41532	41235	45231→43251	43152→45132	42135	42531←43521	43125
51234	21534→23514	53214	13254←15234	25134←23154	53124	13524→12534	52134
↓	↑	↓	↑	↓	↑	↓	↑	↓	↑	↓	↑

这里的列表示用所有 $2n$ 种方式循环地转动和（或）反射的排列的集合. 因此每一列恰好包含一个"念珠排列"（习题 18）. 我们可以用算法 P 系统性地遍历念珠排列, 知道 xy 对在它的列中将出现在 yx 对之前, 在那个时刻, τ' 而非 ρ' 将使我们移动到右边或左边. 步骤 Z2 省略了交换 $a_1 \leftrightarrow a_2$, 因而引起排列 $a_1 \ldots a_{n-1}$ 重复它们自身的反向移动. （我们隐式地使用算法 T 的输出中 $t[k] = t[n! - k]$ 这个事实.）

现在如果用 $24\ldots31$ 替换 $1\ldots n$, 并且把 $A_1 \ldots A_n$ 改为 $A_1 A_n A_2 A_{n-1}\ldots$, 我们得到未修改的算法, 结果显示在图 42(b) 中.

这个方法的灵感来自埃尔薇拉·拉帕波尔的一个（非构造性）定理, 见 *Scripta Math.* **24** (1959), 51–58. 它说明了卡拉·萨维奇在 1989 年观察到的更为普遍的事实, 即由 3 个对合 ρ, σ, τ 生成的任何群的凯莱图, 当 $\rho\tau = \tau\rho$ 时有哈密顿圈. ［见伊戈尔·帕克和拉多什·拉多伊契奇, *Discrete Math.* **309** (2009), 5501–5508. ］

70. 不能. 那个有向图中最长的圈的长度是 358. 但是那里存在成对的不相交 180 圈, 从它们中间可以导出一条长度为 720 的哈密顿路径. 例如, 考虑圈 $\alpha\sigma\beta\sigma$ 和 $\gamma\sigma\sigma$, 其中

$$\alpha = \tau\sigma^5\sigma^5\tau\sigma^3\tau\sigma^2\tau\sigma^5\tau\sigma^3\tau\sigma^2\tau\sigma^5\tau\sigma^2\tau\sigma^1\tau\sigma^1\tau\sigma^5\tau\sigma^5\tau\sigma^5\tau\sigma^5\tau\sigma^1\tau\sigma^3\tau\sigma^2\tau\sigma^1\tau\sigma^1;$$

$$\beta = \sigma^3\tau\sigma^5\tau\sigma^2\tau\sigma^2\tau\sigma^5\tau\sigma^2\tau\sigma^3\tau\sigma^1\tau\sigma^1\tau\sigma^5\tau\sigma^1\tau\sigma^3\tau\sigma^5\tau\sigma^5\tau\sigma^3\tau\sigma^2\tau\sigma^2\tau\sigma^3\tau\sigma^1\tau\sigma^1\tau\sigma^5\tau\sigma^2\tau\sigma^4;$$

$$\gamma = \sigma\tau\sigma^5\tau\sigma^5\tau\sigma^3\tau\sigma^2\tau\sigma^2\tau\sigma^5\tau\sigma^2\tau\sigma^2\tau\sigma^5\tau\sigma^1\tau\sigma^5\tau\sigma^1\tau\sigma^3\tau\sigma^2$$
$$\tau\sigma^5\tau\sigma^5\tau\sigma^5\tau\sigma^3\tau\sigma^2\tau\sigma^5\tau\sigma^2\tau\sigma^5\tau\sigma^3\tau\sigma^3\tau\sigma^5\tau\sigma^2\tau\sigma^3\tau\sigma^1\tau\sigma^2.$$

如果我们从 134526 开始并且后接 $\alpha\sigma\beta\tau$ 达到 163452, 然后可后接 $\gamma\sigma\tau$ 并且达到 126345, 再后接 $\sigma\gamma\tau$ 并且达到 152634, 再后接 $\beta\sigma\alpha$, 结束于 415263.

71. 布兰登·麦凯和弗兰克·拉斯基用计算机找出了当 $n = 7, 9, 11$ 时的这种圈, 但是没有明显的好结构.

72. 任何哈密顿路径都包含 $(n-1)!$ 个取 $y \mapsto x$ 的顶点, 其中每个顶点（如果不是最后一个）后面紧接一个取 $x \mapsto x$ 的顶点. 所以必定有一个是最后的顶点, 否则将有 $(n-1)! + 1$ 个顶点取 $x \mapsto x$.

73. (a) 首先假定 β 是恒等排列 (). 那么 α 的每个包含 A 中一个元素的圈完全处于 A 内. 因此 σ 的圈是通过删除 α 的所有不包含 A 的元素的圈获得的. 所有剩余的圈都具有奇数长度, 所以 σ 是偶排列.

如果 β 不是恒等排列, 我们对 $\alpha' = \alpha\beta^-$, $\beta' = ()$, $\sigma' = \sigma\beta^-$ 应用这个论证, 推断出 σ' 是偶排列. 因此 σ 和 β 具有相同的符号.

类似地, σ 和 α 具有相同的符号, 因为 $\beta\alpha^- = (\alpha\beta^-)^-$ 与 $\alpha\beta^-$ 具有相同的阶.

(b) 令 X 是定理 R 中凯莱图的顶点, 并且令 $\hat\alpha$ 是 X 的把顶点 π 转变为 $\alpha\pi$ 的排列. 这个排列具有 g/a 个长度为 a 的圈. 以同样方式定义排列 $\hat\beta$. 那么 $\hat\alpha\hat\beta^-$ 具有 g/c 个长度为 c 的圈. 如果 c 是奇数, 图中任何哈密顿圈定义了一个圈 $\hat\sigma$, 它包含所有顶点并且满足 (a) 中的假设. 因此 $\hat\alpha$ 和 $\hat\beta$ 具有奇数个圈, 因为带 r 个圈的 n 个元素的排列的符号是 $(-1)^{n-r}$（见习题 5.2.2–2）.

［这个证明是罗伯特·兰金在 *Proc. Cambridge Phil. Soc.* **62** (1966), 15–16 中提出的, 它说明了 X 不可能是任何奇数个圈的并集. ］

74. 如果我们要求 $0 \le j < g/c$ 且 $0 \le k < c$, 则 $\beta^j\gamma^k$ 表示是唯一的. 因为如果对于满足 $0 < j < g/c$ 的某个 j 有 $\beta^j = \gamma^k$, 这种形式的群最多将有 jc 个元素. 由此推出, 对于某个 t 有 $\beta^{g/c} = \gamma^t$.

像在上题答案中那样, 令 $\hat\sigma$ 是一个哈密顿圈, 并且令 $\hat\gamma = \hat\alpha\hat\beta^-$. 如果 $\pi\hat\sigma = \pi\hat\alpha$, 那么 $\pi\hat\gamma\hat\sigma$ 必定是 $\pi\hat\gamma\hat\alpha$, 因为 $\pi\hat\gamma\hat\beta = \pi\hat\alpha$. 如果 $\pi\hat\sigma = \pi\hat\beta$, 那么 $\pi\hat\gamma\hat\sigma$ 不可能是 $\pi\hat\gamma\hat\alpha$, 因为这意味着 $\pi\hat\gamma^2\hat\sigma = \pi\hat\gamma^2\hat\alpha$, $\ldots$, $\pi\hat\gamma^c\hat\sigma = \pi\hat\gamma^c\hat\alpha$. 因此元素 $\pi, \pi\hat\gamma, \pi\hat\gamma^2, \ldots$ 全部具有它们在 $\hat\sigma$ 中的后继元素的等价特性.

当路径 $\pi \longrightarrow \pi\hat\sigma \longrightarrow \cdots \longrightarrow \pi\hat\sigma^j$ 有 $\hat\alpha$ 类型的 $k(j)$ 步时, 我们有 $\pi\hat\sigma^j = \pi\hat\beta^j\hat\gamma^{k(j)}$. 因此 $\pi\hat\sigma^{g/c} = \pi\hat\gamma^{t+k(g/c)}$, 并且对于 $j \ge 0$ 我们有 $k(j + g/c) = k(j)$. 路径初次以 g 步返回 π, 当且仅当 $t + k(g/c)$ 与 c 互素.

75. 应用上题, 取 $g = mn$, $a = m$, $b = n$, $c = mn/d$. 数 t 满足 $t \equiv 0 \pmod{m}$, $t + d \equiv 0 \pmod{n}$. 由此推出 $k + t \perp c$ 当且仅当 $(d-k)m/d \perp kn/d$.

注意: 习题 7.2.1.1–78 的取模格雷码是从 $(0,0)$ 到 $(m-1, (-m) \bmod n)$ 的一条哈密顿路径, 因此它是哈密顿圈当且仅当 m 是 n 的倍数. 自然我们会（不切实际地）猜测, 每当 $n > 1$ 时至少存在一个

哈密顿圈. 但是保罗·爱尔特希和威廉·特罗特注意到 [*J. Graph Theory* **2** (1978), 137–142], 如果 p 和 $2p+1$ 是奇素数, 当 $m = p(2p+1)(3p+1)$ 且 $n = (3p+1)\prod_{q=1}^{3p} q^{[q \text{ is prime}][q \neq p][q \neq 2p+1]}$ 时不存在适合的 k.

与 $C_{\vec{m}} \times C_{\vec{n}}$ 中圈的其他类型有关的有趣事实, 见约瑟夫·加利昂, *Mathematical Intelligencer* **13**, 3 (Summer 1991), 40–43.

76. 我们可以假定漫游从左下角开始. 当 m 和 n 同时被 3 整除时没有解, 因为在那种情况下方格的 2/3 是不可达的. 否则, 令 $d = \gcd(m,n)$ 并且像上题那样论证, 但是用 $(x,y)\alpha = ((x+2) \bmod m, (y+1) \bmod n)$ 和 $(x,y)\beta = ((x+1) \bmod m, (y+2) \bmod n)$, 我们求出答案

$$\sum_{k=0}^{d} \binom{d}{k} [\gcd((2d-k)m, (k+d)n) = d \ \text{或} \ (mn \perp 3 \ \text{且} \ \gcd((2d-k)m, (k+d)n) = 3d)].$$

77.
```
01  *  排列生成程序 \'a la 希普
02      N    IS    10              n 的值（3 或更大，但不太大）
03      t    IS    $255
04      j    IS    $0              8j
05      k    IS    $1              8k
06      ak   IS    $2
07      aj   IS    $3
08           LOC   Data_Segment
09      a    GREG  @               a₀...aₙ₋₁ 的基址
10      A0   IS    @
11      A1   IS    @+8
12      A2   IS    @+16
13           LOC   @+8*N           a₀...aₙ₋₁ 的存储空间
14      c    GREG  @-8*3           8c₀ 的位置
15           LOC   @-8*3+8*N       8c₃...8cₙ₋₁, 初始化为 0
16           OCTA  -1              8cₙ = -1, 方便的哨兵
17      u    GREG  0               a₀ 的内容，除了在内循环中
18      v    GREG  0               a₁ 的内容，除了在内循环中
19      w    GREG  0               a₂ 的内容，除了在内循环中
20           LOC   #100
21  1H       STCO  0,c,k      B-A  cₖ ← 0.
22           INCL  k,8        B-A  k ← k+1.
23  0H       LDO   j,c,k      B    j ← cₖ.
24           CMP   t,j,k      B
25           BZ    t,1B       B    如果 cₖ = k 则循环.
26           BN    j,Done     A    如果 cₖ < 0 (k = n) 则终止.
27           LDO   ak,a,k     A-1  提取 aₖ.
28           ADD   t,j,8      A-1
29           STO   t,c,k      A-1  cₖ ← j+1.
30           AND   t,k,#8     A-1
31           CSZ   j,t,0      A-1  如果 k 是偶数置 j ← 0.
32           LDO   aj,a,j     A-1  提取 aⱼ.
33           STO   ak,a,j     A-1  用 aₖ 替换它.
34           CSZ   u,j,ak     A-1  如果 j = 0 置 u ← aₖ.
35           SUB   j,j,8      A-1  j ← j-1.
```

36		CSZ	v,j,ak	$A-1$	如果 $j=0$ 置 $v \leftarrow a_k$.
37		SUB	j,j,8	$A-1$	$j \leftarrow j-1$.
38		CSZ	w,j,ak	$A-1$	如果 $j=0$ 置 $w \leftarrow a_k$.
39		STO	aj,a,k	$A-1$	用 a_j 替换 a_k.
40	Inner	PUSHJ	0,Visit	A	
		...			（见 (42)）
55		PUSHJ	0,Visit	A	
56		SET	t,u	A	交换 $u \leftrightarrow w$.
57		SET	u,w	A	
58		SET	w,t	A	
59		SET	k,8*3	A	$k \leftarrow 3$.
60		JMP	OB	A	
61	Main	LDO	u,A0	1	
62		LDO	v,A1	1	
63		LDO	w,A2	1	
64		JMP	Inner	1	∎

78. 第 31–38 行变成 $2r-1$ 条指令，第 61–63 行变成 r 条指令，第 56–58 行变成 $3+(r-2)[r$ 是偶数$]$ 条指令（见习题 40 答案中的 $\omega(r-1)$）. 所以总运行时间是 $((2r!+2)A+2B+r-5)\mu+((2r!+2r+7+(r-2)[r$ 是偶数$])A+7B-r-4)\upsilon$，其中 $A=n!/r!$ 且 $B=n!(1/r!+\cdots+1/n!)$.

79. SLU u,[#f],t; SLU t,a,4; XOR t,t,a; AND t,t,u; SRU u,t,4; OR t,t,u; XOR a,a,t; 像在习题 1.3.1′–34 的答案中那样，这里的记号 [#f] 表示包含常数值 #f 的寄存器. （见 7.1.3–(6_9) 中的类似代码. ）

80. SLU u,a,t; MXOR u,[#8844221188442211],u; AND u,u,[#ff000000]; SRU u,u,t; XOR a,a,u. 这是取巧的解决方法，因为当 $t=4$ 时它把 #12345678 转换为 #13245678，但是 (45) 依然适用.

更快和更富技巧的解决方法是类似于 (42) 的例程：考虑

PUSHJ 0,Visit; MXOR a,a,c1; PUSHJ 0,Visit; ... MXOR a,a,c5; PUSHJ 0,Visit

其中 c1, ..., c5 是常数，它们将导致 #12345678 相继变成 #12783456, #12567834, #12563478, #12785634, #12347856. 其他指令（经常仅执行 1/6 或 1/24）能够维护字节内部或者字节之间的混合半字节. 很灵巧，但是从 PUSHJ/POP 的开销看它不如 (46).

81. k IS　$0 ;kk IS $1 ;c IS $2 ;d IS $3
　　　　SET　k,1　　　 $k \leftarrow 1$.
　 3H SRU　d,a,60　　 $d \leftarrow$ 最左边的半字节.
　　　　SLU　a,a,4　　　 $a \leftarrow 16a \bmod 16^{16}$.
　　　　CMP　c,d,k
　　　　SLU　kk,k,2
　　　　SLU　d,d,kk
　　　　OR 　t,t,d　　　 $t \leftarrow t+16^k d$.
　　　　PBNZ c,1B　　 如果 $d \neq k$ 则返回主循环.
　　　　INCL k,1　　　 $k \leftarrow k+1$.
　　　　PBNZ a,3B　　 如果 $k<n$ 则返回第二个循环. ∎

82. $\mu+(5n!+11A-(n-1)!+6)\upsilon=((5+10/n)\upsilon+O(n^{-2}))n!$，加上访问时间，其中 $A=\sum_{k=1}^{n-1}k!$ 是在 3H 处使用循环的次数.

83. 用合适的初始化以及 13 全字的表，只需要大约十几条 MMIX 指令：

```
magic   GREG #8844221188442211
0H      〈 访问寄存器 a 中排列 〉
        PBN  c,Sigma
Tau     MXOR t,magic,a; ANDNL t,#ffff; JMP 1F
Sigma   SRU  t,a,20; SLU a,a,4; ANDNML a,#f00
1H      XOR  a,a,t; SLU c,c,1
2H      PBNZ c,0B; INCL p,8
3H      LDOU c,p,0; PBNZ c,0B          ▮
```

84. 假定所有处理器都具有实际上相同的速度, 使用基于控制表 $c_1 \ldots c_n$ 的任何方法, 对于 $(k-1)n!/p \leq r < kn!/p$, 我们可以让第 k 个处理器生成排名为 r 的所有排列. 通过把起始和结束控制表的排名转换成混合进制表示法 (习题 12), 它们是很容易计算的.

85. 我们可以使用类似于算法 3.4.2P 的技巧: 为了计算 $k = r(\alpha)$, 首先对于 $1 \leq j \leq n$ 置 $a'_{a_j} \leftarrow j$ (逆排列). 然后置 $k \leftarrow 0$, 并且对于 $j = n, n-1, \ldots, 2$ (按照这个顺序), 置 $t \leftarrow a'_j$, $k \leftarrow kj + t - 1$, $a_t \leftarrow a_j$, $a'_{a_j} \leftarrow t$. 为了计算 $r^{[-1]}(k)$, 从 $a_1 \leftarrow 1$ 开始. 然后对于 $j = 2, \ldots, n-1, n$ (按照这个顺序), 置 $t \leftarrow (k \bmod j) + 1$, $a_j \leftarrow a_t$, $a_t \leftarrow j$, $k \leftarrow \lfloor k/j \rfloor$. [见斯特凡·普莱茨琴斯基, *Inf. Proc. Letters* **3** (1975), 180–183; 温迪·墨沃尔德和弗兰克·拉斯基, *Inf. Proc. Letters* **79** (2001), 281–284.]

如果我们仅对 $\{1, \ldots, n\}$ 的 n^m 个变差 $a_1 \ldots a_m$ 要求排名和定位, 另外一种方法更可取: 为了计算 $k = r(a_1 \ldots a_m)$, 从 $b_1 \ldots b_n \leftarrow b'_1 \ldots b'_n \leftarrow 1 \ldots n$ 开始, 然后对于 $j = 1, \ldots, m$ (按照这个顺序), 置 $t \leftarrow b'_{a_j}$, $b_t \leftarrow b_{n+1-j}$, $b'_{b_t} \leftarrow t$. 最后置 $k \leftarrow 0$ 并且对于 $j = m, \ldots, 1$ (按照这个顺序) 置 $k \leftarrow k \times (n+1-j) + b'_{a_j} - 1$. 为了计算 $r^{[-1]}(k)$, 从 $b_1 \ldots b_n \leftarrow 1 \ldots n$ 开始, 然后对于 $j = 1, \ldots, m$ (按照这个顺序), 置 $t \leftarrow (k \bmod (n+1-j)) + 1$, $a_j \leftarrow b_t$, $b_t \leftarrow b_{n+1-j}$, $k \leftarrow \lfloor k/(n+1-j) \rfloor$. (对于很大的 n 和很小的 m 的情形, 见习题 3.4.2–15.)

86. 如果 $x \prec y$ 且 $y \prec z$, 则此算法绝不会把 y 移到 x 的左边, 也不会把 z 移到 y 的左边, 因此它绝不会测试 x 与 z.

87. 它们按字典序出现. 算法 P 使用反射格雷码顺序.

88. 对于 $a'_0 < a'_1 < a'_2$, $a'_3 < a'_4 < a'_5$, $a'_6 < a'_7$, $a'_8 < a'_9$, $a'_0 < a'_3$, $a'_6 < a'_8$ 生成逆排列.

89. (a) 令 $d_k = \max\{j \mid 0 \leq j \leq k$ 且 j 是不平凡的 $\}$, 其中 0 被看成是不平凡的. 这个表是很容易预先计算的, 因为当且仅当 j 必须跟随 $\{1, \ldots, j-1\}$ 之后时它是平凡的. 在步骤 V2 置 $k \leftarrow d_n$ 并且在步骤 V5 置 $k \leftarrow d_{k-1}$. (假定 $d_n > 0$.)

(b) 现在 $M = \sum_{j=1}^{n} t_j [j$ 是不平凡的 $]$.

(c) 至少存在集合 $\{j, \ldots, k\}$ 的两个拓扑排序 $a_j \ldots a_k$, 并且可以把它们中的每一个置于 $\{1, \ldots, j-1\}$ 的任何拓扑排序 $a_1 \ldots a_{j-1}$ 之后.

(d) 算法 2.2.3T 重复输出最小元素 (没有前导的元素), 从关系图中删除它们. 我们以相反的方式使用算法, 重复删除并且对最大元素 (没有后继的元素) 给出最高标记. 如果只存在一个最大元素, 它是平凡的. 如果 k 和 l 都是最大元素, 它们都在满足 $x \prec k$ 或 $x \prec l$ 的任何元素 x 之前输出, 因为步骤 T5 和 T7 是在队列 (不是栈) 中保持最大元素. 因此如果 k 是不平凡的并且第一个输出, 元素 l 可能变成平凡的, 但是下一个不平凡的元素 j 将不会在 l 之前输出, 并且 k 同 j 是不相关的.

(e) 令不平凡的 t 是 $s_1 < s_2 < \cdots < s_r = N$. 那么由 (c) 我们有 $s_j \geq 2s_{j-2}$. 所以 $M = s_2 + \cdots + s_r \leq s_r(1 + \frac{1}{2} + \frac{1}{4} + \cdots) + s_{r-1}(1 + \frac{1}{2} + \frac{1}{4} + \cdots) < 4s_r$.

(正如马尔钦·派曹尔斯基指出的那样, 确实有一个更精确的估计: 令 $s_0 = 1$, 令不平凡的元素的下标是 $0 = k_1 < k_2 < \cdots < k_r$, 并且对于 $j > 1$ 令 $k'_j = \max\{k \mid 1 \leq k < k_j, k \not\prec k_j\}$. 那么 $k'_{j+1} \geq k_j$, 因为 $[k_j \ldots k_{j+1}]$ 不是一个链. $\{1, \ldots, k_{j+1}\}$ 有 s_j 个以 k_{j+1} 结尾的拓扑排序, 并且至少有 s_{j-1} 个以 k'_{j+1} 结尾的拓扑排序, 因为 $\{1, \ldots, k_j - 1\}$ 的 s_{j-1} 个拓扑排序中的每一个都可以扩充. 因此

$$s_{j+1} \geq s_j + s_{j-1}, \qquad 1 \leq j < r.$$

现在令 $y_0 = 0$，$y_1 = F_2 + \cdots + F_r$，并且对于 $1 < j < r$ 令 $y_j = y_{j-2} + y_{j-1} - F_{r+1}$．那么

$$F_{r+1}(s_1 + \cdots + s_r) + \sum_{j=1}^{r-1} y_j (s_{r+1-j} - s_{r-j} - s_{r-1-j}) = (F_2 + \cdots + F_{r+1}) s_r,$$

并且每个 $y_j = F_{r+1} - 2F_j - (-1)^j F_{r+1-j}$ 是非负的．因此 $s_1 + \cdots + s_r \leq ((F_2 + \cdots + F_{r+1})/F_{r+1}) s_r \approx 2.6 s_r$．下题证明这个界是最佳可能的．）

90. 由习题 5.2.1–25，这种排列的数目 N 是 F_{n+1}．因此 $M = F_{n+1} + \cdots + F_2 = F_{n+3} - 2 \approx \phi^2 N$．顺便说一下，所有这样的排列都满足 $a_1 \ldots a_n = a'_1 \ldots a'_n$．它们可以排列成一条格雷路径（习题 7.2.1.1–89）．

91. 由于 $t_j = (j-1)(j-3) \ldots (2 \text{ 或 } 1)$，我们得到 $M = (1 + 2/\sqrt{\pi n} + O(1/n)) N$．

注意：满足 (49) 的排列的反序表 $c_1 \ldots c_{2n}$ 以条件 $c_1 = 0$，$0 \leq c_{2k} \leq c_{2k-1}$，$0 \leq c_{2k+1} \leq c_{2k-1} + 1$ 为特征．

92. (R, S) 的总数等于 P_n 乘以拓扑排序的期望数，其中 R 是一个偏序而 S 是包含 R 的一个线性序，它也等于 Q_n 乘以 $n!$．因此答案是 $n! Q_n / P_n$．

我们将在 7.2.3 节讨论 P_n 和 Q_n 的计算．对于 $1 \leq n \leq 12$，期望值结果近似为

$$(1,\ 1.33,\ 2.21,\ 4.38,\ 10.1,\ 26.7,\ 79.3,\ 262,\ 950,\ 3760,\ 16200,\ 74800).$$

格雷厄姆·布赖特韦尔、汉斯·普米尔和安格莉卡·施特格 [*J. Combinatorial Theory* **A73** (1996), 193–206] 推导出当 $n \to \infty$ 时的渐近值，但极限特性与 n 在实际范围内发生的情况完全不同．对于 $n \leq 5$ 的 Q_n 值首先由舍温·阿万 [*Æquationes Math.* **8** (1972), 95–102] 所确定．

93. 基本思想是引进满足 $j \prec n+1$ 且 $j \prec n+2$（$1 \leq j \leq n$）的虚元素 $n+1$ 和 $n+2$，并且通过邻接交换找出这样一个扩充关系的所有拓扑排序．然后取每第二个排列，抑制虚元素．可以用一个类似于算法 V 的算法，但是带有一个把 n 减少到 $n-2$ 的递归，它以所有可能的方式在 $a_1 \ldots a_{n-2}$ 中间插入 $n-1$ 和 n，假定 $n-1 \nprec n$，偶尔交换 $n+1$ 与 $n+2$．[见加拉·普鲁斯和弗兰克·拉斯基，*SICOMP* **23** (1994)，373–386．一个无循环的实现由厄尔·坎菲尔德和斯坦利·威廉森在 *Order*[①] **12** (1995)，57–75 中描述．]

94. $n = 3$ 的情形说明了以 $1 \ldots (2n)$ 开始并且以 $1(2n)2(2n-1) \ldots n(n+1)$ 结束的模式的一般思想：123456, 123546, 123645, 132645, 132546, 132456, 142356, 142536, 142635, 152634, 152436, 152346, 162345, 162435, 162534.

也可以把完全匹配看成 $\{1, \ldots, 2n\}$ 的带有 n 个圈的对合．通过这种表示，这个模式每一步涉及两个对换．

注意刚才列出的排列的 C 反序表分别是 000000, 000100, 000200, 010200, 010100, 010000, 020000, 020100, 020200, 030200, 030100, 030000, 040000, 040100, 040200．一般说来，$C_1 = C_3 = \cdots = C_{2n-1} = 0$ 并且 n 元组 $(C_2, C_4, \ldots, C_{2n})$ 遍历 $(2n-1, 2n-3, \ldots, 1)$ 进制的一个反射格雷码．因此当需要时很容易把生成过程构造成无循环的．[见蒂莫西·沃尔什，*J. Combinatorial Math. and Combinatorial Computing* **36** (2001)，95–118，第 1 节．]

注意：生成所有完全匹配的算法可追溯到约翰·普法夫 [*Abhandlungen Akad. Wissenschaften* (Berlin: 1814–1815)，124–125]，他描述了两个这样的过程：第一种方法是字典序的，也对应于 C 反序表的字典序．第二种方法对应于那些表的反向字典序．在两种情况下偶排列与奇排列交替出现．

95. 以关系 $1 \prec n \succ 2 \prec n-1 \succ \cdots$ 使用算法 V，访问上下排列 $a'_1 a'_n a'_2 a'_{n-1} \ldots$．（解的数目见习题 5.1.4–23．）

96. 例如，我们可以从 $a_1 \ldots a_{n-1} a_n = 2 \ldots n1$ 和 $b_1 b_2 \ldots b_n b_{n+1} = 12 \ldots n1$ 开始，并且使用算法 P 生成 $\{2, \ldots, n\}$ 的 $(n-1)!$ 个排列 $b_2 \ldots b_n$．在那个算法刚好交换 $b_i \leftrightarrow b_{i+1}$ 后，我们置 $a_{b_{i-1}} \leftarrow b_i$，$a_{b_i} \leftarrow b_{i+1}$，$a_{b_{i+1}} \leftarrow b_{i+2}$，并且访问 $a_1 \ldots a_n$．

97. 以 $t_k(a_1, \ldots, a_k) = `a_k \neq k$' 使用算法 X．

---

① 这是一本关于有序集的理论及应用的杂志．——译者注

98. 使用习题 47 的记号，由容斥原理（习题 1.3.3–26）有 $N_k = \sum \binom{k}{j}(-1)^j(n-j)^{\underline{k-j}}$. 如果 $k = O(\log n)$ 则 $N_{n-k} = (n!\,e^{-1}/k!)(1+O(\log n)^2/n)$, 于是 $A/n! \approx (e-1)/e$ 且 $B/n! \approx 1$. 因此，在习题 48 答案的假设下，内存访问次数 $\approx A+B+3A+B-N_n+3A \approx n!(9-\frac{8}{e}) \approx 6.06n!$, 每个错位排列约 16.5 次. [一个类似的方法见萨利姆·阿克勒, *BIT* **20** (1980), 2–7.]

99. 假定 L_n 生成从 $(1\ 2\ \ldots\ n)$ 开始接着是 $(2\ 1\ \ldots\ n)$ 并且结束于 $(1\ \ldots\ n{-}1)$ 的 $D_n \cup D_{n-1}$. 例如，$L_3 = (1\ 2\ 3)$, $(2\ 1\ 3)$, $(1\ 2)$. 于是我们可以生成 D_{n+1} 作为 $K_{nn}, \ldots, K_{n2}, K_{n1}$, 其中 $K_{nk} = (1\ 2\ \ldots\ n)^{-k}(n\ n{+}1)L_n(1\ 2\ \ldots\ n)^k$. 例如，$D_4$ 是

$$(1\,2\,3\,4), (2\,1\,3\,4), (1\,2)(3\,4), (3\,1\,2\,4), (1\,3\,2\,4), (3\,1)(2\,4), (2\,3\,1\,4), (3\,2\,1\,4), (2\,3)(1\,4).$$

注意 K_{nk} 从圈 $(k{+}1\ \ldots\ n\ 1\ \ldots\ k\ n{+}1)$ 开始并且结束于 $(k{+}1\ \ldots\ n\ 1\ \ldots\ k{-}1)(k\ n{+}1)$. 因此用 $(k{-}1\ k)$ 左乘使我们从 K_{nk} 到 $K_{n(k-1)}$. 此外，用 $(1\ n)$ 左乘将从 D_{n+1} 的最后一个元素回到第一个元素. 用 $(1\ 2\ n{+}1)$ 左乘使我们从 D_{n+1} 的最后一个元素到达 $(2\ 1\ 3\ \ldots\ n)$, 通过向后沿着 D_n 的圈，我们可以从那里回到 $(1\ 2\ \ldots\ n)$, 从而如所希望的那样完成列表 L_{n+1}.

100. 以 $t_k(a_1, \ldots, a_k) = \,$'$p > 0$ 或 $l_q \neq k+1$' 使用算法 X.

注意：不可分解的排列的数目是 $[z^n]\left(1 - 1/\sum_{k=0}^{\infty} k!\,z^k\right)$. 见路易·孔泰, *Comptes Rendus Acad. Sci.* **A275** (Paris, 1972), 569–572.

安德鲁·金 [*Discrete Math.* **306** (2006), 508–516] 证明了通过在每一步仅做一次对换可以有效生成不可分解的排列. 事实上，很可能做邻接对换就足够了. 例如，当 $n = 4$ 时，不可分解的排列是 3142, 3412, 3421, 3241, 2341, 2431, 4231, 4321, 4312, 4132, 4123, 4213, 2413.

101. 下面是类似于算法 X 的一个字典序对合生成程序.

Y1. [初始化.] 对于 $1 \leq k \leq n$ 置 $a_k \leftarrow k$, $l_{k-1} \leftarrow k$. 然后置 $l_n \leftarrow 0$, $k \leftarrow 1$.

Y2. [进入第 k 层.] 如果 $k > n$, 访问 $a_1 \ldots a_n$ 并且转到 Y3. 否则置 $p \leftarrow l_0$, $u_k \leftarrow p$, $l_0 \leftarrow l_p$, $k \leftarrow k+1$, 并且重复这一步. （我们已决定令 $a_p = p$.）

Y3. [减少 k.] 置 $k \leftarrow k-1$, 如果 $k = 0$ 则终止. 否则置 $q \leftarrow u_k$, $p \leftarrow a_q$, $r \leftarrow l_q$. 如果 $p = q$, 置 $q \leftarrow 0$, $k \leftarrow k+1$（准备促使 $a_p > p$）. 否则置 $l_{u_{k-1}} \leftarrow q$（准备促使 $a_p > q$）.

Y4. [推进 a_p.] 如果 $r = 0$, 转到 Y5. 否则置 $l_q \leftarrow l_r$, $u_{k-1} \leftarrow q$, $u_k \leftarrow r$, $a_p \leftarrow r$, $a_q \leftarrow q$, $a_r \leftarrow p$, $k \leftarrow k+1$, 并且转到 Y2.

Y5. [恢复 a_p.] 置 $l_0 \leftarrow p$, $a_p \leftarrow p$, $a_q \leftarrow q$, $k \leftarrow k-1$, 并且返回 Y3. ∎

令 $t_{n+1} = t_n + nt_{n-1}$, $a_{n+1} = 1 + a_n + na_{n-1}$, $t_0 = t_1 = 1$, $a_0 = 0$, $a_1 = 1$. （见等式 5.1.4–(40).）步骤 Y2 以 $k > n$ 执行 t_n 次并且以 $k \leq n$ 执行 a_n 次. 步骤 Y3 以 $p = q$ 执行 a_n 次并且总共执行 $a_n + t_n$ 次. 步骤 Y4 执行 $t_n - 1$ 次，步骤 Y5 执行 a_n 次. 因此，对于所有 t_n 个输出，内存访问的总次数大约是 $9a_n + 12t_n$. 可以证明 $\sum a_n z^n/n! = e^z(z/1 + z^3/(1 \cdot 3) + z^5/(1 \cdot 3 \cdot 5) + \cdots)$, 并且 $a_n \sim \sqrt{\pi/2}\,t_n$. （如果速度至关重要，显然可以进行优化.）

102. 我们构造以 $()$ 开始且以 $(n{-}1\ n)$ 结束的列表 L_n, 从 $L_3 = ()$, $(1\ 2)$, $(1\ 3)$, $(2\ 3)$ 开始. 如果 n 是奇数，L_{n+1} 是 $L_n, K_{n1}^R, K_{n2}, \ldots, K_{nn}^R$, 其中 $K_{nk} = (k\ \ldots\ n)^- L_{n-1}(k\ \ldots\ n)(k\ n{+}1)$. 例如，

$$L_4 \;=\; (),\ (1\ 2),\ (1\ 3),\ (2\ 3),\ (2\ 3)(1\ 4),\ (1\ 4),\ (2\ 4),\ (1\ 3)(2\ 4),\ (1\ 2)(3\ 4),\ (3\ 4).$$

如果 n 是偶数，L_{n+1} 是 $L_n, K_{n(n-1)}, K_{n(n-2)}^R, \ldots, K_{n1}, (1\ n{-}2)L_{n-1}^R(1\ n{-}2)(n\ n{+}1)$.

进一步的发展，见习题 94 答案中引用的蒂莫西·沃尔什的文章.

103. 下述由卡拉·萨维奇给出的优雅的解只需 $n-2$ 次不同操作 ρ_j $(1 < j < n)$, 其中 ρ_j 是：当 j 是偶数时用 $a_{j+1}a_{j-1}a_j$ 替换 $a_{j-1}a_ja_{j+1}$, 当 j 是奇数时用 $a_ja_{j+1}a_{j-1}$ 替换 $a_{j-1}a_ja_{j+1}$. 我们可以假定 $n \geq 4$. 令 $A_4 = (\rho_3\rho_2\rho_2\rho_3)^3$. 一般说来 A_n 将以 ρ_{n-1} 开始和结束，并且它将包含 ρ_{n-1} 的总共 $2n - 2$ 次呈现. 为了得到 A_{n+1}, 用 $\rho_n A_n' \rho_n$ 替换 A_n 的第 k 个 ρ_{n-1}, 其中，如果 n 是偶数，$k = 1, 2, 4, \ldots, 2n - 2$, 如果 n 是奇数，$k = 1, 3, \ldots, 2n - 3, 2n - 2$, 并且其

中 A_n' 是删除 A_n 的第一个元素或最后一个元素得到的. 然后, 如果我们从 $a_1 \ldots a_n = 1 \ldots n$ 开始, A_n 的操作 ρ_{n-1} 将引起位置 a_n 遍历相继的值 $n \to p_1 \to n \to p_2 \to \cdots \to p_{n-1} \to n$, 其中 $p_1 \ldots p_{n-1} = (n-1-[n \text{是偶数}]) \ldots 4213 \ldots (n-1-[n \text{是奇数}])$. 最后的排列将再次是 $1 \ldots n$.

104. (a) 完全平衡的排列具有 $\sum_{k=1}^n k a_k = n(n+1)^2/4$, 这是一个整数.

(b) 对 k 求和时用 a_k 替换 k.

(c) 当 n 不是过于大的数时, 可以在习题 16 的改进的平滑改变算法基础上建立一个相当快速的计数方法, 因为 $\sum k a_k$ 这个量以一种每次邻接交换的简单方式改变, 并且每 n 步中的 $n-1$ 步是可以快速完成的 "搜寻". 通过只考虑其中 1 在 2 前面的排列可以减少一半工作. 对于 $1 \le n \le 15$, 这些值是 0, 0, 0, 2, 6, 0, 184, 936, 6688, 0, 420 480, 4 298 664, 44 405 142, 0, 6 732 621 476.

105. (a) 对于每个排列 $a_1 \ldots a_n$, 如果 $a_j > a_{j+1}$, 则在 a_j 和 a_{j+1} 之间插入 $\prec$; 如果 $a_j < a_{j+1}$, 则在它们之间插入 $\equiv$ 或 $\prec$. (因此带有 k 个 "上升" 的排列产生 2^k 个弱序.) 弱序有时称为 "优先安排", 习题 5.3.1–4 证明它们大约有 $n!/(2(\ln 2)^{n+1})$ 个. 弱序的格雷码(其中每一步改变 $\prec \leftrightarrow \equiv$ 和/或 $a_j \leftrightarrow a_{j+1}$)可以通过在上升点组合算法 P 与二进制格雷码获得.

(b) 从 $a_1 \ldots a_n a_{n+1} = 0 \ldots 00$ 和 $a_0 = -1$ 开始. 执行算法 L 直到它在 $j = 0$ 停止. 寻找使得 $a_1 > \cdots > a_k = a_{k+1}$ 的 k, 并且如果 $k = n$ 则终止. 否则对于 $1 \le l \le k$ 置 $a_l \leftarrow a_{k+1} + 1$ 并且转到步骤 L4. [见摩西·莫尔和阿维泽里·弗伦克尔, *Discrete Math.* **48** (1984), 101–112. 弱序序列由以下性质来表征: 如果 k 出现且 $k > 0$, 那么 $k-1$ 也出现.]

106. 所有弱序序列都可以通过一连串基本操作 $a_i \leftrightarrow a_j$ 或 $a_i \leftarrow a_j$ 得到. [实际上我们也许可以进一步限制变换, 仅允许 $a_j \leftrightarrow a_{j+1}$ 或 $a_j \leftarrow a_{j+1}$ $(1 \le j < n)$.]

107. 正如赫伯特·维尔夫指出的那样, 每一步增加数量 $\sum_{k=1}^n 2^k [a_k = k]$, 因此这个游戏必定会终止. 至少有三种获得解的方法是合理的: 一种差的, 一种好的, 一种更好的.

差的方法是对所有 13! 种洗牌玩游戏并记录最长的序列. 这种方法肯定产生正确答案, 但是 13! 等于 6 227 020 800, 并且游戏平均持续 ≈ 8.728 步.

好的方法 [安德鲁·佩珀代因, *Math. Gazette* **73** (1989), 131–133] 是倒退着玩, 从最后位置 $1 * \ldots *$ 开始, 其中的 $*$ 表示一张面朝下的牌. 我们仅当一张牌的值成为相关值时才把它翻开. 为了从一个给定位置 $a_1 \ldots a_n$ 倒退, 考虑所有使得 $a_k = k$ 或 $a_k = *$ 并且 k 尚未翻开的 $k > 1$. 因此倒数第二的位置是 $21 * \ldots *$, $3*1* \ldots *$, $\ldots$, $n* \ldots *1$. 某些位置(例如, 对于 $n = 6$ 的 $6**213$)没有前导, 尽管我们还没有把所有的牌都翻开. 很容易有条理地考察可能的倒退游戏树, 并且事实上可以证明带有 t 个 $*$ 的结点的数目恰好是 $(n-1)!/t!$. 因此所考虑结点的总数恰好是 $\lfloor (n-1)! e \rfloor$. 当 $n = 13$ 时, 这是 1 302 061 345.

更好的方法是向前玩游戏, 从起始位置 $* \ldots *$ 开始, 并且当顶端的牌面朝下时就翻开它, 随着牌被翻开, 遍历 $\{2, \ldots, n\}$ 的所有 $(n-1)!$ 个排列. 如果已知底部 $n-m$ 张牌等于 $(m+1)(m+2) \ldots n$(按照这个顺序), 最多可能进一步移动 $f(m)$ 次. 因此如果序列的持续长度不足以是有意义的, 我们就无须继续玩下去. 像算法 X 这样的排列生成程序允许我们对于相同前缀的所有排列共享计算, 并且舍弃不重要前缀. 在位置 j 的牌当它被翻开时不必取 j 值. 当 $n = 13$ 时, 这个方法只需在第 $(1, 2, \ldots, 12)$ 层上分别考虑 $(1, 11, 940, 6960, 44745, 245083, 1118216, 4112676, 11798207, 26541611, 44380227, 37417359)$ 个分支, 并且总共只做 482 663 902 次向前移动. 尽管它重复游戏的某些路线, 当 $n = 13$ 时, 早期截断徒劳无益的分支使它比倒退方法快 11 倍.

唯一达到长度 80 的方法开始于 2 9 4 5 11 12 10 1 8 13 3 6 7.

108. 当 $a_1 = k$ 时, 对于

$$a_1 \ldots a_n \to a_k a_{p(k,2)} \ldots a_{p(k,k-1)} a_1 a_{k+1} \ldots a_n$$

的任何游戏, 这个结果成立, 其中 $p(k,2) \ldots p(k,k-1)$ 是 $\{2, \ldots, k-1\}$ 的任意排列. 假设在游戏过程中, a_1 恰好取 m 个不同的值 $d(1) < \cdots < d(m)$, 我们将证明最多出现 F_{m+1} 个排列, 包括初始洗牌在内. 当 $m = 1$ 时, 这个断言是显然的.

令 $d(j)$ 是 $a_{d(m)}$ 的初始值，其中 $j < m$，并且假定 $a_{d(m)}$ 在第 r 步改变. 如果 $d(j) = 1$，排列的数目是 $r + 1 \le F_m + 1 \le F_{m+1}$. 否则 $r \le F_{m-1}$，并且最多 F_m 个进一步的排列跟在第 r 步之后. [*SIAM Review* **19** (1977), 739–741.]

对于 $1 \le n \le 16$，$f(n)$ 的值是 $(0, 1, 2, 4, 7, 10, 16, 22, 30, 38, 51, 65, 80, 101, 113, 139)$，它们可以分别从 $(1, 1, 2, 2, 1, 5, 2, 1, 1, 1, 1, 1, 1, 4, 6, 1)$ 种途径获得. 对于 $n = 16$，迂回最长的唯一排列是

$$9 \; 12 \; 6 \; 7 \; 2 \; 14 \; 8 \; 1 \; 11 \; 13 \; 5 \; 4 \; 15 \; 16 \; 10 \; 3.$$

109. 由伊万·萨德伯勒和琳达·莫拉莱斯 [*Theoretical Comp. Sci.* **411** (2010), 3965–3970] 提出的一个巧妙构造证明了 $f(n) \ge \frac{19}{128} n^2 + O(1)$.

110. 对于 $0 \le j \le 9$ 构造二进制位向量 $A_j = [a_j \in S_1] \ldots [a_j \in S_m]$，$B_j = [j \in S_1] \ldots [j \in S_m]$. 那么对于所有二进制位向量 v，使得 $A_j = v$ 的 j 的数目必定等于使得 $B_k = v$ 的 k 的数目. 如果是这样，$\{a_j \mid A_j = v\}$ 的值应该以所有可能的方式赋予 $\{k \mid B_k = v\}$ 的排列.

例如，在给定的问题中以十六进制记法表示的二进制位向量是

$$(A_0, \ldots, A_9) = (9, 6, 8, \mathsf{b}, 5, 4, 0, \mathsf{a}, 2, 0), \qquad (B_0, \ldots, B_9) = (5, 0, 8, 6, 2, \mathsf{a}, 4, \mathsf{b}, 9, 0).$$

因此 $a_0 \ldots a_9 = 8327061549$ 或 8327069541.

在更大的问题中我们将用散列表保存二进制位向量. 通过等价类而不是排列来给出答案是更好的. 其实，这个问题很少用排列处理.

111. 在 $n!/2$ 个顶点 $a_1 \ldots a_{n-2}$ 和 $n!$ 条有向边 $a_1 \ldots a_{n-2} \to a_2 \ldots a_{n-1}$（对于每个排列 $a_1 \ldots a_n$ 一条边）的有向图中，每个顶点具有入度 2 和出度 2. 此外，从像 $a_1 \ldots a_{n-2} \to a_2 \ldots a_{n-1} \to a_3 \ldots a_n \to a_4 \ldots a_n a_2 \to a_5 \ldots a_n a_2 a_1 \to \cdots \to a_2 a_1 a_3 \ldots a_{n-2}$ 的路径，我们可以看出任何顶点是从任何其他顶点可达的. 因此，由定理 2.3.4.2G，存在一条欧拉迹，并且这样一条迹显然等价于一个通用排列圈. 当 $n = 4$ 时，按字典序的最小例子是 $(123124132134214324314234)$.

[注意：对于 $n = 4$，克劳德·巴谢在他的 *Problèmes plaisans et délectables* (Lyon: 1612), 123 中已经提出了类似的想法，但是有两个半周期而不是一个完整的周期. 格伦·赫尔伯特和加思·伊萨克在 *Discrete Math.* **149** (1996), 123–129 中提出了具有吸引力的另外一种方法：我们说，排列的取模通用圈是 $n!$ 个数字 $\{0, \ldots, n\}$ 的一个圈，它具有这样的性质，即 $\{1, \ldots, n\}$ 的每个排列 $a_1 \ldots a_n$ 是由使得 $a_j = (u_j - c) \bmod (n+1)$ 的相继数字 $u_1 \ldots u_n$ 产生的，其中 c 是在 $\{u_1, \ldots, u_n\}$ "未见到的" 数字. 例如，对于 $n = 3$，取模通用圈 (012032) 实质上是唯一的. 对于 $n = 4$，按字典序的最小取模通用圈是 $(012301420132014321430243)$. 如果前一段的有向图中的顶点 $a_1 \ldots a_{n-2}$ 和 $a'_1 \ldots a'_{n-2}$ 在当 $a_1 - a'_1 \equiv \cdots \equiv a_{n-2} - a'_{n-2} \pmod{n}$ 时被看成是等价的，则我们得到 $(n-1)!/2$ 个顶点的一个有向图，它的欧拉迹对应于 $\{1, \ldots, n-1\}$ 的排列的取模通用圈.]

112. (a) 如果圈是 $a_1 a_2 \ldots$，当子序列 $a_j a_{j+1} \ldots a_{j+n-1}$ 是一个排列时，在第 j 步使用 σ，否则使用 ρ.

(b) 这个命题由习题 72 直接推出.

(c) 令 $\Omega_2 = \sigma^2$，并且通过替换 $\sigma \mapsto \sigma^2 \rho^{n-1}$ 和 $\rho \mapsto \sigma^2 \rho^{n-2} \sigma$ 从 Ω_n 得到 Ω_{n+1}. 例如，$\Omega_3 = (\sigma^2 \rho)^2$ 且 $\Omega_4 = ((\sigma^2 \rho^2)^2 \sigma^2 \rho \sigma)^2$. 从 $n \ldots 21$ 开始并且应用 Ω_n 的相继的元素生成排列序列. 例如，当 $n = 4$ 时，排列序列是

$$4321, 3214, 2143, 1423, 4213, 2134, 1342, 3412, 4132, 1324, 3241, 2431,$$

$$4312, 3124, 1243, 2413, 4123, 1234, 2341, 3421, 4231, 2314, 3142, 1432,$$

对应的通用圈是 $(432142134132431241234231)$. 注意 n 在排列的这个序列中循环移动，并且从 n 开始的排列对应于从 Ω_{n-1} 得到的排列序列.

[见弗兰克·拉斯基和阿龙·威廉斯，*ACM Trans. on Algorithms* **6** (2010), 45:1–45:12. 据说钟乐师已经知道类似的方法. 对于任意多重集的排列，也可以用类似于 7.2.1.1–(62) 的方法直接构造通用圈，见阿龙·威廉斯的博士论文（维多利亚大学，2009）.]

113. 在上题答案的有向图中, 通过习题 2.3.4.2–22, 足以对根在 $12 \ldots (n{-}2)$ 的定向树计数. 还可以通过习题 2.3.4.2–19 对那些树计数. 对于 $n \le 6$, 结果 U_n 的数目出奇地简单: $U_2 = 1$, $U_3 = 3$, $U_4 = 2^7 \cdot 3$, $U_5 = 2^{33} \cdot 3^8 \cdot 5^3$, $U_6 = 2^{190} \cdot 3^{49} \cdot 5^{33}$. (这里我们把 (121323) 看成是与 (213231) 相同的圈, 但是不同于 (131232).)

雷蒙德·库克发现了以下有效计算这些值的启发性方法: 考虑 $n! \times n!$ 矩阵 $M = 2I - R - S$, 其中 $R_{\pi\pi'} = [\pi' = \pi\rho]$ 且 $S_{\pi\pi'} = [\pi' = \pi\sigma]$. 存在这样一个矩阵 H, 使得对于 n 的每个分划 λ, $H^- R H$ 与 $H^- S H$ 各自包含 $k_\lambda \times k_\lambda$ 矩阵 R_λ 和 S_λ 的 k_λ 个拷贝的块对角形式, 其中 k_λ 等于 $n!$ 除以 λ 形状的分划钩子长度的乘积 (定理 5.1.4H), 并且其中 R_λ 和 S_λ 是 ρ 和 σ 基于扬氏图表的矩阵表示. [可以在布鲁斯·萨根, *The Symmetric Group* (Pacific Grove, Calif.: Wadsworth & Brooks/Cole, 1991) 中找到一个证明.] 例如, 当 $n = 3$ 时, 我们有

$$R = \begin{pmatrix} 0 & 0 & 0 & 1 & 0 & 0 \\ 0 & 0 & 0 & 0 & 0 & 1 \\ 0 & 0 & 0 & 0 & 1 & 0 \\ 1 & 0 & 0 & 0 & 0 & 0 \\ 0 & 0 & 1 & 0 & 0 & 0 \\ 0 & 1 & 0 & 0 & 0 & 0 \end{pmatrix}, \quad S = \begin{pmatrix} 0 & 1 & 0 & 0 & 0 & 0 \\ 0 & 0 & 1 & 0 & 0 & 0 \\ 1 & 0 & 0 & 0 & 0 & 0 \\ 0 & 0 & 0 & 0 & 1 & 0 \\ 0 & 0 & 0 & 0 & 0 & 1 \\ 0 & 0 & 0 & 1 & 0 & 0 \end{pmatrix}, \quad H = \begin{pmatrix} 1 & 1 & 1 & -1 & 1 & 0 \\ 1 & 1 & -1 & 0 & 0 & -1 \\ 1 & 1 & 0 & 1 & -1 & 1 \\ 1 & -1 & -1 & 1 & 0 & 1 \\ 1 & -1 & 1 & 0 & 1 & -1 \\ 1 & -1 & 0 & -1 & -1 & 0 \end{pmatrix},$$

$$H^- R H = \begin{pmatrix} 1 & 0 & 0 & 0 & 0 & 0 \\ 0 & -1 & 0 & 0 & 0 & 0 \\ 0 & 0 & 0 & 1 & 0 & 0 \\ 0 & 0 & 1 & 0 & 0 & 0 \\ 0 & 0 & 0 & 0 & 0 & 1 \\ 0 & 0 & 0 & 0 & 1 & 0 \end{pmatrix}, \quad H^- S H = \begin{pmatrix} 1 & 0 & 0 & 0 & 0 & 0 \\ 0 & 1 & 0 & 0 & 0 & 0 \\ 0 & 0 & 0 & -1 & 0 & 0 \\ 0 & 0 & 1 & -1 & 0 & 0 \\ 0 & 0 & 0 & 0 & 0 & -1 \\ 0 & 0 & 0 & 0 & 1 & -1 \end{pmatrix},$$

其中行和列的下标分别是排列 $1, \sigma, \sigma^2, \rho, \rho\sigma, \rho\sigma^2$. 这里 $k_3 = k_{111} = 1$, $k_{21} = 2$. 因此 M 的特征值是 $k_\lambda \times k_\lambda$ 矩阵 $2I - R_\lambda - S_\lambda$ 的 k_λ 重重复特征值遍以 λ 的并集. 在这个例子中, (0), (2) 和两倍 $\begin{pmatrix} 2 & 0 \\ -2 & 3 \end{pmatrix}$ 的特征值是 $\{0\}$, $\{2\}$ 和两倍 $\{2,3\}$.

M 的特征值直接与习题 2.3.4.2–19 中矩阵 A 的特征值相关. 实际上, 如果我们使排列 π 和 $\pi\rho\sigma^-$ 的分量相等, A 的每个特征向量产生 M 的一个特征向量, 因为 $R+S$ 的 π 行和 $\pi\rho\sigma^-$ 行是相等的. 例如,

$$A = \begin{pmatrix} 2 & -1 & -1 \\ -1 & 2 & -1 \\ -1 & -1 & 2 \end{pmatrix} \quad \text{具有对于特征值 } 0, 3, 3 \text{ 的特征向量} \quad \begin{pmatrix} 1 \\ 1 \\ 1 \end{pmatrix}, \begin{pmatrix} 1 \\ -1 \\ 0 \end{pmatrix}, \begin{pmatrix} 1 \\ 0 \\ -1 \end{pmatrix},$$

产生 M 对于同样特征值的特征向量 $(1,1,1,1,1,1)^T$, $(1,-1,0,0,-1,1)^T$, $(1,0,-1,-1,0,1)^T$. 并且 M 有 $n!/2$ 个另外的特征向量, 对于某个 π, 它们的分量除了下标为 π 和 $\pi\sigma^-\rho$ 的以外全部为 0, 因为在 $R+S$ 的 π 列和 $\pi\sigma^-\rho$ 列中仅在 $\pi\rho^-$ 行和 $\pi\sigma^-$ 行具有非零项. 这样的向量产生另外 $n!/2$ 个全部等于 2 的特征值.

因此, U_n 等于 $2/n!$ 乘以 A 的非零特征值的乘积, 也等于 $2^{1-n!/2}/n!$ 乘以 M 的非零特征值的乘积.

遗憾的是, 这种小素因子现象不能延续. U_7 等于 $2^{1217} 3^{123} 5^{119} 7^5 11^{28} 43^{35} 73^{20} 79^{21} 109^{35}$, U_9 可以被 $59\,229\,013\,196\,333^{168}$ 整除.

7.2.1.3 节

1. 给定一个多重表, 通过首先列出那些只出现一次的元素, 然后列出那些出现两次的元素, 再后列出那些出现三次的元素, 依此类推, 从右到左构建序列 $e_t \ldots e_2 e_1$. 对于 $0 \le j \le s = n - t$ 置 $e_{-j} \leftarrow s - j$, 使得对于 $1 \le j \le t$, 每个元素 e_j 等于序列 $e_t \ldots e_1 e_0 \ldots e_{-s}$ 中它右边的某个元素. 如果第一个这样的元素是 $e_{c_j - s}$, 我们得到 (3) 的一个解. 反之, (3) 的每个解产生唯一的多重集 $\{e_1, \ldots, e_t\}$, 因为对于 $1 \le j \le t$ 有 $c_j < s + j$.

[欧仁·卡塔兰提出一个类似的对应: 如果 $0 \le e_1 \le \cdots \le e_t \le s$, 令

$$\{c_1, \ldots, c_t\} = \{e_1, \ldots, e_t\} \cup \{s + j \mid 1 \le j < t \text{ 且 } e_j = e_{j+1}\}.$$

见 *Mémoires de la Soc. roy. des Sciences de Liège* (2) **12** (1885), *Mélanges Math.*, 3.]

2. 对应的路径从左下角开始, 然后, 对于 (1_3) 中的每个 0 向上移动, 对于其中的每个 1 向右移动. 结果

是 . 反过来, 我们很容易由任何给定的从 $(0,0)$ 到 (s,t) 的路径中"解读" (2)–(11) 的 $a_i, b_i,$
c_i, d_i, p_i, q_i 的表示.

3. 在这个算法中, 变量 r 是使得 $q_r > 0$ 的最小正下标.

N1. [初始化.] 对于 $1 \le j \le t$ 置 $q_j \leftarrow 0$, $q_0 \leftarrow s$. (我们假定 $st > 0$.)

N2. [访问.] 访问组分 $q_t \dots q_0$. 如果 $q_0 = 0$ 则转到 N4.

N3. [简单情形.] 置 $q_0 \leftarrow q_0 - 1$, $r \leftarrow 1$, 转到 N5.

N4. [复杂情形.] 如果 $r = t$ 则终止算法. 否则, 置 $q_0 \leftarrow q_r - 1$, $q_r \leftarrow 0$, $r \leftarrow r + 1$.

N5. [推进 q_r.] 置 $q_r \leftarrow q_r + 1$, 返回 N2. ∎

[见 *CACM* **11** (1968), 430; **12** (1969), 187. 按递减的字典序生成这样的组分更为困难.]

4. 我们可以把 (1_4) 中 0 和 1 的作用颠倒过来, 使得 $0^{q_t} 1 0^{q_{t-1}} 1 \dots 1 0^{q_1} 1 0^{q_0} = 1^{r_s} 0 1^{r_{s-1}} \dots 0 1^{r_1} 0 1^{r_0}$.
因此, $0^1 1 0^0 1 0^2 1 0^2 1 0^4 1 0^0 1 0^0 1 0^0 1 0^0 1 0^0 1 0^1 1 0^0 1 0^1 1 0^0 = 1^0 0 1^2 0 1 0 0 1^1 0 1^0 0 1^1 0 1^0 0 1^0 0 1^6 0 1^2 0 1^1$. 注
意, $a_{n-1} \dots a_1 a_0$ 的字典顺序对应于 $r_s \dots r_1 r_0$ 的字典序.

顺便指出, 这里还有一个多重集联系: $\{d_t, \dots, d_1\} = \{r_s \cdot s, \dots, r_0 \cdot 0\}$. 例如, $\{10, 10, 8, 6, 2, 2, 2,$
$2, 2, 2, 1, 1, 0\} = \{0 \cdot 11, 2 \cdot 10, 0 \cdot 9, 1 \cdot 8, 0 \cdot 7, 1 \cdot 6, 0 \cdot 5, 0 \cdot 4, 0 \cdot 3, 6 \cdot 2, 2 \cdot 1, 1 \cdot 0\}$.

5. (a) 在 $n + \lfloor t/2 \rfloor$ 的每个 t 组合中置 $x_j = c_j - \lfloor (j-1)/2 \rfloor$. (b) 在 $n - t - 2$ 的每个 t 组合中
置 $x_j = c_j + j + 1$.

(给定 $x_{t+1}, (\delta_t, \dots, \delta_0), x_0$ 的值, 对于 $0 \le j \le t$, 一个类似的方法可以求出不等式方程组
$x_{j+1} \ge x_j + \delta_j$ 的全部解 $(x_t, \dots, x_1)$.)

6. 假定 $t > 0$. 当 $c_1 > 0$ 时, 到达步骤 T3; 当 $c_2 = c_1 + 1 > 1$ 时, 到达步骤 T5; 当 $c_j = c_1 + j - 1 \ge j$
时, 对于 $2 \le j \le t + 1$ 到达步骤 T4. 所以, 算法步骤计数是: T1, 1; T2, $\binom{n}{t}$; T3, $\binom{n-1}{t}$;
T4, $\binom{n-2}{t-1} + \binom{n-3}{t-2} + \dots + \binom{n-t-1}{0} = \binom{n-1}{t-1}$; T5, $\binom{n-2}{t-1}$; T6, $\binom{n-1}{t-1} + \binom{n-2}{t-1} - 1$.

7. 用下面这个比算法 T 更简单的过程就足够了: 假定 $s < n$.

S1. [初始化.] 对于 $1 \le j \le s$ 置 $b_j \leftarrow j + n - s - 1$, 然后置 $j \leftarrow 1$.

S2. [访问.] 访问组合 $b_s \dots b_2 b_1$. 如果 $j > s$ 则终止算法.

S3. [减少 b_j.] 置 $b_j \leftarrow b_j - 1$. 如果 $b_j < j$, 置 $j \leftarrow j + 1$, 返回 S2.

S4. [重置 $b_{j-1} \dots b_1$.] 当 $j > 1$ 时循环执行 $b_{j-1} \leftarrow b_j - 1$, $j \leftarrow j - 1$. 转到 S2. ∎

(见斯坦尼斯拉夫·德沃拉科, *Comp. J.* **33** (1990), 188. 注意, 如果对于 $1 \le k \le s$ 有 $x_k = n - b_k$, 上
述过程按递增的字典序遍历 $\{1, 2, \dots, n\}$ 的满足 $1 \le x_s < \dots < x_2 < x_1 \le n$ 的所有组合 $x_s \dots x_2 x_1$.)

8. A1. [初始化.] 置 $a_n \dots a_0 \leftarrow 0^{s+1} 1^t$, $q \leftarrow t$, $r \leftarrow 0$. (假定 $0 < t < n$.)

A2. [访问.] 访问组合 $a_{n-1} \dots a_1 a_0$. 如果 $q = 0$ 则转到 A4.

A3. [用 $\dots 101^{q-1}$ 代替 $\dots 01^q$.] 置 $a_q \leftarrow 1$, $a_{q-1} \leftarrow 0$, $q \leftarrow q - 1$. 然后, 如果 $q = 0$ 则
置 $r \leftarrow 1$. 返回 A2.

A4. [移动 1 的位段.] 置 $a_r \leftarrow 0$, $r \leftarrow r + 1$. 然后, 如果 $a_r = 1$, 置 $a_q \leftarrow 1$, $q \leftarrow q + 1$, 重
复 A4.

A5. [向左进位.] 如果 $r = n$ 则终止算法, 否则置 $a_r \leftarrow 1$.

A6. [奇数?] 如果 $q > 0$, 置 $r \leftarrow 0$. 返回 A2. ∎

在步骤 A2, q 和 r 分别指向 $a_{n-1} \dots a_0$ 中最右边的 0 和 1. 步骤 A1, $\dots$, A6 的执行次数分别是 1, $\binom{n}{t}$,
$\binom{n-1}{t-1}$, $\binom{n}{t} - 1$, $\binom{n-1}{t}$, $\binom{n-1}{t} - 1$.

9. (a) 前 $\binom{n-1}{t}$ 个串以 0 开始而且有 $2A_{(s-1)t}$ 个二进制位发生改变，其他的 $\binom{n-1}{t-1}$ 个串以 1 开始而且有 $2A_{s(t-1)}$ 个二进制位发生改变．因此 $\nu(01^t0^{s-1} \oplus 10^s1^{t-1}) = 2\min(s,t)$．

(b) 解法 1（直接解）：令 $B_{st} = A_{st} + \min(s,t) + 1$．那么

$$\text{当 } st > 0 \text{ 时有 } B_{st} = B_{(s-1)t} + B_{s(t-1)} + [s=t], \text{ 当 } st = 0 \text{ 时有 } B_{st} = 1.$$

所以，我们有 $B_{st} = \sum_{k=0}^{\min(s,t)} \binom{s+t-2k}{s-k}$．如果 $s \le t$，它 $\le \sum_{k=0}^{s} \binom{s+t-k}{s-k} = \binom{s+t+1}{s} = \binom{s+t}{t}\frac{s+t+1}{t+1} < 2\binom{s+t}{t}$．

解法 2（间接解）：考虑习题 8 的答案中的算法，当步骤 (A3, A4) 分别执行 (x, y) 次时，它们使 $2(x+y)$ 个二进制位发生改变．因此 $A_{st} \le \binom{n-1}{t-1} + \binom{n}{t} - 1 < 2\binom{n}{t}$．

[因此，习题 7.2.1.1–3 的答案中的评注也适用于组合.]

10. 每场赛事对应于 (4, 4) 组合 $b_4b_3b_2b_1$ 或 $c_4c_3c_2c_1$，其中，A 赢得比赛 $\{8-b_4, 8-b_3, 8-b_2, 8-b_1\}$，而 N 赢得比赛 $\{8-c_4, 8-c_3, 8-c_2, 8-c_1\}$，因为我们可以假定失败的球队赢得 8 场比赛中其余的比赛．（相当于我们可以生成 $\{A, A, A, A, N, N, N, N\}$ 的所有排列，并忽略尾部的 A 串或 N 串．）美国联盟冠军队（A）获胜当且仅当 $b_1 \ne 0$，当且仅当 $c_1 = 0$．算式 $\binom{c_4}{4} + \binom{c_3}{3} + \binom{c_2}{2} + \binom{c_1}{1}$ 对每场赛事赋予一个介于 0 与 69 之间的唯一整数．

例如，ANANAA $\Longleftrightarrow a_7 \dots a_1 a_0 = 01010011 \Longleftrightarrow b_4b_3b_2b_1 = 7532 \Longleftrightarrow c_4c_3c_2c_1 = 6410$，而且，按字典序这是场次 $\binom{6}{4} + \binom{4}{3} + \binom{1}{2} + \binom{0}{1} = 19$ 的比赛．（项 $\binom{c_j}{j}$ 是 0 当且仅当它对应于尾部的 N.）

11. AAAA（9 次），NNNN（8 次）和 ANAAA（7 次）是最常见的结果．70 种结果中没有出现的恰好有 27 种，包括以 NNNA 开始的全部四种结果．（我们不关注在 1907 年、1912 年和 1922 年由于黑暗年代而导致的平局．或许 ANNAAAA 的情况也应该排除在外，因为它仅在 1920 年作为最佳九场联赛中的 ANNAAAAA 的一部分出现．NNAAANN 首次出现在 2001 年．）

12. (a) 令 V_j 是子空间 $\{a_{n-1} \dots a_0 \in V \mid \text{对于 } 0 \le k < j \text{ 有 } a_k = 0\}$，所以 $\{0 \dots 0\} = V_n \subseteq V_{n-1} \subseteq \cdots \subseteq V_0 = V$．我们有 $\{c_1, \dots, c_t\} = \{c \mid V_c \ne V_{c+1}\}$，而且 α_k 是 V 中满足 $a_{c_j} = [j = k]$（$1 \le j \le t$）的唯一元素 $a_{n-1} \dots a_0$．

顺便说明，对应于一个典范基的 $t \times n$ 矩阵称为具有约化的行梯矩阵形式．它可以用标准"三角剖分"算法建立（见习题 4.6.1–19 和算法 4.6.2N）．

(b) 习题 1.2.6–58 的二项式系数 $\binom{n}{t}_2 = 2^t\binom{n-1}{t}_2 + \binom{n-1}{t-1}_2$ 具有二进制向量一般形式的等号右端的性质，因为 $2^t\binom{n-1}{t}_2$ 个二进制向量空间有 $c_t < n-1$，而 $\binom{n-1}{t-1}_2$ 个有 $c_t = n-1$．[一般来说，带有 r 个星号的典范基的数目是把 r 拆分为最多 t 个部分而且每个部分不超过 $n-t$ 的数目，根据 7.2.1.4–(51)，这个数目是 $[z^r]\binom{n}{t}_z$．见高德纳，*J. Combinatorial Theory* **A10** (1971), 178–180.]

(c) 下述算法假定 $n > t > 0$，还假定对于 $t \le j \le n$ 有 $a_{(t+1)j} = 0$．

V1. [初始化.] 对于 $1 \le k \le t$，$0 \le j < n$ 置 $a_{kj} \leftarrow [j = k-1]$．此外，置 $q \leftarrow t$，$r \leftarrow 0$．

V2. [访问.]（此时，对于 $1 \le k \le q$ 有 $a_{k(k-1)} = 1$，此外，还有 $a_{(q+1)q} = 0$，$a_{1r} = 1$．）访问典范基 $(a_{1(n-1)} \dots a_{11}a_{10}, \dots, a_{t(n-1)} \dots a_{t1}a_{t0})$．如果 $q > 0$，转到 V4．

V3. [寻找 1 的位组.] 置 $q \leftarrow 1, 2, \dots$，直到 $a_{(q+1)(q+r)} = 0$．如果 $q + r = n$ 则终止算法．

V4. [对第 $q + r$ 列加 1.] 置 $k \leftarrow 1$．当 $a_{k(q+r)} = 1$ 时循环执行 $a_{k(q+r)} \leftarrow 0$，$k \leftarrow k+1$．然后，如果 $k \le q$，置 $a_{k(q+r)} \leftarrow 1$；否则，置 $a_{q(q+r)} \leftarrow 1$，$a_{q(q+r-1)} \leftarrow 0$，$q \leftarrow q-1$．

V5. [右移位组.] 如果 $q = 0$，置 $r \leftarrow r+1$．否则，如果 $r > 0$，对于 $1 \le k \le q$ 置 $a_{k(k-1)} \leftarrow 1$ 和 $a_{k(r+k-1)} \leftarrow 0$，然后置 $r \leftarrow 0$．转到 V2． ∎

在步骤 V2 中 $q > 0$ 的概率是 $1 - (2^{n-t} - 1)/(2^n - 1) \approx 1 - 2^{-t}$，我们可以单独处理这种情况以节省时间．

(d) 由于 $999\,999 = 4\binom{8}{4}_2 + 16\binom{7}{4}_2 + 5\binom{6}{3}_2 + 5\binom{5}{3}_2 + 8\binom{4}{3}_2 + 0\binom{3}{2}_2 + 4\binom{2}{2}_2 + 1\binom{1}{1}_2 + 2\binom{0}{1}_2$，第一百万个输出具有二进制形式的列 4, 16/2, 5, 5, 8/2, 0, 4/2, 1, 2/2, 即

$$\alpha_1 = 0\,0\,1\,1\,0\,0\,0\,1\,1,$$
$$\alpha_2 = 0\,0\,0\,0\,0\,0\,1\,0\,0,$$
$$\alpha_3 = 1\,0\,1\,1\,1\,0\,0\,0\,0,$$
$$\alpha_4 = 0\,1\,0\,0\,0\,0\,0\,0\,0.$$

[参考文献：欧金尼奥·卡拉比和赫伯特·维尔夫, *J. Combinatorial Theory* **A22** (1977), 107–109.]

13. 令 $n = s + t$. 存在以 0 开始的 $\binom{s-1}{\lceil(r-1)/2\rceil}\binom{t-1}{\lfloor(r-1)/2\rfloor}$ 个构形和以 1 开始的 $\binom{s-1}{\lfloor(r-1)/2\rfloor}\binom{t-1}{\lceil(r-1)/2\rceil}$ 个构形，因为一个以 0 开始的伊辛构形对应于把 s 个 0 拆分为 $\lceil(r+1)/2\rceil$ 部分的组分和把 t 个 1 拆分为 $\lfloor(r+1)/2\rfloor$ 部分的组分. 我们可以生成所有这样的组分对，并把它们编成构形. [见厄恩斯特·伊辛, *Zeitschrift für Physik* **31** (1925), 253–258; 若泽·西蒙斯·佩雷拉, *CACM* **12** (1969), 562.]

14. 对于 $1 \le j \le n$, 置 $l[j] \leftarrow j-1$, $r[j-1] \leftarrow j$; $l[0] \leftarrow n$, $r[n] \leftarrow 0$. 为了得到下一个组合，假定 $t > 0$, 如果 $l[0] > s$ 则置 $p \leftarrow s$, 否则置 $p \leftarrow r[n] - 1$. 如果 $p \le 0$, 终止算法；否则，置 $q \leftarrow r[p]$, $l[q] \leftarrow l[p]$, $r[l[p]] \leftarrow q$. 然后，如果 $r[q] > s$ 且 $p < s$, 置 $r[p] \leftarrow r[n]$, $l[r[n]] \leftarrow p$, $r[s] \leftarrow r[q]$, $l[r[q]] \leftarrow s$, $r[n] \leftarrow 0$, $l[0] \leftarrow n$; 否则，置 $r[p] \leftarrow r[q]$, $l[r[q]] \leftarrow p$. 最后，置 $r[q] \leftarrow p$, $l[p] \leftarrow q$.

[见詹姆斯·科尔什和西摩·利普舒茨, *J. Algorithms* **25** (1997), 321–335, 其中把想法扩展到对于多重集的排列的无循环算法. 警告：像习题 7.2.1.1–16 那样，本题更注重理论而不是实用性，因为访问链表的例程可能需要一个循环，这使无循环生成的任何优势荡然无存.]

15. （所述命题为真，因为 $c_t \dots c_1$ 的字典序对应于 $a_{n-1} \dots a_0$ 的字典序，后者是补序列 $1 \dots 1 \oplus a_{n-1} \dots a_0$ 的逆字典序.）由定理 L, 访问组合 $c_t \dots c_1$ 恰好是在访问其他 $\binom{b_s}{s} + \dots + \binom{b_2}{2} + \binom{b_1}{1}$ 个组合之前，所以我们必定有

$$\binom{b_s}{s} + \dots + \binom{b_1}{1} + \binom{c_t}{t} + \dots + \binom{c_1}{1} = \binom{s+t}{t} - 1.$$

当每个 x_j 是 0 或 1 且 $\bar{x}_j = 1 - x_j$ 时，这个一般恒等式可以写成

$$\sum_{j=0}^{n-1} x_j \binom{j}{x_0 + \dots + x_j} + \sum_{j=0}^{n-1} \bar{x}_j \binom{j}{\bar{x}_0 + \dots + \bar{x}_j} = \binom{n}{x_0 + \dots + x_{n-1}} - 1;$$

它也可以从等式

$$x_n \binom{n}{x_0 + \dots + x_n} + \bar{x}_n \binom{n}{\bar{x}_0 + \dots + \bar{x}_n} = \binom{n+1}{x_0 + \dots + x_n} - \binom{n}{x_0 + \dots + x_{n-1}}$$

推出.

16. 因为 $999999 = \binom{1414}{2} + \binom{1008}{1} = \binom{182}{3} + \binom{153}{2} + \binom{111}{1} = \binom{71}{4} + \binom{56}{3} + \binom{36}{2} + \binom{14}{1} = \binom{43}{5} + \binom{32}{4} + \binom{21}{3} + \binom{15}{2} + \binom{6}{1}$, 所以答案是 (a) 1414 1008; (b) 182 153 111; (c) 71 56 36 14; (d) 43 32 21 15 6; (e) 1000000 999999 … 2 0.

17. 根据定理 L, n_t 是满足 $N \ge \binom{n_t}{t}$ 的最大整数. 剩余的那些项是 $N - \binom{n_t}{t}$ 的 $(t-1)$ 次表示.

当 $t > 1$ 时，一个简单的顺序方法是，从 $x = 1$, $c = t$ 开始，置 $c \leftarrow c+1$, $x \leftarrow xc/(c-t)$ 零次或多次，直至 $x > N$; 然后，置 $x \leftarrow x(c-t)/c$, $c \leftarrow c-1$, 完成算法的第一阶段，此时我们有 $x = \binom{c}{t} \le N < \binom{c+1}{t}$. 置 $n_t \leftarrow c$, $N \leftarrow N - x$; 如果 $t = 2$, 置 $n_1 \leftarrow N$, 终止算法；否则，置 $x \leftarrow xt/c$, $t \leftarrow t-1$, $c \leftarrow c-1$; 当 $x > N$ 时循环执行 $x \leftarrow x(c-t)/c$, $c \leftarrow c-1$; 重复以上步骤. 如果 $N < \binom{n}{t}$, 这个方法需要 $O(n)$ 次算术运算，所以它是适用的，除非 t 很小而 N 很大.

当 $t = 2$ 时，习题 1.2.4–41 告诉我们 $n_2 = \lfloor\sqrt{2N+2} + \frac{1}{2}\rfloor$. 一般说来，$n_t$ 是 $\lfloor x \rfloor$, 其中 x 是 $x^t = t!\,N$ 的最大根. 这个根可以通过计算级数 $y = (x^t)^{1/t} = x - \frac{1}{2}(t-1) + \frac{1}{24}(t^2-1)x^{-1} + \cdots$ 的逆 $x = y + \frac{1}{2}(t-1) + \frac{1}{24}(t^2-1)/y + O(y^{-3})$ 来逼近. 在这个公式中置 $y = (t!\,N)^{1/t}$ 给出一个可靠的逼近值，在此之后我们可以验证 $\binom{\lfloor x \rfloor}{t} \le N < \binom{\lfloor x \rfloor + 1}{t}$, 或做最后一次调整. [见阿维泽里·弗伦克尔和摩西·莫尔, *Comp. J.* **26** (1983), 336–343.]

18. 一棵 $2^n - 1$ 个结点的完全二叉树是用顶端的一个额外结点获得的，犹如替代选择排序中的"失败者之树"（5.4.1 节的图 63）. 因此我们不需要显式链. 对于 $1 \le k < 2^{n-1}$，结点 k 的右子结点是 $2k + 1$，左兄弟结点是 $2k$.

二项式树的这种表示具有奇妙性质，它的结点 $k = (0^a 1\alpha)_2$ 对应于二进制串是 $0^a 1\alpha^R$ 的组合.

19. 第 $1\,000\,000$ 个结点的后序二进制表示 $\text{post}(1\,000\,000)$ 是 11110100001001000100，其中，对于 $k \ge 0$，$\text{post}(2^{k+1} - 1) = 2^k$，如果 $2^k \le n < 2^{k+1} - 1$，$\text{post}(n) = 2^k + \text{post}(n - 2^k + 1)$. ［顺便指出，$T_\infty$ 的左子/右兄弟表示是横向堆. ］

20. $f(z) = (1 + z^{w_{n-1}}) \ldots (1 + z^{w_1})/(1 - z)$，$g(z) = (1 + z^{w_0})f(z)$，$h(z) = z^{w_0}f(z)$.

21. $c_t \ldots c_2 c_1$ 的排名是 $\binom{c_t + 1}{t} - 1$ 减去 $c_{t-1} \ldots c_2 c_1$ 的排名. ［见琼·米勒的论文第 40 页；也见海因茨·吕内堡，*Abh. Math. Sem. Hamburg* **52** (1982), 208–227. ］

22. 因为 $999999 = \binom{1415}{2} - \binom{406}{1} = \binom{183}{3} - \binom{98}{2} + \binom{21}{1} = \binom{72}{4} - \binom{57}{3} + \binom{32}{2} - \binom{27}{1} = \binom{44}{5} - \binom{40}{4} + \binom{33}{3} - \binom{13}{2} + \binom{3}{1}$，所以答案是 (a) 1414 405；(b) 182 97 21；(c) 71 56 31 26；(d) 43 39 32 12 3；(e) 1000000 999999 999998 999996 ... 0.

23. 对于 $r = 1, 2, \ldots, t$，存在 $\binom{n-r}{t-r}$ 个满足 $j > r$ 的组合. （如果 $t - r$ 是偶数，我们有 $j > r \iff c_r = r - 1$，否则 $j > r \iff c_{r+1} = c_r + 1$ 且 $c_{r-1} = r - 2$，假定 $c_0 = -1$. ）因此，均值是 $(\binom{n}{t} + \binom{n-1}{t-1} + \cdots + \binom{n-t}{0})/\binom{n}{t} = \binom{n+1}{t}/\binom{n}{t} = (n+1)/(n+1-t)$. 每个步骤的平均运行时间近似地正比于这个量. 所以，如果 t 很小，算法非常快，但当 t 接近于 n 时算法就变慢了.

24. 事实上，当 $j_k \equiv t \pmod 2$ 时 $j_k - 2 \le j_{k+1} \le j_k + 1$，当 $j_k \not\equiv t$ 时 $j_k - 1 \le j_{k+1} \le j_k + 2$，因为对于 $1 \le i < j$，仅当 $c_i = i - 1$ 时执行步骤 R5.

因此，如果 t 是奇数，在步骤 R2 的末尾可以说"如果 $j \ge 4$，置 $j \leftarrow j - 1 - [j$ 是奇数]，转到 R5"；如果 t 是偶数，则说"如果 $j \ge 3$，置 $j \leftarrow j - 1 - [j$ 是偶数]，转到 R5". 于是，算法是无循环的，因为每次访问时步骤 R4 和 R5 最多执行两次.

25. 假定 $N > N'$，而且 $N - N'$ 最小. 此外，令 t 和 c_t 是那些假设下的最小值. 则 $c_t > c_t'$.

如果存在一个满足 $0 \le x < c_t$ 的元素 $x \notin C \cup C'$，对于 $j > x$，通过变换 $j \mapsto j - 1$ 映射 $C \cup C'$ 的每个 t 组合；或者，如果存在一个元素 $x \in C \cap C'$，对于 $j < x$，通过删除 x 和变换 $j \mapsto x - j$，把包含 x 的每个 t 组合映射为 $(t-1)$ 组合. 在以上两种情况下，映射都保持交错的字典序，因此，$N - N'$ 必定超过 C 和 C' 的映像之间的组合数目. 但 c_t 是最小值，所以不可能存在这样的 x. 因此我们有 $t = m$，$c_t = 2m - 1$.

现在，如果 $c_m' < c_m - 1$，我们可以通过增加 c_m' 来减少 $N - N'$. 所以 $c_m' = 2m - 2$，而且问题已经简化为计算 $\text{rank}(c_{m-1} \ldots c_1) - \text{rank}(c_{m-1}' \ldots c_1')$ 的最大值，其中组合排名 rank 像在 (30) 中那样计算.

令 $f(s, t) = \max(\text{rank}(b_s \ldots b_1) - \text{rank}(c_t \ldots c_1))$ 遍及所有 $\{b_s, \ldots, b_1, c_t, \ldots, c_1\} = \{0, \ldots, s + t - 1\}$. 那么，$f(s, t)$ 满足奇妙的递推式

$$f(s, 0) = f(0, t) = 0; \qquad f(1, t) = t;$$
$$f(s, t) = \binom{s+t-1}{s} + \max(f(t-1, s-1), f(s-2, t)), \quad \text{如果 } st > 0 \text{ 且 } s > 1.$$

当 $s + t = 2u + 2$ 时，上述递推式的解是

$$f(s, t) = \binom{2u+1}{t-1} + \sum_{j=1}^{u-r} \binom{2u+1-2j}{r} + \sum_{j=0}^{r-1} \binom{2j+1}{j}, \qquad r = \min(s-2, t-1),$$

当 $s \le t$ 时，最大值出现在 $f(t-1, s-1)$；当 $s \ge t+2$ 时，最大值出现在 $f(s-2, t)$.

所以，最小值 $N - N'$ 出现在下述情况：

$$C = \{2m-1\} \cup \{2m - 2 - x \mid 1 \le x \le 2m - 2, \ x \bmod 4 \le 1\},$$
$$C' = \{2m-2\} \cup \{2m - 2 - x \mid 1 \le x \le 2m - 2, \ x \bmod 4 \ge 2\};$$

它等于 $\binom{2m-1}{m-1} - \sum_{k=0}^{m-2} \binom{2k+1}{k} = 1 + \sum_{k=1}^{m-1} \binom{2k}{k-1}$. ［见阿伦德·范赞滕，*IEEE Trans.* **IT-37** (1991), 1229–1233 ］

26. (a) 是：第一个元素是 $0^{n-\lceil t/2\rceil}1^{t\bmod 2}2^{\lfloor t/2\rfloor}$，最后一个元素是 $2^{\lfloor t/2\rfloor}1^{t\bmod 2}0^{n-\lceil t/2\rceil}$；变换是形为 $02^a1 \leftrightarrow 12^a0$, $02^a2 \leftrightarrow 12^a1$, $10^a1 \leftrightarrow 20^a0$, $10^a2 \leftrightarrow 20^a1$ 的子串.

(b) 否：如果 $s = 0$，存在从 02^t0^{r-1} 到 20^r2^{t-1} 的大跳变.

27. 下述过程提取具有小于等于 t 权值的 Γ_n 的所有组合 $c_1\ldots c_k$：从置 $k \leftarrow 0$, $c_0 \leftarrow n$ 开始. 访问 $c_1\ldots c_k$. 如果 k 是偶数且 $c_k = 0$，置 $k \leftarrow k-1$；如果 k 是奇数且 $c_k > 0$，当 $k = t$ 时置 $c_k \leftarrow c_k - 1$，否则置 $k \leftarrow k+1$, $c_k \leftarrow 0$. 另一方面，如果 k 是奇数且 $c_k+1 = c_{k-1}$，置 $k \leftarrow k-1$, $c_k \leftarrow c_{k+1}$（但是，如果 $k = 0$ 则终止本过程）；如果 k 是奇数且 $c_k+1 < c_{k-1}$，当 $k = t$ 时 $c_k \leftarrow c_k + 1$，否则置 $k \leftarrow k+1$, $c_k \leftarrow c_{k-1}$, $c_{k-1} \leftarrow c_k + 1$. 重复以上过程.

（当 $t = n$ 时，这个无循环算法就简化为习题 7.2.1.1–12(b) 的算法，记号稍有改变.）

28. 真. 二进制位串 $a_{n-1}\ldots a_0 = \alpha\beta$ 和 $a'_{n-1}\ldots a'_0 = \alpha\beta'$ 对应于下标表 $(b_s\ldots b_1 = \theta\chi, c_t\ldots c_1 = \phi\psi)$ 和 $(b'_s\ldots b'_1 = \theta\chi', c'_t\ldots c'_1 = \phi\psi')$ 使得 $\alpha\beta$ 和 $\alpha\beta'$ 之间的所有串以 α 开始，当且仅当 $\theta\chi$ 和 $\theta\chi'$ 之间的所有串以 θ 开始，且 $\phi\psi$ 和 $\phi\psi'$ 之间的所有串以 ϕ 开始. 例如，如果 $n = 10$，前缀 $\alpha = 01101$ 对应于前缀 $\theta = 96$ 和 $\phi = 875$.

（但是，仅有通用字典序的 $c_t\ldots c_1$ 是更弱的条件. 例如，当 $t = 1$ 时每个这样的序列都是通用字典序的.）

29. (a) 对于 $k, l, m \geq 0$，串 -^k0^{l+1} 或 $\text{-}^k0^{l+1}\text{+}^m$ 或 ±^k 不包含块.

(b) 不可能；在平衡三进制记号中后继总是更小的.

(c) 对于所有 α 和所有 $k, l, m \geq 0$，我们有 $\alpha0\text{-}^{k+1}0^l\text{+}^m \to \alpha\text{-+}^k0^{l+1}\text{-}^m$ 和 $\alpha\text{+-}^k0^{l+1}\text{+}^m \to \alpha0\text{+}^{k+1}0^l\text{-}^m$；我们还有 $\alpha0\text{-}^{k+1}0^l \to \alpha\text{-+}^k0^{l+1}$ 和 $\alpha\text{+-}^k0^{l+1} \to \alpha0\text{+}^{k+1}0^l$.

(d) 令 α_i 的第 j 个正负号是 $(-1)^{a_{ij}}$，并且令它的位置是 b_{ij}. 如果我们令 $b_{i0} = 0$，对于 $0 \leq i < k$, $1 \leq j \leq s$，我们有 $(-1)^{a_{ij}+b_{i(j-1)}} = (-1)^{a_{(i+1)j}+b_{(i+1)(j-1)}}$.

(e) 根据前述 (a), (b), (c)，α 属于某条链 $\alpha_0 \to \cdots \to \alpha_k$，其中 α_k 是末串（没有后继），而 α_0 是首串（没有前导）. 根据 (d)，每条这样的链最多有 $\binom{s+t}{t}$ 个元素. 但是，根据 (a)，存在 2^s 个末串，而且，有带 s 个正负号和 t 个 0 的串有 $2^s\binom{s+t}{t}$ 个. 因此，k 必定是 $\binom{s+t}{t} - 1$.

参考文献：*SICOMP* **2** (1973), 128–133.

30. 假定 $t > 0$. 首串是末串取反的结果. 对于 $0 \leq j < 2^{s-1}$，令 σ_j 是首串 $0^t\text{-}\tau_j$，其中，当 j 是二进制数 $(a_{s-1}\ldots a_1)_2$ 时，对于 $1 \leq k < s$, τ_j 的第 k 个字符是正负号 $(-1)^{a_k}$. 因此 $\sigma_0 = 0^t\text{-++}\ldots\text{+}$, $\sigma_1 = 0^t\text{--+}\ldots\text{+}$, $\ldots$, $\sigma_{2^{s-1}-1} = 0^t\text{---}\ldots\text{-}$. 令 ρ_j 是通过在 τ_j 中的第一串负号（可能为空）之后插入 $\text{-}0^t$ 得到的末串. 因此 $\rho_0 = \text{-}0^t\text{++}\ldots\text{+}$, $\rho_1 = \text{--}0^t\text{+}\ldots\text{+}$, $\ldots$, $\rho_{2^{s-1}-1} = \text{--}\ldots\text{-}0^t$. 此外，令 $\sigma_{2^{s-1}} = \sigma_0$, $\rho_{2^{s-1}} = \rho_0$. 然后，我们可以用归纳法证明，对于 $1 \leq j \leq 2^{s-1}$，链以 σ_j 开始，当 t 是偶数时以 ρ_j 结束，当 t 是奇数时以 ρ_{j-1} 结束. 所以，链以 $-\rho_j$ 开始，以 $-\sigma_j$ 或 $-\sigma_{j+1}$ 结束.

令 $A_j(s,t)$ 是通过映射从 σ_j 开始的链导出的 (s,t) 组合的序列，令 $B_j(s,t)$ 是从 $-\rho_j$ 导出的类似序列. 那么，对于 $1 \leq j \leq 2^{s-1}$，当 t 是偶数时，逆序列 $A_j(s,t)^R$ 是 $B_j(s,t)$，当 t 是奇数时，逆序列 $A_j(s,t)^R$ 是 $B_{j-1}(s,t)$. 当 $st > 0$ 时，对应的递推公式是

$$A_j(s,t) = \begin{cases} 1A_j(s,t-1), \ 0A_{\lfloor(2^{s-1}-1-j)/2\rfloor}(s-1,t)^R, & \text{如果 } j+t \text{ 是偶数;} \\ 1A_j(s,t-1), \ 0A_{\lfloor j/2\rfloor}(s-1,t), & \text{如果 } j+t \text{ 是奇数;} \end{cases}$$

而且，当 $st > 0$ 时，所有这些 2^{s-1} 个序列是各不相同的.

蔡斯序列 C_{st} 是 $A_{\lfloor 2^s/3\rfloor}(s,t)$，$\widehat{C}_{st}$ 是 $A_{\lfloor 2^{s-1}/3\rfloor}(s,t)^R$. 顺便指出，(31) 中的齐次序列 K_{st} 是 $A_{2^{s-1}-[t\text{ even}]}(s,t)^R$.

31. (a) 答案是 $2^{\binom{s+t}{t}-1}$，设 $f(s,0) = f(0,t) = 1$，这是递推公式 $f(s,t) = 2f(s-1,t)f(s,t-1)$ 的解. (b) 答案是递推公式 $f(s,t) = (s+1)! f(s,t-1)\ldots f(0,t-1)$ 的解

$$(s+1)!^t s!^{\binom{t}{2}}(s-1)!^{\binom{t+1}{3}}\ldots 2!^{\binom{s+t-2}{s}} = \prod_{r=1}^s (r+1)!^{\binom{s+t-1-r}{t-2}+[r=s]}.$$

32. (a) 似乎不存在简单公式，但对于小的 s 和 t，可以通过逐步计算从给定起点通过旋转门移动历经所有 t 权值的串到达给定终点的通用字典序路径的数目获得所求列表数目. 对于 $s+t \leq 6$，总数是

$$
\begin{array}{ccccccc}
& & & 1 & & & \\
& & 1 & & 1 & & \\
& & 1 & 2 & 1 & & \\
& 1 & 4 & & 4 & 1 & \\
& 1 & 8 & 20 & 8 & 1 & \\
1 & 16 & 160 & & 160 & 16 & 1 \\
1 & 32 & 2264 & 17152 & 2264 & 32 & 1
\end{array}
$$

我们还有 $f(4,4) = 95\,304\,112\,865\,280$，$f(5,5) \approx 5.926\,46 \times 10^{48}$. [吉德翁·埃尔利希在 *JACM* **20** (1973), 500–513 中最早研究了这类组合生成器，但他没有尝试列举它们.]

　　(b) 通过扩展定理 N 的证明可以证实，对于某个 $a\,(1 \leq a \leq s)$，所有这样的列表或者它们的反向列表必定从 $1^t 0^s$ 延伸到 $0^a 1^t 0^{s-a}$. 此外，当 $st > 0$ 时，给定 s, t, a，可能存在的数目 n_{sta} 满足 $n_{1t1} = 1$ 以及

$$
n_{sta} = \begin{cases} n_{s(t-1)1} n_{(s-1)t(a-1)}, & \text{如果 } a > 1; \\ n_{s(t-1)2} n_{(s-1)t1} + \cdots + n_{s(t-1)s} n_{(s-1)t(s-1)}, & \text{如果 } a = 1 < s. \end{cases}
$$

这个递推公式有一个值得注意的解 $n_{sta} = 2^{m(s,t,a)}$，其中

$$
m(s,t,a) = \begin{cases} \binom{s+t-3}{t} + \binom{s+t-5}{t-2} + \cdots + \binom{s-1}{2}, & \text{如果 } t \text{ 是偶数}; \\ \binom{s+t-3}{t} + \binom{s+t-5}{t-2} + \cdots + \binom{s}{3} + s - a - [a < s], & \text{如果 } t \text{ 是奇数}. \end{cases}
$$

33. 首先考虑 $t = 1$ 的情况：从 i 到 $j > i$ 的接近完备的路径的数目是 $f(j - i - [i > 0] - [j < n-1])$，其中 $\sum_j f(j) z^j = 1/(1 - z - z^3)$. （碰巧，同样的序列 $f(j)$ 出现在雅克·卡龙关于六磁带多阶段合并的表 5.4.2–2 中. ）遍及 $0 \leq i < j < n$ 的和是 $3f(n) + f(n-1) + f(n-2) + 2 - n$. 另外，为了包含 $j > i$ 的情况，我们必须对这个数值翻番.

　　当 $t > 1$ 时我们可以构造 $\binom{n}{t} \times \binom{n}{t}$ 矩阵，它们表明以特定组合开始和结束的通用字典序列表有多少. 这些矩阵的元素是对于 $t - 1$ 情况的矩阵的乘积之和，求和遍及 $t = 1$ 类型的全部路径. 对于 $s + t \leq 6$，总的结果是

$$
\begin{array}{ccccccc}
& & & 1 & & & \\
& & 1 & & 1 & & \\
& & 1 & 2 & 1 & & \\
& 1 & 6 & & 2 & 1 & \\
& 1 & 12 & 10 & 2 & 1 & \\
1 & 20 & 44 & 10 & 2 & 1 & \\
1 & 34 & 238 & 68 & 10 & 2 & 1
\end{array}
\qquad
\begin{array}{ccccccc}
& & 1 & & & & \\
& 1 & & 1 & & & \\
& 1 & 2 & 1 & & & \\
& 1 & 2 & 0 & 1 & & \\
1 & 2 & 2 & 0 & 1 & & \\
1 & 2 & 0 & 0 & 0 & 1 & \\
1 & 2 & 6 & 0 & 0 & 0 & 1
\end{array}
$$

其中右边的三角形展示了圈的数目 $g(s,t)$. 更多的值有 $f(4,4) = 17\,736$；$f(5,5) = 9\,900\,888\,879\,984$；$g(4,4) = 96$；$g(5,5) = 30\,961\,456\,320$.

　　当 $s = 2$，$n \geq 4$ 时恰好有 10 个这样的模式. 例如，当 $n = 7$ 时，它们从 43210 延伸到 65431 或 65432，或者从 54321 延伸到 65420 或 65430 或 65432，或者反过来.

34. 最小值可以像上题答案那样计算，但用最小加法矩阵乘法 $c_{ij} = \min_k (a_{ik} + b_{kj})$ 代替通常的矩阵乘法 $c_{ij} = \sum_k a_{ik} b_{kj}$. （当 $s = t = 5$ 时，图 46(e) 中的仅有 49 个非完备变换的通用字典序路径实际上是唯一的. 对于 $s = t = 5$，存在一个通用字典序的圈，它仅有 55 个非完备变换. ）

35. 根据递推公式 (35) 我们有 $a_{st} = b_{s(t-1)} + [s > 1][t > 0] + a_{(s-1)t}$，$b_{st} = a_{s(t-1)} + a_{(s-1)t}$，因此 $a_{st} = b_{st} + [s > 1][t \text{ 是奇数}]$，从而 $a_{st} = a_{s(t-1)} + a_{(s-1)t} + [s > 1][t \text{ 是奇数}]$. 它的解是

$$
a_{st} = \sum_{k=0}^{t/2} \binom{s+t-2-2k}{s-2} - [s > 1][t \text{ 是偶数}],
$$

这个和近似等于 $s/(s+2t)$ 乘以 $\binom{s+t}{t}$.

36. 考虑根结点是 (s,t) 的二叉树，它带有递归定义的子树，每当 $st > 0$ 时这些子树的根在 $(s-1,t)$ 和 $(s,t-1)$；如果 $st = 0$，结点 (s,t) 是叶结点. 那么，根在 (s,t) 的子树有 $\binom{s+t}{t}$ 个叶结点，对应于所有 (s,t) 组合 $a_{n-1}\ldots a_1 a_0$. l 层的结点对应于前缀 $a_{n-1}\ldots a_{n-l}$，而 l 层的叶结点是 $r = n - l$ 时的组合.

组合 $a_{n-1}\ldots a_1 a_0$ 的任何通用字典顺序算法，在 $\binom{s+t}{t} - 1$ 个分支结点的子结点已经用任何想要的方式排序之后，对应于这样一棵树的前序遍历；事实上，这就是为什么存在 $2^{\binom{s+t}{t}-1}$ 个这样的通用字典序模式的原因（习题 31(a)）. 此外，在每个分支结点处 $j \leftarrow j+1$ 操作恰好执行一次，刚好在两个子结点处理之后.

顺便指出，习题 7.2.1.2–6(a) 蕴涵 r 的均值为 $s/(t+1) + t/(s+1)$，它可能是 $\Omega(n)$. 因此，记录 r 所需的额外时间是值得的.

37. (a) 在字典序的情形我们不需要保持 w_j 表，因为对于 $j \geq r$ 来说 a_j 是活动的当且仅当 $a_j = 0$. 如果 $j > 1$，在置 $a_j \leftarrow 1$ 和 $a_{j-1} \leftarrow 0$ 之后，存在两种要考虑的情况：如果 $r = j$，置 $r \leftarrow j-1$；否则，置 $a_{j-2}\ldots a_0 \leftarrow 0^r 1^{j-1-r}$，然后，如果 $r = j-1$ 置 $r \leftarrow j$，否则置 $r \leftarrow j-1-r$.

(b) 当 $j > 1$ 时，要处理的变换是改变 $a_j\ldots a_0$ 如下：$01^r \to 1101^{r-2}$，$010^r \to 10^{r+1}$，$010^a 1^r \to 110^{a+1}1^{r-1}$，$10^r \to 010^{r-1}$，$110^r \to 010^{r-1}1$，$10^a 1^r \to 0^a 1^{r+1}$. 我们容易区分这六种情况. r 的值应当相应改变.

(c) $j = 1$ 又是平凡的情况. 在其他情况，置 $01^a 0^r \to 101^{a-1}0^r$；$0^a 1^r \to 10^a 1^{r-1}$；$101^a 0^r \to 01^{a+1}0^r$；$10^a 1^r \to 0^a 1^{r+1}$. 另有一种不确定的情况，只会在 $a_{n-1}\ldots a_{j+1}$ 至少包含一个 0 的时候出现：令 $k > j$ 是使得 $a_k = 0$ 的最小 k 值. 那么，如果 k 是奇数，$10^r \to 010^{r-1}$；如果 k 是偶数，$10^r \to 0^r 1$.

38. 适用同一个算法，只是：(i) 在步骤 C1，使用一个适当的 r 值，当 n 是奇数或 $s = 1$ 时置 $a_{n-1}\ldots a_0 \leftarrow 01^t 0^{s-1}$，当 n 是偶数且 $s > 1$ 时置 $a_{n-1}\ldots a_0 \leftarrow 001^t 0^{s-2}$；(ii) 在步骤 C3 交换偶数与奇数的角色；(iii) 在步骤 C5，当 $j = 1$ 时也转到步骤 C4.

39. 一般情况下，从 $r \leftarrow 0$，$j \leftarrow s+t-1$ 开始，重复以下步骤直到 $st = 0$:

$$r \leftarrow r + [w_j = 0]\binom{j}{s - a_j}, \quad s \leftarrow s - [a_j = 0], \quad t \leftarrow t - [a_j = 1], \quad j \leftarrow j - 1.$$

那么，$a_{n-1}\ldots a_1 a_0$ 的排名是 r. 所以，二进制位串 110010010000111111011010 10 的排名是 $\binom{23}{12} + \binom{22}{11} + \binom{21}{9} + \binom{17}{8} + \binom{16}{7} + \binom{14}{5} + \binom{13}{3} + \binom{12}{3} + \binom{11}{3} + \binom{10}{3} + \binom{9}{3} + \binom{8}{3} + \binom{4}{3} + \binom{3}{1} + \binom{1}{0} = 2\,390\,131$.

40. 从 $N \leftarrow 999999$，$v \leftarrow 0$ 开始，重复以下步骤直到 $st = 0$：如果 $v = 0$，置 $t \leftarrow t-1$，如果 $N < \binom{s+t-1}{s}$ 置 $a_{s+t} \leftarrow 1$，否则置 $N \leftarrow N - \binom{s+t-1}{s}$，$v \leftarrow (s+t) \bmod 2$，$s \leftarrow s-1$，$a_{s+t} \leftarrow 0$. 如果 $v = 1$，置 $v \leftarrow (s+t) \bmod 2$，$s \leftarrow s-1$，如果 $N < \binom{s+t-1}{t}$ 置 $a_{s+t} \leftarrow 0$，否则置 $N \leftarrow N - \binom{s+t-1}{t}$，$t \leftarrow t-1$，$a_{s+t} \leftarrow 1$. 最后，如果 $s = 0$ 置 $a_{t-1}\ldots a_0 \leftarrow 1^t$；如果 $t = 0$ 置 $a_{s-1}\ldots a_0 \leftarrow 0^s$. 答案是 $a_{25}\ldots a_0 = 1110100111111010100100001$.

41. 令 $c(0), \ldots, c(2^n - 1) = C_n$，其中 $C_{2n} = 0C_{2n-1}$，$1C_{2n-1}$；$C_{2n+1} = 0C_{2n}$，$1\widehat{C}_{2n}$；$\widehat{C}_{2n} = 1C_{2n-1}$，$0\widehat{C}_{2n-1}$；$\widehat{C}_{2n+1} = 1\widehat{C}_{2n}$，$0\widehat{C}_{2n}$；$C_0 = \widehat{C}_0 = \epsilon$. 那么，当 j 是偶数时 $a_j \oplus b_j = b_{j+1} \,\&\, (b_{j+2} \mid (b_{j+3} \,\&\, (b_{j+4} \mid \cdots)))$，当 j 是奇数时 $b_{j+1} \mid (b_{j+2} \,\&\, (b_{j+3} \mid (b_{j+4} \,\&\, \cdots)))$. 令人惊讶的是，我们还有反向关系 $c((\ldots a_4 \bar{a}_3 a_2 \bar{a}_1 a_0)_2) = (\ldots b_4 \bar{b}_3 b_2 \bar{b}_1 b_0)_2$.

42. 等式 (40) 表明，如果 $a_l = 0$ 且 $l > r$，(s,t) 组合的左边部分 $a_{n-1}\ldots a_{l+1}$ 不影响算法对 $a_{l-1}\ldots a_0$ 的处理过程. 所以我们可以通过计数以特定二进制位模式结束的组合来分析算法 C，由此可知，对于适当的多项式 $p(w,z)$，每个操作的执行次数可以表示为 $[w^s z^t]\, p(w,z)/(1-w^2)^2 (1-z^2)^2 (1 - w - z)$.

例如，假定整数 $a, b \geq 0$，对于每个以 $01^{2a+1}01^{2b+1}$ 终结的组合，或者具有 $1^{a+1}01^{2b+1}$ 形式的组合，算法从步骤 C5 转到步骤 C4 一次. 对应的生成函数是 $w^2 z^2/(1-z^2)^2(1-w-z)$ 和 $w(z^2 + z^3)/(1-z^2)^2$.

下面是关于主要操作的多项式 $p(w,z)$. 令 $W = 1-w^2$, $Z = 1-z^2$.

C3 → C4:	$wzW(1+wz)(1-w-z^2)$;	C5$(r \leftarrow 1)$: $\quad w^2zW^2Z(1-wz-z^2)$;
C3 → C5:	$wzW(w+z)(1-wz-z^2)$;	C5$(r \leftarrow j-1)$: $\quad w^2z^3W^2(1-wz-z^2)$;
C3 → C6:	$w^2z^2W(w+z)$;	C6$(j=1)$: $\quad w^2zW^2Z$;
C3 → C7:	$w^2zW(1+wz)$;	C6$(r \leftarrow j-1)$: $\quad w^2z^3W^2$;
C4$(j=1)$:	$wzW^2Z(1-w-z^2)$;	C6$(r \leftarrow j)$: $\quad w^3z^2WZ$;
C4$(r \leftarrow j-1)$:	$w^3zWZ(1-w-z^2)$;	C7 → C6: $\quad w^2zW^2$;
C4$(r \leftarrow j)$:	$wz^2W^2(1+z-2wz-z^2-z^3)$;	C7$(r \leftarrow j)$: $\quad w^4zWZ$;
C5 → C4:	$wz^2W^2(1-wz-z^2)$;	C7$(r \leftarrow j-2)$: $\quad w^3z^2W^2$.
C5$(r \leftarrow j-2)$:	$w^4zWZ(1-wz-z^2)$;	

对于固定的 $0 < x < 1$, 如果当 $n \to \infty$ 时 $t = xn + O(1)$, 则渐近值是 $\binom{s+t}{t}(p(1-x,x)/(2x-x^2)^2(1-x^2)^2+O(n^{-1}))$. 例如, 我们可以求出步骤 C3 中的四路转移的相对次数是 $x+x^2-x^3 : 1 : x : 1+x-x^2$.

顺便指出, 在使用 (39) 的任何通用字典序方案中, j 是奇数情况的操作步数超出 j 是偶数情况的操作步数是

$$\sum_{k,l \geq 1} \binom{s+t-2k-2l}{s-2k}[2k+2l \leq s+t] + [s \text{ 是奇数}][t \text{ 是奇数}].$$

这个量的生成函数 $wz/(1+w)(1+z)(1-w-z)$ 很有趣.

43. 恒等式对于所有非负整数 x 为真, 除了当 $x = 1$ 的情况. (顺便指出, $s(x) = f(x) \oplus 1$, $p(x) = f(x \oplus 1)$, 其中 $f(x) = (x \dot- 1) + ((x \& 1) \ll 1)$.)

44. 事实上, $C_t(n) - 1 = \widehat{C}_t(n-1)^R$, $\widehat{C}_t(n) - 1 = C_t(n-1)^R$. (因此 $C_t(n) - 2 = C_t(n-2)$, 等等.)

45. 在下面的算法中, r 是满足 $c_r \geq r$ 的最小下标.

CC1. [初始化.] 对于 $1 \leq j \leq t+1$, 置 $c_j \leftarrow n-t-1+j$, $z_j \leftarrow 0$. 另外, 置 $r \leftarrow 1$. (假定 $0 < t < n$.)

CC2. [访问.] 访问组合 $c_t \ldots c_2 c_1$. 然后, 置 $j \leftarrow r$.

CC3. [转移.] 如果 $z_j \neq 0$, 转到 CC5.

CC4. [试着减少 c_j.] 置 $x \leftarrow c_j + (c_j \bmod 2) - 2$. 如果 $x \geq j$, 置 $c_j \leftarrow x$, $r \leftarrow 1$; 否则, 如果 $c_j = j$, 置 $c_j \leftarrow j-1$, $z_j \leftarrow c_{j+1} - ((c_{j+1}+1) \bmod 2)$, $r \leftarrow j$; 否则, 如果 $c_j < j$, 置 $c_j \leftarrow j$, $z_j \leftarrow c_{j+1} - ((c_{j+1}+1) \bmod 2)$, $r \leftarrow \max(1, j-1)$; 否则, 置 $c_j \leftarrow x$, $r \leftarrow j$. 返回 CC2.

CC5. [试着增加 c_j.] 置 $x \leftarrow c_j + 2$. 如果 $x < z_j$, 置 $c_j \leftarrow x$; 否则, 如果 $x = z_j$ 且 $z_{j+1} \neq 0$, 置 $c_j \leftarrow x - (c_{j+1} \bmod 2)$; 否则, 置 $z_j \leftarrow 0$, $j \leftarrow j+1$, 转到 CC3 (但如果 $j > t$ 则终止算法). 如果 $c_1 > 0$, 置 $r \leftarrow 1$; 否则, 置 $r \leftarrow j-1$. 返回 CC2. ∎

46. 当 j 是满足 $b_j > k$ 的最小值时, 等式 (40) 蕴涵 $u_k = (b_j + k + 1) \bmod 2$. 于是 (37) 和 (38) 产生下述算法, 为方便起见, 我们假定 $3 \leq s < n$.

CB1. [初始化.] 对于 $1 \leq j \leq s$ 置 $b_j \leftarrow j-1$; 此外, 置 $z \leftarrow s+1$, $b_z \leftarrow 1$. (当随后的步骤检查 z 的值时, 它是满足 $b_z \neq z-1$ 的最小下标.)

CB2. [访问.] 访问对偶组合 $b_s \ldots b_2 b_1$.

CB3. [转移.] 如果 b_2 是奇数: 如果 $b_2 \neq b_1+1$, 转到 CB4, 否则, 如果 $b_1 > 0$, 转到 CB5, 否则, 如果 b_z 是奇数, 转到 CB6. 如果 b_2 是偶数且 $b_1 > 0$, 转到 CB9. 否则, 如果 $b_{z+1} = b_z+1$, 转到 CB8, 否则, 转到 CB7.

CB4. [推进 b_1.] 置 $b_1 \leftarrow b_1 + 1$, 返回 CB2.

CB5. [滑动 b_1 和 b_2.] 如果 b_3 是奇数, 置 $b_1 \leftarrow b_1+1$, $b_2 \leftarrow b_2+1$; 否则, 置 $b_1 \leftarrow b_1 - 1$, $b_2 \leftarrow b_2 - 1$, $z \leftarrow 3$. 返回 CB2.

CB6. [向左滑动.] 如果 z 是奇数, 置 $z \leftarrow z - 2$, $b_{z+1} \leftarrow z + 1$, $b_z \leftarrow z$; 否则, 置 $z \leftarrow z - 1$, $b_z \leftarrow z$. 返回 CB2.

CB7. [滑动 b_z.] 如果 b_{z+1} 是奇数, 置 $b_z \leftarrow b_z + 1$, 如果 $b_z \geq n$, 终止算法; 否则, 置 $b_z \leftarrow b_z - 1$, 然后, 如果 $b_z < z$, 置 $z \leftarrow z + 1$. 返回 CB2.

CB8. [滑动 b_z 和 b_{z+1}.] 如果 b_{z+2} 是奇数, 置 $b_z \leftarrow b_{z+1}$, $b_{z+1} \leftarrow b_z + 1$, 如果 $b_{z+1} \geq n$, 终止算法. 否则, 置 $b_{z+1} \leftarrow b_z$, $b_z \leftarrow b_z - 1$, 然后, 如果 $b_z < z$, 置 $z \leftarrow z + 2$. 返回 CB2.

CB9. [减少 b_1.] 置 $b_1 \leftarrow b_1 - 1$, $z \leftarrow 2$, 返回 CB2. ∎

注意, 这个算法是无循环的. 蔡斯在 *Cong. Num.* **69** (1989), 233–237 中对序列 $\widehat{C}_{st}^R$ 给出一个类似的过程. 真正令人惊讶是, 这个算法精确定义了由上题中的算法产生的下标序列 $c_t \ldots c_1$ 的补.

47. 例如, 我们可以用算法 C 和它的逆 (习题 38), 其中 w_j 用一个 d 位二进制数 (它的二进制位表示递归的不同活动层次) 代替. 需要用分离的指针 $r_0, r_1, \ldots, r_{d-1}$ 记录每一层的 r 值. (可能有多种其他解决方案.)

48. 存在排列 $\pi_1, \ldots, \pi_M$, 使得 Λ_j 的第 k 个元素是 $\pi_k \alpha_j \uparrow \beta_{k-1}$. 并且, 当 j 从 0 变化到 $N - 1$ 时, $\pi_k \alpha_j$ 遍历 $\{s_1 \cdot 1, \ldots, s_d \cdot d\}$ 的所有排列.

历史注记: 埃娃·特勒克在 *Matematikai Lapok* **19** (1968), 143–146 中首次发表了 (s, t) 组合的一种齐次旋转门方案. 她受到多重集的排列生成的启发. 后来的许多作者依赖关于类似结构的齐次条件, 但本题说明齐次性是不必要的.

49. 当 $0 < r < m$ 时有 $\lim_{z \to q}(z^{km+r} - 1)/(z^{lm+r} - 1) = 1$, 而 $r = 0$ 时的极限是 $\lim_{z \to q}(kmz^{km-1})/(lmz^{lm-1}) = k/l$. 所以, 当 $a \equiv b \pmod{m}$ 时, 我们可以把分子 $\prod_{n-k < a \leq n}(z^a - 1)$ 的因子与分母 $\prod_{0 < b \leq k}(z^b - 1)$ 的因子配对.

注记: 这个公式是格洛丽亚·奥利芙发现的, 见 *AMM* **72** (1965), 619. 在 $m = 2$, $q = -1$ 的特殊情况, 仅当 n 是偶数而 k 是奇数时第二个因子消失.

公式 $\binom{n}{k}_q = \binom{n}{n-k}_q$ 对于所有 $n \geq 0$ 成立, 但 $\binom{\lfloor n/m \rfloor}{\lfloor k/m \rfloor}$ 不是始终等于 $\binom{\lfloor n/m \rfloor}{\lfloor (n-k)/m \rfloor}$. 原因在于第二个因子为零, 除非 $n \bmod m \geq k \bmod m$, 而在那种情况我们有 $\lfloor k/m \rfloor + \lfloor (n-k)/m \rfloor = \lfloor n/m \rfloor$.

50. 当 $n_1 \bmod m + \cdots + n_t \bmod m \geq m$ 时, 所述系数是零. 在其他情况, 根据式 1.2.6-(43), 它等于

$$\binom{\lfloor (n_1 + \cdots + n_t)/m \rfloor}{\lfloor n_1/m \rfloor, \ldots, \lfloor n_t/m \rfloor} \binom{(n_1 + \cdots + n_t) \bmod m}{n_1 \bmod m, \ldots, n_t \bmod m}_q,$$

在上述两个因式中, 上指标项是下指标项的和.

51. 显然, 所有路径延伸于 000111 与 111000 之间, 因为那些顶点具有 1 度. 在所述等价下, 总共 14 类路径减少为 4 类. (50) 中的路径 (在反射和逆转下, 它等价于自身) 可以用 δ 序列 $A = 3452132523414354123$ 描述, 其余 3 类路径是 $B = 3452541453414512543$, $C = 3452541453252154123$, $D = 3452134145341432543$. 德里克·莱默 [*AMM* **72** (1965), Part II, 36–46] 发现了路径 C, 彼得·伊兹·希基和罗纳德·里德实际上构造了路径 D.

(顺便指出, 完备模式其实并不稀少, 尽管似乎很难系统地构造它们. 在 $(s, t) = (3, 5)$ 的情形, 它们有 4 050 046 个.)

52. 我们可以假定每个 s_j 不是零而且 $d > 1$. 那么, 根据习题 50, 带有奇数个反序与偶数个反序的排列的数目差 $\binom{\lfloor (s_0 + \cdots + s_d)/2 \rfloor}{s_0/2, \ldots, \lfloor s_d/2 \rfloor} \geq 2$, 除非至少有两个重数 s_j 是奇数.

反之, 如果至少两个重数是奇数, 格热戈日·斯塔霍维亚克 [*SIAM J. Discrete Math.* **5** (1992), 199–206] 建立的一般结构表明存在完备模式. 实际上, 他的结构适用于众多的拓扑排序问题. 在多重集的例子中, 对 $d > 1$ 且 s_0 和 s_1 都是奇数的所有情形, 它给出一个哈密顿圈, 除了在 $d = 2$, $s_0 = s_1 = 1$ 且 s_2 为偶数的时候.

53. 关于小数值情形的解, 见 *AMM* **72** (1965), Part II, 36–46. 汤姆·费尔赫夫 [*Designs, Codes and Cryptography* **84** (2017), 295–310] 找到了重要的结构信息, 对于 $d = 1$ (以及可能对于所有的 d) 生成一般解.

54. 假定 $st \neq 0$, 存在哈密顿路径当且仅当 s 和 t 不同时为偶数; 存在哈密顿圈当且仅当额外附加 ($s \neq 2$ 且 $t \neq 2$) 或 $n = 5$. [西奥多·恩斯, *Discrete Math.* **122** (1993), 153–165.]

55. (a) [由阿龙·威廉斯证明.] 如果

$$W_{st} = 0W_{(s-1)t}, \; 1W_{s(t-1)}, \; 10^s1^{t-1}, \quad st > 0; \qquad W_{0t} = W_{s0} = \emptyset,$$

序列 0^s1^t, W_{st} 具有名副其实的性质. 存在如下无比有效的无循环算法: 假定 $t > 0$.

   W1. [初始化.] 置 $n \leftarrow s + t$, 对于 $0 \leq j < t$ 置 $a_j \leftarrow 1$, 对于 $t \leq j \leq n$ 置 $a_j \leftarrow 0$. 然后, 置 $j \leftarrow k \leftarrow t - 1$. (这是行之有效的技巧.)

   W2. [访问.] 访问 (s,t) 组合 $a_{n-1} \ldots a_1 a_0$.

   W3. [清空 a_j.] 置 $a_j \leftarrow 0$, $j \leftarrow j + 1$.

   W4. [简单情形?] 如果 $a_j = 1$, 置 $a_k \leftarrow 1$, $k \leftarrow k + 1$, 返回 W2.

   W5. [绕回.] 如果 $j = n$ 则终止算法. 否则置 $a_j \leftarrow 1$. 然后, 如果 $k > 0$, 置 $a_k \leftarrow 1$, $a_0 \leftarrow 0$, $j \leftarrow 1$, $k \leftarrow 0$. 返回 W2. ∎

在第二次访问后, j 是满足 $a_j a_{j-1} = 10$ 的最小下标, 而 k 是满足 $a_k = 0$ 的最小下标. 简单情形恰好出现 $\binom{s+t-1}{s} - 1$ 次. 在步骤 W5 中条件 $k = 0$ 恰好出现 $\binom{s+t-2}{s} + \delta_{t1}$ 次. 奇特的是, 如果 N 具有组合表示 (57), 算法 L 中排名为 N 的组合在算法 W 中的排名为 $N - t + \binom{n_v}{v-1} + v - 1$. [*Lecture Notes in Comp. Sci.* **3595** (2005), 570–576; 也见阿龙·威廉斯, *SODA* **20** (2009), 987–996, 这是一种有意义的推广, 通过它, 任意多重集的排列可以用前缀旋转无循环地生成.]

   (b) `SET bits,(1<<t)-1`   (在这个程序中, 我们假定 $s > 0$, $t > 0$.)
   `1H PUSHJ $0,Visit`   访问 `bits` $= (a_{s+t-1} \ldots a_1 a_0)_2$.
   `   ADDU $0,bits,1; AND $0,$0,bits`   置 `$0` $\leftarrow$ `bits` & (`bits` $+ 1$).
   `   SUBU $1,$0,1; XOR $1,$0,$1`   置 `$1` $\leftarrow$ `$0` $\oplus$ (`$0` $- 1$).
   `   ADDU $0,$1,1; AND $1,$1,bits`   置 `$0` $\leftarrow$ `$1` $+ 1$, `$1` $\leftarrow$ `$1` & `bits`.
   `   AND $0,$0,bits; ODIF $0,$0,1`   置 `$0` $\leftarrow$ (`$0` & `bits`) $\dot{-}$ 1.
   `   SUBU $1,$1,$0; ADDU bits,bits,$1`   置 `bits` $\leftarrow$ `bits` $+$ `$1` $-$ `$0`.
   `   SRU $0,bits,s+t; PBZ $0,1B`   重复, 直到 $a_{s+t} = 1$. ∎

56. [*Discrete Math.* **48** (1984), 163–171.] 这个问题与 "中间层猜想" [伊万·哈韦尔, *Teubner-Texte zur Mathematik* **59** (1983), 101–108, 由托尔斯滕·穆策在 `arXiv:1404.4442` [math.CO] (2014 年, 42 页) 证明] 等价, 这个猜想说明, 存在一条格雷路径通过所有长度为 $2t - 1$ 权值为 $\{t-1, t\}$ 的二进制串. 这样的串几乎肯定能够由一种特殊形式的 δ 序列 $\alpha_0 \alpha_1 \ldots \alpha_{2t-2}$ 生成, 其中 α_k 的元素是 α_0 移位 k (modulo $2t - 1$) 后的那些串. 例如, 当 $t = 3$ 时, 我们可以从 $a_5 a_4 a_3 a_2 a_1 a_0 = 000111$ 开始, 然后重复交换 $a_0 \leftrightarrow a_\delta$, 其中 δ 遍历圈 (4134 5245 1351 2412 3523). 当 $t \leq 15$ 时, 我们已知这个更强的猜想是真的 [见伊恩·希尔兹和卡拉·萨维奇, *Cong. Num.* **140** (1999), 161–178].

57. 答案是肯定的. 当 $n \geq m > t$ 时, 对于所有 m, n, t, 存在一个接近完备的通用字典序的解. 利用 (35) 的序列 A_{st}, 以二进制位串记号表示的这样的一个模式是 $1A_{(m-t)(t-1)}0^{n-m}$, $01A_{(m-t)(t-1)}0^{n-m-1}$, $\ldots$, $0^{n-m}1A_{(m-t)(t-1)}$, $0^{n-m+1}1A_{(m-1-t)(t-1)}$, $\ldots$, $0^{n-t}1A_{0(t-1)}$.

58. 用上题的方法求解, 但 m 和 n 减少 $t - 1$, 然后每个 c_j 加上 $j - 1$. (情形 (a) 特别简单, 或许以卡尔·切尔尼而知名.)

59. 在 k 步内从 $0^{n-t}1^t$ 可达的和弦数目 g_{mntk} 的生成函数 $G_{mnt}(z) = \sum g_{mntk} z^k$, 它满足 $G_{mmt}(z) = \binom{m}{t}_z$ 和 $G_{m(n+1)t}(z) = G_{mnt}(z) + z^{tn-(t-1)m}\binom{m-1}{t-1}_z$, 因为后面一项计算 $c_t = n$ 且 $c_1 > n - m$ 情形的次数. 仅当 $|G_{mnt}(-1)| \leq 1$ 时可能存在完备模式. 但是, 如果 $n \geq m > t \geq 2$, 根据 (49), 仅当 $m = t + 1$ 或 $(n - t)t$ 是奇数时这个条件成立. 所以, 当 $t = 4$ 且 $m > 5$ 时不存在完备解. (当 $n = t + 2$ 时许多和弦仅有两个邻近, 我们容易排除这种情况. 当 n 是偶数时, 所有满足 $n \geq m > 5$ 且 $t = 3$ 的情形显然具有完备路径.)

60. 下面的算法使用字典序，必须保证每次访问的平均计算量是有界的. 我们可以假定 $st m_s \ldots m_0 \neq 0$，$t \leq m_s + \cdots + m_1 + m_0$.

Q1. ［初始化.］对于 $s \geq j \geq 1$ 置 $q_j \leftarrow 0$，然后置 $x \leftarrow t$.

Q2. ［分布.］置 $j \leftarrow 0$. 然后，当 $x > m_j$ 时循环执行 $q_j \leftarrow m_j$，$x \leftarrow x - m_j$，$j \leftarrow j + 1$. 最后，置 $q_j \leftarrow x$.

Q3. ［访问.］访问有界组分 $q_s + \cdots + q_1 + q_0$.

Q4. ［获取最右边的单元.］如果 $j = 0$，置 $x \leftarrow q_0 - 1$，$j \leftarrow 1$. 否则，如果 $q_0 = 0$，置 $x \leftarrow q_j - 1$，$q_j \leftarrow 0$，$j \leftarrow j + 1$. 否则，转到 Q7.

Q5. ［充满?］如果 $j > s$，终止算法. 否则，如果 $q_j = m_j$，置 $x \leftarrow x + m_j$，$q_j \leftarrow 0$，$j \leftarrow j + 1$，重复本步骤.

Q6. ［推进 q_j.］置 $q_j \leftarrow q_j + 1$. 然后，如果 $x = 0$，置 $q_0 \leftarrow 0$，返回 Q3.（此时 $q_{j-1} = \cdots = q_0 = 0$.）否则，返回 Q2.

Q7. ［先增加再减少.］（此时对于 $j > i \geq 0$ 有 $q_i = m_i$.）当 $q_j = m_j$ 时循环执行 $j \leftarrow j + 1$（但如果 $j > s$ 则停止执行）. 然后，置 $q_j \leftarrow q_j + 1$，$j \leftarrow j - 1$，$q_j \leftarrow q_j - 1$. 如果 $q_0 = 0$，置 $j \leftarrow 1$. 返回 Q3. ∎

例如，如果 $m_s = \cdots = m_0 = 9$，组分 $3 + 9 + 9 + 7 + 0 + 0$ 的后继是 $4 + 0 + 0 + 6 + 9 + 9$，$4 + 0 + 0 + 7 + 8 + 9$，$4 + 0 + 0 + 7 + 9 + 8$，$4 + 0 + 0 + 8 + 7 + 9$，....

61. 如果 $t < 0$ 或 $t > m_s + \cdots + m_0$，令 $F_s(t) = \emptyset$；否则，令 $F_0(t) = t$，当 $s > 0$ 时令

$$F_s(t) = 0 + F_{s-1}(t), \; 1 + F_{s-1}(t-1)^R, \; 2 + F_{s-1}(t-2), \; \ldots, \; m_s + F_{s-1}(t - m_s)^{R^{m_s}}.$$

可以证明这个序列具备所需的性质. 实际上，当限定子序列由界 $m_s, \ldots, m_0$ 定义时，在习题 4 的对应关系下，它同由 (31) 的齐次序列 K_{st} 定义的组分是等价的.［见蒂莫西·沃尔什，*J. Combinatorial Math. and Combinatorial Computing* **33** (2000), 323–345，他用无循环的方法实现它.］

62. (a) 行和为 r 与 $c_1 + \cdots + c_n - r$ 的 $2 \times n$ 列联表等价于求解满足 $0 \leq a_1 \leq c_1, \ldots, 0 \leq a_n \leq c_n$ 的 $r = a_1 + \cdots + a_n$.

(b) 对于 $i = 1, \ldots, m$，对于 $j = 1, \ldots, n$，我们可以通过置 $a_{ij} \leftarrow \min(r_i - a_{i1} - \cdots - a_{i(j-1)}, c_j - a_{1j} - \cdots - a_{(i-1)j})$ 顺序地计算它. 或者用另外一种法，如果 $r_1 \leq c_1$，置 $a_{11} \leftarrow r_1, a_{12} \leftarrow \cdots \leftarrow a_{1n} \leftarrow 0$，然后，$c_1$ 逐次递减 r_1，依次处理其余的行；如果 $r_1 > c_1$，置 $a_{11} \leftarrow c_1, a_{21} \leftarrow \cdots \leftarrow a_{m1} \leftarrow 0$，然后，$r_1$ 逐次递减 c_1，依次处理其余的行. 第二种方法表明列联表中最多有 $m + n - 1$ 个非零元素. 我们也可以写出显式公式

$$a_{ij} = \max(0, \min(r_i, c_j, r_1 + \cdots + r_i - c_1 - \cdots - c_{j-1}, c_1 + \cdots + c_j - r_1 - \cdots - r_{i-1})).$$

(c) 仿照 (b) 中那样做，获得的是同一个矩阵.

(d) 对换 (b) 和 (c) 中左与右，在两种情形答案都是

$$a_{ij} = \max(0, \min(r_i, c_j, r_1 + \cdots + r_i - c_{j+1} - \cdots - c_n, c_j + \cdots + c_n - r_1 - \cdots - r_{i-1})),$$

(e) 不失一般性，我们选择按行读取的顺序：限于界 $(c_1, \ldots, c_n)$，恰如对 r_1 的有界组分那样生成第一行. 对于每一行 $(a_{11}, \ldots, a_{1n})$，以同样方式递归地生成其余的行，但带有列和 $(c_1 - a_{11}, \ldots, c_n - a_{1n})$. 大多数操作出现在底部两行，但是，早先的行发生改变时，后面的行必须重新初始化.

63. 如果 a_{ij} 和 a_{kl} 是正的，通过置 $a_{ij} \leftarrow a_{ij} - 1$，$a_{il} \leftarrow a_{il} + 1$，$a_{kj} \leftarrow a_{kj} + 1$，$a_{kl} \leftarrow a_{kl} - 1$，可以获得另一个列联表. 我们需要证明，顶点是给定 $(r_1, \ldots, r_m; c_1, \ldots, c_n)$ 的列联表的图 G 存在哈密顿路径，如果它们的邻接能够通过这样一种变换相互获得.

当 $m = n = 2$ 时，G 是一条简单路径. 当 $m = 2$，$n = 3$ 时，G 具有一种二维结构，每个顶点是具有不同终点的至少两条哈密顿路径的起点. 当 $m = 2$，$n \geq 4$ 时，可以用归纳法证明，G 实际上具有从任何顶点到任何其他顶点的哈密顿路径.

当 $m \geq 3$, $n \geq 3$ 时，如果我们当心不要"让自己陷入困境"，那么可以把问题从 m 降到 $m-1$，就像在习题 62(e) 的答案中那样。也就是说，我们必须避免达到这样一种状态，底部两行的非零元素具有形式 $\begin{pmatrix} 1 & a & 0 \\ 0 & b & c \end{pmatrix}$（其中 $a, b, c > 0$），而且，对第 $m-2$ 行的改变迫使它变成 $\begin{pmatrix} 0 & a & 1 \end{pmatrix}$。对第 $m-1$ 和 m 行的上一轮改变可以避免这种困境，除非 $c = 1$，并且它是从 $\begin{pmatrix} 0 & a+1 & 0 \\ 1 & b-1 & 1 \end{pmatrix}$ 或 $\begin{pmatrix} 1 & a-1 & 1 \\ 0 & b+1 & 0 \end{pmatrix}$ 开始的。但这种情况也是可以避免的。

（一种基于习题 61 的通用字典序方法要简单得多，它在每一步几乎总是仅做四次改变。但它偶尔需要一次更新 $2\min(m, n)$ 个元素。）

64. 当 $x_1 \ldots x_s$ 是一个二进制串而 A 是一系列子立方时，令 $A \oplus x_1 \ldots x_s$ 表示在 A 的每个子立方中从左至右用 $(a_1 \oplus x_1, \ldots, a_s \oplus x_s)$ 代替数字 $(a_1, \ldots, a_s)$。例如，$0*1**10 \oplus 1010 = 1*1**00$。那么，下面的互递归公式定义了一个格雷圈，因为当 $st > 0$ 时 A_{st} 给出一条从 0^s*^t 到 $10^{s-1}*^t$ 的格雷路径，而 B_{st} 给出一条从 0^s*^t 到 $*01^{s-1}*^{t-1}$ 的格雷路径。

$$A_{st} = 0B_{(s-1)t}, \ *A_{s(t-1)} \oplus 001^{s-2}, \ 1B_{(s-1)t}^R;$$
$$B_{st} = 0A_{(s-1)t}, \ 1B_{(s-1)t} \oplus 010^{s-2}, \ *A_{s(t-1)} \oplus 1^s.$$

当 $s < 2$ 时，二进制串 001^{s-2} 和 010^{s-2} 只是简单的 0^s；A_{s0} 是格雷二进制码；$A_{0t} = B_{0t} = *^t$。（顺便指出，稍微简单一些的结构

$$G_{st} = *G_{s(t-1)}, \ a_t G_{(s-1)t}, \ a_{t-1} G_{(s-1)t}^R, \qquad a_t = t \bmod 2$$

定义了一条从 $*^t 0^s$ 到 $a_{t-1}*^t 0^{s-1}$ 的有趣格雷路径。）

65. 如果一条路径 P 被视为同 P^R 和 $P \oplus x_1 \ldots x_s$ 是等价的，格雷路径的总数可以像在习题 33 中那样逐步计算，下面是对于 $s + t \leq 6$ 的结果：

		格雷路径数								格雷圈数					
			1									1				
		1		1							1		1			
		1	2	1						1		1	1			
	1	3	3	1					1		1	1	1			
	1	5	10	4	1			1	2		1	1	1		
1	6	36	35	5	1		1	2	3	1	1	1		
1	9	310	4630	218	6	1	1	3	46	4	1	1	1	

一般情况下，当 $s = 1$ 时存在 $t + 1$ 条格雷路径，当 $t = 1$ 时存在 $\binom{\lceil s/2 \rceil + 2}{2} - (s \bmod 2)$ 条格雷路径。当 $s \leq 2$ 时格雷圈是唯一的。当 $s = t = 5$ 时，存在约 6.869×10^{170} 条格雷路径和约 2.495×10^{70} 个格雷圈。

66. 令 $G(n, 0) = \epsilon$；当 $n < t$ 时令 $G(n, t) = \emptyset$；对于 $1 \leq t \leq n$ 令 $G(n, t)$ 是

$$\hat{g}(0) G(n-1, t), \ \hat{g}(1) G(n-1, t)^R, \ \ldots, \ \hat{g}(2^t - 1) G(n-1, t)^R, \ \hat{g}(2^t - 1) G(n-1, t-1),$$

其中 $\hat{g}(k)$ 是包含格雷二进制数 $g(k)$ 的最低有效位在顶端的 t 位二进制列。在这个一般公式中，我们在 $G(n-1, t-1)$ 的典范基下隐式加进一行 0。

当 $t = 1$ 时这个值得注意的规则给出普通格雷二进制码，省略了 $0 \ldots 00$。由于 $\binom{n}{t}_2$ 是奇数，不可能存在循环格雷码。

67. 对应于算法 C 的关于组分的每条格雷路径，都蕴涵着存在这样一条路径，其中所有变换都是满足 $\min(k, l) \leq 2$ 的 $0^k 1^l \leftrightarrow 1^l 0^k$。事实上，在每个变换中多半存在一个满足 $\min(k, l) \leq 1$ 的圈。

68. (a) $\{\emptyset\}$；(b) $\emptyset$。

69. 满足 $\kappa_t N < N$ 的最小的 N 是 $\binom{2t-1}{t} + \binom{2t-3}{t-1} + \cdots + \binom{1}{1} + 1 = \frac{1}{2}\left(\binom{2t}{t} + \binom{2t-2}{t-1} + \cdots + \binom{0}{0} + 1\right)$，因为 $\binom{n}{t-1} \leq \binom{n}{t}$ 当且仅当 $n \geq 2t - 1$。

70. 利用这样的事实: 当 $N' < \binom{2t-3}{t}$ 时 $t \geq 3$ 蕴涵

$$\kappa_t\left(\binom{2t-3}{t} + N'\right) - \left(\binom{2t-3}{t} + N'\right) = \kappa_t\left(\binom{2t-2}{t} + N'\right) - \left(\binom{2t-2}{t} + N'\right) = \binom{2t-2}{t}\frac{1}{t-1} + \kappa_{t-1}N' - N',$$

由此可知最大值是 $\binom{2t-2}{t}\frac{1}{t-1} + \binom{2t-4}{t-1}\frac{1}{t-2} + \cdots + \binom{2}{2}\frac{1}{1}$, 当 $t > 1$ 时它出现在 N 的 2^{t-1} 个值上.

71. 令 C_t 是 t 团. 由算法 L 访问的前 $\binom{1414}{t} + \binom{1009}{t-1}$ 个 t 组合定义了 1415 个顶点 1 000 000 条边的图. 如果 $|C_t|$ 更大, $|\partial^{t-2}C_t|$ 将超出 1 000 000. 因此, 对于所有 $t \geq 2$, 由 $P_{(1000000)_2}$ 定义的单个图具有最大的 t 团数目.

72. 对于 $m_s > \cdots > m_u \geq u \geq 1$ 我们有 $M = \binom{m_s}{s} + \cdots + \binom{m_u}{u}$, 其中 $\{m_s, \ldots, m_u\} = \{s + t - 1, \ldots, n_v\} \setminus \{n_t, \ldots, n_{v+1}\}$. (与习题 15 比较, 那道题给出 $\binom{s+t}{t} - 1 - N$.)

如果 $\alpha = a_{n-1} \ldots a_0$ 是对应于组合 $n_t \ldots n_1$ 的二进制位串, 那么 v 是 α 中尾部 1 的数目再加上 1, 而 u 是 α 中最右边 0 位段的长度. 例如, 当 $\alpha = 1010001111$ 时我们有 $s = 4$, $t = 6$, $M = \binom{8}{4} + \binom{7}{3}$, $u = 3$, $N = \binom{9}{6} + \binom{7}{5}$, $v = 5$.

73. A 和 B 是交叉相交的 $\iff$ 对所有 $\alpha \in A$ 和 $\beta \in B$ 有 $\alpha \not\subseteq U \setminus \beta \iff A \cap \partial^{n-s-t}B^- = \emptyset$, 其中 $B^- = \{U \setminus \beta \mid \beta \in B\}$ 是 $(n - t)$ 组合的一个集合. 因为 $Q^-_{Nnt} = P_{N(n-t)}$, 我们有 $|\partial^{n-s-t}B^-| \geq |\partial^{n-s-t}P_{N(n-t)}|$, $\partial^{n-s-t}P_{N(n-t)} = P_{N's}$, 其中 $N' = \kappa_{s+1} \ldots \kappa_{n-t}N$. 因此, 如果 A 和 B 是交叉相交的, 则我们有 $M + N' \leq |A| + |\partial^{n-s-t}B^-| \leq \binom{n}{s}$, $Q_{Mns} \cap P_{N's} = \emptyset$.

反之, 如果 $Q_{Mns} \cap P_{N's} \neq \emptyset$, 则我们有 $\binom{n}{s} < M + N' \leq |A| + |\partial^{n-s-t}B^-|$, 所以 A 和 B 不可能是交叉相交的.

74. $|\varrho Q_{Nnt}| = \kappa_{n-t}N$ (见习题 94). 此外, 像 (58) 和 (59) 中那样论证, 在特殊情况下求出 $\varrho P_{N5} = (n-1)P_{N5} \cup \cdots \cup 10P_{N5} \cup \{543210, \ldots, 987654\}$; 而在一般情况下我们有 $|\varrho P_{Nt}| = (n + 1 - n_t)N + \binom{n_t+1}{t+1}$.

75. 如果 $n_v > v$, 恒等式 $\binom{n+1}{k} = \binom{n}{k} + \binom{n-1}{k-1} + \cdots + \binom{n-k}{0}$ (即式 1.2.6–(10)) 给出另一种表示. 但 (60) 不受影响, 因为我们有 $\binom{n+1}{k-1} = \binom{n}{k-1} + \binom{n-1}{k-2} + \cdots + \binom{n-k+1}{0}$.

76. 通过对 (57) 加上 $\binom{v-1}{v-1}$ 来表示 $N + 1$. 然后, 利用上题推出 $\kappa_t(N+1) - \kappa_t N = \binom{v-1}{v-2} = v - 1$.

77. [戴维·戴金, *Nanta Math.* **8**, 2 (1975), 78–83.] 像在习题 75 那样, 我们使用扩充表示 $M = \binom{m_t}{t} + \cdots + \binom{m_u}{u}$ 和 $N = \binom{n_t}{t} + \cdots + \binom{n_v}{v}$, 如果最后的下指标 u 或 v 是 0, 则称它们是非正常的. 如果 N 同时具有正常表示和非正常表示, 也就是 $n_v > v > 0$, 则称它是灵活的.

(a) 给定整数 S, 求这样的 $M + N$, 使得 $M + N = S$, 以及 $\kappa_t M + \kappa_t N$ 在 M 尽可能大的情况下取最小值. 如果 $N = 0$, 我们完成了证明. 否则, 最大最小运算 (max-min operation) 同时保持 $M + N$ 和 $\kappa_t M + \kappa_t N$ 不变, 所以我们可以在 M 和 N 的正常表示中假定 $v \geq u \geq 1$. 如果 N 不是灵活的, 根据习题 76, 我们有 $\kappa_t(M+1) + \kappa_t(N-1) = (\kappa_t M + u - 1) + (\kappa_t N - v) < \kappa_t M + \kappa_t N$. 因此 N 必定是灵活的. 但这样一来, 我们可以对 M 以及 N 的非正常表示应用最大最小运算 (递增 M): 出现矛盾.

这个证明表明, 等号成立当且仅当 $MN = 0$, 弗朗西斯·麦考利在 1927 年指出了这一事实.

(b) 假定 $M + N = S$, 现在我们试着最小化 $\max(\kappa_t M, N) + \kappa_{t-1}N$, 这时 N 表示为 $\binom{n_{t-1}}{t-1} + \cdots + \binom{n_v}{v}$. 如果 $n_{t-1} < m_t$, 我们仍然可以使用最大最小运算. 保持 m_t 不变, 它也保持 $M + N$ 和 $\kappa_t M + \kappa_{t-1}N$ 不变, 以及关系 $\kappa_t M > N$ 不变. 如果 $N \neq 0$, 像在 (a) 中那样产生了矛盾, 所以我们可以假定 $n_{t-1} \geq m_t$.

如果 $n_{t-1} > m_t$, 我们有 $N > \kappa_t M$, 此外还有 $\lambda_t N > M$. 因此 $M + N < \lambda_t N + N = \binom{n_{t-1}+1}{t} + \cdots + \binom{n_v+1}{v+1}$, 从而我们有 $\kappa_t(M+N) \leq \kappa_t(\lambda_t N + N) = N + \kappa_{t-1}N$.

最后, 如果 $n_{t-1} = m_t = a$, 令 $M = \binom{a}{t} + M'$, $N = \binom{a}{t-1} + N'$. 那么, $\kappa_t(M+N) = \binom{a+1}{t-1} + \kappa_{t-1}(M' + N')$, $\kappa_t M = \binom{a}{t-1} + \kappa_{t-1}M'$, $\kappa_{t-1}N = \binom{a}{t-2} + \kappa_{t-2}N'$. 根据对 n 的归纳法即可推出结果.

78. [于尔根·埃克霍夫和格尔德·韦格纳, *Periodica Math. Hung.* **6** (1975), 137–142; 安东尼·希尔顿, *Periodica Math. Hung.* **10** (1979), 25–30.] 令 $M = |A_1|$, $N = |A_0|$, 我们可以假定 $t > 0$, $N > 0$. 那么, 根据对 $m + n + t$ 的归纳法, 我们有 $|\partial A| = |\partial A_1 \cup A_0| + |\partial A_0| \geq \max(|\partial A_1|, |A_0|) + |\partial A_0| \geq \max(\kappa_t M, N) + \kappa_{t-1}N \geq \kappa_t(M + N) = |P_{|A|t}|$.

反之，令 $A_1 = P_{Mt} + 1$，$A_0 = P_{N(t-1)} + 1$，打个比方说，这个记号的意思是 $\{210, 320\} + 1 = \{321, 431\}$。那么，我们有 $\kappa_t(M + N) \le |\partial A| = |\partial A_1 \cup A_0| + |(\partial A_0)0| = \max(\kappa_t M, N) + \kappa_{t-1} N$，因为 $\partial A_1 = P_{(\kappa_t M)(t-1)} + 1$。[马塞尔·保罗·舒岑贝热在 1959 年证明，$\kappa_t(M + N) \le \kappa_t M + \kappa_{t-1} N$ 当且仅当 $\kappa_t M \ge N$。]

对于第一个不等式，令 A 和 B 是 t 组合的不相交集合，满足 $|A| = M$，$|\partial A| = \kappa_t M$，$|B| = N$，$|\partial B| = \kappa_t N$。那么，$\kappa_t(M + N) = \kappa_t|A \cup B| \le |\partial(A \cup B)| = |\partial A \cup \partial B| = |\partial A| + |\partial B| = \kappa_t M + \kappa_t N$。

79. 事实上，当 N 由 (57) 给出时，我们有 $\mu_t(M + \lambda_{t-1} M) = M$，$\mu_t N + \lambda_{t-1} \mu_t N = N + (n_2 - n_1)[v = 1]$。

80. 如果 $N > 0$ 且 $t > 1$，像在 (57) 中那样表示 N，并且令 $N = N_0 + N_1$，其中

$$N_0 = \binom{n_t - 1}{t} + \cdots + \binom{n_v - 1}{v}, \qquad N_1 = \binom{n_t - 1}{t - 1} + \cdots + \binom{n_v - 1}{v - 1}.$$

令 $N_0 = \binom{y}{t}$，$N_1 = \binom{z}{t-1}$。那么，根据对 t 和 $\lfloor x \rfloor$ 的归纳法，我们有 $\binom{x}{t} = N_0 + \kappa_t N_0 \ge \binom{y}{t} + \binom{y}{t-1} = \binom{y+1}{t}$；$N_1 = \binom{x}{t} - \binom{y}{t} \ge \binom{x}{t} - \binom{x-1}{t} = \binom{x-1}{t-1}$；$\kappa_t N = N_1 + \kappa_{t-1} N_1 \ge \binom{z}{t-1} + \binom{z}{t-2} = \binom{z+1}{t-1} \ge \binom{x}{t-1}$。

[拉斯洛·洛瓦斯实际上证明了一个更强的结果，见习题 1.2.6–66。同样，我们有 $\mu_t N \ge \binom{x-1}{t-1}$，见安德斯·比约纳、彼得·弗兰克尔和理查德·斯坦利，*Combinatorica* **7** (1987), 27–28。]

81. 例如，如果 $\widehat{P}_{N5}$ 的最大元素是 $66\,433$，我们有

$$\widehat{P}_{N5} = \{00\,000, \ldots, 55\,555\} \cup \{60\,000, \ldots, 65\,555\} \cup \{66\,000, \ldots, 66\,333\} \cup \{66\,400, \ldots, 66\,433\},$$

所以 $N = \binom{10}{5} + \binom{9}{4} + \binom{6}{3} + \binom{5}{2}$。它的下影子是

$$\partial \widehat{P}_{N5} = \{0\,000, \ldots, 5\,555\} \cup \{6\,000, \ldots, 6\,555\} \cup \{6\,600, \ldots, 6\,633\} \cup \{6\,640, \ldots, 6\,643\},$$

下影子的大小是 $\binom{9}{4} + \binom{8}{3} + \binom{5}{2} + \binom{4}{1}$。

如果 Q_{N95} 的最小元素是 $66\,433$，我们有

$$\widehat{Q}_{N95} = \{99\,999, \ldots, 70\,000\} \cup \{66\,666, \ldots, 66\,500\} \cup \{66\,444, \ldots, 66\,440\} \cup \{66\,433\},$$

所以 $N = \left(\binom{13}{9} + \binom{12}{8} + \binom{11}{7}\right) + \left(\binom{8}{6} + \binom{7}{5}\right) + \binom{5}{4} + \binom{3}{3}$。它的上影子是

$$\varrho \widehat{Q}_{N95} = \{999\,999, \ldots, 700\,000\} \cup \{666\,666, \ldots, 665\,000\}$$
$$\cup \{664\,444, \ldots, 664\,400\} \cup \{664\,333, \ldots, 664\,330\},$$

上影子的大小是 $\left(\binom{14}{9} + \binom{13}{8} + \binom{12}{7}\right) + \left(\binom{9}{6} + \binom{8}{5}\right) + \binom{6}{4} + \binom{4}{3} = N + \kappa_9 N$。只要 $N \le \binom{s+t}{t}$，每个组合的 t 的大小实际上是不相干的。例如，在我们已经考虑的情况，$\widehat{Q}_{N98}$ 的最小元素是 $99\,966\,433$。

82. (a) $\tau(x)$ 的导数是 $\sum_{k>0} r_k(x)$，但这个级数发散。

[非正式地说，$\tau(x)$ 的图像在 2^{-k} 的所有奇数倍位置显示相关量 2^{-k} 的"凹点"。高木贞治最初发表在 *Proc. Physico-Math. Soc. Japan* (2) **1** (1903), 176–177 的论文，已在他的《论文集》(*Collected Papers*，株式会社岩波书店，1973 年) 中译成英文。]

(b) 因为当 $k > 0$ 时有 $r_k(1-t) = (-1)^{\lceil 2^k t \rceil}$，所以 $\int_0^{1-x} r_k(t)\,dt = \int_x^1 r_k(1-u)\,du = -\int_x^1 r_k(u)\,du = \int_0^x r_k(u)\,du$。第二个等式由 $r_k(\frac{1}{2}t) = r_{k-1}(t)$ 这个事实推出。(d) 小题证明，当 x 是有理数时这两个等式足以定义 $\tau(x)$。

(c) 因为对于 $0 \le x \le 1$ 有 $\tau(2^{-a} x) = a 2^{-a} x + 2^{-a} \tau(x)$，所以，当 $2^{-a-1} \le \epsilon \le 2^{-a}$ 时我们有 $\tau(\epsilon) = a\epsilon + O(\epsilon)$。因此，对于 $0 < \epsilon \le 1$ 有 $\tau(\epsilon) = \epsilon \lg \frac{1}{\epsilon} + O(\epsilon)$。

(d) 假定 $0 \le p/q \le 1$。如果 $p/q \le 1/2$，我们有 $\tau(p/q) = p/q + \tau(2p/q)/2$；否则，$\tau(p/q) = (q-p)/q + \tau(2(q-p)/q)/2$。因此，我们可以假定 q 是奇数。当 q 是奇数时，如果 p 是偶数令 $p' = p/2$，如果 p 是奇数令 $p' = (q-p)/2$。那么，对于 $0 < p < q$ 有 $\tau(p/q) = 2\tau(p'/q) - 2p'/q$。这个 $q-1$ 个方程的方程组有唯一解。例如，对于 $q = 3, 4, 5, 6, 7$，其值是 2/3, 2/3; 1/2, 1/2, 1/2; 8/15, 2/3, 2/3, 8/15; 1/2, 2/3, 1/2, 2/3, 1/2; 22/49, 30/49, 32/49, 32/49, 30/49, 22/49。

(e) 小于 $< \frac{1}{2}$ 的解是 $x = \frac{1}{4}$，$\frac{1}{4} - \frac{1}{16}$，$\frac{1}{4} - \frac{1}{16}$，$\frac{1}{4} - \frac{1}{16} - \frac{1}{64}$，$\frac{1}{4} - \frac{1}{16} - \frac{1}{64} - \frac{1}{256}, \ldots, \frac{1}{6}$。

(f) 当 $0 \le x \le 1$ 时 $\tau(x)$ 的最大值是 $\frac{2}{3}$，在 $x = \frac{1}{2} \pm \frac{1}{8} \pm \frac{1}{32} \pm \frac{1}{128} \pm \cdots$（一个不可数集）时达到。

83. 给定任意整数 $q > p > 0$，考虑有向图

$$
\begin{array}{ccccccccccc}
0 & \leftarrow & 1 & \leftarrow & 2 & \leftarrow & 3 & \leftarrow & 4 & \leftarrow & 5 & \leftarrow & \cdots \\
 & & \updownarrow & & \updownarrow & & \updownarrow & & \updownarrow & & \updownarrow & & \updownarrow \\
 & & 1 & \rightarrow & 2 & \rightarrow & 3 & \rightarrow & 4 & \rightarrow & 5 & \rightarrow & 6 & \rightarrow & \cdots
\end{array}
$$

中从 0 开始的路径. 计算关联值 v，从 $v \leftarrow -p$ 开始；横向移动的改变为 $v \leftarrow 2v$，从结点 a 开始的纵向移动的改变为 $v \leftarrow 2(qa - v)$. 如果我们达到一个结点两次而且它具有相同的 v 值，路径终止. 如果某个上结点 a 具有 $v \le -q$ 或 $v \ge qa$，不允许改变这个结点；也不允许改变具有 $v \le 0$ 或 $v \ge q(a+1)$ 的下结点 a. 这些限制加强了路径的大多数操作步骤.（上行的结点 a 意味着"求解 $\tau(x) = ax - v/q$"；下行的结点 a 意味着"求解 $\tau(x) = v/q - ax$".）经验检验表明所有这样的路径是有限的. 方程 $\tau(x) = p/q$ 具有由序列 $x_0, x_1, x_2, \ldots$ 定义的解 $x = x_0$，其中在横向步骤上 $x_k = \frac{1}{2}x_{k+1}$，在纵向步骤上 $x_k = 1 - \frac{1}{2}x_{k+1}$；最终，对于某个 $j < k$ 有 $x_k = x_j$. 如果 $j > 0$ 且 q 不是 2 的乘幂，当 $x > 1/2$ 时，它们是 $\tau(x) = p/q$ 的全部解.

例如，这个过程证实，仅当 x 是 83581/87040 时满足 $\tau(x) = 1/5$ 且 $x > 1/2$，这个仅有的路径产生 $x_0 = 1 - \frac{1}{2}x_1$, $x_1 = \frac{1}{2}x_2$, $\ldots$, $x_{18} = \frac{1}{2}x_{19}$, $x_{19} = x_{11}$. 类似地，在 $\tau(x) = 3/5$ 的情况仅存两个 $x > 1/2$ 的值，它们的分母是 $2^{46}(2^{56} - 1)/3$.

此外，求解过程表明，有向图中通过结点 0 的所有圈定义了这样的 p 和 q 值，使得 $\tau(x) = p/q$ 的解集是不可数集. 例如，对应于圈 (01), (0121), (012321)，这样的值是 2/3, 8/15, 8/21. 值 32/63 对应于 (012121) 和 (012101234545454321)，以及其他两条不返回到 0 的路径.

84.［彼得·弗兰克尔、松本真、伊姆雷·鲁饶和德重典英，*J. Combinatorial Theory* **A69** (1995), 125–148.］如果 $a \le b$，我们有

$$
\binom{2t-1-b}{t-a} \Big/ T = t^a(t-1)^{b-a}/(2t-1)^b = 2^{-b}(1 + f(a,b)t^{-1} + O(b^4/t^2)),
$$

其中 $f(a,b) = a(1+b) - a^2 - b(1+b)/4 = f(a+1,b) - b + 2a$. 所以，如果 N 具有组合表示 (57)，在 (57) 中令 $n_j = 2t - 1 - b_j$，则我们有

$$
\frac{t}{T}(\kappa_t N - N) = \frac{b_t}{2^{b_t}} + \frac{b_{t-1} - 2}{2^{b_{t-1}}} + \frac{b_{t-2} - 4}{2^{b_{t-2}}} + \cdots + \frac{O(\log t)^3}{t},
$$

其中 b_j 超过 $2\lg t$ 的项可以忽略. 我们可以证明

$$
\tau\Big(\sum_{j=0}^{l} 2^{-e_j}\Big) = \sum_{j=0}^{l}(e_j - 2j)2^{-e_j}.
$$

85. 根据 (63)，因为 $\tau(x) = \tau(1-x)$，$N - \lambda_{t-1}N$ 具有像 $\kappa_t N - N$ 那样的渐近形式. 因为当 $b < 2\lg t$ 时有 $\binom{2t-1-b}{t-a} = 2\binom{2t-2-b}{t-a}(1 + O(\log t)/t)$，所以 $2\mu_t N - N$ 达到 $O(T(\log t)^3/t^2)$.

86. $x \in X^{\circ \sim} \iff \bar{x} \notin X^{\circ} \iff \bar{x} \notin X$ 或 $\bar{x} \notin X + e_1$ 或 $\cdots$ 或 $\bar{x} \notin X + e_n \iff x \in X^{\sim}$ 或 $x \in X^{\sim} - e_1$ 或 $\cdots$ 或 $x \in X^{\sim} - e_n \iff x \in X^{\sim +}$.

87. 利用 $X \subseteq Y^{\circ}$ 当且仅当 $X^+ \subseteq Y$ 这一事实，可知三种情况均为真：(a) $X \subseteq Y^{\circ} \iff X^{\sim} \supseteq Y^{\sim} = Y^{\sim +} \iff Y^{\sim} \subseteq X^{\sim \circ}$. (b) $X^+ \subseteq X^+ \implies X \subseteq X^{+\circ}$，因此 $X^{\circ} \subseteq X^{\circ +\circ}$. 另外，$X^{\circ} \subseteq X^{\circ} \implies X^{\circ +} \subseteq X$，因此 $X^{\circ +\circ} \subseteq X^{\circ}$. (c) $\alpha M \le N \iff S_M^+ \subseteq S_N \iff S_M \subseteq S_N^{\circ} \iff M \le \beta N$.

88. 如果 $\nu x < \nu y$，那么 $\nu(x - e_k) < \nu(y - e_j)$，所以，我们可以假定 $\nu x = \nu y$，而且按字典序有 $x > y$. 我们必定有 $y_j > 0$，否则 $\nu(y - e_j)$ 将超过 $\nu(x - e_k)$. 如果对于 $1 \le i \le j$ 有 $x_i = y_i$，我们显然有 $k > j$ 且 $x - e_k \prec y - e_j$. 否则，对于某个 $i \le j$ 有 $x_i > y_i$. 我们再次有 $x - e_k \prec y - e_j$，除非 $x - e_k = y - e_j$.

89. 观察表

$j =$	0	1	2	3	4	5	6	7	8	9	10	11
$e_j + e_1 =$	e_1	e_0	e_4	e_5	e_2	e_3	e_8	e_9	e_6	e_7	e_{11}	e_{10}
$e_j + e_2 =$	e_2	e_4	e_0	e_6	e_1	e_8	e_3	e_{10}	e_5	e_{11}	e_7	e_9
$e_j + e_3 =$	e_3	e_5	e_6	e_7	e_8	e_9	e_{10}	e_0	e_{11}	e_1	e_2	e_4 ,

我们发现 $(\alpha 0, \alpha 1, \ldots, \alpha 12) = (0, 4, 6, 7, 8, 9, 10, 11, 11, 12, 12, 12, 12)$, $(\beta 0, \beta 1, \ldots, \beta 12) = (0, 0, 0, 0, 1, 1, 2, 3, 4, 5, 6, 8, 12)$.

90. 令 $Y = X^+$, $Z = C_k X$, 对于 $0 \le a < m_k$ 令 $N_a = |X_k(a)|$. 则我们有

$$|Y| = \sum_{a=0}^{m_k-1} |Y_k(a)| = \sum_{a=0}^{m_k-1} |(X_k(a-1) + e_k) \cup (X_k(a) + E_k(0))|$$

$$\ge \sum_{a=0}^{m_k-1} \max(N_{a-1}, \alpha N_a),$$

其中 $a-1$ 代表 $(a-1) \bmod m_k$, 而 α 函数来自 $(n-1)$ 维环面, 因为根据归纳法我们有 $|X_k(a) + E_k(0)| \ge \alpha N_a$. 此外, 我们有

$$|Z^+| = \sum_{a=0}^{m_k-1} |Z_k^+(a)| = \sum_{a=0}^{m_k-1} |(Z_k(a-1) + e_k) \cup (Z_k(a) + E_k(0))|$$

$$= \sum_{a=0}^{m_k-1} \max(N_{a-1}, \alpha N_a),$$

因为在 $n-1$ 维 $Z_k(a-1) + e_k$ 和 $Z_k(a) + E_k(0)$ 都是标准的.

91. 假定在一个完全压缩的阵列的第 a 行有 N_a 个点, 第 0 行在底部, 因此 $l = N_{-1} \ge N_0 \ge \cdots \ge N_{m-1} \ge N_m = 0$. 我们首先证明存在一个最优点集 X, 它不会出现 "坏" 条件 $N_a = N_{a+1}$, 除非是在 $N_a = 0$ 或 $N_a = l$ 的情形. 因为如果 a 是最小的坏下标, 假定 $N_{a-1} > N_a = N_{a+1} = \cdots = N_{a+k} > N_{a+k+1}$. 那么, 我们总是可以对 N_{a+k} 减 1 且对满足 $b \le a$ 的某个 N_b 增 1, 而不增加 $|X^+|$, 除非是在 $k = 1$ 且 $N_{a+2} = N_{a+1} - 1$ 且 $N_b = N_a + a - b < l$ 的情形, 这里 $0 \le b \le a$. 进一步考察这一情形, 如果对于某个 $c > a+1$ 有 $N_{c+1} < N_c = N_{c-1}$, 我们可以置 $N_c \leftarrow N_c - 1$, $N_a \leftarrow N_a + 1$, 从而或者减少 a 或者增加 N_0. 否则, 我们可以求出一个下标 d, 满足 $N_c = N_{a+1} + a + 1 - c > 0$ $(a < c < d)$, 而且满足或者 $N_d = 0$ 或者 $N_d < N_{d-1} - 1$. 于是, 当 $a < c < d$ 时, 可以对 N_c 减 1, 接着, 当 $0 \le b < d - a - 1$ 时, 对 N_b 增 1. (重要的是要注意到, 如果 $N_d = 0$ 我们有 $N_0 \ge d-1$, 因此 $d = m$ 蕴涵 $l = m$.)

每当 $N_a \ne l$ 且 $N_{a+1} \ne 0$ 就重复这样的变换, 直到 $N_a > N_{a+1}$, 我们到达 (86) 的情形, 可以像正文中那样完成证明.

92. 令 $x + k$ 表示 $T(m_1, \ldots, m_{n-1})$ 按字典序超过 x 且具有权值 $\nu x + k$ 的最小元素, 如果存在这样的元素的话. 例如, 如果 $m_1 = m_2 = m_3 = 4$ 且 $x = 211$, 我们有 $x + 1 = 212$, $x + 2 = 213$, $x + 3 = 223$, $x + 4 = 233$, $x + 5 = 333$, 但不存在 $x + 6$. 在一般情况下, $x + k + 1$ 是对 $x + k$ 增加可能增加的最右边分量获得的. 如果 $x + k = (m_1 - 1, \ldots, m_{n-1} - 1)$, 置 $x + k + 1 = x + k$. 然后, 如果 $S(k)$ 是 $T(m_1, \ldots, m_{n-1})$ 的 $\preceq x + k$ 的所有元素的集合, 则我们有 $S(k+1) = S(k)^+$. 此外, S 中以 a 结尾的元素是前 $n-1$ 个分量在 $S(m-1-a)$ 中的那些元素.

本题的结果可以更直观地表述如下: 当我们生成 n 维标准集 $S_1, S_2, \ldots$ 时, 每一层上的 $(n-1)$ 维标准集恰好在每一点加到 $m-1$ 层之后变成彼此的扩展集. 同样, 它们恰好在每一点加到 0 层之前变成彼此的核心集.

93. (a) 假定适当排序后的参数是 $2 \le m_1' \le m_2' \le \cdots \le m_n'$, 令 k 是满足 $m_k \ne m_k'$ 的最小值. 那么, 取 $N = 1 + \text{rank}(0, \ldots, 0, m_k' - 1, 0, \ldots, 0)$. (因为等于 1 的参数能被置放在任何位置, 所以我们必须假定 $\min(m_1, \ldots, m_n) \ge 2$.)

(b) 在对 $n = 2$ 这一特殊情形的证明中, 习题 91 的答案遮蔽了假设的内容. 当 n 更大时, 定理 W 的证明是同归纳法结合的.

94. 所述多重组合的补颠倒字典序并把 ϱ 变为 ∂.

95. 对于定理 K, 令 $d = n - 1$, $s_0 = \cdots = s_d = 1$. 对于定理 M, 令 $d = s$, $s_0 = \cdots = s_d = t + 1$.

96. 在这样的表示中, N 是 $\{s_0 \cdot 0, s_1 \cdot 1, s_2 \cdot 2, \ldots\}$ 在字典序中位于 $n_t n_{t-1} \ldots n_1$ 前面的 t 重组合的数目, 因为广义系数 $\binom{S(n)}{t}$ 是对最左边分量小于 n 的多重组合的计数.

如果我们通过停止在最右边非零项 $\binom{S(n_v)}{v}$ 来截断表示，将获得 (60) 的一个美妙的推广：

$$|\partial P_{Nt}| = \binom{S(n_t)}{t-1} + \binom{S(n_{t-1})}{t-2} + \cdots + \binom{S(n_v)}{v-1}.$$

[见乔治·克莱门茨, *J. Combinatorial Theory* **A37** (1984), 91–97. 对于推论 C 的正确性, 不等式 $s_0 \geq s_1 \geq \cdots \geq s_d$ 是必须的, 而对于 $|\partial P_{Nt}|$ 的计算则不然. 对于 $t \geq k > v$, $\binom{S(n_k)}{k}$ 的某些项可以是零. 例如, 当 $N = 1$, $t = 4$, $s_0 = 3$, $s_1 = 2$ 时, 我们有 $N = \binom{S(1)}{4} + \binom{S(1)}{3} = 0 + 1$.]

97. (a) 四面体有四个顶点、六条边、四个面: 大小向量 $(N_0, \ldots, N_4) = (1, 4, 6, 4, 1)$. 类似地, 八面体有 $(N_0, \ldots, N_6) = (1, 6, 8, 8, 0, 0, 0)$, 二十面体有 $(N_0, \ldots, N_{12}) = (1, 12, 30, 20, 0, \ldots, 0)$. 六面体（又称立方体）有八个顶点、十二条边、六个正方形面, 扰动把每个正方形面剖分成两个三角形, 同时引入一条新的边, 所以我们有 $(N_0, \ldots, N_8) = (1, 8, 18, 12, 0, \ldots, 0)$. 最后, 扰动十二面体的五边形面导致 $(N_0, \ldots, N_{20}) = (1, 20, 54, 36, 0, \ldots, 0)$.

(b) $\{210, 310\} \cup \{10, 20, 21, 30, 31\} \cup \{0, 1, 2, 3\} \cup \{\epsilon\}$.

(c) 对于 $0 \leq t \leq n$, $0 \leq N_t \leq \binom{n}{t}$, 且对于 $1 \leq t \leq n$, $N_{t-1} \geq \kappa_t N_t$. 如果我们定义 $\lambda_0 1 = \infty$, 第二个条件等价于 $\lambda_{t-1} N_{t-1} \geq N_t$ ($1 \leq t \leq n$). 对于定理 K 来说, 这些条件是必要的; 如果 $A = \bigcup P_{N_t t}$, 那么, 这些条件也是充分的.

(d) 不在单纯复形内的元素的补, 也就是 $\{\{0, \ldots, n-1\} \setminus \alpha \mid \alpha \notin C\}$, 构成单纯复形.（我们还能证实充分必要条件成立: $N_{t-1} \geq \kappa_t N_t \iff \lambda_{t-1} N_{t-1} \geq N_t \iff \kappa_{n-t+1} \overline{N}_{n-t+1} \leq \overline{N}_{n-t}$, 因为根据习题 94 我们有 $\kappa_{n-t} \overline{N}_{n-t+1} = \binom{n}{t} - \lambda_{t-1} N_{t-1}$. ）

(e) $00\,000 \leftrightarrow 14\,641$; $10\,000 \leftrightarrow 14\,640$; $11\,000 \leftrightarrow 14\,630$; $12\,000 \leftrightarrow 14\,620$; $13\,000 \leftrightarrow 14\,610$; $14\,000 \leftrightarrow 14\,600$; $12\,100 \leftrightarrow 14\,520$; $13\,100 \leftrightarrow 14\,510$; $14\,100 \leftrightarrow 14\,500$; $13\,200 \leftrightarrow 14\,410$; $14\,200 \leftrightarrow 14\,400$; $13\,300 \leftrightarrow 14\,310$; 以及自对偶情形 $14\,300$, $13\,310$.

98. 斯万特·利努松 [*Combinatorica* **19** (1999), 255–266] 提出的下述过程大大快于一个更显而易见的方法.（他还考虑了关于多重集的更一般问题. ）令 $L(n, h, l)$ 计数下述情形的可行向量: 当 $0 \leq t \leq l$ 时 $N_t = \binom{n}{t}$, $N_{t+1} < \binom{n}{t+1}$, 当 $t > h$ 时 $N_t = 0$. 那么 $L(n, h, l) = 0$, 除非 $-1 \leq l \leq h \leq n$. 此外 $L(n, h, h) = L(n, h, -1) = 1$, 当 $l < n$ 时 $L(n, n, l) = L(n, n-1, l)$. 当 $n > h \geq l \geq 0$ 时, 我们可以计算 $L(n, h, l) = \sum_{j=l}^{h} L(n-1, h, j) L(n-1, j-1, l-1)$, 这是由定理 K 推出的递推公式.（每个大小向量对应于复形 $\bigcup P_{N_t t}$, 它用 $L(n-1, h, j)$ 表示不包含最大元素 $n-1$ 的那些组合, 而用 $L(n-1, j-1, l-1)$ 表示包含最大元素的那些组合. ）最后, 总计是 $L(n) = \sum_{l=1}^{n} L(n, n, l)$.

我们有 $L(0)$, $L(1)$, $L(2)$, $\ldots = 2, 3, 5, 10, 26, 96, 553, 5\,461, 100\,709, 3\,718\,354, 289\,725\,509, \ldots$; $L(100) \approx 3.2299 \times 10^{1842}$.

99. 单纯复形的最大元素构成簇. 反之, 簇中元素的组合构成单纯复形. 因此, 这两个概念实质上是等价的.

(a) 如果 $(M_0, M_1, \ldots, M_n)$ 是簇的大小向量, 那么, 当 $N_n = M_n$ 且 $N_t = M_t + \kappa_{t+1} N_{t+1}$ ($0 \leq t < n$) 时, $(N_0, N_1, \ldots, N_n)$ 是单纯复形的大小向量. 反之, 如果我们按字典序使用前 N_t 个 t 组合, 每个这样的 $(N_0, \ldots, N_n)$ 产生 $(M_0, \ldots, M_n)$. [乔治·克莱门茨在 *Discrete Math.* **4** (1973), 123–128 中把这个结果扩充到一般的多重集.]

(b) 按照习题 97(e) 答案中的顺序, 它们是 $00\,000$, $00\,001$, $10\,000$, $00\,040$, $01\,000$, $00\,030$, $02\,000$, $00\,120$, $03\,000$, $00\,310$, $04\,000$, $00\,600$, $00\,100$, $00\,020$, $01\,100$, $00\,210$, $02\,100$, $00\,500$, $00\,200$, $00\,110$, $01\,200$, $00\,400$, $00\,300$, $01\,010$, $01\,300$, $00\,010$. 注意, $(M_0, \ldots, M_n)$ 是适宜的, 当且仅当 $(M_n, \ldots, M_0)$ 是适宜的. 所以, 按照这种解释, 我们有一种不同的对偶性排序.

100. 像在推论 C 的证明中那样, 把 A 表示为 $T(m_1, \ldots, m_n)$ 的一个子集. 那么, 当 A 包含按字典序的 N 个最小点 $x_1 \ldots x_n$ 时获得 νA 的最大值.

证明从简化 A 是压缩的情况开始, 这种压缩是对于每个 t 的 t 重组合是 $P_{|A \cap T_t| t}$. 然后, 如果 y 是 A 中的最大元素, 且 x 是不属于 A 的最小元素, 我们证明 $x < y$ 蕴涵 $\nu x > \nu y$, 因此 $\nu(A \setminus y \cup x) > \nu A$. 因为, 如果 $\nu x = \nu y - k$, 我们可以找到 $\partial^k y$ 的一个大于 x 的元素, 这与 A 是压缩的矛盾.

101. (a) 一般情况下，如果恰好有权值为 t 的 N_t 个二进制串 $x_1 \ldots x_n$ 满足布尔公式 $f(x_1, \ldots, x_n)$，那么我们有 $F(p) = N_0 p^n + N_1 p^{n-1}(1-p) + \cdots + N_n(1-p)^n$. 因此，我们求出 $G(p) = p^4 + 3p^3(1-p) + p^2(1-p)^2$, $H(p) = p^4 + p^3(1-p) + p^2(1-p)^2$

(b) 单调布尔公式 f 等价于对应 $f(x_1, \ldots, x_n) = 1 \iff \{j-1 \mid x_j = 0\} \in C$ 下的单纯复形 C. 所以，单调布尔函数 $f(p)$ 是满足习题 97(c) 条件的那些函数，我们通过按字典序选择最后 N_{n-t} 个 t 组合（它们是前 N_s 个 s 组合的补）获得一个适合的函数：$\{3210\}$, $\{321, 320, 310\}$, $\{32\}$ 给出 $f(w, x, y, z) = wxyz \vee xyz \vee wyz \vee wxz \vee yz = wxz \vee yz$.

马塞尔-保罗·舒岑贝热注意到，因为 $f(1/(1+u)) = (N_0 + N_1 u + \cdots + N_n u^n)/(1+u)^n$，我们容易从 $f(p)$ 求出参数 N_t. 可以证明 $H(p)$ 不等价于任意个变量的单调公式，因为 $(1+u+u^2)/(1+u)^4 = (N_0 + N_1 u + \cdots + N_n u^n)/(1+u)^n$ 蕴涵 $N_1 = n-3$, $N_2 = \binom{n-3}{2} + 1$, $\kappa_2 N_2 = n-2$.

但是，一般来说，解决这个问题的工作并非如此简单. 例如，函数 $(1 + 5u + 5u^2 + 5u^3)/(1+u)^5$ 不适合任何 5 个变量的单调公式，因为 $\kappa_3 5 = 7$. 但它等于 $(1 + 6u + 10u^2 + 10u^3 + 5u^4)/(1+u)^6$，完全适合 6 个变量.

102. (a) 选取 I 中 N_t 个线性无关的 t 次多项式，按字典序排列它们的项，选取使得字典序下的最小项是不同的单项式的线性组合. 令 I' 包含这些单项式的所有倍数.

(b) I' 中的每个 t 次单项式事实上是 t 重组合. 例如，$x_1^3 x_2 x_5^4$ 对应于 55552111. 如果 M_t 是 t 次独立单项式的集合，多项式理想的性质等价于断言 $M_{t+1} \supseteq \varrho M_t$.

在给定的例子中，$M_3 = \{x_0 x_1^2\}$; $M_4 = \varrho M_3 \cup \{x_0 x_1 x_2^2\}$; $M_5 = \varrho M_4 \cup \{x_1 x_2^4\}$，因为 $x_2^2(x_0 x_1^2 - 2x_1 x_2^2) - x_1(x_0 x_1 x_2^2) = -2x_1 x_2^4$; 此后 $M_{t+1} = \varrho M_t$.

(c) 根据定理 M，我们可以假定 $M_t = \widehat{Q}_{Mst}$. 令 $N_t = \binom{n_{ts}}{s} + \cdots + \binom{n_{t2}}{2} + \binom{n_{t1}}{1}$，其中 $s + t \geq n_{ts} > \cdots > n_{t2} > n_{t1} \geq 0$. 那么，$n_{ts} = s + t$ 当且仅当 $n_{t(s-1)} = s - 2, \ldots, n_{t1} = 0$. 此外，我们有

$$N_{t+1} \geq N_t + \kappa_s N_t = \binom{n_{ts} + [n_{ts} \geq s]}{s} + \cdots + \binom{n_{t2} + [n_{t2} \geq 2]}{2} + \binom{n_{t1} + [n_{t1} \geq 1]}{1}.$$

所以，当 t 递增时，序列 $(n_{ts} - t - \infty[n_{ts} < s], \ldots, n_{t2} - t - \infty[n_{t2} < 2], n_{t1} - t - \infty[n_{t1} < 1])$ 按字典序是非减的，其中，我们在满足 $n_{tj} = j - 1$ 的分量中插入 "$-\infty$". 根据习题 1.2.1-15(d)，这样的序列不能递增无数次而不超过最大值 $(s, -\infty, \ldots, -\infty)$.

103. 令 P_{Nst} 是如下确定的一个序列的前 N 个元素：对于按字典序的每个二进制串 $x = x_{s+t-1} \ldots x_0$，通过以任何可能的方式把 t 个 1 变为 t 个 $*$，按字典序（假定 $1 < *$）写出 $\binom{\nu x}{t}$ 个子立方. 例如，如果 $x = 0101101$, $t = 2$，我们生成子立方 $0101*0*$, $010*10*$, $010**01$, $0*0110*$, $0*01*01$, $0*0*101$.

　　[见伯恩特·林德斯特伦，*Arkiv för Mat.* **8** (1971), 245–257. 一个类似于推论 C 的推广出现在康拉德·恩格尔，*Sperner Theory* (Cambridge Univ. Press, 1997) 的定理 8.1.1 中.]

104. 按交叉序的前 N 个串具有所要求的性质. [名镇玉和戴维·戴金，*J. London Math. Soc.* (2) **55** (1997), 417–426.]

　　注记：从说明权值 t 的按字典序的前 N 个串的 "1-影子"（即通过仅删除二进制位组 1 得到的串）包含权值 t 的前 $\mu_t N$ 个串开始，鲁道夫·阿尔斯韦德和蔡宁把名镇玉-戴金定理扩展到允许二进制位组的插入、删除和（或）对换 [*Combinatorica* **17** (1997), 11–29; *Applied Math. Letters* **11**, 5 (1998), 121–126]. 尤韦·莱克证明了三进制串的总序没有类似的最小影子性质 [Preprint 98/6 (Univ. Rostock, 1998)，共 6 页].

105. 在圈中每个数必定出现同样次数. 也就是说，$\binom{n-1}{t-1}$ 必定是 t 的倍数. 假如 n 相对于 t 不是太小，这个必要条件看来也是充分条件. 这个结果很可能是真的，但目前还无法证明. [见钟金芳蓉、葛立恒和佩尔西·迪亚科尼斯，*Discrete Math.* **110** (1992), 55–57.]

　　下面几道习题考虑 $t = 2$ 和 $t = 3$ 的情形，对于这两种情形，我们已经知道简洁的结果. 对于 $t = 4$ 和 $t = 5$，我们已经导出类似但更加复杂的结果，而 $t = 6$ 的情形已获得部分解决. 情形 $(n, t) = (12, 6)$ 是当前尚不知其存在通用圈的最小值.

106. 令模 $(2m + 1)$ 的相继元素之差是 $1, 2, \ldots, m, 1, 2, \ldots, m, \ldots$,重复 $2m + 1$ 次. 例如,当 $m = 3$ 时,通用圈是 (013602561450346235124). 这是可行的,因为 $1 + \cdots + m = \binom{m+1}{2}$ 与 $2m + 1$ 互素. [*J. École Polytechnique* **4**, Cahier 10 (1810), 16–48.]

107. 7 张"双重点"多米诺骨牌 ▰, ▰, $\ldots$, ▰ 可以用 3^7 种方式插入关于 $\{0, 1, 2, 3, 4, 5, 6\}$ 的任何 2 组合通用圈. 这种通用圈的数目是完全图 K_7 的欧拉迹的数目,如果把 $(a_0 a_1 \ldots a_{20})$ 看成同 $(a_1 \ldots a_{20} a_0)$ 等价,而同反序圈 $(a_{20} \ldots a_1 a_0)$ 不等价,可以证明这个数目等于 $129\,976\,320$. 所以答案是 $284\,258\,211\,840$.

[这个问题最先由米歇尔·赖斯在 1859 年解决,他的方法非常复杂,以致人们怀疑其结果. 见 *Nouvelles Annales de Mathématiques* **8** (1849), 74; **11** (1852), 115; *Annali di Matematica Pura ed Applicata* (2) **5** (1871–1873), 63–120. 菲利普·若利瓦和加斯顿·塔里找到一个简单得多的解法,证实了赖斯的断言,他们还枚举了 K_9 的欧拉迹. 见 *Comptes Rendus Association Française pour l'Avancement des Sciences* **15**, part 2 (1886), 49–53; 爱德华·卢卡斯, *Récréations Mathématiques* **4** (1894), 123–151. 布兰登·麦凯和罗伯特·鲁宾逊发现一个更好的方法,使他们能够利用欧拉迹的数目是

$$(m-1)!^{2m+1} \left[z_0^{2m} z_1^{2m-2} \ldots z_{2m}^{2m-2} \right] \det(a_{jk}) \prod_{1 \le j < k \le 2m} (z_j^2 + z_k^2)$$

的事实连续枚举直到 K_{21} 的欧拉迹,其中,$a_{jj} = -1/(2z_j^2) + \sum_{0 \le k \le 2m} 1/(z_j^2 + z_k^2)$,当 $j \ne k$ 时 $a_{jk} = -1/(z_j^2 + z_k^2)$. 见 *Combinatorics, Probability, and Computing* **7** (1998), 437–449.]

卡米尔·圣玛丽在 *L'Intermédiaire des Mathématiciens* **1** (1894), 164–165 中指出,K_7 的欧拉迹包含 2×720 个在 $\{0, 1, \ldots, 6\}$ 的排列中具有 7 重对称性的圈(即普安索圈及其逆圈),加上 32×1680 个具有 3 重对称性的圈,再加上 25778×5040 个没有对称性的圈.

108. 对于 $n < 7$ 可能无解,除了 $n = 4$ 的平凡情形. 当 $n = 7$ 时存在 $12\,255\,208 \times 7!$ 个通用圈,不把 $(a_0 a_1 \ldots a_{34})$ 与 $(a_1 \ldots a_{34} a_0)$ 看成是相同的,包含像习题 105 的例子中那样带有 5 重对称性的通用圈的情形.

当 $n \ge 8$ 时,我们可以像布拉德利·杰克逊在 *Discrete Math.* **117** (1993), 141–150 中提出的那样系统地解决问题,也见格伦·赫尔伯特,*SIAM J. Disc. Math.* **7** (1994), 598–604. 将每个 3 组合排列成"标准圈次序" $c_1 c_2 c_3$,其中 $c_2 = (c_1 + \delta) \bmod n$,$c_3 = (c_2 + \delta') \bmod n$,这里 $0 < \delta, \delta' < n/2$,并且,$\delta = \delta'$ 或 $\max(\delta, \delta') < n - \delta - \delta' \ne (n-1)/2$ 或 ($1 < \delta < n/4$ 且 $\delta' = (n-1)/2$) 或 ($\delta = (n-1)/2$ 且 $1 < \delta' < n/4$). 例如,当 $n = 8$ 时,(δ, δ') 的允许值是 $(1, 1)$, $(1, 2)$, $(1, 3)$, $(2, 1)$, $(2, 2)$, $(3, 1)$, $(3, 3)$;当 $n = 11$ 时它们是 $(1, 1)$, $(1, 2)$, $(1, 3)$, $(1, 4)$, $(2, 2)$, $(2, 3)$, $(2, 5)$, $(3, 1)$, $(3, 2)$, $(3, 3)$, $(4, 1)$, $(4, 4)$, $(5, 2)$, $(5, 5)$. 然后,对于标准圈次序的每个组合 $c_1 c_2 c_3$,用顶点 (c, δ)(其中 $0 \le c < n$,$1 \le \delta < n/2$)和弧 $(c_1, \delta) \to (c_2, \delta')$ 构造有向图. 这个有向图是连通且平衡的,所以,根据定理 2.3.4.2D,它有欧拉迹.(当 n 是奇数时,关于 $(n-1)/2$ 的特殊规则使得有向图是连通的. 当 $n = 8$ 但不是 $n = 12$ 时,可以选择具有 n 重对称性的欧拉迹.)

109. 当 $n = 1$ 时,通用圈 (000) 是平凡的;当 $n = 2$ 时,不存在通用圈;当 $n = 4$ 时,仅有两个本质上不同的通用圈,即

$$(00011122233302021313) \quad \text{和} \quad (00011120203332221313).$$

当 $n \ge 5$ 时,假定多重组合 $d_1 d_2 d_3$ 已经排列成标准圈次序,其中 $d_2 = (d_1 + \delta - 1) \bmod n$,$d_3 = (d_2 + \delta' - 1) \bmod n$,这里 (δ, δ') 是上题答案中关于 $n + 3$ 的允许值. 对于标准圈次序的每个多重组合 $d_1 d_2 d_3$,用顶点 (d, δ)(其中 $0 \le d < n$,$1 \le \delta < (n+3)/2$)和弧 $(d_1, \delta) \to (d_2, \delta')$ 构造有向图. 然后,我们可以找到欧拉迹.

或许存在关于 $\{0, 1, \ldots, n-1\}$ 的 t 重组合的通用圈当且仅当存在关于 $\{0, 1, \ldots, n+t-1\}$ 的 t 组合的通用圈,

110. 检查顺子长度的好方法是计算

$$b(S) = \sum \{ 2^{p(c)} \mid c \in S \},$$

其中 $(p(\mathtt{A}), \ldots, p(\mathtt{K})) = (1, \ldots, 13)$. 然后, 置 $l \leftarrow b(S) \,\&\, -b(S)$ 并检验 $b(S) + l = l \ll s$, 再检验 $((l \ll s) \mid (l \gg 1)) \,\&\, a = 0$, 其中 $a = 2^{p(c_1)} \mid \cdots \mid 2^{p(c_5)}$. 当 S 遍历格雷码顺序的全部 31 个非空子集时, $b(S)$ 和 $\sum\{v(c) \mid c \in S\}$ 的值是容易维持的. 对于 $x = (0, \ldots, 29)$ 的答案是 $(1\,009\,008, 99\,792,$ $2\,813\,796, 505\,008, 2\,855\,676, 697\,508, 1\,800\,268, 751\,324, 1\,137\,236, 361\,224, 388\,740, 51\,680, 317\,340,$ $19\,656, 90\,100, 9\,168, 58\,248, 11\,196, 2\,708, 0, 8\,068, 2\,496, 444, 356, 3\,680, 0, 0, 0, 76, 4)$. 因此, 平均分值 ≈ 4.769, 方差 ≈ 9.768.

> 我们有时滑稽地把一手达不到点数的牌称为十九点牌,
> 即使那个数不能由纸牌面值构成.
> ——乔治·戴维森,《克里比奇纸牌游戏的迪伊手册》(1839)

注记: 简化版的克里比奇纸牌游戏 (crib) 中不允许出现四张同花牌. 它的牌型分布计算稍微容易一些, 此时结果是 $(1\,022\,208, 99\,792, 2\,839\,800, 508\,908, 2\,868\,960, 703\,496, 1\,787\,176, 755\,320, 1\,118\,336,$ $358\,368, 378\,240, 43\,880, 310\,956, 16\,548, 88\,132, 9\,072, 57\,288, 11\,196, 2\,264, 0, 7\,828, 2\,472, 444, 356,$ $3\,680, 0, 0, 0, 76, 4)$, 均值和方差减少到大约 4.735 和 9.677.

111. $\partial^{n-2r}B$ 是 B 的所有 r 元素子集的集合, 这些子集必定不包含于 A. 如果对于某个实数 $x > n-1$ 有 $|A| = |B| = \binom{x}{n-r}$, 根据习题 80, 我们有 $\binom{n}{r} \geq |A| + |\partial^{n-2r}B| \geq \binom{x}{n-r} + \binom{x}{r} > \binom{n-1}{n-r} + \binom{n-1}{r} = \binom{n}{r}$. [见 *Quart. J. Math. Oxford* **12** (1961), 313–320.]

7.2.1.4 节

1.

m^n	$m^{\underline{n}}$	$m!\left\{ {n \atop m} \right\}$
$\binom{m+n-1}{n}$	$\binom{m}{n}$	$\binom{n-1}{n-m}$
$\left\{ {n \atop 0} \right\} + \cdots + \left\{ {n \atop m} \right\}$	$[m \geq n]$	$\left\{ {n \atop m} \right\}$
$\left\lfloor {m+n \atop m} \right\rfloor$	$[m \geq n]$	$\left\lfloor {n \atop m} \right\rfloor$

2. 一般地, 给定任意整数 $x_1 \geq \cdots \geq x_m$, 通过初始化 $a_1 \ldots a_m \leftarrow x_1 \ldots x_m$ 和 $a_{m+1} \leftarrow x_m - 2$, 可以得到所有满足 $a_1 \geq \cdots \geq a_m$, $a_1 + \cdots + a_m = x_1 + \cdots + x_m$ 和 $a_m \ldots a_1 \geq x_m \ldots x_1$ 的整数 m 元组 $a_1 \ldots a_m$. 具体来说, 如果 c 是任意整常数, 假定 $n \geq cm$, 对于 $1 < j \leq m$, 初始化 $a_1 \leftarrow n - mc + c$, $a_j \leftarrow c$, $a_{m+1} \leftarrow c - 2$, 即可得到所有满足 $a_1 \geq \cdots \geq a_m \geq c$ 和 $a_1 + \cdots + a_m = n$ 的整数 m 元组.

3. $a_j = \lfloor (n+m-j)/m \rfloor = \lceil (n+1-j)/m \rceil$ ($1 \leq j \leq m$); 见 *CMath* §3.4.

4. 假设 $1 \leq r \leq n$. 必有 $a_m \geq a_1 - 1$; 因此 $a_j = \lfloor (n+m-j)/m \rfloor$ ($1 \leq j \leq m$), 其中 m 是满足 $\lfloor n/m \rfloor \geq r$ 的最大整数, 即 $m = \lfloor n/r \rfloor$.

5. [见尤金·克利姆科, *BIT* **13** (1973), 38–49.]

C1. [初始化.] 置 $c_0 \leftarrow 1$, $c_1 \leftarrow n$, $c_2 \ldots c_n \leftarrow 0 \ldots 0$, $l_0 \leftarrow 1$, $l_1 \leftarrow 0$. (假定 $n > 0$.)

C2. [访问.] 访问由部分计数 $c_1 \ldots c_n$ 和链接 $l_0 l_1 \ldots l_n$ 表示的分划.

C3. [分支.] 置 $j \leftarrow l_0$, $k \leftarrow l_j$. 如果 $c_j = 1$, 则转到 C6; 否则, 如果 $j > 1$, 则转到 C5.

C4. [将 1+1 改为 2.] 置 $c_1 \leftarrow c_1 - 2$, $c_2 \leftarrow c_2 + 1$, $l_{[c_1 > 0]} \leftarrow 2$. 如果 $k \neq 2$, 也置 $l_2 \leftarrow k$. 返回 C2.

C5. [将 $j \cdot c_j$ 改为 $(j+1) + 1 + \cdots + 1$.] 置 $c_1 \leftarrow j(c_j - 1) - 1$ 并转到 C7.

C6. [将 $k \cdot c_k + j$ 改为 $(k+1) + 1 + \cdots + 1$.] 如果 $k = 0$ 则终止. 否则, 置 $c_j \leftarrow 0$; 然后, 置 $c_1 \leftarrow k(c_k - 1) + j - 1$, $j \leftarrow k$, $k \leftarrow l_k$.

C7. [调整链接.] 如果 $c_1 > 0$, 置 $l_0 \leftarrow 1$, $l_1 \leftarrow j+1$; 否则, 置 $l_0 \leftarrow j+1$. 然后置 $c_j \leftarrow 0$, $c_{j+1} \leftarrow c_{j+1} + 1$. 如果 $k \neq j+1$, 则置 $l_{j+1} \leftarrow k$. 返回 C2. ∎

注意, 这个算法是无循环的, 但它实际上并不比算法 P 更快. 步骤 C4, C5, C6 分别被执行 $p(n-2)$, $2p(n) - p(n+1) - p(n-2)$, $p(n+1) - p(n)$ 次; 于是, 当 n 很大时, 步骤 C4 是最为重要的. (见习题 45, 以及特雷弗·芬纳和乔治希奥斯·洛伊索斯在 *Acta Inf.* **16** (1981), 237–252 中的详尽分析.)

6. 假定每个分划后面都跟有 0. 置 $j \leftarrow 0$, $k \leftarrow a_1$, $b_{k+1} \leftarrow 0$. 然后，当 $k > 0$ 时，置 $j \leftarrow j+1$, 当 $k > a_{j+1}$ 时，置 $b_k \leftarrow j$ 和 $k \leftarrow k-1$.（我们已经以对偶形式 $a_j - a_{j+1} = d_j$ 使用了式 (11)，其中，$d_1 \ldots d_n$ 是 $b_1 b_2 \ldots$ 的部分计数表示形式. 这一算法基本上是沿费勒斯图的边缘前进；所以它的运行时间大体与 $a_1 + b_1$ 成正比，也就是输出中的部分数加上输入中的部分数.）

7. 采用 (11) 的对偶形式，有 $b_1 \ldots b_n = n^{a_n}(n-1)^{a_{n-1}-a_n} \ldots 1^{a_1-a_2} 0^{n-a_1}$.

8. 费勒斯图的转置对应于二进制串 (15) 的反转与求补. 因此，我们只需交换和颠倒 p 和 q，得到分划 $(a_1 a_2 \ldots)^T = (q_t + \cdots + q_1)^{p_1} (q_t + \cdots + q_2)^{p_2} \ldots (q_t)^{p_t}$.

9. 根据归纳法：如果 $a_k = l-1$, $b_l = k-1$，递增 a_k 和 b_l 后，两者依然相等.

10. (a) 通过附加 "1" 可以获得每个结点的左子结点. 通过递增最右侧的数字，可以获得右子结点，当且仅当父结点以不相等数字结尾时存在这个子结点. n 的所有分划都以字典序出现在第 n 层.

(b) 将 "11" 改为 "2" 可得到左子结点；当且仅当父结点包含至少两个 1 时存在这个子结点. 右子结点是通过删除一个 1 并将超过 1 的最小部分加 1 而得到的，当且仅当至少存在一个 1 且最小的较大部分仅出现一次时，该右子结点存在. 将 n 分解为 m 个部分的所有分划根据字典序出现在第 $n-m$ 层，整棵树的前序将给出整体的字典序.［特雷弗·芬纳和乔治希奥斯·洛伊索，*Comp. J.* **23** (1980), 332–337.］

11. $[z^{100}] 1/((1-z)(1-z^2)(1-z^5)(1-z^{10})(1-z^{20})(1-z^{50})(1-z^{100})) = 4563$; $[z^{100}] (1 + z + z^2)(1 + z^2 + z^4)\ldots(1 + z^{100} + z^{200}) = 7$.［见波利亚，*AMM* **63** (1956), 689–697.］在无穷乘积 $\prod_{k \geq 0} \prod_{r \in \{10^k, 2 \cdot 10^k, 5 \cdot 10^k\}} (1 + z^r + z^{2r})$ 中，z^{10^n} 的系数为 $2^{n+1} - 1$，$z^{10^n - 1}$ 的系数为 2^n.

12. 为了证明 $(1+z)(1+z^2)(1+z^3)\ldots = 1/((1-z)(1-z^3)(1-z^5)\ldots)$，把左边写成

$$\frac{(1-z^2)}{(1-z)} \frac{(1-z^4)}{(1-z^2)} \frac{(1-z^6)}{(1-z^3)} \cdots$$

并消去分子和分母的公因式. 或者，用 $z^1, z^3, z^5, \ldots$ 代替恒等式 $(1+z)(1+z^2)(1+z^4)(1+z^8)\ldots = 1/(1-z)$ 中的 z，并把结果乘在一起.［*Novi Comment. Acad. Sci. Pet.* **3** (1750), 125–169, §47.］

13. 将分划 $c_1 \cdot 1 + c_2 \cdot 2 + c_3 \cdot 3 + \cdots$ 映射到 $r_1 \cdot 1 + \lfloor c_1/2 \rfloor \cdot 2 + r_3 \cdot 3 + \lfloor c_2/2 \rfloor \cdot 4 + r_5 \cdot 5 + \lfloor c_3/2 \rfloor \cdot 6 + \cdots$, 其中，$r_m = (c_m \bmod 2) + 2(c_{2m} \bmod 2) + 4(c_{4m} \bmod 2) + 8(c_{8m} \bmod 2) + \cdots$; $433222211 \mapsto 64421111 \mapsto 8332211$.［*Johns Hopkins Univ. Circular* **2** (1882), 72.］

14. 西尔维斯特的对应关系最好理解为一个图，其中，奇数部分的点居中排列，分划被划分为互不相交的钩子. 例如，由图可知，分划 $17 + 15 + 15 + 9 + 9 + 9 + 9 + 5 + 5 + 3 + 3$ 有 5 个不同的奇数部分，对应于具有 4 个间隙的各部分互不相同的分划 $19 + 18 + 16 + 13 + 12 + 9 + 5 + 4 + 3$，如下图所示.

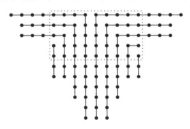

一般地，当 "德菲矩形"（如图所示）有 t 行时，我们假定右侧多出 $a_1, \ldots, a_t$ 个点，下方多出 $b_t, \ldots, b_1, \ldots, b_t$ 个点，其中 $a_1 \geq \cdots \geq a_t \geq 0$, $b_1 \geq \cdots \geq b_t \geq 0$. 于是，所得到的不同部分为 $2t-1+a_1+b_1, 2t-2+a_1+b_2, \ldots, 2+a_{t-1}+b_t, 1+a_t+b_t$, 以及（如果不是零的话）$0 + a_t$. 反之，任何一个具有 $2t$ 个不同非负部分的分划都可以唯一地写为这一形式.

当 $n = 10$ 时，相关奇数部分为 $9+1$, $7+3$, $7+1+1+1$, $5+5$, $5+3+1+1$, $5+1+1+1+1+1$, $3+3+3+1$, $3+3+1+1+1+1$, $3+1+\cdots+1$, $1+\cdots+1$, 分别对应于部分各不相同的分划 $6+4$, $5+4+1$, $7+3$, $4+3+2+1$, $6+3+1$, $8+2$, $5+3+2$, $7+2+1$, $9+1$, 10.［见西尔维斯特的著名论文：*Amer. J. Math.* **5** (1882), 251–330; **6** (1883), 334–336.］

15. 每个迹为 k 的自共轭分划都对应于一个将 n 划分为 k 个不同奇数部分（"钩子"）的分划. 因此，我们可以把生成函数写为乘积 $(1+z)(1+z^3)(1+z^5)\ldots$，或者和的形式：$1+z^1/(1-z^2)+z^4/((1-z^2)(1-z^4))+z^9/((1-z^2)(1-z^4)(1-z^6))+\cdots$. [*Johns Hopkins Univ. Circular* **3** (1883), 42–43.]

16. 德菲方块包含 k^2 个点，其余点对应于最大部分小于等于 k 的两个独立分划. 因此，如果用 w 表示部分的数目，用 z 表示点的数目，则可求出：

$$\prod_{m=1}^{\infty}\frac{1}{1-wz^m}=\sum_{k=0}^{\infty}\frac{w^k z^{k^2}}{(1-z)(1-z^2)\ldots(1-z^k)(1-wz)(1-wz^2)\ldots(1-wz^k)}.$$

[这个公式的样子会给人们留下深刻印象，事实上，它就是习题 19 所示恒等式在 $x=y=0$ 时的特例，那个恒等式更加令人难忘.]

17. (a) $((1+uvz)(1+uvz^2)(1+uvz^3)\ldots)/((1-uz)(1-uz^2)(1-uz^3)\ldots)$.

(b) 联合分划可以用广义费勒斯图来表示，其中，所有部分都合并在一起，如果 $a_i \ge b_j$，则将 a_i 放在 b_j 之上，在每个 b_j 最右侧的点上添加标记. 例如，这里给出了分划 $(8,8,5;\ 9,7,5,2)$ 的费勒斯图，带有标记的点显示为 ✦. 标记仅出现在角落，因此，转置后的表对应于另一个联合分划，在本例中，这个联合分划为 $(7,6,6,4,3;\ 7,6,4,1)$. [见城市东明和丹尼斯·斯坦顿，*Pacific J. Math.* **127** (1987), 103–120; 西尔维·科特尔和杰里米·洛夫乔伊，*Trans. Amer. Math. Soc.* **356** (2004), 1623–1635; 伊戈尔·帕克，*The Ramanujan Journal* **12** (2006), 5–75.]

通过这一方式，每个具有 $t>0$ 个部分的联合分划都对应于一个最大部分为 t 的"共轭". 这种联合分划的生成函数为 $((1+vz)\ldots(1+vz^{t-1}))/((1-z)\ldots(1-z^t))$ 乘以 (vz^t+z^t)，其中，vz^t 对应于 $b_1=t$ 的情况，z^t 对应于 $s=0$ 或 $b_1<t$ 的情景.

(c) 于是，我们得到习题 1.2.6–58 答案中的一般 z 项式定理的一种形式：

$$\frac{(1+uvz)}{(1-uz)}\frac{(1+uvz^2)}{(1-uz^2)}\frac{(1+uvz^3)}{(1-uz^3)}\cdots = \sum_{t=0}^{\infty}\frac{(1+v)}{(1-z)}\frac{(1+vz)}{(1-z^2)}\cdots\frac{(1+vz^{t-1})}{(1-z^t)}u^t z^t.$$

18. 当 c 和 d 给定时，这些公式显然确定了 a 和 b，所以我们希望证明 c 和 d 可由 a 和 b 唯一确定. 下面的算法可以自右向左确定 c 和 d.

A1. [初始化.] 置 $i \leftarrow r$, $j \leftarrow s$, $k \leftarrow 0$, $a_0 \leftarrow b_0 \leftarrow \infty$.

A2. [分支.] 如果 $i+j=0$ 则停止. 否则，如果 $a_i \ge b_j-k$，则转到 A4.

A3. [吸收 a_i.] 置 $c_{i+j} \leftarrow a_i$, $d_{i+j} \leftarrow 0$, $i \leftarrow i-1$, $k \leftarrow k+1$, 并且返回 A2.

A4. [吸收 b_j.] 置 $c_{i+j} \leftarrow b_j-k$, $d_{i+j} \leftarrow 1$, $j \leftarrow j-1$, $k \leftarrow k+1$, 并且返回 A2. ∎

还有一种自左向右的方法：

B1. [初始化.] 置 $i \leftarrow 1$, $j \leftarrow 1$, $k \leftarrow r+s$, $a_{r+1} \leftarrow b_{s+1} \leftarrow -\infty$.

B2. [分支.] 如果 $k=0$, 则停止. 否则置 $k \leftarrow k-1$, 然后，如果 $a_i \le b_j-k$, 则转到 B4.

B3. [吸收 a_i.] 置 $c_{i+j-1} \leftarrow a_i$, $d_{i+j-1} \leftarrow 0$, $i \leftarrow i+1$, 然后返回 B2.

B4. [吸收 b_j.] 置 $c_{i+j-1} \leftarrow b_j-k$, $d_{i+j-1} \leftarrow 1$, $j \leftarrow j+1$, 然后返回 B2. ∎

在这两种方法中，都是强制跳转，所得到的序列满足 $c_1 \ge \cdots \ge c_{r+s}$. 注意，$c_{r+s}=\min(a_r,b_s)$, $c_1=\max(a_1,b_1-r-s+1)$.

我们已经以一种不同方法证明了习题 17(c) 中的恒等式. 扩展这一思想，就可以给出一种组合式方法，证明拉马努金的"带有许多参数的著名公式"

$$\sum_{n=-\infty}^{\infty} w^n \prod_{k=0}^{\infty}\frac{1-bz^{k+n}}{1-az^{k+n}}=\prod_{k=0}^{\infty}\frac{(1-a^{-1}bz^k)(1-a^{-1}w^{-1}z^{k+1})(1-awz^k)(1-z^{k+1})}{(1-a^{-1}bw^{-1}z^k)(1-a^{-1}z^{k+1})(1-az^k)(1-wz^k)}.$$

[参考文献：哈代，*Ramanujan* (1940)，式 (12.12.2)；多伦·泽尔伯格，*Europ. J. Combinatorics* **8** (1987)，461–463；爱子，*J. Comb. Theory* **A105** (2004)，63–77.]

19. [*Crelle* **34** (1847), 285–328.] 根据习题 17(c)，本题提示中的公式对 k 求和后得到：

$$\left(\sum_{l\geq 0} v^l \frac{(z-bz)\dots(z-bz^l)}{(1-z)\dots(1-z^l)} \frac{(1-uz)\dots(1-uz^l)}{(1-auz)\dots(1-auz^l)}\right) \cdot \prod_{m=1}^{\infty} \frac{1-auz^m}{1-uz^m} ;$$

对 l 求和的结果类似，但是有 $u \leftrightarrow v$，$a \leftrightarrow b$，$k \leftrightarrow l$. 此外，当 $b = auz$ 时，对 k 和 l 的求和结果简化为：

$$\prod_{m=1}^{\infty} \frac{(1-uvz^{m+1})(1-auz^m)}{(1-uz^m)(1-vz^m)}.$$

现在，令 $u = wxy$，$v = 1/(yz)$，$a = 1/x$，$b = wyz$；令这个无穷积等于对 l 求和的结果.

20. 要得到 $p(n)$，需要加上或减去之前的大约 $\sqrt{8n/3}$ 项，这些项的长度大多为 $\Theta(\sqrt{n})$ 个二进制位. 因此，$p(n)$ 可在 $\Theta(n)$ 个步骤中完成，总时间为 $\Theta(n^2)$.

（直接利用 (17) 将需要 $\Theta(n^{5/2})$ 步.）

21. 由于 $\sum_{n=0}^{\infty} q(n)z^n = (1+z)(1+z^2)\dots$ 等于 $(1-z^2)(1-z^4)\dots P(z) = (1-z^2-z^4+z^{10}+z^{14}-z^{24}-\cdots)P(z)$，所以有

$$q(n) = p(n) - p(n-2) - p(n-4) + p(n-10) + p(n-14) - p(n-24) - \cdots.$$

[还有一个仅涉及 q 的 "纯递推关系"，类似于下题中关于 $\sigma(n)$ 的递推式.]

22. 由式 (21)，可得 $\sum_{n=1}^{\infty} \sigma(n)z^n = \sum_{m,n\geq 1} mz^{mn} = z\frac{d}{dz} \ln P(z) = (z+2z^2-5z^5-7z^7+\cdots)/(1-z-z^2+z^5+z^7+\cdots)$. [*Bibliothèque Impartiale* **3** (1751), 10–31.]

23. （马库斯·范莱文给出的解）将式 (19) 除以 $1-v$，得到

$$\prod_{k=1}^{\infty}(1-u^k v^{k-1})(1-u^k v^k)(1-u^k v^{k+1}) = \sum_{n=0}^{\infty}(-1)^n u^{\binom{n+1}{2}}\left(\frac{v^{\binom{n}{2}}-v^{\binom{n+2}{2}}}{1-v}\right)$$

$$= \sum_{n=0}^{\infty}(-1)^n u^{\binom{n+1}{2}}\sum_{k=0}^{2n}v^k;$$

现在设 $u = z$，$v = 1$.

[见习题 14 的答案中引用的詹姆斯·西尔维斯特的论文的第 57 节. 卡尔·雅可比的证明在他的专著 *Fundamenta Nova Theoriæ Functionum Ellipticarum* (1829) 的第 66 节给出.]

24. (a) 根据 (18) 和习题 23，针对所有整数 j 和所有非负整数 k 求和，有 $[z^n]A(z) = \sum(-1)^{j+k}(2k+1)[3j^2+j+k^2+k=2n]$. 当 $n \bmod 5 = 4$ 时，所有各项均有 $j \bmod 5 = 4$ 和 $k \bmod 5 = 2$；但是有 $(2k+1) \bmod 5 = 0$.

(b) 根据式 4.6.2-(5)，当 p 为素数时，$B(z)^p \equiv B(z^p) \pmod{p}$.

(c) 因为 $A(z) = P(z)^{-4}$，取 $B(z) = P(z)$. [*Proc. Cambridge Philos. Soc.* **19** (1919), 207–210. 一种类似方法可以证明：当 $n \bmod 7 = 5$ 时，$p(n)$ 是 7 的倍数. 拉马努金更进一步，得到了非常优美的公式 $p(5n+4)/5 = [z^n]P(z)^6/P(z^5)^5$，$p(7n+5)/7 = [z^n](P(z)^4/P(z^7)^3 + 7zP(z)^8/P(z^7)^7)$. 阿瑟·阿特金和亨利·斯温纳顿-戴尔在 *Proc. London Math. Soc.* (3) **4** (1953), 84–106 中证明了，根据（最大部分-部分的数目）mod 5 或 mod 7 的各个取值，可以将 $5n+4$ 和 $7n+5$ 的分划分为大小相等的类别，与弗里曼·戴森的推测一致. 采用一种稍微复杂的组合统计方法还可以证明，当 $n \bmod 11 = 6$ 时 $p(n) \bmod 11 = 0$；见弗朗西斯·加文，*Trans. Amer. Math. Soc.* **305** (1988), 47–77.]

25. [对所述恒等式两边取微分可证明提示部分的内容. 它是阿贝尔在 1826 年发现了一个优美的公式在 $y = 1 - x$ 时的一个特例，那个公式是

$$\text{Li}_2(x) + \text{Li}_2(y) = \text{Li}_2\left(\frac{x}{1-y}\right) + \text{Li}_2\left(\frac{y}{1-x}\right) - \text{Li}_2\left(\frac{xy}{(1-x)(1-y)}\right) - \ln(1-x)\ln(1-y).$$

见阿贝尔的 *Œuvres Complètes* **2** (Christiania: Grøndahl, 1881), 189–193.]

(a) 令 $f(x) = \ln(1/(1-e^{-xt}))$. 则 $\int_1^x f(x)\,dx = -\mathrm{Li}_2(e^{-tx})/t$ 且 $f^{(n)}(x) = (-t)^n e^{tx} \sum_k \left\langle {n-1 \atop k} \right\rangle$ $e^{ktx}/(e^{tx}-1)^n$, 所以由欧拉求和公式给出, 当 $t \to 0$ 时, $\mathrm{Li}_2(e^{-t})/t + \frac{1}{2}\ln(1/(1-e^{-t})) + O(1) = (\zeta(2) + t\ln(1-e^{-t}) - \mathrm{Li}_2(1-e^{-t}))/t - \frac{1}{2}\ln t + O(1) = \zeta(2)/t + \frac{1}{2}\ln t + O(1)$.

(b) 我们有 $\sum_{m,n\geq 1} e^{-mnt}/n = \frac{1}{2\pi i}\sum_{m,n\geq 1} \int_{1-i\infty}^{1+i\infty} (mnt)^{-z}\Gamma(z)\,dz/n$, 求和结果为 $\frac{1}{2\pi i}\int_{1-i\infty}^{1+i\infty} \zeta(z+1)\zeta(z)t^{-z}\Gamma(z)\,dz$. 在 $z=1$ 处的极点给出 $\zeta(2)/t$; 在 $z=0$ 处的双极点给出 $-\zeta(0)\ln t + \zeta'(0) = \frac{1}{2}\ln t - \frac{1}{2}\ln 2\pi$; 在 $z=-1$ 处的极点给出 $-\zeta(-1)\zeta(0)t = B_2 B_1 t = -t/24$. $\zeta(z+1)\zeta(z)$ 处的零点抵销了 $\Gamma(z)$ 的其他极点, 因此, 对于任意大的 M, 其结果为 $\ln P(e^{-t}) = \zeta(2)/t + \frac{1}{2}\ln(t/2\pi) - t/24 + O(t^M)$.

26. 设 $F(n) = \sum_{k=1}^\infty e^{-k^2/n}$. 我们可以使用 (25), 或者取 $f(x) = e^{-x^2/n}[x>0] + \frac{1}{2}\delta_{x0}$, 或者对于所有 x 取 $f(x) = e^{-x^2/n}$, 这是因为 $2F(n)+1 = \sum_{k=-\infty}^\infty e^{-k^2/n}$. 我们选择后一种设定, 于是对于 $\theta = 0$, 如果代入 $u = y + \pi mni$, 则式 (25) 快速收敛:

$$\lim_{M\to\infty}\sum_{m=-M}^M \int_{-\infty}^\infty e^{-2\pi miy-y^2/n}\,dy = \sum_{m=-\infty}^\infty e^{-\pi^2 m^2 n}\int_{-\infty}^\infty e^{-u^2/n}\,du$$

积分结果为 $\sqrt{\pi n}$. [此结果就是泊松原始论文第 420 页上的公式 (15).]

27. 首先, 代入 $u = y + b - ci/a$, 有 $\int_{-\infty}^\infty e^{-a(y+b)^2 + 2ciy}\,dy = e^{-c^2/a - 2bci}\int_{-\infty}^\infty e^{-au^2}\,du$, 再代入 $t = au^2$, 并根据习题 1.2.5–20 和 1.2.6–43, 得到 $\int_{-\infty}^\infty e^{-au^2}\,du = \int_0^\infty e^{-t}\,dt/\sqrt{at} = \Gamma(\frac{1}{2})/\sqrt{a} = \sqrt{\pi/a}$.

现在, 由 (29) 可得 (30), 因为对于所有整数 m, 有

$$g(3m+1) + g(-3m) = \sqrt{\frac{2\pi}{t}}(-1)^m e^{-6\pi^2(m+\frac{1}{6})^2/t}; \qquad g(3m+2) + g(-3m-1) = 0.$$

[见马尔温·诺普, *Modular Functions in Analytic Number Theory* (1970), 第 3 章.]

28. (a, b, c, d) 见 *Trans. Amer. Math. Soc.* **43** (1938), 271–295. 事实上, 德里克·莱默发现了 $A_{p^e}(n)$ 的显式公式, 用习题 4.5.4–23 中的雅可比符号表示为

$$A_{2^e}(n) = (-1)^e\left(\frac{-1}{m}\right)2^{e/2}\sin\frac{4\pi m}{2^{e+3}}, \qquad \text{如果 } (3m)^2 \equiv 1 - 24n \ (\text{modulo } 2^{e+3});$$

$$A_{3^e}(n) = (-1)^{e+1}\left(\frac{m}{3}\right)\frac{2}{\sqrt{3}}3^{e/2}\sin\frac{4\pi m}{3^{e+1}}, \qquad \text{如果 } (8m)^2 \equiv 1 - 24n \ (\text{modulo } 3^{e+1});$$

$$A_{p^e}(n) = \begin{cases} 2\left(\dfrac{3}{p^e}\right)p^{e/2}\cos\dfrac{4\pi m}{p^e}, & \text{如果 } (24m)^2 \equiv 1 - 24n \ (\text{modulo } p^e),\ p \geq 5, \\[2mm] & \text{且 } 24n \bmod p \neq 1; \\[2mm] \left(\dfrac{3}{p^e}\right)p^{e/2}[e=1], & \text{如果 } 24n \bmod p = 1 \text{ 且 } p \geq 5. \end{cases}$$

(e) 如果对于 $3 < p_1 < \cdots < p_t$ 及 $e_1\ldots e_t \neq 0$, 有 $k = 2^a 3^b p_1^{e_1}\ldots p_t^{e_t}$, 则 $A_k(n) \neq 0$ 的概率为 $2^{-t}(1 + (-1)^{[e_1>1]}/p_1)\ldots(1 + (-1)^{[e_t>1]}/p_t)$.

29. $z_1 z_2 \ldots z_m/((1-z_1)(1-z_1 z_2)\ldots(1-z_1 z_2 \ldots z_m))$.

30. 根据 (39), (a) $\left|{n+1 \atop m}\right|$, (b) $\left|{m+n \atop m}\right|$.

31. 解法 1 [小马歇尔·霍尔, *Combinatorial Theory* (1967), §4.1]: 由递推式 (39), 可以直接证明, 对于 $0 \leq r < k!$, 存在一个多项式 $f_{k,r}(n) = n^{k-1}/(k!(k-1)!) + O(n^{k-2})$, 使得 $\left|{n \atop k}\right| = f_{n,n \bmod k!}(n)$.

解法 2: 由于 $(1-z)\ldots(1-z^m) = \prod_{p\perp q}(1 - e^{2\pi ip/q}z)^{\lfloor m/q\rfloor}$, 其中该乘积是针对所有既约分数 p/q ($0 \leq p < q$) 求出, (41) 中 z^n 的系数可以表示为单位根乘以 n 的多项式后求和, 即 $\sum_{p\perp q} e^{2\pi ipn/q} f_{p,q}(n)$, 其中 $f_{p,q}(n)$ 是一个次数低于 $\lfloor m/q\rfloor$ 的多项式. 因此, 存在常数, 使得 $\left|{n \atop 2}\right| = a_1 n + a_2 + (-1)^n a_3$, $\left|{n \atop 3}\right| = b_1 n^2 + b_2 n + b_3 + (-1)^n b_4 + \omega^n b_5 + \omega^{-n} b_6$, 其中 $\omega = e^{2\pi i/3}$, 等等. 这些常数由 n 较小时的值确定, 前两个实例为

$$\left|{n \atop 2}\right| = \frac{1}{2}n - \frac{1}{4} + \frac{1}{4}(-1)^n; \qquad \left|{n \atop 3}\right| = \frac{1}{12}n^2 - \frac{7}{72} - \frac{1}{8}(-1)^n + \frac{1}{9}\omega^n + \frac{1}{9}\omega^{-n}.$$

可知, $\left|{n \atop 3}\right|$ 是最接近 $n^2/12$ 的整数. 同理, $\left|{n \atop 4}\right|$ 是最接近 $(n^3 + 3n^2 - 9n\,[n\,\text{odd}])/144$ 的整数.

[关于 $\left|{n \atop 2}\right|$, $\left|{n \atop 3}\right|$ 和 $\left|{n \atop 4}\right|$ 的准确公式, 也就是未简化为下取整函数, 最早由乔瓦尼·马尔法蒂发现, 见 *Memorie di Mat. e Fis. Società Italiana* **3** (1786), 571–663. 沃尔特·科尔曼, 在 *Fibonacci Quarterly* **21** (1983), 272–284 中证明了 $\left|{n \atop 5}\right|$ 是最接近 $(n^4 + 10n^3 + 10n^2 - 75n - 45n(-1)^n)/2880$ 的整数, 并为 $\left|{n \atop 6}\right|$ 和 $\left|{n \atop 7}\right|$ 给出了类似公式.]

32. 由于 $\left|{m+n \atop m}\right| \le p(n)$, 当且仅当 $m \ge n$ 时等号成立. 所以有 $\left|{n \atop m}\right| \le p(n-m)$, 当且仅当 $2m \ge n$ 时等号成立.

33. 一个分解为 m 个部分的分划对应于最多 $m!$ 个组分, 因此 $\binom{n-1}{m-1} \le m! \left|{n \atop m}\right|$. 于是, $p(n) \ge (n-1)!/((n-m)!\, m!\,(m-1)!)$, 而且, 当 $m = \lfloor\sqrt{n}\rfloor$ 时, 斯特林近似公式证明了 $\ln p(n) \ge 2\sqrt{n} - \ln n - \frac{1}{2} - \ln 2\pi$.

34. $a_1 > a_2 > \cdots > a_m > 0$ 等价于 $a_1 - m + 1 \ge a_2 - m + 2 \ge \cdots \ge a_m \ge 1$. 任何分解为 m 个不同部分的分划都对应于 $m!$ 个组分. 因此, 根据上一题的答案, 有

$$\frac{1}{m!}\binom{n-1}{m-1} \le \left|{n \atop m}\right| \le \frac{1}{m!}\binom{n + m(m-1)/2}{m-1}.$$

[见汉斯拉杰·古普塔, *Proc. Indian Acad. Sci.* **A16** (1942), 101–102. 在习题 3.3.2–30 中给出了 $\left|{n \atop m}\right|$ 在 $n = \Theta(m^3)$ 时的一个详细的渐近公式.]

35. (a) $x = \frac{1}{C}\ln\frac{1}{C} \approx -0.194$.

(b) $x = \frac{1}{C}\ln\frac{1}{C} - \frac{1}{C}\ln\ln 2 \approx 0.092$; 一般地, 有 $x = \frac{1}{C}\left(\ln\frac{1}{C} - \ln\ln\frac{1}{F(x)}\right)$.

(c) $\int_{-\infty}^{\infty} x\, dF(x) = \int_0^{\infty} (Cu)^{-2}(\ln u)e^{-1/(Cu)}\, du = -\frac{1}{C}\int_0^{\infty}(\ln C + \ln v)e^{-v}\, dv = (\gamma - \ln C)/C \approx 0.256$.

(d) 同理, $\int_{-\infty}^{\infty} x^2 e^{-Cx}\exp(-e^{-Cx}/C)\, dx = (\gamma^2 + \zeta(2) - 2\gamma\ln C + (\ln C)^2)/C^2 \approx 1.0656$. 因此, 方差为 $\zeta(2)/C^2 = 1$, 这是准确值.

[概率分布 $e^{-e^{(a-x)/b}}$ 通常称为费希尔-蒂皮特分布; 见 *Proc. Cambridge Phil. Soc.* **24** (1928), 180–190.]

36. 对 $j_r - (m+r-1) \ge \cdots \ge j_2 - (m+1) \ge j_1 - m \ge 1$ 求和将给出

$$\Sigma_r = \sum_t \left|{t - rm - r(r-1)/2 \atop r}\right|\frac{p(n-t)}{p(n)}$$

$$= \frac{\alpha}{1-\alpha}\frac{\alpha^2}{1-\alpha^2}\cdots\frac{\alpha^r}{1-\alpha^r}\alpha^{rm}(1 + O(n^{-1/2+2\epsilon})) + E$$

$$= \frac{n^{-1/2}}{\alpha^{-1}-1}\frac{n^{-1/2}}{\alpha^{-2}-1}\cdots\frac{n^{-1/2}}{\alpha^{-r}-1}\exp(-Crx + O(rn^{-1/2+2\epsilon})) + E,$$

其中, E 是一个考虑了 $t > n^{1/2+\epsilon}$ 情景的误差项. 前导因式 $n^{-1/2}/(\alpha^{-j}-1)$ 为 $\frac{1}{jC}(1 + O(jn^{-1/2}))$. 容易验证: 即使采用粗略的上限 $\left|{t-rm-r(r-1)/2 \atop r}\right| \le t^r$, 也有 $E = O(n^{\log n}e^{-Cn^\epsilon})$, 这是因为

$$\sum_{t \ge xN} t^r e^{-t/N} = O\left(\int_{xN}^{\infty} t^r e^{-t/N}\, dt\right) = O(N^{r+1}x^r e^{-x}/(1 - r/x)),$$

其中, $N = \Theta(\sqrt{n})$, $x = \Theta(n^\epsilon)$, $r = O(\log n)$.

37. 这样一种分划在 Σ_0 中计算 1 次, 在 Σ_1 中计算 q 次, 在 Σ_2 中计算 $\binom{q}{2}$ 次……因此, 在以 $(-1)^r\Sigma_r$ 结尾的部分和中, 它恰好计算 $\sum_{j=0}^{r}(-1)^j\binom{q}{j} = (-1)^r\binom{q-1}{r}$ 次. 当 r 为奇数时, 这个计数最多为 δ_{q0}, 当 r 为偶数时, 至少为 δ_{q0} 次. [经过类似论证可以证明, 习题 1.3.3–26 的推广定理也具有这一包含性质. 参考文献: 卡洛·邦费罗尼, *Pubblicazioni del Reale Istituto Superiore di Scienze Economiche e Commerciali di Firenze* **8** (1936), 3–62.]

38. $z^{l+m-1}\binom{l+m-2}{m-1}_z = z^{l+m-1}(1-z^l)\ldots(1-z^{l+m-2})/((1-z)\ldots(1-z^{m-1}))$.

39. 由习题 1.2.6–58, $[x^m](1+zx)(1+z^2x)\ldots(1+z^{l-1}x) = z^{m(m+1)/2}\binom{l-1}{m}_z$, 它的结果为 $(z-z^l)(z^2 - z^l)\ldots(z^m - z^l)/((1-z)(1-z^2)\ldots(1-z^m))$. 由定理 C 也可以得出答案: 用 $(a_1 - m)\ldots(a_m - 1)$ 代替 $a_1\ldots a_m$, 将得出 $n - m(m+1)/2$ 的一个等价分划, 它最多有 m 个部分, 且都不超过 $l - 1 - m$.

40. 如果 $\alpha = a_1 \ldots a_m$ 是一个最多有 m 个部分的分划, 如果 $a_1 \le l$ 则设 $f(\alpha) = \infty$, 否则设 $f(\alpha) = \min\{j \mid a_1 > l + a_{j+1}\}$. 令 g_k 是满足 $f(\alpha) > k$ 的分划的生成函数. 满足 $f(\alpha) = k < \infty$ 的分划由不等式

$$a_1 \ge a_2 \ge \cdots \ge a_k \ge a_1 - l > a_{k+1} \ge \cdots \ge a_{m+1} = 0$$

描述. 因此, $a_1 a_2 \ldots a_m = (b_k + l + 1)(b_1 + 1) \ldots (b_{k-1} + 1) b_{k+1} \ldots b_m$, 其中 $f(b_1 \ldots b_m) \ge k$; 反之亦然. 于是得出 $g_k = g_{k-1} - z^{l+k} g_{k-1}$.

　　[见 *American J. Math.* **5** (1882), 254–257.]

41. 见耶特·阿尔姆奎斯特和乔治·安德鲁斯, *J. Number Theory* **38** (1991), 135–144.

42. 阿纳托利·韦尔申斯科 [*Functional Anal. Applic.* **30** (1996), 90–105, 定理 4.7] 已经给出了公式

$$\frac{1 - e^{-c\varphi}}{1 - e^{-c(\theta+\varphi)}} e^{-ck/\sqrt{n}} + \frac{1 - e^{-c\theta}}{1 - e^{-c(\theta+\varphi)}} e^{-ca_k/\sqrt{n}} \approx 1,$$

其中, 常数 c 必须根据 θ 和 φ 选择, 使得该形状的面积为 n. 如果 $\theta\varphi < 2$, 此常数 c 为负数; 如果 $\theta\varphi > 2$, 此常数 c 为正数; 当 $\theta\varphi = 2$ 时, 此形状简化为一直线

$$\frac{k}{\theta\sqrt{n}} + \frac{a_k}{\varphi\sqrt{n}} \approx 1.$$

如果 $\varphi = \infty$, 则有 $c = \sqrt{\mathrm{Li}_2(t)}$, 其中 t 满足 $\theta = (\ln\frac{1}{1-t})/\sqrt{\mathrm{Li}_2(t)}$.

43. $p(n - k(k-1)/2)$. (将 $a_1 a_2 \ldots a_k$ 改为 $(a_1 - k + 1)(a_2 - k + 2) \ldots a_k$, 得到 $n - k(k-1)/2$ 的一个等价分划.)

44. 设 $n > 0$. 最小部分不相等 (或仅有一个部分) 的数目为 $p(n+1) - p(n)$, 也就是 $n+1$ 的分划中, 不以 1 结束的分划数, 这是因为只需改变最小部分, 即可由后者得到前者. 因此, 答案是 $2p(n) - p(n+1)$. [见鲁杰尔·博斯科维奇, *Giornale de' Letterati* (Rome, 1748), 15. 最小的三个部分都相等的分划数为 $3p(n) - p(n+1) - 2p(n+2) + p(n+3)$; 对于最小部分设定其他约束条件时, 可以推导出类似公式.]

45. 根据式 (37), 有 $p(n-j)/p(n) = 1 - Cjn^{-1/2} + (C^2 j^2 + 2j)/(2n) - (8C^3 j^3 + 60Cj^2 + Cj + 12C^{-1}j)/(48n^{3/2}) + O(j^4 n^{-2})$.

46. 如果 $n > 1$, 则 $T_2'(n) = p(n-1) - p(n-2) \le p(n) - p(n-1) = T_2''(n)$, 因为 $p(n) - p(n-1)$ 是 n 的分划中不以 1 结尾的分划数; 如果增大最大部分, $n-1$ 的每个此种分划都会为 n 生成一个. 但两者的差值很小: $(T_2''(n) - T_2'(n))/p(n) = C^2/n + O(n^{-3/2})$.

47. 对 (21) 取微分可得到提示中的恒等式, 见习题 22. 当 $c_1 + 2c_2 + \cdots + nc_n = n$ 时, 对 n 应用归纳法, 得到部分计数 $c_1 \ldots c_n$ 的概率为

$$\Pr(c_1 \ldots c_n) = \sum_{k=1}^{n} \sum_{j=1}^{c_k} \frac{kp(n-jk)}{np(n)} \Pr(c_1 \ldots c_{k-1}(c_k - j)c_{k+1} \ldots c_n)$$
$$= \sum_{k=1}^{n} \sum_{j=1}^{c_k} \frac{k}{np(n)} = \frac{1}{p(n)}.$$

[*Combinatorial Algorithms* (Academic Press, 1975), 第 10 章.]

48. 在步骤 N5 中 j 取固定值的概率为 $6/(\pi^2 j^2) + O(n^{-1/2})$, 而 jk 的平均值为 $\sqrt{n}$ 量级. 在步骤 N4 中花费的平均时间为 $\Theta(n)$, 因此, 平均运行时间为 $n^{3/2}$ 量级. (最好还是有一种更精确的分析.)

49. (a) 我们有 $F(z) = \sum_{k=1}^{\infty} F_k(z)$, 其中 $F_k(z)$ 是其最小部分大于等于 k 的所有分划的生成函数, 即 $1/((1-z^k)(1-z^{k+1})\ldots) - 1$.

　　(b) 令 $f_k(n) = [z^n] F_k(z)/p(n)$. 于是 $f_1(n) = 1$; $f_2(n) = 1 - p(n-1)/p(n) = Cn^{-1/2} + O(n^{-1})$; $f_3(n) = (p(n) - p(n-1) - p(n-2) + p(n-3))/p(n) = 2C^2 n^{-1} + O(n^{-3/2})$; $f_4(n) = 6C^3 n^{-3/2} + O(n^{-2})$. (见习题 45.) 其结果为 $f_{k+1}(n) = k! C^k n^{-k/2} + O(n^{-(k+1)/2})$; 具体来说, $f_5(n) = O(n^{-2})$. 于是, $f_5(n) + \cdots + f_n(n) = O(n^{-1})$, 这是因为 $f_{k+1}(n) \le f_k(n)$.

将所有上述内容相加, 得到 $[z^n] F(z) = p(n)(1 + C/\sqrt{n} + O(n^{-1}))$.

50. (a) 根据归纳法, 当 $0 \le k < m$ 时, $c_m(m+k) = c_{m-1}(m-1+k) + c_m(k) = m - 1 - k + c(k) + 1$.

(b) 因为对于 $0 \le k \le m$ 有 $\left|{m+k \atop m}\right| = p(k)$.

(c) 当 $n = 2m$ 时, 算法 H 基本上生成 m 的分划, 而且我们知道, $j - 1$ 是刚刚生成的分划的共轭分划的第二小部分; $j - 1 = m$ 时除外, 它就在分划 $1 \ldots 1$ 之后, 它的共轭只有一个部分.

(d) 如果 α 的所有部分都超过 k, 则令 $\alpha k^{q+1} j$ 对应于 $\alpha(k+1)$.

(e) 继续上题及其答案, 根据 (d), 对于其第二小部分大于等于 k 的所有分划, 生成函数 $G_k(z)$ 为 $F_{k+1}(z)/(1-z)$. 因此, $C(z) = (F(z) - F_1(z))/(1-z) + z/(1-z)^2$.

(f) 和上题中一样, 可以证明: 对于 $k \le 5$ 有 $[z^n] G_k(n)/p(n) = O(n^{-k/2})$, 因此 $c(m)/p(m) = 1 + O(m^{-1/2})$. 当 m 很小时, 比值 $(c(m)+1)/p(m)$ 很容易计算, 当 $m = 7$ 时达到最大值 2.6, 之后则稳定降低. 因此, 严格考虑渐近误差界限即可完成此证明.

注意: 伯特 · 弗里斯泰特 [*Trans. Amer. Math. Soc.* **337** (1993), 703–735] 在给出其他结果的同时还证明了, 在 n 的一个随机分划中 k 的数目以渐近概率 e^{-x} 大于 $Cx\sqrt{n}$.

52. 根据字典序, 64 的 $\left|{64+13 \atop 13}\right|$ 个分划满足 $a_1 \le 13$; 它们中的 $\left|{50+10 \atop 10}\right|$ 个满足 $a_1 = 14$ 和 $a_2 \le 10$; 等等. 因此, 根据提示, 按照字典序排列时, 分划 $14\ 11\ 9\ 6\ 4\ 3\ 2\ 1^{15}$ 之前恰有 $p(64) - 1\,000\,000$ 个分划, 使它成为逆字典序的第 100 万个.

53. 和上题的解答一样, 100 的 $\left|{80 \atop 12}\right|$ 个分划满足 $a_1 = 32$ 且 $a_2 \le 12$, 等等; 因此根据字典序, 第 100 万个分划 (其中 $a_1 = 32$) 为 $32\ 13\ 12\ 8\ 7\ 6\ 5\ 5\ 1^{12}$. 算法 H 生成它的共轭, 即 $20\ 8\ 8\ 8\ 8\ 6\ 5\ 4\ 3\ 3\ 3\ 3\ 2\ 1^{19}$.

54. (a) 显然是正确的. 这个问题只是做一下热身.

(b) 正确, 但不是那么显然. 费勒斯图表明

$$a_1' + \cdots + a_k' = \sum_{j=1}^{\infty} \min(k, a_j);$$

因此, 我们希望证明 $\alpha \succeq \beta$ 蕴涵: 对于所有 $k \ge 0$, 有 $\sum_{j=1}^{\infty} \min(k, a_j) \le \sum_{j=1}^{\infty} \min(k, b_j)$. 当 $k \ge b_1$ 时, 这个不等式是显然的. 如果 $b_l \ge k \ge b_{l+1}$, 则有 $\sum_{j=1}^{\infty} \min(k, a_j) \le \sum_{j=1}^{l} k + \sum_{j=l+1}^{\infty} a_j \le kl + \sum_{j=l+1}^{\infty} b_j = \sum_{j=1}^{\infty} \min(k, b_j)$.

(c) 如果 $c_1 c_2 \ldots$ 是一个分划, 递推式 $c_k = \min(a_1 + \cdots + a_k, b_1 + \cdots + b_k) - (c_1 + \cdots + c_{k-1})$ 显然定义了一个最大的下限. 它确实是一个分划; 这是因为, 如果 $c_1 + \cdots + c_k = a_1 + \cdots + a_k$, 则有 $0 \le \min(a_{k+1}, b_{k+1}) \le \min(a_{k+1}, b_{k+1} + b_1 + \cdots + b_k - a_1 - \cdots - a_k) = c_{k+1} \le a_{k+1} \le a_k = c_k + (c_1 + \cdots + c_{k-1}) - (a_1 + \cdots + a_{k-1}) \le c_k$.

(d) $\alpha \vee \beta = (\alpha^T \wedge \beta^T)^T$. (需要双重共轭, 因为类似于 (c) 中面向最大值的递推式可能会失败.)

(e) $\alpha \wedge \beta$ 有 $\max(l, m)$ 个部分, $\alpha \vee \beta$ 有 $\min(l, m)$ 个部分. (考虑它们共轭的前几个分量.)

(f) 对于 $\alpha \wedge \beta$ 是正确的, 可由 (c) 推导得出. 对于 $\alpha \vee \beta$ 是错误的, 例如图 52 中, $6321 \vee 543 = 633$.

参考文献: 托马斯 · 布赖劳夫斯基, *Discrete Mathematics* **6** (1973), 201–219.

55. (a) 如果 $\alpha \vdash \beta$, $\alpha \succeq \gamma \succeq \beta$, 其中 $\gamma = c_1 c_2 \ldots$, 则对于除了 $k = l$, $k = l+1$ 之外的所有 k 均有 $a_1 + \cdots + a_k = c_1 + \cdots + c_k = b_1 + \cdots + b_k$; 因此, α 覆盖 β. 因此, β^T 覆盖 α^T.

反之, 如果 $\alpha \succeq \beta$ 及 $\alpha \ne \beta$, 则可以找出 $\gamma \succeq \beta$, 使得 $\alpha \vdash \gamma$ 或 $\gamma^T \vdash \alpha^T$, 如下所示: 找出满足 $a_k > b_k$ 的最小 k, 满足 $a_k > a_{l+1}$ 的最小 l, 满足 $a_k - 1 > a_{m+1}$ 的最小 m. (注意 $b_k > 0$.) 如果 $a_m > a_{m+1} + 1$, 由 $c_k = a_k - [k=m] + [k=m+1]$ 定义 $\gamma = c_1 c_2 \ldots$. 否则, 令 $c_k = a_k - [k=l] + [k=m+1]$.

(b) 如同在式 (15) 中那样, 将 α 和 β 看作是 n 个 0 和 n 个 1 的串. 于是, $\alpha \vdash \beta$ 等价于 $\alpha \to \beta$, $\beta^T \vdash \alpha^T$ 等价于 $\alpha \Rightarrow \beta$, 其中对于某个 $q \ge 0$, $\to$ 表示将一个 011^q10 形式的子串用 101^q01 代替, $\Rightarrow$ 表示将一个 010^q10 形式的子串用 100^q01 代替.

(c) 一个分划最多覆盖 $[a_1 > a_2] + \cdots + [a_{m-1} > a_m] + [a_m \ge 2]$ 个其他分划. 当 $a_m = 1$ 时, 分划 $\alpha = (n_2 + n_1 - 1)(n_2 - 2)(n_2 - 3) \ldots 21$ 使这个量取最大值, 当 $a_m \ge 2$ 时没有改进. (共轭分划, 即 $(n_2 - 1)(n_2 - 2) \ldots 21^{n_1 + 1}$ 是同样好的. 因此, α 和 α^T 也都由最大数量的其他分划覆盖.)

(d) 等价地, μ 的连续部分最多相差 1, 最小部分为 1; 边缘表示中没有连续的 1.

(e) 使用边缘表示, 并且以关系 $\to$ 代替 $\vartriangleright$. 如果 $\alpha \to \alpha_1$, $\alpha \to \alpha'_1$, 可以轻松证明: 存在一个串 β, 使得 $\alpha_1 \to \beta$, $\alpha'_1 \to \beta$. 例如,

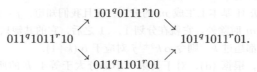

令 $\beta = \beta_2 \vartriangleright \cdots \vartriangleright \beta_m$, 式中 β_m 是最小的. 于是, 对 $\max(k, k')$ 运用归纳法, 可得 $k = m$ 及 $\alpha_k = \beta_m$; $k' = m$ 及 $\alpha'_{k'} = \beta_m$.

(f) 置 $\beta \leftarrow \alpha^T$; 于是, 重复置 $\beta \leftarrow \beta'$, 直到 β 为最小的, 可以使用任何方便的满足 $\beta \vartriangleright \beta'$ 的分划 β'. 所需要的分划为 β^T.

证明: 令 $\mu(\alpha)$ 是 (e) 中的公共值 $\alpha_k = \alpha'_{k'}$; 我们必须证明 $\alpha \succeq \beta$ 蕴涵 $\mu(\alpha) \succeq \mu(\beta)$. 存在一个序列 $\alpha = \alpha_0, \ldots, \alpha_k = \beta$, 其中, 对于 $0 \le j < k$, 有 $\alpha_j \to \alpha_{j+1}$ 或 $\alpha_j \Rightarrow \alpha_{j+1}$. 如果 $\alpha_0 \to \alpha_1$, 有 $\mu(\alpha) = \mu(\alpha_1)$; 于是, 只需证明 $\alpha \Rightarrow \beta$ 和 $\alpha \to \alpha'$ 蕴涵 $\alpha' \succeq \mu(\beta)$ 就足够了. 举例来说, 我们有

$$100^q 0111^r 10$$
$$010^q 1011^r 10 \qquad\qquad 100^q 1011^r 01,$$
$$010^q 1101^r 01 \to 010^{q-1} 10011^r 01$$

因为我们可以假设 $q > 0$; 其他情况是类似的.

(g) 对于 $1 \le k < n_2$, λ_n 的部分是 $a_k = n_2 + [k \le n_1] - k$; 对于 $1 \le k \le n_2$, λ_n^T 的部分是 $b_k = n_2 - k + [n_2 - k < n_1]$. 在 $\binom{n_2+1}{3} - \binom{n_2 - n_1}{2}$ 步之后, (f) 中的算法由 n^1 达到 λ_n^T, 因为每个步骤都会使 $\sum k b_k = \sum \binom{a_k+1}{2}$ 增 1.

(h) 当 $n \ge 3$ 时, 路径 $n, (n-1)1, (n-2)2, (n-2)11, (n-3)21, \ldots, 321^{n-5}, 31^{n-3}, 221^{n-4}, 21^{n-2}, 1^n$ 是最短的, 它的长度是 $2n - 4$.

可以证明最长路径有 $m = 2\binom{n_2}{3} + n_1(n_2 - 1)$ 步. 这样的路径具有 $\alpha_0, \ldots, \alpha_k, \ldots, \alpha_l, \ldots, \alpha_m$ 的形式, 其中 $\alpha_0 = n^1$, $\alpha_k = \lambda_n$, $\alpha_l = \lambda_n^T$; 对于 $0 \le j < l$ 有 $\alpha_j \vartriangleright \alpha_{j+1}$; 对于 $k \le j < m$ 有 $\alpha_{j+1}^T \vartriangleright \alpha_j^T$.

参考文献: 柯蒂斯·格林和丹尼尔·克莱特曼, *Europ. J. Combinatorics* **7** (1986), 1–10.

56. 假设 $\lambda = u_1 \ldots u_m$, $\mu = v_1 \ldots v_m$. 以下 (未经优化的) 算法应用了习题 54 的理论, 以反向字典序生成这些分划, 保持 $\alpha = a_1 a_2 \ldots a_m \preceq \mu$ 及 $\alpha^T = b_1 b_2 \ldots b_l \preceq \lambda^T$. 为找出 α 的后继者, 首先找出可以使得 b_j 递增的最大 j. 于是可得 $\beta = b_1 \ldots b_{j-1}(b_j+1)1 \ldots 1 \preceq \lambda^T$, 因此, 所需要的后继者是 $\beta^T \wedge \mu$. 该算法维护了辅助表格 $r_j = b_j + \cdots + b_l$, $s_j = v_1 + \cdots + v_j$ 和 $t_j = w_j + w_{j+1} + \cdots$, 其中 $\lambda^T = w_1 w_2 \ldots$.

M1. [初始化.] 置 $q \leftarrow 0$, $k \leftarrow u_1$. 对于 $j = 1, \ldots, m$, 当 $u_{j+1} < k$ 时循环执行 $t_k \leftarrow q \leftarrow q + j$, $k \leftarrow k - 1$. 然后, 再次置 $q \leftarrow 0$, 对于 $j = 1, \ldots, m$, 置 $a_j \leftarrow v_j$, $s_j \leftarrow q \leftarrow q + a_j$. 然后, 再次置 $q \leftarrow 0$, $k \leftarrow l \leftarrow a_1$. 对于 $j = 1, \ldots, m$, 当 $a_{j+1} < k$ 循环执行 $b_k \leftarrow j$, $r_k \leftarrow q \leftarrow q + j$, $k \leftarrow k - 1$. 最后, 置 $t_1 \leftarrow 0$, $b_0 \leftarrow 0$, $b_{-1} \leftarrow -1$.

M2. [访问.] 访问分划 $a_1 \ldots a_m$ 和 (或) 它的共轭 $b_1 \ldots b_l$.

M3. [寻找 j.] 令 j 是满足 $r_{j+1} > t_{j+1}$ 和 $b_j \ne b_{j-1}$ 的最大整数 $< l$. 如果 $j = 0$, 则终止此算法.

M4. [推进 b_j.] 置 $x \leftarrow r_{j+1} - 1$, $k \leftarrow b_j$, $b_j \leftarrow k + 1$, $a_{k+1} \leftarrow j$. (a_{k+1} 的前一个值是 $j - 1$. 现在我们将基本采用习题 54(c) 中的方法更新 $a_1 \ldots a_k$, 将 x 个点分布到 $j+1, j+2, \ldots$ 等各列中.)

M5. [优超.] 置 $z \leftarrow 0$, 然后对于 $i = 1, \ldots, k$ 进行以下操作: 置 $x \leftarrow x + j$, $y \leftarrow \min(x, s_i)$, $a_i \leftarrow y - z$, $z \leftarrow y$; 如果 $i = 1$, 则置 $l \leftarrow p \leftarrow a_1$ 及 $q \leftarrow 0$; 如果 $i > 1$, 当 $p > a_i$ 时循

环执行 $b_p \leftarrow i - 1$, $r_p \leftarrow q \leftarrow q + i - 1$, $p \leftarrow p - 1$. 最后, 当 $p > j$ 时循环执行 $b_p \leftarrow k$, $r_p \leftarrow q \leftarrow q + k$, $p \leftarrow p - 1$. 返回 M2. ∎

57. 如果 $\lambda = \mu^T$, 显然仅存在一个这样的矩阵, 也就是 λ 的费勒斯图. 条件 $\lambda \preceq \mu^T$ 是必要的, 因为如果 $\mu^T = b_1 b_2 \ldots$, 则有 $b_1 + \cdots + b_k = \min(c_1, k) + \min(c_2, k) + \cdots$, 而且这个量不小于前 k 行中 1 的个数. 最后, 如果对于 λ 和 μ 存在一个矩阵, 且 λ 覆盖 α, 则可以轻松地为 α 和 μ 构造一个矩阵, 只需要将任意指定行中的 1 移到另外一个拥有较少 1 的行中即可.

注意: 此结果通常被称为盖尔-赖瑟定理, 因为它是由戴维·盖尔 [*Pacific J. Math.* **7** (1957), 1073–1082] 和赫伯特·赖瑟 [*Canadian J. Math.* **9** (1957), 371–377] 的著名论文给出的. 但是, 对于行和为 λ、列和为 μ 的0–1 矩阵, 其数目就是单项式对称方程 $\sum x_{i_1}^{c_1} x_{i_2}^{c_2} \ldots$ 在初等对称函数乘积 $e_{r_1} e_{r_2} \ldots$ 中的系数, 其中

$$e_r = [z^r](1 + x_1 z)(1 + x_2 z)(1 + x_3 z) \ldots.$$

此种应用场景下的结果, 至少早在 20 世纪 30 年代就已经为人们所知了. 见 *Proc. London Math. Soc.* (2) **40** (1936), 49–70 中关于 $\prod_{m,n \geq 0}(1 + x_m y_n)$ 的利特尔伍德公式. [阿瑟·凯莱在 *Philosophical Trans.* **147** (1857), 489–499 中证明了字典序条件 $\lambda \leq \mu^T$ 是必要的. 这一证明要早得多.] 另见习题 7–108 中的算法.

58. [罗伯特·缪尔黑德, *Proc. Edinburgh Math. Soc.* **21** (1903), 144–157.] 条件 $\alpha \succeq \beta$ 是必要的, 因为我们可以置 $x_1 = \cdots = x_k = x$, $x_{k+1} = \cdots = x_n = 1$, 并令 $x \to \infty$. 它又是充分的, 因为我们只需要在 α 覆盖 β 时证明它. 于是, 比如当部分 (a_1, a_2) 变为 $(a_1 - 1, a_2 + 1)$ 时, 左侧等于右侧加上一个非负量

$$\frac{1}{2m!} \sum x_{p_1}^{a_2} x_{p_2}^{a_2} \ldots x_{p_m}^{a_m} (x_{p_1}^{a_1 - a_2 - 1} - x_{p_2}^{a_1 - a_2 - 1})(x_{p_1} - x_{p_2}).$$

[历史注记: 据人们所知, 缪尔黑德的论文中最早出现了现在所说的优超概念. 之后不久, 马克斯·洛伦茨在 *Quarterly Publ. Amer. Stat. Assoc.* **9** (1905), 209–219 中给出了一个等价定义, 他关注的是财富分配不均问题. 舒尔在 *Sitzungsberichte Berliner Math. Gesellschaft* **22** (1923), 9–20 中又给出了一个等价概念. "优超"是由哈代、李特尔伍德和波利亚命名的, 它们在 *Messenger of Math.* **58** (1929), 145–152 中确定了它的最基本性质; 见习题 2.3.4.5–17. 艾伯特·马歇尔和英格拉姆·奥尔金所著的 *Inequalities* (Academic Press, 1979) 是一本专门讨论这一主题的优秀著作.]

59. 当 $n = 0, 1, 2, 3, 4, 6$ 时, 其独有的路径必然都具有所述对称性. 当 $n = 5$ 时, 只有一个这样的路径, 即 11111, 2111, 221, 311, 32, 41, 5. 当 $n = 7$ 时有 4 个:

1111111, 211111, 22111, 2221, 322, 3211, 31111, 4111, 511, 421, 331, 43, 52, 61, 7;
1111111, 211111, 22111, 2221, 322, 421, 511, 4111, 31111, 3211, 331, 43, 52, 61, 7;
1111111, 211111, 31111, 22111, 2221, 322, 3211, 4111, 421, 331, 43, 52, 511, 61, 7;
1111111, 211111, 31111, 22111, 2221, 322, 421, 4111, 3211, 331, 43, 52, 511, 61, 7.

再没有其他此类路径了, 因为对于所有的 $n \geq 8$, 都至少存在两个自共轭的分划 (见习题 15).

60. 对于 $L(6, 6)$, 使用 (59); 对于所有其他情况, 使用 $L'(4, 6)$ 和 $L'(3, 5)$.

在 $M(4, 18)$ 中, 在 443322 和 4432221 之间插入 444222, 4442211.

在 $M(5, 11)$ 中, 在 62111 和 6221 之间插入 52211, 5222.

在 $M(5, 20)$ 中, 在 5552111 和 555221 之间插入 5542211, 554222.

在 $M(6, 13)$ 中, 在 62221 和 6322 之间插入 72211, 7222.

在 $L(4, 14)$ 中, 在 43322 和 432221 之间插入 44222, 442211.

在 $L(5, 15)$ 中, 在 552111 和 55221 之间插入 542211, 54222.

在 $L(7, 12)$ 中, 在 72111 和 7221 之间插入 62211, 6222.

62. 该命题在 $n = 7, 8, 9$ 时成立, 但有两种情况除外: $n = 8$, $m = 3$, $\alpha = 3221$; $n = 9$, $m = 4$, $\alpha = 432$.

64. 如果 $n = 2^k q$, 其中 q 为奇数, 则令 ω_n 表示分划 $(2^k)^q$, 即 q 个部分等于 2^k. 如果令 $B(0)$ 是 0 的唯一分划, 当 $n > 0$ 时, 用 $2 \times B(n/2)$ 表示将 $B(n/2)$ 的所有部分均加倍 (如果 n 为奇数则使用空序列), 则递推规则

$$B(n) = B(n-1)^R 1, \, 2 \times B(n/2)$$

定义了一个令人愉快的格雷路径, 以 $\omega_{n-1}1$ 开头, 以 ω_n 结尾. 因此,

$$B(1) = 1; \quad B(2) = 11, 2; \quad B(3) = 21, 111; \quad B(4) = 1111, 211, 22, 4.$$

这一序列具有许多重要性质, 其中一条是: 当 n 为偶数时,

$$B(n) = (2 \times B(0))1^n, \, (2 \times B(1))1^{n-2}, \, (2 \times B(2))1^{n-4}, \, \ldots, \, (2 \times B(n/2))1^0.$$

例如,

$$B(8) = 11111111, 2111111, 221111, 41111, 4211, 22211, 2222, 422, 44, 8.$$

当 $n \geq 2$ 时, 以下算法可以无循环地生成 $B(n)$.

K1. [初始化.] 置 $c_0 \leftarrow p_0 \leftarrow 0$, $p_1 \leftarrow 1$. 如果 n 为偶数, 置 $c_1 \leftarrow n$, $t \leftarrow 1$; 否则, 置 $n - 1 = 2^k q$, 其中 q 为奇数, 并且置 $c_1 \leftarrow 1$, $c_2 \leftarrow q$, $p_2 \leftarrow 2^k$, $t \leftarrow 2$.

K2. [偶数访问.] 访问分划 $p_t^{c_t} \ldots p_1^{c_1}$. (现在, $c_t + \cdots + c_1$ 为偶数.)

K3. [改变最大部分.] 如果 $c_t = 1$, 分割最大部分: 如果 $p_t \neq 2p_{t-1}$, 则置 $c_t \leftarrow 2$, $p_t \leftarrow p_t/2$, 否则置 $c_{t-1} \leftarrow c_{t-1} + 2$, $t \leftarrow t - 1$. 但如果 $c_t > 1$, 则合并两个最大部分: 如果 $c_t = 2$, 则置 $c_t \leftarrow 1$, $p_t \leftarrow 2p_t$; 否则, 置 $c_t \leftarrow c_t - 2$, $c_{t+1} \leftarrow 1$, $p_{t+1} \leftarrow 2p_t$, $t \leftarrow t + 1$.

K4. [奇数访问.] 访问分划 $p_t^{c_t} \ldots p_1^{c_1}$. (现在, $c_t + \cdots + c_1$ 为奇数.)

K5. [改变下一个最大部分.] 现在, 我们希望应用以下变换: "暂时删除 $c_t - [t \text{ 为偶数}]$ 个最大部分, 然后应用 K3, 恢复被删除的部分." 更准确地说, 共有 9 种情况: (1a) 如果 c_t 为奇数, 并且 $t = 1$, 则终止; (1b1) 如果 c_t 为奇数, $c_{t-1} = 1$, $p_{t-1} = 2p_{t-2}$, 则置 $c_{t-2} \leftarrow c_{t-2} + 2$, $c_{t-1} \leftarrow c_t$, $p_{t-1} \leftarrow p_t$, $t \leftarrow t - 1$; (1b2) 如果 c_t 为奇数, $c_{t-1} = 1$, $p_{t-1} \neq 2p_{t-2}$, 则置 $c_{t-1} \leftarrow 2$, $p_{t-1} \leftarrow p_{t-1}/2$; (1c1) 如果 c_t 为奇数, $c_{t-1} = 2$, $p_t = 2p_{t-1}$, 则置 $c_{t-1} \leftarrow c_t + 1$, $p_{t-1} \leftarrow p_t$, $t \leftarrow t - 1$; (1c2) 如果 c_t 为奇数, $c_{t-1} = 2$, $p_t \neq 2p_{t-1}$, 则置 $c_{t-1} \leftarrow 1$, $p_{t-1} \leftarrow 2p_{t-1}$; (1d1) 如果 c_t 为奇数, $c_{t-1} > 2$, $p_t = 2p_{t-1}$, 则置 $c_{t-1} \leftarrow c_{t-1} - 2$, $c_t \leftarrow c_t + 1$; (1d2) 如果 c_t 为奇数, $c_{t-1} > 2$, $p_t \neq 2p_{t-1}$, 则置 $c_{t+1} \leftarrow c_t$, $p_{t+1} \leftarrow p_t$, $c_t \leftarrow 1$, $p_t \leftarrow 2p_{t-1}$, $c_{t-1} \leftarrow c_{t-1} - 2$, $t \leftarrow t + 1$; (2a) 如果 c_t 为偶数, 且 $p_t = 2p_{t-1}$, 则置 $c_t \leftarrow c_t - 1$, $c_{t-1} \leftarrow c_{t-1} + 2$; (2b) 如果 c_t 为偶数, 且 $p_t \neq 2p_{t-1}$, 则置 $c_{t+1} \leftarrow c_t - 1$, $p_{t+1} \leftarrow p_t$, $c_t \leftarrow 2$, $p_t \leftarrow p_t/2$, $t \leftarrow t + 1$. 返回 K2. ∎

[如果在同一行中执行两次, K3 和 K5 中的变换将会撤销其自身. 这一构造是由托马斯·科尔特斯特和迈克尔·克勒贝尔在 "A Gray path on binary partitions" http://arxiv.org/abs/0907.3873 中提出的. 欧拉于 1750 年在其论文的 §50 中提出了这种分划的数目.]

65. 如果 $p_1^{e_1} \ldots p_r^{e_r}$ 是 m 的素因数分解, 则这种分解的数目为 $p(e_1) \ldots p(e_r)$, 而且我们可以令 $n = \max(e_1, \ldots, e_r)$. 实际上, 对于每个满足 $0 \leq x_k < p(e_k)$ 的 r 元组 $(x_1, \ldots, x_r)$, 可以令 $m_j = p_1^{a_{1j}} \ldots p_r^{a_{rj}}$, 其中 $a_{k1} \ldots a_{kn}$ 是 e_k 的第 $(x_k + 1)$ 个分划. 因此, 可以将 r 元组的反射格雷码与分划的格雷码一起使用.

66. 设 $a_1 \ldots a_m$ 是满足指定不等式的 m 元组. 可以将其排列为非递增顺序 $a_{x_1} \geq \cdots \geq a_{x_m}$, 其中, 如果我们要求排序是稳定的, 则排列 $x_1 \ldots x_m$ 将唯一确定; 见式 5–(2).

如果 $j \prec k$, 则有 $a_j \geq a_k$, 于是, 在排列 $x_1 \ldots x_m$ 中, j 出现在 k 的左边. 于是, $x_1 \ldots x_m$ 是算法 7.2.1.2V 输出的排列之一. 而且, 根据稳定性, 当 $a_j = a_k$ 且 $j < k$ 时, j 也将在 k 的左边. 因此, 当 $x_i > x_{i+1}$ 是一个 "下降" 时, a_{x_i} 严格大于 $a_{x_{i+1}}$.

为生成 n 的所有相关分划，取每个拓扑排列 $x_1 \ldots x_m$，并生成 $n-t$ 的分划 $y_1 \ldots y_m$，其中 t 是 $x_1 \ldots x_m$ 的索引（见 5.1.1 节）. 对于 $1 \le j \le m$，置 $a_{x_j} \leftarrow y_j + t_j$，其中 t_j 是 $x_1 \ldots x_m$ 中位于 x_j 右侧的下降数.

例如，如果 $x_1 \ldots x_m = 314592687$，我们希望生成所有满足 $a_3 > a_1 \ge a_4 \ge a_5 \ge a_9 > a_2 \ge a_6 \ge a_8 > a_7$ 的情景. 在本例中，$t = 1 + 5 + 8 = 14$；所以我们置 $a_1 \leftarrow y_2 + 2$，$a_2 \leftarrow y_6 + 1$，$a_3 \leftarrow y_1 + 3$，$a_4 \leftarrow y_3 + 2$，$a_5 \leftarrow y_4 + 2$，$a_6 \leftarrow y_7 + 1$，$a_7 \leftarrow y_9$，$a_8 \leftarrow y_8 + 1$，$a_9 \leftarrow y_5 + 2$. 根据习题 29 中所说的含义，广义生成函数 $\sum z_1^{a_1} \ldots z_9^{a_9}$ 为

$$\frac{z_1^2 z_2 z_3^3 z_4^2 z_5^2 z_6 z_8 z_9^2}{(1 - z_3)(1 - z_3 z_1)(1 - z_3 z_1 z_4)(1 - z_3 z_1 z_5) \ldots (1 - z_3 z_1 z_4 z_5 z_9 z_2 z_6 z_8 z_7)}.$$

当 $\prec$ 是任意给定偏序时，n 的所有此类分划的数目的普通生成函数为 $\sum z^{\operatorname{ind}\alpha}/((1-z)(1-z^2) \ldots (1 - z^m))$，其中，求和是针对算法 7.2.1.2V 的所有输出 α 进行的.

[见理查德·斯坦利，*Memoirs Amer. Math. Soc.* **119** (1972)，其中给出了有关这些思想的重要扩展和应用. 另见伦纳德·卡利茨，*Studies in Foundations and Combinatorics* (New York: Academic Press, 1978), 101–129，了解有关上下分划的信息.]

67. 如果 $n + 1 = q_1 \ldots q_r$，其中因数 $q_1, \ldots, q_r$ 均大于等于 2，则可以得到一个完美分划 $\{(q_1-1) \cdot 1, (q_2-1) \cdot q_1, (q_3-1) \cdot q_1 q_2, \ldots, (q_r-1) \cdot q_1 \ldots q_{r-1}\}$，它以一种很明显的方式对应于混合进制表示法. （因数 q_j 的顺序是很重要的. ）

反过来，所有完美分划都是以这种方式出现的. 假设多重集 $M = \{k_1 \cdot p_1, \ldots, k_m \cdot p_m\}$ 是一个完美分划，其中 $p_1 < \cdots < p_m$，则对于 $1 \le j \le m$ 必有 $p_j = (k_1+1) \ldots (k_{j-1}+1)$，因为 p_j 是 M 的一个子多重集的最小和，这个子多重集不是 $\{k_1 \cdot p_1, \ldots, k_{j-1} \cdot p_{j-1}\}$.

当且仅当 q_j 都是素数时，就可以得到 n 的元素数最少的完美分划，这是因为只要 $p > 1$ 和 $q > 1$，就有 $pq - 1 > (p-1) + (q-1)$. 例如 11 的最小完美分划对应于有序素因数分解 $2 \cdot 2 \cdot 3$，$2 \cdot 3 \cdot 2$，$3 \cdot 2 \cdot 2$. 参考文献：*Quarterly Journal of Mathematics* **21** (1886), 367–373.

68. (a) 如果对于某个 i 和 j，有 $a_i + 1 \le a_j - 1$，可以将 $\{a_i, a_j\}$ 改为 $\{a_i+1, a_j-1\}$，从而使乘积增大 $a_j - a_i - 1 > 0$. 于是，这种最优仅出现在习题 3 的最佳平衡分划中. [路德维格·奥廷格和约瑟夫·德布斯，*Nouv. Ann. Math.* **18** (1859), 442；**19** (1860), 117–118.]

(b) 假设 $n > 1$. 则所有部分均不为 1；如果 $a_j \ge 4$，可以将它改为 $2 + (a_j - 2)$，而不会使乘积下降. 因此，我们可以假定所有部分均为 2 或 3. 将 $2+2+2$ 改为 $3+3$ 是有改进的，所以 2 的个数最多有两个. 于是，当 $n \bmod 3$ 为 0 时，最佳结果为 $3^{n/3}$. 当 $n \bmod 3$ 为 1 时，$4 \cdot 3^{(n-4)/3} = 3^{(n-4)/3} \cdot 2 \cdot 2 = (4/3^{4/3}) 3^{n/3}$. 当 $n \bmod 3$ 为 2 时，$3^{(n-2)/3} \cdot 2 = (2/3^{2/3}) 3^{n/3}$. [奥托·迈斯纳，*Mathematisch-naturwissenschaftliche Blätter* **4** (1907), 85.]

69. 对于所有大于 2 的 n，均有解 $(n, 2, 1, \ldots, 1)$. 我们可以采用如下方法"筛除"其他小于等于 N 的情况，首先 $s_2 \ldots s_N \leftarrow 1 \ldots 1$，然后，只要 $ak - b \le N$ 则置 $s_{ak-b} \leftarrow 0$，其中 $a = x_1 \ldots x_t - 1$，$b = x_1 + \cdots + x_t - 1$，$k \ge x_1 \ge \cdots \ge x_t$，$a > 1$，这是因为 $k + x_1 + \cdots + x_t + (ak - b - t - 1) = kx_1 \ldots x_t$. 只有当 $(x_1 \ldots x_t - 1)x_1 - (x_1 + \cdots + x_t) < N - t$ 时才需要考虑序列 $(x_1, \ldots, x_t)$. 我们还可以持续使 N 递减，直到 $s_N = 1$. 这样，当 N 的初始值为 2^{30} 时，只需要尝试 (32766, 1486539, 254887, 1511, 937, 478, 4) 序列 $(x_1, \ldots, x_t)$，幸存下来的只有 2, 3, 4, 6, 24, 114, 174, 444. [见厄恩斯特·特罗斯特，*Elemente der Math.* **11** (1956), 135；米哈乌·米西乌维茨，*Elemente der Math.* **21** (1966), 90.]

注意：当 $N \to \infty$ 时，不太可能出现新的幸存序列，但需要有一种新的思路来排除它们. 对于所有大于 5 且满足 $n \bmod 6 \ne 0$ 的 n 值，已经排除了最简单的序列 $(x_1, \ldots, x_t) = (3)$ 和 $(2, 2)$；这一事实可以让计算速度提高 6 倍. 序列 (6) 和 (3, 2) 排除了剩余部分的 40%（即所有 $5k - 4$ 和 $5k - 2$ 形式的 n 值）；序列 (8)、(4, 2) 和 (2, 2, 2) 排除了剩下序列的 3/7；满足 $t = 1$ 的序列意味着 $n - 1$ 必然为素数；满足 $x_1 \ldots x_t = 2^r$ 的序列排除了 $n \bmod (2^r - 1)$ 的大约 $p(r)$ 个剩余；满足 $x_1 \ldots x_t$ 为 r 个不同素数乘积的序列将排除 $n \bmod (x_1 \ldots x_t - 1)$ 的大约 ϖ_r 个剩余.

70. 每一步都是将 n 的一个分划转换为它的另一种分划，因此，最终必然会达到一个重复的循环. 许多分划就是沿着费勒斯图的每条由东北到西南的对角线循环移位，将其

$$
\begin{array}{cccccc}
x_1 & x_2 & x_4 & x_7 & x_{11} & x_{16}\cdots \\
x_3 & x_5 & x_8 & x_{12} & x_{17} & x_{23}\cdots \\
x_6 & x_9 & x_{13} & x_{18} & x_{24} & x_{31}\cdots \\
x_{10} & x_{14} & x_{19} & x_{25} & x_{32} & x_{40}\cdots \\
x_{15} & x_{20} & x_{26} & x_{33} & x_{41} & x_{50}\cdots \\
x_{21} & x_{27} & x_{34} & x_{42} & x_{51} & x_{61}\cdots \\
\vdots & \vdots & \vdots & \vdots & \vdots & \vdots
\end{array}
$$

由 上式 改为

$$
\begin{array}{cccccc}
x_1 & x_3 & x_6 & x_{10} & x_{15} & x_{21}\cdots \\
x_2 & x_4 & x_7 & x_{11} & x_{16} & x_{22}\cdots \\
x_5 & x_8 & x_{12} & x_{17} & x_{23} & x_{30}\cdots \\
x_9 & x_{13} & x_{18} & x_{24} & x_{31} & x_{39}\cdots; \\
x_{14} & x_{19} & x_{25} & x_{32} & x_{40} & x_{49}\cdots \\
x_{20} & x_{26} & x_{33} & x_{41} & x_{50} & x_{60}\cdots \\
\vdots & \vdots & \vdots & \vdots & \vdots & \vdots
\end{array}
$$

换句话说，它们向各个栅格点应用了排列 $\rho = (1)(2\,3)(4\,5\,6)(7\,8\,9\,10)\ldots$. 只有当 ρ 在一个点上引入一个空栅格时，才会出现例外. 例如，当 x_{11} 不为空时，x_{10} 可能为空. 但在这些情况下应用 ρ 后，我们仍然可以得到正确的新图：将顶行下移，再将其排列到正确位置. 这种移动总会减少已填充对角线的数量，所以它不可能是一个循环的组成部分. 因此，每个循环都完全由 ρ 的排列组成.

如果一个循环分划中的一条对角线上有任意元素为空，则下一对角线上的所有元素都必然为空. 比如，假设 x_5 为空，重复应用 ρ 可使 x_5 与下一对角线中的 x_7, x_8, x_9, x_{10} 逐一相邻. 于是，如果对于 $n_2 > n_1 \geq 0$ 有 $n = \binom{n_2}{2} + \binom{n_1}{1}$，那么，循环状态就是 $n_2 - 1$ 条完全填充的对角线和下一对角线中的 n_1 个点. [此结果由约根·勃兰特给出，见 *Proc. Amer. Math. Soc.* **85** (1982), 483–486. 据报道，此问题源于俄国，经由保加利亚和瑞典传播. 另见马丁·加德纳，*The Last Recreations* (1997)，第 2 章.]

71. 当 $n = 1 + \cdots + m > 1$ 时，起始分划 $(m-1)(m-1)(m-2)\ldots 211$ 与循环状态的距离为 $m(m-1)$，这就是最大距离. [井草洁，*Math. Magazine* **58** (1985)，259–271；格威恩·艾蒂安，*J. Combin. Theory* **A58** (1991)，181–197.] 一般情况下，杰罗尔德·格里格斯和何志昌 [*Advances in Appl. Math.* **21** (1998)，205–227] 推断，对于任意 $n > 1$，到达循环状态的最大距离为 $\max(2n+2-n_1(n_2+1), n+n_2+1, n_1(n_2+1)) - 2n_2$. 对于 $n \leq 100$ 的情况，他们的推断已经得到证明. 此外，当 $n_2 = 2n_1 + \{-1, 0, 2\}$ 时，最差情况下的起始分划似乎是唯一的.

72. 等价地，$a_1 < m - 1$. [布赖恩·霍普金斯和詹姆斯·塞勒斯，*Integers* **7**, 2 (2007)，A19:1–A19:5.]

73. (a) [理查德·斯坦利，1972（未发表）.] 对于 $n - jk$ 的每个分划 α，将分划 $n = j \cdot k + \alpha$ 中第 j 次出现的 k 与 $k \cdot j + \alpha$ 中第 k 次出现的 j 交换. 例如，当 $n = 6$ 时，这些交换操作作为

$$
\begin{array}{ccccccccccc}
6, & 51, & 42, & 411, & 33, & 321, & 3111, & 222, & 2211, & 21111, & 111111. \\
\mathrm{a} & \mathrm{bl} & \mathrm{fg} & \mathrm{clg} & \mathrm{hi} & \mathrm{jkl} & \mathrm{dlkh} & \mathrm{n2i} & \mathrm{m2ln} & \mathrm{elmjf} & \mathrm{ledcba}
\end{array}
$$

(b) $p(n-k) + p(n-2k) + p(n-3k) + \cdots$. [阿瑟·霍尔，*AMM* **93** (1986)，475–476. 这是内森·法恩在 1959 年证明的一个非常普遍的结果的特殊情况，见丽贝卡·吉尔伯特，*AMM* **122** (2015)，322–331.]

7.2.1.5 节

1. 在步骤 H6 中所有将 m 设定为 r 的地方，改回 $r - 1$ 即可.

2. **L1.** [初始化.] 对于 $1 \leq j \leq n$，置 $l_j \leftarrow j - 1$, $a_j \leftarrow 0$. 另外置 $h_1 \leftarrow n$, $t \leftarrow 1$，并将 l_0 设定为任意一个方便的非零值.

　　L2. [访问.] 访问用 $l_1 \ldots l_n$ 和 $h_1 \ldots h_t$ 表示的 t 块分划.（与这一分划相对应的限制增长的串为 $a_1 \ldots a_n$.）

　　L3. [寻找 j.] 置 $j \leftarrow n$；然后，当 $l_j = 0$，置 $j \leftarrow j - 1$, $t \leftarrow t - 1$.

　　L4. [将 j 移至下一个块.] 如果 $j = 0$ 则结束. 否则，置 $k \leftarrow a_j + 1$, $h_k \leftarrow l_j$, $a_j \leftarrow k$. 如果 $k = t$，则置 $t \leftarrow t + 1$ 和 $l_j \leftarrow 0$；否则，置 $l_j \leftarrow h_{k+1}$. 最后置 $h_{k+1} \leftarrow j$.

　　L5. [将 $j+1, \ldots, n$ 移至块 1.] 当 $j < n$ 时循环执行 $j \leftarrow j + 1$, $l_j \leftarrow h_1$, $a_j \leftarrow 0$, $h_1 \leftarrow j$. 返回 L2. ∎

3. 设 $\tau(k,n)$ 是满足条件 $0 \le a_j \le 1 + \max(k-1, a_1, \ldots, a_{j-1})$ 的串 $a_1 \ldots a_n$ 的个数, 其中 $1 \le j \le n$; 于是, $\tau(k,0) = 1$, $\tau(0,n) = \varpi_n$, $\tau(k,n) = k\tau(k,n-1) + \tau(k+1,n-1)$. [斯坦利·威廉森把 $\tau(k,n)$ 称为 "尾系数"; 见 *SICOMP* **5** (1976), 602–617.] 给定一个限制增长的串 $a_1 \ldots a_n$, 在由算法 H 生成 的串中, 位于此给定串之前的串共有 $\sum_{j=1}^{n} a_j \tau(b_j, n-j)$ 个, 其中 $b_j = 1 + \max(a_1, \ldots, a_{j-1})$. 利用一 个预先计算的尾系数表, 经逆向工作可以求得, 当 $a_1 \ldots a_{12} = 010220345041$ 时, 这个公式生成 999 999.

4. 每种类型的最常见表示为 zzzzz_0, ooooh_0, xxxix_0, xxxii_0, ooops_0, llull_0, llala_0, eeler_0, iitti_0, xxiii_0, ccxxv_0, eerie_1, llama_1, xxvii_0, oozed_5, uhuuu_0, mamma_1, puppy_{28}, anana_0, hehee_0, vivid_{15}, rarer_3, etext_1, amass_2, again_{137}, ahhaa_0, esses_1, teeth_{25}, yaaay_0, ahhhh_2, pssst_2, seems_7, added_6, lxxii_0, books_{184}, swiss_3, sense_{10}, ended_3, check_{160}, level_{18}, tepee_4, slyly_5, never_{154}, sells_6, motto_{21}, whooo_2, trees_{384}, going_{307}, which_{151}, there_{174}, three_{100}, their_{3834}. 其中的下标是 在图库中的相应出现次数. (见所罗门·戈洛姆, *Math. Mag.* **53** (1980), 219–221. 当然, 只有两个不同 字母的单词是很少见的. 这里列出的 18 个下标为 0 的串可以在较大型的字典或者互联网上的英文语言页 中找到.)

5. (a) $112 = \rho(0225)$. 序列为 $r(0)$, $r(1)$, $r(4)$, $r(9)$, $r(16)$, $\ldots$, 其中 $r(n)$ 是通过以下方式获得 的: 将 n 表示为十进制 (前面有一个或多个 0), 应用习题 4 中的 ρ 函数, 然后删除前导 0. 注意, $n/9 \le r(n) \le n$.

(b) $1012 = r(45^2)$. 序列与 (a) 中相同, 但进行了排序, 并删除了重复项. (谁知道 $88^2 = 7744$, $212^2 = 44944$ 和 $264^2 = 69696$ 呢?)

6. 利用算法 7.2.1.2V 中的拓扑排序方法, 并采用一种适当的偏序: 包含 c_j 个长度为 j 的链, 并对其 最小元素进行了排序. 例如, 如果 $n = 20$, $c_2 = 3$, $c_3 = c_4 = 2$, 我们使用该算法找出 $\{1, \ldots, 20\}$ 的 所有满足以下条件的排列 $a_1 \ldots a_{20}$: $1 \prec 2$, $3 \prec 4$, $5 \prec 6$, $1 \prec 3 \prec 5$, $7 \prec 8 \prec 9$, $10 \prec 11 \prec 12$, $7 \prec 10$, $13 \prec 14 \prec 15 \prec 16$, $17 \prec 18 \prec 19 \prec 20$, $13 \prec 17$, 构成限制增长的串 $\rho(f(a_1) \ldots f(a_{20}))$, 其中 ρ 在习 题 4 中定义, 并且 $(f(1), \ldots, f(20)) = (1,1,2,2,3,3,4,4,4,5,5,5,6,6,6,6,7,7,7,7)$. 当然, 输出的总数 由 (48) 给出.

7. 恰好有 ϖ_n 个. 可以通过以下操作获得这些排列: 将 (2) 中各块的左右顺序颠倒, 并删 除 | 符号: 1234, 4123, 3124, 3412, $\ldots$, 4321. [见安德斯·克拉松, *European J. Combinatorics* **22** (2001), 961–971. 谢尔盖·基塔耶夫已经在 *Discrete Math.* **298** (2005), 212–229 中发现了一 个意味深远的推广: 令 π 是 $\{0, \ldots, r\}$ 的排列, $a_1 \ldots a_n$ 是 $\{1, \ldots, n\}$ 的排列, 满足条件: 由 $a_{k-0\pi} > a_{k-1\pi} > \cdots > a_{k-r\pi} > a_j$ 可推出 $j > k$, 令 g_n 表示这种排列的数目. 排列 $a_1 \ldots a_n$ 是对于 $r < k \le n$, 避免了所有模式 $a_{k-0\pi} > a_{k-1\pi} > \cdots > a_{k-r\pi}$ 的排列, 令 f_n 表示此种排列的个数. 于是有 $\sum_{n \ge 0} g_n z^n / n! = \exp(\sum_{n \ge 1} f_{n-1} z^n / n!)$.]

8. 对于将 $\{1, \ldots, n\}$ 分成 m 个块的每个分划, 根据各块最小元素的递减顺序, 对每个块进行排序, 然后 以所有可能方式对非最小块进行排列. 例如, 如果 $n = 9$, $m = 3$, 分划 126|38|4579 将生成 457938126, 还有通过对各自内部的 $\{5,7,9\}$ 和 $\{2,6\}$ 进行排列所得到的其他 11 种情景. (利用几乎相同的方法可以 生成所有恰好有 k 个循环的排列; 见 1.3.3 节的 "不寻常的对应".)

9. 在多重集 $\{k_0 \cdot 0, k_1 \cdot 1, \ldots, k_{n-1} \cdot (n-1)\}$ 的排列中, 恰有

$$\binom{k_0 + k_1 + \cdots + k_{n-1}}{k_0, k_1, \ldots, k_{n-1}} \frac{k_0}{(k_0 + k_1 + \cdots + k_{n-1})} \frac{k_1}{(k_1 + \cdots + k_{n-1})} \cdots \frac{k_{n-1}}{k_{n-1}}$$

个是限制增长的, 这是因为 j 位于 $\{j+1, \ldots, n-1\}$ 之前的概率为 $k_j / (k_j + \cdots + k_{n-1})$.

如果 $n > 0$, 则 0 的平均个数为 $1 + (n-1)\varpi_{n-1}/\varpi_n = \Theta(\log n)$, 这是因为在所有 ϖ_n 种情景中, 0 的总数是 $\sum_{k=1}^{n} k \binom{n-1}{k-1} \varpi_{n-k} = \varpi_n + (n-1)\varpi_{n-1}$.

10. 给定 $\{1, \ldots, n\}$ 的一个排列, 在 $\{0, 1, \ldots, n\}$ 上构造一棵定向树, 构造方法为: 如果一个块的最小 元素为 j, 则 $j-1$ 是该块所有成员的父结点. 然后对叶结点进行重新标记, 保留顺序, 删除其他标记.

例如, (2) 中的 15 个分划分别对应于

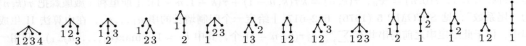

颠倒上述过程, 拿来一棵半标记树, 为其结点指定新的数字. 指定过程中, 考虑在从根结点到最小叶结点的路径上首先遇到的结点, 然后是从根结点到第二小叶结点的路径, 以此类推. 叶结点的数目是 $n+1$ 减去块数. [这个构造与习题 2.3.4.4–18 及该小节中的许多枚举有密切关系. 见彼得·埃尔德什和拉斯洛·塞凯伊, *Advances in Applied Math.* **10** (1989), 488–496.]

11. 在划分为最多 10 个块的 64855 个集合分划中, 可以从其中的 900 个获得纯字母算术, 其中 $\rho(a_1\ldots a_{13}) = \rho(a_5\ldots a_8 a_1\ldots a_4 a_9\ldots a_{13})$, 也可以从 13788536 个集合分划中的 563527 个获得, 其中 $\rho(a_1\ldots a_{13}) < \rho(a_5\ldots a_8 a_1\ldots a_4 a_9\ldots a_{13})$. 最前面的示例为 aaaa + aaaa = baaac, aaaa+aaaa = bbbbc, aaaa+aaab = baaac; 最后面的示例为 abcd+efgd = dceab (goat+newt = tango) 和 abcd + efgd = dceaf (clad + nerd = dance). [将分划生成器与算术字母求解联系起来的想法是由艾伦·萨克利夫提出来的.]

12. (a) 构造 $\rho((a_1 a_1')\ldots(a_n a_n'))$, 其中 ρ 在习题 4 中定义, 这是因为当且仅当 $x \equiv y \pmod{\Pi}$ 和 $x \equiv y \pmod{\Pi'}$ 时有 $x \equiv y \pmod{\Pi \vee \Pi'}$.

(b) 像在习题 2 中那样, 用链接表示 Π; 像在算法 2.3.3E 中那样表示 Π'; 利用该算法, 只要 $l_j \neq 0$, 则令 $j \equiv l_j$. (为提高效率, 我们假定 Π 的块数至少和 Π' 一样多.)

(c) 当 Π 的一个块已经被分为两部分时; 也就是说, Π' 的两个块已经被合并在一起.

(d) $\binom{t}{2}$; (e) $(2^{s_1-1} - 1) + \cdots + (2^{s_t-1} - 1)$.

(f) 正确: 设 $\Pi \vee \Pi'$ 有块 $B_1 | B_2 | \cdots | B_t$, 其中 $\Pi = B_1 B_2 | B_3 | \cdots | B_t$. 于是, Π' 实质上就是满足 $B_1 \not\equiv B_2$ 的 $\{B_1, \ldots, B_t\}$ 的一个分划, 并且 $\Pi \wedge \Pi'$ 的是将 Π' 中包含 B_1 的块和包含 B_2 的块合并在一起得到的. [满足这一条件的有限栅格称为下半模块; 见加勒特·伯克霍夫, *Lattice Theory* (1940), §I.8. 习题 7.2.1.4–54 的优超栅格并不具备这一性质, 例如, 当 $\alpha = 4111$ 和 $\alpha' = 331$ 时.]

(g) 错误. 例如, 令 $\Pi = 0011$, $\Pi' = 0101$.

(h) Π 和 Π' 的块是 $\Pi \vee \Pi'$ 的块的并集, 所以我们可以假定 $\Pi \vee \Pi' = \{1, \ldots, t\}$. 像在 (b) 中一样, 当 Π 中有 $t - r$ 个块时, 在 r 个步骤中 j 与 l_j 合并, 得到 Π. 对 Π' 应用这些合并操作, 每次合并将会使块数减少 0 或 1. 因此, $b(\Pi') - b(\Pi \wedge \Pi') \leq r = b(\Pi \vee \Pi') - b(\Pi)$.

[在 *Algebra Universalis* **10** (1980), 74–95 中, 帕维尔·普德拉克和伊日·图马证明了: 对于相当大的 n, 每个有限栅格都是 $\{1, \ldots, n\}$ 的分划栅格的一个子栅格.]

13. [见 *Advances in Math.* **26** (1977), 290–305.] 如果一个 t 块分划的 j 个元素出现在单元素块中, 而下一个元素 $n - j$ 则不然, 那我们就称这个分划的阶数为 $t - j$. 定义"斯特林串" Σ_{nt} 是 t 块分划 Π_1, $\Pi_2, \ldots$ 的阶数序列, 例如 $\Sigma_{43} = 122333$. 于是, $\Sigma_{tt} = 0$, 我们可以由 Σ_{nt} 获得 $\Sigma_{(n+1)t}$, 只需将前者中的每个数字 d 用长度为 $\binom{t+1}{2} - \binom{d}{2}$ 的串 $d^d (d+1)^{d+1} \ldots t^t$ 来代替即可, 例如

$$\Sigma_{53} = 1223332233322333333333.$$

基本思路是考虑算法 H 的字典生成过程. 设 $\Pi = a_1 \ldots a_n$ 是一个 j 阶的 t 块分划; 于是, 它就是在限制增长的串以 $a_1 \ldots a_{n-t+j}$ 开头的 t 块分划中, 根据字典序排在最小的分划. Π 包含的分划按字典序排列为 $\Pi_{12}, \Pi_{13}, \Pi_{23}, \Pi_{14}, \Pi_{24}, \Pi_{34}, \ldots, \Pi_{(t-1)t}$, 其中 Π_{rs} 表示"合并 Π 的块 r 和块 s", (也就是, "将所有出现的 $s - 1$ 改为 $r - 1$, 然后应用 ρ, 获得限制增长的串"). 如果 Π' 是从 $\Pi_{1(j+1)}$ 向上数起的最后 $\binom{t}{2} - \binom{j}{2}$ 个中的任意一个, 那么 Π 就是跟在 Π' 之后的最小 t 块分划. 例如, 如果 $\Pi = 001012034$, 则 $n = 9$, $t = 5$, $j = 3$, 与其相关的分划 Π' 为 $\rho(001012004)$, $\rho(001012014)$, $\rho(001012024)$, $\rho(001012030)$, $\rho(001012031)$, $\rho(001012032)$, $\rho(001012033)$.

于是, $f_{nt}(N) = f_{nt}(N-1) + \binom{t}{2} - \binom{j}{2}$, 其中 j 是 Σ_{nt} 的第 N 个数字.

14. E1. [初始化.] 对于 $1 \le j \le n$, 置 $a_j \leftarrow 0$, $b_j \leftarrow d_j \leftarrow 1$.

E2. [访问.] 访问限制增长的串 $a_1 \ldots a_n$.

E3. [寻找 j.] 置 $j \leftarrow n$; 然后, 当 $a_j = d_j$ 时, 置 $d_j \leftarrow 1 - d_j$, $j \leftarrow j - 1$.

E4. [完成?] 如果 $j = 1$ 则终止. 否则, 如果 $d_j = 0$ 则转到 E6.

E5. [下移.] 如果 $a_j = 0$, 则置 $a_j \leftarrow b_j$, $m \leftarrow a_j + 1$, 并转到 E7. 否则, 如果 $a_j = b_j$, 则置 $a_j \leftarrow b_j - 1$, $m \leftarrow b_j$, 并转到 E7. 否则, 置 $a_j \leftarrow a_j - 1$, 并返回 E2.

E6. [上移.] 如果 $a_j = b_j - 1$, 则置 $a_j \leftarrow b_j$, $m \leftarrow a_j + 1$, 并转到 E7. 否则, 如果 $a_j = b_j$, 则置 $a_j \leftarrow 0$, $m \leftarrow b_j$, 并转到 E7. 否则, 置 $a_j \leftarrow a_j + 1$, 并返回 E2.

E7. [固定 $b_{j+1} \ldots b_n$.] 对于 $k = j + 1, \ldots, n$, 置 $b_k \leftarrow m$. 返回 E2. ▌

[此算法可以进行全面优化, 这是因为像在算法 H 中那样 j 几乎总是等于 n.]

15. 它对应于无穷二进制串 $01011011011 \ldots$ 的前 n 位, 这是因为当且仅当 $n \bmod 3 = 0$ 时 ϖ_{n-1} 为偶数 (见习题 23).

16. 00012, 01012, 01112, 00112, 00102, 01102, 01002, 01202, 01212, 01222, 01022, 01122, 00122, 00121, 01121, 01021, 01221, 01211, 01201, 01200, 01210, 01220, 01020, 01120, 00120.

17. 下面的解使用了两个相互递归的过程 $f(\mu, \nu, \sigma)$ 和 $b(\mu, \nu, \sigma)$, 用于 "正向" 和 "反向" 生成 $A_{\mu\nu}$ 和 $A'_{\mu\nu}$, 当 $\sigma = 0$ 时生成前者, 当 $\sigma = 1$ 时生成后者. 为启动该过程, 假定 $1 < m < n$, 首先对于 $1 \le j \le n - m$ 置 $a_j \leftarrow 0$, 对于 $1 \le j \le m$ 置 $a_{n-m+j} \leftarrow j - 1$, 然后调用 $f(m, n, 0)$.

过程 $f(\mu, \nu, \sigma)$: 如果 $\mu = 2$, 访问 $a_1 \ldots a_n$; 否则, 调用 $f(\mu-1, \nu-1, (\mu+\sigma) \bmod 2)$. 然后, 如果 $\nu = \mu + 1$, 则执行以下操作: 将 a_μ 由 0 变为 $\mu - 1$, 访问 $a_1 \ldots a_n$; 重复置 $a_\nu \leftarrow a_\nu - 1$, 并访问 $a_1 \ldots a_n$, 直到 $a_\nu = 0$. 但是, 如果 $\nu > \mu + 1$, 则将 $a_{\nu-1}$ (如果 $\mu + \sigma$ 为奇数) 或 a_μ (如果 $\mu + \sigma$ 为偶数) 由 0 改为 $\mu - 1$; 然后, 如果 $a_\nu + \sigma$ 为奇数则调用 $b(\mu, \nu-1, 0)$, 如果 $a_\nu + \sigma$ 为偶数, 则调用 $f(\mu, \nu-1, 0)$; 并且当 $a_\nu > 0$ 时, 置 $a_\nu \leftarrow a_\nu - 1$, 并以相同方式再次调用 $b(\mu, \nu-1, 0)$ 或 $f(\mu, \nu-1, 0)$, 直到 $a_\nu = 0$.

过程 $b(\mu, \nu, \sigma)$: 如果 $\nu = \mu + 1$, 首先执行以下操作: 重复访问 $a_1 \ldots a_n$ 并置 $a_\nu \leftarrow a_\nu + 1$, 直到 $a_\nu = \mu - 1$; 然后访问 $a_1 \ldots a_n$, 并将 a_μ 由 $\mu - 1$ 改为 0. 但是, 如果 $\nu > \mu + 1$, 则在 $a_\nu + \sigma$ 为奇数时调用 $f(\mu, \nu-1, 0)$, 在 $a_\nu + \sigma$ 为偶数时调用 $b(\mu, \nu-1, 0)$; 然后, 当 $a_\nu < \mu - 1$ 时置 $a_\nu \leftarrow a_\nu + 1$, 并再次以相同方式调用 $f(\mu, \nu-1, 0)$ 或 $b(\mu, \nu-1, 0)$, 直到 $a_\nu = \mu - 1$; 最后, 将 $a_{\nu-1}$ ($\mu + \sigma$ 为奇数时) 或 a_μ ($\mu + \sigma$ 为偶数时) 由 $\mu - 1$ 改为 0. 最后, 在两种情况下都执行以下操作: 如果 $\mu = 2$ 则访问 $a_1 \ldots a_n$, 否则调用 $b(\mu-1, \nu-1, (\mu+\sigma) \bmod 2)$.

大多数运行时间实际上都花费在处理 $\mu = 2$ 的情况中; 对于这种情况, 可以用基于格雷二进制码的更快速例程来代替 (这些例程背离了弗兰克·拉斯基的实际序列). 当 $\mu = \nu - 1$ 时, 还可以使用一种流水线化的进程.

18. 该序列必须以 $01 \ldots (n-1)$ 开头 (或结束). 根据习题 32, 当 $0 \ne \delta_n \ne (1)^{0+1+\cdots+(n-1)}$ 时, 也就是当 $n \bmod 12$ 为 4, 6, 7 或 9 时, 不可能存在这样的格雷码.

$n = 1, 2, 3$ 时的情景容易求解; 当 $n = 5$ 时存在 1 927 683 326 个解. 因此, 除了前面已经排除的情景之外, 对于所有 $n \ge 8$, 可能存在数目极其庞大的解. 实际上, 除了当 $n \equiv 2k + (2, 4, 5, 7) \pmod{12}$ 的情景之外, 我们有可能找出这样一条格雷路径, 穿过在习题 28(e) 的答案中所考虑的串的所有 ϖ_{nk}.

注意: 当 $2 < m < n$ 时, 习题 30 中的广义斯特林数 $\left\{{n \atop m}\right\}_{-1}$ 超过 1, 所以没有这样的格雷码可以将 $\{1, \ldots, n\}$ 划分为 m 个块.

19. (a) 将 (6) 改为模式 $0, 2, \ldots, m, \ldots, 3, 1$ 或其逆序, 就像 7.2.1.3-(45) 的内在顺序. [见约瑟夫·屈尔夏克, *Matematikai versenytételek* (Szeged: 1929), 来源于 1928 年厄特沃什数学竞赛的问题 2.]

(b) 我们可以推广 (8) 和 (9), 以获得分别以 $0^{n-m}01 \ldots (m-1)$ 开头并且以 $01 \ldots (m-1)\alpha$ 和 $0^{n-m-1}01 \ldots (m-1)a$ 结尾的序列 $A_{mn\alpha}$ 和 A'_{mna}, 其中 $0 \le a \le m - 2$, α 是满足 $0 \le a_j \le m - 2$

的任意串 $a_1 \ldots a_{n-m}$. 当 $2 < m < n$ 时, 新的规则是:

$$A_{m(n+1)(\alpha a)} = \begin{cases} A_{(m-1)n(b\beta)}x_1, A_{mn\alpha}^R x_1, A_{mn\alpha}x_2, \ldots, A_{mn\alpha}x_m, & \text{如果 } m \text{ 为偶数}; \\ A'_{(m-1)nb}x_1, A_{mn\alpha}x_1, A_{mn\alpha}^R x_2, \ldots, A_{mn\alpha}x_m, & \text{如果 } m \text{ 为奇数}; \end{cases}$$

$$A'_{m(n+1)a} = \begin{cases} A_{(m-1)nb}x_1, A_{mn\beta}x_1, A_{mn\beta}^R x_2, \ldots, A_{mn\beta}^R x_m, & \text{如果 } m \text{ 为偶数}; \\ A_{(m-1)n(b\beta)}x_1, A_{mn\beta}^R x_1, A_{mn\beta}x_2, \ldots, A_{mn\beta}^R x_m, & \text{如果 } m \text{ 为奇数}; \end{cases}$$

这里的 $b = m - 3$, $\beta = b^{n-m}$, $(x_1, \ldots, x_m)$ 是从 $x_1 = m - 1$ 到 $x_m = a$ 的一条路径.

20. 012323212122; 一般地, 用习题 4 中的表示方法为 $(a_1 \ldots a_n)^T = \rho(a_n \ldots a_1)$.

21. 数 $\langle s_0, s_1, s_2, \ldots \rangle = \langle 1, 1, 2, 3, 7, 12, 31, 59, 164, 339, 999, \ldots \rangle$ 满足递推式 $s_{2n+1} = \sum_k \binom{n}{k} s_{2n-2k}$, $s_{2n+2} = \sum_k \binom{n}{k}(2^k+1)s_{2n-2k}$, 原因就在于中间元素与其他元素的关联方式. 因此, $s_{2n} = n![z^n] \exp((e^{2z}-1)/2 + e^z - 1)$ 和 $s_{2n+1} = n![z^n] \exp((e^{2z}-1)/2 + e^z + z - 1)$. 考虑对前半部分的集合分划, 还可以得到 $s_{2n} = \sum_k \left\{ {n \atop k} \right\} x_k$ 和 $s_{2n+1} = \sum_k \left\{ {n+1 \atop k} \right\} x_{k-1}$, 其中 $x_n = 2x_{n-1} + (n-1)x_{n-2} = n![z^n]\exp(2z+z^2/2)$. [西奥多 · 莫茨金在 *Proc. Symp. Pure Math.* **19** (1971), 173 中考虑了序列 $\langle s_{2n} \rangle$.]

22. (a) 根据 (16), $\sum_{k=0}^{\infty} k^n \Pr(X=k) = e^{-1} \sum_{k=0}^{\infty} k^n/k! = \varpi_n$.

(b) $\sum_{k=0}^{\infty} k^n \Pr(X=k) = \sum_{k=0}^{\infty} k^n \sum_{j=0}^{m} \binom{j}{k}(-1)^{j-k}/j!$, 并且因为当 $j > n$ 时 $\sum_k \binom{j}{k}(-1)^k k^n = 0$, 所以我们可以将内积扩展到 $j = \infty$. 因此, 这个 n 阶矩可求出为 $\sum_{k=0}^{\infty}(k^n/k!)\sum_{l=0}^{\infty}(-1)^l/l! = \varpi_n$. [见约瑟夫 · 欧文, *J. Royal Stat. Soc.* **A118** (1955), 389–404; 詹姆斯 · 皮特曼, *AMM* **104** (1997), 201–209.]

23. (a) 根据 (14), 只要 $f(x) = x^n$, 该公式即成立, 所以它一般是成立的. (因此, 我们还可以根据 (16) 得到 $\sum_{k=0}^{\infty} f(k)/k! = ef(\varpi)$.)

(b) 假设我们已经针对 k 证明了这一关系, 并令 $h(x) = (x-1)^k f(x)$, $g(x) = f(x+1)$. 于是, $f(\varpi + k + 1) = g(\varpi + k) = \varpi^k g(\varpi) = h(\varpi + 1) = \varpi h(\varpi) = \varpi^{k+1} f(\varpi)$. [见雅克 · 图沙尔, *Ann. Soc. Sci. Bruxelles* **53** (1933), 21–31. 这个符号化的"阴影演算"是约翰 · 布莱萨德在 *Quart. J. Pure and Applied Math.* **4** (1861), 279–305 中发明的, 它非常有用. 但是, 由于 $f(\varpi) = g(\varpi)$ 并不能导出 $f(\varpi)h(\varpi) = g(\varpi)h(\varpi)$, 所以在处理这一运算时要非常小心.]

(c) 这一提示是习题 4.6.2-16(c) 的一种特殊情况. 然后, 在 (b) 中置 $f(x) = x^n$ 和 $k = p$ 可以得出 $\varpi_n \equiv \varpi_{p+n} - \varpi_{1+n}$.

(d) 对 p 取模, 多项式 $x^N - 1$ 可被 $g(x) = x^p - x - 1$ 整除, 因为 $x^{p^k} \equiv x + k$ 及 $x^N \equiv x^{\bar{p}} \equiv x^p \equiv x^p - x \equiv 1 \pmod{g(x) \text{ 和 } p}$. 因此, 如果 $h(x) = (x^N - 1)x^n/g(x)$, 则有 $h(\varpi) \equiv h(\varpi + p) = \varpi^p h(\varpi) \equiv (\varpi^p - \varpi)h(\varpi)$ 以及 $0 \equiv g(\varpi)h(\varpi) = \varpi^{N+n} - \varpi^n \pmod{p}$.

24. 通过对 e 应用归纳法可以证明这个提示, 因为 $x^{p^e} = \prod_{k=0}^{p-1}(x - kp^{e-1})^{p^{e-1}}$. 我们还可以通过对 n 应用归纳法来证明: 由 $x^n \equiv r_n(x) \pmod{g_1(x) \text{ 和 } p}$ 可导出

$$x^{p^{e-1}n} \equiv r_n(x)^{p^{e-1}} \pmod{g_e(x), pg_{e-1}(x), \ldots, p^{e-1}g_1(x), p^e}.$$

因此, 对于特定的整系统多项式 $h_k(x)$, 有 $x^{p^{e-1}N} = 1 + h_0(x)g_e(x) + ph_1(x)g_{e-1}(x) + \cdots + p^{e-1}h_{e-1}(x)g_1(x) + p^e h_e(x)$. 对 p^e 取模可以得到 $h_0(\varpi)\varpi^n \equiv h_0(\varpi + p^e)(\varpi + p^e)^n \equiv \varpi^{p^e}h_0(\varpi)\varpi^n \equiv (g_e(\varpi) + 1)h_0(\varpi)\varpi^n$; 因此,

$$\varpi^{p^{e-1}N+n} = \varpi^n + h_0(\varpi)g_e(\varpi)\varpi^n + ph_1(\varpi)g_{e-1}(\varpi)\varpi^n + \cdots \equiv \varpi^n.$$

[当 $p = 2$ 时可以应用类似的推导过程, 但我们令 $g_{j+1}(x) = g_j(x)^2 + 2[j=2]$, 得到 $\varpi_n \equiv \varpi_{n+3 \cdot 2^e} \pmod{2^e}$. 这些结果由小马歇尔 · 霍尔给出; 见 *Bull. Amer. Math. Soc.* **40** (1934), 387; *Amer. J. Math.* **70** (1948), 387–388. 进一步的信息见威廉 · 伦农、彼得 · 普莱曾茨和纳尔逊 · 斯蒂芬斯, *Acta Arith.* **35** (1979), 1–16.]

25. 为了证明第一个不等式, 可以向限制增长的串的树应用一个通用性要强得多的原理: 在任意树中, 只要对于所有的非根结点 p 均满足 $\text{degree}(p) \geq \text{degree}(\text{parent}(p))$, 则有 $w_k/w_{k-1} \leq w_{k+1}/w_k$, 其

中 w_k 是第 k 层上的结点总数. 因为当第 $k-1$ 层上的 $m = w_{k-1}$ 个结点分别有 $a_1, \ldots, a_m$ 个子结点时, 它们至少有 $a_1^2 + \cdots + a_m^2$ 个孙结点, 因此有 $w_{k-1}w_{k+1} \geq m(a_1^2 + \cdots + a_m^2) \geq (a_1 + \cdots + a_m)^2 = w_k^2$.

对于第二个不等式, 注意到 $\varpi_{n+1} - \varpi_n = \sum_{k=0}^{n}\left(\binom{n}{k} - \binom{n-1}{k-1}\right)\varpi_{n-k}$, 因此,

$$\frac{\varpi_{n+1}}{\varpi_n} - 1 = \sum_{k=0}^{n-1}\binom{n-1}{k}\frac{\varpi_{n-k}}{\varpi_n} \leq \sum_{k=0}^{n-1}\binom{n-1}{k}\frac{\varpi_{n-k-1}}{\varpi_{n-1}} = \frac{\varpi_n}{\varpi_{n-1}}.$$

因为（例如）$\varpi_{n-3}/\varpi_n = (\varpi_{n-3}/\varpi_{n-2})(\varpi_{n-2}/\varpi_{n-1})(\varpi_{n-1}/\varpi_n)$ 小于或等于 $(\varpi_{n-4}/\varpi_{n-3})$ $(\varpi_{n-3}/\varpi_{n-2})(\varpi_{n-2}/\varpi_{n-1}) = \varpi_{n-4}/\varpi_{n-1}$.

26. 共有 $\binom{n-1}{n-t}$ 条从 ⓝ1 到 ⓣt 的向右路径. 我们可以用 0 和 1 来表示它们, 其中 0 表示"向右", 1 表示"向上", 1 的位置告诉我们哪 $n-t$ 个元素是在具有 1 的块中. 如果 $t > 1$, 则下一步是走向远在左边的另一个顶点. 所以我们沿一条路径继续进行, 这条路径定义了剩余 $t-1$ 个元素的一个分划. 例如, 根据这些约定, 分划 14|2|3 对应于路径 0010, 其中各个二进制位的含义是 $1 \not\equiv 2, 1 \not\equiv 3, 1 \equiv 4, 2 \not\equiv 3$. [也可能有其他许多种解释. 这里给出的约定表明 ϖ_{nk} 列举了满足 $1 \not\equiv 2, \ldots, 1 \not\equiv k$ 的分划, 这是由哈罗德·贝克尔发现的一个组合性质. 见 *AMM* **51** (1944), 47, and *Mathematics Magazine* **22** (1948), 23–26.]

27. (a) 一般地, $\lambda_0 = \lambda_1 = \lambda_{2n-1} = \lambda_{2n} = 0$. 以下列表还给出了通过 (b) 部分中的算法, 与每个环相对应的限制增长的串:

0,0,0,0,0,0,0,0,0 0123	0,0,1,0,0,0,0,0,0 0012	0,0,1,1,1,0,0,0,0 0102
0,0,0,0,0,0,1,0,0 0122	0,0,1,0,0,0,1,0,0 0011	0,0,1,1,1,0,1,0,0 0100
0,0,0,0,1,0,0,0,0 0112	0,0,1,0,1,0,0,0,0 0001	0,0,1,1,1,1,1,0,0 0120
0,0,0,0,1,0,1,0,0 0111	0,0,1,0,1,0,1,0,0 0000	0,0,1,1,11,1,1,0,0 0101
0,0,0,0,1,1,1,0,0 0121	0,0,1,0,1,1,1,0,0 0010	0,0,1,1,2,1,1,0,0 0110

(b) "图表"这一名字暗示了与 5.1.4 节的联系, 实际上, 在该节创建的理论引出了一种很有趣的一一对应关系. 我们可以在一个三角形棋盘上表示集合分划: 在习题 2 的链表表示法中, 只要 $l_j \neq 0$, 就在棋盘的第 $n+1-j$ 行的第 l_j 列放一个车. (见习题 5.1.3–19 的答案.) 例如, 本图中的车表示 135|27|489|6. 同样地, 非零链接也可以在一个两行数组中指定, 比如 $\binom{1\,2\,3\,4\,8}{3\,7\,5\,8\,9}$; 见 5.1.4–(11).

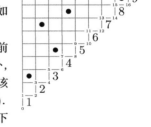

考虑一条长度为 $2n$ 的路径, 该路径始于这个三角图的左下角, 沿右边缘前进, 终止于右上角: 这一路径的点是 $z_k = (\lfloor k/2 \rfloor, \lceil k/2 \rceil)$ $(0 \leq k \leq 2n)$. 此外, 当 $i \leq \lfloor k/2 \rfloor$ 和 $j > \lceil k/2 \rceil$ 时, z_k 左上方的矩形恰好包含了那些将坐标对 $\frac{i}{j}$ 加入该两行数组的车; 在我们的例子中, 当 $9 \leq k \leq 12$ 时, 正好有两个这种车, 即 $\binom{2\,4}{7\,8}$. 定理 5.1.4A 告诉我们, 这种两行数组等价于图表 (P_k, Q_k), 其中 P_k 的元素来自下一行, Q_k 的元素来自上一行, 并且 P_k 和 Q_k 的形状相同. 比较有利的做法是在图表 P 中使用递增顺序, 在图表 Q 中使用递增顺序, 于是, 在我们的例子中, 它们分别为

k	P_k	Q_k	k	P_k	Q_k	k	P_k	Q_k
2	3	1	7	7 5	2 3	12	8 / 7	2 / 4
3	3	1	8	8 5 / 7	2 3 / 4	13	8	4
4	7 / 3	1 / 2	9	8 / 7	2 / 4	14	8	4
5	7	2	10	8 / 7	2 / 4	15	·	·
6	7 5	2 3	11	8 / 7	2 / 4	16	9	8

而当 $k = 0, 1, 17,$ 和 18 时, P_k 和 Q_k 为空.

这样，如果我们令 λ_k 是规定了 P_k、Q_k 公共形状的整数分划，则每个集合分划都得引出一个摇摆图表循环 $\lambda_0, \lambda_1, \ldots, \lambda_{2n}$.（在我们的例子中，这个循环是 0, 0, 1, 1, 11, 1, 2, 2, 21, 11, 11, 11, 11, 1, 1, 0, 1, 0, 0.）此外，$t_{2k-1} = 0$ 等价于第 $n+1-k$ 行中没有车，等价于 k 是其块中的最小值.

反之，P_k 和 Q_k 的元素可以由形状序列 λ_k 唯一地确定. 即，如果 $t_k = 0$，则 $Q_k = Q_{k-1}$. 否则，如果 k 是偶数，则 Q_k 就是 Q_{k-1}，只是把数 $k/2$ 放在了 t_k 右侧的一个新单元格中；如果 k 为奇数，则利用算法 5.1.4D 删除第 t_k 行的最右项，从而由 Q_{k-1} 获得 Q_k. 采用类似过程，可以由 P_{k+1} 和 t_{k+1} 的值来确定 P_k. 所以我们可以由 P_{2n} 到 P_0 倒过来处理. 于是，形状序列 λ_k 就足以告诉我们应当将车放在哪里了.

摇摆图表循环是由陈永川、邓玉平、杜若霞、理查德·斯坦利和颜华菲在论文 *Transactions of the Amer. Math. Soc.* **359** (2007), 1555–1575 中提出的，他们证明了这一构造过程有着非常重要的（令人惊奇的）结果. 例如，如果集合分划 Π 对应于摇摆图表循环 $\lambda_0, \lambda_1, \ldots, \lambda_{2n}$，我们就说它的对偶 Π^D 是与转置形状序列 $\lambda_0^T, \lambda_1^T, \ldots, \lambda_{2n}^T$ 相对应的集合分划. 于是，由习题 5.1.4–7 可知，Π 包含了一个"在 l 处的 k 交叉"，即一个下标序列，满足 $i_1 < \cdots < i_k \le l < j_1 < \cdots < j_k$ 和 $i_1 \equiv j_1, \ldots, i_k \equiv j_k \pmod{\Pi}$，当且仅当 Π^D 包含一个"在 l 处的 k 嵌套"，它是一个下标序列，满足 $i_1' < \cdots < i_k' \le l < j_k' < \cdots < j_1'$ 和 $i_1' \equiv j_1', \ldots, i_k' \equiv j_k' \pmod{\Pi^D}$. 还要注意，对合实际上是一个集合分划，其中所有块的大小都是 1 或 2；一个对合的对偶是一个具有相同单元素集合的对合. 特别地，一个完全匹配（当不存在单元素集合时）的对合是一个完全匹配.

此外，类似的构造过程适用于在任意费勒斯图中放置车，而不是仅限于和集合分划相对应的楼梯状图形. 给定一个最多有 m 个部分的费勒斯图，所有部分的大小均小于等于 n，我们只需考虑紧靠图形右边缘的路径 $z_0 = (0,0), z_1, \ldots, z_{m+n} = (n, m)$，并规定：当 $z_k = z_{k-1} + (1, 0)$ 时，$\lambda_k = \lambda_{k-1} + e_{t_k}$；当 $z_k = z_{k-1} + (0, 1)$ 时，$\lambda_k = \lambda_{k-1} - e_{t_k}$. 针对楼梯形状给出的证明过程也证明了，在费勒斯图中放置车的每一种方式（每一行最多一个车，每一列最多一个车）都对应于唯一的此种图表循环.

［除此之外，更有非常非常多的结论是正确的！见艾伦·贝雷勒，*J. Combinatorial Theory* **A43** (1986), 320–328；谢尔盖·福明，*J. Combinatorial Theory* **A72** (1995), 277–292；马库斯·范莱文，*Electronic J. Combinatorics* **3**, 2 (1996), paper #R15.]

28. (a) 在两种车的布置方案之间建立一种一一对应关系：在第 j 和 $j+1$ 行中，当且仅当在较长一行的"锅柄"中有一个车时，对这两行中的车的位置进行交换.

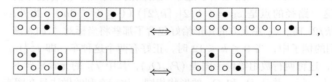

(b) 通过转置所有车，可以很轻松地由定义中看出这一关系.

(c) 假设 $a_1 \ge a_2 \ge \cdots$ 且 $a_k > a_{k+1}$. 于是有

$$R(a_1, a_2, \ldots) = x R(a_1 - 1, \ldots, a_{k-1} - 1, a_{k+1}, \ldots) + y R(a_1, \ldots, a_{k-1}, a_k - 1, a_{k+1}, \ldots),$$

因为第一项计算了在第 k 行第 a_k 列有一个车的情景个数. 另外，由于所有方格中均没有车的情况只有一种，所以 $R(0) = 1$. 由这些递推式可以求得

$$R(1) = x + y; \quad R(2) = R(1,1) = x + xy + y^2; \quad R(3) = R(1,1,1) = x + xy + xy^2 + y^3;$$
$$R(2,1) = x^2 + 2xy + xy^2 + y^3;$$
$$R(3,1) = R(2,2) = R(2,1,1) = x^2 + x^2 y + xy + 2xy^2 + xy^3 + y^4;$$
$$R(3,1,1) = R(3,2) = R(2,2,1) = x^2 + 2x^2 y + x^2 y^2 + 2xy^2 + 2xy^3 + xy^4 + y^5;$$
$$R(3,2,1) = x^3 + 3x^2 y + 3x^2 y^2 + x^2 y^3 + 3xy^3 + 2xy^4 + xy^5 + y^6.$$

(d) 例如, 公式 $\varpi_{73}(x,y) = x\varpi_{63}(x,y) + y\varpi_{74}(x,y)$ 等价于 $R(5,4,4,3,2,1) = xR(4,3,3,2,1) + yR(5,4,3,2,1)$, 它是 (c) 的一种特例; $\varpi_{nn}(x,y) = R(n-2,\ldots,0)$ 显然等于 $\varpi_{(n-1)1}(x,y) = R(n-2,\ldots,1)$.

(e) 事实上, $y^{k-1}\varpi_{nk}(x,y)$ 是对所有满足 $a_2 > 0,\ldots,a_k > 0$ 的限制增长的串 $a_1\ldots a_n$ 进行所述求和.

29. (a) 如果各个车分别在 $(c_1,\ldots,c_n)$ 等各列中, 则自由方格的数目就是排列 $(n+1-c_1)\ldots(n+1-c_n)$ 的逆序数. [把图 56 旋转 180°, 并把结果与式 5.1.1–(5) 之后的图示进行对比.]

(b) 每种 $r \times r$ 配置都可以放置在 $i_1 < \cdots < i_r$ 行和 $j_1 < \cdots < j_r$ 列, 在未选择的行和列中生成 $(m-r)(n-r)$ 个自由方格; 在未选择的行和选定的列中有 $(i_2-i_1+1) + 2(i_3-i_2-1) + \cdots + (r-1)(i_r-i_{r-1}-1) + r(m-i_r)$ 个, 在选定的行和未选定的列中, 此数目类似. 此外,

$$\sum_{1 \le i_1 < \cdots < i_r \le m} y^{(i_2-i_1+1)+2(i_3-i_2-1)+\cdots+(r-1)(i_r-i_{r-1}-1)+r(m-i_r)}$$

可以看作是在所有分划 $r \ge a_1 \ge a_2 \ge \cdots \ge a_{m-r} \ge 0$ 上对 $y^{a_1+a_2+\cdots+a_{m-r}}$ 求和, 于是由定理 C 可知, 它等于 $\binom{m}{r}_y$. 根据 (a), 多项式 $r!_y$ 生成选定行和列中的自由方格. 因此, 答案是 $y^{(m-r)(n-r)}\binom{m}{r}_y\binom{n}{r}_y r!_y = y^{(m-r)(n-r)}m!_y n!_y/((m-r)!_y(n-r)!_y r!_y)$.

(c) 左侧是费勒斯图的生成函数 $R_m(t+a_1,\ldots,t+a_m)$, 该图中有另外 t 个高度为 m 的列. 由于可以有 $t+a_m$ 种方式将一个车放在第 m 行, 对于各个选择, 共生成 $1+y+\cdots+y^{t+a_m-1} = (1-y^{t+a_m})/(1-y)$ 个自由方格; 于是, 在第 $m-1$ 行共有 $t+a_{m-1}-1$ 个可用方格, 如此等等.

同理, 右侧等于 $R_m(t+a_1,\ldots,t+a_m)$. 如果要将 $m-k$ 个车放到大于 t 的列中, 则必须将 k 个车放到 k 个未用列的小于等于 t 的列中; 我们已经看到, $t!_y/(t-k)!_y$ 是在将 k 个车放到 $k \times t$ 棋盘时, 自由方格的生成函数.

注意: 这里证明的公式可以看作是一个关于变量 y 和 y^t 的多项式恒等式; 因此, 尽管我们在证明过程中假定 t 是非负整数, 但实际上这个式子对任意 t 都是有效的. 这一结果是杰伊·戈德曼、城市东明和丹尼斯·怀特 [*Proc. Amer. Math. Soc.* **52** (1975), 485–492] 在 $y=1$ 的情况下发现的. 一般情景是由阿德里亚诺·加西亚和杰弗里·雷梅尔 [*J. Combinatorial Theory* **A41** (1986), 246–275] 确立的, 他们使用了一种类似的论证过程来证明了另一公式

$$\sum_{t=0}^{\infty} z^t \prod_{j=1}^{m} \frac{1-y^{a_j+m-j+t}}{1-y} = \sum_{k=0}^{n} k!_y \left(\frac{z}{1-yz}\right)\cdots\left(\frac{z}{1-y^k z}\right)R_{m-k}(a_1,\ldots,a_m).$$

(d) 这一结论可以直接由 (c) 得到, 它还蕴涵着: 当且仅当该等式对于所有 x 以及对于任意非零 y 也成立时, $R(a_1,\ldots,a_m) = R(a'_1,\ldots,a'_m)$. 习题 28(d) 的皮尔斯多项式 $\varpi_{nk}(x,y)$ 是 $\binom{n-1}{k-1}$ 个不同皮尔斯图的车多项式. 例如, $\varpi_{63}(x,y)$ 针对形状 43321, 44221, 44311, 4432, 53221, 53311, 5332, 54211, 5422, 5431 逐一给出了放置车的方案.

30. (a) 我们有 $\varpi_n(x,y) = \sum_m x^{n-m}A_{mn}$, 其中 $A_{mn} = R_{n-m}(n-1,\ldots,1)$ 满足一条简单的定律: 如果我们没有在形状 $(n-1,\ldots,1)$ 的第 1 行中放入车, 那么由于其他各行有 $n-m$ 个车, 所以该行有 $m-1$ 个自由方格. 但如果我们在该行放了一个车, 那么它的 0, 1, $\cdots$ 或 $m-1$ 个方格为自由方格. 因此, $A_{mn} = y^{m-1}A_{(m-1)(n-1)} + (1+y+\cdots+y^{m-1})A_{m(n-1)}$, 通过归纳法, 可由此得出 $A_{mn} = y^{m(m-1)/2}\left\{\begin{matrix} n \\ m \end{matrix}\right\}_y$.

(b) 由公式 $\varpi_{n+1}(x,y) = \sum_k \binom{n}{k}x^{n-k}y^k\varpi_k(x,y)$ 得出

$$A_{m(n+1)} = \sum_k \binom{n}{k} y^k A_{(m-1)k}.$$

(c) 由 (a) 和 (b) 得

$$\frac{z^n}{(1-z)(1-(1+q)z)\ldots(1-(1+q+\cdots+q^{n-1})z)} = \sum_k \left\{\begin{matrix} k \\ n \end{matrix}\right\}_q z^k;$$

$$\sum_k \binom{n}{k}_q (-1)^k q^{\binom{k}{2}} e^{(1+q+\cdots+q^{n-k-1})z} = q^{\binom{n}{2}} n!_q \sum_k \left\{\begin{matrix} k \\ n \end{matrix}\right\}_q \frac{z^k}{k!}.$$

[第二个公式是通过对 n 应用归纳法得出, 这是因为等式两边都满足差分方程 $G'_{n+1}(z) = (1 + q + \cdots + q^n)e^z G_n(qz)$; 习题 1.2.6–58 证明了该等式在 $z = 0$ 时成立.]

历史注记: 伦纳德·卡利茨在 *Transactions of the Amer. Math. Soc.* **33** (1933), 127–129 中介绍了 q 斯特林数. 之后, 他在 *Duke Math. J.* **15** (1948), 987–1000 中推导了式 1.2.6–(45) 的一个恰当的推广式 (该文中还包含其他内容)

$$(1 + q + \cdots + q^{m-1})^n = \sum_k \left\{ {n \atop k} \right\}_q q^{\binom{k}{2}} \frac{m!_q}{(m-k)!_q}.$$

31. $\exp(e^{w+z} + w - 1)$; 于是, 当采用习题 23 的阴影记号时, $\varpi_{nk} = (\varpi + 1)^{n-k} \varpi^{k-1} = \varpi^{n+1-k}(\varpi - 1)^{k-1}$. [利奥·莫泽和马克斯·怀曼, *Trans. Royal Soc. Canada* (3) **43** (1954), 第 3 节, 31–37.] 事实上, 习题 28(d) 的数 $\varpi_{nk}(x, 1)$ 由 $\exp((e^{xw+xz} - 1)/x + xw)$ 生成.

32. 我们有 $\delta_n = \varpi_n(1, -1)$, 当 $x = 1$, $y = -1$ 时, 容易在习题 28(d) 经过推广的皮尔斯三角中看出一种很简单的模式: 对于 $1 \le k < n$, 我们有 $|\varpi_{nk}(1, -1)| \le 1$ 和 $\varpi_{n(k+1)}(1, -1) \equiv \varpi_{nk}(1, -1) + (-1)^n$ (mod 3). [在 *JACM* **20** (1973), 512–513 中, 吉德翁·埃尔利希给出了一个等价结果的组合证明.]

33. 在习题 28(d) 中, 置 $x = y = 1$, 然后像在习题 27 的答案中一样用车的放置方式来表示集合分划, 即可得到答案 ϖ_{nk}. [$k = n$ 的情景是赫尔穆特·普罗丁格发现的, 见 *Fibonacci Quarterly* **19** (1981), 463–465.]

34. (a) 圭托内的 *Sonetti* 中, 149 首采用格式 01010101232323, 64 首采用格式 01010101234234, 2 首采用格式 01010101234342, 有 7 首所用的格式仅使用了一次 (比如 01100110234432), 有 29 首诗因为不是 14 行, 所以不再被看作是十四行诗.

(b) 彼特拉克的 *Canzoniere* 中包含 115 首采用格式 01100110234234 的十四行诗, 109 首采用格式 01100110232323, 66 首采用格式 01100110234324, 7 首采用格式 01100110232232, 诸如 01010101232323 等其他 20 种格式最多仅分别使用 4 次.

(c) 斯宾塞的 *Amoretti* 中, 89 首十四行诗中的 88 首使用格式 01011212232344, 唯一的例外 (第 8 号) 是 "莎士比亚风格的".

(d) 莎士比亚的 154 首十四行诗中, 除了两首 (99 和 126) 没有 14 行外, 都使用了相当容易的格式 01012323454566 的组合方式.

(e) 勃朗宁的 44 首 *Sonnets From the Portuguese*[①] 遵从彼特拉克体格式 01100110232323.

有些时候, 这些行甚至在不需要押韵时也押韵了, (偶然?) 例如, 勃朗宁的最后一首十四行诗实际上采用的格式是 01100110121212.

顺便说一下, 但丁的《神曲》中有一些很长的篇章使用了一种相互关联的押韵格式, 其中 $1 \equiv 3$ 且对于 $n = 1, 2, \ldots$ 有 $3n - 1 \equiv 3n + 1 \equiv 3n + 3$.

35. 每个不完整的 n 行押韵格式 Π 都对应于 $\{1, \ldots, n+1\}$ 的一个没有单元素的分划, 其中 $(n+1)$ 与 Π 的所有单个元素分在一组. [哈罗德·贝克尔在 *AMM* **48** (1941), 702 中给出了一种代数证明. 注意, $\varpi'_n = \sum_k \binom{n}{k}(-1)^{n-k}\varpi_k$, 根据容斥原理, 有 $\varpi_n = \sum_k \binom{n}{k}\varpi'_k$; 事实上, 我们可以采用习题 23 中的阴影记号记为 $\varpi' = \varpi - 1$. 杰弗里·沙历特已经提议, 通过置 $\varpi_{n(n+1)} = \varpi'_n$, 对皮尔斯三角进行扩展. 见习题 38(e) 和习题 33. 事实上, ϖ_{nk} 是 $\{1, \ldots, n\}$ 的某些分划的数目, 这些分划具有以下性质: $1, \ldots, k - 1$ 不是单元素; 见哈罗德·贝克尔, *Bull. Amer. Math. Soc.* **58** (1952), 63.]

36. $\exp(e^z - 1 - z)$. (一般地, 如果 ϑ_n 是 $\{1, \ldots, n\}$ 的一些分划的数目, 这些分划将其划分为一些子集, 子集的可允许大小满足 $s_1 < s_2 < \cdots$, 则指数生成函数 $\sum_n \vartheta_n z^n/n!$ 为 $\exp(z^{s_1}/s_1! + z^{s_2}/s_2! + \cdots)$, 因为 $(z^{s_1}/s_1! + z^{s_2}/s_2! + \cdots)^k$ 就是一些分划的指数生成函数, 这些分划将其恰好划分为 k 个部分.)

37. 对于长度 n, 共有 $\sum_k \binom{n}{k}\varpi'_k \varpi'_{n-k}$ 种可能性, 因此, 当 $n = 14$ 时, 共有 784 071 966 种. (但是, 普希金的韵律是很难跟上节拍的.)

[①] 中文版:《勃朗宁夫人十四行诗》, 毛喻原译, 译林出版社, 2016 年 3 月第 1 版.——编者注

38. (a) 设想以 $x_1 x_2 \ldots x_n = 01 \ldots (n-1)$ 入手，然后对于 $j = 1, 2, \ldots, n$，连续删除某一元素 b_j，并将它放在左侧. 则对于 $1 \le k \le |\{b_1, \ldots, b_n\}|$，$x_k$ 将是第 k 个最近移动的元素；见习题 5.2.3–36. 最终，当且仅当 $b_n \ldots b_1$ 是一个限制增长的串时，数组 $x_1 \ldots x_n$ 将返回其原始状态. [戴维·罗宾斯和伊桑·博尔克，*Æquat. Math.* **22** (1981), 281–282.]

换言之，设 $a_1 \ldots a_n$ 是一个限制增长的串. 对于 $0 \le j < n$，置 $b_{-j} \leftarrow j$ 和 $b_{j+1} \leftarrow a_{n-j}$. 于是，对于 $1 \le j \le n$，根据如下规则定义 k_j，即 b_j 是序列 $b_{j-1}, b_{j-2}, \ldots$ 的第 k_j 个非重复元素. 例如，根据这一规则，串 $a_1 \ldots a_{16} = 0123032303456745$ 对应于 σ 循环 6688448628232384.

(b) 这些路径对应于满足 $\max(a_1, \ldots, a_n) \le m$ 的限制增长的串，所以答案为 $\left\{ {n \atop 0} \right\} + \left\{ {n \atop 1} \right\} + \cdots + \left\{ {n \atop m} \right\}$.

(c) 我们可以假定 $i = 1$，这是因为只要 $k_1 k_2 \ldots k_n$ 是一个 σ 循环，序列 $k_2 \ldots k_n k_1$ 也就是这样的循环. 因此，答案就是满足 $a_n = j - 1$ 的限制增长的串的数目，即 $\left\{ {n-1 \atop j-1} \right\} + \left\{ {n-1 \atop j} \right\} + \left\{ {n-1 \atop j+1} \right\} + \cdots$.

(d) 如果答案是 f_n，则必然有 $\sum_k \binom{n}{k} f_k = \varpi_n$，因为 σ_1 为恒等排列. 因此，$f_n = \varpi'_n$，也就是没有单个元素的集合分划的数目（习题 35）.

(e) 根据 (a) 和 (d)，再次有 ϖ'_n. [因此，当 p 为素数时，$\varpi'_p \bmod p = 1$.]

39. 设 $u = t^{p+1}$，得到 $\frac{1}{p+1} \int_0^\infty e^{-u} u^{(q-p)/(p+1)} \, du = \frac{1}{p+1} \Gamma\left(\frac{q+1}{p+1}\right)$.

40. 我们有 $g(z) = cz - n \ln z$，所以鞍点出现在 n/c 处. 现在，矩形路径的拐角位于 $\pm n/c \pm mi/c$ 处，且 $\exp g(n/c + it) = (e^n c^n / n^n) \exp(-t^2 c^2/(2n) + it^3 c^3/(3n^2) + \cdots)$. 最终的结果为 $e^n (c/n)^{n-1}/\sqrt{2\pi n}$ 乘以 $1 + n/12 + O(n^{-2})$.

（当然，在积分中令 $w = cz$，可以更快速地获得这一结果. 但是，这里给出的答案机械地应用了鞍点方法，而不必尝试使用更为灵活的技巧. ）

41. 同样，最终结果就是将 (21) 乘以 c^{n-1}. 但在这种情况下，重要的是矩形路径的左边缘，而不是其右边缘. （顺便说一下，当 $c = -1$ 时，我们不能利用 x 为正实数时的汉克尔周线来推导出一个类似于 (22) 的式子，这是因为该积分在此路径上是发散的. 但是，采用 z^x 的通常定义，选择一个适当的积分路径，可以在 $n = x > 0$ 时得到公式 $-(\cos \pi x)/\Gamma(x)$. ）

42. 当 n 为偶数时有 $\oint e^{z^2} dz/z^n = 0$. 否则，当 n 很大时，拐角为 $\pm\sqrt{n/2} \pm in$ 的矩形路径的左右两边大致贡献了

$$\frac{e^{n/2}}{2\pi (n/2)^{n/2}} \int_{-\infty}^\infty \exp\left(-2t^2 - \frac{(-it)^3}{3} \frac{2^{3/2}}{n^{1/2}} + \frac{(it)^4}{n} - \cdots \right) dt.$$

我们可以限定 $|t| \le n^\epsilon$，以证明这个积分为 $I_0 + (I_4 - \frac{4}{9} I_6)/n$，且相对误差为 $O(n^{9\epsilon - 3/2})$，其中 $I_k = \int_{-\infty}^\infty e^{-2t^2} t^k \, dt$. 和前面一样，相对误差实际上为 $O(n^{-2})$. 我们推导出答案

$$\frac{1}{((n-1)/2)!} = \frac{e^{n/2}}{\sqrt{2\pi}(n/2)^{n/2}} \left(1 + \frac{1}{12n} + O\left(\frac{1}{n^2}\right) \right), \qquad n \text{ 为奇数}.$$

（当 $n = x > 0$ 时，(22) 的类似式为 $(\sin \frac{\pi x}{2})^2 / \Gamma((x-1)/2)$. ）

43. 令 $f(z) = e^{e^z}/z^n$. 当 $z = -n + it$ 时有 $|f(z)| < e n^{-n}$；当 $z = t + 2\pi in + i\pi/2$ 时有 $|f(z)| = |z|^{-n} < (2\pi n)^{-n}$. 所以除了在路径 $z = \xi + it$ 上之外，该积分可忽略不计，而在这条路径上，随着 $|t|$ 由 0 增至 π，$|f|$ 递减. 另当 $t = n^{\epsilon - 1/2}$ 时有 $|f(z)|/f(\xi) = O(\exp(-n^{2\epsilon}/(\log n)^2))$. 当 $|t| \ge \pi$ 时，有 $|f(z)|/f(\xi) < 1/|1 + i\pi/\xi|^n = \exp(-\frac{n}{2} \ln(1 + \pi^2/\xi^2))$.

44. 在 (25) 中设 $u = n a_2 t^2$，得到 $\Re \int_0^\infty e^{-u} \exp(n^{-1/2} c_3 (-u)^{3/2} + n^{-1} c_4 (-u)^2 + n^{-3/2} c_5 (-u)^{5/2} + \cdots) \, du/\sqrt{n a_2 u}$，其中 $c_k = (2/(\xi+1))^{k/2} (\xi^{k-1} + (-1)^k (k-1)!)/k! = a_k/a_2^{k/2}$. 由此表达式将得到

$$b_l = \sum_{\substack{k_1 + 2k_2 + 3k_3 + \cdots = 2l \\ k_1 + k_2 + k_3 + \cdots = m \\ k_1, k_2, k_3, \ldots \ge 0}} \left(-\frac{1}{2} \right)^{l+m} \frac{c_3^{k_1}}{k_1!} \frac{c_4^{k_2}}{k_2!} \frac{c_5^{k_3}}{k_3!} \cdots,$$

它是针对 $2l$ 的分划进行的求和. 例如，$b_1 = \frac{3}{4} c_4 - \frac{15}{16} c_3^2$.

45. 为得到 $\varpi_n/n!$, 我们将 (26) 推导过程中的 $g(z)$ 用 $e^z - (n+1)\ln z$ 代替. 这一修改就是将上面答案中的积分项乘以 $1/(1 + it/\xi)$, 它就是 $1/(1 - n^{-1/2}a(-u)^{1/2})$, 其中 $a = -\sqrt{2/(\xi+1)}$. 于是我们得到

$$b_l' = \sum_{\substack{k+k_1+2k_2+3k_3+\cdots=2l \\ k_1+k_2+k_3+\cdots=m \\ k,k_1,k_2,k_3,\ldots\geq 0}} \left(-\frac{1}{2}\right)^{l+m} a^k \frac{c_3^{k_1}}{k_1!} \frac{c_4^{k_2}}{k_2!} \frac{c_5^{k_3}}{k_3!}\cdots,$$

这是 $p(2l) + p(2l-1) + \cdots + p(0)$ 个项目的和; $b_1' = \frac{3}{4}c_4 - \frac{15}{16}c_3^2 + \frac{3}{4}ac_3 - \frac{1}{2}a^2$. [利奥·莫泽和马克斯·怀曼在 *Trans. Royal Soc. Canada* (3) **49**, Section 3 (1955), 49–54 中用一种不同方法得到了系数 b_1', 他们是最早为 ϖ_n 推导渐近数的. 他们的估计值在精度方面要略低于 (26) 中的结果 (要将 (26) 中的 n 改为 $n+1$), 因为前者没有准确穿过鞍点. 式 (26) 是由欧文·古德在 *Iranian J. Science and Tech.* **4** (1975), 77–83 中给出的.]

46. (13) 和 (31) 两式表明, 对于固定的 k 值, 当 $n \to \infty$ 时, $\varpi_{nk} = (1 - \xi/n)^k \varpi_n(1 + O(n^{-1}))$. 当 $k = n$ 时, 这一近似值也成立, 但有一个相对误差 $O((\log n)^2/n)$.

47. 步骤 (H1, H2, …, H6) 分别执行 $(1, \varpi_n, \varpi_n - \varpi_{n-1}, \varpi_{n-1}, \varpi_{n-1}, \varpi_{n-1} - 1)$ 次. H4 中的循环置 $j \leftarrow j - 1$ 的总次数为 $\varpi_{n-2} + \varpi_{n-3} + \cdots + \varpi_1$; H6 中的循环置 $b_j \leftarrow m$ 的总次数为 $(\varpi_{n-2}-1) + \cdots + (\varpi_1-1)$. 比值 ϖ_{n-1}/ϖ_n 大约为 $(\ln n)/n$, $(\varpi_{n-2} + \cdots + \varpi_1)/\varpi_n \approx (\ln n)^2/n^2$.

48. 很容易就能证实在下式中可以互换求和和积分运算:

$$\frac{e\varpi_x}{\Gamma(x+1)} = \frac{1}{2\pi i}\oint \frac{e^{e^z}}{z^{x+1}}\,dz = \frac{1}{2\pi i}\oint \sum_{k=0}^{\infty} \frac{e^{kx}}{k!\,z^{x+1}}\,dz$$

$$= \sum_{k=0}^{\infty} \frac{1}{k!}\frac{1}{2\pi i}\oint \frac{e^{kz}}{z^{x+1}}\,dz = \sum_{k=0}^{\infty} \frac{1}{k!}\frac{k^x}{\Gamma(x+1)}.$$

49. 如果 $\xi = \ln n - \ln\ln n + x$, 则有 $\beta = 1 - e^{-x} - \alpha x$. 因此, 根据拉格朗日反演公式 (习题 4.7–8),

$$x = \sum_{k=1}^{\infty} \frac{\beta^k}{k}\left[t^{k-1}\right]\left(\frac{f(t)}{1-\alpha f(t)}\right)^k = \sum_{k=1}^{\infty}\sum_{j=0}^{\infty} \frac{\beta^k}{k}\alpha^j \binom{k+j-1}{j}\left[t^{k-1}\right]f(t)^{j+k},$$

其中 $f(t) = t/(1 - e^{-t})$. 所以由下面这个很用的恒等式就可以得出结果:

$$\left(\frac{z}{1-e^{-z}}\right)^m = \sum_{n=0}^{\infty} \begin{bmatrix} m \\ m-n \end{bmatrix}\frac{z^n}{(m-1)(m-2)\ldots(m-n)}.$$

(当 $n \geq m$ 时, 应当对这个恒等式进行小心解读; z^n 的系数是关于 m 的 n 次多项式, 见《具体数学》式 (7.59) 中的解释.)

本题中的公式由路易·孔泰在 *Comptes Rendus Acad. Sci.* (A) **270** (Paris, 1970), 1085–1088 中给出, 他认为这些系数与尼古拉斯·德布鲁因在 *Asymptotic Methods in Analysis* (1958), 25–28 中计算的一样. 当 $n \geq e$ 时的收敛性由戴维·杰弗里, 罗伯特·科利斯, 戴维·黑尔和高德纳在 *Comptes Rendus Acad. Sci.* (I) **320** (1995), 1449–1452 中证明, 他们还推导了一个收敛速度更快一些的公式.

(方程 $\xi e^\xi = n$ 还有复根. 把本习题公式中的 $\ln n$ 用 $\ln n + 2\pi im$ 代替, 就可以得到所有这些复根; 当 $m \neq 0$ 时, 这个和式快速收敛. 见罗伯特·科利斯, 加斯东·戈内, 戴维·黑尔, 戴维·杰弗里和高德纳, *Advances in Computational Math.* **5** (1996), 347–350.)

50. 令 $\xi = \xi(n)$. 则 $\xi'(n) = \xi/((\xi+1)n)$, 且可以证明, 对于 $|k| < n + 1/e$, 泰勒级数

$$\xi(n+k) = \xi + k\xi'(n) + \frac{k^2}{2}\xi''(n) + \cdots$$

是收敛的.

事实上, 正确的结论远不止这些, 因为通过把树函数 $T(z)$ 解析延拓到负实轴可得到函数 $\xi(n) = -T(-n)$. (这个树函数在 $z = e^{-1}$ 处有一个二次奇点; 在绕过这个奇点后, 在 $z = 0$ 处遇到一个对数奇点, 它是一个很重要的多级黎曼曲面的一部分, 在这个曲面上, 二次奇点仅出现在第 0 级.) 这个

树函数的导数满足 $z^k T^{(k)}(z) = R(z)^k p_k(R(z))$, 其中 $R(z) = T(z)/(1 - T(z))$, $p_k(x)$ 是一个 $k-1$ 次多项式, 定义式为 $p_{k+1}(x) = (1+x)^2 p_k'(x) + k(2+x) p_k(x)$. 例如,

$$p_1(x) = 1, \quad p_2(x) = 2 + x, \quad p_3(x) = 9 + 10x + 3x^2, \quad p_4(x) = 64 + 113x + 70x^2 + 15x^3.$$

（顺便说一下, $p_k(x)$ 的系数枚举了被称为格雷格树的特定进化树: $[x^j]\, p_k(x)$ 是具有 j 个未标记结点、k 个有标记结点的定向树的个数, 其中的叶结点必须均已标记, 未标记结点必须拥有至少两个子结点. 见约瑟夫·费尔森施泰因, *Systematic Zoology* **27** (1978), 27–33; 莱斯利·福尔兹和罗伯特·鲁宾逊, *Lecture Notes in Math.* **829** (1980), 110–126; 科林·弗莱特, *Manuscripta* **34** (1990), 122–128.) 如果 $q_k(x) = p_k(-x)$, 可以通过归纳法证明: 对于 $0 \le x \le 1$, 有 $(-1)^m q_k^{(m)}(x) \ge 0$. 因此, 对于所有的 $k, m \ge 1$, 当 x 由 0 变为 1 时, $q_k(x)$ 由 k^{k-1} 单调下降至 $(k-1)!$. 可以推出

$$\xi(n+k) = \xi + \frac{kx}{n} - \left(\frac{kx}{n}\right)^2 \frac{q_2(x)}{2!} + \left(\frac{kx}{n}\right)^3 \frac{q_3(x)}{3!} - \cdots, \qquad x = \frac{\xi}{\xi + 1},$$

其中, 如果 $k > 0$, 则部分和交替地超出或低于正确值.

51. 有两个鞍点 $\sigma = \sqrt{n+5/4} - 1/2$ 和 $\sigma' = -1 - \sigma$. 找一条拐角位于 $\sigma \pm im$ 和 $\sigma' \pm im$ 处的矩形路径, 在此路径上进行积分即可证明, 当 $n \to \infty$ 时, 只有 σ 是有关的 (尽管 σ' 也贡献了大约为 $e^{-\sqrt{n}}$ 的相对误差, 当 n 很小时, 这一误差可能会变得很大). 采用几乎与 (25) 中相同的论证过程, 但是设 $g(z) = z + z^2/2 - (n+1)\ln z$, 我们发现 t_n 可以很好地用下式近似:

$$\frac{n!}{2\pi} \int_{-n^\epsilon}^{n^\epsilon} e^{g(\sigma) - a_2 t^2 + a_3 i t^3 + \cdots + a_l(-it)^l + O(n^{(l+1)\epsilon - (l-1)/2})} dt, \qquad a_k = \frac{\sigma+1}{k\sigma^{k-1}} + \frac{[k=2]}{2}.$$

像在习题 44 中一样, 此积分展开为

$$\frac{n!\, e^{(n+\sigma)/2}}{2\sigma^{n+1}\sqrt{\pi a_2}} (1 + b_1 + b_2 + \cdots + b_m + O(n^{-m-1})).$$

这一次, 对于 $k \ge 3$, $c_k = (\sigma+1)\sigma^{1-k}(1 + 1/(2\sigma))^{-k/2}/k$, 因此, $(2\sigma+1)^{3k}\sigma^k b_k$ 是关于 σ 的 $2k$ 次多项式, 例如

$$b_1 = \frac{3}{4} c_4 - \frac{15}{16} c_3^2 = \frac{8\sigma^2 + 7\sigma - 1}{12\sigma(2\sigma+1)^3}.$$

特别地, 在代入 σ 的公式之后, 由斯特林近似和 b_1 项可以得到

$$t_n = \frac{1}{\sqrt{2}} n^{n/2} e^{-n/2 + \sqrt{n} - 1/4} \left(1 + \frac{7}{24} n^{-1/2} - \frac{119}{1152} n^{-1} - \frac{7933}{414720} n^{-3/2} + O(n^{-2})\right).$$

这个结果要比式 5.1.4–(53) 准确得多, 而且获得此结果的工作量也要小得多.

52. 令 $G(z) = \sum_k \Pr(X = k) z^k$, 使得第 j 个累积量 κ_j 为 $j!\,[t^j] \ln G(e^t)$. 在情景 (a) 中, 我们有 $G(z) = e^{e^\xi z - e^\xi}$, 因此

$$\ln G(e^t) = e^\xi e^t - e^\xi = e^\xi(e^{\xi(e^t - 1)} - 1) = e^\xi \sum_{k=1}^\infty (e^t - 1)^k \frac{\xi^k}{k!}, \quad \kappa_j = e^\xi \sum_k \begin{Bmatrix} k \\ j \end{Bmatrix} \xi^k [j \ne 0].$$

情景 (b) 是一种对偶情景: 这里有 $\kappa = j = \varpi_j\,[j \ne 0]$, 因为

$$G(z) = e^{e^{-1} - 1} \sum_{j,k} \begin{Bmatrix} k \\ j \end{Bmatrix} e^{-j} \frac{z^k}{k!} = e^{e^{-1} - 1} \sum_j \frac{(e^{z-1} - e^{-1})^j}{j!} = e^{e^{z-1} - 1}.$$

[如果在情景 (a) 中 $\xi e^\xi = 1$, 则有 $\kappa_j = e\varpi\,[j \ne 0]$. 但如果在该情景中有 $\xi e^\xi = n$, 则均值为 $\kappa_1 = n$, 方差 σ^2 为 $(\xi+1)n$. 于是, 习题 45 中的公式表明, 均值 n 的近似发生概率为 $1/\sqrt{2\pi\sigma}$, 相对误差为 $O(1/n)$. 这一发现引出了这个公式的另一种证明方法.]

53. 我们可以像在式 1.2.10–(23) 中一样, 记 $\ln G(e^t) = \mu t + \sigma^2 t^2/2 + \kappa_3 t^3/3! + \cdots$, 并且存在一个正的常数 δ, 使得当 $|t| \le \delta$ 时, 有 $\sum_{j=3}^{\infty} |\kappa_j| t^j/j! < \sigma^2 t^2/6$. 因此, 如果 $0 < \epsilon < 1/2$, 则可以证明, 当 $n \to \infty$ 时, 对于某一常数 $c > 0$ 有

$$[z^{\mu n + r}] G(z)^n = \frac{1}{2\pi} \int_{-\pi}^{\pi} \frac{G(e^{it})^n \, dt}{e^{it(\mu n + r)}}$$

$$= \frac{1}{2\pi} \int_{-n^{\epsilon-1/2}}^{n^{\epsilon-1/2}} \exp\left(-irt - \frac{\sigma^2 t^2 n}{2} + O(n^{3\epsilon-1/2})\right) dt + O(e^{-cn^{2\epsilon}}),$$

对于 $n^{\epsilon-1/2} \le |t| \le \delta$, 被积函数的绝对值以 $\exp(-\sigma^2 n^{2\epsilon}/3)$ 为界; 而且当 $\delta \le |t| \le \pi$ 时, 它的大小最多为 α^n, 其中 $\alpha = \max |G(e^{it})|$ 小于 1, 因为根据假设, 各项 $p_k e^{kit}$ 并没有都位于一条直线上. 因此,

$$[z^{\mu n + r}] G(z)^n = \frac{1}{2\pi} \int_{-\infty}^{\infty} \exp\left(-irt - \frac{\sigma^2 t^2 n}{2} + O(n^{3\epsilon-1/2})\right) dt + O(e^{-cn^{2\epsilon}})$$

$$= \frac{1}{2\pi} \int_{-\infty}^{\infty} \exp\left(-\frac{\sigma^2 n}{2}\left(t + \frac{ir}{\sigma^2 n}\right)^2 - \frac{r^2}{2\sigma^2 n} + O(n^{3\epsilon-1/2})\right) dt + O(e^{-cn^{2\epsilon}})$$

$$= \frac{e^{-r^2/(2\sigma^2 n)}}{\sigma\sqrt{2\pi n}} + O(n^{3\epsilon-1}).$$

以类似方式将 κ_3, κ_4, ... 考虑在内后, 对于任意大的 m, 可以将估计值的精度提高到 $O(n^{-m})$. 因此, 此结果对于 $\epsilon = 0$ 也是有效的. [事实上, 这样的改进导致 "埃奇沃思展开式", 据此, $[z^{\mu n+r}] G(z)^n$ 渐近于

$$\frac{e^{-r^2/(2\sigma^2 n)}}{\sigma\sqrt{2\pi n}} \sum_{\substack{k_1 + 2k_2 + 3k_3 + \cdots = m \\ k_1 + k_2 + k_3 + \cdots = l \\ k_1, k_2, k_3, \ldots \ge 0 \\ 0 \le s \le l + m/2}} \frac{(-1)^s (2l+m)^{2s}}{\sigma^{4l+2m-2s} 2^s s!} \frac{r^{2l+m-2s}}{n^{l+m-s}} \frac{1}{k_1! \, k_2! \ldots} \left(\frac{\kappa_3}{3!}\right)^{k_1} \left(\frac{\kappa_4}{4!}\right)^{k_2} \cdots ;$$

绝对误差为 $O(n^{-p/2})$, 其中, 如果我们将求和限制于 $m < p-1$ 的情景, 则 O 中隐藏的常数仅取决于 p 和 G, 而不依赖于 r 或 n. 例如, 当 $p = 3$ 时, 可以得到

$$[z^{\mu n+r}] G(z)^n = \frac{e^{-r^2/(2\sigma^2 n)}}{\sigma\sqrt{2\pi n}} \left(1 - \frac{\kappa_3}{2\sigma^4}\left(\frac{r}{n}\right) + \frac{\kappa_3}{6\sigma^6}\left(\frac{r^3}{n^2}\right)\right) + O\left(\frac{1}{n^{3/2}}\right),$$

而当 $p = 4$ 时, 还有另外 7 项. [见切比雪夫, *Zapiski Imp. Akad. Nauk* **55** (1887), No. 6, 1–16; *Acta Math.* **14** (1890), 305–315; 弗朗西斯 · 埃奇沃思, *Trans. Cambridge Phil. Soc.* **20** (1905), 36–65, 113–141; 卡尔 · 克拉默, *Skandinavisk Aktuarietidsskrift* **11** (1928), 13–74, 141–180.]

54. 式 (40) 等价于 $\alpha = s \coth s + s$, $\beta = s \coth s - s$.

55. 令 $c = \alpha e^{-\alpha}$. 牛顿迭代 $\beta_0 = c$, $\beta_{k+1} = (1 - \beta_k) c e^{\beta_k}/(1 - c e^{-\beta_k})$ 快速上升到正确值, 除非 α 极其接近于 1. 例如, 当 $\alpha = \ln 4$ 时, β_7 与 $\ln 2$ 的差值小于 10^{-75}.

56. (a) 对 n 应用归纳法, $g^{(n+1)}(z) = (-1)^n \left(\dfrac{\sum_{k=0}^{n} \left\langle {n \atop k} \right\rangle e^{(n-k)z}}{\alpha (e^z - 1)^{n+1}} - \dfrac{n!}{z^{n+1}}\right)$.

   (b) $\sum_{k=0}^{n} \left\langle {n \atop k} \right\rangle e^{k\sigma}/n! = \int_0^1 \ldots \int_0^1 \exp(\lfloor u_1 + \cdots + u_n \rfloor \sigma) \, du_1 \ldots du_n$

   $ < \int_0^1 \ldots \int_0^1 \exp((u_1 + \cdots + u_n)\sigma) \, du_1 \ldots du_n = (e^\sigma - 1)^n/\sigma^n.$

由于 $\lfloor u_1 + \cdots + u_n \rfloor > u_1 + \cdots + u_n - 1$, 所以下限是类似的.

   (c) 于是, $n! \, (1 - \beta/\alpha) < (-\sigma)^n g^{(n+1)}(\sigma) < 0$, 我们只需验证 $1 - \beta/\alpha < 2(1 - \beta)$, 即 $2\alpha\beta < \alpha + \beta$. 但是, 根据习题 54, 有 $\alpha\beta < 1$ 和 $\alpha + \beta > 2$.

57. (a) 像在习题 56(c) 的答案中那样, $n+1-m = (n+1)(1-1/\alpha) < (n+1)(1-\beta/\alpha) = (n+1)\sigma/\alpha \le 2N$.
(b) 不等式 $\alpha + \alpha\beta$ 随着 α 的增加而增加, 因为它关于 α 的导数为 $1 + \beta + \beta(1-\alpha)/(1-\beta) = (1 - \alpha\beta)/(1-\beta) + \beta > 0$. 因此, $1 - \beta < 2(1 - 1/\alpha)$.

58. (a) $|e^{\sigma+it} - 1|^2/|\sigma + it|^2 = (e^{\sigma+it} - 1)(e^{\sigma-it} - 1)/(\sigma^2 + t^2)$ 相对于 t 的导数为 $(\sigma^2 + t^2)\sin t - t(2\sin\frac{t}{2})^2 - (2\sinh\frac{\sigma}{2})^2 t$ 乘以一个正函数. 当 $0 < t \le 2\pi$ 时, 这个导数总为负的, 因为它小于 $t^2\sin t - t(2\sin\frac{t}{2})^2 = 8u\sin u\cos u(u - \tan u)$, 式中 $t = 2u$.

 令 $s = 2\sinh\frac{\sigma}{2}$. 当 $\sigma \ge \pi$ 且 $2\pi \le t \le 4\pi$ 时, 该导数仍为负数, 因为有 $t \le 4\pi \le s^2 - \sigma^2/(2\pi) \le s^2 - \sigma^2/t$. 类似地, 当 $\sigma \ge 2\pi$ 时, 该导数对于 $4\pi \le t \le 168\pi$ 仍为负数. 证明变得越来越容易.

 (b) 令 $t = u\sigma/\sqrt{N}$. 于是, 由 (41) 和 (42) 证明了

$$\int_{-\tau}^{\tau} e^{(n+1)g(\sigma+it)}\,dt =$$

$$\frac{(e^\sigma - 1)^m}{\sigma^n\sqrt{N}} \int_{-N^\epsilon}^{N^\epsilon} \exp\left(-\frac{u^2}{2} + \frac{(-iu)^3 a_3}{N^{1/2}} + \cdots + \frac{(-iu)^l a_l}{N^{l/2-1}} + O(N^{(l+1)\epsilon - (l-1)/2})\right) du,$$

其中, $(1-\beta)a_k$ $(0 \le a_k \le 2/k)$ 是关于 α 和 β 的 $k-1$ 次多项式. (例如, $6a_3 = (2 - \beta(\alpha+\beta))/(1-\beta)$, $24a_4 = (6 - \beta(\alpha^2 + 4\alpha\beta + \beta^2))/(1-\beta)$.) 被积函数的单调性表明, 对剩余范围进行的积分是可以忽略的. 现在, 截去尾部, 将该积分扩展到 $-\infty < u < \infty$, 并以 $c_k = 2^{k/2}a_k$ 使用习题 44 答案中的公式来定义 b_1, b_2, $\cdots$.

 (c) 我们将证明: $|e^z - 1|^m\sigma^{n+1}/((e^\sigma - 1)^m|z|^{n+1})$ 在这三条路径上都是以指数形式变得很小. 如果 $\sigma \le 1$, 则这个量小于 $1/(2\pi)^{n+1}$ (因为, 例如 $e^\sigma - 1 > \sigma$). 如果 $\sigma > 1$, 则有 $\sigma < 2|z|$ 和 $|e^z - 1| \le e^\sigma - 1$.

59. 在这一极端情况下, $\alpha = 1 + n^{-1}$, $\beta = 1 - n^{-1} + \frac{2}{3}n^{-2} + O(n^{-3})$, 因此 $N = 1 + \frac{1}{3}n^{-1} + O(n^{-2})$. 前导项 $\beta^{-n}/\sqrt{2\pi N}$ 等于 $e/\sqrt{2\pi}$ 乘以 $1 - \frac{1}{3}n^{-1} + O(n^{-2})$. (注意, $e/\sqrt{2\pi} \approx 1.0844$.) 习题 58(b) 答案中的量 a_k 变为 $1/k + O(n^{-1})$. 所以一阶校正项为

$$\frac{b_j}{N^j} = [z^j]\exp\left(-\sum_{k=1}^{\infty}\frac{B_{2k}z^{2k-1}}{2k(2k-1)}\right) + O\left(\frac{1}{n}\right),$$

也就是与斯特林近似式相对应的（发散）级数中的项

$$\frac{1}{1!} \sim \frac{e}{\sqrt{2\pi}}\left(1 - \frac{1}{12} + \frac{1}{288} + \frac{139}{51840} - \frac{571}{2488320} - \cdots\right).$$

60. (a) 对于长度为 n 的 m 进制串, 所有 m 个数字都在串中出现, 这样的串的数量为 $m!\left\{{n \atop m}\right\}$, 容斥原理将这个量表示为 $\binom{m}{0}m^n - \binom{m}{1}(m-1)^n + \cdots$. 见习题 7.2.1.4–37.

 (b) 我们有: $(m-1)^n/(m-1)! = (m^n/m!)m\exp(n\ln(1 - 1/m))$, 并且 $\ln(1 - 1/m)$ 小于 $-n^{\epsilon-1}$.

 (c) 在这种情况下, $\alpha > n^\epsilon$, $\beta = \alpha e^{-\alpha}e^\beta < \alpha e^{1-\alpha}$. 于是, $1 < (1 - \beta/\alpha)^{m-n} < \exp(nO(e^{-\alpha}))$; $1 > e^{-\beta m} = e^{-(n+1)\beta/\alpha} > \exp(-nO(e^{-\alpha}))$. 所以, (45) 变为 $(m^n/m!)(1 + O(n^{-1}) + O(ne^{-n^\epsilon}))$.

61. 现在 $\alpha = 1 + \frac{r}{n} + O(n^{2\epsilon-2})$, $\beta = 1 - \frac{r}{n} + O(n^{2\epsilon-2})$. 于是, $N = r + O(n^{2\epsilon-1})$, 并且式 (43) 中 $l = 0$ 的情景化简为

$$n^r\left(\frac{n}{2}\right)^r\frac{e^r}{r^r\sqrt{2\pi r}}\left(1 + O(n^{2\epsilon-1}) + O\left(\frac{1}{r}\right)\right).$$

（这一近似值与诸如 $\left\{{n \atop n-1}\right\} = \binom{n}{2}$ 和 $\left\{{n \atop n-2}\right\} = 2\binom{n}{4} + \binom{n+1}{4}$ 等恒等式都吻合得很好. 实际上, 根据《具体数学》的公式 (6.42) 和 (6.43), 当 r 为常数时, 有

$$\text{当 } n \to \infty \text{ 时} \qquad \left\{{n \atop n-r}\right\} = \frac{n^{2r}}{2^r r!}\left(1 + O\left(\frac{1}{n}\right)\right). \qquad\qquad\Big)$$

62. 这一断言对于 $1 \le n \le 10\,000$ 是正确的 (在这些情景中的 5648 种有 $m = \lfloor e^\xi - 1\rfloor$). 厄尔·坎菲尔德和卡尔·波默朗斯撰写了一篇论文, 非常出色地概述了有关问题的先前工作, 他们在这篇论文中证明了该论述对于所有足够大的 n 都是成立的, 而且在这两种情况下, 只有当 $e^\xi \bmod 1$ 极端接近 $\frac{1}{2}$ 时才会出现最大值. [*Integers* **2** (2002), A1:1–A1:13; **5** (2005), A9:1.]

63. (a) 这个结果在 $p_1 = \cdots = p_n = p$ 时成立, 因为 $a_{k-1}/a_k = (k/(n+1-k))((n-\mu)/\mu) \le (n-\mu)/(n+1-\mu) < 1$. 根据归纳法, 当 $p_n = 0$ 或 1 时, 这个结果也成立. 对于一般情景, 选

择 $(p_1, \ldots, p_n)$，使得 $p_1 + \cdots + p_n = \mu$，针对所有符合条件的这些选择，考虑 $a_k - a_{k-1}$ 的最小值：如果 $0 < p_1 < p_2 < 1$，则令 $p_1' = p_1 - \delta$ 及 $p_2' = p_2 + \delta$，并注意，对于某个仅依赖于 $p_3, \ldots, p_n$ 的 α，$a_k' - a_{k-1}' = a_k - a_{k-1} + \delta(p_1 - p_2 - \delta)\alpha$. 在一个最小点，必然有 $\alpha = 0$，因此我们可以选择 δ，使得 $p_1' = 0$ 或 $p_2'=1$. 于是，当所有 p_j 的取值都是 $\{0, 1, p\}$ 三者之一时，可以获得这个最小值. 但是，我们已经证明了，在这种情况下，$a_k - a_{k-1} > 0$.

(b) 将每个 p_j 改为 $1 - p_j$，会使 μ 变为 $n - \mu$，a_k 变为 a_{n-k}.

(c) $f(x)$ 没有正根. 因此，$f(z)/f(1)$ 具有 (a) 和 (b) 中的形式.

(d) 设 $C(f)$ 是 f 的系数序列中发生符号变化的次数；我们希望证明：$C((1-x)^2 f) = 2$. 事实上，对于所有 $m \geq 0$，有 $C((1-x)^m f) = m$. 由于 $C((1-x)^m) = m$，并且当 a 和 b 为正数时，$C((a+bx)f) \leq C(f)$，因此 $C((1-x)^m f) \leq m$. 而且，如果 $f(x)$ 是任意非零多项式，有 $C((1-x)f) > C(f)$，因此 $C((1-x)^m f) \geq m$.

(e) 由于 $\sum_k \begin{bmatrix} n \\ k \end{bmatrix} x^k = x(x+1)\ldots(x+n-1)$，所以可以以 $\mu = H_n$ 直接应用 (c) 部分. 而且对于多项式 $f_n(x) = \sum_k \begin{Bmatrix} n \\ k \end{Bmatrix} x^k$，如果 $f(x)$ 有 n 个实根，我们可以以 $\mu = \varpi_{n+1}/\varpi_n - 1$ 使用 (c) 部分. 由归纳法可以得出后一结论，这是因为 $f_{n+1}(x) = x(f_n(x) + f_n'(x))$：如果 $a > 0$，并且如果 $f(x)$ 有 n 个实根，则 $g(x) = e^{ax}f(x)$ 也是如此. 而且当 $x \to -\infty$ 时，$g(x) \to 0$；因此，$g'(x) = e^{ax}(af(x) + f'(x))$ 也有 n 个实根（即，一个位于最左端，$n-1$ 个位于 $g(x)$ 的根之间）.

[见埃德蒙·拉盖尔，*J. de Math.* (3) **9** (1883)，99–146；瓦西里·霍夫丁，*Annals Math. Stat.* **27** (1956)，713–721；约翰·达罗克，*Annals Math. Stat.* **35** (1964)，1317–1321；詹姆斯·皮特曼，*J. Combinatorial Theory* **A77** (1997)，297–303.]

64. 我们只需要使用计算机代数从 $\ln \varpi_{n-k}$ 中减去 $\ln \varpi_n$.

65. 它等于 ϖ_n^{-1} 乘以在所有集合分划列表中出现 k 块的次数，再加上 k 块的序偶的出现次数，即 $\left(\binom{n}{k} \varpi_{n-k} + \binom{n}{k}\binom{n-k}{k} \varpi_{n-2k} \right) / \varpi_n$，再减去 (49) 的平方. 渐近地，$(\xi^k/k!)(1 + O(n^{4\epsilon-1}))$.

66. （当 $n = 100$ 时，(48) 的最大值只能对于以下三个分划取得：$7^1 6^2 5^4 4^6 3^7 2^6 1^4$，$7^1 6^2 5^4 4^6 3^8 2^5 1^3$，$7^1 6^2 5^4 4^7 3^6 2^6 1^3$. ）

67. M^k 为 ϖ_{n+k}/ϖ_n. 根据 (50)，得到其均值为 $\varpi_{n+1}/\varpi_n = n/\xi + \xi/(2(\xi+1)^2) + O(n^{-1})$，方差为

$$\frac{\varpi_{n+2}}{\varpi_n} - \frac{\varpi_{n+1}^2}{\varpi_n^2} = \left(\frac{n}{\xi} \right)^2 \left(1 + \frac{\xi(2\xi+1)}{(\xi+1)^2 n} - 1 - \frac{\xi^2}{(\xi+1)^2 n} + O\left(\frac{1}{n^2} \right) \right) = \frac{n}{\xi(\xi+1)} + O(1).$$

68. 在一个分划的所有部分中，非零元素最多有 $n = n_1 + \cdots + n_m$ 个，当且仅当所有分量部分都是 0 或 1 时，才会出现这一最大值. 于是，$l + 1 = n$ 和 $b = mn_1 + (m-1)n_2 + \cdots + n_m$ 的值达到其最大值. [因此，最好选择多重集元素的名称，使得 $n_1 \leq n_2 \leq \cdots \leq n_m$.]

69. 在步骤 M3 的开头，如果 $k > b$，$l = r-1$，则转到 M5. 在步骤 M5，如果 $j = a$，$(v_j - 1)(r-l) < u_j$，转到 M6，而不是减小 v_j.

70. (a) $\left| \begin{matrix} n-1 \\ r-1 \end{matrix} \right| + \left| \begin{matrix} n-2 \\ r-1 \end{matrix} \right| + \cdots + \left| \begin{matrix} r-1 \\ r-1 \end{matrix} \right|$，因为 $\left| \begin{matrix} n-k \\ k \end{matrix} \right|$ 中包含具有 k 个 0 的块 $\{0, \ldots, 0, 1\}$. 这个总数也称为 $p(n-1, 1)$，它等于 $p(n-1) + \cdots + p(1) + p(0)$.

(b) 如果我们执行交换操作 $n - 1 \leftrightarrow n$，则在 $\{1, \ldots, n-1, n\}$ 的 r 块分划中，恰好有 $N = \begin{Bmatrix} n-1 \\ r \end{Bmatrix} + \begin{Bmatrix} n-2 \\ r-2 \end{Bmatrix}$ 个是相同的. 因此，答案为 $N + \frac{1}{2}\left(\begin{Bmatrix} n \\ r \end{Bmatrix} - N \right) = \frac{1}{2}\left(\begin{Bmatrix} n \\ r \end{Bmatrix} + N \right)$，它也是满足以下条件的限制增长的串 $a_1 \ldots a_n$ 的数目：$\max(a_1, \ldots, a_n) = r-1$，$a_{n-1} \leq a_n$. 总数为 $\frac{1}{2}(\varpi_n + \varpi_{n-1} + \varpi_{n-2})$.

71. $\lfloor \frac{1}{2}(n_1 + 1) \ldots (n_m + 1) - \frac{1}{2} \rfloor$，因为 $(n_1 + 1) \ldots (n_m + 1) - 2$ 个组分分成了两个部分，除非所有 n_j 都是偶数，否则这些组分中有一半不能排列为字典序. （见习题 7.2.1.4–31. 一直到划分为最多 5 个部分的公式都已经由爱德华·赖特给出，见 *Proc. London Math. Soc.* (3) **11** (1961)，499–510. ）

72. 能. 以下算法在 $\Theta(n^4)$ 个步骤中计算了当 $0 \leq j, k \leq n$ 时的 $a_{jk} = p(j, k)$：首先对于所有 j 和 k，置 $a_{jk} \leftarrow 1$. 然后，对于 $l = 0, 1, \ldots, n$ 和 $m = 0, 1, \ldots, n$（可为任意顺序），如果 $l + m > 1$，则置 $a_{jk} \leftarrow a_{jk} + a_{(j-l)(k-m)}$，其中 $j = l, \ldots, n$，$k = m, \ldots, n$（按升序排列）.

（见表 A–1. 一种类似方法在 $O(n_1 \ldots n_m)^2$ 个步骤中计算了 $p(n_1, \ldots, n_m)$. 莫欣达尔·奇马和西奥多·莫茨金在所引论文中推导了递推关系式:

$$n_1 p(n_1, \ldots, n_m) = \sum_{l=1}^{\infty} \sum_{k_1, \ldots, k_m \geq 0} k_1 p(n_1 - k_1 l, \ldots, n_m - k_m l),$$

但这个有趣的公式仅在特定情况下才有助于计算.）

表 A–1　多重分划数

n	0	1	2	3	4	5	6	n	0	1	2	3	4	5
$p(0,n)$	1	1	2	3	5	7	11	$P(0,n)$	1	2	9	66	712	10 457
$p(1,n)$	1	2	4	7	12	19	30	$P(1,n)$	1	4	26	249	3 274	56 135
$p(2,n)$	2	4	9	16	29	47	77	$P(2,n)$	2	11	92	1 075	16 601	325 269
$p(3,n)$	3	7	16	31	57	97	162	$P(3,n)$	5	36	371	5 133	91 226	2 014 321
$p(4,n)$	5	12	29	57	109	189	323	$P(4,n)$	15	135	1 663	26 683	537 813	13 241 402
$p(5,n)$	7	19	47	97	189	339	589	$P(5,n)$	52	566	8 155	149 410	3 376 696	91 914 202

73. 能. 当有 m 个 1 和 n 个 2 时, 令 $P(m,n) = p(1, \ldots, 1, 2, \ldots, 2)$. 于是, $P(m,0) = \varpi_m$, 我们可以使用递推式

$$2P(m, n+1) = P(m+2, n) + P(m+1, n) + \sum_{k} \binom{n}{k} P(m, k).$$

这一递推式可以通过考虑以下情景来证明: 将 $P(m, n+1)$ 的多重集中的一对 x 用两个不同元素 x 和 x' 来代替, 看看会发生什么. 我们将得到 $2P(m, n+1)$ 个分划, 表示 $P(m+2, n)$, 但有两种情况要除外, 一种是 x 和 x' 属于同一块的 $P(m+1, n)$ 种情景, 另一情况有 $\binom{n}{k} P(m, n-k)$ 种, 其中包含 x 和 x' 的块都是相同的, 并且拥有 k 个其他元素.

注意: 见表 A–1. 另一种递推在计算方面的用途不大, 它是

$$P(m+1, n) = \sum_{j,k} \binom{n}{k} \binom{n-k+m}{j} P(j, k).$$

序列 $P(0, n)$ 最早由爱德华·劳埃德 [*Proc. Cambridge Philos. Soc.* **103** (1988), 277–284] 和吉尔贝·拉贝勒 [*Discrete Math.* **217** (2000), 237–248] 进行研究, 他们采用了完全不同的方法来计算这个序列. 习题 70(b) 证明了 $P(m, 1) = (\varpi_m + \varpi_{m+1} + \varpi_{m+2})/2$. 一般地, $P(m, n)$ 可以用阴影记号记为 $\varpi^m q_n(\varpi)$, 其中 $q_n(x)$ 是 $2n$ 次多项式, 由生成函数 $\sum_{n=0}^{\infty} q_n(x) z^n/n! = \exp((e^z + (x+x^2)z - 1)/2)$ 定义. 因此, 根据习题 31, 有

$$\sum_{n=0}^{\infty} P(m, n) \frac{z^n}{n!} = e^{(e^z - 1)/2} \sum_{k=0}^{\infty} \frac{\varpi_{(2k+m+1)(k+m+1)}}{2^k} \frac{z^k}{k!}.$$

拉贝勒证明了, 作为更一般得多的结果的一个特例, 将 $\{1, 1, \ldots, n, n\}$ 划分为恰好 r 个块的分划数目为

$$n! \, [x^r z^n] \, e^{-x + x^2(e^z - 1)/2} \sum_{k=0}^{\infty} e^{zk(k+1)/2} \frac{x^k}{k!}.$$

75. 由鞍点方法得出 $C e^{An^{2/3} + Bn^{1/3}}/n^{55/36}$, 其中 $A = 3\zeta(3)^{1/3}$, $B = \pi^2 \zeta(3)^{-1/3}/2$, $C = \zeta(3)^{19/36}$ $(2\pi)^{-5/6} 3^{-1/2} \exp(1/3 + B^2/4 + \zeta'(2)/(2\pi^2) - \gamma/12)$. [法基尔·奥尔克, *Proc. Cambridge Philos. Soc.* **49** (1953), 72–83; 爱德华·赖特, *American J. Math.* **80** (1958), 643–658.]

76. 利用 $p(n_1, n_2, n_3, \ldots) \geq p(n_1 + n_2, n_3, \ldots)$, 因此, $P(m+2, n) \geq P(m, n+1)$, 可以由归纳法证明: $P(m, n+1) \geq (m+n+1) P(m, n)$. 因此,

$$2P(m, n) \leq P(m+2, n-1) + P(m+1, n-1) + e P(m, n-1).$$

重复迭代这一不等式, 可以证明: $2^n P(0, n) = (\varpi^2 + \varpi)^n + O(n(\varpi^2 + \varpi)^{n-1}) = (n\varpi_{2n-1} + \varpi_{2n})(1 + O((\log n)^3/n))$. （利用习题 73 中的生成函数, 可以得到一个更为精确的渐近公式.）

78. 3 3 3 3 2 1 0 0 0
1 0 0 0 2 2 3 2 0　　（因为编码后的分划
2 2 1 0 0 2 1 0 2　　　　　必然都是 (000000000)）
2 1 0 2 2 0 0 1 3

79. 共有 432 个这样的循环. 但是, 它们只生成了集合分划的 304 个不同的循环, 因为有些不同的循环可能描述的是这些分划的相同序列. 例如, (000012022332321) 和 (000012022112123) 从分划的角度来看是等价的.

80. ［见钟金芳蓉、佩尔西·迪亚科尼斯和葛立恒, *Discrete Mathematics* **110** (1992), 52–55.］构造一个有 ϖ_{n-1} 个顶点和 ϖ_n 条边的图; 每个限制增长的串 $a_1\ldots a_n$ 定义一条由顶点 $a_1\ldots a_{n-1}$ 到顶点 $\rho(a_2\ldots a_n)$ 的弧, 其中 ρ 是习题 4 中的函数. （例如, 弧 01001213 由 0100121 到达 0110203.）每个通用循环定义了这个图中的一个欧拉尾部; 反过来, 每个欧拉尾部可用于在元素 $\{0,1,\ldots,n-1\}$ 上定义一个或多个限制增长的通用序列.

根据 2.3.4.2 节的方法, 如果我们令始于每个非零顶点 $a_1\ldots a_{n-1}$ 的最终出端都通过弧 $a_1\ldots a_{n-1}a_{n-1}$, 则欧拉尾部是存在的. 但是, 这个序列可能不是循环的. 例如, 当 $n<4$ 时, 不存在通用循环序列; 而当 $n=4$ 时, 通用序列 0000120301101 00222 定义了集合分划的一个循环, 但它没有对应任意通用循环.

对于某些互不相同的元素 $\{u,v,x,y\}$, 如果我们从一个始于 $0^nxyx^{n-3}u(uv)^{\lfloor (n-2)/2\rfloor}u^{[n\,odd]}$ 的欧拉尾部入手, 可以证明当 $n\geq 6$ 时是存在循环的. 如果我们将 0^k121^{n-3-k} 的最终出端由 $0^{k-1}121^{n-2-k}$ 改为 $0^{k-1}121^{n-3-k}2$ ($2\leq k\leq n-4$), 并令 0121^{n-4} 和 $01^{n-3}2$ 的最终出端分别为 $010^{n-4}1$ 和 $0^{n-3}10$, 那么上述模式是可能存在的. 现在, 如果我们反向选择循环的数目, 从而确定 u 和 v, 则可以令 x 和 y 是不同于 $\{0,u,v\}$ 的最小元素.

事实上可以得到结论, 具有这一极端特殊类型的通用循环的数目是非常庞大的, 至少为

$$\text{当 } n\geq 6 \text{ 时}\qquad \left(\prod_{k=2}^{n-1}(k!\,(n-k))^{\left\{{n-1\atop k}\right\}}\right)/((n-1)!\,(n-2)^3 3^{2n-5}2^2).$$

但它们没有一个已知是可以轻松解码的. 见下面 $n=5$ 的情景.

81. 注意到 $\varpi_5=52$, 我们使用 $\{1,2,3,4,5\}$ 的一个通用循环, 其中的元素为 13 张梅花、13 张方块、13 张红心、12 张黑桃和一张小丑牌. 利用上题答案中的欧拉尾部进行试错, 可以得到这样一个循环为

(♠♠♠♠♠♠♦♢J♣♠♢♢♢♢♠♠♢♢♢♢♠♠♠♠♢♢♠♠♠♠♣♠♠♠♠♠♢♢♢♠♠♠♢♢).

（事实上, 如果我们跳转到 $a_k=a_{k-1}$, 以之作为最后的求助手段, 并且尽可能早地引入小丑牌, 可以得到 114 056 个这样的循环.）如果我们将小丑牌当作一张黑桃, 那么这个戏法仍然会以 $\frac{47}{52}$ 的概率成功.

82. 共有 13 644 种方法, 不过, 如果我们认为

那么这个数值将减小到 1981. 每一组所能得到的最小的公共的和值为 5/2, 最大为 25/2; 要使这个公共的和值为 118/15, 只有两种真正不同的分法, 下面这种引人注目的分法是其中之一:

［这道习题是鲍里斯·科尔德夫斯基的 *Matematicheskaĭa Smekalka* (1954) 中的问题 78, 这本书后来被译为英文, 名为 *The Moscow Puzzles* (1972). 亨利·迪德尼在更早的时候就注意到公共的和值为 5/2 与 10 的特殊情形, 见 *Strand* **68** (1924), 422, 530.］

7.2.1.6 节

1. 它在每个内部结点的左侧"看到"一个左括号, 在每个内部结点的底端"看到"一个右括号. 或者, 它可以将右括号与它遇到的外部结点关联在一起, 最后一个 □ 除外, 见习题 20.

2. Z1. [初始化.] 对于 $0 \le k \le n$, 置 $z_k \leftarrow 2k-1$. (假设 $n \ge 2$.)

Z2. [访问.] 访问树组合 $z_1 z_2 \ldots z_n$.

Z3. [简单情形?] 如果 $z_{n-1} < z_n - 1$, 置 $z_n \leftarrow z_n - 1$, 返回 Z2.

Z4. [寻找 j.] 置 $j \leftarrow n-1$, $z_n \leftarrow 2n-1$. 当 $z_{j-1} = z_j - 1$ 时置 $z_j \leftarrow 2j-1$, $j \leftarrow j-1$.

Z5. [减小 z_j.] 如果 $j=1$ 则终止算法. 否则, 置 $z_j \leftarrow z_j - 1$, 返回 Z2. ∎

3. 按前序标记森林中的结点. $a_1 \ldots a_{2n}$ 的前 $z_k - 1$ 个元素包含 $k-1$ 个左括号和 $z_k - k$ 个右括号. 所以当蠕虫最初到达 k 时, 左括号比右括号多出 $2k-1-z_k$ 个, 该结点所在的级别 (或深度) 为 $2k-1-z_k$.

令 $q_1 \ldots q_n$ 是 $p_1 \ldots p_n$ 的反序, 使得结点 k 是按照后序的第 q_k 个结点. 由于在 $p_1 \ldots p_n$ 中 k 出现在 j 的左侧当且仅当 $q_k < q_j$, 所以我们看到, c_k 就是按照前序排在 k 之前的结点 j 的数量, 而按照后序就是排在 k 之后的结点 j 的数量, 也就是 k 的先辈的数量. 再次说明, 这是 k 的级别.

另一种证明. 我们还可以证明序列 $z_1 \ldots z_n$ 和 $c_1 \ldots c_n$ 基本上具有与 (5) 相同的递归结构: 当 $0 \le p \le q$ 时, 我们有 $Z_{pq} = (Z_{p(q-1)} + 1^p)$, $1(Z_{(p-1)q} + 1^{p-1})$; 另外, 我们还有 $C_{pq} = C_{p(q-1)}$, $(q-p)C_{(p-1)q}$. (考虑最后一个左括号、倒数第二个左括号……的配对.)

顺便说一下, 公式 "$c_{k+1} + d_k = c_k + 1$" 等价于 (11).

4. 基本正确. 但 $d_1 \ldots d_n$ 和 $z_1 \ldots z_n$ 按递减顺序出现, 而 $p_1 \ldots p_n$ 和 $c_1 \ldots c_n$ 按递增顺序出现. (排列序列 $p_1 \ldots p_n$ 的这一字典序性质不是自动由相应反序表 $c_1 \ldots c_n$ 的字典序继承而来的, 但对于这一类特定的 $p_1 \ldots p_n$, 这一结果的确成立.)

5. $d_1 \ldots d_{15} = 0\,2\,0\,0\,2\,0\,0\,1\,0\,3\,2\,0\,1\,0\,4$; $z_1 \ldots z_{15} = 1\,2\,5\,6\,7\,10\,11\,12\,14\,15\,19\,22\,23\,25\,26$; $p_1 \ldots p_{15} = 2\,1\,5\,4\,8\,10\,9\,7\,11\,6\,13\,15\,14\,12\,3$; $c_1 \ldots c_{15} = 0\,1\,0\,1\,2\,1\,2\,3\,3\,4\,2\,1\,2\,2\,3$.

6. 和通常一样使这些括号相互匹配, 然后简单地将这个串向上弯曲并回绕, 直到 a_{2n} 变为与 a_1 相邻, 注意左右括号之间的区别可以由上下文重构出来. 令 a_1 对应于圆的底部 (如表 1), 将生成右图所示图形. [阿尔弗雷德·埃雷拉, *Mémoires de la Classe Sci. 8°, Acad. Royale de Belgique* (2) **11**, 6 (1931), 26 pp.]

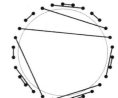

7. (a) 它等于)) ( ) … ( ), 置 $a_1 \leftarrow$ '(' 将恢复初始串.

(b) 除了 $l_n = n+1$, 初始二叉树 (来自步骤 B1) 将被恢复.

8. $l_1 \ldots l_{15} = 2\,0\,4\,5\,0\,7\,8\,0\,10\,0\,0\,0\,13\,0\,15\,0$; $r_1 \ldots r_{15} = 3\,0\,0\,6\,0\,12\,11\,9\,0\,0\,0\,0\,14\,0\,0$; $e_1 \ldots e_{15} = 1\,0\,3\,1\,0\,2\,2\,0\,1\,0\,0\,2\,0\,1\,0$; $s_1 \ldots s_{15} = 1\,0\,1\,2\,1\,0\,5\,3\,0\,1\,0\,0\,3\,0\,1\,0$.

9. 结点 j 是结点 k 的 (适当) 先辈当且仅当 $j < k$ 且 $s_j + j \ge k$. (作为推论, 我们有 $c_1 + \cdots + c_n = s_1 + \cdots + s_n$.)

10. 如果 j 是第 k 个左括号的下标 z_k, 我们有 $w_j = c_k + 1$, $w_{j'} = c_k$, 其中 j' 是匹配的右括号的下标.

11. 将 $a_{2n} \ldots a_1$ 中的左右括号交换, 得到 $a_1 \ldots a_{2n}$ 的镜像.

12. (4) 的镜像对应于森林

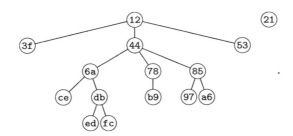

但是，如果我们水平画出右兄弟结点链接，垂直画出左子结点链接，然后进行一个类似于矩阵转置的操作，将更清晰地看出转置对于森林的意义：

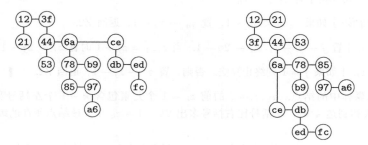

13. (a) 通过对结点数量应用归纳法，我们可以得到 $\text{preorder}(F^R) = \text{postorder}(F)^R$ 和 $\text{postorder}(F^R) = \text{preorder}(F)^R$.

(b) 令 F 对应于二叉树 B，我们有 $\text{preorder}(F) = \text{preorder}(B)$ 和 $\text{postorder}(F) = \text{inorder}(B)$，见 2.3.2–(6) 之后的注释. 因此，$\text{preorder}(F^T) = \text{preorder}(B^R) = \text{postorder}(B)^R$，与 $\text{preorder}(F)$ 或 $\text{postorder}(F)$ 没有简单的关系. 但是，$\text{postorder}(F^T) = \text{inorder}(B^R) = \text{inorder}(B)^R = \text{postorder}(F)^R$.

14. 根据习题 13 的答案，当 F 自然对应于 B 时，$\text{postorder}(F^{RT}) = \text{preorder}(F) = \text{preorder}(B)$，并且 $\text{postorder}(F^{TR}) = \text{preorder}(F^T)^R = \text{postorder}(B)$. 因此，式 $F^{RT} = F^{TR}$ 成立当且仅当 F 最多有一个结点.

15. 如果 F^R 自然对应于二叉树 B'，则 B' 的根结点是 F 的最右树的根结点. B' 中结点 x 的左链接指向 F^R 中 x 的最左子结点，它是 F 中 x 的最右子结点. 类似地，右链接指向 F 中的左兄弟结点.

注记：由于 B 自然对应于 F^{RT}，习题 13 的答案告诉我们：$\text{inorder}(B) = \text{postorder}(F^{RT}) = \text{postorder}(F^R)^R = \text{preorder}(F)$.

16. 森林 $F \mid G$ 是将 F 的树放在 G 的按后序的第一个结点下方得到的. 因为 $F \mid (G \mid H) = (H^T G^T F^T)^T = (F \mid G) \mid H$，所以满足组合律. 顺便提一下，$\text{postorder}(F \mid G) = \text{postorder}(F)\text{postorder}(G)$，而且，当 G 非空时有 $F \mid (GH) = (F \mid G)H$.

17. 任意非空森林都可以记为 $F = (G \mid \cdot)H$，其中 $\cdot$ 表示 1 结点森林. 我们有 $F^R = H^R(G^R \mid \cdot)$，$F^T = (H^T \mid \cdot)G^T$. 特别地，除非 H 为空森林 Λ，否则不会有 $F^R = F^T$，因为 H^T 的第一棵树不能是 $H^T \mid \cdot$，并且 G 还必然为 Λ. 此外，$F = F^T$ 当且仅当 $G = H^T$. 在此情形，除非 $G = \Lambda$，否则不会有 $F^R = F^{RT}$；在其他情形，G^{TR} 的第一棵树不可能拥有超过 G 本身的结点数量.

以下结论应当是正确的：除非 $F = F^R$，否则不会有 $F^{RT} = F^{TR}$. 在此假设下，$F^{RT} = F^{TR}$ 当且仅当 F 和 F^T 都是自共轭的. 科拉姆西尔·卡伦发现了这种森林的两个无穷家族，其中参数 $i, j, k \geq 0$：

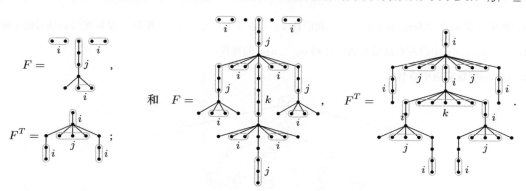

（在以上示例中，$i = 2$，$j = 3$，$k = 5$.）是否还有任何其他情形？

18. $C_{15} = 9\,694\,845$ 个森林被分为 $20\,982$ 个同源类. 最大的类是长为 $58\,968$ 的圈, 它的元素之一是 $((()(())())()(()(())())())()$. 最短的是 6 个二元素类 (对应于习题 17), 它包括

$$()()()()()()()()()()()()()()(), \qquad ()()()()()(()(()()()()()()()(),$$
$$()()()(((()()()()()())))()()(), \qquad ()()()((((()()()()()))))()(),$$
$$()(()(())()()()()()()(())())(), \qquad ()(((((((()()()()))))))()$$

及其转置. 多少有些奇怪的串 $(((((((()))))))()()()()()()(), ()()()()()()(((((((())))))))$, $(((((((()))))))()()()()()())$, 每一个都有楔形二叉树, 构成唯一的大小为 3 的类. 从 $()(((()(())())()()()()()(())())()$ 到 $(((()()()()()()()()()()()()()()))$ 的路径有 3120 个元素, 其中之一是 (2). 按照习题 19 答案中的共轭, 可能出现的最短圈的长度为 6, 当 $n = 15$ 时共有 66 个这种圈. (倒数第二长的圈是唯一的, 它的长度为 10, 包括 $()(()()()()()()((()())()))((()))$.)

19. 算法 P 中从 F_j 到 F_{j+1} 的转化可解释如下: "找出按照前序的最后一个结点, 记作 x, 它有一个左兄弟结点, 记作 y. 将 x 从其家族中移除, 使它成为 y 的新的最右子结点. 如果 $x < n$, 将 x 的所有后代 $x+1, \ldots, n$ 都转换为平凡的单结点树."

如果我们回想起 F_j 中按照前序的第 k 个结点是 F_j^R 中按照后序的倒数第 k 个结点, 那么, 将 F_j^R 转换为 F_{j+1}^R 的操作可表述如下: "找出按照后序的第一个结点, 记作 x, 它有一个右兄弟结点, 记作 y. 将 x 从其家族中移除, 使它成为 y 的新的最左子结点. 如果 $x > 1$, 将 x 的所有后代 $x-1, \ldots, 1$ 都转换为平凡的单结点树."

类似地, 算法 B 中将 G_j 转化为 G_{j+1} 的操作可解释如下: "找出最左非平凡树的根结点 j, 然后找出它的最右子结点 k. 将 k 及其后代从 j 的家族中移除, 并将它们插在 j 和 j 的右兄弟结点之间. 最后, 如果 $j > 1$, 使 j 及其右兄弟结点都成为 $j-1$ 的子结点, 使 $j-1$ 成为 $j-2$ 的子结点, 以此类推."

当这一转换在左兄弟结点/右子结点表示中将 G_j^{RT} 变为 G_{j+1}^{RT} 时 (见习题 15), 它等同于在左子结点/右兄弟结点表示法中将 F_j^R 变为 F_{j+1}^R 的转换操作. 因为当 $j = 1$ 时这两种操作显然相同, 所以我们有 $G_j^{RT} = F_j^R$.

(由此推出, 由算法 B 生成的二叉树的表序列 $e_1 \ldots e_{n-1}$ 就是由算法 P 生成的括号串的表序列 $d_{n-1} \ldots d_1$. 表 1 和 2 说明了这一现象.)

余明昭在 *Comp. J.* **32** (1989), 76–85 中探索了森林列表之间的几种对称性.

20. (a) 这一断言是引理 2.3.1P 的推广, 由归纳法容易征得.

(b) 实际上, 以下过程几乎与算法 P 相同:

T1. [初始化.] 对于 $1 \le k \le n$, 置 $b_{3k-2} \leftarrow 3$, $b_{3k-1} \leftarrow b_{3k} \leftarrow 0$; 置 $b_0 \leftarrow b_N \leftarrow 0$, $m \leftarrow N - 3$, 其中 $N = 3n + 1$.

T2. [访问.] 访问 $b_1 \ldots b_N$. (现在 $b_m = 3$, $b_{m+1} \ldots b_N = 0 \ldots 0$.)

T3. [简单情形?] 置 $b_m \leftarrow 0$. 如果 $b_{m-1} = 0$, 置 $b_{m-1} \leftarrow 3$, $m \leftarrow m - 1$, 返回 T2.

T4. [寻找 j.] 置 $j \leftarrow m - 1$, $k \leftarrow N - 3$. 当 $b_j = 3$ 时循环执行 $b_j \leftarrow 0$, $b_k \leftarrow 3$, $j \leftarrow j - 1$, $k \leftarrow k - 3$.

T5. [递增 b_j.] 如果 $j = 0$ 则终止算法. 否则, 置 $b_j \leftarrow 3$, $m \leftarrow N - 3$, 返回 T2. ∎

[见什穆埃尔·扎克斯, *Theoretical Comp. Sci.* **10** (1980), 63–82. 扎克斯在此文中指出, 利用一种几乎与习题 2 的答案相同的算法, 甚至可以更轻松地生成满足 $b_j = 3$ 的下标 j 的序列 $z_1 \ldots z_n$, 因为一个有效的三叉树组合 $z_1 \ldots z_n$ 可以由不等式 $z_{k-1} < z_k \le 3k - 2$ 来描述其特性.]

21. 为解决这一问题, 大体上可将算法 P 与算法 7.2.1.2L 结合在一起. 为方便起见, 假定 $n_t > 0$, $n_1 + \cdots + n_t > 1$.

G1. [初始化.] 置 $l \leftarrow N$. 然后, 对于 $j = t, \ldots, 2, 1$ (按照这一顺序) 执行以下操作 n_j 次: 置 $b_{l-j} \leftarrow j$, $b_{l-j+1} \leftarrow \cdots \leftarrow b_{l-1} \leftarrow 0$, $l \leftarrow l - j$. 最后, 置 $b_0 \leftarrow b_N \leftarrow c_0 \leftarrow 0$, $m \leftarrow N - t$.

G2. [访问.] 访问 $b_1 \ldots b_N$. (此时, $b_m > 0$, $b_{m+1} = \cdots = b_N = 0$.)

G3. [简单情形?] 如果 $b_{m-1}=0$, 置 $b_{m-1} \leftarrow b_m$, $b_m \leftarrow 0$, $m \leftarrow m-1$, 返回 G2.

G4. [寻找 j.] 置 $c_1 \leftarrow b_m$, $b_m \leftarrow 0$, $j \leftarrow m-1$, $k \leftarrow 1$. 当 $b_j \geq c_k$ 时循环执行 $k \leftarrow k+1$, $c_k \leftarrow b_j$, $b_j \leftarrow 0$, $j \leftarrow j-1$.

G5. [递增 b_j.] 如果 $b_j > 0$, 求出满足 $b_j < c_l$ 的最小 $l \geq 1$, 然后交换 $b_j \leftrightarrow c_l$. 否则, 如果 $j > 0$, 置 $b_j \leftarrow c_1$, $c_1 \leftarrow 0$. 否则, 终止算法.

G6. [颠倒并展开.] 置 $j \leftarrow k$, $l \leftarrow N$. 当 $c_j > 0$ 时循环执行 $b_{l-c_j} \leftarrow c_j$, $l \leftarrow l-c_j$, $j \leftarrow j-1$. 然后, 置 $m \leftarrow N-c_k$, 返回 G2. ∎

算法假设 $N > n_1 + 2n_2 + \cdots + tn_t$. [见 *SICOMP* **8** (1979), 73–81.]

22. 首先注意到, 可以增大 d_1 当且仅当在链接表示法中 $r_1 = 0$. 否则, 可以通过以下方式得到 $d_1 \ldots d_{n-1}$ 的后继: 找出满足 $d_j > 0$ 的最小 j 值, 置 $d_j \leftarrow 0$, $d_{j+1} \leftarrow d_{j+1}+1$. 我们可以假设 $n > 2$.

K1. [初始化.] 对于 $1 \leq k < n$, 置 $l_k \leftarrow k+1$, $r_k \leftarrow 0$. 置 $l_n \leftarrow r_n \leftarrow 0$.

K2. [访问.] 访问用 $l_1 l_2 \ldots l_n$ 和 $r_1 r_2 \ldots r_n$ 表示的二叉树.

K3. [简单情形?] 置 $y \leftarrow r_1$. 如果 $y = 0$, 置 $r_1 \leftarrow 2$, $l_1 \leftarrow 0$, 返回 K2. 否则, 如果 $l_1 = 0$, 置 $l_1 \leftarrow 2$, $r_1 \leftarrow r_2$, $r_2 \leftarrow l_2$, $l_2 \leftarrow 0$, 返回 K2. 否则, 置 $j \leftarrow 2$, $k \leftarrow 1$.

K4. [寻找 j 和 k.] 如果 $r_j > 0$, 置 $k \leftarrow j$, $y \leftarrow r_j$. 然后, 如果 $j \neq y-1$, 置 $j \leftarrow j+1$, 重复本步骤.

K5. [混洗子树.] 置 $l_j \leftarrow y$, $r_j \leftarrow r_y$, $r_y \leftarrow l_y$, $l_y \leftarrow 0$. 如果 $j = k$, 返回 K2.

K6. [移动子树.] 如果 $y = n$, 终止算法. 否则, 当 $k > 1$ 时循环执行 $k \leftarrow k-1$, $j \leftarrow j-1$, $r_j \leftarrow r_k$. 然后, 当 $j > 1$ 时循环执行 $j \leftarrow j-1$, $r_j \leftarrow 0$. 返回 K2. ∎

(见习题 45 中的分析. 科尔什 [*Comp. J.* **48** (2005), 488–497; **49** (2006), 351–357; **54** (2011), 776–785] 已经证明: 本算法、算法 P 和算法 B 都能以一些很有意义的方式推广至 t 叉树.)

23. (a) 当 $n > 1$ 时, 因为 z_n 开始于 $2n-1$, 并来回反复 C_{n-1} 次, 所以它终止于 $2n-1-(C_{n-1} \bmod 2)$. 此外, 对于所有 $n \geq j$, z_j 的最终值都是常数. 因此, 最终串 $z_1 z_2 \ldots$ 为 1 2 5 6 9 11 13 14 17 19 $\ldots$, 其中包含除 3, 7, 15, 31, $\ldots$ 外的所有小于 $2n$ 的奇数.

(b) 类似地, 用于描述最终树的前序排列为 $2^k\, 2^{k-1} \ldots 1\, 3\, 5\, 6\, 7\, 9\, 10 \ldots$, 其中 $k = \lfloor \lg n \rfloor$. 从森林的角度来看, 对于 $1 < j \leq k$, 结点 2^j 是 2^{j-1} 个结点 $\{2^{j-1}, 2^{j-1}+1, \ldots, 2^j-1\}$ 的父结点, 树 $\{2^k+1, \ldots, n\}$ 是平凡的.

注记: 如果算法 N 在已经终止之后又在步骤 N2 重新启动, 则它会生成同一序列, 但是反向的. 算法 L 具有相同性质.

24. $l_0 l_1 \ldots l_{15} = 201030065080012114$; $r_1 \ldots r_{15} = 015010700901413 0000$; $k_1 \ldots k_{15} = 002245548410111 1102$; $q_1 \ldots q_{15} = 21154310857691411 1312$; $u_1 \ldots u_{15} = 1231005031001010$. (如果森林 F 的结点按照后序编号, 则 k_j 是 j 的左兄弟结点; 或者, 如果 j 是 p 的最左子结点, 则 $k_j = k_p$. 换种说法, k_j 是 F^{TR} 中 j 的父结点. 而且, k_j 还是 $j-1-u_{n+1-j}$, 也就是 $q_1 \ldots q_n$ 中位于 j 左侧小于 j 的元素数量.)

25. 从算法 N 和 L 中得到一些提示, 我们希望将每个 $(n-1)$ 结点树扩展为一个包含两个或多个 n 结点树的列表. 在这一情况下, 思路是在每个这种列表的开头和结尾处, 在二叉树中使 n 成为 $n-1$ 的子结点. 下面的算法使用附加的链接字段 p_j 和 s_j, 其中 p_j 指向森林中 j 的父结点, s_j 指向 j 的左兄弟结点, 如果 j 是其家族中的最左结点, 则指向 j 的最右兄弟结点. (当然, 这些指针 p_j 和 s_j 与表 1 中的排列 $p_1 \ldots p_n$ 和表 2 中的范围坐标 $s_1 \ldots s_n$ 都不一样. 事实上, $s_1 \ldots s_n$ 是下面习题 33 的排列 λ.)

M1. [初始化.] 对于 $1 \leq j \leq n$, 置 $l_j \leftarrow j+1$, $r_j \leftarrow 0$, $s_j \leftarrow j$, $p_j \leftarrow j-1$, $o_j \leftarrow -1$, 除了 $l_n \leftarrow 0$.

M2. [访问.] 访问 $l_1 \ldots l_n$ 和 $r_1 \ldots r_n$. 然后置 $j \leftarrow n$.

M3. [寻找 j.] 如果 $o_j > 0$, 置 $k \leftarrow p_j$, 如果 $k \neq j-1$, 转到 M5. 如果 $o_j < 0$, 置 $k \leftarrow s_j$, 如果 $k \neq j-1$, 转到 M4. 在任一情形, 如果 $k = j-1$, 置 $o_j \leftarrow -o_j$, $j \leftarrow j-1$, 重复本步骤.

M4. ［向下转换.］（此时，k 是 j 的左兄弟结点，或者是 j 的家族中的最右成员.）如果 $k \geq j$，在 $j = 1$ 时终止算法，在其他情形，置 $x \leftarrow p_j$，$l_x \leftarrow 0$，$z \leftarrow k$，$k \leftarrow 0$（从而，结点 j 从其父结点脱离，并向顶层前进了一步）. 如果 $k < j$，置 $x \leftarrow p_j + 1$，$z \leftarrow s_x$，$r_k \leftarrow 0$，$s_x \leftarrow k$（从而，结点 j 从 k 脱离，并下移了一层）. 然后置 $x \leftarrow k+1$，$y \leftarrow s_x$，$s_x \leftarrow z$，$s_j \leftarrow y$，$r_y \leftarrow j$，$x \leftarrow j$. 当 $x \neq 0$ 时循环执行 $p_x \leftarrow k$，$x \leftarrow r_x$. 返回 M2.

M5. ［向上转换.］（此时，k 是 j 的父结点.）置 $x \leftarrow k+1$，$y \leftarrow s_j$，$z \leftarrow s_x$，$s_x \leftarrow y$，$r_y \leftarrow 0$. 如果 $k \neq 0$，置 $y \leftarrow p_k$，$r_k \leftarrow j$，$s_j \leftarrow k$，$s_{y+1} \leftarrow z$，$x \leftarrow j$；否则，置 $y \leftarrow j-1$，$l_y \leftarrow j$，$s_j \leftarrow z$，$x \leftarrow j$. 当 $x \neq 0$ 时循环执行 $p_x \leftarrow y$，$x \leftarrow r_x$. 返回 M2. ∎

关于运行时间：如习题 44 中那样，可以说步骤 M3 消耗 $2C_n + 3(C_{n-1} + \cdots + C_1)$ 次内存访问，步骤 M4 和 M5 一起消耗 $8C_n - 2(C_{n-1} + \cdots + C_1)$ 次内存访问，再加上 $x \leftarrow r_x$ 次数的两倍. 最后一个量难以准确分析. 例如，当 $n = 15$ 且 $j = 6$ 时，算法在 $(45, 23, 7, 9, 2, 4)$ 种情形将 $x \leftarrow r_x$ 分别执行 $(1, 2, 3, 4, 5, 6)$ 次. 但富有启发意义的是，在给定 j 时，$x \leftarrow r_x$ 的平均执行次数应该近似为 $2 - 2^{j-n}$，从而整体成本为 $(2C_n - (C_n - C_{n-1}) - (C_{n-1} - C_{n-2})/2 - (C_{n-2} - C_{n-3})/4 - \cdots)/C_n \approx 8/7$. 试验测试证实了这一预测特性，表明当 $n \to \infty$ 时每棵树的总成本接近于 $265/21 \approx 12.6$ 次内存访问.

26. (a) 这个条件显然是必要的. 并且，如果它成立，就可以唯一构造 F：结点 1 及其兄弟结点是森林的根结点，它们的代代可采用归纳法根据非交叉分划定义.（事实上，我们可以直接由 Π 的限制增长串计算深度坐标 $a_1 \ldots a_n$：置 $c_1 \leftarrow 0$ 和 $i_0 \leftarrow 0$. 对于 $2 \leq j \leq n$，如果 $a_j > \max(a_1, \ldots, a_{j-1})$，置 $c_j \leftarrow c_{j-1} + 1$，$i_{a_j} \leftarrow c_j$，否则，置 $c_j \leftarrow i_{a_j}$.）

(b) 如果 Π 和 Π' 满足非交叉条件，那么它们的最大公共细化 $\Pi \vee \Pi'$ 也满足，所以我们可以像在习题 7.2.1.5–12(a) 中那样正常进行.

(c) 令 $x_1, \ldots, x_m$ 是 F 中某个结点的子结点，令 $1 \leq j < k \leq m$. 通过以下方式构造 F'：将 $x_{j+1}, \ldots, x_k$ 从其家族中移除，并将其作为 $x_{j+1} - 1$ 的子结点、x_j 的最右代代嫁接它们.

(d) 根据 (c)，这显然成立. 因此，这些森林是根据它们包含的非叶结点数量（它比 Π 中的块数小 1）从底到顶排名的.

(e) 恰好 $\sum_{k=0}^{n} e_k(e_k - 1)/2$ 个，其中 $e_0 = n - e_1 - \cdots - e_n$ 是根结点的数量.

(f) 对偶操作类似于习题 12 中的转置操作，但我们使用左兄弟结点和右子结点链接，而不是左子结点和右兄弟结点链接，然后关于次对角线转置：

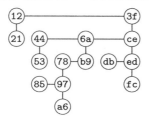 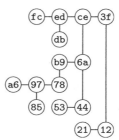

（"右"链接现在指向下方. 注意，在 F 中 j 是 k 的最右子结点当且仅当在 F^D 中 j 是 k 的左兄弟结点. F^D 的前序与 F 的前序互相颠倒，就像 F^T 的后序与 F 的后序互相颠倒.）

(g) 由 (f) 可知，F' 覆盖 F 当且仅当 F^D 覆盖 F'^D.（因此，如果 F 有 k 个叶结点，则 F^D 有 $n + 1 - k$ 个叶结点.）

(h) $F \curlywedge F' = (F^D \vee F'^D)^D$.

(i) 不满足. 如果满足，根据对偶性，等式必然成立. 但是，比如说，$0101 \curlywedge 0121 = 0000$ 且 $0101 \vee 0121 = 0123$，而 $\mathrm{leaves}(0101) + \mathrm{leaves}(0121) \neq \mathrm{leaves}(0000) + \mathrm{leaves}(0123)$.

［哈罗德·贝克尔在 *Math. Mag.* **22** (1948), 23–26 中最早考虑了非交叉分划. 杰曼·克雷韦拉斯在 1971 年证明了它们构成一个栅格，见习题 2.3.4.6–3 答案中的参考资料. ］

27. (a) 此断言等价于习题 2.3.3–19.

(b) 如果我们用右子结点和左兄弟结点链接表示森林，那么，前序对应于二叉树的中序（见习题 2.3.2–5），s_j 是结点 j 的右子树的大小. 在这个二叉树的任意非叶结点处向左旋转，都恰好减少一个范围坐标，而且减少量尽可能小，与有效表 $s_1 \ldots s_n$ 一致. 因此，F' 覆盖 F 当且仅当 F 是由 F' 通过这样一种旋转得到的.（采用左子结点和右兄弟结点链接表示时的旋转与此类似，但要按照后序.）

(c) 对偶操作保持覆盖关系，但交换了左和右.

(d) $F \top F' = (F^D \perp F'^D)^D$. 等价地，如习题 6.2.3–32 中的注记，我们可以独立地将左子树的大小降至最低.

(e) 习题 26(c) 答案中的覆盖转换显然使得对于所有 j 都有 $s_j \leq s'_j$.

(f) 正确，因为 $F \wedge F' \prec\!\!\!\!- F \dashv F \perp F'$ 且 $F \wedge F' \prec\!\!\!\!- F' \dashv F \perp F'$.

(g) 错误. 例如，$0121 \vee 0122 = 0123$，$0121 \top 0122 = 0122$.（但通过在 (f) 中取对偶，的确有 $F \top F' \dashv F \vee F'$.）

(h) 最长的路径（长度为 $\binom{n}{2}$）反复将最右端的非零 s_j 减 1. 最短的路径（长度为 $n-1$）反复将最左端的非零 s_j 置为 0.

习题 6.2.3–32 的答案中提供了许多有关塔迈里栅格的参考文献.

28. (a) 仅计算 $\min(c_1, c'_1) \ldots \min(c_n, c'_n)$ 和 $\max(c_1, c'_1) \ldots \max(c_n, c'_n)$，因为，$c_1 \ldots c_n$ 是一个有效序列当且仅当 $c_1 = 0$ 且对于 $1 < j \leq n$ 有 $c_j \leq c_{j-1} + 1$.

(b) 根据 (a)，这显然成立. 注记：任意分布式栅格的元素都可以表示为某一偏序的序理想. 在图 62 的情形中，偏序如右图所示，边长为 $n-2$ 的类似三角形的栅格生成 n 阶斯坦利栅格.

(c) 取 F 的一个结点 k，它有左兄弟结点 j. 将 k 从家族中移除，并作为 j 的新右子结点接入，k 原先的子结点作为 j 的新子结点，k 原先的子结点保留自己原有的后代.（这一操作对应于在嵌套括号串中将 ")(" 改为 "()". 因此，括号的"完美"格雷码对应于斯坦利栅格的覆盖图中的哈密顿路径. 当 $n = 4$ 时，恰好有 38 条这种路径，它们分别是从 0123 到 $(0001, 0010, 0012, 0100, 0111, 0120)$ 的 $(8, 6, 6, 8, 4, 6)$ 条路径.）

(d) 正确，因为 (c) 中的覆盖关系是左右对称的.（$F \subseteq F'$ 当且仅当对于 $0 \leq j \leq 2n$ 有 $w_j \leq w'_j$，其中蠕虫深度 w_j 在习题 10 中定义. 如果 $w_0 \ldots w_{2n}$ 是 F 的蠕虫路径，则它的逆 $w_{2n} \ldots w_0$ 是 F^R 的蠕虫路径. 注意，覆盖关系仅改变一个坐标 w_j. 通过取 w 的最小值和最大值（而不是 c 的最小值和最大值），可以计算 $F \cap F'$ 和 $F \cup F'$.）

(e) 见习题 9.（因此，$F \perp F' \subseteq F \cap F'$，等等，如习题 27(f).）

注记：理查德·斯坦利在 *Fibonacci Quarterly* **13** (1975)，222–223 中介绍了这种栅格. 由于在相同元素上定义了 3 种重要的栅格，所以我们需要 3 个记号来表示不同的排序. 这里采用符号 $\prec$, $\dashv$, $\subseteq$ 是为了缅怀克雷韦拉斯（Kreweras）、塔迈里（Tamari）和斯坦利（Stanley，在俄文中为 Стенли）.

29. 如果我们将 6 个正五边形粘在一起，将得到 14 个顶点，在经过适当的旋转和缩放后，它们的坐标分别是[①]

$$p_{1010} = p_{0000}^- = p_{3000}^* = p_{2100}^{*-} = (-1, \sqrt{3}, 2/\phi);$$

$$p_{0010} = p_{3100}^* = (\phi^{-2}, \sqrt{3}\,\phi, 0); \quad p_{3010} = p_{0100}^- = (0, 0, 2); \quad p_{3210} = p_{0200}^- = (2, 0, 2/\phi);$$

$$p_{0210} = p_{3200}^* = (\sqrt{5}, \sqrt{3}, 0); \quad p_{1000} = p_{2000}^* = (-\phi^2, \sqrt{3}/\phi, 0);$$

这里的 $(x, y, z)^*$ 意味着 $(x, -y, z)$，$(x, y, z)^-$ 意味着 $(x, y, -z)$. 但 3 个拥有 4 条边的"面"不是正方形，事实上，它们甚至不在同一个平面内.

（然而，将两个适当的四面体粘在一起，并削去 3 个粘在一起的角，就可以得到一个类似模样的几何体，它拥有真正的正方形和不规则的五边形. 金特·齐格勒在他的 *Lectures on Polytopes* (New York: Springer, 1995) 例题 9.11 中讨论了结合几何体的另一组坐标，它们有非常重要的数学意义，但外观不是那么吸引眼球.）

---

① 在下面的式子中，ϕ 是黄金分割比 $\frac{1}{2}(1+\sqrt{5})$，见附录 B 以及式 1.2.8–(3).——编者注

30. (a) $\bar{f}_{n-1}\ldots\bar{f}_1 0$,因为对称序的内部结点 j 拥有非空右子树当且仅当对称序的内部结点 $j+1$ 拥有空左子树.

(b) 根据习题 26(f) 的答案,一般的足印 $1^{p_1}0^{q_1+1}1^{p_2+1}0^{q_2+1}\ldots1^{p_k+1}0^{q_k+1}$ 来自于二叉树,这些二叉树按照对称序的结点符合规范 $R^{p_1}NL^{q_1}BR^{p_2}NL^{q_2}B\ldots R^{p_k}NL^{q_k}$,其中 B 的含义为"两个子树都是非空的",R 的含义为"右子树非空,但左子树并非如此",L 的含义为"左子树非空,但右子树并非如此",N 的含义为"没有一个子树是非空的".

当 $k=1$ 时,这样的二叉树的数量 $f(p_1,q_1;\ldots;p_k,q_k)$ 是 $\binom{p_1+q_1}{p_1}$,否则,是

$$[p_1>0]f(p_1-1,q_1;\ldots;p_k,q_k)+\sum_{j=1}^{k-1}f(p_1,q_1;\ldots;p_j,q_j)f(p_{j+1},q_{j+1};\ldots;p_k,q_k)$$
$$+[q_k>0]f(p_1,q_1;\ldots;p_k,q_k-1).$$

就这一具体情况而言,$f(1,0;0,0;1,0;5,3;0,0;0,0;0,2;0,0;1,2)=114\,044\,694$.

(c) 根据习题 3,$d_j=0$ 当且仅当 $c_{j+1}>c_j$.

(d) 一般地,根据习题 27(a),$F\perp F'$ 的足印为 $f_1\ldots f_n\wedge f_1'\ldots f_n'$;根据 (a) 和习题 27(d),$F\top F'$ 的足印为 $f_1\ldots f_n\vee f_1'\ldots f_n'$.

[在塔迈里栅格中互补总是存在的,这一事实的发现归功于哈里·拉克瑟;见捷尔吉·格雷策,*General Lattice Theory* (1978),习题 I.6.30.]

31. (a) 2^{n-1},见习题 6.2.2–5.

(b) $c_1\le\cdots\le c_n$;$d_1,\ldots,d_{n-1}\le1$;$e_j>0$ 蕴涵 $e_j+\cdots+e_n=n-j$;$k_{j+1}\le k_j+1$;对于某个 j,$p_1\le\cdots\le p_j\ge\cdots\ge p_n$;$s_j>0$ 蕴涵 $s_j=n-j$;$u_1\ge\cdots\ge u_n$;$z_{j+1}\le z_j+2$. (在每种情形,其他一些通常也适用的约束条件将可能性的数量缩减为 2^{n-1}. 例如,$u_1\ldots u_n$ 必须是有效的范围坐标序列.)

(c) 在 2^{n-1} 情形中,仅有 n 种情形是正确的. (但 F^T 是退化的.)

(d) 拥有足印 $f_1\ldots f_n$ 的退化森林满足 $c_{j+1}=c_j+f_j$. 元素 $j<k$ 为兄弟结点当且仅当 $f_j=f_{j+1}=\cdots=f_{k-1}=0$. 因此,如果 F'' 是拥有足印 $f_1\ldots f_n\wedge f_1'\ldots f_n'$ 的退化森林,则 $F''\preccurlyeq F$ 且 $F''\preccurlyeq F'$,从而,$F''\preccurlyeq F\top F'\dashv F\perp F'$. 根据 (b),我们还有 $F\perp F'\dashv F''$. 类似的论证过程可以证明:$F\vee F'=F\top F'$ 是拥有足印 $f_1\ldots f_n\vee f_1'\ldots f_n'$ 的退化森林.

因此,当克雷韦拉斯栅格和塔迈里栅格限于退化森林时,它们变得与 $\{1,\ldots,n-1\}$ 的子集的布尔栅格相同. [在塔迈里栅格中的这一结果归功于乔治·马可夫斯基,*Order* **9** (1992),265–290,他的论文还证明了塔迈里栅格享有许多其他性质.]

32. 假设 F 和 F' 有范围坐标 $s_1\ldots s_n$ 和 $s_1'\ldots s_n'$. 如果 $s_j<s_j'$ 或 $j=0$,就说下标 j 被冻结. 我们要指定被冻结坐标的值,并使其他坐标达到最大. 令 $s_0=n$,对于 $0\le k\le n$ 令

$$s_k''=s_j-k+j,\qquad \text{其中 } j=\max\{i\mid 0\le i\le k,\ i \text{ 被冻结},\ i+s_i\ge k\}.$$

因为只要 $0\le k-j\le s_j$ 即有 $s_k\le s_j-(k-j)$,所以我们有 $s_k''\ge s_k$,当 k 被冻结时等号成立.

按照习题 27(a) 中的条件,范围 $s_0''s_1''\ldots s_n''$ 对应于一个有效森林. 如果 $k\ge0$,$0\le l\le s_k''=s_j-k+j$ 且 $s_{k+l}''=s_{j'}-k-l+j'$,那么,当 $0\le j'-j\le s_j$ 时有 $s_{k+l}''+l\le s_k''$,因为在这种情形 $s_{j'}+j'-j\le s_j$. 而且,因为 $j+s_j\ge k+l\ge j'$,所以不会有 $j>j'$ 或 $j'>j+s_j$.

设 F''' 是一个森林,其范围满足 $s_k\le s_k'''\le s_k''$. 于是,$\min(s_k',s_k'')=s_k$,因为当 k 被冻结时有 $s_k=s_k''$,否则有 $s_k=s_k'$.

此外,如果 F''' 是一个森林,满足 $F'\perp F'''=F$,则必定有 $s_k\le s_k'''\le s_k''$. 因为 $s_k'''<s_k$ 将蕴涵 $s_k''<s_k'$. 而且,如果 k 是满足 $s_k'''>s_k''$ 的最小值,则对于某个满足 $0\le j\le k$ 和 $j+s_j\ge k$ 的被冻结的 j,我们有 $s_k''=s_j-k+j$. 于是,$s_j'''\ge s_j$ 蕴涵 $k-j\le s_j'''$,从而有 $s_j'''+k-j\le s_j'''$. 如果 $j<k$,则有 $s_j'''\le s_j''=s_j$,矛盾. 但 $j=k$ 蕴涵 $\min(s_k''',s_k')>s_k$.

为了得出第一条半分配律,应用这一规则,但用 $F\perp G$ 代替 F,用 F 代替 F'. 于是,假设条件 $F\dashv G\dashv F''$ 和 $F\dashv H\dashv F''$ 蕴涵 $F\dashv G\top H\dashv F''$. 在第一条半分配律中应用对偶即可得到第二条半分配律.

(拉尔夫·弗里兹建议将 F'' 称为 F' 针对 F 的伪补.)

33. (a) 如果 $\text{LLINK}[k] \neq 0$, 令 $k\lambda = \text{LLINK}[k]$, 否则, 如果 $k \neq 1$ 令 $k\lambda = \text{RLINK}[k-1]$, 否则令 $k\lambda$ 为二叉树的根结点. 上述规则定义了一个排列, 因为 $k\lambda = j$ 当且仅当 $k = \text{parent}(j) + [j\ \text{是右子结点}]$ 或者 "$k = 1$ 且 j 是根结点". 另外, 当 $\text{LLINK}[k] = 0$ 时有 $k\lambda \geq k$, 当 $\text{RLINK}[k] = 0$ 时有 $k\sigma\lambda \leq k$. [保罗 · 埃德尔曼在 *Discrete Math.* **40** (1982), 171–179 中给出了向 t 叉树的推广.]

(b) 利用习题 26(f) 答案中 (2) 的表示法, 我们看到, 在这种情形 $\lambda(F)$ 是 $(3\,1)(2)(1\,2\,6\,4)(5)(1\,1\,7)$ $(1\,4\,1\,3)(9\,8)(15)(10)$. 一般, 圈是森林的家族, 在每个圈的内部为降序, 而结点按前序编号. [见纳楚姆 · 德肖维茨和什穆埃尔 · 扎克斯, *Discrete Math.* **62** (1986), 215–218.]

(c) $\lambda(F^D) = \rho\sigma\lambda(F)\rho$, 其中 ρ 是 "翻转" 排列 $(1\,n)(2\,n-1)\ldots$, 因为对偶森林交换了 $\text{LLINK} \leftrightarrow \text{RLINK}$, 并翻转了前序编号.

(d) 圈分解 $(x_j\,x_k)(x_1 \ldots x_m) = (x_1 \ldots x_j x_{k+1} \ldots x_m)(x_{j+1} \ldots x_k)$, 对应于习题 26(c) 的答案.

(e) 根据 (d), 每个覆盖路径对应于 $(n \ldots 2\,1)$ 的一个分解. 令 q_n 表示这种分解的数量. 于是, 我们有递推关系 $q_1 = 1$ 及 $q_n = \sum_{l=1}^{n-1}(n-l)\binom{n-2}{l-1}q_l q_{n-l}$, 因为有 $n - l$ 种满足 $k - j = l$ 的选择, 根据这些选择, 第一个转置将圈分解为大小为 l 和 $n - l$ 的部分, 然后有 $\binom{n-2}{l-1}$ 种方式交错放置后续因子. 它的解是 $q_n = n^{n-2}$, 因为

$$\sum_{l=1}^{n-1}\binom{n-1}{l}l^{l-1}(y-l)^{n-1-l} = \lim_{x \to 0}\sum_{l=1}^{n-1}\binom{n-1}{l}(x+l)^{l-1}(y-l)^{n-1-l}$$
$$= \lim_{x \to 0}\frac{(x+y)^{n-1} - y^{n-1}}{x} = (n-1)y^{n-1}.$$

[见约瑟夫 · 德奈什, *Magyar Tudományos Akadémia Matematikai Kutató Intézetének Közleményei* **4** (1959), 63–70. 在因式分解和有标记自由树之间寻找对应关系是很自然的事情, 因为后者的数量恰好也是 n^{n-2}. 给定 $(1\,2 \ldots n) = (x_1 y_1) \ldots (x_{n-1} y_{n-1})$, 其中 $x_j < y_j$, 最简单的对应关系可能如下: 假定在 $(x_j y_j) \ldots (x_{n-1} y_{n-1})$ 中包含 x_j 和 y_j 的圈是 $(z_1 \ldots z_m)$, 其中 $z_1 < \cdots < z_m$. 如果 $y_j = z_m$, 令 $a_j = z_1$, 否则令 $a_j = \min\{z_i \mid z_i > x_j\}$. 于是, 我们可以证明: $a_1 \ldots a_{n-1}$ 是将 $n - 1$ 辆汽车停车入位的 "醒来序列", 习题 6.4–31 将它与自由树联系在一起.]

34. 每条自下而上的覆盖路径等价于一个 $(n-1, n-2, \ldots, 1)$ 形状的扬氏图表, 所以我们可以使用定理 5.1.4H. (见习题 5.3.4–38.)

[如何枚举塔迈里栅格中的这些路径仍然是一个迷, 相关序列为 $1, 1, 2, 9, 98, 2\,981, 340\,549, \ldots$.]

35. 乘以 $n + 1$, 然后参阅 *AMM* **97** (1990), 626–630.

36. 只需对步骤 T1–T5 进行显而易见的修改, 就可以推广到 t 叉树, 其中 t 为任意正整数. 设 $C_n^{(t)}$ 是具有 n 个内部结点的 t 叉树的数量, 因此, $C_n = C_n^{(2)}$, $C_n^{(t)} = ((t-1)n+1)^{-1}\binom{tn}{n}$. 如果在每次访问时会改变度数 b_j 为 h, 则在 $C_{n-x}^{(t)}$ 种情形中有 $h \geq x$. 所以, 简单情形的概率是 $1 - C_{n-1}^{(t)}/C_n^{(t)} \approx 1 - (t-1)^{t-1}/t^t$, 步骤 T4 中 $b_j \leftarrow 0$ 的平均执行次数是 $(C_{n-1}^{(t)} + \cdots + C_1^{(t)})/C_n^{(t)} \approx (t-1)^{t-1}/(t^t - (t-1)^{t-1})$, 当 $t = 3$ 时它是 $4/23$.

实际上, 我们还可以在 $0 \leq (t-1)p \leq q \neq 0$ 时, 通过推广 (5) 研究 t 叉递归结构 $A_{pq}^{(t)} = 0\,A_{p(q-1)}^{(t)}, t\,A_{(p-1)q}^{(t)}$. 这种度数序列的数量 $C_{pq}^{(t)}$ 满足递推式 (21), 例外情形是, 当 $p < 0$ 或 $(t-1)p > q$ 时有 $C_{pq}^{(t)} = 0$. 一般解是:

$$C_{pq}^{(t)} = \frac{q - (t-1)p + 1}{q+1}\binom{p+q}{p} = \binom{p+q}{p} - (t-1)\binom{p+q}{p-1},$$

并且有 $C_n^{(t)} = C_{n((t-1)n)}^{(t)}$. 右图的三角展示了 $t = 3$ 时这个数值表的开头几行.

[尼古拉 · 富什在 *Nova acta acad. scient. imp. Pet.* **9** (1791), 243–251 中最早研究了 "富什-卡塔兰数" $C_n^{(t)}$.]

```
1
1
1 1
1 2
1 3   3
1 4   7
1 5  12  12
1 6  18  30
1 7  25  55  55
1 8  33  88 143
```

37. 所有此类森林的基本字典序递归是: 当 $n_0 > n_2 + 2n_3 + \cdots + (t-1)n_t$ 且 $n_1, \ldots, n_t \geq 0$ 时有

$$A(n_0, n_1, \ldots, n_t) = 0\,A(n_0-1, n_1, \ldots, n_t),\ 1\,A(n_0, n_1-1, \ldots, n_t),\ \ldots,\ t\,A(n_0, n_1, \ldots, n_t-1),$$

否则 $A(n_0, n_1, \ldots, n_t)$ 为空，但当 $A(0, \ldots, 0) = \epsilon$ 是仅包含空串的序列时例外. 步骤 G1 计算 $A(n_0, \ldots, n_t)$ 的第一项. 我们要分析 5 个量:

> C，步骤 G2 的执行次数（森林的总数）；
>
> E，步骤 G3 转移到步骤 G2 的次数（简单情形的数量）；
>
> K，步骤 G4 将某个 b_i 移入表 c 的次数；
>
> L，步骤 G5 将 b_j 与某个 c_i 比较的次数；
>
> Z，步骤 G5 置 $c_1 \leftarrow 0$ 的次数.

于是，步骤 G6 中循环执行 $b_{l-c_j} \leftarrow c_j$ 的总次数是 $K - Z - n_1 - \cdots - n_t$.

令 n 为向量 $(n_0, n_1, \ldots, n_t)$，令 e_j 是在坐标位置 j 为 1 的单位向量. 令 $|n| = n_0 + n_1 + \cdots + n_t$, $\|n\| = n_1 + 2n_2 + \cdots + tn_t$. 利用这一表示法，我们可以将上面的基本递推关系重写为方便的形式，即

$$\text{当 } |n| > \|n\| \text{ 有 } A(n) = 0\,A(n - e_0),\ 1\,A(n - e_1),\ \ldots,\ t\,A(n - e_t).$$

考虑一般递推关系

$$F(n) = f(n) + \left(\sum_{j=0}^{t} F(n - e_j) \right) [|n| > \|n\|],$$

只要向量 n 有一个负分量，则 $F(n) = 0$. 如果 $f(n) = [|n| = 0]$，则 $F(n) = C(n)$ 是森林的总数. 习题 2.3.4.4–32 的答案告诉我们，通过推广习题 36 答案中关于 $C_{pq}^{(t)}$ 的公式（也就是 $n_0 = (t-1)q+1$ 和 $n_t = p$ 的情形），可以得到

$$C(n) = \frac{(|n|-1)!\,(|n|-\|n\|)}{n_0!\,n_1!\ldots n_t!} = \sum_{j=0}^{t} (1-j) \binom{|n|-1}{n_0, \ldots, n_{j-1}, n_j - 1, n_{j+1}, \ldots, n_t}.$$

类似地，通过选择其他内核函数 $f(n)$，可以得到一些递推关系式，用于计算分析过程中会用到的其他量 $E(n), K(n), L(n), Z(n)$:

$$f(n) = [|n| = n_0 + 1 \text{ 且 } n_0 > \|n\|] \qquad \text{得} \qquad F(n) = E(n);$$
$$f(n) = [|n| > n_0] \qquad \text{得} \qquad F(n) = E(n) + K(n);$$
$$f(n) = [|n| = \|n\| + 1] \qquad \text{得} \qquad F(n) = C(n) + K(n) - Z(n);$$
$$f(n) = \sum_{1 \le j < k \le t} n_j [n_k > 0] \qquad \text{得} \qquad F(n) = L(n).$$

习题 2.3.4.4–32 的符号化方法看起来并不会快速给出这些更一般递推式的解，但如果注意到，步骤 G2 中有 $b_m + m < N$ 当且仅当前一步是 G3，就可以轻松确定 $C - E$ 的值. 因此

$$C(n) - E(n) = \sum_{j=1}^{t} C(n - f_j), \qquad \text{其中 } f_j = e_j - (j-1)e_0;$$

这个和式计算以下子森林的总数，在这些子森林中，内部结点（非叶结点）的数量 $n_1 + \cdots + n_t$ 已经被减少了 1. 类似地，令

$$C^{(x)}(n) = \sum \{ C(n - i_1 f_1 - \cdots - i_t f_t) \mid i_1 + \cdots + i_t = x \}$$

是拥有 $n_1 + \cdots + n_t - x$ 个内部结点的子森林的数量. 于是我们有

$$K(n) - Z(n) = \sum_{x=1}^{|n|} C^{(x)}(n),$$

这个公式类似于 (20)，因为步骤 G5 中有 $k - [b_j = 0] \ge x \ge 1$ 当且仅当 $b_{m-x} > 0$ 且 $b_{m-x+1} \ge \cdots \ge b_m$. 如果我们从串 $b_1 \ldots b_N$ 中移除 $b_{m-x+1} \ldots b_m$ 和适当数量的尾 0，则这种前序度数串与 $C^{(x)}(n)$ 的森林是一一对应的.

从这些公式可以得出结论，只要 $n_1 = n_2 + \cdots + n_t + O(1)$，扎克斯-理查兹算法访问每个森林只需要 $O(1)$ 次操作，因为当 $j > 1$ 时有 $C(n - f_j)/C(n) = n_j n_0^{j-1}/(|n|-1)^{\underline{j}} \le 1/4 + O(|n|^{-1})$. 事实上，

在实际关心的几乎所有情形中，K 的值都非常小. 然而，当 n_1 很大时这个算法可能很慢. 例如，如果 $t = 1$, $n_0 = m + r + 1$, $n_1 = m$, 这个算法几乎要计算 $m + r$ 的所有 r 种组合. 于是，当 r 固定时我们有 $C(n) = \binom{m+r}{r}$ 和 $K(n) - Z(n) = \binom{m+r}{r+1} = \Omega(mC(n))$. [为在所有情况下均保证效率，我们可以跟踪尾部的 1. 见弗兰克·拉斯基和多米尼克·鲁兰茨·范鲍罗瑙伊吉安, *Congressus Numerantium* **41** (1984), 53–62.]

K, Z, L 的准确公式看起来并不简单（尤其是 L），但我们可以通过以下方式来计算这些量. 我们说一个森林的"活动块"是指非零度数的最右侧子串. 例如，302102021230000000 的活动块是 2123. 活动块的所有排列以相同概率出现. 实际上，对于规模为 n 森林，令 $D(n)$ 表示取遍所有前序度数串 β 对"β 的尾 0 数量 -1"求和的结果. 于是，对于 $1 \le j \le t$, 一个出现 n'_j 个 j 的块，在恰好 $D(n - n'_1 f_1 - \cdots - n'_t f_t) + [n'_1 + \cdots + n'_t = n_1 + \cdots + n_t]$ 种情形是活动的. 例如，给定串 3021020000, 我们可以在 3 个位置插入 21230000, 获得一个具有活动块 2123 的森林. 当活动块为左对齐（没有任何前导 0）时，对 K 和 L 的贡献可以仿照习题 7.2.1.2–6 那样计算；也就是，采用该题答案的表示法，我们有

$$k(n) = w(e_{n_1}(z) \ldots e_{n_t}(z)), \qquad l(n) = w\left(e_{n_1}(z) \ldots e_{n_t}(z) \sum_{1 \le i < j \le t} (n_i - z r_i(z)) r_j(z)\right).$$

类似地，可得到一般情形的贡献，因此

$$K(n) = k(n) + \sum D(n - n')k(n'), \quad L(n) = l(n) + \sum D(n - n')l(n'), \quad Z(n) = \sum D(n - n'),$$

求和针对满足以下条件的所有 n' 进行：对于 $1 \le j \le t$ 有 $n'_j \le n_j$, 以及 $|n'| - \|n'\| = |n| - \|n\|$ 且 $n'_1 + \cdots + n'_t \le n_1 + \cdots + n_t - 2$.

我们还要计算 $D(n)$. 令 $C(n; j)$ 是具有规模 $n = (n_0, \ldots, n_t)$ 的森林数，在这些森林中，按照前序最后一个内部结点的度数为 j. 于是我们有

$$C(n) = \sum_{j=1}^{t} C(n; j), \quad C(n + e_1; 1) = C(n + e_2; 2) = \cdots = C(n + e_t; t) = C(n) + D(n).$$

从这个无穷线性方程组，可以推导出 $C(n) + D(n)$ 是

$$\sum_{i_2=0}^{n_2} \cdots \sum_{i_t=0}^{n_t} (-1)^{i_2 + \cdots + i_t} \binom{i_2 + \cdots + i_t}{i_2, \ldots, i_t} C(n + (1 + i_2 + \cdots + i_t)e_1 - i_2 f_2 - \cdots - i_t f_t).$$

如果存在更简单的表达式，当然就更好了.

38. 步骤 L1 显然进行 $4n + 2$ 次内存访问. 对于 j 的具体值，步骤 L3 转到 L4 或 L5 的次数恰好是 $C_j - C_{j-1}$. 于是，它的开销是 $2C_n + 3\sum_{j=0}^{n}(n - j)(C_j - C_{j-1}) = 2C_n + 3(C_{n-1} + \cdots + C_1 + C_0)$ 次内存访问. 步骤 L4 和 L5 消耗的总数为 $6C_n - 6$. 因此，在每次访问中整个过程涉及 $9 + O(n^{-1/2})$ 次内存访问.

39. 一个形状为 (q, p) 项目为 y_{ij} 的扬氏图表对应于 A_{pq} 的一个元素，它在位置 $p + q + 1 - y_{21}, \ldots, p + q + 1 - y_{2p}$ 有左括号，在位置 $p + q + 1 - y_{11}, \ldots, p + q + 1 - y_{1q}$ 有右括号. 钩子长度为 $\{q+1, q, \ldots, 1, p, p-1, \ldots, 1\} \setminus \{q - p + 1\}$. 因此，根据定理 5.1.4H, 有 $C_{pq} = (p+q)!(q - p + 1)/(p!(q+1)!)$.

40. (a) $C_{pq} = \binom{p+q}{p} - \binom{p+q}{p-1} \equiv \binom{p+q}{p} + \binom{p+q}{p-1} = \binom{p+q+1}{p}$ (modulo 2), 然后利用习题 1.2.6–11. (b) 根据式 7.1.3–(36), 我们知道 $\nu(n \,\&\, (n+1)) = \nu(n+1) - 1$.

41. 它等于 $C(wz)/(1 - zC(wz)) = 1/(1 - z - wzC(wz)) = (1 - wC(wz))/(1 - w - z)$, 其中 $C(z)$ 是卡塔兰生成函数 (18). 容易看出，这些公式的第一个——$C(wz) + zC(wz)^2 + z^2C(wz)^3 + \cdots$ 等价于 (24). [见珀西·麦克马洪, *Combinatory Analysis* **1** (Cambridge Univ. Press, 1915), 128–130.]

42. (a) 元素 $a_1 \ldots a_n$ 确定了整个自共轭嵌套串 $a_1 \ldots a_{2n}$, 而 $a_1 \ldots a_n$ 恰好拥有 q 个右括号的可能性为 $C_{q(n-q)}$. 所以答案是

$$\sum_{q=0}^{\lfloor n/2 \rfloor} C_{q(n-q)} = \sum_{q=0}^{\lfloor n/2 \rfloor} \left(\binom{n}{q} - \binom{n}{q-1}\right) = \binom{n}{\lfloor n/2 \rfloor}.$$

(b) 答案是 $C_{(n-1)/2}$ [n odd]，因为自转置二叉树是由它的左子树决定的. (c) 答案和 (b) 相同，因为 F 是自对偶的当且仅当 F^R 是自转置的.

43. $C_{pq} = C_q - \binom{q-p-1}{1}C_{q-1} + \cdots = \sum_{r=0}^{q-p}(-1)^r\binom{q-p-r}{r}C_{q-r}$，对 $q-p$ 应用归纳法可得.

44. 两次访问步骤 B3 之间的内存访问次数是 $3j-2$，在步骤 B4 中是 $h+1$，在步骤 B5 中是 4，其中 h 是 $y \leftarrow r_y$ 的执行次数. 当 $j < n$ 时，给定 j 和 x，满足 $h \geq x$ 的二叉树的数量是 $[z^{n-j-x-1}]C(z)^{x+3}$，因为在 $j+x+1$ 个内部结点之下追加 $x+3$ 棵子树可以得到这些树. 置 $x=0$，利用 (24) 和习题 43 可以得出，j 的一个给定值出现 $C_{(n-j-1)(n-j+1)} = C_{n+1-j} - C_{n-j}$ 次. 因此，针对所有二叉树求得的 $\sum j$ 是 $n + \sum_{j=1}^{n}(C_{n+1-j} - C_{n-j})j = C_n + C_{n-1} + \cdots + C_1$. 类似地，$\sum(h+1)$ 是 $\sum_{j=1}^{n-1}\sum_{x=0}^{n-j-1}C_{(n-j-x-1)(n-j+1)} = \sum_{j=1}^{n-1}C_{(n-j-1)(n-j+2)} = \sum_{j=1}^{n}(C_{n-j+2}-2C_{n-j+1}) = C_{n+1} - (C_n + C_{n-1} + \cdots + C_0)$. 所以，该算法的总成本是 $C_{n+1} + 4C_n + 2(C_{n-1} + \cdots + C_1) + O(n) = (26/3 - 10/(3n) + O(n^{-2}))C_n$ 次内存访问.

45. 步骤 K3 中的每种简单情形发生 C_{n-1} 次，因此，该步骤的总成本为 $3C_{n-1}+8C_{n-1}+2(C_n-2C_{n-1})$ 次内存访问. 步骤 K4 提取 r_i 的总次数是 $[z^{n-i-1}]C(z)^{i+2} = C_{(n-i-1)n}$，针对 $i \geq 2$ 求和后可以得出，在该循环中共有 $C_{(n-3)(n+1)} = C_{n+1} - 3C_n + C_{n-1}$ 次内存访问. 步骤 K5 消耗 $6C_n - 12C_{n-1}$ 次内存访问. 步骤 K6 稍微复杂一些，但可以证明，当 $n > 2$ 时，操作 $r_j \leftarrow r_k$ 执行 $C_n - 3C_{n-1} + 1$ 次，操作 $r_j \leftarrow 0$ 执行 $C_{n-1} - n + 1$ 次. 因此，内存访问总数为 $C_{n+1} + 7C_n - 9C_{n-1} + n + 3 = (8.75 - 9.375/n + O(n^{-2}))C_n$.

尽管从渐近趋势来说，这一总数要比习题 44 答案中算法 B 的结果差一些，但由于 n^{-1} 的系数是比较大的负数，这意味着算法 B 实际上只有在 $n \geq 58$ 时才会获胜，而 n 从来不会达到那么大.

但是，瓦迪斯瓦夫·斯卡尔贝克将算法 B 改进为下面的算法 B*，它按照反序生成树，并使用辅助表 $c_1 \ldots c_n$.

B1*. [初始化.] 对于 $1 \leq k < n$ 置 $l_k \leftarrow c_k \leftarrow 0$，$r_k \leftarrow k+1$. 置 $l_n \leftarrow r_n \leftarrow 0$，置 $r_{n+1} \leftarrow 1$（出于使 B3* 更方便的考虑）.

B2*. [访问.] 访问用 $l_1 l_2 \ldots l_n$ 和 $r_1 r_2 \ldots r_n$ 表示的二叉树.

B3*. [寻找 j.] 置 $j \leftarrow 1$. 当 $r_j = 0$ 时循环执行 $l_j \leftarrow c_j \leftarrow 0$，$r_j \leftarrow j+1$，$j \leftarrow j+1$. 然后，在 $j > n$ 时终止算法.

B4*. [使 r_j 降级.] 置 $x \leftarrow r_j$，$r_j \leftarrow r_x$，$r_x \leftarrow 0$，$z \leftarrow c_j$，$c_j \leftarrow x$. 如果 $z > 0$，置 $r_z \leftarrow x$；否则，置 $l_j \leftarrow x$. 返回 B2*. ∎

如果将 r_1 和 c_1 的值保存在寄存器中，算法只需要 $4C_n + C_{n-1} + 4(C_{n-1} + C_{n-2} + \cdots + C_0) + 3n - 6 = (67/12 + 73/(24n) + O(n^{-2}))C_n$ 次内存访问就能生成所有 C_n 棵树. [见瓦迪斯瓦夫·斯卡尔贝克，*Fundamenta Informaticæ* **75** (2007), 505–536.]

46. (a) 从 $\boxed{pq}$ 向左，会将面积增大 $q-p$.

(b) 在一条从 $\boxed{nn}$ 到 $\boxed{00}$ 的路径上，向左移动对应于 $a_1 \ldots a_{2n}$ 中的左括号，在这种移动的第 k 步有 $q-p = c_k$.

(c) 等价地，$C_{n+1}(x) = \sum_{k=0}^{n} x^k C_k(x) C_{n-k}(x)$. 这一递推式成立，因为 $(n+1)$ 结点森林包含最左树的根结点，还有 k 结点森林 F_l（那个根的后代），以及 $(n-k)$ 结点的森林 F_r（剩下的树），而且因为我们有

$$\text{内部路径长度}(F) = k + \text{内部路径长度}(F_l) + \text{内部路径长度}(F_r).$$

(d) $A_{p(p+r)}$ 的串具有形式 $\alpha_0)\alpha_1) \ldots \alpha_{r-1})\alpha_r$，其中每个 α_j 都是正确嵌套的. 这样一个串的面积就是针对所有 j 对下面的结果求和：α_j 的面积再加上 α_j 中的左括号数乘以 $r-j$.

注记：伦纳德·卡利茨和约翰·赖尔登在 *Duke Math. J.* **31** (1964)，371–388 中介绍了多项式 $C_{pq}(x)$，部分 (d) 中的恒等式等价于他们的公式 (10.12). 他们还证明了

$$C_{pq}(x) = \sum_r (-1)^r x^{r(r-1)-\binom{q-p}{2}} \binom{q-p-r}{r}_x C_{q-r}(x),$$

从而推广了习题 43 的结果. 根据部分 (c), 可以得到无穷连分数 $C(x,z) = 1/(1 - z/(1 - xz/(1 - x^2z/(1 - \cdots))))$, 乔治·内维尔·沃森证明它等于 $F(x,z)/F(x,z/x)$, 其中

$$F(x,z) = \sum_{n=0}^{\infty} \frac{(-1)^n x^{n^2} z^n}{(1-x)(1-x^2)\ldots(1-x^n)},$$

见 *J. London Math. Soc.* **4** (1929), 39–48. 我们在习题 5.2.1–15 中见过这个生成函数, 不过稍有变化.

　　森林的内部路径长度是相应二叉树的"左路径长度"; 也就是, 针对所有内部结点, 对源自根结点的路径上的左分支数量求和. 更一般的多项式

$$C_n(x,y) = \sum x^{\text{左路径长度}(T)} y^{\text{右路径长度}(T)}$$

(针对所有 n 结点二叉树 T 求和), 似乎不像本题对 $C_{nn}(x) = C_n(x,1)$ 的研究那样遵从一个简单的加性递归, 但我们确实有 $C_{n+1}(x,y) = \sum_k x^k C_k(x,y) y^{n-k} C_{n-k}(x,y)$. 因此, 超生成函数 $C(x,y,z) = \sum_n C_n(x,y) z^n$ 满足函数方程 $C(x,y,z) = 1 + z C(x,y,xz) C(x,y,yz)$. (习题 2.3.4.5–5 研究了 $x = y$ 的情形.)

47. 对于 $0 \le p < n$ 我们有 $C_n(x) = \sum_q x^{\binom{q-p}{2}} C_{pq}(x) C_{(n-q)(n-1-p)}(x)$.

48. 采用习题 46 的表示法, 令 $\bar{C}(z) = C(-1, z)$, 并令 $\bar{C}(z)\bar{C}(-z) = F(z^2)$. 那么, $\bar{C}(z) = 1 + zF(z^2)$, $\bar{C}(-z) = 1 - zF(z^2)$. 所以, $F(z) = 1 - zF(z)^2$, $F(z) = C(-z)$. 从而可以推出 $C_{pq}(-1) = [z^p] C(-z^2)^{\lceil (q-p)/2 \rceil} (1 + zC(-z^2))^{[q-p \text{ 是偶数}]}$, 当 q 为偶数时它等于 $(-1)^{(p/2)} C_{(p/2)(q/2-1)} [p \text{ 是偶数}]$, 当 q 为奇数时它等于 $(-1)^{\lfloor p/2 \rfloor} C_{\lfloor p/2 \rfloor \lfloor q/2 \rfloor}$. 通过 A_{pq} 串的"完美"格雷码只有在 $|C_{pq}(-1)| \le 1$ 的情形存在, 因为相关图是二部图 (见图 62). $|C_{pq}(-1)|$ 是两部分的大小之差, 因为每次完美转置仅将 $c_1 + \cdots + c_n$ 改变 ± 1.

49. 取 $n = 15$, $N = 10^6$, 由算法 U 可得这个串是 ()(()())((()()))(((()()()).

50. 对算法 U 做以下修改: 在步骤 U1 中, 也置 $r \leftarrow 0$. 在步骤 U3 中, 判断是否有 $a_m = $ ')', 而不是判断是否有 $N \le c'$. 在步骤 U4 中, 置 $r \leftarrow r + c'$, 而不是置 $N \leftarrow N - c'$. 在步骤 U3 和 U4 中省略对 a_m 的赋值.

　　嵌套括号串 (1) 的秩是 3 141 592. (哪位读者猜到了?)

51. 根据定理 7.2.1.3L, $N = \binom{\bar{z}_1}{n} + \binom{\bar{z}_2}{n-1} + \cdots + \binom{\bar{z}_n}{1}$. 因此, $\kappa_n N = \binom{\bar{z}_1}{n-1} + \binom{\bar{z}_2}{n-2} + \cdots + \binom{\bar{z}_n}{0}$, 因为 $\bar{z}_n \ge 1$. 现在注意到, 根据 (23) 和习题 50, $N - \kappa_n N$ 是 $z_1 z_2 \ldots z_n$ 的秩. (例如, 令 $z_1 \ldots z_4 = 1256$, 它在表 1 中的秩为 6. 那么, $\bar{z}_1 \ldots \bar{z}_4 = 7632$, $N = 60$, $\kappa_4 60 = 54$. 注意, N 是相当大的, 因为 $\bar{z}_1 = 2n - 1$. 图 47 表明, 当 N 较小时 $\kappa_n N$ 通常超过 N.)

52. 尾部右括号的数量与前导左括号的数量具有相同分布特性, 以 "$(^k)$" 开头的嵌套括号串的序列为 $(^k) A_{(n-k)(n-1)}$. 因此, $d_n = k$ 的概率是 $C_{(n-k)(n-1)}/C_n$. 利用式 1.2.6–(25) 求得

$$\sum_{k=0}^{n} \binom{k}{t} C_{(n-k)(n-1)} = \sum_{k=0}^{n} \left(\binom{2n-1-k}{n-1} - \binom{2n-1-k}{n} \right) \binom{k}{t}$$
$$= \binom{2n}{n+t} - \binom{2n}{n+t+1} = C_{(n-t)(n+t)},$$

进而得出均值是 $3n/(n+2) = 3 - 6/(n+2)$, 方差是 $2n(2n^2 - n - 1)/((n+2)^2(n+3)) = 4 + O(n^{-1})$. [雷纳·肯普在 *Acta Informatica* **35** (1998), 17–89 的定理 9 中最早计算了这个分布的矩. 注意, $c_n = d_n - 1$ 具有基本相同的特性.]

53. (a) $3n/(n+2)$, 根据习题 52.

　　(b) H_n, 根据习题 6.2.2–7.

　　(c) $2 - 2^{-n}$, 根据归纳法.

　　(d) 任意特定 (但非固定) 的左分支或右分支序列与遇到叶结点之前的步骤具有相同分布. (换言之, 一个杜威二叉表示为 01101 的结点, 其出现概率与 00000 的出现概率相同.) 因此, 如果 $X = k$ 的概率为 p_k, 则对于第 k 级上的 2^k 个潜在结点, 其中每一个结点作为外部结点的概率都是 p_k. 因此, 对于所

有 3 种情形，期望值 $\sum_k 2^k p_k$ 就是外部结点数量的期望值，即 $n+1$．（当然也可以直接验证这一结果，在情形 (a) 中 $p_k = C_{(n-k)(n-1)}/C_n$，在情形 (b) 中 $p_k = \begin{bmatrix} n \\ k \end{bmatrix}/n!$，在情形 (c) 中 $p_k = 2^{-k+[k=n]}$．）

注记：在这 3 种情形，叶结点的平均级别分别是 $\Theta(\sqrt{n})$，$\Theta(\log n)$，$\Theta(n)$．因此，当命中最左端叶结点的期望时间较短时，它会较长一些！其原因在于，在根结点附近随处可见的"洞"强制其他路径变长．采用习题 36 答案中的表示法，当 $p_k = C^{(t)}_{(n-k)((t-1)n-1)}/C_n^{(t)}$ 时，情形 (a) 有一个很重要的推广，即推广到 t 叉树．于是，到最左端叶结点的平均距离是 $(t+1)n/((t-1)n+2)$，并且，通过叠缩级数（telescoping series）证明下式是很有启发性的：

$$\sum_k t^k C^{(t)}_{(n-k)((t-1)n-1)} = \binom{tn}{n}.$$

54. 关于 x 求导可得

$$C'(x,z) = zC'(x,z)C(x,xz) + zC(x,z)(C'(x,xz) + zC_{\prime}(x,xz)),$$

其中，$C_{\prime}(x,z)$ 表示 $C(x,z)$ 关于 z 的导数．于是，$C'(1,z) = 2zC'(1,z)C(z) + z^2 C(z)C'(z)$．此外，因为 $C'(z) = C(z)^2 + 2zC(z)C'(z)$，我们可解出 $C'(1,z)$，得到 $z^2 C(z)^3/(1-2zC(z))^2$．因此，$\sum(c_1 + \cdots + c_n) = [z^n]C'(1,z) = 2^{2n-1} - \frac{1}{2}(3n+1)C_n$，与习题 2.3.4.5–5 一致．类似地，我们可以求得

$$\sum(c_1 + \cdots + c_n)^2 = [z^n]C''(1,z) = \left(\frac{5n^2 + 19n + 6}{6}\right)\binom{2n}{n} - \left(1 + \frac{3n}{2}\right)4^n.$$

因此，均值是 $\frac{1}{2}\sqrt{\pi}n^{3/2} + O(n)$，方差是 $(\frac{5}{6} - \frac{\pi}{4})n^{3/2} + O(n)$．

55. 像习题 54 答案中那样求导，并利用习题 46(d) 的公式以及 5.2.1–14，结合 $[z^n]C(z)^r/(1-4z) = 2^{2n+r} - \sum_{j=1}^r 2^{r-j}\binom{2n+j}{n}$，得到

$$
\begin{aligned}
C'_{p(p+r)}(1) &= [z^p]\left((r+1)\frac{z^2 C(z)^{r+3}}{1-4z} + \binom{r+1}{2}\frac{zC(z)^{r+2}}{\sqrt{1-4z}}\right) \\
&= [z^p]\left((r+1)\frac{C(z)^{r+1} - 2C(z)^r + C(z)^{r-1}}{1-4z} + \binom{r+1}{2}\frac{C(z)^{r+1} - C(z)^r}{\sqrt{1-4z}}\right) \\
&= (r+1)\left(2^{2p+r-1} - \binom{2p+r+1}{p} - \sum_{j=1}^{r-1}2^{r-1-j}\binom{2p+j}{p}\right) + \binom{r+1}{2}\binom{2p+r}{p-1}.
\end{aligned}
$$

56. 利用 1.2.6–53(b)．[见 *BIT* **30** (1990), 67–68.]

57. 根据 1.2.6–(21)，我们有 $2S_0(a,b) = \binom{2a}{a}\binom{2b}{b} + \binom{2a+2b}{a+b}$．习题 1.2.6–53 告诉我们

$$\sum_{k=a-m}^{a}\binom{2a}{a-k}\binom{2b}{b-k}k = (m+1)(a+b-m)\binom{2a}{m+1}\binom{2b}{a+b-m},$$

因此，$2S_1(a,b) = \binom{2a}{a}\binom{2b}{b}\frac{ab}{a+b}$．因为 $b^2 S_p(a,b) - S_{p+2}(a,b) = S_p(a,b-1)$，我们得到 $2S_2(a,b) = \binom{2a+2b}{a+b}\frac{ab}{2a+2b-1}$，$2S_3(a,b) = \binom{2a}{a}\binom{2b}{b}a^2 b^2/(a+b)^2$．令 $a=m$，$b=n-m$，我们还有 $C_{(x-k)(x+k)} = \binom{2x}{x-k} - \binom{2x}{x-k-1}$，可以得到公式 (30)．

类似地，w_{2m-1} 的平均值等于 $\sum_{k\geq 0}(2k-1)C_{(m-k)(m+k-1)}C_{(n-m-k+1)(n-m+k)}$ 除以 C_n，即

$$\frac{2S_3(m,n+1-m) - S_2(m,n+1-m)}{m(n+1-m)C_n} = \frac{m(n+1-m)}{n}\binom{2m}{m}\binom{2n+2-2m}{n+1-m}\bigg/\binom{2n}{n} - 1.$$

[雷纳·肯普，*BIT* **20** (1980), 157–163；赫尔穆特·普罗丁格，*Soochow J. Math.* **9** (1983), 193–196.]

58. 针对左子树拥有 k 个内部结点的情形求和，可得

$$t_{lmn} = [l=m=n=0] + \sum_{k=0}^{m-1}C_k t_{(l-1)(m-k-1)(n-k-1)} + \sum_{k=m}^{n-1}C_{n-1-k}t_{(l-1)mk}.$$

因此，三元组生成函数 $t(v,w,z) = \sum_{l,m,n}t_{lmn}v^l w^m z^n$ 满足

$$t(v,w,z) = 1 + vwzC(wz)t(v,w,z) + vzC(z)t(v,w,z).$$

可以为 $t(w, z) = \partial t(v, w, z)/\partial v|_{v=1}$ 得出类似的线性关系, 因为 $t(1, w, z) = \sum_{n=0}^{\infty}\sum_{m=0}^{n} C_n w^m z^n = (C(z) - wC(wz))/(1 - w)$ 以及 $zC(z)^2 = C(z) - 1$. 通过代数运算可以得到

$$t(w, z) = \frac{C(z) + wC(wz) - (1+w)}{(1-w)^2 z} - \frac{2wC(z)C(wz)}{(1-w)^2} - \frac{C(z) - wC(wz)}{1-w},$$

于是得到公式: $t_{mn} = (m+1)C_{n+1} - 2\sum_{k=0}^{m}(m-k)C_k C_{n-k} - C_n$. 现在, 我们可以像在习题 56 中那样证明

$$\sum_{k=0}^{m-1}(k+1)C_k C_{n-1-k} = \frac{m}{2n}\binom{2m}{m}\binom{2n-2m}{n-m},$$

由此推出

$$t_{mn} = 2\binom{2m}{m}\binom{2n-2m}{n-m}\frac{(2m+1)(2n-2m+1)}{(n+1)(n+2)} - C_n, \qquad 0 \le m \le n.$$

[彼得·基尔申霍费尔, *J. Combinatorics, Information and System Sciences* **8** (1983), 44–60. 关于更高的矩以及其他推广, 见瓦尔特·古特雅尔, *Random Structures & Algorithms* **3** (1992), 361–374; 阿洛伊斯·潘霍尔策和赫尔穆特·普罗丁格, *J. Statistical Planning and Inference* **101** (2002), 267–279. 注意, 生成函数 $t(v, w, z)$ 得出

$$t_{lmn} = \sum_k \binom{l}{k}C_{(m-k)(m-1)}C_{(n-m-l+k)(n-m-1)}.$$

当 $m \ge 1$ 时我们有 $\sum_k \binom{k}{r}C_{(n-k)(m-1)} = C_{(n-r)(m+r)}$, 利用这一事实, 得到公式 $t_{mn} + C_n = \sum_k(k+1)C_{(m-k)(m-1)}C_{(n-m)(n-m+1)}$, 这是可以用闭合式表达的和式 (很令人惊讶).]

59. $T(w, z) = \dfrac{w(C(z) - C(wz))}{(1-w)} - wzC(z)C(wz) + zC(z)T(w, z) + wzC(wz)T(wz)$

$\qquad = \dfrac{w((C(z)+C(wz)-2)/z - (1+w)C(z)C(wz) - (1-w)(C(z)-C(wz)))}{(1-w)^2}.$

因此, $T_{mn} = t_{mn} - \sum_{k=m}^{n} C_k C_{n-k}$. [是否存在组合证明?] 从而我们有

$$T_{mn} = \binom{2m}{m}\binom{2n+2-2m}{n+1-m}\frac{4m(n+1-m)+n+1}{2(n+1)(n+2)} - \frac{1}{2}C_{n+1} - C_n, \qquad 1 \le m \le n.$$

60. (a) 它是反向原子中右括号的数量. (因此, 它还是在相关 "蠕虫路径" 中满足 $w_{2k-1} < 0$ 的 k 的数量.)

(b) 为方便起见, 令 $d(\text{`(`}) = +1$, $d(\text{`)`}) = -1$.

A1. [初始化.] 置 $i \leftarrow j \leftarrow 1$, $k \leftarrow 2n$.

A2. [完成?] 如果 $j > k$, 终止算法. 否则, 置 $a_j \leftarrow \text{`(`}$, $j \leftarrow j+1$.

A3. [原子?] 如果 $b_i = \text{`)`}$, 置 $s \leftarrow -1$, $i \leftarrow i+1$, 转到 A4. 否则, 置 $s \leftarrow 1$, $i \leftarrow i+1$, 当 $s > 0$ 时循环执行 $a_j \leftarrow b_i$, $j \leftarrow j+1$, $s \leftarrow s + d(b_i)$, $i \leftarrow i+1$. 返回 A2.

A4. [反向原子.] 置 $s \leftarrow s + d(b_i)$. 然后, 如果 $s < 0$, 置 $a_k \leftarrow b_i$, $k \leftarrow k-1$, $i \leftarrow i+1$, 重复本步骤. 否则, 置 $a_k \leftarrow \text{`)`}$, $k \leftarrow k-1$, $i \leftarrow i+1$, 返回 A2. ∎

(c) (1) 的瑕疵数 11 的逆为 ((()))(((())))))(()((())(())))(((. 一般地, 可以通过以下方式求出它: 找到恰好在倒数第 l 个右括号之前的下标 m, 以及满足 $u_j \le m < v_j$ 的匹配括号的下标 (u_0, v_0), ..., (u_{s-1}, v_{s-1}).

I1. [初始化.] 置 $c \leftarrow j \leftarrow s \leftarrow 0$, $k \leftarrow m \leftarrow 2n$, $u_0 \leftarrow 2n+1$.

I2. [从右向左扫描.] 如果 $k = 0$, 转到 I5; 如果 $a_k = \text{`)`}$, 转到 I3; 如果 $a_k = \text{`(`}$, 转到 I4.

I3. [处理 `)`.] 置 $r_j \leftarrow k$, $j \leftarrow j+1$, $c \leftarrow c+1$. 如果 $c = l$, 置 $m \leftarrow k-1$, $s \leftarrow j$, $u_s \leftarrow k$. 然后将 k 减 1, 返回 I2.

I4. [处理 '('.] （此时，左括号 a_k 与右括号 $a_{r_{j-1}}$ 匹配.）置 $j \leftarrow j - 1$. 如果 $r_j > m$, 置 $u_j \leftarrow k$, $v_j \leftarrow r_j$. 然后将 k 减 1, 返回 I2.

I5. [准备排列.] 置 $i \leftarrow j \leftarrow 1$, $k \leftarrow 2n$, $c \leftarrow 0$.

I6. [排列.] 当 $j \neq u_c$ 时循环执行 $b_i \leftarrow a_j$, $i \leftarrow i + 1$, $j \leftarrow j + 1$. 然后，如果 $c = s$, 终止算法；否则，置 $b_i \leftarrow$ ')', $i \leftarrow i + 1$, $j \leftarrow j + 1$. 当 $k \neq v_c$ 时循环执行 $b_i \leftarrow a_k$, $i \leftarrow i + 1$, $k \leftarrow k - 1$. 然后，置 $b_i \leftarrow$ '(', $i \leftarrow i + 1$, $k \leftarrow k - 1$, $c \leftarrow c + 1$, 重复本步骤. ∎

注记：对于 $0 \leq l \leq n$, 恰有 C_n 个长度为 $2n$ 的平衡串具有瑕疵数 l, 珀西·麦克马洪 [*Philosophical Transactions* **209** (1909), 153–175, §20] 发现了这一事实, 钟开莱和威利鲍尔德·费勒 [*Proc. Nat. Acad. Sci.* **35** (1949), 605–608] 又利用生成函数再次发现这一事实. 后来, 约瑟夫·霍奇斯 [*Biometrika* **42** (1955), 261–262] 找到一种简单的组合解释, 他观察到, 如果 $\beta_1 \ldots \beta_r$ 具有瑕疵数 $l > 0$, 而且 $\beta_k = \alpha_k^R$ 是它的最右反向原子, 则平衡串 $\beta_1 \ldots \beta_{k-1} (\beta_{k+1} \ldots \beta_r) \alpha_k'^R$ 具有瑕疵数 $l - 1$ （这一转化是可逆的）. 本题中的高效映射类似于米夏埃尔·阿特金森和约尔格-吕迪格·扎克 [*Information Processing Letters* **41** (1992), 21–23] 的一种构造.

61. (a) 令 $c_j = 1 - b_j$. 于是 $c_j \leq 1$, $c_1 + \cdots + c_N = f$, 我们必须证明

$$c_1 + c_2 + \cdots + c_k < f \quad \Longleftrightarrow \quad k < N$$

对于恰好 f 个循环移位成立. 我们可以令 $c_{j\pm N} = c_j$, 从而为所有整数 j 定义 c_j. 我们还可以为所有 j 定义 Σ_j：令 $\Sigma_0 = 0$, $\Sigma_j = \Sigma_{j-1} + c_j$. 那么我们有 $\Sigma_{j+Nt} = \Sigma_j + ft$, $\Sigma_{j+1} \leq \Sigma_j + 1$. 由此推出, 对于每个整数 x, 都存在一个最小整数 $j = j(x)$ 满足 $\Sigma_j = x$. 此外, $j(x) < j(x+1)$, $j(x+f) = j(x) + N$. 因此, 所需条件成立当且仅当对于 $x = 1, 2, \ldots, f$ 移位 $j(x) \bmod N$. （在习题 2.3.4.4–32 答案中讨论了这个重要引理的历史.）

(b) 从 $l \leftarrow m \leftarrow s \leftarrow 0$ 入手. 然后, 对于 $k = 1, 2, \ldots, N$ （按照这个顺序）执行以下操作：置 $s \leftarrow s + 1 - b_k$；如果 $s > m$, 置 $m \leftarrow s$, $j_l \leftarrow k$, $l \leftarrow (l+1) \bmod f$. 根据 (a) 部分的证明, 答案为 $j_0, \ldots, j_{f-1}$.

(c) 对于 $0 \leq j \leq t$, 从包含 n_j 个 j 的任意串 $b_1 b_2 \ldots b_N$ 入手. 向这个串应用一个随机排列操作, 然后应用 (b) 部分的算法. 在 $(j_0, \ldots, j_{f-1})$ 之间随机选择, 将得到的循环移位用作前序序列来定义森林.

[见劳伦特·阿朗索、让-吕克·雷米和勒内·肖特, *Algorithmica* **17** (1997), 162–182, 他们给出了更具一般性的算法.]

62. 二进制位串 $(l_1 \ldots l_n, r_1 \ldots r_n)$ 有效, 当且仅当习题 20 中的 $b_1 \ldots b_n$ 有效, 其中 $b_j = l_j + r_j$. 于是, 我们可以利用习题 61. [见詹姆斯·科尔什, *Information Processing Letters* **45** (1993), 291–294.]

63.

64. $X = 2k + b$, 其中 $(k, b) = (0, 1), (2, 1), (0, 0), (5, 1), (6, 0), (1, 1)$. 最终 $L_0 L_1 \ldots L_{12} = 5\ 11\ 3\ 4\ 0\ 7\ 9\ 8\ 1\ 6\ 10\ 12\ 2$.

65. 见阿洛伊斯·潘霍尔策和赫尔穆特·普罗丁格, *Discrete Mathematics* **250** (2002), 181–195；马尔维纳·卢察克和彼得·温克勒, *Random Structures & Algorithms* **24** (2004), 420–443.

66. (a) "收缩" 白色边, 合并它们连接的结点. 例如,

是与 $n = 3$ 时的 11 个施罗德树对应的普通树. 根据这一对应关系, 一个左链接意味着 "这有一个子结点"；一个白色右链接意味着 "看, 这儿有更多子结点"；一个黑色右链接意味着 "这是最后一个子结点".

(b) 模仿算法 L, 但在旋转之间使用普通格雷二进制码来遍历右链接呈现的所有颜色模式. （事实上, 示例中已经给出了 $n = 3$ 时的情形. ）

注意，施罗德树也对应于像在 (53) 中的串行-并行图．然而，它们的确对边和（或）并联的超边添加了一种顺序．所以，它们更准确地对应于像是嵌入在平面内的串行-并行图（除了 s 和 t，边和顶点均未标记）．

67. $S(z) = 1 + zS(z)\big(1 + 2(S(z) - 1)\big)$，因为 $1 + 2(S(z) - 1)$ 枚举了右子树．因此，$S(z) = (1 + z - \sqrt{1 - 6z + z^2})/(4z)$．

注记：我们在习题 2.3.4.4–31 中已经见过施罗德数，其中 $G(z) = zS(z)$．还有在习题 2.2.1–11 中也是，其中当 $n \geq 2$ 时有 $b_n = 2S_{n-1}$，当时还发现了递推公式 $(n-1)S_n = (6n-3)S_{n-1} - (n-2)S_{n-2}$．它们是渐近增长的，我们在习题 2.2.1–12 中有过研究．一个类似于 (22) 的数 S_{pq} 的三角，可用于生成随机施罗德树．这些数满足

$$S_{pq} = S_{p(q-1)} + S_{(p-1)q} + S_{(p-2)q} + \cdots + S_{0q} = S_{p(q-1)} + 2S_{(p-1)q} - S_{(p-1)(q-1)}$$

$$= \frac{q-p+1}{q+1} \sum_{k=0}^{p} \binom{q+1}{p-k}\binom{p-1}{k} 2^k = \sum_{k=0}^{p} \left(\binom{q}{p-k}\binom{p-1}{k} - \binom{q}{p-k-1}\binom{p-1}{k-1}\right) 2^k$$

$$= [w^p z^q]\, S(wz)/(1 - zS(wz)).$$

最后一行的双生成函数是埃默里克·多伊奇给出的．理查德·斯坦利在 *Enumerative Combinatorics* **2** (1999) 的习题 6.39 中讨论了施罗德树的其他许多性质．

68. 只有一行，仅包含空串 ϵ．（从 $n-1$ 到 n 的一般规则 (36) 将这一行转换为"0 1"，也就是 1 阶模式．）

69. 如果忽略每个串开头的"10"，那么，前 $\binom{6}{3} = 20$ 行是 6 阶圣诞树模式．要看出 7 阶模式更困难一些：有 $\binom{7}{3} = 35$ 行的最左项以 0 开头，忽略所有这种行中的最右串，并忽略每个剩余串开头的 0．（也可能有其他答案．）

70. 如果 σ 出现在圣诞树模式的第 k 列，令 σ' 是同一行第 $n-k$ 列的串．（如果我们考虑括号，而不是二进制位，那么根据 (39)，这一规则就是取得自由括号的镜像反射，其含义见习题 11 的答案．）

71. $M_{t,n}$ 是 t 个最大的二项式系数 $\binom{n}{k}$ 之和，因为圣诞树模式中的每一行可以包含 S 中最多 t 个元素，而且，通过选择满足 $(n-t)/2 \leq \nu(\sigma) \leq (n+t-1)/2$ 的所有二进制位串 σ，的确可以得到这样一个集合 S．（公式

$$M_{t,n} = \sum_{n-t \leq 2k \leq n+t-1} \binom{n}{k}$$

是尽可能简单的．然而，像 $M_{2,n} = M_{n+1}$ 这样的特殊公式对于较小的 t 是成立的，而且，对于 $t > n$，我们还有 $M_{t,n} = 2^n$．）

72. 将会得到 $M_{s,n}$ 行，与上题中的数量相同．事实上，根据归纳法可以证明：恰有 $\binom{n}{n-k} - \binom{n}{k-s}$ 个长度为 $s + n - 2k \geq 0$ 的行．

73. 011001001000000000100101001100, 11100101101111111101101011100；见 (38)．

74. 根据字典序性质，我们希望计算的是其最右端元素分别具有以下形式的行的个数：$0*^{29}$, $10*^{28}$, $110*^{27}$, $111000*^{24}$, $11100100*^{22}$, $111001010*^{21}$, $11100101100*^{19}$, $111001011010*^{18}$, $1110010110110*^{17}, \ldots$，即所有位于 $\tau = 111001011011111111101101011100$ 之前的 30 位串．

如果 θ 中的 1 比 0 多 p 个，则圣诞树模式中以 $\theta*^n$ 结尾的行的数量与以 1^p*^n 结尾的行的数量相同．根据习题 71，这个数量是 $M_{p+1,n}$，因为所有这些行都是起始行"$0^p\, 0^{p-1}1 \ldots 1^p$"的 n 步后代．

因此，答案是 $M_{0,29} + M_{1,28} + M_{2,27} + M_{1,24} + \cdots + M_{12,3} + M_{13,2} = \sum_{k=1}^{21} M_{2k-1-z_k,\,n-z_k} = 0 + \binom{28}{14} + \binom{27}{14} + \binom{27}{13} + \binom{24}{12} + \cdots + 8 + 4 = 84\,867\,708$，其中，序列 $(z_1, \ldots, z_{21}) = (1, 2, 3, 6, \ldots, 27, 28)$ 给出了 1 在 τ 中的出现位置．

75. 因为 $r_1^{(n)}$ 是 (33) 中第一行的底部后代，所以有 $r_1^{(n)} = M_{n-2}$．根据习题 74 答案中的公式，我们还有

$r_{j+1}^{(n)} - r_j^{(n)} = M_{j,n-1-j} - M_{j-1,n-2-j} = M_{j+1,n-2-j}$, 因为 $r_j^{(n)}$ 的相关序列 $z_1 \dots z_{n-1}$ 是 $1^j 0 1^{n-1-j}$. 因为当 $n \to \infty$ 时对于固定的 j 有 $M_{jn}/M_n \to j$, 所以我们有

$$\lim_{n \to \infty} \frac{r_j^{(n)}}{M_n} = \sum_{k=1}^{j} \frac{k}{2^{k+1}} = 1 - \frac{j+2}{2^{j+1}}.$$

另外, 我们还隐含证明了 $\sum_{k=0}^{n} M_{k,n-k} = M_{n+1} - 1$.

76. 无穷序列

$$Q = 1313351313351335355713133513133513353557131335135353557135535735557779\dots$$

的前 $\binom{2n}{n}$ 个元素是 $2n$ 阶模式中的行的大小. 这个序列 $Q = q_1 q_2 q_3 \dots$ 是以下转换过程中的唯一一固定点: 映射 $1 \mapsto 13$, 以及对于奇数 $n > 1$ 的映射 $n \mapsto (n-2)nn(n+2)$, 它们分别代表 (36) 中的两个步骤.

对于 $0 < x \le 1$, 令 $f(x) = \limsup_{n \to \infty} s(\lceil x M_n \rceil)/n$. 这个函数看起来几乎处处为零. 然而, 由习题 72 的答案可知, 当 x 具有 $(q_1 + \dots + q_j)/2^n$ 的形式时这个函数等于 1. 另一方面, 我们定义 $g(x) = \lim_{n \to \infty} s(\lceil x M_n \rceil)/\sqrt{n}$, 函数 $g(x)$ 看起来是可测的, $\int_0^1 g(x)\,dx = \sqrt{\pi}$, 尽管当 $f(x) > 0$ 时 $g(x)$ 是无穷的. (对这些猜想的严格证明或证伪仍待完成.)

77. 通过考虑蠕虫路径, 可由 (39) 得出提示的结论. 因此, 我们可以进行如下处理:

X1. [初始化.] 对于 $0 \le j \le n$, 置 $a_j \leftarrow 0$. 置 $x \leftarrow 1$. (在下面的步骤中, 我们将有 $x = 1 + 2(a_1 + \dots + a_n)$.)

X2. [纠正尾部.] 当 $x \le n$ 时置 $a_x \leftarrow 1$, $x \leftarrow x+2$.

X3. [访问.] 访问二进制位串 $a_1 \dots a_n$.

X4. [简单情形?] 如果 $a_n = 0$, 置 $a_n \leftarrow 1$, $x \leftarrow x+2$, 返回 X3.

X5. [查找并推进 a_j.] 置 $a_n \leftarrow 0$, $j \leftarrow n-1$. 然后, 当 $a_j = 1$ 时循环执行 $a_j \leftarrow 0$, $x \leftarrow x-2$, $j \leftarrow j-1$. 如果 $j = 0$, 终止算法; 否则, 置 $a_j \leftarrow 1$, 返回 X2. ∎

78. 正确, 根据 (39) 和习题 11 可知.

79. (a) 列出 0 的下标, 然后列出 1 的下标. 例如, 习题 73 中的二进制位串对应于排列 1 4 5 7 8 10 11 12 13 20 23 25 29 30 2 3 6 9 14 15 16 17 18 19 21 22 24 26 27 28.

(b) 采用 (39) 中的约定, P 图表在第一行拥有左括号和自由括号的下标, 其他下标出现在第二行. 于是, 对于 (38) 有

$$P = \begin{array}{|c|c|c|c|c|c|c|c|c|c|c|c|c|c|c|c|c|c|c|c|c|}
\hline
1 & 2 & 3 & 6 & 8 & 9 & 11 & 12 & 13 & 14 & 15 & 16 & 17 & 18 & 19 & 21 & 22 & 24 & 26 & 27 & 28 \\
\hline
4 & 5 & 7 & 10 & 20 & 23 & 25 & 29 & 30 & & & & & & & & & & & & \\
\hline
\end{array}.$$

[见武剑锋, *SIAM J. Algebraic and Discrete Methods* **2** (1981), 324–332, 他推广了子多重集链.]

80. 这一奇特的事实可由习题 79 结合我在一篇关于图表的论文中的定理 6 得出, 见 *Pacific J. Math.* **34** (1970), 709–727.

81. 设 σ 属于 n 阶圣诞树模式中长度为 s 的链, σ' 属于 n' 阶圣诞树模式中长度为 s' 的链. 在这些链中, ss' 个串对中的最多 $\min(s, s')$ 个串对可以在双杂乱集中. 此外, 根据 (39) 可知, 如果将这 ss' 个串对拼接在一起, 它们实际上构成了 $n + n'$ 阶圣诞树模式中的恰好 $\min(s, s')$ 个链. 因此, 针对所有链对求得 $\min(s, s')$ 的总和是 $M_{n+n'}$, 这就证明了所需结论. 我们意外证明了一个不太明显的恒等式:

$$\sum_{j,k} \min(m+1-2j, n+1-2k)\, C_{j(m-j)} C_{k(n-k)} = M_{m+n}.$$

注记: 久洛·考托瑙 [*Studia Sci. Math. Hungar.* **1** (1966), 59–63] 和丹尼尔·克莱特曼 [*Math. Zeitschrift* **90** (1965), 251–259] 各自独立证明了施佩纳定理的这一扩展. 柯蒂斯·格林和丹尼尔·克莱特曼在 *J. Combinatorial Theory* **A20** (1976), 80–88 中给出了此处的证明和其他一些结果.

82. (a) 在每个行 m，至少有一次求值．当且仅当 $s(m) > 1$ 且第一次求值的结果为 0 时，有两次求值．因此，如果 f 恒等于 1，则得到最小值 M_n；如果 f 恒等于 0，则得到最大值 $M_n + \sum_m [s(m) > 1] = M_{n+1}$．

(b) 在 $C_{n/2}$ 种 $s(m) = 1$ 的情形，令 $f(\chi(m, n/2)) = 0$；在其他情形，令 $f(\chi(m, a)) = 1$，其中 a 由算法确定．当 n 为奇数时，此规则意味着 $f(\sigma)$ 总是 1；但当 n 为偶数时，$f(\sigma) = 0$ 当且仅当 σ 是其所在行中的第一个．（要知道原因，可以利用以下事实：包含 (41) 中 σ'_j 的行，其大小总是 $s - 2$．）这个函数 f 实际上是单调的；因为，如果 $\sigma \leq \tau$ 且 σ 有一个自由左括号，则 τ 也是如此．例如，在 $n = 8$ 的情形，我们有

$$f(x_1, \ldots, x_8) = x_8 \vee x_6 x_7 \vee x_4 x_5 (x_6 \vee x_7) \vee x_2 x_3 (x_4 (x_5 \vee x_6 \vee x_7) \vee x_5 (x_6 \vee x_7)).$$

(c) 在这些情形，(45) 是对于所有 n 值的解．

83. 在步骤 H4 中最多可能有 3 种结果——事实上，当 $s(m) = 1$ 时最多有 2 种结果．［见 5.3.4–31，其中给出了更为严格的界限；采用该题中的表示法，恰好有 $\delta_n + 2$ 个 n 变量单调布尔函数．］

84. 为解决这一问题，我们将 2^n 个二进制位串划分为 M_n 块，而不是链，其中每个块的二进制位串 $\{\sigma_1, \ldots, \sigma_s\}$ 满足 $\|A\sigma_i^T - A\sigma_j^T\| \geq 1$ ($i \neq j$)．那么，每个块最多有一个二进制位串满足 $\|A\sigma^T - b\| < \frac{1}{2}$．

用 A' 表示 A 的前 $n - 1$ 列，令 v 是第 n 列．设 $\{\sigma_1, \ldots, \sigma_s\}$ 是 A' 的一个块，对下标编号，使得 $v^T A' \sigma_1^T$ 是 $v^T A' \sigma_j^T$ 的最小者．那么，规则 (36) 为 A 定义了适当的块，因为我们有 $\|A(\sigma_i 0)^T - A(\sigma_j 0)^T\| = \|A(\sigma_i 1)^T - A(\sigma_j 1)^T\| = \|A'\sigma_i^T - A'\sigma_j^T\|$ 以及

$$\|A(\sigma_j 1)^T - A(\sigma_1 0)^T\|^2 = \|A'\sigma_j^T + v - A'\sigma_1^T\|^2$$
$$= \|A'(\sigma_j - \sigma_1)^T\|^2 + \|v\|^2 + 2v^T A'(\sigma_j - \sigma_1)^T \geq \|v\|^2 \geq 1.$$

［更多结论见 *Advances in Math.* **5** (1970), 155–157．这一结果扩展了约翰·利特尔伍德和艾伯特·奥福德［*Mat. Sbornik* **54** (1943), 277–285］的定理，他们考虑了 $m = 2$ 的情形．］

85. （金特·罗特提供解法）对于某个 $m \times n$ 矩阵 A，向量空间 V 可以表示为 $\{x \mid Ax = 0\}$．令 v_j 是 A 的第 j 列，注意到 v_j 非零，因为 V 不包含单位向量．因此，用一个适当的常数乘以 A，我们可以假定 $\min(\|v_1\|, \ldots, \|v_n\|) = 1$．现在，可以利用习题 84 得出结论．

反之，满足 $m = 1$ 和 $x_{j1} = (-1)^{j-1}$ 的基可以得出 M_n 个解．［这一结果已经应用于电子投票；见菲利普·戈勒的博士论文（斯坦福大学，2004）．］

86. 首先，对 4 结点子树重新排序，使得它的层级代码为 0121（加上一个常数）．然后，对越来越大的子树排序，直到一切都变为规范的．所得到的层级代码为 0 1 2 3 4 3 2 1 2 3 2 1 2 0 1，父指针为 0 1 2 3 4 3 2 1 8 9 8 1 12 0 14．

87. (a) 对于某个 k，该条件成立当且仅当 $c_1 < \cdots < c_k \geq c_{k+1} \geq \cdots \geq c_n$，因此，总情形数为 $\sum_k \binom{n-1}{n-k} = 2^{n-1}$．

(b) 注意，$c_1 \ldots c_k = c'_1 \ldots c'_k$ 当且仅当 $p_1 \ldots p_k = p'_1 \ldots p'_k$．而且，在这种情形 $c_{k+1} < c'_{k+1}$ 当且仅当 $p_{k+1} < p'_{k+1}$．

88. 算法 O 恰好访问了 A_{n+1} 个森林，其中的 A_k 个具有 $p_k = \cdots = p_n = 0$．因此，步骤 O4 执行了 A_n 次．对于 $1 \leq k < n$，步骤 O5 改变了 p_k 总共 $A_{k+1} - 1$ 次．此外，步骤 O5 改变 p_n 总共 $A_n - 1$ 次．因此，如果我们将 p_n 保存在寄存器中，每次访问的平均内存数仅为 $2 + 3/(\alpha - 1) + O(1/n) \approx 3.534$．［见埃娃·库比卡，*Combinatorics, Probability and Computing* **5** (1996), 403–417．］

89. 如果步骤 O5 执行操作 $p_n \leftarrow p_j$ 恰好 Q_n 次，则它执行操作 $p_k \leftarrow p_j$ 恰好 $Q_k + A_{k+1} - A_k$ 次（其中 $1 < k < n$），因为规范 $p_1 \ldots p_n$ 的每个前缀都是规范的．我们有 $(Q_1, Q_2, \ldots) = (0, 0, 1, 2, 5, 9, 22, 48, 118, 288, \ldots)$．我们还可以证明 $Q_n = \sum_{d \geq 1} \sum_{1 \leq c < n/d-1} a_{(n-cd)(n-cd-d)}$，其中 a_{nk} 是满足 $p_n = k$ 的规范父序列 $p_1 \ldots p_n$ 的数量．但这些数值 a_{nk} 仍然保持着神秘．

90. (a) 这一性质等价于 2.3.4.4–(7)，顶点 0 即为形心．

(b) 令 $m = \lfloor n/2 \rfloor$. 在步骤 O1 结束时, 置 $p_{m+1} \leftarrow 0$, 如果 n 为奇数, 置 $p_{2m+1} \leftarrow 0$. 在步骤 O4 结束时, 置 $i \leftarrow j$, 当 $p_i \neq 0$ 时循环执行 $i \leftarrow p_i$. (于是, i 是包含 j 和 k 的树的根结点.) 在步骤 O5 的开头, 如果 $k = i + m$ 且 $i < j$, 置 $j \leftarrow i$, $d \leftarrow m$.

(c) 如果 n 是偶数, 则不存在 $n+1$ 顶点双形心树. 否则, 找出 $m = \lfloor n/2 \rfloor$ 个结点上的所有规范森林对 $(p'_1 \ldots p'_m, p''_1 \ldots p''_m)$, 其中 $p'_1 \ldots p'_m \geq p''_1 \ldots p''_m$. 对于 $1 \leq j \leq m$, 令 $p_1 = 0$, $p_{j+1} = p'_j + 1$, $p_{m+j+1} = (p''_j + m + 1)[p''_j > 0]$. (算法 O 的两种实现将生成所有这些序列. 用于自由树的这一算法是弗兰克·拉斯基和李钢给出的, 见 *SODA* **10** (1999), S939–S940.)

91. 使用如下递归过程 $W(n)$: 如果 $n \leq 2$, 返回唯一的 n 结点定向树. 否则, 选择正整数 j 和 d, 使得获得给定对 (j, d) 的概率为 $d A_d A_{n-jd}/((n-1)A_n)$. 计算随机定向树 $T' \leftarrow W(n - jd)$ 和 $T'' \leftarrow W(d)$. 将 T'' 的 j 个克隆链接到 T' 的根结点, 返回得到的树 T. [*Combinatorial Algorithms* (Academic Press, 1975), 第 25 章.]

92. 并非总是如此. [理查德·卡明斯在 *IEEE Trans.* **CT-13** (1966), 82–90 中证明了: $S(G)$ 的图总是包含一个圈; 也见卡洛斯·奥尔茨曼和弗兰克·哈拉里, *SIAM J. Applied Math.* **22** (1972), 187–193. 但他们的构造不适于高效计算, 因为它们要求提前知道中间结果大小的奇偶性.]

93. 是的. 步骤 S7 撤销了步骤 S3, 步骤 S9 撤销了步骤 S8 的删除.

94. 例如, 我们可以通过一个辅助表 $b_1 \ldots b_n$ 进行深度优先搜索:

(i) 置 $b_1 \ldots b_n \leftarrow 0 \ldots 0$, 然后 $v \leftarrow 1$, $w \leftarrow 1$, $b_1 \leftarrow 1$, $k \leftarrow n - 1$.

(ii) 置 $e \leftarrow n_{v-1}$. 当 $t_e \neq 0$ 时循环执行以下子步骤:

    (a) 置 $u \leftarrow t_e$. 如果 $b_u \neq 0$, 转到 (c).

    (b) 置 $b_u \leftarrow w$, $w \leftarrow u$, $a_k \leftarrow e$, $k \leftarrow k - 1$. 如果 $k = 0$ 则终止算法.

    (c) 置 $e \leftarrow n_e$.

(iii) 如果 $w \neq 1$, 置 $v \leftarrow w$, $w \leftarrow b_w$, 返回 (ii). 否则, 报告错误: 给定图不是连通的.

实际上, 只要子步骤 (b) 将 k 缩小到 1 就可以终止算法, 因为算法 S 从来不会查看 a_1 的初始值. 但我们也可能希望检查连通性.

95. 以下步骤执行一个广度优先搜索, 查看能否在不使用边 e 的情况下从 u 到达 v. 使用了一个关于弧指针的辅助表 $b_1 \ldots b_n$, 它应当在步骤 S1 的末尾被初始化为 $0 \ldots 0$, 我们还会再次将它重置为 $0 \ldots 0$.

(i) 置 $w \leftarrow u$, $b_w \leftarrow v$.

(ii) 置 $f \leftarrow n_{u-1}$. 当 $t_f \neq 0$ 时循环执行以下子步骤:

    (a) 置 $v' \leftarrow t_f$. 如果 $b_{v'} \neq 0$, 转到 (d).

    (b) 如果 $v' \neq v$, 置 $b_{v'} \leftarrow v$, $b_w \leftarrow v'$, $w \leftarrow v'$, 转到 (d).

    (c) 如果 $f \neq e \oplus 1$, 转到 (v).

    (d) 置 $f \leftarrow n_f$.

(iii) 置 $u \leftarrow b_u$. 如果 $u \neq v$, 返回 (ii).

(iv) 置 $u \leftarrow t_e$. 当 $u \neq v$ 时循环执行 $w \leftarrow b_u$, $b_u \leftarrow 0$, $u \leftarrow w$. 转到 S9 (e 是桥).

(v) 置 $u \leftarrow t_e$. 当 $u \neq v$ 时循环执行 $w \leftarrow b_u$, $b_u \leftarrow 0$, $u \leftarrow w$. 然后, 再次置 $u \leftarrow t_e$, 继续执行 S8 (e 不是桥).

在开始这一计算之前, 可以使用以下两个快速推断: 如果 $d_u = 1$, e 显然是桥; 如果 $l_{l_e} \neq 0$, e 显然不是桥 (因为 u 和 v 之间有另一条边.) 这些特殊情形也可利用广度优先搜索轻松检测出来, 但我所做的试验表明, 这两种快速推断绝对值得一做. 例如, 对 l_{l_e} 的判断通常可以使总运行时间节省 3% 左右.

96. (a) 令 e_k 是弧 $k - 1 \rightarrow k$. 对于 $n > k \geq 1$, 习题 94 答案中的步骤进行了赋值操作 $a_k \leftarrow e_{n+1-k}$. 然后, 在第 k 级, 对于 $1 \leq k < n - 1$ 我们收缩了 e_{n-k}. 在访问唯一的生成树 $e_{n-1} \ldots e_2 e_n$ 之后, 对于 $n - 1 > k \geq 1$ 我们撤销收缩 e_{n-k}, 并快速发现它是一座桥. 于是, 运行时间关于 n 呈线性. 在本书作者的实现中, 当 $n \geq 3$ 时结果恰好是 $102n - 226$ 次内存访问.

　　　　然而，这一结果严重依赖于初始生成树中边的次数. 如果当 n 是偶数时步骤 S1 已经在 $a_2 \ldots a_{n-1}$ 位置生成了 "风琴管顺序"，比如

$$e_{n/2+1}e_{n/2}e_{n/2+2}e_{n/2-1}\ldots e_{n-1}e_2,$$

那么，运行时间将会是 $\Omega(n^2)$，因为 $\Omega(n)$ 次桥检测各需要 $\Omega(n)$ 个步骤.

　　　　(b) 现在，对于 $n > k \geq 1$，a_k 初始化为 e_{n-k}，其中 e_1 是弧 $n \to 1$. 当 $n \geq 4$ 时，被访问的生成树分别为 $e_{n-2} \ldots e_1 e_n$，$e_{n-2} \ldots e_1 e_{n-1}$，$e_{n-2} \ldots e_2 e_{n-1} e_n$，$e_{n-2} \ldots e_3 e_{n-1} e_n e_1$，$\ldots$，$e_{n-1}e_n e_1 \ldots e_{n-3}$. 对于 $0 \leq k \leq n-4$，计算过程沿着树 $e_{n-2} \ldots e_{k+2} e_{n-1} e_n e_1 \ldots e_k$，向下进行到层级 $n-k-3$，然后再回头向上；这些桥检测操作的效率很高. 因此，总运行时间是二次的（在我的版本中，当 $n \geq 5$ 时恰好为 $35.5n^2 + 7.5n - 145$ 次内存访问）.

　　　　顺便说一下，采用斯坦福图库表示法，P_n 是 $board(n, 0, 0, 0, 1, 0, 0)$，$C_n$ 是 $board(n, 0, 0, 0, 1, 1, 0)$，SGB 顶点被命名为 0 至 $n-1$.

97. 当 $\{s, t\}$ 是 $\{1, 2\}$，$\{1, 3\}$，$\{2, 3\}$，$\{2, 4\}$，$\{3, 4\}$ 时，答案是肯定的；当 $\{s, t\}$ 是 $\{1, 4\}$ 时，答案是否定的.

98. $A' = $ ，这是平面图 A 的 "对偶平面图". （A' 的准树是 A 的生成树的补，反之亦然. ）

99. 所述方法是有效的，通过对树的大小应用归纳法即可得知，其原因大体与 7.2.1.1 节中它对 n 元组有效是一样的，但要增加一个限制条件，那就是必须接连指定一个非简单结点的每个子结点.

　　　　叶结点总是被动的，它们既不是简单的也不是非简单的. 所以，假定按照前序将分支结点编号为 1 至 m. 对于所有分支结点令 $f_p = p$，但当 p 是被动非简单结点且其右侧最接近的非简单结点为主动时除外. 在后一情形，f_p 应当指向其左侧最接近的主动非简单结点. （这一定义考虑，设想在左右两侧分别存在虚拟结点 0 和 $m+1$，它们都是非简单且主动的. ）

F1. ［初始化. ］对于 $0 \leq p \leq m$ 置 $f_p \leftarrow p$. 置 $t_0 \leftarrow 1$，$v_0 \leftarrow 0$，置每个 z_p 使得 $r_{z_p} = d_p$.

F2. ［选择结点 p. ］置 $q \leftarrow m$. 然后，当 $t_q = v_q$ 时循环执行 $q \leftarrow q - 1$. 置 $p \leftarrow f_q$，$f_q \leftarrow q$. 如果 $p = 0$ 则终止算法.

F3. ［改变 d_p. ］置 $s \leftarrow d_p$，$s' \leftarrow r_s$，$k \leftarrow v_p$，$d_p \leftarrow s'$. （现在 $k = v_s \neq v_{s'}$. ）

F4. ［更新. ］置 $q \leftarrow s$，$v_q \leftarrow k \oplus 1$. 当 $d_q \neq 0$ 时循环执行 $q \leftarrow d_q$，$v_q \leftarrow k \oplus 1$. （现在 q 是叶结点，当 $k = 0$ 时进入配置，当 $k = 1$ 时离开配置. ）类似地，置 $q \leftarrow s'$，$v_q \leftarrow k$. 当 $d_q \neq 0$ 时循环执行 $q \leftarrow d_q$，$v_q \leftarrow k$. （现在 q 是叶结点，当 $k = 0$ 时离开配置，当 $k = 1$ 时进入配置. ）

F5. ［访问. ］访问当前配置，用所有叶结点的值表示.

F6. ［置 p 为被动？］（现在 p 右边的所有非简单结点都是主动的. ）如果 $d_p \neq z_p$，返回 F2. 否则，置 $z_p \leftarrow s$，$q \leftarrow p - 1$，当 $t_q = v_q$ 时循环执行 $q \leftarrow q - 1$. （现在，q 是 p 左边第一个非简单结点，我们将置 p 为被动. ）置 $f_p \leftarrow f_q$，$f_q \leftarrow q$，返回 F2. ∎

尽管步骤 F4 可以将非简单结点转换为简单结点，或进行反向转换，但中心点指针并不需要更新，因为它们仍然是正确的.

100. 我的网站上有一个名为 GRAYSPSPAN 的完整程序. 利用下面习题 110 的结果可以证明它的渐近效率.

102. 如果可以，普通生成树可以采用一种强旋转门顺序列出，其中在每一步中进入和离开的边是相邻的.

　　　　哈罗德·加保和小尤金·迈尔斯，*SICOMP* **7** (1978)，280–287；桑吉夫·卡普尔和哈里哈兰·拉梅什，*Algorithmica* **27** (2000)，120–130 开发了一些有意义的算法，用于生成所有具有给定根结点的定向生成树.

103. (a) 倾斜操作会使 $(x_0, x_1, \ldots, x_n)$ 按照字典序增大，但不会改变 $x_0 + \cdots + x_n$. 如果我们倾斜 V_i 和 V_j 这两个顶点，那么两种顺序会给出相同结果.

(b) 增加一粒沙会使 16 个稳定状态改变如下：

给定   0000 0001 0010 0011 0100 0101 0110 0111 1000 1001 1010 1011 1100 1101 1110 1111
+ 0001 0001 0010 0011 0001 0101 0110 0111 0101 1001 1010 1011 1001 1101 1110 1111 1101
+ 0010 0010 0011 0001 0010 0110 0111 0101 0110 1010 1011 1001 1010 1110 1111 1101 1110
+ 0100 0100 0101 0110 1000 1001 1010 1011 1100 1101 1110 1111 0100 0101 0110 0111
+ 1000 1000 1001 1010 1011 1100 1101 1110 1111 0100 0101 0110 0111 1000 1001 1010 1011

常返状态是满足 $x_1 + x_2 > 0$ 且 $x_3 + x_4 > 0$ 的 9 种情形. 注意，重复增加 0001 会导致无限循环 $0000 \rightarrow 0001 \rightarrow 0010 \rightarrow 0011 \rightarrow 0001 \rightarrow 0010 \rightarrow \cdots$，但状态 0001, 0010, 0011 不是常返的.

(c) 如果 $x = \sigma(x+t)$，那么，对于所有 $k \geq 0$ 也有 $x = \sigma(x + kt)$. 因为 t 的所有分量为正数，所以 $x = \sigma(x + \max(d_1, \ldots, d_n)t)$ 是常返的. 反之，假设 $x = \sigma(d+y)$，其中所有 $y_i \geq 0$，那么，$d + y + t$ 倾斜为 $x + t$，它还倾斜为 $\sigma(d) + y + t = d + y$. 因此，$\sigma(x+t) = \sigma(d+y) = x$.

(d) 存在 $N = \det(a_{ij})$ 个等价类，因为初等行操作（习题 4.6.1–19）使矩阵三角化，同时保持同余.

(e) 比如说，存在非负整数 $m_1, \ldots, m_n, m_1', \ldots, m_n'$ 使得

$$x + m_1 a_1 + \cdots + m_n a_n = x' + m_1' a_1 + \cdots + m_n' a_n = y.$$

对于足够大的 k，向量 $y + kt$ 在 $m_1 + \cdots + m_n$ 步中倾斜为 $x + kt$，在 $m_1' + \cdots + m_n'$ 步中倾斜为 $x' + kt$. 因此，$x = \sigma(x + kt) = \sigma(x' + kt) = x'$.

(f) (d) 中的三角化表明，对于任意向量 y 有 $x \equiv x + Ny$. 而且倾斜操作保持同余性质. 因此，每个类都包含一种常返状态.

(g) 因为在平衡有向图中有 $a = a_1 + \cdots + a_n$，所以我们有 $x \equiv x + a$. 如果 x 为常返的，事实上，我们看到，每个顶点在 $x+a$ 缩减为 x 时恰好倾斜一次，因为向量 $\{a_1, \ldots, a_n\}$ 是线性无关的.

反之，如果 $\sigma(x+a) = x$，我们必须证明 x 是常返的. 令 $z_m = \sigma(ma)$，则必然存在正数 k 和 m 满足 $z_{m+k} = z_m$. 于是，每个顶点在 $z_m + ka$ 缩减为 z_m 时倾斜 k 次. 因此，存在向量 $y_j = (y_{j1}, \ldots, y_{jn})$（其中 $y_{jj} \geq d_j$）使得 $(m+k)a$ 倾斜为 y_j. 由此可推得 $x + n(m+k)a$ 倾斜为 $x + y_1 + \cdots + y_n$，并且 $\sigma(x + y_1 + \cdots + y_n) = \sigma(x + n(m+k)a) = x$.

(h) 循环处理下标，对于 $j = i_1, \ldots, i_k$，拥有弧 $V_j \rightarrow V_0$ 的生成树还有其他 $n - k$ 条弧：对于 $i_l < j \leq i_l + q_l$ 为 $V_j \rightarrow V_{j-1}$，对于 $i_l + q_l < j < i_{l+1}$ 为 $V_j \rightarrow V_{j+1}$. 类似地，常返状态对于 $j = i_1, \ldots, i_k$ 有 $x_j = 2$，对于 $i_l < j < i_{l+1}$ 有 $x_j = 1$，例外是当 $j = i_l + q_l$ 且 $q_l > 0$ 时 $x_j = 0$.

(i) 在这种情形，状态 $x = (x_1, \ldots, x_n)$ 是常返的当且仅当 $(n - x_1, \ldots, n - x_n)$ 解决了提示中的停车问题，因为 $t = (1, \ldots, 1)$，而且，没能"停车"的序列会留下一个"洞"，阻止 $x + t$ 倾斜至 x.

注记：这个沙堆模型是迪帕克·达尔［*Phys. Review Letters* **64** (1990), 1613–1616］引入的，它引出了物理学中的许多论文. 达尔注意到，如果随机引入 M 粒沙，那么，当 $M \rightarrow \infty$ 时每个常返状态是等概率的. 本题是受罗伯特·科里和多米尼克·罗森［*European J. Combinatorics* **21** (2000), 447–459］工作的启发.

沙堆理论证明了：每个有向图 D 都会产生一个阿贝尔群，它的元素对应于以 V_0 为根结点的定向生成树 D. 特别地，如果 D 是普通图，当 u 和 v 相邻时图中就有弧 $u \rightarrow v$ 和 $v \rightarrow u$，那么，上面的结论同样成立. 因此，举例来说，我们可以把两棵生成树"相加"，某棵生成树可以被看作是"零". 在 D 为普通图的特定情形，罗伯特·科里和伊万·勒博尔涅［*Advances in Applied Math.* **30** (2003), 44–52］找出了生成树和常返状态之间的优美对应关系. 但对于一般有向图 D，还没有找到简单的对应关系. 例如，假设 $n = 2$ 且 $(e_{10}, e_{12}, e_{20}, e_{21}) = (p, q, r, s)$，于是存在 $pr + ps + qr$ 棵定向树，常返状态对应于如习题 7–137 中的广义二维环面. 甚至在 $p + q \geq s$ 且 $r + s \geq q$ 的"平衡"情形，也明显可以看出，生成树与常返状态之间不存在简单的对应关系.

104. (a) 如果 $\det(\alpha I - C) = 0$，那么，存在向量 $x = (x_1, \ldots, x_n)^T$ 使得对于某个 m 有 $Cx = \alpha x$ 且 $\max(x_1, \ldots, x_n) = x_m = 1$. 因此，$\alpha = \alpha x_m = c_{mm} - \sum_{j \neq m} e_{mj} x_j \geq c_{mm} - \sum_{j \neq m} e_{mj} = 0$. （顺

便说一下，特征值非负的实对称矩阵称为半正定的. 我们的证明过程确定了一个著名的事实: 对于 $1 \le m \le n$, 满足 $c_{mm} \ge |\sum_{j \ne m} c_{mj}|$ 的任何实对称矩阵都具有这一性质.) 由此可得 $\alpha_0 \ge 0$, 从而我们有 $\alpha_0 = 0$, 因为 $C(1, \ldots, 1)^T = (0, \ldots, 0)^T$.

(b) $\det(xI - C(G)) = x(x - \alpha_1) \ldots (x - \alpha_{n-1})$, 而且, 根据矩阵树定理, x 的系数等于 $(-1)^{n-1} n$ 乘以生成树的数量.

(c) 根据习题 1.2.3–36, $\det(\alpha I - C(K_n)) = \det((\alpha - n)I + J) = (\alpha - n)^{n-1}\alpha$, 这里的 J 是元素全为 1 的矩阵. 因此, 投影是 $0, n, \ldots, n$.

105. (a) 如果 $e_{ij} = a + be'_{ij}$, 我们有 $C(G) = naI - aJ + bC(G')$. 并且, 如果 C 是行和为 0 的任意矩阵, 则我们有恒等式

$$\det(xI + yJ - zC) = \frac{x + ny}{x} z^n \det((x/z)I - C),$$

证明如下: 将第 2 至 n 列加至第 1 列, 提取公因式 $(x + ny)/x$, 从第 2 至 n 列减去第 1 列的 y/x 倍, 然后, 从第 1 列中减去第 2 至 n 列. 因此, 通过置 $x = \alpha - na$, $y = a$, $z = b$, $a = 1$, $b = -1$, 可以求得 G 的投影为 $0, n - \alpha_{n-1}, \ldots, n - \alpha_1$. (特别地, 当 G' 为空图 $\overline{K_n}$ 时, 这一结果与习题 104(c) 一致.)

(b) 排序 $\{\alpha'_0, \ldots, \alpha'_{n'-1}, \alpha''_0, \ldots, \alpha''_{n''-1}\}$. (出于多样性考虑, 这是一种简单情形.)

(c) 这里有 $\overline{G} = \overline{G'} \oplus \overline{G''}$, 因此, 根据 (a) 和 (b) 可得, G 的投影是 $\{0, n' + n'', n'' + \alpha'_1, \ldots, n'' + \alpha'_{n'-1}, n' + \alpha''_1, \ldots, n' + \alpha''_{n''-1}\}$. (特别地, 当 $G' = \overline{K_m}$ 且 $G'' = \overline{K_n}$ 时, G 是 $K_{m,n}$, 因此, $K_{m,n}$ 的投影是 $\{0, (n-1) \cdot m, (m-1) \cdot n, m+n\}$.)

(d) $C(G) = I_{n'} \otimes C(G'') + C(G') \otimes I_{n''}$, 其中 I_n 表示 $n \times n$ 单位矩阵, $\otimes$ 表示矩阵的直积. $C(G)$ 的投影是 $\{\alpha'_j + \alpha''_k \mid 0 \le j < n', 0 \le k < n''\}$, 因为如果 A 和 B 是任意矩阵, 其特征值分别为 $\{\lambda_1, \ldots, \lambda_m\}$ 和 $\{\mu_1, \ldots, \mu_n\}$, 则 $A \otimes I_n + I_m \otimes B$ 的特征值是 mn 个 $\lambda_j + \mu_k$ 之和. 证明: 选择 S 和 T, 使得 $S^- A S$ 和 $T^- B T$ 为三角矩阵. 然后, 利用矩阵恒等式 $(A \otimes B)(C \otimes D) = AC \otimes BD$ 证明 $(S \otimes T)^-(A \otimes I_n + I_m \otimes B)(S \otimes T) = (S^- A S) \otimes I_n + I_m \otimes (T^- B T)$. (特别地, 重复使用这个公式可以证明 n 立方的投影为 $\{\binom{n}{0} \cdot 0, \binom{n}{1} \cdot 2, \ldots, \binom{n}{n} \cdot 2n\}$. 此外, 式 (57) 可由习题 104(b) 得出.)

(e) 如果 G 是度数为 d 的正则图, 那么, 它的投影是 $\alpha_j = d - \lambda_{j+1}$, 其中 $\lambda_1 \ge \cdots \ge \lambda_n$ 是邻接矩阵 $A = (a_{ij})$ 的特征值. G' 的邻接矩阵是 $A' = B^T B - d' I_{n'}$, 其中 $B = (b_{ij})$ 是 $n \times n'$ 关联矩阵, 其元素 $b_{ij} = [$边 i 与顶点 j 接触$]$, $n = n'd'/2$ 是边的数量. G 的邻接矩阵是 $A = BB^T - 2I_n$. 现在我们有

$$x^n \det(xI_{n'} - B^T B) = x^{n'} \det(xI_n - BB^T).$$

这个恒等式可由以下事实得出: $\det(xI - A)$ 的系数可以通过牛顿恒等式 (见习题 1.2.9–10) 用 $\mathrm{trace}(A^k)$ 表示, 其中 $k = 1, 2, \ldots$. 因此, G 的投影与 G' 的投影相同, 加上 $n - n'$ 个投影等于 $2d'$. [叶夫根尼·瓦霍夫斯基在 *Sibirskiĭ Mat. Zhurnal* **6** (1965), 44–49 中给出这个结果; 也见霍斯特·萨克斯, *Wissenschaftliche Zeitschrift der Technischen Hochschule Ilmenau* **13** (1967), 405–412.]

(f) $A = A' \otimes A''$, 所以投影是 $\{d'' \alpha'_j + d' \alpha''_k - \alpha'_j \alpha''_k \mid 0 \le j < n', 0 \le k < n''\}$.

(g) $A(G) = I_{n'} \otimes A'' + A' \otimes I_{n''} + A' \otimes A'' = (I_{n'} + A') \otimes (I_{n''} + A'') - I_n$, 所以投影是 $\{(d'' + 1)\alpha'_j + (d' + 1)\alpha''_k - \alpha'_j \alpha''_k \mid 0 \le j < n', 0 \le k < n''\}$.

(h) 如果 G' 是正则图, 我们可以使 $S^- A' S$ 成为元素为 $d' - \alpha'_j$ 的对角矩阵, 同时, $S^- J_{n'} S$ 是元素为 $(n', 0, \ldots, 0)$ 的对角矩阵, 因为 $(1, \ldots, 1)^T$ 是 A' 和 $J_{n'}$ 的特征向量. 因此, 利用习题 7–96(c) 答案中的公式, 可得出 G 的投影是 $\{d + (d' - \alpha'_j n'[j=0])(d'' - \alpha''_k) + (d' - \alpha'_j)(d'' - \alpha''_k - n''[k=0]) \mid 0 \le j < n', 0 \le k < n''\}$, 其中 $d = d'(n'' - d'') + (n' - d')d''$.

(i) 通过类似的论证, 可得出 G 的投影是: G' 经过缩放的投影 $\{n'' \alpha'_j \mid 0 \le j < n'\}$, 还有 G'' 经过移位的投影的 n' 个副本 $\{d'n'' + \alpha''_k \mid 1 \le k < n''\}$.

106. (a) 如果 α 是路径 P_n 的投影, 对于 $1 \le k \le n$, 方程 $\alpha x_k = 2x_k - x_{k-1} - x_{k+1}$ 有一个非零解 $(x_0, x_1, \ldots, x_{n+1})$, 其中 $x_0 = x_1$, $x_n = x_{n+1}$. 如果置 $x_k = \cos(2k-1)\theta$, 可以求得 $x_0 = x_1$, $2x_k - x_{k-1} - x_{k+1} = 2x_k - (2\cos 2\theta)x_k$. 因此, 如果选择 θ 使得 $x_n = x_{n+1}$ 且诸 x 不全为零, 那么, $2 - 2\cos 2\theta = 4\sin^2\theta$ 是一个投影. 因此, P_n 的投影是 $\sigma_{0n}, \ldots, \sigma_{(n-1)n}$.

根据习题 104(b)，因为 $c(P_n) = 1$，我们必定有 $\alpha_1 \ldots \alpha_{n-1} = n$. 因此

$$c(P_m \,\square\, P_n) = \prod_{j=1}^{m-1} \prod_{k=1}^{n-1} (\sigma_{jm} + \sigma_{kn}).$$

(b, c) 类似地，如果 α 是圈 C_n 的投影，那么，前述方程有一个满足 $x_n = x_0$ 的非零解. 在这种情形，对于 $0 \le j < \lceil n/2 \rceil$ 令 $\theta = j\pi/n$，我们尝试 $x_k = \cos 2k\theta$ 并求得解. 此外，对于 $\lceil n/2 \rceil \le j < n$，进一步给出线性无关解 $x_k = \sin k\theta$. 因此，C_n 的投影是 $\sigma_{0n}, \sigma_{2n}, \ldots, \sigma_{(2n-2)n}$. 从而我们有

$$c(P_m \,\square\, C_n) = n \prod_{j=1}^{m-1} \prod_{k=1}^{n-1} (\sigma_{jm} + \sigma_{(2k)n}), \qquad c(C_m \,\square\, C_n) = mn \prod_{j=1}^{m-1} \prod_{k=1}^{n-1} (\sigma_{(2j)m} + \sigma_{(2k)n}).$$

令 $f_n(x) = (x + \sigma_{1n}) \ldots (x + \sigma_{(n-1)n})$，$g_n(x) = (x + \sigma_{2n}) \ldots (x + \sigma_{(2n-2)n})$. 这些多项式具有整系数. 实际上，$f_n(x) = U_{n-1}(x/2 + 1)$，$g_n(x) = 2(T_n(x/2 + 1) - 1)/x$，其中，$T_n(x)$ 和 $U_n(x)$ 是由 $T_n(\cos \theta) = \cos n\theta$ 和 $U_n(\cos \theta) = (\sin(n+1)\theta)/\sin \theta$ 定义的切比雪夫多项式. $c(P_m \,\square\, P_n)$ 的计算可以简化为对一个 $m \times m$ 行列式的求值，因为它是 $f_m(x)$ 与 $f_n(-x)$ 的结式，见习题 4.6.1–12. 类似地，$\frac{1}{n} c(P_m \,\square\, C_n)$ 是 $f_m(x)$ 与 $g_n(-x)$ 的结式，$\frac{1}{mn} c(C_m \,\square\, C_n)$ 是 $g_m(x)$ 与 $g_n(-x)$ 的结式.

令 $\alpha_n(x) = \prod_{d \backslash n} f_d(x)^{\mu(n/d)}$. 于是 $\alpha_1(x) = 1$，$\alpha_2(x) = x + 2$，$\alpha_3(x) = (x + 3)(x + 1)$，$\alpha_4(x) = x^2 + 4x + 2$，$\alpha_5(x) = (x^2 + 5x + 5)(x^2 + 3x + 1)$，$\alpha_6(x) = x^2 + 4x + 1$，以此类推. 通过考虑所谓的域多项式可以证明，当 n 为偶数时 $\alpha_n(x)$ 在整数中不可约，否则，它是两个同次不可约因式的乘积. 类似地，如果 $\beta_n(x) = \prod_{d \backslash n} g_d(x)^{\mu(n/d)}$，那么，当 $n \ge 3$ 时 $\beta_n(x)$ 是一个不可约多项式的平方. 这些事实说明结果中存在相当小的素因数. 例如，对于 $m \le n \le 10$，$c(P_m \,\square\, P_n)$ 中的最大素因数是 1009，它只出现在 $\alpha_6(x)$ 与 $\alpha_9(-x)$ 的结式中，它是 $662913 = 3^2 \cdot 73 \cdot 1009$.

107. 对于 $n = (1, \ldots, 5)$ 共有 $(1, 1, 2, 6, 21)$ 种非同构图. 但由习题 105(a) 可知，我们只需要考虑边的数量小于等于 $\frac{1}{2}\binom{n}{2}$ 的情形. $n = 4$ 时的幸存情形是自由树：星形是 $K_1 \oplus K_3$ 的补，它的投影是 0, 1, 1, 4；由习题 106 可知，P_4 的投影是 $0, 2 - \sqrt{2}, 2, 2 + \sqrt{2}$. $n = 5$ 时共有 3 种自由树：星形的投影是 0, 1, 1, 1, 5；P_5 的投影是 $0, 2 - \phi, 3 - \phi, 1 + \phi, 2 + \phi$；⊶⊸ 的投影是 $0, r_1, 1, r_2, r_3$，其中 $(r_1, r_2, r_3) \approx (0.52, 2.31, 4.17)$，是方程 $r^3 - 7r^2 + 13r - 5 = 0$ 的根.

最后，共有 5 种情形具有单循环：⊶⊸ 为 $K_1 \text{——} (K_2 \oplus \overline{K_2})$，所以它的投影是 0, 1, 1, 3, 5；$C_5$ 的投影是 $0, 3 - \phi, 3 - \phi, 2 + \phi, 2 + \phi$；⊶⊸ 的投影是 $0, r_1, r_2, 3, r_3$；它的补 ⊶⊸ 的投影是 $0, 5 - r_3, 2, 5 - r_2, 5 - r_1$；⊶⊸ 的投影是 $0, (5 - \sqrt{13})/2, 3 - \phi, 2 + \phi, (5 + \sqrt{13})/2$.

108. 给定顶点 $\{V_1, \ldots, V_n\}$ 上的有向图 D，令 e_{ij} 表示从 V_i 到 V_j 的弧的数量. 定义 $C(D)$ 及其投影如前. 因为 $C(D)$ 不一定是对称的，所以不能保证其投影为实数. 然而，如果 α 是一个投影，那么它的复共轭 $\bar{\alpha}$ 也是一个投影. 如果根据投影的实部来排序投影，将再次得到 $\alpha_0 = 0$. 现在，如果将 $c(D)$ 解释为定向生成树的平均数（针对所有 n 个可能的根 V_j 取平均），那么，公式 $c(D) = \alpha_1 \ldots \alpha_{n-1}/n$ 仍然有效. 可迁竞赛图 $\vec{K_n}$（对于 $1 \le i < j \le n$ 其弧为 $V_i \to V_j$）的投影显然是 $0, 1, \ldots, n-1$. 其子图的投影也同样显而易见.

习题 105 答案中 (a)–(d) 等部分的推导完全保留，不必修改. 例如，考虑 $K_1 \text{——} \vec{K_3}$，它的投影是 0, 2, 3, 4. 这个有向图 D 有 $(2, 4, 6, 12)$ 棵定向生成树，拥有 4 个可能的根，而 $c(D)$ 实际上等于 $2 \cdot 3 \cdot 4/4$. 还需注意，有向图 ⊶⊸ 是它自己的补，它拥有与 $\vec{K_3}$ 相同的投影.

有向图还允许进行另一组有意义的操作：如果 D' 和 D'' 是不相交顶点集合 V' 和 V'' 上的有向图，每当 $v' \in V'$ 且 $v'' \in V''$，考虑增加 a 条弧 $v' \to v''$ 和 b 条弧 $v'' \to v'$. 像在习题 105(a) 答案中那样处理行列式，我们可以证明：所得到的有向图的投影是 $\{0, an'' + bn', an'' + \alpha_1', \ldots, an'' + \alpha_{n'-1}', bn' + \alpha_1'', \ldots, bn' + \alpha_{n''-1}''\}$. 在 $a = 1$，$b = 0$ 的特殊情形，我们可以方便地将这个新有向图表示为 $D' \to D''$. 因此，举例来说，我们有 $\vec{K_n} = K_1 \to \vec{K_{n-1}}$. 此外，$n_1 + n_2 + \cdots + n_m$ 个顶点上的有向图 $K_{n_1} \to K_{n_2} \to \cdots \to K_{n_m}$ 的投影是 $\{0, n_m \cdot s_m, \ldots, n_2 \cdot s_2, (n_1 - 1) \cdot s_1\}$，其中 $s_k = n_k + \cdots + n_m$.

从 V_1 到 V_n 的定向路径 $\vec{P_n}$ 的投影显然是 $0, 1, \ldots, 1$. 定向圈 $\vec{C_n}$ 的投影是 $\{0, 1 - \omega, \ldots, 1 - \omega^{n-1}\}$，其中 $\omega = e^{2\pi i/n}$.

关于弧有向图也有一个很好的结果: D^* 的投影是从 D 的投影获得的, 只需对 $1 \le k \le n$ 添加数 σ_k 的 $\tau_k - 1$ 个副本即可, 其中, τ_k 是 V_k 的内向度数, σ_k 是它的外向度数. (如果 $\tau_k = 0$, 我们删除一个等于 σ_k 的投影.) 这个证明类似于习题 2.3.4.2–21 答案中的推导, 但要更简单一些.

历史注记: 习题 104(b) 和 105(a) 中的结果归功于亚历山大·克尔曼斯, *Avtomatika i Telemekhanika* **26** (1965), 2194–2204; **27**, 2 (February 1966), 56–65; 英文翻译见 *Automation and Remote Control* **26** (1965), 2118–2129; **27** (1966), 233–241. 米罗斯拉夫·菲德勒在 *Czech. Math. J.* **23** (1973) 298–305 中给出习题 105(d), 并证明有关投影 α_1 的一些很有意义的结果, 他称之为 G 的 "代数连接". 杰曼·克雷韦拉斯在 *J. Combinatorial Theory* **B24** (1978), 202–212 中枚举了栅格、圆柱和环面上的生成树, 以及有向环面 (比如 $C_m^{\rightarrow} \square C_n^{\rightarrow}$) 上的定向生成树. 博扬·莫豪尔在 *Graph Theory, Combinatorics and Applications* (Wiley, 1991), 871–898; *Discrete Math.* **109** (1992), 171–183 中发表了关于图投影的出色调查报告. 德拉戈什·茨韦特科维奇、迈克尔·杜布和霍斯特·萨克斯在 *Spectra of Graphs* (1995 年第三版) 中详尽讨论了很多重要的图特征值以及它们的性质, 还有一份全面的参考书目.

109. 可能还有一个与沙堆有关的原因, 见习题 103.

110. 根据归纳法: 假设 u 与 v 之间有 $k \ge 1$ 条平行边. 于是, $c(G) = kc(G_1) + c(G_2)$, 其中 G_1 是标识了 u 和 v 的 G, G_2 是删除了这 k 条边的 G. 令 $d_u = k + a$ 和 $d_v = k + b$.

情形 1: G_2 是连通的. 于是 $ab > 0$, 所以可以记 $a = x+1$ 和 $b = y+1$. 我们有 $c(G_1) > \alpha\sqrt{x+y+1}$ 和 $c(G_2) > \alpha\sqrt{xy}$, 其中 α 是针对其他 $n-2$ 个顶点的乘积, 容易验证

$$k\sqrt{x+y+1} + \sqrt{xy} \ge \sqrt{(x+k)(y+k)}.$$

情形 2: 不存在使 G_2 为连通图的 u 和 v. 于是, G 的每条多边都是一座桥. 换言之, 除平行边外, G 是一棵自由树. 在这种情形, 如果有一个度数为 1 的顶点, 则结果是平凡的. 否则, 设 u 是拥有 $d_u = k$ 条边 u—v 的一个端点. 如果 $d_v > k+1$, 我们有 $c(G) = kc(G_1) > \alpha k\sqrt{x}$, 其中 $d_v = k+1+x$, 并且容易检验: 当 $x > 0$ 时有 $k\sqrt{x} > \sqrt{(k-1)(k+x)}$. 如果 $d_v = k$, 我们有 $c(G) = k > \sqrt{(k-1)^2}$. 最后, 如果 $d_v = k+1$, 令 $v_0 = u$, $v_1 = v$, 考虑唯一路径 $v_1 — v_2 — \cdots — v_r$, 其中, $r > 1$ 且 v_r 的度数大于 2; 对于 $1 \le j < 4$, 只有一条边将 v_j 连接到 v_{j+1}. 我们可以再次应用归纳法.

[亚历山大·科斯托奇卡在 *Random Structures & Algorithms* **6** (1995), 269–274 中推导了关于生成树数量的其他下界.]

111. 2 1 5 4 11 7 9 8 6 10 15 12 14 13 3.

112. 要么 p 出现在偶数层级, 并且是 q 的先辈; 要么 q 出现在奇数级别, 并且是 p 的先辈.

113. 前后序 (F^R) = 后前序 $(F)^R$, 后前序 (F^R) = 前后序 $(F)^R$.

114. 考虑到森林可能为空, 所以最简洁的方法应当是通过设置使 CHILD(Λ) 指向最左树的根结点 (如果有的话). 然后启动第一次访问: 置 Q ← Λ, L ← -1, 转到 Q6.

115. 假设在偶数层级上有 n_e 个结点, 在奇数层级上有 n_o 个结点, 偶数层级结点中有 n_e' 个不是叶结点. 那么, 步骤 (Q1,...,Q7) 分别执行 $(n_e + n_o, n_o, n_e', n_e, n_e', n_o + 1, n_e)$ 次, 包括因为习题 114 答案中的原因而对步骤 Q6 的一次执行.

116. (a) 这一结果可由算法 Q 给出.

(b) 事实上, 非普通结点严格地在幸运与不幸运之间交替变化, 开始和结束时都是幸运结点. 证明: 考虑通过删除 F 的最左端叶结点而得到的森林 F', 并对 n 应用归纳法.

117. 这种森林恰好就是那些其左子结点/右兄弟结点表示是退化二叉树的森林 (见习题 31). 所以答案是 2^{n-1}.

118. (a) 对于 $k > 1$ 有 t^{k-2}, 仅在接近极端叶结点处都会出现幸运结点.

(b) 由一个重要的递推式得出解 $(F_k + 1 - (k+1) \bmod 3)/2$.

119. 为每个结点 x 标记以下值: $v(x) = \sum \{ 2^k \mid k$ 是从根结点到 x 的路径上的一个弧标记 $\}$. 于是, 这些按照前后序的结点的值就是格雷二进制码 Γ_n, 因为习题 113 证明了它们满足递推式 7.2.1.1–(5).

（如果将上述值标记方法应用于普通二项式树 T_n，按前序遍历 T_n 就会得到整数序列 $0, 1, \ldots,$ $2^n - 1$。）

120. 错．在哈密顿圈中，右图所示的"中空"顶点中只有四个可以出现在两个"平方"顶点附近．因此，有一对"中空"顶点不是幸运的．[见赫伯特·弗莱施纳和赫德森·克朗克，*Monatshefte für Mathematik* **76** (1972), 112–117.]

121. 进一步来说，T^2 中有一条从 u 到 v 的哈密顿路径当且仅当类似条件成立．但是，我们把 u 和（或）v 保留在 $T^{(\prime)}$ 中，如果它们的度数是 1．我们还要求 (i) 中的路径位于从 u 和 v 的路径上（u 和 v 本身除外）．条件 (ii) 亦需强化：把"度数为 4 的顶点"改为"危险顶点"．$T^{(\prime)}$ 中的顶点称为"危险顶点"，如果它的度数为 4，或者度数为 2 且它是 u 或 v．最小的不可能情形是 $T = P_4$，其中 u 和 v 被选为非端点．[*Časopis pro Pěstování Matematiky* **89** (1964), 323–338.]

因此，T^2 包含哈密顿圈当且仅当 T 是一条毛虫（也就是一棵自由树，它的导数是一条路径）．[见弗兰克·哈拉里和艾伦·施文克，*Mathematika* **18** (1971), 138–140.]

122. (a) 我们可以用二叉树来表示表达式，运算符放在内部结点处，数字放在外部结点处．像算法 B 那样实现二叉树，由给定语法施加的基本约束条件是：如果 $r_j = k > 0$，那么，结点 j 处的运算符是 + 或 − 当且仅当结点 k 处的运算符是 × 或 /．因此，具有 n 个叶结点的这种树的可能总数是 $2^n S_{n-1}$，其中 S_n 是施罗德数，当 $n = 9$ 时它等于 10 646 016．（见习题 66，但进行了左右交换．）我们可以快速生成它们全体，遇到恰好 1641 个解．只有一个表达式在未使用乘法的情况下完成了任务，即 $1 + 2/((3-4)/(5+6) - (7-8)/9)$；它们中有 20 个需要五对括号，例如 $(((1 - 2)/((3/4) \times 5 - 6)) \times 7 + 8) \times 9$；只有 15 个不需要括号．

(b) 现在，共有 $1 + \sum_{k=1}^{8} \binom{8}{k} 2^{k+1} S_k = 23\,463\,169$ 种情形，3366 个解．亨利·迪德尼 [*The Weekly Dispatch* (18 June 1899)] 找到了最短的解，长度是 12，即 $123 - 45 - 67 + 89$，但他当时并不能确认它是最佳的．最长解的长度是 27，前面提到过，共有 20 种这种解．

(c) 情形数大幅上升到 $2 + \sum_{k=1}^{8} \binom{8}{k} 4^{k+1} S_k = 8\,157\,017\,474$，现在共有 97 221 个解．最长解只有一个，长度为 40：$(((((.1/(.2+.3))/.4)/.5)/(.6-.7))/(.8-.9)$．有一些有趣的例子，有 5 个解需要 7 个 +，例如 $.1 + (2 + 3 + 4 + 5) \times 6 + 7 + 8 + .9$；有 10 个解需要 7 个 −，例如 $(1 - .2 - .3 - 4 - .5 - 6) \times (7 - 8 - 9)$．

> 事实上，这件事里面没有什么原则
> 也没有什么特定的方式可以说明
> 我们已经获得了最佳可能解．
> ——亨利·迪德尼（1899）

注记：玛丽·莱斯克的 *Illustriertes Spielbuch für Mädchen*（首次出版于 1864）包含了这个问题，就目前已知情况，这是它首次出现．在该书 1889 年的第 11 版中，$100 = 1 + 2 + 3 + 4 + 5 + 6 + 7 + 8 \times 9$ 是 553 节谜题 16 的解．另见习题 7.2.1.1–111 中的参考文献．

理查德·贝尔曼在 *AMM* **69** (1962), 640–643 中解释了如何处理 (a) 部分的一种特殊情形：运算符仅限于 + 和 ×，且不得使用括号．他的动态编程技巧也可用于这种更一般的问题，以减少要考虑的情形数量．其思路是：确定可以由数字 $\{1, \ldots, n\}$ 的每个子区间获得的有理数，在树的根结点处放置一个给定的运算符．通过放弃子区间 $\{1, \ldots, 8\}$ 和 $\{2, \ldots, 9\}$ 中不可能给出整数解的情形，还可以节省大量计算．采用这一方式，真正需要考虑、有着本质不同的树的数量减少为：(a) 2 735 136 种情形；(b) 6 813 760 种情形；(c) 739 361 319 种情形．

在这个应用中浮点运算是不可靠的．然而，在不需要处理绝对值大于 10^9 的整数的情形，4.5.1 节的有理数运算例程能够很好地完成任务．

123. (a) 2284，但 $2284 = (1 + 2 \times 3) \times (4 + 5 \times 67) - 89$．

(b) 6964，但 $6964 = (1/.2) \times 34 + 5 + 6789$．

(c) 14 786，但 $14\,786 = -1 + 2 \times (.3 + 4 + 5) \times (6 + 789)$．

[如果还允许在表达式左侧使用减号，就像迪德尼所做的那样，对于问题 122(a), (b), (c) 可以得到另外 1362, 2759, 85 597 个解，其中包括情形 (a) 中 19 个更长的表达式，例如 $-(1 - 2) \times ((3 + 4) \times (5 - (6 - 7) \times 8) + 9)$．利用这一扩展，无法表示的最小正整数分别是 (a) 3802, (b) 8312, (c) 17 722.]

实际上，可表示的整数（正整数、负整数和零）的总数量分别是 (a) 27 666, (b) 136 607, (c) 200 765.

124. 霍顿-斯特勒数源于对河流的研究：罗伯特·霍顿，*Bull. Geol. Soc. Amer.* **56** (1945), 275–370；阿瑟·斯特勒，*Bull. Geol. Soc. Amer.* **63** (1952), 1117–1142. 热拉尔·维耶诺、乔治·埃罗勒、尼古拉·珍妮和迪迪埃·阿凯斯在经典论文 *Computer Graphics* **23**, 3 (July 1989), 31–40 中研究和说明了绘制树的许多思路.

7.2.1.7 节

1. 也许在第 21 号六爻符号"噬嗑"（䷔）之下有这种概念，但是古代的注释者更多的是将这个六爻符号与法律实施关联起来，而不是与电子的交互作用相关联.

2. (a) 对于密码子中的第一个核苷酸，令 (T, C, A, G) 分别用 (⚏, ⚎, ⚍, ⚌) 表示；类似地，第二个核苷酸用 (⚏, ⚎, ⚍, ⚌) 表示；第三个用 (⚏, ⚎, ⚍, ⚌) 表示；将这三个表示重叠在一起. 例如，第 34 号六爻符号为 ䷡ = ⚌ + ⚌ + ⚌；它表示密码子 TTC，映射到氨基酸 F. 根据这一对应关系，第 34–54 号（含）六爻符号映射到各自的值 (F, G, L, Q, W, D, S, –, P, Y, K, A, I, T, N, H, M, R, V, E, C). 而且，映射到"–"的三个六爻符号为第 1、9 和 41 号，即 ䷀、䷈ 和 ䷨，它们在《易经》中分别意味着"创造（乾）"、"驯养（小畜）"和"消除多余（损）"——全都合乎完成蛋白质的想法.

(b) 考虑对 $4 \times 4 \times 4$ 遗传密码阵列中的所有元素进行排列的 $\binom{64}{6,6,6,4,4,4,4,4,3,3,2,2,2,2,2,2,2,2,1,1}$ $\approx$ 2.3×10^{69} 种方法. 其中有

$$2\,402\,880\,402\,175\,789\,790\,003\,993\,681\,964\,551\,328\,451\,668\,718\,750\,185\,553\,920\,000\,000 \approx 2.4 \times 10^{63}$$

种至少包含一组 21 个不同的连续元素. [利用容斥原理可以证明，任何一个具有 r 个不同元素且 $n_r = 0$ 的多重集 $\{(n_1+1) \cdot x_1, \ldots, (n_r+1) \cdot x_r\}$，都恰有

$$(n+1)\binom{n}{n_1,\ldots,n_r}r! - \sum_{k=1}^{r}(n+1-k)k!(r-k)!\,a_k \sum_{\substack{0 \le d_1,\ldots,d_r \le 1 \\ d_1+\cdots+d_r=k}} \binom{n-k}{n_1-d_1,\ldots,n_r-d_r}$$

个此种排列，其中 $n = n_1 + \cdots + n_r$，a_k 是具有 k 个元素的不可分解的排列的数目（习题 7.2.1.2–100）.] 因此，大约在每 100 万个排列中，仅有一个具备所述性质.

但是，共有 $4!^3 \binom{6}{2,2,2} = 1\,244\,160$ 种方式，可以像 (a) 部分中那样表示密码子，而且它们中的大多数都对应于氨基酸的不同排列（在第三位置交换 T 和 C 的表示除外）.

事实上，由经验可知，在 64 个六爻符号的所有排列中，大约有 31% 具有适当的密码子映射. 因此，(a) 部分中的构造过程并没有给出任何理由，让人们相信《易经》的作者以任何方式预见到了遗传密码.

3. 由于 $F_{31} - 10^6 = F_{28} + F_{22} + F_{20} + F_{18} + F_{16} + F_{14} + F_9$，所以第 100 万个是

$$\cup\cup\cup\cup\cup\cup\cup\cup\cup\cup\cup = \cup\cup\cup\cup\cup\cup = = = = = \cup\cup\cup\cup\cup = \cup\cup.$$

采用另外一种方法要更容易一些：$F_{31} - (F_5 + F_8 + F_{10} + F_{16} + F_{18} + F_{27} + F_{30}) = 314\,159$.

4. במדיר 在第 4 行出现的两次之一应当是 במידר；类似地，第 8 行中的一个 ירדמב 应当为 ירמדב. 还有第 3 行和第 4 行，具有最右字母 בֿ 的六种情况出现了两次，而具有最右字母 בֿ 的情景漏掉了. 这些小问题可能是印刷和（或）抄写错误，不一定是唐诺洛本人所犯的错误.

5. 最后一个应当是 [♪♪♪♪♪]，而不是 [♪♪♪♪♪].

6. 只有当 $1 \le n \le 13$ 和 $15 \le n \le 38$ 时，梅森列表中的第 n 个值 m_n 与 $n!$ 一致. 梅森知道 $14! = 87\,178\,291\,200 \ne m_{14} = 8\,778\,291\,200$，因为在他个人保存的该书副本中，他向其中插入了原本被漏掉的"1"（现在，该副本归法国国家图书馆所有；1963 年出版了它的影印本）. 但是他的表格中的其他错误并不仅仅是印刷错误，因为它们传播到了后续各项中，但 m_{50} 的情景中是个例外：$m_{39} = 39! + 10^{26} - 10^{10}$；$m_{40} = 40m_{39}$；$m_{41} = 41m_{40} - 4 \cdot 10^{25} - 14 \cdot 10^{11}$；对于 $n = 42, 43, 44, 46, 47, 48, 49, 55, 60, 62$，有 $m_n = nm_{n-1}$；$m_{50} = 50m_{49} + 10^{66}$；$m_{51} = 51 \cdot 50 \cdot m_{49}$. 当计算 $m_{45} = 9 \cdot 45 \cdot m_{44} - 10^{40} + 10^{29}$ 时，他明确决定要走一条捷径，因为乘以 5 或 9 是很容易的；但他乘了两次 9. 他的大多数错误显示他采用了一种不可靠的乘法方法，这一方法可能是依赖于一

种算盘: $m_{52} = 52m_{51} + 5 \cdot 10^{56} - 2 \cdot 10^{47} + 10^{34}$; $m_{53} = 53m_{52} - 4 \cdot 10^{29}$; $m_{54} = 54m_{53} + 10^{16}$; $m_{57} = 57m_{56} + 10^{33} + 10^{24}$; $m_{58} = 58m_{57} + 10^{67} - 10^{35} + 10^{32} + 11 \cdot 10^{26}$; $m_{59} = 59m_{58} + 10^{66} + 10^{49} - 10^{28}$; $m_{61} = 61m_{60} - 5 \cdot 10^{81}$; $m_{63} = 63m_{62} + 10^{82} - 10^{74}$; $m_{64} = 64m_{63} + 3 \cdot 10^{81} + 10^{67} + 2 \cdot 10^{38} - 2 \cdot 10^{33} - 10^{23}$.

剩下的情景 $m_{56} \approx 10.912m_{55}$ 就有点莫名其妙了. 它 $\equiv 56m_{55}$ (modulo 10^{17}), 但它的其他数字似乎既不合律, 也不合理. 能轻松地解释它们吗?

注意: 阿塔纳修斯·基歇尔在其 *Ars Magna Sciendi* (1669) 的第 157 页给出 $n!$ 在 $1 \le n \le 50$ 时的表格时, 一定是从梅森那里复制过来的, 因为他重复了梅森的所有错误. 但是, 基歇尔的确列出了 $10m_{14}$, $m_{45}/10$ 和 $10m_{49}$ 的值, 而不是 m_{14}, m_{45} 和 m_{49} 的值; 他可能尝试使序列增长得更平稳一些. 不清楚是谁最先计算了 39! 的正确值. 习题 1.2.5–4 讲述了关于 1000! 的故事.

7. 基本排列是 12345, 13254, 14523, 15432, 12453, 14235, 15324, 13542, 12534, 15243, 13425, 14352. 但随后我们发现, 所有 60 个偶排列都是既活又死的, 因为 (9) 与 (8) 相差一个偶排列. (而且, 如果我们稍微修改 $n = 5$ 的情景, $n = 6$ 时的一半活排列都将转化为奇排列.)

8. 例如, 我们可以将 (9) 用下式代替:

$$a_n a_3 \ldots a_{n-1} a_2 a_1, \quad a_1 a_4 \ldots a_n a_3 a_2, \quad \ldots, \quad a_{n-1} a_2 \ldots a_{n-2} a_1 a_n,$$

然后翻转结尾, 并将 (8) 的排列中的其他元素进行循环移位. 这一修改是有效的, 因为所有排列都拥有正确的奇偶性, 而且活排列和死排列在每个可能位置都有 a_1. (像在式 7.2.1.2–(32) 中那样, 我们实际上拥有了交替组的一个对偶西姆斯表; 但我们的元素被命名为 $(n, n-1, \ldots, 1)$, 而不是 $(0, 1, \ldots, n-1)$.)

艾蒂安·伯祖 [*Mémoires Acad. Royale des Sciences* (Paris, 1764), 292] 发表了一种更简单的方法, 用于生成具有正确符号的排列: $\{1, \ldots, n-1\}$ 的每个排列 $\pm a_1 \ldots a_{n-1}$ 都会生成 n 个其他排列 $\pm a_1 \ldots a_{n-1} a_n \mp a_1 \ldots a_{n-2} a_n a_{n-1} \pm \cdots$. 事实上, 莱布尼茨在 1684 年 1 月 12 日的未发表的手稿中发现了这一规则; 见埃伯哈德·克诺布洛赫, *Archive for Hist. Exact Sciences* **12** (1974), 142–173.

9. $(\cdot, \backslash, \curlyvee, \curlyvee, \xi, \circ, \daleth, \vee, \wedge, \curlyvee)$; 或者, 我们应当说 $(\curlyvee, \wedge, \vee, \daleth, \circ, \xi, \curlyvee, \curlyvee, \backslash, \cdot)$. 注意: 方程组的下标数组使用了一种不同的系统, 例如 ⅃ 表示 200. 而且, 应当注意到, (11) 实际上是将阿萨马尔的著作转写为现代阿拉伯文. 萨拉赫·艾哈迈德和罗什迪·拉希德的工作基础是一本 14 世纪的副本, 这个副本中采用了一种与此类似但更早的数字形式: $(\circ, \backslash, \curlyvee, \curlyvee, \xi, \mathsf{g}, \daleth, \vee, \wedge, \curlyvee)$. 阿萨马尔自己可能也使用了一个甚至更为古老的数字.

10. 如果 56 种情景的概率相同, 像在集券问题 (习题 3.3.2–8) 中那样, 答案应当是 $56H_{56} \approx 258.2$. 但是, $(6, 30, 20)$ 等情景的发生概率分别为 $(1/216, 1/72, 1/36)$, 因此正确的答案应当是

$$\int_0^\infty (1 - (1 - e^{-t/216})^6 (1 - e^{-t/72})^{30} (1 - e^{-t/36})^{20}) \, dt \approx 546.6,$$

大约是上限 $216H_{216}$ 的 42%. [见菲利普·弗拉若莱、达妮埃尔·加迪和路易·蒂莫尼耶, *Discrete Applied Math.* **39** (1992), 207–229.]

11. 它绘制了在一次取三个时, $(\text{b}, \text{c}, \text{d}, \text{B}, \text{C}, \text{D})$ 的 $\binom{6}{3} = 20$ 个组合; 此外, 如果我们认为 $\text{b} < \text{c} < \text{d} < \text{B} < \text{C} < \text{D}$, 它们是以字典序出现的. 字符 t(🜂) 表示 "从小写变为大写". [见安东尼·邦纳, *Selected Works of Ramon Llull* (Princeton: 1985), 596–597.] 共有两个排印错误: 第 6 行开始处的 "d" 应当为 "b"; 第 18 行末尾的 "c" 应当为 "d". 如果柳利将第 1 行表示为

那该行与其他各行将会更一致些, 但是, 在该行当然不需要大小写变换.

12. 将普安索的圈乘以 5, 再加上 2 (mod 7).

13. 当有 n 个不同字母时, 最好是写为恰好 n 行:

$$\frac{a. \ aa. \ aaa}{b. \ ab. \ aab. \ aaab. \ bb. \ abb. \ aabb. \ aaabb}$$

于是，像在 (18) 中那样，指定权重 $(a, b) = (1, 4)$ 将得到数 1 至 11. （(16) 的第一行也应当省略.）类似地，对于 $\{a, a, a, b, b, c\}$，我们将隐含地为 c 赋以权重 12，并且另外增加一行

$$c. \; ac. \; aac. \; aaac. \; bc. \; abc. \; aabc. \; aaabc. \; bbc. \; abbc. \; aabbc. \; aaabbc.$$

[詹姆斯·伯努利在 *Ars Conjectandi* 的第 2 部分第 6 章几乎正确地进行了类似处理.]

14. ABC ABD ABE ACD ACE ACB ADE ADB ADC AEB AEC AED BCD BCE BCA BDE BDA BDC BEA BEC BED BAC BAD BAE CDE CDA CDB CEA CEB CED CAB CAD CAE CBD CBE CBA DEA DEB DEC DAB DAC DAE DBC DBE DBA DCE DCA DCB EAB EAC EAD EBC EBD EBA ECD ECA ECB EDA EDB EDC. 这是一种广义字典序（见算法 7.2.1.3R），接下来会依次循环使用尚未用到的字母.

[在一本名为 *Sha'ari Tzedeq* 的犹太神秘哲学著作中，已经采用类似顺序给出了 5 个字符的所有 120 个排列，该书被认为是由 13 世纪西西里的墨西拿的作者纳坦·哈拉尔所作；见 *Le Porte della Giustizia* (Milan: Adelphi, 2001).]

15. 在 j 之后放入 $\{j, \ldots, m\}$ 的允许重复的 $(n-1)$ 组合，所以答案为 $\binom{(m+1-j)+(n-1)-1}{n-1} = \binom{m+n-j-1}{n-1}$. [让·博雷尔，也称为约安尼斯·比托奥尼斯，在早期著作 *Logistica* (Lyon: 1560) 的第 305–309 页指出了这一点. 他以表格形式给出了当 $1 \le n \le 4$ 时投掷 n 颗骰子的所有结果，然后针对 j 对这些结果求和，推导出当 $n = 5$ 时，共有 $126 + 70 + 35 + 15 + 5 + 1 = 252$ 种不同的投掷结果，当 $n = 6$ 时为 462 种.]

16. N1. [初始化.] 置 $r \leftarrow n$, $t \leftarrow 0$ 和 $a_0 \leftarrow 0$.

N2. [推进.] 当 $r \ge q$ 时，置 $t \leftarrow t+1$, $a_t \leftarrow q$ 和 $r \leftarrow r-q$. 然后，如果 $r > 0$，置 $t \leftarrow t+1$ 和 $a_t \leftarrow r$.

N3. [访问.] 访问组分 $a_1 \ldots a_t$.

N4. [寻找 j.] 置 $j \leftarrow t, t-1, \ldots$, 直到 $a_j \ne 1$. 如果 $j = 0$, 则终止算法.

N5. [减小 a_j.] 置 $a_j \leftarrow a_j - 1$, $r \leftarrow t - j + 1$, $t \leftarrow j$; 返回 N2. ∎

例如，当 $n = 7$ 且 $q = 3$ 时，组分为：331, 322, 3211, 313, 3121, 3112, 31111, 232, 2311, 223, 2221, 2212, 22111, 2131, 2122, 21211, 2113, 21121, 21112, 211111, 133, 1321, 1312, 13111, 1231, 1222, 12211, 1213, 12121, 12112, 121111, 1132, 11311, 1123, 11221, 11212, 112111, 11131, 11122, 111211, 11113, 111121, 111112, 1111111.

纳拉亚纳的经文 79 和 80 大体给出了这一过程，但其串的顺序是颠倒的 $(133, 223, 1123, \ldots)$，这是因为他更偏好使用降序的反向字典序. [萨尔加德瓦之前已经在 *Saṅgītaratnākara* §5.316–375 中精心阐述了一套理论，用于描述可由基本部分 $\{1, 2, 4, 6\}$ 构成的所有组合（韵律）的集合.]

17. 访问的数目 V_n 为 $F_{n+q-1}^{(q)} = \Theta(\alpha_q^n)$；见习题 5.4.2-7. 步骤 N4 检查 $a_j = 1$ 的次数 X_n 满足 $X_n = X_{n-1} + \cdots + X_{n-q} + 1$, 于是可求得 $X_n = V_0 + \cdots + V_n = (qV_n + (q-1)V_{n-1} + \cdots + V_{n-q+1} - 1)/(q-1) = \Theta(V_n)$. 步骤 N2 置 $a_t \leftarrow q$ 的次数 Y_n 满足同一递归式，于是可求得 $Y_n = X_{n-q}$. 步骤 N2 查找 $r = 0$ 的次数为 V_{n-q}.

18. 因为它用罗马数字表示为 MDCLXVI, 而 M > D > C > L > X > V > I.

19. 第 329 行和第 1022 行（普特亚努斯在他一共有 1022 首诗的列表中包含了 139 首这样的诗歌.）

20. 当 tria 在 lumina 之前时，分别有 $5! \times 2! \times (11, 12, 12, 16)$ 种方式使得扬抑抑格在第 $(1, 2, 3, 4)$ 诗步处；当 lumina 在 tria 之前时，共有 $5! \times 2! \times (16, 12, 12, 11)$ 种. 所以总数为 $24\,480$. [莱布尼茨在 *Dissertatio de Arte Combinatoria* 的末尾考虑了这一问题，并给出了答案 $45\,870$, 但他的论证过程中有大量错误.]

21. (a) 生成函数 $1/((1 - zu - yu^2)(1 - zv - yv^2)(1 - zw - yw^2))$ 显然等于

$$\sum_{p,q,r,s,t \ge 0} f(p, q, r; s, t) u^p v^q w^r z^s y^t.$$

(b) 如果 tibi 为 $\smile\smile$, Virgo 为 ——, 则该数为 3! 3! 乘以 $\sum_{k=0}^{3}(f(2k+1,6-2k,2;3,3)+f(2k,6-2k,2;2,3))$, 即 $36((7+7)+(9+5)+(10+5)+(14+7)) = 2304$. 否则, tibi 为 $\smile\smile$, Virgo 为 —$\smile$, 该数为 2! 3! 乘以 $\sum_{k=0}^{3}(f(2k,5-2k,2;3,2)+f(2k,6-2k,1;3,2))$, 即 $12((7+6)+(5+4)+(4+4)+(0+6)) = 432$.

(c) 第 5 个诗步以 cælo, dotes 或 Virgo 的第二个音节开始. 因此, 增加的数为 $3! 3! \sum_{k=0}^{2} f(2k,5-2k,2;3,2) = 36(7+5+4) = 576$, 总数为 $2304 + 432 + 576 = 3312$.

22. 令 $\alpha \in \{\text{quot}, \text{sunt}, \text{tot}\}$, $\beta \in \{\text{cælo}, \text{dotes}, \text{Virgo}\}$, $\sigma = \text{sidera}$ 及 $\tau = \text{tibi}$. 普雷斯提特的分析基本上与伯努利的分析相同, 但他忘了包含 36 种情景 $\alpha\alpha\alpha\tau\beta\beta\sigma\beta$. (根据他的喜好, 人们可以说这些情况在诗歌上是缺乏想象力的; 普特亚努斯没有发现它们的用途.) 普雷斯提特的书 (1675 年版本) 还省略了所有以 $\tau\beta$ 结尾的排列.

沃利斯将可能性分为 23 类 $T_1 \cup T_2 \cup \cdots \cup T_{23}$. 他声称自己的第 6 类和第 7 类分别生成 324 首诗. 但实际上, $|T_6| = |T_7| = 252$, 因为他的变量 i 应当是 7, 而不是 9. 他还将许多解的个数计算了两次: $|T_3 \cap T_5| = 72$, $|T_2 \cap T_7| = |T_5 \cap T_7| = |T_3 \cap T_6| = |T_6 \cap T_{10}| = 36$, 及 $|T_{11} \cap T_{12}| = |T_{12} \cap T_{13}| = |T_{14} \cap T_{15}| = 12$. 他漏掉了 36 种可能性: $\alpha\beta\beta\alpha\sigma\alpha\tau\beta$ (普特亚努斯使用了其中的 19 种.) 他还漏掉了习题 21(c) 中的所有排列. 普特亚努斯使用了这 576 种的 250 种. 沃利斯著作的拉丁版 (1693 年出版) 纠正了这一节的一些印刷错误, 但没有纠正任何数学错误.

惠特沃思和哈特利省略了所有满足 tibi $= \smile$— 的情景 (见习题 19), 可能是因为人们对经典六步格的知识开始退化了.

[说到错误, 普特亚努斯实际上只发表了 1020 种不同排列, 而不是 1022 种, 这是因为在其列表中的第 592 行和第 593 行与第 601 行和第 602 行相同. 但他要找出另外两种情景应当不会有什么麻烦, 例如可以将第 252, 345, 511, 548, 659, 663, 678, 693, 或 797 行的 tot sunt 改为 sunt tot.]

23. 自左向右读取每张图, 使得 $12|345 \leftrightarrow \text{ⅢⅢ}$, 我们将得到

24. 他的规则是: 对于 $k = 0, 1, \ldots, n-1$, 以及对于 $n-1$ 个事物在每次取 k 个时的每种组合 $0 < j_1 < \cdots < j_k < n$, 访问 $\{1, \ldots, n-1\} \setminus \{j_1, \ldots, j_k\}$ 的所有分划, 还有块 $\{j_1, \ldots, j_k, n\}$. 当 $n = 5$ 时, 他的顺序是

但严格来说, 这个习题的答案是 "否定的", 因为本田利明的规则要到指定了组合顺序时才可能完整. 他按照反向字典序 ($j_t \ldots j_1$ 上的字典序) 生成组合. $j_1 \ldots j_t$ 上的字典序也将与 $n = 4$ 时给出的列表一致, 但它会将 ⅢⅢ ⅢⅢ 放在 ⅢⅢ ⅢⅢ 之前. 参考资料: 林鹤一, *Tôhoku Math. J.* **33** (1931), 332–337.

25. 不是; (28) 漏掉了 $14|235$ (也就是它的第二种模式的上下颠倒版本).

26. 令 a_n 是 $\{1, \ldots, n\}$ 的不可分解的分划的数目, 令 a'_n 是既不可分解又完全押韵的分划的数目. 这些序列始于 $\langle a_1, a_2, \ldots \rangle = \langle 1, 1, 2, 6, 22, 92, 426, \ldots \rangle$, $\langle a'_1, a'_2, \ldots \rangle = \langle 0, 1, 1, 3, 9, 33, 135, \ldots \rangle$; 所以这道习题的答案是: $a'_n - 1$ ($n \geq 2$). a_n 还是不可交换变量的 n 次对称多项式的数量. [见玛格丽特·沃尔夫, *Duke Math. J.* **2** (1936), 626–637, 她还给出了划分为 k 个部分的不可分解的分划的表格.]

如果 $A(z) = \sum_n a_n z^n$，并且 $B(z) = \sum_n \varpi_n z^n$ 是关于贝尔数的非指数生成函数，则有 $A(z)B(z) = B(z) - 1$，于是 $A(z) = 1 - 1/B(z)$．习题 7.2.1.5–35 的结果意味着 $\sum_n a'_n z^n = zA(z)/(1+z-A(z)) = z(B(z)-1)/(1+zB(z))$．遗憾的是，$B(z)$ 没有特别好的闭合式，尽管它的确满足很有意义的函数关系 $1 + zB(z) = B(z/(1+z))$．注意，$n > 1$ 的不可分解集合分划对应于摇摆图表循环，并且没有三个连续的 λ 等于 0（见习题 7.2.1.5–27）．

27. 这个问题本身有点模糊，因为源氏香图形的定义不是非常明确．我们再明确一下，要求一个块中的所有竖线都是等高的；于是，比如说，$145|236$ 没有单交叉点的对应图形，因为 ▥ 不在允许范围内．

没有交叉点分划数目是 C_n（见习题 7.2.1.6–26）．对于单交叉点情景，两个块相互交叉的元素必须出现在限制增长的串中，比如 $x^i y x^j y^k$，或者 $x^i y^{j+1} x y^k$，或者 $x^i y^j x y^k x^l$ 中，其中 $i, j, k, l > 0$．

假设此模式是 $x^i y x^j y^k$．在这个元素的 $i+1+j+k$ 个元素之间有 $t = i+j+k+2$ 个"缝隙"，用非交叉分划填充这些缝隙的方式数目为 $\sum_{i_1 + \cdots + i_t = n-i-j-k-1} C_{i_1} \cdots C_{i_t}$．根据式 7.2.1.6–(24)，可以将这个数表示为

$$[z^{n-i-j-k-1}] C(z)^{i+j+k+2} = C_{(n-i-j-k-1)n}.$$

针对 k 进行求和，将得出 $C_{(n-i-j-2)(n+1)}$；于是，针对 j 和 i 进行求和，将给出 $C_{(n-4)(n+3)}$．

类似地，其他两种模式贡献了 $C_{(n-5)(n+3)}$ 和 $C_{(n-5)(n+4)}$．于是，单交叉点分划的总数为 $C_{(n-5)(n+3)} + C_{(n-4)(n+4)}$．

28. 先根据素因数的数目，然后按照反向字典序，对 $cbbaaa$ 的因数排序：$1 \prec a \prec b \prec c \prec aa \prec ba \prec ca \prec bb \prec cb \prec aaa \prec baa \prec caa \prec bba \prec cba \prec cbb \prec baaa \prec caaa \prec bbaa \prec cbaa \prec cbba \prec bbaaa \prec cbaaa \prec cbbaa \prec cbbaaa$．对于每个这样的因数 d，按照递减顺序，令 d 是第一个因数；以递归形式追加 $cbbaaa/d$ 的第一个因数 $\preceq d$ 的所有因数分解．

如果已经按字典序对因数进行了排序（即 $1 < a < aa < aaa < b < ba < \cdots < cbbaa < cbbaaa$），那么沃利斯的算法等价于算法 7.2.1.5M，其中 $(n_1, n_2, n_3) = (1, 2, 3)$．他可能选择了更为复杂的因数排序方法，因为当 $a \approx b \approx c$ 时，它倾向于更紧密地与普通数值顺序保持一致；例如，当 $(a, b, c) = (7, 11, 13)$ 时，他的顺序就是准确的数值顺序．沃利斯根据自己比较复杂的机制生成了这些因数，基本上也就生成了多重集组合，我们在 7.2.1.3 节已经指出，它等价于有界组分．[参考资料：*A Discourse of Combinations* (1685)，126–128，纠正了两个印刷错误．]

29. 因数分解 $edcba$，$edcb \cdot a$，$edca \cdot b$，…，$e \cdot d \cdot c \cdot b \cdot a$ 分别对应于

30. 除非 $i_1 + 2i_2 + \cdots = n$，否则系数为 0；如果 $i_1 + 2i_2 + \cdots = n$，则系数为 $\binom{m}{k} a_0^{m-k} \binom{k}{i_1, i_2, \ldots}$，其中 $k = i_1 + i_2 + \cdots$．（考虑 $(a_0 z)^m$ 乘以 $(1 + (a_1/a_0)z + (a_2/a_0)z^2 + \cdots)^m$．）

31. 如果我们假设分划 $a_1 \ldots a_k$ 有 $a_1 \geq \cdots \geq a_k$，则这个算法生成的顺序是字典序的降序，也就是 (31) 的相反顺序；棣莫弗的顺序为字典序的升序．

32. $20 \cdot 1 = 7 + 13 \cdot 1 = 2 \cdot 7 + 6 \cdot 1 = 10 + 10 \cdot 1 = 10 + 7 + 3 \cdot 1 = 2 \cdot 10$．一般地，博斯科维奇提出以 $n \cdot 1$ 开始，然后计算后继分划 $a \cdot 10 + b \cdot 7 + c \cdot 1$，如下：如果 $c \geq 7$，则后继者为 $a \cdot 10 + (b+1) \cdot 7 + (c-7) \cdot 1$；否则，如果 $c + 7b \geq 10$，则后继者为 $(a+1) \cdot 10 + (c + 7b - 10) \cdot 1$；否则停止．

> "我可能"，波洛用一种完全不能让人信服的语调说，"是错的．"
> ——阿加莎·克里斯蒂，*After the Funeral*（1953）

——阿道夫 · 马克思，*The Cocoanuts*（1925）
——马塞尔 · 马索，*Baptiste*（1946）

附录 A 数值表

表 1　常用于标准子程序和计算机程序分析中的数值（精确到小数点后 40 位）

$$\sqrt{2} = 1.41421\ 35623\ 73095\ 04880\ 16887\ 24209\ 69807\ 85697-$$
$$\sqrt{3} = 1.73205\ 08075\ 68877\ 29352\ 74463\ 41505\ 87236\ 69428+$$
$$\sqrt{5} = 2.23606\ 79774\ 99789\ 69640\ 91736\ 68731\ 27623\ 54406+$$
$$\sqrt{10} = 3.16227\ 76601\ 68379\ 33199\ 88935\ 44432\ 71853\ 37196-$$
$$\sqrt[3]{2} = 1.25992\ 10498\ 94873\ 16476\ 72106\ 07278\ 22835\ 05703-$$
$$\sqrt[3]{3} = 1.44224\ 95703\ 07408\ 38232\ 16383\ 10780\ 10958\ 83919-$$
$$\sqrt[4]{2} = 1.18920\ 71150\ 02721\ 06671\ 74999\ 70560\ 47591\ 52930-$$
$$\ln 2 = 0.69314\ 71805\ 59945\ 30941\ 72321\ 21458\ 17656\ 80755+$$
$$\ln 3 = 1.09861\ 22886\ 68109\ 69139\ 52452\ 36922\ 52570\ 46475-$$
$$\ln 10 = 2.30258\ 50929\ 94045\ 68401\ 79914\ 54684\ 36420\ 76011+$$
$$1/\ln 2 = 1.44269\ 50408\ 88963\ 40735\ 99246\ 81001\ 89213\ 74266+$$
$$1/\ln 10 = 0.43429\ 44819\ 03251\ 82765\ 11289\ 18916\ 60508\ 22944-$$
$$\pi = 3.14159\ 26535\ 89793\ 23846\ 26433\ 83279\ 50288\ 41972-$$
$$1° = \pi/180 = 0.01745\ 32925\ 19943\ 29576\ 92369\ 07684\ 88612\ 71344+$$
$$1/\pi = 0.31830\ 98861\ 83790\ 67153\ 77675\ 26745\ 02872\ 40689+$$
$$\pi^2 = 9.86960\ 44010\ 89358\ 61883\ 44909\ 99876\ 15113\ 53137-$$
$$\sqrt{\pi} = \Gamma(1/2) = 1.77245\ 38509\ 05516\ 02729\ 81674\ 83341\ 14518\ 27975+$$
$$\Gamma(1/3) = 2.67893\ 85347\ 07747\ 63365\ 56929\ 40974\ 67764\ 41287-$$
$$\Gamma(2/3) = 1.35411\ 79394\ 26400\ 41694\ 52880\ 28154\ 51378\ 55193+$$
$$e = 2.71828\ 18284\ 59045\ 23536\ 02874\ 71352\ 66249\ 77572+$$
$$1/e = 0.36787\ 94411\ 71442\ 32159\ 55237\ 70161\ 46086\ 74458+$$
$$e^2 = 7.38905\ 60989\ 30650\ 22723\ 04274\ 60575\ 00781\ 31803+$$
$$\gamma = 0.57721\ 56649\ 01532\ 86060\ 65120\ 90082\ 40243\ 10422-$$
$$\ln \pi = 1.14472\ 98858\ 49400\ 17414\ 34273\ 51353\ 05871\ 16473-$$
$$\phi = 1.61803\ 39887\ 49894\ 84820\ 45868\ 34365\ 63811\ 77203+$$
$$e^\gamma = 1.78107\ 24179\ 90197\ 98523\ 65041\ 03107\ 17954\ 91696+$$
$$e^{\pi/4} = 2.19328\ 00507\ 38015\ 45655\ 97696\ 59278\ 73822\ 34616+$$
$$\sin 1 = 0.84147\ 09848\ 07896\ 50665\ 25023\ 21630\ 29899\ 96226-$$
$$\cos 1 = 0.54030\ 23058\ 68139\ 71740\ 09366\ 07442\ 97660\ 37323+$$
$$-\zeta'(2) = 0.93754\ 82543\ 15843\ 75370\ 25740\ 94567\ 86497\ 78979-$$
$$\zeta(3) = 1.20205\ 69031\ 59594\ 28539\ 97381\ 61511\ 44999\ 07650-$$
$$\ln \phi = 0.48121\ 18250\ 59603\ 44749\ 77589\ 13424\ 36842\ 31352-$$
$$1/\ln \phi = 2.07808\ 69212\ 35027\ 53760\ 13226\ 06117\ 79576\ 77422-$$
$$-\ln \ln 2 = 0.36651\ 29205\ 81664\ 32701\ 24391\ 58232\ 66946\ 94543-$$

在本书中进行相关分析时，出现了几个没有标准名字的重要常数．在式 7.1.4–(90) 和 7.2.1.5–(34) 中，以及在习题 7.1.4–191 的答案中，已经把这些常数计算到小数点后 40 位．

表 2　常用于标准子程序和计算机程序分析中的数值（40 位十六进制数字）

"=" 左边的是十进制数.

$$0.1 = 0.1999\ 9999\ 9999\ 9999\ 9999\ 9999\ 9999\ 9999\ 9999\ 999A-$$
$$0.01 = 0.028F\ 5C28\ F5C2\ 8F5C\ 28F5\ C28F\ 5C28\ F5C2\ 8F5C\ 28F6-$$
$$0.001 = 0.0041\ 8937\ 4BC6\ A7EF\ 9DB2\ 2D0E\ 5604\ 1893\ 74BC\ 6A7F-$$
$$0.0001 = 0.0006\ 8DB8\ BAC7\ 10CB\ 295E\ 9E1B\ 089A\ 0275\ 2546\ 0AA6+$$
$$0.00001 = 0.0000\ A7C5\ AC47\ 1B47\ 8423\ 0FCF\ 80DC\ 3372\ 1D53\ CDDD+$$
$$0.000001 = 0.0000\ 10C6\ F7A0\ B5ED\ 8D36\ B4C7\ F349\ 3858\ 3621\ FAFD-$$
$$0.0000001 = 0.0000\ 01AD\ 7F29\ ABCA\ F485\ 787A\ 6520\ EC08\ D236\ 9919+$$
$$0.00000001 = 0.0000\ 002A\ F31D\ C461\ 1873\ BF3F\ 7083\ 4ACD\ AE9F\ 0F4F+$$
$$0.000000001 = 0.0000\ 0004\ 4B82\ FA09\ B5A5\ 2CB9\ 8B40\ 5447\ C4A9\ 8188-$$
$$0.0000000001 = 0.0000\ 0000\ 6DF3\ 7F67\ 5EF6\ EADF\ 5AB9\ A207\ 2D44\ 268E-$$
$$\sqrt{2} = 1.6A09\ E667\ F3BC\ C908\ B2FB\ 1366\ EA95\ 7D3E\ 3ADE\ C175+$$
$$\sqrt{3} = 1.BB67\ AE85\ 84CA\ A73B\ 2574\ 2D70\ 78B8\ 3B89\ 25D8\ 34CC+$$
$$\sqrt{5} = 2.3C6E\ F372\ FE94\ F82B\ E739\ 80C0\ B9DB\ 9068\ 2104\ 4ED8-$$
$$\sqrt{10} = 3.298B\ 075B\ 4B6A\ 5240\ 9457\ 9061\ 9B37\ FD4A\ B4E0\ ABB0-$$
$$\sqrt[3]{2} = 1.428A\ 2F98\ D728\ AE22\ 3DDA\ B715\ BE25\ 0D0C\ 288F\ 1029+$$
$$\sqrt[3]{3} = 1.7137\ 4491\ 23EF\ 65CD\ DE7F\ 16C5\ 6E32\ 67C0\ A189\ 4C2B-$$
$$\sqrt[4]{2} = 1.306F\ E0A3\ 1B71\ 52DE\ 8D5A\ 4630\ 5C85\ EDEC\ BC27\ 3436+$$
$$\ln 2 = 0.B172\ 17F7\ D1CF\ 79AB\ C9E3\ B398\ 03F2\ F6AF\ 40F3\ 4326+$$
$$\ln 3 = 1.193E\ A7AA\ D030\ A976\ A419\ 8D55\ 053B\ 7CB5\ BE14\ 42DA-$$
$$\ln 10 = 2.4D76\ 3776\ AAA2\ B05B\ A95B\ 58AE\ 0B4C\ 28A3\ 8A3F\ B3E7+$$
$$1/\ln 2 = 1.7154\ 7652\ B82F\ E177\ 7D0F\ FDA0\ D23A\ 7D11\ D6AE\ F552-$$
$$1/\ln 10 = 0.6F2D\ EC54\ 9B94\ 38CA\ 9AAD\ D557\ D699\ EE19\ 1F71\ A301+$$
$$\pi = 3.243F\ 6A88\ 85A3\ 08D3\ 1319\ 8A2E\ 0370\ 7344\ A409\ 3822+$$
$$1° = \pi/180 = 0.0477\ D1A8\ 94A7\ 4E45\ 7076\ 2FB3\ 74A4\ 2E26\ C805\ BD78-$$
$$1/\pi = 0.517C\ C1B7\ 2722\ 0A94\ FE13\ ABE8\ FA9A\ 6EE0\ 6DB1\ 4ACD-$$
$$\pi^2 = 9.DE9E\ 64DF\ 22EF\ 2D25\ 6E26\ CD98\ 08C1\ AC70\ 8566\ A3FE+$$
$$\sqrt{\pi} = \Gamma(1/2) = 1.C5BF\ 891B\ 4EF6\ AA79\ C3B0\ 520D\ 5DB9\ 383F\ E392\ 1547-$$
$$\Gamma(1/3) = 2.ADCE\ EA72\ 905E\ 2CEE\ C8D3\ E92C\ D580\ 46D8\ 4B46\ A6B3-$$
$$\Gamma(2/3) = 1.5AA7\ 7928\ C367\ 8CAB\ 2F4F\ EB70\ 2B26\ 990A\ 54F7\ EDBC+$$
$$e = 2.B7E1\ 5162\ 8AED\ 2A6A\ BF71\ 5880\ 9CF4\ F3C7\ 62E7\ 160F+$$
$$1/e = 0.5E2D\ 58D8\ B3BC\ DF1A\ BADE\ C782\ 9054\ F90D\ DA98\ 05AB-$$
$$e^2 = 7.6399\ 2E35\ 376B\ 730C\ E8EE\ 881A\ DA2A\ EEA1\ 1EB9\ EBD9+$$
$$\gamma = 0.93C4\ 67E3\ 7DB0\ C7A4\ D1BE\ 3F81\ 0152\ CB56\ A1CE\ CC3B-$$
$$\ln \pi = 1.250D\ 048E\ 7A1B\ D0BD\ 5F95\ 6C6A\ 843F\ 4998\ 5E6D\ DBF4-$$
$$\phi = 1.9E37\ 79B9\ 7F4A\ 7C15\ F39C\ C060\ 5CED\ C834\ 1082\ 276C-$$
$$e^\gamma = 1.C7F4\ 5CAB\ 1356\ BF14\ A7EF\ 5AEB\ 6B9F\ 6C45\ 60A9\ 1932+$$
$$e^{\pi/4} = 2.317A\ CD28\ E395\ 4F87\ 6B04\ B8AB\ AAC8\ C708\ F1C0\ 3C4A+$$
$$\sin 1 = 0.D76A\ A478\ 4867\ 7020\ C6E9\ E909\ C50F\ 3C32\ 89E5\ 1113+$$
$$\cos 1 = 0.8A51\ 407D\ A834\ 5C91\ C246\ 6D97\ 6871\ BD29\ A237\ 3A89+$$
$$-\zeta'(2) = 0.F003\ 2992\ B55C\ 4F28\ 88E9\ BA28\ 1E4C\ 405F\ 8CBE\ 9FEE+$$
$$\zeta(3) = 1.33BA\ 004F\ 0062\ 1383\ 7171\ 5C59\ E690\ 7F1B\ 180B\ 7DB1+$$
$$\ln \phi = 0.7B30\ B2BB\ 1458\ 2652\ F810\ 812A\ 5A31\ C083\ 4C9E\ B233+$$
$$1/\ln \phi = 2.13FD\ 8124\ F324\ 34A2\ 63C7\ 5F40\ 76C7\ 9883\ 5224\ 4685-$$
$$-\ln \ln 2 = 0.5DD3\ CA6F\ 75AE\ 7A83\ E037\ 67D6\ 6E33\ 2DBC\ 09DF\ AA82-$$

表 3 对于小的 n 值，调和数、伯努利数和斐波那契数的值

n	H_n	B_n	F_n	n
0	0	1	0	0
1	1	$-1/2$	1	1
2	3/2	1/6	1	2
3	11/6	0	2	3
4	25/12	$-1/30$	3	4
5	137/60	0	5	5
6	49/20	1/42	8	6
7	363/140	0	13	7
8	761/280	$-1/30$	21	8
9	7129/2520	0	34	9
10	7381/2520	5/66	55	10
11	83711/27720	0	89	11
12	86021/27720	$-691/2730$	144	12
13	1145993/360360	0	233	13
14	1171733/360360	7/6	377	14
15	1195757/360360	0	610	15
16	2436559/720720	$-3617/510$	987	16
17	42142223/12252240	0	1597	17
18	14274301/4084080	43867/798	2584	18
19	275295799/77597520	0	4181	19
20	55835135/15519504	$-174611/330$	6765	20
21	18858053/5173168	0	10946	21
22	19093197/5173168	854513/138	17711	22
23	444316699/118982864	0	28657	23
24	1347822955/356948592	$-236364091/2730$	46368	24
25	34052522467/8923714800	0	75025	25
26	34395742267/8923714800	8553103/6	121393	26
27	312536252003/80313433200	0	196418	27
28	315404588903/80313433200	$-23749461029/870$	317811	28
29	9227046511387/2329089562800	0	514229	29
30	930468283047/2329089562800	8615841276005/14322	832040	30

对于任何 x, 令 $H_x = \sum_{n \geq 1} \left(\dfrac{1}{n} - \dfrac{1}{n+x} \right)$. 于是

$$H_{1/2} = 2 - 2\ln 2,$$

$$H_{1/3} = 3 - \tfrac{1}{2}\pi/\sqrt{3} - \tfrac{3}{2}\ln 3,$$

$$H_{2/3} = \tfrac{3}{2} + \tfrac{1}{2}\pi/\sqrt{3} - \tfrac{3}{2}\ln 3,$$

$$H_{1/4} = 4 - \tfrac{1}{2}\pi - 3\ln 2,$$

$$H_{3/4} = \tfrac{4}{3} + \tfrac{1}{2}\pi - 3\ln 2,$$

$$H_{1/5} = 5 - \tfrac{1}{2}\pi\phi^{3/2}5^{-1/4} - \tfrac{5}{4}\ln 5 - \tfrac{1}{2}\sqrt{5}\ln\phi,$$

$$H_{2/5} = \tfrac{5}{2} - \tfrac{1}{2}\pi\phi^{-3/2}5^{-1/4} - \tfrac{5}{4}\ln 5 + \tfrac{1}{2}\sqrt{5}\ln\phi,$$

$$H_{3/5} = \tfrac{5}{3} + \tfrac{1}{2}\pi\phi^{-3/2}5^{-1/4} - \tfrac{5}{4}\ln 5 + \tfrac{1}{2}\sqrt{5}\ln\phi,$$

$$H_{4/5} = \tfrac{5}{4} + \tfrac{1}{2}\pi\phi^{3/2}5^{-1/4} - \tfrac{5}{4}\ln 5 - \tfrac{1}{2}\sqrt{5}\ln\phi,$$

$$H_{1/6} = 6 - \tfrac{1}{2}\pi\sqrt{3} - 2\ln 2 - \tfrac{3}{2}\ln 3,$$

$$H_{5/6} = \tfrac{6}{5} + \tfrac{1}{2}\pi\sqrt{3} - 2\ln 2 - \tfrac{3}{2}\ln 3,$$

一般地, 当 $0 < p < q$ 时（见习题 1.2.9–19）,

$$H_{p/q} = \frac{q}{p} - \frac{\pi}{2}\cot\frac{p}{q}\pi - \ln 2q + 2\sum_{1 \leq n < q/2} \cos\frac{2pn}{q}\pi \cdot \ln\sin\frac{n}{q}\pi.$$

倘若你是从未做过一次计算试验的读者,
我的告诫是, 不要将一台计算机当作会计员,
无论它多么诚实和有效. 你的计算机必定计算
许许多多有效数字, 不管数字是从
小数点前六位还是以小数点后六位
开始的. 会计员只会处理到分值, 而且他永远都是
处理到分值. 咱们的会计员在任何场合计算的
任何数字恰好保持小数点后两位……

这是他的天职, 他应该精确到最后的分值;
他完全不能理解物理量不是按分值而是
计算尺上的值测量的, 其中一个问题的分值
也许是另外一个问题的美元数值.

——诺伯特·维纳,《我是一个数学家》（1956）

附录 B　　记号索引

在下列公式中，未作说明的字母的意义如下：

j, k	整数值算术表达式
m, n	非负整数值算术表达式
p, q	二进制值算术表达式（0 或 1）
x, y	实数值算术表达式
z	复数值算术表达式
f	整数值、实数值或复数值函数
G, H	图
S, T	集合或者多重集
$\mathcal{F}, \mathcal{G}$	集族
u, v	图的顶点
α, β	符号串

定义位置是当前卷中的页码或其他各卷中的小节号. 许多其他的符号，如 n 个顶点上的完全图 K_n，出现在本书末尾的主索引中.

形式符号	含义	定义位置
$V \leftarrow E$	将表达式 E 的值赋给变量 V	§1.1
$U \leftrightarrow V$	交换变量 U 和 V 的值	§1.1
A_n 或 $A[n]$	线性数组 A 的第 n 个元素	§1.1
A_{mn} 或 $A[m, n]$	矩形数组 A 的第 m 行 n 列元素	§1.1
$(R\text{? } a\text{: } b)$	条件表达式：如果 R 为真，表示 a；如果 R 为假，表示 b	78
$[R]$	关系 R: $(R\text{? } 1\text{: } 0)$ 的特征函数：$(R\text{? } 1\text{: } 0)$	§1.2.3
δ_{jk}	克罗内克 δ: $[j = k]$	§1.2.3
$[z^n]\, f(z)$	幂级数 $f(z)$ 中 z^n 的系数	§1.2.9
$z_1 + z_2 + \cdots + z_n$	n 个数的和（甚至当 n 是 0 或 1）	§1.2.3
$a_1 a_2 \ldots a_n$	n 个元素的积或串或向量	
$(x_1, \ldots, x_n)$	n 个元素的向量	
$\langle x_1 x_2 \ldots x_{2k-1} \rangle$	中位数（排序后的中间值）	60
$\sum_{R(k)} f(k)$	使得关系 $R(k)$ 为真的所有 $f(k)$ 之和	§1.2.3
$\prod_{R(k)} f(k)$	使得关系 $R(k)$ 为真的所有 $f(k)$ 之积	§1.2.3
$\min_{R(k)} f(k)$	使得关系 $R(k)$ 为真的所有 $f(k)$ 之最小值	§1.2.3
$\max_{R(k)} f(k)$	使得关系 $R(k)$ 为真的所有 $f(k)$ 之最大值	§1.2.3
$\bigcup_{R(k)} S(k)$	使得关系 $R(k)$ 为真的所有 $S(k)$ 之并集	
$\sum_{k=a}^{b} f(k)$	$\sum_{a \le k \le b} f(k)$ 的简写	§1.2.3
$\{a \mid R(a)\}$	使得关系 $R(a)$ 为真的所有 a 的集合	
$\sum \{f(k) \mid R(k)\}$	$\sum_{R(k)} f(k)$ 的另一种写法	
$\{a_1, a_2, \ldots, a_n\}$	集合或多重集 $\{a_k \mid 1 \le k \le n\}$	

形式符号	含义	定义位置
$[x \mathbin{.\,.} y]$	闭区间：$\{a \mid x \le a \le y\}$	§1.2.2
$(x \mathbin{.\,.} y)$	开区间：$\{a \mid x < a < y\}$	§1.2.2
$[x \mathbin{.\,.} y)$	半开区间：$\{a \mid x \le a < y\}$	§1.2.2
$(x \mathbin{.\,.} y]$	半闭区间：$\{a \mid x < a \le y\}$	§1.2.2
$\lvert S \rvert$	基数：集合 S 的元素个数	
$\lvert f \rvert$	解的个数（当 f 是布尔函数时）：$\sum_x f(x)$	172
$\lvert x \rvert$	x 的绝对值：$(x \ge 0? \; x: -x)$	
$\lvert z \rvert$	z 的绝对值：$\sqrt{z\bar{z}}$	§1.2.2
$\lvert \alpha \rvert$	α 的长度：如果 $\alpha = a_1 a_2 \ldots a_m$ 则为 m	
$\lfloor x \rfloor$	x 的下整，最大整数函数：$\max_{k \le x} k$	§1.2.4
$\lceil x \rceil$	x 的上整，最小整数函数：$\min_{k \ge x} k$	§1.2.4
$x \bmod y$	mod 函数：$\big(y = 0? \; x: x - y\lfloor x/y \rfloor\big)$	§1.2.4
$\{x\}$	小数部分（用于蕴涵实数值而非集合的范畴）：$x \bmod 1$	§1.2.11.2
$x \equiv x' \pmod{y}$	同余关系：$x \bmod y = x' \bmod y$	§1.2.4
$j \backslash k$	j 整除 k：$k \bmod j = 0$ 且 $j > 0$	§1.2.4
$S \setminus T$	集合差：$\{s \mid s$ 在 S 中且 s 不在 T 中$\}$	
$S \setminus t$	$S \setminus \{t\}$ 的简写	
$G \setminus U$	删除集合 U 中的顶点后的 G	10
$G \setminus v$	删除顶点 v 后的 G	10
$G \setminus e$	删除边 e 后的 G	10
G / e	边 e 收缩为一个点后的 G	384
$S \cup t$	$S \cup \{t\}$ 的简写	
$S \uplus T$	多重集的和，例如：$\{a, b\} \uplus \{a, c\} = \{a, a, b, c\}$	§4.6.3
$\gcd(j, k)$	最大公因数：$(j = k = 0? \; 0: \max_{d \backslash j, d \backslash k} d)$	§1.1
$j \perp k$	j 与 k 互素：$\gcd(j, k) = 1$	§1.2.4
A^T	矩形数组 A 的转置：$A^T[j, k] = A[k, j]$	
α^R	串 α 的左右反转	
α^T	分划 α 的共轭	327
x^y	x 的 y 次方（当 $x > 0$ 时）：$e^{y \ln x}$	§1.2.2
x^k	x 的 k 次方：$(k \ge 0? \; \prod_{j=0}^{k-1} x: 1/x^{-k})$	§1.2.2
x^-	x 的逆（或倒数）：x^{-1}	§1.3.3
$x^{\bar{k}}$	x 的 k 次升幂：$\Gamma(x+k)/\Gamma(k) = (k \ge 0? \; \prod_{j=0}^{k-1}(x+j): 1/(x+k)^{\overline{-k}})$	§1.2.5
$x^{\underline{k}}$	x 的 k 次降幂：$x!/(x-k)! = (k \ge 0? \; \prod_{j=0}^{k-1}(x-j): 1/(x-k)^{\underline{-k}})$	§1.2.5
$n!$	n 的阶乘：$\Gamma(n+1) = n^{\underline{n}}$	§1.2.5
$\binom{x}{k}$	二项式系数：$(k < 0? \; 0: x^{\underline{k}}/k!)$	§1.2.6
$\binom{n}{n_1, \ldots, n_m}$	多项式系数（当 $n = n_1 + \cdots + n_m$ 时）	§1.2.6
$\genfrac{[}{]}{0pt}{}{n}{m}$	斯特林循环数：$\sum_{0 < k_1 < \cdots < k_{n-m} < n} k_1 \ldots k_{n-m}$	§1.2.6
$\genfrac{\{}{\}}{0pt}{}{n}{m}$	斯特林子集数：$\sum_{1 \le k_1 \le \cdots \le k_{n-m} \le m} k_1 \ldots k_{n-m}$	§1.2.6

形式符号	含义	定义位置
$\left\langle{n\atop m}\right\rangle$	欧拉数：$\sum_{k=0}^{m}(-1)^k\binom{n+1}{k}(m+1-k)^n$	§5.1.3
$\left\lvert{n\atop m}\right\rvert$	n 的恰好有 m 个部分的分划数：$\sum_{1\le k_1\le\cdots\le k_m}[k_1+\cdots+k_m=n]$	331
$(\ldots a_1 a_0.a_{-1}\ldots)_b$	基数为 b 的位置表示：$\sum_k a_k b^k$	§4.1
$\Re z$	z 的实部	§1.2.2
$\Im z$	z 的虚部	§1.2.2
$\overline{z}$	复共轭：$\Re z - i\Im z$	§1.2.2
$\neg p$ 或 $\sim p$ 或 $\overline{p}$	补：$1-p$	40
$\sim x$ 或 $\overline{x}$	按位补	110
$p\wedge q$	布尔合取（与）：pq	40
$x\wedge y$	最小值：$\min\{x,y\}$	51
$x\,\&\,y$	按位 AND	109
$p\vee q$	布尔析取（或）：$\overline{\overline{p}\,\overline{q}}$	40
$x\vee y$	最大值：$\max\{x,y\}$	51
$x\mid y$	按位 OR	109
$p\oplus q$	布尔互斥析取（异或）：$(p+q)\bmod 2$	40
$x\oplus y$	按位 XOR	110
$x\mathbin{\dot-}y$	饱和减，x 点减 y：$\max\{0,x-y\}$	§1.3.1´
$x\ll k$	按位左移：$\lfloor 2^k x\rfloor$	111
$x\gg k$	按位右移：$x\ll(-k)$	111
$x\ddagger y$	用于交错二进制位的"拉链函数"，x 拉链 y	122
$\log_b x$	x 的以 b 为底的对数（$x>0,b>0$ 且 $b\ne 1$）：使得 $x=b^y$ 的 y	§1.2.2
$\ln x$	自然对数：$\log_e x$	§1.2.2
$\lg x$	以 2 为底的对数：$\log_2 x$	§1.2.2
λn	以 2 为底的对数尺度（当 $n>0$ 时）：$\lfloor\lg n\rfloor$	117
$\exp x$	x 的指数：$e^x=\sum_{k=0}^{\infty}x^k/k!$	§1.2.9
ρn	直尺函数（当 $n>0$ 时）：$\max_{2^m\backslash n}m$	116
νn	位叠加和（当 $n\ge 0$ 时）：$\sum_{k\ge 0}\big((n\gg k)\,\&\,1\big)$	118
$\langle X_n\rangle$	无穷序列 $X_0,X_1,X_2,\ldots$（这里的字母 n 是符号的一部分）	§1.2.9
$f'(x)$	f 在 x 处的导数	§1.2.9
$f''(x)$	f 在 x 处的二阶导数	§1.2.10
$H_n^{(x)}$	x 阶调和数：$\sum_{k=1}^{n}1/k^x$	§1.2.7
H_n	调和数：$H_n^{(1)}$	§1.2.7
F_n	斐波那契数：$(n\le 1?\ n:\ F_{n-1}+F_{n-2})$	§1.2.8
B_n	伯努利数：$n!\,[z^n]\,z/(e^z-1)$	§1.2.11.2
$\det(A)$	方阵 A 的行列式	§1.2.3
$\mathrm{sign}(x)$	x 的符号：$[x>0]-[x<0]$	

形式符号	含义	定义位置
$\zeta(x)$	ζ 函数：$\lim_{n\to\infty} H_n^{(x)}$（当 $x>1$ 时）	§1.2.7
$\Gamma(x)$	Γ 函数：$(x-1)! = \gamma(x,\infty)$	§1.2.5
$\gamma(x,y)$	不完全 Γ 函数：$\int_0^y e^{-t} t^{x-1} dt$	§1.2.11.3
γ	欧拉常数：$-\Gamma'(1) = \lim_{n\to\infty}(H_n - \ln n)$	§1.2.7
e	自然对数的底：$\sum_{n\ge 0} 1/n!$	§1.2.2
π	圆周率：$4\sum_{n\ge 0}(-1)^n/(2n+1)$	§1.2.2
∞	无穷大：大于任何数	
Λ	空链（不指向地址的指针）	§2.1
$\emptyset$	空集（没有元素的集合）	
ϵ	空串（长度为 0 的串）	
ϵ	单元族：$\{\emptyset\}$	227
ϕ	黄金分割比：$(1+\sqrt{5})/2$	§1.2.8
$\varphi(n)$	欧拉 φ 函数：$\sum_{k=0}^{n-1}[k \perp n]$	§1.2.4
$x \approx y$	x 近似等于 y	§1.2.5
$G \cong H$	G 同构于 H	10
$O\bigl(f(n)\bigr)$	当变量 $n \to \infty$，$f(n)$ 的大 O	§1.2.11.1
$O\bigl(f(z)\bigr)$	当变量 $z \to 0$，$f(z)$ 的大 O	§1.2.11.1
$\Omega\bigl(f(n)\bigr)$	当变量 $n \to \infty$，$f(n)$ 的大 Ω	§1.2.11.1
$\Theta\bigl(f(n)\bigr)$	当变量 $n \to \infty$，$f(n)$ 的大 Θ	§1.2.11.1
$\overline{G}$	图 G 的补图（或一致超图）	20
$G \mid U$	受限于集合 U 的顶点的图 G	10
$u \text{---} v$	u 邻接于 v	10
$u \not{\text{---}} v$	u 不邻接于 v	10
$u \to v$	有一条从 u 到 v 的有向边	14
$u \to^* v$	传递闭包：从 u 可以到达 v	132
$d(u,v)$	从 u 到 v 的距离	12
$G \cup H$	G 和 H 的并图	21
$G \oplus H$	G 和 H 的直和（并置）	21
$G \text{---} H$	G 和 H 的联合	21
$G \to H$	G 和 H 的有向联合	21
$G \square H$	G 和 H 笛卡儿积	21
$G \otimes H$	G 和 H 的直积（并合）	22
$G \boxtimes H$	G 和 H 的强积	22
$G \triangle H$	G 和 H 的奇积	22
$G \circ H$	G 和 H 的字典积（合成）	22
e_j	基本族：$\{\{j\}\}$	227
$\wp$	全域族：给定领域的全部子集	229
$\mathcal{F} \cup \mathcal{G}$	族的并：$\{S \mid S \in \mathcal{F}\ \text{或}\ S \in \mathcal{G}\}$	227
$\mathcal{F} \cap \mathcal{G}$	族的交：$\{S \mid S \in \mathcal{F}\ \text{且}\ S \in \mathcal{G}\}$	227
$\mathcal{F} \setminus \mathcal{G}$	族的差：$\{S \mid S \in \mathcal{F}\ \text{且}\ S \notin \mathcal{G}\}$	227

形式符号	含义	定义位置
$\mathcal{F} \oplus \mathcal{G}$	族的对称差：$(\mathcal{F} \setminus \mathcal{G}) \cup (\mathcal{G} \setminus \mathcal{F})$	227
$\mathcal{F} \sqcup \mathcal{G}$	族的联合：$\{S \cup T \mid S \in \mathcal{F}, T \in \mathcal{G}\}$	227
$\mathcal{F} \sqcap \mathcal{G}$	族的交叉：$\{S \cap T \mid S \in \mathcal{F}, T \in \mathcal{G}\}$	227
$\mathcal{F} \boxplus \mathcal{G}$	族的异或：$\{S \oplus T \mid S \in \mathcal{F}, T \in \mathcal{G}\}$	227
$\mathcal{F} / \mathcal{G}$	族的商（余子式）	227
$\mathcal{F} \bmod \mathcal{G}$	族的余数：$\mathcal{F} \setminus (\mathcal{G} \sqcup (\mathcal{F}/\mathcal{G}))$	227
$\mathcal{F} \S k$	族的对称化，如果 $\mathcal{F} = e_{j_1} \cup e_{j_2} \cup \cdots \cup e_{j_n}$	228
$\mathcal{F}^{\uparrow}$	$\mathcal{F}$ 的极大元素集：$\{S \in \mathcal{F} \mid T \in \mathcal{F}$ 且 $S \subseteq T$ 蕴涵 $S = T\}$	230
$\mathcal{F}^{\downarrow}$	$\mathcal{F}$ 的极小元素集：$\{S \in \mathcal{F} \mid T \in \mathcal{F}$ 且 $S \supseteq T$ 蕴涵 $S = T\}$	230
$\mathcal{F} \nearrow \mathcal{G}$	非子集：$\{S \in \mathcal{F} \mid T \in \mathcal{G}$ 蕴涵 $S \nsubseteq T\}$	230
$\mathcal{F} \searrow \mathcal{G}$	非超集：$\{S \in \mathcal{F} \mid T \in \mathcal{G}$ 蕴涵 $S \nsupseteq T\}$	230
$\mathcal{F} \swarrow \mathcal{G}$	子集：$\{S \in \mathcal{F} \mid T \in \mathcal{G}$ 蕴涵 $S \subseteq T\} = \mathcal{F} \setminus (\mathcal{F} \nearrow \mathcal{G})$	560
$\mathcal{F} \nwarrow \mathcal{G}$	超集：$\{S \in \mathcal{F} \mid T \in \mathcal{G}$ 蕴涵 $S \supseteq T\} = \mathcal{F} \setminus (\mathcal{F} \searrow \mathcal{G})$	560
$X \cdot Y$	向量 $X = x_1 x_2 \ldots x_n$ 和 $Y = y_1 y_2 \ldots y_n$ 的点积： $x_1 y_1 + x_2 y_2 + \cdots + x_n y_n$	9
$X \subseteq Y$	向量 $X = x_1 x_2 \ldots x_n$ 和 $Y = y_1 y_2 \ldots y_n$ 的包含： 对于 $1 \le k \le n$ 有 $x_k \le y_k$	110
$\alpha \diamond \beta$	真值表的合并	181
$\alpha(G)$	G 的独立数	28
$\gamma(G)$	G 的控制数	563
$\kappa(G)$	G 的顶点连通度	§7.4.1
$\lambda(G)$	G 的边连通度	§7.4.1
$\nu(G)$	G 的匹配数	§7.5.5
$\chi(G)$	G 的色数	28
$\omega(G)$	G 的团数	28
$c(G)$	G 的生成树的数量	401
$\blacksquare$	算法、程序、证明的结束标志	§1.1

于是为了避免单调乏味地重复"是等于"这几个字，
就像我在工作中经常做的那样，我用了一对平行线
或等长的双直线，也就是 ══════，
因为再没有其他两样东西可能是相等的.
——罗伯特·雷科德，*The Whetstone of Witte*[①]（1557）

勒让德教授在他的著作（以后我们将经常引用）中
对同余简单地采用了与相等一样的符号.
为了避免混淆，我没有仿效他，而是做了区分.
——高斯，《算术探索》（1801）

有人告诉我，我放在书中的每一个方程
都会使本书的销售量减半.
——霍金，《时间简史》（1987）

---

① 这是最早用英文出版的一本代数书，作者是 16 世纪英国的一位博学者，曾取得牛津大学数学和剑桥大学医学学位，是最牛津大学万灵学院院士（这所最高傲的学院只设院士不收学生），担任过两位国王的私人医生. 他在数学上的贡献是首次提出用"="表示相等. ——译者注

附录 C 算法和定理索引

[反转文件] 提供了重复的冗余信息，
以加快辅助键查找的速度.

——高德纳，《计算机程序设计艺术卷 3：排序与查找》（1973）

附录 D 组合问题索引

　　这个附录的目的在于对本书讨论的主要问题提供简要的描述，并且把每个问题的描述同在主索引中可以找到的名称联系起来。在这些问题中，有的能够有效地求解，而其他的看来通常是非常困难的，虽然它们在特殊情况也许是容易的。在这个索引中没有问题复杂性的指示。

　　组合问题往往变化不定，呈现多种形式。例如，图和超图的某些性质等价于 0-1 矩阵的其他性质；至于 0 和 1 的 $m \times n$ 矩阵本身，可以看成它的索引变量 (i, j) 的布尔函数，用 0 表示 FALSE 并且用 1 表示 TRUE。每个问题还有多种风格：有时我们仅对某些确定的约束条件问及是否存在解；但是通常要求至少求一个显式解，或者力求计算解的数目或访问全部解。我们经常要求一个解在某种意义下是最优的。

　　在下面的清单中——预期它是有用的而绝不是完备的，每个问题或多或少以形式化的术语表述为"寻找"某个期望对象的任务。这种特征描述后跟的是非形式化的解释（在括号和引号内），随后还可能有进一步的注解。

　　任何通过有向图说明的问题也自动适于用无向图，除非有向图必须是无圈的，因为一条无向边 $u \!-\! v$ 等价于两条有向边 $u \!\rightarrow\! v$ 和 $v \!\rightarrow\! u$。

- **可满足性**：给定 n 个布尔变量的布尔函数 f，寻找使得 $f(x_1, \ldots, x_n) = 1$ 的布尔值 $x_1, \ldots, x_n$。（"要是可能的话，证明 f 可能为真。"）

- **kSAT**：当 f 是子句的合取时的可满足性问题，其中每个子句是最多 k 个字面值 x_j 或 $\bar{x}_j$ 的析取。（"所有子句都可能为真吗"？）2SAT 和 3SAT 的情形是最重要的。当 f 是霍恩子句的合取时出现另外一个重要的特例，这时每个子句最多含有一个负的字面值 $\bar{x}_j$。

- **布尔链**：给定 n 个布尔值 $x_1, \ldots, x_n$ 的一个或多个布尔函数，寻找 $x_{n+1}, \ldots, x_N$ 使得对于 $n < k \le N$ 的每个 x_k 是对于某个 $i < k$ 且 $j < k$ 的 x_i 和 x_j 的布尔函数，而且每个给出的这种函数或者是常数，或者等于对于某个 $l \le N$ 的 x_l。（"构造一个没有转移的直线式程序，计算一组给出的共用中间值的函数。"）（"利用不限制扇出的 2 输入布尔门，建立从输入 $0, 1, x_1, \ldots, x_n$ 计算一组给出输出的电路"）目标通常是最小化 N。

- **广义字链**：类似于布尔链，但是用按位运算和（或）对整数的模 2^d 算术运算，而不是对布尔值的布尔运算；给定的 d 值可以是任意大的。（"一次处理若干相关的问题"。）

- **布尔规划**：给定 n 个布尔变量的布尔函数 f。同时给出权值 $w_1, \ldots, w_n$，寻找布尔值 $x_1, \ldots, x_n$ 使得 $f(x_1, \ldots, x_n) = 1$ 且 $w_1 x_1 + \cdots + w_n x_n$ 是尽可能大的值。（"f 怎样才能满足最大的结果？"）

- **匹配**：给定图 G，寻找不相交边的集合。（"这样配对顶点，使得每个顶点最多有一个对偶。"）目标通常是寻找尽可能多的边；一个"完全匹配"包含所有的顶点。在一个一部带 m 个顶点而另一部带 n 个顶点的二部图中，匹配等价于在 0 和 1 的 $m \times n$ 矩阵中选择 1 的集合，在每一行最多选择一个 1 且每一列最多选择一个 1。

- **指派问题**：二部图匹配的一种推广，加上与每条边相关的权值；匹配的总权值应该达到最大值。（"人员对职务的何种指派是最佳的？"）等价地，我们希望选择 $m \times n$ 矩阵的元素，在每一行最多选择一个元素且在每一列最多选择一个元素，使得选择的元素之和尽可能地大。

- **覆盖**：给定 0 和 1 的矩阵 A_{jk}，寻找行的集合 R，使得对于所有 k 有 $\sum_{j \in R} A_{jk} > 0$。（"在每一列标记一个 1 并且选择已经做标记的所有行。"）等价地，给定一个单调布尔函数的子句，寻找它的一个蕴涵。目标通常是最小化 $|R|$。

- **恰当覆盖**：给定 0 和 1 的矩阵 A_{jk}，寻找行的集合 R，使得对于所有 k 有 $\sum_{j \in R} A_{jk} = 1$。（"用相互正交的行覆盖。"）完全匹配问题等价于寻找转置的关联矩阵的一个恰当覆盖。

- 独立集: 给定一个图或超图 G, 寻找顶点的一个集合 U, 使得诱导图 $G \mid U$ 没有边. ("选择不相关的顶点.") 目标通常是最大化 $|U|$. 典型的特殊例子包括当 G 是皇后在棋盘上移动的图时的八皇后问题, 以及在无三点共线问题.

- 团: 给定一个图 G, 寻找一个顶点集 U, 使得诱导图 $G \mid U$ 是完全图. ("选择相互邻接的顶点.") 等价地, 寻找 $\sim G$ 中的一个独立集. 目标通常是最大化 $|U|$.

- 顶点覆盖: 给定一个图或超图, 寻找一个顶点集 U, 使得每条边至少包含 U 的一个顶点. ("标记某些顶点使得没有留下未标记的边.") 等价地, 寻找转置的关联矩阵的一个覆盖. 等价地, 寻找 U, 使得 $V \setminus U$ 是独立的, 其中 V 是所有顶点的集合. 目标通常是最小化 $|U|$.

- 控制集: 给定一个图, 寻找一个顶点集 U, 使得不在 U 中的每个顶点是同 U 的某个顶点邻接的. ("什么顶点全部是在它们的一步之内?") 经典的五皇后问题是当 G 是棋盘上的皇后移动图时的特例.

- 核: 给定一个有向图, 寻找顶点集 U 的一个独立集, 使得不在 U 中的每个顶点是 U 的某个顶点的前导. ("在 2 个选手的游戏中你的对手能够迫使你停留在什么独立位置?") 如果图是无向的, 一个核等价于一个极大独立集, 并且等价于同时是极小的和独立的控制集.

- 着色: 给定一个图, 寻找把它的顶点拆分成 k 个独立集的方法. ("用 k 种颜色着色顶点, 不对邻接顶点着同样颜色.") 目标通常是最小化 k.

- 最短路径: 给定每段弧都有相关的权值的有向图中的顶点 u 和 v, 寻找一条从 u 到 v 的定向路径的最小总权值. ("确定最佳路径.")

- 最长路径: 给定每段弧都有相关的权值的有向图中的顶点 u 和 v, 寻找一条从 u 到 v 的定向路径的最大总权值. ("什么路径是最蜿蜒曲折的?")

- 可达性: 给定有向图 G 中的一个顶点集 U, 寻找所有顶点 v, 使得对于某个 $u \in U$ 有 $u \longrightarrow^* v$. ("什么顶点出现在从 U 中开始的路径上?")

- 生成树: 给定一个图 G, 寻找一棵同样顶点上的自由树 F, 使得 F 的每条边都是 G 的一条边. ("选择刚好能够连接所有顶点的边.") 如果每条边都有相关的权值, 小生成树是一棵总权值最小的生成树.

- 哈密顿路径: 给定一个图 G, 寻找一条同样顶点上的路径 P, 使得 P 的每条边都是 G 的一条边. ("找出一条同每个顶点恰好相遇一次的路径.") 当 G 是棋盘上的马的移动图时, 这是经典的马的漫游问题. 当 G 的顶点是组合对象 (例如元组、排列、组合、分划或树) 时, 当它们相互"接近"时是邻接的, 哈密顿路径通常称为格雷码.

- 哈密顿圈: 给定一个图 G, 寻找一个同样顶点上的圈 C, 使得 C 的每条边都是 G 的一条边. ("找出一条同每个顶点恰好相遇一次并且回到起点的路径.")

- 流动推销员问题: 当给定的图的每条边都有相关的权值时, 寻找一个总权值最小的哈密顿圈. ("访问每个对象的最廉价方法是什么?") 如果给定的图没有哈密顿圈, 我们通过对每条不存在的边赋予非常大的权值 W 把它扩充为完全图.

- 拓扑排序: 给定一个有向图, 寻找用不同的整数 $l(x)$ 标识每个顶点 x 的一种方法, 使得 $x \longrightarrow y$ 蕴涵 $l(x) < l(y)$. ("把顶点置于一行内, 使每个顶点位于它的所有后继的左边.") 这样一种标识是可能的, 当且仅当给出的有向图是无圈的.

- 最优线性排列: 给定一个图, 寻找用不同的整数 $l(x)$ 标识每个顶点 x 的一种方法, 使得 $\sum_{u - v} |l(u) - l(v)|$ 尽可能地小. ("把顶点置于一行内, 最小化产生的边长之和.")

- 背包问题: 给定权值序列 $w_1, \ldots, w_n$, 阈值 W, 以及值序列 $v_1, \ldots, v_n$, 寻找 $K \subseteq \{1, \ldots, n\}$, 使得 $\sum_{k \in K} w_k \leq W$ 和 $\sum_{k \in K} v_k$ 达到最大值. ("可以携带多少价值?")

- 正交阵列: 给定正整数 m 和 n, 寻找一个 $m \times n^2$ 阵列, 它带有条目 $A_{jk} \in \{0, 1, \ldots, n-1\}$, 并且具有 $j \neq j'$ 且 $k \neq k'$ 蕴涵 $(A_{jk}, A_{j'k}) \neq (A_{jk'}, A_{j'k'})$ 的性质. ("构造 n 进制数字的 m 个不同的 $n \times n$ 矩阵, 使得当任何两个矩阵叠加时出现 n^2 个所有可能的数字对.") $m = 3$ 的情况对应于一个拉丁方, $m > 3$ 的情况对应于 $m - 2$ 个相互正交的拉丁方.

- 最近共同先辈: 给定一片森林的结点 u 和 v, 寻找结点 w, 使得 u 和 v 的每个兼容先辈也是 w 的兼容先辈. ("从 u 到 v 的最短路径在何处改变方向?")

- 区域最小值查询: 给定数的序列 $a_1, \ldots, a_n$, 对于 $1 \le i < j \le n$, 寻找每个子区间 $a_i, \ldots, a_j$ 内的最小元素. ("解答关于任何给定区域内的最小值的所有可能的查询.") 7.1.3 节的习题 150 和 151 证明这个问题等价于寻找最近共同先辈.

- 通用圈: 给定 b, k, N, 寻找 b 进制数字 $\{0, 1, \ldots, b-1\}$ 的元素 $x_0, x_1, \ldots, x_{N-1}, x_0, \ldots$ 的一个循环序列, 它具有这样的性质, 一种类型的所有组合的排列是由相继的 k 元组 $x_0 x_1 \ldots x_{k-1}, x_1 x_2 \ldots x_k, \ldots,$ $x_{N-1} x_0 \ldots x_{k-2}$ 给出的. ("用循环方式显示所有可能的排列.") 如果 $N = b^k$ 并且所有可能的 k 元组都出现, 结果称为德布鲁因圈; 如果 $N = \binom{b}{k}$ 并且 b 个对象的所有 k 组合都出现, 它是组合的一个通用圈; 如果 $N = b!$, $k = b-1$ 并且所有的 $(b-1)$ 变差以 k 元组的形式出现, 它是排列的一个通用圈.

> 在大多数情况下, 我们能够给出一个完整描述问题的
> 集合论定义, 尽管出于简明性之需时,
> 常导致问题背后的直观性有些难以理解.
> ——迈克尔·加里和戴维·约翰逊, *A List of NP-Complete Problems* (1979)

人名索引

索　引

	#0	#1	#2	#3	#4	#5	#6	#7	#8	#9	#a	#b	#c	#d	#e	#f	
#2x		!	"	#	$	%	&	'	(	)	*	+	,	−	.	/	#2x
#3x	0	1	2	3	4	5	6	7	8	9	:	;	<	=	>	?	#3x
#4x	@	A	B	C	D	E	F	G	H	I	J	K	L	M	N	O	#4x
#5x	P	Q	R	S	T	U	V	W	X	Y	Z	[	\	]	^	_	#5x
#6x	`	a	b	c	d	e	f	g	h	i	j	k	l	m	n	o	#6x
#7x	p	q	r	s	t	u	v	w	x	y	z	{	|	}	~	▉	#7x
	#0	#1	#2	#3	#4	#5	#6	#7	#8	#9	#a	#b	#c	#d	#e	#f	

MMIX 操 作 码 表

	#0	#1	#2	#3	#4	#5	#6	#7	
#0x	TRAP 5υ	FCMP υ	FUN υ	FEQL υ	FADD 4υ	FIX 4υ	FSUB 4υ	FIXU 4υ	#0x
	FLOT[I] 4υ		FLOTU[I] 4υ		SFLOT[I] 4υ		SFLOTU[I] 4υ		
#1x	FMUL 4υ	FCMPE 4υ	FUNE υ	FEQLE 4υ	FDIV 40υ	FSQRT 40υ	FREM 4υ	FINT 4υ	#1x
	MUL[I] 10υ		MULU[I] 10υ		DIV[I] 60υ		DIVU[I] 60υ		
#2x	ADD[I] υ		ADDU[I] υ		SUB[I] υ		SUBU[I] υ		#2x
	2ADDU[I] υ		4ADDU[I] υ		8ADDU[I] υ		16ADDU[I] υ		
#3x	CMP[I] υ		CMPU[I] υ		NEG[I] υ		NEGU[I] υ		#3x
	SL[I] υ		SLU[I] υ		SR[I] υ		SRU[I] υ		
#4x	BN[B] $\upsilon+\pi$		BZ[B] $\upsilon+\pi$		BP[B] $\upsilon+\pi$		BOD[B] $\upsilon+\pi$		#4x
	BNN[B] $\upsilon+\pi$		BNZ[B] $\upsilon+\pi$		BNP[B] $\upsilon+\pi$		BEV[B] $\upsilon+\pi$		
#5x	PBN[B] $3\upsilon-\pi$		PBZ[B] $3\upsilon-\pi$		PBP[B] $3\upsilon-\pi$		PBOD[B] $3\upsilon-\pi$		#5x
	PBNN[B] $3\upsilon-\pi$		PBNZ[B] $3\upsilon-\pi$		PBNP[B] $3\upsilon-\pi$		PBEV[B] $3\upsilon-\pi$		
#6x	CSN[I] υ		CSZ[I] υ		CSP[I] υ		CSOD[I] υ		#6x
	CSNN[I] υ		CSNZ[I] υ		CSNP[I] υ		CSEV[I] υ		
#7x	ZSN[I] υ		ZSZ[I] υ		ZSP[I] υ		ZSOD[I] υ		#7x
	ZSNN[I] υ		ZSNZ[I] υ		ZSNP[I] υ		ZSEV[I] υ		
#8x	LDB[I] $\mu+\upsilon$		LDBU[I] $\mu+\upsilon$		LDW[I] $\mu+\upsilon$		LDWU[I] $\mu+\upsilon$		#8x
	LDT[I] $\mu+\upsilon$		LDTU[I] $\mu+\upsilon$		LDO[I] $\mu+\upsilon$		LDOU[I] $\mu+\upsilon$		
#9x	LDSF[I] $\mu+\upsilon$		LDHT[I] $\mu+\upsilon$		CSWAP[I] $2\mu+2\upsilon$		LDUNC[I] $\mu+\upsilon$		#9x
	LDVTS[I] υ		PRELD[I] υ		PREGO[I] υ		GO[I] 3υ		
#Ax	STB[I] $\mu+\upsilon$		STBU[I] $\mu+\upsilon$		STW[I] $\mu+\upsilon$		STWU[I] $\mu+\upsilon$		#Ax
	STT[I] $\mu+\upsilon$		STTU[I] $\mu+\upsilon$		STO[I] $\mu+\upsilon$		STOU[I] $\mu+\upsilon$		
#Bx	STSF[I] $\mu+\upsilon$		STHT[I] $\mu+\upsilon$		STCO[I] $\mu+\upsilon$		STUNC[I] $\mu+\upsilon$		#Bx
	SYNCD[I] υ		PREST[I] υ		SYNCID[I] υ		PUSHGO[I] 3υ		
#Cx	OR[I] υ		ORN[I] υ		NOR[I] υ		XOR[I] υ		#Cx
	AND[I] υ		ANDN[I] υ		NAND[I] υ		NXOR[I] υ		
#Dx	BDIF[I] υ		WDIF[I] υ		TDIF[I] υ		ODIF[I] υ		#Dx
	MUX[I] υ		SADD[I] υ		MOR[I] υ		MXOR[I] υ		
#Ex	SETH υ	SETMH υ	SETML υ	SETL υ	INCH υ	INCMH υ	INCML υ	INCL υ	#Ex
	ORH υ	ORMH υ	ORML υ	ORL υ	ANDNH υ	ANDNMH υ	ANDNML υ	ANDNL υ	
#Fx	JMP[B] υ		PUSHJ[B] υ		GETA[B] υ		PUT[I] υ		#Fx
	POP 3υ	RESUME 5υ	[UN]SAVE $20\mu+\upsilon$		SYNC υ	SWYM υ	GET υ	TRIP 5υ	
	#8	#9	#A	#B	#C	#D	#E	#F	

如果发生转移则 $\pi = 2\upsilon$；如果没有发生转移则 $\pi = 0$.